W9-ACJ-089

Beilsteins Handbuch der Organischen Chemie

Beilsteins Handbuch der Organischen Chemie

Vierte Auflage

Drittes und Viertes Ergänzungswerk

Die Literatur von 1930 bis 1959 umfassend

Herausgegeben vom
Beilstein-Institut für Literatur der Organischen Chemie
Frankfurt am Main

Bearbeitet von

Reiner Luckenbach

Unter Mitwirkung von

Oskar Weissbach

Erich Bayer · Reinhard Ecker · Adolf Fahrmeir · Friedo Giese
Volker Guth · Irmgard Hagel · Franz-Josef Heinen · Günter Imsieke
Ursula Jacobshagen · Rotraud Kayser · Klaus Koulen · Bruno Langhammer
Lothar Mähler · Annerose Naumann · Wilma Nickel · Burkhard Polenski
Peter Raig · Helmut Rockelmann · Thilo Schmitt · Jürgen Schunck
Eberhard Schwarz · Josef Sunkel · Achim Trede · Paul Vincke

Sechsundzwanzigster Band

Sechster Teil

Springer-Verlag Berlin Heidelberg New York 1983

ISBN 3-540-12084-X Springer-Verlag Berlin Heidelberg New York
ISBN 0-387-12084-X Springer-Verlag New York Heidelberg Berlin

Library of Congress Catalog Card Number: 22–79
Printed in Germany

Satz, Druck und Bindearbeiten: Universitätsdruckerei H. Stürtz AG, 8700 Würzburg
2151/3130-543210

Mitarbeiter der Redaktion

Hinweis für Benutzer

Falls Sie Probleme beim Arbeiten mit dem Beilstein-Handbuch haben, ziehen Sie bitte den vom Beilstein-Institut entwickelten „Leitfaden" zu Rate. Er steht Ihnen – ebenso wie weiteres Informationsmaterial über das Beilstein-Handbuch – auf Anforderung kostenlos zur Verfügung.

Beilstein-Institut
für Literatur der Organischen Chemie
Varrentrappstrasse 40–42
D-6000 Frankfurt/M. 90

Springer-Verlag
Abt. 4005
Heidelberger Platz 3
D-1000 Berlin 33

Note for Users

Should you encounter difficulties in using the Beilstein Handbook please refer to the guide „How to Use Beilstein", developed for users by the Beilstein Institute. This guide (also available in Japanese), together with other informative material about the Beilstein Handbook, can be obtained free of charge by writing to

Beilstein-Institut
für Literatur der Organischen Chemie
Varrentrappstrasse 40–42
D-6000 Frankfurt/M. 90

Springer-Verlag
Abt. 4005
Heidelberger Platz 3
D-1000 Berlin 33

For those users of the Beilstein Handbook who are unfamiliar with the German language, a pocket-format "Beilstein Dictionary" (German/English) has been compiled by the Beilstein editorial staff and is also available free of charge. The contents of this dictionary are also to be found in volume 22/7 on pages XXIX to LV.

Inhalt – Contents

Stereochemische Bezeichnungsweisen sowie Verzeichnis der Literatur-Quellen und ihrer Kürzungen s. Bd. **26**, Teilband 1, S. XI, XXIX.

Dritte Abteilung

Heterocyclische Verbindungen

18. Verbindungen mit 4 Stickstoff-Ringatomen

Abkürzungen und Symbole[1]

Abbreviations and Symbols[2]

	Abkürzungen und Symbole	Abbreviations and Symbols
A.	Äthanol	ethanol
Acn.	Aceton	acetone
Ae.	Diäthyläther	diethyl ether
äthanol.	äthanolisch	solution in ethanol
alkal.	alkalisch	alkaline
Anm.	Anmerkung	footnote
at	technische Atmosphäre (98066,5 $N \cdot m^{-2}$ = 0,980665 bar = 735,559 Torr)	technical atmosphere
atm	physikalische Atmosphäre	physical (standard) atmosphere
Aufl.	Auflage	edition
B.	Bildungsweise(n), Bildung	formation
Bd.	Band	volume
Bzl.	Benzol	benzene
bzw.	beziehungsweise	or, respectively
c	Konzentration einer optisch aktiven Verbindung in g/100 ml Lösung	concentration of an optically active compound in g/100 ml solution
D	1) Debye (Dimension des Dipolmoments) 2) Dichte (z.B. D_4^{20}: Dichte bei 20° bezogen auf Wasser von 4°)	1) Debye (dimension of dipole moment) 2) density (e.g. D_4^{20}: density at 20° related to water at 4°)
d	Tag	day
$D(R-X)$	Dissoziationsenergie der Verbindung RX in die freien Radikale $R^{\bullet}$ und $X^{\bullet}$	dissociation energy of the compound RX to form the free radicals $R^{\bullet}$ and $X^{\bullet}$
Diss.	Dissertation	dissertation, thesis
DMF	Dimethylformamid	dimethylformamide
DMSO	Dimethylsulfoxid	dimethylsulfoxide
E	1) Erstarrungspunkt 2) Ergänzungswerk des Beilstein-Handbuchs	1) freezing (solidification) point 2) Beilstein supplementary series
E.	Äthylacetat	ethyl acetate
Eg.	Essigsäure (Eisessig)	acetic acid
engl. Ausg.	englische Ausgabe	english edition
EPR	Elektronen-paramagnetische Resonanz (=ESR)	electron paramagnetic resonance (=ESR)
F	Schmelzpunkt (-bereich)	melting point (range)
Gew.-%	Gewichtsprozent	percent by weight
grad	Grad	degree
H	Hauptwerk des Beilstein-Handbuchs	Beilstein basic series
h	Stunde	hour
Hz	Hertz ($=s^{-1}$)	cycles per second ($=s^{-1}$)
K	Grad Kelvin	degree Kelvin
konz.	konzentriert	concentrated
korr.	korrigiert	corrected

[1] Bezüglich weiterer, hier nicht aufgeführter Symbole und Abkürzungen für physikalisch-chemische Grössen und Einheiten siehe

[2] For other symbols and abbreviations for physicochemical quantities and units not listed here see

International Union of Pure and Applied Chemistry Manual of Symbols and Terminology for Physicochemical Quantities and Units (1969) [London 1970].

Kp	Siedepunkt (-bereich)	boiling point (range)
l	1) Liter 2) Rohrlänge in dm	1) litre 2) length of cell in dm
$[M]^t_\lambda$	molares optisches Drehungsvermögen für Licht der Wellenlänge λ bei der Temperatur t	molecular rotation for the wavelength λ and the temperature t
m	1) Meter 2) Molarität einer Lösung	1) metre 2) molarity of solution
Me.	Methanol	methanol
n	1) Normalität einer Lösung 2) nano ($=10^{-9}$) 3) Brechungsindex (z.B. $n^{15}_{656,1}$: Brechungsindex für Licht der Wellenlänge 656,1 nm bei 15°)	1) normality of solution 2) nano ($=10^{-9}$) 3) refractive index (e.g. $n^{15}_{656,1}$: refractive index for the wavelength 656.1 nm and 15°)
opt.-inakt.	optisch inaktiv	optically inactive
p	Konzentration einer optisch aktiven Verbindung in g/100 g Lösung	concentration of an optically active compound in g/100 g solution
PAe.	Petroläther, Benzin, Ligroin	petroleum ether, ligroin
Py.	Pyridin	pyridine
S.	Seite	page
s	Sekunde	second
s.	siehe	see
s. a.	siehe auch	see also
s. o.	siehe oben	see above
sog.	sogenannt	so called
Spl.	Supplement	supplement
... stdg.	... stündig (z.B. 3-stündig)	for ... hours (e.g. for 3 hours)
s. u.	siehe unten	see below
Syst.-Nr.	System-Nummer	system number
THF	Tetrahydrofuran	tetrahydrofuran
Tl.	Teil	part
Torr	Torr (=mm Quecksilber)	torr (=millimetre of mercury)
unkorr.	unkorrigiert	uncorrected
unverd.	unverdünnt	undiluted
verd.	verdünnt	diluted
vgl.	vergleiche	compare (cf.)
wss.	wässrig	aqueous
z. B.	zum Beispiel	for example (e.g.)
Zers.	Zersetzung	decomposition
zit. bei	zitiert bei	cited in
α^t_λ	optisches Drehungsvermögen (Erläuterung s. bei $[M]^t_\lambda$)	angle of rotation (for explanation see $[M]^t_\lambda$)
$[\alpha]^t_\lambda$	spezifisches optisches Drehungsvermögen (Erläuterung s. bei $[M]^t_\lambda$)	specific rotation (for explanation see $[M]^t_\lambda$)
ε	1) Dielektrizitätskonstante 2) Molarer dekadischer Extinktionskoeffizient	1) dielectric constant, relative permittivity 2) molar extinction coefficient
$\lambda_{(max)}$	Wellenlänge (eines Absorptionsmaximums)	wavelength (of an absorption maximum)
µ	Mikron ($=10^{-6}$ m)	micron ($=10^{-6}$ m)
°	Grad Celsius oder Grad (Drehungswinkel)	degree Celsius or degree (angle of rotation)

Transliteration von russischen Autorennamen
Key to the Russian Alphabet for Authors' Names

Russisches Schrift-zeichen		Deutsches Äquivalent (BEILSTEIN)	Englisches Äquivalent (Chemical Abstracts)	Russisches Schrift-zeichen		Deutsches Äquivalent (BEILSTEIN)	Englisches Äquivalent (Chemical Abstracts)
А	а	a	a	Р	р	r	r
Б	б	b	b	С	с	s̄	s
В	в	w	v	Т	т	t	t
Г	г	g	g	У	у	u	u
Д	д	d	d	Ф	ф	f	f
Е	е	e	e	Х	х	ch	kh
Ж	ж	sh	zh	Ц	ц	z	ts
З	з	s	z	Ч	ч	tsch	ch
И	и	i	i	Ш	ш	sch	sh
Й	й	ĭ	ĭ	Щ	щ	schtsch	shch
К	к	k	k	Ы	ы	y	y
Л	л	l	l		ь	’	’
М	м	m	m	Э	э	ė	e
Н	н	n	n	Ю	ю	ju	yu
О	о	o	o	Я	я	ja	ya
П	п	p	p				

Dritte Abteilung

Heterocyclische Verbindungen

Verbindungen mit 4 bis 24 cyclisch gebundenen Stickstoff-Atomen

Dritte Abteilung

Heterocyclische Verbindungen

Verbindungen mit 4 bis 24 cyclisch gebundenen Stickstoff-Atomen

VI. Amine

A. Monoamine

Monoamine $C_nH_{2n+3}N_5$

***Phenyl-[1,2,3-trimethyl-2,3-dihydro-1*H*-tetrazol-5-yl]-carbodiimid (?)** $C_{11}H_{14}N_6$, vermutlich Formel I.

B. In geringer Ausbeute beim Erwärmen von 2-Methyl-2*H*-tetrazol-5-ylamin mit Benzol⸗sulfonsäure-methylester und Behandeln der nach Abtrennung von 5-Amino-1,3-dimethyl-tetra⸗zolium-betain (Hauptprodukt) erhaltenen Lösung in Benzol mit Phenylisothiocyanat (*Henry et al.*, Am. Soc. **76** [1954] 2894, 2897, 2898).

Gelbe Kristalle (aus Bzl. + PAe.); F: 127–128° [korr.].

Monoamine $C_nH_{2n+1}N_5$

Amine CH_3N_5

1*H*-Tetrazol-5-ylamin CH_3N_5, Formel II (R = H) und Taut. (H 403; E I 123; E II 243).

Nach Ausweis der IR-Absorption liegt im festen Zustand überwiegend 1*H*-Tetrazol-5-ylamin vor (*Murphy, Picard,* J. org. Chem. **19** [1954] 1807; *Schtschipanow et al.*, Ž. org. Chim. **1** [1965] 2236; engl. Ausg. S. 2277). Über das Tautomerie-Gleichgewicht mit 1,4-Dihydro-tetrazolon-imin s. *Butler,* Adv. heterocycl. Chem. **21** [1977] 323, 334.

B. Beim Erwärmen von Azidocarbamidin-nitrat in wss. Äthanol unter Zusatz von Thiosemi⸗carbazid, verschiedenen Aminen oder Hydrazin-Derivaten (*Scott et al.*, J. org. Chem. **21** [1956] 1519, 1521; vgl. H 403). Beim Hydrieren von 1-Benzyl-1*H*-tetrazol-5-ylamin an Palladium in Essigsäure (*Birkofer,* B. **75** [1942] 429, 437). Aus 5-Azido-1*H*-tetrazol oder dessen Kalium-Salz mit Hilfe von wss. H_2S (*Lieber, Levering,* Am. Soc. **73** [1951] 1313, 1316).

Dipolmoment (ε; Dioxan) bei 25°: 5,71 D (*Jensen, Friediger,* Danske Vid. Selsk. Mat. fys. Medd. **20** [1943] Nr. 20, S. 17, 50).

Kristalle (aus H_2O) mit 1 Mol H_2O; F: 206,5–207,5° [Zers.] (*Mihina, Herbst,* J. org. Chem. **15** [1950] 1082, 1088), 206° [korr.; Zers.] (*Herbst, Garrison,* J. org. Chem. **18** [1953] 941, 943), 204–206° [unkorr.; Zers.] (*Patinkin et al.*, Am. Soc. **77** [1955] 562, 567). Das Monohydrat ist monoklin; Dimensionen der Elementarzelle (Röntgen-Diagramm): *Bryden,* Acta cryst. **6** [1953] 669. Netzebenenabstände der wasserfreien Kristalle und des Monohydrats: *Burkardt, Moore,* Anal. Chem. **24** [1952] 1579, 1581. Dichte der Kristalle des Monohydrats: 1,51 (*Br.*). Standard-Bildungsenthalpie ($+49,67\ kcal \cdot mol^{-1}$) und Standard-Verbrennungsenthalpie ($-246,20\ kcal \cdot mol^{-1}$) der wasserfreien Verbindung: *McEwan, Rigg,* Am. Soc. **73** [1951] 4725. IR-Spektrum der wasserfreien Verbindung (Mineralöl; 2–15 µ): *Lieber et al.*, Anal. Chem. **23** [1951] 1594, 1599. UV-Spektrum in H_2O (210–255 nm bzw. 240–270 nm): *Garbrecht, Herbst,* J. org. Chem. **18** [1953] 1003, 1009; *Hofsommer, Pestemer,* Z. El. Ch. **53** [1949] 383, 385; in Methanol (230–330 nm): *Kuhn, Kainer,* Ang. Ch. **65** [1953] 442, 444; in Äthanol (200–255 nm): *Murphy, Picard,* J. org. Chem. **19** [1954] 1807, 1809. λ_{max} (A.): 218 nm (*Lieber et al.*, Curr. Sci. **26** [1957] 167). Scheinbarer Dissoziationsexponent pK'_{a1} (protonierte Verbin⸗dung; H_2O; potentiometrisch ermittelt) bei 20°: 1,80 (*Albert et al.*, Soc. **1948** 2240, 2248); bei 25°: 1,82 [umgerechnet aus Eg.] (*Rochlin et al.*, Am. Soc. **76** [1954] 1451). Scheinbarer

Dissoziationsexponent pK'_{a2} (H_2O; potentiometrisch ermittelt) bei 20°: 6,03 (*Al. et al.*); bei 25°: 5,93 (*Ga., He.*, l. c. S. 1012). Protonierungsgleichgewicht in wss. Methanol: *Ga., He.*; in wss. Äthanol: *Al. et al.*; in Essigsäure: *Ro. et al.* Kryoskopisches Verhalten in H_2SO_4 (Salzbildung): *Hantzsch*, B. **63** [1930] 1782, 1785.

Alkylierung mit Alkylhalogeniden bzw. Dialkylsulfat in wss. NaOH (Hauptprodukte 1(bzw. 2)-Alkyl-1*H*-tetrazol-5-ylamin): *Henry, Finnegan*, Am. Soc. **76** [1954] 923. Beim Erwärmen mit Acetaldehyd ist (±)-4-[1*H*-Tetrazol-5-ylimino]-butan-2-ol und nicht die von *Bureš, Barsi* (Č. čsl. Lékárn. **14** [1934] 345–353; C. A. **1935** 4765; C. **1935** I 1867) erhaltene Verbindung $C_3H_5N_5$ (F: 164–165°) isoliert worden (*Stollé, Heintz*, J. pr. [2] **148** [1937] 217, 219). Beim Erhitzen mit Benzaldehyd ist [1*H*-Tetrazol-5-yl]-guanidin (*St., He.*, l. c. S. 220) bzw. eine als *N,N'*-Di-[1*H*-tetrazol-5-yl]-benzylidendiamin angesehene Verbindung (*Henry, Finnegan*, Am. Soc. **76** [1954] 926) und nicht die von *Bureš, Barsi* erhaltene Verbindung $C_8H_7N_5$ (F: 120° [Zers.]) isoliert worden. Beim Erhitzen mit Kalium-[2-jod-benzoat], K_2CO_3 und wenig Kupfer-Pulver in Amylalkohol bilden sich 2,2'-Imino-di-benzoesäure und geringe Mengen 4*H*-Tetrazolo[1,5-*a*]chinazolin-5-on (*Cook et al.*, R. **69** [1950] 1201, 1205). Die beim Erhitzen mit 3-Oxo-3-phenyl-propionsäure-äthylester in Essigsäure erhaltene Verbindung (s. H 403) ist nicht als 5-Phenyl-4*H*-tetrazolo[1,5-*a*]pyrimidin-7-on, sondern als *N*-[1*H*-Tetrazol-5-yl]-acetamid zu formulieren (*Brady, Herbst*, J. org. Chem. **24** [1959] 922, 924). Beim Erwärmen mit 3-Oxo-3-phenyl-propionsäure-äthylester in Äthanol in Gegenwart von Piperidin entsteht 5-Phenyl-4*H*-tetrazolo[1,5-*a*]pyrimidin-7-on (*Br., He.*). Beim Erwärmen mit [2-Oxo-cyclohexyl]-glyoxylsäure-äthylester in Äthanol ist 5,6,7,8-Tetrahydro-chinazolin-2-ylamin erhalten worden (*Cook et al.*, l. c. S. 1206). Beim Behandeln mit *N*-Acetyl-sulfanilylchlorid in Pyridin oder wss. Na_2CO_3 bildet sich *N*-Acetyl-sulfanilsäure-[azidocarbimidoyl-amid] (*Jensen, Pedersen*, Acta chem. scand. **15** [1961] 991, 998; *Kovacs Nagy et al.*, Am. Soc. **82** [1960] 1609, 1612; vgl. *Jensen*, Dansk Tidsskr. Farm. **15** [1941] 299, 303; *Tappi*, R. **62** [1943] 207).

Nitrat $CH_3N_5 \cdot HNO_3$ (H 403; E II 243). Kristalle (aus H_2O); F: 178–179° [korr.; Zers.] (*Herbst, Garrison*, J. org. Chem. **18** [1953] 941, 943). Netzebenenabstände: *Burkardt, Moore*, Anal. Chem. **24** [1952] 1579, 1582. Standard-Bildungsenthalpie: $-6{,}58$ kcal·mol^{-1}; Standard-Verbrennungsenthalpie: $-224{,}10$ kcal·mol^{-1} (*McEwan, Rigg*, Am. Soc. **73** [1951] 4725).

Hydrazin-Salz $N_2H_4 \cdot CH_3N_5$. Atomabstände und Bindungswinkel (Röntgen-Diagramm): *Bryden*, Acta cryst. **11** [1958] 31, 34. – Kristalle (aus Me., A. oder A. + Ae.); F: 124–125° [korr.] (*Henry*, Am. Soc. **74** [1952] 6303). Orthorhombisch; Kristallstruktur-Analyse (Röntgen-Diagramm): *Br.*, Acta cryst. **11** 31. Dichte der Kristalle: 1,539 (*Br.*, Acta cryst. **11** 32).

Pyrrolidin-Salz $C_4H_9N \cdot CH_3N_5$. F: 138–141° [unkorr.] (*Scott et al.*, J. org. Chem. **21** [1956] 1519, 1522).

Piperidin-Salz $C_5H_{11}N \cdot CH_3N_5$. Kristalle; F: 176–178° [korr.; aus Me., A. oder A. + Ae.] (*He.*), 165–172° [unkorr.; aus A. oder A. + Ae.] (*Sc. et al.*).

Morpholin-Salz $C_4H_9NO \cdot CH_3N_5$. Kristalle (aus Me., A. oder A. + Ae.); F: 126–127° [korr.] (*He.*).

5-Methyl-4*H*-[1,2,4]triazolo[1,5-*a*]pyrimidin-7-on-Salz $C_6H_6N_4O \cdot CH_3N_5$. Kristalle; Zers. bei 246° [unkorr.; nach Sintern bei ca. 230°] (*Sirakawa*, J. pharm. Soc. Japan **79** [1959] 899, 903; C. A. **1960** 556).

2,5-Dimethyl-4*H*-[1,2,4]triazolo[1,5-*a*]pyrimidin-7-on-Salz $C_7H_8N_4O \cdot CH_3N_5$. Kristalle; Zers. bei 252° [unkorr.; nach Sintern bei ca. 245°] (*Si.*).

Guanidin-Salz $CH_5N_3 \cdot CH_3N_5$. Kristalle (aus Me., A. oder A. + Ae.); F: 126–126,5° [korr.] (*He.*). Orthorhombisch; Dimensionen der Elementarzelle (Röntgen-Diagramm): *Bryden*, Acta cryst. **6** [1953] 669. Dichte der Kristalle: 1,201 (*Br.*, Acta cryst. **6** 670).

Aminoguanidin-Salz $CH_6N_4 \cdot CH_3N_5$. Kristalle (aus Me., A. oder A. + Ae.); F: 93–95° (*He.*).

Benzylidenamino-guanidin-Salz $C_8H_{10}N_4 \cdot CH_3N_5$. Kristalle (aus Me., A. oder A. + Ae.); F: 145,5–146,5° [korr.] (*He.*).

Methylamin-Salz $CH_5N \cdot CH_3N_5$. Kristalle (aus Me., A. oder A. + Ae.); F: 112–117° [korr.; nach Erweichen ab ca. 95°] (*He.*).

Methylguanidin-Salz $C_2H_7N_3 \cdot CH_3N_5$. Kristalle (aus Me., A. oder A. + Ae.); F: 109–110° [korr.] (*He.*).

Diäthylamin-Salz $C_4H_{11}N \cdot CH_3N_5$. Kristalle (aus Me., A. oder A. + Ae.); F: 114 – 118° [korr.; nach Erweichen ab ca. 100°] (*He.*).

Dibutylamin-Salz $C_8H_{19}N \cdot CH_3N_5$. Feststoff mit 1 Mol H_2O; F: 82 – 90° (*Sc. et al.*).

Cyclohexylamin-Salz $C_6H_{13}N \cdot CH_3N_5$. F: 212 – 214° [unkorr.] (*Sc. et al.*).

Äthylendiamin-Salz $C_2H_8N_2 \cdot 2CH_3N_5$. Kristalle (aus Me., A. oder A. + Ae.); F: 166 – 167° [korr.] (*He.*).

Phenylguanidin-Salz $C_7H_9N_3 \cdot CH_3N_5$. Kristalle (aus Me., A. oder A. + Ae.); F: 121 – 121,5° [korr.] (*He.*).

Benzylamin-Salz $C_7H_9N \cdot CH_3N_5$. Kristalle; F: 129 – 135° [unkorr.] (*Sc. et al.*), 130,5 – 131,5° [korr.; aus Me., A. oder A. + Ae.] (*He.*).

Phenäthylamin-Salz $C_8H_{11}N \cdot CH_3N_5$. F: 75 – 85° (*Sc. et al.*).

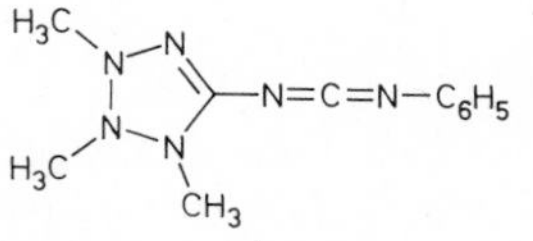

I 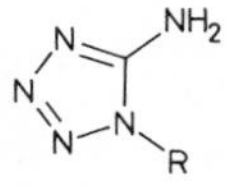 II 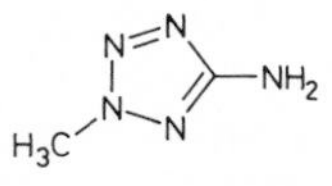 III 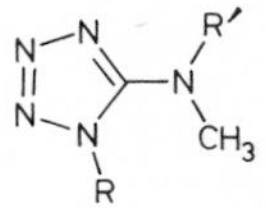 IV 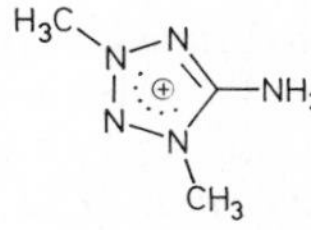 V

1-Methyl-1*H*-tetrazol-5-ylamin $C_2H_5N_5$, Formel II (R = CH_3) (H 404; E II 245).

B. Beim Behandeln von Methylamin in Äthylacetat mit BrCN in Äther und Behandeln der Reaktionslösung mit HN_3 (*Garbrecht, Herbst,* J. org. Chem. **18** [1953] 1014, 1019). Beim Erwärmen von Methyl-thioharnstoff mit $PbCO_3$ und NaN_3 in Äthanol unter Durchleiten von CO_2 (*Stollé et al.,* J. pr. [2] **134** [1932] 282, 285). Beim Behandeln von *N*-Amino-*N'*-methyl-guanidin mit wss. HCl und $NaNO_2$ und anschliessend mit K_2CO_3 (*Finnegan et al.,* J. org. Chem. **18** [1953] 779, 784, 788). Neben 2-Methyl-2*H*-tetrazol-5-ylamin aus 1*H*-Tetrazol-5-ylamin und Dimethylsulfat in wss. NaOH (*Henry, Finnegan,* Am. Soc. **76** [1954] 923, 924) oder Diazomethan in Äther (*Hattori et al.,* Am. Soc. **78** [1956] 411, 414). Beim Erhitzen von Methyl-[1*H*-tetrazol-5-yl]-amin auf 180 – 190° (*Fi. et al.,* l. c. S. 785).

Dipolmoment (ε; Bzl.) bei 25°: ca. 7 D (*Kaufman et al.,* Am. Soc. **78** [1956] 4197, 4201).

Kristalle; F: 232° (*Murphy, Picard,* J. org. Chem. **19** [1954] 1807, 1811), 228 – 229° [korr.; aus H_2O] (*Garb., He.*), 228° [korr.; aus H_2O] (*Fi. et al.*). Netzebenenabstände: *Burkardt, Moore,* Anal. Chem. **24** [1952] 1579, 1582. Sublimationsenthalpie: 25,75 kcal · mol^{-1} (*Pitman,* zit. bei *Ka. et al.*). Standard-Bildungsenthalpie: +46,2 kcal · mol^{-1}; Standard-Verbrennungsenthalpie: −405,16 kcal · mol^{-1} (*Williams et al.,* J. phys. Chem. **61** [1957] 261, 262). UV-Spektrum in H_2O (220 – 260 nm): *Henry et al.,* Am. Soc. **76** [1954] 2894, 2898; in Äthanol (200 – 275 nm): *Mu., Pi.,* l. c. S. 1809. Scheinbarer Dissoziationsexponent pK'_a (protonierte Verbindung; potentiometrisch ermittelt) bei 25°: 1,82 [H_2O (umgerechnet aus Eg.)] bzw. 0,09 [Eg.] (*Rochlin et al.,* Am. Soc. **76** [1954] 1451).

Gleichgewichtskonstante des Reaktionssystems mit Methyl-[1*H*-tetrazol-5-yl]-amin in Äthylenglykol bei 426 K und 468,5 K: *Henry et al.,* Am. Soc. **77** [1955] 2264, 2266; bei 466 – 467 K: *Henry et al.,* Am. Soc. **76** [1954] 88, 89. Bildung von 5-Amino-1,4-dimethyl-tetrazolium-betain und geringen Mengen 5-Amino-1,3-dimethyl-tetrazolium-betain beim Erwärmen mit Benzolsulfonsäure-methylester: *He. et al.,* Am. Soc. **76** 2896. Beim Erhitzen mit Benzylchlorid entsteht 5-Amino-1-benzyl-4-methyl-tetrazolium-betain (*He. et al.,* Am. Soc. **76** 2896).

Nitrat $C_2H_5N_5 \cdot HNO_3$. F: 158 – 160° (*Garrison, Herbst,* J. org. Chem. **22** [1957] 278, 280).

2-Methyl-2*H*-tetrazol-5-ylamin $C_2H_5N_5$, Formel III.

B. Beim Hydrieren von 2-Methyl-5-nitro-2*H*-tetrazol an Platin in Methanol (*Henry, Finnegan,* Am. Soc. **76** [1954] 923, 925). Neben 1-Methyl-1*H*-tetrazol-5-ylamin beim Behandeln von 1*H*-Tetrazol-5-ylamin-hydrat mit Diazomethan in Äther (*Hattori et al.,* Am. Soc. **78** [1956] 411, 414) oder Dimethylsulfat in wss. NaOH (*He., Fi.,* l. c. S. 924).

Atomabstände und Bindungswinkel (Röntgen-Diagramm): *Bryden,* Acta cryst. **9** [1956] 874, 876. Dipolmoment (ε; Bzl.) bei 25°: ca. 2,6 D (*Kaufman et al.,* Am. Soc. **78** [1956] 4197, 4201).

Kristalle; F: 105,5 – 106,5° [korr.; aus Bzl. + PAe.] (*He., Fi.,* l. c. S. 925), 103 – 104° [unkorr.; aus Bzl. oder Ae.] (*Ha. et al.*). Orthorhombisch; Kristallstruktur-Analyse (Röntgen-Diagramm):

Br. Dampfdruck bei 10–45° (Gleichung): *Pitman,* zit. bei *Br.* Dichte der Kristalle: 1,342 (*Br.*). Sublimationsenthalpie: 21,10 kcal·mol^{-1} (*Pitman,* zit. bei *Ka. et al.*). Standard-Bildungsenthalpie: +50,40 kcal·mol^{-1}; Standard-Verbrennungsenthalpie: −409,30 kcal·mol^{-1} (*Williams et al.,* J. phys. Chem. **61** [1957] 261, 262). λ_{max} (H_2O): 241 nm (*Henry et al.,* Am. Soc. **76** [1954] 2894, 2898).

Beim Erhitzen mit Benzylbromid bildet sich 5-Amino-1-benzyl-3-methyl-tetrazolium-bromid (*He. et al.,* l. c. S. 2896). Beim Erwärmen mit Benzolsulfonsäure-methylester sind 5-Amino-1,3-dimethyl-tetrazolium-betain, geringe Mengen Methyl-[2-methyl-2*H*-tetrazol-5-yl]-amin und – nach Behandeln einer Lösung des Reaktionsprodukts in Benzol mit Phenylisothiocyanat – eine als Phenyl-[1,2,3-trimethyl-2,3-dihydro-1*H*-tetrazol-5-yl]-carbodiimid angesehene Verbindung (S. 3469) erhalten worden (*He. et al.,* l. c. S. 2897).

5-Methylamino-1*H*-tetrazol, Methyl-[1*H*-tetrazol-5-yl]-amin $C_2H_5N_5$, Formel IV (R = R′ = H) und Taut.

B. Beim Hydrieren von Benzyl-methyl-[1*H*-tetrazol-5-yl]-amin an Palladium in Essigsäure (*Finnegan et al.,* J. org. Chem. **18** [1953] 779, 785) oder an Palladium/Kohle in Äthanol (*Garbrecht, Herbst,* J. org. Chem. **18** [1953] 1022, 1026).

Kristalle (aus Dioxan); F: 185–187° (*Garrison, Herbst,* J. org. Chem. **22** [1957] 278, 282). Monoklin; Dimensionen der Elementarzelle (Röntgen-Diagramm): *Bryden,* Acta cryst. **6** [1953] 669. Netzebenenabstände: *Burkardt, Moore,* Anal. Chem. **24** [1952] 1579, 1582. Dichte der Kristalle: 1,46 (*Br.*). Standard-Bildungsenthalpie: +48,41 kcal·mol^{-1}; Standard-Verbrennungsenthalpie: −407,31 kcal·mol^{-1} (*Williams et al.,* J. phys. Chem. **61** [1957] 261, 262). λ_{max} (A.): 225 nm (*Murphy, Picard,* **19** [1954] 1807, 1808). Scheinbarer Dissoziationsexponent pK_a' (potentiometrisch ermittelt) bei 25°: 6,06 [H_2O] bzw. 6,67 [wss. Me. (50%ig)] (*Garb., He.,* l. c. S. 1027, 1028); bei 27°: 6,69 [wss. A. (50%ig)] (*Henry et al.,* Am. Soc. **76** [1954] 88, 89, 93).

Beim Erhitzen über den Schmelzpunkt erfolgt Isomerisierung zu 1-Methyl-1*H*-tetrazol-5-ylamin (*Fi. et al.*); Gleichgewichtskonstante dieses Reaktionssystems in Äthylenglykol bei 426 K und 468,5 K: *Henry et al.,* Am. Soc. **77** [1955] 2264, 2266; bei 466–467 K: *He. et al.,* Am. Soc. **76** 89.

Nitrat $C_2H_5N_5 \cdot HNO_3$. F: 70–72° (*Garr., He.,* l. c. S. 280).

5-Amino-1,3-dimethyl-tetrazolium $[C_3H_8N_5]^+$, Formel V.

Betain $C_3H_7N_5$. *B.* Beim Erwärmen von 2-Methyl-2*H*-tetrazol-5-ylamin mit Benzolsulfonsäure-methylester (*Henry et al.,* Am. Soc. **76** [1954] 2894, 2897). – Dipolmoment (ε; Bzl.) bei 25°: 4,02 D (*Kaufman et al.,* Am. Soc. **78** [1956] 4197, 4198). – Hygroskopisch; F: 41–43°; Kp_1: 88° (*He. et al.*). Scheinbarer Dissoziationsexponent pK_b' (H_2O; potentiometrisch ermittelt): ca. 2,5 (*He. et al.*). – Verbindung mit 2-Methyl-2*H*-tetrazol-5-ylamin $C_3H_7N_5 \cdot C_2H_5N_5$. Hygroskopische Kristalle (nach Sublimation im Vakuum); F: 94–95° (*He. et al.*).

Chlorid $[C_3H_8N_5]Cl$. Atomabstände und Bindungswinkel (Röntgen-Diagramm): *Bryden,* Acta cryst. **8** [1955] 211, 216. – Kristalle (aus wss. Isopropylalkohol); F: 208–209° [korr.] (*He. et al.*). Orthorhombisch; Kristallstruktur-Analyse (Röntgen-Diagramm): *Br.* Dichte der Kristalle: 1,43 (*Br.*). UV-Spektrum (H_2O, wss. NaOH sowie wss. HCl; 220–360 nm): *He. et al.,* l. c. S. 2898.

Bromid $[C_3H_8N_5]Br$. Kristalle (aus Isopropylalkohol); Zers. bei 188,5–189° [korr.] (*He. et al.*). Orthorhombisch; Dimensionen der Elementarzelle (Röntgen-Diagramm): *Br.* Dichte der Kristalle: 1,69 (*Br.*). λ_{max} 256 nm: [H_2O] bzw. 259 nm [A.] (*He. et al.*).

Nitrat $[C_3H_8N_5]NO_3$. Kristalle (aus A.); F: 153,5–154,5° [korr.] (*He. et al.*). Standard-Bildungsenthalpie: −1,28 kcal·mol^{-1}; Standard-Verbrennungsenthalpie: −554,15 kcal·mol^{-1} (*Williams et al.,* J. phys. Chem. **61** [1957] 261, 262).

Picrat $[C_3H_8N_5]C_6H_2N_3O_7$. Kristalle (aus A.); F: 186–187° [korr.] (*He. et al.*).

5-Amino-1,4-dimethyl-tetrazolium $[C_3H_8N_5]^+$, Formel VI (R = H).

Betain $C_3H_7N_5$; 1,4-Dimethyl-1,4-dihydro-tetrazolon-imin. Diese Konstitution kommt der früher (H **26** 404) unter Vorbehalt als Methyl-[1-methyl-1*H*-tetrazol-5-yl]-amin („Dimethyl-[5-amino-tetrazol]") $C_3H_7N_5$ beschriebenen Verbindung zu (*Percival, Herbst,* J. org. Chem. **22** [1957] 925, 926). – *B.* Beim Erwärmen von 1-Methyl-1*H*-tetrazol-5-ylamin mit Dimethylsulfat (*Murphy, Picard,* J. org. Chem. **19** [1954] 1807, 1813) oder Benzolsulfonsäure-methylester (*Henry et al.*, Am. Soc. **76** [1954] 2894, 2896). – Dipolmoment (ε; Bzl.) bei 25°: 1,65 D (*Kaufman et al.*, Am. Soc. **78** [1956] 4197, 4198). – Kristalle; F: 108,5–109,5° [korr.; aus Bzl.; nach Sublimation im Vakuum] (*He. et al.*), 106,4–107,4° [nach Destillation bei 122°/32 Torr] (*Mu., Pi.*). IR-Spektrum (Hexachlor-buta-1,3-dien sowie Mineralöl; 4,5–7,5 μ): *Mu., Pi.*, l. c. S. 1810. UV-Spektrum (A.; 215–280 nm): *Mu., Pi.*, l. c. S. 1809. λ_{max}: 258 nm [wss. Lösungen vom pH > 10] bzw. 220 nm [wss. Lösungen vom pH < 6] (*McBride et al.*, J. org. Chem. **22** [1957] 152, 153). Scheinbarer Dissoziationsexponent pK_b' (H_2O) bei Raumtemperatur: 5,32 [potentiometrisch ermittelt] (*He. et al.*, l. c. S. 2897); bei 25°: 5,43 [spektrophotometrisch ermittelt] (*McB. et al.*, l. c. S. 154). Protonierungsgleichgewicht in Essigsäure bei 25°: *Rochlin et al.*, Am. Soc. **76** [1954] 1451.

Chlorid $[C_3H_8N_5]Cl$ (H 404). Kristalle (aus wss. Isopropylalkohol); F: 242–244° [korr.; Zers.] (*He. et al.*). Orthorhombisch; Dimensionen der Elementarzelle (Röntgen-Diagramm): *Bryden,* Acta cryst. **10** [1957] 148. Dichte der Kristalle: 1,356 (*Br.*). IR-Spektrum (Hexachlor-buta-1,3-dien sowie Mineralöl; 4,5–7,5 μ): *Mu., Pi.,* l. c. S. 1810. UV-Spektrum (A.; 220–360 nm): *He. et al.*, l. c. S. 2898. λ_{max} (A.): 221 nm (*McB. et al.*, l. c. S. 153).

Bromid $[C_3H_8N_5]Br$. Kristalle (aus A.); Zers. bei 190–191° [korr.] (*He. et al.*). Monoklin; Dimensionen der Elementarzelle (Röntgen-Diagramm): *Br.* Dichte der Kristalle: 1,710 (*Br.*).

Picrat $[C_3H_8N_5]C_6H_2N_3O_7$ (H 404). Kristalle (aus A.); F: 211,5–212,5° [korr.; Zers.] (*He. et al.*).

Benzolsulfonat $[C_3H_8N_5]C_6H_5O_3S$. Kristalle (aus H_2O); F: 217–218° [korr.] (*He. et al.*).

1-Methyl-5-methylamino-1*H*-tetrazol, Methyl-[1-methyl-1*H*-tetrazol-5-yl]-amin $C_3H_7N_5$, Formel IV (R = CH_3, R' = H).

Nach Ausweis des ^1H-NMR- und UV-Spektrums liegt in DMSO-d_6 bzw. in Dioxan, Äthanol, H_2O sowie DMSO überwiegend Methyl-[1-methyl-1*H*-tetrazol-5-yl]-amin vor (*Bianchi et al.*, Soc. [B] **1971** 2355).

B. Beim Behandeln von *N,N'*-Dimethyl-thioharnstoff in H_2O und Äther mit HgO und Erwärmen der äther. Lösung mit HN_3 in Benzol (*Percival, Herbst,* J. org. Chem. **22** [1957] 925, 927, 932). Beim Behandeln von *N*-Amino-*N',N''*-dimethyl-guanidin mit wss. HCl und $NaNO_2$ und anschliessend mit Na_2CO_3 (*Murphy, Picard,* J. org. Chem. **19** [1954] 1807, 1813; *Finnegan et al.*, J. org. Chem. **18** [1953] 779, 784, 789). Beim Erwärmen von 5-Amino-1-benzyl-4-methyl-tetrazolium-betain mit Benzolsulfonsäure-methylester und Hydrieren des Reaktionsprodukts an Palladium in Essigsäure (*Henry et al.*, Am. Soc. **76** [1954] 2894, 2898).

Dipolmoment (ε; Bzl.) bei 25°: ca. 7 D (*Kaufman et al.*, Am. Soc. **78** [1956] 4197, 4201).

Kristalle; F: 174–176° [korr.; aus E.] (*He. et al.*), 173,5–174,5° [aus A.] (*Williams et al.*, J. phys. Chem. **61** [1957] 261, 264), 172–173° [korr.; aus A.] (*Fi. et al.*). Orthorhombisch; Dimensionen der Elementarzelle (Röntgen-Diagramm): *Bryden,* Acta cryst. **6** [1953] 669. Netzebenenabstände: *Burkardt, Moore,* Anal. Chem. **24** [1952] 1579, 1584. Dichte der Kristalle: 1,357 (*Br.*). Sublimationsenthalpie: 26,32 kcal·mol^{-1} (*Pitman,* zit. bei *Ka. et al.*). Standard-Bildungsenthalpie: +47,82 kcal·mol^{-1}; Standard-Verbrennungsenthalpie: −569,09 kcal·mol^{-1} (*Wi. et al.*, l. c. S. 262). UV-Spektrum (H_2O; 220–300 nm): *He. et al.* λ_{max} (A.): 227 nm (*Mu., Pi.*, l. c. S. 1808).

Hydrochlorid $C_3H_7N_5 \cdot HCl$. F: 209° [Zers.] (*Pe., He.*, l. c. S. 932).

Picrat $C_3H_7N_5 \cdot C_6H_3N_3O_7$. Gelbe Kristalle (aus A. + Ae.); F: 119–120° [korr.] (*Fi. et al.*).

2-Methyl-5-methylamino-2*H*-tetrazol, Methyl-[2-methyl-2*H*-tetrazol-5-yl]-amin $C_3H_7N_5$, Formel VII.

B. Beim Behandeln von Benzyl-methyl-[1*H*-tetrazol-5-yl]-amin mit Diazomethan in Äther und Hydrieren des Reaktionsprodukts an Palladium in Essigsäure (*Henry, Finnegan,* Am. Soc. **76** [1954] 923, 925).

Dipolmoment (ε; Bzl.) bei 25°: 2,55 D (*Kaufman et al.*, Am. Soc. **78** [1956] 4197, 4198, 4200).

Kristalle (aus Ae.+PAe.); F: 48–49° (*He., Fi.*). Sublimationsenthalpie: 19,98 kcal·mol^{-1} (*Pitman*, zit. bei *Ka. et al.*). UV-Spektrum (H_2O; 220–300 nm): *Henry et al.*, Am. Soc. **76** [1954] 2894, 2898. λ_{max} (wss. HCl): 256 nm (*He. et al.*).

Picrat $C_3H_7N_5 \cdot C_6H_3N_3O_7$. Kristalle (aus A.); F: 84–85° (*He., Fi.*).

1,4-Dimethyl-5-methylamino-tetrazolium $[C_4H_{10}N_5]^+$, Formel VI (R = CH_3).

Betain $C_4H_9N_5$; [1,4-Dimethyl-1,4-dihydro-tetrazol-5-yliden]-methyl-amin. F: <100° (*Murphy, Picard*, J. org. Chem. **19** [1954] 1807, 1811). λ_{max} (A.): 267 nm (*Mu., Pi.*, l. c. S. 1808).

Chlorid $[C_4H_{10}N_5]Cl$. *B.* Beim Erwärmen von 5-Amino-1,4-dimethyl-tetrazolium-betain oder Methyl-[1-methyl-1*H*-tetrazol-5-yl]-amin mit Dimethylsulfat und anschliessenden Überführen in das Chlorid (*Mu., Pi.*, l. c. S. 1813). – Kristalle (aus Isopropylalkohol); F: 202–203°.

5-Dimethylamino-1*H*-tetrazol, Dimethyl-[1*H*-tetrazol-5-yl]-amin $C_3H_7N_5$, Formel IV (R = H, R′ = CH_3) und Taut.

B. Beim Erwärmen von Dimethylcarbamonitril mit NaN_3 und wss.-äthanol. HCl (*Garbrecht, Herbst*, J. org. Chem. **18** [1953] 1003, 1006, 1010). Beim Behandeln von *N′*-Amino-*N,N*-dimethyl-guanidin mit wss. HCl und $NaNO_2$ und anschliessend mit Na_2CO_3 (*Finnegan et al.*, J. org. Chem. **18** [1953] 779, 784, 789).

Kristalle (aus H_2O); F: 244–246° [korr.] (*Fi. et al.*), 237–239° [Zers.] (*Williams et al.*, J. phys. Chem. **61** [1957] 261). Orthorhombisch; Dimensionen der Elementarzelle (Röntgen-Diagramm): *Bryden*, Acta cryst. **6** [1953] 669. Netzebenenabstände: *Burkardt, Moore*, Anal. Chem. **24** [1952] 1579, 1583. Dichte der Kristalle: 1,398 (*Br.*). Standard-Bildungsenthalpie: +43,68 kcal·mol^{-1}; Standard-Verbrennungsenthalpie: –564,95 kcal·mol^{-1} (*Wi. et al.*, l. c. S. 262). UV-Spektrum (H_2O; 220–270 nm): *Ga., He.*, l. c. S. 1009. Scheinbarer Dissoziationsexponent pK'_a (potentiometrisch ermittelt) bei 25°: 5,92 [H_2O] bzw. 6,42 [wss. Me. (50%ig)] (*Ga., He.*, l. c. S. 1012).

5-Dimethylamino-1-methyl-1*H*-tetrazol, Dimethyl-[1-methyl-1*H*-tetrazol-5-yl]-amin $C_4H_9N_5$, Formel IV (R = R′ = CH_3).

B. Beim Behandeln von *N′*-Amino-*N,N,N″*-trimethyl-guanidin mit wss. HCl und $NaNO_2$ und anschliessend mit Na_2CO_3 (*Murphy, Picard*, J. org. Chem. **19** [1954] 1807, 1813; *Finnegan et al.*, J. org. Chem. **18** [1953] 779, 784, 789).

Kristalle (aus Bzl.+PAe.); F: 43–44° (*Fi. et al.*). Kp_3: 114–116° (*Mu., Pi.*). IR-Spektrum (Hexachlor-buta-1,3-dien sowie Mineralöl; 4,5–7,5 μ): *Mu., Pi.*, l. c. S. 1810. λ_{max} (A.): 232 nm (*Mu., Pi.*, l. c. S. 1808).

Hydrochlorid $C_4H_9N_5 \cdot HCl$. Kristalle; F: 152–154° (*Mu., Pi.*), 150,5–151,5° [korr.; aus A.+Ae.] (*Fi. et al.*). IR-Spektrum (Hexachlor-buta-1,3-dien sowie Mineralöl; 4,5–7,5 μ): *Mu., Pi.*, l. c. S. 1810.

Picrat $C_4H_9N_5 \cdot C_6H_3N_3O_7$. Kristalle (aus A.); F: 97–97,5° (*Fi. et al.*).

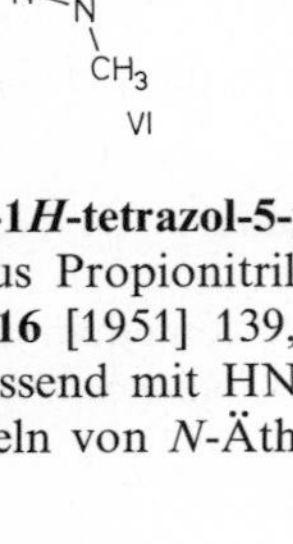

VI 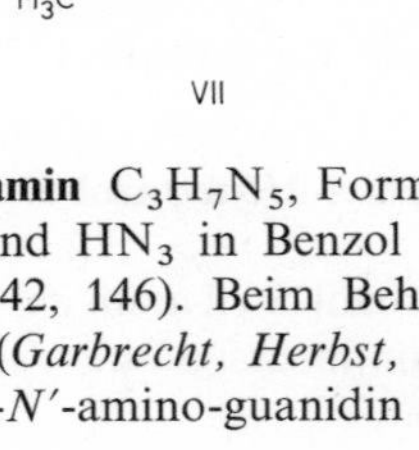 VII 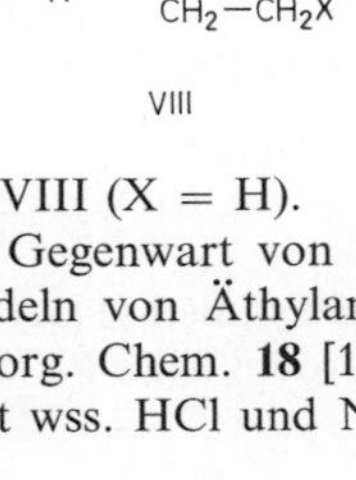 VIII 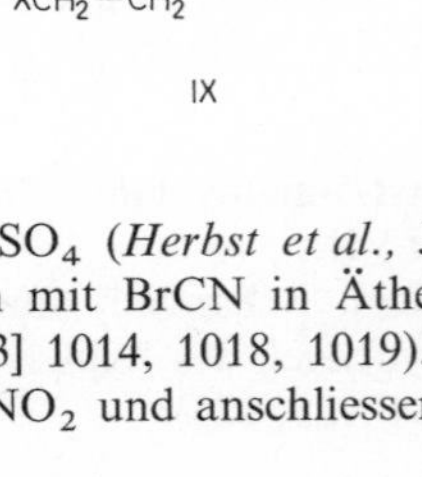 IX

1-Äthyl-1*H*-tetrazol-5-ylamin $C_3H_7N_5$, Formel VIII (X = H).

B. Aus Propionitril und HN_3 in Benzol in Gegenwart von H_2SO_4 (*Herbst et al.*, J. org. Chem. **16** [1951] 139, 142, 146). Beim Behandeln von Äthylamin mit BrCN in Äther und anschliessend mit HN_3 (*Garbrecht, Herbst*, J. org. Chem. **18** [1953] 1014, 1018, 1019). Beim Behandeln von *N*-Äthyl-*N′*-amino-guanidin mit wss. HCl und $NaNO_2$ und anschliessend mit

K_2CO_3 (*Finnegan et al.*, J. org. Chem. **18** [1953] 779, 784, 788). Beim Erhitzen von Äthyl-[1*H*-tetrazol-5-yl]-amin auf 180—190° (*Fi. et al.*, l. c. S. 785, 788).

Kristalle (aus H_2O); F: 149—150,5° [unkorr.] (*Finnegan, Henry*, J. org. Chem. **24** [1959] 1565), 148—148,5° (*Her. et al.*). Netzebenenabstände: *Burkardt, Moore*, Anal. Chem. **24** [1952] 1579, 1582. λ_{max} (A.): 233 nm (*Schueler et al.*, J. Pharmacol. exp. Therap. **97** [1949] 266, 270).

Gleichgewichtskonstante des Reaktionssystems mit Äthyl-[1*H*-tetrazol-5-yl]-amin bei 462—464 K: *Henry et al.*, Am. Soc. **76** [1954] 88, 89; in Äthylenglykol bei 410 K, 425,9 K und 468,8 K: *Henry et al.*, Am. Soc. **77** [1955] 2264, 2266.

Nitrat $C_3H_7N_5 \cdot HNO_3$. F: 125—127° (*Garrison, Herbst*, J. org. Chem. **22** [1957] 278, 280).

1-[2-Chlor-äthyl]-1*H*-tetrazol-5-ylamin $C_3H_6ClN_5$, Formel VIII (X = Cl).

B. In geringer Ausbeute aus 3-Chlor-propionitril und HN_3 in Benzol unter Zusatz von H_2SO_4 (*Herbst et al.*, J. org. Chem. **16** [1951] 139, 142, 146). Beim Erwärmen von 2-[5-Amino-tetrazol-1-yl]-äthanol mit $SOCl_2$ (*Finnegan, Henry*, J. org. Chem. **24** [1959] 1565).

Kristalle; F: 151,5—152° [aus Heptan] (*He. et al.*), 150—151,5° [unkorr.] (*Fi., He.*).

2-Äthyl-2*H*-tetrazol-5-ylamin $C_3H_7N_5$, Formel IX (X = H).

B. Neben 1-Äthyl-1*H*-tetrazol-5-ylamin beim Erwärmen von 1*H*-Tetrazol-5-ylamin in wss. NaOH mit Äthyljodid in Aceton oder mit Diäthylsulfat (*Henry, Finnegan*, Am. Soc. **76** [1954] 923, 925).

F: ca. 20° [nach Destillation bei 94°/1 Torr].

2-[2-Chlor-äthyl]-2*H*-tetrazol-5-ylamin $C_3H_6ClN_5$, Formel IX (X = Cl).

B. Beim Erwärmen von 2-[5-Amino-tetrazol-2-yl]-äthanol mit $SOCl_2$ (*Finnegan, Henry*, J. org. Chem. **24** [1959] 1565).

Kristalle (aus Bzl.); F: 51—52°.

5-Äthylamino-1*H*-tetrazol, Äthyl-[1*H*-tetrazol-5-yl]-amin $C_3H_7N_5$, Formel X (R = H) und Taut.

B. Beim Behandeln von 1*H*-Tetrazol-5-ylamin mit Acetaldehyd in Methanol in Gegenwart von Triäthylamin und anschliessenden Hydrieren an Platin (*Henry, Finnegan*, Am. Soc. **76** [1954] 926). Beim Hydrieren von Äthyl-benzyl-[1*H*-tetrazol-5-yl]-amin an Palladium in Essigsäure (*Finnegan et al.*, J. org. Chem. **18** [1953] 779, 785, 788) oder an Palladium/Kohle in Äthanol (*Garbrecht, Herbst*, J. org. Chem. **18** [1953] 1022, 1028).

Kristalle; F: 180—181° [korr.; aus Acetonitril] (*He., Fi.*), 175—175,5° [korr.; aus A.] (*Garb., He.*). Scheinbarer Dissoziationsexponent pK'_a (potentiometrisch ermittelt) bei 25°: 6,12 [H_2O] bzw. 6,66 [wss. Me. (50%ig)] (*Garb., He.*, l. c. S. 1027, 1028); bei 27°: 6,68 [wss. A. (50%ig)] (*Henry et al.*, Am. Soc. **76** [1954] 88, 89, 93).

Geschwindigkeitskonstante der Isomerisierung zu 1-Äthyl-1*H*-tetrazol-5-ylamin in Äthylenglykol bei 390,1 K, 399,5 K und 409,8 K: *Henry et al.*, Am. Soc. **77** [1955] 2264, 2265; Gleichgewichtskonstante bei 462—464 K: *He. et al.*, Am. Soc. **76** 89; in Äthylenglykol bei 410 K, 425,9 K und 468,8 K: *He. et al.*, Am. Soc. **77** 2266.

Nitrat $C_3H_7N_5 \cdot HNO_3$. F: 68—70° (*Garrison, Herbst*, J. org. Chem. **22** [1957] 278, 280).

1-Äthyl-5-amino-4-methyl-tetrazolium $[C_4H_{10}N_5]^+$, Formel XI (R = CH_3, R′ = H).

Betain $C_4H_9N_5$; 1-Äthyl-4-methyl-1,4-dihydro-tetrazolon-imin. Konstitution: *Herbst, Percival*, J. org. Chem. **19** [1954] 439; *Percival, Herbst*, J. org. Chem. **22** [1957] 925, 926. — *B.* Beim Erwärmen von 1-Äthyl-1*H*-tetrazol-5-ylamin mit Dimethylsulfat oder von 1-Methyl-1*H*-tetrazol-5-ylamin mit Diäthylsulfat (*Herbst et al.*, J. org. Chem. **16** [1951] 139, 145, 147). — Kp_{19}: 118—120° (*He. et al.*).

Chlorid $[C_4H_{10}N_5]Cl$. F: 203° [korr.; Zers.] (*He., Pe.*), 201—202° [Zers.] (*He. et al.*, l. c. S. 145).

Äthyl-[1-methyl-1*H*-tetrazol-5-yl]-amin $C_4H_9N_5$, Formel X (R = CH_3).

Die von *Herbst et al.* (J. org. Chem. **16** [1951] 139, 145) unter dieser Konstitution beschriebene

Verbindung ist als 1-Äthyl-5-amino-4-methyl-tetrazolium-betain (s. o.) zu formulieren (*Herbst, Percival,* J. org. Chem. **19** [1954] 439).

B. Beim Hydrieren von Äthyl-benzyl-[1-methyl-1*H*-tetrazol-5-yl]-amin an Palladium in Essigsäure (*Finnegan et al.,* J. org. Chem. **18** [1953] 779, 785, 789).

Kristalle (aus Bzl.+PAe.); F: 87–88° (*Fi. et al.*).

1,4-Diäthyl-5-amino-tetrazolium-betain, 1,4-Diäthyl-1,4-dihydro-tetrazolon-imin $C_5H_{11}N_5$, Formel XII.

Diese Konstitution kommt auch der früher (H **26** 404) und von *Herbst et al.* (J. org. Chem. **16** [1951] 139, 145, 147) als Äthyl-[1-äthyl-1*H*-tetrazol-5-yl]-amin („Diäthyl-[5-amino-tetrazol]") beschriebenen Verbindung zu (*Percival, Herbst,* J. org. Chem. **22** [1957] 925, 926).

B. Beim Erwärmen von 1-Äthyl-1*H*-tetrazol-5-ylamin mit Diäthylsulfat (*He. et al.*).

Kp_{21}: 122–123° (*He. et al.*).

Phenylthiocarbamoyl-Derivat (F: 109–110°): *He. et al.,* l. c. S. 148; Benzolsulfonyl-Derivat (F: 67–68°): *Pe., He.,* l. c. S. 929.

X XI XII XIII

1-Äthyl-5-äthylamino-1*H*-tetrazol, Äthyl-[1-äthyl-1*H*-tetrazol-5-yl]-amin $C_5H_{11}N_5$, Formel X ($R = C_2H_5$).

Die früher (H **26** 404) und von *Herbst et al.* (J. org. Chem. **16** [1951] 139, 145) unter dieser Konstitution beschriebene Verbindung ist als 1,4-Diäthyl-5-amino-tetrazolium-betain (s. o.) zu formulieren (*Percival, Herbst,* J. org. Chem. **22** [1957] 925, 926).

B. Beim Behandeln von *N,N'*-Diäthyl-thioharnstoff in H_2O und Äther mit HgO und Erwärmen der Reaktionslösung mit HN_3 in Benzol (*Pe., He.,* l. c. S. 932). Beim Behandeln von *N,N'*-Diäthyl-*N''*-amino-guanidin mit wss. HCl und $NaNO_2$ und anschliessend mit Na_2CO_3 (*Finnegan et al.,* J. org. Chem. **18** [1953] 779, 784, 789; *Pe., He.,* l. c. S. 927, 932).

Dipolmoment (ε; Bzl.) bei 25°: 7,36 D (*Kaufman et al.,* Am. Soc. **78** [1956] 4197, 4198).

Kristalle (aus Bzl.+PAe.); F: 96–97° (*Fi. et al.*).

Hydrochlorid $C_5H_{11}N_5 \cdot HCl$. F: 162–163° (*Pe., He.,* l. c. S. 932).

5-Diäthylamino-1*H*-tetrazol, Diäthyl-[1*H*-tetrazol-5-yl]-amin $C_5H_{11}N_5$, Formel XIII (R = H) und Taut.

B. Beim Erwärmen von Diäthylcarbamonitril mit NaN_3 und wss. HCl in wss. Äthanol (*Garbrecht, Herbst,* J. org. Chem. **18** [1953] 1003, 1006, 1010).

Kristalle (aus H_2O); F: 124–125° [korr.] (*Ga., He.*). Netzebenenabstände: *Moore, Burkardt,* Anal. Chem. **26** [1954] 1917, 1922. λ_{max} (A.): 234 nm (*Lieber et al.,* Curr. Sci. **26** [1957] 167). Scheinbarer Dissoziationsexponent pK'_a (potentiometrisch ermittelt) bei 25°: 6,33 [H_2O] bzw. 6,96 [wss. Me. (50%ig)] (*Ga., He.,* l. c. S. 1012).

1,4-Diäthyl-5-methylamino-tetrazolium $[C_6H_{14}N_5]^+$, Formel XI ($R = C_2H_5$, $R' = CH_3$).

Betain $C_6H_{13}N_5$; [1,4-Diäthyl-1,4-dihydro-tetrazol-5-yliden]-methyl-amin. Diese Konstitution kommt der von *Herbst et al.* (J. org. Chem. **16** [1951] 139, 145) als Äthyl-[1-äthyl-1*H*-tetrazol-5-yl]-methyl-amin angesehenen Verbindung zu. – *B.* Beim Erwärmen von 1,4-Diäthyl-5-amino-tetrazolium-betain (s. o.) mit Benzolsulfonsäure-methylester (*He. et al.,* l. c. S. 144, 145, 146). – Kp_{24}: 113–115°.

Chlorid $[C_6H_{14}N_5]Cl$. Kristalle; F: 143–145°.

1-Äthyl-5-äthylamino-4-methyl-tetrazolium $[C_6H_{14}N_5]^+$, Formel XI ($R = CH_3$, $R' = C_2H_5$).

Betain $C_6H_{13}N_5$; Äthyl-[1-äthyl-4-methyl-1,4-dihydro-tetrazol-5-yliden]-amin.

Diese Konstitution kommt der von *Herbst et al.* (J. org. Chem. **16** [1951] 139, 145) ebenfalls (vgl. die vorangehende Verbindung) als Äthyl-[1-äthyl-1*H*-tetrazol-5-yl]-methyl-amin angesehenen Verbindung zu. – *B.* Aus 1-Äthyl-5-amino-4-methyl-tetrazolium-betain (s. o.) und Diäthylsulfat (*He. et al.*). – Kp_{24}: 113–115°.

Chlorid $[C_6H_{14}N_5]Cl$. Kristalle; F: 143–145°.

5-Diäthylamino-1-methyl-1*H*-tetrazol, Diäthyl-[1-methyl-1*H*-tetrazol-5-yl]-amin $C_6H_{13}N_5$, Formel XIII (R = CH_3).

UV-Spektrum (A.; 205–275 nm): *Murphy, Picard,* J. org. Chem. **19** [1954] 1807, 1809.

1-Propyl-1*H*-tetrazol-5-ylamin $C_4H_9N_5$, Formel XIV (X = H).

B. Aus Butyronitril und HN_3 in Benzol unter Zusatz von H_2SO_4 (*Herbst et al.,* J. org. Chem. **16** [1951] 139, 142, 146). Beim Behandeln von Propylamin mit BrCN in Äther und anschliessend mit HN_3 (*Percival, Herbst,* J. org. Chem. **22** [1957] 925, 929; *Garbrecht, Herbst,* J. org. Chem. **18** [1953] 1014, 1018).

Kristalle (aus wss. Isopropylalkohol); F: 153–153,5° (*He. et al.*). λ_{max} (A.): 222 nm (*Murphy, Picard,* J. org. Chem. **19** [1954] 1807, 1808). Scheinbarer Dissoziationsexponent pK'_a (protonierte Verbindung; potentiometrisch ermittelt) bei 25°: 1,80 [H_2O (umgerechnet aus Eg.)] bzw. 0,07 [Eg.] (*Rochlin et al.,* Am. Soc. **76** [1954] 1451).

(±)-1-[2,3-Dibrom-propyl]-1*H*-tetrazol-5-ylamin $C_4H_7Br_2N_5$, Formel XIV (X = Br).

B. Aus 1-Allyl-1*H*-tetrazol-5-ylamin und Brom (*Henry, Finnegan,* Am. Soc. **76** [1954] 923, 926).

Kristalle (aus wss. A.); F: 161–162° [korr.].

1-Äthyl-5-amino-4-propyl-tetrazolium $[C_6H_{14}N_5]^+$, Formel XV (R = C_2H_5).

Betain $C_6H_{13}N_5$; 1-Äthyl-4-propyl-1,4-dihydro-tetrazolon-imin. Diese Konstitution kommt der von *Herbst et al.* (J. org. Chem. **16** [1951] 139, 145) als Äthyl-[1-propyl-1*H*-tetrazol-5-yl]-amin angesehenen Verbindung zu (*Herbst, Percival,* J. org. Chem. **19** [1954] 439; *Percival, Herbst,* J. org. Chem. **22** [1957] 925, 926). – *B.* Aus 1-Propyl-1*H*-tetrazol-5-ylamin und Diäthylsulfat (*He. et al.,* l. c. S. 147). – $Kp_{4,5}$: 94–95° (*He. et al.*).

Chlorid $[C_6H_{14}N_5]Cl$. Kristalle; F: 187° (*He. et al.,* l. c. S. 145).

XIV XV XVI XVII

5-Amino-1,4-dipropyl-tetrazolium $[C_7H_{16}N_5]^+$, Formel XV (R = CH_2-C_2H_5).

Chlorid $[C_7H_{16}N_5]Cl$. *B.* Beim Erhitzen von 1-Propyl-1*H*-tetrazol-5-ylamin mit Propylchlorid bzw. mit Dipropylsulfat, Benzolsulfonsäure-propylester oder Toluol-4-sulfonsäure-propylester und anschliessenden Überführen in das Chlorid (*Percival, Herbst,* J. org. Chem. **22** [1957] 925, 926, 929). – F: 193° [Zers.].

1-Propyl-5-propylamino-1*H*-tetrazol, Propyl-[1-propyl-1*H*-tetrazol-5-yl]-amin $C_7H_{15}N_5$, Formel XVI.

B. Beim Behandeln von *N,N'*-Dipropyl-thioharnstoff in Äther und H_2O mit HgO und Erwärmen der Reaktionslösung mit HN_3 in Benzol (*Percival, Herbst,* J. org. Chem. **22** [1957] 925, 927, 932). Beim Behandeln von *N*-Amino-*N',N''*-dipropyl-guanidin mit wss. HCl und $NaNO_2$ und anschliessend mit Na_2CO_3 (*Pe., He.*).

F: 71–72°.

Hydrochlorid $C_7H_{15}N_5 \cdot HCl$. F: 141–142°.

1-Isopropyl-1*H*-tetrazol-5-ylamin $C_4H_9N_5$, Formel XVII.

B. Aus Isobutyronitril und HN_3 in Benzol unter Zusatz von H_2SO_4 (*Herbst et al.*, J. org. Chem. **16** [1951] 139, 142, 146). Beim Behandeln von Isopropylamin mit BrCN in Äther und anschliessend mit HN_3 (*Percival, Herbst,* J. org. Chem. **22** [1957] 925, 929; *Garbrecht, Herbst,* J. org. Chem. **18** [1953] 1014, 1018).

Kristalle (aus Isopropylalkohol + Bzl.); F: 161,5 – 162° (*He. et al.*). λ_{max} (A.): 222 nm (*Murphy, Picard,* J. org. Chem. **19** [1954] 1807, 1808). Scheinbarer Dissoziationsexponent pK'_a (protonierte Verbindung; potentiometrisch ermittelt) bei 25°: 1,91 [H_2O (umgerechnet aus Eg.)] bzw. 0,18 [Eg.] (*Rochlin et al.*, Am. Soc. **76** [1954] 1451).

1-Äthyl-5-amino-4-isopropyl-tetrazolium $[C_6H_{14}N_5]^+$, Formel I.

Betain $C_6H_{13}N_5$; 1-Äthyl-4-isopropyl-1,4-dihydro-tetrazolon-imin. Diese Konstitution kommt der von *Herbst et al.* (J. org. Chem. **16** [1951] 139, 145) als Äthyl-[1-isopropyl-1*H*-tetrazol-5-yl]-amin angesehenen Verbindung zu (*Herbst, Percival,* J. org. Chem. **19** [1954] 439; *Percival, Herbst,* J. org. Chem. **22** [1957] 925, 926). – *B.* Beim Erwärmen von 1-Isopropyl-1*H*-tetrazol-5-ylamin mit Diäthylsulfat (*He. et al.*, l. c. S. 145, 147). – Kp_5: 100 – 102° (*He. et al.*).

Chlorid $[C_6H_{14}N_5]Cl$. Kristalle; F: 226° [Zers.] (*He. et al.*).

1-Isopropyl-5-isopropylamino-1*H*-tetrazol, Isopropyl-[1-isopropyl-1*H*-tetrazol-5-yl]-amin $C_7H_{15}N_5$, Formel II.

B. Beim Erwärmen von *N,N'*-Diisopropyl-thioharnstoff mit HgO in Benzol und $CHCl_3$ und Erwärmen der Reaktionslösung mit HN_3 in Xylol (*Percival, Herbst,* J. org. Chem. **22** [1957] 925, 927, 932). Beim Behandeln von *N*-Amino-*N',N''*-diisopropyl-guanidin mit wss. HCl und $NaNO_2$ und anschliessend mit Na_2CO_3 (*Pe., He.*).

F: 160 – 161°.

Hydrochlorid $C_7H_{15}N_5 \cdot HCl$. F: 193 – 194°.

5-Diisopropylamino-1*H*-tetrazol, Diisopropyl-1*H*-tetrazol-5-yl-amin $C_7H_{15}N_5$, Formel III und Taut.

B. Aus Diisopropylcarbamonitril und HN_3 (*Garbrecht, Herbst,* J. org. Chem. **18** [1953] 1003, 1006, 1011).

Dimorph; Kristalle (aus E.), F: 184° [korr.; Zers.] und F: 162,5 – 163,5° [korr.]; die niedrigerschmelzende Modifikation wandelt sich beim Aufbewahren allmählich in die höherschmelzende um. Scheinbarer Dissoziationsexponent pK'_a (wss. Me. [50%ig]; potentiometrisch ermittelt) bei 25°: 7,24 (*Ga., He.*, l. c. S. 1012).

1-Butyl-1*H*-tetrazol-5-ylamin $C_5H_{11}N_5$, Formel IV (n = 3).

B. Aus Valeronitril und HN_3 in Benzol unter Zusatz von H_2SO_4 (*Herbst et al.*, J. org. Chem. **16** [1951] 139, 142, 146). Beim Behandeln von Butylamin mit BrCN in Äther und anschliessend mit HN_3 (*Percival, Herbst,* J. org. Chem. **22** [1957] 925, 929; *Garbrecht, Herbst,* J. org. Chem. **18** [1953] 1014, 1018).

Kristalle (aus wss. Isopropylalkohol); F: 149 – 149,5° (*He. et al.*).

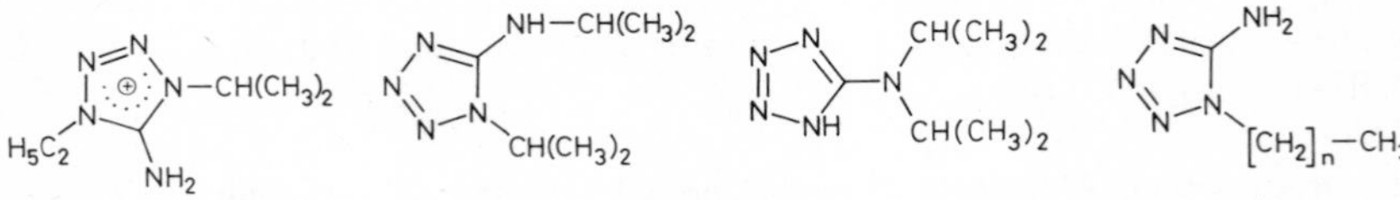

I II III IV

1-Äthyl-5-amino-4-butyl-tetrazolium $[C_7H_{16}N_5]^+$, Formel V (R = C_2H_5, n = 3).

Betain $C_7H_{15}N_5$; 1-Äthyl-4-butyl-1,4-dihydro-tetrazolon-imin. Diese Konstitution kommt der von *Herbst et al.* (J. org. Chem. **16** [1951] 139, 145) als Äthyl-[1-butyl-1*H*-tetrazol-5-yl]-amin angesehenen Verbindung zu (*Herbst, Percival,* J. org. Chem. **19** [1954] 439; *Percival, Herbst,* J. org. Chem. **22** [1957] 925, 926). – *B.* Aus 1-Butyl-1*H*-tetrazol-5-ylamin und Diäthylsulfat (*He. et al.*, l. c. S. 145, 147). – $Kp_{3,5}$: 108 – 109° (*He. et al.*).

Chlorid $[C_7H_{16}N_5]Cl$. Kristalle; F: 196–197° (*He. et al.*).

5-Amino-1,4-dibutyl-tetrazolium $[C_9H_{20}N_5]^+$, Formel V (R = $[CH_2]_3$-CH_3, n = 3).

Chlorid $[C_9H_{20}N_5]Cl$. *B.* Beim Erhitzen von 1-Butyl-1*H*-tetrazol-5-ylamin mit Toluol-4-sulfonsäure-butylester und Behandeln des Reaktionsprodukts mit wss. HCl (*Percival, Herbst,* J. org. Chem. **22** [1957] 925, 926, 930). – Kristalle (aus Isopropylalkohol + Ae.); F: 203–204° [Zers.].

1-Butyl-5-butylamino-1*H*-tetrazol, Butyl-[1-butyl-1*H*-tetrazol-5-yl]-amin $C_9H_{19}N_5$, Formel VI.

B. Beim Behandeln von *N,N'*-Dibutyl-thioharnstoff mit HgO in $CHCl_3$ und Benzol und Erwärmen der Reaktionslösung mit HN_3 in Xylol (*Percival, Herbst,* J. org. Chem. **22** [1957] 925, 927, 932).

Dipolmoment (ε; Bzl.) bei 25°: 7,12 D (*Kaufman et al.,* Am. Soc. **78** [1956] 4197, 4198).

Kristalle (aus Ae. + PAe.); F: 73–74° (*Pe., He.*).

Hydrochlorid $C_9H_{19}N_5 \cdot HCl$. Kristalle (aus Isopropylalkohol + Ae.); F: 156–157° (*Pe., He.*).

5-Dibutylamino-1*H*-tetrazol, Dibutyl-[1*H*-tetrazol-5-yl]-amin $C_9H_{19}N_5$, Formel VII (n = 3) und Taut.

B. Beim Erhitzen von Dibutylcarbamonitril mit NaN_3 und wss.-äthanol. HCl (*Garbrecht, Herbst,* J. org. Chem. **18** [1953] 1003, 1006, 1010).

Kristalle (aus E.); F: 132,5–133,5° [korr.]. Scheinbarer Dissoziationsexponent pK'_a (wss. Me. [50%ig]; potentiometrisch ermittelt) bei 25°: 7,00 (*Ga., He.,* l. c. S. 1012).

Hydrochlorid $C_9H_{19}N_5 \cdot HCl$. Kristalle; Zers. bei 183° [korr.; nach Erweichen; geschlossene Kapillare] (*Ga., He.,* l. c. S. 1011).

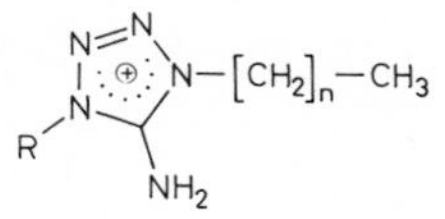

V 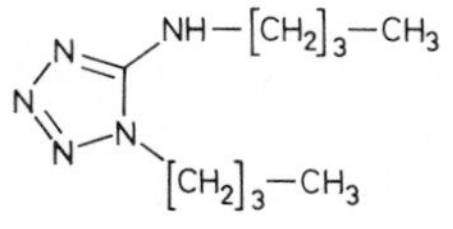 VI 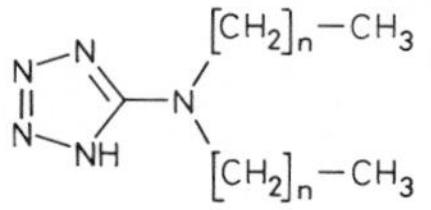 VII 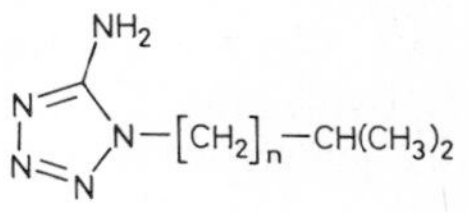 VIII

1-Isobutyl-1*H*-tetrazol-5-ylamin $C_5H_{11}N_5$, Formel VIII (n = 1).

B. Aus Isovaleronitril und HN_3 in Benzol mit Hilfe von H_2SO_4 (*Herbst et al.,* J. org. Chem. **16** [1951] 139, 142, 146). Beim Behandeln von Isobutylamin mit BrCN in Äther und anschliessend mit HN_3 (*Garbrecht, Herbst,* J. org. Chem. **18** [1953] 1014, 1018, 1019).

Kristalle; F: 212–212,5° [korr.] (*Ga., He.*), 204° [aus H_2O] (*He. et al.*).

5-Amino-1-isobutyl-4-methyl-tetrazolium $[C_6H_{14}N_5]^+$, Formel IX (R = CH_3, n = 1).

Betain $C_6H_{13}N_5$; 1-Isobutyl-4-methyl-1,4-dihydro-tetrazolon-imin. Diese Konstitution kommt der von *Herbst et al.* (J. org. Chem. **16** [1951] 139, 145) als [1-Isobutyl-1*H*-tetrazol-5-yl]-methyl-amin angesehenen Verbindung zu (*Herbst, Percival,* J. org. Chem. **19** [1954] 439; *Percival, Herbst,* J. org. Chem. **22** [1957] 925, 926). – *B.* Beim Erwärmen von 1-Isobutyl-1*H*-tetrazol-5-ylamin mit Dimethylsulfat oder Benzolsulfonsäure-methylester (*He. et al.,* l. c. S. 145, 146). – Kp_{20}: 130–132° (*He. et al.*).

Chlorid $[C_6H_{14}N_5]Cl$. Kristalle; F: 243–244° [Zers.] (*He. et al.*).

1-Äthyl-5-amino-4-isobutyl-tetrazolium $[C_7H_{16}N_5]^+$, Formel IX (R = C_2H_5, n = 1).

Betain $C_7H_{15}N_5$; 1-Äthyl-4-isobutyl-1,4-dihydro-tetrazolon-imin. Konstitution: *Herbst, Percival,* J. org. Chem. **19** [1954] 439; *Percival, Herbst,* J. org. Chem. **22** [1957] 925, 926. – *B.* Aus 1-Isobutyl-1*H*-tetrazol-5-ylamin und Diäthylsulfat (*Herbst et al.,* J. org. Chem. **16** [1951] 139, 145, 147). – Kp_{19}: 135–137° (*He. et al.*).

Chlorid $[C_7H_{16}N_5]Cl$. Kristalle; F: 239° [Zers.] (*He. et al.*).

Bromid $[C_7H_{16}N_5]Br$. *B.* Beim Erhitzen von 1-Äthyl-1*H*-tetrazol-5-ylamin mit Isobutylbromid (*He. et al.,* l. c. S. 145, 147 Anm. 7). – Kristalle; F: 201° [Zers.] (*He. et al.*).

5-Diisobutylamino-1*H*-tetrazol, Diisobutyl-[1*H*-tetrazol-5-yl]-amin $C_9H_{19}N_5$, Formel X (n = 1) und Taut.

B. Beim Erwärmen von Diisobutylcarbamonitril mit NaN_3 und wss.-äthanol. HCl (*Garbrecht, Herbst,* J. org. Chem. **18** [1953] 1003, 1006, 1010).

Kristalle (aus wss. A.); F: 190–191° [korr.]. Scheinbarer Dissoziationsexponent pK'_a (wss. Me. [50%ig]; potentiometrisch ermittelt) bei 25°: 7,14 (*Ga., He.,* l. c. S. 1012).

1-Pentyl-1*H*-tetrazol-5-ylamin $C_6H_{13}N_5$, Formel IV (n = 4).

B. Aus Hexannitril und HN_3 in Benzol mit Hilfe von H_2SO_4 (*Herbst et al.,* J. org. Chem. **16** [1951] 139, 142, 146). Beim Behandeln von Pentylamin mit BrCN und NaOH in wss. Äthanol und anschliessend mit NaN_3 und wss. HCl (*Herbst, Froberger,* J. org. Chem. **22** [1957] 1050, 1051, 1052).

Kristalle; F: 165–166° (*He., Fr.*), 161–162° [aus wss. Me.] (*He. et al.*).

1-Äthyl-5-amino-4-pentyl-tetrazolium $[C_8H_{18}N_5]^+$, Formel V (R = C_2H_5, n = 4).

Betain $C_8H_{17}N_5$; 1-Äthyl-4-pentyl-1,4-dihydro-tetrazolon-imin. Diese Konstitution kommt der von *Herbst et al.* (J. org. Chem. **16** [1951] 139, 145) als Äthyl-[1-pentyl-1*H*-tetrazol-5-yl]-amin angesehenen Verbindung zu (*Herbst, Percival,* J. org. Chem. **19** [1954] 439; *Percival, Herbst,* J. org. Chem. **22** [1957] 925, 926). – *B.* Aus 1-Pentyl-1*H*-tetrazol-5-ylamin und Diäthylsulfat (*He. et al.,* l. c. S. 145, 147). – $Kp_{3,5}$: 117–119° (*He. et al.*).

Chlorid $[C_8H_{18}N_5]Cl$. Kristalle; F: 188–189° (*He. et al.*).

5-Dipentylamino-1*H*-tetrazol, Dipentyl-[1*H*-tetrazol-5-yl]-amin $C_{11}H_{23}N_5$, Formel VII (n = 4) und Taut.

B. Beim Erwärmen von Dipentylcarbamonitril mit NaN_3 und wss.-äthanol. HCl (*Garbrecht, Herbst,* J. org. Chem. **18** [1953] 1003, 1006, 1010).

Kristalle (aus E.); F: 91,5–92,5°. Scheinbarer Dissoziationsexponent pK'_a (wss. Me. [50%ig]; potentiometrisch ermittelt) bei 25°: 7,09 (*Ga., He.,* l. c. S. 1012).

IX X XI

1-[1-Äthyl-propyl]-1*H*-tetrazol-5-ylamin $C_6H_{13}N_5$, Formel XI (n = 1).

B. Aus 2-Äthyl-butyronitril und HN_3 in Benzol mit Hilfe von H_2SO_4 (*Herbst et al.,* J. org. Chem. **16** [1951] 139, 142, 146).

Kristalle (aus Isopropylalkohol); F: 190–190,5°.

1-Äthyl-4-[1-äthyl-propyl]-5-amino-tetrazolium $[C_8H_{18}N_5]^+$, Formel XII.

Betain $C_8H_{17}N_5$; 1-Äthyl-4-[1-äthyl-propyl]-1,4-dihydro-tetrazolon-imin. Diese Konstitution kommt der von *Herbst et al.* (J. org. Chem. **16** [1951] 139, 145) als Äthyl-[1-(1-äthyl-propyl)-1*H*-tetrazol-5-yl]-amin angesehenen Verbindung zu (*Herbst, Percival,* J. org. Chem. **19** [1954] 439; *Percival, Herbst,* J. org. Chem. **22** [1957] 925, 926). – *B.* Aus 1-[1-Äthyl-propyl]-1*H*-tetrazol-5-ylamin und Diäthylsulfat (*He. et al.,* l. c. S. 145, 147). – Kp_6: 107–109° (*He. et al.*).

Chlorid $[C_8H_{18}N_5]Cl$. Kristalle; F: 216° [Zers.] (*He. et al.*).

1-Isopentyl-1*H*-tetrazol-5-ylamin $C_6H_{13}N_5$, Formel VIII (n = 2).

B. Aus 4-Methyl-valeronitril und HN_3 in Benzol mit Hilfe von H_2SO_4 (*Herbst et al.,* J. org. Chem. **16** [1951] 139, 142, 146).

Kristalle (aus wss. Isopropylalkohol); F: 186–187°.

1-Äthyl-5-amino-4-isopentyl-tetrazolium $[C_8H_{18}N_5]^+$, Formel IX (R = C_2H_5, n = 2).

Betain $C_8H_{17}N_5$; 1-Äthyl-4-isopentyl-1,4-dihydro-tetrazolon-imin. Diese Konstitution kommt der von *Herbst et al.* (J. org. Chem. **16** [1951] 139, 145) als Äthyl-[1-isopentyl-1*H*-tetrazol-5-yl]-amin angesehenen Verbindung zu (*Herbst, Percival,* J. org. Chem. **19** [1954] 439; *Percival, Herbst,* J. org. Chem. **22** [1957] 925, 926). — *B.* Aus 1-Isopentyl-1*H*-tetrazol-5-ylamin und Diäthylsulfat (*He. et al.,* l. c. S. 145, 147). — $Kp_{3,5}$: 115—117° (*He. et al.*).

Chlorid $[C_8H_{18}N_5]Cl$. Kristalle; F: 221—222° [Zers.] (*He. et al.*).

5-Diisopentylamino-1*H*-tetrazol, Diisopentyl-[1*H*-tetrazol-5-yl]-amin $C_{11}H_{23}N_5$, Formel X (n = 2) und Taut.

B. Aus Diisopentylcarbamonitril und HN_3 (*Garbrecht, Herbst,* J. org. Chem. **18** [1953] 1003, 1007, 1011).

Kristalle (aus Diisopropyläther); F: 100—101° [korr.]. Scheinbarer Dissoziationsexponent pK'_a (wss. Me. [50%ig]; potentiometrisch ermittelt) bei 25°: 7,16 (*Ga., He.,* l. c. S. 1012).

1-Hexyl-1*H*-tetrazol-5-ylamin $C_7H_{15}N_5$, Formel XIII (n = 5).

B. Aus Heptannitril und HN_3 in Benzol mit Hilfe von H_2SO_4 (*v. Braun, Keller,* B. **65** [1932] 1677, 1678). Beim Behandeln von Hexylamin mit BrCN und NaOH in wss. Äthanol und anschliessend mit NaN_3 und wss. HCl (*Herbst, Froberger,* J. org. Chem. **22** [1957] 1050, 1051, 1052).

Kristalle; F: 166—167° (*He., Fr.*), 162° [aus A.] (*v. Br., Ke.*).

1-Heptyl-1*H*-tetrazol-5-ylamin $C_8H_{17}N_5$, Formel XIII (n = 6).

B. Aus Octannitril und HN_3 in Benzol mit Hilfe von H_2SO_4 (*Herbst et al.,* J. org. Chem. **16** [1951] 139, 142, 146). Beim Behandeln von Heptylamin mit BrCN in Äther und anschliessend mit HN_3 (*Garbrecht, Herbst,* J. org. Chem. **18** [1953] 1014, 1018, 1019; *Herbst, Froberger,* J. org. Chem. **22** [1957] 1050, 1051, 1052).

Kristalle; F: 165,5—166,5° [korr.] (*Ga., He.*), 162,5—163° [aus Isopropylalkohol] (*Her. et al.*).

Gleichgewichtskonstante des Reaktionssystems mit Heptyl-[1*H*-tetrazol-5-yl]-amin bei 189—191°: *Henry et al.,* Am. Soc. **76** [1954] 88, 89.

5-Heptylamino-1*H*-tetrazol, Heptyl-[1*H*-tetrazol-5-yl]-amin $C_8H_{17}N_5$, Formel XIV (n = 6) und Taut.

B. Beim Behandeln von 1*H*-Tetrazol-5-ylamin mit Heptanal in Methanol in Gegenwart von Triäthylamin und anschliessenden Hydrieren an Platin (*Henry, Finnegan,* Am. Soc. **76** [1954] 926).

Kristalle (aus wss. Me.); F: 164—165° [korr.] (*He., Fi.*).

Gleichgewichtskonstante des Reaktionssystems mit 1-Heptyl-1*H*-tetrazol-5-ylamin bei 189—191°: *Henry et al.,* Am. Soc. **76** [1954] 88, 89.

5-Amino-1-heptyl-4-methyl-tetrazolium $[C_9H_{20}N_5]^+$, Formel XV (R = CH_3, n = 6).

Betain $C_9H_{19}N_5$; 1-Heptyl-4-methyl-1,4-dihydro-tetrazolon-imin. Diese Konstitution kommt der von *Herbst et al.* (J. org. Chem. **16** [1951] 139, 145) als [1-Heptyl-1*H*-tetrazol-5-yl]-methyl-amin angesehenen Verbindung zu (*Herbst, Percival,* J. org. Chem. **19** [1954] 439; *Percival, Herbst,* J. org. Chem. **22** [1957] 925, 926). — *B.* Beim Erwärmen von 1-Heptyl-1*H*-tetrazol-5-ylamin mit Dimethylsulfat oder Benzolsulfonsäure-methylester (*He. et al.,* l. c. S. 146, 147). — Kp_7: 145—148° (*He. et al.*).

Chlorid $[C_9H_{20}N_5]Cl$. Kristalle; F: 198—199° (*He. et al.*).

XII XIII XIV XV

1-Äthyl-5-amino-4-heptyl-tetrazolium $[C_{10}H_{22}N_5]^+$, Formel XV (R = C_2H_5, n = 6).

Betain $C_{10}H_{21}N_5$; 1-Äthyl-4-heptyl-1,4-dihydro-tetrazolon-imin. Diese Konstitution kommt der von *Herbst et al.* (J. org. Chem. **16** [1951] 139, 145) als Äthyl-[1-heptyl-1*H*-tetrazol-5-yl]-amin angesehenen Verbindung zu (*Herbst, Percival,* J. org. Chem. **19** [1954] 439; *Percival, Herbst,* J. org. Chem. **22** [1957] 925, 926). — *B.* Aus 1-Heptyl-1*H*-tetrazol-5-ylamin und Diäthylsulfat (*He. et al.,* l. c. S. 145, 147). — $Kp_{4,5}$: 134—136° (*He. et al.*).

Chlorid $[C_{10}H_{22}N_5]Cl$. Kristalle; F: 162—163° (*He. et al.*).

(±)-1-[1-Äthyl-pentyl]-1*H*-tetrazol-5-ylamin $C_8H_{17}N_5$, Formel XI (n = 3).

B. Aus (±)-2-Äthyl-hexannitril und HN_3 in Benzol mit Hilfe von H_2SO_4 (*Herbst et al.,* J. org. Chem. **16** [1951] 139, 142, 146).

Kristalle (aus Heptan); F: 146—146,5°.

1-Octyl-1*H*-tetrazol-5-ylamin $C_9H_{19}N_5$, Formel XIII (n = 7).

B. Analog der vorangehenden Verbindung (*Herbst, Froberger,* J. org. Chem. **22** [1957] 1050, 1051, 1052). Beim Behandeln von Octylamin mit BrCN in Äther und anschliessend mit HN_3 (*Garbrecht, Herbst,* J. org. Chem. **18** [1953] 1014, 1018, 1019; s. a. *He., Fr.*).

Kristalle (aus E.); F: 163,5—164,5° [korr.] (*Ga., He.*).

5-Octylamino-1*H*-tetrazol, Octyl-[1*H*-tetrazol-5-yl]-amin $C_9H_{19}N_5$, Formel XIV (n = 7) und Taut.

B. Analog Heptyl-[1*H*-tetrazol-5-yl]-amin [s. o.] (*Henry, Finnegan,* Am. Soc. **76** [1954] 926).

Kristalle (aus A.); F: 164—165° [korr.].

5-Amino-1-methyl-4-octyl-tetrazolium $[C_{10}H_{22}N_5]^+$, Formel XV (R = CH_3, n = 7).

Betain $C_{10}H_{21}N_5$; 1-Methyl-4-octyl-1,4-dihydro-tetrazolon-imin. Kp_4: 147—151° (*Herbst, Froberger,* J. org. Chem. **22** [1957] 1050, 1052).

Chlorid $[C_{10}H_{22}N_5]Cl$. *B.* Beim Erhitzen von 1-Methyl-1*H*-tetrazol-5-ylamin mit Octylbromid in Äthanol auf 180° oder beim Erhitzen von 1-Octyl-1*H*-tetrazol-5-ylamin mit Dimethylsulfat und jeweiligen Überführen in das Chlorid (*He., Fr.*). — Kristalle (aus Isopropylalkohol + Ae.); F: 200—201°.

1-Äthyl-5-amino-4-octyl-tetrazolium $[C_{11}H_{24}N_5]^+$, Formel XV (R = C_2H_5, n = 7).

Betain $C_{11}H_{23}N_5$; 1-Äthyl-4-octyl-1,4-dihydro-tetrazolon-imin. Kp_8: 160—164° (*Herbst, Froberger,* J. org. Chem. **22** [1957] 1050, 1053).

Chlorid $[C_{11}H_{24}N_5]Cl$. *B.* Beim Erhitzen von 1-Äthyl-1*H*-tetrazol-5-ylamin mit Octylchlorid in Äthanol (*He., Fr.*). Beim Erhitzen von 1-Octyl-1*H*-tetrazol-5-ylamin mit Diäthylsulfat und anschliessenden Überführen in das Chlorid (*He., Fr.*). — Kristalle (aus Isopropylalkohol); F: 165—166°.

1-Nonyl-1*H*-tetrazol-5-ylamin $C_{10}H_{21}N_5$, Formel XIII (n = 8).

B. Aus Decannitril und HN_3 in Benzol mit Hilfe von H_2SO_4 (*Herbst, Froberger,* J. org. Chem. **22** [1957] 1050, 1051).

Kristalle (aus wss. Me.); F: 162,5—163° (*Herbst et al.,* J. org. Chem. **16** [1951] 139, 142).

5-Nonylamino-1*H*-tetrazol, Nonyl-[1*H*-tetrazol-5-yl]-amin $C_{10}H_{21}N_5$, Formel XIV (n = 8) und Taut.

B. Beim Behandeln von 1*H*-Tetrazol-5-ylamin mit Nonanal in Methanol in Gegenwart von Triäthylamin und anschliessenden Hydrieren an Platin (*Henry, Finnegan,* Am. Soc. **76** [1954] 926).

Kristalle (aus A.); F: 164—165° [korr.].

1-Decyl-1*H*-tetrazol-5-ylamin $C_{11}H_{23}N_5$, Formel XIII (n = 9).

B. Aus Undecannitril und HN_3 in Benzol mit Hilfe von H_2SO_4 (*Herbst, Froberger,* J. org.

Chem. **22** [1957] 1050, 1051). Beim Behandeln von Decylamin mit BrCN und NaOH in wss. Äthanol und anschliessend mit NaN_3 und wss. HCl (*He., Fr.*).

F: 162–163° (*He., Fr.*).

Gleichgewichtskonstante des Reaktionssystems mit Decyl-[1*H*-tetrazol-5-yl]-amin bei 189–191°: *Henry et al.*, Am. Soc. **76** [1954] 88, 89.

5-Decylamino-1*H*-tetrazol, Decyl-[1*H*-tetrazol-5-yl]-amin $C_{11}H_{23}N_5$, Formel XIV (n = 9) und Taut.

B. Analog Nonyl-[1*H*-tetrazol-5-yl]-amin [s. o.] (*Henry, Finnegan,* Am. Soc. **76** [1954] 926).

Kristalle (aus wss. Isopropylalkohol); F: 163–164° [korr.] (*He., Fi.*).

Gleichgewichtskonstante des Reaktionssystems mit 1-Decyl-1*H*-tetrazol-5-ylamin bei 189–191°: *Henry et al.*, Am. Soc. **76** [1954] 88, 89.

1-Undecyl-1*H*-tetrazol-5-ylamin $C_{12}H_{25}N_5$, Formel XIII (n = 10).

B. Aus Dodecannitril und HN_3 in Benzol mit Hilfe von H_2SO_4 (*Herbst, Froberger,* J. org. Chem. **22** [1957] 1050, 1051).

Kristalle; F: 161,5–162° [aus Me.] (*Herbst et al.*, J. org. Chem. **16** [1951] 139, 142), 158–159° (*He., Fr.*).

Die folgenden Verbindungen sind in analoger Weise hergestellt worden:

1-Tridecyl-1*H*-tetrazol-5-ylamin $C_{14}H_{29}N_5$, Formel XIII (n = 12). F: 157–158° (*He., Fr.*).

1-Tetradecyl-1*H*-tetrazol-5-ylamin $C_{15}H_{31}N_5$, Formel XIII (n = 13). F: 156–157° (*He., Fr.*).

1-Pentadecyl-1*H*-tetrazol-5-ylamin $C_{16}H_{33}N_5$, Formel XIII (n = 14). F: 155–156° (*He., Fr.*).

1-Heptadecyl-1*H*-tetrazol-5-ylamin $C_{18}H_{37}N_5$, Formel XIII (n = 16). F: 154–155° (*He., Fr.*).

1-Vinyl-1*H*-tetrazol-5-ylamin $C_3H_5N_5$, Formel I.

B. Beim Erhitzen von 1-[2-Chlor-äthyl]-1*H*-tetrazol-5-ylamin mit methanol. KOH unter Zusatz von Hydrochinon (*Finnegan, Henry,* J. org. Chem. **24** [1959] 1565).

F: 157–158° [unkorr.; aus H_2O].

2-Vinyl-2*H*-tetrazol-5-ylamin $C_3H_5N_5$, Formel II.

B. Analog der vorangehenden Verbindung (*Finnegan, Henry,* J. org. Chem. **24** [1959] 1565).

Kristalle (aus CCl_4); F: 47–49°. $Kp_{0,8}$: 75–77°.

5-Amino-1-methyl-4-vinyl-tetrazolium $[C_4H_8N_5]^+$, Formel III.

Chlorid $[C_4H_8N_5]Cl$. *B.* Beim Erhitzen von 1-Vinyl-1*H*-tetrazol-5-ylamin mit Benzolsulfonsäure-methylester und anschliessenden Überführen in das Chlorid (*Finnegan, Henry,* J. org. Chem. **24** [1959] 1565). – Kristalle (aus Isopropylalkohol); F: 214–215° [unkorr.; Zers.].

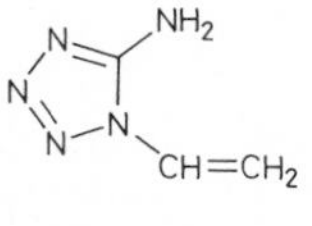

I 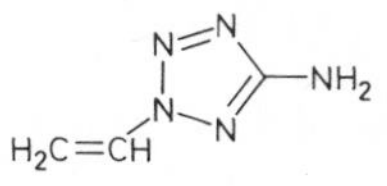 II 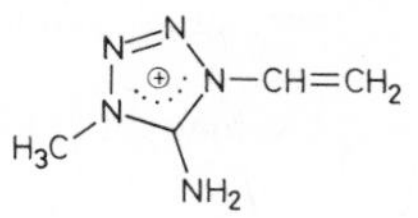 III 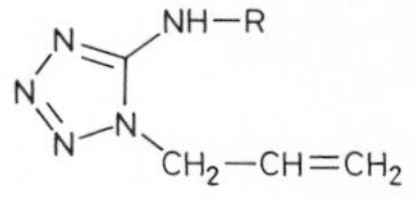 IV

1-Allyl-1*H*-tetrazol-5-ylamin $C_4H_7N_5$, Formel IV (R = H).

B. Beim Behandeln von *N*-Allyl-*N'*-amino-guanidin mit wss. HCl und $NaNO_2$ und anschliessend mit K_2CO_3 (*Finnegan et al.*, J. org. Chem. **18** [1953] 779, 784, 788).

Kristalle (aus H_2O); F: 129,5–130,5° [korr.] (*Fi. et al.*). Standard-Bildungsenthalpie: $+63{,}43\ kcal \cdot mol^{-1}$; Standard-Verbrennungsenthalpie: $-678{,}75\ kcal \cdot mol^{-1}$ (*Williams et al.*, J. phys. Chem. **61** [1957] 261, 262).

Gleichgewichtskonstante des Reaktionssystems mit Allyl-[1*H*-tetrazol-5-yl]-amin bei 189–191° und in Äthylenglykol bei 193–194°: *Henry et al.*, Am. Soc. **76** [1954] 88, 89.

2-Allyl-2*H*-tetrazol-5-ylamin $C_4H_7N_5$, Formel V.

B. Neben 1-Allyl-1*H*-tetrazol-5-ylamin beim Erwärmen von 1*H*-Tetrazol-5-ylamin mit Allylbromid und wss. NaOH in Aceton (*Henry, Finnegan*, Am. Soc. **76** [1954] 923, 926).

Kristalle; F: 67–68° (*Williams et al.*, J. phys. Chem. **61** [1957] 261, 265), 67° [aus Ae. + PAe.] (*He., Fi.*). $Kp_{ca. 1}$: 110–112° (*He., Fi.*). Standard-Bildungsenthalpie: +67,61 kcal·mol^{-1}; Standard-Verbrennungsenthalpie: –682,93 kcal·mol^{-1} (*Wi. et al.*, l. c. S. 262).

1-Allyl-5-allylamino-1*H*-tetrazol, Allyl-[1-allyl-1*H*-tetrazol-5-yl]-amin $C_7H_{11}N_5$, Formel IV (R = CH_2-CH=CH_2).

B. Beim Behandeln von *N,N'*-Diallyl-*N''*-amino-guanidin mit wss. HCl und $NaNO_2$ und anschliessend mit Na_2CO_3 (*Williams et al.*, J. phys. Chem. **61** [1957] 261, 265).

Kristalle (aus Ae.); F: 48,5–49,5° (*Wi. et al.*). Netzebenenabstände: *Moore, Burkardt*, Anal. Chem. **26** [1954] 1917, 1922. Standard-Bildungsenthalpie: +83,70 kcal·mol^{-1}; Standard-Verbrennungsenthalpie: –1117,81 kcal·mol^{-1} (*Wi. et al.*, l. c. S. 262).

5-Diallylamino-1*H*-tetrazol, Diallyl-[1*H*-tetrazol-5-yl]-amin $C_7H_{11}N_5$, Formel VI und Taut.

B. Beim Erwärmen von Diallylcarbamonitril mit HN_3 in Äthylacetat (*Garbrecht, Herbst*, J. org. Chem. **18** [1953] 1003, 1006, 1010).

Kristalle (aus 1,2-Dichlor-äthan bzw. aus Bzl.); F: 96–97° (*Ga., He.*; *Williams et al.*, J. phys. Chem. **61** [1957] 261). Standard-Bildungsenthalpie: +83,92 kcal·mol^{-1}; Standard-Verbrennungsenthalpie: –1118,03 kcal·mol^{-1} (*Wi. et al.*, l. c. S. 262). Scheinbarer Dissoziationsexponent pK'_a (wss. Me. [50%ig]; potentiometrisch ermittelt) bei 25°: 6,48 (*Ga., He.*, l. c. S. 1012).

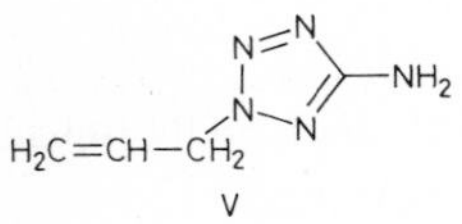

V 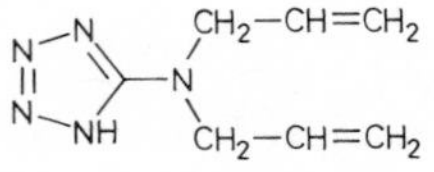 VI 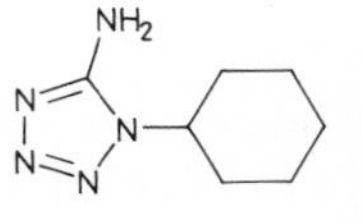 VII 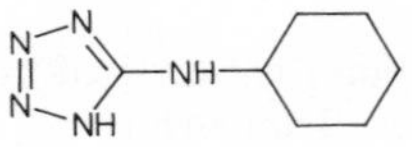 VIII

1-Cyclohexyl-1*H*-tetrazol-5-ylamin $C_7H_{13}N_5$, Formel VII.

B. Aus Cyclohexancarbonitril und HN_3 in Benzol mit Hilfe von H_2SO_4 (*Herbst et al.*, J. org. Chem. **16** [1951] 139, 142, 146). Beim Behandeln von Cyclohexylamin mit BrCN und NaOH in wss. Äthanol und anschliessend mit NaN_3 und wss. HCl (*Wilson et al.*, J. org. Chem. **24** [1959] 1046, 1048). Beim Behandeln von *N*-Amino-*N'*-cyclohexyl-guanidin mit wss. HCl und $NaNO_2$ und anschliessend mit K_2CO_3 (*Finnegan et al.*, J. org. Chem. **18** [1953] 779, 784, 788). Beim Erhitzen von Cyclohexyl-[1*H*-tetrazol-5-yl]-amin (*Fi. et al.*, l. c. S. 785, 788).

Kristalle (aus wss. Isopropylalkohol); F: 221–222° [korr.] (*Fi. et al.*), 216,5–217,5° (*Her. et al.*). Netzebenenabstände: *Moore, Burkardt*, Anal. Chem. **26** [1954] 1917, 1919.

Gleichgewichtskonstante des Reaktionssystems mit Cyclohexyl-[1*H*-tetrazol-5-yl]-amin in Äthylenglykol bei 193–194°: *Henry et al.*, Am. Soc. **76** [1954] 88, 89.

5-Cyclohexylamino-1*H*-tetrazol, Cyclohexyl-[1*H*-tetrazol-5-yl]-amin $C_7H_{13}N_5$, Formel VIII und Taut.

B. Beim Hydrieren von Benzyl-cyclohexyl-[1*H*-tetrazol-5-yl]-amin an Palladium in Essigsäure (*Finnegan et al.*, J. org. Chem. **18** [1953] 779, 785, 789).

Kristalle (aus H_2O); F: 196–198° [korr.] (*Fi. et al.*). Scheinbarer Dissoziationsexponent pK'_a (wss. A. [50%ig]; potentiometrisch ermittelt) bei 27°: 6,78 (*Henry et al.*, Am. Soc. **76** [1954] 88, 89, 93).

Beim Erhitzen über den Schmelzpunkt erfolgt Isomerisierung zu 1-Cyclohexyl-1*H*-tetrazol-5-ylamin (*Fi. et al.*); Gleichgewichtskonstante in Äthylenglykol bei 193–194°: *He. et al.*, l. c. S. 89.

5-Amino-1-cyclohexyl-4-methyl-tetrazolium $[C_8H_{16}N_5]^+$, Formel IX (R = CH_3, R′ = H).

Betain $C_8H_{15}N_5$; 1-Cyclohexyl-4-methyl-1,4-dihydro-tetrazolon-imin. Diese Konstitution kommt der von *Herbst et al.* (J. org. Chem. **16** [1951] 139, 145) als [1-Cyclohexyl-1*H*-tetrazol-5-yl]-methyl-amin angesehenen Verbindung zu (*Herbst, Percival,* J. org. Chem. **19** [1954] 439; *Percival, Herbst,* J. org. Chem. **22** [1957] 925, 926). — *B.* Beim Erwärmen von 1-Cyclohexyl-1*H*-tetrazol-5-ylamin mit Dimethylsulfat oder Benzolsulfonsäure-methylester (*He. et al.,* l. c. S. 146, 147). — Kp_5: 140—142° (*He. et al.*).

Chlorid $[C_8H_{16}N_5]Cl$. Kristalle; F: 264° [Zers.] (*He. et al.*).

1-Äthyl-5-amino-4-cyclohexyl-tetrazolium $[C_9H_{18}N_5]^+$, Formel IX (R = C_2H_5, R′ = H).

Betain $C_9H_{17}N_5$; 1-Äthyl-4-cyclohexyl-1,4-dihydro-tetrazolon-imin. Diese Konstitution kommt der von *Herbst et al.* (J. org. Chem. **16** [1951] 139, 145) als Äthyl-[1-cyclohexyl-1*H*-tetrazol-5-yl]-amin angesehenen Verbindung zu (*Herbst, Percival,* J. org. Chem. **19** [1954] 439; *Percival, Herbst,* J. org. Chem. **22** [1957] 925, 926). — *B.* Aus 1-Cyclohexyl-1*H*-tetrazol-5-ylamin und Diäthylsulfat (*He. et al.,* l. c. S. 145, 147). — $Kp_{6,5}$: 138—140° (*He. et al.*).

Chlorid $[C_9H_{18}N_5]Cl$. Kristalle; F: 248° [Zers.] (*He. et al.*).

1-Äthyl-5-äthylamino-4-cyclohexyl-tetrazolium $[C_{11}H_{22}N_5]^+$, Formel IX (R = R′ = C_2H_5).

Betain $C_{11}H_{21}N_5$; Äthyl-[1-äthyl-4-cyclohexyl-1,4-dihydro-tetrazol-5-yliden]-amin. Diese Konstitution kommt der von *Herbst et al.* (J. org. Chem. **16** [1951] 139, 145) als Diäthyl-[1-cyclohexyl-1*H*-tetrazol-5-yl]-amin angesehenen Verbindung zu. — *B.* Aus 1-Äthyl-5-amino-4-cyclohexyl-tetrazolium-betain (s. o.) und Diäthylsulfat (*He. et al.,* l. c. S. 146, 147). — $Kp_{2,5}$: 123—125°.

Chlorid $[C_{11}H_{22}N_5]Cl$. Kristalle (aus (±)-1,2-Dichlor-propan + Heptan); F: 161—162° (*He. et al.*).

1-Cyclohexylmethyl-1*H*-tetrazol-5-ylamin $C_8H_{15}N_5$, Formel X (n = 1).

B. Beim Behandeln von *C*-Cyclohexyl-methylamin mit BrCN und NaOH in wss. Äthanol und anschliessend mit NaN_3 und wss. HCl (*Wilson et al.,* J. org. Chem. **24** [1959] 1046, 1048).

F: 250—251° [unkorr.].

1-[2-Cyclohexyl-äthyl]-1*H*-tetrazol-5-ylamin $C_9H_{17}N_5$, Formel X (n = 2).

B. Analog der vorangehenden Verbindung (*Wilson et al.,* J. org. Chem. **24** [1959] 1046, 1048).

Kristalle (aus Isopropylalkohol); F: 212,5—213,5° [unkorr.].

1-Phenyl-1*H*-tetrazol-5-ylamin, Fenamol $C_7H_7N_5$, Formel XI (X = X′ = X″ = H) (E I 124; E II 245).

B. Aus Benzonitril und HN_3 in Benzol mit Hilfe von H_2SO_4 (*v. Braun, Keller,* B. **65** [1932] 1677, 1678; *Herbst et al.,* J. org. Chem. **16** [1951] 139, 142, 146; *Houff,* J. org. Chem. **22** [1957] 344). Beim Behandeln von Anilin mit BrCN und NaOH in wss. Äthanol und anschliessend mit NaN_3 und wss. HCl (*Herbst, Klingbeil,* J. org. Chem. **23** [1958] 1912, 1914; *Herbst, Froberger,* J. org. Chem. **22** [1957] 1050, 1059). Beim Erwärmen von Phenyl-thioharnstoff mit PbO oder $PbCO_3$ und NaN_3 in Äthanol unter Durchleiten von CO_2 (*Stollé,* J. pr. [2] **134** [1932] 282, 288). Beim Behandeln von *N*-Amino-*N′*-phenyl-guanidin mit wss. HCl und $NaNO_2$ und anschliessend mit Na_2CO_3 (*Finnegan et al.,* J. org. Chem. **18** [1953] 779, 784, 788).

Kristalle (aus H_2O); F: 163—163,5° [korr.] (*Garbrecht, Herbst,* J. org. Chem. **18** [1953] 1014, 1019, 1020). Standard-Bildungsenthalpie: +74,30 kcal·mol^{-1}; Standard-Verbrennungsenthalpie: −971,78 kcal·mol^{-1} (*Williams et al.,* J. phys. Chem. **61** [1957] 261, 262). UV-Spektrum (A.; 220—330 nm): *Garbrecht, Herbst,* J. org. Chem. **18** [1953] 1263, 1276. λ_{max} (A.): 229 nm (*Murphy, Picard,* J. org. Chem. **19** [1954] 1807, 1808) bzw. 225 nm (*Lieber et al.,* Curr. Sci. **26** [1957] 167). Scheinbarer Dissoziationsexponent pK'_a (protonierte Verbindung; potentiometrisch ermittelt) bei 25°: 1,12 [H_2O (umgerechnet aus Eg.)] bzw. −0,61 [Eg.] (*Rochlin et al.,* Am. Soc. **76** [1954] 1451).

Beim Erhitzen über den Schmelzpunkt erfolgt Isomerisierung zu Phenyl-[1*H*-tetrazol-5-yl]-

amin (*Fi. et al.*, l. c. S. 790; *Ga., He.*, l. c. S. 1020); Geschwindigkeitskonstante dieser Isomerisierung in Äthylenglykol bei 389,3–410,3 K: *Henry et al.*, Am. Soc. **77** [1955] 2264, 2265; Gleichgewichtskonstante bei 462–464 K und 472–473 K sowie in Äthylenglykol bei 466–467 K: *Henry et al.*, Am. Soc. **76** [1954] 88, 89; in Äthylenglykol bei 390,2–467,2 K: *He. et al.*, Am. Soc. **77** 2266.

Hydrochlorid $C_7H_7N_5 \cdot HCl$. Kristalle; F: 155–165° [Zers.; abhängig von der Geschwindigkeit des Erhitzens] (*St.*).

Verbindung mit Silbernitrat $C_7H_7N_5 \cdot AgNO_3$. Kristalle (aus A.); F: 183° [Zers.] (*St.*).

1-[2-Chlor-phenyl]-1*H*-tetrazol-5-ylamin $C_7H_6ClN_5$, Formel XI (X = Cl, X' = X'' = H).

B. Beim Behandeln von *N*-Amino-*N'*-[2-chlor-phenyl]-guanidin in wss. HCl mit $NaNO_2$ und anschliessend mit Na_2CO_3 (*Henry et al.*, Am. Soc. **76** [1954] 88, 92; *Finnegan et al.*, J. org. Chem. **18** [1953] 779, 784).

Kristalle (aus E.); F: ca. 185–190° [vorgeheiztes Bad] (*He. et al.*).

Beim Erhitzen über den Schmelzpunkt erfolgt Isomerisierung zu [2-Chlor-phenyl]-[1*H*-tetrazol-5-yl]-amin (*He. et al.*); Gleichgewichtskonstante in Äthylenglykol bei 193–194°: *He. et al.*

1-[3-Chlor-phenyl]-1*H*-tetrazol-5-ylamin $C_7H_6ClN_5$, Formel XI (X = X'' = H, X' = Cl).

B. Beim Erwärmen von [3-Chlor-phenyl]-thioharnstoff mit PbO und NaN_3 in Äthanol unter Durchleiten von CO_2 (*Stollé*, J. pr. [2] **134** [1932] 282, 299). Beim Behandeln von *N*-Amino-*N'*-[3-chlor-phenyl]-guanidin in wss. HCl mit $NaNO_2$ und anschliessend mit Na_2CO_3 (*Henry et al.*, Am. Soc. **76** [1954] 88, 92; *Finnegan et al.*, J. org. Chem. **18** [1953] 779, 784).

Kristalle; F: 174–175° [korr.; aus A.] (*He. et al.*), 173° [Zers.] (*St.*). λ_{max} (A.): 242,5 nm (*Lieber et al.*, Curr. Sci. **26** [1957] 167). Scheinbarer Dissoziationsexponent pK'_a (protonierte Verbindung; potentiometrisch ermittelt): bei 25°: 0,70 [H_2O (umgerechnet aus Eg.)] bzw. –1,03 [Eg.] (*Rochlin et al.*, Am. Soc. **76** [1954] 1451).

Gleichgewichtskonstante des Reaktionssystems mit [3-Chlor-phenyl]-[1*H*-tetrazol-5-yl]-amin in Äthylenglykol bei 193–194°: *He. et al.*, l. c. S. 89.

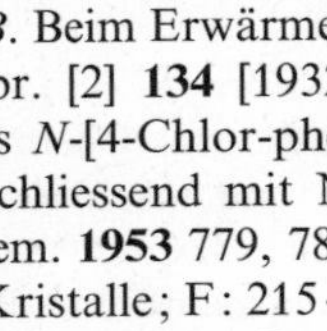

IX 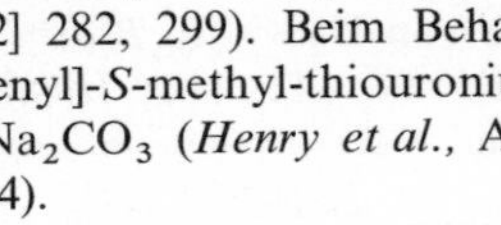 X 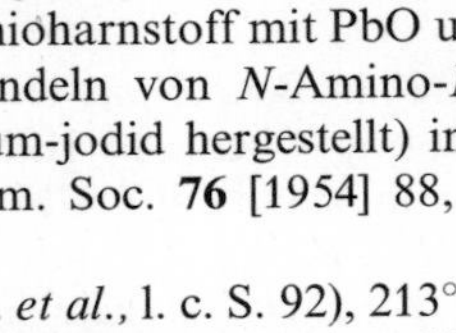 XI 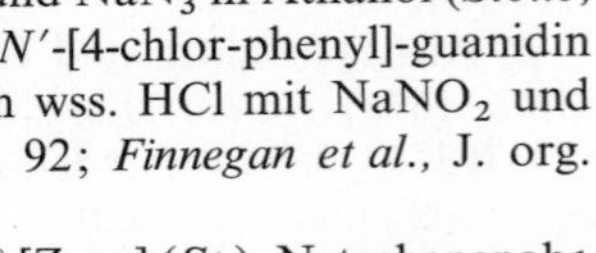 XII

1-[4-Chlor-phenyl]-1*H*-tetrazol-5-ylamin $C_7H_6ClN_5$, Formel XI (X = X' = H, X'' = Cl).

B. Beim Erwärmen von [4-Chlor-phenyl]-thioharnstoff mit PbO und NaN_3 in Äthanol (*Stollé*, J. pr. [2] **134** [1932] 282, 299). Beim Behandeln von *N*-Amino-*N'*-[4-chlor-phenyl]-guanidin (aus *N*-[4-Chlor-phenyl]-*S*-methyl-thiouronium-jodid hergestellt) in wss. HCl mit $NaNO_2$ und anschliessend mit Na_2CO_3 (*Henry et al.*, Am. Soc. **76** [1954] 88, 92; *Finnegan et al.*, J. org. Chem. **1953** 779, 784).

Kristalle; F: 215–217° [korr.; aus A.] (*He. et al.*, l. c. S. 92), 213° [Zers.] (*St.*). Netzebenenabstände: *Moore, Burkardt*, Anal. Chem. **26** [1954] 1917, 1919. λ_{max} (A.): 226 nm (*Murphy, Picard*, J. org. Chem. **19** [1954] 1807, 1808) bzw. 227 nm (*Lieber et al.*, Curr. Sci. **26** [1957] 167). Scheinbarer Dissoziationsexponent pK'_a (protonierte Verbindung; potentiometrisch ermittelt) bei 25°: 0,78 [H_2O (umgerechnet aus Eg.)] bzw. –0,95 [Eg.] (*Rochlin et al.*, Am. Soc. **76** [1954] 1451).

Geschwindigkeitskonstante der Isomerisierung zu [4-Chlor-phenyl]-[1*H*-tetrazol-5-yl]-amin in Äthylenglykol bei 390,3 K, 399,9 K und 410,3 K: *Henry et al.*, Am. Soc. **77** [1955] 2264, 2265; Gleichgewichtskonstante in Äthylenglykol bei 390–467,2 K: *He. et al.*, Am. Soc. **77** 2266; bei 466–467 K: *He. et al.*, Am. Soc. **76** 89.

1-[3-Nitro-phenyl]-1*H*-tetrazol-5-ylamin $C_7H_6N_6O_2$, Formel XI (X = X'' = H, X' = NO_2).

B. Beim Erhitzen von [3-Nitro-phenyl]-carbamonitril mit HN_3 in Xylol und Äthanol (*Gar*=

brecht, Herbst, J. org. Chem. **18** [1953] 1269, 1280). Beim Behandeln von *N*-Amino-*N'*-[3-nitro-phenyl]-guanidin in wss. HCl mit $NaNO_2$ und anschliessend mit Na_2CO_3 (*Henry et al.*, Am. Soc. **76** [1954] 88, 92; *Finnegan et al.*, J. org. Chem. **18** [1953] 779, 784).

Gelbe Kristalle (aus A.); F: 170–171° [korr.] (*He. et al.*). UV-Spektrum (A.; 220–350 nm): *Ga., He.*, l. c. S. 1277. λ_{max} (A.): 225 nm (*Murphy, Picard,* J. org. Chem. **19** [1954] 1807, 1808). Scheinbarer Dissoziationsexponent pK'_a (protonierte Verbindung; potentiometrisch ermittelt) bei 25°: 0,47 [H_2O (umgerechnet aus Eg.)] bzw. –1,26 [Eg.] (*Rochlin et al.,* Am. Soc. **76** [1954] 1451).

Beim Erhitzen über den Schmelzpunkt erfolgt Isomerisierung zu [3-Nitro-phenyl]-[1*H*-tetra=zol-5-yl]-amin (*He. et al.*; s. a. *Ga., He.*); Gleichgewichtskonstante in Äthylenglykol bei 193–194°: *He. et al.*, l. c. S. 89.

1-[4-Nitro-phenyl]-1*H*-tetrazol-5-ylamin $C_7H_6N_6O_2$, Formel XI (X = X' = H, X'' = NO_2).

B. Beim Erhitzen von [4-Nitro-phenyl]-carbamonitril mit HN_3 in Xylol und Äthanol (*Gar=brecht, Herbst,* J. org. Chem. **18** [1953] 1014, 1020). Beim Behandeln von *N*-Amino-*N'*-[4-nitro-phenyl]-guanidin in wss. HCl mit $NaNO_2$ und anschliessend mit Na_2CO_3 (*Henry et al.*, Am. Soc. **76** [1954] 88, 92; *Finnegan et al.*, J. org. Chem. **18** [1953] 779, 784). Aus 1-Phenyl-1*H*-tetrazol-5-ylamin und konz. wss. HNO_3 in H_2SO_4 (*Ga., He.*, l. c. S. 1020).

Gelbe Kristalle (aus A.); F: 185–187° [korr.] (*He. et al.*; vgl. *Ga., He.*, l. c. S. 1020; *Garbrecht, Herbst,* J. org. Chem. **18** [1953] 1269). UV-Spektrum (A.; 220–360 nm): *Ga., He.*, l. c. S. 1278. λ_{max} (A.): 217 nm (*Murphy, Picard,* J. org. Chem. **19** [1954] 1807, 1808) bzw. 264 nm (*Lieber et al.*, Curr. Sci. **26** [1957] 167). Scheinbarer Dissoziationsexponent pK'_a (protonierte Verbin=dung; potentiometrisch ermittelt) bei 25°: 0,34 [H_2O (umgerechnet aus Eg.)] bzw. –1,39 [Eg.] (*Rochlin et al.*, Am. Soc. **76** [1954] 1451).

Gleichgewichtskonstante des Reaktionssystems mit [4-Nitro-phenyl]-[1*H*-tetrazol-5-yl]-amin in Äthylenglykol bei 193–194°: *He. et al.*, l. c. S. 89. Beim Erhitzen [>3 h] mit Acetanhydrid bilden sich [5-Methyl-[1,3,4]oxadiazol-2-yl]-[4-nitro-phenyl]-amin und geringe Mengen *N*-[5-Methyl-[1,3,4]oxadiazol-2-yl]-*N*-[4-nitro-phenyl]-acetamid (*Herbst, Klingbeil,* J. org. Chem. **23** [1958] 1912, 1915).

5-Anilino-1*H*-tetrazol, Phenyl-[1*H*-tetrazol-5-yl]-amin $C_7H_7N_5$, Formel XII (X = X' = X'' = H) und Taut. (E II 243).

B. Beim Erhitzen von 1-Phenyl-1*H*-tetrazol-5-ylamin ohne Lösungsmittel (*Finnegan et al.*, J. org. Chem. **18** [1953] 779, 789, 790) oder in Xylol (*Garbrecht, Herbst,* J. org. Chem. **18** [1953] 1269, 1278).

Kristalle; F: 211–212° [korr.; aus H_2O] (*Fi. et al.*), 209–210° [aus wss. A.] (*Williams et al.*, J. phys. Chem. **61** [1957] 261, 264). Netzebenenabstände: *Moore, Burkardt,* Anal. Chem. **26** [1954] 1917, 1921. Standard-Bildungsenthalpie: +72,89 $kcal \cdot mol^{-1}$; Standard-Verbrennungs=enthalpie: –970,37 $kcal \cdot mol^{-1}$ (*Wi. et al.*, l. c. S. 262). UV-Spektrum (A.; 220–330 nm): *Ga., He.*, l. c. S. 1276. λ_{max} (A.): 249,5 nm (*Lieber et al.,* Curr. Sci. **26** [1957] 167). Scheinbarer Dissoziationsexponent pK'_a (potentiometrisch ermittelt) bei Raumtemperatur: 6,3 [H_2O] (*Fi. et al.*) bzw. 5,49 [wss. Me. (50%ig)] (*Ga., He.*, l. c. S. 1281); bei 27°: 5,81 [wss. A. (50%ig)] (*Henry et al.*, Am. Soc. **76** [1954] 88, 89, 93).

Geschwindigkeitskonstante der Isomerisierung zu 1-Phenyl-1*H*-tetrazol-5-ylamin in Äthylen=glykol bei 389,8 K und 410,3 K: *Henry et al.*, Am. Soc. **77** [1955] 2264, 2265; Gleichgewichts=konstante bei 462–464 K und 472–473 K sowie in Äthylenglykol bei 466–467 K: *He. et al.*, Am. Soc. **76** 89; in Äthylenglykol bei 390,2–467,2 K: *He. et al.*, Am. Soc. **77** 2266. Beim Erhitzen mit Acetanhydrid entsteht *N*-[1-Phenyl-1*H*-tetrazol-5-yl]-acetamid (*Herbst, Klingbeil,* J. org. Chem. **23** [1958] 1912, 1914).

[2-Chlor-phenyl]-[1*H*-tetrazol-5-yl]-amin $C_7H_6ClN_5$, Formel XII (X = Cl, X' = X'' = H) und Taut.

B. Beim Erhitzen von 1-[2-Chlor-phenyl]-1*H*-tetrazol-5-ylamin bis über den Schmelzpunkt (*Henry et al.*, Am. Soc. **76** [1954] 88, 92).

F: ca. 223–224° [Zers.]. Scheinbarer Dissoziationsexponent pK'_a (wss. A. [50%ig]; potentio= metrisch ermittelt) bei 27°: 5,27 (*He. et al.*, l. c. S. 89, 93).

Gleichgewichtskonstante des Reaktionssystems mit 1-[2-Chlor-phenyl]-1*H*-tetrazol-5-ylamin in Äthylenglykol bei 193–194°: *He. et al.*

[3-Chlor-phenyl]-[1*H*-tetrazol-5-yl]-amin $C_7H_6ClN_5$, Formel XII (X = X'' = H, X' = Cl) und Taut.

B. Beim Erhitzen von 1-[3-Chlor-phenyl]-1*H*-tetrazol-5-ylamin in 5-Äthyl-2-methyl-pyridin (*E. Lilly & Co.*, U.S.P. 3294551 [1964]).

Kristalle (aus wss. A.); F: 202–203° (*E. Lilly & Co.*). Scheinbarer Dissoziationsexponent pK'_a (wss. A. [50%ig]; potentiometrisch ermittelt) bei 27°: 5,42 (*Henry et al.*, Am. Soc. **76** [1954] 88, 90, 93).

Gleichgewichtskonstante des Reaktionssystems mit 1-[3-Chlor-phenyl]-1*H*-tetrazol-5-ylamin in Äthylenglykol bei 193–194°: *He. et al.*

(–?)-Ephedrin-Salz. F: 105–106° (*E. Lilly & Co.*).

Chinin-Salz. F: 209–211° (*E. Lilly & Co.*).

[2-Nitro-phenyl]-[1*H*-tetrazol-5-yl]-amin $C_7H_6N_6O_2$, Formel XII (X = NO_2, X' = X'' = H) und Taut.

B. Beim Erwärmen von [2-Nitro-phenyl]-carbamonitril mit HN_3 in Xylol und Äthanol (*Gar= brecht, Herbst*, J. org. Chem. **18** [1953] 1269, 1280).

Gelbe Kristalle (aus Acetonitril); F: 211° [korr.; Zers.]. Absorptionsspektrum (A.; 220–430 nm): *Ga., He.*, l. c. S. 1279. Scheinbarer Dissoziationsexponent pK'_a (wss. Me. [50%ig]; potentiometrisch ermittelt): 4,08.

[3-Nitro-phenyl]-[1*H*-tetrazol-5-yl]-amin $C_7H_6N_6O_2$, Formel XII (X = X'' = H, X' = NO_2) und Taut.

B. Beim Erhitzen von 1-[3-Nitro-phenyl]-1*H*-tetrazol-5-ylamin in Xylol (*Garbrecht, Herbst*, J. org. Chem. **18** [1953] 1269, 1280).

Gelbliche Kristalle (aus A.); F: 226° [korr.; Zers.] (*Ga., He.*). UV-Spektrum (A.; 220–400 nm): *Ga., He.*, l. c. S. 1277. Scheinbarer Dissoziationsexponent pK'_a (potentiometrisch ermittelt) bei Raumtemperatur: 4,85 [wss. Me. (50%ig)] (*Ga., He.*); bei 27°: 5,17 [wss. A. (50%ig)] (*Henry et al.*, Am. Soc. **76** [1954] 88, 89, 93).

Gleichgewichtskonstante des Reaktionssystems mit 1-[3-Nitro-phenyl]-1*H*-tetrazol-5-ylamin in Äthylenglykol bei 193–194°: *He. et al.*, l. c. S. 89.

[4-Nitro-phenyl]-[1*H*-tetrazol-5-yl]-amin $C_7H_6N_6O_2$, Formel XII (X = X' = H, X'' = NO_2) und Taut.

B. Beim Erhitzen von 1-[4-Nitro-phenyl]-1*H*-tetrazol-5-ylamin in Xylol (*Garbrecht, Herbst*, J. org. Chem. **18** [1953] 1269, 1280).

Gelbliche Kristalle (aus Acetonitril); F: 221–223° [korr.; Zers.] (*Ga., He.*). UV-Spektrum (A.; 220–400 nm): *Ga., He.*, l. c. S. 1278. Scheinbarer Dissoziationsexponent pK'_a (potentiome= trisch ermittelt) bei Raumtemperatur: 4,34 [wss. Me. (50%ig)] (*Ga., He.*); bei 27°: 4,87 [wss. A. (50%ig)] (*Henry et al.*, Am. Soc. **76** [1954] 88, 89, 93).

Gleichgewichtskonstante des Reaktionssystems mit 1-[4-Nitro-phenyl]-1*H*-tetrazol-5-ylamin in Äthylenglykol bei 193–194°: *He. et al.*, l. c. S. 89.

[2,4-Dinitro-phenyl]-[1*H*-tetrazol-5-yl]-amin $C_7H_5N_7O_4$, Formel XIII (X = H) und Taut.

B. In geringer Ausbeute beim Erhitzen der Natrium-Verbindung des 1*H*-Tetrazol-5-ylamins mit 1-Chlor-2,4-dinitro-benzol in Xylol (*Stollé, Roser*, J. pr. [2] **139** [1934] 63).

Braunrote Kristalle (aus H_2O); F: 174° [Zers.].

5-Picrylamino-1*H*-tetrazol, Picryl-[1*H*-tetrazol-5-yl]-amin $C_7H_4N_8O_6$, Formel XIII (X = NO_2) und Taut.

B. Beim Erhitzen von 1*H*-Tetrazol-5-ylamin mit Picrylchlorid in Essigsäure oder ohne Lö=

sungsmittel (*Stollé, Roser,* J. pr. [2] **139** [1934] 63).

Hellgelbe Kristalle (aus Eg.); F: 224° (*St., Ro.*). Netzebenenabstände: *Moore, Burkardt,* Anal. Chem. **26** [1954] 1917, 1923.

Silber-Salz $AgC_7H_3N_8O_6$. Gelb; beim Erhitzen oder durch Schlag erfolgt Detonation (*St., Ro.*).

5-Amino-1-methyl-4-phenyl-tetrazolium $[C_8H_{10}N_5]^+$, Formel XIV (R = CH_3, R′ = H).

Betain $C_8H_9N_5$; 1-Methyl-4-phenyl-1,4-dihydro-tetrazolon-imin. Diese Konstitution kommt der von *Herbst et al.* (J. org. Chem. **16** [1951] 139, 145, 146) als Methyl-[1-phenyl-1*H*-tetrazol-5-yl]-amin angesehenen Verbindung zu (*Herbst, Percival,* J. org. Chem. **19** [1954] 439; *Percival, Herbst,* J. org. Chem. **22** [1957] 925, 926). — *B.* Beim Erwärmen von 1-Phenyl-1*H*-tetrazol-5-ylamin mit Benzolsulfonsäure-methylester (*He. et al.*). — Kp_3: 139—141° (*He. et al.*).

Chlorid $[C_8H_{10}N_5]Cl$. Kristalle (aus wss. Isopropylalkohol); F: 225° [Zers.] (*He. et al.*).

5-Methylamino-1-phenyl-1*H*-tetrazol, Methyl-[1-phenyl-1*H*-tetrazol-5-yl]-amin $C_8H_9N_5$, Formel XV (R = CH_3, R′ = H).

B. Beim Behandeln von *N*-Amino-*N*′-methyl-*N*′′-phenyl-guanidin (aus *N,S*-Dimethyl-*N*′-phenyl-thiouronium-jodid hergestellt) in wss. HCl mit $NaNO_2$ und anschliessend mit Na_2CO_3 (*Finnegan et al.*, J. org. Chem. **18** [1953] 779, 784, 789).

Kristalle (aus A.); F: 133,5—136,5° [korr.] (*Fi. et al.*, J. org. Chem. **18** 789). IR-Spektrum (Nujol; 6—14 μ): *Finnegan et al.*, Am. Soc. **77** [1955] 4420.

5-Anilino-1-methyl-1*H*-tetrazol, [1-Methyl-1*H*-tetrazol-5-yl]-phenyl-amin $C_8H_9N_5$, Formel XVI (R = CH_3).

B. Beim Erhitzen von Methyl-[1-phenyl-1*H*-tetrazol-5-yl]-amin (*Finnegan et al.*, J. org. Chem. **18** [1953] 779, 781, 785, 789).

Kristalle (aus A.); F: 185,5—186,5° [korr.] (*Fi. et al.*, J. org. Chem. **18** 789). Netzebenenabstände: *Moore, Burkardt,* Anal. Chem. **26** [1954] 1917, 1921. IR-Spektrum (Nujol; 6—14 μ): *Finnegan et al.*, Am. Soc. **77** [1955] 4420.

1-Methyl-5-methylamino-4-phenyl-tetrazolium $[C_9H_{12}N_5]^+$, Formel XIV (R = R′ = CH_3).

Betain $C_9H_{11}N_5$; Methyl-[1-methyl-4-phenyl-1,4-dihydro-tetrazol-5-yliden]-amin. Diese Konstitution kommt der von *Herbst et al.* (J. org. Chem. **16** [1951] 139, 145) als Dimethyl-[1-phenyl-1*H*-tetrazol-5-yl]-amin angesehenen Verbindung zu. — *B.* Beim Erwärmen von 5-Amino-1-methyl-4-phenyl-tetrazolium-betain (s. o.) mit Dimethylsulfat oder Benzolsulfonsäure-methylester (*He. et al.*, l. c. S. 146). — $Kp_{3,5}$: 136—138°.

Chlorid $[C_9H_{12}N_5]Cl$. Kristalle; F: 210° [Zers.].

5-Dimethylamino-1-phenyl-1*H*-tetrazol, Dimethyl-[1-phenyl-1*H*-tetrazol-5-yl]-amin $C_9H_{11}N_5$, Formel XV (R = R′ = CH_3).

B. Beim Behandeln von *N*′-Amino-*N,N*-dimethyl-*N*′′-phenyl-guanidin (aus *N,N,S*-Trimethyl-*N*′-phenyl-thiouronium-jodid hergestellt) in wss. HCl mit $NaNO_2$ und anschliessend mit Na_2CO_3 (*Finnegan et al.*, J. org. Chem. **18** [1953] 779, 784, 789).

Kristalle (aus Me.); F: 110—111° [korr.].

Hydrochlorid $C_9H_{11}N_5 \cdot HCl$. Kristalle (aus Me. + Ae.); Zers. bei 157,5—159,5° [korr.].

XIII XIV XV XVI

1-Äthyl-5-amino-4-phenyl-tetrazolium $[C_9H_{12}N_5]^+$, Formel XIV (R = C_2H_5, R′ = H).

Betain $C_9H_{11}N_5$; 1-Äthyl-4-phenyl-1,4-dihydro-tetrazolon-imin. Diese Konstitution kommt der von *Herbst et al.* (J. org. Chem. **16** [1951] 139, 145) als Äthyl-[1-phenyl-1*H*-tetrazol-5-yl]-amin angesehenen Verbindung zu (*Herbst, Percival,* J. org. Chem. **19** [1954] 439; *Percival, Herbst,* J. org. Chem. **22** [1957] 925, 926). – *B.* Aus 1-Phenyl-1*H*-tetrazol-5-ylamin und Diäthylsulfat (*He. et al.*, l. c. S. 146, 147). – Kp_5: 146–148° (*He. et al.*).

Chlorid $[C_9H_{12}N_5]Cl$. Kristalle; F: 239° [Zers.] (*He. et al.*).

5-Äthylamino-1-phenyl-1*H*-tetrazol, Äthyl-[1-phenyl-1*H*-tetrazol-5-yl]-amin $C_9H_{11}N_5$, Formel XV (R = C_2H_5, R′ = H).

B. Beim Hydrieren von Äthyl-benzyl-[1-phenyl-1*H*-tetrazol-5-yl]-amin an Palladium in Essigsäure (*Finnegan et al.*, J. org. Chem. **18** [1953] 779, 785, 789).

Kristalle (aus Bzl.); F: 118,5–119,5° [korr.] (*Fi. et al.*, J. org. Chem. **18** 789). Netzebenenabstände: *Moore, Burkardt,* Anal. Chem. **26** [1954] 1917, 1923. IR-Spektrum (Nujol; 6–14 μ): *Finnegan et al.*, Am. Soc. **77** [1955] 4420.

1-Äthyl-5-anilino-1*H*-tetrazol, [1-Äthyl-1*H*-tetrazol-5-yl]-phenyl-amin $C_9H_{11}N_5$, Formel XVI (R = C_2H_5).

B. Beim Erhitzen von Äthyl-[1-phenyl-1*H*-tetrazol-5-yl]-amin (*Finnegan et al.*, J. org. Chem. **18** [1953] 779, 781, 785, 789).

Kristalle (aus Bzl.); F: 164,5–165,5° [korr.] (*Fi. et al.*, J. org. Chem. **18** 789). IR-Spektrum (Nujol; 6–14 μ): *Finnegan et al.*, Am. Soc. **77** [1955] 4420.

5-Allylamino-1-phenyl-1*H*-tetrazol, Allyl-[1-phenyl-1*H*-tetrazol-5-yl]-amin $C_{10}H_{11}N_5$, Formel XV (R = CH_2-CH=CH_2, R′ = H).

B. Beim Erwärmen von *N*-Allyl-*N′*-phenyl-thioharnstoff mit PbO und NaN_3 in Äthanol unter Durchleiten von CO_2 (*Stollé,* J. pr. [2] **134** [1932] 282, 298). Beim Erhitzen von 5-Brom-1-phenyl-1*H*-tetrazol mit Allylamin auf 100° (*St.*).

Kristalle (aus A.); F: 108°.

5-Cyclohexylamino-1-phenyl-1*H*-tetrazol, Cyclohexyl-[1-phenyl-1*H*-tetrazol-5-yl]-amin $C_{13}H_{17}N_5$, Formel XV (R = C_6H_{11}, R′ = H).

B. Beim Behandeln von *N*-Amino-*N′*-cyclohexyl-*N″*-phenyl-guanidin (aus *N*-Cyclohexyl-*S*-methyl-*N′*-phenyl-thiouronium-jodid und N_2H_4 hergestellt) mit wss. HCl und $NaNO_2$ und anschliessend mit Na_2CO_3 (*Finnegan et al.*, J. org. Chem. **18** [1953] 779, 784, 789).

Kristalle (aus A.); F: 120,5–121,5° [korr.] (*Fi. et al.*, J. org. Chem. **18** 789). Netzebenenabstände: *Moore, Burkardt,* Anal. Chem. **26** [1954] 1917, 1922. IR-Spektrum (Nujol; 6–14 μ): *Finnegan et al.*, Am. Soc. **77** [1955] 4420.

5-Anilino-1-cyclohexyl-1*H*-tetrazol, [1-Cyclohexyl-1*H*-tetrazol-5-yl]-phenyl-amin $C_{13}H_{17}N_5$, Formel XVI (R = C_6H_{11}).

B. Beim Erhitzen von Cyclohexyl-[1-phenyl-1*H*-tetrazol-5-yl]-amin (*Finnegan et al.*, J. org. Chem. **18** [1953] 779, 781, 785, 789).

Kristalle (aus Bzl.+A.); F: 223,5–224,5° [korr.] (*Fi. et al.*, J. org. Chem. **18** 789). Netzebenenabstände: *Moore, Burkardt,* Anal. Chem. **26** [1954] 1917, 1922. IR-Spektrum (Nujol; 6–14 μ): *Finnegan et al.*, Am. Soc. **77** [1955] 4420.

1-*o*-Tolyl-1*H*-tetrazol-5-ylamin $C_8H_9N_5$, Formel I (R = H).

B. Beim Behandeln von *N*-Amino-*N′*-*o*-tolyl-guanidin mit wss. HCl und $NaNO_2$ und anschliessend mit wss. Na_2CO_3 (*Finnegan et al.*, J. org. Chem. **18** [1953] 779, 784, 788).

Kristalle (aus wss. A.); F: 191–192° [korr.] (*Fi. et al.*). λ_{max} (A.): 230 nm (*Murphy, Picard,* J. org. Chem. **19** [1954] 1807, 1808). Scheinbarer Dissoziationsexponent pK'_a (protonierte Verbindung; potentiometrisch ermittelt) bei 25°: 1,23 [H_2O (umgerechnet auf Eg.)] bzw. –0,50 [Eg.] (*Rochlin et al.*, Am. Soc. **76** [1954] 1451).

Gleichgewichtskonstante des Reaktionssystems mit [1*H*-Tetrazol-5-yl]-*o*-tolyl-amin bei 189–191° und 199–200° sowie in Äthylenglykol bei 193–194°: *Henry et al.*, Am. Soc. **76** [1954] 88, 89.

5-*o*-Toluidino-1*H*-tetrazol, [1*H*-Tetrazol-5-yl]-*o*-tolyl-amin $C_8H_9N_5$, Formel II (R = H) und Taut.

B. Beim Erhitzen von 1-*o*-Tolyl-1*H*-tetrazol-5-ylamin (*Henry et al.*, Am. Soc. **76** [1954] 88, 89, 92).

Scheinbarer Dissoziationsexponent pK'_a (wss. A. [50%ig]; potentiometrisch ermittelt) bei 27°: 6,08 (*He. et al.*, l. c. S. 89, 93).

Gleichgewichtskonstante des Reaktionssystems mit 1-*o*-Tolyl-1*H*-tetrazol-5-ylamin bei 189–191° und 199–200° sowie in Äthylenglykol bei 193–194°: *He. et al.*, l. c. S. 89.

5-Methylamino-1-*o*-tolyl-1*H*-tetrazol, Methyl-[1-*o*-tolyl-1*H*-tetrazol-5-yl]-amin $C_9H_{11}N_5$, Formel I (R = CH_3).

B. Neben geringeren Mengen [1-Methyl-1*H*-tetrazol-5-yl]-*o*-tolyl-amin beim Behandeln von *N*-Amino-*N'*-methyl-*N''*-*o*-tolyl-guanidin mit wss. HCl und $NaNO_2$ und anschliessend mit Na_2CO_3 (*Finnegan et al.*, Am. Soc. **77** [1955] 4420).

Kristalle (aus Bzl.); F: 153–155° [korr.]. IR-Spektrum (Nujol; 6–14 μ): *Fi. et al.*

1-Methyl-5-*o*-toluidino-1*H*-tetrazol, [1-Methyl-1*H*-tetrazol-5-yl]-*o*-tolyl-amin $C_9H_{11}N_5$, Formel II (R = CH_3).

B. Beim Erhitzen der vorangehenden Verbindung auf 180–200° (*Finnegan et al.*, Am. Soc. **77** [1955] 4420).

Kristalle (aus H_2O); F: 141–142° [korr.]. IR-Spektrum (Nujol; 6–14 μ): *Fi. et al.*

I II III IV

1-*m*-Tolyl-1*H*-tetrazol-5-ylamin $C_8H_9N_5$, Formel III (X = H).

B. Beim Behandeln von *N*-Amino-*N'*-*m*-tolyl-guanidin mit wss. HCl und $NaNO_2$ und anschliessend mit Na_2CO_3 (*Henry et al.*, Am. Soc. **76** [1954] 88, 92).

Kristalle (aus wss. A.); F: 162–163° [korr.] (*He. et al.*, Am. Soc. **76** 92). λ_{max} (A.): 228 nm (*Murphy, Picard,* J. org. Chem. **19** [1954] 1807, 1808). Scheinbarer Dissoziationsexponent pK'_a (protonierte Verbindung; potentiometrisch ermittelt) bei 25°: 1,08 [H_2O (umgerechnet aus Eg.)] bzw. −0,65 [Eg.] (*Rochlin et al.*, Am. Soc. **76** [1954] 1451).

Geschwindigkeitskonstante der Isomerisierung zu [1*H*-Tetrazol-5-yl]-*m*-tolyl-amin in Äthylenglykol bei 410,3 K: *Henry et al.*, Am. Soc. **77** [1955] 2264, 2265; Gleichgewichtskonstante in Äthylenglykol bei 410,4 K und 467,2 K: *He. et al.*, Am. Soc. **77** 2266; bei 466–467 K: *He. et al.*, Am. Soc. **76** 89.

1-[3-Trifluormethyl-phenyl]-1*H*-tetrazol-5-ylamin $C_8H_6F_3N_5$, Formel III (X = F).

B. Analog 1-*o*-Tolyl-1*H*-tetrazol-5-ylamin [s. o.] (*Henry et al.*, Am. Soc. **76** [1954] 88, 92).

Kristalle (aus Isopropylalkohol); F: 176–178° [korr.].

Gleichgewichtskonstante des Reaktionssystems mit [1*H*-Tetrazol-5-yl]-[3-trifluormethyl-phenyl]-amin in Äthylenglykol bei 193–194°: *He. et al.*, l. c. S. 89.

5-*m*-Toluidino-1*H*-tetrazol, [1*H*-Tetrazol-5-yl]-*m*-tolyl-amin $C_8H_9N_5$, Formel IV (R = CH_3, R' = H) und Taut.

B. Beim Erhitzen von 1-*m*-Tolyl-1*H*-tetrazol-5-ylamin (*Henry et al.*, Am. Soc. **76** [1954] 88, 92).

Kristalle (aus wss. A.); F: 190,5–191,5° [korr.] (*He. et al.*, Am. Soc. **76** 92). Scheinbarer Dissoziationsexponent pK'_a (wss. A. [50%ig]; potentiometrisch ermittelt) bei 27°: 5,94 (*He. et al.*, Am. Soc. **76** 89, 93).

Gleichgewichtskonstante des Reaktionssystems mit 1-*m*-Tolyl-1*H*-tetrazol-5-ylamin in Äthylenglykol bei 410,4 K und 467,2 K: *Henry et al.*, Am. Soc. **77** [1955] 2264, 2266; bei 466–467 K: *He. et al.*, Am. Soc. **76** 89.

1-*p*-Tolyl-1*H*-tetrazol-5-ylamin $C_8H_9N_5$, Formel V (E II 249).

B. Aus *p*-Tolunitril und HN_3 in Benzol mit Hilfe von H_2SO_4 (*v. Braun, Keller*, B. **65** [1932] 1677, 1679). Beim Behandeln von *N*-Amino-*N'*-*p*-tolyl-guanidin mit wss. HCl und $NaNO_2$ und anschliessend mit Na_2CO_3 (*Henry et al.*, Am. Soc. **76** [1954] 88, 92).

Kristalle (aus A. oder Acn. + PAe.); F: 190° (*v. Br., Ke.*). λ_{max} (A.): 229 nm (*Lieber et al.*, Curr. Sci. **26** [1957] 167).

Geschwindigkeitskonstante der Isomerisierung zu [1*H*-Tetrazol-5-yl]-*p*-tolyl-amin in Äthylenglykol bei 390,2 K, 399,9 K und 410,5 K: *Henry et al.*, Am. Soc. **77** [1955] 2264, 2265; Gleichgewichtskonstante bei 462–464 K und 472–473 K sowie in Äthylenglykol bei 466–467 K: *He. et al.*, Am. Soc. **76** 89; in Äthylenglykol bei 410–468,6 K: *He. et al.*, Am. Soc. **77** 2266.

5-*p*-Toluidino-1*H*-tetrazol, [1*H*-Tetrazol-5-yl]-*p*-tolyl-amin $C_8H_9N_5$, Formel IV (R = H, R' = CH_3) und Taut.

B. Beim Erhitzen von 1-*p*-Tolyl-1*H*-tetrazol-5-ylamin (*Henry et al.*, Am. Soc. **76** [1954] 88, 92).

Kristalle (aus wss. A.); F: 200,5–201° [korr.] (*He. et al.*, Am. Soc. **76** 92). λ_{max} (A.): 250 nm (*Lieber et al.*, Curr. Sci. **26** [1957] 167). Scheinbarer Dissoziationsexponent pK'_a (wss. A. [50%ig]; potentiometrisch ermittelt) bei 27°: 5,95 (*He. et al.*, Am. Soc. **76** 89, 93).

Gleichgewichtskonstante des Reaktionssystems mit 1-*p*-Tolyl-1*H*-tetrazol-5-ylamin bei 462–464 K und 472–473 K sowie in Äthylenglykol bei 466–467 K: *He. et al.*, Am. Soc. **76** 89; in Äthylenglykol bei 410–468,6 K: *Henry et al.*, Am. Soc. **77** [1955] 2264, 2266.

1-Benzyl-1*H*-tetrazol-5-ylamin $C_8H_9N_5$, Formel VI (R = H) (H 404; E II 249).

B. Beim Behandeln von Benzylamin mit BrCN und NaOH in wss. Äthanol und anschliessend mit NaN_3 und wss. HCl (*Herbst, Garbrecht*, J. org. Chem. **18** [1953] 1283, 1287; *Herbst, Froberger*, J. org. Chem. **22** [1957] 1050, 1051, 1052). Beim Behandeln von *N*-Amino-*N'*-benzyl-guanidin mit wss. HCl und $NaNO_2$ und anschliessend mit Na_2CO_3 (*Finnegan et al.*, J. org. Chem. **18** [1953] 779, 784, 788). Beim Erhitzen von Benzyl-[1*H*-tetrazol-5-yl]-amin auf 185–190° (*Fi. et al.*, l. c. S. 785, 788; *Garbrecht, Herbst*, J. org. Chem. **18** [1953] 1269, 1278).

Kristalle (aus Me.); F: 191–192° [korr.] (*Fi. et al.*). Netzebenenabstände: *Moore, Burkardt*, Anal. Chem. **26** [1954] 1917, 1919. λ_{max} (A.): 225 nm (*Murphy, Picard*, J. org. Chem. **19** [1954] 1807, 1808). Scheinbarer Dissoziationsexponent pK'_a (protonierte Verbindung; potentiometrisch ermittelt) bei 25°: 1,44 [H_2O (umgerechnet aus Eg.)] bzw. −0,29 [Eg.] (*Rochlin et al.*, Am. Soc. **76** [1954] 1451).

Gleichgewichtskonstante des Reaktionssystems mit Benzyl-[1*H*-tetrazol-5-yl]-amin bei 189–191° und 199–200° sowie in Äthylenglykol bei 193–194°: *Henry et al.*, Am. Soc. **76** [1954] 88, 89. Das beim Erhitzen mit Benzylchlorid erhaltene sog. α-Dibenzyl-[5-amino-tetrazol] (s. H **26** 404) ist als 5-Amino-1,4-dibenzyl-tetrazolium-betain und das beim Erhitzen mit Benzylchlorid in wss.-äthanol. KOH erhaltene sog. β-Dibenzyl-[5-amino-tetrazol] (s. H **26** 404) als Benzyl-[1-benzyl-1*H*-tetrazol-5-yl]-amin zu formulieren (*Percival, Herbst*, J. org. Chem. **22** [1957] 925, 926, 927).

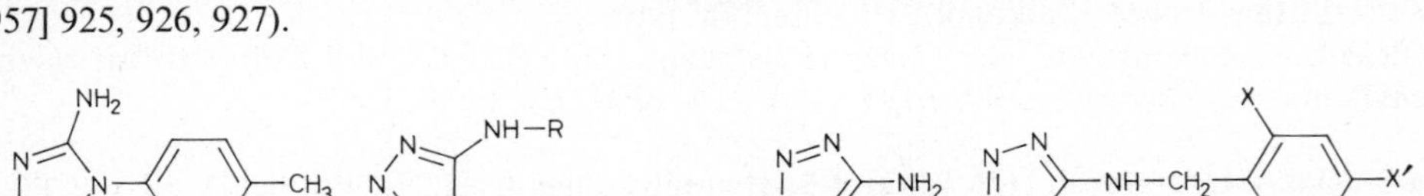

V VI VII VIII

2-Benzyl-2*H*-tetrazol-5-ylamin $C_8H_9N_5$, Formel VII.

B. Neben 1-Benzyl-1*H*-tetrazol-5-ylamin beim Erwärmen von 1*H*-Tetrazol-5-ylamin mit Benzylchlorid in wss.-äthanol. NaOH (*Henry, Finnegan*, Am. Soc. **76** [1954] 923, 926).

Kristalle (aus Isopropylalkohol); F: 84,5–85° (*He., Fi.*). Netzebenenabstände: *Moore, Burkardt,* Anal. Chem. **26** [1954] 1917, 1919.

5-Benzylamino-1*H*-tetrazol, Benzyl-[1*H*-tetrazol-5-yl]-amin $C_8H_9N_5$, Formel VIII (X = X′ = H) und Taut.

Diese Konstitution kommt auch der früher (H **26** 404) als *β*-Benzyl-[5-amino-tetrazol] bezeichneten Verbindung zu (*Herbst, Garbrecht,* J. org. Chem. **18** [1953] 1283, 1287).

B. Beim Hydrieren des Guanidin-Salzes des Benzyliden-[1*H*-tetrazol-5-yl]-amins an Platin in Methanol oder Äthanol (*Henry, Finnegan,* Am. Soc. **76** [1954] 926). Beim Erhitzen von Benzyl-[1*H*-tetrazol-5-yl]-carbamidsäure-äthylester mit wss. KOH (*Garbrecht, Herbst,* J. org. Chem. **18** [1953] 1022, 1026).

Kristalle; F: 183° [korr.; aus H_2O] (*He., Fi.*), 181–181,5° [korr.; langsames Erhitzen; aus wss. Isopropylalkohol] (*He., Ga.*). Netzebenenabstände: *Moore, Burkardt,* Anal. Chem. **26** [1954] 1917, 1920. Scheinbarer Dissoziationsexponent pK'_a (wss. A. [50%ig]; potentiometrisch ermittelt) bei 27°: 6,64 (*Henry et al.,* Am. Soc. **76** [1954] 88, 89, 93).

Gleichgewichtskonstante des Reaktionssystems mit 1-Benzyl-1*H*-tetrazol-5-ylamin bei 189–191° und 199–200° sowie in Äthylenglykol bei 193–194°: *He. et al.*

[2-Chlor-benzyl]-[1*H*-tetrazol-5-yl]-amin $C_8H_8ClN_5$, Formel VIII (X = Cl, X′ = H) und Taut.

B. Beim Behandeln des Triäthylamin-Salzes des 1*H*-Tetrazol-5-ylamins mit 2-Chlor-benzaldehyd in Methanol und anschliessenden Hydrieren an Platin (*Henry, Finnegan,* Am. Soc. **76** [1954] 926).

Kristalle (aus wss. A.); F: 189–191° [korr.].

[2,4-Dichlor-benzyl]-[1*H*-tetrazol-5-yl]-amin $C_8H_7Cl_2N_5$, Formel VIII (X = X′ = Cl) und Taut.

B. Beim Hydrieren des Guanidin-Salzes des [2,4-Dichlor-benzyliden]-[1*H*-tetrazol-5-yl]-amins an Platin in Methanol oder Äthanol (*Henry, Finnegan,* Am. Soc. **76** [1954] 926).

Kristalle (aus A.); F: 198,5–199,5° [korr.].

5-Amino-1-benzyl-3-methyl-tetrazolium $[C_9H_{12}N_5]^+$, Formel IX.

Chlorid $[C_9H_{12}N_5]Cl$. *B.* Beim Erhitzen von 2-Methyl-2*H*-tetrazol-5-ylamin mit Benzylbromid und anschliessenden Überführen in das Chlorid (*Henry et al.,* Am. Soc. **76** [1954] 2894, 2896). – Kristalle (aus Isopropylalkohol + Ae.); F: 180–181° [korr.; Zers.]. λ_{max} (H_2O): 258 nm (*He. et al.,* l. c. S. 2898).

5-Amino-1-benzyl-4-methyl-tetrazolium $[C_9H_{12}N_5]^+$, Formel X.

Betain $C_9H_{11}N_5$; 1-Benzyl-4-methyl-1,4-dihydro-tetrazolon-imin. Sehr hygroskopische Kristalle (aus E. + PAe.); F: 38–40° [nach Destillation unter 0,1 Torr] (*Henry et al.,* Am. Soc. **76** [1954] 2894, 2896).

Chlorid $[C_9H_{12}N_5]Cl$. Diese Konstitution kommt der von *Herbst et al.* (J. org. Chem. **16** [1951] 139, 145) als Benzyl-[1-methyl-1*H*-tetrazol-5-yl]-amin-hydrochlorid angesehenen Verbindung zu (*Hen. et al.*; *Percival, Herbst,* J. org. Chem. **22** [1957] 925, 926). – *B.* Beim Erhitzen von 1-Methyl-1*H*-tetrazol-5-ylamin mit Benzylchlorid (*Hen. et al.*; *Pe., He.,* l. c. S. 926, 929). Beim Erhitzen von 1-Benzyl-1*H*-tetrazol-5-ylamin mit Methylhalogenid, Dimethylsulfat, Benzolsulfonsäure-methylester oder Toluol-4-sulfonsäure-methylester und anschliessenden Überführen in das Chlorid (*Pe., He.,* l. c. S. 926, 929). – Kristalle; F: 217–218° [Zers.] (*Her. et al.*), 216–217° [korr.; aus wss. Isopropylalkohol] (*Hen. et al.*).

Picrat $[C_9H_{12}N_5]C_6H_2N_3O_7$. Gelbe Kristalle (aus A.); F: 107–108° [korr.] (*Hen. et al.*).

1-Benzyl-5-methylamino-1*H*-tetrazol, [1-Benzyl-1*H*-tetrazol-5-yl]-methyl-amin $C_9H_{11}N_5$, Formel VI (R = CH_3).

B. Neben Benzyl-[1-methyl-1*H*-tetrazol-5-yl]-amin beim Behandeln von *N*-Amino-*N′*-benzyl-*N″*-methyl-guanidin mit wss. HCl und $NaNO_2$ und anschliessend mit Na_2CO_3 (*Finnegan et al.,*

J. org. Chem. **18** [1953] 779, 785, 789).
Kristalle (aus A.); F: 117—118° [korr.].

5-Amino-3-benzyl-1-methyl-tetrazolium $[C_9H_{12}N_5]^+$, Formel XI.

Picrat $[C_9H_{12}N_5]C_6H_2N_3O_7$. *B.* Beim Erwärmen von 2-Benzyl-2*H*-tetrazol-5-ylamin mit Benzolsulfonsäure-methylester und anschliessenden Überführen in das Picrat (*Henry et al.*, Am. Soc. **76** [1954] 2894, 2896). — Kristalle (aus A.); F: 152—153° [korr.] und (nach Wiedererstarren) F: 163—164° [korr.].

5-Benzylamino-1-methyl-1*H*-tetrazol, Benzyl-[1-methyl-1*H*-tetrazol-5-yl]-amin $C_9H_{11}N_5$, Formel XII.

Die von *Herbst et al.* (J. org. Chem. **16** [1951] 139, 145) als Hydrochlorid dieser Base angesehene Verbindung ist als 5-Amino-1-benzyl-4-methyl-tetrazolium-chlorid (s. o.) zu formulieren.

B. Neben [1-Benzyl-1*H*-tetrazol-5-yl]-methyl-amin beim Behandeln von *N*-Amino-*N'*-benzyl-*N''*-methyl-guanidin mit $NaNO_2$ und wss. HCl und anschliessend mit Na_2CO_3 (*Finnegan et al.*, J. org. Chem. **18** [1953] 779, 789). Beim Hydrieren von Benzyliden-[1-methyl-1*H*-tetrazol-5-yl]-amin an Platin in Methanol (*Henry, Finnegan,* Am. Soc. **76** [1954] 923, 925).

Kristalle; F: 131,5—132,5° [korr.; aus wss. A.] (*He., Fi.*), 99° [aus A.] (*Fi. et al.*). Netzebenenabstände: *Moore, Burkardt,* Anal. Chem. **26** [1954] 1917, 1920.

5-Benzylamino-2-methyl-2*H*-tetrazol, Benzyl-[2-methyl-2*H*-tetrazol-5-yl]-amin $C_9H_{11}N_5$, Formel XIII.

B. Beim Hydrieren von Benzyliden-[2-methyl-2*H*-tetrazol-5-yl]-amin an Platin in Äthanol (*Henry, Finnegan,* Am. Soc. **76** [1954] 923, 925).

Kristalle (aus PAe.); F: 86—87° (*He., Fi.*). Netzebenenabstände: *Moore, Burkardt,* Anal. Chem. **26** [1954] 1917, 1920. UV-Spektrum (H_2O; 220—280 nm): *Henry et al.*, Am. Soc. **76** [1954] 2894, 2898.

1-Äthyl-5-amino-4-benzyl-tetrazolium $[C_{10}H_{14}N_5]^+$, Formel XIV.

Betain $C_{10}H_{13}N_5$; 1-Äthyl-4-benzyl-1,4-dihydro-tetrazolon-imin. Diese Konstitution kommt der von *Herbst et al.* (J. org. Chem. **16** [1951] 139, 145) als Äthyl-[1-benzyl-1*H*-tetrazol-5-yl]-amin angesehenen Verbindung zu (*Percival, Herbst,* J. org. Chem. **22** [1957] 925, 926). — *B.* Beim Erwärmen von 1-Benzyl-1*H*-tetrazol-5-ylamin mit Diäthylsulfat (*He. et al.*, l. c. S. 143, 147). — Kp_3: 155—156° (*He. et al.*).

Chlorid $[C_{10}H_{14}N_5]Cl$. Diese Konstitution kommt der von *Herbst et al.* (l. c. S. 145, 147) als [1-Äthyl-1*H*-tetrazol-5-yl]-benzyl-amin-hydrochlorid und der als Äthyl-[1-benzyl-1*H*-tetrazol-5-yl]-amin-hydrochlorid angesehenen Verbindung zu (*Herbst, Percival,* J. org. Chem. **19** [1954] 439; *Pe., He.*). — *B.* Beim Erhitzen von 1-Äthyl-1*H*-tetrazol-5-ylamin mit Benzylchlorid (*He. et al.*, l. c. S. 147). Beim Erhitzen von 1-Benzyl-1*H*-tetrazol-5-ylamin mit Äthylhalogenid, Diäthylsulfat, Benzolsulfonsäure-äthylester oder Toluol-4-sulfonsäure-äthylester und Behandeln des Reaktionsprodukts mit wss. HCl (*Pe., He.*, l. c. S. 926, 929). — Kristalle; F: 225° [Zers.] (*Pe., He.*), 224° [Zers.; aus wss. Isopropylalkohol] (*He. et al.*, l. c. S. 147).

5-Amino-1-benzyl-4-propyl-tetrazolium $[C_{11}H_{16}N_5]^+$, Formel XV (X = H, n = 2).

Chlorid $[C_{11}H_{16}N_5]Cl$. *B.* Beim Erhitzen von 1-Propyl-1*H*-tetrazol-5-ylamin mit Benzylchlorid (*Percival, Herbst,* J. org. Chem. **22** [1957] 925, 929). Beim Erhitzen von 1-Benzyl-1*H*-tetrazol-5-ylamin mit Toluol-4-sulfonsäure-propylester auf 160° und Behandeln des Reaktionsprodukts mit wss. HCl (*Pe., He.*). — Kristalle (aus wss. Isopropylalkohol); F: 199—200° [Zers.] (*Pe.,*

He., l. c. S. 926, 929).

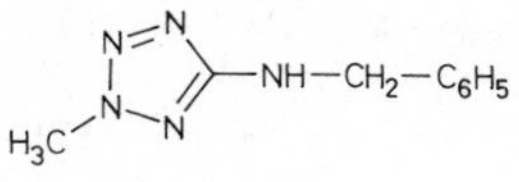

XIII 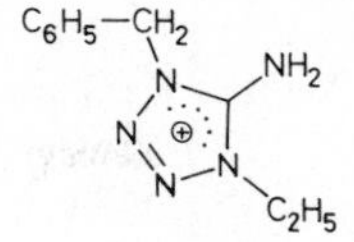 XIV 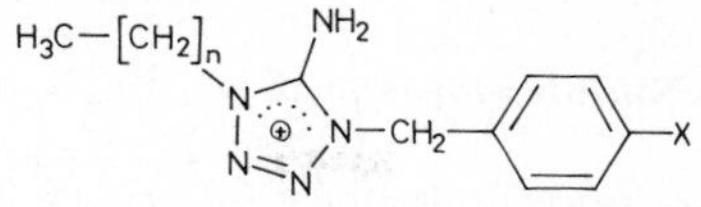 XV

5-Amino-1-benzyl-4-butyl-tetrazolium $[C_{12}H_{18}N_5]^+$, Formel XV (X = H, n = 3).

Chlorid $[C_{12}H_{18}N_5]Cl$. *B.* Beim Erhitzen von 1-Butyl-1*H*-tetrazol-5-ylamin mit Benzylchlorid (*Percival, Herbst,* J. org. Chem. **22** [1957] 925, 926, 929). Beim Erhitzen von 1-Benzyl-1*H*-tetrazol-5-ylamin mit Butylhalogenid, Dibutylsulfat, Benzolsulfonsäure-butylester oder Toluol-4-sulfonsäure-butylester und Behandeln des Reaktionsprodukts mit wss. HCl (*Pe., He.*). – Kristalle; F: 196°.

5-Amino-1-[4-chlor-benzyl]-4-pentyl-tetrazolium $[C_{13}H_{19}ClN_5]^+$, Formel XV (X = Cl, n = 4).

Chlorid $[C_{13}H_{19}ClN_5]Cl$. *B.* Beim Erhitzen von 1-Pentyl-1*H*-tetrazol-5-ylamin mit 1-Chlor-4-chlormethyl-benzol (*Herbst, Froberger,* J. org. Chem. **22** [1957] 1050, 1052, 1053). – Kristalle; F: 151,5–152,5° [aus H_2O] (*Herbst,* U.S.P. 2735852 [1954]), 151–152° [aus wss. A.] (*He., Fr.*).

5-Amino-1-[4-chlor-benzyl]-4-hexyl-tetrazolium $[C_{14}H_{21}ClN_5]^+$, Formel XV (X = Cl, n = 5).

Chlorid $[C_{14}H_{21}ClN_5]Cl$. *B.* Analog der vorangehenden Verbindung (*Herbst, Froberger,* J. org. Chem. **22** [1957] 1050, 1052, 1053). Beim Erhitzen von 1-[4-Chlor-benzyl]-1*H*-tetrazol-5-ylamin mit Hexylbromid und Behandeln des Reaktionsprodukts in Isopropylalkohol mit wss. HCl (*Herbst,* U.S.P. 2735852 [1954]). – Kristalle [aus wss.-äthanol. HCl] (*He.*); F: 166–167° (*He., Fr.*; *He.*).

5-Amino-1-[4-chlor-benzyl]-4-heptyl-tetrazolium $[C_{15}H_{23}ClN_5]^+$, Formel XV (X = Cl, n = 6).

Chlorid $[C_{15}H_{23}ClN_5]Cl$. *B.* Beim Erhitzen von 1-Heptyl-1*H*-tetrazol-5-ylamin mit 1-Chlor-4-chlormethyl-benzol (*Herbst, Froberger,* J. org. Chem. **22** [1957] 1050, 1052, 1053; *Herbst,* U.S.P. 2735852 [1954]). – Kristalle [aus wss.-äthanol. HCl] (*He.*); F: 151–152° (*He., Fr.*; *He.*).

5-Amino-1-benzyl-4-octyl-tetrazolium $[C_{16}H_{26}N_5]^+$, Formel XV (X = H, n = 7).

Chlorid $[C_{16}H_{26}N_5]Cl$. *B.* Analog der vorangehenden Verbindung (*Herbst, Froberger,* J. org. Chem. **22** [1957] 1050, 1052, 1053; *Herbst,* U.S.P. 2735852 [1954]). – Kristalle; F: 163–165° (*He., Fr.*), 163–164° [aus wss.-äthanol. HCl] (*He.*).

Bromid $[C_{16}H_{26}N_5]Br$. *B.* Beim Erhitzen von 1-Octyl-1*H*-tetrazol-5-ylamin mit Benzylbromid (*He., Fr.,* l. c. S. 1053; *He.*). – Kristalle; F: 165,5–166,5° [aus wss.-äthanol. HBr] (*He.*), 165–166° [aus wss. A.] (*He., Fr.*).

L_g-Tartrat $[C_{16}H_{26}N_5]C_4H_5O_6 \cdot C_4H_6O_6$. Kristalle mit 1 Mol H_2O; F: 79–80° (*He.*), 78–79° (*Herbst, Stone,* J. org. Chem. **22** [1957] 1139, 1140, 1141).

Methansulfonat $[C_{16}H_{26}N_5]CH_3O_3S$. Kristalle (aus Bzl.+PAe. oder Bzl.+Hexan); F: 116–117° (*He., St.,* l. c. S. 1141, 1142).

Äthansulfonat $[C_{16}H_{26}N_5]C_2H_5O_3S$. Kristalle (aus Bzl.+PAe. oder Bzl.+Hexan); F: 98–99° (*He., St.*).

Propan-2-sulfonat $[C_{16}H_{26}N_5]C_3H_7O_3S$. Kristalle (aus Bzl.+PAe. oder Bzl.+Hexan); F: 108–110° (*He., St.*).

Butan-1-sulfonat $[C_{16}H_{26}N_5]C_4H_9O_3S$. Kristalle (aus E.+Cyclohexan); F: 125° (*He., St.*).

3-Methyl-butan-1-sulfonat $[C_{16}H_{26}N_5]C_5H_{11}O_3S$. Kristalle (aus E.); F: 132–133° (*He., St.*).

Benzolsulfonat $[C_{16}H_{26}N_5]C_6H_5O_3S$. Kristalle (aus wss. A.); F: 129° (*He., St.*).

4-Chlor-benzolsulfonat $[C_{16}H_{26}N_5]C_6H_4ClO_3S$. Kristalle (aus wss. A.); F: 159–160° (*He., St.*).

2,4-Dichlor-benzolsulfonat $[C_{16}H_{26}N_5]C_6H_3Cl_2O_3S$. Kristalle (aus wss. A.); F: 134–135°

(*He., St.*).

4-Brom-benzolsulfonat $[C_{16}H_{26}N_5]C_6H_4BrO_3S$. Kristalle (aus wss. A.); F: 162–163° (*He., St.*).

3-Nitro-benzolsulfonat $[C_{16}H_{26}N_5]C_6H_4NO_5S$. Kristalle (aus wss. A.); F: 138–139° (*He., St.*).

4-Nitro-benzolsulfonat $[C_{16}H_{26}N_5]C_6H_4NO_5S$. Gelbe Kristalle (aus wss. A.); F: 171–172° (*He., St.*).

Toluol-4-sulfonat $[C_{16}H_{26}N_5]C_7H_7O_3S$. Kristalle (aus wss. A.); F: 172–173° (*He., St.*).

2,4-Dimethyl-benzolsulfonat $[C_{16}H_{26}N_5]C_8H_9O_3S$. Kristalle (aus Bzl.+PAe. oder Bzl.+Hexan); F: 91–92° (*He., St.*).

2,5-Dimethyl-benzolsulfonat $[C_{16}H_{26}N_5]C_8H_9O_3S$. Kristalle (aus Bzl.+PAe. oder Bzl.+Hexan); F: 102–103° (*He., St.*).

Naphthalin-2-sulfonat $[C_{16}H_{26}N_5]C_{10}H_7O_3S$. Kristalle (aus wss. A.); F: 146–147° (*He., St.*).

Benzol-1,3-disulfonat $[C_{16}H_{26}N_5]_2C_6H_4O_6S_2$. Kristalle (aus Bzl.); F: 143–144° (*He., St.*).

Biphenyl-4,4′-disulfonat $[C_{16}H_{26}N_5]_2C_{12}H_8O_6S_2$. Kristalle (aus wss. A.); F: 244–245° (*He., St.*).

Naphthalin-1,5-disulfonat $[C_{16}H_{26}N_5]_2C_{10}H_6O_6S_2$. Kristalle (aus wss. A.); F: 213–214° (*He., St.*).

Naphthalin-2,6-disulfonat $[C_{16}H_{26}N_5]_2C_{10}H_6O_6S_2$. Kristalle (aus wss. A.); F: 253–254° (*He., St.*).

Naphthalin-2,7-disulfonat $[C_{16}H_{26}N_5]_2C_{10}H_6O_6S_2$. Kristalle (aus wss. A.); F: 210–211° (*He., St.*).

4-Hydroxy-benzolsulfonat $[C_{16}H_{26}N_5]C_6H_5O_4S$. Kristalle (aus wss. A.); F: 114–115° (*He., St.*).

(1*S*)-2-Oxo-bornan-10-sulfonat $[C_{16}H_{26}N_5]C_{10}H_{15}O_4S$. Kristalle (aus E.+Cyclohexan); F: 144–145° (*He., St.*).

(±)-2-Oxo-bornan-10-sulfonat $[C_{16}H_{26}N_5]C_{10}H_{15}O_4S$. Kristalle (aus E.+Cyclohexan); F: 146–147° (*He., St.*).

3-Sulfo-benzoat $[C_{16}H_{26}N_5]C_7H_5O_5S$. Kristalle (aus wss. A.); F: 200–201° (*He., St.*).

2-Hydroxy-5-sulfo-benzoat $[C_{16}H_{26}N_5]C_7H_5O_6S$. Kristalle (aus wss. A.); F: 169–170° [nach teilweisem Schmelzen bei 150–151° und Wiedererstarren] (*He., St.*).

2-Amino-benzolsulfonat $[C_{16}H_{26}N_5]C_6H_6NO_3S$. Kristalle (aus wss. A.); F: 134–135° (*He., St.*).

3-Amino-benzolsulfonat $[C_{16}H_{26}N_5]C_6H_6NO_3S$. Kristalle (aus Bzl.+PAe. oder Bzl.+Hexan); F: 107–108° (*He., St.*).

Sulfanilat $[C_{16}H_{26}N_5]C_6H_6NO_3S$. Kristalle (aus H_2O); F: 154–155° (*He., St.*).

4-Amino-naphthalin-1-sulfonat $[C_{16}H_{26}N_5]C_{10}H_8NO_3S$. Kristalle (aus Bzl.); F: 131–132° (*He., St.*).

4-Acetylamino-naphthalin-1-sulfonat $[C_{16}H_{26}N_5]C_{12}H_{10}NO_4S$. Kristalle (aus wss. A.); F: 148–149° (*He., St.*).

5-Amino-1-[2-chlor-benzyl]-4-octyl-tetrazolium $[C_{16}H_{25}ClN_5]^+$, Formel I (X = Cl, X′ = X″ = H).

Chlorid $[C_{16}H_{25}ClN_5]Cl$. *B.* Beim Erhitzen von 1-Octyl-1*H*-tetrazol-5-ylamin mit 2-Chlor-benzylchlorid (*Herbst, Froberger,* J. org. Chem. **22** [1957] 1050, 1052, 1053). – Kristalle (aus wss. A.); F: 167–168°.

5-Amino-1-[4-chlor-benzyl]-4-octyl-tetrazolium $[C_{16}H_{25}ClN_5]^+$, Formel I (X = X′ = H, X″ = Cl).

Betain $C_{16}H_{24}ClN_5$; 1-[4-Chlor-benzyl]-4-octyl-1,4-dihydro-tetrazolon-imin. Kristalle (aus Hexan); F: 52–53° (*Herbst, Froberger,* J. org. Chem. **22** [1957] 1050, 1053; *Herbst,* U.S.P. 2735852 [1954]).

Chlorid $[C_{16}H_{25}ClN_5]Cl$. *B.* Beim Erhitzen von 1-Octyl-1*H*-tetrazol-5-ylamin mit 4-Chlor-benzylchlorid (*He., Fr.*; *He.*). Beim Erhitzen von 1-[4-Chlor-benzyl]-1*H*-tetrazol-5-ylamin mit Octylbromid und Behandeln des Reaktionsprodukts in Isopropylalkohol mit wss. HCl (*He.*).

– Kristalle; F: 165,5 – 166,5° [aus wss.-äthanol. HCl] (*He.*), 165 – 166° (*He., Fr.*, l. c. S. 1052).

$_L$$_g$-Tartrat $[C_{16}H_{25}ClN_5]C_4H_5O_6 \cdot C_4H_6O_6$. Kristalle mit 1 Mol H_2O; F: 88 – 89° (*Herbst, Stone*, J. org. Chem. **22** [1957] 1139, 1140, 1141).

Methansulfonat $[C_{16}H_{25}ClN_5]CH_3O_3S$. Kristalle (aus Bzl. + Hexan); F: 126 – 128° (*He., St.*).

Sulfanilat $[C_{16}H_{25}ClN_5]C_6H_6NO_3S$. Kristalle (aus wss. Acn.); F: 159 – 161° (*He., St.*).

5-Amino-1-[2,4-dichlor-benzyl]-4-octyl-tetrazolium $[C_{16}H_{24}Cl_2N_5]^+$, Formel I (X = X'' = Cl, X' = H).

Chlorid $[C_{16}H_{24}Cl_2N_5]Cl$. *B.* Beim Erhitzen von 1-Octyl-1*H*-tetrazol-5-ylamin mit 2,4-Dichlor-1-chlormethyl-benzol (*Herbst, Froberger*, J. org. Chem. **22** [1957] 1050, 1052, 1053; *Herbst*, U.S.P. 2735852 [1954]). – Kristalle; F: 168 – 169° [aus wss.-äthanol. HCl] (*He.*), 167 – 168° (*He., Fr.*).

Die folgenden Verbindungen sind in analoger Weise hergestellt worden:

5-Amino-1-[3,4-dichlor-benzyl]-4-octyl-tetrazolium $[C_{16}H_{24}Cl_2N_5]^+$, Formel I (X = H, X' = X'' = Cl). Chlorid $[C_{16}H_{24}Cl_2N_5]Cl$. Kristalle [aus wss.-äthanol. HCl] (*He.*); F: 159 – 160° (*He.*; *He., Fr.*).

5-Amino-1-[4-nitro-benzyl]-4-octyl-tetrazolium $[C_{16}H_{25}N_6O_2]^+$, Formel I (X = X' = H, X'' = NO_2). Chlorid $[C_{16}H_{25}N_6O_2]Cl$. Kristalle [aus wss. A.] (*He.*); F: 168 – 169° (*He.*; *He., Fr.*). – $_L$$_g$-Hydrogen-tartrat $[C_{16}H_{25}N_6O_2]C_4H_5O_6$. Kristalle (aus wasserhaltigem E.); F: 153 – 155° (*Herbst, Stone*, J. org. Chem. **22** [1957] 1139, 1140, 1141).

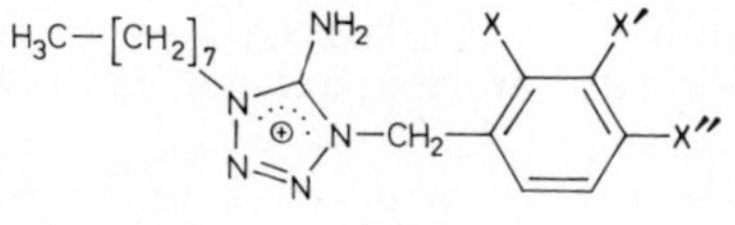

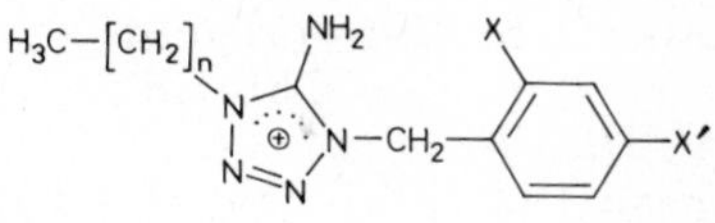

5-Amino-1-benzyl-4-nonyl-tetrazolium $[C_{17}H_{28}N_5]^+$, Formel II (X = X' = H, n = 8). Chlorid $[C_{17}H_{28}N_5]Cl$. Kristalle [aus wss.-äthanol. HCl] (*He.*); F: 161 – 162° (*He.*; *He., Fr.*). – $_L$$_g$-Tartrat $[C_{17}H_{28}N_5]C_4H_5O_6 \cdot C_4H_6O_6$. Kristalle mit 1 Mol H_2O; F: 80 – 82° (*He., St.*).

5-Amino-1-[4-chlor-benzyl]-4-nonyl-tetrazolium $[C_{17}H_{27}ClN_5]^+$, Formel II (X = H, X' = Cl, n = 8). Chlorid $[C_{17}H_{27}ClN_5]Cl$. Kristalle; F: 152 – 153,5° [aus wss.-äthanol. HCl] (*He.*), 152 – 153° (*He., Fr.*).

5-Amino-1-[2,4-dichlor-benzyl]-4-nonyl-tetrazolium $[C_{17}H_{26}Cl_2N_5]^+$, Formel II (X = X' = Cl, n = 8). Chlorid $[C_{17}H_{26}Cl_2N_5]Cl$. Kristalle [aus wss.-äthanol. HCl] (*He.*); F: 143 – 144° (*He.*; *He., Fr.*).

5-Amino-1-benzyl-4-decyl-tetrazolium $[C_{18}H_{30}N_5]^+$, Formel II (X = X' = H, n = 9). Chlorid $[C_{18}H_{30}N_5]Cl$. Kristalle [aus wss.-äthanol. HCl] (*He.*); F: 156 – 157° (*He.*; *He., Fr.*). – $_L$$_g$-Tartrat $[C_{18}H_{30}N_5]C_4H_5O_6 \cdot C_4H_6O_6$. Kristalle mit 1 Mol H_2O; F: 70 – 72° (*He., St.*).

5-Amino-1-[4-chlor-benzyl]-4-decyl-tetrazolium $[C_{18}H_{29}ClN_5]^+$, Formel II (X = H, X' = Cl, n = 9). Chlorid $[C_{18}H_{29}ClN_5]Cl$. Kristalle [aus wss.-äthanol. HCl] (*He.*); F: 152 – 154° (*He.*; *He., Fr.*).

5-Amino-1-benzyl-4-undecyl-tetrazolium $[C_{19}H_{32}N_5]^+$, Formel II (X = X' = H, n = 10). Chlorid $[C_{19}H_{32}N_5]Cl$. Kristalle [aus wss.-äthanol. HCl] (*He.*); F: 154 – 155° (*He.*; *He., Fr.*).

5-Amino-1-[4-chlor-benzyl]-4-undecyl-tetrazolium $[C_{19}H_{31}ClN_5]^+$, Formel II (X = H, X' = Cl, n = 10). Chlorid $[C_{19}H_{31}ClN_5]Cl$. Kristalle [aus wss.-äthanol. HCl] (*He.*); F: 145 – 146° (*He.*; *He., Fr.*).

5-Amino-1-benzyl-4-tridecyl-tetrazolium $[C_{21}H_{36}N_5]^+$, Formel II (X = X' = H, n = 12). Chlorid $[C_{21}H_{36}N_5]Cl$. Kristalle [aus wss.-äthanol. HCl] (*He.*); F: 155 – 156° (*He., Fr.*).

5-Amino-1-benzyl-4-tetradecyl-tetrazolium $[C_{22}H_{38}N_5]^+$, Formel II (X = X' = H, n = 13). Chlorid $[C_{22}H_{38}N_5]Cl$. Kristalle [aus wss.-äthanol. HCl] (*He.*); F: 153 – 154° (*He.*; *He., Fr.*).

5-Amino-1-[3,4-dichlor-benzyl]-4-tetradecyl-tetrazolium $[C_{22}H_{36}Cl_2N_5]^+$, Formel III. Chlorid $[C_{22}H_{36}Cl_2N_5]Cl$. Kristalle [aus wss.-äthanol. HCl] (*He.*); F: 139 – 141° (*He.*; *He.*, *Fr.*).

5-Amino-1-benzyl-4-pentadecyl-tetrazolium $[C_{23}H_{40}N_5]^+$, Formel II (X = X' = H, n = 14). Chlorid $[C_{23}H_{40}N_5]Cl$. Kristalle; F: 152,5 – 153,5° [aus wss.-äthanol. HCl] (*He.*), 152 – 153° (*He.*, *Fr.*).

5-Amino-1-benzyl-4-heptadecyl-tetrazolium $[C_{25}H_{44}N_5]^+$, Formel II (X = X' = H, n = 16). Chlorid $[C_{25}H_{44}N_5]Cl$. Kristalle [aus wss.-äthanol. HCl] (*He.*); F: 145 – 146° (*He.*; *He.*, *Fr.*).

5-Amino-1-[2-chlor-benzyl]-4-heptadecyl-tetrazolium $[C_{25}H_{43}ClN_5]^+$, Formel II (X = Cl, X' = H, n = 16). Chlorid $[C_{25}H_{43}ClN_5]Cl$. Kristalle [aus wss.-äthanol. HCl] (*He.*); F: 143 – 145° (*He.*; *He.*, *Fr.*).

5-Amino-1-benzyl-4-cyclohexyl-tetrazolium $[C_{14}H_{20}N_5]^+$, Formel IV (X = X' = X'' = H). Chlorid $[C_{14}H_{20}N_5]Cl$. Diese Konstitution kommt der von *Herbst et al.* (J. org. Chem. **16** [1951] 139, 145) als Benzyl-[1-cyclohexyl-1*H*-tetrazol-5-yl]-amin-hydrochlorid angesehenen Verbindung zu (*Percival, Herbst,* J. org. Chem. **22** [1957] 925, 926). – Kristalle; F: 240° [Zers.] (*He. et al.*), 230° [unkorr.; Zers.] (*Wilson et al.,* J. org. Chem. **24** [1959] 1046, 1048, 1049).

5-Amino-1-[2-chlor-benzyl]-4-cyclohexyl-tetrazolium $[C_{14}H_{19}ClN_5]^+$, Formel IV (X = Cl, X' = X'' = H). Chlorid $[C_{14}H_{19}ClN_5]Cl$. Kristalle; F: 222 – 223° [unkorr.; Zers.] (*Wi. et al.*).

5-Amino-1-[4-chlor-benzyl]-4-cyclohexyl-tetrazolium $[C_{14}H_{19}ClN_5]^+$, Formel IV (X = X' = H, X'' = Cl). Chlorid $[C_{14}H_{19}ClN_5]Cl$. Kristalle (aus wss. Isopropylalkohol); F: 229 – 230° [unkorr.; Zers.] (*Wi. et al.*).

5-Amino-1-cyclohexyl-4-[2,4-dichlor-benzyl]-tetrazolium $[C_{14}H_{18}Cl_2N_5]^+$, Formel IV (X = X'' = Cl, X' = H). Chlorid $[C_{14}H_{18}Cl_2N_5]Cl$. Kristalle; F: 235 – 236° [unkorr.; Zers.] (*Wi. et al.*).

5-Amino-1-cyclohexyl-4-[3,4-dichlor-benzyl]-tetrazolium $[C_{14}H_{18}Cl_2N_5]^+$, Formel IV (X = H, X' = X'' = Cl). Chlorid $[C_{14}H_{18}Cl_2N_5]Cl$. Kristalle; F: 219 – 220° [unkorr.; Zers.] (*Wi. et al.*).

5-Amino-1-cyclohexyl-4-[3-nitro-benzyl]-tetrazolium $[C_{14}H_{19}N_6O_2]^+$, Formel IV (X = X'' = H, X' = NO_2). Chlorid $[C_{14}H_{19}N_6O_2]Cl$. Kristalle; F: 217 – 218° [unkorr.; Zers.] (*Wi. et al.*).

5-Amino-1-cyclohexyl-4-[4-nitro-benzyl]-tetrazolium $[C_{14}H_{19}N_6O_2]^+$, Formel IV (X = X' = H, X'' = NO_2). Chlorid $[C_{14}H_{19}N_6O_2]Cl$. Kristalle; F: 241 – 242° [unkorr.; Zers.] (*Wi. et al.*).

III IV V

5-Benzylamino-1-cyclohexyl-1*H*-tetrazol, Benzyl-[1-cyclohexyl-1*H*-tetrazol-5-yl]-amin $C_{14}H_{19}N_5$, Formel V.

B. Beim Behandeln von *N*-Amino-*N'*-benzyl-*N''*-cyclohexyl-guanidin mit wss. HCl und $NaNO_2$ und anschliessend mit wss. Na_2CO_3 (*Finnegan et al.,* J. org. Chem. **18** [1953] 779, 784, 789).

Kristalle (aus A.); F: 197 – 198° [korr.].

5-Amino-1-benzyl-4-cyclohexylmethyl-tetrazolium $[C_{15}H_{22}N_5]^+$, Formel VI (X = X' = X'' = H).

Betain $C_{15}H_{21}N_5$; 1-Benzyl-4-cyclohexylmethyl-1,4-dihydro-tetrazolon-imin. Kristalle (aus Cyclohexan oder PAe.); F: 93 – 94° (*Wilson et al.,* J. org. Chem. **24** [1959] 1046,

1048, 1049, 1050).

Chlorid $[C_{15}H_{22}N_5]Cl$. *B.* Beim Erhitzen von 1-Cyclohexylmethyl-1*H*-tetrazol-5-ylamin mit Benzylchlorid (*Wi. et al.*). – Kristalle; F: 217–218° [unkorr.; Zers.].

VI VII

Die folgenden Verbindungen sind in analoger Weise hergestellt worden:

5-Amino-1-[2-chlor-benzyl]-4-cyclohexylmethyl-tetrazolium $[C_{15}H_{21}ClN_5]^+$, Formel VI (X = Cl, X′ = X″ = H). Chlorid $[C_{15}H_{21}ClN_5]Cl$. F: 234–235° [unkorr.; Zers.].

5-Amino-1-[4-chlor-benzyl]-4-cyclohexylmethyl-tetrazolium $[C_{15}H_{21}ClN_5]^+$, Formel VI (X = X′ = H, X″ = Cl). Betain $C_{15}H_{20}ClN_5$; 1-[4-Chlor-benzyl]-4-cyclohexylmethyl-1,4-dihydro-tetrazolon-imin. Kristalle (aus Cyclohexan oder PAe.); F: 82–83°. – Chlorid $[C_{15}H_{21}ClN_5]Cl$. F: 210–211° [unkorr.; Zers.].

5-Amino-1-cyclohexylmethyl-4-[2,4-dichlor-benzyl]-tetrazolium $[C_{15}H_{20}Cl_2N_5]^+$, Formel VI (X = X″ = Cl, X′ = H). Betain $C_{15}H_{19}Cl_2N_5$; 1-Cyclohexylmethyl-4-[2,4-dichlor-benzyl]-1,4-dihydro-tetrazolon-imin. Kristalle (aus Cyclohexan oder PAe.); F: 103–104°. – Chlorid $[C_{15}H_{20}Cl_2N_5]Cl$. F: 220° [unkorr.; Zers.].

5-Amino-1-cyclohexylmethyl-4-[3,4-dichlor-benzyl]-tetrazolium $[C_{15}H_{20}Cl_2N_5]^+$, Formel VI (X = H, X′ = X″ = Cl). Betain $C_{15}H_{19}Cl_2N_5$; 1-Cyclohexylmethyl-4-[3,4-dichlor-benzyl]-1,4-dihydro-tetrazolon-imin. Kristalle (aus Cyclohexan oder PAe.); F: 75–76°. – Chlorid $[C_{15}H_{20}Cl_2N_5]Cl$. F: 216° [unkorr.; Zers.].

5-Amino-1-cyclohexylmethyl-4-[3-nitro-benzyl]-tetrazolium $[C_{15}H_{21}N_6O_2]^+$, Formel VI (X = X″ = H, X′ = NO_2). Betain $C_{15}H_{20}N_6O_2$; 1-Cyclohexylmethyl-4-[3-nitro-benzyl]-1,4-dihydro-tetrazolon-imin. Kristalle (aus Cyclohexan oder PAe.); F: 90–91°. – Chlorid $[C_{15}H_{21}N_6O_2]Cl$. F: 218–219° [unkorr.; Zers.].

5-Amino-1-cyclohexylmethyl-4-[4-nitro-benzyl]-tetrazolium $[C_{15}H_{21}N_6O_2]^+$, Formel VI (X = X′ = H, X″ = NO_2). Chlorid $[C_{15}H_{21}N_6O_2]Cl$. Kristalle; F: 232° [unkorr.; Zers.].

5-Amino-1-benzyl-4-[2-cyclohexyl-äthyl]-tetrazolium $[C_{16}H_{24}N_5]^+$, Formel VII (X = X′ = X″ = H). Betain $C_{16}H_{23}N_5$; 1-Benzyl-4-[2-cyclohexyl-äthyl]-1,4-dihydro-tetrazolon-imin. Kristalle (aus Cyclohexan oder PAe.); F: 120–121° [unkorr.]. – Chlorid $[C_{16}H_{24}N_5]Cl$. Kristalle; F: 209–210° [unkorr.; Zers.].

5-Amino-1-[2-chlor-benzyl]-4-[2-cyclohexyl-äthyl]-tetrazolium $[C_{16}H_{23}ClN_5]^+$, Formel VII (X = Cl, X′ = X″ = H). Betain $C_{16}H_{22}ClN_5$; 1-[2-Chlor-benzyl]-4-[2-cyclohexyl-äthyl]-1,4-dihydro-tetrazolon-imin. Kristalle (aus Cyclohexan oder PAe.); F: 58–59°. – Chlorid $[C_{16}H_{23}ClN_5]Cl$. Kristalle; F: 224–225° [unkorr.; Zers.].

5-Amino-1-[4-chlor-benzyl]-4-[2-cyclohexyl-äthyl]-tetrazolium $[C_{16}H_{23}ClN_5]^+$, Formel VII (X = X′ = H, X″ = Cl). Betain $C_{16}H_{22}ClN_5$; 1-[4-Chlor-benzyl]-4-[2-cyclohexyl-äthyl]-1,4-dihydro-tetrazolon-imin. Kristalle (aus Cyclohexan oder PAe.); F: 53–54°. – Chlorid $[C_{16}H_{23}ClN_5]Cl$. Kristalle; F: 208–209° [unkorr.; Zers.].

5-Amino-1-[2-cyclohexyl-äthyl]-4-[2,4-dichlor-benzyl]-tetrazolium $[C_{16}H_{22}Cl_2N_5]^+$, Formel VII (X = X″ = Cl, X′ = H). Betain $C_{16}H_{21}Cl_2N_5$; 1-[2-Cyclohexyl-äthyl]-4-[2,4-dichlor-benzyl]-1,4-dihydro-tetrazolon-imin. Kristalle (aus Cyclohexan oder PAe.); F: 70–71°. – Chlorid $[C_{16}H_{22}Cl_2N_5]Cl$. F: 210–211° [unkorr.; Zers.].

5-Amino-1-[2-cyclohexyl-äthyl]-4-[3,4-dichlor-benzyl]-tetrazolium $[C_{16}H_{22}Cl_2N_5]^+$, Formel VII (X = H, X′ = X″ = Cl). Betain $C_{16}H_{21}Cl_2N_5$; 1-[2-Cyclohexyl-äthyl]-4-[3,4-dichlor-benzyl]-1,4-dihydro-tetrazolon-imin. Kristalle (aus Cyclohexan oder PAe.); F: 94–95°. – Chlorid $[C_{16}H_{22}Cl_2N_5]Cl$. Kristalle; F: 208–209° [unkorr.; Zers.].

5-Amino-1-[2-cyclohexyl-äthyl]-4-[3-nitro-benzyl]-tetrazolium $[C_{16}H_{23}N_6O_2]^+$,

Formel VII (X = X″ = H, X′ = NO_2). Betain $C_{16}H_{22}N_6O_2$; 1-[2-Cyclohexyl-äthyl]-4-[3-nitro-benzyl]-1,4-dihydro-tetrazolon-imin. Kristalle (aus Cyclohexan oder PAe.); F: 84–85°. – Chlorid $[C_{16}H_{23}N_6O_2]Cl$. Kristalle; F: 205–206° [unkorr.; Zers.].

5-Amino-1-[2-cyclohexyl-äthyl]-4-[4-nitro-benzyl]-tetrazolium $[C_{16}H_{23}N_6O_2]^+$, Formel VII (X = X′ = H, X″ = NO_2). Betain $C_{16}H_{22}N_6O_2$; 1-[2-Cyclohexyl-äthyl]-4-[4-nitro-benzyl]-1,4-dihydro-tetrazolon-imin. Kristalle (aus Cyclohexan oder PAe.); F: 108–109° [unkorr.]. – Chlorid $[C_{16}H_{23}N_6O_2]Cl$. F: 210–211° [unkorr.; Zers.].

5-Amino-1,4-dibenzyl-tetrazolium $[C_{15}H_{16}N_5]^+$, Formel VIII.

Betain $C_{15}H_{15}N_5$; 1,4-Dibenzyl-1,4-dihydro-tetrazolon-imin. Diese Konstitution kommt der früher (H **26** 404) unter Vorbehalt als Benzyl-[1-benzyl-1*H*-tetrazol-5-yl]-amin („α-Dibenzyl-[5-amino-tetrazol]“) formulierten Verbindung zu (*Percival, Herbst,* J. org. Chem. **22** [1957] 925, 926).

Chlorid $[C_{15}H_{16}N_5]Cl$ (H 404). Kristalle (aus Isopropylalkohol); F: 214° [Zers.].

Nitrit (H 404). Kristalle (aus Ae.); F: 109° [Zers.] (*Pe., He.,* l. c. S. 930).

1-Benzyl-5-benzylamino-1*H*-tetrazol, Benzyl-[1-benzyl-1*H*-tetrazol-5-yl]-amin $C_{15}H_{15}N_5$, Formel IX.

Diese Konstitution kommt der früher (H **26** 405) als β-Dibenzyl-[5-amino-tetrazol] bezeichneten Verbindung zu (*Percival, Herbst,* J. org. Chem. **22** [1957] 925, 927); die früher (H 404) mit Vorbehalt unter dieser Konstitution beschriebene Verbindung („α-Dibenzyl-[5-amino-tetrazol]“) ist als 1,4-Dibenzyl-1,4-dihydro-tetrazolon-imin (s. o.) zu formulieren (*Pe., He.*, l. c. S. 926).

B. Beim Erwärmen von *N,N′*-Dibenzyl-thioharnstoff mit HgO in Benzol und $CHCl_3$ und Erwärmen der Reaktionslösung mit HN_3 in Xylol (*Pe., He.*, l. c. S. 927, 932). Beim Hydrieren von Benzyliden-[1-benzyl-1*H*-tetrazol-5-yl]-amin an Platin in Äthanol (*Henry, Finnegan,* Am. Soc. **76** [1954] 923, 926).

Kristalle (aus A.); F: 170–171° [korr.] (*He., Fi.*). Netzebenenabstände: *Moore, Burkardt,* Anal. Chem. **26** [1954] 1917, 1921.

Hydrochlorid $C_{15}H_{15}N_5 \cdot HCl$. F: 160–161° (*Pe., He.,* l. c. S. 932).

2-Benzyl-5-benzylamino-2*H*-tetrazol, Benzyl-[2-benzyl-2*H*-tetrazol-5-yl]-amin $C_{15}H_{15}N_5$, Formel X.

B. Beim Hydrieren von Benzyliden-[2-benzyl-2*H*-tetrazol-5-yl]-amin an Platin in Äthanol (*Henry, Finnegan,* Am. Soc. **76** [1954] 923, 926).

Kristalle (aus Toluol+PAe.); F: 64–65° [korr.] (*He., Fi.*). Netzebenenabstände: *Moore, Burkardt,* Anal. Chem. **26** [1954] 1917, 1921.

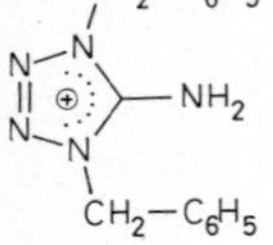

VIII 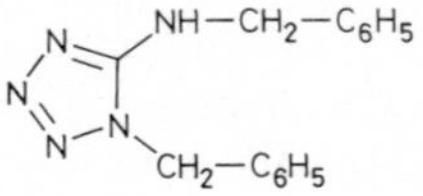 IX 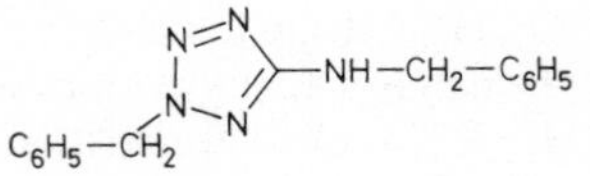 X 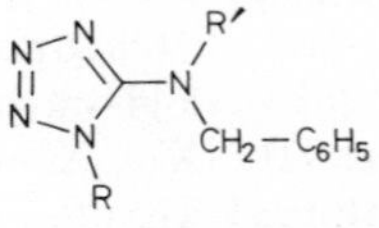 XI

Benzyl-methyl-[1*H*-tetrazol-5-yl]-amin $C_9H_{11}N_5$, Formel XI (R = H, R′ = CH_3) und Taut.

B. Beim Erhitzen von Benzyl-methyl-carbamonitril mit HN_3 in Xylol (*Garbrecht, Herbst,* J. org. Chem. **18** [1953] 1003, 1007, 1011). Beim Behandeln von *N*-Amino-*N′*-benzyl-*N′*-methyl-guanidin (aus *N*-Benzyl-*N,S*-dimethyl-thiouronium-jodid hergestellt) mit wss. HCl und $NaNO_2$ (*Finnegan et al.*, J. org. Chem. **18** [1953] 779, 784, 789).

Kristalle; F: 136–137° [korr.; aus Bzl.+A.] (*Fi. et al.*), 135,5–136,5° [korr.; aus CH_2Cl_2 oder E.] (*Ga., He.*). Scheinbarer Dissoziationsexponent pK'_a (wss. Me. [50%ig]; potentiometrisch ermittelt) bei 25°: 6,42 (*Ga., He.*, l. c. S. 1012).

Hydrochlorid $C_9H_{11}N_5 \cdot HCl$. Kristalle; Zers. bei 179° [korr.; nach Erweichen; geschlossene Kapillare] (*Ga., He.*).

Äthyl-benzyl-[1*H*-tetrazol-5-yl]-amin $C_{10}H_{13}N_5$, Formel XI (R = H, R′ = C_2H_5) und Taut.

B. Analog der vorangehenden Verbindung (*Garbrecht, Herbst,* J. org. Chem. **18** [1953] 1003, 1007, 1010; *Finnegan et al.,* J. org. Chem. **18** [1953] 779, 784, 789).

Kristalle; F: 134–136° [korr.; aus Bzl.] (*Fi. et al.*), 134,5–135° [korr.; aus E.] (*Ga., He.*). Netzebenenabstände: *Moore, Burkardt,* Anal. Chem. **26** [1954] 1917, 1921. Scheinbarer Dissoziationsexponent pK'_a (wss. Me. [50%ig]; potentiometrisch ermittelt) bei 25°: 6,61 (*Ga., He.,* l. c. S. 1012).

Äthyl-benzyl-[1-methyl-1*H*-tetrazol-5-yl]-amin $C_{11}H_{15}N_5$, Formel XI (R = CH_3, R′ = C_2H_5).

B. Beim Behandeln von *N*-Äthyl-*N′*-amino-*N*-benzyl-*N″*-methyl-guanidin in wss. HCl mit $NaNO_2$ und anschliessend mit Na_2CO_3 (*Finnegan et al.,* J. org. Chem. **18** [1953] 779, 784, 789).

$Kp_{ca. 3}$: 207–207,5°.

Hydrochlorid $C_{11}H_{15}N_5 \cdot HCl$. Kristalle (aus Isopropylalkohol + Ae.); F: 74–77°.

Äthyl-benzyl-[1-phenyl-1*H*-tetrazol-5-yl]-amin $C_{16}H_{17}N_5$, Formel XI (R = C_6H_5, R′ = C_2H_5).

B. Analog der vorangehenden Verbindung (*Finnegan et al.,* J. org. Chem. **18** [1953] 779, 784, 789).

Kristalle (aus Isopropylalkohol + Ae.); F: 81–82° (*Fi. et al.*). Netzebenenabstände: *Moore, Burkardt,* Anal. Chem. **26** [1954] 1917, 1921.

Benzyl-phenyl-[1*H*-tetrazol-5-yl]-amin $C_{14}H_{13}N_5$, Formel XI (R = H, R′ = C_6H_5) und Taut. (E II 344).

Kristalle (aus Bzl.); F: 145–147° [korr.] (*Finnegan et al.,* J. org. Chem. **18** [1953] 779, 784, 789).

5-Dibenzylamino-1*H*-tetrazol, Dibenzyl-[1*H*-tetrazol-5-yl]-amin $C_{15}H_{15}N_5$, Formel XI (R = H, R′ = CH_2-C_6H_5) und Taut.

B. Beim Erwärmen von Dibenzylcarbamonitril mit HN_3 in wss. Äthanol (*Garbrecht, Herbst,* J. org. Chem. **18** [1953] 1003, 1007, 1010).

Kristalle (aus E.); F: 158–159° [korr.]. Scheinbarer Dissoziationsexponent pK'_a (wss. Me. [50%ig]; potentiometrisch ermittelt) bei 25°: 6,45 (*Ga., He.,* l. c. S. 1012).

1-Benzyl-5-benzylamino-4-phenyl-tetrazolium-betain, Benzyl-[1-benzyl-4-phenyl-1,4-dihydro-tetrazol-5-yliden]-amin $C_{21}H_{19}N_5$, Formel XII.

Diese Konstitution kommt wahrscheinlich der von *Stollé* (J. pr. [2] **134** [1932] 282, 290) als Dibenzyl-[1-phenyl-1*H*-tetrazol-5-yl]-amin $C_{21}H_{19}N_5$ angesehenen Verbindung zu (vgl. das analog hergestellte [1,4-Dimethyl-1,4-dihydro-tetrazol-5-yliden]-methyl-amin [S. 3474]).

B. Beim Erwärmen von 1-Phenyl-1*H*-tetrazol-5-ylamin mit Benzylchlorid in wss.-äthanol. KOH (*St.*).

Kristalle (aus A.); F: 107°.

1-Phenäthyl-1*H*-tetrazol-5-ylamin $C_9H_{11}N_5$, Formel XIII.

B. Beim Behandeln von Phenäthylamin mit BrCN und NaOH in wss. Äthanol und anschliessend mit NaN_3 und wss. HCl (*Herbst, Froberger,* J. org. Chem. **22** [1957] 1050, 1051, 1052).

Kristalle [aus Isopropylalkohol] (*Herbst et al.,* J. org. Chem. **16** [1951] 139, 142); F: 176–177° (*Percival, Herbst,* J. org. Chem. **22** [1957] 925, 930), 176° (*He., Fr.*; *He. et al.*).

1-Äthyl-5-amino-4-phenäthyl-tetrazolium $[C_{11}H_{16}N_5]^+$, Formel XIV (R = C_2H_5).

Betain $C_{11}H_{15}N_5$; 1-Äthyl-4-phenäthyl-1,4-dihydro-tetrazolon-imin. Diese Konstitution kommt der von *Herbst et al.* (J. org. Chem. **16** [1951] 139, 145) als Äthyl-[1-phenäthyl-1*H*-tetrazol-5-yl]-amin angesehenen Verbindung zu (*Herbst, Percival,* J. org. Chem. **19** [1954] 439; *Percival, Herbst,* J. org. Chem. **22** [1957] 925, 926). — Kp_7: 172–173° (*He. et al.*).

Chlorid $[C_{11}H_{16}N_5]Cl$. *B.* Beim Erhitzen von 1-Phenäthyl-1*H*-tetrazol-5-ylamin mit Diäthylsulfat und Behandeln des Reaktionsprodukts in Isopropylalkohol mit HCl (*He. et al.*, l. c. S. 147). – F: 217–218° [Zers.] (*He. et al.*).

Bromid $[C_{11}H_{16}N_5]Br$. *B.* Beim Erhitzen von 1-Äthyl-1*H*-tetrazol-5-ylamin mit Phenäthylbromid (*He. et al.*, l. c. S. 147). – F: 203–204° [Zers.] (*He. et al.*).

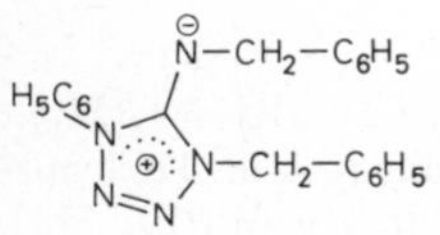

XII 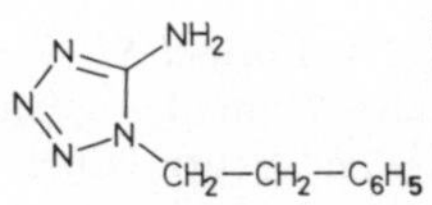 XIII 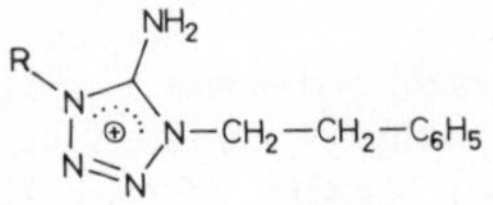 XIV 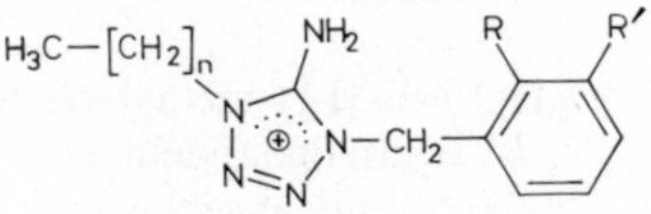 XV

5-Amino-1-hexyl-4-phenäthyl-tetrazolium $[C_{15}H_{24}N_5]^+$, Formel XIV (R = $[CH_2]_5$-CH_3).

Chlorid $[C_{15}H_{24}N_5]Cl$. *B.* Beim Erhitzen von 1-Hexyl-1*H*-tetrazol-5-ylamin mit Phenäthylchlorid (*Herbst, Froberger,* J. org. Chem. **22** [1957] 1050, 1052, 1053; *Herbst,* U.S.P. 2735852 [1954]). – Kristalle [aus H_2O] (*He.*); F: 229–230° [Zers.] (*He., Fr.*; *He.*).

Die folgenden Verbindungen sind in analoger Weise hergestellt worden:

5-Amino-1-octyl-4-phenäthyl-tetrazolium $[C_{17}H_{28}N_5]^+$, Formel XIV (R = $[CH_2]_7$-CH_3). Chlorid $[C_{17}H_{28}N_5]Cl$. Kristalle [aus H_2O] (*He.*); F: 207–208° (*He., Fr.*; *He.*).

5-Amino-1-cyclohexyl-4-phenäthyl-tetrazolium $[C_{15}H_{22}N_5]^+$, Formel XIV (R = C_6H_{11}). Chlorid $[C_{15}H_{22}N_5]Cl$. Kristalle; F: 220–221° [unkorr.; Zers.] (*Wilson et al.*, J. org. Chem. **24** [1959] 1046, 1048, 1049). – Bromid $[C_{15}H_{22}N_5]Br$. Diese Konstitution kommt der von *Herbst et al.* (J. org. Chem. **16** [1951] 139, 145) als [1-Cyclohexyl-1*H*-tetrazol-5-yl]-phenäthyl-amin-hydrobromid angesehenen Verbindung zu (*Percival, Herbst,* J. org. Chem. **22** [1957] 925, 926). F: 208–209° (*He. et al.*, l. c. S. 145, 147).

5-Amino-1-cyclohexylmethyl-4-phenäthyl-tetrazolium $[C_{16}H_{24}N_5]^+$, Formel XIV (R = CH_2-C_6H_{11}). Chlorid $[C_{16}H_{24}N_5]Cl$. F: 234–235° [unkorr.; Zers.] (*Wi. et al.*).

5-Amino-1-[2-cyclohexyl-äthyl]-4-phenäthyl-tetrazolium $[C_{17}H_{26}N_5]^+$, Formel XIV (R = CH_2-CH_2-C_6H_{11}). Betain $C_{17}H_{25}N_5$; 1-[2-Cyclohexyl-äthyl]-4-phenäthyl-1,4-dihydro-tetrazolon-imin. Kristalle (aus Cyclohexan oder PAe.); F: 50–51° (*Wi. et al.*, l. c. S. 1048, 1050). – Chlorid $[C_{17}H_{26}N_5]Cl$. F: 250–251° [unkorr.; Zers.] (*Wi. et al.*).

5-Amino-1-benzyl-4-phenäthyl-tetrazolium $[C_{16}H_{18}N_5]^+$, Formel XIV (R = CH_2-C_6H_5).

Chlorid $[C_{16}H_{18}N_5]Cl$. *B.* Aus 1-Phenäthyl-1*H*-tetrazol-5-ylamin und Benzylchlorid (*Percival, Herbst,* J. org. Chem. **22** [1957] 925, 926, 929). – F: 221° [Zers.].

5-Amino-1-[2-methyl-benzyl]-4-octyl-tetrazolium $[C_{17}H_{28}N_5]^+$, Formel XV (R = CH_3, R′ = H, n = 7).

Chlorid $[C_{17}H_{28}N_5]Cl$. *B.* Beim Erhitzen von 1-Octyl-1*H*-tetrazol-5-ylamin mit 1-Chlormethyl-2-methyl-benzol (*Herbst, Froberger,* J. org. Chem. **22** [1957] 1050, 1052, 1053; *Herbst,* U.S.P. 2735852 [1954]). – Kristalle [aus wss.-äthanol. HCl] (*He.*); F: 161–162° (*He.*; *He., Fr.*).

L_g-**Tartrat** $[C_{17}H_{28}N_5]C_4H_5O_6 \cdot C_4H_6O_6$. Kristalle mit 1 Mol H_2O (*He.*).

1-[2,6-Dimethyl-phenyl]-1*H*-tetrazol-5-ylamin $C_9H_{11}N_5$, Formel XVI (R = R′ = H, R″ = CH_3).

B. Beim Behandeln von *N*-Amino-*N*′-[2,6-dimethyl-phenyl]-guanidin mit $NaNO_2$ in wss. HCl und anschliessend mit Na_2CO_3 (*Henry et al.*, Am. Soc. **76** [1954] 88, 92).

Kristalle (aus E.); F: 161,5–163,5° [korr.].

Gleichgewichtskonstante des Reaktionssystems mit [2,6-Dimethyl-phenyl]-[1*H*-tetrazol-5-yl]-amin bei 199–200° sowie in Äthylenglykol bei 193–194°: *He. et al.*, l. c. S. 89.

1-[2,6-Dimethyl-phenyl]-5-methylamino-1*H*-tetrazol, [1-(2,6-Dimethyl-phenyl)-1*H*-tetrazol-5-yl]-methyl-amin $C_{10}H_{13}N_5$, Formel XVI (R = R″ = CH_3, R′ = H).

Diese Konstitution kommt der von *Schwartzman, Corson* (Am. Soc. **76** [1954] 781, 784) als [2,6-Dimethyl-phenyl]-[1-methyl-1*H*-tetrazol-5-yl]-amin angesehenen Verbindung zu (*Finnegan et al.*, Am. Soc. **77** [1955] 4420).

B. Beim Behandeln von *N*-Amino-*N′*-[2,6-dimethyl-phenyl]-*N″*-methyl-guanidin mit $NaNO_2$ und wss. HCl und anschliessend mit Na_2CO_3 (*Sch., Co.*).

Kristalle (aus H_2O); F: 154–155° (*Sch., Co.*). IR-Spektrum (Nujol; 6–14 μ): *Fi. et al.*

[2,6-Dimethyl-phenyl]-[1-methyl-1*H*-tetrazol-5-yl]-amin $C_{10}H_{13}N_5$, Formel XVII.

Die von *Schwartzman, Corson* (Am. Soc. **76** [1954] 781, 784) unter dieser Konstitution beschriebene Verbindung ist als [1-(2,6-Dimethyl-phenyl)-1*H*-tetrazol-5-yl]-methyl-amin zu formulieren (*Finnegan et al.*, Am. Soc. **77** [1955] 4420).

B. Beim Erhitzen der vorangehenden Verbindung auf 180° (*Fi. et al.*).

Kristalle (aus Bzl.); F: 110–112° [korr.] (*Fi. et al.*). IR-Spektrum (Nujol; 6–14 μ): *Fi. et al.*

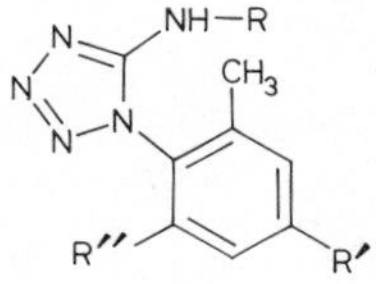

XVI 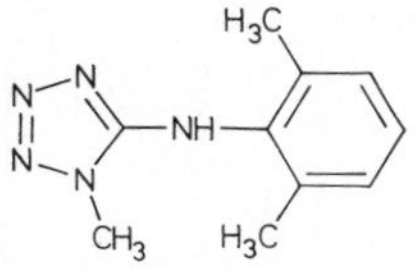 XVII 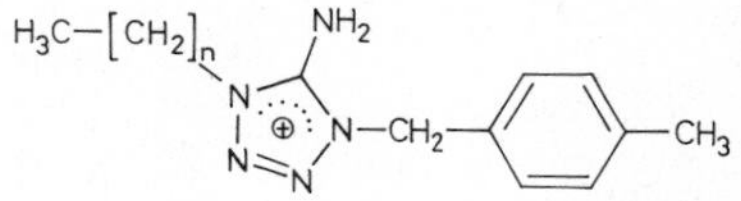 XVIII

1-[2,4-Dimethyl-phenyl]-1*H*-tetrazol-5-ylamin $C_9H_{11}N_5$, Formel XVI (R = R″ = H, R′ = CH_3).

B. Beim Erwärmen von [2,4-Dimethyl-phenyl]-thioharnstoff mit basischem Blei(II)-carbonat und NaN_3 in Äthanol (*Stollé*, J. pr. [2] **134** [1932] 282, 306). Beim Behandeln von *N*-Amino-*N′*-[2,4-dimethyl-phenyl]-guanidin mit $NaNO_2$ in wss. HCl und anschliessend mit Na_2CO_3 (*Henry et al.*, Am. Soc. **76** [1954] 88, 92).

Kristalle (aus A.); F: 199–201° [korr.] (*He. et al.*), 198° (*St.*).

Gleichgewichtskonstante des Reaktionssystems mit [2,4-Dimethyl-phenyl]-[1*H*-tetrazol-5-yl]-amin bei 199–200° sowie in Äthylenglykol bei 193–194°: *He. et al.*, l. c. S. 89.

5-Amino-1-[3-methyl-benzyl]-4-octyl-tetrazolium $[C_{17}H_{28}N_5]^+$, Formel XV (R = H, R′ = CH_3, n = 7).

Chlorid $[C_{17}H_{28}N_5]Cl$. *B.* Beim Erhitzen von 1-Octyl-1*H*-tetrazol-5-ylamin mit 1-Chlormethyl-3-methyl-benzol (*Herbst, Froberger*, J. org. Chem. **22** [1957] 1050, 1052, 1053; *Herbst*, U.S.P. 2735852 [1954]). – Kristalle [aus wss.-äthanol. HCl] (*He.*); F: 163–164° (*He.*; *He., Fr.*).

Die folgenden Verbindungen sind in analoger Weise hergestellt worden:

5-Amino-1-[3-methyl-benzyl]-4-pentadecyl-tetrazolium $[C_{24}H_{42}N_5]^+$, Formel XV (R = H, R′ = CH_3, n = 14). Chlorid $[C_{24}H_{42}N_5]Cl$. Kristalle [aus wss.-äthanol. HCl] (*He.*); F: 141–142° (*He.*; *He., Fr.*).

5-Amino-1-[4-methyl-benzyl]-4-octyl-tetrazolium $[C_{17}H_{28}N_5]^+$, Formel XVIII (n = 7). Chlorid $[C_{17}H_{28}N_5]Cl$. Kristalle [aus wss.-äthanol. HCl] (*He.*); F: 159–160° (*He.*; *He., Fr.*).

5-Amino-1-heptadecyl-4-[4-methyl-benzyl]-tetrazolium $[C_{26}H_{46}N_5]^+$, Formel XVIII (n = 16). Chlorid $[C_{26}H_{46}N_5]Cl$. Kristalle [aus wss.-äthanol. HCl] (*He.*); F: 133–135° (*He.*; *He., Fr.*).

5-Amino-1-pentyl-4-[3-phenyl-propyl]-tetrazolium $[C_{15}H_{24}N_5]^+$, Formel I (R = $[CH_2]_4$-CH_3). Chlorid $[C_{15}H_{24}N_5]Cl$. Kristalle (aus wss. A.); F: 177–178° (*He., Fr.*).

5-Amino-1-hexyl-4-[3-phenyl-propyl]-tetrazolium $[C_{16}H_{26}N_5]^+$, Formel I (R = $[CH_2]_5$-CH_3). Chlorid $[C_{16}H_{26}N_5]Cl$. Kristalle [aus H_2O] (*He.*); F: 171–172° (*He.*; *He., Fr.*).

5-Amino-1-octyl-4-[3-phenyl-propyl]-tetrazolium $[C_{18}H_{30}N_5]^+$, Formel I (R = $[CH_2]_7$-CH_3). Chlorid $[C_{18}H_{30}N_5]Cl$. Kristalle [aus H_2O] (*He.*); F: 153–154° (*He.*; *He., Fr.*).

5-Amino-1-cyclohexyl-4-[3-phenyl-propyl]-tetrazolium $[C_{16}H_{24}N_5]^+$, Formel I (R = C_6H_{11}). Chlorid $[C_{16}H_{24}N_5]Cl$. F: 222–223° [unkorr.; Zers.] (*Wilson et al.*, J. org. Chem. **24** [1959] 1046, 1048, 1049).

5-Amino-1-cyclohexylmethyl-4-[3-phenyl-propyl]-tetrazolium $[C_{17}H_{26}N_5]^+$, Formel I (R = CH_2-C_6H_{11}). Chlorid $[C_{17}H_{26}N_5]Cl$. F: 240–241° [unkorr.; Zers.] (*Wi. et al.*).

5-Amino-1-[2-cyclohexyl-äthyl]-4-[3-phenyl-propyl]-tetrazolium $[C_{18}H_{28}N_5]^+$, Formel I (R = CH_2-CH_2-C_6H_{11}). Chlorid $[C_{18}H_{28}N_5]Cl$. F: 214–215° [unkorr.; Zers.] (*Wi. et al.*).

1-[1]Naphthyl-1*H*-tetrazol-5-ylamin $C_{11}H_9N_5$, Formel II (R = H).

B. Beim Erwärmen von [1]Naphthyl-thioharnstoff mit basischem Blei(II)-carbonat und NaN_3 in Äthanol (*Stollé*, J. pr. [2] **134** [1932] 282, 307).

Kristalle; F: 194°.

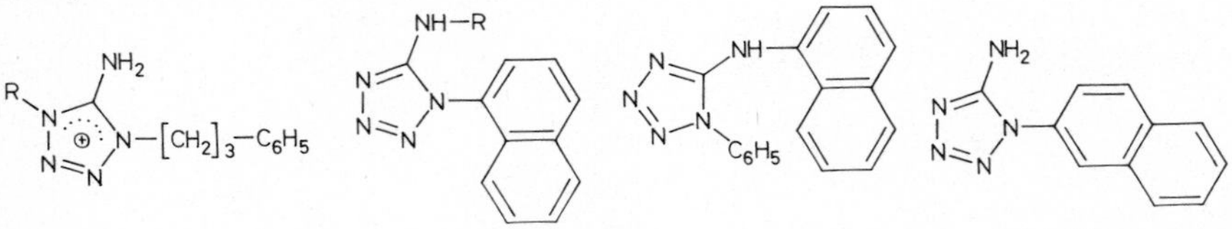

[1]Naphthyl-[1-phenyl-1*H*-tetrazol-5-yl]-amin(?) $C_{17}H_{13}N_5$, vermutlich Formel III, oder **[1-[1]Naphthyl-1*H*-tetrazol-5-yl]-phenyl-amin(?)** $C_{17}H_{13}N_5$, vermutlich Formel II (R = C_6H_5).

B. In geringer Ausbeute neben 5-[1]Naphthyl-1-phenyl-1*H*-tetrazol beim Erhitzen von [1]Naphthanilid mit PCl_5 und Behandeln des Reaktionsprodukts mit HN_3 in Benzol (*Smith, Leon*, Am. Soc. **80** [1958] 4647, 4650).

Kristalle (aus Bzl.); F: 203,5–204° [Zers.].

1-[2]Naphthyl-1*H*-tetrazol-5-ylamin $C_{11}H_9N_5$, Formel IV.

B. Beim Erwärmen von [2]Naphthyl-thioharnstoff mit PbO und NaN_3 in Äthanol unter Einleiten von CO_2 (*Stollé*, J. pr. [2] **134** [1932] 282, 308). Beim Behandeln von *N*-Amino-*N'*-[2]naphthyl-guanidin mit $NaNO_2$ und wss. HCl und anschliessend mit Na_2CO_3 (*Henry et al.*, Am. Soc. **76** [1954] 88, 92).

Kristalle; F: 192–194° [korr.; aus A.] (*He. et al.*), 193° (*St.*). Netzebenenabstände: *Moore, Burkardt*, Anal. Chem. **26** [1954] 1917, 1920.

Beim Erhitzen über den Schmelzpunkt erfolgt Isomerisierung zu [2]Naphthyl-[1*H*-tetrazol-5-yl]-amin (*He. et al.*); Gleichgewichtskonstante in Äthylenglykol bei 193–194°: *He. et al.*, l. c. S. 89.

5-[2]Naphthylamino-1*H*-tetrazol, [2]Naphthyl-[1*H*-tetrazol-5-yl]-amin $C_{11}H_9N_5$, Formel V und Taut.

B. Beim Erhitzen von 1-[2]Naphthyl-1*H*-tetrazol-5-ylamin (*Henry et al.*, Am. Soc. **76** [1954] 88, 92).

Kristalle (aus A.); F: 221,5–222° [korr.].

Gleichgewichtskonstante des Reaktionssystems mit 1-[2]Naphthyl-1*H*-tetrazol-5-ylamin in Äthylenglykol bei 193–194°: *He. et al.*, l. c. S. 89.

1-Biphenyl-2-yl-1*H*-tetrazol-5-ylamin $C_{13}H_{11}N_5$, Formel VI.

B. Beim Behandeln von *N*-Amino-*N'*-biphenyl-2-yl-guanidin mit $NaNO_2$ und wss. HCl und anschliessend mit Na_2CO_3 (*Henry et al.*, Am. Soc. **76** [1954] 88, 92).

Kristalle (aus wss. A.); F: 175–176° [korr.] (*He. et al.*). Netzebenenabstände: *Moore, Burkardt,* Anal. Chem. **26** [1954] 1917, 1919.

Gleichgewichtskonstante des Reaktionssystems mit Biphenyl-2-yl-[1*H*-tetrazol-5-yl]-amin in Äthylenglykol bei 193–194°: *He. et al.*, l. c. S. 89.

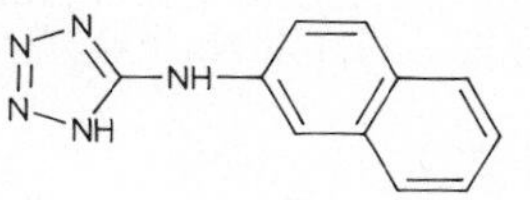

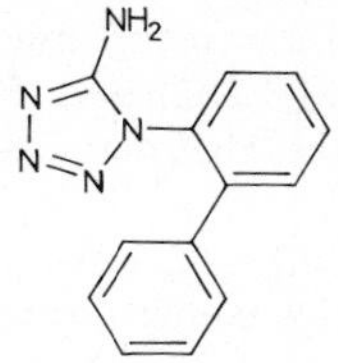

5-Biphenyl-2-ylamino-1*H*-tetrazol, Biphenyl-2-yl-[1*H*-tetrazol-5-yl]-amin $C_{13}H_{11}N_5$, Formel VII und Taut.

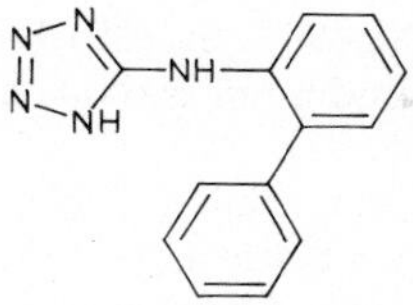

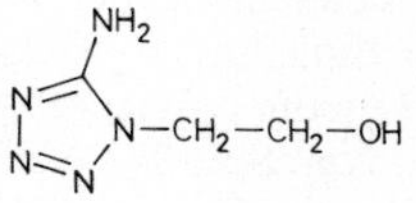

B. Beim Erhitzen von 1-Biphenyl-2-yl-1*H*-tetrazol-5-ylamin (*Henry et al.*, Am. Soc. **76** [1954] 88, 92).

Kristalle (aus Eg.); F: 211–213° [korr.].

Gleichgewichtskonstante des Reaktionssystems mit 1-Biphenyl-2-yl-1*H*-tetrazol-5-ylamin in Äthylenglykol bei 193–194°: *He. et al.*, l. c. S. 89.

2-[5-Amino-tetrazol-1-yl]-äthanol $C_3H_7N_5O$, Formel VIII.

B. Neben überwiegenden Mengen 2-[5-Amino-tetrazol-2-yl]-äthanol beim Erhitzen der Natrium-Verbindung des 1*H*-Tetrazol-5-ylamins mit 2-Chlor-äthanol in H_2O (*Henry, Finnegan,* Am. Soc. **76** [1954] 923, 926).

Kristalle (aus A.); F: 160–161° [korr.] (*He., Fi.*). Netzebenenabstände: *Moore, Burkardt,* Anal. Chem. **26** [1954] 1917, 1919.

2-[5-Amino-tetrazol-2-yl]-äthanol $C_3H_7N_5O$, Formel IX.

B. s. im vorangehenden Artikel.

Kristalle (aus E.); F: 87,5–89,5° (*Henry, Finnegan,* Am. Soc. **76** [1954] 923, 926). Netzebenenabstände: *Moore, Burkardt,* Anal. Chem. **26** [1954] 1917, 1920.

5-Pyrrolidino-1*H*-tetrazol $C_5H_9N_5$, Formel X und Taut.

B. Beim Erwärmen von Pyrrolidin-1-carbonitril mit HN_3 in Benzol (*Garbrecht, Herbst,* J. org. Chem. **18** [1953] 1003, 1007, 1010).

Kristalle (aus A.); F: 231° [korr.; Zers.]. Scheinbarer Dissoziationsexponent pK'_a (wss. Me. [50%ig]; potentiometrisch ermittelt) bei 25°: 6,88 (*Ga., He.*, l. c. S. 1012).

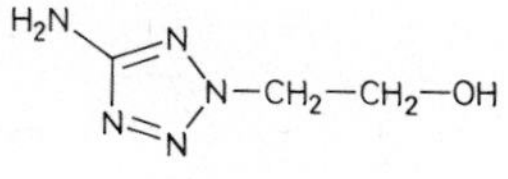

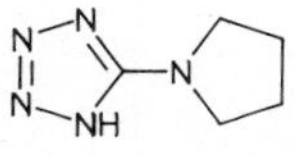

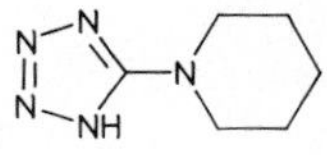

1-[1*H*-Tetrazol-5-yl]-piperidin, 5-Piperidino-1*H*-tetrazol $C_6H_{11}N_5$, Formel XI und Taut.

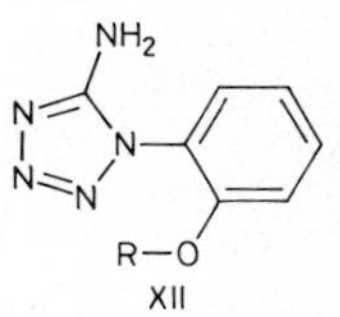

B. Beim Erwärmen von Piperidin-1-carbonitril mit HN_3 in wss. Äthanol oder Benzol (*Garbrecht, Herbst,* J. org. Chem. **18** [1953] 1003, 1007, 1010).

Kristalle (aus E.); F: 199–199,5° [korr.]. Scheinbarer Dissoziationsexponent pK'_a (wss. Me. [50%ig]; potentiometrisch ermittelt) bei 25°: 6,32 (*Ga., He.*, l. c. S. 1012).

2-[5-Amino-tetrazol-1-yl]-phenol $C_7H_7N_5O$, Formel XII (R = H).

B. Beim Behandeln von *N*-Amino-*N'*-[2-hydroxy-phenyl]-guanidin mit $NaNO_2$ in wss. HCl und anschliessend mit Na_2CO_3 (*Henry et al.*, Am. Soc. **76** [1954] 88, 92).

Kristalle (aus wss. A.); F: 190–191° [korr.; Zers.].

Gleichgewichtskonstante des Reaktionssystems mit 2-[1*H*-Tetrazol-5-ylamino]-phenol in Äthylenglykol bei 193–194°: *He. et al.*, l. c. S. 89.

1-[2-Methoxy-phenyl]-1*H*-tetrazol-5-ylamin $C_8H_9N_5O$, Formel XII (R = CH_3).

B. Beim Erwärmen von [2-Methoxy-phenyl]-thioharnstoff mit $PbCO_3$ und NaN_3 in Äthanol unter Einleiten von CO_2 (*Stollé*, J. pr. [2] **134** [1932] 282, 300). Beim Behandeln von *N*-Amino-*N'*-[2-methoxy-phenyl]-guanidin mit $NaNO_2$ in wss. HCl und anschliessend mit Na_2CO_3 (*Henry et al.*, Am. Soc. **76** [1954] 88, 92).

Kristalle; F: 172–174° [korr.; aus E.] (*He. et al.*), 172° [aus A.] (*St.*).

Beim Erhitzen bis über den Schmelzpunkt erfolgt Isomerisierung zu [2-Methoxy-phenyl]-[1*H*-tetrazol-5-yl]-amin (*He. et al.*); Gleichgewichtskonstante dieser Isomerisierung bei 199–200° und in Äthylenglykol bei 193–194°: *He. et al.*, l. c. S. 89.

5-*o*-Anisidino-1*H*-tetrazol, [2-Methoxy-phenyl]-[1*H*-tetrazol-5-yl]-amin $C_8H_9N_5O$, Formel I und Taut.

B. Beim Erhitzen von 1-[2-Methoxy-phenyl]-1*H*-tetrazol-5-ylamin bis über den Schmelzpunkt (*E. Lilly & Co.*, U.S.P. 3294551 [1964]; *Henry et al.*, Am. Soc. **76** [1954] 88, 92).

Kristalle; F: 213–214° [korr.; aus A.] (*He. et al.*), 211–212° [aus wss. A.] (*E. Lilly & Co.*). Scheinbarer Dissoziationsexponent pK'_a (wss. A. [50%ig]; potentiometrisch ermittelt) bei 27°: 5,71 (*He. et al.*, l. c. S. 89, 93).

Gleichgewichtskonstante des Reaktionssystems mit 1-[2-Methoxy-phenyl]-1*H*-tetrazol-5-ylamin bei 199–200° und in Äthylenglykol bei 193–194°: *He. et al.*, l. c. S. 89.

1-[3-Methoxy-phenyl]-1*H*-tetrazol-5-ylamin $C_8H_9N_5O$, Formel II.

B. Beim Behandeln von *N*-Amino-*N'*-[3-methoxy-phenyl]-guanidin mit $NaNO_2$ in wss. HCl und anschliessend mit Na_2CO_3 (*Henry et al.*, Am. Soc. **76** [1954] 88, 92).

Kristalle (aus A.); F: 140,5–141,5° [korr.].

Gleichgewichtskonstante des Reaktionssystems mit [3-Methoxy-phenyl]-[1*H*-tetrazol-5-yl]-amin in Äthylenglykol bei 193–194°: *He. et al.*, l. c. S. 89.

5-*m*-Anisidino-1*H*-tetrazol, [3-Methoxy-phenyl]-[1*H*-tetrazol-5-yl]-amin $C_8H_9N_5O$, Formel III und Taut.

B. Beim Erhitzen von 1-[3-Methoxy-phenyl]-1*H*-tetrazol-5-ylamin in 5-Äthyl-2-methyl-pyridin (*E. Lilly & Co.*, U.S.P. 3294551 [1964]).

Kristalle (aus wss. Isopropylalkohol); F: 179–180° (*E. Lilly & Co.*). Scheinbarer Dissoziationsexponent pK'_a (wss. A. [50%ig]; potentiometrisch ermittelt) bei 27°: 5,78 (*Henry et al.*, Am. Soc. **76** [1954] 88, 89).

Gleichgewichtskonstante des Reaktionssystems mit 1-[3-Methoxy-phenyl]-1*H*-tetrazol-5-ylamin in Äthylenglykol bei 193–194°: *He. et al.*

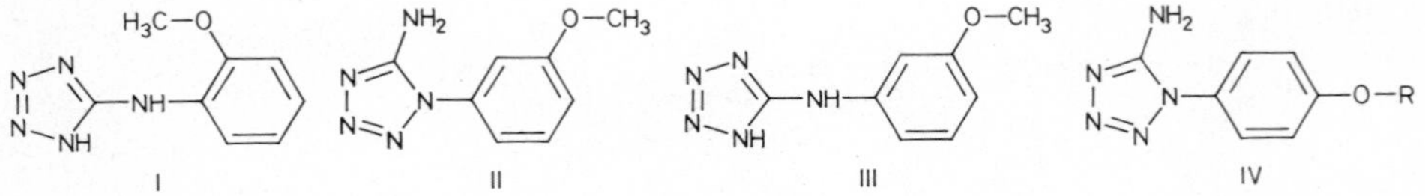

I II III IV

4-[5-Amino-tetrazol-1-yl]-phenol $C_7H_7N_5O$, Formel IV (R = H).

B. Analog der folgenden Verbindung (*Henry et al.*, Am. Soc. **76** [1954] 88, 92).

Kristalle (aus wss. A.); F: 241–242° [korr.; Zers.] (*He. et al.*). λ_{max} (A.): 234 nm (*Lieber et al.*, Curr. Sci. **26** [1957] 167).

Gleichgewichtskonstante des Reaktionssystems mit 4-[1*H*-Tetrazol-5-ylamino]-phenol in Äthylenglykol bei 193–194°: *He. et al.*, l. c. S. 89.

1-[4-Methoxy-phenyl]-1*H*-tetrazol-5-ylamin $C_8H_9N_5O$, Formel IV (R = CH_3).

B. Beim Behandeln von *N*-Amino-*N'*-[4-methoxy-phenyl]-guanidin mit $NaNO_2$ und wss. HCl und anschliessend mit Na_2CO_3 (*Finnegan et al.*, J. org. Chem. **18** [1953] 779, 784, 788).

Kristalle (aus A.); F: 209–210° [korr.] (*Fi. et al.*). Netzebenenabstände: *Moore, Burkardt,* Anal. Chem. **26** [1954] 1917, 1919. λ_{max} (A.): 234 nm (*Lieber et al.*, Curr. Sci. **26** [1957] 167).

Geschwindigkeitskonstante der Isomerisierung zu [4-Methoxy-phenyl]-[1*H*-tetrazol-5-yl]-amin in Äthylenglykol bei 390 K, 399,5 K und 410 K: *Henry et al.*, Am. Soc. **77** [1955] 2264, 2265; Gleichgewichtskonstante bei 472–473 K und in Äthylenglykol bei 466–467 K: *Henry et al.*, Am. Soc. **76** [1954] 88, 89; in Äthylenglykol bei 410–467 K: *He. et al.*, Am. Soc. **77** 2266.

1-[4-Äthoxy-phenyl]-1*H*-tetrazol-5-ylamin $C_9H_{11}N_5O$, Formel IV (R = C_2H_5).

B. Beim Erwärmen von [4-Äthoxy-phenyl]-thioharnstoff mit $PbCO_3$ und NaN_3 in Äthanol unter Einleiten von CO_2 (*Stollé*, J. pr. [2] **134** [1932] 282, 301).

Kristalle; F: 197° [nach Sintern].

Hydrochlorid $C_9H_{11}N_5O \cdot HCl$. Kristalle (aus wss. HCl); F: 190° [Zers.; nach Sintern].

5-*p*-Anisidino-1*H*-tetrazol, [4-Methoxy-phenyl]-[1*H*-tetrazol-5-yl]-amin $C_8H_9N_5O$, Formel V (R = H, R′ = CH_3) und Taut.

B. Beim Hydrieren von Benzyl-[4-methoxy-phenyl]-[1*H*-tetrazol-5-yl]-amin an Palladium in Essigsäure (*Henry et al.*, Am. Soc. **76** [1954] 88, 92).

Kristalle (aus wss. A.); F: 200–202° [korr.] (*He. et al.*, Am. Soc. **76** 92). Scheinbarer Dissoziationsexponent pK'_a (wss. A. [50%ig]; potentiometrisch ermittelt) bei 27°: 6,00 (*He. et al.*, Am. Soc. **76** 89, 93).

Geschwindigkeitskonstante der Isomerisierung zu 1-[4-Methoxy-phenyl]-1*H*-tetrazol-5-ylamin bei 410,3 K: *Henry et al.*, Am. Soc. **77** [1955] 2264, 2265; Gleichgewichtskonstante bei 472–473 K und in Äthylenglykol bei 466–467 K: *He. et al.*, Am. Soc. **76** 89; in Äthylenglykol bei 410–467 K: *He. et al.*, Am. Soc. **77** 2266.

1-[4-Äthoxy-phenyl]-5-*p*-phenetidino-1*H*-tetrazol, [4-Äthoxy-phenyl]-[1-(4-äthoxy-phenyl)-1*H*-tetrazol-5-yl]-amin $C_{17}H_{19}N_5O_2$, Formel V (R = C_6H_4-O-C_2H_5, R′ = C_2H_5).

B. Beim Erwärmen von *N,N′*-Bis-[4-äthoxy-phenyl]-thioharnstoff mit PbO und NaN_3 in Äthanol unter Einleiten von CO_2 (*Stollé*, J. pr. [2] **134** [1932] 282, 306).

Kristalle (aus Eg.); F: 197°.

V VI VII

5-Salicylamino-1*H*-tetrazol, 2-[(1*H*-Tetrazol-5-ylamino)-methyl]-phenol $C_8H_9N_5O$, Formel VI und Taut.

B. Beim Hydrieren des Guanidin-Salzes des 2-[(1*H*-Tetrazol-5-ylimino)-methyl]-phenols an Platin in Methanol oder Äthanol (*Henry, Finnegan,* Am. Soc. **76** [1954] 926).

Kristalle (aus wss. A.); F: 177–178° [korr.].

5-Amino-1-[2-hydroxy-5-nitro-benzyl]-4-octyl-tetrazolium $[C_{16}H_{25}N_6O_3]^+$, Formel VII.

Chlorid $[C_{16}H_{25}N_6O_3]Cl$. *B.* Beim Erhitzen von 1-Octyl-1*H*-tetrazol-5-ylamin mit 2-Chlormethyl-4-nitro-phenol (*Herbst, Froberger,* J. org. Chem. **22** [1957] 1050, 1052, 1053; *Herbst,* U.S.P. 2735852 [1954]). – Kristalle [aus wss.-äthanol. HCl] (*He.*); F: 184–186° [Zers.] (*He., Fr.*; *He.*).

4-[(1*H*-Tetrazol-5-ylamino)-methyl]-phenol $C_8H_9N_5O$, Formel VIII und Taut.

B. Beim Behandeln von 1*H*-Tetrazol-5-ylamin mit Triäthylamin und 4-Hydroxy-benzaldehyd in Methanol und anschliessenden Hydrieren an Platin (*Henry, Finnegan,* Am. Soc. **76** [1954] 926).

Kristalle (aus H_2O); F: 184–185° [korr.].

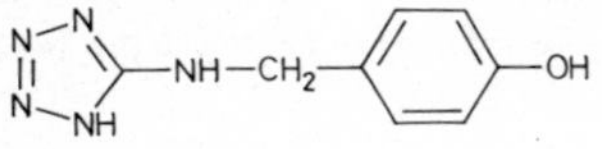

VIII 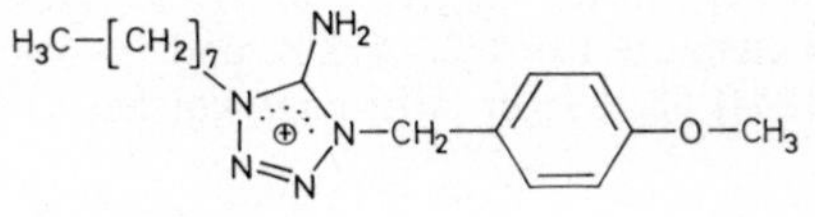 IX 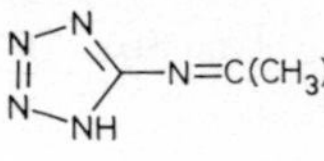 X

5-Amino-1-[4-methoxy-benzyl]-4-octyl-tetrazolium $[C_{17}H_{28}N_5O]^+$, Formel IX.

Chlorid $[C_{17}H_{28}N_5O]Cl$. *B.* Beim Erhitzen von 1-Octyl-1*H*-tetrazol-5-ylamin mit 4-Chlor-methyl-anisol (*Herbst, Froberger,* J. org. Chem. **22** [1957] 1050, 1052, 1053; *Herbst,* U.S.P. 2735852 [1954]). – Kristalle [aus wss.-äthanol. HCl] (*He.*); F: 155–156° (*He., Fr.*; *He.*).

Isopropyliden-[1*H*-tetrazol-5-yl]-amin, Aceton-[1*H*-tetrazol-5-ylimin] $C_4H_7N_5$, Formel X und Taut.

B. Aus 1*H*-Tetrazol-5-ylamin und Aceton (*Bureš, Barsi,* Č. čsl. Lékárn. **14** [1934] 345–353; C. A. **1935** 4765; C. **1935** I 1867).

Kristalle; F: 187–188°.

***N,N'*-Di-[1*H*-tetrazol-5-yl]-benzylidendiamin(?), *C*-Phenyl-*N,N'*-di-[1*H*-tetrazol-5-yl]-methandiyldiamin(?)** $C_9H_{10}N_{10}$, vermutlich Formel XI und Taut.

B. Beim Erhitzen von 1*H*-Tetrazol-5-ylamin mit Benzaldehyd (*Henry, Finnegan,* Am. Soc. **76** [1954] 926).

Kristalle (aus Benzaldehyd); F: 190–192° [korr.; Zers.] bzw. F: 166–168° [vorgeheiztes Bad] und (nach Wiedererstarren) F: 187–188° [korr.; abhängig von der Geschwindigkeit des Erhitzens] (nicht rein erhalten).

***Benzyliden-[1*H*-tetrazol-5-yl]-amin, Benzaldehyd-[1*H*-tetrazol-5-ylimin]** $C_8H_7N_5$, Formel XII (R = X = X' = H) und Taut.

Guanidin-Salz $CH_5N_3 \cdot C_8H_7N_5$. *B.* Beim Erwärmen des Guanidin-Salzes des 1*H*-Tetrazol-5-ylamins mit Benzaldehyd in Äthanol (*Henry, Finnegan,* Am. Soc. **76** [1954] 926). – Kristalle (aus A. oder A. + Ae.); F: 186–188° [korr.].

***[2,4-Dichlor-benzyliden]-[1*H*-tetrazol-5-yl]-amin, 2,4-Dichlor-benzaldehyd-[1*H*-tetrazol-5-ylimin]** $C_8H_5Cl_2N_5$, Formel XII (R = H, X = X' = Cl) und Taut.

Guanidin-Salz $CH_5N_3 \cdot C_8H_5Cl_2N_5$. *B.* Analog der vorangehenden Verbindung (*Henry, Finnegan,* Am. Soc. **76** [1954] 926). – Kristalle (aus A. oder A. + Ae.); F: 243–244° [korr.; Zers.].

***[4-Nitro-benzyliden]-[1*H*-tetrazol-5-yl]-amin, 4-Nitro-benzaldehyd-[1*H*-tetrazol-5-ylimin]** $C_8H_6N_6O_2$, Formel XII (R = X = H, X' = NO_2) und Taut.

Guanidin-Salz $CH_5N_3 \cdot C_8H_6N_6O_2$. *B.* Analog den vorangehenden Verbindungen (*Henry, Finnegan,* Am. Soc. **76** [1954] 926). – Kristalle (aus A. oder A. + Ae.); F: 249–250° [korr.; Zers.].

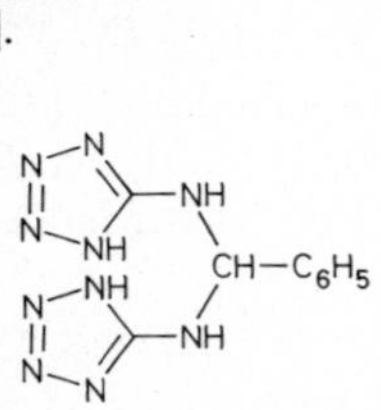

XI 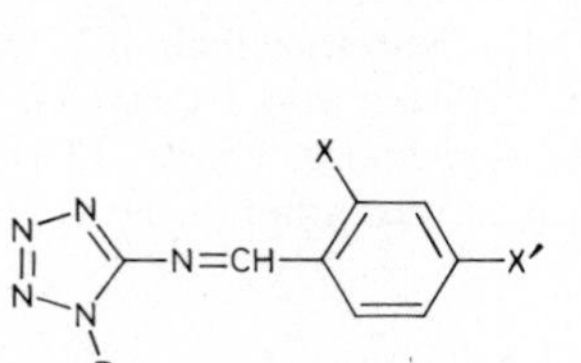 XII 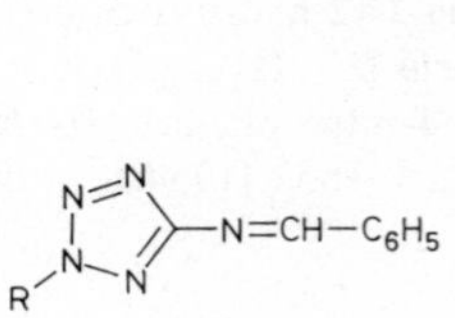 XIII

***Benzyliden-[1-methyl-1*H*-tetrazol-5-yl]-amin, Benzaldehyd-[1-methyl-1*H*-tetrazol-5-ylimin]** $C_9H_9N_5$, Formel XII (R = CH_3, X = X' = H).

B. Beim Erwärmen von 1-Methyl-1*H*-tetrazol-5-ylamin mit Benzaldehyd in Gegenwart von Piperidin ohne Lösungsmittel (*Stollé,* J. pr. [2] **134** [1932] 282, 286) oder in Toluol (*Henry, Finnegan,* Am. Soc. **76** [1954] 923, 925).

Kristalle; F: 159,5–160,5° [korr.; aus Toluol] (*He., Fi.*), 157° [aus A.] (*St.*).

Reizt die Nasenschleimhäute (*St.*).

***Benzyliden-[2-methyl-2*H*-tetrazol-5-yl]-amin, Benzaldehyd-[2-methyl-2*H*-tetrazol-5-ylimin]** $C_9H_9N_5$, Formel XIII (R = CH_3).

B. Beim Erhitzen von 2-Methyl-2*H*-tetrazol-5-ylamin mit Benzaldehyd in Toluol in Gegenwart von Piperidin (*Henry, Finnegan,* Am. Soc. **76** [1954] 923, 925).

Kristalle (aus Bzl.); F: 99,5–100,5° [korr.].

***Benzyliden-[1-phenyl-1*H*-tetrazol-5-yl]-amin, Benzaldehyd-[1-phenyl-1*H*-tetrazol-5-ylimin]** $C_{14}H_{11}N_5$, Formel XII (R = C_6H_5, X = X' = H).

B. Beim Erwärmen von 1-Phenyl-1*H*-tetrazol-5-ylamin mit Benzaldehyd (*Stollé,* J. pr. [2] **134** [1932] 282, 289).

Kristalle (aus A.); F: 119°.

***Benzyliden-[1-benzyl-1*H*-tetrazol-5-yl]-amin, Benzaldehyd-[1-benzyl-1*H*-tetrazol-5-ylimin]** $C_{15}H_{13}N_5$, Formel XII (R = CH_2-C_6H_5, X = X' = H).

B. Beim Erhitzen von 1-Benzyl-1*H*-tetrazol-5-ylamin mit Benzaldehyd in Toluol in Gegenwart von Piperidin (*Henry, Finnegan,* Am. Soc. **76** [1954] 923, 926).

Kristalle (aus A.); F: 133,5–134,5° [korr.].

***Benzyliden-[2-benzyl-2*H*-tetrazol-5-yl]-amin, Benzaldehyd-[2-benzyl-2*H*-tetrazol-5-ylimin]** $C_{15}H_{13}N_5$, Formel XIII (R = CH_2-C_6H_5).

B. Analog der vorangehenden Verbindung (*Henry, Finnegan,* Am. Soc. **76** [1954] 923, 926).

Kristalle (aus A.); F: 106,5–107,5° [korr.].

***(±)-4-[1*H*-Tetrazol-5-ylimino]-butan-2-ol** $C_5H_9N_5O$, Formel XIV und Taut.

B. Beim Erwärmen von 1*H*-Tetrazol-5-ylamin mit Acetaldehyd (*Stollé, Heintz,* J. pr. [2] **148** [1937] 217, 219).

Kristalle (aus A.); F: 170°.

Silber-Salz $AgC_5H_8N_5O$.

XIV XV

***5-Salicylidenamino-1*H*-tetrazol, 2-[(1*H*-Tetrazol-5-ylimino)-methyl]-phenol, Salicylaldehyd-[1*H*-tetrazol-5-ylimin]** $C_8H_7N_5O$, Formel XV und Taut.

Guanidin-Salz $CH_5N_3 \cdot C_8H_7N_5O$. *B.* Beim Erwärmen des Guanidin-Salzes des 1*H*-Tetrazol-5-ylamins mit Salicylaldehyd in Äthanol (*Henry, Finnegan,* Am. Soc. **76** [1954] 923, 927). – Kristalle (aus A. oder A. + Ae.); F: 174,5–175,5° [korr.].

5-Acetylamino-1*H*-tetrazol, *N*-[1*H*-Tetrazol-5-yl]-acetamid $C_3H_5N_5O$, Formel I (R = H) und Taut. (H 405; E II 243).

Diese Verbindung hat auch in dem früher (H **26** 599) als 5-Phenyl-4*H*-tetrazolo[1,5-*a*]pyrimidin-7-on („7-Oxo-5-phenyl-6.7-dihydro-1.2.3.4-tetraaza-indolizin") beschriebenen Präparat (F: 261° [Zers.]) vorgelegen (*Brady, Herbst,* J. org. Chem. **24** [1959] 922).

Kristalle (aus A.); F: 277–278° [unkorr.; Zers.] (*Einberg*, J. org. Chem. **32** [1967] 3687). Netzebenenabstände: *Burkardt, Moore*, Anal. Chem. **24** [1952] 1579, 1583. Standard-Bildungsenthalpie: $-1{,}81$ kcal·mol^{-1}; Standard-Verbrennungsenthalpie: $-451{,}74$ kcal·mol^{-1} (*McEwan, Rigg*, Am. Soc. **73** [1951] 4725). Scheinbarer Dissoziationsexponent pK'_a (H_2O; potentiometrisch ermittelt): 4,53 (*Herbst, Garbrecht*, J. org. Chem. **18** [1953] 1283, 1290).

5-Acetylamino-1-methyl-1*H*-tetrazol, *N*-[1-Methyl-1*H*-tetrazol-5-yl]-acetamid $C_4H_7N_5O$, Formel I (R = CH_3).

B. Aus 1-Methyl-1*H*-tetrazol-5-ylamin und Acetanhydrid (*Stollé*, J. pr. [2] **134** [1932] 282, 286).

Kristalle (aus A.); F: 164°.

5-Acetylamino-2-methyl-2*H*-tetrazol, *N*-[2-Methyl-2*H*-tetrazol-5-yl]-acetamid $C_4H_7N_5O$, Formel II.

B. Aus 2-Methyl-2*H*-tetrazol-5-ylamin und Acetylchlorid (*Henry, Finnegan*, Am. Soc. **76** [1954] 923, 925).

Kristalle (aus Acetonitril); F: 153–154° [korr.].

5-Acetylamino-1-äthyl-1*H*-tetrazol, *N*-[1-Äthyl-1*H*-tetrazol-5-yl]-acetamid $C_5H_9N_5O$, Formel I (R = C_2H_5).

B. Aus 1-Äthyl-1*H*-tetrazol-5-ylamin und Acetanhydrid (*Herbst, Garbrecht*, J. org. Chem. **18** [1953] 1283, 1289). Aus Äthyl-[1*H*-tetrazol-5-yl]-amin, Acetanhydrid und Essigsäure (*He., Ga.*).

Kristalle (aus 1,2-Dichlor-äthan + PAe.); F: 99–100° [korr.]. Scheinbarer Dissoziationsexponent pK'_a (H_2O; potentiometrisch ermittelt): 8,38 (*He., Ga.*, l. c. S. 1290).

5-Acetylamino-1,4-diäthyl-tetrazolium-betain, *N*-[1,4-Diäthyl-1,4-dihydro-tetrazol-5-yliden]-acetamid $C_7H_{13}N_5O$, Formel III (R = C_2H_5).

B. Neben 1,4-Diäthyl-1,4-dihydro-tetrazolon beim Erhitzen von 1,4-Diäthyl-5-amino-tetrazolium-betain mit Acetanhydrid (*Percival, Herbst*, J. org. Chem. **22** [1957] 925, 927, 931).

Kp_2: 95–96°. n_D^{25}: 1,4909–1,4916.

5-Acetylamino-1-hexyl-1*H*-tetrazol, *N*-[1-Hexyl-1*H*-tetrazol-5-yl]-acetamid $C_9H_{17}N_5O$, Formel I (R = $[CH_2]_5$-CH_3).

B. Aus 1-Hexyl-1*H*-tetrazol-5-ylamin und Acetanhydrid (*v. Braun, Keller*, B. **65** [1932] 1677, 1678).

F: 106°.

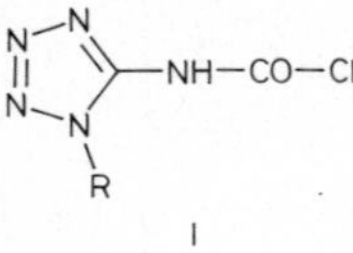

I 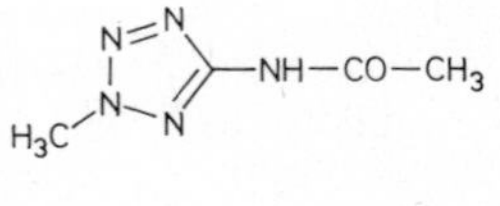 II 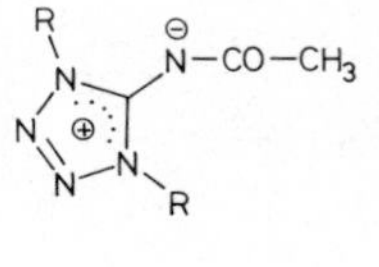 III 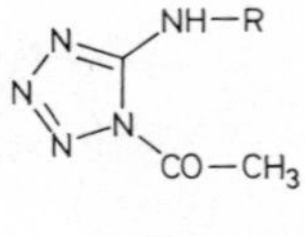 IV

5-Acetylamino-1-cyclohexylmethyl-1*H*-tetrazol, *N*-[1-Cyclohexylmethyl-1*H*-tetrazol-5-yl]-acetamid $C_{10}H_{17}N_5O$, Formel I (R = CH_2-C_6H_{11}).

B. Analog der vorangehenden Verbindung (*Wilson et al.*, J. org. Chem. **24** [1959] 1046, 1048).

Kristalle (aus wss. A.); F: 129–130° [unkorr.].

5-Acetylamino-1-[2-cyclohexyl-äthyl]-1*H*-tetrazol, *N*-[1-(2-Cyclohexyl-äthyl)-1*H*-tetrazol-5-yl]-acetamid $C_{11}H_{19}N_5O$, Formel I (R = CH_2-CH_2-C_6H_{11}).

B. Analog den vorangehenden Verbindungen (*Wilson et al.*, J. org. Chem. **24** [1959] 1046, 1048).

Kristalle (aus Cyclohexan); F: 95,5–96,5°.

1-Acetyl-5-anilino-1*H*-tetrazol, [1-Acetyl-1*H*-tetrazol-5-yl]-phenyl-amin $C_9H_9N_5O$, Formel IV (R = C_6H_5).

B. Analog den vorangehenden Verbindungen (*Herbst, Klingbeil,* J. org. Chem. **23** [1958] 1912, 1915).

Kristalle (aus Bzl.+PAe.); F: 209° [unkorr.; Zers.; bei langsamem Erhitzen] bzw. 213° [unkorr.; Zers.; nach Erweichen bei 210°; bei schnellem Erhitzen].

5-Acetylamino-1-phenyl-1*H*-tetrazol, *N*-[1-Phenyl-1*H*-tetrazol-5-yl]-acetamid $C_9H_9N_5O$, Formel I (R = C_6H_5) (E II 246).

B. Beim Erhitzen von Phenyl-[1*H*-tetrazol-5-yl]-amin mit Acetanhydrid (*Herbst, Klingbeil,* J. org. Chem. **23** [1958] 1912, 1914). Beim Erhitzen von [1-Acetyl-1*H*-tetrazol-5-yl]-phenyl-amin in Xylol (*He., Kl.,* l. c. S. 1915).

Kristalle (aus wss. Isopropylalkohol); F: 214° [unkorr.; Zers.].

5-Acetylamino-1-[4-nitro-phenyl]-1*H*-tetrazol, *N*-[1-(4-Nitro-phenyl)-1*H*-tetrazol-5-yl]-acetamid $C_9H_8N_6O_3$, Formel I (R = C_6H_4-NO_2).

B. Beim Erhitzen von 1-[4-Nitro-phenyl]-1*H*-tetrazol-5-ylamin oder von [4-Nitro-phenyl]-[1*H*-tetrazol-5-yl]-amin mit Acetanhydrid (*Herbst, Klingbeil,* J. org. Chem. **23** [1958] 1912, 1915).

Gelbliche Kristalle (aus Isopropylalkohol); F: 191° [unkorr.; Zers.].

Beim Erhitzen über den Schmelzpunkt erfolgt Bildung von [5-Methyl-[1,3,4]oxadiazol-2-yl]-[4-nitro-phenyl]-amin (*He., Kl.,* l. c. S. 1913).

1-Acetyl-5-benzylamino-1*H*-tetrazol, [1-Acetyl-1*H*-tetrazol-5-yl]-benzyl-amin $C_{10}H_{11}N_5O$, Formel IV (R = CH_2-C_6H_5).

B. Aus Benzyl-[1*H*-tetrazol-5-yl]-amin und Acetanhydrid in wss. K_2CO_3 (*Herbst, Garbrecht,* J. org. Chem. **18** [1953] 1283, 1288).

Kristalle (aus Bzl.+PAe.); F: 106–108° [korr.].

5-Acetylamino-1-benzyl-1*H*-tetrazol, *N*-[1-Benzyl-1*H*-tetrazol-5-yl]-acetamid $C_{10}H_{11}N_5O$, Formel I (R = CH_2-C_6H_5).

B. Beim Erhitzen von 1-Benzyl-1*H*-tetrazol-5-ylamin mit Acetanhydrid oder von Benzyl-[1*H*-tetrazol-5-yl]-amin mit Acetanhydrid und Essigsäure (*Herbst, Garbrecht,* J. org. Chem. **18** [1953] 1283, 1287).

Kristalle (aus E.+PAe.); F: 109–110° [korr.].

5-Acetylamino-1,4-dibenzyl-tetrazolium-betain, *N*-[1,4-Dibenzyl-1,4-dihydro-tetrazol-5-yliden]-acetamid $C_{17}H_{17}N_5O$, Formel III (R = CH_2-C_6H_5).

B. Aus 5-Amino-1,4-dibenzyl-tetrazolium-betain und Acetanhydrid (*Percival, Herbst,* J. org. Chem. **22** [1957] 925, 930).

Kristalle (aus wss. Isopropylalkohol) mit 1 Mol H_2O; F: 61–62°.

5-Acetylamino-1-[1]naphthyl-1*H*-tetrazol, *N*-[1-[1]Naphthyl-1*H*-tetrazol-5-yl]-acetamid $C_{13}H_{11}N_5O$, Formel I (R = $C_{10}H_7$).

B. Beim Erhitzen von 1-[1]Naphthyl-1*H*-tetrazol-5-ylamin mit Acetanhydrid (*Stollé,* J. pr. [2] **134** [1932] 282, 307).

Kristalle; F: 214°.

1-[4-Äthoxy-phenyl]-5-diacetylamino-1*H*-tetrazol, *N*-[1-(4-Äthoxy-phenyl)-1*H*-tetrazol-5-yl]-diacetamid $C_{13}H_{15}N_5O_3$, Formel V.

B. Analog der vorangehenden Verbindung (*Stollé,* J. pr. [2] **134** [1932] 282, 301).

Kristalle; F: 145°.

5-Propionylamino-1*H*-tetrazol, *N*-[1*H*-Tetrazol-5-yl]-propionamid $C_4H_7N_5O$, Formel VI (n = 1) und Taut.

B. Beim Erhitzen von 1*H*-Tetrazol-5-ylamin mit Propionsäure oder Propionsäure-anhydrid (*Brady, Herbst,* J. org. Chem. **24** [1959] 922, 926).

F: 265° [unkorr.; Zers.].

N(CO—CH₃)₂ ... O—C₂H₅ V   NH—CO—[CH₂]ₙ—CH₃ VI   NH—CO—CHBr—CH(CH₃)₂ VII

5-Butyrylamino-1*H*-tetrazol, *N*-[1*H*-Tetrazol-5-yl]-butyramid $C_5H_9N_5O$, Formel VI (n = 2) und Taut.

B. Analog der vorangehenden Verbindung (*Brady, Herbst,* J. org. Chem. **24** [1959] 922, 926).

F: 250° [unkorr.; Zers.].

(±)-α-Brom-isovaleriansäure-[1*H*-tetrazol-5-ylamid] $C_6H_{10}BrN_5O$, Formel VII und Taut.

B. Beim Erwärmen von 1*H*-Tetrazol-5-ylamin mit (±)-α-Brom-isovalerylbromid (*Stollé, Roser,* J. pr. [2] **136** [1933] 314, 319).

Kristalle (aus H_2O oder A.); F: 205° [Zers.].

Natrium-Salz $NaC_6H_9BrN_5O$. F: ca. 100°.

2-Äthyl-buttersäure-[1*H*-tetrazol-5-ylamid] $C_7H_{13}N_5O$, Formel VIII (X = H) und Taut.

B. Analog der vorangehenden Verbindung (*Stollé, Roser,* J. pr. [2] **136** [1933] 314, 315; *Brady, Herbst,* J. org. Chem. **24** [1959] 922, 926).

Kristalle; F: 238° [Zers.; aus Me. oder wss. A.] (*St., Ro.*), 237–238° [unkorr.; Zers.; aus H_2O] (*Br., He.*).

Natrium-Salz $NaC_7H_{12}N_5O$. Kristalle (aus A.); F: 285° [Zers.] (*St., Ro.*).

2-Äthyl-2-brom-buttersäure-[1*H*-tetrazol-5-ylamid] $C_7H_{12}BrN_5O$, Formel VIII (X = Br) und Taut.

B. Analog den vorangehenden Verbindungen (*Stollé, Roser,* J. pr. [2] **136** [1933] 314, 317).

Kristalle (aus wss. Me.).

Natrium-Salz $NaC_7H_{11}BrN_5O$. Kristalle; F: ca. 100°.

NH—CO—CX(C₂H₅)₂ VIII   NH—CO—C(C₂H₅)=CH—CH₃ IX   NH—CO—[CH₂]₇—CH=CH—[CH₂]₇—CH₃ X

***2-Äthyl-crotonsäure-[1*H*-tetrazol-5-ylamid]** $C_7H_{11}N_5O$, Formel IX und Taut.

B. Beim Erhitzen der vorangehenden Verbindung in *N,N*-Dimethyl-anilin (*Stollé, Roser,* J. pr. [2] **136** [1933] 314, 318).

Kristalle (aus wss. Me.); F: 240° [Zers.].

5-Oleoylamino-1*H*-tetrazol, *N*-[1*H*-Tetrazol-5-yl]-oleamid $C_{19}H_{35}N_5O$, Formel X und Taut.

B. Beim Erwärmen von 1*H*-Tetrazol-5-ylamin mit Oleylchlorid in Benzol (*Ettel, Nosek,* Collect. **15** [1950] 335, 337).

Kristalle (aus A.); F: 216–217°.

Die folgenden Verbindungen sind in analoger Weise hergestellt worden:

2-Brom-benzoesäure-[1*H*-tetrazol-5-ylamid] $C_8H_6BrN_5O$, Formel XI (X = Br, X' = X'' = H) und Taut. Kristalle (aus Me.); F: 267–268° (*Et.*, *No.*).

2,5-Dijod-benzoesäure-[1*H*-tetrazol-5-ylamid] $C_8H_5I_2N_5O$, Formel XI (X = X'' = I, X' = H) und Taut. F: >300° (*Elpern, Wilson,* J. org. Chem. **22** [1957] 1686).

3,4-Dijod-benzoesäure-[1*H*-tetrazol-5-ylamid] $C_8H_5I_2N_5O$, Formel XII (X = I, X' = H) und Taut. F: 266,7–271,3° [korr.] (*El.*, *Wi.*).

3,5-Dijod-benzoesäure-[1*H*-tetrazol-5-ylamid] $C_8H_5I_2N_5O$, Formel XII (X = H, X' = I) und Taut. F: 295,8–297,7° [korr.] (*El.*, *Wi.*).

2,3,5-Trijod-benzoesäure-[1*H*-tetrazol-5-ylamid] $C_8H_4I_3N_5O$, Formel XI (X = X' = X'' = I) und Taut. F: >300° (*El.*, *Wi.*).

3,4,5-Trijod-benzoesäure-[1*H*-tetrazol-5-ylamid] $C_8H_4I_3N_5O$, Formel XII (X = X' = I) und Taut. F: >300° (*El.*, *Wi.*).

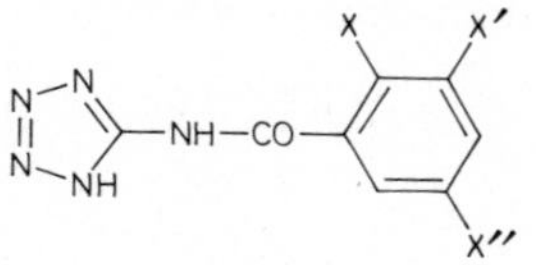

XI 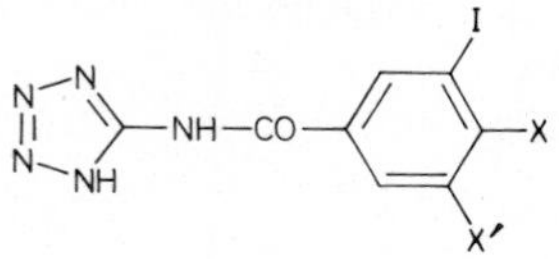 XII 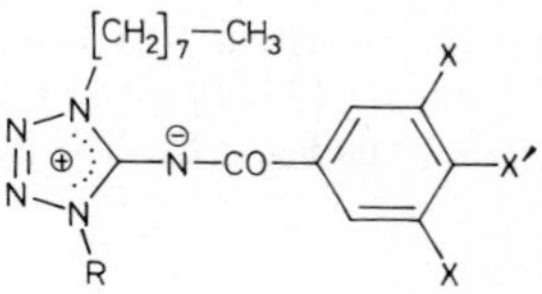 XIII

5-[3,5-Dinitro-benzoylamino]-1-methyl-4-octyl-tetrazolium-betain, 3,5-Dinitro-benzoesäure-[1-methyl-4-octyl-1,4-dihydro-tetrazol-5-ylidenamid] $C_{17}H_{23}N_7O_5$, Formel XIII (R = CH_3, X = NO_2, X' = H).

B. Aus 5-Amino-1-methyl-4-octyl-tetrazolium-betain und 3,5-Dinitro-benzoylchlorid (*Herbst, Froberger,* J. org. Chem. **22** [1957] 1050, 1053).

Kristalle (aus wss. A.); F: 70,5–71°.

1-Äthyl-5-[4-nitro-benzoylamino]-4-octyl-tetrazolium-betain, 4-Nitro-benzoesäure-[1-äthyl-4-octyl-1,4-dihydro-tetrazol-5-ylidenamid] $C_{18}H_{26}N_6O_3$, Formel XIII (R = C_2H_5, X = H, X' = NO_2).

B. Analog der vorangehenden Verbindung (*Herbst, Froberger,* J. org. Chem. **22** [1957] 1050, 1053).

Kristalle (aus wss. A.); F: 56–57°.

1-Äthyl-5-[3,5-dinitro-benzoylamino]-4-octyl-tetrazolium-betain, 3,5-Dinitro-benzoesäure-[1-äthyl-4-octyl-1,4-dihydro-tetrazol-5-ylidenamid] $C_{18}H_{25}N_7O_5$, Formel XIII (R = C_2H_5, X = NO_2, X' = H).

B. Analog den vorangehenden Verbindungen (*Herbst, Froberger,* J. org. Chem. **22** [1957] 1050, 1053).

Kristalle (aus wss. A.); F: 57–58°.

5-Benzoylamino-1-benzyl-1*H*-tetrazol(?), Benzoesäure-[1-benzyl-1*H*-tetrazol-5-ylamid](?) $C_{15}H_{13}N_5O$, vermutlich Formel XIV.

B. Aus Benzyl-[1*H*-tetrazol-5-yl]-amin und Benzoylchlorid (*Herbst, Garbrecht,* J. org. Chem. **18** [1953] 1283, 1285, 1289).

Kristalle (aus Cyclohexan); F: 108–109° [korr.].

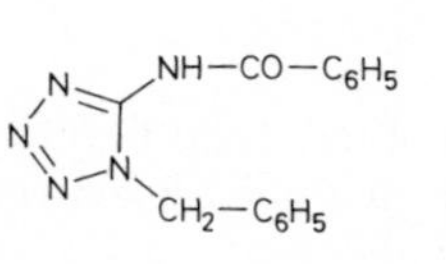

XIV 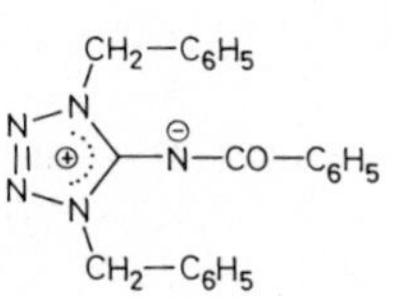 XV

5-Benzoylamino-1,4-dibenzyl-tetrazolium-betain, Benzoesäure-[1,4-dibenzyl-1,4-dihydro-tetrazol-5-ylidenamid] $C_{22}H_{19}N_5O$, Formel XV.

B. Aus 1,4-Dibenzyl-1,4-dihydro-tetrazolon-imin (S. 3500) und Benzoylchlorid (*Percival, Herbst,* J. org. Chem. **22** [1957] 925, 931).

Kristalle (aus Isopropylalkohol); F: 85–86°.

2,2-Diäthyl-*N*-[1*H*-tetrazol-5-yl]-malonamidsäure $C_8H_{13}N_5O_3$, Formel I und Taut.

B. Beim Behandeln von 1*H*-Tetrazol-5-ylamin mit Diäthylmalonylchlorid in Pyridin (*Stollé, Roser,* J. pr. [2] **136** [1933] 314, 319).

Kristalle (aus Eg.); F: 188° [bei schnellem Erhitzen].

Beim langsamen Erhitzen auf 175° bildet sich 2-Äthyl-buttersäure-[1*H*-tetrazol-5-ylamid].

Diäthylmalonsäure-bis-[1*H*-tetrazol-5-ylamid] $C_9H_{14}N_{10}O_2$, Formel II und Taut.

B. Beim Erwärmen von 1*H*-Tetrazol-5-ylamid mit Diäthylmalonylchlorid in Pyridin (*Stollé, Roser,* J. pr. [2] **136** [1933] 314, 320).

Kristalle (aus Eg.); F: 287° [unreines Präparat].

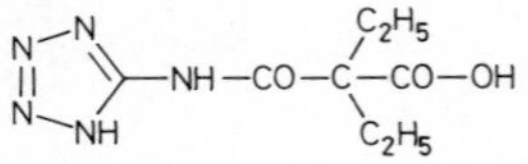

I 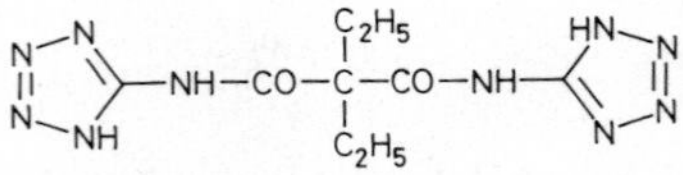 II 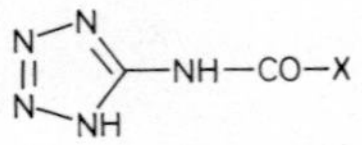 III

[1*H*-Tetrazol-5-yl]-carbamidsäure-äthylester $C_4H_7N_5O_2$, Formel III (X = O-C_2H_5) und Taut. (E II 244).

Standard-Bildungsenthalpie: −52,57 kcal·mol^{-1}; Standard-Verbrennungsenthalpie: −562,75 kcal·mol^{-1} (*McEwan, Rigg,* Am. Soc. **73** [1951] 4725).

***N,N*-Diäthyl-*N'*-[1*H*-tetrazol-5-yl]-harnstoff** $C_6H_{12}N_6O$, Formel III (X = $N(C_2H_5)_2$) und Taut.

B. Beim Erwärmen von 1*H*-Tetrazol-5-ylamin mit Diäthylcarbamoylchlorid in Benzol (*Ettel, Nosek,* Collect. **15** [1950] 335, 337).

Kristalle (aus Me.); F: 238° [Zers.].

[1*H*-Tetrazol-5-yl]-guanidin $C_2H_5N_7$, Formel IV und Taut. (E II 244).

Netzebenenabstände: *Burkardt, Moore,* Anal. Chem. **24** [1952] 1579, 1583. Standard-Bildungsenthalpie: +40,57 kcal·mol^{-1}; Standard-Verbrennungsenthalpie: −399,46 kcal·mol^{-1} (*McEwan, Rigg,* Am. Soc. **73** [1951] 4726). Scheinbarer Dissoziationsexponent pK'_a (protonierte Verbindung; potentiometrisch ermittelt) bei 25°: 3,26 [H_2O (umgerechnet aus Eg.)] bzw. 1,53 [Eg.] (*Rochlin et al.,* Am. Soc. **76** [1954] 1451).

Nitrat. Netzebenenabstände: *Bu., Mo.*

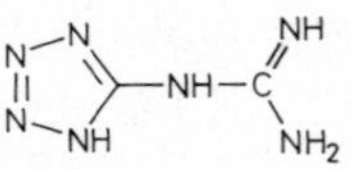

IV 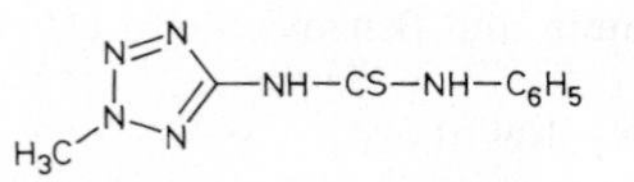 V 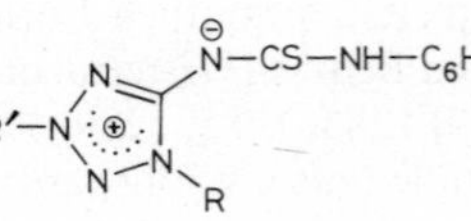 VI

***N*-[2-Methyl-2*H*-tetrazol-5-yl]-*N'*-phenyl-thioharnstoff** $C_9H_{10}N_6S$, Formel V.

B. Beim Erhitzen von 2-Methyl-2*H*-tetrazol-5-ylamin mit Phenylisothiocyanat (*Henry, Finnegan,* Am. Soc. **76** [1954] 923, 925).

Kristalle (aus A.); F: 186,5–187,5° [korr.; Zers.].

1,3-Dimethyl-5-[N'-phenyl-thioureido]-tetrazolium-betain $C_{10}H_{12}N_6S$, Formel VI (R = R' = CH_3).

B. Aus 5-Amino-1,3-dimethyl-tetrazolium-betain und Phenylisothiocyanat in Benzol (*Henry et al.*, Am. Soc. **76** [1954] 2894, 2897).

Kristalle (aus A.); F: 192–193° [korr.; Zers.].

Die folgenden Verbindungen sind in analoger Weise hergestellt worden:

1,4-Dimethyl-5-[N'-phenyl-thioureido]-tetrazolium-betain, N-[1,4-Dimethyl-1,4-dihydro-tetrazol-5-yliden]-N'-phenyl-thioharnstoff $C_{10}H_{12}N_6S$, Formel VII (R = R' = CH_3). Kristalle (aus Bzl. bzw. aus A.); F: 210,5–211,5° [korr.] (*Henry et al.*, Am. Soc. **76** [1954] 2894, 2897; *Henry, Finnegan,* Am. Soc. **76** [1954] 923, 924).

1-Äthyl-4-methyl-5-[N'-phenyl-thioureido]-tetrazolium-betain, N-[1-Äthyl-4-methyl-1,4-dihydro-tetrazol-5-yliden]-N'-phenyl-thioharnstoff [1]) $C_{11}H_{14}N_6S$, Formel VII (R = C_2H_5, R' = CH_3). Kristalle; F: 149–150° (*Herbst et al.*, J. org. Chem. **16** [1951] 139, 148).

1,4-Diäthyl-5-[N'-phenyl-thioureido]-tetrazolium-betain, N-[1,4-Diäthyl-1,4-dihydro-tetrazol-5-yliden]-N'-phenyl-thioharnstoff [1]) $C_{12}H_{16}N_6S$, Formel VII (R = R' = C_2H_5). Kristalle; F: 109–110° (*Her. et al.*).

1-Äthyl-5-[N'-phenyl-thioureido]-4-propyl-tetrazolium-betain, N-[1-Äthyl-4-propyl-1,4-dihydro-tetrazol-5-yliden]-N'-phenyl-thioharnstoff [1]) $C_{13}H_{18}N_6S$, Formel VII (R = C_2H_5, R' = CH_2-C_2H_5). Kristalle; F: 77–78° (*Her. et al.*).

5-[N'-Phenyl-thioureido]-1,4-dipropyl-tetrazolium-betain, N-[1,4-Dipropyl-1,4-dihydro-tetrazol-5-yliden]-N'-phenyl-thioharnstoff $C_{14}H_{20}N_6S$, Formel VII (R = R' = CH_2-C_2H_5). Kristalle (aus wss. Isopropylalkohol oder PAe.); F: 95–96° (*Percival, Herbst,* J. org. Chem. **22** [1957] 925, 929, 930).

1-Äthyl-4-isopropyl-5-[N'-phenyl-thioureido]-tetrazolium-betain, N-[1-Äthyl-4-isopropyl-1,4-dihydro-tetrazol-5-yliden]-N'-phenyl-thioharnstoff [1]) $C_{13}H_{18}N_6S$, Formel VII (R = C_2H_5, R' = $CH(CH_3)_2$). Kristalle; F: 109–110° (*Her. et al.*).

1-Äthyl-4-butyl-5-[N'-phenyl-thioureido]-tetrazolium-betain, N-[1-Äthyl-4-butyl-1,4-dihydro-tetrazol-5-yliden]-N'-phenyl-thioharnstoff [1]) $C_{14}H_{20}N_6S$, Formel VII (R = C_2H_5, R' = $[CH_2]_3$-CH_3). Kristalle; F: 71–73° (*Her. et al.*).

1,4-Dibutyl-5-[N'-phenyl-thioureido]-tetrazolium-betain, N-[1,4-Dibutyl-1,4-dihydro-tetrazol-5-yliden]-N'-phenyl-thioharnstoff $C_{16}H_{24}N_6S$, Formel VII (R = R' = $[CH_2]_3$-CH_3). Kristalle (aus wss. Isopropylalkohol oder PAe.); F: 92–93° (*Pe., He.*, l. c. S. 929, 930).

1-Isobutyl-4-methyl-5-[N'-phenyl-thioureido]-tetrazolium-betain, N-[1-Isobutyl-4-methyl-1,4-dihydro-tetrazol-5-yliden]-N'-phenyl-thioharnstoff [1]) $C_{13}H_{18}N_6S$, Formel VII (R = CH_2-$CH(CH_3)_2$, R' = CH_3). Kristalle; F: 111–112° (*Her. et al.*).

1-Äthyl-4-isobutyl-5-[N'-phenyl-thioureido]-tetrazolium-betain, N-[1-Äthyl-4-isobutyl-1,4-dihydro-tetrazol-5-yliden]-N'-phenyl-thioharnstoff [1]) $C_{14}H_{20}N_6S$, Formel VII (R = C_2H_5, R' = CH_2-$CH(CH_3)_2$). Kristalle; F: 77–78° (*Her. et al.*).

1-Äthyl-4-pentyl-5-[N'-phenyl-thioureido]-tetrazolium-betain, N-[1-Äthyl-4-pentyl-1,4-dihydro-tetrazol-5-yliden]-N'-phenyl-thioharnstoff [1]) $C_{15}H_{22}N_6S$, Formel VII (R = C_2H_5, R' = $[CH_2]_4$-CH_3). Kristalle; F: 77–78° (*Her. et al.*).

1-Äthyl-4-[1-äthyl-propyl]-5-[N'-phenyl-thioureido]-tetrazolium-betain, N-[1-Äthyl-4-(1-äthyl-propyl)-1,4-dihydro-tetrazol-5-yliden]-N'-phenyl-thioharnstoff [1]) $C_{15}H_{22}N_6S$, Formel VII (R = C_2H_5, R' = $CH(C_2H_5)_2$). Kristalle; F: 120–121° (*Her. et al.*).

1-Äthyl-4-isopentyl-5-[N'-phenyl-thioureido]-tetrazolium-betain, N-[1-Äthyl-4-isopentyl-1,4-dihydro-tetrazol-5-yliden]-N'-phenyl-thioharnstoff [1]) $C_{15}H_{22}N_6S$, Formel VII (R = C_2H_5, R' = CH_2-CH_2-$CH(CH_3)_2$). Kristalle; F: 82–83°

---

[1]) Zur Konstitution s. *Herbst, Percival,* J. org. Chem. **19** [1954] 439; *Percival, Herbst,* J. org. Chem. **22** [1957] 925, 926.

(*Her. et al.*).

1-Heptyl-4-methyl-5-[*N'*-phenyl-thioureido]-tetrazolium-betain, *N*-[1-Heptyl-4-methyl-1,4-dihydro-tetrazol-5-yliden]-*N'*-phenyl-thioharnstoff [1]) $C_{16}H_{24}N_6S$, Formel VII (R = $[CH_2]_6$-CH_3, R' = CH_3). Kristalle (aus PAe. oder PAe.+Ae.); F: 76–77° (*Her. et al.*).

1-Äthyl-4-heptyl-5-[*N'*-phenyl-thioureido]-tetrazolium-betain, *N*-[1-Äthyl-4-heptyl-1,4-dihydro-tetrazol-5-yliden]-*N'*-phenyl-thioharnstoff [1]) $C_{17}H_{26}N_6S$, Formel VII (R = C_2H_5, R' = $[CH_2]_6$-CH_3). Kristalle (aus PAe. oder PAe.+Ae.); F: 50–51° (*Her. et al.*).

1-Methyl-4-octyl-5-[*N'*-phenyl-thioureido]-tetrazolium-betain, *N*-[1-Methyl-4-octyl-1,4-dihydro-tetrazol-5-yliden]-*N'*-phenyl-thioharnstoff $C_{17}H_{26}N_6S$, Formel VII (R = CH_3, R' = $[CH_2]_7$-CH_3). Kristalle (aus wss. A.); F: 83,5–84° (*Herbst, Froberger*, J. org. Chem. **22** [1957] 1050, 1052, 1053).

1-Cyclohexyl-4-methyl-5-[*N'*-phenyl-thioureido]-tetrazolium-betain, *N*-[1-Cyclohexyl-4-methyl-1,4-dihydro-tetrazol-5-yliden]-*N'*-phenyl-thioharnstoff [1]) $C_{15}H_{20}N_6S$, Formel VII (R = C_6H_{11}, R' = CH_3). Kristalle; F: 172–173° (*Her. et al.*).

1-Äthyl-4-cyclohexyl-5-[*N'*-phenyl-thioureido]-tetrazolium-betain, *N*-[1-Äthyl-4-cyclohexyl-1,4-dihydro-tetrazol-5-yliden]-*N'*-phenyl-thioharnstoff [1]) $C_{16}H_{22}N_6S$, Formel VII (R = C_2H_5, R' = C_6H_{11}). Kristalle; F: 143–144° (*Her. et al.*).

1-Methyl-4-phenyl-5-[*N'*-phenyl-thioureido]-tetrazolium-betain, *N*-[1-Methyl-4-phenyl-1,4-dihydro-tetrazol-5-yliden]-*N'*-phenyl-thioharnstoff [1]) $C_{15}H_{14}N_6S$, Formel VII (R = CH_3, R' = C_6H_5). Kristalle; F: 181–182° (*Her. et al.*).

1-Äthyl-4-phenyl-5-[*N'*-phenyl-thioureido]-tetrazolium-betain, *N*-[1-Äthyl-4-phenyl-1,4-dihydro-tetrazol-5-yliden]-*N'*-phenyl-thioharnstoff [1]) $C_{16}H_{16}N_6S$, Formel VII (R = C_2H_5, R' = C_6H_5). Kristalle; F: 93–94° (*Her. et al.*).

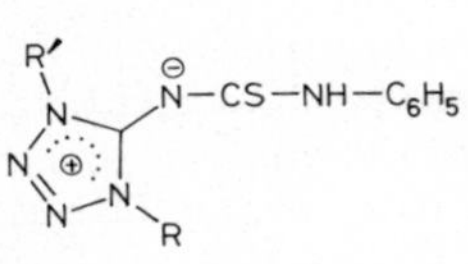

VII 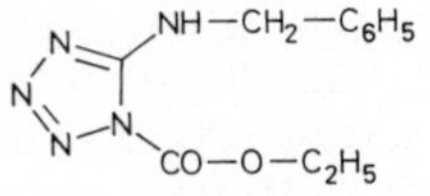 VIII 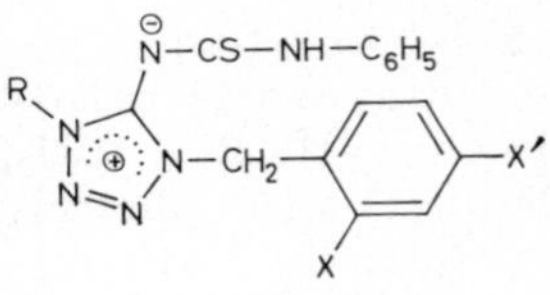 IX

5-Benzylamino-tetrazol-1-carbonsäure-äthylester(?) $C_{11}H_{13}N_5O_2$, vermutlich Formel VIII.

B. Aus Benzyl-[1*H*-tetrazol-5-yl]-amin und Chlorokohlensäure-äthylester in wss. K_2CO_3 (*Herbst, Garbrecht*, J. org. Chem. **18** [1953] 1283, 1285, 1289).

Kristalle (aus E.+Cyclohexan); F: 59–61°.

1-Benzyl-3-methyl-5-[*N'*-phenyl-thioureido]-tetrazolium-betain $C_{16}H_{16}N_6S$, Formel VI (R = CH_2-C_6H_5, R' = CH_3).

B. Beim Erhitzen von 2-Methyl-2*H*-tetrazol-5-ylamin mit Benzylbromid und Behandeln des Reaktionsprodukts mit Phenylisothiocyanat in Äther (*Henry et al.*, Am. Soc. **76** [1954] 2894, 2896).

Kristalle (aus A.); F: 197–198° [korr.].

1-Benzyl-4-methyl-5-[*N'*-phenyl-thioureido]-tetrazolium-betain, *N*-[1-Benzyl-4-methyl-1,4-dihydro-tetrazol-5-yliden]-*N'*-phenyl-thioharnstoff $C_{16}H_{16}N_6S$, Formel VII (R = CH_2-C_6H_5, R' = CH_3).

B. Beim Erwärmen von 5-Amino-1-benzyl-4-methyl-tetrazolium-betain mit Phenylisothio-

[1]) Siehe S. 3515 Anm.

cyanat (*Percival, Herbst,* J. org. Chem. **22** [1957] 925, 929, 930; *Herbst et al.,* J. org. Chem. **16** [1951] 139, 148).

Kristalle (aus wss. Isopropylalkohol oder PAe.); F: 124—125° (*Pe., He.*).

Die folgenden Verbindungen sind in analoger Weise hergestellt worden:

3-Benzyl-1-methyl-5-[*N'*-phenyl-thioureido]-tetrazolium-betain $C_{16}H_{16}N_6S$, Formel VI (R = CH_3, R' = CH_2-C_6H_5). Kristalle (aus A.); F: 156—157° [korr.] (*Henry et al.,* Am. Soc. **76** [1954] 2894, 2896).

1-Äthyl-4-benzyl-5-[*N'*-phenyl-thioureido]-tetrazolium-betain, *N*-[1-Äthyl-4-benzyl-1,4-dihydro-tetrazol-5-yliden]-*N'*-phenyl-thioharnstoff $C_{17}H_{18}N_6S$, Formel VII (R = C_2H_5, R' = CH_2-C_6H_5). Kristalle (aus wss. Isopropylalkohol oder PAe.); F: 117—118° (*Percival, Herbst,* J. org. Chem. **22** [1957] 925, 929, 930).

1-Benzyl-5-[*N'*-phenyl-thioureido]-4-propyl-tetrazolium-betain, *N*-[1-Benzyl-4-propyl-1,4-dihydro-tetrazol-5-yliden]-*N'*-phenyl-thioharnstoff $C_{18}H_{20}N_6S$, Formel VII (R = CH_2-C_6H_5, R' = CH_2-C_2H_5). Kristalle (aus wss. Isopropylalkohol oder PAe.); F: 134—135° (*Pe., He.*).

1-Benzyl-4-butyl-5-[*N'*-phenyl-thioureido]-tetrazolium-betain, *N*-[1-Benzyl-4-butyl-1,4-dihydro-tetrazol-5-yliden]-*N'*-phenyl-thioharnstoff $C_{19}H_{22}N_6S$, Formel VII (R = CH_2-C_6H_5, R' = $[CH_2]_3$-CH_3). Kristalle (aus wss. Isopropylalkohol oder PAe.); F: 114—115° (*Pe., He.*).

1-Benzyl-4-cyclohexyl-5-[*N'*-phenyl-thioureido]-tetrazolium-betain, *N*-[1-Benzyl-4-cyclohexyl-1,4-dihydro-tetrazol-5-yliden]-*N'*-phenyl-thioharnstoff $C_{21}H_{24}N_6S$, Formel IX (R = C_6H_{11}, X = X' = H). Diese Konstitution kommt auch der von *Herbst et al.* (J. org. Chem. **16** [1951] 139, 148) als *N*-Benzyl-*N*-[1-cyclohexyl-1*H*-tetrazol-5-yl]-*N'*-phenyl-thioharnstoff angesehenen Verbindung zu (vgl. *Pe., He.,* l. c. S. 926). — Kristalle; F: 150—151° (*Her. et al.*), 147—148° [unkorr.; aus wss. Isopropylalkohol] (*Wilson et al.,* J. org. Chem. **24** [1959] 1046, 1048, 1050).

1-[2-Chlor-benzyl]-4-cyclohexyl-5-[*N'*-phenyl-thioureido]-tetrazolium-betain, *N*-[1-(2-Chlor-benzyl)-4-cyclohexyl-1,4-dihydro-tetrazol-5-yliden]-*N'*-phenyl-thioharnstoff $C_{21}H_{23}ClN_6S$, Formel IX (R = C_6H_{11}, X = Cl, X' = H). Kristalle (aus wss. Isopropylalkohol); F: 135—136° [unkorr.] (*Wi. et al.*).

1-[4-Chlor-benzyl]-4-cyclohexyl-5-[*N'*-phenyl-thioureido]-tetrazolium-betain, *N*-[1-(4-Chlor-benzyl)-4-cyclohexyl-1,4-dihydro-tetrazol-5-yliden]-*N'*-phenyl-thioharnstoff $C_{21}H_{23}ClN_6S$, Formel IX (R = C_6H_{11}, X = H, X' = Cl). Kristalle (aus wss. Isopropylalkohol); F: 154—155° [unkorr.] (*Wi. et al.*).

1-Cyclohexyl-4-[2,4-dichlor-benzyl]-5-[*N'*-phenyl-thioureido]-tetrazolium-betain, *N*-[1-Cyclohexyl-4-(2,4-dichlor-benzyl)-1,4-dihydro-tetrazol-5-yliden]-*N'*-phenyl-thioharnstoff $C_{21}H_{22}Cl_2N_6S$, Formel IX (R = C_6H_{11}, X = X' = Cl). Kristalle (aus wss. Isopropylalkohol); F: 121—122° [unkorr.] (*Wi. et al.*).

1-Cyclohexyl-4-[3,4-dichlor-benzyl]-5-[*N'*-phenyl-thioureido]-tetrazolium-betain, *N*-[1-Cyclohexyl-4-(3,4-dichlor-benzyl)-1,4-dihydro-tetrazol-5-yliden]-*N'*-phenyl-thioharnstoff $C_{21}H_{22}Cl_2N_6S$, Formel X (R = C_6H_{11}, X = X' = Cl). Kristalle (aus wss. Isopropylalkohol); F: 188—189° [unkorr.] (*Wi. et al.*).

1-Cyclohexyl-4-[3-nitro-benzyl]-5-[*N'*-phenyl-thioureido]-tetrazolium-betain, *N*-[1-Cyclohexyl-4-(3-nitro-benzyl)-1,4-dihydro-tetrazol-5-yliden]-*N'*-phenyl-thioharnstoff $C_{21}H_{23}N_7O_2S$, Formel X (R = C_6H_{11}, X = NO_2, X' = H). Kristalle (aus wss. Isopropylalkohol); F: 174—175° [unkorr.] (*Wi. et al.*).

1-Cyclohexyl-4-[4-nitro-benzyl]-5-[*N'*-phenyl-thioureido]-tetrazolium-betain, *N*-[1-Cyclohexyl-4-(4-nitro-benzyl)-1,4-dihydro-tetrazol-5-yliden]-*N'*-phenyl-thioharnstoff $C_{21}H_{23}N_7O_2S$, Formel X (R = C_6H_{11}, X = H, X' = NO_2). Kristalle (aus wss. Isopropylalkohol); F: 161—162° [unkorr.] (*Wi. et al.*).

1-Benzyl-4-cyclohexylmethyl-5-[*N'*-phenyl-thioureido]-tetrazolium-betain, *N*-[1-Benzyl-4-cyclohexylmethyl-1,4-dihydro-tetrazol-5-yliden]-*N'*-phenyl-thioharnstoff $C_{22}H_{26}N_6S$, Formel IX (R = CH_2-C_6H_{11}, X = X' = H). Kristalle (aus wss. Isopropylalkohol); F: 174—175° [unkorr.] (*Wi. et al.*).

1-[2-Chlor-benzyl]-4-cyclohexylmethyl-5-[*N'*-phenyl-thioureido]-tetrazolium-betain, *N*-[1-(2-Chlor-benzyl)-4-cyclohexylmethyl-1,4-dihydro-tetrazol-5-yliden]-*N'*-phenyl-thioharnstoff $C_{22}H_{25}ClN_6S$, Formel IX (R = CH_2-C_6H_{11}, X = Cl, X' = H). Kristalle (aus wss. Isopropylalkohol); F: 131–132° [unkorr.] (*Wi. et al.*).

1-[4-Chlor-benzyl]-4-cyclohexylmethyl-5-[*N'*-phenyl-thioureido]-tetrazolium-betain, *N*-[1-(4-Chlor-benzyl)-4-cyclohexylmethyl-1,4-dihydro-tetrazol-5-yliden]-*N'*-phenyl-thioharnstoff $C_{22}H_{25}ClN_6S$, Formel IX (R = CH_2-C_6H_{11}, X = H, X' = Cl). Kristalle (aus wss. Isopropylalkohol); F: 156–157° [unkorr.] (*Wi. et al.*).

1-Cyclohexylmethyl-4-[2,4-dichlor-benzyl]-5-[*N'*-phenyl-thioureido]-tetrazolium-betain, *N*-[1-Cyclohexylmethyl-4-(2,4-dichlor-benzyl)-1,4-dihydro-tetrazol-5-yliden]-*N'*-phenyl-thioharnstoff $C_{22}H_{24}Cl_2N_6S$, Formel IX (R = CH_2-C_6H_{11}, X = X' = Cl). Kristalle (aus wss. Isopropylalkohol); F: 129–130° [unkorr.] (*Wi. et al.*).

1-Cyclohexylmethyl-4-[3,4-dichlor-benzyl]-5-[*N'*-phenyl-thioureido]-tetrazolium-betain, *N*-[1-Cyclohexylmethyl-4-(3,4-dichlor-benzyl)-1,4-dihydro-tetrazol-5-yliden]-*N'*-phenyl-thioharnstoff $C_{22}H_{24}Cl_2N_6S$, Formel X (R = CH_2-C_6H_{11}, X = X' = Cl). Kristalle (aus wss. Isopropylalkohol); F: 179–180° [unkorr.] (*Wi. et al.*).

1-Cyclohexylmethyl-4-[3-nitro-benzyl]-5-[*N'*-phenyl-thioureido]-tetrazolium-betain, *N*-[1-Cyclohexylmethyl-4-(3-nitro-benzyl)-1,4-dihydro-tetrazol-5-yliden]-*N'*-phenyl-thioharnstoff $C_{22}H_{25}N_7O_2S$, Formel X (R = CH_2-C_6H_{11}, X = NO_2, X' = H). Kristalle (aus wss. Isopropylalkohol); F: 160–161° [unkorr.] (*Wi. et al.*).

1-Cyclohexylmethyl-4-[4-nitro-benzyl]-5-[*N'*-phenyl-thioureido]-tetrazolium-betain, *N*-[1-Cyclohexylmethyl-4-(4-nitro-benzyl)-1,4-dihydro-tetrazol-5-yliden]-*N'*-phenyl-thioharnstoff $C_{22}H_{25}N_7O_2S$, Formel X (R = CH_2-C_6H_{11}, X = H, X' = NO_2). Kristalle (aus wss. Isopropylalkohol); F: 158–159° [unkorr.] (*Wi. et al.*).

1-Benzyl-4-[2-cyclohexyl-äthyl]-5-[*N'*-phenyl-thioureido]-tetrazolium-betain, *N*-[1-Benzyl-4-(2-cyclohexyl-äthyl)-1,4-dihydro-tetrazol-5-yliden]-*N'*-phenyl-thioharnstoff $C_{23}H_{28}N_6S$, Formel IX (R = CH_2-CH_2-C_6H_{11}, X = X' = H). Kristalle (aus wss. Isopropylalkohol); F: 139–140° [unkorr.] (*Wi. et al.*).

1-[2-Chlor-benzyl]-4-[2-cyclohexyl-äthyl]-5-[*N'*-phenyl-thioureido]-tetrazolium-betain, *N*-[1-(2-Chlor-benzyl)-4-(2-cyclohexyl-äthyl)-1,4-dihydro-tetrazol-5-yliden]-*N'*-phenyl-thioharnstoff $C_{23}H_{27}ClN_6S$, Formel IX (R = CH_2-CH_2-C_6H_{11}, X = Cl, X' = H). Kristalle (aus wss. Isopropylalkohol); F: 118–119° [unkorr.] (*Wi. et al.*).

1-[4-Chlor-benzyl]-4-[2-cyclohexyl-äthyl]-5-[*N'*-phenyl-thioureido]-tetrazolium-betain, *N*-[1-(4-Chlor-benzyl)-4-(2-cyclohexyl-äthyl)-1,4-dihydro-tetrazol-5-yliden]-*N'*-phenyl-thioharnstoff $C_{23}H_{27}ClN_6S$, Formel IX (R = CH_2-CH_2-C_6H_{11}, X = H, X' = Cl). Kristalle (aus wss. Isopropylalkohol); F: 128–129° [unkorr.] (*Wi. et al.*).

1-[2-Cyclohexyl-äthyl]-4-[2,4-dichlor-benzyl]-5-[*N'*-phenyl-thioureido]-tetrazolium-betain, *N*-[1-(2-Cyclohexyl-äthyl)-4-(2,4-dichlor-benzyl)-1,4-dihydro-tetrazol-5-yliden]-*N'*-phenyl-thioharnstoff $C_{23}H_{26}Cl_2N_6S$, Formel IX (R = CH_2-CH_2-C_6H_{11}, X = X' = Cl). Kristalle (aus wss. Isopropylalkohol); F: 115–116° [unkorr.] (*Wi. et al.*).

1-[2-Cyclohexyl-äthyl]-4-[3,4-dichlor-benzyl]-5-[*N'*-phenyl-thioureido]-tetrazolium-betain, *N*-[1-(2-Cyclohexyl-äthyl)-4-(3,4-dichlor-benzyl)-1,4-dihydro-tetrazol-5-yliden]-*N'*-phenyl-thioharnstoff $C_{23}H_{26}Cl_2N_6S$, Formel X (R = CH_2-CH_2-C_6H_{11}, X = X' = Cl). Kristalle (aus wss. Isopropylalkohol); F: 144–145° [unkorr.] (*Wi. et al.*).

1-[2-Cyclohexyl-äthyl]-4-[3-nitro-benzyl]-5-[*N'*-phenyl-thioureido]-tetrazolium-betain, *N*-[1-(2-Cyclohexyl-äthyl)-4-(3-nitro-benzyl)-1,4-dihydro-tetrazol-5-yliden]-*N'*-phenyl-thioharnstoff $C_{23}H_{27}N_7O_2S$, Formel X (R = CH_2-CH_2-C_6H_{11}, X = NO_2, X' = H). Kristalle (aus wss. Isopropylalkohol); F: 129–130° [unkorr.] (*Wi. et al.*).

1-[2-Cyclohexyl-äthyl]-4-[4-nitro-benzyl]-5-[*N'*-phenyl-thioureido]-tetrazolium-betain, *N*-[1-(2-Cyclohexyl-äthyl)-4-(4-nitro-benzyl)-1,4-dihydro-tetrazol-5-yliden]-*N'*-phenyl-thioharnstoff $C_{23}H_{27}N_7O_2S$, Formel X (R = CH_2-CH_2-C_6H_{11}, X = H, X' = NO_2). Kristalle (aus wss. Isopropylalkohol); F: 134–135° [unkorr.] (*Wi. et al.*).

1,4-Dibenzyl-5-[*N'*-phenyl-thioureido]-tetrazolium-betain, *N*-[1,4-Dibenzyl-

1,4-dihydro-tetrazol-5-yliden]-*N'*-phenyl-thioharnstoff $C_{22}H_{20}N_6S$, Formel X ($R = CH_2$-C_6H_5, X = X' = H). Kristalle (aus wss. Isopropylalkohol oder PAe.); F: 140–141° (*Pe., He.*, l. c. S. 929, 930).

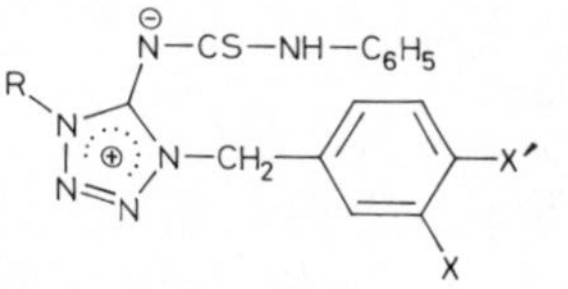

X 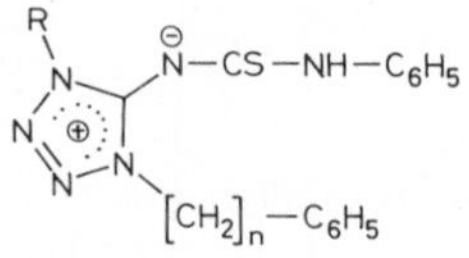 XI 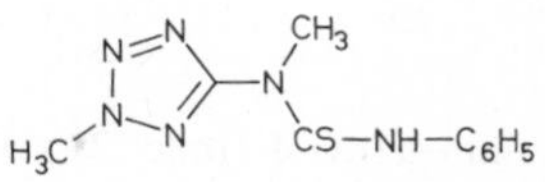 XII

1-Äthyl-4-phenäthyl-5-[*N'*-phenyl-thioureido]-tetrazolium-betain, *N*-[1-Äthyl-4-phenäthyl-1,4-dihydro-tetrazol-5-yliden]-*N'*-phenyl-thioharnstoff $C_{18}H_{20}N_6S$, Formel XI ($R = C_2H_5$, n = 2). Zur Konstitution s. *Herbst, Percival*, J. org. Chem. **19** [1954] 439; *Pe., He.* – Kristalle; F: 81–82° (*Her. et al.*).

1-Cyclohexyl-4-phenäthyl-5-[*N'*-phenyl-thioureido]-tetrazolium-betain, *N*-[1-Cyclohexyl-4-phenäthyl-1,4-dihydro-tetrazol-5-yliden]-*N'*-phenyl-thioharnstoff $C_{22}H_{26}N_6S$, Formel XI ($R = C_6H_{11}$, n = 2). Zur Konstitution s. *Pe., He.* – Kristalle; F: 120–121° (*Her. et al.*), 106–107° [unkorr.; aus wss. Isopropylalkohol] (*Wi. et al.*).

1-Cyclohexylmethyl-4-phenäthyl-5-[*N'*-phenyl-thioureido]-tetrazolium-betain, *N*-[1-Cyclohexylmethyl-4-phenäthyl-1,4-dihydro-tetrazol-5-yliden]-*N'*-phenyl-thioharnstoff $C_{23}H_{28}N_6S$, Formel XI ($R = CH_2$-C_6H_{11}, n = 2). Kristalle (aus wss. Isopropylalkohol); F: 88–89° (*Wi. et al.*).

1-[2-Cyclohexyl-äthyl]-4-phenäthyl-5-[*N'*-phenyl-thioureido]-tetrazolium-betain, *N*-[1-(2-Cyclohexyl-äthyl)-4-phenäthyl-1,4-dihydro-tetrazol-5-yliden]-*N'*-phenyl-thioharnstoff $C_{24}H_{30}N_6S$, Formel XI ($R = CH_2$-CH_2-C_6H_{11}, n = 2). Kristalle (aus wss. Isopropylalkohol); F: 86–87° (*Wi. et al.*).

1-Benzyl-4-phenäthyl-5-[*N'*-phenyl-thioureido]-tetrazolium-betain, *N*-[1-Benzyl-4-phenäthyl-1,4-dihydro-tetrazol-5-yliden]-*N'*-phenyl-thioharnstoff $C_{23}H_{22}N_6S$, Formel XI ($R = CH_2$-C_6H_5, n = 2). Kristalle (aus wss. Isopropylalkohol oder PAe.); F: 125–126° (*Pe., He.*, l. c. S. 929, 930).

1-Cyclohexyl-4-[3-phenyl-propyl]-5-[*N'*-phenyl-thioureido]-tetrazolium-betain, *N*-[1-Cyclohexyl-4-(3-phenyl-propyl)-1,4-dihydro-tetrazol-5-yliden]-*N'*-phenyl-thioharnstoff $C_{23}H_{28}N_6S$, Formel XI ($R = C_6H_{11}$, n = 3). Kristalle (aus wss. Isopropylalkohol); F: 99–100° (*Wi. et al.*).

1-Cyclohexylmethyl-4-[3-phenyl-propyl]-5-[*N'*-phenyl-thioureido]-tetrazolium-betain, *N*-[1-Cyclohexylmethyl-4-(3-phenyl-propyl)-1,4-dihydro-tetrazol-5-yliden]-*N'*-phenyl-thioharnstoff $C_{24}H_{30}N_6S$, Formel XI ($R = CH_2$-C_6H_{11}, n = 3). Kristalle (aus wss. Isopropylalkohol); F: 117–118° [unkorr.] (*Wi. et al.*).

1-[2-Cyclohexyl-äthyl]-4-[3-phenyl-propyl]-5-[*N'*-phenyl-thioureido]-tetrazolium-betain, *N*-[1-(2-Cyclohexyl-äthyl)-4-(3-phenyl-propyl)-1,4-dihydro-tetrazol-5-yliden]-*N'*-phenyl-thioharnstoff $C_{25}H_{32}N_6S$, Formel XI ($R = CH_2$-CH_2-C_6H_{11}, n = 3). Kristalle (aus wss. Isopropylalkohol); F: 113–114° [unkorr.] (*Wi. et al.*).

N-Methyl-N-[2-methyl-2H-tetrazol-5-yl]-N'-phenyl-thioharnstoff $C_{10}H_{12}N_6S$, Formel XII.

B. Beim Erhitzen von Methyl-[2-methyl-2*H*-tetrazol-5-yl]-amin mit Phenylisothiocyanat (*Henry et al.*, Am. Soc. **76** [1954] 2894, 2898).

Kristalle (aus wss. A.); F: 123–124° [korr.].

Benzyl-[1H-tetrazol-5-yl]-carbamidsäure-äthylester $C_{11}H_{13}N_5O_2$, Formel XIII und Taut.

B. Beim Behandeln von Benzylamin mit BrCN in wss.-äthanol. $NaHCO_3$ und anschliessend mit Chlorokohlensäure-äthylester und Erhitzen des Reaktionsprodukts mit HN_3 in Benzol (*Garbrecht, Herbst*, J. org. Chem. **18** [1953] 1022, 1026).

Kristalle (aus Cyclohexan); F: 81–81,5°.

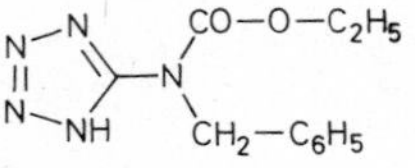

XIII 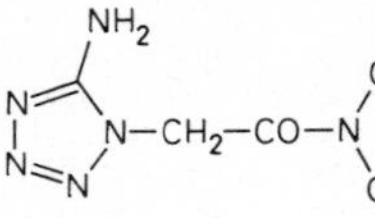 XIV 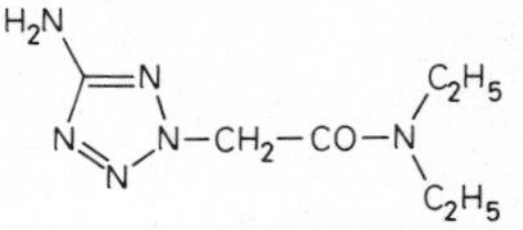 XV 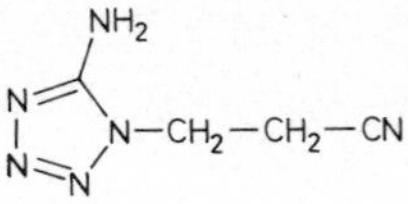 XVI

[5-Amino-tetrazol-1(oder 2)-yl]-essigsäure-diäthylamid $C_7H_{14}N_6O$, Formel XIV oder XV.

Diese Konstitutionen kommen für die nachstehend beschriebene, von *Ettel, Nosek* (Collect. **15** [1950] 335, 337) als *N*-[1*H*-Tetrazol-5-yl]-glycin-diäthylamid $C_7H_{14}N_6O$ angesehene Verbindung in Betracht (vgl. *Henry, Finnegan,* Am. Soc. **76** [1954] 923).

B. Aus Chloressigsäure-diäthylamid und 1*H*-Tetrazol-5-ylamin (*Et., No.*).

Kristalle (aus A.); F: 182°.

3-[5-Amino-tetrazol-1-yl]-propionitril $C_4H_6N_6$, Formel XVI.

B. Beim Behandeln von *β*-Alanin-nitril mit BrCN in Äther und Erwärmen der Reaktionslösung mit HN_3 in Xylol (*Renn, Herbst,* J. org. Chem. **24** [1959] 473, 476).

Kristalle (aus A.); F: 115–116°.

Acetyl-Derivat $C_6H_8N_6O$; *N*-[1-(2-Cyan-äthyl)-1*H*-tetrazol-5-yl]-acetamid. Kristalle (aus A.); F: 104–105°.

3-[5-Amino-tetrazol-2-yl]-propionitril $C_4H_6N_6$, Formel I.

B. Neben 3-[5-Amino-tetrazol-1-yl]-propionitril beim Erwärmen von 1*H*-Tetrazol-5-ylamin mit 3-Brom-propionitril in wss.-äthanol. Na_2CO_3 oder mit Acrylonitril in Gegenwart von wss. Benzyl-trimethyl-ammonium-hydroxid (*Renn, Herbst,* J. org. Chem. **24** [1959] 473, 476).

Kristalle (aus A.); F: 117–117,5°.

Acetyl-Derivat $C_6H_8N_6O$; *N*-[2-(2-Cyan-äthyl)-2*H*-tetrazol-5-yl]-acetamid. Kristalle (aus $CHCl_3$); F: 136–137°.

5-Amino-1-benzyl-4-[2-cyan-äthyl]-tetrazolium $[C_{11}H_{13}N_6]^+$, Formel II.

Chlorid $[C_{11}H_{13}N_6]Cl$. *B.* Beim Erhitzen von 3-[5-Amino-tetrazol-1-yl]-propionitril mit Benzylchlorid (*Renn, Herbst,* J. org. Chem. **24** [1959] 473, 476). Beim Erhitzen von 1-Benzyl-1*H*-tetrazol-5-ylamin mit 3-Chlor-propionitril (*Renn, He.*). – Kristalle (aus A.); F: 215–216° [geringe Zers.].

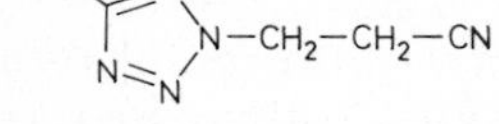

I 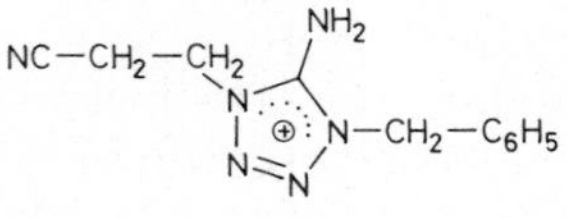 II 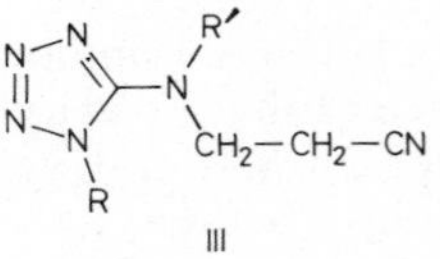 III

***N*-[1-Benzyl-1*H*-tetrazol-5-yl]-*β*-alanin-nitril** $C_{11}H_{12}N_6$, Formel III (R = CH_2-C_6H_5, R′ = H).

B. Aus 1-Benzyl-1*H*-tetrazol-5-ylamin und Acrylonitril in Gegenwart von wss. Benzyl-trimethyl-ammonium-hydroxid (*Renn, Herbst,* J. org. Chem. **24** [1959] 473, 476).

Kristalle (aus A.); F: 132,5–133°.

5-[Bis-(2-cyan-äthyl)-amino]-1*H*-tetrazol, 3,3′-[1*H*-Tetrazol-5-ylimino]-di-propionitril $C_7H_9N_7$, Formel III (R = H, R′ = CH_2-CH_2-CN) und Taut.

B. Beim Behandeln von 3,3′-Imino-di-propionitril mit BrCN in Äthylacetat und Erwärmen der Reaktionslösung mit HN_3 in Benzol (*Renn, Herbst,* J. org. Chem. **24** [1959] 473, 477).

Kristalle (aus A.); F: 133,5 – 134°. Scheinbarer Dissoziationsexponent pK'_a (H_2O; potentiometrisch ermittelt): 4,85.

1-Benzyl-5-[bis-(2-cyan-äthyl)-amino]-1*H*-tetrazol, 3,3′-[1-Benzyl-1*H*-tetrazol-5-ylimino]-dipropionitril $C_{14}H_{15}N_7$, Formel III (R = CH_2-C_6H_5, R′ = CH_2-CH_2-CN).

B. Aus 1-Benzyl-1*H*-tetrazol-5-ylamin oder *β*-[1-Benzyl-1*H*-tetrazol-5-yl]-*β*-alanin-nitril und Acrylonitril in Gegenwart von Benzyl-trimethyl-ammonium-hydroxid (*Renn, Herbst,* J. org. Chem. **24** [1959] 473, 477).

Kristalle (aus A.); F: 80 – 81,5°.

9-[5-Amino-tetrazol-1-yl]-nonansäure $C_{10}H_{19}N_5O_2$, Formel IV.

B. Neben grösseren Mengen 1*H*,1′*H*-1,1′-Octandiyl-bis-tetrazol-5-ylamin beim Behandeln von Decandinitril mit HN_3 in Benzol und H_2SO_4 und Erhitzen des Reaktionsprodukts mit wss. HCl (*v. Braun, Keller,* B. **65** [1932] 1677, 1679).

Kristalle (aus H_2O); F: 152°.

Äthylester $C_{12}H_{23}N_5O_2$. Kristalle (aus wss. A.); F: 116°.

5-Salicyloylamino-1*H*-tetrazol, *N*-[1*H*-Tetrazol-5-yl]-salicylamid $C_8H_7N_5O_2$, Formel V (R = X = H) und Taut.

B. Aus 1*H*-Tetrazol-5-ylamin und Salicyloylchlorid (*Ettel, Nosek,* Collect. **15** [1950] 335, 337).

Kristalle (aus A.); F: 248° [Zers.].

IV V VI

2-Hydroxy-3,5-dijod-benzoesäure-[1*H*-tetrazol-5-ylamid] $C_8H_5I_2N_5O_2$, Formel V (R = H, X = I) und Taut.

B. Beim Erwärmen von 2-Hydroxy-3,5-dijod-benzoesäure mit $SOCl_2$ und anschliessenden Umsetzen mit 1*H*-Tetrazol-5-ylamin in Benzol (*Elpern, Wilson,* J. org. Chem. **22** [1957] 1686).

F: 234,4 – 234,9° [korr.].

Die folgenden Verbindungen sind in analoger Weise hergestellt worden:

3,5-Dijod-2-methoxy-benzoesäure-[1*H*-tetrazol-5-ylamid] $C_9H_7I_2N_5O_2$, Formel V (R = CH_3, X = I) und Taut. F: 243,2 – 243,6° [korr.].

4-Hydroxy-3,5-dijod-benzoesäure-[1*H*-tetrazol-5-ylamid] $C_8H_5I_2N_5O_2$, Formel VI (R = H) und Taut. F: 252 – 258° [korr.].

3,5-Dijod-4-methoxy-benzoesäure-[1*H*-tetrazol-5-ylamid] $C_9H_7I_2N_5O_2$, Formel VI (R = CH_3) und Taut. F: 224,5 – 228° [korr.].

5-Amino-1-cyclohexyl-4-[2-phthalimido-äthyl]-tetrazolium $[C_{17}H_{21}N_6O_2]^+$, Formel VII.

Bromid $[C_{17}H_{21}N_6O_2]Br$. Diese Konstitution kommt der von *Herbst et al.* (J. org. Chem. **16** [1951] 139, 145) als *N*-[2-(1-Cyclohexyl-1*H*-tetrazol-5-ylamino)-äthyl]-phthalimid-hydrobromid angesehenen Verbindung zu; vgl. *Percival, Herbst,* J. org. Chem. **22** [1957] 925, 926. – *B.* Beim Erhitzen von 1-Cyclohexyl-1*H*-tetrazol-5-ylamin mit *N*-[2-Brom-äthyl]-phthalimid (*He. et al.,* l. c. S. 147, 148). – Kristalle; F: 270° [Zers.] (*He. et al.*).

1-[3-Amino-phenyl]-1*H*-tetrazol-5-ylamin $C_7H_8N_6$, Formel VIII.

B. Beim Hydrieren von 1-[3-Nitro-phenyl]-1*H*-tetrazol-5-ylamin an Platin in Äthanol (*Henry et al.,* Am. Soc. **76** [1954] 88, 92).

Kristalle (aus H_2O); F: 142–143° [korr.]. Scheinbarer Dissoziationsexponent pK'_a (wss. A. [50%ig]; potentiometrisch ermittelt) bei 27°: 6,02 (*He. et al.*, l. c. S. 89, 93).

Gleichgewichtskonstante des Reaktionssystems mit *N*-[1*H*-Tetrazol-5-yl]-*m*-phenylendiamin in Äthylenglykol bei 193–194°: *He. et al.*, l. c. S. 89.

VII VIII IX

1-[4-Amino-phenyl]-1*H*-tetrazol-5-ylamin $C_7H_8N_6$, Formel IX.

B. Beim Behandeln von [4-Amino-phenyl]-thioharnstoff mit NaN_3 und basischem Blei(II)-carbonat in Äthanol unter Einleiten von CO_2 (*Stollé*, J. pr. [2] **134** [1932] 282, 300). Beim Hydrieren von 1-[4-Nitro-phenyl]-1*H*-tetrazol-5-ylamin an Palladium/Kohle bzw. an Platin in Äthanol (*Garbrecht, Herbst*, J. org. Chem. **18** [1953] 1014, 1020; *Henry et al.*, Am. Soc. **76** [1954] 88, 92).

Kristalle; F: 199,5–201,5° [korr.; aus H_2O] (*He. et al.*), 200–201° [korr.; aus Acetonitril] (*Ga., He.*), 200° [Zers.; aus A.] (*St.*). λ_{max} (A.): 256 nm (*Lieber et al.*, Curr. Sci. **26** [1957] 167). Scheinbarer Dissoziationsexponent pK'_a (wss. A. [50%ig]; potentiometrisch ermittelt) bei 27°: 6,53 (*He. et al.*, l. c. S. 89, 93).

Gleichgewichtskonstante des Reaktionssystems mit *N*-[1*H*-Tetrazol-5-yl]-*p*-phenylendiamin in Äthylenglykol bei 193–194°: *He. et al.*, l. c. S. 89.

Picrat. Kristalle (aus wss. A.); F: 203–205° [korr.; Zers.] (*He. et al.*).

***[4-Dimethylamino-benzyliden]-[1*H*-tetrazol-5-yl]-amin, 4-Dimethylamino-benzaldehyd-[1*H*-tetrazol-5-ylimin]** $C_{10}H_{12}N_6$, Formel X und Taut.

B. Beim Erwärmen von 1*H*-Tetrazol-5-ylamin mit 4-Dimethylamino-benzaldehyd in Äthanol (*Henry, Finnegan*, Am. Soc. **76** [1954] 926, 927).

Kristalle (aus A.); F: 210,5–211° [korr.].

X XI

1,8-Bis-[5-amino-tetrazol-1-yl]-octan, 1*H*,1'*H*-1,1'-Octandiyl-bis-tetrazol-5-ylamin $C_{10}H_{20}N_{10}$, Formel XI.

B. Beim Behandeln von Decandinitril mit HN_3 und H_2SO_4 in Benzol (*v. Braun, Keller*, B. **65** [1932] 1677, 1679).

Kristalle (aus wss. Eg.); F: 250°.

5-Nicotinoylamino-1*H*-tetrazol, Nicotinsäure-[1*H*-tetrazol-5-ylamid] $C_7H_6N_6O$, Formel XII und Taut.

B. Beim aufeinanderfolgenden Behandeln von Nicotinsäure in THF mit Triäthylamin, Chlorokohlensäure-äthylester und 1*H*-Tetrazol-5-ylamin in wss. Aceton (*Rinderknecht*, Helv. **42** [1959] 1324, 1326). Beim Erwärmen von Nicotinoylchlorid mit 1*H*-Tetrazol-5-ylamin in Benzol (*Ettel, Nosek*, Collect. **15** [1950] 335, 337).

Kristalle (aus H_2O); unterhalb 300° nicht schmelzend (*Ri.*); F: 268–269° (*Et., No.*).

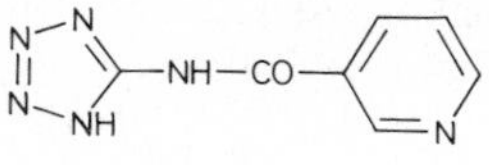

XII 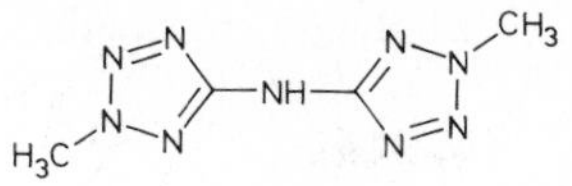 XIII

Bis-[2-methyl-2*H*-tetrazol-5-yl]-amin $C_4H_7N_9$, Formel XIII.

B. Beim Behandeln von 2-Methyl-2*H*-tetrazol-5-ylamin mit $NaNO_2$ in wss. HNO_3 (*Hattori et al.*, Am. Soc. **78** [1956] 411, 414).

Kristalle (aus H_2O); F: 267–268° [unkorr.; Zers.].

5-Benzolsulfonylamino-1*H*-tetrazol, Benzolsulfonsäure-[1*H*-tetrazol-5-ylamid] $C_7H_7N_5O_2S$, Formel I (X = H) und Taut.

B. Aus 1*H*-Tetrazol-5-ylamin und Benzolsulfonylchlorid (*Dahlbom, Ekstrand,* Svensk kem. Tidskr. **55** [1943] 122, 123, 124).

Kristalle (aus A.); F: 132–134°.

4-Nitro-benzolsulfonsäure-[1*H*-tetrazol-5-ylamid] $C_7H_6N_6O_4S$, Formel I (X = NO_2) und Taut.

Die von *Roblin et al.* (Am. Soc. **62** [1940] 2002, 2003) unter dieser Konstitution beschriebene Verbindung ist als 4-Nitro-benzolsulfonsäure-[azidocarbimidoyl-amid] (E III **11** 148) zu formu⸗lieren (*Kovacs Nagy et al.*, Am. Soc. **82** [1960] 1609, 1611, 1612; *Jensen, Pedersen,* Acta chem. scand. **15** [1961] 991, 994, 999).

Toluol-4-sulfonsäure-[1*H*-tetrazol-5-ylamid] $C_8H_9N_5O_2S$, Formel I (X = CH_3) und Taut.

Die von *Dahlbom, Ekstrand* (Svensk kem. Tidskr. **55** [1943] 122, 124) unter dieser Konstitution beschriebene Verbindung ist als *N*-Azidocarbimidoyl-toluol-4-sulfonamid (E III **11** 279) zu for⸗mulieren (*Jensen, Pedersen,* Acta chem. scand. **15** [1961] 991, 994).

5-Sulfanilylamino-1*H*-tetrazol, Sulfanilsäure-[1*H*-tetrazol-5-ylamid] $C_7H_8N_6O_2S$, Formel I (X = NH_2) und Taut.

In dem von *Tappi, Migliardi* (Arch. Sci. biol. **27** [1941] 170, 172, 173) unter dieser Konstitution beschriebenen Präparat vom F: 290° [Zers.] hat vermutlich Sulfanilsäure oder deren Salz mit 1*H*-Tetrazol-5-ylamin vorgelegen (*Veldstra, Wiardi,* R. **61** [1942] 627, 631).

B. Beim Erhitzen von *N*-Acetyl-sulfanilsäure-[1*H*-tetrazol-5-ylamid] mit wss. NaOH (*Kovacs Nagy et al.*, Am. Soc. **82** [1960] 1609, 1610, 1612; *Veldstra, Wiardi,* R. **61** 637, **62** [1943] 661, 671).

Kristalle; F: 202–203° [unkorr.; Zers.; aus H_2O] (*Ko. Nagy et al.*, l. c. S. 1612), 202–203° [unkorr.] (*Ve., Wi.*, R. **62** 671). UV-Spektrum (H_2O; 220–310 nm): *Havinga, Veldstra,* R. **66** [1947] 257, 262.

***N*-Acetyl-sulfanilsäure-[1*H*-tetrazol-5-ylamid], Essigsäure-[4-(1*H*-tetrazol-5-ylsulfamoyl)-anilid]** $C_9H_{10}N_6O_3S$, Formel I (X = NH-CO-CH_3) und Taut.

Die von *Jensen* (Dansk Tidsskr. Farm. **15** [1941] 299, 303), *Jensen, Hansen* (Acta chem. scand. **6** [1952] 195, 200), *Tappi, Migliardi* (Arch. Sci. biol. **27** [1941] 170, 172, 173) und *Tappi* (R. **62** [1943] 207) unter dieser Konstitution beschriebene Verbindung ist als *N*-Acetyl-sulfanilsäure-[azidocarbimidoyl-amid] (E III **14** 2077) zu formulieren (*Jensen, Pedersen,* Acta chem. scand. **15** [1961] 991, 994; *Kovacs Nagy et al.*, Am. Soc. **82** [1960] 1609, 1610).

B. Aus *N*-Acetyl-sulfanilsäure-[azidocarbimidoyl-amid] beim Erwärmen mit wss. Na_2CO_3 (*Ko. Nagy et al.*, l. c. S. 1613; s. a. *Je., Pe.*, l. c. S. 998) oder beim Behandeln mit wss. NaOH (*Ko. Nagy et al.*, l. c. S. 1613; *Veldstra, Wiardi,* R. **62** [1943] 661, 670). Beim Behandeln von 1*H*-Tetrazol-5-ylamin mit *N*-Acetyl-sulfanilylchlorid und wss. Na_2CO_3 (*Ko. Nagy et al.*, l. c. S. 1613; s. a. *Veldstra, Wiardi,* R. **61** [1942] 627, 636, **62** 670).

Kristalle (aus wss. A.) mit 1 Mol H_2O (*Ko. Nagy et al.*, l. c. S. 1613); F: 217–219° [unkorr.; Zers.; abhängig von der Geschwindigkeit des Erhitzens] (*Ko. Nagy et al.*, l. c. S. 1612, 1613), 215–216° (*Je., Pe.*, l. c. S. 998). UV-Spektrum in wss. NaOH (220–295 nm): *Ve., Wi.*, R.

61 666, 667; in Methanol, methanol. KOH sowie methanol. HCl (220–310 nm): *Je., Pe.*, l. c. S. 993.

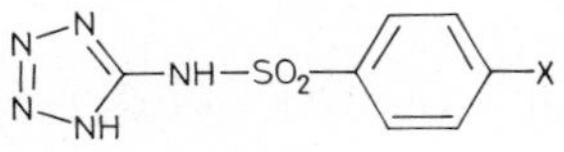

I 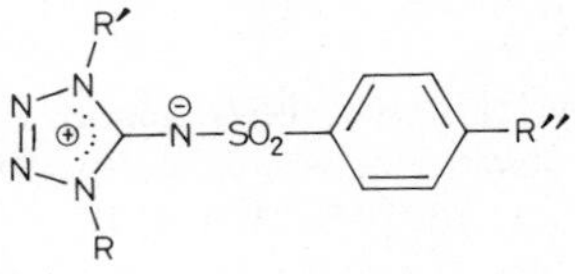 II

5-Benzolsulfonylamino-1,4-dimethyl-tetrazolium-betain, Benzolsulfonsäure-[1,4-dimethyl-1,4-dihydro-tetrazol-5-ylidenamid] $C_9H_{11}N_5O_2S$, Formel II (R = R′ = CH_3, R″ = H).

B. Aus 5-Amino-1,4-dimethyl-tetrazolium-chlorid und Benzolsulfonylchlorid in wss. NaOH (*Percival, Herbst*, J. org. Chem. **22** [1957] 925, 929, 930).

Kristalle (aus wss. Isopropylalkohol); F: 125–126°.

Die folgenden Verbindungen sind in analoger Weise hergestellt worden:

1,4-Diäthyl-5-benzolsulfonylamino-tetrazolium-betain, Benzolsulfonsäure-[1,4-diäthyl-1,4-dihydro-tetrazol-5-ylidenamid] $C_{11}H_{15}N_5O_2S$, Formel II (R = R′ = C_2H_5, R″ = H). Kristalle (aus wss. Isopropylalkohol); F: 67–68°.

5-Benzolsulfonylamino-1,4-dipropyl-tetrazolium-betain, Benzolsulfonsäure-[1,4-dipropyl-1,4-dihydro-tetrazol-5-ylidenamid] $C_{13}H_{19}N_5O_2S$, Formel II (R = R′ = CH_2-C_2H_5, R″ = H). Kristalle (aus wss. Isopropylalkohol); F: 46–47°.

5-Benzolsulfonylamino-1,4-dibutyl-tetrazolium-betain, Benzolsulfonsäure-[1,4-dibutyl-1,4-dihydro-tetrazol-5-ylidenamid] $C_{15}H_{23}N_5O_2S$, Formel II (R = R′ = $[CH_2]_3$-CH_3, R″ = H). Kristalle (aus wss. Isopropylalkohol); F: 41–42°.

5-Benzolsulfonylamino-1-benzyl-4-methyl-tetrazolium-betain, Benzolsulfonsäure-[1-benzyl-4-methyl-1,4-dihydro-tetrazol-5-ylidenamid] $C_{15}H_{15}N_5O_2S$, Formel II (R = CH_2-C_6H_5, R′ = CH_3, R″ = H). Kristalle (aus wss. Isopropylalkohol); F: 82–84°.

1-Benzyl-4-propyl-5-[toluol-4-sulfonylamino]-tetrazolium-betain, Toluol-4-sulfonsäure-[1-benzyl-4-propyl-1,4-dihydro-tetrazol-5-ylidenamid] $C_{18}H_{21}N_5O_2S$, Formel II (R = CH_2-C_6H_5, R′ = CH_2-C_2H_5, R″ = CH_3). Kristalle (aus wss. Isopropylalkohol); F: 80–82°.

5-Benzolsulfonylamino-1-benzyl-4-butyl-tetrazolium-betain, Benzolsulfonsäure-[1-benzyl-4-butyl-1,4-dihydro-tetrazol-5-ylidenamid] $C_{18}H_{21}N_5O_2S$, Formel II (R = CH_2-C_6H_5, R′ = $[CH_2]_3$-CH_3, R″ = H). Kristalle (aus wss. Isopropylalkohol); F: 67–68°.

5-Benzolsulfonylamino-1,4-dibenzyl-tetrazolium-betain, Benzolsulfonsäure-[1,4-dibenzyl-1,4-dihydro-tetrazol-5-ylidenamid] $C_{21}H_{19}N_5O_2S$, Formel II (R = R′ = CH_2-C_6H_5, R″ = H). Kristalle (aus wss. Isopropylalkohol); F: 89–90°.

5-Benzolsulfonylamino-1-benzyl-4-phenäthyl-tetrazolium-betain, Benzolsulfonsäure-[1-benzyl-4-phenäthyl-1,4-dihydro-tetrazol-5-ylidenamid] $C_{22}H_{21}N_5O_2S$, Formel II (R = CH_2-C_6H_5, R′ = CH_2-CH_2-C_6H_5, R″ = H). Kristalle (aus wss. Isopropylalkohol); F: 98–99°.

1,5-Diamino-1*H*-tetrazol, Tetrazol-1,5-diyldiamin CH_4N_6, Formel III (R = H).

Hydrochlorid. *B.* Beim Erwärmen von N^1-Benzyliden-tetrazol-1,5-diyldiamin mit wss. HCl (*Stollé, Gaertner*, J. pr. [2] **132** [1931] 209, 215). – Kristalle (aus A.); F: 176°.

***N*⁵-Allyl-tetrazol-1,5-diyldiamin** $C_4H_8N_6$, Formel III (R = CH_2-CH=CH_2).

B. Neben N^3,N^6-Diallyl-[1,2,4,5]tetrazin-3,6-diyldiamin beim Erwärmen von 4-Allyl-thiosemicarbazid in Äthanol mit NaN_3 und PbO unter Durchleiten von CO_2 (*Stollé, Gaertner*, J. pr. [2] **132** [1931] 209, 220).

Hellgelbe Kristalle (aus Bzl.); F: 94°.

N^5-Phenyl-tetrazol-1,5-diyldiamin $C_7H_8N_6$, Formel III (R = C_6H_5).

B. Beim Erwärmen von 4-Phenyl-thiosemicarbazid mit NaN_3 und PbO in Äthanol unter Einleiten von CO_2 (*Stollé, Gaertner*, J. pr. [2] **132** [1931] 209, 216).

Kristalle (aus A.); F: 210° [Zers.].

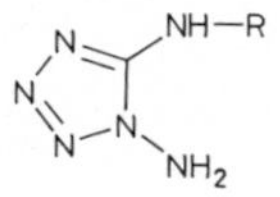

III 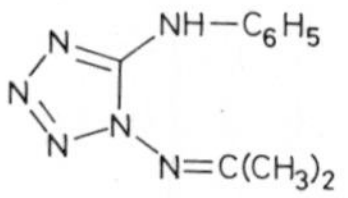 IV 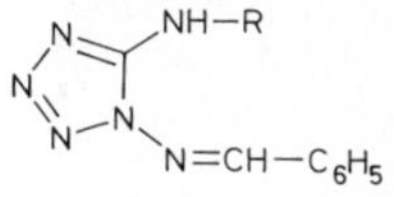 V

N^1-Isopropyliden-N^5-phenyl-tetrazol-1,5-diyldiamin $C_{10}H_{12}N_6$, Formel IV.

B. Beim Erhitzen von N^5-Phenyl-tetrazol-1,5-diyldiamin mit Aceton (*Stollé, Gaertner*, J. pr. [2] **132** [1931] 209, 217).

Gelbliche Kristalle; F: 136°.

***N^1-Benzyliden-tetrazol-1,5-diyldiamin** $C_8H_8N_6$, Formel V (R = H).

B. Beim Erwärmen von Thiosemicarbazid mit NaN_3 und PbO in Äthanol unter Einleiten von CO_2 und Behandeln des Reaktionsprodukts mit Benzaldehyd und wenig wss. HCl (*Stollé, Gaertner*, J. pr. [2] **132** [1931] 209, 214).

Kristalle (aus A.); F: 210° [Zers.].

***N^5-Allyl-N^1-benzyliden-tetrazol-1,5-diyldiamin** $C_{11}H_{12}N_6$, Formel V (R = CH_2-CH=CH_2).

B. Beim Erwärmen von Benzaldehyd-[4-allyl-thiosemicarbazon] mit NaN_3 und PbO in Äthanol unter Einleiten von CO_2 (*Stollé, Gaertner*, J. pr. [2] **132** [1931] 209, 219).

Kristalle (aus A.); F: 117°.

***N^1-Benzyliden-N^5-phenyl-tetrazol-1,5-diyldiamin** $C_{14}H_{12}N_6$, Formel V (R = C_6H_5).

B. Analog der vorangehenden Verbindung (*Stollé, Gaertner*, J. pr. [2] **132** [1931] 209, 218).

Kristalle (aus A.); F: 216°. [*Haltmeier*]

Amine $C_2H_5N_5$

5-Aminomethyl-1*H*-tetrazol, *C*-[1*H*-Tetrazol-5-yl]-methylamin $C_2H_5N_5$, Formel VI (R = R′ = H) und Taut.

B. Aus *N*-[1*H*-Tetrazol-5-ylmethyl]-phthalimid beim Erwärmen mit $N_2H_4 \cdot H_2O$ in Äthanol (*McManus, Herbst*, J. org. Chem. **24** [1959] 1643, 1646). Beim Erwärmen von *N*-[1*H*-Tetrazol-5-ylmethyl]-acetamid in wss. HCl (*Behringer, Kohl*, B. **89** [1956] 2648, 2651). Bei der Hydrierung von *C*-[1-Benzyl-1*H*-tetrazol-5-yl]-methylamin-hydrochlorid an Palladium/Kohle in wss. Äthanol (*McM., He.*).

Kristalle (aus A.); F: 268,5° [unkorr.; Zers.] (*McM., He.*). Scheinbare Dissoziationsexponenten pK'_{a1} und pK'_{a2} (H_2O; potentiometrisch ermittelt) bei 25°: 2,62 bzw. 8,54 (*McM., He.*).

Hydrochlorid $C_2H_5N_5 \cdot HCl$. Hellbraune Kristalle (aus A.); F: 143° [unkorr.] (*Be., Kohl*).

5-Diäthylaminomethyl-1-methyl-1*H*-tetrazol, Diäthyl-[1-methyl-1*H*-tetrazol-5-ylmethyl]-amin $C_7H_{15}N_5$, Formel VI (R = C_2H_5, R′ = CH_3).

B. Aus 5-Chlormethyl-1-methyl-1*H*-tetrazol und Diäthylamin (*Harvill et al.*, J. org. Chem. **17** [1952] 1597, 1609, 1612).

$Kp_{2,5}$: 134–136°.

5-Aminomethyl-1-cyclohexyl-1*H*-tetrazol, *C*-[1-Cyclohexyl-1*H*-tetrazol-5-yl]-methylamin $C_8H_{15}N_5$, Formel VII (R = R′ = H).

B. Beim Erhitzen von *N*-[1-Cyclohexyl-1*H*-tetrazol-5-ylmethyl]-phthalimid in wss. HBr (*Harvill et al.*, J. org. Chem. **17** [1952] 1597, 1607).

Hydrochlorid $C_8H_{15}N_5 \cdot HCl$. Kristalle (aus Isopropylalkohol); F: 231° [korr.; Zers.].

Hydrobromid $C_8H_{15}N_5 \cdot HBr$. Kristalle (aus Isopropylalkohol); F: 244° [korr.; Zers.].

1-Cyclohexyl-5-dimethylaminomethyl-1*H*-tetrazol, [1-Cyclohexyl-1*H*-tetrazol-5-ylmethyl]-dimethyl-amin $C_{10}H_{19}N_5$, Formel VII (R = R' = CH_3).

B. Aus 5-Chlormethyl-1-cyclohexyl-1*H*-tetrazol und Dimethylamin (*Harvill et al.,* J. org. Chem. **17** [1952] 1597, 1609, 1612).

Kristalle (aus Heptan); F: 60–61,5°.

Hydrochlorid $C_{10}H_{19}N_5 \cdot HCl$. Kristalle (aus Isopropylalkohol); F: 198–198,5° [korr.].

Die folgenden Verbindungen sind in analoger Weise hergestellt worden:

1-Cyclohexyl-5-propylaminomethyl-1*H*-tetrazol, [1-Cyclohexyl-1*H*-tetrazol-5-ylmethyl]-propyl-amin $C_{11}H_{21}N_5$, Formel VII (R = CH_2-C_2H_5, R' = H). Hydrochlorid $C_{11}H_{21}N_5 \cdot HCl$. Kristalle (aus Isopropylalkohol); F: 210° [korr.; Zers.].

5-Allylaminomethyl-1-cyclohexyl-1*H*-tetrazol, Allyl-[1-cyclohexyl-1*H*-tetrazol-5-ylmethyl]-amin $C_{11}H_{19}N_5$, Formel VII (R = CH_2-CH=CH_2, R' = H). Hydrochlorid $C_{11}H_{19}N_5 \cdot HCl$. Kristalle (aus Isopropylalkohol + Ae.); F: 175,5–176° [korr.].

(±)-Allyl-[1-cyclohexyl-1*H*-tetrazol-5-ylmethyl]-[1-methyl-hexyl]-amin $C_{18}H_{33}N_5$, Formel VII (R = $CH(CH_3)$-$[CH_2]_4$-CH_3, R' = CH_2-CH=CH_2). Kp_3: 191–193°.

Cyclohexyl-[1-cyclohexyl-1*H*-tetrazol-5-ylmethyl]-amin $C_{14}H_{25}N_5$, Formel VII (R = C_6H_{11}, R' = H). Kristalle (aus Heptan); F: 83–84°.

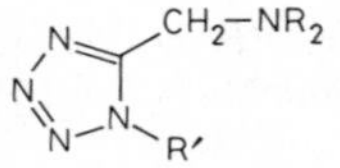

VI 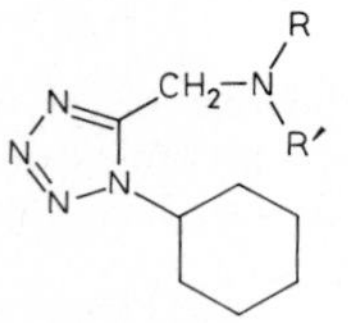 VII 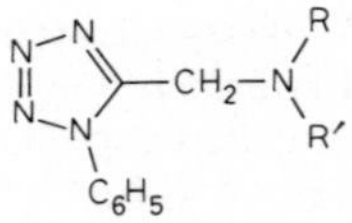 VIII

5-Aminomethyl-1-phenyl-1*H*-tetrazol, *C*-[1-Phenyl-1*H*-tetrazol-5-yl]-methylamin $C_8H_9N_5$, Formel VIII (R = R' = H).

B. Beim Erhitzen von *N*-[1-Phenyl-1*H*-tetrazol-5-ylmethyl]-phthalimid mit wss. HBr (*Harvill et al.,* J. org. Chem. **17** [1952] 1597, 1606).

Hydrochlorid $C_8H_9N_5 \cdot HCl$. Kristalle (aus Isopropylalkohol) mit 1 Mol H_2O; F: 211–212° [korr.; Zers.].

5-Methylaminomethyl-1-phenyl-1*H*-tetrazol, Methyl-[1-phenyl-1*H*-tetrazol-5-ylmethyl]-amin $C_9H_{11}N_5$, Formel VIII (R = CH_3, R' = H).

B. Aus 5-Chlormethyl-1-phenyl-1*H*-tetrazol und Methylamin (*Harvill et al.,* J. org. Chem. **17** [1952] 1597, 1610; *Bilhuber Inc.,* U.S.P. 2470085 [1947]).

Hydrochlorid $C_9H_{11}N_5 \cdot HCl$. Kristalle (aus wss. Acn.); F: 226–227° [korr.; Zers.] (*Ha. et al.*).

Die folgenden Verbindungen sind in analoger Weise hergestellt worden:

5-Äthylaminomethyl-1-phenyl-1*H*-tetrazol, Äthyl-[1-phenyl-1*H*-tetrazol-5-ylmethyl]-amin $C_{10}H_{13}N_5$, Formel VIII (R = C_2H_5, R' = H). Hydrochlorid $C_{10}H_{13}N_5 \cdot HCl$. Kristalle (aus Isopropylalkohol); F: 206° [korr.; Zers.] (*Ha. et al.*).

5-Diäthylaminomethyl-1-phenyl-1*H*-tetrazol, Diäthyl-[1-phenyl-1*H*-tetrazol-5-ylmethyl]-amin $C_{12}H_{17}N_5$, Formel VIII (R = R' = C_2H_5). Kp_3: 181° (*Ha. et al.,* l. c. S. 1611). – Hydrochlorid $C_{12}H_{17}N_5 \cdot HCl$. Kristalle (aus E. + Isopropylalkohol); F: 162–162,5° [korr.] (*Ha. et al.*).

5-Diäthylaminomethyl-1-[3-nitro-phenyl]-1*H*-tetrazol, Diäthyl-[1-(3-nitro-phenyl)-1*H*-tetrazol-5-ylmethyl]-amin $C_{12}H_{16}N_6O_2$, Formel IX (X = NO_2, X' = H). Kristalle (aus Me.); F: 94,5–96,5° (*Ha. et al.,* l. c. S. 1613).

5-Diäthylaminomethyl-1-[4-nitro-phenyl]-1*H*-tetrazol, Diäthyl-[1-(4-nitro-phenyl)-1*H*-tetrazol-5-ylmethyl]-amin $C_{12}H_{16}N_6O_2$, Formel IX (X = H, X' = NO_2).

Kristalle (aus Me.); F: 72–73° (*Ha. et al.*, l. c. S. 1613). – Hydrobromid $C_{12}H_{16}N_6O_2 \cdot HBr$. Kristalle (aus A.); F: 181–182° [korr.; Zers.] (*Ha. et al.*, l. c. S. 1613).

5-Isopropylaminomethyl-1-phenyl-1*H*-tetrazol, Isopropyl-[1-phenyl-1*H*-tetrazol-5-ylmethyl]-amin $C_{11}H_{15}N_5$, Formel VIII (R = $CH(CH_3)_2$, R′ = H). Hydrochlorid $C_{11}H_{15}N_5 \cdot HCl$. Kristalle (aus Isopropylalkohol); F: 151,5–152,5° [korr.; Zers.] (*Ha. et al.*, l. c. S. 1610).

5-Isobutylaminomethyl-1-phenyl-1*H*-tetrazol, Isobutyl-[1-phenyl-1*H*-tetrazol-5-ylmethyl]-amin $C_{12}H_{17}N_5$, Formel VIII (R = CH_2-$CH(CH_3)_2$, R′ = H). Hydrochlorid $C_{12}H_{17}N_5 \cdot HCl$. Kristalle (aus Acn.); F: 167–168° [korr.; Zers.] (*Ha. et al.*, l. c. S. 1610).

5-Isopentylaminomethyl-1-phenyl-1*H*-tetrazol, Isopentyl-[1-phenyl-1*H*-tetrazol-5-ylmethyl]-amin $C_{13}H_{19}N_5$, Formel VIII (R = CH_2-CH_2-$CH(CH_3)_2$, R′ = H). Hydrochlorid $C_{13}H_{19}N_5 \cdot HCl$. Kristalle (aus Acn.); F: 143–144° [korr.; Zers.] (*Ha. et al.*, l. c. S. 1610).

(±)-Methyl-[1-methyl-hexyl]-[1-phenyl-1*H*-tetrazol-5-ylmethyl]-amin $C_{16}H_{25}N_5$, Formel VIII (R = $CH(CH_3)$-$[CH_2]_4$-CH_3, R′ = CH_3). Hydrochlorid $C_{16}H_{25}N_5 \cdot HCl$. Kristalle (aus E. + Isopropylalkohol); F: 145–146° [korr.; Zers.] (*Ha. et al.*, l. c. S. 1611).

5-Allylaminomethyl-1-phenyl-1*H*-tetrazol, Allyl-[1-phenyl-1*H*-tetrazol-5-ylmethyl]-amin $C_{11}H_{13}N_5$, Formel VIII (R = CH_2-CH=CH_2, R′ = H). Hydrochlorid $C_{11}H_{13}N_5 \cdot HCl$. Kristalle (aus Isopropylalkohol); F: 189–190° [korr.; Zers.] (*Ha. et al.*, l. c. S. 1610).

5-Anilinomethyl-1-phenyl-1*H*-tetrazol, *N*-[1-Phenyl-1*H*-tetrazol-5-ylmethyl]-anilin $C_{14}H_{13}N_5$, Formel VIII (R = C_6H_5, R′ = H). Kristalle (aus Ae. + PAe.); F: 78–79° (*Jacobson et al.*, J. org. Chem. **19** [1954] 1909, 1919).

N-Äthyl-*N*-[1-phenyl-1*H*-tetrazol-5-ylmethyl]-anilin $C_{16}H_{17}N_5$, Formel VIII (R = C_6H_5, R′ = C_2H_5). Kristalle (aus Isopropylalkohol + PAe.); F: 72,5–73,5° (*Ha. et al.*, l. c. S. 1611).

5-Diäthylaminomethyl-1-*p*-tolyl-1*H*-tetrazol, Diäthyl-[1-*p*-tolyl-1*H*-tetrazol-5-ylmethyl]-amin $C_{13}H_{19}N_5$, Formel IX (X = H, X′ = CH_3). Kp_5: 179–180° (*Ha. et al.*, l. c. S. 1613).

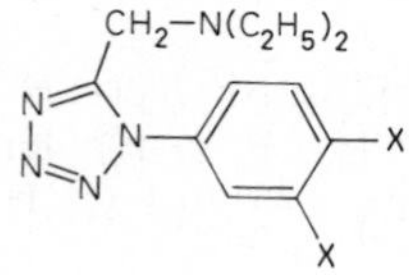

IX 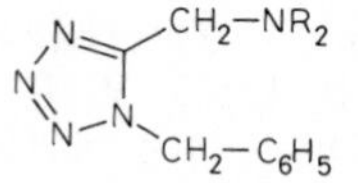 X 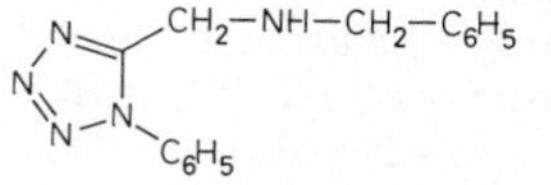 XI

5-Aminomethyl-1-benzyl-1*H*-tetrazol, *C*-[1-Benzyl-1*H*-tetrazol-5-yl]-methylamin $C_9H_{11}N_5$, Formel X (R = H).

B. Beim Erwärmen von *N*-[1-Benzyl-1*H*-tetrazol-5-ylmethyl]-phthalimid mit $N_2H_4 \cdot H_2O$ (*McManus, Herbst*, J. org. Chem. **24** [1959] 1643, 1646).

Hydrochlorid $C_9H_{11}N_5 \cdot HCl$. Kristalle (aus wss. Isopropylalkohol); F: 228–229° [unkorr.].

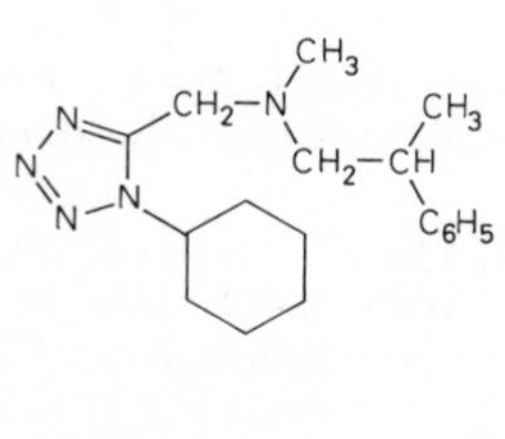

XII 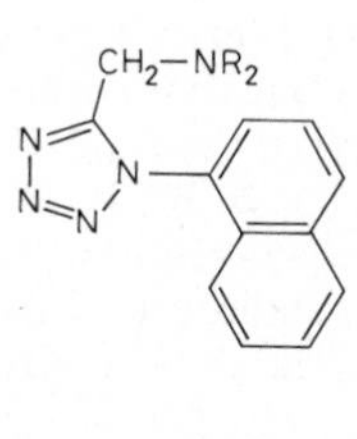 XIII 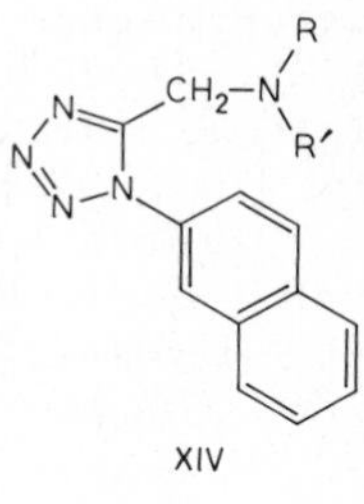 XIV

5-Diäthylaminomethyl-1-benzyl-1*H*-tetrazol, Diäthyl-[1-benzyl-1*H*-tetrazol-5-ylmethyl]-amin $C_{13}H_{19}N_5$, Formel X (R = C_2H_5).

B. Aus 1-Benzyl-5-chlormethyl-1*H*-tetrazol und Diäthylamin (*Harvill et al.*, J. org. Chem. **17** [1952] 1597, 1609; *Bilhuber Inc.*, U.S.P. 2470085 [1947]).

Hydrochlorid $C_{13}H_{19}N_5 \cdot HCl$. Kristalle (aus E. + Isopropylalkohol); F: 145–146° [korr.] (*Ha. et al.*).

Die folgenden Verbindungen sind in analoger Weise hergestellt worden:

5-Benzylaminomethyl-1-phenyl-1*H*-tetrazol, Benzyl-[1-phenyl-1*H*-tetrazol-5-ylmethyl]-amin $C_{15}H_{15}N_5$, Formel XI. Hydrochlorid $C_{15}H_{15}N_5 \cdot HCl$. Kristalle (aus Isopropylalkohol); F: 218,5° [korr.; Zers.] (*Harvill et al.*, J. org. Chem. **17** [1952] 1597, 1610).

(±)-[1-Cyclohexyl-1*H*-tetrazol-5-ylmethyl]-methyl-[2-phenyl-propyl]-amin $C_{18}H_{27}N_5$, Formel XII. Hydrochlorid $C_{18}H_{27}N_5 \cdot HCl$. Kristalle (aus Isopropylalkohol); F: 191–192° [korr.; Zers.] (*Ha. et al.*, l. c. S. 1609).

5-Dimethylaminomethyl-1-[1]naphthyl-1*H*-tetrazol, Dimethyl-[1-[1]naphthyl-1*H*-tetrazol-5-ylmethyl]-amin $C_{14}H_{15}N_5$, Formel XIII (R = CH_3). Hydrochlorid $C_{14}H_{15}N_5 \cdot HCl$. Kristalle (aus Isopropylalkohol); F: 188–189° [korr.; Zers.] (*Ha. et al.*, l. c. S. 1614).

5-Diäthylaminomethyl-1-[1]naphthyl-1*H*-tetrazol, Diäthyl-[1-[1]naphthyl-1*H*-tetrazol-5-ylmethyl]-amin $C_{16}H_{19}N_5$, Formel XIII (R = C_2H_5). Kristalle (aus Heptan); F: 68–69° (*Ha. et al.*, l. c. S. 1614). λ_{max} (A.): 222 nm und 284 nm (*Schueler et al.*, J. Pharmacol. exp. Therap. **97** [1949] 266, 268). – Hydrochlorid $C_{16}H_{19}N_5 \cdot HCl$. Kristalle (aus Isopropylalkohol); F: 190–191° [korr.; Zers.] (*Ha. et al.*).

5-Methylaminomethyl-1-[2]naphthyl-1*H*-tetrazol, Methyl-[1-[2]naphthyl-1*H*-tetrazol-5-ylmethyl]-amin $C_{13}H_{13}N_5$, Formel XIV (R = CH_3, R′ = H). Hydrochlorid $C_{13}H_{13}N_5 \cdot HCl$. Kristalle (aus H_2O); F: 242–243° [korr.; Zers.] (*Ha. et al.*, l. c. S. 1614).

5-Äthylaminomethyl-1-[2]naphthyl-1*H*-tetrazol, Äthyl-[1-[2]naphthyl-1*H*-tetrazol-5-ylmethyl]-amin $C_{14}H_{15}N_5$, Formel XIV (R = C_2H_5, R′ = H). Kristalle (aus Isopropylalkohol + Heptan); F: 79–80,5° (*Ha. et al.*, l. c. S. 1614).

5-Diäthylaminomethyl-1-[2]naphthyl-1*H*-tetrazol, Diäthyl-[1-[2]naphthyl-1*H*-tetrazol-5-ylmethyl]-amin $C_{16}H_{19}N_5$, Formel XIV (R = R′ = C_2H_5). λ_{max} (A.): 225 nm und 278 nm (*Sch. et al.*). – Hydrochlorid $C_{16}H_{19}N_5 \cdot HCl$. Kristalle (aus Acn. + Isopropylalkohol); F: 151,5–152,5° [korr.] (*Ha. et al.*, l. c. S. 1614).

5-Allylaminomethyl-1-[2]naphthyl-1*H*-tetrazol, Allyl-[1-[2]naphthyl-1*H*-tetrazol-5-ylmethyl]-amin $C_{15}H_{15}N_5$, Formel XIV (R = CH_2-CH=CH_2, R′ = H). Kristalle (aus A. + Heptan); F: 76,5–78° (*Ha. et al.*, l. c. S. 1614). – Hydrochlorid $C_{15}H_{15}N_5 \cdot HCl$. Kristalle (aus Me.); F: 205–206° [korr.] (*Ha. et al.*).

1-Biphenyl-2-yl-5-diäthylaminomethyl-1*H*-tetrazol, Diäthyl-[1-biphenyl-2-yl-1*H*-tetrazol-5-ylmethyl]-amin $C_{18}H_{21}N_5$, Formel I. Hydrochlorid $C_{18}H_{21}N_5 \cdot HCl$. Kristalle (aus Isopropylalkohol + Ae.); F: 151–152° [korr.] (*Ha. et al.*, l. c. S. 1613).

1-Biphenyl-4-yl-5-diäthylaminomethyl-1*H*-tetrazol, Diäthyl-[1-biphenyl-4-yl-1*H*-tetrazol-5-ylmethyl]-amin $C_{18}H_{21}N_5$, Formel II. Kristalle (aus wss. Isopropylalkohol); F: 86,5–87,5° (*Ha. et al.*, l. c. S. 1613).

5-Diäthylaminomethyl-1-[3]phenanthryl-1*H*-tetrazol, Diäthyl-[1-[3]phenanthryl-1*H*-tetrazol-5-ylmethyl]-amin $C_{20}H_{21}N_5$, Formel III. Kristalle (aus Me.); F: 119,5–120,5° [korr.] (*Ha. et al.*, l. c. S. 1614). – Hydrochlorid $C_{20}H_{21}N_5 \cdot HCl$. Kristalle (aus Isopropylalkohol); F: 193–194° [korr.; Zers.] (*Ha. et al.*).

2-[(1-Phenyl-1*H*-tetrazol-5-ylmethyl)-amino]-äthanol $C_{10}H_{13}N_5O$, Formel IV (R = C_6H_5, R′ = H). Hydrochlorid $C_{10}H_{13}N_5O \cdot HCl$. Kristalle (aus Isopropylalkohol); F: 150–151° [korr.; Zers.] (*Ha. et al.*, l. c. S. 1610).

2-[(1-[2]Naphthyl-1*H*-tetrazol-5-ylmethyl)-amino]-äthanol $C_{14}H_{15}N_5O$, Formel IV (R = $C_{10}H_7$, R′ = H). Kristalle (aus E.); F: 105,5–106,5° [korr.] (*Ha. et al.*, l. c. S. 1614). – Hydrochlorid $C_{14}H_{15}N_5O \cdot HCl$. Kristalle (aus Isopropylalkohol); F: 183–185° [korr.; Zers.] (*Ha. et al.*).

(±)-2-[(1-Phenyl-1*H*-tetrazol-5-ylmethyl)-amino]-butan-1-ol $C_{12}H_{17}N_5O$, Formel IV (R = C_6H_5, R′ = C_2H_5). Kristalle (aus H_2O); F: 117–118° [korr.] (*Ha. et al.*, l. c. S. 1610).

1-[1-Isopentyl-1*H*-tetrazol-5-ylmethyl]-piperidin $C_{12}H_{23}N_5$, Formel V (R = CH_2-CH_2-$CH(CH_3)_2$). Hydrochlorid $C_{12}H_{23}N_5 \cdot HCl$. Kristalle (aus E. + Isopropylalkohol); F: 166–166,5° [korr.] (*Ha. et al.*, l. c. S. 1609).

1-[1-Phenyl-1*H*-tetrazol-5-ylmethyl]-piperidin $C_{13}H_{17}N_5$, Formel V (R = C_6H_5). Kristalle (aus Ae.); F: 90,5–91,5° (*Ha. et al.*, l. c. S. 1611). – Hydrochlorid $C_{13}H_{17}N_5 \cdot HCl$. Kristalle (aus Isopropylalkohol) mit 1 Mol H_2O; F: 124–125° [korr.]; die wasserfreie Verbindung schmilzt bei 200° [korr.; Zers.] (*Ha. et al.*).

1-[1-[1]Naphthyl-1*H*-tetrazol-5-ylmethyl]-piperidin $C_{17}H_{19}N_5$, Formel V (R = $C_{10}H_7$). Kristalle (aus Heptan); F: 91–92° (*Ha. et al.*, l. c. S. 1614).

1-[1-Biphenyl-4-yl-1*H*-tetrazol-5-ylmethyl]-piperidin $C_{19}H_{21}N_5$, Formel V (R = C_6H_4-C_6H_5). Kristalle (aus Heptan); F: 106,5–107,5° [korr.] (*Ha. et al.*, l. c. S. 1613).

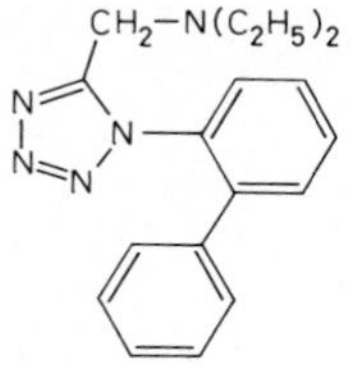

I 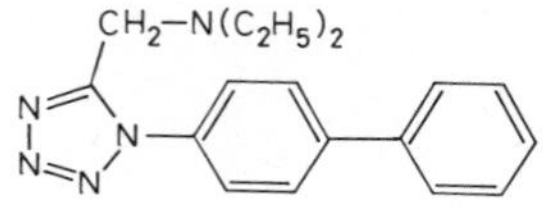 II 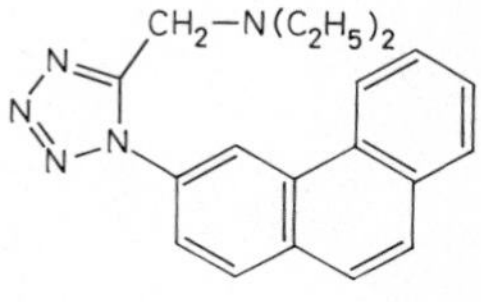 III

(±)-6-[(1-Cyclohexyl-1*H*-tetrazol-5-ylmethyl)-methyl-amino]-2-methyl-heptan-2-ol $C_{17}H_{33}N_5O$, Formel VI.

B. Beim Erhitzen von 5-Chlormethyl-1-cyclohexyl-1*H*-tetrazol und [1,5-Dimethyl-hex-4-enyl]-methyl-amin und anschliessenden Behandeln mit wss. HCl (*Harvill et al.*, J. org. Chem. **17** [1952] 1597, 1609, 1615).

Kristalle (aus Bzl. + PAe.); F: 80–81°.

Hydrochlorid $C_{17}H_{33}N_5O \cdot HCl$. Kristalle (aus Isopropylalkohol + Ae.); F: 172,5–173,5° [korr.; Zers.].

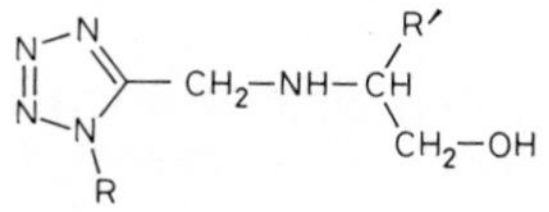

IV 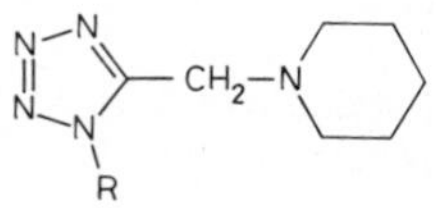 V 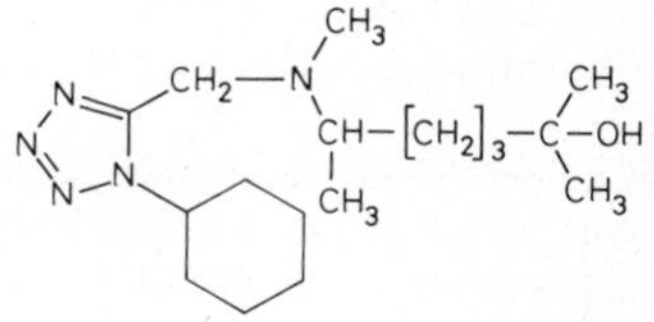 VI

5-Dimethylaminomethyl-1-[4-methoxy-phenyl]-1*H*-tetrazol, [1-(4-Methoxy-phenyl)-1*H*-tetrazol-5-ylmethyl]-dimethyl-amin $C_{11}H_{15}N_5O$, Formel VII (R = R′ = CH_3).

B. Beim Erwärmen von Chloressigsäure-*p*-anisidid mit HN_3 in Gegenwart von PCl_5 und anschliessend mit Dimethylamin (*Bilhuber Inc.*, U.S.P. 2470084 [1947]).

F: 176,5–177° [Zers.].

4-[5-Diäthylaminomethyl-tetrazol-1-yl]-phenol $C_{12}H_{17}N_5O$, Formel VII (R = C_2H_5, R′ = H).

B. Aus 4-[5-Chlormethyl-tetrazol-1-yl]-phenol und Diäthylamin (*Harvill et al.*, J. org. Chem. **17** [1952] 1597, 1613; *Bilhuber Inc.*, U.S.P. 2470085 [1947]).

Hydrochlorid $C_{12}H_{17}N_5O \cdot HCl$. Kristalle; F: 226–227° [korr.; Zers.; aus wss. Acn.] (*Ha. et al.*) oder F: 165–166° [Zers.] (*Bilhuber Inc.*).

5-Diäthylaminomethyl-1-[4-methoxy-phenyl]-1*H*-tetrazol, Diäthyl-[1-(4-methoxy-phenyl)-1*H*-tetrazol-5-ylmethyl]-amin $C_{13}H_{19}N_5O$, Formel VII (R = C_2H_5, R′ = CH_3).

B. Analog der vorangehenden Verbindung (*Harvill et al.*, J. org. Chem. **17** [1952] 1597, 1613).

Hydrochlorid $C_{13}H_{19}N_5O \cdot HCl$. Kristalle (aus wss. Isopropylalkohol); F: 176,5–177° [korr.].

***N*-[1*H*-Tetrazol-5-ylmethyl]-acetamid** $C_4H_7N_5O$, Formel VIII (R = CH_3) und Taut.

B. Aus *C*-[1*H*-Tetrazol-5-yl]-methylamin und Essigsäure (*McManus, Herbst,* J. org. Chem. **24** [1959] 1643, 1647). Aus *N*-Acetyl-glycin-nitril und NaN_3 (*Behringer, Kohl,* B. **89** [1956] 2648, 2651).

Kristalle (aus Pentylacetat); F: 164° [unkorr.] (*Be., Kohl*), 159,5–161° [unkorr.] (*McM., He.*).

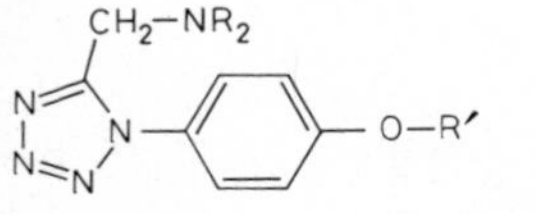

VII 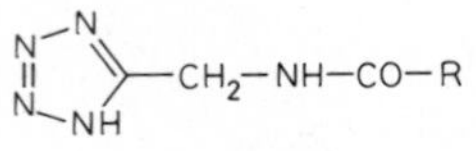 VIII 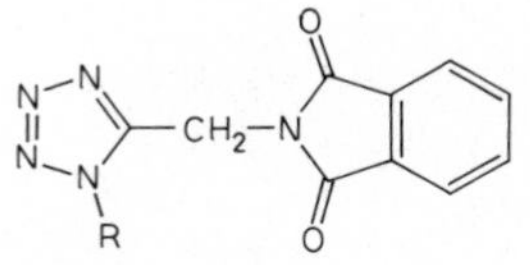 IX

***N*-Cyclohexyl-*N*-[1-cyclohexyl-1*H*-tetrazol-5-ylmethyl]-acetamid** $C_{16}H_{27}N_5O$, Formel VII (R = C_6H_{11}, R′ = CO-CH_3) auf S. 3526.

B. Aus Cyclohexyl-[1-cyclohexyl-1*H*-tetrazol-5-ylmethyl]-amin (*Harvill et al.*, J. org. Chem. **17** [1952] 1597, 1609).

Kristalle (aus H_2O); F: 121–122°.

***N*-[1*H*-Tetrazol-5-ylmethyl]-benzamid** $C_9H_9N_5O$, Formel VIII (R = C_6H_5) und Taut.

B. Aus *C*-[1*H*-Tetrazol-5-yl]-methylamin und Benzoylchlorid (*McManus, Herbst,* J. org. Chem. **24** [1959] 1643, 1647).

Kristalle (aus H_2O); F: 229,5–230° [unkorr.; Zers.].

***N*-[1*H*-Tetrazol-5-ylmethyl]-phthalimid** $C_{10}H_7N_5O_2$, Formel IX (R = H) und Taut.

B. Beim Erwärmen von *N,N*-Phthaloyl-glycin-nitril mit NaN_3 und $AlCl_3$ in THF (*McManus, Herbst,* J. org. Chem. **24** [1959] 1643, 1646).

Kristalle (aus A. + E.); F: 234–235° [unkorr.; Zers.].

***N*-[1-Cyclohexyl-1*H*-tetrazol-5-ylmethyl]-phthalimid** $C_{16}H_{17}N_5O_2$, Formel IX (R = C_6H_{11}).

B. Aus 5-Chlormethyl-1-cyclohexyl-1*H*-tetrazol und Kaliumphthalimid (*Harvill et al.,* J. org. Chem. **17** [1952] 1597, 1606).

Kristalle (aus Xylol); F: 174,5–175,5° [korr.].

***N*-[1-Phenyl-1*H*-tetrazol-5-ylmethyl]-phthalimid** $C_{16}H_{11}N_5O_2$, Formel IX (R = C_6H_5).

B. Analog der vorangehenden Verbindung (*Harvill et al.,* J. org. Chem. **17** [1952] 1597, 1606).

Kristalle (aus Toluol); F: 142–144° [korr.].

***N*-[1-Benzyl-1*H*-tetrazol-5-ylmethyl]-phthalimid** $C_{17}H_{13}N_5O_2$, Formel IX (R = CH_2-C_6H_5).

B. Analog den vorangehenden Verbindungen (*McManus, Herbst,* J. org. Chem. **24** [1959] 1643, 1646).

Kristalle (aus Toluol); F: 132–133° [unkorr.].

***N*-Phenyl-*N′*-[1*H*-tetrazol-5-ylmethyl]-harnstoff** $C_9H_{10}N_6O$, Formel X (R = H) und Taut.

B. Aus *C*-[1*H*-Tetrazol-5-yl]-methylamin und Phenylisocyanat (*McManus, Herbst,* J. org. Chem. **24** [1959] 1643, 1647).

Kristalle (aus H_2O); F: 194,5–195° [unkorr.; Zers.].

***N*-Cyclohexyl-*N*-[1-cyclohexyl-1*H*-tetrazol-5-ylmethyl]-*N'*-phenyl-thioharnstoff** $C_{21}H_{30}N_6S$, Formel XI (R = R' = C_6H_{11}).

B. Aus Cyclohexyl-[1-cyclohexyl-1*H*-tetrazol-5-ylmethyl]-amin und Phenylisothiocyanat (*Harvill et al.*, J. org. Chem. **17** [1952] 1597, 1609).

Kristalle (aus Xylol); F: 130,5–131,5° [korr.].

***N*-Phenyl-*N'*-[1-phenyl-1*H*-tetrazol-5-ylmethyl]-harnstoff** $C_{15}H_{14}N_6O$, Formel X (R = C_6H_5).

B. Beim Behandeln von [1-Phenyl-1*H*-tetrazol-5-yl]-essigsäure-hydrazid mit wss. $NaNO_2$ in wss. HCl, Erhitzen des erhaltenen Azids in Toluol und folgenden Behandeln mit Anilin (*LaForge et al.*, J. org. Chem. **21** [1956] 767, 768, 771).

Kristalle (aus 1,2-Dichlor-propan); F: 159,5–161°.

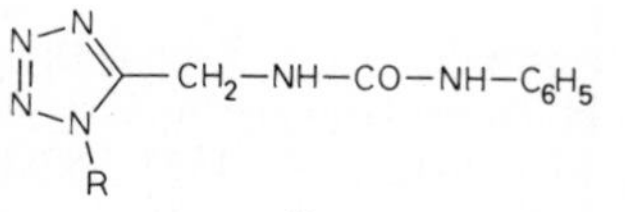

X: tetrazole(1-R)-5-CH_2–NH–CO–NH–C_6H_5

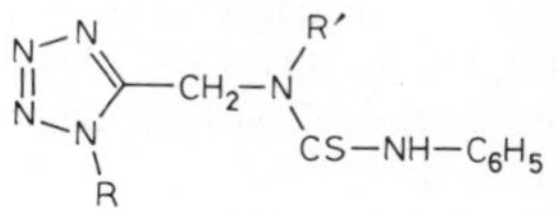

XI: tetrazole(1-R)-5-CH_2–N(R')–CS–NH–C_6H_5

***N*-Äthyl-*N'*-phenyl-*N*-[1-phenyl-1*H*-tetrazol-5-ylmethyl]-thioharnstoff** $C_{17}H_{18}N_6S$, Formel XI (R = C_6H_5, R' = C_2H_5).

B. Aus Äthyl-[1-phenyl-1*H*-tetrazol-5-ylmethyl]-amin und Phenylisothiocyanat (*Harvill et al.*, J. org. Chem. **17** [1952] 1597, 1610).

Kristalle (aus 1,2-Dichlor-propan); F: 80–83°.

Die folgenden Verbindungen sind in analoger Weise hergestellt worden:

N-Isopropyl-*N'*-phenyl-*N*-[1-phenyl-1*H*-tetrazol-5-ylmethyl]-thioharnstoff $C_{18}H_{20}N_6S$, Formel XI (R = C_6H_5, R' = $CH(CH_3)_2$). Kristalle (aus 1,2-Dichlor-propan); F: 135–136° [korr.].

N-Isobutyl-*N'*-phenyl-*N*-[1-phenyl-1*H*-tetrazol-5-ylmethyl]-thioharnstoff $C_{19}H_{22}N_6S$, Formel XI (R = C_6H_5, R' = CH_2-$CH(CH_3)_2$). Kristalle (aus 1,2-Dichlor-propan); F: 137–138° [korr.].

N-Allyl-*N'*-phenyl-*N*-[1-phenyl-1*H*-tetrazol-5-ylmethyl]-thioharnstoff $C_{18}H_{18}N_6S$, Formel XI (R = C_6H_5, R' = CH_2-CH=CH_2). Kristalle (aus Bzl.); F: 65–68°.

N-Benzyl-*N'*-phenyl-*N*-[1-phenyl-1*H*-tetrazol-5-ylmethyl]-thioharnstoff $C_{22}H_{20}N_6S$, Formel XI (R = C_6H_5, R' = CH_2-C_6H_5). Kristalle (aus 1,2-Dichlor-propan); F: 141,5° [korr.].

N-Methyl-*N*-[1-[2]naphthyl-1*H*-tetrazol-5-ylmethyl]-*N'*-phenyl-thioharnstoff $C_{20}H_{18}N_6S$, Formel XI (R = $C_{10}H_7$, R' = CH_3). Kristalle (aus Bzl.); F: 122–123° [korr.] (*Ha. et al.*, l. c. S. 1614).

N-Äthyl-*N*-[1-[2]naphthyl-1*H*-tetrazol-5-ylmethyl]-*N'*-phenyl-thioharnstoff $C_{21}H_{20}N_6S$, Formel XI (R = $C_{10}H_7$, R' = C_2H_5). Kristalle (aus Toluol); F: 114–115° [korr.] (*Ha. et al.*, l. c. S. 1614).

N-Allyl-*N*-[1-[2]naphthyl-1*H*-tetrazol-5-ylmethyl]-*N'*-phenyl-thioharnstoff $C_{22}H_{20}N_6S$, Formel XI (R = $C_{10}H_7$, R' = CH_2-CH=CH_2). Kristalle (aus Toluol); F: 103–105° [korr.] (*Ha. et al.*, l. c. S. 1614).

N-[2-Hydroxy-äthyl]-*N*-[1-[2]naphthyl-1*H*-tetrazol-5-ylmethyl]-*N'*-phenyl-thioharnstoff $C_{21}H_{20}N_6OS$, Formel XI (R = $C_{10}H_7$, R' = CH_2-CH_2-OH). Kristalle (aus Xylol); F: 103–105° [korr.] (*Ha. et al.*, l. c. S. 1614).

(±)-*N*-[1-Hydroxymethyl-propyl]-*N'*-phenyl-*N*-[1-phenyl-1*H*-tetrazol-5-ylmethyl]-thioharnstoff $C_{19}H_{22}N_6OS$, Formel XI (R = C_6H_5, R' = $CH(C_2H_5)$-CH_2-OH). Kristalle (aus 1,2-Dichlor-propan); F: 132–134° [korr.] (*Ha. et al.*, l. c. S. 1610).

3-[5-Diäthylaminomethyl-tetrazol-1-yl]-anilin $C_{12}H_{18}N_6$, Formel XII.

B. Beim Hydrieren von Diäthyl-[1-(3-nitro-phenyl)-1*H*-tetrazol-5-ylmethyl]-amin an Platin in Essigäure (*Harvill et al.,* J. org. Chem. **17** [1952] 1597, 1613, 1615).

Kristalle (aus Acn. + PAe.); F: 71 – 72,5°.

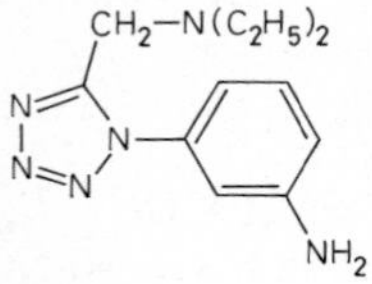

XII 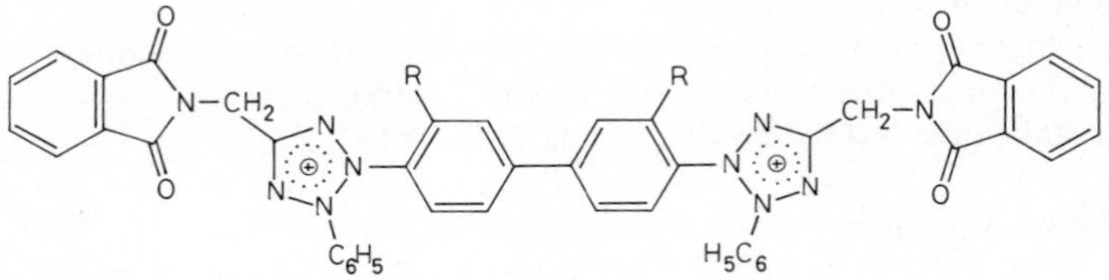 XIII

3,3'-Dimethyl-4,4'-bis-[3-phenyl-5-phthalimidomethyl-tetrazolium-2-yl]-biphenyl, 3,3'-Diphenyl-5,5'-bis-phthalimidomethyl-2,2'-[3,3'-dimethyl-biphenyl-4,4'-diyl]-bis-tetrazolium $[C_{46}H_{34}N_{10}O_4]^{2+}$, Formel XIII (R = CH_3).

Diacetat $[C_{46}H_{34}N_{10}O_4](C_2H_3O_2)_2$. *B.* Beim Erwärmen von 3,3'-Dimethyl-4,4'-bis-[*N'''*-phenyl-3-phthalimidomethyl-formazano]-biphenyl mit Isopentylnitrit in Essigsäure (*Hadáček et al.,* Spisy přírodov. Mas. Univ. Nr. 377 [1956] 377, 384; C. A. **1957** 9598). – Kristalle (aus Me. + Ae.); F: 111 – 112° [unkorr.].

3,3'-Dimethoxy-4,4'-bis-[3-phenyl-5-phthalimidomethyl-tetrazolium-2-yl]-biphenyl, 3,3'-Diphenyl-5,5'-bis-phthalimidomethyl-2,2'-[3,3'-dimethoxy-biphenyl-4,4'-diyl]-bis-tetrazolium $[C_{46}H_{34}N_{10}O_6]^{2+}$, Formel XIII (R = O-$CH_3$).

Diacetat $[C_{46}H_{34}N_{10}O_6](C_2H_3O_2)_2$. *B.* Analog der vorangehenden Verbindung (*Hadáček et al.,* Spisy přírodov. Mas. Univ. Nr. 377 [1956] 377, 382; C. A. **1957** 9598). – Hellgelbe Kristalle (aus Me. + Ae.); F: 185 – 186° [unkorr.].

[1-Äthyl-1*H*-tetrazol-5-yl]-[1-cyclohexyl-1*H*-tetrazol-5-ylmethyl]-amin $C_{11}H_{19}N_9$, Formel XIV (R = C_2H_5).

B. Aus 1-Äthyl-1*H*-tetrazol-5-ylamin und 5-Chlormethyl-1-cyclohexyl-1*H*-tetrazol (*Harvill et al.,* J. org. Chem. **17** [1952] 1597, 1608).

Hydrochlorid $C_{11}H_{19}N_9 \cdot HCl$. Kristalle (aus wss. Isopropylalkohol); F: 234° [korr.; Zers.].

Phenylthiocarbamoyl-Derivat $C_{18}H_{24}N_{10}S$; *N*-[1-Äthyl-1*H*-tetrazol-5-yl]-*N*-[1-cyclohexyl-1*H*-tetrazol-5-ylmethyl]-*N'*-phenyl-thioharnstoff. F: 164 – 165° [korr.].

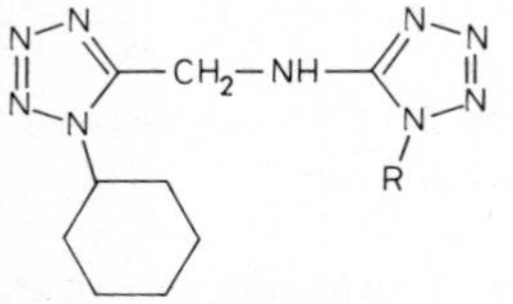

XIV 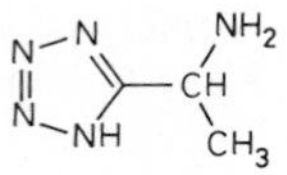 XV 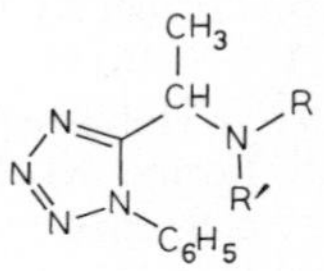 XVI

[1-Cyclohexyl-1*H*-tetrazol-5-yl]-[1-cyclohexyl-1*H*-tetrazol-5-ylmethyl]-amin $C_{15}H_{25}N_9$, Formel XIV (R = C_6H_{11}).

B. Aus 5-Chlormethyl-1-cyclohexyl-1*H*-tetrazol und 1-Cyclohexyl-1*H*-tetrazol-5-ylamin (*Harvill et al.,* J. org. Chem. **17** [1952] 1597, 1608).

Hydrochlorid $C_{15}H_{25}N_9 \cdot HCl$. Kristalle (aus wss. Isopropylalkohol); F: 251° [korr.; Zers.].

Phenylthiocarbamoyl-Derivat $C_{22}H_{30}N_{10}S$; *N*-[1-Cyclohexyl-1*H*-tetrazol-5-yl]-*N*-[1-cyclohexyl-1*H*-tetrazol-5-ylmethyl-]-*N'*-phenyl-thioharnstoff. F: 162 – 163° [korr.].

Amine $C_3H_7N_5$

(±)-1-[1*H*-Tetrazol-5-yl]-äthylamin $C_3H_7N_5$, Formel XV und Taut.

B. Beim Erwärmen von (±)-*N*-[1-(1*H*-Tetrazol-5-yl)-äthyl]-phthalimid mit $N_2H_4 \cdot H_2O$ in Äthanol (*McManus, Herbst,* J. org. Chem. **24** [1959] 1643, 1647). Aus (±)-1-[1-Benzyl-1*H*-tetrazol-5-yl]-äthylamin bei der Hydrierung an Palladium/Kohle in Äthanol (*McM., He.*).

Kristalle (aus H_2O+A.); F: 272–273° [unkorr.; Zers.]. Scheinbare Dissoziationsexponenten pK'_{a1} und pK'_{a2} (H_2O; potentiometrisch ermittelt) bei 25°: 2,63 bzw. 8,77 (*McM., He.,* l. c. S. 1646).

(±)-Methyl-[1-(1-phenyl-1*H*-tetrazol-5-yl)-äthyl]-amin $C_{10}H_{13}N_5$, Formel XVI (R = CH_3, R' = H).

B. Aus (±)-5-[1-Chlor-äthyl]-1-phenyl-1*H*-tetrazol und Methylamin (*Harvill et al.,* J. org. Chem. **17** [1952] 1597, 1611; *Bilhuber Inc.,* U.S.P. 2470085 [1947]).

Hydrochlorid $C_{10}H_{13}N_5 \cdot HCl$. Kristalle (aus Isopropylalkohol); F: 195–196° [korr.; Zers.] (*Ha. et al.*).

(±)-Diäthyl-[1-(1-phenyl-1*H*-tetrazol-5-yl)-äthyl]-amin $C_{13}H_{19}N_5$, Formel XVI (R = R' = C_2H_5).

B. Analog der vorangehenden Verbindung (*Harvill et al.,* J. org. Chem. **17** [1952] 1597, 1611).

Hydrochlorid $C_{13}H_{19}N_5 \cdot HCl$. Kristalle (aus Acn.+Ae.); F: 156–157° [korr.].

(±)-1-[1-Benzyl-1*H*-tetrazol-5-yl]-äthylamin $C_{10}H_{13}N_5$, Formel I.

B. Beim Erwärmen von (±)-*N*-[1-(1-Benzyl-1*H*-tetrazol-5-yl)-äthyl]-phthalimid mit $N_2H_4 \cdot H_2O$ in Äthanol (*McManus, Herbst,* J. org. Chem. **24** [1959] 1643, 1647).

Hydrochlorid $C_{10}H_{13}N_5 \cdot HCl$. Kristalle (aus Isopropylalkohol); F: 184–184,5° [unkorr.].

(±)-Diäthyl-[1-(1-[1]naphthyl-1*H*-tetrazol-5-yl)-äthyl]-amin $C_{17}H_{21}N_5$, Formel II.

B. Aus (±)-5-[1-Chlor-äthyl]-1-[1]naphthyl-1*H*-tetrazol und Diäthylamin (*Harvill et al.,* J. org. Chem. **17** [1952] 1597, 1614).

Kristalle (aus Heptan); F: 88,5–89,5°.

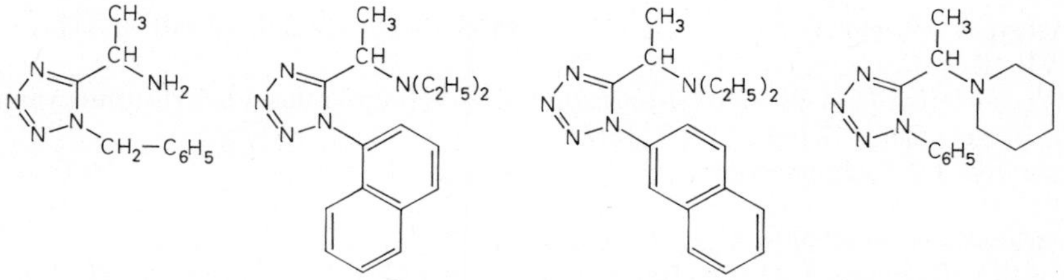

I II III IV

(±)-Diäthyl-[1-(1-[2]naphthyl-1*H*-tetrazol-5-yl)-äthyl]-amin $C_{17}H_{21}N_5$, Formel III.

B. Analog der vorangehenden Verbindung (*Harvill et al.,* J. org. Chem. **17** [1952] 1597, 1614).

Hydrochlorid $C_{17}H_{21}N_5 \cdot HCl$. Kristalle (aus Ae.+Isopropylalkohol); F: 168–169° [korr.; Zers.].

(±)-1-[1-(1-Phenyl-1*H*-tetrazol-5-yl)-äthyl]-piperidin $C_{14}H_{19}N_5$, Formel IV.

B. Analog den vorangehenden Verbindungen (*Harvill et al.,* J. org. Chem. **17** [1952] 1597, 1611).

Kristalle (aus Bzl.+PAe.); F: 74,6–76°.

(±)-*N*-[1-(1*H*-Tetrazol-5-yl)-äthyl]-acetamid $C_5H_9N_5O$, Formel V (R = CH_3) und Taut.

B. Aus (±)-1-[1*H*-Tetrazol-5-yl]-äthylamin und Acetanhydrid (*McManus, Herbst,* J. org.

Chem. **24** [1959] 1643, 1647).
Kristalle (aus Pentylacetat); F: 145–145,5° [unkorr.].

(±)-*N*-[1-(1*H*-Tetrazol-5-yl)-äthyl]-benzamid $C_{10}H_{11}N_5O$, Formel V (R = C_6H_5) und Taut.
B. Aus (±)-1-[1*H*-Tetrazol-5-yl]-äthylamin und Benzoylchlorid (*McManus, Herbst,* J. org. Chem. **24** [1959] 1643, 1647).
Kristalle (aus H_2O); F: 176–177° [unkorr.] und (nach Wiedererstarren) F: 199–200° [unkorr.].

(±)-*N*-[1-(1*H*-Tetrazol-5-yl)-äthyl]-phthalimid $C_{11}H_9N_5O_2$, Formel VI (R = H) und Taut.
B. Beim Erwärmen von *N,N*-Phthaloyl-DL-alanin-nitril mit NaN_3 und $AlCl_3$ in THF (*McManus, Herbst,* J. org. Chem. **24** [1959] 1643, 1647).
Kristalle (aus wss. A.); F: 230–231° [unkorr.; Zers.].

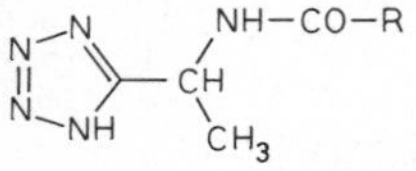

V 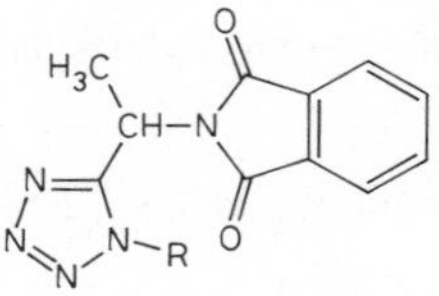 VI 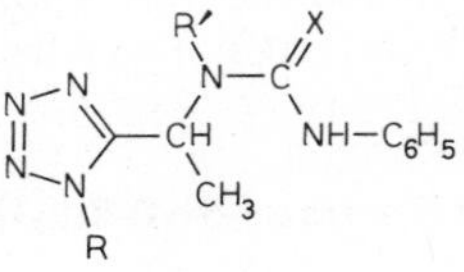 VII 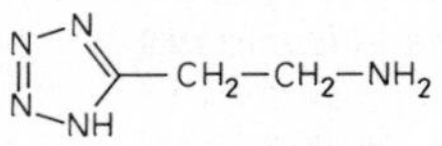 VIII

(±)-*N*-[1-(1-Benzyl-1*H*-tetrazol-5-yl)-äthyl]-phthalimid $C_{18}H_{15}N_5O_2$, Formel VI (R = CH_2-C_6H_5).
B. Beim Behandeln von *N,N*-Phthaloyl-DL-alanin-benzylamid mit PCl_5 und anschliessend mit HN_3 in Benzol (*McManus, Herbst,* J. org. Chem. **24** [1959] 1643, 1647).
Kristalle (aus Toluol); F: 146–147° [unkorr.].

(±)-*N*-Phenyl-*N'*-[1-(1*H*-tetrazol-5-yl)-äthyl]-harnstoff $C_{10}H_{12}N_6O$, Formel VII (R = R' = H, X = O) und Taut.
B. Aus (±)-1-[1*H*-Tetrazol-5-yl]-äthylamin und Phenylisocyanat (*McManus, Herbst,* J. org. Chem. **24** [1959] 1643, 1647).
Kristalle (aus H_2O); F: 184–185° [unkorr.; Zers.].

(±)-*N*-Methyl-*N'*-phenyl-*N*-[1-(1-phenyl-1*H*-tetrazol-5-yl)-äthyl]-thioharnstoff $C_{17}H_{18}N_6S$, Formel VII (R = C_6H_5, R' = CH_3, X = S).
B. Aus (±)-Methyl-[1-(1-phenyl-1*H*-tetrazol-5-yl)-äthyl]-amin und Phenylisothiocyanat (*Harvill et al.,* J. org. Chem. **17** [1952] 1597, 1611).
Kristalle (aus 1,2-Dichlor-propan); F: 138–139° [korr.].

2-[1*H*-Tetrazol-5-yl]-äthylamin $C_3H_7N_5$, Formel VIII und Taut.
B. Beim Erwärmen von *N*-[2-(1*H*-Tetrazol-5-yl)-äthyl]-phthalimid mit $N_2H_4 \cdot H_2O$ in Äthanol (*Behringer, Kohl,* B. **89** [1956] 2648, 2651; *McManus, Herbst,* J. org. Chem. **24** [1959] 1643, 1648). Aus 2-[1-Benzyl-1*H*-tetrazol-5-yl]-äthylamin bei der Hydrierung an Palladium/Kohle in wss. Äthanol (*McM., He.*). Beim Erwärmen von *N*-[2-(1*H*-Tetrazol-5-yl)-äthyl]-benzamid in wss. HCl (*Ainsworth,* Am. Soc. **75** [1953] 5728).
F: 223–224° [unkorr.; Zers.; aus H_2O+Acn.] (*McM., He.*). Scheinbare Dissoziationsexponenten pK'_{a1} und pK'_{a2} (potentiometrisch ermittelt) bei 25°: 3,99 bzw. 9,58 [H_2O] (*McM., He.,* l. c. S. 1646); bei Raumtemperatur: 5,0 bzw. 10,0 [wss. DMF (66%ig)] (*Ai.*).
Hydrochlorid $C_3H_7N_5 \cdot HCl$. Kristalle; F: 132° [unkorr.; aus A.] (*Be., Kohl*), 127,5–129° [unkorr.; aus A.+Ae.] (*McM., He.*).

Diäthyl-[2-(1-phenyl-1*H*-tetrazol-5-yl)-äthyl]-amin $C_{13}H_{19}N_5$, Formel IX (X = H).
B. Aus 5-[2-Chlor-äthyl]-1-phenyl-1*H*-tetrazol und Diäthylamin (*Harvill et al.,* J. org. Chem. **17** [1952] 1597, 1611).
Kp_3: 176–178°.

5-[2-Diäthylamino-äthyl]-1-[3-nitro-phenyl]-1*H*-tetrazol, Diäthyl-{2-[1-(3-nitro-phenyl)-1*H*-tetrazol-5-yl]-äthyl}-amin $C_{13}H_{18}N_6O_2$, Formel IX (X = NO_2).

B. Analog der vorangehenden Verbindung (*Harvill et al.*, J. org. Chem. **17** [1952] 1597, 1613).

Hydrochlorid $C_{13}H_{18}N_6O_2 \cdot HCl$. Kristalle (aus Me. + E.); F: 209 – 210° [korr.; Zers.].

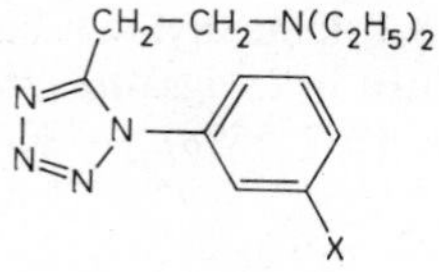

IX 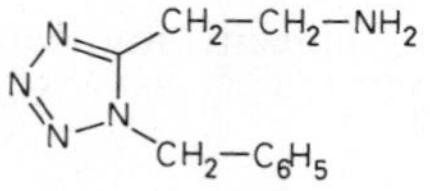 X 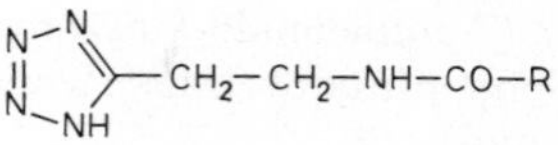 XI

2-[1-Benzyl-1*H*-tetrazol-5-yl]-äthylamin $C_{10}H_{13}N_5$, Formel X.

B. Beim Erwärmen von *N*-[2-(1-Benzyl-1*H*-tetrazol-5-yl)-äthyl]-phthalimid mit $N_2H_4 \cdot H_2O$ (*McManus, Herbst*, J. org. Chem. **24** [1959] 1643, 1648).

Hydrochlorid $C_{10}H_{13}N_5 \cdot HCl$. Kristalle (aus wss. Isopropylalkohol); F: 138,5 – 139,5° [unkorr.].

***N*-[2-(1*H*-Tetrazol-5-yl)-äthyl]-acetamid** $C_5H_9N_5O$, Formel XI (R = CH_3) und Taut.

B. Aus 2-[1*H*-Tetrazol-5-yl]-äthylamin und Acetanhydrid (*McManus, Herbst*, J. org. Chem. **24** [1959] 1643, 1648).

Kristalle (aus Pentylacetat); F: 202 – 203° [unkorr.].

***N*-[2-(1*H*-Tetrazol-5-yl)-äthyl]-benzamid** $C_{10}H_{11}N_5O$, Formel XI (R = C_6H_5) und Taut.

B. Aus 2-[1*H*-Tetrazol-5-yl]-äthylamin und Benzoylchlorid (*McManus, Herbst*, J. org. Chem. **24** [1959] 1643, 1648). Aus 3-Benzoylamino-propionimidsäure-äthylester beim Erhitzen mit NaN_3 in Essigsäure oder beim Behandeln mit N_2H_4 in Äthanol und anschliessend mit Amylnitrit in Äthanol (*Ainsworth*, Am. Soc. **75** [1953] 5728). Beim Erhitzen von *N*-[2-Cyan-äthyl]-benzamid mit HN_3 in Xylol (*Ai.*).

Kristalle (aus H_2O); F: 206° (*Ai.*), 200,5 – 201° [unkorr.; Zers.] (*McM., He.*). λ_{max} (Me.): 224 nm (*Ai.*). Scheinbarer Dissoziationsexponent pK'_a (wss. DMF [66%ig]; potentiometrisch ermittelt): 6,15 (*Ai.*).

***N*-[2-(1*H*-Tetrazol-5-yl)-äthyl]-phthalimid** $C_{11}H_9N_5O_2$, Formel XII (R = H) und Taut.

B. Beim Erwärmen von *N,N*-Phthaloyl-β-alanin-nitril mit NaN_3 und $AlCl_3$ in THF (*Behringer, Kohl*, B. **89** [1956] 2648, 2651; *McManus, Herbst*, J. org. Chem. **24** [1959] 1643, 1648).

Kristalle; F: 249,5 – 250,5° [unkorr.; Zers.; aus A. + E.] (*McM., He.*), 241° [unkorr.; aus Pentylacetat] (*Be., Kohl*).

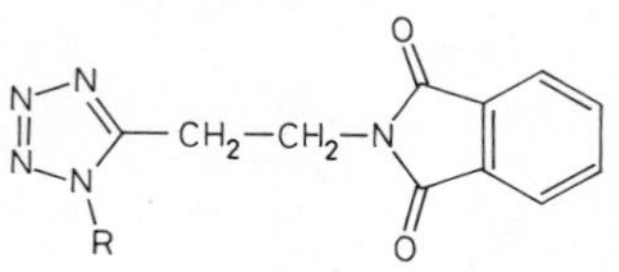

XII 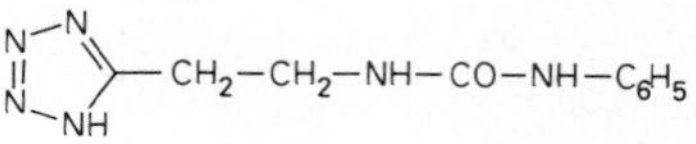 XIII

***N*-[2-(1-Benzyl-1*H*-tetrazol-5-yl)-äthyl]-phthalimid** $C_{18}H_{15}N_5O_2$, Formel XII (R = CH_2-C_6H_5).

B. Beim Erwärmen von *N,N*-Phthaloyl-β-alanin-benzylamid mit PCl_5 und anschliessend mit HN_3 in Benzol (*McManus, Herbst*, J. org. Chem. **24** [1959] 1643, 1648).

Kristalle (aus Toluol); F: 159 – 159,5° [unkorr.].

***N*-Phenyl-*N'*-[2-(1*H*-tetrazol-5-yl)-äthyl]-harnstoff** $C_{10}H_{12}N_6O$, Formel XIII und Taut.

B. Aus 2-[1*H*-Tetrazol-5-yl]-äthylamin und Phenylisocyanat (*McManus, Herbst*, J. org. Chem.

24 [1959] 1643, 1648).
Kristalle (aus wss. A.); F: 199–199,5° [unkorr.; Zers.].

3,3'-Dimethyl-4,4'-bis-[3-phenyl-5-(2-phthalimido-äthyl)-tetrazolium-2-yl]-biphenyl, 3,3'-Diphenyl-5,5'-bis-[2-phthalimido-äthyl]-2,2'-[3,3'-dimethyl-biphenyl-4,4'-diyl]-bis-tetrazolium $[C_{48}H_{38}N_{10}O_4]^{2+}$, Formel XIV (R = CH_3).

Diacetat $[C_{48}H_{38}N_{10}O_4](C_2H_3O_2)_2$. *B.* Beim Erwärmen von 3,3'-Dimethyl-4,4'-bis-[*N'''*-phenyl-3-(2-phthalimido-äthyl)-formazano]-biphenyl mit Isopentylnitrit in Essigsäure (*Hadáček et al.,* Spisy přírodov. Mas. Univ. Nr. 377 [1956] 377, 385; C. A. **1957** 9598). – Kristalle; F: 151° [unkorr.].

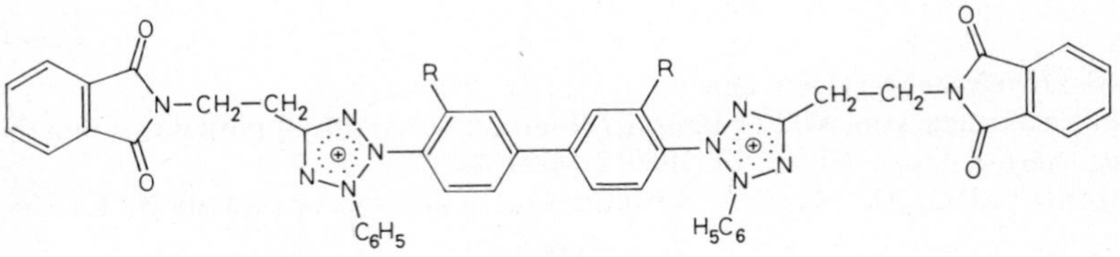

XIV

3,3'-Dimethoxy-4,4'-bis-[3-phenyl-5-(2-phthalimido-äthyl)-tetrazolium-2-yl]-biphenyl, 3,3'-Diphenyl-5,5'-bis-[2-phthalimido-äthyl]-2,2'-[3,3'-dimethoxy-biphenyl-4,4'-diyl]-bis-tetrazolium $[C_{48}H_{38}N_{10}O_6]^{2+}$, Formel XIV (R = O-$CH_3$).

Diacetat $[C_{48}H_{38}N_{10}O_6](C_2H_3O_2)_2$. *B.* Analog der vorangehenden Verbindung (*Hadáček et al.,* Spisy přírodov. Mas. Univ. Nr. 377 [1956] 377, 383; C. A. **1957** 9598). – Kristalle; F: 140° [unkorr.].

Amine $C_4H_9N_5$

(±)-Methyl-[1-methyl-2-(1-phenyl-1*H*-tetrazol-5-yl)-äthyl]-amin $C_{11}H_{15}N_5$, Formel XV.
B. Beim Erwärmen von [1-Phenyl-1*H*-tetrazol-5-yl]-aceton mit wss. Methylamin in Isopropylalkohol in Gegenwart von aktiviertem Aluminium (*D'Adamo, LaForge,* J. org. Chem. **21** [1956] 340, 341).
Hydrochlorid $C_{11}H_{15}N_5 \cdot HCl$. Kristalle (aus Butanon); F: 130–132,5° [unkorr.].

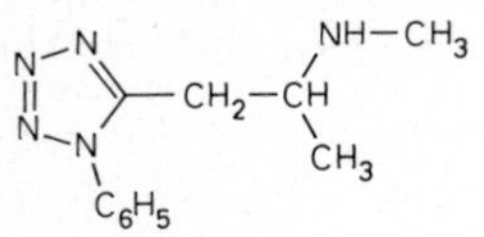

XV 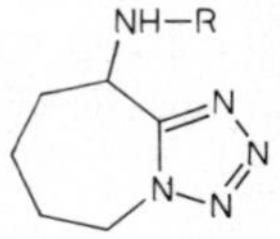 XVI 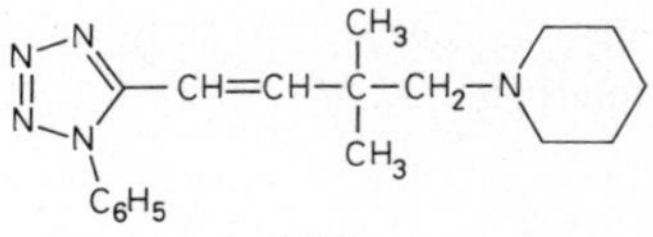 XVII

Monoamine $C_nH_{2n-1}N_5$

(±)-6,7,8,9-Tetrahydro-5*H*-tetrazoloazepin-9-ylamin $C_6H_{11}N_5$, Formel XVI (R = H).
Hydrochlorid $C_6H_{11}N_5 \cdot HCl$. *B.* Beim Erwärmen der folgenden Verbindung mit wss. HCl (*LaForge et al.,* J. org. Chem. **21** [1956] 767, 771). – Kristalle (aus A.); F: 254–255° [Zers.].

(±)-[6,7,8,9-Tetrahydro-5*H*-tetrazoloazepin-9-yl]-carbamidsäure-äthylester $C_9H_{15}N_5O_2$, Formel XVI (R = CO-O-C_2H_5).
B. Beim Erwärmen von (±)-6,7,8,9-Tetrahydro-5*H*-tetrazoloazepin-9-carbonylazid in Äthanol (*LaForge et al.,* J. org. Chem. **21** [1956] 767, 771).
Kristalle (aus Ae.); F: 83,5–84,5°.

***3,3-Dimethyl-1-[1-phenyl-1*H*-tetrazol-5-yl]-4-piperidino-but-1-en, 1-[2,2-Dimethyl-4-(1-phenyl-1*H*-tetrazol-5-yl)-but-3-enyl]-piperidin** $C_{18}H_{25}N_5$, Formel XVII.

B. Beim Erwärmen von (±)-3,3-Dimethyl-1-[1-phenyl-1*H*-tetrazol-5-yl]-4-piperidino-butan-2-ol mit $POCl_3$ in Pyridin (*D'Adamo, LaForge,* J. org. Chem. **21** [1956] 340, 341, 343).

Hydrochlorid $C_{18}H_{25}N_5 \cdot HCl$. Kristalle (aus Me. + Ae.); F: 191 – 194° [unkorr.].

[*Lim*]

Monoamine $C_nH_{2n-3}N_5$

(±)-6-Methyl-5,6,7,8-tetrahydro-pteridin-2-ylamin $C_7H_{11}N_5$, Formel I (R = H).

B. Bei der Hydrierung von 6-Methyl-7,8-dihydro-pteridin-2-ylamin an Platin in Essigsäure (*Lister et al.,* Soc. **1954** 4109, 4112).

Gelbe Kristalle (aus E.) mit 0,5 Mol H_2O; F: 178°.

(±)-5-Formyl-2-formylamino-6-methyl-5,6,7,8-tetrahydro-pteridin, (±)-*N*-[5-Formyl-6-methyl-5,6,7,8-tetrahydro-pteridin-2-yl]-formamid $C_9H_{11}N_5O_2$, Formel I (R = CHO).

B. Beim Hydrieren von 6-Methyl-7,8-dihydro-pteridin-2-ylamin an Platin in Ameisensäure und Behandeln des Reaktionsgemisches mit Acetanhydrid (*Lister et al.,* Soc. **1954** 4109, 4112).

Gelbliche Kristalle (aus A.) mit 1 Mol H_2O; F: 153°.

(±)-4,6-Dimethyl-5,6,7,8-tetrahydro-pteridin-2-ylamin $C_8H_{13}N_5$, Formel II (R = R′ = R″ = H).

B. Bei der Hydrierung von 4,6-Dimethyl-7,8-dihydro-pteridin-2-ylamin an Platin in Essigsäure (*Lister, Ramage,* Soc. **1953** 2234, 2237).

Braune Kristalle (aus H_2O) mit 0,5 Mol H_2O; F: 206 – 207°. λ_{max} (wss. HCl): 212 nm und 233 nm (*Li., Ra.,* l. c. S. 2236).

Picrat. F: 270° [Zers.].

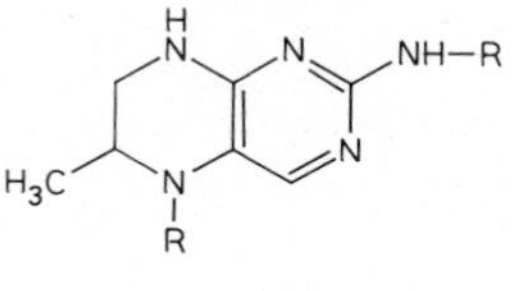

I 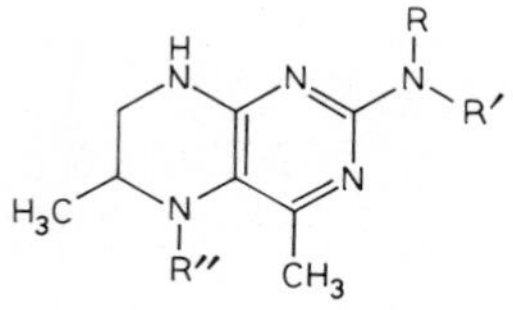 II 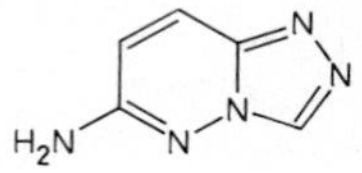 III

(±)-2-Diäthylamino-4,6-dimethyl-5,6,7,8-tetrahydro-pteridin, (±)-Diäthyl-[4,6-dimethyl-5,6,7,8-tetrahydro-pteridin-2-yl]-amin $C_{12}H_{21}N_5$, Formel II (R = R′ = C_2H_5, R″ = H).

B. Bei der Hydrierung von Diäthyl-[4,6-dimethyl-7,8-dihydro-pteridin-2-yl]-amin an Raney-Nickel in Äthanol bei 45 at (*Lister, Ramage,* Soc. **1953** 2234, 2237).

Braune Kristalle (aus wss. Acn. oder PAe. + E.); F: 93°. λ_{max} (wss. HCl): 235 nm (*Li., Ra.,* l. c. S. 2236).

(±)-5-Formyl-2-formylamino-4,6-dimethyl-5,6,7,8-tetrahydro-pteridin, (±)-*N*-[5-Formyl-4,6-dimethyl-5,6,7,8-tetrahydro-pteridin-2-yl]-formamid $C_{10}H_{13}N_5O_2$, Formel II (R = R″ = CHO, R′ = H).

B. Beim Hydrieren von 4,6-Dimethyl-7,8-dihydro-pteridin-2-ylamin an Platin in Ameisensäure und Behandeln des Reaktionsgemisches mit Acetanhydrid (*Lister et al.,* Soc. **1954** 4109, 4112).

Gelbliche Kristalle (aus A.) mit 1 Mol H_2O; F: 187°.

Monoamine $C_nH_{2n-5}N_5$

Amine $C_5H_5N_5$

[1,2,4]Triazolo[4,3-*b*]pyridazin-6-ylamin $C_5H_5N_5$, Formel III.

B. Beim Erhitzen von 6-Chlor-[1,2,4]triazolo[4,3-*b*]pyridazin mit äthanol. NH_3 auf 150° (*Ta=*

kahayashi, J. pharm. Soc. Japan **76** [1956] 765; C. A. **1957** 1192).

Kristalle (aus Me. oder A.); F: 272,5° [Zers.].

[1,2,4]Triazolo[1,5-*a*]pyrimidin-7-ylamin $C_5H_5N_5$, Formel IV (X = H).

B. Analog der vorangehenden Verbindung bei 130° (*Makisumi, Kano,* Chem. pharm. Bl. 7 [1959] 907, 910).

Kristalle (aus H_2O); F: 279–280° [unkorr.].

7-Furfurylamino-[1,2,4]triazolo[1,5-*a*]pyrimidin, Furfuryl-[1,2,4]triazolo[1,5-*a*]pyrimidin-7-yl-amin $C_{10}H_9N_5O$, Formel V.

B. Beim Erwärmen von 7-Chlor-[1,2,4]triazolo[1,5-*a*]pyrimidin mit Furfurylamin in Äthanol (*Makisumi, Kano,* Chem. pharm. Bl. **7** [1959] 907, 910).

Kristalle (aus H_2O); F: 199–200° [unkorr.].

6-Chlor-[1,2,4]triazolo[1,5-*a*]pyrimidin-7-ylamin $C_5H_4ClN_5$, Formel IV (X = Cl).

B. Aus 6,7-Dichlor-[1,2,4]triazolo[1,5-*a*]pyrimidin und wss.-äthanol. NH_3 (*Makisumi, Kano,* Chem. pharm. Bl. **7** [1959] 907, 910). Aus [1,2,4]Triazolo[1,5-*a*]pyrimidin-7-ylamin und Chlor in Essigsäure (*Ma., Kano*).

Kristalle (aus A. oder wss. A.); F: 268–268,5° [unkorr.].

6-Brom-[1,2,4]triazolo[1,5-*a*]pyrimidin-7-ylamin $C_5H_4BrN_5$, Formel IV (X = Br).

B. Analog der vorangehenden Verbindung (*Makisumi, Kano,* Chem. pharm. Bl. **7** [1959] 907, 910).

Kristalle (aus wss. A.); F: 278° [unkorr.; Zers.].

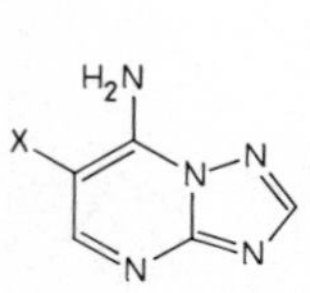

IV 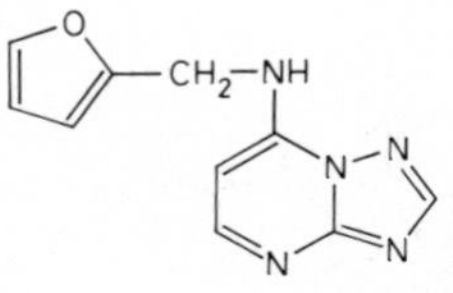 V 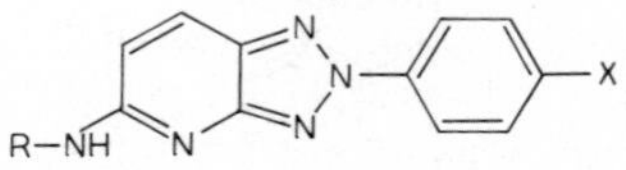 VI

2-Phenyl-2*H*-[1,2,3]triazolo[4,5-*b*]pyridin-5-ylamin $C_{11}H_9N_5$, Formel VI (R = X = H).

B. Beim Erwärmen von 3-Phenylazo-pyridin-2,6-diyldiamin mit $CuSO_4$ in wss.-äthanol. NH_3 (*Charrier, Jorio,* G. **68** [1938] 640, 647).

Kristalle (aus Bzl.); F: 215°.

Hydrochlorid $C_{11}H_9N_5 \cdot HCl$. Hellgelbe Kristalle.

Hexachloroplatinat(IV) $(C_{11}H_9N_5)_2 \cdot H_2PtCl_6$. Orangegelbe Kristalle.

Acetyl-Derivat $C_{13}H_{11}N_5O$; 5-Acetylamino-2-phenyl-2*H*-[1,2,3]triazolo[4,5-*b*]pyridin, *N*-[2-Phenyl-2*H*-[1,2,3]triazolo[4,5-*b*]pyridin-5-yl]-acetamid. Kristalle (aus A.); F: 241–242°.

2-[4-Chlor-phenyl]-2*H*-[1,2,3]triazolo[4,5-*b*]pyridin-5-ylamin $C_{11}H_8ClN_5$, Formel VI (R = H, X = Cl).

B. Beim Erwärmen von 3-[4-Chlor-phenylazo]-pyridin-2,6-diyldiamin mit $CuSO_4$ in wss. Pyridin unter Einleiten von Sauerstoff (*Timmis et al.,* J. Pharm. Pharmacol. **9** [1957] 46, 58).

Kristalle (aus wss. 2-Äthoxy-äthanol); F: 258–259° [unkorr.].

Acetyl-Derivat $C_{13}H_{10}ClN_5O$; 5-Acetylamino-2-[4-chlor-phenyl]-2*H*-[1,2,3]triazolo[4,5-*b*]pyridin, *N*-[2-(4-Chlor-phenyl)-2*H*-[1,2,3]triazolo[4,5-*b*]pyridin-5-yl]-acetamid. Kristalle (aus Butan-1-ol) mit 0,5 Mol H_2O; F: 296–297°.

1,3,5-Tris-[2-phenyl-2*H*-[1,2,3]triazolo[4,5-*b*]pyridin-5-yl]-hexahydro-[1,3,5]triazin(?) $C_{36}H_{27}N_{15}$, vermutlich Formel VII.

B. Aus 2-Phenyl-2*H*-[1,2,3]triazolo[4,5-*b*]pyridin-5-ylamin und wss. Formaldehyd (*Charrier,*

Jorio, G. **68** [1938] 640, 650).
Hellgelbe Kristalle (aus A.); F: 275–280° [nach Sintern].

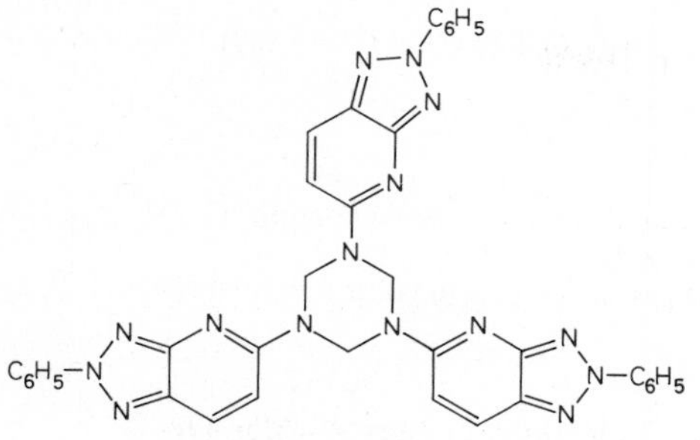

VII 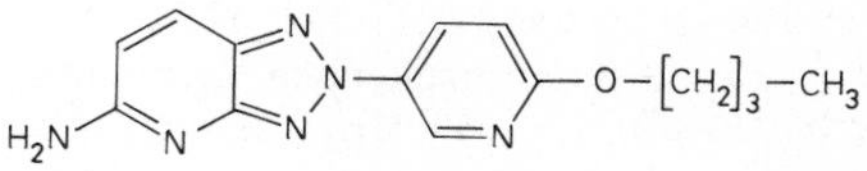 VIII

***N*-[2-Phenyl-2*H*-[1,2,3]triazolo[4,5-*b*]pyridin-5-yl]-glycin** $C_{13}H_{11}N_5O_2$, Formel VI (R = CH_2-CO-OH, X = H).
B. Aus 2-Phenyl-2*H*-[1,2,3]triazolo[4,5-*b*]pyridin-5-ylamin und Chloressigsäure (*Charrier, Jorio,* G. **68** [1938] 640, 649).
Gelbliche Kristalle (aus A.); F: 242–243°.

2-[6-Butoxy-[3]pyridyl]-2*H*-[1,2,3]triazolo[4,5-*b*]pyridin-5-ylamin $C_{14}H_{16}N_6O$, Formel VIII.
B. Beim Erwärmen von 3-[6-Butoxy-[3]pyridylazo]-pyridin-2,6-diyldiamin mit $CuSO_4$ und wss.-äthanol. NH_3 (*Charrier, Jorio,* G. **68** [1938] 640, 650).
Gelbe Kristalle (aus A. + $CHCl_3$); F: 212°.

1-Butyl-1*H*-[1,2,3]triazolo[4,5-*c*]pyridin-4-ylamin $C_9H_{13}N_5$, Formel IX (R = R′ = X = H).
B. Beim Erhitzen von 1-Butyl-4-chlor-1*H*-[1,2,3]triazolo[4,5-*c*]pyridin mit äthanol. NH_3 auf 150–160° (*Bremer,* A. **539** [1939] 276, 288).
Kristalle (aus H_2O); F: 176–177°.

1-Butyl-4-methylamino-1*H*-[1,2,3]triazolo[4,5-*c*]pyridin, [1-Butyl-1*H*-[1,2,3]triazolo[4,5-*c*]pyridin-4-yl]-methyl-amin $C_{10}H_{15}N_5$, Formel IX (R = CH_3, R′ = X = H).
B. Analog der vorangehenden Verbindung (*Bremer,* A. **539** [1939] 276, 288).
Kristalle (aus Ae. + PAe.); F: 93–94°.

1-Butyl-4-dimethylamino-1*H*-[1,2,3]triazolo[4,5-*c*]pyridin, [1-Butyl-1*H*-[1,2,3]triazolo[4,5-*c*]pyridin-4-yl]-dimethyl-amin $C_{11}H_{17}N_5$, Formel IX (R = R′ = CH_3, X = H).
B. Analog den vorangehenden Verbindungen (*Bremer,* A. **539** [1939] 276, 288).
Widerlich süsslich riechendes Öl; Kp_3: 160–161°.
Picrat. F: 119–120° [aus A.].

[1-Butyl-1*H*-[1,2,3]triazolo[4,5-*c*]pyridin-4-yl]-[2-chlor-äthyl]-amin $C_{11}H_{16}ClN_5$, Formel IX (R = CH_2-CH_2Cl, R′ = X = H).
B. Beim Erwärmen von 2-[1-Butyl-1*H*-[1,2,3]triazolo[4,5-*c*]pyridin-4-ylamino]-äthanol mit $SOCl_2$ (*Bremer,* A. **539** [1939] 276, 290).
Kristalle, die sich an der Luft gelblich färben.
Hydrochlorid. Kristalle (aus A.); F: 190° [Zers.].

1-Butyl-4-cyclohexylamino-1*H*-[1,2,3]triazolo[4,5-*c*]pyridin, [1-Butyl-1*H*-[1,2,3]triazolo[4,5-*c*]pyridin-4-yl]-cyclohexyl-amin $C_{15}H_{23}N_5$, Formel IX (R = C_6H_{11}, R′ = X = H).
B. Beim Erhitzen von 1-Butyl-4-chlor-1*H*-[1,2,3]triazolo[4,5-*c*]pyridin mit Cyclohexylamin in Äthanol auf 150–160° (*Bremer,* A. **539** [1939] 276, 289).

Gelbliche Kristalle (aus wss. Me.); F: 74°.

2-[1-Butyl-1*H*-[1,2,3]triazolo[4,5-*c*]pyridin-4-ylamino]-äthanol $C_{11}H_{17}N_5O$, Formel IX (R = CH_2-CH_2-OH, R′ = X = H).

B. Analog der vorangehenden Verbindung (*Bremer,* A. **539** [1939] 276, 289).

Kristalle (aus PAe.); F: 78–79°.

Hydrochlorid. Kristalle (aus A.); F: 193–194°.

***N,N*-Diäthyl-*N'*-[1-butyl-1*H*-[1,2,3]triazolo[4,5-*c*]pyridin-4-yl]-äthylendiamin** $C_{15}H_{26}N_6$, Formel IX (R = CH_2-CH_2-N(C_2H_5)$_2$, R′ = X = H).

B. Analog den vorangehenden Verbindungen (*Bremer,* A. **539** [1939] 276, 288).

Hellgelbes Öl. E: –5°. Kp_3: 209–210°.

4-*o*-Anisidino-1-butyl-7-chlor-1*H*-[1,2,3]triazolo[4,5-*c*]pyridin, [1-Butyl-7-chlor-1*H*-[1,2,3]triazolo[4,5-*c*]pyridin-4-yl]-[4-methoxy-phenyl]-amin $C_{16}H_{18}ClN_5O$, Formel IX (R = C_6H_4-O-CH_3, R′ = H, X = Cl).

B. Analog den vorangehenden Verbindungen bei 130–140° (*Bremer,* A. **539** [1939] 276, 292).

Kristalle (aus A.); F: 103–104°.

7-Brom-1-butyl-1*H*-[1,2,3]triazolo[4,5-*c*]pyridin-4-ylamin $C_9H_{12}BrN_5$, Formel IX (R = R′ = H, X = Br).

B. Beim Erhitzen von 7-Brom-1-butyl-4-chlor-1*H*-[1,2,3]triazolo[4,5-*c*]pyridin mit äthanol. NH_3 (*Bremer,* A. **539** [1939] 276, 292). Beim Erwärmen von 1-Butyl-1*H*-[1,2,3]triazolo[4,5-*c*]pyridin-4-ylamin mit Brom in Essigsäure (*Br.*).

Kristalle (aus A.); F: 222°.

1-Butyl-7-nitro-1*H*-[1,2,3]triazolo[4,5-*c*]pyridin-4-ylamin $C_9H_{12}N_6O_2$, Formel IX (R = R′ = H, X = NO_2).

B. Beim Behandeln von 1-Butyl-1*H*-[1,2,3]triazolo[4,5-*c*]pyridin-4-ylamin mit HNO_3 und H_2SO_4 (*Bremer,* A. **539** [1939] 276, 293).

Gelbliche Kristalle (aus Eg.); F: 259°.

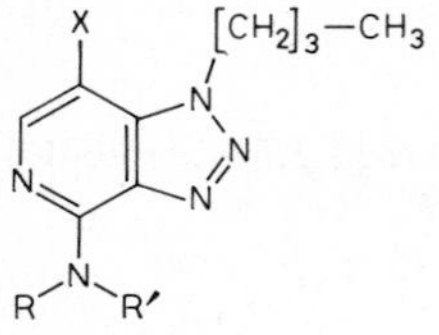

IX 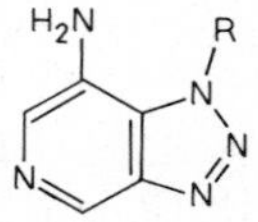 X 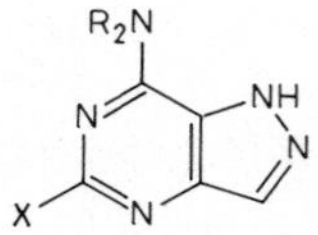 XI 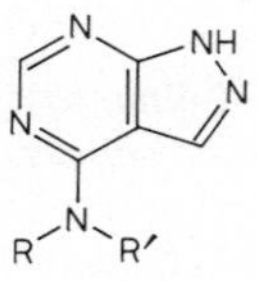 XII

1*H*-[1,2,3]Triazolo[4,5-*c*]pyridin-7-ylamin $C_5H_5N_5$, Formel X (R = H) und Taut.

B. Beim Erwärmen von 7-Nitro-1*H*-[1,2,3]triazolo[4,5-*c*]pyridin mit $SnCl_2$ und wss. HCl (*Graboyes, Day,* Am. Soc. **79** [1957] 6421, 6423, 6425).

Kristalle (aus H_2O); Zers. >300°.

1-Butyl-1*H*-[1,2,3]triazolo[4,5-*c*]pyridin-7-ylamin $C_9H_{13}N_5$, Formel X (R = [CH_2]$_3$-CH_3).

B. Beim Erhitzen von 7-Brom-1-butyl-1*H*-[1,2,3]triazolo[4,5-*c*]pyridin mit wss.-äthanol. NH_3 und $CuSO_4$ auf 170–180° (*Bremer,* A. **539** [1939] 276, 294).

Kristalle (aus H_2O); F: 148°.

1(2)*H*-Pyrazolo[4,3-*d*]pyrimidin-7-ylamin $C_5H_5N_5$, Formel XI (R = X = H) und Taut.

B. Beim Erhitzen von 7-Methylmercapto-1(2)*H*-pyrazolo[4,3-*d*]pyrimidin mit äthanol. NH_3

auf 200° (*Robins et al.*, Am. Soc. **78** [1956] 2418, 2422).

Kristalle (aus H_2O); F: >300° (*Ro. et al.*). λ_{max} (wss. Lösung): 294 nm [pH 1] bzw. 293 nm [pH 11] (*Ro. et al.*, l. c. S. 2421). Scheinbare Dissoziationsexponenten pK'_{a1} und pK'_{a2} (H_2O; spektrophotometrisch ermittelt) bei 20°: 5,00 bzw. 10,15 (*Lynch et al.*, Soc. **1958** 2973, 2976). 1 g löst sich bei 100° in 75 g H_2O (*Ro. et al.*, l. c. S. 2420).

7-Dimethylamino-1(2)*H*-pyrazolo[4,3-*d*]pyrimidin, Dimethyl-[1(2)*H*-pyrazolo[4,3-*d*]pyrimidin-7-yl]-amin $C_7H_9N_5$, Formel XI (R = CH_3, X = H) und Taut.

B. Aus Dimethyl-[5-methylmercapto-1(2)*H*-pyrazolo[4,3-*d*]pyrimidin-7-yl]-amin beim Erhitzen mit Raney-Nickel in DMF und H_2O (*Rose*, Soc. **1952** 3448, 3458).

Kristalle (aus 2-Äthoxy-äthanol); F: 261–264°.

Hydrochlorid $C_7H_9N_5 \cdot HCl$. Kristalle (aus wss. Acn.); F: 288°.

5-Chlor-7-dimethylamino-1(2)*H*-pyrazolo[4,3-*d*]pyrimidin, [5-Chlor-1(2)*H*-pyrazolo[4,3-*d*]pyrimidin-7-yl]-dimethyl-amin $C_7H_8ClN_5$, Formel XI (R = CH_3, X = Cl) und Taut.

B. Beim Diazotieren von 2-Chlor-6,N^4,N^4-trimethyl-pyrimidin-4,5-diyldiamin in wss. HCl und folgenden Behandeln mit wss. NaOH (*Rose*, Soc. **1954** 4116, 4120).

Kristalle (aus DMF); F: 240–250° [Zers.].

1(2)*H*-Pyrazolo[3,4-*d*]pyrimidin-4-ylamin $C_5H_5N_5$, Formel XII (R = R' = H) und Taut.

B. Beim Erwärmen von 3-Amino-1(2)*H*-pyrazol-4-carbonitril mit Formamid und Erhitzen des Reaktionsprodukts mit wss. HCl (*Robins*, Am. Soc. **78** [1956] 784, 789). Beim Erhitzen von 4-Chlor-1(2)*H*-pyrazolo[3,4-*d*]pyrimidin mit äthanol. NH_3 auf 100° (*Ro.*). Beim Erwärmen von 4-Amino-1,5-dihydro-pyrazolo[3,4-*d*]pyrimidin-6-thion mit Raney-Nickel und wss. NH_3 (*Falco, Hitchings*, Am. Soc. **78** [1956] 3143).

Kristalle [aus wss. NH_3 bzw. aus H_2O] (*Ro.*; *Fa., Hi.*), die unterhalb 300° nicht schmelzen (*Fa., Hi.*). λ_{max} (wss. Lösung): 258 nm bzw. 261 nm [pH 1] (*Ro.*, l. c. S. 787; *Fa., Hi.*), 265 nm [pH 10,5] (*Fa., Hi.*) bzw. 263 nm [pH 11] (*Ro.*). Scheinbare Dissoziationsexponenten pK'_{a1} und pK'_{a2} (H_2O; spektrophotometrisch ermittelt) bei 20°: 4,59 bzw. 10,84 (*Lynch et al.*, Soc. **1958** 2973, 2975). 1 g löst sich bei 100° in 1000 g H_2O (*Ro.*).

1-Methyl-1*H*-pyrazolo[3,4-*d*]pyrimidin-4-ylamin $C_6H_7N_5$, Formel XIII (R = R' = H).

B. Beim Erhitzen von 5-Amino-1-methyl-1*H*-pyrazol-4-carbonitril mit Formamid und Erhitzen des Reaktionsprodukts mit wss. HCl (*Cheng, Robins*, J. org. Chem. **21** [1956] 1240, 1242, 1252). Beim Erhitzen von 4-Chlor-1-methyl-1*H*-pyrazolo[3,4-*d*]pyrimidin mit äthanol. NH_3 auf 160° (*Ch., Ro.*, J. org. Chem. **21** 1252). Beim Erwärmen von 4-Amino-1-methyl-1,5-dihydro-pyrazolo[3,4-*d*]pyrimidin-6-thion mit Raney-Nickel in wss.-äthanol. NH_3 (*Cheng, Robins*, J. org. Chem. **23** [1958] 852, 860).

Kristalle; F: 267–268° [unkorr.; aus A.] (*Ch., Ro.*, J. org. Chem. **23** 860), 266–268° [unkorr.; aus H_2O oder äthanol. KOH] (*Ch., Ro.*, J. org. Chem. **21** 1252). λ_{max} (wss. Lösung): 259 nm [pH 1] bzw. 262 nm und 275 nm [pH 11] (*Ch., Ro.*, J. org. Chem. **21** 1242). Scheinbarer Dissoziationsexponent pK'_a (H_2O; spektrophotometrisch ermittelt) bei 20°: 4,32 (*Lynch et al.*, Soc. **1958** 2973, 2975).

2-Methyl-2*H*-pyrazolo[3,4-*d*]pyrimidin-4-ylamin $C_6H_7N_5$, Formel XIV (R = H).

B. Beim Erhitzen von 3-Amino-1-methyl-1*H*-pyrazol-4-carbonitril mit Formamid auf 200° (*Schmidt et al.*, Helv. **42** [1959] 763, 769, 772).

Kristalle (aus H_2O); F: >320° [nach Sublimation bei 200° im Hochvakuum].

4-Methylamino-1(2)*H*-pyrazolo[3,4-*d*]pyrimidin, Methyl-[1(2)*H*-pyrazolo[3,4-*d*]pyrimidin-4-yl]-amin $C_6H_7N_5$, Formel XII (R = CH_3, R' = H) und Taut.

B. Aus 4-Chlor-1(2)*H*-pyrazolo[3,4-*d*]pyrimidin und Methylamin (*Robins*, Am. Soc. **78** [1956] 784, 786, 790).

Kristalle (aus H_2O) mit 2 Mol H_2O; die wasserfreie Verbindung schmilzt bei 227–228° [unkorr.] (*Ro.*). λ_{max} (wss. Lösung): 265 nm [pH 1] bzw. 271 nm [pH 11] (*Ro.*, l. c. S. 787).

Scheinbare Dissoziationsexponenten pK'_{a1} und pK'_{a2} (H_2O; spektrophotometrisch ermittelt) bei 20°: 4,53 bzw. 10,55 (*Lynch et al.*, Soc. **1958** 2973, 2975). 1 g löst sich bei 100° in 10 g H_2O (*Ro.*).

Die folgenden Verbindungen sind in analoger Weise hergestellt worden:

1-Methyl-4-methylamino-1*H*-pyrazolo[3,4-*d*]pyrimidin, Methyl-[1-methyl-1*H*-pyrazolo[3,4-*d*]pyrimidin-4-yl]-amin $C_7H_9N_5$, Formel XIII (R = CH_3, R' = H). Kristalle (aus Me.); F: 200–201° [unkorr.] (*Cheng, Robins*, J. org. Chem. **21** [1956] 1240, 1243, 1253). λ_{max} (wss. Lösung): 222 nm und 264 nm [pH 1] bzw. 230 nm und 282 nm [pH 11] (*Ch., Ro.*). Scheinbarer Dissoziationsexponent pK'_a (H_2O; spektrophotometrisch ermittelt) bei 20°: 4,24 (*Ly. et al.*).

4-Dimethylamino-1(2)*H*-pyrazolo[3,4-*d*]pyrimidin, Dimethyl-[1(2)*H*-pyrazolo[3,4-*d*]pyrimidin-4-yl]-amin $C_7H_9N_5$, Formel XII (R = R' = CH_3) und Taut. Kristalle (aus Bzl.+A.); F: 233–234° [unkorr.] (*Ro.*). λ_{max} (wss. Lösung): 268 nm [pH 1] bzw. 284 nm [pH 11] (*Ro.*, l. c. S. 787). Scheinbare Dissoziationsexponenten pK'_{a1} und pK'_{a2} (H_2O; spektrophotometrisch ermittelt) bei 20°: 4,53 bzw. ca. 11 (*Ly. et al.*). 1 g löst sich in 10 g H_2O bei 100° (*Ro.*).

4-Dimethylamino-1-methyl-1*H*-pyrazolo[3,4-*d*]pyrimidin, Dimethyl-[1-methyl-1*H*-pyrazolo[3,4-*d*]pyrimidin-4-yl]-amin $C_8H_{11}N_5$, Formel XIII (R = R' = CH_3). Kristalle (aus A.); F: 132° [nach Sublimation] (*Ch., Ro.*, l. c. S. 1244, 1255). λ_{max} (wss. Lösung): 224 nm und 267 nm [pH 1] bzw. 284 nm [pH 11] (*Ch., Ro.*). Scheinbarer Dissoziationsexponent pK'_a (H_2O; spektrophotometrisch ermittelt) bei 20°: 4,06 (*Ly. et al.*).

4-Äthylamino-1(2)*H*-pyrazolo[3,4-*d*]pyrimidin, Äthyl-[1(2)*H*-pyrazolo[3,4-*d*]pyrimidin-4-yl]-amin $C_7H_9N_5$, Formel XV (R = R' = H) und Taut. Kristalle (aus wss. A.); F: 259–260° [unkorr.] (*Ro.*). Scheinbare Dissoziationsexponenten pK'_{a1} und pK'_{a2} (H_2O; spektrophotometrisch ermittelt) bei 20°: 4,60 bzw. 10,90 (*Ly. et al.*).

4-Äthylamino-1-methyl-1*H*-pyrazolo[3,4-*d*]pyrimidin, Äthyl-[1-methyl-1*H*-pyrazolo[3,4-*d*]pyrimidin-4-yl]-amin $C_8H_{11}N_5$, Formel XV (R = CH_3, R' = H). Kristalle (aus Me.); F: 133–135° [unkorr.] (*Ch., Ro.*, l. c. S. 1243, 1254). λ_{max} (wss. Lösung): 224 nm und 265 nm [pH 1] bzw. 234 nm und 284 nm [pH 11] (*Ch., Ro.*). Scheinbarer Dissoziationsexponent pK'_a (H_2O; spektrophotometrisch ermittelt) bei 20°: 4,24 (*Ly. et al.*).

4-Diäthylamino-1(2)*H*-pyrazolo[3,4-*d*]pyrimidin, Diäthyl-[1(2)*H*-pyrazolo[3,4-*d*]pyrimidin-4-yl]-amin $C_9H_{13}N_5$, Formel XV (R = H, R' = C_2H_5) und Taut. Kristalle (aus wss. A.); F: 196–197° [unkorr.] (*Ro.*). λ_{max} (wss. Lösung): 273 nm [pH 1] bzw. 287 nm [pH 11] (*Ro.*, l. c. S. 787). Scheinbarer Dissoziationsexponent pK'_a (H_2O; spektrophotometrisch ermittelt) bei 20°: 4,71 (*Ly. et al.*).

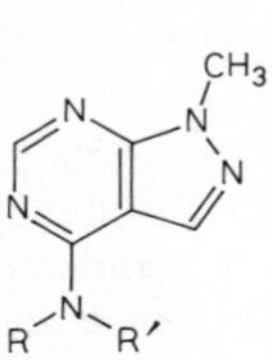

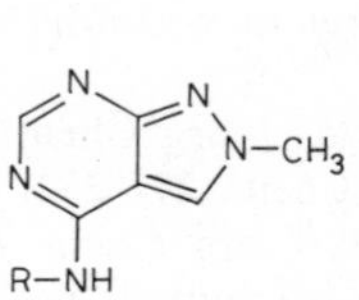

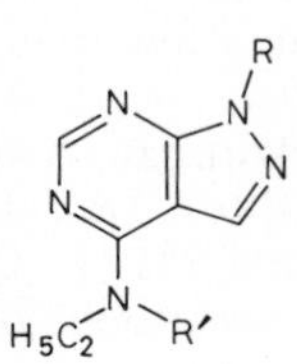

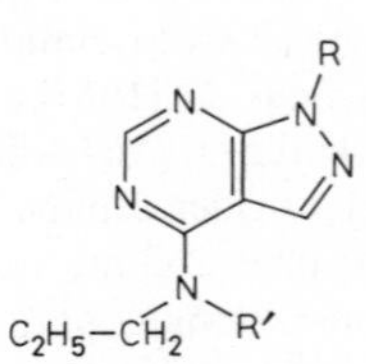

1-Äthyl-4-diäthylamino-1*H*-pyrazolo[3,4-*d*]pyrimidin, Diäthyl-[1-äthyl-1*H*-pyrazolo[3,4-*d*]pyrimidin-4-yl]-amin $C_{11}H_{17}N_5$, Formel XV (R = R' = C_2H_5).

B. Beim Erhitzen von 1-Äthyl-1,5-dihydro-pyrazolo[3,4-*d*]pyrimidin-4-on mit $POCl_3$ und Erhitzen des Reaktionsprodukts mit Diäthylamin (*Schmidt et al.*, Helv. **42** [1959] 763, 767, 771).

Hydrochlorid $C_{11}H_{17}N_5 \cdot HCl$. F: 170–171° [unkorr.].

1-Methyl-4-propylamino-1*H*-pyrazolo[3,4-*d*]pyrimidin, [1-Methyl-1*H*-pyrazolo[3,4-*d*]pyrimidin-4-yl]-propyl-amin $C_9H_{13}N_5$, Formel XVI (R = CH_3, R' = H).

B. Aus 4-Chlor-1-methyl-1*H*-pyrazolo[3,4-*d*]pyrimidin und Propylamin (*Cheng, Robins*, J. org. Chem. **21** [1956] 1240, 1243, 1254).

Kristalle (aus Me.); F: 117° [unkorr.]; λ_{max} (wss. Lösung): 224 nm und 265 nm [pH 1] bzw. 234 nm und 284 nm [pH 11] (*Ch.*, *Ro.*). Scheinbarer Dissoziationsexponent pK'_a (H_2O; spektro= photometrisch ermittelt) bei 20°: 4,25 (*Lynch et al.*, Soc. **1958** 2973, 2975).

2-Methyl-4-propylamino-2*H*-pyrazolo[3,4-*d*]pyrimidin, [2-Methyl-2*H*-pyrazolo[3,4-*d*]pyrimidin-4-yl]-propyl-amin $C_9H_{13}N_5$, Formel XIV (R = CH_2-C_2H_5).

B. Beim Erwärmen von 2-Methyl-4-methylmercapto-2*H*-pyrazolo[3,4-*d*]pyrimidin mit Prop= ylamin in Äthanol (*Schmidt et al.*, Helv. **42** [1959] 763, 769, 771).

Hygroskopische Kristalle (aus CH_2Cl_2+PAe.); das Monohydrat schmilzt bei 130–135° [un= korr.].

Hydrochlorid $C_9H_{13}N_5 \cdot HCl$. F: 245–246° [unkorr.].

1-Äthyl-4-propylamino-1*H*-pyrazolo[3,4-*d*]pyrimidin, [1-Äthyl-1*H*-pyrazolo[3,4-*d*]pyrimidin-4-yl]-propyl-amin $C_{10}H_{15}N_5$, Formel XVI (R = C_2H_5, R′ = H).

B. Beim Erhitzen von 1-Äthyl-1,5-dihydro-pyrazolo[3,4-*d*]pyrimidin-4-on mit $POCl_3$ und Er= hitzen des Reaktionsprodukts mit Propylamin (*Schmidt et al.*, Helv. **42** [1959] 763, 767, 771).

Hydrochlorid $C_{10}H_{15}N_5 \cdot HCl$. F: 216–218° [unkorr.].

Äthyl-propyl-[1(2)*H*-pyrazolo[3,4-*d*]pyrimidin-4-yl]-amin $C_{10}H_{15}N_5$, Formel XVI (R = H, R′ = C_2H_5) und Taut.

B. Aus 4-Chlor-1(2)*H*-pyrazolo[3,4-*d*]pyrimidin und Äthyl-propyl-amin (*Noell, Robins*, J. org. Chem. **23** [1958] 1547, 1549, 1550).

Kristalle (aus wss. Me.); F: 165–166°. λ_{max} (wss. Lösung): 267 nm [pH 1] bzw. 280 nm [pH 11].

4-Dipropylamino-1(2)*H*-pyrazolo[3,4-*d*]pyrimidin, Dipropyl-[1(2)*H*-pyrazolo[3,4-*d*]pyrimidin-4-yl]-amin $C_{11}H_{17}N_5$, Formel XVI (R = H, R′ = CH_2-C_2H_5) und Taut.

B. Analog der vorangehenden Verbindung (*Noell, Robins*, J. org. Chem. **23** [1958] 1547, 1549, 1550).

λ_{max} (wss. Lösung): 283 nm [pH 1] bzw. 291 nm [pH 11].

Hydrochlorid $C_{11}H_{17}N_5 \cdot HCl$. Kristalle (aus äthanol. HCl); F: 209–213°.

1-Isopropyl-1*H*-pyrazolo[3,4-*d*]pyrimidin-4-ylamin $C_8H_{11}N_5$, Formel I (R = R′ = H).

B. Beim Erhitzen von 4-Chlor-1-isopropyl-1*H*-pyrazolo[3,4-*d*]pyrimidin mit NH_3 (*Schmidt et al.*, Helv. **42** [1959] 763, 767, 771).

Kristalle (aus Cyclohexan); F: 152–153° [unkorr.].

2-Isopropyl-2*H*-pyrazolo[3,4-*d*]pyrimidin-4-ylamin $C_8H_{11}N_5$, Formel II (R = H).

B. Beim Erhitzen von 3-Amino-1-isopropyl-1*H*-pyrazol-4-carbonitril mit Formamid auf 200° (*Schmidt et al.*, Helv. **42** [1959] 763, 769, 772).

F: 236–237° [unkorr.].

4-Isopropylamino-1(2)*H*-pyrazolo[3,4-*d*]pyrimidin, Isopropyl-[1(2)*H*-pyrazolo[3,4-*d*]pyrimidin-4-yl]-amin $C_8H_{11}N_5$, Formel III (R = R′ = H) und Taut.

B. Aus 4-Chlor-1(2)*H*-pyrazolo[3,4-*d*]pyrimidin und Isopropylamin (*Robins*, Am. Soc. **78** [1956] 784, 786, 790).

Kristalle (aus H_2O); F: 253–254° [unkorr.] (*Ro.*). Scheinbare Dissoziationsexponenten pK'_{a1} und pK'_{a2} (H_2O; spektrophotometrisch ermittelt) bei 20°: 4,62 bzw. 10,99 (*Lynch et al.*, Soc. **1958** 2973, 2975).

1-Isopropyl-4-methylamino-1*H*-pyrazolo[3,4-*d*]pyrimidin, [1-Isopropyl-1*H*-pyrazolo[3,4-*d*]= pyrimidin-4-yl]-methyl-amin $C_9H_{13}N_5$, Formel I (R = CH_3, R′ = H).

B. Analog der vorangehenden Verbindung (*Schmidt et al.*, Helv. **42** [1959] 763, 767, 771).

F: 96°.

4-Isopropylamino-1-methyl-1*H*-pyrazolo[3,4-*d*]pyrimidin, Isopropyl-[1-methyl-1*H*-pyrazolo[3,4-*d*]pyrimidin-4-yl]-amin $C_9H_{13}N_5$, Formel III (R = CH_3, R' = H).

B. Analog den vorangehenden Verbindungen (*Cheng, Robins,* J. org. Chem. **21** [1956] 1240, 1243, 1254).

Kristalle (aus Me.); F: 106–108° [unkorr.]; λ_{max} (wss. Lösung): 224 nm und 265 nm [pH 1] bzw. 234 nm und 284 nm [pH 11] (*Ch., Ro.*). Scheinbarer Dissoziationsexponent pK'_a (H_2O; spektrophotometrisch ermittelt) bei 20°: 4,22 (*Lynch et al.,* Soc. **1958** 2973, 2975).

4-Dimethylamino-1-isopropyl-1*H*-pyrazolo[3,4-*d*]pyrimidin, [1-Isopropyl-1*H*-pyrazolo[3,4-*d*]pyrimidin-4-yl]-dimethyl-amin $C_{10}H_{15}N_5$, Formel I (R = R' = CH_3).

B. Analog den vorangehenden Verbindungen (*Schmidt et al.,* Helv. **42** [1959] 763, 767, 771).

Hydrochlorid $C_{10}H_{15}N_5 \cdot HCl$. F: 239–241° [unkorr.].

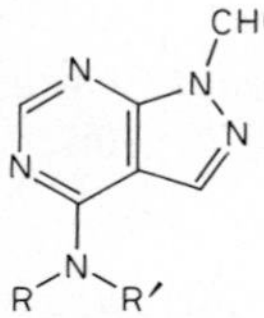

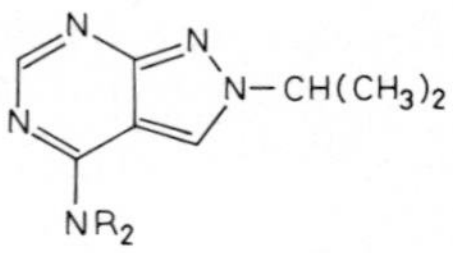

4-Dimethylamino-2-isopropyl-2*H*-pyrazolo[3,4-*d*]pyrimidin, [2-Isopropyl-2*H*-pyrazolo[3,4-*d*]pyrimidin-4-yl]-dimethyl-amin $C_{10}H_{15}N_5$, Formel II (R = CH_3).

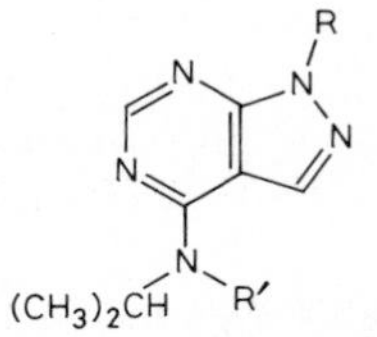

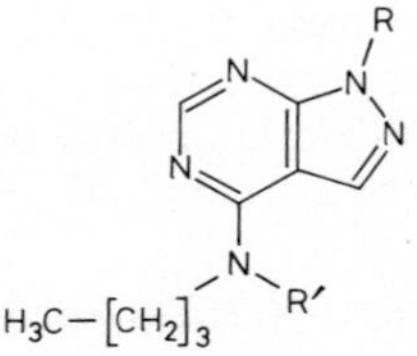

B. Beim Erwärmen von 2-Isopropyl-4-methylmercapto-2*H*-pyrazolo[3,4-*d*]pyrimidin mit Dimethylamin in Äthanol (*Schmidt et al.,* Helv. **42** [1959] 763, 769, 771).

F: 138–140° [unkorr.].

4-Äthylamino-1-isopropyl-1*H*-pyrazolo[3,4-*d*]pyrimidin, Äthyl-[1-isopropyl-1*H*-pyrazolo[3,4-*d*]pyrimidin-4-yl]-amin $C_{10}H_{15}N_5$, Formel I (R = C_2H_5, R' = H).

B. Aus 4-Chlor-1-isopropyl-1*H*-pyrazolo[3,4-*d*]pyrimidin und Äthylamin (*Schmidt et al.,* Helv. **42** [1959] 763, 767, 771).

Hydrochlorid $C_{10}H_{15}N_5 \cdot HCl$. F: 212–214° [unkorr.].

Die folgenden Verbindungen sind in analoger Weise hergestellt worden:

4-Diäthylamino-1-isopropyl-1*H*-pyrazolo[3,4-*d*]pyrimidin, Diäthyl-[1-isopropyl-1*H*-pyrazolo[3,4-*d*]pyrimidin-4-yl]-amin $C_{12}H_{19}N_5$, Formel I (R = R' = C_2H_5). Hydrochlorid $C_{12}H_{19}N_5 \cdot HCl$. F: 160–162° [unkorr.] (*Schmidt et al.,* Helv. **42** [1959] 763, 767, 771).

1-Isopropyl-4-propylamino-1*H*-pyrazolo[3,4-*d*]pyrimidin, [1-Isopropyl-1*H*-pyrazolo[3,4-*d*]pyrimidin-4-yl]-propyl-amin $C_{11}H_{17}N_5$, Formel I (R = CH_2-C_2H_5, R' = H). Hydrochlorid $C_{11}H_{17}N_5 \cdot HCl$. F: 172–173° [unkorr.] (*Sch. et al.*).

1-Isopropyl-4-isopropylamino-1*H*-pyrazolo[3,4-*d*]pyrimidin, Isopropyl-[1-isopropyl-1*H*-pyrazolo[3,4-*d*]pyrimidin-4-yl]-amin $C_{11}H_{17}N_5$, Formel I (R = $CH(CH_3)_2$, R' = H). Hydrochlorid $C_{11}H_{17}N_5 \cdot HCl$. F: 187–190° [unkorr.] (*Sch. et al.*).

Isopropyl-methyl-[1-methyl-1*H*-pyrazolo[3,4-*d*]pyrimidin-4-yl]-amin $C_{10}H_{15}N_5$, Formel III (R = R' = CH_3). λ_{max} (wss. Lösung): 226 nm und 271 nm [pH 1] bzw. 234 nm und 291 nm [pH 11] (*Noell, Robins,* J. org. Chem. **23** [1958] 1547, 1548). – Hydrochlorid $C_{10}H_{15}N_5 \cdot HCl$. Kristalle (aus äthanol. HCl); F: 186–189° (*No., Ro.*).

4-Butylamino-1(2)*H*-pyrazolo[3,4-*d*]pyrimidin, Butyl-[1(2)*H*-pyrazolo[3,4-*d*]pyrimidin-4-yl]-amin $C_9H_{13}N_5$, Formel IV (R = R' = H) und Taut. Kristalle (aus wss. A.); F: 205–206° [unkorr.] (*Robins,* Am. Soc. **78** [1956] 784, 786, 790). Scheinbare Dissoziationsexponenten pK'_{a1} und pK'_{a2} (H_2O; spektrophotometrisch ermittelt) bei 20°: 4,67 bzw. 11,21 (*Lynch et al.,* Soc. **1958** 2973, 2975).

4-Butylamino-1-methyl-1*H*-pyrazolo[3,4-*d*]pyrimidin, Butyl-[1-methyl-1*H*-

pyrazolo[3,4-*d*]pyrimidin-4-yl]-amin $C_{10}H_{15}N_5$, Formel IV (R = CH_3, R′ = H). Kristalle (aus Bzl.+Heptan); F: 87–88° (*Cheng, Robins,* J. org. Chem. **21** [1956] 1240, 1243, 1254). λ_{max} (wss. Lösung): 224 nm und 265 nm [pH 1] bzw. 234 nm und 284 nm [pH 11] (*Ch., Ro.*). Scheinbarer Dissoziationsexponent pK'_a (H_2O; spektrophotometrisch ermittelt) bei 20°: 4,22 (*Ly. et al.*).

4-Dibutylamino-1-isopropyl-1*H*-pyrazolo[3,4-*d*]pyrimidin, Dibutyl-[1-isopropyl-1*H*-pyrazolo[3,4-*d*]pyrimidin-4-yl]-amin $C_{16}H_{27}N_5$, Formel IV (R = $CH(CH_3)_2$, R′ = $[CH_2]_3$-CH_3). $Kp_{0,2}$: 150° (*Sch. et al.*).

(±)-1-*sec*-Butyl-4-dimethylamino-1*H*-pyrazolo[3,4-*d*]pyrimidin, (±)-[1-*sec*-Butyl-1*H*-pyrazolo[3,4-*d*]pyrimidin-4-yl]-dimethyl-amin $C_{11}H_{17}N_5$, Formel V (R = R′ = CH_3). Hydrochlorid $C_{11}H_{17}N_5 \cdot HCl$. F: 228–229° [unkorr.] (*Sch. et al.*).

(±)-1-*sec*-Butyl-4-isopropylamino-1*H*-pyrazolo[3,4-*d*]pyrimidin, (±)-[1-*sec*-Butyl-1*H*-pyrazolo[3,4-*d*]pyrimidin-4-yl]-isopropyl-amin $C_{12}H_{19}N_5$, Formel V (R = $CH(CH_3)_2$, R′ = H). Hydrochlorid $C_{12}H_{19}N_5 \cdot HCl$. F: 181–182° [unkorr.] (*Sch. et al.*).

4-Isobutylamino-1(2)*H*-pyrazolo[3,4-*d*]pyrimidin, Isobutyl-[1(2)*H*-pyrazolo[3,4-*d*]pyrimidin-4-yl]-amin $C_9H_{13}N_5$, Formel VI (R = H, n = 1) und Taut. λ_{max} (wss. Lösung): 266 nm [pH 1] bzw. 271 nm [pH 11] (*No., Ro.*, l. c. S. 1549, 1550). – Hydrochlorid $C_9H_{13}N_5 \cdot HCl$. Kristalle (aus äthanol. HCl); F: 238–242° (*No., Ro.*).

4-Isobutylamino-1-methyl-1*H*-pyrazolo[3,4-*d*]pyrimidin, Isobutyl-[1-methyl-1*H*-pyrazolo[3,4-*d*]pyrimidin-4-yl]-amin $C_{10}H_{15}N_5$, Formel VI (R = CH_3, n = 1). λ_{max} (wss. Lösung): 224,5 nm und 267 nm [pH 1] bzw. 231 nm und 285 nm [pH 11] (*No., Ro.*, l. c. S. 1548, 1550). – Hydrochlorid $C_{10}H_{15}N_5 \cdot HCl$. Kristalle (aus äthanol. HCl); F: 210–217° (*No., Ro.*).

4-Pentylamino-1(2)*H*-pyrazolo[3,4-*d*]pyrimidin, Pentyl-[1(2)*H*-pyrazolo[3,4-*d*]pyrimidin-4-yl]-amin $C_{10}H_{15}N_5$, Formel VII (R = H, n = 4) und Taut. λ_{max} (wss. Lösung): 265 nm [pH 1] bzw. 279 nm [pH 11] (*No., Ro.*, l. c. S. 1549, 1550). – Hydrochlorid $C_{10}H_{15}N_5 \cdot HCl$. Kristalle (aus äthanol. HCl); F: 210–215° (*No., Ro.*).

1-[1-Äthyl-propyl]-4-diäthylamino-1*H*-pyrazolo[3,4-*d*]pyrimidin, Diäthyl-[1-(1-äthyl-propyl)-1*H*-pyrazolo[3,4-*d*]pyrimidin-4-yl]-amin $C_{14}H_{23}N_5$, Formel VIII (R = R′ = C_2H_5). Hydrochlorid $C_{14}H_{23}N_5 \cdot HCl$. F: 167–168° [unkorr.] (*Sch. et al.*).

1-[1-Äthyl-propyl]-4-propylamino-1*H*-pyrazolo[3,4-*d*]pyrimidin, [1-(1-Äthyl-propyl)-1*H*-pyrazolo[3,4-*d*]pyrimidin-4-yl]-propyl-amin $C_{13}H_{21}N_5$, Formel VIII (R = CH_2-C_2H_5, R′ = H). Hydrochlorid $C_{13}H_{21}N_5 \cdot HCl$. F: 118–121° [unkorr.] (*Sch. et al.*).

(±)-4-Diäthylamino-1-[1,2-dimethyl-propyl]-1*H*-pyrazolo[3,4-*d*]pyrimidin, (±)-Diäthyl-[1-(1,2-dimethyl-propyl)-1*H*-pyrazolo[3,4-*d*]pyrimidin-4-yl]-amin $C_{14}H_{23}N_5$, Formel IX (R = R′ = C_2H_5). Hydrochlorid $C_{14}H_{23}N_5 \cdot HCl$. F: 182–184° [unkorr.] (*Sch. et al.*).

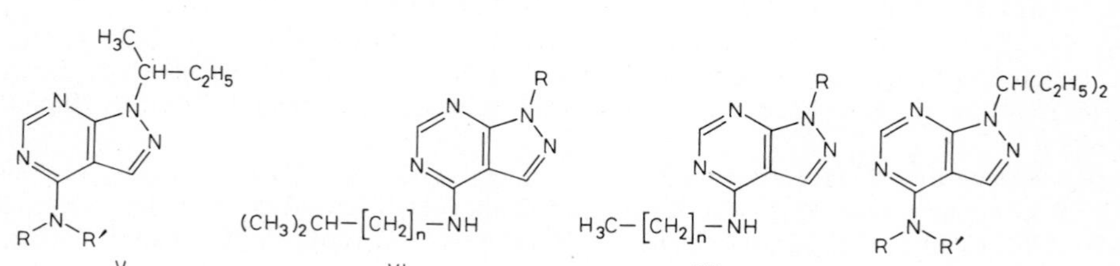

V VI VII VIII

(±)-1-[1,2-Dimethyl-propyl]-4-propylamino-1*H*-pyrazolo[3,4-*d*]pyrimidin, (±)-[1-(1,2-Dimethyl-propyl)-1*H*-pyrazolo[3,4-*d*]pyrimidin-4-yl]-propyl-amin $C_{13}H_{21}N_5$, Formel IX (R = CH_2-C_2H_5, R′ = H). Hydrochlorid $C_{13}H_{21}N_5 \cdot HCl$. F: 150–152° [unkorr.] (*Sch. et al.*).

IX X XI

4-Isopentylamino-1(2)*H*-pyrazolo[3,4-*d*]pyrimidin, Isopentyl-[1(2)*H*-pyrazolo[3,4-*d*]pyrimidin-4-yl]-amin $C_{10}H_{15}N_5$, Formel VI (R = H, n = 2) und Taut.

B. Aus 4-Chlor-1(2)*H*-pyrazolo[3,4-*d*]pyrimidin und Isopentylamin (*Noell, Robins,* J. org. Chem. **23** [1958] 1547, 1549, 1550).

λ_{max} (wss. Lösung): 264 nm [pH 1] bzw. 277 nm [pH 11] (*No., Ro.*). Scheinbarer Dissoziationsexponent pK'_a (H_2O; spektrophotometrisch ermittelt) bei 20°: 4,62 (*Lynch et al.,* Soc. **1958** 2973, 2975).

Hydrochlorid $C_{10}H_{15}N_5 \cdot HCl$. Kristalle (aus äthanol. HCl); F: 231 – 235° (*No., Ro.*).

Die folgenden Verbindungen sind in analoger Weise hergestellt worden:

4-Isopentylamino-1-methyl-1*H*-pyrazolo[3,4-*d*]pyrimidin, Isopentyl-[1-methyl-1*H*-pyrazolo[3,4-*d*]pyrimidin-4-yl]-amin $C_{11}H_{17}N_5$, Formel VI (R = CH_3, n = 2). λ_{max} (wss. Lösung): 224 nm und 267 nm [pH 1] bzw. 233 nm und 285 nm [pH 11] (*Noell, Robins,* J. org. Chem. **23** [1958] 1547, 1548, 1550). – Hydrochlorid $C_{11}H_{17}N_5 \cdot HCl$. Kristalle (aus äthanol. HCl); F: 214 – 217° (*No., Ro.*).

4-Hexylamino-1(2)*H*-pyrazolo[3,4-*d*]pyrimidin, Hexyl-[1(2)*H*-pyrazolo[3,4-*d*]pyrimidin-4-yl]-amin $C_{11}H_{17}N_5$, Formel VII (R = H, n = 5) und Taut. λ_{max} (wss. Lösung): 265 nm [pH 1] bzw. 279 nm [pH 11] (*No., Ro.,* l. c. S. 1549, 1550). – Hydrochlorid $C_{11}H_{17}N_5 \cdot HCl$. Kristalle (aus äthanol. HCl); F: 206 – 208° (*No., Ro.*).

4-Heptylamino-1(2)*H*-pyrazolo[3,4-*d*]pyrimidin, Heptyl-[1(2)*H*-pyrazolo[3,4-*d*]pyrimidin-4-yl]-amin $C_{12}H_{19}N_5$, Formel VII (R = H, n = 6) und Taut. λ_{max} (wss. Lösung): 264 nm [pH 1] bzw. 278 nm [pH 11] (*No., Ro.,* l. c. S. 1549, 1550). – Hydrochlorid $C_{12}H_{19}N_5 \cdot HCl$. Kristalle (aus äthanol. HCl); F: 196 – 199° (*No., Ro.*).

4-Heptylamino-1-methyl-1*H*-pyrazolo[3,4-*d*]pyrimidin, Heptyl-[1-methyl-1*H*-pyrazolo[3,4-*d*]pyrimidin-4-yl]-amin $C_{13}H_{21}N_5$, Formel VII (R = CH_3, n = 6). λ_{max} (wss. Lösung): 224 nm und 267 nm [pH 1] bzw. 233 nm und 285 nm [pH 11] (*No., Ro.,* l. c. S. 1548, 1550). – Hydrochlorid $C_{13}H_{21}N_5 \cdot HCl$. Kristalle (aus äthanol. HCl); F: 190 – 193° (*No., Ro.*).

4-Octylamino-1(2)*H*-pyrazolo[3,4-*d*]pyrimidin, Octyl-[1(2)*H*-pyrazolo[3,4-*d*]pyrimidin-4-yl]-amin $C_{13}H_{21}N_5$, Formel VII (R = H, n = 7) und Taut. λ_{max} (wss. Lösung): 266 nm [pH 1] bzw. 275 nm [pH 11] (*No., Ro.,* l. c. S. 1549, 1550). – Hydrochlorid $C_{13}H_{21}N_5 \cdot HCl$. Kristalle (aus äthanol. HCl); F: 213 – 215° (*No., Ro.*).

1-Methyl-4-octylamino-1*H*-pyrazolo[3,4-*d*]pyrimidin, [1-Methyl-1*H*-pyrazolo[3,4-*d*]pyrimidin-4-yl]-octyl-amin $C_{14}H_{23}N_5$, Formel VII (R = CH_3, n = 7). λ_{max} (wss. Lösung): 224 nm und 267 nm [pH 1] bzw. 234 nm und 285 nm [pH 11] (*No., Ro.,* l. c. S. 1548, 1550). – Hydrochlorid $C_{14}H_{23}N_5 \cdot HCl$. Kristalle (aus äthanol. HCl); F: 196 – 199° (*No., Ro.*).

(±)-[2-Äthyl-hexyl]-[1(2)*H*-pyrazolo[3,4-*d*]pyrimidin-4-yl]-amin $C_{13}H_{21}N_5$, Formel X (R = H) und Taut. λ_{max} (wss. Lösung): 257 nm [pH 1] bzw. 275 nm [pH 11] (*No., Ro.,* l. c. S. 1549, 1550). – Hydrochlorid $C_{13}H_{21}N_5 \cdot HCl$. Kristalle (aus äthanol. HCl); F: 226 – 230° (*No., Ro.*). Scheinbarer Dissoziationsexponent pK'_a (H_2O; spektrophotometrisch ermittelt) bei 20°: 4,60 (*Lynch et al.,* Soc. **1958** 2973, 2975).

(±)-[2-Äthyl-hexyl]-[1-methyl-1*H*-pyrazolo[3,4-*d*]pyrimidin-4-yl]-amin $C_{14}H_{23}N_5$, Formel X (R = CH_3). λ_{max} (wss. Lösung): 267 nm [pH 1] bzw. 285 nm [pH 11] (*No., Ro.,* l. c. S. 1548, 1550). – Hydrochlorid $C_{14}H_{23}N_5 \cdot HCl$. Kristalle (aus äthanol. HCl); F: 168° (*No., Ro.*).

[1-Methyl-1*H*-pyrazolo[3,4-*d*]pyrimidin-4-yl]-[1,1,3,3-tetramethyl-butyl]-amin

$C_{14}H_{23}N_5$, Formel XI. Kristalle (aus wss. A.); F: 132–133,5° (*Cheng, Robins,* J. org. Chem. **21** [1956] 1240, 1245, 1254). λ_{max}: 225 nm und 270 nm [wss. Lösung vom pH 1], 288 nm [wss. Lösung vom pH 11] bzw. 289 nm [A.] (*Ch., Ro.*). Scheinbarer Dissoziationsexponent pK'_a (H_2O; spektrophotometrisch ermittelt) bei 20°: 3,96 (*Ly. et al.*).

4-Nonylamino-1(2)*H*-pyrazolo[3,4-*d*]pyrimidin, Nonyl-[1(2)*H*-pyrazolo[3,4-*d*]pyrimidin-4-yl]-amin $C_{14}H_{23}N_5$, Formel VII (R = H, n = 8) und Taut. λ_{max} (wss. Lösung): 264 nm [pH 1] bzw. 275 nm [pH 11] (*No., Ro.,* l. c. S. 1549, 1550). – Hydrochlorid $C_{14}H_{23}N_5 \cdot HCl$. Kristalle (aus äthanol. HCl); F: 222–225° (*No., Ro.*).

4-Undecylamino-1(2)*H*-pyrazolo[3,4-*d*]pyrimidin, [1(2)*H*-Pyrazolo[3,4-*d*]pyrimidin-4-yl]-undecyl-amin $C_{16}H_{27}N_5$, Formel VII (R = H, n = 10) und Taut. λ_{max} (wss. Lösung): 265 nm [pH 1] bzw. 269 nm [pH 11] (*No., Ro.,* l. c. S. 1549, 1550). – Hydrochlorid $C_{16}H_{27}N_5 \cdot HCl$. Kristalle (aus äthanol. HCl); F: 217–220° (*No., Ro.*).

1-Methyl-4-undecylamino-1*H*-pyrazolo[3,4-*d*]pyrimidin, [1-Methyl-1*H*-pyrazolo[3,4-*d*]pyrimidin-4-yl]-undecyl-amin $C_{17}H_{29}N_5$, Formel VII (R = CH_3, n = 10). Hydrochlorid $C_{17}H_{29}N_5 \cdot HCl$. Kristalle (aus äthanol. HCl); F: 197–199° (*No., Ro.,* l. c. S. 1548, 1550).

4-Dodecylamino-1(2)*H*-pyrazolo[3,4-*d*]pyrimidin, Dodecyl-[1(2)*H*-pyrazolo[3,4-*d*]pyrimidin-4-yl]-amin $C_{17}H_{29}N_5$, Formel VII (R = H, n = 11) und Taut. λ_{max} (wss. Lösung): 265 nm [pH 1] bzw. 272 nm [pH 11] (*No., Ro.,* l. c. S. 1549, 1550). – Hydrochlorid $C_{17}H_{29}N_5 \cdot HCl$. Kristalle (aus äthanol. HCl); F: 214–217° (*No., Ro.*).

4-Allylamino-1-methyl-1*H*-pyrazolo[3,4-*d*]pyrimidin, Allyl-[1-methyl-1*H*-pyrazolo[3,4-*d*]pyrimidin-4-yl]-amin $C_9H_{11}N_5$, Formel XII. λ_{max} (wss. Lösung): 224,5 nm und 266 nm [pH 1] bzw. 231,5 nm und 284 nm [pH 11] (*No., Ro.,* l. c. S. 1548, 1550). – Hydrochlorid $C_9H_{11}N_5 \cdot HCl$. Kristalle (aus äthanol. HCl); F: 197–203° (*No., Ro.*).

1-Cyclopentyl-4-diäthylamino-1*H*-pyrazolo[3,4-*d*]pyrimidin, Diäthyl-[1-cyclopentyl-1*H*-pyrazolo[3,4-*d*]pyrimidin-4-yl]-amin $C_{14}H_{21}N_5$, Formel XIII.

B. Beim Erhitzen von 1-Cyclopentyl-1,5-dihydro-pyrazolo[3,4-*d*]pyrimidin-4-on mit $POCl_3$ und Erhitzen des Reaktionsprodukts mit Diäthylamin (*Schmidt et al.,* Helv. **42** [1959] 763, 768, 771).

Hydrochlorid $C_{14}H_{21}N_5 \cdot HCl$. F: 177–179° [unkorr.].

$H_2C{=}CH{-}CH_2{-}NH$ XII H_5C_2 C_2H_5 XIII R–NH XIV NH XV

1-Cyclohexyl-1*H*-pyrazolo[3,4-*d*]pyrimidin-4-ylamin $C_{11}H_{15}N_5$, Formel XIV (R = H).

B. Analog der vorangehenden Verbindung (*Schmidt et al.,* Helv. **42** [1959] 763, 768, 771).

Hydrochlorid $C_{11}H_{15}N_5 \cdot HCl$. F: 236–238° [unkorr.].

4-Cyclohexylamino-1-methyl-1*H*-pyrazolo[3,4-*d*]pyrimidin, Cyclohexyl-[1-methyl-1*H*-pyrazolo[3,4-*d*]pyrimidin-4-yl]-amin $C_{12}H_{17}N_5$, Formel XV.

B. Aus 4-Chlor-1-methyl-1*H*-pyrazolo[3,4-*d*]pyrimidin und Cyclohexylamin (*Cheng, Robins,* J. org. Chem. **21** [1956] 1240, 1245, 1254).

Kristalle (aus Me.); F: 95–96°. λ_{max} (wss. Lösung): 254 nm [pH 1] bzw. 270 nm [pH 11].

4-Äthylamino-1-cyclohexyl-1*H*-pyrazolo[3,4-*d*]pyrimidin, Äthyl-[1-cyclohexyl-1*H*-pyrazolo[3,4-*d*]pyrimidin-4-yl]-amin $C_{13}H_{19}N_5$, Formel XIV (R = C_2H_5).

B. Beim Erhitzen von 4-Chlor-1-cyclohexyl-1*H*-pyrazolo[3,4-*d*]pyrimidin mit Äthylamin

(*Schmidt et al.*, Helv. **42** [1959] 763, 768, 771).
F: 172–172,5° [unkorr.].

1-Phenyl-1*H*-pyrazolo[3,4-*d*]pyrimidin-4-ylamin $C_{11}H_9N_5$, Formel I (R = X = X′ = H).
B. Beim Erhitzen von 5-Amino-1-phenyl-1*H*-pyrazol-4-carbonitril mit Formamid (*Cheng, Robins*, J. org. Chem. **21** [1956] 1240, 1242, 1252). Beim Erhitzen von 4-Chlor-1-phenyl-1*H*-pyrazolo[3,4-*d*]pyrimidin mit äthanol. NH_3 auf 160° (*Ch., Ro.*).
Kristalle; F: 210° [unkorr.; aus wss. A.] (*Ch., Ro.*), 205–206° [aus CH_2Cl_2] (*Schmidt, Druey*, Helv. **39** [1956] 986, 988; *CIBA*, U.S.P. 2965643 [1960]). λ_{max} (wss. Lösung): 240 nm [pH 1] bzw. 235 nm und 282 nm [pH 11] (*Ch., Ro.*). Scheinbarer Dissoziationsexponent pK'_a (H_2O; spektrophotometrisch ermittelt) bei 20°: 3,89 (*Lynch et al.*, Soc. **1958** 2973, 2975).
Hydrochlorid. Kristalle; F: 239–240° (*CIBA*).

1-[2-Chlor-phenyl]-1*H*-pyrazolo[3,4-*d*]pyrimidin-4-ylamin $C_{11}H_8ClN_5$, Formel I (R = X′ = H, X = Cl).
B. Beim Erhitzen von 5-Amino-1-[2-chlor-phenyl]-1*H*-pyrazol-4-carbonitril mit Formamid (*Cheng, Robins*, J. org. Chem. **21** [1956] 1240, 1243, 1252).
Kristalle (aus Py.+H_2O); F: 254° [unkorr.]. λ_{max} (wss. Lösung): 255 nm [pH 1] bzw. 270 nm [pH 11].

1-[4-Chlor-phenyl]-1*H*-pyrazolo[3,4-*d*]pyrimidin-4-ylamin $C_{11}H_8ClN_5$, Formel I (R = X = H, X′ = Cl).
B. Analog der vorangehenden Verbindung (*Cheng, Robins*, J. org. Chem. **21** [1956] 1240, 1242, 1252).
Kristalle (aus Py.); F: 284° [unkorr.]. λ_{max} (wss. Lösung): 240 nm [pH 1] bzw. 238 nm und 282 nm [pH 11].

1-[4-Brom-phenyl]-1*H*-pyrazolo[3,4-*d*]pyrimidin-4-ylamin $C_{11}H_8BrN_5$, Formel I (R = X = H, X′ = Br).
B. Analog den vorangehenden Verbindungen (*Cheng, Robins*, J. org. Chem. **21** [1956] 1240, 1243, 1252).
Kristalle (aus A.); F: >300°. λ_{max} (wss. Lösung): 244 nm [pH 1] bzw. 240 nm und 283 nm [pH 11].

1-[4-Nitro-phenyl]-1*H*-pyrazolo[3,4-*d*]pyrimidin-4-ylamin $C_{11}H_8N_6O_2$, Formel I (R = X = H, X′ = NO_2).
B. Analog den vorangehenden Verbindungen (*Cheng, Robins*, J. org. Chem. **21** [1956] 1240, 1243, 1252).
Kristalle (aus Py.); F: >300°. λ_{max}: 224 nm, 265 nm und 300 nm [wss. Lösung vom pH 1], 259 nm und 295 nm [wss. Lösung vom pH 11] bzw. 224 nm, 263 nm und 322 nm [A.].

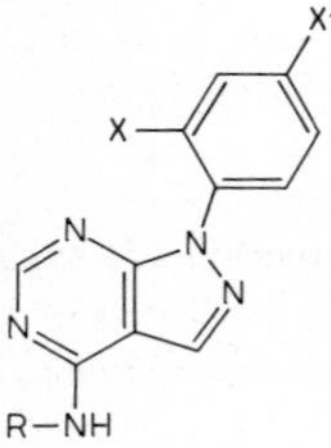

I 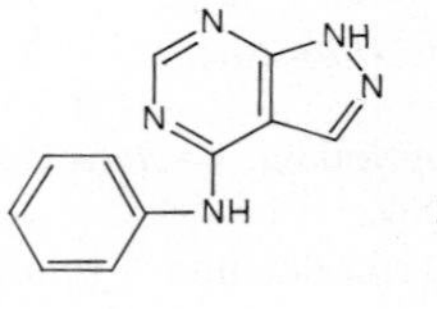 II 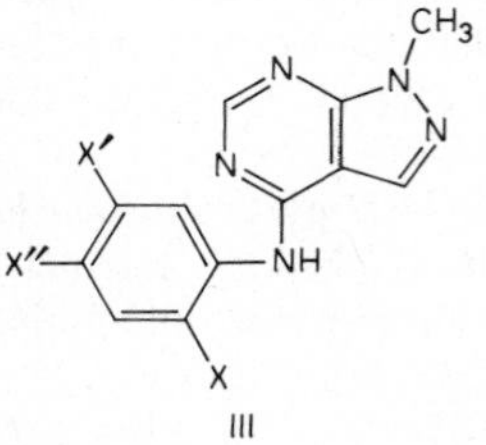 III 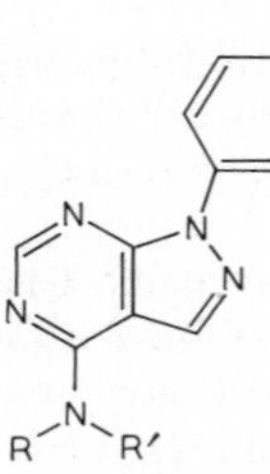 IV

4-Anilino-1(2)*H*-pyrazolo[3,4-*d*]pyrimidin, Phenyl-[1(2)*H*-pyrazolo[3,4-*d*]pyrimidin-4-yl]-amin $C_{11}H_9N_5$, Formel II und Taut.
B. Aus 4-Chlor-1(2)*H*-pyrazolo[3,4-*d*]pyrimidin und Anilin (*Robins*, Am. Soc. **78** [1956] 784,

786, 790).

Kristalle (aus A.); F: 263–264° [unkorr.] (*Ro.*). λ_{max} (wss. Lösung): 275 nm [pH 1] bzw. 290 nm [pH 11] (*Ro.*, l. c. S. 787). Scheinbarer Dissoziationsexponent pK'_a (H_2O; spektrophotometrisch ermittelt) bei 20°: 3,92 (*Lynch et al.*, Soc. **1958** 2973, 2975).

Die folgenden Verbindungen sind in analoger Weise hergestellt worden:

4-Methylamino-1-phenyl-1*H*-pyrazolo[3,4-*d*]pyrimidin, Methyl-[1-phenyl-1*H*-pyrazolo[3,4-*d*]pyrimidin-4-yl]-amin $C_{12}H_{11}N_5$, Formel I (R = CH_3, X = X′ = H). Kristalle (aus A.); F: 203° [unkorr.] (*Cheng, Robins*, J. org. Chem. **21** [1956] 1240, 1245, 1253). λ_{max} (wss. Lösung): 242 nm [pH 1] bzw. 238 nm und 288 nm [pH 11] (*Ch., Ro.*).

1-[4-Chlor-phenyl]-4-methylamino-1*H*-pyrazolo[3,4-*d*]pyrimidin, [1-(4-Chlor-phenyl)-1*H*-pyrazolo[3,4-*d*]pyrimidin-4-yl]-methyl-amin $C_{12}H_{10}ClN_5$, Formel I (R = CH_3, X = H, X′ = Cl). Kristalle (aus A.); F: 270–272° [unkorr.] (*Ch., Ro.*, l. c. S. 1246, 1253). λ_{max} (A.): 245 nm und 294 nm (*Ch., Ro.*).

4-Anilino-1-methyl-1*H*-pyrazolo[3,4-*d*]pyrimidin, [1-Methyl-1*H*-pyrazolo[3,4-*d*]pyrimidin-4-yl]-phenyl-amin $C_{12}H_{11}N_5$, Formel III (X = X′ = X″ = H). Kristalle (aus Me.); F: 173° [unkorr.] (*Ch., Ro.*, l. c. S. 1244, 1253). λ_{max} (wss. Lösung): 271 nm [pH 1] bzw. 284 nm [pH 11] (*Ch., Ro.*). Scheinbarer Dissoziationsexponent pK'_a (H_2O; spektrophotometrisch ermittelt) bei 20°: 3,53 (*Ly. et al.*).

[2-Chlor-phenyl]-[1-methyl-1*H*-pyrazolo[3,4-*d*]pyrimidin-4-yl]-amin $C_{12}H_{10}ClN_5$, Formel III (X = Cl, X′ = X″ = H). Kristalle (aus A.); F: 169–170° [unkorr.] (*Ch., Ro.*, l. c. S. 1244, 1253). λ_{max} (wss. Lösung): 270 nm [pH 1] bzw. 284 nm [pH 11] (*Ch., Ro.*).

[3-Chlor-phenyl]-[1-methyl-1*H*-pyrazolo[3,4-*d*]pyrimidin-4-yl]-amin $C_{12}H_{10}ClN_5$, Formel III (X = X″ = H, X′ = Cl). Kristalle (aus A.); F: 213° [unkorr.] (*Ch., Ro.*, l. c. S. 1244, 1254). λ_{max} (wss. Lösung): 273 nm [pH 1] bzw. 297 nm [pH 11] (*Ch., Ro.*).

[4-Chlor-phenyl]-[1-methyl-1*H*-pyrazolo[3,4-*d*]pyrimidin-4-yl]-amin $C_{12}H_{10}ClN_5$, Formel III (X = X′ = H, X″ = Cl). λ_{max} (A.): 307 nm (*Ch., Ro.*, l. c. S. 1244, 1253). – Hydrochlorid $C_{12}H_{10}ClN_5 \cdot HCl$. Kristalle (aus 2-Äthoxy-äthanol); F: 234–235° [unkorr.] (*Ch., Ro.*).

[2,5-Dichlor-phenyl]-[1-methyl-1*H*-pyrazolo[3,4-*d*]pyrimidin-4-yl]-amin $C_{12}H_9Cl_2N_5$, Formel III (X = X′ = Cl, X″ = H). Kristalle (aus Me.); F: 150° [unkorr.] (*Ch., Ro.*, l. c. S. 1244, 1254). λ_{max} (A.): 289 nm (*Ch., Ro.*).

[4-Brom-phenyl]-[1-methyl-1*H*-pyrazolo[3,4-*d*]pyrimidin-4-yl]-amin $C_{12}H_{10}BrN_5$, Formel III (X = X′ = H, X″ = Br). Kristalle (aus 2-Äthoxy-äthanol); F: 250–251° [unkorr.] (*Ch., Ro.*, l. c. S. 1244, 1253). λ_{max} (A.): 308 nm (*Ch., Ro.*).

[1-Methyl-1*H*-pyrazolo[3,4-*d*]pyrimidin-4-yl]-[4-nitro-phenyl]-amin $C_{12}H_{10}N_6O_2$, Formel III (X = X′ = H, X″ = NO_2). Kristalle (aus 2-Äthoxy-äthanol); F: 293° [unkorr.] (*Ch., Ro.*, l. c. S. 1244, 1253). λ_{max} (wss. Lösung): 263 nm und 307 nm [pH 1] bzw. 270 nm und 350 nm [pH 11] (*Ch., Ro.*).

4-Dimethylamino-1-phenyl-1*H*-pyrazolo[3,4-*d*]pyrimidin, Dimethyl-[1-phenyl-1*H*-pyrazolo[3,4-*d*]pyrimidin-4-yl]-amin $C_{13}H_{13}N_5$, Formel IV (R = R′ = CH_3, X = H). Kristalle; F: 137–148° [unkorr.; aus A.] (*Ch., Ro.*, l. c. S. 1245, 1254), 123–124° [aus PAe.] (*CIBA*, U.S.P. 2965643 [1960]). λ_{max} (wss. Lösung): 246 nm [pH 1] bzw. 238 nm und 294 nm [pH 11] (*Ch., Ro.*). – Hydrochlorid. F: 218–220° (*CIBA*).

1-[4-Chlor-phenyl]-4-dimethylamino-1*H*-pyrazolo[3,4-*d*]pyrimidin, [1-(4-Chlor-phenyl)-1*H*-pyrazolo[3,4-*d*]pyrimidin-4-yl]-dimethyl-amin $C_{13}H_{12}ClN_5$, Formel IV (R = R′ = CH_3, X = Cl). Kristalle (aus A.); F: 205,5° [unkorr.] (*Ch., Ro.*, l. c. S. 1246, 1253). λ_{max} (A.): 246 nm und 300 nm (*Ch., Ro.*).

4-Äthylamino-1-phenyl-1*H*-pyrazolo[3,4-*d*]pyrimidin, Äthyl-[1-phenyl-1*H*-pyrazolo[3,4-*d*]pyrimidin-4-yl]-amin $C_{13}H_{13}N_5$, Formel IV (R = C_2H_5, R′ = X = H). Kristalle (aus A.); F: 201–203° [unkorr.] (*Ch., Ro.*, l. c. S. 1245, 1253). λ_{max} (wss. Lösung): 243 nm [pH 1] bzw. 237 nm und 288 nm [pH 11] (*Ch., Ro.*).

4-Diäthylamino-1-phenyl-1*H*-pyrazolo[3,4-*d*]pyrimidin, Diäthyl-[1-phenyl-1*H*-pyrazolo[3,4-*d*]pyrimidin-4-yl]-amin $C_{15}H_{17}N_5$, Formel IV (R = R′ = C_2H_5,

X = H). Kristalle (aus A.); F: 79–79,5° (*Ch., Ro.*, l. c. S. 1245, 1254). λ_{max} (wss. Lösung): 246 nm [pH 1] bzw. 238 nm und 294 nm [pH 11] (*Ch., Ro.*).

4-Isopropylamino-1-phenyl-1*H*-pyrazolo[3,4-*d*]pyrimidin, Isopropyl-[1-phenyl-1*H*-pyrazolo[3,4-*d*]pyrimidin-4-yl]-amin $C_{14}H_{15}N_5$, Formel IV (R = $CH(CH_3)_2$, R' = X = H). Kristalle (aus A.); F: 129–130° [unkorr.] (*Ch., Ro.*, l. c. S. 1245, 1254). λ_{max} (wss. Lösung): 243 nm [pH 1] bzw. 238 nm und 288 nm [pH 11] (*Ch., Ro.*).

4-Butylamino-1-phenyl-1*H*-pyrazolo[3,4-*d*]pyrimidin, Butyl-[1-phenyl-1*H*-pyrazolo[3,4-*d*]pyrimidin-4-yl]-amin $C_{15}H_{17}N_5$, Formel IV (R = $[CH_2]_3$-CH_3, R' = X = H). Kristalle (aus A.); F: 118–120° [unkorr.] (*Ch., Ro.*, l. c. S. 1245, 1254). λ_{max} (A.): 240 nm und 293 nm (*Ch., Ro.*).

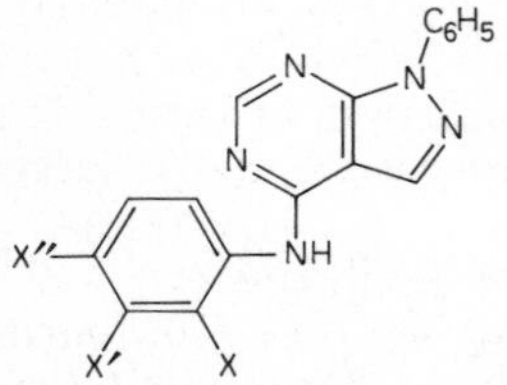

V 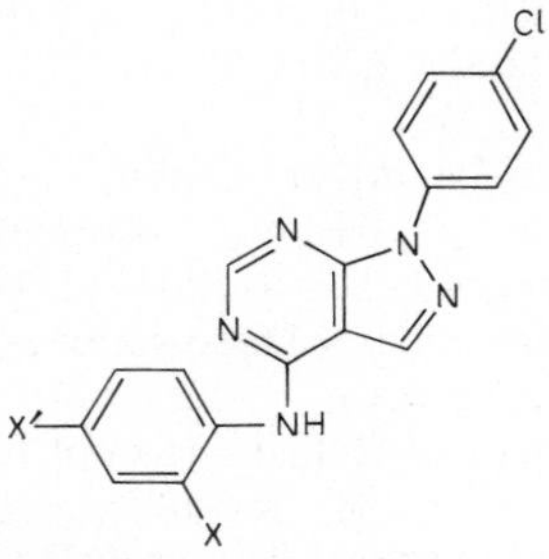 VI 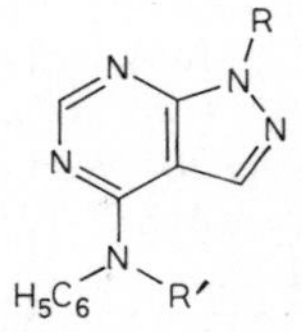 VII 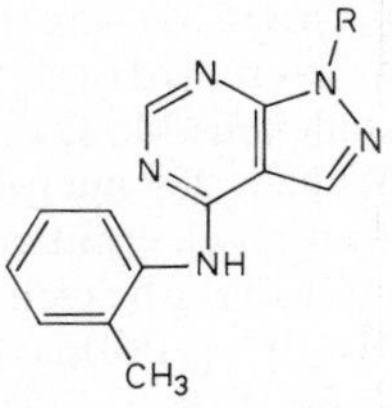 VIII

4-Anilino-1-phenyl-1*H*-pyrazolo[3,4-*d*]pyrimidin, Phenyl-[1-phenyl-1*H*-pyrazolo[3,4-*d*]pyrimidin-4-yl]-amin $C_{17}H_{13}N_5$, Formel V (X = X' = X'' = H).

B. Aus 4-Chlor-1-phenyl-1*H*-pyrazolo[3,4-*d*]pyrimidin und Anilin (*Cheng, Robins*, J. org. Chem. **21** [1956] 1240, 1246, 1253).

Kristalle (aus A.); F: 208–210° [unkorr.]. λ_{max} (wss. Lösung): 246 nm [pH 1] bzw. 307 nm [pH 11].

Die folgenden Verbindungen sind in analoger Weise hergestellt worden:

[2-Chlor-phenyl]-[1-phenyl-1*H*-pyrazolo[3,4-*d*]pyrimidin-4-yl]-amin $C_{17}H_{12}ClN_5$, Formel V (X = Cl, X' = X'' = H). Kristalle (aus 2-Äthoxy-äthanol); F: 157–158° [unkorr.] (*Ch., Ro.*, l. c. S. 1246, 1253). λ_{max} (wss. Lösung): 242 nm [pH 1] bzw. 295 nm [pH 11] (*Ch., Ro.*).

[3-Chlor-phenyl]-[1-phenyl-1*H*-pyrazolo[3,4-*d*]pyrimidin-4-yl]-amin $C_{17}H_{12}ClN_5$, Formel V (X = X'' = H, X' = Cl). Kristalle (aus 2-Äthoxy-äthanol); F: 192–194° [unkorr.] (*Ch., Ro.*, l. c. S. 1246, 1254). λ_{max} (A.): 249 nm und 309 nm (*Ch., Ro.*).

[4-Chlor-phenyl]-[1-phenyl-1*H*-pyrazolo[3,4-*d*]pyrimidin-4-yl]-amin $C_{17}H_{12}ClN_5$, Formel V (X = X' = H, X'' = Cl). Kristalle (aus A.); F: 218–219° [unkorr.] (*Ch., Ro.*, l. c. S. 1246, 1253). λ_{max} (A.): 250 nm und 306 nm (*Ch., Ro.*).

4-[2-Chlor-anilino]-1-[4-chlor-phenyl]-1*H*-pyrazolo[3,4-*d*]pyrimidin, [2-Chlor-phenyl]-[1-(4-chlor-phenyl)-1*H*-pyrazolo[3,4-*d*]pyrimidin-4-yl]-amin $C_{17}H_{11}Cl_2N_5$, Formel VI (X = Cl, X' = H). Kristalle (aus Bzl.); F: 181–182° [unkorr.] (*Ch., Ro.*, l. c. S. 1247, 1253). λ_{max} (wss. Lösung): 254 nm [pH 1] bzw. 289 nm [pH 11] (*Ch., Ro.*).

4-[4-Chlor-anilino]-1-[4-chlor-phenyl]-1*H*-pyrazolo[3,4-*d*]pyrimidin, [4-Chlor-phenyl]-[1-(4-chlor-phenyl)-1*H*-pyrazolo[3,4-*d*]pyrimidin-4-yl]-amin $C_{17}H_{11}Cl_2N_5$, Formel VI (X = H, X' = Cl). Kristalle (aus Bzl.+Me.); F: 235° [unkorr.] (*Ch., Ro.*, l. c. S. 1247, 1253). λ_{max} (A.): 255 nm und 312 nm (*Ch., Ro.*).

[3-Brom-phenyl]-[1-phenyl-1*H*-pyrazolo[3,4-*d*]pyrimidin-4-yl]-amin $C_{17}H_{12}BrN_5$, Formel V (X = X'' = H, X' = Br). Kristalle (aus 2-Äthoxy-äthanol); F: 210–210,5° [unkorr.] (*Ch., Ro.*, l. c. S. 1246, 1253). λ_{max} (A.): 233 nm, 248 nm und 309 nm (*Ch., Ro.*).

Methyl-phenyl-[1(2)*H*-pyrazolo[3,4-*d*]pyrimidin-4-yl]-amin $C_{12}H_{11}N_5$, Formel VII (R = H, R' = CH_3) und Taut. Kristalle (aus A.); F: 234–236° [unkorr.] (*Robins*, Am.

Soc. **78** [1956] 784, 786, 790).

Methyl-phenyl-[1-phenyl-1*H*-pyrazolo[3,4-*d*]pyrimidin-4-yl]-amin $C_{18}H_{15}N_5$, Formel VII (R = C_6H_5, R′ = CH_3). Kristalle (aus A.); F: 115–116° [unkorr.] (*Ch., Ro.*, l. c. S. 1245, 1254). λ_{max} (A.): 240 nm und 297 nm (*Ch., Ro.*).

Äthyl-[1-methyl-1*H*-pyrazolo[3,4-*d*]pyrimidin-4-yl]-phenyl-amin $C_{14}H_{15}N_5$, Formel VII (R = CH_3, R′ = C_2H_5). Kristalle (aus Me. + Bzl.); F: 175–177° [unkorr.] (*Ch., Ro.*, l. c. S. 1245, 1254). λ_{max} (wss. Lösung): 220 nm und 273 nm [pH 1] bzw. 240 nm und 289 nm [pH 11] (*Ch., Ro.*).

Äthyl-phenyl-[1-phenyl-1*H*-pyrazolo[3,4-*d*]pyrimidin-4-yl]-amin $C_{19}H_{17}N_5$, Formel VII (R = C_6H_5, R′ = C_2H_5). Kristalle (aus A.); F: 80,5° (*Ch., Ro.*, l. c. S. 1245, 1254). λ_{max} (A.): 241 nm und 300 nm (*Ch., Ro.*).

[1-Methyl-1*H*-pyrazolo[3,4-*d*]pyrimidin-4-yl]-phenyl-propyl-amin $C_{15}H_{17}N_5$, Formel VII (R = CH_3, R′ = CH_2-C_2H_5). Kristalle (aus Me. + Bzl.); F: 127–129° [unkorr.] (*Ch., Ro.*, l. c. S. 1245, 1254). λ_{max} (wss. Lösung): 220 nm und 273 nm [pH 1] bzw. 240 nm und 289 nm [pH 11] (*Ch., Ro.*).

Butyl-[1-methyl-1*H*-pyrazolo[3,4-*d*]pyrimidin-4-yl]-phenyl-amin $C_{16}H_{19}N_5$, Formel VII (R = CH_3, R′ = $[CH_2]_3$-CH_3). Kristalle (aus Me. + H_2O); F: 98–99° (*Ch., Ro.*, l. c. S. 1245, 1254). λ_{max} (wss. Lösung): 220 nm und 273 nm [pH 1] bzw. 240 nm und 289 nm [pH 11] (*Ch., Ro.*).

4-*o*-Toluidino-1(2)*H*-pyrazolo[3,4-*d*]pyrimidin, [1(2)*H*-Pyrazolo[3,4-*d*]pyrimidin-4-yl]-*o*-tolyl-amin $C_{12}H_{11}N_5$, Formel VIII (R = H) und Taut. Kristalle (aus A.); F: 260–261° [unkorr.] (*Ro.*, l. c. S. 786, 790).

1-Methyl-4-*o*-toluidino-1*H*-pyrazolo[3,4-*d*]pyrimidin, [1-Methyl-1*H*-pyrazolo[3,4-*d*]pyrimidin-4-yl]-*o*-tolyl-amin $C_{13}H_{13}N_5$, Formel VIII (R = CH_3). Kristalle (aus A.); F: 164–166° [unkorr.] (*Ch., Ro.*, l. c. S. 1244, 1253). λ_{max} (A.): 285 nm (*Ch., Ro.*).

1-Phenyl-4-*o*-toluidino-1*H*-pyrazolo[3,4-*d*]pyrimidin, [1-Phenyl-1*H*-pyrazolo[3,4-*d*]pyrimidin-4-yl]-*o*-tolyl-amin $C_{18}H_{15}N_5$, Formel VIII (R = C_6H_5). Kristalle (aus A.); F: 175,5–177,5° [unkorr.] (*Ch., Ro.*, l. c. S. 1246, 1253). λ_{max} (A.): 242 nm und 295 nm (*Ch., Ro.*).

1-[4-Chlor-phenyl]-4-*o*-toluidino-1*H*-pyrazolo[3,4-*d*]pyrimidin, [1-(4-Chlor-phenyl)-1*H*-pyrazolo[3,4-*d*]pyrimidin-4-yl]-*o*-tolyl-amin $C_{18}H_{14}ClN_5$, Formel VIII (R = C_6H_4-Cl). Kristalle (aus Bzl. + Me.); F: 167° [unkorr.] (*Ch., Ro.*, l. c. S. 1247, 1254). λ_{max}: 256 nm [wss. Lösung vom pH 1], 289 nm [wss. Lösung vom pH 11] bzw. 247 nm und 298 nm [A.] (*Ch., Ro.*).

1-Methyl-4-*m*-toluidino-1*H*-pyrazolo[3,4-*d*]pyrimidin, [1-Methyl-1*H*-pyrazolo[3,4-*d*]pyrimidin-4-yl]-*m*-tolyl-amin $C_{13}H_{13}N_5$, Formel IX. Kristalle (aus A.); F: 179–180° [unkorr.] (*Ch., Ro.*, l. c. S. 1244, 1254). λ_{max} (wss. Lösung): 272 nm [pH 1] bzw. 295 nm [pH 11] (*Ch., Ro.*).

1-*p*-Tolyl-1*H*-pyrazolo[3,4-*d*]pyrimidin-4-ylamin $C_{12}H_{11}N_5$, Formel X.

B. Beim Erhitzen von 5-Amino-1-*p*-tolyl-1*H*-pyrazol-4-carbonitril mit Formamid (*Cheng, Robins*, J. org. Chem. **21** [1956] 1240, 1243, 1252).

Kristalle (aus wss. A.); F: >300°. λ_{max} (wss. Lösung): 242 nm [pH 1] bzw. 240 nm und 280 nm [pH 11].

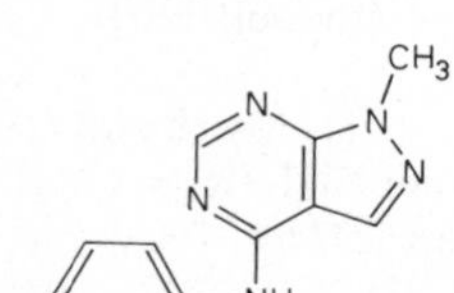

IX 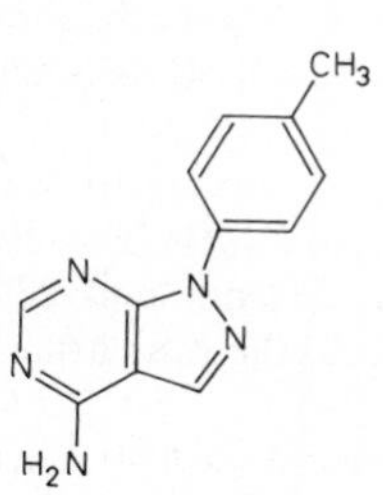 X 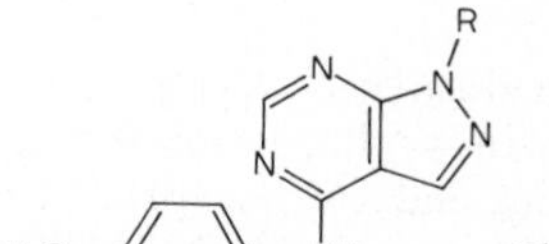 XI 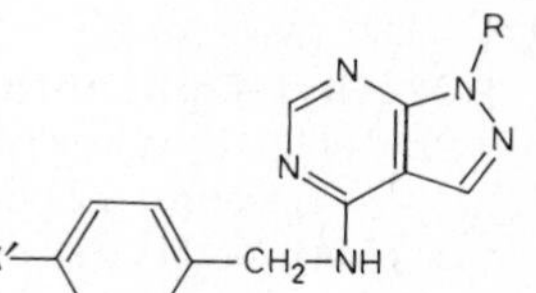 XII

1-Methyl-4-*p*-toluidino-1*H*-pyrazolo[3,4-*d*]pyrimidin, [1-Methyl-1*H*-pyrazolo[3,4-*d*]pyrimidin-4-yl]-*p*-tolyl-amin $C_{13}H_{13}N_5$, Formel XI (R = CH_3).

B. Aus 4-Chlor-1-methyl-1*H*-pyrazolo[3,4-*d*]pyrimidin und *p*-Toluidin (*Cheng, Robins,* J. org. Chem. **21** [1956] 1240, 1244, 1254).

Kristalle (aus 2-Äthoxy-äthanol); F: 186–188° [unkorr.]. λ_{max} (A.): 305 nm.

Die folgenden Verbindungen sind in analoger Weise hergestellt worden:

1-Phenyl-4-*p*-toluidino-1*H*-pyrazolo[3,4-*d*]pyrimidin, [1-Phenyl-1*H*-pyrazolo[3,4-*d*]pyrimidin-4-yl]-*p*-tolyl-amin $C_{18}H_{15}N_5$, Formel XI (R = C_6H_5). Kristalle (aus A.); F: 240–241° [unkorr.] (*Ch., Ro.,* l. c. S. 1246, 1253). λ_{max} (A.): 246 nm und 309 nm (*Ch., Ro.*).

4-Benzylamino-1(2)*H*-pyrazolo[3,4-*d*]pyrimidin, Benzyl-[1(2)*H*-pyrazolo[3,4-*d*]pyrimidin-4-yl]-amin $C_{12}H_{11}N_5$, Formel XII (R = X = X′ = H) und Taut. Kristalle (aus wss. A.); F: 215–217° [unkorr.] (*Robins,* Am. Soc. **78** [1956] 784, 786, 790). Scheinbare Dissoziationsexponenten pK'_{a1} und pK'_{a2} (H_2O; spektrophotometrisch ermittelt) bei 20°: 4,16 bzw. 10,93 (*Lynch et al.,* Soc. **1958** 2973, 2975).

[4-Chlor-benzyl]-[1(2)*H*-pyrazolo[3,4-*d*]pyrimidin-4-yl]-amin $C_{12}H_{10}ClN_5$, Formel XII (R = X = H, X′ = Cl) und Taut. Kristalle (aus A.); F: 210–211° (*Noell, Robins,* J. org. Chem. **23** [1958] 1547, 1549, 1550). λ_{max} (wss. Lösung): 270 nm [pH 1] bzw. 225 nm und 275 nm [pH 11] (*No., Ro.*). Scheinbarer Dissoziationsexponent pK'_a (H_2O; spektrophotometrisch ermittelt) bei 20°: 3,96 (*Ly. et al.*).

[2,4-Dichlor-benzyl]-[1(2)*H*-pyrazolo[3,4-*d*]pyrimidin-4-yl]-amin $C_{12}H_9Cl_2N_5$, Formel XII (R = H, X = X′ = Cl) und Taut. Kristalle (aus A.); F: 270–271° (*No., Ro.,* l. c. S. 1549, 1550). λ_{max} (wss. Lösung): 269 nm [pH 1] bzw. 228 nm und 273 nm [pH 11] (*No., Ro.*).

4-Benzylamino-1-methyl-1*H*-pyrazolo[3,4-*d*]pyrimidin, Benzyl-[1-methyl-1*H*-pyrazolo[3,4-*d*]pyrimidin-4-yl]-amin $C_{13}H_{13}N_5$, Formel XII (R = CH_3, X = X′ = H). Kristalle (aus A.); F: 158–159,5° [unkorr.] (*Ch., Ro.,* l. c. S. 1244, 1254). λ_{max}: 224 nm und 266 nm [wss. Lösung vom pH 1], 283 nm [wss. Lösung vom pH 11] bzw. 283 nm [A.] (*Ch., Ro.*). Scheinbarer Dissoziationsexponent pK'_a (H_2O; spektrophotometrisch ermittelt) bei 20°: 3,66 (*Ly. et al.*).

[4-Chlor-benzyl]-[1-methyl-1*H*-pyrazolo[3,4-*d*]pyrimidin-4-yl]-amin $C_{13}H_{12}ClN_5$, Formel XII (R = CH_3, X = H, X′ = Cl). Kristalle (aus A.); F: 205–206° (*No., Ro.,* l. c. S. 1548, 1550).

4-Benzylamino-1-phenyl-1*H*-pyrazolo[3,4-*d*]pyrimidin, Benzyl-[1-phenyl-1*H*-pyrazolo[3,4-*d*]pyrimidin-4-yl]-amin $C_{18}H_{15}N_5$, Formel XII (R = C_6H_5, X = X′ = H). Kristalle (aus A.); F: 199–201° [unkorr.] (*Ch., Ro.,* l. c. S. 1246, 1253). λ_{max} (wss. Lösung): 240 nm [pH 1] bzw. 293 nm [pH 11] (*Ch., Ro.*).

4-Benzylamino-1-[4-chlor-phenyl]-1*H*-pyrazolo[3,4-*d*]pyrimidin, Benzyl-[1-(4-chlor-phenyl)-1*H*-pyrazolo[3,4-*d*]pyrimidin-4-yl]-amin $C_{18}H_{14}ClN_5$, Formel XII (R = C_6H_4-Cl, X = X′ = H). Kristalle (aus A.); F: 227° [unkorr.] (*Ch., Ro.,* l. c. S. 1246, 1253). λ_{max} (A.): 241 nm und 296 nm (*Ch., Ro.*).

4-Phenäthylamino-1(2)*H*-pyrazolo[3,4-*d*]pyrimidin, Phenäthyl-[1(2)*H*-pyrazolo[3,4-*d*]pyrimidin-4-yl]-amin $C_{13}H_{13}N_5$, Formel XIII (R = H) und Taut. λ_{max} (wss. Lösung): 267 nm [pH 1] bzw. 270 nm [pH 11] (*Noell, Robins,* J. org. Chem. **23** [1958] 1547, 1549, 1550). Scheinbarer Dissoziationsexponent pK'_a (H_2O; spektrophotometrisch ermittelt) bei 20°: 4,38 (*Ly. et al.*). – Hydrochlorid $C_{13}H_{13}N_5 \cdot HCl$. Kristalle (aus äthanol. HCl); F: 224–228° (*No., Ro.*).

1-Methyl-4-phenäthylamino-1*H*-pyrazolo[3,4-*d*]pyrimidin, [1-Methyl-1*H*-pyrazolo[3,4-*d*]pyrimidin-4-yl]-phenäthyl-amin $C_{14}H_{15}N_5$, Formel XIII (R = CH_3). λ_{max} (wss. Lösung): 222 nm und 267 nm [pH 1] bzw. 231 nm und 285 nm [pH 11] (*No., Ro.,* l. c. S. 1548). – Hydrochlorid $C_{14}H_{15}N_5 \cdot HCl$. Kristalle (aus äthanol. HCl); F: 205–208° (*No., Ro.*).

[2,6-Dimethyl-phenyl]-[1-methyl-1*H*-pyrazolo[3,4-*d*]pyrimidin-4-yl]-amin $C_{14}H_{15}N_5$, Formel XIV (R = R′ = H, R″ = CH_3). Kristalle (aus Me.+Bzl.); F: 188–189°

[unkorr.] (*Ch., Ro.*, l. c. S. 1244, 1254). λ_{max} (wss. Lösung): 220 nm und 267 nm [pH 1] bzw. 288 nm [pH 11] (*Ch., Ro.*).

[2,4-Dimethyl-phenyl]-[1-methyl-1*H*-pyrazolo[3,4-*d*]pyrimidin-4-yl]-amin $C_{14}H_{15}N_5$, Formel XIV (R = CH_3, R′ = R″ = H). Kristalle (aus Me.+Bzl.); F: 192° [unkorr.] (*Ch., Ro.*, l. c. S. 1244, 1254). λ_{max} (wss. Lösung): 220 nm und 269 nm [pH 1] bzw. 284 nm [pH 11] (*Ch., Ro.*).

[2,5-Dimethyl-phenyl]-[1-methyl-1*H*-pyrazolo[3,4-*d*]pyrimidin-4-yl]-amin $C_{14}H_{15}N_5$, Formel XIV (R = R″ = H, R′ = CH_3). Kristalle (aus Me.+Bzl.); F: 170° [unkorr.; unter Sublimation] (*Ch., Ro.*, l. c. S. 1244, 1254). λ_{max} (wss. Lösung): 220 nm und 269 nm [pH 1] bzw. 284 nm [pH 11] (*Ch., Ro.*).

[2,6-Diäthyl-phenyl]-[1-methyl-1*H*-pyrazolo[3,4-*d*]pyrimidin-4-yl]-amin $C_{16}H_{19}N_5$, Formel XV. Kristalle (aus A.); F: 156° [unkorr.] (*Ch., Ro.*, l. c. S. 1244, 1254). λ_{max}: 220 nm und 267 nm [wss. Lösung vom pH 1], 289 nm [wss. Lösung vom pH 11] bzw. 284 nm [A.] (*Ch., Ro.*).

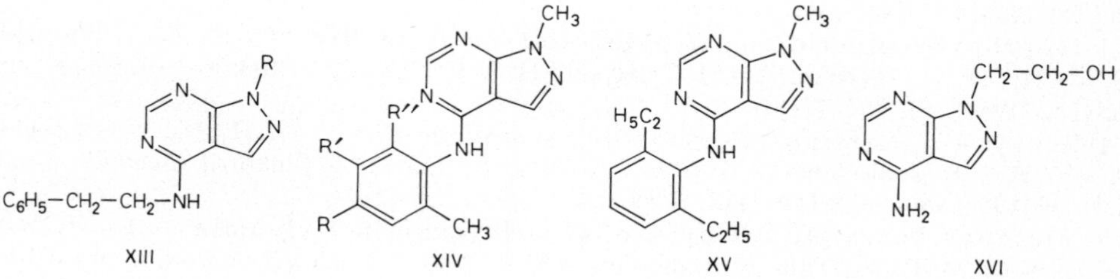

XIII XIV XV XVI

2-[4-Amino-pyrazolo[3,4-*d*]pyrimidin-1-yl]-äthanol $C_7H_9N_5O$, Formel XVI.

B. Beim Erhitzen von 5-Amino-1-[2-hydroxy-äthyl]-1*H*-pyrazol-4-carbonitril mit Formamid und Erwärmen des Reaktionsprodukts mit wss. HCl (*Cheng, Robins*, J. org. Chem. **21** [1956] 1240, 1242, 1252).

Kristalle (aus H_2O); F: 223–224° [unkorr.]; λ_{max} (wss. Lösung): 258 nm [pH 1] bzw. 262 nm und 276 nm [pH 11] (*Ch., Ro.*). Scheinbarer Dissoziationsexponent pK'_a (H_2O; spektrophotometrisch ermittelt) bei 20°: 4,29 (*Lynch et al.*, Soc. **1958** 2973, 2975).

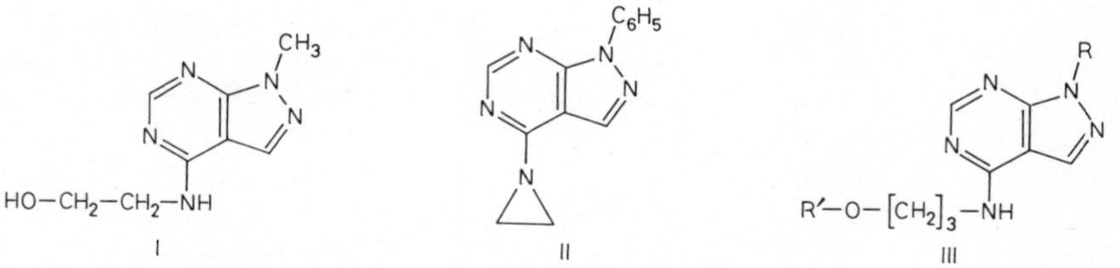

I II III

2-[1-Methyl-1*H*-pyrazolo[3,4-*d*]pyrimidin-4-ylamino]-äthanol $C_8H_{11}N_5O$, Formel I.

B. Aus 4-Chlor-1-methyl-1*H*-pyrazolo[3,4-*d*]pyrimidin und 2-Amino-äthanol (*Cheng, Robins*, J. org. Chem. **21** [1956] 1240, 1243, 1254).

Kristalle (aus A.); F: 208,5° [unkorr.]; λ_{max} (wss. Lösung): 225 nm und 265 nm [pH 1] bzw. 283 nm [pH 11] (*Ch., Ro.*). Scheinbarer Dissoziationsexponent pK'_a (H_2O; spektrophotometrisch ermittelt) bei 20°: 3,86 (*Lynch et al.*, Soc. **1958** 2973, 2975).

Die folgenden Verbindungen sind in analoger Weise hergestellt worden:

4-Aziridin-1-yl-1-phenyl-1*H*-pyrazolo[3,4-*d*]pyrimidin $C_{13}H_{11}N_5$, Formel II. Kristalle (aus PAe.); F: 124–125° (*CIBA*, U.S.P. 2965643 [1960]). – Hydrochlorid. F: 284–285° (*CIBA*).

[3-Methoxy-propyl]-[1-methyl-1*H*-pyrazolo[3,4-*d*]pyrimidin-4-yl]-amin $C_{10}H_{15}N_5O$, Formel III (R = R′ = CH_3). Kristalle (aus 2-Äthoxy-äthanol); F: 227–229° [un=

korr.] (*Ch., Ro.*, l. c. S. 1245, 1254). λ_{max} (wss. Lösung): 223 nm und 266 nm [pH 1] bzw. 283 nm [pH 11] (*Ch., Ro.*).

[3-Isopropoxy-propyl]-[1-methyl-1*H*-pyrazolo[3,4-*d*]pyrimidin-4-yl]-amin $C_{12}H_{19}N_5O$, Formel III (R = CH_3, R′ = $CH(CH_3)_2$). Kristalle (aus Me. + Bzl. + Heptan); F: 163–165° [unkorr.] (*Ch., Ro.*, l. c. S. 1245, 1254). λ_{max} (wss. Lösung): 224 nm und 266 nm [pH 1] bzw. 283 nm [pH 11] (*Ch., Ro.*).

1-[4-Chlor-phenyl]-4-[3-methoxy-propylamino]-1*H*-pyrazolo[3,4-*d*]pyrimidin, [1-(4-Chlor-phenyl)-1*H*-pyrazolo[3,4-*d*]pyrimidin-4-yl]-[3-methoxy-propyl]-amin $C_{15}H_{16}ClN_5O$, Formel III (R = C_6H_4-Cl, R′ = CH_3). Kristalle (aus Me. + Bzl.); F: 162,5–163° [unkorr.] (*Ch., Ro.*, l. c. S. 1247, 1253). λ_{max} (wss. Lösung): 250 nm [pH 1] bzw. 242 nm und 289 nm [pH 11] (*Ch., Ro.*).

1-[4-Chlor-phenyl]-4-[3-isopropoxy-propylamino]-1*H*-pyrazolo[3,4-*d*]pyrimidin, [1-(4-Chlor-phenyl)-1*H*-pyrazolo[3,4-*d*]pyrimidin-4-yl]-[3-isopropoxy-propyl]-amin $C_{17}H_{20}ClN_5O$, Formel III (R = C_6H_4-Cl, R′ = $CH(CH_3)_2$). Kristalle (aus Bzl.); F: 137° [unkorr.] (*Ch., Ro.*, l. c. S. 1246, 1254). λ_{max} (wss. Lösung): 250 nm [pH 1] bzw. 242 nm und 289 nm [pH 11] (*Ch., Ro.*).

1-Isopropyl-4-piperidino-1*H*-pyrazolo[3,4-*d*]pyrimidin $C_{13}H_{19}N_5$, Formel IV (R = $CH(CH_3)_2$). Hydrochlorid $C_{13}H_{19}N_5 \cdot HCl$. F: 223–225° [unkorr.] (*Schmidt et al.*, Helv. **42** [1959] 763, 767, 771).

1-Phenyl-4-piperidino-1*H*-pyrazolo[3,4-*d*]pyrimidin $C_{16}H_{17}N_5$, Formel IV (R = C_6H_5). Kristalle [aus CCl_4 + PAe.] (*CIBA*); F: 113–114° [unkorr.] (*Schmidt, Druey*, Helv. **39** [1956] 986, 988), 110–112° (*CIBA*).

[4-Methoxy-benzyl]-[1(2)*H*-pyrazolo[3,4-*d*]pyrimidin-4-yl]-amin $C_{13}H_{13}N_5O$, Formel V (R = H) und Taut. Kristalle (aus A.); F: 209–211° (*Noell, Robins*, J. org. Chem. **23** [1958] 1547, 1549, 1550). λ_{max} (wss. Lösung): 270 nm [pH 1] bzw. 227 nm und 276 nm [pH 11] (*No., Ro.*).

[4-Methoxy-benzyl]-[1-methyl-1*H*-pyrazolo[3,4-*d*]pyrimidin-4-yl]-amin $C_{14}H_{15}N_5O$, Formel V (R = CH_3). Kristalle (aus A.); F: 165–166° (*No., Ro.*, l. c. S. 1548, 1550). λ_{max} (wss. Lösung): 226 nm und 267 nm [pH 1] bzw. 228 nm und 285 nm [pH 11] (*No., Ro.*).

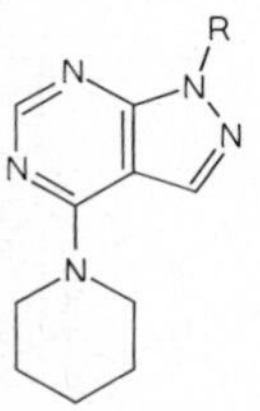

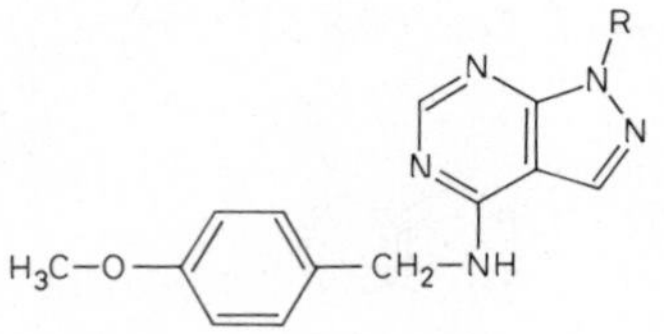

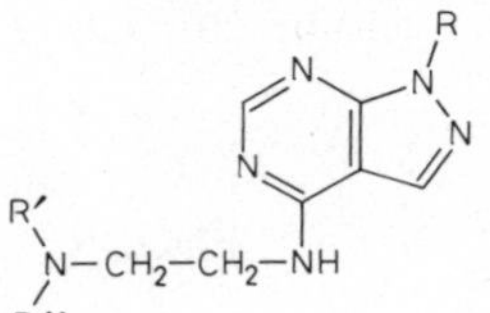

***N*,*N*-Diäthyl-*N*′-[1(2)*H*-pyrazolo[3,4-*d*]pyrimidin-4-yl]-äthylendiamin** $C_{11}H_{18}N_6$, Formel VI (R = H, R′ = R″ = C_2H_5) und Taut.

B. Aus 4-Chlor-1(2)*H*-pyrazolo[3,4-*d*]pyrimidin und *N*,*N*-Diäthyl-äthylendiamin (*Noell, Robins*, J. org. Chem. **23** [1958] 1547, 1549, 1550).

λ_{max} (wss. Lösung): 282 nm [pH 1] bzw. 278 nm [pH 11] (*No., Ro.*).

Hydrochlorid $C_{11}H_{18}N_6 \cdot HCl$. Kristalle (aus äthanol. HCl); F: 246–248° (*No., Ro.*).

Die folgenden Verbindungen sind in analoger Weise hergestellt worden:

2-[2-(1-Methyl-1*H*-pyrazolo[3,4-*d*]pyrimidin-4-ylamino)-äthylamino]-äthanol $C_{10}H_{16}N_6O$, Formel VI (R = CH_3, R′ = CH_2-CH_2-OH, R″ = H). Kristalle (aus Bzl.); F: 87° (*Cheng, Robins*, J. org. Chem. **21** [1956] 1240, 1245, 1254). λ_{max} (wss. Lösung): 273 nm [pH 1] bzw. 284 nm [pH 11] (*Ch., Ro.*).

N-[1-Phenyl-1*H*-pyrazolo[3,4-*d*]pyrimidin-4-yl]-äthylendiamin $C_{13}H_{14}N_6$, Formel VI (R = C_6H_5, R′ = R″ = H). Hydrochlorid. Kristalle; F: 268–270° (*CIBA*, U.S.P.

2965643 [1960]).

N,N-Diäthyl-*N'*-[1-phenyl-1*H*-pyrazolo[3,4-*d*]pyrimidin-4-yl]-äthylendiamin $C_{17}H_{22}N_6$, Formel VI (R = C_6H_5, R' = R'' = C_2H_5). Kristalle (aus Heptan); F: 79–80° (*Ch., Ro.*, l. c. S. 1246, 1254). λ_{max} (wss. Lösung): 241 nm [pH 1] bzw. 242 nm und 289 nm [pH 11] (*Ch., Ro.*). – Hydrochlorid $C_{17}H_{22}N_6 \cdot HCl$. Kristalle (aus E.); F: 141–143° [unkorr.] (*Schmidt, Druey*, Helv. **39** [1956] 986, 988; *CIBA*).

N,N-Diäthyl-*N'*-[1-(4-chlor-phenyl)-1*H*-pyrazolo[3,4-*d*]pyrimidin-4-yl]-äthylendiamin $C_{17}H_{21}ClN_6$, Formel VI (R = C_6H_4-Cl, R' = R'' = C_2H_5). Kristalle (aus wss. Me.); F: 105–106° [unkorr.] (*Ch., Ro.*, l. c. S. 1246, 1254). λ_{max} (wss. Lösung): 246 nm [pH 1] bzw. 242 nm und 289 nm [pH 11] (*Ch., Ro.*).

2-{2-[1-(4-Chlor-phenyl)-1*H*-pyrazolo[3,4-*d*]pyrimidin-4-ylamino]-äthylamino}-äthanol $C_{15}H_{17}ClN_6O$, Formel VI (R = C_6H_4-Cl, R' = CH_2-CH_2-OH, R'' = H). Kristalle (aus Bzl.+Me.); F: 154–155° [unkorr.] (*Ch., Ro.*, l. c. S. 1247, 1254). λ_{max} (wss. Lösung): 247 nm [pH 1] bzw. 242 nm und 289 nm [pH 11] (*Ch., Ro.*).

N,N-Diäthyl-*N'*-[1(2)*H*-pyrazolo[3,4-*d*]pyrimidin-4-yl]-propandiyldiamin $C_{12}H_{20}N_6$, Formel VII (R = C_2H_5, R' = H) und Taut. λ_{max} (wss. Lösung): 268 nm [pH 1] bzw. 276 nm [pH 11] (*No., Ro.*, l. c. S. 1549, 1550). – Hydrochlorid $C_{12}H_{20}N_6 \cdot HCl$. Kristalle (aus äthanol. HCl); F: 239–240° (*No., Ro.*).

N'-[1-(4-Chlor-phenyl)-1*H*-pyrazolo[3,4-*d*]pyrimidin-4-yl]-*N,N*-dimethyl-propandiyldiamin $C_{16}H_{19}ClN_6$, Formel VII (R = CH_3, R' = C_6H_4-Cl). Kristalle (aus Bzl.); F: 147–149° [unkorr.] (*Ch., Ro.*, l. c. S. 1246, 1254). λ_{max} (wss. Lösung): 247 nm [pH 1] bzw. 242 nm und 289 nm [pH 11] (*Ch., Ro.*).

N,N-Diäthyl-*N'*-[1-(4-chlor-phenyl)-1*H*-pyrazolo[3,4-*d*]pyrimidin-4-yl]-propandiyldiamin $C_{18}H_{23}ClN_6$, Formel VII (R = C_2H_5, R' = C_6H_4-Cl). Kristalle (aus Me.+Bzl.); F: 131° [unkorr.] (*Ch., Ro.*, l. c. S. 1247, 1254). λ_{max} (wss. Lösung): 247 nm [pH 1] bzw. 242 nm und 289 nm [pH 11] (*Ch., Ro.*).

4-Furfurylamino-1(2)*H*-pyrazolo[3,4-*d*]pyrimidin, Furfuryl-[1(2)*H*-pyrazolo[3,4-*d*]pyrimidin-4-yl]-amin $C_{10}H_9N_5O$, Formel VIII (R = H) und Taut. Kristalle (aus A.); F: 223–225° [unkorr.] (*Robins*, Am. Soc. **78** [1956] 784, 786, 790). Scheinbarer Dissoziationsexponent pK'_a (H_2O; spektrophotometrisch ermittelt) bei 20°: 4,01 (*Lynch et al.*, Soc. **1958** 2973, 2975).

4-Furfurylamino-1-methyl-1*H*-pyrazolo[3,4-*d*]pyrimidin, Furfuryl-[1-methyl-1*H*-pyrazolo[3,4-*d*]pyrimidin-4-yl]-amin $C_{11}H_{11}N_5O$, Formel VIII (R = CH_3). Kristalle (aus Bzl.); F: 150° [unkorr.] (*Ch., Ro.*, l. c. S. 1244, 1254). λ_{max}: 223 nm und 266 nm [wss. Lösung vom pH 1], 283 nm [wss. Lösung vom pH 11] bzw. 283 nm [A.] (*Ch., Ro.*). Scheinbarer Dissoziationsexponent pK'_a (H_2O; spektrophotometrisch ermittelt) bei 20°: 3,80 (*Ly. et al.*).

4-Furfurylamino-1-isopropyl-1*H*-pyrazolo[3,4-*d*]pyrimidin, Furfuryl-[1-isopropyl-1*H*-pyrazolo[3,4-*d*]pyrimidin-4-yl]-amin $C_{13}H_{15}N_5O$, Formel VIII (R = $CH(CH_3)_2$). F: 140–141° [unkorr.] (*Schmidt et al.*, Helv. **42** [1959] 763, 767, 771).

4-Furfurylamino-1-phenyl-1*H*-pyrazolo[3,4-*d*]pyrimidin, Furfuryl-[1-phenyl-1*H*-pyrazolo[3,4-*d*]pyrimidin-4-yl]-amin $C_{16}H_{13}N_5O$, Formel VIII (R = C_6H_5). Kristalle; F: 169–170° [unkorr.; aus A.] (*Ch., Ro.*, l. c. S. 1246, 1253), 158–160° [unkorr.; aus PAe.] (*Sch., Dr.*; *CIBA*). λ_{max} (A.): 240 nm und 292 nm (*Ch., Ro.*). – Hydrochlorid. F: 201–203° (*CIBA*).

1-[4-Chlor-phenyl]-4-furfurylamino-1*H*-pyrazolo[3,4-*d*]pyrimidin, [1-(4-Chlor-phenyl)-1*H*-pyrazolo[3,4-*d*]pyrimidin-4-yl]-furfuryl-amin $C_{16}H_{12}ClN_5O$, Formel VIII (R = C_6H_4-Cl). Kristalle (aus A.); F: 187,5° [unkorr.] (*Ch., Ro.*, l. c. S. 1246, 1253). λ_{max} (A.): 244 nm und 294 nm (*Ch., Ro.*).

(1Ξ)-1-[4-Amino-pyrazolo[3,4-*d*]pyrimidin-1-yl]-*O*⁵-phosphono-D-1,4-anhydro-ribit, 1-[O^5-Phosphono-ξ-D-ribofuranosyl]-1*H*-pyrazolo[3,4-*d*]pyrimidin-4-ylamin $C_{10}H_{14}N_5O_7P$, Formel IX.

B. Aus 1(2)*H*-Pyrazolo[3,4-*d*]pyrimidin-4-ylamin und O^5-Phosphono-O^1-trihydroxydiphosphoryl-α-D-ribofuranose mit Hilfe eines aus Rinderleber oder aus Brauereihefe hergestellten Enzympräparats (*Way, Parks*, J. biol. Chem. **231** [1958] 467, 474, 476).

λ_{max} (wss. Lösung vom pH 7): 261 nm.

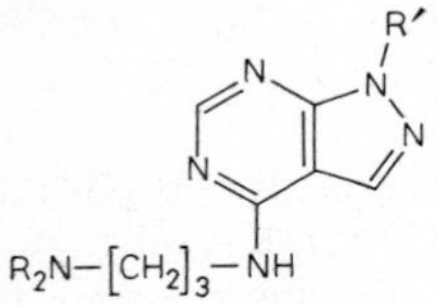

VII 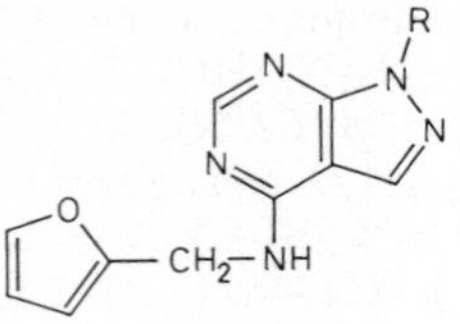 VIII 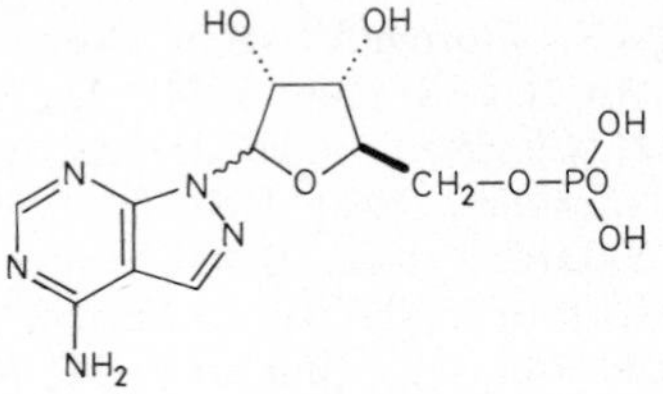 IX

1-Methyl-4-[2]pyridylamino-1*H*-pyrazolo[3,4-*d*]pyrimidin, [1-Methyl-1*H*-pyrazolo[3,4-*d*]pyrimidin-4-yl]-[2]pyridyl-amin $C_{11}H_{10}N_6$, Formel X.

B. Aus 4-Chlor-1-methyl-1*H*-pyrazolo[3,4-*d*]pyrimidin und [2]Pyridylamin (*Cheng, Robins,* J. org. Chem. **21** [1956] 1240, 1244, 1254).

λ_{max} (wss. Lösung): 254 nm [pH 1] bzw. 268 nm [pH 11].

Hydrochlorid $C_{11}H_{10}N_6 \cdot HCl$. Kristalle (aus A.); F: 90–91°.

6-Chlor-1(2)*H*-pyrazolo[3,4-*d*]pyrimidin-4-ylamin $C_5H_4ClN_5$, Formel XI (R = R′ = H) und Taut.

B. Beim Erhitzen von 4,6-Dichlor-1(2)*H*-pyrazolo[3,4-*d*]pyrimidin oder von 6-Chlor-4-methoxy-1(2)*H*-pyrazolo[3,4-*d*]pyrimidin mit äthanol. NH_3 (*Robins,* Am. Soc. **79** [1957] 6407, 6414).

Kristalle (aus DMF + H_2O); Zers. > 250°. λ_{max} (wss. Lösung): 265 nm [pH 1] bzw. 265 nm und 289 nm [pH 11] (*Ro.,* l. c. S. 6412).

6-Chlor-1-methyl-1*H*-pyrazolo[3,4-*d*]pyrimidin-4-ylamin $C_6H_6ClN_5$, Formel XI (R = CH_3, R′ = H).

B. Aus 4,6-Dichlor-1-methyl-1*H*-pyrazolo[3,4-*d*]pyrimidin und äthanol. NH_3 (*Cheng, Robins,* J. org. Chem. **23** [1958] 852, 855, 856).

Kristalle (aus H_2O); F: 295–296° [unkorr.]; λ_{max} (wss. Lösung vom pH 11): 266 nm (*Ch., Ro.*). Scheinbarer Dissoziationsexponent pK'_a (H_2O; spektrophotometrisch ermittelt) bei 20°: 2,69 (*Lynch et al.,* Soc. **1958** 2973, 2975).

6-Chlor-4-methylamino-1(2)*H*-pyrazolo[3,4-*d*]pyrimidin, [6-Chlor-1(2)*H*-pyrazolo[3,4-*d*]pyrimidin-4-yl]-methyl-amin $C_6H_6ClN_5$, Formel XI (R = H, R′ = CH_3) und Taut.

B. Beim Erwärmen von 6-Chlor-4-methoxy-1(2)*H*-pyrazolo[3,4-*d*]pyrimidin oder von 6-Chlor-4-methylmercapto-1(2)*H*-pyrazolo[3,4-*d*]pyrimidin mit wss. Methylamin (*Robins,* Am. Soc. **79** [1957] 6407, 6409, 6412, 6413).

Kristalle (aus DMF + H_2O); F: > 300°. λ_{max} (wss. Lösungen vom pH 1 sowie pH 11): 278 nm.

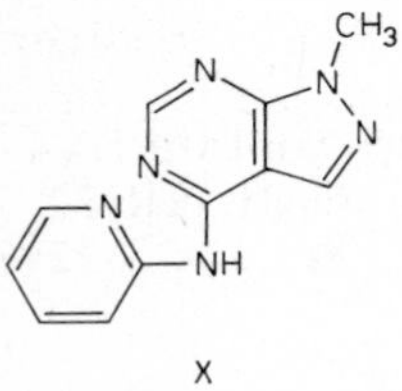

X 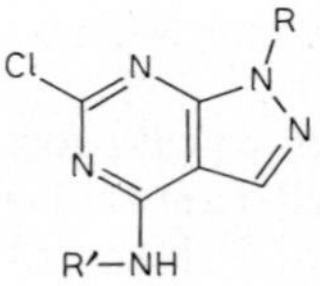 XI 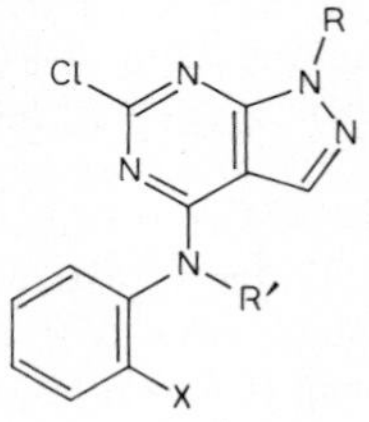 XII 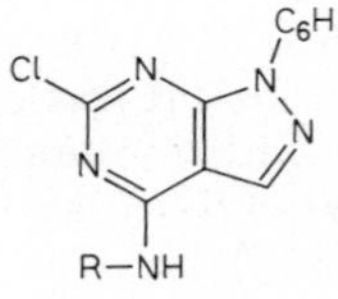 XIII

6-Chlor-1-methyl-4-methylamino-1*H*-pyrazolo[3,4-*d*]pyrimidin, [6-Chlor-1-methyl-1*H*-pyrazolo[3,4-*d*]pyrimidin-4-yl]-methyl-amin $C_7H_8ClN_5$, Formel XI (R = R′ = CH_3).

B. Aus 4,6-Dichlor-1-methyl-1*H*-pyrazolo[3,4-*d*]pyrimidin und Methylamin (*Cheng, Robins,* J. org. Chem. **23** [1958] 852, 855, 857).

Kristalle (aus A. + H_2O); F: 239–240° [unkorr.].

Die folgenden Verbindungen sind in analoger Weise hergestellt worden:

4-Äthylamino-6-chlor-1(2)*H*-pyrazolo[3,4-*d*]pyrimidin, Äthyl-[6-chlor-1(2)*H*-pyrazolo[3,4-*d*]pyrimidin-4-yl]-amin $C_7H_8ClN_5$, Formel XI (R = H, R' = C_2H_5) und Taut. Kristalle (aus wss. A.); Zers. >200° (*Robins,* Am. Soc. **79** [1957] 6407, 6409, 6414). λ_{max} (wss. Lösung): 278 nm [pH 1] bzw. 279 nm [pH 11] (*Ro.*).

4-Äthylamino-6-chlor-1-methyl-1*H*-pyrazolo[3,4-*d*]pyrimidin, Äthyl-[6-chlor-1-methyl-1*H*-pyrazolo[3,4-*d*]pyrimidin-4-yl]-amin $C_8H_{10}ClN_5$, Formel XI (R = CH_3, R' = C_2H_5). Kristalle (aus A.+H_2O); F: 211° [unkorr.] (*Ch., Ro.,* l. c. S. 855, 857).

6-Chlor-4-propylamino-1(2)*H*-pyrazolo[3,4-*d*]pyrimidin, [6-Chlor-1(2)*H*-pyrazolo[3,4-*d*]pyrimidin-4-yl]-propyl-amin $C_8H_{10}ClN_5$, Formel XI (R = H, R' = CH_2-C_2H_5) und Taut. Kristalle (aus A.+Toluol); Zers. >200° (*Ro.,* l. c. S. 6409, 6414). λ_{max} (wss. Lösungen vom pH 1 sowie pH 11): 279 nm (*Ro.*).

6-Chlor-4-isopropylamino-1(2)*H*-pyrazolo[3,4-*d*]pyrimidin, [6-Chlor-1(2)*H*-pyrazolo[3,4-*d*]pyrimidin-4-yl]-isopropyl-amin $C_8H_{10}ClN_5$, Formel XI (R = H, R' = $CH(CH_3)_2$) und Taut. Kristalle (aus A.+H_2O); Zers. >200° (*Ro.,* l. c. S. 6409, 6414). λ_{max} (wss. Lösung): 280 nm [pH 1] bzw. 279 nm [pH 11] (*Ro.*).

6-Chlor-4-isobutylamino-1(2)*H*-pyrazolo[3,4-*d*]pyrimidin, [6-Chlor-1(2)*H*-pyrazolo[3,4-*d*]pyrimidin-4-yl]-isobutyl-amin $C_9H_{12}ClN_5$, Formel XI (R = H, R' = CH_2-$CH(CH_3)_2$) und Taut. Kristalle (aus A.+Toluol); Zers. >200° (*Ro.,* l. c. S. 6409, 6414). λ_{max} (wss. Lösungen vom pH 1 sowie pH 11): 280 nm (*Ro.*).

4-*tert*-Butylamino-6-chlor-1-methyl-1*H*-pyrazolo[3,4-*d*]pyrimidin, *tert*-Butyl-[6-chlor-1-methyl-1*H*-pyrazolo[3,4-*d*]pyrimidin-4-yl]-amin $C_{10}H_{14}ClN_5$, Formel XI (R = CH_3, R' = $C(CH_3)_3$). Kristalle (aus Me.+H_2O); F: 162–163° [unkorr.] (*Ch., Ro.,* l. c. S. 855, 857). λ_{max} (A.): 284 nm (*Ch., Ro.*).

6-Chlor-1-methyl-4-octylamino-1*H*-pyrazolo[3,4-*d*]pyrimidin, [6-Chlor-1-methyl-1*H*-pyrazolo[3,4-*d*]pyrimidin-4-yl]-octyl-amin $C_{14}H_{22}ClN_5$, Formel XI (R = CH_3, R' = $[CH_2]_7$-CH_3). Kristalle (aus Bzl.+Heptan); F: 87,5–88° (*Ch., Ro.,* l. c. S. 855, 857). λ_{max} (A.): 284 nm (*Ch., Ro.*).

[6-Chlor-1-methyl-1*H*-pyrazolo[3,4-*d*]pyrimidin-4-yl]-[1,1,3,3-tetramethyl-butyl]-amin $C_{14}H_{22}ClN_5$, Formel XI (R = CH_3, R' = $C(CH_3)_2$-CH_2-$C(CH_3)_3$). Kristalle (aus Bzl.+A.); F: 183–184° [unkorr.] (*Ch., Ro.,* l. c. S. 855, 857). λ_{max} (A.): 285 nm (*Ch., Ro.*).

6-Chlor-4-cyclohexylamino-1-methyl-1*H*-pyrazolo[3,4-*d*]pyrimidin, [6-Chlor-1-methyl-1*H*-pyrazolo[3,4-*d*]pyrimidin-4-yl]-cyclohexyl-amin $C_{12}H_{16}ClN_5$, Formel XI (R = CH_3, R' = C_6H_{11}). Kristalle (aus A.); Zers. >200° (*Ro.,* l. c. S. 6409, 6414). λ_{max} (wss. Lösung): 285 nm [pH 1] bzw. 275 nm [pH 11] (*Ro.*).

[6-Chlor-1-methyl-1*H*-pyrazolo[3,4-*d*]pyrimidin-4-yl]-[2-chlor-phenyl]-amin $C_{12}H_9Cl_2N_5$, Formel XII (R = CH_3, R' = H, X = Cl). Kristalle (aus 2-Äthoxy-äthanol+H_2O); F: 224–225° [unkorr.] (*Ch., Ro.,* l. c. S. 855, 858). λ_{max} (A.): 285 nm (*Ch., Ro.*).

6-Chlor-1-phenyl-4-propylamino-1*H*-pyrazolo[3,4-*d*]pyrimidin, [6-Chlor-1-phenyl-1*H*-pyrazolo[3,4-*d*]pyrimidin-4-yl]-propyl-amin $C_{14}H_{14}ClN_5$, Formel XIII (R = CH_2-C_2H_5). Kristalle (aus A.+H_2O); F: 186–187,5° [unkorr.] (*Ch., Ro.,* l. c. S. 855, 858). λ_{max} (A.): 242 nm und 292 nm (*Ch., Ro.*).

6-Chlor-4-isopropylamino-1-phenyl-1*H*-pyrazolo[3,4-*d*]pyrimidin, [6-Chlor-1-phenyl-1*H*-pyrazolo[3,4-*d*]pyrimidin-4-yl]-isopropyl-amin $C_{14}H_{14}ClN_5$, Formel XIII (R = $CH(CH_3)_2$). Kristalle (aus Me.+H_2O); F: 157–157,5° [unkorr.] (*Ch., Ro.,* l. c. S. 855, 858). λ_{max} (A.): 242 nm und 292 nm (*Ch., Ro.*).

4-*tert*-Butylamino-6-chlor-1-phenyl-1*H*-pyrazolo[3,4-*d*]pyrimidin, *tert*-Butyl-[6-chlor-1-phenyl-1*H*-pyrazolo[3,4-*d*]pyrimidin-4-yl]-amin $C_{15}H_{16}ClN_5$, Formel XIII (R = $C(CH_3)_3$). Kristalle (aus Me.); F: 200–202° [unkorr.] (*Ch., Ro.,* l. c. S. 855, 858). λ_{max} (A.): 242 nm und 291 nm (*Ch., Ro.*).

4-Anilino-6-chlor-1-phenyl-1*H*-pyrazolo[3,4-*d*]pyrimidin, [6-Chlor-1-phenyl-1*H*-pyrazolo[3,4-*d*]pyrimidin-4-yl]-phenyl-amin $C_{17}H_{12}ClN_5$, Formel XIII (R = C_6H_5). Kristalle (aus 2-Äthoxy-äthanol); F: 281–284° [unkorr.] (*Ch., Ro.,* l. c. S. 855, 858). λ_{max} (A.): 245 nm und 307 nm (*Ch., Ro.*).

[6-Chlor-1(2)*H*-pyrazolo[3,4-*d*]pyrimidin-4-yl]-methyl-phenyl-amin (?) $C_{12}H_{10}ClN_5$, vermutlich Formel XII (R = X = H, R′ = CH_3) und Taut.

B. Beim Erhitzen von 1,7-Dihydro-pyrazolo[3,4-*d*]pyrimidin-4,6-dion mit $POCl_3$ und *N,N*-Dimethyl-anilin (*Robins*, Am. Soc. **78** [1956] 784, 786, 789).

Gelbe Kristalle (aus Xylol); F: 225–227° [unkorr.; Zers.].

Äthyl-[6-chlor-1-methyl-1*H*-pyrazolo[3,4-*d*]pyrimidin-4-yl]-phenyl-amin $C_{14}H_{14}ClN_5$, Formel XII (R = CH_3, R′ = C_2H_5, X = H).

B. Aus 4,6-Dichlor-1-methyl-1*H*-pyrazolo[3,4-*d*]pyrimidin und *N*-Äthyl-anilin (*Cheng, Robins*, J. org. Chem. **23** [1958] 852, 855, 858).

Kristalle (aus Me.); F: 124–125° [unkorr.]. λ_{max} (A.): 287 nm.

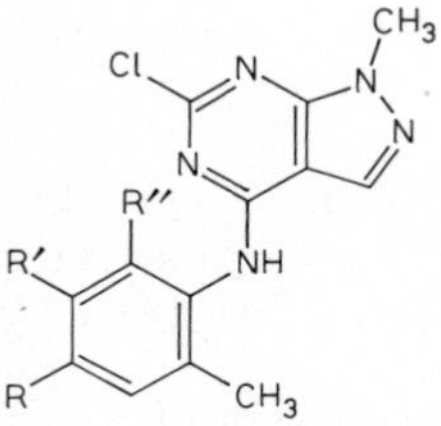

I 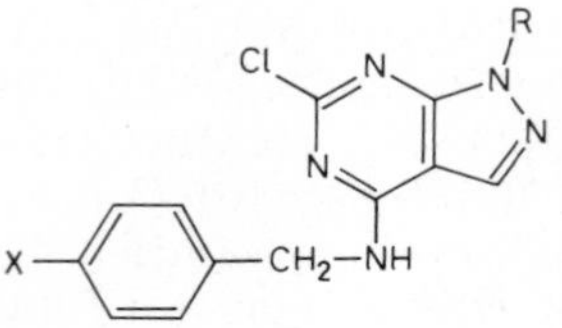 II 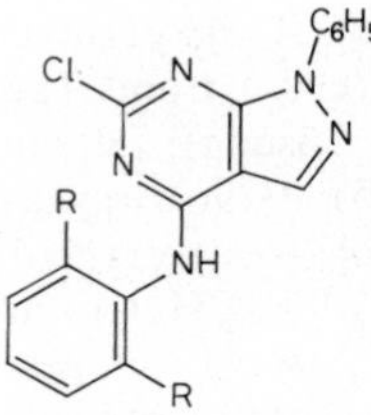 III

Die folgenden Verbindungen sind in analoger Weise hergestellt worden:

Äthyl-[6-chlor-1-phenyl-1*H*-pyrazolo[3,4-*d*]pyrimidin-4-yl]-phenyl-amin $C_{19}H_{16}ClN_5$, Formel XII (R = C_6H_5, R′ = C_2H_5, X = H). Kristalle (aus A. + 2-Äthoxy-äthanol); F: 162–163,5° [unkorr.]; λ_{max} (A.): 243 nm und 296 nm (*Ch., Ro.*).

6-Chlor-1-methyl-4-*o*-toluidino-1*H*-pyrazolo[3,4-*d*]pyrimidin, [6-Chlor-1-methyl-1*H*-pyrazolo[3,4-*d*]pyrimidin-4-yl]-*o*-tolyl-amin $C_{13}H_{12}ClN_5$, Formel I (R = R′ = R″ = H). Kristalle (aus A.); F: 235–237° [unkorr.]; λ_{max} (A.): 284 nm (*Ch., Ro.*).

4-Benzylamino-6-chlor-1(2)*H*-pyrazolo[3,4-*d*]pyrimidin, Benzyl-[6-chlor-1(2)*H*-pyrazolo[3,4-*d*]pyrimidin-4-yl]-amin $C_{12}H_{10}ClN_5$, Formel II (R = X = H) und Taut. Kristalle (aus DMF + A.); Zers. > 200° (*Robins*, Am. Soc. **79** [1957] 6407, 6409, 6414).

4-Benzylamino-6-chlor-1-methyl-1*H*-pyrazolo[3,4-*d*]pyrimidin, Benzyl-[6-chlor-1-methyl-1*H*-pyrazolo[3,4-*d*]pyrimidin-4-yl]-amin $C_{13}H_{12}ClN_5$, Formel II (R = CH_3, X = H). Kristalle (aus Bzl. + Heptan); F: 168° [unkorr.]; λ_{max} (A.): 284 nm (*Ch., Ro.*).

[4-Chlor-benzyl]-[6-chlor-1-methyl-1*H*-pyrazolo[3,4-*d*]pyrimidin-4-yl]-amin $C_{13}H_{11}Cl_2N_5$, Formel II (R = CH_3, X = Cl). Kristalle (aus A.); F: 201–202,5° [unkorr.]; λ_{max} (A.): 283 nm (*Ch., Ro.*).

[6-Chlor-1-methyl-1*H*-pyrazolo[3,4-*d*]pyrimidin-4-yl]-[2,6-dimethyl-phenyl]-amin $C_{14}H_{14}ClN_5$, Formel I (R = R′ = H, R″ = CH_3). Kristalle (aus A.); F: 242° [unkorr.]; λ_{max} (A.): 283 nm (*Ch., Ro.*).

[6-Chlor-1-phenyl-1*H*-pyrazolo[3,4-*d*]pyrimidin-4-yl]-[2,6-dimethyl-phenyl]-amin $C_{19}H_{16}ClN_5$, Formel III (R = CH_3). Kristalle (aus A.); F: 218–219° [unkorr.]; λ_{max} (A.): 243 nm und 292 nm (*Ch., Ro.*).

[6-Chlor-1-methyl-1*H*-pyrazolo[3,4-*d*]pyrimidin-4-yl]-[2,4-dimethyl-phenyl]-amin $C_{14}H_{14}ClN_5$, Formel I (R = CH_3, R′ = R″ = H). Kristalle (aus A.); F: 241° [unkorr.]; λ_{max} (A.): 284 nm (*Ch., Ro.*).

[6-Chlor-1-methyl-1*H*-pyrazolo[3,4-*d*]pyrimidin-4-yl]-[2,5-dimethyl-phenyl]-amin $C_{14}H_{14}ClN_5$, Formel I (R = R″ = H, R′ = CH_3). Kristalle (aus 2-Äthoxy-äthanol); F: 232° [unkorr.]; λ_{max} (A.): 284 nm (*Ch., Ro.*).

[6-Chlor-1-phenyl-1*H*-pyrazolo[3,4-*d*]pyrimidin-4-yl]-[2,6-diäthyl-phenyl]-amin $C_{21}H_{20}ClN_5$, Formel III (R = C_2H_5). Kristalle (aus A.); F: 210–211,5° [unkorr.]; λ_{max} (A.): 243 nm und 293 nm (*Ch., Ro.*).

6-Chlor-4-[1]naphthylamino-1(2)*H*-pyrazolo[3,4-*d*]pyrimidin, [6-Chlor-1(2)*H*-pyrazolo[3,4-*d*]pyrimidin-4-yl]-[1]naphthyl-amin $C_{15}H_{10}ClN_5$, Formel IV und Taut. Kristalle (aus A.); Zers. >200°; λ_{max} (wss. Lösung): 285 nm [pH 1] bzw. 290 nm [pH 11] (*Ro.*).

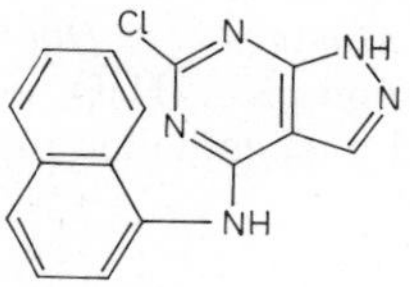

2-[6-Chlor-1(2)*H*-pyrazolo[3,4-*d*]pyrimidin-4-ylamino]-äthanol $C_7H_8ClN_5O$, Formel V (R = R′ = H, n = 2) und Taut.

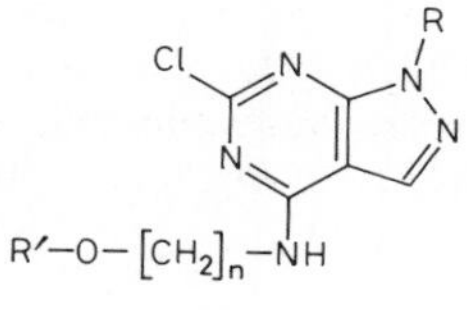

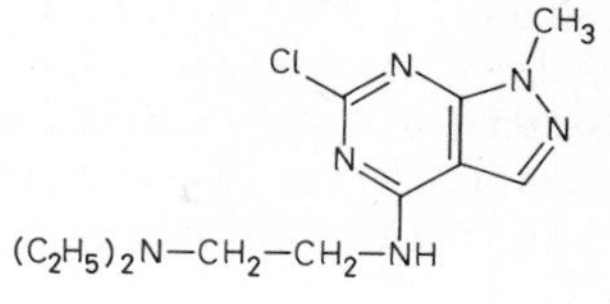

B. Aus 4,6-Dichlor-1(2)*H*-pyrazolo[3,4-*d*]pyrimidin und 2-Amino-äthanol (*Robins,* Am. Soc. **79** [1957] 6407, 6409, 6414).

Kristalle (aus DMF + H_2O); Zers. >200°; λ_{max} (wss. Lösung): 278 nm [pH 1] bzw. 270 nm [pH 11] (*Ro.*).

Die folgenden Verbindungen sind in analoger Weise hergestellt worden:

2-[6-Chlor-1-methyl-1*H*-pyrazolo[3,4-*d*]pyrimidin-4-ylamino]-äthanol $C_8H_{10}ClN_5O$, Formel V (R = CH_3, R′ = H, n = 2). Kristalle (aus Me.); F: 238° [unkorr.] (*Cheng, Robins,* J. org. Chem. **23** [1958] 852, 855, 857). λ_{max} (A.): 282 nm (*Ch., Ro.*).

2-[6-Chlor-1-phenyl-1*H*-pyrazolo[3,4-*d*]pyrimidin-4-ylamino]-äthanol $C_{13}H_{12}ClN_5O$, Formel V (R = C_6H_5, R′ = H, n = 2). Kristalle (aus Me. + H_2O); F: 211,5 – 212,5° [unkorr.] (*Ch., Ro.,* l. c. S. 855, 858). λ_{max} (A.): 242 nm und 291 nm (*Ch., Ro.*).

[6-Chlor-1-methyl-1*H*-pyrazolo[3,4-*d*]pyrimidin-4-yl]-[3-isopropoxy-propyl]-amin $C_{12}H_{18}ClN_5O$, Formel V (R = CH_3, R′ = $CH(CH_3)_2$, n = 3). Kristalle (aus Me.); F: 117,5 – 119° [unkorr.] (*Ch., Ro.,* l. c. S. 855, 858).

[6-Chlor-1-phenyl-1*H*-pyrazolo[3,4-*d*]pyrimidin-4-yl]-[3-isopropoxy-propyl]-amin $C_{17}H_{20}ClN_5O$, Formel V (R = C_6H_5, R′ = $CH(CH_3)_2$, n = 3). Kristalle (aus Me.); F: 129 – 130° [unkorr.] (*Ch., Ro.,* l. c. S. 855, 858). λ_{max} (A.): 243 nm und 291 nm (*Ch., Ro.*).

N,N-Diäthyl-*N′*-[6-chlor-1-methyl-1*H*-pyrazolo[3,4-*d*]pyrimidin-4-yl]-äthylendiamin $C_{12}H_{19}ClN_6$, Formel VI. Kristalle (aus Me. + Toluol); F: 89° (*Ch., Ro.,* l. c. S. 855, 857).

6-Chlor-4-furfurylamino-1-phenyl-1*H*-pyrazolo[3,4-*d*]pyrimidin, [6-Chlor-1-phenyl-1*H*-pyrazolo[3,4-*d*]pyrimidin-4-yl]-furfuryl-amin $C_{16}H_{12}ClN_5O$, Formel VII. Kristalle (aus A. + H_2O); F: 174 – 175,5° [unkorr.] (*Ch., Ro.,* l. c. S. 855, 858). λ_{max} (A.): 242 nm und 290 nm (*Ch., Ro.*).

7(9)*H*-Purin-2-ylamin $C_5H_5N_5$, Formel VIII (R = X = H) und Taut. (H 414).

B. Aus Pyrimidin-2,4,5-triyltriamin beim Erhitzen mit Formamid (*Robins et al.,* Am. Soc. **75** [1953] 263, 264) oder mit 4-Formyl-morpholin und Ameisensäure (*Albert, Brown,* Soc. **1954** 2060, 2068).

Kristalle (aus H_2O); F: 277 – 278° (*Ro. et al.*). IR-Banden (fester Film; 3240 – 780 cm^{-1}): *Willits et al.,* Am. Soc. **77** [1955] 2569, 2571. UV-Spektrum (wss. Lösungen vom pH 7 bzw. 7,8; 220 – 345 nm): *Mason,* Soc. **1954** 2071, 2072, 2075; *Bergmann et al.,* Biochim. biophys. Acta **30** [1958] 509, 510. λ_{max}: 325 nm [wss. Lösung vom pH – 3,5] (*Ma.,* l. c. S. 2072), 220 nm und 316 nm bzw. 314 nm [wss. Lösung vom pH 1] (*Ro. et al.,* l. c. S.265; *Montgomery, Holum,* Am. Soc. **79** [1957] 2185, 2187), 314 nm [wss. Lösung vom pH 1,84] (*Ma.*), 304 nm [wss. Lösung vom pH 7] (*Mo., Ho.*) bzw. 303 nm [wss. Lösung vom pH 12] (*Ma.*). Scheinbare Dissoziationsexponenten pK'_{a1}, pK'_{a2} und pK'_{a3} (H_2O) bei 20°: – 0,28 [spektrophotometrisch ermittelt] bzw. 3,80 bzw. 9,93 [jeweils potentiometrisch ermittelt] (*Al., Br.,* l. c. S. 2062). 1 g ist enthalten in 120 ml wss. Lösung bei 20° sowie in 3,5 ml wss. Lösung bei 100° (*Al., Br.*).

2-Dimethylamino-7(9)*H*-purin, Dimethyl-[7(9)*H*-purin-2-yl]-amin $C_7H_9N_5$, Formel VIII (R = CH_3, X = H) und Taut.

B. Beim Erhitzen von *N*-[4-Amino-2-dimethylamino-pyrimidin-5-yl]-formamid auf 255–260° (*Albert, Brown,* Soc. **1954** 2060, 2068).

Kristalle (aus H_2O); F: 222–223° (*Al., Br.*). UV-Spektrum (wss. Lösung vom pH 6,98; 220–380 nm): *Mason,* Soc. **1954** 2071, 2072, 2075. λ_{max} (wss. Lösung): 228 nm und 340 nm [pH 1,7] bzw. 232 nm und 327 nm [pH 12,7] (*Ma.,* l. c. S. 2072; *Montgomery, Holum,* Am. Soc. **80** [1958] 404, 406). Scheinbare Dissoziationsexponenten pK'_{a1} und pK'_{a2} (H_2O; potentiometrisch ermittelt) bei 20°: 4,02 bzw. 10,22 (*Al., Br.,* l. c. S. 2063). 1 g ist enthalten in 3000 ml wss. Lösung bei 20° (*Al., Br.*).

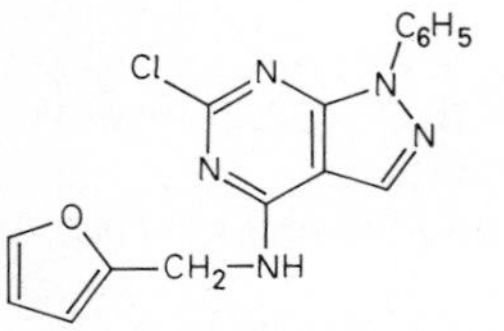

VII 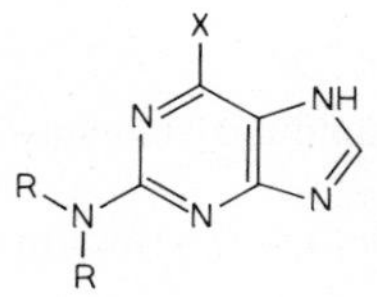 VIII 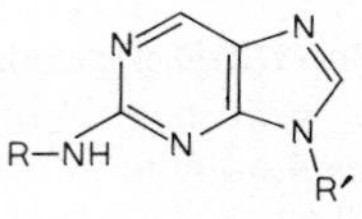 IX

2-Diäthylamino-7(9)*H*-purin, Diäthyl-[7(9)*H*-purin-2-yl]-amin $C_9H_{13}N_5$, Formel VIII (R = C_2H_5, X = H) und Taut.

B. Beim Erhitzen von *N*-[4-Amino-2-diäthylamino-pyrimidin-5-yl]-formamid mit Formamid (*Robins et al.,* Am. Soc. **75** [1953] 263, 264, 265).

Kristalle (aus wss. A.); F: 228–230° (*Ro. et al.*). IR-Banden (fester Film; 3070–740 cm^{-1}): *Willits et al.,* Am. Soc. **77** [1955] 2569, 2571. λ_{max} (wss. Lösung vom pH 1): 229 nm (*Ro. et al.*).

9-Propyl-2-propylamino-9*H*-purin, Propyl-[9-propyl-9*H*-purin-2-yl]-amin $C_{11}H_{17}N_5$, Formel IX (R = R′ = CH_2-C_2H_5).

B. Analog der vorangehenden Verbindung (*Dille et al.,* J. org. Chem. **20** [1955] 171, 175).

Kristalle (aus wss. A.); F: 84–85°.

2-Anilino-9-phenyl-9*H*-purin, Phenyl-[9-phenyl-9*H*-purin-2-yl]-amin $C_{17}H_{13}N_5$, Formel IX (R = R′ = C_6H_5).

B. Analog den vorangehenden Verbindungen (*Dille et al.,* J. org. Chem. **20** [1955] 171, 174).

Kristalle (aus wss. A.); F: 215–216°.

1-[2-Amino-purin-9-yl]-2-formyloxy-äthan $C_8H_9N_5O_2$, Formel IX (R = H, R′ = CH_2-CH_2-O-CHO).

B. Beim Erhitzen von *N*-[2-Amino-4-(2-hydroxy-äthylamino)-pyrimidin-5-yl]-formamid mit Formamid (*Dille et al.,* J. org. Chem. **20** [1955] 171, 177).

Kristalle (aus H_2O); F: 172–173°.

2-Benzoylamino-7(9)*H*-purin, *N*-[7(9)*H*-Purin-2-yl]-benzamid $C_{12}H_9N_5O$, Formel IX (R = CO-C_6H_5, R′ = H) und Taut.

B. Beim Erhitzen von 7(9)*H*-Purin-2-ylamin mit Benzoesäure-anhydrid (*Schaeffer, Thomas,* Am. Soc. **80** [1958] 4896, 4898).

Kristalle (aus 2-Methoxy-äthanol); F: 317–318° [korr.; Zers.]. IR-Banden (KBr; 3400–710 cm^{-1}): *Sch., Th.* λ_{max} (wss. Lösung): 243 nm und 270 nm [pH 1] bzw. 237 nm [pH 7].

(1*R*)-1-[2-Amino-purin-9-yl]-D-1,4-anhydro-ribit, 9-β-D-Ribofuranosyl-9*H*-purin-2-ylamin $C_{10}H_{13}N_5O_4$, Formel X (R = H).

B. Beim Behandeln von *N*-[7(9)*H*-Purin-2-yl]-benzamid mit $HgCl_2$ und wss.-äthanol. NaOH, Erhitzen des Reaktionsprodukts mit Tri-*O*-benzoyl-ξ-D-ribofuranosylchlorid (E III/IV **17** 2294) in Xylol und Behandeln des Reaktionsprodukts mit methanol. NH_3 (*Schaeffer, Thomas,* Am.

Soc. **80** [1958] 4896, 4898). Beim Erwärmen von 2-Amino-9-β-D-ribofuranosyl-1,9-dihydro-purin-6-thion mit Raney-Nickel in H_2O (*Fox et al.*, Am. Soc. **80** [1958] 1669, 1674).

Kristalle ; F: 166–171° [korr.; aus Me.+E.] bzw. 123° [korr.; aus A. oder Isopropylalkohol] (*Sch., Th.*), 165° [unkorr.; nach Sintern ab ca. 110° und Aufschäumen ab 137°; aus A.] (*Fox et al.*). $[\alpha]_D^{23}$: −39° [H_2O; c = 1,2] (*Fox et al.*); $[\alpha]_D^{26}$: −29,8° [H_2O; c = 1] (*Sch., Th.*). IR-Banden (KBr; 3450–1040 cm^{-1}): *Sch., Th.* UV-Spektrum (wss. Lösungen vom pH 1–12; 230–350 nm): *Fox et al.*, l. c. S. 1675. λ_{max} (wss. Lösung): 312 nm [pH 1], 244 nm und 305 nm [pH 7] bzw. 304 nm [pH 13] (*Sch., Th.*). Scheinbarer Dissoziationsexponent pK'_a (H_2O; spektrophotometrisch ermittelt): 3,40 (*Fox et al.*).

X XI

(1*R*)-1-[2-Dimethylamino-purin-9-yl]-D-1,4-anhydro-ribit, 2-Dimethylamino-9-β-D-ribofuranosyl-9*H*-purin $C_{12}H_{17}N_5O_4$, Formel X (R = CH_3).

B. Beim Erwärmen von (1*R*)-1-[2-Chlor-purin-9-yl]-D-1,4-anhydro-ribit (S. 1742) mit Dimethylamin und wss. Methanol (*Schaeffer, Thomas*, Am. Soc. **80** [1958] 4896, 4899).

Kristalle (aus H_2O); F: 190–191° [korr.]. $[\alpha]_D^{32}$: +9,1° [Me.; c = 0,5]. IR-Banden (KBr; 3360–1050 cm^{-1}): *Sch., Th.* λ_{max} (wss. Lösung): 232 nm [pH 1], 226 nm, 257 nm und 331 nm [pH 7] bzw. 228 nm, 257 nm und 330 nm [pH 13].

7-Methyl-2-sulfanilylamino-7*H*-purin, Sulfanilsäure-[7-methyl-7*H*-purin-2-ylamid] $C_{12}H_{12}N_6O_2S$, Formel XI.

B. Beim Erwärmen von 7-Methyl-7*H*-purin-2-ylamin (H **26** 415) mit *N*-Acetyl-sulfanilsäure-chlorid in Pyridin und Erwärmen des Reaktionsprodukts mit wss. NaOH (*C.F. Boehringer & Soehne G.m.b.H.*, D.B.P. 834995 [1941]; D.R.B.P. Org. Chem. 1950–1951 **3** 1374).

Kristalle (aus Me.); F: >300° [Zers.].

6-Chlor-7(9)*H*-purin-2-ylamin $C_5H_4ClN_5$, Formel VIII (R = H, X = Cl) und Taut.

B. Aus 2-Amino-1,7-dihydro-purin-6-thion und Chlor (*Burroughs Wellcome & Co.*, U.S.P. 2815346 [1955]).

λ_{max} (wss. Lösung): 295 nm [pH 1] bzw. 292 nm [pH 11]. [*Rogge*]

7(9)*H*-Purin-6-ylamin, Adenin, Ade $C_5H_5N_5$, Formel I und Taut. (H 420; E I 126; E II 252).

Identität mit Angustmycin-B: *Yüntsen et al.*, J. Antibiotics Japan [A] **9** [1956] 195, 198. Über die Identität mit sog. Vitamin-B_4 s. u. beim Hydrochlorid.

Über die Prototropie des neutralen und des protonierten Adenins s. *Elguero et al.*, Adv. heterocycl. Chem. Spl. 1 [1976] 515, 516, 517.

Zusammenfassende Darstellungen: *Hoppe-Seyler/Thierfelder*, Handbuch der Physiologisch- und Pathologisch-Chemischen Analyse, 10. Aufl., Bd. 3 [Berlin 1955] S. 1266; *Brown*, Chem. heterocycl. Compounds **24**,Tl. 2 [1971] 350.

B. Beim Erhitzen von 2-Amino-malonamidin-dihydrochlorid mit Orthoameisensäure-triäthylester in DMF oder Acetonitril (*Richter et al.*, Am. Soc. **82** [1960] 3144; s. a. *Taylor et al.*, Ciba Found. Symp. Chem. Biol. Purines 1957 S. 20, 22). Beim Erhitzen von 4,5,6-Triamino-pyrimidin-2-sulfinsäure mit Ameisensäure (*Hoffer*, Festschrift E. Barell [Basel 1946] S. 428, 433), von Pyrimidin-4,5,6-triyltriamin-sulfat mit Formamid (*Cavalieri, Brown*, Am. Soc. **71** [1949] 2246; s. a. *Robins et al.*, Am. Soc. **75** [1953] 263, 264) oder von *N*-[4,6-Diamino-pyrimidin-5-yl]-formamid auf 230° (*Haley, Maitland*, Soc. **1951** 3155, 3173). Beim Erhitzen von *N*-[4,6-Diamino-pyrimidin-5-yl]-thioformamid in H_2O, Pyridin oder Chinolin (*Baddiley* *et al.*, Soc. **1943** 386). Beim Erhitzen von *N*-[7(9)*H*-Purin-6-yl]-hydroxylamin mit alkal. $Na_2S_2O_4$ (*Giner-Sorolla, Bendich*, Am. Soc. **80** [1958] 3932, 3935). Aus *N*-[7(9)*H*-Purin-6-yl]-hydroxylamin (*Gi.-So., Be.*; *Bendich et al.*, Ciba Found. Symp. Chem. Biol. Purines 1957 S. 3, 10) oder aus 6-Azido-7(9)*H*-purin (*Be. et al.*) bei der Hydrierung an Palladium/Kohle bzw. Raney-Nickel in wss. Lösung. Beim Erwärmen von 6-Amino-3,7-dihydro-purin-2-thion (*Bendich et al.*, Am. Soc. **70** [1948] 3109, 3112) oder von 2-Methylmercapto-7(9)*H*-purin-6-ylamin (*Taylor et al.*, Am. Soc. **81** [1959] 2442, 2448) mit Raney-Nickel in wss. Lösung. Beim Erwärmen von 5-Formylamino-1(3)*H*-imidazol-4-carbamidin in wss. $KHCO_3$ (*Shaw*, J. biol. Chem. **185** [1950] 439, 446).

Herstellung von [2,8-T_2]Adenin: *Eidinoff, Knoll*, Org. Synth. Isotopes **1958** 1676. Herstellung von [2-^{13}C]Adenin: *Abrams*, Arch. Biochem. **30** [1951] 44, 45; von [8-^{13}C]Adenin: *Cavalieri, Brown*, Am. Soc. **71** [1949] 2246; s. a. *Gordon*, Soc. **1954** 757; von [4,6-$^{13}C_2$]Adenin: *Cavalieri et al.*, Am. Soc. **71** [1949] 533, 534; von [2-^{14}C]Adenin: *Paterson, Zbarsky*, Org. Synth. Isotopes **1958** 747; von [8-^{14}C]Adenin: *Abrams, Clark*, Org. Synth. Isotopes **1958** 752; *Graff et al.*, Org. Synth. Isotopes **1958** 753; von [4,6-$^{14}C_2$]Adenin: *Bennett*, Org. Synth. Isotopes **1958** 748; von [$^{14}C_5$]Adenin mit Hilfe von unter $^{14}CO_2$ gewachsenen Kulturen von Thiobacillus thioparus: *Fresco, Marshak*, J. biol. Chem. **205** [1953] 585, 586. Herstellung von [1,3-$^{15}N_2$]Adenin: *Cavalieri et al.*, Org. Synth. Isotopes **1958** 1843.

Atomabstände und Bindungswinkel: *Donohue*, Arch. Biochem. **128** [1968] 591, 592.

F: 354° [Zers.]; bei 160°/ca. 10^{-5} Torr sublimierbar (*Blout, Fields*, Am. Soc. **72** [1950] 479, 484). Netzebenenabstände: *Clark*, Arch. Biochem. **31** [1951] 18, 22. Calorimetrisch ermittelte Wärmekapazität C_p bei 88,3 K (0,0898 cal·grad^{-1}·g^{-1}) bis 298,1 K (0,2532 cal·grad^{-1}·g^{-1}): *Stiehler, Huffman*, Am. Soc. **57** [1935] 1741. Entropie bei 90–298,1 K: *St., Hu.*, l. c. S. 1742. Standard-Verbrennungsenthalpie: −663,74 kcal·mol^{-1} (*Stiehler, Huffman*, Am. Soc. **57** [1935] 1734, 1739).

IR-Spektrum eines festen Films (2–15 μ bzw. 7,1–12,5 μ): *Blout, Fields*, Am. Soc. **72** [1950] 479, 481; *Morales, Cecchini*, J. cellular compar. Physiol. **37** [1951] 107, 117; s. a. *Yüntsen et al.*, J. Antibiotics Japan [A] **9** [1956] 195, 197; in geschmolzenem $SbCl_3$ (1,4–11,5 μ): *Lacher et al.*, J. phys. Chem. **59** [1955] 615, 616, 618, 619, 621. UV-Spektrum eines Films (235–300 nm) bei 77 K und 298 K: *Sinsheimer et al.*, J. biol. Chem. **187** [1950] 313, 317, 322; einer Lösung in H_2O (220–290 nm): *Heyroth, Loofbourow*, Am. Soc. **56** [1934] 1728, 1733; in wss. Lösung vom pH 7 (230–320 nm): *Klenow*, Biochem. J. **50** [1952] 404; *Mitchell, McElroy*, Arch. Biochem. **10** [1946] 343, 345; in wss. Lösung vom pH 7, in wss. HCl [0,025 n und 6 n] sowie in wss. NaOH [0,01 n]: *Johnson*, zit. bei *Beaven et al.*, in *E. Chargaff, J.N. Davidson*, The Nucleic Acids, Bd. 1 [New York 1955] S. 493, 498; in wss. Lösungen vom pH 1–12,25 (220–285 nm): *Loofbourow, Stimson*, Soc. **1940** 844; vom pH 2, pH 6 sowie pH 9 (220–290 nm): *Cavalieri et al.*, Am. Soc. **70** [1948] 3875, 3876, 3878; in wss. HCl (215–300 nm): *Kerr et al.*, J. biol. Chem. **181** [1949] 761, 763, 764; in konz. H_2SO_4 (220–320 nm): *Bandow*, Bio. Z. **299** [1938] 199, 203. λ_{max} eines Films (265–290 nm) bei 90 K und bei Raumtemperatur: *Brown, Randall*, Nature **163** [1949] 209; in wss. Lösungen vom pH 3 und pH 10 (210–270 nm): *Holiday*, Biochem. J. **24** [1930] 619, 622; s. a. *Mason*, Soc. **1954** 2071, 2072; *Gulland, Holiday*, Soc. **1936** 765, 768. Extinktionskoeffizient bei 230 nm und 250 nm in wss. Lösungen vom pH 2–12: *Mitchell*, Am. Soc. **66** [1944] 274, 277. Fluorescenzmaximum (wss. Lösung vom pH 1): 375 nm (*Duggan et al.*, Arch. Biochem. **68** [1957] 1, 4). Geschwindigkeitskonstante des Abklingens der Phosphorescenz in wss. Lösung vom pH 5 bei 77 K: *Steele, Szent-Györgyi*, Pr. nation. Acad. U.S.A. **43** [1957] 477, 486.

Magnetische Susceptibilität: $-0{,}447 \cdot 10^{-6}$ cm^3·g^{-1} (*Woernley*, J. biol. Chem. **207** [1954] 717, 719). Scheinbarer Dissoziationsexponent pK'_{a1} (protonierte Verbindung; H_2O; potentiometrisch ermittelt) bei 10°: 4,33; bei 25°: 4,18; bei 40°: 4,02 (*Harkins, Freiser*, Am. Soc. **80** [1958] 1132); bei 20°: 4,22 (*Albert, Brown*, Soc. **1954** 2060, 2062; *Albert*, Biochem. J. **54** [1953] 646, 648); bei 25°: 4,12; bei 38°: 4,07 (*Alberty et al.*, J. biol. Chem. **193** [1951] 425, 427); bei 25°: 4,15 (*Taylor*, Soc. **1948** 765). Scheinbarer Dissoziationsexponent pK'_{a1} (H_2O; spektrophotometrisch ermittelt) bei 25°: 4,35 (*Hakala, Schwert*, Biochim. biophys. Acta **16** [1955] 489, 493). Scheinbarer Dissoziationsexponent pK'_{a2} (H_2O; potentiometrisch ermittelt) bei 25°: 9,7 (*Ha., Fr.*), 9,75 (*Al. et al.*), 9,80 (*Ta.*); bei 38°: 9,52 (*Al. et al.*). Scheinbarer Dissoziationsexponent

pK'_{a2} (H_2O; spektrophotometrisch ermittelt) bei 25°: 9,72 (*Ha., Sch.*). Protonierungsgleichgewicht in wss. Dioxan bei 25°: *Cheney et al.*, Am. Soc. **81** [1959] 2611, 2612; *Ha., Fr.* Polarographisches Halbstufenpotential (wss. Lösungen vom pH 1,3–2,24): *Heath,* Nature **158** [1946] 23. Verteilung zwischen Butan-1-ol und wss. Lösung vom pH 6,5: *Tinker, Brown,* J. biol. Chem. **173** [1948] 585, 586.

Beim Bestrahlen [ca. 17 h] einer wss. Lösung mit UV-Licht sind NH_3 und Harnstoff erhalten worden (*Canzanelli et al.*, Am. J. Physiol. **167** [1951] 364, 372). Über den UV-spektroskopischen Nachweis von Umwandlungen nach der Einwirkung von UV-Licht auf wss. Lösungen s. *Loofbourow, Stimson,* Soc. **1940** 844, 848; *Christensen, Giese,* Arch. Biochem. **51** [1954] 208, 211; nach der Einwirkung von γ-Strahlen s. *Ryšina,* Trudy 1. Sovešč. radiac. Chim. Moskau 1957 S. 193, 196; C. A. **1959** 12017. Bildung von NH_3, Oxalsäure und wenig NH_2OH bei der Bestrahlung einer wss. Lösung mit Röntgen-Strahlen: *Scholes, Weiss,* Biochem. J. **53** [1953] 567, 573. Geschwindigkeit der Zersetzung von wss. Lösungen bei Einwirkung von UV-Licht in Gegenwart von Sauerstoff sowie Stickstoff: *Kland, Johnson,* Am. Soc. **79** [1957] 6187. UV-spektroskopischer Nachweis über Umwandlungen nach der Einwirkung von Ozon auf die wss. Lösung: *Ch., Gi.* Zeitlicher Verlauf der Desaminierung beim Behandeln mit HNO_2: *Barrenscheen, Jachimowicz,* Bio. Z. **292** [1937] 350, 352. Mechanismus des hydrolytischen und des oxidativen Abbaus: *Cavalieri et al.*, Am. Soc. **71** [1949] 3973.

Stabilitätskonstanten (bei 25°) der Komplexe mit Kupfer(2+) in H_2O: *Harkins, Freiser,* Am. Soc. **80** [1958] 1132, 1134; in wss. Dioxan: *Cheney et al.*, Am. Soc. **81** [1959] 2611, 2612; *Ha., Fr.*; mit Zink(2+) in wss. Dioxan: *Ch. et al.*; mit Kobalt(2+) in H_2O: *Ha., Fr.*; mit Nickel(2+) in H_2O: *Ha., Fr.*; in wss. Dioxan: *Ch. et al.* Stabilitätskonstante der Komplexe mit Androst-4-en-3,17-dion, Testosteron, 17α-Hydroxy-androst-4-en-3-on (Epitestosteron) und 11β-Hydroxy-pregn-4-en-3,20-dion in wss Lösung bei 10°: *Munck,* Biochim. biophys. Acta **26** [1957] 397, 401.

Hydrochlorid $2C_5H_5N_5 \cdot 2HCl \cdot H_2O$ (H 422). Diese Konstitution kommt der von *Barnes et al.* (Biochem. J. **26** [1932] 2035) als Vitamin-B_4 bezeichneten Verbindung zu (*Tschesche,* B. **66** [1933] 581). – Atomabstände und Bindungswinkel (Röntgen-Diagramm): *Cochran,* Acta cryst. **4** [1951] 81, 88; s. a. *Broomhead,* Acta cryst. **1** [1948] 324, 327. – Kristalle; F: 284–286° [Zers.] (*Yüntsen, Yonehara,* Bl. agric. chem. Soc. Japan **21** [1957] 261). Monoklin; Kristallstruktur-Analyse (Röntgen-Diagramm): *Br.*; s. a. *Bernal, Crowfoot,* Nature **131** [1933] 911. Netzebenenabstände: *Clark,* Arch. Biochem. **31** [1951] 18, 22. Kristalloptik: *Biles et al.*, Mikroch. **38** [1951] 591, 596; s. a. *Be., Cr.* IR-Spektrum (Nujol; 1900–700 cm^{-1}) und UV-Spektrum (A.; 220–290 nm): *Bentley et al.*, Soc. **1951** 2301, 2302.

Sulfat $2C_5H_5N_5 \cdot H_2SO_4 \cdot 2H_2O$ (H 422; E I 127; E II 253). Kristalle (aus H_2O); F: 286–290° [unkorr.] (*Yüntsen,* J. Antibiotics Japan [A] **11** [1958] 233, 240). Monoklin; Kristalloptik: *Biles et al.*, Mikroch. **38** [1951] 591, 596. IR-Spektrum (Nujol; 2000–800 cm^{-1}): *Barnes et al.*, Ind. eng. Chem. Anal. **15** [1943] 659, 702; s. a. *Yü.*, l. c. S. 234.

Tetrachloroaurat(III) $C_5H_5N_5 \cdot 2HAuCl_4 \cdot H_2O$. Gelbe Kristalle; F: 263° [unkorr.] (*Nishida,* Bl. chem. Soc. Japan **8** [1933] 14, 17), 262° (*Yoshimura,* Bio. Z. **274** [1934] 408, 409).

Verbindung mit Zinkchlorid und Chlorwasserstoff $C_5H_5N_5 \cdot ZnCl_2 \cdot HCl$. Kristalle (*Weitzel, Spehr,* Z. physiol. Chem. **313** [1958] 212, 224).

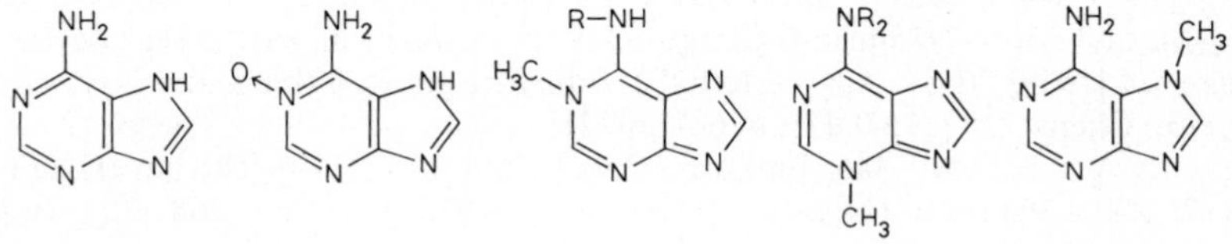

6-Amino-7(9)*H*-purin-1-oxid, 1-Oxy-7(9)*H*-purin-6-ylamin, Adenin-1-oxid $C_5H_5N_5O$, Formel II und Taut.

Konstitution: *Stevens, Brown,* Am. Soc. **80** [1958] 2759.

B. Aus Adenin und H_2O_2 (*Stevens et al.*, Am. Soc. **80** [1958] 2755, 2757; *v. Euler, Hasselquist,*

Ark. Kemi **13** [1958/59] 185, 187). Herstellung von [8-^{14}*C*]Adenin-1-oxid: *Dunn et al.*, J. biol Chem. **234** [1959] 620.

Kristalle; F: 297–307° [Zers.; aus H_2O] (*St. et al.*), 300° [aus Eg.] (*v. Eu., Ha.*). Triklin; Dimensionen der Elementarzelle (Röntgen-Diagramm): *St., Br.*, l. c. S. 2761. Dichte der Kristalle: 1,40 (*St., Br.*). UV-Spektrum (wss. Lösungen vom pH 1–14; 210–290 nm): *St., Br.*; s. a. *St. et al.*, l. c. S. 2756. Scheinbare Dissoziationsexponenten pK'_{a1}, pK'_{a2} und pK'_{a3} (protonierte Verbindung; H_2O; spektrophotometrisch ermittelt): 2,6 bzw. 9,0 bzw. ca. 13 (*St. et al.*; *St., Br.*). Bei 25° löst sich 1 g in 1250 g H_2O (*St. et al.*).

1-Methyl-1*H*-purin-6-ylamin, 1-Methyl-adenin $C_6H_7N_5$, Formel III (R = H) und Taut. (z. B. 1-Methyl-1,7-dihydro-purin-6-on-imin).

Diese Verbindung hat auch in dem E II **26** 253 beschriebenen x-Methyl-adenin vorgelegen (*Ackermann et al.*, Z. physiol. Chem. **312** [1958] 210). Identität von Spongopurin mit 1-Methyl-adenin: *Ackermann, List*, Z. physiol. Chem. **323** [1961] 192.

Isolierung aus Geodia gigas: *Ack. et al.*

B. Neben 3-Methyl-3*H*-purin-6-ylamin und anderen Verbindungen beim Behandeln von Adenosin (S. 3598) mit Dimethylsulfat und K_2CO_3 in DMF und anschliessenden Erwärmen mit wss. HCl (*Brookes, Lawley*, Soc. **1960** 539, 543; s. a. *Wacker, Ebert*, Z. Naturf. **14b** [1959] 709, 711; *Bredereck et al.*, B. **81** [1948] 307, 312).

Kristalle (*Ack. et al.*). IR-Spektrum (2,5–15 μ): *Ack., List.* UV-Spektrum (wss. Lösungen vom pH 4–13): *Br., La.*, l. c. S. 541. λ_{max}: 259 nm [wss. HCl], 270 nm bzw. 271 nm [wss. NaOH (0,1 n)] (*Br., La.*; *Wa., Eb.*). Scheinbare Dissoziationsexponenten pK'_{a1} und pK'_{a2} (protonierte Verbindung; H_2O; spektrophotometrisch ermittelt) bei 20°: 7,2 bzw. 11,0 (*Br., La.*, l. c. S. 540).

Sulfat $2\,C_6H_7N_5 \cdot H_2SO_4$ (vgl. E II 253). Kristalle (aus Me.); F: 276–278° (*Br., La.*). IR-Spektrum (2,5–15 μ): *Ack., List.*

Picrat $C_6H_7N_5 \cdot C_6H_3N_3O_7$ (E II 253). Gelbe Kristalle [aus H_2O] (*Br., La.*); F: 263° (*Wa., Eb.*), 255–257° (*Ack., List*), 253–255° (*Br., La.*), 269° [vermutlich unreines Präparat] (*Br. et al.*).

3-Methyl-3*H*-purin-6-ylamin, 3-Methyl-adenin $C_6H_7N_5$, Formel IV (R = H) und Taut.

Über die Tautomerie s. *Pal, Horton*, Soc. **1964** 400.

B. Aus 6-Amino-5-formylamino-1-methyl-2-thioxo-2,3-dihydro-1*H*-pyrimidin-4-on über mehrere Zwischenstufen (*Elion*, Ciba Found. Symp. Chem. Biol. Purines 1957 S. 39, 42). Eine weitere Bildungsweise s. im vorangehenden Artikel.

F: 309–311° (*Leonard, Deyrup*, Am. Soc. **84** [1962] 2148, 2151). λ_{max} (wss. Lösung): 274 nm [pH 1] bzw. 273 nm [pH 11] (*El.*, l. c. S. 46; s. a. *Brookes, Lawley*, Soc. **1960** 539, 540).

Sulfat. Kristalle (aus Me.); F: 268–270° (*Br., La.*, l. c. S. 544).

Picrat. Kristalle (aus H_2O), die oberhalb 270° sublimieren (*Br., La.*).

7-Methyl-7*H*-purin-6-ylamin $C_6H_7N_5$, Formel V (H 424; dort auch als 7-Methyl-adenin bezeichnet).

B. Aus 5-Amino-3-methyl-3*H*-imidazol-4-carbonitril und Formamid (*Prasad, Robins*, Am. Soc. **79** [1957] 6401, 6405). Aus 6-Chlor-7-methyl-7*H*-purin und NH_3 (*Pr., Ro.*). Bei der Hydrierung von 7-Methyl-3-oxy-7*H*-purin-6-ylamin an Raney-Nickel in wss. NH_3 (*Taylor, Loeffler*, J. org. Chem. **24** [1959] 2035). Aus 7-Methyl-1,7-dihydro-purin-6-thion und NH_3 (*Reiner, Zamenhof*, J. biol. Chem. **228** [1957] 475, 476 Anm. 2).

Kristalle (aus A.); F: 344–346° [unkorr.; Zers.] (*Pr., Ro.*). UV-Spektrum (H_2O sowie wss. HCl [0,05 n]; 200–300 nm): *Gulland, Holiday*, Soc. **1936** 765, 766, 768. λ_{max} (wss. NaOH [0,05 n]): 269 nm (*Gu., Ho.*).

9-Methyl-9*H*-purin-6-ylamin $C_6H_7N_5$, Formel VI (R = R' = H) (H 424; dort auch als 9-Methyl-adenin bezeichnet).

B. Aus N^4-Methyl-pyrimidin-4,5,6-triyltriamin-sulfat und Formamid (*Daly, Christensen*, J. org. Chem. **21** [1956] 177, 179). Beim Erhitzen von 5-[Äthoxymethylen-amino]-1-methyl-1*H*-

imidazol-4-carbonitril [E III/IV **25** 4333] (*Shaw, Butler,* Soc. **1959** 4040, 4045) oder von 6-Chlor-9-methyl-9*H*-purin (*Robins, Lin,* Am. Soc. **79** [1957] 490, 493) mit äthanol. NH_3.

Kristalle; F: 310° [unkorr.] (*Ro., Lin*), 300° [unter Sublimation; aus H_2O] (*Daly, Ch.*), 298–299° [aus Me.] (*Shaw, Bu.*). Monoklin; Dimensionen der Elementarzelle (Röntgen-Diagramm): *Hoogsteen,* Acta cryst. **12** [1959] 822. Dichte der Kristalle: 1,471 (*Ho.,* Acta cryst. **12** 822). UV-Spektrum (H_2O, wss. HCl [0,05 n] sowie wss. NaOH [0,05 n]; 200–300 nm): *Gulland, Holiday,* Soc. **1936** 765, 766, 768.

Verbindung mit 1,5-Dimethyl-1*H*-pyrimidin-2,4-dion $C_6H_7N_5 \cdot C_6H_8N_2O_2$. Atomabstände und Bindungswinkel (Röntgen-Diagramm): *Hoogsteen,* Acta cryst. **16** [1963] 907, 913, 914. – Monokline Kristalle (aus H_2O); Kristallstruktur-Analyse (Röntgen-Diagramm): *Ha.,* Acta cryst. **16** 907; s. a. *Ho.,* Acta cryst. **12** 822. Dichte der Kristalle: 1,433 (*Ho.,* Acta cryst. **12** 822, **16** 908).

6-Methylamino-7(9)*H*-purin, Methyl-[7(9)*H*-purin-6-yl]-amin $C_6H_7N_5$, Formel VII (R = R′ = H) und Taut.

B. Aus 6-Methylmercapto-7(9)*H*-purin und wss. Methylamin (*Elion et al.,* Am. Soc. **74** [1952] 411, 414; *Okumura et al.,* Bl. chem. Soc. Japan **32** [1959] 886). Aus 1-Methyl-1,7-dihydro-purin-6-thion und äthanol. NH_3 bei 160° (*Elion,* Ciba Found. Symp. Chem. Biol. Purines 1957 S. 39, 43, 44).

Kristalle (aus H_2O); F: 312–314° [Zers.] (*El. et al.*), 308° (*Ok.*). UV-Spektrum (220–300 nm) in wss. Lösungen vom pH 1 sowie pH 13: *Dunn, Smith,* Biochem. J. **68** [1958] 627, 631; vom pH 2, pH 5,7 sowie pH 14: *Adler et al.,* J. biol. Chem. **230** [1958] 717, 719; in wss. HCl sowie wss. KOH: *Littlefield, Dunn,* Biochem. J. **70** [1958] 642, 648. λ_{max} (wss. Lösung): 267 nm [pH 2,02], 266 nm [pH 7,12] bzw. 273 nm [pH 12] (*Mason,* Soc. **1954** 2071, 2072). Scheinbare Dissoziationsexponenten pK'_{a1} und pK'_{a2} (protonierte Verbindung; H_2O; potentiometrisch ermittelt) bei 20°: 4,18 bzw. 9,99 (*Albert, Brown,* Soc. **1954** 2060, 2063). 1 g ist bei 20° in 850 ml und bei 100° in 50 ml gesättigter wss. Lösung enthalten (*Al., Br.*).

Picrat $C_6H_7N_5 \cdot C_6H_3N_3O_7$. F: 265° (*Bredereck et al.,* B. **81** [1948] 307, 311), 257° (*Wacker, Ebert,* Z. Naturf. **14b** [1959] 700, 710, 712).

6-Amino-7-methyl-7*H*-purin-3-oxid, 7-Methyl-3-oxy-7*H*-purin-6-ylamin $C_6H_7N_5O$, Formel VIII.

B. Aus 5-Hydroxyamino-3-methyl-3*H*-imidazol-4-carbonitril und Formamidin-acetat (*Taylor, Loeffler,* J. org. Chem. **24** [1959] 2035).

Sehr hygroskopische Kristalle (aus A.); F: 278° [unkorr.; Zers.]; an der Luft erfolgt Bildung des stabilen Monohydrats. λ_{max}: 224,5 nm und 278 nm [wss. HCl (0,1 n)] bzw. 229 nm und 296 nm [wss. NaOH (0,1 n)].

1-Methyl-6-methylamino-1*H*-purin, Methyl-[1-methyl-1*H*-purin-6-yl]-amin $C_7H_9N_5$, Formel III (R = CH_3) und Taut.

Hydrochlorid $C_7H_9N_5 \cdot HCl$. *B.* Aus 1,N^6-Dimethyl-adenosin-hydrochlorid (S. 3680) beim Behandeln mit wss.-methanol. HCl (*Bredereck et al.,* B. **73** [1940] 1058, 1065, **81** [1948] 307, 312). Beim Methylieren von Adenosin mit CH_3I und Ag_2O und Behandeln des Reaktionsprodukts mit wss.-methanol. HCl (*Anderson et al.,* Soc. **1952** 369, 374). – Kristalle (aus wss. A.); F: 218–224° [Zers.] (*An. et al.*). λ_{max} (wss. HCl [0,1 n]): 261 nm (*Wacker, Ebert,* Z. Naturf. **14b** [1959] 709, 710).

Picrat $C_7H_9N_5 \cdot C_6H_3N_3O_7$. Hellgelbe Kristalle; F: 242° (*An. et al.*), 236° [aus H_2O] (*Br. et al.*).

7-Methyl-6-methylamino-7*H*-purin, Methyl-[7-methyl-7*H*-purin-6-yl]-amin $C_7H_9N_5$, Formel VII (R = H, R′ = CH_3).

B. Aus 6-Chlor-7-methyl-7*H*-purin und Methylamin (*Prasad, Robins,* Am. Soc. **79** [1957] 6401, 6403).

Kristalle; F: 311° [korr.; aus Me.] (*Taylor, Loeffler,* Am. Soc. **82** [1960] 3147, 3151), 300° [unkorr.; aus Me.] (*Pr., Ro.*). λ_{max}: 280 nm [wss. Lösung vom pH 1], 275 nm [wss. Lösung vom pH 11] bzw. 276 nm [A.] (*Pr.*, *Ro.*).

9-Methyl-6-methylamino-9*H*-purin, Methyl-[9-methyl-9*H*-purin-6-yl]-amin $C_7H_9N_5$, Formel VI (R = CH_3, R′ = H).

B. Beim Erhitzen von N^4,N^6-Dimethyl-pyrimidin-4,5,6-triyltriamin mit Ameisensäure oder von 6-Chlor-9-methyl-9*H*-purin mit Methylamin (*Robins, Lin,* Am. Soc. **79** [1957] 490, 493).

Kristalle (aus Bzl. + A.); F: 190–191° [unkorr.]. λ_{max} (wss. Lösung): 265 nm [pH 1] bzw. 268 nm [pH 11] (*Ro., Lin,* l. c. S. 492).

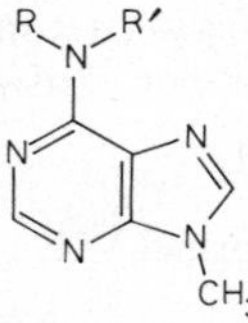

VI 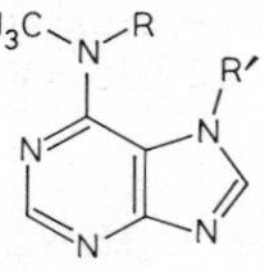 VII 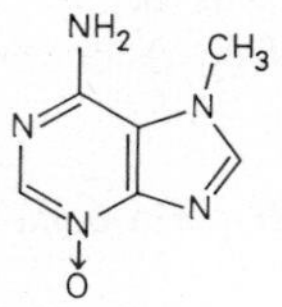 VIII 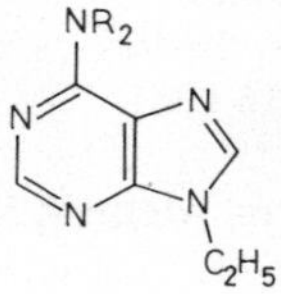 IX 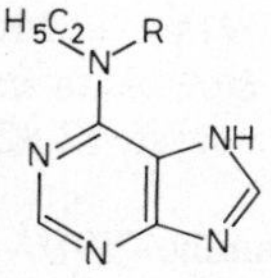 X

6-Dimethylamino-7(9)*H*-purin, Dimethyl-[7(9)*H*-purin-6-yl]-amin $C_7H_9N_5$, Formel VII (R = CH_3, R′ = H) und Taut.

B. Aus N^4,N^4-Dimethyl-pyrimidin-4,5,6-triyltriamin und Orthoameisensäure-triäthylester mit Hilfe von Acetanhydrid (*Am. Cyanamid Co.,* U.S.P. 2844576 [1955]). Beim Erhitzen von *N*-[4-Amino-6-dimethylamino-pyrimidin-5-yl]-formamid (*Baker et al.,* J. org. Chem. **19** [1954] 631, 636). Beim Erhitzen von 6-Chlor-7(9)*H*-purin mit methanol. Dimethylamin (*Albert, Brown,* Soc. **1954** 2060, 2069) oder von 6-Methylmercapto-7(9)*H*-purin mit wss. Dimethylamin unter Druck (*Elion et al.,* Am. Soc. **74** [1952] 411, 412, 414; *Al., Br.*; *Okumura et al.,* Bl. chem. Soc. Japan **32** [1959] 886).

Kristalle (aus H_2O); F: 263–264° (*Ok. et al.*). UV-Spektrum (wss. HCl [0,1 n] sowie wss. KOH [0,1 n]; 220–310 nm): *Littlefield, Dunn,* Biochem. J. **70** [1958] 642, 648. λ_{max} (wss. Lösung): 277 nm [pH 1] bzw. 281 nm [pH 11] (*El. et al.*), 276 nm [pH 1,7], 275 nm [pH 6,98] bzw. 221 nm und 281 nm [pH 13] (*Mason,* Soc. **1954** 2071, 2072). Scheinbare Dissoziationsexponenten pK'_{a1} und pK'_{a2} (protonierte Verbindung; H_2O; potentiometrisch ermittelt) bei 20°: 3,87 bzw. 10,5 (*Al., Br.,* l. c. S. 2063). 1 g ist bei 20° in 120 ml und bei 100° in 15 ml einer gesättigten wss. Lösung enthalten (*Al., Br.,* l. c. S. 2063).

Monohydrochlorid $C_7H_9N_5 \cdot HCl$. Kristalle; F: 253° [unkorr.; Zers.; aus wss. A. durch Umkristallisieren des Dihydrochlorids (s. u.) erhalten] (*Fryth et al.,* Am. Soc. **80** [1958] 2736, 2740), 251–253° [Zers.; aus A. + Ae.] (*El. et al.*).

Dihydrochlorid $C_7H_9N_5 \cdot 2HCl$. F: 225–227° [Zers.] (*Waller et al.,* Am. Soc. **75** [1953] 2025), 225° [unkorr.; Zers.] (*Fr. et al.*).

Sulfat $C_7H_9N_5 \cdot 2H_2SO_4$. Kristalle; F: 210–215° (*Baker et al.,* Am. Soc. **77** [1955] 5905, 5909).

Picrat $C_7H_9N_5 \cdot C_6H_3N_3O_7$. Gelbe Kristalle (*Fr. et al.*); F: 248° [unter teilweiser Zers.] (*Weiss et al.,* Am. Soc. **81** [1959] 4050, 4054), 245° (*Fr. et al.*).

N-Acetyl-Derivat $C_9H_{11}N_5O$; 9-Acetyl-6-dimethylamino-9*H*-purin, [9-Acetyl-9*H*-purin-6-yl]-dimethyl-amin. Kristalle (aus A.); F: 129–130° (*Goldman et al.,* J. org. Chem. **21** [1956] 599).

6-Dimethylamino-3-methyl-3*H*-purin, Dimethyl-[3-methyl-3*H*-purin-6-yl]-amin $C_8H_{11}N_5$, Formel IV (R = CH_3).

Diese Konstitution kommt der von *Baker et al.* (J. org. Chem. **19** [1954] 638, 644) als Dimethyl-[7-methyl-7*H*-purin-6-yl]-amin angesehenen Verbindung zu (*Townsend et al.,* Am. Soc. **86** [1964] 5320, 5321).

B. Beim Erwärmen von Dimethyl-[3-methyl-2,8-bis-methylmercapto-3*H*-purin-6-yl]-amin (S. 3874) mit Raney-Nickel und Äthanol (*Ba. et al.*).

Kristalle (aus Bzl. + Heptan); F: 168–169° (*Ba. et al.*). λ_{max} (wss. Lösung): 290 nm [pH 1] bzw. 295 nm [pH 7 sowie pH 14] (*Ba. et al.,* l. c. S. 640).

6-Dimethylamino-7-methyl-7*H*-purin, Dimethyl-[7-methyl-7*H*-purin-6-yl]-amin $C_8H_{11}N_5$, Formel VII (R = R′ = CH_3).

Die von *Baker et al.* (J. org. Chem. **19** [1954] 638, 644) unter dieser Konstitution beschriebene Verbindung ist als Dimethyl-[3-methyl-3*H*-purin-6-yl]-amin (s. o.) zu formulieren (*Townsend et al.*, Am. Soc. **86** [1964] 5320, 5321).

Über authentisches Dimethyl-[7-methyl-7*H*-purin-6-yl]-amin (Kristalle [aus Bzl. + Heptan]; F: 111 – 112°) s. *To. et al.*, l. c. S. 5325.

6-Dimethylamino-9-methyl-9*H*-purin, Dimethyl-[9-methyl-9*H*-purin-6-yl]-amin $C_8H_{11}N_5$, Formel VI (R = R′ = CH_3).

B. Aus 6-Chlor-9-methyl-9*H*-purin und Dimethylamin (*Robins, Lin,* Am. Soc. **79** [1957] 490, 492, 494). Beim Erwärmen von Dimethyl-[9-methyl-2,8-bis-methylmercapto-9*H*-purin-6-yl]-amin mit Raney-Nickel und Äthanol (*Baker et al.*, J. org. Chem. **19** [1954] 638, 643).

Kristalle (aus Heptan); F: 119 – 120° [unkorr.] (*Ro., Lin*), 114 – 115° (*Ba. et al.*). λ_{max} (wss. Lösung): 270 nm [pH 1], 276 nm [pH 7] bzw. 277 nm [pH 14] (*Ba. et al.*, l. c. S. 640), 269 nm [pH 1] bzw. 277 nm [pH 11] (*Ro., Lin*).

9-Äthyl-9*H*-purin-6-ylamin $C_7H_9N_5$, Formel IX (R = H).

B. Aus 9-Äthyl-6-chlor-9*H*-purin und äthanol. NH_3 (*Montgomery, Temple,* Am. Soc. **79** [1957] 5238, 5241).

F: 194 – 195° [unkorr.]. IR-Banden (KBr; 3250 – 1350 cm^{-1}): *Mo., Te.* λ_{max}: 259 nm [wss. HCl (0,1 n)] bzw. 262 nm [wss. Lösung vom pH 7 sowie wss. NaOH (0,1 n)] (*Mo., Te.*, l. c. S. 5240).

6-Äthylamino-7(9)*H*-purin, Äthyl-[7(9)*H*-purin-6-yl]-amin $C_7H_9N_5$, Formel X (R = H) und Taut.

B. Beim Erhitzen von *N*-[7(9)*H*-Purin-6-yl]-acetamid mit $LiAlH_4$ in THF (*Baizer et al.*, J. org. Chem. **21** [1956] 1276; *Lettré, Ballweg,* B. **91** [1958] 345, 347). Aus 6-Methylmercapto-7(9)*H*-purin und Äthylamin (*Elion et al.*, Am. Soc. **74** [1952] 411, 412, 413; *Okumura et al.*, Bl. chem. Soc. Japan **32** [1959] 886).

Kristalle (aus H_2O); F: 238 – 239° [Zers.] (*El. et al.*), 237 – 237,5° [korr.] (*Ba. et al.*). λ_{max} (wss. Lösung): 270 nm [pH 1] bzw. 273 nm [pH 11] (*El. et al.*).

6-Äthylamino-9-methyl-9*H*-purin, Äthyl-[9-methyl-9*H*-purin-6-yl]-amin $C_8H_{11}N_5$, Formel XI (R = H).

B. Aus 6-Chlor-9-methyl-9*H*-purin und Äthylamin (*Robins, Lin,* Am. Soc. **79** [1957] 490, 494).

Kristalle (aus Bzl.); F: 157 – 158° [unkorr.] (*Ro., Lin,* l. c. S. 492). λ_{max} (wss. Lösung): 265 nm [pH 1] bzw. 268 nm [pH 11] (*Ro., Lin,* l. c. S. 492).

3-Äthyl-6-dimethylamino-3*H*-purin, [3-Äthyl-3*H*-purin-6-yl]-dimethyl-amin $C_9H_{13}N_5$, Formel XII.

Diese Konstitution kommt wahrscheinlich der von *Baker et al.* (J. org. Chem. **19** [1954] 638, 644) als [7-Äthyl-7*H*-purin-6-yl]-dimethyl-amin angesehenen Verbindung zu (*Townsend et al.*, Am. Soc. **86** [1964] 5320, 5321).

B. Beim Erwärmen von [3-Äthyl-2,8-bis-methylmercapto-3*H*-purin-6-yl]-dimethyl-amin (S. 3874) mit Raney-Nickel und Äthanol (*Ba. et al.*).

Kristalle (aus Heptan); F: 135 – 136° (*Ba. et al.*). λ_{max} (wss. Lösung): 290 nm [pH 1] bzw. 295 nm [pH 7 sowie pH 14] (*Ba. et al.*, l. c. S. 640).

Picrat $C_9H_{13}N_5 \cdot C_6H_3N_3O_7$. Gelbe Kristalle (aus A.); F: 182 – 183° (*Ba. et al.*, l. c. S. 644).

9-Äthyl-6-dimethylamino-9*H*-purin, [9-Äthyl-9*H*-purin-6-yl]-dimethyl-amin $C_9H_{13}N_5$, Formel IX (R = CH_3).

B. Aus 9-Äthyl-6-chlor-9*H*-purin und Dimethylamin (*Montgomery, Temple,* Am. Soc. **79**

[1957] 5238, 5242). Beim Erwärmen von [9-Äthyl-2,8-bis-methylmercapto-9*H*-purin-6-yl]-dimethyl-amin mit Raney-Nickel und Äthanol (*Baker et al.*, J. org. Chem. **19** [1954] 638, 644).

Kristalle; F: 82–84° [aus PAe.] (*Mo.*, *Te.*), 79–80° [aus Heptan] (*Ba. et al.*). IR-Banden (KBr; 3100–1350 cm^{-1}): *Mo.*, *Te.* λ_{max} (wss. Lösung): 270 nm [pH 1] bzw. 277,5 nm [pH 7 sowie pH 14] (*Ba. et al.*, l. c. S. 640).

6-Diäthylamino-7(9)*H*-purin, Diäthyl-[7(9)*H*-purin-6-yl]-amin $C_9H_{13}N_5$, Formel X ($R = C_2H_5$) und Taut.

B. Beim Erhitzen von *N*-[4-Amino-6-diäthylamino-pyrimidin-5-yl]-formamid auf 250° (*Baker et al.*, J. org. Chem. **19** [1954] 1793, 1799). Beim Erhitzen von Hypoxanthin (S. 2081) mit $POCl_3$ und Triäthylamin (*Robins, Christensen,* Am. Soc. **74** [1952] 3624, 3626) oder von Diäthyl-[2,8-dichlor-7(9)*H*-purin-6-yl]-amin mit wss. HI (*Ro.*, *Ch.*). Beim Erwärmen von Diäthyl-[2-methylmercapto-7(9)*H*-purin-6-yl]-amin mit Raney-Nickel und wss. NaOH (*Ba. et al.*). Aus 6-Methylmercapto-7(9)*H*-purin und Diäthylamin (*Elion et al.*, Am. Soc. **74** [1952] 411; *Skinner et al.*, Am. Soc. **78** [1956] 5097; *Okumura et al.*, Bl. chem. Soc. Japan **32** [1959] 886).

Kristalle; F: 222–223° [korr.; aus Bzl.] (*Ro.*, *Ch.*), 219–220° [aus wss. A.] (*Sk. et al.*). λ_{max} (wss. Lösung): 276 nm [pH 1] bzw. 282 nm [pH 11] (*El. et al.*).

Hydrochlorid $C_9H_{13}N_5 \cdot HCl$. Kristalle (aus A.+Ae.); F: 186–187° [Zers.] (*El. et al.*).

Picrat. Gelbe Kristalle; F: 202–203° [Zers.] (*Ba. et al.*).

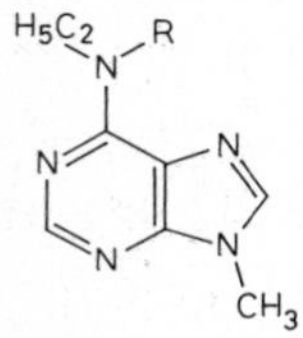

XI 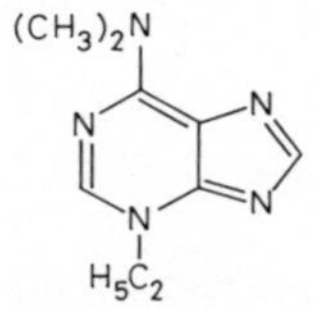 XII 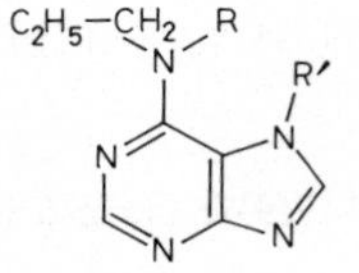 XIII 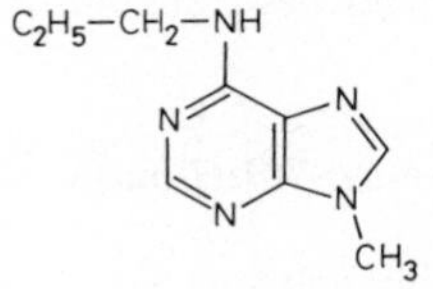 XIV

6-Diäthylamino-9-methyl-9*H*-purin, Diäthyl-[9-methyl-9*H*-purin-6-yl]-amin $C_{10}H_{15}N_5$, Formel XI ($R = C_2H_5$).

B. Aus 6-Chlor-9-methyl-9*H*-purin und Diäthylamin (*Robins, Lin,* Am. Soc. **79** [1957] 490, 494).

Kristalle (aus PAe.); F: 48–50°; λ_{max} (wss. Lösung vom pH 1): 271 nm (*Ro.*, *Lin,* l. c. S. 492).

6-Propylamino-7(9)*H*-purin, Propyl-[7(9)*H*-purin-6-yl]-amin $C_8H_{11}N_5$, Formel XIII ($R = R' = H$) und Taut.

B. Aus 6-Methylmercapto-7(9)*H*-purin und Propylamin (*Skinner et al.*, Am. Soc. **78** [1956] 5097; *Okumura et al.*, Bl. chem. Soc. Japan **32** [1959] 886).

Kristalle; F: 240–241° [Zers.; aus A.] (*Sk. et al.*), 234° [aus H_2O] (*Ok. et al.*).

7-Methyl-6-propylamino-7*H*-purin, [7-Methyl-7*H*-purin-6-yl]-propyl-amin $C_9H_{13}N_5$, Formel XIII ($R = H$, $R' = CH_3$).

B. Aus 6-Chlor-7-methyl-7*H*-purin und Propylamin (*Prasad, Robins,* Am. Soc. **79** [1957] 6401, 6403, 6406).

Kristalle (aus Toluol+Heptan); F: 178° [unkorr.]. λ_{max}: 281 nm [wss. Lösung vom pH 1] bzw. 277 nm [wss. Lösung vom pH 11 sowie A.].

9-Methyl-6-propylamino-9*H*-purin, [9-Methyl-9*H*-purin-6-yl]-propyl-amin $C_9H_{13}N_5$, Formel XIV.

B. Aus 6-Chlor-9-methyl-9*H*-purin und Propylamin (*Robins, Lin,* Am. Soc. **79** [1957] 490, 492, 494).

Kristalle (aus Toluol+Heptan); F: 130–131° [unkorr.]. λ_{max} (wss. Lösung): 265 nm [pH 1] bzw. 270 nm [pH 11].

6-Dipropylamino-7(9)*H*-purin, Dipropyl-[7(9)*H*-purin-6-yl]-amin $C_{11}H_{17}N_5$, Formel XIII (R = CH_2-C_2H_5, R′ = H) und Taut.

B. Aus 6-Chlor-7(9)*H*-purin und Dipropylamin (*Skinner et al.*, Am. Soc. **78** [1956] 5097, 5098).

Kristalle [aus A.] (*Sk. et al.*, Am. Soc. **78** 5098); F: 156–159° [korr.] (*Skinner et al.*, Am. Soc. **80** [1958] 6697).

6-Isopropylamino-9-methyl-9*H*-purin, Isopropyl-[9-methyl-9*H*-purin-6-yl]-amin $C_9H_{13}N_5$, Formel I.

B. Aus 6-Chlor-9-methyl-9*H*-purin und Isopropylamin (*Robins, Lin,* Am. Soc. **79** [1957] 490, 492, 494).

Kristalle (aus Toluol + Heptan); F: 136–137° [unkorr.]. λ_{max} (wss. Lösung): 266 nm [pH 1] bzw. 269 nm [pH 11].

9-Butyl-9*H*-purin-6-ylamin $C_9H_{13}N_5$, Formel II.

B. Aus 9-Butyl-6-chlor-9*H*-purin und äthanol. NH_3 (*Montgomery, Temple,* Am. Soc. **80** [1958] 409).

Kristalle (aus Bzl.); F: 138–139°.

(CH3)2CH–NH ... CH3
I

NH2 ... [CH2]3–CH3
II

H3C–[CH2]3 ... N–R ... NH
III

6-Butylamino-7(9)*H*-purin, Butyl-[7(9)*H*-purin-6-yl]-amin $C_9H_{13}N_5$, Formel III (R = H) und Taut.

B. Aus 6-Methylmercapto-7(9)*H*-purin und Butylamin (*Elion et al.*, Am. Soc. **74** [1952] 411; *Okumura et al.*, Bl. chem. Soc. Japan **32** [1959] 886).

Kristalle; F: 233–234° [Zers.] (*El. et al.*), 228–229° [aus wss. A.] (*Ok. et al.*). λ_{max}: 270 nm [wss. Lösung vom pH 1] bzw. 275 nm [wss. Lösung vom pH 11] (*El. et al.*), 269 nm [wss. HCl (0,1 n)], 267 nm [wss. Lösung vom pH 7] bzw. 273 nm [wss. NaOH (0,1 n)] (*Montgomery, Holum,* Am. Soc. **80** [1958] 404, 406).

9-Äthyl-6-butylamino-9*H*-purin, [9-Äthyl-9*H*-purin-6-yl]-butyl-amin $C_{11}H_{17}N_5$, Formel IV.

B. Aus 9-Äthyl-6-chlor-9*H*-purin und Butylamin (*Montgomery, Temple,* Am. Soc. **79** [1957] 5238, 5242).

Kristalle (nach Destillation bei ca. 164°/0,1 Torr); F: 60–61,5°. IR-Banden (KBr; 3300–1350 cm^{-1}): *Mo., Te.* λ_{max}: 266 nm [wss. HCl (0,1 n)] bzw. 269 nm [wss. Lösung vom pH 7 sowie wss. NaOH (0,1 n)] (*Mo., Te.*, l. c. S. 5240).

Hydrochlorid $C_{11}H_{17}N_5 \cdot HCl$. Kristalle (aus 4-Methyl-pentan-2-on); F: 176–178° [unkorr.].

6-Dibutylamino-7(9)*H*-purin, Dibutyl-[7(9)*H*-purin-6-yl]-amin $C_{13}H_{21}N_5$, Formel III (R = $[CH_2]_3$-CH_3) und Taut.

B. Beim Erhitzen von Dibutylamin mit 6-Chlor-7(9)*H*-purin und Butan-1-ol (*Skinner et al.*, Am. Soc. **78** [1956] 5097, 5098) oder mit 6-Methylmercapto-7(9)*H*-purin (*Okumura et al.*, Bl. chem. Soc. Japan **32** [1959] 886).

Kristalle; F: 124–125° [aus wss. A.] (*Ok. et al.*), 123–124° (*Skinner et al.*, Am. Soc. **80** [1958] 6697).

6-Pentylamino-7(9)*H*-purin, Pentyl-[7(9)*H*-purin-6-yl]-amin $C_{10}H_{15}N_5$, Formel V (R = H, n = 4) und Taut.

B. Aus 6-Methylmercapto-7(9)*H*-purin und Pentylamin (*Skinner et al.,* Am. Soc. **78** [1956] 5097, 5098; *Okumura et al.,* Bl. chem. Soc. Japan **30** [1957] 194, **32** [1959] 886).

Kristalle; F: 175–177° [aus wss. A.] (*Skinner et al.,* Am. Soc. **80** [1958] 6697), 164–165° [aus Bzl.] (*Ok. et al.*).

6-Dipentylamino-7(9)*H*-purin, Dipentyl-[7(9)*H*-purin-6-yl]-amin $C_{15}H_{25}N_5$, Formel V (R = $[CH_2]_4$-CH_3, n = 4) und Taut.

B. Aus 6-Chlor-7(9)*H*-purin und Dipentylamin (*Skinner et al.,* Am. Soc. **78** [1956] 5097, 5098; *Sutherland, Christensen,* Am. Soc. **79** [1957] 2251).

Kristalle (aus wss. A.); F: 88,5–89,5° (*Su., Ch.*). Kristalle (aus H_2O) mit 1 Mol H_2O; F: 113–114° [Zers.] (*Sk. et al.*).

6-Diisopentylamino-7(9)*H*-purin, Diisopentyl-[7(9)*H*-purin-6-yl]-amin $C_{15}H_{25}N_5$, Formel VI (n = 2) und Taut.

B. Analog der vorangehenden Verbindung (*Sutherland, Christensen,* Am. Soc. **79** [1957] 2251).

Kristalle (aus wss. A.); F: 114,5–115°.

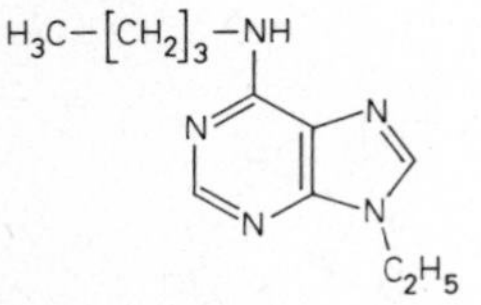

IV 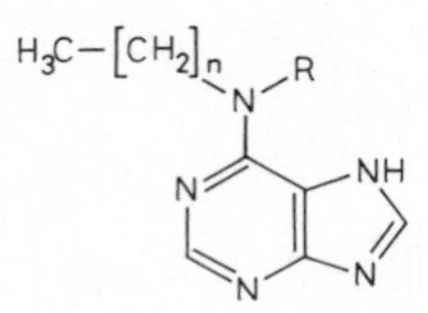 V 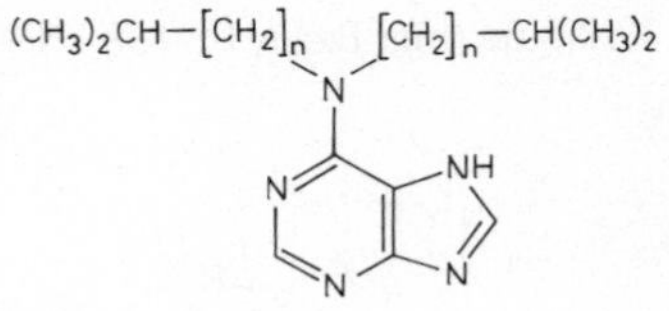 VI

6-Hexylamino-7(9)*H*-purin, Hexyl-[7(9)*H*-purin-6-yl]-amin $C_{11}H_{17}N_5$, Formel V (R = H, n = 5) und Taut.

B. Analog den vorangehenden Verbindungen (*Sutherland, Christensen,* Am. Soc. **79** [1957] 2251) oder aus Hexylamin und 6-Methylmercapto-7(9)*H*-purin (*Okumura et al.,* Bl. chem. Soc. Japan **30** [1957] 194, **32** [1959] 886).

Kristalle (aus wss. A.); F: 177–178° (*Ok. et al.*).

6-Dihexylamino-7(9)*H*-purin, Dihexyl-[7(9)*H*-purin-6-yl]-amin $C_{17}H_{29}N_5$, Formel V (R = $[CH_2]_5$-CH_3, n = 5) und Taut.

B. Aus 6-Chlor-7(9)*H*-purin und Dihexylamin (*Sutherland, Christensen,* Am. Soc. **79** [1957] 2251).

Kristalle (aus wss. A.); F: 95,5–96°.

6-Diisohexylamino-7(9)*H*-purin, Diisohexyl-[7(9)*H*-purin-6-yl]-amin $C_{17}H_{29}N_5$, Formel VI (n = 3) und Taut.

B. Analog der vorangehenden Verbindung (*Sutherland, Christensen,* Am. Soc. **79** [1957] 2251).

Kristalle (aus wss. A.); F: 89–90°.

6-Heptylamino-7(9)*H*-purin, Heptyl-[7(9)*H*-purin-6-yl]-amin $C_{12}H_{19}N_5$, Formel V (R = H, n = 6) und Taut.

B. Aus 6-Methylmercapto-7(9)*H*-purin und Heptylamin (*Okumura et al.,* Bl. chem. Soc. Japan **32** [1959] 886). Aus 6-Chlor-7(9)*H*-purin und Heptylamin (*Sutherland, Christensen,* Am. Soc. **79** [1957] 2251).

Kristalle; F: 175–176° [aus A.] (*Ok. et al.*), 168,5–170° [aus wss. A.] (*Su., Ch.*).

6-Diheptylamino-7(9)*H*-purin, Diheptyl-[7(9)*H*-purin-6-yl]-amin $C_{19}H_{33}N_5$, Formel V (R = $[CH_2]_6$-CH_3, n = 6) und Taut.

B. Aus 6-Chlor-7(9)*H*-purin und Diheptylamin (*Sutherland, Christensen,* Am. Soc. **79** [1957] 2251).

Kristalle (aus wss. A.); F: 75–76°.

6-Octylamino-7(9)*H*-purin, Octyl-[7(9)*H*-purin-6-yl]-amin $C_{13}H_{21}N_5$, Formel V (R = H, n = 7) und Taut.

B. Beim Erhitzen von Octylamin mit 6-Chlor-7(9)*H*-purin und Butan-1-ol (*Sutherland, Christensen,* Am. Soc. **79** [1957] 2251) oder mit 6-Methylmercapto-7(9)*H*-purin (*Okumura et al.,* Bl. chem. Soc. Japan **32** [1959] 886).

Kristalle; F: 168–170° [aus H_2O] (*Ok. et al.*), 165–167° [aus wss. A.] (*Su., Ch.*).

6-Dioctylamino-7(9)*H*-purin, Dioctyl-[7(9)*H*-purin-6-yl]-amin $C_{21}H_{37}N_5$, Formel V (R = $[CH_2]_7$-CH_3, n = 7) und Taut.

B. Aus 6-Chlor-7(9)*H*-purin und Dioctylamin (*Sutherland, Christensen,* Am. Soc. **79** [1957] 2251).

Kristalle (aus wss. A.); F: 85–86°.

(±)-[1-Methyl-heptyl]-[7(9)*H*-purin-6-yl]-amin $C_{13}H_{21}N_5$, Formel VII und Taut.

B. Analog der vorangehenden Verbindung (*Sutherland, Christensen,* Am. Soc. **79** [1957] 2251).

Kristalle (aus wss. A.); F: 94–96°.

(±)-[2-Äthyl-hexyl]-[7(9)*H*-purin-6-yl]-amin $C_{13}H_{21}N_5$, Formel VIII (R = H) und Taut.

B. Analog den vorangehenden Verbindungen (*Sutherland, Christensen,* Am. Soc. **79** [1957] 2251).

Kristalle (aus wss. A.); F: 158–159°.

***Opt.-inakt. Bis-[2-äthyl-hexyl]-[7(9)*H*-purin-6-yl]-amin** $C_{21}H_{37}N_5$, Formel VIII (R = CH_2-$CH(C_2H_5)$-$[CH_2]_3$-CH_3) und Taut.

B. Analog den vorangehenden Verbindungen (*Sutherland, Christensen,* Am. Soc. **79** [1957] 2251).

Kristalle (aus wss. A.); F: 83–83,5°.

H_3C–CH(–NH)–$[CH_2]_5$–CH_3 … VII

H_5C_2–CH(–$[CH_2]_3$–CH_3)–CH_2–N(R) … VIII

H_2C=CH–CH_2–NH … IX

VII VIII IX

6-Nonylamino-7(9)*H*-purin, Nonyl-[7(9)*H*-purin-6-yl]-amin $C_{14}H_{23}N_5$, Formel V (R = H, n = 8) und Taut.

B. Aus 6-Methylmercapto-7(9)*H*-purin und Nonylamin (*Okumura et al.,* Bl. chem. Soc. Japan **32** [1959] 886).

Kristalle (aus wss. A.); F: 165–166°.

6-Dinonylamino-7(9)*H*-purin, Dinonyl-[7(9)*H*-purin-6-yl]-amin $C_{23}H_{41}N_5$, Formel V (R = $[CH_2]_8$-CH_3, n = 8) und Taut.

B. Aus 6-Chlor-7(9)*H*-purin und Dinonylamin (*Sutherland, Christensen,* Am. Soc. **79** [1957] 2251).

Kristalle (aus wss. A.); F: 77–78°.

6-Decylamino-7(9)*H*-purin, Decyl-[7(9)*H*-purin-6-yl]-amin $C_{15}H_{25}N_5$, Formel V (R = H, n = 9) und Taut.

B. Beim Erhitzen von Decylamin mit 6-Methylmercapto-7(9)*H*-purin (*Elion et al.,* Am. Soc. **74** [1952] 411) oder mit 6-Chlor-7(9)*H*-purin und Butan-1-ol (*Sutherland, Christensen,* Am. Soc. **79** [1957] 2251).

Kristalle; F: 166–167° [Zers.; aus wss. A.] (*El. et al.*), 164,5–165,5° [aus A.] (*Su., Ch.*).

6-[Bis-decyl-amino]-7(9)*H*-purin, Bis-decyl-[7(9)*H*-purin-6-yl]-amin $C_{25}H_{45}N_5$, Formel V (R = $[CH_2]_9$-CH_3, n = 9) und Taut.

B. Aus 6-Chlor-7(9)*H*-purin und Bis-decyl-amin (*Sutherland, Christensen,* Am. Soc. **79** [1957] 2251).

Kristalle (aus wss. A.); F: 75–76°.

6-Dodecylamino-7(9)*H*-purin, Dodecyl-[7(9)*H*-purin-6-yl]-amin $C_{17}H_{29}N_5$, Formel V (R = H, n = 11) und Taut.

B. Beim Erhitzen von Dodecylamin mit 6-Chlor-7(9)*H*-purin und Butan-1-ol (*Sutherland, Christensen,* Am. Soc. **79** [1957] 2251) oder mit 6-Methylmercapto-7(9)*H*-purin (*Okumura et al.,* Bl. chem. Soc. Japan **32** [1959] 886).

Kristalle (aus A.); F: 156–156,5° (*Su., Ch.*), 154–156° (*Ok. et al.*).

6-Hexadecylamino-7(9)*H*-purin, Hexadecyl-[7(9)*H*-purin-6-yl]-amin $C_{21}H_{37}N_5$, Formel V (R = H, n = 15) und Taut.

B. Aus 6-Chlor-7(9)*H*-purin und Hexadecylamin (*Sutherland, Christensen,* Am. Soc. **79** [1957] 2251).

Kristalle (aus A.); F: 144–145°.

6-Octadecylamino-7(9)*H*-purin, Octadecyl-[7(9)*H*-purin-6-yl]-amin $C_{23}H_{41}N_5$, Formel V (R = H, n = 17) und Taut.

B. Aus Octadecylamin und 6-Chlor-7(9)*H*-purin (*Sutherland, Christensen,* Am. Soc. **79** [1957] 2251) oder 6-Methylmercapto-7(9)*H*-purin (*Okumura et al.,* Bl. chem. Soc. Japan **32** [1959] 886).

Kristalle (aus A.); F: 153–154° (*Ok. et al.*), 107–108° (*Su., Ch.*).

6-Allylamino-7(9)*H*-purin, Allyl-[7(9)*H*-purin-6-yl]-amin $C_8H_9N_5$, Formel IX und Taut.

B. Aus 6-Methylmercapto-7(9)*H*-purin und Allylamin (*Okumura et al.,* Bl. chem. Soc. Japan **32** [1959] 886).

Kristalle (aus A.); F: 221–222°.

3-[3-Methyl-but-2-enyl]-3*H*-purin-6-ylamin, Triacanthin $C_{10}H_{13}N_5$, Formel X.

Konstitution: *Leonard, Laursen,* J. org. Chem. **27** [1962] 1778. Identität von Togholamin (*Janot et al.,* Bl. **1959** 896, 899) mit Triacanthin: *Cavé et al.,* Ann. pharm. franç. **20** [1962] 285.

Isolierung aus den Blättern von Gleditsia triacanthos: *Belikow et al.,* Ž. obšč. Chim. **24** [1954] 919; engl. Ausg. S. 921; von Holarrhena floribunda: *Ja. et al.*

Kristalle; F: 229° [aus Bzl.] (*Ja. et al.*), 228° [aus A.] (*Be. et al.*). IR-Spektrum (2–16 μ): *Ja. et al.,* l. c. S. 897. λ_{max}: 275 nm (*Ja. et al.,* l. c. S. 896). Elektrolytische Dissoziation in wss. (?) 2-Methoxy-äthanol: *Ja. et al.,* l. c. S. 899.

Hydrochlorid. Kristalle (aus A.); F: 218–219° (*Be. et al.*).

Hydrobromid. Kristalle (aus A.); F: 215–216° (*Be. et al.*).

Sulfate. a) Kristalle; F: 216–217° (*Be. et al.*). – b) Kristalle; F: 175–176° (*Be. et al.*).

Nitrat. Hygroskopische Kristalle (aus A.); F: 164–166° (*Be. et al.*).

Picrat $C_{10}H_{13}N_5 \cdot C_6H_3N_3O_7$. Kristalle (aus A.); F: 239–241° (*Be. et al.*).

Picrolonat. Gelbe Kristalle (aus A.); F: 229–231° (*Be. et al.*).

Methojodid. Kristalle (aus A.); F: 199–203° (*Be. et al.*).

9-Cyclopentyl-9*H*-purin-6-ylamin $C_{10}H_{13}N_5$, Formel XI.

B. Aus 6-Chlor-9-cyclopentyl-9*H*-purin und äthanol. NH_3 (*Montgomery, Temple,* Am. Soc. **80** [1958] 409).

Kristalle (aus Bzl.+PAe.); F: 156°.

X XI XII XIII

9-Cyclohexyl-9*H*-purin-6-ylamin $C_{11}H_{15}N_5$, Formel XII (R = H).

B. Beim Erhitzen von N^4-Cyclohexyl-pyrimidin-4,5,6-triyltriamin-sulfat mit Formamid (*Leese, Timmis,* Soc. **1958** 4107, 4109). Aus 6-Chlor-9-cyclohexyl-9*H*-purin und äthanol. NH_3 (*Montgomery, Temple,* Am. Soc. **80** [1958] 409).

Kristalle; F: 199–200° [aus PAe.] (*Mo., Te.*), 197–198° [aus Bzl.] (*Le., Ti.*). λ_{max}: 260 nm [wss. HCl (0,1 n)] bzw. 262 nm [wss. NaOH (0,1 n)] (*Mo., Te.*), 261 nm [wss. Lösung vom pH 2] bzw. 262 nm [wss. Lösungen vom pH 7–12] (*Le., Ti.,* l. c. S. 4108). Scheinbarer Dissoziationsexponent pK'_a (protonierte Verbindung; H_2O): 4,19 (*Le., Ti.,* l. c. S. 4108).

Picrat $C_{11}H_{15}N_5 \cdot C_6H_3N_3O_7$. F: 295° [Zers.] (*Le., Ti.,* l. c. S. 4109).

6-Cyclohexylamino-7(9)*H*-purin, Cyclohexyl-[7(9)*H*-purin-6-yl]-amin $C_{11}H_{15}N_5$, Formel XIII und Taut.

B. Aus Cyclohexylamin und 6-Chlor-7(9)*H*-purin (*Sutherland, Christensen,* Am. Soc. **79** [1957] 2251) oder 6-Methylmercapto-7(9)*H*-purin (*Leese, Timmis,* Soc. **1958** 4107, 4109).

Kristalle; F: 210–211° [aus wss. A.] (*Su., Ch.*), 206–207° [aus Me.] (*Le., Ti.*). λ_{max} (wss. Lösung): 272 nm [pH 2], 269,5 nm [pH 7] bzw. 275 nm [pH 12] (*Le., Ti.,* l. c. S. 4108). Scheinbare Dissoziationsexponenten pK'_{a1} und pK'_{a2} (protonierte Verbindung; H_2O): 4,2 bzw. 10,2 (*Le., Ti.,* l. c. S. 4108).

Picrat $C_{11}H_{15}N_5 \cdot C_6H_3N_3O_7$. Gelbe Kristalle (aus H_2O) mit 1 Mol H_2O; F: 242–243° (*Le., Ti.,* l. c. S. 4109).

9-Cyclohexyl-6-cyclohexylamino-9*H*-purin, Cyclohexyl-[9-cyclohexyl-9*H*-purin-6-yl]-amin $C_{17}H_{25}N_5$, Formel XII (R = C_6H_{11}).

B. Beim Erhitzen von N^4,N^6-Dicyclohexyl-pyrimidin-4,5,6-triyltriamin mit Formamid und Ameisensäure auf 180–190° (*Leese, Timmis,* Soc. **1958** 4107, 4110).

λ_{max} (wss. Lösung): 267 nm [pH 2] bzw. 271 nm [pH 7–12] (*Le., Ti.,* l. c. S. 4108). Scheinbarer Dissoziationsexponent pK'_a (protonierte Verbindung; H_2O): 4,4 (*Le., Ti.,* l. c. S. 4108).

Hydrochlorid $C_{17}H_{25}N_5 \cdot HCl$. Kristalle (aus A. + HCl); F: 233–235°.

Cyclohexylmethyl-[7(9)*H*-purin-6-yl]-amin $C_{12}H_{17}N_5$, Formel XIV (n = 1) und Taut.

B. Beim Erhitzen von 6-Methylmercapto-7(9)*H*-purin mit *C*-Cyclohexyl-methylamin (*Skinner et al.,* Am. Soc. **79** [1957] 2843).

Kristalle (aus Ae.); F: 219–222° [unkorr.; Zers.].

Die folgenden Verbindungen sind in analoger Weise hergestellt worden:

[2-Cyclohexyl-äthyl]-[7(9)*H*-purin-6-yl]-amin $C_{13}H_{19}N_5$, Formel XIV (n = 2) und Taut. Kristalle (aus Ae.); F: 243° [unkorr.; Zers.].

[3-Cyclohexyl-propyl]-[7(9)*H*-purin-6-yl]-amin $C_{14}H_{21}N_5$, Formel XIV (n = 3) und Taut. Kristalle (aus A.); F: 189–190° [unkorr.; Zers.].

[4-Cyclohexyl-butyl]-[7(9)*H*-purin-6-yl]-amin $C_{15}H_{23}N_5$, Formel XIV (n = 4) und Taut. Kristalle (aus wss. A.); F: 187–188° [unkorr.; Zers.].

[5-Cyclohexyl-pentyl]-[7(9)*H*-purin-6-yl]-amin $C_{16}H_{25}N_5$, Formel XIV (n = 5) und Taut. Kristalle (aus wss. A.); F: 163–164° [unkorr.; Zers.].

[6-Cyclohexyl-hexyl]-[7(9)*H*-purin-6-yl]-amin $C_{17}H_{27}N_5$, Formel XIV (n = 6) und Taut. Kristalle (aus wss. A.); F: 140–141° [unkorr.; Zers.].

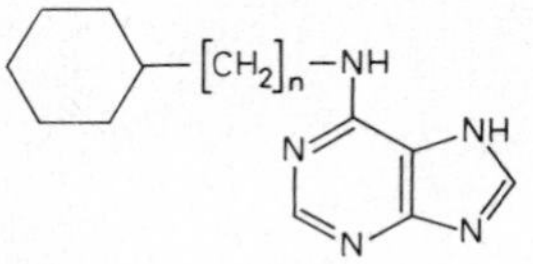

(±)-9-Cyclohex-2-enyl-9*H*-purin-6-ylamin $C_{11}H_{13}N_5$, Formel XV und Taut.

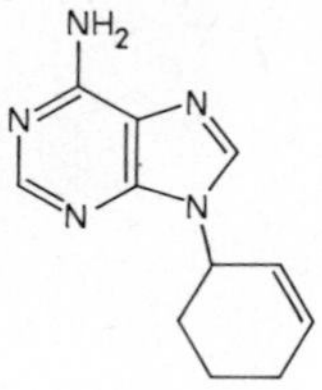

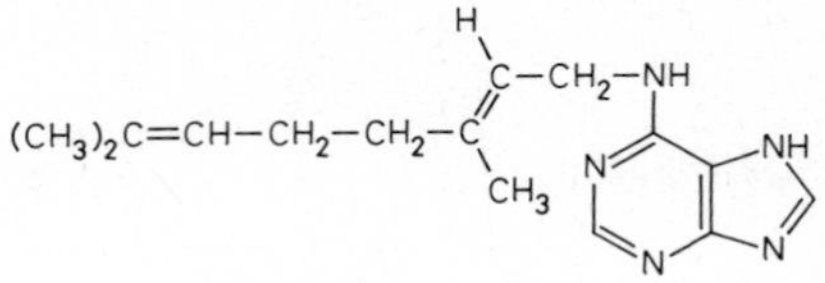

B. Beim Erwärmen von (±)-6-Chlor-9-cyclohex-2-enyl-9*H*-purin mit methanol. NH_3 auf 100° (*Schaeffer, Weimar,* Am. Soc. **81** [1959] 197, 198, 199).

Kristalle (aus Me.); F: 196° [korr.].

6-Geranylamino-7(9)*H*-purin, Geranyl-[7(9)*H*-purin-6-yl]-amin $C_{15}H_{21}N_5$, Formel XVI und Taut.

B. Aus 6-Methylmercapto-7(9)*H*-purin und Geranylamin (*Okumura et al.,* Bl. chem. Soc. Japan **32** [1959] 886).

Kristalle (aus wss. Me.); F: 146–148°.

9-Phenyl-9*H*-purin-6-ylamin $C_{11}H_9N_5$, Formel I (X = X' = H) (H 425; dort auch als 9-Phenyl-adenin bezeichnet).

B. Aus N^4-Phenyl-pyrimidin-4,5,6-triyltriamin-sulfat und Formamid oder Natrium-dithioformiat (*Daly, Christensen,* J. org. Chem. **21** [1956] 177, 178).

Kristalle (aus wss. A.); F: 235–238°. λ_{max} (wss. Lösung vom pH 6): 260 nm.

Die folgenden Verbindungen sind in analoger Weise hergestellt worden:

9-[2-Chlor-phenyl]-9*H*-purin-6-ylamin $C_{11}H_8ClN_5$, Formel I (X = Cl, X' = H). Kristalle (aus A.); F: 285° [unkorr.] (*Greenberg et al.,* J. org. Chem. **24** [1959] 1314, 1317). λ_{max} (wss. Lösung): 258 nm [pH 1] bzw. 260 nm [pH 11] (*Gr. et al.,* l. c. S. 1315).

9-[4-Chlor-phenyl]-9*H*-purin-6-ylamin $C_{11}H_8ClN_5$, Formel I (X = H, X' = Cl). Kristalle [aus wss. DMF] (*Gr. et al.,* l. c. S. 1317). λ_{max} (wss. Lösung): 235 nm und 255 nm [pH 1] bzw. 260 nm [pH 11] (*Gr. et al.,* l. c. S. 1315).

9-[2,4-Dichlor-phenyl]-9*H*-purin-6-ylamin $C_{11}H_7Cl_2N_5$, Formel I (X = X' = Cl). Kristalle (aus Dioxan); F: >300° (*Gr. et al.,* l. c. S. 1317). λ_{max} (wss. Lösung): 257 nm [pH 1] bzw. 260 nm [pH 11] (*Gr. et al.,* l. c. S. 1315).

6-Anilino-7(9)*H*-purin, Phenyl-[7(9)*H*-purin-6-yl]-amin $C_{11}H_9N_5$, Formel II (R = X = H) und Taut.

B. Aus Anilin und 6-Chlor-7(9)*H*-purin (*Daly, Christensen,* J. org. Chem. **21** [1956] 177, 179) oder 6-Methylmercapto-7(9)*H*-purin (*Elion et al.,* Am. Soc. **74** [1952] 411, 414).

Kristalle (aus wss. A.); F: 284–285° [Zers.] (*El. et al.,* l. c. S. 412), 279–282° (*Daly, Ch.*). λ_{max} (wss. Lösung): 285 nm [pH 1] bzw. 295 nm [pH 11] (*El. et al.,* l. c. S. 412), 290 nm [wss. Lösung vom pH 6] (*Da., Ch.*).

[4-Chlor-phenyl]-[7(9)*H*-purin-6-yl]-amin $C_{11}H_8ClN_5$, Formel II (R = H, X = Cl) und Taut.

B. Aus 6-Methylmercapto-7(9)*H*-purin und 4-Chlor-anilin (*Elion et al.,* Am. Soc. **74** [1952] 411).

Kristalle (aus wss. HCl); F: 327–328° [Zers.]. λ_{max} (A.): 298 nm.

6-Methylamino-9-phenyl-9*H*-purin, Methyl-[9-phenyl-9*H*-purin-6-yl]-amin $C_{12}H_{11}N_5$, Formel III (R = H).

B. Aus 6-Chlor-9-phenyl-9*H*-purin und Methylamin (*Greenberg et al.,* J. org. Chem. **24** [1959] 1314, 1315).

Kristalle (aus wss. A.); F: 155–156° [unkorr.]. λ_{max} (wss. Lösung): 263 nm [pH 1] bzw. 267 nm [pH 11].

I II III IV

[4-Chlor-phenyl]-[7-methyl-7*H*-purin-6-yl]-amin $C_{12}H_{10}ClN_5$, Formel II (R = CH_3, X = Cl).

Hydrochlorid $C_{12}H_{10}ClN_5 \cdot HCl$. *B.* Aus 6-Chlor-7-methyl-7*H*-purin und 4-Chlor-anilin (*Prasad, Robins,* Am. Soc. **79** [1957] 6401, 6406). – Kristalle (aus H_2O); F: 230° [unkorr.] (*Pr., Ro.,* l. c. S. 6403). λ_{max} (wss. Lösungen vom pH 1 sowie pH 11): 290 nm (*Pr., Ro.,* l. c. S. 6404).

[4-Brom-phenyl]-[7-methyl-7*H*-purin-6-yl]-amin $C_{12}H_{10}BrN_5$, Formel II (R = CH_3, X = Br).

B. Aus 6-Chlor-7-methyl-7*H*-purin und 4-Brom-anilin (*Prasad, Robins,* Am. Soc. **79** [1957] 6401, 6406).

Kristalle (aus H_2O); F: 213° [unkorr.] (*Pr., Ro.,* l. c. S. 6403). λ_{max} (wss. Lösung): 293 nm [pH 1] bzw. 282 nm [pH 11] (*Pr., Ro.,* l. c. S. 6404).

6-Dimethylamino-9-phenyl-9*H*-purin, Dimethyl-[9-phenyl-9*H*-purin-6-yl]-amin $C_{13}H_{13}N_5$, Formel III (R = CH_3).

B. Aus 6-Chlor-9-phenyl-9*H*-purin und Dimethylamin (*Greenberg et al.,* J. org. Chem. **24** [1959] 1314, 1315).

Kristalle (aus A.); F: 168–169° [unkorr.]. λ_{max} (wss. Lösung): 270 nm [pH 1] bzw. 275 nm [pH 11].

Methyl-phenyl-[7(9)*H*-purin-6-yl]-amin $C_{12}H_{11}N_5$, Formel IV und Taut.

B. Beim Erhitzen von *N*-[4-Amino-6-(*N*-methyl-anilino)-pyrimidin-5-yl]-formamid auf 240° (*Baker et al.,* J. org. Chem. **19** [1954] 1793, 1799). Aus Methyl-[2-methylmercapto-7(9)*H*-purin-6-yl]-phenyl-amin mit Hilfe von Raney-Nickel (*Ba. et al.*).

Kristalle (aus Bzl. + Heptan); F: 225–226°.

9-Benzyl-9*H*-purin-6-ylamin $C_{12}H_{11}N_5$, Formel V.

Ein Gemisch dieser Verbindung mit 3-Benzyl-3*H*-purin-6-ylamin hat in dem H **26** 425 als „1(oder 7 oder 9)-Benzyl-6-imino-1.6-dihydro-purin" bezeichneten Präparat vorgelegen (*Leonard, Fujii,* Am. Soc. **85** [1963] 3719 Anm. 5).

B. Aus N^4-Benzyl-pyrimidin-4,5,6-triyltriamin-sulfat und Formamid (*Daly, Christensen,* J. org. Chem. **21** [1956] 177, 178).

F: 224–225° [Zers.] (*Daly, Ch.*).

6-Benzylamino-7(9)*H*-purin, Benzyl-[7(9)*H*-purin-6-yl]-amin $C_{12}H_{11}N_5$, Formel VI (X = X′ = X″ = H) und Taut.

B. Aus 6-Chlor-7(9)*H*-purin und Benzylamin (*Daly, Christensen,* J. org. Chem. **21** [1956] 177, 179; *Bullock et al.,* Am. Soc. **78** [1956] 3693). Aus 6-Methylmercapto-7(9)*H*-purin und Benzylamin (*Skinner, Shive,* Am. Soc. **77** [1955] 6692; *Okumura et al.,* Bl. chem. Soc. Japan **30** [1957] 194). Beim Behandeln von *N*-[7(9)*H*-Purin-6-yl]-benzamid mit $LiAlH_4$ in THF (*Baizer et al.,* J. org. Chem. **21** [1956] 1276; *Lettré, Ballweg,* B. **91** [1958] 345).

Kristalle (aus wss. A.); F: 233–234° (*Daly,* J. org. Chem. **21** [1956] 1553), 232,5° [korr.]

(*Ba. et al.*). λ_{max}: 207 nm und 270 nm [H_2O], 274 nm [wss. HCl (0,1 n)] bzw. 275 nm [wss. NaOH (0,1 n)] (*Bu. et al.*), 268 nm [wss. Lösung vom pH 6] (*Daly, Ch.*).

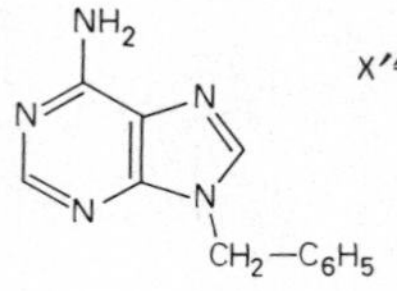

V 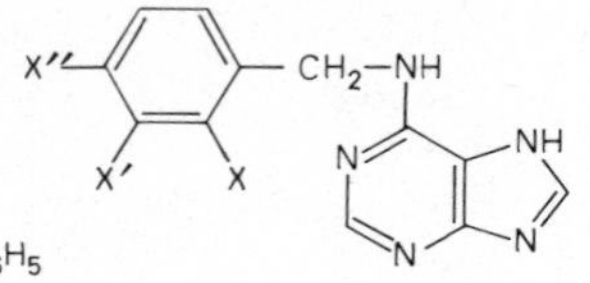 VI 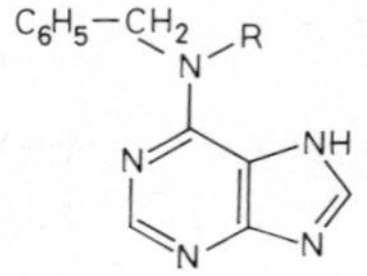 VII 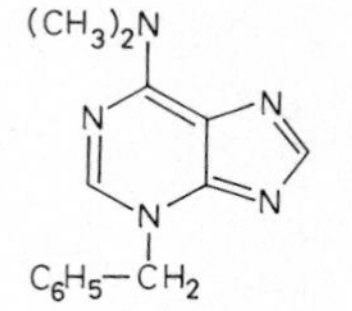 VIII

[2-Chlor-benzyl]-[7(9)*H*-purin-6-yl]-amin $C_{12}H_{10}ClN_5$, Formel VI (X = Cl, X′ = X″ = H) und Taut.

B. Beim Erhitzen von 6-Methylmercapto-7(9)*H*-purin mit 2-Chlor-benzylamin (*Okumura et al.*, Bl. chem. Soc. Japan **32** [1959] 883).

Kristalle (aus A.); F: 227–228°.

Die folgenden Verbindungen sind in analoger Weise hergestellt worden:

[3-Chlor-benzyl]-[7(9)*H*-purin-6-yl]-amin $C_{12}H_{10}ClN_5$, Formel VI (X = X″ = H, X′ = Cl) und Taut. Kristalle (aus A.); F: 241–242°.

[4-Chlor-benzyl]-[7(9)*H*-purin-6-yl]-amin $C_{12}H_{10}ClN_5$, Formel VI (X = X′ = H, X″ = Cl) und Taut. Kristalle (aus A.); F: 280–280,5°.

[3-Nitro-benzyl]-[7(9)*H*-purin-6-yl]-amin $C_{12}H_{10}N_6O_2$, Formel VI (X = X″ = H, X′ = NO_2) und Taut. Kristalle (aus A.); F: 272°.

[4-Nitro-benzyl]-[7(9)*H*-purin-6-yl]-amin $C_{12}H_{10}N_6O_2$, Formel VI (X = X′ = H, X″ = NO_2) und Taut. Kristalle (aus A.); F: 220–226° [unreines Präparat].

Benzyl-methyl-[7(9)*H*-purin-6-yl]-amin $C_{13}H_{13}N_5$, Formel VII (R = CH_3) und Taut.

B. Aus 6-Chlor-7(9)*H*-purin und Benzyl-methyl-amin (*Bullock et al.*, Am. Soc. **78** [1956] 3693).

F: 114,5–115° [unkorr.]. λ_{max}: 280 nm [wss. HCl (0,1 n)], 282 nm [wss. NaOH (0,1 n)] bzw. 276 nm [A.].

3-Benzyl-6-dimethylamino-3*H*-purin, [3-Benzyl-3*H*-purin-6-yl]-dimethyl-amin $C_{14}H_{15}N_5$, Formel VIII.

Diese Konstitution kommt wahrscheinlich der von *Baker et al.* (J. org. Chem. **19** [1954] 638, 644) als [7-Benzyl-7*H*-purin-6-yl]-dimethyl-amin angesehenen Verbindung zu (*Townsend et al.*, Am. Soc. **86** [1964] 5320, 5321; vgl. *Itaya et al.*, Chem. pharm. Bl. **28** [1980] 1920, 1922).

Picrat $C_{14}H_{15}N_5 \cdot C_6H_3N_3O_7$. *B.* Aus Dimethyl-[7(9)*H*-purin-6-yl]-amin, Benzylchlorid und Picrinsäure (*Ba. et al.*). – Gelbe Kristalle (aus wss. Me.); F: 187–188° [Zers.] (*Ba. et al.*). λ_{max} (wss. A.): 292 nm [pH 1] bzw. 300 nm [pH 14] (*Ba. et al.*, l. c. S. 640).

7-Benzyl-6-dimethylamino-7*H*-purin, [7-Benzyl-7*H*-purin-6-yl]-dimethyl-amin $C_{14}H_{15}N_5$, Formel IX.

Die von *Baker et al.* (J. org. Chem. **19** [1954] 638, 644) unter dieser Konstitution beschriebene Verbindung ist wahrscheinlich als [3-Benzyl-3*H*-purin-6-yl]-dimethyl-amin zu formulieren (*Townsend et al.*, Am. Soc. **86** [1964] 5320, 5321).

Über eine authentische Verbindung dieser Konstitution (F: 134–135°) s. *Montgomery, Temple*, Am. Soc. **83** [1961] 630, 631.

Benzyl-butyl-[7(9)*H*-purin-6-yl]-amin $C_{16}H_{19}N_5$, Formel VII (R = $[CH_2]_3$-CH_3) und Taut.

B. Aus Benzyl-butyl-[2-methylmercapto-7(9)*H*-purin-6-yl]-amin mit Hilfe von Raney-Nickel (*Baker et al.*, J. org. Chem. **19** [1954] 1793, 1800).

Kristalle (aus wss. A.); F: 157–158°.

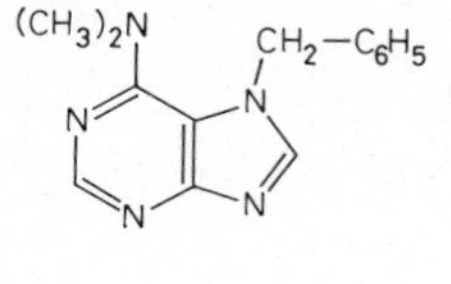

IX 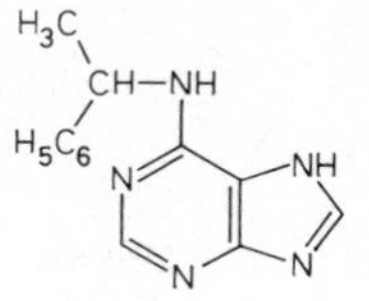 X 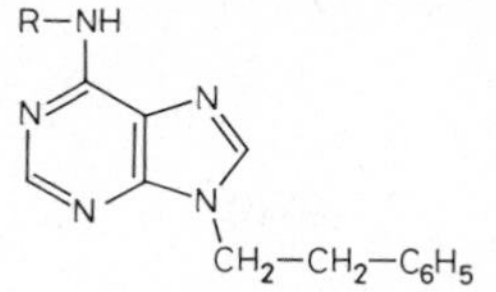 XI

(±)-[1-Phenyl-äthyl]-[7(9)*H*-purin-6-yl]-amin $C_{13}H_{13}N_5$, Formel X und Taut.

B. Beim Erhitzen von (±)-1-Phenyl-äthylamin mit 6-Chlor-7(9)*H*-purin und 2-Methoxy-äthanol (*Bullock et al.*, Am. Soc. **78** [1956] 3693) oder mit 6-Methylmercapto-7(9)*H*-purin (*Okumura et al.*, Bl. chem. Soc. Japan **30** [1957] 194).

Kristalle; F: 240–241° [aus A.] (*Ok. et al.*), 199–202° [unkorr.] (*Bu. et al.*). λ_{max}: 277 nm [wss. HCl (0,1 n)], 274 nm [wss. NaOH (0,1 n)] bzw. 270 nm [A.] (*Bu. et al.*).

9-Phenäthyl-9*H*-purin-6-ylamin $C_{13}H_{13}N_5$, Formel XI (R = H).

B. Beim Erhitzen von N^4-Phenäthyl-pyrimidin-4,5,6-triyltriamin-sulfat mit Formamid auf 180–190° (*Leese, Timmis*, Soc. **1958** 4107, 4109).

Kristalle (aus wss. A.); F: 179–180°.

6-Phenäthylamino-7(9)*H*-purin, Phenäthyl-[7(9)*H*-purin-6-yl]-amin $C_{13}H_{13}N_5$, Formel XII und Taut.

B. Neben 9-Phenäthyl-9*H*-purin-6-ylamin beim Erhitzen von N^4-Phenäthyl-pyrimidin-4,5,6-triyltriamin-sulfat mit Formamid auf 180–190° (*Leese, Timmis*, Soc. **1958** 4107, 4109). Aus 6-Methylmercapto-7(9)*H*-purin und Phenäthylamin (*Skinner et al.*, Am. Soc. **78** [1956] 5097).

Kristalle; F: 245–246° (*Le., Ti.*), 239–240° [Zers.; aus A.] (*Sk. et al.*). λ_{max} (wss. Lösung): 273,5 nm [pH 2], 269 nm [pH 7] bzw. 275 nm [pH 12] (*Le., Ti.*, l. c. S. 4108). Scheinbare Dissoziationsexponenten pK'_{a1} und pK'_{a2} (protonierte Verbindung; H_2O): 4,2 bzw. 10,1 (*Le., Ti.*, l. c. S. 4108).

9-Phenäthyl-6-phenäthylamino-9*H*-purin, Phenäthyl-[9-phenäthyl-9*H*-purin-6-yl]-amin $C_{21}H_{21}N_5$, Formel XI (R = CH_2-CH_2-C_6H_5).

B. Beim Erhitzen von N^4,N^6-Diphenäthyl-pyrimidin-4,5,6-triyltriamin mit Formamid in Gegenwart von H_2SO_4 auf 180–190° (*Leese, Timmis*, Soc. **1958** 4107, 4110).

Hydrochlorid $C_{21}H_{21}N_5 \cdot HCl$. Kristalle (aus wss. HCl); F: 230–231°.

[2-Methyl-benzyl]-[7(9)*H*-purin-6-yl]-amin $C_{13}H_{13}N_5$, Formel XIII (R = CH_3, R′ = R″ = H) und Taut.

B. Beim Erhitzen von 2-Methyl-benzylamin mit 6-Chlor-7(9)*H*-purin und 2-Methoxy-äthanol (*Bullock et al.*, Am. Soc. **78** [1956] 3693) oder mit 6-Methylmercapto-7(9)*H*-purin (*Okumura et al.*, Bl. chem. Soc. Japan **32** [1959] 883). Aus *N*-[7(9)*H*-Purin-6-yl]-*o*-toluamid mit Hilfe von $LiAlH_4$ in THF (*Baizer et al.*, J. org. Chem. **21** [1956] 1276).

Kristalle; F: 243,6–244,6° [korr.; aus A.] (*Ba. et al.*), 243–244° [unkorr.; geschlossene Kapillare] (*Bu. et al.*). λ_{max}: 275 nm [wss. HCl (0,1 n)], 274 nm [wss. NaOH (0,1 n)] bzw. 268 nm [A.] (*Bu. et al.*).

[3-Methyl-benzyl]-[7(9)*H*-purin-6-yl]-amin $C_{13}H_{13}N_5$, Formel XIII (R = R″ = H, R′ = CH_3) und Taut.

B. Aus 6-Chlor-7(9)*H*-purin und 3-Methyl-benzylamin (*Bullock et al.*, Am. Soc. **78** [1956] 3693).

F: 233–234° [unkorr.]. λ_{max}: 276 nm [wss. HCl (0,1 n)], 274 nm [wss. NaOH (0,1 n)] bzw. 269 nm [A.].

XII XIII XIV XV

[4-Methyl-benzyl]-[7(9)*H*-purin-6-yl]-amin $C_{13}H_{13}N_5$, Formel XIII (R = R′ = H, R″ = CH_3) und Taut.

B. Beim Erhitzen von 4-Methyl-benzylamin mit 6-Chlor-7(9)*H*-purin und 2-Methoxy-äthanol (*Bullock et al.,* Am. Soc. **78** [1956] 3693) oder mit 6-Methylmercapto-7(9)*H*-purin (*Okumura et al.,* Bl. chem. Soc. Japan **32** [1959] 883).

Kristalle ; F: 264° [aus A.] (*Ok. et al.*), 263° [unkorr.] (*Bu. et al.*). λ_{max}: 269 nm [H_2O] bzw. 275 nm [wss. HCl (0,1 n) sowie wss. NaOH (0,1 n)] (*Bu. et al.*).

[3-Phenyl-propyl]-[7(9)*H*-purin-6-yl]-amin $C_{14}H_{15}N_5$, Formel XIV (n = 3) und Taut.

B. Aus 6-Methylmercapto-7(9)*H*-purin und 3-Phenyl-propylamin (*Skinner et al.,* Am. Soc. **78** [1956] 5097, 5100; s. a. *Ham et al.,* Am. Soc. **78** [1956] 2648).

Kristalle [aus A.] (*Sk. et al.,* Am. Soc. **78** 5098), 189–190° (*Skinner et al.,* Am. Soc. **80** [1958] 6697).

Die folgenden Verbindungen sind in analoger Weise hergestellt worden:

[4-Phenyl-butyl]-[7(9)*H*-purin-6-yl]-amin $C_{15}H_{17}N_5$, Formel XIV (n = 4) und Taut. F: 161–164° (*Sk. et al.,* Am. Soc. **78** 5098, **80** 6697).

[5-Phenyl-pentyl]-[7(9)*H*-purin-6-yl]-amin $C_{16}H_{19}N_5$, Formel XIV (n = 5) und Taut. F: 174–176° (*Sk. et al.,* Am. Soc. **78** 5098, **80** 6697).

[7-Phenyl-heptyl]-[7(9)*H*-purin-6-yl]-amin $C_{18}H_{23}N_5$, Formel XIV (n = 7) und Taut. F: 129–134° (*Sk. et al.,* Am. Soc. **78** 5098, **80** 6697).

[11-Phenyl-undecyl]-[7(9)*H*-purin-6-yl]-amin $C_{22}H_{31}N_5$, Formel XIV (n = 11) und Taut. Wachsartiger Feststoff [aus wss. A.] (*Skinner et al.,* Am. Soc. **79** [1957] 2843, 2844).

[1]Naphthylmethyl-[7(9)*H*-purin-6-yl]-amin $C_{16}H_{13}N_5$, Formel XV (n = 1) und Taut. Kristalle (aus A.); F: 258–259° [unkorr.; Zers.] (*Sk. et al.,* Am. Soc. **79** 2844).

[2-[1]Naphthyl-äthyl]-[7(9)*H*-purin-6-yl]-amin $C_{17}H_{15}N_5$, Formel XV (n = 2) und Taut. F: 231–234° (*Sk. et al.,* Am. Soc. **78** 5098, **80** 6697).

[5-[1]Naphthyl-pentyl]-[7(9)*H*-purin-6-yl]-amin $C_{20}H_{21}N_5$, Formel XV (n = 5) und Taut. Kristalle (aus A.); F: 158–160° [unkorr.; Zers.] (*Sk. et al.,* Am. Soc. **79** 2844).

2-[7(9)*H*-Purin-6-ylamino]-äthanol $C_7H_9N_5O$, Formel I (R = R′ = H) und Taut.

B. Beim Erhitzen von 2-Amino-äthanol mit 6-Chlor-7(9)*H*-purin (*Huber,* Ang. Ch. **68** [1956] 706), mit [7(9)*H*-Purin-6-ylmercapto]-essigsäure (*Hu.*) oder mit 6-Methylmercapto-7(9)*H*-purin (*Du Pont de Nemours & Co.,* U.S.P. 2844577 [1956]).

Kristalle (aus A.); F: 251–253,5° (*Du Pont*).

[2-Methoxy-äthyl]-[7(9)*H*-purin-6-yl]-amin $C_8H_{11}N_5O$, Formel I (R = H, R′ = CH_3) und Taut.

B. Aus 6-Methylmercapto-7(9)*H*-purin und 2-Methoxy-äthylamin (*Du Pont de Nemours & Co.,* U.S.P. 2844577 [1956]).

Kristalle (aus A. + DMF); F: 221,5–223°.

Die folgenden Verbindungen sind in analoger Weise hergestellt worden:

[2-Äthoxy-äthyl]-[7(9)*H*-purin-6-yl]-amin $C_9H_{13}N_5O$, Formel I (R = H, R′ = C_2H_5) und Taut. Kristalle (aus E.); F: 184–185° (*Du Pont*).

[2-Propoxy-äthyl]-[7(9)*H*-purin-6-yl]-amin $C_{10}H_{15}N_5O$, Formel I (R = H, R′ = CH_2-C_2H_5) und Taut. Kristalle (aus E.); F: 177–178° (*Du Pont*).

[2-Butoxy-äthyl]-[7(9)*H*-purin-6-yl]-amin $C_{11}H_{17}N_5O$, Formel I (R = H, R′ = $[CH_2]_3$-CH_3) und Taut. Kristalle (aus E.); F: 184–185° (*Du Pont*).

[2-Phenoxy-äthyl]-[7(9)*H*-purin-6-yl]-amin $C_{13}H_{13}N_5O$, Formel I (R = H, R′ = C_6H_5) und Taut. Kristalle (aus A.); F: 246–248° [unkorr.; Zers.] (*Skinner et al.*, Am. Soc. **79** [1957] 2843).

[2-Methylmercapto-äthyl]-[7(9)*H*-purin-6-yl]-amin $C_8H_{11}N_5S$, Formel II und Taut. Kristalle (aus $CHCl_3$); F: 195–196° (*Du Pont*).

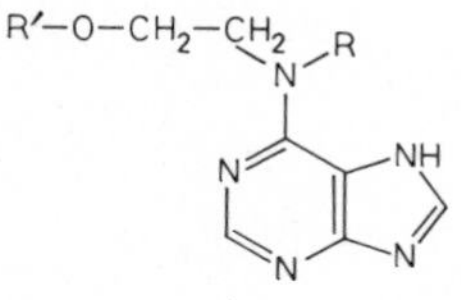

I 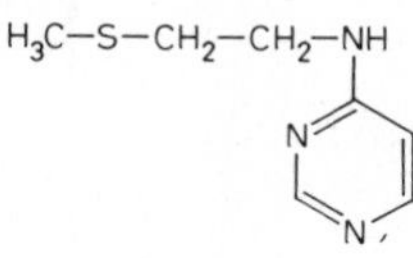 II 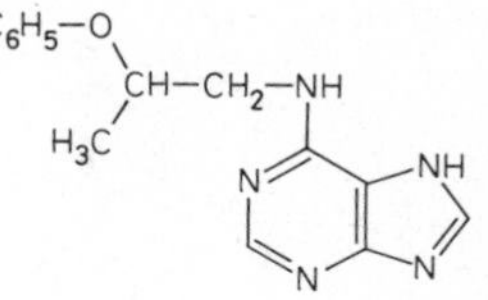 III

Bis-[2-hydroxy-äthyl]-[7(9)*H*-purin-6-yl]-amin $C_9H_{13}N_5O_2$, Formel I (R = CH_2-CH_2-OH, R′ = H) und Taut.

B. Aus Bis-[2-hydroxy-äthyl]-amin und 6-Chlor-7(9)*H*-purin (*Di Paco, Sonnino Tauro,* Ann. Chimica **47** [1957] 698, 701; *Huber,* Ang. Ch. **68** [1956] 706) oder [7(9)*H*-Purin-6-ylmercapto]-essigsäure (*Hu.*).

Kristalle; F: 216–218° (*Hu.*), 205° [aus H_2O] (*Di Paco, So. Ta.*).

Die beim Behandeln mit $SOCl_2$ erhaltene, von *Huber* als 1,4-Bis-[2-chlor-äthyl]-1,4-bis-[7(9)*H*-purin-6-yl]-piperazindiium-dichlorid und von *Di Paco, Sonnino Tauro* als Bis-[2-chlor-äthyl]-[7(9)*H*-purin-6-yl]-amin angesehene Verbindung ist als 9-[2-Chlor-äthyl]-8,9-dihydro-7*H*-imidazo[2,1-*i*]purin-hydrochlorid zu formulieren (*Macintyre, Zahrobsky,* Z. Kr. **119** [1963] 226, 227; s. a. *Burstein, Ringold,* Canad. J. Chem. **40** [1962] 561, 563).

(±)-[2-Phenoxy-propyl]-[7(9)*H*-purin-6-yl]-amin $C_{14}H_{15}N_5O$, Formel III und Taut.

B. Aus 6-Methylmercapto-7(9)*H*-purin und (±)-2-Phenoxy-propylamin (*Skinner et al.*, Am. Soc. **79** [1957] 2843).

Kristalle (aus A.+Ae.); F: 172–173° [unkorr.; Zers.].

[3-Methoxy-propyl]-[7(9)*H*-purin-6-yl]-amin $C_9H_{13}N_5O$, Formel IV (R = CH_3, n = 3) und Taut.

B. Aus 6-Methylmercapto-7(9)*H*-purin und 3-Methoxy-propylamin (*Du Pont de Nemours & Co.*, U.S.P. 2844577 [1956]; *Skinner et al.*, Am. Soc. **78** [1956] 5097, 5098, 5100).

Kristalle; F: 182–183° [aus E.] (*Du Pont*), 177–179° [aus A.] (*Skinner et al.*, Am. Soc. **80** [1958] 6697).

[4-Phenoxy-butyl]-[7(9)*H*-purin-6-yl]-amin $C_{15}H_{17}N_5O$, Formel IV (R = C_6H_5, n = 4) und Taut.

B. Aus 6-Methylmercapto-7(9)*H*-purin und 4-Phenoxy-butylamin (*Skinner et al.*, Am. Soc. **79** [1957] 2843).

Kristalle (aus A.); F: 156–158° [unkorr.; Zers.].

6-Piperidino-7(9)*H*-purin $C_{10}H_{13}N_5$, Formel V und Taut.

B. Aus Piperidin und 6-Chlor-7(9)*H*-purin (*Breshears et al.*, Am. Soc. **81** [1959] 3789, 3790) oder [7(9)*H*-Purin-6-ylmercapto]-essigsäure (*Huber,* Ang. Ch. **68** [1956] 706). Beim Behandeln von 2-Chlor-6-piperidino-7(9)*H*-purin oder von 2,8-Dichlor-6-piperidino-7(9)*H*-purin mit HI und PH_4I (*Br. et al.*, l. c. S. 3792). Aus 2-Methylmercapto-6-piperidino-7(9)*H*-purin mit Hilfe von Raney-Nickel (*Baker et al.*, J. org. Chem. **19** [1954] 1793, 1799).

Kristalle (aus wss. A.); F: 274–275° (*Br. et al.*). λ_{max} (wss. Lösung vom pH 1): 281 nm (*Br. et al.*).

Picrat $C_{10}H_{13}N_5 \cdot C_6H_3N_3O_7$. Gelbe Kristalle (aus A.); F: 194–195° (*Ba. et al.*).

6-[7(9)*H*-Purin-6-ylamino]-hexan-1-ol $C_{11}H_{17}N_5O$, Formel IV (R = H, n = 6) und Taut.

B. Aus 6-Chlor-7(9)*H*-purin und 6-Amino-hexan-1-ol (*Sutherland, Christensen,* Am. Soc. **79**

[1957] 2251).

Kristalle (aus H_2O); F: 175–176°.

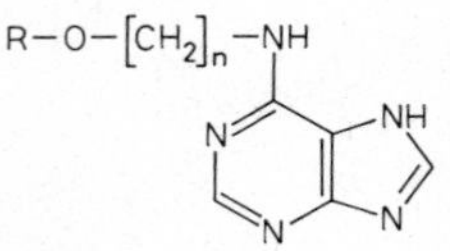

IV 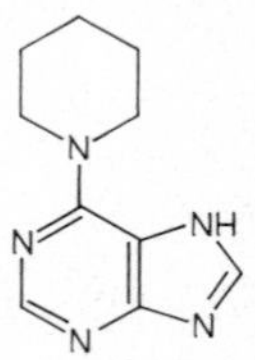 V 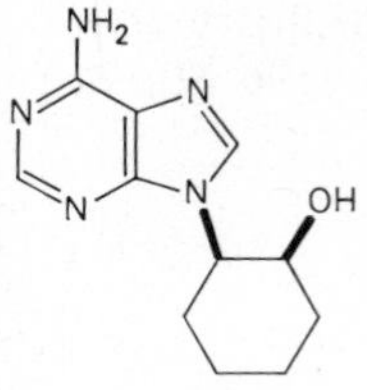 VI 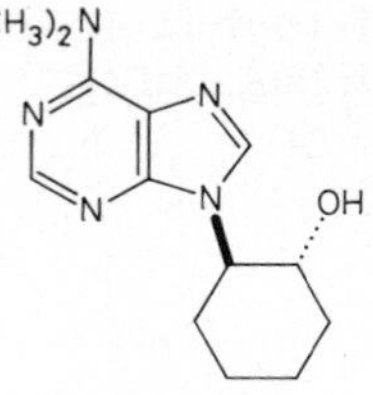 VII

(±)-*cis*-2-[6-Amino-purin-9-yl]-cyclohexanol $C_{11}H_{15}N_5O$, Formel VI + Spiegelbild.

B. Aus (±)-*cis*-2-[6-Chlor-purin-9-yl]-cyclohexanol und NH_3 (*Schaeffer, Weimar,* Am. Soc. **81** [1959] 197, 200).

Kristalle (aus wss. A.); F: 267° [unkorr.]. λ_{max} (wss. Lösung): 260 nm [pH 1] bzw. 261 nm [pH 7 sowie pH 13].

(±)-*trans*-2-[6-Dimethylamino-purin-9-yl]-cyclohexanol $C_{13}H_{19}N_5O$, Formel VII + Spiegelbild.

B. Aus (±)-*trans*-2-[6-Chlor-purin-9-yl]-cyclohexanol und Dimethylamin (*Schaeffer, Weimar,* Am. Soc. **81** [1959] 197, 200).

Kristalle (aus wss. Me.); F: 178° [korr.]. λ_{max} (wss. Lösung): 270 nm [pH 1] bzw. 277 nm [pH 7 sowie pH 13].

6-Salicylamino-7(9)*H*-purin, 2-[(7(9)*H*-Purin-6-ylamino)-methyl]-phenol $C_{12}H_{11}N_5O$, Formel VIII und Taut.

B. Aus 6-Methylmercapto-7(9)*H*-purin und 2-Aminomethyl-phenol (*Okumura et al.,* Bl. chem. Soc. Japan **32** [1959] 883).

Kristalle (aus DMF); F: 264° (*Ok. et al.,* Bl. chem. Soc. Japan **32** 883).

Die folgenden Verbindungen sind in analoger Weise hergestellt worden:

3-[(7(9)*H*-Purin-6-ylamino)-methyl]-phenol $C_{12}H_{11}N_5O$, Formel IX (R = H) und Taut. Kristalle (aus A.); F: 284–286° (*Ok. et al.,* Bl. chem. Soc. Japan **32** 883).

[3-Methoxy-benzyl]-[7(9)*H*-purin-6-yl]-amin $C_{13}H_{13}N_5O$, Formel IX (R = CH_3) und Taut. Kristalle (aus Me.); F: 248–249° (*Ok. et al.,* Bl. chem. Soc. Japan **32** 883).

[4-Methoxy-benzyl]-[7(9)*H*-purin-6-yl]-amin $C_{13}H_{13}N_5O$, Formel X und Taut. Kristalle (aus A.); F: 233–234° (*Okumura et al.,* Bl. chem. Soc. Japan **30** [1957] 194).

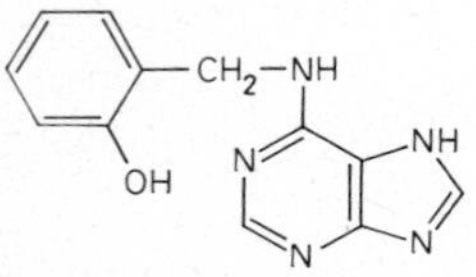

VIII 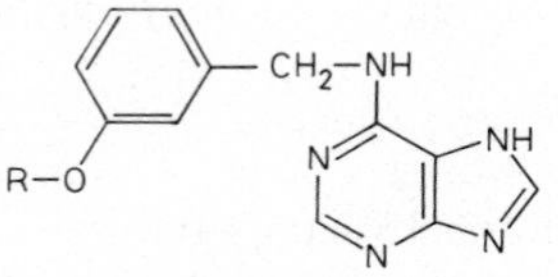 IX 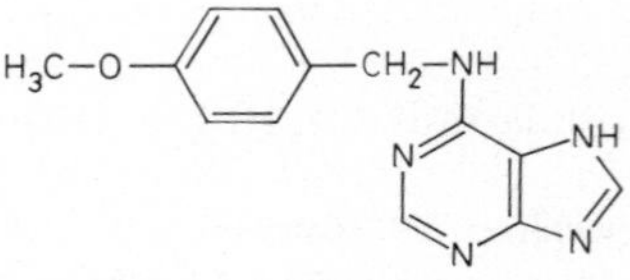 X

6-Veratrylamino-7(9)*H*-purin, [7(9)*H*-Purin-6-yl]-veratryl-amin $C_{14}H_{15}N_5O_2$, Formel XI und Taut.

B. Aus 6-Methylmercapto-7(9)*H*-purin und Veratrylamin (*Okumura et al.,* Bl. chem. Soc. Japan **30** [1957] 194).

Kristalle (aus A.); F: 240,5–241°.

24-[7(9)*H*-Purin-6-ylamino]-5β-cholan-3α,7α,12α-triol $C_{29}H_{45}N_5O_3$, Formel XII und Taut.

B. Aus 3α,7α,12α-Tris-formyloxy-5β-cholan-24-säure-[7(9)*H*-purin-6-ylamid] mit Hilfe von $LiAlH_4$ in THF (*Lettré, Ballweg,* B. **91** [1958] 345). Aus 24-Amino-5β-cholan-3α,7α,12α-triol und 6-Chlor-7(9)*H*-purin (*Le., Ba.*).

Feststoff mit 2,5 Mol H_2O; F: 205–215° [Zers.; nach Umwandlung in ein Glas ab 150–170°]. λ_{max}: 269 nm.

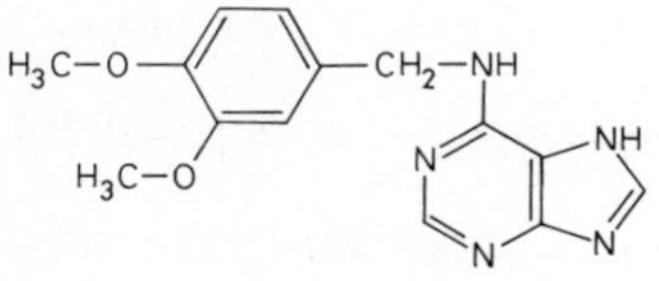

XI 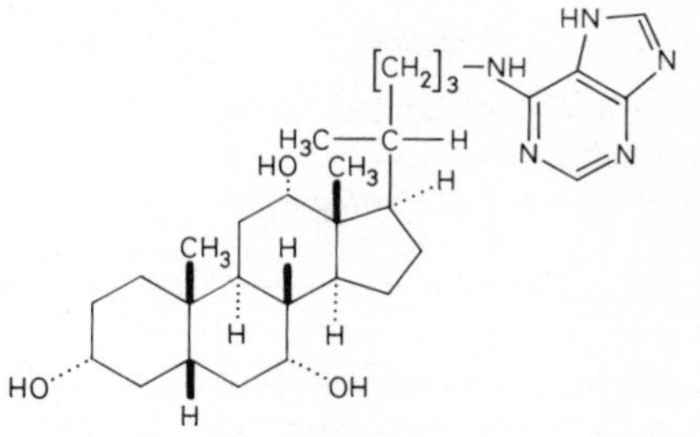 XII

(*R*)-2-[(*R*)-1-(6-Amino-purin-9-yl)-2-oxo-äthoxy]-3-hydroxy-propionaldehyd, (2*R*,4*R*)-2-[6-Amino-purin-9-yl]-4-hydroxymethyl-3-oxa-glutaraldehyd $C_{10}H_{11}N_5O_4$, Formel XIII.

B. Beim Behandeln von Adenosin (S. 3598) mit wss. $NaIO_4$ (*Davoll et al.*, Soc. **1946** 833, 835, 837).

Feststoff mit 2 Mol H_2O; beim Erhitzen tritt Dunkelfärbung auf. $[\alpha]_D^{19}$: +36,4° (Anfangswert) → −15° (Endwert nach 24 h) [wss. HCl (0,1 n); c = 0,8].

Picrat $C_{10}H_{11}N_5O_4 \cdot C_6H_3N_3O_7$. *B.* Beim Behandeln von Adenosin-picrat (S. 3601) oder von (1*R*)-1-[6-Amino-purin-9-yl]-1,5-anhydro-D-glucit-picrat (S. 3690) mit wss. $NaIO_4$ (*Da. et al.*). – Hellgelbes Pulver mit 1 Mol H_2O. $[\alpha]_D^{14}$: −21,2° [wss. $NaHCO_3$ (0,1 n); c = 1,4].

D-Xylose-[7(9)*H*-purin-6-ylimin] $C_{10}H_{13}N_5O_4$, Formel XIV und Taut. (*N*-[7(9)*H*-Purin-6-yl]-D-xylopyranosylamine).

B. Neben D-(1*R*)-1-[6-Amino-purin-9-yl]-1,5-anhydro-xylit (S. 3596) beim Erhitzen von O^2,O^3,O^4-Triacetyl-D-xylose-[6-amino-5-thioformylamino-pyrimidin-4-ylimin] in Pyridin und Behandeln des Reaktionsprodukts mit methanol. Natriummethylat (*Kenner et al.*, Soc. **1944** 652, 655).

Kristalle (aus H_2O); F: 219° [Zers.]. $[\alpha]_D^{22}$: −7° [H_2O; c = 0,1].

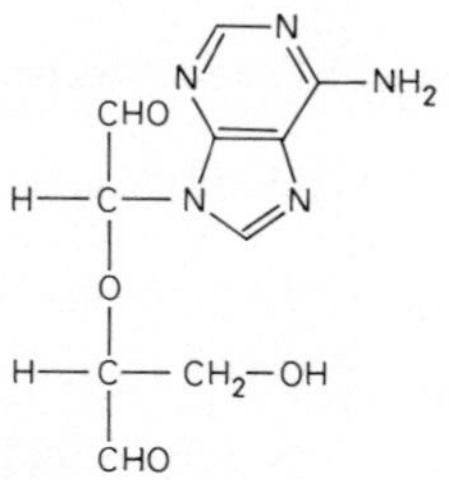

XIII 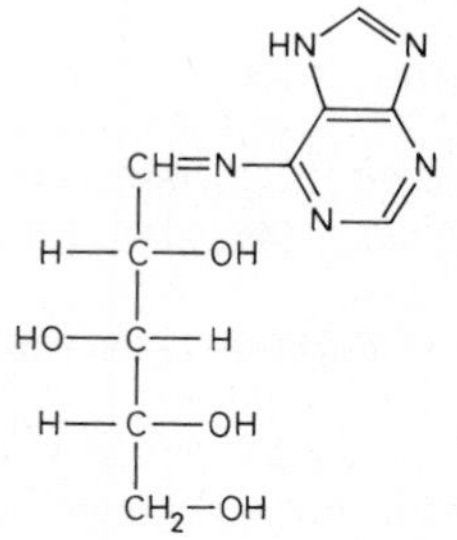 XIV 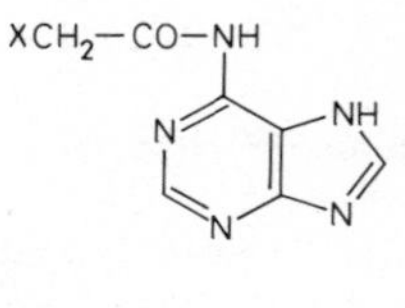 XV

6-Acetylamino-7(9)*H*-purin, *N*-[7(9)*H*-Purin-6-yl]-acetamid $C_7H_7N_5O$, Formel XV (X = H) und Taut. (H 423; dort als Acetyladenin bezeichnet).

Konstitution: *Baizer et al.*, J. org. Chem. **21** [1956] 1276.

B. Beim Erhitzen von Adenin (S. 3561) mit Acetanhydrid auf 140° und Erhitzen des Reaktionsgemisches mit H_2O (*Ba. et al.*). Aus *N*-[9(?)-Acetyl-9*H*-purin-6-yl]-acetamid (s. u.) und H_2O (*Birkofer*, B. **76** [1943] 769, 772; *Schein*, J. med. pharm. Chem. **5** [1962] 302, 311).

Kristalle (*Davoll, Lowy*, Am. Soc. **73** [1951] 1650, 1652); F: 350° [unkorr.; Zers.] (*Sch.*, l. c. S. 305); Sublimation >260° (*Da., Lowy*). λ_{max} (wss. Lösung): 280 nm (*Zioudrou, Fruton*, J. biol. Chem. **234** [1959] 583).

Chloressigsäure-[7(9)*H*-purin-6-ylamid] $C_7H_6ClN_5O$, Formel XV (X = Cl) und Taut.

B. Aus Adenin (S. 3561) und Chloressigsäure-anhydrid (*Craveri, Zoni,* Chimica **34** [1958] 407, 412).

Kristalle (aus wss. A.); F: 200° [Zers.]. UV-Spektrum (A.; 200–300 nm): *Cr., Zoni,* l. c. S. 410.

9(?)-Acetyl-6-acetylamino-9*H*-purin, *N*-[9(?)-Acetyl-9*H*-purin-6-yl]-acetamid $C_9H_9N_5O_2$, vermutlich Formel I.

Konstitution: *Mehrotra et al.,* Indian J. Chem. **4** [1966] 146; *Schein,* J. med. pharm. Chem. **5** [1962] 302, 304, 310.

B. Beim Erhitzen von Adenin (S. 3561) mit Acetanhydrid (*Birkofer,* B. **76** [1943] 769, 772; *Me. et al.*; *Sch.*).

Kristalle; F: 193–196° [unkorr.; aus Toluol] (*Sch.,* l. c. S. 306), 195° [Zers.; aus Toluol oder A.] (*Bi.*). IR-Spektrum (KBr; 2–15 μ): *Me. et al.* λ_{max} (H_2O): 273 nm (*Me. et al.*).

6-Propionylamino-7(9)*H*-purin, *N*-[7(9)*H*-Purin-6-yl]-propionamid $C_8H_9N_5O$, Formel II (R = H, n = 1) und Taut.

Konstitution: *Schein,* J. med. pharm. Chem. **5** [1962] 302, 303, 311.

B. Neben der folgenden Verbindung beim Erhitzen von Adenin (S. 3561) mit Propionsäure-anhydrid (*Birkofer,* B. **76** [1943] 769, 772). Aus der folgenden Verbindung mit Hilfe von H_2O (*Bi.*; *Sch.*).

Kristalle; F: 237–238° [unkorr.] (*Sch.,* l. c. S. 305), 235–237° [aus Toluol] (*Bi.*). λ_{max} (Me.): 279 nm (*Sch.,* l. c. S. 305).

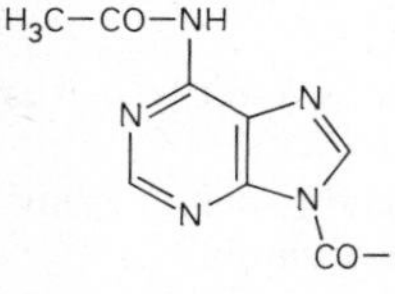

$H_3C-CO-NH$ (Purin-Gerüst, N-9: $CO-CH_3$) I

$H_3C-[CH_2]_n-CO-NH$ (Purin-Gerüst, N-7: R) II

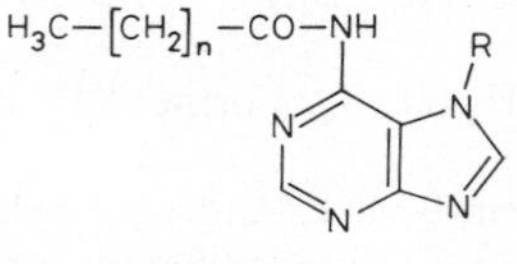

$H_3C-[CH_2]_n-CO-NH$ (Purin-Gerüst, N-9: R) III

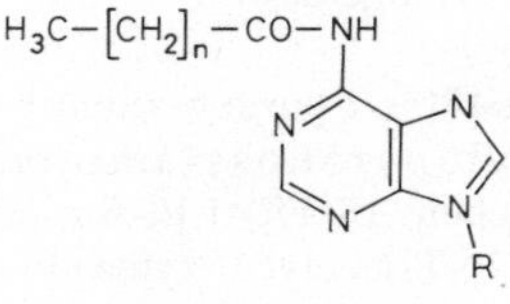

7(oder 9)-Propionyl-6-propionylamino-7(oder 9)*H*-purin, *N*-[7(oder 9)-Propionyl-7(oder 9)*H*-purin-6-yl]-propionamid $C_{11}H_{13}N_5O_2$, Formel II (R = CO-C_2H_5, n = 1) oder Formel III (R = CO-C_2H_5, n = 1).

Konstitution: *Schein,* J. med. pharm. Chem. **5** [1962] 302, 303, 310.

B. Beim Erhitzen von Adenin (S. 3561) mit Propionsäure-anhydrid (*Sch.*) neben *N*-[7(9)*H*-Purin-6-yl]-propionamid (*Birkofer,* B. **76** [1943] 769, 772).

Kristalle; F: 180–182° [aus PAe.] (*Bi.*), 145–148° [unkorr.; aus Toluol] (*Sch.,* l. c. S. 306).

6-Butyrylamino-7(9)*H*-purin, *N*-[7(9)*H*-Purin-6-yl]-butyramid $C_9H_{11}N_5O$, Formel II (R = H, n = 2) und Taut.

Konstitution: *Schein,* J. med. pharm. Chem. **5** [1962] 302, 303, 311.

B. Neben der folgenden Verbindung beim Erhitzen von Adenin (S. 3561) mit Buttersäure-anhydrid (*Birkofer,* B. **76** [1943] 769, 773). Aus der folgenden Verbindung mit Hilfe von H_2O (*Bi.*; *Sch.*).

Kristalle (aus Toluol); F: 216–217° [unkorr.] (*Sch.,* l. c. S. 305), 212–215° (*Bi.*). UV-Spektrum (wss. NaOH; 230–305 nm): *Sch.,* l. c. S. 308. λ_{max} (Me.): 279 nm (*Sch.,* l. c. S. 305).

7(oder 9)-Butyryl-6-butyrylamino-7(oder 9)*H*-purin, *N*-[7(oder 9)-Butyryl-7(oder 9)*H*-purin-6-yl]-butyramid $C_{13}H_{17}N_5O_2$, Formel II (R = CO-CH_2-C_2H_5, n = 2) oder Formel III (R = CO-CH_2-C_2H_5, n = 2).

Konstitution: *Schein,* J. med. pharm. Chem. **5** [1962] 302, 303, 310.

B. Beim Erhitzen von Adenin (S. 3561) mit Buttersäure-anhydrid (*Sch.*) neben *N*-[7(9)*H*-Purin-6-yl]-butyramid (*Birkofer,* B. **76** [1943] 769, 773).

Kristalle; F: 158–160° [unkorr.; aus Toluol] (*Sch.*, l. c. S. 306), 152–154° [aus PAe.] (*Bi.*).

6-Benzoylamino-7(9)*H*-purin, *N*-[7(9)*H*-Purin-6-yl]-benzamid $C_{12}H_9N_5O$, Formel IV (R = H) und Taut. (H 423).

Konstitution: *Bullock et al.*, J. org. Chem. **22** [1957] 568.

B. Aus Adenin (S. 3561) bei aufeinanderfolgender Umsetzung mit Benzoesäure-anhydrid und mit H_2O (*Baizer et al.*, J. org. Chem. **21** [1956] 1276; s. a. *Parikh et al.*, Am. Soc. **79** [1957] 2778, 2780 Anm. 15) bzw. mit Benzoylchlorid und mit H_2O (*Bu. et al.*).

Kristalle; F: 242–244° [korr.; Zers.] (*Pa. et al.*), 242–243° [korr.; aus A.] (*Ba. et al.*), 240–240,5° [unkorr.; aus 2-Methoxy-äthanol] (*Bu. et al.*). λ_{max} (wss. HCl [0,01 n]): 287 nm (*Pa. et al.*).

6-*o*-Toluoylamino-7(9)*H*-purin, *N*-[7(9)*H*-Purin-6-yl]-*o*-toluamid $C_{13}H_{11}N_5O$, Formel IV (R = CH_3) und Taut.

B. Aus Adenin (S. 3561) bei der aufeinanderfolgenden Umsetzung mit *o*-Toluylsäure-anhydrid und mit H_2O (*Baizer et al.*, J. org. Chem. **21** [1956] 1276).

Kristalle (aus A.); F: 194,2–194,8° [korr.].

[7(9)*H*-Purin-6-yl]-carbamidsäure-methylester $C_7H_7N_5O_2$, Formel V (X = O-CH_3) und Taut.

B. Beim Erwärmen von 7(9)*H*-Purin-6-carbonylazid mit Methanol (*Giner-Sorolla, Bendich*, Am. Soc. **80** [1958] 3932, 3936).

Kristalle (aus H_2O); F: 282–284° [unkorr.]. λ_{max} (wss. Lösung): 275 nm [pH 0,13], 274 nm [pH 7,1] bzw. 278 nm [pH 11,3]; λ_{max} (wss. NaOH [1 n]): 289 nm (*Gi.-So., Be.*, l. c. S. 3955). Scheinbare Dissoziationsexponenten pK'_{a1}, pK'_{a2} und pK'_{a3} (protonierte Verbindung; H_2O; spektrophotometrisch ermittelt): 2,27 bzw. 9,68 bzw. 12,1 (*Gi.-So., Be.*, l. c. S. 3934). 1 g löst sich bei 20° in 1600 g H_2O (*Gi.-So., Be.*, l. c. S. 3934).

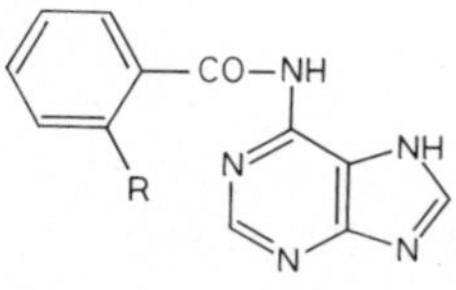

IV 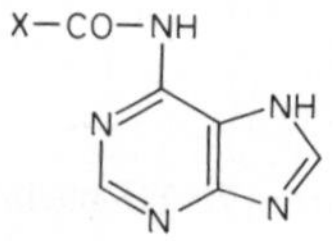 V 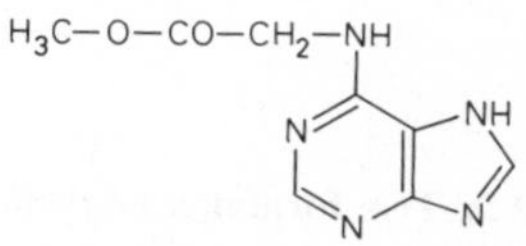 VI

[7(9)*H*-Purin-6-yl]-carbamidsäure-äthylester $C_8H_9N_5O_2$, Formel V (X = O-C_2H_5) und Taut.

B. Analog der vorangehenden Verbindung (*Giner-Sorolla, Bendich*, Am. Soc. **80** [1958] 3932, 3936).

Kristalle (aus A.) mit 0,5 Mol H_2O; F: 225–230° [unkorr.; Zers. bei 315–320°]. λ_{max} (wss. Lösung): 274 nm [pH 0,13], 273 nm [pH 7,1] bzw. 277 nm [pH 11,3]; λ_{max} (wss. NaOH [1 n]): 289 nm (*Gi.-So., Be.*, l. c. S. 3935). Scheinbare Dissoziationsexponenten pK'_{a1}, pK'_{a2} und pK'_{a3} (protonierte Verbindung; H_2O; spektrophotometrisch ermittelt): 2,4 bzw. 9,63 bzw. 12,2 (*Gi.-So., Be.*, l. c. S. 3934). 1 g löst sich bei 20° in 4200 g H_2O (*Gi.-So., Be.*, l. c. S. 3934).

6-Ureido-7(9)*H*-purin, [7(9)*H*-Purin-6-yl]-harnstoff $C_6H_6N_6O$, Formel V (X = NH_2) und Taut.

B. Aus [7(9)*H*-Purin-6-yl]-carbamidsäure-methylester (oder-äthylester) und wss. NH_3 (*Giner-Sorolla, Bendich*, Am. Soc. **80** [1958] 3932, 3936).

Kristalle; F: 330–335° [unkorr.; Zers.]. λ_{max} (wss. Lösung): 266 nm [pH 2,9], 267 nm [pH 8,2] bzw. 269 nm [pH 10,3] (*Gi.-So., Be.*, l. c. S. 3935). Scheinbare Dissoziationsexponenten pK'_{a1} und pK'_{a2} (protonierte Verbindung; H_2O; spektrophotometrisch ermittelt): 2,35 bzw. 9,95 (*Gi.-So., Be.*, l. c. S. 3934). 1 g löst sich bei 20° in 3300 g H_2O (*Gi.-So., Be.*, l. c. S. 3934).

***N*-[7(9)*H*-Purin-6-yl]-glycin-methylester** $C_8H_9N_5O_2$, Formel VI und Taut.

B. Aus Glycin-methylester und 6-Chlor-7(9)*H*-purin (*Bullock et al.*, Am. Soc. **78** [1956] 3693, 3695).

Kristalle (aus A.); F: 238° [unkorr.]. λ_{max}: 274 nm [wss. HCl (0,1 n) sowie wss. NaOH (0,1 n)] bzw. 266 nm [A.] (*Bu. et al.*, l. c. S. 3694).

***N*-[7(9)*H*-Purin-6-yl]-asparaginsäure** $C_9H_9N_5O_4$.

a) ***N*-[7(9)*H*-Purin-6-yl]-L-asparaginsäure,** Formel VII und Taut.

B. Aus 6-Chlor-7(9)*H*-purin und L-Asparaginsäure in wss. KOH (*Carter*, J. biol. Chem. **223** [1956] 139, 140) oder in wss. NaOH (*Joklik*, Biochem. J. **66** [1957] 333, 335).

Kristalle (aus H_2O) (*Jo.*). IR-Banden (2,9–12,5 µ): *Weissmann, Gutman*, J. biol. Chem. **229** [1957] 239, 242. UV-Spektrum (220–300 nm) in sauren, neutralen und alkal. wss. Lösungen: *Jo.*, l. c. S. 338; *We.*, *Gu.*, l. c. S. 243. Elektrolytische Dissoziation in H_2O: *Jo.*, l. c. S. 337, 338.

Dikalium-Salz $K_2C_9H_7N_5O_4$. Kristalle (aus wss. A.) mit 2 Mol H_2O; Zers. bei 298° [nach Schwarzfärbung >255°] (*Ca.*).

b) ***N*-[7(9)*H*-Purin-6-yl]-DL-asparaginsäure,** Formel VII + Spiegelbild und Taut.

B. Aus *N*-[2,8-Dichlor-7(9)*H*-purin-6-yl]-DL-asparaginsäure mit Hilfe von PH_3 und wss. HI (*Baddiley et al.*, Soc. **1956** 4659).

Kristalle (aus wss. Acn.); Zers. bei 225° [nach Verkohlung bei 190°]. λ_{max} (wss. Ameisensäure): 276 nm.

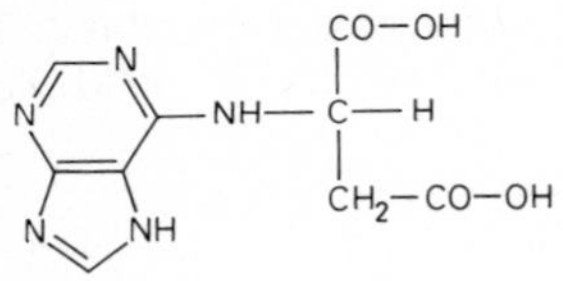

VII 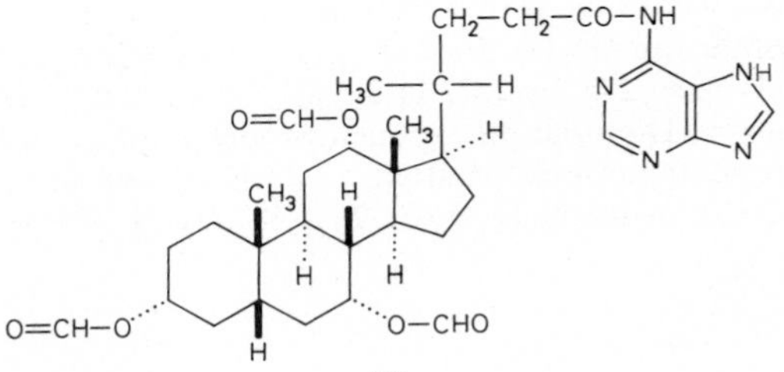 VIII

3α,7α,12α-Tris-formyloxy-5β-cholan-24-säure-[7(9)*H*-purin-6-ylamid] $C_{32}H_{43}N_5O_7$, Formel VIII und Taut.

B. Aus Adenin (S. 3561) und 3α,7α,12α-Tris-formyloxy-5β-cholan-24-oylchlorid (*Lettré, Ballweg*, B. **91** [1958] 345).

Kristalle (aus wss. A.) mit 2,5 Mol H_2O; F: 150–190°.

4-[(7(9)*H*-Purin-6-ylamino)-methyl]-benzolsulfonsäure $C_{12}H_{11}N_5O_3S$, Formel IX und Taut.

B. Aus 6-Methylmercapto-7(9)*H*-purin und 4-Aminomethyl-benzolsulfonsäure (*Okumura et al.*, Bl. chem. Soc. Japan **32** [1959] 883).

Kristalle (aus H_2O); F: 238–242° (nicht rein erhalten).

***N*-[7(9)*H*-Purin-6-yl]-äthylendiamin** $C_7H_{10}N_6$, Formel X (R = H, n = 2) und Taut.

B. Aus 6-Methylmercapto-7(9)*H*-purin und Äthylendiamin (*Burroughs Wellcome & Co.*, U.S.P. 2691654 [1952]).

Hydrochlorid. F: 262–264°.

9-[3-Dimethylamino-propyl]-9*H*-purin-6-ylamin $C_{10}H_{16}N_6$, Formel XI (R = CH_3, n = 3).

B. Aus N^4-[3-Dimethylamino-propyl]-pyrimidin-4,5,6-triyltriamin-sulfat und Formamid (*Segal, Shapiro*, J. med. pharm. Chem. **1** [1959] 371, 378).

Kristalle (aus Me. oder Benzol + Heptan); F: 103–105° [unkorr.]. λ_{max} (wss. Lösung): 259 nm [pH 1], 262 nm [pH 7] bzw. 260 nm [pH 12] (*Se.*, *Sh.*, l. c. S. 375).

Methojodid $[C_{11}H_{19}N_6]I$; [3-(6-Amino-purin-9-yl)-propyl]-trimethyl-ammonium-jodid. Kristalle (aus Me.); F: 251° [unkorr.; Zers.] (*Se.*, *Sh.*, l. c. S. 377). λ_{max} (wss. Lösung): 259 nm [pH 1] bzw. 261,5 nm [pH 7 sowie pH 12] (*Se.*, *Sh.*, l. c. S. 375).

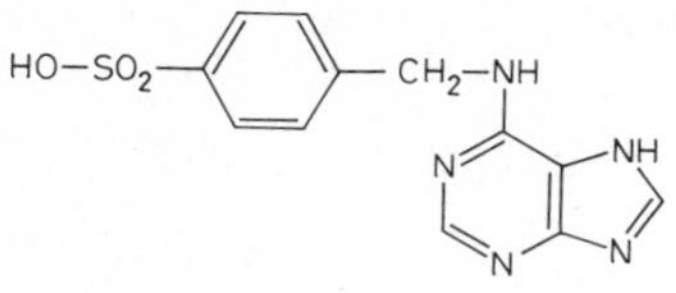

IX 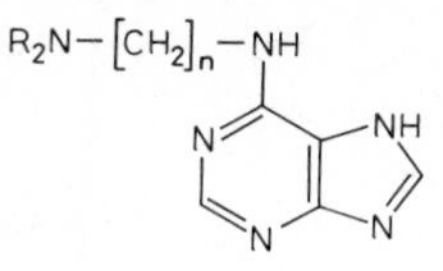 X 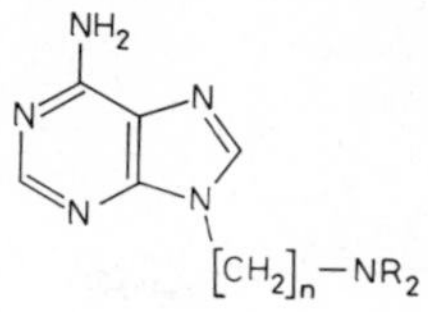 XI

***N,N*-Dimethyl-*N'*-[7(9)*H*-purin-6-yl]-propandiyldiamin** $C_{10}H_{16}N_6$, Formel X (R = CH_3, n = 3) und Taut.

B. Aus 6-Methylmercapto-7(9)*H*-purin und *N,N*-Dimethyl-propandiyldiamin (*Skinner et al.*, Am. Soc. **78** [1956] 5097, 5100).

Kristalle [aus A.] (*Sk. et al.*, Am. Soc. **78** 5098); F: 165–169° (*Skinner et al.*, Am. Soc. **80** [1958] 6697).

***N,N*-Diäthyl-*N'*-[7(9)*H*-purin-6-yl]-propandiyldiamin** $C_{12}H_{20}N_6$, Formel X (R = C_2H_5, n = 3) und Taut.

B. Analog der vorangehenden Verbindung (*Skinner et al.*, Am. Soc. **78** [1956] 5097, 5100).

Kristalle [aus A.] (*Sk. et al.*, Am. Soc. **78** 5098); F: 155–157° (*Skinner et al.*, Am. Soc. **80** [1958] 6697).

9-[4-Diäthylamino-butyl]-9*H*-purin-6-ylamin $C_{13}H_{22}N_6$, Formel XI (R = C_2H_5, n = 4).

B. Aus N^4-[4-Diäthylamino-butyl]-pyrimidin-4,5,6-triyltriamin-sulfat und Formamid (*Segal, Shapiro,* J. med. pharm. Chem. **1** [1959] 371, 378).

Kristalle (aus Bzl.+Heptan); F: 115–116° [unkorr.]. λ_{max} (wss. Lösung): 259 nm [pH 1 sowie pH 12] bzw. 261 nm [pH 7] (*Se., Sh.,* l. c. S. 375).

Äthojodid $[C_{15}H_{27}N_6]I$; Triäthyl-[4-(6-amino-purin-9-yl)-butyl]-ammonium-jodid. Kristalle (aus Butan-1-ol); F: 185–187° [unkorr.] (*Se., Sh.,* l. c. S. 377). λ_{max} (wss. Lösung): 260 nm [pH 1] bzw. 262 nm [pH 7 sowie pH 12] (*Se., Sh.,* l. c. S. 375).

9-[5-Diäthylamino-pentyl]-9*H*-purin-6-ylamin $C_{14}H_{24}N_6$, Formel XI (R = C_2H_5, n = 5).

B. Analog der vorangehenden Verbindung (*Segal, Shapiro,* J. med. pharm. Chem. **1** [1959] 371, 378).

Kristalle (aus Bzl.+Heptan). λ_{max} (wss. Lösung): 259 nm [pH 1] bzw. 261 nm [pH 7 sowie pH 12] (*Se., Sh.,* l. c. S. 375).

Äthojodid $[C_{16}H_{29}N_6]I$; Triäthyl-[5-(6-amino-purin-9-yl)-pentyl]-ammonium-jodid. Kristalle (aus A.+Acn.); F: 208–210° [unkorr.] (*Se., Sh.,* l. c. S. 377). λ_{max} (wss. Lösung): 261 nm [pH 1] bzw. 262 nm [pH 7 sowie pH 12] (*Se., Sh.,* l. c. S. 375).

1,5-Bis-[6-amino-purin-9-yl]-pentan, 9*H*,9'*H*-9,9'-Pentandiyl-bis-purin-6-ylamin $C_{15}H_{18}N_{10}$, Formel XII.

B. Aus dem Silber-Salz des Adenins (S. 3561) und 1-Chlor-5-jod-pentan (*Parikh, Burger,* Am. Soc. **77** [1955] 2386).

Picrat $C_{15}H_{18}N_{10} \cdot C_6H_3N_3O_7$. Kristalle (aus A.); F: 189,5–190,5° [korr.].

9-[6-Diäthylamino-hexyl]-9*H*-purin-6-ylamin $C_{15}H_{26}N_6$, Formel XI (R = C_2H_5, n = 6).

B. Aus N^4-[6-Diäthylamino-hexyl]-pyrimidin-4,5,6-triyltriamin-sulfat und Formamid (*Segal, Shapiro,* J. med. pharm. Chem. **1** [1959] 371, 378).

Kristalle (aus Bzl.+Heptan) mit 1 Mol H_2O; F: 68–72°. λ_{max} (wss. Lösung): 260 nm [pH 1] bzw. 262 nm [pH 7 sowie pH 12] (*Se., Sh.,* l. c. S. 375).

Äthojodid $[C_{17}H_{31}N_6]I$; Triäthyl-[6-(6-amino-purin-9-yl)-hexyl]-ammonium-jodid. Kristalle (aus Isopropylalkohol + A.); F: 198–200° [unkorr.] (*Se., Sh.,* l. c. S. 377). λ_{max} (wss. Lösung): 260 nm [pH 1], 263 nm [pH 7] bzw. 264 nm [pH 12] (*Se., Sh.,* l. c. S. 375).

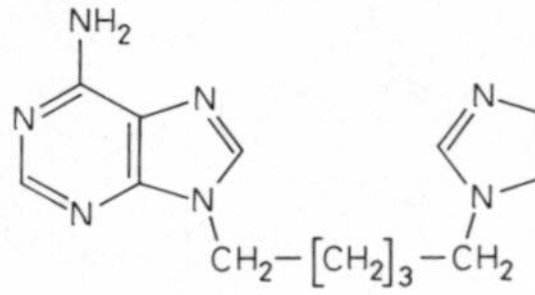

XII 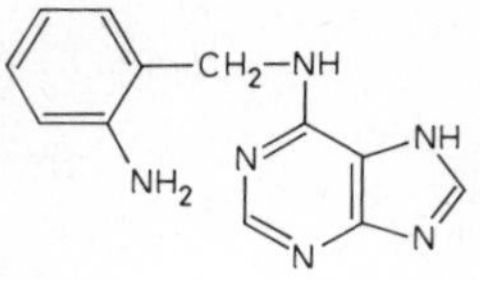 XIII 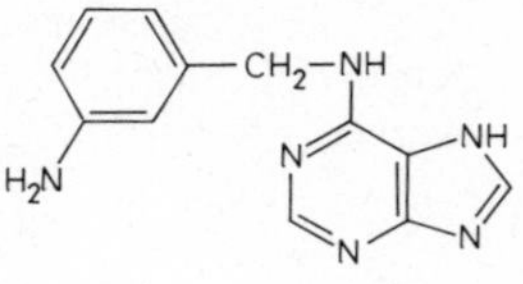 XIV

[2-Amino-benzyl]-[7(9)*H*-purin-6-yl]-amin $C_{12}H_{12}N_6$, Formel XIII und Taut.

B. Aus 6-Methylmercapto-7(9)*H*-purin und 2-Amino-benzylamin (*Okumura et al.*, Bl. chem. Soc. Japan **32** [1959] 883).

Kristalle (aus A.); F: 279–280°.

[3-Amino-benzyl]-[7(9)*H*-purin-6-yl]-amin $C_{12}H_{12}N_6$, Formel XIV und Taut.

B. Analog der vorangehenden Verbindung (*Okumura et al.*, Bl. chem. Soc. Japan **32** [1959] 883).

Kristalle (aus A.); F: 243–244°.

[4-Amino-benzyl]-[7(9)*H*-purin-6-yl]-amin $C_{12}H_{12}N_6$, Formel XV und Taut.

B. Analog den vorangehenden Verbindungen (*Okumura et al.*, Bl. chem. Soc. Japan **32** [1959] 883).

Kristalle (aus A.); F: 239–240°.

***N,N*-Diäthyl-glycin-[7(9)*H*-purin-6-ylamid]** $C_{11}H_{16}N_6O$, Formel XVI (R = C_2H_5) und Taut.

B. Beim Erhitzen von Chloressigsäure-[7(9)*H*-purin-6-ylamid] mit Diäthylamin in THF (*Cra=veri, Zoni,* Chimica **34** [1958] 407, 412).

Kristalle (aus A.); F: 177°.

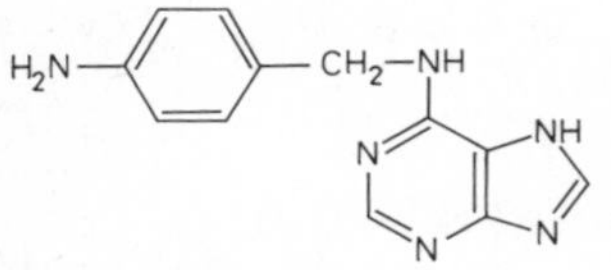

XV 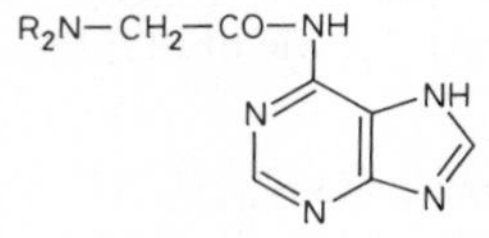 XVI 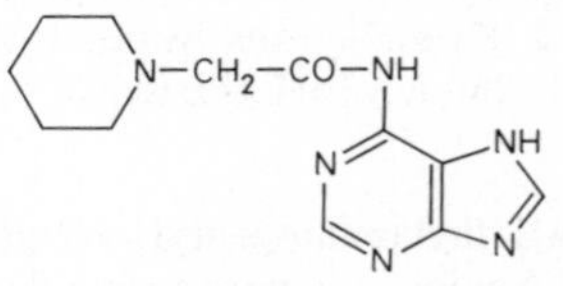 XVII

***N,N*-Dipropyl-glycin-[7(9)*H*-purin-6-ylamid]** $C_{13}H_{20}N_6O$, Formel XVI (R = CH_2-C_2H_5) und Taut.

B. Analog der vorangehenden Verbindung (*Craveri, Zoni,* Chimica **34** [1958] 407, 412).

Kristalle (aus A.); F: 189°.

Piperidinoessigsäure-[7(9)*H*-purin-6-ylamid] $C_{12}H_{16}N_6O$, Formel XVII und Taut.

B. Analog den vorangehenden Verbindungen (*Craveri, Zoni,* Chimica **34** [1958] 407, 412).

Kristalle (aus A.); F: 220°. [*H. Tarrach*]

9-Furfuryl-9*H*-purin-6-ylamin $C_{10}H_9N_5O$, Formel I (R = H).

B. Neben Furfuryl-[7(9)*H*-purin-6-yl]-amin beim Erhitzen von N^4-Furfuryl-pyrimidin-4,5,6-triyltriamin (*Hull,* Soc. **1958** 2746, 2749) oder von N^4-Furfuryl-pyrimidin-4,5,6-triyltriamin-sulfat (*Leese, Timmis,* Soc. **1958** 4107, 4109; s. a. *Almirante,* Ann. Chimica **49** [1959] 333, 341) mit Formamid. Beim Erhitzen von 6-Chlor-9-furfuryl-9*H*-purin mit äthanol. NH_3 auf 135° (*Hull*).

Kristalle; F: 191–192° [aus H_2O] (*Hull*), 190–191° [aus A.] (*Le., Ti.*), 183–184° [aus A.] (*Al.*). λ_{max} (wss. Lösung vom pH 1): 265 nm (*Al.*).

6-Furfurylamino-7(9)*H*-purin, Furfuryl-[7(9)*H*-purin-6-yl]-amin, Kinetin $C_{10}H_9N_5O$, Formel II (R = H) und Taut.

Isolierung aus Desoxyribonucleinsäure aus Heringssperma nach Erhitzen bei pH 4,2 auf 120°:

Miller et al., Am. Soc. **78** [1956] 1375, 1378, 1379.

B. Beim Erhitzen von 6-Chlor-7(9)*H*-purin mit Furfurylamin in 2-Methoxy-äthanol bzw. in Butan-1-ol (*Bullock et al.*, Am. Soc. **78** [1956] 3693, 3694, 3695; *Daly, Christensen*, J. org. Chem. **21** [1956] 177, 178, 179; s. a. *Breshears et al.*, Am. Soc. **81** [1959] 3789, 3792). Beim Erhitzen von 6-Methylmercapto-7(9)*H*-purin mit Furfurylamin auf ca. 130° (*Skinner, Shive*, Am. Soc. **77** [1955] 6692; *Mi. et al.*; *Supniewski, Bany*, Bl. Acad. polon. [II] **4** [1956] 361, 362). Aus Adenin (S. 3561) beim Erhitzen mit 2-Desoxy-D-ribose (E IV **1** 4181) oder mit Furfurylalkohol in wss. Lösung vom pH 4 (*Hall, Ropp*, Am. Soc. **77** [1955] 6400) sowie mit Furfurylchlorid und $NaHCO_3$ (*Mi. et al.*). Beim Erhitzen von 2'-Desoxy-adenosin (S. 3589) in wss. Lösung vom pH 4 (*Hall, Ropp*). Aus *N*-[7(9)*H*-Purin-6-yl]-furan-2-carbamid und $LiAlH_4$ in THF bzw. in Pyridin und Äther (*Baiser et al.*, J. org. Chem. **21** [1956] 1276; *Bullock et al.*, J. org. Chem. **22** [1957] 568). Beim Erwärmen von *N*-Furfuryl-*N*-[7(9)*H*-purin-6-yl]-acetamid mit wss.-äthanol. NaOH (*Hull*, Soc. **1958** 2746, 2748). Beim Erhitzen von [2,8-Dichlor-7(9)*H*-purin-6-yl]-furfuryl-amin mit wss. HI und PH_4I (*Br. et al.*). Eine weitere Bildung s. o. im Artikel 9-Furfuryl-9*H*-purin-6-ylamin.

Kristalle (aus A.); F: 272° [geschlossene Kapillare] (*Su., Bany*), 270–272° [korr.; geschlossene Kapillare] (*Ba. et al.*), 268° [unkorr.; geschlossene Kapillare] (*Bu. et al.*, Am. Soc. **78** 3694), 266–267° [unkorr.; geschlossene Kapillare] (*Mi. et al.*). IR-Spektrum (KBr; 2–16 μ): *Mi. et al.* UV-Spektrum (220–300 nm) in wss. HCl [0,1 n]: *Leyko, Sempińska*, Bl. Acad. polon. [II] **5** [1957] 75, 76; in wss. Lösung vom pH 8: *Bergmann et al.*, Biochim. biophys. Acta **28** [1958] 100, 101, 102. λ_{max}: 212 nm und 268 nm [A.], 274 nm [wss. HCl (0,1 n)] bzw. 273 nm [wss. NaOH (0,1 n)] (*Bu. et al.*, Am. Soc. **78** 3694), 267,5 nm [A.], 274 nm [wss. HCl (1 n)], 267 nm [wss. Lösung vom pH 6,4] bzw. 273,5 nm [wss. NaOH (0,1 n)] (*Mi. et al.*), 274 nm [wss. Lösung vom pH 1] (*Br. et al.*). Scheinbare Dissoziationsexponenten pK'_{a1} und pK'_{a2} in H_2O (spektrophotometrisch ermittelt): 3,8 bzw. 10,0; in wss. Äthanol [50%ig] (potentiometrisch ermittelt): 2,7 bzw. 9,9 (*Mi. et al.*). Polarographische Strom-Spannungs-Kurve (wss. HCl): *Le., Se.*

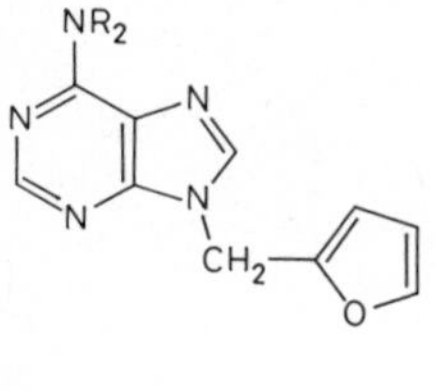

I 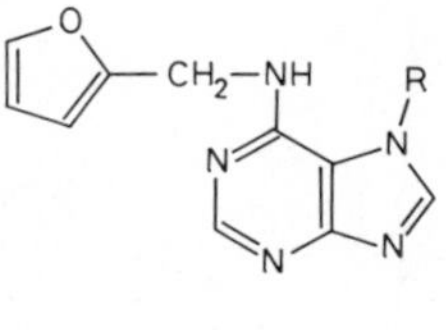 II 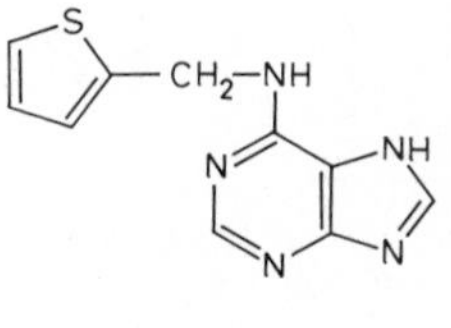 III 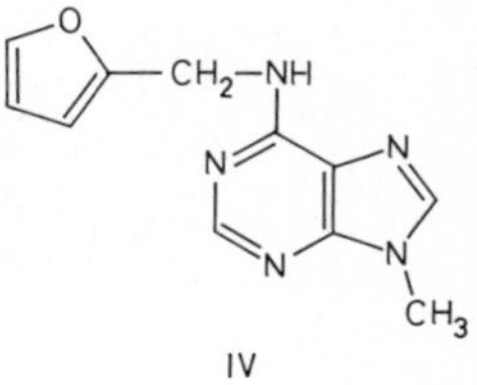 IV

[7(9)*H*-Purin-6-yl]-[2]thienylmethyl-amin, Thiokinetin $C_{10}H_9N_5S$, Formel III und Taut.

B. Beim Erhitzen von 6-Chlor-7(9)*H*-purin mit *C*-[2]Thienyl-methylamin in 2-Methoxy-äthanol (*Bullock et al.*, Am. Soc. **78** [1956] 3693, 3694, 3695) oder ohne Lösungsmittel auf 150° (*Okumura et al.*, Bl. chem. Soc. Japan **30** [1957] 194). Beim Erhitzen von 6-Methylmercapto-7(9)*H*-purin mit *C*-[2]Thienyl-methylamin auf 130° (*Skinner, Shive*, Am. Soc. **77** [1955] 6692; *Supniewski, Bany*, Bl. Acad. polon. [II] **4** [1956] 361, 363). Aus *N*-[7(9)*H*-Purin-6-yl]-thiophen-2-carbamid und $LiAlH_4$ in THF (*Baiser et al.*, J. org. Chem. **21** [1956] 1276).

Kristalle; F: 250° [Zers.; aus A.] (*Sk., Sh.*), 249–249,5° [korr.; aus A.] (*Ba. et al.*), 245–246° [unkorr.; aus 2-Methoxy-äthanol] (*Bu. et al.*). λ_{max}: 276 nm [wss. HCl (0,1 n)], 208 nm, 236 nm und 269 nm [H_2O] bzw. 274 nm [wss. NaOH (0,1 n)] (*Bu. et al.*).

6-Furfurylamino-7-methyl-7*H*-purin, Furfuryl-[7-methyl-7*H*-purin-6-yl]-amin $C_{11}H_{11}N_5O$, Formel II (R = CH_3).

B. Aus 6-Chlor-7-methyl-7*H*-purin und Furfurylamin in Äthanol (*Prasad, Robins*, Am. Soc. **79** [1957] 6401, 6403, 6404, 6406).

Kristalle (aus Toluol + Me.); F: 214–215° [unkorr.]. λ_{max}: 275 nm [A.], 274 nm [wss. Lösung vom pH 1] bzw. 283 nm [wss. Lösung vom pH 11].

6-Furfurylamino-9-methyl-9*H*-purin, Furfuryl-[9-methyl-9*H*-purin-6-yl]-amin $C_{11}H_{11}N_5O$, Formel IV.

B. Aus 6-Chlor-9-methyl-9*H*-purin und Furfurylamin in Methanol (*Robins, Lin,* Am. Soc. **79** [1957] 490, 492, 494).

Kristalle (aus A.+H_2O); F: 175–177° [unkorr.]. λ_{max} (wss. Lösung): 267 nm [pH 1] bzw. 269 nm [pH 11].

6-Dimethylamino-9-furfuryl-9*H*-purin, [9-Furfuryl-9*H*-purin-6-yl]-dimethyl-amin $C_{12}H_{13}N_5O$, Formel I (R = CH_3).

B. Beim Erhitzen von N^6-Furfuryl-N^4,N^4-dimethyl-pyrimidin-4,5,6-triyltriamin mit Orthoameisensäure-triäthylester in Acetanhydrid (*Hull,* Soc. **1959** 481, 482).

Kristalle (aus wss. A.); F: 117–118°.

9-Furfuryl-6-furfurylamino-9*H*-purin, Furfuryl-[9-furfuryl-9*H*-purin-6-yl]-amin $C_{15}H_{13}N_5O_2$, Formel V.

B. Beim Erhitzen von N^4,N^6-Difurfuryl-pyrimidin-4,5,6-triyltriamin mit Formamid und Ameisensäure auf 190° (*Leese, Timmis,* Soc. **1958** 4107, 4110) oder mit Orthoameisensäure-triäthylester in Acetanhydrid und anschliessenden Erwärmen mit wss.-äthanol. KOH (*Hull,* Soc. **1959** 481, 483).

Kristalle (aus Bzl.+PAe.); F: 128,5–129° (*Le., Ti.*). Kristalle (aus H_2O) mit 0,33 Mol H_2O; F: 140° (*Hull*).

Furfuryl-methyl-[7(9)*H*-purin-6-yl]-amin $C_{11}H_{11}N_5O$, Formel VI (R = CH_3) und Taut.

B. Beim Erhitzen von 6-Chlor-7(9)*H*-purin mit Furfuryl-methyl-amin in 2-Methoxy-äthanol (*Bullock et al.,* Am. Soc. **78** [1956] 3693, 3694, 3695).

Kristalle; F: 210–211° [unkorr.; geschlossene Kapillare]. λ_{max}: 212 nm und 276 nm [H_2O] bzw. 280 nm [wss. HCl (0,1 n) sowie wss. NaOH (0,1 n)].

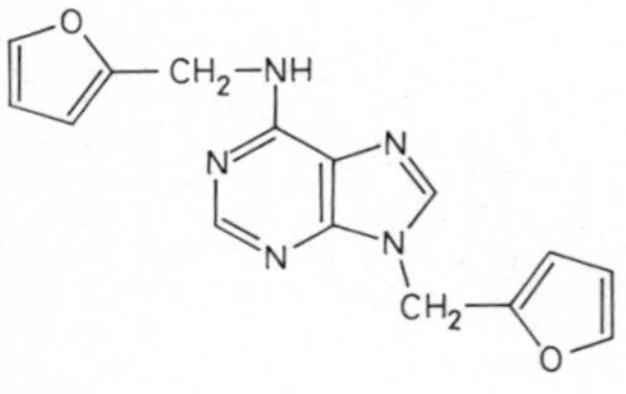

V 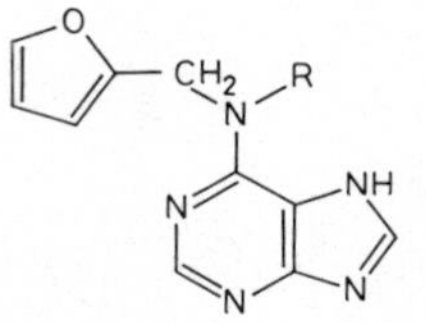 VI 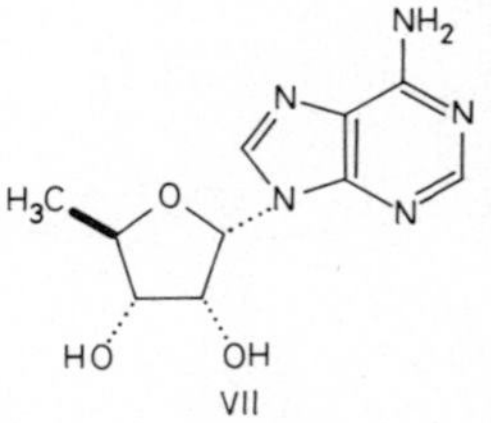 VII

***N*-Furfuryl-*N*-[7(9)*H*-purin-6-yl]-acetamid** $C_{12}H_{11}N_5O_2$, Formel VI (R = CO-CH_3) und Taut.

B. Beim Erhitzen von N^4-Furfuryl-pyrimidin-4,5,6-triyltriamin mit Orthoameisensäure-triäthylester in Acetanhydrid (*Hull,* Soc. **1958** 2746, 2748).

Kristalle (aus A.); F: 151°.

2-[6-Amino-purin-9-yl]-5-methyl-tetrahydro-furan-3,4-diol $C_{10}H_{13}N_5O_3$.

a) **(3*R*)-2*c*-[6-Amino-purin-9-yl]-5*t*-methyl-tetrahydro-furan-3*r*,4*c*-diol, (5*S*)-5-[6-Amino-purin-9-yl]-L-2,5-anhydro-1-desoxy-ribit,** 9-[5-Desoxy-α-D-ribofuranosyl]-9*H*-purin-6-ylamin, Formel VII.

Über ein mit dem unter b) beschriebenen Stereoisomeren verunreinigtes Präparat (Kristalle [aus A.]; F: 173–175° [korr.; nach Sintern bei 115–120°]; $[\alpha]_D^{24,5}$: –9,9° [A.; c = 1,6]) s. *Kissman, Baker,* Am. Soc. **79** [1957] 5534, 5539.

b) **(3*R*)-2*t*-[6-Amino-purin-9-yl]-5*t*-methyl-tetrahydro-furan-3*r*,4*c*-diol, (5*R*)-5-[6-Amino-purin-9-yl]-L-2,5-anhydro-1-desoxy-ribit, 5′-Desoxy-adenosin,** Formel VIII (R = X = H).

B. Beim Erhitzen von 6-Benzoylamino-purin-9-ylquecksilber-chlorid mit Di-*O*-acetyl-5-desoxy-ξ-D-ribofuranosylchlorid (E III/IV **17** 2006) in Xylol und Erwärmen [30 min] des Reaktionsprodukts mit methanol. Natriummethylat (*Kissman, Baker,* Am. Soc. **79** [1957] 5534, 5538). Beim Erhitzen von (5*R*)-*O*,*O*'-Diacetyl-5-[6-chlor-purin-9-yl]-L-2,5-anhydro-1-desoxy-ribit (aus 6-Chlor-purin-9-ylquecksilber-chlorid und Di-*O*-acetyl-5-desoxy-ξ-D-ribofuranosylchlorid hergestellt) mit methanol. NH_3 (*Ki., Ba.,* l. c. S. 5539).

Kristalle (aus A.); F: 180° [korr.] und (nach Wiedererstarren) F: 210–212° [korr.]. $[\alpha]_D^{24}$: –54,0° [A.; c = 0,6]; $[\alpha]_D^{25}$: –52,7° [A.; c = 1]. λ_{max}: 259 nm [A. sowie wss.-äthanol. NaOH] bzw. 257 nm [wss.-äthanol. HCl].

(5*R*)-5-[6-Amino-purin-9-yl]-1-fluor-L-2,5-anhydro-1-desoxy-ribit, 5'-Fluor-5'-desoxy-adenosin $C_{10}H_{12}FN_5O_3$, Formel VIII (R = H, X = F).

B. Beim Erhitzen von (5*R*)-*O*,*O*'-Diacetyl-5-[6-chlor-purin-9-yl]-1-fluor-L-2,5-anhydro-1-desoxy-ribit (E III/IV **26** 1745) mit methanol. NH_3 (*Kissman, Weiss,* Am. Soc. **80** [1958] 5559, 5562).

Kristalle (aus Me.); F: 205–206° [korr.]. $[\alpha]_D^{25}$: –56° [H_2O; c = 0,4]. λ_{max}: 258 nm [H_2O sowie wss. NaOH] bzw. 256 nm [wss. HCl].

(5*R*)-5-[6-Dimethylamino-purin-9-yl]-L-2,5-anhydro-1-desoxy-ribit, *N*⁶,*N*⁶-Dimethyl-5'-desoxy-adenosin $C_{12}H_{17}N_5O_3$, Formel VIII (R = CH_3, X = H).

B. Aus 6-Dimethylamino-purin-9-ylquecksilber-chlorid analog 5'-Desoxy-adenosin [s. o.] (*Kissman, Baker,* Am. Soc. **79** [1957] 5534, 5537).

Kristalle (aus Isopropylalkohol); F: 163–165° [korr.]. $[\alpha]_D^{24,5}$: –50,7° [A.; c = 2]. λ_{max}: 274 nm [A. sowie wss.-äthanol. NaOH] bzw. 268 nm [wss.-äthanol. HCl].

5-[6-Amino-purin-9-yl]-2-hydroxymethyl-tetrahydro-furan-3-ol $C_{10}H_{13}N_5O_3$.

a) **(3*S*)-5*c*-[6-Amino-purin-9-yl]-2*t*-hydroxymethyl-tetrahydro-furan-3*r*-ol, (1*S*)-1-[6-Amino-purin-9-yl]-D-*erythro*-1,4-anhydro-2-desoxy-pentit,** 9-[α-D-*erythro*-2-Desoxy-pentofuranosyl]-9*H*-purin-6-ylamin, Formel IX.

B. Beim Behandeln von Tris-*O*-[4-nitro-benzoyl]-α-D-*erythro*-2-desoxy-pentofuranose (E III/IV **17** 2297) mit HCl enthaltendem CH_2Cl_2, Behandeln des Reaktionsprodukts mit 6-Benzoylamino-purin-9-ylquecksilber-chlorid in DMSO und anschliesssend mit methanol. Bariummethylat (*Ness, Fletcher,* Am. Soc. **81** [1959] 4752).

Kristalle (aus Me.); F: 209–211° [korr.]. $[\alpha]^{25}$ bei 589 nm (+71°) bis 340 nm (+258°) [H_2O; c = 0,5]: *Ness, Fl.* λ_{max} (H_2O): 260 nm.

b) **(3*S*)-5*t*-[6-Amino-purin-9-yl]-2*t*-hydroxymethyl-tetrahydro-furan-3*r*-ol, (1*R*)-1-[6-Amino-purin-9-yl]-D-*erythro*-1,4-anhydro-2-desoxy-pentit, 2'-Desoxy-adenosin,** Desoxyadenosin, dAdo, Formel X (R = R' = H) (in der älteren Literatur als Adenindesoxyribosid bezeichnet).

Zusammenfassende Darstellung: *F.G. Fischer, H. Dörfel,* in *Hoppe-Seyler/Thierfelder,* Handbuch der Physiologisch- und Pathologisch-Chemischen Analyse, 10. Aufl., Bd. 4 [Berlin 1960] S. 1065, 1192.

Konstitution: *Gulland, Story,* Soc. **1938** 259; Konfiguration: *Andersen et al.,* Soc. **1954** 1882, 1884.

Isolierung aus den Algen Sphacelaria arctica und Furcellaria fastigiata: *Bauhidi, Ericson,* Acta chem. scand. **7** [1953] 713, 716; aus Hydrolysaten von Desoxyribonucleinsäuren aus Thymus: *Klein,* Z. physiol. Chem. **224** [1934] 244, 248, 250 Anm., **255** [1938] 82, 84, 88; *Brady,* Biochem. J. **35** [1941] 855, 856; *Brawerman, Chargaff,* J. biol. Chem. **210** [1954] 445, 446, 450; *Walker, Butler,* Canad. J. Chem. **34** [1956] 1168, 1169, 1170; aus Heringssperma: *Weygand et al.,* Z. Naturf. **6b** [1951] 130, 131, 132; *Andersen et al.,* Soc. **1952** 2721, 2722, 2724.

B. Beim Behandeln von Adenin (S. 3561) mit 2'-Desoxy-inosin (S. 2086), 2'-Desoxy-guanosin (S. 3897) oder 2'-Desoxy-uridin (E III/IV **24** 1200) in Gegenwart von Nucleosid-Desoxyribosyltransferase aus Lactobacillus helveticus (*MacNutt,* Biochem. J. **50** [1952] 384, 391) sowie mit Thymidin (E III/IV **24** 1297) oder 2'-Desoxy-cytidin (E III/IV **25** 3662) in Gegenwart von Nucleosid-Desoxyribosyltransferase aus Lactobacillus delbrückii (*Kanda, Takagi,* J. Biochem. Tokyo **46** [1959] 725, 728, 729). Aus 6-Benzoylamino-purin-9-ylquecksilber-chlorid und Tris-*O*-[4-nitro-benzoyl]-β-D-*erythro*-2-desoxy-pentofuranose (E III/IV **17** 2297) analog dem vorangehen=

den Stereoisomeren (*Ness, Fletcher,* Am. Soc. **81** [1959] 4752). Aus dem Calcium-Salz der 2′-Desoxy-[5′]adenylsäure (S. 3591) mit Hilfe von Phosphatase der Darmschleimhaut (*Klein, Thannhauser,* Z. physiol. Chem. **224** [1934] 252, 258). Beim Erhitzen von (1*R*)-*S*-Äthyl-1-[6-amino-purin-9-yl]-1,4-anhydro-2-thio-D-arabit (S. 3675) oder dessen *N,O,O′*-Triacetyl-Derivats mit Raney-Nickel und wss. NaOH in 2-Methoxy-äthanol (*Anderson et al.,* Am. Soc. **81** [1959] 3967, 3973).

Atomabstände und Bindungswinkel: *Spencer,* Acta cryst. **12** [1959] 59, 63.

Kristalle (aus H_2O) mit wechselnden Mengen H_2O; die wasserfreie Verbindung schmilzt bei 191–194° [korr.] (*Ness, Fl.*). Kristalle (aus H_2O) mit 1 Mol H_2O; F: 189–191° [korr.] (*An. et al.,* Am. Soc. **81** 3973), 187–188° [unkorr.; nach Sintern bei 162–165°] (*Br.,* l. c. S. 857), 181° [nach Sintern bei 125–128°] (*Kl.,* Z. physiol. Chem. **224** 250). Kristalle (aus H_2O) mit 3 Mol H_2O; F: 187,5–189° (*Wa., Bu.,* l. c. S. 1170). Über Dimorphie s. *Ness, Fl.* Netzebenenabstände des Monohydrats: *An. et al.,* Am. Soc. **81** 3971. $[\alpha]_D^{20}$: −26,9° [H_2O] [Monohydrat] (*Br.*); $[\alpha]_D^{21}$: −26° [H_2O; c = 1] [Monohydrat] (*Kl.,* Z. physiol. Chem. **224** 250), −32° [H_2O; c = 1,1] [Trihydrat] (*Wa., Bu.*); $[\alpha]_D^{23}$: −25° [H_2O; c = 1,3] [Monohydrat] (*An. et al.,* Am. Soc. **81** 3970). $[\alpha]^{25}$ bei 589 nm (−26°) bis 310 nm (−206°) [H_2O; c = 0,5] [wasserfreies Präparat]: *Ness, Fl.*; s. a. *Levedahl, James,* Biochim. biophys. Acta **25** [1957] 89, 90. IR-Banden (KBr; 2,9–6,4 μ): *An. et al.,* Am. Soc. **81** 3973. UV-Spektrum (H_2O, wss. HCl [0,05 n] sowie wss. NaOH [0,05 n]; 220–290 nm): *Gu., St.* λ_{max} (wss. Lösung): 258 nm [pH 1], 260 nm [pH 7] bzw. 261 nm [pH 13] (*An. et al.,* Am. Soc. **81** 3970), 260 nm [H_2O] (*Ness, Fl.*). Löslichkeit des Monohydrats in H_2O bei 20°: 1,1 g/100 ml (*Kl.,* Z. physiol. Chem. **224** 250).

VIII IX X

***O*$^{5'}$-Trityl-2′-desoxy-adenosin** $C_{29}H_{27}N_5O_3$, Formel X (R = H, R′ = $C(C_6H_5)_3$).

B. Aus 2′-Desoxy-adenosin und Tritylchlorid in Pyridin (*Andersen et al.,* Soc. **1954** 1882, 1885).

Kristalle (aus Acn. + PAe.); F: 195–197°.

***O*$^{3'}$-Acetyl-2′-desoxy-adenosin** $C_{12}H_{15}N_5O_4$, Formel X (R = CO-CH_3, R′ = H).

B. Neben den beiden folgenden Verbindungen beim Behandeln von 2′-Desoxy-adenosin mit Acetanhydrid und Pyridin (*Andersen et al.,* Soc. **1954** 1882, 1885). Neben der folgenden Verbindung beim Behandeln von *O*$^{3'}$,*O*$^{5'}$-Diacetyl-2′-desoxy-adenosin mit NH_3 in Methanol und Äthanol (*Hayes et al.,* Soc. **1955** 808, 810). Neben Adenin bei der Hydrierung von *N*^{6},*O*$^{3'}$-Diacetyl-*O*$^{5'}$-trityl-2′-desoxy-adenosin an Palladium/Kohle und Palladium in Äthanol (*An. et al.*).

Kristalle (aus E.); F: 216–217° [nach Sintern bei 214–216°]; λ_{max} (A.): 260 nm (*An. et al.*).

***O*$^{5'}$-Acetyl-2′-desoxy-adenosin** $C_{12}H_{15}N_5O_4$, Formel X (R = H, R′ = CO-CH_3).

B. s. im vorangehenden Artikel.

Kristalle (aus A.); F: 140–141° (*Andersen et al.,* Soc. **1954** 1882, 1886).

***O*$^{3'}$,*O*$^{5'}$-Diacetyl-2′-desoxy-adenosin** $C_{14}H_{17}N_5O_5$, Formel X (R = R′ = CO-CH_3).

B. s. o. im Artikel *O*$^{3'}$-Acetyl-2′-desoxy-adenosin.

Kristalle (aus E. + PAe.); F: 151–152° (*Andersen et al.,* Soc. **1954** 1882, 1886; *Hayes et al.,* Soc. **1955** 808, 810). λ_{max} (A.): 259 nm.

***O*$^{5'}$-Acetyl-*O*$^{3'}$-[toluol-4-sulfonyl]-2′-desoxy-adenosin** $C_{19}H_{21}N_5O_6S$, Formel X (R = SO_2-C_6H_4-CH_3, R′ = CO-CH_3).

B. Aus *O*$^{5'}$-Acetyl-2′-desoxy-adenosin und Toluol-4-sulfonylchlorid in Pyridin (*Andersen *et al.*, Soc. **1954** 1882, 1886).

Kristalle (aus $CHCl_3$+PAe.); F: 147–148°.

$O^{3'}$-Acetyl-$O^{5'}$-[toluol-4-sulfonyl]-2'-desoxy-adenosin $C_{19}H_{21}N_5O_6S$, Formel X (R = $CO\text{-}CH_3$, R' = $SO_2\text{-}C_6H_4\text{-}CH_3$).

B. Analog der vorangehenden Verbindung (*Andersen et al.*, Soc. **1954** 1882, 1886).

Feststoff. λ_{max} (A.): 257 nm (nicht ganz rein).

$O^{5'}$-Acetyl-$O^{3'}$-benzyloxyphosphinoyl-2'-desoxy-adenosin $C_{19}H_{22}N_5O_6P$, Formel X (R = $P(O)H\text{-}O\text{-}CH_2\text{-}C_6H_5$, R' = $CO\text{-}CH_3$).

B. Aus $O^{5'}$-Acetyl-2'-desoxy-adenosin und Diphosphor(III,V)-säure-1-benzylester-2,2-diphenylester unter Zusatz von 2,6-Dimethyl-pyridin in Acetonitril oder DMF (*Hayes et al.*, Soc. **1955** 808, 812).

Gelblicher Feststoff mit 0,5 Mol H_2O.

$O^{3'}$-Phosphono-2'-desoxy-adenosin, 2'-Desoxy-[3']adenylsäure, 2'-Desoxy-adenosin-3'-monophosphat, 2'-Desoxy-adenosin-3'-dihydrogenphosphat, dAdo-3'-*P* $C_{10}H_{14}N_5O_6P$, Formel X (R = $PO(OH)_2$, R' = H).

Isolierung aus Hydrolysaten aus Thymus-Desoxyribonucleinsäuren: *Cunningham et al.*, Am. Soc. **78** [1956] 4642, 4643, 4644; *Laurila, Laskowski*, J. biol. Chem. **228** [1957] 49, 53.

B. Aus $O^{5'}$-Acetyl-$O^{3'}$-benzyloxyphosphinoyl-2'-desoxy-adenosin über mehrere Stufen (*Hayes et al.*, Soc. **1955** 808, 812).

Calcium-Salz $CaC_{10}H_{12}N_5O_6P$. Feststoff (aus H_2O+A.) mit 3 Mol H_2O; $[\alpha]_D^{19}$: –10,8° [H_2O; c = 0,5]; λ_{max}: 259–260 nm [H_2O sowie wss. NaOH (0,01 n)] bzw. 257–258 nm [wss. HCl (0,01 n)] (*Ha. et al.*).

$O^{5'}$-Phosphono-2'-desoxy-adenosin, 2'-Desoxy-[5']adenylsäure, 2'-Desoxy-adenosin-5'-monophosphat, 2'-Desoxy-adenosin-5'-dihydrogenphosphat, dAMP, dAdo-5'-*P* $C_{10}H_{14}N_5O_6P$, Formel XI (R = R' = R'' = H).

Konstitution: *Carter*, Am. Soc. **73** [1951] 1537; *Hayes et al.*, Soc. **1955** 808, 809.

Zusammenfassende Darstellung: *F.G. Fischer, H. Dörfel*, in *Hoppe-Seyler/Thierfelder*, Handbuch der Physiologisch- und Pathologisch-Chemischen Analyse, 10. Aufl., Bd. 4 [Berlin 1960] S. 1065, 1257.

Isolierung aus Hydrolysaten von Desoxyribonucleinsäuren aus Thymus: *Klein*, Z. physiol. Chem. **218** [1933] 164, 169; *Klein, Thannhauser*, Z. physiol. Chem. **224** [1934] 252, 255, 256, **231** [1935] 96, 99; *Volkin et al.*, Am. Soc. **73** [1951] 1533, 1534; *Sinsheimer, Koerner*, J. biol. Chem. **198** [1951] 293, 295; Am. Soc. **74** [1952] 283; *Hurst et al.*, J. biol. Chem. **204** [1953] 847, 848; *Sinsheimer*, J. biol. Chem. **208** [1954] 445, 453; *de Garilhe, Laskowski*, Biochim. biophys. Acta **18** [1955] 370, 376; *Osawa et al.*, J. gen. Physiol. **40** [1957] 491, 495; aus Weizenkeimen: *Si.*; aus Leukämiezellen von Mäusen: *Mathias et al.*, Biochim. biophys. Acta **36** [1959] 560.

B. Aus 2'-Desoxy-adenosin und Phosphorsäure-monophenylester mit Hilfe von Malzenzym (*Brawerman, Chargaff*, Biochim. biophys. Acta **15** [1954] 549, 550, 554). Aus 2'-Desoxy-[5']adenylsäure-monobenzylester bei der Hydrierung an Palladium/Kohle in wss. Natriumacetat (*Ha. et al.*, l. c. S. 811).

Kristalle; F: 146–147° (*Hurst et al.*, J. biol. Chem. **204** [1953] 847, 848), 142,5° (*Vo. et al.*, l. c. S. 1536). UV-Spektrum (fester Film; 140–260 nm): *Preiss, Setlow*, J. chem. Physics **25** [1956] 138, 141. λ_{max}: 257,5 nm [wss. HCl (0,01 n)] bzw. 260 nm [H_2O sowie wss. NaOH (0,01 n)] (*Ha. et al.*, l. c. S. 811). Extinktionskoeffizient bei 240–300 nm in wss. Lösungen vom pH 4,3 sowie pH 5,5–7: *Si.*, l. c. S. 449; bei 250–290 nm in wss. Lösungen vom pH 2 sowie pH 7: *Shapiro, Chargaff*, Biochim. biophys. Acta **26** [1957] 596, 600). Verhältnis der Extinktionskoeffizienten für λ = 250 nm/λ = 260 nm und λ = 280 nm/λ = 260 nm in wss. Lösung vom pH 2, auch des Barium-Salzes: *Vo. et al.* Scheinbare Dissoziationsexponenten pK'_{a1} [Kation] und pK'_{a2} [Anion] (H_2O; potentiometrisch ermittelt): ca. 4,4 bzw. 6,4 (*Hu. et al.*, l. c. S. 851).

Calcium-Salz $CaC_{10}H_{12}N_5O_6P$. Kristalle (aus H_2O) mit 1 Mol H_2O; Zers. >150°; $[\alpha]_D^{19}$: −38° [H_2O; c = 0,2] (*Kl., Th.,* Z. physiol. Chem. **224** 258). Löslichkeit in 100 ml H_2O bei 0°: 0,40 g; bei 20°: 0,47 g (*Kl., Th.,* Z. physiol. Chem. **224** 258). Feststoff (aus H_2O+A.) mit 2 Mol H_2O; $[\alpha]_D^{19}$: −26° [H_2O; c = 0,4] (*Ha. et al.,* l. c. S. 811).

Brucin-Salz $C_{10}H_{14}N_5O_6P \cdot 2C_{23}H_{26}N_2O_4$. Kristalle (aus H_2O) mit 2 Mol H_2O (*Kl., Th.,* Z. physiol. Chem. **224** 257).

2′-Desoxy-[5′]adenylsäure-monobenzylester $C_{17}H_{20}N_5O_6P$, Formel XI (R = R″ = H, R′ = CH_2-C_6H_5).

B. Aus $O^{3'}$-Acetyl-2′-desoxy-[5′]adenylsäure-dibenzylester mit Hilfe von methanol. NH_3 (*Hayes et al.,* Soc. **1955** 808, 811).

Salz mit Benzylamin $C_{17}H_{20}N_5O_6P \cdot C_7H_9N$. Hellbrauner glasartiger Feststoff [Rohprodukt].

Phosphorsäure-[2′-desoxy-adenosin-5′-ylester]-thymidin-3′-ylester, 2′-Desoxy-[5′]adenylsäure-thymidin-3′-ylester, Thymidylyl-(3′→5′)-2′-desoxy-adenosin, dAdo-5′-*P*-3′-dThd $C_{20}H_{26}N_7O_{10}P$, Formel XII (R = H).

Isolierung aus Thymus-Desoxyribonucleinsäure mit Hilfe von Pankreasdesoxyribonuclease und Prostataphosphatase: *Sinsheimer,* J. biol. Chem. **215** [1955] 579, 581; *de Garilhe et al.,* J. biol. Chem. **224** [1957] 751, 752, 754.

B. Aus N^6,$O^{3'}$-Diacetyl-2′-desoxy-[5′]adenylsäure und $O^{5'}$-Acetyl-thymidin beim Behandeln mit Dicyclohexylcarbodiimid und Hydrolysieren des Reaktionsprodukts mit wss. NaOH (*Gilham, Khorana,* Am. Soc. **80** [1958] 6212, 6220). Aus der folgenden Verbindung bei der Hydrierung an Palladium/$BaSO_4$ in wss. Äthanol (*Gilham, Khorana,* Am. Soc. **81** [1959] 4647, 4650).

Ammonium-Salz $(NH_4)C_{20}H_{25}N_7O_{10}P$. Pulver; λ_{max} (H_2O): 261 nm (*Gi., Kh.,* Am. Soc. **80** 6220).

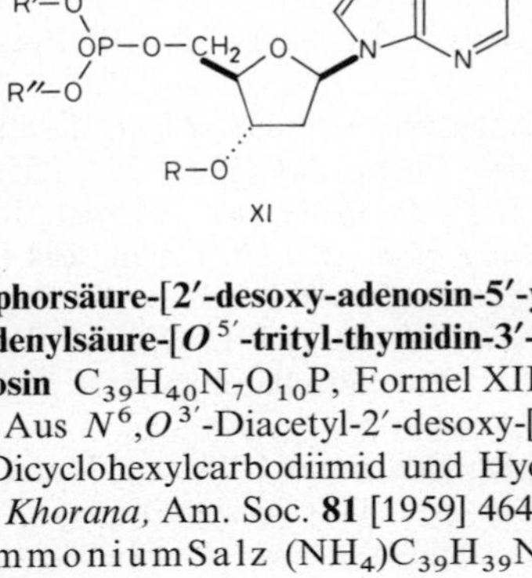

XI

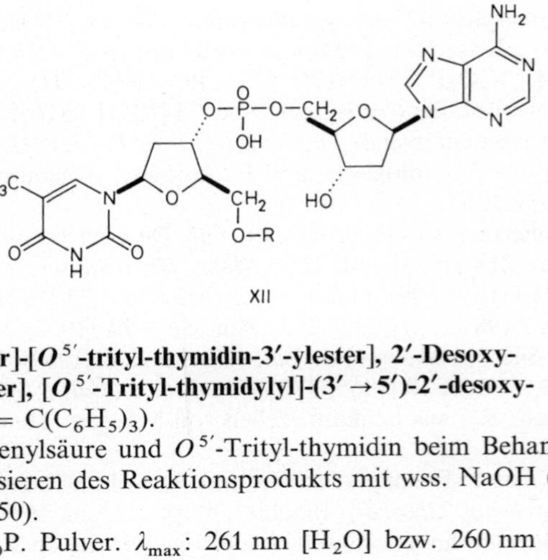

XII

Phosphorsäure-[2′-desoxy-adenosin-5′-ylester]-[$O^{5'}$-trityl-thymidin-3′-ylester], 2′-Desoxy-[5′]adenylsäure-[$O^{5'}$-trityl-thymidin-3′-ylester], [$O^{5'}$-Trityl-thymidylyl]-(3′→5′)-2′-desoxy-adenosin $C_{39}H_{40}N_7O_{10}P$, Formel XII (R = $C(C_6H_5)_3$).

B. Aus N^6,$O^{3'}$-Diacetyl-2′-desoxy-[5′]adenylsäure und $O^{5'}$-Trityl-thymidin beim Behandeln mit Dicyclohexylcarbodiimid und Hydrolysieren des Reaktionsprodukts mit wss. NaOH (*Gilham, Khorana,* Am. Soc. **81** [1959] 4647, 4650).

AmmoniumSalz $(NH_4)C_{39}H_{39}N_7O_{10}P$. Pulver. λ_{max}: 261 nm [H_2O] bzw. 260 nm [wss. HCl (0,01 n)].

Phosphorsäure-[2′-desoxy-adenosin-5′-ylester]-[$O^{5'}$-phosphono-thymidin-3′-ylester], $O^{5'}$-[$O^{5'}$-Phosphono-[3′]thymidylyl]-2′-desoxy-adenosin, [2′-Desoxy-adenylyl]-(5′→3′)-[5′]thymidylsäure, dAdo-5′-*P*-3′-dThd-5′-*P* $C_{20}H_{27}N_7O_{13}P_2$, Formel XII (R = $PO(OH)_2$).

Isolierung aus Desoxyribonucleinsäuren aus Thymus sowie aus Weizenkeimen mit Hilfe von Pankreasdesoxyribonuclease: *Sinsheimer,* J. biol. Chem. **208** [1954] 445, 454, **215** [1955] 579, 580.

B. Aus [5′]Thymidylsäure-dibenzylester und $O^{3'}$-Acetyl-2′-desoxy-[5′]adenylsäure [aus 2′-Desoxy-[5′]adenylsäure und Acetanhydrid in Pyridin erhalten] (*Khorana et al.,* Am. Soc.

79 [1957] 1002) oder aus [5′]Thymidylsäure-dibenzylester und N^6,$O^{3'}$-Diacetyl-2′-desoxy-[5′]adenylsäure (*Gilham, Khorana,* Am. Soc. **80** [1958] 6212, 6222), jeweils über mehrere Stufen.

Ammonium-Salz $(NH_4)_2C_{20}H_{25}N_7O_{13}P_2$. Pulver; λ_{max} (H_2O): 261 nm (*Gi., Kh.*).

$O^{5'}$-Trihydroxydiphosphoryl-2′-desoxy-adenosin, Diphosphorsäure-mono-[2′-desoxy-adenosin-5′-ylester], 2′-Desoxy-adenosin-5′-diphosphat, 2′-Desoxy-adenosin-5′-trihydrogendiphosphat, dADP, dAdo-5′-*PP* $C_{10}H_{15}N_5O_9P_2$, Formel XI (R = R″ = H, R′ = $PO(OH)_2$).

B. Neben der folgenden Verbindung beim Behandeln von 2′-Desoxy-[5′]adenylsäure mit H_3PO_4 unter Zusatz von Dicyclohexylcarbodiimid oder Di-*p*-tolyl-carbodiimid in wss. Pyridin (*Canad. Patents and Devel.,* U.S.P. 2795580 [1955]) sowie unter Zusatz von ATP in Gegenwart von Nierenextrakten (*Sable et al.,* Biochim. biophys. Acta **13** [1954] 156), in Gegenwart von Extrakten aus Muskeln und rotem Knochenmark oder von Myokinase (*Klenow, Lichtler,* Biochim. biophys. Acta **23** [1957] 6, 7, 10), in Gegenwart von Extrakten aus Azotobacter vinelandii (*Mozen, Lavik,* U.S. Atomic Energy Comm. NYO-2055 [1957] 1, 3, 5) oder in Gegenwart von Leberextrakten (*Mantsavinos, Canellakis,* J. biol. Chem. **234** [1959] 628, 630; *Canellakis et al.,* J. biol. Chem. **234** [1959] 2096, 2097).

$O^{5'}$-Tetrahydroxytriphosphoryl-2′-desoxy-adenosin, Triphosphorsäure-1-[2′-desoxy-adenosin-5′-ylester], 2′-Desoxy-adenosin-5′-triphosphat, 2′-Desoxy-adenosin-5′-tetrahydrogentriphosphat, dATP, dAdo-5′-*PPP* $C_{10}H_{16}N_5O_{12}P_3$, Formel XI (R = R″ = H, R′ = PO(OH)-O-$PO(OH)_2$).

Isolierung aus mit Bacteriophagen infizierten Kulturen von Escherichia coli: *O'Donnell et al.,* J. biol. Chem. **233** [1958] 1523, 1525; aus Rattentumor: *LePage,* J. biol. Chem. **226** [1957] 135.

B. Beim Behandeln von 2′-Desoxy-[5′]adenylsäure mit ADP und Acetylphosphat in Gegenwart von Enzympräparaten aus Escherichia coli (*Lehman et al.,* J. biol. Chem. **233** [1958] 163, 165) oder mit ATP in Gegenwart von Extrakten aus Mäusetumor (*Keir, Smellie,* Biochim. biophys. Acta **35** [1959] 405, 409). Weitere Bildungen s. im vorangehenden Artikel.

λ_{max} (H_2O): 259 nm (*LeP.*). Verhältnis der Extinktionskoeffizienten für λ = 250 nm/λ = 260 nm und λ = 280 nm/λ = 260 nm in wss. Lösung vom pH 4: *Le. et al.,* l. c. S. 166.

$O^{3'}$-Acetyl-2′-desoxy-[5′]adenylsäure-dibenzylester $C_{26}H_{28}N_5O_7P$, Formel XI (R = $CO\text{-}CH_3$, R′ = R″ = $CH_2\text{-}C_6H_5$).

B. Aus $O^{3'}$-Acetyl-2′-desoxy-adenosin und Chlorophosphorsäure-dibenzylester in Pyridin (*Hayes et al.,* Soc. **1955** 808, 810).

Feststoff (nicht ganz rein).

XIII

$O^{3'}$-[2′-Desoxy-[5′]cytidylyl]-$O^{5'}$-[3′]thymidylyl-2′-desoxy-adenosin, Thymidylyl-(3′ → 5′)-2′-desoxy-adenylyl-(3′ → 5′)-2′-desoxy-cytidin, dCyd-5′-*P*-3′-dAdo-5′-*P*-3′-dThd $C_{29}H_{38}N_{10}O_{16}P_2$, Formel XIII (R = H).

B. Aus der folgenden Verbindung mit Hilfe von wss. Essigsäure (*Gilham, Khorana,* Am.

Soc. **81** [1959] 4647, 4650).

Wasserhaltiges Pulver. λ_{max}: 263 nm [H_2O] bzw. 267 nm [wss. HCl (0,01 n)].

***O*$^{3'}$-[2'-Desoxy-[5']cytidylyl]-*O*$^{5'}$-[*O*$^{5'}$-trityl-[3']thymidylyl]-2'-desoxy-adenosin, *O*$^{5'}$-Trityl-thymidylyl-(3' → 5')-2'-desoxy-adenylyl-(3' → 5')-2'-desoxy-cytidin** $C_{48}H_{52}N_{10}O_{16}P_2$, Formel XIII (R = $C(C_6H_5)_3$).

B. Aus 2'-Desoxy-[5']adenylsäure-[*O*$^{5'}$-trityl-thymidin-3'-ylester] und *N*^{4},*O*$^{3'}$-Diacetyl-2'-desoxy-[5']cytidylsäure (E III/IV **25** 3665 im Artikel [3']Thymidylsäure-[2'-desoxy-cytidin-5'-ylester]) beim Behandeln mit Dicyclohexylcarbodiimid und Hydrolysieren des Reaktionsprodukts mit wss. NaOH (*Gilham, Khorana,* Am. Soc. **81** [1959] 4647, 4650).

Ammonium-Salz $(NH_4)_2C_{48}H_{50}N_9O_{16}P_2$. Pulver. λ_{max}: 263 nm [H_2O] bzw. 267 nm [wss. HCl (0,01 n)].

***N*^{6}-Methyl-2'-desoxy-adenosin** $C_{11}H_{15}N_5O_3$, Formel XIV (R = H).

Isolierung aus von Escherichia coli-15 T in Gegenwart von 5-Amino-1*H*-pyrimidin-2,4-dion oder 5-Methyl-2-thioxo-2,3-dihydro-1*H*-pyrimidin-4-on produzierter Desoxyribonucleinsäure: *Dunn, Smith,* Biochem. J. **68** [1958] 627, 629, 631.

UV-Spektrum (wss. Lösungen vom pH 7 und pH 13; 220–300 nm): *Dunn, Sm.,* l. c. S. 632.

***N*^{6}-Methyl-2'-desoxy-[5']adenylsäure** $C_{11}H_{16}N_5O_6P$, Formel XIV (R = $PO(OH)_2$).

Isolierung aus Hydrolysaten von Desoxyribonucleinsäuren aus Escherichia coli: *Dunn, Smith,* Biochem. J. **68** [1958] 627, 629, 632.

UV-Spektrum (wss. Lösungen vom pH 4 und pH 13; 220–300 nm): *Dunn, Sm.*

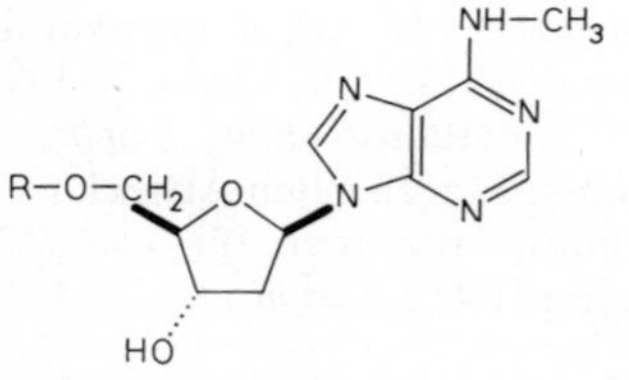

NH–CH3 / N / N / R–O–CH2 / O / N / N / HO

XIV

NH–CO–CH3 / N / N / R–O–CH2 / O / N / N / H3C–CO–O

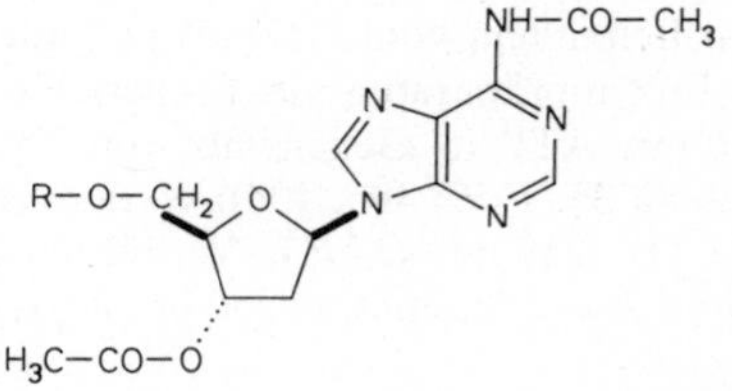

XV

***N*^{6},*O*$^{3'}$-Diacetyl-*O*$^{5'}$-trityl-2'-desoxy-adenosin** $C_{33}H_{31}N_5O_5$, Formel XV (R = $C(C_6H_5)_3$).

B. Aus *O*$^{5'}$-Trityl-2'-desoxy-adenosin und Acetanhydrid in Pyridin (*Andersen et al.,* Soc. **1954** 1882, 1885).

Feststoff.

***N*^{6},*O*$^{3'}$-Diacetyl-2'-desoxy-[5']adenylsäure** $C_{14}H_{18}N_5O_8P$, Formel XV (R = $PO(OH)_2$).

B. Aus dem Pyridinium-Salz der 2'-Desoxy-[5']adenylsäure und Acetanhydrid in Pyridin (*Ghilham, Khorana,* Am. Soc. **80** [1958] 6212, 6219).

Feststoff. λ_{max} (wss. Lösung vom pH 8): 273 nm.

(3*R*)-2*t*-[6-Amino-purin-9-yl]-5*t*-hydroxymethyl-tetrahydro-furan-3*r*-ol, (1*R*)-1-[6-Amino-purin-9-yl]-D-*erythro*-1,4-anhydro-3-desoxy-pentit, 3'-Desoxy-adenosin, Cordycepin $C_{10}H_{13}N_5O_3$, Formel I (R = H).

Konstitution und Konfiguration: *Kaczka et al.,* Biochem. biophys. Res. Commun. **14** [1964] 456; *Suhadolnik, Cory,* Biochim. biophys. Acta **91** [1964] 661; *Szabó, Szabó,* Soc. **1965** 2944, 2945; *Hanessian et al.,* Biochim. biophys. Acta **117** [1966] 480.

Isolierung aus Kulturen von Cordyceps militaris auf verschiedenen stickstoffhaltigen Nährböden: *Cunningham et al.,* Soc. **1951** 2299.

Kristalle (aus A.), F: 225–226°; Kristalle (aus H_2O) mit 1 Mol H_2O; $[\alpha]_D^{20}$: –47° [H_2O] [wasserfreies Präparat] (*Cu. et al.*). UV-Spektrum (A.; 215–295 nm): *Cu. et al.*

Picrat $C_{10}H_{13}N_5O_3 \cdot C_6H_3N_3O_7$. Gelbe Kristalle (aus H_2O); F: 195° [Zers.] (*Cu. et al.*).

Picrolonat $C_{10}H_{13}N_5O_3 \cdot C_{10}H_8N_4O_5$. Gelbe Kristalle (aus H_2O); F: 240° [Zers.] (*Cu. et al.*).

(1*R*)-*S*-Äthyl-1-[6-amino-purin-9-yl]-3-chlor-1,4-anhydro-3-desoxy-2-thio-D-arabit(?), 9-[*S*-Äthyl-3-chlor-3-desoxy-2-thio-*β*-D-arabinofuranosyl]-9*H*-purin-6-ylamin(?) $C_{12}H_{16}ClN_5O_2S$, vermutlich Formel II (R = H).

Zur Konstitution und Konfiguration s. *Anderson et al.*, Am. Soc. **81** [1959] 3967, 3969.

B. Beim Behandeln von (1*R*)-*S*-Äthyl-1-[6-amino-purin-9-yl]-D-1,4-anhydro-3-thio-xylit (S. 3674) mit $SOCl_2$ und anschliessend mit wss. $NaHCO_3$ (*An. et al.*, l. c. S. 3972).

Kristalle; F: 188–192° [unkorr.; Zers.]. $[\alpha]_D^{26}$: −60° [$CHCl_3$; c = 1]. λ_{max} (H_2O sowie wss. Lösung vom pH 13): 261 nm.

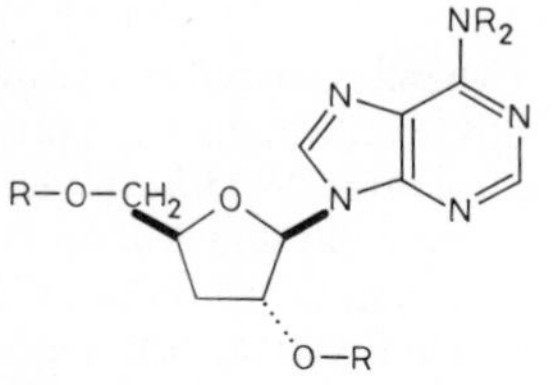

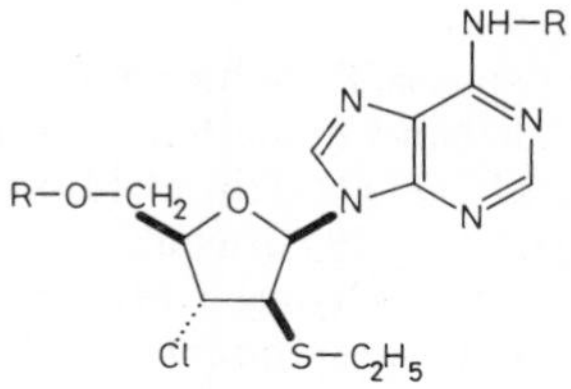

(1*R*)-*S*-Äthyl-3-chlor-*O*[5]-trityl-1-[6-tritylamino-purin-9-yl]-1,4-anhydro-3-desoxy-2-thio-D-arabit(?), 9-[*S*-Äthyl-3-chlor-*O*[5]-trityl-3-desoxy-2-thio-*β*-D-arabinofuranosyl]-6-tritylamino-9*H*-purin(?) $C_{50}H_{44}ClN_5O_2S$, vermutlich Formel II (R = $C(C_6H_5)_3$), oder **(1*R*)-*S*-Äthyl-2-chlor-*O*[5]-trityl-1-[6-tritylamino-purin-9-yl]-D-1,4-anhydro-2-desoxy-3-thio-xylit(?),** 9-[*S*-Äthyl-2-chlor-*O*[5]-trityl-2-desoxy-3-thio-*β*-D-xylofuranosyl]-6-tritylamino-9*H*-purin(?) $C_{50}H_{44}ClN_5O_2S$, vermutlich Formel III (R = $C(C_6H_5)_3$).

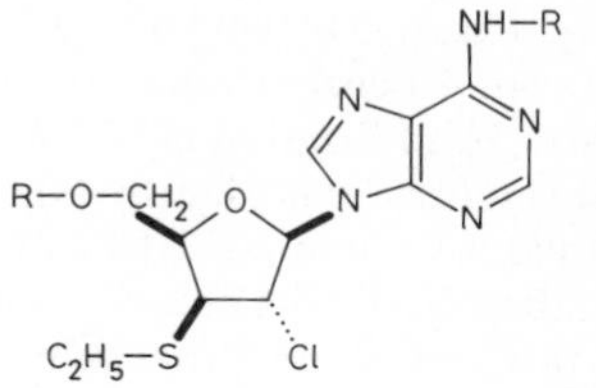

B. Aus (1*R*)-*S*-Äthyl-*O*[5]-trityl-1-[6-tritylamino-purin-9-yl]-D-1,4-anhydro-3-thio-xylit (S. 3682) mit Hilfe von Toluol-4-sulfonylchlorid (*Anderson et al.*, Am. Soc. **81** [1959] 3967, 3971, 3974).

Kristalle; F: 109–115° [unkorr.] (unreines Präparat).

Überführung in (1*R*)-*S*-Äthyl-*O*[5]-trityl-1-[6-tritylamino-purin-9-yl]-1,4-anhydro-2-thio-D-arabit, 9-[*S*-Äthyl-*O*[5]-trityl-2-thio-*β*-D-arabinofuranosyl]-6-tritylamino-9*H*-purin $C_{50}H_{45}N_5O_3S$ (IR-Banden [flüssiger Film]: 2,95 μ, 3,00 μ, 5,72 μ und 6,25 μ) beim Erhitzen mit Natriumacetat in wss. 2-Methoxy-äthanol: *An. et al.*

***N*[6],*N*[6],*O*[2'],*O*[5']-Tetrabenzoyl-3'-desoxy-adenosin,** Tetrabenzoyl-cordycepin $C_{38}H_{29}N_5O_7$, Formel I (R = CO-C_6H_5).

Diese Konstitution ist aufgrund der analogen Bildungsweise von *N*[6],*N*[6],*O*[2'],*O*[3'],*O*[5']-Pentabenzoyl-adenosin (S. 3684) der nachstehend beschriebenen Verbindung zuzuordnen.

B. Aus Cordycepin (s. o.) und Benzoylchlorid in Pyridin (*Bentley et al.*, Soc. **1951** 2301, 2304).

Kristalle (aus A.); F: 179–180°. [*Otto*]

2-[6-Amino-purin-9-yl]-tetrahydro-pyran-3,4,5-triol $C_{10}H_{13}N_5O_4$.

a) **D-(1*R*)-1-[6-Amino-purin-9-yl]-1,5-anhydro-ribit,** 9-*β*-D-Ribopyranosyl-9*H*-purin-6-ylamin, Formel IV.

Konstitution: *Baddiley et al.*, Soc. **1944** 657. Konfiguration am C-Atom 1 des Kohlenhydrat-Anteils: *Pan et al.*, J. heterocycl. Chem. **4** [1967] 246.

B. Aus 6-Acetylamino-purin-9-ylquecksilber-chlorid und Tri-*O*-acetyl-*β*-D-ribopyranosylchlorid beim Erhitzen in Xylol und Behandeln des Reaktionsprodukts mit methanol. NH_3 (*Davoll, Lowy*, Am. Soc. **74** [1952] 1563, 1564). Aus *O*[2],*O*[3],*O*[4]-Triacetyl-D-ribose-[6-amino-5-thioformylamino-pyrimidin-4-ylimin] (E III/IV **25** 3093) beim Erhitzen in Pyridin und Behandeln des Reaktionsprodukts mit methanol. NH_3 oder mit Natriummethylat in Methanol und $CHCl_3$

(*Ba. et al.*) bzw. mit methanol. Natriummethylat (*Kenner, Todd,* Soc. **1946** 852, 854).

Nach Ausweis der ^{1}H-NMR-Absorption liegt in DMSO-d_6 überwiegend das C1-Konformere vor (*Pan et al.*).

Kristalle mit 1 Mol H_2O; F: 254° [unkorr.; aus H_2O] (*Da., Lowy*), 254° [Zers.; nach Sintern bei 234–235°; aus H_2O] (*Ba. et al.*), 250–254° [unkorr.; nach Sintern bei 230°; aus Me.] (*Pan et al.*). $[\alpha]_D^{20}$: –38° [H_2O; c = 0,3] [Monohydrat] (*Ba. et al.*); $[\alpha]_D^{23}$: –32,4° [H_2O; c = 0,3] [Monohydrat] (*Pan et al.*); $[\alpha]_D^{26}$: –37° [H_2O; c = 0,6] [Monohydrat] (*Da., Lowy*). λ_{max}: 261 nm [wss. HCl sowie wss. NaOH] (*Ba. et al.*), 258,5 nm [wss. Lösung vom pH 1], 260 nm [wss. Lösung vom pH 11] bzw. 259,5 nm [Me.] (*Pan et al.,* l. c. S. 248).

b) **D-(1*R*)-1-[6-Amino-purin-9-yl]-1,5-anhydro-xylit,** 9-*β*-D-Xylopyranosyl-9*H*-purin-6-ylamin, Formel V (R = H).

Konstitution und Konfiguration am C-Atom 1 des Kohlenhydrat-Anteils: *Martinez et al.,* J. org. Chem. **34** [1969] 92, 93.

B. Aus 6-Benzoylamino-purin-9-ylquecksilber-chlorid und Tri-*O*-benzoyl-α-D-xylopyranosylbromid beim Erhitzen in Xylol und Behandeln des Reaktionsprodukts mit methanol. Natriummethylat (*Ma. et al.,* l. c. S. 95). Aus O^2,O^3,O^4-Triacetyl-D-xylose-[6-amino-5-thioformylamino-pyrimidin-4-ylimin] (E III/IV **25** 3093) beim Erwärmen mit Natriummethylat und Äthanol (*Kenner, Todd,* Soc. **1946** 852, 854) oder neben D-Xylose-[7(9)*H*-purin-6-ylimin] (S. 3581) beim Erhitzen in Pyridin und Behandeln des Reaktionsprodukts mit Natriummethylat in Methanol und $CHCl_3$ (*Kenner et al.,* Soc. **1944** 652, 655). Aus dem folgenden Tri-*O*-acetyl-Derivat beim Behandeln mit methanol. NH_3 (*Davoll et al.,* Soc. **1946** 833, 837). Aus D-(1*R*)-Tri-*O*-acetyl-1-[6-amino-2-methylmercapto-purin-9-yl]-1,5-anhydro-xylit (S. 3852) beim Erwärmen mit Raney-Nickel in Äthanol (*Howard et al.,* Soc. **1945** 556, 561).

Nach Ausweis der ^{1}H-NMR-Absorption liegt in einem DMSO-D_2O-Gemisch ausschliesslich das C1-Konformere vor (*Ma. et al.*).

Kristalle (aus H_2O) mit 1 Mol H_2O, F: 294–295° [unkorr.] (*Ma. et al.*); Kristalle (aus H_2O), F: 293–294° (*Ho. et al.*), 292° [Zers.] (*Ke. et al.*). $[\alpha]_D^{14}$: –24° [H_2O; c = 0,3] [wasserfreies Präparat] (*Da. et al.*); $[\alpha]_D^{18}$: –26° [H_2O; c = 0,3] [wasserfreies Präparat] (*Ke. et al.*); $[\alpha]_D$: –30° [H_2O], –46° [DMF] [jeweils Monohydrat] (*Ma. et al.*). ^{1}H-NMR-Absorption und ^{1}H-^{1}H-Spin-Spin-Kopplungskonstante (DMSO + D_2O): *Ma. et al.* λ_{max}: 258,5 nm [wss. HCl] bzw. 260,5 nm [wss. NaOH] (*Ke. et al.*), 256 nm [wss. Lösung vom pH 1] bzw. 258 nm [wss. Lösungen vom pH 7 und pH 13] (*Ma. et al.,* l. c. S. 94).

Picrat. F: 223–225° [Zers.] (*Da. et al.*).

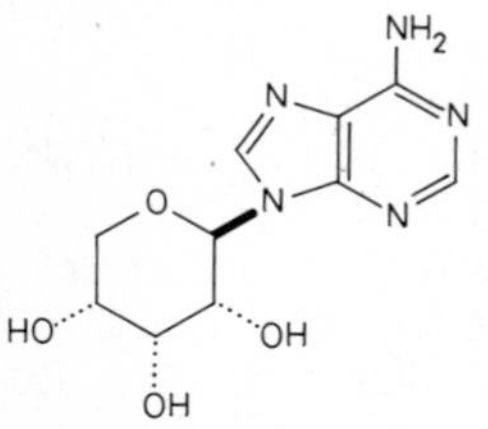

IV 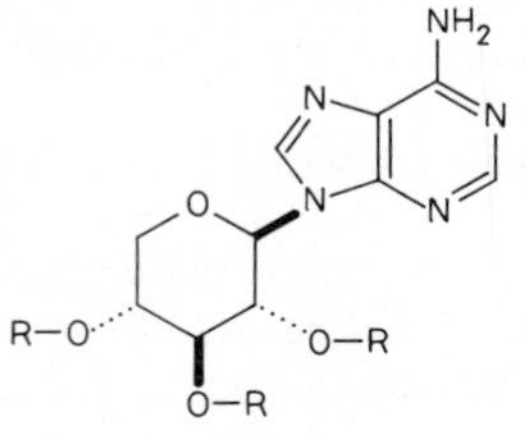 V 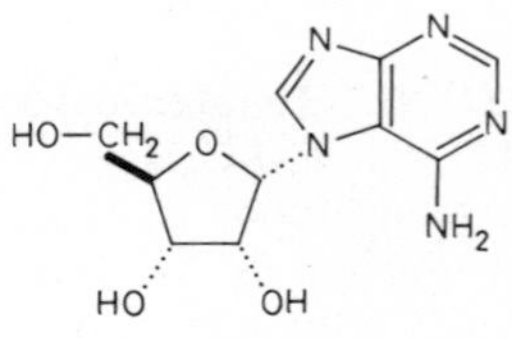 VI

D-(1*R*)-Tri-*O*-acetyl-1-[6-amino-purin-9-yl]-1,5-anhydro-xylit, 9-[Tri-*O*-acetyl-*β*-D-xylopyranosyl]-9*H*-purin-6-ylamin $C_{16}H_{19}N_5O_7$, Formel V (R = CO-CH_3).

B. Aus D-(1*R*)-Tri-*O*-acetyl-1-[6-amino-2-methylmercapto-purin-9-yl]-1,5-anhydro-xylit (S. 3852) beim Erwärmen mit Raney-Nickel in Äthanol (*Davoll et al.,* Soc. **1946** 833, 837). Neben D-(1*R*)-Tri-*O*-acetyl-1-[6-amino-2-chlor-purin-9-yl]-1,5-anhydro-xylit (S. 3725) beim Erwärmen von D-(1*R*)-Tri-*O*-acetyl-1-[6-amino-2,8-dichlor-purin-9-yl]-1,5-anhydro-xylit (S. 3728) mit Raney-Nickel und $CaCO_3$ in Äthanol (*Da. et al.*).

Kristalle (aus A.); F: 227°. $[\alpha]_D^{14}$: –34,8° [$CHCl_3$; c = 0,6].

(1*S*)-1-[6-Amino-purin-7-yl]-D-1,4-anhydro-ribit, 7-α-D-Ribofuranosyl-7*H*-purin-6-ylamin $C_{10}H_{13}N_5O_4$, Formel VI.

Konstitution und Konfiguration: *Montgomery, Thomas,* Am. Soc. **85** [1963] 2672, **87** [1965]

5442; s. a. *Friedrich, Bernhauer,* B. **89** [1956] 2507, 2512.

B. Aus Pseudovitamin-B_{12} (s. u.) beim Erwärmen mit $Ce(OH)_3$ und wss. HCN (*Fr., Be.*).

Kristalle (aus H_2O); F: 220–222° [korr.] (*Mo., Th.,* Am. Soc. **87** 5447), 218–222° [Zers.] (*Fr., Be.*). $[\alpha]_D^{25}$: 0° [H_2O; c = 0,4 bzw. c = 3] (*Mo., Th.,* Am. Soc. **85** 2672, **87** 5447; *Fr., Be.*). UV-Spektrum (wss. Lösungen vom pH 3,4–8; 225–300 nm): *Fr., Be.* Scheinbarer Dissoziationsexponent pK'_a (protonierte Verbindung; H_2O; spektrophotometrisch ermittelt): 3,9 (*Fr., Be.*).

[α-(6-Amino-purin-7-yl)]-hydrogenobamid $C_{58}H_{85}N_{16}O_{14}P$.

Hydroxo-Kobalt(III)-Komplex $[C_{58}H_{85}CoN_{16}O_{15}P]^+$; *Coα*-[α-(6-Amino-purin-7-yl)]-*Coβ*-hydroxo-cobamid. Betain $C_{58}H_{84}CoN_{16}O_{15}P$, Formel VII (X = OH). Biosynthese in $Co(NO_3)_2$ enthaltenden Zellsuspensionen von Propionibacterium arabinosum: *Perlman, Barrett,* Canad. J. Microbiol. **4** [1958] 9, 13; J. Bacteriol. **78** [1959] 171, 172; von Propionibacterium pentosaceum: *Pe., Ba.,* J. Bacteriol. **78** 172. Bei der UV-Bestrahlung von Pseudovitamin-B_{12} (s. u.) in wss. Lösung vom pH 4 (*Lewis et al.,* J. biol. Chem. **199** [1952] 517, 520).

Cyano-Kobalt(III)-Komplex $[C_{59}H_{84}CoN_{17}O_{14}P]^+$; *Coα*-[α-(6-Amino-purin-7-yl)]-*Coβ*-cyano-cobamid. Betain $C_{59}H_{83}CoN_{17}O_{14}P$; Pseudovitamin-$B_{12}$, Formel VII (X = CN). Zusammenfassende Darstellungen: *Porter,* in *H.C. Heinrich,* Vitamin B_{12} und Intrinsic Factor, 1. Europ. Symp. Vitamin B_{12} Hamburg 1956 [Stuttgart 1957] 43, 47; *J. Fragner,* Vitamine [Jena 1964] S. 739, 754; *Friedrich,* in *R. Ammon, W. Dirscherl,* Fermente, Hormone, Vitamine, 3. Aufl., Bd. 3, Tl. 2 [Stuttgart 1975] S. 1, 29. – Konstitution: *Friedrich, Bernhauer,* B. **89** [1956] 2507, 2509; *Montgomery, Thomas,* Am. Soc. **85** [1963] 2672. – Isolierung aus dem Faulschlamm von Kläranlagen: *Friedrich, Bernhauer,* Ang. Ch. **65** [1953] 627; *Bernhauer, Friedrich,* Ang. Ch. **66** [1954] 776; aus den Fäces von Schweinen und Kälbern: *Brown et al.,* Biochem. J. **59** [1955] 82, 83; aus Fäces von Ratten: *Lewis et al.,* J. biol. Chem. **194** [1952] 539; aus Tierfutter-Zusätzen, die rohes Vitamin-B_{12} enthalten: *Chaiet et al.,* J. agric. Food Chem. **2** [1954] 784. – Biosynthese in Achromobacter- und Pseudomonas-Bakterien: *Ericson, Lewis,* Ark. Kemi **6** [1954] 427, 435; in Corynebacterium diphtheriae: *Pawełkiewicz, Zodrow,* Acta biochim. polon. **4** [1957] 203, 206; C. A. **1959** 19007; s. a. *Pawełkiewicz, Zodrow,* Acta microbiol. polon. **6** [1957] 9, 12; C. A. **1958** 7429. Biosynthese aus Ätiocobalamin (S. 3110) und Adenin in Escherichia-coli-Mutanten: *Ford et al.,* Biochem. J. **59** [1955] 86, 89; vgl. *Dellweg et al.,* Bio. Z. **328** [1956] 81, 82; *DiMarco et al.,* Giorn. Biochim. **6** [1957] 275. Biosynthese in Propionibacterium shermanii: *Makarewitsch, Lasnikowa,* Vopr. med. Chim. **3** [1957] 91; C. A. **1959** 2348; *Pawełkiewicz, Walerych,* Acta biochim. polon. **5** [1958] 327, 328; C. A. **1960** 18677; in einem Mikroorganismus aus dem Inhalt von Rinderpansen bei anaerober Gärung: *Pfiffner et al.,* Abstr. 120. A.C.S. Meeting New York 1951, S. 22c; Federation Proc. **11** [1952] 269. – Trennung von anderen Vitaminen der B_{12}-Gruppe durch Chromatographieren an Cellulose: *Aschaffenburger Zellstoffwerke,* U.S.P. 2809148 [1953]; *Friedrich, Bernhauer,* Z. Naturf. **10b** [1955] 6, 10; *Dion et al.,* Am. Soc. **76** [1954] 948; *Pfiffner et al.,* Federation Proc. **13** [1954] 274; durch Papierelektrophorese: *Holdsworth,* Nature **171** [1953] 148; durch Papierchromatographie: *Friedrich et al.,* Mikroch. Acta **1956** 134, 141; von Vitamin-B_{12} durch Chromatographieren an Al_2O_3: *Lewis et al.,* J. biol. Chem. **199** [1952] 517, 519. – Rote Kristalle [aus wss. Acn.] (*Le. et al.,* J. biol. Chem. **194** 546; *Ch. et al.*; *Br. et al.,* l. c. S. 84). Orthorhombisch; Dimensionen der Elementarzelle (Röntgen-Diagramm): *Hodgkin,* Bl. Soc. franç. Min. **78** [1955] 106, 108; Fortschr. Ch. org. Naturst. **15** [1958] 167, 209. Absorptionsspektrum (H_2O; 200–600 nm): *Ch. et al.*; *Le. et al.,* J. biol. Chem. **194** 545, **199** 519. λ_{max} (H_2O): 278 nm, 308 nm, 320 nm, 361 nm, 518 nm und 548–550 nm (*Dion et al.*). Verteilung zwischen Benzylalkohol und H_2O: *Ch. et al.* – Umwandlung in *Coα*-[α-(6-Amino-purin-7-yl)]-*Coβ*-hydroxo-cobamid-betain (s. o.) bei der UV-Bestrahlung einer wss. Lösung vom pH 4: *Le. et al.,* J. biol. Chem. **199** 520. Beim Behandeln mit konz. wss. HCl oder $HClO_4$ ist Ätiocobalamin (S. 3110) erhalten worden (*Br. et al.,* l. c. S. 86). Bildung von *Coα*-[α-(6-Oxo-1,6-dihydro-purin-7-yl)]-*Coβ*-cyano-cobamid-betain (S. 3126) beim Erwärmen mit $NaNO_2$ und Essigsäure: *Br. et al.,* l. c. S. 84. Beim Erwärmen mit $Ce(OH)_3$ und HCN in wss. NaOH sind Ätiocobalamin, (1*S*)-1-[6-Amino-purin-7-yl]-D-1,4-anhydro-ribit (s. o.) und H_3PO_4 erhalten worden (*Fr., Be.,* B. **89** 2508, 2512). Umwandlung in Vitamin-B_{12} (S. 3117) bei der Einwirkung von Propionibacterium shermanii, besonders bei Zusatz von 5,6-Dimethyl-1*H*-benzimidazol: *Bernhauer et al.*, Arch. Biochem. **83** [1959] 248, 251, 253; *Aschaffenburger Zellstoffwerke*, D.B.P. 1058210 [1958].

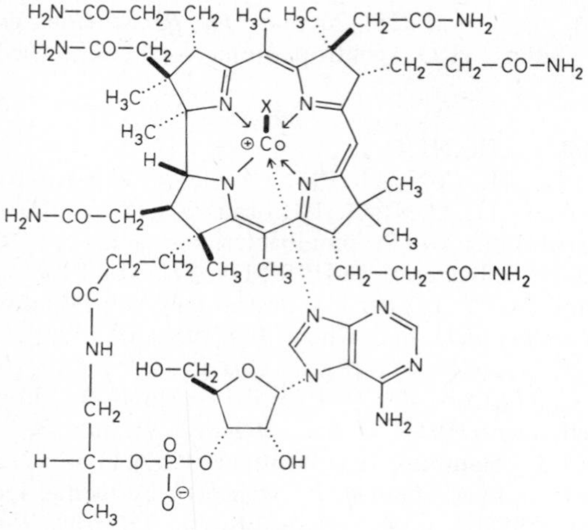

VII

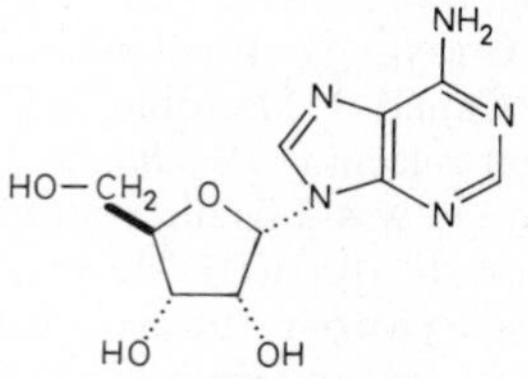

VIII

2-[6-Amino-purin-9-yl]-5-hydroxymethyl-tetrahydro-furan-3,4-diol $C_{10}H_{13}N_5O_4$.

a) **(1*S*)-1-[6-Amino-purin-9-yl]-D-1,4-anhydro-ribit,** 9-α-D-Ribofuranosyl-9*H*-purin-6-ylamin, Formel VIII.

B. Neben Adenosin (s. u.) aus 6-Benzoylamino-purin-9-ylquecksilber-chlorid und O^5-Benzoyl-O^2,O^3-carbonyl-ξ-D-ribofuranosylbromid (aus Methyl-[O^5-benzoyl-O^2,O^3-carbonyl-β-D-ribofuranosid hergestellt) beim Erhitzen in Xylol und Erwärmen des Reaktionsprodukts mit methanol. Natriummethylat (*Wright et al.*, Am. Soc. **80** [1958] 2004).

Kristalle (aus Me.+Ae.); F: 201°. $[\alpha]_D$: +24° [H_2O; c = 0,6]. λ_{max}: 257 nm [saure wss. Lösung] bzw. 259 nm [neutrale wss. Lösung].

Picrat $C_{10}H_{13}N_5O_4 \cdot C_6H_3N_3O_7$. Kristalle; Zers. bei 190°.

b) **(1*R*)-1-[6-Amino-purin-9-yl]-D-1,4-anhydro-ribit,** 9-β-D-Ribofuranosyl-9*H*-purin-6-ylamin, **Adenosin** [1]), Ado, Formel IX (H **31** 27; dort als Adenin-[*d*-ribofuranosid]-(9) bzw. 9-[*d*-Ribosido]-adenin bezeichnet).

Konfiguration am C-Atom 1′: *Davoll et al.*, Soc. **1946** 833, 835, **1948** 967, 968.

Nach Ausweis der ^{1}H-NMR-Absorption liegt in DMSO (*Kokko et al.*, Am. Soc. **83** [1961] 2909, 2911; *Gatlin, Davis*, Am. Soc. **84** [1962] 4464, 4467) und nach Ausweis der Dissoziationskonstante in wss. Lösung (*Wolfenden*, J. mol. Biol. **40** [1969] 307; s. a. *Chenon et al.*, Am. Soc. **97** [1975] 4636, 4639) ausschliesslich das Amino-Tautomere vor.

Isolierung, Bildungsweisen, Abtrennung und Reinigung.

Isolierung aus Amanita muscaria: *Eugster*, Helv. **39** [1956] 1002, 1018; aus dem Gift von Acanthopis antarctica: *Doery*, Nature **177** [1956] 381; von Betis arietans und von Dendraspis viridis: *Fischer, Dörfel*, Z. physiol. Chem. **296** [1954] 232, 238; von Notechis scutatus: *Doery*, Nature **180** [1957] 799; aus menschlichem Harn: *Calvery*, J. biol. Chem. **86** [1930] 263.

B. Beim Erhitzen von 6-Acetylamino-purin-9-ylquecksilber-chlorid (aus *N*-[7(9)*H*-Purin-6-yl]-acetamid und $HgCl_2$) mit Tri-*O*-acetyl-α-D-ribofuranosylchlorid in Xylol und Behandeln mit methanol. NH_3 (*Davoll, Lowy*, Am. Soc. **73** [1951] 1650, 1654; *Davoll, Brown*, U.S.P. 2719483 [1951]). Aus 6-Benzoylamino-purin-9-ylquecksilber-chlorid und Tri-*O*-acetyl-α-D-ribofuranosylchlorid beim Erhitzen in Xylol und Behandeln mit methanol. Natriummethylat (*Da., Lowy*). Aus dem Silber-Salz des *N*-[7(9)*H*-Purin-6-yl]-acetamids bzw. des *N*-[7(9)*H*-Purin-6-yl]-benz=

[1]) Bei von Adenosin abgeleiteten Namen gilt die in Formel IX angegebene Stellungsbezeichnung.

amids und Tri-*O*-acetyl-α-D-ribofuranosylchlorid beim Erhitzen in Xylol und Behandeln mit methanol. NH_3 bzw. mit methanol. Natriummethylat (*Da., Lowy*). Aus (1*R*)-1-[6-Chlor-purin-9-yl]-D-1,4-anhydro-ribit [S. 1745] (*Brown, Weliky,* J. biol. Chem. **204** [1953] 1019, 1021) oder dessen Tri-*O*-benzoyl-Derivat (*Kissman, Weiss,* J. org. Chem. **21** [1956] 1053, 1055) beim Erhitzen mit methanol. NH_3. Aus (1*R*)-1-[6-Methylmercapto-purin-9-yl]-D-1,4-anhydro-ribit (S. 1979) beim Erhitzen mit methanol. NH_3 auf 150° (*Fox et al.,* Am. Soc. **80** [1958] 1669, 1674). Aus 2,8-Dichlor-adenosin beim Hydrieren an Palladium/$BaSO_4$ in wss. NaOH (*Davoll et al.,* Soc. **1948** 967) oder beim Behandeln mit wss. HI und $[PH_4]I$ (*F.R. Ruskin,* U.S.P. 2482069 [1944]). Aus O^2,O^3-Diacetyl-O^5-benzoyl-D-ribose-[6-amino-5-(2,5-dichlor-phenylazo)-2-methylmercapto-pyrimidin-4-ylimin] (E III/IV **25** 4676) über mehrere Stufen (*Kenner et al.,* Soc. **1949** 1620, 1623). Aus $O^{2'}$,$O^{3'}$,$O^{5'}$-Triacetyl-adenosin beim Behandeln mit methanol. NH_3 (*Shimadate et al.,* J. chem. Soc. Japan Pure Chem. Sect. **78** [1957] 208; C. A. **1960** 558). Eine weitere Bildungsweise s. unter a).

Aus Hefe-Nucleinsäure durch Erhitzen mit einer wss. Lösung vom pH 7 (*Zellstoffabr. Waldhof,* D.B.P. 824206 [1949]; D.R.B.P. Org. Chem. 1950–1951 **3** 1412; *Dimroth et al.,* U.S.P. 2719844 [1952]; s.a. *Falconer et al.,* Soc. **1939** 907, 912) oder mit $CaCO_3$, mit $Zn(OH)_2$ sowie mit $Pb(OH)_2$, jeweils in H_2O (*Zellstoffabr. Waldhof,* D.B.P. 825266 [1949], 828546 [1949]; D.R.B.P. Org. Chem. 1950–1951 **3** 1413, 1414; *Dimroth et al.,* A. **566** [1950] 206, 209). Aus Hefe-Nucleinsäure durch Erhitzen mit Formamid in H_2O (*Zellstoffabr. Waldhof,* D.B.P. 820438 [1949]; D.R.B.P. Org. Chem. 1950–1951 **3** 1412), mit wss. Dioxan (*Zellstoffabr. Waldhof,* D.B.P. 814004 [1949]; D.R.B.P. Org. Chem. 1950–1951 **3** 1411) oder mit wss. Pyridin (*Bredereck,* D.R.P. 693416 [1938]; D.R.P. Org. Chem. 1939–1945 **3** 1308; *Bredereck et al.,* B. **74** [1941] 694, 697). Aus Hefe-Nucleinsäure beim Behandeln mit Enzym-Präparaten aus verschiedenen Fusarium- und Streptomyces-Arten (*Takeda Pharm. Ind.,* D.B.P. 1130785 [1957]), beim Behandeln mit wss. NaOH und anschliessend mit einem Phosphatase-Präparat aus Kartoffeln (*Hartmann, Bosshard,* Helv. **21** [1938] 1554, 1560) oder einem Enzym-Präparat aus süssen Mandeln (*Bredereck,* B. **71** [1938] 408, 410; *Br. et al.,* l. c. S. 696). Bei der Autolyse von Bierhefe (*Ostern et al.,* Z. physiol. Chem. **255** [1938] 104; s. a. *Bourdet, Mandel,* C. r. **237** [1953] 530).

Aus [3']Adenylsäure beim Behandeln mit $Ca(OH)_2$ in H_2O sowie mit einem Phosphatase-Präparat aus Kartoffeln (*Hartmann, Bosshard,* Helv. **21** [1938] 1554, 1560) oder beim Behandeln mit einem Enzym-Präparat aus süssen Mandeln (*Bredereck et al.,* Z. physiol. Chem. **244** [1936] 102, 104). Aus [5']Adenylsäure beim Behandeln mit Acetontrockenhefe in H_2O (*Ostern et al.,* Z. physiol. Chem. **255** [1938] 104, 114, 117), mit einem Phosphatase-Präparat aus Kaninchen-Niere (*Carter,* Am. Soc. **72** [1950] 1466, 1469) oder mit einem Phosphatase-Präparat aus Knochen (*Gulland, Holiday,* Soc. **1936** 765, 768). Zur Bildung aus [5']Adenylsäure durch Behandlung mit Enzym-Präparaten aus verschiedenen pflanzlichen Geweben s. *Bargoni, Luzzati,* R.A.L. [8] **21** [1956] 450. Aus ATP beim Erhitzen mit wss. Pyridin (*Schabarowa et al.,* Ž. obšč. Chim. **29** [1959] 215, 218; engl. Ausg. S. 218, 220).

Herstellung von [x-*T*]Adenosin: *Eidinoff et al.,* J. biol. Chem. **199** [1952] 511, 512; von [8-^{14}C]Adenosin: *Ott, Werkman,* Biochem. J. **65** [1957] 609; *Kerr et al.,* J. biol. Chem. **188** [1951] 207, 208.

Abtrennung von begleitenden Purinen durch fraktionierte Fällung mit $AgNO_3$ in wss. Trichloressigsäure: *Kerr, Seraidarian,* J. biol. Chem. **159** [1945] 211, 212; von begleitenden Ribonucleosiden als Borsäure-Komplex an Ionenaustauschern: *Jaenicke, v.Dahl,* Naturwiss. **39** [1952] 87. Reindarstellung aus dem Picrat: *Hartmann, Bosshard,* Helv. **21** [1938] 1554, 1561; *Chem. Pharm. Werk Henning,* D.R.P. 695317 [1937]; Frdl. **25** 345; D.R.P. 650847 [1936]; Frdl. **24** 515.

Physikalische Eigenschaften.

Konformation der Kristalle: *Lai, Marsh,* Acta cryst. [B] **28** [1972] 1982, 1987, 1988. Atomabstände und Bindungswinkel (Röntgen-Diagramm): *Lai, Ma.* Über das Dipolmoment in Pyridin s. *Mizutani,* Med. J. Osaka Univ. [japan. Ausg.] **8** [1956] 1325, 1336, 1339; C. A. **1957** 9762.

Kristalle (aus H_2O); F: 235–236° [unkorr.] (*Davoll, Lowy,* Am. Soc. **73** 1650, 1654), 235° (*Schabarowa et al.,* Ž. obšč. Chim. **29** [1959] 215, 218; engl. Ausg. S. 218, 220), 234–235° (*Davoll et al.,* Soc. **1948** 967, 969), 233° (*Hartmann, Bosshard,* Helv. **21** [1938] 233). Monoklin; Kristallstruktur-Analyse (Röntgen-Diagramm): *Lai, Marsh,* Acta cryst. [B] **28** [1972] 1982;

s. a. *Furberg*, Acta chem. scand. **4** [1950] 751, 756. Dichte der Kristalle: 1,54 (*Lai, Ma.*; s. a. *Fu.*). Kristalloptik: *Biles et al.*, J. Am. pharm. Assoc. **42** [1953] 53, 54. $[\alpha]_D^{11}$: $-61,7°$ [H_2O; c = 0,7] (*Da. et al.*); $[\alpha]_D^{24}$: $-61,2°$ [H_2O; c = 1] (*Kissman, Weiss*, J. org. Chem. **21** [1956] 1053, 1055); $[\alpha]_D^{28}$: $-65,2°$ [H_2O; c = 0,6] (*Da., Lowy*); $[\alpha]_D^{20}$: $-68,2°$ [wss. NaOH (1 n); c = 4] (*Gulland, Holiday*, Soc. **1936** 765, 768). [M] in H_2O bei 400–230 nm bzw. 350–230 nm (anomaler Verlauf): *Emerson et al.*, Biochem. biophys. Res. Commun. **22** [1966] 505, 509; *Nishimura et al.*, Biochim. biophys. Acta **157** [1968] 221, 229; s. a. *Levedahl, James*, Biochim. biophys. Acta **21** [1957] 298, 300, **23** [1957] 442.

IR-Spektrum eines festen Films (2–15 μ bzw. 7,4–12,5 μ): *Blout, Fields*, J. biol. Chem. **178** [1949] 335, 338; *Morales, Cecchini*, J. cellular compar. Physiol. **37** [1951] 107, 119; in Nujol (2–15 μ): *Kanzawa, Masuda*, Pharm. Bl. **4** [1956] 316. UV-Spektrum (220–300 nm) in H_2O, in wss. HCl [0,1 n] sowie in wss. NaOH [0,1 n]: *Stimson, Reuter*, Am. Soc. **67** [1945] 2191; in H_2O sowie in wss. HCl [0,06 n]: *Johnson*, zit. bei *Beaven et al.*, in *E. Chargaff, J.N. Davidson*, The Nucleic Acids, Bd. 1 [New York 1955] S. 493, 510; in H_2O: *Myrbäck et al.*, Z. physiol. Chem. **212** [1932] 7, 12; *Agarwala et al.*, Enzymol. **16** [1954] 322, 326; in wss. H_2SO_4 [1 n]: *Liébecq et al.*, Bl. Soc. Chim. biol. **39** [1957] 245, 249. λ_{max} (wss. Lösung): 257 nm [pH 2] bzw. 259 nm [pH 7 sowie pH 11] (*Bock et al.*, Arch. Biochem. **62** [1956] 253, 258), 257 nm [pH 2] bzw. 260 nm [pH 12] (*Leese, Timmis*, Soc. **1958** 4107, 4108). Fluorescenzmaximum (wss. Lösung vom pH 1): 395 nm (*Duggan et al.*, Arch. Biochem. **68** [1957] 1, 4). Geschwindigkeitskonstante des Abklingens der Phosphorescenz in wss. Lösung vom pH 5 bei 77 K: *Steele, Szent-Györgyi*, Pr. nation. Acad. U.S.A. **43** [1957] 477, 486. Magnetische Susceptibilität: $-0,515 \cdot 10^{-6}$ $cm^3 \cdot g^{-1}$ (*Woernley*, J. biol. Chem. **207** [1954] 717, 719).

Scheinbarer Dissoziationsexponent pK'_{a1} (protonierte Verbindung; H_2O; potentiometrisch ermittelt) bei 10°: 3,61 (*Harkins, Freiser*, Am. Soc. **80** [1958] 1132); bei 20°: 3,52 (*Albert*, Biochem. J. **54** [1953] 646, 648), 3,55 (*Martell, Schwarzenbach*, Helv. **39** [1956] 653, 654), 3,60 (*Wallenfels, Sund*, Bio. Z. **329** [1957] 41, 45); bei 25°: 3,45 (*Levene, Simms*, J. biol. Chem. **65** [1925] 519, 521, 528; s. a. *Leese, Timmis*, Soc. **1958** 4107, 4108), 3,51 (*Ha., Fr.*), 3,63 (*Alberty et al.*, J. biol. Chem. **193** [1951] 425, 427); bei 38°: 3,60 (*Al. et al.*); bei 40°: 3,37 (*Ha., Fr.*). Scheinbarer Dissoziationsexponent pK'_{a2} (H_2O; potentiometrisch ermittelt) bei 25°: 12,5 (*Levene et al.*, J. biol. Chem. **70** [1926] 243, 247, 250; s. a. *Le., Ti.*).

Verteilung zwischen Butan-1-ol und wss. Lösung vom pH 6,5: *Tinker, Brown*, J. biol. Chem. **173** [1948] 585, 587.

Chemisches Verhalten.

Änderung der UV-Absorption von wss. Lösungen bei der Einwirkung von UV-Licht bzw. von Ozon: *Christensen, Giese*, Arch. Biochem. **51** [1954] 208, 211. Zersetzung bei der Einwirkung von Röntgen-Strahlen auf wss. Lösungen: *Scholes, Weiss*, Biochem. J. **53** [1953] 567, 573; s. a. *Weiss*, in *J.N. Davidson, W. E. Cohn*, Progress in Nucleic Acid Research and Molecular Biology, Bd. 3 [New York 1964] S. 103, 125. Zeitlicher Verlauf der Hydrolyse in wss. HCl [12%ig] bei 100°: *Kobayashi*, J. Biochem. Tokyo **15** [1932] 261, 272; in wss. HCl [0,2 n] bei 100°: *Stephenson et al.*, Biochem. J. **32** [1938] 1740, 1744; in wss. HCl [0,1 n] bei 100°: *Parks, Schlenk*, J. biol. Chem. **230** [1958] 295, 298.

Beim Behandeln [6d] mit wss. H_2O_2 und Essigsäure ist Adenosin-1-oxid erhalten worden (*Stevens et al.*, Am. Soc. **80** [1958] 2755, 2757). Bildung von (2*R*,4*R*)-2-[6-Amino-purin-9-yl]-4-hydroxymethyl-3-oxa-glutaraldehyd beim Behandeln mit wss. $NaIO_4$: *Davoll et al.*, Soc. **1946** 833, 837. Zeitlicher Verlauf der Desaminierung beim Behandeln mit $NaNO_2$ und Essigsäure: *Barrenscheen et al.*, Bio. Z. **265** [1933] 141, 142; s. a. *Falconer et al.*, Soc. **1939** 907, 913.

Bildung von [2′]Adenylsäure, [3′]Adenylsäure und [5′]Adenylsäure bei der Reaktion mit $POCl_3$: *Barker, Foll*, Soc. **1957** 3798; s. a. *Barker, Gulland*, Soc. **1942** 231; *Jachimowicz*, Bio. Z. **292** [1937] 356. Bei der Umsetzung mit Chlorophosphorsäure-dibenzylester und Abspaltung der Benzylgruppen sind $O^{2'}$,$O^{5'}$-Diphosphono-adenosin und $O^{3'}$,$O^{5'}$-Diphosphono-adenosin erhalten worden (*Cramer et al.*, Soc. **1957** 3297; vgl. *Baddiley et al.*, Soc. **1958** 1000, 1004). Bildung von N^6,$O^{2'}$,$O^{3'}$,$O^{5'}$-Tetramethyl-adenosin beim aufeinanderfolgenden Behandeln mit Acetanhydrid und Natriumacetat und mit Dimethylsulfat und wss. NaOH in Aceton: *Levene, Tipson*, J. biol. Chem. **93** [1932] 809, 812; von 1,N^6-Dimethyl-adenosin beim aufeinanderfolgenden Behandeln mit Dimethylsulfat und wss. NaOH und mit methanol. HCl: *Bredereck et al.*,

B. **73** [1940] 1058, 1065. Reaktion mit Dimethylsulfat in wss. NaOH vom pH 6–pH 8 (Bildung von 1-Methyl-adenosin [S. 3679], N^6-Methyl-adenosin und 1,N^6-Dimethyl-adenosin): *Wacker, Ebert,* Z. Naturf. **14b** [1959] 709, 711; s. a. *Bredereck et al.,* B. **81** [1948] 307, 311; *Jones, Robins,* Am. Soc. **85** [1963] 193, 194. Bildung von $O^{5'}$-Trityl-adenosin und N^6,$O^{5'}$-Ditrityl-adenosin beim Behandeln mit Tritylchlorid und Pyridin: *Levene, Tipson,* J. biol. Chem. **121** [1937] 131, 134; von N^6,N^6,$O^{2'}$,$O^{3'}$,$O^{5'}$-Pentabenzoyl-adenosin (S. 3684) beim Behandeln mit Benzoylchlorid und Pyridin: *Bentley et al.,* Soc. **1951** 2304.

Desaminierung zu Inosin (S. 2087) durch Einwirkung von Adenosin-Deaminase aus Aspergil= lus orycae: *Mitchell, McElroy,* Arch. Biochem. **10** [1946] 343, 347, 348; aus Takadiastase: *Kaplan et al.,* J. biol. Chem. **194** [1952] 579, 584; s. a. *Mitchell, McElroy,* Arch. Biochem. **10** [1946] 351; aus Intestinalmucosa des Kalbes: *Kalckar,* J. biol. Chem. **167** [1947] 461, 465; *Brady,* Biochem. J. **36** [1942] 478, 481; *Schaedel et al.,* J. biol. Chem. **171** [1947] 135, 136, 138. Hydrolyse und Desaminierung zu Hypoxanthin (S. 2081) bei der Einwirkung von Escheri= chia coli und anderen Bakterien: *Lutwak-Mann,* Biochem. J. **30** [1936] 1405, 1409; *Bonsignore et al.,* Giorn. Biochim. **2** [1953] 143, 144. Überführung in Xanthin (S. 2327) bei der Einwirkung von Xanthin-Oxidase aus Milch: *Dixon, Lemberg,* Biochem. J. **28** [1934] 2065, 2072; von Kanin= chen-Knochenmark in Gegenwart von NAD: *Abrams, Bentley,* Arch. Biochem. **56** [1955] 184, 189.

Phosphorylierung zu [5']Adenylsäure durch Einwirkung von ATP und Adenosinkinase: *Caputto,* J. biol. Chem. **189** [1951] 801, 802; *Kornberg, Pricer,* J. biol. Chem. **193** [1951] 481, 487, 489. Bildung von [5']Adenylsäure und ATP bei der Einwirkung von Phosphat und Bierhefe-Präparaten, auch in Gegenwart von O^1,O^6-Diphosphono-D-fructose: *Ostern et al.,* Z. physiol. Chem. **251** [1938] 258, 264, 272, **255** [1938] 104, 112; *Chem. Pharm. Werk Henning,* U.S.P. 2174475 [1938]; D.R.P. 697889 [1938], 708624 [1939], 703400 [1939]; D.R.P. Org. Chem. **3** 1304, 1305; *Röhm & Haas Co.,* U.S.P. 2606899 [1948]; *Pabst Brewing Co.,* U.S.P. 2700038 [1955].

Bildung von *S*-Adenosin-5'-yl-L-homocystein bei der Einwirkung von L-Homocystein und Adenosylhomocysteinase aus Rattenleber: *de la Haba, Cantoni,* J. biol. Chem. **234** [1959] 603, 605.

Salze.

Stabilitätskonstante des Komplexes mit Zink(2+) in H_2O bei 20°: *Wallenfels, Sund,* Bio. Z. **329** [1957] 41, 45; von Komplexen mit Testosteron und anderen Steroiden in wss. Lösung bei 10°: *Munck et al.,* Biochim. biophys. Acta **26** [1957] 397, 401.

Phosphat $C_{10}H_{13}N_5O_4 \cdot H_3PO_4$. Dimorphe Kristalle; F: 188° [unkorr.] und F: 196° [un= korr.] (*Gomahr et al.,* Ang. Ch. **68** [1956] 578). Netzebenenabstände und IR-Spektrum (2–15 μ) der beiden Modifikationen: *Go. et al.*

Komplex mit Zinkoxalat $C_{10}H_{13}N_5O_4 \cdot ZnC_2O_4$: *Weitzel, Spehr,* Z. physiol. Chem. **313** [1958] 212, 224.

Picrat $C_{10}H_{13}N_5O_4 \cdot C_6H_3N_3O_7$ (H **31** 27). Gelbe Kristalle; F: 198° [nach Sintern bei 195°] (*Gulland, Holiday,* Soc. **1936** 765, 769), 193–195° (*Kranen-Fiedler,* Arzneimittel-Forsch. **5** [1955] 757), 190–192° [unkorr.; aus H_2O] (*Eugster,* Helv. **39** [1956] 1002, 1018).

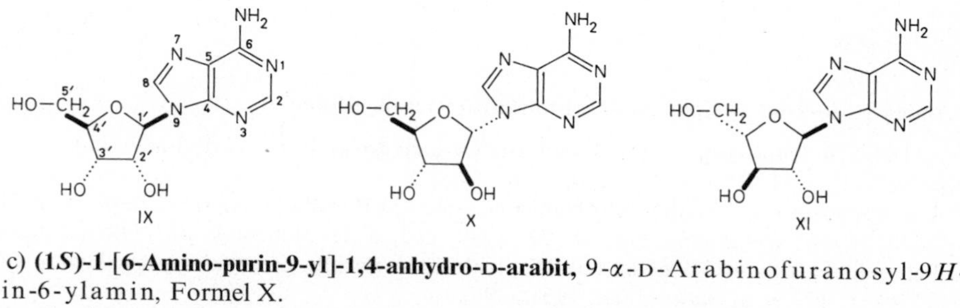

IX X XI

c) **(1*S*)-1-[6-Amino-purin-9-yl]-1,4-anhydro-D-arabit,** 9-α-D-Arabinofuranosyl-9*H*-purin-6-ylamin, Formel X.

Konstitution und Konfiguration: *Bristow, Lythgoe,* Soc. **1949** 2306, 2308.

B. Aus (1*S*)-1-[6-Amino-2,8-dichlor-purin-9-yl]-1,4-anhydro-D-arabit (S. 3729) bei der

Hydrierung an Palladium/$BaSO_4$ in wss. NaOH (*Br., Ly.*).

Kristalle (aus H_2O); F: 208°. $[\alpha]_D^{17}$: +69° [H_2O; c = 1,1].

d) **(1*R*)-1-[6-Amino-purin-9-yl]-1,4-anhydro-L-arabit,** 9-α-L-Arabinofuranosyl-9*H*-purin-6-ylamin, Formel XI.

B. Aus Tetra-*O*-acetyl-ξ-L-arabinofuranose (E III/IV **17** 2502) beim Behandeln mit flüssigem HBr, Erhitzen des Reaktionsprodukts mit der Silber-Verbindung des 2,8-Dichlor-9*H*-purin-6-ylamins in Xylol, Behandeln des Reaktionsprodukts mit methanol. NH_3 und Hydrieren des Reaktionsprodukts an Palladium/$BaSO_4$ in wss. NaOH (*Davoll, Lowy,* Am. Soc. **74** [1952] 1563, 1565).

F: 211–212° [unkorr.]. $[\alpha]_D^{23}$: –68° [H_2O; c = 0,7].

e) **(1*R*)-1-[6-Amino-purin-9-yl]-D-1,4-anhydro-xylit,** 9-β-D-Xylofuranosyl-9*H*-purin-6-ylamin, Formel XII (R = H).

B. Aus 1,N^6,$O^{5'}$-Tribenzoyl-$O^{2'}$,$O^{3'}$-anhydro-adenosin beim Erwärmen mit Natriumbenzoat in H_2O enthaltendem DMF und Behandeln des Reaktionsprodukts mit methanol. Natriummethylat (*Robins et al.,* J. org. Chem. **39** [1974] 1564, 1568). Aus (1*R*)-1-[6-Amino-2,8-dichlor-purin-9-yl]-D-1,4-anhydro-xylit (S. 3729) bei der Hydrierung an Palladium/$BaSO_4$ in wss. NaOH (*Chang, Lythgoe,* Soc. **1950** 1992). Aus (1*R*)-Tri-*O*-benzoyl-1-[6-benzoylamino-purin-9-yl]-D-1,4-anhydro-xylit (S. 3683) beim Erwärmen mit methanol. Natriummethylat (*Baker, Hewson,* J. org. Chem. **22** [1957] 966, 970).

Kristalle (aus A.); F: 185–187° [unkorr.; Zers.] (*Ro. et al.*), 125–140° (*Ba., He.*). $[\alpha]_D^{16}$: –19° [H_2O; c = 1,2] (*Ch., Ly.*); $[\alpha]_D^{25}$: –67° [H_2O; c = 1,1] (*Ro. et al.*). ^{1}H-NMR-Absorption und ^{1}H-^{1}H-Spin-Spin-Kopplungskonstanten (DMSO-d_6): *Ro. et al.* λ_{max}: 255 nm [wss. HCl (0,1 n)] bzw. 258 nm [H_2O sowie wss. NaOH (0,1 n)] (*Ro. et al.*).

Massenspektrum: *Ro. et al.,* l. c. S. 1567.

Picrat $C_{10}H_{13}N_5O_4 \cdot C_6H_3N_3O_7$. Gelbe Kristalle; F: 208–214° [Zers.] (*Ba., He.*), 210° [Zers.; aus H_2O] (*Ch., Ly.*). $[\alpha]_D^{17}$: –43° [Py.; c = 0,6] (*Ch., Ly.*).

$O^{2'}$-Methyl-adenosin $C_{11}H_{15}N_5O_4$, Formel XIII (R = CH_3, R' = H).

B. Neben anderen Verbindungen beim Behandeln von Adenosin mit Diazomethan in wss. 1,2-Dimethoxy-äthan (*Gin, Dekker,* in *W.W. Zorbach, R.S. Tipson,* Synthetic Procedures in Nucleic Acid Chemistry, Bd. 1 [New York 1968] S. 207). Aus Hefe-Ribonucleinsäure mit Hilfe des Giftes von Crotalus adamanteus (*Hall,* Biochim. biophys. Acta **68** [1963] 278; vgl. *Smith, Dunn,* Biochim. biophys. Acta **31** [1959] 573).

Kristalle (aus Me.); F: 201,5°; $[\alpha]_D$: –57,5° [Lösungsmittel nicht angegeben] (*Gin, De.*).

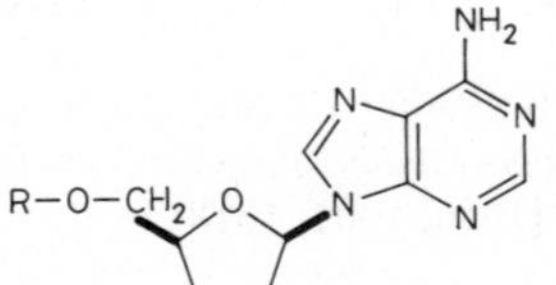

XII 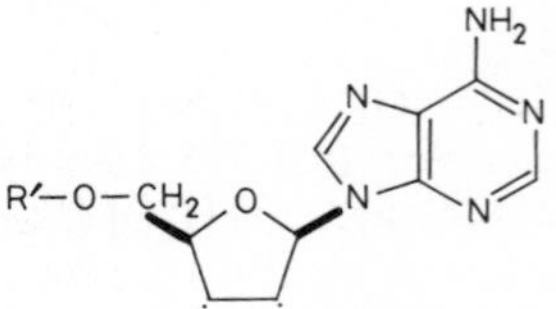 XIII

2-[6-Amino-purin-9-yl]-5-trityloxymethyl-tetrahydro-furan-3,4-diol $C_{29}H_{27}N_5O_4$.

a) **(1*R*)-1-[6-Amino-purin-9-yl]-O^5-trityl-D-1,4-anhydro-ribit, $O^{5'}$-Trityl-adenosin,** Formel XIII (R = H, R' = $C(C_6H_5)_3$).

B. Aus Adenosin und Tritylchlorid beim Erwärmen in Pyridin (*Bredereck,* Z. physiol. Chem. **223** [1934] 61, 64; *Bredereck et al.,* B. **73** [1940] 269, 271). Neben N^6,$O^{5'}$-Ditrityl-adenosin beim Behandeln [7d] von Adenosin mit Tritylchlorid in Pyridin (*Levene, Tipson,* J. biol. Chem. **121** [1937] 131, 135; s. a. *Barker,* Soc. **1954** 3396).

Kristalle; F: 260° [nach Sintern bei 254°] (*Ba.*), 255–258° [korr.; aus Py.+A.] (*Br.,* l. c. S. 64), 250° [unkorr.; aus Py.+A.] (*Le., Ti.*). $[\alpha]_D^{20}$: –17,6° [Py.] (*Br. et al.,* l. c. S. 271); $[\alpha]_D^{23}$:

$-18°$ [Py.; c = 1] (*Le., Ti.*).

Überführung in [2′]Adenylsäure und [3′]Adenylsäure durch aufeinanderfolgende Behandlung mit Chlorophosphorsäure-dibenzylester und Pyridin und mit wss. Essigsäure und Hydrierung des Reaktionsprodukts an Palladium/Kohle in H_2O: *Brown, Todd,* Soc. **1952** 44, 50.

b) **(1*R*)-1-[6-Amino-purin-9-yl]-*O*⁵-trityl-D-1,4-anhydro-xylit,** 9-[O^5-Trityl-β-D-xylo⸗furanosyl]-9*H*-purin-6-ylamin, Formel XII (R = $C(C_6H_5)_3$).

B. Aus (1*R*)-1-[6-Amino-purin-9-yl]-D-1,4-anhydro-xylit (s. o.) und Tritylchlorid in Pyridin (*Baker, Hewson,* J. org. Chem. **22** [1957] 966, 971).

Kristalle (aus E. + Hexan); F: 198 – 199°. $[\alpha]_D^{27}$: $-24{,}9°$ [$CHCl_3$; c = 0,3]. IR-Banden (KBr; 3350 – 700 cm^{-1}): *Ba., He.*

***O*³′-Acetyl-adenosin** $C_{12}H_{15}N_5O_5$, Formel XIV (R = H).

Konstitution: *Fromageot et al.,* Tetrahedron **23** [1967] 2315, 2318.

B. Aus $O^{5'}$-Trityl-adenosin und Acetanhydrid beim Behandeln mit Pyridin und Erwärmen des Reaktionsprodukts mit wss. Essigsäure (*Brown et al.,* Soc. **1954** 1448, 1451).

Kristalle; F: 180 – 181° [aus A.] (*Fr. et al.*), 173 – 175° [aus A. + PAe.] (*Br. et al.*). λ_{max} (A.): 260 nm (*Fr. et al.*).

***O*⁵′-Acetyl-adenosin** $C_{12}H_{15}N_5O_5$, Formel XV (R = R′ = H).

Diese Konstitution kommt der von *Michelson, Todd* (Soc. **1949** 2476, 2482) als $O^{2'}$-Acetyl-adenosin formulierten Verbindung zu (*Brown et al.,* Soc. **1950** 3299, 3300).

B. Beim Behandeln von $O^{2'}$,$O^{3'}$,$O^{5'}$-Triacetyl-adenosin mit methanol. NH_3 (*Michelson et al.,* Soc. **1956** 1546, 1548). Beim Erwärmen von $O^{5'}$-Acetyl-$O^{2'}$,$O^{3'}$-isopropyliden-adenosin mit wss. Essigsäure (*Br. et al.,* l. c. S. 3303). Aus N^6,$O^{5'}$-Diacetyl-$O^{2'}$,$O^{3'}$-[(Ξ)-benzyliden]-adenosin (S. 3718) beim Erwärmen mit wss.-äthanol. H_2SO_4 (*Mi., Todd*) oder mit wss. Essigsäure (*Br. et al.,* l. c. S. 3303).

Kristalle (aus A.); F: 143° [nach Erweichen bei 134°] (*Br. et al.*). Kristalle (aus H_2O) mit 2 Mol H_2O; F: 67 – 70° (*Mi., Todd*). $[\alpha]_D^{17}$: $-60°$ [Py.; c = 0,7] [wasserfreies Präparat] (*Mi., Todd*).

Picrat $C_{12}H_{15}N_5O_5 \cdot C_6H_3N_3O_7$. Gelbe Kristalle (aus H_2O); F: 194° [Zers.] (*Br. et al.*).

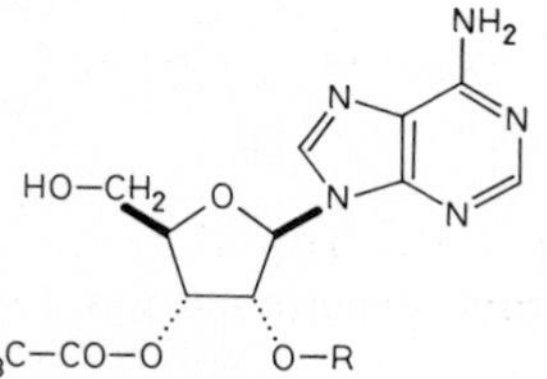

XIV

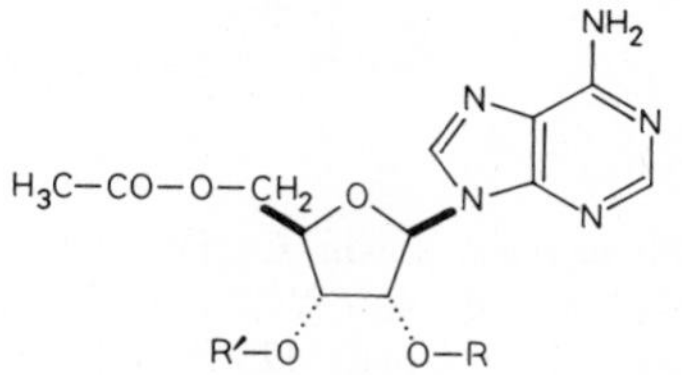

XV

***O*²′,*O*³′-Diacetyl-adenosin** $C_{14}H_{17}N_5O_6$, Formel XIV (R = $CO\text{-}CH_3$).

B. Aus $O^{5'}$-Trityl-adenosin beim Behandeln mit Acetanhydrid und Pyridin und anschliessen⸗den Erwärmen mit wss. Essigsäure (*Bredereck et al.,* B. **73** [1940] 269, 272). Aus $O^{2'}$,$O^{3'}$-Diacetyl-N^6,$O^{5'}$-ditrityl-adenosin oder N^6,$O^{2'}$,$O^{3'}$-Triacetyl-$O^{5'}$-trityl-adenosin beim Erwär⸗men mit wss. Essigsäure (*Levene, Tipson,* J. biol. Chem. **121** [1937] 131, 142).

Kristalle; F: 181 – 182° [aus Acn. + Pentan] (*Le., Ti.*), 180 – 181° [aus Acn.] (*Br. et al.*). $[\alpha]_D^{25}$: $-30{,}2°$ [H_2O; c = 0,5]; $[\alpha]_D^{26}$: $-78{,}7°$ [Acn.; c = 1] (*Le., Ti.*).

***O*³′,*O*⁵′-Diacetyl-adenosin** $C_{14}H_{17}N_5O_6$, Formel XV (R = H, R′ = $CO\text{-}CH_3$).

B. Neben $O^{2'}$,$O^{3'}$,$O^{5'}$-Triacetyl-adenosin beim Behandeln von $O^{5'}$-Acetyl-adenosin mit Acet⸗anhydrid und Pyridin und Erwärmen des Reaktionsprodukts mit wss. Essigsäure (*Brown et al.,* Soc. **1954** 1448, 1452; *Michelson et al.,* Soc. **1956** 1546, 1548). Beim Erhitzen von $O^{5'}$-Acetyl-adenosin mit $O^{2'}$,$O^{3'}$,$O^{5'}$-Triacetyl-adenosin auf 130° unter vermindertem Druck (*Mi. et al.*).

Kristalle (aus H_2O); F: 172 – 173° (*Mi. et al.*).

***O*$^{2'}$,*O*$^{3'}$,*O*$^{5'}$-Triacetyl-adenosin** $C_{16}H_{19}N_5O_7$, Formel XV (R = R' = CO-CH_3).

B. Beim Behandeln von Adenosin mit Acetanhydrid (Überschuss) und Pyridin (*Bredereck*, B. **80** [1947] 401, 404). Neben *O*$^{3'}$,*O*$^{5'}$-Diacetyl-adenosin beim Behandeln von *O*$^{5'}$-Acetyl-ade= nosin mit Acetanhydrid und Pyridin und Erwärmen des Reaktionsprodukts mit wss. Essigsäure (*Brown et al.*, Soc. **1954** 1448, 1452; *Michelson et al.*, Soc. **1956** 1546, 1548). Aus *O*$^{2'}$,*O*$^{3'}$,*O*$^{5'}$-Triacetyl-2-methylmercapto-adenosin bei der Hydrierung an Raney-Nickel in Äthanol bei 110°/10 at (*Shimadate et al.*, J. chem. Soc. Japan Pure Chem. Sect. **78** [1957] 208; C. A. **1960** 558).

Kristalle (aus A.); F: 174° (*Br.*), 170° (*Schabarowa et al.*, Ž. obšč. Chim. **29** [1959] 215, 218; engl. Ausg. S. 218), 168° (*Mi. et al.*). $[\alpha]_D^{20}$: −27,9° [$CHCl_3$; c = 2] (*Br.*). λ_{max} (A.): 260 nm (*Sch. et al.*).

***O*$^{5'}$-Propionyl-adenosin** $C_{13}H_{17}N_5O_5$, Formel I (R = H, n = 1).

B. Beim Behandeln von *O*$^{2'}$,*O*$^{3'}$-Isopropyliden-adenosin mit Propionsäure-anhydrid und Er= wärmen des Reaktionsprodukts mit wss. Essigsäure (*Huber*, B. **89** [1956] 2853, 2857).

Kristalle (aus H_2O oder Me.) mit 1 Mol H_2O; F: 170−172°.

***O*$^{2'}$,*O*$^{3'}$,*O*$^{5'}$-Tripropionyl-adenosin** $C_{19}H_{25}N_5O_7$, Formel I (R = CO-C_2H_5, n = 1).

B. Beim Behandeln von Adenosin mit Propionsäure-anhydrid und Pyridin (*Huber*, B. **89** [1956] 2853, 2858).

***O*$^{5'}$-Butyryl-adenosin** $C_{14}H_{19}N_5O_5$, Formel I (R = H, n = 2).

B. Beim Behandeln von *O*$^{2'}$,*O*$^{3'}$-Isopropyliden-adenosin mit Butyrylchlorid und Pyridin und Erwärmen des Reaktionsprodukts mit wss. Essigsäure (*Huber*, B. **89** [1956] 2853, 2858).

Kristalle (aus H_2O); F: 97−98°.

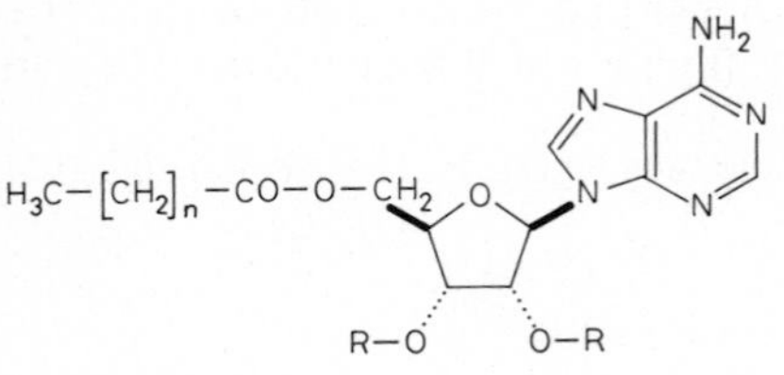

I 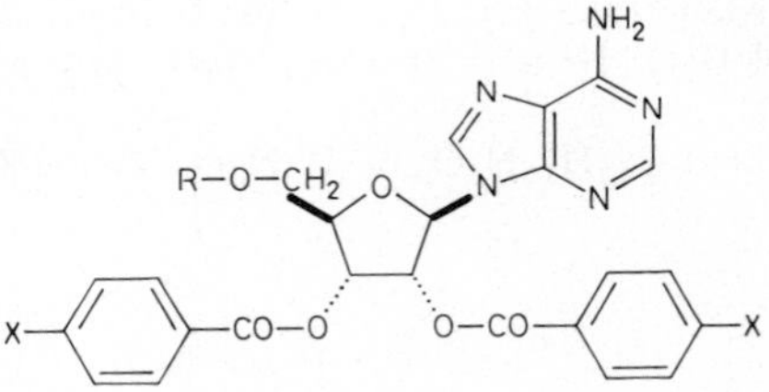 II

***O*$^{2'}$,*O*$^{3'}$-Dibenzoyl-adenosin** $C_{24}H_{21}N_5O_6$, Formel II (R = X = H).

B. Beim Erwärmen von *N*^{6},*O*$^{2'}$,*O*$^{3'}$-Tribenzoyl-*O*$^{5'}$-trityl-adenosin mit wss. Essigsäure (*Le= vene, Tipson*, J. biol. Chem. **121** [1937] 131, 144).

Kristalle (aus Acn.+Pentan); F: 132−134°. $[\alpha]_D^{25}$: −107,8° [Acn.; c = 1,3].

***O*$^{2'}$,*O*$^{3'}$,*O*$^{5'}$-Tribenzoyl-adenosin** $C_{31}H_{25}N_5O_7$, Formel II (R = CO-C_6H_5, X = H).

B. Beim Behandeln von Adenosin mit Benzoylchlorid und Pyridin (*Huber*, B. **89** [1956] 2853, 2859).

F: 100−104°.

***O*$^{2'}$,*O*$^{3'}$,*O*$^{5'}$-Tris-[4-nitro-benzoyl]-adenosin** $C_{31}H_{22}N_8O_{13}$, Formel II (R = CO-C_6H_4-NO_2, X = NO_2).

B. Analog der vorangehenden Verbindung (*Huber*, B. **89** [1956] 2853, 2859).

Hellgelb; F: 220° [Zers.].

Bernsteinsäure-mono-adenosin-5'-ylester, *O*$^{5'}$-[3-Carboxy-propionyl]-adenosin $C_{14}H_{17}N_5O_7$, Formel III.

B. Beim Behandeln von *O*^{2},*O*$^{3'}$-Isopropyliden-adenosin mit Bernsteinsäure-anhydrid und

Pyridin und Erwärmen des Reaktionsprodukts mit wss. Essigsäure (*Huber,* B. **89** [1956] 2853, 2860).

Kristalle (aus A.); F: 172–174°.

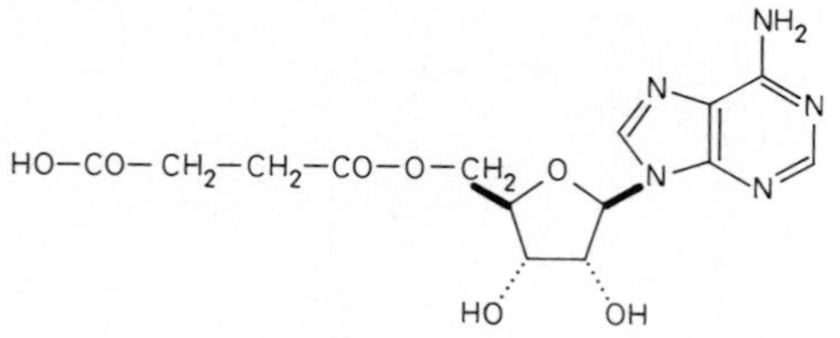

III 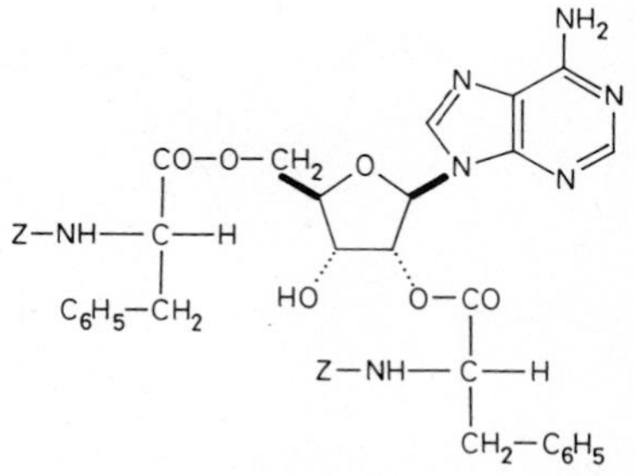 IV

***O*$^{2'}$,*O*$^{3'}$,*O*$^{5'}$-Tris-[4-amino-benzoyl]-adenosin** $C_{31}H_{28}N_8O_7$, Formel II (R = CO-C_6H_4-NH_2, X = NH_2).

B. Beim Behandeln von Adenosin mit 4-Amino-benzoylchlorid und Pyridin (*Huber,* B. **89** [1956] 2853, 2859).

Feststoff (aus H_2O); F ab 200°.

***O*$^{2'}$,*O*$^{5'}$(oder *O*$^{3'}$,*O*$^{5'}$)-Bis-[*N*-benzyloxycarbonyl-L-phenylalanyl]-adenosin** $C_{44}H_{43}N_7O_{10}$, Formel IV oder V (Z = CO-O-CH_2-C_6H_5).

B. Beim Behandeln von Adenosin mit *N*-Benzyloxycarbonyl-L-phenylalanin und Dicyclo=hexylcarbodiimid in Pyridin (*Dreĭman et al.,* Ž. obšč. Chim. **31** [1961] 3899, 3901; engl. Ausg. S. 3635, 3637; *Schabarowa et al.,* Doklady Akad. S.S.S.R. **128** [1959] 740, 742; Pr. Acad. Sci. U.S.S.R. Chem. Sect. **128** [1959] 831, 832).

Kristalle (aus CCl_4); F: 88–92° [Zers.] (*Dr. et al.*; *Sch. et al.*). λ_{max} (A.): 260 nm (*Dr. et al.*).

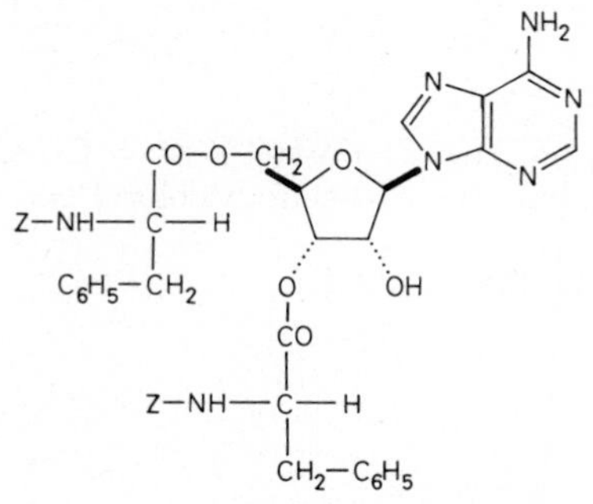

V 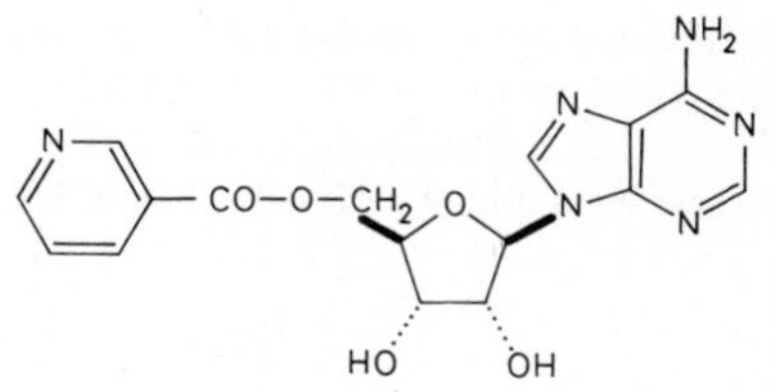 VI

***O*$^{5'}$-Nicotinoyl-adenosin, Nicotinsäure-adenosin-5′-ylester** $C_{16}H_{16}N_6O_5$, Formel VI.

B. Beim Erwärmen von *O*$^{2'}$,*O*$^{3'}$-Isopropyliden-*O*$^{5'}$-nicotinoyl-adenosin mit wss. Essigsäure (*Huber,* B. **89** [1956] 2853, 2859).

Kristalle (aus H_2O) mit 1 Mol H_2O; F: 157–158°.

***O*$^{2'}$,*O*$^{3'}$,*O*$^{5'}$-Trinicotinoyl-adenosin** $C_{28}H_{22}N_8O_7$, Formel VII.

B. Beim Behandeln [2 d] von Adenosin mit Nicotinoylchlorid-hydrochlorid und Pyridin (*Huber,* B. **89** [1956] 2853, 2859).

F ab 95°.

***O*$^{5'}$-Isonicotinoyl-adenosin, Isonicotinsäure-adenosin-5′-ylester** $C_{16}H_{16}N_6O_5$, Formel VIII.

B. Beim Erwärmen von *O*$^{5'}$-Isonicotinoyl-*O*$^{2'}$,*O*$^{3'}$-isopropyliden-adenosin mit wss. Essigsäure

(*Huber*, B. **89** [1956] 2853, 2860).
Kristalle (aus H_2O).

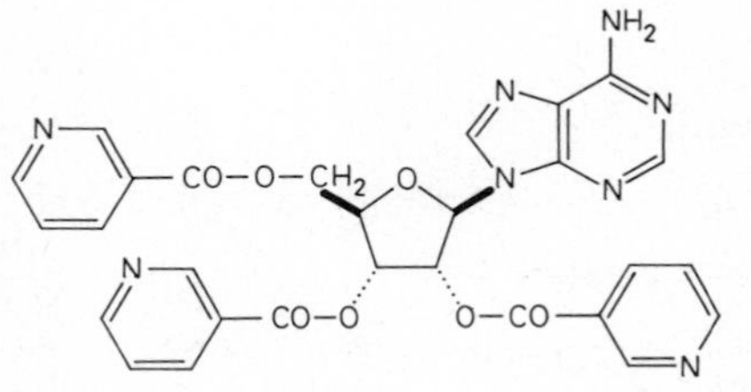

VII 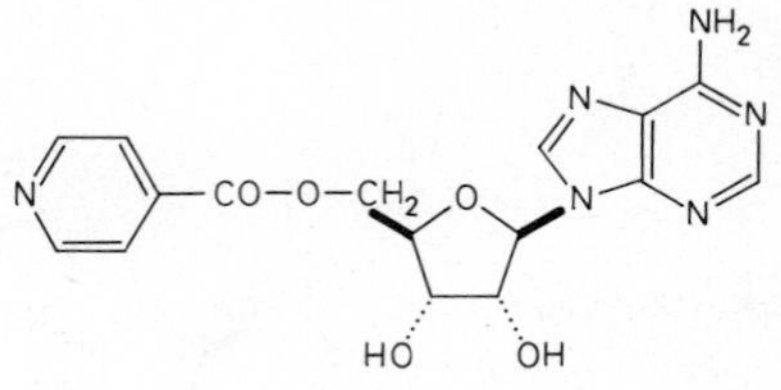 VIII

***O*$^{2'}$,*O*$^{3'}$,*O*$^{5'}$-Triisonicotinoyl-adenosin** $C_{28}H_{22}N_8O_7$, Formel IX und Taut.
B. Beim Behandeln [2 d] von Adenosin mit Isonicotinoylchlorid-hydrochlorid und Pyridin (*Huber*, B. **89** [1956] 2853, 2860).
Feststoff.

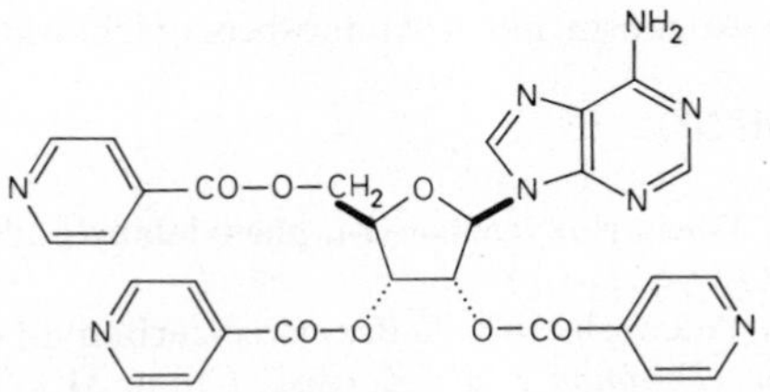

IX

***O*$^{2'}$-[Toluol-4-sulfonyl]-adenosin** $C_{17}H_{19}N_5O_6S$, Formel X (R = H).
B. Aus der folgenden Verbindung beim Behandeln mit methanol. HCl oder mit methanol. NH_3 (*Brown et al.*, Soc. **1954** 1448, 1453).
Kristalle (aus A.); F: 222–223°.

***O*$^{3'}$,*O*$^{5'}$-Diacetyl-*O*$^{2'}$-[toluol-4-sulfonyl]-adenosin** $C_{21}H_{23}N_5O_8S$, Formel X (R = CO-CH_3).
B. Beim Behandeln von *O*$^{3'}$,*O*$^{5'}$-Diacetyl-adenosin mit Toluol-4-sulfonylchlorid und Pyridin (*Brown et al.*, Soc. **1954** 1448, 1453).
Dimorphe Kristalle; F: 78–81° [aus $CHCl_3$] und F: 144° [aus A.].

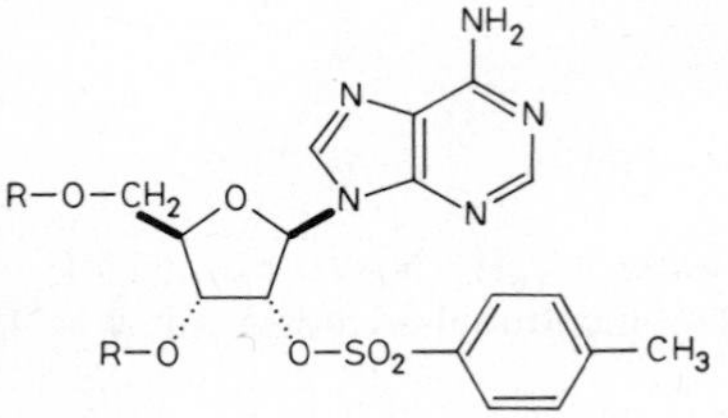

X 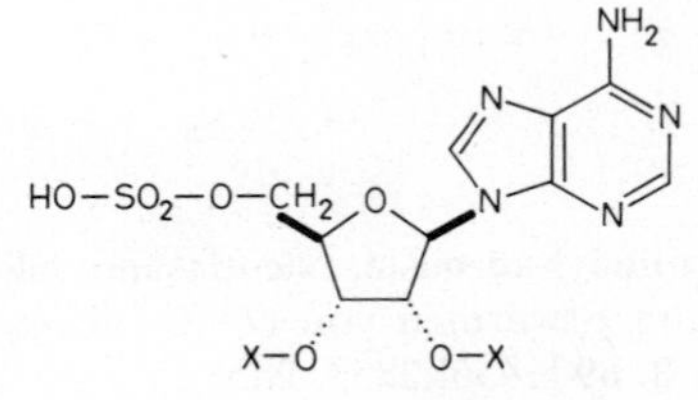 XI

Schwefelsäure-mono-adenosin-5′-ylester, *O*$^{5'}$-Sulfo-adenosin $C_{10}H_{13}N_5O_7S$, Formel XI (X = H).
B. Beim Behandeln von Adenosin mit HSO_3Cl und Pyridin in $CHCl_3$ (*Egami, Takahashi*, Bl. chem. Soc. Japan **28** [1955] 666). Beim Behandeln von *O*$^{2'}$,*O*$^{3'}$-Isopropyliden-adenosin mit HSO_3Cl und Pyridin in $CHCl_3$ und Erwärmen des Reaktionsprodukts mit wss. Essigsäure (*Huber*, B. **89** [1956] 2853, 2861).
UV-Spektrum (wss. HCl [0,1 n]; 220–300 nm): *Eg., Ta.*

Barium-Salz $Ba(C_{10}H_{12}N_5O_7S)_2$. Kristalle (aus H_2O) mit 2 Mol H_2O (*Eg., Ta.*; s. a. *Hu.*).

***O*$^{2'}$,*O*$^{3'}$,*O*$^{5'}$-Trisulfo-adenosin** $C_{10}H_{13}N_5O_{13}S_3$, Formel XI (X = SO_2-OH).

B. Beim Erwärmen von Adenosin mit $ClSO_3H$ und Pyridin in $CHCl_3$ (*Huber*, B. **89** [1956] 2853, 2861).

Barium-Salz $Ba_3(C_{10}H_{10}N_5O_{13}S_3)_2$. Feststoff (aus wss. A.). [*Wente*]

***O*$^{5'}$-[Äthyl-hydroxy-phosphinoyl]-adenosin, Äthylphosphonsäure-mono-adenosin-5′-ylester** $C_{12}H_{18}N_5O_6P$, Formel I (R = C_2H_5).

B. Beim Hydrieren von *O*$^{5'}$-[Äthyl-benzyloxy-phosphinoyl]-*O*$^{2'}$,*O*$^{3'}$-isopropyliden-adenosin an Palladium/Kohle in Äthanol und Behandeln des Reaktionsprodukts mit wss. H_2SO_4 (*Anand, Todd,* Soc. **1951** 1867, 1871).

Wasserhaltiger Feststoff (aus A.), der bei ca. 75° erweicht und bei weiterem Erhitzen allmählich schmilzt.

Barium-Salz $Ba(C_{12}H_{17}N_5O_6P)_2 \cdot 2H_2O$.

***O*$^{5'}$-[Hydroxy-phenyl-phosphinoyl]-adenosin, Phenylphosphonsäure-mono-adenosin-5′-ylester** $C_{16}H_{18}N_5O_6P$, Formel I (R = C_6H_5).

B. Beim Behandeln von *O*$^{5'}$-[Hydroxy-phenyl-phosphinoyl]-*O*$^{2'}$,*O*$^{3'}$-isopropyliden-adenosin mit wss. H_2SO_4 (*Anand, Todd,* Soc. **1951** 1867, 1870).

Wasserhaltiger Feststoff (aus A.); F: 95° [nach Erweichen bei 80°]. $[\alpha]_D^{15}$: −40° [H_2O; c = 0,15].

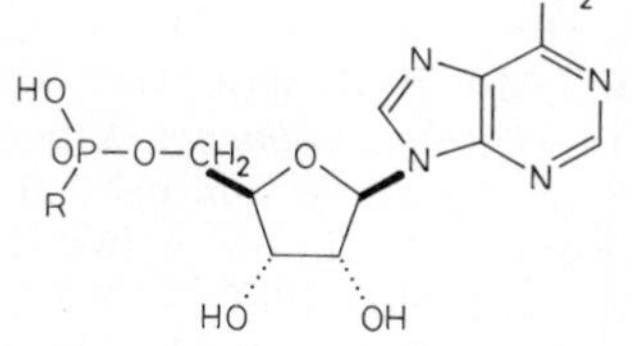

I 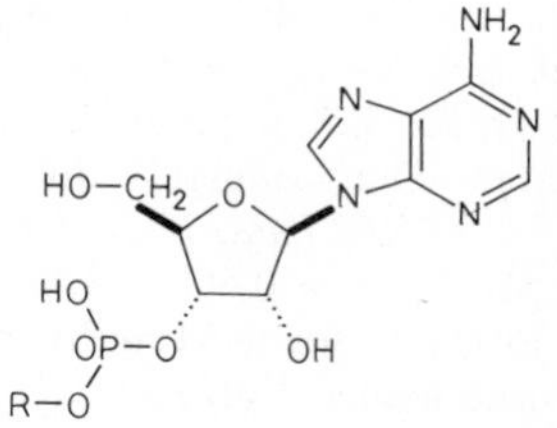 II

***O*$^{3'}$-Phosphono-adenosin, [3′]Adenylsäure,** Adenosin-3′-monophosphat, Adenosin-3′-dihydrogenphosphat, Adenylsäure-b, Ado-3′-*P* $C_{10}H_{14}N_5O_7P$, Formel II (R = H) (vgl. H **31** 27).

Zusammenfassende Darstellungen: *F.G. Fischer, H. Dörfel,* in *Hoppe-Seyler/Thierfelder,* Handbuch der Physiologisch- und Pathologisch-Chemischen Analyse, 10. Aufl., Bd. 4 [Berlin 1960] S. 1065, 1241; *Ueda, Fox,* Adv. Carbohydrate Chem. **22** [1967] 307, 312, 348.

In den Kristallen liegt nach Ausweis des Röntgen-Diagramms das am N-Atom 1 protonierte und an der Phosphorsäure-Gruppe deprotonierte Betain vor (*Sundaralingam,* Acta cryst. **21** [1966] 495, 498).

Vorkommen in freier Form im Gift von Notechis scutatus: *Doery,* Nature **177** [1956] 381, **180** [1957] 799.

Gewinnung neben [2′]Adenylsäure und anderen Mononucleotiden aus Hefe-Ribonucleinsäure nach Hydrolyse mit wss. NaOH oder KOH: *Cohn, Khym,* Biochem. Prepar. **5** [1957] 40, 42, 44; s. a. *Lipkin et al.,* Am. Soc. **76** [1954] 2871.

B. In geringer Menge neben [2′]Adenylsäure beim Behandeln von Adenosin in wss. $Ba(OH)_2$ mit $POCl_3$ in Äther (*Barker, Foll,* Soc. **1957** 3798; s. a. *Barker, Gulland,* Soc. **1942** 231). Neben [2′]Adenylsäure beim Behandeln von *O*$^{5'}$-Trityl-adenosin mit Chlorophosphorsäure-dibenzylester und Pyridin, Erwärmen des Reaktionsprodukts mit wss. Essigsäure und anschliessenden Hydrieren an Palladium/Kohle in H_2O (*Brown, Todd,* Soc. **1952** 44, 50). Aus Cytidylyl-(5′ → 3′)-adenosin beim Behandeln mit $NaIO_4$ in H_2O und anschliessend mit wss. Na_2CO_3 (*Dimroth, Witzel,* A. **620** [1959] 109, 118; s. a. *Heppel et al.,* J. biol. Chem. **229** [1957] 695, 708) oder mit Hilfe von Milz-Endonuclease (*He. et al.*). Neben geringeren Mengen [5′]Adenylsäure beim Erhitzen von *O*$^{3'}$,*O*$^{5'}$-Hydroxyphosphoryl-adenosin mit wss. $Ba(OH)_2$ (*Lipkin et al.,* Am. Soc.

81 [1959] 6198, 6202). Beim Behandeln von *N*⁶,*O*⁵′-Ditrityl-[3′]adenylsäure mit wss.-äthanol. Blei(II)-acetat und Behandeln des abgeschiedenen Blei(II)-Salzes mit wss. H_2S (*Michelson, Todd,* Soc. **1949** 2476, 2483; s. dazu *Brown et al.,* Soc. **1950** 3299, 3302). Aus $O^{2'}$,$O^{3'}$-Hydroxyphosphoryl-adenosin durch Hydrolyse mit Hilfe von Ribonuclease-II aus Tabakblättern (*Reddi,* Biochim. biophys. Acta **28** [1958] 386, 389).

Herstellung von [8-^{14}C][3′]Adenylsäure: *Kerr et al.,* J. biol. Chem. **188** [1951] 207; *Weinfeld et al.,* J. biol. Chem. **213** [1955] 523; von [^{32}P][3′]Adenylsäure: *Barker,* Soc. **1954** 3396, 3397; Org. Synth. Isotopes **1958** 1911; *Roll et al.,* J. biol. Chem. **220** [1956] 439, 442.

Trennung von [2′]Adenylsäure durch fraktionierte Kristallisation aus H_2O: *Khym et al.,* Am. Soc. **76** [1954] 5523, 5524; mit Hilfe von Cyclohexylamin: *Reichard et al.,* J. biol. Chem. **198** [1952] 599; von [2′]Adenylsäure und anderen Mononucleotiden durch Chromatographieren an einem Ionenaustauscher: *Carter,* Am. Soc. **72** [1950] 1466, 1468; *Cohn, Khym,* Biochem. Prepar. **5** [1957] 40, 44; *Cohn, Volkin,* J. biol. Chem. **203** [1953] 319, 323; durch Elektrophorese: *Crestfield, Allen,* Anal. Chem. **27** [1955] 424. Zusammenfassende Darstellung über die Trennung von Nucleosiden und Nucleotiden: *F.G. Fischer, H. Dörfel,* in *Hoppe-Seyler/Thierfelder,* Handbuch der Physiologisch- und Pathologisch-Chemischen Analyse, 10. Aufl., Bd. 4 [Berlin 1960] S. 1065, 1136–1175.

Konformation sowie Atomabstände und Bindungswinkel des Dihydrats (Röntgen-Diagramm): *Sundaralingam,* Acta cryst. **21** [1966] 495. Über die Konformation in D_2O s. *Jardetzky,* Am. Soc. **84** [1962] 62, 65.

Kristalle; Zers. bei 208° [auf 189° vorgeheiztes Bad; aus A. oder wss. A.] (*Reichard et al.,* J. biol. Chem. **198** [1952] 599, 601); F: 197° [Zers.; aus wss. Ameisensäure] (*Brown, Todd,* Soc. **1952** 44, 50). Kristalle mit ca. 1 Mol H_2O; Zers. bei 196° [unkorr.; nach Braunfärbung bei 192°; auf 189° vorgeheiztes Bad; aus wss. A.] (*Re. et al.*), bei 191° (*Lipkin, McElheny,* Am. Soc. **72** [1950] 2287). Kristalle (aus H_2O) mit 2 Mol H_2O; monoklin; Kristallstruktur-Analyse (Röntgen-Diagramm); Dichte der Kristalle: 1,698 (*Sundaralingam,* Acta cryst. **21** [1966] 495). $[\alpha]_D^{21-24}$: −35,6° [wss. HCl (10%ig)], −51,8° [wss. Lösung vom pH 5,3], −45,4° [wss. Lösung vom pH 7,8; c = 0,5], −44,1° [wss. Lösung vom pH 10,8], −60,9° [wss. NaOH (2%ig)] [wasserfreies Präparat sowie Monohydrat] (*Re. et al.,* l. c. S. 603); $[\alpha]_D^{25}$: −58,7° [2% 4-Methylmorpholin enthaltendes Formamid; c = 0,5] [wasserfreies Präparat] (*Li., McE.*). ^{1}H-NMR-Spektrum (D_2O vom pD 6) sowie ^{1}H-^{1}H-Spin-Spin-Kopplungskonstante ($J_{1'-2'}$): *Jardetzky,* Am. Soc. **84** [1962] 62, 63. IR-Spektrum (Nujol; 1–15 μ): *Br., Todd,* l. c. S. 46. Extinktionskoeffizient für λ = 260 nm sowie Verhältnis der Extinktionskoeffizienten für λ = 250 nm/λ = 260 nm, λ = 280 nm/λ = 260 nm, und λ = 290 nm/λ = 260 nm, jeweils in wss. Lösungen vom pH 2, pH 7 und pH 12: *Cohn,* zit. bei *Beaven et al.,* in *E. Chargaff, J.N. Davidson,* The Nucleic Acids, Bd. 1 [New York 1955] S. 513. Über die UV-Absorption s. u. bei „Hefe-Adenylsäure". Scheinbare Dissoziationsexponenten pK'_{a1} und pK'_{a2} (potentiometrisch ermittelt) in H_2O bei 25°: 3,56 bzw. 6,06 (*Kuna, Phares,* zit. bei *Hollaender,* U.S. Atomic Energy Comm. Rep. ORNL-318 [1949] S. 25; s. a. *Kuna,* zit. bei *Alberty et al.,* J. biol. Chem. **193** [1951] 425, 428); in wss. NaCl [0,15 n] bei 24,5°: 3,74 bzw. 5,92 (*Cavalieri,* Am. Soc. **75** [1953] 5268, 5269); in wss. NaCl [0,15 n] bei 25°: 3,65 bzw. 5,88; bei 38°: 3,50 bzw. 5,82 (*Al. et al.,* l. c. S. 427); in wss. KCl [0,1 n] bei 25°: 3,93 bzw. 6,55 (*Weitzel, Spehr,* Z. physiol. Chem. **313** [1958] 212, 217); in wss. KNO_3 [0,1 n] bei 25°: 3,63 bzw. 5,80 (*Taqui Khan, Martell,* Am. Soc. **84** [1962] 3037, 3040).

Über die Einwirkung von Röntgen-Strahlen auf wss. Lösungen s. *Daniels et al.,* Soc. **1956** 3771, 3775. Beim Behandeln mit wss. Essigsäure (*Brown, Todd,* Soc. **1952** 44, 50) oder mit wss. HCl (*Shuster, Kaplan,* J. biol. Chem. **215** [1955] 183, 184) ist ein Gleichgewichtsgemisch mit [2′]Adenylsäure erhalten worden. Bei kurzem Erhitzen in wss. Lösungen vom pH 1 und pH 2 sind [2′]Adenylsäure und Adenin erhalten worden (*Khym, Cohn,* Am. Soc. **76** [1954] 1818, 1822; s. a. *Carter,* Am. Soc. **72** [1950] 1460, 1468). Beim Erhitzen in wss. Ammoniumformiat [pH 4] sind Adenosin und geringe Mengen [2′]Adenylsäure erhalten worden (*Baddiley et al.,* Soc. **1958** 1000, 1006). Gleichgewichtseinstellung mit [2′]Adenylsäure und Hydrolyse zu O^2-Phosphono-D-ribose, O^3-Phosphono-D-ribose und O^4-Phosphono-D-ribose durch Erhitzen mit einem sauren Ionenaustauscher und H_2O: *Khym, Cohn,* l. c. S. 1821; *Khym, Doherty,* Am. Soc. **76** [1954] 5523, 5528. Zeitlicher Verlauf der Hydrolyse in wss. H_2SO_4 [0,1 n] bei 100°

unter Bildung von H_3PO_4: *Michelson, Todd,* Soc. **1949** 2476, 2480, 2486. Beim Erhitzen mit wss. NH_3 auf 100° sind Adenosin und Adenin erhalten worden (*Ca.*; s. a. *Br., Todd*; *Thannhauser,* Z. physiol. Chem. **107** [1919] 157, 163). Zeitlicher Verlauf der Dephosphorylierung mit Hilfe von $Ce(NO_3)_3$ und $La(NO_3)_3$ in wss. Lösung vom pH 8,6 bei 37°: *Bamann, Trapmann,* Bio. Z. **326** [1955] 237, 239. Dephosphorylierung mit Hilfe von $Pb(NO_3)_2$ in wss. Lösungen vom pH 4,2 und pH 8 bei 100°: *Dimroth et al.,* A. **620** [1959] 94, 100, 108. Aktivierungsenergie der Dephosphorylierung durch Bestrahlung mit Röntgen-Strahlen in wss. Lösungen vom pH 8,5 und pH 11,2: *Da. et al.* Verhalten beim Behandeln mit CH_3I und Ag_2O in Methanol: *Barker et al.,* Soc. **1955** 2005, 2006, 2008.

Enzymatische Dephosphorylierung mit Hilfe von 3'-Nucleotidase aus Gerste oder Ray-Gras (lolium perenne): *Shuster, Kaplan,* J. biol. Chem. **201** [1953] 535, 539, 540; *Shuster, Kaplan,* in *S.P. Colowick, N.O. Kaplan,* Methods in Enzymology, Bd. 2 [New York 1955] S. 551. Enzymatische Desaminierung zu [3']Inosinsäure mit Hilfe von Adenosin-Deaminase aus Takadiastase: *Kaplan et al.,* J. biol. Chem. **194** [1952] 579, 584; s. a. *Kaplan,* in *S.P. Colowick, N.O. Kaplan,* Methods in Enzymology, Bd. 2 [New York 1955] S. 475.

Stabilitätskonstanten von Metall-Komplexen: *J. Bjerrum, G. Schwarzenbach, L.G. Sillén,* Stability Constants, Tl. 1 [London 1957] S. 79; *L.G. Sillén, A.E. Martell,* Stability Constants, 2. Aufl. [London 1964] S. 649; Spl. Nr. 1 [London 1971] S. 643.

Acridin-Salz $C_{13}H_9N \cdot C_{10}H_{14}N_5O_7P$. Gelbe Kristalle (aus H_2O) mit 1 Mol H_2O; Zers. bei 175° (*Berlin, Westerberg,* Z. physiol. Chem. **281** [1944] 98, 100; *Michelson, Todd,* Soc. **1949** 2476, 2482).

Brucin-Salz $2C_{23}H_{26}N_2O_4 \cdot C_{10}H_{14}N_5O_7P$ (H **31** 28). Kristalle (aus H_2O) mit 7 Mol H_2O; F: 177° [Zers. bei 225°] (*Michelson, Todd,* Soc. **1949** 2476, 2482; s. a. *Lipkin, McElheny,* Am. Soc. **72** [1950] 2287).

Cyclohexylamin-Salz. Kristalle (aus A.); F: 177° [Zers.; auf 170° vorgeheiztes Bad] (*Reichard et al.,* J. biol. Chem. **198** [1952] 599, 602).

Verbindung mit (±)-N^4,N^4-Diäthyl-N^1-[6-chlor-2-methoxy-acridin-9-yl]-1-methyl-butandiyldiamin (Chinacrin). Stabilitätskonstante in wss. Lösung bei 25°: *Irvin, Irvin,* J. biol. Chem. **210** [1954] 45, 52.

„Hefe-Adenylsäure". In der bei der sauren und alkal. Hydrolyse von Hefe-Ribonucleinsäuren erhaltenen sog. Hefe-Adenylsäure („h-Adenylsäure", „Synadenylsäure"), der in der älteren Literatur (vgl. H **31** 27) die Konstitution einer [3']Adenylsäure zugeschrieben wurde, hat ein Gemisch von [3']Adenylsäure und [2']Adenylsäure vorgelegen (*Carter, Cohn,* Federation Proc. **8** [1949] 190; *Carter,* Am. Soc. **72** [1950] 1466, 1468; s. dazu *Brown, Todd,* Soc. **1952** 44). Gewinnung aus Hefe-Ribonucleinsäure nach Hydrolyse mit wss. NaOH: *Levene,* J. biol. Chem. **55** [1923] 9, 10; *Steudel, Peiser,* Z. physiol. Chem. **127** [1923] 262, 264; *Jones, Perkins,* J. biol. Chem. **62** [1925] 557, 559; *Schwarz Labor. Inc.,* U.S.P. 2549827 [1946]; *Buell,* J. biol. Chem. **150** [1943] 389, 390; *Vischer, Chargaff,* J. biol. Chem. **176** [1948] 715, 716; nach Erwärmen mit wss. $Cd(OH)_2$: *Dimroth et al.,* Z. physiol. Chem. **289** [1952] 71, 74, 77. – Trennung von anderen Mononucleotiden mit Hilfe von Aluminiumpicrat: *Buell,* J. biol. Chem. **150** [1943] 389, 390. – Kristalle (aus H_2O); F: 177° [Zers.] bis 186° [Zers.]; $[\alpha]_D^{27,5}$: −73,8° bis −55,1° [2% 4-Methyl-morpholin enthaltendes Formamid; c = 0,5]; $[\alpha]_D^{29}$: −38,0° bis −35,9° [wss. HCl (10%ig)] [jeweils mehrere Präparate] (*Lipkin, McElheny,* Am. Soc. **72** [1950] 2287). Verbrennungswärme: *Ellinghaus,* Z. physiol. Chem. **164** [1927] 308, 312. UV-Spektrum (wss. Lösung vom pH 7; 230–280 nm): *Mitchell, McElroy,* Arch. Biochem. **10** [1946] 343, 345; s. a. *Nagasanik et al.,* J. biol. Chem. **186** [1950] 37, 40, 42. λ_{max}: 257 nm [H_2O] (*Deutsch et al.,* Anal. Chem. **24** [1952] 1769, 1770), 257 nm [wss. HCl (0,01 n)] bzw. 259,5 nm [wss. NaOH (0,01 n)] (*Michelson,* Soc. **1959** 1371, 1380). Scheinbare Dissoziationsexponenten pK'_{a1}, pK'_{a2} und pK'_{a3} (H_2O; potentiometrisch ermittelt) bei 25°: 0,89 bzw. 3,70 bzw. 6,01 (*Levene, Simms,* J. biol. Chem. **65** [1925] 519, 521, 530). Löslichkeit in H_2O bei Raumtemperatur: 0,26% (*Berlin, Westerberg,* Z. physiol. Chem. **281** [1944] 98; s. a. *St., Pe.,* l. c. S. 265). Verteilung zwischen Butan-1-ol und wss. Lösung vom pH 6,5: *Tinker, Brown,* J. biol. Chem. **173** [1948] 585, 587; zwischen verschiedenen Lösungsmitteln: *Plaut et al.,* J. biol. Chem. **184** [1950] 243, 244, 246. – Einwirkung von β-Strahlen auf wss. Lösungen: *Butler, Conway,* Pr. roy. Soc. [B] **141** [1953] 562,

574; von Röntgen-Strahlen auf wss. Lösungen: *Scholes, Weiss,* Biochem. J. **53** [1953] 567, 574, **56** [1954] 65, 68, 70, 71; s. a. *Daniels et al.*, Soc. **1956** 3771, 3775; von Radikalen aus H_2O_2 auf wss. Lösungen: *Bu., Co.* Veränderung des UV-Spektrums von wss. Lösungen in Abhängigkeit von der Dauer der UV-Bestrahlung: *Rapport, Canzanelli,* Sci. **112** [1950] 469. Überführung in Adenosin durch Erwärmen von wss. Lösungen der Natrium-, Calcium- oder Barium-Salze bei pH 5–5,5: *Hartmann, Bosshard,* Helv. **21** [1938] 1554, 1558, 1561. Kinetik der Hydrolyse in wss. HCl [0,5 n] bei 100° (Bildung von Adenin, D-Ribose und H_3PO_4): *Bacher, Allen,* J. biol. Chem. **182** [1950] 701, 706; s. a. *Jones,* Am. J. Physiol. **52** [1920] 193, 200. Überführung in [3′]Inosinsäure (im Gemisch mit [2′]Inosinsäure) durch Behandeln mit KNO_2 und wss. Essigsäure: *Levene, Harris,* J. biol. Chem. **101** [1933] 419, 425.

[3′]Adenylsäure-monomethylester $C_{11}H_{16}N_5O_7P$, Formel II (R = CH_3).

B. Neben geringeren Mengen [2′]Adenylsäure-methylester beim Behandeln von $O^{2'}$,$O^{3'}$-Hydroxyphosphoryl-adenosin mit methanol. Natriummethylat (*Barker et al.*, Soc. **1957** 3786, 3791). Beim Behandeln von [3′]Adenylsäure mit Diazomethan in Äther und wss. DMF (*Heppel, Whitfeld,* Biochem. J. **60** [1955] 1, 2; s. dazu *Brown et al.*, Soc. **1955** 4396). Aus [3′]Adenylsäure-monobenzylester und Methanol mit Hilfe von Phosphodiesterase-II aus Kälber-Milz (*He., Wh.*, l. c. S. 5).

Beständigkeit gegenüber wss. HCl [0,1 n] bei Raumtemperatur: *He., Wh.*, l. c. S. 5.

[3′]Adenylsäure-monobenzylester $C_{17}H_{20}N_5O_7P$, Formel II (R = CH_2-C_6H_5).

B. Neben [2′]Adenylsäure-monobenzylester beim Behandeln eines Gemisches von [3′]Adenylsäure und [2′]Adenylsäure mit Diazo-phenyl-methan in DMF (*Brown, Todd,* Soc. **1952** 44, 51; *Brown et al.*, Soc. **1954** 40, 45; s. dazu *Brown et al.*, Soc. **1955** 4396, 4397). Neben [2′]Adenylsäure-monobenzylester aus $O^{2'}$,$O^{3'}$-Hydroxyphosphoryl-adenosin und Benzylalkohol mit Hilfe von Natriumbenzylat (*Dekker, Khorana,* Am. Soc. **76** [1954] 3522, 3527; *Barker,* Soc. **1957** 3786, 3791; s. a. *Tener, Khorana,* Am. Soc. **77** [1955] 5349, 5350). Neben [2′]Adenylsäure-monobenzylester beim Behandeln von $O^{3'}$-[(*N,N′*-Dicyclohexyl-ureido)-hydroxy-phosphoryl]-adenosin oder $O^{2'}$-[(*N,N′*-Dicyclohexyl-ureido)-hydroxy-phosphoryl]-adenosin (S. 3612) mit Natriumbenzylat und Benzylalkohol (*De., Kh.*).

Kristalle (aus H_2O) mit 2 Mol H_2O (*Br. et al.*).

Bei kurzem Erhitzen mit wss. Essigsäure sind [3′]Adenylsäure und geringe Mengen Adenin erhalten worden (*Br., Todd*). Beim Behandeln mit wss.-äthanol. NaOH sind [2′]Adenylsäure und [3′]Adenylsäure erhalten worden (*Br., Todd*).

Phosphorsäure-adenosin-3′-ylester-uridin-5′-ylester, [3′]Adenylsäure-uridin-5′-ylester, Uridylyl-(5′ → 3′)-adenosin, Ado-3′-*P*-5′-Urd $C_{19}H_{24}N_7O_{12}P$, Formel III (R = H).

Isolierung aus Hefe-Ribonucleinsäure nach Hydrolyse mit wss. $Bi(OH)_3$ bei pH 4: *Dimroth, Witzel,* A. **620** [1959] 109, 110, 116, 119.

B. Neben Uridylyl-(5′ → 2′)-adenosin beim Behandeln von $O^{5'}$-Acetyl-$O^{2'}$,$O^{3'}$-hydroxyphosphoryl-adenosin (Tributylamin-Salz) mit $O^{2'}$,$O^{3'}$-Diacetyl-uridin, Chlorophosphorsäure-diphenylester und Tributylamin in Dioxan und Behandeln des Reaktionsprodukts mit wss. NH_3 (*Michelson,* Soc. **1959** 3655, 3666).

λ_{max}: 257–259 nm [wss. HCl (0,01 n)] bzw. 259–260 nm [wss. NaOH (0,01 n und 0,1 n)] (*Mi.*, l. c. S. 3659, 3661), 257,7 nm [wss. HCl (0,1 n)] bzw. 260 nm [wss. NaOH (0,1 n)] (*Di., Wi.*, l. c. S. 110).

Phosphorsäure-adenosin-3′-ylester-cytidin-5′-ylester, [3′]Adenylsäure-cytidin-5′-ylester, Cytidylyl-(5′ → 3′)-adenosin, Ado-3′-*P*-5′-Cyd $C_{19}H_{25}N_8O_{11}P$, Formel IV (R = H).

Isolierung aus Hefe-Ribonucleinsäure nach Hydrolyse mit wss. $Bi(OH)_3$ bei pH 4: *Dimroth, Witzel,* A. **620** [1959] 109, 110, 116, 118.

B. Aus Adenylyl-(3′→5′)-[3′]cytidylsäure mit Hilfe von saurer Phosphatase aus Prostata (*Michelson,* Soc. **1959** 3655, 3664).

λ_{max}: 265 nm [wss. HCl (0,01 n)] bzw. 261 nm [wss. NaOH (0,01 n und 0,1 n)] (*Mi.*, l. c. S. 3659, 3661), 266 nm [wss. HCl (0,1 n)] bzw. 261,5 nm [wss. NaOH (0,1 n)] (*Di., Wi.*, l. c.

S. 110). Scheinbarer Dissoziationsexponent pK_a' (H_2O; spektrophotometrisch ermittelt): 4,15 (*Mi.*, l. c. S. 3665).

Partielle Isomerisierung zu Cytidylyl-(5'→2')-adenosin mit Hilfe von wss. HCl: *Witzel*, A. **620** [1959] 122, 123, 125.

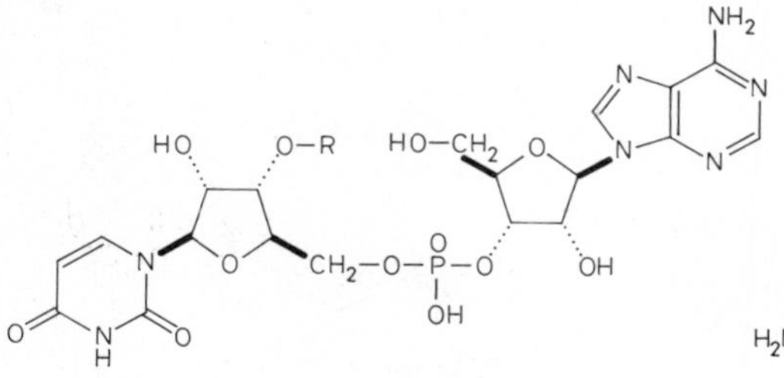

III

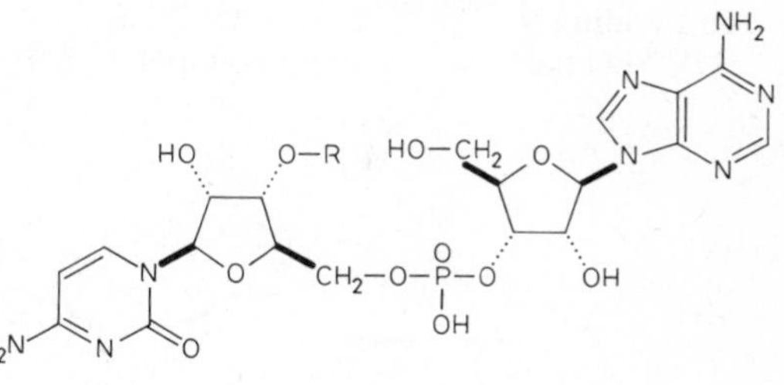

IV

$O^{5'}$-[3']Adenylyl-[3']uridylsäure, Adenylyl-(3'→5')-[3']uridylsäure, Ado-3'-*P*-5'-Urd-3'-*P* $C_{19}H_{25}N_7O_{15}P_2$, Formel III (R = $PO(OH)_2$).

Isolierung aus Hefe-Ribonucleinsäure nach Hydrolyse mit Hilfe von Ribonuclease-I aus Pankreas: *Markham, Smith*, Biochem. J. **52** [1952] 558, 559, 561; *Volkin, Cohn*, J. biol. Chem. **205** [1953] 767, 769, 774, 777; *Whitfeld*, Biochem. J. **58** [1954] 390, 391; *Michelson*, Soc. **1959** 3655, 3664; *Staehelin et al.*, Arch. Biochem. **85** [1959] 289, 291; *Staehelin*, Biochim. biophys. Acta **49** [1961] 11, 12, 14.

UV-Spektrum (wss. $[NH_4]HCO_3$ sowie wss. NaOH; 220–300 nm): *St.*, l. c. S. 15. λ_{max}: 258 nm [wss. HCl (0,01 n)] bzw. 259 nm [wss. NaOH (0,1 n)] (*Mi.*, l. c. S. 3659).

$O^{5'}$-[3']Adenylyl-[3']cytidylsäure, Adenylyl-(3'→5')-[3']cytidylsäure, Ado-3'-*P*-5'-Cyd-3'-*P* $C_{19}H_{26}N_8O_{14}P_2$, Formel IV (R = $PO(OH)_2$).

Isolierung aus Hefe-Ribonucleinsäure nach Hydrolyse mit Hilfe von Ribonuclease-I aus Pankreas: *Markham, Smith*, Biochem. J. **52** [1952] 558, 559, 561; *Volkin, Cohn*, J. biol. Chem. **205** [1953] 767, 769, 774, 777; *Whitfeld*, Biochem. J. **58** [1954] 390, 391; *Michelson*, Soc. **1959** 1371, 1388, 3655, 3657, 3665; *Staehelin et al.*, Arch. biochem. **85** [1959] 289, 291; *Staehelin*, Biochim. biophys. Acta **49** [1961] 11, 12, 14.

Kristalle (aus H_2O); F: 212° [Zers.] (*Mi.*, l. c. S. 1388). UV-Spektrum (wss. HCl sowie wss. $[NH_4]HCO_3$; 220–300 nm): *St.*, l. c. S. 15. λ_{max}: 265 nm [wss. HCl (0,01 n)] bzw. 261 nm [wss. NaOH (0,01 n)] (*Mi.*, l. c. S. 3659). Scheinbarer Dissoziationsexponent pK_a' (H_2O; spektrophotometrisch ermittelt): 4,25 (*Mi.*, l. c. S. 3665).

Cytidylyl-(5'→3')-cytidylyl-(5'→3')-adenosin $C_{28}H_{37}N_{11}O_{18}P_2$ = Ado-3'-*P*-5'-Cyd-3'-*P*-5'-Cyd.

Isolierung aus Hefe-Ribonucleinsäure nach Hydrolyse mit wss. $Bi(OH)_3$ bei pH 4: *Dimroth, Witzel*, A. **620** [1959] 109, 110, 120.

Phosphorsäure-adenosin-3'-ylester-[$O^{2'}$,$O^{3'}$-hydroxyphosphoryl-cytidin-5'-ylester], [$O^{2'}$,$O^{3'}$-Hydroxyphosphoryl-cytidylyl]-(5'→3')-adenosin, Ado-3'-*P*-5'-Cyd-2':3'-*P* $C_{19}H_{24}N_8O_{13}P_2$, Formel V.

Isolierung aus Hefe-Ribonucleinsäure nach Hydrolyse mit Hilfe von Ribonuclease-I aus Pankreas: *Markham, Smith*, Biochem. J. **52** [1952] 558, 559, 562.

B. Beim Behandeln von Adenylyl-(3'→5')-[3']cytidylsäure mit Chlorokohlensäure-äthylester und Tributylamin in H_2O (*Michelson*, Soc. **1959** 3655, 3657, 3665).

$O^{3'}$-[(*N,N'*-Dicyclohexyl-ureido)-hydroxy-phosphoryl]-adenosin, Cyclohexyl-cyclohexylcarbamoyl-amidophosphorsäure-mono-adenosin-3'-ylester, [3']Adenylsäure-[*N,N*-dicyclohexyl-ureid] $C_{23}H_{36}N_7O_7P$, Formel VI.

Diese Konstitution kommt vermutlich der nachstehend beschriebenen Verbindung zu (*Dekker*,

Khorana, Am. Soc. **76** [1954] 3522, 3524).

B. Neben geringeren Mengen eines vermutlich als $O^{2'}$-[(*N,N'*-Dicyclohexyl-ureido)-hydroxy-phosphoryl]-adenosin $C_{23}H_{36}N_7O_7P$ zu formulierenden Isomeren (UV-Spektrum [wss. Lösung vom pH 7; 220–300 nm]) und $O^{2'}$,$O^{3'}$-Hydroxyphosphoryl-adenosin bei längerem Behandeln von [2']Adenylsäure oder [3']Adenylsäure mit Dicyclohexylcarbodiimid und Pyridin (*De., Kh.*, l. c. S. 3525, 3526).

UV-Spektrum (wss. Lösung vom pH 7; 220–300 nm): *De., Kh.*, l. c. S. 3523.

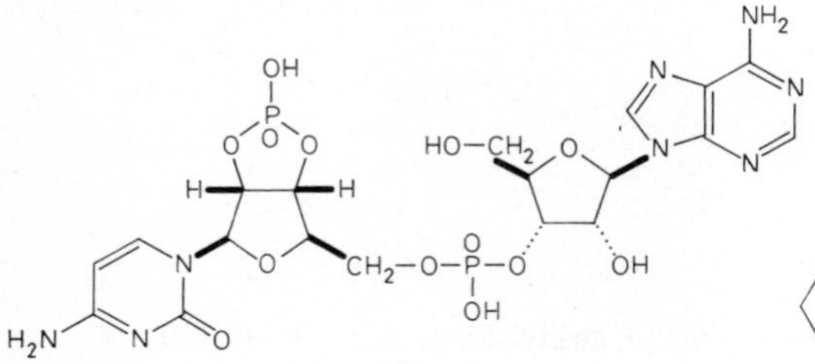

V

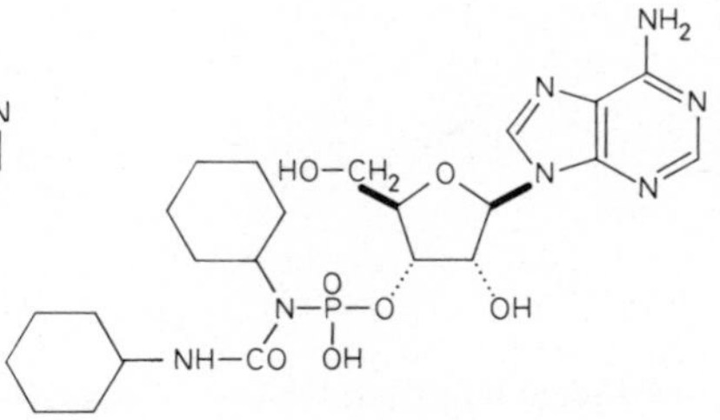

VI

***$O^{2'}$*-Phosphono-adenosin, [2']Adenylsäure,** Adenosin-2'-monophosphat, Adenosin-2'-dihydrogenphosphat, Adenylsäure-a, Ado-2'-*P* $C_{10}H_{14}N_5O_7P$, Formel VII (R = H).

Die von *Michelson, Todd* (Soc. **1949** 2476, 2481) als [2']Adenylsäure beschriebene Verbindung ist als [5']Adenylsäure zu formulieren (*Brown et al.*, Soc. **1950** 408, 3299).

Über zusammenfassende Darstellungen s. die Angaben im Artikel [3']Adenylsäure (S. 3607).

Isolierung neben [3']Adenylsäure aus sog. Hefe-Adenylsäure: *Carter, Cohn,* Federation Proc. **8** [1949] 190; *Carter,* Am. Soc. **72** [1950] 1466, 1468. Gewinnung neben [3']Adenylsäure und anderen Mononucleotiden aus Hefe-Ribonucleinsäure nach Hydrolyse mit wss. NaOH oder KOH: *Cohn, Khym,* Biochem. Prepar. **5** [1957] 40, 42, 44; s. a. *Lipkin et al.*, Am. Soc. **76** [1954] 2871.

B. Neben geringeren Mengen [3']Adenylsäure beim Behandeln von Adenosin in wss. $Ba(OH)_2$ mit $POCl_3$ in Äther (*Barker, Foll,* Soc. **1957** 3798; s. a. *Barker, Gulland,* Soc. **1942** 231). Neben [3']Adenylsäure beim Behandeln von $O^{5'}$-Trityl-adenosin mit Chlorophosphorsäure-dibenzylester und Pyridin, Erwärmen des Reaktionsprodukts mit wss. Essigsäure und anschliessenden Hydrieren an Palladium/Kohle in H_2O (*Brown, Todd,* Soc. **1952** 44, 49, 50). Beim Behandeln von $O^{3'}$,$O^{5'}$-Diacetyl-[2']adenylsäure (aus $O^{3'}$,$O^{5'}$-Diacetyl-adenosin erhalten) mit methanol. NH_3 (*Brown et al.*, Soc. **1954** 1448, 1452).

Über die Trennung von Gemischen mit [3']Adenylsäure und anderen Mononucleotiden s. die Angaben im Artikel [3']Adenylsäure (S. 3607).

Über die Konformation in D_2O s. *Jardetzky,* Am. Soc. **84** [1962] 62, 65.

Kristalle (aus H_2O); F: 187° [Zers.] (*Brown, Todd,* Soc. **1952** 44, 50). Kristalle (aus wss. A.) mit 1,5 Mol H_2O; F: 185–186° [Zers.; auf 180° vorgeheiztes Bad] (*Reichard et al.*, J. biol. Chem. **198** [1952] 599, 600), 183° [Zers.] (*Lipkin, McElheny,* Am. Soc. **72** [1950] 2287). $[\alpha]_D^{21-24}$: –36,6° [wss. HCl (10%ig)], –58,5° [wss. Lösung vom pH 5,3], –60° [wss. Lösung vom pH 6,6], –65,4° [wss. Lösung vom pH 7,8; c = 0,5], –65,6° [wss. Lösung vom pH 10,8], –60,0° [wss. NaOH (2%ig)] [Sesquihydrat] (*Re. et al.*, l. c. S. 603); $[\alpha]_D^{25}$: –84,3° [2% 4-Methylmorpholin enthaltendes Formamid; c = 0,5] [wasserfreies Präparat] (*Li., McE.*). ^{1}H-NMR-Spektrum (D_2O vom pD 6,2) und ^{1}H-^{1}H-Spin-Spin-Kopplungskonstanten (Ribose-Anteil): *Jardetzky,* Am. Soc. **84** [1962] 62, 63, 65. IR-Spektrum (Nujol; 1–15 μ): *Br., Todd,* l. c. S. 46. Extinktionskoeffizient für λ = 260 nm sowie Verhältnis der Extinktionskoeffizienten für λ = 250nm/λ = 260 nm, λ = 280 nm/λ = 260 nm und λ = 290 nm/λ = 260 nm, jeweils in wss. Lösungen vom pH 2, pH 7 und pH 12: *Cohn,* zit. bei *Beaven et al.*, in *E. Chargaff, J.N. Davidson,* The Nucleic Acids, Bd. 1 [New York 1955] S. 513. Scheinbare Dissoziationsexponenten pK'_{a1} und pK'_{a2} (potentiometrisch ermittelt) in H_2O bei 25°: 3,79 bzw. 6,21 (*Kuna, Phares,* zit. bei *Hollaender,* U.S. Atomic Energy Comm. Rep. ORNL-318 [1949] S. 25; s. a. *Kuna,* zit. bei *Alberty et al.*, J. biol. Chem. **193** [1951] 425, 428); in wss. NaCl [0,15 n] bei 24,5°: 3,81 bzw.

6,17 (*Cavalieri,* Am. Soc. **75** [1953] 5268, 5269); in wss. NaCl [0,15 n] bei 25°: 3,80 bzw. 6,15; bei 38°: 3,60 bzw. 6,05 (*Al. et al.,* l. c. S. 427).

Über die Einwirkung von Röntgen-Strahlen auf wss. Lösungen s. *Daniels et al.,* Soc. **1956** 3771, 3775. Beim Behandeln mit wss. Essigsäure (*Brown, Todd,* Soc. **1952** 44, 50) oder mit wss. HCl (*Shuster, Kaplan,* J. biol. Chem. **215** [1955] 183, 184) ist ein Gleichgewichtsgemisch mit [3′]Adenylsäure erhalten worden. Bei kurzem Erhitzen in wss. Lösungen vom pH 1 und pH 2 sind [3′]Adenylsäure und Adenin erhalten worden (*Khym, Cohn,* Am. Soc. **76** [1954] 1818, 1822). Beim Erhitzen in wss. Ammoniumformiat [pH 4] sind Adenosin und geringe Mengen [3′]Adenylsäure erhalten worden (*Baddiley et al.,* Soc. **1958** 1000, 1006). Gleichgewichtseinstellung mit [3′]Adenylsäure und Hydrolyse zu O^2-Phosphono-D-ribose, O^3-Phosphono-D-ribose und O^4-Phosphono-D-ribose durch Erhitzen mit einem sauren Ionenaustauscher und H_2O: *Khym, Cohn,* l. c. S. 1821. Zeitlicher Verlauf der Dephosphorylierung mit Hilfe von $Ce(NO_3)_3$ und $La(NO_3)_3$ in wss. Lösung vom pH 8,6 bei 37°: *Bamann, Trapmann,* Bio. Z. **326** [1955] 237, 239. Dephosphorylierung mit Hilfe von $Pb(NO_3)_2$ in wss. Lösungen vom pH 4,2 und pH 8,1: *Dimroth et al.,* A. **620** [1959] 94, 100, 108. Überführung in $O^{2'}$,$O^{3'}$-Hydroxyphosphoryl-adenosin mit Hilfe von Dicyclohexylcarbodiimid: *Dekker, Khorana,* Am. Soc. **76** [1954] 3522, 3525, 3526.

Stabilitätskonstanten von Metall-Komplexen: *L.G. Sillén, A.E. Martell,* Stability Constants Spl. Nr. 1 [London 1971] S. 643.

Brucin-Salz $2C_{23}H_{26}N_2O_4 \cdot C_{10}H_{14}N_5O_7P$. Kristalle (aus H_2O) mit 5 Mol H_2O; F: 165–175° [Zers.] (*Brown et al.,* Soc. **1950** 3299, 3302).

Cyclohexylamin-Salz $C_6H_{13}N \cdot C_{10}H_{14}N_5O_7P$. Kristalle (aus wss. A.) mit 1 Mol H_2O; F: 171° [unkorr.; Zers.; auf 165° vorgeheiztes Bad]; $[\alpha]_D^{21}$: −51,3° [wss. Lösung vom pH 8,3; c = 0,5] (*Reichard et al.,* J. biol. Chem. **198** [1952] 599, 600).

Verbindung mit (±)-N^4,N^4-Diäthyl-N^1-[6-chlor-2-methoxy-acridin-9-yl]-1-methyl-butandiyldiamin (Chinacrin). Stabilitätskonstante in wss. Lösung bei 25°: *Irvin, Irvin,* J. biol. Chem. **210** [1954] 45, 52.

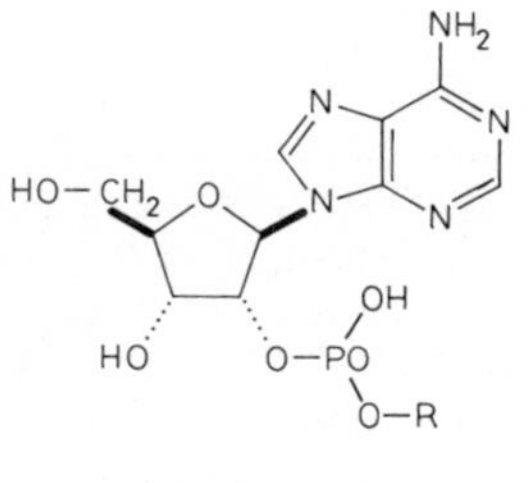

VII 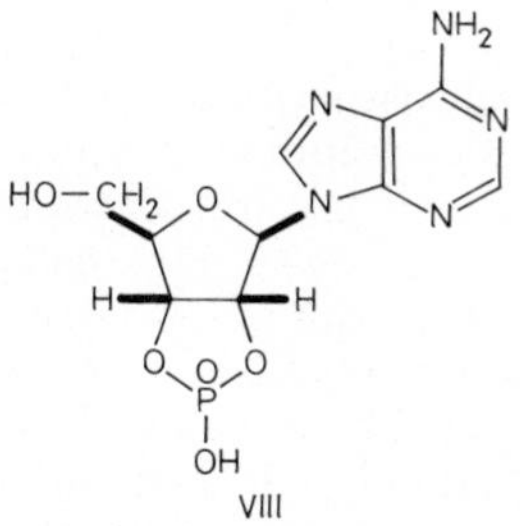 VIII

***$O^{2'}$,$O^{3'}$*-Hydroxyphosphoryl-adenosin, Phosphorsäure-adenosin-2′,3′-diylester,** Adenosin-2′,3′-monophosphat, Ado-2′:3′-*P* $C_{10}H_{12}N_5O_6P$, Formel VIII.

B. Aus [2′]Adenylsäure oder [3′]Adenylsäure beim Behandeln mit Chlorokohlensäure-äthylester in wss. Tributylamin (*Michelson,* Soc. **1959** 3655, 3664, 3666; Biochem. Prepar. **10** [1963] 131). Beim Behandeln des Tris-decylamin-Salzes der Hefe-Adenylsäure (S. 3609) in Dioxan mit Chlorophosphorsäure-diphenylester in Benzol (*Michelson,* Soc. **1959** 1371, 1385). Aus [2′]Adenylsäure oder [3′]Adenylsäure bei kurzem Behandeln mit Dicyclohexylcarbodiimid und wss. Pyridin (*Dekker, Khorana,* Am. Soc. **76** [1954] 3522, 3525) oder beim Erwärmen mit Dicyclohexylcarbodiimid und wss. NH_3 in Formamid und *tert*-Butylalkohol (*Smith et al.,* Am. Soc. **80** [1958] 6204, 6211; s. a. *Shugar, Wierzkowski,* Bl. Acad. Polon. Ser. biol. **6** [1958] 283, 286). Aus [2′]Adenylsäure oder [3′]Adenylsäure mit Hilfe von Trifluoressigsäure-anhydrid (*Brown et al.,* Soc. **1952** 2708, 2711). Aus Hefe-Ribonucleinsäuren mit Hilfe von wss. $BaCO_3$ (*Markham, Smith,* Biochem. J. **52** [1952] 552, 553, 555; s. a. *Heppel, Whitfeld,* Biochem. J. **60** [1955] 1, 2) oder mit Hilfe von Kalium-*tert*-butylat in *tert*-Butylalkohol (*Lipkin, Talbert,* Chem. and Ind. **1955** 143).

Trennung von [2′]Adenylsäure und [3′]Adenylsäure durch Chromatographieren an Ionenaustauschern: *Mi.*, Soc. **1959** 3658.

Über die Konformation in D_2O s. *Jardetzky*, Am. Soc. **84** [1962] 62, 65.

^{1}H-NMR-Spektrum (D_2O vom pD 6) und ^{1}H-^{1}H-Spin-Spin-Kopplungskonstante ($J_{1',2'}$): *Ja. et al.*, l. c. S. 63. UV-Spektrum (wss. Lösungen vom pH 7 bzw. pH 7,3; 220–300 nm): *De.*, *Kh.*, l. c. S. 3523; *Ma.*, *Sm.*, l. c. S. 556.

Zeitlicher Verlauf der Hydrolyse zu [2′]Adenylsäure und [3′]Adenylsäure in wss. HCl [0,1 n] und wss. NaOH [0,1 n]: *Br. et al.*, l. c. S. 2713. Cyclisierung zu $O^{2'}$,$O^{3'}$-Hydroxyphosphoryl-3,5′-cyclo-5′-desoxy-adenosinium-betain mit Hilfe von Methansulfonylchlorid und Tributyl= amin: *Mi.*, Soc. **1959** 1378, 1391. Polymerisation zu Polynucleotiden mit Hilfe von Chlorophos= phorsäure-diphenylester oder Diphosphorsäure-tetraphenylester und Tributylamin: *Mi.*, Soc. **1959** 1385, 1387.

Überführung in [2′]Adenylsäure durch Phosphodiesterase-Präparate aus Kälber-Milz oder Rinder-Pankreas: *Whitfeld et al.*, Biochem. J. **60** [1955] 15, 17; *Davis, Allen*, Biochim. biophys. Acta **21** [1956] 14, 15; s. dazu *Siebert, Kesselring*, in *Hoppe-Seyler/Thierfelder*, Handbuch der Physiologisch- und Pathologisch-Chemischen Analyse, 10. Aufl., Bd. 6, Tl. B [Berlin 1966] S. 1043. Überführung in [3′]Adenylsäure durch Ribonuclease-II-Präparate pflanzlicher Her= kunft: *Markham, Strominger*, Biochem. J. **64** [1956] 46P; *Reddi*, Biochim. biophys. Acta **28** [1958] 386, 390; *Shuster et al.*, Biochim. biophys. Acta **33** [1959] 452, 455; *Sato, Egami*, J. Biochem. Tokyo **44** [1957] 753, 765; *Naoi-Tada et al.*, J. Biochem. Tokyo **46** [1959] 757, 762.

Calcium-Salz $Ca(C_{10}H_{11}N_5O_6P)_2$: *Michelson*, Chem. and Ind. **1958** 70; Soc. **1959** 1385.

Barium-Salz $Ba(C_{10}H_{11}N_5O_6P)_2$. Kristalle (aus wss. A.) mit 4 Mol H_2O; die wasserfreie Verbindung ist hygroskopisch; λ_{max} (H_2O): 260 nm (*Br. et al.*, l. c. S. 2711).

[2′]Adenylsäure-monomethylester $C_{11}H_{16}N_5O_7P$, Formel VII (R = CH_3).

B. Neben [3′]Adenylsäure-monomethylester beim Behandeln von $O^{2'}$,$O^{3'}$-Hydroxyphos= phoryl-adenosin mit Natriummethylat und Methanol (*Barker et al.*, Soc. **1957** 3786, 3791). Beim Behandeln von [2′]Adenylsäure mit Diazomethan in Äther und wss. DMF (*Heppel, Whit= feld*, Biochem. J. **60** [1955] 1, 2; s. dazu *Brown et al.*, Soc. **1955** 4396, 4397).

[2′]Adenylsäure-monobenzylester $C_{17}H_{20}N_5O_7P$, Formel VII (R = CH_2-C_6H_5).

B. Neben [3′]Adenylsäure-monobenzylester beim Behandeln eines Gemisches von [2′]Adenyl= säure und [3′]Adenylsäure mit Diazo-phenyl-methan in DMF (*Brown, Todd*, Soc. **1952** 44, 51; *Brown et al.*, Soc. **1954** 40, 45; s. dazu *Brown et al.*, Soc. **1955** 4396, 4397). Neben [3′]Adenyl= säure-monobenzylester aus $O^{2'}$,$O^{3'}$-Hydroxyphosphoryl-adenosin und Benzylalkohol mit Hilfe von Natriumbenzylat (*Dekker, Khorana*, Am. Soc. **76** [1954] 3522, 3527; *Barker*, Soc. **1957** 3786, 3791). Neben [3′]Adenylsäure-benzylester beim Behandeln von $O^{3'}$-[(*N*,*N*′-Dicyclohexyl-ureido)-hydroxy-phosphoryl]-adenosin oder $O^{2'}$-[(*N*,*N*′-Dicyclohexyl-ureido)-hydroxy-phos= phoryl]-adenosin (S. 3612) mit Natriumbenzylat und Benzylalkohol (*De.*, *Kh.*).

Kristalle (aus H_2O) mit 1 Mol H_2O (*Br. et al.*).

Bei kurzem Erhitzen mit wss. Essigsäure sind [2′]Adenylsäure und geringe Mengen Adenin erhalten worden (*Br.*, *Todd*). Beim Behandeln mit wss.-äthanol. NaOH sind [2′]Adenylsäure und [3′]Adenylsäure erhalten worden (*Br.*, *Todd*).

Phosphorsäure-adenosin-2′-ylester-uridin-5′-ylester, [2′]Adenylsäure-uridin-5′-ylester, Uridylyl-(5′→2′)-adenosin, Ado-2′-*P*-5′-Urd $C_{19}H_{24}N_7O_{12}P$, Formel IX.

B. Aus $O^{3'}$,$O^{5'}$-Diacetyl-$O^{2'}$-benzyloxyphosphinoyl-adenosin und $O^{2'}$,$O^{3'}$-Diacetyl-uridin über mehrere Stufen (*Michelson et al.*, Soc. **1956** 1546, 1548). Neben Uridylyl-(5′→3′)-adenosin beim Behandeln von $O^{5'}$-Acetyl-$O^{2'}$,$O^{3'}$-hydroxyphosphoryl-adenosin mit $O^{2'}$,$O^{3'}$-Diacetyl-uridin, Chlorophosphorsäure-diphenylester und Tributylamin in Dioxan und Behandeln des Reaktionsprodukts mit wss. NH_3 (*Michelson*, Soc. **1959** 3655, 3666).

Kristalle (aus H_2O) mit 4 Mol H_2O (*Shefter et al.*, Am. Soc. **86** [1964] 1872); F: 175–180° [Zers.] (*Mi. et al.*); die wasserfreie Verbindung zersetzt sich bei 200–220° [nach Erweichen und Dunkelfärbung bei 190–200°] (*Mi.*, l. c. S. 3669). Das Tetrahydrat ist monoklin; Kristall= struktur-Analyse (Röntgen-Diagramm); Dichte der Kristalle: 1,56 (*Sh. et al.*). λ_{max}: 258 nm [wss. HCl (0,01 n)] bzw. 260–261 nm [wss. NaOH (0,01 n)] (*Michelson*, Soc. **1959** 1371, 1380, 3661). Scheinbarer Dissoziationsexponent pK'_a (H_2O; spektrophotometrisch ermittelt): 9,65 (*Mi.*, l. c. S. 1394).

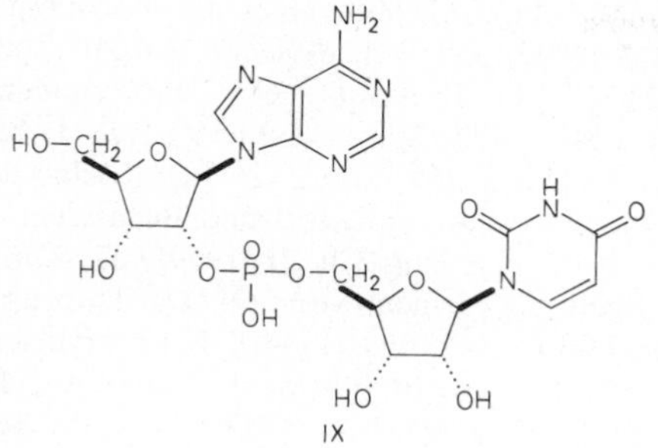

IX

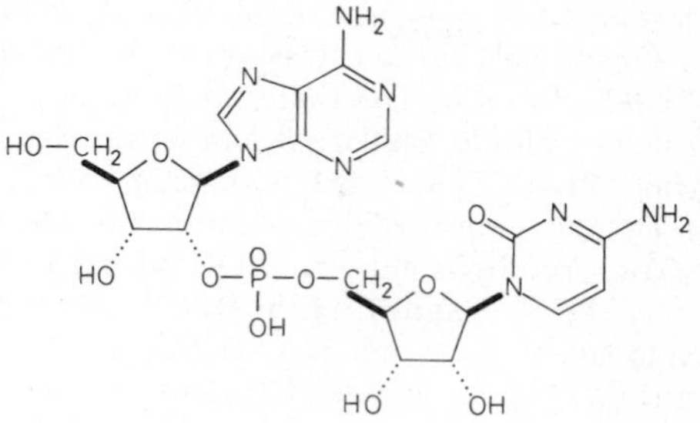

X

Phosphorsäure-adenosin-2'-ylester-cytidin-5'-ylester, [2']Adenylsäure-cytidin-5'-ylester, Cytidylyl-(5' → 2')-adenosin, Ado-2'-*P*-5'-Cyd $C_{19}H_{25}N_8O_{11}P$, Formel X.

B. Neben anderen Verbindungen beim Erwärmen von Cytidylyl-(5' → 3')-adenosin mit wss. HCl (*Witzel*, A. **620** [1959] 122, 125).

O$^{5'}$**-Phosphono-adenosin, [5']Adenylsäure,** Adenosin-5'-monophosphat, Adenosin-5'-dihydrogenphosphat, Adenosini phosphas, AMP, Ado-5'-*P* $C_{10}H_{14}N_5O_7P$, Formel XI (R = H) (in der älteren Literatur auch als Muskel-Adenylsäure, t-Adenylsäure, Ergadenylsäure und Vitamin B_8 bezeichnet).

Die Konstitution und Konfiguration ergibt sich aufgrund der genetischen Beziehung zu [5']Inosinsäure (s. dazu *Levene*, J. biol. Chem. **65** [1925] 31; *Embden, Schmidt*, Z. physiol. Chem. **181** [1929] 130; s. a. *Gulland, Holiday*, Soc. **1936** 765).

Zusammenfassende Darstellung: *F.G. Fischer, H. Dörfel*, in *Hoppe-Seyler/Thierfelder*, Handbuch der Physiologisch- und Pathologisch-Chemischen Analyse, 10. Aufl., Bd. 4 [Berlin 1960] S. 1208.

In den Kristallen liegt nach Ausweis des Röntgen-Diagramms das am N-Atom 1 protonierte und an der Phosphorsäure-Gruppe deprotonierte Betain vor (*Kraut, Jensen*, Acta cryst. **16** [1963] 79).

Vorkommen, Gewinnung, Bildungsweisen und Trennung.

Bezüglich des ubiquitären Vorkommens s. *F.G. Fischer, H. Dörfel*, in *Hoppe-Seyler/Thierfelder*, Handbuch der Physiologisch- und Pathologisch-Chemischen Analyse, 10. Aufl., Bd. 4 [Berlin 1960] S. 1208.

Isolierung neben Mononucleotiden und Nucleosiden aus tierischem Gewebe: *Hurlbert et al.*, J. biol. Chem. **209** [1954] 23; s. dazu *G. Ehrhardt, H. Ruschig*, Arzneimittel, Bd. 2 [Weinheim 1972] S. 207. Gewinnung aus Muskulatur von Pferd oder Rind: *Hahn et al.*, Z. Biol. **91** [1931] 315; *Hahn, Dürr*, Z. Biol. **93** [1933] 490; *Ostern*, Bio. Z. **254** [1932] 65, 66; s. a. *Ostern*, Bio. Z. **270** [1934] 1; *Winthrop Chem. Co.*, U.S.P. 2010192 [1932]; *Chem. Pharm. Werk Henning*, D.R.P. 583303 [1932]; Frdl. **19** 1498; s. a. *Embden, Zimmermann*, Z. physiol. Chem **167** [1927] 114, 137; s. a. *Buell*, J. biol. Chem. **150** [1943] 389; aus Blut von Schweinen: *Chem. Pharm. Werk Henning*; aus Hefe durch Hydrolyse des ATP enthaltenden Extrakts: *I.G. Farbenind.*, D.R.P. 951926 [1931]; Frdl. **19** 1497; *Schlenk, Gleim*, Svensk kem. Tidskr. **49** [1937] 181, 182; aus Ribonucleinsäuren nach Hydrolyse mit Hilfe von Streptomyces-Kulturen: *Takeda Pharm. Ind.*, D.B.P. 1130785 [1959]; s. a. *Cohn, Volkin*, Nature **167** [1951] 483.

B. Neben geringeren Mengen [2']Adenylsäure und [3']Adenylsäure beim Behandeln von Adenosin mit $POCl_3$ und Pyridin (*Barker, Foll*, Soc. **1957** 3798; s.a. *Jachimowicz*, Bio. Z. **292** [1937] 356). Aus Adenosin und anorganischem Phosphat mit Hilfe von Bierhefe (*Ostern et al.*, Z. physiol. Chem. **255** [1938] 104, 112; *Chem. Pharm. Werk Henning*, D.R.P. 697889 [1938]; D.R.P. Org. Chem. **3** 1303; U.S.P. 2174475 [1938]). Neben anderen Verbindungen beim Erwärmen von ATP mit wss. $Ba(OH)_2$ (*Lohmann,* Bio. Z. **233** [1931] 460, 467; *Kerr,* J. biol. Chem. **139** [1941] 131; *Hock, Huber,* Bio. Z. **328** [1956] 44, 53; *Lipkin et al.,* Am. Soc. **81** [1959] 6075, 6079) oder mit wss. Pyridin (*Schabarowa et al.,* Ž. obšč. Chim. **29** [1959] 215, 218; engl. Ausg. S. 218, 221). Durch enzymatische Hydrolyse von ATP mit Hilfe eines Extrakts aus Kaninchen-Leber (*Barrenscheen, Lang,* Bio. Z. **253** [1932] 395, 406), mit Hilfe einer Pyrophosphatase aus Kartoffeln (*Albaum, Umbreit,* J. biol. Chem. **167** [1947] 369, 371; *Kalckar,* J. biol. Chem. **167** [1947] 445, 446; *van Thoai, de Bernard,* C. r. **323** [1951] 1152). Aus $O^{2'}$,$O^{3'}$-Diacetyl-adenosin über mehrere Stufen (*Brown et al.,* Soc. **1954** 1448, 1453; s. a. *Levene, Tipson,* J. biol. Chem. **121** [1937] 131, 151; s. a. *Bredereck et al.,* B. **73** [1940] 269, 270, 272). Beim Behandeln von $O^{2'}$,$O^{3'}$-Isopropyliden-adenosin mit Dichlorophosphorsäure-anhydrid und Behandeln des Reaktionsprodukts mit wss. LiOH bei pH 1 (*Grunze, Koransky,* Ang. Ch. **71** [1959] 407; *Koransky et al.,* Z. Naturf. **17b** [1962] 291, 293). Beim Erwärmen von $O^{2'}$,$O^{3'}$-Isopropyliden-[5′]adenylsäure mit wss. H_2SO_4 (*F.R. Ruskin,* U.S.P. 2482069 [1944]). Beim Hydrieren von $O^{2'}$,$O^{3'}$-Isopropyliden-[5′]adenylsäure-dibenzylester an Palladium in wss. Äthanol und Behandeln des Reaktionsprodukts mit wss. H_2SO_4 (*Baddiley, Todd,* Soc. **1947** 648, 650). Beim Erwärmen von $O^{2'}$,$O^{3'}$-Benzyliden-[5′]adenylsäure mit wss. H_2SO_4 in Dioxan (*Michelson, Todd,* Soc. **1949** 2476, 2481; s. dazu *Brown et al.,* Soc. **1950** 408, 3299, 3302).

Biosynthese aus [5′]Inosinsäure und L-Asparaginsäure: *Lieberman,* J. biol. Chem. **223** [1956] 327, 336; s. a. *Carter, Cohen,* J. biol. Chem. **222** [1956] 17, 24; s. a. *Yefimochkina, Braunstein,* Arch. Biochem. **83** [1959] 350; aus Adenin und O^5-Phosphono-O^1-trihydroxydiphosphoryl-α-D-ribose: *Kornberg et al.,* J. biol. Chem. **215** [1955] 417; *Flaks et al.,* J. biol. Chem. **228** [1957] 201.

Herstellung von [8-^{14}C][5′]Adenylsäure: *Weinfeld et al.,* J. biol. Chem. **213** [1955] 523, 525; *Lagerquist,* J. biol. Chem. **233** [1958] 143; von [4,6-$^{14}C_2$][5′]Adenylsäure: *Goldwasser,* Am. Soc. **77** [1955] 6083; von [^{32}P][5′]Adenylsäure: *Tener,* Biochem. Prepar. **9** [1962] 5, 8.

Zusammenfassende Literatur über Nachweis und Trennung von Nucleosiden und Nucleotiden: *F.G. Fischer, H. Dörfel,* in *Hoppe-Seyler/Thierfelder,* Handbuch der Physiologisch- und Pathologisch-Chemischen Analyse, 10. Aufl., Bd. 4 [Berlin 1960] S. 1065, 1106–1175; s. a. die im Artikel [3′]Adenylsäure (S. 3607) zitierte Literatur.

Physikalische Eigenschaften.

Konformation sowie Atomabstände und Bindungswinkel des Monohydrats (Röntgen-Diagramm): *Kraut, Jensen,* Acta cryst. **16** [1963] 79.

Kristalle (aus H_2O); F: 200° [Zers.; nach Sintern ab 181°] (*Embden, Schmidt,* Z. physiol. Chem. **181** [1929] 130, 133), 197–198° [Zers.] (*Lohmann,* Bio. Z. **233** [1931] 460, 462), 196° [Zers.; nach Verfärbung bei 192°] (*Jachimowicz,* Bio. Z. **292** [1937] 356, 358), 194° [Zers.; rasches Erhitzen] (*Embden, Zimmermann,* Z. physiol. Chem. **167** [1927] 137, 139). Kristalle (aus H_2O) mit 1 Mol H_2O (*Kraut, Jensen,* Acta cryst. **16** [1963] 79; s. a. *Lipkin, McElheny,* Am. Soc. **72** [1950] 2287); Zers. bei 178° (*Li., McE.*). Kristalle (aus H_2O) mit 2 Mol H_2O; F: 190° (*Baddiley, Todd,* Soc. **1947** 648, 650). Das Monohydrat ist monoklin; Kristallstruktur-Analyse (Röntgen-Diagramm); Dichte der Kristalle: 1,647 $g \cdot cm^{-3}$ (*Kr., Je.*). Spezifisches Volumen bei 24°: 0,53 $ml \cdot g^{-1}$ (*Lipkin et al.,* Am. Soc. **81** [1959] 6198, 6201). $[\alpha]_D^{20}$: −46,4° [H_2O; c = 0,56] [Dihydrat] (*Ba., Todd*), −31,0° [wss. HCl (10%ig); c = 1] [wasserfreies Präparat] (*Tipson,* J. biol. Chem. **120** [1937] 621; s. a. *Em., Sch.,* l. c. S. 135), −30,7° [wss. HCl (10%ig)] [wasserfreies Präparat] (*Berlin, Westerberg,* Z. physiol. Chem. **281** [1944] 98), − 47,5° [wss. NaOH (2%ig); c = 1] [wasserfreies Präparat] (*Em., Sch.,* l. c. S. 132, 135); $[\alpha]_D^{25}$: −30,5° [wss. HCl (10%ig); c = 0,5] [wasserfreies Präparat] (*Levene, Tipson,* J. biol. Chem. **121** [1937] 131, 147), −50,0° [2% 4-Methyl-morpholin enthaltendes Formamid; c = 0,5] [wasserfreies Präparat] (*Li., McE.*). Über ORD in wss. Lösungen vom pH 2,9–10,2 s. *Levedahl, James,* Biochim. biophys. Acta **21** [1956] 298, 300, **23** [1957] 442; von pH 7, auch unter Zusatz von Zink(2+): *McCormick, Levedahl,* Biochim. biophys. Acta **34** [1959] 303, 306.

IR-Spektrum von Filmen [aus wss. Lösungen vom pH 1–12] (1700–800 cm^{-1}): *Lenormant, Blout,* C. r. **239** [1954] 1281; eines Films [aus wss. Lösung vom pH 2] (1350–800 cm^{-1}): *Morales, Cecchini,* J. cellular compar. Physiol. **37** [1951] 107, 120, 124; in Nujol (10000–650 cm^{-1}): *Brown, Todd,* Soc. **1952** 44, 46; in D_2O vom pD 3–11 (1700–800 cm^{-1}): *Le., Bl.* IR-Banden in Nujol (3300—700 cm^{-1}): *Brown et al.*, Soc. **1954** 1448, 1453; in KBr, auch unter Zusatz von Magnesium(2+) (1650—950 cm^{-1}): *Epp et al.*, Am. Soc. **80** [1958] 724, 726. Absorptionsspektrum in H_2O (220—410 nm): *Drabkin*, J. biol. Chem. **157** [1945] 563, 567; in wss. Lösung vom pH 7 (230—280 nm): *Kalckar*, J. biol. Chem. **167** [1947] 445, 449. λ_{max} (wss. Lösung): 257 nm [pH 2] bzw. 259 nm [pH 7 sowie pH 11] (*Bock et al.*, Arch. Biochem. **62** [1956] 253, 258). Fluorescenzmaximum (wss. Lösung vom pH 1): 395 nm (*Duggan et al.*, Arch. Biochem. **68** [1957] 1, 4). Geschwindigkeitskonstante des Abklingens der Phosphorescenz in wss. Lösung vom pH 5 bei 77 K: *Steele, Szent-Györgyi*, Pr. nation. Acad. U.S.A. **43** [1957] 477, 486.

Dielektrisches Inkrement in wss. Lösungen vom pH 2,8—5,1: *Hausser, Kinder*, Z. physik. Chem. [B] **41** [1938] 142, 146. Scheinbare Dissoziationsexponenten pK'_{a1} und pK'_{a2} (potentiometrisch ermittelt) in H_2O bei 23°: 3,8 bzw. 6,2 (*Wassermeyer*, Z. physiol. Chem. **179** [1928] 238, 241); bei 25°: 3,89 bzw. 6,49 (*Kuna, Phares*, zit. bei *Hollaender*, U.S. Atomic Energy Comm. Rep. ORNL-318 [1949] S. 25; s. a. *Kuna*, zit. bei *Alberty et al.*, J. biol. Chem. **193** [1951] 425, 428); in wss. KCl [0,1 n] bei 20°: 3,81 bzw. 6,14 (*Martell, Schwarzenbach*, Helv. **39** [1956] 653, 654); in wss. NaCl [0,15 n] bei 25°: 3,74 bzw. 6,05; bei 38°: 3,71 bzw. 6,08 (*Al. et al.*, l. c. S. 427). Scheinbare Dissoziationsexponenten pK'_{a1} und pK'_{a2} (wss. NaCl [0,1 n]; spektrophotometrisch ermittelt) bei 25°: 3,7 bzw. 6,1 (*Bock et al.*, Arch. Biochem. **62** [1956] 253, 263). Einfluss von Kationen (Lithium(+), Natrium(+) und Kalium(+) sowie Tetraalkylammonium(+)) auf pK'_{a2}: *Smith, Alberty*, J. phys. Chem. **60** [1956] 180, 182; analoger Einfluss von Magnesium(2+) und Calcium(2+) auf pK'_{a1} und pK'_{a2}: *Ma., Sch.*, l. c. S. 658.

Löslichkeit in H_2O bei Raumtemperatur: 1% (*Berlin, Westerberg*, Z. physiol. Chem. **281** [1944] 98). Verteilung zwischen verschiedenen Lösungsmitteln: *Plaut et al.*, J. biol. Chem. **184** [1950] 243, 246.

Chemisches Verhalten.

Über die Einwirkung von β-Strahlen auf wss. Lösungen s. *Butler, Conway*, Pr. roy. Soc. [B] **141** [1953] 562, 574; von Röntgen-Strahlen auf wss. Lösungen s. *Daniels et al.*, Soc. **1956** 3771, 3772, **1957** 226, 231; von Röntgen-Strahlen auf wss.-äthanol. Lösung vom pH 7,8: *Stein, Swallow*, Soc. **1958** 306, 308; von Radikalen aus H_2O_2 auf wss. Lösungen: *Bu., Co.* Bei kurzem Erhitzen mit verd. wss. HCl (*Ishikawa*, J. Biochem. Tokyo **22** [1935] 385, 395; *Levene, Tipson*, J. biol. Chem. **121** [1937] 131, 148; *Wakabayasi*, J. Biochem. Tokyo **27** [1938] 293, 297) oder mit einem sauren Ionenaustauscher und H_2O (*Khym et al.*, Am. Soc. **76** [1954] 5523, 5524; *Khym*, in *E. Chargaff, J.N. Davidson*, The Nucleic Acids, Bd. 1 [New York 1955] 63) sind O^5-Phosphono-D-ribose und Adenin erhalten worden. Zeitlicher Verlauf der Bildung von O^5-Phosphono-D-ribose bei der Hydrolyse in wss. HCl [6 n] bei 70°: *Bonsignore et al.*, Giorn. Biochim. **2** [1953] 460, 464; der Bildung von O^5-Phosphono-D-ribose bei der Hydrolyse in wss. H_2SO_4 [0,1 n] bei 100°: *Marmur et al.*, Arch. Biochem. **34** [1951] 209, 212. Zeitlicher Verlauf der Hydrolyse in wss. Lösungen vom pH 3—9,3 bei 100°: *Hock, Huber*, Bio. Z. **328** [1956] 44, 52. Zeitlicher Verlauf der Dephosphorylierung mit Hilfe von $Ce(NO_3)_3$ und $La(NO_3)_3$ in wss. Lösung vom pH 8,6 bei 37°: *Bamann et al.*, Bio. Z. **325** [1954] 413, 422; *Bamann, Tapmann*, Bio. Z. **326** [1955] 237. Dephosphorylierung mit Hilfe von $Pb(NO_3)_2$ in wss. Lösungen vom pH 4,2 und pH 8,1 bei 100°: *Dimroth et al.*, A. **620** [1959] 94, 100. Überführung in [5′]Inosinsäure durch Behandeln mit $NaNO_2$ und wss. Essigsäure: *Embden, Schmidt*, Z. physiol. Chem. **181** [1929] 130, 135. Zeitlicher Verlauf der Desaminierung mit $NaNO_2$ und wss. Essigsäure: *Barrenscheen, Jachimowicz*, Bio. Z. **292** [1937] 350, 352.

Enzymatische Dephosphorylierung mit Hilfe von 5′-Nucleotidase verschiedener Herkunft: *Reis*, Bl. Soc. Chim. biol. **16** [1934] 385; *Heppel, Hilmoe*, J. biol. Chem. **188** [1951] 665; s. dazu *Heppel*, in *S.P. Colowick, N.O. Kaplan*, Methods in Enzymology, Bd. 2 [New York 1955] S. 546 und in *P.D. Bayer, H. Lardy, K. Myrback*, The Enzymes, Bd. 5 [New York 1961] S. 49. Enzymatische Desaminierung zu [5′]Inosinsäure mit Hilfe von AMP-Deaminase aus Skelett-Muskulatur: *Kalckar*, J. biol. Chem. **167** [1947] 461, 466; s. dazu *Nikiforuk, Colowick*, in *S.P. Colowick, N.O. Kaplan*, Methods in Enzymology, Bd. 2 [New York 1955] S. 469; mit Hilfe von unspezifischer Adenosin-Deaminase aus Takadiastase: *Kaplan et al.*, J. biol. Chem. **194** [1952] 579; s. dazu *Kaplan*, in *S.P. Colowick, N.O. Kaplan*, Methods in Enzymology, Bd. 2 [New York 1955] S. 475.

Salze und Additionsverbindungen.

Stabilitätskonstanten von Metallkomplexen: *L.G. Sillén, A.E. Martell,* Stability Constants, 2. Aufl. [London 1964] S. 649; Spl. Nr. 1 [London 1971] S. 644; *Phillips,* Chem. Reviews **66** [1966] 501, 505. Stabilitätskonstante des Komplexes mit Testosteron in wss. Lösungen vom pH 2,9, pH 5,3 und pH 9,2 bei 10°: *Munck et al.,* Biochim. biophys. Acta **26** [1957] 397, 401.

Mononatrium-Salz $NaC_{10}H_{13}N_5O_7P$. Kristalle (*Bischoff Co.,* U.S.P. 2653897 [1949]). IR-Spektrum eines festen Films [aus wss. Lösung vom pH 7,1] (1350–800 cm^{-1}): *Morales, Cecchini,* J. cellular compar. Physiol. **37** [1951] 107, 125; einer Lösung in D_2O (1850–1500 cm^{-1}): *Miles,* Biochim. biophys. Acta **27** [1958] 46. pH-Wert einer wss. Lösung [0,2%ig]: 5,55 (*Bischoff Co.*).

Dinatrium-Salz $Na_2C_{10}H_{12}N_5O_7P$. Kristalle (*Bischoff Co.,* U.S.P. 2653897 [1949]). IR-Spektrum (D_2O; 1660–1600 cm^{-1}): *Miles,* Biochim. biophys. Acta **30** [1958] 324, 325. pH-Wert einer wss. Lösung [0,2%ig]: 11,0 (*Bischoff Co.*).

Zink-Salz $ZnC_{10}H_{12}N_5O_7P$: *Weitzel, Spehr,* Z. physiol. Chem. **313** [1956] 212, 225.

Acridin-Salze. a) $C_{13}H_9N \cdot C_{10}H_{14}N_5O_7P$. Gelbe Kristalle (aus H_2O) mit 1 Mol H_2O; F: 208° [unkorr.; Zers.] (*Wagner-Jauregg,* Z. physiol. Chem. **239** [1936] 188, 193; s. a. *Berlin, Westerberg,* Z. physiol. Chem. **281** [1944] 98, 100). Gelbe Kristalle (aus wss. A.) mit 1 Mol Äthanol; F: 215° [Zers.] (*Michelson, Todd,* Soc. **1949** 2476, 2481). – b) $2C_{13}H_9N \cdot C_{10}H_{14}N_5O_7P$. Gelbe Kristalle (aus H_2O); F: 217–218° [nach Verfärbung]; $[\alpha]_D^{25}$: –23,2° [wss. HCl (10%ig); c = 0,5] (*Tipson,* J. biol. Chem. **120** [1937] 621).

Dibrucin-Salz $2C_{23}H_{26}N_2O_4 \cdot C_{10}H_{14}N_5O_7P$. Kristalle (aus H_2O) mit 5 Mol H_2O; F: 165–175° (*Michelson, Todd,* Soc. **1949** 2476, 2481).

Verbindung mit N^4,N^4-Diäthyl-N^1-[6-chlor-2-methoxy-acridin-9-yl]-1-methyl-butandiyldiamin (Chinacrin). Absorptionsspektrum (340–480 nm) und Stabilitätskonstante in wss. Lösung vom pH 6,5 bei 25°: *Irvin, Irvin,* J. biol. Chem. **210** [1954] 45, 46, 52.

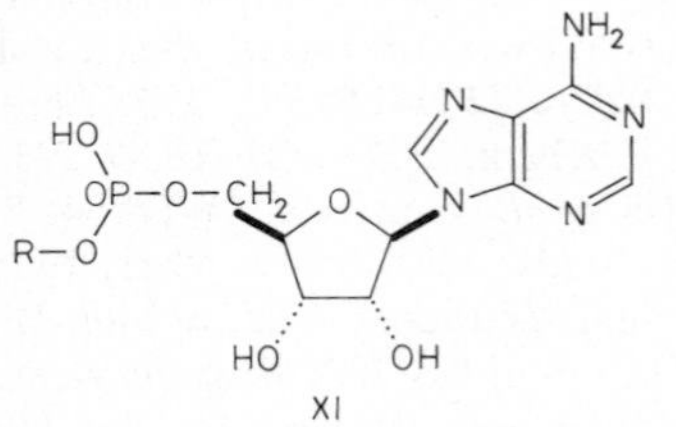

XI 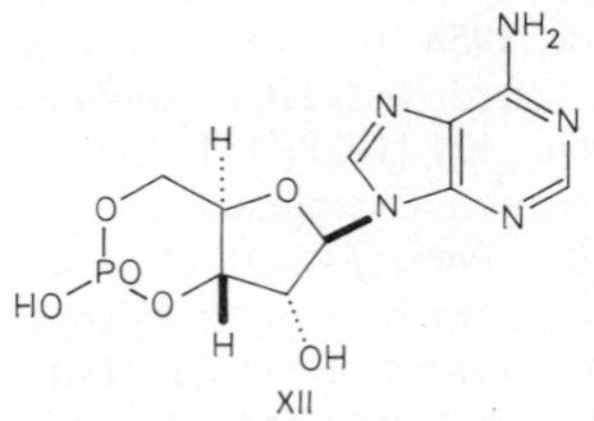 XII

O

$O^{3'}$,$O^{5'}$-Hydroxyphosphoryl-adenosin, Phosphorsäure-adenosin-3′,5′-diylester, Adenosin-3′,5′-monophosphat, cyclo-AMP, c-AMP, Ado-3′:5′-*P* $C_{10}H_{12}N_5O_6P$, Formel XII.

Konstitution und Konfiguration: *Lipkin et al.,* Am. Soc. **81** [1959] 6198.

Zusammenfassende Darstellungen: *G.A. Robinson, R.W. Butcher, E.W. Sutherland,* Cyclic AMP [New York 1971]; *Jost, Rickenberg,* Ann. Rev.Biochem. **40** [1971] 771; *Posternak,* Ann. Rev. Pharmacol. **14** [1974] 23; *Vasil'ew et al.,* Ž. vsesojuz. chim. Obšč. **20** 306; Mendeleev Chem. J. **20** [1975] Nr. 3, S. 81.

Isolierung aus mit ATP und Magnesium(2+) inkubierten Gewebepartikel-Fraktionen: *Sutherland, Rall,* J. biol. Chem. **224** [1957] 463, 470, **232** [1958] 1077; *Rall, Sutherland,* J. biol. Chem. **232** [1958] 1065.

B. Als Hauptprodukt neben anderen Verbindungen beim Erhitzen von ATP (Dinatrium-Salz) mit wss. $Ba(OH)_2$ (*Lipkin et al.,* Am. Soc. **81** [1959] 6075, 6077; s. a. *Sutherland, Rall,* J. biol. Chem. **232** [1958] 1077, 1088). Beim Erhitzen von AMP in Tributylamin mit Dicyclohexylcarbodiimid und Pyridin (*Lipkin et al.,* Am. Soc. **81** [1959] 6198, 6200). Über biochemische Bildungsweisen mit Hilfe von Adenylat-Cyclase s. *Schultz,* in *S.P. Colowick, N.O. Kaplan,* Methods in Enzymology, Bd. 38 [New York 1974] S. 115.

Chromatographische Trennung von anderen Nucleotiden: *Schultz et al.* bzw. *Brooker* bzw. *Böhme, Schultz* bzw. *White,* in *S.P. Colowick, N.O. Kaplan,* Methods in Enzymology, Bd. 38

[New York 1974] S. 9 bzw. S. 20 bzw. S. 27 bzw. S. 41.

Konformation in den Kristallen: *Watenpaugh et al.*, Sci. **159** [1968] 206; in D_2O: *Jardetzky*, Am. Soc. **84** [1962] 62–64.

Kristalle (aus H_2O) mit 1,75 Mol H_2O (*Lipkin et al.*, Am. Soc. **81** [1959] 6075, 6078); Kristalle (aus wss. Lösung vom pH 2+Xylol) mit 3–3,5 Mol H_2O (*Watenpaugh et al.*, Sci. **159** [1968] 206), F: 219–220° [korr.; Zers.] (*Li. et al.*, l. c. S. 6078). Das Hydrat ist orthorhombisch; Kristallstruktur-Analyse (Röntgen-Diagramm); Dichte der Kristalle: 1,75 g·cm^{-3} (*Wa. et al.*). Die wasserfreie Verbindung ist ebenfalls orthorhombisch; Dimensionen der Elementarzelle (Röntgen-Diagramm): *Wa. et al.* Spezifisches Volumen: 0,60 ml·g^{-1} (*Lipkin et al.*, Am. Soc. **81** [1959] 6198, 6201). $[\alpha]_D^{26}$: −51,3° [H_2O; c = 0,67] [1,75 Mol H_2O enthaltendes Präparat] (*Li. et al.*, l. c. S. 6078). ^{1}H-NMR-Spektrum (D_2O vom pD 5,3): *Jardetzky*, Am. Soc. **84** [1962] 62, 63. IR-Spektrum (KBr; 3–15 μ): *Li. et al.*, l. c. S. 6078. λ_{max}: 256 nm [wss. HCl (0,05 n)] (*Sutherland, Rall*, J. biol. Chem. **232** [1958] 1077, 1081) bzw. 258,6 nm [saure wss. Lösung] (*Li. et al.*, l. c. S. 6078). Extinktionskoeffizient für λ = 260 nm sowie Verhältnis der Extinktionskoeffizienten für λ = 250 nm/260 nm und λ = 280 nm/260 nm in wss. HCl [0,05]: *Su., Rall*; s. a. *Li. et al.*, l. c. S. 6078. Scheinbarer Dissoziationsexponent pK'_a (H_2O; potentiometrisch ermittelt): 3,82 (*Li. et al.*, l. c. S. 6200).

Beim Erhitzen mit einem sauren Ionenaustauscher und wss. HCl sind Adenin, *O*^{2}-Phosphono-D-ribose und *O*^{3}-Phosphono-D-ribose erhalten worden (*Sutherland, Rall*, J. biol. Chem. **232** [1958] 1077, 1082). Beim Erhitzen des Barium-Salzes mit wss. $Ba(OH)_2$ sind [2′]Adenylsäure und [3′]Adenylsäure erhalten worden (*Lipkin et al.*, Am. Soc. **81** [1959] 6198, 6202).

Zeitlicher Verlauf der Hydrolyse (Bildung von Adenin) in wss. HCl [1 n] bei 92° und in wss. NaOH [1 n] bei 98°: *Lipkin et al.*, Am. Soc. **81** [1959] 6198, 6202; bei 100°: *Sutherland, Rall*, J. biol. Chem. **232** [1958] 1077, 1082. Über die enzymatische Hydrolyse zu AMP mit Hilfe von 3′,5′-Cyclo-AMP-Phosphodiesterase aus Rinder-Herz s. *Thompson et al.*, bzw. *Butcher*, in *S.P. Colowick, N.O. Kaplan*, Methods in Enzymology, Bd. 38 [New York 1974] S. 205 bzw. S. 218; *Su., Rall*, l. c. S. 1086. Überführung in *O*$^{3'}$,*O*$^{5'}$-Hydroxyphosphoryl-inosin mit wss. HNO_2 bei pH 3: *Li. et al.*, l. c. S. 6200.

Barium-Salz $Ba(C_{10}H_{11}N_5O_6P)_2$. Pulver mit 3,5 Mol H_2O; F: 244° [korr.; Zers.] (*Lipkin et al.*, Am. Soc. **81** [1959] 6075, 6078).

[5′]Adenylsäure-monomethylester $C_{11}H_{16}N_5O_7P$, Formel XI (R = CH_3).

B. Aus [5′]Adenylsäure beim Behandeln mit Methanol und Dicyclohexylcarbodiimid unter Zusatz von wss. NH_3 (*Chambers, Moffatt*, Am. Soc. **80** [1958] 3752, 3756), Tributylamin (*Smith et al.*, Am. Soc. **80** [1958] 6204, 6211) bzw. Tributylamin oder Triäthylamin und Pyridin (*Khorana*, Am. Soc. **81** [1959] 4657, 4659).

Ammonium-Salz $[NH_4]C_{11}H_{15}N_5O_7P$. Feststoff mit 1 Mol H_2O (*Sm. et al.*).

[5′]Adenylsäure-monobenzylester $C_{17}H_{20}N_5O_7P$, Formel XI (R = CH_2-C_6H_5).

B. Aus [5′]Adenylsäure und Diazo-phenyl-methan in DMF (*Davis, Allen*, Biochim. biophys. Acta **21** [1956] 14, 15). Beim Erwärmen von *O*$^{2'}$,*O*$^{3'}$-Isopropyliden-[5′]adenylsäure-dibenzylester (*Baddiley, Todd*, Soc. **1947** 648, 650) oder von *O*$^{2'}$,*O*$^{3'}$-Isopropyliden-[5′]adenylsäure-monobenzylester (*Corby et al.*, Soc. **1952** 3669, 3675) mit wss.-äthanol. H_2SO_4. Beim Erwärmen von *O*$^{2'}$,*O*$^{3'}$-[(*R*)-Benzyliden]-[5′]adenylsäure-dibenzylester (S. 3718) mit wss. Essigsäure (*Brown et al.*, Soc. **1950** 3299, 3302).

Kristalle; F: 235° [aus H_2O] (*Br. et al.*), 234° [Zers.; aus H_2O] (*Ba., Todd*), 228–230° [korr.] (*Co. et al.*).

Enzymatische Hydrolyse zu Adenosin mit Hilfe von Phosphodiesterase-I aus Schlangengift (Crotalus adamanteus): *Da., Al.*

***O*$^{5'}$-[Hydroxy-D-ribose-3-yloxy-phosphoryl]-adenosin, [5′]Adenylsäure-mono-D-ribose-3-ylester,** D-Rib-3-*P*-5′-Ado $C_{15}H_{22}N_5O_{11}P$, Formel XIII und cycl. Taut.

B. Bei kurzem Erwärmen von Uridylyl-(3′→5′)-adenosin mit $N_2H_4 \cdot H_2O$ (*Witzel*, A. **620** [1959] 126, 130).

Verhältnis der Extinktionskoeffizienten für λ = 280 nm/λ = 260 nm in wss. Lösung vom pH 2,55: *Wi.*

Beim Erwärmen mit wss. Na_2CO_3 ist [5′]Adenylsäure erhalten worden (*Wi.*, l. c. S. 131).

[5′]Adenylsäure-essigsäure-anhydrid, [5′]Adenylylacetat $C_{12}H_{16}N_5O_8P$, Formel XIV (R = CH_3).

B. Beim Behandeln von [5′]Adenylsäure mit Acetanhydrid und wss. Pyridin (*Berg,* J. biol. Chem. **222** [1956] 1015, 1017; *Whitehouse et al.,* J. biol. Chem. **226** [1957] 813, 814). Beim Behandeln des Silber-Salzes der [5′]Adenylsäure mit Acetylchlorid in Äther (*Berg,* l. c. S. 1017). Biosynthese aus ATP und Natriumacetat mit Hilfe von Acetyl-CoA-Synthetase und $MgCl_2$: *Webster, Campagnari,* J. biol. Chem. **237** [1962] 1050, 1051; s. a. *Berg,* J. biol. Chem. **222** [1956] 991, 1000.

Über die Bindungsenthalpie der CO-O-P-Bindung s. *Jencks,* Biochim. biophys. Acta **24** [1957] 227. λ_{max} (wss. Lösung vom pH 7): 259 nm; Verhältnis der Extinktionskoeffizienten für $\lambda = 280$ nm/$\lambda = 260$ nm und $\lambda = 250$ nm/$\lambda = 260$ nm in wss. Lösung vom pH 7: *Berg,* l. c. S. 1019.

In isoliertem Zustand bei −15° nicht beständig (*Wh. et al.*). Zeitlicher Verlauf der Hydrolyse in sauren bis alkal. wss. Lösungen bei 20° und 100°: *Berg,* l. c. S. 1021. Halbwertszeit der Reaktion mit NH_2OH (Bildung von Acetohydroxamsäure und [5′]Adenylsäure) in wss. Lösung vom pH 6 bei 37°: *Kellerman,* J. biol. Chem. **231** [1958] 427, 432. Zeitlicher Verlauf der Reaktion mit 1*H*-Imidazol (Bildung von 1-Acetyl-1*H*-imidazol) in wss. Lösung bei 26°: *Je.*

[5′]Adenylsäure-propionsäure-anhydrid, [5′]Adenylylpropionat $C_{13}H_{18}N_5O_8P$, Formel XIV (R = C_2H_5).

B. Beim Behandeln von [5′]Adenylsäure mit Propionsäure-anhydrid und wss. Pyridin in Gegenwart von LiOH (*Moyed, Lipmann,* J. Bacteriol. **73** [1957] 117, 118).

Zeitlicher Verlauf der Reaktion mit NH_2OH in H_2O bei 25° (Bildung von Propionohydroxamsäure): *Mo., Li.,* l. c. S. 120.

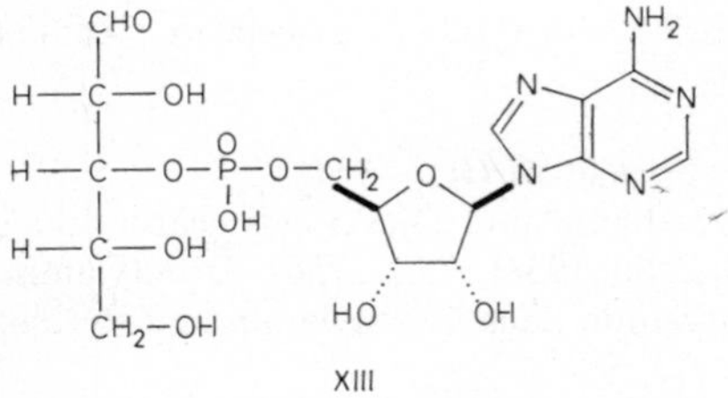

XIII

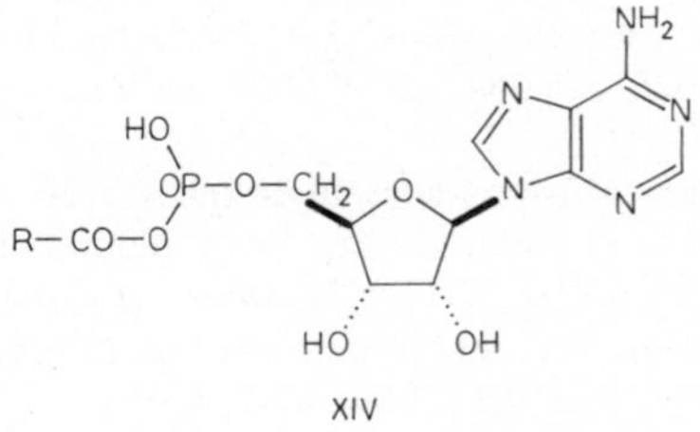

XIV

[5′]Adenylsäure-buttersäure-anhydrid, [5′]Adenylylbutyrat $C_{14}H_{20}N_5O_8P$, Formel XIV (R = CH_2-C_2H_5).

B. Beim Behandeln von [5′]Adenylsäure mit Buttersäure, Dicyclohexylcarbodiimid und wss. Pyridin (*Talbert, Huennekens,* Am. Soc. **78** [1956] 4671, 4672) oder mit Buttersäure-anhydrid und wss. Pyridin (*Peng,* Biochim. biophys. Acta **22** [1956] 42, 43).

λ_{max} (wss. Lösung vom pH 7): 259 nm (*Ta., Hu.*).

Zeitlicher Verlauf der Hydrolyse in wss. Lösung vom pH 7 bei 100°: *Ta., Hu.,* l. c. S. 4673. Ausmass der Hydrolyse in wss. Lösungen vom pH 2−10,5: *Peng,* l. c. S. 44.

[5′]Adenylsäure-hexansäure-anhydrid, [5′]Adenylylhexanoat $C_{16}H_{24}N_5O_8P$, Formel XIV (R = $[CH_2]_4$-CH_3).

B. Aus [5′]Adenylsäure und Hexansäure-anhydrid mit Hilfe von wss. Pyridin (*Whitehouse et al.,* J. biol. Chem. **226** [1957] 813, 814; s. a. *Jencks, Lipmann,* J. biol. Chem. **225** [1957] 207, 208).

λ_{max} (H_2O): 259 nm (*Wh. et al.*).

An der Luft nicht beständig (*Wh. et al.*). Reaktion mit Coenzym-A unter Bildung von *S*-Hexanoyl-Coenzym-A $C_{27}H_{46}N_7O_{17}P_3S$ in Abhängigkeit von der Katalyse durch steigende Mengen 1*H*-Imidazol bei 37°: *Jencks,* Biochim. biophys. Acta **24** [1957] 227, 228.

[5′]Adenylsäure-octansäure-anhydrid, [5′]Adenylyloctanoat $C_{18}H_{28}N_5O_8P$, Formel XIV (R = $[CH_2]_6$-CH_3).

B. Analog der vorangehenden Verbindung (*Whitehouse et al.,* J. biol. Chem. **226** [1957] 813, 814; s. a. *Reed et al.,* J. biol. Chem. **232** [1958] 123, 125).

λ_{max} (H_2O): 259 nm (*Wh. et al.*).

An der Luft nicht beständig (*Wh. et al.*).

[5′]Adenylsäure-hexadecansäure-anhydrid, [5′]Adenylylhexadecanoat $C_{26}H_{44}N_5O_8P$, Formel XIV (R = $[CH_2]_{14}$-CH_3).

B. Beim Behandeln von [5′]Adenylsäure in wss. Pyridin mit Hexadecansäure-anhydrid in THF unter Zusatz von LiOH (*Vignais, Zabin,* Biochim. biophys. Acta **29** [1958] 263).

λ_{max} (wss. Lösung vom pH 7): 260 nm.

Beständigkeit in sauren bis alkal. wss. Lösungen bei 37°: *Vi., Za.,* l. c. S. 265.

[5′]Adenylsäure-benzoesäure-anhydrid, [5′]Adenylylbenzoat $C_{17}H_{18}N_5O_8P$, Formel XIV (R = C_6H_5).

B. Beim Behandeln von [5′]Adenylsäure mit Benzoesäure-anhydrid in wss. Pyridin (*Moldave, Meister,* J. biol. Chem. **229** [1957] 463, 464; s. a. *Kellerman,* J. biol. Chem. **231** [1958] 427, 431).

UV-Spektrum (wss. Lösung vom pH 7; 210–300 nm): *Ke.,* l. c. S. 434. Scheinbarer Dissoziationsexponent pK'_a (H_2O; potentiometrisch ermittelt): ca. 3,8 (*Ke.,* l. c. S. 432).

Geschwindigkeit der Hydrolyse zu AMP und Benzoesäure bei 37° in wss. Lösungen vom pH 0–13: *Ke.,* l. c. S. 433; vom pH 7,2: *Moldave et al.,* J. biol. Chem. **234** [1959] 841, 845; über den Mechanismus der Hydrolyse in wss. NaOH s. *Ke.,* l. c. S. 439. Halbwertszeit der Reaktion mit NH_2OH (Bildung von Benzohydroxamsäure und [5′]Adenylsäure) in wss. Lösung vom pH 6 bei 37°: *Ke.,* l. c. S. 432. Geschwindigkeit der Reaktion mit Aminen und Aminosäuren in wss. Lösung vom pH 9 sowie mit Verbindungen mit Mercapto-Gruppen in wss. Lösung vom pH 7: *Ke.,* l. c. S. 433–435.

[5′]Adenylsäure-glycin-anhydrid $C_{12}H_{17}N_6O_8P$, Formel I (R = H).

B. Beim Behandeln von [5′]Adenylsäure mit *N*-Benzylmercaptocarbonyl-glycin und Dicyclohexylcarbodiimid in wss. Pyridin und Behandeln des Reaktionsprodukts mit Peroxybenzoesäure in wss. HCl (*McCorquodale, Mueller,* Arch. Biochem. **77** [1958] 13, 14). Beim Hydrieren des *N*-Benzyloxycarbonyl-Derivats (s. u.) an Palladium in wss. Essigsäure (*Moldave et al.,* J. biol. Chem. **234** [1959] 841, 843).

Die isolierte Verbindung ist wenig beständig; sie wird in wss. Lösung vom pH 7,2 bei 37° rasch hydrolysiert und ist in sauren wss. Lösungen relativ stabil (*Mo. et al.,* l. c. S. 841, 844, 845). Zeitlicher Verlauf der Hydrolyse zu [5′]Adenylsäure und Glycin in wss. Lösung vom pH 7,2 bei 37°: *Mo. et al.,* l. c. S. 845. Über die Reaktion mit NH_2OH unter Bildung von Glycin-hydroxyamid und [5′]Adenylsäure s. *Mo. et al.,* l. c. S. 844. Beim Behandeln mit L-Phenylalanin in wss. Lösungen vom pH 7,5–9 ist *N*-Glycyl-L-phenylalanin erhalten worden (*Mo. et al.,* l. c. S. 846).

N-Benzyloxycarbonyl-Derivat $C_{20}H_{23}N_6O_{10}P$; [5′]Adenylsäure-[*N*-benzyloxycarbonyl-glycin]-anhydrid. *B.* Aus [5′]Adenylsäure und *N*-Benzyloxycarbonyl-glycin mit Hilfe von Dicyclohexylcarbodiimid in wss. Pyridin (*Mo. et al.,* l. c. S. 842).

[5′]Adenylsäure-L-alanin-anhydrid $C_{13}H_{19}N_6O_8P$, Formel II (R = CH_3).

B. Beim Hydrieren des *N*-Benzyloxycarbonyl-Derivats (s. u.) an Palladium in wss. Essigsäure (*Moldave et al.,* J. biol. Chem. **234** [1959] 841, 843; *Meister, Scott,* Biochem. Prepar. **8** [1961] 11, 13).

Hydrolyse zu [5′]Adenylsäure und L-Alanin in wss. Lösung vom pH 7,2 bei 37°: *Me., Sc.,* l. c. S. 15; bezüglich der Beständigkeit und des chemischen Verhaltens vgl. auch die Angaben im vorangehenden Artikel.

N-Benzyloxycarbonyl-Derivat $C_{21}H_{25}N_6O_{10}P$; [5′]Adenylsäure-[*N*-benzyloxy=

carbonyl-L-alanin]-anhydrid. *B.* Analog dem vorangehenden *N*-Benzyloxycarbonyl-Derivat (*Mo. et al.,* l. c. S. 842; *Me., Sc.*).

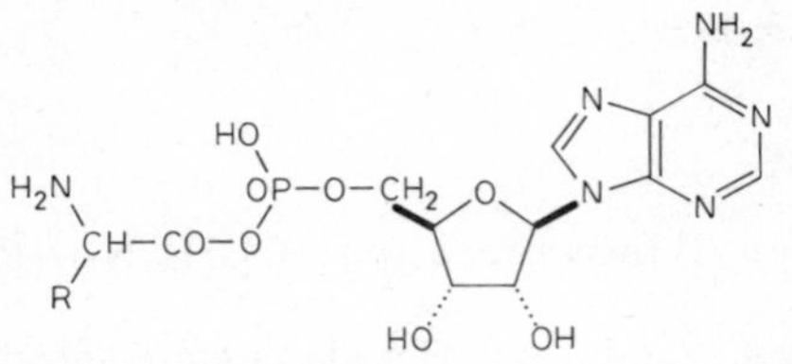

[5′]Adenylsäure-β-alanin-anhydrid $C_{13}H_{19}N_6O_8P$, Formel III.

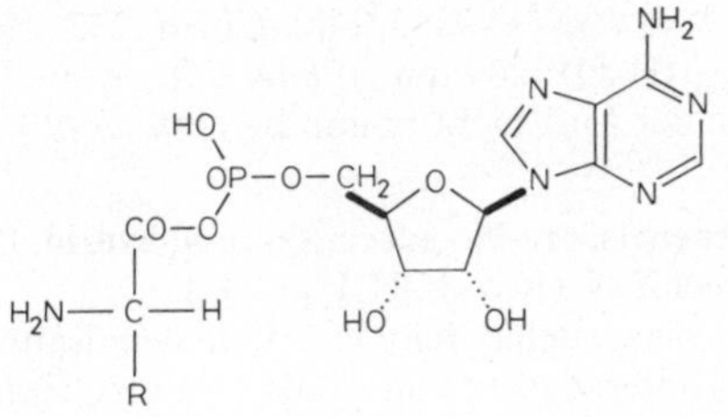

B. Analog der vorangehenden Verbindung (*Moldave et al.,* J. biol. Chem. **234** [1959] 841, 843).

Zeitlicher Verlauf der Hydrolyse in wss. Lösung vom pH 7,2 bei 37°: *Mo. et al.,* l. c. S. 845.

N-Benzyloxycarbonyl-Derivat $C_{21}H_{25}N_6O_{10}P$; [5′]Adenylsäure-[*N*-benzyloxycarbonyl-β-alanin]-anhydrid. *B.* Analog den vorangehenden *N*-Benzyloxycarbonyl-Derivaten (*Mo. et al.,* l. c. S. 843).

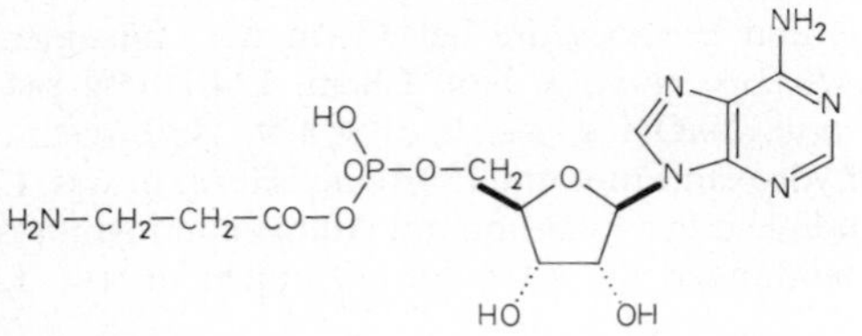

[5′]Adenylsäure-valin-anhydrid $C_{15}H_{23}N_6O_8P$.

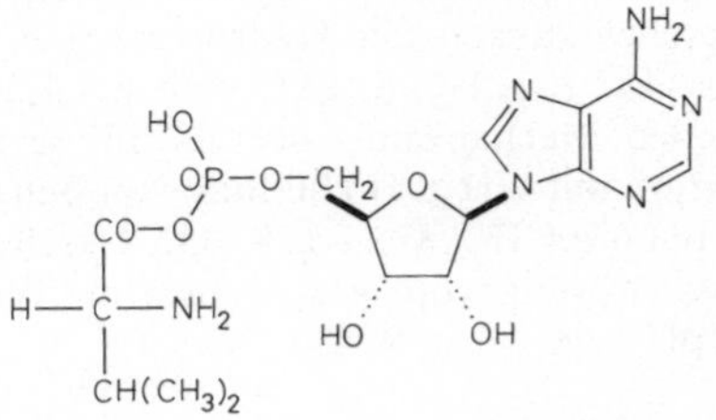

Ein von *Wieland et al.* (Ang. Ch. **68** [1956] 305) unter dieser Konstitution beschriebenes Präparat ist als Gemisch von $O^{2'}$-Ξ-Valyl-[5′]adenylsäure und $O^{3'}$-Ξ-Valyl-[5′]adenylsäure zu formulieren (*Wieland, Pfleiderer,* Adv. Enzymol. **19** [1957] 235, 251; *Wieland, Jaenicke,* A. **613** [1958] 95; *McLaughlin, Ingram,* Biochemistry **4** [1965] 1442, 1444).

a) **[5′]Adenylsäure-D-valin-anhydrid,** Formel IV.

B. Analog den vorangehenden Verbindungen (*Lambert et al.,* Ang. Ch. **70** [1958] 571).

$[\alpha]_D$: −22° [wss. HCl (20%ig); c = 2,5].

b) **[5′]Adenylsäure-L-valin-anhydrid,** Formel II (R = $CH(CH_3)_2$).

B. Analog den vorangehenden Verbindungen (*Moldave et al.,* J. biol. Chem. **234** [1959] 841, 843).

N-Benzyloxycarbonyl-Derivat $C_{23}H_{29}N_6O_{10}P$; [5′]Adenylsäure-[*N*-benzyloxycarbonyl-L-valin]-anhydrid. *B.* Analog den vorangehenden *N*-Benzyloxycarbonyl-Derivaten (*Mo. et al.,* l. c. S. 842).

[5′]Adenylsäure-leucin-anhydrid $C_{16}H_{25}N_6O_8P$.

a) **[5′]Adenylsäure-L-leucin-anhydrid,** Formel II (R = CH_2-$CH(CH_3)_2$).

B. Beim Hydrieren des *N*-Benzyloxycarbonyl-Derivats (s. u.) an Palladium in wss. Essigsäure (*Moldave et al.,* J. biol. Chem. **234** [1959] 841, 843). In geringer Menge beim Behandeln des Disilber-Salzes der [5′]Adenylsäure mit L-Leucylchlorid in Essigsäure (*DeMoss et al.,* Pr. nation. Acad. U.S.A. **42** [1956] 325, 327).

Zeitlicher Verlauf der Hydrolyse in wss. Lösungen vom pH 5,1−8 bei 37°: *DeM. et al.,*

l. c. S. 329. Reaktion mit NH_2OH in wss. Lösung vom pH 5,5 bei 0°: *Zachan et al.*, Pr. nation. Acad. U.S.A. **44** [1958] 885, 888.

N-Benzyloxycarbonyl-Derivat $C_{24}H_{31}N_6O_{10}P$; [5′]Adenylsäure-[*N*-benzyloxycarbonyl-L-leucin]-anhydrid. *B.* Analog den vorangehenden *N*-Benzyloxycarbonyl-Derivaten (*Mo. et al.*, l. c. S. 842).

b) **[5′]Adenylsäure-Ξ-leucin-anhydrid,** Formel I (R = CH_2-$CH(CH_3)_2$).

B. Beim Behandeln von [5′]Adenylsäure mit *N*-Benzylmercaptocarbonyl-DL-leucin und Dicyclohexylcarbodiimid in wss. Pyridin und Behandeln des Reaktionsprodukts mit Peroxybenzoesäure in wss. HCl (*McCorquodale, Mueller*, Arch. Biochem. **77** [1958] 13, 14). Beim Behandeln von [5′]Adenylsäure mit (±)-2-Azido-4-methyl-valeriansäure und Dicyclohexylcarbodiimid in Pyridin und Hydrieren des Reaktionsprodukts an Palladium in wss. HCl (*Wieland, Jaenicke*, A. **613** [1958] 95, 101).

Bei kurzem Erhitzen in DMSO ist ein Gemisch von $O^{2'}$-Ξ-Leucyl-[5′]adenylsäure (S. 3660) und $O^{3'}$-Ξ-Leucyl-[5′]adenylsäure (S. 3660) erhalten worden (*Wi., Ja.*).

[5′]Adenylsäure-L-isoleucin-anhydrid $C_{16}H_{25}N_6O_8P$, Formel V.

B. Beim Hydrieren des *N*-Benzyloxycarbonyl-Derivats (s. u.) an Palladium in wss. Essigsäure (*Moldave et al.*, J. biol. Chem. **234** [1959] 841, 843).

N-Benzyloxycarbonyl-Derivat $C_{24}H_{31}N_6O_{10}P$; [5′]Adenylsäure-[*N*-benzyloxycarbonyl-L-isoleucin]-anhydrid. *B.* Aus [5′]Adenylsäure und *N*-Benzyloxycarbonyl-L-leucin mit Hilfe von Dicyclohexylcarbodiimid in wss. Pyridin (*Mo. et al.*, l. c. S. 842).

[5′]Adenylsäure-L-phenylalanin-anhydrid $C_{19}H_{23}N_6O_8P$, Formel II (R = CH_2-C_6H_5).

B. Aus [5′]Adenylsäure und L-Phenylalanin mit Hilfe von Dicyclohexylcarbodiimid in wss. Pyridin und wenig HCl (*Berg*, J. biol. Chem. **233** [1958] 608, 609). Beim Hydrieren des *N*-Benzyloxycarbonyl-Derivats (s. u.) an Palladium in wss. Essigsäure (*Moldave et al.*, J. biol. Chem. **234** [1959] 841, 843).

Verhältnis der Extinktionskoeffizienten für λ = 280 nm/λ = 260 nm und λ = 250 nm/λ = 260 nm in wss. Lösung vom pH 2: *Berg et al.*, l. c. S. 609.

N-Benzyloxycarbonyl-Derivat $C_{27}H_{29}N_6O_{10}P$; [5′]Adenylsäure-[*N*-benzyloxycarbonyl-L-phenylalanin]-anhydrid. *B.* Analog dem vorangehenden *N*-Benzyloxycarbonyl-Derivat (*Mo. et al.*, l. c. S. 842).

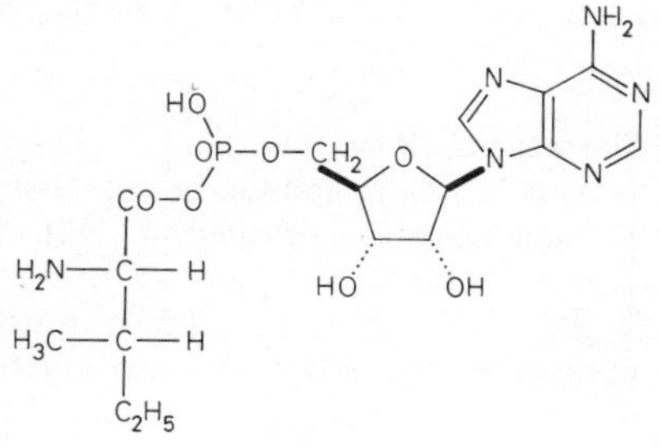

V

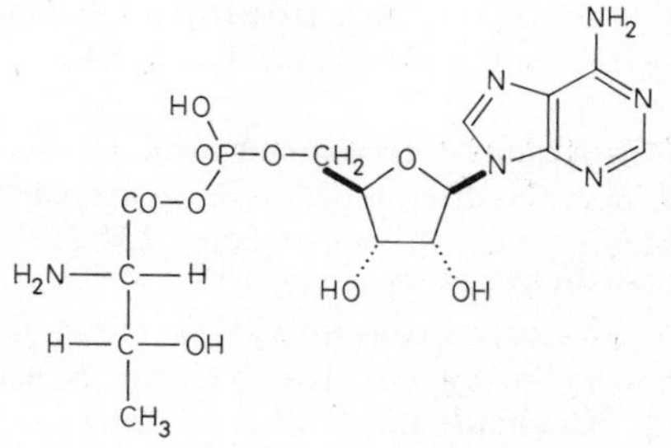

VI

[5′]Adenylsäure-L-asparagin-anhydrid $C_{14}H_{20}N_7O_9P$, Formel II (R = CH_2-CO-NH_2).

B. Beim Hydrieren des *N*-Benzyloxycarbonyl-Derivats (s. u.) an Palladium in wss. Essigsäure (*Moldave et al.*, J. biol. Chem. **234** [1959] 841, 843).

N-Benzyloxycarbonyl-Derivat $C_{22}H_{26}N_7O_{11}P$; [5′]Adenylsäure-[N^2-benzyloxycarbonyl-L-asparagin]-anhydrid. *B.* Analog den vorangehenden *N*-Benzyloxycarbonyl-Derivaten (*Mo. et al.*, l. c. S. 842).

[5′]Adenylsäure-L-glutamin-anhydrid $C_{15}H_{22}N_7O_9P$, Formel II (R = CH_2-CH_2-CO-NH_2).

B. Analog der vorangehenden Verbindung (*Moldave et al.*, J. biol. Chem. **234** [1959] 841,

843).

Zeitlicher Verlauf der Hydrolyse in wss. Lösung vom pH 7,2 bei 37°: *Mo. et al.*, l. c. S. 845.

N-Benzyloxycarbonyl-Derivat $C_{23}H_{28}N_7O_{11}P$; [5′]Adenylsäure-[N^2-benzyloxycarbonyl-L-glutamin]-anhydrid. *B.* Analog den vorangehenden *N*-Benzyloxycarbonyl-Derivaten (*Mo. et al.*, l. c. S. 842).

[5′]Adenylsäure-L-serin-anhydrid $C_{13}H_{19}N_6O_9P$, Formel II (R = CH_2-OH).

B. Aus [5′]Adenylsäure und L-Serin mit Hilfe von Dicyclohexylcarbodiimid in wss. Pyridin und wenig HCl (*Berg*, J. biol. Chem. **233** [1958] 608, 609). Beim Hydrieren des *N*-Benzyloxycarbonyl-Derivats (s. u.) an Palladium in wss. Essigsäure (*Moldave et al.*, J. biol. Chem. **234** [1959] 841, 843).

Verhältnis der Extinktionskoeffizienten für λ = 280 nm/λ = 260 nm und λ = 250 nm/λ = 260 nm in wss. Lösung vom pH 2: *Berg et al.*, l. c. S. 609.

N-Benzyloxycarbonyl-Derivat $C_{21}H_{25}N_6O_{11}P$; [5′]Adenylsäure-[*N*-benzyloxycarbonyl-L-serin]-anhydrid. *B.* Analog den vorangehenden *N*-Benzyloxycarbonyl-Derivaten (*Mo. et al.*, l. c. S. 842).

[5′]Adenylsäure-L$_s$-threonin-anhydrid $C_{14}H_{21}N_6O_9P$, Formel VI.

B. Beim Hydrieren des *N*-Benzyloxycarbonyl-Derivats (s. u.) an Palladium in wss. Essigsäure (*Moldave et al.*, J. biol. Chem. **234** [1959] 841, 843).

Bei mehrwöchigem Aufbewahren bei −15° ist ein Gemisch mit $O^{2'}$-L$_s$-Threonyl-[5′]adenylsäure und $O^{3'}$-L$_s$-Threonyl-[5′]adenylsäure erhalten worden (*Mo. et al.*, l. c. S. 845).

N-Benzyloxycarbonyl-Derivat $C_{22}H_{27}N_6O_{11}P$; [5′]Adenylsäure-[*N*-benzyloxycarbonyl-L$_s$-threonin]-anhydrid. *B.* Analog den vorangehenden *N*-Benzyloxycarbonyl-Derivaten (*Mo. et al.*, l. c. S. 842).

[5′]Adenylsäure-L-methionin-anhydrid $C_{15}H_{23}N_6O_8PS$, Formel II (R = CH_2-CH_2-S-CH_3).

B. Aus [5′]Adenylsäure und L-Methionin mit Hilfe von Dicyclohexylcarbodiimid in wss. Pyridin und wenig HCl (*Berg*, J. biol. Chem. **233** [1958] 608; Biochem. Prepar. **8** [1961] 17, 18). Beim Hydrieren des *N*-Benzyloxycarbonyl-Derivats (s. u.) an Palladium in wss. Essigsäure (*Moldave et al.*, J. biol. Chem. **234** [1959] 841, 843).

Verhältnis der Extinktionskoeffizienten für λ = 280 nm/λ = 260 nm und λ = 250 nm/λ = 260 nm in wss. Lösung vom pH 2: *Berg*, J. biol. Chem. **233** 609.

N-Benzyloxycarbonyl-Derivat $C_{23}H_{29}N_6O_{10}PS$; [5′]Adenylsäure-[*N*-benzyloxycarbonyl-L-methionin]-anhydrid. *B.* Analog den vorangehenden *N*-Benzyloxycarbonyl-Derivaten (*Mo. et al.*, l. c. S. 842).

[5′]Adenylsäure-L-tyrosin-anhydrid $C_{19}H_{23}N_6O_9P$, Formel VII (R = H).

B. Beim Hydrieren des *N*-Benzyloxycarbonyl-Derivats (s. u.) an Palladium in wss. Essigsäure (*Moldave et al.*, J. biol. Chem. **234** [1959] 841, 843; s. a. *Zioudrou, Fruton*, J. biol. Chem. **234** [1959] 583, 585).

N-Benzyloxycarbonyl-Derivat $C_{27}H_{29}N_6O_{11}P$; [5′]Adenylsäure-[*N*-benzyloxycarbonyl-L-tyrosin]-anhydrid. *B.* Analog den vorangehenden *N*-Benzyloxycarbonyl-Derivaten (*Mo. et al.*, l. c. S. 842; *Zi.*, *Fr.*).

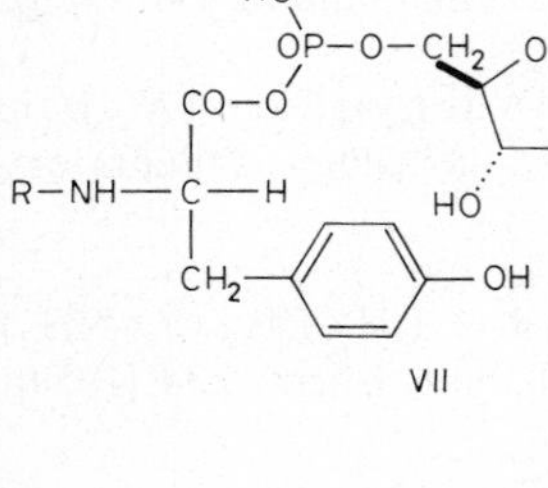

VII

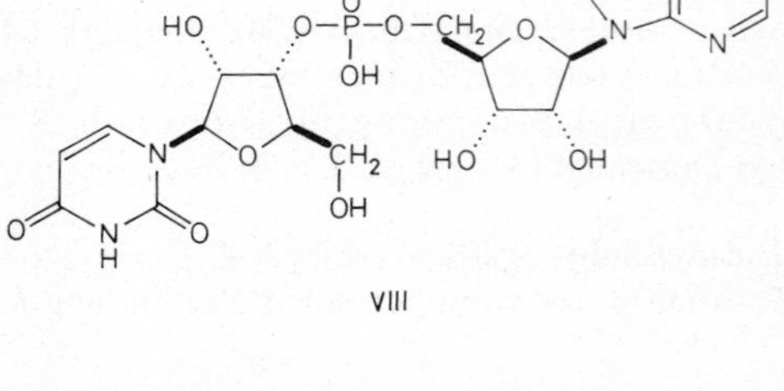

VIII

[5′]Adenylsäure-[*N*-(*N*-benzyloxycarbonyl-glycyl)-L-tyrosin]-anhydrid $C_{29}H_{32}N_7O_{12}P$, Formel VII (R = CO-CH_2-NH-CO-O-CH_2-C_6H_5).

B. Aus [5′]Adenylsäure und *N*-[*N*-Benzyloxycarbonyl-glycyl]-L-tyrosin mit Hilfe von Dicyclohexylcarbodiimid in wss. Pyridin und THF (*Zioudrou, Fruton,* J. biol. Chem. **234** [1959] 583).

Extinktionskoeffizient bei λ = 260 nm (H_2O): 13700.

Halbwertszeit der Hydrolyse in wss. Methanol vom pH 7,5 bei 37°: *Zi., Fr.*

Phosphorsäure-adenosin-5′-ylester-uridin-3′-ylester, [5′]Adenylsäure-uridin-3′-ylester, Uridylyl-(3′→5′)-adenosin, Ado-5′-*P*-3′-Urd $C_{19}H_{24}N_7O_{12}P$, Formel VIII und Taut.

Isolierung aus Hefe-Ribonucleinsäure nach Erhitzen mit wss. $Bi(OH)_3$ bei pH 4: *Dimroth, Witzel,* A. **620** [1959] 109, 116, 119.

B. Neben Uridylyl-(2′→5′)-adenosin beim Behandeln von *O*$^{2′}$,*O*$^{3′}$-Diacetyl-adenosin mit *O*$^{5′}$-Acetyl-*O*$^{2′}$,*O*$^{3′}$-hydroxyphosphoryl-uridin, Chlorophosphorsäure-diphenylester und Tributylamin in Dioxan und Erwärmen des Reaktionsprodukts mit wss. NH_3 (*Michelson,* Soc. **1959** 3655, 3660, 3666).

λ_{max}: 257,5 nm [wss. HCl (0,1 n)] bzw. 260 nm [wss. NaOH (0,1 n)] (*Di., Wi.,* l. c. S. 110).

Phosphorsäure-adenosin-5′-ylester-cytidin-3′-ylester, [5′]Adenylsäure-cytidin-3′-ylester, Cytidylyl-(3′→5′)-adenosin, Ado-5′-*P*-3′-Cyd $C_{19}H_{25}N_8O_{11}P$, Formel IX.

Isolierung aus Hefe-Ribonucleinsäure nach Erhitzen mit wss. $Bi(OH)_3$ bei pH 4: *Dimroth, Witzel,* A. **620** [1959] 109, 118.

B. In geringer Menge aus *O*$^{2′}$,*O*$^{3′}$-Hydroxyphosphoryl-cytidin und Adenosin mit Hilfe von Ribonuclease-I aus Rinder-Pancreas (*Heppel et al.,* Biochem. J. **60** [1955] 8, 13). Neben Cytidylyl-(2′→5′)-adenosin beim Behandeln von *O*$^{2′}$,*O*$^{3′}$-Diacetyl-adenosin mit dem Tributylammonium-Salz von *N*^{4},*O*$^{5′}$-Diacetyl-*O*$^{2′}$,*O*$^{3′}$-hydroxyphosphoryl-cytidin, Chlorophosphorsäure-diphenylester und Tributylamin in Dioxan und Erwärmen des Reaktionsprodukts mit wss. NH_3 (*Michelson,* Soc. **1959** 3655, 3660, 3666).

λ_{max}: 264 nm [wss. HCl (0,01 n)] bzw. 261 nm [wss. NaOH (0,01 n)] (*Mi.,* l. c. S. 3661), 266 nm [wss. HCl (0,1 n)] bzw. 261 nm [wss. NaOH (0,1 n)] (*Di., Wi.,* l. c. S. 110). Scheinbarer Dissoziationsexponent pK'_a (H_2O; spektrophotometrisch ermittelt): 4,25 (*Mi.,* l. c. S. 3666).

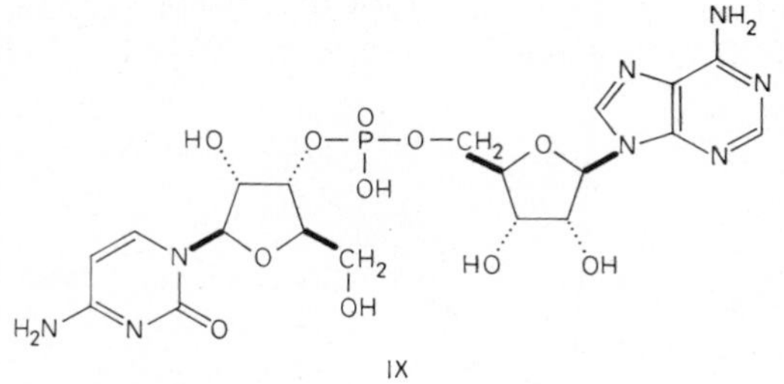

IX 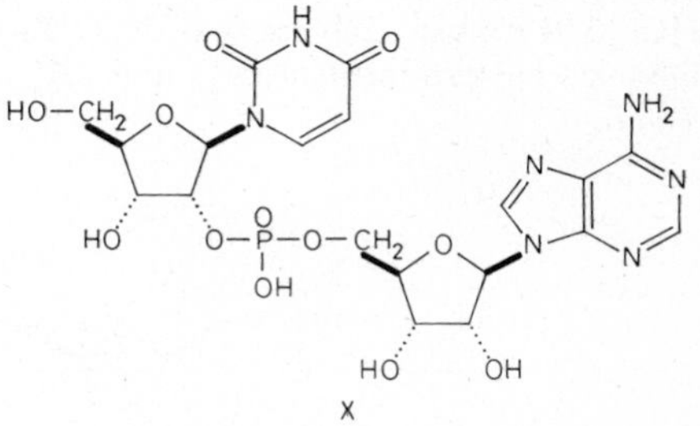 X

Phosphorsäure-adenosin-5′-ylester-uridin-2′-ylester, [5′]Adenylsäure-uridin-2′-ylester, Uridylyl-(2′→5′)-adenosin, Ado-5′-*P*-2′-Urd $C_{19}H_{24}N_7O_{12}P$, Formel X und Taut.

B. Neben Uridylyl-(3′→5′)-adenosin beim Behandeln von *O*$^{2′}$,*O*$^{3′}$-Diacetyl-adenosin mit *O*$^{5′}$-Acetyl-*O*$^{2′}$,*O*$^{3′}$-hydroxyphosphoryl-uridin, Chlorophosphorsäure-diphenylester und Tributylamin in Dioxan und Erwärmen des Reaktionsprodukts mit wss. NH_3 (*Michelson,* Soc. **1959** 3655, 3660, 3666).

λ_{max}: 258 nm [wss. HCl (0,01 n)] bzw. 259 nm [wss. NaOH (0,01 n)].

Phosphorsäure-adenosin-5′-ylester-cytidin-2′-ylester, [5′]Adenylsäure-cytidin-2′-ylester, Cytidylyl-(2′→5′)-adenosin, Ado-5′-*P*-2′-Cyd $C_{19}H_{25}N_8O_{11}P$, Formel XI.

B. Neben Cytidylyl-(3′→5′)-adenosin beim Behandeln von *O*$^{2′}$,*O*$^{3′}$-Diacetyl-adenosin mit dem Tributylammonium-Salz von *N*^{4},*O*$^{5′}$-Diacetyl-*O*$^{2′}$,*O*$^{3′}$-hydroxyphosphoryl-cytidin,

Chlorophosphorsäure-diphenylester und Tributylamin in Dioxan und Erwärmen des Reaktions≈produkts mit wss. NH_3 (*Michelson,* Soc. **1959** 3655, 3660, 3666). In geringer Menge beim Behandeln von Cytidylyl-(3′ → 5′)-adenosin mit wss. HCl (*Witzel,* A. **620** [1959] 122, 123, 125).

Kristalle (aus H_2O); Zers. bei 200 – 220° [nach Erweichen und Verfärbung bei 190 – 200°] (*Mi.,* l. c. S. 3669). λ_{max}: 264 nm [wss. HCl (0,01 n)] bzw. 261 nm [wss. NaOH (0,01 n)] (*Mi.,* l. c. S. 3661). Scheinbarer Dissoziationsexponent pK'_a (H_2O; spektrophotometrisch ermittelt): 4,35 (*Mi.,* l. c. S. 3666).

XI XII

Phosphorsäure-adenosin-5′-ylester-uridin-5′-ylester, [5′]Adenylsäure-uridin-5′-ylester, Uridylyl-(5′ → 5′)-adenosin, Ado-5′-*P*-5′-Urd $C_{19}H_{24}N_7O_{12}P$, Formel XII.

B. Beim Erhitzen des Silber-Salzes von $O^{2'}$,$O^{3'}$-Isopropyliden-[5′]adenylsäure-benzylester mit $O^{2'}$,$O^{3'}$-Isopropyliden-5′-jod-5′-desoxy-uridin in Toluol und Erwärmen des Reaktionsprodukts mit wss.-äthanol. H_2SO_4 (*Elmore, Todd,* Soc. **1952** 3681, 3685). Beim Behandeln von Chloro≈phosphorsäure-benzylester-[$O^{2'}$,$O^{3'}$-isopropyliden-uridin-5′-ylester] (aus 5′-Benzyloxyphos≈phinoyl-$O^{2'}$,$O^{3'}$-isopropyliden-uridin und *N*-Chlor-succinimid erhalten) in Benzol mit $O^{2'}$,$O^{3'}$-Isopropyliden-adenosin, Phosphorsäure-diphenylester und 2,6-Dimethyl-pyridin in DMF und Erwärmen des Reaktionsprodukts mit wss.-äthanol. H_2SO_4 (*Hall et al.,* Soc. **1957** 3291, 3293, 3294). Beim Behandeln von Phosphorigsäure-[$O^{2'}$,$O^{3'}$-isopropyliden-adenosin-5′-ylester]-[$O^{2'}$,$O^{3'}$-isopropyliden-uridin-5′-ylester] mit *N*-Chlor-succinimid in Acetonitril und Erwärmen des Reaktionsprodukts mit wss.-äthanol. H_2SO_4 (*Hall et al.*).

Hygroskopisch; Zers. bei 180 – 200° (*El., Todd*). λ_{max}: 259 – 260 nm [wss. H_2SO_4 (0,01 n)] bzw. 260 – 261 nm [wss. NaOH (0,01 n)] (*El., Todd*; *Hall et al.,* l. c. S. 3296), 258 nm [wss. HCl (0,01 n)] bzw. 260 nm [wss. NaOH (0,01 n)] (*Michelson,* Soc. **1959** 3655, 3661). Scheinbare Dissoziationsexponenten pK'_{a1} und pK'_{a2} (H_2O; potentiometrisch ermittelt): 3,8 bzw. 9,5 (*El., Todd*).

XIII XIV

Phosphorsäure-adenosin-3′-ylester-adenosin-5′-ylester, $O^{3'}$,$O^{5'''}$-Hydroxyphosphoryl-di-adenosin, [3′]Adenylsäure-adenosin-5′-ylester, Adenylyl-(3′ → 5′)-adenosin, Ado-3′-*P*-5′-Ado $C_{20}H_{25}N_{10}O_{10}P$, Formel XIII.

Isolierung aus Hefe-Ribonucleinsäure nach Erhitzen mit wss. $Bi(OH)_3$ bei pH 4: *Dimroth, Witzel,* A. **620** [1959] 109, 119.

B. Neben Adenylyl-(2′ → 5′)-adenosin beim Behandeln von $O^{2'}$,$O^{3'}$-Diacetyl-adenosin mit $O^{5'}$-Acetyl-$O^{2'}$,$O^{3'}$-hydroxyphosphoryl-adenosin, Chlorophosphorsäure-diphenylester und Tri≈

butylamin in Dioxan und Erwärmen des Reaktionsprodukts mit wss. NH_3 (*Michelson,* Soc. **1959** 3655, 3660, 3666). Bei der enzymatischen Hydrolyse von Adenylyl-(5′ → 3′)-[5′]adenylsäure mit Hilfe von saurer Phosphatase aus Prostata (*Lane et al.,* Canad. J. Biochem. Physiol. **37** [1959] 1329, 1333) bzw. 5′-Nucleotidase aus Sperma (*Heppel et al.,* Sci. **123** [1956] 415, 416).

Kristalle (aus H_2O); Zers. bei 204° [nach Erweichen bei 184–186°] (*Mi.,* l. c. S. 3665). λ_{max}: 257 nm [wss. HCl (0,01 n)] bzw. 258 nm [wss. NaOH (0,01 n und 0,1 n)] (*Mi.,* l. c. S. 3659, 3661), 257 nm [wss. HCl (0,01 n)] bzw. 260 nm [wss. NaOH (0,1 n)] (*Di., Wi.,* l. c. S. 110).

Phosphorsäure-adenosin-2′-ylester-adenosin-5′-ylester, ***O*$^{2'}$,*O*$^{5'''}$-Hydroxyphosphoryl-di-adenosin, [2′]Adenylsäure-adenosin-5′-ylester, Adenylyl-(2′ → 5′)-adenosin,** A d o - 2′ - *P* - 5′ - A d o $C_{20}H_{25}N_{10}O_{10}P$, Formel XIV.

Isolierung aus Hefe-Ribonucleinsäure nach Erhitzen mit wss. $Bi(OH)_3$ bei pH 4: *Dimroth, Witzel,* A. **620** [1959] 109, 115, 119.

B. Neben Adenylyl-(3′ → 5′)-adenosin beim Behandeln von *O*$^{2'}$,*O*$^{3'}$-Diacetyl-adenosin mit *O*$^{5'}$-Acetyl-*O*$^{2'}$,*O*$^{3'}$-hydroxyphosphoryl-adenosin, Chlorophosphorsäure-diphenylester und Tri⸗butylamin in Dioxan und Erwärmen des Reaktionsprodukts mit wss. NH_3 (*Michelson,* Soc. **1959** 3655, 3660, 3666). In geringer Menge beim Behandeln von Adenylyl-(3′ → 5′)-adenosin mit wss. HCl (*Witzel,* A. **620** [1959] 122, 126).

Kristalle (aus H_2O); Zers. bei 200–220° [nach Erweichen und Verfärbung bei 190–200°] (*Mi.,* l. c. S. 3669). λ_{max}: 257 nm [wss. HCl (0,01 n)] bzw. 258 nm [wss. NaOH (0,01 n)] (*Mi.,* l. c. S. 3661).

[5′]Adenylsäure-[(Ξ)-5-[1,2]dithiolan-3-yl-valeriansäure]-anhydrid, [5′] A d e n y l s ä u r e - [(Ξ) - α - l i p o n s ä u r e] - a n h y d r i d $C_{18}H_{26}N_5O_8PS_2$, Formel XV.

B. Aus [5′]Adenylsäure und dem Anhydrid der (±)-α-Liponsäure (E III/IV **19** 3460) in wss. Pyridin und Acetonitril (*Reed et al.,* J. biol. Chem. **232** [1958] 123, 124).

λ_{max} (wss. Lösung vom pH 7): 259 nm und 322 nm.

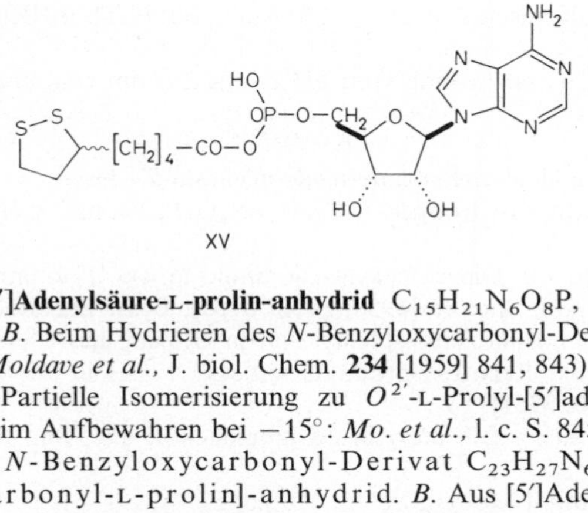

XV 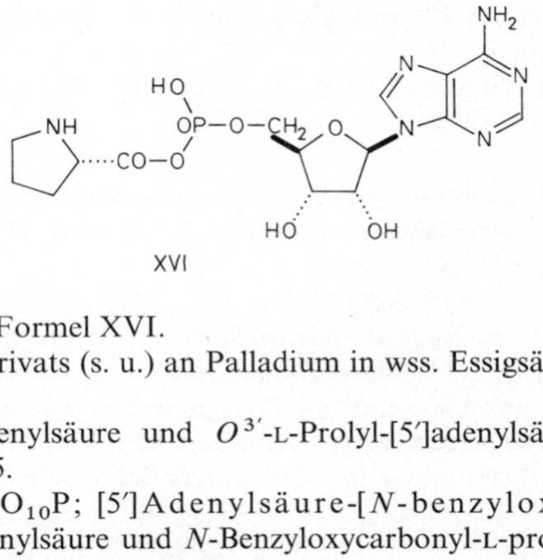 XVI

[5′]Adenylsäure-L-prolin-anhydrid $C_{15}H_{21}N_6O_8P$, Formel XVI.

B. Beim Hydrieren des *N*-Benzyloxycarbonyl-Derivats (s. u.) an Palladium in wss. Essigsäure (*Moldave et al.,* J. biol. Chem. **234** [1959] 841, 843).

Partielle Isomerisierung zu *O*$^{2'}$-L-Prolyl-[5′]adenylsäure und *O*$^{3'}$-L-Prolyl-[5′]adenylsäure beim Aufbewahren bei –15°: *Mo. et al.,* l. c. S. 845.

N-B e n z y l o x y c a r b o n y l - D e r i v a t $C_{23}H_{27}N_6O_{10}P$; [5′] A d e n y l s ä u r e - [*N* - b e n z y l o x y ⸗ c a r b o n y l - L - p r o l i n] - a n h y d r i d. *B.* Aus [5′]Adenylsäure und *N*-Benzyloxycarbonyl-L-prolin mit Hilfe von Dicyclohexylcarbodiimid in wss. Pyridin (*Mo. et al.,* l. c. S. 842).

[5′]Adenylsäure-L-tryptophan-anhydrid $C_{21}H_{24}N_7O_8P$, Formel XVII.

B. Aus [5′]Adenylsäure und L-Tryptophan mit Hilfe von Dicyclohexylcarbodiimid in wss. Pyridin und wenig HCl (*Berg,* J. biol. Chem. **233** [1958] 608, 609). Analog der vorangehenden Verbindung (*Moldave et al.,* J. biol. Chem. **234** [1959] 841, 843).

Zeitlicher Verlauf der Hydrolyse zu [5′]Adenylsäure und L-Tryptophan in wss. Lösung vom pH 7,2 bei 37°: *Mo. et al.,* l. c. S. 845. Ausmass der Hydrolyse in wss. Lösungen vom pH 4–7,3: *Mo. et al.* Partielle Isomerisierung zu *O*$^{2'}$-L-Tryptophyl-[5′]adenylsäure und *O*$^{3'}$-L-Tryptophyl-[5′]adenylsäure beim Aufbewahren bei –15°: *Mo. et al.*

N-Benzyloxycarbonyl-Derivat $C_{29}H_{30}N_7O_{10}P$; [5']Adenylsäure-[N^{α}-benzyloxycarbonyl-L-tryptophan]-anhydrid. *B.* Analog dem vorangehenden *N*-Benzyloxycarbonyl-Derivat (*Mo. et al.*, l. c. S. 842).

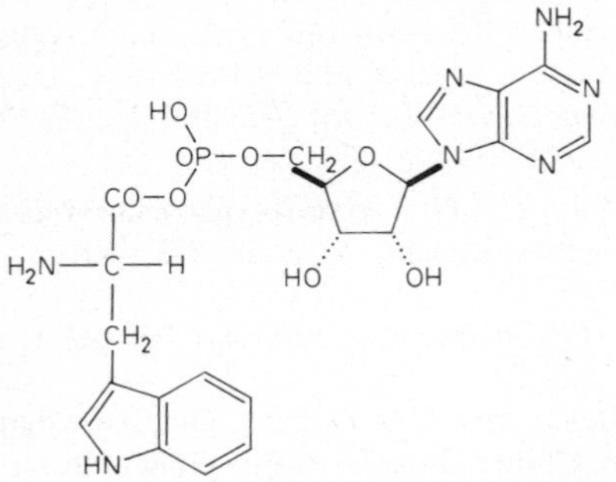

XVII

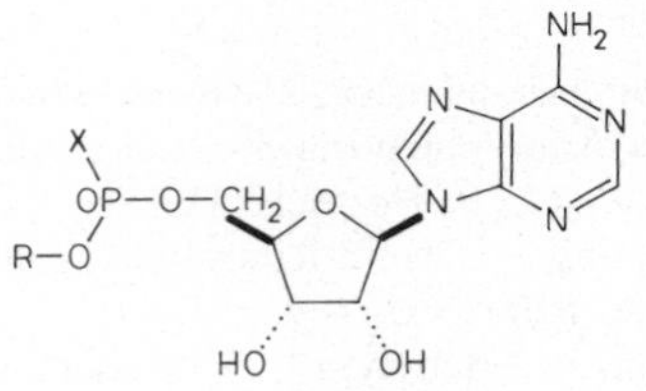

XVIII

$O^{5'}$-[Hydroxy-sulfooxy-phosphoryl]-adenosin, [5']Adenylsäure-schwefelsäure-anhydrid, Adenosin-5'-sulfohydrogenphosphat, APS $C_{10}H_{14}N_5O_{10}PS$, Formel XVIII (R = H, X = O-SO_2-OH).

B. Aus [5']Adenylsäure beim Behandeln mit Dicyclohexylcarbodiimid, wss. Pyridin und H_2SO_4 (*Reichard, Ringertz,* Am. Soc. **81** [1959] 878, 879) oder mit Sulfo-pyridinium-betain und wss. $NaHCO_3$ (*Baddiley et al.*, Soc. **1957** 1067, 1069; s. a. *Robbins, Lipmann,* J. biol. Chem. **233** [1958] 681). Chromatographische Trennung von Nucleotiden: *Ringertz, Reichard,* Acta chem. scand. **13** [1959] 1467.

Zeitlicher Verlauf der Hydrolyse in wss. $HClO_4$ [0,4 n], wss. KOH [0,4 n] und wss. $Ca(OH)_2$ bei 100°: *Re., Ri.*, l. c. S. 880, 882. Enzymatische Hydrolyse mit Hilfe von Phosphatase aus Schlangengift oder aus Prostata: *Re., Ri.*, l. c. S. 882. Zusammenfassende Literatur über die Rolle bei der enzymatischen Sulfat-Aktivierung: *Rohdewald*, in *Hoppe-Seyler/Thierfelder*, Handbuch der Physiologisch- und Pathologisch-Chemischen Analyse, 10. Aufl., Bd. 6, Tl. B [Berlin 1966] S. 576.

Lithium-Salz $Li_2C_{10}H_{12}N_5O_{10}PS$. λ_{max} (wss. Lösung vom pH 7–8): 259 nm (*Ba. et al.*, l. c. S. 1070).

$O^{5'}$-[Amino-hydroxy-phosphoryl]-adenosin, Amidophosphorsäure-mono-adenosin-5'-ylester, [5']-Adenylsäure-monoamid, Adenosin-5'-amidophosphat $C_{10}H_{15}N_6O_6P$, Formel XVIII (R = H, X = NH_2).

B. Aus [5']Adenylsäure und NH_3 mit Hilfe von Dicyclohexylcarbodiimid in wss. Formamid und *tert*-Butylalkohol (*Chambers, Moffatt,* Am. Soc. **80** [1958] 3752, 3755). Beim Behandeln von $O^{2'}$,$O^{3'}$-Diacetyl-adenosin mit Dichlorophosphorsäure-phenylester in Dioxan und Chinolin, anschliessend mit NH_3 und Behandeln des Reaktionsprodukts mit wss. LiOH in Dioxan (*Chambers, Khorana,* Am. Soc. **80** [1958] 3749, 3751).

Überführung in ADP durch Behandeln mit konz. H_3PO_4 in 2-Chlor-phenol: *Ch., Kh.*, l. c. S. 3752.

Lithium-Salz $LiC_{10}H_{14}N_6O_6P$. Pulver mit 4 Mol H_2O (*Ch., Mo.*).

Cyclohexylamin-Salz $[C_6H_{14}N](C_{10}H_{14}N_6O_6P)$: *Ch., Kh.*

N,N'-Dicyclohexyl-guanidin-Salz $[C_{13}H_{26}N_3](C_{10}H_{14}N_6O_6P)$. Kristalle (aus Formamid+Acn.); F: 239–241° [Zers.] (*Ch., Mo.*). Kristalle (aus Formamid+Acn.) mit 1 Mol H_2O und 1 Mol Formamid; F: 221–229° [Zers.] (*Ch., Mo.*).

$O^{5'}$-[Äthoxy-diäthylamino-phosphoryl]-adenosin, Diäthylamidophosphorsäure-adenosin-5'-ylester-äthylester $C_{16}H_{27}N_6O_6P$, Formel XVIII (R = C_2H_5, X = $N(C_2H_5)_2$).

B. Beim Behandeln von $O^{5'}$-[Äthoxy-diäthylamino-phosphoryl]-$O^{2'}$,$O^{3'}$-isopropyliden-adenosin mit wss. H_2SO_4 (*Wolff, Burger,* Am. Soc. **79** [1957] 1970).

Picrat $C_{16}H_{27}N_6O_6P \cdot C_6H_3N_3O_7$. Gelbe Kristalle (aus H_2O); F: 138–140° [korr.; Zers.;

nach Sintern bei 125°]. [*Henseleit*]

***O*$^{5'}$-Trihydroxydiphosphoryl-adenosin, Diphosphorsäure-mono-adenosin-5'-ylester,** Adenosin-5'-diphosphat, Adenosin-5'-trihydrogendiphosphat, Ado-5'-*PP*, ADP $C_{10}H_{15}N_5O_{10}P_2$, Formel I (R = H) (in der Literatur auch als Adenosin-5'-pyrophosphat bezeichnet).

Zusammenfassende Darstellungen: *F.G. Fischer, H. Dörfel,* in *Hoppe-Seyler/Thierfelder,* Handbuch der Physiologisch- und Pathologisch-Chemischen Analyse, 10. Aufl., Bd. 4 [Berlin 1960] S. 1065, 1213; *Bock,* in *P.D. Boyer, H. Lardy, K. Myrbäck,* The Enzymes, Bd. 2 [New York 1960] S. 3, 15, 16, 35.

Vorkommen, Bildungsweisen und Trennung.

Über das Vorkommen als Bestandteil von Zucker-Nucleotiden s. *Kochetkov, Shibaev,* Adv. Carbohydrate Chem. **28** [1973] 307, 314.

B. Neben ATP (S. 3654) beim Behandeln von [5']Adenylsäure mit wss. H_3PO_4 [85%ig] und Dicyclohexylcarbodiimid in wss. Pyridin (*Khorana,* Am. Soc. **76** [1954] 3517, 3521). Aus dem Tridecylamin-Salz der [5']Adenylsäure beim Behandeln mit Chlorophosphorsäure-dibenzylester und Tributylamin in Dioxan und Benzol und Hydrieren des Reaktionsprodukts an Palladium/Kohle in wss. Äthanol (*Michelson,* Soc. **1958** 1957, 1961). Aus dem Silber-Salz des [5']Adenylsäure-monobenzylesters beim Erwärmen mit Chlorophosphorsäure-dibenzylester in Essigsäure (*Baddiley, Todd,* Soc. **1947** 648, 651) oder in Phenol und Acetonitril (*Baddiley et al.,* Soc. **1949** 582, 584) und Hydrieren des Reaktionsprodukts an Palladium in Äthanol. Aus dem *N,N'*-Dicyclohexyl-guanidin-Salz des *O*$^{5'}$-[Amino-hydroxy-phosphoryl]-adenosins beim Behandeln mit wss. H_3PO_4 [85%ig] in 2-Chlor-phenol (*Chambers, Khorana,* Am. Soc. **80** [1958] 3749, 3752). Beim Erwärmen des Pyridin-Salzes der [5']Adenylsäure mit Amidophosphorsäure-monobenzylester und DMF und anschliessenden Hydrieren an Palladium/Kohle in wss. Lösung (*Clark et al.,* Soc. **1957** 1497, 1500). Aus ATP beim Erwärmen mit wss. HCl (*Bielschowsky,* Biochem. J. **47** [1950] 105, 107) oder beim Behandeln mit $MnSO_4$ und wss. H_3PO_4 (*Lowenstein,* Biochem. J. **70** [1958] 222).

Reversible enzymatische Bildung aus [5']Adenylsäure und ATP mit Hilfe von Adenylat-Kinase aus Skelettmuskeln von Kaninchen: *Colowick,* Methods Enzymol. **2** [1955] 598; *Noda, Kuby,* J. biol. Chem. **226** [1957] 541, 547; aus Schweineleber: *Chiga, Plant,* J. biol. Chem. **235** [1960] 3260, 3262. Reversible enzymatische Bildung aus ATP mit Hilfe von Adenosintriphosphatase aus Myocin: *Bailey,* Biochem. J. **36** [1942] 121, 125; *Le Page,* Biochem. Prepar. **1** [1949] 1; *Kielley,* in *P.L. Boyer, H. Lardy, K. Myrbäck,* The Enzymes, Bd. 5 [New York 1961] S. 159, 162.

Herstellung von *O*$^{5'}$-[Trihydroxy-[2-^{32}*P*]diphosphoryl]-adenosin: *Lowenstein,* Biochem. J. **65** [1957] 197, 199; Biochem. Prepar. **7** [1960] 5, 11; *Pressman,* Biochem. Prepar. **7** [1960] 14, 17.

Trennung von Nucleotiden durch Ionenaustauscher-Chromatographie: *Cohn, Carter,* Am. Soc. **72** [1950] 4273; *Deutsch, Nilsson,* Acta chem. scand. **7** [1953] 1288, 1291; *Hurlbert et al.,* J. biol. Chem. **209** [1954] 23, 30, 32; *Turba et al.,* Z. physiol. Chem. **296** [1954] 97, 99; *Liébecq et al.,* Bl. Soc. Chim. biol. **39** [1957] 245, 255, 259, 813, 814, 1227, 1231; *Pontis, Blumson,* Biochim. biophys. Acta **27** [1958] 618, 619, 622; *Gorkin et al.,* Biochimija **23** [1958] 106; engl. Ausg. S. 100, 102; durch Gegenstromverteilung: *Plaut et al.,* J. biol. Chem. **184** [1950] 243, 245.

Physikalische Eigenschaften.

$[\alpha]_D^{25}$: −25,7° [H_2O?; c = 2] (*Lohmann,* Bio. Z. **282** [1935] 109, 115). Über ORD in wss. Lösungen vom pH 2,9−10,2 s. *Levedahl, James,* Biochim. biophys. Acta **21** [1956] 298, 300, **23** [1957] 442; vom pH 7 unter Zusatz von Zink(2+) s. *McCormick, Levedahl,* Biochim. biophys. Acta **34** [1959] 303, 306. IR-Banden (KBr; 1680−900 cm^{-1}), auch in Gegenwart von $MgCl_2$: *Epp et al.,* Am. Soc. **80** [1958] 724, 726. UV-Spektrum (wss. Lösung vom pH 7; 220−310 nm bzw. 230−280 nm): *Bartlett,* J. biol. Chem. **234** [1959] 449, 451; *Tarver, Morales,* J. cellular compar. Physiol. **37** [1951] 235, 239. λ_{max} (wss. Lösung): 257 nm [pH 2] bzw. 259 nm [pH 7 sowie pH 11] (*Bock et al.,* Arch. Biochem. **62** [1956] 253, 258; s. a. *Schmitz et al.,* J. biol.

Chem. **209** [1954] 41, 48). Geschwindigkeitskonstante des Abklingens der Phosphorescenz in wss. Lösung vom pH 5 bei 77 K: *Steele, Szent-Györgyi,* Pr. nation. Acad. U.S.A. **43** [1957] 477, 486.

Scheinbare Dissoziationsexponenten pK'_{a1} (Monoanion) und pK'_{a2} in wss. KCl [0,1 n] bei 20°: 3,99 bzw. 6,35 [potentiometrisch ermittelt] (*Martell, Schwarzenbach,* Helv. **39** [1956] 653, 654); in wss. KCl [0,1 n] bei 25°: 4,21 bzw. 6,61 [potentiometrisch ermittelt] (*Weitzel, Spehr,* Z. physiol. Chem. **313** [1958] 212, 217); in wss. NaCl [0,15 n] bei 25°: 3,95 bzw. 6,26; bei 38°: 3,92 bzw. 6,27 [potentiometrisch ermittelt] (*Alberty et al.,* J. biol. Chem. **193** [1951] 425, 427); in wss. NaCl [0,1 n] bei 25°: 3,9 bzw. 6,3 [spektrophotometrisch ermittelt] (*Bock et al.,* Arch. Biochem. **62** [1956] 253, 263). Einfluss von Kationen (Lithium(+), Natrium(+) und Kalium(+) sowie Tetraalkylammonium(+)) auf die pK'_{a2}-Werte: *Smith, Alberty,* J. phys. Chem. **60** [1956] 180, 182.

Verteilung zwischen verschiedenen Lösungsmitteln: *Plaut et al.,* J. biol. Chem. **184** [1950] 243, 246.

Chemisches Verhalten.

Änderung der UV-Absorption von wss. Lösungen bei der Einwirkung von Röntgen-Strahlen: *Hems, Eidinoff,* Radiat. Res. **9** [1958] 305, 308. Beim Erwärmen mit wss. HCl [0,2 n] auf 100° bilden sich Adenin, O^5-Phosphono-D-ribose und H_3PO_4 (*Bartlett,* J. biol. Chem. **234** [1959] 449, 453). Bei der Behandlung mit wss. NaOH [1 n] bei 20° wird H_3PO_4 abgespalten (*Gulland, Walsh,* Soc. **1945** 169, 171). Kinetik der Dephosphorylierung in wss. Lösungen vom pH 3,5–10,5 bei 80–95°: *Holbrook, Quellet,* Canad. J. Chem. **35** [1957] 1496; s. a. *Hock, Huber,* Bio. Z. **328** [1956] 44, 48, 50. Dephosphorylierung in wss. Lösungen vom pH 3,3 bei 80° sowie vom pH 9 bei 30° in Gegenwart von Magnesium(2+): *Liébecq, Jacquemotte-Louis,* Bl. Soc. Chim. biol. **40** [1958] 67, 72.

Dephosphorylierung durch Apyrase aus Kartoffeln: *Cohn, Meek,* Biochem. J. **66** [1957] 128, 129; *Kalckar,* J. biol. Chem. **153** [1944] 355, 363; *Székely,* Acta chim. hung. **1** [1951] 325, 327, 328; aus Insektenmuskeln: *Gilmour, Calaby,* Arch. Biochem. **41** [1952] 83, 98. Dephospho⸗rylierung durch Nucleotidpyrophosphatase aus Kartoffeln: *Kornberg, Pricer,* J. biol. Chem. **182** [1950] 763, 774; durch 5'-Nucleotidase aus der Retina von Kälbern: *Lenti, Cafiero,* Arch. Sci. biol. **37** [1953] 55, 57.

Zusammenfassende Darstellungen über die reversible Umwandlung in ATP und Acetat bei der Einwirkung von Acetylphosphat (E IV **2** 439) und Acetat-Kinase: *Rose,* Methods Enzymol. **1** [1955] 591; *Rose,* in *P.D. Boyer, H. Lardy, K. Myrbäck,* The Enzymes, Bd. 6 [New York 1962] S. 115; über Transphosphorylierungen s. *Myrbäck,* in *R. Ammon, W. Dirscherl,* Fermente, Hormone, Vitamine, 3. Aufl., Bd. 1 [Stuttgart 1959] S. 340. Reversible Phosphorylierung zu ATP bei der Einwirkung von polymerem Metaphosphat und Polyphosphat-Kinase: *Kornberg,* Biochim. biophys. Acta **26** [1957] 294, 295.

Reversible Umwandlung in AMP (S. 3615) durch Einwirkung von Pyrophosphat und Aden⸗ylat-Kinase: *Lieberman,* J. biol. Chem. **219** [1956] 307, 313; s. a. *Colowick,* Methods Enzymol. **2** [1955] 598. Bildung von $O^{3'}$,$O^{5'}$-Hydroxyphosphoryl-adenosin bei der Einwirkung von Ad⸗enylat-Cyclase aus Hundeleberhomogenat: *Rall, Sutherland,* J. biol. Chem. **232** [1958] 1065, 1072. Bildung von IMP (S. 2089) und ATP (S. 3654) bei der Einwirkung von Adenylat-Kinase und Adenosin-Desaminase: *Kalckar,* J. biol. Chem. **148** [1943] 127, 132; von IDP (S. 2091) bei der Einwirkung von ADP-Desaminase aus Kaninchenmuskeln: *Deutsch, Nilsson,* Acta chem. scand. **8** [1954] 1106.

Salze.

Stabilitätskonstanten von Metallkomplexen: *L.G. Sillén, A.E. Martell,* Stability Constants, 2. Aufl. [London 1964] S. 650; Spl. Nr. 1 [London 1971] S. 647; *Phillips,* Chem. Reviews **66** [1966] 501, 506.

Natrium-Salz. IR-Spektrum eines festen Films [aus wss. Lösung vom pH 7] (3600–2550 cm^{-1} und 1400–750 cm^{-1}): *Morales, Cecchini,* J. cellular compar. Physiol. **37** [1951] 107, 125.

Barium-Salz $Ba_3(C_{10}H_{12}N_5O_{10}P_2)_2$. Feststoff mit 8–10 Mol H_2O (*Lohmann, Schuster,* Bio. Z. **282** [1935] 104, 108; *Lohmann,* Bio. Z. **282** [1935] 109, 115).

Zink-Salz $Zn_3(C_{10}H_{12}N_5O_{10}P_2)_2$. Feststoff (*Weitzel, Spehr,* Z. physiol. Chem. **313** [1956] 212, 225). Stabilitätskonstante in wss. Lösung bei 25°: *We., Sp.,* l. c. S. 217.

Acridin-Salz $C_{10}H_{15}N_5O_{10}P_2 \cdot C_{13}H_9N$. Gelbe Kristalle (aus H_2O); F: 215° [unkorr.; Zers.] (*Wagner-Jauregg,* Z. physiol. Chem. **239** [1936] 188, 193; *Baddiley, Todd,* Soc. **1947** 648, 651).

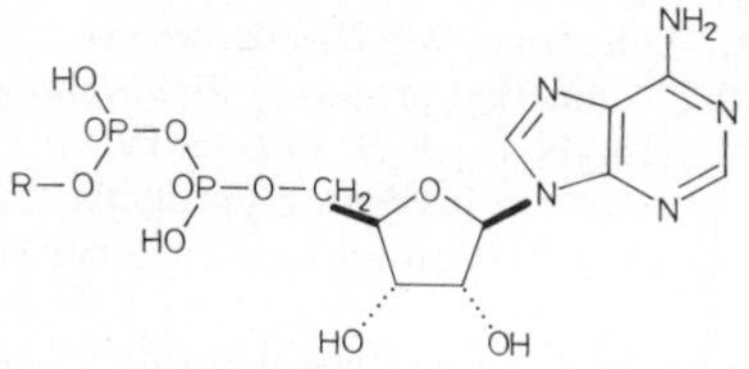

I

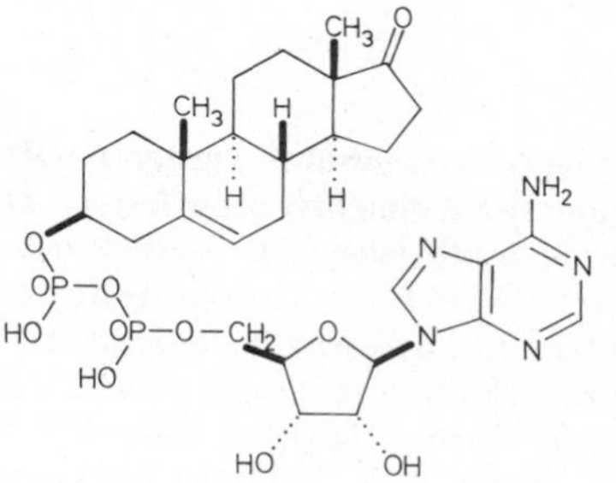

II

O$^{5'}$**-[1,2-Dihydroxy-2-phenoxy-diphosphoryl]-adenosin, Diphosphorsäure-1-adenosin-5′-ylester-2-phenylester** $C_{16}H_{19}N_5O_{10}P_2$, Formel I (R = C_6H_5).

B. Aus dem *N,N′*-Dicyclohexyl-guanidin-Salz des *O*$^{5'}$-[Amino-hydroxy-phosphoryl]-adenosins beim Behandeln mit Phosphorsäure-monophenylester und Pyridin (*Moffatt, Khorana,* Am. Soc. **80** [1958] 3756, 3760).

Diammonium-Salz $[NH_4]_2C_{16}H_{17}N_5O_{10}P_2 \cdot 5H_2O$.

3β-[2-Adenosin-5′-yloxy-1,2-dihydroxy-diphosphophoryloxy]-androst-5-en-17-on, Diphosphorsäure-1-adenosin-5′-ylester-2-[17-oxo-androst-5-en-3β-ylester] $C_{29}H_{41}N_5O_{11}P_2$, Formel II.

B. Aus dem *N,N′*-Dicyclohexyl-guanidin-Salz des *O*$^{5'}$-[Amino-hydroxy-phosphoryl]-adenosins beim Behandeln mit 3β-Phosphonooxy-androst-5-en-17-on und Pyridin (*Oertel,* Arch. Biochem. **85** [1959] 564; *Oertel, Agashe,* Biochim. biophys. Acta **45** [1960] 1, 5).

Kristalle (aus wss. Me.).

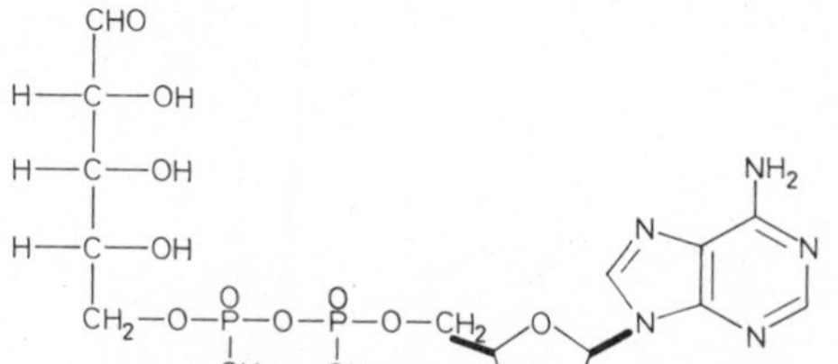

III

Diphosphorsäure-1-adenosin-5′-ylester-2-D-ribose-5-ylester, *O*$^{5'}$**-[1,2-Dihydroxy-2-D-ribose-5-yloxy-diphosphoryl]-adenosin,** D-Rib-5-*PP*-5′-Ado $C_{15}H_{23}N_5O_{14}P_2$, Formel III und cycl. Taut. (Diphosphorsäure-1-adenosin-5′-ylester-2-ξ-D-ribofuranose-5-ylester).

Isolierung aus Keimen von Phaseolus aureus: *Ginsburg et al.,* J. biol. Chem. **223** [1956] 977, 979.

B. Aus NAD^+ (S. 3644) beim Erwärmen mit wss. Citrat und Dinatriumphosphat (*Roberts,* J. biol. Chem. **234** [1959] 655, 657) oder durch Einwirkung von NAD^+-Nucleosidase (*Zatman et al.,* J. biol. Chem. **200** [1953] 197, 200; *Kaplan et al.,* J. biol. Chem. **191** [1951] 473, 480).

Hydrolyse durch Einwirkung von Nucleotid-Pyrophosphatase aus Weizenblättersaft: *Ro.,* l. c. S. 657. Desaminierung durch Einwirkung von Adenosin-Desaminase: *Kaplan et al.,* J. biol. Chem. **194** [1952] 579, 584.

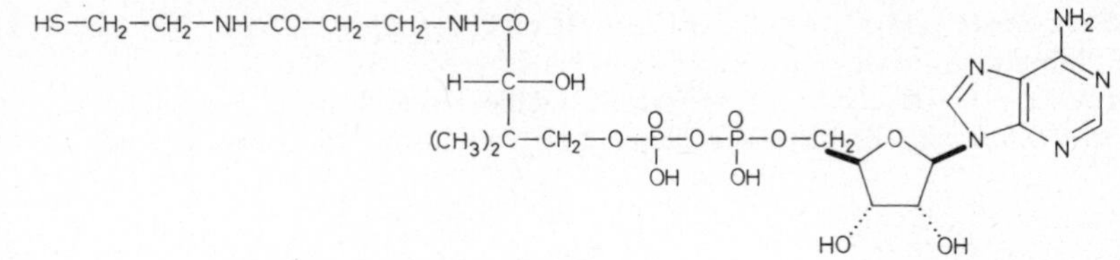

HS–CH₂–CH₂–NH–CO–CH₂–CH₂–NH–CO
H–C–OH
(CH₃)₂C–CH₂–O–P(O)(OH)–O–P(O)(OH)–O–CH₂
NH₂ N N N N HO OH

IV

Diphosphorsäure-1-adenosin-5′-ylester-2-{(*R*)-3-hydroxy-3-[2-(2-mercapto-äthylcarbamoyl)-äthylcarbamoyl]-2,2-dimethyl-propylester}, *O*[5′]-(1,2-Dihydroxy-2-{(*R*)-3-hydroxy-3-[2-(2-mercapto-äthylcarbamoyl)-äthylcarbamoyl]-2,2-dimethyl-propoxy}-diphosphoryl)-adenosin, *O*[3′]-Desphosphono-coenzym-A $C_{21}H_{35}N_7O_{13}P_2S$, Formel IV.

Vorkommen in Lactobacillus bulgaricus, Microbacterium glavum, Salmonella typhimurium, Staphylococcus aureus, in der Leber und in der Niere von Ratten und in der Leber von Tauben: *Brown,* J. biol. Chem. **234** [1959] 379, 381.

B. Aus Coenzym-A (S. 3663) bei der Einwirkung von Raygras-Phosphatase (*Brenner-Holzach et al.,* Helv. **39** [1956] 1790, 1793) oder von Prostata-Phosphatase (*Br.,* l. c. S. 380).

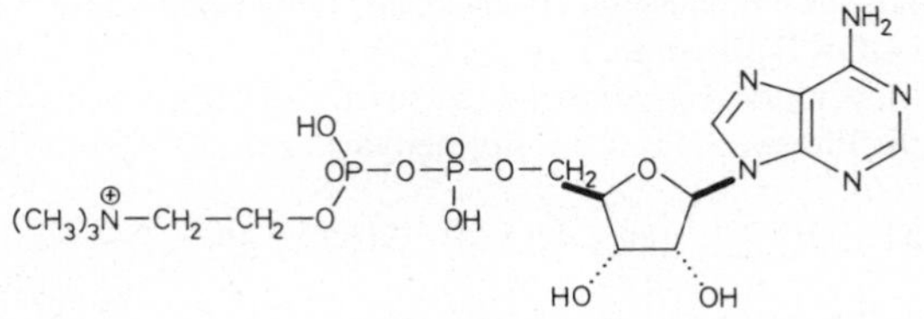

HO
OP–O–P(O)(OH)–O–CH₂
(CH₃)₃N⊕–CH₂–CH₂–O
NH₂ N N N N HO OH

V

[2-(2-Adenosin-5′-yloxy-1,2-dihydroxy-diphosphoryloxy)-äthyl]-trimethyl-ammonium, Diphosphorsäure-1-adenosin-5′-ylester-2-[2-trimethylammonio-äthylester], *O*[5′]-[1,2-Dihydroxy-2-(2-trimethylammonio-äthoxy)-diphosphoryl]-adenosin $[C_{15}H_{27}N_6O_{10}P_2]^+$, Formel V.

Betain $C_{15}H_{26}N_6O_{11}P_2$. *B.* Aus [5′]Adenylsäure und *O*-Phosphono-cholin-chlorid (E IV **4** 1460) mit Hilfe von Dicyclohexylcarbodiimid in wss. Pyridin (*Kennedy,* J. biol. Chem. **222** [1956] 185, 191).

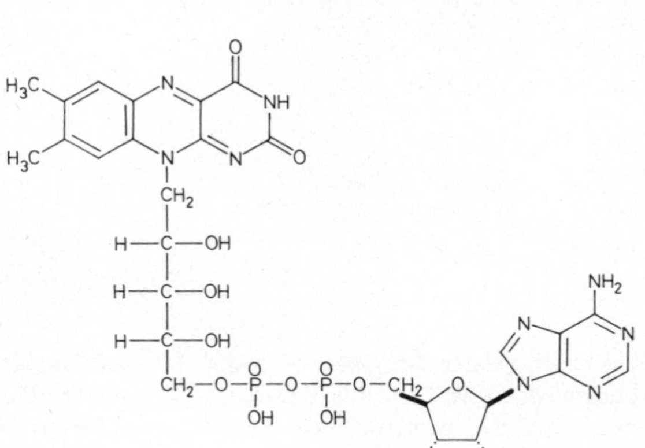

O H₃C H₃C N NH N N O
CH₂
H–C–OH
H–C–OH
H–C–OH
CH₂–O–P(O)(OH)–O–P(O)(OH)–O–CH₂
NH₂ N N N N HO OH

VI

Diphosphorsäure-1-adenosin-5′-ylester-2-riboflavin-5′-ylester, *O*[5′]-[2-Adenosin-5′-yloxy-1,2-dihydroxy-diphosphoryl]-riboflavin, FAD $C_{27}H_{33}N_9O_{15}P_2$, Formel VI (in der Literatur als Flavin-adenin-dinucleotid bezeichnet).

Konstitution: *Warburg, Christian,* Bio. Z. **298** [1938] 150; *Abraham,* Biochem. J. **33** [1939]

543; *Karrer, Frank,* Helv. **23** [1940] 948.

Zusammenfassende Darstellungen: *Cerletti, Caiafa,* Methods Enzymol. **18B** [1971] 399; *F.G. Fischer, H. Dörfel,* in *Hoppe-Seyler/Thierfelder,* Handbuch der Physiologisch- und Pathologisch-Chemischen Analyse, 10. Aufl., Bd. 4 [Berlin 1960] S. 1065, 1276.

Isolierung aus Sporen und Zellen von Bacillus subtilis und Bacillus megatherium: *Spencer, Powell,* Biochem. J. **51** [1952] 239, 242; aus Kulturen von Eremothecium ashbyii: *Masuda et al.,* J. pharm. Soc. Japan **75** [1955] 358; C. A. **1955** 9884; *Kuwada, Masuda,* J. Vitaminol. Japan **1** [1955] 180; *Masuda et al.,* J. Vitaminol. Japan **1** [1955] 185; Pharm. Bl. **3** [1955] 375, 378; *Yagi, Matsuoka,* J. Biochem. Tokyo **42** [1955] 845; *Yagi et al.,* J. Biochem. Tokyo **43** [1956] 93, 94; aus verschiedenen Mikroorganismen: *Peel,* Biochem. J. **69** [1958] 403, 412, 413; aus Bäckerhefe: *Warburg, Christian,* Bio. Z. **298** [1938] 150, 160, 368, 377; *Whitby,* Biochim. biophys. Acta **15** [1954] 148; *Siliprandi, Bianchi,* Biochim. biophys. Acta **16** [1955] 424; *Cerletti, Siliprandi,* Arch. Biochem. **76** [1958] 214, 215; aus der Leber und den Nieren von Pferden: *Wa., Ch.,* l. c. S. 157.

B. Aus dem *N,N'*-Dicyclohexyl-guanidin-Salz des $O^{5'}$-[Amino-hydroxy-phosphoryl]-adeno=sins beim Behandeln mit dem Pyridin-Salz des $O^{5'}$-Phosphono-riboflavins in 2-Chlor-phenol und Pyridin unter Lichtausschluss (*Moffatt, Khorana,* Am. Soc. **80** [1958] 3756, 3761). Aus [5']Adenylsäure und dem Mononatrium-Salz des $O^{5'}$-Phosphono-riboflavins mit Hilfe von Tri=fluoressigsäure-anhydrid (*DeLuca, Kaplan,* J. biol. Chem. **223** [1956] 569, 570) oder mit Hilfe von Di-*p*-tolyl-carbodiimid in wss. Pyridin (*Huennekens, Kilgour,* Am. Soc. **77** [1955] 6716). Aus $O^{5'}$-Benzyloxyphosphinoyl-$O^{2'}$,$O^{3'}$-isopropyliden-adenosin beim Behandeln mit *N*-Chlor-succinimid in Acetonitril, Erwärmen des Reaktionsgemisches mit dem Monothallium(I)-Salz des $O^{5'}$-Phosphono-riboflavins und Triäthylamin in Phenol und Behandeln des Reaktionspro=dukts mit wss. HCl (*Christie et al.,* Soc. **1954** 46, 50).

Enzymatische Bildung in Kulturen von Eremothecium ashbyii: *Masuda,* Pharm. Bl. **3** [1955] 434, 440; von Escherichia coli: *Hotta et al.,* Vitamins Japan **9** [1955] 424, 546; C. A. **1956** 15701. Enzymatische Bildung aus ATP und $O^{5'}$-Phosphono-riboflavin bei der Einwirkung von FMN-Adenyltransferase aus Bierhefe: *Schrecker, Kornberg,* J. biol. Chem. **182** [1950] 795, 799; bei der Einwirkung eines Enzyms aus Rattenleber: *DeLuca, Kaplan,* Biochim. biophys. Acta **30** [1958] 6, 7; s. a. *Yagi,* Med. Biol. Japan **19** [1951] 305; C. A. **1951** 10277.

Reinigung durch Chromatographieren an Tonerde: *Burton,* Biochem. J. **48** [1951] 458, 459; an Magnesiumsilicat und Dicalciumphosphat: *Dimant et al.,* Am. Soc. **74** [1952] 5440; an Cellu=lose-Pulver: *Whitby,* Biochem. J. **54** [1953] 437, 438; Biochim. biophys. Acta **15** [1954] 148; durch Elektrophorese an Cellulose-Pulver und Chromatographieren an Ionenaustauschern: *Cer=letti, Siliprandi,* Arch. Biochem. **76** [1958] 214, 216, 217; *Shimazu,* Ann. Rep. Shionogi Res. Labor. **6** [1956] 50; C. A. **1957** 4485; durch Gegenstromverteilung: *Bergel et al.,* A. **607** [1957] 219.

Lichtempfindliche gelbe Kristalle (*Cerletti, Siliprandi,* Arch. Biochem. **76** [1958] 214, 221). Absorptionsspektrum in wss. Löuungen vom pH 2, pH 7 und pH 12 (210–500 nm): *Ce., Si.,* l. c. S. 218; vom pH 7 (210–500 nm): *Masuda et al.,* J. Vitaminol. Japan **1** [1955] 185, 187; vom pH 7 (240–500 nm): *Singer, Kearney,* Arch. Biochem. **27** [1950] 348, 354; *Dimant et al.,* Am. Soc. **74** [1952] 5440, 5444; *Whitby,* Biochem. J. **54** [1953] 437, 440; *Christie et al.,* Soc. **1954** 46, 49; *Siliprandi, Bianchi,* Biochim. biophys. Acta **16** [1955] 424, 427; *Yagi et al.,* J. Biochem. Tokyo **43** [1956] 93, 99; *Weber,* J. Chim. phys. **55** [1958] 878, 880; vom pH 7,4 (320–540 nm): *Warburg, Christian,* Bio. Z. **298** [1938] 368, 371; in Propylenglykol (240–530 nm): *We.*

Fluorescenzspektrum der festen Verbindung (450–630 nm): *Yagi, Okuda,* Chem. pharm. Bl. **6** [1958] 659. Relative Intensität der Fluorescenz in wss. Lösungen vom pH 1–7: *Bessey et al.,* J. biol. Chem. **180** [1948] 755, 759; vom pH 1–6: *Weber,* Biochem. J. **47** [1950] 114, 118; vom pH 1,5–11,6: *Cerletti, Siliprandi,* Arch. Biochem. **76** [1958] 214, 219; vom pH 8–11,2: *Walaas, Walaas,* Acta chem. scand. **10** [1956] 122, 124; in verschiedenen Lösungsmittelge=mischen: *Be. et al.,* l. c. S. 760. Polarisationsgrad und Abklingzeit der Fluorescenz in Glycerin-H_2O-Gemischen: *We.,* l. c. S. 119. Löschung der Fluorescenz in wss. Lösung vom pH 6,8 durch Adenosin und [5']Adenylsäure: *Be. et al.,* l. c. S. 761.

Scheinbarer Dissoziationsexponent pK'_a (Dianion; H_2O; aus dem Redoxpotential ermittelt) bei 25°: ca. 9,65 (*Ke,* Arch. Biochem. **68** [1957] 330, 339). Scheinbare Dissoziationskonstante K_a' (H_2O; aus dem Redoxpotential ermittelt) bei 30°: ca. $4 \cdot 10^{-11}$ (*Lowe, Clark,* J. biol. Chem. **221** [1956] 983, 991; s. a. *Walaas, Walaas,* Acta chem. scand. **10** [1956] 122, 124). Redoxpotential (wss. Lösungen vom pH 2,4–12,4) bei 30°: *Lowe, Cl.* Polarographisches Halbstufenpotential (wss. Lösungen vom pH 0,3–12,4 bzw. pH 1–11,8): *Asahi,* J. pharm. Soc. Japan **76** [1956] 378; C. A. **1956** 10563; *Ke,* l. c. S. 338.

Verteilung zwischen einen Phenol-Kresol-Gemisch [2:1] und wss. Lösung vom pH 7,4: *Bergel et al.,* A. **607** [1957] 219, 220, 221; zwischen Benzylalkohol und wss. Lösungen vom pH 6,6 und pH 6,8: *Bessey et al.,* J. biol. Chem. **180** [1948] 755, 757.

Beim Erwärmen von wss. Lösungen vom pH 3–9 sowie bei der Einwirkung [4–8 h] von Sonnenlicht sind Lumiflavin (S. 2539), Riboflavin, $O^{5'}$-Phosphono-riboflavin und [5']Adenylsäure erhalten worden (*Masuda et al.,* J. pharm. Soc. Japan **75** [1955] 802; C. A. **1955** 16342; vgl. *Shigemoto,* Med. J. Osaka Univ. [japan. Ausg.] **10** [1958] 513, 516; C. A. **1958** 13832). Zeitlicher Verlauf der Photoreduktion in Gegenwart von Äthylendiamintetraessigsäure unter anaeroben Bedingungen: *Vernon,* Biochim. biophys. Acta **36** [1959] 177, 178. Photolyse (Bildung von Lumiflavin) in wss. Lösungen vom pH 7–14 bei 20° sowie in wss. NaOH bei 0–80°: *Yogi,* J. Biochem. Tokyo **43** [1956] 635, 638.

Beim Erwärmen mit wss. HCl [0,1 n] sind $O^{5'}$-Phosphono-riboflavin, [5']Adenylsäure, Riboflavin, Lumiflavin, Adenin, O^5-Phosphono-D-ribose und H_3PO_4 erhalten worden (*Masuda et al.,* J. pharm. Soc. Japan **75** [1955] 799; C. A. **1955** 16341; vgl. *Warburg, Christian,* Bio. Z. **298** [1938] 150, 156). Zeitlicher Verlauf der Hydrolyse in wss. Trichloressigsäure bei 0°, 15° und 38°: *Bessey et al.,* J. biol. Chem. **180** [1949] 755, 756. Hydrolyse in wss. NaOH bei 100°: *Ma. et al.*

Über die Rolle von FAD als wasserstoffübertragendes Coenzym von Dehydrogenasen s. *Nygaard,* in *Hoppe-Seyler/Thierfelder,* Handbuch der Physiologisch- und Pathologisch-Chemischen Analyse, 10. Aufl., Bd. 6, Tl. A [Berlin 1964] S. 854, 870; *Meister, Wellner,* in *P.D. Boyer, H. Lardy, K. Myrbäck,* The Enzymes, Bd. 7 [New York 1963] 609; *R. Ammon, W. Dirscherl,* Fermente, Hormone, Vitamine, 3. Aufl., Bd. 1 [Stuttgart 1959] S. 477. Katalytische Wirkung auf die photochemische Oxidation von Eisen(2+) und die Reduktion von Eisen(3+) in wss. Lösung: *Rutter,* Acta chem. scand. **12** [1958] 438, 445.

Stabilitätskonstante der Komplexe mit Magnesium(2+), Calcium(2+), Mangan(2+) und Kobalt(2+) in wss. Lösung vom pH 8,2 bei 23°: *Walaas,* Acta chem. scand. **12** [1958] 528, 533.

Trisilber-Salz $Ag_3C_{27}H_{30}N_9O_{15}P_2 \cdot 5H_2O$. Rot (*Christie et al.,* Soc. **1954** 46, 51).

Barium-Salz $BaC_{27}H_{31}N_9O_{15}P_2$. Braunroter Feststoff [aus H_2O] (*Warburg, Christian,* Bio. Z. **298** [1938] 150, 159). Löslichkeit in H_2O bei Raumtemperatur und bei 60°: *Wa., Ch.,* l. c. S. 157.

(Ξ)-Diphosphorsäure-1-adenosin-5′-ylester-2-riboflavin-4′,5′-diylester, $O^{4'}$,$O^{5'}$-[(Ξ)-[5′]Adenylyloxyphosphoryl]-riboflavin $C_{27}H_{31}N_9O_{14}P_2$, Formel VII.

Konstitution: *Huennekens et al.,* Am. Soc. **75** [1953] 3611; *Shimizu, Kato,* Vitamins Japan **17** [1959] 58; C. A. **58** [1963] 4641.

Isolierung aus Schweineleber: *Dimant et al.,* Am. Soc. **74** [1952] 5440, 5442; *Hu. et al.*

Bei der Einwirkung von Nucleotid-Pyrophosphatase sind $O^{4'}$,$O^{5'}$-Hydroxyphosphoryl-riboflavin und [5′]Adenylsäure erhalten worden (*Hu. et al.*).

Diphosphorsäure-1-adenosin-5′-ylester-2-[(1*R*)-1-(3-formyl-4*H*-[1]pyridyl)-D-1,4-anhydro-ribit-5-ylester], $O^{5'}$-{2-[(1*R*)-1-(3-Formyl-4*H*-[1]pyridyl)-D-1,4-anhydro-ribit-5-yloxy]-1,2-dihydroxydiphosphoryl}-adenosin, 3-Formyl-PdHr-5′-*PP*-5′-Ado $C_{21}H_{28}N_6O_{14}P_2$, Formel VIII (X = O) (in der älteren Literatur als [3-Formyl-1,4-dihydro-pyridin]-adenin-dinucleotid bzw. „reduziertes 3-Pyridinaldehyd-adenin-dinucleotid" bezeichnet).

B. Aus Diphosphorsäure-1-adenosin-5′-ylester-2-[(1*R*)-1-(3-formyl-pyridinio)-D-1,4-anhydro-ribit-5-ylester]-betain (S. 3636) mit Hilfe von Alkohol-Dehydrogenase (*van Eys et al.,* J. biol. Chem. **231** [1958] 571, 572).

UV-Spektrum (wss. Lösung vom pH 9,5; 220–400 nm): *Siegel et al.*, Arch. Biochem. **82** [1959] 288, 292. λ_{max} (wss. Lösung vom pH 7,5): 355 nm (*Kaplan et al.*, Arch. Biochem. **69** [1957] 441, 444).

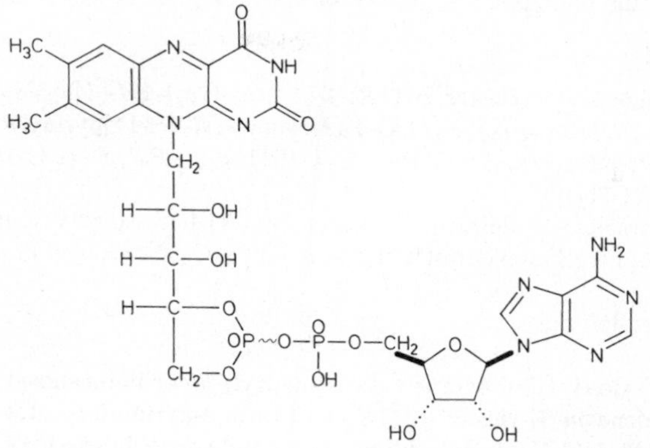

VII

***Diphosphorsäure-1-adenosin-5′-ylester-2-{(1*R*)-1-[3-(hydroxyimino-methyl)-4*H*-[1]pyridyl]-D-1,4-anhydro-ribit-5-ylester}, *O*^5′-(1,2-Dihydroxy-2-{(1*R*)-1-[3-(hydroxyimino-methyl)-4*H*-[1]pyridyl]-D-1,4-anhydro-ribit-5-yloxy}-diphosphoryl)-adenosin** $C_{21}H_{29}N_7O_{14}P_2$, Formel VIII (X = N-OH).

B. Aus Diphosphorsäure-1-adenosin-5′-ylester-2-{(1*R*)-1-[3-(hydroxyimino-methyl)-pyridinio]-D-1,4-anhydro-ribit-5-ylester}-betain (S. 3636) mit Hilfe von $Na_2S_2O_4$ (*Anderson et al.*, J. biol. Chem. **234** [1959] 1219, 1222).

λ_{max} (wss. Lösung): 330 nm.

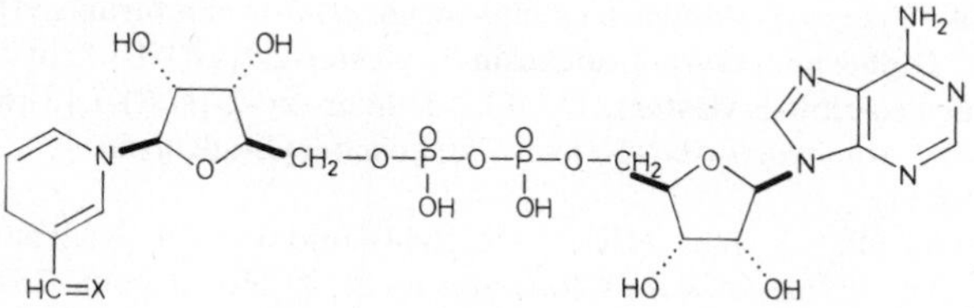

VIII

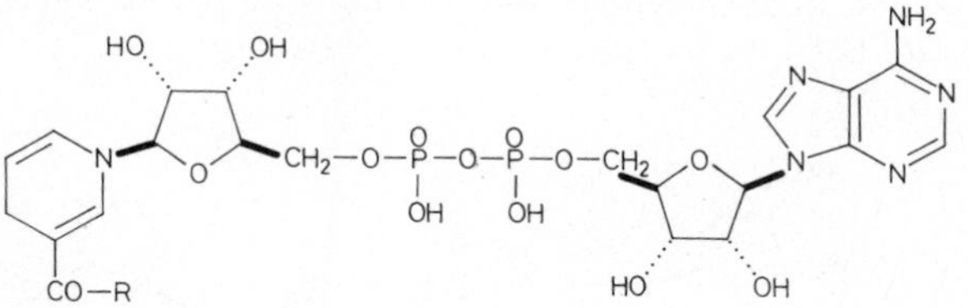

IX

Diphosphorsäure-1-[(1*R*)-1-(3-acetyl-4*H*-[1]pyridyl)-D-1,4-anhydro-ribit-5-ylester]-1-adenosin-5′-ylester, *O*^5′-{2-[(1*R*)-1-(3-Acetyl-4*H*-[1]pyridyl)-D-1,4-anhydro-ribit-5-yloxy]-1,2-dihydroxy-diphosphoryl}-adenosin, 3-Acetyl-PdHr-5′-*PP*-5′-Ado $C_{22}H_{30}N_6O_{14}P_2$, Formel IX (R = CH_3) (in der älteren Literatur als [3-Acetyl-1,4-dihydro-pyridin]-adenin-dinucleotid bzw. als „reduziertes [3-Acetyl-pyridin]-adenin-dinucleotid“ APH bezeichnet).

B. Aus Diphosphorsäure-1-[(1*R*)-1-(3-acetyl-pyridinio)-D-1,4-anhydro-ribit-5-ylester]-2-adenosin-5′-ylester-betain (S. 3637) mit Hilfe von Alkohol-Dehydrogenase (*van Eys et al.*, J. biol. Chem. **231** [1958] 571, 572; *Kaplan, Ciotti,* J. biol. Chem. **221** [1956] 823, 826).

Absorptionsspektrum (230—440 nm) in wss. Lösungen vom pH 7,5: *Ka., Ci.*, l. c. S. 827; *Kaplan et al.*, Arch. Biochem. **69** [1957] 441, 446; vom pH 8,5: *Wallenfels, Diekmann*, A. **621** [1959] 166, 174; vom pH 9,5: *Siegel et al.*, Arch. Biochem. **82** [1959] 288, 291. Fluorescenz-spektrum (wss. Lösung vom pH 7,4; 450—500 nm): *Shifrin et al.*, J. biol. Chem. **234** [1959] 1555, 1556.

Diphosphorsäure-1-adenosin-5′-ylester-2-[(1*R*)-1-(3-isobutyryl-4*H*-[1]pyridyl)-D-1,4-anhydro-ribit-5-ylester], *O*⁵′-{1,2-Dihydroxy-2-[(1*R*)-1-(3-isobutyryl-4*H*-[1]pyridyl)-D-1,4-anhydro-ribit-5-yloxy]-diphosphoryl}-adenosin, 3-Isobutyryl-PdHr-5′-*PP*-5′-Ado $C_{24}H_{34}N_6O_{14}P_2$, Formel IX (R = $CH(CH_3)_2$).

B. Aus Diphosphorsäure-1-adenosin-5′-ylester-2-[(1*R*)-1-(3-isobutyryl-pyridinio)-D-1,4-anhydro-ribit-5-ylester]-betain (S. 3637) mit Hilfe von $Na_2S_2O_4$ (*Anderson et al.*, J. biol. Chem. **234** [1959] 1219, 1222).

λ_{max} (wss. Lösung): 360 nm.

1-[*O*⁵-(2-Adenosin-5′-yloxy-1,2-dihydroxy-diphosphoryl)-β-D-ribofuranosyl]-3-formyl-pyridinium, Diphosphorsäure-1-adenosin-5′-ylester-2-[(1*R*)-1-(3-formyl-pyridinio)-D-1,4-anhydro-ribit-5-ylester], *O*⁵′-{2-[(1*R*)-1-(3-Formyl-pyridinio)-D-1,4-anhydro-ribit-5-yloxy]-1,2-dihydroxy-diphosphoryl}-adenosin $[C_{21}H_{27}N_6O_{14}P_2]^+$, Formel X (X = O).

Betain $C_{21}H_{26}N_6O_{14}P_2$; 3-Formyl-Pdr-5′-*PP*-5′-Ado (in der älteren Literatur als [3-Formyl-pyridin]-adenin-dinucleotid bezeichnet). *B.* Aus NAD^+ (S. 3644) und Pyridin-3-carbaldehyd bei der Einwirkung von NAD^+-Nucleosidase (*van Eys et al.*, J. biol. Chem. **231** [1958] 571, 572). — UV-Spektrum (wss. Lösung vom pH 7,5; 220—300 nm): *Siegel et al.*, Arch. Biochem. **82** [1959] 288, 292. — Gleichgewichtskonstante der Reaktionssysteme mit Propan-1-thiol, Glutathion und weiteren Mercaptanen in alkal. wss. Lösung: *van Eys, Kaplan*, J. biol. Chem. **228** [1957] 305, 311; mit 1*H*-Imidazol in wss. Lösung vom pH 10: *van Eys*, J. biol. Chem. **233** [1958] 1203, 1205.

***1-[*O*⁵-(2-Adenosin-5′-yloxy-1,2-dihydroxy-diphosphoryl)-β-D-ribofuranosyl]-3-[hydroxyimino-methyl]-pyridinium, Diphosphorsäure-1-adenosin-5′-ylester-2-{(1*R*)-1-[3-(hydroxyimino-methyl)-pyridinio]-D-1,4-anhydro-ribit-5-ylester}, *O*⁵′-(1,2-Dihydroxy-2-{(1*R*)-1-[3-(hydroxyimino-methyl)-pyridinio]-D-1,4-anhydro-ribit-5-yloxy}-diphosphoryl)-adenosin** $[C_{21}H_{28}N_7O_{14}P_2]^+$, Formel X (X = N-OH).

Betain $C_{21}H_{27}N_7O_{14}P_2$. *B.* Aus NAD^+ (S. 3644) und Pyridin-3-carbaldehyd-oxim bei der Einwirkung von NAD^+-Nucleosidase (*Anderson et al.*, J. biol. Chem. **234** [1959] 1219, 1220). — λ_{max} (H_2O, wss. HCl [0,1 n] sowie wss. NaOH [0,1 n]): 255 nm (*An. et al.*). Scheinbare Dissoziationsexponenten pK'_{a1}, pK'_{a2} und pK'_{a3} (H_2O; potentiometrisch ermittelt): 3,9 bzw. 9,2 bzw. 11,3 (*An. et al.*). Redoxpotential (wss. Lösung vom pH 7): *Anderson, Kaplan*, J. biol. Chem. **234** [1959] 1226, 1227.

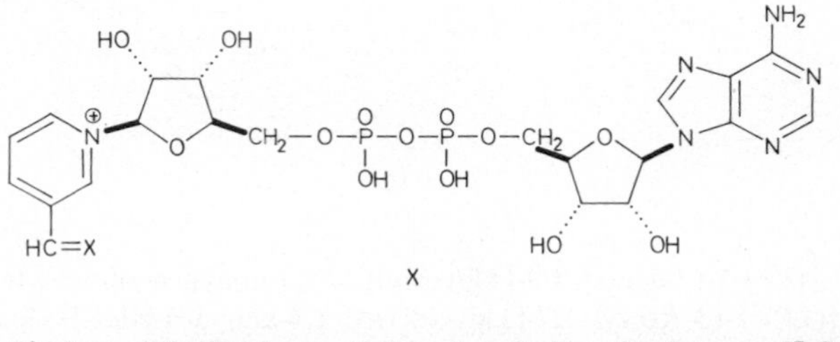

X

***1-[*O*⁵-(2-Adenosin-5′-yloxy-1,2-dihydroxy-diphosphoryl)-β-D-ribofuranosyl]-3-[(2,4-dinitro-phenylhydrazono)-methyl]-pyridinium, Diphosphorsäure-1-adenosin-5′-ylester-2-((1*R*)-1-{[3-(2,4-dinitro-phenylhydrazono)-methyl]-pyridinio}-D-1,4-anhydro-ribit-5-ylester), *O*⁵′-[2-((1*R*)-1-{3-[(2,4-Dinitro-phenylhydrazono)-methyl]-pyridinio}-D-1,4-anhydro-ribit-5-yloxy)-1,2-dihydroxy-diphosphoryl]-adenosin** $[C_{27}H_{31}N_{10}O_{17}P_2]^+$, Formel X (X = $N\text{-}NH\text{-}C_6H_3(NO_2)_2$).

Betain $C_{27}H_{30}N_{10}O_{17}P_2$. *B.* Aus Diphosphorsäure-1-adenosin-5′-ylester-2-[(1*R*)-1-(3-formyl-pyridinio)-D-1,4-anhydro-ribit-5-ylester]-betain (s. o.) und [2,4-Dinitro-phenyl]-hydrazin in wss. HCl (*Anderson et al.*, J. biol. Chem. **234** [1959] 1219, 1223). — λ_{max} (wss. Lösung): 500 nm.

3-Acetyl-1-[*O*^{5}-(2-adenosin-5′-yloxy-1,2-dihydroxy-diphosphoryl)-*β*-D-ribofuranosyl]-pyridinium, Diphosphorsäure-1-[(1*R*)-1-(3-acetyl-pyridinio)-D-1,4-anhydro-ribit-5-ylester]-2-adenosin-5′-ylester, *O*$^{5'}$-{2-[(1*R*)-1-(3-Acetyl-pyridinio)-D-1,4-anhydro-ribit-5-yloxy]-1,2-dihydroxy-diphosphoryl}-adenosin $[C_{22}H_{29}N_6O_{14}P_2]^+$, Formel XI (R = CH_3).

Betain $C_{22}H_{28}N_6O_{14}P_2$; 3-Acetyl-Pdr-5′-*PP*-5′-Ado (in der älteren Literatur als [3-Acetyl-pyridin]-adenin-dinucleotid bezeichnet). *B.* Aus NAD$^+$ (S. 3644) und 1-[3]Pyridyl-äthanon bei der Einwirkung von NAD$^+$-Nucleosidase (*Kaplan, Ciotti*, J. biol. Chem. **221** [1956] 823, 824). — UV-Spektrum (wss. Lösungen vom pH 7,5 bzw. pH 8,45; 220—400 nm): *Siegel et al.*, Arch. Biochem. **82** [1959] 288, 291; *Wallenfels, Diekmann*, A. **621** [1959] 166, 174. Redoxpotential (wss. Lösung vom pH 7): *Wa., Di.*, l. c. S. 176. — Gleichgewichtskonstante der Reaktionssysteme mit $NaHSO_3$, mit KCN sowie mit 1,3-Dihydroxy-aceton in wss. Lösung vom pH 7,5: *Ka., Ci.*, l. c. S. 828; mit KCN in wss. Lösung bei 20°: *Wa., Di.*, l. c. S. 170; mit 1*H*-Imidazol in wss. Lösung vom pH 10: *van Eys*, J. biol. Chem. **233** [1958] 1203, 1205. Gleichgewichtskonstante des Reaktionssystems (Reduktion) mit Alkohol-Dehydrogenase und Äthanol in wss. Lösung vom pH 8,15 bei 20°: *Wa., Di.*, l. c. S. 174. Reduktion im System mit NADH (S. 3639) und NAD(P)$^+$-Transhydrogenase: *Stein et al.*, J. biol. Chem. **234** [1959] 979, 980, 981.

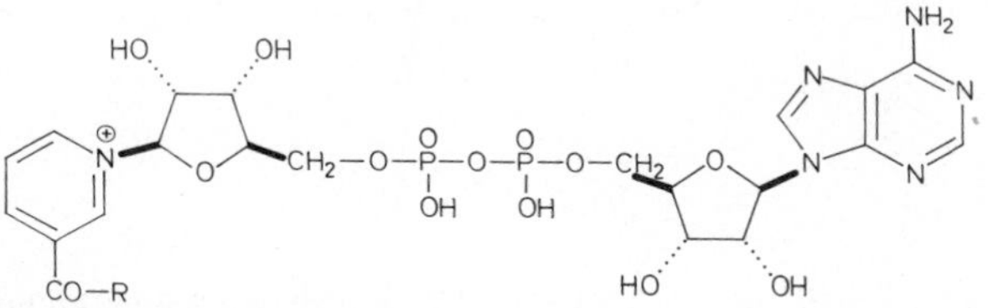

XI

1-[*O*^{5}-(2-Adenosin-5′-yloxy-1,2-dihydroxy-diphosphoryl)-*β*-D-ribofuranosyl]-3-isobutyryl-pyridinium, Diphosphorsäure-1-adenosin-5′-ylester-2-[(1*R*)-1-(3-isobutyryl-pyridinio)-D-1,4-anhydro-ribit-5-ylester], *O*$^{5'}$-{1,2-Dihydroxy-2-[(1*R*)-1-(3-isobutyryl-pyridinio)-D-1,4-anhydro-ribit-5-yloxy]-diphosphoryl}-adenosin $[C_{24}H_{33}N_6O_{14}P_2]^+$, Formel XI (R = $CH(CH_3)_2$).

Betain $C_{24}H_{32}N_6O_{14}P_2$; 3-Isobutyryl-Pdr-5′-*PP*-5′-Ado. *B.* Aus NAD$^+$ (S. 3644) und 2-Methyl-1-[3]pyridyl-propan-1-on mit Hilfe von NAD$^+$-Nucleosidase (*Anderson et al.*, J. biol. Chem. **234** [1959] 1219). — λ_{max}: 260 nm [H_2O sowie wss. HCl (0,1 n)] bzw. 260 nm und 330 nm [wss. NaOH (0,1 n)] (*An. et al.*, l. c. S. 1220). Redoxpotential (wss. Lösung vom pH 7): *Anderson, Kaplan*, J. biol. Chem. **234** [1959] 1226, 1227.

Diphosphorsäure-1-adenosin-5′-ylester-2-[(1*R*)-1-(3-benzoyl-4*H*-[1]pyridyl)-D-1,4-anhydro-ribit-5-ylester], *O*$^{5'}$-{2-[(1*R*)-1-(3-Benzoyl-4*H*-[1]pyridyl)-D-1,4-anhydro-ribit-5-yloxy]-1,2-dihydroxy-diphosphoryl}-adenosin, 3-Benzoyl-PdHr-5′-*PP*-5′-Ado $C_{27}H_{32}N_6O_{14}P_2$, Formel IX (R = C_6H_5).

B. Aus der folgenden Verbindung mit Hilfe von $Na_2S_2O_4$ (*Anderson et al.*, J. biol. Chem. **234** [1959] 1219, 1222).

λ_{max} (wss. Lösung): 365 nm.

1-[*O*^{5}-(2-Adenosin-5′-yloxy-1,2-dihydroxy-diphosphoryl)-*β*-D-ribofuranosyl]-3-benzoyl-pyridinium, Diphosphorsäure-1-adenosin-5′-ylester-2-[(1*R*)-1-(3-benzoyl-pyridinio)-D-1,4-anhydro-ribit-5-ylester], *O*$^{5'}$-{2-[(1*R*)-1-(3-Benzoyl-pyridinio)-D-1,4-anhydro-ribit-5-yloxy]-1,2-dihydroxy-diphosphoryl}-adenosin $[C_{27}H_{31}N_6O_{14}P_2]^+$, Formel XI (R = C_6H_5).

Betain $C_{27}H_{30}N_6O_{14}P_2$; 3-Benzoyl-Pdr-5′-*PP*-5′-Ado. *B.* Aus NAD$^+$ (S. 3644) und Phenyl-[3]pyridyl-keton mit Hilfe von NAD$^+$-Nucleosidase (*Anderson et al.*, J. biol. Chem. **234** [1959] 1219). — λ_{max}: 260 nm [H_2O sowie wss. HCl (0,1 n)] bzw. 260 nm und 355 nm [wss. NaOH (0,1 n)] (*An. et al.*). Redoxpotential (wss. Lösung vom pH 7): *Anderson, Kaplan,* J. biol. Chem. **234** [1959] 1226, 1227.

Diphosphorsäure-1-adenosin-5′-ylester-2-uridin-5′-ylester, $O^{5'}$-[1,2-Dihydroxy-2-uridin-5′-yloxy-diphosphoryl]-adenosin, Ado-5′-*PP*-5′-Urd $C_{19}H_{25}N_7O_{15}P_2$, Formel XII und Taut.

B. Neben Diphosphorsäure-1,2-di-adenosin-5′-ylester und Diphosphorsäure-1,2-di-uridin-5′-ylester aus [5′]Adenylsäure und [5′]Uridylsäure beim Behandeln mit Dicyclohexylcarbodiimid in wss. Pyridin sowie beim Erwärmen mit Dimethylcarbamonitril in wss. Pyridin (*Kenner et al.*, Soc. **1958** 546, 549, 550). Neben Diphosphorsäure-1,2-di-adenosin-5′-ylester beim Behandeln des 4-Benzyl-4-methyl-morpholin-Salzes des $O^{2'}$,$O^{3'}$-Isopropyliden-[5′]adenylsäure-mono-benzylesters mit $O^{5'}$-[Benzyloxy-chlor-phosphoryl]-$O^{2'}$,$O^{3'}$-isopropyliden-uridin (aus $O^{5'}$-Benzyloxyphosphinoyl-$O^{2'}$,$O^{3'}$-isopropyliden-uridin [E III/IV **24** 1227] und *N*-Chlor-succinimid hergestellt) in Benzol und Acetonitril, Erwärmen des erhaltenen Reaktionsprodukts mit Kalium-thiocyanat in Butanon und anschliessenden Behandeln mit wss. HCl (*Ke. et al.*).

Feststoff mit 2,5 Mol H_2O.

Lithium-Salz.

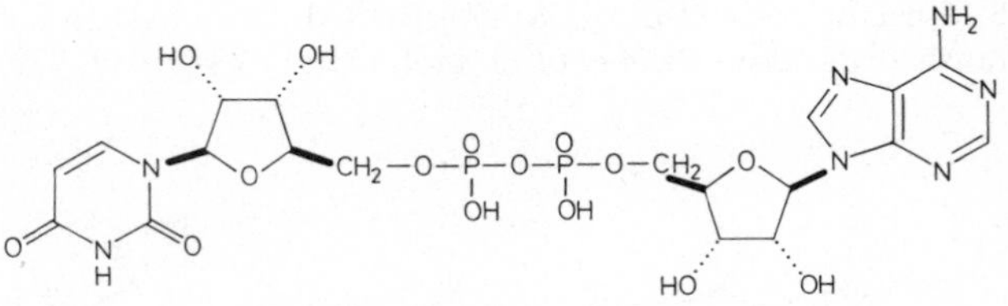

XII

Diphosphorsäure-1-adenosin-5′-ylester-2-[(1*R*)-1-((*Ξ*)-3-carbamoyl-piperidino)-D-1,4-anhydro-ribit-5-ylester], $O^{5'}$-{2-[(1*R*)-1-((*Ξ*)-3-Carbamoyl-piperidino)-D-1,4-anhydro-ribit-5-yloxy]-1,2-dihydroxy-diphosphoryl}-adenosin $C_{21}H_{33}N_7O_{14}P_2$, Formel XIII.

B. Bei der Hydrierung von NAD^+ (S. 3644) an Platin (*Ohlmeyer, Ochoa,* Bio. Z. **293** [1937] 338, 344; s. a. *Warburg et al.*, Bio. Z. **282** [1935] 157, 203).

Geschwindigkeit der Hydrolyse in wss. HCl [1 n] bei 100°: *Oh., Och.,* l. c. S. 345.

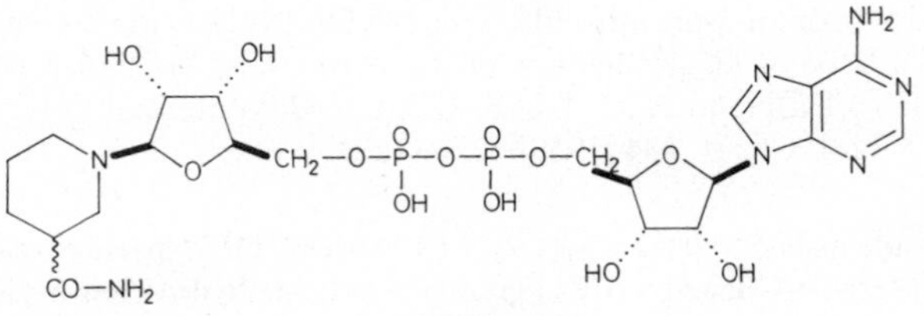

XIII

1-[O^5-(2-Adenosin-5′-yloxy-1,2-dihydroxy-diphosphoryl)-*β*-D-ribofuranosyl]-1,4-dihydro-pyridin-3-carbonsäure, Diphosphorsäure-1-adenosin-5′-ylester-2-[(1*R*)-1-(3-carboxy-4*H*-[1]pyridyl)-D-1,4-anhydro-ribit-5-ylester], $O^{5'}$-{2-[(1*R*)-1-(3-Carboxy-4*H*-[1]pyridyl)-D-1,4-anhydro-ribit-5-yloxy]-1,2-dihydroxy-diphosphoryl}-adenosin, 3-Carboxy-PdHr-5′-*PP*-5′-Ado $C_{21}H_{28}N_6O_{15}P_2$, Formel I (X = O, X′ = OH) (in der älteren Literatur als Dihydronicotinsäure-adenin-dinucleotid bezeichnet).

B. Aus Diphosphorsäure-1-adenosin-5′-ylester-2-[(1*R*)-1-(3-carboxy-pyridinio)-1,4-anhydro-ribit-5-ylester]-betain (S. 3643) mit Hilfe von $Na_2S_2O_4$ (*van Eys et al.*, J. biol. Chem. **231** [1958] 571, 572; *Lamborg et al.*, J. biol. Chem. **231** [1958] 685, 690).

UV-Spektrum (H_2O; 240 – 380 nm): *La. et al.* Fluorescenzmaximum (H_2O): 448 nm (*La. et al.*, l. c. S. 691).

I

1-[O^5-(2-Adenosin-5′-yloxy-1,2-dihydroxy-diphosphoryl)-β-D-ribofuranosyl]-1,4-dihydro-pyridin-3-carbonsäure-äthylester, Diphosphorsäure-1-adenosin-5′-ylester-2-[(1*R*)-1-(3-äthoxycarbonyl-4*H*-[1]pyridyl)-D-1,4-anhydro-ribit-5-ylester], $O^{5'}$-{2-[(1*R*)-1-(3-Äthoxycarbonyl-4*H*-[1]pyridyl)-D-1,4-anhydro-ribit-5-yloxy]-1,2-dihydroxy-diphosphoryl}-adenosin, 3-Äthoxycarbonyl-PdHr-5′-*PP*-5′-Ado $C_{23}H_{32}N_6O_{15}P_2$, Formel I (X = O, X′ = O-C_2H_5).

B. Aus Diphosphorsäure-1-adenosin-5′-ylester-2-[(1*R*)-1-(3-äthoxycarbonyl-pyridinio)-D-1,4-anhydro-ribit-5-ylester]-betain (S. 3644) mit Hilfe von $Na_2S_2O_4$ (*van Eys et al.*, J. biol. Chem. **231** [1958] 571, 572).

λ_{max} (H_2O): 330 nm.

II

Diphosphorsäure-1-adenosin-5′-ylester-2-[5-(3-carbamoyl-4*H*-[1]pyridyl)-3,4-dihydroxy-tetrahydro-furfurylester] $C_{21}H_{29}N_7O_{14}P_2$.

a) **Diphosphorsäure-1-adenosin-5′-ylester-2-[(1*S*)-1-(3-carbamoyl-4*H*-[1]pyridyl)-D-1,4-anhydro-ribit-5-ylester], $O^{5'}$-{2-[(1*S*)-1-(3-Carbamoyl-4*H*-[1]pyridyl)-D-1,4-anhydro-ribit-5-yloxy]-1,2-dihydroxy-diphosphoryl}-adenosin,** NiHαr-5′-*PP*-5′-Ado, α-NADH, Formel II (in der Literatur als α-[Dihydronicotinamid-adenin-dinucleotid] bezeichnet).

Konfiguration: *Shifrin, Kaplan,* Nature **183** [1959] 1529; *Miles et al.*, Biochemistry **7** [1968] 2333, 2337; *Miles, Urry,* J. biol. Chem. **243** [1968] 4181, 4182.

B. Aus α-NAD^+ (S. 3644) mit Hilfe von $Na_2S_2O_4$ (*van Eys et al.*, J. biol. Chem. **231** [1958] 571, 572; *Pfleiderer et al.*, A. **690** [1965] 170, 175; *Okamoto,* Methods Enzymol. **18B** [1971] 67).

Fluorescenzanregungsspektrum (H_2O; 230–410 nm; λ_{max}: 259 nm und 344 nm): *Pf. et al.*, l. c. S. 171, 173. Fluorescenzmaximum (H_2O): ca. 465 nm (*Pf.*, l. c. S. 173).

b) **Diphosphorsäure-1-adenosin-5′-ylester-2-[(1*R*)-1-(3-carbamoyl-4*H*-[1]pyridyl)-D-1,4-anhydro-ribit-5-ylester], $O^{5'}$-{2-[(1*R*)-1-(3-Carbamoyl-4*H*-[1]pyridyl)-D-1,4-anhydro-ribit-5-yloxy]-1,2-dihydroxy-diphosphoryl}-adenosin,** NiHr-5′-*PP*-5′-Ado, NADH, Formel III (R = R′ = H) (in der Literatur auch als Dihydronicotinamid-adenin-dinucleotid, Dihydrocodehydrogenase-I, Dihydrocoenzym-I, Dihydrocozymase sowie als „reduziertes Diphospho-pyridin-dinucleotid“, DPNH bezeichnet).

Konstitution: *Brown, Mosher,* J. biol. Chem. **235** [1960] 2145; *Hutton et al.*, Tetrahedron **3** [1958] 73; *Loewus et al.*, Am. Soc. **77** [1955] 3391; *Pullman et al.*, J. biol. Chem. **206** [1954] 129, 134. Konfiguration: *Lemieux, Lown,* Canad. J. Chem. **41** [1963] 889, 893.

Zusammenfassende Darstellungen: *Schlenk,* in *J.B. Sumner, K. Myrbäck,* The Enzymes, Bd. 2, Tl. 1 [New York 1951] S. 250, 268; *Singer, Kearney,* Adv. Enzymol. **15** [1954] 79, 87; *Kaplan,* in *P.D. Boyer, H. Lardy, K. Myrbäck,* The Enzymes, Bd. 3 [New York 1960] S. 105, 112, 125.

Vorkommen in Bäckerhefe und in tierischen Geweben: *Schlenk*, in *J.B. Sumner, K. Myrbäck*, The Enzymes, Bd. 2, Tl. 1 [New York 1951] S. 250, 268.

B. Aus NAD^+ (S. 3644) mit Hilfe von $Na_2S_2O_4$ (*Lehninger*, J. biol. Chem. **190** [1951] 345, 347; Biochem. Prepar. **2** [1952] 92, 93; *Ohlmeyer*, Bio. Z. **297** [1938] 66, 67; *Slater*, Biochem. J. **46** [1950] 484, 485; *Kono*, Bl. agric. chem. Soc. Japan **21** [1957] 115, 117; *Adler et al.*, Z. physiol. Chem. **242** [1936] 225, 227). Aus NAD^+ durch elektrolytische Reduktion an einer Quecksilber-Kathode (*Kono*; *Kono, Nakamura*, Bl. agric. chem. Soc. Japan **22** [1958] 399; s. a. *Ke*, Am. Soc. **78** [1956] 3649; *Powning, Kratzing*, Arch. Biochem. **66** [1957] 249). Aus NAD^+ bei der Einwirkung von Alkohol-Dehydrogenase und Äthanol (*Bonnichsen*, Acta chem. scand. **4** [1950] 714; *Bronowizkaja*, Doklady Akad. S.S.S.R. **111** [1956] 155; C. A. **1957** 7514; *Ono, Suekane*, Bl. agric. chem. Soc. Japan **22** [1958] 404, 405), bei der Einwirkung von Glutamat-Dehydrogenase und H_2O (*Sl.*, l. c. S. 486). Aus NAD^+ und NADPH (S. 3671) bei der Einwirkung von $NAD(P)^+$-Transhydrogenase (*Kaplan et al.*, J. biol. Chem. **195** [1952] 107, 108; *San Pietro et al.*, J. biol. Chem. **212** [1955] 941, 946). Aus NADPH durch Einwirkung von alkal. Phosphatase und H_2O (*Morton*, Biochem. J. **61** [1955] 240, 242).

Reinigung von NADH des Handels: *Loesche et al.*, Methods Enzymol. **66** [1980] 11. Abtrennung als Barium-Salz: *Lehninger*, J. biol. Chem. **190** [1951] 345, 347; Biochem. Prepar. **2** [1952] 92, 93; *Adler, v. Euler*, Ark. Kemi **12** B Nr. 36 [1938] 1, 3.

Konformation in Lösung: *Miles, Urry*, J. biol. Chem. **243** [1968] 4181, 4187.

Absorptionsspektrum (230—410 nm) in H_2O: *Lundegårdh*, Biochim. biophys. Acta **20** [1956] 469, 474; *Weber*, J. Chim. phys. **55** [1958] 878, 879; in wss. Lösungen vom pH 7,6: *v. Euler et al.*, Z. physiol. Chem. **241** [1936] 239, 244; vom pH 8,8: *Barron, Levine*, Arch. Biochem. **41** [1952] 175, 184; vom pH 9,5; *Siegel et al.*, Arch. Biochem. **82** [1959] 288, 291; vom pH 9,7: *Haas*, Bio. Z. **288** [1936] 123; in Propylenglykol: *We.* Absorptionsspektrum des Dinatrium-Salzes (H_2O; 220—410 nm): *Drabkin*, J. biol. Chem. **157** [1945] 563, 567.

Fluorescenzspektrum in H_2O (390—600 nm): *Duysens, Amesz*, Biochim. Biophys. Acta **24** [1957] 19, 22; in wss. Lösungen vom pH 7 (380—560 nm): *Boyer, Theorell*, Acta chem. scand. **10** [1956] 447, 448; vom pH 7,1 (400—530 nm): *Velick*, J. biol. Chem. **233** [1958] 1455, 1456; vom pH 7,4 (420—500 nm): *Shifrin et al.*, J. biol. Chem. **234** [1959] 1555, 1556; vom pH 7,6 (390—600 nm): *Winer, Schwert*, Biochim. biophys. Acta **29** [1958] 424. Fluorescenzmaximum (wss. Lösung vom pH 8,3): 457 nm (*Weber*, J. Chim. phys. **55** [1958] 878, 881). Quantenausbeute der Fluorescenz in Propylenglykol bei $-70°$ bis $+2°$: *We.*, l. c. S. 882. Abklingzeit der Fluorescenz in wss. Lösung: *We.*, l. c. S. 883. Polarisationsgrad der Fluorescenz in H_2O in Abhängigkeit von der Temperatur sowie in Glycerin bei 3°: *We.*, l. c. S. 883, 884.

Redoxpotential im System mit NAD^+ (S. 3644) in wss. Lösungen vom pH 0, pH 7 und pH 8—8,6 bei 20—40°: *Rodkey*, J. biol. Chem. **234** [1959] 188; vom pH 6,5—10,5 bei 30°: *Rodkey*, J. biol. Chem. **213** [1955] 777; vom pH 7 bei 25°: *Burton, Wilson*, Biochem. J. **54** [1953] 86, 92; bei 30°: *Borsook*, J. biol. Chem. **133** [1940] 629.

Änderung der UV-Absorption bei der Einwirkung von Röntgen-Strahlen auf eine wss. Lösung vom pH 7: *Barron et al.*, Radiat. Res. **1** [1954] 410, 417. NADH ist in saurer wss. Lösung nicht beständig (*Adler et al.*, Z. physiol. Chem. **242** [1936] 225, 227; *Holzer et al.*, Z. physiol. Chem. **297** [1954] 1, 2). Stabilität in wss. HCl [0,1 n] sowie in wss. NaOH [0,1 n] bei 85° und 100°: *Glock, McLean*, Biochem. J. **61** [1955] 381, 383.

Oxidation zu NAD^+ in wss. Lösungen vom pH 4,5—8: *Adler et al.*, Z. physiol. Chem. **242** [1936] 225, 229. Oxidation durch H_2O_2 in wss. Lösungen vom pH 4,8—11,4: *Barron et al.*, Arch. Biochem. **41** [1952] 188, 193; durch H_2O_2 in wss. Lösung vom pH 7,7 in Gegenwart von Kupfer(2+): *Burton, Lamborg*, Arch. Biochem. **62** [1956] 369, 370. Geschwindigkeit der Oxidation durch H_2O_2 und Eisen(2+) sowie durch $K_3[Fe(CN)_6]$ in wss. Lösungen vom pH 4,5—5 bzw. pH 7 bei 25°: *Schellenberg, Hellerman*, J. biol. Chem. **231** [1958] 547, 550, 551. Geschwindigkeitskonstante der Dehydrierung durch [1,4]Benzochinon sowie durch 2,6-Dichlor-[1,4]benzochinon-4-[4-hydroxy-phenylimin] (2,6-Dichlor-phenol-indophenol) in wss. Methanol vom pH 7 bei 25°: *Wallenfels, Gellrich*, A. **621** [1959] 149, 154, 157; vgl. *Sch., He.*, l. c. S. 551, 553. Geschwindigkeit der Dehydrierung durch 1-Oxy-1,3-diaza-spiro[4.5]deca-1,3-dien-2,4-diyldiamin in wss. Lösung vom pH 4,6 bei 25°: *Sch., He.*, l. c. S. 550.

Rolle als Wasserstoffüberträger bei biologischen Reduktionen: *Velick*, Ann. Rev. Biochem.

25 [1956] 257; *Mahler*, Ann. Rev. Biochem. **26** [1957] 17.

Stabilitätskonstante des Komplexes mit Testosteron in wss. Lösung vom pH 7,8 bei 10°: *Munck et al.*, Biochim. biophys. Acta **26** [1957] 397, 401.

Natrium-Salz. Herstellung: *Wu, Tsou*, Scientia sinica **4** [1955] 137, 138. – Doppelbrechende Kristalle [aus Me.] (*Ohlmeyer*, Bio. Z. **297** [1938] 66, 68).

Barium-Salz $BaC_{21}H_{27}N_7O_{14}P_2 \cdot 4H_2O$. Herstellung: *Lehninger*, J. biol. Chem. **190** [1951] 345, 347, 348; Biochem. Prepar. **2** [1952] 92. – Hellgelbes Pulver.

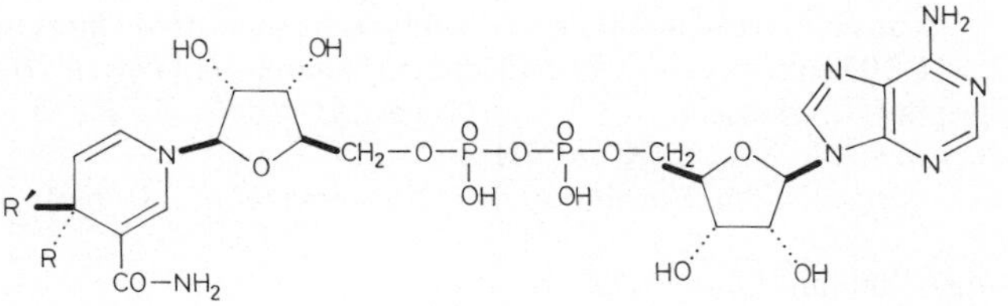

III

Diphosphorsäure-1-adenosin-5′-ylester-2-[5-(3-carbamoyl-4-deuterio-4*H*-[1]pyridyl)-3,4-dihydroxy-tetrahydro-furfurylester] $C_{21}H_{28}DN_7O_{14}P_2$.

Konfiguration der nachstehend beschriebenen Stereoisomeren: *Cornforth et al.*, Biochem. biophys. Res. Commun. **9** [1962] 371.

a) **Diphosphorsäure-1-adenosin-5′-ylester-2-[(1*R*)-1-((4*R*)-3-carbamoyl-4-deuterio-4*H*-[1]pyridyl)-D-1,4-anhydro-ribit-5-ylester], *O*$^{5'}$-{2-[(1*R*)-1-((4*R*)-3-Carbamoyl-4-deuterio-4*H*-[1]pyridyl)-D-1,4-anhydro-ribit-5-yloxy]-1,2-dihydroxy-diphosphoryl}-adenosin,** Formel III (R = D, R′ = H).

B. Neben dem unter b) beschriebenen Stereoisomeren aus NAD^+ (S. 3644) mit Hilfe von $Na_2S_2O_4$ in D_2O (*Fisher et al.*, J. biol. Chem. **202** [1953] 687, 688, 694; *Pullman et al.*, J. biol. Chem. **206** [1954] 129, 137). Aus NAD^+ bei der Reduktion im System mit Alkohol-Dehydrogenase und (*R*)-1-Deuterio-äthanol oder 1,1-Dideuterio-äthanol (*Loewus et al.*, Am. Soc. **75** [1953] 5018, 5020) bzw. 1,1-Dideuterio-äthanol (*Fi. et al.*, l. c. S. 690; *Pu. et al.*).

Bei der Oxidation im System mit Lactat-dehydrogenase und Acetaldehyd ist (*R*)-1-Deuterio-äthanol erhalten worden (*Lo. et al.*).

b) **Diphosphorsäure-1-adenosin-5′-ylester-2-[(1*R*)-1-((4*S*)-3-carbamoyl-4-deuterio-4*H*-[1]pyridyl)-D-1,4-anhydro-ribit-5-ylester], *O*$^{5'}$-{2-[(1*R*)-1-((4*S*)-3-Carbamoyl-4-deuterio-4*H*-[1]pyridyl)-D-1,4-anhydro-ribit-5-yloxy]-1,2-dihydroxy-diphosphoryl}-adenosin,** Formel III (R = H, R′ = D).

B. Aus Diphosphorsäure-1-adenosin-5′-ylester-2-[1-(3-carbamoyl-4-deuterio-pyridinio)-D-1,4-anhydro-ribit-5-ylester]-betain (S. 3645) bei der Reduktion im System mit Alkohol-Dehydrogenase und Äthanol (*Talalay et al.*, J. biol. Chem. **212** [1955] 801, 803; *Graves, Vennesland*, J. biol. Chem. **226** [1957] 307, 309). Aus NAD^+ (S. 3644) bei der Reaktion im System mit $NAD(P)^+$-Transhydrogenase und 4-Deuterio-dihydronicotinamid-adenin-dinucleotid-phosphat [Stereoisomeren-Gemisch] (*San Pietro et al.*, J. biol. Chem. **212** [1955] 941, 946) oder bei der Reaktion im System mit Glucose-Dehydrogenase und 1-Deuterio-D-glucose (*Levy et al.*, J. biol. Chem. **222** [1956] 685, 688, 691). Eine weitere Bildungsweise s. bei dem unter a) beschriebenen Stereoisomeren.

Diphosphorsäure-1-adenosin-5′-ylester-2-[(1*R*)-1-(3-hydroxycarbamoyl-4*H*-[1]pyridyl)-D-1,4-anhydro-ribit-5-ylester], *O*$^{5'}$-{1,2-Dihydroxy-2-[(1*R*)-1-(3-hydroxycarbamoyl-4*H*-[1]pyridyl)-D-1,4-anhydro-ribit-5-yloxy]-diphosphoryl}-adenosin $C_{21}H_{29}N_7O_{15}P_2$, Formel I (X = O, X′ = NHOH).

B. Aus Diphosphorsäure-1-adenosin-5′-ylester-2-[(1*R*)-1-(3-hydroxycarbamoyl-pyridinio)-D-1,4-anhydro-ribit-5-ylester]-betain (S. 3647) mit Hilfe von $Na_2S_2O_4$ (*Anderson et al.*, J. biol. Chem. **234** [1959] 1219, 1222).

λ_{max} (wss. Lösung): 340 nm.

Diphosphorsäure-1-adenosin-5′-ylester-2-[(1*R*)-1-(3-carbazoyl-4*H*-[1]pyridyl)-D-1,4-anhydro-ribit-5-ylester], *O*$^{5'}$-{2-[(1*R*)-1-(3-Carbazoyl-4*H*-[1]pyridyl)-D-1,4-anhydro-ribit-5-yloxy]-1,2-dihydroxy-diphosphoryl}-adenosin, 3-Carbazoyl-PdHr-5′-*PP*-5′-Ado $C_{21}H_{30}N_8O_{14}P_2$, Formel I (X = O, X′ = NH-NH$_2$).

B. Analog der vorangehenden Verbindung (*Anderson et al.*, J. biol. Chem. **234** [1959] 1219, 1222).

λ_{max} (wss. Lösung): 335 nm.

Diphosphorsäure-1-adenosin-5′-ylester-2-[(1*R*)-1-(3-thiocarbamoyl-4*H*-[1]pyridyl)-D-1,4-anhydro-ribit-5-ylester], *O*$^{5'}$-{1,2-Dihydroxy-2-[(1*R*)-1-(3-thiocarbamoyl-4*H*-[1]pyridyl)-D-1,4-anhydro-ribit-5-yloxy]-diphosphoryl}-adenosin, 3-Thiocarbamoyl-PdHr-5′-*PP*-5′-Ado $C_{21}H_{29}N_7O_{13}P_2S$, Formel I (X = S, X′ = NH$_2$).

B. Analog den vorangehenden Verbindungen (*Anderson et al.*, J. biol. Chem. **234** [1959] 1219, 1222).

λ_{max} (wss. Lösung): 400 nm.

Diphosphorsäure-1-adenosin-5′-ylester-2-{(1*R*)-1-[3-(*trans*-2-carbamoyl-vinyl)-4*H*-[1]pyridyl]-D-1,4-anhydro-ribit-5-ylester}, *O*$^{5'}$-(2-{(1*R*)-1-[3-(*trans*-2-Carbamoyl-vinyl)-4*H*-[1]pyridyl]-D-1,4-anhydro-ribit-5-yloxy}-1,2-dihydroxy-diphosphoryl)-adenosin $C_{23}H_{31}N_7O_{14}P_2$, Formel IV.

B. Analog den vorangehenden Verbindungen (*Anderson et al.*, J. biol. Chem. **234** [1959] 1219, 1222).

λ_{max} (wss. Lösung): 380 nm.

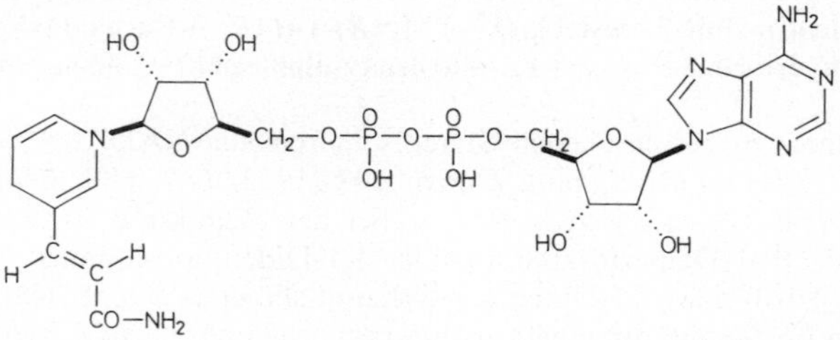

IV

1-[*O*^{5}-(2-Adenosin-5′-yloxy-1,2-dihydroxy-diphosphoryl)-*β*-D-ribofuranosyl]-2-amino-5-carbamoyl-pyridinium, Diphosphorsäure-1-adenosin-5′-ylester-2-[(1*R*)-1-(2-amino-5-carbamoyl-pyridinio)-D-1,4-anhydro-ribit-5-ylester], *O*$^{5'}$-{2-[(1*R*)-1-(2-Amino-5-carbamoyl-pyridinio)-D-1,4-anhydro-ribit-5-yloxy]-1,2-dihydroxy-diphosphoryl}-adenosin $[C_{21}H_{29}N_8O_{14}P_2]^+$, Formel V.

Betain $C_{21}H_{28}N_8O_{14}P_2$; 2-Amino-5-carbamoyl-Prd-5′-*PP*-5′-Ado. *B.* Aus NAD$^+$ (S. 3644) und 6-Amino-nicotinsäure-amid bei der Einwirkung von NAD$^+$-Nucleosidase (*Dietrich et al.*, J. biol. Chem. **233** [1958] 964, 965). – UV-Spektrum (wss. Lösungen vom pH 4 und pH 11; 240–380 nm): *Di. et al.*, l. c. S. 967.

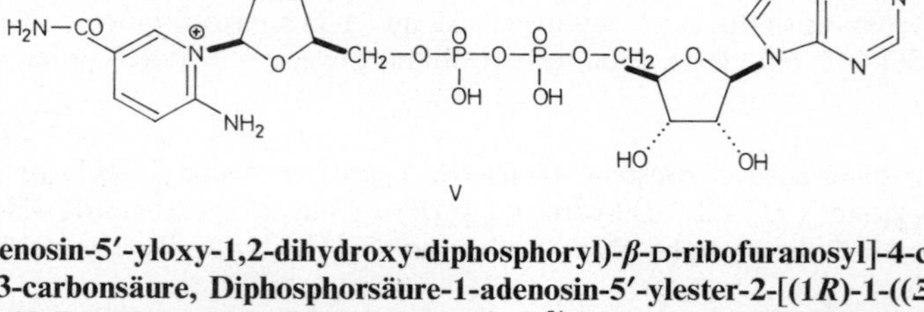

V

(*Ξ*)-1-[*O*^{5}-(2-Adenosin-5′-yloxy-1,2-dihydroxy-diphosphoryl)-*β*-D-ribofuranosyl]-4-cyan-1,4-dihydro-pyridin-3-carbonsäure, Diphosphorsäure-1-adenosin-5′-ylester-2-[(1*R*)-1-((*Ξ*)-3-carboxy-4-cyan-4*H*-[1]pyridyl)-D-1,4-anhydro-ribit-5-ylester], *O*$^{5'}$-{2-[(1*R*)-1-((*Ξ*)-3-Carboxy-4-cyan-4*H*-[1]pyridyl)-D-1,4-anhydro-ribit-5-yloxy]-1,2-dihydroxy-diphosphoryl}-adenosin $C_{22}H_{27}N_7O_{15}P_2$, Formel VI (X = OH).

Zur Konstitution s. die bei der folgenden Verbindung zitierte Literatur.

B. Aus Diphosphorsäure-1-adenosin-5′-ylester-2-[(1*R*)-1-(3-carboxy-pyridinio)-D-1,4-an= hydro-ribit-5-ylester]-betain (s. u.) und KCN (*Lamborg et al.*, J. biol. Chem. **231** [1958] 685, 686).

UV-Spektrum (wss. Lösung; 240–400 nm): *Preiss, Handler*, J. biol. Chem. **233** [1958] 488, 491; *La. et al.*, J. biol. Chem. **231** 690). λ_{max} (A.): 315 nm (*Lamborg et al.*, Am. Soc. **79** [1957] 6173, 6177).

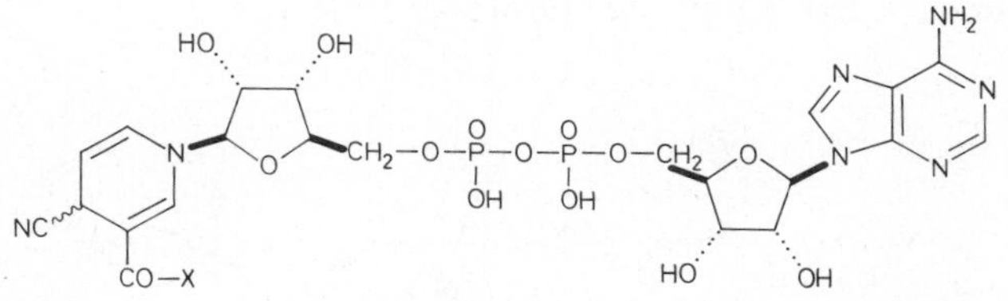

VI

Diphosphorsäure-1-adenosin-5′-ylester-2-[(1*R*)-1-((*Ξ*)-3-carbamoyl-4-cyan-4*H*-[1]pyridyl)-D-1,4-anhydro-ribit-5-ylester], *O*$^{5'}$-{2-[(1*R*)-1-((*Ξ*)-3-Carbamoyl-4-cyan-4*H*-[1]pyridyl)-D-1,4-anhydro-ribit-5-yloxy]-1,2-dihydroxy-diphosphoryl}-adenosin $C_{22}H_{28}N_8O_{14}P_2$, Formel VI (X = NH_2).

Konstitution: *Sund et al.*, Adv. Enzymol. **26** [1964] 115, 135, 138; *Lindquist, Cordes*, Am. Soc. **90** [1968] 1269, 1273.

B. Aus NAD^+ (S. 3644) beim Behandeln mit KCN in wss. Lösung vom pH 11 (*Colowick et al.*, J. biol. Chem. **191** [1951] 447, 448).

UV-Spektrum in wss. Lösungen vom pH 9,8 (290–350 nm): *Kaplan, Ciotti*, J. biol. Chem. **211** [1954] 431, 441; vom pH 10 (220–400 nm): *Siegel et al.*, Arch. Biochem. **82** [1959] 288, 291; vom pH 11 (200–400 nm): *Co. et al.*, l. c. S. 450; in alkal. wss. Äthanol (290–360 nm): *Meyerhof, Kaplan*, Arch. Biochem. **37** [1952] 375, 384. λ_{max} (H_2O): 327 nm (*Wallenfels, Dieck= mann*, A. **621** [1959] 166, 170).

Zeitlicher Verlauf des Zerfalls in wss. Lösung: *Co. et al.*, l. c. S. 453. Gleichgewichtskonstante des Reaktionssystems mit NAD^+ (S. 3644) und KCN in wss. Lösung bei 20°: *Wa., Di.*

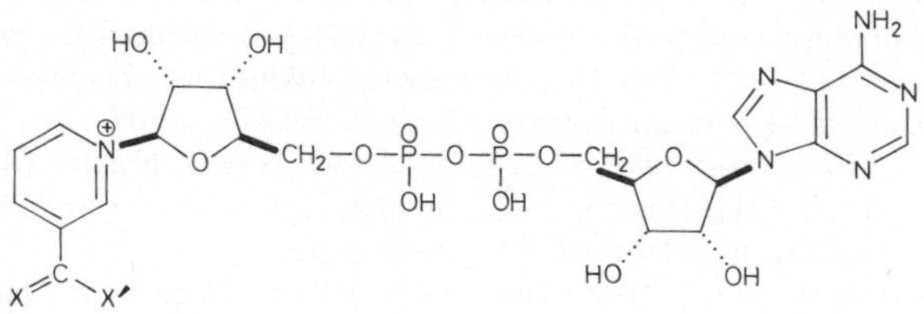

VII

1-[*O*^{5}-(2-Adenosin-5′-yloxy-1,2-dihydroxy-diphosphoryl)-*β*-D-ribofuranosyl]-3-carboxy-pyridinium, Diphosphorsäure-1-adenosin-5′-ylester-2-[(1*R*)-1-(3-carboxy-pyridinio)-D-1,4-anhydro-ribit-5-ylester], *O*$^{5'}$-{2-[(1*R*)-1-(3-Carboxy-pyridinio)-D-1,4-anhydro-ribit-5-yloxy]-1,2-dihydroxy-diphosphoryl}-adenosin $[C_{21}H_{27}N_6O_{15}P_2]^+$, Formel VII (X = O, X′ = OH).

Betain $C_{21}H_{26}N_6O_{15}P_2$; 3-Carboxy-Pdr-5′-*PP*-5′-Ado (in der älteren Literatur auch als Nicotinsäure-adenin-dinucleotid bezeichnet). Vorkommen in Penicillum chrysogenum: *Serlupi-Crescenzi, Ballio*, G. **88** [1958] 320, 325. – *B.* Aus der folgenden Verbindung durch alkal. Hydrolyse an einem Ionenaustauscher (*Lamborg et al.*, J. biol. Chem. **231** [1958] 685, 688). Aus NAD^+ (S. 3644) und Nicotinsäure bei der Einwirkung von NAD^+-Nucleosidase (*Se.-Cr., Ba.*, l. c. S. 325). – UV-Spektrum (H_2O; 240–360 nm): *La. et al.*, l. c. S. 690. Schein= bare Dissoziationsexponenten pK'_{a1}, pK'_{a2} und pK'_{a3} (H_2O; potentiometrisch ermittelt): 2,2 bzw. 3,9 bzw. 11,3 (*La. et al.*, l. c. S. 692).

1-[O^5-(2-Adenosin-5′-yloxy-1,2-dihydroxy-diphosphoryl)-β-D-ribofuranosyl]-3-äthoxycarbonyl-pyridinium, Diphosphorsäure-1-adenosin-5′-ylester-2-[(1*R*)-1-(3-äthoxycarbonyl-pyridinio)-D-1,4-anhydro-ribit-5-ylester], $O^{5'}$-{2-[(1*R*)-1-(3-Äthoxycarbonyl-pyridinio)-D-1,4-anhydro-ribit-5-yloxy]-1,2-dihydroxy-diphosphoryl}-adenosin $[C_{23}H_{31}N_6O_{15}P_2]^+$, Formel VII (X = O, X′ = O-C_2H_5).

Betain $C_{23}H_{30}N_6O_{15}P_2$; 3-Äthoxycarbonyl-Pdr-5′-*PP*-5′-Ado. *B.* Aus NAD^+ (s. u.) und Nicotinsäure-äthylester bei der Einwirkung von NAD^+-Nucleosidase in wss. Lösung vom pH 7,5 (*Lamborg et al.*, J. biol. Chem. **231** [1958] 685, 686).

VIII

1-[5-(2-Adenosin-5′-yloxy-1,2-dihydroxy-diphosphoryloxymethyl)-3,4-dihydroxy-tetrahydro-[2]furyl]-3-carbamoyl-pyridinium $[C_{21}H_{28}N_7O_{14}P_2]^+$.

a) **1-[O^5-(2-Adenosin-5′-yloxy-1,2-dihydroxy-diphosphoryl)-α-D-ribofuranosyl]-3-carbamoyl-pyridinium, Diphosphorsäure-1-adenosin-5′-ylester-2-[(1*S*)-1-(3-carbamoyl-pyridinio)-D-1,4-anhydro-ribit-5-ylester], $O^{5'}$-{2-[(1*S*)-1-(3-Carbamoyl-pyridinio)-D-1,4-anhydro-ribit-5-yloxy]-1,2-dihydroxy-diphosphoryl}-adenosin,** Formel VIII.

Betain $C_{21}H_{27}N_7O_{14}P_2$; Niαr-5′-*PP*-5′-Ado, α-NAD^+, α-NAD (in der Literatur auch als α-[Nicotinamid-adenin-dinucleotid] bezeichnet). Konstitution und Konfiguration: *Kaplan et al.*, Am. Soc. **77** [1955] 815. – Isolierung aus NAD^+-Präparaten des Handels: *Ka. et al.* – *B.* Aus α-NMN (E III/IV **22** 502) und [5′]Adenylsäure mit Hilfe von Dicyclohexylcarbodiimid in wss. Pyridin (*Hughes et al.*, Soc. **1957** 3733, 3736). – Konformation in wss. Lösung: *Jardetzky, Wade-Jardetzky*, J. biol. Chem. **241** [1966] 85; *Sarma et al.*, Biochem. biophys. Res. Commun. **36** [1969] 780. – $[\alpha]_D^{23}$: +14,3° [H_2O; c = 1] (*Ka. et al.*).

b) **1-[O^5-(2-Adenosin-5′-yloxy-1,2-dihydroxy-diphosphoryl-β-D-ribofuranosyl]-3-carbamoyl-pyridinium, Diphosphorsäure-1-adenosin-5′-ylester-2-[(1*R*)-1-(3-carbamoyl-pyridinio)-D-1,4-anhydro-ribit-5-ylester], $O^{5'}$-{2-[(1*R*)-1-(3-Carbamoyl-pyridinio)-D-1,4-anhydro-ribit-5-yloxy]-1,2-dihydroxy-diphosphoryl}-adenosin,** Formel VII (X = O, X′ = NH_2).

Betain $C_{21}H_{27}N_7O_{14}P_2$; Nir-5′-*PP*-5′-Ado, NAD^+, NAD, Nadid (in der Literatur auch als Nicotinamid-adenin-dinucleotid, Codehydrogenase-I, Coenzym-I, Cozymase sowie als Diphospho-pyridin-dinucleotid DPN^+ bezeichnet).

Konstitution: *Schlenk*, J. biol. Chem. **146** [1942] 619; *v. Euler et al.*, Helv. **25** [1942] 323; *Warburg et al.*, Bio. Z. **282** [1935] 157. Konfiguration: *Lemieux, Lown*, Canad. J. Chem. **41** [1963] 889.

Zusammenfassende Darstellungen: *Singer, Kearney*, Adv. Enzymol. **15** [1954] 79; *Sund et al.*, Adv. Enzymol. **26** [1964] 115.

Isolierung, Bildungsweisen, Trennung und Reinigung.

Isolierung aus Hefe: *v. Euler, Schlenk*, Z. physiol. Chem. **246** [1937] 64, 66; *Williamson, Green*, J. biol. Chem. **135** [1940] 345; *Jandorf*, J. biol. Chem. **138** [1941] 305; *LePage*, J. biol. Chem. **168** [1947] 623; Biochem. Prepar. **1** [1949] 28; *Clark et al.*, J. biol. Chem. **181** [1949] 459; *Kornberg, Pricer*, Biochem. Prepar. **3** [1953] 20; *Okunuki et al.*, J. Biochem. Tokyo **42** [1955] 389; *Kornberg, Stadtman*, Methods Enzymol. **3** [1957] 907; aus roten Pferdeblutzellen: *Warburg, Christian*, Bio. Z. **287** [1936] 291, 307; *Ochoa*, Bio. Z. **292** [1937] 68, 69; aus Leber: *Bonsignore, Ricci*, Farmaco **4** [1949] 300.

B. Aus Nicotinamid-β-mononucleotid (E III/IV **22** 503) und [5′]Adenylsäure beim Behandeln mit Dicyclohexylcarbodiimid in wss. Pyridin (*Hughes et al.*, Soc. **1957** 3733, 3736) oder beim

Behandeln mit Trifluoressigsäure-anhydrid (*Shuster et al.*, J. biol. Chem. **215** [1955] 195, 206). Aus Nicotin-β-mononucleotid und ATP (S. 3654) bei der Einwirkung von NMN-Adenyltransferase (*Kornberg*, J. biol. Chem. **182** [1950] 779, 782; *Atkinson et al.*, Biochem. J. **80** [1961] 318, 320; *Dahmen et al.*, Arch. Biochem. **120** [1967] 440, 441). Aus NADH (S. 3639) beim Behandeln mit H_2O_2 in wss. Lösung vom pH 7,7 unter Zusatz von Kupfer(2+) (*Burton, Lamborg*, Arch. Biochem. **62** [1956] 369, 370) oder bei der Einwirkung von Alkohol-Dehydrogenase und Acetaldehyd (*Fisher et al.*, J. biol. Chem. **202** [1953] 687, 690). Aus $NADP^+$ (S. 3672) bei der Einwirkung von alkal. Phosphatase (*Katchman et al.*, Arch. Biochem. **34** [1951] 437, 439; *Sanadi*, Arch. Biochem. **35** [1952] 268, 269; *Morton*, Biochem. J. **61** [1955] 240, 241).

Herstellung von Diphosphorsäure-1-adenosin-5′-ylester-2-[(1*R*)-1-(3-carbamoyl-2-deuterio-pyridinio)-D-1,4-anhydro-ribit-5-ylester]-betain („2-Deuterio-NAD") $C_{21}H_{26}DN_7O_{14}P_2$, Diphosphorsäure-1-adenosin-5′-ylester-2-[(1*R*)-1-(3-carbamoyl-4-deuterio-pyridinio)-D-1,4-anhydro-ribit-5-ylester]-betain $C_{21}H_{26}DN_7O_{14}P_2$ und Diphosphorsäure-1-adenosin-5′-ylester-2-[(1*R*)-1-(3-carbamoyl-6-deuterio-pyridinio)-D-1,4-anhydro-ribit-5-ylester]-betain $C_{21}H_{26}DN_7O_{14}P_2$: *Loewus et al.*, Am. Soc. **77** [1955] 3391.

Abtrennung als Chinin-Salz: *Wallenfels, Christian*, Ang. Ch. **64** [1952] 419; Methods Enzymol. **3** [1957] 882; *C.F. Boehringer & Söhne*, D.B.P. 928401 [1952].

Reinigung durch Behandlung mit wss. $Ba(OH)_2$ und Adsorption an Al_2O_3: *Bilhuber Inc.*, U.S.P. 2141128 [1937]; durch Chromatographieren an Cellulose-Pulver: *Winer*, J. biol. Chem. **239** [1964] PC 3598; an Ionenaustauschern: *Neilands, Åkeson*, J. biol. Chem. **188** [1951] 307, 308; *C.F. Boehringer & Söhne*, D.B.P. 913406 [1952]; *Pontis, Blumson*, Biochim. biophys. Acta **27** [1958] 618; durch Gegenstromverteilung: *Hogeboom, Barry*, J. biol. Chem. **176** [1948] 935, 936. Trennung von α-NAD (s. o.): *Siegel et al.*, Arch. Biochem. **82** [1959] 288, 289.

Physikalische Eigenschaften.

Konformation in wss. Lösung: *Jardetzky, Wade-Jardetzky*, J. biol. Chem. **241** [1966] 85; *Serma et al.*, Biochemistry **7** [1968] 3052; *Sarma, Kaplan*, Biochem. biophys. Res. Commun. **36** [1969] 780; Biochemistry **9** [1970] 557. Über das Dipolmoment in Dioxan bei 13–16° s. *Mizutani*, Med. J. Osaka Univ. [japan. Ausg.] **8** [1956] 1325, 1337; C. A. **1957** 9762.

Kristalle (aus wss. Acn.) mit 3 Mol H_2O; F: 140–142° [Zers.] (*Winer*, J. biol. Chem. **239** [1964] PC 3598). $[\alpha]_D^{20}$: −31,5° [H_2O; c = 1,2] (*Hughes et al.*, Soc. **1957** 3733, 3737); $[\alpha]_D^{23}$: −34,8° [H_2O; c = 1] (*Kaplan et al.*, Am. Soc. **77** [1955] 815). UV-Spektrum in wss. Lösungen vom pH 7,2 (280–400 nm): *Kono et al.*, Bl. agric. chem. Soc. Japan **21** [1957] 115, 117; s. a. *Clark et al.*, J. biol. Chem. **181** [1949] 459, 463; vom pH 7,4 und pH 9,7 (240–400 nm): *Warburg, Christian*, Bio. Z. **287** [1936] 291, 323; vom pH 7,5 (220–400 nm): *Siegel et al.*, Arch. Biochem. **82** [1959] 288, 291; vom pH 7,6 (240–360 nm): *v. Euler et al.*, Z. physiol. Chem. **241** [1936] 239, 244. λ_{max} (H_2O, wss. HCl [0,1 n] sowie wss. NaOH [0,1 n]): 260 nm (*Anderson et al.*, J. biol. Chem. **234** [1959] 1219, 1220).

Scheinbare Dissoziationsexponenten pK'_{a1} und pK'_{a2} (protonierte Verbindung; H_2O; potentiometrisch ermittelt): 2,2 bzw. 3,95 (*Meyerhof, Möhle*, Bio. Z. **294** [1937] 249, 253). Scheinbare Dissoziationsexponenten pK'_{a2} und pK'_{a3} (H_2O; potentiometrisch ermittelt): 3,9 bzw. 11,3 (*Lamborg et al.*, J. biol. Chem. **231** [1958] 685, 692). Isoelektrischer Punkt einer wss. Lösung: pH 2,9 (*Me., Mö.*). Redoxpotential im System mit NADH (S. 3639) in wss. Lösungen vom pH 0, pH 7 und pH 8–8,6 bei 20–40°: *Rodkey*, J. biol. Chem. **234** [1959] 188; vom pH 6,5–10,5 bei 30°: *Rodkey*, J. biol. Chem. **213** [1955] 777; vom pH 7 bei 25°: *Burton, Wilson*, Biochem. J. **54** [1953] 86, 92; bei 30°: *Borsook*, J. biol. Chem. **133** [1940] 629. Polarographisches Halbstufenpotential in wss. Lösungen vom pH 3,2–9,3: *Ke*, Biochim. biophys. Acta **20** [1956] 547, 549; vom pH 7,4: *Kaye, Stonehill*, Soc. **1952** 3244, 3245; s. a. *Moret*, Giorn. Biochim. **4** [1955] 192, **5** [1956] 318; *Šorm, Šormova*, Chem. Listy **42** [1948] 82; C. A. **1951** 618.

Verteilung zwischen Hexadecylamin enthaltendem Butan-1-ol und einer wss. Lösung vom pH 7,4: *Plaut et al.*, J. biol. Chem. **184** [1950] 243, 246.

Chemisches Verhalten.

Änderung der UV-Absorption von wss.-äthanol. Lösungen bei der Einwirkung von Röntgen-Strahlen: *Swallow*, Biochem. J. **54** [1953] 253, 255, **61** [1955] 197; *Barron et al.*, Radiat. Res.

1 [1954] 410, 417; s. a. *Stein, Swallow,* Soc. **1958** 306, 308; Bildung von Acetaldehyd bei dieser Einwirkung: *Sw.,* Biochem. J. **54** 254. Bei der Einwirkung von UV-Strahlen auf eine wss. Lösung vom pH 6 sind ADP (S. 3629), [5′]Adenylsäure, Adenin und Nicotinamid erhalten worden (*Seraydarian et al.,* Am. J. Physiol. **177** [1954] 150; s. a. *Seraydarian,* Biochim. biophys. Acta **19** [1956] 168; *Carter,* Am. Soc. **72** [1950] 1835; *Shigemoto,* Med. J. Osaka Univ. [japan. Ausg.] **10** [1958] 513, 517; C. A. **1958** 13832).

Bei kurzem Erwärmen mit wss. HCl [0,1 n] auf 100° sind β-NMN (E III/IV **22** 503), Nicotinamid und wenig Adenin erhalten worden (*Preiss, Handler,* J. biol. Chem. **233** [1958] 488, 491). Bildung von Diphosphorsäure-1-adenosin-5′-ylester-2-D-ribose-5-ylester und Nicotinamid beim Erhitzen einer wss. Lösung vom pH 6,8 auf 120°: *Rosenberg, Bovarnick,* J. biol. Chem. **211** [1954] 763, 764. Zeitlicher Verlauf der Hydrolyse in wss. HCl [6 n] bei 70° und 100°: *Bonsignore et al.,* Giorn. Biochim. **2** [1953] 460, 470; in wss. HCl [0,5 n] sowie wss. H_2SO_4 [0,5 n] bei 100°: *v. Euler, Günther,* Z. physiol. Chem. **239** [1936] 83, 87, 88; in wss. HCl [0,1 n] bei 100°: *Högberg et al.,* Ark. Kemi **15** A Nr. 18 [1942] 1, 4; in wss. H_2SO_4 [0,1 n] bei 100°: *Schlenk,* J. biol. Chem. **146** [1942] 619, 623. Bei kurzem Erwärmen mit wss. NaOH [0,1 n] auf 100° sind Diphosphorsäure-1-adenosin-5′-ylester-2-D-ribose-5-ylester, [5′]Adenylsäure und Nicotinamid erhalten worden (*Pr., Ha.*). Zeitlicher Verlauf der Hydrolyse in wss. NaOH [0,1 n sowie 1 n] bei 25°: *Kaplan et al.,* J. biol. Chem. **191** [1951] 461, 462. H,D-Austausch mit D_2O in wss. Lösungen vom pH 10,1 und pH 12,1: *San Pietro,* J. biol. Chem. **217** [1955] 589.

Oxidation durch H_2O_2 in wss. Lösung in Gegenwart von Kupfer(2+): *Burton, Lamborg,* Arch. Biochem. **62** [1956] 369, 373.

Elektrochemische Reduktion zu NADH (S. 3639) an einer Quecksilber-Kathode in wss. Lösungen vom pH 7,2: *Kono,* Bl. agric. chem. Soc. Japan **21** [1957] 115, 117; vom pH 7,4–9,2: *Powning, Kratzing,* Arch. Biochem. **66** [1957] 249. Reduktion an Silber-, Blei-, Nickel-, Platin- und Palladium-Kathoden in wss. Lösungen vom pH 7,5: *Ke,* Am. Soc. **78** [1956] 3649, 3650. Über ein bei der elektrochemischen Reduktion auftretendes Radikal s. *Moret,* Giorn. Biochim. **5** [1956] 318, 321; *Schmakel et al.,* Am. Soc. **97** [1975] 5083, 5087, 5088. Reduktion durch $NaBH_4$ in wss. Lösung vom pH 7: *Mathews,* J. biol. Chem. **176** [1948] 229; *Mathews, Conn,* Am. Soc. **75** [1953] 5428. Reduktion durch $Na_2S_2O_4$ in wss. Lösung vom pH 7,5 zu NADH (S. 3639): *Lehninger,* Biochem. Prepar. **2** [1952] 92, 93; *Kono.* Bildung von Diphosphorsäure-1-adenosin-5′-ylester-2-[(1*R*)-1-((Ξ)-3-carbamoyl-2-sulfino-2*H*-[1]pyridyl)-D-1,4-anhydro-ribit-5-ylester] (S. 3650) bei der Reduktion mit $Na_2S_2O_4$ in wss. NaOH: *Adler et al.,* Z. physiol. Chem. **242** [1936] 225, 234, 238; *Swallow,* Biochem. J. **60** [1955] 443; *Yarmolinsky, Colowick,* Biochim. biophys. Acta **20** [1956] 177, 179. Reduktion durch Hydroxymethansulfinsäure in wss. Lösung vom pH 10: *Ya., Co.,* l. c. S. 182.

Gleichgewichtskonstante des Reaktionssystems mit NH_2OH in wss. Lösung vom pH 10,7: *Burton, Kaplan,* J. biol. Chem. **211** [1954] 447, 452. Beim Behandeln mit $POCl_3$ in Äther und anschliessend mit H_2O ist $NADP^+$ (S. 3672) erhalten worden (*Schlenk,* Naturwiss. **25** [1937] 668).

Reaktion mit Äthanthiol und weiteren Thioalkoholen in wss. Lösung vom pH 10,2: *van Eys, Kaplan,* J. biol. Chem. **228** [1957] 305, 306, 309; mit Aceton in wss. NaOH [0,7 n]: *Ricci et al.,* Biochim. applic. **5** [1958] 217, 218, 220; mit 1,3-Dihydroxy-aceton in wss. Äthanol vom pH 10–11: *Burton et al.,* Arch. Biochem. **70** [1957] 87, 101. Zeitlicher Verlauf der Reaktion mit 1,3-Dihydroxy-aceton in wss. Lösung vom pH 9,8: *Burton, Kaplan,* J. biol. Chem. **206** [1954] 283, 285; *King, Cheldelin,* Biochim. biophys. Acta **14** [1954] 108, 114. Geschwindigkeit der Reaktion mit KCN in wss. Lösung vom pH 11 in Abhängigkeit von der KCN-Konzentration (Bildung von Diphosphorsäure-1-adenosin-5′-ylester-2-[(1*R*)-1-((Ξ)-3-carbamoyl-4-cyan-4*H*-[1]pyridyl)-D-1,4-anhydro-ribit-5-ylester] [S. 3643]): *Colowick et al.,* J. biol. Chem. **191** [1951] 447, 452; Gleichgewichtskonstante dieses Reaktionssystems in H_2O bei 20°: *Wallenfels, Diekmann,* A. **621** [1959] 166, 170. Reaktion mit Trifluoressigsäure-anhydrid: *Shuster et al.,* J. biol. Chem. **215** [1955] 195, 204. Gleichgewichtskonstante des Reaktionssystems mit 1*H*-Imidazol in wss. Lösung vom pH 10: *van Eys,* J. biol. Chem. **233** [1958] 1203, 1205.

Über die Funktion als wasserstoffübertragendes Coenzym bei biologischen Oxidationen unter Umwandlung in NADH (S. 3639) s. *Schlenk,* in *J.B. Summer, K. Myrbäck,* The Enzymes, Bd. 2 [New York 1951] S. 250; *Singer, Kearney,* Adv. Enzymol. **15** [1954] 112; *Singer, Kearney,* in *H. Neurath, K. Bailey,* The Proteins, Bd. 2, Tl. A [New York 1954] S. 123, 160; *Sizer, Gierer,* Discuss. Faraday Soc. **20** [1955] 248; *Racker,* Physiol. Rev. **35** [1955] 1; *Mahler,* Ann. Rev. Biochem. **26** [1957] 17.

Bildung von *β*-NMN (E III/IV **22** 503) und ATP (S. 3654) im System mit NMN-Adenyltrans= ferase und Pyrophosphat: *Kornberg, Pricer,* J. biol. Chem. **191** [1951] 535, 538; von Nicotinamid und Diphosphorsäure-1-adenosin-5′-ylester-2-D-ribose-5-ylester (S. 3631) im System mit $NAD(P)^+$-Nucleosidase und H_2O: *Zatman et al.,* J. biol. Chem. **200** [1953] 197, 200; von *β*-NMN und [5′]Adenylsäure im System mit Nucleotid-Pyrophosphatase und H_2O: *Kornberg, Lindberg,* J. biol. Chem. **176** [1948] 665, 667; *Kornberg, Pricer,* J. biol. Chem. **182** [1950] 763, 769; *Plaut, Plaut,* Arch. Biochem. **48** [1954] 189; Biochem. Prepar. **5** [1957] 55. Geschwin= digkeit der Bildung von NID^+ (S. 2093) im System mit Adenosin-Desaminase und H_2O: *Kaplan et al.,* J. biol. Chem. **194** [1952] 579, 582. Bildung von $NADP^+$ (S. 3672) im System mit NAD^+-Kinase und ATP: *v. Euler, Adler,* Z. physiol. Chem. **252** [1938] 41, 45; *Kornberg,* J. biol. Chem. **182** [1950] 805, 809; *Katchman et al.,* Arch. Biochem. **34** [1951] 437, 438; *Wang et al.,* J. biol. Chem. **211** [1954] 465; von Diphosphorsäure-1-adenosin-5′-ylester-2-[(1*R*)-1-(3-äthoxycarbonyl-pyridinio)-D-1,4-anhydro-ribit-5-ylester]-betain (S. 3644) im System mit NAD^+-Nucleosidase und Nicotinsäure-äthylester: *Lamborg et al.,* J. biol. Chem. **231** [1958] 685, 686; von Di= phosphorsäure-1-adenosin-5′-ylester-2-[(1*R*)-1-(4-carbazoyl-pyridinio)-D-1,4-anhydro-ribit-5-ylester]-betain (S. 3648) im System mit NAD^+-Nucleosidase und Isonicotinsäure-hydrazid: *Zatman et al.,* Am. Soc. **75** [1953] 3293; J. biol. Chem. **209** [1954] 453, 456, 457, 467; s. a. *Kaplan et al.,* J. biol. Chem. **234** [1959] 134, 135.

Nachweis und Bestimmung.

Zusammenfassende Darstellungen über Analytik: *Hasse,* in *K. Paech, M.V. Tracey,* Moderne Methoden der Pflanzenanalyse, Bd. 4 [Berlin 1955] S. 320; *Ciotti, Kaplan,* Methods Enzymol. **3** [1957] 890; *R.J. Block, E.L. Durrum, G. Zweig,* A Manual of Paper Chromatography and Paper Electrophoresis [New York 1958] S. 284; *S. Udenfriend,* Fluorescence Assay in Biology and Medicine [New York 1962] S. 245; *Lowry, Passonnean,* Methods Enzymol. **6** [1963] 792; *B. Keil, Z. Šormová,* Laboratoriumstechnik für Biochemiker [Leipzig 1966] S. 612.

Salze.

Stabilitätskonstante der Komplexe mit Kupfer(2+) in wss. Lösung bei 20°: *Wallenfels, Sund,* Bio. Z. **329** [1957] 41, 45; mit Testosteron in wss. Lösungen vom pH 2,6 und pH 6,4 bei 10°: *Munck et al.,* Biochim. biophys. Acta **26** [1957] 397, 401.

Barium-Salz $Ba(C_{21}H_{26}N_7O_{14}P_2)_2$. Feststoff [aus wss. A.] (*v. Euler, Schlenk,* Z. physiol. Chem. **246** [1937] 64, 77).

Zink-Salz $Zn(C_{21}H_{26}N_7O_{14}P_2)_2$. Feststoff [aus wss. Acn.] (*Weitzel, Spehr,* Z. physiol. Chem. **313** [1958] 212, 225). Stabilitätskonstante in wss. Lösung bei 20°: *Wa., Sund*; bei 25°: *We., Sp.*

Picrat. F: 204° [Zers.; nach Dunkelfärbung] (*Banga, Szent-Györgyi,* Z. physiol. Chem. **217** [1933] 39, 40).

Verbindung mit Chinin $2C_{21}H_{27}N_7O_{14}P_2 \cdot 3C_{20}H_{24}N_2O_2$. Kristalle (aus wss. A.+Bzl.); F: 162–170° [Zers.] (*Wallenfels, Christian,* Ang. Ch. **64** [1952] 419; Methods Enzymol. **3** [1957] 882).

1-[*O*⁵-(2-Adenosin-5′-yloxy-1,2-dihydroxy-diphosphoryl)-*β*-D-ribofuranosyl]-3-hydroxycarbam= oyl-pyridinium, Diphosphorsäure-1-adenosin-5′-ylester-2-[(1*R*)-1-(3-hydroxycarbamoyl-pyridinio)-D-1,4-anhydro-ribit-5-ylester], *O*⁵′-{1,2-Dihydroxy-2-[(1*R*)-1-(3-hydroxycarbamoyl-pyridinio)-D-1,4-anhydro-ribit-5-yloxy]-diphosphoryl}-adenosin $[C_{21}H_{28}N_7O_{15}P_2]^+$, Formel VII (X = O, X′ = NH-OH) auf S. 3643.

Betain $C_{21}H_{27}N_7O_{15}P_2$. *B.* Aus NAD^+ (s. o.) und Nicotinohydroxamsäure bei der Einwir= kung von NAD^+-Nucleosidase (*Anderson et al.,* J. biol. Chem. **234** [1959] 1219). – λ_{max} (H_2O, wss. HCl [0,1 n] sowie wss. NaOH [0,1 n]): 260 nm (*An. et al.,* l. c. S. 1220). Scheinbare Disso= ziationsexponenten pK'_{a1}, pK'_{a2} und pK'_{a3} (H_2O; potentiometrisch ermittelt): 3,9 bzw. 6,5 bzw. 11,3 (*An. et al.,* l. c. S. 1220). Redoxpotential (wss. Lösung vom pH 7): *Anderson, Kaplan,* J. biol. Chem. **234** [1959] 1226, 1227. – Reaktion mit Hydrogensulfit und mit Cyanid in wss.

Lösung: *An. et al.,* l. c. S. 1221, 1222.

1-[*O*⁵-(2-Adenosin-5′-yloxy-1,2-dihydroxy-diphosphoryl)-*β*-D-ribofuranosyl]-3-carbazoyl-pyridinium, Diphosphorsäure-1-adenosin-5′-ylester-2-[(1*R*)-1-(3-carbazoyl-pyridinio)-D-1,4-anhydro-ribit-5-ylester], *O*⁵′-{2-[(1*R*)-1-(3-Carbazoyl-pyridinio)-D-1,4-anhydro-ribit-5-yloxy]-1,2-dihydroxy-diphosphoryl}-adenosin $[C_{21}H_{29}N_8O_{14}P_2]^+$, Formel VII (X = O, X′ = NH-NH_2) auf S. 3643.

Betain $C_{21}H_{28}N_8O_{14}P_2$; 3-Carbazoyl-Pdr-5′-*PP*-5′-Ado. *B.* Analog der vorangehenden Verbindung (*Anderson et al.,* J. biol. Chem. **234** [1959] 1219). — λ_{max} (H_2O, wss. HCl [0,1 n] sowie wss. NaOH [0,1 n]): 260 nm (*An. et al.,* l. c. S. 1220). Scheinbare Dissoziationsexponenten pK'_{a1}, pK'_{a2} und pK'_{a3} (H_2O; potentiometrisch ermittelt): 3,9 bzw. 9,5 bzw. 11,3 (*An. et al.,* l. c. S. 1220). Redoxpotential (wss. Lösung vom pH 7): *Anderson, Kaplan,* J. biol. Chem. **234** [1959] 1226, 1227. — Reaktion mit Hydrogensulfit und mit Cyanid in wss. Lösung: *An. et al.,* l. c. S. 1221, 1222.

1-[*O*⁵-(2-Adenosin-5′-yloxy-1,2-dihydroxy-diphosphoryl)-*β*-D-ribofuranosyl]-3-thiocarbamoyl-pyridinium, Diphosphorsäure-1-adenosin-5′-ylester-2-[(1*R*)-1-(3-thiocarbamoyl-pyridinio)-D-1,4-anhydro-ribit-5-ylester], *O*⁵′-{1,2-Dihydroxy-2-[(1*R*)-1-(3-thiocarbamoyl-pyridinio)-D-1,4-anhydro-ribit-5-yloxy]-diphosphoryl}-adenosin $[C_{21}H_{28}N_7O_{13}P_2S]^+$, Formel VII (X = S, X′ = NH_2) auf S. 3643.

Betain $C_{21}H_{27}N_7O_{13}P_2S$; 3-Thiocarbamoyl-Pdr-5′-*PP*-5′-Ado. *B.* Analog den vorangehenden Verbindungen (*Walter, Rubin,* Biochem. Prepar. **10** [1963] 166; *Anderson et al.,* J. biol. Chem. **234** [1959] 1219). — λ_{max} (H_2O, wss. HCl [0,1 n] sowie wss. NaOH [0,1 n]): 260 nm (*An. et al.,* l. c. S. 1220). Redoxpotential (wss. Lösung vom pH 7): *Anderson, Kaplan,* J. biol. Chem. **234** [1959] 1226, 1227. — Reaktion mit Cyanid in wss. Lösung: *An. et al.,* l. c. S. 1221.

1-[*O*⁵-(2-Adenosin-5′-yloxy-1,2-dihydroxy-diphosphoryl)-*β*-D-ribofuranosyl]-4-carbazoyl-pyridinium, Diphosphorsäure-1-adenosin-5′-ylester-2-[(1*R*)-1-(4-carbazoyl-pyridinio)-D-1,4-anhydro-ribit-5-ylester], *O*⁵′-{2-[(1*R*)-1-(4-Carbazoyl-pyridinio)-D-1,4-anhydro-ribit-5-yloxy]-1,2-dihydroxy-diphosphoryl}-adenosin $[C_{21}H_{29}N_8O_{14}P_2]^+$, Formel IX.

Betain $C_{21}H_{28}N_8O_{14}P_2$; 4-Carbazoyl-Pdr-5′-*PP*-5′-Ado (in der älteren Literatur auch als Isonicotinsäure-hydrazid-adenin-dinucleotid bezeichnet). *B.* Analog den vorangehenden Verbindungen (*Zatman et al.,* J. biol. Chem. **209** [1954] 467, 468; *Goldman,* Am. Soc. **76** [1954] 2841; *Kaplan et al.,* J. biol. Chem. **234** [1959] 134, 135). — UV-Spektrum (H_2O sowie wss. NaOH [0,1 n]; 220—400 nm): *Za. et al.,* l. c. S. 474.

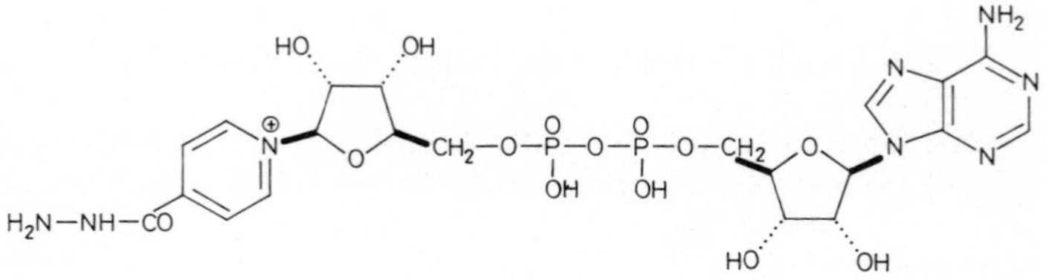

IX

1-[*O*⁵-(2-Adenosin-5′-yloxy-1,2-dihydroxy-diphosphoryl)-*β*-D-ribofuranosyl]-3-[*trans*-2-carbamoyl-vinyl]-pyridinium, Diphosphorsäure-1-adenosin-5′-ylester-2-{(1*R*)-1-[3-(*trans*-2-carbamoyl-vinyl)-pyridinio]-D-1,4-anhydro-ribit-5-ylester}, *O*⁵′-(2-{(1*R*)-1-[3-(*trans*-2-Carbamoyl-vinyl)-pyridinio]-D-1,4-anhydro-ribit-5-yloxy}-1,2-dihydroxy-diphosphoryl)-adenosin $[C_{23}H_{30}N_7O_{14}P_2]^+$, Formel X.

Betain $C_{23}H_{29}N_7O_{14}P_2$. *B.* Analog den vorangehenden Verbindungen (*Anderson et al.,* J. biol. Chem. **234** [1959] 1219). — λ_{max} (H_2O, wss. HCl [0,1 n] sowie wss. NaOH [0,1 n]): 258 nm (*An. et al.,* l. c. S. 1220). — Reaktion mit Hydrogensulfit und Cyanid in wss. Lösung: *An. et al.,* l. c. S. 1221, 1222.

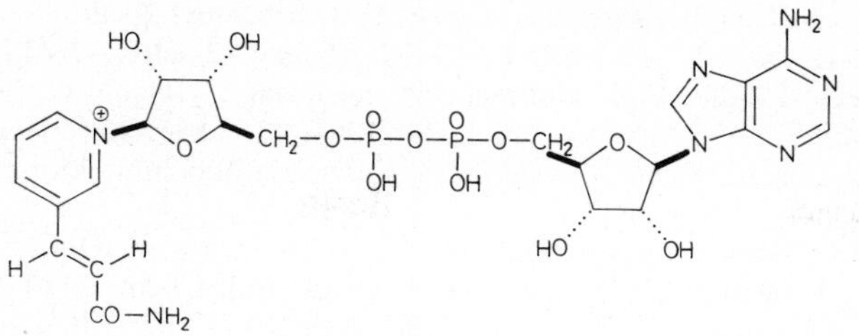

X

Diphosphorsäure-1-adenosin-5′-ylester-2-[(1*R*)-1-((Ξ)-4-cyan-3-formyl-4*H*-[1]pyridyl)-D-1,4-anhydro-ribit-5-ylester], *O*$^{5'}$-{2-[(1*R*)-1-((Ξ)-4-Cyan-3-formyl-4*H*-[1]pyridyl)-D-1,4-anhydro-ribit-5-yloxy]-1,2-dihydroxy-diphosphoryl}-adenosin $C_{22}H_{27}N_7O_{14}P_2$, Formel XI (R = H).

B. Aus Diphosphorsäure-1-adenosin-5′-ylester-2-[(1*R*)-1-(3-formyl-[1]pyridinio)-D-1,4-an= hydro-ribit-5-ylester]-betain (S. 3636) und Cyanid (*Siegel et al.*, Arch. Biochem. **82** [1959] 288, 294).

UV-Spektrum (wss. Lösung vom pH 10; 230–390 nm): *Si. et al.*, l. c. S. 292.

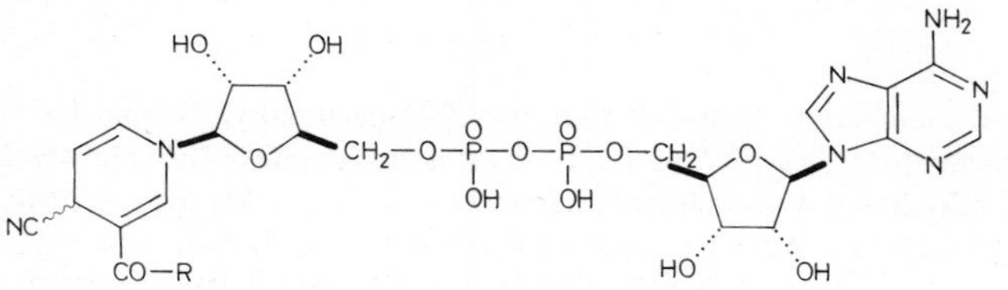

XI

Diphosphorsäure-1-[(1*R*)-1-((Ξ)-3-acetyl-4-cyan-4*H*-[1]pyridyl)-D-1,4-anhydro-ribit-5-ylester]-2-adenosin-5′-ylester, *O*$^{5'}$-{2-[(1*R*)-1-((Ξ)-3-Acetyl-4-cyan-4*H*-[1]pyridyl)-D-1,4-anhydro-ribit-5-yloxy]-1,2-dihydroxy-diphosphoryl}-adenosin $C_{23}H_{29}N_7O_{14}P_2$, Formel XI (R = CH_3).

B. Analog der vorangehenden Verbindung (*Siegel et al.*, Arch. Biochem. **82** [1959] 288, 294).

UV-Spektrum in wss. Lösung vom pH 7,5 (290–400 nm): *Kaplan, Ciotti,* J. biol. Chem. **221** [1956] 823, 827; vom pH 10 (230–400 nm): *Si. et al.*, l. c. S. 291. λ_{max} (wss. Lösung): 342 nm (*Wallenfels, Diekmann,* A. **621** [1959] 166, 170).

Gleichgewichtskonstante des Reaktionssystems mit Diphosphorsäure-1-[(1*R*)-(3-acetyl-pyri= dinio)-D-1,4-anhydro-ribit-5-ylester]-2-adenosin-5′-ylester (S. 3637) und Cyanid in wss. Lösung bei 20°: *Wa., Di.*; in wss. Lösung vom pH 7,5: *Ka., Ci.*, l. c. S. 828.

Diphosphorsäure-1-[(1*R*)-1-((Ξ)-4-acetonyl-3-carbamoyl-4*H*-[1]pyridyl)-D-1,4-anhydro-ribit-5-ylester]-2-adenosin-5′-ylester, *O*$^{5'}$-{2-[(1*R*)-1-((Ξ)-4-Acetonyl-3-carbamoyl-4*H*-[1]pyridyl)-D-1,4-anhydro-ribit-5-yloxy]-1,2-dihydroxy-diphosphoryl}-adenosin $C_{24}H_{33}N_7O_{15}P_2$, Formel XII.

B. Aus NAD^+ (S. 3644) und Aceton in wss. NaOH bei pH 9 (*Burton et al.*, Arch. Biochem. **70** [1957] 87, 103).

Absorptionsspektrum (wss. NaOH; 310–440 nm): *Ricci et al.*, Biochim. applic. **5** [1958] 217, 219.

Reaktion mit $K_3[Fe(CN)_6]$: *Bu. et al.*, l. c. S. 100, 104.

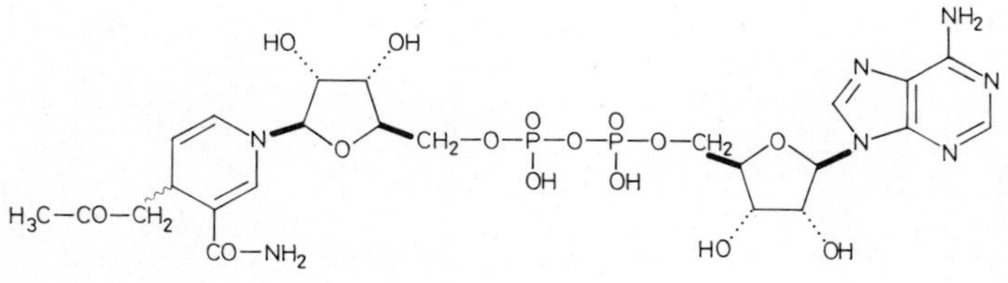

XII

Diphosphorsäure-1-adenosin-5′-ylester-2-[(1*R*)-1-((Ξ)-3-carbamoyl-2-sulfino-2*H*-[1]pyridyl)-D-1,4-anhydro-ribit-5-ylester], *O*$^{5'}$-{2-[(1*R*)-1-((Ξ)-3-Carbamoyl-2-sulfino-2*H*-[1]pyridyl)-D-1,4-anhydro-ribit-5-yloxy]-1,2-dihydroxy-diphosphoryl}-adenosin $C_{21}H_{28}N_7O_{16}P_2S$, Formel XIII.

Konstitution: *Sund et al.*, Adv. Enzymol. **26** [1964] 115, 135, 136; *Wallenfels, Schüly*, A. **621** [1959] 178, 183; s. dagegen *Yarmolinsky, Colowick*, Biochim. biophys. Acta **20** [1957] 177, 178.

B. Aus NAD^+ (S. 3644) beim Behandeln mit $Na_2S_2O_4$ in wss. NaOH (*Ya., Co.*, l. c. S. 188; *Swallow*, Biochem. J. **60** [1955] 443; *Adler et al.*, Z. physiol. Chem. **242** [1936] 225, 234, 238; *Hellström*, Z. physiol. Chem. **246** [1937] 155, 158). Aus NAD^+ beim Behandeln mit Hydroxy=methansulfinsäure in alkal. wss. Lösung (*Ya., Co.*, l. c. S. 182, 188).

Absorptionsspektrum (wss. NaOH [0,05 n]; 250–420 nm): *Ya., Co.*, l. c. S. 179; s. a. *Ad. et al.*, l. c. S. 237.

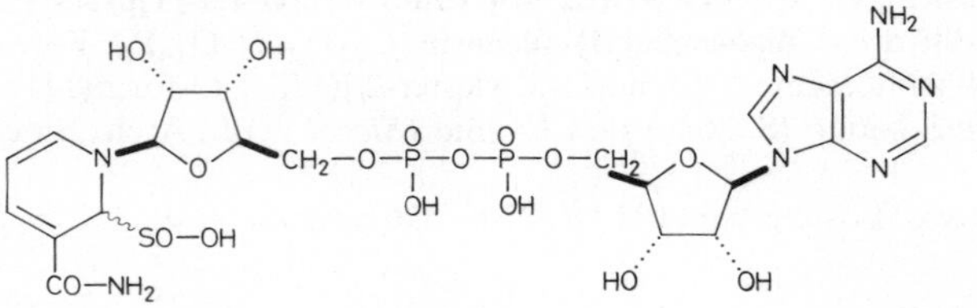

XIII

Diphosphorsäure-1-adenosin-5′-ylester-2-[(1*R*)-1-((Ξ)-3-carbamoyl-4-sulfo-4*H*-[1]pyridyl)-D-1,4-anhydro-ribit-5-ylester], *O*$^{5'}$-{2-[(1*R*)-1-((Ξ)-3-Carbamoyl-4-sulfo-4*H*-[1]pyridyl)-D-1,4-anhydro-ribit-5-yloxy]-1,2-dihydroxy-diphosphoryl}-adenosin $C_{21}H_{28}N_7O_{17}P_2S$, Formel XIV.

Konstitution: *Sund et al.*, Adv. Enzymol. **26** [1964] 115, 135, 136.

B. Aus NAD^+ (S. 3644) und $NaHSO_3$ (*Anderson et al.*, J. biol. Chem. **234** [1959] 1219, 1221, 1222).

UV-Spektrum (wss. Lösung vom pH 7,2; 240–350 nm): *Pfleiderer et al.*, Bio. Z. **328** [1956] 187, 189. λ_{max} (wss. Lösung): 325 nm (*An. et al.*).

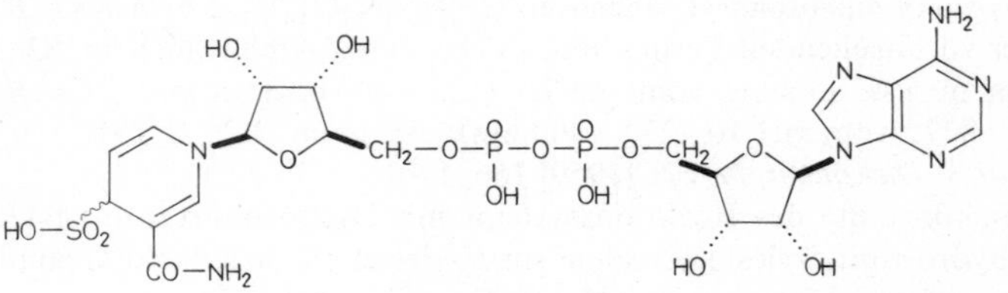

XIV

Diphosphorsäure-1-adenosin-5′-ylester-2-{(1*R*)-1-[5-(2-amino-äthyl)-imidazol-1-yl]-D-1,4-anhydro-ribit-5-ylester}, *O*$^{5'}$-(2-{(1*R*)-1-[5-(2-Amino-äthyl)-imidazol-1-yl]-D-1,4-anhydro-ribit-5-yloxy}-1,2-dihydroxy-diphosphoryl)-adenosin $C_{20}H_{30}N_8O_{13}P_2$, Formel I (R = H, R′ = CH_2-CH_2-NH_2).

B. Aus NAD^+ (S. 3644) und Histamin bei der Einwirkung von NAD^+-Nucleosidase: *Alivisa=tos*, Nature **181** [1958] 271; *Alivisatos et al.*, J. biol. Chem. **235** [1960] 1742, 1744; *Muraoka et al.*, Biochem. Pharmacol. **14** [1965] 27, 28.

UV-Spektrum (210–300 nm) in wss. Lösungen vom pH 2 und pH 7: *Al. et al.*; vom pH 2,4: *Mu. et al.*

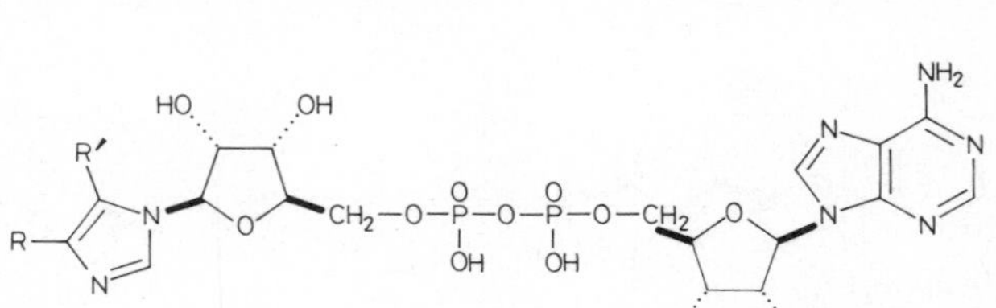

I

1-[O^5-(2-Adenosin-5′-yloxy-1,2-dihydroxy-diphosphoryl)-*β*-D-ribofuranosyl]-3-amino-pyridinium, Diphosphorsäure-1-adenosin-5′-ylester-2-[(1*R*)-1-(3-amino-pyridinio)-D-1,4-anhydro-ribit-5-ylester], $O^{5'}$-{2-[(1*R*)-1-(3-Amino-pyridinio)-D-1,4-anhydro-ribit-5-yloxy]-1,2-dihydroxy-diphosphoryl}-adenosin $[C_{20}H_{28}N_7O_{13}P_2]^+$, Formel II (R = H).

Betain $C_{20}H_{27}N_7O_{13}P_2$; 3-Amino-Pdr-5′-*PP*-5′-Ado. *B.* Analog der vorangehenden Verbindung (*Anderson et al.*, J. biol. Chem. **234** [1959] 1219). – λ_{max} (H_2O, wss. HCl [0,1 n] sowie wss. NaOH [0,1 n]): 260 nm (*An. et al.*, l. c. S. 1220).

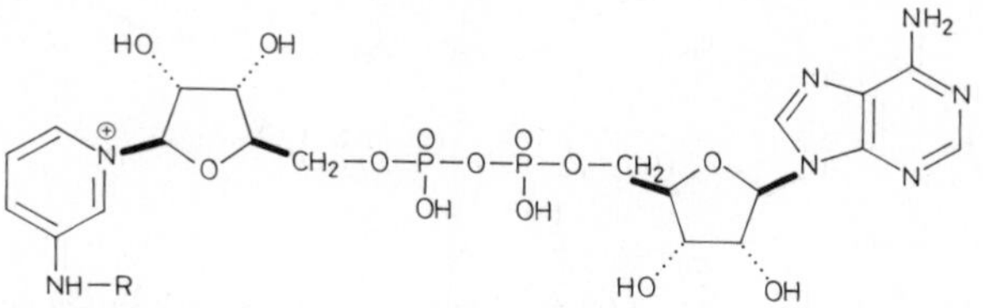

II

3-Acetylamino-1-[O^5-(2-adenosin-5′-yloxy-1,2-dihydroxy-diphosphoryl)-*β*-D-ribofuranosyl]-pyridinium, Diphosphorsäure-1-[(1*R*)-1-(3-acetylamino-pyridinio)-D-1,4-anhydro-ribit-5-ylester]-2-adenosin-5′-ylester, $O^{5'}$-{2-[(1*R*)-1-(3-Acetylamino-pyridinio)-D-1,4-anhydro-ribit-5-yloxy]-1,2-dihydroxy-diphosphoryl}-adenosin $[C_{22}H_{30}N_7O_{14}P_2]^+$, Formel II (R = CO-$CH_3$).

Betain $C_{22}H_{29}N_7O_{14}P_2$; 3-Acetylamino-Pdr-5′-*PP*-5′-Ado. *B.* Analog den vorangehenden Verbindungen (*Anderson et al.*, J. biol. Chem. **234** [1959] 1219). – λ_{max} (H_2O, wss. HCl [0,1 n] sowie wss. NaOH [0,1 n]): 260 nm (*An. et al.*, l. c. S. 1220).

Diphosphorsäure-1-adenosin-5′-ylester-2-[(1*R*)-1-((*Ξ*)-3-formyl-4-imidazol-1-yl-4*H*-[1]pyridyl)-D-1,4-anhydro-ribit-5-ylester], $O^{5'}$-{2-[(1*R*)-1-((*Ξ*)-3-Formyl-4-imidazol-1-yl-4*H*-[1]pyridyl)-D-1,4-anhydro-ribit-5-yloxy]-1,2-dihydroxy-diphosphoryl}-adenosin $C_{24}H_{30}N_8O_{14}P_2$, Formel III (R = H).

B. Aus Diphosphorsäure-1-adenosin-5′-ylester-2-[(1*R*)-1-(3-formyl-pyridinio)-D-1,4-anhydro-ribit-5-ylester]-betain (S. 3636) und 1*H*-Imidazol in wss. Lösung vom pH 10 (*van Eys*, J. biol. Chem. **233** [1958] 1203, 1205).

λ_{max} (wss. Lösung vom pH 10): 325 nm.

Gleichgewichtskonstante des Reaktionssystems mit Diphosphorsäure-1-adenosin-5′-ylester-2-[(1*R*)-1-(3-formyl-pyridinio)-D-1,4-anhydro-ribit-5-ylester]-betain und 1*H*-Imidazol in wss. Lösung vom pH 10: *v. Eys.*

Diphosphorsäure-1-[(1*R*)-1-((*Ξ*)-3-acetyl-4-imidazol-1-yl-4*H*-[1]pyridyl)-D-1,4-anhydro-ribit-5-ylester]-2-adenosin-5′-ylester, $O^{5'}$-{2-[(1*R*)-1-((*Ξ*)-3-Acetyl-4-imidazol-1-yl-4*H*-[1]pyridyl)-D-1,4-anhydro-ribit-5-yloxy]-1,2-dihydroxy-diphosphoryl}-adenosin $C_{25}H_{32}N_8O_{14}P_2$, Formel III (R = CH_3).

B. Analog der vorangehenden Verbindung (*van Eys*, J. biol. Chem. **233** [1958] 1203, 1205).

UV-Spektrum (wss. Lösung vom pH 10; 240–400 nm): *v. Eys.*

Gleichgewichtskonstante des Reaktionssystems mit Diphosphorsäure-1-[(1*R*)-1-(3-acetyl-pyridinio)-D-1,4-anhydro-ribit-5-ylester]-2-adenosin-5′-ylester-betain (S. 3637) und 1*H*-Imidazol in wss. Lösung vom pH 10: *v. Eys.*

Diphosphorsäure-1-adenosin-5′-ylester-2-[(1*R*)-1-(5-amino-4-carbamoyl-imidazol-1-yl)-D-1,4-anhydro-ribit-5-ylester], $O^{5'}$-{2-[(1*R*)-1-(5-Amino-4-carbamoyl-imidazol-1-yl)-D-1,4-anhydro-ribit-5-yloxy]-1,2-dihydroxy-diphosphoryl}-adenosin $C_{19}H_{27}N_9O_{14}P_2$, Formel I (R = CO-NH_2, R′ = NH_2).

B. Aus NAD^+ (S. 3644) und 5-Amino-1(3)*H*-imidazol-4-carbonsäure-amid bei der Einwirkung von NAD^+-Nucleosidase (*Alivisatos, Woolley*, J. biol. Chem. **221** [1956] 651, 653).

UV-Spektrum (wss. Lösungen vom pH 2,6 und pH 7,5; 220–300 nm): *Al., Wo.*, l. c. S. 659.

Bei der Einwirkung von Nucleotid-Pyrophosphatase sind [5′]Adenylsäure und 5-Amino-3-[O^5-dihydroxyphosphoryl-β-D-ribofuranosyl]-3*H*-imidazol-4-carbonsäure-amid erhalten worden (*Al., Wo.*, l. c. S. 657).

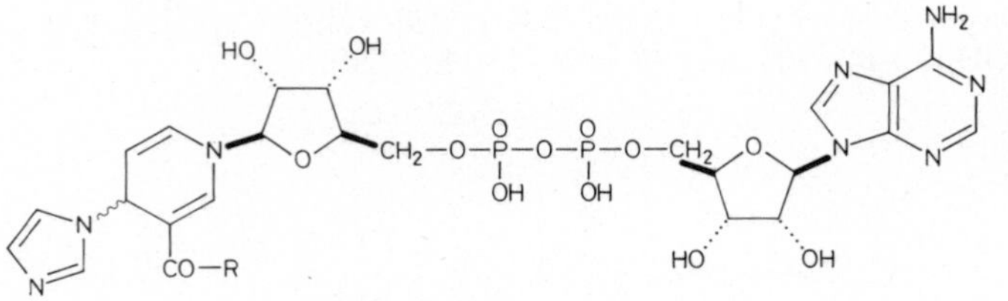

III

Diphosphorsäure-1-adenosin-5′-ylester-2-[(1*R*)-1-((Ξ)-3-carbamoyl-4-imidazol-1-yl-4*H*-[1]pyridyl)-D-1,4-anhydro-ribit-5-ylester], $O^{5'}$-{2-[(1*R*)-1-((Ξ)-3-Carbamoyl-4-imidazol-1-yl-4*H*-[1]pyridyl)-D-1,4-anhydro-ribit-5-yloxy]-1,2-dihydroxy-diphosphoryl}-adenosin $C_{24}H_{31}N_9O_{14}P_2$, Formel III (R = NH_2).

B. Aus NAD^+ (S. 3644) und 1*H*-Imidazol in wss. Lösung vom pH 10 (*van Eys*, J. biol. Chem. **233** [1958] 1203, 1205).

λ_{max} (wss. Lösung vom pH 10): 305 nm.

Gleichgewichtskonstante des Reaktionssystems mit NAD^+ und 1*H*-Imidazol in wss. Lösung vom pH 10: *v. Eys.* Zeitlicher Verlauf der Oxidation mit $K_3[Fe(CN)_6]$ in wss. KOH: *v. Eys*, l. c. S. 1206.

1-[O^5-(2-Adenosin-5′-yloxy-1,2-dihydroxy-diphosphoryl)-β-D-ribofuranosyl]-3-carbamoyl-4-imidazol-1-yl-pyridinium, Diphosphorsäure-1-adenosin-5′-ylester-2-[(1*R*)-1-(3-carbamoyl-4-imidazol-1-yl-pyridinio)-D-1,4-anhydro-ribit-5-ylester], $O^{5'}$-{2-[(1*R*)-1-(3-Carbamoyl-4-imidazol-1-yl-pyridinio)-D-1,4-anhydro-ribit-5-yloxy]-1,2-dihydroxy-diphosphoryl}-adenosin $[C_{24}H_{30}N_9O_{14}P_2]^+$, Formel IV.

Betain $C_{24}H_{29}N_9O_{14}P_2$. *B.* Aus NAD^+ (S. 3644) und 1*H*-Imidazol beim Behandeln mit $K_3[Fe(CN)_6]$ in wss. KOH (*van Eys*, J. biol. Chem. **233** [1958] 1203, 1206). – UV-Spektrum (wss. HCl [0,1 n] sowie wss. KOH [0,1 n]; 220–400 nm): *v. Eys*, l. c. S. 1207. – Bildung von 4-Imidazol-1-yl-nicotinsäure-amid $C_9H_8N_4O$ (UV-Spektrum [wss. HCl (0,2 n) sowie wss. KOH (0,2 n); 220–360 nm]) durch Einwirkung von NAD^+-Nucleotidase: *v. Eys*, l. c. S. 1207.

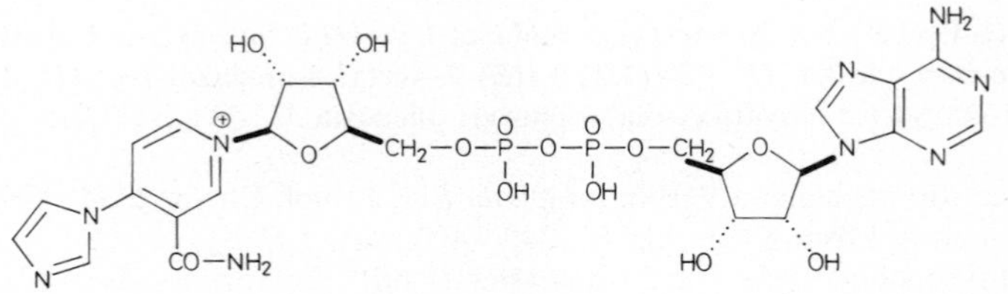

IV

2-[O^5-(2-Adenosin-5′-yloxy-1,2-dihydroxy-diphosphoryl)-β-D-ribofuranosyl]-6-methyl-8-oxo-7,8-dihydro-[2,7]naphthyridinium, Diphosphorsäure-1-adenosin-5′-ylester-2-[(1*R*)-1-(6-methyl-8-oxo-7,8-dihydro-[2,7]naphthyridinium-2-yl)-D-1,4-anhydro-ribit-5-ylester], $O^{5'}$-{1,2-Dihydroxy-2-[(1*R*)-1-(6-methyl-8-oxo-7,8-dihydro-[2,7]naphthyridinium-2-yl)-D-1,4-anhydro-ribit-5-yloxy]-diphosphoryl}-adenosin $[C_{24}H_{30}N_7O_{13}P_2]^+$, Formel V.

Betain $C_{24}H_{29}N_7O_{13}P_2$. Konstitution: *Burton et al.*, Arch. Biochem. **70** [1957] 87, 101; *Dolin, Jacobson*, J. biol. Chem. **239** [1964] 3007, 3012. – *B.* Aus Diphosphorsäure-1-[(1*R*)-1-((Ξ)-4-

acetonyl-3-carbamoyl-4*H*-[1]pyridyl)-D-1,4-anhydro-ribit-5-ylester]-2-adenosin-5′-ylester (S. 3649) beim Behandeln mit $K_3[Fe(CN)_6]$ in wss. Lösung vom pH 7,5–8 (*Bu. et al.,* l. c. S. 104). – Absorptionsspektrum (220–460 nm) in wss. Lösungen vom pH 2 und pH 9: *Bu. et al.,* l. c. S. 91; vom pH 7,2 und 11,9: *Do., Ja.*

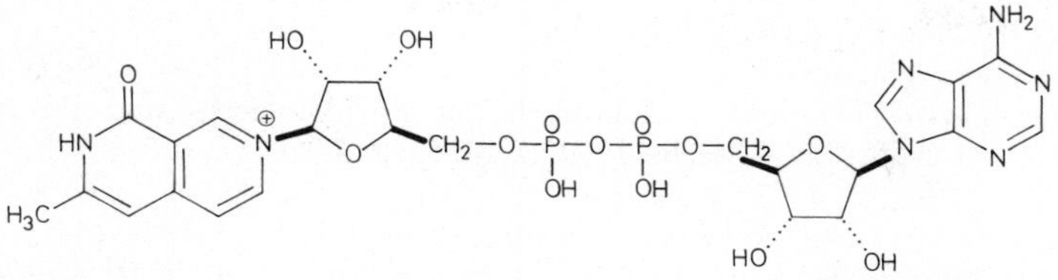

V

Diphosphorsäure-1-adenosin-5′-ylester-2-inosin-5′-ylester, $O^{5'}$-[1,2-Dihydroxy-2-inosin-5′-yloxy-diphosphoryl]-adenosin, Ado-5′-*PP*-5′-Ino $C_{20}H_{25}N_9O_{14}P_2$, Formel VI und Taut. (in der Literatur als Hypoxanthin-adenin-dinucleotid bezeichnet).

B. Aus Diphosphorsäure-1-adenosin-5′-ylester-2-[(1*R*)-1-(5-amino-4-carbamoyl-imidazol-1-yl)-D-1,4-anhydro-ribit-5-ylester] (S. 3651) bei der Einwirkung von Enzymen aus Taubenleber (*Alivisatos et al.,* Biochim. biophys. Acta **30** [1958] 660; J. biol. Chem. **237** [1962] 1212, 1213).

UV-Spektrum (wss. Lösungen vom pH 2 und pH 7,5; 220–300 nm): *Al. et al.,* J. biol. Chem. **237** 1217.

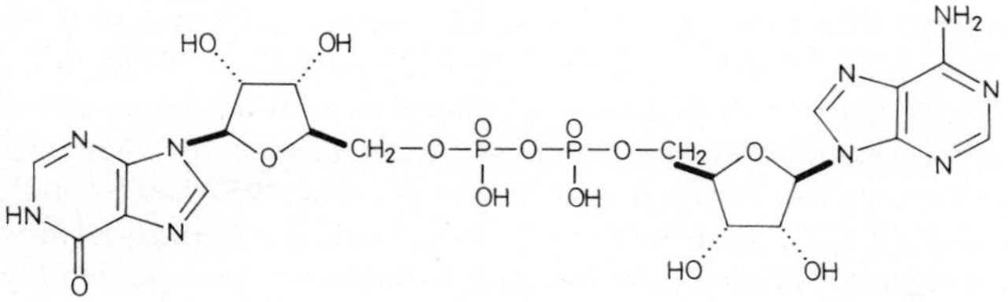

VI

Diphosphorsäure-1,2-di-adenosin-5′-ylester, $O^{5'}$,$O^{5'''}$-[1,2-Dihydroxy-diphosphoryl]-di-adenosin, Ado-5′-*PP*-5′-Ado $C_{20}H_{26}N_{10}O_{13}P_2$, Formel VII (in der Literatur als Diadenin-dinucleotid bezeichnet).

B. Aus [5′]Adenylsäure beim Behandeln mit Trifluoressigsäure-anhydrid (*Christie et al.,* Soc. **1953** 2947, 2950), mit Dicyclohexylcarbodiimid in wss. Pyridin (*Khorana,* Am. Soc. **76** [1954] 3517, 3520) oder mit Cyclohexyl-[3-diäthylamino-propyl]-carbodiimid-methojodid in wss. Pyridin (*Smith, Khorana,* Am. Soc. **80** [1958] 1141, 1145). Beim Behandeln von [5′]Adenylsäure-monobenzylester mit Trioctylamin und Cyclopentanon-[*O*-(4-nitro-benzolsulfonyl)-oxim] in DMF und Erwärmen des Reaktionsprodukts mit NaI in Butanon (*Chase et al.,* Soc. **1956** 1371, 1374).

Feststoff mit 4 Mol H_2O; λ_{max}: 257–259 nm [wss. HCl (0,01 n)] bzw. 259–260 nm [wss. NaOH (0,01 n)] (*Chr. et al.*).

Lithium-Salz: *Kh.*

Barium-Salz $BaC_{20}H_{24}N_{10}O_{13}P_2 \cdot 2H_2O$: *Kh.*

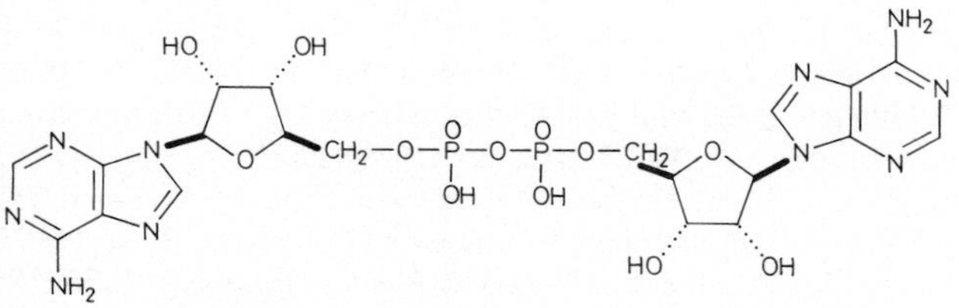

VII

$O^{5'}$-Tetrahydroxytriphosphoryl-adenosin, Triphosphorsäure-1-adenosin-5'-ylester, Adenosin-5'-triphosphat, Adenosin-5'-tetrahydrogentriphosphat, Ado-5'-*PPP,* ATP $C_{10}H_{16}N_5O_{13}P_3$, Formel VIII auf S. 3658.

Konstitution: *Lohmann,* Bio. Z. **282** [1935] 120, 123; *Lythgoe, Todd,* Nature **155** [1945] 695; *Fawaz, Seraidarian,* Am. Soc. **69** [1947] 966; s. a. *Bock,* in *P.D. Boyer, H. Lardy, K. Myrbäck,* The Enzymes, Bd. 2 [New York 1960] S. 3, 4.

Zusammenfassende Darstellung: *Racker,* Adv. Enzymol. **23** [1961] 323; *F.G. Fischer, H. Dörfel,* in *Hoppe-Seyler/Thierfelder,* Handbuch der Physiologisch- und Pathologisch-Chemischen Analyse, 10. Aufl., Bd. 4 [Berlin 1960] S. 1065, 1214.

Vorkommen, Isolierung, Bildungsweisen, Trennung und Reinigung.

Vorkommen in pflanzlichem und tierischem Gewebe: *Stumpf,* in *W.D. McElroy, B. Glass,* Phosphorous Metabolism, Bd. 2 [Baltimore 1952] S. 48; *H. Weil-Malherbe,* in *Hoppe-Seyler/Thierfelder,* Handbuch der Physiologisch- und Pathologisch-Chemischen Analyse, 10. Aufl., Bd. 3 [Berlin 1955] S. 457, 487, 488.

Isolierung aus Skelettmuskeln von Kaninchen: *LePage,* Biochem. Prepar. **1** [1949] 5.

B. Neben ADP (S. 3629) beim Behandeln von [5']Adenylsäure mit wss. H_3PO_4 [85%ig] und Dicyclohexylcarbodiimid in wss. Pyridin (*Khorana,* Am. Soc. **76** [1954] 3517, 3521; *Canad. Patents and Devel.,* U.S.P. 2795580 [1955]) oder in Pyridin und Tributylamin (*Smith, Khorana,* Am. Soc. **80** [1958] 1141, 1144; *Smith,* Biochem. Prepar. **8** [1961] 1). Aus [5']Adenylsäure beim Behandeln mit Trioctylamin, wss. H_3PO_4 [88%ig] und Cyclopentanon-[*O*-(4-nitro-benzolsulfonyl)-oxim] in DMF (*Chase et al.,* Soc. **1956** 1371, 1375). Beim Erwärmen des Disilber-Salzes der [5']Adenylsäure mit Chlorophosphorsäure-dibenzylester in Phenol und Acetonitril und anschliessenden Hydrieren an Palladium in wss. Dioxan (*Michelson, Todd,* Soc. **1949** 2487, 2489; *Nation. Research Devel. Corp.,* U.S.P. 2645637 [1950]). Beim Erwärmen des Tributylamin-Salzes von ADP mit Cyclohexylamidophosphorsäure-monobenzylester in DMF und anschliessenden Hydrieren an Palladium in wss. Essigsäure (*Clark et al.,* Soc. **1957** 1497, 1500). Beim Erwärmen des Silber-Salzes des $O^{5'}$-[1,2-Bis-benzyloxy-2-hydroxy-diphosphoryl]-adenosins mit Chlorophosphorsäure-dibenzylester in Phenol und Acetonitril und anschliessenden Hydrieren an Palladium in wss. Dioxan (*Baddiley et al.,* Soc. **1949** 582, 585; *Nation. Research Devel. Corp.,* D.B.P. 829595 [1949]; D.R.B.P. Org. Chem. 1950–1951 **3** 1404).

Neben [5']Adenylsäure beim Behandeln von Adenosin mit wss. H_3PO_4 und Bierhefe-Präparaten, auch in Gegenwart von D-Glucose und O^1,O^6-Diphosphono-D-fructose (*Ostern et al.,* Z. physiol. Chem. **251** [1938] 258, 270, **255** [1938] 104, 112; *Chem. Pharm. Werk Henning,* U.S.P. 2174475 [1938]; D.R.P. 697889 [1938]; D.R.P. Org. Chem. **3** 1303; D.R.P. 703400 [1939]; D.R.P. Org. Chem. **3** 1305; *Röhm & Haas Co.,* U.S.P. 2606899 [1948]). Beim Behandeln von [5']Adenylsäure mit O^1,O^6-Diphosphono-D-fructose und Hefe-Mazerationssaft (*Ohlmeyer,* Bio. Z. **283** [1936] 114, 117) oder mit *N*-Phosphono-kreatin in Gegenwart von Kreatin-Kinase und einem Enzym-Präparat aus Escherichia coli (*Canellakis et al.,* Biochim. biophys. Acta **39** [1960] 82, 85; Biochem. Prepar. **9** [1962] 120, 123).

Enzymatische Bildung bei der Phosphorylierung von ADP in Pflanzen und Bakterien unter der Einwirkung von Licht: *Arnon,* in *W. Ruhland,* Handbuch der Pflanzenphysiologie, Bd. 5 [Berlin 1960] S. 773; *Whatley, Arnon,* Methods Enzymol. **6** [1963] 308; *Kamen,* Methods Enzymol. **6** [1963] 313.

Herstellung von [8-^{14}C]ATP: *Weinfeld et al.,* J. biol. Chem. **213** [1955] 523, 527; *Holley,* Am. Soc. **79** [1957] 658, 660; *Holley, Goldstein,* J. biol. Chem. **234** [1959] 1765; von [6-^{15}N]ATP: *Newton, Perry,* Nature **179** [1957] 49; von $O^{5'}$-[[$\mu',\gamma,\gamma,\gamma$-$^{18}O_4$]Tetrahydroxytriphosphoryl]-adenosin: *Metzenberg et al.,* J. biol. Chem. **234** [1959] 1534, 1535; von $O^{5'}$-[Tetrahydroxy-[2-^{32}P]triphosphoryl]-adenosin: *Tanaka et al.,* Biochim. biophys. Acta **27** [1958] 642; *Pressman,* Biochem. Prepar. **7** [1960] 14, 18; von $O^{5'}$-[Tetrahydroxy-[3-^{32}P]triphosphoryl]-adenosin: *Tanaka et al.,* Biochim. biophys. Acta **27** 642, **36** [1959] 262; *Pr.,* l. c. S. 18; *Ogata et al.,* J. Biochem. Tokyo **42** [1955] 13, 16; *Verheyden et al.,* Am. Soc. **86** [1964] 1253; von $O^{5'}$-[Tetrahydroxy-[2,3-$^{32}P_2$]triphosphoryl]-adenosin: *Lowenstein,* Biochem. J. **65** [1957] 197, 200; Biochem. Prepar. **7** [1960] 5, 12; *Pr.,* l. c. S. 17; *Hems, Bartley,* Biochem. J. **55** [1953] 434; *Derache, Lowy,* Bl. Soc. Chim. biol. **37** [1955] 1347; *Tatibana et al.,* J. Biochem. Tokyo **46** [1959] 711.

Abtrennung und Reinigung über das Trisilber-Salz: *Barrenscheen, Filz,* Bio. Z. **250** [1932] 281, 282, 285; über das Dibarium-Salz: *Ba., Filz,* l. c. S. 286; *LePage,* Biochem. Prepar. **1** [1949] 5, 7. Abtrennung von anderen Nucleotiden und Phosphaten durch Chromatographieren an Ionenaustauschern: *Cohn, Carter,* Am. Soc. **72** [1950] 4273; *Deutsch, Nilsson,* Acta chem. scand. **7** [1953] 1288, 1291; *Hurlbert et al.,* J. biol. Chem. **209** [1954] 23, 30, 32; *Turba et al.,* Z. physiol. Chem. **296** [1954] 97, 99, 105; *Liébecq et al.,* Bl. Soc. Chim. biol. **39** [1957] 245, 255, 813, 815; *Pontis, Blumson,* Biochim. biophys. Acta **27** [1958] 618, 619, 622; *Bartlett,* J. biol. Chem. **234** [1959] 459, 463, 464.

Physikalische Eigenschaften.

Konformation der Kristalle (aus dem Röntgen-Diagramm des Dinatrium-Salzes [Trihydrat] ermittelt): *Kennard et al.,* Pr. roy. Soc. [A] **325** [1971] 401, 417; in wss. Lösung (aus dem ^{1}H- und ^{31}P-NMR-Spektrum ermittelt): *Tanswell et al.,* Europ. J. Biochem. **57** [1975] 135, 141. Über das Dipolmoment des Tetranatrium-Salzes und des Dibarium-Salzes s. *Mizutani,* Med. J. Osaka Univ. [japan. Ausg.] **8** [1956] 1325, 1336, 1337; C. A. **1957** 9762.

Über ORD in wss. Lösungen vom pH 2,9–10,2 s. *Levedahl, James,* Biochim. biophys. Acta **21** [1956] 298, 300, **23** [1957] 442; vom pH 5–9 unter Zusatz von Metallionen s. *McCormick, Levedahl,* Biochim. biophys. Acta **34** [1959] 303, 306. UV-Spektrum (220–300 nm) in wss. Lösungen vom pH 2, pH 7 und pH 11,3: *Bock et al.,* Arch. Biochem. **62** [1956] 253, 257; vom pH ca. 7: *Kiessling, Meyerhof,* Bio. Z. **296** [1938] 410, 416; *Dounce et al.,* J. biol. Chem. **174** [1948] 361, 369; *Calaby,* Arch. Biochem. **31** [1951] 294, 296; *Laws, Stickland,* Arch. Bio= chem. **75** [1958] 333, 337. Fluorescenzmaximum (wss. Lösung vom pH 1): 395 nm (*Duggan et al.,* Arch. Biochem. **68** [1957] 1, 4). Geschwindigkeitskonstante des Abklingens der Phospho= rescenz in wss. Lösung vom pH 5 bei 77 K: *Steele, Szent-Györgyi,* Pr. nation. Acad. U.S.A. **43** [1957] 477, 486.

Scheinbare Dissoziationsexponenten pK'_{a1} und pK'_{a2} (potentiometrisch ermittelt) in wss. KCl [0,1 n] bei 20°: 4,05 bzw. 6,50 (*Martell, Schwarzenbach,* Helv. **39** [1956] 653, 654); bei 25°: 4,26 bzw. 6,73 (*Weitzel, Spehr,* Z. physiol. Chem. **313** [1958] 212, 217); in wss. NaCl [0,15 n] bei 25°: 4,00 bzw. 6,48; bei 38°: 4,00 bzw. 6,50 (*Alberty et al.,* J. biol. Chem. **193** [1951] 425, 427). Scheinbare Dissoziationsexponenten pK'_{a1} und pK'_{a2} (wss. NaCl [0,1 n]; spektropho= tometrisch ermittelt) bei 25°: 4,1 bzw. 6,5 (*Bock et al.,* Arch. Biochem. **62** [1956] 253, 263). Einfluss von Kationen (Lithium(+), Natrium(+) und Kalium(+) sowie Tetraalkylammo= nium(+)) auf die pK'_{a2}-Werte: *Smith, Alberty,* J. phys. Chem. **60** [1956] 180; s. a. *Melchior,* J. biol. Chem. **208** [1954] 615, 619.

Verteilung zwischen verschiedenen Lösungsmitteln: *Plaut et al.,* J. biol. Chem. **184** [1950] 243, 246.

Chemisches Verhalten.

Änderung der UV-Absorption bei der Einwirkung von γ-Strahlen auf eine wss. Lösung des Natrium-Salzes: *Ryšina,* Trudy 1. Sovešč. radiac. Chim. Moskau 1957 S. 193, 196, 197; C. A. **1959** 12017. Bei der Einwirkung von UV-Licht (λ: 260 nm) auf eine wss. Lösung sind Adenosin und [5']Adenylsäure erhalten worden (*Shigemoto,* Med. J. Osaka Univ. [japan. Ausg.] **10** [1958] 513, 516, 517; C. A. **1958** 13832; s. a. *Carter,* Am. Soc. **72** [1950] 1835). Änderung der UV-Absorption bei der Einwirkung von UV-Licht: *Garay, Guba,* Acta physiol. Acad. hung. **5** [1954] 393, 395.

Beim Erwärmen mit wss. HCl auf 100° sind Adenin, O^{5}-Phosphono-D-ribose und H_3PO_4 erhalten worden (*Lohmann,* Bio. Z. **233** [1931] 460, 461; *Albaum, Umbreit,* J. biol. Chem. **167** [1947] 369, 370; *Bartlett,* J. biol. Chem. **234** [1959] 449, 456). Geschwindigkeitskonstante der Hydrolyse zu ADP in wss. Lösung vom pH 1,33 bei 39,94–50,24°, in wss. Lösungen vom pH 1,13–1,35 bei 49,53° sowie in wss. Lösung vom pH 1,35 bei 49,53° in Abhängigkeit von der Ionenstärke: *Friess,* Am. Soc. **75** [1953] 323; zu [5']Adenylsäure in wss. Essigsäure [1 n] bei 100°: *Lohmann,* Bio. Z. **254** [1932] 381, 393. Zeitlicher Verlauf der Hydrolyse zu ADP und [5']Adenylsäure in wss. Lösungen vom pH 4,2 sowie pH 8,5, auch in Gegenwart von Mag= nesium(2+), bei 80°: *Liébecq, Jacquemotte-Louis,* Bl. Soc. Chim. biol. **40** [1958] 759. Enthalpie der Hydrolyse zu ADP in wss. Lösungen vom pH 7 bei 37°: *Benzinger, Hems,* Pr. nation. Acad. U.S.A. **42** [1956] 896, 900; vom pH 8 bei 20°: *Kitzinger, Benzinger,* Z. Naturf. **10b**

[1955] 375, 380; *Podolsky, Morales,* J. biol. Chem. **218** [1956] 945, 952; s. a. *Bernhard,* J. biol. Chem. **218** [1956] 961, 967; bei 25°: *Podolsky, Sturtevant,* J. biol. Chem. **217** [1955] 603, 605. Über die Enthalpie der Hydrolyse zu [5']Adenylsäure s. *Ohlmeyer,* Z. physiol. Chem. **282** [1947] 37, 42; vgl. *Meyerhof, Lohmann,* Bio. Z. **253** [1932] 431, 436.

Beim Erhitzen des Dinatrium-Salzes mit wss. $Ba(OH)_2$ auf 100° sind [2']Adenylsäure, [3']Ade≠nylsäure, [5']Adenylsäure, $O^{2'}$,$O^{5'}$-Diphosphono-adenosin, $O^{3'}$,$O^{5'}$-Diphosphono-adenosin und $O^{3'}$,$O^{5'}$-Hydroxyphosphoryl-adenosin erhalten worden (*Lipkin et al.,* Am. Soc. **81** [1959] 6075, 6078, 6079; *Cook et al.,* Am. Soc. **79** [1957] 3607). Hydrolyse zu [5']Adenylsäure in wss. NaOH [1 n] oder wss. $Ba(OH)_2$ bei 100°: *Hock, Huber,* Bio. Z. **328** [1956] 44, 52. Hydrolyse in Gegenwart von Magnesium(2+) in wss. Lösungen vom pH 2–8,5 bei 30° und 80°: *Liébecq, Jacquemotte-Louis,* Bl. Soc. Chim. biol. **40** [1958] 67, 70, 71; vom pH 9 bei 30–40°: *Liébecq,* Bl. Soc. Chim. biol. **41** [1959] 1181; in Gegenwart von Magnesium(2+) und Calcium(2+) in wss. Lösungen vom pH 5–9 bei 30°: *Swanson,* Biochim. biophys. Acta **20** [1956] 85, 87, 88. Kinetik der Hydrolyse in wss. Lösungen vom pH 8–8,9 bei 60–90°: *Couture, Quellet,* Canad. J. Chem. **35** [1957] 1248; vom pH 8,5–8,8, auch unter Zusatz von Magnesium(2+) und Calcium(2+) bei 100°: *Nanninga,* J. phys. Chem. **61** [1957] 1144, 1148; *Blum, Felauer,* Arch. Biochem. **81** [1959] 285, 293; vom pH 10,1 und pH 12 bei 100°: *Hock, Hu.,* l. c. S. 50.

Beim Behandeln mit $NaNO_2$ in wss. Essigsäure ist $O^{5'}$-Tetrahydroxytriphosphoryl-inosin (S. 2094) erhalten worden (*Lohmann,* Bio. Z. **254** [1932] 381, 387; *Kleinzeller,* Biochem. J. **36** [1942] 729); zeitlicher Verlauf dieser Reaktion: *Lo.*; *Barrenscheen, Filz,* Bio. Z. **250** [1932] 281, 292; *Barrenscheen, Jachimowicz,* Bio. Z. **292** [1937] 350, 352.

Bildung von $O^{5'}$-Tetrahydroxytriphosphoryl-$O^{2'}$(oder $O^{3'}$)-L-tryptophyl-adeno≠sin $C_{21}H_{26}N_7O_{14}P_3$ beim Behandeln mit [5']Adenylsäure-L-tryptophan-anhydrid in wss. Lös≠ung vom pH 7,5: *Weiss et al.,* Arch. Biochem. **83** [1959] 101, 108.

Biochemisches Verhalten.

Zusammenfassende Darstellung über die Rolle im Energiestoffwechsel bei enzymatischen Reaktionen: *H.R. Mahler, E.H. Cordes,* Biological Chemistry [New York 1971] S. 377; *F.G. Fischer, H. Dörfel,* in *Hoppe-Seyler/Thierfelder,* Handbuch der Physiologisch- und Pathologisch-Chemischen Analyse, 10. Aufl., Bd. 4 [Berlin 1960] S. 1065, 1218.

Übersicht über die Dephosphorylierung zu ADP (S. 3629) durch Einwirkung von Adenosin-Triphosphatase bzw. Myosin: *Kielley,* in *P.D. Boyer, H. Lardy, K. Myrbäck,* The Enzymes, Bd. 5 [New York 1961] S. 159; *Perry,* Methods Enzymol. **2** [1955] 582, 588, 593; *W. Hasselbach, H.-H. Weber* bzw. *M. Chiga* bzw. *G. Siebert,* in *Hoppe-Seyler/Thierfelder,* Handbuch der Physio≠logisch- und Pathologisch-Chemischen Analyse, 10. Aufl., Bd. 6, Tl. C [Berlin 1966] S. 413 bzw. S. 424 bzw. S. 439; über die Dephosphorylierung zu [5']Adenylsäure und Phosphat durch Ein≠wirkung von Apyrase: *Krishnan,* Methods Enzymol. **2** [1955] 591; *Gilmour,* Methods Enzymol. **2** [1955] 595; über die Dephosphorylierung zu [5']Adenylsäure und Pyrophosphat durch Einwir≠kung von ATP-Pyrophosphatase: *Plaut,* in *C. Long,* Biochemist's Handbook [London 1961] S. 259; über die Dephosphorylierung zu [5']Adenylsäure durch Einwirkung von Nucleotid-Pyrophosphatase: *Kornberg,* Methods Enzymol. **2** [1955] 655; *Plaut,* l. c. S. 254. Über die Trans≠phosphorylierung s. *Myrbäck,* in *R. Ammon, W. Dirscherl,* Fermente, Hormone, Vitamine, 3. Aufl., Bd. 1 [Stuttgart 1959] S. 340; *M. Rohdewald,* in *Hoppe-Seyler/Thierfelder,* Handbuch der Physiologisch- und Pathologisch-Chemischen Analyse, 10. Aufl., Bd. 6, Tl. B [Berlin 1966] S. 528.

Zusammenfassende Darstellungen über die Reaktion mit Adenosin durch die Einwirkung von Adenosin-Kinase zu ADP und [5']Adenylsäure: *Kornberg,* Methods Enzymol. **2** [1955] 497; *Caputto,* in *P.D. Boyer, H. Lardy, K. Myrbäck,* The Enzymes, Bd. 6 [New York 1962] S. 133; über die Reaktion mit [5']Adenylsäure durch die Einwirkung von Adenylat-Kinase zu ADP: *Noda,* in *P.D. Boyer, H. Lardy, K. Myrbäck,* The Enzymes, Bd. 6 [New York 1962] S. 139; *Colowick,* Methods Enzymol. **2** [1955] 598. Zusammenfassende Darstellungen über die Reaktion mit β-NMN (E III/IV **22** 503) durch die Einwirkung von NMN-Adenyltransferase zu NAD (S. 3644) und Pyrophosphat: *Kornberg,* Methods Enzymol. **2** [1955] 670; über die Reaktion mit NAD durch die Einwirkung von NAD^+-Kinase zu ADP und NADP (S. 3672): *Wang,* Methods Enzymol. **2** [1955] 652; *Chung,* Methods Enzymol. **18B** [1971] 149; *Dietrich,*

Yero, Methods Enzymol. **18B** [1971] 156.

Übersicht über die Reaktion mit Sulfat durch die Einwirkung von Adenylsulfat-Kinase und Sulfat-adenyltransferase zu ADP, *O*$^{5'}$-[Hydroxy-sulfooxy-phosphoryl]-adenosin, *O*$^{5'}$-[Hydroxy-sulfooxy-phosphoryl]-*O*$^{3'}$-phosphono-adenosin und Pyrophosphat: *Robbins,* in *P.D. Boyer, H. Lardy, K. Myrbäck,* The Enzymes, Bd. 6 [New York 1962] S. 469; *Robbins,* Methods Enzymol. **5** [1962] 964; über die Reaktion mit Adenylat-Cyclase zu *O*$^{3'}$,*O*$^{5'}$-Hydroxyphosphoryl-adenosin und Pyrophosphat: *Jost, Rickenberg,* Ann. Rev. Biochem. **40** [1971] 741, 743.

Über die Rolle von ATP bei der oxydativen Phosphorylierung sowie bei der photosynthetischen Phosphorylierung s. *Racker,* Adv. Enzymol. **23** [1961] 323, 340, 385.

Über die Funktion von ATP bei der Muskelkontraktion s. *Needham,* Adv. Enzymol. **13** [1952] 151; *S. Ebashi, F. Dosawa, T. Sekine, Y. Tonomura,* Molecular Biology of Muscular Contraction [Amsterdam 1965] S. 11.

Nachweis und Bestimmung.

Über Nachweis und Bestimmung von ATP s. *H. Weil-Malherbe,* in *Hoppe-Seyler/Thierfelder,* Handbuch der Physiologisch- und Pathologisch-Chemischen Analyse, 10. Aufl., Bd. 3 [Berlin 1955] S. 457, 497; *F.G. Fischer, H. Dörfel,* in *Hoppe-Seyler/Thierfelder,* Handbuch der Physiologisch- und Pathologisch-Chemischen Analyse, 10. Aufl., Bd. 4 [Berlin 1960] S. 1065, 1136, 1216; *Albaum,* in *K. Paech, M.V. Tracey,* Moderne Methoden der Pflanzenanalyse, Bd. 4 [Berlin 1955] S. 305, 313.

Salze.

Stabilitätskonstanten von Metallkomplexen: *L.G. Sillén, A.E. Martell,* Stability Constants, 2. Aufl. [London 1964] S. 651; Spl. Nr. 1 [London 1971] S. 650; *Phillips,* Chem. Reviews **66** [1966] 501, 508. Stabilitätskonstante der Komplexe mit Testosteron in wss. Lösung vom pH 7,7 bei 10°: *Munck et al.,* Biochim. biophys. Acta **26** [1957] 397, 401; mit *N*^{4},*N*^{4}-Diäthyl-*N*^{1}-[6-chlor-2-methoxy-acridin-9-yl]-1-methyl-butandiyldiamin (Chinacrin) in wss. Lösung bei 25°: *Irvin, Irvin,* J. biol. Chem. **210** [1954] 45, 52.

Tetralithium-Salz $Li_4C_{10}H_{12}N_5O_{13}P_3 \cdot 8H_2O$: *Smith, Khorana,* Am. Soc. **80** [1958] 1141, 1144; *Smith,* Biochem. Prepar. **8** [1961] 1.

Natrium-Salze. a) Mononatrium-Salz. IR-Spektrum eines Films [aus wss. Lösung vom pH 7] (7,6–12,5 μ): *Morales, Cecchini,* J. cellular compar. Physiol. **37** [1951] 107, 126. – b) Dinatrium-Salz $Na_2C_{10}H_{14}N_5O_{13}P_3$. Kristalle (aus wss. 2-Methyl-pentan-2,4-diol) mit 1 Mol H_2O (*Zeppezauer et al.,* Acta chem. scand. **22** [1968] 1036; s. a. *Lomer,* Acta cryst. **11** [1958] 108). Orthorhombisch; Dimensionen der Elementarzelle (Röntgen-Diagramm): *Ze. et al.*; s. a. *Lo.* – Kristalle (aus wss. Dioxan) mit 3 Mol H_2O (*Kennard et al.,* Pr. roy. Soc. [A] **325** [1971] 401, 402); Kristalle (aus wss. A.) mit 3 Mol H_2O (*Berger,* Biochim. biophys. Acta **20** [1956] 23; s. a. *Lo.*). Orthorhombisch; Kristallstruktur-Analyse (Röntgen-Diagramm): *Ke. et al.*; *Larson,* Acta cryst. [B] **34** [1978] 3601; s. a. *Lo.* Dichte der Kristalle: 1,785 (*Ke. et al.,* l. c. S. 404). – Kristalle (aus wss. A.) mit 4 Mol H_2O (*Bock et al.,* Arch. Biochem. **62** [1956] 253, 254, 256; s. a. *Pabst Brewing Co.,* U.S.P. 2700038 [1951]). Beim Trocknen [18 h] bei 25°/1 Torr über P_2O_5 werden 3 Mol H_2O abgegeben (*Bock et al.*). – IR-Spektrum (KBr; 4000–700 cm^{-1}), auch in Gegenwart von Magnesium(2+), sowie IR-Banden (KBr; 1700–900 cm^{-1}) in Gegenwart von Mangan(2+) und von Kobalt(2+) eines nicht näher beschriebenen Präparats: *Epp et al.,* Am. Soc. **80** [1958] 724. – c) Tetranatrium-Salz $Na_4C_{10}H_{12}N_5O_{13}P_3$. Herstellung: *Bonner,* J. Chem. Thermodyn. **11** [1979] 563.

Silber-Salze. a) Trisilber-Salz $Ag_3C_{10}H_{13}N_5O_{13}P_3$. Herstellung: *Kerr,* J. biol. Chem. **139** [1941] 121, 126; *Barrenscheen, Filz,* Bio. Z. **250** [1932] 281, 285. Feststoff mit 1 Mol H_2O (*Barrenscheen, Filz,* Bio. Z. **253** [1932] 422, 423). Feststoff mit 4 Mol H_2O (*Wagner-Jauregg,* Z. physiol. Chem. **238** [1938] 129). – b) Tetrasilber-Salz $Ag_4C_{10}H_{12}N_5O_{13}P_3$. Herstellung: *Kerr.* Feststoff mit 1 Mol H_2O (*Ba., Filz,* Bio. Z. **253** 423).

Barium-Salze. a) Monobarium-Salz $BaC_{10}H_{14}N_5O_{13}P_3$. Herstellung: *Kerr,* J. biol. Chem. **139** [1941] 121, 125, 126. – b) Dibarium-Salz $Ba_2C_{10}H_{12}N_5O_{13}P_3$. Herstellung: *Kerr,* J. biol. Chem. **140** [1941] 77, 78, **139** 126. Feststoff mit 2 Mol H_2O (*Barrenscheen, Filz,* Bio. Z. **250** [1932] 281, 286). Feststoff mit 4 Mol H_2O (*LePage,* Biochem. Prepar. **1** [1949] 5). Feststoff mit 6 Mol H_2O (*Lohmann,* Bio. Z. **233** [1931] 460, 461; *Ba., Filz*; *Lohmann,*

Schuster, Bio. Z. **294** [1937] 183, 185; *Clark et al.,* Soc. **1957** 1497, 1500).

Zink-Salz $Zn_2C_{10}H_{12}N_5O_{13}P_3$. Herstellung: *Weitzel, Spehr,* Z. physiol. Chem. **313** [1958] 212, 215. — Feststoff mit 1 Mol H_2O (*Barrenscheen, Filz,* Bio. Z. **250** [1932] 281, 287). Stabilitätskonstante in wss. Lösung bei 25°: *We., Sp.,* l. c. S. 217.

Acridin-Salze. a) $2C_{10}H_{16}N_5O_{13}P_3 \cdot 5C_{13}H_9N$. Gelbe Kristalle; F: 218° [Zers.] (*Baddiley et al.,* Soc. **1949** 582, 585). — b) $C_{10}H_{16}N_5O_{13}P_3 \cdot 3C_{13}H_9N$. Gelbe Kristalle (aus H_2O) mit 1 Mol H_2O; F: 209° [Zers.] (*Ba. et al.*; *Michelson, Todd,* Soc. **1949** 2487, 2490; s. a. *Wagner-Jauregg,* Z. physiol. Chem. **239** [1936] 188, 191; *Barrenscheen, Peham,* Z. physiol. Chem. **272** [1942] 87, 98).

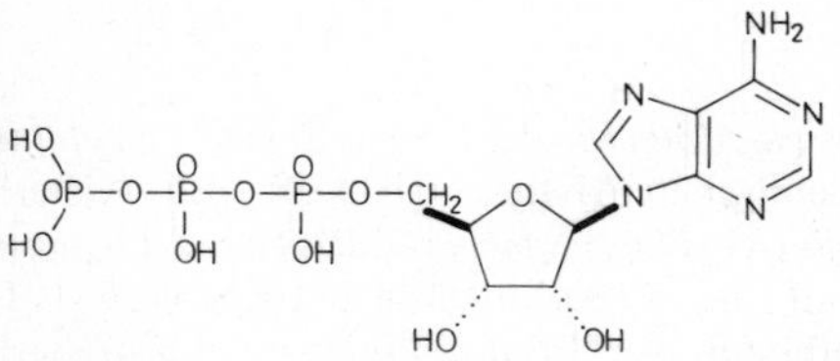

VIII

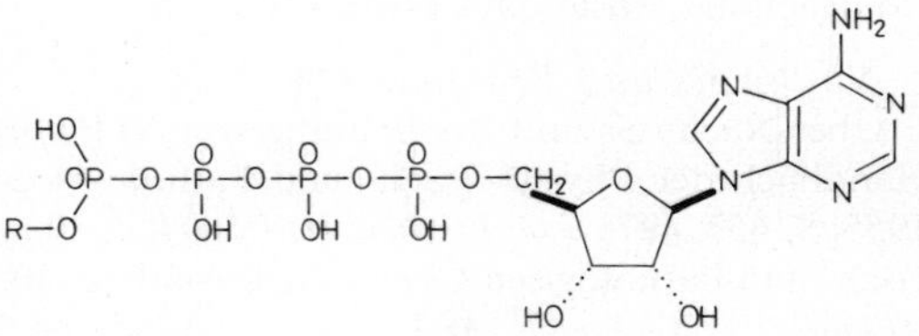

IX

$O^{5'}$-Pentahydroxytetraphosphoryl-adenosin, Tetraphosphorsäure-1-adenosin-5′-ylester, Adenosin-5′-tetraphosphat, Adenosin-5′-pentahydrogentetraphosphat, Ado-5′-*PPPP* $C_{10}H_{17}N_5O_{16}P_4$, Formel IX (R = H) und Taut.

Isolierung aus Pferdemuskel: *Lieberman,* Am. Soc. **77** [1955] 3373; aus handelsüblichem ATP: *Marrian,* Biochim. biophys. Acta **12** [1953] 492, **13** [1954] 278; s. a. *Sacks,* Biochim. biophys. Acta **16** [1955] 436.

B. Neben anderen Verbindungen beim Behandeln von [5′]Adenylsäure mit wss. H_3PO_4 [85%ig] und Benzolsulfonylchlorid in wss. Pyridin (*Hasselbach,* Acta biol. med. german. **2** [1959] 13, 16). Herstellung von $O^{5'}$-[Pentahydroxy-[4-^{32}P]tetraphosphoryl]-adenosin: *Lowenstein,* Biochem. J. **65** [1957] 197, 201; Biochem. Prepar. **7** [1960] 5, 12.

Abtrennung von anderen Nucleotiden durch Chromatographieren an Ionenaustauschern: *Liébecq et al.,* Bl. Soc. Chim. biol. **39** [1957] 245, 260, 1227, 1230; *Ha.,* l. c. S. 17; *Schmitz, Walpurger,* Ang. Ch. **71** [1959] 549, 550.

λ_{max} (wss. Lösung): 257—258 nm [pH 2], 259 nm [pH 7] bzw. 259—260 nm [pH 12] (*Ma.,* Biochim. biophys. Acta **13** 279). Scheinbare Dissoziationsexponenten pK'_{a1} und pK'_{a2} (H_2O; potentiometrisch ermittelt) bei 20°: 4,09 bzw. 6,79 (*Schwarzenbach, Anderegg,* Helv. **40** [1957] 1229). Einfluss von Kationen (Lithium(+), Natrium(+) und Kalium(+) sowie Tetraalkylammonium(+)) auf die pK'_{a2}-Werte: *Smith, Alberty,* J. phys. Chem. **60** [1956] 180, 182.

Beim Erwärmen einer wss. Lösung vom pH 4,5 auf 100° sind ATP, ADP, [5′]Adenylsäure und Orthophosphat erhalten worden (*Lieber.*). Bildung von Adenin und O^5-Phosphono-D-ribose beim Erhitzen mit wss. HCl [1 n]: *Ma.,* Biochim. biophys. Acta **13** 279.

Stabilitätskonstanten der Komplexe (in wss. Lösung) mit Lithium(+), Natrium(+) und Kalium(+) bei 25°: *Sm., Al.,* l. c. S. 183; mit Magnesium(2+) bei 20°: *Sch., An.*

$O^{5'}$-Hexahydroxypentaphosphoryl-adenosin, Pentaphosphorsäure-1-adenosin-5′-ylester, Adenosin-5′-pentaphosphat, Adenosin-5′-hexahydrogenpentaphosphat, Ado-5′-*PPPPP* $C_{10}H_{18}N_5O_{19}P_5$, Formel IX (R = $PO(OH)_2$).

Isolierung aus handelsüblichem ATP: *Sacks,* Biochim. biophys. Acta **16** [1955] 436; *Wenkstern, Bajew,* Biochimija **22** [1957] 1043, 1046; engl. Ausg. S. 993, 997.

B. Neben anderen Nucleotiden beim Behandeln von [5′]Adenylsäure mit wss. H_3PO_4 [85%ig] und Benzolsulfonylchlorid in wss. Pyridin (*Hasselbach,* Acta biol. med. german. **2** [1959] 13, 16).

Trennung von anderen Nucleotiden durch Chromatographieren an Ionenaustauschern: *Ha.*

$O^{5'}$-[1,2-Bis-benzyloxy-2-hydroxy-diphosphoryl]-adenosin, Diphosphorsäure-1-adenosin-5'-ylester-1,2-dibenzylester $C_{24}H_{27}N_5O_{10}P_2$, Formel X.

B. Beim Erwärmen des Silber-Salzes des [5']Adenylsäure-monobenzylesters mit Chlorophosphorsäure-dibenzylester in Essigsäure und Acetanhydrid oder in Phenol und Acetonitril und Erwärmen des erhaltenen $O^{5'}$-[Tris-benzyloxy-diphosphoryl]-adenosins mit 4-Methyl-morpholin in DMF (*Baddiley et al.*, Soc. **1949** 582, 584; *Nation. Research Devel. Corp.*, D.B.P. 829595 [1949]; D.R.B.P. Org. Chem. 1950–1951 **3** 1404).

Feststoff mit 1 Mol H_2O; F: ca. 115° (*Ba. et al.*).

Silber-Salz $AgC_{24}H_{26}N_5O_{10}P_2$: *Ba. et al.*

X XI

$O^{5'}$-Diäthoxythiophosphoryl-adenosin, Thiophosphorsäure-*O*-adenosin-5'-ylester-*O'*,*O''*-diäthylester $C_{14}H_{22}N_5O_6PS$, Formel XI.

B. Aus $O^{5'}$-Diäthoxythiophosphoryl-$O^{2'}$,$O^{3'}$-isopropyliden-adenosin beim Behandeln mit wss. H_2SO_4 (*Wolff, Burger*, Am. Soc. **79** [1957] 1970).

Kristalle (aus A.); F: 178–180° [korr.]. $[\alpha]_D^{23}$: –15,1° [wss. HCl (5%ig); c = 2,2].

Phosphorsäure-adenosin-5'-ylester-[$O^{2'}$-methyl-adenosin-3'-ylester], $O^{2'}$-Methyl-$O^{3'}$,$O^{5'''}$-hydroxyphosphoryl-di-adenosin, $O^{2'}$-Methyl-[3']adenylsäure-adenosin-5'-ylester, $O^{2'}$-Methyl-adenylyl-(3'→5')-adenosin $C_{21}H_{27}N_{10}O_{10}P$, Formel XII.

B. Neben anderen Dinucleotiden beim Behandeln von Ribonucleinsäure aus Weizenkeimen mit wss. KOH [1 n] und Behandeln des Reaktionsprodukts mit saurer Phosphatase (*Smith, Dunn*, Biochim. biophys. Acta **31** [1959] 573; vgl. *Singh, Lane*, Canad. J. Biochem. **42** [1964] 87, 89, 91, 1011).

Konformation in wss. Lösung: *Singh et al.*, Biopolymers **15** [1976] 2167.

XII XIII

$O^{2'}$-Methyl-[5']adenylsäure $C_{11}H_{16}N_5O_7P$, Formel XIII (R = CH_3, R' = H).

B. Neben anderen Nucleotiden beim Behandeln von Ribonucleinsäure aus Rattenleber-Mikrosomen mit Schlangengift-Diesterase (*Smith, Dunn*, Biochim. biophys. Acta **31** [1959] 573) oder beim Behandeln von Hefe-Ribonucleinsäure mit einem Enzympräparat aus Streptomyces aureus (*Honjo et al.*, Biochim. biophys. Acta **87** [1964] 696). Aus $O^{3'}$,$O^{5'}$-Hydroxyphosphoryl-$O^{2'}$-methyl-adenosin beim Erwärmen mit wss. $Ba(OH)_2$ oder beim Behandeln mit 3':5'-Cyclic-AMP-Phosphodiesterase (*Tazawa et al.*, Biochemistry **11** [1972] 4931, 4932, 4933). Aus $O^{2'}$-Methyl-adenosin beim Behandeln mit $POCl_3$ in Trimethylphosphat (*Ta. et al.*).

λ_{max} (H_2O): 259 nm (*Ta. et al.*).

$O^{5'}$-Acetyl-$O^{2'}$,$O^{3'}$-hydroxyphosphoryl-adenosin, Phosphorsäure-[$O^{5'}$-acetyl-adenosin-2′,3′-diylester] $C_{12}H_{14}N_5O_7P$, Formel XIV.

B. Beim Behandeln von $O^{2'}$,$O^{3'}$-Hydroxyphosphoryl-adenosin in DMF und Dioxan mit Acetanhydrid und Tributylamin (*Michelson*, Soc. **1959** 3655, 3666).

λ_{max}: 256 nm [wss. HCl (0,04 n)] bzw. 258 nm [H_2O sowie wss. NaOH (0,04 n)].

$O^{3'}$-Acetyl-[5′]adenylsäure $C_{12}H_{16}N_5O_8P$, Formel XIII (R = H, R′ = $CO-CH_3$).

B. Neben $O^{2'}$-Acetyl-[5′]adenylsäure $C_{12}H_{16}N_5O_8P$ beim Behandeln von [5′]Adenylsäure-essigsäure-anhydrid mit 1*H*-Imidazol in wss. Lösung vom pH 6–7 (*Jencks*, Biochim. biophys. Acta **24** [1957] 227).

IR-Banden (D_2O; 2950–1300 cm^{-1}) des Gemisches mit $O^{2'}$-Acetyl-[5′]adenylsäure: *Jencks et al.*, Arch. Biochem. **88** [1960] 193, 195.

$O^{3'}$-Ξ-Alanyl-[5′]adenylsäure $C_{13}H_{19}N_6O_8P$, Formel XIII (R = H, R′ = $CO-CH(CH_3)-NH_2$).

B. Neben $O^{2'}$-Ξ-Alanyl-[5′]adenylsäure $C_{13}H_{19}N_6O_8P$ beim Erwärmen des Dinatrium-Salzes der [5′]Adenylsäure mit DL-Thioalanin-*S*-phenylester-hydrochlorid in DMSO (*Wieland, Jaenicke*, A. **613** [1958] 95, 100).

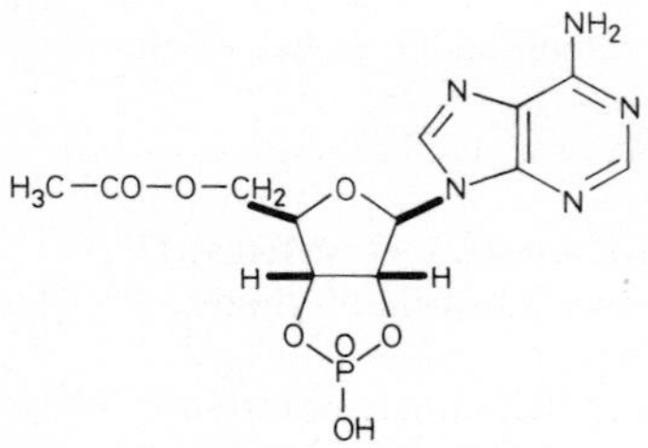

XIV

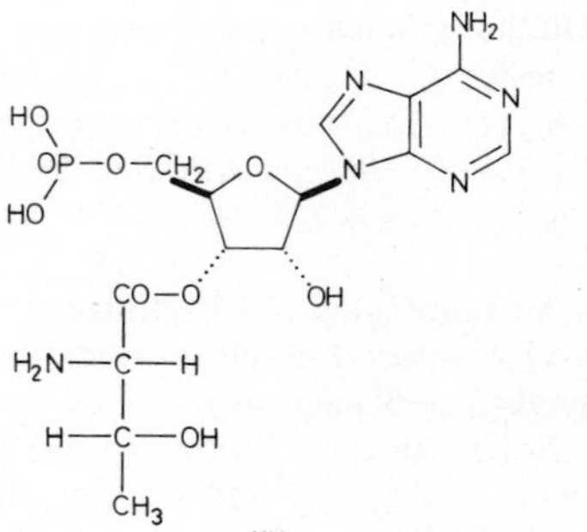

XV

$O^{3'}$-Ξ-Valyl-[5′]adenylsäure $C_{15}H_{23}N_6O_8P$, Formel XIII (R = H, R′ = $CO-CH(NH_2)-CH(CH_3)_2$).

Zur Konstitution s. *Wieland, Pfleiderer*, Adv. Enzymol. **19** [1957] 235, 251; *Wieland, Jaenicke*, A. **613** [1958] 95, 100.

B. Neben $O^{2'}$-Ξ-Valyl-[5′]adenylsäure $C_{15}H_{23}N_6O_8P$ beim Erhitzen des Dinatrium-Salzes der [5′]Adenylsäure mit DL-Thiovalin-*S*-phenylester-hydrochlorid in DMSO (*Wieland et al.*, Ang. Ch. **68** [1956] 305; *Wi., Ja.*; *McLaughlin, Ingram*, Biochemistry **4** [1965] 1442, 1444).

$O^{3'}$-Ξ-Leucyl-[5′]adenylsäure $C_{16}H_{25}N_6O_8P$, Formel XIII (R = H, R′ = $CO-CH(NH_2)-CH_2-CH(CH_3)_2$).

B. Neben $O^{2'}$-Ξ-Leucyl-[5′]adenylsäure $C_{16}H_{25}N_6O_8P$ beim Erhitzen des Dinatrium-Salzes der [5′]Adenylsäure mit DL-Thioleucin-*S*-phenylester-hydrochlorid in DMSO (*Wieland, Jaenicke*, A. **613** [1958] 95, 100).

$O^{3'}$-L_s-Threonyl-[5′]adenylsäure $C_{14}H_{21}N_6O_9P$, Formel XV.

B. Neben $O^{2'}$-L_s-Threonyl-[5′]adenylsäure $C_{14}H_{21}N_6O_9P$ beim Aufbewahren von [5′]Adenylsäure-L_s-threonin-anhydrid (*Moldave et al.*, J. biol. Chem. **234** [1959] 841, 845).

$O^{3'}$-Ξ-Methionyl-[5′]adenylsäure $C_{15}H_{23}N_6O_8PS$, Formel XIII (R = H, R′ = $CO-CH(NH_2)-CH_2-CH_2-S-CH_3$).

B. Neben $O^{2'}$-Ξ-Methionyl-[5′]adenylsäure $C_{15}H_{23}N_6O_8PS$ beim Erwärmen des Dinatrium-Salzes der [5′]Adenylsäure mit DL-Thiomethionin-*S*-phenylester-hydrochlorid in DMSO (*Wieland, Jaenicke*, A. **613** [1958] 95, 100).

$O^{3'}$-L-Prolyl-[5']adenylsäure $C_{15}H_{21}N_6O_8P$, Formel XVI.

B. Neben $O^{2'}$-L-Prolyl-[5']adenylsäure $C_{15}H_{21}N_6O_8P$ beim Aufbewahren von [5']Adenylsäure-L-prolin-anhydrid (*Moldave et al.*, J. biol. Chem. **234** [1959] 841, 845).

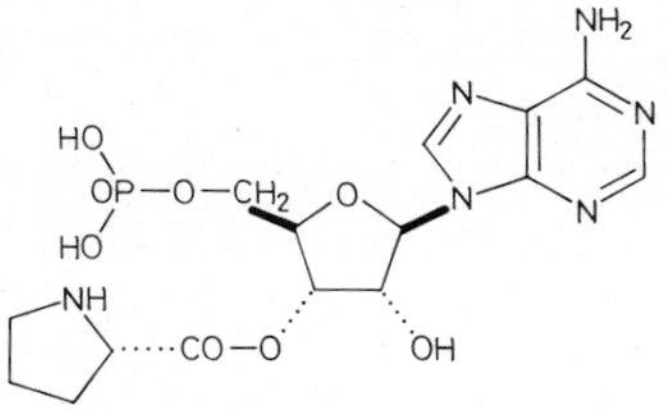

XVI 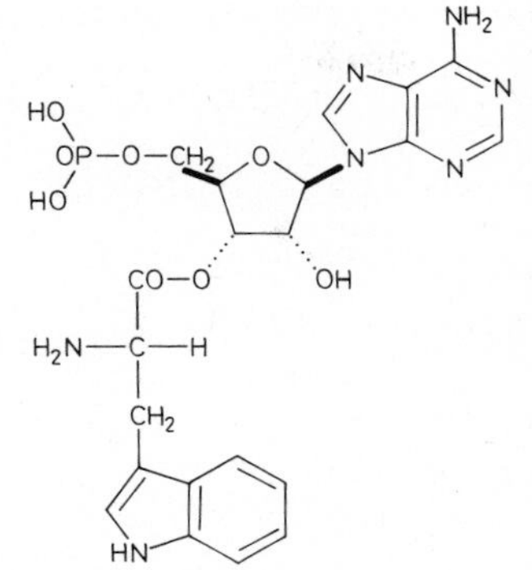 XVII

$O^{3'}$-L-Tryptophyl-[5']adenylsäure $C_{21}H_{24}N_7O_8P$, Formel XVII.

B. Neben $O^{2'}$-L-Tryptophyl-[5']adenylsäure $C_{21}H_{24}N_7O_8P$ beim Aufbewahren von [5']Adenylsäure-L-tryptophan-anhydrid (*Moldave et al.*, J. biol. Chem. **234** [1959] 841, 845).

[*Wente*]

$O^{5'}$-[Hydroxy-sulfooxy-phosphoryl]-$O^{2'}$,$O^{3'}$-disulfo-adenosin, [$O^{2'}$,$O^{3'}$-Disulfo-[5']adenylsäure]-schwefelsäure-anhydrid $C_{10}H_{14}N_5O_{16}PS_3$, Formel I.

B. Neben anderen Verbindungen beim Behandeln von [5']Adenylsäure mit konz. H_2SO_4 in wss. Pyridin in Gegenwart von Dicyclohexylcarbodiimid (*Reichard, Ringertz,* Am. Soc. **81** [1959] 878, 879, 883).

Geschwindigkeit der Hydrolyse in wss. $HClO_4$ [0,4 n], wss. KOH [0,4 n] und wss. $Ca(OH)_2$ bei 100°: *Re., Ri.* Bei der enzymatischen Hydrolyse mit Schlangengift-Phosphatase erfolgt Spaltung zu $O^{2'}$,$O^{3'}$-Disulfo-[5']adenylsäure und H_2SO_4, bei der Hydrolyse mit Prostata-Phosphatase erfolgt Spaltung zu $O^{2'}$,$O^{3'}$-Disulfo-adenosin, H_3PO_4 und H_2SO_4.

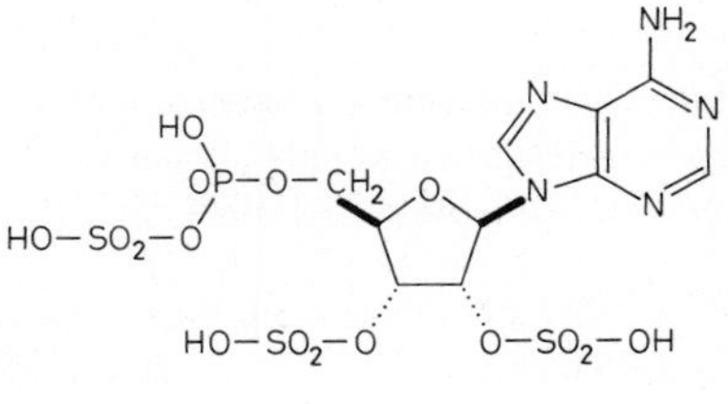

I

$O^{3'}$,$O^{5'}$-Diphosphono-adenosin, $O^{5'}$-Phosphono-[3']adenylsäure $C_{10}H_{15}N_5O_{10}P_2$, Formel II (R = H).

Isolierung aus den Spaltprodukten der enzymatischen Hydrolyse mit 3'-Nucleotidase von Coenzym-A: *Wang et al.,* J. biol. Chem. **206** [1954] 299, 303; von „aktivem Sulfat" (S. 3662): *Robbins, Lipmann,* J. biol. Chem. **229** [1957] 837, 844. Isolierung neben $O^{2'}$,$O^{5'}$-Diphosphono-adenosin und anderen Diphosphono-nucleosiden aus Hefe-Ribonucleinsäure bei der enzymatischen Hydrolyse: *Crestfield, Allen,* J. biol. Chem. **219** [1956] 103, 105.

B. Neben $O^{2'}$,$O^{5'}$-Diphosphono-adenosin und anderen Verbindungen aus Adenosin und Chlorophosphorsäure-dibenzylester (*Cramer et al.,* Soc. **1957** 3297; *Baddiley et al.,* Soc. **1958** 1000, 1004) oder aus dem Tris-decyl-amin-Salz der sog. Hefe-Adenylsäure (S. 3609) und Chloro=

phosphorsäure-diphenylester (*Michelson,* Soc. **1958** 2055), jeweils über mehrere Stufen.

Trennung von Gemischen mit $O^{2'}$,$O^{5'}$-Diphosphono-adenosin durch Elektrophorese: *Cr., Al.*; durch Ionenaustauscher-Chromatographie oder Papierchromatographie: *Ba. et al.,* Soc. **1958** 1005.

Spaltprodukte bei der Hydrolyse in wss. Lösung vom pH 4 bei 100°: *Ba. et al.,* Soc. **1958** 1006.

Lithium-Salz $Li_4C_{10}H_{11}N_5O_{10}P_2 \cdot 2H_2O$. λ_{max}: 256,5 nm (*Baddiley et al.,* Soc. **1959** 1731, 1733).

Calcium-Salz $Ca_2C_{10}H_{11}N_5O_{10}P_2 \cdot 5H_2O$. λ_{max}: 258 nm (*Ba. et al.,* Soc. **1958** 1005).

II

Cytidylyl-(5'→3')-adenylyl-(5'→3')-adenosin $C_{29}H_{37}N_{13}O_{17}P_2$ = Ado-3'-*P*-5'-Ado-3'-*P*-5'-Cyd.

B. Aus der folgenden Verbindung bei der enzymatischen Hydrolyse mit Prostata-Monoesterase (*Michelson,* Soc. **1959** 3655, 3664).

λ_{max} (wss. HCl [0,01 n] sowie wss. NaOH [0,1 n]): 259 nm (*Mi.,* l. c. S. 3659).

Adenylyl-(3'→5')-adenylyl-(3'→5')-[3']cytidylsäure $C_{29}H_{38}N_{13}O_{20}P_3$ = Ado-3'-*P*-5'-Ado-3'-*P*-5'-Cyd-3'-*P*.

Isolierung aus Hefe-Ribonucleinsäure nach der Hydrolyse mit Ribonuclease: *Michelson,* Soc. **1959** 3655, 3664.

λ_{max} (wss. HCl [0,01 n] sowie wss. NaOH [0,01 n]): 259 nm (*Mi.,* l. c. S. 3659).

Polymerisation: *Mi.,* l. c. S. 3665.

$O^{5'}$-[Hydroxy-sulfooxy-phosphoryl]-$O^{3'}$-phosphono-adenosin, PAPS $C_{10}H_{15}N_5O_{13}P_2S$, Formel II (R = SO_2-OH) (in der Literatur auch als „aktives Sulfat" bezeichnet).

Konstitution: *Robbins, Lipmann,* Am. Soc. **78** [1956] 2652; J. biol. Chem. **229** [1957] 837, 843.

B. Aus dem Lithium-Salz des $O^{3'}$,$O^{5'}$-Diphosphono-adenosins beim Behandeln in wss. $NaHCO_3$ mit 1-Sulfo-pyridinium-betain (*Baddiley et al.,* Soc. **1959** 1731, 1733; *Baddiley, Sanderson,* Biochem. Prepar. **10** [1963] 3). Enzymatische Bildung aus ATP (S. 3654) und Sulfat mit Hilfe von Sulfat-Adenylyltransferase und Adenylylsulfat-Kinase aus Leber-Präparaten (*Robbins, Lipmann,* J. biol. Chem. **229** [1957] 837, 840) oder Hefe-Extrakten (*Bandurski et al.,* Am. Soc. **78** [1956] 6408; *Wilson, Bandurski,* J. biol. Chem. **233** [1958] 975; *Robbins, Lipmann,* J. biol. Chem. **233** [1958] 681).

Bei der Hydrolyse in wss. HCl [0,1 n] ist $O^{3'}$,$O^{5'}$-Diphosphono-adenosin, bei der Hydrolyse mit 3'-Nucleotidase ist [5']Adenylsäure-schwefelsäure-anhydrid erhalten worden (*Ro., Li.,* Am. Soc. **78** 2652); Geschwindigkeit der Hydrolyse in wss. HCl [0,1 n] und mit 3'-Nucleotidase bei 37°: *Ro., Li.,* J. biol. Chem. **229** 843, 844. „Aktives Sulfat" fungiert als Sulfat-Donator für Sulfat-Acceptoren, z.B. für Phenole (*Bernstein, McGilvery,* J. biol. Chem. **199** [1952] 745; *De Meio et al.,* J. biol. Chem. **213** [1955] 439; *Gregory, Lipmann,* J. biol. Chem. **229** [1957] 1081; *Brunngraber,* J. biol. Chem. **233** [1958] 472) oder für Amine (*Roy,* Biochem. J. **74** [1960] 49, 52, **72** [1959] 19P).

$O^{5'}$-(1,2-Dihydroxy-2-{(*R*)-3-hydroxy-3-[2-(2-mercapto-äthylcarbamoyl)-äthylcarbamoyl]-2,2-dimethyl-propoxy}-diphosphoryl)-$O^{3'}$-phosphono-adenosin, Diphosphorsäure-1-{(*R*)-3-hydroxy-3-[2-(2-mercapto-äthylcarbamoyl)-äthylcarbamoyl]-2,2-dimethyl-propylester}-2-[$O^{3'}$-phosphono-adenosin-5'-ylester], Coenzym-A, CoA $C_{21}H_{36}N_7O_{16}P_3S$, Formel III (R = H).

Konstitution: *Baddiley,* Adv. Enzymol. **16** [1955] 1; *Lipmann,* Bacteriol. Rev. **17** [1953] 1, 4; s. a. *Novelli et al.,* J. biol. Chem. **177** [1949] 97; *Brown et al.,* Arch. Biochem. **27** [1950] 473; *De Vries et al.,* Am. Soc. **72** [1950] 4838; *Gregory et al.,* Am. Soc. **74** [1952] 854; *Gregory, Lipmann,* Am. Soc. **74** [1952] 4017; *Wang et al.,* J. biol. Chem. **206** [1954] 299.

Zusammenfassende Darstellungen: *Lynen, Decker,* Ergebn. Physiol. **49** [1957] 327; *K. Decker,* Die aktivierte Essigsäure [Stuttgart 1959] S. 15; *Jaenicke, Lynen,* in *P.D. Boyer, H. Lardy, K. Myrbäck,* The Enzymes, Bd. 3 [New York 1960] S. 3; *O. Wieland,* in *Hoppe-Seyler/Thierfel= der,* Handbuch der Physiologisch- und Pathologisch-Chemischen Analyse, 10. Aufl., Bd. 6, Tl. B [Berlin 1966] S. 1.

Vorkommen in Mikroorganismen: *Kaplan, Lipmann,* J. biol. Chem. **174** [1948] 37, 41, 43; in Pflanzen: *Ka., Li.,* l. c. S. 43; *Seifter,* Plant Physiol. **29** [1954] 403; in tierischen Geweben: *Ka., Li.,* l. c. S. 42.

Isolierung und Reinigung von Coenzym-A aus Schweineleber-Präparaten: *Lipmann et al.,* J. biol. Chem. **186** [1950] 235; *Buyske et al.,* J. biol. Chem. **193** [1951] 307; aus Streptomyces fradiae: *De Vries et al.,* Am. Soc. **72** [1950] 4838; *Gregory et al.,* Am. Soc. **74** [1952] 854; aus Hefe-Präparaten: *Beinert et al.,* J. biol. Chem. **200** [1953] 285; *Stadtman, Kornberg,* J. biol. Chem. **203** [1953] 47; s. a. *Lynen et al.,* zit. bei *Lynen, Decker,* Ergebn. Physiol. **49** [1957] 335, 337. Über Trennung von anderen Nucleotiden s. a. *Basford, Huennekens,* Am. Soc. **77** [1955] 3878; *Brenner-Holzach et al.,* Helv. **39** [1956] 1790.

B. Neben Isocoenzym-A (S. 3671) und anderen Verbindungen aus dem Bis-[*N,N'*-dicyclo= hexyl-morpholin-4-carbamidin]-Salz des O^5-[Hydroxy-morpholino-phosphoryl]-$O^{2'}$,$O^{3'}$-hydr= oxyphosphoryl-adenosins und dem Barium-Salz des O^4-Phosphono-D-pantetheins (E IV **4** 2574) (*Moffatt, Khorana,* Am. Soc. **81** [1959] 1265, **83** [1961] 663, 668, 674). Weitere chemische Synthesen von Coenzym-A s. a. *Michelson,* Biochim. biophys. Acta **50** [1961] 605, **93** [1964] 71; *Gruber, Lynen,* A. **659** [1962] 139; *Shimizu et al.,* Chem. pharm. Bl. **13** [1965] 1142, **15** [1967] 655. Über die Biosynthese aus Pantothensäure, ATP (S. 3654) und Cystein mit Hilfe verschiedener Enzym-Systeme s. *Brown,* J. biol. Chem. **234** [1959] 370.

UV-Spektrum (wss. Lösung vom pH 2,5; 200—300 nm): *Buyske et al.,* Am. Soc. **76** [1954] 3575; s. a. *Lynen et al.,* zit. bei *Lynen, Decker,* Ergebn. Physiol. **49** [1957] 327, 338; *Feuer, Wollemann,* Acta physiol. Acad. hung. **10** [1956] 1, 5. Scheinbare Dissoziationsexponenten pK'_{a1}, pK'_{a2} und pK'_{a3} (H_2O; potentiometrisch ermittelt): 4,0 bzw. 6,4 bzw. 9,6 (*Beinert et al.,* J. biol. Chem. **200** [1953] 385, 396).

Stabilität im lyophilisierten Zustand und in wss. Lösungen in Abhängigkeit vom pH-Wert (2—10) und der Temperatur (0—120°): *Buyske et al.,* Am. Soc. **76** [1954] 3575. Oxidation mit Sauerstoff unter Druck in wss. Lösungen vom pH 2,7—7,7: *Barron,* Arch. Biochem. **50** [1955] 502, 505. Coenzym-A-Präparate liegen wegen der leichten Oxidierbarkeit der Mercapto-Gruppe teilweise in der Disulfid-Form vor; vor der Durchführung von Aktivitätsmessungen wurden die Präparate deshalb reduziert, z.B. mit Zink und wss. HCl (*Gregory et al.,* Am. Soc. **74** [1952] 854), mit Zink-Amalgam und wss. H_2SO_4 (*Bu. et al.*), mit H_2S, KBH_4 oder Glutathion (*Jones et al.,* Biochim. biophys. Acta **12** [1953] 141, 143) bzw. mit $NaBH_4$, 2,3-Di= mercapto-propan-1-ol, Cystein, Cystein + $NaBH_4$ oder Glutathion (*Sanadi, Littlefield,* J. biol. Chem. **201** [1953] 103, 110).

Über die Funktion von Coenzym-A im Stoffwechsel als Acyl-Trägersubstanz in Donator- und Acceptor-Reaktionen und über chemische und enzymatische Bestimmungsmethoden von Coenzym-A s. die oben zitierten zusammenfassenden Darstellungen.

Trilithium-Salz $Li_3C_{21}H_{33}N_7O_{16}P_3S \cdot 6H_2O$: *Moffatt, Khorana,* Am. Soc. **83** [1961] 663, 675.

***S*-Acetyl-coenzym-A,** Acetyl-CoA $C_{23}H_{38}N_7O_{17}P_3S$, Formel III (R = CO-$CH_3$) (in der Literatur auch als „aktivierte Essigsäure" bezeichnet).

Konstitution: *Lynen et al.,* A. **574** [1951] 1, 10.

Zusammenfassende Darstellungen s. die im Artikel Coenzym-A (S. 3663) zitierte Literatur.
Isolierung aus Hefe-Präparaten: *Ly. et al.*, l. c. S. 8, 26.

B. Aus Coenzym-A und Acetanhydrid (*Simon, Shemin,* Am. Soc. **75** [1953] 2520; *Kaufman et al.*, J. biol. Chem. **203** [1953] 869, 887). Aus Coenzym-A und Natrium-thioacetat (*Wilson,* Am. Soc. **74** [1952] 3205). Enzymatische Bildung aus Coenzym-A und Acetylphosphat mit Phosphat-Acetyltransferase (*Stadtman,* J. biol. Chem. **196** [1952] 535; J. cellular compar. Physiol. **41** [1953] 89, 90) oder aus Coenzym-A und Pyruvat in Gegenwart von NAD (*Littlefield, Sanadi,* J. biol. Chem. **199** [1952] 65; s. a. *Holzer, Goedde,* Bio. Z. **329** [1957] 175). Enzymatische Bildung aus Coenzym-A, Acetat und ATP mit Acetyl-CoA-Synthetase (*Jones et al.*, Biochim. biophys. Acta **12** [1953] 141); Mechanismus dieser Reaktion: *Jones et al.*, Am. Soc. **75** [1953] 3285; *Lipmann et al.*, J. cellular compar. Physiol. **41** [1953] 109; *Boyer et al.*, Am. Soc. **78** [1956] 356; *Berg,* J. biol. Chem. **222** [1956] 991.

Herstellung von *S*-[1-^{14}C]Acetyl-coenzym-A: *Knappe et al.*, Bio. Z. **332** [1959] 195, 208.

Stabilität in sauren und alkal.-wss. Lösungen: *St.*, J. cellular compar. Physiol. **41** 93. Über die Funktion von *S*-Acetyl-coenzym-A bei der Synthese von Fettsäuren im Organismus s. *Lynen, Ochoa,* Biochim. biophys. Acta **12** [1956] 299. Beispiele für die Funktion von *S*-Acetyl-coenzym-A als Acetyl-Donator in enzymatischen Systemen s. *M. Dixon, E.C. Webb,* Enzymes, 2. Aufl. [London 1964] S. 704; s. a. *St.*, J. cellular compar. Physiol. **41** 101.

***S*-Fluoracetyl-coenzym-A** $C_{23}H_{37}FN_7O_{17}P_3S$, Formel III (R = $CO-CH_2F$).

B. Aus Coenzym-A und Fluoressigsäure-anhydrid (*Marcus, Elliott,* J. biol. Chem. **218** [1956] 823, 824) oder Fluoracetyl-kohlensäure-äthylester [aus Fluoressigsäure und Chlorokohlensäure-äthylester hergestellt] (*Brady,* J. biol. Chem. **217** [1955] 213).

Geschwindigkeit der Hydrolyse in wss. Lösungen vom pH 4,5, pH 7 und pH 8,1 bei 25°: *Br.*, l. c. S. 215.

***S*-Propionyl-coenzym-A** $C_{24}H_{40}N_7O_{17}P_3S$, Formel III (R = $CO-C_2H_5$).

B. Aus Coenzym-A und Propionsäure-anhydrid (*Schachter, Taggert,* J. biol. Chem. **208** [1954] 263). Enzymatische Bildung aus Coenzym-A, Propionat und ATP mit Acetyl-CoA-Synthetase (*Hele,* J. biol. Chem. **206** [1954] 671, 674) oder aus *S*-Acetyl-coenzym-A und Propionat mit Propionat-CoA-Transferase (*Stadtman,* J. biol. Chem. **203** [1953] 501).

***S*-Butyryl-coenzym-A** $C_{25}H_{42}N_7O_{17}P_3S$, Formel III (R = $CO-CH_2-C_2H_5$).

B. Aus Coenzym-A und Natrium-thiobutyrat (*Stadtman,* J. biol. Chem. **203** [1953] 501, 502). Enzymatische Bildung aus Coenzym-A, Butyrat und ATP mit Butyryl-CoA-Synthetase (*Talbert, Huennekens,* Am. Soc. **78** [1956] 4671; *Peng,* Biochim. biophys. Acta **22** [1956] 42, 46) oder aus *S*-Acetyl-coenzym-A und Butyrat (*St.*, l. c. S. 507).

Herstellung von *S*-[1-^{14}C]Butyryl-coenzym-A: *Long, Porter,* J. biol. Chem. **234** [1959] 1406.

***S*-Isobutyryl-coenzym-A** $C_{25}H_{42}N_7O_{17}P_3S$, Formel III (R = $CO-CH(CH_3)_2$).

B. Aus Coenzym-A und Thioisobuttersäure-*S*-phenylester (*Robinson et al.*, J. biol. Chem. **224** [1957] 1, 8; s. a. *Wieland, Rueff,* Ang. Ch. **65** [1953] 186).

***S*-Valeryl-coenzym-A** $C_{26}H_{44}N_7O_{17}P_3S$, Formel III (R = $CO-[CH_2]_3-CH_3$).

B. Aus Coenzym-A und Valeriansäure-anhydrid (*Schachter, Taggart,* J. biol. Chem. **208** [1954] 263).

***S*-[(Ξ)-2-Methyl-butyryl]-coenzym-A** $C_{26}H_{44}N_7O_{17}P_3S$, Formel III (R = $CO-CH(CH_3)-C_2H_5$).

B. Aus Coenzym-A und (±)-2-Methyl-thiobuttersäure-*S*-phenylester (*Robinson et al.*, J. biol. Chem. **218** [1956] 391, 398; s. a. *Wieland, Rueff,* Ang. Ch. **65** [1953] 186).

***S*-Isovaleryl-coenzym-A** $C_{26}H_{44}N_7O_{17}P_3S$, Formel III (R = $CO-CH_2-CH(CH_3)_2$).

B. Aus Coenzym-A und Thioisovaleriansäure-*S*-phenylester (*Bachhawat et al.*, J. biol. Chem. **219** [1956] 539, 549; s. a. *Wieland, Rueff,* Ang. Ch. **65** [1953] 186).

S-Palmitoyl-coenzym-A $C_{37}H_{66}N_7O_{17}P_3S$, Formel III (R = CO-[$CH_2$]$_{14}$-$CH_3$).

B. Aus Coenzym-A und Palmitinsäure-anhydrid (*Vignais, Zabin,* Biochim. biophys. Acta **29** [1958] 263, 264), Palmitoylchlorid (*Srere et al.*, Biochim. biophys. Acta **33** [1959] 313; *Seubert,* Biochem. Prepar. **7** [1960] 80) oder Kalium-thiopalmitat (*Kornberg, Pricer,* J. biol. Chem. **204** [1953] 345, 346). Enzymatische Bildung aus Coenzym-A, Palmitat und ATP mit Acyl-CoA-Synthetase (*Kornberg, Pricer,* J. biol. Chem. **204** [1953] 329, 339).

UV-Spektrum (H_2O; 220–270 nm): *Sr. et al.*, l. c. S. 315. λ_{max} (H_2O): 259 nm (*Vi., Za.*).

Über die Hydrolyse in wss. NaOH und über die enzymatische Hydrolyse s. *Vi., Za.*, l. c. S. 265; *Sr. et al.*, l. c. S. 315.

S-Acryloyl-coenzym-A $C_{24}H_{38}N_7O_{17}P_3S$, Formel III (R = CO-CH=$CH_2$).

B. Aus Coenzym-A und Acryloylchlorid (*Stern, del Campillo,* J. biol. Chem. **218** [1956] 985, 999) oder Acryloylkohlensäure-äthylester (*Stadtman,* Am. Soc. **77** [1955] 5765, 5766 Anm. 2). Enzymatische Bildung aus Coenzym-A, Acrylat und ATP mit Acetyl-CoA-Synthetase (*Hele,* J. biol. Chem. **206** [1954] 671, 674).

S-But-3-enoyl-coenzym-A $C_{25}H_{40}N_7O_{17}P_3S$, Formel III (R = CO-$CH_2$-CH=$CH_2$).

B. Aus Coenzym-A und But-3-enoylchlorid (*Stern, del Campillo,* J. biol. Chem. **218** [1956] 985, 999).

S-Crotonoyl-coenzym-A $C_{25}H_{40}N_7O_{17}P_3S$, Formel III (R = CO-CH=CH-CH_3).

a) ***S-cis*-Crotonoyl-coenzym-A.**

B. Aus Coenzym-A und *cis*-Thiocrotonsäure-*S*-phenylester (*Stern, del Campillo,* J. biol. Chem. **218** [1956] 985, 986; *Wakil,* Biochim. biophys. Acta **19** [1956] 497, 499).

UV-Spektrum (H_2O; 200–340 nm): *St., d.Ca.*, l. c. S. 997.

b) ***S-trans*-Crotonoyl-coenzym-A.**

B. Aus Coenzym-A und *trans*-Crotonsäure-anhydrid (*Stern, del Campillo,* J. biol. Chem. **218** [1956] 985, 994; *Hilz et al.*, Bio. Z. **329** [1958] 476, 485) oder *trans*-Thiocrotonsäure-*S*-phenylester (*Wakil,* Biochim. biophys. Acta **19** [1956] 497, 499).

UV-Spektrum (H_2O; 220–320 nm): *Lynen, Ochoa,* Biochim. biophys. Acta **12** [1953] 299, 310; *Stern et al.*, J. biol. Chem. **218** [1956] 971, 976.

S-Methacryloyl-coenzym-A $C_{25}H_{40}N_7O_{17}P_3S$, Formel III (R = CO-C($CH_3$)=$CH_2$).

B. Aus Coenzym-A und Methacryloylchlorid (*Stern, del Campillo,* J. biol. Chem. **218** [1956] 985, 999) oder Thiomethacrylsäure-*S*-phenylester (*Robinson et al.*, J. biol. Chem. **224** [1957] 1, 8).

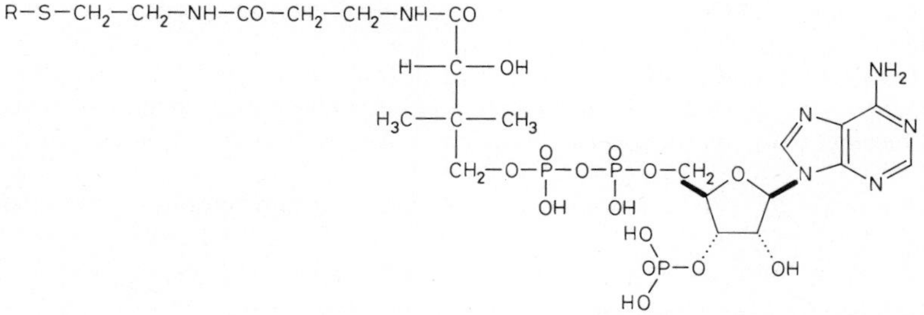

III

S-[3-Methyl-but-3-enoyl]-coenzym-A $C_{26}H_{42}N_7O_{17}P_3S$, Formel III (R = CO-$CH_2$-C($CH_3$)=$CH_2$).

B. Aus Coenzym-A und 3-Methyl-but-3-enthiosäure-*S*-phenylester (*Woesner et al.*, J. biol. Chem. **233** [1958] 520, 522; s. a. *Wieland, Rueff,* Ang. Ch. **65** [1953] 186).

S-[2-Methyl-*trans*-crotonoyl]-coenzym-A, *S*-Tigloyl-coenzym-A $C_{26}H_{42}N_7O_{17}P_3S$, Formel III (R = CO-C($CH_3$)$\overset{t}{=}$CH-$CH_3$).

B. Aus Coenzym-A und 2-Methyl-*trans*-thiocrotonsäure-*S*-phenylester (*Robinson et al.*, J.

biol. Chem. **218** [1956] 391, 398; *Wieland, Rueff,* Ang. Ch. **65** [1953] 186).

***S*-[3-Methyl-crotonoyl]-coenzym-A** $C_{26}H_{42}N_7O_{17}P_3S$, Formel III (R = CO-CH=C(CH_3)$_2$).

B. Aus Coenzym-A und 3-Methyl-crotonsäure-anhydrid (*Hilz et al.,* Bio. Z. **329** [1958] 476, 485) oder 3-Methyl-thiocrotonsäure-*S*-phenylester (*Bachhawat et al.,* J. biol. Chem. **219** [1956] 539, 548; s. a. *Wieland, Rueff,* Ang. Ch. **65** [1953] 186).

***S*-Hex-2-enoyl-coenzym-A** $C_{27}H_{44}N_7O_{17}P_3S$, Formel III (R = CO-CH=CH-CH_2-C_2H_5).

a) ***S*-Hex-2*c*-enoyl-coenzym-A.**

B. Aus Coenzym-A und Hex-2*c*-enthiosäure-*S*-phenylester (*Stern, del Campillo,* J. biol. Chem. **218** [1956] 985, 999; s. a. *Wieland, Rueff,* Ang. Ch. **65** [1953] 186).

b) ***S*-Hex-2*t*-enoyl-coenzym-A.**

B. Analog dem *cis*-Isomeren (*Stern, del Campillo,* J. biol. Chem. **218** [1956] 985, 999).

***S*-Hex-3*t*-enoyl-coenzym-A** $C_{27}H_{44}N_7O_{17}P_3S$, Formel III (R = CO-$CH_2$-CH$\overset{t}{=}$CH-$C_2H_5$).

B. Aus Coenzym-A und Hex-3*t*-enthiosäure-*S*-phenylester (*Stern, del Campillo,* J. biol. Chem. **218** [1956] 985, 999; s. a. *Wieland, Rueff,* Ang. Ch. **65** [1953] 186).

***S*-Benzoyl-coenzym-A** $C_{28}H_{40}N_7O_{17}P_3S$, Formel III (R = CO-$C_6H_5$).

B. Aus Coenzym-A und Benzoesäure-anhydrid (*Schachter, Taggart,* J. biol. Chem. **203** [1953] 925, 926).

In wss. Lösungen vom pH 1–6,5 bei 100° beständig; Hydrolyse in wss. Lösungen vom pH 8,5 und pH 10,5 sowie in wss. NaOH [0,1 n] bei 25°: *Sch., Ta.*

***S*-Carboxyacetyl-coenzym-A** $C_{24}H_{38}N_7O_{19}P_3S$, Formel III (R = CO-$CH_2$-CO-OH) (in der Literatur auch als „Malonyl-coenzym-A" bezeichnet).

Enzymatische Bildung aus *S*-Acetyl-coenzym-A, $KHCO_3$ und ATP mit Acetyl-CoA-carboxylase (*Formica, Brady,* Am. Soc. **81** [1959] 752; s. a. *Wakil,* Am. Soc. **80** [1958] 6465).

Über die Funktion bei der biologischen Fettsäure-Synthese s. *Menon, Stern,* J. biol. Chem. **235** [1960] 3393; *Bressler, Wakil,* J. biol. Chem. **236** [1961] 1643; *Lynen et al.,* Bio. Z. **335** [1962] 519.

***S*-[3-Carboxy-propionyl]-coenzym-A** $C_{25}H_{40}N_7O_{19}P_3S$, Formel III (R = CO-$CH_2$-$CH_2$-CO-OH) (in der Literatur auch als „Succinyl-coenzym-A" bezeichnet).

B. Aus Coenzym-A und Bernsteinsäure-anhydrid (*Simon, Shemin,* Am. Soc. **75** [1953] 2520; *Simon,* Biochem. Prepar. **5** [1957] 30). Enzymatische Bildung aus Coenzym-A, Succinat und ATP mit Succinyl-CoA-Synthetase [ADP-bildend] (*Kaufman et al.,* J. biol. Chem. **203** [1953] 869, 878).

UV-Spektrum (H_2O; 270–340 nm): *Lynen, Ochoa,* Biochim. biophys. Acta **12** [1953] 299, 305.

***S*-[(*Ξ*)-2-Carboxy-propionyl]-coenzym-A** $C_{25}H_{40}N_7O_{19}P_3S$, Formel III (R = CO-CH($CH_3$)-CO-OH).

B. Aus Coenzym-A und (±)-[Kohlensäure-monoäthylester]-methylmalonsäure-anhydrid [erhalten aus Methylmalonsäure und Chlorokohlensäure-äthylester] (*Beck et al.,* J. biol. Chem. **229** [1957] 997, 1008). Enzymatische Bildung aus *S*-Propionyl-coenzym-A, $KHCO_3$ und ATP mit Propionyl-CoA-Carboxylase [ATP-hydrolysierend] (*Flavin, Ochoa,* J. biol. Chem. **229** [1957] 965, 966; s. a. *Flavin et al.,* J. biol. Chem. **229** [1957] 981; *Tietz, Ochoa,* J. biol. Chem. **234** [1959] 1394, 1397).

Herstellung von *S*-[2-[^{14}C]Carboxy-propionyl]-coenzym-A: *Beck, Ochoa,* J. biol. Chem. **232** [1958] 931, 937.

Enzymatische Isomerisierung zu *S*-[3-Carboxy-propionyl]-coenzym-A mit Methylmalonyl-CoA-Mutase: *Beck et al.*; *Beck, Ochoa,* l. c. S. 931.

***S*-[4-Carboxy-3-methyl-but-2ξ-enoyl]-coenzym-A** $C_{27}H_{42}N_7O_{19}P_3S$, Formel III (R = CO-CH=C(CH_3)-CH_2-CO-OH) (in der Literatur auch als „β-Methyl-glutaconyl-coenzym-A" bezeichnet).

B. Aus Coenzym-A und 3-Methyl-*cis*-pentendisäure-anhydrid (*Stern, del Campillo,* J. biol. Chem. **218** [1956] 985, 1000; s. dagegen *Hilz et al.,* Bio. Z. **329** [1958] 476, 479). Enzymatische Bildung aus *S*-[3-Methyl-crotonoyl]-coenzym-A mit Methylcrotonoyl-CoA-carboxylase (*del Campillo-Campbell et al.,* Biochim. biophys. Acta **31** [1959] 290) oder aus *S*-[(Ξ)-4-Carboxy-3-hydroxy-3-methyl-butyryl]-coenzym-A mit Methylglutaconyl-CoA-Hydratase (*Hilz et al.*).

***S*-Ξ-Lactoyl-coenzym-A** $C_{24}H_{40}N_7O_{18}P_3S$, Formel III (R = CO-CH(OH)-CH_3).

B. Aus Coenzy-A und (±)-2-Hydroxy-thiopropionsäure-*S*-phenylester [erhalten aus dem Chlorid der DL-Milchsäure und Thiophenol] (*Vagelos et al.,* J. biol. Chem. **234** [1959] 765).

λ_{max} (H_2O): 232 nm.

***S*-[3-Hydroxy-propionyl]-coenzym-A** $C_{24}H_{40}N_7O_{18}P_3S$, Formel III (R = CO-$CH_2$-$CH_2$-OH).

B. Aus Coenzym-A und 3-Hydroxy-propionsäure-lacton (*Vagelos, Earl,* J. biol. Chem. **234** [1959] 2272, 2273). Aus Coenzym-A und 3-Hydroxy-thiopropionsäure-*S*-phenylester (*Rendina, Coon,* J. biol. Chem. **225** [1957] 523, 532; s. a. *Wieland, Rueff,* Ang. Ch. **65** [1953] 186). Enzymatische Bildung aus *S*-Acryloyl-coenzym-A (*Re., Coon,* l. c. S. 531).

Enzymatische Überführung in *S*-[3-Oxo-propionyl]-coenzym-A: *Va., Earl*; s. a. *Den et al.,* J. biol. Chem. **234** [1959] 1666.

IV

***S*-[3-Hydroxy-butyryl]-coenzym-A** $C_{25}H_{42}N_7O_{18}P_3S$.

a) ***S*-[(*R*)-3-Hydroxy-butyryl]-coenzym-A,** Formel IV.

B. Aus Coenzym-A und (*R*)-3-Hydroxy-thiobuttersäure-*S*-phenylester (*Stern, del Campillo,* Am. Soc. **77** [1955] 1073; s. a. *Wieland, Rueff,* Ang. Ch. **65** [1953] 186). Über die enzymatische Bildung aus *S*-*cis*-Crotonoyl-coenzym-A (*Wakil,* Biochim. biophys. Acta **19** [1956] 497, 499) s. *Stern, del Campillo,* J. biol. Chem. **218** [1956] 985, 995; *Stern,* in *P.D. Boyer, H. Lardy, K. Myrbäck,* The Enzymes, Bd. 5 [New York 1961] S. 517. Enzymatische Bildung aus *S*-Acetoacetyl-coenzym-A mit Acetoacetyl-CoA-Reduktase (*Wakil, Bressler,* J. biol. Chem. **237** [1962] 687).

Reversible Überführung in *S*-[(*S*)-3-Hydroxy-butyryl]-coenzym-A: *St., d.Ca.,* Am. Soc. **77** 1073; s. a. *Wakil,* Biochim. biophys. Acta **18** [1955] 314; *Moskowitz, Merrick,* Biochemistry **8** [1969] 2748.

b) ***S*-[(*S*)-3-Hydroxy-butyryl]-coenzym-A,** Formel V.

B. Aus Coenzym-A und (*S*)-3-Hydroxy-thiobuttersäure-*S*-phenylester (*Stern, del Campillo,* Am. Soc. **77** [1955] 1073; s. a. *Wieland, Rueff,* Ang. Ch. **65** [1953] 186). Enzymatische Bildung aus *S*-*trans*-Crotonoyl-coenzym-A mit Enoyl-Co-Hydratase(L) (*Wakil,* Biochim. biophys. Acta

19 [1956] 497, 500; *Stern, del Campillo,* J. biol. Chem. **218** [1956] 985, 995; s. a. *Moskowitz, Merrick,* Biochemistry **8** [1969] 2748). Über die enzymatische Bildung aus *S-cis*-Crotonoyl-coenzym-A s. *St., d. Ca.,* J. biol. Chem. **218** 995; *Stern,* in *P.D. Boyer, H. Lardy, K. Myrbäck,* The Enzymes, Bd. 5 [New York 1961] S. 517.

c) ***S*-[(Ξ)-3-Hydroxy-butyryl]-coenzym-A,** Formel III (R = $CO\text{-}CH_2\text{-}CH(OH)\text{-}CH_3$).

B. Aus Coenzym-A mit (±)-3-Hydroxy-thiobuttersäure-*S*-phenylester oder mit (±)-[3-Hydr= oxy-butyryl]-kohlensäure-äthylester (*Wieland, Rueff,* Ang. Ch. **65** [1953] 186).

V

***S*-[(Ξ)-β-Hydroxy-isobutyryl]-coenzym-A** $C_{25}H_{42}N_7O_{18}P_3S$, Formel III (R = $CO\text{-}CH(CH_3)\text{-}CH_2\text{-}OH$).

B. Aus Coenzym-A und (±)-[β-Hydroxy-isobutyryl]-kohlensäure-äthylester (*Robinson et al.,* J. biol. Chem. **224** [1957] 1, 8; s. a. *Wieland, Rueff,* Ang. Ch. **65** [1953] 186). Enzymatische Bildung aus *S*-Methacryloyl-coenzym-A: *Ro. et al.,* l. c. S. 2.

***S*-[β-Hydroxy-isovaleryl]-coenzym-A** $C_{26}H_{44}N_7O_{18}P_3S$, Formel III (R = $CO\text{-}CH_2\text{-}C(CH_3)_2\text{-}OH$).

B. Aus Coenzym-A und β-Hydroxy-thioisovaleriansäure-*S*-phenylester (*Bachhawat et al.,* J. biol. Chem. **219** [1956] 539, 548; s. a. *Wieland, Rueff,* Ang. Ch. **65** [1953] 186). Enzymatische Bildung aus *S*-[3-Methyl-crotonoyl]-coenzym-A: *Ba. et al.,* l. c. S. 540.

***S*-[(Ξ)-4-Carboxy-3-hydroxy-3-methyl-butyryl]-coenzym-A** $C_{27}H_{44}N_7O_{20}P_3S$, Formel III (R = $CO\text{-}CH_2\text{-}C(CH_3)(OH)\text{-}CH_2\text{-}CO\text{-}OH$) (in der Literatur auch als „β-Hydroxy-β-methyl-glutaryl-coenzym-A" bezeichnet).

B. Aus Coenzym-A und 3-Hydroxy-3-methyl-glutarsäure-anhydrid (*Hilz et al.,* Bio. Z. **329** [1958] 476, 484). Enzymatische Bildung aus *S*-[β-Hydroxy-isovaleryl]-coenzym-A, CO_2 und ATP (*Bachhawat et al.,* J. biol. Chem. **219** [1956] 539, 545) oder aus *S*-Acetyl-coenzym-A und *S*-Acetoacetyl-coenzym-A (*Lynen et al.,* Bio. Z. **330** [1958] 269, 276; *Ferguson, Rudney,* J. biol. Chem. **234** [1959] 1072; *Rudney, Ferguson,* J. biol. Chem. **234** [1959] 1076).

***S*-[3-Oxo-propionyl]-coenzym-A** $C_{24}H_{38}N_7O_{18}P_3S$, Formel III (R = $CO\text{-}CH_2\text{-}CHO$) und Taut. (in der Literatur auch als „Malonylsemialdehyd-coenzym-A" bezeichnet).

Enzymatische Bildung aus *S*-[3-Hydroxy-propionyl]-coenzym-A mit [3-Hydroxy-propionat]-Dehydrogenase (*Vagelos, Earl,* J. biol. Chem. **234** [1959] 2272; s. a. *Den et al.,* J. biol. Chem. **234** [1959] 1666).

***S*-Acetoacetyl-coenzym-A** $C_{25}H_{40}N_7O_{18}P_3S$, Formel III (R = $CO\text{-}CH_2\text{-}CO\text{-}CH_3$) und Taut.

B. Aus Coenzym-A und 1-Thio-acetessigsäure-*S*-phenylester [erhalten aus But-3-en-3-olid und Thiophenol] (*Wieland, Rueff,* Ang. Ch. **65** [1953] 186). Enzymatische Bildung aus [3-Carb= oxy-propionyl]-coenzym-A und Äthylacetoacetat mit 3-Keto-säure-CoA-Transferase (*Lynen, Ochoa,* Biochim. biophys. Acta **12** [1953] 299, 304; *Stern et al.,* J. biol. Chem. **221** [1956] 1, 8, 15, 24). Enzymatische Bildung aus *S*-[(*S*)-3-Hydroxy-butyryl]-coenzym-A (*Wakil et al.,* J. biol. Chem. **207** [1954] 631, 634; *Stern,* Biochim. biophys. Acta **26** [1957] 448) bzw. aus

S-[(*S*)-3-Hydroxy-butyryl]-coenzym-A oder *S*-[(*R*)-3-Hydroxy-butyryl]-coenzym-A (*Lehninger, Greville,* Biochim. biophys. Acta **12** [1953] 188) mit 3-Hydroxy-acyl-CoA-Dehydrogenase.

UV-Spektrum (wss. Lösungen vom pH 6,1 und pH 8,1; 220–340 nm): *St. et al.,* l. c. S. 10.

Chelatbildung mit verschiedenen Metall-Ionen: *Stern,* J. biol. Chem. **221** [1956] 33, 34.

***S*-DL-Alanyl-coenzym-A** $C_{24}H_{41}N_8O_{17}P_3S$, Formel III (R = CO-CH($CH_3$)-$NH_2$).

B. Aus Coenzym-A und DL-Thioalanin-*S*-phenylester (*Stewart, Wieland,* Nature **176** [1955] 316).

***S*-β-Alanyl-coenzym-A** $C_{24}H_{41}N_8O_{17}P_3S$, Formel III (R = CO-$CH_2$-$CH_2$-$NH_2$).

Enzymatische Bildung aus *S*-Acryloyl-coenzym-A und NH_3 mit β-Alanyl-CoA-Ammonia-Lyase (*Stadtman,* Am. Soc. **77** [1955] 5765; s. a. *Vagelos et al.,* J. biol. Chem. **234** [1959] 490).

***S*-Phosphono-coenzym-A,** Phosphoryl-coenzym-A $C_{21}H_{37}N_7O_{19}P_4S$, Formel III (R = $PO(OH)_2$).

B. Aus Coenzym-A und $POCl_3$ in wss. Pyridin (*Feuer, Wollemann,* Acta physiol. Acad. hung. **10** [1956] 1, 2).

UV-Spektrum (200–300 nm): *Fe., Wo.,* l. c. S. 5.

Geschwindigkeit der Hydrolyse in mineralsaurer wss. Lösung: *Fe., Wo.,* l. c. S. 4.

Saures Calcium-Salz. Pulver (aus H_2O+Acn.).

3-Carbamoyl-1-{O^{5}-[1,2-dihydroxy-2-($O^{3'}$-phosphono-adenosin-5'-yloxy)-diphosphoryl]-β-D-ribofuranosyl}-pyridinium, Diphosphorsäure-1-[(1*R*)-1-(3-carbamoyl-pyridinio)-D-1,4-anhydro-ribit-5-ylester]-2-[$O^{3'}$-phosphono-adenosin-5'-ylester], $O^{5'}$-{2-[(1*R*)-1-(3-Carbamoyl-pyridinio)-D-1,4-anhydro-ribit-5-yloxy]-1,2-dihydroxy-diphosphoryl}-$O^{3'}$-phosphono-adenosin $[C_{21}H_{29}N_7O_{17}P_3]^+$, Formel VI.

Betain $C_{21}H_{28}N_7O_{17}P_3$; Nir-5'-*PP*-5'-Ado-3'-*P* (in der Literatur als Nicotinamid-adenin-dinucleotid-3'-phosphat, NAD-3'P, sowie als 3'-TPN bezeichnet). *B.* Beim Behandeln von NADP (S. 3672) mit wss. HCl (*Shuster, Kaplan,* J. biol. Chem. **215** [1955] 183, 184). Trennung von NADP: *Sh., Ka.,* l. c. S. 185. – Beim Behandeln mit $Na_2S_2O_4$ in wss. $NaHCO_3$ ist Diphosphorsäure-1-[(1*R*)-1-(3-carbamoyl-4*H*-[1]pyridyl)-D-1,4-anhydro-ribit-5-ylester]-2-[$O^{3'}$-phosphono-adenosin-5'-ylester] ($C_{21}H_{30}N_7O_{17}P_3$; (NAD-3'PH; „3'-TPNH") erhalten worden (*Sh., Ka.,* l. c. S. 186). Verhalten gegenüber verschiedenen Enzym-Systemen: *Sh., Ka.,* l. c. S. 187.

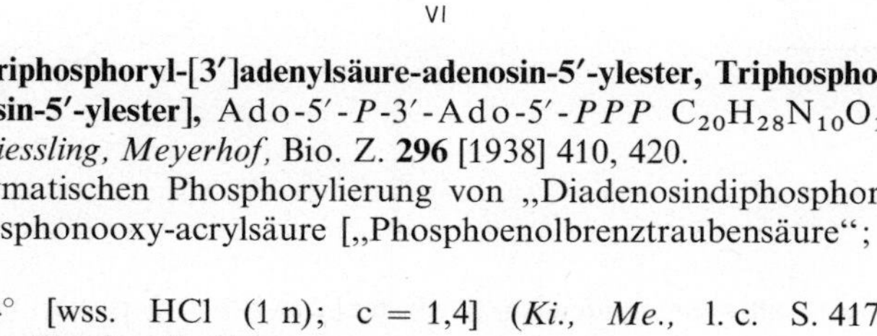

VI

$O^{5'}$-Tetrahydroxytriphosphoryl-[3']adenylsäure-adenosin-5'-ylester, Triphosphorsäure-1-[$O^{3'}$-[5']adenylyl-adenosin-5'-ylester], Ado-5'-*P*-3'-Ado-5'-*PPP* $C_{20}H_{28}N_{10}O_{19}P_4$, Formel VII.

Konstitution: *Kiessling, Meyerhof,* Bio. Z. **296** [1938] 410, 420.

B. Bei der enzymatischen Phosphorylierung von „Diadenosindiphosphorsäure" (aus Hefe isoliert) mit 2-Phosphonooxy-acrylsäure [„Phosphoenolbrenztraubensäure"; E IV **3** 977] (*Ki., Me.,* l. c. S. 411).

$[\alpha]^{20}_{546,1}$: –32,4° [wss. HCl (1 n); c = 1,4] (*Ki., Me.,* l. c. S. 417). UV-Spektrum (210–290 nm): *Ki., Me.,* l. c. S. 416.

Geschwindigkeit der Hydrolyse in wss. HCl [1 n] bei 100°: *Ki., Me.,* l. c. S. 414.

Silber-Salz $Ag_4C_{20}H_{24}N_{10}O_{19}P_4$.

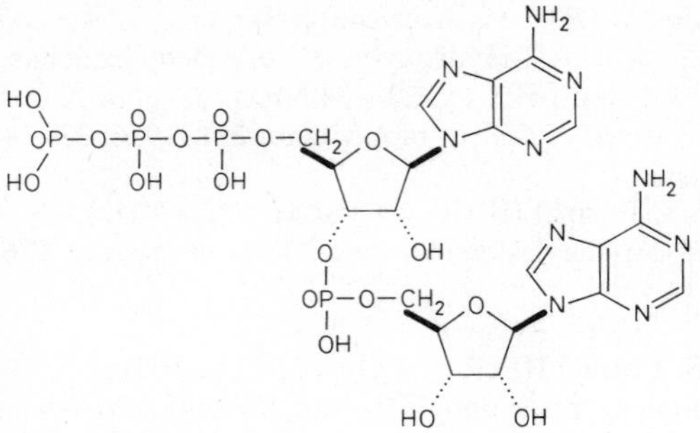

VII 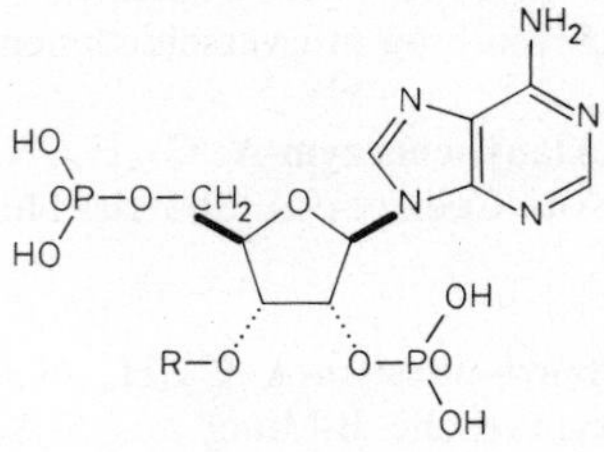 VIII

$O^{2'}$,$O^{5'}$-Diphosphono-adenosin, $O^{5'}$-Phosphono-[2']adenylsäure $C_{10}H_{15}N_5O_{10}P_2$, Formel VIII (R = H).

Isolierung aus Hefe-Ribonucleinsäure und Bildung aus Adenosin im Artikel $O^{3'}$,$O^{5'}$-Diphosphono-adenosin. Über die Bildung bei der enzymatischen Hydrolyse von NADP (S. 3672) mit Nucleotid-Pyrophosphatase s. *Kornberg, Pricer,* J. biol. Chem. **186** [1950] 557, 559.

Spaltprodukte bei der Hydrolyse in wss. Lösung vom pH 4 bei 100°: *Baddiley et al.,* Soc. **1958** 1000, 1006.

Calcium-Salz $Ca_2C_{10}H_{11}N_5O_{10}P_2 \cdot 8H_2O$. λ_{max}: 258 nm (*Ba. et al.,* l. c. S. 1005).

$O^{2'}$,$O^{3'}$-Hydroxyphosphoryl-$O^{5'}$-phosphono-adenosin, $O^{2'}$,$O^{3'}$-Hydroxyphosphoryl-[5']adenylsäure $C_{10}H_{13}N_5O_9P_2$, Formel IX (R = H).

B. Neben $O^{5'}$-[Hydroxy-sulfooxy-phosphoryl]-$O^{3'}$-phosphono-adenosin aus dem Lithium-Salz des $O^{3'}$,$O^{5'}$-Diphosphono-adenosins beim Behandeln in wss. $NaHCO_3$ mit 1-Sulfo-pyridinium-betain (*Baddiley et al.,* Soc. **1959** 1731, 1734). Aus $O^{5'}$-Benzyloxyphosphinoyl-$O^{2'}$,$O^{3'}$-hydroxyphosphoryl-adenosin und *N*-Chlor-succinimid über mehrere Stufen (*Michelson,* Soc. **1958** 2055).

Tricalcium-Salz $Ca_3(C_{10}H_{10}N_5O_9P_2)_2$: *Mi.*

$O^{5'}$-Benzyloxyphosphinoyl-$O^{2'}$,$O^{3'}$-hydroxyphosphoryl-adenosin $C_{17}H_{19}N_5O_8P_2$, Formel IX (R = CH_2-C_6H_5).

B. Aus dem Tris-decyl-amin-Salz der sog. Hefe-Adenylsäure (S. 3609) beim Behandeln in Dioxan mit Chlorophosphorsäure-diphenylester und Behandeln des Reaktionsprodukts mit Diphosphor(III,V)-säure-1-benzylester-2,2-diphenylester und 2,6-Dimethyl-pyridin in Dioxan (*Michelson,* Soc. **1958** 2055).

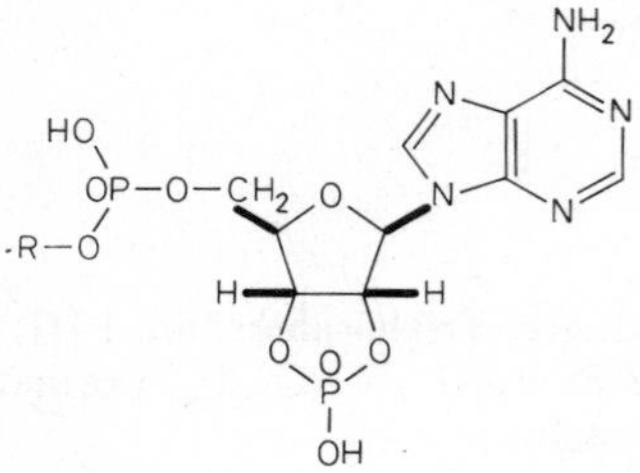

IX 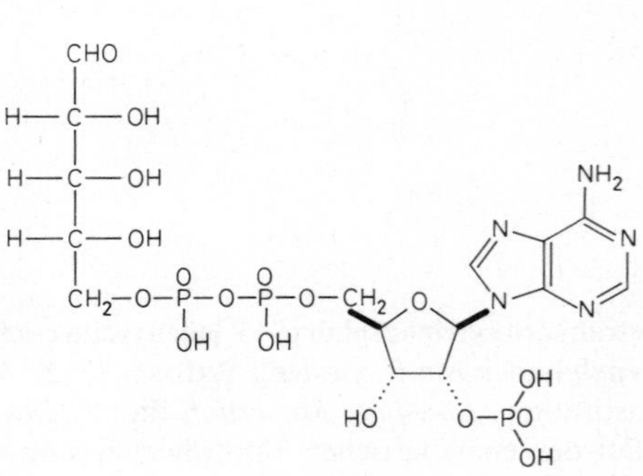 X

Diphosphorsäure-1-[$O^{2'}$-phosphono-adenosin-5'-ylester]-2-D-ribose-5-ylester, $O^{5'}$-[1,2-Dihydroxy-2-D-ribose-5-yloxy-diphosphoryl]-$O^{2'}$-phosphono-adenosin, D-Rib-5-*PP*-5'-Ado-2'-*P* $C_{15}H_{24}N_5O_{17}P_3$, Formel X und cycl. Taut.

B. Aus NADP (S. 3672) bei der enzymatischen Hydrolyse mit NADP$^+$-Nucleosidase (*Neufeld*

et al., Biochim. biophys. Acta **17** [1955] 525).

$O^{5'}$-(1,2-Dihydroxy-2-{(*R*)-3-hydroxy-3-[2-(2-mercapto-äthylcarbamoyl)-äthylcarbamoyl]-2,2-dimethyl-propoxy}-diphosphoryl)-$O^{2'}$-phosphono-adenosin, Diphosphorsäure-1-{(*R*)-3-hydroxy-3-[2-(2-mercapto-äthylcarbamoyl)-äthylcarbamoyl]-2,2-dimethyl-propylester}-2-[$O^{2'}$-phosphono-adenosin-5'-ylester], Isocoenzym-A, iso-Coenzym-A $C_{21}H_{36}N_7O_{16}P_3S$, Formel XI.

B. s. im Artikel Coenzym-A (S. 3663).

Trilithium-Salz $Li_3C_{21}H_{33}N_7O_{16}P_3S \cdot 6H_2O$: *Moffatt, Khorana*, Am. Soc. **83** [1961] 663, 674.

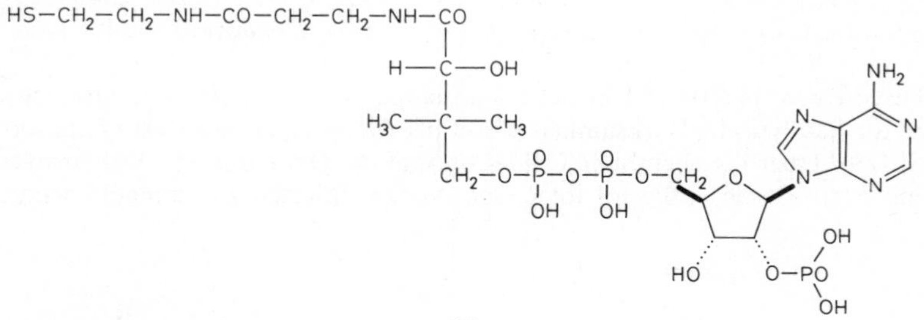

XI

3-Acetyl-1-{O^5-[1,2-dihydroxy-2-($O^{2'}$-phosphono-adenosin-5'-yloxy)-diphosphoryl]-*β*-D-ribofuranosyl}-pyridinium, Diphosphorsäure-1-[(1*R*)-1-(3-acetyl-pyridinio)-D-1,4-anhydro-ribit-5-ylester]-2-[$O^{2'}$-phosphono-adenosin-5'-ylester], $O^{5'}$-{2-[(1*R*)-1-(3-Acetyl-pyridinio)-D-1,4-anhydro-ribit-5-yloxy]-1,2-dihydroxy-diphosphoryl}-$O^{2'}$-phosphono-adenosin $[C_{22}H_{30}N_6O_{17}P_3]^+$, Formel XII.

Betain $C_{22}H_{29}N_6O_{17}P_3$; 3-Acetyl-Pdr-5'-*PP*-5'-Ado-2'-*P* (in der Literatur auch als 3-Acetyl-pyridin-adenin-dinucleotid-phosphat, Acetylpyridin-TPN, APADP, APTPN, Acetyl-pyridin-NHDP bezeichnet). *B.* Aus NADP (S. 3672) und 1-[3]Pyridyl-äthanon mit Hilfe von NADP$^+$-Nucleosidase (*Kaplan et al.*, J. biol. Chem. **221** [1956] 833; *Stein et al.*, J. biol. Chem. **234** [1959] 979). — Geschwindigkeit der photochemischen Reduktion in Gegenwart eines Enzym-Präparats aus Spinatblättern: *San Pietro, Lang*, J. biol. Chem. **231** [1958] 211, 218; s. a. *Avron (Abramsky), Jagendorf*, Arch. Biochem. **65** [1956] 475, 484. Redoxreaktion mit NADH (S. 3639) in Gegenwart von Transhydrogenase: *St. et al.*, l. c. S. 983.

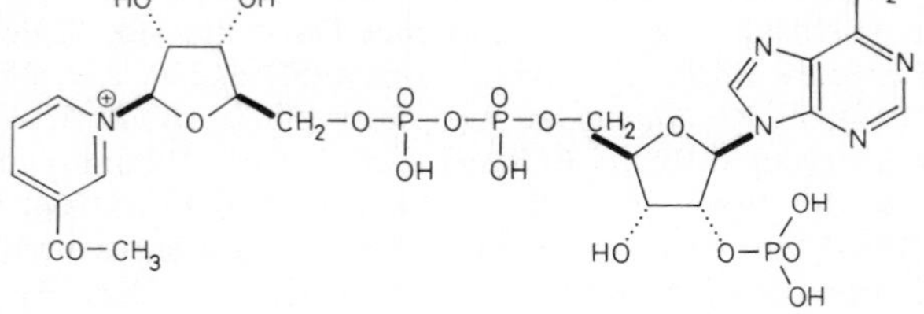

XII

Diphosphorsäure-1-[(1*R*)-1-(3-carbamoyl-4*H*-[1]pyridyl)-D-1,4-anhydro-ribit-5-ylester]-2-[$O^{2'}$-phosphono-adenosin-5'-ylester], $O^{5'}$-{2-[(1*R*)-1-(3-Carbamoyl-4*H*-[1]pyridyl)-D-1,4-anhydro-ribit-5-yloxy]-1,2-dihydroxy-diphosphoryl}-$O^{2'}$-phosphono-adenosin, NiHr-5'-*PP*-5'-Ado-2'-*P*, NADPH $C_{21}H_{30}N_7O_{17}P_3$, Formel XIII (in der Literatur auch als Dihydronicotinamid-adenin-dinucleotid-phosphat, Dihydro-triphosphopyridin-nucleotid, Dihydrocodehydrase-II sowie als „reduziertes Triphosphopyridin-nucleotid", TPNH bezeichnet).

Zur Konstitution vgl. *Pullman et al.*, J. biol. Chem. **206** [1954] 129; *Loewus et al.*, Am.

Soc. **77** [1955] 3391.

Zusammenfassende Darstellungen s. die im folgenden Artikel zitierte Literatur.

B. Aus NADP (s. u.) beim Behandeln mit $Na_2S_2O_4$ in wss. $NaHCO_3$ (*Warburg et al.,* Bio. Z. **282** [1935] 157, 191; *Warburg, Christian,* Bio. Z. **287** [1936] 291, 317), bei der elektrochemischen Reduktion (*Powning, Kratzing,* Arch. Biochem. **66** [1957] 249; *Kono, Nakamura,* Bl. agric. chem. Soc. Japan **22** [1958] 399, 401) oder bei der enzymatischen Reduktion (*Wa. et al.,* l. c. S. 186; *Wa., Ch.,* l. c. S. 321).

Absorptionsspektrum (240–400 nm) in wss. Lösungen vom pH 0 und pH 9,7: *Haas,* Bio. Z. **288** [1936] 123; in wss. $NaHCO_3$: *War. et al.,* l. c. S. 161, 199; in wss. Lösungen vom pH 7,4 und pH 9,7: *Wa., Ch.,* l. c. S. 319, 323; s. a. *Wang et al.,* J. biol. Chem. **211** [1954] 465, 468. λ_{max} (wss. Lösung vom pH 7): 340 nm (*Bartlett,* J. biol. Chem. **234** [1959] 459, 460). Redoxpotential (wss. Lösungen vom pH 7–10,3): *Rodkey, Donovan,* J. biol. Chem. **234** [1959] 677.

NADPH ist in wss. NaOH [0,1 n] bei Raumtemperatur ziemlich beständig; in saurer wss. Lösung wird die katalytische Wirksamkeit schon bei Raumtemperatur fast völlig zerstört (*War. et al.,* l. c. S. 189). Über die chemische Oxidation und die Oxidation mit Dehydrogenasen, Reduktasen und Peroxidasen s. die im folgenden Artikel zitierten zusammenfassenden Darstellungen.

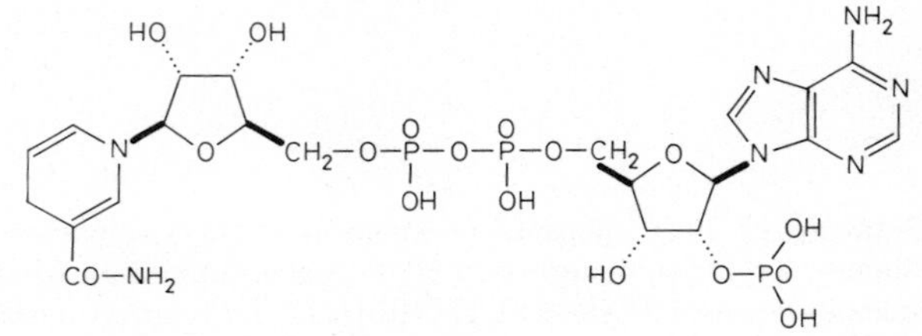

XIII

3-Carbamoyl-1-{O^{5}-[1,2-dihydroxy-2-($O^{2'}$-phosphono-adenosin-5'-yloxy)-diphosphoryl]-β-D-ribofuranosyl}-pyridinium, Diphosphorsäure-1-[(1*R*)-1-(3-carbamoyl-pyridinio)-D-1,4-anhydro-ribit-5-ylester]-2-[$O^{2'}$-phosphono-adenosin-5'-ylester], $O^{5'}$-{2-[(1*R*)-1-(3-Carbamoyl-pyridinio)-D-1,4-anhydro-ribit-5-yloxy]-1,2-dihydroxy-diphosphoryl}-$O^{2'}$-phosphono-adenosin $[C_{21}H_{29}N_7O_{17}P_3]^+$, Formel XIV (X = H).

Betain $C_{21}H_{28}N_7O_{17}P_3$; Nir-5'-*PP*-5'-Ado-2'-*P*, NADP (in der Literatur auch als Nicotinamid-adenin-dinucleotid-phosphat, Coenzym-II, Codehydrase-II, Codehydrogenase-II, Co-II sowie als Triphosphopyridin-nucleotid, TPN bezeichnet). Zur Konstitution s. die im Artikel NAD (S. 3644) zitierte Literatur; über die Position der zusätzlichen Phosphono-Gruppe s. *Kornberg, Pricer,* J. biol. Chem. **186** [1950] 557; s. a. *Schlenk et al.,* Ark. Kemi **13** A Nr. 11 [1939]. – Zusammenfassende Darstellungen: *Schlenk,* in *J.B. Summer, K. Myrbäck,* The Enzymes, Bd. 2, Tl. 1 [New York 1951] S. 250, 257, 259; *Singer, Kearney,* Adv. Enzymol. **15** [1954] 79, 82; *Kaplan,* in *P.D. Boyer, H. Lardy, K. Myrbäck,* The Enzymes, Bd. 3, Tl. B [New York 1960] S. 105; *A.F. Wagner, K. Volkers,* Vitamins and Coenzymes [New York 1964] S. 72, 86; *M. Dixon, E.C. Webb,* Enzymes [London 1964] S. 360; *Sund et al.,* Adv. Enzymol. **26** [1964] 115. – Vorkommen in Hefe-Präparaten, in tierischen Geweben und in Erythrocyten: *Schlenk,* in *J.B. Summer, K. Myrbäck,* The Enzymes, Bd. 2, Tl. 1 [New York 1951] S. 250, 255; in den Blättern verschiedener Pflanzen: *Anderson, Vennesland,* J. biol. Chem. **207** [1954] 613, 618. Über das Vorkommen im Gleichgewicht mit NADPH (s. o.) in tierischen Organen s. *Glock, McLean,* Biochem. J. **61** [1955] 388; *Jacobson, Kaplan,* J. biol. Chem. **226** [1957] 603; *McLean,* Biochim. biophys. Acta **30** [1958] 316; *Klingenberg, Slenczka,* Bio. Z. **331** [1959] 486; *Klingenberg et al.,* Bio. Z. **332** [1959] 47; *Lowry et al.,* J. biol. Chem. **236** [1961] 2746, 2753; s. a. *v. Euler et al.,* Z. physiol. Chem. **256** [1938] 208, 211; in Chlorella-Zellen: *Oh-Hama, Miyachi,* Biochim. biophys. Acta **34** [1959] 202. – Isolierung aus roten Pferdeblutzellen: *Warburg et al.,* Bio. Z. **282** [1935] 157, 170; *Warburg, Christian,* Bio. Z. **287** [1936] 291, 306; aus menschlichen Blutzellen: *Bartlett,* J. biol. Chem. **234** [1959] 449, 452; *Bishop et al.,* J. biol. Chem. **234** [1959] 1233; aus Leber-Präparaten: *LePage, Mueller,* J. biol. Chem. **180**

[1949] 975; *Kornberg, Horecker,* Biochem. Prepar. **3** [1953] 24; aus Hefe-Präparaten: *Schlenk, Gleim,* Svensk kem. Tidskr. **49** [1937] 181, 183; s. a. *v. Euler, Adler,* Z. physiol. Chem. **238** [1936] 233, 255; aus Weizenkeimen: *Pfleiderer, Schulz,* A. **580** [1953] 237. – *B.* Aus NAD (S. 3644) und $POCl_3$ in Äther (*Schlenk,* Naturwiss. **25** [1937] 668). Neben anderen Verbindungen beim Behandeln von Nicotinamid-*β*-mononucleotid (E III/IV **22** 503) und $O^{2'}$,$O^{5'}$-Diphosphono-adenosin (eingesetzt als Gemisch mit $O^{3'}$,$O^{5'}$-Diphosphono-adenosin) mit Dicyclohexylcarbodiimid in Pyridin (*Hughes et al.,* Soc. **1957** 3733, 3735, 3738). Enzymatische Bildung aus NAD und ATP (S. 3654) mit NAD^+-Kinase (*Kornberg,* J. biol. Chem. **182** [1950] 805; *Katchman et al.,* Arch. Biochem. **34** [1951] 437; *Wang et al.,* J. biol. Chem. **211** [1954] 465; s. a. *v. Euler, Vestin,* Ark. Kemi **12** B Nr. 44 [1938] 1; *v. Euler, Adler,* Z. physiol. Chem. **252** [1938] 41; *Adler et al.,* Enzymol. **8** [1940] 80). – Trennung von anderen Nucleotiden bzw. Reinigung durch Fällung mit Quecksilber(II)-acetat: *Kornberg, Horecker,* Biochem. Prepar. **3** [1953] 24, 25; durch Ionenaustauscher-Chromatographie: *Ko., Ho.*; *Wang et al.,* J. biol. Chem. **211** [1954] 465, 467; *Hughes et al.,* Soc. **1957** 3733, 3738; *Bishop et al.,* J. biol. Chem. **234** [1959] 1233, 1234; durch Papierchromatographie: *Pfleiderer, Schulz,* A. **580** [1953] 237, 246. – Kristalle mit 3 Mol H_2O [aus H_2O + Acn.] (*Hughes et al.,* Soc. **1957** 3733, 3738). Absorptionsspektrum in wss. HCl [0,1 n] (240–280 nm): *Warburg et al.,* Bio. Z. **282** [1935] 157, 196, 199; in wss. Lösungen vom pH 7,4 und pH 9,7 (240–400 nm): *Warburg, Christian,* Bio. Z. **287** [1936] 291, 323; s. a. *War. et al.,* l. c. S. 200; vom pH 7,5 (220–320 nm): *Wang et al.,* J. biol. Chem. **211** [1954] 465, 468; s. a. *Bartlett et al.,* J. biol. Chem. **234** [1959] 449, 452. Redoxpotential (wss. Lösungen vom pH 7–10,3): *Rodkey, Donovan,* J. biol. Chem. **234** [1959] 677. Verteilung zwischen verschiedenen Lösungsmitteln: *Plaut et al.,* J. biol. Chem. **184** [1950] 243, 246. – Photochemische Zersetzung im UV-Licht: *Warburg, Christian,* Bio. Z. **282** [1935] 221; *Seraydarian,* Biochim. biophys. Acta **19** [1956] 168. Beim Behandeln mit wss. HCl [0,5 n] erfolgt partielle Isomerisierung zu Diphosphorsäure-1-[(1*R*)-1-(3-carbamoyl-pyridinio)-D-1,4-anhydro-ribit-5-ylester]-2-[$O^{3'}$-phosphono-adenosin-5′-ylester]-betain [S. 3669] (*Shuster, Kaplan,* J. biol. Chem. **215** [1955] 183, 184). NADP ist in wss. H_2SO_4 [0,1 n] bei 100° ziemlich beständig, in H_2O bei 100° weniger beständig und in wss. NaOH [0,1 n] bei 23° nach 60 min fast vollständig inaktiviert (*Warburg, Christian,* Bio. Z. **274** [1934] 112, 114; *Warburg et al.,* Bio. Z. **282** [1935] 157, 189). Geschwindigkeit der Hydrolyse in wss. HCl bei 100°: *Schlenk et al.,* Ark. Kemi **13** A Nr. 11 [1939] 1, 3; *Wang et al.,* J. biol. Chem. **211** [1954] 465, 471. Hydrolyse in wss. H_2SO_4 bei 100° und in wss. NH_3 bei 150°: *War. et al.,* l. c. S. 178. Enzymatische Hydrolyse mit $NADP^+$-Nucleosidase: *Kaplan et al.,* J. biol. Chem. **191** [1951] 473, 480; *Zatman et al.,* J. biol. Chem. **200** [1953] 197, 209; *Hofmann, Rapoport,* Bio. Z. **329** [1957] 437; *Lubochinsky,* C. r. **246** [1958] 2060; mit Nucleotid-Pyrophosphatase: *Kornberg, Pricer,* J. biol. Chem. **182** [1950] 763, 772, **186** [1950] 557, 559; mit Alkali-Phosphatase: *Katchman et al.,* Arch. Biochem. **34** [1951] 437, 439; *Sanadi,* Arch. Biochem. **35** [1952] 268, 270, 275; *Morton,* Biochem. J. **61** [1955] 240. Elektrochemische Reduktion zu NADPH: *Powning, Kratzing,* Arch. Biochem. **66** [1957] 249; *Kono, Nakamura,* Bl. agric. chem. Soc. Japan **22** [1958] 399, 401. NADP wird durch Hexosemonophosphorsäure oder durch $Na_2S_2O_4$ unter Aufnahme von 1 Mol Wasserstoff reversibel, an Platin unter Aufnahme von 3 Mol Wasserstoff irreversibel hydriert (*War. et al.,* l. c. S. 160, 184, 191, 194). Beim Behandeln mit 1*H*-Imidazol ist eine Verbindung $C_{24}H_{30}N_9O_{17}P_3$ (λ_{max} [wss. Lösung]: 305 nm), vermutlich Diphosphorsäure-1-[(1*R*)-1-(3-carbamoyl-4-imidazol-1-yl-pyridinio)-D-1,4-anhydro-ribit-5-ylester]-2-[$O^{2'}$-phosphono-adenosin-5′-ylester]-betain, erhalten worden (*van Eys,* J. biol. Chem. **233** [1958] 1203, 1205). – Über das Verhalten als wasserstoffübertragendes Coferment bei biochemischen Reaktionen sowie über Nachweis- und Bestimmungs-Methoden s. die zitierten zusammenfassenden Darstellungen.

2-Amino-5-carbamoyl-1-{O^5-[1,2-dihydroxy-2-($O^{2'}$-phosphono-adenosin-5′-yloxy)-diphosphoryl]-*β*-D-ribofuranosyl}-pyridinium, Diphosphorsäure-1-[(1*R*)-1-(2-amino-5-carbamoyl-pyridinio)-D-1,4-anhydro-ribit-5-ylester]-2-[$O^{2'}$-phosphono-adenosin-5′-ylester], $O^{5'}$-{2-[(1*R*)-1-(2-Amino-5-carbamoyl-pyridinio)-D-1,4-anhydro-ribit-5-yloxy]-1,2-dihydroxy-diphosphoryl}-$O^{2'}$-phosphono-adenosin $[C_{21}H_{30}N_8O_{17}P_3]^+$, Formel XIV (X = NH_2).

Betain $C_{21}H_{29}N_8O_{17}P_3$; 2-Amino-5-carbamoyl-Prd-5′-*PP*-5′-Ado-2′-*P* (in der Literatur auch als 6-Amino-nicotinamid-adenin-dinucleotid-phosphat, 6-Amino-TPN, 6-ANADP bezeichnet). *B.* Enzymatische Bildung aus Diphosphorsäure-1-adenosin-5′-ylester-2-[(1*R*)-1-(2-amino-5-carbamoyl-pyridinio)-D-1,4-anhydro-ribit-5-ylester]-betain (S. 3642), Phosphat und ATP (S. 3654) mit Hilfe von NAD^+-Kinase oder aus NADP (S. 3672) und 6-Amino-nicotin-säure-amid mit Hilfe von NAD^+-Nucleosidase (*Dietrich et al.*, J. biol. Chem. **233** [1958] 964, 965). – UV-Spektrum (wss. Lösungen vom pH 4 und pH 11; 240–360 nm): *Di. et al.*, l. c. S. 967.

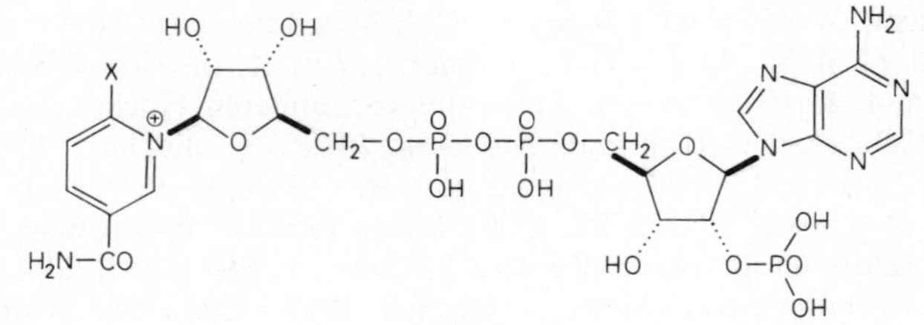

XIV

***O*^2′,*O*^3′,*O*^5′-Triphosphono-adenosin** $C_{10}H_{16}N_5O_{13}P_3$, Formel VIII (R = $PO(OH)_2$) auf S. 3670.

B. Neben anderen Verbindungen aus Adenosin und Chlorophosphorsäure-dibenzylester über mehrere Stufen; Trennung durch Ionenaustauscher-Chromatographie (*Baddiley et al.*, Soc. **1958** 1000, 1004).

Feststoff (aus H_2O + Acn.) mit 2 Mol H_2O. λ_{max}: 257–258 nm.

Spaltprodukte bei der Hydrolyse in wss. Lösung vom pH 4 bei 100°: *Ba. et al.*, l. c. S. 1006.

[*Blazek*]

4′-Fluor-*O*^5′-sulfamoyl-adenosin, Amidoschwefelsäure-[4′-fluor-adenosin-5′-ylester], Nucleocidin $C_{10}H_{13}FN_6O_6S$, Formel I.

Konstitution und Konfiguration: *Morton et al.*, Am. Soc. **91** [1969] 1535.

Isolierung aus Kulturen von Streptomyces calvus: *Thomas et al.*, Antibiotics Annual **1956/57** 716, 717, 719; *Am. Cyanamid Co.*, Brit. P. 815381 [1956].

Kristalle [aus wss. Lösung vom pH 4] (*Th. et al.*; *Am. Cyanamid*). Kristalle (aus H_2O) mit 1 Mol H_2O; F: >190° [Zers.] (*Jenkins et al.*, Am. Soc. **93** [1971] 4323). $[\alpha]_D^{24,5}$: −33,3° [A. + wss. HCl (0,1 n) (1:1); c = 1] [wasserfreies Präparat] (*Th. et al.*; *Am. Cyanamid*). IR-Spektrum (KBr; 2–15 μ): *Th. et al.*; *Am. Cyanamid.* UV-Spektrum (220–400 nm) in H_2O: *Am. Cyanamid*; in wss. HCl [0,1 n] und wss. NaOH [0,1 n]: *Th. et al.*, l. c. S. 718. Scheinbarer Dissoziationsexponent pK'_a (H_2O?): 9,3 (*Waller et al.*, Am. Soc. **79** [1957] 1011). Löslichkeit in wss. Lösungen (pH 3,5–9,2) sowie in organischen Lösungsmitteln bei Raumtemperatur: *Am. Cyanamid*; *Th. et al.*, l. c. S. 720. Verteilung zwischen Butan-1-ol und wss. Lösungen vom pH 2–9: *Am. Cyanamid.*

Picrat $C_{10}H_{13}FN_6O_6S \cdot C_6H_3N_3O_7$. Gelbe Kristalle (aus H_2O); F: 143–144° [unkorr.; Zers.]; λ_{max} (A.): 253 nm und 356 nm (*Th. et al.*; *Am. Cyanamid*).

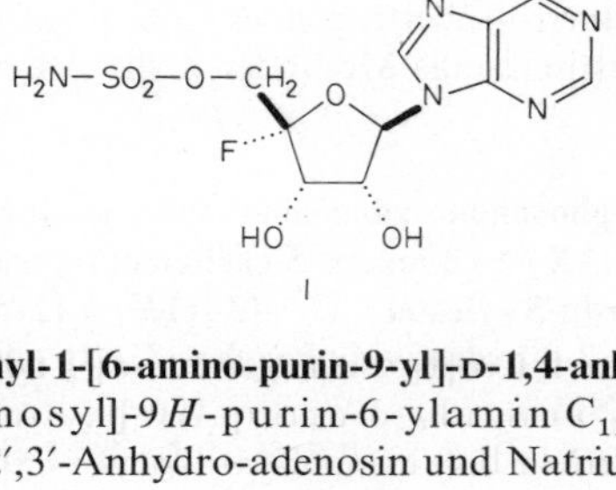

I

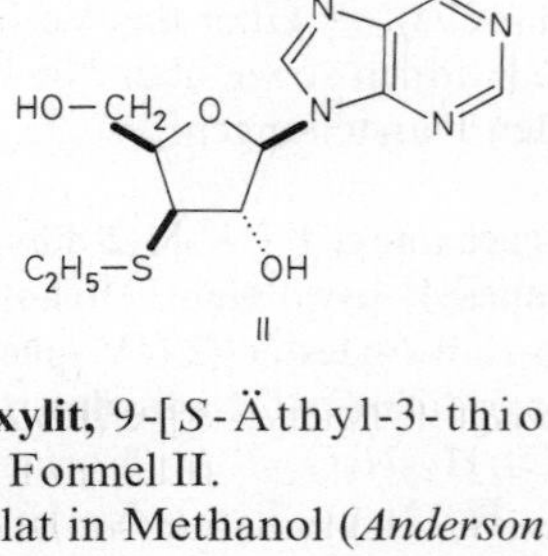

II

(1*R*)-*S*-Äthyl-1-[6-amino-purin-9-yl]-D-1,4-anhydro-3-thio-xylit, 9-[*S*-Äthyl-3-thio-*β*-D-xylofuranosyl]-9*H*-purin-6-ylamin $C_{12}H_{17}N_5O_3S$, Formel II.

B. Aus 2′,3′-Anhydro-adenosin und Natrium-äthanthiolat in Methanol (*Anderson et al.*, Am.

Soc. **81** [1959] 3967, 3972). Neben grösseren Mengen der folgenden Verbindung beim Erhitzen von (1*R*)-*S*-Äthyl-1-[6-amino-purin-9-yl]-3-chlor-1,4-anhydro-3-desoxy-2-thio-D-arabit(?) (S. 3595) mit Natriumacetat in wasserhaltigem 2-Methoxy-äthanol (*An. et al.*, l. c. S. 3973).

Kristalle (aus A.); F: 135–145° [korr.] und F: 180,5–181,5° [korr.]. $[\alpha]_D^{27}$: –76° [wss. Py. (20%ig); c = 0,8]. λ_{max} (wss. Lösung): 258 nm [pH 1] bzw. 260 nm [pH 7 sowie pH 13].

(1*R*)-*S*-Äthyl-1-[6-amino-purin-9-yl]-1,4-anhydro-2-thio-D-arabit, 9-[*S*-Äthyl-2-thio-β-D-arabinofuranosyl]-9*H*-purin-6-ylamin $C_{12}H_{17}N_5O_3S$, Formel III.

B. Beim Erwärmen von (1*R*)-*S*-Äthyl-O^5-trityl-1-[6-tritylamino-purin-9-yl]-1,4-anhydro-2-thio-D-arabit (S. 3595) mit wss. Essigsäure [80%ig] (*Anderson et al.*, Am. Soc. **81** [1959] 3967, 3973). Eine weitere Bildungsweise s. im vorangehenden Artikel.

Kristalle (aus Acn. + PAe.); F: 211,5–213,5° [unkorr.]. $[\alpha]_D^{25}$: –65° [wss. Py. (20%ig); c = 0,9]. λ_{max} (wss. Lösung): 260 nm [pH 1] bzw. 262 nm [pH 7 sowie pH 13].

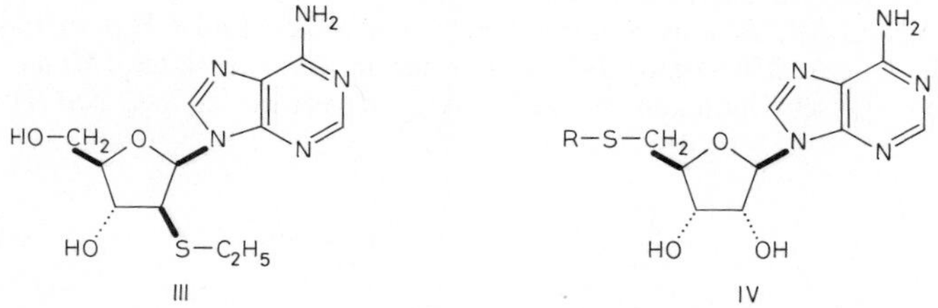

***S*-Methyl-5′-thio-adenosin** $C_{11}H_{15}N_5O_3S$, Formel IV (R = CH_3) (in der Literatur auch als Adenylthiomethylpentose und als Vitamin-L_2 bezeichnet).

Konstitution: *Suzuki et al.*, Bio. Z. **154** [1924] 278, 279; J. agric. chem. Soc. Japan **1** [1924/25] 127, 128; *Wendt*, Z. physiol. Chem. **272** [1942] 152, 154; *Satoh, Makino*, Nature **165** [1950] 769; *Weygand, Trauth*, B. **84** [1951] 633; *Satoh*, J. Biochem. Tokyo **40** [1953] 485, 557, 563. Konfiguration: *Baddiley et al.*, Nature **167** [1951] 359; *Overend, Parker*, Nature **167** [1951] 526; *Makino*, Kumamoto med. J. **7** [1954] 61, 63.

Isolierung aus Hefesorten: *Mandel, Dunham*, J. biol. Chem. **11** [1912] 85; *Suzuki*, J. chem. Soc. Japan **34** [1913] 1123, 1134; *Su. et al.*, Bio. Z. **154** 281; J. agric. chem. Soc. Japan **1** 129; *Levene*, J. biol. Chem. **59** [1924] 465, 467; *v. Euler, Myrbäck*, Z. physiol. Chem. **177** [1928] 237, 239; *Weygand et al.*, Z. physiol. Chem. **291** [1952] 191; aus Bakterien, Schimmelpilzen und Kaninchenleber: *Smith et al.*, Arch. Biochem. **42** [1953] 72, 73, 75, 76. Isolierung aus auf mit schwefelhaltigen Substanzen versetzten Nährböden gewachsenen Hefearten: *Smith, Schlenk*, Arch. Biochem. **38** [1952] 167, 169; *Schlenk, DePalma*, Arch. Biochem. **57** [1955] 266, 268; *Sm. et al.*; *Schlenk, Smith*, J. biol. Chem. **204** [1953] 27, 29, 31; *Schlenk, DePalma*, J. biol. Chem. **229** [1957] 1037, 1041.

B. Neben L-Homoserin und L-Homoserin-lacton beim Erwärmen von (–)-*S*-Adenosyl-L-methionin (S. 3677) mit wss. Lösungen vom pH 4–6 (*Baddiley et al.*, Soc. **1953** 2662; *Sch., DeP.*, J. biol. Chem. **229** 1047; *Parks, Schlenk*, Arch. Biochem. **75** [1958] 291; *Mudd*, J. biol. Chem. **234** [1959] 87, 88; *de la Haba et al.*, Am. Soc. **81** [1959] 3975, 3979) sowie beim Behandeln mit Extrakten aus Kulturen von Hefe (*Sch., DeP.*, J. biol. Chem. **229** 1043; *Mudd*; *de la Haba et al.*, l. c. S. 3977) oder von Aerobacter aerogenes (*Shapiro, Matter*, J. biol. Chem. **233** [1958] 631). Aus $O^{2'}$,$O^{3'}$-Isopropyliden-*S*-methyl-5′-thio-adenosin beim Behandeln mit wss. H_2SO_4 (*Satoh*, J. biochem. Tokyo **40** [1953] 563, 567), mit wss. H_2SO_4 und Aceton (*We., Tr.*) oder mit wss. H_2SO_4 und Essigsäure (*Baddiley*, Soc. **1951** 1348, 1351; *Baddiley, Jamieson*, Soc. **1954** 4280, 4282).

Kristalle; F: 213–214° [aus H_2O] (*We., Tr.*), 212° (*Ba.*), 211° [aus H_2O] (*Schaedel et al.*, J. biol. Chem. **171** [1947] 135), 209° [geringe Zers.; aus H_2O oder nach Sublimation bei 200°/ca. 0,004 Torr] (*v. Eu., My.*). $[\alpha]_D^{20}$: –23,7° [Py.; c = 0,02] (*We., Tr.*); $[\alpha]_D^{25}$: +11° bis +15° [wss. Eg. (0,3 n); c = 0,4–1] [verschiedene Präparate] (*de la Haba et al.*); $[\alpha]_D^{20}$: –8° [wss. NaOH

(5%ig); c = 1] (*Le.*, l. c. S. 468). UV-Spektrum (220–285 nm) in H_2O: *Heyroth, Loofbourrow,* Am. Soc. **56** [1934] 1728, 1733; *Falconer, Gulland,* Soc. **1937** 1912; in wss. Lösung vom pH 7,5: *Sch. et al.*, l. c. S. 137; in wss. HCl [0,05 n] und wss. NaOH [0,05 n]: *Fa., Gu.*

Geschwindigkeit der Hydrolyse zu Adenin und *S*-Methyl-5-thio-D-ribose bei 100° in wss. H_2SO_4 [0,1 n]: *Smith, Schlenk,* Arch. Biochem. **38** [1952] 159, 160; in wss. HCl [0,1 n]: *Parks, Schlenk,* J. biol. Chem. **230** [1958] 295, 298.

Hydrochlorid $C_{11}H_{15}N_5O_3S \cdot HCl$. Kristalle (aus A.); F: 161–162° (*Kuhn, Henkel,* Z. physiol. Chem. **269** [1941] 41, 45). pH-Wert einer Lösung von 5 g in 100 ml H_2O bei 18°: 2,22 (*Ku., He.*).

Picrate $C_{11}H_{15}N_5O_3S \cdot C_6H_3N_3O_7$. Hellgelbe Kristalle (aus H_2O); F: 183° [Zers.] (*Su. et al.*, Bio. Z. **154** 282; J. agric. chem. Soc. Japan **1** 131; *v. Eu., My.* – $2C_{11}H_{15}N_5O_3S \cdot C_6H_3N_3O_7$. Hellgelbe Kristalle (aus H_2O) mit niedrigerem Schmelzpunkt als das Monopicrat (*Su. et al.*).

Adenosin-5′-yl-dimethyl-sulfonium, 5′-Dimethylsulfonio-5′-desoxy-adenosin $[C_{12}H_{18}N_5O_3S]^+$, Formel V (in der Literatur auch als Dimethyladenosylthetin bezeichnet).

Jodid $[C_{12}H_{18}N_5O_3S]I$. *B.* Aus *S*-Methyl-5′-thio-adenosin und CH_3I in Essigsäure (*Parks, Schlenk,* J. biol. Chem. **230** [1958] 295, 299) oder in Ameisensäure (*Mudd,* J. biol. Chem. **234** [1959] 87). – Geschwindigkeit der Hydrolyse zu Adenin in wss. NaOH [0,1 n] bei 25°: *Pa., Sch.*

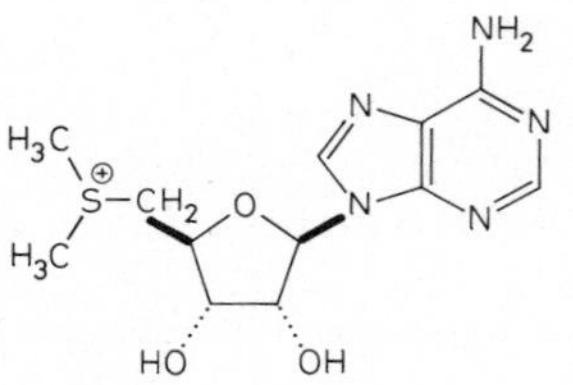

V

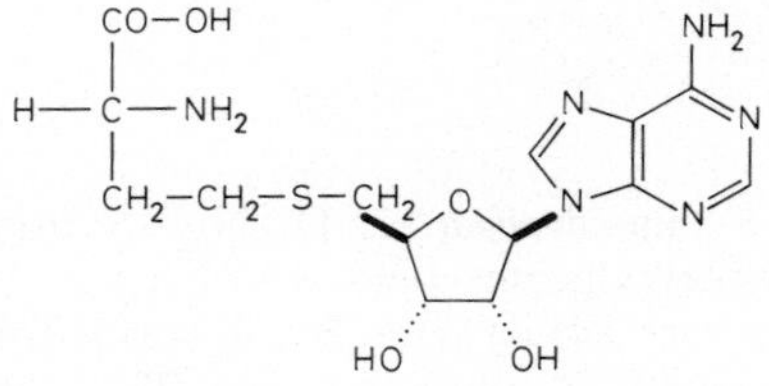

VI

***S*-Äthyl-5′-thio-adenosin** $C_{12}H_{17}N_5O_3S$, Formel IV (R = C_2H_5).

Isolierung aus *S*-Äthyl-DL-homocystein enthaltenden Kulturen von Hefearten: *Schlenk, Tillotson,* J. biol. Chem. **206** [1954] 687, 688, 690.

B. Beim Erwärmen einer wss. Lösung von sog. *S*-Adenosyl-L-äthionin (S. 3678) bei pH 5,6 (*Mudd,* J. biol. Chem. **234** [1959] 87).

Kristalle; F: 197° (*Sch., Ti.*). UV-Spektrum (wss. Lösung vom pH 7; 220–285 nm): *Sch., Ti.*

2-Amino-4-[5-(6-amino-purin-9-yl)-3,4-dihydroxy-tetrahydro-furfurylmercapto]-buttersäure $C_{14}H_{20}N_6O_5S$.

a) ***S*-Adenosin-5′-yl-D-homocystein,** *S*-[(*R*)-3-Amino-3-carboxy-propyl]-5′-thio-adenosin, Formel VI.

B. Beim Behandeln von $O^{2'}$,$O^{3'}$-Isopropyliden-$O^{5'}$-[toluol-4-sulfonyl]-adenosin mit D-Homocystein und Natrium in flüssigem NH_3 und Behandeln des Reaktionsprodukts mit wss. H_2SO_4 (*de la Haba et al.*, Am. Soc. **81** [1959] 3975, 3979).

Kristalle (aus H_2O); F: 209–212° [Zers.]. $[\alpha]_D^{24}$: +7,5° [wss. HCl (0,1 n); c = 0,6].

b) ***S*-Adenosin-5′-yl-L-homocystein,** *S*-[(*S*)-3-Amino-3-carboxy-propyl]-5′-thio-adenosin, Formel VII.

B. Aus DL-Homocystein bzw. aus L-Homocystein und Adenosin in Gegenwart von Rattenleber-Extrakt (*de la Haba, Cantoni,* J. biol. Chem. **234** [1959] 603, 605; *de la Haba et al.*, Am. Soc. **81** [1959] 3975, 3979). Aus DL-Homocystein und ATP (S. 3654) in Gegenwart von Extrakten aus Hefe (*Mudd, Cantoni,* J. biol. Chem. **231** [1958] 481, 488) oder Schafsleber (*Nakao, Greenberg,* J. biol. Chem. **230** [1958] 603, 616). Aus (–)-*S*-Adenosyl-L-methionin (s. u.) und *N*-Carb=

imidoyl-glycin in Gegenwart von Leberextrakten (*Cantoni, Scarano,* Am. Soc. **76** [1954] 4744). Beim Behandeln von *S*-[$O^{2'}$,$O^{3'}$-Isopropyliden-adenosin-5'-yl]-L-homocystein mit wss. H_2SO_4 (*Baddiley, Jamieson,* Soc. **1955** 1085, 1088; *Sakami, Stevens,* Bl. Soc. Chim. biol. **40** [1958] 1787, 1792).

Kristalle; F: 205–207° [Zers.; aus H_2O] (*Sa., St.*), 204° [Zers.; aus wss. A.] (*Ba., Ja.*), 202° [Zers.; aus H_2O] (*de la Haba, Ca.*). $[\alpha]_D^{24}$: +40° [wss. HCl (0,1 n); c = 0,7] (*de la Haba et al.*); $[\alpha]_D^{25}$: +39° [wss. HCl (0,2 n); c = 1] (*Sa., St.*). λ_{max} (H_2O): 260 nm (*Ba., Ja.,* l. c. S. 1087).

Picrat $C_{14}H_{20}N_6O_5S \cdot C_6H_3N_3O_7$. Kristalle mit 1 Mol H_2O; F: 170° [Zers.] (*Ba., Ja.*; s. a. *de la Haba et al.*).

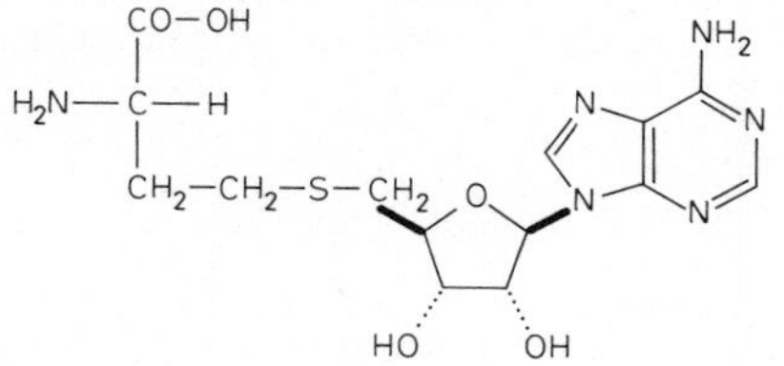

VII 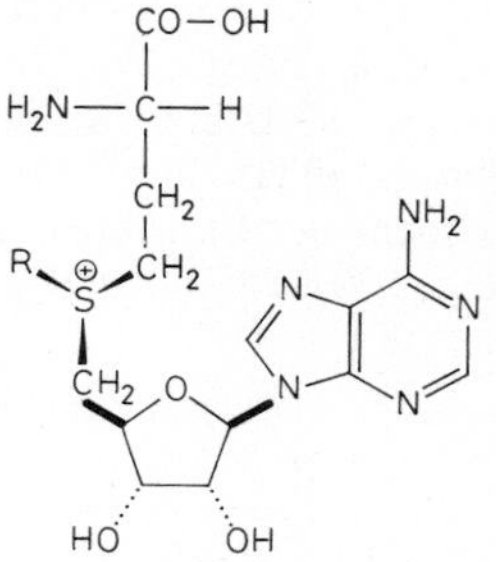 VIII

[3-Amino-3-carboxy-propyl]-[5-(6-amino-purin-9-yl)-3,4-dihydroxy-tetrahydro-furfuryl]-methyl-sulfonium $[C_{15}H_{23}N_6O_5S]^+$.

Absolute Konfiguration der folgenden Stereoisomeren: *Cornforth et al.,* Am. Soc. **99** [1977] 7292, 7295.

a) **(*S*)-Adenosin-5'-yl-[(*S*)-3-amino-3-carboxy-propyl]-methyl-sulfonium,** 5'-[(*S*)-((*S*)-3-Amino-3-carboxy-propyl)-methyl-sulfonio]-5'-desoxy-adenosin Formel VIII (R = CH_3) (in der Literatur als (−)-*S*-Adenosyl-L-methionin bezeichnet).

Betain $C_{15}H_{22}N_6O_5S$. Isolierung aus Hefekulturen nach Zusatz von L-Methionin: *Schlenk, DePalma,* J. biol. Chem. **229** [1957] 1037, 1040, 1051, 1055; *Stekol et al.,* J. biol. Chem. **233** [1958] 425; *Schlenk et al.,* Arch. Biochem. **83** [1959] 28, 29; nach Zusatz von DL-Methionin: *St. et al.*; nach Zusatz von DL-Methionin, DL-Homocystein oder einem Gemisch von DL-Homocystein und DL-Methionin-*S*-methojodid: *Schlenk, DePalma,* Arch. Biochem. **57** [1955] 266, 268; s. a. *Schlenk,* Arch. Biochem. **69** [1957] 67, 70. – *B.* Aus ATP und L-Methionin in Gegenwart von Extrakten aus Kaninchenleber (*Cantoni,* J. biol. Chem. **204** [1953] 403, 406; Biochem. Prepar. **5** [1957] 58, 59; *Mudd, Cantoni,* J. biol. Chem. **231** [1958] 481, 485, 486; s. a. *de la Haba et al.,* Am. Soc. **81** [1959] 3975, 3979) oder Hefe (*Mudd, Ca.*). – In trockenem Zustand unbeständiger Feststoff (*Sch., DeP.,* J. biol. Chem. **229** 1046; *Parks, Schlenk,* J. biol. Chem. **230** [1958] 295, 300). $[\alpha]_D^{25}$: +48,5° [c = 1,8] bzw. +47,2° [c = 0,9]; $[\alpha]_{436}^{25}$: +100,5° [c = 1,8] bzw. +101,2° [c = 0,9] [jeweils wss. Lösung vom pH 3,5] [2 Präparate] (*de la Haba et al.,* l. c. S. 3976). UV-Spektrum (220–290 nm) in saurer wss. Lösung: *Ca.,* l. c. S. 409; *Parks,* J. biol. Chem. **232** [1958] 169, 170, 172; in wss. Lösungen vom pH 7 und pH 9,7: *Pa., Sch.,* l. c. S. 298. – Geschwindigkeit der Hydrolyse zu Adenin und anderen Verbindungen in wss. NaOH [0,1 n] bei 25°, in wss. Lösungen vom pH 6,6, pH 7,8 und pH 8,8 bei 30° sowie in wss. HCl [0,1 n] bei 100°: *Pa., Sch.,* l. c. S. 297–299.

Bromid $[C_{15}H_{23}N_6O_5S]Br$. Schwach hygroskopisch; F: 115–120°; $[\alpha]_D^{24}$: +16,8° [H_2O; c = 1] (*St. et al.,* l. c. S. 426).

b) **(*R*)-Adenosin-5'-yl-[(*S*)-3-amino-3-carboxy-propyl]-methyl-sulfonium,** 5'-[(*R*)-((*S*)-3-Amino-3-carboxy-propyl)-methyl-sulfonio]-5'-desoxy-adenosin Formel IX (R = CH_3) (in der Literatur als (+)-*S*-Adenosyl-L-methionin bezeichnet).

Betain $C_{15}H_{22}N_6O_5S$. *B.* Beim Behandeln von *S*-Adenosin-5'-yl-L-homocystein (S. 3676) mit

CH_3I in Essigsäure (*Baddiley, Jamieson,* Soc. **1955** 1085, 1089) oder in Ameisensäure (*de la Haba, Cantoni,* J. biol. Chem. **234** [1959] 603, 605; *de la Haba et al.,* Am. Soc. **81** [1959] 3975, 3976, 3979) und Trennen des erhaltenen Diastereoisomeren-Gemisches ($[\alpha]_D^{25}$: +52,2°; $[\alpha]_{436}^{25}$: +106° [jeweils wss. Lösung vom pH 3,5; c = 1,8]) mit Hilfe von „Guanidinoacetat-Methylferase“ aus Schweineleber (*de la Haba et al.*). — $[\alpha]_D^{25}$: +57°; $[\alpha]_{436}^{25}$: +115° [jeweils wss. Lösungen vom pH 3,5; c = 1,8] (*de la Haba et al.*).

(Ξ)-Adenosin-5′-yl-äthyl-[(*S*)-3-amino-3-carboxy-propyl]-sulfonium, 5′-[(Ξ)-Äthyl-((*S*)-3-amino-3-carboxy-propyl)-sulfonio]-5′-desoxy-adenosin $[C_{16}H_{25}N_6O_5S]^+$, Formel VIII oder IX (R = C_2H_5) (in der Literatur als *S*-Adenosyl-L-äthionin bezeichnet).

Betain $C_{16}H_{24}N_6O_5S$. Isolierung aus Hefekulturen nach Zusatz von L-Äthionin: *Parks,* J. biol. Chem. **232** [1958] 169; *Stekol et al.,* J. biol. Chem. **233** [1958] 425, 426; *Schlenk et al.,* Arch. Biochem. **83** [1959] 28, 29; nach Zusatz von Äthanthiol oder Diäthyldisulfid: *Schlenk,* Arch. Biochem. **69** [1957] 67, 69, 71. — *B.* Aus ATP und *S*-Äthyl-L-homocystein in Gegenwart von Kaninchenleber-Extrakten (*Mudd,* J. biol. Chem. **234** [1959] 87). — UV-Spektrum (saure wss. Lösung; 220—285 nm): *Pa.,* l. c. S. 170, 172.

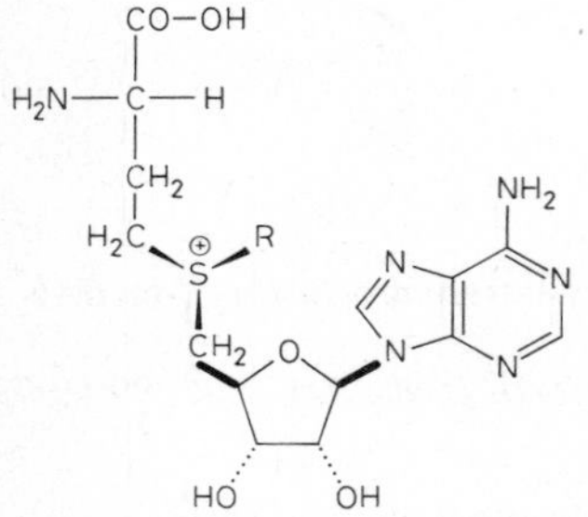

IX 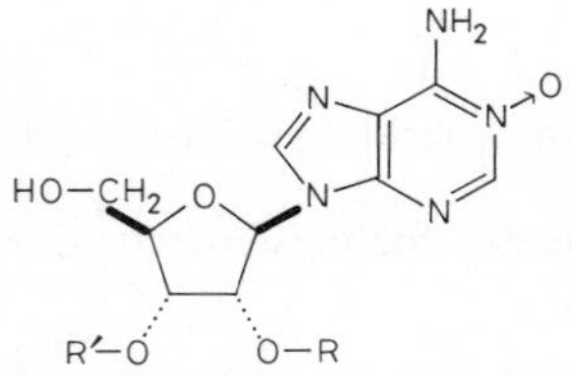 X 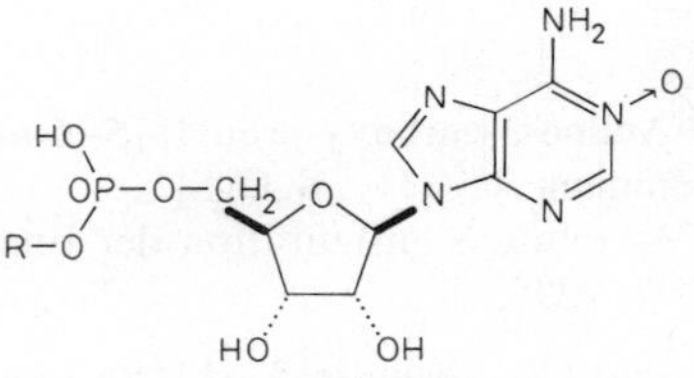 XI

Adenosin-1-oxid $C_{10}H_{13}N_5O_5$, Formel X (R = R′ = H).

Konstitution: *Stevens, Brown,* Am. Soc. **80** [1958] 2759.

B. Aus Adenosin und wss. H_2O_2 in Essigsäure (*Stevens et al.,* Am. Soc. **80** [1958] 2755, 2757).

Kristalle; F: 219—221° [korr.; Zers.] (*Fujii et al.,* Chem. pharm. Bl. **19** [1971] 1368, 1370 Anm. 8). Kristalle (aus H_2O) mit 1 Mol H_2O; F: 224—225° [korr.; Zers.] (*Fu. et al.*). Lösungsmittelhaltige(?) Kristalle (aus A.); $[\alpha]_D^{30}$: −50,1° [H_2O; c = 0,67] [wasserfreies Präparat] (*Fu. et al.*). F: 155° [Zers. bei 160°] (*St. et al.,* Am. Soc. **80** 2758). UV-Spektrum (wss. Lösungen vom pH 1—14; 210—300 nm): *St., Br.,* l. c. S. 2760, 2761; s. a. *St. et al.,* Am. Soc. **80** 2756. Scheinbare Dissoziationsexponenten pK'_{a1} und pK'_{a2} (H_2O; spektrophotometrisch ermittelt) bei 25°: 2,14 und 12,5 (*St. et al.,* Am. Soc. **80** 2756). In 144 g H_2O löst sich bei 25° 1 g (*St. et al.,* Am. Soc. **80** 2756).

Geschwindigkeit der Reaktion mit wss. NaOH [1 n] bei 85° unter Bildung von 5-Amino-1-β-D-ribofuranosyl-1*H*-imidazol-4-carbamidoxim: *Stevens et al.,* Am. Soc. **81** [1959] 1734, 1738.

***O*$^{3'}$-Phosphono-adenosin-1-oxid, 1-Oxy-[3′]adenylsäure** $C_{10}H_{14}N_5O_8P$, Formel X (R = H, R′ = $PO(OH)_2$).

B. s. im folgenden Artikel.

Kristalle (aus wss. Acn.) mit 4 Mol H_2O (*Stevens et al.,* Am. Soc. **81** [1959] 1734, 1736, 1737). λ_{max} (H_2O): 230 nm und 260 nm.

***O*$^{2'}$-Phosphono-adenosin-1-oxid, 1-Oxy-[2′]adenylsäure** $C_{10}H_{14}N_5O_8P$, Formel X (R = $PO(OH)_2$, R′ = H).

B. Neben der vorangehenden Verbindung beim Behandeln von [2′]Adenylsäure sowie [3′]Ade=

nylsäure mit wss. H_2O_2 in Essigsäure (*Stevens et al.*, Am. Soc. **81** [1959] 1734, 1736, 1737).
Kristalle (aus wss. Acn.) mit 4 Mol H_2O. λ_{max} (H_2O): 230 nm und 260 nm.

***O*$^{5'}$-Phosphono-adenosin-1-oxid, 1-Oxy-[5']adenylsäure** $C_{10}H_{14}N_5O_8P$, Formel XI (R = H).
B. Aus [5']Adenylsäure und wss. H_2O_2 (*Cramer, Randerath*, Ang. Ch. **70** [1958] 571; *Stevens et al.*, Am. Soc. **81** [1959] 1734, 1737).
Kristalle (aus H_2O + Acn.); Zers. bei 183–185° (*St. et al.*). λ_{max} (H_2O): 232 nm und 260 nm (*St. et al.*; s. a. *Cr., Ra.*).

***O*$^{5'}$-Trihydroxydiphosphoryl-adenosin-1-oxid, Diphosphorsäure-mono-[1-oxy-adenosin-5'-ylester]** $C_{10}H_{15}N_5O_{11}P_2$, Formel XI (R = PO(OH)$_2$).
B. Analog der vorangehenden Verbindung (*Cramer, Randerath*, Ang. Ch. **70** [1958] 571; *Stevens et al.*, Am. Soc. **81** [1959] 1734, 1737).
λ_{max} (H_2O): 232 nm (*Cr., Ra.*).
Barium-Salz $BaC_{10}H_{13}N_5O_{11}P_2$. Kristalle (*St. et al.*).

***O*$^{5'}$-Tetrahydroxytriphosphoryl-adenosin-1-oxid, Triphosphorsäure-1-[1-oxy-adenosin-5'-ylester]** $C_{10}H_{16}N_5O_{14}P_3$, Formel XI (R = PO(OH)-O-PO(OH)$_2$).
B. Analog den vorangehenden Verbindungen (*Cramer, Randerath*, Ang. Ch. **70** [1958] 571).
λ_{max} (H_2O): 233 nm.

6-Amino-1-methyl-9-β-D-ribofuranosyl-9*H*-purinium $[C_{11}H_{16}N_5O_4]^+$, Formel XII (R = H).
Betain $C_{11}H_{15}N_5O_4$; 1-Methyl-adenosin. *B.* Neben der folgenden Verbindung und 1,N^6-Dimethyl-adenosin (s. u.) beim Behandeln von Adenosin mit Dimethylsulfat und wss. NaOH (*Bredereck et al.*, B. **81** [1948] 307, 312; *Wacker, Ebert*, Z. Naturf. **14b** [1959] 709, 710, 711).
Kristalle (aus Acn. + H_2O); F: 214–217° [Zers.; nach Sintern bei 210°] (*Jones, Robins*, Am. Soc. **85** [1963] 193, 200). UV-Spektrum (wss. Lösungen vom pH 1–12,5°; 220–280 nm): *Wa., Eb.*

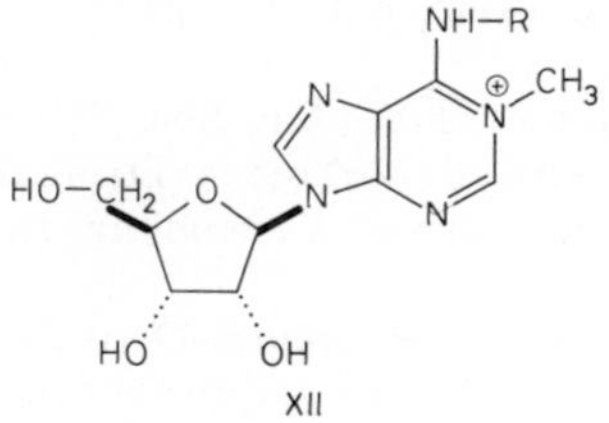

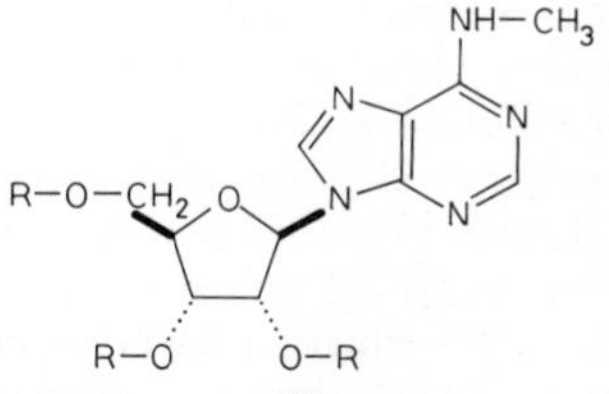

***N*^{6}-Methyl-adenosin** $C_{11}H_{15}N_5O_4$, Formel XIII (R = H).
Isolierung aus Hydrolysaten von Ribonucleinsäuren aus Hefe, Weizenkeimen, Ratten- und Kaninchenleber und verschiedenen Bakterien: *Littlefield, Dunn*, Biochem. J. **70** [1958] 642, 643, 644.
B. Aus (1*R*)-1-[6-Chlor-purin-9-yl]-D-1,4-anhydro-ribit (S. 1745) und wss. Methylamin (*Johnson et al.*, Am. Soc. **80** [1958] 699, 701). Aus Methyl-[7(9)*H*-purin-6-yl]-amin und Inosin in Gegenwart eines Enzympräparats aus Escherichia coli (*Li., Dunn*). Eine weitere Bildungweise s. im vorangehenden Artikel.
Kristalle (aus E.); F: 219–221° [nach Sintern bei 206–208°] (*Jones, Robins*, Am. Soc. **85** [1963] 193, 200). Wasserhaltige Kristalle (aus Me.); F: 135–140° und (nach Wiedererstarren bei 160°) F: 208° [Zers.] (*Jo. et al.*). $[\alpha]_D^{26}$: −54° [H_2O; c = 0,6] [wasserfreies Präparat] (*Jo. et al.*). IR-Banden (KBr; 3360–1065 cm^{-1}): *Jo. et al.* UV-Spektrum (220–280 nm) in wss. Lösungen vom pH 1–12,5: *Wacker, Ebert*, Z. Naturf. **14b** [1959] 709, 710; in wss. HCl [0,1 n] und wss. KOH [0,1 n]: *Li., Dunn*, l. c. S. 646. λ_{max} (wss. Lösung): 262 nm [pH 1], 266 nm [pH 7] bzw. 267 nm [pH 13] (*Jo. et al.*).

N^6,$O^{2'}$,$O^{3'}$,$O^{5'}$-Tetramethyl-adenosin $C_{14}H_{21}N_5O_4$, Formel XIII (R = CH_3).

B. Beim Erwärmen von N^6,$O^{2'}$,$O^{3'}$,$O^{5'}$-Tetraacetyl-adenosin mit Dimethylsulfat und wss. NaOH in Aceton (*Levene, Tipson,* J. biol. Chem. **94** [1932] 809, 812, 815).

Hydrochlorid $C_{14}H_{21}N_5O_4 \cdot HCl$. Kristalle (aus methanol. HCl); Zers. bei 210°. $[\alpha]_D^{25}$: −21,2° [H_2O; c = 1].

N^6-Methyl-[2′]adenylsäure $C_{11}H_{16}N_5O_7P$, Formel XIV (R = $PO(OH)_2$, R′ = H), oder
N^6-Methyl-[3′]adenylsäure $C_{11}H_{16}N_5O_7P$, Formel XIV (R = H, R′ = $PO(OH)_2$).

Isolierung aus Hydrolysaten von Ribonucleinsäuren aus Hefe: *Littlefield, Dunn,* Biochem. J. **70** [1958] 642, 647; *Davis et al.*, J. biol. Chem. **234** [1959] 1525, 1526, 1527; aus Weizenkeimen, Kaninchen- und Rattenleber sowie verschiedenen Bakterienarten: *Li., Dunn.*

λ_{max} (wss. Lösung): 262 nm [pH 2] bzw. 266 nm [pH 12] (*Da. et al.*).

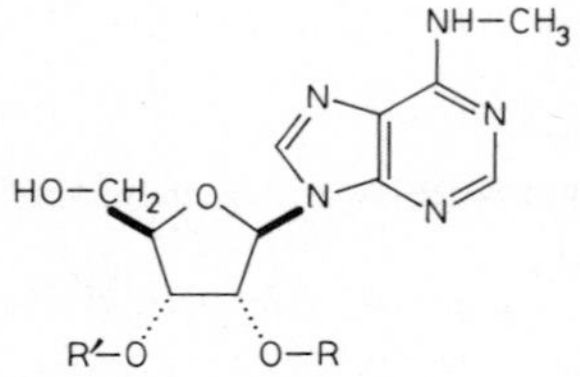

XIV 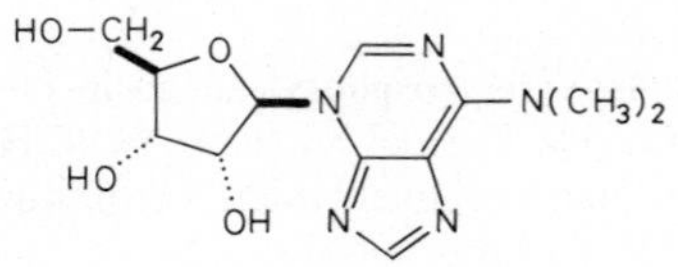 XV

1-Methyl-6-methylamino-9-β-D-ribofuranosyl-9*H*-purinium $[C_{12}H_{18}N_5O_4]^+$, Formel XII (R = CH_3).

Betain $C_{12}H_{17}N_5O_4$; 1,N^6-Dimethyl-adenosin. *B.* s. o. im Artikel 1-Methyl-adenosin.

Kristalle (aus A. + Ae.); F: 206° (*Wacker, Ebert,* Z. Naturf. **14b** [1959] 709, 710, 712). UV-Spektrum (wss. Lösungen vom pH 1 – 12,5; 220 – 280 nm): *Wa., Eb.*

2-[6-Dimethylamino-purin-3-yl]-5-hydroxymethyl-tetrahydro-furan-3,4-diol $C_{12}H_{17}N_5O_4$.

a) **(1*R*)-1-[6-Dimethylamino-purin-3-yl]-D-1,4-anhydro-ribit,** 6-Dimethylamino-3-β-D-ribofuranosyl-3*H*-purin, Formel XV.

Diese Konstitution kommt vermutlich der von *Kissman et al.* (Am. Soc. **77** [1955] 18, 23) als (1*R*)-1-[6-Dimethylamino-purin-7-yl]-D-1,4-anhydro-ribit (6-Dimethylamino-7-β-D-ribofuranosyl-7*H*-purin) $C_{12}H_{17}N_5O_4$ angesehenen Verbindung zu (*Townsend et al.*, Am. Soc. **86** [1964] 5320, 5322).

B. Neben N^6,N^6-Dimethyl-adenosin beim Erhitzen des Chloromercurio-Derivats des [2,8-Bis-methylmercapto-7(9)*H*-purin-6-yl]-dimethyl-amins mit Tri-*O*-benzoyl-ξ-D-ribofuranosylchlorid (E III/IV **17** 2294) in Xylol und Benzol, Erwärmen des Reaktionsprodukts mit Raney-Nickel in Äthylacetat und Äthanol und Behandeln des danach erhaltenen Produkts mit methanol. Natriummethylat (*Ki. et al.*).

Hygroskopische Kristalle (aus E. + Me.) mit 0,5 Mol H_2O, F: 199 – 200° [korr.]; die wasserfreie Verbindung schmilzt bei 200 – 201° [korr.]; $[\alpha]_D^{24,5}$: −85,5° [wss. A. (60%ig); c = 0,4] [wasserfreies Präparat]. λ_{max} (wss. A.): 291 nm [pH 1] bzw. 298 nm [pH 7 sowie pH 14] (*Ki. et al.*).

b) **(1*R*)-1-[6-Dimethylamino-purin-3-yl]-D-1,4-anhydro-xylit,** 6-Dimethylamino-3-β-D-xylofuranosyl-3*H*-purin, Formel I.

Diese Konstitution kommt vermutlich der von *Baker, Schaub* (Am. Soc. **77** [1955] 5900, 5903) als (1*R*)-1-[6-Dimethylamino-purin-7-yl]-D-1,4-anhydro-xylit (6-Dimethylamino-7-β-D-xylofuranosyl-7*H*-purin) $C_{12}H_{17}N_5O_4$ angesehenen Verbindung zu (*Townsend et al.*, Am. Soc. **86** [1964] 5320, 5323).

B. Beim Behandeln von Tetra-*O*-benzoyl-α-D-xylofuranose mit HBr in Essigsäure und 1,2-Dichlor-äthan, Erhitzen des Reaktionsprodukts mit dem Chloromercurio-Derivat des Dimethyl-[7(9)*H*-purin-6-yl]-amins in Xylol und Erwärmen des danach erhaltenen Produkts mit methanol.

Natriummethylat (*Ba., Sch.*).

Kristalle (aus Me.); F: 214–215° [Zers.] (*Ba., Sch.*). IR-Banden (Nujol; 3–9,7 μ): *Ba., Sch.* λ_{max} (wss. Lösung): 293 nm [pH 1] bzw. 298 nm [pH 7 sowie pH 14] (*Ba., Sch.*).

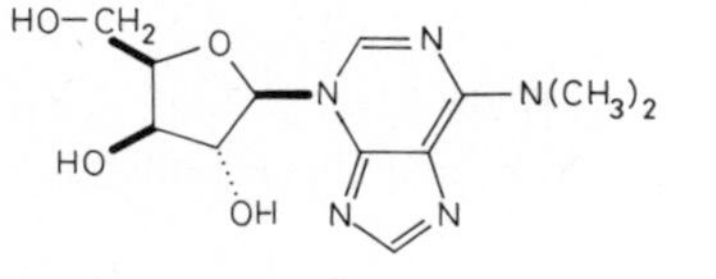

2-[6-Dimethylamino-purin-9-yl]-5-hydroxymethyl-tetrahydro-furan-3,4-diol $C_{12}H_{17}N_5O_4$.

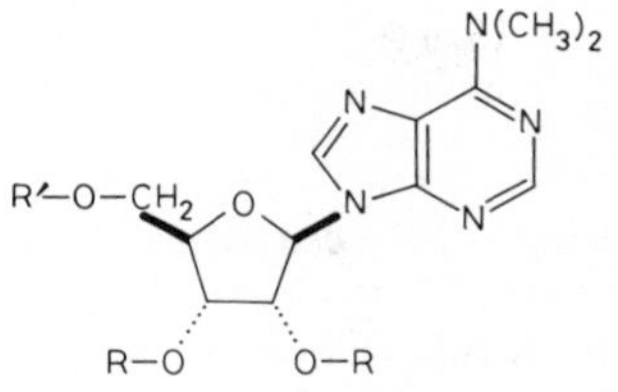

a) **(1*R*)-1-[6-Dimethylamino-purin-9-yl]-D-1,4-anhydro-ribit, *N*⁶,*N*⁶-Dimethyl-adenosin,** Formel II (R = R′ = H).

Isolierung aus Hydrolysaten von Ribonucleinsäuren aus Hefe, Weizenkeimen, Rattenleber und verschiedenen Bakterienarten: *Littlefield, Dunn,* Biochem. J. **70** [1958] 642, 647.

B. Beim Erhitzen von 6-Dimethylamino-purin-9-ylquecksilber-chlorid mit Tri-*O*-acetyl-α-D-ribofuranosylchlorid (E III/IV **17** 2294) oder Tri-*O*-benzoyl-ξ-D-ribofuranosylchlorid (E III/IV **17** 2294) in Benzol und Xylol und Erwärmen des Reaktionsprodukts mit methanol. Natriummethylat (*Kissman et al.*, Am. Soc. **77** [1955] 18, 22, 23). Beim Erhitzen von (1*R*)-Tri-*O*-benzoyl-1-[6-chlor-purin-9-yl]-D-1,4-anhydro-ribit (S. 1746) mit Dimethylamin in Methanol und Erwärmen des Reaktionsprodukts mit methanol. Natriummethylat (*Weiss et al.*, Am. Soc. **81** [1959] 4050, 4054). Beim Erwärmen von *N*⁶,*N*⁶-Dimethyl-2-methylmercapto-adenosin mit Raney-Nickel in Äthanol (*Ki. et al.*). Beim Erwärmen von *O*²′,*O*³′,*O*⁵′-Triacetyl-*N*⁶,*N*⁶-dimethyl-adenosin mit methanol. Natriummethylat (*Ki. et al.*; *Andrews, Barber,* Soc. **1958** 2768, 2770). Aus Dimethyl-[7(9)*H*-purin-6-yl]-amin und Inosin in Gegenwart eines Enzympräparats aus Escherichia coli (*Li., Dunn,* l. c. S. 644). Eine weitere Bildungsweise s. o. im Artikel (1*R*)-1-[6-Dimethylamino-purin-3-yl]-D-1,4-anhydro-ribit.

Kristalle; F: 183–184° [aus Acn.] (*Ki. et al.*; *We. et al.*), 182–183° [aus Acn.] (*An., Ba.*). $[\alpha]_D^{20}$: −58,5° [H_2O; c = 2] (*An., Ba.*); $[\alpha]_D^{25}$: −62,6° [H_2O; c = 3] (*Ki. et al.*); $[\alpha]_D^{27}$: −57,8° [H_2O; c = 3] (*We. et al.*). Intensität der IR-Banden bei 1616 cm^{-1} und 1613 cm^{-1}: *Miles,* Biochim. biophys. Acta **30** [1958] 324, 325, 326; s. a. *Miles,* Biochim. biophys. Acta **27** [1958] 46, 47, 48. UV-Spektrum (wss. HCl [0,1 n] sowie wss. KOH [0,1 n]; 225–300 nm): *Li., Dunn,* l. c. S. 646. λ_{max} (wss. A.): 268 nm [pH 1], 274 nm [pH 7] bzw. 276 nm [pH 14] (*Ki. et al.*).

b) **(1*R*)-1-[6-Dimethylamino-purin-9-yl]-D-1,4-anhydro-xylit,** 6-Dimethylamino-9-β-D-xylofuranosyl-9*H*-purin, Formel III.

B. Beim Erwärmen von (1*R*)-1-[6-Dimethylamino-2-methylmercapto-purin-9-yl]-D-1,4-anhydro-xylit mit Raney-Nickel in Äthanol (*Baker, Schaub,* Am. Soc. **77** [1955] 5900, 5903).

IR-Banden (KBr): 2,97 μ, 6,19 μ, 9,21 μ und 9,47 μ; λ_{max} (A.): 274 nm (unreines Präparat).

***O*²′,*O*³′,*O*⁵′-Triacetyl-*N*⁶,*N*⁶-dimethyl-adenosin** $C_{18}H_{23}N_5O_7$, Formel II (R = R′ = CO-CH_3).

B. Beim Erhitzen von 6-Dimethylamino-purin-9-ylquecksilber-chlorid mit Tri-*O*-acetyl-α-D-ribofuranosylchlorid (E III/IV **17** 2294) in Xylol und Benzol (*Kissman et al.*, Am. Soc. **77** [1955] 18, 22, 23). Beim Erhitzen von 6-Dimethylamino-2-methylmercapto-purin-9-ylquecksilber-chlorid mit Tri-*O*-acetyl-α-D-ribofuranosylchlorid in Xylol und Benzol und Erwärmen des Reaktionsprodukts mit Raney-Nickel in Methanol (*Ki. et al.*; *Andrews, Barber,* Soc. **1958** 2768, 2770).

λ_{max} (wss. A.): 267 nm [pH 1], 273 nm [pH 7] bzw. 276 nm [pH 14] [unreines Präparat] (*Ki. et al.*).

Picrat $C_{18}H_{23}N_5O_7 \cdot C_6H_3N_3O_7$. Kristalle (aus A.); F: 172–173° [korr.] (*Ki. et al.*).

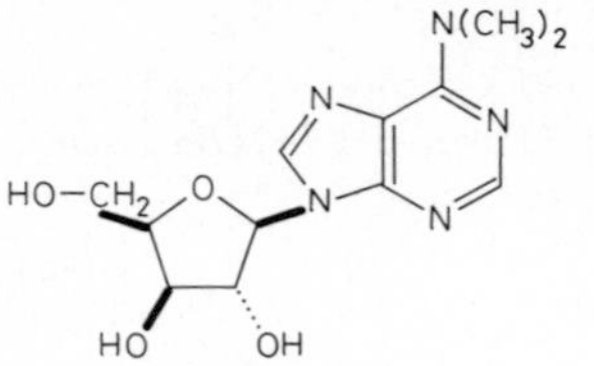

N^6,N^6-Dimethyl-[5′]adenylsäure $C_{12}H_{18}N_5O_7P$, Formel II (R = H, R′ = $PO(OH)_2$).

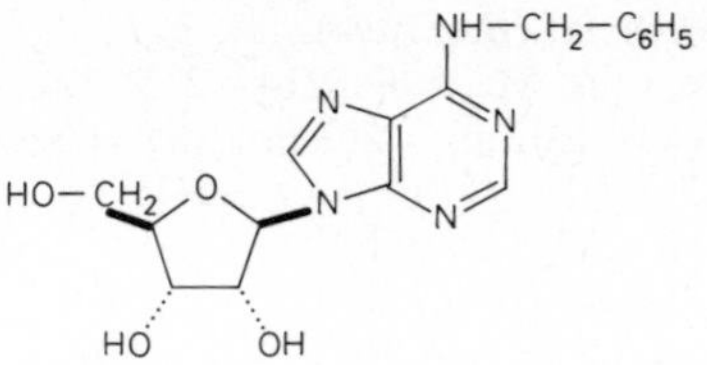

B. Aus $O^{2'}$,$O^{3'}$-Isopropyliden-N^6,N^6-dimethyl-adenosin und Benzyl-dihydrogenphosphit über mehrere Stufen (*Andrews, Barber,* Soc. **1958** 2768, 2770).

Kristalle (aus H_2O+Acn.); F: 225° [Zers.]. $[\alpha]_D^{20}$: −51° [H_2O; c = 2]. λ_{max} (H_2O?): 268 nm.

N^6-Benzyl-adenosin $C_{17}H_{19}N_5O_4$, Formel IV.

B. Beim Erhitzen von (1*R*)-Tri-*O*-benzoyl-1-[6-chlor-purin-9-yl]-D-1,4-anhydro-ribit (S. 1746) mit Benzylamin in 2-Methoxy-äthanol und Erwärmen des Reaktionsprodukts mit methanol. Natriummethylat (*Kissman, Weiss,* J. org. Chem. **21** [1956] 1053).

Kristalle (aus A.); F: 177–179°. $[\alpha]_D^{25-26}$: −68,6° [A.; c = 0,6]. λ_{max}: 266 nm [wss.-äthanol. HCl], 268 nm [A.] bzw. 269 nm [wss.-äthanol. NaOH].

N^6,$O^{5'}$-Ditrityl-adenosin $C_{48}H_{41}N_5O_4$, Formel V (R = R′ = H).

B. Neben $O^{5'}$-Trityl-adenosin beim Behandeln von Adenosin mit Tritylchlorid in Pyridin (*Levene, Tipson,* J. biol. Chem. **121** [1937] 131, 136; *Barker,* Soc. **1954** 3396; *Anderson et al.,* Am. Soc. **81** [1959] 3967, 3974).

Kristalle; F: 213–215° [unkorr.; aus E.] (*An. et al.*), 200–202° [aus Bzl.] (*Le., Ti.*; *Ba.*). $[\alpha]_D^{25}$: −19,2° [Py.; c = 1], −15,5° [Acn.; c = 1] (*Le., Ti.*). λ_{max} ($CHCl_3$): 271 nm, 277 nm und 286 nm (*An. et al.*).

$O^{2'}$,$O^{3'}$-Diacetyl-N^6,$O^{5'}$-ditrityl-adenosin $C_{52}H_{45}N_5O_6$, Formel V (R = R′ = CO-CH_3).

B. Aus N^6,$O^{5'}$-Ditrityl-adenosin und Acetanhydrid in Pyridin (*Levene, Tipson,* J. biol. Chem. **121** [1937] 131, 142).

$[\alpha]_D^{26}$: −6,0° [Acn.; c = 1].

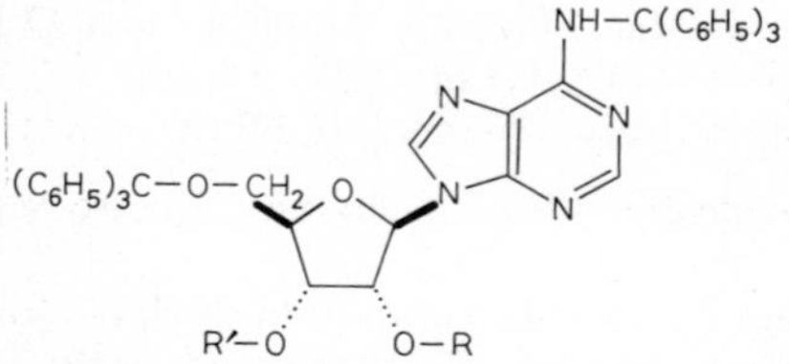

N^6,$O^{5'}$-Ditrityl-[3′]adenylsäure $C_{48}H_{42}N_5O_7P$, Formel V (R = H, R′ = $PO(OH)_2$).

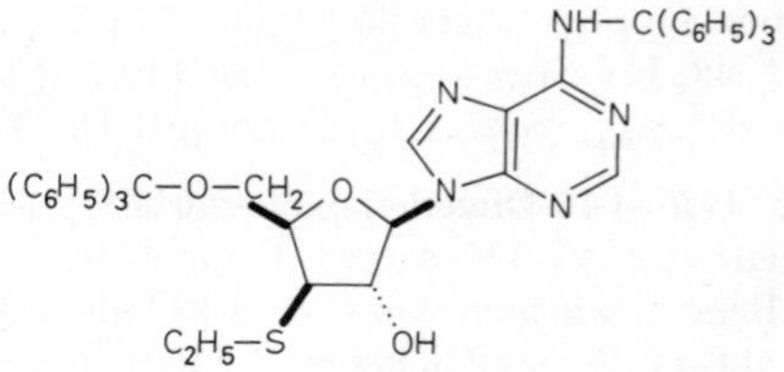

B. Beim Behandeln von N^6,$O^{5'}$-Ditrityl-adenosin mit Chlorophosphorsäure-dibenzylester in Pyridin und Hydrieren des Reaktionsprodukts an Palladium und Palladium/Kohle in wss. Äthanol (*Michelson, Todd,* Soc. **1949** 2476, 2482).

F: 150–160°.

(1*R*)-*S*-Äthyl-O^5-trityl-1-[6-tritylamino-purin-9-yl]-D-1,4-anhydro-3-thio-xylit, 9-[*S*-Äthyl-O^5-trityl-3-thio-β-D-xylofuranosyl]-6-tritylamino-9*H*-purin $C_{50}H_{45}N_5O_3S$, Formel VI.

B. Aus (1*R*)-*S*-Äthyl-1-[6-amino-purin-9-yl]-D-1,4-anhydro-3-thio-xylit (S. 3674) und Tritylchlorid in Pyridin (*Anderson et al.,* Am. Soc. **81** [1959] 3967, 3974).

Kristalle (aus E.+Heptan) mit 1 Mol Heptan; F: 153–158° [unkorr.; Zers.]. Kristalle (aus CCl_4) mit 1 Mol CCl_4; F: 138–156° [unkorr.; Zers.]. λ_{max} ($CHCl_3$): 278 nm.

***N*⁶,*O*²′,*O*³′-Triacetyl-*O*⁵′-trityl-adenosin** $C_{35}H_{33}N_5O_7$, Formel VII (R = $C(C_6H_5)_3$).

B. Aus *O*⁵′-Trityl-adenosin und Acetanhydrid in Pyridin (*Levene, Tipson,* J. biol. Chem. **121** [1937] 131, 139).

$[\alpha]_D^{24}$: +14,0° [Py.; c = 1], −6,8° [Acn.; c = 1], +6,3° [Me.; c = 1,2].

***N*⁶,*O*²′,*O*³′,*O*⁵′-Tetraacetyl-adenosin** $C_{18}H_{21}N_5O_8$, Formel VII (R = $CO\text{-}CH_3$).

B. Beim Erhitzen von Adenosin mit Acetanhydrid und Natriumacetat (*Levene, Tipson,* J. biol. Chem. **94** [1931/32] 809, 812; *Bredereck,* B. **80** [1947] 401, 404).

Zers. bei 60−65° (*Schabarowa et al.,* Ž. obšč. Chim. **29** [1959] 215, 218; engl. Ausg. S. 218, 221). λ_{max} (A.): 272 nm (*Sch. et al.*).

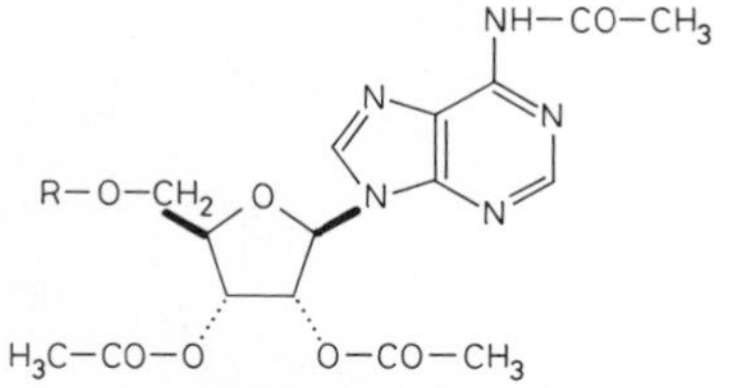

VII 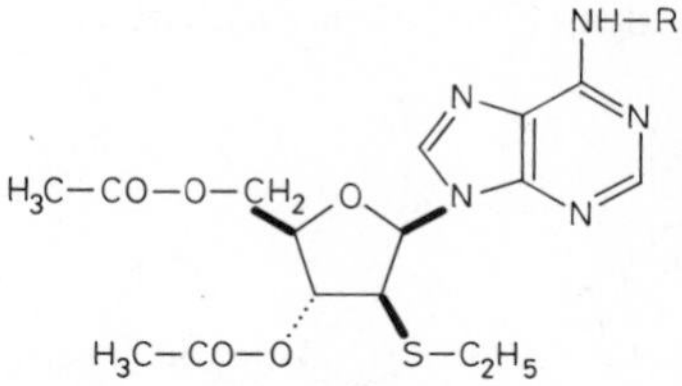 VIII

(1*R*)-*O*³,*O*⁵-Diacetyl-*S*-äthyl-1-[6-amino-purin-9-yl]-1,4-anhydro-2-thio-D-arabit, 9-[*O*³,*O*⁵-Diacetyl-*S*-äthyl-2-thio-β-D-arabinofuranosyl]-9*H*-purin-6-ylamin $C_{16}H_{21}N_5O_5S$, Formel VIII (R = H).

B. Aus (1*R*)-*S*-Äthyl-1-[6-amino-purin-9-yl]-1,4-anhydro-2-thio-D-arabit (S. 3675) und Acetanhydrid in Pyridin (*Anderson et al.,* Am. Soc. **81** [1959] 3967, 3973).

IR-Banden (Film): 3,03 μ, 5,74 μ, 6,10 μ und 6,26 μ. λ_{max} (A.): 262 nm.

(1*R*)-*O*³,*O*⁵-Diacetyl-1-[6-acetylamino-purin-9-yl]-*S*-äthyl-1,4-anhydro-2-thio-D-arabit, 6-Acetylamino-9-[*O*³,*O*⁵-diacetyl-*S*-äthyl-2-thio-β-D-arabinofuranosyl]-9*H*-purin $C_{18}H_{23}N_5O_6S$, Formel VIII (R = $CO\text{-}CH_3$).

B. Beim Erhitzen von (1*R*)-*S*-Äthyl-1-[6-amino-purin-9-yl]-1,4-anhydro-2-thio-D-arabit (S. 3675) mit Natriumacetat und Acetanhydrid (*Anderson et al.,* Am. Soc. **81** [1959] 3967, 3973).

IR-Banden (Film): 3,09 μ, 5,7−5,8 μ, 5,88 μ, 6,20 μ, 6,30 μ und 6,66 μ. λ_{max} (A.): 272 nm.

***N*⁶,*O*²′,*O*³′-Tribenzoyl-*O*⁵′-trityl-adenosin** $C_{50}H_{39}N_5O_7$, Formel IX (R = H, R′ = $C(C_6H_5)_3$).

B. Aus *O*⁵′-Trityl-adenosin und Benzoylchlorid in Pyridin (*Levene, Tipson,* J. biol. Chem. **121** [1937] 131, 143).

$[\alpha]_D^{25}$: −41,5° [Py.; c = 1]; $[\alpha]_D^{26}$: −66,2° [Acn.; c = 1].

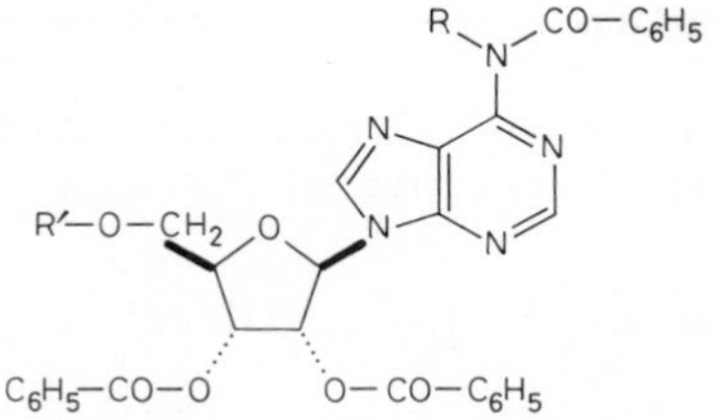

IX 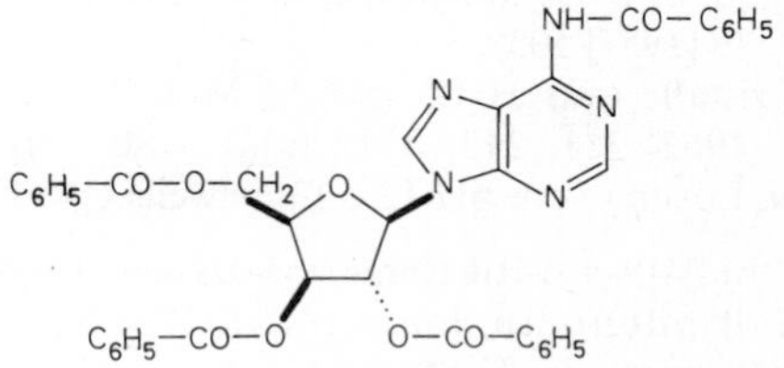 X

(1*R*)-Tri-*O*-benzoyl-1-[6-benzoylamino-purin-9-yl]-D-1,4-anhydro-xylit, 6-Benzoylamino-9-[tri-*O*-benzoyl-β-D-xylofuranosyl]-9*H*-purin $C_{38}H_{29}N_5O_8$, Formel X.

B. Beim Behandeln von Tetra-*O*-benzoyl-α-D-xylofuranose mit HBr in Essigsäure und 1,2-Dichlor-äthan und Erhitzen des Reaktionsprodukts mit 6-Benzoylamino-purin-9-ylquecksilberchlorid in Xylol (*Baker, Hewson,* J. org. Chem. **22** [1957] 966, 970).

Kristalle (aus Bzl.); F: 105–110° [unkorr.]. $[\alpha]_D^{27}$: +5,2° [$CHCl_3$; c = 0,8]. IR-Banden (KBr; 3400–1255 cm^{-1}): *Ba., He.*

(1*R*)-O^2-Acetyl-1-[6-benzoylamino-purin-9-yl]-O^5-methoxycarbonyl-O^3-[toluol-4-sulfonyl]-D-1,4-anhydro-xylit, 9-[O^2-Acetyl-O^5-methoxycarbonyl-O^3-(toluol-4-sulfonyl)-*β*-D-xylofuranosyl]-6-benzoylamino-9*H*-purin $C_{28}H_{27}N_5O_{10}S$, Formel XI.

B. Beim Behandeln der aus O^1,O^2-Isopropyliden-O^5-methoxycarbonyl-O^3-[toluol-4-sulfonyl]-*α*-D-xylofuranose hergestellten O^1,O^2-Diacetyl-O^5-methoxycarbonyl-O^3-[toluol-4-sulfonyl]-*ξ*-D-xylofuranose mit äther. HCl in Acetylchlorid oder mit HBr in Essigsäure und 1,2-Dichlor-äthan und Erhitzen des jeweiligen Reaktionsprodukts mit 6-Benzoylamino-purin-9-ylquecksilber-chlorid in Xylol (*Anderson et al.*, Am. Soc. **81** [1959] 3967, 3972).

IR-Banden (Film; 3–8,5 μ): *An. et al.*

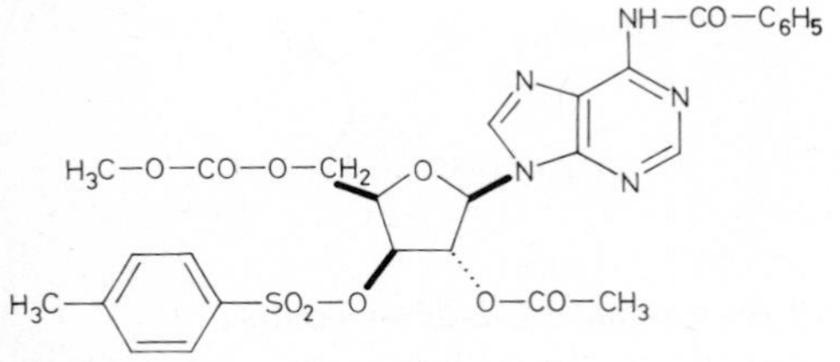

XI

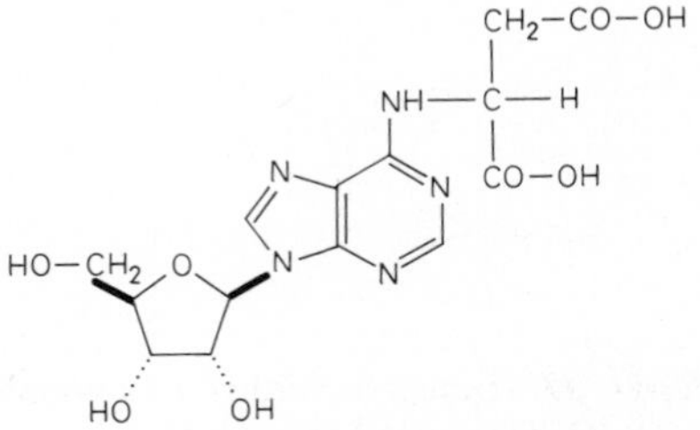

XII

***N*^{6},*N*^{6},*O*$^{2'}$,*O*$^{3'}$,*O*$^{5'}$-Pentabenzoyl-adenosin** $C_{45}H_{33}N_5O_9$, Formel IX (R = R′ = CO-C_6H_5).

Diese Konstitution kommt aufgrund der analogen Bildungsweise von 6-Diaroylamino-9-*β*-D-ribofuranosyl-9*H*-purin-Derivaten der von *Bentley et al.* (Soc. **1951** 2301, 2304) als 1-Benzoyl-6-benzoylimino-9-[tri-*O*-benzoyl-*β*-D-ribofuranosyl]-6,9-dihydro-1*H*-purin formulierten Verbindung zu (*Anzai, Matsui,* Bl. chem. Soc. Japan **46** [1973] 3228; *Lyon, Reese,* J.C.S. Perkin I **1974** 2645).

B. Beim Erwärmen von Adenosin mit Benzoylchlorid in Pyridin (*Be. et al.*).

Kristalle (aus wss. A.); F: 183–184° (*Be. et al.*).

***N*-[9-(3,4-Dihydroxy-5-hydroxymethyl-tetrahydro-[2]furyl)-9*H*-purin-6-yl]-asparaginsäure** $C_{14}H_{17}N_5O_8$.

Über die Konfiguration der beiden folgenden Stereoisomeren s. *Ballio et al.*, Arch. Biochem. **101** [1963] 311.

a) ***N*-[9-*β*-D-Ribofuranosyl-9*H*-purin-6-yl]-D-asparaginsäure,** *N*^{6}-[(*R*)-1,2-Dicarboxy-äthyl]-adenosin, Formel XII.

B. Neben dem folgenden Diastereoisomeren beim Erwärmen von (1*R*)-1-[6-Methylmercapto-purin-9-yl]-D-1,4-anhydro-ribit (S. 1992) mit DL-Asparaginsäure in wss. NaOH (*Hampton,* Am. Soc. **79** [1957] 503).

Kristalle (aus H_2O) mit 2,5 Mol H_2O; Zers. bei 180–190° (*Ballio et al.,* Arch. Biochem. **101** [1963] 311, 313, 314). $[\alpha]_D$: −80° [H_2O], −46° [wss. Lösung vom pH 0,5–1,5], −81° [wss. Lösung vom pH 12–13] [jeweils c = 1] (*Ba. et al.*).

b) ***N*-[9-*β*-D-Ribofuranosyl-9*H*-purin-6-yl]-L-asparaginsäure,** *N*^{6}-[(*S*)-1,2-Dicarboxy-äthyl]-adenosin, Formel XIII (R = H).

Isolierung aus Kulturen von Neurospora crassa: *Whitfeld,* Arch. Biochem. **65** [1956] 585; von Penicillium chrysogenum: *Ballio, Serlupi-Crescenzi,* Nature **179** [1957] 154. Isolierung aus menschlicher Cerebrospinalflüssigkeit: *Abelskov,* Biochim. biophys. Acta **32** [1959] 566.

B. Aus der folgenden Verbindung beim Erwärmen mit wss. HCl (*Wh.*) oder beim Behandeln mit Extrakten aus Bullensamen (*Joklik,* Biochem. J. **66** [1957] 333, 335) sowie aus Schlangengift oder menschlicher Prostata (*Hampton,* Am. Soc. **79** [1957] 503). Eine weitere Bildung s. im vorangehenden Artikel.

Kristalle (aus H_2O); Zers. bei 176—186° (*Ballio et al.*, Arch. Biochem. **101** [1963] 311, 313, 314). $[\alpha]_D$: −7,5° [H_2O], −34° [wss. Lösung vom pH 0,5—1,5], −12° [wss. Lösung vom pH 12—13] [jeweils c = 1] (*Ba. et al.*).

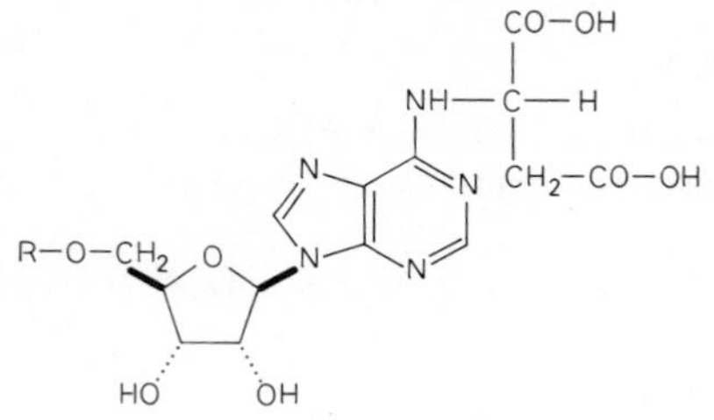

XIII 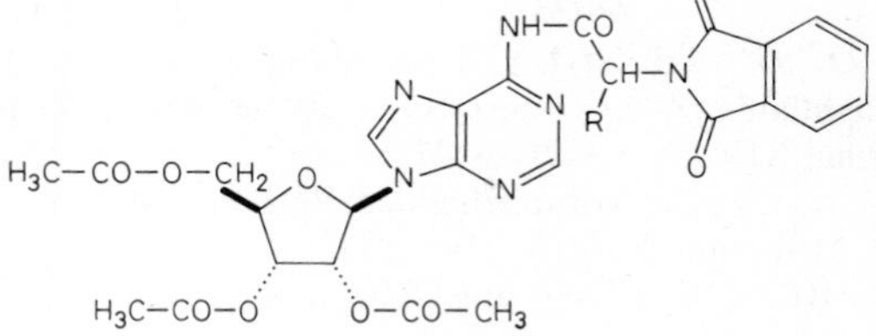 XIV

***N*-[9-(*O*^5^-Phosphono-*β*-D-ribofuranosyl)-9*H*-purin-6-yl]-L-asparaginsäure,** N^6-[(*S*)-1,2-Dicarboxy-äthyl]-[5']adenylsäure $C_{14}H_{18}N_5O_{11}P$, Formel XIII (R = $PO(OH)_2$) (in der Literatur auch als Adenylobernsteinsäure bezeichnet).

Isolierung aus Mäuse- und Kaninchenleber: *Joklik*, Biochem. J. **66** [1957] 333, 334, 338; aus Kulturen von Penicillium chrysogenum: *Ballio, Serlupi-Crescenzi*, Nature **179** [1957] 154.

B. Aus [5']Adenylsäure und Fumarsäure in Gegenwart eines Enzyms aus Hefe (*Carter, Cohen*, J. biol. Chem. **222** [1956] 17, 18, 20). Aus [5']Inosinsäure, L-Asparaginsäure und $O^{5'}$-Tetrahydroxytriphosphoryl-guanosin in Gegenwart von Extrakten aus Escherichia coli-Kulturen (*Lieberman*, J. biol. Chem. **223** [1956] 327, 329; *Fromm*, Biochim. biophys. Acta **29** [1958] 255, 256) oder aus Muskeln (*Davey*, Nature **183** [1959] 995; Arch. Biochem. **95** [1961] 296, 298).

UV-Spektrum in wss. HCl [0,1 n] sowie in wss. Lösungen vom pH 3—13 (250—290 nm): *Ca., Co.*, l. c. S. 22; in wss. Lösungen vom pH 1, pH 6,75 sowie pH 13 (220—300 nm): *Jo.*, l. c. S. 339. Scheinbare Dissoziationsexponenten pK'_{a1}, pK'_{a2} und pK'_{a3} (H_2O; spektrophotometrisch ermittelt): 2,3 bzw. 4,1 bzw. 5,1 (*Ca., Co.*).

Ammonium-Salz. F: ca. 155° [Zers.] (*Ca., Co.*).

***O*^2'^,*O*^3'^,*O*^5'^-Triacetyl-*N*^6^-[*N,N*-phthaloyl-glycyl]-adenosin, *N,N*-Phthaloyl-glycin-[9-(tri-*O*-acetyl-*β*-D-ribofuranosyl)-9*H*-purin-6-ylamid]** $C_{26}H_{24}N_6O_{10}$, Formel XIV (R = H).

B. Aus $O^{2'}$,$O^{3'}$,$O^{5'}$-Triacetyl-adenosin, *N,N*-Phthaloyl-glycylchlorid und Tributylamin in Benzol (*Schabarowa et al.*, Ž. obšč. Chim. **29** [1959] 215, 217, 218; engl. Ausg. S. 218, 220, 221).

Kristalle (aus A.) mit 2 Mol H_2O; F: 118—120° [Zers.]. λ_{max} (A.): 266—268 nm.

***N*^6^,*O*^2'^,*O*^3'^,*O*^5'^-Tetrakis-[*N,N*-phthaloyl-glycyl]-adenosin** $C_{50}H_{33}N_9O_{16}$, Formel XV.

B. Aus Adenosin und *N,N*-Phthaloyl-glycylchlorid in Dioxan (*Schabarowa et al.*, Ž. obšč. Chim. **29** [1959] 215, 217, 219; engl. Ausg. S. 218, 220, 222).

Feststoff mit 1 Mol H_2O; F: 230° [Zers.]. λ_{max} (A.): 260—262 nm.

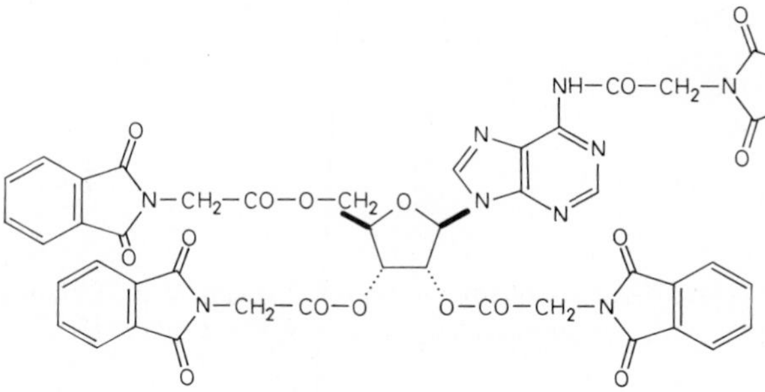

XV

$O^{2'}$,$O^{3'}$,$O^{5'}$-Triacetyl-N^6-[*N*,*N*-phthaloyl-Ξ-valyl]-adenosin, *N*,*N*-Phthaloyl-Ξ-valin-[9-(tri-*O*-acetyl-β-D-ribofuranosyl)-9*H*-purin-6-ylamid] $C_{29}H_{30}N_6O_{10}$, Formel XIV (R = $CH(CH_3)_2$).

B. Aus $O^{2'}$,$O^{3'}$,$O^{5'}$-Triacetyl-adenosin und *N*,*N*-Phthaloyl-Ξ-valylchlorid in Pyridin (*Schabarowa et al.*, Ž. obšč. Chim. **29** [1959] 215, 217, 219; engl. Ausg. S. 218, 220, 222).

F: 95–100° [Zers.; aus $CHCl_3$]. λ_{max} (A.): 266 nm.

$O^{2'}$,$O^{3'}$,$O^{5'}$-Triacetyl-N^6-[*N*,*N*-phthaloyl-Ξ-phenylalanyl]-adenosin, *N*,*N*-Phthaloyl-Ξ-phenylalanin-[9-(tri-*O*-acetyl-β-D-ribofuranosyl)-9*H*-purin-6-ylamid] $C_{33}H_{30}N_6O_{10}$, Formel XIV (R = CH_2-C_6H_5).

B. Analog der vorangehenden Verbindung (*Schabarowa et al.*, Ž. obšč. Chim. **29** [1959] 215, 217, 219; engl. Ausg. S. 218, 221).

F: 105–109° [Zers.; aus $CHCl_3$]. λ_{max} (A.): 266 nm.

N^6-Furfuryl-adenosin $C_{15}H_{17}N_5O_5$, Formel I (X = O).

B. Beim Erhitzen von (1*R*)-Tri-*O*-benzoyl-1-[6-chlor-purin-9-yl]-D-1,4-anhydro-ribit (S. 1746) mit Furfurylamin in 2-Methoxy-äthanol und Erwärmen des Reaktionsprodukts mit methanol. Natriummethylat (*Kissman, Weiss,* J. org. Chem. **21** [1956] 1053). Beim Erhitzen von (1*R*)-1-[6-Methylmercapto-purin-9-yl]-D-1,4-anhydro-ribit (S. 1992) mit Furfurylamin in H_2O (*Hampton et al.,* Am. Soc. **78** [1956] 5695).

Kristalle (aus Me.); F: 151–152° (*Ha. et al.*), 148–150° (*Ki., We.*). $[\alpha]_D^{25-26}$: −63,5° [A.; c = 1] (*Ki., We.*). λ_{max}: 268 nm [A.], 267 nm [wss.-äthanol. HCl] bzw. 269 nm [wss.-äthanol. NaOH] (*Ki., We.*), 267 nm [A.] (*Ha. et al.*).

N^6-[2]Thienylmethyl-adenosin $C_{15}H_{17}N_5O_4S$, Formel I (X = S).

B. Analog der vorangehenden Verbindung (*Kissman, Weiss,* J. org. Chem. **21** [1956] 1053).

Kristalle (aus Me.); F: 149–150°. $[\alpha]_D^{25-26}$: −60,7° [A.; c = 1]. λ_{max}: 243 nm und 270 nm [A.], 266 nm [wss.-äthanol. HCl] bzw. 270 nm [wss.-äthanol. NaOH].

(6*R*)-6-[6-Amino-purin-9-yl]-2,6-anhydro-1-desoxy-L-mannit, 9-α-L-Rhamnopyranosyl-9*H*-purin-6-ylamin $C_{11}H_{15}N_5O_4$, Formel II.

B. Beim Erhitzen von 6-Chlor-purin-9-ylquecksilber-chlorid mit Tri-*O*-benzoyl-α-L-rhamnopyranosylbromid in Xylol und Erwärmen des Reaktionsprodukts mit methanol. NH_3 (*Baker, Hewson,* J. org. Chem. **22** [1957] 959, 963). Beim Erhitzen von 6-Benzoylamino-purin-9-ylquecksilber-chlorid mit Tri-*O*-benzoyl-α-L-rhamnopyranosylbromid in Xylol und Erwärmen des Reaktionsprodukts mit methanol. Natriummethylat (*Ba., He.*).

Wasserhaltige Kristalle (aus A.+H_2O); F: 210–211°. IR-Banden (KBr; 3460–1055 cm^{-1}): *Ba., He.* λ_{max} (wss. Lösung): 257 nm [pH 1] bzw. 259 nm [pH 7 sowie pH 14].

Hydrochlorid $C_{11}H_{15}N_5O_4 \cdot HCl$. Kristalle (aus A.); F: 169–170° [Zers.]. IR-Banden (KBr; 3400–1015 cm^{-1}): *Ba., He.*

Picrat $C_{11}H_{15}N_5O_4 \cdot C_6H_3N_3O_7$. F: 214–216° [Zers.]. $[\alpha]_D^{26}$: −32° [wss. DMF (50%ig); c = 0,7].

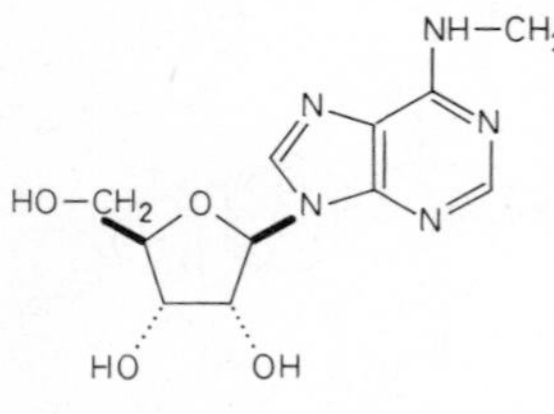

I 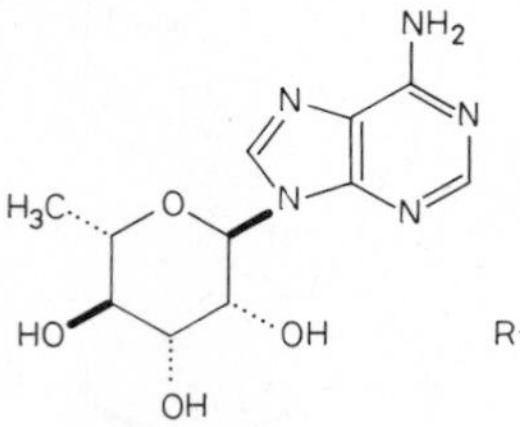 II 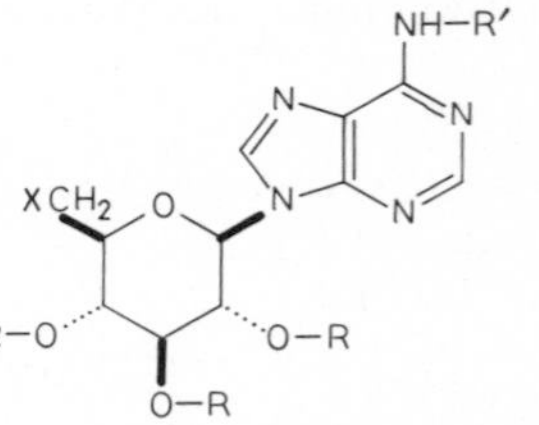 III

(1*R*)-1-[6-Amino-purin-9-yl]-6-brom-1,5-anhydro-6-desoxy-D-glucit, 9-[6-Brom-6-desoxy-β-D-glucopyranosyl]-9*H*-purin-6-ylamin $C_{11}H_{14}BrN_5O_4$, Formel III (R = R′ = H, X = Br).

B. Aus der folgenden Verbindung und wss. NH_3 (*Parikh et al.,* Am. Soc. **79** [1957] 2778,

2780).

Kristalle; F: 214–216° [korr.; Zers.; nach Sintern bei 200°].

Picrat $C_{11}H_{14}BrN_5O_4 \cdot C_6H_3N_3O_7$. Gelbe Kristalle (aus A.); F: 204–205° [korr.; Zers.].

(1*R*)-Tri-*O*-acetyl-1-[6-amino-purin-9-yl]-6-brom-1,5-anhydro-6-desoxy-D-glucit, 9-[Tri-*O*-acetyl-6-brom-6-desoxy-*β*-D-glucopyranosyl]-9*H*-purin-6-ylamin $C_{17}H_{20}BrN_5O_7$, Formel III (R = CO-CH$_3$, R′ = H, X = Br).

B. Beim Erwärmen von (1*R*)-Tri-*O*-acetyl-1-[6-benzoylamino-purin-9-yl]-6-brom-1,5-anhydro-6-desoxy-D-glucit (s. u.) mit Picrinsäure in Äthanol (*Parikh et al.*, Am. Soc. **79** [1957] 2778, 2780).

Picrat $C_{17}H_{20}BrN_5O_7 \cdot C_6H_3N_3O_7$. F: 231–232° [korr.; Zers.].

(1*R*)-Tri-*O*-acetyl-1-[6-amino-purin-9-yl]-6-jod-1,5-anhydro-6-desoxy-D-glucit, 9-[Tri-*O*-acetyl-6-jod-6-desoxy-*β*-D-glucopyranosyl]-9*H*-purin-6-ylamin $C_{17}H_{20}IN_5O_7$, Formel III (R = CO-CH$_3$, R′ = H, X = I).

B. Beim Erhitzen von (1*R*)-*O*^{2},*O*^{3},*O*^{4}-Triacetyl-1-[6-amino-purin-9-yl]-*O*^{6}-[toluol-4-sulfonyl]-1,5-anhydro-D-glucit (S. 3691) mit NaI in Aceton (*Sato, Yoshimura*, J. chem. Soc. Japan Pure Chem. Sect. **72** [1951] 177; C. A. **1952** 6596).

Kristalle (aus Acn. + PAe.); F: 125°.

(1*R*)-Tri-*O*-acetyl-1-[6-benzoylamino-purin-9-yl]-6-brom-1,5-anhydro-6-desoxy-D-glucit, 6-Benzoylamino-9-[tri-*O*-acetyl-6-brom-6-desoxy-*β*-D-glucopyranosyl]-9*H*-purin $C_{24}H_{24}BrN_5O_8$, Formel III (R = CO-CH$_3$, R′ = CO-C$_6$H$_5$, X = Br).

B. Beim Erhitzen mit 6-Benzoylamino-purin-9-ylquecksilber-chlorid mit Tri-*O*-acetyl-6-brom-6-desoxy-α-D-glucopyranosylbromid in Xylol (*Parikh et al.*, Am. Soc. **79** [1957] 2778, 2779, 2780).

Kristalle (aus A.) mit 1 Mol H_2O, F: 213–214° [korr.]; die wasserfreie Verbindung schmilzt bei 214–215°. $[\alpha]_D^{27}$: −23,64° [CHCl$_3$; c = 2]. λ_{max} (wss. HCl [0,01 n]): 281 nm.

Picrat $C_{24}H_{24}BrN_5O_8 \cdot C_6H_3N_3O_7$. Gelbe Kristalle (aus A.); F: 185–186° [korr.; Zers.].

2-[6-Amino-purin-9-yl]-5-[1-hydroxy-äthyl]-tetrahydro-furan-3,4-diol $C_{11}H_{15}N_5O_4$.

a) **(6*R*)-6-[6-Amino-purin-9-yl]-L-3,6-anhydro-1-desoxy-allit,** 9-[6-Desoxy-*β*-D-allofuranosyl]-9*H*-purin-6-ylamin, Formel IV (R = H).

B. Aus (6*R*)-Tri-*O*-benzoyl-1-[6-benzoylamino-purin-9-yl]-L-3,6-anhydro-1-desoxy-allit (S. 3688) in methanol. Natriummethylat (*Reist et al.*, Am. Soc. **80** [1958] 3962, 3965).

Kristalle mit 1 Mol H_2O; F: 135–142°. IR-Banden (KBr; 2,9–6,7 μ): *Re. et al.*

Hydrochlorid $C_{11}H_{15}N_5O_4 \cdot HCl$. Kristalle (aus A.); F: 174–175°. $[\alpha]_D^{24,4}$: −72,2° [H$_2$O; c = 2]. IR-Banden (KBr; 3–6,6 μ): *Re. et al.*

b) **(1*R*)-1-[6-Amino-purin-9-yl]-1,4-anhydro-6-desoxy-D-glucit,** 9-[6-Desoxy-*β*-D-glucofuranosyl]-9*H*-purin-6-ylamin, Formel V (R = R′ = H).

B. Beim Erwärmen von (1*R*)-*O*^{2}-Acetyl-*O*^{3},*O*^{5}-dibenzoyl-1-[6-benzoylamino-purin-9-yl]-1,4-anhydro-6-desoxy-D-glucit (s. u.) mit methanol. Natriummethylat (*Reist et al.*, J. org. Chem. **23** [1958] 1753, 1756).

Kristalle (aus A.) mit 1 Mol A.; F: 118–118,5° [unkorr.]. $[\alpha]_D^{25}$: −59,9° [H$_2$O; c = 2]. IR-Banden (KBr; 3–9,6 μ): *Re. et al.*

Picrat $C_{11}H_{15}N_5O_4 \cdot C_6H_3N_3O_7$. Gelbe Kristalle (aus H$_2$O); F: 204–208° [unkorr.; Zers.].

c) **(6*R*)-6-[6-Amino-purin-9-yl]-3,6-anhydro-1-desoxy-L-mannit,** 9-α-L-Rhamnofuranosyl-9*H*-purin-6-ylamin, Formel VI.

Über die Reinheit der von *Baker, Hewson* (J. org. Chem. **22** [1957] 966, 970) beschriebenen Präparate s. *Lerner*, J. org. Chem. **38** [1973] 3704, 3706.

B. Beim Behandeln von *O*^{1}-Acetyl-*O*^{2},*O*^{3},*O*^{5}-tribenzoyl-ξ-L-rhamnofuranose (E III/IV **17** 2639) mit äther. HCl und Acetylchlorid, Erhitzen des Reaktionsprodukts mit 6-Chlor-purin-9-ylquecksilber-chlorid in Xylol und Erwärmen des danach erhaltenen Produkts mit methanol.

NH_3 (*Ba.*, *He.*). Beim Behandeln von Tetra-*O*-benzoyl-ξ-L-rhamnofuranose (aus O^2,O^3-Isopropyliden-α-L-rhamnofuranose [E III/IV **19** 2715] hergestellt) mit äther. HCl und Acetylchlorid, Erhitzen des Reaktionsprodukts mit 6-Benzoylamino-purin-9-ylquecksilber-chlorid in Xylol und Erwärmen des danach erhaltenen Produkts mit methanol. Natriummethylat (*Ba.*, *He.*).

Kristalle (aus A.); F: 121–124° und (nach Wiedererstarren >160°) F: 194–196°; $[\alpha]_D^{25}$: −76° [H_2O; c = 0,8] (*Le.*, l. c. S. 3709). Kristalle (aus H_2O) mit 1 Mol H_2O; F: 155–156,5° und (nach Wiedererstarren >160°) F: 195–196°; $[\alpha]_D^{23}$: −72,3° [H_2O; c = 0,7]; λ_{max} (wss. Lösung): 257 nm [pH 1] bzw. 260 nm [pH 7 sowie pH 13] (*Le.*, l. c. S. 3708). Kristalle (aus Acn.) mit 1 Mol Aceton; F: 50–135° [unkorr.]; λ_{max} (A.): 258 nm (*Ba.*, *He.*). Kristalle (aus A. + Butanon) mit 0,75 Mol Butanon und 0,5 Mol H_2O; F: 132–135°; $[\alpha]_D^{27}$: −18° [H_2O; c = 0,3]; IR-Banden (KBr sowie Nujol; 3300–1000 cm^{-1}): *Ba.*, *He*.

d) **(6*R*)-6-[6-Amino-purin-9-yl]-3,6-anhydro-1-desoxy-L-altrit,** 9-[6-Desoxy-α-L-talofuranosyl]-9*H*-purin-6-ylamin, Formel VII.

B. Beim Behandeln von O^1-Acetyl-O^2,O^3,O^5-tribenzoyl-6-desoxy-ξ-L-talofuranose (E III/IV **17** 2640) mit äther. HCl und Acetylchlorid, Erhitzen des Reaktionsprodukts mit 6-Benzoylamino-purin-9-ylquecksilber-chlorid in Xylol und Erwärmen des danach erhaltenen Produkts mit methanol. Natriummethylat (*Reist et al.*, Am. Soc. **80** [1958] 5775, 5779).

$[\alpha]_D^{27}$: −35° [H_2O; c = 0,8]. IR-Banden (KBr; 2,9–9,2 μ): *Re. et al.*

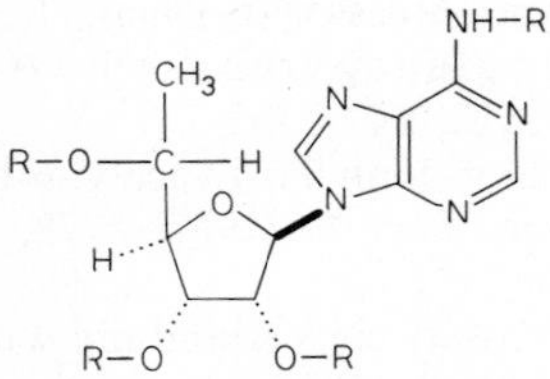

IV 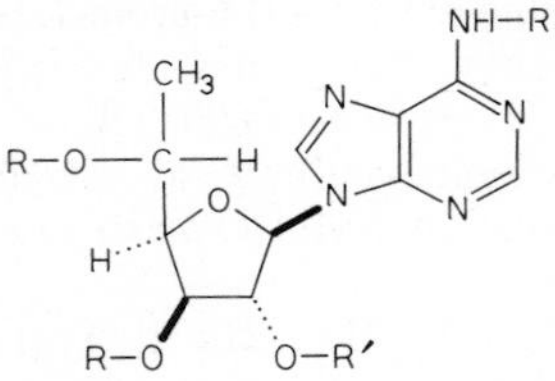 V 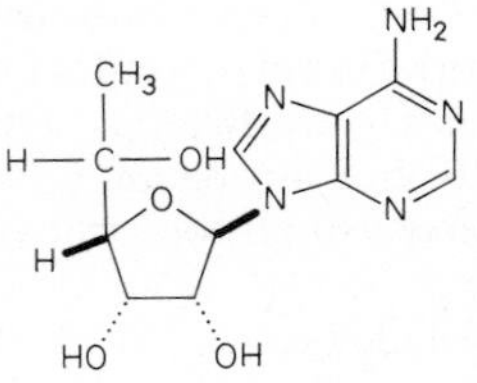 VI

(1*R*)-O^2-Acetyl-O^3,O^5-dibenzoyl-1-[6-benzoylamino-purin-9-yl]-1,4-anhydro-6-desoxy-D-glucit, 9-[O^2-Acetyl-O^3,O^5-dibenzoyl-6-desoxy-β-D-glucofuranosyl]-6-benzoylamino-9*H*-purin $C_{34}H_{29}N_5O_8$, Formel V (R = CO-C_6H_5, R′ = CO-CH_3).

B. Beim Behandeln von O^1,O^2-Diacetyl-O^3,O^5-dibenzoyl-6-desoxy-ξ-D-glucofuranose (E III/IV **17** 2639) mit äther. HCl und Acetylchlorid und Erhitzen des Reaktionsprodukts mit 6-Benzoylamino-purin-9-ylquecksilber-chlorid in Xylol (*Reist et al.*, J. org. Chem. **23** [1958] 1753, 1756).

IR-Banden (Film; 3–9,7 μ): *Re. et al.*

(6*R*)-Tri-*O*-benzoyl-6-[6-benzoylamino-purin-9-yl]-L-3,6-anhydro-1-desoxy-allit, 6-Benzoylamino-9-[tri-*O*-benzoyl-6-desoxy-β-D-allofuranosyl]-9*H*-purin $C_{39}H_{31}N_5O_8$, Formel IV (R = CO-C_6H_5).

B. Beim Behandeln von O^1-Acetyl-O^2,O^3,O^5-tribenzoyl-6-desoxy-ξ-D-allofuranose (E III/IV **17** 2639) mit äther. HCl und Acetylchlorid und Erhitzen des Reaktionsprodukts mit 6-Benzoylamino-purin-9-ylquecksilber-chlorid in Xylol (*Reist et al.*, Am. Soc. **80** [1958] 3962, 3965).

IR-Banden (Film): 3,00 μ, 7,88 μ und 9,00 μ.

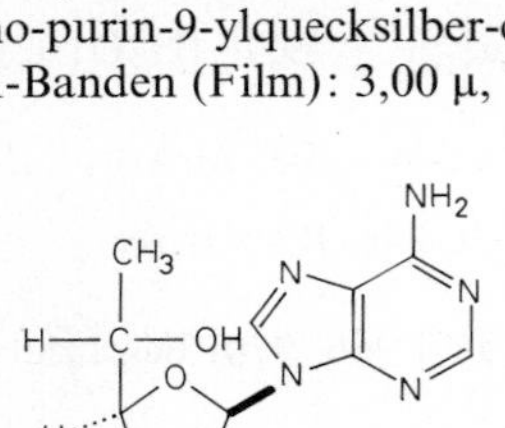

VII 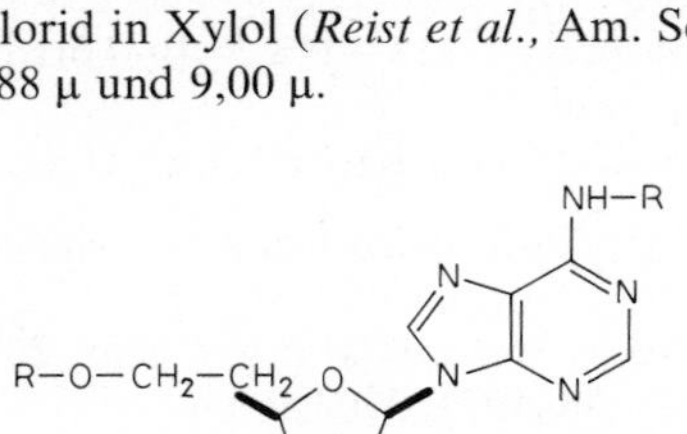 VIII 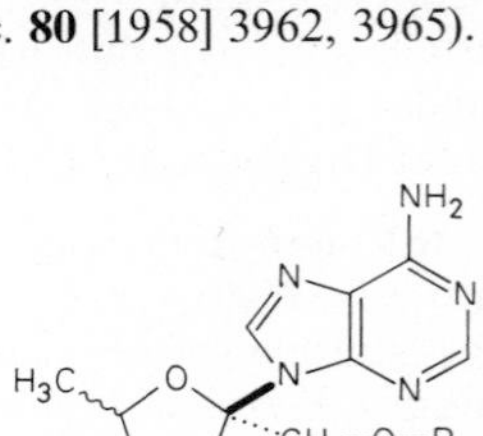 IX

(1*R*)-1-[6-Amino-purin-9-yl]-D-*xylo*-1,4-anhydro-5-desoxy-hexit, 9-[β-D-*xylo*-5-Desoxy-hexofuranosyl]-9*H*-purin-6-ylamin $C_{11}H_{15}N_5O_4$, Formel VIII (R = R' = H).

Konstitution: *Ryan et al.*, Am. Soc. **86** [1964] 2503 Anm. 11.

B. Aus der folgenden Verbindung in methanol. Natriummethylat (*Reist et al.*, J. org. Chem. **23** [1958] 1757, 1759).

Kristalle (aus A.); F: 196–198° [unkorr.]; $[\alpha]_D^{28}$: −36,9° [H_2O; c = 0,4] (*Re. et al.*). IR-Banden (KBr; 3–9,9 μ): *Re. et al.*

Picrat $C_{11}H_{15}N_5O_4 \cdot C_6H_3N_3O_7$. Gelbe Kristalle (aus H_2O); F: 200–220° [unkorr.; Zers.] (*Re. et al.*).

(1*R*)-*O*²-Acetyl-*O*³,*O*⁶-dibenzoyl-1-[6-benzoylamino-purin-9-yl]-D-*xylo*-1,4-anhydro-5-desoxy-hexit, 9-[*O*²-Acetyl-*O*³,*O*⁶-dibenzoyl-β-D-*xylo*-5-desoxy-hexofuranosyl]-6-benzoylamino-9*H*-purin $C_{34}H_{29}N_5O_8$, Formel VIII (R = CO-C_6H_5, R' = CO-CH_3).

B. Beim Behandeln von *O*³,*O*⁶-Dibenzoyl-*O*¹,*O*²-isopropyliden-α-D-*xylo*-5-desoxy-hexo=furanose (E III/IV **19** 4853) mit Acetanhydrid und konz. H_2SO_4 in Essigsäure, Behandeln des Reaktionsprodukts mit Acetylchlorid in äther. HCl und Erhitzen des danach erhaltenen Pro=dukts mit 6-Benzoylamino-purin-9-ylquecksilber-chlorid in Xylol (*Reist et al.*, J. org. Chem. **23** [1958] 1757, 1759).

IR-Banden (Film; 3–9,7 μ): *Re. et al.*

(3*R*)-2*t*-[6-Amino-purin-9-yl]-2*c*-hydroxymethyl-5ξ-methyl-tetrahydro-furan-3*r*,4*c*-diol, 9-[(5Ξ)-β-D-*erythro*-6-Desoxy-[2]hexulofuranosyl]-9*H*-purin-6-ylamin, Dihydroangustmycin-A $C_{11}H_{15}N_5O_4$, Formel IX (R = H).

B. Aus der folgenden Verbindung in methanol. Natriummethylat (*Yüntsen*, J. Antibiotics Japan [A] **11** [1958] 233, 240).

Kristalle (aus A.) mit 0,5 Mol Äthanol; F: 153–154° [unkorr.].

(2*R*)-3*c*,4*c*-Diacetoxy-2*r*-acetoxymethyl-2-[6-amino-purin-9-yl]-5ξ-methyl-tetrahydro-furan, Triacetyl-dihydroangustmycin-A $C_{17}H_{21}N_5O_7$, Formel IX (R = CO-CH_3).

B. Aus Triacetylangustmycin-A (s. u.) bei der Hydrierung an Platin in Äthanol (*Yüntsen*, J. Antibiotics Japan [A] **11** [1958] 233, 240).

Kristalle (aus E.+PAe.); F: 177–179° [unkorr.].

(3*R*)-2*t*-[6-Amino-purin-9-yl]-2*c*-hydroxymethyl-5-methylen-tetrahydro-furan-3*r*,4*c*-diol, 9-[β-D-*erythro*-6-Desoxy-[2]hex-5-enulofuranosyl]-9*H*-purin-6-ylamin, **Angustmycin-A, Decoyinin** $C_{11}H_{13}N_5O_4$, Formel X.

Konstitution und Konfiguration: *Hoeksema et al.*, Tetrahedron Letters **1964** 1787, 1788.

Isolierung aus Kulturen von Streptomyces hygroscopicus: *Yüntsen et al.*, J. Antibiotics Japan [A] **7** [1954] 113, [A] **9** [1956] 195, 198, 199; *Sakai et al.*, J. Antibiotics Japan [A] **7** [1954] 116.

Kristalle (aus H_2O) mit 1 Mol H_2O; F: 128–130° [unkorr.] und (nach Wiedererstarren) F: 164,5–165,5° [unkorr.; Zers.] (*Yüntsen*, J. Antibiotics Japan [A] **11** [1958] 233, 240). Kristalle (aus Me.) mit 0,5 Mol Methanol; F: 172–174° [unkorr.] (*Yü.*). Kristalle (aus A.) mit 0,5 Mol Äthanol; F: 169–171° [unkorr.] (*Yü.*, l. c. S. 240). $[\alpha]_D^{25}$: +17,0° [DMF; c = 1,4] [Mono=hydrat] (*Yü. et al.*, J. Antibiotics Japan [A] **9** 196). IR-Spektrum des Monohydrats (2–15 μ): *Yü. et al.*, J. Antibiotics Japan [A] **9** 197; *Yü.*, l. c. S. 234. λ_{max} (H_2O bzw. saure und alkal. wss. Lösung): 260 nm (*Yü. et al.*, J. Antibiotics Japan [A] **9** 196; *Yü.*, l. c. S. 233). Scheinbarer Dissoziationsexponent pK'_a (H_2O; spektrophotometrisch ermittelt): 9,8 (*Yü.*, l. c. S. 233).

Triacetyl-Derivat $C_{17}H_{19}N_5O_7$; (2*R*)-3*c*,4*c*-Diacetoxy-2*r*-acetoxymethyl-2-[6-amino-purin-9-yl]-5-methylen-tetrahydro-furan, 9-[Tri-*O*-acetyl-β-D-*erythro*-6-desoxy-[2]hex-5-enulofuranosyl]-9*H*-purin-6-ylamin, Triacetylangustmycin-A. Konstitution: *Ho. et al.*, l. c. S. 1790. Kristalle (aus E.); F: 187–188° [unkorr.]; $[\alpha]_D^{20}$: +12,2° [A.; c = 1,4] (*Yü.*, l. c. S. 240).

Tri(?)benzoyl-Derivat $C_{32}H_{25}N_5O_7$; (2*R*)-2*r*-[6-Amino-purin-9-yl]-3*t*,4*t*-bis-benzoyloxy-2-benzoyloxymethyl-5-methylen-tetrahydro-furan, 9-[Tri-*O*-benzoyl-*β*-D-*erythro*-6-desoxy-[2]hex-5-enulofuranosyl]-9*H*-purin-6-ylamin, Tri(?)benzoylangustmycin-A. F: 115–116° (*Yüntsen,* J. Antibiotics Japan [A] **11** [1958] 79).

5-[6-Amino-purin-9-yl]-1,5-anhydro-D-mannit, 9-*β*-D-Fructopyranosyl-9*H*-purin-6-ylamin $C_{11}H_{15}N_5O_5$, Formel XI.

B. Beim Erhitzen von 6-Benzoylamino-purin-9-ylquecksilber-chlorid mit Tetra-*O*-benzoyl-*β*-D-fructopyranosylbromid (E III/IV **17** 2599) mit Xylol und Erwärmen des Reaktionsprodukts mit methanol. Natriummethylat (*Reist et al.,* J. org. Chem. **24** [1959] 1640, 1643).

Kristalle (aus A.); F: 227–228° [unkorr.; Zers.]. $[\alpha]_D$: −171° [H_2O; c = 1].

X XI XII

2-[2-Amino-purin-9-yl]-6-hydroxymethyl-tetrahydro-pyran-3,4,5-triol $C_{11}H_{15}N_5O_5$.

a) **(1*R*)-1-[6-Amino-purin-9-yl]-1,5-anhydro-D-glucit,** 9-*β*-D-Glucopyranosyl-9*H*-purin-6-ylamin, Formel XII (R = R′ = H) (H **31** 164; dort als Adenin-[d-glucopyranosid] bezeichnet).

B. Beim Behandeln von O^2,O^3,O^4,O^6-Tetraacetyl-D-glucose-[5,6-diamino-pyrimidin-4-ylimin] (E III/IV **25** 3092) mit Dithiokohlensäure in Äthylacetat und Erwärmen des Reaktionsprodukts mit äthanol. Natriummethylat (*Holland et al.,* Soc. **1948** 965). Beim Erhitzen der Silber-Verbindung des *N*-[7(9)*H*-Purin-6-yl]-benzamids oder von 6-Benzoylamino-purin-9-ylquecksilber-chlorid mit Tetra-*O*-acetyl-*α*-D-glucopyranosylbromid (E III/IV **17** 2602) in Xylol und Behandeln des Reaktionsprodukts mit methanol. Natriummethylat (*Davoll, Lowy,* Am. Soc. **73** [1951] 1650, 1653). Aus (1*R*)-1-[6-Amino-2,8-dichlor-purin-9-yl]-1,5-anhydro-D-glucit (vgl. S. 3729) bei der Hydrierung an Palladium/$BaSO_4$ in wss. NaOH (*Da., Lowy*). Aus (1*R*)-Tetra-*O*-acetyl-1-[6-acetylamino-purin-9-yl]-1,5-anhydro-D-glucit (S. 3693) und methanol. NH_3 (*Ho. et al.*; *Da., Lowy*).

Kristalle; F: 207–210° und [nach Wiedererstarren] F: 275–280° [Zers.]) (*Davoll et al.,* Soc. **1946** 833, 837). F: 205–207° [unkorr.; Wiedererstarren mit erneutes Schmelzen bei 236°; stark von der Geschwindigkeit des Erhitzens abhängig] (*Da., Lowy,* l. c. S. 1654). $[\alpha]_D^{14}$: −9,7° [H_2O; c = 0,2] (*Da. et al.*). UV-Spektrum (H_2O, wss. HCl [0,05 n] sowie wss. NaOH [0,05 n]; 220–290 nm): *Gulland, Story,* Soc. **1938** 259.

Picrat $C_{11}H_{15}N_5O_5 \cdot C_6H_3N_3O_7$ (H **31** 164). Gelbe Kristalle (aus H_2O); F: 252° [unkorr.; Zers.; schnelles Erhitzen] (*Da., Lowy*). Kristalle (aus H_2O) mit 1 Mol H_2O; F: 246° [Zers.] (*Da. et al.*).

XIII XIV

b) **(1*R*)-1-[6-Amino-purin-9-yl]-1,5-anhydro-D-mannit,** 9-*β*-D-Mannopyranosyl-9*H*-purin-6-ylamin, Formel XIII.

B. Beim Erwärmen von (1*R*)-Tetra-*O*-acetyl-1-[6-amino-2-methylmercapto-purin-9-yl]-1,5-anhydro-D-mannit (S. 3855) mit Raney-Nickel in Äthanol und Behandeln des Reaktionsprodukts mit methanol. NH_3 (*Lythgoe et al.*, Soc. **1947** 355).

Kristalle (aus H_2O) mit 0,5 Mol H_2O; F: 174,5–176,5° [Zers. bei 229°]. $[\alpha]_D^{16}$: +35° [H_2O; c = 0,3].

Picrat $C_{11}H_{15}N_5O_5 \cdot C_6H_3N_3O_7$. Kristalle (aus A.); F: 219°.

(1*R*)-*O*²,*O*³,*O*⁴-Triacetyl-1-[6-amino-purin-9-yl]-1,5-anhydro-D-glucit, 9-[*O*²,*O*³,*O*⁴-Triacetyl-*β*-D-glucopyranosyl]-9*H*-purin-6-ylamin $C_{17}H_{21}N_5O_8$, Formel XII (R = CO-CH_3, R′ = H).

B. Beim Behandeln von (1*R*)-1-[6-Amino-purin-9-yl]-1,5-anhydro-D-glucit (s. o.) mit Tritylchlorid in Pyridin und Erhitzen des Reaktionsprodukts mit Acetanhydrid in Pyridin und anschliessend mit wss. Essigsäure (*Barker, Foll,* Soc. **1957** 3794, 3796).

Kristalle (aus A.); F: 132°.

(1*R*)-1-[6-Amino-purin-9-yl]-*O*⁴-*β*-D-galactopyranosyl-1,5-anhydro-D-glucit, 9-*β*-Lactosyl-9*H*-purin-6-ylamin $C_{17}H_{25}N_5O_{10}$, Formel XIV.

B. Beim Erhitzen von 6-Acetylamino-purin-9-ylquecksilber-chlorid mit Hepta-*O*-acetyl-α-lactosylbromid (E III/IV **17** 3493) und $CdCO_3$ in Xylol und Behandeln des Reaktionsprodukts mit methanol. NH_3 (*Wolfrom et al.*, Am. Soc. **81** [1959] 6080).

Kristalle (aus H_2O); F: 309–311°. Netzebenenabstände: *Wo. et al.* $[\alpha]_D^{22}$: +0,7° [H_2O; c = 1]. IR-Banden (KBr; 3500–1000 cm^{-1}): *Wo. et al.* λ_{max} (H_2O): 260 nm.

(1*R*)-*O*²,*O*³,*O*⁴-Triacetyl-1-[6-amino-purin-9-yl]-*O*⁶-[toluol-4-sulfonyl]-1,5-anhydro-D-glucit, 9-[*O*²,*O*³,*O*⁴-Triacetyl-*O*⁶-(toluol-4-sulfonyl)-*β*-D-glucopyranosyl]-9*H*-purin-6-ylamin $C_{24}H_{27}N_5O_{10}S$, Formel XII (R = CO-CH_3, R′ = SO_2-C_6H_4-CH_3).

B. Aus (1*R*)-*O*²,*O*³,*O*⁴-Triacetyl-1-[6-amino-2-methylmercapto-purin-9-yl]-*O*⁶-[toluol-4-sulfonyl]-1,5-anhydro-D-glucit (S. 3856) bei der Hydrierung an Raney-Nickel in Äthanol (*Sato, Yoshimura,* J. chem. Soc. Japan Pure Chem. Sect. **72** [1951] 177; C. A. **1952** 6596).

Hellgelbe Kristalle (aus A.+PAe.); F: 84–86°.

(1*R*)-1-[6-Amino-purin-9-yl]-*O*⁴-phosphono-1,5-anhydro-D-glucit, 9-[*O*⁴-Phosphono-*β*-D-glucopyranosyl]-9*H*-purin-6-ylamin $C_{11}H_{16}N_5O_8P$, Formel XV (R = R′ = H, R″ = $PO(OH)_2$).

B. Neben den beiden folgenden Verbindungen beim Erwärmen von (1*R*)-1-[6-Amino-purin-9-yl]-1,5-anhydro-D-glucit (s. o.) mit Tritylchlorid in Pyridin und Behandeln des Reaktionsprodukts mit $POCl_3$ in Pyridin (*Barker, Foll,* Soc. **1957** 3794, 3797).

Brucin-Salz $C_{11}H_{16}N_5O_8P \cdot 2C_{23}H_{26}N_2O_4 \cdot 7H_2O$. F: 185–190°.

(1*R*)-1-[6-Amino-purin-9-yl]-*O*³-phosphono-1,5-anhydro-D-glucit, 9-[*O*³-Phosphono-*β*-D-glucopyranosyl]-9*H*-purin-6-ylamin $C_{11}H_{16}N_5O_8P$, Formel XV (R = R″ = H, R′ = $PO(OH)_2$).

B. Neben der folgenden Verbindung beim Behandeln von (1*R*)-1-[6-Amino-purin-9-yl]-*O*⁴,*O*⁶-[(*R*?)-benzyliden]-1,5-anhydro-D-glucit (S. 3719) mit $POCl_3$ in wss. Pyridin und Erwärmen des Reaktionsprodukts mit wss. Essigsäure in wss. Dioxan (*Barker, Foll,* Soc. **1957** 3794, 3797). Eine weitere Bildung s. im vorangehenden Artikel.

Brucin-Salz $C_{11}H_{16}N_5O_8P \cdot 2C_{23}H_{26}N_2O_4 \cdot 7H_2O$. F: 198–200°.

(1*R*)-1-[6-Amino-purin-9-yl]-*O*²-phosphono-1,5-anhydro-D-glucit, 9-[*O*²-Phosphono-*β*-D-glucopyranosyl]-9*H*-purin-6-ylamin $C_{11}H_{16}N_5O_8P$, Formel XV (R = $PO(OH)_2$, R′ = R″ = H).

B. s. im vorangehenden Artikel.

Brucin-Salz $C_{11}H_{16}N_5O_8P \cdot 2C_{23}H_{26}N_2O_4 \cdot 7H_2O$. F: 172–174° (*Barker, Foll,* Soc. **1957** 3794, 3797).

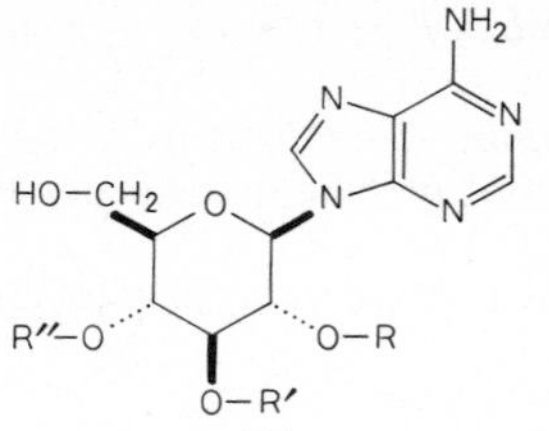

(1*R*)-1-[6-Amino-purin-9-yl]-*O*⁶-phosphono-1,5-anhydro-D-glucit, 9-[*O*⁶-Phosphono-β-D-glucopyranosyl]-9*H*-purin-6-ylamin $C_{11}H_{16}N_5O_8P$, Formel XII (R = H, R′ = $PO(OH)_2$).

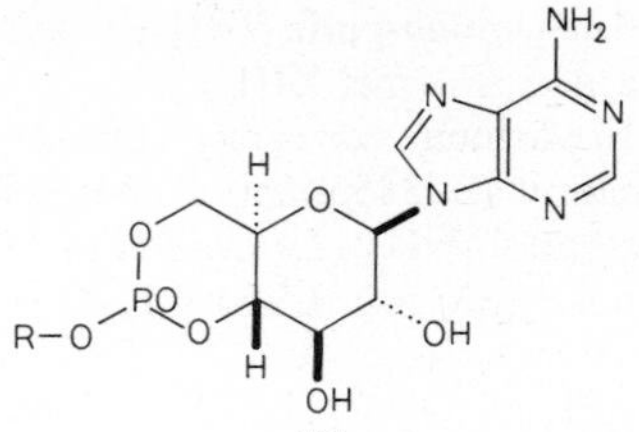

B. Beim Behandeln von (1*R*)-1-[6-Amino-purin-9-yl]-1,5-anhydro-D-glucit (S. 3690) mit $POCl_3$ in wasserfreiem Pyridin (*Barker, Foll,* Soc. **1957** 3794, 3796). Beim Behandeln von (1*R*)-*O*²,*O*³,*O*⁴-Triacetyl-1-[6-amino-purin-9-yl]-1,5-anhydro-D-glucit (s. o.) mit Chlorophosphorsäure-dibenzylester in Pyridin und Hydrieren des Reaktionsprodukts an Palladium/Kohle und Platin in wss. Äthanol (*Ba., Foll*).

Brucin-Salz $C_{11}H_{16}N_5O_8P \cdot 2C_{23}H_{26}N_2O_4 \cdot 7H_2O$.

(1*R*)-1-[6-Amino-purin-9-yl]-*O*⁴,*O*⁶-hydroxyphosphoryl-1,5-anhydro-D-glucit, 9-[*O*⁴,*O*⁶-Hydroxyphosphoryl-β-D-glucopyranosyl]-9*H*-purin-6-ylamin $C_{11}H_{14}N_5O_7P$, Formel XVI (R = H).

B. Beim Behandeln der vorangehenden Verbindung mit Trifluoressigsäure-anhydrid und Behandeln des Reaktionsprodukts mit äthanol. NH_3 (*Barker, Foll,* Soc. **1957** 3794, 3798). Beim Erwärmen der folgenden Verbindung mit wss. Essigsäure (*Ba., Foll*).

Barium-Salz $Ba(C_{11}H_{13}N_5O_7P)_2$.

(1*R*)-1-[6-Amino-purin-9-yl]-*O*⁴,*O*⁶-phenoxyphosphoryl-1,5-anhydro-D-glucit, 9-[*O*⁴,*O*⁶-Phenoxyphosphoryl-β-D-glucopyranosyl]-9*H*-purin-6-ylamin $C_{17}H_{18}N_5O_7P$, Formel XVI (R = C_6H_5).

B. Aus (1*R*)-1-[6-Amino-purin-9-yl]-1,5-anhydro-D-glucit (S. 3690) und Dichlorophosphorsäure-phenylester in Pyridin (*Barker, Foll,* Soc. **1957** 3794, 3798).

Kristalle (aus wss. A.); F: 272–275° [Zers.].

(1*R*)-1-[6-Amino-purin-9-yl]-*S*-methyl-6-thio-1,5-anhydro-D-glucit, 9-[*S*-Methyl-6-thio-β-D-glucopyranosyl]-9*H*-purin-6-ylamin $C_{12}H_{17}N_5O_4S$, Formel I (R = H).

B. Aus der folgenden Verbindung in methanol. NH_3 (*Sato, Yoshimura,* J. chem. Soc. Japan Pure Chem. Sect. **72** [1951] 177; C. A. **1952** 6596).

Kristalle (aus H_2O + A.); F: 202° [Zers.]. UV-Spektrum (225–280 nm): *Sato, Yo.*

(1*R*)-*O*²,*O*³,*O*⁴-Triacetyl-1-[6-amino-purin-9-yl]-*S*-methyl-6-thio-1,5-anhydro-D-glucit, 9-[*O*²,*O*³,*O*⁴-Triacetyl-*S*-methyl-6-thio-β-D-glucopyranosyl]-9*H*-purin-6-ylamin $C_{18}H_{23}N_5O_7S$, Formel I (R = $CO-CH_3$).

B. Aus (1*R*)-Tri-*O*-acetyl-1-[6-amino-purin-9-yl]-6-jod-1,5-anhydro-6-desoxy-D-glucit oder (1*R*)-*O*²,*O*³,*O*⁴-Triacetyl-1-[6-amino-purin-9-yl]-*O*⁶-[toluol-4-sulfonyl]-1,5-anhydro-D-glucit und Natrium-methanthiolat in Äthanol bzw. Aceton (*Sato, Yoshimura,* J. chem. Soc. Japan Pure Chem. Sect. **72** [1951] 177; C. A. **1952** 6596).

Kristalle (aus A. + PAe.); F: 186–187°.

(1*R*)-1-[6-Dimethylamino-purin-3-yl]-1,5-anhydro-D-glucit, 6-Dimethylamino-3-β-D-glucopyranosyl-3*H*-purin $C_{13}H_{19}N_5O_5$, Formel II (R = H).

Diese Konstitution kommt vermutlich der von *Baker et al.* (J. org. Chem. **19** [1954] 1780, 1782, 1785) als (1*R*)-1-[6-Dimethylamino-purin-7-yl]-1,5-anhydro-D-glucit (6-Dimethylamino-7-β-D-glucopyranosyl-7*H*-purin) angesehenen Verbindung zu (*Townsend*

et al., Am. Soc. **86** [1964] 5320, 5322).

B. Beim Erwärmen von (1*R*)-Tetra-*O*-acetyl-1-[6-dimethylamino-purin-3-yl]-1,5-anhydro-D-glucit (s. u.) mit methanol. Natriummethylat (*Ba. et al.*).

F: 273–274° [Zers.] (*To. et al.*). Kristalle (aus Me.); F: 239–241° [Zers.] (*Ba. et al.*). ^{1}H-NMR-Absorption (DMSO-d_6): *To. et al.*, l. c. S. 5324. UV-Spektrum (wss. Lösungen vom pH 1, pH 7 und pH 12; 220–340 nm): *To. et al.*, l. c. S. 5322, 5323. λ_{max} (wss. A.): 292,5 nm [pH 1], 297 nm [pH 7] bzw. 297,5 nm [pH 14] (*Ba. et al.*).

(1*R*)-1-[6-Dimethylamino-purin-9-yl]-1,5-anhydro-D-glucit, 6-Dimethylamino-9-*β*-D-glucopyranosyl-9*H*-purin $C_{13}H_{19}N_5O_5$, Formel III (R = H).

B. Beim Erwärmen von (1*R*)-Tetra-*O*-acetyl-1-[6-dimethylamino-purin-9-yl]-1,5-anhydro-D-glucit (s. u.) mit methanol. Natriummethylat (*Baker et al.*, J. org. Chem. **19** [1954] 1780, 1782, 1785).

Kristalle (aus A.) mit 1 Mol H_2O; F: 249–251°. $[\alpha]_D^{26}$: −21,1° [Py.; c = 2]. λ_{max} (wss. A.): 268 nm [pH 1] bzw. 275 nm [pH 7 sowie pH 14].

(1*R*)-Tetra-*O*-acetyl-1-[6-dimethylamino-purin-3-yl]-1,5-anhydro-D-glucit, 6-Dimethylamino-3-[tetra-*O*-acetyl-*β*-D-glucopyranosyl]-3*H*-purin $C_{21}H_{27}N_5O_9$, Formel II (R = CO-CH_3).

Diese Konstitution kommt der von *Baker et al.* (J. org. Chem. **19** [1954] 1780, 1782, 1784) als (1*R*)-Tetra-*O*-acetyl-1-[6-dimethylamino-purin-7-yl]-1,5-anhydro-D-glucit (6-Dimethylamino-7-[tetra-*O*-acetyl-*β*-D-glucopyranosyl]-7*H*-purin) angesehenen Verbindung zu (*Townsend et al.*, Am. Soc. **86** [1964] 5320, 5322).

B. Beim Erhitzen von 6-Dimethylamino-purin-9-ylquecksilber-chlorid mit Tetra-*O*-acetyl-*α*-D-glucopyranosylbromid (E III/IV **17** 2602) in Xylol oder von (1*R*)-Tetra-*O*-acetyl-1-[6-dimethyl=amino-2,8-bis-methylmercapto-purin-3-yl]-1,5-anhydro-D-glucit (S. 3875) mit Raney-Nickel in Äthanol (*Ba. et al.*).

Kristalle (aus H_2O) mit 0,5 Mol H_2O; F: 147–149°; $[\alpha]_D^{24}$: −32,5° [$CHCl_3$; c = 2]; λ_{max} (wss. A.): 292 nm [pH 1], 301 nm [pH 7] bzw. 298 nm [pH 14] (*Ba. et al*).

(1*R*)-Tetra-*O*-acetyl-1-[6-dimethylamino-purin-9-yl]-1,5-anhydro-D-glucit, 6-Dimethylamino-9-[tetra-*O*-acetyl-*β*-D-glucopyranosyl]-9*H*-purin $C_{21}H_{27}N_5O_9$, Formel III (R = CO-CH_3).

B. Beim Erwärmen von (1*R*)-Tetra-*O*-acetyl-1-[6-dimethylamino-2-methylmercapto-purin-9-yl]-1,5-anhydro-D-glucit (S. 3856) mit Raney-Nickel in Äthanol (*Baker et al.*, J. org. Chem. **19** [1954] 1780, 1782, 1784).

Kristalle (aus H_2O); F: 141–143°. $[\alpha]_D^{24}$: −16,8° [$CHCl_3$; c = 1]. λ_{max} (wss. A.): 267,5 nm [pH 1] bzw. 275 nm [pH 7 sowie pH 14].

(1*R*)-Tetra-*O*-acetyl-1-[6-acetylamino-purin-9-yl]-1,5-anhydro-D-glucit, 6-Acetylamino-9-[tetra-*O*-acetyl-*β*-D-glucopyranosyl]-9*H*-purin $C_{21}H_{25}N_5O_{10}$, Formel IV (R = R′ = CO-CH_3).

B. Beim Erhitzen der Silber- oder der Blei-Verbindung des *N*-[7(9)*H*-Purin-6-yl]-acetamids sowie von 6-Acetylamino-purin-9-ylquecksilber-chlorid mit Tetra-*O*-acetyl-*α*-D-glucopyranosyl=

bromid (E III/IV **17** 2602) in Xylol (*Davoll, Lowy,* Am. Soc. **73** [1951] 1650, 1653). Aus (1*R*)-1-[6-Amino-purin-9-yl]-1,5-anhydro-D-glucit (S. 3690) und Acetanhydrid in Pyridin (*Da., Lowy*). Beim Behandeln von (1*R*)-1-[6-Amino-2-methylmercapto-purin-9-yl]-1,5-anhydro-D-glucit (S. 3855) mit Acetanhydrid in Pyridin und Erwärmen des Reaktionsprodukts mit Raney-Nickel in Äthanol (*Holland et al.,* Soc. **1948** 965).

Kristalle (aus A.); F: 227° [unkorr.] (*Da., Lowy*).

(1*R*)-*O*²,*O*³,*O*⁴-Triacetyl-1-[6-benzoylamino-purin-9-yl]-*O*⁶-diäthoxyphosphoryl-1,5-anhydro-D-glucit, 6-Benzoylamino-9-[O^2,O^3,O^4-triacetyl-O^6-diäthoxyphosphoryl-β-D-glucopyranosyl]-9*H*-purin $C_{28}H_{34}N_5O_{11}P$, Formel IV (R = CO-C_6H_5, R' = PO(O-C_2H_5)$_2$).

B. Beim Erhitzen von (1*R*)-Tri-*O*-acetyl-1-[6-benzoylamino-purin-9-yl]-6-brom-1,5-anhydro-6-desoxy-D-glucit (S. 3687) mit Triäthylphosphit auf 165° (*Parikh et al.,* Am. Soc. **79** [1957] 2778, 2780).

Kristalle (aus H_2O) mit 1 Mol H_2O; F: 200–201° [korr.].

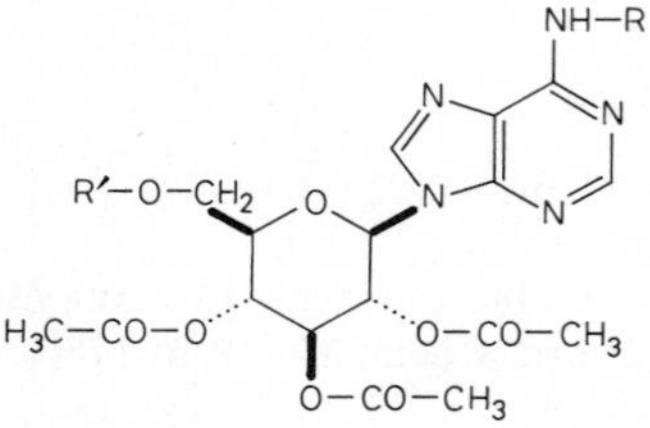

IV 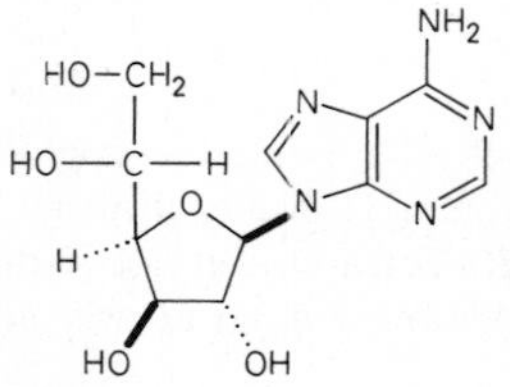 V 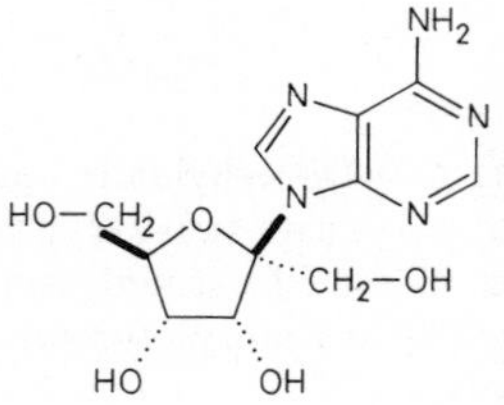 VI

(1*R*)-1-[6-Amino-purin-9-yl]-1,4-anhydro-D-glucit, 9-β-D-Glucofuranosyl-9*H*-purin-6-ylamin $C_{11}H_{15}N_5O_5$, Formel V.

B. Beim Behandeln von Penta-*O*-benzoyl-α-D-glucofuranose (E III/IV **17** 3772) oder von O^1,O^2-Diacetyl-O^3-benzoyl-O^5,O^6-carbonyl-ξ-D-glucofuranose (E III/IV **19** 5241) mit Acetylchlorid in äther. HCl, Erhitzen des Reaktionsprodukts mit 6-Benzoylamino-purin-9-ylquecksilber-chlorid in Xylol bzw. Toluol und Erwärmen des danach erhaltenen Produkts mit methanol. Natriummethylat (*Reist et al.,* J. org. Chem. **23** [1958] 1958, 1962).

Kristalle (aus H_2O); F: 268–270° [unkorr.]. $[\alpha]_D^{27}$: –58° [wss. HCl (1 n); c = 1]. IR-Banden (KBr; 3–9,8 μ): *Re. et al.*

2-[6-Amino-purin-9-yl]-2,5-bis-hydroxymethyl-tetrahydro-furan-3,4-diol $C_{11}H_{15}N_5O_5$.

a) **(2*R*?)-2-[6-Amino-purin-9-yl]-D-*ribo*-2,5-anhydro-hexit,** 9-β(?)-D-Psicofuranosyl-9*H*-purin-6-ylamin, **Angustmycin-C, Psicofuranin,** vermutlich Formel VI.

Konstitution und Konfiguration: *Yüntsen,* J. Antibiotics Japan [A] **11** [1958] 244, 246; *Schroeder, Hoeksema,* Am. Soc. **81** [1959] 1767.

Isolierung aus Kulturen von Streptomyces hygroscopicus: *Yüntsen et al.,* J. Antibiotics Japan [A] **7** [1954] 113, [A] **9** [1956] 195, 198; *Eble et al.,* Antibiotics Chemotherapy Washington **9** [1959] 419; *Vavra et al.,* Antibiotics Chemotherapy Washington **9** [1959] 427.

Kristalle; F: 212–214° [Zers.] (*Eble et al.*), 202–204° [unkorr.; aus H_2O] (*Yü.,* l. c. S. 247). $[\alpha]_D^{19}$: –71,1° [Py.; c = 1,8] (*Yü.*); $[\alpha]_D^{25}$: –68° [DMF; c = 1], –53,7° [DMSO; c = 1] (*Eble et al.*). IR-Spektrum (Mineralöl; 2,5–15 μ): *Eble et al.*; *Yü.,* l. c. S. 245. λ_{max} in H_2O: 260 nm (*Yü. et al.,* J. Antibiotics Japan [A] **9** 198); in saurer wss. Lösung: 259 nm bzw. 260 nm (*Eble et al.*; *Yü.,* l. c. S. 246); in alkal. wss. Lösung: 261 nm bzw. 260 nm (*Eble et al.*; *Yü.*). Löslichkeit [mg/ml] bei Raumtemperatur in H_2O: 8; in Methanol: 8; in Äthanol: 6; in Butan-1-ol: 2; in Äthylacetat: 0,23 (*Eble et al.*).

N^6,O^1,O^3,O^4,O^6-Pentaacetyl-Derivat $C_{21}H_{25}N_5O_{10}$; (2*R*?)-Tetra-*O*-acetyl-2-[6-acetylamino-purin-9-yl]-D-*ribo*-2,5-anhydro-hexit, 6-Acetylamino-9-[tetra-*O*-acetyl-β(?)-D-psicofuranosyl]-9*H*-purin. Kristalle (aus E. + PAe.); F: 115–116° [unkorr.] (*Yü.,* l. c. S. 247).

b) **2-[6-Amino-purin-9-yl]-2,5-anhydro-D-glucit (?),** 9-α-D-Fructofuranosyl-9*H*-purin-6-ylamin(?), vermutlich Formel VII.

Die Konstitution der nachstehend beschriebenen Verbindung ist aufgrund fehlender Charakterisierung des Ausgangsprodukts unsicher.

B. Beim Behandeln von Tetra-*O*-benzoyl-D-fructofuranose(?) mit Acetylchlorid in äther. HCl, Erhitzen des Reaktionsprodukts mit 6-Benzoylamino-purin-9-ylquecksilber-chlorid in Xylol und Erwärmen des danach erhaltenen Produkts mit methanol. Natriummethylat (*Reist et al.,* J. org. Chem. **24** [1959] 1640, 1642).

Kristalle (aus A.); F: 234–235° [unkorr.; Zers.]. $[\alpha]_D^{31}$: +46,8° [H_2O; c = 1].

***N*-[7(9)*H*-Purin-6-yl]-furan-2-carbamid** $C_{10}H_7N_5O_2$, Formel VIII (X = O) und Taut.

B. Beim Erhitzen von Adenin mit Furan-2-carbonsäure-anhydrid auf 140° bzw. mit Furan-2-carbonylchlorid in Pyridin auf 110° (*Baiser et al.,* J. org. Chem. **21** [1956] 1276; *Bullock et al.,* J. org. Chem. **22** [1957] 568).

Kristalle; F: 214–216° [korr.; aus H_2O] (*Ba. et al.*), 209–210° [unkorr.; aus Eg.] (*Bu. et al.*).

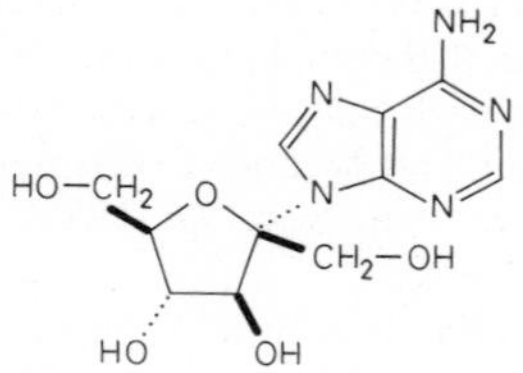

VII 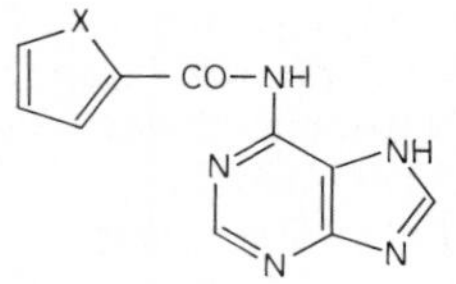 VIII 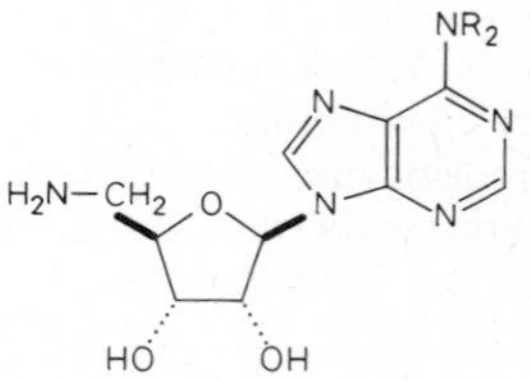 IX

***N*-[7(9)*H*-Purin-6-yl]-thiophen-2-carbamid** $C_{10}H_7N_5OS$, Formel VIII (X = S) und Taut.

B. Beim Erhitzen von Adenin mit Thiophen-2-carbonsäure-anhydrid auf 140° (*Baiser et al.,* J. org. Chem. **21** [1956] 1276).

Kristalle (aus Eg.); F: 248,5–249,5° [korr.].

5′-Amino-5′-desoxy-adenosin $C_{10}H_{14}N_6O_3$, Formel IX (R = H).

B. Beim Erhitzen von (5*R*)-*O*,*O*′-Dibenzoyl-5-[6-chlor-purin-9-yl]-1-phthalimido-L-2,5-anhydro-1-desoxy-ribit mit methanol. NH_3 und anschliessend mit Methylamin (*Am. Cyanamid Co.,* U.S.P. 2852505, 2852506 [1955]).

Feststoff (aus Me. + E. + Ae.). λ_{max} (A.): 260 nm.

5′-Amino-*N*⁶,*N*⁶-dimethyl-5′-desoxy-adenosin $C_{12}H_{18}N_6O_3$, Formel IX (R = CH_3).

B. Beim Erwärmen der folgenden Verbindung mit $N_2H_4 \cdot H_2O$ in Propan-1-ol (*Am. Cyanamid Co.,* U.S.P. 2852505 [1955]).

Kristalle (aus Isopropylalkohol); F: 132–133°. λ_{max}: 267 nm [wss. HCl (0,1 n)], 274 nm [H_2O] bzw. 275 nm [wss. NaOH (0,1 n)].

***O*$^{2'}$,*O*$^{3'}$-Dibenzoyl-*N*^{6},*N*^{6}-dimethyl-5′-phthalimido-5′-desoxy-adenosin, *N*-[*O*$^{2'}$,*O*$^{3'}$-Dibenzoyl-*N*^{6},*N*^{6}-dimethyl-adenosin-5′-yl]-phthalimid** $C_{34}H_{28}N_6O_7$, Formel X.

B. Beim Erhitzen von 6-Dimethylamino-purin-9-ylquecksilber-chlorid mit Di-*O*-benzoyl-5-phthalimido-5-desoxy-ξ-D-ribofuranosylchlorid (E III/IV **21** 5363) in Xylol (*Am. Cyanamid Co.,* U.S.P. 2852505 [1955]).

Kristalle (aus A.); F: 230–232°.

3′-Amino-3′-desoxy-adenosin $C_{10}H_{14}N_6O_3$, Formel XI (R = H).

B. Beim Erwärmen von 3′-Acetylamino-3′-desoxy-adenosin mit wss. $Ba(OH)_2$ (*Baker et al.,* Am. Soc. **77** [1955] 5911, 5914). Beim Erwärmen von 3′-Phthalimido-3′-desoxy-adenosin mit $N_2H_4 \cdot H_2O$ in 2-Methoxy-äthanol (*Ba. et al.,* l. c. S. 5915). Beim Erhitzen von *N*^{6},*O*$^{2'}$,*O*$^{5'}$-

Tribenzoyl-3'-phthalimido-3'-desoxy-adenosin mit Butylamin in Methanol (*Reist, Baker,* J. org. Chem. **23** [1958] 1083).

Kristalle (aus H_2O); F: 265–267° [unkorr.; Zers.] (*Re., Ba.*), 264° [Zers.] (*Ba. et al.*). $[\alpha]_D^{25}$: −40° [DMF; c = 0,4] (*Ba. et al.*). IR-Banden (KBr; 3–10 μ): *Ba. et al.*; *Re., Ba.*

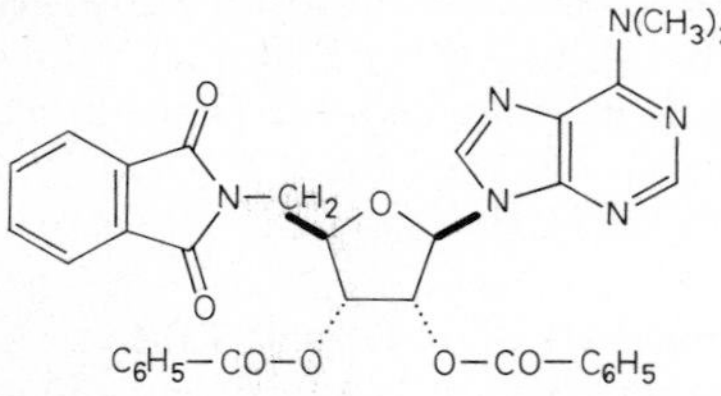

X 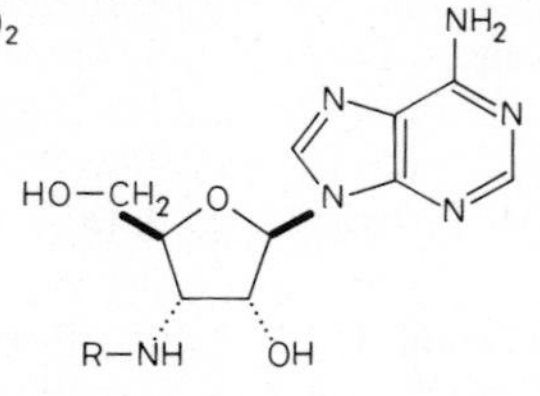 XI 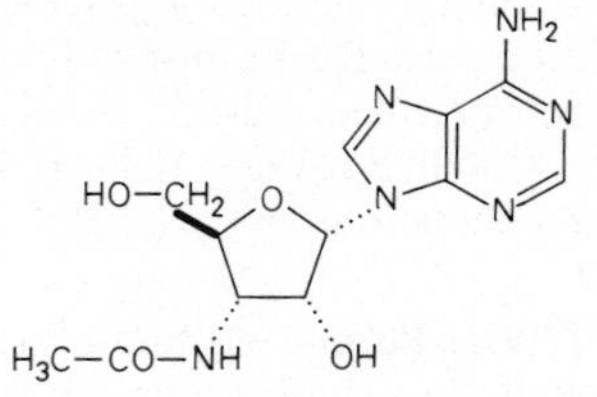 XII

***N*-[5-(6-Amino-purin-9-yl)-4-hydroxy-2-hydroxymethyl-tetrahydro-[3]furyl]-acetamid** $C_{12}H_{16}N_6O_4$.

a) **(1*S*)-3-Acetylamino-1-[6-amino-purin-9-yl]-D-1,4-anhydro-3-desoxy-ribit,** 9-[3-Acetylamino-3-desoxy-α-D-ribofuranosyl]-9*H*-purin-6-ylamin, Formel XII.

B. Neben dem folgenden Stereoisomeren beim Erwärmen von 6-Benzoylamino-purin-9-yl-quecksilber-chlorid mit O^1-Acetyl-3-acetylamino-O^2,O^5-dibenzoyl-3-desoxy-D-ribofuranose (Stereoisomeren-Gemisch; vgl. E III/IV **18** 7470) und $TiCl_4$ in CH_2Cl_2 und Erwärmen des Reaktionsprodukts mit methanol. Natriummethylat (*Baker et al.,* Am. Soc. **77** [1955] 5911, 5913; *Am. Cyanamid Co.,* U.S.P. 2852505 [1955]).

Kristalle; F: 279° (*Am. Cyanamid Co.*), 271° [Zers.; aus Me.] (*Ba. et al.*). $[\alpha]_D^{24}$: +60° [wss. HCl (0,1 n)] (*Am. Cyanamid Co.*); $[\alpha]_D^{25}$: +64° [wss. HCl (0,1 n); c = 2] (*Ba. et al.*). IR-Banden (KBr; 2,9–6,2 μ): *Ba. et al.* λ_{max} (H_2O): 259 nm (*Ba. et al.*).

b) **(1*R*)-3-Acetylamino-1-[6-amino-purin-9-yl]-D-1,4-anhydro-3-desoxy-ribit, 3'-Acetylamino-3'-desoxy-adenosin,** Formel XI (R = CO-CH_3).

B. s. beim vorangehenden Stereoisomeren.

Kristalle (aus H_2O); F: 247° [Zers.] (*Baker et al.,* Am. Soc. **77** [1955] 5911, 5913). $[\alpha]_D^{25}$: +10° [wss. HCl (0,1 n); c = 1,5]. IR-Banden (KBr; 2,9–6,2 μ): *Ba. et al.* λ_{max} (H_2O): 259 nm.

3'-Phthalimido-3'-desoxy-adenosin, *N*-Adenosin-3'-yl-phthalimid $C_{18}H_{16}N_6O_5$, Formel XIII.

B. Beim Erhitzen von N^6,$O^{2'}$,$O^{5'}$-Tribenzoyl-3'-phthalimido-3'-desoxy-adenosin mit methanol. Natriummethylat und anschliessend mit Essigsäure in DMF (*Baker et al.,* Am. Soc. **77** [1955] 5911, 5914). Beim Erhitzen von 3'-Amino-3'-desoxy-adenosin mit Phthalsäure-anhydrid in DMF (*Ba. et al.*).

Kristalle (aus H_2O); F: 228–230°. $[\alpha]_D^{24}$: −175° [A.; c = 0,6]. IR-Banden (KBr; 2,8–6,3 μ): *Ba. et al.*

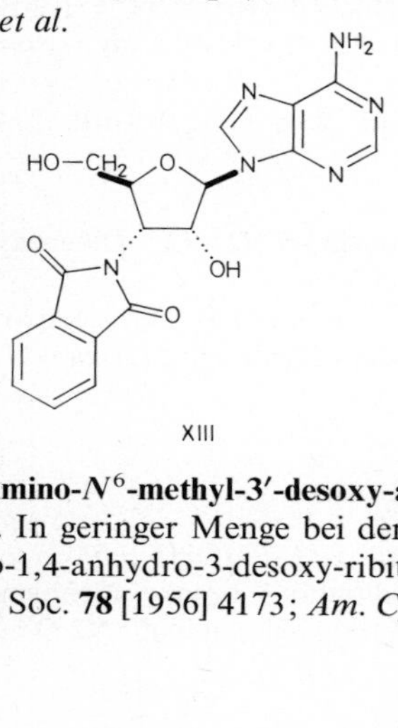

XIII 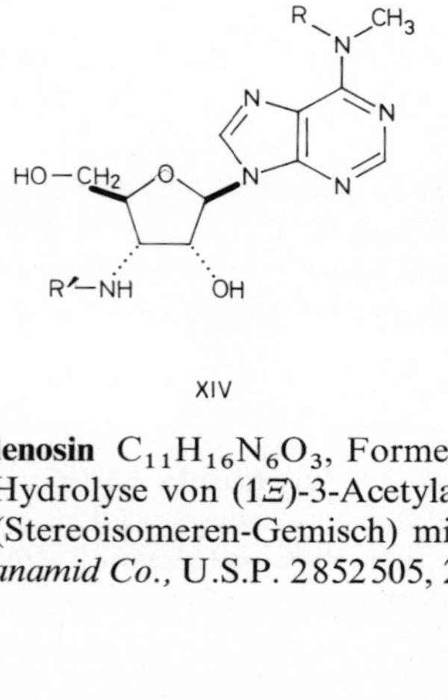 XIV 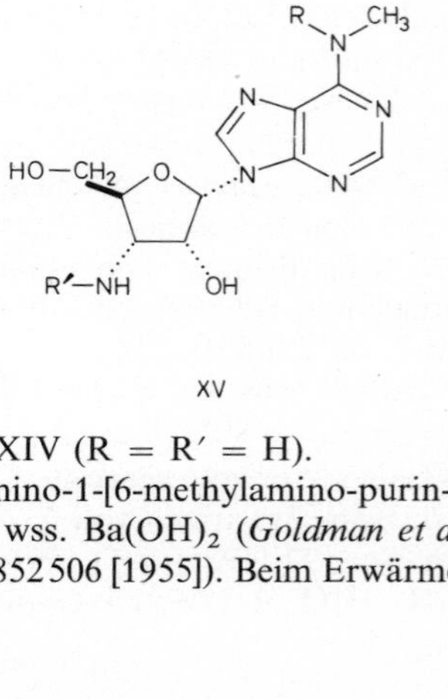 XV

3'-Amino-*N*⁶-methyl-3'-desoxy-adenosin $C_{11}H_{16}N_6O_3$, Formel XIV (R = R' = H).

B. In geringer Menge bei der Hydrolyse von (1*Ξ*)-3-Acetylamino-1-[6-methylamino-purin-9-yl]-D-1,4-anhydro-3-desoxy-ribit (Stereoisomeren-Gemisch) mit wss. $Ba(OH)_2$ (*Goldman et al.,* Am. Soc. **78** [1956] 4173; *Am. Cyanamid Co.,* U.S.P. 2852505, 2852506 [1955]). Beim Erwärmen von (1*R*)-*O*,*O*′-Dibenzoyl-1-[6-chlor-purin-9-yl]-3-phthalimido-D-1,4-anhydro-3-desoxy-ribit (S. 1747) mit methanol. Methylamin (*Go. et al.*; *Am. Cyanamid Co.*).

Kristalle (aus A.); F: 230–231° (*Am. Cyanamid Co.*; s. a. *Go. et al.*). $[\alpha]_D^{24}$: −29,6° [H_2O] (*Am. Cyanamid Co.*); $[\alpha]_D^{25}$: −26,9° [H_2O; c = 1] (*Go. et al.*; *Am. Cyanamid Co.*). λ_{max}: 266–267,5 nm [A. sowie wss. NaOH (0,1 n)] bzw. 262–262,5 nm [wss. HCl (0,1 n)] (*Am. Cyanamid Co.*).

***N*-[4-Hydroxy-2-hydroxymethyl-5-(6-methylamino-purin-9-yl)-tetrahydro-[3]furyl]-acetamid** $C_{13}H_{18}N_6O_4$.

a) **(1*S*)-3-Acetylamino-1-[6-methylamino-purin-9-yl]-D-1,4-anhydro-3-desoxy-ribit,** 9-[3-Acetylamino-3-desoxy-α-D-ribofuranosyl]-6-methylamino-9*H*-purin, Formel XV (R = H, R′ = CO-CH_3).

B. Neben dem folgenden Stereoisomeren beim Erwärmen von (1*Ξ*)-3-Acetylamino-*O*,*O*′-dibenzoyl-1-[6-chlor-purin-9-yl]-D-1,4-anhydro-3-desoxy-ribit (S. 1746) mit methanol. Methylamin (*Goldman et al.*, Am. Soc. **78** [1956] 4173; *Am. Cyanamid Co.*, U.S.P. 2852505, 2852506 [1955]).

Kristalle (aus Me.) mit 0,25 Mol H_2O; F: 257–258° [Zers.] (*Am. Cyanamid Co.*; s. a. *Go. et al.*). $[\alpha]_D^{28}$: +114,0° [H_2O; c = 1] (*Go. et al.*; *Am. Cyanamid Co.*). λ_{max}: 262,5 nm [wss. HCl (0,1 n)], 264 nm [H_2O] bzw. 265 nm [wss. NaOH (0,1 n)] (*Am. Cyanamid Co.*).

b) **(1*R*)-3-Acetylamino-1-[6-methylamino-purin-9-yl]-D-1,4-anhydro-3-desoxy-ribit, 3′-Acetylamino-*N*⁶-methyl-3′-desoxy-adenosin,** Formel XIV (R = H, R′ = CO-CH_3).

B. s. beim vorangehenden Stereoisomeren.

Kristalle (aus Me.) mit 0,25 Mol H_2O; F: 229–230° [Zers.] (*Am. Cyanamid Co.*, U.S.P. 2852505, 2852506 [1955]; s. a. *Goldman et al.*, Am. Soc. **78** [1956] 4173). $[\alpha]_D^{28}$: −2,0° [H_2O; c = 1] (*Go. et al.*; *Am. Cyanamid Co.*). λ_{max}: 262,5 nm [wss. HCl (0,1 n)], 265 nm [H_2O] bzw. 266 nm [wss. NaOH (0,1 n)] (*Am. Cyanamid Co.*).

4-Amino-2-[6-dimethylamino-purin-9-yl]-5-hydroxymethyl-tetrahydro-furan-3-ol $C_{12}H_{18}N_6O_3$.

a) **(1*S*)-3-Amino-1-[6-dimethylamino-purin-9-yl]-D-1,4-anhydro-3-desoxy-ribit,** 9-[3-Amino-3-desoxy-α-D-ribofuranosyl]-6-dimethylamino-9*H*-purin, Formel XV (R = CH_3, R′ = H).

B. Beim Erwärmen von (1*S*)-3-Acetylamino-1-[6-dimethylamino-purin-9-yl]-D-1,4-anhydro-3-desoxy-ribit (s. u.) mit wss. $Ba(OH)_2$ (*Baker, Schaub,* Am. Soc. **77** [1955] 2396, 2399).

Kristalle; F: 235° [Zers.].

b) **(1*R*)-3-Amino-1-[6-dimethylamino-purin-9-yl]-D-1,4-anhydro-3-desoxy-ribit, 3′-Amino-*N*⁶,*N*⁶-dimethyl-3′-desoxy-adenosin,** Formel XIV (R = CH_3, R′ = H).

B. Beim Erhitzen von 3′-Amino-*N*⁶,*N*⁶-dimethyl-2-methylmercapto-3′-desoxy-adenosin mit Raney-Nickel in wss. 2-Methoxy-äthanol (*Baker et al.*, Am. Soc. **77** [1955] 5905, 5910). Beim Erhitzen von (1*R*)-*O*,*O*′-Dibenzoyl-1-[6-chlor-purin-9-yl]-3-phthalimido-D-1,4-anhydro-3-desoxy-ribit (S. 1747) mit Dimethylamin in Methanol und anschliessend mit Methylamin (*Am. Cyanamid Co.*, U.S.P. 2852505, 2852506 [1955]; *Goldman et al.*, Am. Soc. **78** [1956] 4173). Beim Erwärmen von 3′-Acetylamino-*N*⁶,*N*⁶-dimethyl-3′-desoxy-adenosin (S. 3699) mit wss. $Ba(OH)_2$ (*Am. Cyanamid Co.*, U.S.P. 2852505). Aus Puromycin (S. 3704) oder dessen *N*-Phenylthiocarbamoyl-Derivat (S. 3705) in methanol. Natriummethylat (*Baker et al.*, Am. Soc. **77** [1955] 1, 3).

Kristalle; F: 215–216° [aus A.] (*Am. Cyanamid Co.*, U.S.P. 2852505; *Ba. et al.*, l. c. S. 3, 5908), 214–216° (*Go. et al.*). $[\alpha]_D^{25}$: −24,6° [H_2O; c = 3] (*Am. Cyanamid Co.*, U.S.P. 2852505; *Ba. et al.*, l. c. S. 3), −23,9° [H_2O; c = 2] (*Go. et al.*). λ_{max} (wss. Lösung): 269 nm [pH 1], 276 nm [pH 7] bzw. 275 nm [pH 14] (*Am. Cyanamid Co.*, U.S.P. 2852505; *Ba. et al.*, l. c. S. 3).

c) **(1*R*)-3-Amino-1-[6-dimethylamino-purin-9-yl]-1,4-anhydro-3-desoxy-D-arabit,** 9-[3-Amino-3-desoxy-β-D-arabinofuranosyl]-6-dimethylamino-9*H*-purin, Formel I.

B. Beim Erwärmen von (1*R*)-3-Amino-1-[6-dimethylamino-2-methylmercapto-purin-9-yl]-1,4-

anhydro-3-desoxy-D-arabit (S. 3857) mit Raney-Nickel in 2-Methoxy-äthanol (*Baker, Schaub,* Am. Soc. **77** [1955] 5900, 5904).

Kristalle (aus E.+A.+Heptan); F: 116–118°. IR-Banden (KBr; 3–10 μ): *Ba., Sch.* λ_{max} (A.): 274 nm.

d) **(1*R*)-3-Amino-1-[6-dimethylamino-purin-9-yl]-D-1,4-anhydro-3-desoxy-xylit,** 9-[3-Amino-3-desoxy-β-D-xylofuranosyl]-6-dimethylamino-9*H*-purin, Formel II.

B. Beim Erhitzen von (1*R*)-*O,O'*-Dibenzoyl-1-[6-chlor-purin-9-yl]-3-phthalimido-D-1,4-anhydro-3-desoxy-xylit (S. 1747) mit Dimethylamin in Methanol und anschliessend mit Butylamin (*Schaub et al.,* Am. Soc. **80** [1958] 4692, 4696).

Kristalle (aus E.+A.); F: 147–149° [unkorr.]. $[\alpha]_D^{25}$: –32,7° [H_2O; c = 2]. IR-Banden (KBr; 3–10 μ): *Sch. et al.* λ_{max} (A.): 274 nm.

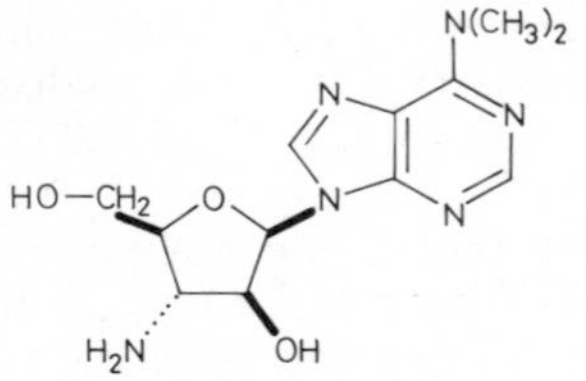

I

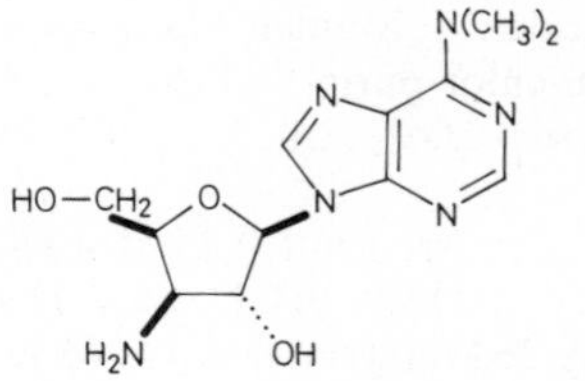

II

2-[6-Dimethylamino-purin-9-yl]-5-hydroxymethyl-4-vanillylidenamino-tetrahydro-furan-3-ol $C_{20}H_{24}N_6O_5$.

a) ***(1*S*)-1-[6-Dimethylamino-purin-9-yl]-3-vanillylidenamino-D-1,4-anhydro-3-desoxy-ribit,** 6-Dimethylamino-9-[3-vanillylidenamino-3-desoxy-α-D-ribofuranosyl]-9*H*-purin, Formel III.

B. Beim Erwärmen von (1*S*)-3-Acetylamino-1-[6-dimethylamino-purin-9-yl]-D-1,4-anhydro-3-desoxy-ribit (s. u.) mit wss. $Ba(OH)_2$ und Erwärmen des Reaktionsprodukts mit Vanillin in wss. Äthanol (*Baker, Schaub,* Am. Soc. **77** [1955] 2396, 2399).

Kristalle (aus 2-Methoxy-äthanol); F: 237–237,5°. $[\alpha]_D^{25}$: –45° [Py.; c = 1,5].

b) ***(1*R*)-1-[6-Dimethylamino-purin-9-yl]-3-vanillylidenamino-D-1,4-anhydro-3-desoxy-xylit,** 6-Dimethylamino-9-[3-vanillylidenamino-3-desoxy-β-D-xylofuranosyl]-9*H*-purin, Formel IV.

B. Aus (1*R*)-3-Amino-1-[6-dimethylamino-purin-9-yl]-D-1,4-anhydro-3-desoxy-xylit (s. o.) und Vanillin in wss. Äthanol (*Schaub et al.,* Am. Soc. **80** [1958] 4692, 4697).

Kristalle (aus wss. A.); F: 195–196° [unkorr.]. $[\alpha]_D^{25}$: +90° [Me.; c = 0,7].

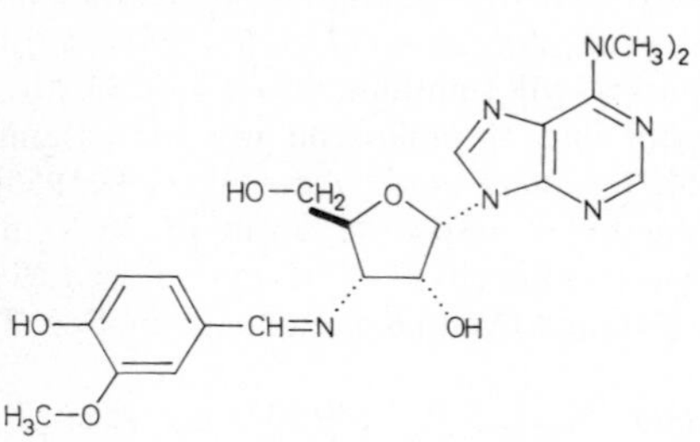

III

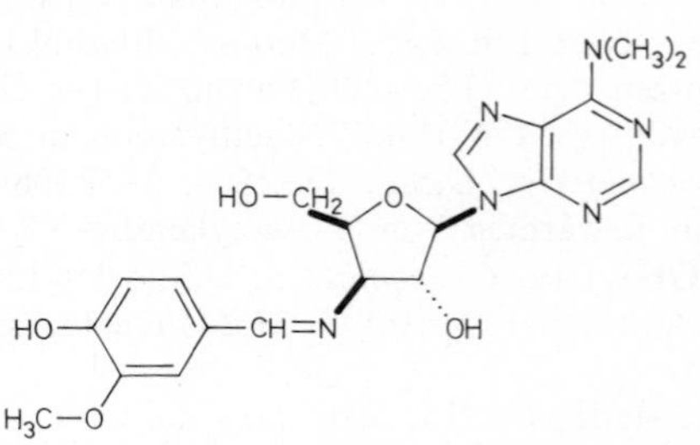

IV

***N*-[5-(6-Dimethylamino-purin-9-yl)-4-hydroxy-2-hydroxymethyl-tetrahydro-[3]furyl]-acetamid** $C_{14}H_{20}N_6O_4$.

a) **(1*S*)-3-Acetylamino-1-[6-dimethylamino-purin-9-yl]-D-1,4-anhydro-3-desoxy-ribit,** 9-[3-Acetylamino-3-desoxy-α-D-ribofuranosyl]-6-dimethylamino-9*H*-purin, Formel V (R = H).

B. Beim Erwärmen von (1*S*)-*O,O'*-Diacetyl-3-acetylamino-1-[6-dimethylamino-purin-9-yl]-D-

1,4-anhydro-3-desoxy-ribit (s. u.) mit methanol. Natriummethylat (*Baker, Schaub,* Am. Soc. **77** [1955] 2396, 2399).

Kristalle (aus Me.); F: 239—240°. $[\alpha]_D^{25}$: +115° [H_2O; c = 0,5]. IR-Banden (2,9—6,2 μ): *Ba., Sch.* λ_{max} (wss. Lösung): 268 nm [pH 1] bzw. 275 nm [pH 7 sowie pH 14].

b) **(1*R*)-3-Acetylamino-1-[6-dimethylamino-purin-9-yl]-D-1,4-anhydro-3-desoxy-ribit, 3′-Acetylamino-*N*⁶,*N*⁶-dimethyl-3′-desoxy-adenosin,** Formel VI (R = H).

B. Aus 3′-Amino-N^6,N^6-dimethyl-3′-desoxy-adenosin (S. 3697) und Acetanhydrid in H_2O (*Baker et al.,* Am. Soc. **77** [1955] 1, 4). Beim Erhitzen von (1Ξ)-3-Acetylamino-*O,O*′-dibenzoyl-1-[6-chlor-purin-9-yl]-D-1,4-anhydro-3-desoxy-ribit (S. 1746) mit methanol. Dimethylamin (*Am. Cyanamid Co.,* U.S.P. 2852505, 2852506 [1955]; *Goldman et al.,* Am. Soc. **78** [1956] 4173). Beim Erwärmen von $O^{2'}$,$O^{5'}$-Diacetyl-3′-acetylamino-N^6,N^6-dimethyl-3′-desoxy-adenosin (*Ba. et al.,* l. c. S. 4) oder von 3′-Acetylamino-$O^{2'}$,$O^{5'}$-dibenzoyl-N^6,N^6-dimethyl-3′-desoxy-adenosin (*Am. Cyanamid Co.,* U.S.P. 2852505; *Baker et al.,* Am. Soc. **77** [1955] 12, 14) mit methanol. Natriummethylat.

Kristalle (aus A.); F: 190—191° (*Ba. et al.,* l. c. S. 4), 186—189° (*Am. Cyanamid Co.,* U.S.P. 2852505, 2852506; s. a. *Go. et al.*). $[\alpha]_D^{25}$: −7,4° [Py.; c = 4] (*Ba. et al.,* l. c. S. 4), −8,1° [Py.; c = 2] (*Go. et al.*; *Am. Cyanamid Co.,* U.S.P. 2852505, 2852506); $[\alpha]_D$: −9,9° [Py.; c = 3] (*Am. Cyanamid Co.,* U.S.P. 2852505). λ_{max}: 267 nm [wss. HCl (0,1 n)] bzw. 275 nm [A. sowie wss. NaOH (0,1 n)] (*Am. Cyanamid Co.,* U.S.P. 2852505, 2852506).

c) **(1*S*)-3-Acetylamino-1-[6-dimethylamino-purin-9-yl]-1,4-anhydro-3-desoxy-D-arabit,** 9-[3-Acetylamino-3-desoxy-α-D-arabinofuranosyl]-6-dimethylamino-9*H*-purin, Formel VII (R = H).

B. Beim Erwärmen von 6-Dimethylamino-2-methylmercapto-purin-9-ylquecksilber-chlorid mit O^1-Acetyl-3-acetylamino-O^2,O^5-dibenzoyl-3-desoxy-α(?)-D-arabinofuranose (E III/IV **18** 7470) und $TiCl_4$ in 1,2-Dichlor-äthan, Erwärmen des Reaktionsprodukts mit Raney-Nickel in 2-Methoxy-äthanol und Erwärmen des danach erhaltenen Produkts mit methanol. Natrium-methylat (*Baker, Schaub,* Am. Soc. **77** [1955] 2396, 2399).

Kristalle (aus E. + A. + Heptan); F: 189—191°. $[\alpha]_D^{25}$: +102° [H_2O; c = 1,7].

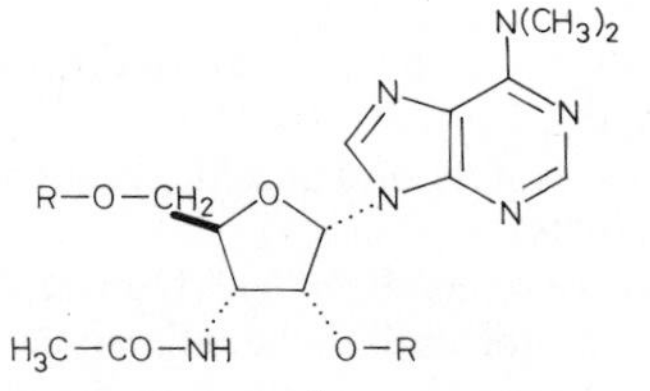

V

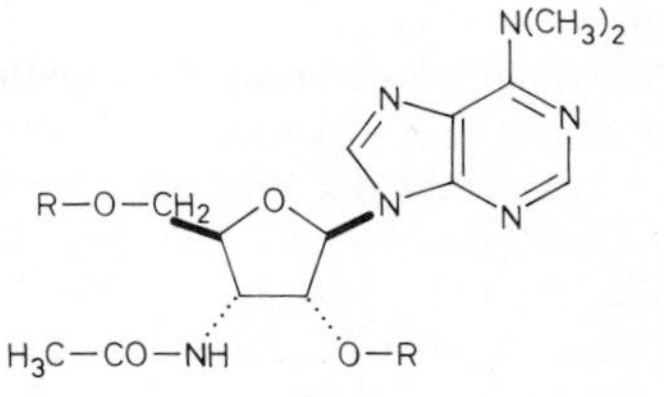

VI

***N*-[4-Acetoxy-2-acetoxymethyl-5-(6-dimethylamino-purin-9-yl)-tetrahydro-[3]furyl]-acetamid** $C_{18}H_{24}N_6O_6$.

a) **(1*S*)-*O*,*O*′-Diacetyl-3-acetylamino-1-[6-dimethylamino-purin-9-yl]-D-1,4-anhydro-3-desoxy-ribit,** 9-[Di-*O*-acetyl-3-acetylamino-3-desoxy-α-D-ribofuranosyl]-6-dimethylamino-9*H*-purin, Formel V (R = $CO\text{-}CH_3$).

B. Beim Erhitzen von (1*S*)-3-Acetylamino-1-[6-dimethylamino-purin-9-yl]-*O,O*′-bis-methan-sulfonyl-1,4-anhydro-3-desoxy-D-arabit (s. u.) mit Natriumacetat in wasserhaltigem 2-Methoxy-äthanol und Erwärmen des Reaktionsprodukts mit Acetanhydrid und Pyridin (*Baker, Schaub,* Am. Soc. **77** [1955] 2396, 2399).

b) **(1*R*)-*O*,*O*′-Diacetyl-3-acetylamino-1-[6-dimethylamino-purin-9-yl]-D-1,4-anhydro-3-desoxy-ribit, *O*²′,*O*⁵′-Diacetyl-3′-acetylamino-*N*⁶,*N*⁶-dimethyl-3′-desoxy-adenosin,** Formel VI (R = $CO\text{-}CH_3$).

B. Aus 3′-Amino-N^6,N^6-dimethyl-3′-desoxy-adenosin und Acetanhydrid in Pyridin (*Baker et al.*, Am. Soc. **77** [1955] 1, 4). Beim Erwärmen von $O^{2'}$,$O^{5'}$-Diacetyl-3′-acetylamino-N^6,N^6-dimethyl-2-methylmercapto-3′-desoxy-adenosin mit Raney-Nickel in 2-Methoxy-äthanol (*Baker, Schaub,* Am. Soc. **77** [1955] 5900, 5905).

Kristalle (aus E.); F: 189–191°; $[\alpha]_D^{25}$: +24° [$CHCl_3$; c = 1,7] (*Ba. et al.*).

(1*R*)-3-Acetylamino-*O*,*O*′-dibenzoyl-1-[6-dimethylamino-purin-9-yl]-D-1,4-anhydro-3-desoxy-ribit, 3′-Acetylamino-$O^{2'}$,$O^{5'}$-dibenzoyl-N^6,N^6-dimethyl-3′-desoxy-adenosin $C_{28}H_{28}N_6O_6$, Formel VI (R = CO-C_6H_5).

B. Aus 3′-Acetylamino-N^6,N^6-dimethyl-3′-desoxy-adenosin und Benzoylchlorid in Pyridin (*Baker et al.*, Am. Soc. **77** [1955] 12, 14). Beim Erwärmen von 3′-Acetylamino-$O^{2'}$,$O^{5'}$-dibenzoyl-N^6,N^6-dimethyl-2-methylmercapto-3′-desoxy-adenosin mit Raney-Nickel in 2-Methoxy-äthanol (*Ba. et al.*).

λ_{max} (2-Methoxy-äthanol): 230 nm und 282,5 nm.

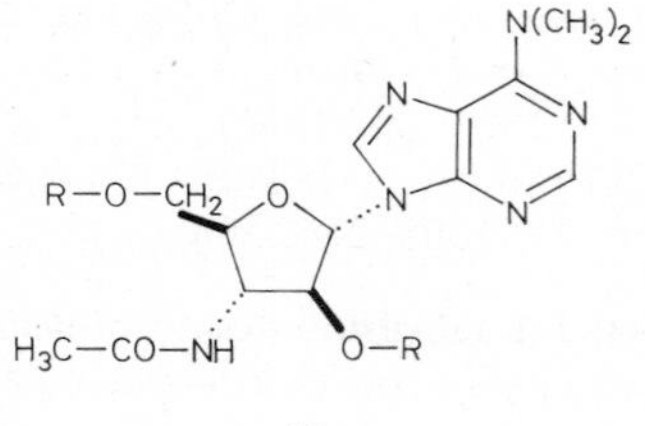

VII

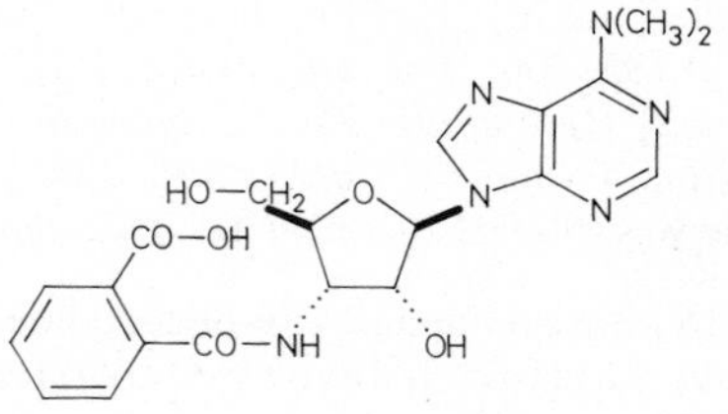

VIII

(1*S*)-3-Acetylamino-1-[6-dimethylamino-purin-9-yl]-*O*,*O*′-bis-methansulfonyl-1,4-anhydro-3-desoxy-D-arabit, 9-[3-Acetylamino-bis-*O*-methansulfonyl-3-desoxy-α-D-arabinofuranosyl]-6-dimethylamino-9*H*-purin $C_{16}H_{24}N_6O_8S_2$, Formel VII (R = SO_2-CH_3).

B. Aus (1*S*)-3-Acetylamino-1-[6-dimethylamino-purin-9-yl]-1,4-anhydro-3-desoxy-D-arabit (s. o.) und Methansulfonylchlorid in Pyridin (*Baker, Schaub,* Am. Soc. **77** [1955] 2396, 2399).

***N*-[N^6,N^6-Dimethyl-adenosin-3′-yl]-phthalamidsäure,** 3′-[2-Carboxy-benzoylamino]-N^6,N^6-dimethyl-3′-desoxy-adenosin $C_{20}H_{22}N_6O_6$, Formel VIII.

B. Beim Erwärmen der folgenden Verbindung mit wss. NaOH und anschliessenden Behandeln mit Essigsäure (*Baker et al.*, Am. Soc. **77** [1955] 5905, 5908).

Kristalle; F: 182–184° [Zers.; Wiedererstarren bei weiterem Erhitzen (Umwandlung in die im folgenden Artikel beschriebene Verbindung)]. Methanol enthaltende Kristalle (aus Me.); F: 175–178° [Zers.; Wiedererstarren bei weiterem Erhitzen (Umwandlung in die im folgenden Artikel beschriebene Verbindung)]. IR-Banden (2,9–6,5 μ): *Ba. et al.*

N^6,N^6-Dimethyl-3′-phthalimido-3′-desoxy-adenosin, *N*-[N^6,N^6-Dimethyl-adenosin-3′-yl]-phthalimid $C_{20}H_{20}N_6O_5$, Formel IX (R = H).

B. Beim Erhitzen von 3′-Amino-N^6,N^6-dimethyl-3′-desoxy-adenosin mit Phthalsäure-anhydrid in DMF (*Baker et al.*, Am. Soc. **77** [1955] 5905, 5908).

Kristalle (aus A.); F: 276–277° [Zers.]. $[\alpha]_D^{25}$: −186° [Py.; c = 2]. IR-Banden (Nujol; 3–6,3 μ): *Ba. et al.*

$O^{2'}$,$O^{5'}$-Diacetyl-N^6,N^6-dimethyl-3′-phthalimido-3′-desoxy-adenosin, *N*-[$O^{2'}$,$O^{5'}$-Diacetyl-N^6,N^6-dimethyl-adenosin-3′-yl]-phthalimid $C_{24}H_{24}N_6O_7$, Formel IX (R = CO-CH_3).

B. Aus der vorangehenden Verbindung und Acetanhydrid in Pyridin (*Baker et al.*, Am. Soc. **77** [1955] 5905, 5908).

Kristalle (aus A.); F: 190–192°. $[\alpha]_D^{25}$: −118° [$CHCl_3$; c = 1,7]. IR-Banden (KBr; 5,6–8,3 μ): *Ba. et al.*

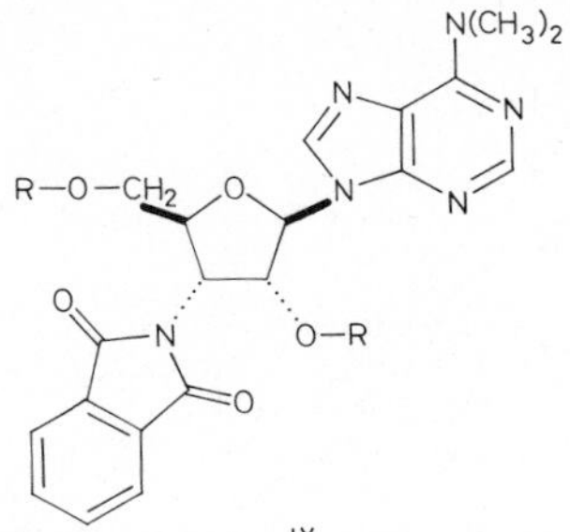

IX

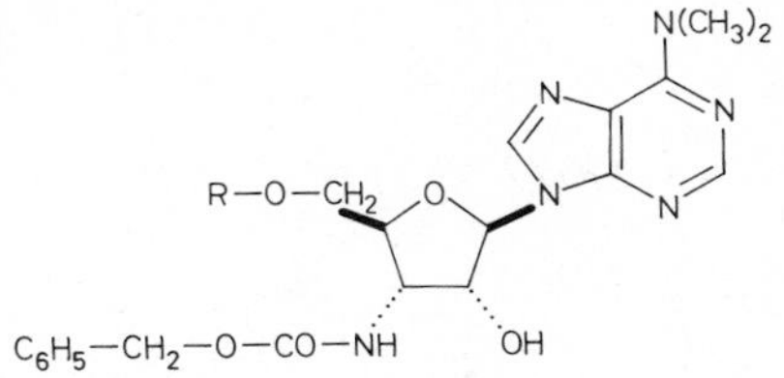

X

O[2′]**,*****O***[5′]**-Dibenzoyl-*****N***^{6}**,*****N***^{6}**-dimethyl-3′-phthalimido-3′-desoxy-adenosin, *****N*****-[*****O***[2′]**,*****O***[5′]**-Dibenzoyl-*****N***^{6}**,*****N***^{6}**-dimethyl-adenosin-3′-yl]-phthalimid** $C_{34}H_{28}N_6O_7$, Formel IX (R = CO-C_6H_5).

B. Beim Erhitzen von 6-Dimethylamino-purin-9-ylquecksilber-chlorid mit Di-*O*-benzoyl-3-phthalimido-3-desoxy-*β*-D-ribofuranosylchlorid in Xylol (*Baker et al.*, Am. Soc. **77** [1955] 5905, 5910). Aus *N*^{6},*N*^{6}-Dimethyl-3′-phthalimido-3′-desoxy-adenosin und Benzoylchlorid in Pyridin (*Ba. et al.*, l. c. S. 5908).

Kristalle (aus A.) mit 0,5 Mol H_2O; F: 130–132° [Zers.]. $[\alpha]_D$: −77° [Py.; c = 1,3]. IR-Banden (KBr; 2,7–7,9 μ): *Ba. et al.* λ_{max}: 274 nm [A.] bzw. 208 nm [wss. HCl (0,1 n)].

3′-Benzyloxycarbonylamino-***N***^{6}**,*****N***^{6}**-dimethyl-3′-desoxy-adenosin, [*****N***^{6}**,*****N***^{6}**-Dimethyl-adenosin-3′-yl]-carbamidsäure-benzylester** $C_{20}H_{24}N_6O_5$, Formel X (R = H).

B. Aus 3′-Amino-*N*^{6},*N*^{6}-dimethyl-3′-desoxy-adenosin und Chlorokohlensäure-benzylester in Triäthylamin (*Baker, Joseph,* Am. Soc. **77** [1955] 15, 17).

Kristalle (aus Me.); F: 192–194°. $[\alpha]_D^{24}$: −19,6° [Py.; c = 2]. IR-Banden (Nujol; 3–6,2 μ): *Ba., Jo.*

3′-Benzyloxycarbonylamino-***O***[5′]**-methansulfonyl-*****N***^{6}**,*****N***^{6}**-dimethyl-3′-desoxy-adenosin, [*****O***[5′]**-Methansulfonyl-*****N***^{6}**,*****N***^{6}**-dimethyl-adenosin-3′-yl]-carbamidsäure-benzylester** $C_{21}H_{26}N_6O_7S$, Formel X (R = SO_2-CH_3).

B. Aus der vorangehenden Verbindung und Methansulfonylchlorid in Pyridin (*Baker, Joseph,* Am. Soc. **77** [1955] 15, 17).

F: 110–114° [Rohprodukt].

3′-Glycylamino-***N***^{6}**,*****N***^{6}**-dimethyl-3′-desoxy-adenosin, Glycin-[*****N***^{6}**,*****N***^{6}**-dimethyl-adenosin-3′-ylamid]** $C_{14}H_{21}N_7O_4$, Formel XI (R = H, n = 1).

B. Beim Erhitzen der folgenden Verbindung mit $N_2H_4 \cdot H_2O$ in 2-Methoxy-äthanol (*Baker et al.*, Am. Soc. **77** [1955] 1, 6). Aus 3′-[(*N*-Benzyloxycarbonyl-glycyl)-amino]-*N*^{6},*N*^{6}-dimethyl-3′-desoxy-adenosin bei der Hydrierung an Palladium/Kohle in 2-Methoxy-äthanol (*Ba. et al.*).

Kristalle (aus A.); F: 209–211° [Zers.]. $[\alpha]_D^{24}$: −8,4° [H_2O; c = 3].

N^{6}**,*****N***^{6}**-Dimethyl-3′-[(*****N,N*****-phthaloyl-glycyl)-amino]-3′-desoxy-adenosin, *****N,N*****-Phthaloyl-glycin-[*****N***^{6}**,*****N***^{6}**-dimethyl-adenosin-3′-ylamid]** $C_{22}H_{23}N_7O_6$, Formel XII.

B. Aus 3′-Amino-*N*^{6},*N*^{6}-dimethyl-3′-desoxy-adenosin und *N,N*-Phthaloyl-glycylchlorid in Triäthylamin und DMF (*Baker et al.*, Am. Soc. **77** [1955] 1, 5).

Kristalle (aus 2-Methoxy-äthanol); F: 282–284° [Zers.]. $[\alpha]_D^{24}$: +43° [Py.+H_2O (9:1); c = 1].

3′-[(***N*****-Benzyloxycarbonyl-glycyl)-amino]-*****N***^{6}**,*****N***^{6}**-dimethyl-3′-desoxy-adenosin, *****N*****-Benzyloxycarbonyl-glycin-[*****N***^{6}**,*****N***^{6}**-dimethyl-adenosin-3′-ylamid]** $C_{22}H_{27}N_7O_6$, Formel XI (R = CO-O-CH_2-C_6H_5, n = 1).

B. Analog der vorangehenden Verbindung (*Baker et al.*, Am. Soc. **77** [1955] 1, 5).

Kristalle (aus A.); F: 170–172°. $[\alpha]_D^{24}$: −7,5° [Py.; c = 2].

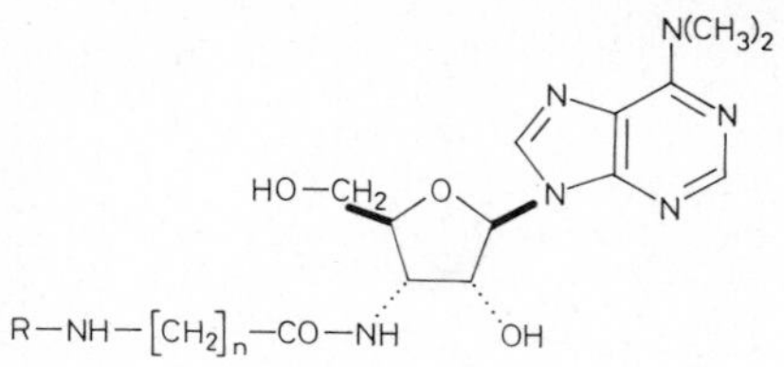

XI

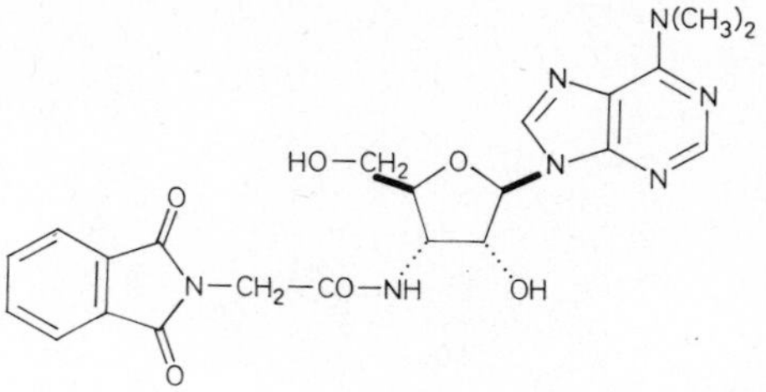

XII

N^6,N^6-Dimethyl-3′-{[*N*-(*O*-methyl-L-tyrosyl)-glycyl]-amino}-3′-desoxy-adenosin, *N*-[*O*-Methyl-L-tyrosyl]-glycin-[N^6,N^6-dimethyl-adenosin-3′-ylamid] $C_{24}H_{32}N_8O_6$, Formel XIII (R = H).

B. Aus der folgenden Verbindung bei der Hydrierung an Palladium/Kohle in 2-Methoxyäthanol (*Baker et al.*, Am. Soc. **77** [1955] 1, 6).

Kristalle (aus A.); F: 170 – 172°. $[\alpha]_D^{24}$: −34° [Py.; c = 2].

3′-{[*N*-(*N*-Benzyloxycarbonyl-*O*-methyl-L-tyrosyl)-glycyl]-amino}-N^6,N^6-dimethyl-3′-desoxy-adenosin, *N*-[*N*-Benzyloxycarbonyl-*O*-methyl-L-tyrosyl]-glycin-[N^6,N^6-dimethyl-adenosin-3′-ylamid] $C_{32}H_{38}N_8O_8$, Formel XIII (R = CO-O-CH_2-C_6H_5).

B. Aus 3′-Amino-N^6,N^6-dimethyl-3′-desoxy-adenosin und dem aus *N*-[*N*-Benzyloxycarbonyl-*O*-methyl-L-tyrosyl]-glycin-hydrazid bereiteten Säureazid in $CHCl_3$ und DMF (*Baker et al.*, Am. Soc. **77** [1955] 1, 5, 6).

Kristalle (aus $CHCl_3$); F: 160 – 161°. $[\alpha]_D^{24}$: −10° [Py.; c = 2].

3′-β-Alanylamino-N^6,N^6-dimethyl-3′-desoxy-adenosin, β-Alanin-[N^6,N^6-dimethyl-adenosin-3′-ylamid] $C_{15}H_{23}N_7O_4$, Formel XI (R = H, n = 2).

B. Aus der folgenden Verbindung bei der Hydrierung an Palladium/Kohle in 2-Methoxyäthanol (*Baker et al.*, Am. Soc. **77** [1955] 1, 6).

Kristalle (aus E.) mit 0,5 Mol H_2O; F: 110 – 115°. $[\alpha]_D^{24}$: −10,7° [Py.; c = 2].

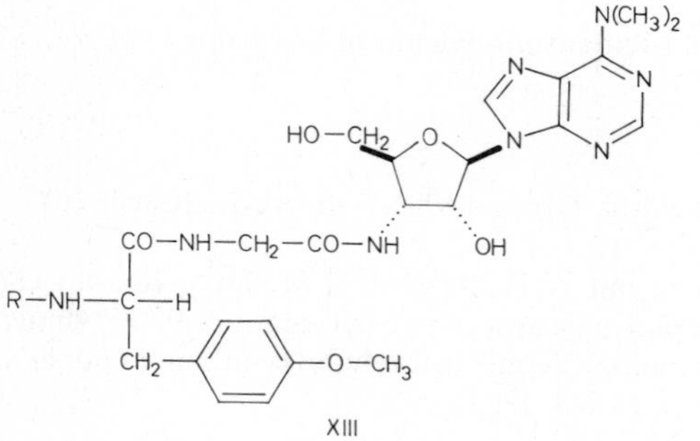

XIII

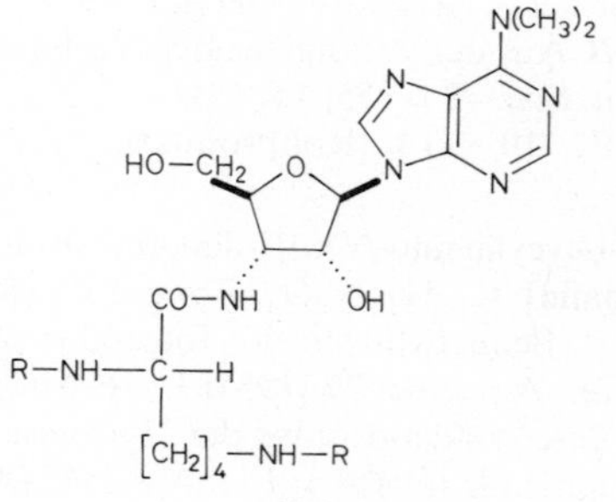

XIV

3′-[(*N*-Benzyloxycarbonyl-β-alanyl)-amino]-N^6,N^6-dimethyl-3′-desoxy-adenosin, *N*-Benzyloxycarbonyl-β-alanin-[N^6,N^6-dimethyl-adenosin-3′-ylamid] $C_{23}H_{29}N_7O_6$, Formel XI (R = CO-O-CH_2-C_6H_5, n = 2).

B. Aus 3′-Amino-N^6,N^6-dimethyl-3′-desoxy-adenosin und *N*-Benzyloxycarbonyl-β-alanylchlorid in Triäthylamin und DMF (*Baker et al.*, Am. Soc. **77** [1955] 1, 5).

Kristalle (aus A.); F: 197 – 199°. $[\alpha]_D^{24}$: −16° [Py.; c = 2].

3′-L-Lysylamino-N^6,N^6-dimethyl-3′-desoxy-adenosin, L-Lysin-[N^6,N^6-dimethyl-adenosin-3′-ylamid] $C_{18}H_{30}N_8O_4$, Formel XIV (R = H).

B. Aus der folgenden Verbindung bei der Hydrierung an Palladium/Kohle in 2-Methoxyäthanol (*Baker et al.*, Am. Soc. **77** [1955] 1, 6).

Glasartiger Feststoff (aus H_2O). $[\alpha]_D^{24}$: −15° [Py.; c = 2].

3'-[(N^{α},N^{ε}-Bis-benzyloxycarbonyl-L-lysyl)-amino]-N^6,N^6-dimethyl-3'-desoxy-adenosin, N^{α},N^{ε}-Bis-benzyloxycarbonyl-L-lysin-[N^6,N^6-dimethyl-adenosin-3'-ylamid] $C_{34}H_{42}N_8O_8$, Formel XIV (R = CO-O-CH_2-C_6H_5).

B. Aus 3'-Amino-N^6,N^6-dimethyl-3'-desoxy-adenosin und dem aus N^{α},N^{ε}-Bis-benzyloxycar≈bonyl-L-lysin-hydrazid bereiteten Säureazid in $CHCl_3$ und DMF (*Baker et al.,* Am. Soc. **77** [1955] 1, 5, 6).

Kristalle (aus A.); F: 213–215°. $[\alpha]_D^{24}$: −27° [Py.; c = 2].

3'-L-Leucylamino-N^6,N^6-dimethyl-3'-desoxy-adenosin, L-Leucin-[N^6,N^6-dimethyl-adenosin-3'-ylamid] $C_{18}H_{29}N_7O_4$, Formel XV (R = H).

B. Aus der folgenden Verbindung bei der Hydrierung an Palladium/Kohle in 2-Methoxy-äthanol (*Baker et al.,* Am. Soc. **77** [1955] 1, 6).

Kristalle (aus A.); F: 173–175°. $[\alpha]_D^{24}$: −8,4° [Py.; c = 2].

3'-[(N-Benzyloxycarbonyl-L-leucyl)-amino]-N^6,N^6-dimethyl-3'-desoxy-adenosin, N-Benzyloxycarbonyl-L-leucin-[N^6,N^6-dimethyl-adenosin-3'-ylamid] $C_{26}H_{35}N_7O_6$, Formel XV (R = CO-O-CH_2-C_6H_5).

B. Aus 3'-Amino-N^6,N^6-dimethyl-3'-desoxy-adenosin, *N*-Benzyloxycarbonyl-L-leucylchlorid und Triäthylamin in DMF (*Baker et al.,* Am. Soc. **77** [1955] 1, 5, 6).

Kristalle (aus A.); F: 213–215°. $[\alpha]_D^{24}$: −34° [Py.; c = 2].

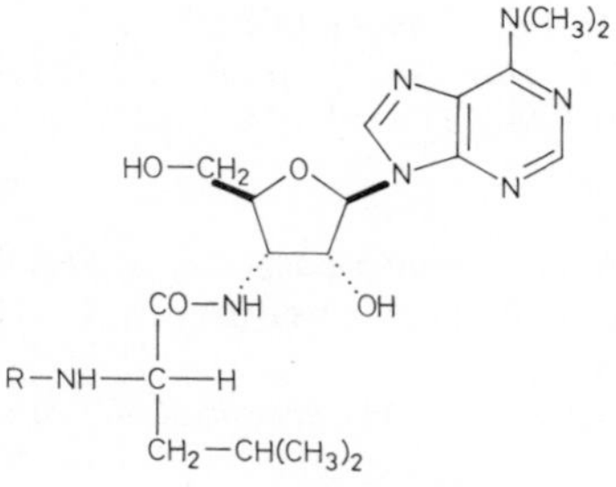

XV 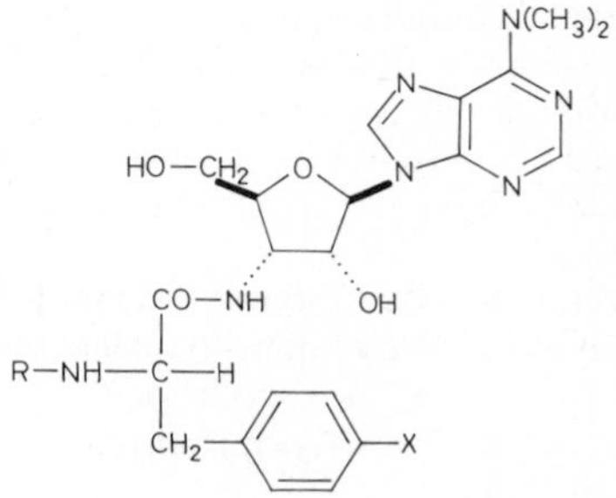 XVI

N^6,N^6-Dimethyl-3'-[L-phenylalanyl-amino]-3'-desoxy-adenosin, L-Phenylalanin-[N^6,N^6-dimethyl-adenosin-3'-ylamid] $C_{21}H_{27}N_7O_4$, Formel XVI (R = X = H).

B. Aus der folgenden Verbindung bei der Hydrierung an Palladium/Kohle in 2-Methoxy-äthanol (*Baker et al.,* Am. Soc. **77** [1955] 1, 6).

Kristalle (aus $CHCl_3$ + Heptan); F: 176–178°. $[\alpha]_D^{24}$: −49° [Py.; c = 2].

3'-[(N-Benzyloxycarbonyl-L-phenylalanyl)-amino]-N^6,N^6-dimethyl-3'-desoxy-adenosin, N-Benzyloxycarbonyl-L-phenylalanin-[N^6,N^6-dimethyl-adenosin-3'-ylamid] $C_{29}H_{33}N_7O_6$, Formel XVI (R = CO-O-CH_2-C_6H_5, X = H).

B. Aus 3'-Amino-N^6,N^6-dimethyl-3'-desoxy-adenosin, *N*-Benzyloxycarbonyl-L-phenyl≈alanylchlorid und Triäthylamin in DMF (*Baker et al.,* Am. Soc. **77** [1955] 1, 5, 6).

Kristalle (aus A.); F: 213–214°. $[\alpha]_D^{24}$: −28° [Py.; c = 2].

N^6,N^6-Dimethyl-3'-L-tyrosylamino-3'-desoxy-adenosin, L-Tyrosin-[N^6,N^6-dimethyl-adenosin-3'-ylamid] $C_{21}H_{27}N_7O_5$, Formel XVI (R = H, X = OH).

B. Aus 3'-[(*N*,*O*-Bis-benzyloxycarbonyl-L-tyrosyl)-amino]-N^6,N^6-dimethyl-3'-desoxy-ade≈nosin bei der Hydrierung an Palladium/Kohle in 2-Methoxy-äthanol (*Baker et al.,* Am. Soc. **77** [1955] 1, 6).

Kristalle (aus A.); F: 203–205°. $[\alpha]_D^{24}$: −54° [Py.; c = 2].

N^6,N^6-Dimethyl-3'-[(*O*-methyl-L-tyrosyl)-amino]-3'-desoxy-adenosin, *O*-Methyl-L-tyrosin-[N^6,N^6-dimethyl-adenosin-3'-ylamid], Puromycin, Achromycin, Stylomycin $C_{22}H_{29}N_7O_5$, Formel I (R = R' = H).

Konstitution und Konfiguration: *Baker et al.*, Am. Soc. **77** [1955] 1.

Zusammenfassende Darstellungen: *J. Büchi, X. Perlia,* Antibiotica Chemotherapia, Bd. 5 [1958] 100; *Korzybski, Kuryłowicz,* Antibiotica [Jena 1961] S. 645; *Fox et al.*, Prog. nucleic Acid Res. mol. Biol. **5** [1966] 251, 253.

Gewinnung aus Kulturen von Streptomyces alboniger: *Am. Cyanamid Co.*, U.S.P. 2763642 [1951]; *Porter et al.*, Antibiotics Chemotherapy Washington **2** [1952] 409.

B. Beim Erwärmen von N^6,N^6-Dimethyl-3'-[(*O*-methyl-*N*,*N*-phthaloyl-L-tyrosyl)-amino]-3'-desoxy-adenosin mit $N_2H_4 \cdot H_2O$ in 2-Methoxy-äthanol (*Ba. et al.*, l. c. S. 5). Aus 3'-[(*N*-Benzyl=oxycarbonyl-*O*-methyl-L-tyrosyl)-amino]-N^6,N^6-dimethyl-3'-desoxy-adenosin bei der Hydrie=rung an Palladium/Kohle in Essigsäure (*Ba. et al.*).

Kristalle; F: 175,5–177° [unkorr.; aus H_2O] (*Po. et al.*; *Fryth et al.*, Am. Soc. **80** [1958] 2736, 2739; *Am. Cyanamid Co.*), 172–173° (*Ba. et al.*, l. c. S. 3). Orthorhombisch oder mono=klin; Netzebenenabstände; Brechungsindices der Kristalle: *Am. Cyanamid Co.* $[\alpha]_D^{25}$: −11° [A.] (*Fr. et al.*). IR-Spektrum (Mineralöl; 6–14 μ): *Am. Cyanamid Co.*; s. a. *Po. et al.* λ_{max}: 267–268 nm [wss. HCl (0,1 n)] bzw. 275 nm [wss. NaOH (0,1 n)] (*Am. Cyanamid Co.*; *Fr. et al.*, l. c. S. 2738). Scheinbare Dissoziationsexponenten pK'_{a1} und pK'_{a2} (H_2O): 6,8 bzw. 7,2 (*Fr. et al.*, l. c. S. 2737).

Dihydrochlorid $C_{22}H_{29}N_7O_5 \cdot 2HCl$. Kristalle; F: 174–182° (*Am. Cyanamid Co.*). Kristalle (aus wss. HCl) mit 2 Mol H_2O; F: 174° [unkorr.; Zers.] (*Fr. et al.*). Das wasserfreie Salz ist monoklin oder orthorhombisch; Netzebenenabstände; Brechungsindices der Kristalle: *Am. Cyanamid Co.* IR-Spektrum (Mineralöl; 6–14 μ): *Am. Cyanamid Co.*

Sulfat $C_{22}H_{29}N_7O_5 \cdot H_2SO_4$. Kristalle (aus H_2O); F: 180–187° [unkorr.; Zers.] (*Fr. et al.*).

Dipicrat $C_{22}H_{29}N_7O_5 \cdot 2C_6H_3N_3O_7$. Kristalle mit 1 Mol H_2O; F: 146–149° [unkorr.] (*Fr. et al.*, l. c. S. 2740).

3'-[(*N*-Acetyl-*O*-methyl-L-tyrosyl)-amino]-N^6,N^6-dimethyl-3'-desoxy-adenosin, *N*-Acetyl-*O*-methyl-L-tyrosin-[N^6,N^6-dimethyl-adenosin-3'-ylamid], *N*-Acetyl-puromycin $C_{24}H_{31}N_7O_6$, Formel I (R = H, R' = $CO\text{-}CH_3$).

B. Aus *N*,*O*,*O'*-Triacetyl-puromycin (S. 3706) in methanol. NH_3 (*Fryth et al.*, Am. Soc. **80** [1958] 2736, 2740).

Kristalle (aus A.); F: 236–237° [unkorr.].

N(CH3)2; R—O—CH2; CO—NH; O—R; R'—NH—C—H; CH2; O—CH3

I

N(CH3)2; HO—CH2; CO—NH; OH; N—C—H; CH2; O—CH3

II

N^6,N^6-Dimethyl-3'-[(*O*-methyl-*N*,*N*-phthaloyl-L-tyrosyl)-amino]-3'-desoxy-adenosin, *O*-Methyl-*N*,*N*-phthaloyl-L-tyrosin-[N^6,N^6-dimethyl-adenosin-3'-ylamid], *N*,*N*-Phthaloyl-puromycin $C_{30}H_{31}N_7O_7$, Formel II.

B. Aus 3'-Amino-N^6,N^6-dimethyl-3'-desoxy-adenosin, *O*-Methyl-*N*,*N*-phthaloyl-L-tyrosyl=chlorid und Na_2CO_3 in wss. Aceton (*Baker et al.*, Am. Soc. **77** [1955] 1, 4). Beim Erhitzen von Puromycin (s. o.) mit Phthalsäure-anhydrid in *O*,*O'*-Diäthyl-diäthylenglykol auf 165° (*Ba. et al.*).

Kristalle (aus 2-Methoxy-äthanol); F: 230–231°. $[\alpha]_D^{24}$: −140° [Py.; c = 0,8].

3′-[(*N*-Benzyloxycarbonyl-*O*-methyl-L-tyrosyl)-amino]-*N*⁶,*N*⁶-dimethyl-3′-desoxy-adenosin, *N*-Benzyloxycarbonyl-*O*-methyl-L-tyrosin-[*N*⁶,*N*⁶-dimethyl-adenosin-3′-ylamid], *N*-Benzyloxycarbonyl-puromycin $C_{30}H_{35}N_7O_7$, Formel I (R = H, R′ = CO-O-CH_2-C_6H_5).

B. Aus 3′-Amino-*N*⁶,*N*⁶-dimethyl-3′-desoxy-adenosin und dem aus *N*-Benzyloxycarbonyl-*O*-methyl-L-tyrosin und Chlorokohlensäure-äthylester bereiteten gemischten Anhydrid in Triäthylamin und DMF (*Baker et al.*, Am. Soc. **77** [1955] 1, 5). Aus Puromycin-dihydrochlorid (s. o.), Benzyloxycarbonylchlorid und Na_2CO_3 in wss. Aceton (*Ba. et al.*).

Kristalle (aus A.); F: 208–210°.

N^6,N^6-Dimethyl-3′-[(*O*-methyl-*N*-phenylthiocarbamoyl-L-tyrosyl)-amino]-3′-desoxy-adenosin, *O*-Methyl-*N*-phenylthiocarbamoyl-L-tyrosin-[N^6,N^6-dimethyl-adenosin-3′-ylamid], *N*-Phenylthiocarbamoyl-puromycin $C_{29}H_{34}N_8O_5S$, Formel I (R = H, R′ = CS-NH-C_6H_5).

B. Aus Puromycin-dihydrochlorid (s. o.), Phenylisothiocyanat und Triäthylamin in Äthanol (*Baker et al.*, Am. Soc. **77** [1955] 1, 3).

Kristalle (aus E.); F: 174–175°. $[\alpha]_D^{25}$: −46° [Acn.; c = 2].

3′-[(*N*,*O*-Bis-benzyloxycarbonyl-L-tyrosyl)-amino]-N^6,N^6-dimethyl-3′-desoxy-adenosin, *N*,*O*-Bis-benzyloxycarbonyl-L-tyrosin-[N^6,N^6-dimethyl-adenosin-3′-ylamid] $C_{37}H_{39}N_7O_9$, Formel III (R = R′ = CO-O-CH_2-C_6H_5).

B. Aus 3′-Amino-N^6,N^6-dimethyl-3′-desoxy-adenosin, *N*,*O*-Bis-benzyloxycarbonyl-L-tyrosylchlorid und Triäthylamin in DMF (*Baker et al.*, Am. Soc. **77** [1955] 1, 5, 6).

Kristalle (aus A.); F: 199–201°. $[\alpha]_D^{24}$: −20° [Py.; c = 2].

3′-[(*N*-Glycyl-*O*-methyl-L-tyrosyl)-amino]-N^6,N^6-dimethyl-3′-desoxy-adenosin, *N*-Glycyl-*O*-methyl-L-tyrosin-[N^6,N^6-dimethyl-adenosin-3′-ylamid], *N*-Glycyl-puromycin $C_{24}H_{32}N_8O_6$, Formel III (R = CO-CH_2-NH_2, R′ = CH_3).

B. Aus der folgenden Verbindung bei der Hydrierung an Palladium/Kohle in 2-Methoxy-äthanol (*Baker et al.*, Am. Soc. **77** [1955] 1, 6).

Kristalle (aus A.) mit 0,5 Mol Äthanol; F: 186–188° [Zers.]. $[\alpha]_D^{24}$: −26° [Py.; c = 2].

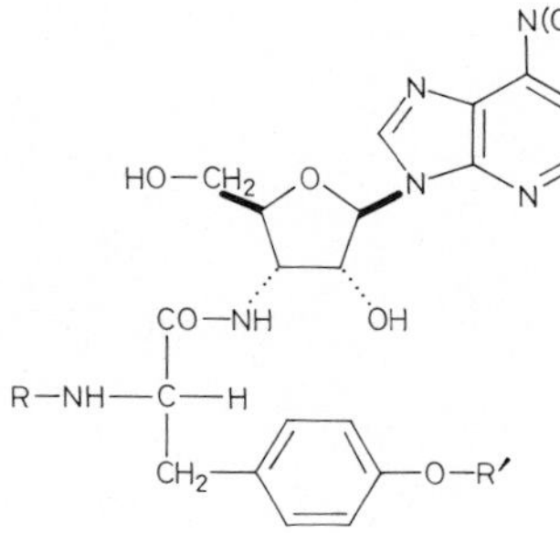

N(CH3)2, HO—CH2, O, N, N, N, N, CO—NH, OH, R—NH—C—H, CH2, O—R′

III

N(CH3)2, HO—CH2, O, N, N, N, N, CO—NH, OH, CO—NH—C—H, R—NH—C—H, CH2, O—CH3, CH2, O—CH3

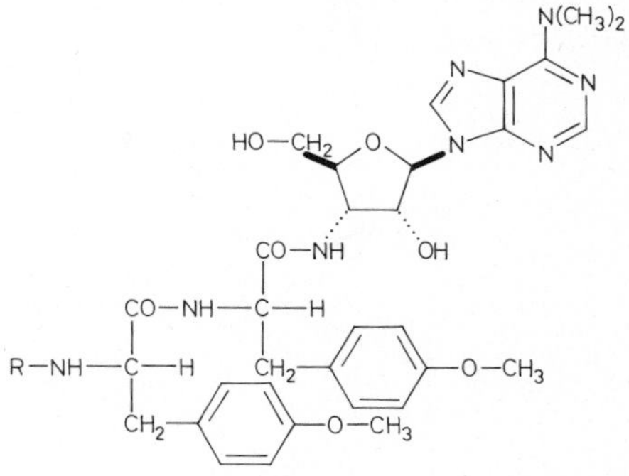

IV

3′-{[*N*-(*N*-Benzyloxycarbonyl-glycyl)-*O*-methyl-L-tyrosyl]-amino}-N^6,N^6-dimethyl-3′-desoxy-adenosin, *N*-[*N*-Benzyloxycarbonyl-glycyl]-*O*-methyl-L-tyrosin-[N^6,N^6-dimethyl-adenosin-3′-ylamid] $C_{32}H_{38}N_8O_8$, Formel III (R = CO-CH_2-NH-CO-O-CH_2-C_6H_5, R′ = CH_3).

B. Aus Puromycin-dihydrochlorid (s. o.) und *N*-Benzyloxycarbonyl-glycylchlorid oder dem gemischten Anhydrid aus *N*-Benzyloxycarbonyl-glycin und Chlorokohlensäure-äthylester unter Zusatz von Triäthylamin in DMF (*Baker et al.*, Am. Soc. **77** [1955] 1, 5, 7).

Kristalle (aus Me.); F: 193–195°. $[\alpha]_D^{24}$: −23° [Py.; c = 2].

***N*⁶,*N*⁶-Dimethyl-3′-{[*O*-methyl-*N*-(*O*-methyl-L-tyrosyl)-L-tyrosyl]-amino}-3′-desoxy-adenosin, *O*-Methyl-*N*-[*O*-methyl-L-tyrosyl]-L-tyrosin-[*N*⁶,*N*⁶-dimethyl-adenosin-3′-ylamid]** $C_{32}H_{40}N_8O_7$, Formel IV (R = H).

B. Aus der folgenden Verbindung bei der Hydrierung an Palladium/Kohle in 2-Methoxy-äthanol (*Baker et al.,* Am. Soc. **77** [1955] 1, 6).

Kristalle (aus Me.) mit 1,5 Mol H_2O; F: 113–115° und (nach Wiedererstarren) F: 157–159°. $[\alpha]_D^{24}$: −37° [Py.; c = 2].

3′-{[*N*-(*N*-Benzyloxycarbonyl-*O*-methyl-L-tyrosyl)-*O*-methyl-L-tyrosyl]-amino}-*N*⁶,*N*⁶-dimethyl-3′-desoxy-adenosin, *N*-[*N*-Benzyloxycarbonyl-*O*-methyl-L-tyrosyl]-*O*-methyl-L-tyrosin-[*N*⁶,*N*⁶-dimethyl-adenosin-3′-ylamid] $C_{40}H_{46}N_8O_9$, Formel IV (R = $CO\text{-}O\text{-}CH_2\text{-}C_6H_5$).

B. Aus Puromycin-dihydrochlorid (s. o.) und dem gemischten Anhydrid aus *N*-Benzyloxycarbonyl-*O*-methyl-L-tyrosin und Chlorokohlensäure-äthylester unter Zusatz von Triäthylamin in DMF (*Baker et al.,* Am. Soc. **77** [1955] 1, 5, 7).

Kristalle (aus H_2O) mit 0,5 Mol H_2O; F: 193–196°. $[\alpha]_D^{24}$: −23° [Py.; c = 2].

***O*²′,*O*⁵′-Diacetyl-3′-[(*N*-acetyl-*O*-methyl-L-tyrosyl)-amino]-*N*⁶,*N*⁶-dimethyl-3′-desoxy-adenosin, *N*-Acetyl-*O*-methyl-L-tyrosin-[*O*²′,*O*⁵′-diacetyl-*N*⁶,*N*⁶-dimethyl-adenosin-3′-ylamid],** *N,O,O′*-Triacetyl-puromycin $C_{28}H_{35}N_7O_8$, Formel I (R = R′ = $CO\text{-}CH_3$).

B. Beim Erwärmen von Puromycin (S. 3704) mit Acetanhydrid in Pyridin (*Fryth et al.,* Am. Soc. **80** [1958] 2736, 2740).

Kristalle (aus Acn.); F: 217,5–218° [unkorr.].

***N*⁶,*N*⁶-Dimethyl-3′-L-tryptophylamino-3′-desoxy-adenosin, L-Tryptophan-[*N*⁶,*N*⁶-dimethyl-adenosin-3′-ylamid]** $C_{23}H_{28}N_8O_4$, Formel V (R = H).

B. Aus der folgenden Verbindung bei der Hydrierung an Palladium/Kohle in 2-Methoxy-äthanol (*Baker et al.,* Am. Soc. **77** [1955] 1, 6).

Kristalle (aus A.); F: 219–221° [Zers.]. $[\alpha]_D^{24}$: −49° [Py.; c = 2].

3′-[(*N*^α-Benzyloxycarbonyl-L-tryptophyl)-amino]-*N*⁶,*N*⁶-dimethyl-3′-desoxy-adenosin, *N*^α-Benzyloxycarbonyl-L-tryptophan-[*N*⁶,*N*⁶-dimethyl-adenosin-3′-ylamid] $C_{31}H_{34}N_8O_6$, Formel V (R = $CO\text{-}O\text{-}CH_2\text{-}C_6H_5$).

B. Aus 3′-Amino-*N*⁶,*N*⁶-dimethyl-3′-desoxy-adenosin, *N*^α-Benzyloxycarbonyl-L-tryptophylchlorid und Triäthylamin in DMF (*Baker et al.,* Am. Soc. **77** [1955] 1, 5, 6).

Kristalle (aus A.); F: 233–234°. $[\alpha]_D^{24}$: −7,2° [Py.; c = 2].

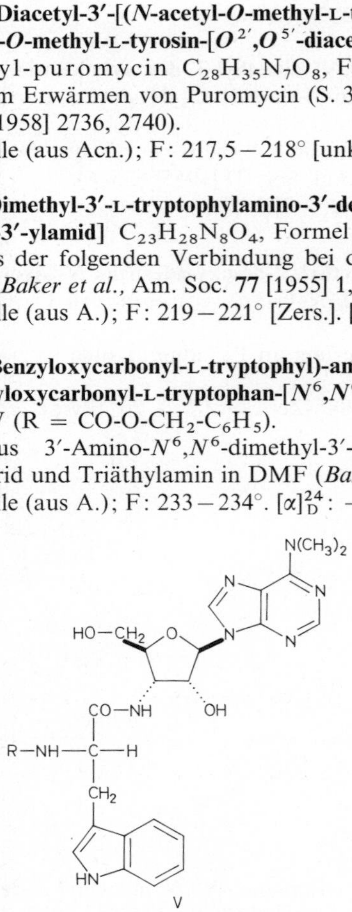

V 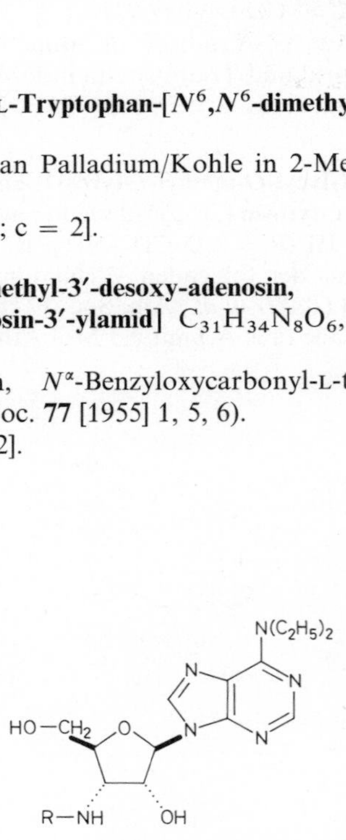 VI

***N*⁶,*N*⁶-Diäthyl-3′-amino-3′-desoxy-adenosin** $C_{14}H_{22}N_6O_3$, Formel VI (R = H).

B. Beim Erwärmen von (1*R*)-*O,O′*-Dibenzoyl-1-[6-chlor-purin-9-yl]-3-phthalimido-D-1,4-anhydro-3-desoxy-ribit (S. 1747) und Diäthylamin in Methanol und anschliessend mit Butylamin (*Am. Cyanamid Co.,* U.S.P. 2852505, 2852506 [1955]; *Goldman et al.,* Am. Soc. **78** [1956] 4173). Aus der folgenden Verbindung in wss. $Ba(OH)_2$ (*Am. Cyanamid Co.*; *Go. et al.*).

Kristalle; F: 181,5–183° (*Go. et al.*), 181–183° [aus E.+A.] (*Am. Cyanamid Co.*). $[\alpha]_D^{24,5}$: −45,8° [A.] (*Am. Cyanamid Co.*); $[\alpha]_D^{25}$: −48,6° [A.; c = 1] (*Go. et al.*), −44,0° [A.] (*Am. Cyanamid Co.*). λ_{max}: 276,5–277 nm [A.], 268 nm [wss. HCl (0,1 n)] bzw. 277–277,5 nm [wss. NaOH (0,1 n)] (*Am. Cyanamid Co.*).

3′-Acetylamino-*N*⁶,*N*⁶-diäthyl-3′-desoxy-adenosin $C_{16}H_{24}N_6O_4$, Formel VI (R = CO-CH_3).

B. Beim Erhitzen von (1*Ξ*)-3-Acetylamino-*O,O′*-dibenzoyl-1-[6-chlor-purin-9-yl]-D-1,4-anhy≠dro-3-desoxy-ribit (S. 1746) mit methanol. Diäthylamin (*Am. Cyanamid Co.,* U.S.P. 2852505, 2852506 [1955]; *Goldman et al.,* Am. Soc. **78** [1956] 4173).

Kristalle (aus E.+A.); F: 214,5–215° (*Am. Cyanamid Co.*; s. a. *Go. et al.*). $[\alpha]_D^{24,5}$: −26,0° [A.; c = 0,7] (*Go. et al.*; *Am. Cyanamid Co.*). λ_{max}: 277,5 nm [A.], 269 nm [wss. HCl (0,1 n)] bzw. 278 nm [wss. NaOH (0,1 n)] (*Am. Cyanamid Co.*).

3′-Amino-*N*⁶,*N*⁶-dipropyl-3′-desoxy-adenosin $C_{16}H_{26}N_6O_3$, Formel VII (n = 2).

B. Beim Erhitzen von (1*R*)-*O,O′*-Dibenzoyl-1-[6-chlor-purin-9-yl]-3-phthalimido-D-1,4-anhy≠dro-3-desoxy-ribit (S. 1747) mit Dipropylamin in Methanol und anschliessend mit Methylamin (*Am. Cyanamid Co.,* U.S.P. 2852505, 2852506 [1955]).

Kristalle (aus E.); F: 168,5–169,5°. $[\alpha]_D^{24}$: −45,0° [Me.]. λ_{max}: 215 nm und 277,5 nm [Me.], 270 nm [wss. HCl (0,1 n)] bzw. 217,5 nm und 280 nm [wss. NaOH (0,1 n)].

3′-Amino-*N*⁶-butyl-3′-desoxy-adenosin $C_{14}H_{22}N_6O_3$, Formel VIII (R = $[CH_2]_3$-CH_3).

B. Beim Erwärmen von (1*R*)-*O,O′*-Dibenzoyl-1-[6-chlor-purin-9-yl]-3-phthalimido-D-1,4-an≠hydro-3-desoxy-ribit (S. 1747) mit Butylamin in Methanol (*Am. Cyanamid Co.,* U.S.P. 2852505, 2852506 [1955]).

Kristalle (aus Me.) mit 0,25 Mol H_2O; F: 171–172°. $[\alpha]_D^{25}$: −43,7° [A]. λ_{max}: 269 nm [A. sowie wss. NaOH (0,01 n)] bzw. 262 nm [wss. HCl (0,01 n)].

3′-Amino-*N*⁶,*N*⁶-dibutyl-3′-desoxy-adenosin $C_{18}H_{30}N_6O_3$, Formel VII (n = 3).

B. Beim Erhitzen von (1*R*)-*O,O′*-Dibenzoyl-1-[6-chlor-purin-9-yl]-3-phthalimido-D-1,4-anhy≠dro-3-desoxy-ribit (S. 1747) mit Dibutylamin in Methanol und anschliessend mit Butylamin (*Am. Cyanamid Co.,* U.S.P. 2852505, 2852506 [1955]).

Kristalle (aus A.); F: 189,5–190,5°. $[\alpha]_D^{26}$: −38,8° [Me.]. λ_{max}: 279 nm [Me.], 271 nm [wss. HCl (0,1 n)] bzw. 280 nm [wss. NaOH (0,1 n)].

3′-Amino-*N*⁶-isobutyl-3′-desoxy-adenosin $C_{14}H_{22}N_6O_3$, Formel VIII (R = CH_2-$CH(CH_3)_2$).

B. Beim Erhitzen von (1*R*)-*O,O′*-Dibenzoyl-1-[6-chlor-purin-9-yl]-3-phthalimido-D-1,4-anhy≠dro-3-desoxy-ribit (S. 1747) mit Isobutylamin in Methanol auf 100° (*Am. Cyanamid Co.,* U.S.P. 2852505, 2852506 [1955]).

Kristalle (aus A.); F: 171,5–172,5°. $[\alpha]_D^{24}$: −25,3° [H_2O]. λ_{max}: 268 nm [A.], 263,5 nm [wss. HCl (0,01 n)] bzw. 217 nm und 268,5 nm [wss. NaOH (0,1 n)].

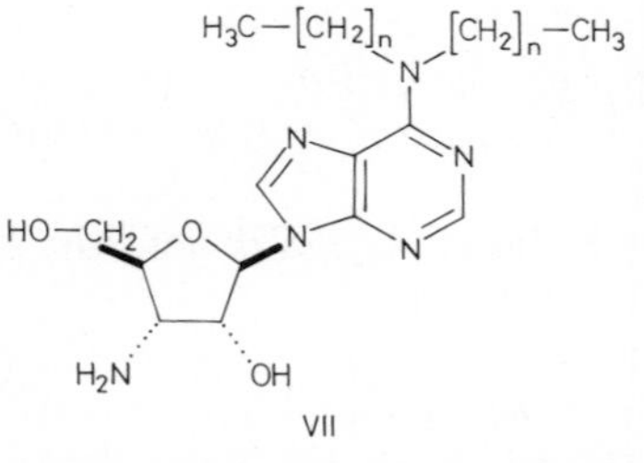

VII

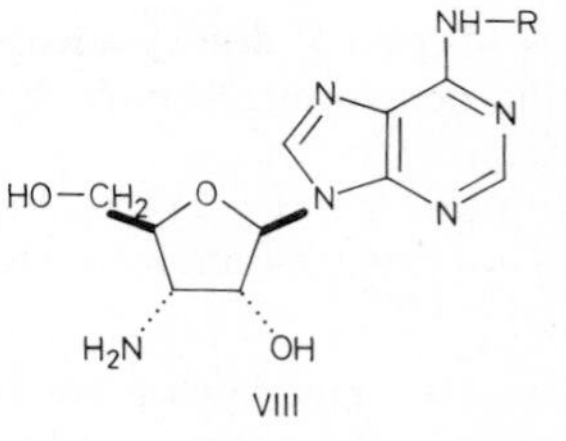

VIII

3′-Amino-*N*⁶,*N*⁶-dipentyl-3′-desoxy-adenosin $C_{20}H_{34}N_6O_3$, Formel VII (n = 4).

B. Beim Erhitzen von (1*R*)-*O,O′*-Dibenzoyl-1-[6-chlor-purin-9-yl]-3-phthalimido-D-1,4-anhy≠dro-3-desoxy-ribit (S. 1747) mit Dipentylamin in Methanol und anschliessend mit Butylamin (*Am. Cyanamid Co.,* U.S.P. 2852505, 2852506 [1955]).

Kristalle (aus A.); F: 172–173,2°. $[\alpha]_D^{26}$: –43,7° [A.]. λ_{max}: 279 nm [Me.], 271 nm [wss. HCl (0,1 n)] bzw. 280 nm [wss. NaOH (0,1 n)].

3′-Amino-*N*⁶,*N*⁶-diheptyl-3′-desoxy-adenosin $C_{24}H_{42}N_6O_3$, Formel VII (n = 6).

B. Analog der vorangehenden Verbindung (*Am. Cyanamid Co.,* U.S.P. 2852505, 2852506 [1955]).

Kristalle (aus A.); F: 137–138°. $[\alpha]_D^{25}$: –36,9° [A.]. λ_{max}: 278 nm [A.], 271 nm [wss. HCl (0,1 n)] bzw. 276 nm [wss. NaOH (0,1 n)].

3′-Amino-*N*⁶-decyl-3′-desoxy-adenosin $C_{20}H_{34}N_6O_3$, Formel VIII (R = $[CH_2]_9$-CH_3).

B. Beim Erwärmen von (1*R*)-*O*,*O*′-Dibenzoyl-1-[6-chlor-purin-9-yl]-3-phthalimido-D-1,4-an= hydro-3-desoxy-ribit (S. 1747) mit Decylamin in Methanol (*Am. Cyanamid Co.,* U.S.P. 2852505, 2852506 [1955]).

Kristalle (aus A.); F: 138–139°. $[\alpha]_D^{25}$: –40,0° [A.]. λ_{max}: 268 nm [A.], 263 nm [wss. HCl (0,1 n)] bzw. 268,5 nm [wss. NaOH (0,1 n)].

***N*⁶,*N*⁶-Diallyl-3′-amino-3′-desoxy-adenosin** $C_{16}H_{22}N_6O_3$, Formel IX.

B. Beim Erhitzen von (1*R*)-*O*,*O*′-Dibenzoyl-1-[6-chlor-purin-9-yl]-3-phthalimido-D-1,4-an= hydro-3-desoxy-ribit (S. 1747) mit Diallylamin in Methanol und anschliessend mit Butylamin (*Am. Cyanamid Co.,* U.S.P. 2852505, 2852506 [1955]).

Kristalle (aus A. + E.); F: 161–163,5°. $[\alpha]_D^{25}$: –43,1° [Me.]. λ_{max}: 276 nm [Me.], 269 nm [wss. HCl (0,1 n)] bzw. 277 nm [wss. NaOH (0,1 n)].

3′-Amino-*N*⁶-cyclohexyl-3′-desoxy-adenosin $C_{16}H_{24}N_6O_3$, Formel VIII (R = C_6H_{11}).

B. Beim Erhitzen von (1*R*)-*O*,*O*′-Dibenzoyl-1-[6-chlor-purin-9-yl]-3-phthalimido-D-1,4-an= hydro-3-desoxy-ribit (S. 1747) mit Cyclohexylamin in Methanol auf 100° (*Am. Cyanamid Co.,* U.S.P. 2852505, 2852506 [1955]).

$[\alpha]_D^{25}$: –42,5° [A.]. λ_{max}: 270 nm [A. sowie wss. NaOH (0,1 n)] bzw. 263 nm [wss. HCl (0,1 n)].

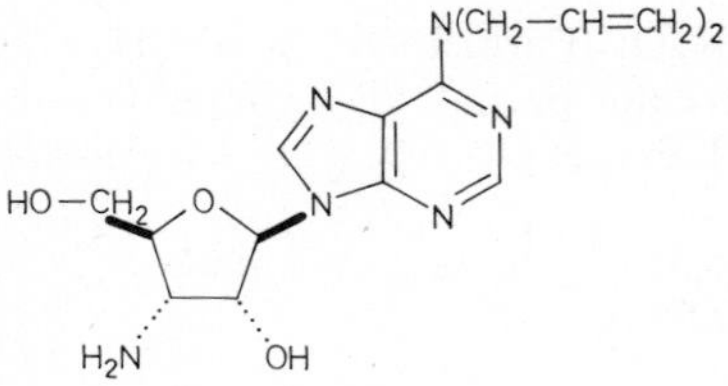

IX

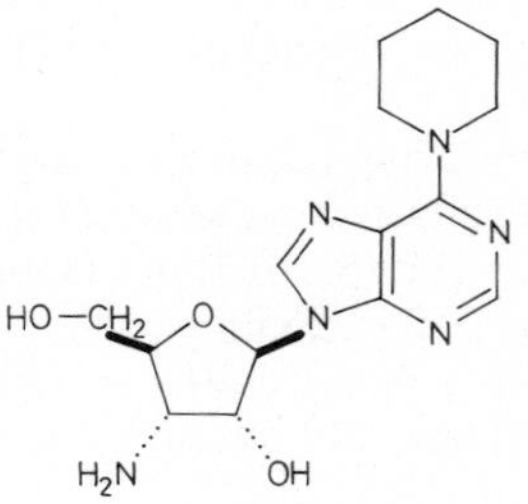

X

3′-Amino-*N*⁶-benzyl-3′-desoxy-adenosin $C_{17}H_{20}N_6O_3$, Formel VIII (R = CH_2-C_6H_5).

B. Analog der vorangehenden Verbindung (*Am. Cyanamid Co.,* U.S.P. 2852505, 2852506 [1955]).

Kristalle (aus A.); F: 174,5–175,5°. $[\alpha]_D^{25}$: –41,8° [Me.]. λ_{max}: 270 nm [Me. sowie wss. NaOH (0,1 n)] bzw. 264 nm [wss. HCl (0,1 n)].

(1*R*)-3-Amino-1-[6-piperidino-purin-9-yl]-D-1,4-anhydro-3-desoxy-ribit, 9-[3-Amino-3-desoxy-*β*-D-ribofuranosyl]-6-piperidino-9*H*-purin $C_{15}H_{22}N_6O_3$, Formel X.

B. Beim Erhitzen der folgenden Verbindung mit Methylamin in Methanol auf 100° (*Am. Cyanamid Co.,* U.S.P. 2852505, 2852506 [1955]).

Kristalle (aus Me.) mit 0,5 Mol H_2O; F: 189,5–190°. $[\alpha]_D^{24}$: –44,0° [A.]. λ_{max}: 217,5 nm und 280 nm [A.], 272,5 nm [wss. HCl (0,1 n)] bzw. 216,5 nm und 281 nm [wss. NaOH (0,1 n)].

2-[Piperidin-1-carbonyl]-benzoesäure-[(1*R*)-1-(6-piperidino-purin-9-yl)-D-1,4-anhydro-ribit-3-ylamid], 9-{3-[2-(Piperidin-1-carbonyl)-benzoylamino]-3-desoxy-*β*-D-ribofuranosyl}-6-piperidino-9*H*-purin $C_{28}H_{35}N_7O_5$, Formel XI.

B. Beim Erhitzen von (1*R*)-*O*,*O'*-Dibenzoyl-1-[6-chlor-purin-9-yl]-3-phthalimido-D-1,4-anhydro-3-desoxy-ribit (S. 1747) mit Piperidin in Methanol auf 100° (*Am. Cyanamid Co.*, U.S.P. 2852505, 2852506 [1955]).

λ_{max}: 279 nm [A.], 272,5 nm [wss. HCl (0,1 n)] und 280 nm [wss. NaOH (0,1 n)].

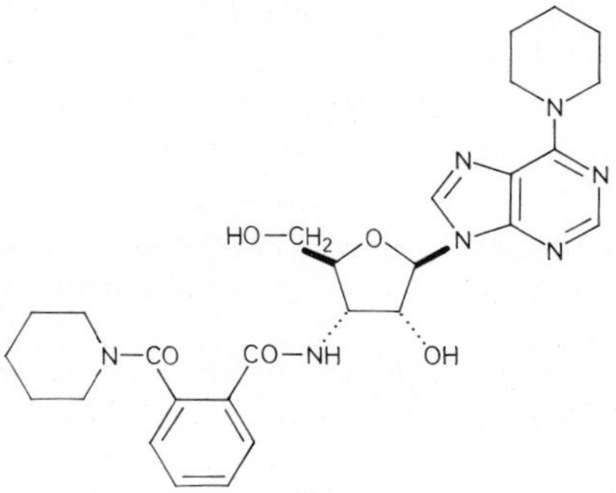

XI 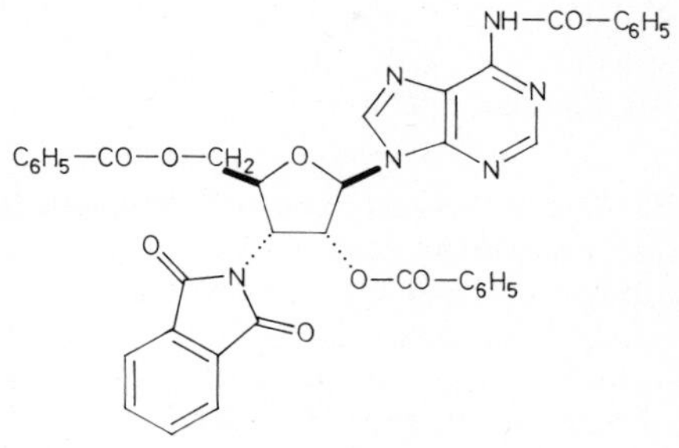 XII

***N*⁶,*O*²′,*O*⁵′-Tribenzoyl-3′-phthalimido-3′-desoxy-adenosin** $C_{39}H_{28}N_6O_8$, Formel XII.

B. Beim Erhitzen von 6-Benzoylamino-purin-9-ylquecksilber-chlorid mit Di-*O*-benzoyl-3-phthalimido-3-desoxy-*β*-D-ribofuranosylchlorid in Xylol (*Am. Cyanamid Co.*, U.S.P. 2852505 [1955]; *Reist, Baker*, J. org. Chem. **23** [1958] 1083).

Gelblicher Feststoff (*Re.*, *Ba.*). IR-Banden (KBr; 2,9–9 μ): *Re.*, *Ba.*

3′-Amino-*N*⁶-furfuryl-3′-desoxy-adenosin $C_{15}H_{18}N_6O_4$, Formel XIII.

B. Beim Erhitzen von (1*R*)-*O*,*O'*-Dibenzoyl-1-[6-chlor-purin-9-yl]-3-phthalimido-D-1,4-anhydro-3-desoxy-ribit (S. 1747) mit Furfurylamin in 2-Methoxy-äthanol und anschliessend mit Butylamin in Methanol (*Am. Cyanamid Co.*, U.S.P. 2852505, 2852506 [1955]).

Kristalle (aus E.+A.); F: 157,5–158,5°. $[\alpha]_D^{26}$: −43,5° [H_2O]. λ_{max}: 267,5 nm [Me.], 264 nm [wss. HCl (0,1 n)] bzw. 268 nm [wss. NaOH (0,1 n)].

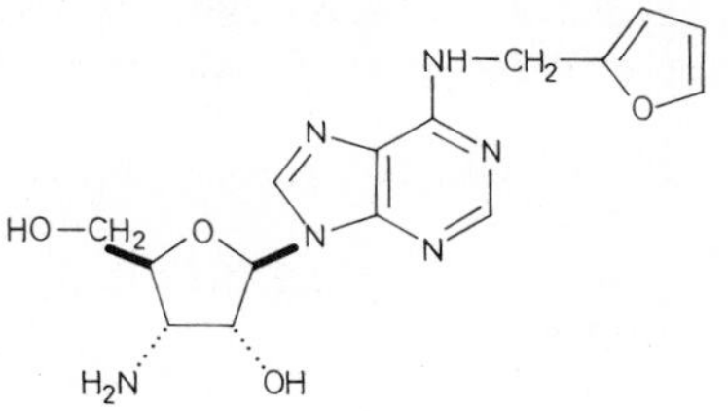

XIII 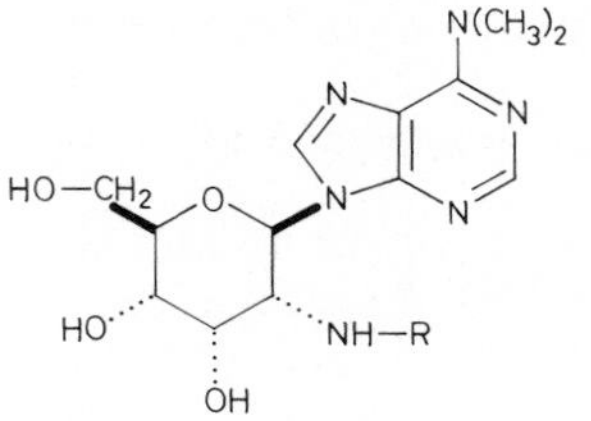 XIV

(1*R*)-2-Amino-1-[6-dimethylamino-purin-9-yl]-D-1,5-anhydro-2-desoxy-allit, 9-[2-Amino-2-desoxy-*β*-D-allopyranosyl]-6-dimethylamino-9*H*-purin $C_{13}H_{20}N_6O_4$, Formel XIV (R = H).

B. Aus der folgenden Verbindung in wss. $Ba(OH)_2$ (*Am. Cyanamid Co.*, U.S.P. 2852505 [1955]).

F: 110–112° [aus A.+E.].

***N*-[2-(6-Dimethylamino-purin-9-yl)-4,5-dihydroxy-6-hydroxymethyl-tetrahydro-pyran-2-yl]-acetamid** $C_{15}H_{22}N_6O_5$.

a) **(1*R*)-2-Acetylamino-1-[6-dimethylamino-purin-9-yl]-D-1,5-anhydro-2-desoxy-allit,** 9-[2-Acetylamino-2-desoxy-*β*-D-allopyranosyl]-6-dimethylamino-9*H*-purin, Formel XIV (R = CO-CH_3).

B. Beim Erwärmen von (1*R*)-Tri-*O*-acetyl-2-acetylamino-1-[6-dimethylamino-2-methylmer=

capto-purin-9-yl]-D-1,5-anhydro-2-desoxy-allit (S. 3859) mit Raney-Nickel in Äthanol und Erwärmen des Reaktionsprodukts mit methanol. Natriummethylat (*Am. Cyanamid Co.,* U.S.P. 2852505 [1955]).

Kristalle (aus Me. + E.); F: 250 – 253° [Zers.].

b) **(1*R*)-2-Acetylamino-1-[6-dimethylamino-purin-9-yl]-1,5-anhydro-2-desoxy-D-glucit,** 9-[2-Acetylamino-2-desoxy-β-D-glucopyranosyl]-6-dimethylamino-9*H*-purin, Formel I (R = H).

B. Aus der folgenden Verbindung in methanol. Natriummethylat (*Baker et al,* J. org. Chem. **19** [1954] 1786, 1791; *Am. Cyanamid Co.,* U.S.P. 2852505 [1955]).

Glasartiger Feststoff (aus A.) mit 0,5 Mol H_2O (*Ba. et al.*). F: ca. 170° (*Am. Cyanamid Co.*). IR-Banden: 3,02 μ, 6,00 μ, 6,20 μ und 6,45 μ (*Ba. et al.*).

(1*R*)-Tri-*O*-acetyl-2-acetylamino-1-[6-dimethylamino-purin-9-yl]-1,5-anhydro-2-desoxy-D-glucit, 6-Dimethylamino-9-[tri-*O*-acetyl-2-acetylamino-2-desoxy-β-D-glucopyranosyl]-9*H*-purin $C_{21}H_{28}N_6O_8$, Formel I (R = CO-CH_3).

B. Beim Erwärmen von (1*R*)-Tri-*O*-acetyl-2-acetylamino-1-[6-dimethylamino-2-methylmercapto-purin-9-yl]-1,5-anhydro-2-desoxy-D-glucit (S. 3859) mit Raney-Nickel in Äthanol (*Baker et al.,* J. org. Chem. **19** [1954] 1786, 1791).

λ_{max} (wss. Lösung): 267 nm [pH 1] bzw. 275 nm [pH 7 sowie pH 14].

I II III

(1*R*)-3-Amino-1-[6-dimethylamino-purin-9-yl]-D-1,5-anhydro-3-desoxy-allit, 9-[3-Amino-3-desoxy-β-D-allopyranosyl]-6-dimethylamino-9*H*-purin $C_{13}H_{20}N_6O_4$, Formel II (R = H).

B. Aus der folgenden Verbindung in wss. $Ba(OH)_2$ (*Am. Cyanamid Co.,* U.S.P. 2852505 [1955]).

Kristalle (aus A.) mit 0,5 Mol H_2O; F: 179 – 180°. $[\alpha]_D^{25}$: –17,9° [H_2O]. λ_{max}: 275 nm [A. sowie wss. NaOH (0,1 n)] bzw. 268 nm [wss. HCl (0,1 n)].

(1*R*)-3-Acetylamino-1-[6-dimethylamino-purin-9-yl]-D-1,5-anhydro-3-desoxy-allit, 9-[3-Acetylamino-3-desoxy-β-D-allopyranosyl]-6-dimethylamino-9*H*-purin $C_{15}H_{22}N_6O_5$, Formel II (R = CO-CH_3).

B. Beim Erhitzen von (1*R*)-Tri-*O*-acetyl-3-acetylamino-1-[6-chlor-purin-9-yl]-D-1,5-anhydro-3-desoxy-allit mit Dimethylamin in Methanol auf 100° (*Am. Cyanamid Co.,* U.S.P. 2852505, 2852506 [1955]).

λ_{max}: 278 nm [A.], 268 nm [wss. HCl (0,1 n)] bzw. 279 nm [wss. NaOH (0,1 n)].

(1*R*)-2-Acetylamino-1-[6-dimethylamino-purin-9-yl]-1,4-anhydro-2-desoxy-D-glucit, 9-[2-Acetylamino-2-desoxy-β-D-glucofuranosyl]-6-dimethylamino-9*H*-purin $C_{25}H_{22}N_6O_5$, Formel III.

B. Aus 6-Chlor-purin-9-ylquecksilber-chlorid und Äthyl-[2-acetylamino-tri-*O*-benzoyl-1-thio-2-desoxy-α-D-glucofuranosid] (E III/IV **18** 7641) über mehrere Stufen (*Am. Cyanamid Co.,* U.S.P. 2852505, 2852506 [1955]).

Feststoff (aus H_2O). λ_{max} (wss. Lösung): 268 nm [pH 1] bzw. 278 nm [pH 7 sowie pH 14].

***Coα*-[α-Benzimidazol-1-yl]-*Coβ*-adenosin-5′-yl-cobamid-betain** $C_{70}H_{96}CoN_{18}O_{17}P$, Formel IV (R′ = H) (in der Literatur als Benzimidazol-Vitamin-B_{12}-coenzym bezeichnet).

Bezüglich der Struktur sowie zusammenfassender Darstellungen vgl. die Angaben im folgenden Artikel.

Isolierung aus 1*H*-Benzimidazol enthaltenden Kulturen von Clostridium tetanomorphum: *Weissbach et al.,* Pr. nation. Acad. U.S.A. **45** [1959] 521.

Absorptionsspektrum (H_2O, wss. Lösung vom pH 6,7 sowie wss KCN [0,1 m]; 220–610 nm): *We. et al.,* l. c. S. 522, 524. Absorptionsspektrum (wss. Lösung; 230–600 nm) nach Bestrahlung mit Glühlampenlicht: *We. et al.,* l. c. S. 523.

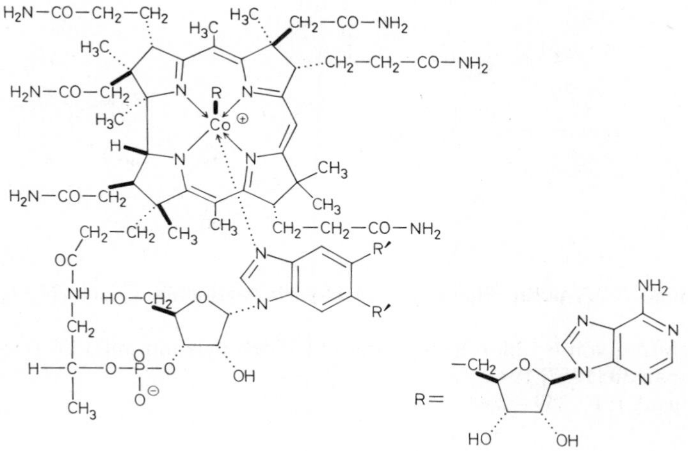

IV

***Coα*-[α-5,6-Dimethyl-benzimidazol-1-yl]-*Coβ*-adenosin-5′-yl-cobamid-betain, Adenosin-5′-yl-cobalamin,** Vitamin-B_{12}-coenzym, Cobamamid $C_{72}H_{100}CoN_{18}O_{17}P$, Formel IV (R′ = CH_3).

Konstitution und Konfiguration: *Lenhert, Hodgkin,* Nature **192** [1961] 937; 2. Europ. Symp. Vitamin B_{12} Hamburg, 1961 S. 105; *Bernhauer et al.,* 2. Europ. Symp. Vitamin B_{12} Hamburg 1961 S. 110; *Wagner, Renz,* Tetrahedron Letters **1963** 259, 265; *Hodgkin,* in The Law of Mass Action [Oslo 1964] S. 159; *Lenhert,* Pr. roy. Soc. [A] **303** [1968] 45, 47.

Bezüglich zusammenfassender Darstellungen vgl. *Whipple,* Ann. N.Y. Acad. Sci. **112** [1964] 547–921; *Johnson,* Sci. Progr. **52** [1964] 106–112 und die Angaben im Artikel [α-(5,6-Dimethyl-benzimidazol-1-yl)]-hydrogenobamid (S. 3114).

Zur Isolierung aus Rattenleber sowie aus Kulturen von Propionibacterium-Arten s. *Weissbach et al.,* Pr. nation. Acad. U.S.A. **45** [1959] 521, 524. Isolierung aus 5,6-Dimethyl-1*H*-benzimidazol enthaltenden Kulturen von Clostridium tetanomorphum: *We. et al.*

Absorptionsspektrum (H_2O, wss. Lösung vom pH 6,7 sowie wss. KCN [0,1 m]; 220–610 nm): *We. et al.,* l. c. S. 522, 524. Absorptionsspektrum (wss. Lösung; 230–600 nm) nach Bestrahlung mit Glühlampenlicht: *We. et al.,* l. c. S. 523.

***Coα*-[α-6-Amino-purin-7-y)]-*Coβ*-adenosin-5′-yl-cobamid-betain,** Pseudovitamin-B_{12}-coenzym, Adenin-B_{12}-coenzym $C_{68}H_{95}CoN_{21}O_{17}P$, Formel V.

Bezüglich der Struktur sowie zusammenfassender Darstellungen vgl. die Angaben im vorangehenden Artikel sowie im Artikel Pseudovitamin-B_{12} (S. 3597).

Isolierung aus Kulturen von Clostridium tetanomorphum: *Barker et al.,* Pr. nation. Acad. U.S.A. **44** [1958] 1093, 1095.

Absorptionsspektrum (220–620 nm) in wss. Lösung vom pH 6,7: *Ba. et al.,* l. c. S. 1094;

Weissbach et al. Pr. nation. Acad. U.S.A. **45** [1959] 521, 522; in wss. KCN [0,1 m]: *Ba. et al.*, l. c. S. 1096. Absorptionsspektrum (wss. Lösung; 240–600 nm) nach Bestrahlung mit Glühlampenlicht: *Ba. et al.*, l. c. S. 1095; *We. et al.*, l. c. S. 523.

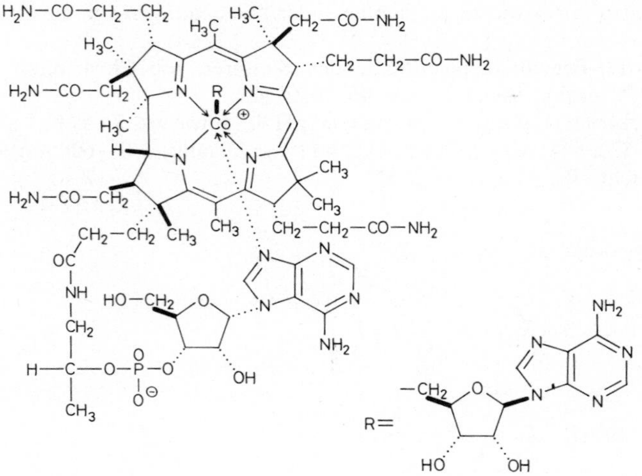

V

6-Piperonylamino-7(9)*H*-purin, Piperonyl-[7(9)*H*-purin-6-yl]-amin $C_{13}H_{11}N_5O_2$, Formel VI und Taut.

B. Beim Erhitzen von 6-Chlor-7(9)*H*-purin mit Piperonylamin auf 130° (*Okumura et al.*, Bl. chem. Soc. Japan **30** [1957] 194).

Kristalle (aus A.); F: 259–260°.

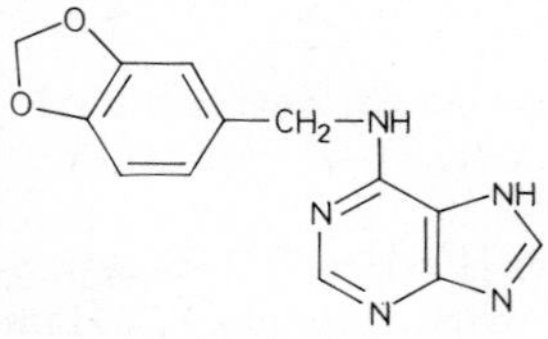

VI 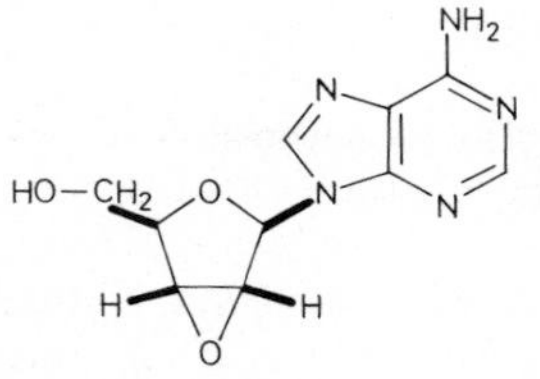 VII 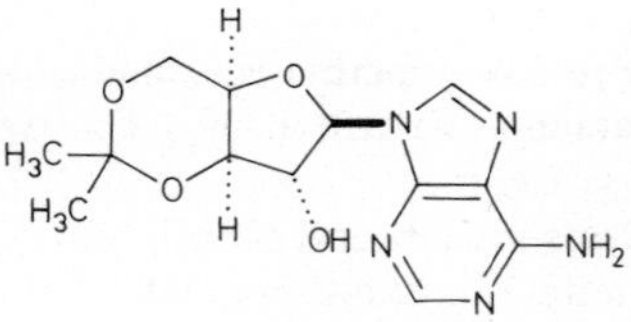 VIII

(1*R*)-1-[6-Amino-purin-9-yl]-D-1,4;2,3-dianhydro-ribit, *O*[2'],*O*[3']-Anhydro-adenosin $C_{10}H_{11}N_5O_3$, Formel VII.

B. Aus (1*R*)-*O*[2]-Acetyl-1-[6-benzoylamino-purin-9-yl]-*O*[5]-methoxycarbonyl-*O*[3]-[toluol-4-sulfonyl]-D-1,4-anhydro-xylit (S. 3684) in methanol. Natriummethylat (*Anderson et al.*, Am. Soc. **81** [1959] 3967, 3972).

Kristalle; F: 200–203° [unkorr.; Zers.; aus A.] (*An. et al.*); Zers. bei ca. 185° [unkorr.] (*Benitez et al.*, J. org. Chem. **25** [1960] 1944, 1949); F: ca. 180° [unkorr.; Zers.; rasches Erhitzen] (*Robins et al.*, J. org. Chem. **39** [1974] 1564, 1568). $[\alpha]_D^{24}$: –20,4° [wss. Py. (20%ig); c = 0,4] (*Ro. et al.*, l. c. S. 1566); $[\alpha]_D^{25}$: –3° [wss. Py. (20%ig); c = 0,6] (*An. et al.*); $[\alpha]_D^{26}$: –16,0° [wss. Py. (20%ig); c = 0,6] (*Be. et al.*). IR-Banden (KBr; 3–11,7 μ): *An. et al.* λ_{max} (wss. Lösung): 257 nm [pH 1] bzw. 260 nm [pH 7 sowie pH 14] (*An. et al.*).

(1*R*)-1-[6-Amino-purin-9-yl]-*O*[3],*O*[5]-isopropyliden-D-1,4-anhydro-xylit, 9-[*O*[3],*O*[5]-Isopropyliden-*β*-D-xylofuranosyl]-9*H*-purin-6-ylamin $C_{13}H_{17}N_5O_4$, Formel VIII.

B. Aus (1*R*)-1-[6-Amino-purin-9-yl]-D-1,4-anhydro-xylit (S. 3602) und Aceton unter Zusatz von $CuSO_4$ in Methansulfonsäure und Äthansulfonsäure (*Baker, Hewson,* J. org. Chem. **22** [1957] 966, 971).

Kristalle (aus E.); F: 204–207° [unkorr.]. $[\alpha]_D^{27}$: –71,6° [DMF; c = 0,3]. IR-Banden (KBr; 3400–1100 cm^{-1}): *Ba., He.*

***O*$^{2'}$,*O*$^{3'}$-Isopropyliden-adenosin** $C_{13}H_{17}N_5O_4$, Formel IX (R = H) (in der Literatur auch als „Monoacetonadenosin" bezeichnet).

B. Aus Adenosin und Aceton unter Zusatz von $ZnCl_2$ (*Levene, Tipson,* J. biol. Chem. **121** [1937] 131, 146; *F.R. Ruskin,* U.S.P. 2482069 [1944]; *Weygand, Trauth,* B. **84** [1951] 633, 634; *Baddiley,* Soc. **1951** 1348, 1350; *Satoh,* J. Biochem. Tokyo **40** [1953] 563, 566).

Kristalle; F: 220° [aus Me.] (*Baddiley, Todd,* Soc. **1947** 648, 650; *Ba.*), 216° [aus Acn.] (*We., Tr.*), 200–204° [nach Sintern bei 190°] (*Le., Ti.*). $[\alpha]_D^{18}$: –65,0° [H_2O; c = 1] (*Ba., Todd*); $[\alpha]_D^{25}$: –63,9° [H_2O; c = 1], –52,5° [wss. Oxalsäure (0,1 n); c = 1] (*Le., Ti.*); $[\alpha]_D^{26}$: –99,8° [Py.; c = 1] (*Le., Ti.,* l. c. S. 147). $[\alpha]_D^{25}$: –54,0° (Anfangswert) → –48,0° (Endwert nach 23,5 h) [wss. HCl (0,1 n); c = 1,5] (*Le., Ti.*). λ_{max} (H_2O): 259 nm (*Clark et al.,* Soc. **1951** 2952, 2954).

Geschwindigkeit der Hydrolyse zu Adenosin bzw. Adenin in wss. HCl [0,1 n und 1 n]: *Le., Ti.*

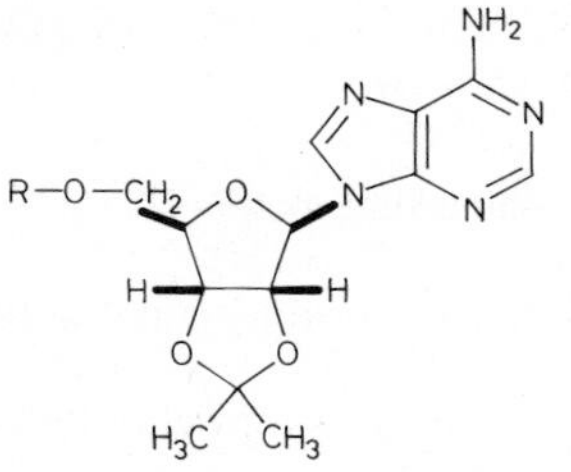

IX 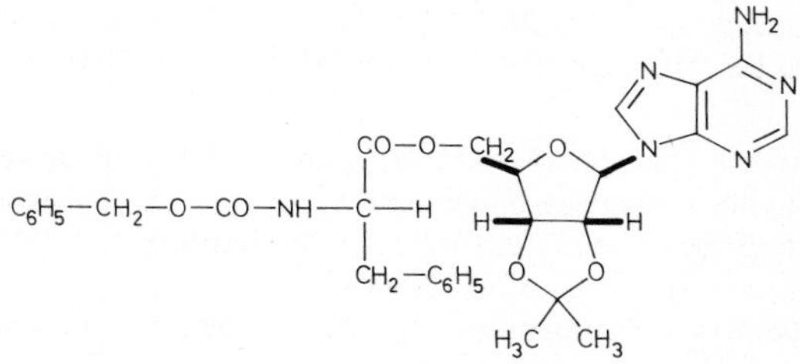 X

***O*$^{5'}$-Acetyl-*O*$^{2'}$,*O*$^{3'}$-isopropyliden-adenosin** $C_{15}H_{19}N_5O_5$, Formel IX (R = CO-CH_3).

B. Aus der vorangehenden Verbindung und Acetanhydrid in Pyridin (*Brown et al.,* Soc. **1950** 3299, 3303).

Kristalle (aus $CHCl_3$ + Ae.); F: 167°.

Phthalsäure-mono-[*O*$^{2'}$,*O*$^{3'}$-isopropyliden-adenosin-5′-ylester], *O*$^{5'}$-[2-Carboxy-benzoyl]-*O*$^{2'}$,*O*$^{3'}$-isopropyliden-adenosin $C_{21}H_{21}N_5O_7$, Formel IX (R = CO-C_6H_4-CO-OH).

B. Beim Erwärmen von *O*$^{2'}$,*O*$^{3'}$-Isopropyliden-adenosin mit Phthalsäure-anhydrid in Pyridin (*Huber,* B. **89** [1956] 2853, 2860).

Kristalle (aus A.); F: 163–165°.

***O*$^{5'}$-[*N*-Benzyloxycarbonyl-L(?)-phenylalanyl]-*O*$^{2'}$,*O*$^{3'}$-isopropyliden-adenosin, *N*-Benzyloxycarbonyl-L(?)-phenylalanin-[*O*$^{2'}$,*O*$^{3'}$-isopropyliden-adenosin-5′-ylester]** $C_{30}H_{32}N_6O_7$, vermutlich Formel X.

B. Aus *O*$^{2'}$,*O*$^{3'}$-Isopropyliden-adenosin und *N*-Benzyloxycarbonyl-L(?)-phenylalanin unter Zusatz von Dicyclohexylcarbodiimid in Pyridin (*Schabarowa et al.,* Doklady Akad. S.S.S.R. **128** [1959] 740, 742; Pr. Acad. Sci. U.S.S.R. Chem. Sect. **128** [1959] 831, 833).

Kristalle (aus $CHCl_3$ + PAe.); F: 75–80° [Zers.]. λ_{max} (A.): 257–260 nm.

***O*$^{2'}$,*O*$^{3'}$-Isopropyliden-*O*$^{5'}$-nicotinoyl-adenosin** $C_{19}H_{20}N_6O_5$, Formel XI.

B. Aus *O*$^{2'}$,*O*$^{3'}$-Isopropyliden-adenosin und Nicotinoylchlorid-hydrochlorid in Pyridin (*Huber,* B. **89** [1956] 2853, 2859).

Kristalle (aus A.); F: 182–183°.

***O*$^{5'}$-Isonicotinoyl-*O*$^{2'}$,*O*$^{3'}$-isopropyliden-adenosin** $C_{19}H_{20}N_6O_5$, Formel XII.

B. Analog der vorangehenden Verbindung (*Huber,* B. **89** [1956] 2853, 2860).

Kristalle (aus A.); F: 179–181°.

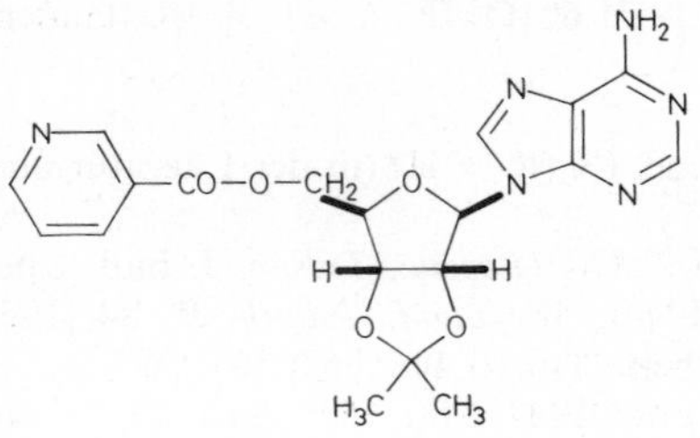

XI 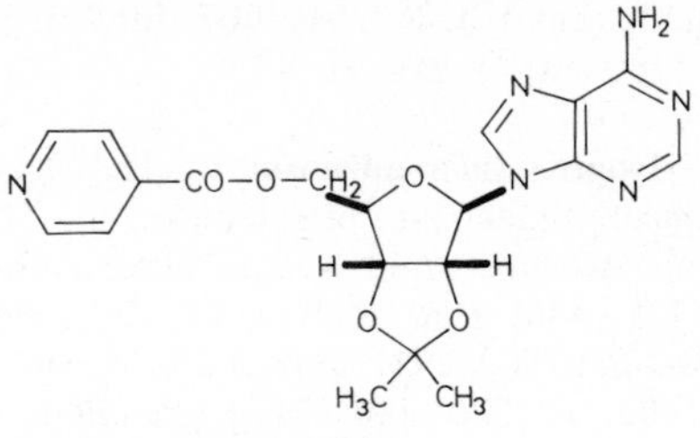 XII

$O^{2'}$,$O^{3'}$-Isopropyliden-$O^{5'}$-[toluol-4-sulfonyl]-adenosin $C_{20}H_{23}N_5O_6S$, Formel IX ($R = SO_2$-C_6H_4-CH_3).

B. Aus $O^{2'}$,$O^{3'}$-Isopropyliden-adenosin und Toluol-4-sulfonylchlorid in Pyridin (*Baddiley*, Soc. **1951** 1348, 1351; *Baddiley, Jamieson*, Soc. **1954** 4280, 4282; *Clark et al.*, Soc. **1951** 2952, 2956; *Satoh*, J. Biochem. Tokyo **40** [1953] 563, 566; *Sakami, Stevens*, Bl. Soc. Chim. biol. **40** [1958] 1787, 1788).

Kristalle; Zers. bei 285° (*Sa., St.*); F: 283° [aus A. + Cyclohexan] (*Ba.*); Zers. bei 252° [nach Sintern bei 210 – 230°] (*Cl. et al.*). $[\alpha]_D^{20}$: +36° [$CHCl_3$; c = 1] (*Sa., St.*).

$O^{5'}$-Hydroxyphosphinoyl-$O^{2'}$,$O^{3'}$-isopropyliden-adenosin, Phosphonsäure-mono-[$O^{2'}$,$O^{3'}$-isopropyliden-adenosin-5'-ylester] $C_{13}H_{18}N_5O_6P$, Formel XIII (R = R' = H).

B. Beim Erwärmen der folgenden Verbindung mit 4-Methyl-morpholin-thiocyanat in Butanon (*Hall et al.*, Soc. **1957** 3291, 3295).

Salz mit 4-Methyl-morpholin $C_5H_{11}NO \cdot C_{13}H_{18}N_5O_6P$. Hygroskopisches Pulver.

$O^{5'}$-Benzyloxyphosphinoyl-$O^{2'}$,$O^{3'}$-isopropyliden-adenosin, Phosphonsäure-benzylester-[$O^{2'}$,$O^{3'}$-isopropyliden-adenosin-5'-ylester] $C_{20}H_{24}N_5O_6P$, Formel XIII (R = H, R' = CH_2-C_6H_5).

B. Aus $O^{2'}$,$O^{3'}$-Isopropyliden-adenosin und dem aus Phosphorigsäure-mono-benzylester und Chlorophosphorsäure-diphenylester hergestellten Anhydrid in Benzol, 2,6-Dimethyl-pyridin und Acetonitril (*Corby et al.*, Soc. **1952** 3669, 3674).

Feststoff (aus Bzl. + Cyclohexan) mit 0,5 Mol H_2O. λ_{max}: 260 nm.

Phosphonsäure-[$O^{2'}$,$O^{3'}$-isopropyliden-adenosin-5'-ylester]-[$O^{2'}$,$O^{3'}$-isopropyliden-uridin-5'-ylester], $O^{2'}$,$O^{3'}$-Isopropyliden-$O^{5'}$-[$O^{2'}$,$O^{3'}$-isopropyliden-uridin-5'-yloxyphosphinoyl]-adenosin $C_{25}H_{32}N_7O_{11}P$, Formel XIV und Taut.

B. Beim Behandeln des 4-Methyl-morpholin-Salzes des $O^{5'}$-Hydroxyphosphinoyl-$O^{2'}$,$O^{3'}$-isopropyliden-uridins mit Chlorophosphorsäure-diphenylester in Acetonitril und anschliessend mit $O^{2'}$,$O^{3'}$-Isopropyliden-adenosin in 2,6-Dimethyl-pyridin (*Hall et al.*, Soc. **1957** 3291, 3295).

λ_{max} (A.): 260 nm.

$O^{5'}$-[Äthyl-benzyloxy-phosphinoyl]-$O^{2'}$,$O^{3'}$-isopropyliden-adenosin, Äthylphosphonsäure-benzylester-[$O^{2'}$,$O^{3'}$-isopropyliden-adenosin-5'-ylester] $C_{22}H_{28}N_5O_6P$, Formel XIII ($R = C_2H_5$, R' = CH_2-C_6H_5).

B. Aus $O^{2'}$,$O^{3'}$-Isopropyliden-adenosin und Äthylphosphonsäure-benzylester-chlorid in Pyridin (*Anand, Todd*, Soc. **1951** 1867, 1871).

Pulver (aus A. + Ae.).

$O^{5'}$-[Hydroxy-phenyl-phosphinoyl]-$O^{2'}$,$O^{3'}$-isopropyliden-adenosin, Phenylphosphonsäure-mono-[$O^{2'}$,$O^{3'}$-isopropyliden-adenosin-5'-ylester] $C_{19}H_{22}N_5O_6P$, Formel XIII ($R = C_6H_5$, R' = H).

B. Aus der folgenden Verbindung bei der Hydrierung an Palladium/Kohle in wss. Äthanol (*Anand, Todd*, Soc. **1951** 1867, 1870).

Pulver (aus A. + Ae.).

Cyclohexylamin-Salz $C_6H_{13}N \cdot C_{19}H_{22}N_5O_6P$. Pulver (aus A. + Ae.) mit 1 Mol H_2O.

***O*$^{5'}$-[Benzyloxy-phenyl-phosphinoyl]-*O*$^{2'}$,*O*$^{3'}$-isopropyliden-adenosin, Phenylphosphonsäure-benzylester-[*O*$^{2'}$,*O*$^{3'}$-isopropyliden-adenosin-5'-ylester]** $C_{26}H_{28}N_5O_6P$, Formel XIII ($R = C_6H_5$, $R' = CH_2$-C_6H_5).

B. Aus $O^{2'}$,$O^{3'}$-Isopropyliden-adenosin und Phenylphosphonsäure-benzylester-chlorid in Pyridin (*Anand, Todd,* Soc. **1951** 1867, 1870).

Kristalle (aus A.); F: 188 – 189°.

XIII

XIV

***O*$^{2'}$,*O*$^{3'}$-Isopropyliden-[5']adenylsäure** $C_{13}H_{18}N_5O_7P$, Formel XIII ($R = OH$, $R' = H$).

B. Neben $O^{2'}$,$O^{3'}$-Isopropyliden-N^6-phosphono-[5']adenylsäure beim Behandeln von $O^{2'}$,$O^{3'}$-Isopropyliden-adenosin mit $POCl_3$ in Pyridin und anschliessend mit wss. Pyridin (*Le= vene, Tipson,* J. biol. Chem. **121** [1937] 131, 149; *F.R. Ruskin,* U.S.P. 2482069 [1944]). Aus $O^{2'}$,$O^{3'}$-Isopropyliden-[5']adenylsäure-dibenzylester und Natrium in flüssigem NH_3 (*Arris et al.,* Soc. **1956** 4968, 4973).

Barium-Salz $BaC_{13}H_{16}N_5O_7P$. Pulver (*Le., Ti.*).

***O*$^{2'}$,*O*$^{3'}$-Isopropyliden-[5']adenylsäure-monobenzylester** $C_{20}H_{24}N_5O_7P$, Formel XIII ($R = OH$, $R' = CH_2$-C_6H_5).

B. Beim Behandeln von $O^{5'}$-Benzyloxyphosphinoyl-$O^{2'}$,$O^{3'}$-isopropyliden-adenosin mit *N*-Chlor-succinimid in Acetonitril und anschliessend mit wss. $NaHCO_3$ (*Corby et al.,* Soc. **1952** 3669, 3675). Beim Erhitzen der folgenden Verbindung mit 4-Methyl-morpholin (*Elmore, Todd,* Soc. **1952** 3681, 3685).

Silber-Salz $AgC_{20}H_{23}N_5O_7P$. Pulver (*El., Todd*).

***O*$^{2'}$,*O*$^{3'}$-Isopropyliden-[5']adenylsäure-dibenzylester** $C_{27}H_{30}N_5O_7P$, Formel XIII ($R = O$-CH_2-C_6H_5, $R' = $ -CH_2-C_6H_5).

B. Aus $O^{2'}$,$O^{3'}$-Isopropyliden-adenosin und Chlorophosphorsäure-dibenzylester in Pyridin (*Baddiley, Todd,* Soc. **1947** 648, 650).

Kristalle (aus A. + Ae.); F: 97 – 98°.

***O*$^{5'}$-[Äthoxy-diäthylamino-phosphoryl]-*O*$^{2'}$,*O*$^{3'}$-isopropyliden-adenosin, Diäthylamidophosphor= säure-äthylester-[*O*$^{2'}$,*O*$^{3'}$-isopropyliden-adenosin-5'-ylester]** $C_{19}H_{31}N_6O_6P$, Formel XIII ($R = N(C_2H_5)_2$, $R' = C_2H_5$).

B. Aus $O^{2'}$,$O^{3'}$-Isopropyliden-adenosin, Phosphorsäure-äthylester-chlorid-diäthylamid und Kalium-*tert*-butylat in *tert*-Butylalkohol (*Wolff, Burger,* Am. Soc. **79** [1957] 1970).

Picrat $C_{19}H_{31}N_6O_6P \cdot C_6H_3N_3O_7$. Gelbe Kristalle (aus A.) mit 0,5 Mol H_2O; F: 169 – 170° [korr.; nach Sintern bei 160°].

***O*$^{5'}$-[Diäthylamino-phenoxy-phosphoryl]-*O*$^{2'}$,*O*$^{3'}$-isopropyliden-adenosin, Diäthylamidophosphor= säure-[*O*$^{2'}$,*O*$^{3'}$-isopropyliden-adenosin-5'-ylester]-phenylester** $C_{23}H_{31}N_6O_6P$, Formel XIII ($R = N(C_2H_5)_2$, $R' = C_6H_5$).

B. Analog der vorangehenden Verbindung (*Wolff, Burger,* Am. Soc. **79** [1957] 1970).

Picrat $C_{23}H_{31}N_6O_6P \cdot C_6H_3N_3O_7$. Gelbe Kristalle (aus A.) mit 1 Mol H_2O; F: 141–143° [korr.].

$O^{5'}$-[Benzyloxy-(4-brom-benzylamino)-phosphoryl]-$O^{2'}$,$O^{3'}$-isopropyliden-adenosin, [4-Brom-benzyl]-amidophosphorsäure-benzylester-[$O^{2'}$,$O^{3'}$-isopropyliden-adenosin-5'-ylester] $C_{27}H_{30}BrN_6O_6P$, Formel XIII (R = NH-CH_2-C_6H_4-Br, R' = CH_2-C_6H_5).

B. Aus $O^{5'}$-Benzyloxyphosphinoyl-$O^{2'}$,$O^{3'}$-isopropyliden-adenosin und 4-Brom-benzylamin in CCl_4 (*Corby et al.*, Soc. **1952** 3669, 3675).

Feststoff (aus Bzl. + Cyclohexan).

***N*-[Benzyloxy-($O^{2'}$,$O^{3'}$-isopropyliden-adenosin-5'-yloxy)-phosphoryl]-glycin-methylester,** $O^{5'}$-{Benzyloxy-[(methoxycarbonyl-methyl)-amino]-phosphoryl}-$O^{2'}$,$O^{3'}$-isopropyliden-adenosin $C_{23}H_{29}N_6O_8P$, Formel XV (R = H, R' = CH_3).

B. Aus $O^{5'}$-Benzyloxyphosphinoyl-$O^{2'}$,$O^{3'}$-isopropyliden-adenosin und Glycin-methylester in CCl_4 (*Schabarowa et al.*, Doklady Akad. S.S.S.R. **123** [1958] 864, 865, 867; Pr. Acad. Sci. U.S.S.R. Chem. Sect. **123** [1958] 949, 950, 951).

Feststoff (aus Bzl. + PAe.) mit 3 Mol H_2O; F: 60–63° [Zers.]. λ_{max} (A.): 260 nm.

***N*-[Benzyloxy-($O^{2'}$,$O^{3'}$-isopropyliden-adenosin-5'-yloxy)-phosphoryl]-L(?)-leucin-methylester,** $O^{5'}$-[Benzyloxy-((*S*?)-1-methoxycarbonyl-3-methyl-butylamino)-phosphoryl]-$O^{2'}$,$O^{3'}$-isopropyliden-adenosin $C_{27}H_{37}N_6O_8P$, vermutlich Formel XV (R = CH_2-$CH(CH_3)_2$, R' = CH_3).

B. Analog der vorangehenden Verbindung (*Schabarowa et al.*, Doklady Akad. S.S.S.R. **123** [1958] 864, 865, 867; Pr. Acad. Sci. U.S.S.R. Chem. Sect. **123** [1958] 949, 950, 951).

Feststoff (aus Bzl. + PAe.) mit 3 Mol H_2O; F: 68–72° [Zers.]. λ_{max} (A.): 260 nm.

***N*-[Benzyloxy-($O^{2'}$,$O^{3'}$-isopropyliden-adenosin-5'-yloxy)-phosphoryl]-L(?)-phenylalanin-äthylester,** $O^{5'}$-[Benzyloxy-((*S*?)-1-methoxycarbonyl-2-phenyl-äthylamino)-phosphoryl]-$O^{2'}$,$O^{3'}$-isopropyliden-adenosin $C_{31}H_{37}N_6O_8P$, vermutlich Formel XV (R = CH_2-C_6H_5, R' = C_2H_5).

B. Analog den vorangehenden Verbindungen (*Schabarowa et al.*, Doklady Akad. S.S.S.R. **123** [1958] 864, 865, 866; Pr. Acad. Sci. U.S.S.R. Chem. Sect. **123** [1958] 949, 950, 951).

Feststoff (aus Bzl. + PAe.) mit 3 Mol H_2O; F: 88–90° [Zers.]. λ_{max} (A.): 260 nm.

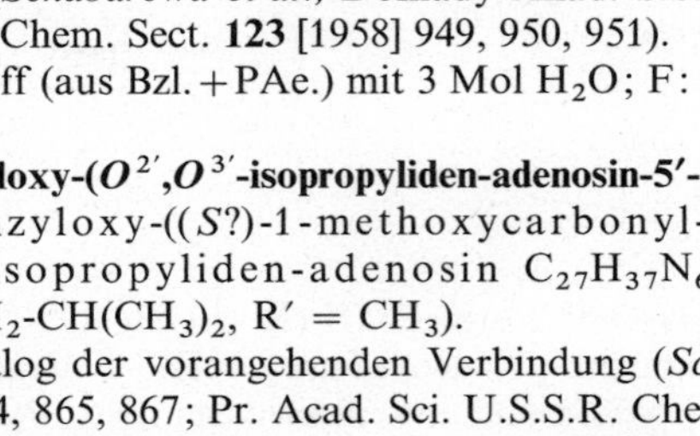

XV 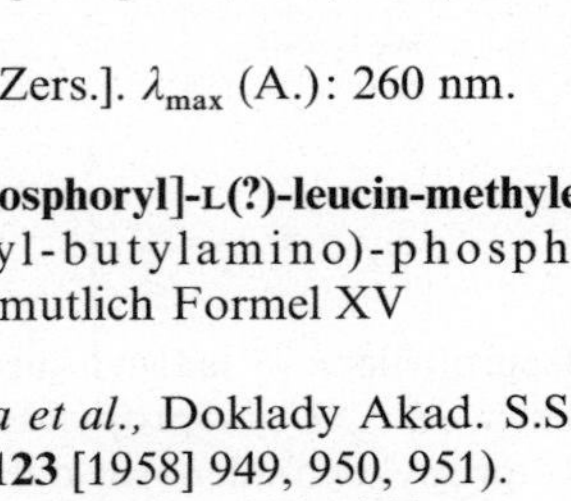 XVI

$O^{5'}$-Diäthoxythiophosphoryl-$O^{2'}$,$O^{3'}$-isopropyliden-adenosin, Thiophosphorsäure-*O*,*O'*-diäthyl-ester-*O''*-[$O^{2'}$,$O^{3'}$-isopropyliden-adenosin-5'-ylester] $C_{17}H_{26}N_5O_6PS$, Formel IX (R = PS(O-C_2H_5)$_2$) auf S. 3713.

B. Aus $O^{2'}$,$O^{3'}$-Isopropyliden-adenosin, Chlorothiophosphorsäure-*O*,*O'*-diäthylester in *tert*-Butylalkohol und Kalium-*tert*-butylat (*Wolff, Burger*, Am. Soc. **79** [1957] 1970).

Hygroskopischer Feststoff (aus Me. + Ae.); F: 120–130° [korr.].

Picrat $C_{17}H_{26}N_5O_6PS \cdot C_6H_3N_3O_7$. Kristalle (aus A.); F: 175–176° [korr.].

$O^{2'}$,$O^{3'}$-Isopropyliden-5'-thio-adenosin $C_{13}H_{17}N_5O_3S$, Formel XVI (R = H).

B. Beim Erwärmen von $O^{2'}$,$O^{3'}$-Isopropyliden-$O^{5'}$-[toluol-4-sulfonyl]-adenosin mit Kaliumthioacetat in Äthanol und Aceton und Behandeln des Reaktionsprodukts mit methanol. NH_3 (*Baddiley, Jamieson,* Soc. **1955** 1085, 1087).

Kristalle; F: 186–189°.

***O*$^{2'}$,*O*$^{3'}$-Isopropyliden-*S*-methyl-5′-thio-adenosin** $C_{14}H_{19}N_5O_3S$, Formel XVI (R = CH_3) (in der Literatur auch als Monoisopropyliden-adenylthiomethylpentose bezeichnet).

B. Aus *S*-Methyl-5′-thio-adenosin, Aceton und $ZnCl_2$ (*Satoh,* J. Biochem. Tokyo **40** [1953] 563, 567). Beim Erhitzen von *O*$^{2'}$,*O*$^{3'}$-Isopropyliden-*O*$^{5'}$-[toluol-4-sulfonyl]-adenosin mit Natrium-methanthiolat in Aceton (*Sa.*), in Aceton und Dioxan (*Weygand, Trauth,* B. **84** [1951] 633) oder in DMF (*Baddiley,* Soc. **1951** 1348, 1351).

F: 143° [Zers. bei 190–192°] (*Sa.*).

Picrat $C_{14}H_{19}N_5O_3S \cdot C_6H_3N_3O_7$. F: 174–175° (*Sa.*).

***S*-[*O*$^{2'}$,*O*$^{3'}$-Isopropyliden-adenosin-5′-yl]-L-homocystein,** *S*-[(*S*)-3-Amino-3-carboxy-propyl]-*O*$^{2'}$,*O*$^{3'}$-isopropyliden-5′-thio-adenosin $C_{17}H_{24}N_6O_5S$, Formel I.

B. Aus *O*$^{2'}$,*O*$^{3'}$-Isopropyliden-*O*$^{5'}$-[toluol-4-sulfonyl]-adenosin und der Dinatrium-Verbindung von L-Homocystein in flüssigem NH_3 (*Sakami, Stevens,* Bl. Soc. Chim. biol. **40** [1958] 1787, 1790; *Sakami,* Biochem. Prepar. **8** [1961] 9).

Kristalle (aus H_2O); Zers. bei 218–221°; $[\alpha]_D^{26}$: +40° [wss. HCl (0,1 n); c = 1] (*Sa.*).

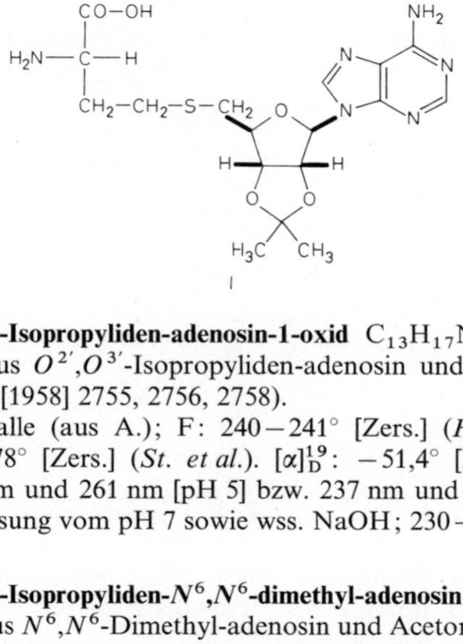

I

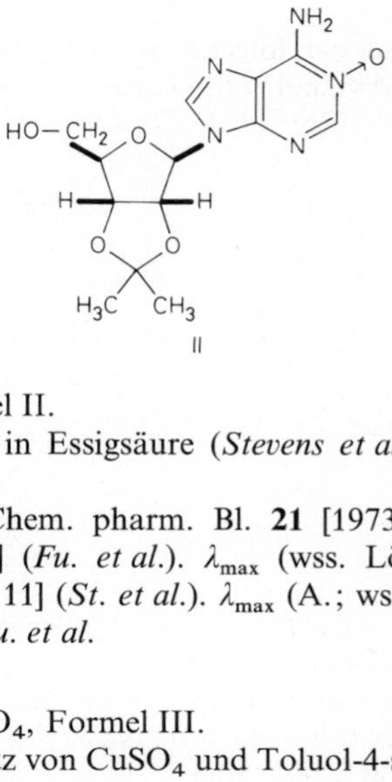

II

***O*$^{2'}$,*O*$^{3'}$-Isopropyliden-adenosin-1-oxid** $C_{13}H_{17}N_5O_5$, Formel II.

B. Aus *O*$^{2'}$,*O*$^{3'}$-Isopropyliden-adenosin und wss. H_2O_2 in Essigsäure (*Stevens et al.,* Am. Soc. **80** [1958] 2755, 2756, 2758).

Kristalle (aus A.); F: 240–241° [Zers.] (*Fujii et al.,* Chem. pharm. Bl. **21** [1973] 209), 176–178° [Zers.] (*St. et al.*). $[\alpha]_D^{19}$: −51,4° [H_2O; c = 1] (*Fu. et al.*). λ_{max} (wss. Lösung): 232,5 nm und 261 nm [pH 5] bzw. 237 nm und 268 nm [pH 11] (*St. et al.*). λ_{max} (A.; wss. HCl, wss. Lösung vom pH 7 sowie wss. NaOH; 230–310 nm): *Fu. et al.*

***O*$^{2'}$,*O*$^{3'}$-Isopropyliden-*N*^{6},*N*^{6}-dimethyl-adenosin** $C_{15}H_{21}N_5O_4$, Formel III.

B. Aus *N*^{6},*N*^{6}-Dimethyl-adenosin und Aceton unter Zusatz von $CuSO_4$ und Toluol-4-sulfonsäure (*Andrews, Barber,* Soc. **1958** 2768, 2770).

Kristalle (aus A.); F: 176–177°.

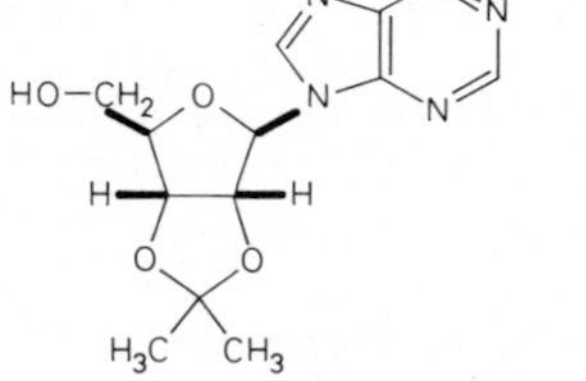

III

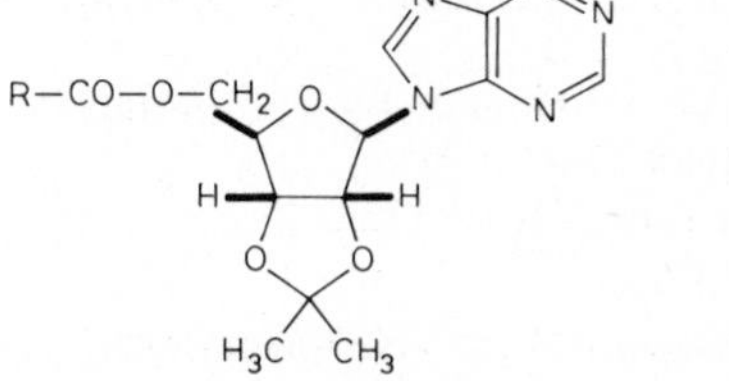

IV

***N*^{6},*O*$^{5'}$-Diacetyl-*O*$^{2'}$,*O*$^{3'}$-isopropyliden-adenosin** $C_{17}H_{21}N_5O_6$, Formel IV (R = CH_3).

B. Aus $O^{2'}$,$O^{3'}$-Isopropyliden-adenosin und Acetanhydrid in Pyridin (*Huber,* B. **89** [1956] 2853, 2857).

Kristalle (aus wss. A.) mit 1 Mol Äthanol; F: 113–114°.

***N*^{6},*O*$^{5'}$-Dibutyryl-*O*$^{2'}$,*O*$^{3'}$-isopropyliden-adenosin** $C_{21}H_{29}N_5O_6$, Formel IV (R = CH_2-C_2H_5).

B. Aus $O^{2'}$,$O^{3'}$-Isopropyliden-adenosin und Butyrylchlorid in Pyridin (*Huber,* B. **89** [1956] 2853, 2858).

***O*$^{2'}$,*O*$^{3'}$-[(*R*)-Benzyliden]-adenosin** $C_{17}H_{17}N_5O_4$, Formel V (R = R′ = H).

Diese Konstitution kommt der von *Michelson, Todd* (Soc. **1949** 2476, 2481) als $O^{3'}$,$O^{5'}$-Benzyliden-adenosin formulierten Verbindung zu (*Brown et al.,* Soc. **1950** 3299, 3301). Konfiguration des Benzyliden-Restes: *Baggett et al.,* Chem. and Ind. **1965** 136.

B. Aus Adenosin und Benzaldehyd unter Zusatz von $ZnCl_2$ (*Mi., Todd*).

Kristalle; F: 229–231° (*Ba. et al.*), 224° [Zers.; aus wss. A.] (*Mi., Todd*). $[\alpha]_D^{18}$: –150° [Py.; c = 1,4] (*Mi., Todd*); $[\alpha]_D$: –149,8° [Py.], –138° [DMF] (*Ba. et al.*).

Picrat $C_{17}H_{17}N_5O_4 \cdot C_6H_3N_3O_7$. Kristalle (aus A.); F: 203° [Zers.] (*Mi., Todd*).

***O*$^{2'}$,*O*$^{3'}$-[(*R*)-Benzyliden]-[5′]adenylsäure** $C_{17}H_{18}N_5O_7P$, Formel V (R = H, R′ = PO(OH)$_2$).

Diese Konstitution kommt der von *Michelson, Todd* (Soc. **1949** 2476, 2481) als $O^{3'}$,$O^{5'}$-Benzyliden-[2′]adenylsäure formulierten Verbindung zu (*Brown et al.,* Soc. **1950** 3299, 3301).

B. Aus der folgenden Verbindung bei der Hydrierung an Palladium und Palladium/Kohle in wss. Äthanol (*Mi., Todd*).

F: 225° [Zers.] (*Mi., Todd*).

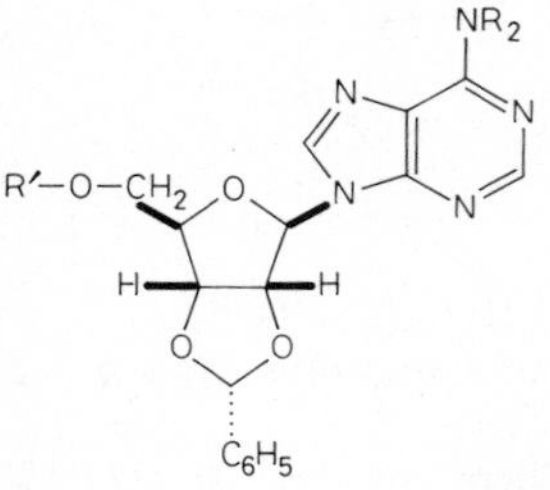

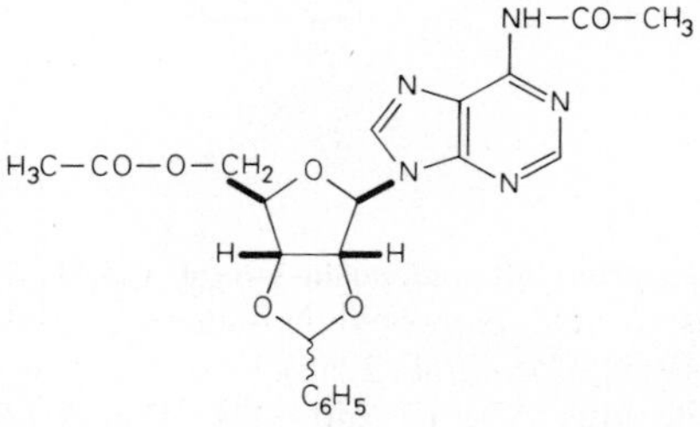

***O*$^{2'}$,*O*$^{3'}$-[(*R*)-Benzyliden]-[5′]adenylsäure-dibenzylester** $C_{31}H_{30}N_5O_7P$, Formel V (R = H, R′ = PO(O-CH_2-C_6H_5)$_2$).

Diese Konstitution kommt der von *Michelson, Todd* (Soc. **1949** 2476, 2481) als $O^{3'}$,$O^{5'}$-Benzyliden-[2′]adenylsäure-dibenzylester formulierten Verbindung zu (*Brown et al.,* Soc. **1950** 3299, 3301).

B. Aus $O^{2'}$,$O^{3'}$-[(*R*)-Benzyliden]-adenosin (s. o.) und Chlorophosphorsäure-dibenzylester in Pyridin bei –30° (*Mi., Todd*).

Kristalle (aus A. + Ae.); F: 68° (*Mi., Todd*).

***O*$^{2'}$,*O*$^{3'}$-[(*R*?)-Benzyliden]-*N*^{6},*N*^{6}-dimethyl-adenosin** $C_{19}H_{21}N_5O_4$, vermutlich Formel V (R = CH_3, R′ = H).

B. Aus N^6,N^6-Dimethyl-adenosin und Benzaldehyd unter Zusatz von $ZnCl_2$ (*Andrews, Barber,* Soc. **1958** 2768, 2771).

Kristalle (aus A.); F: 172°.

***N*^{6},*O*$^{5'}$-Diacetyl-*O*$^{2'}$,*O*$^{3'}$-[(*Ξ*)-benzyliden]-adenosin** $C_{21}H_{21}N_5O_6$, Formel VI.

Diese Konstitution kommt der von *Michelson, Todd* (Soc. **1949** 2476, 2481) als N^6,$O^{2'}$-

Diacetyl-$O^{3'}$,$O^{5'}$-benzyliden-adenosin formulierten Verbindung zu (*Brown et al.,* Soc. **1950** 3299, 3301). Bezüglich der Konfiguration s. *Baggett et al.,* Chem. and Ind. **1965** 136.

B. Beim Erhitzen von $O^{2'}$,$O^{3'}$-[(*R*)-Benzyliden]-adenosin (s. o.) mit Acetanhydrid und Na= triumacetat (*Mi., Todd*).

Pulver (aus $CHCl_3$ + PAe.); F: 55–65°; $[\alpha]_D^{18}$: −47,5° [$CHCl_3$; c = 3,4] (*Mi., Todd*).

(1*R*)-1-[6-Amino-purin-9-yl]-O^4,O^6-[(*R*?)-benzyliden]-1,5-anhydro-D-glucit, 9-[O^4,O^6-((*R*?)-Benzyliden)-*β*-D-glucopyranosyl]-9*H*-purin-6-ylamin $C_{18}H_{19}N_5O_5$, vermutlich Formel VII.

Die Konfiguration des Benzyliden-Restes folgt aus der analogen Bildungsweise von Methyl-[O^4,O^6-((*R*)-benzyliden)-*β*-D-glucopyranosid] (E III/IV **19** 4957).

B. Aus (1*R*)-1-[6-Amino-purin-9-yl]-1,5-anhydro-D-glucit (S. 3690) beim Behandeln mit Benz= aldehyd und $ZnCl_2$ (*Barker, Foll,* Soc. **1957** 3794, 3797).

Kristalle (aus wss. A.); F: 300–301°.

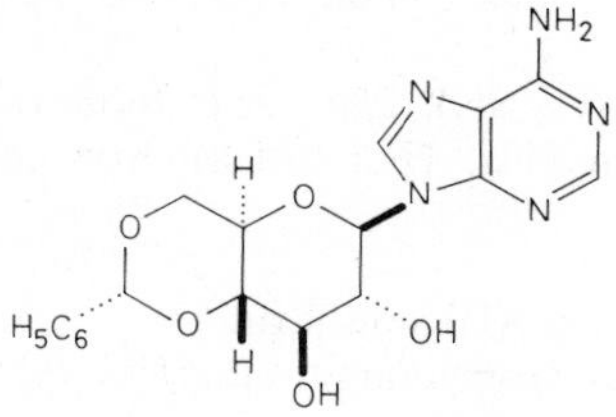

VII 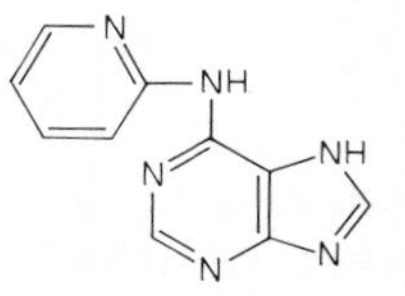 VIII 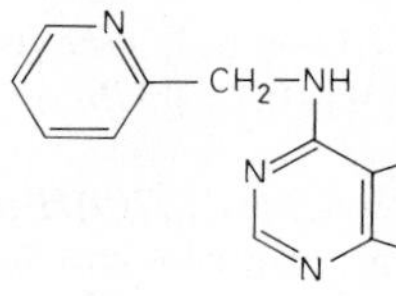 IX

6-[2]Pyridylamino-7(9)*H*-purin, [7(9)*H*-Purin-6-yl]-[2]pyridyl-amin $C_{10}H_8N_6$, Formel VIII und Taut.

B. Beim Erhitzen von 6-Methylmercapto-7(9)*H*-purin mit [2]Pyridylamin auf 145° (*Supniew= ski, Bang,* Bl. Acad. polon. [II] **4** [1956] 361, 364).

Kristalle (aus Py.); F: 205–206°.

6-[[2]Pyridylmethyl-amino]-7(9)*H*-purin, [7(9)*H*-Purin-6-yl]-[2]pyridylmethyl-amin $C_{11}H_{10}N_6$, Formel IX und Taut.

B. Beim Erhitzen von 2-Aminomethyl-pyridin mit 6-Chlor-7(9)*H*-purin in 2-Methoxy-äthanol (*Bullock et al.,* Am. Soc. **78** [1956] 3693, 3694, 3695) oder mit 6-Methylmercapto-7(9)*H*-purin auf 130° (*Skinner, Shive,* Am. Soc. **77** [1955] 6692). Aus Pyridin-2-carbonsäure-[7(9)*H*-purin-6-ylamid] und $LiAlH_4$ in THF (*Baizer et al.,* J. org. Chem. **21** [1956] 1276).

Kristalle; F: 257° [Zers.; aus A. oder wss. A.] (*Sk., Sh.*), 245–246° [unkorr.; aus 2-Methoxy-äthanol] (*Bu. et al.*), 236–238° [korr.; aus A.] (*Ba. et al.*). λ_{max}: 270 nm [A.], 277 nm [wss. HCl (0,1 n)] bzw. 273 nm [wss. NaOH (0,1 n)] (*Bu. et al.*).

6-[[3]Pyridylmethyl-amino]-7(9)*H*-purin, [7(9)*H*-Purin-6-yl]-[3]pyridylmethyl-amin $C_{11}H_{10}N_6$, Formel X und Taut.

B. Beim Erhitzen von 3-Aminomethyl-pyridin mit 6-Chlor-7(9)*H*-purin in 2-Methoxy-äthanol (*Bullock et al.,* Am. Soc. **78** [1956] 3693, 3694, 3695) oder mit 6-Methylmercapto-7(9)*H*-purin auf 130° (*Skinner, Shive,* Am. Soc. **77** [1955] 6692).

Kristalle; F: 259° [Zers.; aus A. oder wss. A.] (*Sk., Sh.*), 257° [unkorr.; aus 2-Methoxy-äthanol] (*Bu. et al.*). λ_{max}: 269 nm [A.], 276 nm [wss. HCl (0,1 n)] bzw. 274 nm [wss. NaOH (0,1 n)] (*Bu. et al.*).

Dihydrochlorid $C_{11}H_{10}N_6 \cdot 2HCl$. Kristalle (aus Eg.); F: 278–279° [unkorr.] (*Bu. et al.*).

N^6-[3]Pyridylmethyl-adenosin $C_{16}H_{18}N_6O_4$, Formel XI.

B. Beim Erhitzen von (1*R*)-Tri-*O*-benzoyl-1-[6-chlor-purin-9-yl]-D-1,4-anhydro-ribit (S. 1746) mit 3-Aminomethyl-pyridin in 2-Methoxy-äthanol und Erwärmen des Reaktionsprodukts mit methanol. Natriummethylat (*Kissman, Weiss,* J. org. Chem. **21** [1956] 1053).

Kristalle (aus A.); F: 183–184°. $[\alpha]_D^{25-26}$: –66,6° [A.; c = 1]. λ_{max}: 266 nm [wss.-äthanol. HCl] bzw. 268 nm [A. sowie wss.-äthanol. NaOH].

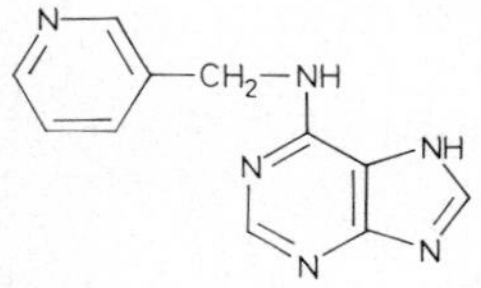

X 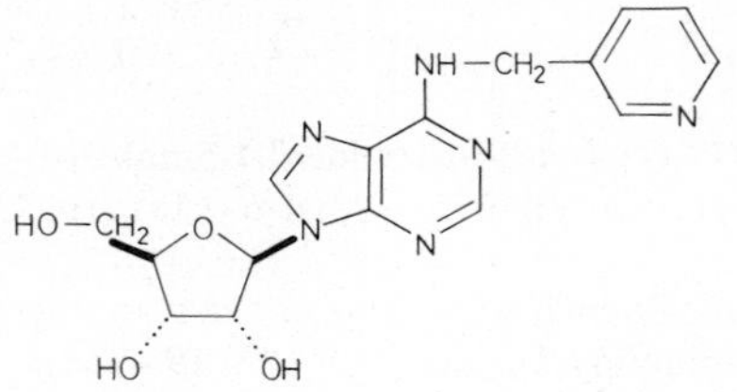 XI 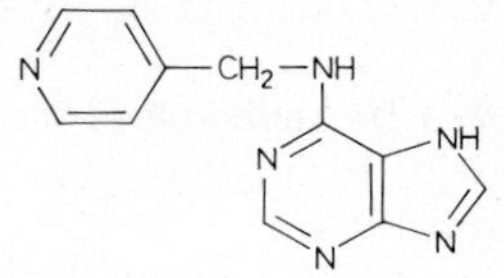 XII

6-[[4]Pyridylmethyl-amino]-7(9)*H*-purin, [7(9)*H*-Purin-6-yl]-[4]pyridylmethyl-amin $C_{11}H_{10}N_6$, Formel XII und Taut.

B. Analog 6-[[3]Pyridylmethyl-amino]-7(9)*H*-purin [s. o.] (*Bullock et al.,* Am. Soc. **78** [1956] 3693, 3694, 3695; *Skinner, Shive,* Am. Soc. **77** [1955] 6692).

Kristalle; F: 265–266° [Zers.; aus A. oder wss. A.] (*Sk., Sh.*), 250–251° [unkorr.; aus 2-Methoxy-äthanol] (*Bu. et al.*). λ_{max}: 264 nm [A.], 278 nm [wss. HCl (0,1 n)] bzw. 275 nm [wss. NaOH (0,1 n)] (*Bu. et al.*).

[2-Indol-2-yl-äthyl]-[7(9)*H*-purin-6-yl]-amin $C_{15}H_{14}N_6$, Formel XIII und Taut.

B. Beim Erhitzen von 6-Methylmercapto-7(9)*H*-purin mit Isotryptamin (E III/IV **22** 4318) auf 135° (*Schindler,* Helv. **40** [1957] 2156, 2159).

Kristalle (aus A.); F: 285–286° [korr.; Zers.]. IR-Spektrum (2–15 μ): *Sch.*

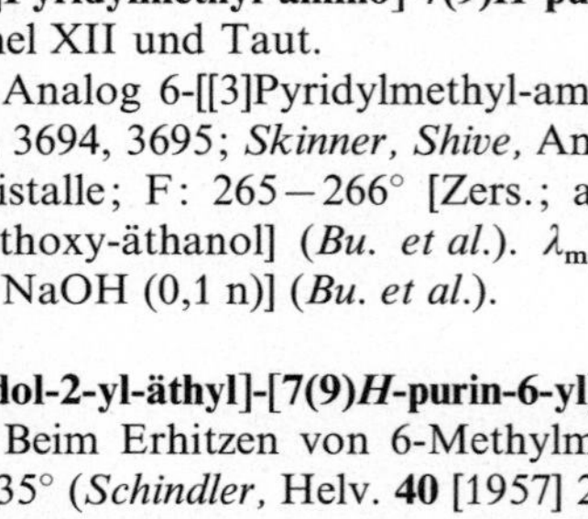

XIII 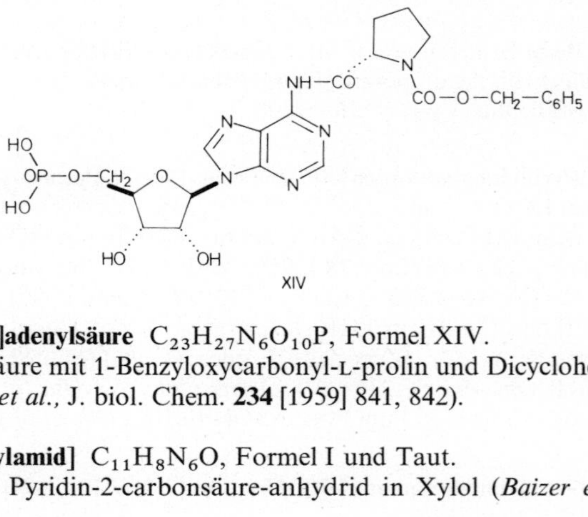 XIV

N^6**-[1-Benzyloxycarbonyl-L-prolyl]-[5′]adenylsäure** $C_{23}H_{27}N_6O_{10}P$, Formel XIV.

B. Beim Behandeln von [5′]Adenylsäure mit 1-Benzyloxycarbonyl-L-prolin und Dicyclohexylcarbodiimid in wss. Pyridin (*Moldave et al.,* J. biol. Chem. **234** [1959] 841, 842).

Pyridin-2-carbonsäure-[7(9)*H*-purin-6-ylamid] $C_{11}H_8N_6O$, Formel I und Taut.

B. Beim Erhitzen von Adenin mit Pyridin-2-carbonsäure-anhydrid in Xylol (*Baizer et al.,* J. org. Chem. **21** [1956] 1276).

Kristalle (aus A.); F: 285–286,2° [korr.].

Indol-3-yl-essigsäure-[7(9)*H*-purin-6-ylamid] $C_{15}H_{12}N_6O$, Formel II und Taut.

B. Aus Adenin beim Behandeln mit Indol-3-yl-acetylchlorid und wss. NaOH in Äther (*Weller, Sell,* J. org. Chem. **23** [1958] 1776).

Kristalle (aus A.); F: 242–244°.

6-[1(3)*H*-Imidazol-4-ylmethyl-amino]-7(9)*H*-purin, [1(3)*H*-Imidazol-4-ylmethyl]-[7(9)*H*-purin-6-yl]-amin $C_9H_9N_7$, Formel III (n = 1) und Taut.

B. Beim Erhitzen von 6-Methylmercapto-7(9)*H*-purin mit *C*-[1(3)*H*-Imidazol-4-yl]-methylamin auf 140° (*Supniewski, Bang,* Bl. Acad. polon. [II] **4** [1956] 361, 363).

Kristalle (aus A. oder Py.); F: 210°.

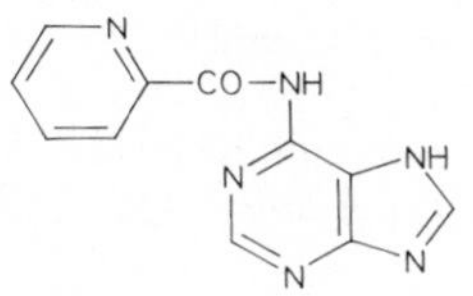

I 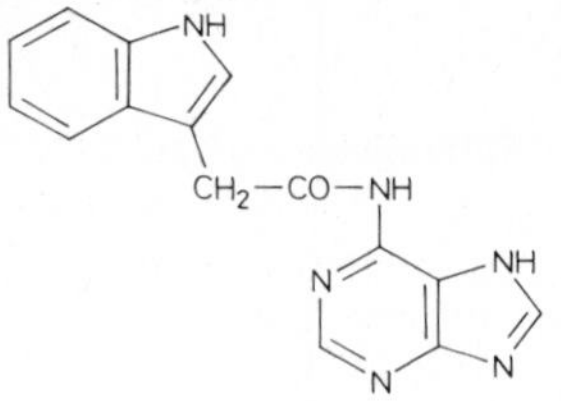 II 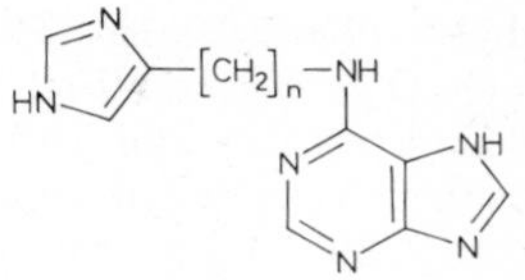 III

[2-(1(3)*H*-Imidazol-4-yl)-äthyl]-[7(9)*H*-purin-6-yl]-amin $C_{10}H_{11}N_7$, Formel III (n = 2) und Taut.

B. Beim Erhitzen von 6-Methylmercapto-7(9)*H*-purin mit Histamin in H_2O auf 125° (*Skinner et al.*, Am. Soc. **78** [1956] 5097, 5098).

Kristalle (aus A.); F: 256° [Zers.]. λ_{max} (A.): 267–271 nm.

***N*$^{\alpha}$-[7(9)*H*-Purin-6-yl]-L(?)-histidin** $C_{11}H_{11}N_7O_2$, vermutlich Formel IV und Taut.

B. Aus 6-Chlor-7(9)*H*-purin und L(?)-Histidin in wss. Lösung vom pH 9,5 (*Carter*, J. biol. Chem. **223** [1956] 139, 141, 142).

λ_{max} (wss. HCl [0,1 n]): 273 nm.

Bis-[7-methyl-7*H*-purin-6-yl]-amin, 7,7'-Dimethyl-7*H*,7'*H*-6,6'-imino-di-purin $C_{12}H_{11}N_9$, Formel V.

B. Beim Erwärmen von 6-Chlor-7-methyl-7*H*-purin mit NH_3 oder mit 7-Methyl-7*H*-purin-6-ylamin in Äthanol (*Prasad, Robins*, Am. Soc. **79** [1957] 6401, 6406).

Gelbe Kristalle (aus H_2O); F: 280–283° [unkorr.]. λ_{max} (wss. Lösung): 280 nm, 340 nm und 354 nm [pH 1] bzw. 230 nm und 345 nm [pH 11].

4-Nitro-benzolsulfonsäure-[7(9)*H*-purin-6-ylamid] $C_{11}H_8N_6O_4S$, Formel VI (R = H, X = NO_2) und Taut.

B. Beim Erhitzen von Adenin mit 4-Nitro-benzolsulfonylchlorid in Pyridin (*Berlin, Sjögren*, Svensk kem. Tidskr. **53** [1941] 457).

Kristalle (aus Py.); F: 236–238° [Zers.].

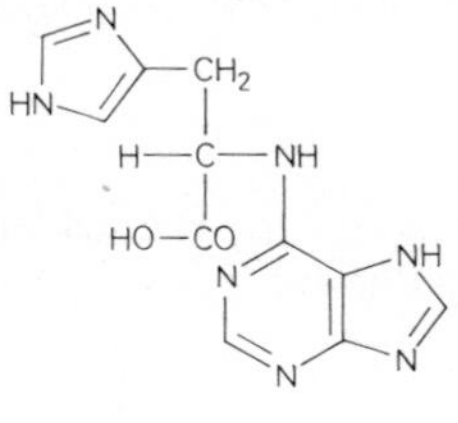

IV 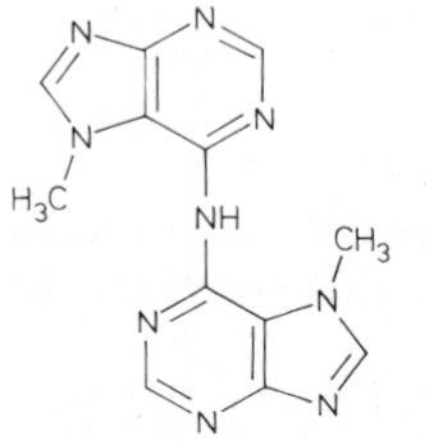 V 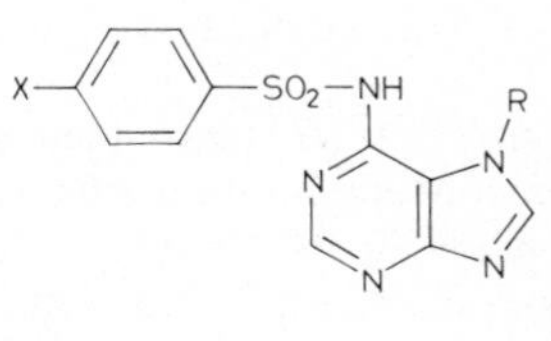 VI

6-Sulfanilylamino-7(9)*H*-purin, Sulfanilsäure-[7(9)*H*-purin-6-ylamid] $C_{11}H_{10}N_6O_2S$, Formel VI (R = H, X = NH_2) und Taut.

B. Aus der vorangehenden Verbindung bei der Hydrierung an Palladium in Pyridin (*Berlin, Sjögren*, Svensk kem. Tidskr. **53** [1941] 457).

Gelb; F: 258–259° [Zers.; schnelles Erhitzen auf 240°] (*Be., Sj.*). Löslichkeit in H_2O bei 20°: 13 mg·l^{-1} (*Frisk*, Acta med. scand. Spl. **142** [1943] 1, 20).

***N*-Acetyl-sulfanilsäure-[7(9)*H*-purin-6-ylamid], Essigsäure-[4-(7(9)*H*-purin-6-ylsulfamoyl)-anilid]** $C_{13}H_{12}N_6O_3S$, Formel VI (R = H, X = NH-CO-CH_3) und Taut.

B. Beim Erhitzen von Adenin mit *N*-Acetyl-sulfanilylchlorid in Pyridin (*Berlin, Sjögren*,

Svensk kem. Tidskr. **53** [1941] 457; s. a. *Jensen, Falkenberg,* Dansk Tidsskr. Farm. **16** [1942] 141, 151).

Kristalle; F: 234° [Zers.] (*Be., Sj.*).

7-Methyl-6-sulfanilylamino-7*H*-purin, Sulfanilsäure-[7-methyl-7*H*-purin-6-ylamid] $C_{12}H_{12}N_6O_2S$, Formel VI (R = CH_3, X = NH_2).

B. Beim Erwärmen von 7-Methyl-7*H*-purin-6-ylamin mit *N*-Acetyl-sulfanilylchlorid in Pyridin und Erwärmen des Reaktionsprodukts mit wss. NaOH (*C.F. Boehringer & Söhne,* D.B.P. 834995 [1951]; D.R.B.P. Org. Chem. 1950–1951 **3** 1374).

Kristalle (aus Me.); F: >300° [Zers.].

***O*$^{2'}$,*O*$^{3'}$-Diacetyl-*N*^{6},*O*$^{5'}$-bis-[toluol-4-sulfonyl]-adenosin** $C_{28}H_{29}N_5O_{10}S_2$, Formel VII (R = CO-CH_3, R′ = SO_2-C_6H_4-CH_3).

B. Aus *O*$^{2'}$,*O*$^{3'}$-Diacetyl-adenosin und Toluol-4-sulfonylchlorid in Pyridin (*Levene, Tipson,* J. biol. Chem. **121** [1937] 131, 142).

$[\alpha]_D^{26}$: −1,0° [Acn.; c = 1] (unreines Präparat).

***N*^{6},*O*$^{2'}$,*O*$^{3'}$-Tris-[toluol-4-sulfonyl]-adenosin** $C_{31}H_{31}N_5O_{10}S_3$, Formel VII (R = SO_2-C_6H_4-CH_3, R′ = H).

B. Beim Erhitzen der folgenden Verbindung mit wss. Essigsäure (*Levene, Tipson,* J. biol. Chem. **121** [1937] 131, 138).

Kristalle (aus Acn.+Pentan); F: 195–196°. $[\alpha]_D^{26}$: −94,4° [Acn.; c = 1].

VII VIII

***N*^{6},*O*$^{2'}$,*O*$^{3'}$-Tris-[toluol-4-sulfonyl]-*O*$^{5'}$-trityl-adenosin** $C_{50}H_{45}N_5O_{10}S_3$, Formel VII (R = SO_2-C_6H_4-CH_3, R′ = $C(C_6H_5)_3$).

B. Aus *O*$^{5'}$-Trityl-adenosin und Toluol-4-sulfonylchlorid in Pyridin (*Levene, Tipson,* J. biol. Chem. **121** [1937] 131, 137).

$[\alpha]_D^{25}$: −57,2° [Acn.; c = 1].

***S*-Methyl-*N*^{6},*O*$^{2'}$,*O*$^{3'}$-tris-[toluol-4-sulfonyl]-5′-thio-adenosin** $C_{32}H_{33}N_5O_9S_4$, Formel VIII.

B. Aus *S*-Methyl-5′-thio-adenosin und Toluol-4-sulfonylchlorid in Pyridin (*Satoh,* J. Biochem. Tokyo **40** [1953] 563, 565).

Gelbbraune Kristalle (aus Acn.+Ae.); F: 158–160° [Zers.].

[9-*β*-D-Ribofuranosyl-9*H*-purin-6-yl]-amidophosphorsäure, *N*^{6}-Phosphono-adenosin, Adenosin-*N*^{6}-monophosphat, Adenosin-*N*^{6}-dihydrogenphosphat $C_{10}H_{14}N_5O_7P$, Formel IX.

B. Aus Adenosin und wss. H_3PO_4 [90%ig] (*Ruskin,* U.S.P. 2712541 [1952]; *Friedman, Ruskin,* II. Congr. int. Biochim. Paris **1952** 257).

Kristalle (aus A.); F: 188–189° [Zers.] (*Ru.*; *Fr., Ru.*). $[\alpha]_{D(?)}^{25}$: −26° [wss. HCl (10%ig)] (*Ru.*). pH-Wert einer wss. Lösung [10%ig]: 2,2 (*Ru.*).

***O*$^{2'}$,*O*$^{3'}$-Isopropyliden-*N*^{6},*O*$^{5'}$-diphosphono-adenosin, *O*$^{2'}$,*O*$^{3'}$-Isopropyliden-*N*^{6}-phosphono-[5′]adenylsäure** $C_{13}H_{19}N_5O_{10}P_2$, Formel X.

B. Aus *O*$^{2'}$,*O*$^{3'}$-Isopropyliden-adenosin und $POCl_3$ in Pyridin (*Levene, Tipson,* J. biol. Chem. **121** [1937] 131, 150).

Barium-Salz $Ba_2C_{13}H_{15}N_5O_{10}P_2$. Pulver (unreines Präparat).

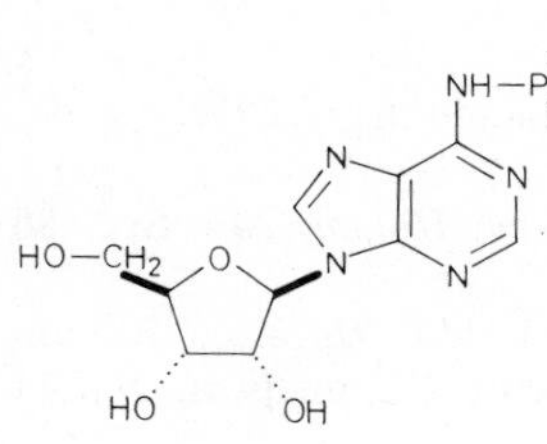

IX 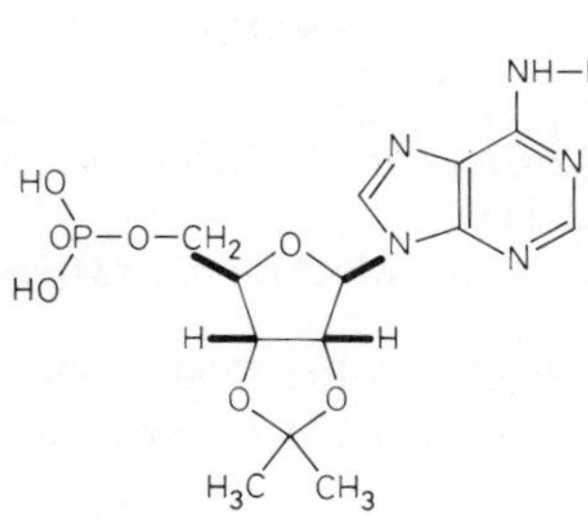 X 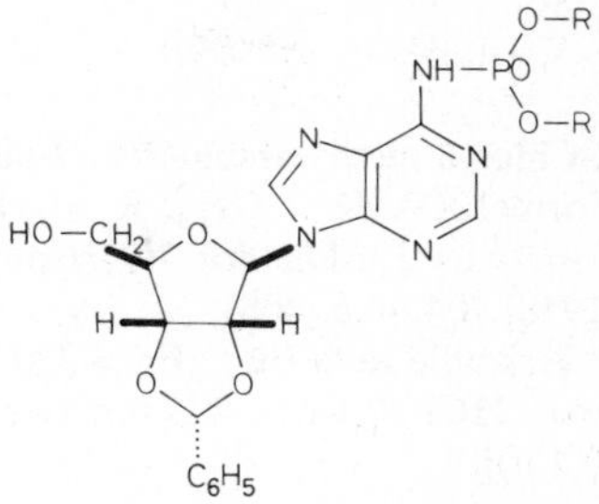 XI

$O^{2'}$,$O^{3'}$-[(*R*?)-Benzyliden]-N^6-[bis-benzyloxy-phosphoryl]-adenosin $C_{31}H_{30}N_5O_7P$, vermutlich Formel XI (R = CH_2-C_6H_5).

Diese Konstitution kommt vermutlich der von *Michelson, Todd* (Soc. **1949** 2476, 2481) als $O^{3'}$,$O^{5'}$-Benzyliden-N^6-[bis-benzyloxy-phosphoryl]-adenosin formulierten Verbindung zu (*Brown et al.*, Soc. **1950** 3299, 3301).

B. Neben grösseren Mengen $O^{2'}$,$O^{3'}$-[(*R*)-Benzyliden-[5']adenylsäure-dibenzylester (S. 3718) beim Behandeln von $O^{2'}$,$O^{3'}$-[(*R*)-Benzyliden]-adenosin (S. 3718) mit Chlorophosphorsäure-dibenzylester in Pyridin bei −30° (*Mi., Todd*).

Hellbraun; F: 80−90° [aus $CHCl_3$+PAe.] (*Mi., Todd*).

2-Fluor-adenosin $C_{10}H_{12}FN_5O_4$, Formel XII und Taut.

B. Aus 2-Amino-adenosin und $NaNO_2$ in wss. HBF_4 (*Montgomery, Hewson,* Am. Soc. **79** [1957] 4559).

Kristalle (aus A.) mit 0,25 Mol Äthanol; Zers. bei 200°. $[\alpha]_D^{26}$: −60,3°±11° [A.; c = 0,1]. λ_{max} (wss. Lösungen vom pH 1, pH 7 sowie pH 13): 260,5 nm.

2-Chlor-7(9)*H*-purin-6-ylamin $C_5H_4ClN_5$, Formel XIII (R = R' = H) und Taut.

B. Beim Erhitzen von 2,6-Dichlor-7(9)*H*-purin mit methanol. NH_3 auf 100° (*Brown, Weliky,* J. org. Chem. **23** [1958] 125). Aus 2,8-Dichlor-7(9)*H*-purin-6-ylamin bei der Hydrierung an Palladium/$BaSO_4$ in wss. NaOH (*Davoll, Lowy,* Am. Soc. **74** [1952] 1563, 1565).

Kristalle [aus wss. NaOH+Eg.] (*Br., We.*). IR-Banden (KBr; 3400−1600 cm^{-1}): *Montgomery, Holum,* Am. Soc. **80** [1958] 404, 408. λ_{max}: 265−266 nm [wss. HCl (0,1 n)] (*Da., Lowy*; *Br., We.*; *Montgomery, Holum,* Am. Soc. **79** [1957] 2185, 2187), 266 nm [wss. Lösung vom pH 7] (*Mo., Ho.,* Am. Soc. **79** 2187) bzw. 270−272 nm [wss. NaOH (0,1 n)] (*Da., Lowy*; *Br., We.*).

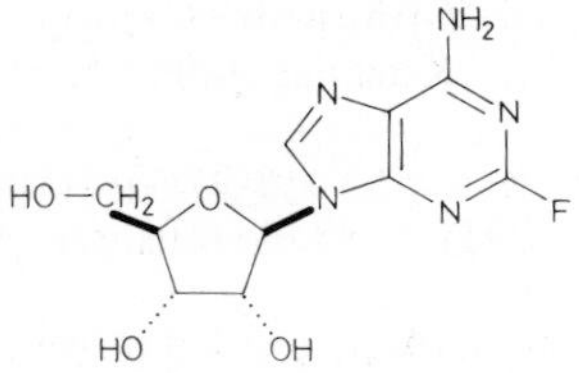

XII 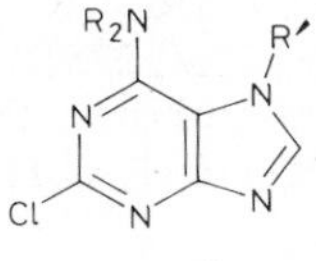 XIII 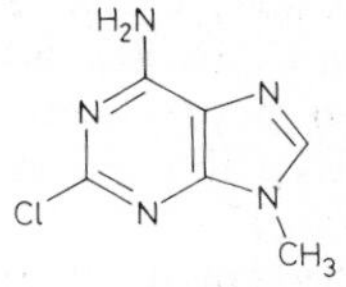 XIV 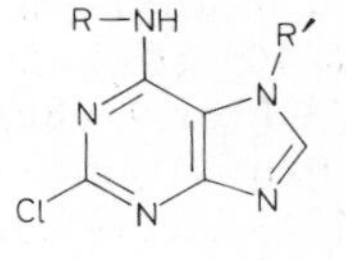 XV

2-Chlor-7-methyl-7*H*-purin-6-ylamin $C_6H_6ClN_5$, Formel XIII (R = H, R' = CH_3) (H 426).

B. Beim Erhitzen von 2,6-Dichlor-7-methyl-7*H*-purin mit konz. wss. NH_3 auf 110° (*Adams, Whitmore,* Am. Soc. **67** [1945] 1271; vgl. H 426).

Kristalle (aus H_2O); F: >250°.

2-Chlor-9-methyl-9*H*-purin-6-ylamin $C_6H_6ClN_5$, Formel XIV.

B. Aus 2,6-Dichlor-9-methyl-9*H*-purin und äthanol. NH_3 (*Falconer et al.*, Soc. **1939** 1784, 1786).

Kristalle.

2-Chlor-6-methylamino-7(9)*H*-purin, [2-Chlor-7(9)*H*-purin-6-yl]-methyl-amin $C_6H_6ClN_5$, Formel XV (R = CH_3, R' = H) und Taut.

B. Aus 2,6-Dichlor-7(9)*H*-purin und wss. Methylamin (*Montgomery, Holum,* Am. Soc. **80** [1958] 404, 406, 408).

Kristalle (aus Eg.); F: >220°. IR-Banden (KBr; 3200–1500 cm^{-1}): *Mo., Ho.* λ_{max}: 273 nm [wss. HCl (0,1 n)], 271 nm [wss. Lösung vom pH 7] bzw. 226 nm und 272 nm [wss. NaOH (0,1 n)].

2-Chlor-6-dimethylamino-7(9)*H*-purin, [2-Chlor-7(9)*H*-purin-6-yl]-dimethyl-amin $C_7H_8ClN_5$, Formel XIII (R = CH_3, R' = H) und Taut.

B. Analog der vorangehenden Verbindung (*Montgomery, Holum,* Am. Soc. **80** [1958] 404, 406, 408).

Kristalle (aus Bzl. + 2-Methoxy-äthanol); F: 240–280°. IR-Banden (KBr; 3100–1500 cm^{-1}): *Mo., Ho.* λ_{max}: 285 nm [wss. HCl (0,1 n)], 277 nm [wss. Lösung vom pH 7] bzw. 284 nm [wss. NaOH (0,1 n)].

2(?)-Chlor-6(?)-diäthylamino-7(9)*H*-purin, Diäthyl-[2(?)-chlor-7(9)*H*-purin-6(?)-yl]-amin $C_9H_{12}ClN_5$, vermutlich Formel XIII (R = C_2H_5, R' = H) und Taut.

B. Neben N^2,N^2,N^6,N^6-Tetraäthyl-7(9)*H*-purin-2,6-diyldiamin beim Erhitzen von Xanthin (S. 2327) mit $POCl_3$ und Triäthylamin (*Robins, Christensen,* Am. Soc. **74** [1952] 3624, 3627).

Kristalle (aus Heptan); F: 225–227° [korr.].

2-Chlor-6-diäthylamino-7-methyl-7*H*-purin, Diäthyl-[2-chlor-7-methyl-7*H*-purin-6-yl]-amin $C_{10}H_{14}ClN_5$, Formel XIII (R = C_2H_5, R' = CH_3).

B. Aus 2,6-Dichlor-7-methyl-7*H*-purin und Diäthylamin (*Adams, Whitmore,* Am. Soc. **67** [1945] 1271).

Kristalle (aus Bzl. + PAe.); F: 107–107,5°.

Die folgenden Verbindungen sind in analoger Weise hergestellt worden:

6-Butylamino-2-chlor-7(9)*H*-purin, Butyl-[2-chlor-7(9)*H*-purin-6-yl]-amin $C_9H_{12}ClN_5$, Formel XV (R = $[CH_2]_3$-CH_3, R' = H) und Taut. Kristalle (aus A.); F: >300° (*Montgomery, Holum,* Am. Soc. **80** [1958] 404, 406, 408). IR-Banden (KBr; 3200–1500 cm^{-1}): *Mo., Ho.* λ_{max}: 276 nm [wss. HCl (0,1 n)], 272 nm [wss. Lösung vom pH 7] bzw. 278 nm [wss. NaOH (0,1 n)] (*Mo., Ho.*).

[2-Chlor-7-methyl-7*H*-purin-6-yl]-[3-chlor-phenyl]-amin $C_{12}H_9Cl_2N_5$, Formel XV (R = C_6H_4-Cl, R' = CH_3). Kristalle (aus A.); F: 219° [unkorr.]; λ_{max} (A.): 306 nm (*Prasad, Robins,* Am. Soc. **79** [1957] 6401, 6403, 6406).

2-Chlor-6-dimethylamino-9-phenyl-9*H*-purin, [2-Chlor-9-phenyl-9*H*-purin-6-yl]-dimethyl-amin $C_{13}H_{12}ClN_5$, Formel I (R = R' = CH_3). Kristalle (aus A.); F: 168–169° (*Koppel, Robins,* Am. Soc. **80** [1958] 2751, 2754).

2-Chlor-9-phenyl-6-propylamino-9*H*-purin, [2-Chlor-9-phenyl-9*H*-purin-6-yl]-propyl-amin $C_{14}H_{14}ClN_5$, Formel I (R = CH_2-C_2H_5, R' = H). Kristalle (aus wss. A.); F: 121–122° (*Ko., Ro.*).

2-Chlor-6-phenäthylamino-9-phenyl-9*H*-purin, [2-Chlor-9-phenyl-9*H*-purin-6-yl]-phenäthyl-amin $C_{19}H_{16}ClN_5$, Formel I (R = CH_2-CH_2-C_6H_5, R' = H). Hydrochlorid $C_{19}H_{16}ClN_5 \cdot HCl$. Kristalle (aus A.); F: 172–174° (*Ko., Ro.*).

[2-Chlor-7-methyl-7*H*-purin-6-yl]-[2,4-dimethyl-phenyl]-amin $C_{14}H_{14}ClN_5$, Formel II (R = CH_3, R' = H). Kristalle (aus A.); F: 258–260° [unkorr.]; λ_{max} (A.): 287 nm (*Pr., Ro.*).

[2-Chlor-7-methyl-7*H*-purin-6-yl]-[2,5-dimethyl-phenyl]-amin $C_{14}H_{14}ClN_5$, For=

mel II (R = H, R' = CH_3). Kristalle (aus wss. Me.); F: 230° [unkorr.]; λ_{max} (A.): 290 nm (*Pr., Ro.*).

2-Chlor-6-piperidino-7(9)*H*-purin $C_{10}H_{12}ClN_5$, Formel III und Taut. Kristalle (aus wss. A.); F: 282–284°; λ_{max} (A.): 280 nm (*Breshears et al.,* Am. Soc. **81** [1959] 3789, 3790, 3792).

N,N-Diäthyl-*N'*-[2-chlor-7-methyl-7*H*-purin-6-yl]-propandiyldiamin $C_{13}H_{21}ClN_6$, Formel IV. Kristalle; F: 131–133° (*Ad., Wh.*). – Picrat $C_{13}H_{21}ClN_6 \cdot C_6H_3N_3O_7$. Kristalle (aus A.); F: 195–196° (*Ad., Wh.*).

2-Chlor-6-furfurylamino-7(9)*H*-purin, [2-Chlor-7(9)*H*-purin-6-yl]-furfuryl-amin $C_{10}H_8ClN_5O$, Formel V und Taut. Kristalle (aus wss. A.); F: 263–266°; λ_{max} (A.): 270 nm (*Br. et al.*).

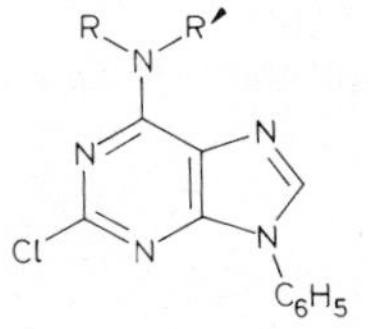

I 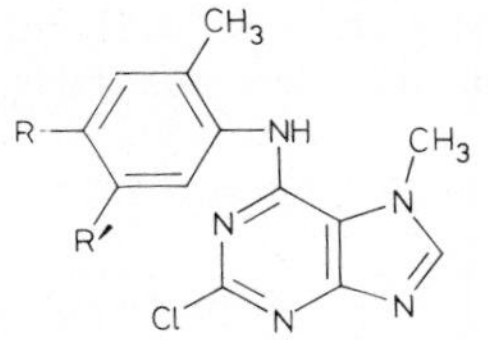 II 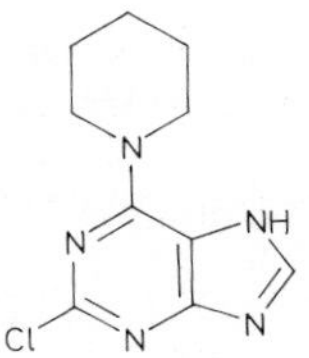 III 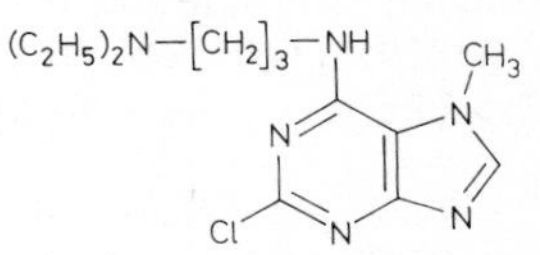 IV

D-(1*R*)-Tri-*O*-acetyl-1-[6-amino-2-chlor-purin-9-yl]-1,5-anhydro-xylit, 2-Chlor-9-[tri-*O*-acetyl-β-D-xylopyranosyl]-9*H*-purin-6-ylamin $C_{16}H_{18}ClN_5O_7$, Formel VI.

B. Neben D-(1*R*)-Tri-*O*-acetyl-1-[6-amino-purin-9-yl]-1,5-anhydro-xylit (S. 3596) beim Erhitzen von D-(1*R*)-Tri-*O*-acetyl-1-[6-amino-2,8-dichlor-purin-9-yl]-1,5-anhydro-xylit (S. 3728) mit Raney-Nickel und $CaCO_3$ in Äthanol (*Davoll et al.,* Soc. **1946** 833, 836).

Kristalle (aus A.); F: 217°. $[\alpha]_D^{14}$: −8,0° [$CHCl_3$; c = 0,7].

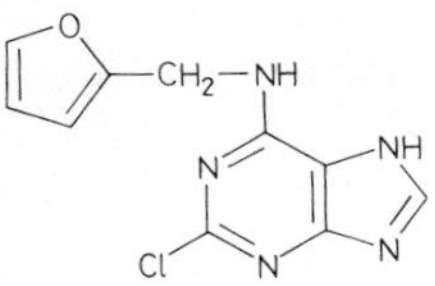

V 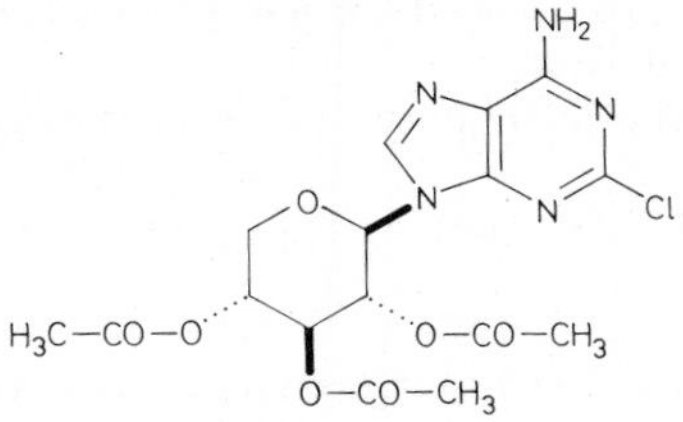 VI 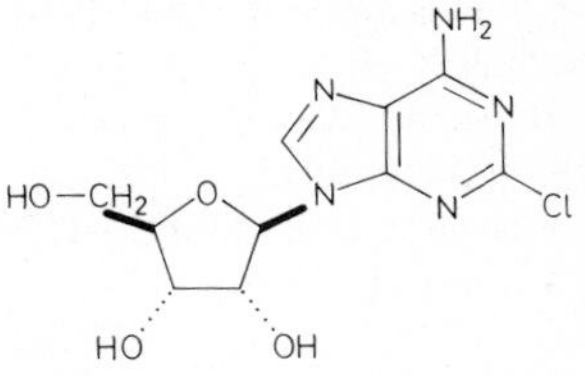 VII

2-Chlor-adenosin $C_{10}H_{12}ClN_5O_4$, Formel VII.

B. Beim Erhitzen von 6-Amino-2-chlor-purin-9-ylquecksilber-chlorid mit Tri-*O*-acetyl-α-D-ribofuranosylchlorid (E III/IV **17** 2294) in Xylol und Behandeln des Reaktionsprodukts mit methanol. NH_3 (*Davoll, Lowy,* Am. Soc. **74** [1952] 1563, 1565; *Brown, Weliky,* J. org. Chem. **23** [1958] 125). Aus 2,8-Dichlor-adenosin bei der Hydrierung an Palladium/$BaSO_4$ in wss. NaOH (*Davoll et al.,* Soc. **1948** 1685; *Da., Lowy*). Aus (1*R*)-Tri-*O*-benzoyl-1-[2,6-dichlor-purin-9-yl]-D-1,4-anhydro-ribit und methanol. NH_3 (*Schaeffer, Thomas,* Am. Soc. **80** [1958] 3738, 3741). Beim Erwärmen von (1*R*)-1-[2-Chlor-6-methoxy-purin-9-yl]-D-1,4-anhydro-ribit (S. 1982) mit methanol. NH_3 (*Sch., Th.*).

Kristalle (aus H_2O); F: 147–149° (*Br., We.*), 145–146° [Zers.] (*Sch., Th.*), 135° [unkorr.] (*Da., Lowy*). IR-Banden (3400–1000 cm^{-1}): *Sch., Th.* λ_{max} (wss. Lösung): 264 nm [pH 1 sowie pH 7] bzw. 265 nm [pH 13] (*Sch., Th.*), 265 nm [wss. HCl (0,1 n) sowie wss. NaOH (0,1 n)] (*Da., Lowy*; s. a. *Br., We.*).

(1*R*)-1-[6-Amino-2-chlor-purin-9-yl]-1,5-anhydro-D-glucit, 2-Chlor-9-β-D-glucopyranosyl-9*H*-purin-6-ylamin $C_{11}H_{14}ClN_5O_5$, Formel VIII (H **31** 164; dort als 2(?)-Chlor-adenin-[*d*-glucopyranosid]-(9) bezeichnet).

B. Aus (1*R*)-1-[6-Amino-2,8-dichlor-purin-9-yl]-1,5-anhydro-D-glucit (H **31** 165) bei der Hy=

drierung an Palladium/$BaSO_4$ in wss. NaOH (*Davoll et al.*, Soc. **1948** 1685).
Kristalle (aus H_2O); F: 223° [Zers.; nach Sintern ab 190°].

(1*R*?)-3-Amino-1-[2-chlor-6-dipropylamino-purin-9-yl]-D-1,4-anhydro-3-desoxy-ribit, 9-[3-Amino-3-desoxy-*β*(?)-D-ribofuranosyl]-2-chlor-6-dipropylamino-9*H*-purin $C_{16}H_{25}ClN_6O_3$, vermutlich Formel IX.

B. Beim Erhitzen von (1*R*?)-*O*,*O*'-Dibenzoyl-1-[2,6-dichlor-purin-9-yl]-3-phthalimido-D-1,4-anhydro-3-desoxy-ribit (S. 1748) mit methanol. Dipropylamin und anschliessend mit Butylamin (*Am. Cyanamid Co.*, U.S.P. 2852505, 2852506 [1955]).

Kristalle (aus E.); F: 164,5–165,5°. $[\alpha]_D^{25}$: −23,6° [A.]. λ_{max}: 219 nm und 281 nm [Me.], 219 nm und 283 nm [wss. HCl (0,1 n)] bzw. 217,5 nm und 282,5 nm [wss. NaOH (0,1 n)].

8-Chlor-7(9)*H*-purin-6-ylamin $C_5H_4ClN_5$, Formel X (R = R' = H) und Taut.

B. Beim Erhitzen von 6,8-Dichlor-7(9)*H*-purin mit konz. wss. NH_3 auf 100° (*Robins,* Am. Soc. **80** [1958] 6671, 6675, 6676).

Kristalle. λ_{max} (wss. Lösung): 262 nm [pH 1] bzw. 270 nm [pH 11].

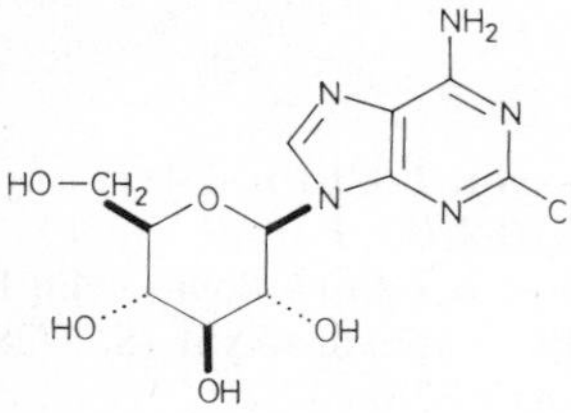

8-Chlor-6-methylamino-7(9)*H*-purin, [8-Chlor-7(9)*H*-purin-6-yl]-methyl-amin $C_6H_6ClN_5$, Formel X (R = H, R' = CH_3) und Taut.

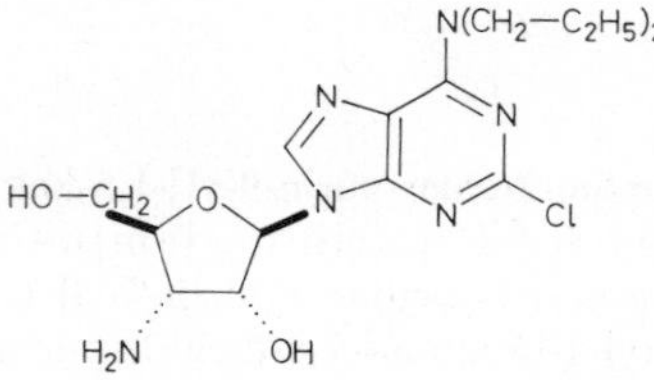

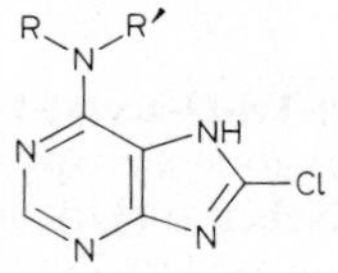

B. Beim Erhitzen von 6,8-Dichlor-7(9)*H*-purin mit wss. Methylamin (*Robins,* Am. Soc. **80** [1958] 6671, 6673, 6675).

Kristalle (aus DMF+H_2O); F: 300° [unkorr.]. λ_{max} (wss. Lösung): 209 nm [pH 1] bzw. 274 nm [pH 11].

8-Chlor-6-dimethylamino-7(9)*H*-purin, [8-Chlor-7(9)*H*-purin-6-yl]-dimethyl-amin $C_7H_8ClN_5$, Formel X (R = R' = CH_3) und Taut.

B. Analog der vorangehenden Verbindung (*Robins,* Am. Soc. **80** [1958] 6671, 6673, 6675).

Kristalle (aus DMF+H_2O); F: 264–266° [unkorr.]. λ_{max} (wss. Lösung): 277 nm [pH 1] bzw. 282 nm [pH 11].

6-Äthylamino-8-chlor-7(9)*H*-purin, Äthyl-[8-chlor-7(9)*H*-purin-6-yl]-amin $C_7H_8ClN_5$, Formel X (R = C_2H_5, R' = H) und Taut.

B. Analog den vorangehenden Verbindungen (*Robins,* Am. Soc. **80** [1958] 6671, 6673, 6675).

Kristalle (aus DMF+H_2O); F: 276–278° [unkorr.; Zers.]. λ_{max} (wss. Lösung): 270 nm [pH 1] bzw. 276 nm [pH 11].

8-Chlor-6-propylamino-7(9)*H*-purin, [8-Chlor-7(9)*H*-purin-6-yl]-propyl-amin $C_8H_{10}ClN_5$, Formel X (R = CH_2-C_2H_5, R' = H) und Taut.

B. Analog den vorangehenden Verbindungen (*Robins,* Am. Soc. **80** [1958] 6671, 6673, 6675).

Kristalle (aus DMF+H_2O); F: 290–292° [unkorr.]. λ_{max} (wss. Lösung): 270 nm [pH 1] bzw. 277 nm [pH 11].

2,8-Dichlor-6-dimethylamino-7(9)*H*-purin, [2,8-Dichlor-7(9)*H*-purin-6-yl]-dimethyl-amin $C_7H_7Cl_2N_5$, Formel XI (R = R' = CH_3) und Taut.

B. Beim Erwärmen von 2,6,8-Trichlor-7(9)*H*-purin mit Dimethylamin-hydrochlorid in wss.-

äthanol. Natriumacetat (*Breshears et al.,* Am. Soc. **81** [1959] 3789, 3791, 3792).
Kristalle (aus A.); F: 287–288°.

6-Äthylamino-2,8-dichlor-7(9)*H*-purin, Äthyl-[2,8-dichlor-7(9)*H*-purin-6-yl]-amin $C_7H_7Cl_2N_5$, Formel XI (R = C_2H_5, R′ = H) und Taut.

B. Beim Erhitzen des Ammonium-Salzes von 2,6,8-Trichlor-7(9)*H*-purin mit Äthylamin-hy= drochlorid in wss. NaOH auf 150° (*Baddiley et al.,* Arch. Biochem. **83** [1959] 54, 56).

Kristalle (aus A.); F: 273–274°. λ_{max} (wss. Lösung): 272,5 nm [pH 2] bzw. 278 nm [pH 12].

2,8-Dichlor-6-diäthylamino-7(9)*H*-purin, Diäthyl-[2,8-dichlor-7(9)*H*-purin-6-yl]-amin $C_9H_{11}Cl_2N_5$, Formel XI (R = R′ = C_2H_5) und Taut.

B. Beim Erhitzen der Monokalium-Verbindung von Harnsäure mit $POCl_3$ und Triäthylamin (*Robins, Christensen,* Am. Soc. **74** [1952] 3624, 3626). Aus 2,6,8-Trichlor-7(9)*H*-purin beim Erhitzen mit $POCl_3$ und Triäthylamin oder beim Erwärmen mit wss. Diäthylamin (*Ro., Ch.*).

Kristalle (aus Heptan); F: 225–225,5° [korr.].

Bis-[2-chlor-äthyl]-[2,8-dichlor-7(9)*H*-purin-6-yl]-amin $C_9H_9Cl_4N_5$, Formel XI (R = R′ = CH_2-CH_2Cl) und Taut.

B. Aus [2,8-Dichlor-7(9)*H*-purin-6-yl]-bis-[2-hydroxy-äthyl]-amin und $SOCl_2$ (*Di Paco et al.,* Ann. Chimica **47** [1957] 698, 702).

Kristalle (aus A.); F: 240°.

2,8-Dichlor-6-dibutylamino-7(9)*H*-purin, Dibutyl-[2,8-dichlor-7(9)*H*-purin-6-yl]-amin $C_{13}H_{19}Cl_2N_5$, Formel XI (R = R′ = $[CH_2]_3$-CH_3) und Taut.

B. Aus 2,6,8-Trichlor-7(9)*H*-purin und wss.-äthanol. Dibutylamin (*Robins, Christensen,* Am. Soc. **74** [1952] 3624, 3626).

Kristalle (aus Heptan); F: 168–169° [korr.].

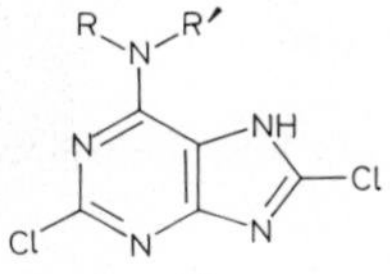

XI 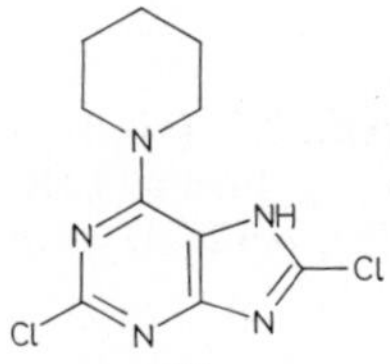 XII 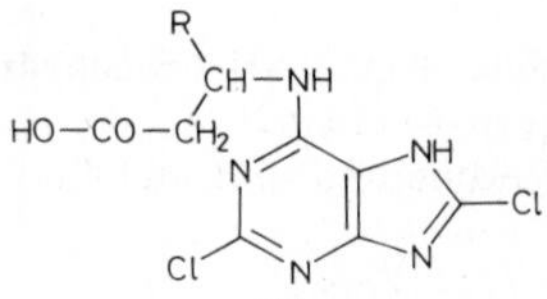 XIII 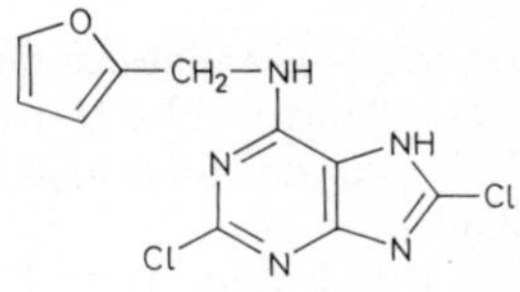 XIV

[2,8-Dichlor-7(9)*H*-purin-6-yl]-[2-methoxy-äthyl]-amin $C_8H_9Cl_2N_5O$, Formel XI (R = CH_2-CH_2-O-CH_3, R′ = H) und Taut.

B. Aus 2,6,8-Trichlor-7(9)*H*-purin und wss. 2-Methoxy-äthylamin (*Du Pont de Nemours & Co.,* U.S.P. 2844577 [1956]).

Kristalle (aus Me.); F: 193–194°.

[2,8-Dichlor-7(9)*H*-purin-6-yl]-[2-methylmercapto-äthyl]-amin $C_8H_9Cl_2N_5S$, Formel XI (R = CH_2-CH_2-S-CH_3, R′ = H) und Taut.

B. Aus 2,6,8-Trichlor-7(9)*H*-purin und wss. 2-Methylmercapto-äthylamin (*Du Pont de Ne= mours & Co.,* U.S.P. 2844577 [1956]).

Kristalle (aus E.); F: 214–217°.

[2,8-Dichlor-7(9)*H*-purin-6-yl]-bis-[2-hydroxy-äthyl]-amin $C_9H_{11}Cl_2N_5O_2$, Formel XI (R = R′ = CH_2-CH_2-OH) und Taut.

B. Aus 2,6,8-Trichlor-7(9)*H*-purin und wss. Bis-[2-hydroxy-äthyl]-amin (*Di Paco et al.,* Ann. Chimica **47** [1957] 698, 702).

Kristalle (aus H_2O); F: 205–206°.

2,8-Dichlor-6-piperidino-7(9)*H*-purin $C_{10}H_{11}Cl_2N_5$, Formel XII und Taut.

B. Aus 2,6,8-Trichlor-7(9)*H*-purin und wss. Piperidin (*Breshears et al.*, Am. Soc. **81** [1959] 3789, 3791, 3792).

Kristalle (aus wss. Eg.); F: 264–265°.

***N*-[2,8-Dichlor-7(9)*H*-purin-6-yl]-DL-alanin** $C_8H_7Cl_2N_5O_2$, Formel XI (R = CH(CH_3)-CO-OH, R' = H) und Taut.

B. Aus 2,6,8-Trichlor-7(9)*H*-purin und DL-Alanin in wss. Na_2CO_3 (*Baddiley et al.*, Arch. Biochem. **83** [1959] 54, 55, 56).

Kristalle (aus A.) mit 0,5 Mol Äthanol. λ_{max} (wss. Lösung): 272 nm [pH 2] bzw. 278 nm [pH 12].

***N*-[2,8-Dichlor-7(9)*H*-purin-6-yl]-*β*-alanin** $C_8H_7Cl_2N_5O_2$, Formel XIII (R = H) und Taut.

B. Analog der vorangehenden Verbindung (*Baddiley et al.*, Arch. Biochem. **83** [1959] 54, 55, 56).

Kristalle (aus A.). λ_{max} (wss. Lösung): 273,5 nm [pH 2] bzw. 278,5 nm [pH 12].

***N*-[2,8-Dichlor-7(9)*H*-purin-6-yl]-DL-asparaginsäure** $C_9H_7Cl_2N_5O_4$, Formel XIII (R = CO-OH) und Taut.

B. Analog den vorangehenden Verbindungen (*Baddiley et al.*, Soc. **1956** 4659).

Kristalle (aus H_2O); Zers. bei 220–225°. λ_{max} (wss. Lösung): 272,5 nm [pH<1] bzw. 279,5 nm [pH>12].

2,8-Dichlor-6-furfurylamino-7(9)*H*-purin, [2,8-Dichlor-7(9)*H*-purin-6-yl]-furfuryl-amin $C_{10}H_7Cl_2N_5O$, Formel XIV und Taut.

B. Aus 2,6,8-Trichlor-7(9)*H*-purin und wss. Furfurylamin (*Breshears et al.*, Am. Soc. **81** [1959] 3789, 3791, 3792).

Kristalle (aus Eg.); F: 248–249°.

D-(1*R*)-1-[6-Amino-2,8-dichlor-purin-9-yl]-1,5-anhydro-xylit, 2,8-Dichlor-9-*β*-D-xylopyranosyl-9*H*-purin-6-ylamin $C_{10}H_{11}Cl_2N_5O_4$, Formel I (R = H).

B. Aus der folgenden Verbindung und methanol. NH_3 bei 0° (*Davoll et al.*, Soc. **1946** 833, 836).

Kristalle (aus H_2O); F: 212° [Zers.].

D-(1*R*)-Tri-*O*-acetyl-1-[6-amino-2,8-dichlor-purin-9-yl]-1,5-anhydro-xylit, 2,8-Dichlor-9-[tri-*O*-acetyl-*β*-D-xylopyranosyl]-9*H*-purin-6-ylamin $C_{16}H_{17}Cl_2N_5O_7$, Formel I (R = CO-CH_3).

Die Konfiguration am C-Atom 1 des Kohlenhydrat-Anteils ergibt sich aufgrund der genetischen Beziehung zu D-(1*R*)-1-[6-Amino-purin-9-yl]-1,5-anhydro-xylit (S. 3596).

B. Beim Erhitzen des Silber-Salzes des 2,8-Dichlor-7(9)*H*-purin-6-ylamins mit Tri-*O*-acetyl-*α*-D-xylopyranosylchlorid (E III/IV **17** 2280) in Xylol (*Davoll et al.*, Soc. **1946** 833, 836).

Kristalle (aus Eg.); F: 228° [nach Sintern bei 223°]. $[\alpha]_D^{16}$: −46,4° [$CHCl_3$; c = 1,7].

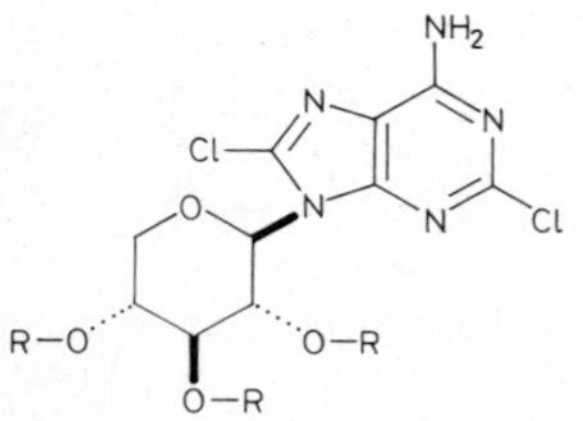

I 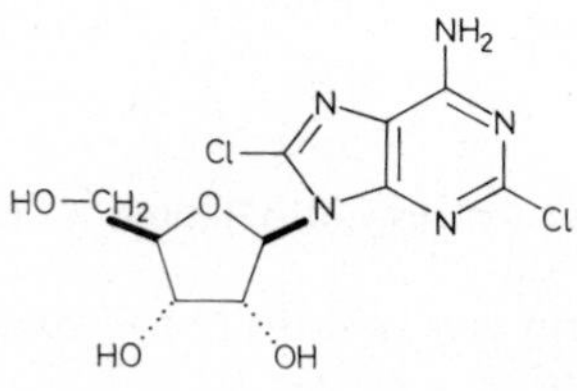 II 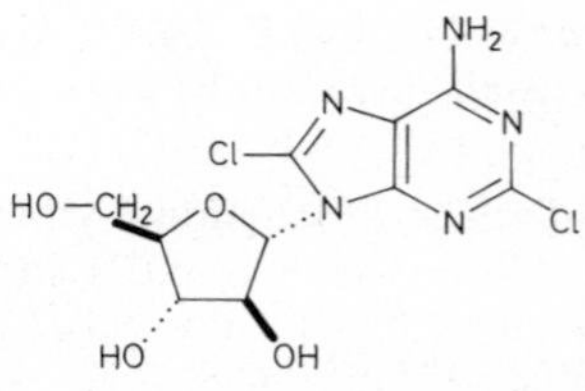 III

2-[6-Amino-2,8-dichlor-purin-9-yl]-5-hydroxymethyl-tetrahydro-furan-3,4-diol $C_{10}H_{11}Cl_2N_5O_4$.

a) **(1*R*)-1-[6-Amino-2,8-dichlor-purin-9-yl]-D-1,4-anhydro-ribit, 2,8-Dichlor-adenosin,** Formel II.

B. Beim Erhitzen des Silber-Salzes des 2,8-Dichlor-7(9)*H*-purin-6-ylamins mit Tri-*O*-acetyl-α-D-ribofuranosylchlorid (E III/IV **17** 2294) in Xylol und Behandeln des Reaktionsprodukts mit methanol. NH_3 (*Davoll et al.*, Soc. **1948** 967). Beim Erhitzen von (1*R*)-1-[2,6,8-Trichlor-purin-9-yl]-D-1,4-anhydro-ribit oder von (1*R*)-Tri-*O*-acetyl-1-[2,6,8-trichlor-purin-9-yl]-D-1,4-anhydro-ribit (S. 1749) mit wss. oder äthanol. NH_3 auf 100° (*Ruskin*, U.S.P. 2482069 [1944]).

Kristalle (aus H_2O); F: 232° [Zers.] (*Da. et al.*).

b) **(1*S*)-1-[6-Amino-2,8-dichlor-purin-9-yl]-1,4-anhydro-D-arabit,** 2,8-Dichlor-9-α-D-arabinofuranosyl-9*H*-purin-6-ylamin, Formel III.

B. Beim Behandeln von Tetra-*O*-acetyl-ξ-D-arabinofuranose (E III/IV **17** 2502) mit flüssigem HBr, Erhitzen des Reaktionsprodukts mit dem Silber-Salz des 2,8-Dichlor-7(9)*H*-purin-6-yl=amins in Xylol und Behandeln des danach erhaltenen Reaktionsprodukts mit methanol. NH_3 (*Bristow, Lythgoe*, Soc. **1949** 2306, 2309).

Kristalle (aus H_2O); F: 222° [Zers.; schnelles Erhitzen].

c) **(1*R*)-1-[6-Amino-2,8-dichlor-purin-9-yl]-D-1,4-anhydro-xylit,** 2,8-Dichlor-9-β-D-xylofuranosyl-9*H*-purin-6-ylamin, Formel IV und Taut.

B. Aus Tetra-*O*-acetyl-ξ-D-xylofuranose (E III/IV **17** 2503) analog der vorangehenden Verbin=dung (*Chang, Lythgoe*, Soc. **1950** 1992).

Kristalle (aus H_2O); Zers. bei ca. 140°. $[\alpha]_D^{17}$: −13,8° [H_2O; c = 0,2].

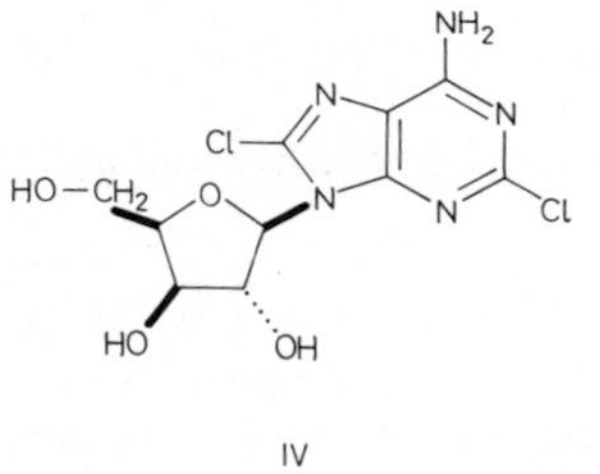

IV

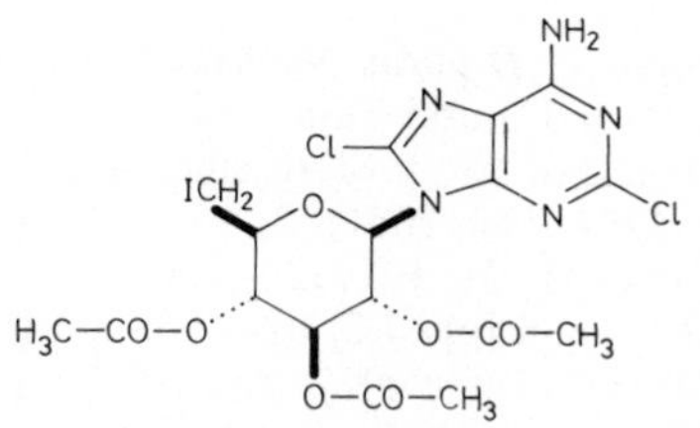

V

(1*R*)-Tri-*O*-acetyl-1-[6-amino-2,8-dichlor-purin-9-yl]-6-jod-1,5-anhydro-6-desoxy-D-glucit, 2,8-Dichlor-9-[tri-*O*-acetyl-6-jod-6-desoxy-β-D-glucopyranosyl]-9*H*-purin-6-ylamin $C_{17}H_{18}Cl_2IN_5O_7$, Formel V.

Diese Konstitution ist aufgrund der analogen Bildungsweise von (1*R*)-Tetra-*O*-acetyl-1-[6-amino-2,8-dichlor-purin-9-yl]-1,5-anhydro-D-glucit (H **31** 165) vermutlich der von *Kanazawa et al.* (J. chem. Soc. Japan Pure Chem. Sect. **79** [1958] 698; C. A. **1960** 4596) als (1*R*)-Tri-*O*-acetyl-1-[6-amino-2,8-dichlor-purin-7-yl]-6-jod-1,5-anhydro-6-desoxy-D-glucit formulierten Verbindung zuzuordnen.

B. Beim Erhitzen des Silber-Salzes des 2,8-Dichlor-purin-6-ylamins mit Tri-*O*-acetyl-6-jod-6-desoxy-α-D-glucopyranosylbromid (E III/IV **17** 2304) in Toluol und Dioxan (*Ka. et al.*).

Sintern bei 137−139° [aus PAe. + Ae.].

(1*R*)-Tetra-*O*-acetyl-1-[6-amino-2,8-dichlor-purin-9-yl]-1,5-anhydro-D-glucit, 2,8-Dichlor-9-[tetra-*O*-acetyl-β-D-glucopyranosyl]-9*H*-purin-6-ylamin $C_{19}H_{21}Cl_2N_5O_9$, Formel VI (R = CO-CH_3) (H **31** 165).

B. Beim Erhitzen von (1*R*)-Tetra-*O*-acetyl-1-[2,6,8-trichlor-purin-9-yl]-1,5-anhydro-D-glucit (S. 1749) mit äthanol. NH_3 und Behandeln des Reaktionsprodukts mit Acetanhydrid in Pyridin (*Davoll, Lowy*, Am. Soc. **74** [1952] 1562, 1566).

Kristalle (aus Eg.); F: 213−216° [unkorr.].

2-Azido-adenosin $C_{10}H_{12}N_8O_4$, Formel VII.

B. Aus 2-Hydrazino-adenosin und $NaNO_2$ in wss. Essigsäure (*Schaeffer, Thomas*, Am. Soc.

80 [1958] 3738, 3742).

Kristalle (aus H_2O); F: 159–160° [Zers.]. $[\alpha]_D^{26}$: −27,6° ± 6° [Me.; c = 0,2]. IR-Banden (3400–1050 cm^{-1}): *Sch., Th.* λ_{max} (wss. Lösung): 273 nm [pH 1], 230 nm, 271 nm und 309 nm [pH 7] bzw. 230 nm und 271 nm [pH 13].

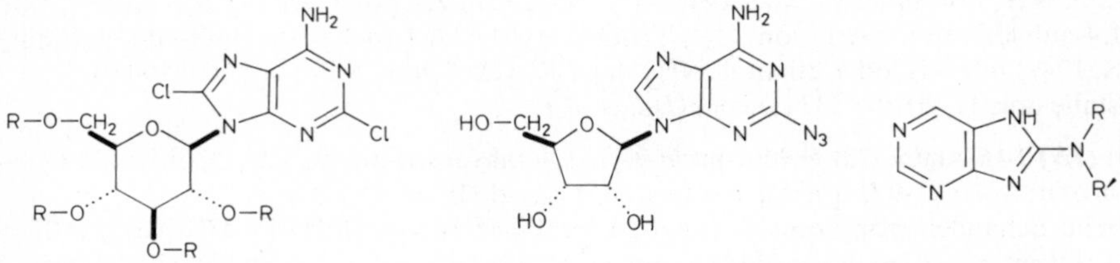

VI VII VIII

7(9)*H*-Purin-8-ylamin $C_5H_5N_5$, Formel VIII (R = R′ = H) und Taut.

B. Beim Erhitzen von 8-Methylmercapto-7(9)*H*-purin mit wss. NH_3 unter Zusatz von Kupfer(II)-acetat und Kupfer auf 160° (*Albert, Brown,* Soc. **1954** 2060, 2070).

Kristalle (aus H_2O), die unterhalb 360° nicht schmelzen (*Al., Br.*). λ_{max} (wss. Lösung): 288 nm [pH 2,4], 241 nm und 283 nm [pH 7,1] bzw. 290 nm [pH 12] (*Mason,* Soc. **1954** 2071, 2072). Scheinbare Dissoziationsexponenten pK'_{a1} und pK'_{a2} (H_2O; potentiometrisch ermittelt) bei 20°: 4,68 bzw. 9,36 (*Al., Br.,* l. c. S. 2062). Bei 20° enthalten 2 l, bei 100° 0,6 l wss. Lösung jeweils 1 g (*Al., Br.*).

8-Methylamino-7(9)*H*-purin, Methyl-[7(9)*H*-purin-8-yl]-amin $C_6H_7N_5$, Formel VIII (R = CH_3, R′ = H) und Taut.

B. Beim Erhitzen von 8-Methylmercapto-7(9)*H*-purin mit wss. Methylamin auf 150° (*Albert, Brown,* Soc. **1954** 2060, 2071).

Kristalle (aus H_2O); F: 332–334° [Zers.] (*Al., Br.*). λ_{max} (wss. Lösung): 296 nm [pH 2,7], 245 nm und 290 nm [pH 7,2] bzw. 298 nm [pH 12] (*Mason,* Soc. **1954** 2071, 2072). Scheinbare Dissoziationsexponenten pK'_{a1} und pK'_{a2} (H_2O; potentiometrisch ermittelt) bei 20°: 4,78 bzw. 9,56 (*Al., Br.,* l. c. S. 2063). Bei 20° enthalten 450 ml, bei 100° 60 ml wss. Lösung jeweils 1 g (*Al., Br.*).

8-Dimethylamino-7(9)*H*-purin, Dimethyl-[7(9)*H*-purin-8-yl]-amin $C_7H_9N_5$, Formel VIII (R = R′ = CH_3) und Taut.

B. Analog der vorangehenden Verbindung (*Albert, Brown,* Soc. **1954** 2060, 2071).

Kristalle (aus H_2O); F: 292° [Zers.] (*Al., Br.*). λ_{max} (wss. Lösung): 305 nm [pH 2,7], 250 nm und 296 nm [pH 7,3] bzw. 306 nm [pH 12] (*Mason,* Soc. **1954** 2071, 2072). Scheinbare Dissoziationsexponenten pK'_{a1} und pK'_{a2} (H_2O; potentiometrisch ermittelt) bei 20°: 4,80 bzw. 9,73 (*Al., Br.,* l. c. S. 2063). Bei 20° enthalten 150 ml, bei 100° 3 ml wss. Lösung jeweils 1 g (*Al., Br.*).

1(3)*H*-Imidazo[4,5-*d*]pyridazin-4-ylamin $C_5H_5N_5$, Formel IX (R = X = H) und Taut.

B. Beim Erhitzen von 4-Methylmercapto-1(3)*H*-imidazo[4,5-*d*]pyridazin mit äthanol. NH_3 auf 200° (*Castle, Seese,* J. org. Chem. **23** [1958] 1534, 1536, 1538). Aus 1-Benzyl-7-chlor-1*H*-imidazo[4,5-*d*]pyridazin-4-ylamin und Natrium in flüssigem NH_3 (*Carbon,* Am. Soc. **80** [1958] 6083, 6085, 6086).

Kristalle (aus H_2O); F: 262–263° [unkorr.; Zers.] (*Ca.*). Gelbe Kristalle (aus A.) mit 1 Mol H_2O; Zers. bei 315° [unkorr.; nach H_2O-Abgabe bei ca. 215°] (*Ca., Se.*). λ_{max} (A.): 260 nm (*Ca., Se.*).

Hydrochlorid $C_5H_5N_5 \cdot HCl$. Kristalle (aus wss. HCl); F: 334–337° [unkorr.; Zers.] (*Ca.*).

1-Methyl-1*H*-imidazo[4,5-*d*]pyridazin-4-ylamin $C_6H_7N_5$, Formel IX (R = CH_3, X = H).

B. Neben geringen Mengen der folgenden Verbindung bei der Hydrierung von 7-Chlor-1-

methyl-1*H*-imidazo[4,5-*d*]pyridazin-4-ylamin an Palladium/Kohle in Natriumacetat enthalten= der Essigsäure (*Carbon,* Am. Soc. **80** [1958] 6083, 6088).

Kristalle (aus DMF); F: 295–296° [unkorr.; Zers.]. λ_{max}: 258 nm [wss. HCl (0,05 n)] bzw. 255 nm [wss. NaOH (0,05 n)].

3-Methyl-3*H*-imidazo[4,5-*d*]pyridazin-4-ylamin $C_6H_7N_5$, Formel X.

B. s. im vorangehenden Artikel.

Kristalle (aus H_2O); F: 318–319° [unkorr.; Zers.] (*Carbon,* Am. Soc. **80** [1958] 6083, 6088). λ_{max}: 263 nm [wss. HCl (0,05 n)] bzw. 261 nm [wss. NaOH (0,05 n)].

4-Methylamino-1(3)*H*-imidazo[4,5-*d*]pyridazin, [1(3)*H*-Imidazo[4,5-*d*]pyridazin-4-yl]-methyl-amin $C_6H_7N_5$, Formel XI (R = CH_3, R′ = H) und Taut.

B. Aus [1-Benzyl-7-chlor-1*H*-imidazo[4,5-*d*]pyridazin-4-yl]-methyl-amin und Natrium in flüs= sigem NH_3 (*Carbon,* Am. Soc. **80** [1958] 6083, 6085, 6086).

Kristalle (aus wss. HCl + wss. NaOH); F: 298–300° [unkorr.; Zers.].

4-Äthylamino-1(3)*H*-imidazo[4,5-*d*]pyridazin, Äthyl-[1(3)*H*-imidazo[4,5-*d*]pyridazin-4-yl]-amin $C_7H_9N_5$, Formel XI (R = C_2H_5, R′ = H) und Taut.

B. Analog der vorangehenden Verbindung (*Carbon,* Am. Soc. **80** [1958] 6083, 6085, 6086).

Kristalle (aus DMF + H_2O); F: 280–281° [unkorr.; Zers.].

4-Propylamino-1(3)*H*-imidazo[4,5-*d*]pyridazin, [1(3)*H*-Imidazo[4,5-*d*]pyridazin-4-yl]-propyl-amin $C_8H_{11}N_5$, Formel XI (R = CH_2-C_2H_5, R′ = H) und Taut.

B. Analog den vorangehenden Verbindungen (*Carbon,* Am. Soc. **80** [1958] 6083, 6085, 6086).

Kristalle (aus wss. A.); F: 215–216° [unkorr.].

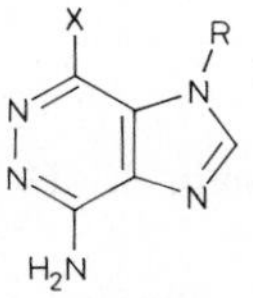

IX 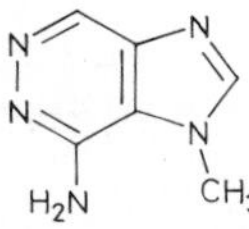 X 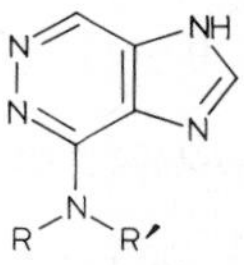 XI 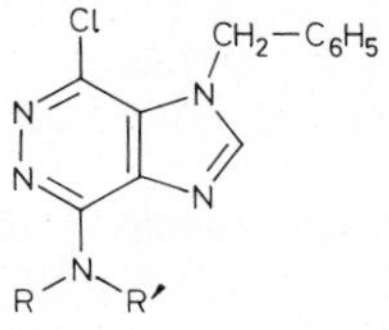 XII

4-Dipropylamino-1(3)*H*-imidazo[4,5-*d*]pyridazin, [1(3)*H*-Imidazo[4,5-*d*]pyridazin-4-yl]-dipropyl-amin $C_{11}H_{17}N_5$, Formel XI (R = R′ = CH_2-C_2H_5) und Taut.

B. Analog den vorangehenden Verbindungen (*Carbon,* Am. Soc. **80** [1958] 6083, 6085, 6086).

Kristalle (aus wss. A.); F: 146,5–147° [unkorr.].

7-Chlor-1-methyl-1*H*-imidazo[4,5-*d*]pyridazin-4-ylamin $C_6H_6ClN_5$, Formel IX (R = CH_3, X = Cl).

B. Beim Erhitzen von 4,7-Dichlor-1-methyl-1*H*-imidazo[4,5-*d*]pyridazin mit äthanol. NH_3 auf 150° (*Carbon,* Am. Soc. **80** [1958] 6083, 6088).

Kristalle (aus wss. HCl); F: 273–275° [unkorr.; Zers.].

1-Benzyl-7-chlor-1*H*-imidazo[4,5-*d*]pyridazin-4-ylamin $C_{12}H_{10}ClN_5$, Formel XII (R = R′ = H).

B. Neben 4-Äthoxy-1-benzyl-7-chlor-1*H*-imidazo[4,5-*d*]pyridazin beim Erhitzen von 1-Benz= yl-4,7-dichlor-1*H*-imidazo[4,5-*d*]pyridazin mit äthanol. NH_3 auf 110° (*Carbon,* Am. Soc. **80** [1958] 6083, 6086).

Kristalle (aus DMF); F: 271–273° [unkorr.; Zers.].

1-Benzyl-7-chlor-4-methylamino-1*H*-imidazo[4,5-*d*]pyridazin, [1-Benzyl-7-chlor-1*H*-imidazo= [4,5-*d*]pyridazin-4-yl]-methyl-amin $C_{13}H_{12}ClN_5$, Formel XII (R = CH_3, R′ = H).

B. Beim Erhitzen von 1-Benzyl-4,7-dichlor-1*H*-imidazo[4,5-*d*]pyridazin mit äthanol. Methyl=

amin auf 110° (*Carbon,* Am. Soc. **80** [1958] 6083, 6085, 6086).
Kristalle (aus wss. A.); F: 185–187° [unkorr.].

Die folgenden Verbindungen sind in analoger Weise hergestellt worden:

1-Benzyl-7-chlor-4-dimethylamino-1*H*-imidazo[4,5-*d*]pyridazin, [1-Benzyl-7-chlor-1*H*-imidazo[4,5-*d*]pyridazin-4-yl]-dimethyl-amin $C_{14}H_{14}ClN_5$, Formel XII (R = R′ = CH_3). Kristalle (aus A.); F: 181–183° [unkorr.].

4-Äthylamino-1-benzyl-7-chlor-1*H*-imidazo[4,5-*d*]pyridazin, Äthyl-[1-benzyl-7-chlor-1*H*-imidazo[4,5-*d*]pyridazin-4-yl]-amin $C_{14}H_{14}ClN_5$, Formel XII (R = C_2H_5, R′ = H). Kristalle (aus wss. A.); F: 215–217° [unkorr.].

1-Benzyl-7-chlor-4-diäthylamino-1*H*-imidazo[4,5-*d*]pyridazin, Diäthyl-[1-benzyl-7-chlor-1*H*-imidazo[4,5-*d*]pyridazin-4-yl]-amin $C_{16}H_{18}ClN_5$, Formel XII (R = R′ = C_2H_5). Kristalle (aus A.); F: 139–140° [unkorr.].

1-Benzyl-7-chlor-4-propylamino-1*H*-imidazo[4,5-*d*]pyridazin, [1-Benzyl-7-chlor-1*H*-imidazo[4,5-*d*]pyridazin-4-yl]-propyl-amin $C_{15}H_{16}ClN_5$, Formel XII (R = CH_2-C_2H_5, R′ = H). Kristalle (aus wss. A.); F: 169–171° [unkorr.].

1-Benzyl-7-chlor-4-dipropylamino-1*H*-imidazo[4,5-*d*]pyridazin, [1-Benzyl-7-chlor-1*H*-imidazo[4,5-*d*]pyridazin-4-yl]-dipropyl-amin $C_{18}H_{22}ClN_5$, Formel XII (R = R′ = CH_2-C_2H_5). Kristalle (aus A.); F: 160–161° [unkorr.].

[1-Benzyl-7-chlor-1*H*-imidazo[4,5-*d*]pyridazin-4-yl]-bis-[2-hydroxy-äthyl]-amin $C_{16}H_{18}ClN_5O_2$, Formel XII (R = R′ = CH_2-CH_2-OH). Kristalle (aus wss. A.); F: 158–159° [unkorr.]. [*Otto*]

Amine $C_6H_7N_5$

6-Methyl-[1,2,4]triazolo[4,3-*b*]pyridazin-8-ylamin $C_6H_7N_5$, Formel I (R = H).

B. Beim Erhitzen von 8-Chlor-6-methyl-[1,2,4]triazolo[4,3-*b*]pyridazin mit NH_3, Acetamid und Phenol auf 170° (*Steck, Brundage,* Am. Soc. **81** [1959] 6289, 6291).

Kristalle (aus H_2O); F: 222–223° [korr.].

***N,N*-Diäthyl-*N′*-[6-methyl-[1,2,4]triazolo[4,3-*b*]pyridazin-8-yl]-äthylendiamin** $C_{12}H_{20}N_6$, Formel I (R = CH_2-CH_2-N(C_2H_5)$_2$).

B. Beim Erhitzen von 8-Chlor-6-methyl-[1,2,4]triazolo[4,3-*b*]pyridazin mit *N,N*-Diäthyl-äthylendiamin in Gegenwart von NaI in Phenol (*Steck, Brundage,* Am. Soc. **81** [1959] 6289, 6291).

Kristalle (aus Heptan); F: 151,5–152,5° [korr.].

Oxalat $C_{12}H_{20}N_6 \cdot C_2H_2O_4$. Kristalle (aus A.); F: 173–174° [korr.; Zers.].

Die folgenden Verbindungen sind in analoger Weise hergestellt worden:

N,N-Diäthyl-*N′*-[6-methyl-[1,2,4]triazolo[4,3-*b*]pyridazin-8-yl]-propandiyldiamin $C_{13}H_{22}N_6$, Formel I (R = $[CH_2]_3$-N(C_2H_5)$_2$). Kristalle (aus Hexan); F: 94,5–96°. – Oxalat $C_{13}H_{22}N_6 \cdot C_2H_2O_4$. Kristalle (aus wss. A.); F: 210–211° [korr.]. – Methojodid $[C_{14}H_{25}N_6]I$; Diäthyl-methyl-[3-(6-methyl-[1,2,4]triazolo[4,3-*b*]pyridazin-8-ylamino)-propyl]-ammonium-jodid. Kristalle (aus Me. + Ae.); F: 205,5–207° [korr.].

N,N-Diäthyl-*N′*-[6-methyl-[1,2,4]triazolo[4,3-*b*]pyridazin-8-yl]-butandiyldiamin $C_{14}H_{24}N_6$, Formel I (R = $[CH_2]_4$-N(C_2H_5)$_2$). Kristalle (aus Hexan); F: 81–81,5°. – Oxalat. Kristalle (aus wss. A.); F: 145–146,5° [korr.].

N,N-Dibutyl-*N′*-[6-methyl-[1,2,4]triazolo[4,3-*b*]pyridazin-8-yl]-butandiyldiamin $C_{18}H_{32}N_6$, Formel I (R = $[CH_2]_4$-N($[CH_2]_3$-CH_3)$_2$). Kristalle (aus Hexan); F: 76–77°. – Oxalat. Kristalle (aus wss. A.); F: 158–159,5° [korr.].

(±)-N^4,N^4-Diäthyl-1-methyl-N^1-[6-methyl-[1,2,4]triazolo[4,3-*b*]pyridazin-8-yl]-butandiyldiamin $C_{15}H_{26}N_6$, Formel I (R = CH(CH_3)-$[CH_2]_3$-N(C_2H_5)$_2$). Gelbes Öl; $Kp_{0,06}$: ca. 200°. – Oxalat $C_{15}H_{26}N_6 \cdot C_2H_2O_4$. Kristalle (aus A.); F: 217–218° [korr.; nach Sintern bei 211°].

(±)-N^4,N^4-Diäthyl-2-[4-chlor-phenyl]-N^1-[6-methyl-[1,2,4]triazolo[4,3-*b*]pyridazin-8-yl]-butandiyldiamin $C_{20}H_{27}ClN_6$, Formel II. Hellgelbe Kristalle (aus Heptan); F: 137–138° [korr.]. – Oxalat $C_{20}H_{27}ClN_6 \cdot C_2H_2O_4$. Kristalle (aus A.); F: 199,5–201° [korr.].

(±)-1-Diäthylamino-3-[6-methyl-[1,2,4]triazolo[4,3-*b*]pyridazin-8-ylamino]-propan-2-ol $C_{13}H_{22}N_6O$, Formel I (R = CH_2-CH(OH)-CH_2-N(C_2H_5)$_2$). Kristalle (aus Heptan); F: 126–127° [korr.]. – Oxalat $C_{13}H_{22}N_6O \cdot C_2H_2O_4$. Kristalle (aus A.); F: 167,5–169° [korr.].

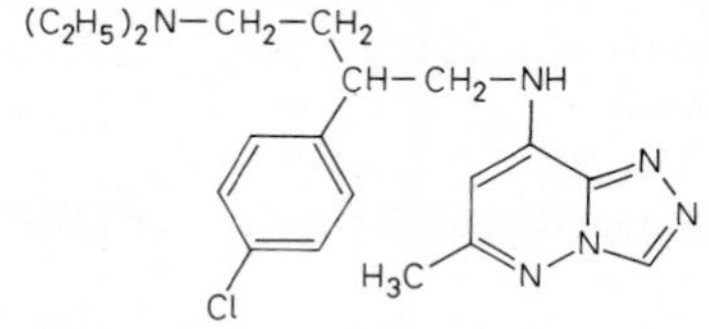

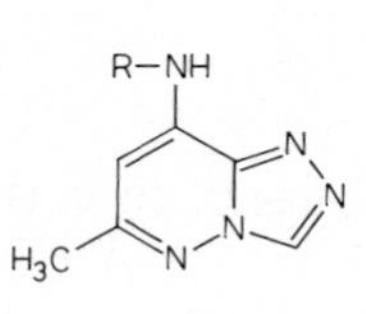

5-Methyl-[1,2,4]triazolo[1,5-*a*]pyrimidin-2-ylamin $C_6H_7N_5$, Formel III.

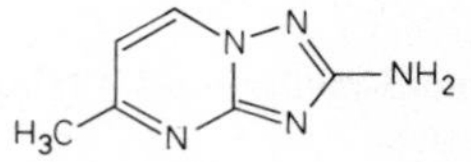

B. Beim Erhitzen von 1*H*-[1,2,4]Triazol-3,5-diyldiamin mit 4,4-Dimethoxy-butan-2-on (*Allen et al.*, J. org. Chem. **24** [1959] 796, 799).

Kristalle (aus DMF); F: 210–211,5° [korr.].

5-Methyl-[1,2,4]triazolo[1,5-*a*]pyrimidin-7-ylamin $C_6H_7N_5$, Formel IV (R = X = H).

B. Beim Erhitzen von 7-Chlor-5-methyl-[1,2,4]triazolo[1,5-*a*]pyrimidin (S. 1753) mit äthanol. NH_3 auf 160° (*Kano, Makisumi,* Chem. pharm. Bl. **6** [1958] 583, 585). Beim Hydrieren von 7-Azido-5-methyl-[1,2,4]triazolo[1,5-*a*]pyrimidin an Raney-Nickel in Methanol (*Allen et al.*, J. org. Chem. **24** [1959] 787, 792).

Kristalle; F: 246–247° [aus A.] (*Kano, Ma.*), 244° [aus H_2O] (*Al. et al.*, l. c. S. 792). λ_{max} (Me.): 288 nm (*Allen et al.*, J. org. Chem. **24** [1959] 779, 786).

7-Diäthylamino-5-methyl-[1,2,4]triazolo[1,5-*a*]pyrimidin, Diäthyl-[5-methyl-[1,2,4]triazolo[1,5-*a*]pyrimidin-7-yl]-amin, Trapidil $C_{10}H_{15}N_5$, Formel IV (R = C_2H_5, X = H).

B. Aus 7-Chlor-5-methyl-[1,2,4]triazolo[1,5-*a*]pyrimidin (S. 1753) und Diäthylamin (*Kano, Makisumi,* Chem. pharm. Bl. **6** [1958] 583, 585).

Kristalle (aus Bzl. + PAe.); F: 105–106°.

5-Methyl-7-piperidino-[1,2,4]triazolo[1,5-*a*]pyrimidin $C_{11}H_{15}N_5$, Formel V.

B. Analog der vorangehenden Verbindung (*Kano, Makisumi,* Chem. pharm. Bl. **6** [1958] 583, 585).

Kristalle (aus PAe. + Acn.); F: 112–113°.

7-Furfurylamino-5-methyl-[1,2,4]triazolo[1,5-*a*]pyrimidin, Furfuryl-[5-methyl-[1,2,4]triazolo[1,5-*a*]pyrimidin-7-yl]-amin $C_{11}H_{11}N_5O$, Formel VI.

B. Analog den vorangehenden Verbindungen (*Kano, Makisumi,* Chem. pharm. Bl. **6** [1958] 583, 585).

Kristalle (aus H_2O); F: 126–127°.

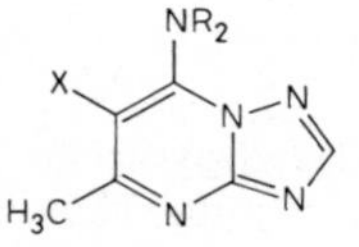

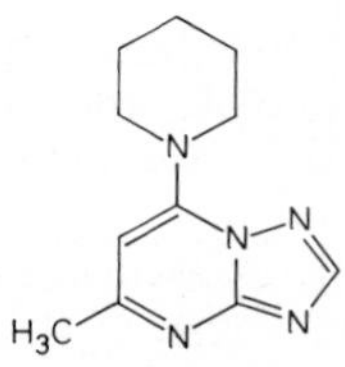

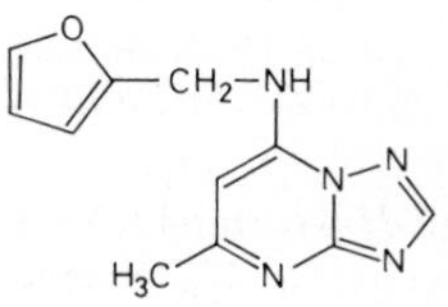

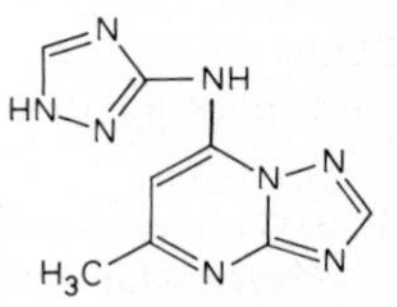

[5-Methyl-[1,2,4]triazolo[1,5-*a*]pyrimidin-7-yl]-[1*H*-[1,2,4]triazol-3-yl]-amin $C_8H_8N_8$, Formel VII und Taut.

B. Analog den vorangehenden Verbindungen (*Allen et al.*, J. org. Chem. **24** [1959] 787, 792).

Kristalle (aus DMF); F: >315°.

6-Chlor-5-methyl-[1,2,4]triazolo[1,5-*a*]pyrimidin-7-ylamin $C_6H_6ClN_5$, Formel IV (R = H, X = Cl).

B. Aus 5-Methyl-[1,2,4]triazolo[1,5-*a*]pyrimidin-7-ylamin und Chlor (*Kano et al.*, Chem. pharm. Bl. **7** [1959] 903, 906). Beim Erhitzen von 6,7-Dichlor-5-methyl-[1,2,4]triazolo[1,5-*a*]pyrimidin mit äthanol. NH_3 auf 160° (*Kano et al.*).

Kristalle (aus A.); F: 289° [unkorr.].

6-Brom-5-methyl-[1,2,4]triazolo[1,5-*a*]pyrimidin-7-ylamin $C_6H_6BrN_5$, Formel IV (R = H, X = Br).

B. Aus 5-Methyl-[1,2,4]triazolo[1,5-*a*]pyrimidin-7-ylamin und Brom (*Kano et al.*, Chem. pharm. Bl. **7** [1959] 903, 906). Beim Erhitzen von 6-Brom-7-chlor-5-methyl-[1,2,4]triazolo[1,5-*a*]pyrimidin mit äthanol. NH_3 auf 160° (*Kano et al.*).

Kristalle; F: 248° [unkorr.; Zers.].

5,6-Dihydro-pyrimido[4,5-*d*]pyrimidin-2-ylamin $C_6H_7N_5$, Formel VIII.

Für das nachstehend beschriebene Präparat ist vielleicht auch die Formulierung als *N*-[2,4-Diamino-pyrimidin-5-ylmethyl]-formamid $C_6H_9N_5O$ in Betracht zu ziehen (vgl. diesbezüglich *Evans, Robertson*, Austral. J. Chem. **26** [1973] 1599, 1600, 1601).

B. Beim Erhitzen von *N*-[2,4-Diamino-pyrimidin-5-ylmethyl]-thioformamid in Pyridin (*Chatterji, Anand*, J. scient. ind. Res. India **18** B [1959] 272, 277).

Hellgelbe Kristalle (aus H_2O) mit 1 Mol H_2O; F: 228–229° (*Ch., An.*).

3-Methyl-1(2)*H*-pyrazolo[4,3-*d*]pyrimidin-7-ylamin $C_6H_7N_5$, Formel IX (R = R′ = H) und Taut.

B. Beim Erhitzen von 7-Chlor-3-methyl-1(2)*H*-pyrazolo[4,3-*d*]pyrimidin mit äthanol. NH_3 auf 150° (*Robins et al.*, J. org. Chem. **21** [1956] 833, 835, 836).

Kristalle; F: 315–317° [unkorr.]; λ_{max} (wss. Lösung): 296 nm [pH 1] bzw. 303 nm [pH 11] (*Ro. et al.*). Scheinbarer Dissoziationsexponent pK'_a (protonierte Verbindung; H_2O; spektrophotometrisch ermittelt) bei 20°: 5,02 (*Lynch et al.*, Soc. **1958** 2973, 2976).

7-Dimethylamino-3-methyl-1(2)*H*-pyrazolo[4,3-*d*]pyrimidin, Dimethyl-[3-methyl-1(2)*H*-pyrazolo[4,3-*d*]pyrimidin-7-yl]-amin $C_8H_{11}N_5$, Formel IX (R = R′ = CH_3) und Taut.

B. Aus 7-Chlor-3-methyl-1(2)*H*-pyrazolo[4,3-*d*]pyrimidin und Dimethylamin (*Robins et al.*, J. org. Chem. **21** [1956] 833, 835, 836).

Kristalle (aus 2-Äthoxy-äthanol); F: 296–297° [unkorr.]. λ_{max} (wss. Lösung): 250 nm und 317 nm [pH 1] bzw. 248 nm und 310 nm [pH 11].

7-Anilino-3-methyl-1(2)*H*-pyrazolo[4,3-*d*]pyrimidin, [3-Methyl-1(2)*H*-pyrazolo[4,3-*d*]pyrimidin-7-yl]-phenyl-amin $C_{12}H_{11}N_5$, Formel IX (R = C_6H_5, R′ = H) und Taut.

B. Analog der vorangehenden Verbindung (*Robins et al.*, J. org. Chem. **21** [1956] 833, 835, 836).

Kristalle (aus 2-Äthoxy-äthanol + H_2O); F: 289–290° [unkorr.]; λ_{max} (A.): 260 nm und 320 nm (*Ro. et al.*). Scheinbarer Dissoziationsexponent pK'_a (protonierte Verbindung; H_2O; spektrophotometrisch ermittelt) bei 20°: 4,61 (*Lynch et al.*, Soc. **1958** 2973, 2976).

7-Benzylamino-3-methyl-1(2)*H*-pyrazolo[4,3-*d*]pyrimidin, Benzyl-[3-methyl-1(2)*H*-pyrazolo[4,3-*d*]pyrimidin-7-yl]-amin $C_{13}H_{13}N_5$, Formel IX (R = CH_2-C_6H_5, R′ = H) und Taut.

B. Analog den vorangehenden Verbindungen (*Robins et al.*, J. org. Chem. **21** [1956] 833 835, 836).

Kristalle (aus 2-Äthoxy-äthanol); F: 220–221° [unkorr.]; λ_{max} (A.): 297 nm (*Ro. et al.*) Scheinbarer Dissoziationsexponent pK'_a (protonierte Verbindung; H_2O; spektrophotometrisch ermittelt) bei 20°: 4,95 (*Lynch et al.*, Soc. **1958** 2973, 2976).

7-Furfurylamino-3-methyl-1(2)*H*-pyrazolo[4,3-*d*]pyrimidin, Furfuryl-[3-methyl-1(2)*H*-pyrazolo[4,3-*d*]pyrimidin-7-yl]-amin $C_{11}H_{11}N_5O$, Formel X und Taut.

B. Analog den vorangehenden Verbindungen (*Robins et al.*, J. org. Chem. **21** [1956] 833, 835, 836).

Kristalle (aus H_2O); F: 233–234° [unkorr.]; λ_{max} (wss. Lösung): 255 nm und 311 nm [pH 1] bzw. 240 nm und 297 nm [pH 11] (*Ro. et al.*). Scheinbarer Dissoziationsexponent pK'_a (protonierte Verbindung; H_2O; spektrophotometrisch ermittelt) bei 20°: 4,84 (*Lynch et al.*, Soc. **1958** 2973, 2976).

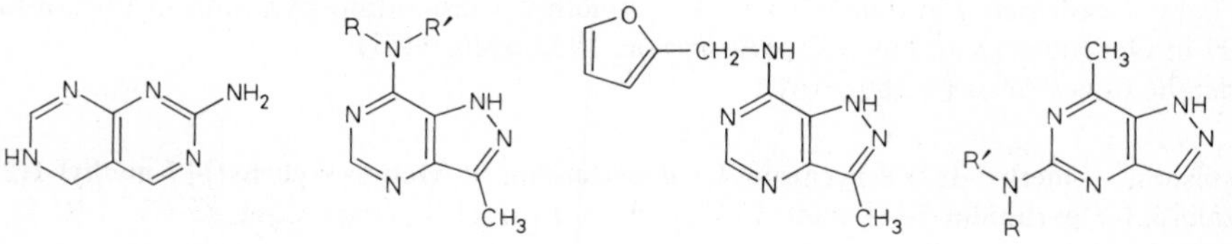

VIII IX X XI

7-Methyl-1(2)*H*-pyrazolo[4,3-*d*]pyrimidin-5-ylamin $C_6H_7N_5$, Formel XI (R = R′ = H) und Taut.

B. Beim Behandeln von diazotiertem 4,6-Dimethyl-pyrimidin-2,5-diyldiamin mit wss. NaOH (*Rose*, Soc. **1952** 3448, 3454).

Hellgelbe Kristalle (aus DMF); F: 301° [Zers.; im auf 290° vorgeheizten Bad]. λ_{max} (wss. NaOH): 231 nm, 284 nm und 343 nm (*Rose*, l. c. S. 3451).

Hydrochlorid $C_6H_7N_5 \cdot HCl$. Kristalle; F: 253° [Zers.].

7-Methyl-5-methylamino-1(2)*H*-pyrazolo[4,3-*d*]pyrimidin, Methyl-[7-methyl-1(2)*H*-pyrazolo[4,3-*d*]pyrimidin-5-yl]-amin $C_7H_9N_5$, Formel XI (R = CH_3, R′ = H) und Taut.

B. Beim Erwärmen von diazotiertem 4,6,N^2-Trimethyl-pyrimidin-2,5-diyldiamin-sulfat mit wss. NaOH in Gegenwart von $Na_2S_2O_4$ (*Rose*, Soc. **1952** 3448, 3457).

Kristalle (aus wss. NaOH + Eg.); F: 276–277°.

Die folgenden Verbindungen sind in analoger Weise hergestellt worden:

5-Dimethylamino-7-methyl-1(2)*H*-pyrazolo[4,3-*d*]pyrimidin, Dimethyl-[7-methyl-1(2)*H*-pyrazolo[4,3-*d*]pyrimidin-5-yl]-amin $C_8H_{11}N_5$, Formel XI (R = R′ = CH_3) und Taut. Kristalle (aus Toluol); F: 166°. – Sulfit $C_8H_{11}N_5 \cdot H_2SO_3$. Kristalle (aus H_2O); F: 174–176°.

5-Äthylamino-7-methyl-1(2)*H*-pyrazolo[4,3-*d*]pyrimidin, Äthyl-[7-methyl-1(2)*H*-pyrazolo[4,3-*d*]pyrimidin-5-yl]-amin $C_8H_{11}N_5$, Formel XI (R = C_2H_5, R′ = H) und Taut. Kristalle (aus Me.); F: 224°.

7-Methyl-5-propylamino-1(2)*H*-pyrazolo[4,3-*d*]pyrimidin, [7-Methyl-1(2)*H*-pyrazolo[4,3-*d*]pyrimidin-5-yl]-propyl-amin $C_9H_{13}N_5$, Formel XI (R = CH_2-C_2H_5, R′ = H) und Taut. Kristalle (aus 2-Äthoxy-äthanol); F: 221°.

5-Isopropylamino-7-methyl-1(2)*H*-pyrazolo[4,3-*d*]pyrimidin, Isopropyl-[7-methyl-1(2)*H*-pyrazolo[4,3-*d*]pyrimidin-5-yl]-amin $C_9H_{13}N_5$, Formel XI (R = $CH(CH_3)_2$, R′ = H) und Taut. Kristalle (aus Toluol); F: 213–215°.

5-Butylamino-7-methyl-1(2)*H*-pyrazolo[4,3-*d*]pyrimidin, Butyl-[7-methyl-1(2)*H*-pyrazolo[4,3-*d*]pyrimidin-5-yl]-amin $C_{10}H_{15}N_5$, Formel XI (R = $[CH_2]_3$-CH_3, R′ = H) und Taut. Kristalle (aus Toluol); F: 162°.

5-Isobutylamino-7-methyl-1(2)*H*-pyrazolo[4,3-*d*]pyrimidin, Isobutyl-[7-methyl-1(2)*H*-pyrazolo[4,3-*d*]pyrimidin-5-yl]-amin $C_{10}H_{15}N_5$, Formel XI (R = CH_2-$CH(CH_3)_2$, R′ = H) und Taut. Kristalle (aus Chlorbenzol); F: 200°.

7-Methyl-5-pentylamino-1(2)*H*-pyrazolo[4,3-*d*]pyrimidin, [7-Methyl-1(2)*H*-

pyrazolo[4,3-*d*]pyrimidin-5-yl]-pentyl-amin $C_{11}H_{17}N_5$, Formel XI (R = $[CH_2]_4$-CH_3, R′ = H) und Taut. Kristalle (aus Toluol); F: 154°.

[4-Chlor-phenyl]-[7-methyl-1(2)*H*-pyrazolo[4,3-*d*]pyrimidin-5-yl]-amin $C_{12}H_{10}ClN_5$, Formel XI (R = C_6H_4-Cl, R′ = H) und Taut.

B. Beim Behandeln von diazotiertem N^2-[4-Chlor-phenyl]-4,6-dimethyl-pyrimidin-2,5-diyldiamin mit wss. NaOH (*Rose,* Soc. **1952** 3448, 3457).

Hellgelbe Kristalle (aus Butan-1-ol); F: 242°.

7-Methyl-5-piperidino-1(2)*H*-pyrazolo[4,3-*d*]pyrimidin $C_{11}H_{15}N_5$, Formel XII und Taut.

B. Beim Erwärmen von diazotiertem 4,6-Dimethyl-2-piperidino-pyrimidin-5-ylamin mit wss. NaOH in Gegenwart von $Na_2S_2O_4$ (*Rose,* Soc. **1952** 3448, 3457).

Kristalle (aus PAe.); F: 160–161°.

5-*p*-Anisidino-7-methyl-1(2)*H*-pyrazolo[4,3-*d*]pyrimidin, [4-Methoxy-phenyl]-[7-methyl-1(2)*H*-pyrazolo[4,3-*d*]pyrimidin-5-yl]-amin $C_{13}H_{13}N_5O$, Formel XI (R = C_6H_4-O-CH_3, R′ = H) und Taut.

B. Beim Behandeln von diazotiertem N^2-[4-Methoxy-phenyl]-4,6-dimethyl-pyrimidin-2,5-diyldiamin mit wss. NaOH (*Rose,* Soc. **1952** 3448, 3457).

Gelbe Kristalle (aus Butan-1-ol); F: 215°.

[7-Methyl-1(2)*H*-pyrazolo[4,3-*d*]pyrimidin-5-yl]-guanidin $C_7H_9N_7$, Formel XI (R = $C(NH_2)$=NH, R′ = H) und Taut.

B. Analog der vorangehenden Verbindung (*Rose,* Soc. **1952** 3448, 3457).

Kristalle (aus H_2O) mit 1,5 Mol H_2O; F: 227° [Zers.].

Sulfat $2C_7H_9N_7 \cdot H_2SO_4$. Kristalle (aus H_2O); unterhalb 330° nicht schmelzend.

3-Methyl-1(2)*H*-pyrazolo[3,4-*d*]pyrimidin-4-ylamin $C_6H_7N_5$, Formel XIII (R = H) und Taut.

B. Beim Erhitzen von 5-Amino-3-methyl-1(2)*H*-pyrazol-4-carbonitril mit Formamid (*Cheng, Robins,* J. org. Chem. **21** [1956] 1240, 1255).

F: >300° (*Ch., Ro.*). Scheinbare Dissoziationsexponenten pK'_{a1} und pK'_{a2} (protonierte Verbindung; H_2O; spektrophotometrisch ermittelt) bei 20°: 4,61 bzw. 11,11 (*Lynch et al.,* Soc. **1958** 2973, 2975).

1,3-Dimethyl-1*H*-pyrazolo[3,4-*d*]pyrimidin-4-ylamin $C_7H_9N_5$, Formel XIII (R = CH_3).

B. Analog der vorangehenden Verbindung (*Cheng, Robins,* J. org. Chem. **21** [1956] 1240, 1255).

Kristalle (aus H_2O) mit 1 Mol H_2O; F: 203–204°.

3-Methyl-1-phenyl-1*H*-pyrazolo[3,4-*d*]pyrimidin-4-ylamin $C_{12}H_{11}N_5$, Formel XIII (R = C_6H_5).

B. Analog den vorangehenden Verbindungen (*Taylor, Hartke,* Am. Soc. **81** [1959] 2456, 2462).

Kristalle (aus wss. A.); F: 184–185° [korr.]. λ_{max} (A.): 240 nm und 291 nm.

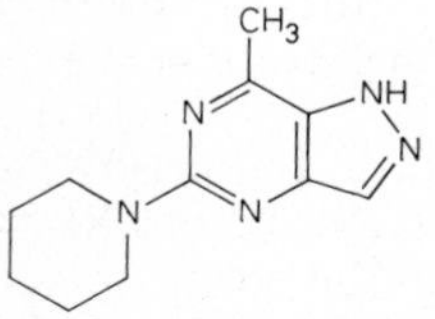

XII 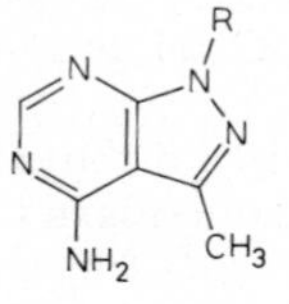 XIII 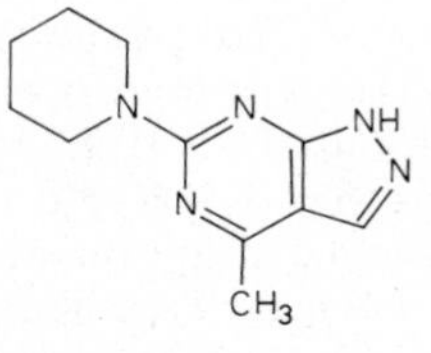 XIV 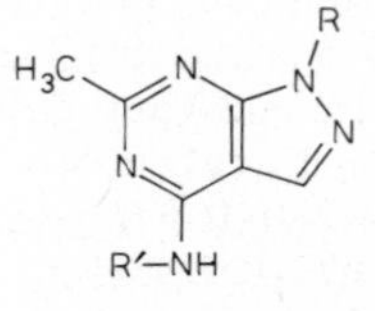 XV

4-Methyl-6-piperidino-1(2)*H*-pyrazolo[3,4-*d*]pyrimidin $C_{11}H_{15}N_5$, Formel XIV und Taut.

B. Aus 4-Chlor-6-methyl-2-piperidino-pyrimidin-5-carbaldehyd und $N_2H_4 \cdot H_2O$ (*Hull,* Soc. **1957** 4845, 4856).

Kristalle (aus A.); F: 209–210°.

6-Methyl-1(2)*H*-pyrazolo[3,4-*d*]pyrimidin-4-ylamin $C_6H_7N_5$, Formel XV (R = R′ = H) und Taut.

B. Beim Erhitzen von 4-Chlor-6-methyl-1(2)*H*-pyrazolo[3,4-*d*]pyrimidin mit äthanol. NH_3 (*Cheng, Robins,* J. org. Chem. **23** [1958] 191, 200).

Hellgelbe Kristalle (aus wss. A.); F: >300° [unkorr.]; λ_{max} (wss. Lösung): 259 nm [pH 1] bzw. 265 nm [pH 11] (*Ch., Ro.,* l. c. S. 197). Scheinbare Dissoziationsexponenten pK'_{a1} und pK'_{a2} (protonierte Verbindung; H_2O; spektrophotometrisch ermittelt) bei 20°: 5,41 bzw. 11,30 (*Lynch et al.,* Soc. **1958** 2973, 2975).

Die folgenden Verbindungen sind in analoger Weise hergestellt worden:

1,6-Dimethyl-1*H*-pyrazolo[3,4-*d*]pyrimidin-4-ylamin $C_7H_9N_5$, Formel XV (R = CH_3, R′ = H). Kristalle (aus wss. A.); F: 251–252° [unkorr.]; λ_{max} (wss. Lösung): 260 nm [pH 1] bzw. 262 nm [pH 11] (*Ch., Ro.,* l. c. S. 197). Scheinbarer Dissoziationsexponent pK'_a (protonierte Verbindung; H_2O; spektrophotometrisch ermittelt) bei 20°: 5,00 (*Ly. et al.*).

6-Methyl-4-methylamino-1(2)*H*-pyrazolo[3,4-*d*]pyrimidin, Methyl-[6-methyl-1(2)*H*-pyrazolo[3,4-*d*]pyrimidin-4-yl]-amin $C_7H_9N_5$, Formel XV (R = H, R′ = CH_3) und Taut. Kristalle (aus wss. A.); F: >300°; λ_{max} (wss. Lösung): 265 nm [pH 1] bzw. 275 nm [pH 11] (*Ch., Ro.,* l. c. S. 197). Scheinbare Dissoziationsexponenten pK'_{a1} und pK'_{a2} (protonierte Verbindung; H_2O; spektrophotometrisch ermittelt) bei 20°: 5,56 bzw. 11,27 (*Ly. et al.*).

1,6-Dimethyl-4-methylamino-1*H*-pyrazolo[3,4-*d*]pyrimidin, [1,6-Dimethyl-1*H*-pyrazolo[3,4-*d*]pyrimidin-4-yl]-methyl-amin $C_8H_{11}N_5$, Formel XV (R = R′ = CH_3). Kristalle (aus H_2O); F: 136–138° [unkorr.]; λ_{max} (wss. Lösung): 265 nm [pH 1] bzw. 279 nm [pH 11] (*Ch., Ro.,* l. c. S. 197). Scheinbarer Dissoziationsexponent pK'_a (protonierte Verbindung; H_2O; spektrophotometrisch ermittelt) bei 20°: 5,00 (*Ly. et al.*).

4-Äthylamino-6-methyl-1(2)*H*-pyrazolo[3,4-*d*]pyrimidin, Äthyl-[6-methyl-1(2)*H*-pyrazolo[3,4-*d*]pyrimidin-4-yl]-amin $C_8H_{11}N_5$, Formel XV (R = H, R′ = C_2H_5) und Taut. Kristalle (aus A.); F: 273–274° [unkorr.]; λ_{max} (wss. Lösung): 269 nm [pH 1] bzw. 275 nm [pH 11] (*Ch., Ro.,* l. c. S. 197).

4-Äthylamino-1,6-dimethyl-1*H*-pyrazolo[3,4-*d*]pyrimidin, Äthyl-[1,6-dimethyl-1*H*-pyrazolo[3,4-*d*]pyrimidin-4-yl]-amin $C_9H_{13}N_5$, Formel XV (R = CH_3, R′ = C_2H_5). Kristalle (aus Toluol+Heptan); F: 131,5–132° [unkorr.]; λ_{max} (wss. Lösung): 266 nm [pH 1] bzw. 279 nm [pH 11] (*Ch., Ro.,* l. c. S. 197).

4-Butylamino-6-methyl-1(2)*H*-pyrazolo[3,4-*d*]pyrimidin, Butyl-[6-methyl-1(2)*H*-pyrazolo[3,4-*d*]pyrimidin-4-yl]-amin $C_{10}H_{15}N_5$, Formel XV (R = H, R′ = $[CH_2]_3$-CH_3) und Taut. Kristalle (aus A.); F: 220–222° [unkorr.]; λ_{max} (wss. Lösung): 270 nm [pH 1] bzw. 276 nm [pH 11] (*Ch., Ro.,* l. c. S. 197, 200).

6-Methyl-1-phenyl-1*H*-pyrazolo[3,4-*d*]pyrimidin-4-ylamin $C_{12}H_{11}N_5$, Formel I (R = X = X′ = H). Kristalle (aus wss. A.); F: 287–289° [unkorr.]; λ_{max} (wss. Lösung): 238 nm [pH 1] bzw. 236 nm und 278 nm [pH 11] (*Ch., Ro.,* l. c. S. 197). Scheinbarer Dissoziationsexponent pK'_a (protonierte Verbindung; H_2O; spektrophotometrisch ermittelt) bei 20°: 4,52 (*Ly. et al.*).

1-[2-Chlor-phenyl]-6-methyl-1*H*-pyrazolo[3,4-*d*]pyrimidin-4-ylamin $C_{12}H_{10}ClN_5$, Formel I (R = X′ = H, X = Cl). Kristalle (aus A.); F: 294,5–295,5° [unkorr.] (*Ch., Ro.,* l. c. S. 198).

1-[4-Chlor-phenyl]-6-methyl-1*H*-pyrazolo[3,4-*d*]pyrimidin-4-ylamin $C_{12}H_{10}ClN_5$, Formel I (R = X = H, X′ = Cl). Kristalle (aus A.); F: >300° [unkorr.] (*Ch., Ro.,* l. c. S. 199).

6-Methyl-4-methylamino-1-phenyl-1*H*-pyrazolo[3,4-*d*]pyrimidin, Methyl-[6-methyl-1-phenyl-1*H*-pyrazolo[3,4-*d*]pyrimidin-4-yl]-amin $C_{13}H_{13}N_5$, Formel I (R = CH_3, X = X′ = H). Kristalle (aus wss. A.); F: 162–163° [unkorr.]; λ_{max} (wss. Lösung):

242 nm [pH 1] bzw. 238 nm und 286 nm [pH 11] (*Ch., Ro.,* l. c. S. 197).

1-[4-Chlor-phenyl]-6-methyl-4-methylamino-1*H*-pyrazolo[3,4-*d*]pyrimidin, [1-(4-Chlor-phenyl)-6-methyl-1*H*-pyrazolo[3,4-*d*]pyrimidin-4-yl]-methyl-amin $C_{13}H_{12}ClN_5$, Formel I (R = CH_3, X = H, X′ = Cl). Kristalle (aus wss. A.); F: 218–219° [unkorr.] (*Ch., Ro.,* l. c. S. 199).

6-Methyl-4-methylamino-1-[4-nitro-phenyl]-1*H*-pyrazolo[3,4-*d*]pyrimidin, Methyl-[6-methyl-1-(4-nitro-phenyl)-1*H*-pyrazolo[3,4-*d*]pyrimidin-4-yl]-amin $C_{13}H_{12}N_6O_2$, Formel I (R = CH_3, X = H, X′ = NO_2). Kristalle (aus A.); F: 248–249° [unkorr.]; λ_{max} (wss. Lösung): 269 nm und 319 nm [pH 1] bzw. 267 nm [pH 11] (*Ch., Ro.,* l. c. S. 199).

[2-Chlor-phenyl]-[1,6-dimethyl-1*H*-pyrazolo[3,4-*d*]pyrimidin-4-yl]-amin $C_{13}H_{12}ClN_5$, Formel II (X = Cl, X′ = H). Kristalle (aus A.); F: 223,5–224° [unkorr.] (*Ch., Ro.,* l. c. S. 197).

[4-Chlor-phenyl]-[1,6-dimethyl-1*H*-pyrazolo[3,4-*d*]pyrimidin-4-yl]-amin $C_{13}H_{12}ClN_5$, Formel II (X = H, X′ = Cl). Kristalle (aus wss. A.); F: 231,5° [unkorr.] (*Ch., Ro.,* l. c. S. 197).

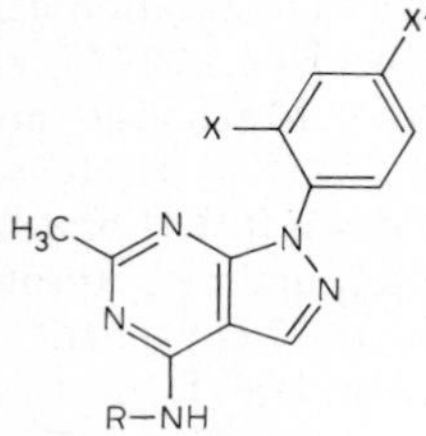

I 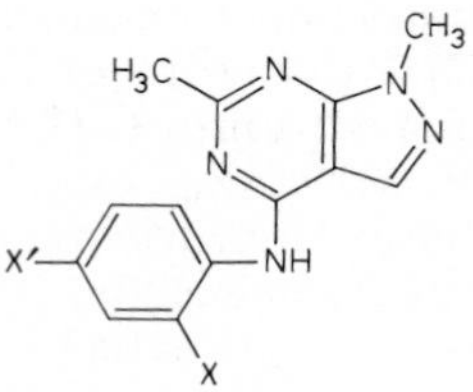 II 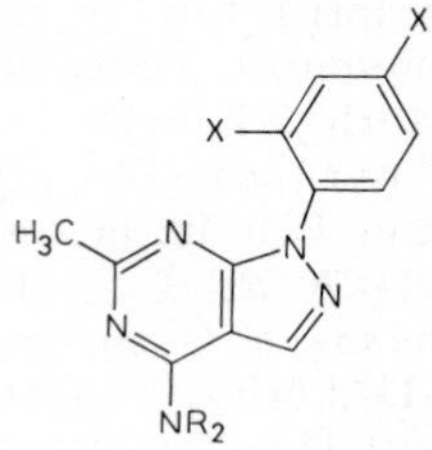 III

4-Dimethylamino-6-methyl-1-phenyl-1*H*-pyrazolo[3,4-*d*]pyrimidin, Dimethyl-[6-methyl-1-phenyl-1*H*-pyrazolo[3,4-*d*]pyrimidin-4-yl]-amin $C_{14}H_{15}N_5$, Formel III (R = CH_3, X = X′ = H). Kristalle (aus A.); F: 117–117,5° [unkorr.]; λ_{max} (wss. Lösung): 247 nm [pH 1] bzw. 236 nm und 288 nm [pH 11] (*Ch., Ro.,* l. c. S. 197).

1-[2-Chlor-phenyl]-4-dimethylamino-6-methyl-1*H*-pyrazolo[3,4-*d*]pyrimidin, [1-(2-Chlor-phenyl)-6-methyl-1*H*-pyrazolo[3,4-*d*]pyrimidin-4-yl]-dimethyl-amin $C_{14}H_{14}ClN_5$, Formel III (R = CH_3, X = Cl, X′ = H). Kristalle (aus A.); F: 152–153° [unkorr.] (*Ch., Ro.,* l. c. S. 198).

4-Dimethylamino-6-methyl-1-[4-nitro-phenyl]-1*H*-pyrazolo[3,4-*d*]pyrimidin, Dimethyl-[6-methyl-1-(4-nitro-phenyl)-1*H*-pyrazolo[3,4-*d*]pyrimidin-4-yl]-amin $C_{14}H_{14}N_6O_2$, Formel III (R = CH_3, X = H, X′ = NO_2). Kristalle (aus wss. A.); F: 196° [unkorr.]; λ_{max} (wss. Lösung): 273 nm [pH 1] bzw. 271 nm [pH 11] (*Ch., Ro.,* l. c. S. 199).

4-Äthylamino-6-methyl-1-phenyl-1*H*-pyrazolo[3,4-*d*]pyrimidin, Äthyl-[6-methyl-1-phenyl-1*H*-pyrazolo[3,4-*d*]pyrimidin-4-yl]-amin $C_{14}H_{15}N_5$, Formel I (R = C_2H_5, X = X′ = H). Kristalle (aus A.); F: 87°; λ_{max} (wss. Lösung): 232 nm [pH 1] bzw. 235 nm [pH 11] (*Ch., Ro.,* l. c. S. 197).

4-Diäthylamino-6-methyl-1-phenyl-1*H*-pyrazolo[3,4-*d*]pyrimidin, Diäthyl-[6-methyl-1-phenyl-1*H*-pyrazolo[3,4-*d*]pyrimidin-4-yl]-amin $C_{16}H_{19}N_5$, Formel III (R = C_2H_5, X = X′ = H). Kristalle (aus A.); F: 66–68° (*Ch., Ro.,* l. c. S. 197).

1-[4-Brom-phenyl]-4-diäthylamino-6-methyl-1*H*-pyrazolo[3,4-*d*]pyrimidin, Diäthyl-[1-(4-brom-phenyl)-6-methyl-1*H*-pyrazolo[3,4-*d*]pyrimidin-4-yl]-amin $C_{16}H_{18}BrN_5$, Formel III (R = C_2H_5, X = H, X′ = Br). Kristalle (aus wss. 2-Äthoxy-äthanol); F: 123–124° [unkorr.] (*Ch., Ro.,* l. c. S. 199).

4-Isopropylamino-6-methyl-1-phenyl-1*H*-pyrazolo[3,4-*d*]pyrimidin, Isopropyl-[6-methyl-1-phenyl-1*H*-pyrazolo[3,4-*d*]pyrimidin-4-yl]-amin $C_{15}H_{17}N_5$, Formel I (R = $CH(CH_3)_2$, X = X′ = H). Kristalle (aus wss. A.); F: 143–144° [unkorr.]; λ_{max} (wss. Lösung): 243 nm [pH 1] bzw. 238 nm und 286 nm [pH 11] (*Ch., Ro.,* l. c. S. 197).

4-Isopropylamino-6-methyl-1-[4-nitro-phenyl]-1*H*-pyrazolo[3,4-*d*]pyrimidin, Isopropyl-[6-methyl-1-(4-nitro-phenyl)-1*H*-pyrazolo[3,4-*d*]pyrimidin-4-yl]-amin $C_{15}H_{16}N_6O_2$, Formel I (R = $CH(CH_3)_2$, X = H, X′ = NO_2). Kristalle (aus A.); F: 190–192° [unkorr.]; λ_{max} (wss. Lösung): 232 nm und 281 nm [pH 1] bzw. 271 nm und 316 nm [pH 11] (*Ch., Ro.,* l. c. S. 199).

4-Butylamino-6-methyl-1-[4-nitro-phenyl]-1*H*-pyrazolo[3,4-*d*]pyrimidin, Butyl-[6-methyl-1-(4-nitro-phenyl)-1*H*-pyrazolo[3,4-*d*]pyrimidin-4-yl]-amin $C_{16}H_{18}N_6O_2$, Formel I (R = $[CH_2]_3$-CH_3, X = H, X′ = NO_2). Kristalle (aus A.); F: 147° [unkorr.]; λ_{max} (wss. Lösung): 239 nm, 270 nm und 327 nm [pH 1] bzw. 269 nm [pH 11] (*Ch., Ro.,* l. c. S. 199).

4-*tert*-Butylamino-6-methyl-1-phenyl-1*H*-pyrazolo[3,4-*d*]pyrimidin, *tert*-Butyl-[6-methyl-1-phenyl-1*H*-pyrazolo[3,4-*d*]pyrimidin-4-yl]-amin $C_{16}H_{19}N_5$, Formel I (R = $C(CH_3)_3$, X = X′ = H). Kristalle (aus wss. A.); F: 175–177° [unkorr.] (*Ch., Ro.,* l. c. S. 197).

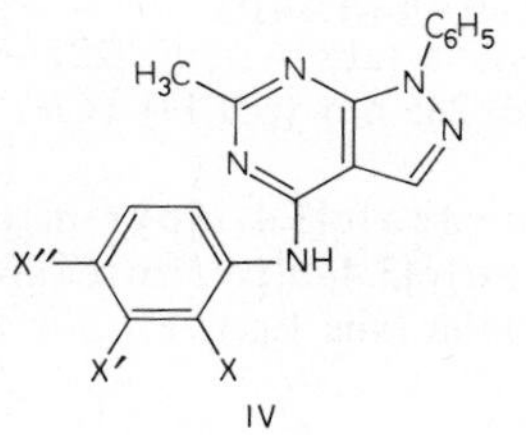

IV 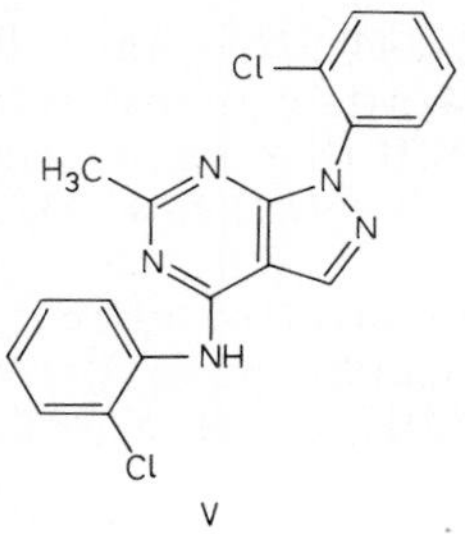 V 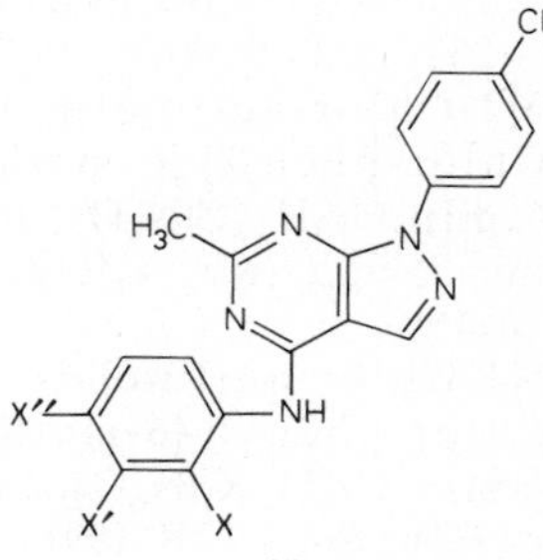 VI

4-Anilino-6-methyl-1-phenyl-1*H*-pyrazolo[3,4-*d*]pyrimidin, [6-Methyl-1-phenyl-1*H*-pyrazolo[3,4-*d*]pyrimidin-4-yl]-phenyl-amin $C_{18}H_{15}N_5$, Formel IV (X = X′ = X″ = H).

B. Beim Erwärmen von 4-Chlor-6-methyl-1-phenyl-1*H*-pyrazolo[3,4-*d*]pyrimidin mit Anilin in Äthanol (*Cheng, Robins,* J. org. Chem. **23** [1958] 191, 198).

Kristalle (aus 2-Äthoxy-äthanol); F: 262–263° [unkorr.]. λ_{max} (wss. Lösung): 246 nm und 300 nm [pH 1] bzw. 247 nm [pH 11].

Die folgenden Verbindungen sind in analoger Weise hergestellt worden:

[2-Chlor-phenyl]-[6-methyl-1-phenyl-1*H*-pyrazolo[3,4-*d*]pyrimidin-4-yl]-amin $C_{18}H_{14}ClN_5$, Formel IV (X = Cl, X′ = X″ = H). Kristalle (aus A.); F: 175–176° [unkorr.] (*Ch., Ro.,* l. c. S. 198).

[3-Chlor-phenyl]-[6-methyl-1-phenyl-1*H*-pyrazolo[3,4-*d*]pyrimidin-4-yl]-amin $C_{18}H_{14}ClN_5$, Formel IV (X = X″ = H, X′ = Cl). Kristalle (aus A.); F: 192–193° [unkorr.]; λ_{max} (wss. Lösung): 247 nm [pH 1] bzw. 238 nm und 305 nm [pH 11] (*Ch., Ro.,* l. c. S. 198).

[4-Chlor-phenyl]-[6-methyl-1-phenyl-1*H*-pyrazolo[3,4-*d*]pyrimidin-4-yl]-amin $C_{18}H_{14}ClN_5$, Formel IV (X = X′ = H, X″ = Cl). Kristalle (aus wss. A.); F: 226–226,5° [unkorr.]; λ_{max} (wss. Lösung): 248 nm [pH 1] bzw. 252 nm [pH 11] (*Ch., Ro.,* l. c. S. 198, 200).

4-[2-Chlor-anilino]-1-[2-chlor-phenyl]-6-methyl-1*H*-pyrazolo[3,4-*d*]pyrimidin, [2-Chlor-phenyl]-[1-(2-chlor-phenyl)-6-methyl-1*H*-pyrazolo[3,4-*d*]pyrimidin-4-yl]-amin $C_{18}H_{13}Cl_2N_5$, Formel V. Kristalle (aus A.); F: 196–198° [unkorr.] (*Ch., Ro.,* l. c. S. 199).

4-[2-Chlor-anilino]-1-[4-chlor-phenyl]-6-methyl-1*H*-pyrazolo[3,4-*d*]pyrimidin, [2-Chlor-phenyl]-[1-(4-chlor-phenyl)-6-methyl-1*H*-pyrazolo[3,4-*d*]pyrimidin-4-yl]-amin $C_{18}H_{13}Cl_2N_5$, Formel VI (X = Cl, X′ = X″ = H). Kristalle (aus Py.); F: 221–222° [unkorr.] (*Ch., Ro.,* l. c. S. 199).

4-[3-Chlor-anilino]-1-[4-chlor-phenyl]-6-methyl-1*H*-pyrazolo[3,4-*d*]pyrimidin, [3-Chlor-phenyl]-[1-(4-chlor-phenyl)-6-methyl-1*H*-pyrazolo[3,4-*d*]pyrimidin-4-yl]-amin $C_{18}H_{13}Cl_2N_5$, Formel VI (X = X″ = H, X′ = Cl). Kristalle (aus 2-Äthoxy-äthanol); F: 222–223° [unkorr.] (*Ch., Ro.*, l. c. S. 199).

4-[4-Chlor-anilino]-1-[4-chlor-phenyl]-6-methyl-1*H*-pyrazolo[3,4-*d*]pyrimidin, [4-Chlor-phenyl]-[1-(4-chlor-phenyl)-6-methyl-1*H*-pyrazolo[3,4-*d*]pyrimidin-4-yl]-amin $C_{18}H_{13}Cl_2N_5$, Formel VI (X = X′ = H, X″ = Cl). Kristalle (aus Py.); F: 239–239,5° [unkorr.] (*Ch., Ro.*, l. c. S. 199).

1-[4-Chlor-phenyl]-4-[2,5-dichlor-anilino]-6-methyl-1*H*-pyrazolo[3,4-*d*]pyrimidin, [1-(4-Chlor-phenyl)-6-methyl-1*H*-pyrazolo[3,4-*d*]pyrimidin-4-yl]-[2,5-dichlor-phenyl]-amin $C_{18}H_{12}Cl_3N_5$, Formel VII. Kristalle (aus 2-Äthoxy-äthanol); F: 200° [unkorr.] (*Ch., Ro.*, l. c. S. 199).

[3-Brom-phenyl]-[6-methyl-1-phenyl-1*H*-pyrazolo[3,4-*d*]pyrimidin-4-yl]-amin $C_{18}H_{14}BrN_5$, Formel IV (X = X″ = H, X′ = Br). Kristalle (aus A.); F: 215–217° [unkorr.] (*Ch., Ro.*, l. c. S. 198).

4-[3-Brom-anilino]-1-[4-chlor-phenyl]-6-methyl-1*H*-pyrazolo[3,4-*d*]pyrimidin, [3-Brom-phenyl]-[1-(4-chlor-phenyl)-6-methyl-1*H*-pyrazolo[3,4-*d*]pyrimidin-4-yl]-amin $C_{18}H_{13}BrClN_5$, Formel VI (X = X″ = H, X′ = Br). Kristalle (aus Py.); F: 230–232° [unkorr.] (*Ch., Ro.*, l. c. S. 199).

4-[2-Chlor-anilino]-6-methyl-1-[4-nitro-phenyl]-1*H*-pyrazolo[3,4-*d*]pyrimidin, [2-Chlor-phenyl]-[6-methyl-1-(4-nitro-phenyl)-1*H*-pyrazolo[3,4-*d*]pyrimidin-4-yl]-amin $C_{18}H_{13}ClN_6O_2$, Formel VIII (X = Cl, X′ = H). Kristalle (aus A.); F: 227–228° [unkorr.]; λ_{max} (wss. Lösung): 276 nm [pH 1] bzw. 238 nm und 285 nm [pH 11] (*Ch., Ro.*, l. c. S. 199).

4-[4-Chlor-anilino]-6-methyl-1-[4-nitro-phenyl]-1*H*-pyrazolo[3,4-*d*]pyrimidin, [4-Chlor-phenyl]-[6-methyl-1-(4-nitro-phenyl)-1*H*-pyrazolo[3,4-*d*]pyrimidin-4-yl]-amin $C_{18}H_{13}ClN_6O_2$, Formel VIII (X = H, X′ = Cl). Kristalle (aus Eg.); F: 278° [unkorr.] (*Ch., Ro.*, l. c. S. 199).

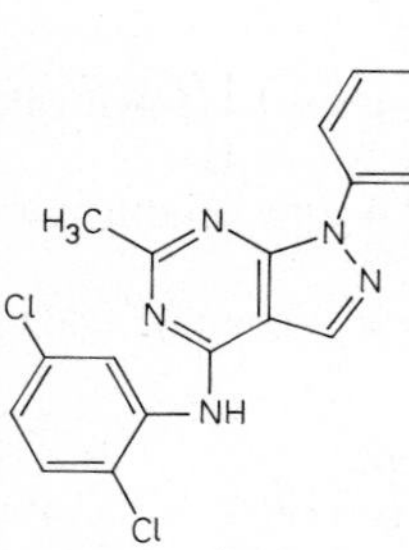

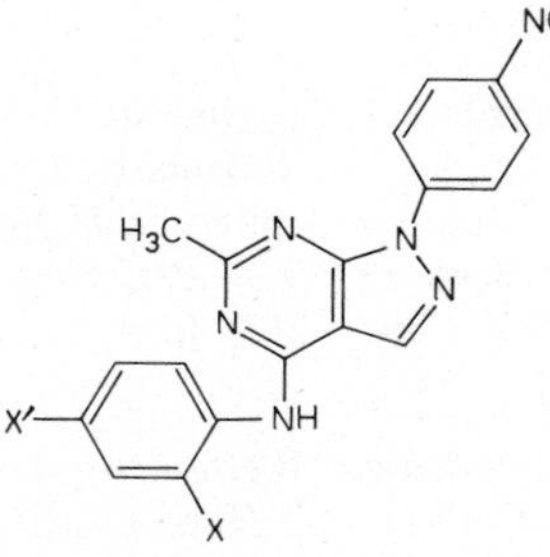

1,6-Dimethyl-4-*o*-toluidino-1*H*-pyrazolo[3,4-*d*]pyrimidin, [1,6-Dimethyl-1*H*-pyrazolo[3,4-*d*]pyrimidin-4-yl]-*o*-tolyl-amin $C_{14}H_{15}N_5$, Formel IX (R = CH_3, R′ = H). Kristalle (aus A.); F: 224–225,5° [unkorr.]; λ_{max} (wss. Lösung): 270 nm [pH 1] bzw. 282 nm [pH 11] (*Ch., Ro.*, l. c. S. 197).

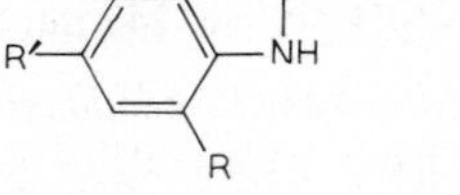

6-Methyl-1-*p*-tolyl-1*H*-pyrazolo[3,4-*d*]pyrimidin-4-ylamin $C_{13}H_{13}N_5$, Formel X (R = R′ = H). Kristalle (aus A.); F: 296,5–298° [unkorr.]; λ_{max} (wss. Lösung vom pH 1): 233 nm (*Ch., Ro.*, l. c. S. 198).

6-Methyl-4-methylamino-1-*p*-tolyl-1*H*-pyrazolo[3,4-*d*]pyrimidin, Methyl-[6-methyl-1-*p*-tolyl-1*H*-pyrazolo[3,4-*d*]pyrimidin-4-yl]-amin $C_{14}H_{15}N_5$, Formel X (R = CH_3, R′ = H). Kristalle (aus wss. Me.); F: 181–182,5° [unkorr.]; λ_{max} (wss. Lösung): 244 nm [pH 1] bzw. 239 nm und 283 nm [pH 11] (*Ch., Ro.*, l. c. S. 198).

1,6-Dimethyl-4-*p*-toluidino-1*H*-pyrazolo[3,4-*d*]pyrimidin, [1,6-Dimethyl-1*H*-pyrazolo[3,4-*d*]pyrimidin-4-yl]-*p*-tolyl-amin $C_{14}H_{15}N_5$, Formel IX (R = H, R′ = CH_3). Kristalle (aus A.); F: 225–227° [unkorr.] (*Ch., Ro.*, l. c. S. 197).

4-Dimethylamino-6-methyl-1-*p*-tolyl-1*H*-pyrazolo[3,4-*d*]pyrimidin, Dimethyl-[6-methyl-1-*p*-tolyl-1*H*-pyrazolo[3,4-*d*]pyrimidin-4-yl]-amin $C_{15}H_{17}N_5$, Formel X (R = R′ = CH_3). Kristalle (aus A.); F: 149–151° [unkorr.]; λ_{max} (wss. Lösung): 248 nm [pH 1] bzw. 239 nm und 289 nm [pH 11] (*Ch., Ro.*, l. c. S. 198).

4-Äthylamino-6-methyl-1-*p*-tolyl-1*H*-pyrazolo[3,4-*d*]pyrimidin, Äthyl-[6-methyl-1-*p*-tolyl-1*H*-pyrazolo[3,4-*d*]pyrimidin-4-yl]-amin $C_{15}H_{17}N_5$, Formel X (R = C_2H_5, R′ = H). Kristalle (aus wss. A.); F: 144–146° [unkorr.] (*Ch., Ro.*, l. c. S. 198).

[2-Chlor-phenyl]-[6-methyl-1-*p*-tolyl-1*H*-pyrazolo[3,4-*d*]pyrimidin-4-yl]-amin $C_{19}H_{16}ClN_5$, Formel XI (X = Cl, X′ = H). Kristalle (aus Py.); F: 219–221° [unkorr.] (*Ch., Ro.*, l. c. S. 198).

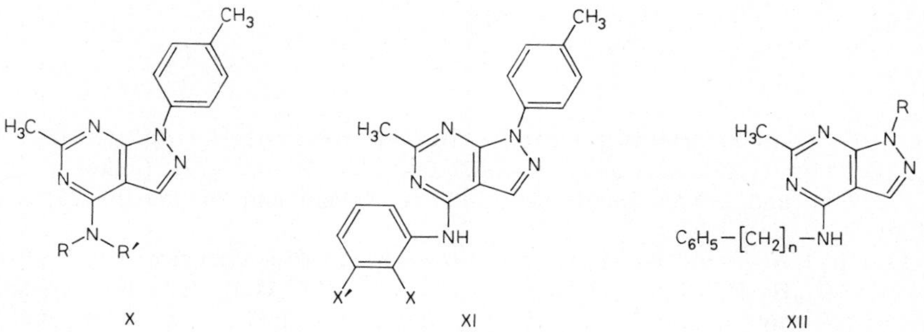

[3-Brom-phenyl]-[6-methyl-1-*p*-tolyl-1*H*-pyrazolo[3,4-*d*]pyrimidin-4-yl]-amin $C_{19}H_{16}BrN_5$, Formel XI (X = H, X′ = Br). Kristalle (aus A.); F: 218–220° [unkorr.]; λ_{max} (wss. Lösung): 253 nm [pH 1] bzw. 241 nm und 315 nm [pH 11] (*Ch., Ro.*, l. c. S. 198).

4-Benzylamino-6-methyl-1(2)*H*-pyrazolo[3,4-*d*]pyrimidin, Benzyl-[6-methyl-1(2)*H*-pyrazolo[3,4-*d*]pyrimidin-4-yl]-amin $C_{13}H_{13}N_5$, Formel XII (R = H, n = 1) und Taut. Kristalle (aus A.); F: 241° [unkorr.] (*Ch., Ro.*, l. c. S. 197).

4-Benzylamino-1,6-dimethyl-1*H*-pyrazolo[3,4-*d*]pyrimidin, Benzyl-[1,6-dimethyl-1*H*-pyrazolo[3,4-*d*]pyrimidin-4-yl]-amin $C_{14}H_{15}N_5$, Formel XII (R = CH_3, n = 1). Kristalle (aus A.); F: 180–182° [unkorr.] (*Ch., Ro.*, l. c. S. 197).

4-Benzylamino-6-methyl-1-phenyl-1*H*-pyrazolo[3,4-*d*]pyrimidin, Benzyl-[6-methyl-1-phenyl-1*H*-pyrazolo[3,4-*d*]pyrimidin-4-yl]-amin $C_{19}H_{17}N_5$, Formel XII (R = C_6H_5, n = 1). Kristalle (aus A.); F: 187–188° [unkorr.]; λ_{max} (wss. Lösung): 245 nm [pH 1] bzw. 237 nm und 282 nm [pH 11] (*Ch., Ro.*, l. c. S. 197).

4-Benzylamino-1-[4-chlor-phenyl]-6-methyl-1*H*-pyrazolo[3,4-*d*]pyrimidin, Benzyl-[1-(4-chlor-phenyl)-6-methyl-1*H*-pyrazolo[3,4-*d*]pyrimidin-4-yl]-amin $C_{19}H_{16}ClN_5$, Formel XII (R = C_6H_4-Cl, n = 1). Kristalle (aus 2-Äthoxy-äthanol); F: 214° [unkorr.] (*Ch., Ro.*, l. c. S. 199).

1-[4-Chlor-phenyl]-6-methyl-4-phenäthylamino-1*H*-pyrazolo[3,4-*d*]pyrimidin, [1-(4-Chlor-phenyl)-6-methyl-1*H*-pyrazolo[3,4-*d*]pyrimidin-4-yl]-phenäthyl-amin $C_{20}H_{18}ClN_5$, Formel XII (R = C_6H_4-Cl, n = 2). Kristalle (aus A.); F: 175–176° [unkorr.]; λ_{max} (wss. Lösung vom pH 11): 246 nm und 294 nm (*Ch., Ro.*, l. c. S. 199, 200).

[2,6-Diäthyl-phenyl]-[1,6-dimethyl-1*H*-pyrazolo[3,4-*d*]pyrimidin-4-yl]-amin $C_{17}H_{21}N_5$, Formel XIII (R = CH_3). Kristalle (aus A.); F: 218–218,5° [unkorr.]; λ_{max} (wss. Lösung): 215 nm und 269 nm [pH 1] bzw. 279 nm [pH 11] (*Ch., Ro.*, l. c. S. 197).

[2,6-Diäthyl-phenyl]-[6-methyl-1-phenyl-1*H*-pyrazolo[3,4-*d*]pyrimidin-4-yl]-amin $C_{22}H_{23}N_5$, Formel XIII (R = C_6H_5). Kristalle (aus A.); F: 189–190° [unkorr.] (*Ch., Ro.*, l. c. S. 198).

1-[4-Chlor-phenyl]-4-[3-isopropoxy-propylamino]-6-methyl-1*H*-pyrazolo[3,4-*d*]pyrimidin, [1-(4-Chlor-phenyl)-6-methyl-1*H*-pyrazolo[3,4-*d*]pyrimidin-4-yl]-[3-isopropoxy-propyl]-amin $C_{18}H_{22}ClN_5O$, Formel XIV (R = $[CH_2]_3$-O-$CH(CH_3)_2$, X = Cl). Kristalle (aus wss. Me.); F: 109–110° [unkorr.] (*Ch., Ro.*, l. c. S. 199).

1-[4-Chlor-phenyl]-6-methyl-4-piperidino-1*H*-pyrazolo[3,4-*d*]pyrimidin $C_{17}H_{18}ClN_5$, Formel XV (X = Cl). Kristalle (aus wss. A.); F: 127,5–128,5° [unkorr.] (*Ch., Ro.*, l. c. S. 199).

XIII XIV XV

6-Methyl-1-[4-nitro-phenyl]-4-piperidino-1*H*-pyrazolo[3,4-*d*]pyrimidin $C_{17}H_{18}N_6O_2$, Formel XV (X = NO_2). Kristalle (aus Py.); F: 189–191° [unkorr.]; λ_{max} (wss. Lösung): 237 nm und 279 nm [pH 1] bzw. 240 nm, 292 nm und 344 nm [pH 11] (*Ch., Ro.*, l. c. S. 199).

N,N-Diäthyl-*N'*-[6-methyl-1-phenyl-1*H*-pyrazolo[3,4-*d*]pyrimidin-4-yl]-äthylendiamin $C_{18}H_{24}N_6$, Formel XIV (R = CH_2-CH_2-$N(C_2H_5)_2$, X = H). Kristalle (aus Heptan); F: 159–160° [unkorr.]; λ_{max} (wss. Lösung): 243 nm [pH 1] bzw. 238 nm und 286 nm [pH 11] (*Ch., Ro.*, l. c. S. 197).

N,N-Diäthyl-*N'*-[6-methyl-1-(4-nitro-phenyl)-1*H*-pyrazolo[3,4-*d*]pyrimidin-4-yl]-äthylendiamin $C_{18}H_{23}N_7O_2$, Formel XIV (R = CH_2-CH_2-$N(C_2H_5)_2$, X = NO_2). Kristalle (aus wss. A.); F: 145° [unkorr.]; λ_{max} (wss. Lösung): 269 nm und 315 nm [pH 1] bzw. 272 nm [pH 11] (*Ch., Ro.*, l. c. S. 199).

N,N-Diäthyl-*N'*-[6-methyl-1-*p*-tolyl-1*H*-pyrazolo[3,4-*d*]pyrimidin-4-yl]-äthylendiamin $C_{19}H_{26}N_6$, Formel XIV (R = CH_2-CH_2-$N(C_2H_5)_2$, X = CH_3). Kristalle (aus Toluol+Heptan); F: 165° [unkorr.]; λ_{max} (wss. Lösung): 244 nm [pH 1] bzw. 239 nm und 283 nm [pH 11] (*Ch., Ro.*, l. c. S. 198).

4-Furfurylamino-6-methyl-1*H*-pyrazolo[3,4-*d*]pyrimidin, Furfuryl-[6-methyl-1*H*-pyrazolo[3,4-*d*]pyrimidin-4-yl]-amin $C_{11}H_{11}N_5O$, Formel I (R = H) und Taut. Kristalle (aus A.); F: 243–244° [unkorr.]; λ_{max} (wss. Lösung vom pH 11): 275 nm (*Ch., Ro.*, l. c. S. 197). Scheinbarer Dissoziationsexponent pK'_a (protonierte Verbindung; H_2O; spektrophotometrisch ermittelt) bei 20°: 4,65 (*Lynch et al.*, Soc. **1958** 2973, 2975).

4-Furfurylamino-1,6-dimethyl-1*H*-pyrazolo[3,4-*d*]pyrimidin, [1,6-Dimethyl-1*H*-pyrazolo[3,4-*d*]pyrimidin-4-yl]-furfuryl-amin $C_{12}H_{13}N_5O$, Formel I (R = CH_3). Kristalle (aus A.); F: 140–141,5° [unkorr.] (*Ch., Ro.*, l. c. S. 200).

4-Furfurylamino-6-methyl-1-phenyl-1*H*-pyrazolo[3,4-*d*]pyrimidin, Furfuryl-[6-methyl-1-phenyl-1*H*-pyrazolo[3,4-*d*]pyrimidin-4-yl]-amin $C_{17}H_{15}N_5O$, Formel I (R = C_6H_5). Kristalle (aus Toluol+Heptan); F: 153–154,5° [unkorr.]; λ_{max} (wss. Lösung): 243 nm [pH 1] bzw. 238 nm und 284 nm [pH 11] (*Ch., Ro.*, l. c. S. 198).

2-Methyl-7(9)*H*-purin-6-ylamin $C_6H_7N_5$, Formel II (R = H) und Taut.

B. Beim Erhitzen von 2-Methyl-pyrimidin-4,5,6-triyltriamin-sulfat (*Robins et al.*, Am. Soc. **75** [1953] 263, 264) oder von *N*-[4,6-Diamino-2-methyl-pyrimidin-5-yl]-formamid (*Davoll, Lowy*, Am. Soc. **74** [1952] 1563, 1565) mit Formamid. Beim Behandeln von 2-Methyl-5-nitroso-pyrimidin-4,6-diyldiamin mit $Na_2S_2O_4 \cdot 2H_2O$ in Ameisensäure und Formamid und anschliessenden Erhitzen (*Taylor et al.*, Am. Soc. **81** [1959] 2442, 2445, 2446; vgl. *Vogl, Taylor*, Am. Soc. **79** [1957] 1518). Beim Erhitzen von *N*-[4,6-Diamino-2-methyl-pyrimidin-5-yl]-thioformamid in Chinolin (*Baddiley et al.*, Soc. **1943** 383, 385). Beim Erhitzen von 6-Chlor-2-methyl-7(9)*H*-purin mit äthanol. NH_3 (*Craveri, Zoni*, Chimica **34** [1958] 407, 409).

Kristalle (aus H_2O); F: >360° (*Ta. et al.*), 335° [Zers.] (*Cr., Zoni*). IR-Banden (fester Film; 3280–790 cm^{-1}): *Willits et al.*, Am. Soc. **77** [1955] 2569, 2571. UV-Spektrum (wss. HCl sowie wss. KOH; 220–300 nm): *Littlefield, Dunn*, Biochem. J. **70** [1958] 642, 648. λ_{max}: 266 nm [wss. HCl] bzw. 271 nm [wss. NaOH] (*Baddiley et al.*, Soc. **1944** 318, 320), 266 nm [wss. Lösung vom pH 1] bzw. 268 nm [wss. Lösung vom pH 11] (*Cr., Zoni*).

Picrat $C_6H_7N_5 \cdot C_6H_3N_3O_7$. Gelbe Kristalle (aus H_2O); Zers. >250° (*Ba. et al.*, Soc. **1943** 385).

2,7-Dimethyl-7*H*-purin-6-ylamin $C_7H_9N_5$, Formel II (R = CH_3).

B. Neben 2,9-Dimethyl-9*H*-purin-6-ylamin beim Behandeln von 2-Methyl-7(9)*H*-purin-6-yl-amin mit CH_3I in methanol. Natriummethylat (*Baddiley et al.*, Soc. **1944** 318, 320, 321).

Kristalle (aus H_2O); F: 338° [Zers.]. λ_{max}: 273 nm [wss. HCl] bzw. 277 nm [wss. NaOH].

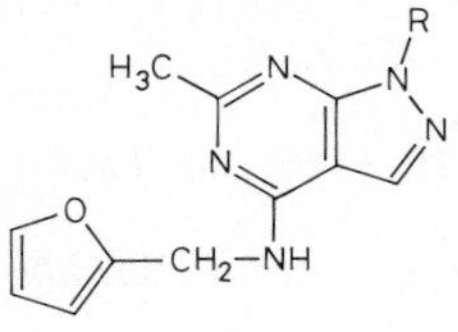

I 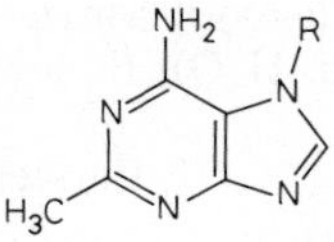 II 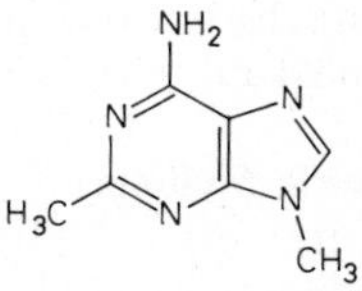 III 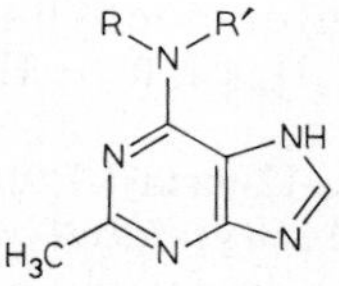 IV

2,9-Dimethyl-9*H*-purin-6-ylamin $C_7H_9N_5$, Formel III.

B. Neben 2,7-Dimethyl-7*H*-purin-6-ylamin beim Behandeln von 2-Methyl-7(9)*H*-purin-6-yl-amin mit CH_3I in methanol. Natriummethylat (*Baddiley et al.*, Soc. **1944** 318, 320, 321). Beim Erhitzen von *N*-[4-Amino-2-methyl-6-methylamino-pyrimidin-5-yl]-thioformamid in Chinolin (*Ba. et al.*).

Kristalle (aus H_2O); F: 238°. λ_{max} (wss. HCl sowie wss. NaOH): 264 nm.

2-Methyl-6-methylamino-7(9)*H*-purin, Methyl-[2-methyl-7(9)*H*-purin-6-yl]-amin $C_7H_9N_5$, Formel IV (R = CH_3, R′ = H) und Taut.

B. Aus 6-Chlor-2-methyl-7(9)*H*-purin und Methylamin (*Robins et al.*, J. org. Chem. **21** [1956] 695).

Kristalle (aus A.+H_2O); F: >300°; λ_{max} (wss. Lösung): 273 nm [pH 1] bzw. 270 nm [pH 11] (*Ro. et al.*). Scheinbarer Dissoziationsexponent pK'_a (protonierte Verbindung; H_2O; spektro-photometrisch ermittelt) bei 20°: 5,08 (*Lynch et al.*, Soc. **1958** 2973, 2976).

6-Dimethylamino-2-methyl-7(9)*H*-purin, Dimethyl-[2-methyl-7(9)*H*-purin-6-yl]-amin $C_8H_{11}N_5$, Formel IV (R = R′ = CH_3) und Taut.

B. Aus 6-Chlor-2-methyl-7(9)*H*-purin und Dimethylamin (*Robins et al.*, J. org. Chem. **21** [1956] 695). Aus 2,N^4,N^4-Trimethyl-pyrimidin-4,5,6-triyltriamin beim Erhitzen mit Orthoamei-sensäure-triäthylester und Acetanhydrid und anschliessend mit wss. NaOH (*Goldman et al.*, J. org. Chem. **21** [1956] 599).

Kristalle; F: 285–287° [aus A.] (*Go. et al.*), 282–285° [aus H_2O] (*Ro. et al.*). λ_{max}: 275 nm [A.] bzw. 282,5 nm [wss. HCl sowie wss. NaOH] (*Go. et al.*), 283 nm [wss. Lösung vom pH 1] bzw. 280 nm [wss. Lösung vom pH 11] (*Ro. et al.*).

6-Äthylamino-2-methyl-7(9)*H*-purin, Äthyl-[2-methyl-7(9)*H*-purin-6-yl]-amin $C_8H_{11}N_5$, Formel IV (R = C_2H_5, R′ = H) und Taut.

B. Aus 6-Chlor-2-methyl-7(9)*H*-purin und Äthylamin (*Robins et al.*, J. org. Chem. **21** [1956] 695).

Kristalle (aus A.); F: >300°; λ_{max} (wss. Lösung): 275 nm [pH 1] bzw. 271 nm [pH 11] (*Ro. et al.*).

Die folgenden Verbindungen sind in analoger Weise hergestellt worden:

6-Diäthylamino-2-methyl-7(9)*H*-purin, Diäthyl-[2-methyl-7(9)*H*-purin-6-yl]-amin $C_{10}H_{15}N_5$, Formel IV (R = R′ = C_2H_5) und Taut. Kristalle (aus A.); F: 212° [unkorr.]; λ_{max} (wss. Lösung): 285 nm [pH 1] bzw. 282 nm [pH 11] (*Craveri, Zoni*, Chimica **34** [1958] 185, 188, 189).

6-Dipropylamino-2-methyl-7(9)*H*-purin, [2-Methyl-7(9)*H*-purin-6-yl]-dipropyl-amin $C_{12}H_{19}N_5$, Formel IV (R = R′ = CH_2-C_2H_5) und Taut. Kristalle (aus A.); F: 177,5° [unkorr.]; λ_{max} (wss. Lösung): 286 nm [pH 1] bzw. 284 nm [pH 11] (*Cr., Zoni*).

6-Dibutylamino-2-methyl-7(9)*H*-purin, Dibutyl-[2-methyl-7(9)*H*-purin-6-yl]-amin $C_{14}H_{23}N_5$, Formel IV (R = R′ = $[CH_2]_3$-CH_3) und Taut. Kristalle (aus A.); F: 128° [unkorr.]; λ_{max} (wss. Lösung): 288 nm [pH 1] bzw. 285 nm [pH 11] (*Cr., Zoni*).

6-Diisobutylamino-2-methyl-7(9)*H*-purin, Diisobutyl-[2-methyl-7(9)*H*-purin-6-yl]-amin $C_{14}H_{23}N_5$, Formel IV (R = R′ = CH_2-$CH(CH_3)_2$) und Taut. Kristalle (aus wss. A.); F: 131°; $Kp_{0,1}$: 180° [unkorr.]; λ_{max} (wss. Lösung): 290 nm [pH 1] bzw. 288 nm [pH 11] (*Cr., Zoni,* l. c. S. 188, 190).

[4-Chlor-phenyl]-[2-methyl-7(9)*H*-purin-6-yl]-amin $C_{12}H_{10}ClN_5$, Formel IV (R = C_6H_4-Cl, R′ = H) und Taut. Kristalle (aus H_2O); F: >300° (*Ro. et al.*).

D-Xylose-[2-methyl-7(9)*H*-purin-6-ylimin] $C_{11}H_{15}N_5O_4$, Formel V (R = H) und Taut. (z.B. *N*-[2-Methyl-7(9)*H*-purin-6-yl]-D-xylopyranosylamine).

B. Aus der folgenden Verbindung mit Hilfe von methanol. Natriummethylat (*Baddiley et al.,* Soc. **1944** 318, 320, 321).

Kristalle (aus H_2O); F: 218° [Zers.]. $[\alpha]_D^{19}$: −32° [H_2O; c = 0,3]. λ_{max}: 275,5 nm [wss. HCl] bzw. 274,5 nm [wss. NaOH].

***O*²,*O*³,*O*⁴-Triacetyl-D-xylose-[2-methyl-7(9)*H*-purin-6-ylimin]** $C_{17}H_{21}N_5O_7$, Formel V (R = CO-CH_3) und Taut. (z.B. Tri-*O*-acetyl-*N*-[2-methyl-7(9)*H*-purin-6-yl]-D-xylopyranosylamine).

B. Beim Erhitzen von O^2,O^3,O^4-Triacetyl-D-xylose-[6-amino-2-methyl-5-thioformylamino-pyrimidin-4-ylimin] (E III/IV **25** 3095) in Pyridin (*Baddiley et al.,* Soc. **1944** 318, 320).

Kristalle (aus Py.) mit 1 Mol Pyridin; F: 204−205°.

Chloressigsäure-[2-methyl-7(9)*H*-purin-6-ylamid] $C_8H_8ClN_5O$, Formel IV (R = CO-CH_2Cl, R′ = H) und Taut.

B. Beim Erhitzen von 2-Methyl-7(9)*H*-purin-6-ylamin mit Chloressigsäure-anhydrid (*Craveri, Zoni,* Chimica **34** [1958] 407, 412).

Kristalle (aus wss. A.); F: 195°. UV-Spektrum (wss. Lösung vom pH 7,8; 200−300 nm): *Cr., Zoni,* l. c. S. 411.

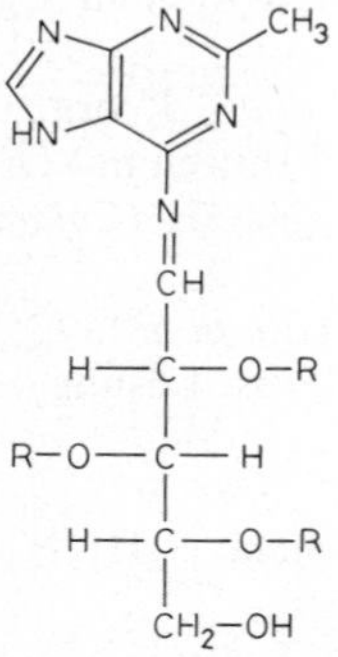

V

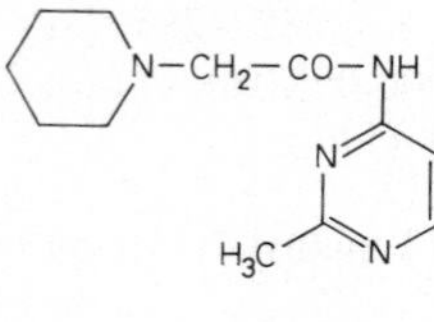

VI

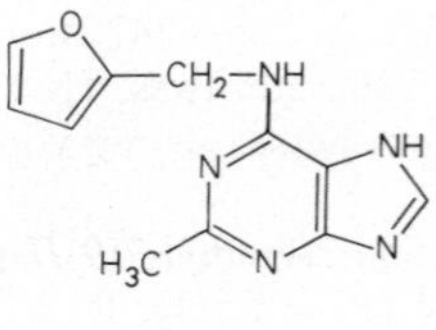

VII

Piperidinoessigsäure-[2-methyl-7(9)*H*-purin-6-ylamid] $C_{13}H_{18}N_6O$, Formel VI und Taut.

B. Aus der vorangehenden Verbindung und Piperidin (*Craveri, Zoni,* Chimica **34** [1958] 407, 412).

Kristalle (aus A.); F: 231°.

6-Furfurylamino-2-methyl-7(9)*H*-purin, Furfuryl-[2-methyl-7(9)*H*-purin-6-yl]-amin $C_{11}H_{11}N_5O$, Formel VII und Taut.

B. Aus 6-Chlor-2-methyl-7(9)*H*-purin und Furfurylamin (*Robins et al.,* J. org. Chem. **21** [1956]

695; *Craveri, Zoni,* Chimica **34** [1958] 185, 188, 190).

Kristalle (aus A.); F: 269–270° (*Ro. et al.*). λ_{max} (wss. Lösung): 278 nm [pH 1] bzw. 269 nm [pH 11] (*Ro. et al.*), 278 nm [pH 1] bzw. 275 nm [pH 11] (*Cr., Zoni*).

D-(1*R*?)-1-[6-Amino-2-methyl-purin-9-yl]-1,5-anhydro-xylit, 2-Methyl-9-β(?)-D-xylo=pyranosyl-9*H*-purin-6-ylamin $C_{11}H_{15}N_5O_4$, vermutlich Formel VIII.

Über die Konstitution s. *Lythgoe, Todd,* Soc. **1944** 592.

B. Aus O^2,O^3,O^4-Triacetyl-D-xylose-[6-amino-5-thioformylamino-pyrimidin-4-ylimin] (E III/IV **25** 3095) beim Erwärmen mit Natriummethylat und Äthanol (*Kenner, Todd,* Soc. **1946** 852, 854) oder beim Erhitzen in Pyridin und Behandeln des Reaktionsprodukts nach Abtrennung von O^2,O^3,O^4-Triacetyl-D-xylose-[2-methyl-7(9)*H*-purin-6-ylimin] (s. o.) mit methanol. NH_3 (*Baddiley et al.,* Soc. **1944** 318, 320).

Kristalle; F: 291–292° (*Ke., Todd*), 288° [Zers.; aus H_2O] (*Ba. et al.*). $[\alpha]_D^{19,5}$: −26° [H_2O; c = 0,3]; λ_{max}: 260,5 nm [wss. HCl] bzw. 262,5 nm [wss. NaOH] (*Ba. et al.*).

(1*S*)-1-[6-Amino-2-methyl-purin-7-yl]-D-1,4-anhydro-ribit, 2-Methyl-7-α-D-ribofuranosyl-7*H*-purin-6-ylamin $C_{11}H_{15}N_5O_4$, Formel IX.

B. Beim Erhitzen einer wss. Lösung des Faktors-A (s. u.) mit $Ce(OH)_3$, wss. NaOH und HCN (*Friedrich, Bernhauer,* B. **90** [1957] 465, 467, 469).

Kristalle (aus Me.); F: 219–220°. Kristalle (aus H_2O) mit 3 Mol H_2O; F: 143–145°. UV-Spektrum (wss. Lösungen vom pH 3,4–7,8 sowie wss. KOH [0,01 n]; 225–290 nm): *Fr., Be.*

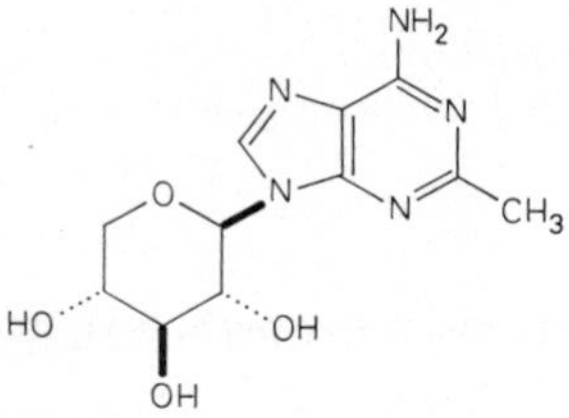

VIII 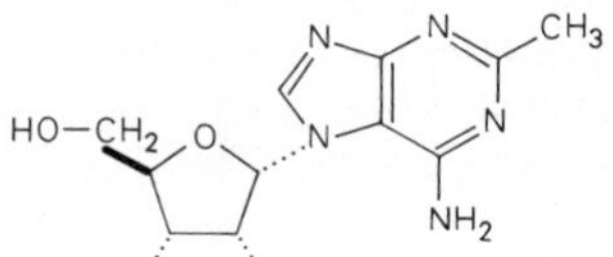 IX 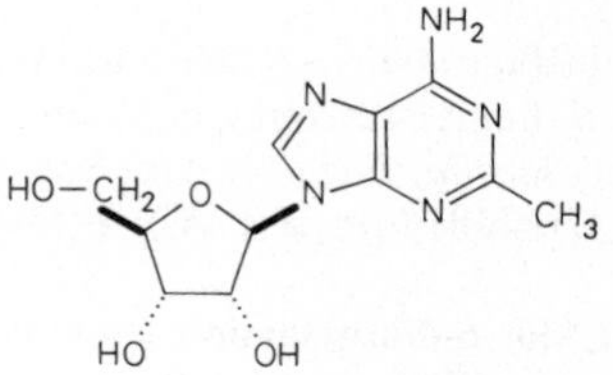 X

2-Methyl-adenosin $C_{11}H_{15}N_5O_4$, Formel X.

B. Beim Erhitzen von 2-Methyl-7(9)*H*-purin-6-ylamin mit Acetanhydrid, Behandeln des Reaktionsprodukts mit wss. NaOH und $HgCl_2$ in Äthanol, Erhitzen der entstandenen Chloro=mercurio-Verbindung mit Tri-*O*-acetyl-α-D-ribofuranosylchlorid in Xylol und anschliessenden Behandeln mit methanol. NH_3 (*Davoll, Lowy,* Am. Soc. **74** [1952] 1563, 1565).

UV-Spektrum (wss. HCl [0,1 n] sowie wss. KOH [0,1 n]; 220–290 nm): *Littlefield, Dunn,* Biochem. J. **70** [1958] 642, 646. λ_{max}: 258 nm [wss. HCl (0,1 n)] bzw. 262,5 nm [wss. NaOH (0,1 n)] (*Da., Lowy*).

Picrat $C_{11}H_{15}N_5O_4 \cdot C_6H_3N_3O_7$. Kristalle; Zers. >200° (*Da., Lowy*).

[α-(6-Amino-2-methyl-purin-7-yl)]-hydrogenobamid $C_{59}H_{87}N_{16}O_{14}P$.

Cyano-kobalt(III)-Komplex $[C_{60}H_{86}CoN_{17}O_{14}P]^+$; *Co*α-[α-(6-Amino-2-methyl-purin-7-yl)]-*Co*β-cyano-cobamid. Betain $C_{60}H_{85}CoN_{17}O_{14}P$; Faktor-A, Formel XI (in der Literatur auch als Pseudovitamin-B_{12}d bezeichnet). Isolierung aus den Exkrementen von Schweinen und Kälbern: *Brown et al.,* Biochem. J. **59** [1955] 82, 83; aus dem Darminhalt und Fäces von Rindern: *Ford, Porter,* Brit. J. Nutrit. **7** [1953] 326, 328; s. a. *Holdsworth,* Nature **171** [1953] 148; *Ford et al.,* Nature **171** [1953] 150; aus Kulturen von Rhizobium meliloti: *Kaszubiak et al.,* Acta microbiol. polon. **6** [1957] 239, 244; C. A. **1958** 18656; von Corynebacte=rium diphtheriae: *Pawełkiewicz, Zodrow,* Acta biochim. polon. **4** [1957] 203, 206; C. A. **1959** 19007; s. a. *Pawełkiewicz, Zodrow,* Acta microbiol. polon. **6** [1957] 9, 11; C. A. **1958** 7429. Biosynthese aus Cobinamid (Ätiocobalamin [S. 3109]) durch Escherichia coli: *Dellweg et al.,* Bio. Z. **328** [1956] 81, 82; unter Zusatz von 2-Methyl-7(9)*H*-purin-6-ylamin: *Ford et al.,* Bio=chem. J. **59** [1955] 86, 89. – Kristalle [aus wss. Acn.] (*Br. et al.,* l. c. S. 84; *Dion et al.,* Am.

Soc. **76** [1954] 948). Orthorhombisch; Dimensionen der Elementarzelle (Röntgen-Diagramm): *Hodgkin,* Bl. Soc. franç. Min. **78** [1955] 106, 108. λ_{max} (H_2O): 278 nm, 308 nm, 320 nm, 361 nm, 518 nm und 548 – 550 nm (*Dion et al.*).

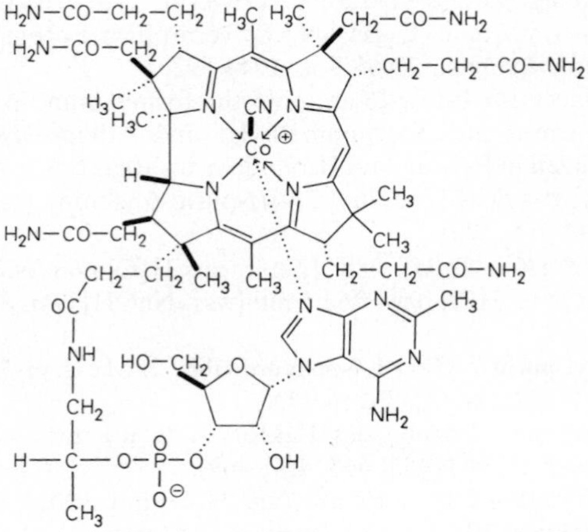

XI

2-Trifluormethyl-7(9)*H*-purin-6-ylamin $C_6H_4F_3N_5$, Formel XII und Taut.

B. Beim Erhitzen von 5-Amino-1(3)*H*-imidazol-4-carbamidin mit Trifluoressigsäure-amid (*Giner-Sorolla, Bendich,* Am. Soc. **80** [1958] 5744, 5752).

Kristalle (aus wss. A.); F: 360 – 362° [unkorr.; Zers.].

8-Chlor-6-diäthylamino-2-methyl-7(9)*H*-purin, Diäthyl-[8-chlor-2-methyl-7(9)*H*-purin-6-yl]-amin $C_{10}H_{14}ClN_5$, Formel XIII (R = C_2H_5) und Taut.

B. Aus 6,8-Dichlor-2-methyl-7(9)*H*-purin und Diäthylamin (*Noell, Robins,* J. org. Chem. **24** [1959] 320, 321, 322).

λ_{max} (wss. Lösung): 240 nm und 275 nm [pH 1] bzw. 283 nm [pH 11].

Hydrochlorid $C_{10}H_{14}ClN_5 \cdot HCl$. Kristalle (aus Bzl. + Me.); F: 163 – 165° [unkorr.].

8-Chlor-6-dipropylamino-2-methyl-7(9)*H*-purin, [8-Chlor-2-methyl-7(9)*H*-purin-6-yl]-dipropylamin $C_{12}H_{18}ClN_5$, Formel XIII (R = CH_2-C_2H_5) und Taut.

B. Analog der vorangehenden Verbindung (*Noell, Robins,* J. org. Chem. **24** [1959] 320, 321, 322).

λ_{max} (wss. Lösung): 275 nm [pH 1] bzw. 279 nm [pH 11].

Hydrochlorid $C_{12}H_{18}ClN_5 \cdot HCl$. Kristalle (aus Bzl. + Me.); F: 163 – 165° [unkorr.].

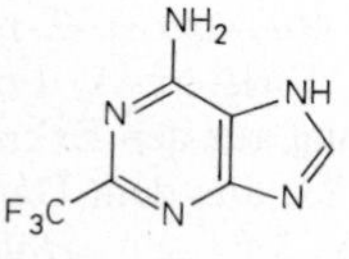

XII 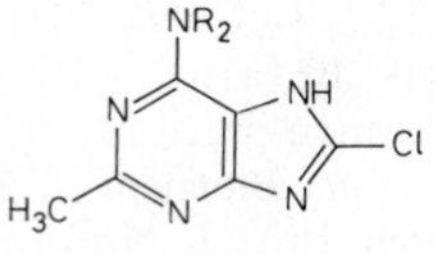 XIII 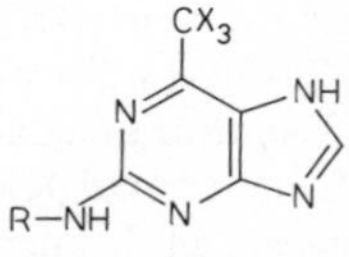 XIV

6-Methyl-7(9)*H*-purin-2-ylamin $C_6H_7N_5$, Formel XIV (R = X = H) und Taut. (H 434).

B. Beim Erhitzen von *N*-[2,4-Diamino-6-methyl-pyrimidin-5-yl]-formamid (*Rose,* Soc. **1952** 3448, 3459). Aus 6-Methyl-pyrimidin-2,4,5-triyltriamin und Formamid (*Robins et al.,* Am. Soc. **75** [1953] 263, 264).

Kristalle (aus H_2O); Zers. bei 300 – 320° [nach Sintern] (*Rose*), 305 – 315° (*Ro. et al.*). IR-

Spektrum (fester Film; 4000–700 cm^{-1}): *Willits et al.*, Am. Soc. **77** [1955] 2569, 2570. λ_{max}: 219 nm und 313 nm [wss. Lösung vom pH 1] (*Ro. et al.*, l. c. S. 265) bzw. 224 nm und 301 nm [wss. NaOH] (*Rose*, l. c. S. 3451).

6-Methyl-2-methylamino-7(9)*H*-purin, Methyl-[6-methyl-7(9)*H*-purin-2-yl]-amin $C_7H_9N_5$, Formel XIV (R = CH_3, X = H) und Taut.

B. Aus 6,N^2-Dimethyl-pyrimidin-2,4,5-triyltriamin beim Erhitzen mit Formamid oder beim Erhitzen mit Orthoameisensäure-triäthylester und Acetanhydrid und anschliessend mit wss. HCl (*Prasad et al.*, Am. Soc. **81** [1959] 193, 196).

Kristalle, die unterhalb 300° nicht schmelzen.

9-Furfuryl-6-methyl-9*H*-purin-2-ylamin $C_{11}H_{11}N_5O$, Formel I.

B. Beim Erhitzen von N^4-Furfuryl-6-methyl-pyrimidin-2,4,5-triyltriamin mit Orthoameisen≈säure-triäthylester und Acetanhydrid und anschliessend mit wss.-äthanol. NaOH (*Hull*, Soc. **1959** 481, 483).

Kristalle (aus wss. A.) mit 0,25 Mol H_2O; F: 113–114°.

6-Trifluormethyl-7(9)*H*-purin-2-ylamin $C_6H_4F_3N_5$, Formel XIV (R = H, X = F) und Taut.

B. Beim Erhitzen von 6-Trifluormethyl-pyrimidin-2,4,5-triyltriamin mit Ameisensäure bzw. Formamid (*Giner-Sorolla, Bendich*, Am. Soc. **80** [1958] 5744, 5745, 5751; *Kaiser, Burger*, J. org. Chem. **24** [1959] 113).

Kristalle (aus A.); F: 360° [Zers.] (*Gi.-So., Be.*). λ_{max}: 322,5 nm [wss. Lösung vom pH 0,21], 323 nm [wss. Lösung vom pH 5,14] bzw. 283 nm und 323 nm [wss. Lösung vom pH 12,62] (*Gi.-So., Be.*), 334 nm [wss. HCl (3 n)] bzw. 324 nm [wss. Lösung vom pH 2,82] (*Ka., Bu.*). Scheinbare Dissoziationsexponenten pK'_{a1} und pK'_{a2} (protonierte Verbindung; H_2O; spektro≈photometrisch ermittelt): 1,85 bzw. 8,87 (*Gi.-So., Be.*). Löslichkeit in H_2O bei 20°: 1 g/6700 g (*Gi.-So., Be.*).

6-Aminomethyl-7(9)*H*-purin, *C*-[7(9)*H*-Purin-6-yl]-methylamin $C_6H_7N_5$, Formel II und Taut.

B. Beim Hydrieren von 7(9)*H*-Purin-6-carbonitril an Palladium in Methanol (*Giner-Sorolla, Bendich*, Am. Soc. **80** [1958] 3932, 3937).

Hellrosa; F: 183–185° [unkorr.; Zers.].

Picrat $C_6H_7N_5 \cdot C_6H_3N_3O_7$. Hellgelbe Kristalle (aus H_2O); F: 190° [unkorr.; Zers.].

1-[7(9)*H*-Purin-6-ylmethyl]-pyridinium $[C_{11}H_{10}N_5]^+$, Formel III und Taut.

Jodid $[C_{11}H_{10}N_5]I$. *B.* Beim Erhitzen von 6-Methyl-7(9)*H*-purin mit Pyridin und Jod (*Giner-Sorolla et al.*, Am. Soc. **81** [1959] 2515, 2518). – Kristalle (aus H_2O); F: 246° [unkorr.; Zers.].

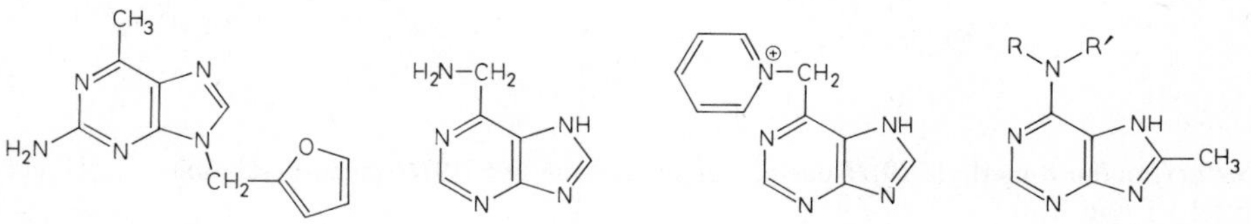

I II III IV

8-Methyl-7(9)*H*-purin-6-ylamin $C_6H_7N_5$, Formel IV (R = R′ = H) und Taut.

B. Beim Erhitzen von Pyrimidin-4,5,6-triyltriamin mit Acetanhydrid (*Koppel, Robins*, J. org. Chem. **23** [1958] 1457, 1460). Beim Erhitzen von 6-Chlor-8-methyl-7(9)*H*-purin mit äthanol. NH_3 (*Craveri, Zoni*, Chimica **34** [1958] 407, 409).

Kristalle (aus Dioxan); F: 335° [unkorr.; Zers.] (*Cr., Zoni*). λ_{max} (wss. Lösung): 269 nm [pH 1] bzw. 266 nm [pH 11] (*Ko., Ro.*, l. c. S. 1458), 266 nm [pH 1] bzw. 269 nm [pH 11] (*Cr., Zoni*).

8-Methyl-6-methylamino-7(9)*H*-purin, Methyl-[8-methyl-7(9)*H*-purin-6-yl]-amin $C_7H_9N_5$, Formel IV (R = CH_3, R' = H) und Taut.

B. Aus 6-Chlor-8-methyl-7(9)*H*-purin und wss. Methylamin (*Koppel, Robins,* J. org. Chem. **23** [1958] 1457, 1459).

Kristalle (aus H_2O); F: >300° (*Ko., Ro.*).

Die folgenden Verbindungen sind in analoger Weise hergestellt worden:

6-Dimethylamino-8-methyl-7(9)*H*-purin, Dimethyl-[8-methyl-7(9)*H*-purin-6-yl]-amin $C_8H_{11}N_5$, Formel IV (R = R' = CH_3) und Taut. Kristalle (aus wss. A.); F: 235° [unkorr.]; λ_{max} (wss. Lösung): 282 nm [pH 1] bzw. 280 nm [pH 11] (*Craveri, Zoni,* Chimica **34** [1958] 267, 269, 271).

6-Diäthylamino-8-methyl-7(9)*H*-purin, Diäthyl-[8-methyl-7(9)*H*-purin-6-yl]-amin $C_{10}H_{15}N_5$, Formel IV (R = R' = C_2H_5) und Taut. Kristalle (aus H_2O); F: 171° [unkorr.]; λ_{max} (wss. Lösungen vom pH 1 sowie pH 11): 282 nm (*Cr., Zoni*).

6-Dipropylamino-8-methyl-7(9)*H*-purin, [8-Methyl-7(9)*H*-purin-6-yl]-dipropyl-amin $C_{12}H_{19}N_5$, Formel IV (R = R' = CH_2-C_2H_5) und Taut. Kristalle (aus wss. A.); F: 161,5° [unkorr.] (*Cr., Zoni*). UV-Spektrum (wss. Lösungen vom pH 1 und pH 11; 200–310 nm): *Cr., Zoni,* l. c. S. 270.

6-Dibutylamino-8-methyl-7(9)*H*-purin, Dibutyl-[8-methyl-7(9)*H*-purin-6-yl]-amin $C_{14}H_{23}N_5$, Formel IV (R = R' = $[CH_2]_3$-CH_3) und Taut. Kristalle (aus wss. A.); F: 109° [unkorr.]; λ_{max} (wss. Lösungen vom pH 1 sowie pH 11): 283 nm (*Cr., Zoni*).

6-Diisobutylamino-8-methyl-7(9)*H*-purin, Diisobutyl-[8-methyl-7(9)*H*-purin-6-yl]-amin $C_{14}H_{23}N_5$, Formel IV (R = R' = CH_2-$CH(CH_3)_2$) und Taut. Kristalle (aus wss. A.); F: 136,5° [unkorr.]; λ_{max} (wss. Lösungen vom pH 1 sowie pH 11): 286 nm (*Cr., Zoni*).

[4-Chlor-benzyl]-[8-methyl-7(9)*H*-purin-6-yl]-amin $C_{13}H_{12}ClN_5$, Formel V (X = H) und Taut. Kristalle (aus A.); F: >300° (*Ko., Ro.*).

[2,4-Dichlor-benzyl]-[8-methyl-7(9)*H*-purin-6-yl]-amin $C_{13}H_{11}Cl_2N_5$, Formel V (X = Cl) und Taut. Kristalle (aus A.); F: 286–287° [unkorr.] (*Ko., Ro.*).

Chloressigsäure-[8-methyl-7(9)*H*-purin-6-ylamid] $C_8H_8ClN_5O$, Formel IV (R = CO-CH_2Cl, R' = H) und Taut.

B. Aus 8-Methyl-7(9)*H*-purin-6-ylamin und Chloressigsäure-anhydrid (*Craveri, Zoni,* Chimica **34** [1958] 407, 412).

Kristalle (aus A.); F: 210° [Zers.]. UV-Spektrum (wss. Lösung vom pH 7,8; 200–300 nm): *Cr., Zoni,* l. c. S. 411.

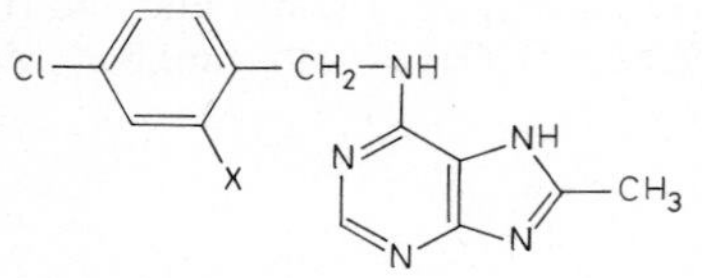

V 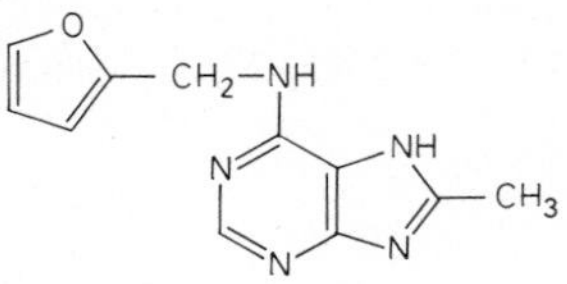 VI 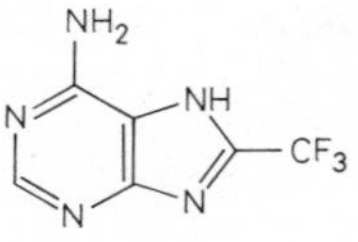 VII

6-Furfurylamino-8-methyl-7(9)*H*-purin, Furfuryl-[8-methyl-7(9)*H*-purin-6-yl]-amin $C_{11}H_{11}N_5O$, Formel VI und Taut.

B. Aus 6-Chlor-8-methyl-7(9)*H*-purin und Furfurylamin (*Craveri, Zoni,* Chimica **34** [1958] 267, 271).

Kristalle (aus A.); F: 264° [unkorr.]. UV-Spektrum (wss. Lösungen vom pH 1 und pH 11; 200–290 nm): *Cr., Zoni,* l. c. S. 270.

8-Trifluormethyl-7(9)*H*-purin-6-ylamin $C_6H_4F_3N_5$, Formel VII und Taut.

B. Beim Erhitzen von Pyrimidin-4,5,6-triyltriamin mit Trifluoressigsäure-amid (*Giner-Sorolla, Bendich,* Am. Soc. **80** [1958] 5744, 5752).

Kristalle (aus wss. A.); F: 330–335° [unkorr.].

Amine $C_7H_9N_5$

***N*,*N*-Diäthyl-*N'*-[6,7-dimethyl-[1,2,4]triazolo[4,3-*b*]pyridazin-8-yl]-äthylendiamin** $C_{13}H_{22}N_6$, Formel VIII (R = CH_2-CH_2-$N(C_2H_5)_2$).

B. Beim Erwärmen von 8-Chlor-6,7-dimethyl-[1,2,4]triazolo[4,3-*b*]pyridazin mit *N*,*N*-Diäthyl-äthylendiamin in Gegenwart von NaI in Phenol (*Steck, Brundage*, Am. Soc. **81** [1959] 6289).

Kristalle (aus Cyclohexan); F: 96,5–98°.

Oxalat. Kristalle (aus wss. A.); F: 213–215° [korr.].

(±)-*N*⁴,*N*⁴-Diäthyl-*N*¹-[6,7-dimethyl-[1,2,4]triazolo[4,3-*b*]pyridazin-8-yl]-1-methyl-butandiyldiamin $C_{16}H_{28}N_6$, Formel VIII (R = $CH(CH_3)$-$[CH_2]_3$-$N(C_2H_5)_2$).

B. Analog der vorangehenden Verbindung (*Steck, Brundage*, Am. Soc. **81** [1959] 6289).

Kristalle (aus Cyclohexan); F: 97–98,5°.

Methobromid $[C_{17}H_{31}N_6]Br$; Diäthyl-[4-(6,7-dimethyl-[1,2,4]triazolo[4,3-*b*]pyridazin-8-ylamino)-pentyl]-methyl-ammonium-bromid. Kristalle (aus Me.+Ae.); F: 196,5–198° [korr.].

5,7-Dimethyl-[1,2,4]triazolo[1,5-*a*]pyrimidin-2-ylamin (?) $C_7H_9N_5$, vermutlich Formel IX.

B. Beim Erhitzen von 1*H*-[1,2,4]Triazol-3,5-diyldiamin mit Pentan-2,4-dion (*Papini et al.*, G. **87** [1957] 931, 942).

Kristalle (aus DMF); F: >360°.

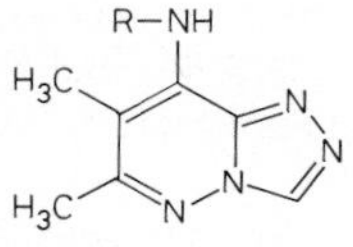

VIII 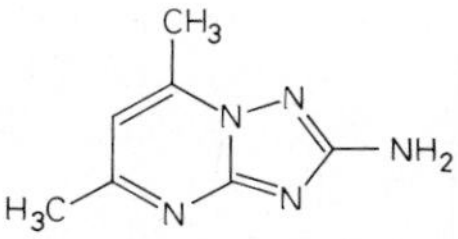 IX 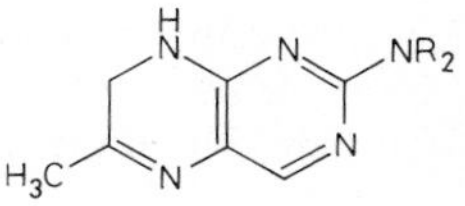 X 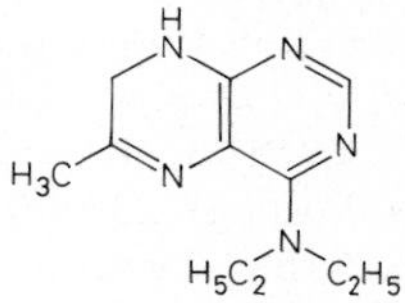 XI

6-Methyl-7,8-dihydro-pteridin-2-ylamin $C_7H_9N_5$, Formel X (R = H).

B. Beim Hydrieren von [2-Amino-5-nitro-pyrimidin-4-ylamino]-aceton an Raney-Nickel in Methanol (*Boon, Jones*, Soc. **1951** 591, 594).

Kristalle (aus H_2O); F: 240° [Zers.]. λ_{max} (wss. HCl): 290 nm.

2-Diäthylamino-6-methyl-7,8-dihydro-pteridin, Diäthyl-[6-methyl-7,8-dihydro-pteridin-2-yl]-amin $C_{11}H_{17}N_5$, Formel X (R = C_2H_5).

B. Analog der vorangehenden Verbindung (*Boon, Jones*, Soc. **1951** 591, 594).

Kristalle (aus Me.); F: 158°. λ_{max} (wss. HCl): 250 nm.

4-Diäthylamino-6-methyl-7,8-dihydro-pteridin, Diäthyl-[6-methyl-7,8-dihydro-pteridin-4-yl]-amin $C_{11}H_{17}N_5$, Formel XI.

B. Beim Behandeln von [6-Chlor-5-nitro-pyrimidin-4-ylamino]-aceton mit Diäthylamin in Äthylacetat und Hydrieren des Reaktionsprodukts an Raney-Nickel in Methanol (*Boon, Jones*, Soc. **1951** 591, 594).

Kristalle (aus Me.); F: 125°. λ_{max} (wss. HCl): 230 nm und 343 nm.

7-Äthyl-1(2)*H*-pyrazolo[4,3-*d*]pyrimidin-5-ylamin $C_7H_9N_5$, Formel XII (R = H, R' = C_2H_5) und Taut.

B. Neben der folgenden Verbindung beim Behandeln von diazotiertem 4-Äthyl-6-methyl-pyrimidin-2,5-diyldiamin mit wss. NaOH (*Rose*, Soc. **1952** 3448, 3451, 3458).

Kristalle (aus 2-Äthoxy-äthanol); F: 278–280° [auf 273° vorgeheizter App.]. λ_{max} (wss. NaOH): 228 nm, 284 nm und 338 nm.

3,7-Dimethyl-1(2)*H*-pyrazolo[4,3-*d*]pyrimidin-5-ylamin $C_7H_9N_5$, Formel XII (R = R′ = CH_3) und Taut.

B. s. bei der vorangehenden Verbindung.

Kristalle; F: 327° [Zers.]; λ_{max} (wss. NaOH): 236 nm, 289 nm und 353 nm (*Rose,* Soc. **1952** 3448, 3451, 3458).

Hydrochlorid $C_7H_9N_5 \cdot HCl$. Kristalle (aus H_2O); F: 342°.

XII XIII XIV

6-Äthyl-4-dimethylamino-1-phenyl-1*H*-pyrazolo[3,4-*d*]pyrimidin, [6-Äthyl-1-phenyl-1*H*-pyrazolo[3,4-*d*]pyrimidin-4-yl]-dimethyl-amin $C_{15}H_{17}N_5$, Formel XIII (R = R′ = CH_3).

B. Beim Erwärmen von 6-Äthyl-4-chlor-1-phenyl-1*H*-pyrazolo[3,4-*d*]pyrimidin mit Dimethyl≠amin in Äthanol (*Cheng, Robins,* J. org. Chem. **23** [1958] 191, 198).

Kristalle (aus A.); F: 90,5–91°.

Die folgenden Verbindungen sind in analoger Weise hergestellt worden:

6-Äthyl-4-*tert*-butylamino-1-phenyl-1*H*-pyrazolo[3,4-*d*]pyrimidin, [6-Äthyl-1-phenyl-1*H*-pyrazolo[3,4-*d*]pyrimidin-4-yl]-*tert*-butyl-amin $C_{17}H_{21}N_5$, Formel XIII (R = $C(CH_3)_3$, R′ = H). Kristalle (aus A.); F: 148–148,5° [unkorr.; nach Sublimation]. λ_{max} (wss. Lösung): 238 nm [pH 1] bzw. 240 nm und 286 nm [pH 11].

[6-Äthyl-1-phenyl-1*H*-pyrazolo[3,4-*d*]pyrimidin-4-yl]-[2-chlor-phenyl]-amin $C_{19}H_{16}ClN_5$, Formel XIV (X = Cl, X′ = X″ = H). Kristalle (aus 2-Äthoxy-äthanol); F: 168–168,5° [unkorr.].

[6-Äthyl-1-phenyl-1*H*-pyrazolo[3,4-*d*]pyrimidin-4-yl]-[3-chlor-phenyl]-amin $C_{19}H_{16}ClN_5$, Formel XIV (X = X″ = H, X′ = Cl). Kristalle (aus A.); F: 187–189° [unkorr.].

[6-Äthyl-1-phenyl-1*H*-pyrazolo[3,4-*d*]pyrimidin-4-yl]-[4-chlor-phenyl]-amin $C_{19}H_{16}ClN_5$, Formel XIV (X = X′ = H, X″ = Cl). Kristalle (aus 2-Äthoxy-äthanol); F: 208,5–209,5° [unkorr.].

[6-Äthyl-1-phenyl-1*H*-pyrazolo[3,4-*d*]pyrimidin-4-yl]-[2,5-dichlor-phenyl]-amin $C_{19}H_{15}Cl_2N_5$, Formel IV (X = X′ = Cl, X″ = H). Kristalle (aus A.); F: 181–183° [unkorr.].

6-Äthyl-1-phenyl-4-*o*-toluidino-1*H*-pyrazolo[3,4-*d*]pyrimidin, [6-Äthyl-1-phenyl-1*H*-pyrazolo[3,4-*d*]pyrimidin-4-yl]-*o*-tolyl-amin $C_{20}H_{19}N_5$, Formel XIV (X = CH_3, X′ = X″ = H). Kristalle (aus A.); F: 175–176° [unkorr.]. λ_{max} (wss. Lösung): 247 nm [pH 1] bzw. 242 nm und 291 nm [pH 11].

6-Äthyl-1-phenyl-4-*m*-toluidino-1*H*-pyrazolo[3,4-*d*]pyrimidin, [6-Äthyl-1-phenyl-1*H*-pyrazolo[3,4-*d*]pyrimidin-4-yl]-*m*-tolyl-amin $C_{20}H_{19}N_5$, Formel XIV (X = X″ = H, X′ = CH_3). Kristalle (aus A.); F: 169,5° [unkorr.].

6-Äthyl-1-phenyl-4-*p*-toluidino-1*H*-pyrazolo[3,4-*d*]pyrimidin, [6-Äthyl-1-phenyl-1*H*-pyrazolo[3,4-*d*]pyrimidin-4-yl]-*p*-tolyl-amin $C_{20}H_{19}N_5$, Formel XIV (X = X′ = H, X″ = CH_3). Kristalle (aus A.); F: 199–200° [unkorr.].

6-Äthyl-4-benzylamino-1-phenyl-1*H*-pyrazolo[3,4-*d*]pyrimidin, [6-Äthyl-1-phenyl-1*H*-pyrazolo[3,4-*d*]pyrimidin-4-yl]-benzyl-amin $C_{20}H_{19}N_5$, Formel XIII (R = CH_2-C_6H_5, R′ = H). Kristalle (aus A. + Bzl.); F: 129–129,5° [unkorr.]. λ_{max} (wss. Lö≠sung): 245 nm [pH 1] bzw. 239 nm und 287 nm [pH 11].

[6-Äthyl-1-phenyl-1*H*-pyrazolo[3,4-*d*]pyrimidin-4-yl]-[2,6-diäthyl-phenyl]-amin $C_{23}H_{25}N_5$, Formel XIII (R = $C_6H_3(C_2H_5)_2$, R′ = H). Kristalle (aus A.); F: 191–191,5°

[unkorr.]. λ_{max} (wss. Lösung): 244 nm [pH 1] bzw. 252 nm und 304 nm [pH 11].

2-Äthyl-7(9)*H*-purin-6-ylamin $C_7H_9N_5$, Formel I und Taut.

B. Beim Erhitzen von 2-Äthyl-5-nitroso-pyrimidin-4,6-diyldiamin mit $Na_2S_2O_4$, Ameisensäure und Formamid (*Taylor et al.*, Am. Soc. **81** [1959] 2442, 2445).

Hellgelbe Kristalle (aus H_2O); F: 304–305° [korr.; nach Sublimation]. λ_{max} (wss. Lösung vom pH 1): 266 nm.

2,8-Dimethyl-7(9)*H*-purin-6-ylamin $C_7H_9N_5$, Formel II (R = R' = H) und Taut.

B. Beim Erhitzen von 6-Chlor-2,8-dimethyl-7(9)*H*-purin mit äthanol. NH_3 (*Craveri, Zoni,* Chimica **34** [1958] 407, 409). Aus 2-Amino-malonamidin-dihydrochlorid und Orthoessigsäurediäthylester in Acetonitril (*Taylor et al.*, Ciba Found. Symp. Chem. Biol. Purines 1956 S. 20, 23).

Kristalle (aus wss. A.); F: 315° [Zers.]; λ_{max} (wss. Lösung): 269 nm [pH 1] bzw. 271 nm [pH 11] (*Cr., Zoni*).

6-Dimethylamino-2,8-dimethyl-7(9)*H*-purin, [2,8-Dimethyl-7(9)*H*-purin-6-yl]-dimethyl-amin $C_9H_{13}N_5$, Formel II (R = R' = CH_3) und Taut.

B. Aus 6-Chlor-2,8-dimethyl-7(9)*H*-purin und Dimethylamin (*Craveri, Zoni,* Chimica **34** [1958] 185, 188, 190).

Kristalle (aus wss. A.); F: 266,5° [unkorr.]. λ_{max} (wss. Lösung): 285 nm [pH 1] bzw. 280 nm [pH 11].

6-Diäthylamino-2,8-dimethyl-7(9)*H*-purin, Diäthyl-[2,8-dimethyl-7(9)*H*-purin-6-yl]-amin $C_{11}H_{17}N_5$, Formel II (R = R' = C_2H_5) und Taut.

B. Beim Erhitzen von N^4,N^4-Diäthyl-2-methyl-pyrimidin-4,5,6-triyltriamin mit Acetamidinhydrochlorid (*Hull,* Soc. **1958** 4069, 4072). Aus 6-Chlor-2,8-dimethyl-7(9)*H*-purin und Diäthylamin (*Craveri, Zoni,* Chimica **34** [1958] 185, 190). Beim Erhitzen von [6-Diäthylamino-2-methyl-7(9)*H*-purin-8-yl]-methanol mit konz. HI und rotem Phosphor (*Hull*).

Kristalle; F: 166° [aus PAe.] (*Hull*), 162° [unkorr.; aus wss. A.] (*Cr., Zoni*). λ_{max} (wss. Lösung): 287 nm [pH 1] bzw. 282 nm [pH 11] (*Cr., Zoni,* l. c. S. 188).

6-Dipropylamino-2,8-dimethyl-7(9)*H*-purin, [2,8-Dimethyl-7(9)*H*-purin-6-yl]-dipropyl-amin $C_{13}H_{21}N_5$, Formel II (R = R' = CH_2-C_2H_5) und Taut.

B. Aus 6-Chlor-2,8-dimethyl-7(9)*H*-purin und Dipropylamin (*Craveri, Zoni,* Chimica **34** [1958] 185, 188, 190).

Kristalle (aus wss. A.); F: 178,2° [unkorr.]. λ_{max} (wss. Lösung): 289 nm [pH 1] bzw. 284 nm [pH 11].

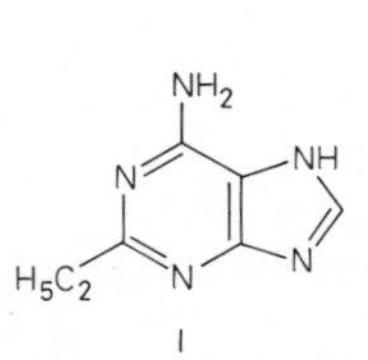

I 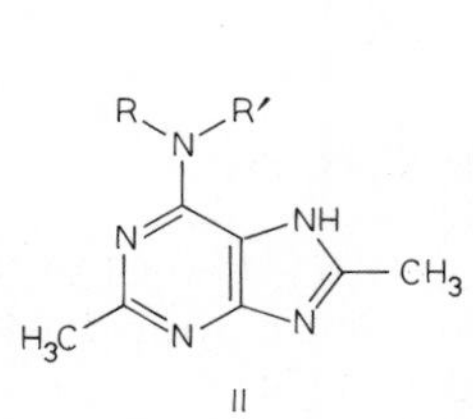 II 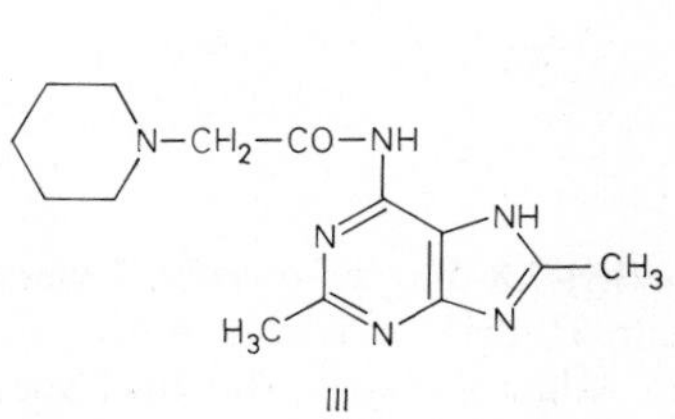 III

6-Dibutylamino-2,8-dimethyl-7(9)*H*-purin, Dibutyl-[2,8-dimethyl-7(9)*H*-purin-6-yl]-amin $C_{15}H_{25}N_5$, Formel II (R = R' = $[CH_2]_3$-CH_3) und Taut.

B. Aus 6-Chlor-2,8-dimethyl-7(9)*H*-purin und Dibutylamin (*Craveri, Zoni,* Chimica **34** [1958] 185, 188, 190).

Kristalle (aus wss. A.); F: 152° [unkorr.]. λ_{max} (wss. Lösung): 290 nm [pH 1] bzw. 285 nm [pH 11].

6-Diisobutylamino-2,8-dimethyl-7(9)*H*-purin, [2,8-Dimethyl-7(9)*H*-purin-6-yl]-diisobutyl-amin $C_{15}H_{25}N_5$, Formel II (R = R′ = CH_2-$CH(CH_3)_2$) und Taut.

B. Aus 6-Chlor-2,8-dimethyl-7(9)*H*-purin und Diisobutylamin (*Craveri, Zoni,* Chimica **34** [1958] 185, 190).

Kristalle (aus wss. A.); F: 161° [unkorr.]. UV-Spektrum (wss. Lösungen vom pH 1 und pH 11; 200–310 nm): *Cr., Zoni,* l. c. S. 187.

Chloressigsäure-[2,8-dimethyl-7(9)*H*-purin-6-ylamid] $C_9H_{10}ClN_5O$, Formel II (R = CO-CH_2Cl, R′ = H) und Taut.

B. Aus 2,8-Dimethyl-7(9)*H*-purin-6-ylamin und Chloressigsäure-anhydrid (*Craveri, Zoni,* Chimica **34** [1958] 407, 412).

Kristalle (aus A.); F: 220°.

Piperidinoessigsäure-[2,8-dimethyl-7(9)*H*-purin-6-ylamid] $C_{14}H_{20}N_6O$, Formel III und Taut.

B. Aus der vorangehenden Verbindung und Piperidin (*Craveri, Zoni,* Chimica **34** [1958] 407, 413).

Kristalle (aus A.); F: 205°.

6-Furfurylamino-2,8-dimethyl-7(9)*H*-purin, [2,8-Dimethyl-7(9)*H*-purin-6-yl]-furfuryl-amin $C_{12}H_{13}N_5O$, Formel IV (R = CH_3) und Taut.

B. Aus 6-Chlor-2,8-dimethyl-7(9)*H*-purin und Furfurylamin (*Craveri, Zoni,* Chimica **34** [1958] 185, 190).

Kristalle (aus H_2O); F: 197° [unkorr.]. UV-Spektrum (wss. Lösungen vom pH 1 und pH 11; 200–300 nm): *Cr., Zoni,* l. c. S. 187.

6,8-Bis-trifluormethyl-7(9)*H*-purin-2-ylamin $C_7H_3F_6N_5$, Formel V und Taut.

B. Beim Erhitzen von 6-Trifluormethyl-pyrimidin-2,4,5-triyltriamin mit Trifluoressigsäure und Trifluoressigsäure-anhydrid (*Giner-Sorolla, Bendich,* Am. Soc. **80** [1958] 5744, 5745, 5751).

Kristalle (aus H_2O oder nach Sublimation im Vakuum); F: 230° [unkorr.]. λ_{max}: 334 nm [wss. HCl (3 n)], 327,5 nm [wss. Lösung vom pH 2,14] bzw. 278 nm und 327 nm [wss. Lösungen vom pH 7,7–13]. Scheinbare Dissoziationsexponenten pK'_{a1} und pK'_{a2} (protonierte Verbindung; H_2O; spektrophotometrisch ermittelt): ca. 0,3 bzw. 5,02.

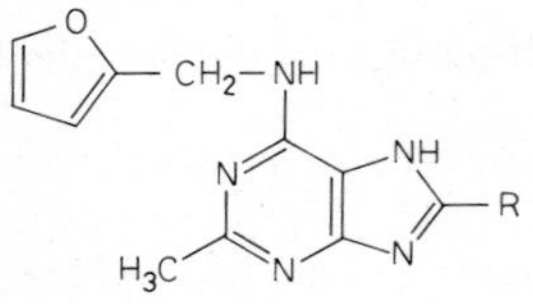

IV 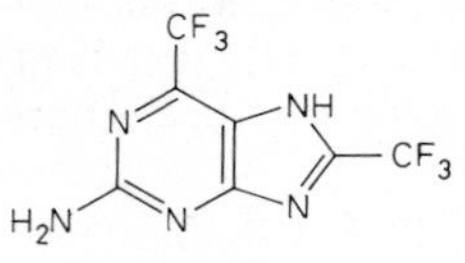 V 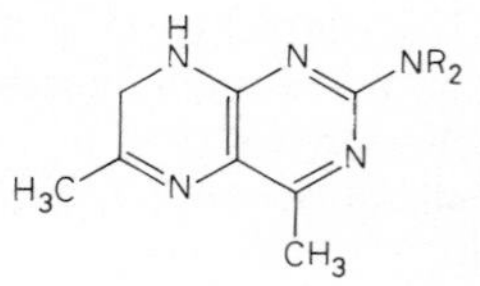 VI

Amine $C_8H_{11}N_5$

4,6-Dimethyl-7,8-dihydro-pteridin-2-ylamin $C_8H_{11}N_5$, Formel VI (R = H).

B. Beim Hydrieren von [2-Amino-6-methyl-5-nitro-pyrimidin-4-ylamino]-aceton an Raney-Nickel in Äthanol (*Lister, Ramage,* Soc. **1953** 2234, 2237).

Braune Kristalle (aus H_2O) mit 1 Mol H_2O; F: 200° [Zers.] (*Li., Ra.*). λ_{max}: 226 nm und 291 nm [wss. HCl] (*Li., Ra.,* l. c. S. 2236) bzw. 223 nm und 307 nm [wss. NaOH] (*Lister et al.,* Soc. **1954** 4109, 4110).

2-Diäthylamino-4,6-dimethyl-7,8-dihydro-pteridin, Diäthyl-[4,6-dimethyl-7,8-dihydro-pteridin-2-yl]-amin $C_{12}H_{19}N_5$, Formel VI (R = C_2H_5).

B. Analog der vorangehenden Verbindung (*Boon, Jones,* Soc. **1951** 591, 594; *Lister, Ramage,* Soc. **1953** 2234, 2237).

Kristalle (aus PAe.); F: 124–125° (*Li., Ra.*), 121° (*Boon, Jo.*). UV-Spektrum (wss. HCl; 210–330 nm): *Li., Ra.,* l. c. S. 2235. λ_{max} (wss. NaOH): 240 nm und 320 nm (*Lister et al.,* Soc. **1954** 4109, 4110).

(±)-4-Diäthylamino-6,7-dimethyl-7,8-dihydro-pteridin, (±)-Diäthyl-[6,7-dimethyl-7,8-dihydro-pteridin-4-yl]-amin $C_{12}H_{19}N_5$, Formel VII.

B. Beim Behandeln von 4,6-Dichlor-5-nitro-pyrimidin mit 3-Amino-butan-2-on in Aceton, Behandeln des Reaktionsprodukts mit Diäthylamin und anschliessenden Hydrieren an Raney-Nickel in Methanol (*Boon, Jones,* Soc. **1951** 591, 593, 594).

Kristalle (aus H_2O); F: 109°.

7-Äthyl-3-methyl-1(2)*H*-pyrazolo[4,3-*d*]pyrimidin-5-ylamin $C_8H_{11}N_5$, Formel VIII und Taut.

B. Beim Erhitzen von diazotiertem 4,6-Diäthyl-pyrimidin-2,5-diyldiamin mit wss. NaOH in Gegenwart von $Na_2S_2O_4$ (*Rose,* Soc. **1952** 3448, 3457).

Hellgelbe Kristalle (aus Butan-1-ol); F: 219°. λ_{max} (wss. NaOH): 236 nm, 289 nm und 358 nm.

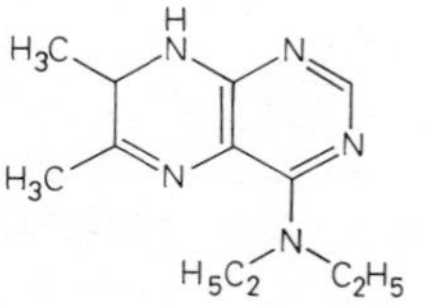

VII 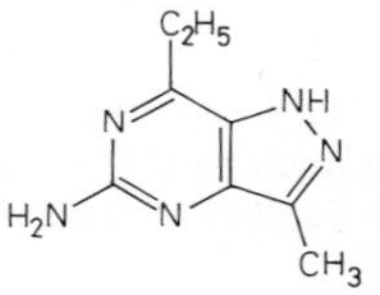 VIII 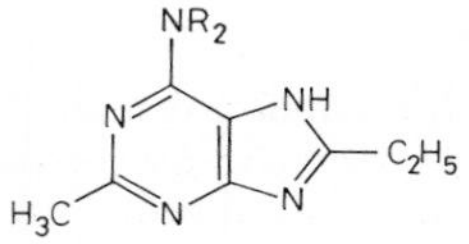 IX 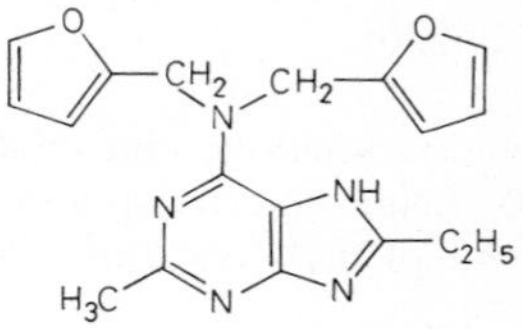 X

8-Äthyl-6-dimethylamino-2-methyl-7(9)*H*-purin, [8-Äthyl-2-methyl-7(9)*H*-purin-6-yl]-dimethyl-amin $C_{10}H_{15}N_5$, Formel IX (R = CH_3) und Taut.

B. Aus 8-Äthyl-6-chlor-2-methyl-7(9)*H*-purin und Dimethylamin (*Craveri, Zoni,* Chimica **34** [1958] 239, 242).

Kristalle (aus wss. A.); F: 227,5° [unkorr.]; λ_{max} (wss. A.): 286 nm [pH 1] bzw. 280 nm [pH 11] (*Cr., Zoni,* Chimica **34** 241, 243).

Die folgenden Verbindungen sind in analoger Weise hergestellt worden:

8-Äthyl-6-diäthylamino-2-methyl-7(9)*H*-purin, Diäthyl-[8-äthyl-2-methyl-7(9)*H*-purin-6-yl]-amin $C_{12}H_{19}N_5$, Formel IX (R = C_2H_5) und Taut. Kristalle (aus wss. A.); F: 179° [unkorr.]; λ_{max} (wss. A.): 289 nm [pH 1] bzw. 284 nm [pH 11] (*Cr., Zoni,* Chimica **34** 241, 243).

8-Äthyl-6-dipropylamino-2-methyl-7(9)*H*-purin, [8-Äthyl-2-methyl-7(9)*H*-purin-6-yl]-dipropyl-amin $C_{14}H_{23}N_5$, Formel IX (R = CH_2-C_2H_5) und Taut. Kristalle (aus wss. A.); F: 165° [unkorr.]; λ_{max} (wss. A.): 290 nm [pH 1] bzw. 284 nm [pH 11] (*Cr., Zoni,* Chimica **34** 241, 243).

8-Äthyl-6-dibutylamino-2-methyl-7(9)*H*-purin, [8-Äthyl-2-methyl-7(9)*H*-purin-6-yl]-dibutyl-amin $C_{16}H_{27}N_5$, Formel IX (R = $[CH_2]_3$-CH_3) und Taut. Kristalle (aus wss. A.); F: 140° [unkorr.]; λ_{max} (wss. A.): 290 nm [pH 1] bzw. 284 nm [pH 11] (*Cr., Zoni,* Chimica **34** 241, 243).

8-Äthyl-6-diisobutylamino-2-methyl-7(9)*H*-purin, [8-Äthyl-2-methyl-7(9)*H*-purin-6-yl]-diisobutyl-amin $C_{16}H_{27}N_5$, Formel IX (R = CH_2-$CH(CH_3)_2$) und Taut. Kristalle (aus wss. A.); F: 127° [unkorr.]; λ_{max} (wss. A.): 294 nm [pH 1] bzw. 284 nm [pH 11] (*Cr., Zoni,* Chimica **34** 241, 243).

8-Äthyl-6-furfurylamino-2-methyl-7(9)*H*-purin, [8-Äthyl-2-methyl-7(9)*H*-purin-6-yl]-furfuryl-amin $C_{13}H_{15}N_5O$, Formel IV (R = C_2H_5) und Taut. Kristalle (aus wss. A.); F: 182° [unkorr.] (*Cr., Zoni,* Chimica **34** 241). UV-Spektrum (wss. Lösungen vom pH 1 und pH 11; 200–300 nm): *Cr., Zoni,* Chimica **34** 241, 242.

8-Äthyl-6-difurfurylamino-2-methyl-7(9)*H*-purin, [8-Äthyl-2-methyl-7(9)*H*-purin-6-yl]-difurfuryl-amin $C_{18}H_{19}N_5O_2$, Formel X und Taut. Kristalle (aus wss. A.);

F: 181,8° [Zers.] (*Craveri, Zoni,* Boll. scient. Fac. Chim. ind. Univ. Bologna **16** [1958] 89).
[*Lim*]

Monoamine $C_nH_{2n-7}N_5$

Amine $C_6H_5N_5$

Pteridin-2-ylamin $C_6H_5N_5$, Formel I (R = R′ = H).

B. Beim Erhitzen von Pyrimidin-2,4,5-triyltriamin mit Natrium-[1,2-dihydroxy-äthan-1,2-disulfonat] in H_2O und folgenden Behandeln mit wss. NaOH (*Albert et al.,* Soc. **1951** 474, 483).

Gelbe Kristalle (aus H_2O); Zers. bei ca. 275° [unkorr.] (*Al. et al.,* Soc. **1951** 484). Absorptionsspektrum in wss. Lösungen vom pH 7,1 (220–420 nm): *Albert et al.,* Soc. **1951** 478, **1952** 4219, 4224; vom pH 2,1 (210–360 nm): *Al. et al.,* Soc. **1951** 478. Scheinbarer Dissoziationsexponent pK'_a (H_2O) bei 20°: 4,29 [potentiometrisch ermittelt] (*Al. et al.,* Soc. **1951** 476); bei Raumtemperatur: 4,39 [spektrophotometrisch ermittelt] (*DeTar et al.,* Am. Soc. **75** [1953] 5118). Löslichkeit in H_2O bei 20°: 1 g/1350 ml Lösung; bei 100°: 1 g/100 ml Lösung (*Al. et al.,* Soc. **1952** 4220).

2-Methylamino-pteridin, Methyl-pteridin-2-yl-amin $C_7H_7N_5$, Formel I (R = CH_3, R′ = H).

B. Beim Hydrieren von N^2-Methyl-5-nitro-pyrimidin-2,4-diyldiamin an Raney-Nickel in Methanol und Erwärmen der Reaktionslösung mit Polyglyoxal (*Albert et al.,* Soc. **1952** 4219, 4229).

Gelbe Kristalle (aus H_2O); F: 219–220° [unkorr.]. λ_{max} (wss. Lösung vom pH 6,5): 229 nm, 273 nm und 388 nm (*Al. et al.,* l. c. S. 4227). Scheinbarer Dissoziationsexponent pK'_a (H_2O; potentiometrisch ermittelt) bei 20°: 3,62. Löslichkeit in H_2O bei 20°: 1 g/320 ml Lösung; bei 100°: 1 g/35 ml Lösung (*Al. et al.,* l. c. S. 4220).

2-Dimethylamino-pteridin, Dimethyl-pteridin-2-yl-amin $C_8H_9N_5$, Formel I (R = R′ = CH_3).

B. Beim Erhitzen von N^2,N^2-Dimethyl-pyrimidin-2,4,5-triyltriamin mit Natrium-[1,2-dihydroxy-äthan-1,2-disulfonat] in H_2O und folgenden Erwärmen mit wss. Na_2CO_3 (*Albert et al.,* Soc. **1951** 474, 484).

Gelbe Kristalle (aus Cyclohexan); F: 125–126° [unkorr.] (*Al. et al.,* Soc. **1951** 484). IR-Spektrum (KBr; 3500–670 cm^{-1}): *Mason,* Soc. **1955** 2336, 2344, 2345. UV-Spektrum (wss. Lösung vom pH 7,1; 220–500 nm): *Albert et al.,* Soc. **1952** 4219, 4224; s. a. *Al. et al.,* Soc. **1951** 476; *Ma.,* l. c. S. 2340. λ_{max}: 237 nm, 305 nm und 355–360 nm [wss. Lösung vom pH 1] (*Ma.*; s. a. *Al. et al.,* Soc. **1951** 476) bzw. 239 nm, 279 nm, 390 nm, 434 nm und 441 nm [Cyclohexan] (*Ma.*). Scheinbarer Dissoziationsexponent pK'_a (H_2O; potentiometrisch ermittelt) bei 20°: 3,03 (*Al. et al.,* Soc. **1951** 476). Löslichkeit in H_2O bei 20°: 1 g/2,5 ml Lösung (*Al. et al.,* Soc. **1952** 4220).

2-Acetylamino-pteridin, *N*-Pteridin-2-yl-acetamid $C_8H_7N_5O$, Formel I (R = CO-CH_3, R′ = H).

B. Beim Erhitzen von Pteridin-2-ylamin mit Acetanhydrid (*Albert et al.,* Soc. **1951** 474, 484).

Bräunliche Kristalle (aus H_2O); F: 229–231° [unkorr.; Zers.] (*Al. et al.,* Soc. **1951** 484). λ_{max} (wss. Lösung vom pH 7): 230 nm, 253 nm und 330 nm (*Albert et al.,* Soc. **1954** 3832, 3833). Scheinbarer Dissoziationsexponent pK'_a (H_2O; potentiometrisch ermittelt) bei 20°: 2,67 (*Al. et al.,* Soc. **1954** 3833). Löslichkeit in H_2O bei 100°: 1 g/30 ml Lösung (*Al. et al.,* Soc. **1954** 3833).

Pteridin-4-ylamin $C_6H_5N_5$, Formel II (R = R′ = H).

B. Aus Pyrimidin-4,5,6-triyltriamin beim Erhitzen mit Glyoxal in wss. NaOH bei pH 10,5 (*Evans et al.,* Soc. **1956** 4106, 4109) oder mit Natrium-[1,2-dihydroxy-äthan-1,2-disulfonat] in H_2O und anschliessenden Behandeln mit wss. NaOH (*Albert et al.,* Soc. **1951** 474, 484).

Kristalle (aus H_2O); F: 309–311° [Zers.] (*Ev. et al.*); Zers. bei ca. 305° (*Al. et al.,* Soc.

1951 484). IR-Banden (Nujol; 3400–1520 cm^{-1}): *Ev. et al.* UV-Spektrum in wss. Lösung vom pH 7,3 (220–390 nm): *Albert et al.,* Soc. **1951** 478, **1952** 4219, 4225; in wss. Lösung vom pH 1,1 (220–380 nm) und in wss. NaOH (220–440 nm): *Al. et al.,* Soc. **1951** 478. Scheinbarer Dissoziationsexponent pK_a' (H_2O) bei 20°: 3,56 [potentiometrisch ermittelt] (*Al. et al.,* Soc. **1951** 476); bei Raumtemperatur: 3,51 [spektrophotometrisch ermittelt] (*DeTar et al.,* Am. Soc. **75** [1953] 5118). Löslichkeit in H_2O bei 20°: 1 g/1400 ml Lösung; bei 100°: 1 g/80 ml Lösung (*Al. et al.,* Soc. **1952** 4220).

Oxalat $2C_6H_5N_5 \cdot C_2H_2O_4$. Kristalle [aus H_2O] (*Ev. et al.*).

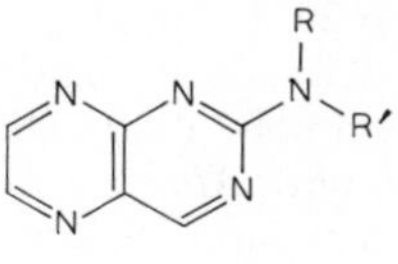

I 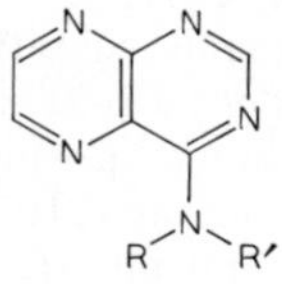 II 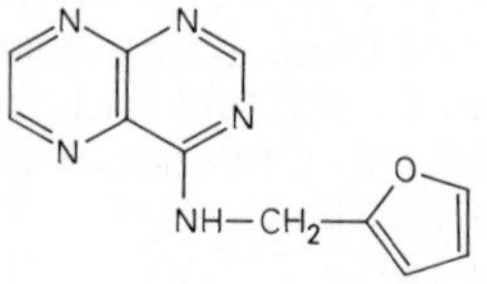 III 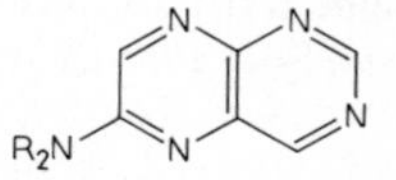 IV

4-Dimethylamino-pteridin, Dimethyl-pteridin-4-yl-amin $C_8H_9N_5$, Formel II (R = R′ = CH_3).

B. Beim Hydrieren von N^4,N^4-Dimethyl-5-nitro-pyrimidin-4,6-diyldiamin an Raney-Nickel in Methanol und Erwärmen der Reaktionslösung mit Polyglyoxal (*Albert et al.,* Soc. **1952** 4219, 4229). Aus N^4,N^4-Dimethyl-pyrimidin-4,5,6-triyltriamin und Glyoxal (*Leese, Timmis,* Soc. **1958** 4104, 4106).

Gelbliche Kristalle; F: 168–169° [aus Bzl.] (*Le., Ti.*), 164–165° [unkorr.; aus PAe.] (*Al. et al.*). IR-Banden (KBr; 1940–710 cm^{-1}): *Mason,* Soc. **1955** 2336, 2345. Absorptionsspektrum (wss. Lösung vom pH 7,1; 220–430 nm): *Al. et al.,* l. c. S. 4225, 4227; s. a. *Ma.,* l. c. S. 2340. λ_{max}: 239 nm, 344 nm, 347 nm und 356 nm [wss. Lösung vom pH 2] (*Al. et al.,* l. c. S. 4227; s. a. *Ma.*) bzw. 235 nm, 252 nm, 256 nm, 260 nm, 290–294 nm und 362 nm [Cyclohexan] (*Ma.*). Scheinbarer Dissoziationsexponent pK_a' (H_2O; potentiometrisch ermittelt) bei 20°: 4,33 (*Al. et al.,* l. c. S. 4227). Löslichkeit in H_2O bei 20°: 1 g/60 ml Lösung; bei 100°: 1 g/4 ml Lösung (*Al. et al.,* l. c. S. 4220).

4-Diäthylamino-pteridin, Diäthyl-pteridin-4-yl-amin $C_{10}H_{13}N_5$, Formel II (R = R′ = C_2H_5).

B. Beim Erwärmen von N^4,N^4-Diäthyl-pyrimidin-4,5,6-triyltriamin mit Glyoxal in Äthanol (*Boon, Jones,* Soc. **1951** 591, 595, 596).

Kristalle (aus PAe.); F: 112°. λ_{max} (wss. HCl): 228 nm und 340 nm.

Picrat $C_{10}H_{13}N_5 \cdot C_6H_3N_3O_7$. Kristalle (aus H_2O); F: 169°.

Die folgenden Verbindungen sind in analoger Weise hergestellt worden:

4-Cyclohexylamino-pteridin, Cyclohexyl-pteridin-4-yl-amin $C_{12}H_{15}N_5$, Formel II (R = C_6H_{11}, R′ = H). Hellgelbe Kristalle (aus wss. A.); F: 105,5–106° (*Leese, Timmis,* Soc. **1958** 4104).

4-Benzylamino-pteridin, Benzyl-pteridin-4-yl-amin $C_{13}H_{11}N_5$, Formel II (R = CH_2-C_6H_5, R′ = H). Hellgelbe Kristalle (aus A.); F: 160–161° (*Le., Ti.*).

4-Phenäthylamino-pteridin, Phenäthyl-pteridin-4-yl-amin $C_{14}H_{13}N_5$, Formel II (R = CH_2-CH_2-C_6H_5, R′ = H). Hellgelbe Kristalle (aus A.+PAe.); F: 159–160° (*Le., Ti.*).

4-Acetylamino-pteridin, *N*-Pteridin-4-yl-acetamid $C_8H_7N_5O$, Formel II (R = CO-CH_3, R′ = H).

B. Beim Erhitzen von Pteridin-4-ylamin mit Acetanhydrid (*Albert et al.,* Soc. **1951** 474, 484).

Bräunliche Kristalle (aus H_2O oder Toluol); F: 191–192° [unkorr.] (*Al. et al.,* Soc. **1951** 484). λ_{max} (wss. Lösung vom pH 7): 223 nm und 317 nm (*Albert et al.,* Soc. **1954** 3832, 3833). Wahrer Dissoziationsexponent pK_a (H_2O; konduktometrisch ermittelt) bei 20°: 1,21 (*Al. et al.,* Soc. **1954** 3833). Löslichkeit in H_2O bei 100°: 1 g/2 ml Lösung (*Al. et al.,* Soc. **1954** 3833).

4-Furfurylamino-pteridin, Furfuryl-pteridin-4-yl-amin $C_{11}H_9N_5O$, Formel III.

B. Aus N^4-Furfuryl-pyrimidin-4,5,6-triyltriamin und Glyoxal (*Leese, Timmis,* Soc. **1958** 4104).

F: 141–142° [aus Bzl.].

Pteridin-6-ylamin $C_6H_5N_5$, Formel IV (R = H).

B. Aus 6-Chlor-pteridin und NH_3 (*Albert et al.*, Soc. **1952** 1620, 1628).

Gelbe Kristalle (aus H_2O); Zers. >300° (*Al. et al.*, l. c. S. 1628). Absorptionsspektrum (wss. Lösung vom pH 7; 220–420 nm): *Al. et al.*, l. c. S. 1625, 1626. Scheinbarer Dissoziationsexponent pK'_a (H_2O; potentiometrisch ermittelt) bei 20°: 4,15 (*Al. et al.*, l. c. S. 1625). Löslichkeit in H_2O bei 20°: 1 g/1500 ml Lösung; bei 100°: 1 g/110 ml Lösung (*Albert et al.*, Soc. **1952** 4219, 4220).

6-Dimethylamino-pteridin, Dimethyl-pteridin-6-yl-amin $C_8H_9N_5$, Formel IV (R = CH_3).

B. Aus 6-Chlor-pteridin und Dimethylamin (*Albert et al.*, Soc. **1952** 1620, 1628).

Gelbe Kristalle (aus Me.); F: 212° [unkorr.] (*Al. et al.*). IR-Banden (KBr; 1930–680 cm^{-1}): *Mason*, Soc. **1955** 2336, 2345. Absorptionsspektrum in wss. Lösung vom pH 7 (220–485 nm): *Al. et al.*, l. c. S. 1626; s. a. *Ma.*, l. c. S. 2340; in Cyclohexan (210–450 nm): *Ma.*, l. c. S. 2337, 2340. λ_{max} (wss. Lösung vom pH 2): 222 nm und 298–300 nm (*Ma.*). Scheinbarer Dissoziationsexponent pK'_a (H_2O; potentiometrisch ermittelt) bei 20°: 4,31 (*Al. et al.*, l. c. S. 1625).

Pteridin-7-ylamin $C_6H_5N_5$, Formel V (R = R' = H).

B. Beim Erhitzen von 7-Methylmercapto-pteridin mit äthanol. NH_3 auf 125° (*Albert et al.*, Soc. **1954** 3832, 3833, 3838).

Kristalle (aus H_2O); Zers. >320°. λ_{max} (wss. Lösung): 228 nm, 262 nm und 334 nm [pH 5,1] bzw. 217 nm und 326 nm [pH 0,6]. Scheinbarer Dissoziationsexponent pK'_a (H_2O; potentiometrisch ermittelt) bei 20°: 2,96. Löslichkeit in H_2O bei 20°: 1 g/1400 ml Lösung; bei 100°: 1 g/170 ml Lösung.

7-Dimethylamino-pteridin, Dimethyl-pteridin-7-yl-amin $C_8H_9N_5$, Formel V (R = R' = CH_3).

B. Aus 7-Methylmercapto-pteridin und Dimethylamin in Methanol (*Albert et al.*, Soc. **1954** 3832, 3838).

Gelbliche Kristalle (aus Me.); F: 204° (*Al. et al.*, l. c. S. 3838). IR-Banden (KBr; 1980–700 cm^{-1}): *Mason*, Soc. **1955** 2336, 2345. λ_{max}: 240 nm, 279–280 nm und 362–366 nm [wss. Lösung vom pH 5–5,1], 245 nm, 310–314 nm und 360–361 nm [wss. Lösung vom pH 0,5] (*Al. et al.*, l. c. S. 3833; *Ma.*, l. c. S. 2340) bzw. 240 nm, 269 nm, 362 nm und 379 nm [Cyclohexan] (*Ma.*). Scheinbarer Dissoziationsexponent pK'_a (H_2O; potentiometrisch ermittelt) bei 20°: 2,53 (*Al. et al.*, l. c. S. 3833). Löslichkeit in H_2O bei 20°: 1 g/6 ml Lösung; bei 100°: 1 g/2 ml Lösung (*Al. et al.*). Löslichkeit in siedendem Methanol und in siedendem Äthanol: *Al. et al.*, l. c. S. 3839.

7-Acetylamino-pteridin, *N*-Pteridin-7-yl-acetamid $C_8H_7N_5O$, Formel V (R = CO-CH_3, R' = H).

B. Beim Erhitzen von Pteridin-7-ylamin mit Acetanhydrid (*Albert et al.*, Soc. **1954** 3832, 3833, 3839).

Gelbliche Kristalle (aus H_2O); Zers. >250°. λ_{max} (wss. Lösung vom pH 6,7): 228 nm, 252 nm und 320 nm. Löslichkeit in H_2O bei 100°: 1 g/130 ml Lösung.

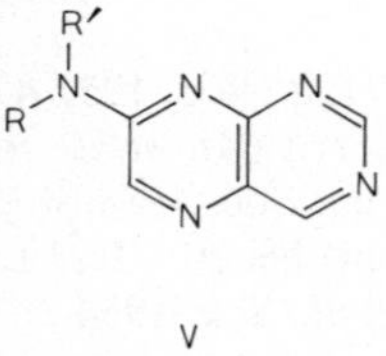

V 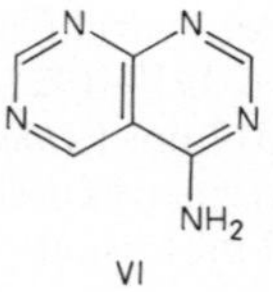 VI 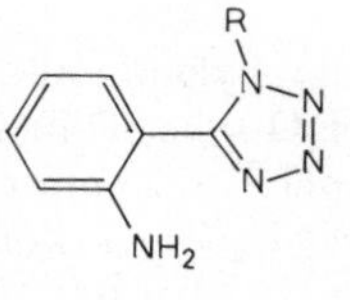 VII 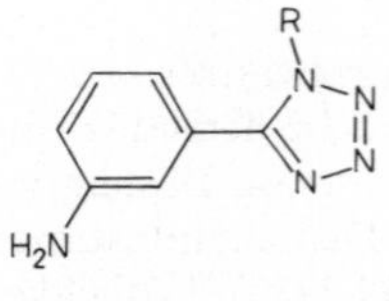 VIII

Pyrimido[4,5-*d*]pyrimidin-4-ylamin $C_6H_5N_5$, Formel VI.

B. Beim Erhitzen von 4-Amino-pyrimidin-5-carbonitril mit Formamid (*Chatterji, Anand,* J. scient. ind. Res. India **18** B [1959] 272, 276).

Kristalle (aus DMF); F: >320°.

Amine $C_7H_7N_5$

2-[1-Methyl-1*H*-tetrazol-5-yl]-anilin $C_8H_9N_5$, Formel VII (R = CH_3).

B. Beim Hydrieren von 1-Methyl-5-[2-nitro-phenyl]-1*H*-tetrazol an Platin in Essigsäure (*Herbst et al.*, J. org. Chem. **17** [1952] 262, 266, 268).

Kristalle (aus Bzl.); F: 94°.

Hydrochlorid $C_8H_9N_5 \cdot HCl$. Kristalle; F: 202–204° [Zers.].

Acetyl-Derivat $C_{10}H_{11}N_5O$; Essigsäure-[2-(1-methyl-1*H*-tetrazol-5-yl)-anilid]. F: 120–121°.

Die folgenden Verbindungen sind in analoger Weise hergestellt worden:

2-[1-Isobutyl-1*H*-tetrazol-5-yl]-anilin $C_{11}H_{15}N_5$, Formel VII (R = CH_2-$CH(CH_3)_2$). Hydrochlorid $C_{11}H_{15}N_5 \cdot HCl$. Kristalle; F: 160–162° (*He. et al.*). – Acetyl-Derivat $C_{13}H_{17}N_5O$; Essigsäure-[2-(1-isobutyl-1*H*-tetrazol-5-yl)-anilid]. F: 118–119° (*He. et al.*).

3-[1-Methyl-1*H*-tetrazol-5-yl]-anilin $C_8H_9N_5$, Formel VIII (R = CH_3). Kristalle (aus H_2O); F: 157–159° (*He. et al.*). λ_{max} (A.): 226 nm und 310 nm (*Schueler et al.*, J. Pharmacol. exp. Therap. **97** [1949] 266, 268). – Hydrochlorid $C_8H_9N_5 \cdot HCl$. Kristalle; F: 207–208° [Zers.] (*He. et al.*). – Acetyl-Derivat $C_{10}H_{11}N_5O$; Essigsäure-[3-(1-methyl-1*H*-tetrazol-5-yl)-anilid]. F: 173–174° (*He. et al.*).

3-[1-Äthyl-1*H*-tetrazol-5-yl]-anilin $C_9H_{11}N_5$, Formel VIII (R = C_2H_5). Kristalle (aus H_2O); F: 119,5–120,5° (*He. et al.*). λ_{max} (A.): 225 nm und 310 nm (*Sch. et al.*). – Hydrochlorid $C_9H_{11}N_5 \cdot HCl$. Kristalle; F: 218–220° [Zers.] (*He. et al.*). – Acetyl-Derivat $C_{11}H_{13}N_5O$; Essigsäure-[3-(1-äthyl-1*H*-tetrazol-5-yl)-anilid]. F: 108–109° (*He. et al.*).

3-[1-Propyl-1*H*-tetrazol-5-yl]-anilin $C_{10}H_{13}N_5$, Formel VIII (R = CH_2-C_2H_5). Kristalle (aus H_2O); F: 90–91° (*He. et al.*). λ_{max} (A.): 225 nm und 310 nm (*Sch. et al.*, l. c. S. 269). – Hydrochlorid $C_{10}H_{13}N_5 \cdot HCl$. Kristalle; F: 188–190° [Zers.] (*He. et al.*). – Acetyl-Derivat $C_{12}H_{15}N_5O$; Essigsäure-[3-(1-propyl-1*H*-tetrazol-5-yl)-anilid]. F: 143–143,5° (*He. et al.*).

3-[1-Isopropyl-1*H*-tetrazol-5-yl]-anilin $C_{10}H_{13}N_5$, Formel VIII (R = $CH(CH_3)_2$). Kristalle (aus wss. Me.); F: 81,5–82,5° (*He. et al.*). UV-Spektrum (A.; 220–320 nm): *Sch. et al.*, l. c. S. 273. – Hydrochlorid $C_{10}H_{13}N_5 \cdot HCl$. Kristalle; F: 224–225° [Zers.] (*He. et al.*). – Acetyl-Derivat $C_{12}H_{15}N_5O$; Essigsäure-[3-(1-isopropyl-1*H*-tetrazol-5-yl)-anilid]. F: 80,5–81,5° (*He. et al.*).

3-[1-Butyl-1*H*-tetrazol-5-yl]-anilin $C_{11}H_{15}N_5$, Formel VIII (R = $[CH_2]_3$-CH_3). Kristalle (aus H_2O); F: 87–88° (*He. et al.*). λ_{max} (A.): 224 nm und 310 nm (*Sch. et al.*, l. c. S. 269). – Hydrochlorid $C_{11}H_{15}N_5 \cdot HCl$. Kristalle; F: 116–117° (*He. et al.*). – Acetyl-Derivat $C_{13}H_{17}N_5O$; Essigsäure-[3-(1-butyl-1*H*-tetrazol-5-yl)-anilid]. F: 98–99° (*He. et al.*).

3-[1-Isobutyl-1*H*-tetrazol-5-yl]-anilin $C_{11}H_{15}N_5$, Formel VIII (R = CH_2-$CH(CH_3)_2$). Kristalle (aus wss. Isopropylalkohol); F: 88–88,5° (*He. et al.*). λ_{max} (A.): 225 nm und 310 nm (*Sch. et al.*, l. c. S. 269). – Hydrochlorid $C_{11}H_{15}N_5 \cdot HCl$. Kristalle; F: 197–199° [Zers.] (*He. et al.*). – Acetyl-Derivat $C_{13}H_{17}N_5O$; Essigsäure-[3-(1-isobutyl-1*H*-tetrazol-5-yl)-anilid]. F: 105–106° (*He. et al.*).

4-[1-Methyl-1*H*-tetrazol-5-yl]-anilin $C_8H_9N_5$, Formel IX (R = CH_3). Kristalle (aus H_2O); F: 157–158° (*He. et al.*). UV-Spektrum (A.; 220–320 nm): *Sch. et al.*, l. c. S. 273. Hydrochlorid $C_8H_9N_5 \cdot HCl$. Kristalle; F: 207–208° [Zers.] (*He. et al.*). – Acetyl-Derivat $C_{10}H_{11}N_5O$; Essigsäure-[4-(1-methyl-1*H*-tetrazol-5-yl)-anilid]. F: 208–209° (*He. et al.*).

4-[1-Isobutyl-1*H*-tetrazol-5-yl]-anilin $C_{11}H_{15}N_5$, Formel IX (R = CH_2-$CH(CH_3)_2$). Kristalle (aus Me.); F: 119–120° (*He. et al.*). – Hydrochlorid $C_{11}H_{15}N_5 \cdot HCl$. Kristalle; F: 169–170° (*He. et al.*). – Acetyl-Derivat $C_{13}H_{17}N_5O$; Essigsäure-[4-(1-isobutyl-

1*H*-tetrazol-5-yl)-anilid]. Kristalle mit 1 Mol H_2O; F: 76—77° (*He. et al.*).

2-[1-Benzyl-1*H*-tetrazol-5-yl]-anilin $C_{14}H_{13}N_5$, Formel VII (R = CH_2-C_6H_5).

B. Aus *N*-Benzyl-2-nitro-benzimidoylchlorid bei der Umsetzung mit HN_3 und folgenden Reduktion (*Farbw. Hoechst,* D.B.P. 949897 [1956]).

F: 106°.

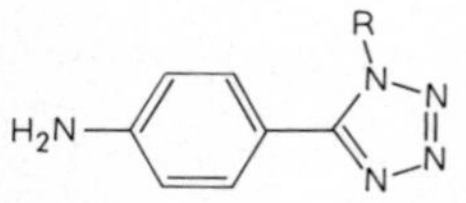

3-[1*H*-Tetrazol-5-yl]-anilin $C_7H_7N_5$, Formel X und Taut.

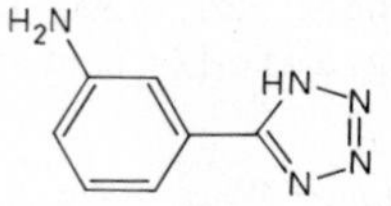

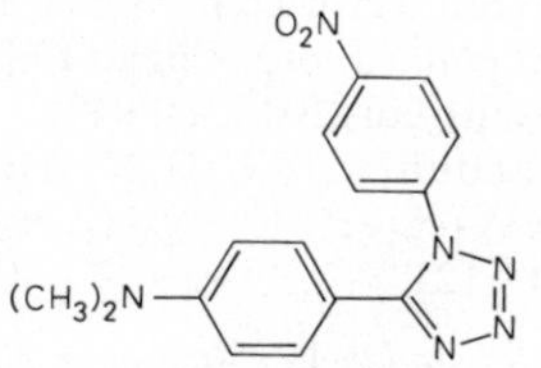

B. Aus 5-[3-Nitro-phenyl]-1*H*-tetrazol mit Hilfe von Zinn und wss. HCl (*McManus, Herbst,* J. org. Chem. **24** [1959] 1044).

Kristalle (aus H_2O); F: 199—200° [unkorr.].

Acetyl-Derivat $C_9H_9N_5O$; Essigsäure-[3-(1*H*-tetrazol-5-yl)-anilid]. Kristalle (aus H_2O); F: 254—255° [unkorr.; Zers.].

4-[1*H*-Tetrazol-5-yl]-anilin $C_7H_7N_5$, Formel IX (R = H) und Taut.

B. Aus 4-Amino-benzonitril und HN_3 (*Brouwer-van Straaten et al.,* R. **77** [1958] 1129, 1132). Aus 5-[4-Nitro-phenyl]-1*H*-tetrazol beim Hydrieren an Platin in Essigsäure oder beim Behandeln mit Zinn und wss. HCl (*McManus, Herbst,* J. org. Chem. **24** [1959] 1044).

Kristalle; F: 268—270° [unkorr.; Zers.; aus wss. DMF] (*Finnegan et al.,* Am. Soc. **80** [1958] 3908, 3910), 267° [unkorr.; Zers.; aus wss. A.] (*McM., He.*), 266—267° [unkorr.; aus H_2O] (*Br.-v. St. et al.*).

Acetyl-Derivat $C_9H_9N_5O$; Essigsäure-[4-(1*H*-tetrazol-5-yl)-anilid]. Kristalle (aus Eg.); F: 278° [unkorr.; Zers.] (*McM., He.*).

***N,N*-Dimethyl-4-[1-(4-nitro-phenyl)-1*H*-tetrazol-5-yl]-anilin** $C_{15}H_{14}N_6O_2$, Formel XI.

B. In geringer Menge neben 5-Methyl-1-[4-nitro-phenyl]-1*H*-tetrazol bei der Umsetzung von diazotiertem 4-Nitro-anilin mit *N*-Acetyl-*N'*-[4-dimethylamino-benzoyl]-hydrazin in wss. NaOH (*Horwitz, Grakauskas,* J. org. Chem. **19** [1954] 194, 196, 199).

F: 220—221° [korr.].

5-[4-Amino-phenyl]-2,3-diphenyl-tetrazolium $[C_{19}H_{16}N_5]^+$, Formel XII (R = H).

Chlorid $[C_{19}H_{16}N_5]Cl$. *B.* Beim Erhitzen des folgenden Chlorids mit wss. HCl (*Ashley et al.,* Soc. **1953** 3881, 3885, 3887). — Orangefarben; F: 285° [Zers.; aus A.] (*Ash. et al.*). Polarographische Halbstufenpotentiale (wss. Lösung vom pH 6,7): *Campbell, Kane,* Soc. **1956** 3130, 3138.

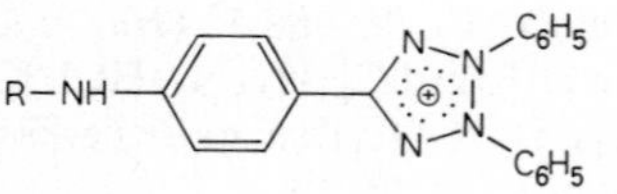

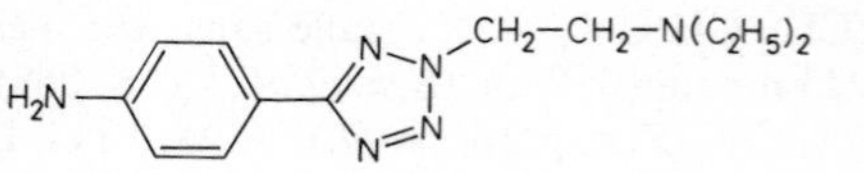

5-[4-Acetylamino-phenyl]-2,3-diphenyl-tetrazolium $[C_{21}H_{18}N_5O]^+$, Formel XII (R = CO-CH_3).

Chlorid $[C_{21}H_{18}N_5O]Cl$. *B.* Aus 3-[4-Acetylamino-phenyl]-1,5-diphenyl-formazan mit Hilfe von Blei(IV)-acetat in $CHCl_3$ oder von Isopentylnitrit in Methanol unter Einleiten von HCl (*Ashley et al.,* Soc. **1953** 3881, 3885, 3886). — Gelbliche Kristalle (aus H_2O); F: 274° [Zers.] (*Ash. et al.*). — Polarographische Halbstufenpotentiale (wss. Lösung vom pH 6,7): *Campbell, Kane,* Soc. **1956** 3130, 3138.

Bromid $[C_{21}H_{18}N_5O]Br$. *B.* Aus 3-[4-Acetylamino-phenyl]-1,5-diphenyl-formazan mit Hilfe von *N*-Brom-phthalimid in Äthylacetat (*Kuhn, Münzing,* B. **86** [1953] 858, 860, 861). – Zers. bei 276–278° (*Kuhn, Mü.*).

4-[1(oder 2)-(2-Diäthylamino-äthyl)-1(oder 2)*H*-tetrazol-5-yl]-anilin $C_{13}H_{20}N_6$, Formel IX ($R = CH_2$-CH_2-$N(C_2H_5)_2$) oder XIII.

Hydrochlorid $C_{13}H_{20}N_6 \cdot HCl$. *B.* Beim Erwärmen von 4-[1*H*-Tetrazol-5-yl]-anilin mit Diäthyl-[2-chlor-äthyl]-amin-hydrochlorid und wss. NaOH in Aceton (*Brouwer-van Straaten et al.,* R. **77** [1958] 1129, 1132). – Gelbliche Kristalle (aus Bzl.); F: 157–158° [unkorr.].

2,3-Diphenyl-5-[4-sulfanilylamino-phenyl]-tetrazolium $[C_{25}H_{21}N_6O_2S]^+$, Formel XIV (R = H).

Betain $C_{25}H_{20}N_6O_2S$. *B.* Beim Erwärmen der folgenden Verbindung mit wss.-äthanol. HCl (*Ashley et al.,* Soc. **1953** 3881, 3885, 3888). – Gelbe oder orangefarbene Kristalle (aus Py.+ H_2O) mit 1 Mol H_2O; F: 219° (*Ash. et al.*). Polarographische Halbstufenpotentiale (wss. Lösung vom pH 6,7): *Campbell, Kane,* Soc. **1956** 3130, 3138.

5-{4-[(*N*-Acetyl-sulfanilyl)-amino]-phenyl}-2,3-diphenyl-tetrazolium $[C_{27}H_{23}N_6O_3S]^+$, Formel XIV ($R = CO$-CH_3).

Chlorid $[C_{27}H_{23}N_6O_3S]Cl$. *B.* Aus *N*-Acetyl-sulfanilylchlorid und 5-[4-Amino-phenyl]-2,3-diphenyl-tetrazolium-chlorid in Pyridin (*Ashley et al.,* Soc. **1953** 3881, 3885, 3887). – Gelb; F: 290° [aus wss. A.] (*Ash. et al.*). Polarographische Halbstufenpotentiale (wss. Lösung vom pH 6,7): *Campbell, Kane,* Soc. **1956** 3130, 3138.

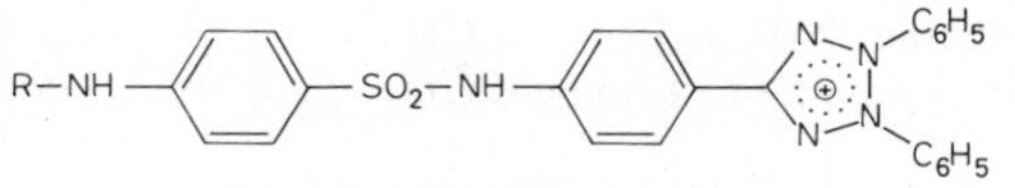

XIV 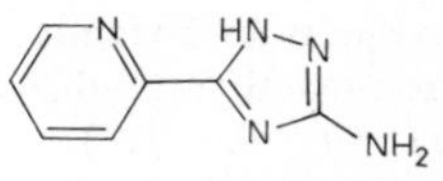 XV

5-[2]Pyridyl-1*H*-[1,2,4]triazol-3-ylamin $C_7H_7N_5$, Formel XV und Taut.

B. Beim Erhitzen von Aminoguanidin-sulfat und Pyridin-2-carbonsäure-hydrochlorid in wss. HBr (*Atkinson et al.,* Soc. **1954** 4508).

Kristalle; F: 217° [korr.]. λ_{max}: 283 nm [A.] bzw. 254,5 nm und 278 nm [wss. HCl].

Picrat. Gelbe Kristalle (aus A.); F: 229° [korr.].

5-[3]Pyridyl-1*H*-[1,2,4]triazol-3-ylamin $C_7H_7N_5$, Formel I und Taut.

B. Beim Erhitzen von Aminoguanidin-sulfat mit Nicotinsäure in wss. HBr (*Atkinson et al.,* Soc. **1954** 4508). Beim Erhitzen von Nicotinoylamino-guanidin auf 250° (*Giuliano, Leonardi,* Farmaco Ed. scient. **9** [1954] 529, 533).

Kristalle; F: 233° [korr.; aus Me.] (*At. et al.*), 223° [aus H_2O] (*Gi., Le.*). UV-Spektrum (A. sowie äthanol. HCl; 220–320 nm): *At. et al.*

Picrat $C_7H_7N_5 \cdot C_6H_3N_3O_7$. Gelbe Kristalle (aus H_2O); F: 269° [korr.] (*At. et al.*).

5-[4]Pyridyl-1*H*-[1,2,4]triazol-3-ylamin $C_7H_7N_5$, Formel II und Taut.

B. Beim Behandeln von Isonicotinsäure-hydrazid mit Bis-[*S*-methyl-thiouronium]-sulfat in wss. NaOH und folgenden Erhitzen (*Giuliano, Leonardi,* Farmaco Ed. scient. **9** [1954] 529, 534). Beim Erhitzen von Isonicotinoylamino-guanidin (*Biemann, Bretschneider,* M. **89** [1958] 603, 610; s. a. *Gi., Le.,* l. c. S. 533).

Kristalle (aus H_2O) mit 1 Mol H_2O; F: 276–278° (*Bi., Br.*), 273–274° (*Gi., Le.*). λ_{max}: 271 nm [H_2O] bzw. 284 nm und 298 nm [wss. HCl] (*Bi., Br.*).

2-Methyl-pteridin-4-ylamin $C_7H_7N_5$, Formel III ($R = CH_3$).

B. Beim Erwärmen von 2-Methyl-pyrimidin-4,5,6-triyltriamin mit Glyoxal in wss. NaOH bei pH 9–10 (*Evans et al.*, Soc. **1956** 4106, 4111).

Kristalle (aus H_2O); F: 234–235°. λ_{max} (A.): 247 nm und 340 nm.

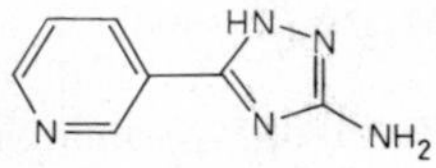

I 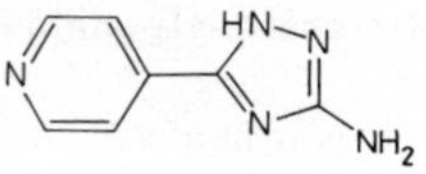 II 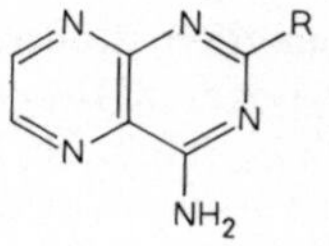 III 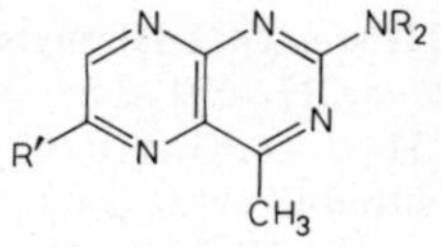 IV

4-Methyl-pteridin-2-ylamin $C_7H_7N_5$, Formel IV (R = R' = H).

B. Beim Erwärmen von 6-Methyl-pyrimidin-2,4,5-triyltriamin mit Polyglyoxal in Methanol (*Lister et al.*, Soc. **1954** 4109, 4112) oder mit Natrium-[1,2-dihydroxy-äthan-1,2-disulfonat] in H_2O und folgenden Behandeln mit wss. NaOH (*Evans et al.*, Soc. **1956** 4106, 4113).

Gelbe bzw. braune Kristalle (aus H_2O); Zers. ab 290° (*Ev. et al.*) bzw. F: 289° (*Li. et al.*). λ_{max}: 226 nm, 260 nm und 368 nm [H_2O] (*Ev. et al.*), 217 nm und 305 nm [wss. HCl] bzw. 226 nm und 259 nm [wss. NaOH] (*Li. et al.*).

2-Diäthylamino-4-methyl-pteridin, Diäthyl-[4-methyl-pteridin-2-yl]-amin $C_{11}H_{15}N_5$, Formel IV (R = C_2H_5, R' = H).

B. Beim Erwärmen von N^2,N^2-Diäthyl-6-methyl-pyrimidin-2,4,5-triyltriamin mit Polyglyoxal in Äthanol (*Lister et al.*, Soc. **1954** 4109, 4113).

Rote Kristalle (aus PAe.); F: 122°. λ_{max}: 226 nm [wss. HCl] bzw. 240 nm und 282 nm [wss. NaOH].

6-Methyl-pteridin-2-ylamin $C_7H_7N_5$, Formel V (R = H, R' = CH_3).

B. Aus 6-Methyl-7,8-dihydro-pteridin-2-ylamin in Aceton mit Hilfe von $KMnO_4$ (*Boon, Jones*, Soc. **1951** 591, 593, 595).

Kristalle (aus H_2O); F: >250° [Zers.]. λ_{max} (wss. HCl): 235 nm und 305 nm.

7-Methyl-pyrimido[4,5-*d*]pyrimidin-4-ylamin $C_7H_7N_5$, Formel VI.

B. Beim Erhitzen von 4-Amino-2-methyl-pyrimidin-5-carbonitril mit Formamid (*Chatterji, Anand*, J. scient. ind. Res. India **18** B [1959] 272, 276).

Gelbe Kristalle; Zers. >290°.

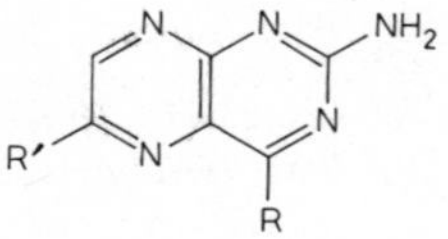

V 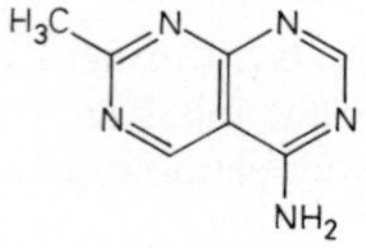 VI 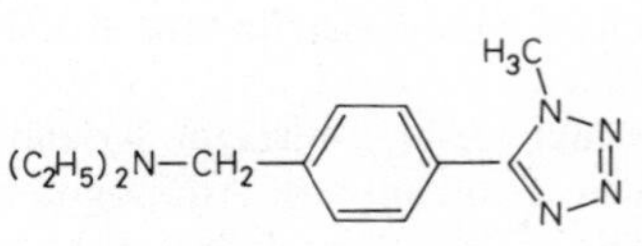 VII

Amine $C_8H_9N_5$

5-[4-Diäthylaminomethyl-phenyl]-1-methyl-1*H*-tetrazol, Diäthyl-[4-(1-methyl-1*H*-tetrazol-5-yl)-benzyl]-amin $C_{13}H_{19}N_5$, Formel VII.

B. Beim Behandeln von 1-Methyl-5-*p*-tolyl-1*H*-tetrazol mit Brom bei 130–140° unter Belichtung und anschliessenden Erwärmen mit Diäthylamin in $CHCl_3$ (*v. Braun, Rudolph*, B. **74** [1941] 264, 269).

Kristalle (aus E.+PAe.); F: 109°.

Hydrochlorid. F: 135°.

2-Äthyl-pteridin-4-ylamin $C_8H_9N_5$, Formel III (R = C_2H_5).

B. Beim Erwärmen von 2-Äthyl-pyrimidin-4,5,6-triyltriamin mit Glyoxal in wss. NaOH bei pH 9–10 (*Evans et al.*, Soc. **1956** 4106, 4111, 4112).

Kristalle (aus Bzl.); F: 170°. λ_{max} (H_2O): 245 nm und 336 nm.

4-Äthyl-pteridin-2-ylamin $C_8H_9N_5$, Formel V (R = C_2H_5, R′ = H).

B. Beim Erhitzen von 6-Äthyl-pyrimidin-2,4,5-triyltriamin mit Natrium-[1,2-dihydroxy-äthan-1,2-disulfonat] in H_2O und anschliessenden Behandeln mit wss. NaOH (*Evans et al.*, Soc. **1956** 4106, 4113).

Orangefarbene Kristalle (aus H_2O); F: 186–188°. λ_{max} (H_2O): 226 nm, 259 nm und 369 nm.

2-Diäthylamino-4,6-dimethyl-pteridin, Diäthyl-[4,6-dimethyl-pteridin-2-yl]-amin $C_{12}H_{17}N_5$, Formel IV (R = C_2H_5, R′ = CH_3).

B. Aus Diäthyl-[4,6-dimethyl-7,8-dihydro-pteridin-2-yl]-amin oder Diäthyl-[4,6-dimethyl-5,6,7,8-tetrahydro-pteridin-2-yl]-amin in Aceton mit Hilfe von $KMnO_4$ (*Lister, Ramage,* Soc. **1953** 2234, 2238).

Rote Kristalle (aus PAe.); F: 87–88°. UV-Spektrum (wss. HCl; 210–320 nm): *Li., Ra.*, l. c. S. 2235.

2-Amino-6,7,8-trimethyl-pteridinium-betain, 6,7,8-Trimethyl-8*H*-pteridin-2-on-imin $C_9H_{11}N_5$, Formel VIII (R = CH_3, R′ = H).

B. Beim Hydrieren von 5-[4-Chlor-phenylazo]-N^4-methyl-pyrimidin-2,4-diyldiamin an Raney-Nickel in Äthanol und Erwärmen der Reaktionslösung mit Butandion (*Fidler, Wood,* Soc. **1957** 4157, 4161).

Gelbliche Kristalle (aus Me.); F: 235–240° [Zers.]. λ_{max} (wss. Lösung): 235 nm und 328 nm [pH 1] bzw. 238 nm und 340 nm [pH 7] (*Fi., Wood,* l. c. S. 4159). Scheinbarer Dissoziationsexponent pK'_a (H_2O; potentiometrisch ermittelt): 5,60 (*Fi., Wood,* l. c. S. 4161).

Acetyl-Derivat $C_{11}H_{13}N_5O$; 2-Acetylamino-6,7,8-trimethyl-pteridinium-betain, *N*-[6,7,8-Trimethyl-8*H*-pteridin-2-yliden]-acetamid. Kristalle (aus Me. + E.); F: 165–170°. λ_{max} (A.): 226 nm, 318 nm und 364 nm (*Fi., Wood,* l. c. S. 4159).

6,7,8-Trimethyl-2-methylamino-pteridinium-betain, Methyl-[6,7,8-trimethyl-8*H*-pteridin-2-yliden]-amin $C_{10}H_{13}N_5$, Formel VIII (R = R′ = CH_3).

B. Beim Hydrieren von N^2,N^4-Dimethyl-5-nitro-pyrimidin-2,4-diyldiamin an Raney-Nickel in Äthanol und folgenden Erwärmen mit Butandion (*Fidler, Wood,* Soc. **1957** 4157, 4162).

Hellbraune Kristalle (aus wss. Me.); F: 197–198° [Zers.] (*Fi., Wood,* l. c. S. 4162). λ_{max}: 248 nm und 352 nm [A.] (*Fi., Wood,* l. c. S. 4159) bzw. 247 nm und 354 nm [Dioxan] (*Fidler, Wood,* Soc. **1957** 3980, 3981). Scheinbarer Dissoziationsexponent pK'_a (H_2O; potentiometrisch ermittelt): 6,1 (*Fi., Wood,* l. c. S. 4162).

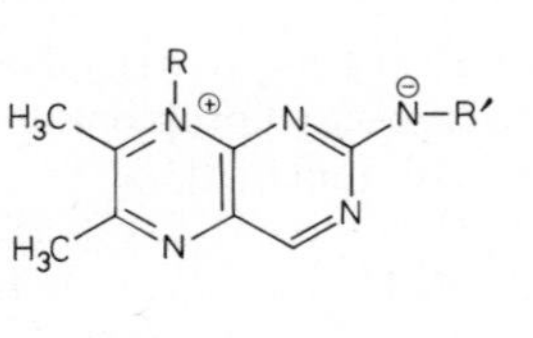

VIII 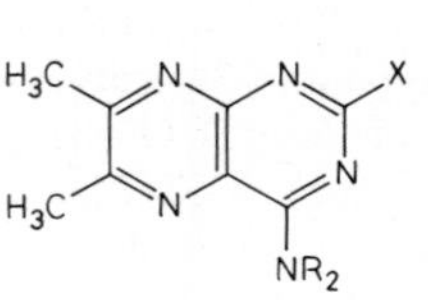 IX 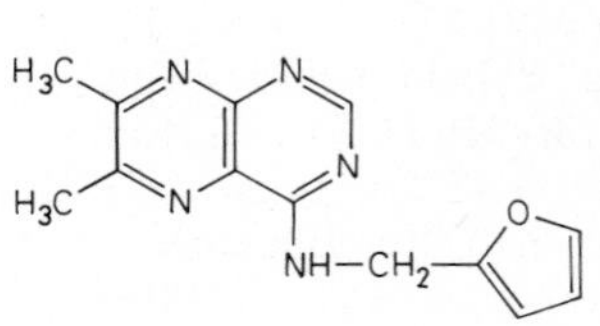 X

2-Anilino-6,7-dimethyl-8-phenyl-pteridinium-betain, [6,7-Dimethyl-8-phenyl-8*H*-pteridin-2-yliden]-phenyl-amin $C_{20}H_{17}N_5$, Formel VIII (R = R′ = C_6H_5).

B. Analog der vorangehenden Verbindung (*Fidler, Wood,* Soc. **1957** 4157, 4162).

Rötliche Kristalle (aus A.); F: 241–242° [Zers.]. λ_{max} (A.): 245 nm, 269 nm und 370 nm (*Fi., Wood,* l. c. S. 4159).

8-Benzyl-2-benzylamino-6,7-dimethyl-pteridinium-betain, Benzyl-[8-benzyl-6,7-dimethyl-8*H*-pteridin-2-yliden]-amin $C_{22}H_{21}N_5$, Formel VIII (R = R′ = CH_2-C_6H_5).

B. Analog den vorangehenden Verbindungen (*Fidler, Wood,* Soc. **1957** 3980, 3984).

Gelbe Kristalle; F: 181–185° [Zers.]. λ_{max} (A.): 251 nm und 350 nm (*Fi., Wood,* l. c. S. 3981).

6,7-Dimethyl-pteridin-4-ylamin $C_8H_9N_5$, Formel IX (R = X = H).

B. Aus 4-Chlor-6,7-dimethyl-pteridin und NH_3 in Äthanol (*Daly, Christensen,* Am. Soc. **78** [1956] 225, 227).

Kristalle (aus H_2O); Zers. bei 295°. λ_{max} (wss. Lösung vom pH 6): 244 nm und 328 nm (*Daly, Ch.,* l. c. S. 226).

4-Diäthylamino-6,7-dimethyl-pteridin, Diäthyl-[6,7-dimethyl-pteridin-4-yl]-amin $C_{12}H_{17}N_5$, Formel IX (R = C_2H_5, X = H).

B. Beim Erwärmen von N^4,N^4-Diäthyl-pyrimidin-4,5,6-triyltriamin mit Butandion in Äthanol (*Boon, Jones,* Soc. **1951** 591, 595, 596). Aus Diäthyl-[6,7-dimethyl-7,8-dihydro-pteridin-4-yl]-amin in Aceton mit Hilfe von $KMnO_4$ (*Boon, Jo.,* l. c. S. 593, 595).

Kristalle (aus Hexan); F: 85°. λ_{max} (wss. HCl): 235 nm und 340 nm.

4-Furfurylamino-6,7-dimethyl-pteridin, [6,7-Dimethyl-pteridin-4-yl]-furfuryl-amin $C_{13}H_{13}N_5O$, Formel X.

B. Aus 4-Chlor-6,7-dimethyl-pteridin und Furfurylamin (*Almirante,* Ann. Chimica **49** [1959] 333, 342).

Kristalle (aus Me.); F: 160–161°. λ_{max} (wss. Lösung vom pH 1): 338 nm.

2-Chlor-6,7-dimethyl-pteridin-4-ylamin $C_8H_8ClN_5$, Formel IX (R = H, X = Cl).

B. Beim Erwärmen von 2-Chlor-pyrimidin-4,5,6-triyltriamin mit Butandion in Benzol und Methanol (*Daly, Christensen,* Am. Soc. **78** [1956] 225, 227). Aus 2,4-Dichlor-6,7-dimethyl-pteridin und NH_3 in Äthanol (*Daly, Ch.*).

Gelbe Kristalle (aus Butan-1-ol); F: >300°. λ_{max} (wss. Lösung vom pH 6): 315 nm.

Amine $C_9H_{11}N_5$

(±)-2-Phenyl-1-[1*H*-tetrazol-5-yl]-äthylamin $C_9H_{11}N_5$, Formel XI und Taut.

B. Beim Behandeln von (±)-*N*-[2-Phenyl-1-(1*H*-tetrazol-5-yl)-äthyl]-phthalimid mit $N_2H_4 \cdot H_2O$ in Äthanol und anschliessend mit wss. HCl (*McManus, Herbst,* J. org. Chem. **24** [1959] 1643, 1648). Beim Erwärmen von (±)-2-Acetylamino-2-cyan-3-phenyl-propionsäure-äthylester mit NaN_3 und $AlCl_3$ in THF und folgenden Erhitzen in wss. HCl (*McM., He.*).

Kristalle (aus H_2O); F: 276–277° [unkorr.; Zers.; rasches Erhitzen]. Scheinbare Dissoziationsexponenten pK'_{a1} und pK'_{a2} (H_2O; potentiometrisch ermittelt) bei 25°: 1,93 bzw. 8,18 (*McM., He.,* l. c. S. 1646).

Acetyl-Derivat $C_{11}H_{13}N_5O$; (±)-*N*-[2-Phenyl-1-(1*H*-tetrazol-5-yl)-äthyl]-acetamid. *B.* Beim Erhitzen von (±)-2-Acetylamino-3-phenyl-2-[1*H*-tetrazol-5-yl]-propionsäure auf 170° (*McM., He.,* l. c. S. 1649). – Kristalle (aus H_2O oder A.); F: 226° [unkorr.].

Benzoyl-Derivat $C_{16}H_{15}N_5O$; (±)-*N*-[2-Phenyl-1-(1*H*-tetrazol-5-yl)-äthyl]-benzamid. Kristalle (aus wss. A.); F: 234–235° [unkorr.; Zers.] (*McM., He.,* l. c. S. 1649).

Phenylcarbamoyl-Derivat $C_{16}H_{16}N_6O$; (±)-*N*-Phenyl-*N'*-[2-phenyl-1-(1*H*-tetrazol-5-yl)-äthyl]-harnstoff. Kristalle (aus wss. A.); F: 188,5–189,5° [unkorr.; Zers.] (*McM., He.,* l. c. S. 1649).

(±)-*N*-[2-Phenyl-1-(1*H*-tetrazol-5-yl)-äthyl]-phthalimid $C_{17}H_{13}N_5O_2$, Formel XII und Taut.

B. Beim Erwärmen von *N,N*-Phthaloyl-DL-phenylalanin-nitril mit NaN_3 und $AlCl_3$ in THF (*McManus, Herbst,* J. org. Chem. **24** [1959] 1643, 1648).

Kristalle (aus E.); F: 212,5–213° [unkorr.; Zers.].

2-Propyl-pteridin-4-ylamin $C_9H_{11}N_5$, Formel XIII.

B. Beim Erwärmen von 2-Propyl-pyrimidin-4,5,6-triyltriamin mit Glyoxal in wss. NaOH bei pH 9–10 (*Evans et al.,* Soc. **1956** 4106, 4111, 4112).

Kristalle (aus Bzl.); F: 145–146°. λ_{max} (A.): 247 nm und 335 nm.

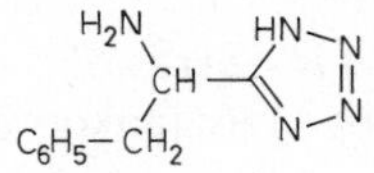

XI 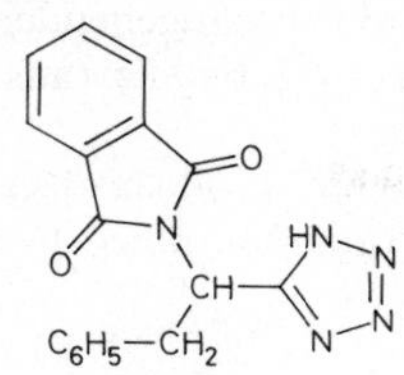 XII 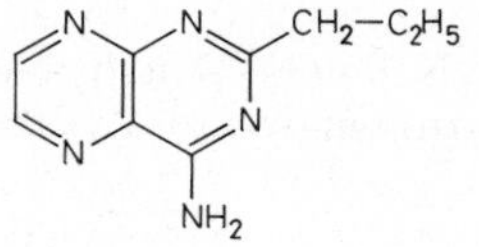 XIII 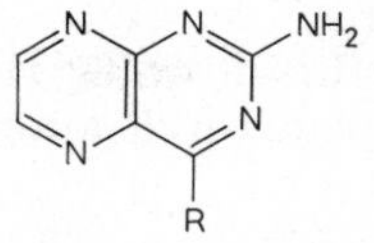 XIV

4-Propyl-pteridin-2-ylamin $C_9H_{11}N_5$, Formel XIV (R = CH_2-C_2H_5).

B. Beim Erhitzen von 6-Propyl-pyrimidin-2,4,5-triyltriamin mit Natrium-[1,2-dihydroxy-äthan-1,2-disulfonat] in H_2O und folgenden Behandeln mit wss. NaOH (*Evans et al.*, Soc. **1956** 4106, 4113).

Hellbraune Kristalle (aus A.); F: 183–184°. λ_{max} (H_2O): 227 nm, 260 nm und 368 nm.

4-Isopropyl-pteridin-2-ylamin $C_9H_{11}N_5$, Formel XIV (R = $CH(CH_3)_2$).

B. Analog der vorangehenden Verbindung (*Evans et al.*, Soc. **1956** 4106, 4113).

Gelbe Kristalle (aus H_2O); F: 162–164°. λ_{max} (H_2O): 226 nm, 259 nm und 368 nm.

4,6,7-Trimethyl-pteridin-2-ylamin $C_9H_{11}N_5$, Formel I.

B. Beim Erwärmen von 6-Methyl-pyrimidin-2,4,5-triyltriamin mit Butandion in H_2O (*Rose*, Soc. **1952** 3448, 3459).

Gelbe Kristalle (aus 2-Äthoxy-äthanol); F: 312–313°.

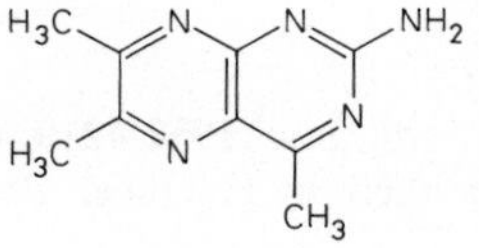

I 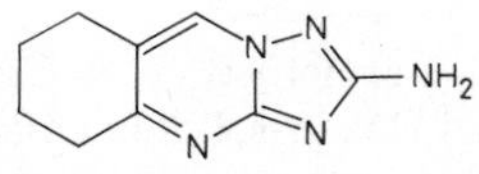 II 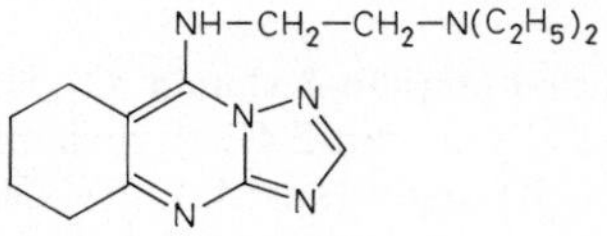 III

5,6,7,8-Tetrahydro-[1,2,4]triazolo[5,1-*b*]chinazolin-2-ylamin $C_9H_{11}N_5$, Formel II.

B. Beim Erhitzen von 1*H*-[1,2,4]Triazol-3,5-diyldiamin mit 2-Methoxymethylen-cyclohexanon in Xylol (*Allen et al.*, J. org. Chem. **24** [1959] 796, 800) oder mit 2-Dimethoxymethyl-cyclohexan-on in Xylol und DMF (*Eastman Kodak Co.*, U.S.P. 2837521 [1956]).

Kristalle; F: 317,5–318,5° [korr.; aus Xylol] (*Al. et al.*), 317–318° [aus DMF] (*Eastman Kodak Co.*).

***N,N*-Diäthyl-*N'*-[5,6,7,8-tetrahydro-[1,2,4]triazolo[5,1-*b*]chinazolin-9-yl]-äthylendiamin** $C_{15}H_{24}N_6$, Formel III.

Hydrochlorid $C_{15}H_{24}N_6 \cdot HCl$. *B.* Beim Erwärmen von 9-Chlor-5,6,7,8-tetrahydro-[1,2,4]triazolo[5,1-*b*]chinazolin (S. 1808) mit *N,N*-Diäthyl-äthylendiamin in Äthanol (*Cook et al.*, R. **69** [1950] 343, 348). – Kristalle (aus A.+Dioxan); F: 204–206°.

Amine $C_{10}H_{13}N_5$

(±)-Dimethyl-[3-(1-methyl-1*H*-tetrazol-5-yl)-3-phenyl-propyl]-amin $C_{13}H_{19}N_5$, Formel IV (R = CH_3).

Hydrochlorid $C_{13}H_{19}N_5 \cdot HCl$. *B.* Beim Behandeln von 5-Benzyl-1-methyl-1*H*-tetrazol mit Phenyllithium in Äther und anschliessenden Erwärmen mit [2-Chlor-äthyl]-dimethyl-amin (*D'Adamo, LaForge*, J. org. Chem. **21** [1956] 340, 341, 342). – Kristalle (aus Me.+Isopropyl-alkohol); F: 209–211° [unkorr.].

(±)-Diäthyl-[3-(1-methyl-1*H*-tetrazol-5-yl)-3-phenyl-propyl]-amin $C_{15}H_{23}N_5$, Formel IV ($R = C_2H_5$).

Hydrochlorid $C_{15}H_{23}N_5 \cdot HCl$. *B.* Analog der vorangehenden Verbindung (*D'Adamo, LaForge,* J. org. Chem. **21** [1956] 340, 341, 342). – Kristalle (aus Butanon); F: 151–153° [unkorr.].

Methojodid $[C_{16}H_{26}N_5]I$; (±)-Diäthyl-methyl-[3-(1-methyl-1*H*-tetrazol-5-yl)-3-phenyl-propyl]-ammonium-jodid. Kristalle (aus Butanon); F: 144–146° [unkorr.].

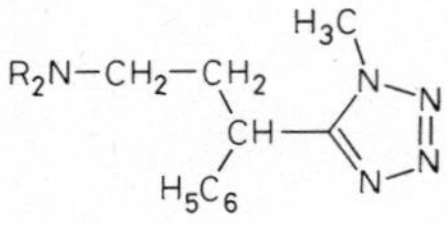

IV 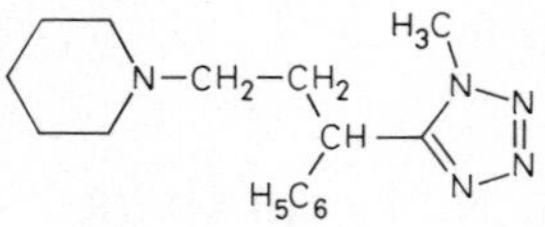 V 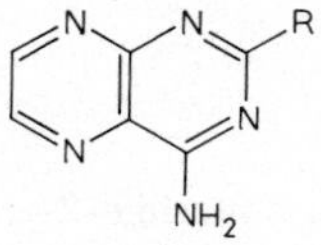 VI

(±)-1-[3-(1-Methyl-1*H*-tetrazol-5-yl)-3-phenyl-propyl]-piperidin $C_{16}H_{23}N_5$, Formel V.

Hydrochlorid $C_{16}H_{23}N_5 \cdot HCl$. *B.* Analog den vorangehenden Verbindungen (*D'Adamo, LaForge,* J. org. Chem. **21** [1956] 340, 341, 342). – Kristalle (aus Isopropylalkohol + Ae.); F: 183–185° [unkorr.].

2-Butyl-pteridin-4-ylamin $C_{10}H_{13}N_5$, Formel VI ($R = [CH_2]_3\text{-}CH_3$).

B. Beim Erwärmen von 2-Butyl-pyrimidin-4,5,6-triyltriamin mit Glyoxal in wss. NaOH bei pH 9–10 (*Evans et al.,* Soc. **1956** 4106, 4111, 4112).

Kristalle (aus Bzl. + Cyclohexan); F: 136–137°. λ_{max} (A.): 247 nm und 340 nm.

2-Isobutyl-pteridin-4-ylamin $C_{10}H_{13}N_5$, Formel VI ($R = CH_2\text{-}CH(CH_3)_2$).

B. Analog der vorangehenden Verbindung (*Evans et al.,* Soc. **1956** 4106, 4111, 4112).

Kristalle (aus Bzl.); F: 156°. λ_{max} (A.): 247 nm und 339 nm.

6,7-Diäthyl-pteridin-2-ylamin $C_{10}H_{13}N_5$, Formel VII ($R = C_2H_5$).

B. Aus Pyrimidin-2,4,5-triyltriamin und Hexan-3,4-dion (*Albert et al.,* Soc. **1952** 4219, 4231).

Gelbe Kristalle (aus A.); F: 230–234° [unkorr.; Zers.]. Löslichkeit in H_2O bei 20°: 1 g/5400 ml Lösung (*Al. et al.,* l. c. S. 4220).

6,7-Diäthyl-pteridin-4-ylamin $C_{10}H_{13}N_5$, Formel VIII ($R = C_2H_5$).

B. Analog der vorangehenden Verbindung (*Albert et al.,* Soc. **1952** 4219, 4231).

Gelbe Kristalle (aus A.); Zers. bei ca. 240° [unkorr.]. Löslichkeit in H_2O bei 20°: 1 g/4200 ml Lösung (*Al. et al.,* l. c. S. 4220).

Amine $C_{12}H_{17}N_5$

6,7-Diisopropyl-pteridin-2-ylamin $C_{12}H_{17}N_5$, Formel VII ($R = CH(CH_3)_2$).

B. Aus Pyrimidin-2,4,5-triyltriamin und 2,5-Dimethyl-hexan-3,4-dion (*Potter, Henshall,* Soc. **1956** 2000, 2002).

Gelbliche Kristalle (aus wss. A.); F: 189–190,5°.

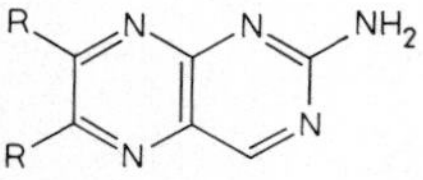

VII 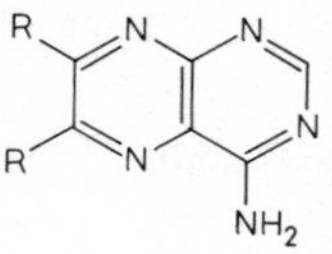 VIII 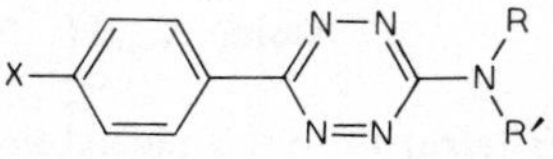 IX 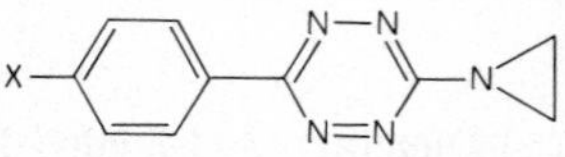 X

6,7-Diisopropyl-pteridin-4-ylamin $C_{12}H_{17}N_5$, Formel VIII ($R = CH(CH_3)_2$).

B. Analog der vorangehenden Verbindung (*Potter, Henshall,* Soc. **1956** 2000, 2002).

Kristalle (aus wss. A.); F: 175–176,5°.

Monoamine $C_nH_{2n-9}N_5$

Amine $C_8H_7N_5$

6-Phenyl-[1,2,4,5]tetrazin-3-ylamin $C_8H_7N_5$, Formel IX (R = R′ = X = H).

B. Aus Brom-phenyl-[1,2,4,5]tetrazin und NH_3 (*Grakauskas et al.*, Am. Soc. **80** [1958] 3155, 3157, 3159).

Rote Kristalle (aus A.); F: 226–227° [unkorr.]. λ_{max} (A.): 530–535 nm.

Diäthylamino-phenyl-[1,2,4,5]tetrazin, Diäthyl-[6-phenyl-[1,2,4,5]tetrazin-3-yl]-amin $C_{12}H_{15}N_5$, Formel IX (R = R′ = C_2H_5, X = H).

B. Aus Brom-phenyl-[1,2,4,5]tetrazin und Diäthylamin (*Grakauskas et al.*, Am. Soc. **80** [1958] 3155, 3157, 3159).

Rote Kristalle (aus wss. A.); F: 60°.

Aziridin-1-yl-phenyl-[1,2,4,5]tetrazin $C_{10}H_9N_5$, Formel X (X = H).

B. Beim Behandeln von Brom-phenyl-[1,2,4,5]tetrazin mit Aziridin und Triäthylamin in Benzol (*Grakauskas et al.*, Am. Soc. **80** [1958] 3155, 3157, 3159).

Rote Kristalle (aus PAe.); F: 121–122° [unkorr.].

[Bis-(2-hydroxy-äthyl)-amino]-phenyl-[1,2,4,5]tetrazin, Bis-[2-hydroxy-äthyl]-[6-phenyl-[1,2,4,5]tetrazin-3-yl]-amin $C_{12}H_{15}N_5O_2$, Formel IX (R = R′ = CH_2-CH_2-OH, X = H).

B. Beim Erwärmen von Brom-phenyl-[1,2,4,5]tetrazin mit Bis-[2-hydroxy-äthyl]-amin in THF (*Grakauskas et al.*, Am. Soc. **80** [1958] 3155, 3157, 3159).

Rote Kristalle (aus Bzl.); F: 118,5–119,5° [unkorr.].

Bis-[2-methansulfonyloxy-äthyl]-[6-phenyl-[1,2,4,5]tetrazin-3-yl]-amin $C_{14}H_{19}N_5O_6S_2$, Formel IX (R = R′ = CH_2-CH_2-O-SO_2-CH_3, X = H).

B. Beim Behandeln der vorangehenden Verbindung mit Methansulfonylchlorid in Pyridin (*Grakauskas et al.*, Am. Soc. **80** [1958] 3155, 3157, 3159).

Orangefarbene Kristalle (aus wss. Acn.); F: 116–117° [unkorr.; Zers.].

***N*-[6-Phenyl-[1,2,4,5]tetrazin-3-yl]-glycin** $C_{10}H_9N_5O_2$, Formel IX (R = CH_2-CO-OH, R′ = X = H).

B. Aus Brom-phenyl-[1,2,4,5]tetrazin und Glycin (*Grakauskas et al.*, Am. Soc. **80** [1958] 3155, 3157, 3159).

Orangefarbene Kristalle (aus Eg.); F: 219–220° [unkorr.].

Die folgenden Verbindungen sind in analoger Weise hergestellt worden:

6-[4-Chlor-phenyl]-[1,2,4,5]tetrazin-3-ylamin $C_8H_6ClN_5$, Formel IX (R = R′ = H, X = Cl). Rote Kristalle (aus A.); F: 243–244° [unkorr.; Zers.]. λ_{max} (A.): 530–535 nm (*Gr. et al.*, l. c. S. 3158).

Äthylamino-[4-chlor-phenyl]-[1,2,4,5]tetrazin, Äthyl-[6-(4-chlor-phenyl)-[1,2,4,5]tetrazin-3-yl]-amin $C_{10}H_{10}ClN_5$, Formel IX (R = C_2H_5, R′ = H, X = Cl). Orangerote Kristalle (aus A.); F: 189–190° [unkorr.]. λ_{max} (A.): 535 nm.

Anilino-[4-chlor-phenyl]-[1,2,4,5]tetrazin, [6-(4-Chlor-phenyl)-[1,2,4,5]tetrazin-3-yl]-phenyl-amin $C_{14}H_{10}ClN_5$, Formel IX (R = C_6H_5, R′ = H, X = Cl). Rotviolette Kristalle (aus A.); F: 244–245° [unkorr.]. λ_{max} (A.): 530–535 nm.

Aziridin-1-yl-[4-chlor-phenyl]-[1,2,4,5]tetrazin $C_{10}H_8ClN_5$, Formel X (X = Cl). Rote Kristalle (aus A.); F: 154–156° [unkorr.].

[Bis-(2-hydroxy-äthyl)-amino]-[4-chlor-phenyl]-[1,2,4,5]tetrazin, [6-(4-Chlor-phenyl)-[1,2,4,5]tetrazin-3-yl]-bis-[2-hydroxy-äthyl]-amin $C_{12}H_{14}ClN_5O_2$, Formel IX ($R = R' = CH_2$-CH_2-OH, X = Cl). Rote Kristalle (aus E.); F: 179–180° [unkorr.].

[4-Chlor-phenyl]-piperidino-[1,2,4,5]tetrazin $C_{13}H_{14}ClN_5$, Formel XI. Rote Kristalle (aus A.); F: 134–135° [unkorr.].

Diäthylamino-[3-nitro-phenyl]-[1,2,4,5]tetrazin, Diäthyl-[6-(3-nitro-phenyl)-[1,2,4,5]tetrazin-3-yl]-amin $C_{12}H_{14}N_6O_2$, Formel XII ($X = NO_2$, X' = H). Rote Kristalle (aus A.); F: 118–119° [unkorr.]. λ_{max} (A.): 534–537 nm.

Diäthylamino-[4-nitro-phenyl]-[1,2,4,5]tetrazin, Diäthyl-[6-(4-nitro-phenyl)-[1,2,4,5]tetrazin-3-yl]-amin $C_{12}H_{14}N_6O_2$, Formel XII (X = H, $X' = NO_2$). Rote Kristalle (aus Acn.); F: 215–216° [unkorr.]. λ_{max} (A.): 530–535 nm.

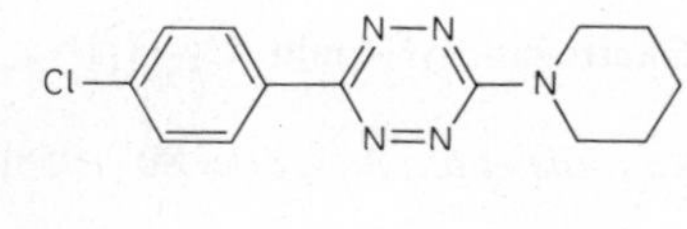

XI 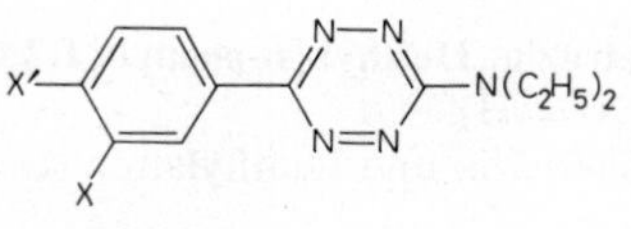 XII 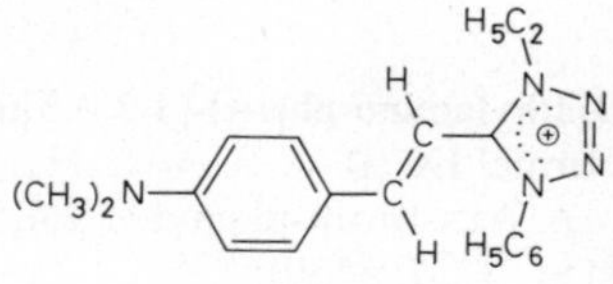 XIII

Amine $C_9H_9N_5$

1-Äthyl-5-[4-dimethylamino-*trans*(?)-styryl]-4-phenyl-tetrazolium $[C_{19}H_{22}N_5]^+$, vermutlich Formel XIII.

Jodid. *B.* Beim Erhitzen von 1-Äthyl-5-methyl-4-phenyl-tetrazolium-jodid mit 4-Dimethylamino-benzaldehyd, wenig Triäthylamin und Essigsäure in Pyridin (*Farbw. Hoechst,* U.S.P. 2770620 [1955]). – Gelbe Kristalle (aus Acn.); F: 200–201° [Zers.].

Amine $C_{10}H_{11}N_5$

6,7,8,9-Tetrahydro-benzo[*g*]pteridin-4-ylamin $C_{10}H_{11}N_5$, Formel I.

B. Aus Pyrimidin-4,5,6-triyltriamin und Cyclohexan-1,2-dion (*Potter, Henshall,* Soc. **1956** 2000, 2002).

Hellbraune Kristalle (aus DMF); F: 296–298° [Zers.].

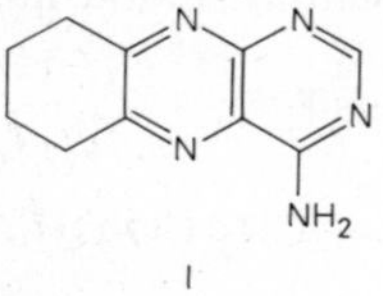

I 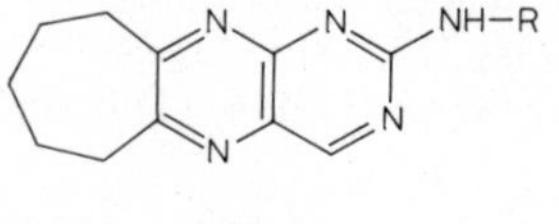 II 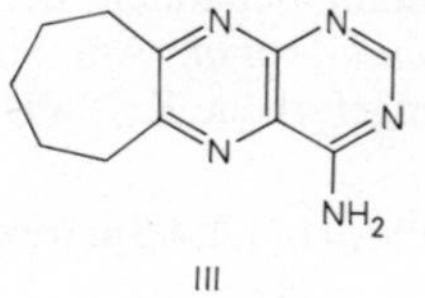 III

Amine $C_{11}H_{13}N_5$

7,8,9,10-Tetrahydro-6*H*-cyclohepta[*g*]pteridin-2-ylamin $C_{11}H_{13}N_5$, Formel II (R = H).

B. Beim Hydrieren von 5-Nitro-pyrimidin-2,4-diyldiamin an Raney-Nickel in Methanol und folgenden Erwärmen mit Cycloheptan-1,2-dion (*Potter, Henshall,* Soc. **1956** 2000, 2002).

Hellbraune Kristalle (aus DMF); F: 274–276°.

***N,N*-Diäthyl-*N'*-[7,8,9,10-tetrahydro-6*H*-cyclohepta[*g*]pteridin-2-yl]-propandiyldiamin** $C_{18}H_{28}N_6$, Formel II ($R = [CH_2]_3$-$N(C_2H_5)_2$).

B. Analog der vorangehenden Verbindung (*Potter, Henshall,* Soc. **1956** 2000, 2005).

Gelbliche Kristalle (aus PAe.); F: 100–101°.

7,8,9,10-Tetrahydro-6*H*-cyclohepta[*g*]pteridin-4-ylamin $C_{11}H_{13}N_5$, Formel III.

B. Aus Pyrimidin-4,5,6-triyltriamin und Cycloheptan-1,2-dion (*Potter, Henshall,* Soc. **1956** 2000, 2003).

Gelbliche Kristalle (aus DMF); F: 304–305°.

Amine $C_{13}H_{17}N_5$

***4-Diäthylamino-3,3-dimethyl-1-[1-methyl-1*H*-tetrazol-5-yl]-1-phenyl-but-1-en, Diäthyl-[2,2-dimethyl-4-(1-methyl-1*H*-tetrazol-5-yl)-4-phenyl-but-3-enyl]-amin** $C_{18}H_{27}N_5$, Formel IV.

B. Beim Behandeln von 4-Diäthylamino-3,3-dimethyl-1-[1-methyl-1*H*-tetrazol-5-yl]-1-phenyl-butan-2-ol in Pyridin mit $POCl_3$ und anschliessenden Erwärmen (*D'Adamo, LaForge,* J. org. Chem. **21** [1956] 340, 341, 342).

$Kp_{0,75}$: 182–185°.

***3,3-Dimethyl-1-[1-methyl-1*H*-tetrazol-5-yl]-1-phenyl-4-piperidino-but-1-en, 1-[2,2-Dimethyl-4-(1-methyl-1*H*-tetrazol-5-yl)-4-phenyl-but-3-enyl]-piperidin** $C_{19}H_{27}N_5$, Formel V.

B. Analog der vorangehenden Verbindung (*D'Adamo, LaForge,* J. org. Chem. **21** [1956] 340, 341, 342).

Kristalle (aus wss. Me.); F: 81–82°.

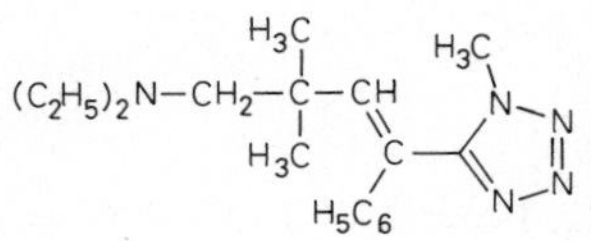

IV 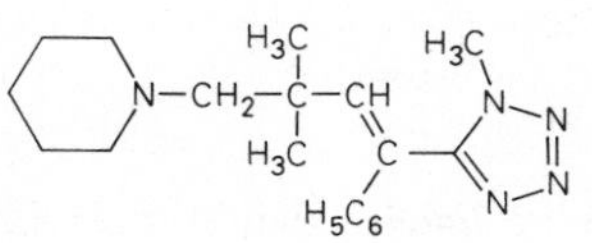 V 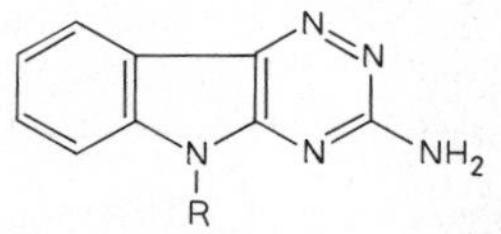 VI

Monoamine $C_nH_{2n-11}N_5$

Amine $C_9H_7N_5$

5*H*-[1,2,4]Triazino[5,6-*b*]indol-3-ylamin $C_9H_7N_5$, Formel VI (R = H).

B. Beim Erhitzen von [(*Z*)-2-Oxo-indolin-3-ylidenamino]-guanidin-hydrochlorid mit wss. NH_3 (*King, Wright,* Soc. **1948** 2314, 2317). Beim Erhitzen von [(*E*)-2-Oxo-indolin-3-yliden=amino]-guanidin auf 250°/0,3 Torr (*King, Wr.*).

Kristalle (aus Py.); F: 350–354° [Zers.].

Hydrochlorid $C_9H_7N_5 \cdot HCl$. Gelbliche Kristalle; F: 324° [Zers.].

Nitrat $C_9H_7N_5 \cdot HNO_3$. Gelbliche Kristalle (aus wss. HNO_3); F: 228°.

Diacetyl-Derivat $C_{13}H_{11}N_5O_2$; 5-Acetyl-3-acetylamino-5*H*-[1,2,4]triazino=[5,6-*b*]indol, *N*-[5-Acetyl-5*H*-[1,2,4]triazino[5,6-*b*]indol-3-yl]-acetamid. Kristalle (aus Eg.); F: 283°. Im Hochvakuum bei 250° sublimierbar.

5-Methyl-5*H*-[1,2,4]triazino[5,6-*b*]indol-3-ylamin $C_{10}H_9N_5$, Formel VI (R = CH_3).

B. Analog der vorangehenden Verbindung (*King, Wright,* Soc. **1948** 2314, 2317). Aus der vorangehenden Verbindung und Dimethylsulfat in methanol. Natriummethylat (*King, Wr.*).

Kristalle (aus Py.); F: 314° [nach Sublimation].

Hydrochlorid $C_{10}H_9N_5 \cdot HCl$. Gelbliche Kristalle (aus wss. HCl) mit 1 Mol H_2O.

Nitrat $C_{10}H_9N_5 \cdot HNO_3$. Gelbliche Kristalle; F: 210° [Zers.].

***N*-Acetyl-sulfanilsäure-[9*H*-[1,2,4]triazino[6,5-*b*]indol-3-ylamid], Essigsäure-[4-(9*H*-[1,2,4]triazino[6,5-*b*]indol-3-ylsulfamoyl)-anilid]** $C_{17}H_{14}N_6O_3S$, Formel VII.

Die Identität der von *Rajagopalan* (Pr. Indian Acad. [A] **18** [1943] 100, 101) unter dieser Konstitution beschriebenen, aus [(*Z*)-2-Oxo-indolin-3-ylidenamino]-guanidin (vermeintlichem 9*H*-[1,2,4]Triazino[6,5-*b*]indol-3-ylamin; s. E II **26** 256) und *N*-Acetyl-sulfanilylchlorid in Pyri=din erhaltenen Verbindung (F: 261–262° [Zers.]) ist ungewiss. Entsprechendes gilt für die daraus durch Erhitzen mit wss. HCl hergestellte, als Sulfanilsäure-[9*H*-[1,2,4]triazino=[6,5-*b*]indol-3-ylamid] $C_{15}H_{12}N_6O_2S$ angesehene Verbindung (F: 200–201° [Zers.]).

6-Chlor-9*H*-[1,2,4]triazino[6,5-*b*]indol-3-ylamin $C_9H_6ClN_5$, Formel VIII (X = Cl, X' = H).

Die nachstehend beschriebene Verbindung ist möglicherweise als [5-Chlor-2-oxo-indolin-3-ylidenamino]-guanidin (E III/IV **21** 5006) zu formulieren (vgl. dazu *King, Wright,* Soc. **1948**

2314).

B. Beim Erhitzen von 5-Chlor-indolin-2,3-dion mit Aminoguanidin-hydrochlorid in Essigsäure (*De, Dutta,* B. **64** [1931] 2604).

Rote Kristalle (aus A.); F: 184° (*De, Du.*).

6-Brom-9*H*-[1,2,4]triazino[6,5-*b*]indol-3-ylamin $C_9H_6BrN_5$, Formel VIII (X = Br, X' = H).

Die nachstehend beschriebene Verbindung ist möglicherweise als [5-Brom-2-oxo-indolin-3-ylidenamino]-guanidin (E III/IV **21** 5009) zu formulieren (vgl. dazu *King, Wright,* Soc. **1948** 2314).

B. Analog der vorangehenden Verbindung (*De, Dutta,* B. **64** [1931] 2604).

Bräunlichgelbe Kristalle (aus A.); F: >295° (*De, Du.*).

VII

VIII

6,8-Dibrom-9*H*-[1,2,4]triazino[6,5-*b*]indol-3-ylamin $C_9H_5Br_2N_5$, Formel VIII (X = X' = Br).

Die nachstehend beschriebene Verbindung ist möglicherweise als [5,7-Dibrom-2-oxo-indolin-3-ylidenamino]-guanidin (E III/IV **21** 5013) zu formulieren (vgl. dazu *King, Wright,* Soc. **1948** 2314).

Das von *Rossi, Trave* (Chimica e Ind. **40** [1958] 827, 828, 830) auf die gleiche Weise erhaltene, als 6,8-Dibrom-5*H*-[1,2,4]triazino[5,6-*b*]indol-3-ylamin ($C_9H_5Br_2N_5$) formulierte Präparat (gelbe Kristalle [aus DMF]; F: 325° [unkorr.]) ist vermutlich mit der nachstehend beschriebenen Verbindung identisch.

B. Analog den vorangehenden Verbindungen (*De, Dutta,* B. **64** [1931] 2604).

Gelbe Kristalle (aus Py. + H_2O); F: >295° (*De, Du.*).

6-Nitro-9*H*-[1,2,4]triazino[6,5-*b*]indol-3-ylamin $C_9H_6N_6O_2$, Formel VIII (X = NO_2, X' = H).

Die nachstehend beschriebene Verbindung ist möglicherweise als [5-Nitro-2-oxo-indolin-3-ylidenamino]-guanidin (E III/IV **21** 5015) zu formulieren (vgl. dazu *King, Wright,* Soc. **1948** 2314).

B. Analog den vorangehenden Verbindungen (*De, Dutta,* B. **64** [1931] 2604).

Braune Kristalle (aus Py.), die unterhalb 300° nicht schmelzen (*De, Du.*).

6-Brom-8-nitro-9*H*-[1,2,4]triazino[6,5-*b*]indol-3-ylamin $C_9H_5BrN_6O_2$, Formel VIII (X = Br, X' = NO_2).

Die nachstehend beschriebene Verbindung ist möglicherweise als [5-Brom-7-nitro-2-oxo-indolin-3-ylidenamino]-guanidin (E III/IV **21** 5016, 5017) zu formulieren (vgl. dazu *King, Wright,* Soc. **1948** 2314).

B. Analog den vorangehenden Verbindungen (*De, Dutta,* B. **64** [1931] 2604).

Gelbe Kristalle (aus Py.), die sich allmählich rot färben; F: 268° [Zers.] (*De, Du.*).

Amine $C_{10}H_9N_5$

3-Allylamino-6-methyl-[1,2,4]triazolo[3,4-*a*]phthalazin, Allyl-[6-methyl-[1,2,4]triazolo[3,4-*a*]phthalazin-3-yl]-amin $C_{13}H_{13}N_5$, Formel IX.

B. Neben anderen Verbindungen beim Erhitzen von 4-Allyl-1-[4-methyl-phthalazin-1-yl]-thiosemicarbazid in Essigsäure (*Druey, Ringier,* Helv. **34** [1951] 195, 203, 209).

Gelb; F: 139–140° [aus E.].

4-Methyl-1*H*-[1,2,3]triazolo[4,5-*c*]chinolin-8-ylamin $C_{10}H_9N_5$, Formel X und Taut.

B. Aus dem Acetyl-Derivat [s. u.] (*I.G. Farbenind.,* D.R.P. 613065 [1933]; Frdl. **22** 487; *Winthrop Chem. Co.,* U.S.P. 2066730 [1934]).

F: 325 – 327° [Zers.].

Acetyl-Derivat $C_{12}H_{11}N_5O$; 8-Acetylamino-4-methyl-1*H*-[1,2,3]triazolo[4,5-*c*]chinolin, *N*-[4-Methyl-1*H*-[1,2,3]triazolo[4,5-*c*]chinolin-8-yl]-acetamid. *B.* Beim Behandeln von *N*-[3,4-Diamino-2-methyl-[6]chinolyl]-acetamid in wss. HCl mit $NaNO_2$ und anschliessend mit Natriumacetat (*I.G. Farbenind.*; *Winthrop Chem. Co.*). – Kristalle (aus A.); F: 320° [Zers.].

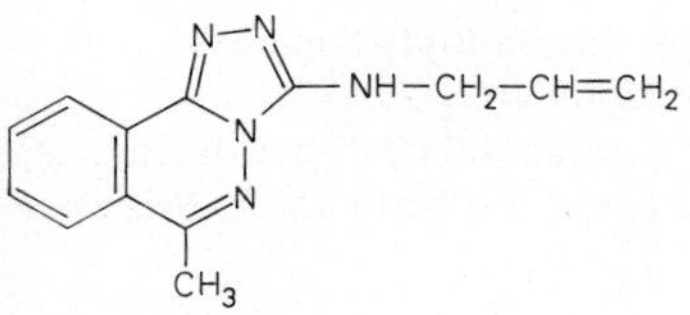

IX 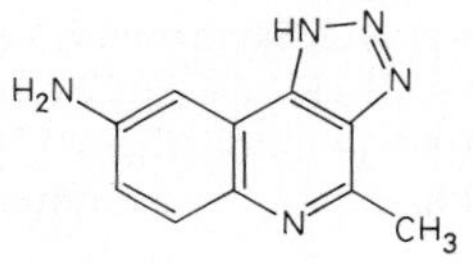 X 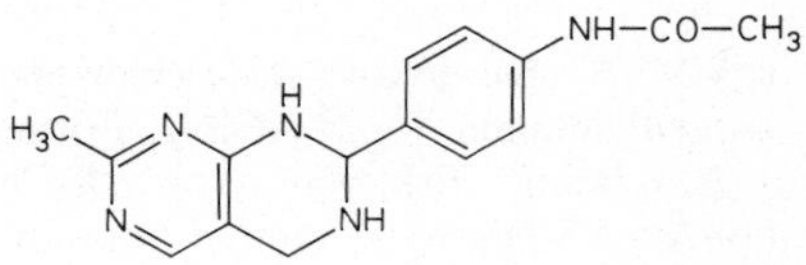 XI

Amine $C_{13}H_{15}N_5$

(±)-2-[4-Acetylamino-phenyl]-7-methyl-1,2,3,4-tetrahydro-pyrimido[4,5-*d*]pyrimidin, (±)-Essigsäure-[4-(7-methyl-1,2,3,4-tetrahydro-pyrimido[4,5-*d*]pyrimidin-2-yl)-anilid] $C_{15}H_{17}N_5O$, Formel XI.

B. Beim Erwärmen von 5-Aminomethyl-2-methyl-pyrimidin-4-ylamin mit 4-Acetylamino-benzaldehyd in Methanol (*Cilag*, D.B.P. 936689 [1955]; U.S.P. 2707185 [1953]).

Kristalle (aus Me.); F: 232 – 233° [Zers.].

Picrat. F: 211 – 212° [Zers.].

Amine $C_{14}H_{17}N_5$

(±)-4-[5,7-Dimethyl-1,2,3,4-tetrahydro-pyrimido[4,5-*d*]pyrimidin-2-yl]-*N*,*N*-dimethyl-anilin $C_{16}H_{21}N_5$, Formel XII (R = R′ = CH_3).

B. Analog der vorangehenden Verbindung (*Cilag*, D.B.P. 936689 [1955]; U.S.P. 2707185 [1953]).

Kristalle (aus E. oder Eg.); F: 171 – 172°.

(±)-2-[4-Acetylamino-phenyl]-5,7-dimethyl-1,2,3,4-tetrahydro-pyrimido[4,5-*d*]pyrimidin, (±)-Essigsäure-[4-(5,7-dimethyl-1,2,3,4-tetrahydro-pyrimido[4,5-*d*]pyrimidin-2-yl)-anilid] $C_{16}H_{19}N_5O$, Formel XII (R = CO-CH_3, R′ = H).

B. Analog den vorangehenden Verbindungen (*Cilag*, D.B.P. 936689 [1955]; U.S.P. 2707185 [1953]).

Kristalle (aus H_2O); F: 174 – 177°.

Picrat. F: 209° [Zers.].

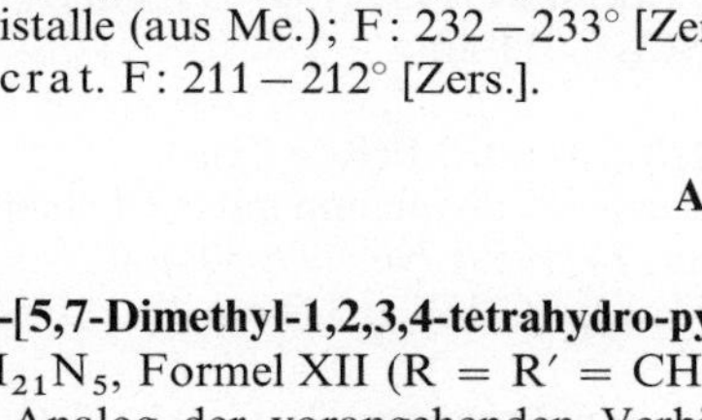

XII 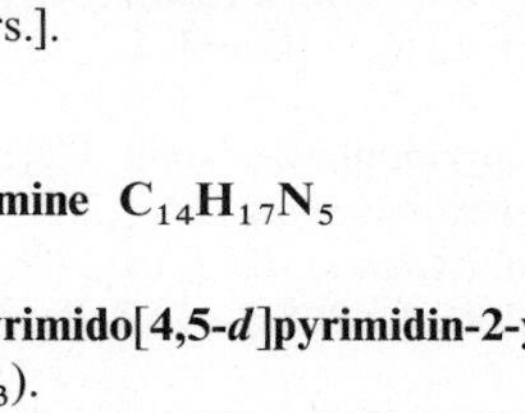 XIII 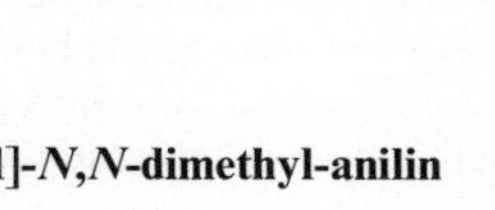 XIV

(±)-*N*-Äthyl-*N*′-[4-(5,7-dimethyl-1,2,3,4-tetrahydro-pyrimido[4,5-*d*]pyrimidin-2-yl)-phenyl]-harnstoff $C_{17}H_{22}N_6O$, Formel XII (R = CO-NH-C_2H_5, R′ = H).

B. Analog den vorangehenden Verbindungen (*Cilag*, D.B.P. 936689 [1955]; U.S.P. 2707185

[1953]).
F: 168–169°.

Monoamine $C_nH_{2n-13}N_5$

Amine $C_{11}H_9N_5$

(±)-N^4,N^4-Diäthyl-N^1-[6-(4-chlor-phenyl)-[1,2,4]triazolo[4,3-*b*]pyridazin-8-yl]-1-methyl-butandiyldiamin $C_{20}H_{27}ClN_6$, Formel XIII (R = $CH(CH_3)$-$[CH_2]_3$-$N(C_2H_5)_2$).

B. Beim Erhitzen von 8-Chlor-6-[4-chlor-phenyl]-[1,2,4]triazolo[4,3-*b*]pyridazin mit (±)-N^4,N^4-Diäthyl-1-methyl-butandiyldiamin in Phenol unter Zusatz von NaI (*Steck, Brundage,* Am. Soc. **81** [1959] 6289).

Kristalle (aus Ae.); F: 125,5–126,5° [korr.].

(±)-1-[6-(4-Chlor-phenyl)-[1,2,4]triazolo[4,3-*b*]pyridazin-8-yl]-3-diäthylamino-propan-2-ol $C_{18}H_{23}ClN_6O$, Formel XIII (R = CH_2-CH(OH)-CH_2-$N(C_2H_5)_2$).

B. Analog der vorangehenden Verbindung (*Steck, Brundage,* Am. Soc. **81** [1959] 6289).

Kristalle (aus Butan-1-ol); F: 191,5–192,5° [korr.].

5-Phenyl-[1,2,4]triazolo[1,5-*a*]pyrimidin-2-ylamin $C_{11}H_9N_5$, Formel XIV.

B. Als Hauptprodukt beim Erhitzen von 1*H*-[1,2,4]Triazol-3,5-diyldiamin mit 3,3-Dimethoxy-1-phenyl-propan-1-on in Essigsäure (*Allen et al.,* J. org. Chem. **24** [1959] 796, 799, 801).

Kristalle (aus Butan-1-ol); F: 236,5° [korr.]. λ_{max} ($CHCl_3$): 311 nm.

7-Phenyl-[1,2,4]triazolo[1,5-*a*]pyrimidin-2-ylamin $C_{11}H_9N_5$, Formel I (R = H).

B. Als Hauptprodukt beim Erhitzen von 1*H*-[1,2,4]Triazol-3,5-diyldiamin mit 3,3-Dimethoxy-1-phenyl-propan-1-on in Xylol (*Allen et al.,* J. org. Chem. **24** [1959] 796, 799, 801).

Gelbliche Kristalle (aus Xylol); F: 268,5–269° [korr.]. λ_{max} ($CHCl_3$): 339 nm.

***1-Phenyl-3-[7-phenyl-[1,2,4]triazolo[1,5-*a*]pyrimidin-2-ylamino]-propenon(?)** $C_{20}H_{15}N_5O$, vermutlich Formel I (R = CH=CH-CO-C_6H_5) und Taut.

B. Neben anderen Verbindungen beim Erhitzen von 1*H*-[1,2,4]Triazol-3,5-diyldiamin mit 3-Oxo-3-phenyl-propionaldehyd-dimethylacetal in Essigsäure (*Allen et al.,* J. org. Chem. **24** [1959] 796, 801).

Kristalle (aus Butan-1-ol); F: 282–283° [korr.]. λ_{max} ($CHCl_3$): 373 nm.

7-Phenyl-1(2)*H*-pyrazolo[4,3-*d*]pyrimidin-5-ylamin $C_{11}H_9N_5$, Formel II und Taut.

B. Beim Diazotieren von 4-Methyl-6-phenyl-pyrimidin-2,5-diyldiamin in wss. HCl und anschliessenden Behandeln mit wss. NaOH (*Rose,* Soc. **1952** 3448, 3458).

Gelbe Kristalle (aus H_2O) mit 1 Mol H_2O; F: 90–95°.

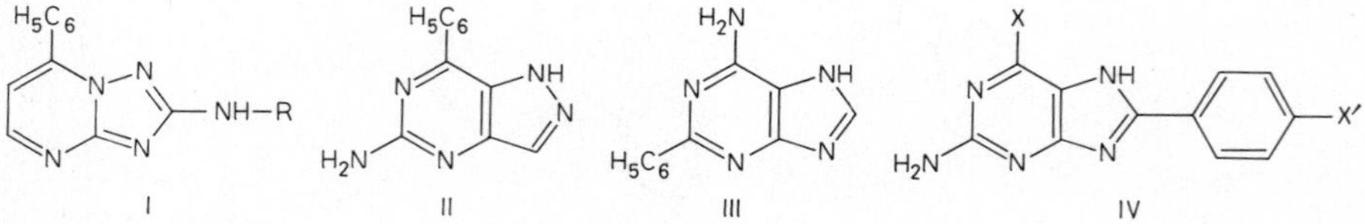

I II III IV

2-Phenyl-7(9)*H*-purin-6-ylamin $C_{11}H_9N_5$, Formel III und Taut.

B. Beim Erhitzen der Verbindung von Benzamidin mit Hydroxyimino-malononitril in Formamid und anschliessend mit Ameisensäure und $Na_2S_2O_4 \cdot 2H_2O$ (*Taylor et al.,* Am. Soc. **81** [1959] 2442, 2445, 2447). Beim Erhitzen von 5-Nitroso-2-phenyl-pyrimidin-4,6-diyldiamin in Formamid mit Ameisensäure und $Na_2S_2O_4 \cdot 2H_2O$ (*Ta. et al.,* l. c. S. 2445, 2446). Beim Erhitzen von 2-Phenyl-pyrimidin-4,5,6-triyltriamin-sulfat mit Orthoameisensäure-triäthylester und Acetanhydrid (*Ta. et al.*, l. c. S. 2448).

Kristalle (aus H_2O); F: 320–321° [korr.] (*Ta. et al.*, l. c. S. 2448). λ_{max} (wss. Lösung vom pH 1): 250 nm und 273 nm (*Ta. et al.*, l. c. S. 2445).

8-Phenyl-7(9)*H*-purin-2-ylamin $C_{11}H_9N_5$, Formel IV (X = X' = H) und Taut.

B. Beim Erhitzen von *N*-[2,4-Diamino-pyrimidin-5-yl]-benzamid auf 210° (*Falco et al.*, Am. Soc. **74** [1952] 4897, 4900). Neben 2,5-Diamino-3*H*-pyrimidin-4-on beim Erhitzen von 5-Chlor-2-phenyl-oxazolo[5,4-*d*]pyrimidin mit äthanol. NH_3 auf 160° (*Fa. et al.*).

Hellrosafarbene Kristalle (aus H_2O); F: 265–268° (*Fa. et al.*). λ_{max} (wss. Lösung): 257 nm und 332 nm [pH 1] (*Mason*, Soc. **1954** 2071, 2073), 260 nm und 335 nm [pH 1] (*Fa. et al.*), 238 nm und 329 nm [pH 6,5] (*Ma.*), 240 nm und 330 nm [pH 11] (*Fa. et al.*) bzw. 239 nm und 330 nm [pH 11,4] (*Ma.*). Scheinbare Dissoziationsexponenten pK'_{a1} und pK'_{a2} (H_2O; potentiometrisch ermittelt) bei 20°: 3,98 bzw. 9,20 (*Albert, Brown*, Soc. **1954** 2060, 2063).

6-Chlor-8-phenyl-7(9)*H*-purin-2-ylamin $C_{11}H_8ClN_5$, Formel IV (X = Cl, X' = H) und Taut.

B. Beim Erhitzen von *N*-[2,4-Diamino-6-oxo-1,6-dihydro-pyrimidin-5-yl]-benzamid mit $POCl_3$ (*Elion et al.*, Am. Soc. **73** [1951] 5235, 5238).

λ_{max} (wss. Lösung): 255 nm und 342 nm [pH 1] bzw. 242 nm und 335 nm [pH 11] (nicht rein erhalten).

Die folgenden Verbindungen sind in analoger Weise hergestellt worden:

6-Chlor-8-[2-chlor-phenyl]-7(9)*H*-purin-2-ylamin $C_{11}H_7Cl_2N_5$, Formel V (X = Cl, X' = X'' = H) und Taut. λ_{max} (wss. Lösung): 330 nm [pH 1] bzw. 320 nm [pH 11].

6-Chlor-8-[3-chlor-phenyl]-7(9)*H*-purin-2-ylamin $C_{11}H_7Cl_2N_5$, Formel V (X = X'' = H, X' = Cl) und Taut. λ_{max} (wss. Lösung): 342 nm [pH 1] bzw. 240 nm und 335 nm [pH 11] (*El. et al.*, l. c. S. 5237).

6-Chlor-8-[4-chlor-phenyl]-7(9)*H*-purin-2-ylamin $C_{11}H_7Cl_2N_5$, Formel V (X = X' = H, X'' = Cl) und Taut. λ_{max} (wss. Lösung): 260 nm und 345 nm [pH 1] bzw. 245 nm und 335 nm [pH 11].

6-Chlor-8-[2,4-dichlor-phenyl]-7(9)*H*-purin-2-ylamin $C_{11}H_6Cl_3N_5$, Formel V (X = X'' = Cl, X' = H) und Taut. λ_{max} (wss. Lösung): 330 nm [pH 1] bzw. 320 nm [pH 11].

6-Brom-8-phenyl-7(9)*H*-purin-2-ylamin $C_{11}H_8BrN_5$, Formel IV (X = Br, X' = H) und Taut. λ_{max} (wss. Lösung): 250 nm und 338 nm [pH 1] bzw. 242 nm und 332 nm [pH 11].

6-Brom-8-[4-chlor-phenyl]-7(9)*H*-purin-2-ylamin $C_{11}H_7BrClN_5$, Formel IV (X = Br, X' = Cl) und Taut. λ_{max} (wss. Lösung): 260 nm und 345 nm [pH 1] bzw. 250 nm und 340 nm [pH 11].

8-[2-Brom-phenyl]-6-chlor-7(9)*H*-purin-2-ylamin $C_{11}H_7BrClN_5$, Formel V (X = Br, X' = X'' = H) und Taut. λ_{max} (wss. Lösung): 325 nm [pH 1] bzw. 315 nm [pH 11].

8-[4-Brom-phenyl]-6-chlor-7(9)*H*-purin-2-ylamin $C_{11}H_7BrClN_5$, Formel V (X = X' = H, X'' = Br) und Taut. λ_{max} (wss. Lösung): 265 nm und 342 nm [pH 1] bzw. 250 nm und 335 nm [pH 11].

Cl X X' NH₂ NH₂ N NH N NH N N X'' Cl Cl H₂N N N N N N N N CH₃

V VI VII

8-[4-Chlor-phenyl]-7(9)*H*-purin-6-ylamin $C_{11}H_8ClN_5$, Formel VI und Taut.

B. Beim Erhitzen von 4-Chlor-benzoesäure-[4,6-diamino-pyrimidin-5-ylamid] auf 200° (*Falco et al.*, Am. Soc. **74** [1952] 4897, 4901). Beim Erhitzen von 2-[4-Chlor-phenyl]-oxazolo[5,4-*d*]pyrimidin-7-ylamin mit äthanol. NH_3 auf 160° (*Fa. et al.*).

Hydrochlorid $C_{11}H_8ClN_5 \cdot HCl$. Kristalle (aus wss. HCl).

8-[4-Chlor-phenyl]-9-methyl-9*H*-purin-6-ylamin $C_{12}H_{10}ClN_5$, Formel VII.

B. Beim Erhitzen von 2-[4-Chlor-phenyl]-oxazolo[5,4-*d*]pyrimidin-7-ylamin mit Methylamin in Äthanol auf 160° (*Falco et al.*, Am. Soc. **74** [1952] 4897, 4901).

λ_{max} (wss. Lösung): 238 nm und 297 nm [pH 1] bzw. 243 nm und 313 nm [pH 11].

Hydrochlorid $C_{12}H_{10}ClN_5 \cdot HCl$. Rosafarbene Kristalle mit 2 Mol H_2O.

Amine $C_{12}H_{11}N_5$

2-Benzylamino-6-phenyl-7,8-dihydro-pteridin, Benzyl-[6-phenyl-7,8-dihydro-pteridin-2-yl]-amin $C_{19}H_{17}N_5$, Formel VIII.

B. Beim Hydrieren von 2-[2-Benzylamino-5-nitro-pyrimidin-4-ylamino]-1-phenyl-äthanon an Raney-Nickel in Methanol (*Boon, Jones*, Soc. **1951** 591, 593, 594).

Kristalle (aus A. + Dioxan); F: 242°.

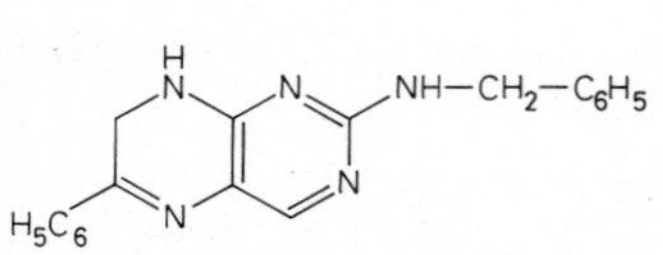

VIII 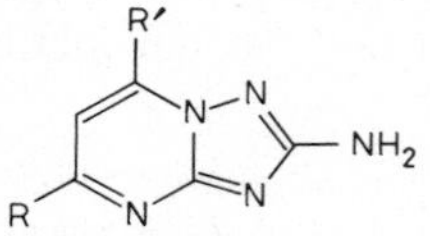 IX 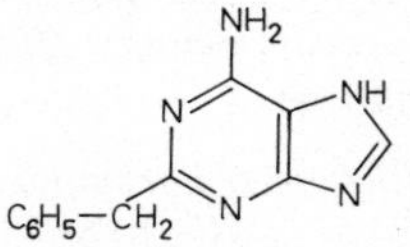 X

5(oder 7)-Methyl-7(oder 5)-phenyl-[1,2,4]triazolo[1,5-*a*]pyrimidin-2-ylamin $C_{12}H_{11}N_5$, Formel IX (R = CH_3, R′ = C_6H_5 oder R = C_6H_5, R′ = CH_3).

B. Beim Erhitzen von 1*H*-[1,2,4]Triazol-3,5-diyldiamin mit 1-Phenyl-butan-1,3-dion in Essigsäure (*Papini et al.*, G. **87** [1957] 931, 942).

Kristalle (aus A.); F: 257°.

2-Benzyl-7(9)*H*-purin-6-ylamin $C_{12}H_{11}N_5$, Formel X und Taut.

B. Beim Erhitzen von 2-Benzyl-5-nitroso-pyrimidin-4,6-diyldiamin mit $Na_2S_2O_4 \cdot 2H_2O$ und Ameisensäure in Formamid (*Taylor et al.*, Am. Soc. **81** [1959] 2442, 2445, 2446).

Kristalle (aus H_2O); F: 260–261° [korr.; nach Sublimation]. λ_{max} (wss. Lösung vom pH 1): 263 nm und 355 nm.

6-Chlor-8-*o*-tolyl-7(9)*H*-purin-2-ylamin $C_{12}H_{10}ClN_5$, Formel XI und Taut.

B. Beim Erhitzen von *N*-[2,4-Diamino-6-oxo-1,6-dihydro-pyrimidin-5-yl]-*o*-toluamid mit $POCl_3$ (*Elion et al.*, Am. Soc. **73** [1951] 5235, 5238).

λ_{max} (wss. Lösung): 320 nm [pH 1] bzw. 235 nm und 315 nm [pH 11].

7,8-Dimethyl-benzo[*g*]pteridin-2-ylamin $C_{12}H_{11}N_5$, Formel XII (R = H).

B. Beim Erwärmen von Pyrimidin-2,4,5-triyltriamin mit 5-Hydroxy-8,8a,9,10-tetramethyl-1,8a-dihydro-4*H*-1,4-ätheno-naphthalin-2,3,6-trion (E IV **7** 2868) in wss. Äthanol (*Bardos et al.*, Am. Soc. **79** [1957] 4704, 4706, 4708).

Kristalle (aus Py.). λ_{max} (wss. HCl): 259 nm und 354 nm.

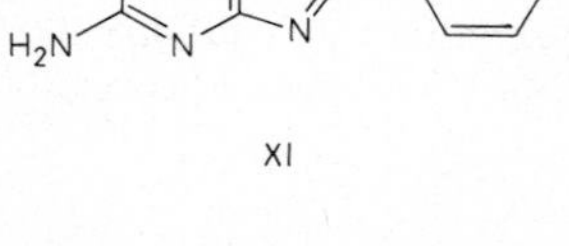

XI 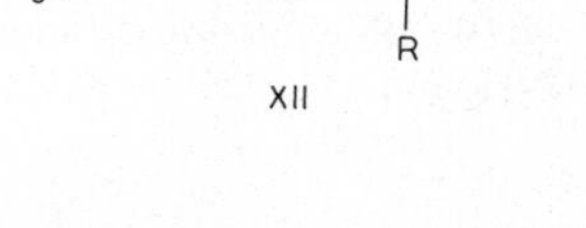 XII  XIII

7,8-Dimethyl-benzo[*g*]pteridin-4-ylamin $C_{12}H_{11}N_5$, Formel XIII.

B. Analog der vorangehenden Verbindung (*Bardos et al.*, Am. Soc. **79** [1957] 4704, 4706, 4708).

Kristalle (aus DMF). λ_{max} (wss. HCl): 262 nm und 381 nm.

Amine $C_{13}H_{13}N_5$

4,7,8-Trimethyl-benzo[*g*]pteridin-2-ylamin $C_{13}H_{13}N_5$, Formel XII (R = CH_3).

B. Analog den vorangehenden Verbindungen (*Bardos et al.*, Am. Soc. **79** [1957] 4704, 4706, 4708).

Kristalle (aus Py.). λ_{max} (Ameisensäure): 260 nm und 383 nm.

Amine $C_{14}H_{15}N_5$

***2-[4-Chlor-6-piperidino-[1,3,5]triazin-2-ylmethylen]-1,3,3-trimethyl-indolin** $C_{20}H_{24}ClN_5$, Formel I.

B. Beim Erhitzen von 2-[4,6-Dichlor-[1,3,5]triazin-2-ylmethylen]-1,3,3-trimethyl-indolin (S. 1839) mit Piperidin in Toluol (*Farbenfabr. Bayer,* D.B.P. 828841 [1949]; D.R.B.P. Org. Chem. 1950–1951 **6** 2479).

Gelbe Kristalle; F: 142–144°.

Monoamine $C_nH_{2n-15}N_5$

2-Phenyl-pteridin-4-ylamin $C_{12}H_9N_5$, Formel II (R = H).

B. Beim Erwärmen von 2-Phenyl-pyrimidin-4,5,6-triyltriamin mit Glyoxal in wss. NaOH bei pH 9–10 (*Evans et al.*, Soc. **1956** 4106, 4111, 4112).

Kristalle (aus H_2O); F: 240–241°. λ_{max} (H_2O): 204 nm, 271 nm und 342 nm.

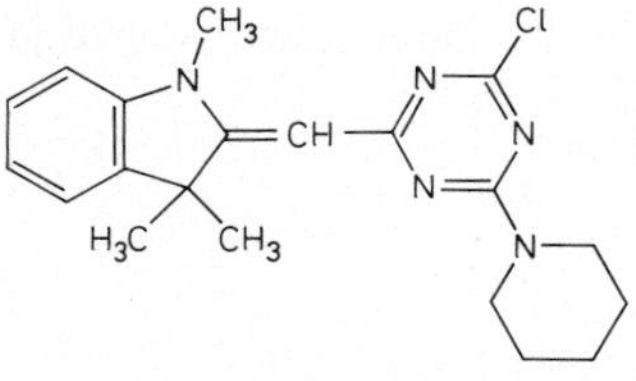

I 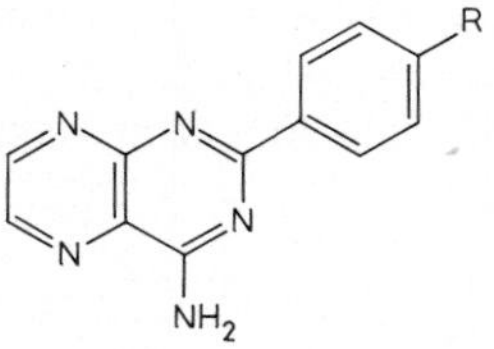 II 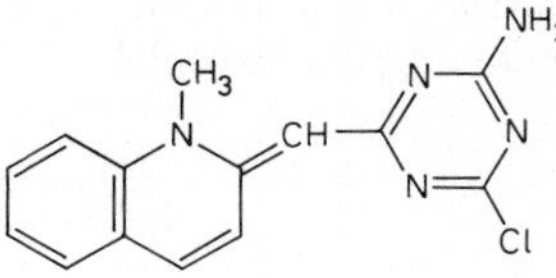 III

***4-Chlor-6-[1-methyl-1*H*-[2]chinolylidenmethyl]-[1,3,5]triazin-2-ylamin** $C_{14}H_{12}ClN_5$, Formel III.

B. Aus 2-[4,6-Dichlor-[1,3,5]triazin-2-ylmethylen]-1-methyl-1,2-dihydro-chinolin (S. 1841) und NH_3 in Benzol (*Farbenfabr. Bayer,* D.B.P. 828841 [1949]; D.R.B.P. Org. Chem. 1950–1951 **6** 2479).

Gelbe Kristalle; F: 225–227° [Zers.].

2-*p*-Tolyl-pteridin-4-ylamin $C_{13}H_{11}N_5$, Formel II (R = CH_3).

B. Beim Erwärmen von 2-*p*-Tolyl-pyrimidin-4,5,6-triyltriamin mit Glyoxal in wss. NaOH bei pH 9–10 (*Evans et al.*, Soc. **1956** 4106, 4112).

Kristalle (aus A.); F: 269–270°. λ_{max} (A.): 204 nm, 254 nm, 285 nm und 349 nm.

2-Benzyl-pteridin-4-ylamin $C_{13}H_{11}N_5$, Formel IV (X = H).

B. Analog der vorangehenden Verbindung (*Evans et al.*, Soc. **1956** 4106, 4112).

F: 188–189° [aus wss. HCl+wss. NH_3]. λ_{max} (A.): 247 nm und 337 nm.

2-[4-Chlor-benzyl]-pteridin-4-ylamin $C_{13}H_{10}ClN_5$, Formel IV (X = Cl).

B. Analog den vorangehenden Verbindungen (*Evans et al.*, Soc. **1956** 4106, 4112).

F: 185–186° [aus wss. HCl + wss. NH_3]. λ_{max} (A.): 248 nm und 335 nm.

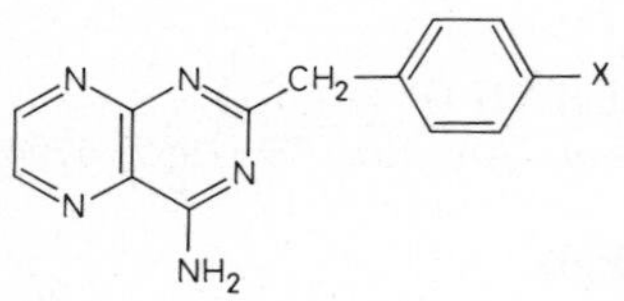

IV 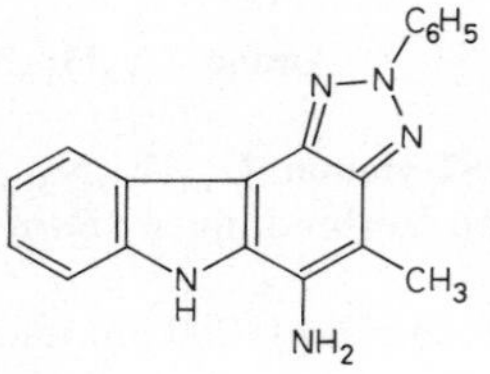 V 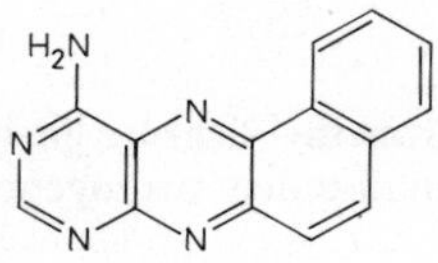 VI

4-Methyl-2-phenyl-2,6-dihydro-[1,2,3]triazolo[4,5-*c*]carbazol-5-ylamin $C_{19}H_{15}N_5$, Formel V.

B. Beim Erwärmen von 4-Methyl-2-phenyl-6-phenylazo-2*H*-benzotriazol-5-ylamin mit $SnCl_2 \cdot 2H_2O$ in wss.-äthanol. HCl (*Mužik, Allan,* Chem. Listy **48** [1954] 221, 224; Collect. **19** [1954] 953, 956; C. A. **1955** 2426). Beim Erhitzen von 4-Methyl-2-phenyl-6-[*N'*-phenyl-hydrazino]-2*H*-benzotriazol-5-ylamin in wss.-äthanol. HCl (*Mu., Al.*).

Bräunliche Kristalle (aus Py. + A. + H_2O); F: 271–274° [korr.; Zers.].

Monoamine $C_nH_{2n-19}N_5$

Naphtho[1,2-*g*]pteridin-11-ylamin $C_{14}H_9N_5$, Formel VI.

B. Beim Erhitzen von [2]Naphthol mit 5-Nitroso-pyrimidin-4,6-diyldiamin und Natriumacetat in Essigsäure (*Felton et al.*, Soc. **1954** 2895, 2901).

Gelbe Kristalle (aus Butan-1-ol); F: 343°. λ_{max} (wss. Ameisensäure): 290 nm und 417 nm (*Fe. et al.*, l. c. S. 2899).

2-[4-Dimethylamino-phenyl]-1*H*-imidazo[4,5-*b*]chinoxalin, 4-[1*H*-Imidazo[4,5-*b*]chinoxalin-2-yl]-*N*,*N*-dimethyl-anilin $C_{17}H_{15}N_5$, Formel VII und Taut.

B. Beim Erhitzen von Chinoxalin-2,3-diyldiamin mit 4-Dimethylamino-benzaldehyd in Pyri= din (*Sircar, Pal,* J. Indian chem. Soc. **9** [1932] 527, 530, 531).

Bräunlichgelbe Kristalle, die unterhalb 300° nicht schmelzen.

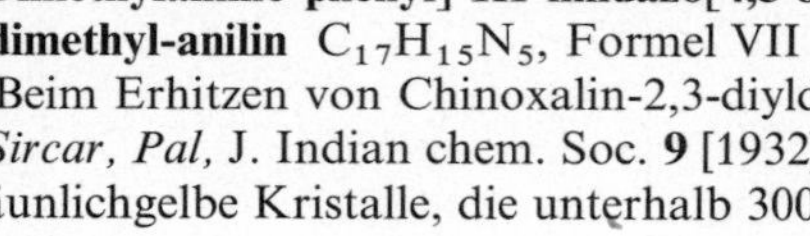

VII 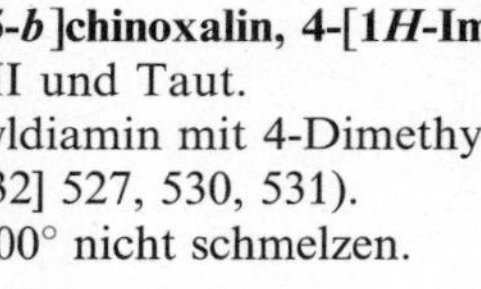 VIII 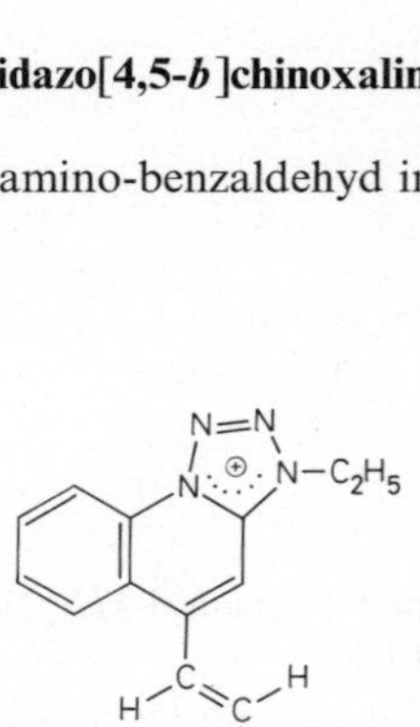 IX

***Opt.-inakt. 5-Formyl-4-methyl-6,7-diphenyl-5,6,7,8-tetrahydro-pteridin-2-ylamin** $C_{20}H_{19}N_5O$, Formel VIII.

B. Beim Hydrieren von 4-Methyl-6,7-diphenyl-pteridin-2-ylamin an Platin in Ameisensäure und anschliessenden Behandeln mit Acetanhydrid (*Cosulich et al.*, Am. Soc. **74** [1952] 3252,

3260).

Gelbliche Kristalle (aus wss. Acn.) mit 0,5 Mol H_2O; F: 253,5–262,5° [Zers.; auf 200° vorgeheizter App.]. UV-Spektrum (wss. NaOH; 220–325 nm): *Co. et al.*

Monoamine $C_nH_{2n-21}N_5$

3-Äthyl-5-[4-dimethylamino-*trans*(?)-styryl]-tetrazolo[1,5-*a*]chinolinium $[C_{21}H_{22}N_5]^+$, vermutlich Formel IX.

Jodid. *B.* Beim Erhitzen von 5-Methyl-tetrazolo[1,5-*a*]chinolin mit Toluol-4-sulfonsäure-äthylester, anschliessenden Erwärmen mit 4-Dimethylamino-benzaldehyd und Piperidin in Äthanol und folgenden Behandeln mit wss. KI (*Eastman Kodak Co.*, U.S.P. 2689849 [1952]). – Braune Kristalle (aus Me.); F: 259–261° [Zers.].

(±)-6,7-Diphenyl-7,8-dihydro-pteridin-2-ylamin $C_{18}H_{15}N_5$, Formel X (R = H).

B. Beim Hydrieren von (±)-α-[2-Amino-5-nitro-pyrimidin-4-ylamino]-desoxybenzoin an Raney-Nickel in Methanol (*Boon, Jones*, Soc. **1951** 591, 593, 594).

Kristalle (aus A.); F: 246°. λ_{max} (wss. HCl): 232 nm und 335 nm.

Die folgenden Verbindungen sind in analoger Weise hergestellt worden:

(±)-2-Diäthylamino-6,7-diphenyl-7,8-dihydro-pteridin, (±)-Diäthyl-[6,7-diphenyl-7,8-dihydro-pteridin-2-yl]-amin $C_{22}H_{23}N_5$, Formel X (R = C_2H_5). Kristalle (aus wss. Me.); F: 139°. λ_{max} (wss. HCl): 232 nm, 280 nm und 337 nm.

(±)-6,7-Diphenyl-7,8-dihydro-pteridin-4-ylamin $C_{18}H_{15}N_5$, Formel XI (R = H). Kristalle (aus A.); F: 266°. λ_{max} (wss. HCl): 257 nm und 370 nm.

(±)-4-Diäthylamino-6,7-diphenyl-7,8-dihydro-pteridin, (±)-Diäthyl-[6,7-diphenyl-7,8-dihydro-pteridin-4-yl]-amin $C_{22}H_{23}N_5$, Formel XI (R = C_2H_5). Kristalle (aus E. + PAe.); F: 168°. λ_{max} (wss. HCl): 230 nm, 265 nm, 310 nm und 385 nm.

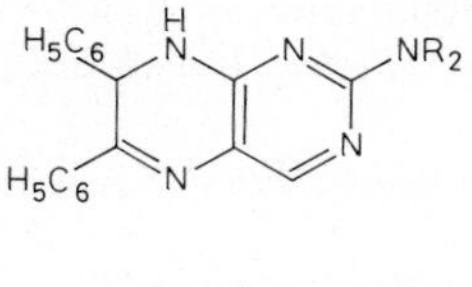

X 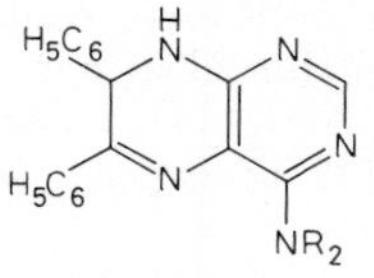 XI 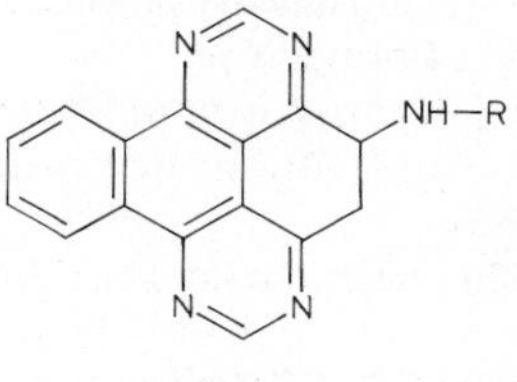 XII

Monoamine $C_nH_{2n-23}N_5$

4-Nonylamino-benzo[*e*]pyrimido[4,5,6-*gh*]perimidin, Benzo[*e*]pyrimido[4,5,6-*gh*]perimidin-4-yl-nonyl-amin $C_{25}H_{27}N_5$, Formel XII (R = $[CH_2]_8$-CH_3).

B. Aus 1,4-Diamino-2-hydroxy-anthrachinon (*I.G. Farbenind.*, D.R.P. 646244 [1935]; Frdl. **24** 847) oder 2-Äthoxy-1,4-diamino-anthrachinon bei der Umsetzung mit Formamid und folgenden Erhitzen mit Nonylamin (*I.G. Farbenind.*, D.R.P. 683317 [1936]; D.R.P. Org. Chem. **1**, Tl. 2, S. 765). Aus 6-Amino-4-brom-benzo[*e*]perimidin-7-on bei der Umsetzung mit Formamid und folgenden Erhitzen mit Nonylamin (*I.G. Farbenind.*, D.R.P. 692707 [1931]; Frdl. **24** 919, 927).

Gelbe Kristalle (aus A.); F: ca. 100° (*I.G. Farbenind.*, D.R.P. 692707).

4-Acetoacetylamino-benzo[*e*]pyrimido[4,5,6-*gh*]perimidin, *N*-Benzo[*e*]pyrimido[4,5,6-*gh*]perimidin-4-yl-acetoacetamid $C_{20}H_{13}N_5O_2$, Formel XII (R = CO-CH_2-CO-CH_3) und Taut.

B. Aus 4,6-Diamino-benzo[*e*]perimidin-7-on bei der Umsetzung mit Formamid und folgenden Erhitzen mit Acetessigsäure-äthylester (*I.G. Farbenind.*, D.R.P. 635782 [1935]; Frdl. **23** 1078).

Gelbe Kristalle (aus Dichlorbenzol).

11-Diäthylamino-acenaphtho[1,2-*g*]pteridin, Acenaphtho[1,2-*g*]pteridin-11-yl-diäthyl-amin $C_{20}H_{17}N_5$, Formel XIII.

B. Beim Erwärmen von N^4,N^4-Diäthyl-pyrimidin-4,5,6-triyltriamin mit Acenaphthen-1,2-dion in Äthanol (*Boon, Jones,* Soc. **1951** 591, 595, 596).

Kristalle (aus Bzl.); F: 248°. λ_{max} (wss. HCl): 282 nm und 340 nm.

6,7-Diphenyl-pteridin-2-ylamin $C_{18}H_{13}N_5$, Formel XIV (R = R′ = H).

B. Aus Pyrimidin-2,4,5-triyltriamin-sulfat und Benzil (*Potter, Henshall,* Soc. **1956** 2000, 2002; s. a. *Boon, Jones,* Soc. **1951** 591, 595, 596). Aus 6,7-Diphenyl-7,8-dihydro-pteridin-2-ylamin in Aceton mit Hilfe von $KMnO_4$ (*Boon, Jo.,* l. c. S. 593, 595).

Gelbe Kristalle; F: 244° [aus A.] (*Boon, Jo.*), 240–241° [aus wss. A.] (*Po., He.*). λ_{max} (wss. HCl): 275 nm und 335 nm (*Boon, Jo.*).

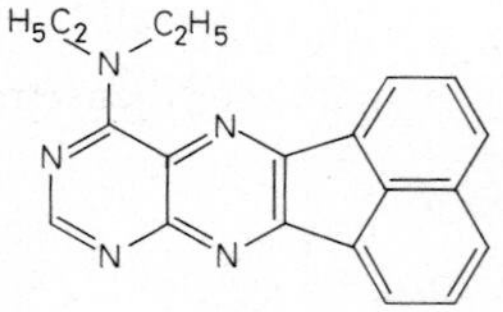

XIII 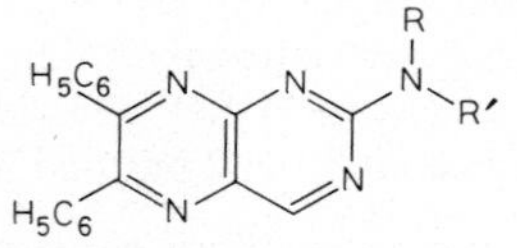 XIV 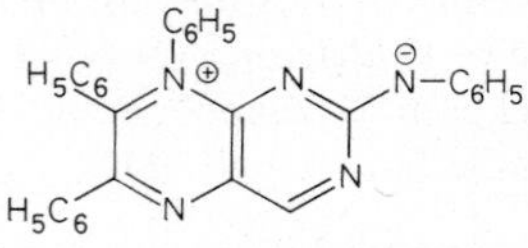 XV

2-Diäthylamino-6,7-diphenyl-pteridin, Diäthyl-[6,7-diphenyl-pteridin-2-yl]-amin $C_{22}H_{21}N_5$, Formel XIV (R = R′ = C_2H_5).

B. Aus Diäthyl-[6,7-diphenyl-7,8-dihydro-pteridin-2-yl]-amin in Aceton mit Hilfe von $KMnO_4$ (*Boon, Jones,* Soc. **1951** 591, 593, 595).

Kristalle (aus PAe.); F: 147°. λ_{max} (wss. HCl): 230 nm, 273 nm und 335 nm.

2-Anilino-6,7,8-triphenyl-pteridinium-betain, Phenyl-[6,7,8-triphenyl-8*H*-pteridin-2-yliden]-amin $C_{30}H_{21}N_5$, Formel XV.

B. Beim Hydrieren von 5-Nitro-N^2,N^4-diphenyl-pyrimidin-2,4-diyldiamin an Raney-Nickel in Äthanol und folgenden Erwärmen mit Benzil in wss. Essigsäure (*Fidler, Wood,* Soc. **1957** 4157, 4162).

Hellgrüne Kristalle (aus A.); F: 225–227° [Zers.]. λ_{max} (A.): 360 nm (*Fi., Wood,* l. c. S. 4159).

***N*,*N*-Diäthyl-*N′*-[6,7-diphenyl-pteridin-2-yl]-propandiyldiamin** $C_{25}H_{28}N_6$, Formel XIV (R = $[CH_2]_3$-$N(C_2H_5)_2$, R′ = H).

B. Beim Hydrieren von N^2-[3-Diäthylamino-propyl]-5-nitro-pyrimidin-2,4-diyldiamin an Raney-Nickel in Methanol und folgenden Erwärmen mit Benzil (*Potter, Henshall,* Soc. **1956** 2000, 2003).

Gelbe Kristalle (aus wss. A.); F: 136–137,5°.

6,7-Diphenyl-pteridin-4-ylamin $C_{18}H_{13}N_5$, Formel I (R = R′ = X = H).

B. Beim Erwärmen von Pyrimidin-4,5,6-triyltriamin mit Benzil in wss. Äthanol (*Potter, Henshall,* Soc. **1956** 2000, 2002). Beim Erhitzen von 6,7-Diphenyl-3*H*-pteridin-4-thion mit äthanol. NH_3 auf 130° (*Taylor et al.,* Am. Soc. **75** [1953] 1904, 1908). Aus 6,7-Diphenyl-7,8-dihydro-pteridin-4-ylamin in Aceton mit Hilfe von $KMnO_4$ (*Boon, Jones,* Soc. **1951** 591, 593, 595).

Gelbe Kristalle; F: 210° [aus Me. + E.] (*Boon, Jo.*), 202–203° [aus wss. Acn.] (*Po., He.*), 175° [korr.; aus wss. Acn.] (*Ta. et al.*). λ_{max} (wss. HCl): 278 nm und 375 nm (*Boon, Jo.*).

4-Diäthylamino-6,7-diphenyl-pteridin, Diäthyl-[6,7-diphenyl-pteridin-4-yl]-amin $C_{22}H_{21}N_5$, Formel I (R = R′ = C_2H_5, X = H).

B. Beim Erwärmen von N^4,N^4-Diäthyl-pyrimidin-4,5,6-triyltriamin mit Benzil in Äthanol (*Boon, Jones,* Soc. **1951** 591, 595, 596). Aus Diäthyl-[6,7-diphenyl-7,8-dihydro-pteridin-4-yl]-amin in Aceton mit Hilfe von $KMnO_4$ (*Boon, Jo.,* l. c. S. 593, 595).

Kristalle (aus wss. Me.); F: 157–158°. λ_{max} (wss. HCl): 395 nm.

4-Amino-3-butyl-6,7-diphenyl-pteridinium-betain, 3-Butyl-6,7-diphenyl-3*H*-pteridin-4-on-imin $C_{22}H_{21}N_5$, Formel II.

B. Aus 3-Butyl-6,7-diphenyl-3*H*-pteridin-4-thion und NH_3 (*Taylor et al.,* Am. Soc. **75** [1953] 1904, 1908).

Gelbe Kristalle; F: 149–151° [korr.].

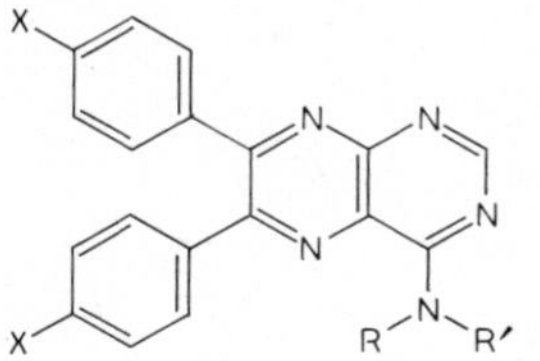

X X N N N N R N R′ I

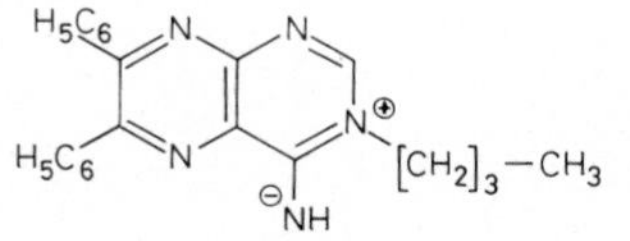

H_5C_6 H_5C_6 N N N⊕ N $[CH_2]_3-CH_3$ ⊖NH II

H_5C_6 H_5C_6 N N NH_2 N N CH_3 III

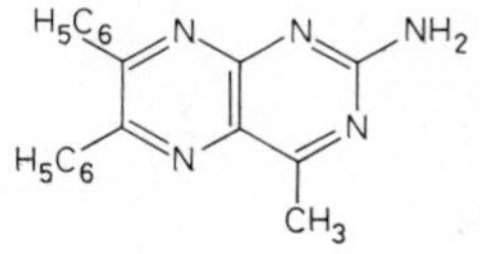

4-Butylamino-6,7-diphenyl-pteridin, Butyl-[6,7-diphenyl-pteridin-4-yl]-amin $C_{22}H_{21}N_5$, Formel I (R = $[CH_2]_3$-CH_3, R′ = X = H).

B. Aus 6,7-Diphenyl-3*H*-pteridin-4-thion und Butylamin (*Taylor et al.,* Am. Soc. **75** [1953] 1904, 1908).

Gelbe Kristalle (aus wss. A.); F: 150–151° [korr.].

4-Benzylamino-6,7-diphenyl-pteridin, Benzyl-[6,7-diphenyl-pteridin-4-yl]-amin $C_{25}H_{19}N_5$, Formel I (R = CH_2-C_6H_5, R′ = X = H).

B. Aus 6,7-Diphenyl-3*H*-pteridin-4-thion und Benzylamin (*Taylor et al.,* Am. Soc. **75** [1953] 1904, 1907).

Gelbe Kristalle (aus wss. Acn.); F: 178–179° [korr.].

6,7-Bis-[4-chlor-phenyl]-4-diäthylamino-pteridin, Diäthyl-[6,7-bis-(4-chlor-phenyl)-pteridin-4-yl]-amin $C_{22}H_{19}Cl_2N_5$, Formel I (R = R′ = C_2H_5, X = Cl).

B. In geringer Ausbeute beim Erwärmen von N^4,N^4-Diäthyl-pyrimidin-4,5,6-triyltriamin mit 4,4′-Dichlor-benzil in Äthanol (*Boon, Jones,* Soc. **1951** 591, 595, 596).

Kristalle (aus A.); F: 162°.

4-Methyl-6,7-diphenyl-pteridin-2-ylamin $C_{19}H_{15}N_5$, Formel III.

B. Beim Erwärmen von 6-Methyl-pyrimidin-2,4,5-triyltriamin mit Benzil in Äthanol (*Cosulich et al.,* Am. Soc. **74** [1952] 3252, 3260).

Gelbe Kristalle (aus A.); F: 283–285° [Zers.]. UV-Spektrum (wss. NaOH; 220–400 nm): *Co. et al.*

Monoamine $C_nH_{2n-25}N_5$

13-Diäthylamino-phenanthro[9,10-*g*]pteridin, Diäthyl-phenanthro[9,10-*g*]pteridin-13-yl-amin $C_{22}H_{19}N_5$, Formel IV.

B. Aus N^4,N^4-Diäthyl-pyrimidin-4,5,6-triyltriamin und Phenanthren-9,10-dion (*Boon, Jones,* Soc. **1951** 591, 595, 596).

Kristalle (aus Bzl.); F: 185°. λ_{max} (wss. HCl): 235 nm, 305 nm und 412 nm.

8,13-Diäthyl-2-[2-amino-äthyl]-3,7,12,17-tetramethyl-porphyrin, 2-[8,13-Diäthyl-3,7,12,17-tetramethyl-porphyrin-2-yl]-äthylamin $C_{30}H_{35}N_5$, Formel V (R = R′ = H) und Taut.

B. Beim Erhitzen von [2-(8,13-Diäthyl-3,7,12,17-tetramethyl-porphyrin-2-yl)-äthyl]-carbamidsäure-methylester (s. u.) mit wss. HCl auf 135° (*Fischer, Haarer,* Z. physiol. Chem. **229** [1934] 55, 57, 64).

Kristalle (aus Me.); F: 194°.

Hydrochlorid $C_{30}H_{35}N_5 \cdot HCl$. Rotbraune hygroskopische Kristalle (aus Py.), die unterhalb 360° nicht schmelzen. λ_{max} (Py.; 430–625 nm): *Fi., Ha.*

N,N-Dimethyl-Derivat. Methomethylsulfat $[C_{33}H_{42}N_5]CH_3O_4S$; [2-(8,13-Diäthyl-3,7,12,17-tetramethyl-porphyrin-2-yl)-äthyl]-trimethyl-ammonium-methylsulfat. *B.* Aus der vorangehenden Verbindung und Dimethylsulfat in wss. NaOH (*Fi., Ha.,* l. c. S. 66). – Violette Kristalle (aus Py.), die unterhalb 320° nicht schmelzen (*Fi., Ha.,* l. c. S. 66).

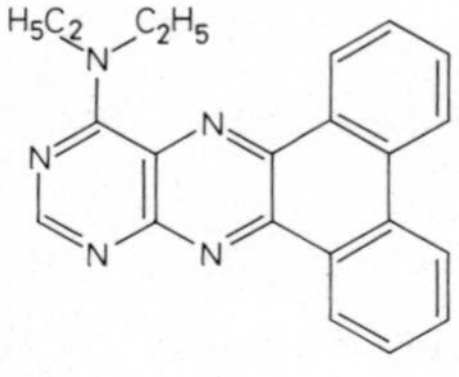

IV 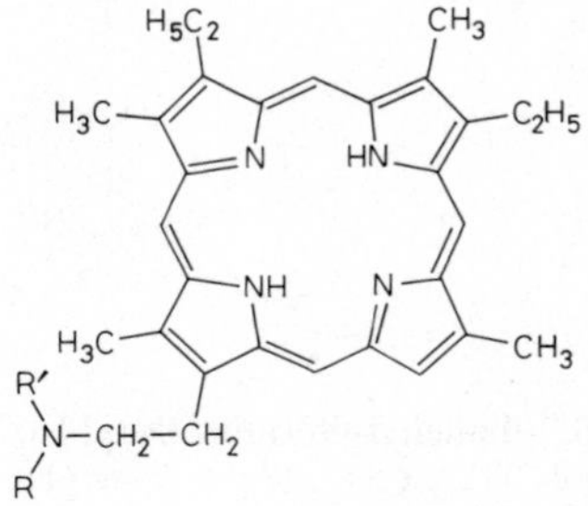 V

8,13-Diäthyl-2-[2-diacetylamino-äthyl]-3,7,12,17-tetramethyl-porphyrin, *N*-[2-(8,13-Diäthyl-3,7,12,17-tetramethyl-porphyrin-2-yl)-äthyl]-diacetamid $C_{34}H_{39}N_5O_2$, Formel V (R = R′ = CO-CH_3) und Taut.

B. Beim Erhitzen von Pyrroporphyrin-azid (S. 2955) mit wss. Essigsäure und anschliessend mit Acetanhydrid (*Fischer, Haarer,* Z. physiol. Chem. **229** [1934] 55, 65). Aus dem vorangehenden Hydrochlorid, Acetanhydrid und Natriumacetat (*Fi., Ha.*).

Braunrote Kristalle (aus Py. + Me.); F: 276°.

Kupfer(II)-Komplex $CuC_{34}H_{37}N_5O_2$. Hellrote Kristalle (aus Py. + Me.); F: 251°.

8,13-Diäthyl-2-[2-benzoylamino-äthyl]-3,7,12,17-tetramethyl-porphyrin, *N*-[2-(8,13-Diäthyl-3,7,12,17-tetramethyl-porphyrin-2-yl)-äthyl]-benzamid $C_{37}H_{39}N_5O$, Formel V (R = CO-C_6H_5, R′ = H) und Taut.

B. Aus 2-[8,13-Diäthyl-3,7,12,17-tetramethyl-porphyrin-2-yl]-äthylamin und Benzoylchlorid (*Fischer, Haarer,* Z. physiol. Chem. **229** [1934] 55, 65).

Blauviolette Kristalle (aus Acn.); F: 301°.

Kupfer(II)-Komplex $CuC_{37}H_{37}N_5O$. Hellrote Kristalle (aus Acn.); F: 304°.

[2-(8,13-Diäthyl-3,7,12,17-tetramethyl-porphyrin-2-yl)-äthyl]-carbamidsäure-methylester $C_{32}H_{37}N_5O_2$, Formel V (R = CO-O-CH_3, R′ = H) und Taut.

B. Beim Erwärmen von Pyrroporphyrin-azid (S. 2955) mit Methanol (*Fischer, Haarer,* Z. physiol. Chem. **229** [1934] 55, 63).

Blaurote Kristalle (aus Acn.); F: 231°.

***N*-[2-(8,13-Diäthyl-3,7,12,17-tetramethyl-porphyrin-2-yl)-äthyl]-*N′*-phenyl-harnstoff** $C_{37}H_{40}N_6O$, Formel V (R = CO-NH-C_6H_5, R′ = H) und Taut.

B. Beim Erhitzen von Pyrroporphyrin-azid (S. 2955) mit Anilin (*Fischer, Haarer,* Z. physiol. Chem. **229** [1934] 55, 63).

Kristalle (aus Acn.).

8,13-Diäthyl-2-[2-isocyanato-äthyl]-3,7,12,17-tetramethyl-porphyrin, 2-[8,13-Diäthyl-3,7,12,17-tetramethyl-porphyrin-2-yl]-äthylisocyanat $C_{31}H_{33}N_5O$, Formel VI und Taut.

B. Beim Erwärmen von Pyrroporphyrin-azid (S. 2955) in Benzol (*Fischer, Haarer,* Z. physiol. Chem. **229** [1934] 55, 63).

Blauschwarze Kristalle (aus Acn.); F: 252°.

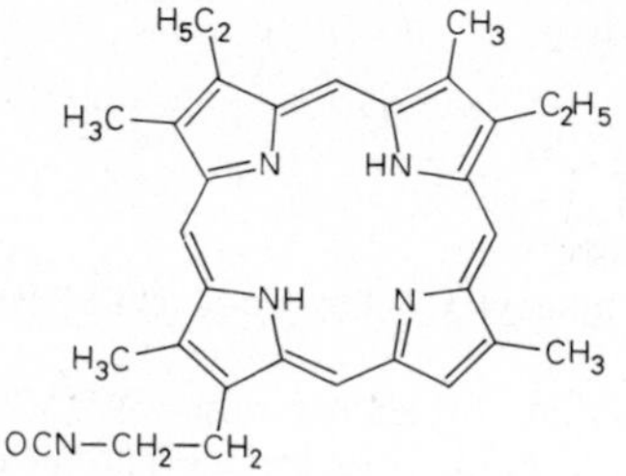

VI

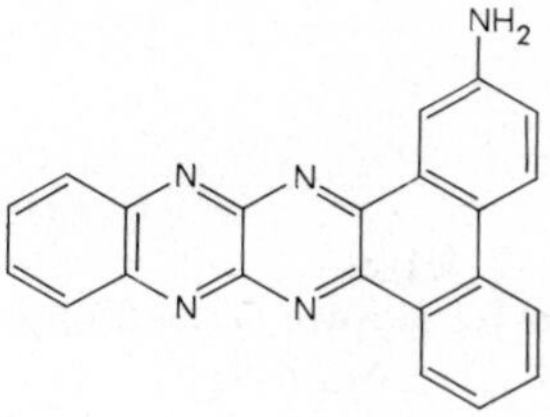

VII

Monoamine $C_nH_{2n-31}N_5$

Dibenzo[*f,h*]chinoxalino[2,3-*b*]chinoxalin-2-ylamin $C_{22}H_{13}N_5$, Formel VII.

B. Beim Erwärmen von 2-Amino-phenanthren-9,10-dion mit Chinoxalin-2,3-diyldiamin in Äthanol (*De, Dutta,* B. **64** [1931] 2598, 2601).

Dunkelbraune Kristalle (aus Py.); F: >295°.

Dibenzo[*f,h*]chinoxalino[2,3-*b*]chinoxalin-4-ylamin $C_{22}H_{13}N_5$, Formel VIII.

B. Analog der vorangehenden Verbindung (*De, Dutta,* B. **64** [1931] 2598, 2601).

F: >290°.

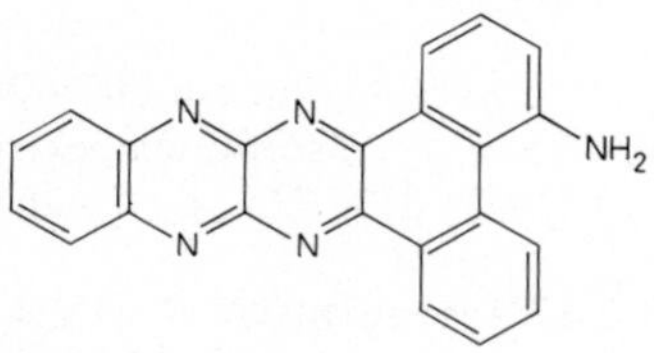

VIII 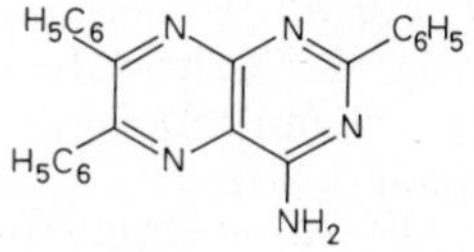 IX 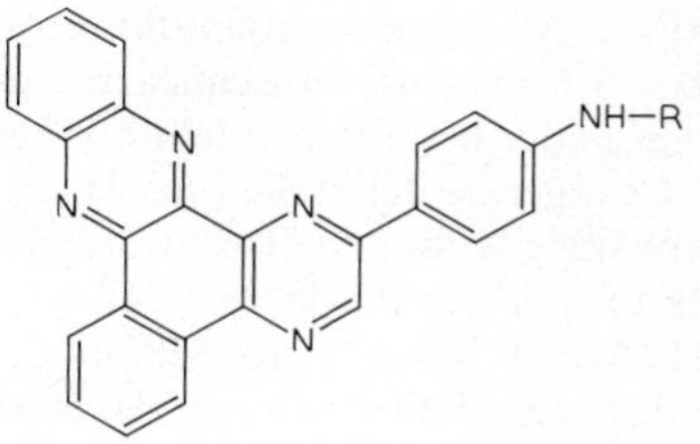 X

2,6,7-Triphenyl-pteridin-4-ylamin $C_{24}H_{17}N_5$, Formel IX.

B. Beim Erhitzen der Verbindung von Hydroxyimino-malononitril mit Benzamidin in 2-Methyl-pyridin, folgenden Erwärmen mit $Na_2S_2O_4 \cdot 2H_2O$ in H_2O und anschliessend mit Benzil in Butanon und Äthanol (*Taylor, Cheng,* J. org. Chem. **24** [1959] 997).

Hellgelbe Kristalle (aus wss. A.); F: 255°. λ_{max} (A.): 290 nm und 377 nm.

Monoamine $C_nH_{2n-33}N_5$

2-[4-Acetylamino-phenyl]-benzo[*a*]pyrazino[2,3-*c*]phenazin, Essigsäure-[4-benzo[*a*]pyrazino=[2,3-*c*]phenazin-2-yl-anilid] $C_{26}H_{17}N_5O$, Formel X (R = CO-CH_3).

B. Aus Essigsäure-[4-(5,6-dioxo-5,6-dihydro-benzo[*f*]chinoxalin-3-yl)-anilid] mit *o*-Phenylen=diamin (*Crippa,* G. **60** [1930] 301, 305).

Gelbliche Kristalle (aus Xylol); F: >335°.

2-[4-Benzoylamino-phenyl]-benzo[*a*]pyrazino[2,3-*c*]phenazin, Benzoesäure-[4-benzo[*a*]pyrazino=[2,3-*c*]phenazin-2-yl-anilid] $C_{31}H_{19}N_5O$, Formel X (R = CO-C_6H_5).

B. Analog der vorangehenden Verbindung (*Crippa,* G. **60** [1930] 301, 306).

F: >340°.

[*Haltmeier*]

B. Diamine

Diamine $C_nH_{2n+2}N_6$

3,6-Dianilino-1,2-dihydro-[1,2,4,5]tetrazin, *N*[3],*N*[6]-Diphenyl-1,2-dihydro-[1,2,4,5]tetrazin-3,6-diyldiamin $C_{14}H_{14}N_6$, Formel I und Taut.

In dem nachstehend beschriebenen Präparat hat möglicherweise *N*[3],*N*[5]-Diphenyl-[1,2,4]triazol-3,4,5-triyltriamin $C_{14}H_{14}N_6$ (vgl. S. 1173) vorgelegen (vgl. das analog hergestellte Guanazin [S. 1173]).

B. Beim Erwärmen von 4-Phenyl-thiosemicarbazid mit PbO in Äthanol (*Stollé, Gaertner,* J. pr. [2] **132** [1932] 209, 218). Aus 1-Phenyl-thiocarbonohydrazid beim Erwärmen mit PbO in Äthanol unter CO_2 (*St., Ga.*).

Kristalle (aus A.); F: 275° [Zers.].

Hydrochlorid. Kristalle (aus wss. A.); F: 172° [Zers.; nach Sintern bei 150°].

Diamine $C_nH_{2n}N_6$

[1,2,4,5]Tetrazin-3,6-diyldiamin $C_2H_4N_6$, Formel II (R = H).

Die Identität der früher (E I **26** 130) unter dieser Konstitution beschriebenen Verbindung ist ungewiss (*Lin et al.,* Am. Soc. **76** [1954] 427; *Scott, Reilly,* Chem. and Ind. **1952** 907).

B. Aus 1,2-Dihydro-[1,2,4,5]tetrazin-3,6-dicarbonsäure-dihydrazid beim Behandeln mit $NaNO_2$, wss. HCl, Essigsäure und Benzol und Erhitzen des Azids in Essigsäure (*Lin et al.*). Aus *N,N'*-Diamino-guanidin-nitrat beim Behandeln mit wss. KNO_2 und HNO_3 (*Lin et al.*). Aus *S*-Methyl-isothiosemicarbazid-hydrojodid beim Behandeln mit NaOH im Luftstrom (*Lin et al.*) oder beim Behandeln mit heterocycl. Aminen (*Sc., Re.*).

Orangerote Kristalle [aus H_2O] (*Lin et al.*); F: 360° (*Sc., Re.*); Sublimation bei 200–240° [abhängig von der Geschwindigkeit des Erhitzens]/1 Torr (*Lin et al.*). Absorptionsspektrum (H_2O, Dioxan sowie wss. HCl; 210–600 nm): *Paoloni,* G. **87** [1957] 313, 325. λ_{max}: 428 nm [H_2O] bzw. 428 nm und 528 nm [Dioxan] (*Lin et al.*).

Diacetyl-Derivat $C_6H_8N_6O_2$; Bis-acetylamino-[1,2,4,5]tetrazin, *N,N'*-[1,2,4,5]Tetrazin-3,6-diyl-bis-acetamid. Orangefarbene Kristalle (aus A.); F: 156–158° [unkorr.]; λ_{max} (Ae.): 363 nm und 525 nm (*Lin et al.*).

Bis-[toluol-4-sulfonyl]-Derivat $C_{16}H_{16}N_6O_4S_2$; Bis-[toluol-4-sulfonylamino]-[1,2,4,5]tetrazin, *N,N'*-[1,2,4,5]Tetrazin-3,6-diyl-bis-toluol-4-sulfonamid. Orangefarbene Kristalle (aus A.); F: 227–228° [unkorr.]; λ_{max} (Ae.): 363 nm und 527 nm (*Lin et al.*).

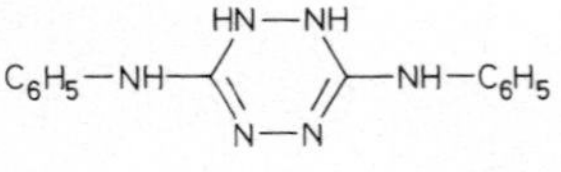

I 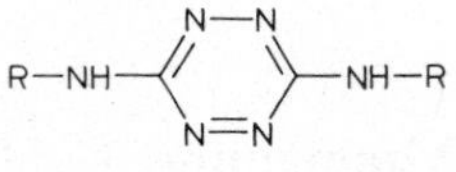 II 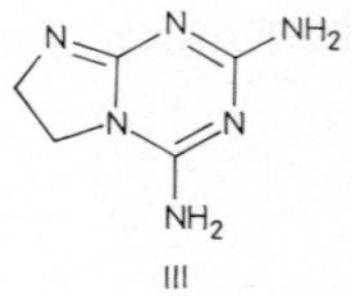 III

***N*[3],*N*[6]-Diallyl-[1,2,4,5]tetrazin-3,6-diyldiamin** $C_8H_{12}N_6$, Formel II (R = CH_2-CH=CH_2).

B. Neben *N*[5]-Allyl-tetrazol-1,5-diyldiamin beim Erwärmen von 4-Allyl-thiosemicarbazid mit PbO und NaN_3 in Äthanol unter CO_2 (*Stollé, Gaertner,* J. pr. [2] **132** [1932] 209, 220).

Rote Kristalle (aus H_2O); F: 118°.

Dianilino-[1,2,4,5]tetrazin, *N*[3],*N*[6]-Diphenyl-[1,2,4,5]tetrazin-3,6-diyldiamin $C_{14}H_{12}N_6$, Formel II (R = C_6H_5) und Taut.

B. Aus *S*-Methyl-4-phenyl-isothiosemicarbazid oder *S*-Äthyl-4-phenyl-isothiosemicarbazid mit Hilfe von Anilin oder anderen organischen Basen (*Scott,* Chem. and Ind. **1954** 158).

Dunkelrot; F: 298°.

Diamine $C_nH_{2n-2}N_6$

Diamine $C_5H_8N_6$

6,7-Dihydro-imidazo[1,2-*a*][1,3,5]triazin-2,4-diyldiamin $C_5H_8N_6$, Formel III und Taut.

B. Aus dem Kalium-Salz des *N,N'*-Dicyan-guanidins und 2-Chlor-äthylamin-hydrochlorid (*Schaefer*, Am. Soc. **77** [1955] 5922, 5927).

F: 308–310° [korr.].

Hydrochlorid $C_5H_8N_6 \cdot HCl$. Kristalle (aus H_2O); F: >360°.

Diamine $C_6H_{10}N_6$

5,6,7,8-Tetrahydro-pteridin-2,4-diyldiamin $C_6H_{10}N_6$, Formel IV.

Die Einheitlichkeit des von *Taylor, Sherman* (Am. Soc. **81** [1959] 2464, 2470) beschriebenen Präparats (F: 209° [korr.]; λ_{max}: 243 nm, 291 nm und 331 nm [A.] bzw. 240 nm, 282 nm und 332 nm [wss. HCl]) ist fraglich (*Konrad, Pfleiderer*, B. **103** [1970] 722, 724).

B. Bei der Hydrierung von Pteridin-2,4-diyldiamin an Platin in Methanol (*Ko., Pf.*, l. c. S. 731). Aus 2,4-Dichlor-5,6,7,8-tetrahydro-pteridin beim Erhitzen mit flüssigem NH_3 (*Ta., Sh.*).

Kristalle; F: 261–263° [Zers.; auf 250° vorgeheizter App.] (*Ko., Pf.*). λ_{max} (wss. Lösung): 222 nm und 295 nm [pH 4] bzw. 221 nm, 252 nm und 288 nm [pH 10] (*Ko., Pf.*, l. c. S. 726). Scheinbarer Dissoziationsexponent pK'_a (protonierte Verbindung; H_2O; potentiometrisch ermittelt) bei 20°: 6,71 (*Ko., Pf.*).

Dihydrochlorid $C_6H_{10}N_6 \cdot 2HCl$. Hellgelbe Kristalle; F: 253–255° [Zers.] (*Ko., Pf.*).

Diamine $C_8H_{14}N_6$

1*H*,4*H*-3a,6a-Butano-imidazo[4,5-*d*]imidazol-2,5-diyldiamin, 7,9,10,12-Tetraaza-propella-7,10-dien-8,11-diyldiamin $C_8H_{14}N_6$, Formel V und Taut.

Carbonat $C_8H_{14}N_6 \cdot H_2CO_3$. *B.* Aus Cyclohexan-1,2-dion und Guanidin-carbonat (*Kutepow et al.*, Ž. obšč. Chim. **29** [1959] 855, 857; engl. Ausg. S. 840). – Kristalle (aus H_2O); F: 189–190° [Zers.].

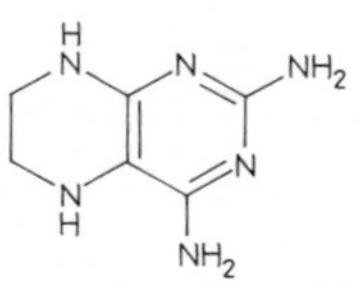

IV 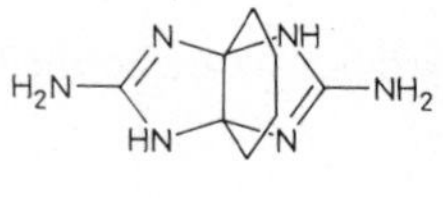 V 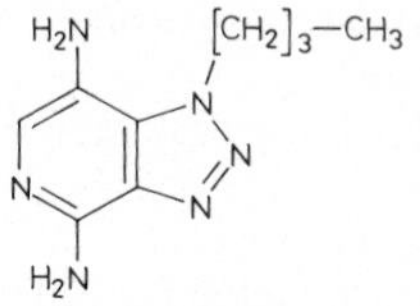 VI

Diamine $C_nH_{2n-4}N_6$

Diamine $C_5H_6N_6$

1-Butyl-1*H*-[1,2,3]triazolo[4,5-*c*]pyridin-4,7-diyldiamin $C_9H_{14}N_6$, Formel VI.

B. Aus 1-Butyl-7-nitro-1*H*-[1,2,3]triazolo[4,5-*c*]pyridin-4-ylamin mit Hilfe von $SnCl_2$ und wss. HCl (*Bremer*, A. **539** [1939] 276, 293).

Kristalle (aus A.); F: 202–203°.

Hydrochlorid $C_9H_{14}N_6 \cdot HCl$. Kristalle; F: 266–267°.

Diacetyl-Derivat $C_{13}H_{18}N_6O_2$; 4,7-Bis-acetylamino-1-butyl-1*H*-[1,2,3]triazolo[4,5-*c*]pyridin, *N,N'*-[1-Butyl-1*H*-[1,2,3]triazolo[4,5-*c*]pyridin-4,7-diyl]-bis-acetamid. Kristalle (aus H_2O); F: 205–206°.

1(2)*H*-Pyrazolo[4,3-*d*]pyrimidin-5,7-diyldiamin $C_5H_6N_6$, Formel VII (R = R′ = H) und Taut.

B. Aus 7-Methylmercapto-1*H*-pyrazolo[4,3-*d*]pyrimidin-5-ylamin beim Erhitzen mit wss. NH_3 (*Rose,* Soc. **1952** 3448, 3456).

Kristalle; F: 330° [Zers.] (*Rose*). IR-Spektrum (KBr; 2,5–14 μ): *Stimson,* J. Phys. Rad. [8] **15** [1954] 390, 393. UV-Spektrum (KBr; 210–340 nm): *St.,* l. c. S. 392.

Hydrochlorid $C_5H_6N_6 \cdot HCl$. Kristalle (aus H_2O) mit 1 Mol H_2O (*Rose*). IR-Spektrum (KBr; 2,5–14 μ) und UV-Spektrum (KBr; 210–340 nm): *St.*

***N*^{7},*N*^{7}-Dimethyl-1(2)*H*-pyrazolo[4,3-*d*]pyrimidin-5,7-diyldiamin** $C_7H_{10}N_6$, Formel VII (R = R′ = CH_3) und Taut.

B. Aus 6,*N*^{4},*N*^{4}-Trimethyl-pyrimidin-2,4,5-triyltriamin beim Diazotieren in wss. HCl und anschliessenden Behandeln mit wss. NaOH (*Rose,* Soc. **1952** 3448, 3456).

Gelbe Kristalle (aus DMF) mit 1 Mol H_2O; F: 264° [Zers.].

***N*^{7}-Isopropyl-1(2)*H*-pyrazolo[4,3-*d*]pyrimidin-5,7-diyldiamin** $C_8H_{12}N_6$, Formel VII (R = H, R′ = $CH(CH_3)_2$) und Taut.

B. Aus 7-Methylmercapto-1(2)*H*-pyrazolo[4,3-*d*]pyrimidin-5-ylamin und Isopropylamin (*Rose,* Soc. **1952** 3448, 3456).

Kristalle (aus H_2O) mit 0,5 Mol H_2O; F: 246°.

7-Piperidino-1(2)*H*-pyrazolo[4,3-*d*]pyrimidin-5-ylamin $C_{10}H_{14}N_6$, Formel VIII und Taut.

B. Aus 7-Benzylmercapto-1(2)*H*-pyrazolo[4,3-*d*]pyrimidin-5-ylamin und Piperidin (*Rose,* Soc. **1952** 3448, 3456).

Kristalle (aus Dioxan); F: 224° [Zers.].

VII VIII IX

***N*^{6},*N*^{6}-Dimethyl-1(2)*H*-pyrazolo[3,4-*d*]pyrimidin-3,6-diyldiamin** $C_7H_{10}N_6$, Formel IX (R = H) und Taut.

B. Aus 4-Chlor-2-dimethylamino-pyrimidin-5-carbonitril und N_2H_4 (*Schmidt et al.,* Helv. **42** [1959] 763, 770).

F: 279–280° [unkorr.].

Hydrochlorid. Gelbe Kristalle (aus A.); F: 268–270° [unkorr.].

1-Isopropyl-*N*^{6},*N*^{6}-dimethyl-1*H*-pyrazolo[3,4-*d*]pyrimidin-3,6-diyldiamin $C_{10}H_{16}N_6$, Formel IX (R = $CH(CH_3)_2$).

B. Aus 4-Chlor-2-dimethylamino-pyrimidin-5-carbonitril beim Erwärmen mit Isopropyl=hydrazin in Äthanol oder beim Erhitzen mit Essigsäure-[*N*′-isopropyl-hydrazid] und Behandeln des Reaktionsprodukts mit wss. HCl (*Schmidt et al.,* Helv. **42** [1959] 763, 770).

Gelbe Kristalle (aus PAe.); F: 147–149° [unkorr.].

1(2)*H*-Pyrazolo[3,4-*d*]pyrimidin-4,6-diyldiamin $C_5H_6N_6$, Formel X (R = H) und Taut.

B. Aus 4,6-Dichlor-1(2)*H*-pyrazolo[3,4-*d*]pyrimidin beim Erhitzen mit äthanol. NH_3 (*Robins,* Am. Soc. **79** [1957] 6407, 6412, 6415).

Kristalle (aus H_2O); λ_{max} (wss. Lösung): 255 nm [pH 1] bzw. 255 nm und 274 nm [pH 11] (*Ro.*). Scheinbarer Dissoziationsexponent pK'_a (protonierte Verbindung; H_2O; spektrophoto=metrisch ermittelt) bei 20°: 5,58 (*Lynch et al.,* Soc. **1958** 2973, 2975).

1-Methyl-1*H*-pyrazolo[3,4-*d*]pyrimidin-4,6-diyldiamin $C_6H_8N_6$, Formel X (R = CH_3).

B. Analog der vorangehenden Verbindung (*Cheng, Robins,* J. org. Chem. **23** [1958] 852, 855, 856).

Kristalle (aus H_2O); F: >300°. λ_{max} (wss. Lösung vom pH 11): 276 nm.

***N*⁴,*N*⁶-Dimethyl-1(2)*H*-pyrazolo[3,4-*d*]pyrimidin-4,6-diyldiamin** $C_7H_{10}N_6$, Formel XI (R = CH_3) und Taut.

B. Analog den vorangehenden Verbindungen (*Robins,* Am. Soc. **79** [1957] 6407, 6409, 6414).

Kristalle (aus H_2O); F: 248–250° [unkorr.]; λ_{max} (wss. Lösung): 260 nm [pH 1] bzw. 252 nm und 278 nm [pH 11] (*Ro.*). Scheinbarer Dissoziationsexponent pK'_a (protonierte Verbindung; H_2O; spektrophotometrisch ermittelt) bei 20°: 6,08 (*Lynch et al.,* Soc. **1958** 2973, 2975).

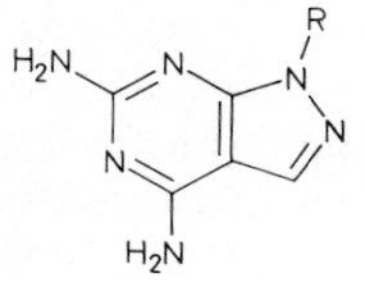

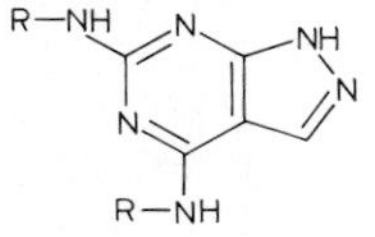

***N*⁴,*N*⁶,*N*⁶-Trimethyl-1(2)*H*-pyrazolo[3,4-*d*]pyrimidin-4,6-diyldiamin** $C_8H_{12}N_6$, Formel XII (R = CH_3) und Taut.

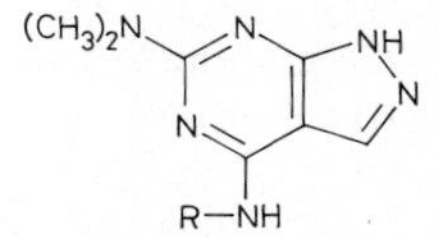

B. Aus [6-Chlor-1(2)*H*-pyrazolo[3,4-*d*]pyrimidin-4-yl]-methyl-amin beim Erhitzen mit Dimethylamin (*Robins,* Am. Soc. **79** [1957] 6407, 6412, 6414).

Kristalle (aus wss. A.); F: 272–273° [unkorr.]. λ_{max} (wss. Lösung): 264 nm [pH 1] bzw. 235 nm und 284 nm [pH 11].

***N*⁴,*N*⁴,*N*⁶,*N*⁶-Tetramethyl-1(2)*H*-pyrazolo[3,4-*d*]pyrimidin-4,6-diyldiamin** $C_9H_{14}N_6$, Formel XIII (R = H, R′ = R″ = CH_3) und Taut.

B. Aus 4,6-Dichlor-1(2)*H*-pyrazolo[3,4-*d*]pyrimidin und Dimethylamin (*Robins,* Am. Soc. **79** [1957] 6407, 6409).

Kristalle (aus A.); F: 249–250° [unkorr.]; λ_{max} (wss. Lösung): 270 nm [pH 1] bzw. 242 nm und 284 nm [pH 11] (*Ro.*).

Die folgenden Verbindungen sind in analoger Weise hergestellt worden:

1,*N*⁴,*N*⁴,*N*⁶,*N*⁶-Pentamethyl-1*H*-pyrazolo[3,4-*d*]pyrimidin-4,6-diyldiamin $C_{10}H_{16}N_6$, Formel XIII (R = R′ = R″ = CH_3). Kristalle (aus wss. Me.); F: 128,5–129° [unkorr.]; λ_{max} (wss. Lösung vom pH 11): 240 nm und 286 nm (*Cheng, Robins,* J. org. Chem. **23** [1958] 852, 859, 860).

*N*⁴,*N*⁶-Diäthyl-1(2)*H*-pyrazolo[3,4-*d*]pyrimidin-4,6-diyldiamin $C_9H_{14}N_6$, Formel XI (R = C_2H_5) und Taut. Kristalle (aus wss. A.); F: 238–240° [unkorr.]; λ_{max} (wss. Lösung): 261 nm [pH 1] bzw. 280 nm [pH 11] (*Ro.,* l. c. S. 6409).

*N*⁴,*N*⁶-Diäthyl-1-methyl-1*H*-pyrazolo[3,4-*d*]pyrimidin-4,6-diyldiamin $C_{10}H_{16}N_6$, Formel XIV (R = C_2H_5). Kristalle (aus wss. A.); F: 140–141° [unkorr.]; λ_{max} (wss. Lösung vom pH 11): 232 nm, 261 nm und 283 nm (*Ch., Ro.,* l. c. S. 859).

*N*⁴,*N*⁶-Dipropyl-1(2)*H*-pyrazolo[3,4-*d*]pyrimidin-4,6-diyldiamin $C_{11}H_{18}N_6$, Formel XI (R = CH_2-C_2H_5) und Taut. Kristalle (aus wss. A.); F: 194–195° [unkorr.]; λ_{max} (wss. Lösung): 262 nm [pH 1] bzw. 280 nm und 240 nm [pH 11] (*Ro.,* l. c. S. 6409).

*N*⁴,*N*⁶-Dibutyl-1(2)*H*-pyrazolo[3,4-*d*]pyrimidin-4,6-diyldiamin $C_{13}H_{22}N_6$, Formel XI (R = $[CH_2]_3$-CH_3) und Taut. Kristalle (aus wss. A.); F: 182–183° [unkorr.] (*Ro.,* l. c. S. 6409).

1-Phenyl-1*H*-pyrazolo[3,4-*d*]pyrimidin-4,6-diyldiamin $C_{11}H_{10}N_6$, Formel X (R = C_6H_5). Kristalle (aus wss. A.); F: 236–237° [unkorr.]; λ_{max} (wss. Lösung vom pH 11): 274 nm (*Ch., Ro.,* l. c. S. 857). Scheinbarer Dissoziationsexponent pK'_a (protonierte Verbindung; H_2O; spektrophotometrisch ermittelt) bei 20°: 4,49 (*Lynch et al.,* Soc. **1958** 2973, 2975).

N^4,N^6-Dimethyl-1-phenyl-1*H*-pyrazolo[3,4-*d*]pyrimidin-4,6-diyldiamin $C_{13}H_{14}N_6$, Formel XIII (R = C_6H_5, R' = R'' = H). Kristalle (aus wss. Me.); F: 148–148,5° [unkorr.]; λ_{max} (A.): 245 nm und 293 nm (*Ch., Ro.,* l. c. S. 859).

1-Methyl-N^4,N^6-diphenyl-1*H*-pyrazolo[3,4-*d*]pyrimidin-4,6-diyldiamin $C_{18}H_{16}N_6$, Formel XIV (R = C_6H_5). Kristalle (aus Me.); F: 185–186° [unkorr.]; λ_{max} (wss. Lösung vom pH 11): 243 nm und 285 nm (*Ch., Ro.,* l. c. S. 859).

N^4,N^6-Bis-[2-chlor-phenyl]-1-methyl-1*H*-pyrazolo[3,4-*d*]pyrimidin-4,6-diyldiamin $C_{18}H_{14}Cl_2N_6$, Formel XIV (R = C_6H_4-Cl). Kristalle (aus wss. 2-Äthoxy-äthanol); F: 161–161,5° [unkorr.]; λ_{max} (A.): 270 nm (*Ch., Ro.,* l. c. S. 859).

N^4,N^6-Bis-[3-chlor-phenyl]-1-methyl-1*H*-pyrazolo[3,4-*d*]pyrimidin-4,6-diyldiamin $C_{18}H_{14}Cl_2N_6$, Formel XIV (R = C_6H_4-Cl). Kristalle (aus Me.); F: 177–178,5° [unkorr.]; λ_{max} (A.): 254 nm und 291 nm (*Ch., Ro.,* l. c. S. 859).

N^4,N^6-Bis-[4-chlor-phenyl]-1-methyl-1*H*-pyrazolo[3,4-*d*]pyrimidin-4,6-diyldiamin $C_{18}H_{14}Cl_2N_6$, Formel XIV (R = C_6H_4-Cl). Kristalle (aus A.); F: 202–204° [unkorr.]; λ_{max} (A.): 255 nm und 291 nm (*Ch., Ro.,* l. c. S. 859, 860).

N^4,N^6-Bis-[4-brom-phenyl]-1-methyl-1*H*-pyrazolo[3,4-*d*]pyrimidin-4,6-diyldiamin $C_{18}H_{14}Br_2N_6$, Formel XIV (R = C_6H_4-Br). Kristalle (aus A.); F: 201–202° [unkorr.]; λ_{max} (A.): 255 nm und 292 nm (*Ch., Ro.,* l. c. S. 859).

1,N^4,N^6-Trimethyl-N^4,N^6-diphenyl-1*H*-pyrazolo[3,4-*d*]pyrimidin-4,6-diyldiamin $C_{20}H_{20}N_6$, Formel XIII (R = CH_3, R' = R'' = C_6H_5). Kristalle (aus Me.); F: 129–130° [unkorr.]; λ_{max} (A.): 227 nm und 269 nm (*Ch., Ro.,* l. c. S. 859).

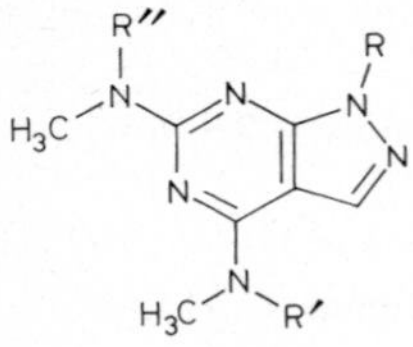

XIII 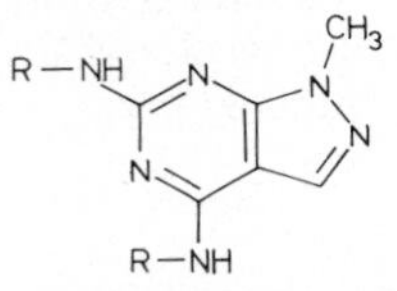 XIV 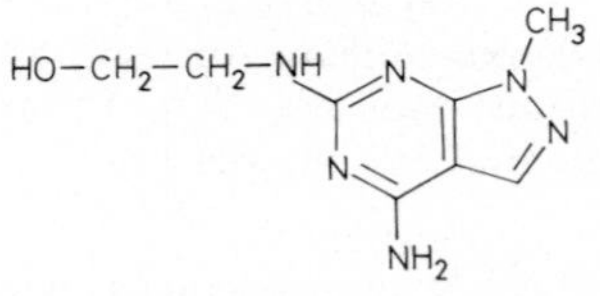 XV

N^4-Benzyl-N^6,N^6-dimethyl-1(2)*H*-pyrazolo[3,4-*d*]pyrimidin-4,6-diyldiamin $C_{14}H_{16}N_6$, Formel XII (R = CH_2-C_6H_5) und Taut.

B. Aus Benzyl-[6-chlor-1(2)*H*-pyrazolo[3,4-*d*]pyrimidin-4-yl]-amin und wss. Dimethylamin (*Robins,* Am. Soc. **79** [1957] 6407, 6414).

Kristalle (aus wss. A.); F: 255–256° [unkorr.]. λ_{max} (wss. Lösung): 265 nm [pH 1] bzw. 240 nm [pH 11].

N^4,N^6-Bis-[2,4-dimethyl-phenyl]-1-methyl-1*H*-pyrazolo[3,4-*d*]pyrimidin-4,6-diyldiamin $C_{22}H_{24}N_6$, Formel XIV (R = $C_6H_3(CH_3)_2$).

B. Aus 4,6-Dichlor-1-methyl-1*H*-pyrazolo[3,4-*d*]pyrimidin und 2,4-Dimethyl-anilin (*Cheng, Robins,* J. org. Chem. **23** [1958] 852, 859).

Kristalle (aus wss. Me.); F: 192,5–193,5° [unkorr.]. λ_{max} (A.): 286 nm.

2-[4-Amino-1-methyl-1*H*-pyrazolo[3,4-*d*]pyrimidin-6-ylamino]-äthanol $C_8H_{12}N_6O$, Formel XV.

B. Aus 6-Chlor-1-methyl-1*H*-pyrazolo[3,4-*d*]pyrimidin-4-ylamin und 2-Amino-äthanol (*Cheng, Robins,* J. org. Chem. **23** [1958] 852, 860).

Kristalle (aus Bzl. + Me.); F: 189–191,5° [unkorr.].

N^4,N^6-Bis-[2-diäthylamino-äthyl]-1-phenyl-1*H*-pyrazolo[3,4-*d*]pyrimidin-4,6-diyldiamin $C_{23}H_{36}N_8$, Formel I.

Dihydrochlorid $C_{23}H_{36}N_8 \cdot 2HCl$. *B.* Aus 4,6-Dichlor-1-phenyl-1*H*-pyrazolo[3,4-*d*]pyrimidin und *N*,*N*-Diäthyl-äthylendiamin (*Cheng, Robins,* J. org. Chem. **23** [1958] 852, 859). – Kristalle (aus Me.); F: 261–262,5° [unkorr.]. λ_{max}: 230 nm und 282 nm [A.] bzw. 236 nm und 287 nm [wss. Lösung vom pH 11].

7(9)*H*-Purin-2,6-diyldiamin $C_5H_6N_6$, Formel II (R = R′ = H) und Taut. (H 453).

B. Aus 5-Nitroso-pyrimidin-2,4,6-triyltriamin beim Erhitzen mit $Na_2S_2O_4$, Ameisensäure und Formamid (*Taylor et al.*, Am. Soc. **81** [1959] 2442, 2445, 2446). Aus der Kalium-Verbindung des Hydroxyimino-malononitrils beim Erhitzen mit Guanidin-carbonat und Formamid und dann mit $Na_2S_2O_4$ und Ameisensäure (*Ta. et al.*, l. c. S. 2447). Aus Pyrimidintetrayltetraamin-sulfat beim Erhitzen mit Formamid und Ameisensäure (*Bendich et al.*, Am. Soc. **70** [1948] 3109, 3113; s. a. *Robins et al.*, Am. Soc. **75** [1953] 263, 264, 265).

Herstellung von 7(9)*H*-[2-^{14}*C*]Purin-2,6-diyldiamin-sulfat: *Bennett*, Org. Synth. Isotopes **1958** 756; von 7(9)*H*-[8-^{14}*C*]Purin-2,6-diyldiamin: *Balis*, Biochem. Prepar. **5** [1957] 62, 66; eines 1,3,N^2-^{15}*N*-markierten Präparats: *Bendich et al.*, Org. Synth. Isotopes **1958** 1845.

F: 302° [korr.] (*Ta. et al.*, l. c. S. 2445), 300–302° (*Ro. et al.*, l. c. S. 264). IR-Spektrum (KBr; 2,5–14 μ): *Stimson*, J. Phys. Rad. [8] **15** [1954] 390, 393. IR-Banden eines festen Films (2,8–14,3 μ): *Willits et al.*, Am. Soc. **77** [1955] 2569, 2571; in KBr (2,9–6,3 μ): *Montgomery, Holum*, Am. Soc. **80** [1958] 404, 408. UV-Spektrum in KBr (210–330 nm): *St.*, l. c. S. 392; in wss. Lösungen vom pH 2, pH 6 und pH 9 (220–300 nm): *Cavalieri et al.*, Am. Soc. **70** [1948] 3875, 3876. λ_{max}: 242 nm und 282 nm [wss. HCl], 247 nm und 280 nm [wss. Lösung vom pH 7] bzw. 284 nm [wss. NaOH] (*Mo., Ho.*, l. c. S. 407); λ_{max} (wss. Lösung): 247 nm und 296 nm [pH −1,2], 241 nm und 282 nm [pH 3], 246–247 nm und 279–280 nm [pH 7,48] bzw. 284 nm [pH 13] (*Mason*, Soc. **1954** 2071, 2073). Scheinbarer Dissoziationsexponent pK'_{a1} (protonierte Verbindung; H_2O) bei 20°: 5,02 [spektrophotometrisch ermittelt] (*Lynch et al.*, Soc. **1958** 2973, 2976), 5,09 [potentiometrisch ermittelt] (*Albert, Brown*, Soc. **1954** 2060, 2062). Scheinbarer Dissoziationsexponent pK'_{a2} (H_2O; potentiometrisch ermittelt) bei 20°: 10,77 (*Al., Br.*). Bei 20° enthalten 420 ml wss. Lösung und bei 100° 17 ml wss. Lösung jeweils 1 g (*Al., Br.*). Verteilung zwischen Butan-1-ol und wss. Lösung vom pH 6,5: *Be. et al.*, Am. Soc. **70** 3113.

Hydrochlorid. IR-Spektrum (KBr; 2,5–14 μ) und UV-Spektrum (KBr; 230–330 nm): *St.*

Sulfat $2C_5H_6N_6 \cdot H_2SO_4$. Kristalle (aus wss. H_2SO_4) mit 1 Mol H_2O (*Be. et al.*, Am. Soc. **70** 3113).

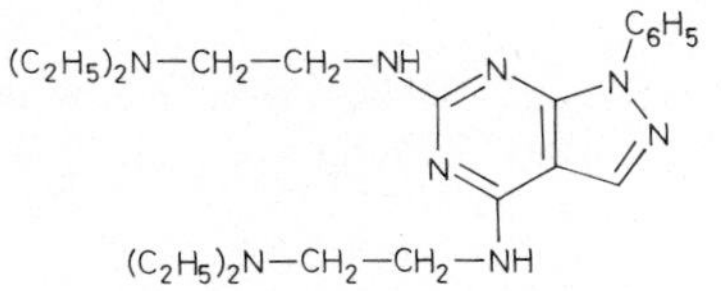

$(C_2H_5)_2N$—CH_2—CH_2—NH ... C_6H_5 ... $(C_2H_5)_2N$—CH_2—CH_2—NH   I

R′—NH ... R—NH   II

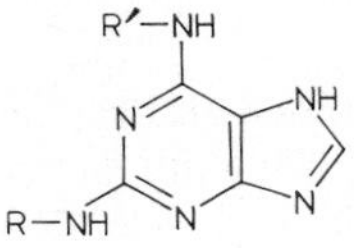

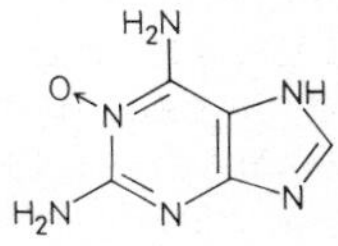

H_2N ... O ... H_2N III

R—NH ... $(CH_3)_2N$ IV

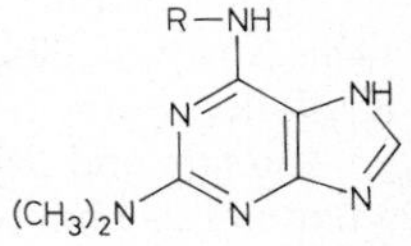

2,6-Diamino-7(9)*H*-purin-1-oxid, 1-Oxy-7(9)*H*-purin-2,6-diyldiamin $C_5H_6N_6O$, Formel III und Taut.

Konstitution: *Stevens et al.*, Am. Soc. **82** [1960] 1148, 1150.

B. Aus 7(9)*H*-Purin-2,6-diyldiamin und H_2O_2 (*Stevens et al.*, Am. Soc. **80** [1958] 2755, 2758).

Kristalle; Zers. >280°; λ_{max} (wss. Lösung): 248 nm und 290 nm [pH 1], 230 nm und 290 nm [pH 5,5] bzw. 228 nm und 295 nm [pH 13]; scheinbare Dissoziationsexponenten pK'_{a1}, pK'_{a2}, pK'_{a3} und pK'_{a4} (protonierte Verbindung; H_2O; spektrophotometrisch ermittelt): 1,0 bzw. 3,7 bzw. 9,7 bzw. 12,0 (*St. et al.*, Am. Soc. **80** 2756).

***N*^{2}-Methyl-7(9)*H*-purin-2,6-diyldiamin** $C_6H_8N_6$, Formel II (R = CH_3, R′ = H) und Taut.

B. Aus 2-Chlor-7(9)*H*-purin-6-ylamin und wss. Methylamin (*Montgomery, Holum*, Am. Soc. **80** [1958] 404, 406).

F: >300°. IR-Banden (KBr; 3400–1550 cm^{-1}): *Mo., Ho.*, l. c. S. 408. λ_{max}: 288 nm [wss. HCl], 248 nm und 286 nm [wss. Lösung vom pH 7] bzw. 289,5 nm [wss. NaOH] (*Mo., Ho.*, l. c. S. 407).

***N*^{6}-Methyl-7(9)*H*-purin-2,6-diyldiamin** $C_6H_8N_6$, Formel II (R = H, R′ = CH_3) und Taut.

B. Aus 6-Methylmercapto-7(9)*H*-purin-2-ylamin und wss. Methylamin (*Montgomery, Holum*,

Am. Soc. **80** [1958] 404, 406).

Kristalle (aus H_2O) mit 1,5 Mol H_2O; F: >300°. IR-Banden (KBr; 3400–1550 cm^{-1}): *Mo., Ho.,* l. c. S. 408. λ_{max}: 246 nm und 277 nm [wss. HCl], 274 nm [wss. Lösung vom pH 7] bzw. 282 nm [wss. NaOH] (*Mo., Ho.,* l. c. S. 407).

***N*^{2},*N*^{6}-Dimethyl-7(9)*H*-purin-2,6-diyldiamin** $C_7H_{10}N_6$, Formel II (R = R′ = CH_3) und Taut.

B. Aus [2-Chlor-7(9)*H*-purin-6-yl]-methyl-amin und wss. Methylamin (*Montgomery, Holum,* Am. Soc. **80** [1958] 404, 406).

F: >300°. IR-Banden (KBr; 3350–1500 cm^{-1}): *Mo., Ho.,* l. c. S. 408. λ_{max}: 232 nm, 247 nm und 286 nm [wss. HCl], 227 nm und 285 nm [wss. Lösung vom pH 7] bzw. 290 nm [wss. NaOH] (*Mo., Ho.,* l. c. S. 407).

***N*^{2},*N*^{2}-Dimethyl-7(9)*H*-purin-2,6-diyldiamin** $C_7H_{10}N_6$, Formel IV (R = H) und Taut.

B. Aus *N*-[4,6-Diamino-2-dimethylamino-pyrimidin-5-yl]-thioformamid beim Erhitzen in Chinolin (*Andrews et al.,* Soc. **1949** 2490, 2495). Aus 2-Chlor-7(9)*H*-purin-6-ylamin und wss. Dimethylamin (*Montgomery, Holum,* Am. Soc. **80** [1958] 404, 406).

Kristalle (aus H_2O); F: >300° (*Mo., Ho.*), 295° (*An. et al.*). IR-Banden (KBr; 3450–1550 cm^{-1}): *Mo., Ho.,* l. c. S. 408. λ_{max}: 228 nm und 292 nm [wss. HCl], 226 nm, 249 nm und 293 nm [wss. Lösung vom pH 7] bzw. 295 nm [wss. NaOH] (*Mo., Ho.,* l. c. S. 407).

***N*^{6},*N*^{6}-Dimethyl-7(9)*H*-purin-2,6-diyldiamin** $C_7H_{10}N_6$, Formel V (R = H) und Taut.

B. Aus 6-Methylmercapto-7(9)*H*-purin-2-ylamin und wss. Dimethylamin (*Montgomery, Holum,* Am. Soc. **80** [1958] 404, 406).

Kristalle (nach Sublimation im Vakuum); F: >300°. IR-Banden (KBr; 3400–1550 cm^{-1}): *Mo., Ho.,* l. c. S. 408. λ_{max}: 231 nm, 255,5 nm und 281,5 nm [wss. HCl], 227,5 nm, 255 nm und 283 nm [wss. Lösung vom pH 7] bzw. 289 nm [wss. NaOH] (*Mo., Ho.,* l. c. S. 407).

***N*^{2},*N*^{2},*N*^{6}-Trimethyl-7(9)*H*-purin-2,6-diyldiamin** $C_8H_{12}N_6$, Formel IV (R = CH_3) und Taut.

B. Aus [2-Chlor-7(9)*H*-purin-6-yl]-methyl-amin und wss. Dimethylamin (*Montgomery, Holum,* Am. Soc. **80** [1958] 404, 406).

Kristalle (aus A.); F: >300°. IR-Banden (KBr; 3250–1500 cm^{-1}): *Mo., Ho.,* l. c. S. 408. λ_{max}: 236 nm und 286 nm [wss. HCl], 234,5 nm und 290 nm [wss. Lösung vom pH 7] bzw. 228 nm und 295 nm [wss. NaOH] (*Mo., Ho.,* l. c. S. 407).

***N*^{2},*N*^{6},*N*^{6}-Trimethyl-7(9)*H*-purin-2,6-diyldiamin** $C_8H_{12}N_6$, Formel V (R = CH_3) und Taut.

B. Aus [2-Chlor-7(9)*H*-purin-6-yl]-dimethyl-amin und wss. Methylamin (*Montgomery, Holum,* Am. Soc. **80** [1958] 404, 406).

Kristalle (aus H_2O); F: 234°. IR-Banden (KBr; 3400–1500 cm^{-1}): *Mo., Ho.,* l. c. S. 408. λ_{max}: 256,5 nm und 285 nm [wss. HCl], 287,5 nm [wss. Lösung vom pH 7] bzw. 288 nm [wss. NaOH] (*Mo., Ho.,* l. c. S. 407).

***N*^{2},*N*^{2},*N*^{6},*N*^{6}-Tetramethyl-7(9)*H*-purin-2,6-diyldiamin** $C_9H_{14}N_6$, Formel VI (R = CH_3) und Taut.

B. Beim Erwärmen von Xanthin (S. 2327) mit $POCl_3$ und Trimethylamin (*Robins, Christensen,* Am. Soc. **74** [1952] 3624, 3626). Aus [2-Methansulfonyl-7(9)*H*-purin-6-yl]-dimethyl-amin und wss. Dimethylamin (*Noell, Robins,* Am. Soc. **81** [1959] 5997, 6002, 6006).

Kristalle; F: 256° [unkorr.; aus DMF + H_2O] (*No., Ro.*), 254–255° [korr.; aus A.] (*Ro., Ch.*). λ_{max} (wss. Lösung): 241 nm und 263 nm [pH 1] bzw. 244 nm und 294 nm [pH 11] (*No., Ro.*).

***N*^{2},*N*^{2},*N*^{6},*N*^{6}-Tetraäthyl-7(9)*H*-purin-2,6-diyldiamin** $C_{13}H_{22}N_6$, Formel VI (R = C_2H_5) und Taut.

B. Beim Erwärmen von Xanthin (S. 2327) mit $POCl_3$ und Triäthylamin (*Robins, Christensen,*

Am. Soc. **74** [1952] 3624, 3626).

Kristalle (aus PAe.); F: 116,5–117,5° [korr.].

Picrat $C_{13}H_{22}N_6 \cdot C_6H_3N_3O_7$. Kristalle (aus A.); F: 173–174° [korr.].

***N*²-Butyl-7(9)*H*-purin-2,6-diyldiamin** $C_9H_{14}N_6$, Formel VII (R = $[CH_2]_3$-CH_3, R′ = H) und Taut.

B. Aus 2-Chlor-7(9)*H*-purin-6-ylamin und wss. Butylamin (*Montgomery, Holum,* Am. Soc. **80** [1958] 404, 406).

Kristalle (aus A. + Bzl.); F: 218–218,5°. IR-Banden (KBr; 3400–1600 cm^{-1}): *Mo., Ho.,* l. c. S. 408. λ_{max}: 288 nm [wss. HCl], 248 nm und 286 nm [wss. Lösung vom pH 7] bzw. 289 nm [wss. NaOH] (*Mo., Ho.,* l. c. S. 407).

***N*⁶-Butyl-7(9)*H*-purin-2,6-diyldiamin** $C_9H_{14}N_6$, Formel VII (R = H, R′ = $[CH_2]_3$-CH_3) und Taut.

B. Aus 6-Methylmercapto-7(9)*H*-purin-2-ylamin und Butylamin (*Montgomery, Holum,* Am. Soc. **80** [1958] 404, 406, 408).

Kristalle (aus $CHCl_3$); F: 165–166°. IR-Banden (KBr; 3400–1550 cm^{-1}): *Mo., Ho.,* l. c. S. 408. λ_{max}: 247 nm und 279,5 nm [wss. HCl], 254 nm und 280,5 nm [wss. Lösung vom pH 7] bzw. 285,5 nm [wss. NaOH] (*Mo., Ho.,* l. c. S. 407).

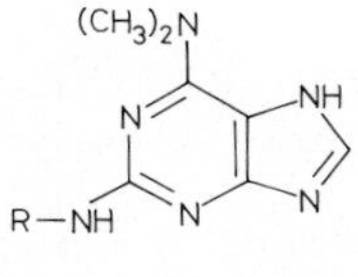

V 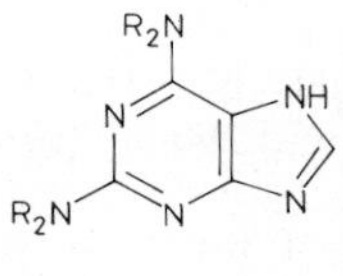 VI 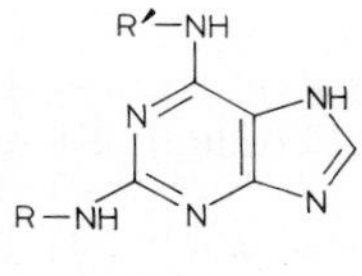 VII 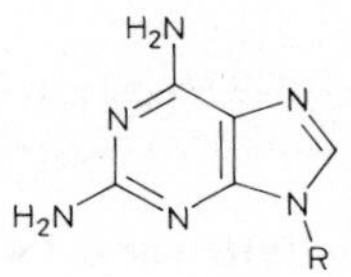 VIII

***N*²-Butyl-*N*⁶-methyl-7(9)*H*-purin-2,6-diyldiamin** $C_{10}H_{16}N_6$, Formel VII (R = $[CH_2]_3$-CH_3, R′ = CH_3) und Taut.

B. Aus [2-Chlor-7(9)*H*-purin-6-yl]-methyl-amin und Butylamin (*Montgomery, Holum,* Am. Soc. **80** [1958] 404, 406).

Kristalle (aus A.); F: 254–254,5°. IR-Banden (KBr; 3450–1500 cm^{-1}): *Mo., Ho.,* l. c. S. 408. λ_{max}: 233 nm, 247 nm und 285 nm [wss. HCl], 228,5 nm und 285,5 nm [wss. Lösung vom pH 7] bzw. 290 nm [wss. NaOH] (*Mo., Ho.,* l. c. S. 407).

Die folgenden Verbindungen sind in analoger Weise hergestellt worden:

*N*⁶-Butyl-*N*²-methyl-7(9)*H*-purin-2,6-diyldiamin $C_{10}H_{16}N_6$, Formel VII (R = CH_3, R′ = $[CH_2]_3$-CH_3) und Taut. Kristalle (aus H_2O); F: 152° (*Mo., Ho.,* l. c. S. 406). IR-Banden (KBr; 3400–1500 cm^{-1}): *Mo., Ho.,* l. c. S. 408. λ_{max}: 233,5 nm, 249 nm und 284 nm [wss. HCl], 229 nm und 284 nm [wss. Lösung vom pH 7] bzw. 289 nm [wss. NaOH] (*Ho., Mo.,* l. c. S. 407).

*N*²-Butyl-*N*⁶,*N*⁶-dimethyl-7(9)*H*-purin-2,6-diyldiamin $C_{11}H_{18}N_6$, Formel V (R = $[CH_2]_3$-CH_3) und Taut. Kristalle (aus A.); F: 177–177,5° (*Mo., Ho.,* l. c. S. 406). IR-Banden (KBr; 3400–1500 cm^{-1}): *Mo., Ho.,* l. c. S. 408. λ_{max}: 237 nm, 259 nm und 285 nm [wss. HCl], 237 nm und 290 nm [wss. Lösung vom pH 7] bzw. 295,5 nm [wss. NaOH] (*Mo., Ho.,* l. c. S. 407).

*N*⁶-Butyl-*N*²,*N*²-dimethyl-7(9)*H*-purin-2,6-diyldiamin $C_{11}H_{18}N_6$, Formel IV (R = $[CH_2]_3$-CH_3) und Taut. Kristalle (aus A. + CCl_4); F: 172° (*Mo., Ho.,* l. c. S. 406). IR-Banden (KBr; 3050–1500 cm^{-1}): *Mo., Ho.,* l. c. S. 408. λ_{max}: 238 nm, 254 nm und 283 nm [wss. HCl], 237 nm und 292 nm [wss. Lösung vom pH 7] bzw. 238 nm und 291 nm [wss. NaOH] (*Mo., Ho.,* l. c. S. 407).

***N*²,*N*⁶-Dibutyl-7(9)*H*-purin-2,6-diyldiamin** $C_{13}H_{22}N_6$, Formel VII (R = R′ = $[CH_2]_3$-CH_3) und Taut.

B. Aus 2,6-Dichlor-7(9)*H*-purin und wss. Butylamin (*Montgomery, Holum,* Am. Soc. **80** [1958]

404, 406).

Kristalle (aus A.); F: 274–275°. IR-Banden (KBr; 3200–1500 cm^{-1}): *Mo., Ho.,* l. c. S. 408. λ_{max}: 236 nm, 253 nm und 282 nm [wss. HCl], 231 nm und 284 nm [wss. Lösung vom pH 7] bzw. 288 nm [wss. NaOH] (*Mo., Ho.,* l. c. S. 407).

Hydrochlorid $C_{13}H_{22}N_6 \cdot HCl$.

9-Phenyl-9*H*-purin-2,6-diyldiamin $C_{11}H_{10}N_6$, Formel VIII (R = C_6H_5).

B. Aus N^4-Phenyl-pyrimidin-2,4,6-triyltriamin beim Behandeln mit $NaNO_2$ in wss. Essigsäure, Erwärmen des erhaltenen Nitroso-Derivats mit $Na_2S_2O_4$ in H_2O und Erwärmen des Reaktionsprodukts mit Formamid (*Koppel et al.,* Am. Soc. **81** [1959] 3046, 3049, 3050).

F: 283–285° [unkorr.]. λ_{max} (wss. Lösung): 230 nm und 291 nm [pH 1] bzw. 280 nm [pH 11].

Die folgenden Verbindungen sind in analoger Weise hergestellt worden:

9-[4-Chlor-phenyl]-9*H*-purin-2,6-diyldiamin $C_{11}H_9ClN_6$, Formel VIII (R = C_6H_4-Cl). F: 304–305° [unkorr.]. λ_{max} (wss. Lösung): 240 nm und 293 nm [pH 1] bzw. 279 nm [pH 11].

9-[3,4-Dichlor-phenyl]-9*H*-purin-2,6-diyldiamin $C_{11}H_8Cl_2N_6$, Formel VIII (R = $C_6H_3Cl_2$). F: 304–305° [unkorr.]. λ_{max} (wss. Lösung): 237 nm und 290 nm [pH 1] bzw. 280 nm [pH 11].

9-[4-Brom-phenyl]-9*H*-purin-2,6-diyldiamin $C_{11}H_9BrN_6$, Formel VIII (R = C_6H_4-Br). F: 315–317° [unkorr.]. λ_{max} (wss. Lösung): 240 nm und 292 nm [pH 1] bzw. 278 nm [pH 11].

9-*p*-Tolyl-9*H*-purin-2,6-diyldiamin $C_{12}H_{12}N_6$, Formel VIII (R = C_6H_4-CH_3). F: 292–293° [unkorr.]. λ_{max} (wss. Lösung): 230 nm und 290 nm [pH 1] bzw. 280 nm [pH 11].

***N*⁶-Phenyl-7(9)*H*-purin-2,6-diyldiamin** $C_{11}H_{10}N_6$, Formel VII (R = H, R′ = C_6H_5) und Taut.

B. Aus N^4-Phenyl-pyrimidintetrayltetraamin beim Erhitzen mit Orthoameisensäure-triäthylester und Acetanhydrid (*Koppel et al.,* Am. Soc. **81** [1959] 3046, 3050).

Kristalle (aus DMF+H_2O); F: 283–285° [unkorr.]. λ_{max} (wss. Lösung): 300 nm [pH 1] bzw. 237 nm und 304 nm [pH 11].

***N*⁶-Benzyl-7(9)*H*-purin-2,6-diyldiamin** $C_{12}H_{12}N_6$, Formel VII (R = H, R′ = CH_2-C_6H_5) und Taut.

B. Aus 6-Methylmercapto-7(9)*H*-purin-2-ylamin und Benzylamin (*Leonard et al.,* Am. Soc. **81** [1959] 907).

Hydrochlorid $C_{12}H_{12}N_6 \cdot HCl$. F: 230–233° [Zers.].

***N*²,*N*²-Dibenzyl-7(9)*H*-purin-2,6-diyldiamin** $C_{19}H_{18}N_6$, Formel IX und Taut.

B. Aus *N*-[4,6-Diamino-2-dibenzylamino-pyrimidin-5-yl]-thioformamid beim Erhitzen in Chinolin (*Andrews et al.,* Soc. **1949** 2490, 2494).

Kristalle (aus Butan-1-ol+Bzl.); F: 225°.

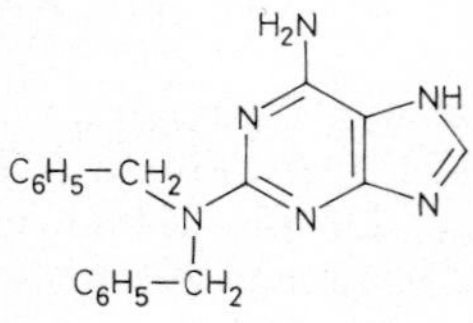

IX 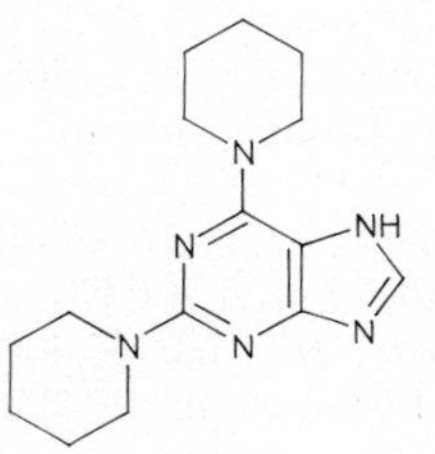 X 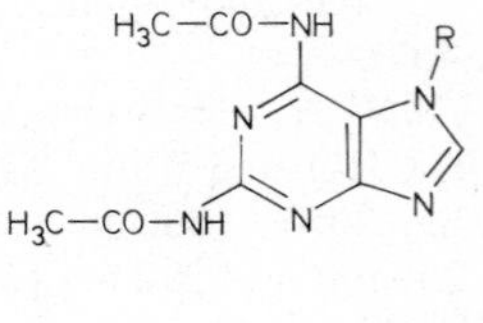 XI

***N*⁶-Phenäthyl-7(9)*H*-purin-2,6-diyldiamin** $C_{13}H_{14}N_6$, Formel VII (R = H, R′ = CH_2-CH_2-C_6H_5) und Taut.

B. Aus 6-Methylmercapto-7(9)*H*-purin-2-ylamin und Phenäthylamin (*Leonard et al.,* Am. Soc.

81 [1959] 907, 908).
Kristalle; F: 202—203° [Zers.].

2,6-Dipiperidino-7(9)*H*-purin $C_{15}H_{22}N_6$, Formel X und Taut.
B. Aus 2,6-Dichlor-7(9)*H*-purin und Piperidin (*Breshears et al.,* Am. Soc. **81** [1959] 3789, 3790).
Kristalle (aus wss. A.); F: 214—216°. λ_{max} (wss. Lösung vom pH 1): 245 nm und 268 nm.

2,6-Bis-acetylamino-7(9)*H*-purin, *N,N'*-[7(9)*H*-Purin-2,6-diyl]-bis-acetamid $C_9H_{10}N_6O_2$, Formel XI (R = H) und Taut.
B. Aus 7(9)*H*-Purin-2,6-diyldiamin und Acetanhydrid (*Davoll, Lowy,* Am. Soc. **73** [1951] 1650, 1652; s. a. *Baker, Hewson,* J. org. Chem. **22** [1957] 959, 961, 964).
Kristalle (aus H_2O); F: 285—289° [Zers.] (*Ba., He.*). IR-Banden (KBr; 3200—1350 cm^{-1}): *Ba., He.*

7(oder 9),*N*^{2},*N*^{6}-Triacetyl-7(oder 9)*H*-purin-2,6-diyldiamin $C_{11}H_{12}N_6O_3$, Formel XI (R = $CO\text{-}CH_3$) oder XII.
B. Aus 7(9)*H*-Purin-2,6-diyldiamin und Acetanhydrid (*Baker, Hewson,* J. org. Chem. **22** [1957] 959, 964).
Kristalle; F: 243—245° [Zers.].
Beim Erhitzen mit H_2O bildet sich 2,6-Bis-acetylamino-7(9)*H*-purin.

2,6-Bis-benzoylamino-7(9)*H*-purin, *N,N'*-[7(9)*H*-Purin-2,6-diyl]-bis-benzamid $C_{19}H_{14}N_6O_2$, Formel VII (R = $CO\text{-}C_6H_5$) und Taut.
B. Aus 7(9)*H*-Purin-2,6-diyldiamin und Benzoesäure-anhydrid (*Davoll, Lowy,* Am. Soc. **73** [1951] 1650, 1652).
Kristalle (aus A. + Acn.); F: 320° [unkorr.].

***N*^{2}-[3-Diäthylamino-propyl]-7-methyl-7*H*-purin-2,6-diyldiamin** $C_{13}H_{23}N_7$, Formel XIII (R = H).
B. Aus 2-Chlor-7-methyl-7*H*-purin-6-ylamin und *N,N*-Diäthyl-propandiyldiamin (*Adams, Whitmore,* Am. Soc. **67** [1945] 1271).
Pentahydrochlorid $C_{13}H_{23}N_7 \cdot 5HCl$. Kristalle (aus Propan-1-ol + Me.); F: > 225°.

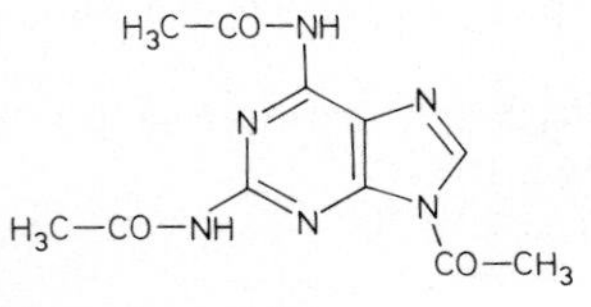

XII 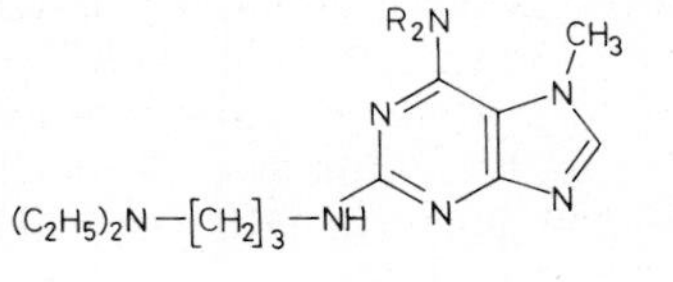 XIII 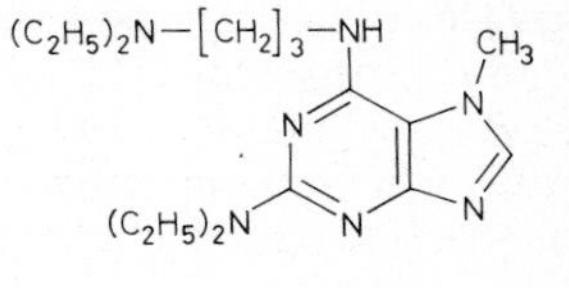 XIV

***N*^{6},*N*^{6}-Diäthyl-*N*^{2}-[3-diäthylamino-propyl]-7-methyl-7*H*-purin-2,6-diyldiamin** $C_{17}H_{31}N_7$, Formel XIII (R = C_2H_5).
B. Aus Diäthyl-[2-chlor-7-methyl-7*H*-purin-6-yl]-amin und *N,N*-Diäthyl-propandiyldiamin (*Adams, Whitmore,* Am. Soc. **67** [1945] 1271).
Pentahydrochlorid $C_{17}H_{31}N_7 \cdot 5HCl$. Kristalle (aus Propan-1-ol + Me.); F: > 225°.

***N*^{2},*N*^{2}-Diäthyl-*N*^{6}-[3-diäthylamino-propyl]-7-methyl-7*H*-purin-2,6-diyldiamin** $C_{17}H_{31}N_7$, Formel XIV.
B. Aus *N,N*-Diäthyl-*N'*-[2-chlor-7-methyl-7*H*-purin-6-yl]-propandiyldiamin und Diäthylamin (*Adams, Whitmore,* Am. Soc. **67** [1945] 1271).
Hydrochlorid. Kristalle (aus Propan-1-ol + Ae.); F: > 255°.
Tripicrat $C_{17}H_{31}N_7 \cdot 3C_6H_3N_3O_7$. Kristalle (aus A.); F: 165—165,5°.

***N*^{6}-Furfuryl-7(9)*H*-purin-2,6-diyldiamin** $C_{10}H_{10}N_6O$, Formel I und Taut.

B. Aus 6-Methylmercapto-7(9)*H*-purin-2-ylamin und Furfurylamin (*Leonard et al.,* Am. Soc. **81** [1959] 907; *Almirante,* Ann. Chimica **49** [1959] 333, 339).

Kristalle; Sublimation bei 210° [aus A.] (*Al.*); F: 206–208° (*Le. et al.*). λ_{max} (wss. Lösung vom pH 1): 245 nm und 282 nm (*Al.,* l. c. S. 340).

Hydrochlorid $C_{10}H_{10}N_6O \cdot HCl$. Kristalle [aus wss. HCl] (*Al.*).

2-Furfurylamino-6-piperidino-7(9)*H*-purin, Furfuryl-[6-piperidino-7(9)*H*-purin-2-yl]-amin $C_{15}H_{18}N_6O$, Formel II und Taut.

B. Aus 2-Chlor-6-piperidino-7(9)*H*-purin und Furfurylamin (*Breshears et al.,* Am. Soc. **81** [1959] 3789, 3790).

Kristalle (aus wss. A.); F: >215° [Zers.]. λ_{max} (wss. Lösung vom pH 1): 288 nm.

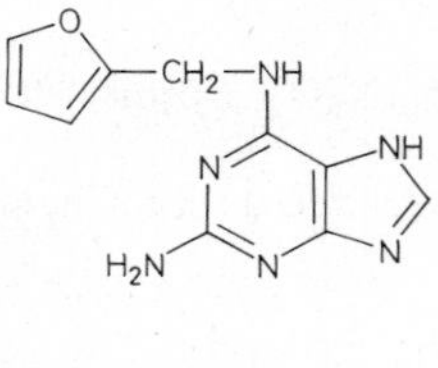

I 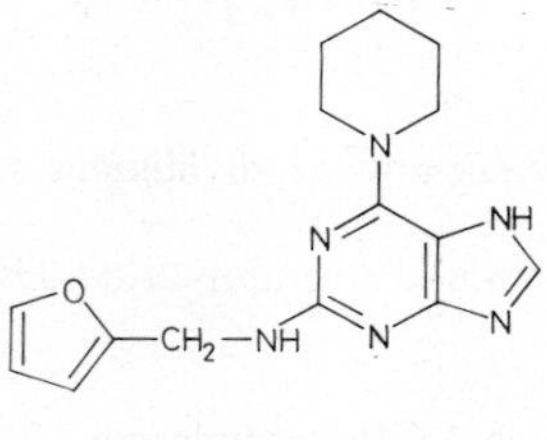 II 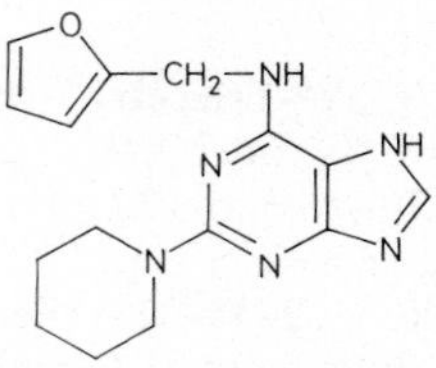 III

6-Furfurylamino-2-piperidino-7(9)*H*-purin, Furfuryl-[2-piperidino-7(9)*H*-purin-6-yl]-amin $C_{15}H_{18}N_6O$, Formel III und Taut.

B. Aus [2-Chlor-7(9)*H*-purin-6-yl]-furfuryl-amin und Piperidin (*Breshears et al.,* Am. Soc. **81** [1959] 3789, 3790).

Kristalle (aus wss. A.); F: 249–250°. λ_{max} (wss. Lösung vom pH 1): 241 nm und 292 nm.

***N*^{2},*N*^{6}-Difurfuryl-7(9)*H*-purin-2,6-diyldiamin** $C_{15}H_{14}N_6O_2$, Formel IV und Taut.

B. Aus 2,6-Dichlor-7(9)*H*-purin und Furfurylamin (*Breshears et al.,* Am. Soc. **81** [1959] 3789, 3790).

Kristalle (aus wss. A.); F: 162–163°. λ_{max} (A.): 230 nm und 287 nm.

D-(1*R*)-1-[2,6-Diamino-purin-9-yl]-1,5-anhydro-ribit, 9-β-D-Ribopyranosyl-9*H*-purin-2,6-diyldiamin $C_{10}H_{14}N_6O_4$, Formel V (R = R′ = R″ = H).

B. Aus D-(1*R*)-Tri-*O*-acetyl-1-[2,6-bis-acetylamino-purin-9-yl]-1,5-anhydro-ribit (s. u.) mit Hilfe von Natriummethylat (*Davoll, Lowy,* Am. Soc. **74** [1952] 1563, 1564).

Kristalle (aus H_2O); F: 188–190° [unkorr.]. $[\alpha]_D^{23}$: −21° [H_2O; c = 0,7].

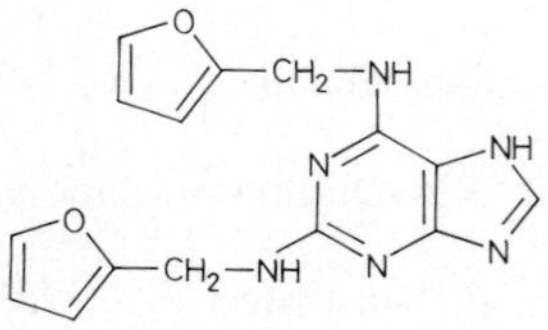

IV 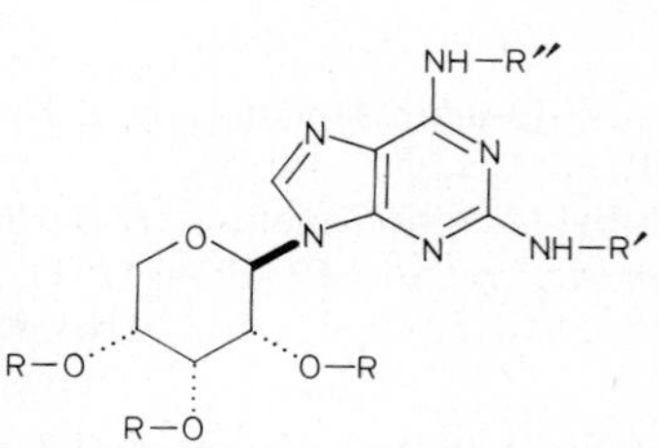 V

D-(1*R*)-1-[2-Acetylamino-6-amino-purin-9-yl]-1,5-anhydro-ribit, 2-Acetylamino-6-amino-9-β-D-ribopyranosyl-9*H*-purin $C_{12}H_{16}N_6O_5$, Formel V (R = R″ = H, R′ = CO-CH_3).

B. Aus der folgenden Verbindung mit Hilfe von methanol. NH_3 (*Davoll, Lowy,* Am. Soc. **74** [1952] 1563, 1564).

Kristalle (aus H_2O); F: 227–230° [unkorr.].

D-(1*R*)-Tri-*O*-acetyl-1-[2,6-bis-acetylamino-purin-9-yl]-1,5-anhydro-ribit, 2,6-Bis-acetylamino-9-[tri-*O*-acetyl-β-D-ribopyranosyl]-9*H*-purin $C_{20}H_{24}N_6O_9$, Formel V (R = R′ = R″ = CO-CH_3).

B. Aus der Chloromercurio-Verbindung des 2,6-Bis-acetylamino-7(9)*H*-purins beim Erhitzen mit Tri-*O*-acetyl-β-D-ribopyranosylchlorid in Xylol (*Davoll, Lowy,* Am. Soc. **74** [1952] 1563, 1564).

Kristalle (aus A.); F: 254–260° [unkorr.].

2-[2,6-Diamino-purin-9-yl]-5-hydroxymethyl-tetrahydro-furan-3,4-diol $C_{10}H_{14}N_6O_4$.

a) **(1*R*)-1-[2,6-Diamino-purin-9-yl]-D-1,4-anhydro-ribit, 2-Amino-adenosin,** 9-β-D-Ribofuranosyl-9*H*-purin-2,6-diyldiamin, Formel VI (R = R′ = X = H).

B. Aus der Chloromercurio-Verbindung des 2,6-Bis-acetylamino-7(9)*H*-purins beim Erhitzen mit Tri-*O*-acetyl-α-D-ribofuranosylchlorid (E III/IV **17** 2294) in Xylol und anschliessenden Behandeln mit Natriummethylat in Methanol (*Davoll, Lowy,* Am. Soc. **73** [1951] 1650, 1655). – Herstellung von 2-Amino-[2-^{14}C]adenosin: *Da., Lowy*; *Lowy et al.,* Org. Synth. Isotopes **1958** 1044.

Kristalle (aus H_2O); F: 248° [unkorr.]; $[\alpha]_D^{28}$: –40,5° [wss. HCl (0,1 n); c = 0,7]; λ_{max} (wss. Lösung vom pH 6,7): 215 nm, 255 nm und 280 nm (*Da., Lowy*).

b) **(1*R*)-1-[2,6-Diamino-purin-9-yl]-D-1,4-anhydro-xylit,** 9-β-D-Xylofuranosyl-9*H*-purin-2,6-diyldiamin, Formel VII.

B. Aus der Chloromercurio-Verbindung des 2,6-Bis-acetylamino-7(9)*H*-purins beim Erhitzen mit Tri-*O*-acetyl-ξ-D-xylofuranosylchlorid und Behandeln des Reaktionsprodukts mit methanol. Natriummethylat (*Davoll, Lowy,* Am. Soc. **74** [1952] 1563, 1564).

Kristalle (aus H_2O) mit 0,5 Mol H_2O; F: 160–163° [unkorr.].

Picrat $C_{10}H_{14}N_6O_4 \cdot C_6H_3N_3O_7$. Gelbe Kristalle (aus wss. A.); F: 226° [unkorr.; Zers.].

2-Amino-*O*$^{5'}$-phosphono-adenosin, 2-Amino-[5′]adenylsäure $C_{10}H_{15}N_6O_7P$, Formel VI (R = R′ = H, X = $PO(OH)_2$).

B. Aus 7(9)*H*-Purin-2,6-diyldiamin und *O*^{5}-Phosphono-*O*^{1}-trihydroxydiphosphoryl-α-D-ribofuranose bei der Einwirkung eines Enzympräparats aus Rinderleber (*Way, Parks,* J. biol. Chem. **231** [1958] 467, 476).

λ_{max} (wss. Lösung vom pH 7): 252 nm.

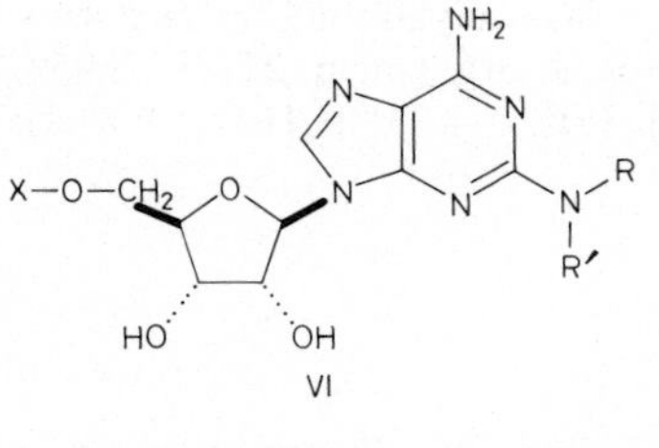

VI 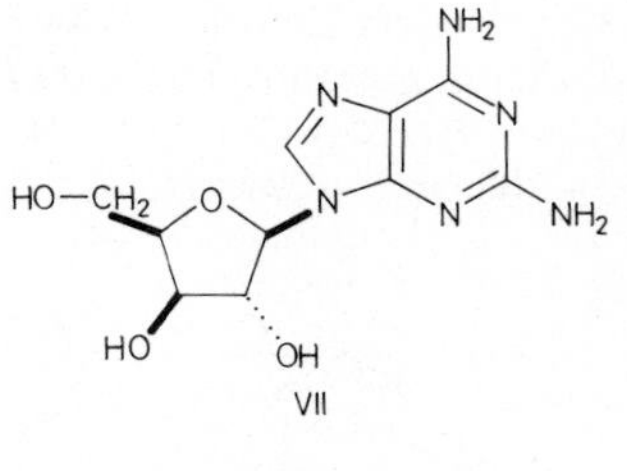 VII

2-Methylamino-adenosin $C_{11}H_{16}N_6O_4$, Formel VI (R = CH_3, R′ = X = H).

B. Aus 2-Chlor-adenosin und Methylamin (*Schaeffer, Thomas,* Am. Soc. **80** [1958] 3738, 3741).

Kristalle (aus Me.+E.); F: 198° [Zers.]. $[\alpha]_D^{26}$: –42,8° [Me.; c = 0,4]. IR-Banden (3350–1050 cm^{-1}): *Sch., Th.* λ_{max} (wss. Lösung): 254 nm und 299 nm [pH 1], 258 nm und 287 nm [pH 7] bzw. 257 nm und 288 nm [pH 13].

2-Methylamino-*O*$^{5'}$-phosphono-adenosin, 2-Methylamino-[5′]adenylsäure $C_{11}H_{17}N_6O_7P$, Formel VI (R = CH_3, R′ = H, X = $PO(OH)_2$).

B. Aus 7(9)*H*-Purin-2,6-diyldiamin bei Einwirkung von Enzymen aus Escherichia coli (*Remy,*

Smith, J. biol. Chem. **228** [1957] 325).

UV-Spektrum (wss. Lösungen vom pH 2 und pH 11; 210–320 nm): *Remy, Sm.,* l. c. S. 334.

2-Dimethylamino-adenosin $C_{12}H_{18}N_6O_4$, Formel VI (R = R' = CH_3, X = H).

B. Aus 2-Chlor-adenosin und Dimethylamin (*Schaeffer, Thomas,* Am. Soc. **80** [1958] 3738, 3741).

Kristalle (aus H_2O); F: 213° [Zers.]. $[\alpha]_D^{26}$: −12,5° [Me.; c = 0,6]. IR-Banden (3450–1050 cm^{-1}): *Sch., Th.* λ_{max} (wss. Lösung): 261 nm und 305 nm [pH 1], 227 nm, 262 nm und 294 nm [pH 7] bzw. 262 nm und 295 nm [pH 13].

***N*-[6-Amino-9-*β*-D-ribofuranosyl-9*H*-purin-2-yl]-acetamid, 2-Acetylamino-adenosin** $C_{12}H_{16}N_6O_5$, Formel VI (R = CO-CH_3, R' = X = H).

B. Aus der Chloromercurio-Verbindung des 2,6-Bis-acetylamino-7(9)*H*-purins beim Erhitzen mit Tri-*O*-acetyl-α-D-ribofuranosylchlorid und Behandeln des Reaktionsprodukts mit methanol. NH_3 (*Davoll, Lowy,* Am. Soc. **73** [1951] 1650, 1655).

Kristalle (aus H_2O); F: 140–150°.

(6*R*)-6-[2,6-Diamino-purin-9-yl]-2,6-anhydro-1-desoxy-L-mannit, 9-α-L-Rhamnopyranosyl-9*H*-purin-2,6-diyldiamin $C_{11}H_{16}N_6O_4$, Formel VIII (R = R' = R'' = H).

B. Aus (6*R*)-Tri-*O*-benzoyl-6-[2,6-bis-acetylamino-purin-9-yl]-2,6-anhydro-1-desoxy-L-mannit (s. u.) mit Hilfe von Natriummethylat (*Baker, Hewson,* J. org. Chem. **22** [1957] 959, 964).

Kristalle (aus wss. Acn.) mit 0,5 Mol Aceton; F: 198° [Zers. ab 140°]. $[\alpha]_D^{26}$: −75° [H_2O; c = 0,7]. IR-Banden (KBr; 3450–1050 cm^{-1}): *Ba., He.*

Picrat $C_{11}H_{16}N_6O_4 \cdot C_6H_3N_3O_7$. Gelbe Kristalle (aus H_2O); Zers. bei 223–224°. IR-Banden (KBr; 3500–1030 cm^{-1}): *Ba., He.*

(6*R*)-6-[2-Acetylamino-6-amino-purin-9-yl]-2,6-anhydro-1-desoxy-L-mannit, 2-Acetylamino-6-amino-9-α-L-rhamnopyranosyl-9*H*-purin $C_{13}H_{18}N_6O_5$, Formel VIII (R = R'' = H, R' = CO-CH_3).

B. Aus der folgenden Verbindung mit Hilfe von methanol. NH_3 oder Butylamin (*Baker, Hewson,* J. org. Chem. **22** [1957] 959, 964, 965).

Kristalle (aus wss. Acn.) mit 1 Mol H_2O; F: 158–160°. $[\alpha]_D^{26}$: −86° [H_2O; c = 0,9]. IR-Banden (KBr; 3400–1100 cm^{-1}): *Ba., He.*

(6*R*)-Tri-*O*-benzoyl-6-[2,6-bis-acetylamino-purin-9-yl]-2,6-anhydro-1-desoxy-L-mannit, 2,6-Bis-acetylamino-9-[tri-*O*-benzoyl-α-L-rhamnopyranosyl]-9*H*-purin $C_{36}H_{32}N_6O_9$, Formel VIII (R = CO-C_6H_5, R' = R'' = CO-CH_3).

B. Aus der Chloromercurio-Verbindung des 2,6-Bis-acetylamino-7(9)*H*-purins und Tri-*O*-benzoyl-α-L-rhamnopyranosylbromid (*Baker, Hewson,* J. org. Chem. **22** [1957] 959, 964).

Kristalle (aus $CHCl_3$); F: 239–242° [unkorr.]. $[\alpha]_D^{26}$: +33° [$CHCl_3$; c = 1]. IR-Banden (KBr; 3150–700 cm^{-1}): *Ba., He.*

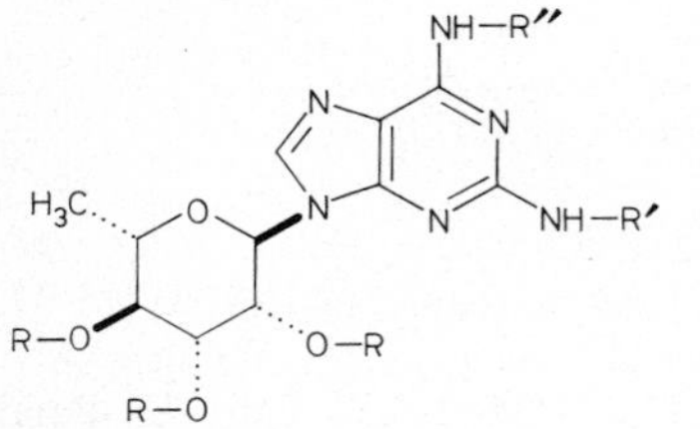

VIII 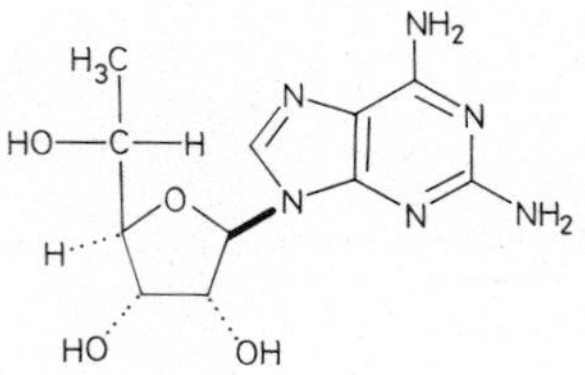 IX 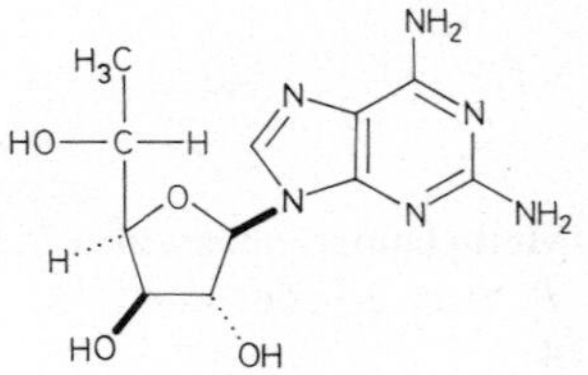 X

2-[2,6-Diamino-purin-9-yl]-5-[1-hydroxy-äthyl]-tetrahydro-furan-3,4-diol $C_{11}H_{16}N_6O_4$.

a) **(6*R*)-6-[2,6-Diamino-purin-9-yl]-L-3,6-anhydro-1-desoxy-allit,** 9-[6-Desoxy-*β*-D-allofuranosyl]-9*H*-purin-2,6-diyldiamin, Formel IX.

B. Aus der Chloromercurio-Verbindung des 2,6-Bis-acetylamino-7(9)*H*-purins beim Erhitzen mit O^2,O^3,O^5-Tribenzoyl-6-desoxy-ξ-D-allofuranosylchlorid (erhalten aus O^1-Acetyl-O^2,O^3,O^5-tribenzoyl-6-desoxy-ξ-D-allofuranose [E III/IV **17** 2639] und äther. HCl) und Behandeln des Reaktionsprodukts mit methanol. Natriummethylat (*Reist et al.,* Am. Soc. **80** [1958] 3962, 3966).

Hydrochlorid $C_{11}H_{16}N_6O_4 \cdot HCl$. Kristalle (aus A.); F: 210–212° [Zers.]. $[\alpha]_D^{24,2}$: –76,1° [H_2O; c = 1,7]. IR-Banden (KBr; 2,9–7,3 μ): *Re. et al.*

Picrat. Kristalle (aus H_2O); F: 189–195° [Zers.].

b) **(1*R*)-1-[2,6-Diamino-purin-9-yl]-1,4-anhydro-6-desoxy-D-glucit,** 9-[6-Desoxy-β-D-glucofuranosyl]-9*H*-purin-2,6-diyldiamin, Formel X.

B. Aus der Chloromercurio-Verbindung des 2,6-Bis-acetylamino-7(9)*H*-purins beim Erhitzen mit O^2-Acetyl-O^3,O^5-dibenzoyl-6-desoxy-ξ-D-glucofuranosylchlorid (erhalten aus O^1,O^2-Diacetyl-O^3,O^5-dibenzoyl-6-desoxy-ξ-D-glucofuranose [E III/IV **17** 2639] und äther. HCl) und Behandeln des Reaktionsprodukts mit methanol. Natriummethylat (*Reist et al.,* J. org. Chem. **23** [1958] 1753, 1756).

Kristalle (aus A.+Ae.) mit 1 Mol H_2O; F: 172–175° [unkorr.]. $[\alpha]_D^{25}$: –27,7° [H_2O; c = 0,4]. IR-Banden (KBr; 3–10 μ): *Re. et al.*

c) **(6*R*)-6-[2,6-Diamino-purin-9-yl]-3,6-anhydro-1-desoxy-L-mannit,** 9-α-L-Rhamnofuranosyl-9*H*-purin-2,6-diyldiamin, Formel XI.

B. Aus der Chloromercurio-Verbindung des 2,6-Bis-acetylamino-7(9)*H*-purins beim Erhitzen mit O^2,O^3,O^5-Tribenzoyl-ξ-L-rhamnofuranosylchlorid (erhalten aus O^1,O^2,O^3,O^5-Tetrabenzoyl-ξ-L-rhamnofuranose und äther. HCl) und Behandeln des Reaktionsprodukts mit methanol. Natriummethylat (*Baker, Hewson,* J. org. Chem. **22** [1957] 966, 971).

Dimorph; Kristalle (aus H_2O); F: 270–275° [Zers.] und F: 190–196° [Zers.]. $[\alpha]_D^{27}$: –80° [wss. HCl (0,1 n); c = 0,03]. IR-Banden (KBr; 3400–1050 cm^{-1}): *Ba., He.* λ_{max} (wss. Lösung): 252 nm und 290 nm [pH 1] bzw. 255 nm und 278 nm [pH 7,14].

d) **(6*R*)-6-[2,6-Diamino-purin-9-yl]-3,6-anhydro-1-desoxy-L-altrit,** 9-[6-Desoxy-α-L-talofuranosyl]-9*H*-purin-2,6-diyldiamin, Formel XII.

B. Aus der Chloromercurio-Verbindung des 2,6-Bis-acetylamino-7(9)*H*-purins beim Erhitzen mit O^2,O^3,O^5-Tribenzoyl-6-desoxy-ξ-L-talofuranosylchlorid (erhalten aus O^1-Acetyl-O^2,O^3,O^5-tribenzoyl-6-desoxy-ξ-L-talofuranose [E III/IV **17** 2640] und äther. HCl) und Behandeln des Reaktionsprodukts mit methanol. Natriummethylat (*Reist et al.,* Am. Soc. **80** [1958] 5775, 5779).

Hydrochlorid $C_{11}H_{16}N_6O_4 \cdot HCl$. Kristalle (aus A.); F: 212–213° [unkorr.; Zers.]. $[\alpha]_D^{28}$: –19° [H_2O; c = 0,3].

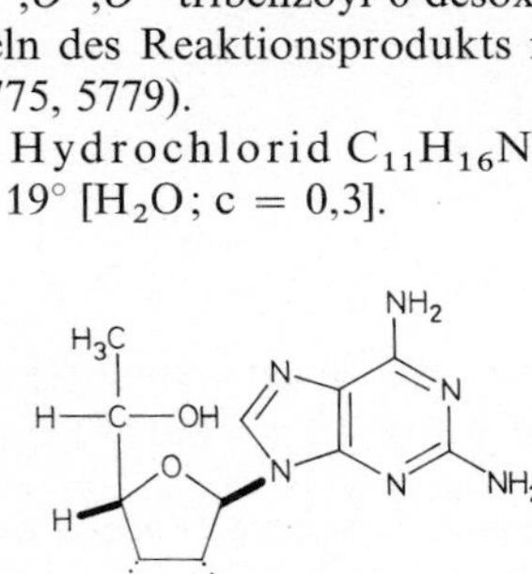

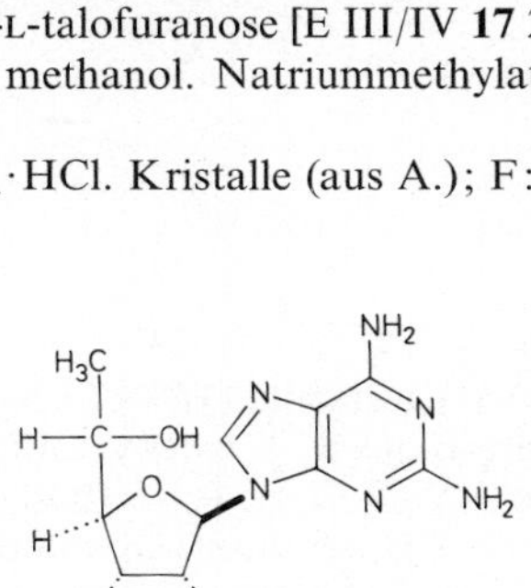

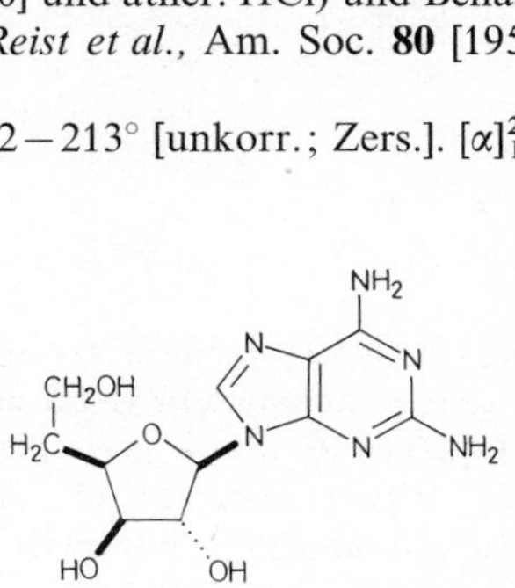

(1*R*)-1-[2,6-Diamino-purin-9-yl]-D-*xylo*-1,4-anhydro-5-desoxy-hexit, 9-[β-D-*xylo*-5-Desoxy-hexofuranosyl]-9*H*-purin-2,6-diyldiamin $C_{11}H_{16}N_6O_4$, Formel XIII.

Diese Konstitution kommt der nachstehend beschriebenen, von *Reist et al.* (J. org. Chem. **23** [1958] 1757, 1760) als (6*R*)-6-[2,6-Diamino-purin-9-yl]-L-3,6-anhydro-1-desoxy-idit (9-[6-Desoxy-α-L-idofuranosyl]-9*H*-purin-2,6-diyldiamin $C_{11}H_{16}N_6O_4$) angesehenen Verbindung zu (*Ryan et al.,* Am. Soc. **86** [1964] 2503 Anm. 11; *Hedgley et al.,* Soc. [C] **1967** 888, 890, 892).

B. Aus O^3,O^6-Dibenzoyl-O^1,O^2-isopropyliden-α-D-*xylo*-5-desoxy-hexofuranose (E III/IV **19** 4853) über mehrere Stufen (*Re. et al.*).

Kristalle (aus A.) mit 0,5 Mol H_2O; F: 210—211° [unkorr.]; $[\alpha]_D^{27}$: —50,8° [H_2O; c = 1] (*Re. et al.*).

Picrat $C_{11}H_{16}N_6O_4 \cdot C_6H_3N_3O_7$. Kristalle (aus H_2O); F: 195—205° [unkorr.; Zers.] (*Re. et al.*).

(1*R*)-1-[2,6-Diamino-purin-9-yl]-1,5-anhydro-D-glucit, 9-*β*-D-Glucopyranosyl-9*H*-purin-2,6-diyldiamin $C_{11}H_{16}N_6O_5$, Formel XIV (R = R′ = H).

B. Aus (1*R*)-Tetra-*O*-acetyl-1-[2,6-bis-acetylamino-purin-9-yl]-1,5-anhydro-D-glucit (s. u.) mit Hilfe von Natriummethylat (*Davoll, Lowy,* Am. Soc. **73** [1951] 1650, 1654). Aus (1*R*)-1-[6-Amino-2-chlor-purin-9-yl]-1,5-anhydro-D-glucit (S. 3725) und wss.-äthanol. NH_3 (*Da., Lowy*).

Kristalle (aus H_2O); F: 308—309° [unkorr.; Zers.]. $[\alpha]_D^{26}$: —6° [wss. HCl (0,1 n); c = 0,7]. λ_{max} (wss. Lösung vom pH 6,7): 215 nm, 255 nm und 280 nm.

(1*R*)-1-[2,6-Diamino-purin-9-yl]-*O*⁴-*β*-D-galactopyranosyl-1,5-anhydro-D-glucit, 9-*β*-Lactosyl-9*H*-purin-2,6-diyldiamin $C_{17}H_{26}N_6O_{10}$, Formel XV (R = R′ = H).

B. Aus dem Nonaacetyl-Derivat (s. u.) mit Hilfe von Natriummethylat (*Wolfrom et al.,* Am. Soc. **81** [1959] 6080).

Kristalle (aus H_2O); F: 283—285°. Netzebenenabstände: *Wo. et al.* $[\alpha]_D^{22}$: —5,5° [H_2O; c = 0,5]. IR-Banden (KBr; 3450—1000 cm^{-1}): *Wo. et al.* λ_{max} (H_2O): 256 nm und 280 nm.

Picrat. F: 270—275° [Zers.].

***N*-[6-Amino-9-*β*-D-glucopyranosyl-9*H*-purin-2-yl]-acetamid, (1*R*)-1-[2-Acetylamino-6-amino-purin-9-yl]-1,5-anhydro-D-glucit,** 2-Acetylamino-6-amino-9-*β*-D-glucopyranosyl-9*H*-purin $C_{13}H_{18}N_6O_6$, Formel XIV (R = H, R′ = CO-CH_3).

B. Aus (1*R*)-Tetra-*O*-acetyl-1-[2,6-bis-acetylamino-purin-9-yl]-1,5-anhydro-D-glucit [s. u.] (*Davoll, Lowy,* Am. Soc. **73** [1951] 1650, 1654).

Kristalle (aus H_2O); F: 192—194° [unkorr.].

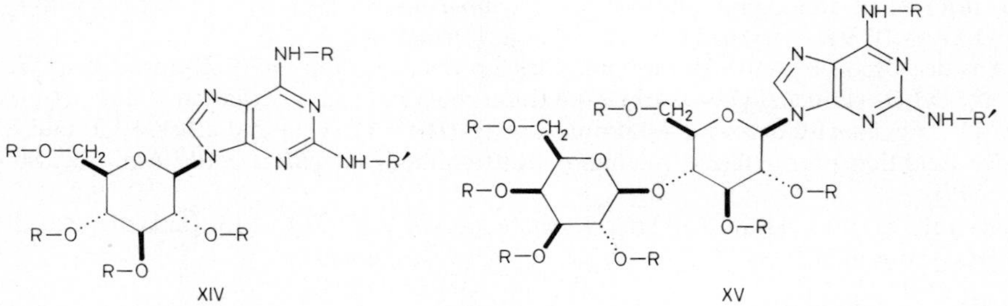

XIV XV

***N*-[6-Amino-9-*β*-lactosyl-9*H*-purin-2-yl]-acetamid, (1*R*)-1-[2-Acetylamino-6-amino-purin-9-yl]-*O*⁴-*β*-D-galactopyranosyl-1,5-anhydro-D-glucit,** 2-Acetylamino-6-amino-9-*β*-lactosyl-9*H*-purin $C_{19}H_{28}N_6O_{11}$, Formel XV (R = H, R′ = CO-CH_3).

B. Aus (1*R*)-*O*²,*O*³,*O*⁶-Triacetyl-1-[2,6-bis-acetylamino-purin-9-yl]-*O*⁴-[tetra-*O*-acetyl-*β*-D-galactopyranosyl]-1,5-anhydro-D-glucit (s. u.) mit Hilfe von methanol. NH_3 (*Wolfrom et al.,* Am. Soc. **81** [1959] 6080).

Kristalle (aus Me.); F: 263—267°. IR-Banden (KBr; 3400—1000 cm^{-1}): *Wo. et al.* λ_{max} (H_2O): 224 nm und 270 nm.

(1*R*)-Tetra-*O*-acetyl-1-[2,6-bis-acetylamino-purin-9-yl]-1,5-anhydro-D-glucit, 2,6-Bis-acetylamino-9-[tetra-*O*-acetyl-*β*-D-glucopyranosyl]-9*H*-purin $C_{23}H_{28}N_6O_{11}$, Formel XIV (R = R′ = CO-CH_3).

B. Aus der Chloromercurio-Verbindung des 2,6-Bis-acetylamino-7(9)*H*-purins und Tetra-*O*-acetyl-*α*-D-glucopyranosylbromid [E III/IV **17** 2602] (*Davoll, Lowy,* Am. Soc. **73** [1951] 1650, 1654).

Kristalle (aus A.); F: 179° [unkorr.].

(1*R*)-*O*²,*O*³,*O*⁶-Triacetyl-1-[2,6-bis-acetylamino-purin-9-yl]-*O*⁴-[tetra-*O*-acetyl-*β*-D-galactopyranosyl]-1,5-anhydro-D-glucit, 2,6-Bis-acetylamino-9-*β*-[hepta-*O*-acetyl-lactosyl]-9*H*-purin $C_{35}H_{44}N_6O_{19}$, Formel XV (R = R′ = CO-CH_3).

B. Aus der Chloromercurio-Verbindung des 2,6-Bis-acetylamino-7(9)*H*-purins und Hepta-*O*-acetyl-α-lactosylbromid [E III/IV **17** 3493] (*Wolfrom et al.*, Am. Soc. **81** [1959] 6080).

Kristalle (aus A.); F: 214–216°. IR-Banden (KBr; 3400–900 cm^{-1}): *Wo. et al.* λ_{max} (A.): 236 nm, 264 nm und 288 nm.

***N*⁶-[3]Pyridylmethyl-7(9)*H*-purin-2,6-diyldiamin** $C_{11}H_{11}N_7$, Formel I und Taut.

B. Aus 6-Methylmercapto-7(9)*H*-purin-2-ylamin und *C*-[3]Pyridyl-methylamin (*Leonard et al.*, Am. Soc. **81** [1959] 907).

Kristalle (aus Acn.); F: 251–253°.

***N*⁶-[4]Pyridylmethyl-7(9)*H*-purin-2,6-diyldiamin** $C_{11}H_{11}N_7$, Formel II und Taut.

B. Analog der vorangehenden Verbindung (*Leonard et al.*, Am. Soc. **81** [1959] 907).

F: 227–230° [Zers.].

7(9)*H*-Purin-6,8-diyldiamin $C_5H_6N_6$, Formel III (R = H) und Taut.

B. Aus 6,8-Dichlor-7(9)*H*-purin oder 8-Methylmercapto-9*H*-purin-6-ylamin und konz. wss. NH_3 (*Robins*, Am. Soc. **80** [1958] 6671, 6678).

λ_{max} (wss. Lösung): 280 nm [pH 1] bzw. 224 nm und 280 nm [pH 11] (*Ro.*, l. c. S. 6675).

Hydrochlorid $C_5H_6N_6 \cdot HCl$. Kristalle (aus H_2O) mit 1 Mol H_2O.

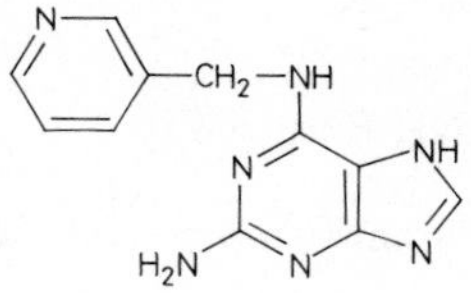

I 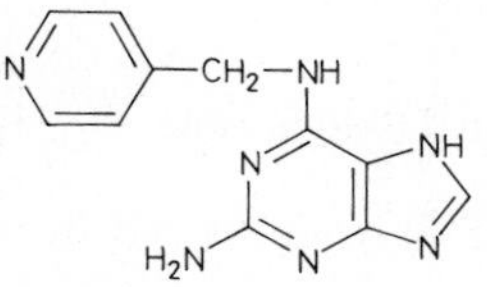 II 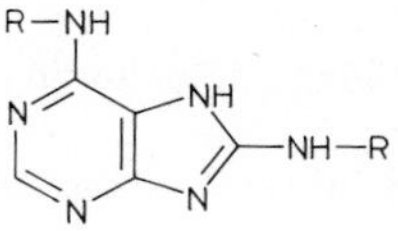 III 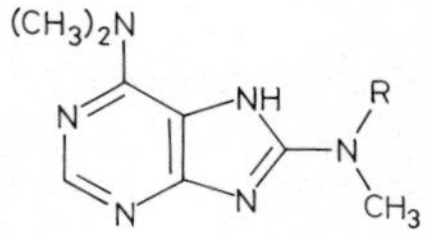 IV

***N*⁶,*N*⁸-Dimethyl-7(9)*H*-purin-6,8-diyldiamin** $C_7H_{10}N_6$, Formel III (R = CH_3) und Taut.

B. Analog der vorangehenden Verbindung (*Robins*, Am. Soc. **80** [1958] 6671, 6674).

λ_{max} (wss. Lösung): 283 nm [pH 1] bzw. 224 nm und 288 nm [pH 11] (*Ro.*, l. c. S. 6675).

Dihydrochlorid $C_7H_{10}N_6 \cdot 2HCl$. Kristalle (aus wss. A.) mit 1 Mol H_2O; F: 300–305° [unkorr.] (*Ro.*, l. c. S. 6674, 6678).

***N*⁶,*N*⁶,*N*⁸-Trimethyl-7(9)*H*-purin-6,8-diyldiamin** $C_8H_{12}N_6$, Formel IV (R = H) und Taut.

B. Aus [8-Chlor-7(9)*H*-purin-6-yl]-dimethyl-amin und Methylamin (*Robins*, Am. Soc. **80** [1958] 6671, 6678).

λ_{max} (wss. Lösung): 306 nm [pH 1] bzw. 230 nm und 296 nm [pH 11] (*Ro.*, l. c. S. 6675).

Dihydrochlorid $C_8H_{12}N_6 \cdot 2HCl$. Kristalle (aus A. + HCl); F: 275–280° [unkorr.].

***N*⁶,*N*⁸,*N*⁸-Trimethyl-7(9)*H*-purin-6,8-diyldiamin** $C_8H_{12}N_6$, Formel V und Taut.

B. Aus [8-Chlor-7(9)*H*-purin-6-yl]-methyl-amin und Dimethylamin (*Robins*, Am. Soc. **80** [1958] 6671, 6678).

Kristalle (aus H_2O) mit 1 Mol H_2O; F: 278° [unkorr.]. λ_{max} (wss. Lösung): 287 nm [pH 1] bzw. 227 nm und 292 nm [pH 11] (*Ro.*, l. c. S. 6675).

***N*⁶,*N*⁶,*N*⁸,*N*⁸-Tetramethyl-7(9)*H*-purin-6,8-diyldiamin** $C_9H_{14}N_6$, Formel IV (R = CH_3) und Taut.

B. Aus 6,8-Dichlor-7(9)*H*-purin und Dimethylamin (*Robins*, Am. Soc. **80** [1958] 6671, 6678).

Kristalle (aus A.); F: 291–293° [unkorr.] (*Ro.*, l. c. S. 6674), 286–287° [unkorr.] (*Ro.*, l. c. S. 6678). λ_{max} (wss. Lösung): 312 nm [pH 1] bzw. 233 nm und 302 nm [pH 11] (*Ro.*, l. c. S. 6675).

N^6,N^8-Diäthyl-7(9)*H*-purin-6,8-diyldiamin $C_9H_{14}N_6$, Formel III (R = C_2H_5) und Taut.

B. Analog der vorangehenden Verbindung (*Robins*, Am. Soc. **80** [1958] 6671, 6674).

Kristalle (aus A.); F: 215–217° [unkorr.]. λ_{max} (wss. Lösung): 285 nm [pH 1] bzw. 225 nm und 290 nm [pH 11] (*Ro.*, l. c. S. 6675).

1*H*-Imidazo[4,5-*d*]pyridazin-4,7-diyldiamin $C_5H_6N_6$, Formel VI (R = R′ = H).

B. Aus 4,7-Bis-methylmercapto-1*H*-imidazo[4,5-*d*]pyridazin und äthanol. NH_3 (*Castle, Seese*, J. org. Chem. **23** [1958] 1534, 1536).

Kristalle (aus A.); F: 340–342° [unkorr.]. Kristalle (aus wss. A.) mit 1 Mol H_2O; F: 314–316° [unkorr.]. λ_{max} (A.): 226 nm und 234–236 nm.

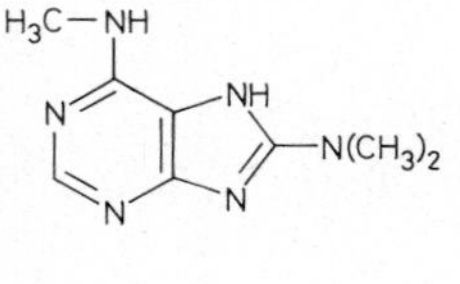

V 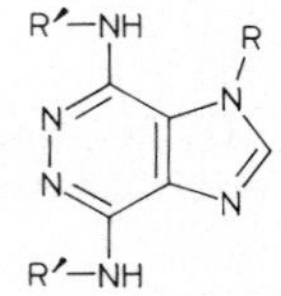 VI 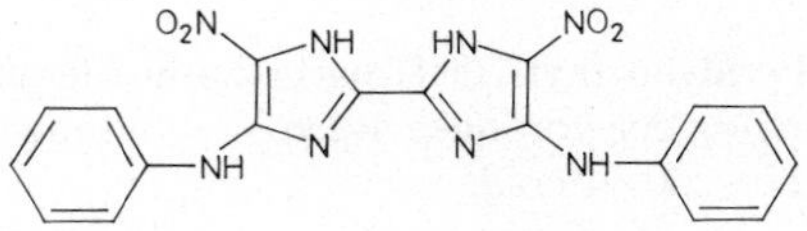 VII

N^4,N^7-Dibenzyl-1*H*-imidazo[4,5-*d*]pyridazin-4,7-diyldiamin $C_{19}H_{18}N_6$, Formel VI (R = H, R′ = CH_2-C_6H_5).

B. Aus der folgenden Verbindung beim Behandeln mit Natrium in flüssigem NH_3 (*Carbon*, Am. Soc. **80** [1958] 6083, 6087).

Hydrochlorid $C_{19}H_{18}N_6 \cdot HCl$. Kristalle (aus Propan-1-ol); F: 201–203° [unkorr.].

1,N^4,N^7-Tribenzyl-1*H*-imidazo[4,5-*d*]pyridazin-4,7-diyldiamin $C_{26}H_{24}N_6$, Formel VI (R = R′ = CH_2-C_6H_5).

B. Aus 1-Benzyl-4,7-dichlor-1*H*-imidazo[4,5-*d*]pyridazin und Benzylamin (*Carbon*, Am. Soc. **80** [1958] 6083, 6087).

Kristalle (aus DMF); F: 202–203° [unkorr.].

Diamine $C_6H_8N_6$

5,5′-Dinitro-N^4,$N^{4'}$-diphenyl-1(3)*H*,1′(3′)*H*-[2,2′]biimidazolyl-4,4′-diyldiamin $C_{18}H_{14}N_8O_4$, Formel VII und Taut.

B. Aus 4,4′-Dibrom-5,5′-dinitro-1(3)*H*,1′(3′)*H*-[2,2′]biimidazolyl und Anilin (*Lehmstedt, Rolker*, B. **76** [1943] 879, 888).

Gelbe Kristalle (aus Phenol + A.).

5,6-Dihydro-pteridin-2,4-diyldiamin $C_6H_8N_6$, Formel VIII und Taut.

Die Konstitution der nachstehend beschriebenen Verbindung ist nicht gesichert (*Konrad, Pfleiderer*, B. **103** [1970] 722, 724).

B. Aus Pteridin-2,4-diyldiamin in DMF beim Erwärmen mit $NaBH_4$ in H_2O (*Taylor, Sherman*, Am. Soc. **81** [1959] 2464, 2471; s. a. *Ko., Pf.*).

Orangefarbene Kristalle (aus Isopropylalkohol); F: 271–275° [korr.; Zers.]; λ_{max} (H_2O): 290 nm und 329 nm (*Ta., Sh.*).

7-Methyl-1*H*-pyrazolo[4,3-*d*]pyrimidin-3,5-diyldiamin $C_6H_8N_6$, Formel IX.

B. Beim Behandeln von 7-Methyl-3*H*-pyrazolo[4,3-*d*]pyrimidin-5-ylamin mit diazotierter Sulfanilsäure in wss. NaOH und Erwärmen des Reaktionsprodukts mit $Na_2S_2O_4$ in H_2O (*Rose*, Soc. **1954** 4116, 4122).

Hydrochlorid $C_6H_8N_6 \cdot HCl$. Gelbe Kristalle (aus H_2O) mit 0,5 Mol H_2O; unterhalb 300° nicht schmelzend.

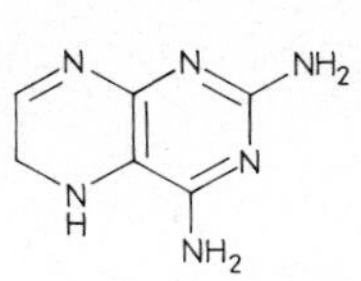

VIII 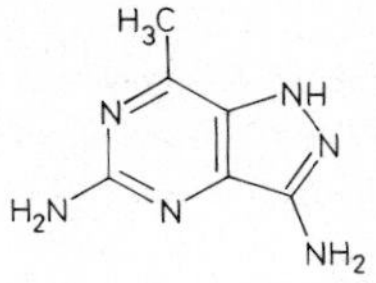 IX 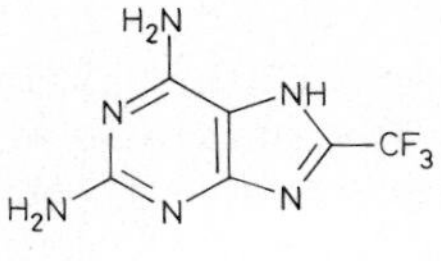 X 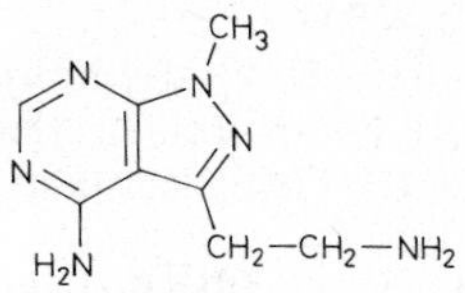 XI

8-Trifluormethyl-7(9)*H*-purin-2,6-diyldiamin $C_6H_5F_3N_6$, Formel X und Taut.

B. Aus Pyrimidintetrayltetraamin und Trifluoressigsäure (*Giner-Sorolla, Bendich,* Am. Soc. **80** [1958] 5744, 5751).

Dimorph(?); Kristalle (aus H_2O) mit 2 Mol H_2O; F: >350°.

Diamine $C_7H_{10}N_6$

3-[2-Amino-äthyl]-1-methyl-1*H*-pyrazolo[3,4-*d*]pyrimidin-4-ylamin $C_8H_{12}N_6$, Formel XI.

B. Bei der Hydrierung von [4-Amino-1-methyl-1*H*-pyrazolo[3,4-*d*]pyrimidin-3-yl]-acetonitril an Raney-Nickel in äthanol. NH_3 (*Taylor, Hartke,* Am. Soc. **81** [1959] 2456, 2463).

Kristalle; F: 163–165° [korr.; nach Sublimation bei 150°/0,05 Torr]. [*U. Müller*]

Diamine $C_nH_{2n-6}N_6$

Diamine $C_6H_6N_6$

Pyrimido[5,4-*d*]pyrimidin-4,8-diyldiamin $C_6H_6N_6$, Formel I (R = R′ = H).

B. Aus 4,8-Dichlor-pyrimido[5,4-*d*]pyrimidin und NH_3 in Dioxan (*Thomae G.m.b.H.,* Brit. P. 807826 [1956]; U.S.P. 3031450 [1960]).

Kristalle (aus wss. HCl), die unterhalb 360° nicht schmelzen.

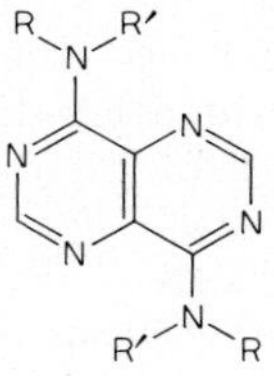

I 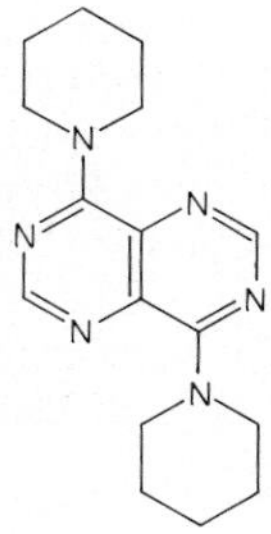 II 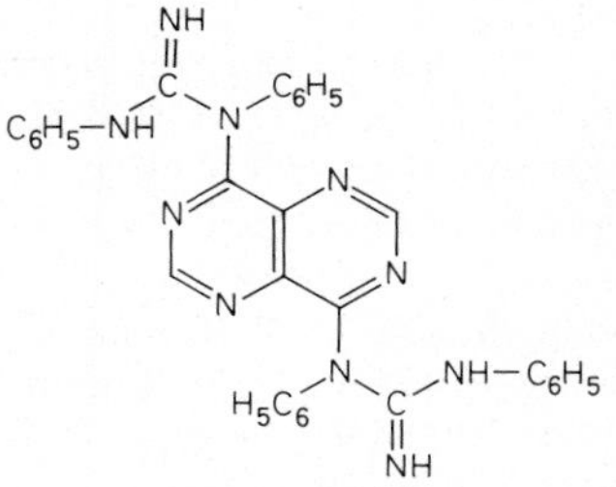 III 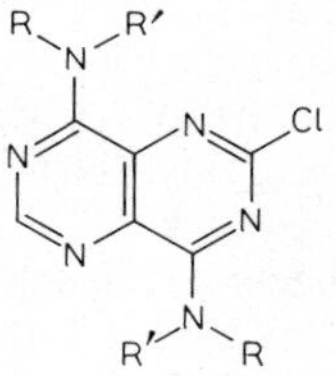 IV

Die folgenden Verbindungen sind in analoger Weise hergestellt worden:

N^4,N^8-Dimethyl-pyrimido[5,4-*d*]pyrimidin-4,8-diyldiamin $C_8H_{10}N_6$, Formel I (R = H, R′ = CH_3). Kristalle (aus H_2O); F: 265°.

N^4,N^4,N^8,N^8-Tetramethyl-pyrimido[5,4-*d*]pyrimidin-4,8-diyldiamin $C_{10}H_{14}N_6$, Formel I (R = R′ = CH_3). Kristalle (aus H_2O); F: 115°.

4,8-Dianilino-pyrimido[5,4-*d*]pyrimidin, N^4,N^8-Diphenyl-pyrimido[5,4-*d*]pyrimidin-4,8-diyldiamin $C_{18}H_{14}N_6$, Formel I (R = H, R′ = C_6H_5). Gelbliche Kristalle (aus DMF); F: 257–258°.

N^4,N^8-Bis-[2-hydroxy-äthyl]-pyrimido[5,4-*d*]pyrimidin-4,8-diyldiamin $C_{10}H_{14}N_6O_2$, Formel I (R = H, R′ = CH_2-CH_2-OH). Kristalle (aus Me.); F: 204–205°.

N^4,N^8-Bis-[2-hydroxy-äthyl]-N^4,N^8-bis-[4-nitro-phenyl]-pyrimido[5,4-*d*]pyrimidin-4,8-diyldiamin $C_{22}H_{20}N_8O_6$, Formel I (R = C_6H_4-NO_2, R′ = CH_2-CH_2-OH). Gelb; F: 265–267°.

4,8-Dipiperidino-pyrimido[5,4-*d*]pyrimidin $C_{16}H_{22}N_6$, Formel II. Kristalle (aus Me.);

F: 132–134°.

4,8-Bis-[*N*,*N'*-diphenyl-guanidino]-pyrimido[5,4-*d*]pyrimidin(?), 1,3,1',3'-Tetraphenyl-1,1'-pyrimido[5,4-*d*]pyrimidin-4,8-diyl-di-guanidin(?) $C_{32}H_{26}N_{10}$, vermutlich Formel III. Gelbe Kristalle (aus wss. HCl); F: 245° [Sintern bei 200°].

2-Chlor-*N*[4],*N*[8]-dimethyl-pyrimido[5,4-*d*]pyrimidin-4,8-diyldiamin $C_8H_9ClN_6$, Formel IV (R = H, R' = CH_3).

B. Aus 2,4,8-Trichlor-pyrimido[5,4-*d*]pyrimidin und Methylamin in Dioxan (*Thomae G.m.b.H.*, Brit. P. 807826 [1956]; U.S.P. 3031450 [1960]).

F: 227–229°.

Die folgenden Verbindungen sind in analoger Weise hergestellt worden:

2-Chlor-*N*[4],*N*[8]-dipropyl-pyrimido[5,4-*d*]pyrimidin-4,8-diyldiamin $C_{12}H_{17}ClN_6$, Formel IV (R = H, R' = CH_2-C_2H_5). F: 88–90°.

N[4],*N*[8]-Diallyl-2-chlor-pyrimido[5,4-*d*]pyrimidin-4,8-diyldiamin $C_{12}H_{13}ClN_6$, Formel IV (R = H, R' = CH_2-CH=CH_2). Kristalle (aus A.); F: 114–116°.

2-Chlor-*N*[4],*N*[8]-bis-[4-nitro-phenyl]-pyrimido[5,4-*d*]pyrimidin-4,8-diyldiamin $C_{18}H_{11}ClN_8O_4$, Formel IV (R = H, R' = C_6H_4-NO_2). Kristalle, die unterhalb 350° nicht schmelzen.

N[4],*N*[4],*N*[8],*N*[8]-Tetrabenzyl-2-chlor-pyrimido[5,4-*d*]pyrimidin-4,8-diyldiamin $C_{34}H_{29}ClN_6$, Formel IV (R = R' = CH_2-C_6H_5). F: 160–163°.

2-Chlor-*N*[4],*N*[8]-bis-[2-hydroxy-äthyl]-*N*[4],*N*[8]-dimethyl-pyrimido[5,4-*d*]pyrimidin-4,8-diyldiamin $C_{12}H_{17}ClN_6O_2$, Formel IV (R = CH_3, R' = CH_2-CH_2-OH). F: 90–92°.

4,8-Bis-aziridin-1-yl-2-chlor-pyrimido[5,4-*d*]pyrimidin $C_{10}H_9ClN_6$, Formel V. Zers. bei ca. 170° [nach Gelbfärbung ab 130°].

2-Chlor-*N*[4],*N*[4],*N*[8],*N*[8]-tetrakis-[2-hydroxy-äthyl]-pyrimido[5,4-*d*]pyrimidin-4,8-diyldiamin $C_{14}H_{21}ClN_6O_4$, Formel IV (R = R' = CH_2-CH_2-OH). F: 135–136°.

*Opt.-inakt. 2-Chlor-*N*[4],*N*[4],*N*[8],*N*[8]-tetrakis-[2-hydroxy-propyl]-pyrimido[5,4-*d*]pyrimidin-4,8-diyldiamin $C_{18}H_{29}ClN_6O_4$, Formel IV (R = R' = CH_2-CH(OH)-CH_3). F: 177–179°.

2-Chlor-*N*[4],*N*[8]-bis-[3-methoxy-propyl]-pyrimido[5,4-*d*]pyrimidin-4,8-diyldiamin $C_{14}H_{21}ClN_6O_2$, Formel IV (R = H, R' = CH_2-CH_2-CH_2-O-CH_3). F: 98–100°.

2-Chlor-*N*[4],*N*[8]-bis-[2-methoxy-phenyl]-pyrimido[5,4-*d*]pyrimidin-4,8-diyldiamin $C_{20}H_{17}ClN_6O_2$, Formel IV (R = H, R' = C_6H_4-O-CH_3). F: 290–292°.

2,6-Dichlor-pyrimido[5,4-*d*]pyrimidin-4,8-diyldiamin $C_6H_4Cl_2N_6$, Formel VI (R = H).

B. Aus 2,4,6,8-Tetrachlor-pyrimido[5,4-*d*]pyrimidin und NH_3 in Dioxan (*Thomae G.m.b.H.*, Brit. P. 807826 [1956]; U.S.P. 3031450 [1960]).

Kristalle, die unterhalb 350° nicht schmelzen.

Die folgenden Verbindungen sind in analoger Weise hergestellt worden:

2,6-Dichlor-*N*[4],*N*[8]-bis-[2-chlor-äthyl]-pyrimido[5,4-*d*]pyrimidin-4,8-diyldiamin $C_{10}H_{10}Cl_4N_6$, Formel VI (R = CH_2-CH_2-Cl). Kristalle, die unterhalb 350° nicht schmelzen.

2,6-Dichlor-*N*[4],*N*[8]-diisopentyl-pyrimido[5,4-*d*]pyrimidin-4,8-diyldiamin $C_{16}H_{24}Cl_2N_6$, Formel VI (R = CH_2-CH_2-CH(CH_3)$_2$). F: 94–95°.

2,6-Dichlor-*N*[4],*N*[8]-didodecyl-*N*[4],*N*[8]-dimethyl-pyrimido[5,4-*d*]pyrimidin-4,8-diyldiamin $C_{32}H_{56}Cl_2N_6$, Formel VII (R = CH_3, R' = $[CH_2]_{11}$-CH_3). F: 76–77°.

N[4],*N*[4],*N*[8],*N*[8]-Tetraallyl-2,6-dichlor-pyrimido[5,4-*d*]pyrimidin-4,8-diyldiamin $C_{18}H_{20}Cl_2N_6$, Formel VII (R = R' = CH_2-CH=CH_2). F: 100–101°.

2,6-Dichlor-*N*[4],*N*[8]-dicyclohexyl-*N*[4],*N*[8]-dimethyl-pyrimido[5,4-*d*]pyrimidin-4,8-diyldiamin $C_{20}H_{28}Cl_2N_6$, Formel VII (R = CH_3, R' = C_6H_{11}). F: 179–181°.

2,6-Dichlor-*N*[4],*N*[8]-diphenyl-pyrimido[5,4-*d*]pyrimidin-4,8-diyldiamin $C_{18}H_{12}Cl_2N_6$, Formel VI (R = C_6H_5).

B. Aus 2,6-Dichlor-4,8-dijod-pyrimido[5,4-*d*]pyrimidin und Anilin in Dioxan und Benzol

(*Thomae G.m.b.H.*, Brit. P. 807826 [1956]; U.S.P. 3031450 [1960]).
Gelbliche Kristalle (aus Dioxan); F: 287–288°.

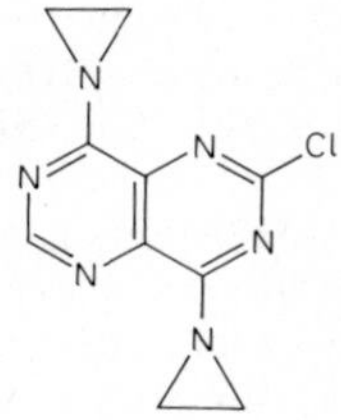

2,6-Dichlor-N^4,N^8-bis-[4-chlor-phenyl]-pyrimido[5,4-*d*]pyrimidin-4,8-diyldiamin $C_{18}H_{10}Cl_4N_6$, Formel VI (R = C_6H_4-Cl).

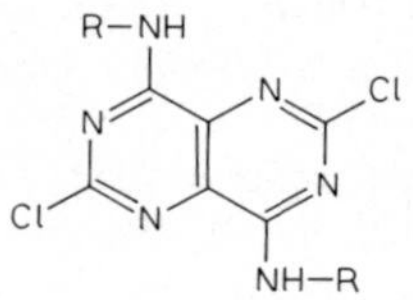

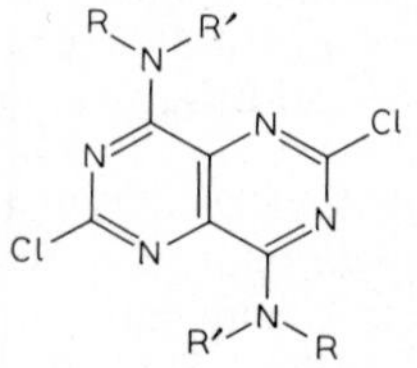

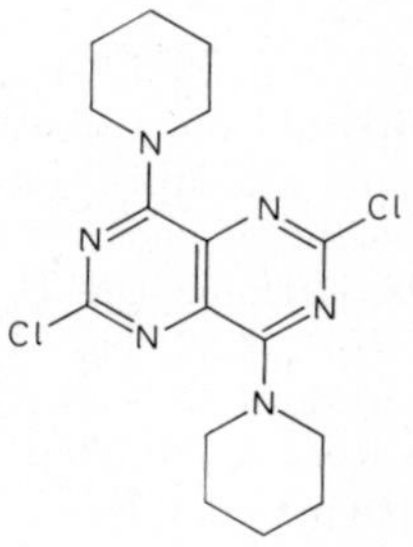

B. Aus 2,4,6,8-Tetrachlor-pyrimido[5,4-*d*]pyrimidin und 4-Chlor-anilin in Dioxan (*Thomae G.m.b.H.*, Brit. P. 807826 [1956]; U.S.P. 3031450 [1960]).
F: 307–309°.

Die folgenden Verbindungen sind in analoger Weise hergestellt worden:

N^4,N^8-Dibenzyl-2,6-dichlor-pyrimido[5,4-*d*]pyrimidin-4,8-diyldiamin $C_{20}H_{16}Cl_2N_6$, Formel VI (R = CH_2-C_6H_5). F: 229–230°.

2,6-Dichlor-N^4,N^8-bis-[2-hydroxy-äthyl]-pyrimido[5,4-*d*]pyrimidin-4,8-diyldiamin $C_{10}H_{12}Cl_2N_6O_2$, Formel VI (R = CH_2-CH_2-OH). F: 246–248°.

N^4,N^8-Dibutyl-2,6-dichlor-N^4,N^8-bis-[2-hydroxy-äthyl]-pyrimido[5,4-*d*]pyrimidin-4,8-diyldiamin $C_{18}H_{28}Cl_2N_6O_2$, Formel VII (R = $[CH_2]_3$-CH_3, R′ = CH_2-CH_2-OH). F: 140–141°.

2,6-Dichlor-N^4,N^8-bis-[2-hydroxy-äthyl]-N^4,N^8-diphenyl-pyrimido[5,4-*d*]pyrimidin-4,8-diyldiamin $C_{22}H_{20}Cl_2N_6O_2$, Formel VII (R = C_6H_5, R′ = CH_2-CH_2-OH). Gelbe Kristalle (aus Me.); F: 189–190°.

N^4,N^8-Dibenzyl-2,6-dichlor-N^4,N^8-bis-[2-hydroxy-äthyl]-pyrimido[5,4-*d*]pyrimidin-4,8-diyldiamin $C_{24}H_{24}Cl_2N_6O_2$, Formel VII (R = CH_2-C_6H_5, R′ = CH_2-CH_2-OH). F: 173–175°.

2,6-Dichlor-4,8-dipiperidino-pyrimido[5,4-*d*]pyrimidin $C_{16}H_{20}Cl_2N_6$, Formel VIII. F: 241–242°.

*Opt.-inakt. 2,6-Dichlor-N^4,N^8-bis-[2,3-dihydroxy-propyl]-pyrimido[5,4-*d*]pyrimidin-4,8-diyldiamin $C_{12}H_{16}Cl_2N_6O_4$, Formel VI (R = CH_2-CH(OH)-CH_2-OH). F: 208–210°.

N^4,N^8-Bis-äthoxycarbonylmethyl-2,6-dichlor-pyrimido[5,4-*d*]pyrimidin-4,8-diyldiamin, *N*,*N*′-[2,6-Dichlor-pyrimido[5,4-*d*]pyrimidin-4,8-diyl]-bis-glycin-diäthylester $C_{14}H_{16}Cl_2N_6O_4$, Formel VI (R = CH_2-CO-O-C_2H_5). F: 207–209° [Zers.].

2,6-Dichlor-N^4,N^8-bis-[2-diäthylamino-äthyl]-pyrimido[5,4-*d*]pyrimidin-4,8-diyldiamin $C_{18}H_{30}Cl_2N_8$, Formel VI (R = CH_2-CH_2-N(C_2H_5)$_2$). F: 128–130°.

2,6-Dichlor-N^4,N^8-bis-[4-dimethylamino-phenyl]-pyrimido[5,4-*d*]pyrimidin-4,8-diyldiamin $C_{22}H_{22}Cl_2N_8$, Formel VI (R = C_6H_4-N(CH_3)$_2$). Kristalle, die unterhalb 350° nicht schmelzen.

Pteridin-2,4-diyldiamin $C_6H_6N_6$, Formel IX (R = R′ = H).

B. Aus der Kalium-Verbindung des Hydroxyimino-malononitrils bei aufeinanderfolgender Umsetzung mit Guanidin-carbonat, mit wss. $Na_2S_2O_4$ und mit dem Dinatrium-Salz der 1,2-Dihydroxy-äthan-1,2-disulfonsäure (*Taylor, Cheng,* J. org. Chem. **24** [1959] 997). Aus Pyrimidintetrayltetraamin (Verbindung mit $NaHSO_3$) beim Erhitzen mit dem Dinatrium-Salz der 1,2-Di=

hydroxy-äthan-1,2-disulfonsäure in wss. HCl (*Mallette et al.*, Am. Soc. **69** [1947] 1814; s. a. *Albert et al.*, Soc. **1952** 4219, 4230; *Konrad, Pfleiderer,* B. **103** [1970] 722, 729, 730) oder beim Erhitzen mit Polyglyoxal in H_2O (*Ko., Pf.*). Aus Pyrimidintetrayltetraamin-sulfat beim Erhitzen mit dem Dinatrium-Salz der 1,2-Dihydroxy-äthan-1,2-disulfonsäure in H_2O (*Research Corp.*, U.S.P. 2667486 [1951]) oder beim Erhitzen mit Polyglyoxal in H_2O (*Ko., Pf.*). Beim Erwärmen von 2,5,6-Triamino-3,4-dihydro-pyrimidin-4-sulfonsäure (?; E III/IV **25** 4521) mit wss. NH_3 und Glyoxal (*Am. Cyanamid Co.*, U.S.P. 2767181 [1954]). Aus 5,6,7,8-Tetrahydro-pteridin-2,4-diyldiamin mit Hilfe von wss. $KMnO_4$ (*Ko., Pf.*; s. a. *Taylor, Sherman,* Am. Soc. **81** [1959] 2464, 2470).

Gelbe Kristalle (aus H_2O); F: 322–325° (*Am. Cyanamid Co.*), 320–322° [Zers.] (*Ko., Pf.*, l. c. S. 730); Zers. bei 315° (*Al. et al.*, l. c. S. 4220, 4230). Bei 180°/1 Torr (*Research Corp.*) bzw. bei 240°/0,05 Torr (*Ta., Ch.*) sublimierbar. IR-Spektrum (KBr; 2,5–13,5 μ) der Base und des Hydrochlorids: *Stimson,* J. Phys. Rad. [8] **15** [1954] 390, 393. Absorptionsspektrum (KBr; 220–440 nm) der Base und des Hydrochlorids: *St.*, l. c. S. 392. Absorptionsspektrum (wss. Lösungen vom pH 3 sowie pH 9; 220–410 nm): *Ko., Pf.*, l. c. S. 727, 728. λ_{max}: 224 nm, 255 nm und 364 nm [H_2O] (*Ta., Sh.*) bzw. 240 nm, 285 nm und 332 nm [wss. HCl (0,1 n)] (*Ma. et al.*; *Ta., Sh.*). Scheinbarer Dissoziationsexponent pK'_a (H_2O; potentiometrisch ermittelt) bei 20°: 5,32 (*Al. et al.*, l. c. S. 4227). 1 g sind bei 20° in 3000 ml wss. Lösung und bei 100° in 130 ml wss. Lösung enthalten (*Al. et al.*, l. c. S. 4220).

Hydrolyse beim Erhitzen [0,5 h oder 30 h] mit wss. HCl [6 n] (Bildung von 56% 2-Amino-3*H*-pteridin-4-on bzw. von 63% 1*H*-Pteridin-2,4-dion): *Taylor, Cain,* Am. Soc. **71** [1949] 2538, 2539. Bei der Hydrierung an Platin in Methanol ist 5,6,7,8-Tetrahydro-pteridin-2,4-diyldiamin (*Ko., Pf.*, l. c. S. 724), beim Erwärmen in DMF mit $NaBH_4$ in H_2O ist 5,6-Dihydro-pteridin-2,4-diyldiamin (?; S. 3796) erhalten worden (*Ta., Sh.*, l. c. S.2471; s. a. *Ko., Pf.*).

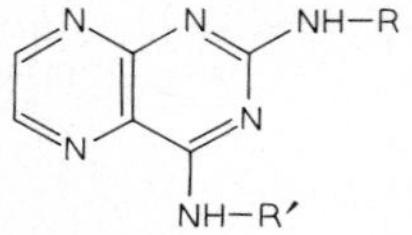

IX 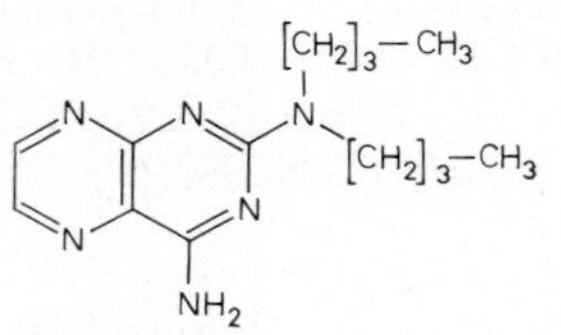 X 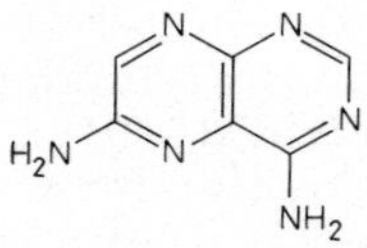 XI

***N*²-Methyl-pteridin-2,4-diyldiamin** $C_7H_8N_6$, Formel IX (R = CH_3, R' = H).

B. Aus *N*²-Methyl-pyrimidin-tetrayltetraamin-sulfat und Glyoxal mit Hilfe von Natrium⸗acetat in wss. Äthanol (*Boon,* Soc. **1957** 2146, 2156, 2157).

Kristalle (aus H_2O); F: 242°.

***N*⁴-Methyl-pteridin-2,4-diyldiamin** $C_7H_8N_6$, Formel IX (R = H, R' = CH_3).

B. Analog der vorangehenden Verbindung (*Boon,* Soc. **1957** 2146, 2156, 2157).

Kristalle (aus H_2O); F: 248°.

***N*²,*N*⁴-Dimethyl-pteridin-2,4-diyldiamin** $C_8H_{10}N_6$, Formel IX (R = R' = CH_3).

B. Analog den vorangehenden Verbindungen (*Boon,* Soc. **1957** 2146, 2156, 2157).

Kristalle (aus A.); F: 214°.

***N*²,*N*²-Dibutyl-pteridin-2,4-diyldiamin** $C_{14}H_{22}N_6$, Formel X.

B. Aus *N*²,*N*²-Dibutyl-5-nitro-pyrimidin-2,4,6-triyltriamin bei der Hydrierung an Platin in Methanol und anschliessenden Umsetzung mit Glyoxal in H_2O (*Evans et al.*, Soc. **1956** 4106, 4112, 4113).

Hellgelbe Kristalle (aus wss. A.); F: 110–112°.

Pteridin-4,6-diyldiamin $C_6H_6N_6$, Formel XI.

B. Aus 3,5-Dihydro-pteridin-4,6-dion bei aufeinanderfolgendem Erhitzen mit PCl_5 in $POCl_3$

auf 135° und mit wss. NH_3 auf 140° (*Albert et al.*, Soc. **1956** 4621, 4625, 4628).

Gelbe Kristalle (aus H_2O). λ_{max} (wss. Lösung): 254 nm, 284 nm und 376 nm [pH 2,4] bzw. 263 nm und 375 nm [pH 6,7]. Scheinbarer Dissoziationsexponent pK'_a (H_2O; spektrophotometrisch ermittelt) bei 20°: 4,37. 1 g sind bei 20° in 24000 ml wss. Lösung und bei 100° in 940 ml wss. Lösung enthalten.

Pteridin-4,7-diyldiamin $C_6H_6N_6$, Formel XII.

B. Beim Erhitzen von 4,7-Diamino-pteridin-6-carbonsäure in Chinolin (*Osdene, Timmis,* Soc. **1955** 2036).

Hellgelbe Kristalle (aus H_2O); F: >300° (*Os., Ti.*). λ_{max}: 255 nm, 285 nm und 343 nm [wss. Ameisensäure (4,5%ig)] (*Os., Ti.*), 233 nm, 257 nm, 284 nm und 343 nm [wss. Lösung vom pH 3] bzw. 241 nm und 339 nm [wss. Lösung vom pH 7] (*Albert et al.*, Soc. **1956** 4621, 4625). Scheinbarer Dissoziationsexponent pK'_a (H_2O; potentiometrisch ermittelt) bei 20°: 4,97 (*Al. et al.*). 1 g sind bei 20° in 5000 ml wss. Lösung und bei 100° in 300 ml wss. Lösung enthalten (*Al. et al.*).

XII XIII XIV

2,4-Dichlor-pteridin-6,7-diyldiamin $C_6H_4Cl_2N_6$, Formel XIII.

B. Aus 2,4,6,7-Tetrachlor-pteridin beim Behandeln mit flüssigem NH_3 oder mit NH_3 in Aceton (*Taylor, Sherman,* Am. Soc. **81** [1959] 2464, 2467, 2471).

Gelbe Kristalle; F: >360°. λ_{max} (DMF): 348 nm.

Pyrimido[4,5-*d*]pyrimidin-4,7-diyldiamin $C_6H_6N_6$, Formel XIV.

B. Beim Erhitzen von 2,4-Diamino-pyrimidin-5-carbonitril mit Formamid (*Chatterji, Anand,* J. scient. ind. Res. India **18** B [1959] 272, 276).

Gelbliche Kristalle (aus DMF); F: 265° [Zers.].

Diamine $C_7H_8N_6$

6-Methyl-pteridin-2,4-diyldiamin $C_7H_8N_6$, Formel I (R = CH_3, R' = H).

B. Aus Pyrimidintetrayltetraamin-sulfat bei aufeinanderfolgender Behandlung mit wss. Na_2SO_3 und mit Pyruvaldehyd in wss. $NaHSO_3$ (*Seeger et al.*, Am. Soc. **71** [1949] 1753, 1755, 1757). Aus Pyrimidintetrayltetraamin-sulfat und 2,3-Dibrom-propionaldehyd in wss.-methanol. NaOH [pH 8] (*Sato et al.*, J. chem. Soc. Japan Pure Chem. Sect. **72** [1951] 866, 869, 870; C. A. **1953** 5946).

Kristalle [aus H_2O] (*Sato et al.*). λ_{max}: 242 nm, 281 nm und 338 nm [wss. HCl (0,1 n)] (*Sato et al.*), 242 nm, 281 nm und 337 nm [wss. HCl (0,1 n)] bzw. 255 nm und 369 nm [wss. NaOH (0,1 n)] (*Se. et al.*).

Beim Erhitzen mit wss. NaOH unter Ausschluss von Luft ist 2-Amino-6-methyl-3*H*-pteridin-4-on erhalten worden (*Se. et al.*).

Diacetyl-Derivat $C_{11}H_{12}N_6O_2$; 2,4-Bis-acetylamino-6-methyl-pteridin, *N,N'*-[6-Methyl-pteridin-2,4-diyl]-bis-acetamid. Kristalle (aus A.); F: 257° (*Brown, England,* Soc. **1965** 1530, 1532), 234,5–236,5° (*Se. et al.*). λ_{max} (wss. Lösung): 246 nm, 283 nm und 331 nm [pH −1] bzw. 251 nm und 339 nm [pH 4] (*Br., En.*). Scheinbarer Dissoziationsexponent pK'_a (H_2O; spektrophotometrisch ermittelt) bei 20°: 1,55 (*Br., En.*).

7-Methyl-pteridin-2,4-diyldiamin $C_7H_8N_6$, Formel I (R = H, R' = CH_3).

Konstitution: *Cain et al.*, Am. Soc. **70** [1948] 3026, 3028.

B. Aus Pyrimidintetrayltetraamin (Verbindung mit $NaHSO_3$) und Pyruvaldehyd in H_2O

(*Mallette et al.*, Am. Soc. **69** [1947] 1814). Aus Pyrimidintetrayltetraamin-sulfat und Pyruvaldehyd in wss. HCl (*Seeger et al.*, Am. Soc. **71** [1949] 1753, 1756, 1757).

Kristalle (aus wss. HCl), die sich beim Erhitzen dunkel färben (*Ma. et al.*). λ_{max}: 242 nm, 280 nm und 330 nm [wss. HCl (0,1 n)] (*Ma. et al.*), 242 nm, 281 nm und 332 nm [wss. HCl (0,1 n)] bzw. 254 nm und 361 nm [wss. NaOH (0,1 n)] (*Se. et al.*).

Diacetyl-Derivat $C_{11}H_{12}N_6O_2$; 2,4-Bis-acetylamino-7-methyl-pteridin, *N,N'*-[7-Methyl-pteridin-2,4-diyl]-bis-acetamid. F: 236–237° [aus A.] (*Se. et al.*).

Diamine $C_8H_{10}N_6$

6,7-Dimethyl-pteridin-2,4-diyldiamin $C_8H_{10}N_6$, Formel I (R = R' = CH_3).

B. Aus der Kalium-Verbindung des Hydroxyimino-malononitrils bei aufeinanderfolgender Umsetzung mit Guanidin-carbonat, mit wss. $Na_2S_2O_4$ und mit Butandion (*Taylor, Cheng,* J. org. Chem. **24** [1959] 997). Aus Pyrimidintetrayltetraamin (Verbindung mit $NaHSO_3$) und Butandion in H_2O (*Mallette et al.*, Am. Soc. **69** [1947] 1814) oder in wss. Essigsäure und wenig Äthanol (*Campbell et al.*, Soc. **1950** 2743). Beim Erwärmen von 2,5,6-Triamino-3,4-dihydro-pyrimidin-4-sulfonsäure (?; E III/IV **25** 4521) mit Butandion und wss. NH_3 (*Am. Cyanamid Co.*, U.S.P. 2767181 [1954]).

Kristalle; F: 360° (*Ca. et al.*). Kristalle (aus wss. HCl), die sich beim Erhitzen dunkel färben (*Ma. et al.*). λ_{max} (wss. HCl [0,1 n]): 242 nm, 277 nm und 335 nm (*Ma. et al.*).

Hydrolyse beim Erhitzen [0,5 h oder 30 h] mit wss. HCl [6 n] (Bildung von 93% 2-Amino-6,7-dimethyl-3*H*-pteridin-4-on bzw. von 55% 6,7-Dimethyl-1*H*-pteridin-2,4-dion): *Taylor, Cain,* Am. Soc. **71** [1949] 2538–2540.

6,7,N^2-Trimethyl-pteridin-2,4-diyldiamin $C_9H_{12}N_6$, Formel II (R = R' = H).

B. Aus N^2-Methyl-pyrimidintetrayltetraamin-sulfat und Butandion mit Hilfe von Natriumacetat in wss. Äthanol (*Boon,* Soc. **1957** 2146, 2156, 2157).

Kristalle (aus A.); F: 281°.

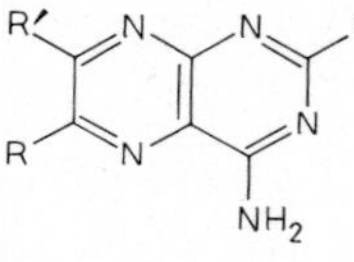

I 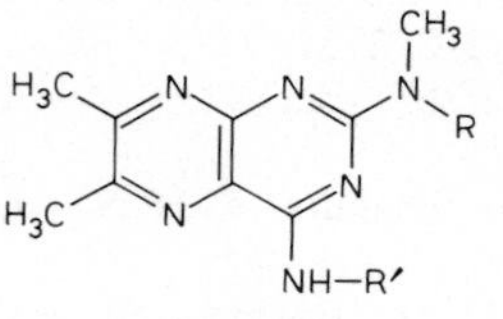 II 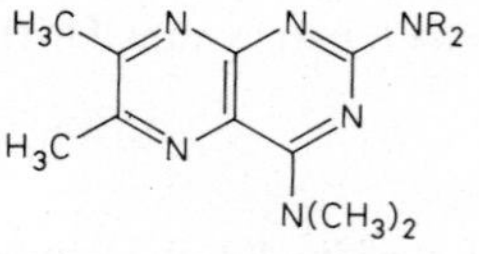 III

6,7,N^2,N^4-Tetramethyl-pteridin-2,4-diyldiamin $C_{10}H_{14}N_6$, Formel II (R = H, R' = CH_3).

B. Analog der vorangehenden Verbindung (*Boon,* Soc. **1957** 2146, 2156, 2157). Aus 6,7-Dimethyl-2-thioxo-2,3-dihydro-1*H*-pteridin-4-on und Methylamin in Äthanol [180–190°] (*Taylor, Cain,* Am. Soc. **73** [1951] 4384, 4386).

Kristalle; F: 266° [aus A.] (*Boon*), 255–256° [unkorr.; aus Me.] (*Ta., Cain*).

6,7,N^2,N^2-Tetramethyl-pteridin-2,4-diyldiamin $C_{10}H_{14}N_6$, Formel II (R = CH_3, R' = H).

B. Aus N^2,N^2-Dimethyl-pyrimidintetrayltetraamin und Butandion (*Roth et al.*, Am. Soc. **73** [1951] 2864, 2867). Aus 4-Amino-6,7-dimethyl-1*H*-pteridin-2-thion oder aus 6,7-Dimethyl-2-methylmercapto-pteridin-4-ylamin und Dimethylamin in Äthanol [180–190°] (*Taylor, Cain,* Am. Soc. **74** [1952] 1644, 1646, 1647).

Gelbe Kristalle (aus Me.); Zers. >260° (*Ta., Cain*). Kristalle [aus wss. A.] (*Roth et al.*). λ_{max}: 243 nm, 272 nm und 387 nm [A.] bzw. 250 nm, 294 nm und 341 nm [äthanol. HCl] (*Ta., Cain*), 251 nm und 345 nm [wss. HCl (0,1 n)] bzw. 271 nm und 385 nm [wss. NaOH (0,1 n)] (*Roth et al.*).

Hydrochlorid $C_{10}H_{14}N_6 \cdot HCl$. Hellgelbe Kristalle (aus wss. HCl) mit 3 Mol H_2O (*Roth et al.*).

6,7,N^4,N^4-Tetramethyl-pteridin-2,4-diyldiamin $C_{10}H_{14}N_6$, Formel III (R = H).

B. Aus N^4,N^4-Dimethyl-pyrimidintetrayltetraamin und Butandion (*Roth et al.*, Am. Soc. **72** [1950] 1914, 1916).

Kristalle (aus DMF); F: 284–285° [Zers.]. λ_{max}: 340 nm [wss. HCl (0,1 n)] bzw. 267 nm und 371 nm [wss. NaOH (0,1 n)].

6,7,N^2,N^2,N^4,N^4-Hexamethyl-pteridin-2,4-diyldiamin $C_{12}H_{18}N_6$, Formel III (R = CH_3).

B. Beim Erhitzen von 6,7-Dimethyl-1*H*-pteridin-2,4-dion mit PCl_5 in $POCl_3$ und Erhitzen des Reaktionsprodukts mit Dimethylamin in Äthanol auf 110° (*Taylor, Cain,* Am. Soc. **73** [1951] 4384, 4386). Neben überwiegenden Mengen von 6,7,N^2,N^2-Tetramethyl-pteridin-2,4-diyldiamin aus 4-Amino-6,7-dimethyl-1*H*-pteridin-2-thion und Dimethylamin in Äthanol [180–220°] (*Ta., Cain,* l. c. S. 4385, 4386).

Gelbe Kristalle (aus Bzl.); F: 165–166° [unkorr.].

N^4-[4-Chlor-phenyl]-6,7-dimethyl-pteridin-2,4-diyldiamin $C_{14}H_{13}ClN_6$, Formel IV.

B. Aus N^4-[4-Chlor-phenyl]-pyrimidintetrayltetraamin-hydrochlorid und Butandion (*Roy et al.*, J. Indian chem. Soc. **36** [1959] 651–653).

Hellgelbe Kristalle (aus DMF); Zers. >300°. UV-Spektrum (wss. Eg. [0,1 n]; 240–380 nm): *Roy et al.*

2-[2-Amino-6,7-dimethyl-pteridin-4-ylamino]-äthanol $C_{10}H_{14}N_6O$, Formel V (R = H).

B. Aus 6,7-Dimethyl-pteridin-2,4-diyldiamin und 2-Amino-äthanol (*Taylor, Cain,* Am. Soc. **73** [1951] 4384, 4386).

Gelbe Kristalle (aus H_2O); F: 245–245,5° [unkorr.].

IV V VI

2-[6,7-Dimethyl-2-methylamino-pteridin-4-ylamino]-äthanol $C_{11}H_{16}N_6O$, Formel V (R = CH_3).

B. Aus 6,7,N^2,N^4-Tetramethyl-pteridin-2,4-diyldiamin und 2-Amino-äthanol (*Taylor, Cain,* Am. Soc. **73** [1951] 4384, 4387).

Kristalle (aus Acn.); F: 214–215° [unkorr.].

6,7-Dimethyl-4-piperidino-pteridin-2-ylamin $C_{13}H_{18}N_6$, Formel VI.

B. Aus 6-Piperidino-pyrimidin-2,4,5-triyltriamin-sulfat und Butandion in H_2O (*Roth et al.*, Am. Soc. **72** [1950] 1914, 1917).

Gelbliche Kristalle (aus wss. A.); F: 214,5–216°. λ_{max}: 345 nm [wss. HCl (0,1 n)] bzw. 234 nm, 271 nm und 377 nm [wss. NaOH (0,1 n)].

Diamine $C_{10}H_{14}N_6$

6,7-Diäthyl-pteridin-2,4-diyldiamin $C_{10}H_{14}N_6$, Formel VII (R = C_2H_5).

B. Aus Pyrimidintetrayltetraamin (Verbindung mit $NaHSO_3$) und Hexan-3,4-dion in wss. Essigsäure und wenig Äthanol (*Campbell et al.*, Soc. **1950** 2743). Aus Pyrimidintetrayltetraamin-acetat und Hexan-3,4-dion in wss. Essigsäure (*Allen & Hanburys,* U.S.P. 2665275 [1950]).

Hellgelbe Kristalle (aus A.); F: 280° (*Allen & Hanburys*), 268° (*Ca. et al.*). 1 g sind bei 20° in 8500 ml wss. Lösung enthalten (*Albert et al.*, Soc. **1952** 4219, 4220).

Diamine $C_{12}H_{18}N_6$

6,7-Dipropyl-pteridin-2,4-diyldiamin $C_{12}H_{18}N_6$, Formel VII (R = CH_2-C_2H_5).

B. Aus Pyrimidintetrayltetraamin (Verbindung mit $NaHSO_3$) und Octan-4,5-dion in wss. Essigsäure und wenig Äthanol (*Allen & Hanburys,* U.S.P. 2665275 [1950]; s. a. *Campbell et al.,* Soc. **1950** 2743).

Gelbe Kristalle (aus A.); F: 202°.

6,7-Diisopropyl-pteridin-2,4-diyldiamin $C_{12}H_{18}N_6$, Formel VIII (R = H).

B. Aus Pyrimidintetrayltetraamin (Verbindung mit $NaHSO_3$) und 2,5-Dimethyl-hexan-3,4-dion mit Hilfe von $NaHCO_3$ in wss. Äthanol (*Allen & Hanburys,* U.S.P. 2665275 [1950]; s. a. *Campbell et al.,* Soc. **1950** 2743).

Kristalle (aus A.); F: 246°.

6,7-Diisopropyl-*N*²,*N*²,*N*⁴,*N*⁴-tetramethyl-pteridin-2,4-diyldiamin $C_{16}H_{26}N_6$, Formel VIII (R = CH_3).

B. Aus N^2,N^2,N^4,N^4-Tetramethyl-pyrimidintetrayltetraamin-sulfat und 2,5-Dimethyl-hexan-3,4-dion mit Hilfe von Natriumacetat in wss. Äthanol (*Boon,* Soc. **1957** 2146, 2156, 2157).

Kristalle (aus wss. A.); F: 150°.

VII VIII IX

***N*⁴-[2-Dimethylamino-äthyl]-6,7-diisopropyl-pteridin-2,4-diyldiamin** $C_{16}H_{27}N_7$, Formel IX (R = CH_2-CH_2-N(CH_3)$_2$).

B. Aus 6,7-Diisopropyl-pteridin-2,4-diyldiamin und *N,N*-Dimethyl-äthylendiamin [180°] (*Potter, Henshall,* Soc. **1956** 2000, 2003, 2004).

Kristalle (aus PAe.); F: 177–178,5°.

***N*⁴-[2-Diäthylamino-äthyl]-6,7-diisopropyl-pteridin-2,4-diyldiamin** $C_{18}H_{31}N_7$, Formel IX (R = CH_2-CH_2-N(C_2H_5)$_2$).

B. Analog der vorangehenden Verbindung (*Potter, Henshall,* Soc. **1956** 2000, 2003, 2004).

Kristalle (aus wss. DMF); F: 136,5–137,5°.

***N*²,*N*⁴-Bis-[2-dimethylamino-äthyl]-6,7-diisopropyl-pteridin-2,4-diyldiamin** $C_{20}H_{36}N_8$, Formel X (R = CH_2-CH_2-N(CH_3)$_2$).

B. Aus 6,7-Diisopropyl-pteridin-2,4-diyldiamin und *N,N*-Dimethyl-äthylendiamin mit Hilfe von konz. wss. HCl [180°] (*Potter, Henshall,* Soc. **1956** 2000, 2003, 2004).

Gelbe Kristalle (aus wss. DMF); F: 106–107,5°.

***N*²,*N*⁴-Bis-[2-diäthylamino-äthyl]-6,7-diisopropyl-pteridin-2,4-diyldiamin** $C_{24}H_{44}N_8$, Formel X (R = CH_2-CH_2-N(C_2H_5)$_2$).

B. Analog der vorangehenden Verbindung (*Potter, Henshall,* Soc. **1956** 2000, 2003, 2004).

Gelbe Kristalle (aus wss. DMF); F: 95,5–97°.

***N*⁴-[3-Dimethylamino-propyl]-6,7-diisopropyl-pteridin-2,4-diyldiamin** $C_{17}H_{29}N_7$, Formel IX (R = [CH_2]$_3$-N(CH_3)$_2$).

B. Aus 6,7-Diisopropyl-pteridin-2,4-diyldiamin und *N,N*-Dimethyl-propandiyldiamin [180°] (*Potter, Henshall,* Soc. **1956** 2000, 2003, 2004).

Kristalle (aus PAe.); F: 152–155°.

N^4-[3-Diäthylamino-propyl]-6,7-diisopropyl-pteridin-2,4-diyldiamin $C_{19}H_{33}N_7$, Formel IX ($R = [CH_2]_3\text{-}N(C_2H_5)_2$).

B. Analog der vorangehenden Verbindung (*Potter, Henshall,* Soc. **1956** 2000, 2003, 2004).

Kristalle (aus wss. DMF); F: 127,5–129°.

N^2,N^4-Bis-[3-dimethylamino-propyl]-6,7-diisopropyl-pteridin-2,4-diyldiamin $C_{22}H_{40}N_8$, Formel X ($R = [CH_2]_3\text{-}N(CH_3)_2$).

B. Aus 6,7-Diisopropyl-pteridin-2,4-diyldiamin und *N,N*-Dimethyl-propandiyldiamin mit Hilfe von konz. wss. HCl [180°] (*Potter, Henshall,* Soc. **1956** 2000, 2003, 2004).

Gelbe Kristalle (aus wss. DMF); F: 152–153°.

N^2,N^4-Bis-[3-diäthylamino-propyl]-6,7-diisopropyl-pteridin-2,4-diyldiamin $C_{26}H_{48}N_8$, Formel X ($R = [CH_2]_3\text{-}N(C_2H_5)_2$).

B. Analog der vorangehenden Verbindung (*Potter, Henshall,* Soc. **1956** 2000, 2003, 2004).

Gelbe Kristalle (aus wss. DMF); F: 87–88°.

Diamine $C_{14}H_{22}N_6$

6,7-Dibutyl-pteridin-2,4-diyldiamin $C_{14}H_{22}N_6$, Formel XI ($R = [CH_2]_3\text{-}CH_3$).

B. Aus Pyrimidintetrayltetraamin (Verbindung mit $NaHSO_3$) und Decan-5,6-dion in wss. Essigsäure und wenig Äthanol (*Allen & Hanburys,* U.S.P. 2665275 [1950]; s. a. *Campbell et al.,* Soc. **1950** 2743).

Hellgelbe Kristalle (aus wss. A.); F: 180°.

***Opt.-inakt. 6,7-Di-*sec*-butyl-pteridin-2,4-diyldiamin** $C_{14}H_{22}N_6$, Formel XI ($R = CH(CH_3)\text{-}C_2H_5$).

B. Aus Pyrimidintetrayltetraamin und opt.-inakt. 3,6-Dimethyl-octan-4,5-dion (E IV **1** 3724) mit Hilfe von $NaHCO_3$ in wss. Äthanol (*Allen & Hanburys,* U.S.P. 2665275 [1950]). Aus Pyrimidintetrayltetraamin (Verbindung mit $NaHSO_3$) bzw. aus Pyrimidintetrayltetraamin-acetat und opt.-inakt. 3,6-Dimethyl-octan-4,5-dion in wss. Essigsäure (*Campbell et al.,* Soc. **1950** 2743; *Allen & Hanburys*).

Gelbe Kristalle (aus wss. A.); F: 210° (*Ca. et al.*; *Allen & Hanburys*).

6,7-Diisobutyl-pteridin-2,4-diyldiamin $C_{14}H_{22}N_6$, Formel XI ($R = CH_2\text{-}CH(CH_3)_2$).

B. Aus Pyrimidintetrayltetraamin (Verbindung mit $NaHSO_3$) und 2,7-Dimethyl-octan-4,5-dion in wss. Essigsäure und wenig Äthanol (*Allen & Hanburys,* U.S.P. 2665275 [1950]; s. a. *Campbell et al.,* Soc. **1950** 2743).

Hellgelbe Kristalle (aus wss. A.); F: 218°.

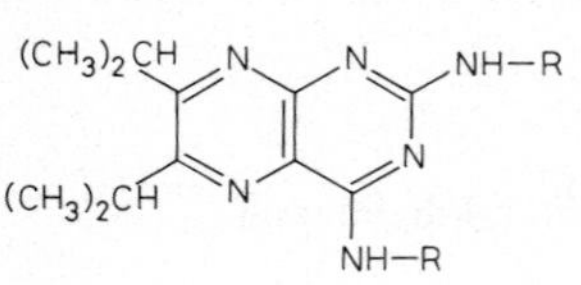

X 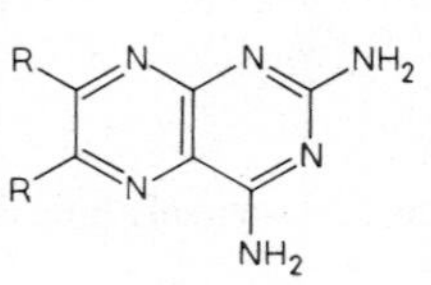 XI 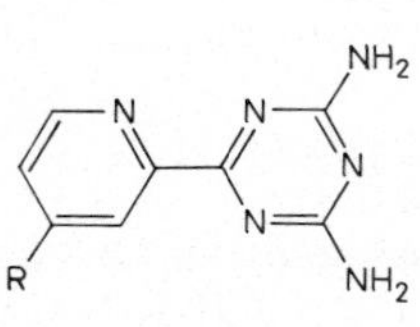 XII 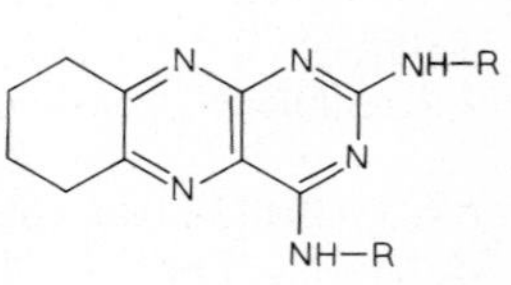 XIII

Diamine $C_{16}H_{26}N_6$

6,7-Dipentyl-pteridin-2,4-diyldiamin $C_{16}H_{26}N_6$, Formel XI ($R = [CH_2]_4\text{-}CH_3$).

B. Aus Pyrimidintetrayltetraamin (Verbindung mit $NaHSO_3$) und Dodecan-6,7-dion in wss. Essigsäure und wenig Äthanol (*Allen & Hanburys,* U.S.P. 2665275 [1950]; s. a. *Campbell et al.,* Soc. **1950** 2743).

Hellgelbe Kristalle (aus wss. A.); F: 160°.

***Opt.-inakt. 6,7-Bis-[1-methyl-butyl]-pteridin-2,4-diyldiamin** $C_{16}H_{26}N_6$, Formel XI ($R = CH(CH_3)\text{-}CH_2\text{-}C_2H_5$).

B. Aus Pyrimidintetrayltetraamin (Verbindung mit $NaHSO_3$) und opt.-inakt. 4,7-Dimethyl-decan-5,6-dion (E IV **1** 3732) mit Hilfe von $NaHCO_3$ in wss. Äthanol (*Allen & Hanburys,* U.S.P. 2665275 [1950]; s. a. *Campbell et al.,* Soc. **1950** 2743).

Kristalle (aus A.); F: 172°.

6,7-Bis-[1-äthyl-propyl]-pteridin-2,4-diyldiamin $C_{16}H_{26}N_6$, Formel XI ($R = CH(C_2H_5)_2$).

B. Aus Pyrimidintetrayltetraamin (Verbindung mit $NaHSO_3$) und 3,6-Diäthyl-octan-4,5-dion in wss. Essigsäure und wenig Äthanol (*Campbell et al.,* Soc. **1950** 2743).

Kristalle (aus wss. A.); F: 181°.

Diamine $C_{18}H_{30}N_6$

6,7-Dihexyl-pteridin-2,4-diyldiamin $C_{18}H_{30}N_6$, Formel XI ($R = [CH_2]_5\text{-}CH_3$).

B. Aus Pyrimidintetrayltetraamin (Verbindung mit $NaHSO_3$) und Tetradecan-7,8-dion in wss. Essigsäure und wenig Äthanol (*Campbell et al.,* Soc. **1950** 2743).

Kristalle (aus A.); F: 140°.

Diamine $C_{20}H_{34}N_6$

6,7-Diheptyl-pteridin-2,4-diyldiamin $C_{20}H_{34}N_6$, Formel XI ($R = [CH_2]_6\text{-}CH_3$).

B. Aus Pyrimidintetrayltetraamin (Verbindung mit $NaHSO_3$) und Hexadecan-8,9-dion in wss. Essigsäure und wenig Äthanol (*Campbell et al.,* Soc. **1950** 2743).

Kristalle (aus wss. A.); F: 132°.

Diamine $C_nH_{2n-8}N_6$

6-[2]Pyridyl-[1,3,5]triazin-2,4-diyldiamin $C_8H_8N_6$, Formel XII (R = H).

B. Aus Pyridin-2-carbonitril und Cyanguanidin mit Hilfe von KOH in 2-Methoxy-äthanol (*Case, Koft,* Am. Soc. **81** [1959] 905).

Kristalle (aus H_2O); F: 297–298°.

6-[4-Äthyl-[2]pyridyl]-[1,3,5]triazin-2,4-diyldiamin $C_{10}H_{12}N_6$, Formel XII ($R = C_2H_5$).

B. Aus 4-Äthyl-pyridin-2-carbonitril und Cyanguanidin mit Hilfe von KOH in 2-Methoxy-äthanol (*Case, Koft,* Am. Soc. **81** [1959] 905).

Kristalle (aus H_2O) mit 1 Mol H_2O; F: 246–247°.

6,7,8,9-Tetrahydro-benzo[*g*]pteridin-2,4-diyldiamin $C_{10}H_{12}N_6$, Formel XIII (R = H).

B. Aus Pyrimidintetrayltetraamin und Cyclohexan-1,2-dion (*Potter, Henshall,* Soc. **1956** 2000, 2003).

Kristalle; F: 358–360° [Zers.].

***N*²,*N*⁴-Bis-[3-diäthylamino-propyl]-6,7,8,9-tetrahydro-benzo[*g*]pteridin-2,4-diyldiamin** $C_{24}H_{42}N_8$, Formel XIII ($R = [CH_2]_3\text{-}N(C_2H_5)_2$).

B. Aus der vorangehenden Verbindung und *N,N*-Diäthyl-propandiyldiamin mit Hilfe von wenig konz. wss. HCl [180°] (*Potter, Henshall,* Soc. **1956** 2000, 2003, 2004).

Orangegelb; F: 77–78° [aus PAe.].

2,6-Bis-{[bis-(2-chlor-äthyl)-amino]-methyl}-1,5-dihydro-benzo[1,2-*d*;4,5-*d'*]diimidazol $C_{18}H_{24}Cl_4N_6$, Formel I ($R = CH_2\text{-}CH_2\text{-}Cl$) und Taut.

Dihydrochlorid $C_{18}H_{24}Cl_4N_6 \cdot 2HCl$. *B.* Aus der folgenden Verbindung und $SOCl_2$ (*Knobloch, Niedrich,* B. **91** [1958] 2562, 2566). – Gelbliche Kristalle (aus H_2O). – Beim Aufbewahren der wss. Lösung tritt Zersetzung ein (*Kn., Ni.,* l. c. S. 2564).

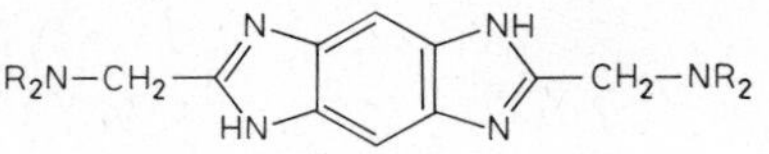

2,6-Bis-{[bis-(2-hydroxy-äthyl)-amino]-methyl}-1,5-dihydro-benzo[1,2-*d*;4,5-*d'*]diimidazol $C_{18}H_{28}N_6O_4$, Formel I (R = CH_2-CH_2-OH) und Taut.

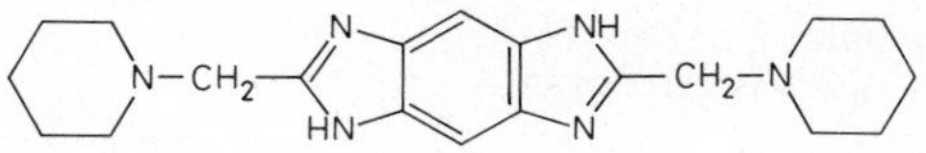

B. Aus 2,6-Bis-chlormethyl-1,5-dihydro-benzo[1,2-*d*;4,5-*d'*]diimidazol und Bis-[2-hydroxy-äthyl]-amin (*Knobloch, Niedrich,* B. **91** [1958] 2562, 2565).

Kristalle (aus A.).

Tetrahydrochlorid $C_{18}H_{28}N_6O_4 \cdot 4HCl$. Kristalle.

2,6-Bis-piperidinomethyl-1,5-dihydro-benzo[1,2-*d*;4,5-*d'*]diimidazol $C_{20}H_{28}N_6$, Formel II und Taut.

B. Analog der vorangehenden Verbindung (*Knobloch, Niedrich,* B. **91** [1958] 2562, 2565).

Tetrahydrochlorid $C_{20}H_{28}N_6 \cdot 4HCl$.

2,6-Bis-pyridiniomethyl-1,5-dihydro-benzo[1,2-*d*;4,5-*d'*]diimidazol, 1,1'-[1,5-Dihydro-benzo[1,2-*d*;4,5-*d'*]diimidazol-2,6-diyldimethyl]-bis-pyridinium $[C_{20}H_{18}N_6]^{2+}$, Formel III und Taut.

Dichlorid $[C_{20}H_{18}N_6]Cl_2$. *B.* Analog den vorangehenden Verbindungen (*Knobloch, Niedrich,* B. **91** [1958] 2562, 2565). – Dihydrochlorid $[C_{20}H_{18}N_6]Cl_2 \cdot 2HCl$. Kristalle.

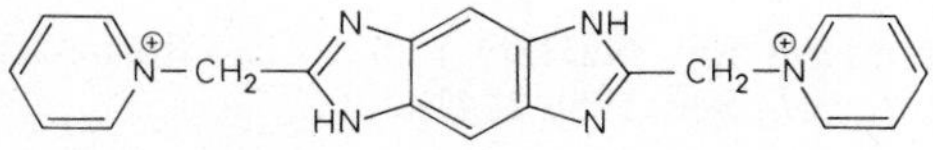

7,8,9,10-Tetrahydro-6*H*-cyclohepta[*g*]pteridin-2,4-diyldiamin $C_{11}H_{14}N_6$, Formel IV (R = R' = H).

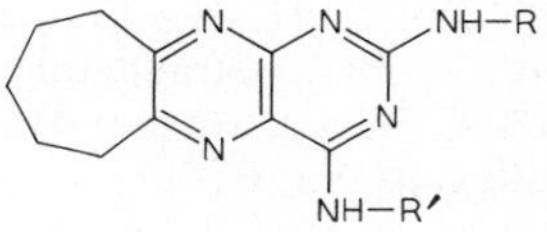

B. Aus Pyrimidintetrayltetraamin und Cycloheptan-1,2-dion (*Potter, Henshall,* Soc. **1956** 2000, 2003).

Braune Kristalle (aus DMF); F: 337–339° [Zers.].

***N*⁴-[3-Diäthylamino-propyl]-7,8,9,10-tetrahydro-6*H*-cyclohepta[*g*]pteridin-2,4-diyldiamin** $C_{18}H_{29}N_7$, Formel IV (R = H, R' = $[CH_2]_3$-$N(C_2H_5)_2$).

B. Aus der vorangehenden Verbindung und *N,N*-Diäthyl-propandiyldiamin [180°] (*Potter, Henshall,* Soc. **1956** 2000, 2003, 2004).

Kristalle (aus Bzl. + PAe.); F: 157–158°.

***N*²,*N*⁴-Bis-[3-diäthylamino-propyl]-7,8,9,10-tetrahydro-6*H*-cyclohepta[*g*]pteridin-2,4-diyldiamin** $C_{25}H_{44}N_8$, Formel IV (R = R' = $[CH_2]_3$-$N(C_2H_5)_2$).

B. Aus 7,8,9,10-Tetrahydro-6*H*-cyclohepta[*g*]pteridin-2,4-diyldiamin (s. o.) und *N,N*-Diäthyl-propandiyldiamin mit Hilfe von konz. wss. HCl [180°] (*Potter, Henshall,* Soc. **1956** 2000, 2003, 2004).

Orangegelbe Kristalle (aus wss. DMF); F: 71–73°.

Diamine $C_nH_{2n-10}N_6$

(±)-7-[4-Acetylamino-phenyl]-5,6,7,8-tetrahydro-pyrimido[4,5-*d*]pyrimidin-2-ylamin, (±)-Essigsäure-[4-(7-amino-1,2,3,4-tetrahydro-pyrimido[4,5-*d*]pyrimidin-2-yl)-anilid] $C_{14}H_{16}N_6O$, Formel V (R = H).

B. Aus 5-Aminomethyl-pyrimidin-2,4-diyldiamin-dihydrochlorid und 4-Acetylamino-benzaldehyd in methanol. Natriummethylat (*Cilag,* U.S.P. 2707185 [1953]; D.B.P. 936689 [1953]).

Kristalle; F: 196–197°.
Picrat. F: 214–215°.

(±)-7-[4-Acetylamino-phenyl]-4-methyl-5,6,7,8-tetrahydro-pyrimido[4,5-*d*]pyrimidin-2-ylamin, (±)-Essigsäure-[4-(7-amino-5-methyl-1,2,3,4-tetrahydro-pyrimido[4,5-*d*]pyrimidin-2-yl)-anilid] $C_{15}H_{18}N_6O$, Formel V (R = CH_3).

B. Aus 5-Aminomethyl-6-methyl-pyrimidin-2,4-diyldiamin-hydrochlorid und 4-Acetylamino-benzaldehyd in methanol. Natriummethylat (*Cilag,* U.S.P. 2707185 [1953]; D.B.P. 936689 [1953]).

F: 220–221° [Zers.].

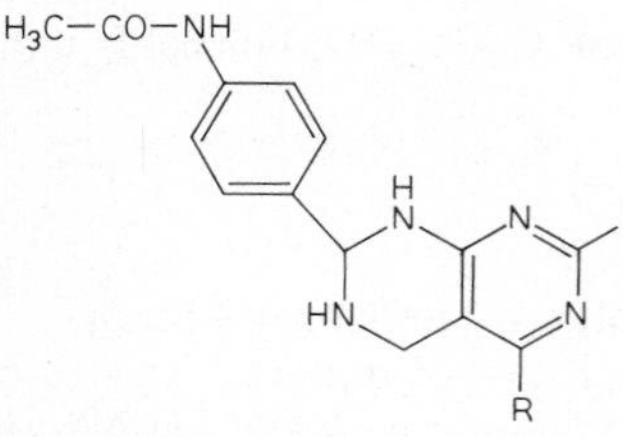

V 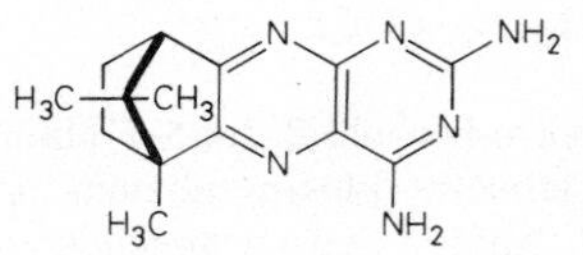 VI 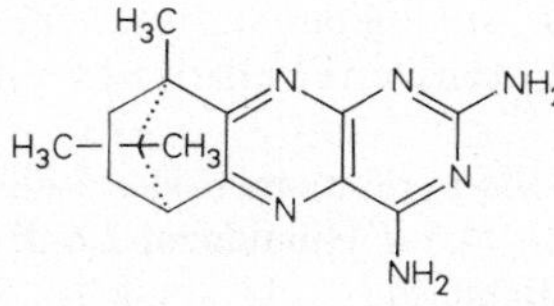 VII

(6*R* oder 6*S*)-6,11,11(oder 9,11,11)-Trimethyl-6,7,8,9-tetrahydro-6,9-methano-benzo[*g*]pteridin-2,4-diyldiamin $C_{14}H_{18}N_6$, Formel VI oder VII.

B. Aus Pyrimidintetrayltetraamin (Verbindung mit $NaHSO_3$) und (1*R*)-Bornan-2,3-dion (E III **7** 3297) in wss.-äthanol. HCl (*Campbell et al.,* Soc. **1950** 2743).

Kristalle (aus A.); F: 305°.

6,7-Dicyclohexyl-pteridin-2,4-diyldiamin $C_{18}H_{26}N_6$, Formel VIII.

B. Aus Pyrimidintetrayltetraamin (Verbindung mit $NaHSO_3$) und Dicyclohexyl-äthandion in wss. Essigsäure und wenig Äthanol (*Campbell et al.,* Soc. **1950** 2743).

Kristalle (aus A.); F: 270°.

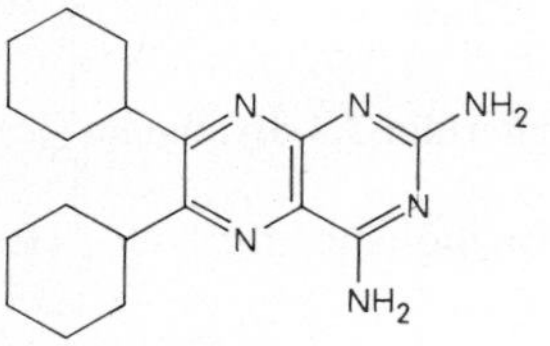

VIII 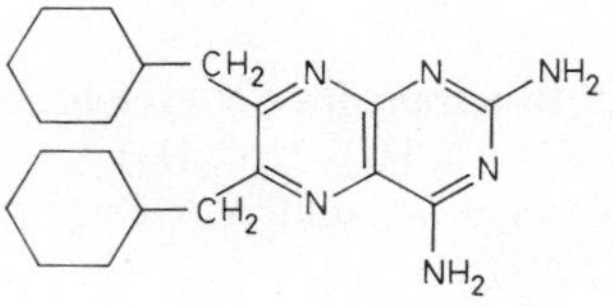 IX 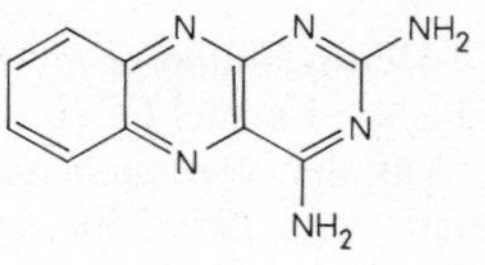 X

6,7-Bis-cyclohexylmethyl-pteridin-2,4-diyldiamin $C_{20}H_{30}N_6$, Formel IX.

B. Aus Pyrimidintetrayltetraamin (Verbindung mit $NaHSO_3$) und 1,4-Dicyclohexyl-butan-2,3-dion in wss. Essigsäure und wenig Äthanol oder in wss. Äthanol mit Hilfe von *N,N*-Di≈methyl-anilin (*Campbell et al.,* Soc. **1950** 2743) sowie von $NaHCO_3$ (*Allen & Hanburys,* U.S.P. 2665275 [1950]).

Kristalle (aus A.); F: 230°.

Diamine $C_nH_{2n-12}N_6$

Diamine $C_{10}H_8N_6$

Benzo[*g*]pteridin-2,4-diyldiamin $C_{10}H_8N_6$, Formel X (in der Literatur als Bis-iminoalloxazin bezeichnet).

Relative Intensität der Fluorescenz in wss. Lösungen vom pH 1–11: *Kavanagh, Goodwin,*

Arch. Biochem. **20** [1949] 315, 318.

Diamine $C_{11}H_{10}N_6$

7-Phenyl-pyrazolo[1,5-*a*][1,3,5]triazin-2,4-diyldiamin $C_{11}H_{10}N_6$, Formel XI.

B. Aus 5-Phenyl-1(2)*H*-pyrazol-3-ylamin und Cyanguanidin beim Erhitzen ohne Lösungsmittel auf 160° oder beim Erhitzen in angesäuerter wss. Lösung (*Checchi, Ridi,* G. **87** [1957] 597, 606, 607).

Kristalle (aus Eg.); F: 338–340°.

Diacetyl-Derivat $C_{15}H_{14}N_6O_2$; 2,4-Bis-acetylamino-7-phenyl-pyrazolo[1,5-*a*][1,3,5]triazin, *N,N'*-[7-Phenyl-pyrazolo[1,5-*a*][1,3,5]triazin-2,4-diyl]-bis-acetamid. Kristalle (aus A.); F: 246°.

2-[4-Amino-phenyl]-7(9)*H*-purin-6-ylamin $C_{11}H_{10}N_6$, Formel XII und Taut.

B. Beim Erhitzen des Hydroxyimino-malononitril-Salzes des 4-Nitro-benzamidins in Formamid und anschliessenden Erhitzen des Reaktionsgemisches mit $Na_2S_2O_4$ und Ameisensäure oder beim Erhitzen von 2-[4-Nitro-phenyl]-5-nitroso-pyrimidin-4,6-diyldiamin mit $Na_2S_2O_4$, Ameisensäure und Formamid (*Taylor et al.*, Am. Soc. **81** [1959] 2442, 2445).

Kristalle (aus wss. A.); F: 342–344° [korr.; nach Sublimation]. λ_{max} (wss. Lösung vom pH 1): 238 nm und 270 nm.

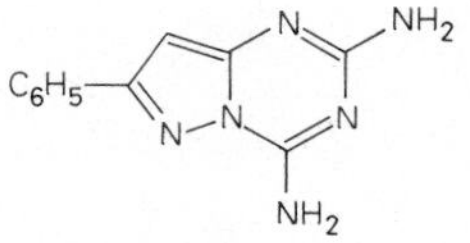

XI 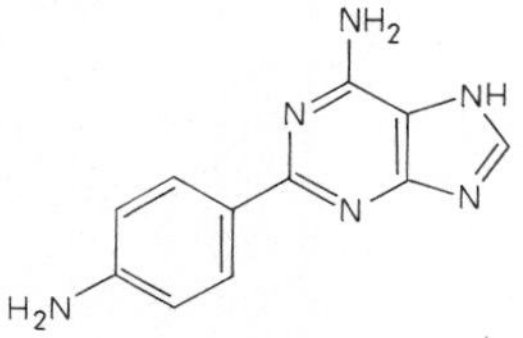 XII 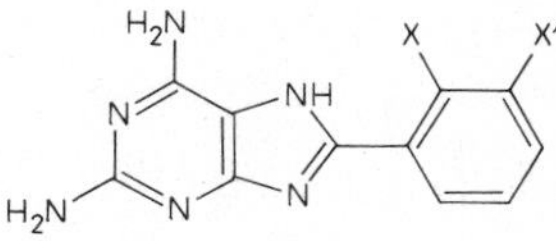 XIII

8-Phenyl-7(9)*H*-purin-2,6-diyldiamin $C_{11}H_{10}N_6$, Formel XIII (X = X' = H) und Taut.

B. Beim Erhitzen von *N*-[2,4,6-Triamino-pyrimidin-5-yl]-benzamid in $POCl_3$ (*Burroughs Wellcome & Co.,* U.S.P. 2628235 [1950]; s. a. *Elion et al.,* Am. Soc. **73** [1951] 5235, 5238).

λ_{max} (wss. Lösungen vom pH 1 sowie pH 11): 315 nm (*Burroughs*).

8-Phenyl-6-piperidino-7(9)*H*-purin-2-ylamin $C_{16}H_{18}N_6$, Formel XIV und Taut.

B. Beim Erwärmen von 6-Chlor-8-phenyl-7(9)*H*-purin-2-ylamin mit Piperidin in wss.-äthanol. HCl (*Burroughs Wellcome & Co.,* U.S.P. 2628235 [1950]).

λ_{max} (wss. Lösung): 240 nm und 315 nm [pH 1] bzw. 245 nm und 330 nm [pH 11].

8-[2-Chlor-phenyl]-7(9)*H*-purin-2,6-diyldiamin $C_{11}H_9ClN_6$, Formel XIII (X = Cl, X' = H) und Taut.

B. Beim Erhitzen von 2-Chlor-benzoesäure-[2,4,6-triamino-pyrimidin-5-ylamid] auf 250–260° (*Burroughs Wellcome & Co.,* U.S.P. 2628235 [1950]; s. a. *Elion et al.,* Am. Soc. **73** [1951] 5235–5237).

λ_{max} (wss. Lösung): 303–305 nm [pH 1] bzw. 305 nm [pH 11] (*El. et al.*; *Burroughs*).

Hydrochlorid $2C_{11}H_9ClN_6 \cdot HCl$. Gelber Feststoff mit 1 Mol H_2O (*El. et al.*).

8-[3-Chlor-phenyl]-7(9)*H*-purin-2,6-diyldiamin $C_{11}H_9ClN_6$, Formel XIII (X = H, X' = Cl) und Taut.

B. Analog der vorangehenden Verbindung (*Burroughs Wellcome & Co.,* U.S.P. 2628235 [1950]; s. a. *Elion et al.,* Am. Soc. **73** [1951] 5235–5237).

λ_{max} (wss. Lösung): 315 nm [pH 1] bzw. 240 nm und 325 nm [pH 11] (*El. et al.*; *Burroughs*).

Hydrochlorid $2C_{11}H_9ClN_6 \cdot HCl$. Feststoff mit 1 Mol H_2O (*El. et al.*).

8-[4-Chlor-phenyl]-7(9)*H*-purin-2,6-diyldiamin $C_{11}H_9ClN_6$, Formel XV (R = R′ = H) und Taut.

B. Aus 4-Chlor-benzoesäure-[2,4,6-triamino-pyrimidin-5-ylamid] beim Erhitzen ohne Lösungsmittel auf 260−270° (*Burroughs Wellcome & Co.,* U.S.P. 2628235 [1950]; s. a. *Elion et al.,* Am. Soc. **73** [1951] 5235, 5236) oder beim Erhitzen in $POCl_3$ (*El. et al.,* l. c. S. 5236, 5238). Aus 6-Chlor-8-[4-chlor-phenyl]-7(9)*H*-purin-2-ylamin und konz. wss. NH_3 unter Zusatz von wenig konz. wss. HCl [150°] (*El. et al.,* l. c. S. 5239).

λ_{max} (wss. Lösung): 318−320 nm [pH 1] bzw. 245 nm und 325 nm [pH 11] (*El. et al.,* l. c. S. 5237; *Burroughs*).

Hydrochlorid $2C_{11}H_9ClN_6 \cdot HCl$. Feststoff mit 1 Mol H_2O (*El. et al.,* l. c. S. 5236).

8-[4-Chlor-phenyl]-*N*⁶-methyl-7(9)*H*-purin-2,6-diydiamin $C_{12}H_{11}ClN_6$, Formel XV (R = H, R′ = CH_3) und Taut.

B. Aus 6-Chlor-8-[4-chlor-phenyl]-7(9)*H*-purin-2-ylamin und Methylamin in wss. HCl (*Elion et al.,* Am. Soc. **73** [1951] 5235, 5236, 5239).

λ_{max} (wss. Lösung): 242 nm und 318 nm [pH 1] bzw. 245 nm und 329 nm [pH 11].

Hydrochlorid $C_{12}H_{11}ClN_6 \cdot HCl$. Feststoff.

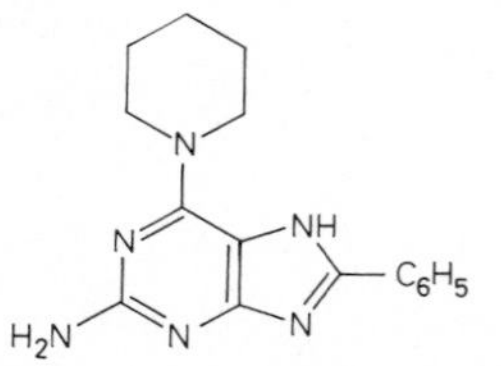

XIV 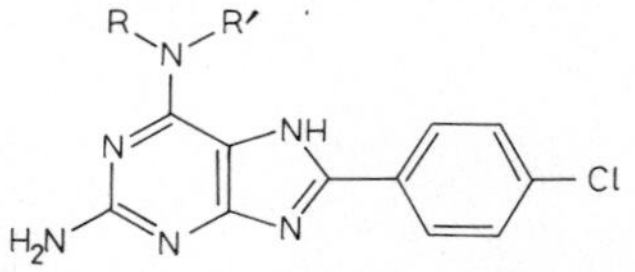 XV

8-[4-Chlor-phenyl]-*N*⁶,*N*⁶-dimethyl-7(9)*H*-purin-2,6-diyldiamin $C_{13}H_{13}ClN_6$, Formel XV (R = R′ = CH_3) und Taut.

B. Aus 6-Chlor-8-[4-chlor-phenyl]-7(9)*H*-purin-2-ylamin und Dimethylamin in Methanol unter Zusatz von wenig konz. wss. HCl (*Elion et al.,* Am. Soc. **73** [1951] 5235, 5236, 5239).

λ_{max} (wss. Lösung): 243 nm und 317 nm [pH 1] bzw. 247 nm und 330 nm [pH 11].

Hydrochlorid $C_{13}H_{13}ClN_6 \cdot HCl$. Feststoff mit 1 Mol H_2O.

***N*⁶,*N*⁶-Diäthyl-8-[4-chlor-phenyl]-7(9)*H*-purin-2,6-diyldiamin** $C_{15}H_{17}ClN_6$, Formel XV (R = R′ = C_2H_5) und Taut.

B. Analog der vorangehenden Verbindung (*Burroughs Wellcome & Co.,* U.S.P. 2628235 [1950]).

λ_{max} (wss. Lösung): 245 nm und 320 nm [pH 1] bzw. 245 nm und 330 nm [pH 11].

***N*⁶-Butyl-8-[4-chlor-phenyl]-7(9)*H*-purin-2,6-diyldiamin** $C_{15}H_{17}ClN_6$, Formel XV (R = H, R′ = $[CH_2]_3$-CH_3) und Taut.

B. Analog den vorangehenden Verbindungen (*Burroughs Wellcome & Co.,* U.S.P. 2628235 [1950]).

λ_{max} (wss. Lösung): 245 nm und 320 nm [pH 1] bzw. 245 nm und 325 nm [pH 11].

8,*N*⁶-Bis-[4-chlor-phenyl]-7(9)*H*-purin-2,6-diyldiamin $C_{17}H_{12}Cl_2N_6$, Formel XV (R = H, R′ = C_6H_4-Cl) und Taut.

B. Aus 6-Chlor-8-[4-chlor-phenyl]-7(9)*H*-purin-2-ylamin und 4-Chlor-anilin [160−200°] (*Elion et al.,* Am. Soc. **73** [1951] 5235, 5236, 5239; s. a. *Burroughs Wellcome & Co.,* U.S.P. 2628235 [1950]).

Kristalle (aus wss. A.) mit 1 Mol H_2O (*El. et al.*). λ_{max}: 245 nm und 310 nm [wss. Lösung vom pH 1], 245 nm und 320 nm [wss. Lösung vom pH 11] (*Burroughs*) bzw. 278 nm und 350 nm [wss. A. vom pH 11] (*El. et al.*).

8-[4-Chlor-phenyl]-N^6,N^6-bis-[2-hydroxy-äthyl]-7(9)*H*-purin-2,6-diyldiamin $C_{15}H_{17}ClN_6O_2$, Formel XV (R = R′ = CH_2-CH_2-OH) und Taut.

B. Aus 6-Chlor-8-[4-chlor-phenyl]-7(9)*H*-purin-2-ylamin und Bis-[2-hydroxy-äthyl]-amin in äthanol. HCl [120°] (*Elion et al.,* Am. Soc. **73** [1951] 5235–5237, 5239).

λ_{max} (wss. Lösung): 247 nm und 318 nm [pH 1] bzw. 246 nm und 328 nm [pH 11] (*El. et al.*), 250 nm und 320 nm [pH 1] bzw. 245 nm und 335 nm [pH 11] (*Burroughs Wellcome & Co.,* U.S.P. 2628235 [1950]).

8-[3-Brom-phenyl]-7(9)*H*-purin-2,6-diyldiamin $C_{11}H_9BrN_6$, Formel XIII (X = H, X′ = Br) und Taut.

B. Beim Erhitzen von 3-Brom-benzoesäure-[2,4,6-triamino-pyrimidin-5-ylamid] in $POCl_3$ (*Burroughs Wellcome & Co.,* U.S.P. 2628235 [1950]; s. a. *Elion et al.,* Am. Soc. **73** [1951] 5235–5238).

λ_{max} (wss. Lösung): 317 nm [pH 1] bzw. 235–240 nm und 325 nm [pH 11] (*El. et al.*; *Burroughs*).

8-[3-Nitro-phenyl]-7(9)*H*-purin-2,6-diyldiamin $C_{11}H_9N_7O_2$, Formel XIII (X = H, X′ = NO_2) und Taut.

B. Aus 3-Nitro-benzoesäure-[2,4,6-triamino-pyrimidin-5-ylamid] [240°] (*Burroughs Wellcome & Co.,* U.S.P. 2628235 [1950]; s. a. *Elion et al.,* Am. Soc. **73** [1951] 5235–5237).

λ_{max} (wss. Lösung): 270 nm und 315 nm [pH 1] bzw. 235 nm und 325 nm [pH 11] (*El. et al.*; *Burroughs*).

Hydrochlorid $C_{11}H_9N_7O_2 \cdot HCl$. Feststoff mit 1 Mol H_2O (*El. et al.*; s. a. *Burroughs*).

8-[4-Nitro-phenyl]-7(9)*H*-purin-2,6-diyldiamin $C_{11}H_9N_7O_2$, Formel I (X = NO_2, X′ = H) und Taut.

B. Beim Erhitzen von 4-Nitro-benzoesäure-[2,4,6-triamino-pyrimidin-5-ylamid] ohne Lösungsmittel auf 260° oder in $POCl_3$ (*Burroughs Wellcome & Co.,* U.S.P. 2628235 [1950]; s. a. *Elion et al.,* Am. Soc. **73** [1951] 5235–5238).

Orangefarbener Feststoff mit 1 Mol H_2O (*Burroughs*; *El. et al.*). λ_{max} (wss. Lösung): 350 nm [pH 1] bzw. 255 nm, 290 nm und 405 nm [pH 11] (*El. et al.*), 260 nm und 355 nm [pH 1] bzw. 255 nm und 400 nm [pH 11] (*Burroughs*).

8-[3,5-Dinitro-phenyl]-7(9)*H*-purin-2,6-diyldiamin $C_{11}H_8N_8O_4$, Formel I (X = H, X′ = NO_2) und Taut.

B. Beim Erhitzen von 3,5-Dinitro-benzoesäure-[2,4,6-triamino-pyrimidin-5-ylamid] in $POCl_3$ (*Burroughs Wellcome & Co.,* U.S.P. 2628235 [1950]; s. a. *Elion et al.,* Am. Soc. **73** [1951] 5235–5238).

λ_{max} (wss. Lösung): 328 nm [pH 1] bzw. 240 nm und 320 nm [pH 11] (*El. et al.*), 325 nm [pH 1] bzw. 235 nm und 320 nm [pH 11] (*Burroughs*).

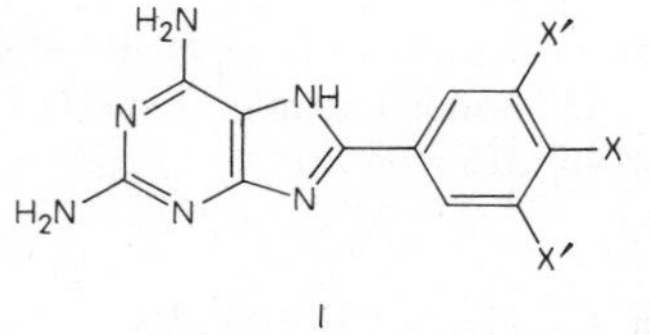

I 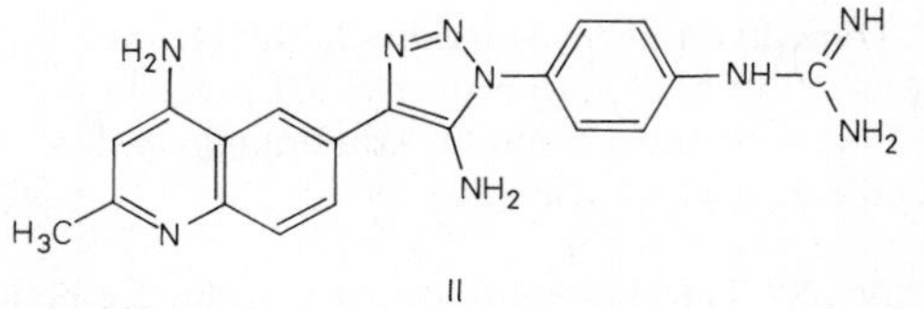 II

Diamine $C_{12}H_{12}N_6$

{4-[5-Amino-4-(4-amino-2-methyl-[6]chinolyl)-[1,2,3]triazol-1-yl]-phenyl}-guanidin $C_{19}H_{19}N_9$, Formel II und Taut.

B. Aus [4-Amino-2-methyl-[6]chinolyl]-acetonitril und [4-Azido-phenyl]-guanidin in äthanol.

Natriumäthylat (*Farbw. Hoechst,* D.B.P. 950637 [1944]).
Kristalle (aus A.); Zers. bei 245°.

7,8-Dimethyl-benzo[*g*]pteridin-2,4-diyldiamin $C_{12}H_{12}N_6$, Formel III.

B. Aus Pyrimidintetrayltetraamin (Verbindung mit $NaHSO_3$) bzw. aus Pyrimidintetrayltetraamin-sulfat und opt.-inakt. 5-Hydroxy-8,8a,9,10-tetramethyl-1,8a-dihydro-4*H*-1,4-ätheno-naphthalin-2,3,6-trion (E IV **7** 2868) in wss. Essigsäure bzw. in wss. NaOH (*Bardos et al.,* Am. Soc. **79** [1957] 4704–4707).

Kristalle (aus DMF). λ_{max} (wss. HCl [0,1 n]): 260 nm und 365 nm.

4,9-Dimethyl-pyrimido[4,5-*g*]chinazolin-2,7-diyldiamin (?) $C_{12}H_{12}N_6$, vermutlich Formel IV.

B. Aus 4-Methoxymethyl-6-methyl-pyrimidin-2-ylamin bei aufeinanderfolgender Behandlung mit wss. HBr und mit Luft (*Price et al.,* J. org. Chem. **10** [1945] 318, 320, 324).

Gelbe Kristalle (aus Eg.) mit 1 Mol H_2O und 2 Mol Essigsäure; F: 285–286° [korr.; Zers.; im Vakuum über KOH getrocknet]; beim Erhitzen unter vermindertem Druck bei 140° ist das Monohydrat erhalten worden. Absorptionsspektrum (A.; 220–500 nm): *Pr. et al.*

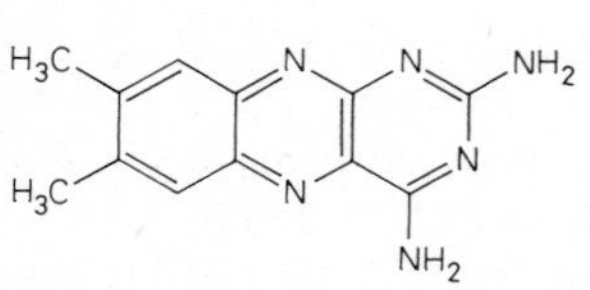

III 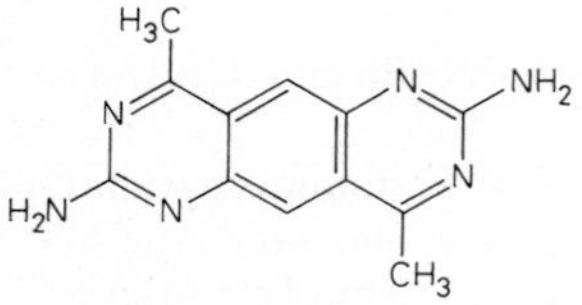 IV 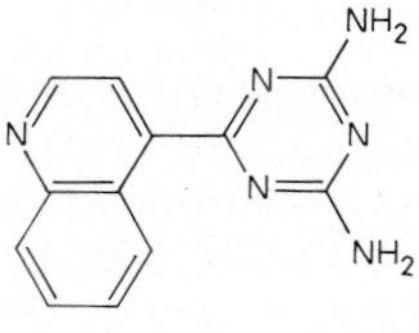 V

Diamine $C_nH_{2n-14}N_6$

Diamine $C_{12}H_{10}N_6$

6-[4]Chinolyl-[1,3,5]triazin-2,4-diyldiamin $C_{12}H_{10}N_6$, Formel V.

B. Aus Chinolin-4-carbonitril und Guanidin (*Russel, Hitchings,* Am. Soc. **72** [1950] 4922, 4924). Beim Erhitzen von [Chinolin-4-carbonyl]-guanidin auf 230° (*Ru., Hi.,* l. c. S. 4925).

Hellrosafarbene Kristalle; F: 318–322° [Zers.]. λ_{max} (wss. Lösung vom pH 1): 237 nm und 320 nm.

Trihydrochlorid $C_{12}H_{10}N_6 \cdot 3HCl$. Kristalle; F: 320° [Zers.].

6-Phenyl-pteridin-2,4-diyldiamin $C_{12}H_{10}N_6$, Formel VI (R = R′ = H).

In der von *King, Spensley* (Soc. **1952** 2144, 2150) unter dieser Konstitution beschriebenen, aus Pyrimidintetrayltetraamin und 2,2-Dichlor-1-phenyl-äthanon erhaltenen Verbindung vom F: 285–286° hat vermutlich unreines 7-Phenyl-pteridin-2,4-diyldiamin vorgelegen (*Pachter, Nemeth,* J. org. Chem. **28** [1963] 1203, 1204).

Authentisches 6-Phenyl-pteridin-2,4-diyldiamin schmilzt bei 340° [Zers.] (*Pa., Ne.*) bzw. bei 347–348° [Zers.] (*Yamamoto et al.,* B. **106** [1973] 3175, 3191).

N^2,N^4-Dimethyl-6-phenyl-pteridin-2,4-diyldiamin $C_{14}H_{14}N_6$, Formel VI (R = H, R′ = CH_3).

B. Aus 2-Methylamino-6-phenyl-3*H*-pteridin-4-on bei aufeinanderfolgender Umsetzung mit $POCl_3$ und mit Methylamin in Äthanol (*Boon,* Soc. **1957** 2146, 2156, 2157).

Kristalle (aus DMF); F: 264°.

N^2,N^2,N^4,N^4-Tetramethyl-6-phenyl-pteridin-2,4-diyldiamin $C_{16}H_{18}N_6$, Formel VI (R = R′ = CH_3).

B. Neben [4-Äthoxy-6-phenyl-pteridin-2-yl]-dimethyl-amin beim Erhitzen von 2-Dimethylamino-6-phenyl-3*H*-pteridin-4-on mit $POCl_3$ und mit Dimethylamin in Äthanol (*Boon,* Soc. **1957** 2146, 2157).

Kristalle (aus Me.); F: 190°.

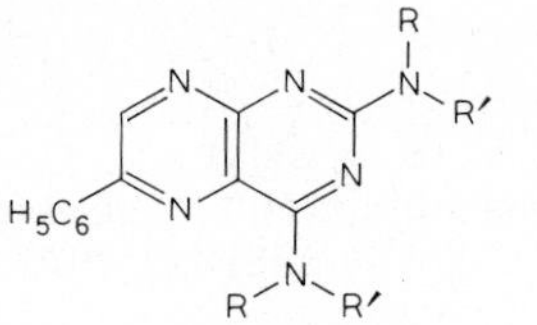

VI 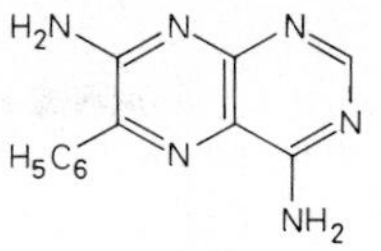 VII 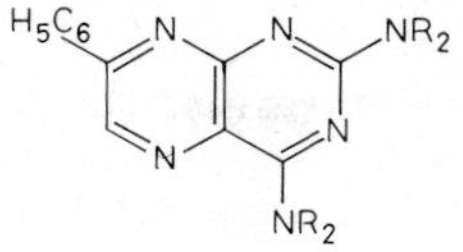 VIII

6-Phenyl-pteridin-4,7-diyldiamin $C_{12}H_{10}N_6$, Formel VII.

B. Aus 5-Nitroso-pyrimidin-4,6-diyldiamin und Phenylacetonitril (*Spickett, Timmis,* Soc. **1954** 2887, 2893).

Hellgelbe Kristalle (aus Butan-1-ol); F: 340° [Zers.].

7-Phenyl-pteridin-2,4-diyldiamin $C_{12}H_{10}N_6$, Formel VIII (R = H).

Zur Konstitution s. *Pachter, Nemeth,* J. org. Chem. **28** [1963] 1203, 1204.

B. Aus Pyrimidintetrayltetraamin (Verbindung mit $NaHSO_3$) und Phenylglyoxal in wss. Äth= anol (*King, Spensley,* Soc. **1952** 2144, 2150; *Pa., Ne.*).

Gelbe Kristalle; F: 304–305° [Zers.; aus wss.-äthanol. NH_3] (*Yamamoto et al.,* B. **106** [1973] 3175, 3190), 300–301° [Zers.] (*Pa., Ne.*), 290–291° [Zers.; aus H_2O; im Vakuum bei 110° getrocknet] (*King, Sp.*).

Sulfat $2C_{12}H_{10}N_6 \cdot H_2SO_4$. Hellgelbe Kristalle (aus wss. H_2SO_4) mit 2 Mol H_2O; F: >300° (*King, Sp.*).

***N*²,*N*⁴-Dimethyl-7-phenyl-pteridin-2,4-diyldiamin** $C_{14}H_{14}N_6$, Formel IX (X = H).

B. Aus N^2,N^4-Dimethyl-pyrimidin-tetrayltetraamin-sulfat und Phenylglyoxal-monohydrat in wss.-äthanol. H_2SO_4 (*Boon,* Soc. **1957** 2146, 2156, 2157).

Kristalle (aus Me.); F: 256°. λ_{max} (wss. HCl [1 n]): 365 nm.

***N*²,*N*²,*N*⁴,*N*⁴-Tetramethyl-7-phenyl-pteridin-2,4-diyldiamin** $C_{16}H_{18}N_6$, Formel VIII (R = CH_3).

B. Aus N^2,N^2,N^4,N^4-Tetramethyl-pyrimidintetrayltetraamin-sulfat und Phenylglyoxal-monohydrat mit Hilfe von Natriumacetat in wss. Äthanol (*Boon,* Soc. **1957** 2146, 2157). Aus 2-Dimethylamino-7-phenyl-3*H*-pteridin-4-on bei aufeinanderfolgender Umsetzung mit $POCl_3$ und mit Dimethylamin in Äthanol (*Boon*).

Kristalle (aus A.); F: 191°.

7-[4-Chlor-phenyl]-*N*²,*N*⁴-dimethyl-pteridin-2,4-diyldiamin $C_{14}H_{13}ClN_6$, Formel IX (X = Cl).

B. In mässiger Ausbeute aus N^2,N^4-Dimethyl-pyrimidin-tetrayltetraamin-sulfat und [4-Chlor-phenyl]-glyoxal-monohydrat in wss.-äthanol. H_2SO_4 (*Boon,* Soc. **1957** 2146, 2156, 2157).

Kristalle (aus DMF); F: 294°. λ_{max} (wss. HCl [1 n]): 365 nm.

2-[2-Amino-[3]pyridyl]-pyrido[2,3-*d*]pyrimidin-4-ylamin $C_{12}H_{10}N_6$, Formel X.

B. Aus 2-Chlor-nicotinonitril und flüssigem NH_3 [185–190°] sowie aus 2-Amino-nicotino= nitril beim Erwärmen in äthanol. Natriumäthylat (*Taylor et al.,* Am. Soc. **80** [1958] 427, 430).

Kristalle; F: 338° [unkorr.; Zers.; nach Sublimation bei 270°/0,05 Torr]. λ_{max} (wss. HCl [0,1 n]): 253 nm und 360 nm.

Beim Erhitzen mit konz. wss. HCl, mit konz. H_2SO_4 oder mit wss. NaOH ist 2-[2-Amino-[3]pyridyl]-3*H*-pyrido[2,3-*d*]pyrimidin-4-on erhalten worden.

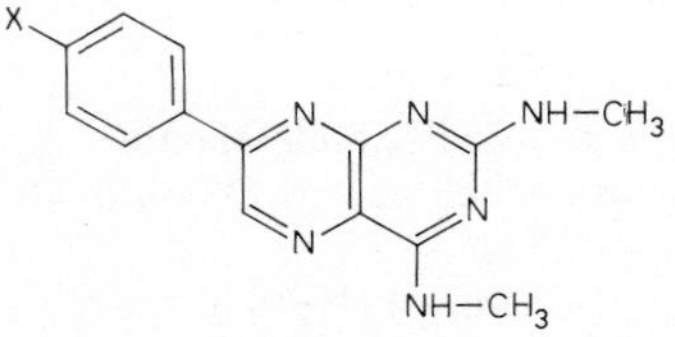

IX 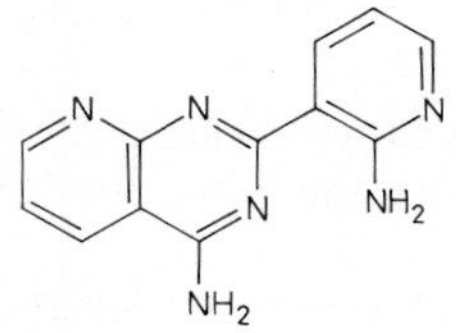 X 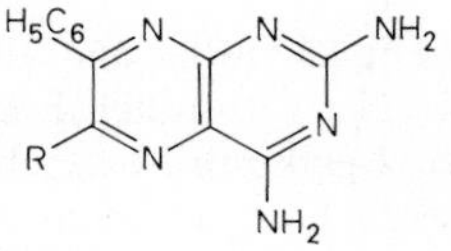 XI

Diamine $C_{13}H_{12}N_6$

6-Methyl-7-phenyl-pteridin-2,4-diyldiamin $C_{13}H_{12}N_6$, Formel XI (R = CH_3).

B. Aus 5-Nitroso-pyrimidin-2,4,6-triyltriamin und Propiophenon mit Hilfe von wenig konz. wss. HCl in Essigsäure [150–160°] (*Burroughs Wellcome & Co.*, U.S.P. 2581889 [1949]).

Kristalle (aus wss. Ameisensäure?); F: 332°.

7-Methyl-6-phenyl-pteridin-2,4-diyldiamin $C_{13}H_{12}N_6$, Formel XII (R = CH_3).

B. Aus 5-Nitroso-pyrimidin-2,4,6-triyltriamin und Phenylaceton mit Hilfe von wenig konz. wss. HCl in Essigsäure [150–160°] (*Burroughs Wellcome & Co.*, U.S.P. 2581889 [1949]).

Bräunliche Kristalle (aus wss. Ameisensäure); F: 332°.

Diamine $C_{14}H_{14}N_6$

6(oder 7)-Äthyl-7(oder 6)-phenyl-pteridin-2,4-diyldiamin $C_{14}H_{14}N_6$, Formel XI (R = C_2H_5) oder XII (R = C_2H_5).

B. Beim Erhitzen von Pyrimidintetrayltetraamin-acetat mit 1-Phenyl-butan-1,2-dion in wss. Essigsäure (*Allen & Hanburys*, U.S.P. 2665275 [1950]).

F: 280°.

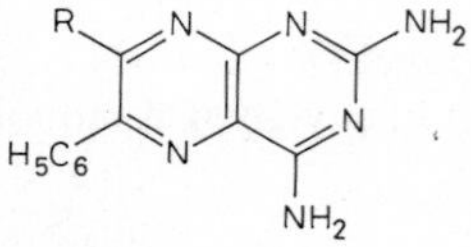

XII 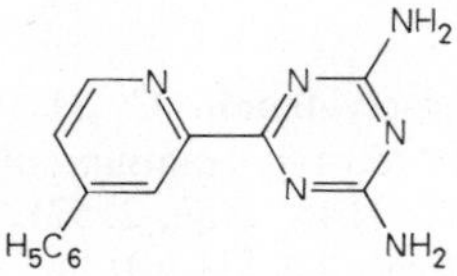 XIII 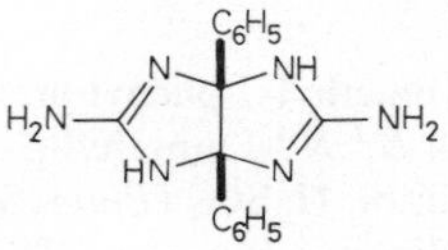 XIV

Diamine $C_{15}H_{16}N_6$

6(oder 7)-Isopropyl-7(oder 6)-phenyl-pteridin-2,4-diyldiamin $C_{15}H_{16}N_6$, Formel XI (R = $CH(CH_3)_2$) oder XII (R = $CH(CH_3)_2$).

B. Beim Erhitzen von Pyrimidintetrayltetraamin-acetat mit 3-Methyl-1-phenyl-butan-1,2-dion in wss. Essigsäure (*Allen & Hanburys*, U.S.P. 2665275 [1950]).

F: 242°.

Diamine $C_nH_{2n-16}N_6$

Diamine $C_{14}H_{12}N_6$

6-[4-Phenyl-[2]pyridyl]-[1,3,5]triazin-2,4-diyldiamin $C_{14}H_{12}N_6$, Formel XIII.

B. Aus 4-Phenyl-pyridin-2-carbonitril und Cyanguanidin mit Hilfe von KOH in 2-Methoxy-äthanol (*Case, Koft*, Am. Soc. **81** [1959] 905).

Kristalle (aus 2-Äthoxy-äthanol + H_2O) mit 1 Mol H_2O; F: 265–266°.

Diamine $C_{16}H_{16}N_6$

3a,6a-Diphenyl-(3a*r*,6a*c*?)-1,3a,4,6a-tetrahydro-imidazo[4,5-*d*]imidazol-2,5-diyldiamin $C_{16}H_{16}N_6$, vermutlich Formel XIV und Taut. (in der Literatur auch als 2,5-Diimino-7,8-diphenyl-glykoluril bezeichnet).

Bezüglich der Konfiguration s. *Nishimura, Kitajima*, J. org. Chem. **44** [1979] 818, 820.

B. Aus Benzil und Guanidin in Methanol und Dioxan (*Ni., Ki.*, l. c. S. 821). Beim Erwärmen von Benzil mit Guanidin-nitrat und Na_2CO_3 in Isopropylalkohol (*Merck & Co.*, U.S.P. 2741604 [1954]) oder mit Guanidin-nitrat, NaOH und Na_2CO_3 in Isopropylalkohol (*Adkins et al.*, U.S.P. 2633469 [1946]), in letzterem Falle neben 2-Amino-5,5-diphenyl-1,5-dihydro-imidazol-4-on. Aus Benzil und Guanidin-carbonat mit Hilfe von Triäthylamin in Methanol (*Lempert-Sréter et al.*, B. **96** [1963] 168, 170; s. a. *Carhart, Teague*, U.S.P. 2596126 [1943]).

Kristalle; F: 235–236° [aus wss. A.] (*Merck & Co.*), ca. 235° [Zers.] [unreines Präparat] (*Le.-Sr. et al.*, l. c. S. 169), 227° [unkorr.; aus Me. + Ae.] (*Ni., Ki.*). Kristalle (aus A. + Dioxan) mit 1 Mol Dioxan; F: 212° [unkorr.; Zers.] (*Ni., Ki.*). ^{1}H-NMR-Absorption (DMSO-d_6): *Ni., Ki.* IR-Banden des lösungsmittelfreien und der Dioxan enthaltenden Kristalle (KBr; 3500–700 cm^{-1}): *Ni., Ki.*

Massenspektrum der lösungsmittelfreien und der Dioxan enthaltenden Kristalle; *Ni., Ki.* Beim Behandeln in wss. Lösung vom pH 3–4 (*Ad. et al.*) oder in wss. HCl unter Zusatz von „Aerosol OT" [E IV **4** 114] (*Stokes*, U.S.P. 2777856 [1944]) mit Chlor ist eine als 1,3,4,6-Tetrachlor-3a,6a-diphenyl-(3a*r*,6a*c*?)-tetrahydro-imidazo[4,5-*d*]imidazol-2,5-dion-diimin angesehene Verbindung $C_{16}H_{12}Cl_4N_6$ erhalten worden.

Diacetat $C_{16}H_{16}N_6 \cdot 2C_2H_4O_2$. Kristalle (aus wss. Eg.); F: 247° [unkorr.; Zers.] (*Le.-Sr. et al.*, l. c. S. 173).

1,2-Bis-[4-amino-6-chlor-1(3)*H*-benzimidazol-2-yl]-äthan, 6,6′-Dichlor-1(3)*H*,1′(3′)*H*-2,2′-äthandiyl-bis-benzimidazol-4-ylamin $C_{16}H_{14}Cl_2N_6$, Formel I (n = 2) und Taut.

B. Aus 5-Chlor-3-nitro-*o*-phenylendiamin bei der Hydrierung an Palladium/Al_2O_3 und anschliessenden Umsetzung mit Bernsteinsäure-anhydrid und konz. H_2SO_4 (*Wang, Joullié*, Am. Soc. **79** [1957] 5706).

Kristalle (aus wss. A.); F: 256–258° [unkorr.].

1,2-Bis-[5-amino-1(3)*H*-benzimidazol-2-yl]-äthan, 1(3)*H*,1′(3′)*H*-2,2′-Äthandiyl-bis-benzimidazol-5-ylamin $C_{16}H_{16}N_6$, Formel II (n = 2) und Taut.

B. Bei der Hydrierung von 1,2-Bis-[5-nitro-1(3)*H*-benzimidazol-2-yl]-äthan an Raney-Nickel in 2-Methoxy-äthanol (*Feitelson et al.*, Soc. **1952** 2389, 2392).

Tetrahydrochlorid $C_{16}H_{16}N_6 \cdot 4HCl$. F: 345° [unkorr.].

Diamine $C_{17}H_{18}N_6$

1,3-Bis-[5-amino-1(3)*H*-benzimidazol-2-yl]-propan, 1(3)*H*,1′(3′)*H*-2,2′-Propandiyl-bis-benzimidazol-5-ylamin $C_{17}H_{18}N_6$, Formel II (n = 3) und Taut.

B. Analog der vorangehenden Verbindung (*Feitelson et al.*, Soc. **1952** 2389, 2392).

Tetrahydrochlorid $C_{17}H_{18}N_6 \cdot 4HCl$. F: > 300°.

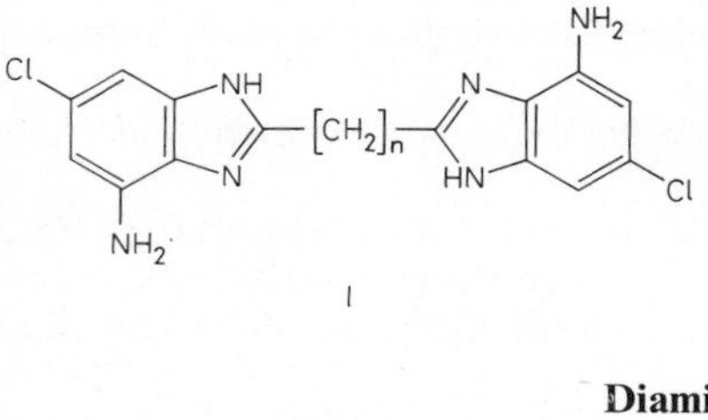

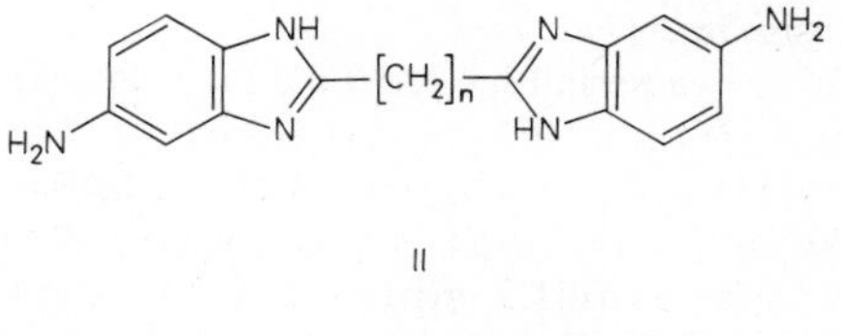

Diamine $C_{18}H_{20}N_6$

1,4-Bis-[4-amino-6-chlor-1(3)*H*-benzimidazol-2-yl]-butan, 6,6′-Dichlor-1(3)*H*,1′(3′)*H*-2,2′-butandiyl-bis-benzimidazol-4-ylamin $C_{18}H_{18}Cl_2N_6$, Formel I (n = 4) und Taut.

B. Aus 5-Chlor-3-nitro-*o*-phenylendiamin bei der Hydrierung an Palladium/Al_2O_3 und anschliessenden Umsetzung mit Adipinsäure und konz. H_2SO_4 (*Wang, Joullié*, Am. Soc. **79** [1957] 5706).

Kristalle (aus wss. A.); F: 247–250° [unkorr.; Zers.].

1,4-Bis-[5-amino-1(3)*H*-benzimidazol-2-yl]-butan, 1(3)*H*,1'(3')*H*-2,2'-Butandiyl-bis-benzimidazol-5-ylamin $C_{18}H_{20}N_6$, Formel II (n = 4) und Taut.

B. Aus 1,4-Bis-[5-nitro-1(3)*H*-benzimidazol-2-yl]-butan bei der Hydrierung an Raney-Nickel in 2-Methoxy-äthanol (*Feitelson et al.*, Soc. **1952** 2389, 2392) oder an Palladium/Al_2O_3 in wss. HCl (*Wang, Joullié*, Am. Soc. **79** [1957] 5706).

Zers. bei 175–225° (*Wang, Jo.*).

Dihydrochlorid $C_{18}H_{20}N_6 \cdot 2HCl$. Kristalle (aus wss. HCl); F: 292–296° [unkorr.] (*Wang, Jo.*).

Tetrahydrochlorid $C_{18}H_{20}N_6 \cdot 4HCl$. F: >300° (*Fe. et al.*).

Diamine $C_{19}H_{22}N_6$

1,5-Bis-[5-amino-1(3)*H*-benzimidazol-2-yl]-pentan, 1(3)*H*,1'(3')*H*-2,2'-Pentandiyl-bis-benzimidazol-5-ylamin $C_{19}H_{22}N_6$, Formel II (n = 5) und Taut.

B. Bei der Hydrierung von 1,5-Bis-[5-nitro-1(3)*H*-benzimidazol-2-yl]-pentan an Raney-Nickel in 2-Methoxy-äthanol (*Feitelson et al.*, Soc. **1952** 2389, 2392).

Tetrahydrochlorid $C_{19}H_{22}N_6 \cdot 4HCl$. F: >300°.

Diamine $C_{20}H_{24}N_6$

1,6-Bis-[5-amino-1(3)*H*-benzimidazol-2-yl]-hexan, 1(3)*H*,1'(3')*H*-2,2'-Hexandiyl-bis-benzimidazol-5-ylamin $C_{20}H_{24}N_6$, Formel II (n = 6) und Taut.

B. Analog der vorangehenden Verbindung (*Feitelson et al.*, Soc. **1952** 2389, 2392).

Tetrahydrochlorid $C_{20}H_{24}N_6 \cdot 4HCl$. F: >345°.

Diamine $C_{22}H_{28}N_6$

1,8-Bis-[5-amino-1(3)*H*-benzimidazol-2-yl]-octan, 1(3)*H*,1'(3')*H*-2,2'-Octandiyl-bis-benzimidazol-5-ylamin $C_{22}H_{28}N_6$, Formel II (n = 8) und Taut.

B. Analog den vorangehenden Verbindungen (*Feitelson et al.*, Soc. **1952** 2389, 2392).

Tetrahydrochlorid $C_{22}H_{28}N_6 \cdot 4HCl$. F: 324–325° [unkorr.].

Diamine $C_nH_{2n-18}N_6$

Naphtho[1,2-*g*]pteridin-9,11-diyldiamin $C_{14}H_{10}N_6$, Formel III (R = H).

B. Aus [2]Naphthol und 5-Nitroso-pyrimidin-2,4,6-triyltriamin [130–150°] (*Felton, Timmis*, Soc. **1954** 2881, 2885). Beim Erhitzen von Bis-[2-chlor-äthyl]-[2]naphthyl-amin oder von Bis-[2-chlor-propyl]-[2]naphthyl-amin mit 5-Nitroso-pyrimidin-2,4,6-triyltriamin und Natriumacetat in Essigsäure (*Fe., Ti.*).

Gelbe, wasserhaltige Kristalle (aus wss. NH_3); F: >400°. λ_{max} (wss. Ameisensäure [4,5%ig]): 281 nm, 291 nm, 302 nm und 413 nm.

Formiat $C_{14}H_{10}N_6 \cdot HCOOH$. Hellgelbe Kristalle (aus wss. Ameisensäure); F: >400°.

Diacetyl-Derivat $C_{18}H_{14}N_6O_2$; 9,11-Bis-acetylamino-naphtho[1,2-*g*]pteridin, *N,N'*-Naphtho[1,2-*g*]pteridin-9,11-diyl-bis-acetamid. Gelbe Kristalle (aus Eg.) mit 0,25 Mol H_2O; F: 322° [Zers.].

***N*⁹,*N*⁹-Dimethyl-naphtho[1,2-*g*]pteridin-9,11-diyldiamin** $C_{16}H_{14}N_6$, Formel III (R = CH_3).

B. Aus [2]Naphthol und N^2,N^2-Dimethyl-5-nitroso-pyrimidin-2,4,6-triyltriamin [150–180°] (*Felton et al.*, Soc. **1954** 2895, 2901).

Orangefarbene Kristalle mit Bronzeglanz (aus 2-Äthoxy-äthanol); F: 340°.

Pyrido[3',2':5,6]pyrazino[2,3-*c*]isochinolin-5,9-diyldiamin $C_{14}H_{10}N_6$, Formel IV.

B. Aus [2-Cyan-phenyl]-acetonitril und 3-Nitroso-pyridin-2,6-diyldiamin in äthanol. Na=

triumäthylat (*Osdene, Timmis,* Soc. **1955** 2214, 2216).

Gelbe Kristalle (aus Eg.) mit 3 Mol Essigsäure; F: >300°.

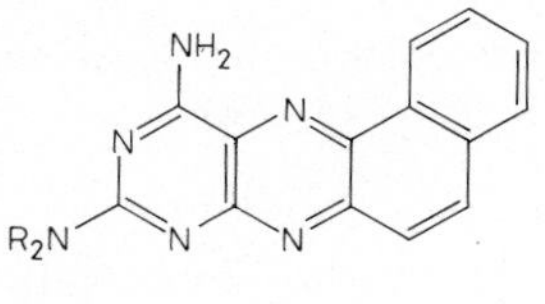

III 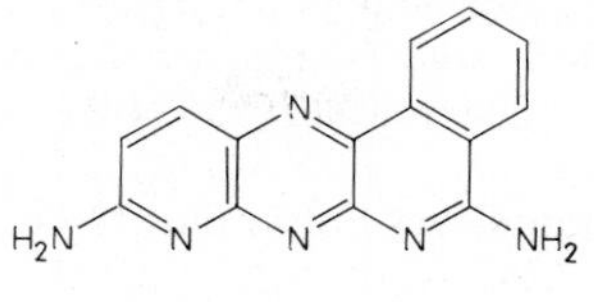 IV 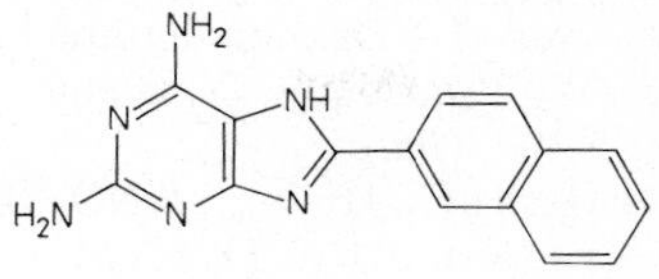 V

8-[2]Naphthyl-7(9)*H*-purin-2,6-diyldiamin $C_{15}H_{12}N_6$, Formel V und Taut.

B. Beim Erhitzen von *N*-[2,4,6-Triamino-pyrimidin-5-yl]-[2]naphthamid auf 250° (*Burroughs Wellcome* & *Co.,* U.S.P. 2628235 [1950]; s. a. *Elion et al.,* Am. Soc. **73** [1951] 5235–5237).

λ_{max} (wss. Lösung): 238 nm und 330 nm [pH 1] bzw. 240 nm und 335 nm [pH 11] (*El. et al.*), 248 nm und 330 nm [pH 1] bzw. 248 nm und 335 nm [pH 11] (*Burroughs*).

Diamine $C_nH_{2n-20}N_6$

(±)-N^2,N^2,N^4,N^4-Tetramethyl-6,7-diphenyl-7,8-dihydro-pteridin-2,4-diyldiamin $C_{22}H_{24}N_6$, Formel VI.

B. Beim Erhitzen von (±)-α-[5-(4-Chlor-phenylazo)-2,6-bis-dimethylamino-pyrimidin-4-yl=amino]-desoxybenzoin mit Zink-Pulver und Essigsäure (*Boon,* Soc. **1957** 2146, 2154).

Hydrochlorid $C_{22}H_{24}N_6 \cdot HCl$. F: 278°.

(±)-7-[4-Chlor-phenyl]-N^2,N^2,N^4-trimethyl-6-phenyl-7,8-dihydro-pteridin-2,4-diyldiamin $C_{21}H_{21}ClN_6$, Formel VII.

B. Analog der vorangehenden Verbindung (*Boon,* Soc. **1957** 2146, 2154).

F: 267–269° [nicht rein erhalten].

Überführung in 7-[4-Chlor-phenyl]-N^2,N^2,N^4-trimethyl-6-phenyl-pteridin-2,4-diyldiamin mit Hilfe von $KMnO_4$ in wss. NaOH: *Boon.*

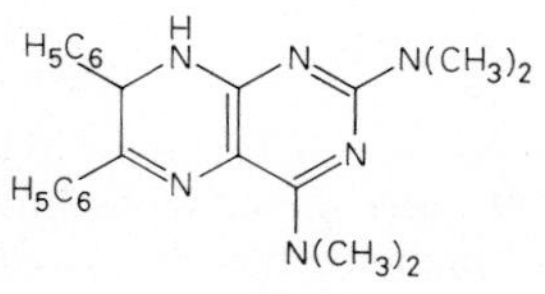

VI 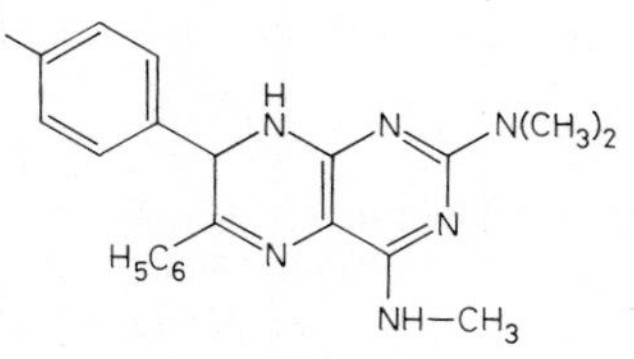 VII 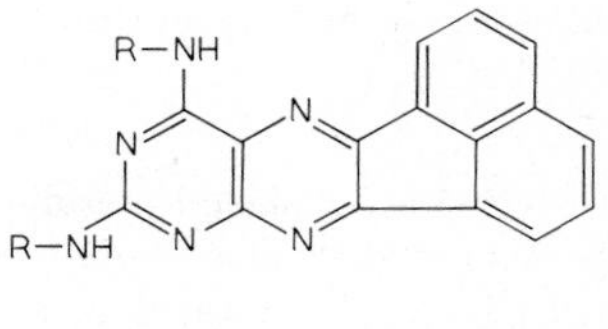 VIII

Diamine $C_nH_{2n-22}N_6$

Diamine $C_{16}H_{10}N_6$

Acenaphtho[1,2-*g*]pteridin-9,11-diyldiamin $C_{16}H_{10}N_6$, Formel VIII (R = H).

B. Aus Pyrimidintetrayltetraamin (Verbindung mit $NaHSO_3$) und Acenaphthen-1,2-dion in wss. HCl und DMF (*Mallette et al.,* Am. Soc. **69** [1947] 1814).

Kristalle (aus wss. Ameisensäure), die beim Erhitzen allmählich dunkel werden. λ_{max} (wss. HCl [0,1 n]): 232 nm und 327 nm.

N^9,N^{11}-Dimethyl-acenaphtho[1,2-*g*]pteridin-9,11-diyldiamin $C_{18}H_{14}N_6$, Formel VIII (R = CH_3).

B. Aus N^2,N^4-Dimethyl-pyrimidintetrayltetraamin-sulfat und Acenaphthen-1,2-dion mit

Hilfe von Natriumacetat in wss. Äthanol (*Boon*, Soc. **1957** 2146, 2156, 2157).

Kristalle (aus DMF) mit 1 Mol H_2O; F: 307°.

Benzo[*e*]pyrimido[4,5,6-*gh*]perimidin-2,7-diyldiamin $C_{16}H_{10}N_6$, Formel IX.

B. Aus 1,4-Diamino-anthrachinon und Carbamonitril-dihydrochlorid in Nitrobenzol [100—180°] (*Battegay*, IX. Congr. int. Quim. Madrid **1934** Bd. 4, S. 337, 349, 350).

F: >300° (*Ba.*).

Dinitrat $C_{16}H_{10}N_6 \cdot 2HNO_3$. Bräunliches Pulver [aus H_2O] (*Ba.*).

Tetra-*N*-methyl-Derivat $C_{20}H_{18}N_6$; N^2,N^2,N^7,N^7-Tetramethyl-benzo[*e*]pyr=imido[4,5,6-*gh*]perimidin-2,7-diyldiamin. F: 244° (*Jones et al.*, Brit. J. Pharmacol. **7** [1952] 486, 490).

Diamine $C_{18}H_{14}N_6$

6-[2-Phenyl-[4]chinolyl]-[1,3,5]triazin-2,4-diyldiamin $C_{18}H_{14}N_6$, Formel X (in der Literatur als 2-Phenyl-cinchoninoguanamin bezeichnet).

B. Aus 2-Phenyl-chinolin-4-carbonsäure-methylester und Biguanid in Methanol (*Am. Cyanamid Co.*, U.S.P. 2535968 [1945]).

Kristalle (aus 2-Äthoxy-äthanol+Me.); F: 240°.

6,7-Diphenyl-pteridin-2,4-diyldiamin $C_{18}H_{14}N_6$, Formel XI (R = R′ = H).

B. Aus Desoxybenzoin und 5-Nitroso-pyrimidin-2,4,6-triyltriamin mit Hilfe von wenig konz. wss. HCl in Essigsäure [150—160°] (*Burroughs Wellcome & Co.*, U.S.P. 2581889 [1949]). Aus Pyrimidintetrayltetraamin (Verbindung mit $NaHSO_3$) und Benzil in wss.-äthanol. HCl und Butanon (*Mallette et al.*, Am. Soc. **69** [1947] 1814). Beim Erhitzen von 3-Chlor-5,6-diphenyl-pyrazin-2-carbonitril mit Guanidin-carbonat (*Taylor, Paudler*, Chem. and Ind. **1955** 1061). Aus 4-Amino-6,7-diphenyl-1*H*-pteridin-2-thion oder aus 2-Methylmercapto-6,7-diphenyl-pteridin-4-ylamin und NH_3 in Äthanol [180—190°] (*Taylor, Cain*, Am. Soc. **74** [1952] 1644, 1647).

Kristalle (aus wss. Ameisensäure); F: 280—283° [korr.; Zers.] (*Ma. et al.*), 282° (*Burroughs*). λ_{max}: 225 nm, 277 nm und 388 nm [A.] bzw. 267 nm und 370 nm [äthanol. HCl] (*Ta., Cain*, Am. Soc. **74** 1646), 267 nm und 370 nm [wss. HCl] (*Ma. et al.*).

Hydrolyse beim Erhitzen mit wss. HCl [6 n] (Bildung von 2-Amino-6,7-diphenyl-3*H*-pteridin-4-on): *Taylor, Cain*, Am. Soc. **71** [1949] 2538, 2539. Beim Erhitzen mit Benzylamin ist N^4-Benzyl-6,7-diphenyl-pteridin-2,4-diyldiamin erhalten worden (*Taylor, Cain*, Am. Soc. **73** [1951] 4384, 4387).

N^2-Methyl-6,7-diphenyl-pteridin-2,4-diyldiamin $C_{19}H_{16}N_6$, Formel XI (R = CH_3, R′ = H).

In dem von *Taylor, Cain* (Am. Soc. **74** [1952] 1644, 1646, 1647) unter dieser Konstitution beschriebenen Präparat vom F: 264—265° hat N^2,N^4-Dimethyl-6,7-diphenyl-pteridin-2,4-diyl=diamin (s. u.) vorgelegen (*Boon*, Soc. **1957** 2146, 2148).

B. Aus N^2-Methyl-pyrimidintetrayltetraamin-sulfat und Benzil mit Hilfe von Natriumacetat in wss. Äthanol (*Boon*, l. c. S. 2156, 2157).

Kristalle (aus DMF); F: 307° (*Boon*).

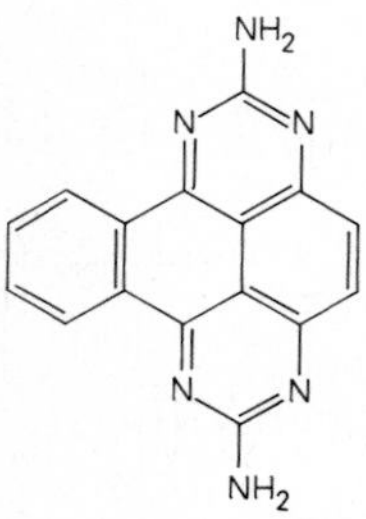

IX 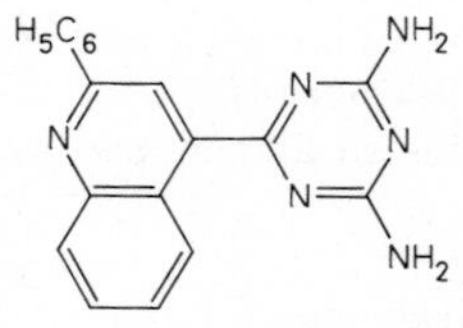 X 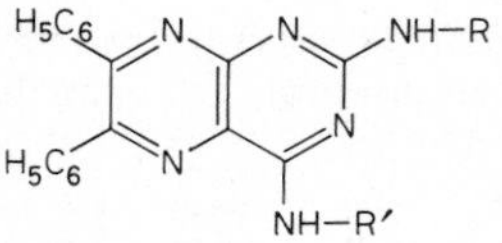 XI 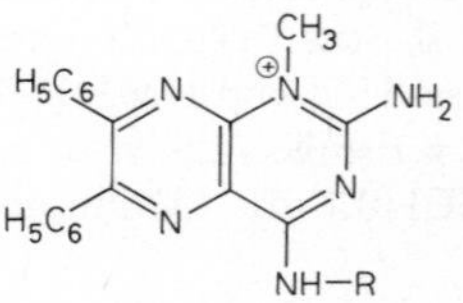 XII

N^4-Methyl-6,7-diphenyl-pteridin-2,4-diyldiamin $C_{19}H_{16}N_6$, Formel XI (R = H, R' = CH_3).

In dem von *Cain et al.* (Am. Soc. **71** [1949] 892–894) unter dieser Konstitution beschriebenen Präparat vom F: 237–238° [korr.] hat vermutlich ein Gemisch von N^2,N^4-Dimethyl-6,7-diphenyl-pteridin-2,4-diyldiamin und 3-Amino-5,6-diphenyl-pyrazin-2-carbonsäure-methylamid vorgelegen (s. diesbezüglich *Boon*, Soc. **1957** 2146–2148).

B. Aus N^4-Methyl-pyrimidintetrayltetraamin-sulfat und Benzil mit Hilfe von Natriumacetat in wss. Äthanol (*Boon*, l. c. S. 2156, 2157). Beim Erhitzen von 2-Amino-6,7-diphenyl-3*H*-pteridin-4-on mit $POCl_3$ und Erwärmen des Reaktionsprodukts mit Methylamin in Äthanol (*Boon*).

Kristalle (aus A.); F: 272° (*Boon*).

2,4-Diamino-1-methyl-6,7-diphenyl-pteridinium $[C_{19}H_{17}N_6]^+$, Formel XII (R = H).

Betain $C_{19}H_{16}N_6$; 4-Imino-1-methyl-6,7-diphenyl-1,4-dihydro-pteridin-2-ylamin, 2-Amino-1-methyl-6,7-diphenyl-1*H*-pteridin-4-on-imin. *B.* Beim Erwärmen von 2-Amino-1-methyl-6,7-diphenyl-1*H*-pteridin-4-thion mit gelbem HgO und NH_3 in $CHCl_3$ und Äthanol (*Boon, Bratt*, Soc. **1957** 2159). Aus 6,7-Diphenyl-pteridin-2,4-diyldiamin und CH_3I in 2-Äthoxy-äthanol (*Boon, Br.*). – Kristalle (aus A.); F: 256°.

Jodid. F: 315° [Zers.] [Rohprodukt].

2-Amino-1-methyl-4-methylamino-6,7-diphenyl-pteridinium $[C_{20}H_{19}N_6]^+$, Formel XII (R = CH_3).

Betain $C_{20}H_{18}N_6$; 1-Methyl-4-methylimino-6,7-diphenyl-1,4-dihydro-pteridin-2-ylamin. *B.* Beim Erwärmen von 2-Amino-1-methyl-6,7-diphenyl-1*H*-pteridin-4-thion mit gelbem HgO und Methylamin in $CHCl_3$ und Äthanol (*Boon, Bratt*, Soc. **1957** 2159). – Kristalle (aus A.); F: 256°.

N^2,N^4-Dimethyl-6,7-diphenyl-pteridin-2,4-diyldiamin $C_{20}H_{18}N_6$, Formel XI (R = R' = CH_3).

Diese Konstitution kommt dem von *Taylor, Cain* (Am. Soc. **74** [1952] 1644, 1646, 1647) als N^2-Methyl-6,7-diphenyl-pteridin-2,4-diyldiamin angesehenen Präparat zu (*Boon*, Soc. **1957** 2146, 2148).

B. Aus N^2,N^4-Dimethyl-pyrimidintetrayltetraamin-sulfat und Benzil mit Hilfe von Natriumacetat in wss. Äthanol (*Boon*, l. c. S. 2156, 2157). Neben 3-Amino-5,6-diphenyl-pyrazin-2-carbonsäure-methylamid beim Erhitzen von 2-Amino-6,7-diphenyl-3*H*-pteridin-4-on mit $POCl_3$ und PCl_5 und Erhitzen des Reaktionsprodukts mit Methylamin in Äthanol auf 155° (*Boon*). Aus 4-Amino-6,7-diphenyl-1*H*-pteridin-2-thion oder aus 2-Methylmercapto-6,7-diphenyl-pteridin-4-ylamin und Methylamin in Äthanol [180–190°] (*Ta., Cain*).

Gelbe Kristalle; F: 266–267° [aus A.] (*Boon*), 264–265° [korr.; aus wss. A.] (*Ta., Cain*). λ_{max}: 288 (?) nm und 402 nm [A.] bzw. 277 nm und 380 nm [äthanol. HCl] (*Ta., Cain*).

N^2,N^2-Dimethyl-6,7-diphenyl-pteridin-2,4-diyldiamin $C_{20}H_{18}N_6$, Formel XIII (R = H).

In dem von *Taylor, Cain* (Am. Soc. **74** [1952] 1644, 1646, 1647) unter dieser Konstitution beschriebenen Präparat vom F: 192–195° hat ein Gemisch von N^2,N^2-Dimethyl-6,7-diphenyl-pteridin-2,4-diyldiamin und N^2,N^2,N^4,N^4-Tetramethyl-6,7-diphenyl-pteridin-2,4-diyldiamin vorgelegen (*Boon*, Soc. **1957** 2146, 2148).

B. Aus N^2,N^2-Dimethyl-pyrimidintetrayltetraamin-sulfat und Benzil mit Hilfe von Natriumacetat in wss. Äthanol (*Boon*, l. c. S. 2156, 2157). Neben N^2,N^2,N^4,N^4-Tetramethyl-6,7-diphenyl-pteridin-2,4-diyldiamin (s. u.) beim Erhitzen von 4-Amino-6,7-diphenyl-1*H*-pteridin-2-thion mit Dimethylamin in Äthanol auf 180–190° (*Boon*, l. c. S. 2157, 2158; s. a. *Ta., Cain*).

Kristalle (aus Butan-1-ol); F: 239° (*Boon*, l. c. S. 2156).

N^4,N^4-Dimethyl-6,7-diphenyl-pteridin-2,4-diyldiamin $C_{20}H_{18}N_6$, Formel XIV (R = R' = H).

B. Aus N^4,N^4-Dimethyl-pyrimidintetrayltetraamin und Benzil (*Roth et al.*, Am. Soc. **72** [1950] 1914, 1916; *Boon*, Soc. **1957** 2146, 2156, 2157).

Gelbe Kristalle; F: 322–325° [nach Sintern bei ca. 315°; aus wss. DMF] (*Roth et al.*), 322° [Zers.; aus DMF] (*Boon*). λ_{max} (wss. HCl [0,1 n]): 279 nm und 375 nm (*Roth et al.*).

***N*^{2},*N*^{2},*N*^{4}-Trimethyl-6,7-diphenyl-pteridin-2,4-diyldiamin** $C_{21}H_{20}N_6$, Formel XIII (R = CH_3).

B. Aus *N*^{2},*N*^{2},*N*^{4}-Trimethyl-pyrimidintetrayltetraamin-sulfat und Benzil mit Hilfe von Natriumacetat in wss. Äthanol (*Boon,* Soc. **1957** 2146, 2156, 2157).

Kristalle (aus E.); F: 205°.

***N*^{2},*N*^{4},*N*^{4}-Trimethyl-6,7-diphenyl-pteridin-2,4-diyldiamin** $C_{21}H_{20}N_6$, Formel XIV (R = H, R′ = CH_3).

B. Analog der vorangehenden Verbindung (*Boon,* Soc. **1957** 2146, 2156, 2157).

Kristalle (aus DMF); F: 306°.

***N*^{2},*N*^{2},*N*^{4},*N*^{4}-Tetramethyl-6,7-diphenyl-pteridin-2,4-diyldiamin** $C_{22}H_{22}N_6$, Formel XIV (R = R′ = CH_3).

B. Analog den vorangehenden Verbindungen (*Boon,* Soc. **1957** 2146, 2156, 2157). Neben *N*^{2},*N*^{2}-Dimethyl-6,7-diphenyl-pteridin-2,4-diyldiamin (s. o.) beim Erhitzen von 4-Amino-6,7-diphenyl-1*H*-pteridin-2-thion mit Dimethylamin in Äthanol auf 180–190° (*Boon,* l. c. S. 2157, 2158; s. a. *Taylor, Cain,* Am. Soc. **74** [1952] 1644, 1646, 1647).

Kristalle (aus Me. oder E.); F: 211° (*Boon*).

***N*^{2}-Äthyl-*N*^{4}-methyl-6,7-diphenyl-pteridin-2,4-diyldiamin** $C_{21}H_{20}N_6$, Formel XV (R = C_2H_5, R′ = CH_3).

B. Aus *N*^{2}-Äthyl-*N*^{4}-methyl-pyrimidintetrayltetraamin-sulfat und Benzil mit Hilfe von Natriumacetat in wss. Äthanol (*Boon,* Soc. **1957** 2146, 2156, 2157).

Kristalle (aus A.); F: 249°.

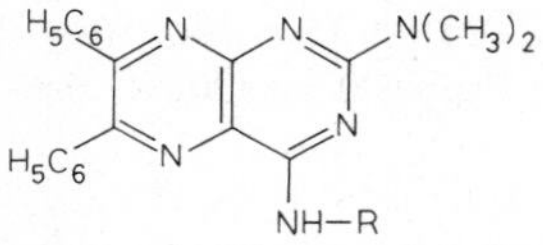

XIII 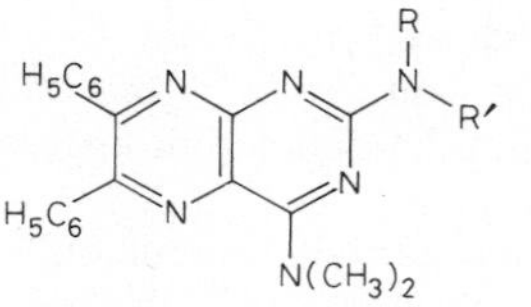 XIV 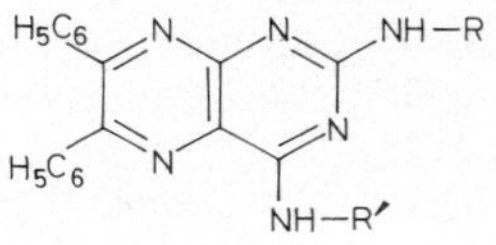 XV

***N*^{4}-[4-Chlor-phenyl]-6,7-diphenyl-pteridin-2,4-diyldiamin** $C_{24}H_{17}ClN_6$, Formel XV (R = H, R′ = C_6H_4-Cl).

B. Aus *N*^{4}-[4-Chlor-phenyl]-pyrimidintetrayltetraamin und Benzil (*Roy et al.,* J. Indian chem. Soc. **36** [1959] 651–653).

Hellgelbe Kristalle (aus DMF); F: 290°. UV-Spektrum (wss. Eg. [0,1 n]; 240–380 nm): *Roy et al.*

***N*^{4}-Benzyl-6,7-diphenyl-pteridin-2,4-diyldiamin** $C_{25}H_{20}N_6$, Formel XV (R = H, R′ = CH_2-C_6H_5).

B. Beim Erhitzen von 6,7-Diphenyl-pteridin-2,4-diyldiamin mit Benzylamin (*Taylor, Cain,* Am. Soc. **73** [1951] 4384, 4387).

Kristalle (aus wss. DMF); F: 237–238° [unkorr.].

***N*^{2},*N*^{4}-Dibenzyl-6,7-diphenyl-pteridin-2,4-diyldiamin** $C_{32}H_{26}N_6$, Formel XV (R = R′ = CH_2-C_6H_5).

B. Aus 2,4-Dichlor-6,7-diphenyl-pteridin und Benzylamin (*Taylor, Cain,* Am. Soc. **73** [1951] 4384, 4386; *Taylor,* Am. Soc. **74** [1952] 1648). Beim Erhitzen von 6,7-Diphenyl-pteridin-2,4-diyldiamin mit Benzylamin und wenig konz. wss. HCl (*Ta.*). Aus 4-Amino-6,7-diphenyl-1*H*-pteridin-2-thion und Benzylamin (*Ta., Cain*; *Ta.*).

Kristalle; F: 226–226,5° [korr.; aus wss. A.] (*Ta.*), 220–221° [unkorr.; aus wss. DMF] (*Ta., Cain*).

***N*^{2},*N*^{4}-Bis-[2-hydroxy-äthyl]-6,7-diphenyl-pteridin-2,4-diyldiamin** $C_{22}H_{22}N_6O_2$, Formel XV (R = R′ = CH_2-CH_2-OH).

B. Aus 2,4-Dichlor-6,7-diphenyl-pteridin und 2-Amino-äthanol (*Taylor,* Am. Soc. **74** [1952] 1648). Beim Erhitzen von 6,7-Diphenyl-pteridin-2,4-diyldiamin mit 2-Amino-äthanol und wenig konz. wss. HCl (*Ta.*). Aus 4-Amino-6,7-diphenyl-1*H*-pteridin-2-thion und 2-Amino-äthanol (*Taylor, Cain,* Am. Soc. **73** [1951] 4384, 4386; *Ta.*).

Hellgelbe Kristalle; F: 211–212° [korr.; aus wss. DMF] (*Ta.*), 209–210° [unkorr.; aus wss. A.] (*Ta., Cain*).

6,7-Diphenyl-2-piperidino-pteridin-4-ylamin $C_{23}H_{22}N_6$, Formel I.

B. Aus 4-Amino-6,7-diphenyl-1*H*-pteridin-2-thion und Piperidin in DMF (*Taylor, Cain,* Am. Soc. **74** [1952] 1644, 1646, 1647) oder ohne Lösungsmittel (*Taylor,* Am. Soc. **74** [1952] 1648).

Kristalle (aus CH_2Cl_2+PAe.); F: 209° [korr.]; λ_{max}: 233 nm, 295 nm und 418 nm [A.] bzw. 276 nm und 376 nm [äthanol. HCl] (*Ta., Cain*).

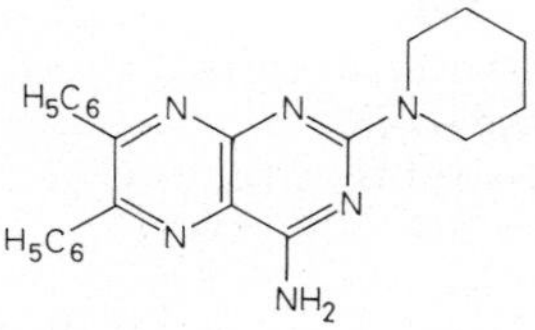

I 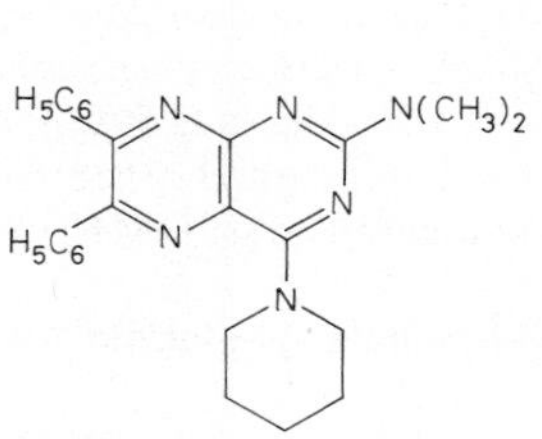 II 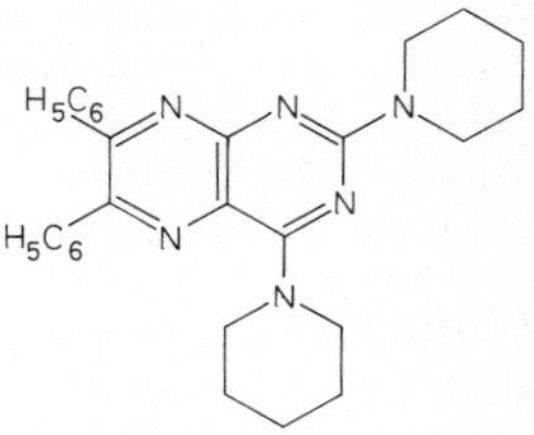 III

2-Dimethylamino-6,7-diphenyl-4-piperidino-pteridin, [6,7-Diphenyl-4-piperidino-pteridin-2-yl]-dimethyl-amin $C_{25}H_{26}N_6$, Formel II.

B. Aus *N*^{2},*N*^{2}-Dimethyl-6-piperidino-pyrimidin-2,4,5-triyltriamin-sulfat und Benzil mit Hilfe von Natriumacetat in wss. Äthanol (*Boon,* Soc. **1957** 2146, 2156, 2157).

Kristalle (aus wss. A.); F: 207°.

6,7-Diphenyl-2,4-dipiperidino-pteridin $C_{28}H_{30}N_6$, Formel III.

B. Aus 2,4-Dichlor-6,7-diphenyl-pteridin und Piperidin (*Taylor,* Am. Soc. **74** [1952] 1648). In mässiger Ausbeute beim Erhitzen von 6,7-Diphenyl-pteridin-2,4-diyldiamin mit Piperidin unter Druck (*Ta.*).

Kristalle (aus wss. DMF); F: 180–181° [korr.].

4-Acetylamino-2-amino-6,7-diphenyl-pteridin, *N*-[2-Amino-6,7-diphenyl-pteridin-4-yl]-acetamid $C_{20}H_{16}N_6O$, Formel IV (R = H).

B. Beim Erhitzen von 6,7-Diphenyl-pteridin-2,4-diyldiamin mit Acetanhydrid (*Cain et al.,* Am. Soc. **71** [1949] 892–894).

Kristalle (aus wss. A.); F: 140–150° [rote Schmelze]. λ_{max}: 257 nm, 288 nm und 370 nm [Me.] bzw. 274 nm und 365 nm [methanol. HCl].

2,4-Bis-acetylamino-6,7-diphenyl-pteridin, *N,N′*-[6,7-Diphenyl-pteridin-2,4-diyl]-bis-acetamid $C_{22}H_{18}N_6O_2$, Formel IV (R = CO-CH_3).

B. Beim Erhitzen von 6,7-Diphenyl-pteridin-2,4-diyldiamin mit Acetanhydrid und konz. H_2SO_4 (*Cain et al.,* Am. Soc. **71** [1949] 892–894).

Hellgelbe Kristalle (aus wss. DMF); Zers. >190°. λ_{max} (HCl enthaltendes Äthylenglykol): 278 nm und 365 nm.

***N*^{4}-[2-Dimethylamino-äthyl]-6,7-diphenyl-pteridin-2,4-diyldiamin** $C_{22}H_{23}N_7$, Formel V (R = CH_3, n = 2).

B. Aus 6,7-Diphenyl-pteridin-2,4-diyldiamin und *N,N*-Dimethyl-äthylendiamin [180°] (*Potter, Henshall,* Soc. **1956** 2000, 2003, 2004).

Kristalle (aus wss. A.); F: 233,5–234,5°.

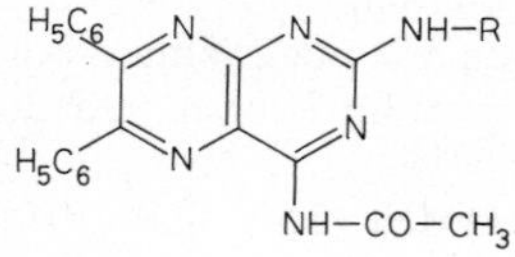

IV 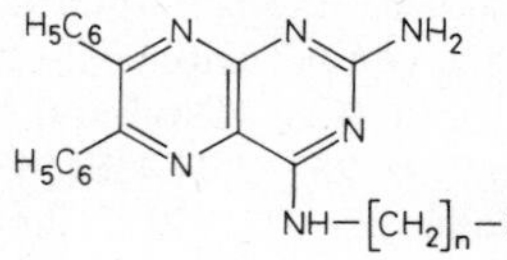 V

Die folgenden Verbindungen sind in analoger Weise hergestellt worden:

N^4-[2-Diäthylamino-äthyl]-6,7-diphenyl-pteridin-2,4-diyldiamin $C_{24}H_{27}N_7$, Formel V (R = C_2H_5, n = 2). Kristalle (aus wss. A.); F: 194–196°.

N^4-[3-Dimethylamino-propyl]-6,7-diphenyl-pteridin-2,4-diyldiamin $C_{23}H_{25}N_7$, Formel V (R = CH_3, n = 3). Kristalle (aus wss. A.); F: 217–218°.

N^4-[3-Dipropylamino-propyl]-6,7-diphenyl-pteridin-2,4-diyldiamin $C_{27}H_{33}N_7$, Formel V (R = CH_2-C_2H_5, n = 3). Kristalle (aus PAe.); F: 139–140°.

N^4-[3-Dibutylamino-propyl]-6,7-diphenyl-pteridin-2,4-diyldiamin $C_{29}H_{37}N_7$, Formel V (R = $[CH_2]_3$-CH_3, n = 3). Kristalle (aus PAe.); F: 146,5–148°.

N^4-[4-Diäthylamino-butyl]-6,7-diphenyl-pteridin-2,4-diyldiamin $C_{26}H_{31}N_7$, Formel V (R = C_2H_5, n = 4). Kristalle (aus wss. DMF); F: 208–209°.

N^2,N^4-Bis-[2-dimethylamino-äthyl]-6,7-diphenyl-pteridin-2,4-diyldiamin $C_{26}H_{32}N_8$, Formel VI (R = CH_3, n = 2).

B. Aus 6,7-Diphenyl-pteridin-2,4-diyldiamin und *N,N*-Dimethyl-äthylendiamin unter Zusatz von konz. wss. HCl [180°] (*Potter, Henshall,* Soc. **1956** 2000, 2003, 2004).

Orangegelbe Kristalle (aus Ae.+PAe.); F: 140–141°.

N^2,N^4-Bis-[2-diäthylamino-äthyl]-6,7-diphenyl-pteridin-2,4-diyldiamin $C_{30}H_{40}N_8$, Formel VI (R = C_2H_5, n = 2).

B. Analog der vorangehenden Verbindung (*Potter, Henshall,* Soc. **1956** 2000, 2003, 2004).

Orangegelbe Kristalle (aus Ae.+PAe.); F: 125,5–126,5°.

N^4-[3-Diäthylamino-propyl]-6,7-diphenyl-pteridin-2,4-diyldiamin $C_{25}H_{29}N_7$, Formel V (R = C_2H_5, n = 3).

B. Aus N^4-[3-Diäthylamino-propyl]-pyrimidintetrayltetraamin-sulfat und Benzil mit Hilfe von Natriumacetat in wss. Äthanol (*Boon,* Soc. **1957** 2146, 2156, 2157). Aus 6,7-Diphenyl-pteridin-2,4-diyldiamin und *N,N*-Diäthyl-propandiyldiamin [180°] (*Potter, Henshall,* Soc. **1956** 2000, 2003, 2004).

Kristalle; F: 201° [aus A.] (*Boon*), 195–196° [aus wss. A.] (*Po., He.*).

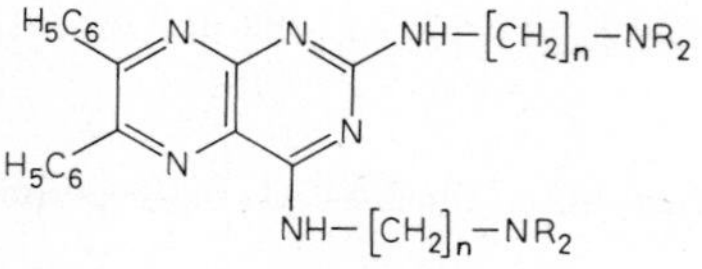

VI 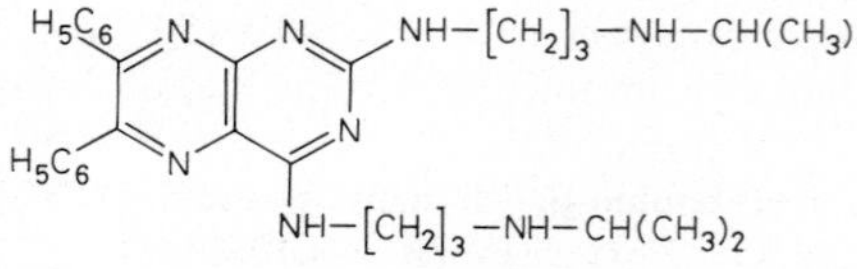 VII

N^2,N^4-Bis-[3-dimethylamino-propyl]-6,7-diphenyl-pteridin-2,4-diyldiamin $C_{28}H_{36}N_8$, Formel VI (R = CH_3, n = 3).

B. Aus 6,7-Diphenyl-pteridin-2,4-diyldiamin und *N,N*-Dimethyl-propandiyldiamin unter Zusatz von konz. wss. HCl [180°] (*Taylor,* Am. Soc. **74** [1952] 1648; *Potter, Henshall,* Soc. **1956** 2000, 2003, 2004). Aus 2,4-Dichlor-6,7-diphenyl-pteridin oder aus 4-Amino-6,7-diphenyl-1*H*-pteridin-2-thion und *N,N*-Dimethyl-propandiyldiamin (*Ta.*).

Kristalle (aus wss. DMF); F: 144,5–145,5° [korr.] (*Ta.*), 143–144° (*Po., He.*).

N^2,N^4-Bis-[3-diäthylamino-propyl]-6,7-diphenyl-pteridin-2,4-diyldiamin $C_{32}H_{44}N_8$, Formel VI (R = C_2H_5, n = 3).

B. Aus 2,4-Dichlor-6,7-diphenyl-pteridin und *N*,*N*-Diäthyl-propandiyldiamin (*Taylor,* Am. Soc. **74** [1952] 1648). Aus 6,7-Diphenyl-pteridin-2,4-diyldiamin beim Erhitzen mit *N*,*N*-Diäthyl-propandiyldiamin und wenig konz. wss. HCl auf 180° (*Ta.*; *Potter, Henshall,* Soc. **1956** 2000, 2003, 2004). Beim Erhitzen von 4-Amino-6,7-diphenyl-1*H*-pteridin-2-thion mit *N*,*N*-Diäthyl-propandiyldiamin (*Ta.*; *Po., He.*, l. c. S. 2005). Aus 4-[3-Diäthylamino-propylamino]-6,7-diphe= nyl-1*H*-pteridin-2-thion und *N*,*N*-Diäthyl-propandiyldiamin (*Po., He.*).

Kristalle; F: 137,3—138° [korr.; aus CH_2Cl_2+PAe.] (*Ta.*), 137—138° [aus wss. A.] (*Po., He.*).

N^2,N^4-Bis-[3-isopropylamino-propyl]-6,7-diphenyl-pteridin-2,4-diyldiamin $C_{30}H_{40}N_8$, Formel VII.

B. Aus 2,4-Dichlor-6,7-diphenyl-pteridin oder aus 4-Amino-6,7-diphenyl-1*H*-pteridin-2-thion und *N*-Isopropyl-propandiyldiamin (*Taylor,* Am. Soc. **74** [1952] 1648). Beim Erhitzen von 6,7-Diphenyl-pteridin-2,4-diyldiamin mit *N*-Isopropyl-propandiyldiamin und wenig konz. wss. HCl (*Ta.*).

Kristalle (aus CH_2Cl_2+PAe.); F: 141—142° [korr.].

7-[4-Chlor-phenyl]-N^2,N^2,N^4-trimethyl-6-phenyl-pteridin-2,4-diyldiamin $C_{21}H_{19}ClN_6$, Formel VIII.

B. Aus (±)-7-[4-Chlor-phenyl]-N^2,N^2,N^4-trimethyl-6-phenyl-7,8-dihydro-pteridin-2,4-diyldi= amin mit Hilfe von $KMnO_4$ in wss. NaOH (*Boon,* Soc. **1957** 2146, 2154, 2156).

Kristalle (aus A.); F: 239°.

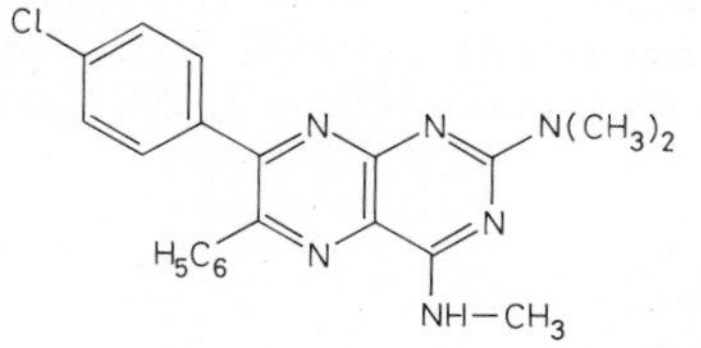

Cl, N, N, $N(CH_3)_2$, H_5C_6, N, N, $NH-CH_3$

VIII

X″, X, X′, N, N, NH—R, X′, N, N, X″, X, NH—R

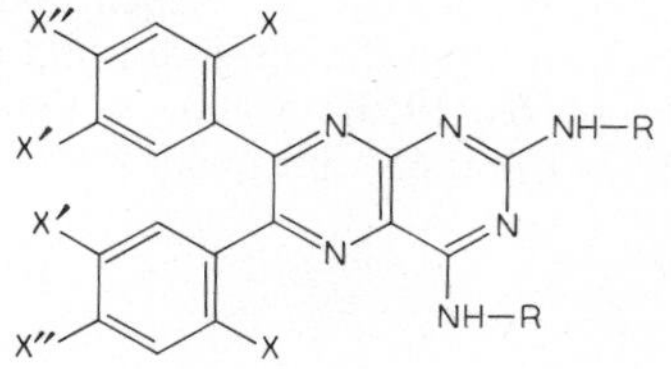

IX

6,7-Bis-[2-chlor-phenyl]-N^2,N^4-dimethyl-pteridin-2,4-diyldiamin $C_{20}H_{16}Cl_2N_6$, Formel IX (R = CH_3, X = Cl, X′ = X″ = H).

B. Aus N^2,N^4-Dimethyl-pyrimidintetrayltetraamin-sulfat und 2,2′-Dichlor-benzil mit Hilfe von Natriumacetat in wss. Äthanol (*Boon,* Soc. **1957** 2146, 2156, 2157).

Kristalle (aus Butan-1-ol); F: 265°.

6,7-Bis-[3-chlor-phenyl]-N^2,N^4-dimethyl-pteridin-2,4-diyldiamin $C_{20}H_{16}Cl_2N_6$, Formel IX (R = CH_3, X = X″ = H, X′ = Cl).

B. Analog der vorangehenden Verbindung (*Boon,* Soc. **1957** 2146, 2156, 2157).

Kristalle (aus Me.); F: 256°.

6,7-Bis-[4-chlor-phenyl]-N^2,N^4-dimethyl-pteridin-2,4-diyldiamin $C_{20}H_{16}Cl_2N_6$, Formel IX (R = CH_3, X = X′ = H, X″ = Cl).

B. Analog den vorangehenden Verbindungen (*Boon,* Soc. **1957** 2146, 2156, 2157).

Kristalle (aus DMF); F: 323°.

6,7-Bis-[3-nitro-phenyl]-pteridin-2,4-diyldiamin $C_{18}H_{12}N_8O_4$, Formel IX (R = X = X″ = H, X′ = NO_2).

B. Aus Pyrimidintetrayltetraamin und 3,3′-Dinitro-benzil in Äthanol und Butanon (*Cain et al.,* Am. Soc. **71** [1949] 892, 893, 895).

Kristalle (aus wss. Eg.); F: 307—308° [korr.]. λ_{max} (wss. HCl [1 n]): 268 nm und 365 nm.

Diamine $C_{20}H_{18}N_6$

6,7-Dibenzyl-pteridin-2,4-diyldiamin $C_{20}H_{18}N_6$, Formel X.

B. Aus Pyrimidintetrayltetraamin (Verbindung mit $NaHSO_3$) und 1,4-Diphenyl-butan-2,3-dion in wss. Essigsäure und wenig Äthanol (*Allen & Hanburys,* U.S.P. 2665275 [1950]; s. a. *Campbell et al.,* Soc. **1950** 2743).

Gelbe Kristalle (aus A.); F: 258° [Zers.].

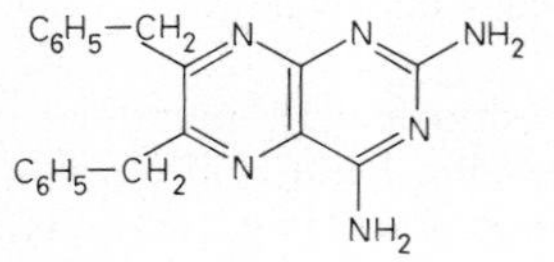

X

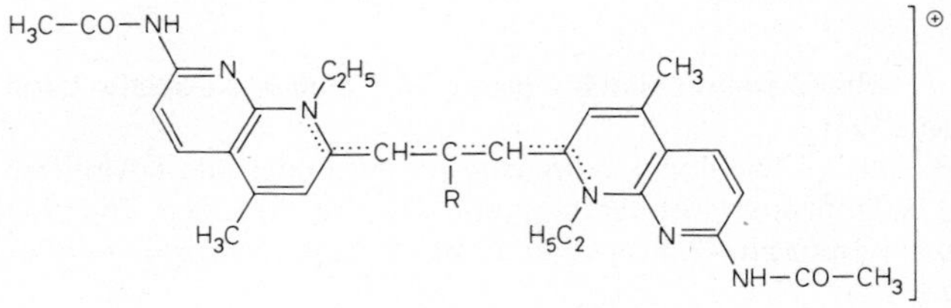

XI

Diamine $C_{21}H_{20}N_6$

7-Acetylamino-2-[3-(7-acetylamino-1-äthyl-4-methyl-1*H*-[1,8]naphthyridin-2-yliden)-propenyl]-1-äthyl-4-methyl-[1,8]naphthyridinium, 1,3-Bis-[7-acetylamino-1-äthyl-4-methyl-[1,8]naphthyridin-2-yl]-trimethinium [1]) $[C_{29}H_{33}N_6O_2]^+$, Formel XI (R = H).

Jodid $[C_{29}H_{33}N_6O_2]I$. *B.* Neben anderen Verbindungen aus 7-Acetylamino-1-äthyl-2,4-dimethyl-[1,8]naphthyridinium-jodid und Orthoameisensäure-triäthylester in Acetanhydrid (*Pailer, Kuhn,* M. **84** [1953] 85, 88). — Dunkelblaue Kristalle (aus $CHCl_3$); F: 291—294° [Zers.]. λ_{max} ($CHCl_3$ + A.): 657 nm.

Diamine $C_{22}H_{22}N_6$

7-Acetylamino-2-[3-(7-acetylamino-1-äthyl-4-methyl-1*H*-[1,8]naphthyridin-2-yliden)-2-methyl-propenyl]-1-äthyl-4-methyl-[1,8]naphthyridinium, 1,3-Bis-[7-acetylamino-1-äthyl-4-methyl-[1,8]naphthyridin-2-yl]-2-methyl-trimethinium [1]) $[C_{30}H_{35}N_6O_2]^+$, Formel XI (R = CH_3).

Jodid $[C_{30}H_{35}N_6O_2]I$. *B.* Neben anderen Verbindungen aus 7-Acetylamino-1-äthyl-2,4-dimethyl-[1,8]naphthyridinium-jodid und Orthoessigsäure-triäthylester in Acetanhydrid (*Pailer, Kuhn,* M. **84** [1953] 85, 89). — Blaue Kristalle; F: 297° [Zers.]. λ_{max} ($CHCl_3$ + A.): 644 nm.

1,15,15-Trimethyl-1,2,3,4-tetrahydro-1,4-methano-chinoxalino[2,3-*b*]phenazin-9,10-diyldiamin $C_{22}H_{22}N_6$.

a) **(1*R*)-1,15,15-Trimethyl-1,2,3,4-tetrahydro-1,4-methano-chinoxalino[2,3-*b*]phenazin-9,10-diyldiamin,** Formel XII.

B. Aus Phenazin-2,3,7,8-tetrayltetraamin und (1*R*)-Bornan-2,3-dion (E III **7** 3297) in Essigsäure (*Kögl et al.,* R. **69** [1950] 482, 484—486).

Rotbraune Kristalle (aus wss. Py.) mit 2 Mol H_2O, F: >360° [nach Sintern ab 210°]; die lösungsmittelfreien Kristalle sind sehr hygroskopisch. Absorptionsspektrum (wss. Eg. [6%ig]; 240—570 nm): *Kögl et al.*

Picrat $C_{22}H_{22}N_6 \cdot C_6H_3N_3O_7$. Rotbraune Kristalle, die unterhalb 360° nicht schmelzen.

b) **(1*S*)-1,15,15-Trimethyl-1,2,3,4-tetrahydro-1,4-methano-chinoxalino[2,3-*b*]phenazin-9,10-diyldiamin,** Formel XIII.

B. Aus Phenazin-2,3,7,8-tetrayltetraamin und (1*S*)-Bornan-2,3-dion (E III **7** 3299) in Essigsäure (*Kögl et al.,* R. **69** [1950] 482, 485, 486).

---

[1]) Über diese Bezeichnungsweise s. *Reichardt, Mormann,* B. **105** [1972] 1815, 1832.

Rotbraune Kristalle (aus wss. Py.) mit 2 Mol H_2O. Absorptionsspektrum (wss. Eg. [6%ig]; 240–570 nm): *Kögl et al.*

Picrat $C_{22}H_{22}N_6 \cdot C_6H_3N_3O_7$.

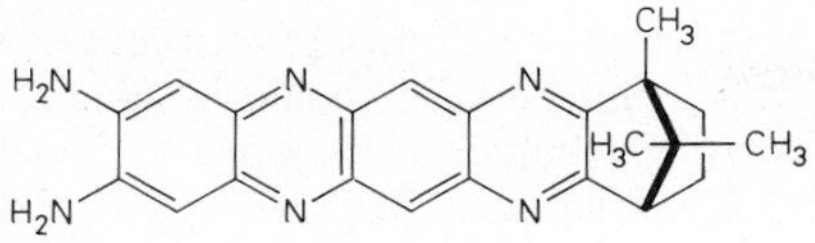

XII 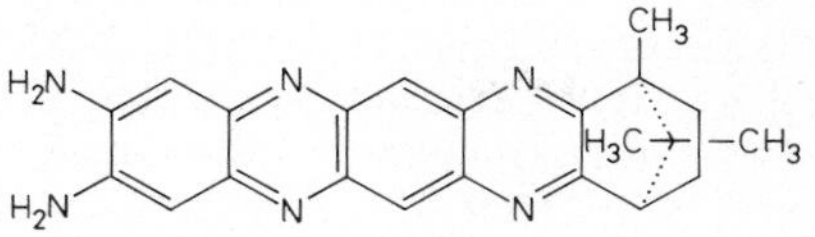 XIII

Diamine $C_{23}H_{24}N_6$

7-Acetylamino-2-[3-(7-acetylamino-1-äthyl-4-methyl-1*H*-[1,8]naphthyridin-2-yliden)-2-äthyl-propenyl]-1-äthyl-4-methyl-[1,8]naphthyridinium, 1,3-Bis-[7-acetylamino-1-äthyl-4-methyl-[1,8]naphthyridin-2-yl]-2-äthyl-trimethinium [1]) $[C_{31}H_{37}N_6O_2]^+$, Formel XI (R = C_2H_5).

Jodid. *B.* Neben anderen Verbindungen aus 7-Acetylamino-1-äthyl-2,4-dimethyl-[1,8]naphthyridinium-jodid und Orthopropionsäure-triäthylester in Acetanhydrid (*Pailer, Kuhn,* M. **84** [1953] 85, 89). — Blauschwarze Kristalle; F: 298–299° [Zers.]. λ_{max} ($CHCl_3$ + A.): 650 nm.

Diamine $C_nH_{2n-24}N_6$

Phenanthro[9,10-*g*]pteridin-11,13-diyldiamin $C_{18}H_{12}N_6$, Formel XIV (R = H).

B. Aus Pyrimidintetrayltetraamin (Verbindung mit $NaHSO_3$) und Phenanthren-9,10-dion in Äthanol und wenig wss. NaOH (*Mallette et al.,* Am. Soc. **69** [1947] 1814).

Kristalle (aus wss. Ameisensäure), die beim Erhitzen bei ca. 340° sintern und allmählich dunkel werden. λ_{max} (Äthylenglykol + konz. wss. HCl): 263 nm, 287 nm, 402 nm und 420 nm.

***N*[11],*N*[13]-Dimethyl-phenanthro[9,10-*g*]pteridin-11,13-diyldiamin** $C_{20}H_{16}N_6$, Formel XIV (R = CH_3).

B. Aus *N*[2],*N*[4]-Dimethyl-pyrimidintetrayltetraamin-sulfat und Phenanthren-9,10-dion mit Hilfe von Natriumacetat in wss. Äthanol (*Boon,* Soc. **1957** 2146, 2156, 2157).

Kristalle (aus DMF); F: 311°.

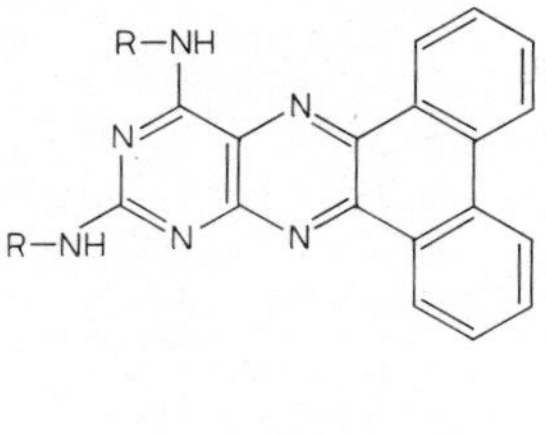

XIV 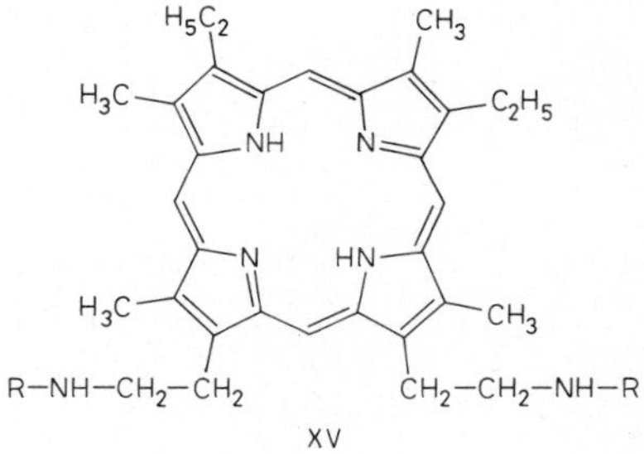 XV

2,7-Diäthyl-13,17-bis-[2-amino-äthyl]-3,8,12,18-tetramethyl-porphyrin, 13^2,17^2-Diamino-ätioporphyrin-III $C_{32}H_{40}N_6$, Formel XV (R = H) und Taut.

B. Aus Mesoporphyrin (S. 3018) beim Erwärmen mit NaN_3, konz. H_2SO_4 und $CHCl_3$ (*Altman et al.,* Arch. Biochem. **36** [1952] 399, 402). Aus 2,7-Diäthyl-13,17-bis-[2-methoxycarbonylamino-äthyl]-3,8,12,18-tetramethyl-porphyrin (s. u.) und wss. HCl [130–140°] (*Fischer et al.,*

---

[1]) Siehe S. 3824 Anm.

Z. physiol. Chem. **241** [1936] 201, 213, 214).

Kristalle [aus $CHCl_3$] (*Al. et al.*). λ_{max} (Eg.): 554 nm, 574 nm und 596,5 nm (*Fi. et al.*).

Tetrahydrochlorid $C_{32}H_{40}N_6 \cdot 4HCl$. Kristalle mit 1 Mol H_2O, die unterhalb 300° nicht schmelzen [Dunkelfärbung bei 200–300°] (*Fi. et al.*).

Tetraacetyl-Derivat $C_{40}H_{48}N_6O_4$; 2,7-Diäthyl-13,17-bis-[2-diacetylamino-äthyl]-3,8,12,18-tetramethyl-porphyrin. *B.* Aus dem Tetrahydrochlorid (s. o.), Acetanhydrid und Natriumacetat (*Fi. et al.*, l. c. S. 214). – Kristalle (aus Py.+Me.); F: 276° (*Fi. et al.*). – Kupfer(II)-Komplex $CuC_{40}H_{46}N_6O_4$. Kristalle (aus $CHCl_3$+Eg.); F: 260° (*Fi. et al.*).

Tetramethyl-Derivat. Bis-methomethylsulfat $[C_{38}H_{54}N_6](CH_3O_4S)_2$; 2,7-Diäthyl-3,8,12,18-tetramethyl-13,17-bis-[2-trimethylammonio-äthyl]-porphyrin-bis-methylsulfat. Kristalle (aus Me.), die unterhalb 300° nicht schmelzen (*Fi. et al.*, l. c. S. 215).

2,7-Diäthyl-13,17-bis-[2-methoxycarbonylamino-äthyl]-3,8,12,18-tetramethyl-porphyrin $C_{36}H_{44}N_6O_4$, Formel XV (R = CO-O-CH_3) und Taut. (in der Literatur als „Mesoporphyrin-IX-diurethan" bezeichnet).

B. Aus Mesoporphyrin-dihydrazid (S. 3030) beim Behandeln mit $NaNO_2$ in wss. HCl und Erwärmen des Reaktionsprodukts mit Methanol und $CHCl_3$ (*Fischer et al.*, Z. physiol. Chem. **241** [1936] 201, 210).

Rötlichbraune Kristalle; F: 252°.

Kupfer(II)-Komplex $CuC_{36}H_{42}N_6O_4$. Rotbraune Kristalle; F: 270°.

2,7-Diäthyl-13,17-bis-[2-(*N'*,*N'*-diäthyl-ureido)-äthyl]-3,8,12,18-tetramethyl-porphyrin $C_{42}H_{58}N_8O_2$, Formel XV (R = CO-N(C_2H_5)$_2$) und Taut.

B. Aus Mesoporphyrin-diazid (aus Mesoporphyrin-dihydrazid [S. 3030] und HNO_2) und *N*,*N*-Diäthyl-harnstoff in Pyridin (*Lautsch et al.*, J. Polymer Sci. **8** [1952] 191, 208).

Absorptionsspektrum (Py.; 400–700 nm): *La. et al.*, l. c. S. 201, 207.

Diamine $C_nH_{2n-26}N_6$

2-[2-Amino-[3]chinolyl]-pyrimido[4,5-*b*]chinolin-4-ylamin $C_{20}H_{14}N_6$, Formel XVI.

B. Aus 2-Amino-chinolin-3-carbonitril und flüssigem NH_3 [190°] (*Taylor, Lalenda*, Am. Soc. **78** [1956] 5108, 5114).

Hellgelb; F: 350°.

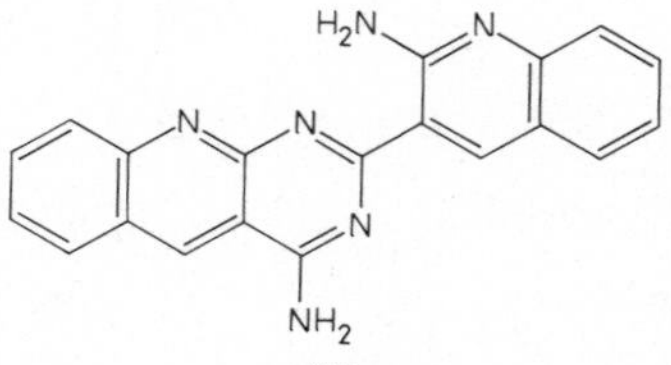

XVI

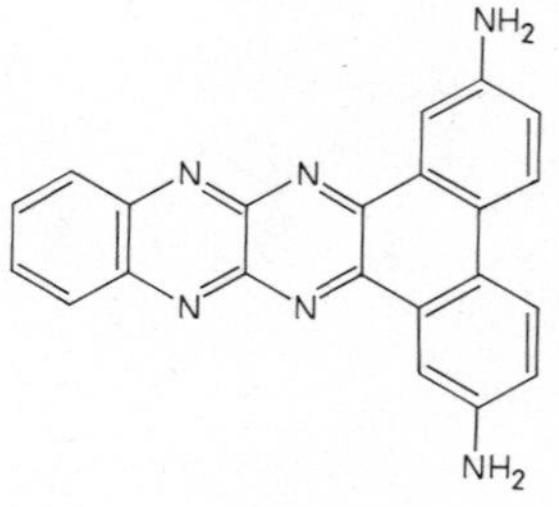

XVII

Diamine $C_nH_{2n-30}N_6$

Dibenzo[*f*,*h*]chinoxalino[2,3-*b*]chinoxalin-2,7-diyldiamin $C_{22}H_{14}N_6$, Formel XVII.

B. Aus 2,7-Diamino-phenanthren-9,10-dion und Chinoxalin-2,3-diyldiamin (*De, Dutta*, B. **64** [1931] 2598, 2600).

Braunschwarze Kristalle (aus Py.), die unterhalb 295° nicht schmelzen.

C. Triamine

Triamine $C_nH_{2n-3}N_7$

7(9)*H*-Purin-2,6,8-triyltriamin $C_5H_7N_7$, Formel I (R = H) und Taut.

B. In geringer Ausbeute aus 7(9)*H*-Purin-2,6-diyldiamin bei der Umsetzung mit 2,4-Dichlor-benzoldiazonium-chlorid und anschliessenden Reduktion mit $Na_2S_2O_4$ (*Cavalieri, Bendich,* Am. Soc. **72** [1950] 2587, 2591–2593).

UV-Spektrum (wss. Lösungen vom pH 2, pH 6 und pH 9; 220–320 nm): *Ca., Be.* λ_{max} (wss. Lösung): 248 nm und 305 nm [pH 0,3], 221 nm und 299 nm [pH 4,32], 249 nm und 293 nm [pH 8,5] bzw. 226 nm, 261 nm und 295 nm [pH 13] (*Mason,* Soc. **1954** 2071, 2073). Scheinbare Dissoziationsexponenten pK'_{a1}, pK'_{a2} und pK'_{a3} (H_2O; potentiometrisch ermittelt) bei 20°: 2,41 bzw. 6,23 bzw. 10,79 (*Albert, Brown,* Soc. **1954** 2060, 2063). 1 g ist bei 20° in 200 ml wss. Lösung und bei 100° in 20 ml wss. Lösung enthalten (*Al., Br.*). Verteilung zwischen Butan-1-ol und wss. Lösung vom pH 2,4: *Ca., Be.*

Relative Geschwindigkeit der Oxidation mit Hilfe von Kupfer(+) in wss. Lösung vom pH 11: *Baum et al.,* Biochim. biophys. Acta **22** [1956] 528, 535.

Sulfat $C_5H_7N_7 \cdot H_2SO_4$. Kristalle (aus wss. H_2SO_4) mit 1 Mol H_2O (*Ca., Be.*).

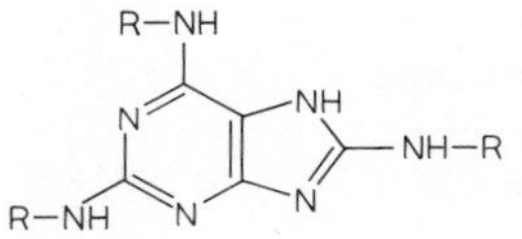

R–NH NH NH–R R–NH N N N

I

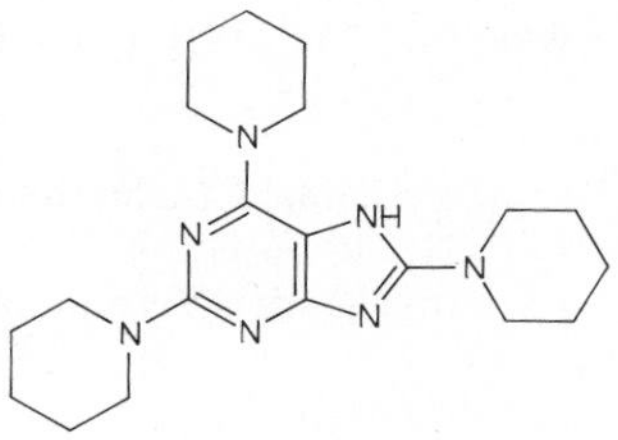

N NH N N N N N

II

***N*²,*N*⁶,*N*⁸-Tributyl-7(9)*H*-purin-2,6,8-triyltriamin** $C_{17}H_{31}N_7$, Formel I (R = $[CH_2]_3$-CH_3) und Taut.

B. Aus 2,6,8-Trichlor-7(9)*H*-purin und Butylamin (*Breshears et al.,* Am. Soc. **81** [1959] 3789, 3791, 3792).

Kristalle (aus A.) mit 1 Mol H_2O; F: 206–207°.

Die folgenden Verbindungen sind in analoger Weise hergestellt worden:

*N*²,*N*⁶,*N*⁸-Trihexyl-7(9)*H*-purin-2,6,8-triyltriamin $C_{23}H_{43}N_7$, Formel I (R = $[CH_2]_5$-CH_3) und Taut. Kristalle (aus A.); F: 159–160°.

2,6,8-Tripiperidino-7(9)*H*-purin $C_{20}H_{31}N_7$, Formel II und Taut. Kristalle (aus wss. A.); F: 115–117°.

*N*²,*N*⁶,*N*⁸-Trifurfuryl-7(9)*H*-purin-2,6,8-triyltriamin $C_{20}H_{19}N_7O_3$, Formel III und Taut. Kristalle (aus A.) mit 1 Mol H_2O; F: 160–161°.

Triamine $C_nH_{2n-5}N_7$

Triamine $C_6H_7N_7$

***N*²,*N*⁴,*N*⁸-Trimethyl-pyrimido[5,4-*d*]pyrimidin-2,4,8-triyltriamin** $C_9H_{13}N_7$, Formel IV (R = R″ = CH_3, R′ = H).

B. Aus 2,4,8-Trichlor-pyrimido[5,4-*d*]pyrimidin und Methylamin mit Hilfe von $CuSO_4$ in Äthanol [200°] (*Thomae G.m.b.H.,* Brit. P. 807826 [1956]; U.S.P. 3031450 [1960]).

Kristalle (aus H_2O); F: 188–189°.

N^2,N^2-Dimethyl-pyrimido[5,4-*d*]pyrimidin-2,4,8-triyltriamin $C_8H_{11}N_7$, Formel IV (R = R′ = CH_3, R″ = H).

B. Aus 2-Chlor-pyrimido[5,4-*d*]pyrimidin-4,8-diyldiamin und Dimethylamin (*Thomae G.m.b.H.*, Brit. P. 807826 [1956]; U.S.P. 3031450 [1960]).

F: 292–294°.

Hexa-*N*-methyl-pyrimido[5,4-*d*]pyrimidin-2,4,8-triyltriamin $C_{12}H_{19}N_7$, Formel V.

B. Aus 2,4,8-Trichlor-pyrimido[5,4-*d*]pyrimidin und Dimethylamin mit Hilfe von $CuSO_4$ in Äthanol [200°] (*Thomae G.m.b.H.*, Brit. P. 807826 [1956]; U.S.P. 3031450 [1960]).

F: 92–93°.

N^4,N^8-Diäthyl-N^2-methyl-pyrimido[5,4-*d*]pyrimidin-2,4,8-triyltriamin $C_{11}H_{17}N_7$, Formel IV (R = CH_3, R′ = H, R″ = C_2H_5).

B. Aus N^4,N^8-Diäthyl-2-chlor-pyrimido[5,4-*d*]pyrimidin-4,8-diyldiamin und Methylamin (*Thomae G.m.b.H.*, Brit. P. 807826 [1956]; U.S.P. 3031450 [1960]).

F: 94–96°.

N^2,N^4,N^8-Triäthyl-pyrimido[5,4-*d*]pyrimidin-2,4,8-triyltriamin $C_{12}H_{19}N_7$, Formel IV (R = R″ = C_2H_5, R′ = H).

B. Aus 2,4,8-Trichlor-pyrimido[5,4-*d*]pyrimidin und Äthylamin mit Hilfe von $CuSO_4$ in Äthanol [200°] (*Thomae G.m.b.H.*, Brit. P. 807826 [1956]; U.S.P. 3031450 [1960]).

F: 83–85°.

N^2,N^4,N^8-Tripropyl-pyrimido[5,4-*d*]pyrimidin-2,4,8-triyltriamin $C_{15}H_{25}N_7$, Formel IV (R = R″ = CH_2-C_2H_5, R′ = H).

B. Analog der vorangehenden Verbindung (*Thomae G.m.b.H.*, Brit. P. 807826 [1956]; U.S.P. 3031450 [1960]).

F: 84–86°.

III IV V

N^2-Phenyl-pyrimido[5,4-*d*]pyrimidin-2,4,8-triyltriamin $C_{12}H_{11}N_7$, Formel IV (R = C_6H_5, R′ = R″ = H).

B. Aus 2-Chlor-pyrimido[5,4-*d*]pyrimidin-4,8-diyldiamin und Anilin (*Thomae G.m.b.H.*, Brit. P. 807826 [1956]; U.S.P. 3031450 [1960]).

F: 170–173°.

2,4,8-Trianilino-pyrimido[5,4-*d*]pyrimidin, N^2,N^4,N^8-Triphenyl-pyrimido[5,4-*d*]pyrimidin-2,4,8-triyltriamin $C_{24}H_{19}N_7$, Formel IV (R = R″ = C_6H_5, R′ = H).

B. Aus 2,4,8-Trichlor-pyrimido[5,4-*d*]pyrimidin und Anilin mit Hilfe von $CuSO_4$ in Äthanol [200°] (*Thomae G.m.b.H.*, Brit. P. 807826 [1956]; U.S.P. 3031450 [1960]).

F: 203–204°.

N^2,N^4,N^8-Tris-[4-chlor-phenyl]-pyrimido[5,4-*d*]pyrimidin-2,4,8-triyltriamin $C_{24}H_{16}Cl_3N_7$, Formel IV (R = R″ = C_6H_4-Cl, R′ = H).

B. Analog der vorangehenden Verbindung (*Thomae G.m.b.H.*, Brit. P. 807826 [1956]; U.S.P. 3031450 [1960]).

F: 274–275°.

2-[(4,8-Bis-methylamino-pyrimido[5,4-*d*]pyrimidin-2-yl)-methyl-amino]-äthanol $C_{11}H_{17}N_7O$, Formel IV (R = CH_2-CH_2-OH, R′ = R″ = CH_3).

B. Aus 2-Chlor-N^4,N^8-dimethyl-pyrimido[5,4-*d*]pyrimidin-4,8-diyldiamin und 2-Methylamino-äthanol (*Thomae G.m.b.H.*, Brit. P. 807826 [1956]; U.S.P. 3031450 [1960]).

F: 64–66°.

Die folgenden Verbindungen sind in analoger Weise hergestellt worden:

N^4,N^8-Diallyl-N^2,N^2-bis-[2-hydroxy-äthyl]-pyrimido[5,4-*d*]pyrimidin-2,4,8-triyltriamin $C_{16}H_{23}N_7O_2$, Formel IV (R = R′ = CH_2-CH_2-OH, R″ = CH_2-CH=CH_2). F: 104–106°.

N^2,N^2-Bis-[2-hydroxy-äthyl]-N^4,N^8-bis-[4-nitro-phenyl]-pyrimido[5,4-*d*]pyrimidin-2,4,8-triyltriamin $C_{22}H_{21}N_9O_6$, Formel IV (R = R′ = CH_2-CH_2-OH, R″ = C_6H_4-NO_2). F: 310–311°.

N^4,N^8-Bis-[2-hydroxy-äthyl]-2-piperidino-pyrimido[5,4-*d*]pyrimidin-4,8-diyldiamin $C_{15}H_{23}N_7O_2$, Formel VI. F: 178–179°.

[4,8-Dipiperidino-pyrimido[5,4-*d*]pyrimidin-2-yl]-bis-[2-hydroxy-äthyl]-amin $C_{20}H_{31}N_7O_2$, Formel VII. F: 100–105° [Sintern bei 95°].

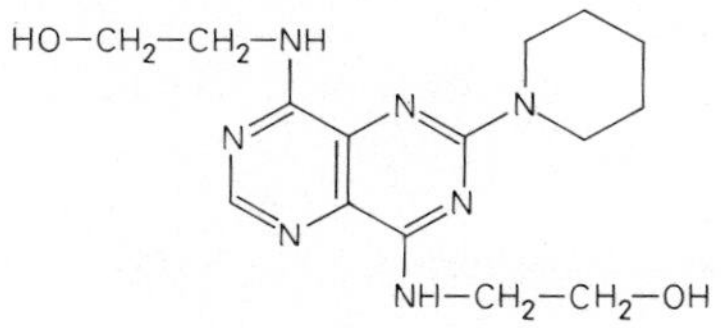

VI 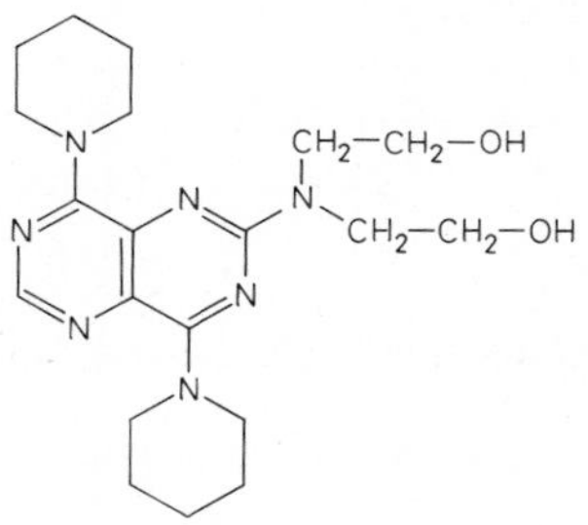 VII 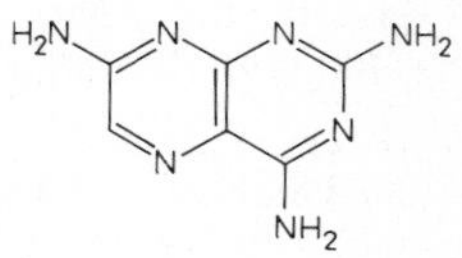 VIII

N^2,N^4,N^8-Tris-[2-hydroxy-äthyl]-pyrimido[5,4-*d*]pyrimidin-2,4,8-triyltriamin $C_{12}H_{19}N_7O_3$, Formel IV (R = R″ = CH_2-CH_2-OH, R′ = H).

B. Aus 2,4,8-Trichlor-pyrimido[5,4-*d*]pyrimidin und 2-Amino-äthanol mit Hilfe von $CuSO_4$ in Äthanol [200°] (*Thomae G.m.b.H.*, Brit. P. 807826 [1956]; U.S.P. 3031450 [1960]).

F: 83–85°.

2,4,8-Tri-*o*-anisidino-pyrimido[5,4-*d*]pyrimidin, N^2,N^4,N^8-Tris-[2-methoxy-phenyl]-pyrimido[5,4-*d*]pyrimidin-2,4,8-triyltriamin $C_{27}H_{25}N_7O_3$, Formel IV (R = R″ = C_6H_4-O-CH_3, R′ = H).

B. Analog der vorangehenden Verbindung (*Thomae G.m.b.H.*, Brit. P. 807826 [1956]; U.S.P. 3031450 [1960]).

F: 214–215°.

Pteridin-2,4,7-triyltriamin $C_6H_7N_7$, Formel VIII.

B. Aus 2,4,7-Trichlor-pteridin und wss. NH_3 [140°] (*Albert et al.*, Soc. **1956** 4621, 4625, 4628). Beim Erhitzen von 2,4,7-Triamino-pteridin-6-carbonsäure mit Kupfer-Pulver in Chinolin (*Osdene, Timmis*, Soc. **1955** 2036).

Gelbe Kristalle (aus sehr verd. wss. NH_3); F: >300° (*Os., Ti.*). Gelbe Kristalle (aus wss. NH_3) mit 1 Mol H_2O, die unterhalb 250° nicht schmelzen; λ_{max} (wss. Lösung): 255 nm, 275 nm und 342 nm [pH 4,3] bzw. 227 nm, 257 nm und 350 nm [pH 8,5]; scheinbarer Dissoziationsexponent pK_a' (H_2O; potentiometrisch ermittelt) bei 20°: 6,30; 1 g ist bei 20° in 4500 ml wss. Lösung und bei 100° in 200 ml wss. Lösung enthalten (*Al. et al.*).

Pteridin-4,6,7-triyltriamin $C_6H_7N_7$, Formel IX.

B. Aus 4,6,7-Trichlor-pteridin und wss. NH_3 [140°] (*Albert et al.*, Soc. **1956** 4621, 4625, 4628).

Hellgelbe Kristalle (aus H_2O). λ_{max} (wss. Lösung): 224 nm, 245 nm und 353 nm [pH 3,6] bzw. 227 nm, 256 nm, 284 nm und 345 nm [pH 8,5]. Scheinbarer Dissoziationsexponent pK'_a (H_2O; potentiometrisch ermittelt) bei 20°: 5,57. 1 g ist bei 20° in 12500 ml wss. Lösung und bei 100° in 450 ml wss. Lösung enthalten.

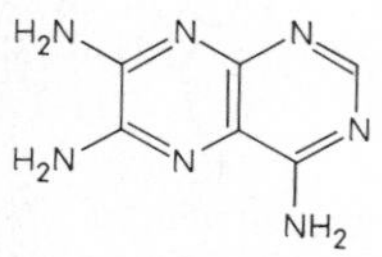

IX 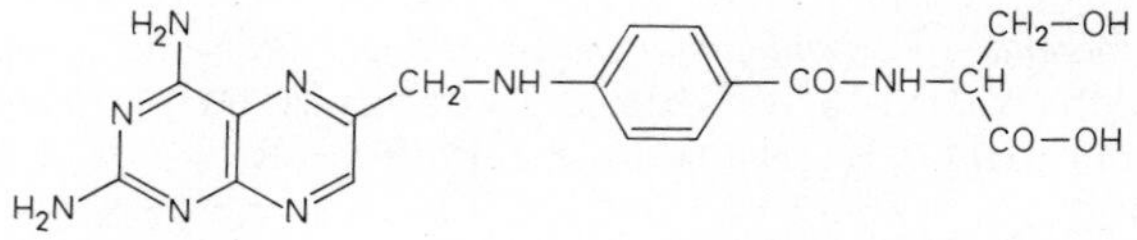 X

Triamine $C_7H_9N_7$

***N*-{4-[(2,4-Diamino-pteridin-6-ylmethyl)-amino]-benzoyl}-DL-serin** $C_{17}H_{18}N_8O_4$, Formel X (in der Literatur als [4-Amino-pteroyl]-serin bezeichnet).

B. Aus Pyrimidintetrayltetraamin, *N*-[4-Amino-benzoyl]-DL-serin und (±)-2,3-Dibrom-propionaldehyd oder 1,1,3-Tribrom-aceton mit Hilfe von Jod oder von $Na_2Cr_2O_7$ in saurer wss. Lösung (*Wright et al.,* Am. Soc. **71** [1949] 3014, 3016, 3017).

Feststoff mit 3 Mol H_2O. UV-Spektrum (wss. HCl [0,1 n] sowie wss. NaOH [0,1 n]; 220–400 nm): *Wr. et al.*

{4-[(2,4-Diamino-pteridin-6-ylmethyl)-amino]-benzoylamino}-malonsäure $C_{17}H_{16}N_8O_5$, Formel XI (X = H).

B. Analog der vorangehenden Verbindung (*Wright et al.,* Am. Soc. **71** [1949] 3014, 3016, 3017).

Kristalle (aus wss. HCl).

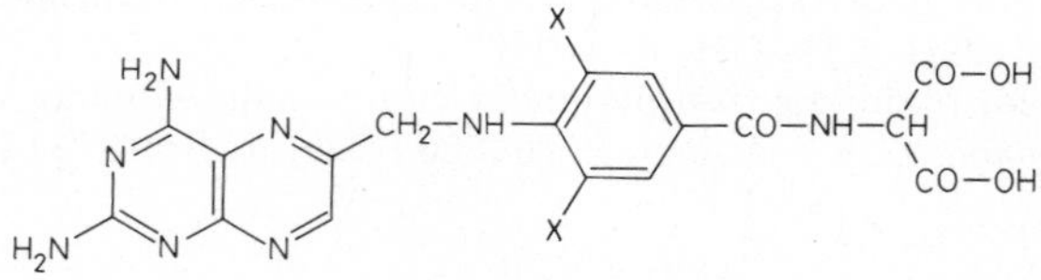

XI

***N*-{4-[(2,4-Diamino-pteridin-6-ylmethyl)-amino]-benzoyl}-asparaginsäure** $C_{18}H_{18}N_8O_5$ (in der Literatur als [4-Amino-pteroyl]-asparaginsäure bezeichnet).

a) ***N*-{4-[(2,4-Diamino-pteridin-6-ylmethyl)-amino]-benzoyl}-L-asparaginsäure,** Formel XII (X = H).

B. Aus Pyrimidintetrayltetraamin-sulfat, 1,1,3-Tribrom-aceton und *N*-[4-Amino-benzoyl]-L-asparaginsäure in wss. Lösung vom pH 2 (*Hutchings et al.,* J. biol. Chem. **180** [1949] 857, 858).

λ_{max}: 242,5 nm und 290 nm [wss. HCl (0,1 n)] bzw. 237,5 nm, 270 nm und 330 nm [wss. NaOH (0,1 n)] (*Am. Cyanamid Co.,* U.S.P. 2568597 [1947]).

Hydrochlorid $C_{18}H_{18}N_8O_5 \cdot HCl$. Kristalle [aus wss. HCl] (*Hu. et al.*).

b) ***N*-{4-[(2,4-Diamino-pteridin-6-ylmethyl)-amino]-benzoyl}-DL-asparaginsäure,** Formel XII (X = H) + Spiegelbild.

B. Aus Pyrimidintetrayltetraamin-sulfat, (±)-2,3-Dibrom-propionaldehyd und *N*-[4-Amino-benzoyl]-DL-asparaginsäure in wss. Essigsäure [pH 3,5] und Methanol (*Sato et al.,* J. chem. Soc. Japan Pure Chem. Sect. **72** [1951] 866–868; C. A. **1953** 5946).

Hellgelborangefarbene Kristalle mit 2 Mol H_2O; Zers. bei 270–275°. λ_{max} (wss. NaOH [0,1 n]): 258 nm, 282 nm und 380 nm.

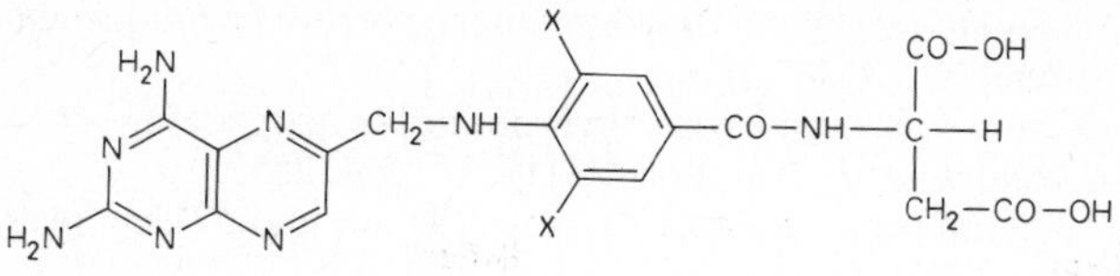

XII

N-{4-[(2,4-Diamino-pteridin-6-ylmethyl)-amino]-benzoyl}-L-glutaminsäure, Aminopterin $C_{19}H_{20}N_8O_5$, Formel XIII (X = X′ = X″ = H) (in der Literatur auch als [4-Amino-pteroyl]-glutaminsäure bezeichnet).

B. Aus Pyrimidintetrayltetraamin-hydrochlorid, (±)-2,3-Dibrom-propionaldehyd und *N*-[4-Amino-benzoyl]-L-glutaminsäure mit Hilfe von Jod und KI in wss. Essigsäure [pH 3] (*Seeger et al.*, Am. Soc. **71** [1949] 1753–1755; s. a. *Sato et al.*, J. chem. Soc. Japan Pure Chem. Sect. **72** [1951] 866–868; C. A. **1953** 5946). Reinigung von Folsäure enthaltenden Präparaten durch Chromatographieren an einem Ionenaustauscher: *Heinrich et al.*, Am. Soc. **75** [1953] 5425.

Gelbe Kristalle mit 2 Mol H_2O (*Seeger et al.*, Am. Soc. **69** [1947] 2567; *Sato et al.*); Zers. bei 260–265° (*Sato et al.*). UV-Spektrum (wss. HCl [0,1 n] sowie wss. NaOH [0,1 n]; 220–400 nm): *Se. et al.*, Am. Soc. **71** 1755. Fluorescenzmaximum (wss. Lösung vom pH 7): 460 nm (*Udenfriend et al.*, J. Pharmacol. exp. Therap. **120** [1957] 26, 29). Polarographisches Halbstufenpotential (wss. Lösungen vom pH 1–13): *Asahi*, J. pharm. Soc. Japan **79** [1959] 1570; C. A. **1960** 10593.

Beim Erhitzen mit wss. NaOH unter Ausschluss von Luftsauerstoff ist Folsäure (S. 3944), beim Erwärmen mit $KMnO_4$ in wss. NaOH unter Zutritt von Luftsauerstoff ist 2-Amino-4-oxo-3,4-dihydro-pteridin-6-carbonsäure erhalten worden (*Se. et al.*, Am. Soc. **71** 1755). Über die Hydrierung an Platin in H_2O sowie in wss. NaOH [0,1 n] s. *Blakley*, Biochem. J. **65** [1957] 331, 333, 334. Überführung in *N*-{4-[(2,4-Diamino-pteridin-6-ylmethyl)-nitroso-amino]-benz=oyl}-L-glutaminsäure mit Hilfe von $NaNO_2$ und wss. HCl: *Cosulich, Smith*, Am. Soc. **71** [1949] 3574.

Magnesium-Salz $MgC_{19}H_{18}N_8O_5$. Gelbe Kristalle (aus H_2O) mit 3 Mol H_2O (*Se. et al.*, Am. Soc. **71** 1755; s. a. *Swendseid et al.*, J. biol. Chem. **179** [1949] 1175, 1176).

N-{2-Chlor-4-[(2,4-diamino-pteridin-6-ylmethyl)-amino]-benzoyl]}-L-glutaminsäure $C_{19}H_{19}ClN_8O_5$, Formel XIII (X = Cl, X′ = X″ = H).

B. Aus *N*-[2-Chlor-4-nitro-benzoyl]-L-glutaminsäure-diäthylester bei der Hydrolyse mit wss. NaOH, Reduktion mit verkupfertem Zink-Pulver und wss. HCl und anschliessenden Umsetzung mit Pyrimidintetrayltetraamin-sulfat und 1,1,3-Tribrom-aceton (*Cosulich et al.*, Am. Soc. **75** [1953] 4675, 4677, 4678).

λ_{max} (wss. NaOH [0,1 n]): 260 nm und 370 nm.

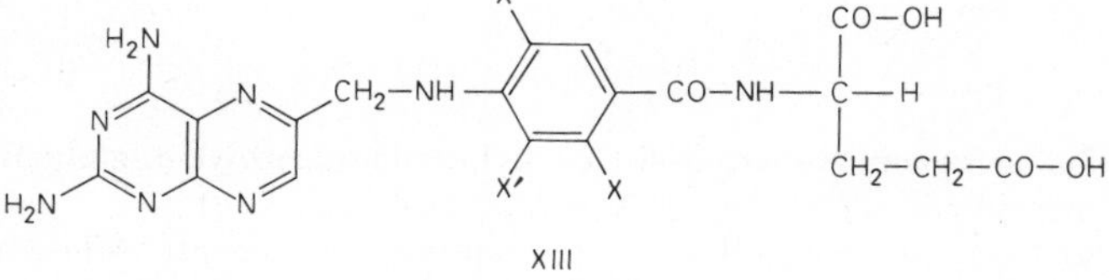

XIII

N-{3-Chlor-4-[(2,4-diamino-pteridin-6-ylmethyl)-amino]-benzoyl}-L-glutaminsäure $C_{19}H_{19}ClN_8O_5$, Formel XIII (X = X″ = H, X′ = Cl).

B. Aus *N*-[4-Amino-3-chlor-benzoyl]-L-glutaminsäure, 1,1,3-Tribrom-aceton und Pyrimidin=tetrayltetraamin-sulfat in wss. Lösung vom pH 3–4 (*Cosulich et al.*, Am. Soc. **75** [1953] 4675, 4677, 4678).

λ_{max} (wss. NaOH [0,1 n]): 260 nm, 280 nm und 369 nm.

{3,5-Dichlor-4-[(2,4-diamino-pteridin-6-ylmethyl)-amino]-benzoylamino}-malonsäure $C_{17}H_{14}Cl_2N_8O_5$, Formel XI (X = Cl).

B. Aus {4-[(2,4-Diamino-pteridin-6-ylmethyl)-amino]-benzoylamino}-malonsäure (s. o.) und Chlor in wss. HCl (*Cosulich et al.*, Am. Soc. **73** [1951] 2554, 2557).

λ_{max}: 279 nm und 335 nm [wss. HCl (0,1 n)] bzw. 259 nm und 371 nm [wss. NaOH (0,1 n)].

Die folgenden Verbindungen sind in analoger Weise hergestellt worden:

N-{3,5-Dichlor-4-[(2,4-diamino-pteridin-6-ylmethyl)-amino]-benzoyl}-DL-valin $C_{19}H_{20}Cl_2N_8O_3$, Formel XIV. λ_{max}: 279 nm und 337 nm [wss. HCl (0,1 n)] bzw. 260 nm und 370 nm [wss. NaOH (0,1 n)] (*Co. et al.*, Am. Soc. **73** 2555).

N-{3,5-Dichlor-4-[(2,4-diamino-pteridin-6-ylmethyl)-amino]-benzoyl}-DL-isoleucin $C_{20}H_{22}Cl_2N_8O_3$, Formel XV + Spiegelbild. λ_{max}: 278 nm und 337 nm [wss. HCl (0,1 n)] bzw. 260 nm und 371 nm [wss. NaOH (0,1 n)] (*Co. et al.*, Am. Soc. **73** 2555).

N-{3,5-Dichlor-4-[(2,4-diamino-pteridin-6-ylmethyl)-amino]-benzoyl}-L-asparaginsäure $C_{18}H_{16}Cl_2N_8O_5$, Formel XII (X = Cl). λ_{max}: 281 nm und 338 nm [wss. HCl (0,1 n)] bzw. 260 nm und 372 nm [wss. NaOH (0,1 n)] (*Co. et al.*, Am. Soc. **73** 2555).

N-{3,5-Dichlor-4-[(2,4-diamino-pteridin-6-ylmethyl)-amino]-benzoyl}-L-glutaminsäure $C_{19}H_{18}Cl_2N_8O_5$, Formel XIII (X = H, X′ = X″ = Cl). Hellgelber Feststoff; λ_{max}: 280 nm und 335 nm [wss. HCl (0,1 n)] bzw. 259 nm und 370 nm [wss. NaOH (0,1 n)] (*Co. et al.*, Am. Soc. **73** 2555, 2556).

N-{3,5-Dibrom-4-[(2,4-diamino-pteridin-6-ylmethyl)-amino]-benzoyl}-L-glutaminsäure $C_{19}H_{18}Br_2N_8O_5$, Formel XIII (X = H, X′ = X″ = Br). λ_{max}: 283 nm und 338 nm [wss. HCl (0,1 n)] bzw. 259 nm und 273 nm [wss. NaOH (0,1 n)] (*Co. et al.*, Am. Soc. **73** 2555).

N-{4-[(2,4-Diamino-pteridin-6-ylmethyl)-amino]-3,5-dinitro-benzoyl}-L-glutaminsäure $C_{19}H_{18}N_{10}O_9$, Formel XIII (X = H, X′ = X″ = NO_2). Kristalle (aus H_2O) mit 3 Mol H_2O; λ_{max} (wss. NaOH [0,1 n]): 256 nm und 375 nm (*Cosulich et al.*, Am. Soc. **75** [1953] 4675, 4677, 4678).

XIV

XV

N-{4-[(4-Amino-2-dimethylamino-pteridin-6-ylmethyl)-amino]-benzoyl}-L-glutaminsäure $C_{21}H_{24}N_8O_5$, Formel I (R = CH_3, R′ = X = H).

B. Aus N^2,N^2-Dimethyl-pyrimidintetrayltetraamin-hydrochlorid, *N*-[4-Amino-benzoyl]-L-glutaminsäure und (±)-2,3-Dibrom-propionaldehyd mit Hilfe von $Na_2Cr_2O_7$ in wss. Essigsäure [pH 3] (*Roth et al.*, Am. Soc. **73** [1951] 2864, 2867).

Gelbe Kristalle (aus wss. HCl). λ_{max}: 253 nm, 293 nm und 350 nm [wss. HCl (0,1 n)] bzw. 275 nm und 397 nm [wss. NaOH (0,1 n)].

N-{4-[(4-Amino-2-dimethylamino-pteridin-6-ylmethyl)-amino]-3,5-dichlor-benzoyl}-L-glutaminsäure $C_{21}H_{22}Cl_2N_8O_5$, Formel I (R = CH_3, R′ = H, X = Cl).

B. Aus der vorangehenden Verbindung und Chlor in wss. HCl (*Cosulich et al.*, Am. Soc.

73 [1951] 2554, 2555, 2557).

λ_{max}: 253 nm und 347 nm [wss. HCl (0,1 n)] bzw. 277 nm und 395 nm [wss. NaOH (0,1 n)].

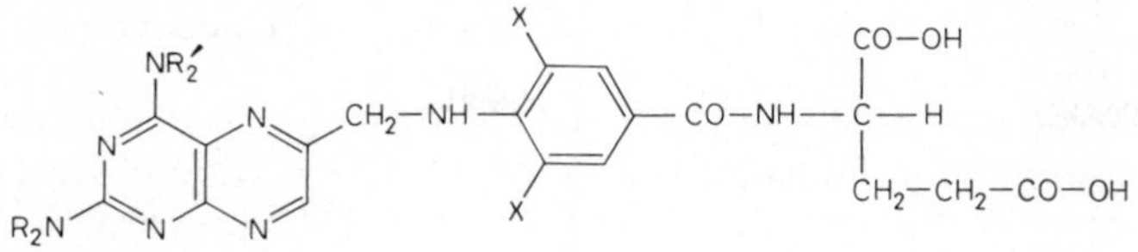

I

***N*-{4-[(2-Amino-4-dimethylamino-pteridin-6-ylmethyl)-amino]-benzoyl}-L-glutaminsäure** $C_{21}H_{24}N_8O_5$, Formel I (R = X = H, R′ = CH_3).

B. Aus N^4,N^4-Dimethyl-pyrimidintetrayltetraamin-sulfat, *N*-[4-Amino-benzoyl]-L-glutamin≈säure und (±)-2,3-Dibrom-propionaldehyd mit Hilfe von $Na_2Cr_2O_7$ in wss. Essigsäure [pH 3] (*Roth et al.,* Am. Soc. **72** [1950] 1914, 1916).

Gelbe Kristalle (aus DMF + A.) mit 1 Mol H_2O; F: 237 – 239° [Zers.; auf 180° vorgeheizter App.]. λ_{max}: 295 nm und 344 nm [wss. HCl (0,1 n)] bzw. 277 nm und 378 nm [wss. NaOH (0,1 n)].

Überführung in Folsäure (S. 3944) beim Erhitzen mit wss. NaOH unter Ausschluss von Luft≈sauerstoff: *Roth et al.*

***N*-{4-[(2-Amino-4-piperidino-pteridin-6-ylmethyl)-amino]-benzoyl}-L-glutaminsäure** $C_{24}H_{28}N_8O_5$, Formel II (X = H).

B. Analog der vorangehenden Verbindung (*Roth et al.,* Am. Soc. **72** [1950] 1914, 1917).

Überführung in Folsäure (S. 3944) beim Erhitzen mit wss. NaOH unter Ausschluss von Luft≈sauerstoff: *Roth et al.*; in *N*-{4-[(2-Amino-4-piperidino-pteridin-6-ylmethyl)-nitroso-amino]-benzoyl}-L-glutaminsäure beim Behandeln mit $NaNO_2$ und wss. HCl: *Cosulich, Smith,* Am. Soc. **71** [1949] 3574.

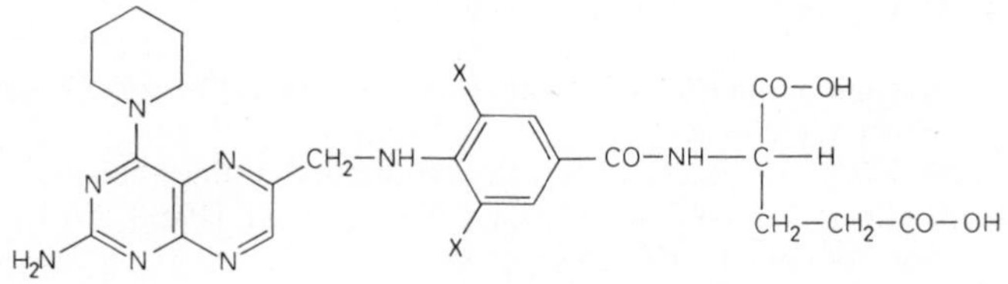

II

***N*-{4-[(2-Amino-4-piperidino-pteridin-6-ylmethyl)-amino]-3,5-dichlor-benzoyl}-L-glutaminsäure** $C_{24}H_{26}Cl_2N_8O_5$, Formel II (X = Cl).

B. Aus der vorangehenden Verbindung und Chlor in wss. HCl (*Cosulich et al.,* Am. Soc. **73** [1951] 2554, 2555, 2557).

λ_{max}: 290 nm [wss. HCl (0,1 n)] bzw. 278 nm und 386 nm [wss. NaOH (0,1 n)].

4-[(2,4-Diamino-pteridin-6-ylmethyl)-methyl-amino]-benzoesäure $C_{15}H_{15}N_7O_2$, Formel III.

B. Aus Pyrimidintetrayltetraamin-hydrochlorid, 4-Methylamino-benzoesäure und 2,3-Di≈brom-propionaldehyd mit Hilfe von Jod und KI in wss. Essigsäure [pH 3 – 4] (*Seeger et al.,* Am. Soc. **71** [1949] 1753, 1755, 1756). Aus Pyrimidintetrayltetraamin, 4-Methylamino-benzoe≈säure und 1,1,3-Tribrom-aceton in wss. Lösung vom pH 3 (*Am. Cyanamid Co.,* U.S.P. 2512572 [1947]).

Kristalle mit 2 Mol H_2O; F: 254 – 255° [Zers.; bei 100°/1 Torr getrocknetes Präparat] (*Se. et al.*). UV-Spektrum (wss. HCl [0,1 n] sowie wss. NaOH [0,1 n]; 220 – 400 nm): *Se. et al.*

***N*-{4-[(2,4-Diamino-pteridin-6-ylmethyl)-methyl-amino]-benzoyl}-L-glutaminsäure,** Metho≈trexat, Amethopterin $C_{20}H_{22}N_8O_5$, Formel IV (R = H, R′ = CH_3).

Zusammenfassende Darstellung: *Chamberlin et al.,* in *K. Florey,* Analytical Profiles of Drug

Substances, Bd. 5 [New York 1976] S. 283.

B. Aus Pyrimidintetrayltetraamin-hydrochlorid, *N*-[4-Methylamino-benzoyl]-L-glutaminsäure und (±)-2,3-Dibrom-propionaldehyd mit Hilfe von Jod und KI in wss. Essigsäure [pH 3–3,5] (*Seeger et al.,* Am. Soc. **71** [1949] 1753, 1756). Reinigung von Handelspräparaten: *Noble,* Biochem. Prepar. **8** [1961] 20.

Kristalle (aus wss. HCl) mit 1 Mol H_2O; Zers. bei 185–204° [auf 160° vorgeheizter App.; bei 100°/3 Torr getrocknetes Präparat] (*Se. et al.*; s. a. *No.*). Absorptionsspektrum in H_2O (220–500 nm): *Freeman,* J. Pharmacol. exp. Therap. **120** [1957] 1, 2; in wss. HCl [0,1 n] sowie wss. NaOH [0,1 n] (200–400 nm): *Se. et al.*; *Angier, Curran,* Am. Soc. **81** [1959] 2814, 2816. Fluorescenzspektrum (H_2O; 200–650 nm): *Fr.* Fluorescenzmaximum (wss. Lösung vom pH 7): 460 nm (*Udenfriend et al.,* J. Pharmacol. exp. Therap. **120** [1957] 26, 29). Polarographisches Halbstufenpotential (wss. Lösungen vom pH 1–12): *Asahi,* J. pharm. Soc. Japan **79** [1959] 1570; C. A. **1960** 10593.

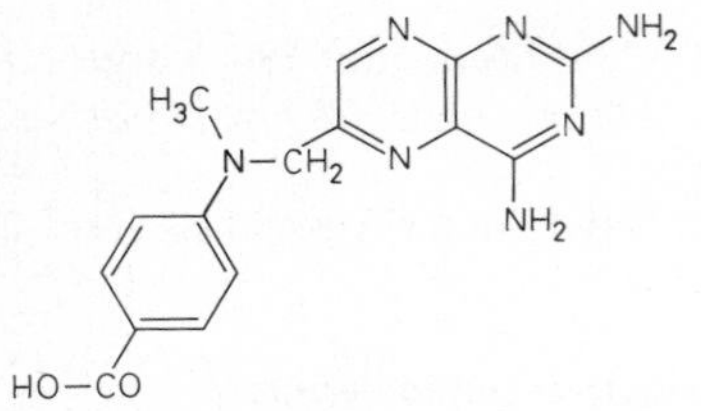

III

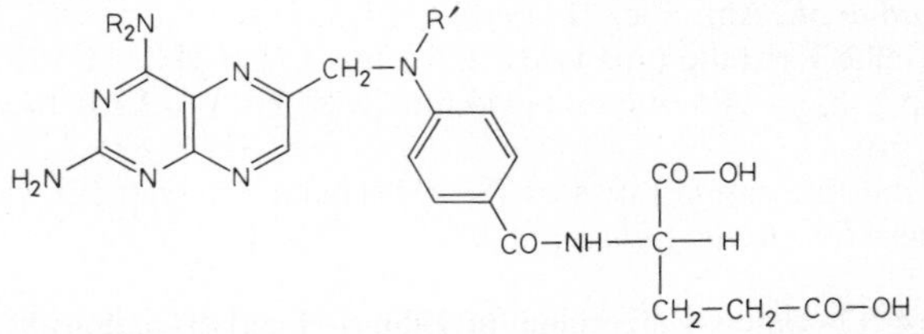

IV

N-{3-Chlor-4-[(2,4-diamino-pteridin-6-ylmethyl)-methyl-amino]-benzoyl}-L-glutaminsäure $C_{20}H_{21}ClN_8O_5$, Formel V (X = Cl, X′ = H).

B. Aus *N*-{4-[(2,4-Diamino-pteridin-6-ylmethyl)-methyl-amino]-benzoyl}-L-glutaminsäure (s. o.) und Chlor in wss. HCl (*Angier, Curran,* Am. Soc. **81** [1959] 2814, 2816, 2817).

UV-Spektrum (wss. HCl [0,1 n] sowie wss. NaOH [0,1 n]; 210–400 nm): *An., Cu.*

N-{3,5-Dichlor-4-[(2,4-diamino-pteridin-6-ylmethyl)-methyl-amino]-benzoyl}-L-glutaminsäure $C_{20}H_{20}Cl_2N_8O_5$, Formel V (X = X′ = Cl).

B. Aus *N*-{4-[(2,4-Diamino-pteridin-6-ylmethyl)-methyl-amino]-benzoyl}-L-glutaminsäure (s. o.) und Chlor in Formamid (*Angier, Curran,* Am. Soc. **81** [1959] 2814, 2816, 2817; s. a. *Cosulich et al.,* Am. Soc. **73** [1951] 2554, 2555, 2556).

Kristalle (aus wss. A.) mit 1 Mol H_2O (*An., Cu.*). UV-Spektrum (wss. HCl [0,1 n] sowie wss. NaOH [0,1 n]; 210–400 nm): *An., Cu.* λ_{max}: 285(?) nm und 333 nm [wss. HCl (0,1 n)] bzw. 259 nm und 370 nm [wss. NaOH (0,1 n)] (*Co. et al.*).

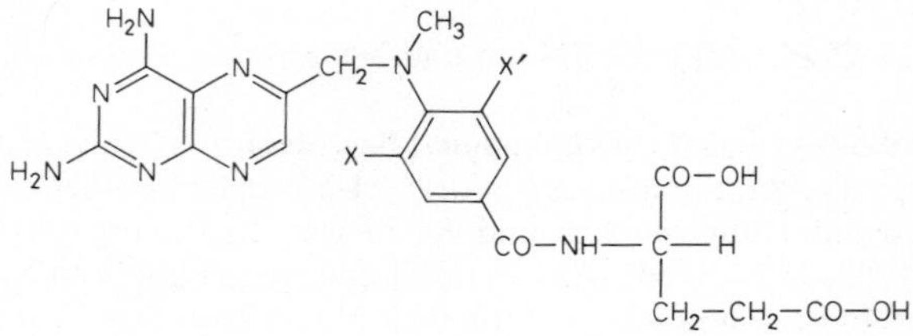

V

N-{3-Brom-4-[(2,4-diamino-pteridin-6-ylmethyl)-methyl-amino]-benzoyl}-L-glutaminsäure $C_{20}H_{21}BrN_8O_5$, Formel V (X = Br, X′ = H).

B. Aus *N*-{4-[(2,4-Diamino-pteridin-6-ylmethyl)-methyl-amino]-benzoyl}-L-glutaminsäure (s. o.) und Brom in wss. HCl (*Angier, Curran,* Am. Soc. **81** [1959] 2814, 2817, 2818).

Kristalle. λ_{max}: 241 nm, 283 nm und 336 nm [wss. HCl (0,1 n)] bzw. 260 nm und 370 nm [wss. NaOH (0,1 n)].

***N*-{3-Brom-5-chlor-4-[(2,4-diamino-pteridin-6-ylmethyl)-methyl-amino]-benzoyl}-L-glutaminsäure** $C_{20}H_{20}BrClN_8O_5$, Formel V (X′ = Cl, X = Br).

B. Aus der vorangehenden Verbindung und Chlor in Formamid (*Angier, Curran,* Am. Soc. **81** [1959] 2814, 2818).

Kristalle (aus wss. A.) mit 1 Mol H_2O. λ_{max}: 240 nm und 332 nm [wss. HCl (0,1 n)] bzw. 257 nm und 372 nm [wss. NaOH (0,1 n)].

***N*-{4-[(2-Amino-4-dimethylamino-pteridin-6-ylmethyl)-methyl-amino]-benzoyl}-L-glutaminsäure** $C_{22}H_{26}N_8O_5$, Formel IV (R = R′ = CH_3).

B. Aus N^4,N^4-Dimethyl-pyrimidintetrayltetraamin-sulfat, *N*-[4-Methylamino-benzoyl]-L-glutaminsäure und (±)-2,3-Dibrom-propionaldehyd mit Hilfe von $Na_2Cr_2O_7$ in wss. Essigsäure [pH 3] (*Roth et al.,* Am. Soc. **72** [1950] 1914, 1917).

Gelber Feststoff. λ_{max}: 307 nm [wss. HCl (0,1 n)] bzw. 305 nm und 378 nm [wss. NaOH (0,1 n)].

***N*-{4-[(2,4-Diamino-pteridin-6-ylmethyl)-formyl-amino]-benzoyl}-L-glutaminsäure** $C_{20}H_{20}N_8O_6$, Formel IV (R = H, R′ = CHO).

B. Aus *N*-{4-[(2,4-Diamino-pteridin-6-ylmethyl)-amino]-benzoyl}-L-glutaminsäure und wss. Ameisensäure (*Slavík et al.,* Collect. **23** [1958] 1387, 1388).

Gelbliche Kristalle (aus H_2O) mit 2 Mol H_2O. UV-Spektrum (wss. NaOH [0,1 n]; 220–400 nm): *Sl. et al.* λ_{max} (wss. HCl [0,1 n]): 245 nm und 350 nm.

***N*-{4-[(2,4-Diamino-pteridin-6-ylmethyl)-amino]-3-methyl-benzoyl}-L-glutaminsäure** $C_{20}H_{22}N_8O_5$, Formel VI (R = H).

B. Aus *N*-[3-Methyl-4-nitro-benzoyl]-L-glutaminsäure-diäthylester bei der Hydrolyse, Reduktion mit verkupfertem Zink und anschliessenden Umsetzung mit Pyrimidintetrayltetraamin und 1,1,3-Tribrom-aceton (*Cosulich et al.,* Am. Soc. **75** [1953] 4675, 4677, 4680).

Kristalle mit 2 Mol H_2O. λ_{max} (wss. NaOH [0,1 n]): 260 nm, 280 nm und 370 nm.

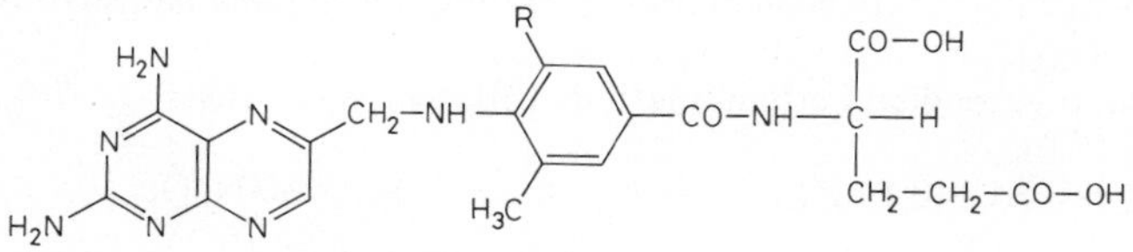

VI

***N*-{4-[(2,4-Diamino-pteridin-6-ylmethyl)-amino]-3,5-dimethyl-benzoyl}-L-glutaminsäure** $C_{21}H_{24}N_8O_5$, Formel VI (R = CH_3).

B. Analog der vorangehenden Verbindung (*Cosulich et al.,* Am. Soc. **75** [1953] 4675, 4677, 4680).

λ_{max} (wss. NaOH [0,1 n]): 259 nm und 370 nm.

***N*-[2,4-Diamino-pteridin-6-ylmethyl]-sulfanilsäure-amid** $C_{13}H_{14}N_8O_2S$, Formel VII (X = SO_2-NH_2).

B. Aus Pyrimidintetrayltetraamin-sulfat, 2,3-Dibrom-propionaldehyd und Sulfanilamid in Essigsäure und wss. Äthanol [pH 4] (*Sato et al.,* J. chem. Soc. Japan Pure Chem. Sect. **72** [1951] 866–868; C. A. **1953** 5946).

Kristalle (aus H_2O) mit 1 Mol H_2O; Zers. bei 210°. λ_{max} (wss. NaOH [0,1 n]): 258 nm und 369 nm.

{4-[(2,4-Diamino-pteridin-6-ylmethyl)-amino]-phenyl}-arsonsäure $C_{13}H_{14}AsN_7O_3$, Formel VII (X = $AsO(OH)_2$).

B. Aus Pyrimidintetrayltetraamin, 2,3-Dibrom-propionaldehyd und [4-Amino-phenyl]-arsonsäure mit Hilfe von $Na_2Cr_2O_7$ in wss. HCl und Essigsäure [pH 3–4] (*Ghosh, Roy,* Ann. Biochem. exp. Med. India **15** [1955] 93, 96–98). Aus Pyrimidintetrayltetraamin-sulfat, 1,1,3-Tribrom-aceton und [4-Amino-phenyl]-arsonsäure in wss. Lösung vom pH 2 (*Angier et al.,* Am. Soc. **76** [1954] 902).

Kristalle (*An. et al.*); Kristalle mit 2 Mol H_2O (*Gh., Roy*). λ_{max}: 267,5 nm und 337,5 nm [wss. HCl (0,1 n)] bzw. 257,5 nm und 372,5 nm [wss. NaOH (0,1 n)] (*An. et al.*; *Gh., Roy*).

***N*-{4-[(2,4-Diamino-pteridin-6-ylmethyl)-(toluol-4-sulfonyl)-amino]-benzoyl}-L-glutaminsäure** $C_{26}H_{26}N_8O_7S$, Formel IV (R = H, R′ = SO_2-C_6H_4-CH_3) auf S. 3834.

B. Aus *N*-{4-[(3,3-Diäthoxy-2-oxo-propyl)-(toluol-4-sulfonyl)-amino]-benzoyl}-L-glutaminsäure-diäthylester und Pyrimidintetrayltetraamin-hydrochlorid in wss.-äthanol. HCl (*Magerlein, Weisblat,* Am. Soc. **76** [1954] 3033).

λ_{max} (wss. NaOH [0,1 n]): 229 nm, 259 nm und 270 nm.

Triamine $C_8H_{11}N_7$

***N*-(4-{[(Ξ)-1-(2,4-Diamino-pteridin-6-yl)-äthyl]-methyl-amino}-benzoyl)-L-glutaminsäure** $C_{21}H_{24}N_8O_5$, Formel VIII (X = H).

B. Aus *N*-[4-Methylamino-benzoyl]-L-glutaminsäure, (±)-2,2,3-Trichlor-butyraldehyd und Pyrimidintetrayltetraamin-sulfat in wss. Äthanol [pH 4] (*Hultquist et al.,* Am. Soc. **71** [1949] 619–622).

Gelborangefarbene Kristalle mit 2 Mol H_2O. UV-Spektrum (wss. HCl [0,1 n] sowie wss. NaOH [0,1 n]; 220–400 nm): *Hu. et al.*

***N*-(3,5-Dichlor-4-{[(Ξ)-1-(2,4-diamino-pteridin-6-yl)-äthyl]-methyl-amino}-benzoyl)-L-glutaminsäure** $C_{21}H_{22}Cl_2N_8O_5$, Formel VIII (X = Cl).

B. Aus der vorangehenden Verbindung und Chlor in wss. HCl (*Cosulich et al.,* Am. Soc. **73** [1951] 2554–2556).

λ_{max}: 287 nm [wss. HCl (0,1 n)] bzw. 258 nm und 368 nm [wss. NaOH (0,1 n)].

Triamine $C_nH_{2n-11}N_7$

2,4,8-Triamino-7,10-dimethyl-benzo[*g*]pteridinium $[C_{12}H_{14}N_7]^+$, Formel IX.

Betain $C_{12}H_{13}N_7$; 2,4-Diimino-7,10-dimethyl-2,3,4,10-tetrahydro-benzo[*g*]pteridin-8-ylamin, 8-Amino-7,10-dimethyl-10*H*-benzo[*g*]pteridin-2,4-dion-diimin. *B.* Bei der Hydrierung von 4,*N*-Dimethyl-3-nitro-anilin an Palladium/Kohle in Essigsäure und Umsetzung mit 5-Nitroso-pyrimidin-2,4,6-triyltriamin (*Hemmerich et al.,* Helv. **42** [1959] 1604, 1610).

Chlorid-hydrochlorid $[C_{12}H_{14}N_7]Cl \cdot HCl$. Kristalle (aus wss. HCl).

Picrat $[C_{12}H_{14}N_7]C_6H_2N_3O_7$. Kristalle (aus wss. DMF).

Triamine $C_nH_{2n-13}N_7$

6-Phenyl-pteridin-2,4,7-triyltriamin, Triamteren $C_{12}H_{11}N_7$, Formel X (X = X′ = X″ = H).

B. Aus 5-Nitroso-pyrimidin-2,4,6-triyltriamin und Phenylacetonitril mit Hilfe von Natrium-[2-äthoxy-äthylat] in 2-Äthoxy-äthanol (*Spickett, Timmis,* Soc. **1954** 2887, 2889, 2891, 2892).

Gelbe Kristalle (aus Butan-1-ol); F: 316°. λ_{max} (wss. Ameisensäure [4,5%ig]): 257 nm und 356 nm.

Triacetyl-Derivat $C_{18}H_{17}N_7O_3$; 2,4,7-Tris-acetylamino-6-phenyl-pteridin, *N,N′,N″*-[6-Phenyl-pteridin-2,4,7-triyl]-tris-acetamid. Gelbe Kristalle (aus Eg.); F: 282–284°.

Die folgenden Verbindungen sind in analoger Weise hergestellt worden:

6-[4-Fluor-phenyl]-pteridin-2,4,7-triyltriamin $C_{12}H_{10}FN_7$, Formel X (X = X′ = H, X″ = F). Gelbe Kristalle (aus Eg.); F: 362° [Zers.] (*Sp., Ti.,* l. c. S. 2891).

6-[2-Chlor-phenyl]-pteridin-2,4,7-triyltriamin $C_{12}H_{10}ClN_7$, Formel X (X = Cl, X′ = X″ = H). Hellgelbe Kristalle (aus wss. DMF); F: 342° [Zers.] (*Sp., Ti.,* l. c. S. 2891, 2892). λ_{max} (wss. Ameisensäure [4,5%ig]): 259 nm und 351 nm (*Sp., Ti.,* l. c. S. 2889).

6-[3-Chlor-phenyl]-pteridin-2,4,7-triyltriamin $C_{12}H_{10}ClN_7$, Formel X (X = X″ = H, X′ = Cl). Gelbe Kristalle (aus Eg.); F: 353° [Zers.] (*Sp., Ti.,* l. c. S. 2891, 2892). λ_{max} (wss. Ameisensäure [4,5%ig]): 254 nm und 358 nm (*Sp., Ti.,* l. c. S. 2889).

6-[4-Chlor-phenyl]-pteridin-2,4,7-triyltriamin $C_{12}H_{10}ClN_7$, Formel X (X = X′ = H, X″ = Cl). Gelbe Kristalle (aus Eg.); F: 378–380° [Zers.] (*Sp., Ti.,* l. c. S. 2891, 2892). λ_{max} (wss. Ameisensäure [4,5%ig]): 251 nm und 359 nm (*Sp., Ti.,* l. c. S. 2889). – Triacetyl-Derivat $C_{18}H_{16}ClN_7O_3$; 2,4,7-Tris-acetylamino-6-[4-chlor-phenyl]-pteridin, *N,N′,N″*-[6-(4-Chlor-phenyl)-pteridin-2,4,7-triyl]-tris-acetamid. Gelbe Kristalle (aus DMF); F: 350° (*Sp., Ti.,* l. c. S. 2892).

6-[3-Nitro-phenyl]-pteridin-2,4,7-triyltriamin $C_{12}H_{10}N_8O_2$, Formel X (X = X″ = H, X′ = NO_2). Gelbe Kristalle (aus wss. Ameisensäure); F: 360° [Zers.] (*Sp., Ti.,* l. c. S. 2891, 2892).

6-[4-Nitro-phenyl]-pteridin-2,4,7-triyltriamin $C_{12}H_{10}N_8O_2$, Formel X (X = X′ = H, X″ = NO_2).

B. Aus 5-Nitroso-pyrimidin-2,4,6-triyltriamin und [4-Nitro-phenyl]-acetonitril mit Hilfe von Natriumacetat in Essigsäure (*Spickett, Timmis,* Soc. **1954** 2887, 2892).

Orangefarbene Kristalle (aus wss. Ameisensäure); F: 356–358° [Zers.].

Triacetyl-Derivat $C_{18}H_{16}N_8O_5$; 2,4,7-Tris-acetylamino-6-[4-nitro-phenyl]-pteridin, *N,N′,N″*-[6-(4-Nitro-phenyl)-pteridin-2,4,6-triyl]-tris-acetamid. Gelbe Kristalle (aus DMF); F: 315–316°.

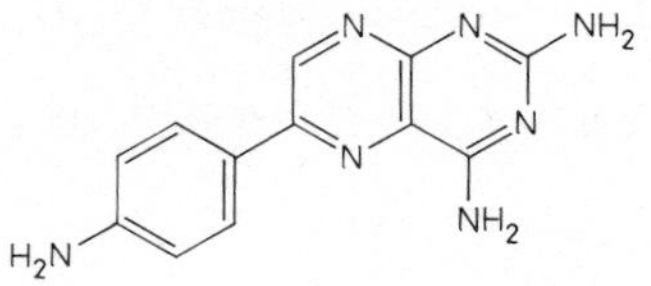

XI 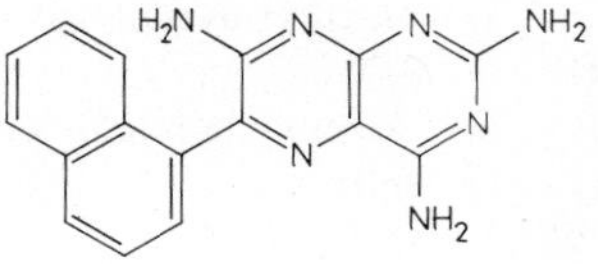 XII

6-[4-Amino-phenyl]-pteridin-2,4-diyldiamin $C_{12}H_{11}N_7$, Formel XI.

B. Aus dem Acetyl-Derivat [s. u.] (*Sakurai, Yoshina,* J. pharm. Soc. Japan **72** [1952] 1294).

Gelbes Pulver.

Acetyl-Derivat $C_{14}H_{13}N_7O$; 6-[4-Acetylamino-phenyl]-pteridin-2,4-diyldiamin, Essigsäure-[4-(2,4-diamino-pteridin-6-yl)-anilid]. *B.* Aus Pyrimidintetrayltetraamin (Verbindung mit $NaHSO_3$) und dem Additionsprodukt von Essigsäure-[4-glyoxyloyl-anilid] mit

$NaHSO_3$ in H_2O (*Sa., Yo.*). – Kristalle.

Triamine $C_nH_{2n-19}N_7$

6-[1]Naphthyl-pteridin-2,4,7-triyltriamin $C_{16}H_{13}N_7$, Formel XII.

B. Aus 5-Nitroso-pyrimidin-2,4,6-triyltriamin und [1]Naphthylacetonitril mit Hilfe von Natrium-[2-äthoxy-äthylat] in 2-Äthoxy-äthanol (*Spickett, Timmis,* Soc. **1954** 2887, 2891, 2892).

Gelbe Kristalle (aus Eg.); F: 384° [Zers.].

D. Tetraamine

Tetraamine $C_nH_{2n-4}N_8$

4,5,4′,5′-Tetraanilino-[2,2′]biimidazolyliden, N^4,N^5,$N^{4'}$,$N^{5'}$-Tetraphenyl-[2,2′]biimidazolyliden-4,5,4′,5′-tetrayltetraamin $C_{30}H_{24}N_8$, Formel I (X = H).

B. Beim Erhitzen von 5,5′-Dinitro-N^4,$N^{4'}$-diphenyl-1(3)*H*,1′(3′)*H*-[2,2′]biimidazolyl-4,4′-diyldiamin mit Anilin und wenig Anilin-hydrobromid (*Lehmstedt, Rolker,* B. **76** [1943] 879, 883, 888).

Roter Feststoff.

Hydrobromid $C_{30}H_{24}N_8 \cdot HBr$. Grüne Kristalle; F: 347 – 348° [Zers.; auf 300° vorgeheizter App.; Geschwindigkeit des Erhitzens: 6°/min].

N^4,N^5,$N^{4'}$,$N^{5'}$-Tetrakis-[4-chlor-phenyl]-[2,2′]biimidazolyliden-4,5,4′,5′-tetrayltetraamin $C_{30}H_{20}Cl_4N_8$, Formel I (X = Cl).

Verbindung des Hydrobromids mit 4-Chlor-anilin $C_{30}H_{20}Cl_4N_8 \cdot HBr \cdot C_6H_6ClN$. *B.* Beim Erhitzen von 4,5,4′,5′-Tetrabrom-1*H*,1′*H*-[2,2′]biimidazolyl mit 4-Chlor-anilin (*Lehmstedt, Rolker,* B. **76** [1943] 879, 889). – Dunkelgrüne Kristalle; F: 346 – 348° [Zers.; auf 300° vorgeheizter App.; Geschwindigkeit des Erhitzens: 6°/min].

Pyrimido[5,4-*d*]pyrimidin-2,4,6,8-tetrayltetraamin $C_6H_8N_8$, Formel II (R = H).

B. Beim Behandeln von 2,4,6,8-Tetrachlor-pyrimido[5,4-*d*]pyrimidin mit NH_3 in Äthanol und anschliessenden Erhitzen unter Zusatz von wenig $CuSO_4$ auf 200° (*Thomae G.m.b.H.,* Brit. P. 807826 [1956]; U.S.P. 3031450 [1960]; s. a. *Fischer et al.,* A. **631** [1960] 147, 157, 158).

Kristalle, die unterhalb 360° (*Fi. et al.*) bzw. 350° (*Thomae G.m.b.H.*) nicht schmelzen.

N^2,N^4,N^6,N^8-Tetramethyl-pyrimido[5,4-*d*]pyrimidin-2,4,6,8-tetrayltetraamin $C_{10}H_{16}N_8$, Formel II (R = CH_3).

B. Analog der vorangehenden Verbindung (*Thomae G.m.b.H.,* Brit. P. 807826 [1956]; U.S.P. 3031450 [1960]).

F: 202 – 204°.

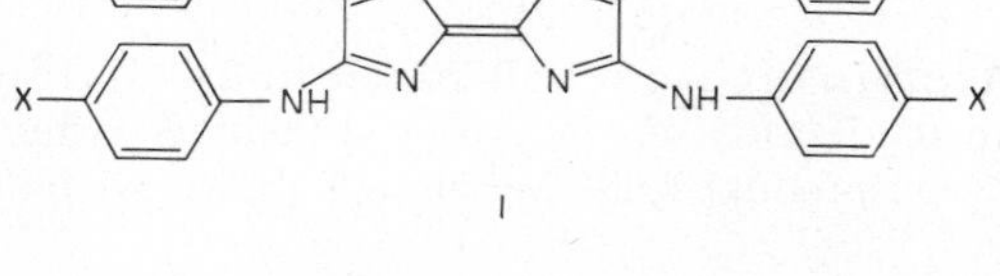

I

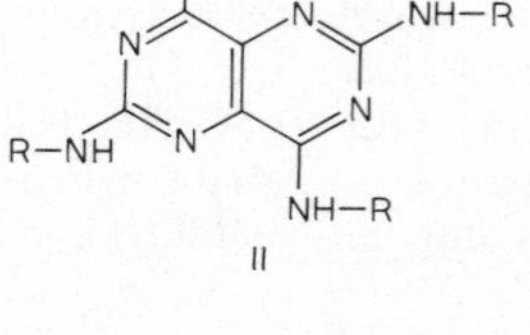

II

Octa-*N*-methyl-pyrimido[5,4-*d*]pyrimidin-2,4,6,8-tetrayltetraamin $C_{14}H_{24}N_8$, Formel III (R = CH_3).

B. Analog den vorangehenden Verbindungen (*Thomae G.m.b.H.*, Brit. P. 807826 [1956]; U.S.P. 3031450 [1960]).

Gelbe Kristalle (aus A.); F: 164–165°.

***N*²,*N*⁴,*N*⁶,*N*⁸-Tetraallyl-pyrimido[5,4-*d*]pyrimidin-2,4,6,8-tetrayltetraamin** $C_{18}H_{24}N_8$, Formel II (R = CH_2-CH=CH_2).

B. Analog den vorangehenden Verbindungen (*Thomae G.m.b.H.*, Brit. P. 807826 [1956]; U.S.P. 3031450 [1960]).

F: 201–202°.

2,4,6,8-Tetraanilino-pyrimido[5,4-*d*]pyrimidin, *N*²,*N*⁴,*N*⁶,*N*⁸-Tetraphenyl-pyrimido[5,4-*d*]pyrimidin-2,4,6,8-tetrayltetraamin $C_{30}H_{24}N_8$, Formel II (R = C_6H_5).

B. Beim Erhitzen von 2,4,6,8-Tetrachlor-pyrimido[5,4-*d*]pyrimidin mit Anilin (*Thomae G.m.b.H.*, Brit. P. 807826 [1956]; U.S.P. 3031450 [1960]).

Gelbe Kristalle (aus Dioxan); F: 300–302°.

***N*²,*N*⁴,*N*⁶,*N*⁸-Tetrakis-[4-chlor-phenyl]-pyrimido[5,4-*d*]pyrimidin-2,4,6,8-tetrayltetraamin** $C_{30}H_{20}Cl_4N_8$, Formel II (R = C_6H_4-Cl).

B. Beim Behandeln von 2,4,6,8-Tetrachlor-pyrimido[5,4-*d*]pyrimidin mit 4-Chlor-anilin in Äthanol und anschliessenden Erhitzen unter Zusatz von wenig $CuSO_4$ auf 200° (*Thomae G.m.b.H.*, Brit. P. 807826 [1956]; U.S.P. 3031450 [1960]).

Kristalle, die unterhalb 330° nicht schmelzen.

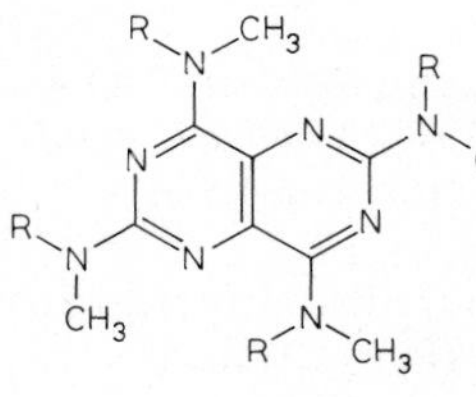

III 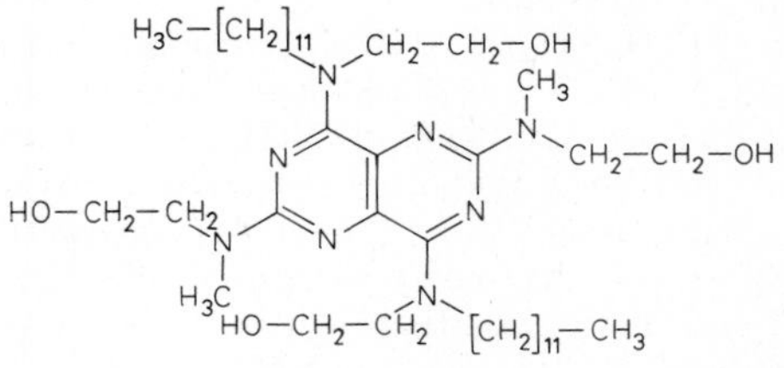 IV

***N*²,*N*⁴,*N*⁶,*N*⁸-Tetrakis-[2-hydroxy-äthyl]-pyrimido[5,4-*d*]pyrimidin-2,4,6,8-tetrayltetraamin** $C_{14}H_{24}N_8O_4$, Formel II (R = CH_2-CH_2-OH).

B. Analog der vorangehenden Verbindung (*Thomae G.m.b.H.*, Brit. P. 807826 [1956]; U.S.P. 3031450 [1960]).

F: 180–182°.

***N*²,*N*⁴,*N*⁶,*N*⁸-Tetrakis-[2-hydroxy-äthyl]-*N*²,*N*⁴,*N*⁶,*N*⁸-tetramethyl-pyrimido[5,4-*d*]pyrimidin-2,4,6,8-tetrayltetraamin** $C_{18}H_{32}N_8O_4$, Formel III (R = CH_2-CH_2-OH).

B. Analog den vorangehenden Verbindungen (*Thomae G.m.b.H.*, Brit. P. 807826 [1956];

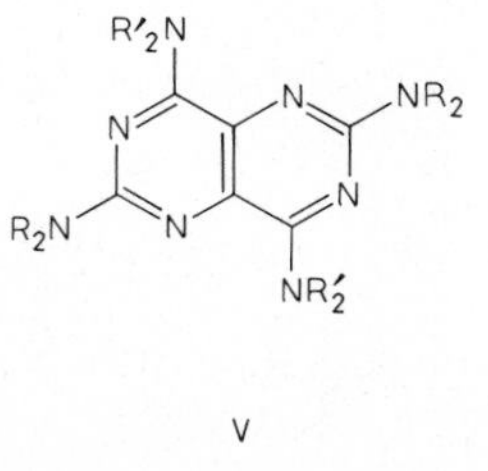

V 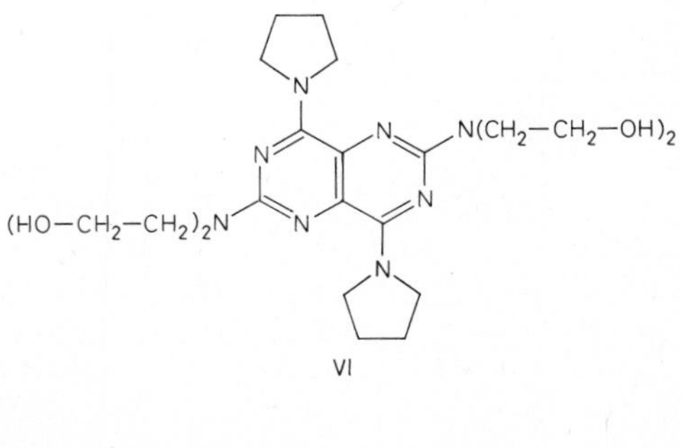 VI

U.S.P. 3031450 [1960]).
F: 155–156°.

N^4,N^8-Didodecyl-N^2,N^4,N^6,N^8-tetrakis-[2-hydroxy-äthyl]-N^2,N^6-dimethyl-pyrimido[5,4-*d*]pyrimidin-2,4,6,8-tetrayltetraamin $C_{40}H_{76}N_8O_4$, Formel IV.

B. Aus 2,6-Dichlor-N^4,N^8-didodecyl-N^4,N^8-bis-[2-hydroxy-äthyl]-pyrimido[5,4-*d*]pyrimidin-4,8-diyldiamin und 2-Methylamino-äthanol [200°] (*Thomae G.m.b.H.,* Brit. P. 807826 [1956]; U.S.P. 3031450 [1960]).
F: 88–90°.

Die folgenden Verbindungen sind in analoger Weise hergestellt worden:

N^2,N^2,N^6,N^6-Tetrakis-[2-hydroxy-äthyl]-N^4,N^4,N^8,N^8-tetramethyl-pyrimido[5,4-*d*]pyrimidin-2,4,6,8-tetrayltetraamin $C_{18}H_{32}N_8O_4$, Formel V (R = CH_2-CH_2-OH, R′ = CH_3). F: 182–183° (*Thomae G.m.b.H.*).

N^4,N^4,N^8,N^8-Tetraäthyl-N^2,N^2,N^6,N^6-tetrakis-[2-hydroxy-äthyl]-pyrimido[5,4-*d*]pyrimidin-2,4,6,8-tetrayltetraamin $C_{22}H_{40}N_8O_4$, Formel V (R = CH_2-CH_2-OH, R′ = C_2H_5). F: 167–168° (*Thomae G.m.b.H.*).

N^2,N^2,N^6,N^6-Tetraäthyl-N^4,N^4,N^8,N^8-tetrakis-[2-hydroxy-äthyl]-pyrimido[5,4-*d*]pyrimidin-2,4,6,8-tetrayltetraamin $C_{22}H_{40}N_8O_4$, Formel V (R = C_2H_5, R′ = CH_2-CH_2-OH). F: 158–160° (*Thomae G.m.b.H.*).

N^4,N^4,N^8,N^8-Tetrabutyl-N^2,N^2,N^6,N^6-tetrakis-[2-hydroxy-äthyl]-pyrimido[5,4-*d*]pyrimidin-2,4,6,8-tetrayltetraamin $C_{30}H_{56}N_8O_4$, Formel V (R = CH_2-CH_2-OH, R′ = $[CH_2]_3$-CH_3). F: 124–126° (*Thomae G.m.b.H.*).

N^4,N^4,N^8,N^8-Tetraallyl-N^2,N^2,N^6,N^6-tetrakis-[2-hydroxy-äthyl]-pyrimido[5,4-*d*]pyrimidin-2,4,6,8-tetrayltetraamin $C_{26}H_{40}N_8O_4$, Formel V (R = CH_2-CH_2-OH, R′ = CH_2-CH=CH_2). F: 110° (*Thomae G.m.b.H.*).

N^2,N^2,N^6,N^6-Tetrakis-[2-hydroxy-äthyl]-4,8-dipyrrolidino-pyrimido[5,4-*d*]pyrimidin-2,6-diyldiamin $C_{22}H_{36}N_8O_4$, Formel VI. F: 186–187° (*Thomae G.m.b.H.*).

N^4,N^8-Diisopentyl-2,6-dipiperidino-pyrimido[5,4-*d*]pyrimidin-4,8-diyldiamin $C_{26}H_{42}N_8$, Formel VII. F: 192–194° (*Thomae G.m.b.H.*).

N^2,N^6-Bis-[2-hydroxy-äthyl]-N^2,N^6-dimethyl-4,8-dipiperidino-pyrimido[5,4-*d*]pyrimidin-2,6-diyldiamin $C_{22}H_{36}N_8O_2$, Formel VIII (R = CH_3). F: 122–124° [Sintern bei 114°] (*Thomae G.m.b.H.*).

N^4,N^8-Dibenzyl-N^4,N^8-bis-[2-hydroxy-äthyl]-2,6-dipiperidino-pyrimido[5,4-*d*]pyrimidin-4,8-diyldiamin $C_{34}H_{44}N_8O_2$, Formel IX (R = CH_2-C_6H_5). F: 161–163° (*Thomae G.m.b.H.*).

N^4,N^4,N^8,N^8-Tetrakis-[2-hydroxy-äthyl]-2,6-dipiperidino-pyrimido[5,4-*d*]pyrimidin-4,8-diyldiamin $C_{24}H_{40}N_8O_4$, Formel IX (R = CH_2-CH_2-OH). F: 182–184° (*Thomae G.m.b.H.*).

N^2,N^2,N^6,N^6-Tetrakis-[2-hydroxy-äthyl]-4,8-dipiperidino-pyrimido[5,4-*d*]pyrimidin-2,6-diyldiamin, Dipyridamol $C_{24}H_{40}N_8O_4$, Formel VIII (R = CH_2-CH_2-OH). Dunkelgelbe Kristalle (aus E.); F: 162–163° (*Thomae G.m.b.H.*; s. a. *Kadatz,* Arzneimittel-Forsch. **9** [1959] 39).

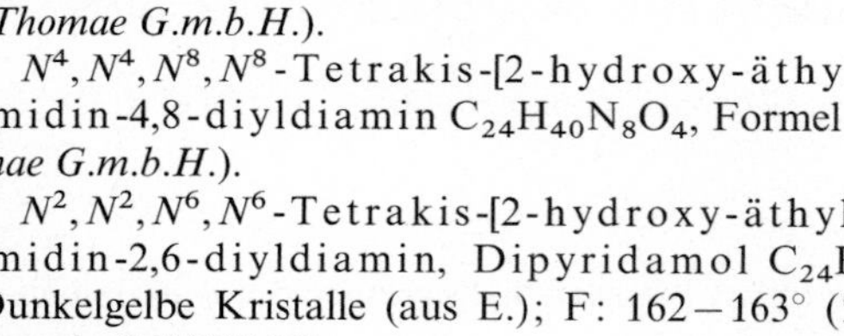

VII

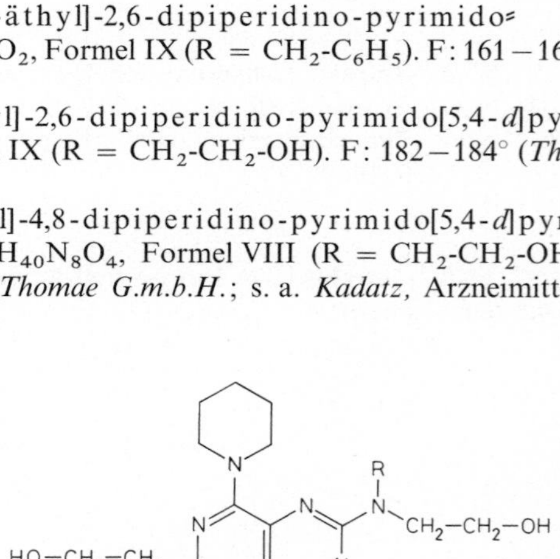

VIII

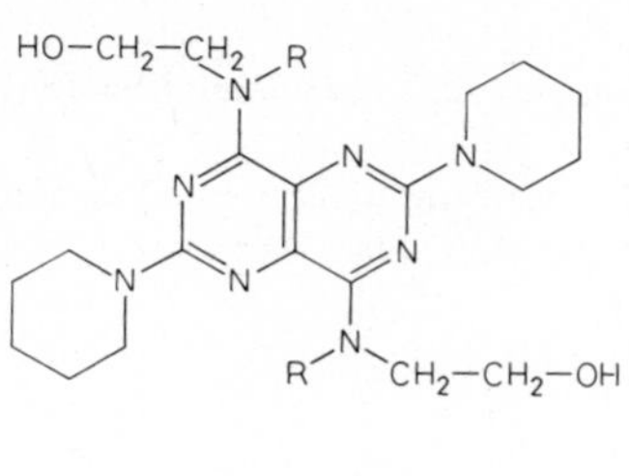

IX

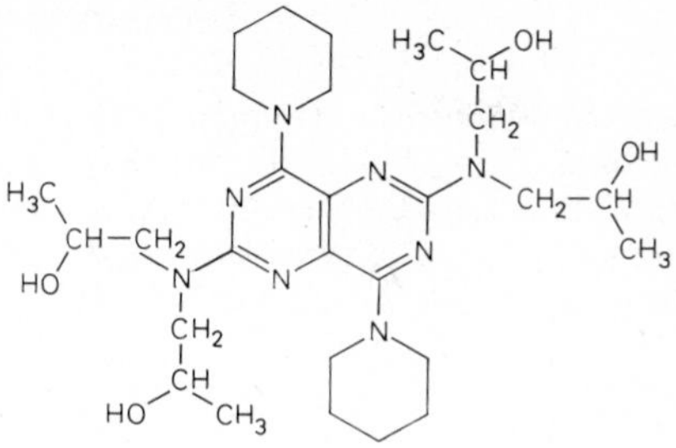

X

*Opt.-inakt. N^2,N^2,N^6,N^6-Tetrakis-[2-hydroxy-propyl]-4,8-dipiperidino-pyrimido[5,4-*d*]pyrimidin-2,6-diyldiamin** $C_{28}H_{48}N_8O_4$, Formel X.

B. Aus 2,6-Dichlor-4,8-dipiperidino-pyrimido[5,4-*d*]pyrimidin und opt.-inakt. Bis-[2-hydroxy-propyl]-amin (E III **4** 761) bei 200° (*Thomae G.m.b.H.,* Brit. P. 807826 [1956]; U.S.P. 3031450 [1960]).

F: 182–183°.

2,6-Dipiperidino-4,8-dipyrrolidino-pyrimido[5,4-*d*]pyrimidin $C_{24}H_{36}N_8$, Formel XI.

B. Analog der vorangehenden Verbindung (*Thomae G.m.b.H.,* Brit. P. 807826 [1956]; U.S.P. 3031450 [1960]).

F: 254–256°.

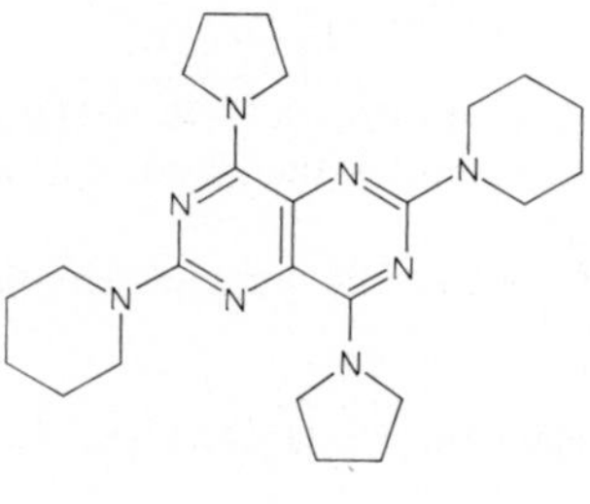

XI

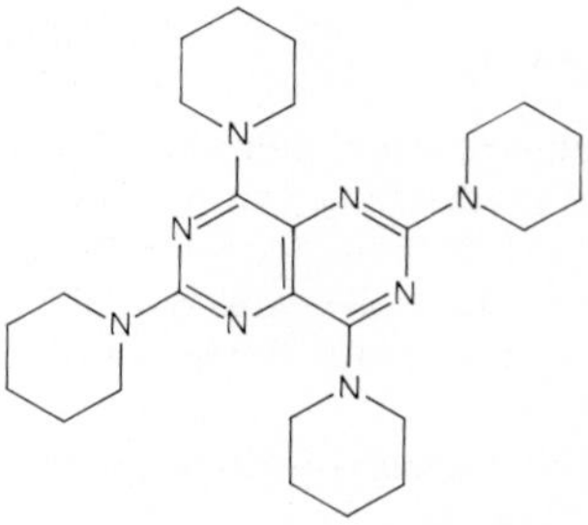

XII

2,4,6,8-Tetrapiperidino-pyrimido[5,4-*d*]pyrimidin $C_{26}H_{40}N_8$, Formel XII.

B. Beim Behandeln von 2,4,6,8-Tetrachlor-pyrimido[5,4-*d*]pyrimidin mit Piperidin und Äthanol und anschliessenden Erhitzen unter Zusatz von wenig $CuSO_4$ auf 200° (*Thomae G.m.b.H.,* Brit. P. 807826 [1956]; U.S.P. 3031450 [1960]).

F: 163–165°.

Pteridin-2,4,6,7-tetrayltetraamin $C_6H_8N_8$, Formel XIII.

B. Aus 2,4,6,7-Tetrachlor-pteridin und NH_3 [150°] (*Taylor, Sherman,* Am. Soc. **81** [1959] 2464, 2467, 2471).

λ_{max} (wss. HCl [0,1 n]): 235 nm, 305 nm und 360 nm (*Ta., Sh.*). Scheinbarer Dissoziationsexponent pK'_a (H_2O; spektrophotometrisch ermittelt) bei 20°: 6,86 (*Albert et al.,* Soc. **1956** 4621, 4625). 1 g ist bei 20° in 13000 ml wss. Lösung enthalten (*Al. et al.*).

Beim Erhitzen des Hydrochlorids mit Formamid ist x-Formyl-1*H*-imidazo[4,5-*g*]pteridin-6,8-diyldiamin $C_8H_6N_8O$ (gelbe Kristalle [aus wss. Ameisensäure + Acn.] mit 0,5 Mol H_2O, die unterhalb 360° nicht schmelzen; λ_{max}: 215 nm und 345 nm [wss. HCl (0,1 n)] bzw. 222 nm, 251 nm und 374 nm [wss. NaOH (0,1 n)]) erhalten worden (*Ta., Sh.*).

Hydrochlorid $C_6H_8N_8 \cdot HCl$. F: >360° (*Ta., Sh.*).

Tetraamine $C_nH_{2n-6}N_8$

Bis-[4,6-diamino-5-nitroso-pyrimidin-2-yl]-methan, 5,5′-Dinitroso-2,2′-methandiyl-bis-pyrimidin-4,6-diyldiamin $C_9H_{10}N_{10}O_2$, Formel XIV (n = 1).

B. Beim Erhitzen der Verbindung des Hydroxyimino-malononitrils mit Malonamidin in 5-Äthyl-2-methyl-pyridin (*Taylor et al.,* Am. Soc. **81** [1959] 2442, 2444, 2447).

Grüne Kristalle (aus H_2O); Zers. bei 287–289° [korr.].

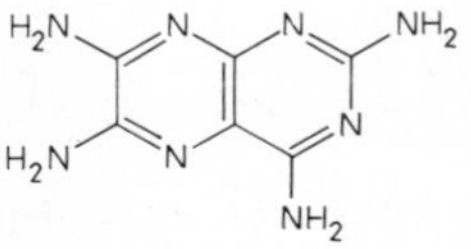

XIII 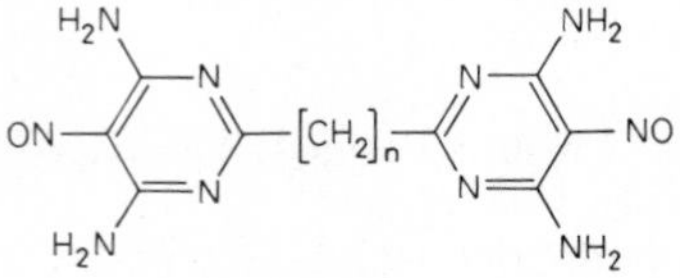 XIV 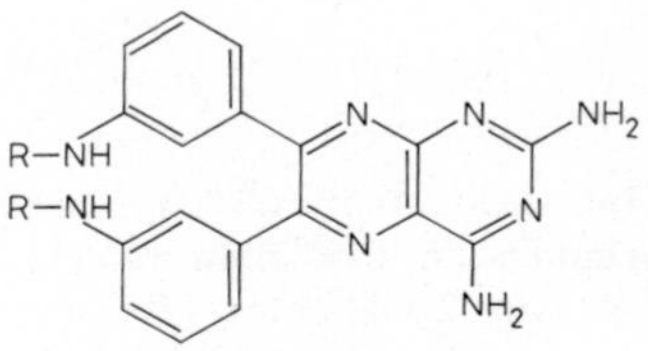 XV

1,4-Bis-[4,6-diamino-5-nitroso-pyrimidin-2-yl]-butan, 5,5′-Dinitroso-2,2′-butandiyl-bis-pyrimidin-4,6-diyldiamin $C_{12}H_{16}N_{10}O_2$, Formel XIV (n = 4).

B. Beim Erhitzen der Verbindung des Hydroxyimino-malononitrils mit Adipamidin in 2-Methyl-pyridin und Pyridin (*Taylor et al.,* Am. Soc. **81** [1959] 2442, 2444, 2447).

Dunkelgrüne Kristalle (aus H_2O) mit 1 Mol H_2O; Zers. bei 250° [korr.].

Tetraamine $C_nH_{2n-20}N_8$

6,7-Bis-[3-amino-phenyl]-pteridin-2,4-diyldiamin $C_{18}H_{16}N_8$, Formel XV (R = H).

B. Bei der Hydrierung von 6,7-Bis-[3-nitro-phenyl]-pteridin-2,4-diyldiamin an Platin in wss.-äthanol. HCl (*Cain et al.,* Am. Soc. **71** [1949] 892, 893, 895).

Orangegelbe Kristalle (aus wss. NH_3); Zers. >180°. λ_{max}: 294 nm und 369 nm [wss. HCl (0,1 n)] bzw. 225 nm und 380 nm [wss. NaOH (0,1 n)].

6,7-Bis-[3-(sulfinomethyl-amino)-phenyl]-pteridin-2,4-diyldiamin $C_{20}H_{20}N_8O_4S_2$, Formel XV (R = CH_2-SO-OH).

Dinatrium-Salz $Na_2C_{20}H_{18}N_8O_4S_2$. *B.* Aus der vorangehenden Verbindung und Natrium-hydroxymethansulfinat (Rongalit) in Äthanol (*Cain et al.,* Am. Soc. **71** [1949] 892, 893, 895). – Hygroskopischer Feststoff, der an der Luft das Trihydrat bildet. λ_{max}: 262 nm und 368 nm [wss. HCl (0,1 n)] bzw. 230 nm und 390 nm [wss. NaOH (0,1 n)].

6,7-Bis-[4-amino-phenyl]-pteridin-2,4-diyldiamin $C_{18}H_{16}N_8$, Formel XVI (R = H).

B. Aus Pyrimidintetrayltetraamin-sulfat und 4,4′-Diamino-benzil-sulfat in H_2O (*Cain et al.,* Am. Soc. **71** [1949] 892–894).

Orangefarbene Kristalle (aus wss. A.); Zers. bei 308–309° [korr.]. λ_{max}: 267 nm und 367 nm [wss. HCl (0,1 n)] bzw. 235 nm, 263 nm und 415 nm [wss. NaOH (0,1 n)].

Tetraacetyl-Derivat $C_{26}H_{24}N_8O_4$; 2,4-Bis-acetylamino-6,7-bis-[4-acetylamino-phenyl]-pteridin. Kristalle (aus H_2O) mit 1 Mol H_2O [im Vakuum bei 140° getrocknetes Präparat]. λ_{max}: 265 nm und 400 nm [Me.] bzw. 274 nm und 370 nm [methanol. HCl].

6,7-Bis-[4-(hydroxymethyl-amino)-phenyl]-pteridin-2,4-diyldiamin $C_{20}H_{20}N_8O_2$, Formel XVI (R = CH_2-OH).

B. Aus der vorangehenden Verbindung und Formaldehyd in wss. HCl (*Cain et al.,* Am. Soc. **71** [1949] 892, 893, 895).

Orangefarbener Feststoff, der unterhalb 300° nicht schmilzt. λ_{max}: 392 nm [wss. HCl (0,1 n)] bzw. 240 nm, 275 nm und 432 nm [wss. NaOH (0,1 n)].

6,7-Bis-[4-(sulfinomethyl-amino)-phenyl]-pteridin-2,4-diyldiamin $C_{20}H_{20}N_8O_4S_2$, Formel XVI (R = CH_2-SO-OH).

Dinatrium-Salz $Na_2C_{20}H_{18}N_8O_4S_2$. *B.* Aus 6,7-Bis-[4-amino-phenyl]-pteridin-2,4-diyldiamin (s. o.) und Natrium-hydroxymethansulfinat (Rongalit) in Äthanol (*Cain et al.*, Am. Soc. **71** [1949] 892, 893, 895). – Feststoff, der unterhalb 300° nicht schmilzt. λ_{max}: 275 nm und 423 nm [H_2O] bzw. 265 nm und 415 nm [wss. NaOH (0,1 n)].

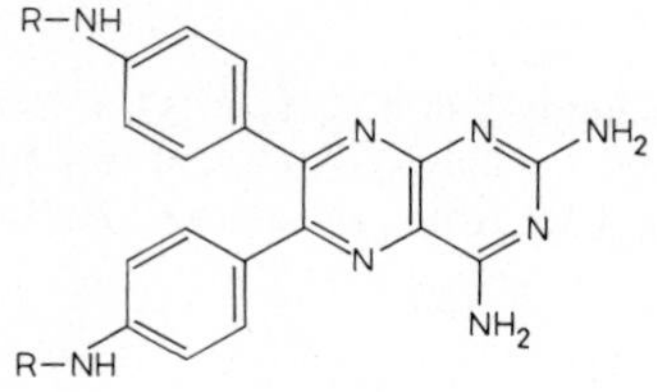

XVI

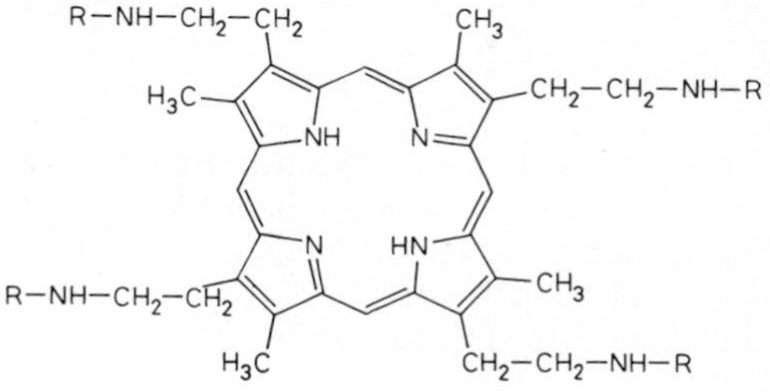

XVII

6,7-Bis-[4-(sulfomethyl-amino)-phenyl]-pteridin-2,4-diyldiamin $C_{20}H_{20}N_8O_6S_2$, Formel XVI (R = CH_2-SO_2-OH).

Bezüglich der Konstitution vgl. *Backer, Mulder,* R. **52** [1933] 454, 459, 467.

Dinatrium-Salz. *B.* Beim Erhitzen von 6,7-Bis-[4-(hydroxymethyl-amino)-phenyl]-pteridin-2,4-diyldiamin (s. o.) mit wss. $NaHSO_3$ (*Cain et al.*, Am. Soc. **71** [1949] 892, 893, 895). – Orangefarbener Feststoff, der unterhalb 300° nicht schmilzt. λ_{max}: 267 nm und 365 nm [wss. HCl (0,1 n)] bzw. 230 nm, 262 nm und 415 nm [wss. NaOH (0,1 n)].

6,7-Bis-[4-acetylamino-phenyl]-pteridin-2,4-diyldiamin $C_{22}H_{20}N_8O_2$, Formel XVI (R = CO-CH_3).

B. Aus Pyrimidintetrayltetraamin und 4,4'-Bis-acetylamino-benzil in wss. Äthanol (*Cain et al.*, Am. Soc. **71** [1949] 892).

Kristalle (aus wss. Eg.); F: 234–237° [korr.]. λ_{max}: 268 nm, 295 nm und 400 nm [Me.] bzw. 274 nm und 370 nm [methanol. HCl].

Tetraamine $C_nH_{2n-22}N_8$

2,7,12,17-Tetrakis-[2-amino-äthyl]-3,8,13,18-tetramethyl-porphyrin, $3^2,8^2,13^2,18^2$-Tetraamino-ätioporphyrin-I $C_{32}H_{42}N_8$, Formel XVII (R = H) und Taut.

B. Beim Erhitzen von Koproporphyrin-I-tetraazid (S. 3098) in wss. Essigsäure (*Fischer et al.*, Z. physiol. Chem. **241** [1936] 201, 207).

Tetrahydrochlorid $C_{32}H_{42}N_8 \cdot 4\,HCl$. *B.* Aus dem Hexahydrochlorid (s. u.) beim Trocknen im Hochvakuum bei 90° (*Fi. et al.*). – Kristalle.

Hexahydrochlorid $C_{32}H_{42}N_8 \cdot 6\,HCl$. Kristalle (aus H_2O). λ_{max} (H_2O): ca. 504 nm, ca. 538 nm, ca. 567 nm und ca. 620 nm.

Octaacetyl-Derivat $C_{48}H_{58}N_8O_8$; 2,7,12,17-Tetrakis-[2-diacetylamino-äthyl]-3,8,13,18-tetramethyl-porphyrin, $3^2,8^2,13^2,18^2$-Tetrakis-diacetylamino-ätioporphyrin-I. Kristalle (aus Py. + Me.); F: 287°. – Kupfer-Komplex $CuC_{48}H_{56}N_8O_8$. Kristalle (aus Py. + Me.); F: 278°.

2,7,12,17-Tetrakis-[2-methoxycarbonylamino-äthyl]-3,8,13,18-tetramethyl-porphyrin $C_{40}H_{50}N_8O_8$, Formel XVII (R = CO-O-CH_3) und Taut.

B. Beim Erwärmen von Koproporphyrin-I-tetraazid (S. 3098) mit Methanol (*Fischer, Fröwis,* Z. physiol. Chem. **195** [1931] 49, 80).

Braunrote Kristalle; F: 190°. λ_{max} ($CHCl_3$ + Ae.; 430–630 nm): *Fi., Fr.* [*G. Grimm*]

E. Hydroxyamine

Amino-Derivate der Monohydroxy-Verbindungen $C_nH_{2n}N_4O$

(±)-2-Methyl-1-[1-phenyl-1*H*-tetrazol-5-yl]-4-piperidino-butan-2-ol $C_{17}H_{25}N_5O$, Formel I.

B. Beim aufeinanderfolgenden Behandeln von 5-Methyl-1-phenyl-1*H*-tetrazol mit Phenyllithium und mit 4-Piperidino-butan-2-on in Äther (*D'Adamo, LaForge,* J. org. Chem. **21** [1956] 340, 343).

Kristalle (aus PAe.); F: 88–90°.

(±)-3,3-Dimethyl-1-[1-phenyl-1*H*-tetrazol-5-yl]-4-piperidino-butan-2-ol $C_{18}H_{27}N_5O$, Formel II.

B. Beim aufeinanderfolgenden Behandeln von 5-Methyl-1-phenyl-1*H*-tetrazol mit Phenyllithium und mit 2,2-Dimethyl-3-piperidino-propionaldehyd in Äther (*D'Adamo, LaForge,* J. org. Chem. **21** [1956] 340, 343).

Kristalle (aus PAe.); F: 83–85°.

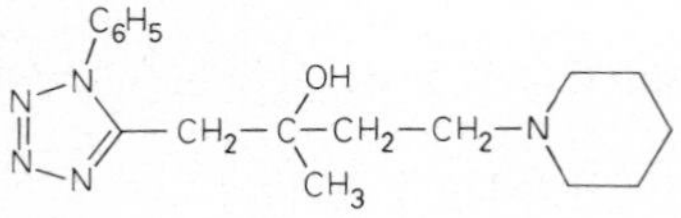

I 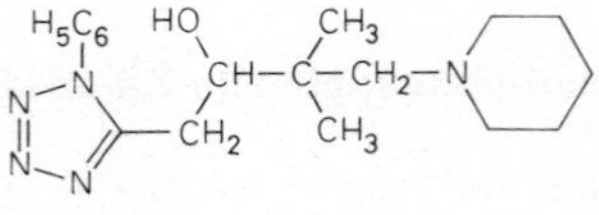 II 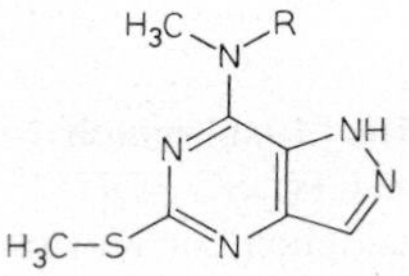 III

Amino-Derivate der Monohydroxy-Verbindungen $C_nH_{2n-6}N_4O$

Amino-Derivate der Hydroxy-Verbindungen $C_5H_4N_4O$

7-Dimethylamino-5-methylmercapto-1(2)*H*-pyrazolo[4,3-*d*]pyrimidin, Dimethyl-[5-methylmercapto-1(2)*H*-pyrazolo[4,3-*d*]pyrimidin-7-yl]-amin $C_8H_{11}N_5S$, Formel III (R = CH_3) und Taut.

B. Aus diazotiertem 6,N^4,N^4-Trimethyl-2-methylmercapto-pyrimidin-4,5-diyldiamin beim Erhitzen auf 100° oder beim Aufbewahren [2 d] bei Raumtemperatur (*Rose,* Soc. **1952** 3448, 3458).

Kristalle (aus DMF); F: >300°.

Benzyl-methyl-[5-methylmercapto-1(2)*H*-pyrazolo[4,3-*d*]pyrimidin-7-yl]-amin $C_{14}H_{15}N_5S$, Formel III (R = CH_2-C_6H_5) und Taut.

B. Beim Erwärmen von diazotiertem N^4-Benzyl-6,N^4-dimethyl-2-methylmercapto-pyrimidin-4,5-diyldiamin auf 70° (*Rose,* Soc. **1954** 4116, 4120).

Gelbe Kristalle (aus Butan-1-ol); F: 225° [Zers.].

7-Methylmercapto-1(2)*H*-pyrazolo[4,3-*d*]pyrimidin-5-ylamin $C_6H_7N_5S$, Formel IV (R = CH_3) und Taut.

B. Beim Erwärmen von diazotiertem 4-Methyl-6-methylmercapto-pyrimidin-2,5-diyldiamin mit wss. NaOH (*Rose,* Soc. **1952** 3448, 3454).

Hellgelbe Kristalle (aus 2-Äthoxy-äthanol); F: 269° [Zers.; auf 260° vorgeheiztes Bad].

Hydrochlorid $C_6H_7N_5S \cdot HCl$. Kristalle (aus H_2O) mit 0,5 Mol H_2O; F: >350°.

7-Benzylmercapto-1(2)*H*-pyrazolo[4,3-*d*]pyrimidin-5-ylamin $C_{12}H_{11}N_5S$, Formel IV (R = CH_2-C_6H_5) und Taut.

B. Beim Behandeln von diazotiertem 4-Benzylmercapto-6-methyl-pyrimidin-2,5-diyldiamin mit wss. NaOH (*Rose,* Soc. **1952** 3448, 3456).

Kristalle (aus Chlorbenzol); F: 198°.

[5-Amino-1(2)*H*-pyrazolo[4,3-*d*]pyrimidin-7-ylmercapto]-essigsäure $C_7H_7N_5O_2S$, Formel IV (R = CH_2-CO-OH) und Taut.

B. Beim Behandeln von diazotierter [2,5-Diamino-6-methyl-pyrimidin-4-ylmercapto]-essigsäure mit wss. NaOH (*Rose,* Soc. **1952** 3448, 3456).

Feststoff (aus wss. NH_3 + wss. Eg.) mit 1 Mol H_2O.

4-Methylmercapto-1(2)*H*-pyrazolo[3,4-*d*]pyrimidin-6-ylamin $C_6H_7N_5S$, Formel V und Taut.

B. Beim Behandeln von 6-Amino-1,5-dihydro-pyrazolo[3,4-*d*]pyrimidin-4-thion mit Dimethylsulfat in wss. NaOH (*Robins,* Am. Soc. **79** [1957] 6407, 6415).

Kristalle (aus H_2O); F: 240–241° [unkorr.]. λ_{max} (wss. Lösung): 285 nm [pH 1] bzw. 300 nm [pH 11].

6-Methoxy-1-methyl-1*H*-pyrazolo[3,4-*d*]pyrimidin-4-ylamin $C_7H_9N_5O$, Formel VI.

B. Beim Behandeln von 6-Chlor-1-methyl-1*H*-pyrazolo[3,4-*d*]pyrimidin-4-ylamin mit Natriummethylat in Methanol (*Cheng, Robins,* J. org. Chem. **23** [1958] 852, 860).

Kristalle (aus H_2O); F: 285–286° [unkorr.]; λ_{max} (A.): 266 nm (*Ch., Ro.*). Scheinbarer Dissoziationsexponent pK'_a (protonierte Verbindung; H_2O; spektrophotometrisch ermittelt) bei 20°: 3,66 (*Lynch et al.,* Soc. **1958** 2973, 2975).

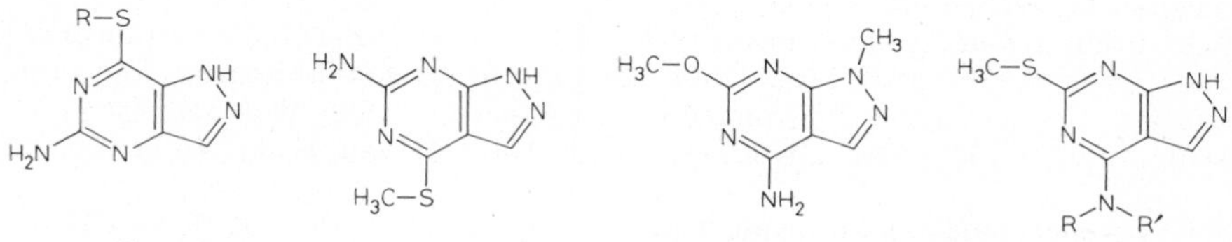

IV V VI VII

6-Methylmercapto-1(2)*H*-pyrazolo[3,4-*d*]pyrimidin-4-ylamin $C_6H_7N_5S$, Formel VII (R = R′ = H) und Taut.

B. Aus 6-Chlor-4-methylmercapto-1(2)*H*-pyrazolo[3,4-*d*]pyrimidin (*Robins,* Am. Soc. **79** [1957] 6407, 6410, 6414) oder aus 4-Chlor-6-methylmercapto-1(2)*H*-pyrazolo[3,4-*d*]pyrimidin (*Ro.,* Am. Soc. **79** 6414; s. a. *Robins,* Am. Soc. **78** [1956] 784, 786, 790) beim Erhitzen mit wss. NH_3 auf 100°.

Kristalle (aus A.); F: 297–298° [unkorr.] (*Ro.,* Am. Soc. **79** 6414). λ_{max} (wss. Lösung vom pH 1): 235 nm und 275 nm (*Ro.,* Am. Soc. **78** 787).

4-Methylamino-6-methylmercapto-1(2)*H*-pyrazolo[3,4-*d*]pyrimidin, Methyl-[6-methylmercapto-1(2)*H*-pyrazolo[3,4-*d*]pyrimidin-4-yl]-amin $C_7H_9N_5S$, Formel VII (R = H, R′ = CH_3) und Taut.

B. Aus 4-Chlor-6-methylmercapto-1(2)*H*-pyrazolo[3,4-*d*]pyrimidin oder aus 4,6-Bis-methylmercapto-1(2)*H*-pyrazolo[3,4-*d*]pyrimidin beim Erwärmen mit wss. Methylamin (*Robins,* Am. Soc. **79** [1957] 6407, 6415).

Kristalle (aus wss. A.); F: 254–255°; λ_{max} (wss. Lösung): 235 nm und 275 nm [pH 1] bzw. 244 nm und 275 nm [pH 11] (*Ro.*). Scheinbare Dissoziationsexponenten pK'_{a1} und pK'_{a2} (protonierte Verbindung; H_2O; spektrophotometrisch ermittelt) bei 20°: 3,61 bzw. 11,40 (*Lynch et al.,* Soc. **1958** 2973, 2975).

4-Dimethylamino-6-methylmercapto-1(2)*H*-pyrazolo[3,4-*d*]pyrimidin, Dimethyl-[6-methylmercapto-1(2)*H*-pyrazolo[3,4-*d*]pyrimidin-4-yl]-amin $C_8H_{11}N_5S$, Formel VII (R = R′ = CH_3) und Taut.

B. Aus 4-Chlor-6-methylmercapto-1(2)*H*-pyrazolo[3,4-*d*]pyrimidin (*Robins,* Am. Soc. **78** [1956] 784, 787, 790), aus 4-Methoxy-6-methylmercapto-1(2)*H*-pyrazolo[3,4-*d*]pyrimidin oder aus 4,6-Bis-methylmercapto-1(2)*H*-pyrazolo[3,4-*d*]pyrimidin (*Robins,* Am. Soc. **79** [1957] 6407, 6415) beim Erwärmen mit wss. Dimethylamin.

Kristalle (aus wss. A.); F: 263–265° [unkorr.] (*Ro.*, Am. Soc. **78** 787, **79** 6415). λ_{max} (wss. Lösung): 240 nm und 275 nm [pH 1] bzw. 246 nm und 280 nm [pH 11] (*Ro.*, Am. Soc. **79** 6412).

***N,N*-Diäthyl-*N'*-[6-methylmercapto-1(2)*H*-pyrazolo[3,4-*d*]pyrimidin-4-yl]-äthylendiamin** $C_{12}H_{20}N_6S$, Formel VII (R = H, R' = CH_2-CH_2-$N(C_2H_5)_2$) und Taut.

B. Beim Erwärmen von 4-Chlor-6-methylmercapto-1(2)*H*-pyrazolo[3,4-*d*]pyrimidin mit *N,N*-Diäthyl-äthylendiamin in Äthanol (*Robins*, Am. Soc. **78** [1956] 784, 787, 790).

Kristalle (aus A.); F: 130–132° [unkorr.].

2-Methoxy-7(9)*H*-purin-6-ylamin $C_6H_7N_5O$, Formel VIII (R = X = H, R' = CH_3) und Taut.

B. Beim Erhitzen von 2-Chlor-7(9)*H*-purin-6-ylamin mit methanol. Natriummethylat auf 150° (*Bergmann, Stempien*, J. org. Chem. **22** [1957] 1575; s. a. *Bergmann, Burke*, J. org. Chem. **21** [1956] 226).

F: 275° [Zers.] (*Be., Bu.*). UV-Spektrum (wss. Lösungen vom pH 2–14; 220–300 nm): *Be., Bu.* Scheinbare Dissoziationsexponenten pK'_{a1} und pK'_{a2} (protonierte Verbindung; H_2O; spektrophotometrisch ermittelt): 3,7 bzw. 10,0 (*Be., Bu.*).

2-Äthoxy-9-methyl-9*H*-purin-6-ylamin $C_8H_{11}N_5O$, Formel IX (R = H, R' = C_2H_5).

B. Beim Erhitzen von 2-Chlor-9-methyl-9*H*-purin-6-ylamin mit äthanol. Natriumäthylat auf 130° (*Falconer et al.*, Soc. **1939** 1784, 1786). Beim Erwärmen von 2-Methansulfonyl-9-methyl-9*H*-purin-6-ylamin mit äthanol. Natriumäthylat (*Andrews et al.*, Soc. **1949** 2490, 2495).

Kristalle; F: 252–254° [Zers.; aus A.] (*Fa. et al.*), 214–215° [aus H_2O] (*An. et al.*).

2-Benzyloxy-9-methyl-9*H*-purin-6-ylamin $C_{13}H_{13}N_5O$, Formel IX (R = H, R' = CH_2-C_6H_5).

B. Beim Erwärmen von 2-Methansulfonyl-9-methyl-9*H*-purin-6-ylamin mit Natriumbenzylat in Benzylalkohol (*Andrews et al.*, Soc. **1949** 2490, 2496).

Kristalle (aus A.); F: 200°. λ_{max} (wss. HCl): 275 nm.

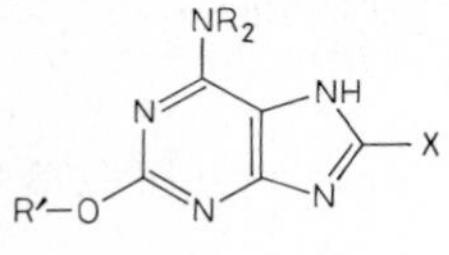

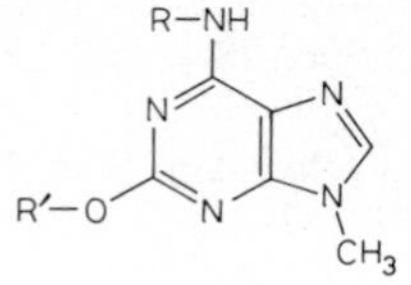

6-Benzylamino-2-benzyloxy-9-methyl-9*H*-purin, Benzyl-[2-benzyloxy-9-methyl-9*H*-purin-6-yl]-amin $C_{20}H_{19}N_5O$, Formel IX (R = R' = CH_2-C_6H_5).

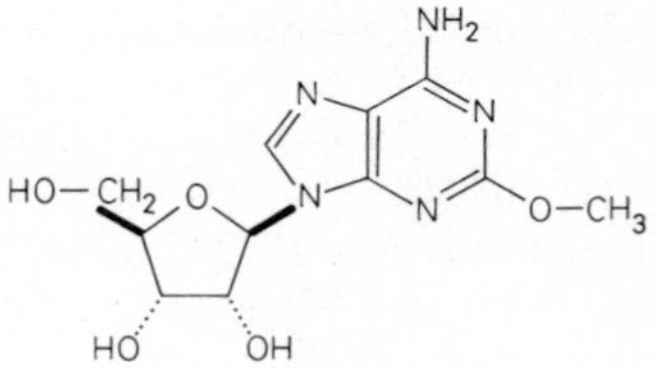

B. Beim Erhitzen von 2-Methansulfonyl-9-methyl-9*H*-purin-6-ylamin mit überschüssigem Natriumbenzylat in Benzylalkohol (*Andrews et al.*, Soc. **1949** 2490, 2495).

Kristalle (aus H_2O); F: 170–171°. λ_{max} (A.): 268 nm.

2-Methoxy-adenosin, Spongosin $C_{11}H_{15}N_5O_5$, Formel X.

Konstitution und Konfiguration: *Bergmann, Burke*, J. org. Chem. **21** [1956] 226; *Bergmann, Stempien*, J. org. Chem. **22** [1957] 1575.

Isolierung aus Cryptotethia crypta: *Bergmann, Feeney*, J. org. Chem. **16** [1951] 981, 983, 986; *Be., Bu.*

B. Beim aufeinanderfolgenden Behandeln von 2-Methoxy-7(9)*H*-purin-6-ylamin mit $HgCl_2$ und Tri-*O*-benzoyl-ξ-D-ribofuranosylchlorid (E III/IV **17** 2294) und anschliessenden Erwärmen mit methanol. Natriummethylat (*Be., St.*). Beim Erwärmen von 2-Chlor-adenosin mit methanol. Natriummethylat (*Schaeffer, Thomas*, Am. Soc. **80** [1958] 3738, 3741). Aus dem Silber-Salz des Isoguanosins (S. 3888) beim Behandeln mit CH_3I in Methanol (*Be., St.*).

Kristalle (aus H_2O); F: 191—191,5°; $[\alpha]_D$: —43,5° [wss. NaOH (8%ig); c = 0,5] (*Be., St.*). Kristalle (aus H_2O) mit 0,5 Mol H_2O; F: 190—192° [Zers.]; $[\alpha]_D^{26}$: —43,3° [Me.; c = 0,6] (*Sch., Th.*). UV-Spektrum (220—300 nm) in wss. Lösungen vom pH 1,4—14: *Be., Bu.* λ_{max} (wss. Lösung): 249 nm und 274 nm [pH 1], 267 nm [pH 7] bzw. 268 nm [pH 13] (*Sch., Th.*). Scheinbarer Dissoziationsexponent pK'_a (protonierte Verbindung; H_2O; spektrophotometrisch ermittelt): 3,2 (*Be., Bu.*).

2-Äthoxy-8-chlor-6-dibutylamino-7(9)*H*-purin, [2-Äthoxy-8-chlor-7(9)*H*-purin-6-yl]-dibutyl-amin $C_{15}H_{24}ClN_5O$, Formel VIII (R = $[CH_2]_3$-CH_3, R′ = C_2H_5, X = Cl) und Taut.

B. Beim Erhitzen von Dibutyl-[2,8-dichlor-7(9)*H*-purin-6-yl]-amin mit äthanol. Natrium=äthylat auf 130° (*Robins, Christensen,* Am. Soc. **74** [1952] 3624, 3627).

Kristalle (aus A.); F: 164—165° [korr.].

2-Methylmercapto-7(9)*H*-purin-6-ylamin $C_6H_7N_5S$, Formel XI (R = CH_3) und Taut.

B. Beim Erhitzen von 2-Methylmercapto-5-nitroso-pyrimidin-4,6-diyldiamin mit $Na_2S_2O_4 \cdot 2H_2O$ und Ameisensäure [98%ig] in Formamid, zuletzt auf 190—200° (*Taylor et al.,* Am. Soc. **81** [1959] 2442, 2445, 2448). Beim Erhitzen von 2-Methylmercapto-pyrimidin-4,5,6-triyltri=amin-sulfat mit Formamid (*Robins et al.,* Am. Soc. **75** [1953] 263, 264, 265). Beim Erwärmen von *N*-[4,6-Diamino-2-methylmercapto-pyrimidin-5-yl]-thioformamid in H_2O oder in Chinolin (*Baddiley et al.,* Soc. **1943** 383, 385).

Kristalle (aus A.); F: 294—295° (*Ro. et al.*). Kristalle (aus H_2O) mit 0,5 Mol H_2O; F: 295—296° [Zers.; nach Sublimation] (*Ta. et al.*). IR-Banden (fester Film; 3300—650 cm^{-1}): *Willits et al.,* Am. Soc. **77** [1955] 2569, 2571. UV-Spektrum (wss. HCl [0,07 n und 3 n], H_2O, wss. Lösung vom pH 7,8 sowie wss. KOH [0,033 n]; 220—310 nm): *Friedrich, Bernhauer,* B. **90** [1957] 1966, 1970. λ_{max} (wss. Lösung vom pH 1): 221 nm, 246 nm und 284 nm (*Ta. et al.*). Scheinbare Dissoziationsexponenten pK'_{a1} und pK'_{a2} (protonierte Verbindung; H_2O; spektro=photometrisch ermittelt): 3,1 bzw. 10,2 (*Fr., Be.*).

2-Methansulfonyl-7(9)*H*-purin-6-ylamin $C_6H_7N_5O_2S$, Formel XII (R = R′ = H) und Taut.

B. Beim Behandeln von 2-Methylmercapto-7(9)*H*-purin-6-ylamin mit Chlor in H_2O (*Andrews et al.,* Soc. **1949** 2490, 2495).

Kristalle (aus H_2O); F: >350°.

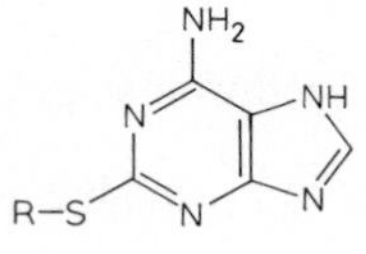

XI 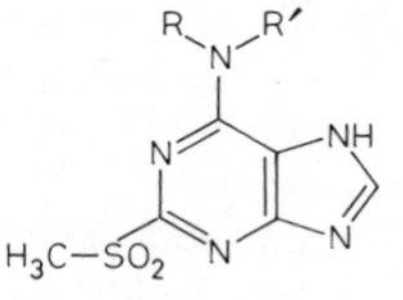 XII 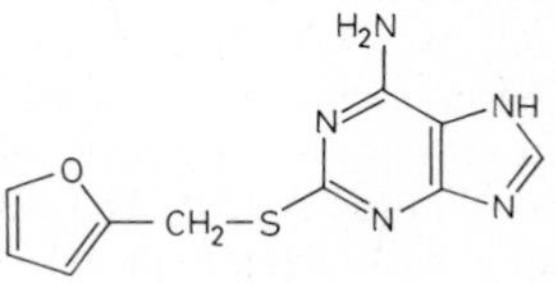 XIII

[6-Amino-7(9)*H*-purin-2-ylmercapto]-essigsäure $C_7H_7N_5O_2S$, Formel XI (R = CH_2-CO-OH) und Taut.

B. Aus [4,5,6-Triamino-pyrimidin-2-ylmercapto]-essigsäure beim Erhitzen mit Formamid und Ameisensäure [98%ig] auf 160° oder beim Erhitzen mit Natriumacetat und Ameisensäure [98%ig] (*Bendich et al.,* Am. Soc. **70** [1948] 3109, 3112). Beim Erhitzen von 6-Amino-3,7-di=hydro-purin-2-thion mit Chloressigsäure in H_2O auf 100° (*Be. et al.*).

λ_{max} (wss. Lösung vom pH 6,5): 232 nm und 275 nm. Verteilung zwischen Butan-1-ol und wss. Lösung vom pH 6,5: *Be. et al.*

Sulfat $2C_7H_7N_5O_2S \cdot H_2SO_4$. Kristalle (aus wss. H_2SO_4) mit 2 Mol H_2O.

2-Furfurylmercapto-7(9)*H*-purin-6-ylamin $C_{10}H_9N_5OS$, Formel XIII und Taut.

B. Beim Behandeln von 6-Amino-3,7-dihydro-purin-2-thion in wss. NaOH mit Furfurylbro=mid in Äther (*Viout, Rumpf,* Bl. **1959** 1123, 1126).

Kristalle (aus Me. oder A.); F: 235°. λ_{max} (wss. Lösung): 275 nm [pH 5,30], 276 nm [pH 9,35]

bzw. 281 nm [pH 13,06].

9-Methyl-2-methylmercapto-9*H*-purin-6-ylamin $C_7H_9N_5S$, Formel XIV (X = S-CH_3).

B. Beim Erhitzen von *N*-[4-Amino-6-methylamino-2-methylmercapto-pyrimidin-5-yl]-thio=formamid mit H_2O, Pyridin oder Chinolin (*Baddiley et al.*, Soc. **1943** 386). Beim Erwärmen von 2-Methylmercapto-7(9)*H*-purin-6-ylamin mit CH_3I in äthanol. NaOH (*Ba. et al.*).

Kristalle (aus H_2O); F: 262–263°.

(±)-2-Methansulfinyl-9-methyl-9*H*-purin-6-ylamin $C_7H_9N_5OS$, Formel XIV (X = SO-CH_3).

B. Beim Behandeln der vorangehenden Verbindung mit Chlor in Dioxan (*Andrews et al.*, Soc. **1949** 2490, 2495).

Kristalle (aus H_2O); F: 295° [Zers.].

2-Methansulfonyl-9-methyl-9*H*-purin-6-ylamin $C_7H_9N_5O_2S$, Formel XIV (X = SO_2-CH_3).

B. Aus Chlor-[2-methansulfonyl-9-methyl-9*H*-purin-6-yl]-amin beim Erwärmen in H_2O mit wss. NH_3, mit $NaHSO_3$ oder mit $Na_2S_2O_4$ (*Andrews et al.*, Soc. **1949** 2490, 2492, 2495).

Kristalle (aus A.); F: 313–314° [Zers.].

6-Methylamino-2-methylmercapto-7(9)*H*-purin, Methyl-[2-methylmercapto-7(9)*H*-purin-6-yl]-amin $C_7H_9N_5S$, Formel XV (R = H, R′ = CH_3) und Taut.

B. Beim Erhitzen von 2,6-Bis-methylmercapto-7(9)*H*-purin mit wss. Methylamin auf 130° (*Montgomery et al.*, Am. Soc. **81** [1959] 2963, 2965).

F: >300°. λ_{max}: 249 nm und 288 nm [wss. HCl (0,1 n)], 239 nm und 278 nm [wss. Lösung vom pH 7] bzw. 230 nm und 284 nm [wss. NaOH (0,1 n)].

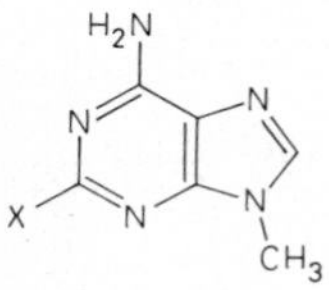

XIV 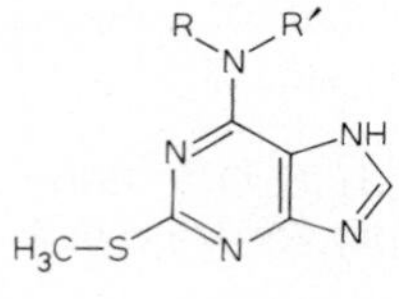 XV 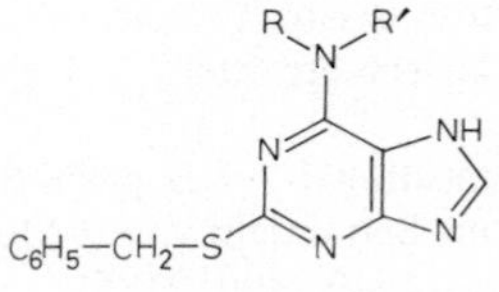 XVI

2-Benzylmercapto-6-methylamino-7(9)*H*-purin, [2-Benzylmercapto-7(9)*H*-purin-6-yl]-methyl-amin $C_{13}H_{13}N_5S$, Formel XVI (R = H, R′ = CH_3) und Taut.

B. Beim Erhitzen von 2,6-Bis-benzylmercapto-7(9)*H*-purin mit wss. Methylamin auf 130° (*Montgomery et al.*, Am. Soc. **81** [1959] 3963, 3964).

Kristalle (aus A.); F: 283–284°. λ_{max}: 252 nm und 289 nm [wss. HCl (0,1 n)], 240 nm und 280 nm [wss. Lösung vom pH 7] bzw. 285 nm [wss. NaOH (0,1 n)].

6-Dimethylamino-2-methylmercapto-7(9)*H*-purin, Dimethyl-[2-methylmercapto-7(9)*H*-purin-6-yl]-amin $C_8H_{11}N_5S$, Formel XV (R = R′ = CH_3) und Taut.

B. Beim Erhitzen von N^4,N^4-Dimethyl-2-methylmercapto-pyrimidin-4,5,6-triyltriamin mit Orthoameisensäure-triäthylester und Acetanhydrid und Erwärmen des Reaktionsprodukts mit wss. NaOH (*Goldman et al.*, J. org. Chem. **21** [1956] 599; *Am. Cyanamid Co.*, U.S.P. 2844576 [1955]). Aus *N*-[4-Amino-6-dimethylamino-2-methylmercapto-pyrimidin-5-yl]-formamid beim Erhitzen auf 250° ohne Lösungsmittel, beim Erwärmen mit wss.-äthanol. NaOH, beim Erhitzen mit Formamid oder mit Chinolin (*Baker et al.*, J. org. Chem. **19** [1954] 631, 634; s. a. *Montgo=mery et al.*, Am. Soc. **81** [1959] 3963, 3964) oder beim Erhitzen mit Essigsäure-diäthoxymethyl=ester (*Mo. et al.*). Beim Erwärmen von 6-Chlor-2-methylmercapto-7(9)*H*-purin mit wss. Dimethylamin (*Noell, Robins*, J. org. Chem. **24** [1959] 320, 323).

Kristalle; F: 299° [nach Sublimation bei 180–190°/0,06 Torr] (*Mo. et al.*), 285–286,5° [Zers.] (*Go. et al.*; *Am. Cyanamid Co.*), 284° [Zers.; aus wss. 2-Methoxy-äthanol] (*Ba. et al.*). λ_{max}: 255 nm und 293 nm [wss. Lösung vom pH 1] bzw. 240 nm und 292 nm [wss. Lösung vom pH 11] (*No., Ro.*), 253 nm und 292 nm [wss. HCl (0,1 n)], 245 nm und 283 nm [wss. Lösung vom pH 7] bzw. 236 nm und 290 nm [wss. NaOH (0,1 n)] (*Mo. et al.*).

Hydrochlorid $C_8H_{11}N_5S \cdot HCl$. Kristalle (aus Me.); F: 297–299° (*No., Ro.*).

6-Dimethylamino-2-methansulfonyl-7(9)*H*-purin, [2-Methansulfonyl-7(9)*H*-purin-6-yl]-dimethyl-amin $C_8H_{11}N_5O_2S$, Formel XII (R = R′ = CH_3) und Taut.

B. Aus 6-Chlor-2-methansulfonyl-7(9)*H*-purin oder aus 2,6-Bis-methansulfonyl-7(9)*H*-purin beim Behandeln mit wss. Dimethylamin in Äthanol (*Noell, Robins,* Am. Soc. **81** [1959] 5997, 6002, 6006).

Kristalle (aus DMF); F: >300°. λ_{max} (wss. Lösung): 279 nm [pH 1] bzw. 232 nm und 282 nm [pH 11].

2-Benzylmercapto-6-dimethylamino-7(9)*H*-purin, [2-Benzylmercapto-7(9)*H*-purin-6-yl]-dimethyl-amin $C_{14}H_{15}N_5S$, Formel XVI (R = R′ = CH_3) und Taut.

B. Beim Erhitzen von 2,6-Bis-benzylmercapto-7(9)*H*-purin mit wss. Dimethylamin auf 130° (*Montgomery et al.,* Am. Soc. **81** [1959] 3963, 3964).

Kristalle (aus Propan-1-ol); F: 270–270,5°. λ_{max}: 256 nm und 292 nm [wss. HCl (0,1 n)] bzw. 292 nm [wss. NaOH (0,1 n)].

3-Äthyl-6-dimethylamino-2-methylmercapto-3*H*-purin, [3-Äthyl-2-methylmercapto-3*H*-purin-6-yl]-dimethyl-amin $C_{10}H_{15}N_5S$, Formel I.

Diese Konstitution kommt wahrscheinlich der von *Baker et al.* (J. org. Chem. **19** [1954] 1780, 1783) als [7-Äthyl-2-methylmercapto-7*H*-purin-6-yl]-dimethyl-amin formulierten Verbindung zu (s. hierzu *Townsend et al.,* Am. Soc. **86** [1964] 5320, 5321).

B. Neben [9-Äthyl-2-methylmercapto-9*H*-purin-6-yl]-dimethyl-amin beim Erwärmen von Dimethyl-[2-methylmercapto-7(9)*H*-purin-6-yl]-amin mit Äthyljodid und methanol. Natriummethylat (*Ba. et al.*).

Kristalle (aus Heptan); F: 154–156°; λ_{max} (wss. A.): 255 nm, 275 nm und 292 nm [pH 1], 249 nm und 302,5 nm [pH 7] bzw. 250 nm und 300 nm [pH 14] (*Ba. et al.*).

9-Äthyl-6-dimethylamino-2-methylmercapto-9*H*-purin, [9-Äthyl-2-methylmercapto-9*H*-purin-6-yl]-dimethyl-amin $C_{10}H_{15}N_5S$, Formel II.

B. Beim Erhitzen von *N*-[4-Äthylamino-6-dimethylamino-2-methylmercapto-pyrimidin-5-yl]-formamid auf 240–250° (*Baker et al.,* J. org. Chem. **19** [1954] 1780, 1783).

Kristalle (aus Heptan); F: 80–82°. λ_{max} (wss. A.): 255 nm und 290 nm [pH 1], 247,5 nm und 285 nm [pH 7] bzw. 247,5 nm und 287,5 nm [pH 14].

6-Diäthylamino-2-methylmercapto-7(9)*H*-purin, Diäthyl-[2-methylmercapto-7(9)*H*-purin-6-yl]-amin $C_{10}H_{15}N_5S$, Formel III (R = R′ = C_2H_5) und Taut.

B. Beim Erhitzen von *N*-[4-Amino-6-diäthylamino-2-methylmercapto-pyrimidin-5-yl]-formamid auf 230° (*Baker et al.,* J. org. Chem. **19** [1954] 1793, 1798).

Kristalle (aus A.); F: 198–200°.

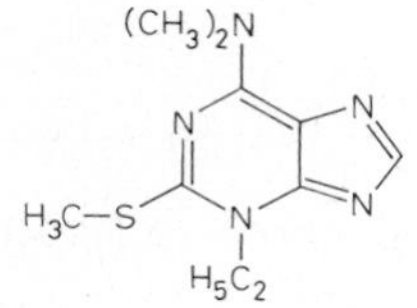

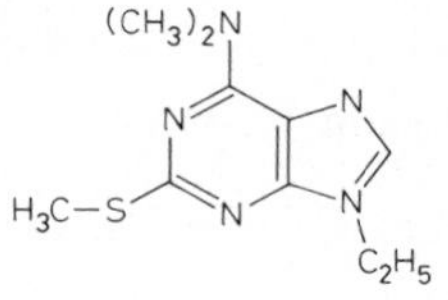

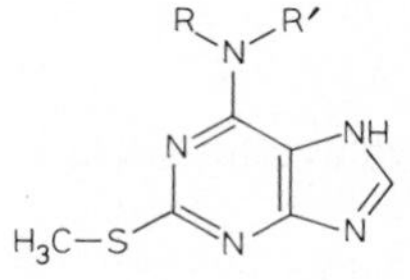

6-Butylamino-2-methylmercapto-7(9)*H*-purin, Butyl-[2-methylmercapto-7(9)*H*-purin-6-yl]-amin $C_{10}H_{15}N_5S$, Formel III (R = H, R = $[CH_2]_3$-CH_3) und Taut.

B. Beim Erhitzen von 2,6-Bis-methylmercapto-7(9)*H*-purin mit wss. Butylamin auf 130° (*Montgomery et al.,* Am. Soc. **81** [1959] 3963, 3964, 3966).

Kristalle (aus wss. A.); F: 254°. λ_{max}: 251 nm und 289 nm [wss. HCl (0,1 n)], 241 nm und 279 nm [wss. Lösung vom pH 7] bzw. 284 nm [wss. NaOH (0,1 n)].

2-Benzylmercapto-6-butylamino-7(9)*H*-purin, [2-Benzylmercapto-7(9)*H*-purin-6-yl]-butyl-amin $C_{16}H_{19}N_5S$, Formel XVI (R = H, R′ = $[CH_2]_3$-CH_3) und Taut.

B. Beim Erhitzen von 2,6-Bis-benzylmercapto-7(9)*H*-purin mit wss. Butylamin auf 130° (*Montgomery et al.*, Am. Soc. **81** [1959] 3963, 3964, 3966).

Kristalle (aus A.); F: 247–248°. λ_{max}: 240 nm und 283 nm [A.], 254 nm und 290 nm [wss. HCl (0,1 n)] bzw. 287 nm [wss. NaOH (0,1 n)].

Methyl-[2-methylmercapto-7(9)*H*-purin-6-yl]-phenyl-amin $C_{13}H_{13}N_5S$, Formel III (R = CH_3, R′ = C_6H_5) und Taut.

B. Beim Erhitzen von *N*-[4-Amino-6-(*N*-methyl-anilino)-2-methylmercapto-pyrimidin-5-yl]-formamid auf 250–260° (*Baker et al.*, J. org. Chem. **19** [1954] 1793, 1798).

Kristalle (aus A.); F: 220–221°.

[4-Chlor-benzyl]-[2-methansulfonyl-7(9)*H*-purin-6-yl]-amin $C_{13}H_{12}ClN_5O_2S$, Formel IV und Taut.

B. Beim Erwärmen von 2,6-Bis-methansulfonyl-7(9)*H*-purin mit 4-Chlor-benzylamin in Äthanol (*Noell, Robins*, Am. Soc. **81** [1959] 5997, 6002, 6006).

Kristalle (aus DMF + Me.); F: 292° [unkorr.]. λ_{max} (wss. Lösung): 272 nm [pH 1] bzw. 275 nm [pH 11].

Benzyl-butyl-[2-methylmercapto-7(9)*H*-purin-6-yl]-amin $C_{17}H_{21}N_5S$, Formel III (R = CH_2-C_6H_5, R′ = $[CH_2]_3$-CH_3) und Taut.

B. Beim Erhitzen von *N*-[4-Amino-6-(benzyl-butyl-amino)-2-methylmercapto-pyrimidin-5-yl]-formamid auf 250° (*Baker et al.*, J. org. Chem. **19** [1954] 1793, 1798).

Kristalle (aus wss. A.); F: 149–151°.

2-Methylmercapto-6-piperidino-7(9)*H*-purin $C_{11}H_{15}N_5S$, Formel V (R = CH_3) und Taut.

B. Analog der vorangehenden Verbindung (*Baker et al.*, J. org. Chem. **19** [1954] 1793, 1798).

Kristalle (aus A.); F: 226–228°.

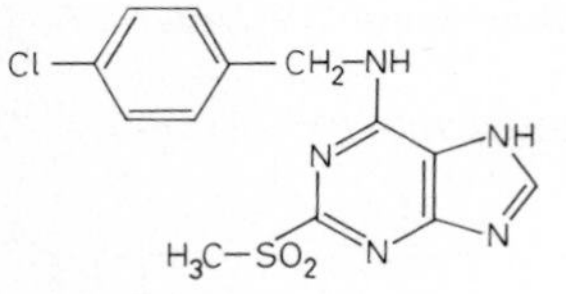

IV 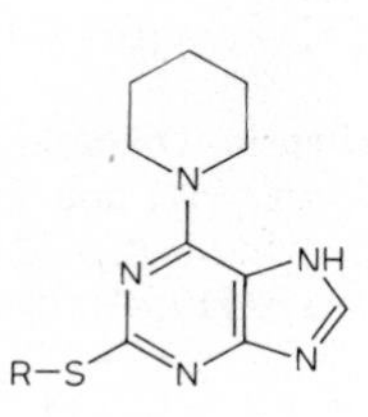 V 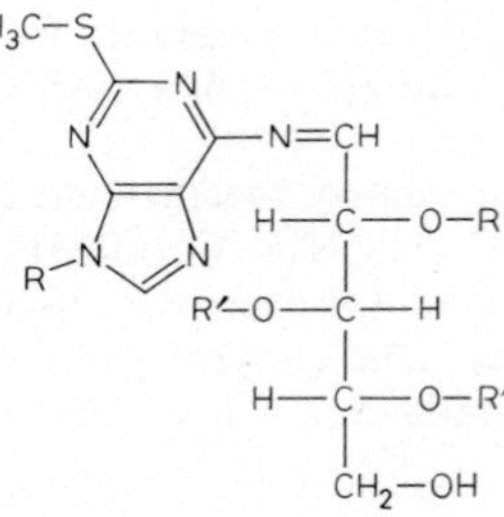 VI

2-Benzylmercapto-6-piperidino-7(9)*H*-purin $C_{17}H_{19}N_5S$, Formel V (R = CH_2-C_6H_5) und Taut.

B. Analog den vorangehenden Verbindungen (*Baker et al.*, J. org. Chem. **19** [1954] 1793, 1798).

Kristalle (aus A.); F: 216–217°.

D-Xylose-[2-methylmercapto-7(9)*H*-purin-6-ylimin] $C_{11}H_{15}N_5O_4S$, Formel VI (R = R′ = H) und Taut. (*N*-[2-Methylmercapto-7(9)*H*-purin-6-yl]-β-D-xylopyranosylamin(?), vermutlich Formel VII [R = R′ = H]).

B. Aus dem folgenden Triacetyl-Derivat beim Behandeln mit methanol. NH_3 (*Howard et al.*,

Soc. **1945** 556, 560; *Kenner, Todd,* Soc. **1946** 852, 854).

Kristalle (aus H_2O) mit 1 Mol H_2O (*Ho. et al.*); F: 235° (*Ho. et al.*), 225–226° (*Ke., Todd*). $[\alpha]_D^{17,5}$: −20° [H_2O; c = 0,15] [Monohydrat] (*Ho. et al.*). λ_{max}: 249 nm und 295 nm [wss. HCl (0,05 n)] bzw. 235,5 nm und 288 nm [wss. NaOH (0,05 n)] (*Ho. et al.*).

***O*²,*O*³,*O*⁴(?)-Triacetyl-D-xylose-[2-methylmercapto-7(9)*H*-purin-6-ylimin]** $C_{17}H_{21}N_5O_7S$, vermutlich Formel VI (R = H, R′ = CO-CH_3) und Taut. (Tri-*O*-acetyl-*N*-[2-methylmercapto-7(9)*H*-purin-6-yl]-β-D-xylopyranosylamin(?), vermutlich Formel VII [R = H, R′ = CO-CH_3]).

B. Neben D-(1*R*)-Tri-*O*-acetyl-1-[6-amino-2-methylmercapto-purin-9-yl]-1,5-anhydro-xylit (S. 3852) beim Erwärmen von Tri-*O*-acetyl-*N*-[6-amino-2-methylmercapto-5-thioformylamino-pyrimidin-4-yl]-β-D-xylopyranosylamin (?; E III/IV **25** 3348) mit Pyridin (*Howard et al.,* Soc. **1945** 556, 560) oder mit Kaliumacetat und Essigsäure in Acetonitril (*Kenner, Todd,* Soc. **1946** 852, 854).

Kristalle (aus A.); F: 254° (*Ho. et al.*), 251–252° (*Ke., Todd*).

D-Xylose-[9-methyl-2-methylmercapto-9*H*-purin-6-ylimin] $C_{12}H_{17}N_5O_4S$, Formel VI (R = CH_3, R′ = H) und cycl. Taut. (*N*-[9-Methyl-2-methylmercapto-9*H*-purin-6-yl]-β-D-xylopyranosylamin(?), vermutlich Formel VII [R = CH_3, R′ = H]).

B. Beim Erwärmen von *N*-[2-Methylmercapto-7(9)*H*-purin-6-yl]-β-D-xylopyranosylamin (s. o.) mit CH_3I und äthanol. Natriumäthylat (*Howard et al.,* Soc. **1945** 556, 561).

Kristalle (aus H_2O); F: 214°.

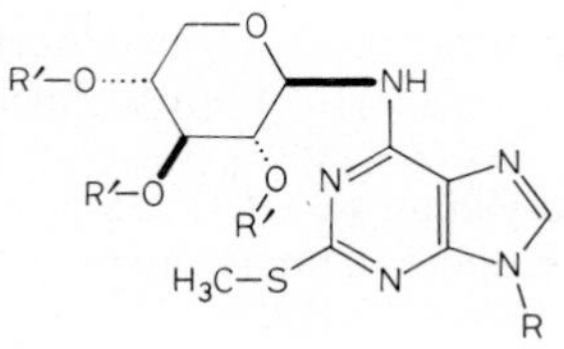

VII 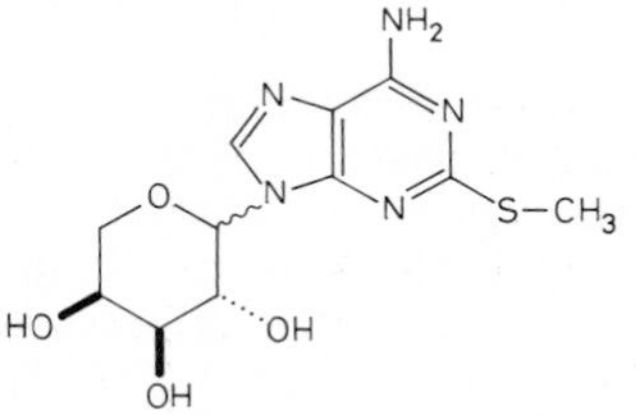 VIII 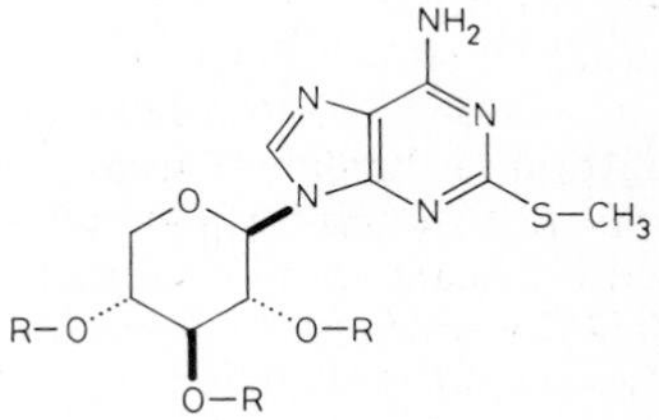 IX

2-[6-Amino-2-methylmercapto-purin-9-yl]-tetrahydro-pyran-3,4,5-triol $C_{11}H_{15}N_5O_4S$.

a) **(1Ξ)-1-[6-Amino-2-methylmercapto-purin-9-yl]-1,5-anhydro-L-arabit,** 9-ξ-L-Arabinopyranosyl-2-methylmercapto-9*H*-purin-6-ylamin, Formel VIII.

B. Aus *O*²,*O*³,*O*⁴-Triacetyl-L-arabinose-[6-amino-5-(2,5-dichlor-phenylazo)-2-methylmercapto-pyrimidin-4-ylimin] (E III/IV **25** 4675) beim aufeinanderfolgenden Behandeln mit Zink-Pulver und Essigsäure in Äthylacetat und mit Dithioameisensäure in Methanol und Erwärmen des Reaktionsprodukts mit Natriummethylat und Äthanol oder mit Kaliumacetat in Acetonitril (*Kenner et al.,* Soc. **1949** 1613, 1615, 1619).

Kristalle; F: 284°. $[\alpha]_D^{17}$: +34° [H_2O; c = 0,06].

b) **D-(1*R*)-1-[6-Amino-2-methylmercapto-purin-9-yl]-1,5-anhydro-xylit(?),** 2-Methylmercapto-9-β-D-xylopyranosyl-9*H*-purin-6-ylamin(?), vermutlich Formel IX (R = H).

B. Neben *N*-[6-Amino-5-formylamino-2-methylmercapto-pyrimidin-4-yl]-β-D-xylopyranosylamin (?; E III/IV **25** 3348) beim Erwärmen von *N*-[6-Amino-2-methylmercapto-5-thioformylamino-pyrimidin-4-yl]-β-D-xylopyranosylamin (?; E III/IV **25** 3348) mit Pyridin, mit wss. $Na_2B_4O_7$ oder mit wss. NaOH (*Howard et al.,* Soc. **1945** 556, 560) oder mit äthanol. Natriumäthylat (*Kenner, Todd,* Soc. **1946** 852, 854).

Kristalle (aus H_2O); F: 293–294° (*Ke., Todd*), 278° [Zers.] (*Ho. et al.*). $[\alpha]_D^{19}$: −29° [H_2O; c = 0,03] (*Ho. et al.*). λ_{max}: 271 nm [wss. HCl (0,05 n)] bzw. 235,5 nm und 275,5 nm [wss. NaOH (0,05 n)] (*Ho. et al.*).

3,4,5-Triacetoxy-2-[6-amino-2-methylmercapto-purin-9-yl]-tetrahydro-pyran $C_{17}H_{21}N_5O_7S$.

a) **D-(1*S*)-Tri-*O*-acetyl-1-[6-amino-2-methylmercapto-purin-9-yl]-1,5-anhydro-ribit,** 2-Methylmercapto-9-[tri-*O*-acetyl-α-D-ribopyranosyl]-9*H*-purin-6-ylamin, Formel X (R = CO-CH_3).

B. Aus O^2,O^3,O^4-Triacetyl-D-ribose-[6-amino-5-(2,5-dichlor-phenylazo)-2-methylmercapto-pyrimidin-4-ylimin] (E III/IV **25** 4675) beim aufeinanderfolgenden Behandeln mit Zink-Pulver und Essigsäure in Äthylacetat und mit Dithioameisensäure in Methanol und Erhitzen des Reaktionsprodukts mit Kaliumacetat in Acetonitril (*Kenner et al.*, Soc. **1949** 1613, 1615, 1618).

Kristalle (aus Bzl. + Hexan); F: 199–200°. $[\alpha]_D^{18}$: +94° [Py.; c = 0,15]. λ_{max} (A.): 234,5 nm und 275,5 nm.

Picrat. Kristalle; F: 130–132°.

b) **D-(1*R*)-Tri-*O*-acetyl-1-[6-amino-2-methylmercapto-purin-9-yl]-1,5-anhydro-ribit,** 2-Methylmercapto-9-[tri-*O*-acetyl-β-D-ribopyranosyl]-9*H*-purin-6-ylamin, Formel XI (R = CO-CH_3).

B. Aus O^2,O^3,O^4-Triacetyl-D-ribose-[6-amino-5-(2,5-dichlor-phenylazo)-2-methylmercapto-pyrimidin-4-ylimin] (E III/IV **25** 4675) beim aufeinanderfolgenden Behandeln mit Zink-Pulver und Essigsäure in Äthylacetat und mit Dithioameisensäure in Methanol, Erwärmen des Reaktionsprodukts mit Natriummethylat und Äthanol und anschliessenden Behandeln mit Acetanhydrid und Pyridin (*Kenner et al.*, Soc. **1949** 1613, 1615, 1618).

Kristalle (aus A.); F: 230°. $[\alpha]_D^{17}$: −35° [Py.; c = 0,4]. λ_{max} (A.): 234,5 nm und 276 nm.

Picrat. Kristalle; F: 209–210° [Zers.].

c) **D-(1*R*)-Tri-*O*-acetyl-1-[6-amino-2-methylmercapto-purin-9-yl]-1,5-anhydro-xylit,** 2-Methylmercapto-9-[tri-*O*-acetyl-β-D-xylopyranosyl]-9*H*-purin-6-ylamin, Formel IX (R = CO-CH_3).

B. Aus D-(1*R*)-1-[6-Amino-2-methylmercapto-purin-9-yl]-1,5-anhydro-xylit (s. o.) und Acetanhydrid in Pyridin (*Howard et al.*, Soc. **1945** 556, 561). Neben Tri-*O*-acetyl-*N*-[2-methylmercapto-7(9)*H*-purin-6-yl]-β-D-xylopyranosylamin (S. 3851) aus Tri-*O*-acetyl-*N*-[6-amino-2-methylmercapto-5-thioformylamino-pyrimidin-4-yl]-β-D-xylopyranosylamin (E III/IV **25** 3348) beim Erwärmen in Pyridin (*Ho. et al.*) oder beim Erhitzen mit Kaliumacetat in Acetonitril (*Kenner et al.*, Soc. **1949** 1613, 1614, 1618; s. a. *Kenner, Todd*, Soc. **1946** 852, 854).

Kristalle; F: 192–193° [aus wss. A.] (*Ho. et al.*), 192° [aus A.] (*Ke. et al.*).

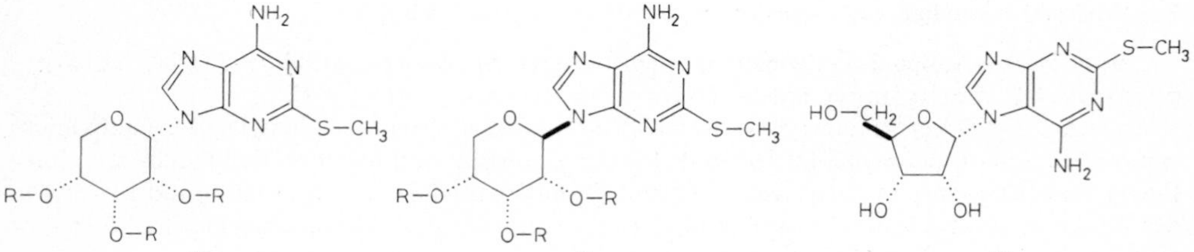

X XI XII

(1*S*)-1-[6-Amino-2-methylmercapto-purin-7-yl]-D-1,4-anhydro-ribit, 2-Methylmercapto-7-α-D-ribofuranosyl-7*H*-purin-6-ylamin $C_{11}H_{15}N_5O_4S$, Formel XII.

B. Aus dem im folgenden Artikel beschriebenen Monocyano-Komplex beim Erwärmen mit $Ce(NO_3)_3 \cdot 6H_2O$ in HCN-haltiger wss. NaOH (*Friedrich, Bernhauer*, B. **90** [1957] 1966, 1972).

Feststoff (aus H_2O). UV-Spektrum (wss. HCl [0,02–0,2 n], H_2O, wss. Lösungen vom pH 2,28–7,8 sowie wss. KOH [0,01 n]; 220–310 nm): *Fr., Be.*, l. c. S. 1968. Scheinbarer Dissoziationsexponent pK'_a (H_2O; spektrophotometrisch ermittelt): 3,1.

[α-(6-Amino-2-methylmercapto-purin-7-yl)]-hydrogenobamid $C_{59}H_{87}N_{16}O_{14}PS$.

Kobalt(III)-Komplex $[C_{59}H_{86}CoN_{16}O_{14}PS]^{2+}$; *Co*α-[α-(6-Amino-2-methylmercapto-purin-7-yl)]-cobamid. Betain $[C_{59}H_{85}CoN_{16}O_{14}PS]^+$, Formel XIII. Über die

Identität mit Faktor-F aus verschiedenen Tierfaeces (*Brown et al.,* Biochem. J. **59** [1955] 82, 84) oder aus Faulschlamm (*Kon,* Biochem. Soc. Symp. Nr. 13 [1955] 17, 26; s. *Friedrich,* in *R. Ammon, W. Dirscherl,* Fermente, Hormone, Vitamine, Bd. 3, Tl. 2 [Stuttgart 1975] S. 31). – Isolierung aus Faulschlamm: *Friedrich, Bernhauer,* B. **90** [1957] 1966, 1971.

Monocyano-kobalt(III)-Komplex $[C_{60}H_{86}CoN_{17}O_{14}PS]^+$; *Coα*-[α-(6-Amino-2-methylmercapto-purin-7-yl)]-*Coβ*-cyano-cobamid. Betain $C_{60}H_{85}CoN_{17}O_{14}PS$. Rote Kristalle [aus wss. Acn.] (*Fr., Be.*). Absorptionsspektrum (H_2O; 250–600 nm): *Fr., Be.*

Dicyano-kobalt(III)-Komplex; Dicyano-[α-(6-amino-2-methylmercapto-purin-7-yl)]-cobamid $C_{61}H_{86}CoN_{18}O_{14}PS$. Absorptionsspektrum (wss. KCN vom pH 10,4; 250–600 nm): *Fr., Be.*

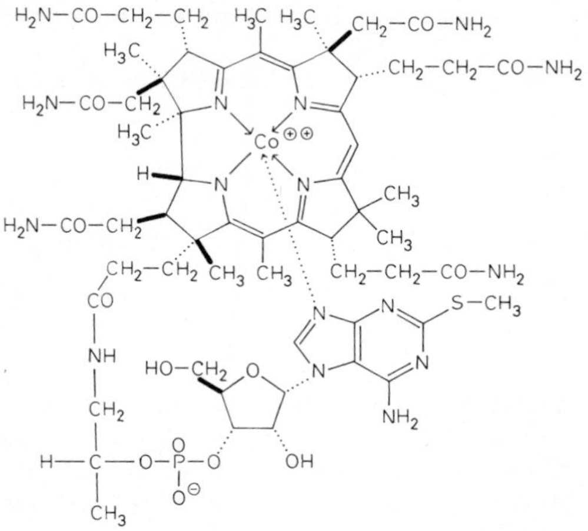

XIII

2-Methylmercapto-adenosin $C_{11}H_{15}N_5O_4S$, Formel I (R = H).

B. Beim Erwärmen von 2-Chlor-adenosin mit Natrium-methanthiolat in Propan-1-ol (*Schaefer, Thomas,* Am. Soc. **80** [1958] 3738, 3741). Aus 2-Methylmercapto-7(9)*H*-purin-6-ylamin und Tri-*O*-acetyl-α-D-ribofuranosylchlorid über mehrere Stufen (*Davoll, Lowy,* Am. Soc. **74** [1952] 1562, 1565; *Davoll, Brown,* U.S.P. 2719843 [1951]; *Simadate et al.,* J. Chem. Soc. Japan Pure Chem. Sect. **78** [1957] 208; C. A. **1960** 558).

Kristalle (aus H_2O); F: 227° [unkorr.] (*Da., Lowy*; *Da., Br.*), 225° (*Si. et al.*); F: 153° und (nach Wiedererstarren bei 185–190°) F: 220° [Zers.] (*Sch., Th.*). $[\alpha]_D^{29}$: +4° [wss. HCl (0,1 n); c = 1] (*Da., Lowy*). λ_{max}: 270 nm [wss. HCl (0,05 n)] bzw. 235 nm und 277 nm [wss. NaOH (0,05 n)] (*Da., Lowy*); λ_{max} (wss. Lösung): 270 nm [pH 1], 235 nm und 274 nm [pH 7 bzw. pH 13] (*Sch., Th.*).

2-[6-Dimethylamino-2-methylmercapto-purin-9-yl]-5-hydroxymethyl-tetrahydro-furan-3,4-diol $C_{13}H_{19}N_5O_4S$.

a) **(1*R*)-1-[6-Dimethylamino-2-methylmercapto-purin-9-yl]-D-1,4-anhydro-ribit, *N*⁶,*N*⁶-Dimethyl-2-methylmercapto-adenosin,** Formel I (R = CH_3).

B. Aus Dimethyl-[2-methylmercapto-7(9)*H*-purin-6-yl]-amin und Tri-*O*-acetyl-α-D-ribofuranosylchlorid (*Andrews, Barber,* Soc. **1958** 2768, 2769) oder Tri-*O*-benzoyl-ξ-D-ribofuranosylchlorid [E III/IV **17** 2294] (*Kissman et al.,* Am. Soc. **77** [1955] 18, 22) jeweils über mehrere Stufen.

Kristalle; F: 174–175° [aus H_2O] (*An., Ba.*), 173–174° [korr.; aus 1,2-Dimethoxy-äthan] (*Ki. et al.*). $[\alpha]_D^{20}$: –43,6° [Me.; c = 1,6] (*An., Ba.*); $[\alpha]_D^{24}$: –43,4° [Me.; c = 1,6] (*Ki. et al.*). λ_{max} (A.): 248 nm und 288 nm [pH 7] bzw. 247 nm und 288 nm [pH 14] (*Ki. et al.*).

b) **(1*R*)-1-[6-Dimethylamino-2-methylmercapto-purin-9-yl]-D-1,4-anhydro-xylit,** 6-Dimethylamino-2-methylmercapto-9-*β*-D-xylofuranosyl-9*H*-purin, Formel II (R = R′ = R″ = H).

B. Aus Dimethyl-[2-methylmercapto-7(9)*H*-purin-6-yl]-amin und *O*²,*O*³,*O*⁵-Tribenzoyl-D-xylose (aus Tetra-*O*-benzoyl-*α*-D-xylofuranose hergestellt) über mehrere Stufen (*Baker, Schaub,* Am. Soc. **77** [1955] 5900, 5903).

Kristalle (aus A. + Heptan); F: 184–185°. λ_{max} (A.): 248 nm und 288 nm.

(1*R*)-*O*²-Benzoyl-1-[6-dimethylamino-2-methylmercapto-purin-9-yl]-D-1,4-anhydro-xylit, 9-[*O*²-Benzoyl-*β*-D-xylofuranosyl]-6-dimethylamino-2-methylmercapto-9*H*-purin $C_{20}H_{23}N_5O_5S$, Formel II (R = CO-C_6H_5, R′ = R″ = H).

B. Beim Erwärmen von (1*R*)-*O*²-Benzoyl-1-[6-dimethylamino-2-methylmercapto-purin-9-yl]-*O*³,*O*⁵-isopropyliden-D-1,4-anhydro-xylit (S. 3860) mit wss. Essigsäure (*Schaub et al.,* Am. Soc. **80** [1958] 4692, 4696).

Kristalle (aus A.); F: 189–190° [unkorr.]. $[\alpha]_D^{25}$: −63,7° [$CHCl_3$; c = 1,2].

NR₂ … HO—CH₂ … S—CH₃ … HO OH — I

N(CH₃)₂ … R″—O—CH₂ … S—CH₃ … R′—O O—R — II

(1*R*)-*O*²-Benzoyl-1-[6-dimethylamino-2-methylmercapto-purin-9-yl]-*O*⁵-trityl-D-1,4-anhydro-xylit, 9-[*O*²-Benzoyl-*O*⁵-trityl-*β*-D-xylofuranosyl]-6-dimethylamino-2-methylmercapto-9*H*-purin $C_{39}H_{37}N_5O_5S$, Formel II (R = CO-C_6H_5, R′ = H, R″ = C(C_6H_5)₃).

B. Beim Erwärmen der vorangehenden Verbindung mit Tritylchlorid und Pyridin (*Schaub et al.,* Am. Soc. **80** [1958] 4692, 4696).

Feststoff (aus Toluol).

(1*R*)-1-[6-Dimethylamino-2-methylmercapto-purin-9-yl]-*O*²-methansulfonyl-D-1,4-anhydro-xylit, 6-Dimethylamino-9-[*O*²-methansulfonyl-*β*-D-xylofuranosyl]-2-methylmercapto-9*H*-purin $C_{14}H_{21}N_5O_6S_2$, Formel II (R = SO_2-CH_3, R′ = R″ = H).

B. Beim Erwärmen von (1*R*)-1-[6-Dimethylamino-2-methylmercapto-purin-9-yl]-*O*³,*O*⁵-isopropyliden-*O*²-methansulfonyl-D-1,4-anhydro-xylit (S. 3861) mit wss. Essigsäure (*Baker, Schaub,* Am. Soc. **77** [1955] 5900, 5904).

Kristalle (aus E. + Heptan); F: 174–175°. $[\alpha]_D^{25}$: −26,5° [$CHCl_3$; c = 1].

Beim Erwärmen mit Natriummethylat in Methanol ist (5*R*)-5-[6-Dimethylamino-2-methylmercapto-purin-9-yl]-2,5;3,4-dianhydro-D-arabit (S. 3860) erhalten worden.

(1*R*)-*O*²-Benzoyl-1-[6-dimethylamino-2-methylmercapto-purin-9-yl]-*O*³-methansulfonyl-D-1,4-anhydro-xylit, 9-[*O*²-Benzoyl-*O*³-methansulfonyl-*β*-D-xylofuranosyl]-6-dimethylamino-2-methylmercapto-9*H*-purin $C_{21}H_{25}N_5O_7S_2$, Formel II (R = CO-C_6H_5, R′ = SO_2-CH_3, R″ = H).

B. Beim Erwärmen der folgenden Verbindung mit wss. Essigsäure (*Schaub, Baker,* Am. Soc. **80** [1958] 4692, 4696).

Feststoff (Rohprodukt).

Beim Erwärmen mit Natriummethylat in Methanol ist *N*⁶,*N*⁶-Dimethyl-2-methylmercapto-2′,3′-anhydro-adenosin (S. 3860) erhalten worden.

(1*R*)-*O*²-Benzoyl-1-[6-dimethylamino-2-methylmercapto-purin-9-yl]-*O*³-methansulfonyl-*O*⁵-trityl-D-1,4-anhydro-xylit, 9-[*O*²-Benzoyl-*O*³-methansulfonyl-*O*⁵-trityl-*β*-D-xylofuranosyl]-6-dimethylamino-2-methylmercapto-9*H*-purin $C_{40}H_{39}N_5O_7S_2$, Formel II (R = CO-C_6H_5, R′ = SO_2-CH_3, R″ = C(C_6H_5)₃).

B. Beim Behandeln von (1*R*)-*O*²-Benzoyl-1-[6-dimethylamino-2-methylmercapto-purin-9-yl]-

O^5-trityl-D-1,4-anhydro-xylit (s. o.) mit Methansulfonylchlorid und Pyridin (*Schaub et al.*, Am. Soc. **80** [1958] 4692, 4696).

Feststoff.

(1*R*)-1-[6-Dimethylamino-2-methylmercapto-purin-9-yl]-O^2,O^3-bis-methansulfonyl-D-1,4-anhydro-xylit, 9-[O^2,O^3-Bis-methansulfonyl-*β*-D-xylofuranosyl]-6-dimethyl=amino-2-methylmercapto-9*H*-purin $C_{15}H_{23}N_5O_8S_3$, Formel II (R = R′ = SO_2-CH_3, R″ = H).

B. Beim Erwärmen der folgenden Verbindung mit wss. Essigsäure (*Schaub et al.*, Am. Soc. **80** [1958] 4692, 4695).

Kristalle (aus A. + 2-Methoxy-äthanol); F: 182 – 184° [unkorr.].

Beim Erwärmen mit Natriummethylat in Methanol ist N^6,N^6-Dimethyl-2-methylmercapto-2′,3′-anhydro-adenosin (S. 3860) erhalten worden.

2-[6-Amino-2-methylmercapto-purin-9-yl]-6-hydroxymethyl-tetrahydro-pyran-3,4,5-triol $C_{12}H_{17}N_5O_5S$.

Zur Konfiguration am C-Atom 1 des Kohlenhydrat-Anteils der folgenden Stereoisomeren s. *Baker et al.*, J. org. Chem. **19** [1954] 1780, 1781 Anm. 2; *Montgomery, Thomas*, Adv. Carbo=hydrate Chem. **17** [1962] 335, 336, 350.

a) **(1*R*)-1-[6-Amino-2-methylmercapto-purin-9-yl]-1,5-anhydro-D-glucit,** 9-*β*-D-Gluco=pyranosyl-2-methylmercapto-9*H*-purin-6-ylamin, Formel III (R = R′ = H, X = S-CH_3).

B. Beim Erwärmen von *N*-[6-Amino-2-methylmercapto-5-thioformylamino-pyrimidin-4-yl]-D-glucopyranosylamin (E III/IV **25** 3349) mit Natriummethylat in Äthanol (*Holland et al.*, Soc. **1948** 965; *Andrews et al.*, Soc. **1949** 2490, 2493, 2496).

Kristalle (aus Dioxan); F: 269 – 271° [Zers.] (*An. et al.*). Hellbraunes Pulver (aus A.) mit 1 Mol H_2O; F: 173 – 176° (*Ho. et al.*).

Tetra-*O*-acetyl-Derivat $C_{20}H_{25}N_5O_9S$; (1*R*)-Tetra-*O*-acetyl-1-[6-amino-2-methylmercapto-purin-9-yl]-1,5-anhydro-D-glucit, 2-Methylmercapto-9-[tetra-*O*-acetyl-*β*-D-glucopyranosyl]-9*H*-purin-6-ylamin. Gelbe Kristalle (aus Bzl.); F: 141° (*An. et al.*).

b) **(1*R*)-1-[6-Amino-2-methylmercapto-purin-9-yl]-1,5-anhydro-D-mannit,** 9-*β*-D-Manno=pyranosyl-2-methylmercapto-9*H*-purin-6-ylamin, Formel IV.

B. Beim Erwärmen von *N*-[6-Amino-2-methylmercapto-5-thioformylamino-pyrimidin-4-yl]-D-mannopyranosylamin (E III/IV **25** 3349) mit Natriummethylat und Äthanol (*Lythgoe et al.*, Soc. **1947** 355).

Kristalle (aus H_2O) mit 1 Mol H_2O; F: 287 – 288° [Zers.]. $[\alpha]_D^{13}$: +58° [wss. HCl (0,1 n); c = 0,5].

Tetra-*O*-acetyl-Derivat $C_{20}H_{25}N_5O_9S$; (1*R*)-Tetra-*O*-acetyl-1-[6-amino-2-methylmercapto-purin-9-yl]-1,5-anhydro-D-mannit, 2-Methylmercapto-9-[tetra-*O*-acetyl-*β*-D-mannopyranosyl]-9*H*-purin-6-ylamin. Kristalle (aus A.); F: 182 – 183°.

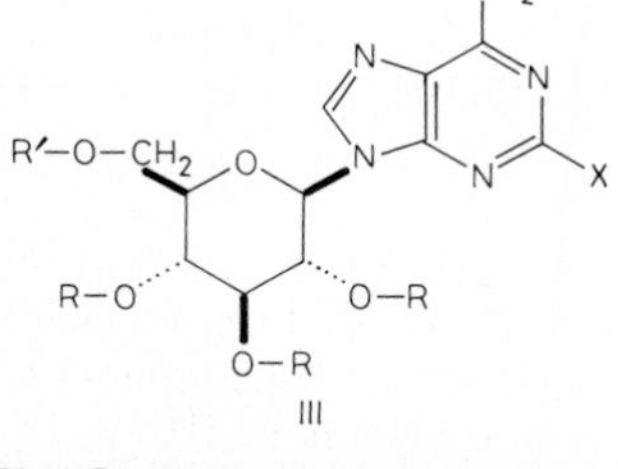

III

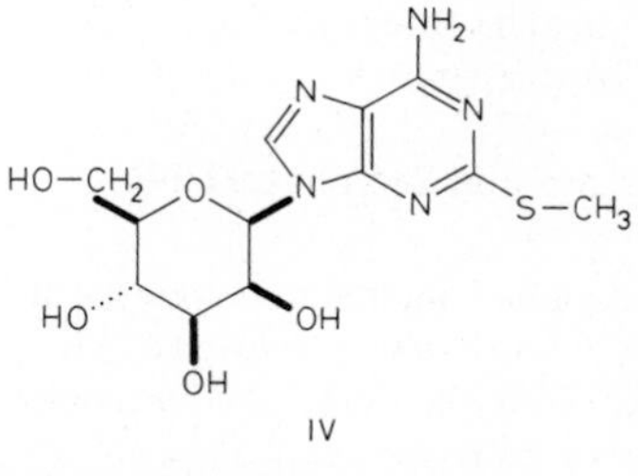

IV

c) **(1*R*)-1-[6-Amino-2-methylmercapto-purin-9-yl]-D-1,5-anhydro-galactit,** 9-*β*-D-Galacto=pyranosyl-2-methylmercapto-9*H*-purin-6-ylamin, Formel V.

B. Beim Erwärmen von Tetra-*O*-acetyl-*N*-[6-amino-2-methylmercapto-5-thioformylamino-pyrimidin-4-yl]-D-galactopyranosylamin (E III/IV **25** 3349) mit Natriummethylat und Äthanol (*Andrews et al.*, Soc. **1949** 2302, 2305).

Kristalle (aus wss. A.) mit 1 Mol H_2O; F: 236–237°. $[\alpha]_D^{17}$: +25° [H_2O; c = 0,3]. λ_{max} (A.): 275 nm.

Picrat $C_{12}H_{17}N_5O_5S \cdot C_6H_3N_3O_7$. Gelber Feststoff (aus H_2O); Zers. bei 280°.

(1*R*)-Tetra-*O*-acetyl-1-[6-amino-2-methansulfonyl-purin-9-yl]-1,5-anhydro-D-glucit, 2-Methansulfonyl-9-[tetra-*O*-acetyl-*β*-D-glucopyranosyl]-9*H*-purin-6-ylamin $C_{20}H_{25}N_5O_{11}S$, Formel III (R = R' = CO-CH_3, X = SO_2-CH_3).

B. Aus (1*R*)-Tetra-*O*-acetyl-1-[6-amino-2-methylmercapto-purin-9-yl]-1,5-anhydro-D-glucit (s. o.) und H_2O_2 in Essigsäure (*Andrews et al.*, Soc. **1949** 2490, 2496).

Kristalle (aus H_2O); F: 150–151°.

(1*R*)-*O*²,*O*³,*O*⁴-Triacetyl-1-[6-amino-2-methylmercapto-purin-9-yl]-*O*⁶-[toluol-4-sulfonyl]-1,5-anhydro-D-glucit, 2-Methylmercapto-9-[*O*²,*O*³,*O*⁴-triacetyl-*O*⁶-(toluol-4-sulfonyl)-*β*-D-glucopyranosyl]-9*H*-purin-6-ylamin $C_{25}H_{29}N_5O_{10}S_2$, Formel III (R = CO-CH_3, R' = SO_2-C_6H_4-CH_3, X = S-CH_3).

B. Beim Behandeln von (1*R*)-1-[6-Amino-2-methylmercapto-purin-9-yl]-1,5-anhydro-D-glucit (S. 3855) mit Toluol-4-sulfonylchlorid und mit Acetanhydrid in Pyridin (*Sato, Yoshimura*, J. chem. Soc. Japan Pure Chem. Sect. **72** [1951] 177; C. A. **1952** 6596).

Hellgelbe Kristalle (aus H_2O+PAe.); F: 74–76°.

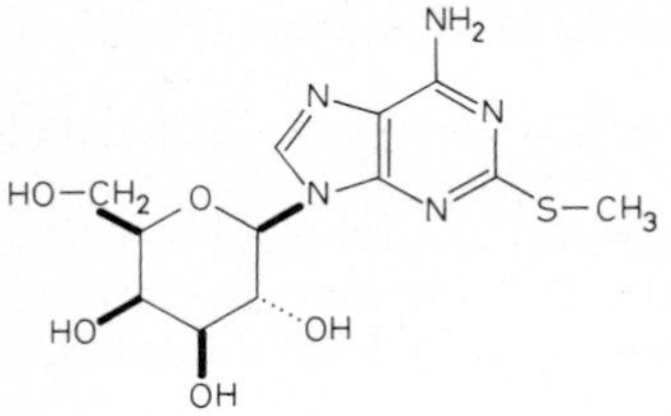

V

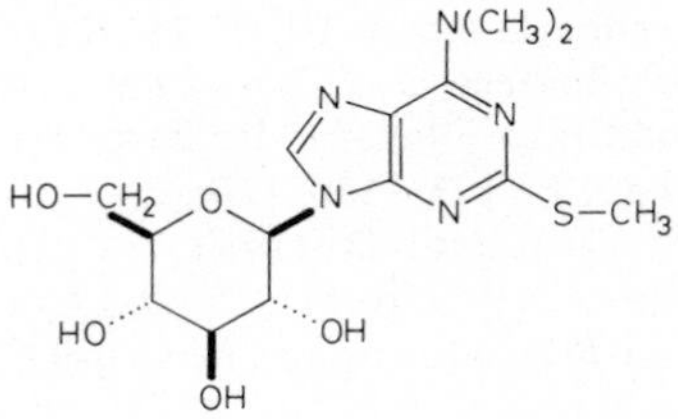

VI

(1*R*)-1-[6-Dimethylamino-2-methylmercapto-purin-9-yl]-1,5-anhydro-D-glucit, 6-Dimethylamino-9-*β*-D-glucopyranosyl-2-methylmercapto-9*H*-purin $C_{14}H_{21}N_5O_5S$, Formel VI.

B. Beim Behandeln von *N*-[4-Amino-6-dimethylamino-2-methylmercapto-pyrimidin-5-yl]-formamid in äthanol. NaOH mit $HgCl_2$ in Äthanol, Erhitzen des Reaktionsprodukts mit Tetra-*O*-acetyl-*α*-D-glucopyranosylbromid und Behandeln des erhaltenen Tetra-*O*-acetyl-Derivats (s. u.) mit NH_3 in Methanol und 2-Methoxy-äthanol (*Baker et al.*, J. org. Chem. **19** [1954] 1780, 1784, 1785).

Kristalle (aus H_2O); F: 237–239°. $[\alpha]_D^{26}$: −8,0° [Py.; c = 2].

Tetra-*O*-acetyl-Derivat $C_{22}H_{29}N_5O_9S$; (1*R*)-Tetra-*O*-acetyl-1-[6-dimethylamino-2-methylmercapto-purin-9-yl]-1,5-anhydro-D-glucit, 6-Dimethylamino-2-methylmercapto-9-[tetra-*O*-acetyl-*β*-D-glucopyranosyl]-9*H*-purin. Kristalle (aus A.); F: 169–171°. λ_{max} (wss. A.): 237,5 nm und 275 nm [pH 1], 249 nm und 285 nm [pH 7] bzw. 247,5 nm und 286 nm [pH 14].

(1*Ξ*)-1-[6-Amino-2-methylmercapto-purin-9-yl]-D-1,4-anhydro-galactit, 9-*ξ*-D-Galactofuranosyl-2-methylmercapto-9*H*-purin-6-ylamin $C_{12}H_{17}N_5O_5S$, Formel VII.

B. Beim aufeinanderfolgenden Behandeln von Tetra-*O*-acetyl-*N*-[6-amino-5-(2,5-dichlor-phenylazo)-2-methylmercapto-pyrimidin-4-yl]-D-galactofuranosylamin (E III/IV **25** 4677) mit Zink-Pulver und Essigsäure in Äthylacetat und mit Natrium-dithioformamid in Methanol, Erhitzen des Reaktionsprodukts mit Kaliumacetat in Acetonitril und Behandeln des erhaltenen Tetra-*O*-acetyl-Derivats (s. u.) mit methanol. Bariummethylat (*Andrews et al.*, Soc. **1949** 2302,

2304, 2305).

Picrat $C_{12}H_{17}N_5O_5S \cdot C_6H_3N_3O_7$. Gelber Feststoff (aus A. + PAe.); F: 250° [Zers.; nach Sintern ab 170°].

Tetra-*O*-acetyl-Derivat $C_{20}H_{25}N_5O_9S$; (1Ξ)-Tetra-*O*-acetyl-1-[6-amino-2-methylmercapto-purin-9-yl]-D-1,4-anhydro-galactit, 2-Methylmercapto-9-[tetra-*O*-acetyl-ξ-D-galactofuranosyl]-9*H*-purin-6-ylamin. Picrat $C_{20}H_{25}N_5O_9S \cdot C_6H_3N_3O_7$. Gelber Feststoff (aus E. + PAe.); F: ca. 120°.

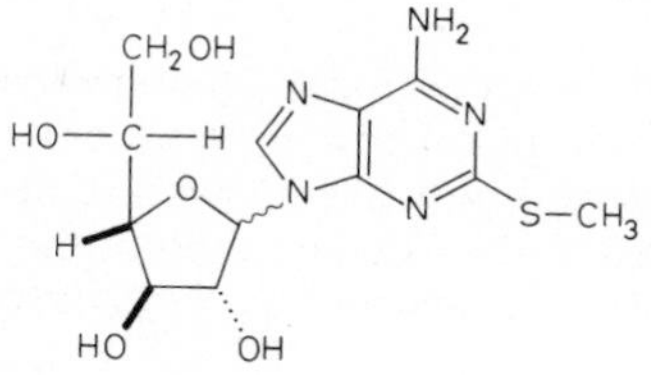

VII 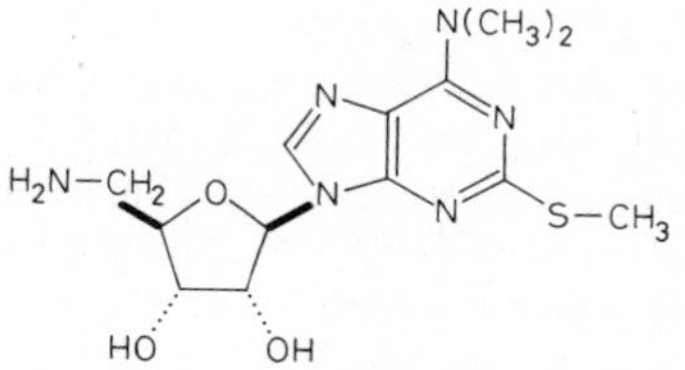 VIII

5′-Amino-*N*⁶,*N*⁶-dimethyl-2-methylmercapto-5′-desoxy-adenosin $C_{13}H_{20}N_6O_3S$, Formel VIII.

B. Aus Dimethyl-[2-methylmercapto-7(9)*H*-purin-6-yl]-amin und *N*-[(1Ξ)-*O*²,*O*³-Dibenzoyl-1-chlor-D-1,4-anhydro-ribit-5-yl]-phthalimid (E III/IV **21** 5363) über mehrere Stufen (*Am. Cyanamid Co.*, U.S.P. 2852505 [1955]).

λ_{max}: 246 nm und 285 nm.

2′-Acetylamino-*N*⁶,*N*⁶-dimethyl-2-methylmercapto-2′-desoxy-adenosin $C_{15}H_{22}N_6O_4S$, Formel IX.

B. Aus Dimethyl-[2-methylmercapto-7(9)*H*-purin-6-yl]-amin und Tri-*O*-acetyl-2-acetylamino-2-desoxy-β-D-ribofuranose über mehrere Stufen (*Am. Cyanamid Co.*, U.S.P. 2852505 [1955]).

λ_{max} (wss. Lösung): 275 nm [pH 1] bzw. 246 nm und 286 nm [pH 7 sowie pH 14].

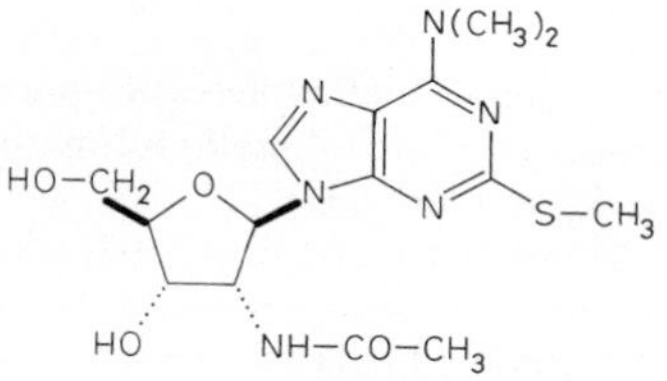

IX 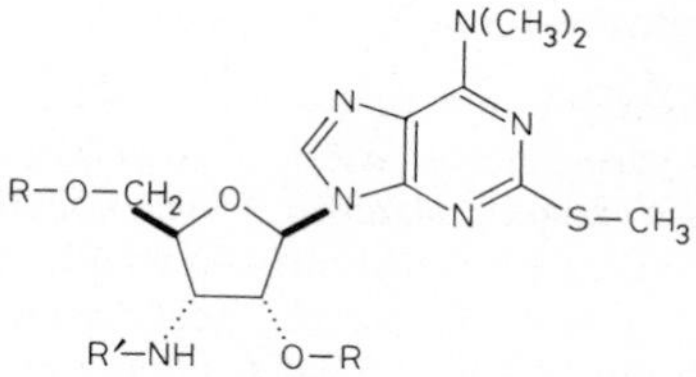 X

4-Amino-2-[6-dimethylamino-2-methylmercapto-purin-9-yl]-5-hydroxymethyl-tetrahydro-furan-3-ol $C_{13}H_{20}N_6O_3S$.

a) **(1*R*)-3-Amino-1-[6-dimethylamino-2-methylmercapto-purin-9-yl]-D-1,4-anhydro-3-desoxy-ribit, 3′-Amino-*N*⁶,*N*⁶-dimethyl-2-methylmercapto-3′-desoxy-adenosin,** Formel X (R = R′ = H).

B. Aus Dimethyl-[2-methylmercapto-7(9)*H*-purin-6-yl]-amin und *N*-[(1*S*)-*O*²,*O*⁵-Dibenzoyl-1-chlor-D-1,4-anhydro-ribit-3-yl]-phthalimid über mehrere Stufen (*Baker et al.*, Am. Soc. **77** [1955] 5905, 5910).

Kristalle (aus A.); F: 185–187° [Zers.]. $[\alpha]_D^{24}$: −2° [DMF; c = 1]. λ_{max}: 247 nm und 286 nm [A.], 277 nm [wss. HCl (0,1 n)] bzw. 247 nm [wss. NaOH (0,1 n)].

b) **(1*R*)-3-Amino-1-[6-dimethylamino-2-methylmercapto-purin-9-yl]-1,4-anhydro-3-desoxy-D-arabit,** 9-[3-Amino-3-desoxy-β-D-arabinofuranosyl]-6-dimethylamino-2-methylmercapto-9*H*-purin, Formel XI.

B. Beim Erhitzen von (5*R*)-5-[6-Dimethylamino-2-methylmercapto-purin-9-yl]-2,5;3,4-dianhydro-D-arabit (S. 3860) mit methanol. NH_3 auf 100° (*Baker, Schaub*, Am. Soc. **77** [1955]

5900, 5901, 5904).

Kristalle (aus H_2O); F: 193–195°. $[\alpha]_D^{25}$: −3,8° [Py.; c = 1,5].

N-Acetyl-Derivat $C_{15}H_{22}N_6O_4S$; (1*R*)-3-Acetylamino-1-[6-dimethylamino-2-methylmercapto-purin-9-yl]-1,4-anhydro-3-desoxy-D-arabit, 9-[3-Acetylamino-3-desoxy-*β*-D-arabinofuranosyl]-6-dimethylamino-2-methylmercapto-9*H*-purin. Kristalle (aus E.+A.); F: 193–195°. $[\alpha]_D^{25}$: +13° [Py.; c = 2,3].

$O^{2'}$,$O^{5'}$-Diacetyl-3′-acetylamino-N^6,N^6-dimethyl-2-methylmercapto-3′-desoxy-adenosin $C_{19}H_{26}N_6O_6S$, Formel X (R = R′ = CO-CH_3).

B. Beim aufeinanderfolgenden Behandeln von (1*R*)-3-Acetylamino-1-[6-dimethylamino-2-methylmercapto-purin-9-yl]-1,4-anhydro-3-desoxy-D-arabit (s. o.) mit Tritylchlorid und mit Methansulfonylchlorid in Pyridin, anschliessenden Erwärmen mit wss. Essigsäure und Erwärmen des erhaltenen (1*R*)-3-Acetylamino-1-[6-dimethylamino-2-methylmercapto-purin-9-yl]-O^2-methansulfonyl-1,4-anhydro-3-desoxy-D-arabits mit Natriumacetat in wss. 2-Methoxy-äthanol (*Baker, Schaub,* Am. Soc. **77** [1955] 5900, 5901, 5904).

Feststoff.

Überführung in $O^{2'}$,$O^{5'}$-Diacetyl-3′-acetylamino-N^6,N^6-dimethyl-3′-desoxy-adenosin: *Ba., Sch.*

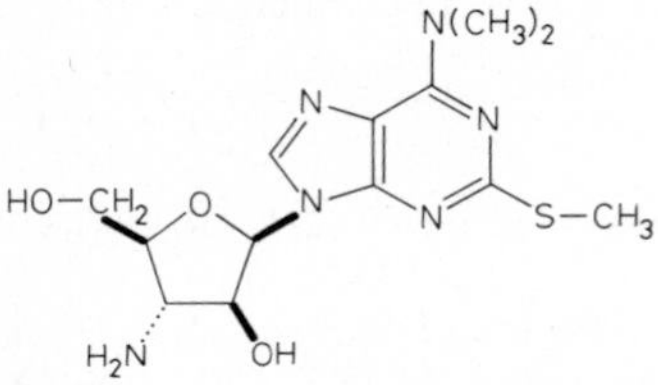

XI

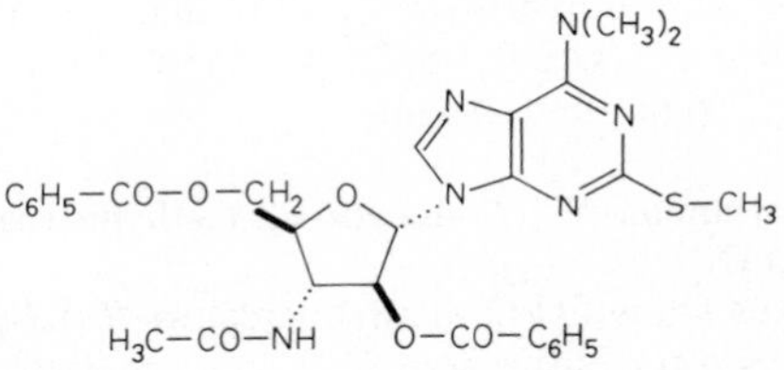

XII

3-Acetylamino-4-benzoyloxy-2-benzoyloxymethyl-5-[6-dimethylamino-2-methylmercapto-purin-9-yl]-tetrahydro-furan $C_{29}H_{30}N_6O_6S$.

a) **(1*R*)-3-Acetylamino-O^2,O^5-dibenzoyl-1-[6-dimethylamino-2-methylmercapto-purin-9-yl]-D-1,4-anhydro-3-desoxy-ribit, 3′-Acetylamino-$O^{2'}$,$O^{5'}$-dibenzoyl-N^6,N^6-dimethyl-2-methylmercapto-3′-desoxy-adenosin,** Formel X (R = CO-C_6H_5, R′ = CO-CH_3).

B. Aus der Chloromercurio-Verbindung des Dimethyl-[2-methylmercapto-7(9)*H*-purin-6-yl]-amins und O^1-Acetyl-3-acetylamino-O^2,O^5-dibenzoyl-3-desoxy-*ξ*-D-ribofuranose (F: 127–131°) mit Hilfe von $TiCl_4$ (*Baker et al.,* Am. Soc. **77** [1955] 12, 14).

λ_{max} (2-Methoxy-äthanol): 282,5 nm.

b) **(1*S*?)-3-Acetylamino-O^2,O^5-dibenzoyl-1-[6-dimethylamino-2-methylmercapto-purin-9-yl]-1,4-anhydro-3-desoxy-D-arabit,** 9-[3-Acetylamino-*O*,*O*′-dibenzoyl-3-desoxy-α(?)-D-arabinofuranosyl]-6-dimethylamino-2-methylmercapto-9*H*-purin, vermutlich Formel XII.

B. Aus O^1-Acetyl-3-acetylamino-O^2,O^5-dibenzoyl-3-desoxy-α(?)-D-arabinofuranose (E III/IV **18** 7470) analog dem unter a) beschriebenen Stereoisomeren (*Baker, Schaub,* Am. Soc. **77** [1955] 2396, 2398; *Am. Cyanamid Co.,* U.S.P. 2852505 [1955]).

λ_{max} (2-Methoxy-äthanol): 282,5 nm (*Am. Cyanamid Co.*).

(1*R*)-2-Acetylamino-1-[6-dimethylamino-2-methylmercapto-purin-9-yl]-1,5-anhydro-2-desoxy-D-glucit, 9-[2-Acetylamino-2-desoxy-*β*-D-glucopyranosyl]-6-dimethylamino-2-methylmercapto-9*H*-purin $C_{16}H_{24}N_6O_5S$, Formel XIII (R = H).

B. Aus (1*R*)-Tri-*O*-acetyl-2-acetylamino-1-[6-dimethylamino-2-methylmercapto-purin-9-yl]-1,5-anhydro-2-desoxy-D-glucit (s. u.) beim Erwärmen mit Natriummethylat in Methanol oder beim Behandeln mit methanol. NH_3 (*Baker et al.,* J. org. Chem. **19** [1954] 1786, 1791).

Kristalle mit 1 Mol H_2O; F: 246–247° [Zers.]. $[\alpha]_D^{24}$: +23,3° [Py.; c = 1,4].

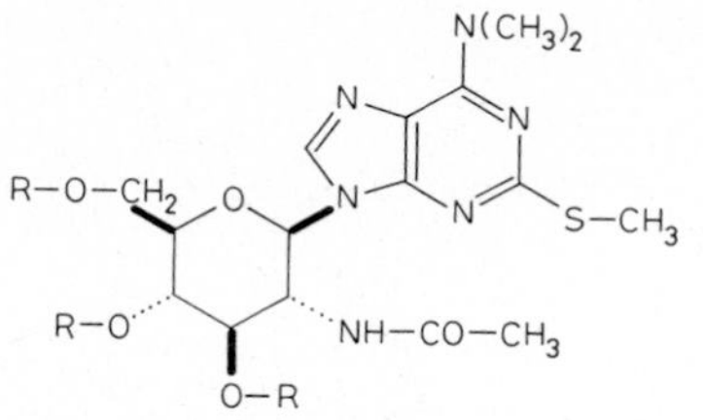

3,4-Diacetoxy-2-acetoxymethyl-5-acetylamino-6-[6-dimethylamino-2-methylmercapto-purin-9-yl]-tetrahydro-pyran $C_{22}H_{30}N_6O_8S$.

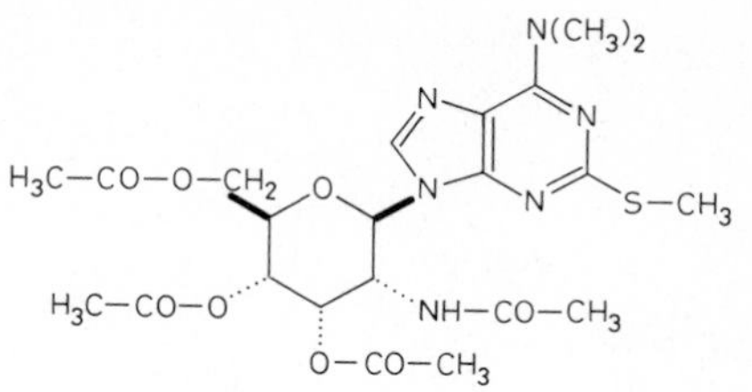

a) **(1*R*)-Tri-*O*-acetyl-2-acetylamino-1-[6-dimethylamino-2-methylmercapto-purin-9-yl]-D-1,5-anhydro-2-desoxy-allit,** 6-Dimethylamino-2-methylmercapto-9-[tri-*O*-acetyl-2-acetylamino-2-desoxy-*β*-D-allopyranosyl]-9*H*-purin, Formel XIV.

B. Aus (1*R*)-*O*[3]-Acetyl-2-acetylamino-*O*[4],*O*[6]-[(*Ξ*)-benzyliden]-1-[6-dimethylamino-2-methylmercapto-purin-9-yl]-D-1,5-anhydro-2-desoxy-allit (S. 3861) beim aufeinanderfolgenden Behandeln mit wss.-methanol. HCl und mit Acetanhydrid und Pyridin (*Am. Cyanamid Co.,* U.S.P. 2852505 [1955]).

Kristalle (aus E.); F: 197 – 198°.

b) **(1*R*)-Tri-*O*-acetyl-2-acetylamino-1-[6-dimethylamino-2-methylmercapto-purin-9-yl]-1,5-anhydro-2-desoxy-D-glucit,** 6-Dimethylamino-2-methylmercapto-9-[tri-*O*-acetyl-2-acetylamino-2-desoxy-*β*-D-glucopyranosyl]-9*H*-purin, Formel XIII (R = CO-CH_3).

B. Aus der Chloromercurio-Verbindung des Dimethyl-[2-methylmercapto-7*H*-purin-6-yl]-amins und Tri-*O*-acetyl-2-acetylamino-2-desoxy-α-D-glucopyranosylchlorid [E III/IV **18** 7489] (*Baker et al.,* J. org. Chem. **19** [1954] 1786, 1790).

Kristalle (aus A.); F: 238 – 240° [Zers.]. $[\alpha]_D^{24}$: +8,5° [$CHCl_3$; c = 1,8]. λ_{max} (wss. A.): 242,5 nm und 277,5 nm [pH 1], 249 nm und 284 nm [pH 7] bzw. 250 nm und 286 nm [pH 14].

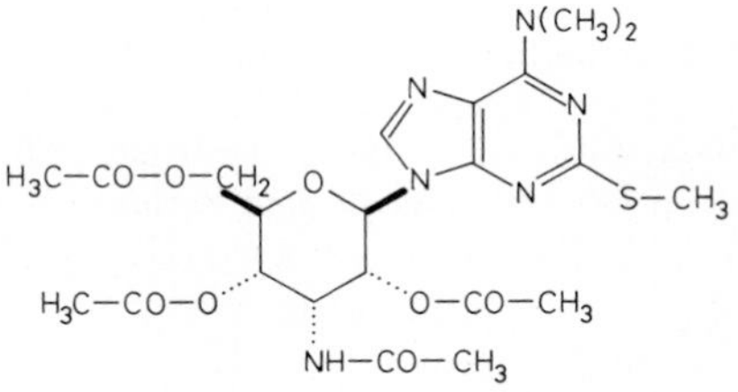

(1*R*)-Tri-*O*-acetyl-3-acetylamino-1-[6-dimethylamino-2-methylmercapto-purin-9-yl]-D-1,5-anhydro-3-desoxy-allit, 6-Dimethylamino-2-methylmercapto-9-[tri-*O*-acetyl-3-acetylamino-3-desoxy-*β*-D-allopyranosyl]-9*H*-purin $C_{22}H_{30}N_6O_8S$, Formel XV.

B. Aus der Chloromercurio-Verbindung des Dimethyl-[2-methylmercapto-7*H*-purin-6-yl]-amins und Tetra-*O*-acetyl-3-acetylamino-3-desoxy-*ξ*-D-allopyranose (aus Methyl-[tri-*O*-acetyl-3-acetylamino-3-desoxy-α-D-allopyranosid] hergestellt) mit Hilfe von $TiCl_4$ (*Am. Cyanamid Co.,* U.S.P. 2852505 [1955]).

Feststoff. λ_{max} (A.): 248 nm und 283 nm.

[2-Methylmercapto-adenosin-5′-yl]-phosphonsäure-diäthylester $C_{15}H_{24}N_5O_6PS$, Formel I.

B. Aus *O*[2],*O*[3]-Diacetyl-*N*-[6-amino-5-(2,5-dichlor-phenylazo)-2-methylmercapto-pyrimidin-4-yl]-5-diäthoxyphosphoryl-5-desoxy-D-ribofuranosylamin (E III/IV **25** 4677) beim aufeinanderfolgenden Behandeln mit Zink-Pulver und Essigsäure in Äthylacetat und mit Natrium-dithioformiat und Essigsäure in Äthanol und Erwärmen des Reaktionsprodukts mit Natriummethylat in Methanol (*Wolff, Burger,* J. Am. pharm. Assoc. **48** [1959] 56, 59).

Hexachloroplatinat(IV) $2C_{15}H_{24}N_5O_6PS \cdot H_2PtCl_6$. Feststoff.

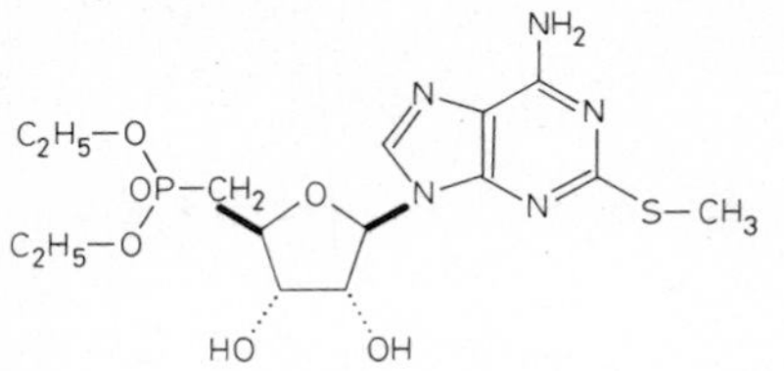

I

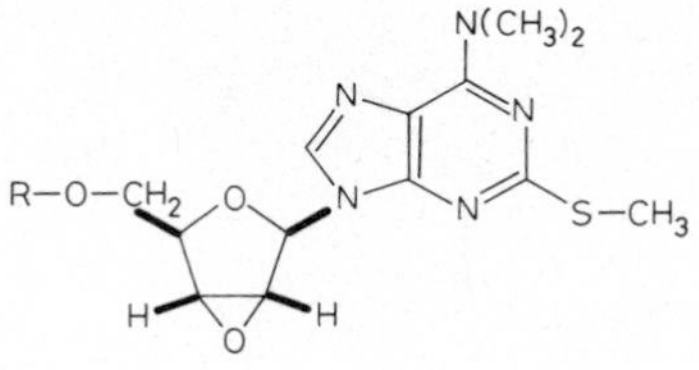

II

5-[6-Dimethylamino-2-methylmercapto-purin-9-yl]-3,4-epoxy-tetrahydro-furfurylalkohol $C_{13}H_{17}N_5O_3S$.

a) **(1*R*)-1-[6-Dimethylamino-2-methylmercapto-purin-9-yl]-D-1,4;2,3-dianhydro-ribit, *N*⁶,*N*⁶-Dimethyl-2-methylmercapto-2′,3′-anhydro-adenosin,** Formel II (R = H).

B. Aus (1*R*)-*O*²-Benzoyl-1-[6-dimethylamino-2-methylmercapto-purin-9-yl]-*O*³-methansulfonyl-D-1,4-anhydro-xylit (S. 3854) oder aus (1*R*)-1-[6-Dimethylamino-2-methylmercapto-purin-9-yl]-*O*²,*O*³-bis-methansulfonyl-D-1,4-anhydro-xylit (S. 3855) beim Erwärmen mit Natriummethylat in Methanol (*Schaub et al.,* Am. Soc. **80** [1958] 4692, 4695).

Kristalle (aus E. + Heptan); F: 172–173° [unkorr.; Zers.].

b) **(5*R*)-5-[6-Dimethylamino-2-methylmercapto-purin-9-yl]-2,5;3,4-dianhydro-D-arabit,** 9-[2,3-Anhydro-*β*-D-lyxofuranosyl]-6-dimethylamino-2-methylmercapto-9*H*-purin, Formel III.

B. Aus (1*R*)-1-[6-Dimethylamino-2-methylmercapto-purin-9-yl]-*O*²-methansulfonyl-D-1,4-anhydro-xylit (S. 3854) beim Erwärmen mit Natriummethylat in Methanol (*Baker, Schaub,* Am. Soc. **77** [1955] 5900, 5904).

Kristalle (aus A.); F: 211–212°. $[\alpha]_D^{24}$: −43° [Py.; c = 2].

***N*⁶,*N*⁶-Dimethyl-2-methylmercapto-*O*⁵′-trityl-2′,3′-anhydro-adenosin** $C_{32}H_{31}N_5O_3S$, Formel II (R = $C(C_6H_5)_3$).

B. Aus (1*R*)-*O*²-Benzoyl-1-[6-dimethylamino-2-methylmercapto-purin-9-yl]-*O*³-methansulfonyl-*O*⁵-trityl-D-1,4-anhydro-xylit (S. 3854) beim Erwärmen mit Natriummethylat in Methanol (*Schaub et al.,* Am. Soc. **80** [1958] 4692, 4695). Beim Erwärmen von *N*⁶,*N*⁶-Dimethyl-2-methylmercapto-2′,3′-anhydro-adenosin mit Tritylchlorid und Pyridin (*Sch. et al.*).

Kristalle (aus E. + Heptan); F: 215° [unkorr.; Zers.]. $[\alpha]_D^{25}$: +68,7° [$CHCl_3$; c = 2,4].

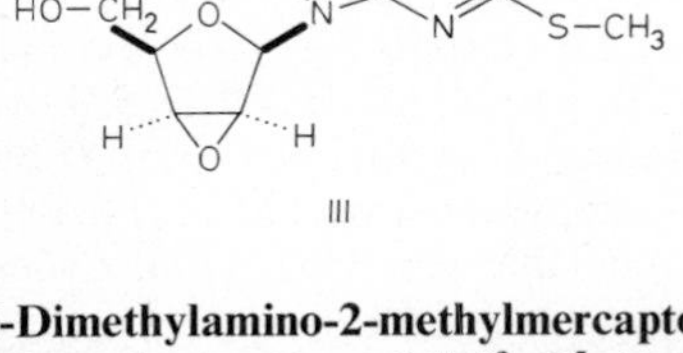

III

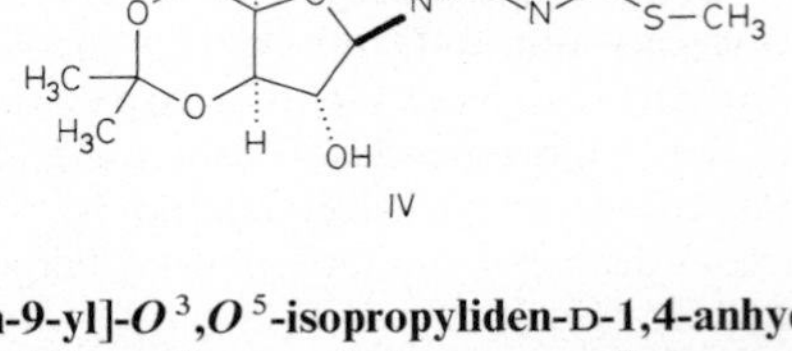

IV

(1*R*)-1-[6-Dimethylamino-2-methylmercapto-purin-9-yl]-*O*³,*O*⁵-isopropyliden-D-1,4-anhydro-xylit, 6-Dimethylamino-9-[*O*³,*O*⁵-isopropyliden-*β*-D-xylofuranosyl]-2-methylmercapto-9*H*-purin $C_{16}H_{23}N_5O_4S$, Formel IV.

B. Beim Behandeln von (1*R*)-1-[6-Dimethylamino-2-methylmercapto-purin-9-yl]-D-1,4-anhydro-xylit (S. 3854) mit Aceton, $CuSO_4$ und konz. H_2SO_4 bzw. Äthansulfonsäure (*Baker, Schaub,* Am. Soc. **77** [1955] 5900, 5903).

Kristalle (aus E. + Heptan); F: 138–139° [Zers.]; $[\alpha]_D^{25}$: −27° [$CHCl_3$; c = 2] (*Ba., Sch.*).

Benzoyl-Derivat $C_{23}H_{27}N_5O_5S$; (1*R*)-*O*²-Benzoyl-1-[6-dimethylamino-2-methylmercapto-purin-9-yl]-*O*³,*O*⁵-isopropyliden-D-1,4-anhydro-xylit, 9-[*O*²-

Benzoyl-O^3,O^5-isopropyliden-β-D-xylofuranosyl]-6-dimethylamino-2-methyl-mercapto-9*H*-purin. Feststoff (*Schaub et al.*, Am. Soc. **80** [1958] 4692, 4696).

Methansulfonyl-Derivat $C_{17}H_{25}N_5O_6S_2$; (1*R*)-1-[6-Dimethylamino-2-methyl-mercapto-purin-9-yl]-O^3,O^5-isopropyliden-O^2-methansulfonyl-D-1,4-anhydro-xylit, 6-Dimethylamino-9-[O^3,O^5-isopropyliden-O^2-methansulfonyl-β-D-xylo-furanosyl]-2-methylmercapto-9*H*-purin. Kristalle (aus A.); F: 204–205°; $[\alpha]_D^{25}$: −25° [$CHCl_3$; c = 1,5] (*Ba., Sch.*).

V

VI

N-[6-(6-Dimethylamino-2-methylmercapto-purin-9-yl)-8-hydroxy-2-phenyl-hexahydro-pyrano-[3,2-*d*][1,3]dioxin-7-yl]-acetamid $C_{23}H_{28}N_6O_5S$.

a) **(1*R*)-2-Acetylamino-O^4,O^6-[(Ξ)-benzyliden]-1-[6-dimethylamino-2-methylmercapto-purin-9-yl]-D-1,5-anhydro-2-desoxy-allit,** 9-[2-Acetylamino-O^4,O^6-((Ξ)-benzyliden)-2-desoxy-β-D-allopyranosyl]-6-dimethylamino-2-methylmercapto-9*H*-purin, Formel V.

B. Beim Erwärmen von (1*R*)-2-Acetylamino-O^4,O^6-[(Ξ)-benzyliden]-1-[6-dimethylamino-2-methylmercapto-purin-9-yl]-O^3-methansulfonyl-1,5-anhydro-2-desoxy-D-glucit (s. u.) mit Natriumacetat in wss. 2-Methoxy-äthanol (*Am. Cyanamid Co.*, U.S.P. 2852505 [1955]).

Kristalle (aus Toluol); F: 229–231° [Zers.].

O-Acetyl-Derivat $C_{25}H_{30}N_6O_6S$; (1*R*)-O^3-Acetyl-2-acetylamino-O^4,O^6-[(Ξ)-benzyliden]-1-[6-dimethylamino-2-methylmercapto-purin-9-yl]-D-1,5-anhydro-2-desoxy-allit, 9-[O^3-Acetyl-2-acetylamino-O^4,O^6-((Ξ)-benzyliden)-2-desoxy-β-D-allopyranosyl]-6-dimethylamino-2-methylmercapto-9*H*-purin. Kristalle (aus E. +PAe.); F: 204–205° [Zers.].

b) **(1*R*)-2-Acetylamino-O^4,O^6-[(Ξ)-benzyliden]-1-[6-dimethylamino-2-methylmercapto-purin-9-yl]-1,5-anhydro-2-desoxy-D-glucit,** 9-[2-Acetylamino-O^4,O^6-((Ξ)-benzyliden)-2-desoxy-β-D-glucopyranosyl]-6-dimethylamino-2-methylmercapto-9*H*-purin, Formel VI.

B. Beim Behandeln von (1*R*)-2-Acetylamino-1-[6-dimethylamino-2-methylmercapto-purin-9-yl]-1,5-anhydro-2-desoxy-D-glucit (S. 3858) mit Benzaldehyd und $ZnCl_2$ (*Am. Cyanamid Co.*, U.S.P. 2852505 [1955]).

Kristalle (aus 2-Äthoxy-äthanol + H_2O); F: 254–255° [Zers.].

O-Methansulfonyl-Derivat $C_{24}H_{30}N_6O_7S_2$; (1*R*)-2-Acetylamino-O^4,O^6-[(Ξ)-benzyliden]-1-[6-dimethylamino-2-methylmercapto-purin-9-yl]-O^3-methansulfonyl-1,5-anhydro-2-desoxy-D-glucit, 9-[2-Acetylamino-O^4,O^6-((Ξ)-benzyliden)-O^3-methansulfonyl-2-desoxy-β-D-glucopyranosyl]-6-dimethylamino-2-methylmercapto-9*H*-purin. Kristalle (aus A.); F: 201–202° [Zers.].

6-Chloramino-2-methansulfonyl-9-methyl-9*H*-purin (?), Chlor-[2-methansulfonyl-9-methyl-9*H*-purin-6-yl]-amin (?) $C_7H_8ClN_5O_2S$, vermutlich Formel VII.

B. Beim Behandeln von 9-Methyl-2-methylmercapto-9*H*-purin-6-ylamin mit Chlor in H_2O (*Andrews et al.*, Soc. **1949** 2490, 2495).

Kristalle (aus Me.); F: 248–250° [nach Sintern bei 140°].

8-Chlor-6-dimethylamino-2-methylmercapto-7(9)*H*-purin, [8-Chlor-2-methylmercapto-7(9)*H*-purin-6-yl]-dimethyl-amin $C_8H_{10}ClN_5S$, Formel VIII (R = R′ = CH_3, X = S-CH_3) und Taut.

B. Beim Erwärmen von 6,8-Dichlor-2-methylmercapto-7(9)*H*-purin mit wss. Dimethylamin

(*Noell, Robins,* J. org. Chem. **24** [1959] 320, 323).

Kristalle (aus DMF+A.); F: 291° [unkorr.]. λ_{max} (wss. Lösung): 257 nm und 296 nm [pH 1] bzw. 240 nm und 292 nm [pH 11].

8-Chlor-6-dimethylamino-2-methansulfonyl-7(9)*H*-purin, [8-Chlor-2-methansulfonyl-7(9)*H*-purin-6-yl]-dimethyl-amin $C_8H_{10}ClN_5O_2S$, Formel VIII (R = R′ = CH_3, X = SO_2-CH_3) und Taut.

B. Beim Behandeln von 6,8-Dichlor-2-methansulfonyl-7(9)*H*-purin oder von 8-Chlor-2,6-bis-methansulfonyl-7(9)*H*-purin mit wss. Dimethylamin in Äthanol (*Noell, Robins,* Am. Soc. **81** [1959] 5997, 6002, 6006).

Kristalle (aus A.); F: 254° [unkorr.]. λ_{max} (wss. Lösung): 224 nm und 279 nm [pH 1] bzw. 233 nm und 284 nm [pH 11].

[8-Chlor-2-methylmercapto-7(9)*H*-purin-6-yl]-[2-chlor-phenyl]-amin $C_{12}H_9Cl_2N_5S$, Formel VIII (R = C_6H_4-Cl, R′ = H, X = S-CH_3) und Taut.

B. Beim Erwärmen von 6,8-Dichlor-2-methylmercapto-7(9)*H*-purin mit 2-Chlor-anilin in Äthanol (*Noell, Robins,* J. org. Chem. **24** [1959] 320, 323).

Kristalle (aus A.); F: 282° [unkorr.]. λ_{max} (wss. Lösung): 258 nm und 318 nm [pH 1] bzw. 255 nm und 330 nm [pH 11].

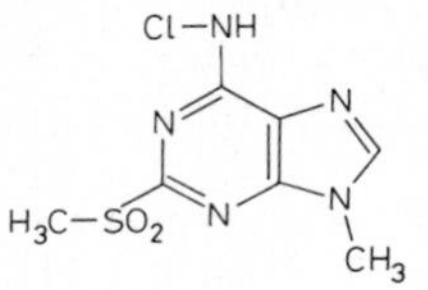

Cl—NH; N; N; N; N; H_3C—SO_2; CH_3

VII

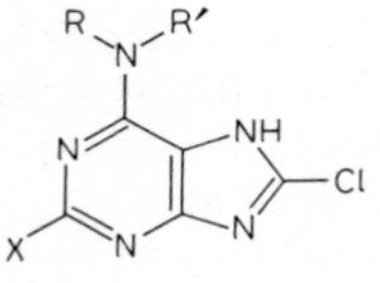

R; R′; N; N; NH; Cl; X; N; N

VIII

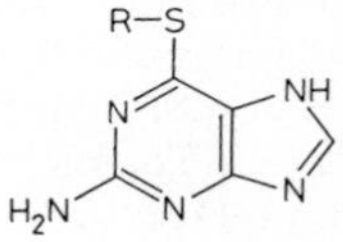

R—S; N; NH; H_2N; N; N

IX

6-Methylmercapto-7(9)*H*-purin-2-ylamin $C_6H_7N_5S$, Formel IX (R = CH_3) und Taut.

B. Aus 2-Amino-1,7-dihydro-purin-6-thion beim Behandeln in wss. NaOH mit Dimethylsulfat (*Montgomery, Holum,* Am. Soc. **79** [1957] 2185, 2188; *Elion et al.,* Am. Soc. **81** [1959] 1898, 1899, 1900) oder mit CH_3I (*Leonard et al.,* Am. Soc. **81** [1959] 907).

Kristalle (aus H_2O); F: 237–241° [Zers.] (*Le. et al.*), 239,5–240° [korr.] (*Mo., Ho.*). Kristalle (aus H_2O) mit 1 Mol H_2O; F: 205–206° (*El. et al.*). λ_{max} (wss. Lösung): 241 nm, 273 nm und 317 nm [pH 1], 242 nm und 309 nm [pH 7] bzw. 228 nm und 313 nm [pH 13] (*Le. et al.*), 242 nm, 273 nm und 318 nm [pH 1] bzw. 312 nm [pH 11] (*El. et al.*).

6-Äthylmercapto-7(9)*H*-purin-2-ylamin $C_7H_9N_5S$, Formel IX (R = C_2H_5) und Taut.

B. Beim Erhitzen von 2-Amino-1,7-dihydro-purin-6-thion mit Äthylbromid in wss. NaOH auf 120° (*Elion et al.,* Am. Soc. **81** [1959] 1898, 1899, 1900).

Kristalle (aus H_2O); F: 203–204°; λ_{max} (wss. Lösung): 275 nm und 318 nm [pH 1] bzw. 313 nm [pH 11] (*El. et al.*).

Die folgenden Verbindungen sind in analoger Weise hergestellt worden:

6-Propylmercapto-7(9)*H*-purin-6-ylamin $C_8H_{11}N_5S$, Formel IX (R = CH_2-C_2H_5) und Taut. Kristalle (aus H_2O); F: 189–190°; λ_{max} (wss. Lösung): 277 nm und 318 nm [pH 1] bzw. 313 nm [pH 11] (*El. et al.*).

6-Butylmercapto-7(9)*H*-purin-2-ylamin $C_9H_{13}N_5S$, Formel IX (R = [CH_2]$_3$-CH_3) und Taut. Kristalle (aus A.); F: 200–202°; λ_{max} (wss. Lösung): 276 nm und 318 nm [pH 1] bzw. 313 nm [pH 11] (*El. et al.*).

6-Benzylmercapto-7(9)*H*-purin-2-ylamin $C_{12}H_{11}N_5S$, Formel IX (R = CH_2-C_6H_5) und Taut. Kristalle; F: 207–209° (*Leonard et al.,* Am. Soc. **81** [1959] 907), 208° (*Montgomery et al.,* Am. Soc. **81** [1959] 3963, 3967), 205–207° [aus wss. Acn.] (*El. et al.*). λ_{max}: 276 nm und 320 nm [wss. Lösung vom pH 1] bzw. 315 nm [wss. Lösung vom pH 11] (*El. et al.*), 276 nm und 318 nm [wss. HCl (0,1 n)], 242 nm und 310 nm [wss. Lösung vom pH 7] bzw. 226 nm und 315 nm [wss. NaOH (0,1 n)] (*Mo. et al.*).

6-[2-Chlor-benzylmercapto]-7(9)*H*-purin-2-ylamin $C_{12}H_{10}ClN_5S$, Formel IX (R = CH_2-C_6H_4-Cl) und Taut. Kristalle (aus wss. Me.); F: 198–200° [Zers.]; λ_{max} (wss. Lösung): 274 nm und 320 nm [pH 1] bzw. 316 nm [pH 11] (*El. et al.*).

6-[4-Chlor-benzylmercapto]-7(9)*H*-purin-2-ylamin $C_{12}H_{10}ClN_5S$, Formel IX (R = CH_2-C_6H_4-Cl) und Taut. Kristalle (aus A.); F: 229–230°; λ_{max} (wss. Lösung): 275 nm und 318 nm [pH 1] bzw. 315 nm [pH 11] (*El. et al.*).

6-[3,4-Dichlor-benzylmercapto]-7(9)*H*-purin-2-ylamin $C_{12}H_9Cl_2N_5S$, Formel IX (R = CH_2-$C_6H_3Cl_2$) und Taut. Kristalle (aus wss. Acn.); F: 230° [Zers.]; λ_{max} (wss. Lösung): 274 nm und 320 nm [pH 1] bzw. 316 nm [pH 11] (*El. et al.*).

6-[2-Methyl-benzylmercapto]-7(9)*H*-purin-2-ylamin $C_{13}H_{13}N_5S$, Formel IX (R = CH_2-C_6H_4-CH_3) und Taut. Kristalle (aus wss. A.); F: 223–224°; λ_{max} (wss. Lösung): 275 nm und 319 nm [pH 1] bzw. 315 nm [pH 11] (*El. et al.*).

6-[3-Methyl-benzylmercapto]-7(9)*H*-purin-2-ylamin $C_{13}H_{13}N_5S$, Formel IX (R = CH_2-C_6H_4-CH_3) und Taut. Kristalle (aus H_2O); F: 178–180°; λ_{max} (wss. Lösung): 275 nm und 320 nm [pH 1] bzw. 313 nm [pH 11] (*El. et al.*).

6-[4-Methyl-benzylmercapto]-7(9)*H*-purin-2-ylamin $C_{13}H_{13}N_5S$, Formel IX (R = CH_2-C_6H_4-CH_3) und Taut. Kristalle (aus wss. Me.); F: 261–263°; λ_{max} (wss. Lösung): 275 nm und 320 nm [pH 1] bzw. 313 nm [pH 11] (*El. et al.*).

[2-Amino-7(9)*H*-purin-6-ylmercapto]-aceton $C_8H_9N_5OS$, Formel IX (R = CH_2-CO-CH_3) und Taut. Kristalle (aus H_2O); F: 198–199°; λ_{max} (wss. Lösung): 270 nm und 318 nm [pH 1] bzw. 230 nm und 311 nm [pH 11] (*El. et al.*).

[2-Amino-7(9)*H*-purin-6-ylmercapto]-essigsäure $C_7H_7N_5O_2S$, Formel IX (R = CH_2-CO-OH) und Taut. F: >300° [Zers.; aus Alkalilauge+Eg.]; λ_{max} (wss. Lösung): 240 nm, 268 nm und 319 nm [pH 1] bzw. 312 nm [pH 11] (*El. et al.*).

8-Methoxy-7(9)*H*-purin-6-ylamin $C_6H_7N_5O$, Formel X (R = H) und Taut.

B. Beim Erhitzen von 8-Chlor-7(9)*H*-purin-6-ylamin mit Natriummethylat in Methanol auf 130° (*Robins,* Am. Soc. **80** [1958] 6671, 6678).

Kristalle (aus H_2O). λ_{max} (wss. Lösung): 270 nm [pH 1] bzw. 271 nm [pH 11] (*Ro.,* l. c. S. 6675).

8-Methoxy-6-methylamino-7(9)*H*-purin, [8-Methoxy-7(9)*H*-purin-6-yl]-methyl-amin $C_7H_9N_5O$, Formel X (R = CH_3) und Taut.

B. Beim Erhitzen von [8-Chlor-7(9)*H*-purin-6-yl]-methyl-amin mit Natriummethylat in Methanol auf 135° (*Robins,* Am. Soc. **80** [1958] 6671, 6678).

λ_{max} (wss. Lösungen vom pH 1 bzw. pH 11): 280 nm (*Ro.,* l. c. S. 6675).

8-Methylmercapto-7(9)*H*-purin-6-ylamin $C_6H_7N_5S$, Formel XI (R = R′ = H) und Taut.

B. Beim Erhitzen von 6-Chlor-8-methylmercapto-7(9)*H*-purin mit wss. NH_3 auf 110° (*Robins,* Am. Soc. **80** [1958] 6671, 6672, 6679). Beim Behandeln von 6-Amino-7,9-dihydro-purin-8-thion mit CH_3I in wss. KOH (*Ro.*).

Kristalle (aus wss. A.); F: 288–290° [unkorr.; Zers.]. λ_{max} (wss. Lösung): 290 nm [pH 1] bzw. 228 nm und 286 nm [pH 11] (*Ro.,* l. c. S. 6675).

6-Dimethylamino-8-methylmercapto-7(9)*H*-purin, Dimethyl-[8-methylmercapto-7(9)*H*-purin-6-yl]-amin $C_8H_{11}N_5S$, Formel XI (R = R′ = CH_3) und Taut.

B. Beim Erwärmen von 6-Chlor-8-methylmercapto-7(9)*H*-purin mit wss. Dimethylamin (*Robins,* Am. Soc. **80** [1958] 6671, 6674, 6678).

Kristalle (aus A.); F: 260° [unkorr.]. λ_{max} (wss. Lösung): 302 nm [pH 1] bzw. 233 nm und 296 nm [pH 11].

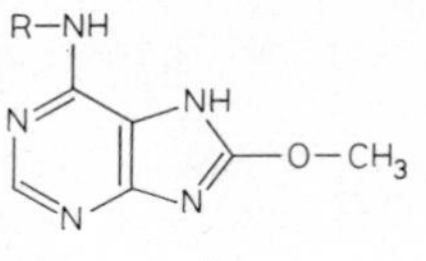

6-Äthylamino-8-methylmercapto-7(9)*H*-purin, Äthyl-[8-methylmercapto-7(9)*H*-purin-6-yl]-amin $C_8H_{11}N_5S$, Formel XI (R = H, R′ = C_2H_5) und Taut.

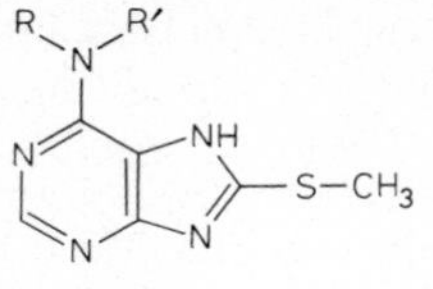

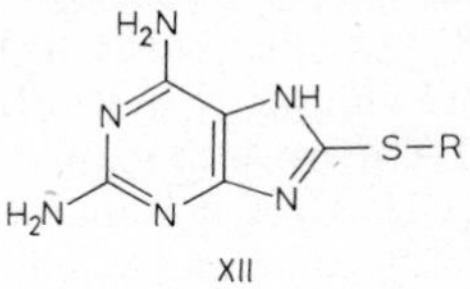

B. Analog der vorangehenden Verbindung (*Robins,* Am. Soc. **80** [1958] 6671, 6674).

Kristalle (aus wss. A.); F: 235–236° [unkorr.]. λ_{max} (wss. Lösung vom pH 11): 227 nm und 290 nm.

[4-Chlor-benzyl]-[8-methylmercapto-7(9)*H*-purin-6-yl]-amin $C_{13}H_{12}ClN_5S$, Formel XI (R = H, R′ = CH_2-C_6H_4-Cl) und Taut.

B. Analog den vorangehenden Verbindungen (*Robins,* Am. Soc. **80** [1958] 6671, 6674).

Kristalle (aus 2-Äthoxy-äthanol); F: 275–277° [unkorr.]. λ_{max} (wss. Lösung vom pH 11): 226 nm und 292 nm.

[2,6-Diamino-7(9)*H*-purin-8-ylmercapto]-aceton $C_8H_{10}N_6OS$, Formel XII (R = CH_2-CO-CH_3) und Taut.

B. Beim Erwärmen von 2,6-Diamino-7,9-dihydro-purin-8-thion-hydrochlorid mit Chloraceton in Äthanol (*Gordon,* Am. Soc. **73** [1951] 984).

λ_{max} (wss. Lösung): 220 nm, 264 nm und 302 nm [pH 2,3], 220 nm, 257 nm und 296 nm [pH 7,1] bzw. 221 nm und 297 nm [pH 9,6].

Beim Erwärmen mit HCl in Äthanol ist 6-Methyl-thiazolo[2,3-*f*]purin-2,4-diyldiamin-hydrochlorid erhalten worden.

Hydrochlorid $C_8H_{10}N_6OS \cdot HCl$. Kristalle (aus A.); F: 204–205° [korr.; Zers.; evakuierte Kapillare].

2,4-Dinitro-phenylhydrazon $C_{14}H_{14}N_{10}O_4S$. F: 235–236° [korr.; Zers.].

[2,6-Diamino-7(9)*H*-purin-8-ylmercapto]-essigsäure $C_7H_8N_6O_2S$, Formel XII (R = CH_2-CO-OH) und Taut.

B. Beim Erwärmen von 2,6-Diamino-7,9-dihydro-purin-8-thion mit Chloressigsäure-amid oder mit Chloracetonitril in Äthanol (*Gordon,* Am. Soc. **73** [1951] 984).

Kristalle (aus wss. HCl); F: >300°. λ_{max} (wss. Lösung): 220 nm und 301 nm [pH 2], 218 nm, 257 nm und 297 nm [pH 6,9] bzw. 220 nm und 298 nm [pH 9,3].

[2,6-Diamino-7(9)*H*-purin-8-ylmercapto]-essigsäure-äthylester $C_9H_{12}N_6O_2S$, Formel XII (R = CH_2-CO-O-C_2H_5) und Taut.

B. Beim Erwärmen von 2,6-Diamino-7,9-dihydro-purin-8-thion mit Chloressigsäure-äthylester oder mit Bromessigsäure in Äthanol (*Gordon,* Am. Soc. **73** [1951] 984).

Hydrochlorid $C_9H_{12}N_6O_2S \cdot HCl$. F: 222–224° [korr.; Zers.].

Hydrobromid $C_9H_{12}N_6O_2S \cdot HBr$. F: 222–224° [korr.; Zers.].

Amino-Derivate der Hydroxy-Verbindungen $C_6H_6N_4O$

Methyl-[2-methyl-8-methylmercapto-7(9)*H*-purin-6-yl]-phenyl-amin $C_{14}H_{15}N_5S$, Formel XIII (R = CH_3, R′ = C_6H_5) und Taut.

B. Beim Erhitzen von 2-Methyl-8-methylmercapto-1,7-dihydro-purin-6-on mit $POCl_3$ und *N,N*-Dimethyl-anilin (*King, King,* Soc. **1947** 943, 947).

Hydrochlorid $C_{14}H_{15}N_5S \cdot HCl$. Kristalle (aus A.+Ae.) mit 1 Mol Äthanol; F: 270–271° [Zers.].

***N,N*-Diäthyl-*N'*-[2-methyl-8-methylmercapto-7(9)*H*-purin-6-yl]-propandiyldiamin** $C_{14}H_{24}N_6S$, Formel XIII (R = H, R' = $[CH_2]_3$-$N(C_2H_5)_2$) und Taut.

B. Beim Erhitzen von 6-Chlor-2-methyl-8-methylmercapto-7(9)*H*-purin mit *N,N*-Diäthyl-propandiyldiamin in Toluol (*King, King,* Soc. **1947** 943, 947).

Dihydrochlorid $C_{14}H_{24}N_6S \cdot 2HCl$. Kristalle (aus A. + Ae.); F: 243°.

Dipicrat $C_{14}H_{24}N_6S \cdot 2C_6H_3N_3O_7$. Gelbe Kristalle (aus A.) mit 1 Mol H_2O; F: 110° [Zers.].

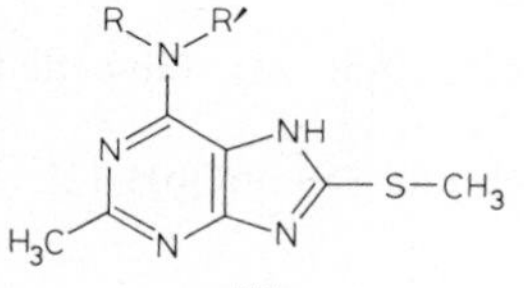

XIII 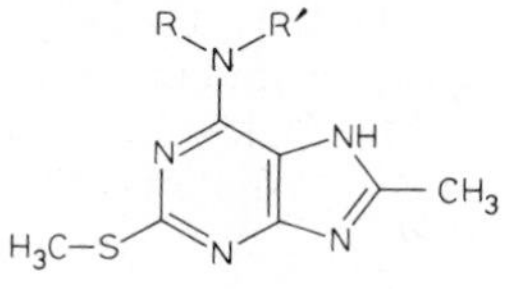 XIV 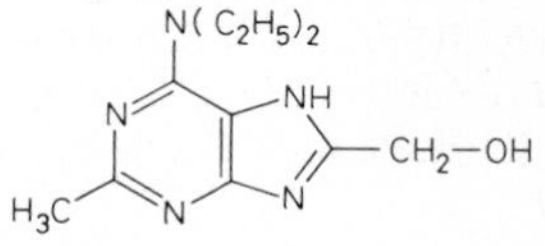 XV

8-Methyl-6-methylamino-2-methylmercapto-7(9)*H*-purin, Methyl-[8-methyl-2-methylmercapto-7(9)*H*-purin-6-yl]-amin $C_8H_{11}N_5S$, Formel XIV (R = H, R' = CH_3) und Taut.

B. Beim Erwärmen von 6-Chlor-8-methyl-2-methylmercapto-7(9)*H*-purin mit wss. Methylamin (*Koppel, Robins,* J. org. Chem. **23** [1958] 1457, 1460).

Kristalle (aus A.); F: 209° [unkorr.].

Die folgenden Verbindungen sind in analoger Weise hergestellt worden:

6-Dimethylamino-8-methyl-2-methylmercapto-7(9)*H*-purin, Dimethyl-[8-methyl-2-methylmercapto-7(9)*H*-purin-6-yl]-amin $C_9H_{13}N_5S$, Formel XIV (R = R' = CH_3) und Taut. Kristalle (aus A.).

6-Diäthylamino-8-methyl-2-methylmercapto-7(9)*H*-purin, Diäthyl-[8-methyl-2-methylmercapto-7(9)*H*-purin-6-yl]-amin $C_{11}H_{17}N_5S$, Formel XIV (R = R' = C_2H_5) und Taut. Kristalle (aus A. + Heptan); F: 216–218° [unkorr.].

[4-Chlor-benzyl]-[8-methyl-2-methylmercapto-7(9)*H*-purin-6-yl]-amin $C_{14}H_{14}ClN_5S$, Formel XIV (R = H, R' = CH_2-C_6H_4-Cl) und Taut. Kristalle (aus A.); F: 265–266° [unkorr.].

Amino-Derivate der Hydroxy-Verbindungen $C_7H_8N_4O$

[6-Diäthylamino-2-methyl-7(9)*H*-purin-8-yl]-methanol $C_{11}H_{17}N_5O$, Formel XV und Taut.

B. Beim Erhitzen von N^4,N^4-Diäthyl-2-methyl-pyrimidin-4,5,6-triyltriamin mit Glykolsäure-äthylester auf 140° (*Hull,* Soc. **1958** 4069, 4072).

Kristalle (aus Toluol); F: 210°.

Amino-Derivate der Monohydroxy-Verbindungen $C_nH_{2n-8}N_4O$

Amino-Derivate der Hydroxy-Verbindungen $C_6H_4N_4O$

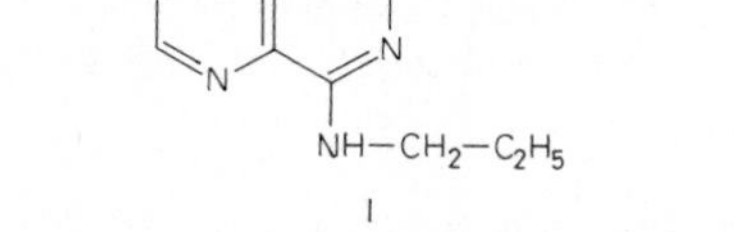

I 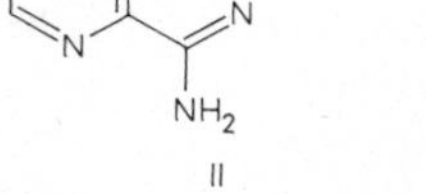 II

[4,8-Bis-propylamino-pyrimido[5,4-*d*]pyrimidin-2-ylmercapto]-essigsäure $C_{14}H_{20}N_6O_2S$, Formel I.

B. Beim Erhitzen von 2-Chlor-N^4,N^8-dipropyl-pyrimido[5,4-*d*]pyrimidin-4,8-diyldiamin mit

Mercaptoessigsäure und Pyridin auf 200° (*Thomae G.m.b.H.*, Brit. P. 807826 [1956]).
Hellbraune Kristalle (aus Me.); F: 172–174°.

2-Methoxy-pteridin-4-ylamin $C_7H_7N_5O$, Formel II.
B. Beim Hydrieren von 2-Methoxy-5-nitro-pyrimidin-4,6-diyldiamin an Raney-Nickel in Äthanol und anschliessenden Erwärmen mit Glyoxal in H_2O (*Evans et al.*, Soc. **1956** 4106, 4111).
Hellgelbe Kristalle (aus A.); F: 224–225°.

[2-Amino-pteridin-4-yloxy]-essigsäure $C_8H_7N_5O_3$, Formel III.
B. Beim Behandeln von [2,5,6-Triamino-pyrimidin-4-yloxy]-essigsäure mit wss. Glyoxal in wss. NaOH (*Elion, Hitchings*, Am. Soc. **74** [1952] 3877, 3881).
Kristalle (aus H_2O). λ_{max} (wss. Lösung): 313 nm [pH 1] bzw. 252 nm und 360 nm [pH 11].

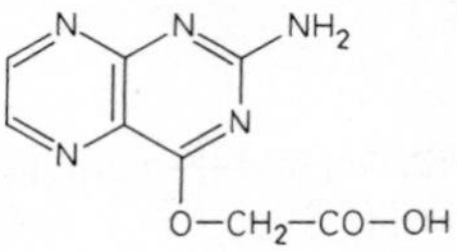

III 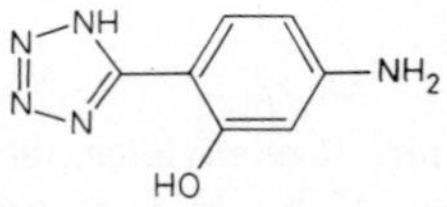 IV

Amino-Derivate der Hydroxy-Verbindungen $C_7H_6N_4O$

5-Amino-2-[1*H*-tetrazol-5-yl]-phenol $C_7H_7N_5O$, Formel IV und Taut.
B. Beim Erhitzen [100 h] von 4-Amino-2-hydroxy-benzonitril mit HN_3 in Benzol auf 155° (*Brouwer-van Straaten et al.*, R. **77** [1958] 1129, 1132). Aus dem Natrium-Salz des 5-Nitro-2-[1*H*-tetrazol-5-yl]-phenols beim Hydrieren an Platin in H_2O (*McManus, Herbst*, J. org. Chem. **24** [1959] 1044).
Kristalle (aus H_2O); F: 262–263° (*Br.-v. St. et al.*), 261–262° [unkorr.; Zers.] (*McM., He.*).
N-Acetyl-Derivat $C_9H_9N_5O_2$; 5-Acetylamino-2-[1*H*-tetrazol-5-yl]-phenol, Essigsäure-[3-hydroxy-4-(1*H*-tetrazol-5-yl)-anilid]. Kristalle (aus H_2O); F: 281–282° [unkorr.; Zers.] (*McM., He.*).

2-Methoxy-5-[1-methyl-1*H*-tetrazol-5-yl]-anilin $C_9H_{11}N_5O$, Formel V (R = CH_3) und Taut.
B. Beim Hydrieren von 5-[4-Methoxy-3-nitro-phenyl]-1-methyl-1*H*-tetrazol an Platin in Essigsäure (*Wu, Herbst*, J. org. Chem. **17** [1952] 1216, 1224).
Kristalle (aus wss. A.); F: 153,5–154,5° [korr.].
Hydrochlorid $C_9H_{11}N_5O \cdot HCl$. Kristalle (aus A.); F: 220,5–222,5° [korr.; Zers.].
N-Acetyl-Derivat $C_{11}H_{13}N_5O_2$; Essigsäure-[2-methoxy-5-(1-methyl-1*H*-tetrazol-5-yl)-anilid]. Kristalle (aus H_2O); F: 183,5–185° [korr.].

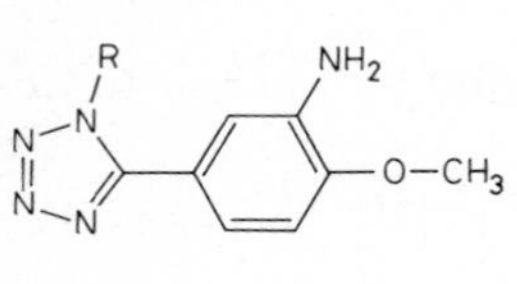

V 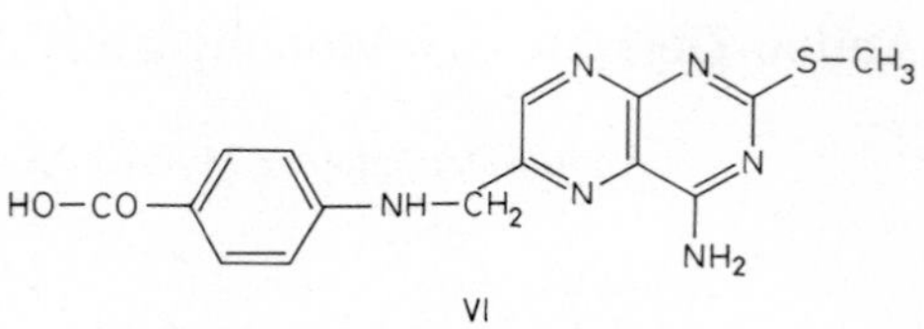 VI

5-[1-Äthyl-1*H*-tetrazol-5-yl]-2-methoxy-anilin $C_{10}H_{13}N_5O$, Formel V (R = C_2H_5).
B. Beim Hydrieren von 1-Äthyl-5-[4-methoxy-3-nitro-phenyl]-1*H*-tetrazol an Platin in Essigsäure (*Wu, Herbst*, J. org. Chem. **17** [1952] 1216, 1225).
Kristalle (aus wss. A.); F: 90–91,5° [korr.].
Hydrochlorid $C_{10}H_{13}N_5O \cdot HCl$. Kristalle (aus Me. + Acn. + Bzl.); F: 202–204° [korr.; Zers.].
Acetyl-Derivat $C_{12}H_{15}N_5O_2$; Essigsäure-[5-(1-äthyl-1*H*-tetrazol-5-yl)-2-methoxy-anilid]. Kristalle (aus wss. Isopropylalkohol); F: 109–110° [korr.].

4-[(4-Amino-2-methylmercapto-pteridin-6(?)-ylmethyl)-amino]-benzoesäure $C_{15}H_{14}N_6O_2S$, vermutlich Formel VI.

B. Aus 2-Methylmercapto-pyrimidin-4,5,6-triyltriamin, (±)-2,3-Dibrom-propionaldehyd und 4-Amino-benzoesäure in Gegenwart von Natriumacetat (*De Clercq, Truhaut,* C. r. **243** [1956] 2172).

Feststoff mit 3 Mol H_2O; Verharzung bei 227°. λ_{max} (wss. NaOH [0,1 n]): 220 nm.

N-{4-[(4-Amino-2-methylmercapto-pteridin-6(?)-ylmethyl)-amino]-benzoyl}-DL-glutaminsäure** $C_{20}H_{21}N_7O_5S$, vermutlich Formel VII.

B. Aus 2-Methylmercapto-pyrimidin-4,5,6-triyltriamin, (±)-2,3-Dibrom-propionaldehyd und *N*-[4-Amino-benzoyl]-DL-glutaminsäure in Gegenwart von Natriumacetat (*De Clercq, Truhaut,* C. r. **243** [1956] 2172).

Feststoff mit 2 Mol H_2O; Verharzung bei 200°. λ_{max} (wss. NaOH [0,1 n]): 221 nm.

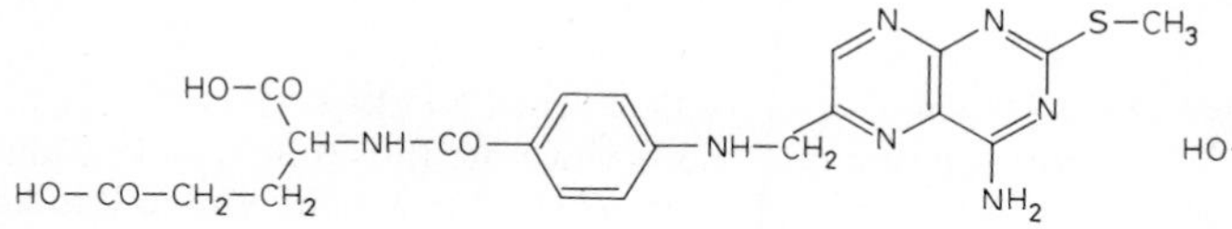

VII 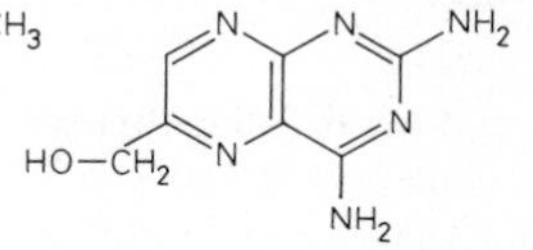 VIII

[2,4-Diamino-pteridin-6(?)-yl]-methanol $C_7H_8N_6O$, vermutlich Formel VIII.

B. Beim Erwärmen von Pyrimidintetrayltetraamin-sulfat mit 1,3-Dihydroxy-aceton, Natrium≠acetat, H_3BO_3 und $N_2H_4 \cdot H_2O$ in Essigsäure (*Upjohn Co.,* U.S.P. 2667485 [1950]).

Gelber Feststoff. λ_{max} (wss. NaOH [0,1 n]): 257 nm und 370 nm.

4-[2,4-Diamino-pteridin-6(?)-ylmethoxy]-benzoesäure $C_{14}H_{12}N_6O_3$, vermutlich Formel IX (X = OH).

B. Beim Erwärmen von Pyrimidintetrayltetraamin mit 4-[3,3-Diäthoxy-2-oxo-propoxy]-benzoesäure-äthylester (aus 4-[3,3-Diäthoxy-2-hydroxy-propoxy]-benzoesäure-äthylester mit Hilfe von $Na_2Cr_2O_7$ und wss. H_2SO_4 in Chlorbenzol erhalten) in wss.-äthanol. HCl und Behan≠deln des Reaktionsprodukts mit wss. NaOH (*Fairburn et al.,* Am. Soc. **76** [1954] 676, 679).

λ_{max} (wss. NaOH [0,1 n]): 256 nm und 364 nm.

***N*-[4-(2,4-Diamino-pteridin-6(?)-ylmethoxy)-benzoyl]-L-glutaminsäure** $C_{19}H_{19}N_7O_6$, vermutlich Formel IX (X = NH-CH(COOH)-CH_2-CH_2-CO-OH).

B. Beim Erwärmen von Pyrimidintetrayltetraamin mit *N*-[4-(3,3-Diäthoxy-2-oxo-propoxy)-benzoyl]-L-glutaminsäure-diäthylester (aus *N*-[4-Hydroxy-benzoyl]-L-glutaminsäure-diäthylester und 2,3-Epoxy-propionaldehyd-diäthylacetal beim Erhitzen auf 120° und anschliessenden Be≠handeln mit $Na_2Cr_2O_7$ und wss. H_2SO_4 erhalten) in wss.-äthanol. HCl und Behandeln des Reaktionsprodukts mit wss. NaOH (*Fairburn et al.,* Am. Soc. **76** [1954] 676, 679).

λ_{max} (wss. NaOH [0,1 n]): 259 nm und 368 nm.

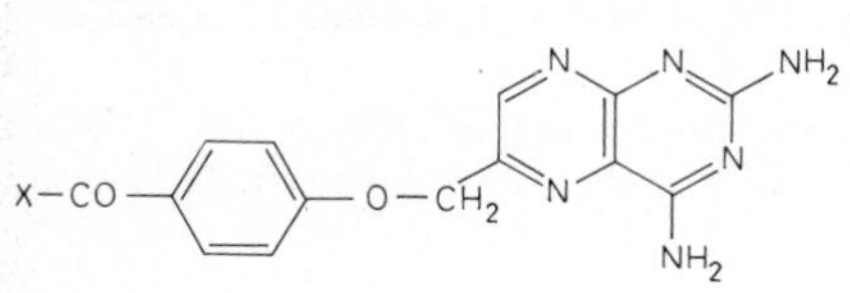

IX 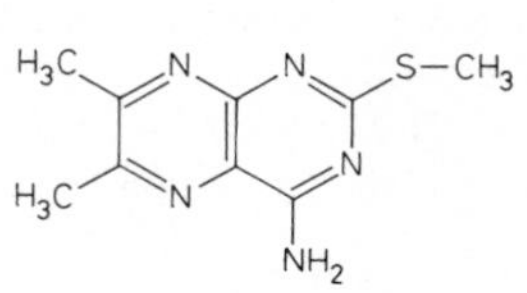 X 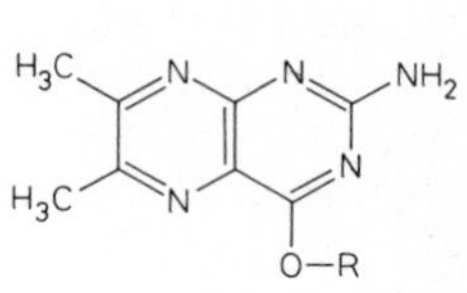 XI

Amino-Derivate der Hydroxy-Verbindungen $C_8H_8N_4O$

6,7-Dimethyl-2-methylmercapto-pteridin-4-ylamin $C_9H_{11}N_5S$, Formel X.

B. Beim Erwärmen von 2-Methylmercapto-pyrimidin-4,5,6-triyltriamin mit Butandion in wss. Äthanol (*Taylor, Cain,* Am. Soc. **74** [1952] 1644, 1646).

Gelbe Kristalle; Zers. bei 274–275°.

4-Methoxy-6,7-dimethyl-pteridin-2-ylamin $C_9H_{11}N_5O$, Formel XI (R = CH_3).

B. Beim Erwärmen von 6-Methoxy-pyrimidin-2,4,5-triyltriamin mit Butandion in H_2O (*Roth et al.*, Am. Soc. **73** [1951] 2869).

Kristalle (aus DMF); F: 255–257° [Zers.]. UV-Spektrum (wss. HCl [0,1 n] sowie wss. NaOH [0,1 n]; 250–400 nm): *Roth et al.*

4-Äthoxy-2-amino-6,7,8-trimethyl-pteridinium-betain, 4-Äthoxy-6,7,8-trimethyl-8*H*-pteridin-2-on-imin $C_{11}H_{15}N_5O$, Formel XII und Mesomeres.

B. Beim Hydrieren von 6-Äthoxy-5-[4-chlor-phenylazo]-N^4-methyl-pyrimidin-2,4-diyldiamin an Raney-Nickel in Äthanol und Erwärmen des Reaktionsprodukts mit Butandion (*Fidler, Wood,* Soc. **1957** 4157, 4161).

Rote Kristalle (aus wss. A.); F: 178–180°. UV-Spektrum (wss. HCl [0,1 n]; 200–400 nm): *Fi., Wood.* λ_{max} (A.): 361 nm.

4-Benzyloxy-6,7-dimethyl-pteridin-2-ylamin $C_{15}H_{15}N_5O$, Formel XI (R = CH_2-C_6H_5).

B. Beim Erwärmen von 6-Benzyloxy-pyrimidin-2,4,5-triyltriamin (aus 6-Benzyloxy-5-nitroso-pyrimidin-2,4-diyldiamin durch Reduktion mit H_2S in Äthanol erhalten) und Butandion in Äthanol (*Roth et al.*, Am. Soc. **73** [1951] 2869).

Kristalle (aus A.); F: 237–238° [Zers.].

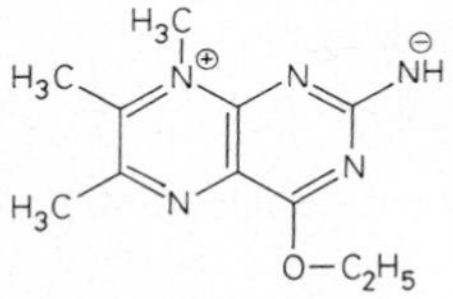

XII 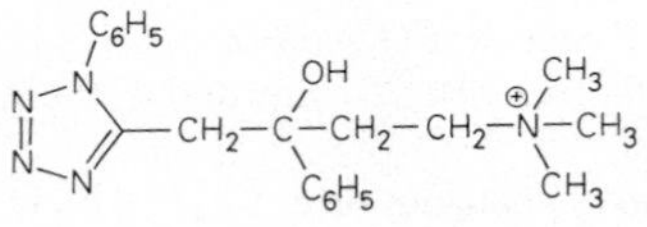 XIII 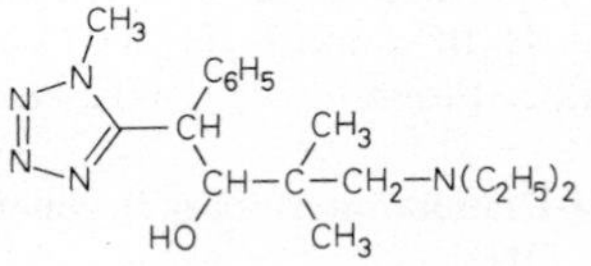 XIV

Amino-Derivate der Hydroxy-Verbindungen $C_{11}H_{14}N_4O$

(±)-[3-Hydroxy-3-phenyl-4-(1-phenyl-1*H*-tetrazol-5-yl)-butyl]-trimethyl-ammonium $[C_{20}H_{26}N_5O]^+$, Formel XIII.

Jodid $[C_{20}H_{26}N_5O]I$. *B.* Beim Behandeln von [1-Phenyl-1*H*-tetrazol-5-yl]-methyllithium mit 3-Dimethylamino-1-phenyl-propan-1-on in Äther und Behandeln des Reaktionsprodukts mit CH_3I (*D'Adamo, LaForge,* J. org. Chem. **21** [1956] 340, 341, 343). – Kristalle (aus Me. + Isopropylalkohol); F: 181–182,5° [unkorr.].

Amino-Derivate der Hydroxy-Verbindungen $C_{13}H_{18}N_4O$

***Opt.-inakt. 4-Diäthylamino-3,3-dimethyl-1-[1-methyl-1*H*-tetrazol-5-yl]-1-phenyl-butan-2-ol** $C_{18}H_{29}N_5O$, Formel XIV.

B. Beim Behandeln von [1-Methyl-1*H*-tetrazol-5-yl]-phenyl-methyllithium mit 3-Diäthyl-amino-2,2-dimethyl-propionaldehyd in Äther (*D'Adamo, LaForge,* J. org. Chem. **21** [1956] 340, 342).

Kristalle (aus PAe.); F: 95–97° [unkorr.].

***Opt.-inakt. 3,3-Dimethyl-1-[1-methyl-1*H*-tetrazol-5-yl]-1-phenyl-4-piperidino-butan-2-ol** $C_{19}H_{29}N_5O$, Formel I.

B. Analog der vorangehenden Verbindung (*D'Adamo, LaForge,* J. org. Chem. **21** [1956] 340, 342).

Kristalle (aus Isopropylalkohol); F: 150–152° [unkorr.].

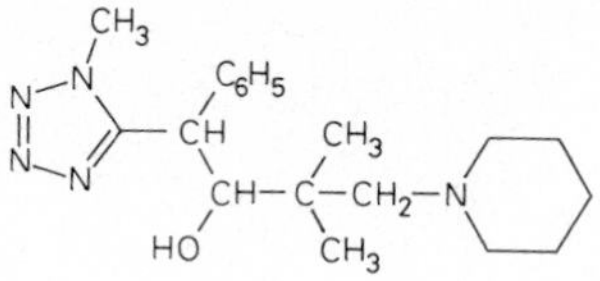

I

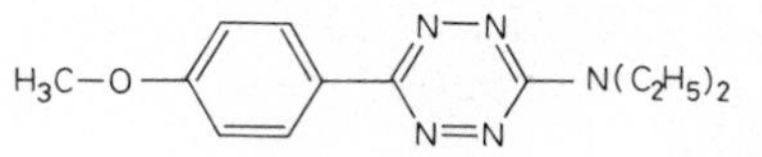

II

Amino-Derivate der Monohydroxy-Verbindungen $C_nH_{2n-10}N_4O$

Diäthylamino-[4-methoxy-phenyl]-[1,2,4,5]tetrazin, Diäthyl-[6-(4-methoxy-phenyl)-[1,2,4,5]tetrazin-3-yl]-amin $C_{13}H_{17}N_5O$, Formel II.

B. Beim Behandeln von Brom-[4-methoxy-phenyl]-[1,2,4,5]tetrazin mit Diäthylamin (*Grakauskas et al.*, Am. Soc. **80** [1958] 3155, 3157).

Rote Kristalle (aus A.); F: 91–92° [unkorr.].

Amino-Derivate der Monohydroxy-Verbindungen $C_nH_{2n-12}N_4O$

(±)-2-[4-Acetylamino-phenyl]-7-benzylmercapto-1,2,3,4-tetrahydro-pyrimido[4,5-*d*]pyrimidin, (±)-Essigsäure-[4-(7-benzylmercapto-1,2,3,4-tetrahydro-pyrimido[4,5-*d*]pyrimidin-2-yl)-anilid] $C_{21}H_{21}N_5OS$, Formel III.

B. Aus 5-Aminomethyl-2-benzylmercapto-pyrimidin-4-ylamin und 4-Acetylamino-benzaldehyd in Methanol (*Cilag*, U.S.P. 2707185 [1953]).

F: 172–173°.

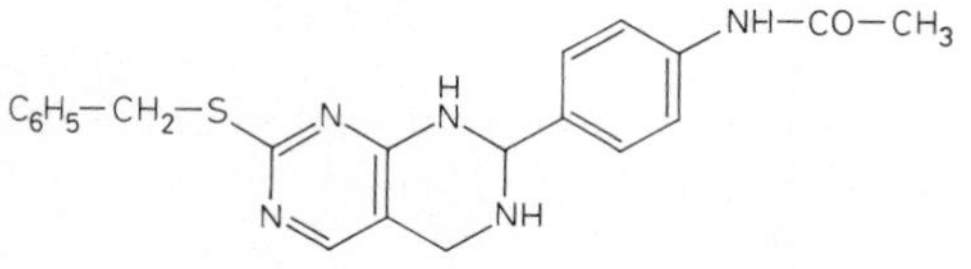

III

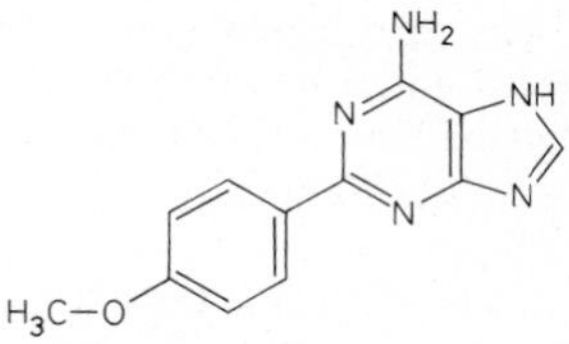

IV

Amino-Derivate der Monohydroxy-Verbindungen $C_nH_{2n-14}N_4O$

2-[4-Methoxy-phenyl]-7(9)*H*-purin-6-ylamin $C_{12}H_{11}N_5O$, Formel IV und Taut.

B. Aus 2-[4-Methoxy-phenyl]-5-nitroso-pyrimidin-4,6-diyldiamin oder aus dem 4-Methoxy-benzamidinium-Salz des Hydroxyimino-malononitrils beim Erhitzen mit Formamid, Ameisensäure und $Na_2S_2O_4 \cdot 2H_2O$, zuletzt auf 190–200° (*Taylor et al.*, Am. Soc. **81** [1959] 2442, 2445, 2446).

Kristalle (aus H_2O); F: 304–305° [korr.]. λ_{max} (wss. Lösung vom pH 1): 272 nm und 300 nm.

8-[4-Chlor-phenyl]-6-methylmercapto-7(9)*H*-purin-2-ylamin $C_{12}H_{10}ClN_5S$, Formel V (X = S-CH_3, X′ = Cl) und Taut.

B. Beim Behandeln von 2-Amino-8-[4-chlor-phenyl]-1,7-dihydro-purin-6-thion mit Dimethylsulfat in wss. NaOH (*Burroughs Wellcome & Co.*, U.S.P. 2628235 [1950]).

λ_{max} (wss. Lösung): 260 nm und 340 nm [pH 1] bzw. 235 nm und 340 nm [pH 11].

8-[4-Methoxy-phenyl]-7(9)*H*-purin-2,6-diyldiamin $C_{12}H_{12}N_6O$, Formel V (X = NH_2, X′ = O-CH_3) und Taut.

B. Beim Erhitzen von 4-Methoxy-benzoesäure-[2,4,6-triamino-pyrimidin-5-ylamid] mit $POCl_3$ (*Elion et al.*, Am. Soc. **73** [1951] 5235, 5236, 5238).

λ_{max} (wss. Lösung): 282 nm und 325 nm [pH 1] bzw. 250 nm und 322 nm [pH 11].

Hydrochlorid $C_{12}H_{12}N_6O \cdot HCl$. Kristalle (aus wss. HCl) mit 1,5 Mol H_2O, die das H_2O bei 140° abgeben und an der Luft wieder 1 Mol H_2O aufnehmen.

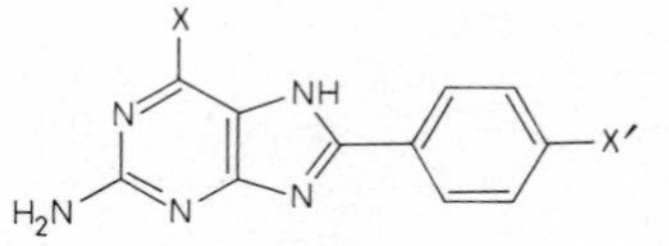

V 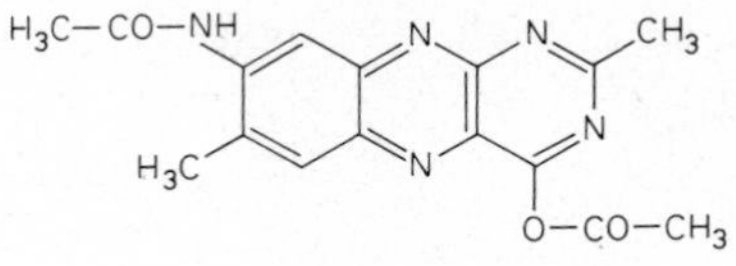 VI

4-Acetoxy-8-acetylamino-2,7-dimethyl-benzo[*g*]pteridin $C_{16}H_{15}N_5O_3$, Formel VI.

B. Beim Erhitzen von 3,6-Bis-acetylamino-7-methyl-chinoxalin-2-carbonsäure-amid mit Acet⸗anhydrid (*Osdene, Timmis,* Soc. **1955** 2027, 2028, 2031).

Kristalle (aus Butan-1-ol) mit 1 Mol H_2O; F: 244–245°.

Amino-Derivate der Monohydroxy-Verbindungen $C_nH_{2n-16}N_4O$

Amino-Derivate der Hydroxy-Verbindungen $C_{12}H_8N_4O$

2-Äthoxy-6-phenyl-pteridin-4,7-diyldiamin $C_{14}H_{14}N_6O$, Formel VII (X = O-C_2H_5).

B. Neben 4,7-Diamino-6-phenyl-1*H*-pteridin-2-thion beim Erwärmen von 4,6-Diamino-5-hydroxyimino-5*H*-pyrimidin-2-thion mit Phenylacetonitril und äthanol. Natriumäthylat (*Spickett, Timmis,* Soc. **1954** 2887, 2888, 2893).

Kristalle (aus Butan-1-ol); F: 290° [Zers.].

2-Methylmercapto-6-phenyl-pteridin-4,7-diyldiamin $C_{13}H_{12}N_6S$, Formel VII (X = S-CH_3).

B. Beim Erwärmen von 2-Methylmercapto-5-nitroso-pyrimidin-4,6-diyldiamin mit Phenyl⸗acetonitril und äthanol. Natriumäthylat (*Spickett, Timmis,* Soc. **1954** 2887, 2892).

Hellgelbe Kristalle (aus Butan-1-ol); F: 306°.

Diacetyl-Derivat $C_{17}H_{16}N_6O_2S$; 4,7-Bis-acetylamino-2-methylmercapto-6-phenyl-pteridin, *N,N'*-[2-Methylmercapto-6-phenyl-pteridin-4,7-diyl]-bis-acet⸗amid. Gelbe Kristalle (aus A.); F: 230°.

2-Äthylmercapto-6-phenyl-pteridin-4,7-diyldiamin $C_{14}H_{14}N_6S$, Formel VII (X = S-C_2H_5).

B. Beim Erwärmen von 2-Äthylmercapto-5-nitroso-pyrimidin-4,6-diyldiamin mit Phenyl⸗acetonitril und äthanol. Natriumäthylat (*Spickett, Timmis,* Soc. **1954** 2887, 2892). Beim Behan⸗deln von 4,7-Diamino-6-phenyl-1*H*-pteridin-2-thion mit Äthylbromid und äthanol. Natrium⸗äthylat (*Sp., Ti.,* l. c. S. 2895).

Gelbe Kristalle (aus Butan-1-ol); F: 272–274°.

Diacetyl-Derivat $C_{18}H_{18}N_6O_2S$; 4,7-Bis-acetylamino-2-äthylmercapto-6-phenyl-pteridin, *N,N'*-[2-Äthylmercapto-6-phenyl-pteridin-4,7-diyl]-bis-acet⸗amid. Gelbe Kristalle (aus A.); F: 209–210°.

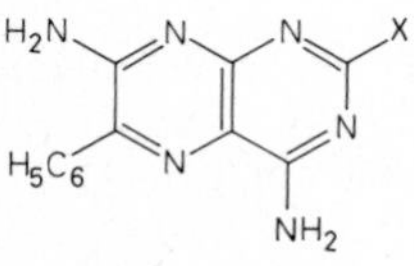

VII 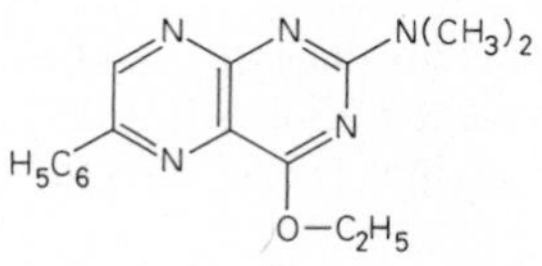 VIII 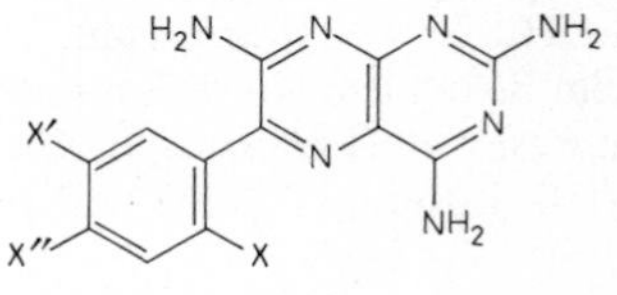 IX

4-Äthoxy-2-dimethylamino-6-phenyl-pteridin, [4-Äthoxy-6-phenyl-pteridin-2-yl]-dimethyl-amin $C_{16}H_{17}N_5O$, Formel VIII.

B. Beim Erhitzen von 2-Dimethylamino-6-phenyl-3*H*-pteridin-4-on mit $POCl_3$ und anschlies⸗send mit Äthanol (*Boon,* Soc. **1957** 2146, 2156, 2157).

F: 200° [aus A. oder Me.].

6-[2-Methoxy-phenyl]-pteridin-2,4,7-triyltriamin $C_{13}H_{13}N_7O$, Formel IX (X = O-CH_3, X′ = X″ = H).

B. Beim Erhitzen von 5-Nitroso-pyrimidin-2,4,6-triyltriamin mit [2-Methoxy-phenyl]-acetonitril und Natrium-[2-äthoxy-äthylat] in 2-Äthoxy-äthanol (*Spickett, Timmis,* Soc. **1954** 2887, 2891, 2892).

Orangegelbe Kristalle (aus saurer wss. Lösung + wss. NH_3); F: 334° [Zers.].

Die folgenden Verbindungen sind in analoger Weise hergestellt worden:

6-[2-Äthoxy-phenyl]-pteridin-2,4,7-triyltriamin $C_{14}H_{15}N_7O$, Formel IX (X = O-C_2H_5, X′ = X″ = H). Gelbe Kristalle (aus saurer wss. Lösung + wss. NH_3); F: 308° [Zers.].

6-[3-Methoxy-phenyl]-pteridin-2,4,7-triyltriamin $C_{13}H_{13}N_7O$, Formel IX (X = X″ = H, X′ = O-CH_3). Gelbe Kristalle (aus wss. Ameisensäure); F: 330° [Zers.].

6-[3-Äthoxy-phenyl]-pteridin-2,4,7-triyltriamin $C_{14}H_{15}N_7O$, Formel IX (X = X″ = H, X′ = O-C_2H_5). Gelbe Kristalle (aus Eg.); F: 310–312° [Zers.].

6-[4-Methoxy-phenyl]-pteridin-2,4,7-triyltriamin $C_{13}H_{13}N_7O$, Formel IX (X = X′ = H, X″ = O-CH_3). Gelbe Kristalle (aus Eg.); F: 328° [Zers.]. – Triacetyl-Derivat $C_{19}H_{19}N_7O_4$; 2,4,7-Tris-acetylamino-6-[4-methoxy-phenyl]-pteridin, *N,N′,N″*-[6-(4-Methoxy-phenyl)-pteridin-2,4,7-triyl]-tris-acetamid. Gelbe Kristalle (aus DMF); F: 272° (*Sp., Ti.,* l. c. S. 2892).

6-[4-Äthoxy-phenyl]-pteridin-2,4,7-triyltriamin $C_{14}H_{15}N_7O$, Formel IX (X = X′ = H, X″ = O-C_2H_5). Gelbe Kristalle (aus Eg.); F: 348–350° [Zers.]. – Triacetyl-Derivat $C_{20}H_{21}N_7O_4$; 2,4,7-Tris-acetylamino-6-[4-äthoxy-phenyl]-pteridin, *N,N′,N″*-[6-(4-Äthoxy-phenyl)-pteridin-2,4,7-triyl]-tris-acetamid. Gelbe Kristalle (aus DMF); F: 230° (*Sp., Ti.,* l. c. S. 2892).

Amino-Derivate der Hydroxy-Verbindungen $C_{13}H_{10}N_4O$

5-Äthoxy-7-methyl-2-phenyl-pyrimido[4,5-*d*]pyrimidin-4-ylamin $C_{15}H_{15}N_5O$, Formel X.

B. Neben *N*-[1-Äthoxy-2,2-dicyan-vinyl]-acetimidsäure-äthylester beim Behandeln von *N*-[1-Äthoxy-2,2-dicyan-vinyl]-acetimidoylchlorid (E IV **3** 1870) mit Benzamidin-hydrochlorid-trihydrat und äthanol. Natriumäthylat (*Mower, Dickinson,* Am. Soc. **81** [1959] 4011).

Kristalle (aus DMF); F: 264,5°.

Amino-Derivate der Hydroxy-Verbindungen $C_{14}H_{12}N_4O$

6(oder 7)-Äthyl-7(oder 6)-[4-methoxy-phenyl]-pteridin-2,4-diyldiamin $C_{15}H_{16}N_6O$, Formel XI (R = C_2H_5, R′ = C_6H_4-O-CH_3 oder R = C_6H_4-O-CH_3, R′ = C_2H_5).

B. Beim Erhitzen von Pyrimidintetrayltetraamin mit 1-[4-Methoxy-phenyl]-butan-1,2-dion in wss. Essigsäure (*Allen & Hanburys,* U.S.P. 2665275 [1950]).

Kristalle (aus A.); F: 228°.

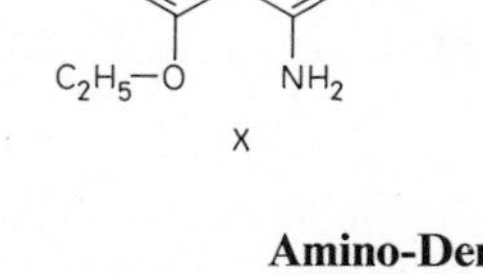

X 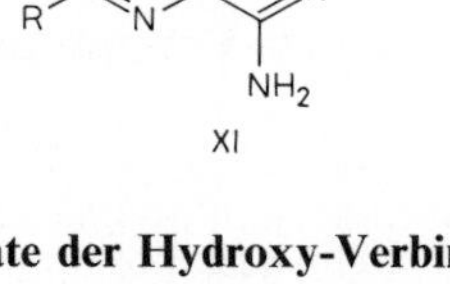 XI 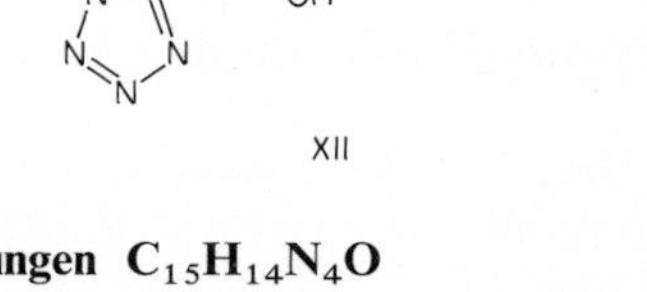 XII

Amino-Derivate der Hydroxy-Verbindungen $C_{15}H_{14}N_4O$

6(oder 7)-Isopropyl-7(oder 6)-[4-methoxy-phenyl]-pteridin-2,4-diyldiamin $C_{16}H_{18}N_6O$, Formel XI (R = $CH(CH_3)_2$, R′ = C_6H_4-O-CH_3 oder R = C_6H_4-O-CH_3, R′ = $CH(CH_3)_2$).

B. Beim Erhitzen von Pyrimidintetrayltetraamin mit 1-[4-Methoxy-phenyl]-3-methyl-butan-1,2-dion in wss. Essigsäure (*Allen & Hanburys,* U.S.P. 2665275 [1950]).

Kristalle (aus A.); F: 200°.

Amino-Derivate der Hydroxy-Verbindungen $C_{17}H_{18}N_4O$

***Opt.-inakt. 4-Dimethylamino-1-[1-methyl-1*H*-tetrazol-5-yl]-1,2-diphenyl-butan-2-ol** $C_{20}H_{25}N_5O$, Formel XII.

B. Beim Behandeln von [1-Methyl-1*H*-tetrazol-5-yl]-phenyl-methyllithium mit 3-Dimethylamino-1-phenyl-propan-1-on in Äther (*D'Adamo, LaForge,* J. org. Chem. **21** [1956] 340, 342).

Hydrochlorid $C_{20}H_{25}N_5O \cdot HCl$. Kristalle (aus Me. + Isopropylalkohol); F: 204 – 205,5° [unkorr.].

Amino-Derivate der Monohydroxy-Verbindungen $C_nH_{2n-20}N_4O$

9-Methylmercapto-naphtho[1,2-*g*]pteridin-11-ylamin(?) $C_{15}H_{11}N_5S$, vermutlich Formel XIII.

B. In kleiner Menge beim Erhitzen von 2-Methylmercapto-5-nitroso-pyrimidin-4,6-diyldiamin mit Bis-[2-chlor-äthyl]-[2]naphthyl-amin, Natriumacetat und Essigsäure (*Felton, Timmis,* Soc. **1954** 2881, 2885).

Grüngelbe Kristalle (aus 2-Äthoxy-äthanol); F: 330° [Zers.].

Amino-Derivate der Monohydroxy-Verbindungen $C_nH_{2n-22}N_4O$

***2-Äthylmercapto-6,7-diphenyl-5,6(oder 5,8 oder 7,8)-dihydro-pteridin-4-ylamin** $C_{20}H_{19}N_5S$, Formel XIV.

a) Präparat vom F: 222 – 223°.

B. Aus 2-Äthylmercapto-pyrimidin-4,5,6-triyltriamin und Benzoin in Äthanol und Essigsäure (*Pesson,* Bl. **1948** 963, 965, 972).

Rote Kristalle (aus A.); F: 222 – 223°.

b) Präparat vom F: 204 – 205°.

B. Aus dem unter a) beschriebenen Präparat beim Erhitzen in Äthanol und Essigsäure auf 100° (*Pe.*).

Gelbe Kristalle (aus E.); F: 204 – 205°.

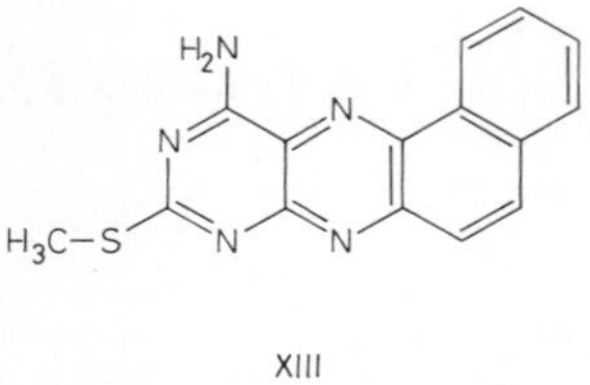

XIII 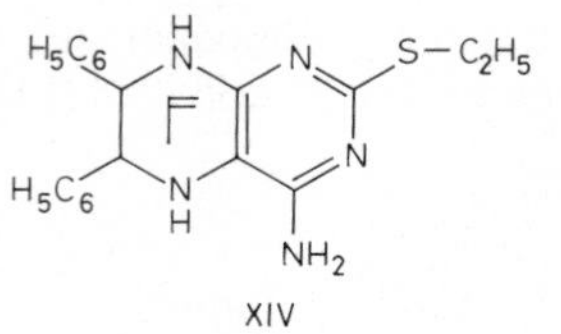 XIV 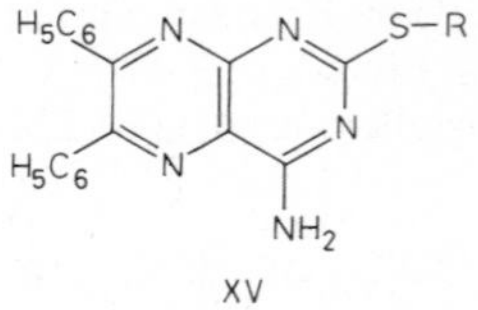 XV

Amino-Derivate der Monohydroxy-Verbindungen $C_nH_{2n-24}N_4O$

2-Methylmercapto-6,7-diphenyl-pteridin-4-ylamin $C_{19}H_{15}N_5S$, Formel XV (R = CH_3).

B. Beim Erwärmen von 2-Methylmercapto-pyrimidin-4,5,6-triyltriamin mit Benzil in Äthanol und Butanon (*Taylor, Cain,* Am. Soc. **74** [1952] 1644, 1647). Beim Erwärmen von 4-Amino-6,7-diphenyl-1*H*-pteridin-2-thion mit CH_3I in Äthanol (*Ta., Cain*).

Kristalle (aus A.); F: 252,5 – 253°.

2-Äthylmercapto-6,7-diphenyl-pteridin-4-ylamin $C_{20}H_{17}N_5S$, Formel XV (R = C_2H_5).

B. Aus 2-Äthylmercapto-pyrimidin-4,5,6-triyltriamin und Benzil in Äthanol und Essigsäure

(*Pesson,* Bl. **1948** 963, 965, 972).
Kristalle (aus Bzl.); F: 224–225°.

Amino-Derivate der Dihydroxy-Verbindungen $C_nH_{2n-6}N_4O_2$

9-Methyl-2,8-bis-methylmercapto-9*H*-purin-6-ylamin $C_8H_{11}N_5S_2$, Formel I (R = R′ = CH_3).

B. Aus 6-Amino-9-methyl-8-methylmercapto-1,9-dihydro-purin-2-thion oder aus 6-Amino-9-methyl-2-methylmercapto-7,9-dihydro-purin-8-thion beim Behandeln mit Dimethylsulfat in wss. NaOH (*Cook, Smith,* Soc. **1949** 3001, 3005).

Kristalle (aus A.); F: 236°.

Picrat $C_8H_{11}N_5S_2 \cdot C_6H_3N_3O_7$. Gelbe Kristalle (aus Me.); F: 259–260° [Zers.].

2-Benzylmercapto-9-methyl-8-methylmercapto-9*H*-purin-6-ylamin $C_{14}H_{15}N_5S_2$, Formel I (R = CH_2-C_6H_5, R′ = CH_3).

B. Aus 6-Amino-9-methyl-8-methylmercapto-1,9-dihydro-purin-2-thion und Benzylchlorid in wss. NaOH (*Cook, Smith,* Soc. **1949** 3001, 3005).

Kristalle (aus A.); F: 198°.

Picrat $C_{14}H_{15}N_5S_2 \cdot C_6H_3N_3O_7$. Kristalle (aus Me.); F: 203–204°.

8-Benzylmercapto-9-methyl-2-methylmercapto-9*H*-purin-6-ylamin $C_{14}H_{15}N_5S_2$, Formel I (R = CH_3, R′ = CH_2-C_6H_5).

B. Aus 6-Amino-8-benzylmercapto-9-methyl-1,9-dihydro-purin-2-thion und Dimethylsulfat in wss. NaOH (*Cook, Smith,* Soc. **1949** 3001, 3006).

Kristalle (aus A.); F: 199–200°.

Picrat $C_{14}H_{15}N_5S_2 \cdot C_6H_3N_3O_7$. Kristalle (aus A.) mit 1 Mol H_2O; F: 200–201°.

[6-Amino-9-methyl-2-methylmercapto-9*H*-purin-8-ylmercapto]-essigsäure $C_9H_{11}N_5O_2S_2$, Formel I (R = CH_3, R′ = CH_2-CO-OH).

B. Beim Erhitzen von 6-Amino-9-methyl-2-methylmercapto-7,9-dihydro-purin-8-thion mit Chloressigsäure in Pyridin (*Cook, Smith,* Soc. **1949** 3001, 3006).

Kristalle (aus Eg. + Ae.); F: 244°.

6-Dimethylamino-2,8-bis-methylmercapto-7(9)*H*-purin, [2,8-Bis-methylmercapto-7(9)*H*-purin-6-yl]-dimethyl-amin $C_9H_{13}N_5S_2$, Formel II (X = X′ = S-CH_3) und Taut.

B. Beim Erwärmen von 6-Chlor-2,8-bis-methylmercapto-7(9)*H*-purin mit Dimethylamin in wss. Äthanol (*Noell, Robins,* Am. Soc. **81** [1959] 5997, 6006). Beim Behandeln von 6-Dimethyl≈amino-2-methylmercapto-7,9-dihydro-purin-8-thion mit Dimethylsulfat und methanol. Na≈triummethylat (*Baker et al.,* J. org. Chem. **19** [1954] 631, 635).

Kristalle; F: 272° [unkorr.; aus DMF] (*No., Ro.*), 257–259° [aus 2-Methoxy-äthanol] (*Ba. et al.*). λ_{max} (wss. Lösung): 259 nm und 311 nm [pH 1] bzw. 242 nm und 306 nm [pH 11] (*No., Ro.*).

Beim Behandeln mit Dimethylsulfat und methanol. Natriummethylat sind Dimethyl-[9-methyl-2,8-bis-methylmercapto-9*H*-purin-6-yl]-amin und Dimethyl-[3-methyl-2,8-bis-methyl≈mercapto-3*H*-purin-6-yl]-amin erhalten worden (*Townsend et al.,* Am. Soc. **86** [1964] 5320, 5321; s. a. *Ba. et al.*).

I II III

6-Dimethylamino-2,8-bis-methansulfonyl-7(9)*H*-purin, [2,8-Bis-methansulfonyl-7(9)*H*-purin-6-yl]-dimethyl-amin $C_9H_{13}N_5O_4S_2$, Formel II (X = X' = SO_2-CH_3) und Taut.

B. Aus 6-Chlor-2,8-bis-methansulfonyl-7(9)*H*-purin oder aus 2,6,8-Tris-methansulfonyl-7(9)*H*-purin beim Behandeln mit Dimethylamin in H_2O (*Noell, Robins,* Am. Soc. **81** [1959] 5997, 6001, 6002).

Kristalle (aus A.+DMF); F: 253° [unkorr.]. λ_{max} (wss. Lösung): 228 nm und 311 nm [pH 1] bzw. 229 nm und 309 nm [pH 11].

8-Benzylmercapto-6-dimethylamino-2-methylmercapto-7(9)*H*-purin, [8-Benzylmercapto-2-methylmercapto-7(9)*H*-purin-6-yl]-dimethyl-amin $C_{15}H_{17}N_5S_2$, Formel II (X = S-CH_3, X' = S-CH_2-C_6H_5) und Taut.

B. Beim Erwärmen von 6-Dimethylamino-2-methylmercapto-7,9-dihydro-purin-8-thion mit Benzylchlorid und methanol. Natriummethylat (*Baker et al.,* J. org. Chem. **19** [1954] 631, 635).

Kristalle (aus A.); F: 230–232°.

6-Dimethylamino-3-methyl-2,8-bis-methylmercapto-3*H*-purin, Dimethyl-[3-methyl-2,8-bis-methylmercapto-3*H*-purin-6-yl]-amin $C_{10}H_{15}N_5S_2$, Formel III (R = CH_3).

Diese Konstitution kommt der von *Baker et al.* (J. org. Chem. **19** [1954] 638, 643) als Dimethyl-[7-methyl-2,8-bis-methylmercapto-7*H*-purin-6-yl]-amin formulierten Verbindung zu (*Townsend et al.,* Am. Soc. **86** [1964] 5320, 5321).

B. Neben Dimethyl-[9-methyl-2,8-bis-methylmercapto-9*H*-purin-6-yl]-amin beim Behandeln von [2,8-Bis-methylmercapto-7(9)*H*-purin-6-yl]-dimethyl-amin mit Dimethylsulfat und methanol. Natriummethylat (*Ba. et al.*).

Kristalle (aus Bzl.+Heptan); F: 165–166°; λ_{max} (wss. A.): 260 nm und 312,5 nm [pH 1], 252,5 nm und 315 nm [pH 7] bzw. 252,5 nm und 317,5 nm [pH 14] (*Ba. et al.*).

6-Dimethylamino-9-methyl-2,8-bis-methylmercapto-9*H*-purin, Dimethyl-[9-methyl-2,8-bis-methylmercapto-9*H*-purin-6-yl]-amin $C_{10}H_{15}N_5S_2$, Formel IV (R = CH_3).

B. Neben Dimethyl-[3-methyl-2,8-bis-methylmercapto-3*H*-purin-6-yl]-amin (s. o.) beim Behandeln von [2,8-Bis-methylmercapto-7(9)*H*-purin-6-yl]-dimethyl-amin mit Dimethylsulfat und methanol. Natriummethylat (*Baker et al.,* J. org. Chem. **19** [1954] 638, 643; s. a. *Townsend et al.,* Am. Soc. **86** [1964] 5320, 5321).

Kristalle (aus A.); F: 127–128°; λ_{max} (wss. A.): 260 nm und 305 nm [pH 1] bzw. 247,5 nm und 302,5 nm [pH 7 sowie pH 14] (*Ba. et al.*).

3-Äthyl-6-dimethylamino-2,8-bis-methylmercapto-3*H*-purin, [3-Äthyl-2,8-bis-methylmercapto-3*H*-purin-6-yl]-dimethyl-amin $C_{11}H_{17}N_5S_2$, Formel III (R = C_2H_5).

Diese Konstitution kommt wahrscheinlich der von *Baker et al.* (J. org. Chem. **19** [1954] 638, 643) als [7-Äthyl-2,8-bis-methylmercapto-7*H*-purin-6-yl]-dimethyl-amin formulierten Verbindung zu (s. hierzu *Townsend et al.,* Am. Soc. **86** [1964] 5320, 5321).

B. Neben [9-Äthyl-2,8-bis-methylmercapto-9*H*-purin-6-yl]-dimethyl-amin beim Behandeln von [2,8-Bis-methylmercapto-7(9)*H*-purin-6-yl]-dimethyl-amin mit Äthyljodid und methanol. Natriummethylat (*Ba. et al.*).

Kristalle (aus Bzl.+Heptan); F: 161–163°; λ_{max} (wss. A.): 260 nm und 312,5 nm [pH 1], 252,5 nm und 315 nm [pH 7] bzw. 250 nm und 316 nm [pH 14] (*Ba. et al.*).

9-Äthyl-6-dimethylamino-2,8-bis-methylmercapto-9*H*-purin, [9-Äthyl-2,8-bis-methylmercapto-9*H*-purin-6-yl]-dimethyl-amin $C_{11}H_{17}N_5S_2$, Formel IV (R = C_2H_5).

B. Beim Behandeln von 9-Äthyl-6-dimethylamino-2-methylmercapto-7,9-dihydro-purin-8-thion mit Dimethylsulfat und methanol. Natriummethylat (*Baker et al.,* J. org. Chem. **19** [1954] 638, 643). Neben [3-Äthyl-2,8-bis-methylmercapto-3*H*-purin-6-yl]-dimethyl-amin (s. o.) beim Erwärmen von [2,8-Bis-methylmercapto-7(9)*H*-purin-6-yl]-dimethyl-amin mit Äthyljodid und methanol. Natriummethylat (*Ba. et al.*; s. a. *Townsend et al.,* Am. Soc. **86** [1964] 5320, 5321).

Kristalle (aus A.); F: 131–132°; λ_{max} (wss. A.): 260 nm und 305 nm [pH 1] bzw. 247,5 nm und 302,5 nm [pH 7 sowie pH 14] (*Ba. et al.*).

2,8-Bis-methylmercapto-9-phenyl-9*H*-purin-6-ylamin $C_{13}H_{13}N_5S_2$, Formel V (R = CH_3).

B. Aus 6-Amino-8-methylmercapto-9-phenyl-1,9-dihydro-purin-2-thion und Dimethylsulfat in wss. NaOH (*Cook, Smith,* Soc. **1949** 3001, 3007).

Kristalle (aus A.); F: 228–229°.

Picrat $C_{13}H_{13}N_5S_2 \cdot C_6H_3N_3O_7$. Gelbe Kristalle (aus Me.); F: 239–240° [Zers.].

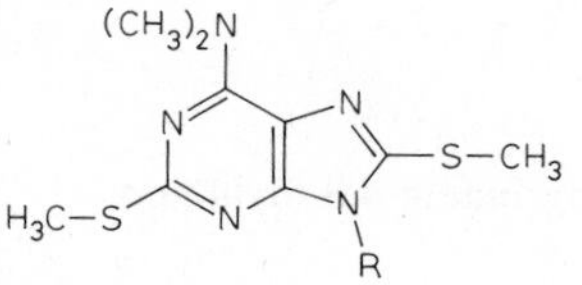

IV 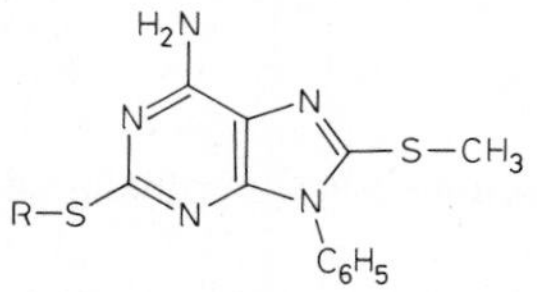 V 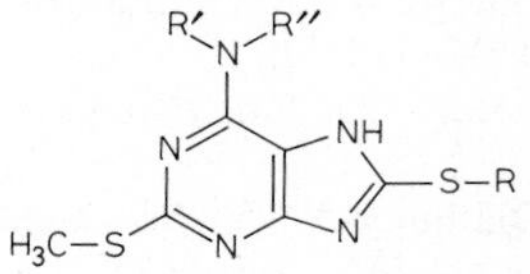 VI

2-Benzylmercapto-8-methylmercapto-9-phenyl-9*H*-purin-6-ylamin $C_{19}H_{17}N_5S_2$, Formel V (R = CH_2-C_6H_5).

B. Analog der vorangehenden Verbindung (*Cook, Smith,* Soc. **1949** 3001, 3007).

Kristalle (aus Me.); F: 174°.

[8-Benzylmercapto-2-methylmercapto-7(9)*H*-purin-6-yl]-methyl-phenyl-amin $C_{20}H_{19}N_5S_2$, Formel VI (R = CH_2-C_6H_5, R′ = CH_3, R″ = C_6H_5) und Taut.

B. Beim Erwärmen von 6-[*N*-Methyl-anilino]-2-methylmercapto-7,9-dihydro-purin-8-thion mit Benzylchlorid und methanol. Natriummethylat (*Baker et al.,* J. org. Chem. **19** [1954] 1793, 1800).

Kristalle (aus A.); F: 197–199°.

[2,8-Bis-methylmercapto-7(9)*H*-purin-6-yl]-[4-chlor-benzyl]-amin $C_{14}H_{14}ClN_5S_2$, Formel VI (R = CH_3, R′ = CH_2-C_6H_4-Cl, R″ = H) und Taut.

B. Beim Erwärmen von 6-Chlor-2,8-bis-methylmercapto-7(9)*H*-purin mit 4-Chlor-benzylamin in Äthanol (*Noell, Robins,* Am. Soc. **81** [1959] 5997, 6006).

Kristalle (aus DMF); F: 217° [unkorr.]. λ_{max} (wss. Lösung): 256 nm und 314 nm [pH 1] bzw. 233 nm und 304 nm [pH 11].

(1*R*)-Tetra-*O*-acetyl-1-[6-dimethylamino-2,8-bis-methylmercapto-purin-3-yl]-1,5-anhydro-D-glucit, 6-Dimethylamino-2,8-bis-methylmercapto-3-[tetra-*O*-acetyl-β-D-glucopyranosyl]-3*H*-purin $C_{23}H_{31}N_5O_9S_2$, Formel VII (R = CO-CH_3).

Diese Konstitution kommt der von *Baker et al.* (J. org. Chem. **19** [1954] 1780, 1783) als (1*R*)-Tetra-*O*-acetyl-1-[6-dimethylamino-2,8-bis-methylmercapto-purin-7-yl]-1,5-anhydro-D-glucit formulierten Verbindung zu (*Townsend et al.,* Am. Soc. **86** [1964] 5320, 5322).

B. Beim Erhitzen der Chloromercurio-Verbindung des [2,8-Bis-methylmercapto-7(9)*H*-purin-6-yl]-dimethyl-amins mit Tetra-*O*-acetyl-glucopyranosylbromid in Xylol (*Ba. et al.*).

Kristalle (aus A.); F: 202–204°; λ_{max} (wss. A.): 267,5 nm und 322,5 nm [pH 1], 257,5 nm und 330 nm [pH 7] bzw. 255 nm und 327,5 nm [pH 14] (*Ba. et al.*).

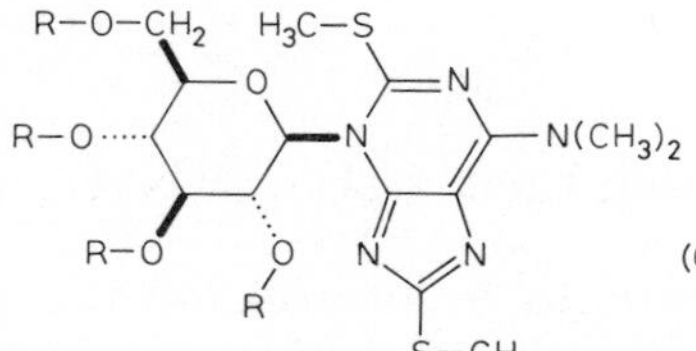

VII 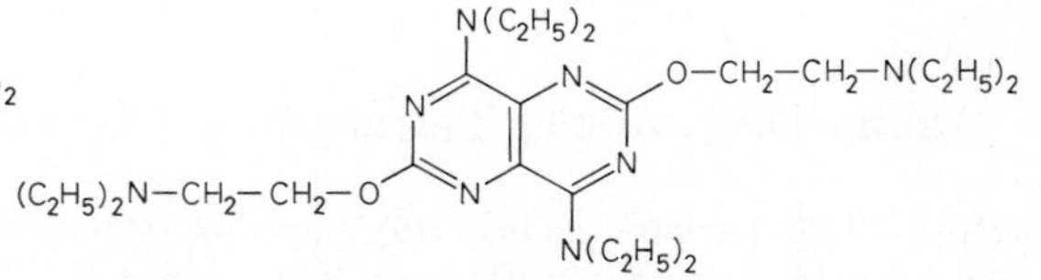 VIII

Amino-Derivate der Dihydroxy-Verbindungen $C_nH_{2n-8}N_4O_2$

N^4,N^4,N^8,N^8-Tetraäthyl-2,6-bis-[2-diäthylamino-äthoxy]-pyrimido[5,4-*d*]pyrimidin-4,8-diyl= diamin $C_{26}H_{48}N_8O_2$, Formel VIII.

B. Beim Erhitzen von N^4,N^4,N^8,N^8-Tetraäthyl-2,6-dichlor-pyrimido[5,4-*d*]pyrimidin-4,8-diyldiamin (aus 2,4,6,8-Tetrachlor-pyrimido[5,4-*d*]pyrimidin und Diäthylamin hergestellt) mit Natrium-[2-diäthylamino-äthylat] in 2-Diäthylamino-äthanol (*Thomae G.m.b.H.,* Brit. P. 807826 [1956]).

F: 35,5 – 37° [aus PAe.].

2,6-Diäthoxy-N^4,N^8-bis-[2-diäthylamino-äthyl]-pyrimido[5,4-*d*]pyrimidin-4,8-diyldiamin $C_{22}H_{40}N_8O_2$, Formel IX.

B. Beim Erhitzen von 2,6-Dichlor-N^4,N^8-bis-[2-diäthylamino-äthyl]-pyrimido[5,4-*d*]pyrimi= din-4,8-diyldiamin mit Natriumäthylat auf 190 – 200° (*Thomae G.m.b.H.,* Brit. P. 807826 [1956]).

Kristalle (aus PAe.); F: 78 – 78,5°.

$(C_2H_5)_2N-CH_2-CH_2-NH$ ... $O-C_2H_5$ ... C_2H_5-O ... $NH-CH_2-CH_2-N(C_2H_5)_2$

IX

R'–O ... NH–R ... NH–R ... R'–O

X

Amino-Derivate der Dihydroxy-Verbindungen $C_nH_{2n-24}N_4O_2$

6,7-Bis-[4-hydroxy-phenyl]-pteridin-2,4-diyldiamin $C_{18}H_{14}N_6O_2$, Formel X (R = R' = H).

B. Beim Erwärmen von Pyrimidintetrayltetraamin mit 4,4'-Dihydroxy-benzil, wss.-äthanol. HCl und Butanon (*Cain et al.,* Am. Soc. **71** [1949] 892, 895). Beim Erhitzen von diazotiertem 6,7-Bis-[4-amino-phenyl]-pteridin-2,4-diyldiamin mit H_2O (*Cain et al.*).

Gelbe Kristalle (aus H_2O). λ_{max}: 240 nm und 392 nm [wss. HCl (0,1 n)] bzw. 275 nm und 432 nm [wss. NaOH (0,1 n)].

6,7-Bis-[4-methoxy-phenyl]-pteridin-2,4-diyldiamin $C_{20}H_{18}N_6O_2$, Formel X (R = H, R' = CH_3).

B. Beim Erhitzen von Pyrimidintetrayltetraamin mit 4,4'-Dimethoxy-benzil in wss. Essigsäure (*Allen & Hanburys,* U.S.P. 2665275 [1950]).

Kristalle (aus wss. Py.); F: 288°.

6,7-Bis-[4-methoxy-phenyl]-N^2,N^4-dimethyl-pteridin-2,4-diyldiamin $C_{22}H_{22}N_6O_2$, Formel X (R = R' = CH_3).

B. Beim Erwärmen von N^2,N^4-Dimethyl-pyrimidin-2,4,5,6-tetrayltetraamin mit 4,4'-Di= methoxy-benzil, Natriumacetat und wss. Äthanol (*Boon,* Soc. **1957** 2146, 2156, 2157).

Kristalle (aus A.); F: 259°.

Amino-Derivate der Tetrahydroxy-Verbindungen $C_nH_{2n-6}N_4O_4$

D_r-1*cat*$_F$-[6-Diäthylamino-2-methyl-7(9)*H*-purin-8-yl]-butan-1c_F,2c_F,3r_F,4-tetraol, D-(1*S*)-1-[6-Diäthylamino-2-methyl-7(9)*H*-purin-8-yl]-erythrit $C_{14}H_{23}N_5O_4$, Formel XI und Taut.

B. Beim Erhitzen von N^4,N^4-Diäthyl-2-methyl-pyrimidin-4,5,6-triyltriamin mit D-Ribon=

säure-4-lacton (E III/IV **18** 2259) auf 140° (*Hull*, Soc. **1958** 4069, 4073).

Kristalle (aus Butan-1-ol); F: 228–229° [nach Sintern bei 220°]. $[\alpha]_D^{24}$: –20° [Py.; c = 3].

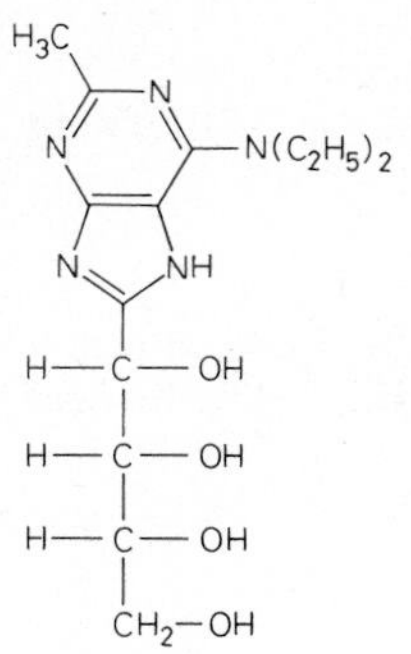

XI 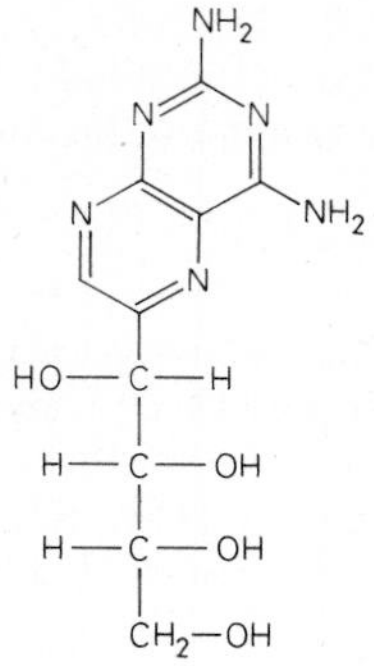 XII 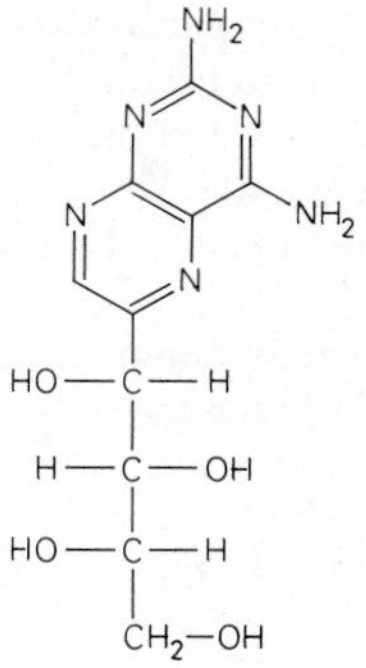 XIII

Amino-Derivate der Tetrahydroxy-Verbindungen $C_nH_{2n-8}N_4O_4$

1-[2,4-Diamino-pteridin-6-yl]-butan-1,2,3,4-tetraol $C_{10}H_{14}N_6O_4$.

a) **D$_r$-1*cat*$_F$-[2,4-Diamino-pteridin-6-yl]-butan-1t_F,2c_F,3r_F,4-tetraol, D-(1*R*)-1-[2,4-Diamino-pteridin-6-yl]-erythrit,** Formel XII.

B. Aus Pyrimidintetrayltetraamin und D-Glucose (E IV **1** 4302) oder D-Fructose (E IV **1** 4401) in Gegenwart von $N_2H_4 \cdot H_2O$ in wss. Essigsäure [pH 5] (*Upjohn Co.*, U.S.P. 2667485 [1950]; s. a. *Sakurai, Yoshino*, J. pharm. Soc. Japan **72** [1952] 1294; C. A. **1953** 6953).

λ_{max} (wss. HCl [0,1 n]): 242 nm, 280 nm und 335 nm (*Upjohn Co.*).

b) **L$_r$-1*cat*$_F$-[2,4-Diamino-pteridin-6-yl]-butan-1c_F,2t_F,3r_F,4-tetraol, (1*R*)-1-[2,4-Diamino-pteridin-6-yl]-L-threit,** Formel XIII.

B. Aus Pyrimidintetrayltetraamin und L-Sorbose (E IV **1** 4412) in Gegenwart von $N_2H_4 \cdot H_2O$ in wss. Essigsäure [pH 5–6] (*Upjohn Co.*, U.S.P. 2667485 [1950]).

Brauner Feststoff.

L$_r$-1*cat*$_F$-[2,4-Diamino-pteridin-7-yl]-butan-1c_F,2t_F,3r_F,4-tetraol, (1*R*)-1-[2,4-Diamino-pteridin-7-yl]-L-threit $C_{10}H_{14}N_6O_4$, Formel XIV.

B. Aus Pyrimidintetrayltetraamin und L-*xylo*-[2]Hexosulose (E IV **1** 4431) in wss. Natrium= acetat [pH 6,5] (*Upjohn Co.*, U.S.P. 2667485 [1950]).

λ_{max}: 240 nm, 285 nm und 335 nm [wss. HCl (0,1 n)] bzw. 255 nm und 365 nm [wss. NaOH (0,1 n)].

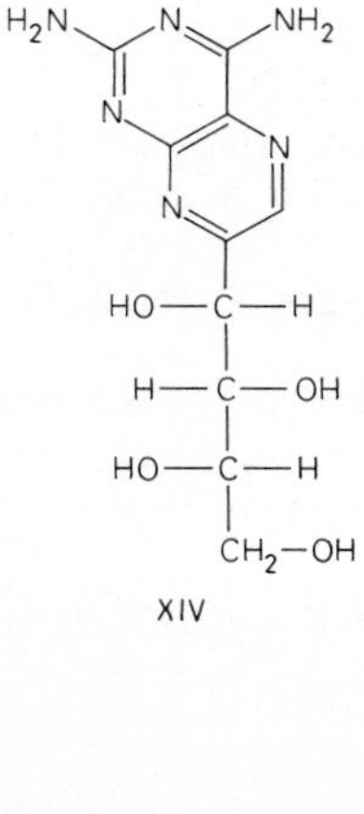

XIV 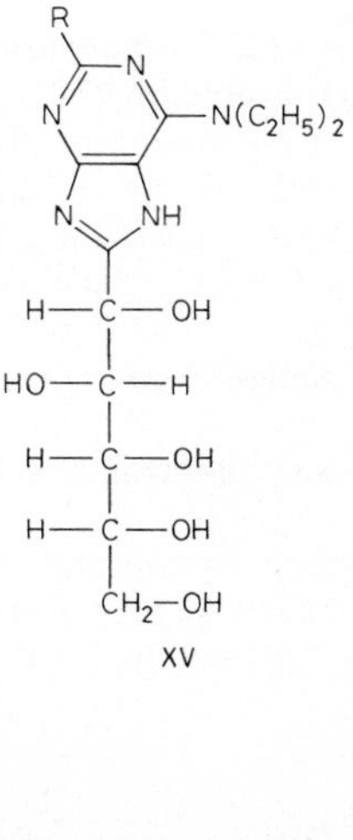 XV

Amino-Derivate der Pentahydroxy-Verbindungen $C_nH_{2n-6}N_4O_5$

D_r-1cat_F-[6-Diäthylamino-7(9)*H*-purin-8-yl]-pentan-1c_F,2t_F,3c_F,4r_F,5-pentaol, (1*S*)-1-[6-Diäthylamino-7(9)*H*-purin-8-yl]-D-arabit $C_{14}H_{23}N_5O_5$, Formel XV (R = H) und Taut.

B. Beim Erhitzen von N^4,N^4-Diäthyl-pyrimidin-4,5,6-triyltriamin (aus N^4,N^4-Diäthyl-5-nitro-pyrimidin-4,6-diyldiamin hergestellt) mit D-Gluconsäure-5-lacton [E III/IV **18** 3018] (*Hull,* Soc. **1958** 4069, 4072).

Kristalle (aus H_2O); F: 188–189,5°.

D_r-1cat_F-[6-Diäthylamino-2-methyl-7(9)*H*-purin-8-yl]-pentan-1c_F,2t_F,3c_F,4r_F,5-pentaol, (1*S*)-1-[6-Diäthylamino-2-methyl-7(9)*H*-purin-8-yl]-D-arabit $C_{15}H_{25}N_5O_5$, Formel XV (R = CH_3) und Taut.

B. Analog der vorangehenden Verbindung (*Hull,* Soc. **1958** 4069, 4071).

Kristalle (aus H_2O); F: 229°. $[\alpha]_D^{21}$: +41° [wss. HCl (0,1 n); c = 3,3].

F. Oxoamine

Amino-Derivate der Monooxo-Verbindungen $C_nH_{2n-4}N_4O$

Amino-Derivate der Oxo-Verbindungen $C_6H_8N_4O$

2-Amino-5,6,7,8-tetrahydro-3*H*-pteridin-4-on $C_6H_9N_5O$, Formel I (R = R′ = H) und Taut.

Sulfit $C_6H_9N_5O \cdot H_2SO_3$. *B.* Beim Hydrieren von 2-Amino-3*H*-pteridin-4-on an Platin in wss. NaOH und Behandeln des Reaktionsprodukts mit SO_2 in H_2O (*Viscontini, Weilenmann,* Helv. **41** [1958] 2170, 2174, 2176). – Feststoff; Verkohlung >250° (*Vi., We.,* Helv. **41** 2177). UV-Spektrum (wss. HCl [0,1 n] sowie wss. NaOH [0,1 n]; 200–400 nm): *Vi., We.,* Helv. **41** 2174. – Bei der Oxidation an der Luft sind 2-Amino-3*H*-pteridin-4-on, 2-Amino-6-hydroxy-5,6-dihydro-3*H*-pteridin-4-on und 2-Amino-4-oxo-3,4-dihydro-pteridin-6-sulfonsäure erhalten worden (*Viscontini, Weilenmann,* Helv. **42** [1959] 1854, 1860).

2-Acetylamino-5,6,7,8-tetrahydro-3*H*-pteridin-4-on, *N*-[4-Oxo-3,4,5,6,7,8-hexahydro-pteridin-2-yl]-acetamid $C_8H_{11}N_5O_2$, Formel I (R = CO-CH_3, R′ = H) und Taut.

B. Beim Hydrieren von 2-Acetylamino-3*H*-pteridin-4-on an Platin in Äthanol (*Viscontini, Weilenmann,* Helv. **41** [1958] 2170, 2175).

UV-Spektrum (wss. HCl [0,1 n] sowie wss. NaOH [0,1 n]; 200–400 nm): *Vi., We.*

5-Acetyl-2-acetylamino-5,6,7,8-tetrahydro-3*H*-pteridin-4-on, *N*-[5-Acetyl-4-oxo-3,4,5,6,7,8-hexahydro-pteridin-2-yl]-acetamid $C_{10}H_{13}N_5O_3$, Formel I (R = R′ = CO-CH_3) und Taut.

B. Beim Erhitzen von 2-Amino-5,6,7,8-tetrahydro-3*H*-pteridin-4-on mit Essigsäure und Acetanhydrid (*Viscontini, Weilenmann,* Helv. **41** [1958] 2175, 2177).

Kristalle (aus A.+Ae.); Verkohlung >250° [nicht rein erhalten]. UV-Spektrum (wss. HCl [0,1 n] sowie wss. NaOH [0,1 n]; 200–350 nm): *Vi., We.,* l. c. S. 2174.

Amino-Derivate der Oxo-Verbindungen $C_7H_{10}N_4O$

(±)-2-Amino-6-methyl-5,6,7,8-tetrahydro-3*H*-pteridin-4-on $C_7H_{11}N_5O$, Formel II (R = H) und Taut.

B. Bei der katalytischen Hydrierung von 2-Amino-6-methyl-3*H*-pteridin-4-on in wss. NaOH (*Blakley,* Biochem. J. **72** [1959] 707, 708).

λ_{max} (wss. Lösung): 263 nm [pH −1,7], 265 nm [pH 1], 220 nm und 300 nm [pH 7] bzw.

289 nm [pH 12,9] (*Asahi,* J. pharm. Soc. Japan **79** [1959] 1554, 1557; C. A. **1960** 10592). Über Polarographie s. *As.,* l. c. S. 1555; *Allen et al.,* Am. Soc. **74** [1952] 3264, 3266.

Reaktion mit Formaldehyd: *Bl.,* Biochem. J. **72** 710; s. a. *Blakley,* Biochim. biophys. Acta **23** [1957] 654.

I II III

(±)-2-Amino-5-formyl-6-methyl-5,6,7,8-tetrahydro-3*H*-pteridin-4-on $C_8H_{11}N_5O_2$, Formel II (R = CHO) und Taut.

B. Beim Hydrieren von 2-Amino-6-methyl-3*H*-pteridin-4-on an Platin in Ameisensäure und Behandeln des Reaktionsgemisches mit Acetanhydrid (*Cosulich et al.,* Am. Soc. **74** [1952] 3252, 3254, 3258).

Kristalle (aus H_2O) mit 0,5 Mol H_2O; F: 282–286°. UV-Spektrum (wss. NaOH [0,1 n]; 300–350 nm): *Co. et al.,* l. c. S. 3254.

(±)-4-[(2-Amino-4-oxo-3,4,5,6,7,8-hexahydro-pteridin-6-ylmethyl)-amino]-benzoesäure, (±)-5,6,7,8-Tetrahydro-pteroinsäure $C_{14}H_{16}N_6O_3$, Formel III (R = H) und Taut.

B. Beim Hydrieren von Pteroinsäure (S. 3942) an Platin in Essigsäure in Gegenwart von L-Ascorbinsäure (*Korte et al.,* Z. physiol. Chem. **314** [1959] 106, 111).

λ_{max} (wss. NaOH [0,1 n]): 265 nm.

(±)-4-[(2-Amino-5-formyl-4-oxo-3,4,5,6,7,8-hexahydro-pteridin-6-ylmethyl)-amino]-benzoesäure, (±)-5-Formyl-5,6,7,8-tetrahydro-pteroinsäure $C_{15}H_{16}N_6O_4$, Formel III (R = CHO) und Taut.

B. Beim Hydrieren von 10-Formyl-pteroinsäure (S. 3949) an Platin in Essigsäure in Gegenwart von L-Ascorbinsäure und Erhitzen des Reaktionsprodukts in wss. Lösung vom pH 7 auf 95–100° (*Korte et al.,* Z. physiol. Chem. **314** [1959] 106, 111; s. a. *Research Corp.,* U.S.P. 2741608 [1951]). Beim Erwärmen von Pteroinsäure (S. 3942) mit Ameisensäure auf 60° und Hydrieren des Reaktionsprodukts in H_2O mit Palladium bei 100°/30 at (*Wacker et al.,* Z. Naturf. **13b** [1958] 141). Enzymatische Bildung: *Ko. et al.*; *Wa. et al.*

λ_{max} (wss. NaOH [0,1 n]): 277 nm (*Ko. et al.*).

***N*-[5,6,7,8-Tetrahydro-pteroyl]-glutaminsäure** $C_{19}H_{23}N_7O_6$.

a) ***N*-[(*S*)-5,6,7,8-Tetrahydro-pteroyl]-L-glutaminsäure,** „L"-Tetrahydrofolsäure, (*S*)-H_4Pte-Glu, Formel IV (R = R′ = H) und Taut.

Konfiguration: *Fontecilla-Camps et al.,* Am. Soc. **101** [1979] 6114.

Enzymatische Bildung aus Dihydrofolsäure (S. 3934) mit Tetrahydrofolat-NADP-Oxido-reduktase: *Mathews, Huennekens,* J. biol. Chem. **235** [1960] 3304; über die enzymatische Bildung s. a. *Futterman,* J. biol. Chem. **228** [1957] 1031; *Osborn, Huennekens,* J. biol. Chem. **233** [1958] 969; *Peters, Greenberg,* Am. Soc. **80** [1958] 6679; *Zakrzewski, Nichol,* J. biol. Chem. **235** [1960] 2984.

$[\alpha]_D^{27}$: −16,9° ± 3,8° [wss. Lösung vom pH 7 + 2-Mercapto-äthanol] (*Ma., Hu.,* l. c. S. 3307).

b) ***N*-[*ambo*-5,6,7,8-Tetrahydro-pteroyl]-L-glutaminsäure,** „DL"-Tetrahydrofolsäure, *ambo*-H_4Pte-Glu, Formel IV + V (jeweils R = R′ = H) und Taut.

Zusammenfassende Darstellungen: *Jaenicke, Kutzbach,* Fortschr. Ch. org. Naturst. **21** [1963] 183, 207; *R.L. Blakley,* The Biochemistry of Folic Acid and Related Pteridines [Amsterdam 1969] S. 78.

B. Beim Hydrieren von Folsäure (S. 3944) an Platin in Essigsäure (*O'Dell et al.,* Am. Soc. **69** [1947] 250, 252; *Hatefi et al.,* Biochem. Prepar. **7** [1960] 89), in wss. NaOH (*Miller, Waelsch,* J. biol. Chem. **228** [1957] 397, 398), in Ameisensäure, in wss. NaOH oder in wss. Lösung vom pH 7 (*Blakley*, Biochem. J. **65** [1957] 331, 333). Aus Folsäure beim Behandeln mit $Na_2S_2O_4$ und L-Ascorbinsäure (*Blakley*, Nature **188** [1960] 231) oder mit Borhydrid (*Scrimgeour, Smith-Vitols*, Biochemistry **5** [1966] 1438).

$[\alpha]_D^{27}$: +14,9° [wss. NaOH (0,1 n)+2-Mercapto-äthanol] (*Mathews, Huennekens*, J. biol. Chem. **235** [1960] 3304, 3307). UV-Spektrum in wss. Lösungen vom pH 7,5 (240–360 nm): *Osborn, Huennekens*, J. biol. Chem. **233** [1958] 969, 971; vom pH 11 (210–400 nm): *O'Dell et al.*; in wss. NaOH [0,1 n] (220–380 nm): *Pohland et al.*, Am. Soc. **73** [1951] 3247, 3248. λ_{max} (wss. Lösung): 225 nm und 260 nm [pH –1,7], 280 nm [pH 1,2], 277 nm [pH 9,2] bzw. 255 nm und 277 nm [pH 13] (*Asahi*, J. pharm. Soc. Japan **79** [1959] 1548, 1552; C. A. **1960** 10592). Scheinbare Dissoziationsexponenten pK'_{a1}, pK'_{a2} und pK'_{a3} (H_2O; spektrophotometrisch ermittelt): –0,1 bzw. 4,3 bzw. 9 (*As.*).

Beim Behandeln mit Formaldehyd in wss. Lösungen ist *N*-[4-(*ambo*-3-Amino-1-oxo-1,2,5,6,6a,7-hexahydro-imidazo[1,5-*f*]pteridin-8-yl)-benzoyl]-L-glutaminsäure (*N*-[*ambo*-5,10-Methandiyl-5,6,7,8-tetrahydro-pteroyl]-L-glutaminsäure; S. 4178; Konstitution: *Osborn et al.*, Am. Soc. **82** [1960] 4921; s. a. *Kallen, Jencks*, J. biol. Chem. **241** [1966] 5851) erhalten worden (*Kisliuk*, J. biol. Chem. **227** [1957] 805, 807; *Blakley*, Biochem. J. **72** [1959] 707, 711).

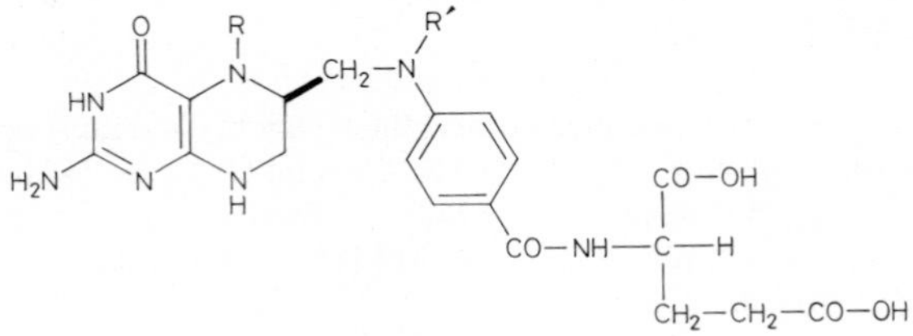

IV

***N*-[*ambo*-5,6,7,8-Tetrahydro-pteroyl]-L-γ-glutamyl→L-γ-glutamyl→L-glutaminsäure**, „DL"-Tetrahydroteropterin, *ambo*-$H_4PteGlu_3$ $C_{29}H_{37}N_9O_{12}$, Formel VI und Taut.

B. Beim Hydrieren von Teropterin (S. 3946) an Platin in Essigsäure in Gegenwart von L-Ascorbinsäure (*Korte et al.*, Z. physiol. Chem. **314** [1959] 106, 111).

λ_{max} (wss. NaOH [0,1 n]): 270 nm.

***N*-[5-Formyl-5,6,7,8-tetrahydro-pteroyl]-glutaminsäure** $C_{20}H_{23}N_7O_7$.

Zusammenfassende Darstellungen der nachstehend beschriebenen Diastereoisomeren: *Albert*, Fortschr. Ch. org. Naturst. **11** [1954] 350, 382; *Jaenicke, Kutzbach*, Fortschr. Ch. org. Naturst. **21** [1963] 183, 211; *Slavík*, in *J. Fragner*, Vitamine [Jena 1965] S. 907, 913; *R.L. Blakley*, The Biochemistry of Folic Acid and Related Pteridines [Amsterdam 1969] S. 86.

a) ***N*-[(*S*)-5-Formyl-5,6,7,8-tetrahydro-pteroyl]-L-glutaminsäure**, Citrovorum-Faktor, Formel IV (R = CHO, R′ = H) und Taut.

Konfiguration: *Fontecilla-Camps et al.*, Am. Soc. **101** [1979] 6114.

Isolierung aus Leber-Präparaten: *Silverman, Keresztesy*, Am. Soc. **73** [1951] 1897; *Keresztesy, Silverman*, Am. Soc. **73** [1951] 5510; s. a. *Sauberlich*, J. biol. Chem. **195** [1952] 337, 338; *Wieland et al.*, Arch. Biochem. **40** [1952] 205.

IR-Spektrum (2–16 μ): *Wright*, J. biol. Chem. **219** [1956] 873, 875. UV-Spektrum (saure sowie alkal. wss. Lösung: 220–380 nm): *Wr.*, l. c. S. 874.

Über das biochemische Verhalten s. die oben bei den zusammenfassenden Darstellungen zit. Literatur.

Calcium-Salz $CaC_{20}H_{21}N_7O_7$. *B.* Neben dem Calcium-Salz der unter b) beschriebenen Verbindung aus dem Calcium-Salz der unter c) beschriebenen Verbindung durch fraktionierte Kristallisation aus wss. Lösung (*Cosulich et al.*, Am. Soc. **74** [1952] 4215). – Kristalle (aus H_2O) mit 4 Mol H_2O; $[\alpha]_D$: –15,1° [H_2O; c = 1,8]; λ_{max} (wss. A.+NH_3): 285–286 nm (*Co. et al.*).

Barium-Salz. Kristalle; Netzebenenabstände; λ_{max} (wss. A.+NH_3): 286 nm (*Ke., Si.*).

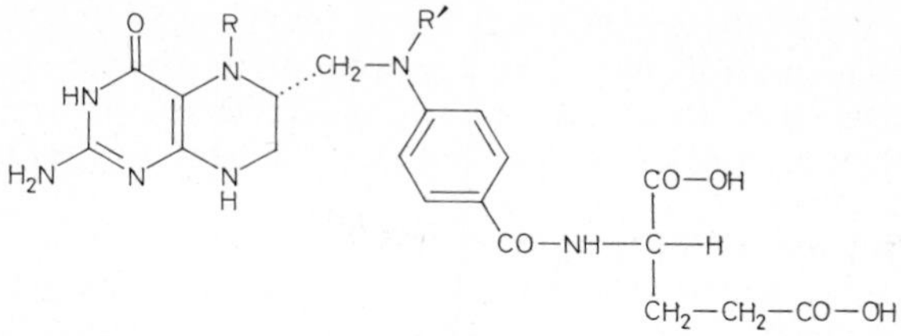

V

b) *N*-[(*R*)-5-Formyl-5,6,7,8-tetrahydro-pteroyl]-L-glutaminsäure, Formel V (R = CHO, R′ = H) und Taut.

Calcium-Salz. *B.* s. beim Calcium-Salz der unter a) beschriebenen Verbindung. — $[\alpha]_D$: +28,3° [H_2O; c = 3,5] [nicht rein erhalten] (*Cosulich et al.*, Am. Soc. **74** [1952] 4215).

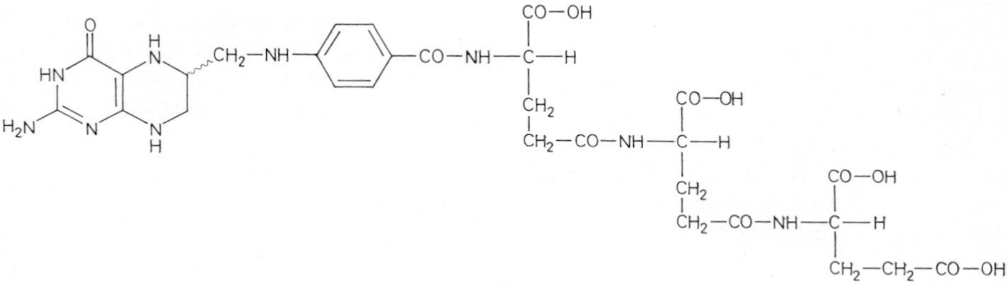

VI

c) *N*-[*ambo*-5-Formyl-5,6,7,8-tetrahydro-pteroyl]-L-glutaminsäure, Leucovorin, Folinsäure-SF, Formel IV+V (jeweils R = CHO, R′ = H) und Taut.

Konstitution: *May et al.*, Am. Soc. **73** [1951] 3067; *Pohland et al.*, Am. Soc. **73** [1951] 3247; *Cosulich et al.*, Am. Soc. **74** [1952] 3252.

B. Beim Behandeln von Folsäure (S. 3944) oder *N*-[10-Formyl-pteroyl]-L-glutaminsäure mit Ameisensäure und Acetanhydrid, Hydrieren des Reaktionsprodukts an Platin (*Flynn et al.*, Am. Soc. **73** [1951] 1979, 1980; *Pohland et al.*, Am. Soc. **73** [1951] 3247, 3251; s. a. *Shive et al.*, Am. Soc. **72** [1950] 2817; *Research Corp.*, U.S.P. 2741608 [1951]) und Erhitzen der Reaktionslösung unter Druck auf 120° (*Fl. et al.*; s. a. *Sh. et al.*; *Research Corp.*) oder Behandeln der Reaktionslösung mit wss. NaOH (*Po. et al.*; s. a. *Research Corp*). Aus Folsäure oder *N*-[10-Formyl-pteroyl]-L-glutaminsäure beim Hydrieren an Platin in Gegenwart von L-Ascorbinsäure in Ameisensäure und Erwärmen des Reaktionsprodukts mit wss. NaOH auf 90–95° (*Roth et al.*, Am. Soc. **74** [1952] 3247, 3249; s. a. *Brockman et al.*, Am. Soc. **72** [1950] 4325) oder beim Hydrieren an Platin in Gegenwart von L-Ascorbinsäure in Ameisensäure, wss. Essigsäure oder wss. Lösung vom pH ca. 7 und folgendem Erhitzen unter Druck auf 120° (*May et al.*, Am. Soc. **73** [1951] 3067, 3071). Aus Folsäure oder *N*-[10-Formyl-pteroyl]-L-glutaminsäure unter verschiedenen Reaktionsbedingungen (*May et al.*; *Roth et al.*). Aus „DL“-Tetrahydrofolsäure (S. 3879) beim Behandeln mit Ameisensäure oder *N*-Methyl-formanilid in Essigsäure (*May et al.*) oder beim Behandeln mit Chloral in $CHCl_3$ (*Am. Cyanamid Co.*, U.S.P. 2694065 [1952]). — Chromatographische Reinigung an Kartoffelstärke oder an Florisil: *Fl. et al.*; an Magnesol: *Roth et al.*; an Florisil oder Magnesol: *May et al.*

Kristalle (aus wss. Lösung vom pH 3–3,5) mit 3 Mol H_2O (*Roth et al.*, Am. Soc. **74** [1952] 3247, 3252) bzw. mit 3–4 Mol H_2O (*Flynn et al.*, Am. Soc. **73** [1951] 1979, 1980, 1982); F: 248–250° [korr.; Zers.] (*Roth et al.*); Zers. bei 240–250° [unkorr.] (*Fl. et al.*). Netzebenenabstände des Trihydrats: *Research Corp.*, U.S.P. 2741608 [1951]. Kristalloptik des Trihydrats: *Roth et al.* $[\alpha]_D^{25}$: +10,5° [wss. Lösung vom pH 8,5; c = 8,3] [Trihydrat] (*Pohland et al.*, Am. Soc. **73** [1951] 3247, 3251; *Research Corp.*), +16,8° [wss. Lösung vom pH 8,4; c = 3,5] [wasserfreies Präparat] (*Roth et al.*). IR-Banden (Mineralöl; 5,8–13,1 μ): *Research Corp.* UV-Spektrum (wss. NaOH [0,1 n]; 220–350 nm): *Fl. et al.,* l. c. S. 1981; *Po. et al.,* l. c. S. 3248; *Roth et al.,* l. c. S. 3249. Fluorescenzspektrum (wss. Lösungen vom pH 1, pH 7 und pH 10; 200–600 nm): *Duggan et al.,* Arch. Biochem. **68** [1957] 1, 6. Scheinbare Dissoziationsexponenten pK'_{a1}, pK'_{a2} und pK'_{a3} (H_2O; potentiometrisch ermittelt): 3,1 bzw. 4,8 bzw. 10,4 (*Fl. et al.*; *Po. et al.*; *Research Corp.*).

Beim Behandeln mit wss. HCl [0,5 n] ist (6a*ambo*)-3-Amino-8-[4-((*S*)-1,3-dicarboxy-propylcarbamoyl)-phenyl]-1-oxo-2,5,6,6a,7,8-hexahydro-1*H*-imidazo[1,5-*f*]pteridinium-chlorid (*N*-[*ambo*-5,10-Methyliumdiyl-5,6,7,8-tetrahydro-pteroyl]-L-glutaminsäure-chlorid, „Isoleucovorin-chlorid"; S. 4178) erhalten worden (*May et al.,* Am. Soc. **73** [1951] 3067, 3068, 3073; *Cosulich et al.,* Am. Soc. **74** [1952] 3252, 3256, 3260). Geschwindigkeit der Zersetzung in wss. Lösungen vom pH 1 und pH 2: *May et al.*

Über das biochemische Verhalten s. die oben bei den zusammenfassenden Darstellungen zit. Literatur.

Dinitrat $C_{20}H_{23}N_7O_7 \cdot 2HNO_3$. *B.* Aus Leucovorin mit wss. HNO_3 [5 n] in wss. NH_3 (*Cosulich et al.,* Am. Soc. **74** [1952] 3252, 3257, 3263). – Feststoff mit 2 Mol H_2O (*Co. et al.,* l. c. S. 3263).

Calcium-Salz $CaC_{20}H_{21}N_7O_7$; Calciumfolinat. Zusammenfassende Darstellung: *Pont et al.,* in *K. Florey,* Analytical Profiles of Drug Substances, Bd. 8 [New York 1979] S. 315. – Kristalle mit 4 Mol H_2O (*Roth et al.,* Am. Soc. **74** [1952] 3247, 3251; s. a. *May et al.,* Am. Soc. **73** [1951] 3067, 3072). $[\alpha]_D$: +14,26° [H_2O; c = 3,4] [wasserfreies Salz] (*Cosulich et al.,* Am. Soc. **74** [1952] 4215).

Barium-Salze. a) $BaC_{20}H_{21}N_7O_7$. Kristalle (aus H_2O+A.) mit 5 Mol H_2O (*Roth et al.*; s. a. *May et al.*). Netzebenenabstände: *May et al.,* l. c. S. 3073. – b) $Ba_3(C_{20}H_{20}N_7O_7)_2$. Feststoff (aus H_2O+A.) mit 10 Mol H_2O (*Roth et al.*).

N-[(S)-5-Formimidoyl-5,6,7,8-tetrahydro-pteroyl]-L-glutaminsäure $C_{20}H_{24}N_8O_6$, Formel IV (R = CH=NH, R′ = H) und Taut.

Konfiguration: *Fontecilla-Camps et al.,* Am. Soc. **101** [1979] 6114; s. a. *Rabinowitz,* Methods Enzymol. **6** [1963] 812.

Enzymatische Bildung aus „DL"-Tetrahydrofolsäure (S. 3879) mit *N*-Formimidoyl-glycin und Glycin-Formiminotransferase (*Ra.*; s. a. *Rabinowitz, Pricer,* Am. Soc. **78** [1956] 5702; Federation Proc. **16** [1957] 236) oder mit *N*-Formimidoyl-L-glutaminsäure und Glutamat-Formiminotransferase (*Tabor, Wyngarden,* J. biol. Chem. **234** [1959] 1830, 1835; s. a. *Tabor, Rabinowitz,* Am. Soc. **78** [1956] 5705).

Feststoff mit 2 Mol H_2O und 1(?) Mol Essigsäure; bei Raumtemperatur unbeständig; bei –20° in fester Form oder in wss. Lösung beständig; die wss. Lösung zersetzt sich schon bei 0° (*Ta., Wy.,* l. c. S. 1836; s. a. *Ra.*). IR-Spektrum (KBr; 2–16 μ): *Uyeda, Rabinowitz,* J. biol. Chem. **240** [1965] 1701, 1703. UV-Spektrum (wss. Lösung vom pH 6,7; 240–400 nm): *Ta., Wy.,* l. c. S. 1836.

Überführung in (6a*R*)-3-Amino-8-[4-((*S*)-1,3-dicarboxy-propylcarbamoyl)-phenyl]-1-oxo-2,5,6,6a,7,8-hexahydro-1*H*-imidazo[1,5-*f*]pteridinium-betain (*N*-[(*R*)-5,10-Methyliumdiyl-5,6,7,8-tetrahydro-pteroyl]-L-glutaminsäure-betain; S. 4178) mit Formiminotetrahydrofolat-cyclodeaminase (*Ra., Pr.*; *Ta., Wy.,* l. c. S. 1840) oder in das entsprechende Chlorid beim Behandeln mit wss. HCl (*Ta., Wy.*; *Ra.*). Geschwindigkeit der Reaktion mit wss. HCl: *Ta., Wy.,* l. c. S. 1837.

N-[ambo-5-Formyl-10-methyl-5,6,7,8-tetrahydro-pteroyl]-L-glutaminsäure $C_{21}H_{25}N_7O_7$, Formel IV + V (jeweils R = CHO, R′ = CH_3) und Taut.

B. Beim Hydrieren von *N*-[10-Methyl-pteroyl]-L-glutaminsäure an Platin in Ameisensäure und Behandeln des Reaktionsgemisches mit Acetanhydrid (*Cosulich et al.,* Am. Soc. **74** [1952] 3252, 3255, 3259).

Feststoff (aus wss. Lösung vom pH 3,5). UV-Spektrum (wss. HCl [0,1 n] sowie wss. NaOH [0,1 n]; 220–340 nm): *Co. et al.*

Calcium-Salz $CaC_{21}H_{23}N_7O_7$. Kristalle (aus wss. A.) mit 4,5 Mol H_2O.

***N*-[*ambo*-10-Formyl-5,6,7,8-tetrahydro-pteroyl]-L-glutaminsäure** $C_{20}H_{23}N_7O_7$, Formel IV + V (jeweils R = H, R′ = CHO) und Taut.

Konstitution: *Cosulich et al.,* Am. Soc. **74** [1952] 3252, 3253.

B. Beim Hydrieren von *N*-[10-Formyl-pteroyl]-L-glutaminsäure an Platin oder beim Behandeln von „DL"-Tetrahydrofolsäure (S. 3879) mit Ameisensäure (*May et al.,* Am. Soc. **73** [1951] 3067, 3068; s. a. *Pohland et al.,* Am. Soc. **73** [1951] 3247, 3251, 3252; *Roth et al.,* Am. Soc. **74** [1952] 3247, 3249).

UV-Spektrum (wss. NaOH [0,1 n]; 220 – 400 nm): *Po. et al.,* l. c. S. 3250.

Beim Behandeln mit wss. HCl und Erwärmen des Reaktionsprodukts mit H_2O ist *N*-[*ambo*-5,10-Methyliumdiyl-5,6,7,8-tetrahydro-pteroyl]-L-glutaminsäure-betain (S. 4178) erhalten worden (*May et al.*); beim Erwärmen mit wss. NaOH ist *N*-[*ambo*-5-Formyl-5,6,7,8-tetrahydro-pteroyl]-L-glutaminsäure erhalten worden (*Roth et al.*; s. a. *May et al.*; *Po. et al.*). Über das Gleichgewicht im System mit *N*-[*ambo*-5-Formyl-5,6,7,8-tetrahydro-pteroyl]-L-glutaminsäure und *N*-[*ambo*-5,10-Methyliumdiyl-5,6,7,8-tetrahydro-pteroyl]-L-glutaminsäure-betain in wss. Lösung in Abhängigkeit vom pH s. *May et al.*; *Co. et al.*; *Tabor, Wyngarden,* J. biol. Chem. **234** [1959] 1830, 1843; *Kay et al.,* J. biol. Chem. **235** [1960] 195, 196.

Über die enzymatische Bildung von *N*-[(*S*)-10-Formyl-5,6,7,8-tetrahydro-pteroyl]-L-glutaminsäure aus *N*-[(*R*)-5,10-Methyliumdiyl-5,6,7,8-tetrahydro-pteroyl]-L-glutaminsäure-betain mit Methenyltetrahydrofolat-cyclohydrolase s. *Rabinowitz, Pricer,* Am. Soc. **78** [1956] 4176, 5702; Federation Proc. **16** [1957] 236; *Tabor, Rabinowitz,* Am. Soc. **78** [1956] 5705; *Ta., Wy.*

***N*-[*ambo*-5,10-Diformyl-5,6,7,8-tetrahydro-pteroyl]-L-glutaminsäure** $C_{21}H_{23}N_7O_8$, Formel IV + V (jeweils R = R′ = CHO) und Taut.

B. Beim Behandeln von *N*-[*ambo*-5-Formyl-5,6,7,8-tetrahydro-pteroyl]-L-glutaminsäure mit wss. Ameisensäure und Acetanhydrid (*Pohland et al.,* Am. Soc. **73** [1951] 3247, 3249, 3251, 3252).

Hellgelber Feststoff. UV-Spektrum (wss. NaOH [0,1 n]; 220 – 350 nm): *Po. et al.,* l. c. S. 3248, 3251.

Amino-Derivate der Oxo-Verbindungen $C_8H_{12}N_4O$

***Opt.-inakt. 2-Amino-6,7-dimethyl-5,6,7,8-tetrahydro-3*H*-pteridin-4-on** $C_8H_{13}N_5O$, Formel VII (R = H) und Taut.

B. Beim Hydrieren von 2-Amino-6,7-dimethyl-3*H*-pteridin-4-on an Platin in wss. HCl (*Pohland et al.,* Am. Soc. **73** [1951] 3247, 3252).

UV-Spektrum (220 – 360 nm) in wss. HCl [0,1 n] sowie in wss. KOH [0,1 n]: *Kaufman,* J. biol. Chem. **234** [1959] 2677, 2681; in wss. NaOH [0,1 n]: *Po. et al.,* l. c. S. 3251. Scheinbare Dissoziationsexponenten pK'_{a1} und pK'_{a2} (H_2O; potentiometrisch ermittelt): 5,6 bzw. 10,4 (*Po. et al.,* l. c. S. 3250).

Hydrochlorid $C_8H_{13}N_5O \cdot HCl$. Kristalle [aus A. + Acn. + H_2O] (*Po. et al.*).

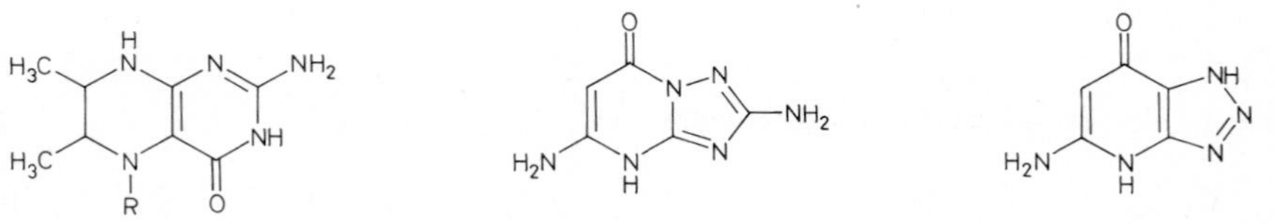

VII VIII IX

***Opt.-inakt. 2-Amino-5-formyl-6,7-dimethyl-3*H*-pteridin-4-on** $C_9H_{13}N_5O_2$, Formel VII (R = CHO) und Taut.

B. Beim Hydrieren von 2-Amino-6,7-dimethyl-3*H*-pteridin-4-on an Platin in Ameisensäure und folgenden Behandeln mit Acetanhydrid (*Pohland et al.,* Am. Soc. **73** [1951] 3247, 3252).

Hellgelbe Kristalle (aus H_2O); F: 215° [Zers.]. UV-Spektrum (wss. NaOH [0,1 n]; 220 – 340 nm): *Po. et al.,* l. c. S. 3251.

Amino-Derivate der Monooxo-Verbindungen $C_nH_{2n-6}N_4O$

Amino-Derivate der Oxo-Verbindungen $C_5H_4N_4O$

2,5-Diamino-4*H*-[1,2,4]triazolo[1,5-*a*]pyrimidin-7-on $C_5H_6N_6O$, Formel VIII und Taut.

B. Beim Erwärmen von 1*H*-[1,2,4]Triazol-3,5-diyldiamin mit Cyanessigsäure-äthylester in Natrium-äthylat (*Ilford Ltd.,* U.S.P. 2566658 [1949]).

F: 300°.

5-Amino-1,4-dihydro-[1,2,3]triazolo[4,5-*b*]pyridin-7-on $C_5H_5N_5O$, Formel IX und Taut.

B. Beim Erhitzen von diazotiertem 2,3,6-Triamino-pyridin-4-ol-hydrochlorid (aus 2,6-Diamino-3-nitro-pyridin-4-ol hergestellt) mit wss. KOH (*Gorton et al.,* J. biol. Chem. **231** [1958] 331, 333).

Kristalle (aus H_2O); unterhalb 300° nicht schmelzend. λ_{max} (wss. NaOH [0,1 n]): 283 nm.

5-Amino-1,6-dihydro-pyrazolo[4,3-*d*]pyrimidin-7-on $C_5H_5N_5O$, Formel X und Taut.

Methansulfonat $C_5H_5N_5O \cdot CH_4O_2S$. *B.* Beim Erwärmen von 7-Methylmercapto-1(2)*H*-pyrazolo[4,3-*d*]pyrimidin-5-ylamin mit wss. H_2O_2 in Essigsäure (*Rose,* Soc. **1952** 3448, 3456). – Hellgelbe Kristalle (aus H_2O); F: 370° [Zers.; auf 360° vorgeheiztes Bad].

7-Dimethylamino-1,4-dihydro-pyrazolo[4,3-*d*]pyrimidin-5-on $C_7H_9N_5O$, Formel XI (R = CH_3) und Taut.

B. Beim Behandeln von [5-Chlor-1(2)*H*-pyrazolo[4,3-*d*]pyrimidin-7-yl]-dimethyl-amin mit $SnCl_2$ und konz. HCl (*Rose,* Soc. **1954** 4116, 4120).

Feststoff mit 0,5 Mol H_2O; F: 360° (*Rose*). λ_{max} (wss. Lösung): 305 nm [pH 1] bzw. 255 nm [pH 10,5] (*Falco, Hitchings,* Am. Soc. **78** [1956] 3143).

7-[Benzyl-methyl-amino]-1,4-dihydro-pyrazolo[4,3-*d*]pyrimidin-5-on $C_{13}H_{13}N_5O$, Formel XI (R = CH_2-C_6H_5) und Taut.

B. Beim Erhitzen von diazotiertem N^4-Benzyl-2-chlor-6,N^4-dimethyl-pyrimidin-4,5-diyldiamin in wss. HCl (*Rose,* Soc. **1954** 4116, 4120).

Zers. >300° [aus saurer wss. Lösung + NH_3].

4-Amino-1,7-dihydro-pyrazolo[3,4-*d*]pyrimidin-6-on $C_5H_5N_5O$, Formel XII (R = R′ = H) und Taut.

Diese Konstitution kommt der von *Robins* (J. org. Chem. **21** [1956] 489) als 6-Amino-1,5-dihydro-pyrazolo[3,4-*d*]pyrimidin-4-on formulierten Verbindung zu (*Robins,* Am. Soc. **79** [1957] 6407, 6410).

B. Beim Erhitzen von 3-Amino-1(2)*H*-pyrazol-4-carbonitril mit Harnstoff auf 180 – 200° (*Robins,* Am. Soc. **78** [1956] 784, 786, 789). Beim Erhitzen von 4-Thioxo-1,4,5,7-tetrahydro-pyrazolo[3,4-*d*]pyrimidin-6-on mit äthanol. NH_3 auf 143° (*Falco, Hitchings,* Am. Soc. **78** [1956] 3143). Beim Erhitzen von 6-Methylmercapto-1*H*-pyrazolo[3,4-*d*]pyrimidin-4-ylamin mit wss. H_2O_2 in wss. HCl (*Ro.,* Am. Soc. **79** 6415; s. a. *Ro.,* J. org. Chem. **21** 489).

Feststoff (aus wss. Lösung vom pH 7); F: >360° (*Fa., Hi.*). λ_{max} (wss. Lösung): 250 nm [pH 1] bzw. 270 nm [pH 10,5–11] (*Fa., Hi.*; *Ro.*, Am. Soc. **78** 789), 252 nm [pH 1] bzw. 270 nm [pH 11] (*Ro.*, J. org. Chem. **21** 489).

Sulfat $2C_5H_5N_5O \cdot H_2SO_4$. Kristalle (aus wss. H_2SO_4) mit 2 Mol H_2O (*Ro.*, J. org. Chem. **21** 489).

4-Amino-1-methyl-1,7-dihydro-pyrazolo[3,4-*d*]pyrimidin-6-on $C_6H_7N_5O$, Formel XII (R = H, R′ = CH_3) und Taut.

B. Beim Erhitzen von 5-Amino-1-methyl-1*H*-pyrazol-4-carbonitril mit Harnstoff auf 200° (*Cheng, Robins,* J. org. Chem. **23** [1958] 852, 855). Beim Erhitzen von 6-Chlor-1-methyl-1*H*-pyrazolo[3,4-*d*]pyrimidin-4-ylamin mit konz. HCl (*Ch., Ro.*, J. org. Chem. **23** 855).

Feststoff (aus alkal. wss. Lösung + Eg.); F: >300° (*Ch., Ro.*, J. org. Chem. **23** 855). λ_{max} (wss. Lösung): 234 nm und 251 nm [pH 1] bzw. 247 nm und 269 nm [pH 11,6] (*Cheng, Robins,* J. org. Chem. **24** [1959] 1570).

4-Dimethylamino-1,7-dihydro-pyrazolo[3,4-*d*]pyrimidin-6-on $C_7H_9N_5O$, Formel XII (R = CH_3, R′ = H) und Taut.

B. Beim Erhitzen von 4-Thioxo-1,4,5,7-tetrahydro-pyrazolo[3,4-*d*]pyrimidin-6-on mit wss. Dimethylamin [30%ig] auf 130° (*Falco, Hitchings,* Am. Soc. **78** [1956] 3143).

Kristalle (aus wss. Lösung vom pH 7) mit 1 Mol H_2O [nach Trocknen bei 120°]; F: >360°. λ_{max} (wss. Lösung): 250 nm und 275 nm [pH 1] bzw. 235 nm und 255 nm [pH 10,5].

4-Amino-1-[4-chlor-phenyl]-1,7-dihydro-pyrazolo[3,4-*d*]pyrimidin-6-on $C_{11}H_8ClN_5O$, Formel XII (R = H, R′ = C_6H_4-Cl).

B. Beim Erhitzen von 5-Amino-1-[4-chlor-phenyl]-1*H*-pyrazol-4-carbonitril mit Harnstoff (*Cheng, Robins,* J. org. Chem. **23** [1958] 852, 857).

Feststoff (aus wss. KOH + Eg.); F: >300°. λ_{max} (wss. Lösung vom pH 11): 246 nm.

4-Amino-1,7-dihydro-pyrazolo[3,4-*d*]pyrimidin-6-thion $C_5H_5N_5S$, Formel XIII (R = H) und Taut.

B. Beim Erhitzen von 3-Amino-1(2)*H*-pyrazol-4-carbonitril mit Thioharnstoff auf 180–200° (*Robins,* Am. Soc. **78** [1956] 784, 786, 788). Beim Erhitzen von 1,7-Dihydro-pyrazolo[3,4-*d*]pyr= imidin-4,6-dithion mit äthanol. NH_3 auf 150° (*Falco, Hitchings,* Am. Soc. **78** [1956] 3143).

Kristalle (aus H_2O); F: >325° (*Fa., Hi.*). λ_{max} (wss. Lösung): 248 nm, 260 nm und 295 nm [pH 1] bzw. 255 nm, 275 nm und 290 nm [pH 10,5] (*Fa., Hi.*), 250 nm und 293 nm [pH 11] (*Ro.*).

4-Amino-1-methyl-1,7-dihydro-pyrazolo[3,4-*d*]pyrimidin-6-thion $C_6H_7N_5S$, Formel XIII (R = CH_3) und Taut.

B. Beim Erhitzen von 6-Chlor-1-methyl-1*H*-pyrazolo[3,4-*d*]pyrimidin-4-ylamin mit KHS in H_2O auf 110° (*Cheng, Robins,* J. org. Chem. **23** [1958] 852, 860).

Hellgelber Feststoff (aus wss. KOH + Eg.); F: >310°. λ_{max} (wss. Lösung vom pH 11): 238 nm und 288 nm.

6-Amino-1,5-dihydro-pyrazolo[3,4-*d*]pyrimidin-4-on $C_5H_5N_5O$, Formel I (R = H) und Taut.

Die von *Robins* (J. org. Chem. **21** [1948] 489) unter dieser Konstitution beschriebene Verbin= dung ist als 4-Amino-1,5-dihydro-pyrazolo[3,4-*d*]pyrimidin-6-on zu formulieren (*Robins,* Am. Soc. **79** [1957] 6407, 6410).

B. Beim Erhitzen von 6-Chlor-1,5-dihydro-pyrazolo[3,4-*d*]pyrimidin-4-on mit äthanol. NH_3 auf 200° (*Ro.*, Am. Soc. **79** 6413).

Feststoff (*Ro.*, Am. Soc. **79** 6413). λ_{max} (wss. Lösung): 252 nm [pH 1] bzw. 251 nm [pH 11] (*Ro.*, Am. Soc. **79** 6412).

6-Amino-1-methyl-1,5-dihydro-pyrazolo[3,4-*d*]pyrimidin-4-on $C_6H_7N_5O$, Formel I (R = CH_3) und Taut.

B. Beim Erhitzen von 6-Chlor-1-methyl-1,5-dihydro-pyrazolo[3,4-*d*]pyrimidin-4-on mit äth=

anol. NH_3 auf 220° (*Cheng, Robins,* J. org. Chem. **23** [1958] 852, 855, **24** [1959] 1570). Beim Erhitzen von 6-Chlor-1-methyl-pyrazolo[3,4-*d*]pyrimidin-4-ylamin mit wss. NaOH (*Ch., Ro.,* J. org. Chem. **24** 1570).

Kristalle (aus wss. $HCl+NH_3$ bzw. aus DMF); F: >300° (*Ch., Ro.,* J. org. Chem. **23** 855, **24** 1570). λ_{max} (wss. Lösung): 251 nm [pH 1] bzw. 267 nm [pH 11,6] (*Ch., Ro.,* J. org. Chem. **24** 1570).

6-Methylamino-1,5-dihydro-pyrazolo[3,4-*d*]pyrimidin-4-on $C_6H_7N_5O$, Formel II (R = CH_3, R′ = H, X = O) und Taut.

B. Beim Erwärmen von 6-Chlor-1,5-dihydro-pyrazolo[3,4-*d*]pyrimidin-4-on mit wss. Methylamin (*Robins,* Am. Soc. **79** [1957] 6407, 6410, 6411).

Kristalle (aus $DMF+H_2O$). λ_{max} (wss. Lösung): 251 nm [pH 1] bzw. 250 nm und 260 nm [pH 11].

Die folgenden Verbindungen sind in analoger Weise hergestellt worden:

6-Dimethylamino-1,5-dihydro-pyrazolo[3,4-*d*]pyrimidin-4-on $C_7H_9N_5O$, Formel II (R = R′ = CH_3, X = O) und Taut. Kristalle (aus $DMF+H_2O$). λ_{max} (wss. Lösung): 252 nm [pH 1] bzw. 252 nm und 275 nm [pH 11].

6-Propylamino-1,5-dihydro-pyrazolo[3,4-*d*]pyrimidin-4-on $C_8H_{11}N_5O$, Formel II (R = CH_2-C_2H_5, R′ = H, X = O) und Taut. Kristalle (aus wss. A.). λ_{max} (wss. Lösung): 251 nm [pH 1] bzw. 250 nm [pH 11].

6-[3-Dimethylamino-propylamino]-1,5-dihydro-pyrazolo[3,4-*d*]pyrimidin-4-on $C_{10}H_{16}N_6O$, Formel II (R = $[CH_2]_3$-$N(CH_3)_2$, R′ = H, X = O) und Taut. Dihydrochlorid. Kristalle (aus A.). λ_{max} (wss. Lösung): 254 nm [pH 1] bzw. 255 nm und 267 nm [pH 11].

6-Amino-1,5-dihydro-pyrazolo[3,4-*d*]pyrimidin-4-thion $C_5H_5N_5S$, Formel II (R = R′ = H, X = S) und Taut.

B. Beim Erhitzen von 6-Amino-1,5-dihydro-pyrazolo[3,4-*d*]pyrimidin-4-on mit P_2S_5 in Pyridin (*Robins,* Am. Soc. **79** [1957] 6407, 6413).

Hellgrüne Kristalle; F: >300°. λ_{max} (wss. Lösung): 258 nm und 327 nm [pH 1] bzw. 277 nm und 328 nm [pH 11].

6-Methylamino-1,5-dihydro-pyrazolo[3,4-*d*]pyrimidin-4-thion $C_6H_7N_5S$, Formel II (R = CH_3, R′ = H, X = S) und Taut.

λ_{max} (wss. Lösung): 265 nm und 328 nm [pH 1] bzw. 284 nm und 314 nm [pH 11] (*Robins,* Am. Soc. **79** [1957] 6407, 6412).

6-Dimethylamino-1,5-dihydro-pyrazolo[3,4-*d*]pyrimidin-4-thion $C_7H_9N_5S$, Formel II (R = R′ = CH_3, X = S) und Taut.

B. Beim Erwärmen von 6-Chlor-1,5-dihydro-pyrazolo[3,4-*d*]pyrimidin-4-thion mit wss. Dimethylamin (*Robins,* Am. Soc. **79** [1957] 6407, 6414). Beim Erhitzen von 6-Dimethylamino-1,5-dihydro-pyrazolo[3,4-*d*]pyrimidin-4-on mit P_2S_5 in Pyridin (*Ro.*).

Kristalle (aus H_2O+DMF). λ_{max} (wss. Lösung): 269 nm und 330 nm [pH 1] bzw. 255 nm, 292 nm und 321 nm [pH 11].

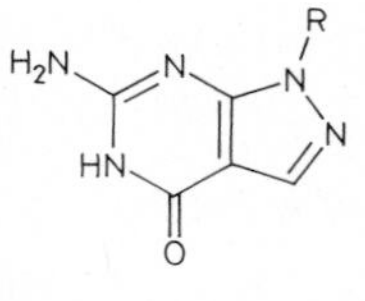

I 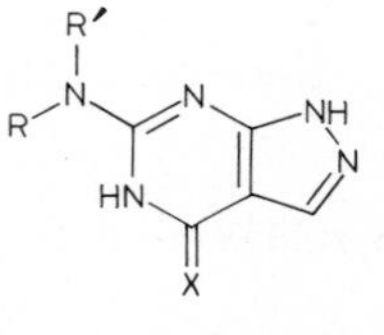 II 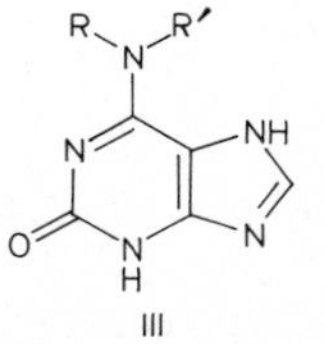 III 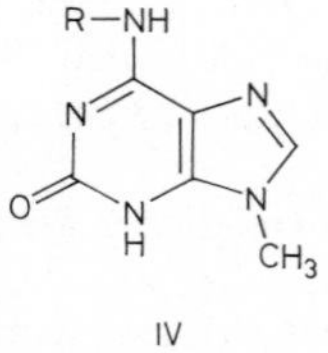 IV

6-Amino-3,7-dihydro-purin-2-on, Isoguanin $C_5H_5N_5O$, Formel III (R = R′ = H) und Taut. (H 452).

Die Identität des von *Buell, Perkins* (J. biol. Chem. **72** [1927] 745; vgl. E II **26** 262) beschriebenen Oxyadenins mit Isoguanin ist ungewiss (*Cherbuliez, Bernhard,* Helv. **15** [1932] 978; *Schütz,* Bio. Z. **273** [1934] 52; *Bergström et al.,* Acta chem. scand. **3** [1949] 1128). Identität von Isoguanin mit Guanopterin: *Purrmann,* A. **544** [1940] 182, 186, 188.

Isolierung aus Flügelpigmenten verschiedener Schmetterlinge: *Schöpf, Becker,* A. **524** [1936] 49, 55, 71, 120.

B. Beim Erhitzen von 4,5,6-Triamino-1*H*-pyrimidin-2-on mit Formamid und Ameisensäure auf 160° (*Bendich et al.,* Am. Soc. **70** [1948] 3109, 3113; s. a. *Taylor et al.,* Am. Soc. **81** [1959] 2442, 2445, 2446). Aus 5-Amino-1(3)*H*-imidazol-4-carbamidin-dihydrochlorid beim Erhitzen mit Harnstoff auf 180° (*Cavalieri et al.,* Am. Soc. **71** [1949] 3973, 3976; s. a. *Shaw,* J. biol. Chem. **185** [1950] 439, 446) oder beim Behandeln in wss. NaOH mit $COCl_2$ (*Ca. et al.*). Beim Erhitzen von 2-Chlor-7(9)*H*-purin-6-ylamin mit wss. HCl (*Davoll, Lowy,* Am. Soc. **74** [1952] 1563, 1565). Beim Erwärmen von 2-Methylmercapto-7(9)*H*-purin-6-ylamin mit wss. H_2O_2 [30%ig] in Äthanol (*Ta. et al.,* l. c. S. 2448). Beim Erhitzen von 2-Methansulfonyl-7(9)*H*-purin-6-ylamin in wss. NaOH (*Andrews et al.,* Soc. **1949** 2490, 2496). Bei der Hydrolyse von Crotonosid (S. 3888) mit wss. H_2SO_4 (*Cherbuliez, Bernhard,* Helv. **15** [1932] 464, 468; *Spies,* Am. Soc. **61** [1939] 350). Herstellung von [1,3-$^{15}N_2$]Isoguanin: *Bendich et al.,* Org. Synth. Isotopes **1958** 1840.

Feststoff [aus wss. NaOH + Eg.] (*Cherbuliez, Bernhard,* Helv. **15** [1932] 464, 468); F: >360° (*Taylor et al.,* Am. Soc. **81** [1959] 2442, 2445); Verkohlung ab 250° (*Ch., Be.*). Orthorhombische(?) Kristalle (aus wss. NaOH + Eg.) mit 1,5 Mol H_2O; Kristalloptik: *Spies,* Am. Soc. **61** [1939] 350. UV-Spektrum eines Films (220–320 nm) bei 77 K und 298 K: *Sinsheimer et al.,* J. biol. Chem. **187** [1950] 313, 322; von Lösungen in wss. HCl [1 n] (220–320 nm): *Bergström et al.,* Acta chem. scand. **3** [1949] 1128, 1131; in wss. H_2SO_4 (235–290 nm): *Friedman, Gots,* Arch. Biochem. **39** [1952] 254–256; in wss. Essigsäure (230–330 nm): *Schöpf, Becher,* A. **524** [1936] 49, 64; in wss. Lösungen vom pH 2, pH 6 und pH 9 (220–300 nm): *Cavalieri et al.,* Am. Soc. **70** [1948] 3875, 3876; vom pH 3, pH 7 und pH 11 (230–310 nm): *Stimson,* Am. Soc. **64** [1942] 1604; vom pH 8,2 (230–320 nm): *Wyngaarden, Dunn,* Arch. Biochem. **70** [1957] 150, 152; vom pH 9,8 (220–300 nm): *Bendich et al.,* Am. Soc. **70** [1948] 3109, 3110. λ_{max} (wss. Lösung): 284 nm [pH 2], 240 nm und 286 nm [pH 6,98] bzw. 284 nm [pH 11,14] (*Mason,* Soc. **1954** 2071, 2073), 239 nm und 286 nm [pH 6,5] (*Tinker, Brown,* J. biol. Chem. **173** [1948] 585, 586), 240 nm und 286 nm [pH 6,5] (*Shaw,* J. biol. Chem. **185** [1950] 439, 446). Scheinbare Dissoziationsexponenten pK'_{a1} und pK'_{a2} (H_2O) bei 20°: 4,51 [spektrophotometrisch ermittelt] bzw. 8,99 [potentiometrisch ermittelt] (*Albert, Brown,* Soc. **1954** 2060, 2063). Löslichkeit in H_2O bei 20°: 1 g/16 l Lösung; bei 100°: 1 g/4 l Lösung (*Al., Br.*). Verteilung zwischen Butan-1-ol und wss. Lösung vom pH 6,5: *Ti., Br.*; zwischen einem Butan-1-ol-Isopropylalkohol-Gemisch [5:3] und wss. Lösung vom pH 9,8: *Ben. et al.*

Hydrochlorid $C_5H_5N_5O \cdot HCl$. Kristalle; Zers. >250° (*Cherbuliez, Bernhard,* Helv. **15** [1932] 464, 469, 978).

Hydrobromid $C_5H_5N_5O \cdot HBr$. Kristalle; Zers. >214° (*Ch., Be.,* l. c. S. 469).

Sulfat $2C_5H_5N_5O \cdot H_2SO_4$ (H 452). Kristalle (aus wss. H_2SO_4) mit 1 Mol H_2O (*Ch., Be.,* l. c. S. 469; *Bendich et al.,* Am. Soc. **70** [1948] 3109, 3113).

Picrat. Gelber Feststoff, der sich ab 260° braun färbt (*Ch., Be.,* l. c. S. 469, 979).

6-Amino-9-methyl-3,9-dihydro-purin-2-on $C_6H_7N_5O$, Formel IV (R = H) und Taut.

B. Aus 2-Äthoxy-9-methyl-9*H*-purin-6-ylamin beim Behandeln mit PH_4I in wss. HI (*Falconer et al.,* Soc. **1939** 1784, 1786), beim Behandeln mit HBr in Essigsäure oder beim Erwärmen mit Chlorokohlensäure-äthylester in Äthanol (*Andrews et al.,* Soc. **1949** 2490, 2496). Beim Hydrieren von 2-Benzyloxy-9-methyl-9*H*-purin-6-ylamin in methanol. HCl an Palladium/Kohle (*An. et al.*). Beim Erhitzen von 2-Methansulfonyl-9-methyl-9*H*-purin-6-ylamin mit wss. NaOH [10%ig] (*An. et al.*).

Kristalle (*Fa. et al.*); Zers. >250° (*An. et al.*). UV-Spektrum (wss. HCl [0,05 n], H_2O sowie wss. NaOH [0,05 n]; 210–300 nm): *Fa. et al.,* l. c. S. 1785. λ_{max} (wss. HCl [0,05 n]): 284 nm

(*An. et al.*, l. c. S. 2494).

Sulfat. Kristalle (*Fa. et al.*).

Picrat $C_6H_7N_5O \cdot C_6H_3N_3O_7$. Gelbe Kristalle (aus H_2O); Zers. >310° (*An. et al.*).

6-Methylamino-3,7-dihydro-purin-2-on $C_6H_7N_5O$, Formel III (R = CH_3, R' = H) und Taut.

B. Beim Erhitzen von 6-Benzylmercapto-3,7-dihydro-purin-2-on mit Methylamin in wss. Äth⸗anol auf 130° (*Montgomery et al.*, Am. Soc. **81** [1959] 3963, 3964).

F: >300°. λ_{max}: 285–286 nm [wss. HCl (0,1 n)], 241 nm und 281 nm [wss. Lösung vom pH 7] bzw. 285 nm [wss. NaOH (0,1 n)].

6-Dimethylamino-3,7-dihydro-purin-2-on $C_7H_9N_5O$, Formel III (R = R' = CH_3) und Taut.

B. Analog der vorangehenden Verbindung (*Montgomery et al.*, Am. Soc. **81** [1959] 3963, 3966).

Kristalle (aus DMF); F: >300°. λ_{max}: 289 nm [wss. HCl (0,1 n)], 249 nm und 284 nm [wss. Lösung vom pH 7] bzw. 284 nm [wss. NaOH (0,1 n)].

6-Dipropylamino-3,7-dihydro-purin-2-on $C_{11}H_{17}N_5O$, Formel III (R = R' = CH_2-C_2H_5) und Taut.

B. Beim Erhitzen von Xanthin (S. 2327) mit $POCl_3$ und Tripropylamin (*Robins, Christensen*, Am. Soc. **74** [1952] 3624, 3626).

Kristalle (aus Me.); F: 290,5–291,5° [korr.].

6-Butylamino-3,7-dihydro-purin-2-on $C_9H_{13}N_5O$, Formel III (R = $[CH_2]_3$-CH_3, R' = H) und Taut.

B. Beim Erhitzen von 6-Benzylmercapto-3,7-dihydro-purin-2-on mit Butylamin in H_2O auf 110° (*Montgomery et al.*, Am. Soc. **81** [1959] 3963, 3966).

Kristalle (aus DMF); F: >300°. λ_{max}: 287 nm [wss. HCl (0,1 n)], 242 nm und 286 nm [wss. Lösung vom pH 7] bzw. 286 nm [wss. NaOH (0,1 n)].

6-Dibutylamino-3,7-dihydro-purin-2-on $C_{13}H_{21}N_5O$, Formel III (R = R' = $[CH_2]_3$-CH_3) und Taut.

B. Beim Erhitzen von Xanthin (S. 2327) mit $POCl_3$ und Tributylamin (*Robins, Christensen*, Am. Soc. **74** [1952] 3624, 3626). Beim Erwärmen von [2-Äthoxy-8-chlor-7(9)*H*-purin-6-yl]-di⸗butyl-amin mit wss. HI (*Ro., Ch.*).

Kristalle (aus Me.); F: 279–280° [korr.].

6-Benzylamino-9-methyl-3,9-dihydro-purin-2-on $C_{13}H_{13}N_5O$, Formel IV (R = CH_2-C_6H_5) und Taut.

B. Beim Erwärmen von Benzyl-[2-benzyloxy-9-methyl-9*H*-purin-6-yl]-amin mit wss. HCl und Essigsäure (*Andrews et al.*, Soc. **1949** 2490, 2496).

Kristalle (aus H_2O); F: 266–267°.

6-Amino-9-β-D-ribofuranosyl-3,9-dihydro-purin-2-on, 2-Oxo-1,2-dihydro-adenosin, Isoguanosin, Crotonosid $C_{10}H_{13}N_5O_5$, Formel V und Taut.

Konstitution: *Davoll*, Am. Soc. **73** [1951] 3174.

Isolierung aus den Samen von Croton tiglium: *Cherbuliez, Bernhard*, Helv. **15** [1932] 464, 465; *Falconer et al.*, Soc. **1939** 1784, 1786.

B. Beim Behandeln von 2-Amino-adenosin mit $NaNO_2$ und wss. Essigsäure (*Da.*). – Herstel⸗lung von [2-^{14}C]Isoguanosin: *Lowy et al.*, Org. Synth. Isotopes **1958** 1042, 1044.

Kristalle (aus H_2O); F: 243–245° [Zers.] (*Fa. et al.*). Kristalle (aus H_2O) mit 2 Mol H_2O; F: 237–241° [Zers.] bzw. F: 248° [korr.; Zers.; bei raschem Erhitzen]. Netzebenenabstände der wasserfreien Kristalle: *Da.* $[\alpha]_D^{20}$: –60,2° [wss. NaOH (0,1 n); c = 1] [wasserfreies Präparat] (*Fa. et al.*); $[\alpha]_D^{25}$: –60,3° [wss. NaOH (0,1 n); c = 2] [Dihydrat] (*Ch., Be.*); $[\alpha]_D^{26}$: –72,5° [wss. NaOH (0,1 n); c = 1] [Dihydrat] (*Da.*). IR-Spektrum (Mineralöl; 2–16 μ): *Da.* UV-Spektrum (220–310 nm) in H_2O, wss. HCl [0,05 n] sowie wss. NaOH [0,05 n]: *Fa. et al.*; *Da.*; in wss. Lösung vom pH 7,5: *Schaedel et al.*, J. biol. Chem. **171** [1947] 135, 137.

Bildung von Spongosin (S. 3846) beim Behandeln des Silber-Salzes mit CH_3I in Methanol: *Bergmann, Stempien,* J. org. Chem. **22** [1957] 1575, 1577. Geschwindigkeit der Hydrolyse bei der Einwirkung von Nucleosidase: *Takagi, Horecker,* J. biol. Chem. **225** [1957] 77, 83.

Picrat. Gelbe Kristalle (aus H_2O); Zers. bei 212–225° (*Da.*); F: 210–215° [Zers.] (*Fa. et al.*); Zers. ab 210° (*Ch., Be.*).

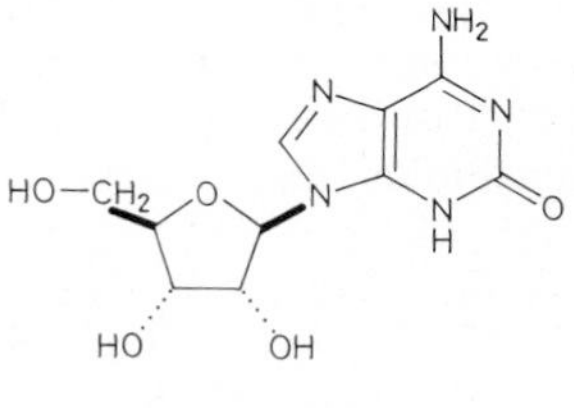

V 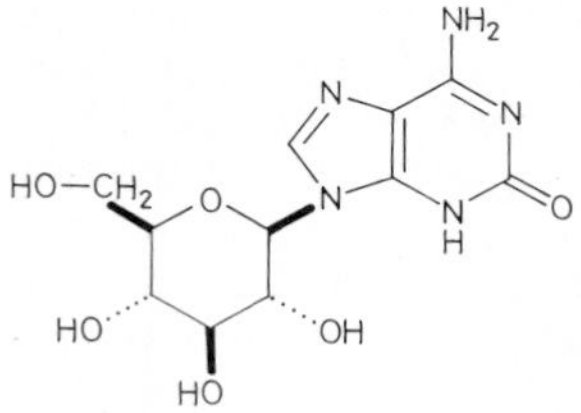 VI 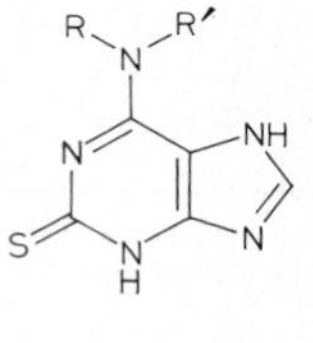 VII

6-Amino-9-β-D-glucopyranosyl-3,9-dihydro-purin-2-on $C_{11}H_{15}N_5O_6$, Formel VI und Taut.

B. Beim Behandeln einer Lösung von (1*R*)-1-[2,6-Diamino-purin-9-yl]-1,5-anhydro-D-glucit (S. 3794) und $NaNO_2$ in H_2O mit Essigsäure (*Davoll,* Am. Soc. **73** [1951] 3174). Beim Erhitzen von (1*R*)-Tetra-*O*-acetyl-1-[6-amino-2-methansulfonyl-purin-9-yl]-1,5-anhydro-D-glucit (S. 3856) mit wss. NaOH (*Andrews et al.,* Soc. **1949** 2490, 2497).

Kristalle (aus H_2O); F: 279–282° [unkorr.; nach Dunkelfärbung ab 270°] (*Da.*); Zers. bei 265–270° (*An. et al.*). $[\alpha]_D^{24}$: –26° [wss. NaOH (0,1 n); c = 1] (*Da.*).

Picrat $C_{11}H_{15}N_5O_6 \cdot C_6H_3N_3O_7$. Gelbe Kristalle (aus H_2O); F: 200–205° [Zers.] (*An. et al.*).

6-Amino-3,7-dihydro-purin-2-thion, Thioisoguanin $C_5H_5N_5S$, Formel VII (R = R′ = H) und Taut. (H 477).

B. Beim Erhitzen von *N*-[4,6-Diamino-2-thioxo-1,2-dihydro-pyrimidin-5-yl]-formamid auf 237°/1 Torr (*Bendich et al.,* Am. Soc. **70** [1948] 3109, 3111; s. a. *Robins et al.,* Am. Soc. **75** [1953] 263, 264).

F: >350° (*Ro. et al.,* l. c. S. 264). IR-Spektrum (geschmolzenes $SbCl_3$; 2–12 μ): *Lacher et al.,* J. phys. Chem. **59** [1955] 615, 619, 620. IR-Banden der festen Verbindung (3,3–12,9 μ): *Willits et al.,* Am. Soc. **77** [1955] 2569, 2571. λ_{max} (wss. Lösung): 282 nm [pH 5,29], 246 nm, 274 nm und 297 nm [pH 9,36] bzw. 240 nm und 275 nm [pH 13,05] (*Viout et al.,* Bl. **1959** 1123, 1125), 230 nm und 285 nm [pH 6,38] (*Be. et al.,* l. c. S. 3112), 229 nm und 282 nm [pH 6,8] (*Robins et al.,* Am. Soc. **75** [1953] 265, 6359). Verteilung zwischen Butan-1-ol und wss. Lösung vom pH 6,5: *Tinker, Brown,* J. biol. Chem. **173** [1948] 585, 586.

Sulfat $2C_5H_5N_5S \cdot H_2SO_4$. Kristalle (aus wss. H_2SO_4) mit 1 Mol H_2O (*Be. et al.*).

6-Methylamino-3,7-dihydro-purin-2-thion $C_6H_7N_5S$, Formel VII (R = CH_3, R′ = H) und Taut.

B. Beim Behandeln von [2-Benzylmercapto-7(9)*H*-purin-6-yl]-methyl-amin mit Natrium in flüssigem NH_3 (*Montgomery et al.,* Am. Soc. **81** [1959] 3963).

Wasserhaltiger Feststoff; F: >300°. λ_{max}: 245 nm und 287 nm [wss. HCl (0,1 n)], 261 nm [wss. Lösung vom pH 7] bzw. 241–242 nm und 282 nm [wss. NaOH (0,1 n)].

6-Dimethylamino-3,7-dihydro-purin-2-thion $C_7H_9N_5S$, Formel VII (R = R′ = CH_3) und Taut.

B. Analog der vorangehenden Verbindung (*Montgomery et al.,* Am. Soc. **81** [1959] 3963).

Wasserhaltiger Feststoff; F: >300°. λ_{max} 255 nm und 288 nm [wss. HCl (0,1 n)], 269 nm [wss. Lösung vom pH 7] bzw. 252 nm und 290 nm [wss. NaOH (0,1 n)].

6-Butylamino-3,7-dihydro-purin-2-thion $C_9H_{13}N_5S$, Formel VII (R = $[CH_2]_3$-CH_3, R′ = H) und Taut.

B. Analog den vorangehenden Verbindungen (*Montgomery et al.,* Am. Soc. **81** [1959] 3963).

Feststoff mit 1 Mol H_2O; die wasserfreie Verbindung zersetzt sich bei 272–277°. λ_{max} (wss.

Lösung): 247–248 nm und 285–286 nm [pH 1], 266–267 nm [pH 7] bzw. 237–238 nm und 283–284 nm [pH 13].

6,8-Diamino-3,7-dihydro-purin-2-on $C_5H_6N_6O$, Formel VIII und Taut.

B. Beim Behandeln von 6-Amino-3,7-dihydro-purin-2-on-sulfat in wss. NaOH mit diazotiertem 2,4-Dichlor-anilin und Behandeln des Reaktionsprodukts in wss. NaOH mit $Na_2S_2O_4$ (*Spies, Harris,* Am. Soc. **61** [1939] 351; s. a. *Cherbuliez, Bernhard,* Helv. **15** [1932] 464, 471).

Feststoff (*Sp., Ha.*; *Ch., Be.*). UV-Spektrum (230–320 nm) in wss. Lösungen vom pH 2, pH 6 und pH 9: *Cavalieri, Bendich,* Am. Soc. **72** [1950] 2587, 2591; vom pH 3, pH 7 und pH 11: *Stimson,* Am. Soc. **64** [1942] 1604. Verteilung zwischen Butan-1-ol und wss. Lösung vom pH 2,4: *Ca., Be.*

Hydrochlorid $2C_5H_6N_6O \cdot HCl$. Kristalle mit 1,5 Mol H_2O (*Sp., Ha.*).

Sulfat $2C_5H_6N_6O \cdot H_2SO_4$. Kristalle (aus wss. H_2SO_4) mit 3 Mol H_2O (*Sp., Ha.*; s. a. *Ch., Be.*); beim Erhitzen im Vakuum auf 139° werden 2 Mol H_2O abgegeben (*Sp., Ha.*).

Picrat $C_5H_6N_6O \cdot C_6H_3N_3O_7$. Orangefarbene oder gelbe Kristalle mit 0,5 Mol H_2O (*Sp., Ha.*).

Acetat $C_5H_6N_6O \cdot C_2H_4O_2$. Kristalle mit 3,5 Mol H_2O (*Sp., Ha.*).

Carbonat $C_5H_6N_6O \cdot H_2CO_3$. Kristalle mit 1 Mol H_2O, die beim Erhitzen im Vakuum CO_2 abspalten (*Sp., Ha.*). [*Blazek*]

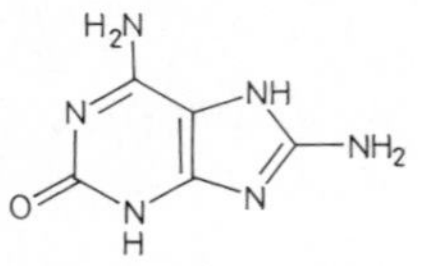

VIII 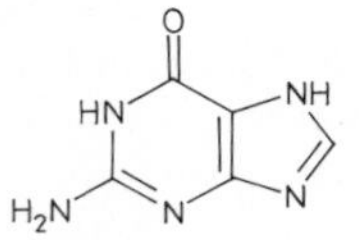 IX 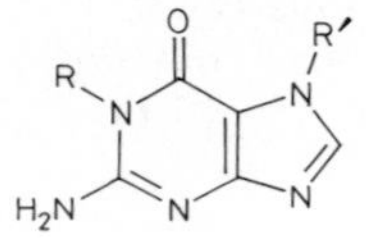 X

2-Amino-1,7-dihydro-purin-6-on, Guanin, Gua $C_5H_5N_5O$, Formel IX und Taut. (H 449; E I 132; E II 262).

In den Kristallen des Monohydrats liegt nach Ausweis des Röntgen-Diagramms 2-Amino-1,9-dihydro-purin-6-on vor (*Thewalt et al.,* Acta cryst. [B] **27** [1971] 2358, 2363). Über die Hydroxy-Oxo-Tautomerie in D_2O s. *Lee, Chan,* Am. Soc. **94** [1972] 3218, 3224, 3228.

Zusammenfassende Darstellungen: *Hoppe-Seyler/Thierfelder,* Handbuch der Physiologisch- und Pathologisch-Chemischen Analyse, 10. Aufl., Bd. 3 [Berlin 1955] S. 1277; *Brown,* Chem. heterocycl. Compounds **24**, Tl. 2 [1971] 354; *Shapiro,* Progr. nucleic Acid Res. mol. Biol. **8** [1968] 73.

Isolierung aus Hefenucleinsäure: *Bredereck, Richter,* B. **71** [1938] 718; *Hunter, Hlynka,* Biochem. J. **31** [1937] 486; aus Guanosin (S. 3901): *Bredereck et al.,* B. **83** [1950] 201, 210.

B. Aus 2,5,6-Triamino-3*H*-pyrimidin-4-on-sulfat beim Erhitzen mit wss. Ameisensäure und Natriumformiat (*Yamashita,* J. chem. Soc. Japan Ind. Chem. Sect. **55** [1952] 406; C. A. **1954** 10027; s. H 450) oder mit Formamid (*Robins et al.,* Am. Soc. **75** [1953] 263, 264). Aus 2,5,6-Triamino-3*H*-pyrimidin-4-on und Orthoameisensäure-triäthylester mit Hilfe von Acetanhydrid (*Goldman et al.,* J. org. Chem. **21** [1956] 599). Aus 5-Acetylamino-2,6-diamino-3*H*-pyrimidin-4-on und Formamid (*Acker, Castle,* J. org. Chem. **23** [1958] 2010).

Herstellung von [8-*T*]Guanin: *Eidinoff, Knoll,* Org. Synth. Isotopes **1958** 1676. Herstellung von [4-^{13}C]Guanin: *Cavalieri et al.,* Am. Soc. **71** [1949] 3973, 3975; von [2-^{14}C]Guanin: *Bennett,* Org. Synth. Isotopes **1958** 760; von [4-^{14}C]Guanin: *Bennett,* Org. Synth. Isotopes **1958** 762; von [5-^{14}C]Guanin: *Korte, Barkemeyer,* B. **89** [1956] 2400, 2403; von [8-^{14}C]Guanin: *Weygand, Grosskinsky,* Org. Synth. Isotopes **1958** 764. Herstellung von [$^{14}C_5$]Guanin mit Hilfe von unter $^{14}CO_2$ gewachsenen Kulturen von Thiobacillus thioparus: *Fresco, Marshak,* J. biol. Chem. **205** [1953] 585, 587. Herstellung von [2-^{15}N]Guanin: *Neidle, Waelsch,* J. biol. Chem. **234** [1959] 586, 587; von [1,3-$^{15}N_2$]Guanin: *Brown et al.,* Federation Proc. **6** [1947] 517, 520; von [1,2,3-$^{15}N_3$]Guanin: *Plentl, Schoenheimer,* Org. Synth. Isotopes **1958** 1850.

Atomabstände und Bindungswinkel (Röntgen-Diagramm): *Thewalt et al.,* Acta cryst. [B] **27** [1971] 2358, 2362; s. a. *Donohue,* Arch. Biochem. **128** [1968] 591, 593.

Schwarzfärbung >400°; bei 255°/ca. 10^{-5} Torr sublimierbar (*Blout, Fields,* Am. Soc. **72** [1950] 479, 484). Das Monohydrat ist monoklin; Kristallstruktur-Analyse (Röntgen-Diagramm): *Thewalt et al.,* Acta cryst. [B] **27** [1971] 2358. Netzebenenabstände: *Clark,* Arch. Biochem. **31** [1951] 18, 22. Dichte der Kristalle des Monohydrats: 1,67 (*Th. et al.,* l. c. S. 2359). Calorimetrisch ermittelte Wärmekapazität C_p bei 84,5 K (0,0820 cal·grad^{-1}·g^{-1}) bis 296,7 K (0,2482 cal·grad^{-1}·g^{-1}): *Stiehler, Huffman,* Am. Soc. **57** [1935] 1741. Entropie bei 90–298,1 K: *St., Hu.,* l. c. S. 1742. Standard-Verbrennungsenthalpie: –596,89 kcal·mol^{-1} (*Stiehler, Huffman,* Am. Soc. **57** [1935] 1734, 1739).

IR-Spektrum eines festen Films (2–15 μ) und von Pulver (5–15 μ): *Blout, Fields,* Am. Soc. **72** [1950] 479, 481; in geschmolzenem $SbCl_3$ (1,2–11,5 μ): *Lacher et al.,* J. phys. Chem. **59** [1955] 615, 616, 618, 619, 621. UV-Spektrum eines Films (235–320 nm) bei 77 K und 298 K: *Sinsheimer et al.,* J. biol. Chem. **187** [1950] 313, 317, 322. UV-Spektrum (210–300 nm) in wss. Lösungen vom pH 0,87–9: *Holiday,* Biochem. J. **24** [1930] 619, 622; vom pH 1–6,6: *Heyroth, Loofbourow,* Am. Soc. **56** [1934] 1728, 1733, 1734; vom pH 2, pH 6 und pH 9: *Cavalieri et al.,* Am. Soc. **70** [1948] 3875, 3876, 3878; in wss. HCl: *Kerr et al.,* J. biol. Chem. **181** [1949] 761, 763, 764; in wss. HCl sowie wss. NaOH: *Stimson, Reuter,* Am. Soc. **67** [1945] 2191; in konz. H_2SO_4: *Bandow,* Bio. Z. **299** [1938] 199, 203. λ_{max} eines Films (260–300 nm) bei 90 K und bei Raumtemperatur: *Brown, Randall,* Nature **163** [1949] 209; in wss. Lösungen vom pH 1–13 (220–280 nm): *Mason,* Soc. **1954** 2071, 2073; vom pH 1 und pH 11 (240–280 nm): *Elion et al.,* Am. Soc. **78** [1956] 217, 219. Extinktionskoeffizient bei 230 nm und 250 nm in wss. Lösungen vom pH 2–12: *Mitchell,* Am. Soc. **64** [1944] 274, 277. Fluorescenzmaximum (wss. Lösung vom pH 1): 365 nm (*Duggan et al.,* Arch. Biochem. **68** [1957] 1, 4).

Magnetische Susceptibilität: $-0{,}450\cdot10^{-6}$ cm^3·g^{-1} (*Woernley,* J. biol. Chem. **207** [1954] 717, 719). Scheinbare Dissoziationsexponenten pK'_{a1}, pK'_{a2} und pK'_{a3} (H_2O; potentiometrich ermittelt) bei 25°: ca. 3,3 bzw. ca. 9,2 bzw. ca. 12,3 (*Taylor,* Soc. **1948** 765). Scheinbare Dissoziationsexponenten pK'_{a1} und pK'_{a2} (H_2O; spektrophotometrisch ermittelt): 3,2 bzw. 9,6 (*Cohn,* in *E. Chargaff, J.N. Davidson,* The Nucleic Acids, Bd. 1 [New York 1955] S. 217). Löslichkeit in H_2O bei 20°: 1 g/200 l Lösung (*Albert, Brown,* Soc. **1954** 2060, 2063). Verteilung zwischen Butan-1-ol und wss. Lösung vom pH 6,5: *Tinker, Brown,* J. biol. Chem. **173** [1948] 585, 586.

Beim Bestrahlen [ca. 17 h] einer wss. Lösung mit UV-Licht sind NH_3 und Harnstoff erhalten worden (*Canzanelli et al.,* Am. J. Physiol. **167** [1951] 364, 372; s. a. *Lieben, Getreuer,* Bio. Z. **259** [1933] 1, 4). Über den UV-spektroskopischen Nachweis von Umwandlungen nach der Einwirkung von γ-Strahlen s. *Ryšina,* Trudy 1. Sovešč. radiac. Chim. Moskau **1957** S. 193, 196; C. A. **1959** 12017. Bildung von NH_3, Oxalsäure, Guanidin und wenig NH_2OH bei der Bestrahlung einer wss. Lösung mit Röntgen-Strahlen: *Scholes, Weiss,* Biochem. J. **53** [1953] 567, 573. Geschwindigkeit der Zersetzung von wss. Lösungen bei der Einwirkung von UV-Strahlen in Gegenwart von Sauerstoff sowie Stickstoff: *Kland, Johnson,* Am. Soc. **79** [1957] 6187. UV-spektroskopischer Nachweis über Umwandlungen nach der Einwirkung von Ozon auf die wss. Lösung: *Christensen, Giese,* Arch. Biochem. **51** [1954] 208, 211. Zeitlicher Verlauf der Desaminierung beim Behandeln mit HNO_2: *Barrenscheen et al.,* Bio. Z. **265** [1933] 141, 143. Mechanismus des hydrolytischen Abbaus: *Cavalieri et al.,* Am. Soc. **71** [1949] 3973; s. a. *Hunter,* Biochem. J. **30** [1936] 1183, 1185; *Koperina,* Bio. Z. **219** [1930] 258, 270.

Das beim Behandeln mit Äthyljodid erhaltene Äthylguanin (H 451) ist vermutlich als 7-Äthyl-2-amino-1,7-dihydro-purin-6-on (S. 3894) zu formulieren (vgl. *Lawley,* Progr. nucleic Acid Res. mol. Biol. **5** [1967] 89). Das beim Bestrahlen mit Acetanhydrid erhaltene Acetylguanin (H 451) ist vermutlich als 2-Acetylamino-1,7-dihydro-purin-6-on zu formulieren (vgl. hierzu *Shapiro,* Progr. nucleic Acid Res. mol. Biol. **8** [1968] 73, 99); entsprechend sind die früher (H 451) als Propionylguanin und als Benzoylguanin beschriebenen Verbindungen als 2-Propionylamino-1,7-dihydro-purin-6-on bzw. als 2-Benzoylamino-1,7-dihydro-purin-6-on zu formulieren.

Hydrochloride. a) $C_5H_5N_5O\cdot HCl\cdot H_2O$ (H 452). Atomabstände und Bindungswinkel (Röntgen-Diagramm): *Broomhead,* Acta cryst. **4** [1951] 92. Monoklin; Kristallstruktur-Analyse (Röntgen-Diagramm): *Br.* Dichte der Kristalle: 1,662 (*Br.*). – b) $C_5H_5N_5O\cdot HCl\cdot 2H_2O$ (H 452; E II 262). Atomabstände und Bindungswinkel (Röntgen-Diagramm): *Iball, Wilson,* Pr. roy. Soc. [A] **288** [1965] 418. Monoklin; Kristallstruktur-Analyse (Röntgen-Diagramm): *Ib., Wi.*; s. a. *Br.* Dichte der Kristalle: 1,562 (*Br.*). Kristalloptik: *Biles et al.,* Mikroch. **38** [1951]

591, 596.

Sulfat $2C_5H_5N_5O \cdot H_2SO_4 \cdot 2H_2O$ (H 452). Monoklin; Kristalloptik: *Biles et al.*, Mikroch. **38** [1951] 591, 596.

Verbindungen mit Zinkchlorid und Chlorwasserstoff. a) $2C_5H_5N_5O \cdot ZnCl_2 \cdot 2HCl$. Kristalle (*Weitzel, Spehr*, Z. physiol. Chem. **313** [1958] 212, 224). – b) $C_5H_5N_5O \cdot ZnCl_2 \cdot HCl$. Kristalle. [*Tarrach*]

2-Amino-1-methyl-1,7-dihydro-purin-6-on $C_6H_7N_5O$, Formel X (R = CH_3, R′ = H) und Taut. (E I 133; E II 263; dort auch als 1-Methyl-guanin bezeichnet).

Die von *Bredereck* (B. **80** [1947] 401, 404) und von *Bredereck et al.* (B. **81** [1948] 307, 312) unter dieser Konstitution beschriebene Verbindung ist als 2-Amino-7-methyl-1,7-dihydro-purin-6-on zu formulieren (*Haines et al.*, Soc. **1962** 5281, 5285; *Jones, Robins*, Am. Soc. **85** [1963] 193, 195).

Isolierung aus menschlichem Harn: *Weissmann et al.*, J. biol. Chem. **224** [1957] 407, 423; aus den Hydrolysaten von Ribonucleinsäure: *Adler et al.*, J. biol. Chem. **230** [1958] 717, 720, 721; *Smith, Dunn*, Biochem. J. **72** [1959] 294, 296.

B. Aus 1-Methyl-2-methylmercapto-1,7-dihydro-purin-6-on beim Erhitzen mit wss. NH_3 (*Elion*, Ciba Found. Symp. Chem. Biol. Purines 1957 S. 39, 43, 44).

F: 370° [aus H_2O] (*Yamauchi et al.*, J. org. Chem. **41** [1976] 3691, 3696). UV-Spektrum (200–300 nm) in wss. HCl [0,1 n] und in wss. KOH [0,1 n]: *Sm., Dunn*, l. c. S. 298; in wss. Lösungen vom pH 2,1, pH 9 und pH 12,2: *We. et al.*, l. c. S. 417. λ_{max} (wss. Lösung): 250 nm [pH 2], 249,5 nm [pH 9] bzw. 276,5 nm [pH 14] (*Ad. et al.*, l. c. S. 720). Scheinbare Dissoziationsexponenten pK'_{a1}, pK'_{a2} und pK'_{a3} (H_2O; spektrophotometrisch ermittelt): ca. 0 bzw. 3,2 bzw. 10,4 (*We. et al.*, l. c. S. 411).

2-Amino-7-methyl-1,7-dihydro-purin-6-on $C_6H_7N_5O$, Formel X (R = H, R′ = CH_3) und Taut. (H 455; E I 134; E II 263; dort auch als 7-Methyl-guanin und als Epiguanin bezeichnet).

Diese Konstitution kommt der von *Bredereck* (B. **80** [1947] 401, 404) und von *Bredereck et al.* (B. **81** [1948] 307, 312) als 2-Amino-1-methyl-1,7-dihydro-purin-6-on formulierten Verbindung zu (*Haines et al.*, Soc. **1962** 5281, 5285; *Jones, Robins*, Am. Soc. **85** [1963] 193, 195).

Isolierung aus menschlichem Harn (vgl. H 455): *Weissmann et al.*, J. biol. Chem. **224** [1957] 407, 423.

B. Neben anderen Verbindungen beim Behandeln von Guanin (S. 3890) in wss. Lösung vom pH 10,8 mit Dimethylsulfat (*Reiner, Zamenhof*, J. biol. Chem. **228** [1957] 475, 480). Beim Erwärmen von 7-Methyl-guanosin (S. 3922) mit wss. HCl (*Br.*; s. a. *Br. et al.*). Bei der Hydrolyse von methylierter 2′-Desoxy-[5′]guanylsäure (*Lawley*, Pr. chem. Soc. **1957** 290) bzw. von methylierter „Guanylsäure" [S. 3904] (*Lawley, Wallick*, Chem. and Ind. **1957** 633).

Kristalle [aus H_2O] (*Gulland, Story*, Soc. **1938** 692; *Br.*). UV-Spektrum (220–300 nm) in H_2O, in wss. HCl [0,05 n] und in wss. NaOH [0,05 n]: *Gu., St.*; in wss. HCl [1 n] und in wss. NaOH [0,1 n]: *Re., Za.*, l. c. S. 484. λ_{max} (wss. Lösung): 250 nm [pH 2,08] bzw. 280 nm [pH 9] (*We. et al.*, l. c. S. 415). Scheinbare Dissoziationsexponenten pK'_{a1}, pK'_{a2} und pK'_{a3} (H_2O; spektrophotometrisch ermittelt): ca. 0 bzw. 3,5 bzw. 9,4 (*We. et al.*, l. c. S. 411).

Picrat $C_6H_7N_5O \cdot C_6H_3N_3O_7$ (H 455). F: 267° [aus H_2O] (*Br.*); Zers. bei 270–272° (*Schütz, Umschweif*, Bio. Z. **268** [1934] 326, 327).

2-Amino-9-methyl-1,9-dihydro-purin-6-on $C_6H_7N_5O$, Formel XI und Taut.

B. Beim Erwärmen von 2,5-Diamino-1*H*-pyrimidin-4,6-dion mit Methylisothiocyanat in wss. NaOH, Erhitzen des Reaktionsprodukts mit konz. wss. HCl und anschliessenden Erwärmen mit Raney-Nickel in wss. NaOH (*Koppel, Robins*, Am. Soc. **80** [1958] 2751, 2752, 2754). Beim Behandeln von 2,6-Dichlor-9-methyl-9*H*-purin mit wss. NaOH und Erhitzen des Reaktionsprodukts mit wss. NH_3 auf 150–160° (*Gulland, Story*, Soc. **1938** 692).

Kristalle (aus DMF); F: >300° (*Ko., Ro.*). UV-Spektrum (H_2O, wss. HCl [0,05 n] sowie wss. NaOH [0,05 n]; 220–300 nm): *Gu., St.* λ_{max} (wss. Lösung): 252 nm und 280 nm [pH 1] bzw. 267 nm [pH 11] (*Ko., Ro.*).

2-Methylamino-1,7-dihydro-purin-6-on $C_6H_7N_5O$, Formel XII (R = R′ = H) und Taut.

Die Konstitution einer von *Bredereck et al.* (B. **81** [1948] 307, 312) als N^2-Methyl-guanin bezeichneten, bei der Hydrolyse von N^2-Methyl-guanosin(?) erhaltenen Verbindung (Picrat, F: 288°) ist nicht gesichert; vgl. hierzu *Jones, Robins,* Am. Soc. **85** [1963] 193, 195.

Isolierung aus menschlichem Harn: *Weissmann et al.,* Nature **176** [1955] 1217; J. biol. Chem. **224** [1957] 407, 423; aus den Hydrolysaten von Ribonucleinsäure: *Adler et al.,* J. biol. Chem. **230** [1958] 717, 720; *Smith, Dunn,* Biochem. J. **72** [1959] 294, 296.

B. Beim Erhitzen von 2-Methylmercapto-1,7-dihydro-purin-6-on mit Methylamin in H_2O, besser in Methanol, auf 140° (*Elion et al.,* Am. Soc. **78** [1956] 217, 220).

Feststoff [aus wss. HCl + wss. NH_3] (*El. et al.*). UV-Spektrum (220–300 nm) in wss. HCl [1 n], in wss. Lösungen vom pH 2,1, pH 6,2 und pH 9 sowie in wss. NaOH [1 n]: *We. et al.,* Nature **176** 1217; in wss. HCl [0,1 n] und in wss. KOH [0,1 n]: *Sm., Dunn,* l. c. S. 298. λ_{max} (wss. Lösung): 250 nm und 280 nm [pH 1] bzw. 245 nm und 279 nm [pH 11] (*El. et al.,* l. c. S. 219), 250,5 nm [pH 2], 246,5 nm [pH 9] bzw. 278 nm [pH 14] (*Ad. et al.*).

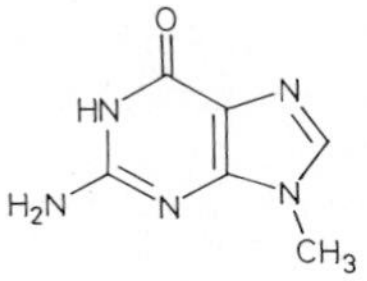

XI 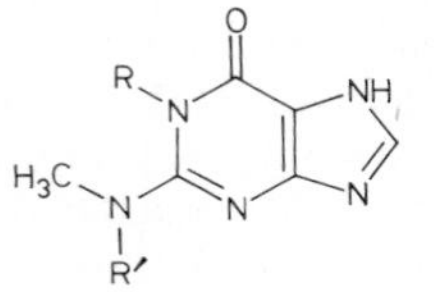 XII 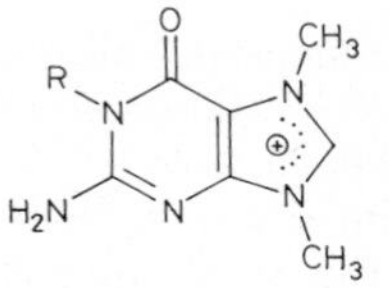 XIII

2-Amino-1,7-dimethyl-1,7-dihydro-purin-6-on $C_7H_9N_5O$, Formel X (R = R′ = CH_3) (H 460; E I 135; E II 266; dort auch als 1,7-Dimethyl-guanin bezeichnet).

UV-Spektrum des Sulfats (H_2O; 220–320 nm): *Mann, Porter,* Soc. **1945** 751, 755, 756. λ_{max}: 267 nm [wss. HCl (0,1 n)] bzw. 289 nm [wss. NaOH (0,1 n)].

2-Amino-7,9-dimethyl-6-oxo-1,6-dihydro-purinium $[C_7H_{10}N_5O]^+$, Formel XIII (R = H) und Taut.

Betain $C_7H_9N_5O$; 2-Amino-6-hydroxy-7,9-dimethyl-purinium-betain, Herbipolin. Konstitution: *Bredereck et al.,* B. **93** [1960] 1206; *Ackermann, List,* Z. physiol. Chem. **318** [1960] 281; *Pfleiderer,* A. **647** [1961] 167. – Isolierung aus dem Riesenkieselschwamm (Geodia gigas): *Ackermann, List,* Z. physiol. Chem. **308** [1957] 270, **309** [1958] 286. – *B.* Aus dem Chlorid beim aufeinanderfolgenden Behandeln mit Ag_2SO_4 in wss. H_2SO_4 und mit Barytwasser (*Ack., List,* Z. physiol. Chem. **308** 272). – Kristalle; F: 315° (*Ack., List,* Z. physiol. Chem. **308** 272), 312° [aus wss. A.] (*Br. et al.*). IR-Spektrum (KBr; 2–15 µ): *Ack., List,* Z. physiol. Chem. **309** 288.

Chlorid $[C_7H_{10}N_5O]Cl$. Kristalle (*Ack., List,* Z. physiol. Chem. **308** 272).

Tetrachloroaurat(III) $[C_7H_{10}N_5O]AuCl_4$. Kristalle [aus wss. HCl] (*Ack., List,* Z. physiol. Chem. **308** 272).

Picrat $[C_7H_{10}N_5O]C_6H_2N_3O_7$. Kristalle; F: 292–295° (*Ack., List,* Z. physiol. Chem. **308** 272), 290–292° [aus wss. A.] (*Br. et al.*).

1-Methyl-2-methylamino-1,7-dihydro-purin-6-on $C_7H_9N_5O$, Formel XII (R = CH_3, R′ = H) und Taut.

Die Konstitution der von *Bredereck et al.* (B. **73** [1940] 1058, 1064, **80** [1947] 401, 405, **81** [1948] 307, 312) unter dieser Konstitution beschriebenen, bei der Hydrolyse von 1,N^2-Dimethyl-guanosin(?) erhaltenen Verbindung (Hydrochlorid $C_7H_9N_5O \cdot HCl$: Kristalle, F: 275°; Picrat $C_7H_9N_5O \cdot C_6H_3N_3O_7$: Kristalle, F: 214°) ist ungewiss; vgl. hierzu *Jones, Robins,* Am. Soc. **85** [1963] 193, 195.

B. Beim Erhitzen von 5-[N'-Methyl-thioureido]-1(3)*H*-imidazol-4-carbonsäure-äthylester in wss. Methylamin mit HgO und Behandeln der Reaktionslösung mit Essigsäure (*Cook, Thomas,* Soc. **1950** 1888, 1891).

Kristalle; F: 345–350° (*Cook, Th.*).

2-Dimethylamino-1,7-dihydro-purin-6-on $C_7H_9N_5O$, Formel XII (R = H, R' = CH_3) und Taut.

Isolierung aus den Hydrolysaten von Ribonucleinsäure: *Smith, Dunn,* Biochem. J. **72** [1959] 294,296.

B. Beim Erhitzen von 2-Methylmercapto-1.7-dihydro-purin-6-on mit Dimethylamin in Methanol auf 140° (*Elion et al.,* Am. Soc. **78** [1956] 217, 218, 220).

Kristalle [aus H_2O] (*El. et al.*). UV-Spektrum (wss. HCl [0,1 n] sowie wss. KOH [0,1 n]; 200—300 nm): *Sm., Dunn,* l. c. S. 297. λ_{max} (wss. Lösung): 258 nm [pH 1] bzw. 277 nm [pH 11] (*El. et al.*).

Hydrochlorid $C_7H_9N_5O \cdot HCl$. Kristalle (aus wss. HCl) mit 1 Mol H_2O (*El. et al.*).

2-Amino-1,7,9-trimethyl-6-oxo-1,6-dihydro-purinium $[C_8H_{12}N_5O]^+$, Formel XIII (R = CH_3).

Chlorid $[C_8H_{12}N_5O]Cl$. Diese Konstitution kommt der früher (E I **26** 136) als 2 Amino-1,7-dimethyl-1,7-dihydro-purin-6-on-methochlorid („1.7-Dimethyl-guanin-hydroxymethylat-chlorid") beschriebenen Verbindung zu (*Pfleiderer,* A. **647** [1951] 167, 168).

7-Äthyl-2-amino-1,7-dihydro-purin-6-on $C_7H_9N_5O$, Formel I (R = H) und Taut. (vgl. H 451).

Diese Konstitution kommt vermutlich der H 451 als Äthylguanin bezeichneten Verbindung zu; vgl. hierzu *Lawley,* Progr. nucleic Acid Res. mol. Biol. **5** [1967] 89.

B. Beim Erhitzen von Guanosin (S. 3901) und Diäthylsulfat auf 100° und Behandeln des Reaktionsprodukts mit wss. HCl (*Brookes, Lawley,* Soc. **1961** 3923, 3926; s. a. *Reiner, Zamenhof,* J. biol. Chem. **228** [1957] 475, 480).

Kristalle (aus H_2O), die oberhalb 250° sublimieren (*Br., La.*). λ_{max} (wss. Lösung): 250 nm und 274 nm [pH 1], 245 nm und 284 nm [pH 7] bzw. 280 nm [pH 12] (*Br., La.,* l. c. S. 3925).

9-Äthyl-2-amino-1,9-dihydro-purin-6-on $C_7H_9N_5O$, Formel II und Taut.

B. Beim Erwärmen von 2,5-Diamino-1*H*-pyrimidin-4,6-dion mit Äthylisothiocyanat in wss. NaOH, Erhitzen des Reaktionsprodukts mit konz. wss. HCl und anschliessenden Erwärmen mit Raney-Nickel in wss. NaOH (*Koppel, Robins,* Am. Soc. **80** [1958] 2751, 2752, 2755).

λ_{max} (wss. Lösung): 252 nm und 280 nm [pH 1] bzw. 270 nm [pH 11].

2-Äthylamino-1,7-dihydro-purin-6-on $C_7H_9N_5O$, Formel III und Taut.

B. Beim Erhitzen von 2-Methylmercapto-1,7-dihydro-purin-6-on mit Äthylamin in H_2O auf 140° (*Elion et al.,* Am. Soc. **78** [1956] 217, 218, 220).

Feststoff (aus wss. HCl + wss. NH_3) mit 1 Mol H_2O. λ_{max} (wss. Lösung): 253 nm [pH 1] bzw. 245 nm und 275 nm [pH 11].

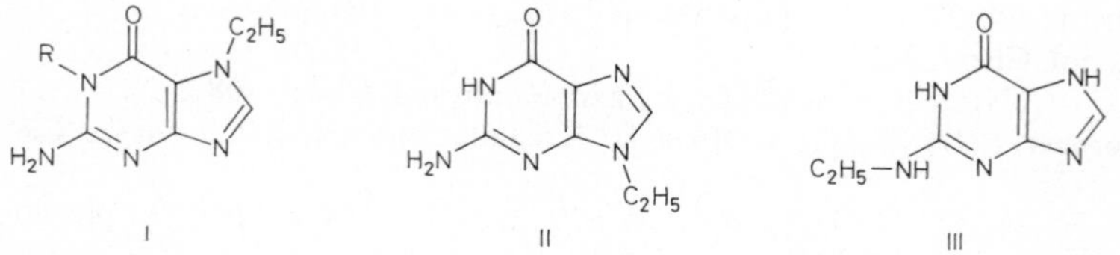

I II III

7-Äthyl-2-amino-1-methyl-1,7-dihydro-purin-6-on $C_8H_{11}N_5O$, Formel I (R = CH_3).

B. Beim Erwärmen von 2-Amino-1-methyl-1,7-dihydro-purin-6-on mit Äthyljodid in wss.-äthanol. NaOH (*Mann, Porter,* Soc. **1945** 751, 752, 756).

Kristalle (aus H_2O); F: 256—257° [nach Sintern].

Picrat $C_8H_{11}N_5O \cdot C_6H_3N_3O_7$. Kristalle; F: 266° [Zers.].

2-Amino-1-methyl-7-propyl-1,7-dihydro-purin-6-on $C_9H_{13}N_5O$, Formel IV (R = C_2H_5, R' = H).

B. Beim Behandeln von 2-Amino-1-methyl-1,7-dihydro-purin-6-on in NaOH enthaltendem wss. Propan-1-ol mit Propyljodid (*Mann, Porter,* Soc. **1945** 751, 752, 756).

UV-Spektrum des Sulfats (H_2O; 220—320 nm): *Mann, Po.,* l. c. S. 755, 756.

Hydrojodid $2C_9H_{13}N_5O \cdot HI$. Kristalle (aus A.) mit 2 Mol H_2O; F: 245—247° [Zers.]; das wasserfreie Salz schmilzt ebenfalls bei 245—247°.

Sulfat $C_9H_{13}N_5O \cdot H_2SO_4$. Kristalle (aus A.); F: 231–233°.

Picrat $C_9H_{13}N_5O \cdot C_6H_3N_3O_7$. Gelbe Kristalle; F: 228–229° [Zers.].

2-Amino-7-isopropyl-1-methyl-1,7-dihydro-purin-6-on $C_9H_{13}N_5O$, Formel IV (R = R′ = CH_3).

Bezüglich der Position der Isopropyl-Gruppe der von *Mann, Porter* (Soc. **1945** 751, 752, 757) nur unter Vorbehalt so formulierten Verbindung vgl. *Lawley,* Progr. nucleic Acid Res. mol. Biol. **5** [1967] 89.

B. Beim Erwärmen von 2-Amino-1-methyl-1,7-dihydro-purin-6-on mit Isopropyljodid in NaOH enthaltendem wss. Isopropylalkohol (*Mann, Po.,* l. c. S. 757).

Hydrojodid $2C_9H_{13}N_5O \cdot HI$. Kristalle (aus A.); F: 265–266° [Zers.] (*Mann, Po.*).

Sulfat $C_9H_{13}N_5O \cdot H_2SO_4$. Kristalle (aus A.); F: 249–250° (*Mann, Po.*).

Picrat $C_9H_{13}N_5O \cdot C_6H_3N_3O_7$. Gelbe Kristalle; F: 239–241° [Zers.] (*Mann, Po.*).

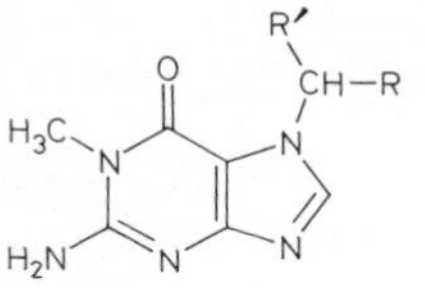

IV 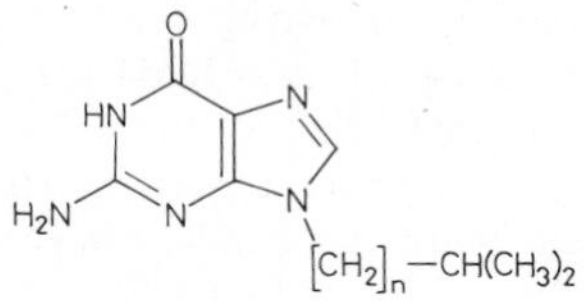 V 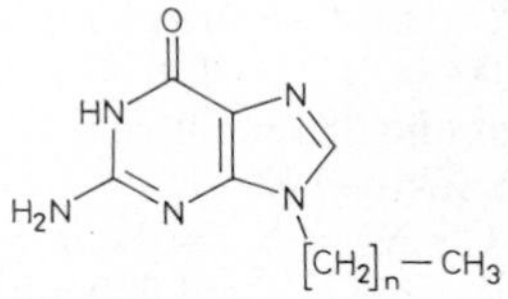 VI

2-Amino-9-isobutyl-1,9-dihydro-purin-6-on $C_9H_{13}N_5O$, Formel V (n = 1) und Taut.

B. Beim Erwärmen von 2,5-Diamino-1*H*-pyrimidin-4,6-dion mit Isobutylisothiocyanat in wss. NaOH, Erhitzen des Reaktionsprodukts mit konz. wss. HCl und anschliessenden Erwärmen mit Raney-Nickel in wss. NaOH (*Koppel, Robins,* Am. Soc. **80** [1958] 2751, 2752, 2754). Aus 2-Amino-6-chlor-pyrimidin-4,5-dion-5-phenylhydrazon beim aufeinanderfolgenden Behandeln mit Isobutylamin in Äthanol, mit $Na_2S_2O_4$ in wss. NaOH und mit Formamid (*Koppel et al.,* Am. Soc. **81** [1959] 3046, 3048, 3050).

Kristalle (aus DMF); F: >360° (*Ko. et al.*). λ_{max} (wss. Lösung): 252–255 nm und 280 nm [pH 1] bzw. 270 nm [pH 11] (*Ko., Ro.*; *Ko. et al.*).

2-Amino-9-isopentyl-1,9-dihydro-purin-6-on $C_{10}H_{15}N_5O$, Formel V (n = 2) und Taut.

B. Aus 2-Amino-6-chlor-pyrimidin-4,5-dion-5-phenylhydrazon beim aufeinanderfolgenden Behandeln mit Isopentylamin in Äthanol, mit $Na_2S_2O_4$ in wss. NaOH und mit Formamid (*Koppel et al.,* Am. Soc. **81** [1959] 3046, 3048, 3050).

Kristalle (aus DMF); F: 352° [Zers.]. λ_{max} (wss. Lösung): 255 nm und 280 nm [pH 1] bzw. 270 nm [pH 11].

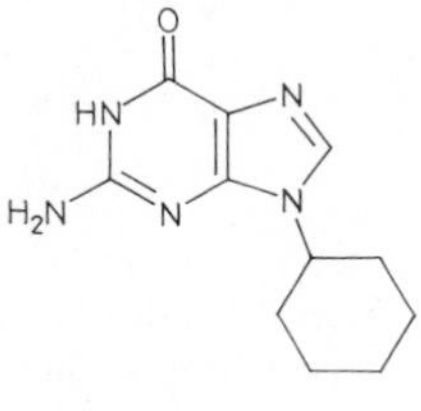

VII 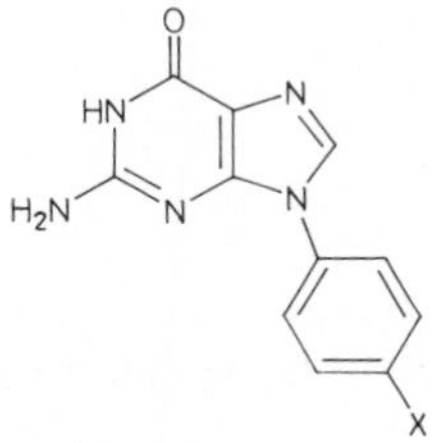 VIII 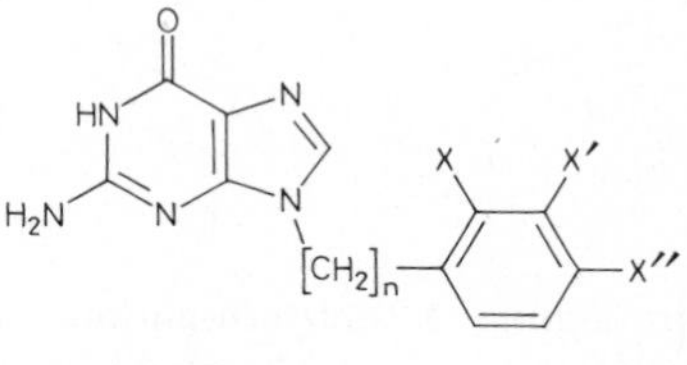 IX

Die folgenden Verbindungen sind in analoger Weise hergestellt worden:

2-Amino-9-hexyl-1,9-dihydro-purin-6-on $C_{11}H_{17}N_5O$, Formel VI (n = 5) und Taut. Kristalle (aus DMF); F: 283–284°. λ_{max} (wss. Lösung): 255 nm und 280 nm [pH 1] bzw. 270 nm [pH 11].

2-Amino-9-octyl-1,9-dihydro-purin-6-on $C_{13}H_{21}N_5O$, Formel VI (n = 7) und Taut. Kristalle (aus DMF); F: 282–283°. λ_{max} (wss. Lösung): 255 nm und 280 nm [pH 1] bzw. 270 nm [pH 11].

2-Amino-9-decyl-1,9-dihydro-purin-6-on $C_{15}H_{25}N_5O$, Formel VI (n = 9) und Taut. Kristalle (aus DMF); F: 233–234°. λ_{max} (wss. Lösung): 255 nm und 280 nm [pH 1] bzw. 270 nm [pH 11].

2-Amino-9-undecyl-1,9-dihydro-purin-6-on $C_{16}H_{27}N_5O$, Formel VI (n = 10) und Taut. Kristalle (aus DMF); F: 234–236°. λ_{max} (wss. Lösung): 255 nm und 280 nm [pH 1] bzw. 270 nm [pH 11].

2-Amino-9-cyclohexyl-1,9-dihydro-purin-6-on $C_{11}H_{15}N_5O$, Formel VII und Taut. Kristalle (aus DMF); F: >360°. λ_{max}: 255 nm und 280 nm [pH 1] bzw. 270 nm [pH 11].

2-Amino-9-phenyl-1,9-dihydro-purin-6-on $C_{11}H_9N_5O$, Formel VIII (X = H) und Taut. Kristalle (aus DMF); F: >360°. λ_{max} (wss. Lösung): 262 nm [pH 1] bzw. 268 nm [pH 11].

2-Amino-9-[4-chlor-phenyl]-1,9-dihydro-purin-6-on $C_{11}H_8ClN_5O$, Formel VIII (X = Cl) und Taut. Kristalle (aus DMF); F: >360°. λ_{max}: 263 nm [pH 1] bzw. 234 nm und 268 nm [pH 11].

2-Amino-9-[4-brom-phenyl]-1,9-dihydro-purin-6-on $C_{11}H_8BrN_5O$, Formel VIII (X = Br) und Taut. Kristalle (aus DMF); F: >360°. λ_{max} (wss. Lösung): 229 nm und 262 nm [pH 1] bzw. 244 nm und 266 nm [pH 11].

2-Amino-9-benzyl-1,9-dihydro-purin-6-on $C_{12}H_{11}N_5O$, Formel IX (X = X′ = X″ = H, n = 1) und Taut. Kristalle (aus DMF); F: 300–302°. λ_{max} (wss. Lösung): 255 nm und 280 nm [pH 1] bzw. 270 nm [pH 11].

2-Amino-9-[2-chlor-benzyl]-1,9-dihydro-purin-6-on $C_{12}H_{10}ClN_5O$, Formel IX (X = Cl, X′ = X″ = H, n = 1) und Taut. Kristalle (aus DMF); F: 335–336°. λ_{max} (wss. Lösung): 255 nm und 280 nm [pH 1] bzw. 270 nm [pH 11].

2-Amino-9-[4-chlor-benzyl]-1,9-dihydro-purin-6-on $C_{12}H_{10}ClN_5O$, Formel IX (X = X′ = H, X″ = Cl, n = 1) und Taut. Kristalle (aus DMF); F: 343–344° [Zers.]. λ_{max} (wss. Lösung): 255 nm und 280 nm [pH 1] bzw. 270 nm [pH 11].

2-Amino-9-[3,4-dichlor-benzyl]-1,9-dihydro-purin-6-on $C_{12}H_9Cl_2N_5O$, Formel IX (X = H, X′ = X″ = Cl, n = 1) und Taut. Kristalle (aus DMF); F: 342–343°. λ_{max} (wss. Lösung): 255 nm und 280 nm [pH 1] bzw. 270 nm [pH 11].

2-Amino-9-phenäthyl-1,9-dihydro-purin-6-on $C_{13}H_{13}N_5O$, Formel IX (X = X′ = X″ = H, n = 2) und Taut. Kristalle (aus DMF); F: 323–324°. λ_{max} (wss. Lösung): 255 nm und 280 nm [pH 1] bzw. 270 nm [pH 11].

2-Anilino-1,7-dihydro-purin-6-on $C_{11}H_9N_5O$, Formel X (X = H) und Taut.

B. Beim Erhitzen von 2-Methylmercapto-1,7-dihydro-purin-6-on mit Anilin auf 160° (*Elion et al.*, Am. Soc. **78** [1956] 217, 218, 220).

λ_{max} (wss. Lösung): 270 nm [pH 1] bzw. 238 nm und 274 nm [pH 11].

Hydrochlorid $C_{11}H_9N_5O \cdot HCl$. Kristalle (aus wss. HCl) mit 2 Mol H_2O.

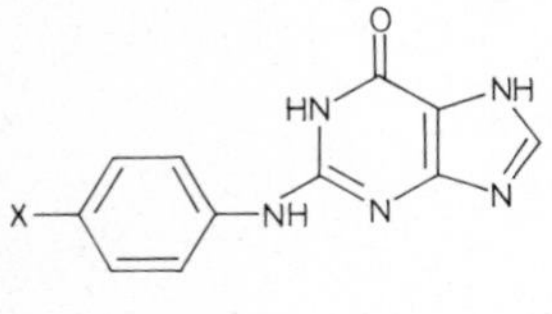

X 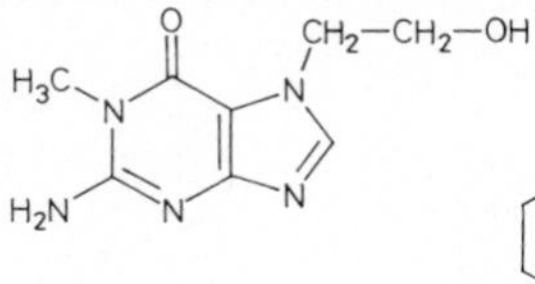 XI 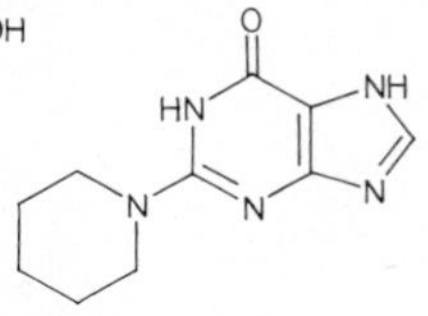 XII 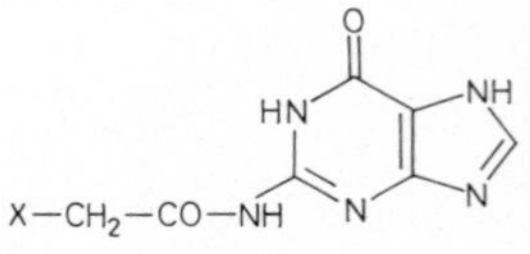 XIII

2-[4-Chlor-anilino]-1,7-dihydro-purin-6-on $C_{11}H_8ClN_5O$, Formel X (X = Cl) und Taut.

B. Beim Erhitzen von 2-Methylmercapto-1,7-dihydro-purin-6-on mit 4-Chlor-anilin auf 160° (*Elion et al.*, Am. Soc. **78** [1956] 217, 218, 220).

λ_{max} (wss. Lösung): 274 nm [pH 1] bzw. 240 nm und 280 nm [pH 11].

Hydrochlorid $C_{11}H_8ClN_5O \cdot HCl$. Kristalle (aus wss. HCl) mit 2 Mol H_2O.

2-Amino-7-[2-hydroxy-äthyl]-1-methyl-1,7-dihydro-purin-6-on $C_8H_{11}N_5O_2$, Formel XI.

Bezüglich der Position der [2-Hydroxy-äthyl]-Gruppe der von *Mann, Porter* (Soc. **1945** 751, 752, 757) nur unter Vorbehalt so formulierten Verbindung vgl. *Lawley*, Progr. nucleic Acid Res. mol. Biol. **5** [1967] 89.

B. Beim Erwärmen von 2-Amino-1-methyl-1,7-dihydro-purin-6-on mit 2-Chlor-äthanol in wss.-äthanol. NaOH (*Mann, Po.*; s. a. *Searle & Co.*, U.S.P. 2517410 [1947]).

Kristalle (aus A.) mit 1 Mol H_2O; F: 250–260° [nach Sintern] (*Mann, Po.*; s. a. *Searle*

& Co.).

Picrat $C_8H_{11}N_5O_2 \cdot C_6H_3N_3O_7$. F: 240° [Zers.] (*Mann, Po.*).

2-Piperidino-1,7-dihydro-purin-6-on $C_{10}H_{13}N_5O$, Formel XII und Taut.

B. Beim Erhitzen von 2-Methylmercapto-1,9-dihydro-purin-6-on mit Piperidin in konz. HCl, in Äthanol oder ohne Lösungsmittel auf 140° (*Elion et al.*, Am. Soc. **78** [1956] 217, 218, 220).

λ_{max} (wss. Lösung): 260 nm [pH 1] bzw. 252 nm [pH 11].

Hydrochlorid $C_{10}H_{13}N_5O \cdot HCl$. Kristalle (aus wss. HCl + Acn.) mit 1 Mol H_2O.

2-Acetylamino-1,7-dihydro-purin-6-on, *N*-[6-Oxo-6,7-dihydro-1*H*-purin-2-yl]-acetamid $C_7H_7N_5O_2$, Formel XIII (X = H) und Taut.

Diese Konstitution kommt vermutlich der H **26** 451 als Acetylguanin bezeichneten Verbindung zu; vgl. hierzu *Shapiro*, Progr. nucleic Acid. Res. mol. Biol. **8** [1968] 73, 99; entsprechend sind die H **26** 451 als Propionylguanin und als Benzoylguanin bezeichneten Verbindungen als 2-Propionylamino-1,7-dihydro-purin-6-on (*N*-[6-Oxo-6,7-dihydro-1*H*-purin-2-yl]-propionamid $C_8H_9N_5O_2$) bzw. als 2-Benzoylamino-1,7-dihydro-purin-6-on (*N*-[6-Oxo-6,7-dihydro-1*H*-purin-2-yl]-benzamid $C_{12}H_9N_5O_2$) zu formulieren.

B. Aus Guanin (S. 3890) und Acetanhydrid in Gegenwart von wenig H_3PO_4 (*Schabarowa et al.*, Ž. obšč. Chim. **29** [1959] 215, 219; engl. Ausg. S. 218, 222).

Kristalle (aus wss. A.); F: 260° (*Sch. et al.*).

2-[2-Chlor-acetylamino]-1,7-dihydro-purin-6-on, Chloressigsäure-[6-oxo-6,7-dihydro-1*H*-purin-2-ylamid] $C_7H_6ClN_5O_2$, Formel XIII (X = Cl) und Taut.

B. Aus Guanin (S. 3890) und Chloracetylchlorid in Gegenwart von H_3PO_4 (*Prokof'ew et al.*, Ž. obšč. Chim. **25** [1955] 397, 400; engl. Ausg. S. 375).

Kristalle (aus H_2O); F: 267–269° [auf 240° vorgeheizter App.].

2-Glycylamino-1,7-dihydro-purin-6-on, Glycin-[6-oxo-6,7-dihydro-1*H*-purin-2-ylamid] $C_7H_8N_6O_2$, Formel XIII (X = NH_2) und Taut.

B. Aus der vorangehenden Verbindung beim Behandeln mit flüssigem NH_3 (*Prokof'ew et al.*, Ž. obšč. Chim. **25** [1955] 397, 400; engl. Ausg. S. 375).

Kristalle (aus H_2O) mit 1 Mol H_2O; F: >400°. [*Blazek*]

2-Amino-9-furfuryl-1,9-dihydro-purin-6-on $C_{10}H_9N_5O_2$, Formel XIV und Taut.

B. Aus 2-Amino-6-chlor-pyrimidin-4,5-dion-5-phenylhydrazon beim aufeinanderfolgenden Behandeln mit Furfurylamin in Äthanol, mit $Na_2S_2O_4$ in wss. NaOH und mit Formamid (*Koppel et al.*, Am. Soc. **81** [1959] 3046, 3048, 3050).

Kristalle (aus wss. Eg.); F: 306–307° [unkorr.; Zers.]. λ_{max} (wss. Lösung): 255 nm und 280 nm [pH 1] bzw. 270 nm [pH 11].

XIV XV

2-Furfurylamino-1,7-dihydro-purin-6-on $C_{10}H_9N_5O_2$, Formel XV und Taut.

B. Beim Erhitzen von 2-Methylmercapto-1,7-dihydro-purin-6-on mit Furfurylamin auf 140° (*Almirante*, Ann. Chimica **49** [1959] 333, 344).

Kristalle (aus A.); F: 173–174°. λ_{max} (wss. Lösung vom pH 1): 254 nm.

2-Amino-9-[β-D-*erythro*-2-desoxy-pentofuranosyl]-1,9-dihydro-purin-6-on, 2'-Desoxy-guanosin, Desoxyguanosin, dGuo $C_{10}H_{13}N_5O_4$, Formel XVI (R = R' = H) und Taut. (in der Literatur auch als Guanindesoxyribosid bezeichnet).

Konstitution: *Makino*, Bio. Z. **282** [1935] 263; *Gulland, Story*, Soc. **1938** 692; *Brown, Lythgoe,*

Soc. **1950** 1990; *Manson, Lampen,* J. biol. Chem. **191** [1951] 87, 91. Konfiguration: *Andersen et al.,* Soc. **1954** 1882, 1884.

Zusammenfassende Darstellung: *F.G. Fischer, H. Dörfel,* in *Hoppe-Seyler/Thierfelder,* Handbuch der Physiologisch- und Pathologisch-Chemischen Analyse, 10. Aufl., Bd. 4 [Berlin 1960] S. 1065, 1193.

Isolierung aus Hydrolysaten von Desoxyribonucleinsäuren aus Thymus: *Levene, Jacobs,* J. biol. Chem. **12** [1912] 377; *Levene, London,* J. biol. Chem. **81** [1929] 711, **83** [1929] 793, 795, 798; *Bielschowsky, Klein,* Z. physiol. Chem. **207** [1932] 202, 204, 205; *Klein,* Z. physiol. Chem. **255** [1938] 82, 84, 85; *Schindler,* Helv. **32** [1949] 979, 981, 983; *Friedkin,* J. biol. Chem. **184** [1950] 449, 450; *Br., Ly.*; *Reichard, Estborn,* Acta chem. scand. **4** [1950] 1047, 1048, 1049; *MacNutt,* Biochem. J. **50** [1952] 384, 385; *Brawerman, Chargaff,* J. biol. Chem. **210** [1954] 445, 450; *Walker, Butler,* Canad. J. Chem. **34** [1956] 1168, 1169, 1171; aus Eiter: *Bielschowsky,* Z. physiol. Chem. **210** [1932] 134, 136, 138; aus Heringssperma: *Weygand et al.,* Z. Naturf. **6b** [1951] 130, 131, 132; *Andersen et al.,* Soc. **1952** 2721, 2722, 2724. Isolierung aus Kabeljauleber: *Truscott, Hoogland,* Canad. J. Biochem. Physiol. **34** [1956] 191, 196).

B. Aus Guanin (S. 3890) und O^1-Phosphono-α-D-*erythro*-2-desoxy-pentofuranose (E III/IV **17** 2298) mit Hilfe von Nucleosidphosphorylase aus Leber (*Hoff-Jørgensen et al.,* J. biol. Chem. **184** [1950] 461, 463) oder aus Guanin und 2'-Desoxy-cytidin mit Hilfe von Desoxyribosyltransferase aus Lactobacillus delbrückii (*Kanda, Takagi,* J. Biochem. Tokyo **46** [1959] 725, 730). Aus dem Ammonium-Salz der 2'-Desoxy-[5']guanylsäure mit Hilfe von Phosphatase aus Darmschleimhaut (*Klein, Thannhauser,* Z. physiol. Chem. **218** [1933] 173, 177).

Atomabstände und Bindungswinkel: *Spencer,* Acta cryst. **12** [1959] 59, 63.

Kristalle (aus H_2O) mit bis zu 1,25 Mol H_2O, die sich ab ca. 200° zersetzen (*Le., Lo.,* J. biol. Chem. **81** 711; *Bi.,* l. c. S. 138; *MacN.*; *Wa., Bu.,* l. c. S. 1171). $[\alpha]_D^{19}$: −47,7° [wss. NaOH (1 n); c = 0,9] [Monohydrat] (*Sch.,* l. c. S. 983); $[\alpha]_D^{20}$: −37,5° [H_2O; c = 2] [wasserfreies Präparat] (*Le., Lo.,* J. biol. Chem. **81** 711); $[\alpha]_D^{24}$: −40° [wss. NaOH (0,1 n); c = 0,9] [1,25 Mol H_2O enthaltendes Präparat] (*Wa., Bu.*); $[\alpha]_D^{25}$: −36,0° [wss. NaOH (1 n); c = 2] [wasserfreies Präparat] (*Le., Lo.,* J. biol. Chem. **83** 798), −42,7° [wss. NaOH (1 n); c = 2] [1,25 Mol H_2O enthaltendes Präparat] (*MacN.*). Über ORD in wss. Lösungen vom pH 2−10 s. *Levedahl, James,* Biochim. biophys. Acta **26** [1957] 89, 90. UV-Spektrum (220−290 nm) in H_2O und in wss. NaOH [0,05 n]: *Gu., St.*; in wss. Lösungen vom pH 7 und pH 12: *MacN.,* l. c. S. 386. UV-Absorption in saurer, neutraler und alkal. wss. Lösung (220−310 nm): *Hotchkiss,* J. biol. Chem. **175** [1948] 315, 325.

***O*$^{3'}$-Acetyl-2'-desoxy-guanosin** $C_{12}H_{15}N_5O_5$, Formel XVI (R = CO-CH_3, R' = H) und Taut.

B. Neben der folgenden Verbindung sowie $O^{3'}$,$O^{5'}$-Diacetyl-2'-desoxy-guanosin beim Behandeln der vorangehenden Verbindung mit Acetanhydrid in Pyridin und DMF (*Hayes et al.,* Soc. **1955** 808, 813). Neben der folgenden Verbindung beim Behandeln von $O^{3'}$,$O^{5'}$-Diacetyl-2'-desoxy-guanosin mit NH_3 in wss. Äthanol und Methanol (*Ha. et al.*).

Kristalle (aus A.); Zers. >240°. $[\alpha]_D^{19,5}$: −12,5° [wss. A. (10%ig); c = 0,3].

***O*$^{5'}$-Acetyl-2'-desoxy-guanosin** $C_{12}H_{15}N_5O_5$, Formel XVI (R = H, R' = CO-CH_3) und Taut.

B. s. im vorangehenden Artikel.

Kristalle (aus wss. A.) mit 1 Mol H_2O; Zers. >170° [nach Sintern ab 125−130°]; $[\alpha]_D^{18,5}$: −33° [wss. A. (10%ig); c = 0,4] (*Hayes et al.,* Soc. **1955** 808, 813).

***O*$^{3'}$,*O*$^{5'}$-Diacetyl-2'-desoxy-guanosin** $C_{14}H_{17}N_5O_6$, Formel XVI (R = R' = CO-CH_3) und Taut.

B. s. o. im Artikel $O^{3'}$-Acetyl-2'-desoxy-guanosin.

Kristalle (aus wss. A.); F: 222° [Zers.]; $[\alpha]_D^{18}$: −38° [wss. A. (10%ig); c = 0,3] (*Hayes et al.,* Soc. **1955** 808, 813).

***O*$^{5'}$-Acetyl-*O*$^{3'}$-benzyloxyphosphinoyl-2'-desoxy-guanosin** $C_{19}H_{22}N_5O_7P$, Formel XVI (R = P(O)H-O-CH_2-C_6H_5, R' = CO-CH_3) und Taut.

B. Aus $O^{5'}$-Acetyl-2'-desoxy-guanosin und Diphosphor(III,V)-säure-1-benzylester-2,2-di=

phenylester in Acetonitril oder DMF und 2,6-Dimethyl-pyridin (*Hayes et al.*, Soc. **1955** 808, 814).

Feststoff (aus $CHCl_3$ + Cyclohexan) [nicht rein erhalten].

***O*$^{3'}$-Acetyl-*O*$^{5'}$-benzyloxyphosphinoyl-2′-desoxy-guanosin** $C_{19}H_{22}N_5O_7P$, Formel XVI (R = $CO\text{-}CH_3$, R′ = $P(O)H\text{-}O\text{-}CH_2\text{-}C_6H_5$) und Taut.

B. Analog der vorangehenden Verbindung (*Hayes et al.*, Soc. **1955** 808, 815).

Feststoff (aus $CHCl_3$ + Cyclohexan) [nicht rein erhalten].

***O*$^{3'}$-Phosphono-2′-desoxy-guanosin, 2′-Desoxy-[3′]guanylsäure,** 2′-Desoxy-guanosin-3′-monophosphat, 2′-Desoxy-guanosin-3′-dihydrogenphosphat, dGuo-3′-*P* $C_{10}H_{14}N_5O_7P$, Formel XVI (R = $PO(OH)_2$, R′ = H) und Taut.

Isolierung aus Hydrolysaten von Thymus-Desoxyribonucleinsäuren: *Cunningham et al.*, Am. Soc. **78** [1956] 4642, 4643, 4644; *Laurila, Laskowski*, J. biol. Chem. **228** [1957] 49, 53.

B. Aus *O*$^{5'}$-Acetyl-*O*$^{3'}$-benzyloxyphosphinoyl-2′-desoxy-guanosin (s. o.) über mehrere Stufen (*Hayes et al.*, Soc. **1955** 808, 814, 815).

Barium-Salz $BaC_{10}H_{12}N_5O_7P$. Pulver (aus H_2O + A.) mit 2 Mol H_2O; $[\alpha]_D^{19,5}$: −8,5° [H_2O; c = 0,4]; λ_{max}: 254−256 nm [wss. HCl (0,01 n)], 252−253 nm [H_2O] bzw. 262−265 nm [wss. NaOH (0,01 n)] (*Ha. et al.*).

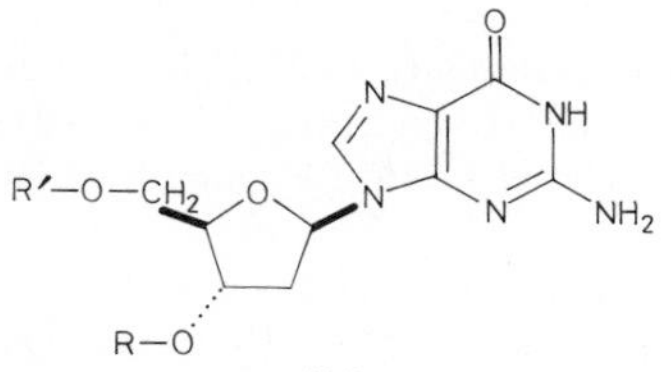

XVI 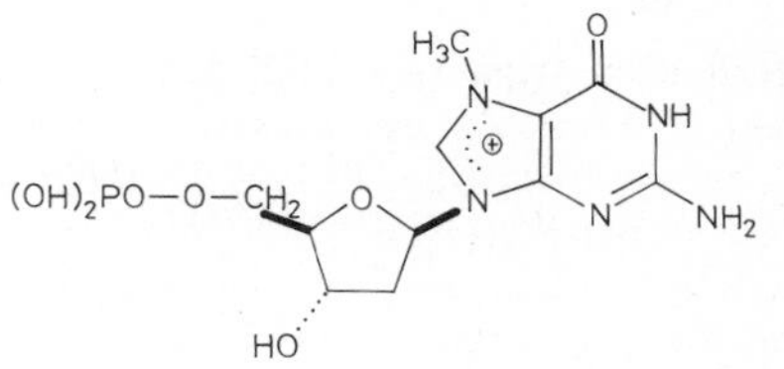 XVII

***O*$^{5'}$-Phosphono-2′-desoxy-guanosin, 2′-Desoxy-[5′]guanylsäure,** 2′-Desoxy-guanosin-5′-monophosphat, 2′-Desoxy-guanosin-5′-dihydrogenphosphat, dGuo-5′-*P*, dGMP $C_{10}H_{14}N_5O_7P$, Formel XVI (R = H, R′ = $PO(OH)_2$) und Taut.

Konstitution (Position des Phosphat-Restes): *Hayes et al.*, Soc. **1955** 808, 810.

Zusammenfassende Darstellung: *F.G. Fischer, H. Dörfel*, in *Hoppe-Seyler/Thierfelder*, Handbuch der Physiologisch- und Pathologisch-Chemischen-Analyse, 10. Aufl., Bd. 4 [Berlin 1960] S. 1065, 1260.

Isolierung aus Hydrolysaten von Desoxyribonucleinsäuren aus Milz: *Steudel*, Z. physiol. Chem. **114** [1921] 255, 257; aus Pankreasdrüsen: *Feulgen*, Z. physiol. Chem. **111** [1920] 257, 264, 268; *Berkeley*, J. biol. Chem. **45** [1920] 263, 265, 270; *Jorpes*, Bio. Z. **151** [1924] 227, 229, 234; *Jones, Perkins*, J. biol. Chem. **62** [1924] 291, 293, 295; aus Thymus: *Klein*, Z. physiol. Chem. **218** [1933] 164, 169; *Klein, Thannhauser*, Z. physiol. Chem. **218** [1933] 173, 175, 176; *Volkin et al.*, Am. Soc. **73** [1951] 1533, 1534; *Hurst et al.*, J. biol. Chem. **204** [1953] 847, 848, 850; *Sinsheimer*, J. biol. Chem. **208** [1954] 445, 453; *de Garilhe, Laskowski*, Biochim. biophys. Acta **18** [1955] 370, 376; aus Weizenkeimen: *Si.*; aus Leukämiezellen von Mäusen: *Mathias et al.*, Biochim. biophys. Acta **36** [1959] 560.

B. Aus 2′-Desoxy-guanosin und Phosphorsäure-monophenylester mit Hilfe von Malzenzym (*Brawerman, Chargaff*, Biochim. biophys. Acta **15** [1954] 549, 550, 554). Aus *O*$^{3'}$-Acetyl-*O*$^{5'}$-benzyloxyphosphinoyl-2′-desoxy-guanosin (s. o.) über mehrere Stufen (*Ha. et al.*, l. c. S. 815).

Kristalle [aus H_2O] (*Kl., Th.*, l. c. S. 180); F: 180−182° (*Hu. et al.*, l. c. S. 850). λ_{max} (des Barium-Salzes): 254−256 nm [wss. HCl (0,01 n)], 252−255 nm [H_2O] bzw. 263−264 nm [wss. NaOH (0,01 n)] (*Ha. et al.*). Extinktionskoeffizient für λ = 250−290 nm in wss. Lösungen vom pH 2 und pH 7: *Shapiro, Chargaff*, Biochim. biophys. Acta **26** [1957] 596, 600; für λ = 240−300 nm in wss. Lösungen vom pH 4,3−7: *Si.*, l. c. S. 449. Verhältnis der Extinktionskoeffizienten für λ = 250 nm/λ = 260 nm und λ = 280 nm/λ = 260 nm, auch des Barium-Salzes, in wss. Lösung vom pH 2: *Vo. et al.*, l. c. S. 1536. Scheinbare Dissoziationsexponenten pK'_{a1}, pK'_{a2} und pK'_{a3} (H_2O; potentiometrisch ermittelt): 2,9 bzw. 6,4 bzw. 9,7 (*Hu. et al.*,

l. c. S. 851).

Geschwindigkeit der Hydrolyse in wss. H_2SO_4 zu Guanin und O^5-Phosphono-D-*erythro*-2-desoxy-pentose (E IV 1 4185): *Inagaki*, J. Biochem. Tokyo **32** [1940] 63, 66; der Dephosphorylierung in wss. HCl [1 n] bei 100°: *Carter*, Am. Soc. **73** [1951] 1537.

Barium-Salz $BaC_{10}H_{12}N_5O_7P$. Kristalle (aus H_2O); Zers. ab ca. 200°; $[\alpha]_D^{19}$: −31,1° [H_2O; c = 4]; Löslichkeit in 100 ml H_2O bei 0°: 0,49 g; bei 20°: 0,83 g (*Kl., Th.*, l. c. S. 177). Kristalle (aus wss. A.) mit 4 Mol H_2O; $[\alpha]_D^{19,5}$: −18,6° [H_2O; c = 0,4] (*Ha. et al.*).

Brucin-Salz $C_{10}H_{14}N_5O_7P \cdot 2C_{23}H_{26}N_2O_4$. Kristalle [aus wss. A.] (*Kl., Th.*, l. c. S. 176).

$O^{5'}$-Trihydroxydiphosphoryl-2′-desoxy-guanosin, Diphosphorsäure-mono-[2′-desoxy-guanosin-5′-ylester], 2′-Desoxy-guanosin-5′-diphosphat, 2′-Desoxy-guanosin-5′-trihydrogendiphosphat, dGuo-5′-*PP*, dGDP $C_{10}H_{15}N_5O_{10}P_2$, Formel XVI (R = H, R′ = PO(OH)-O-PO(OH)$_2$) und Taut.

B. Neben der folgenden Verbindung beim Behandeln von 2′-Desoxy-[5′]guanylsäure mit H_3PO_4 unter Zusatz von Dicyclohexylcarbodiimid oder Di-*p*-tolylcarbodiimid in wss. Pyridin (*Canad. Patents and Devel.*, U.S.P. 2795580 [1955]), unter Zusatz von Dicyclohexylcarbodiimid und Tributylamin in Pyridin (*Smith, Khorana*, Am. Soc. **80** [1958] 1141, 1144) sowie unter Zusatz von ATP in Gegenwart von Leberextrakten (*Mantsavinos, Canellakis*, J. biol. Chem. **234** [1959] 628, 630; *Canellakis et al.*, J. biol. Chem. **234** [1959] 2096, 2097).

$O^{5'}$-Tetrahydroxytriphosphoryl-2′-desoxy-guanosin, Triphosphorsäure-1-[2′-desoxy-guanosin-5′-ylester], 2′-Desoxy-guanosin-5′-triphosphat, 2′-Desoxy-guanosin-5′-tetrahydrogentriphosphat, dGuo-5′-*PPP*, dGTP $C_{10}H_{16}N_5O_{13}P_3$, Formel XVI (R = H, R′ = PO(OH)-O-PO(OH)-O-PO(OH)$_2$) und Taut.

B. Beim Behandeln von 2′-Desoxy-[5′]guanylsäure mit ADP und Triacetylphosphat in Gegenwart von Enzympräparaten aus Escherichia coli (*Lehman et al.*, J. biol. Chem. **233** [1958] 163, 165) oder mit ATP in Gegenwart von Extrakten aus Mäusetumor (*Keir, Smellie*, Biochim. biophys. Acta **35** [1959] 405, 409). Weitere Bildungsweisen s. a. im vorangehenden Artikel.

Verhältnis der Extinktionskoeffizienten für λ = 250 nm/λ = 260 nm und λ = 280 nm/λ = 260 nm in wss. Lösung vom pH 7: *Le. et al.*, l. c. S. 166.

2-Amino-7-methyl-6-oxo-9-[O^5-phosphono-β-D-*erythro*-2-desoxy-pentofuranosyl]-1,6-dihydro-purinium $[C_{11}H_{17}N_5O_7P]^+$, Formel XVII und Taut.

Betain $C_{11}H_{16}N_5O_7P$; 7-Methyl-2′-desoxy-[5′]guanylsäure. *B.* Aus 2′-Desoxy-[5′]guanylsäure und Dimethylsulfat in wss. Lösung vom pH 7,2 (*Lawley*, Pr. chem. Soc. **1957** 290). — λ_{max} (H_2O): 256 nm und 282,5 nm. [*Otto*]

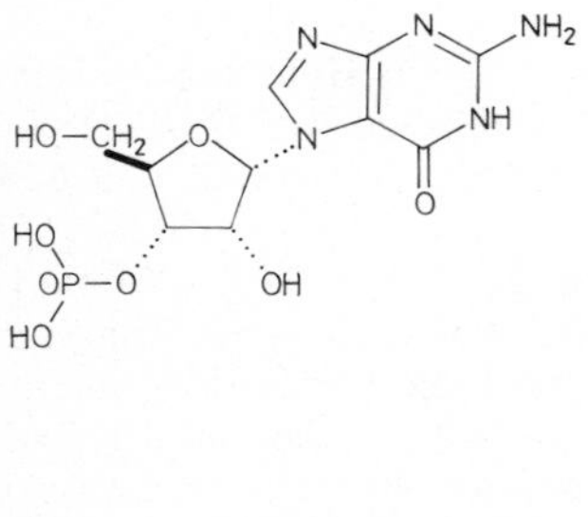

I

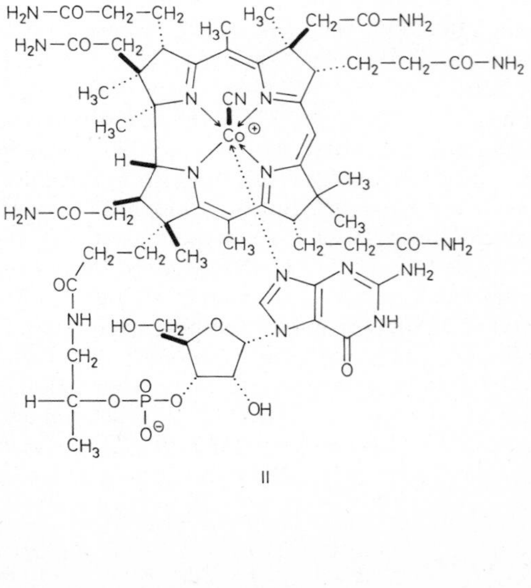

II

2-Amino-7-[O^3-phosphono-α-D-ribofuranosyl]-1,7-dihydro-purin-6-on $C_{10}H_{14}N_5O_8P$, Formel I und Taut.

B. Aus *Coα*-[α-(2-Amino-6-oxo-1,6-dihydro-purin-7-yl)]-*Coβ*-cyano-cobamid-betain (s. u.) beim Erwärmen mit wss. HCl (*Friedrich, Bernhauer,* Z. physiol. Chem. **317** [1959] 116, 123).

UV-Spektrum (wss. HCl [0,05 n] sowie wss. KOH [0,04 n]; 210—300 nm): *Fr., Be.*

[α-(2-Amino-6-oxo-1,6-dihydro-purin-7-yl)]-hydrogenobamid $C_{58}H_{85}N_{16}O_{15}P$.

Cyano-kobalt(III)-Komplex $[C_{59}H_{84}CoN_{17}O_{15}P]^+$; *Coα*-[α-(2-Amino-6-oxo-1,6-dihydro-purin-7-yl)]-*Coβ*-cyano-cobamid. Betain $C_{59}H_{83}CoN_{17}O_{15}P$, Formel II. Isolierung aus Hefeabwasser-Faulschlamm bzw. Faulwasser: *Friedrich, Bernhauer,* Z. physiol. Chem. **317** [1959] 116, 122. — Rote Kristalle (aus wss. Acn.). Absorptionsspektrum (wss. Lösung vom pH 6; 250—600 nm): *Fr., Be.*

Dicyano-kobalt(III)-Komplex $C_{60}H_{84}CoN_{18}O_{15}P$; Dicyano-[α-(2-amino-6-oxo-1,6-dihydro-purin-7-yl)]-cobamid. Absorptionsspektrum (wss. Lösung vom pH 10,5; 250—600 nm): *Fr., Be.*

2-Amino-9-β-D-ribopyranosyl-1,9-dihydro-purin-6-on $C_{10}H_{13}N_5O_5$, Formel III und Taut.

B. Aus D-(1*R*)-1-[2-Acetylamino-6-amino-purin-9-yl]-1,5-anhydro-ribit (S. 3790) beim Behandeln mit $NaNO_2$ und wss. Essigsäure und Erwärmen des Reaktionsprodukts mit methanol. Natriummethylat (*Davoll, Lowy,* Am. Soc. **74** [1952] 1563, 1564).

Zers. >240°. λ_{max}: 255 nm [wss. HCl (0,1 n)] bzw. 265 nm [wss. NaOH (0,1 n)].

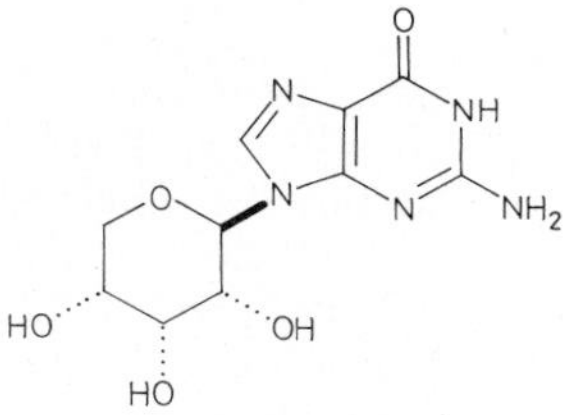

III

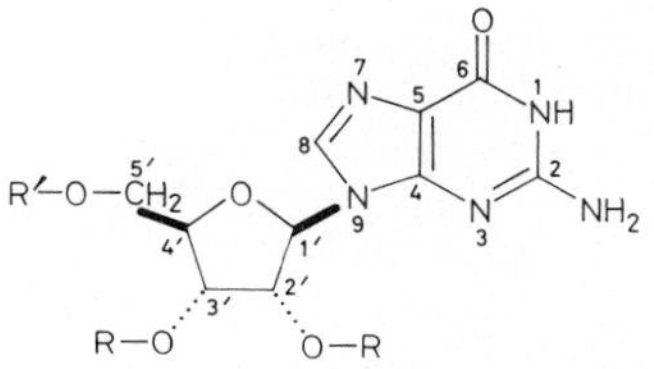

IV

2-Amino-9-β-D-ribofuranosyl-1,9-dihydro-purin-6-on, Guanosin [1]), Guo $C_{10}H_{13}N_5O_5$, Formel IV (R = R′ = H) und Taut. (H **31** 28).

Konstitution: *Levene, Tipson,* J. biol. Chem. **97** [1932] 491; *Gulland, Story,* Soc. **1938** 692. Konfiguration am C-Atom-1′: *Davoll et al.,* Soc. **1948** 1685.

In DMSO liegt nach Ausweis des ^{1}H-NMR-Spektrums das Lactam-Tautomere vor (*Kokko et al.,* Am. Soc. **83** [1961] 2909, 2911; *Gatlin, Davis,* Am. Soc. **84** [1962] 4464, 4467); auch in D_2O liegt nach Ausweis der ^{1}H-NMR-Absorption überwiegend dieses Tautomere vor (*Lee, Chan,* Am. Soc. **94** [1972] 3218, 3228).

Bildungsweisen.

Aus 2-Methylmercapto-inosin beim Erhitzen mit wss.-äthanol. NH_3 (*Davoll,* Soc. **1958** 1593, 1598). Beim Behandeln von 2-Chlor-adenosin mit $NaNO_2$ und Essigsäure und Erhitzen des erhaltenen 2-Chlor-inosins mit äthanol. NH_3 (*Davoll et al.,* Soc. **1948** 1685, 1686). Aus 2-Acetylamino-adenosin beim Behandeln mit $NaNO_2$ und wss. Essigsäure und Erwärmen des Reaktionsprodukts mit methanol. Natriummethylat (*Davoll, Lowy,* Am. Soc. **73** [1951] 1650, 1655).

Aus Hefe-Ribonucleinsäure beim Erhitzen mit wss. NH_3 (*P.A. Levene, L.W. Bass,* The Nucleic Acids [New York 1931] S. 163; *Dixon et al.,* Biochem. J. **28** [1934] 2065, 2076; *F.G. Fischer, H. Dörfel,* in *Hoppe-Seyler/Thierfelder,* Handbuch der Physiologisch- und Pathologisch-Chemischen Analyse, 10. Aufl., Bd. 4 [Berlin 1960] S. 1065, 1128), mit wss. $Pb(OH)_2$ (*Dimroth et al.,* A. **566** [1950] 206; *Zellstoffabr. Waldhof,* D.B.P. 828546 [1949]; D.R.B.P. Org. Chem. 1950—1951 **3** 1414), mit wss. Lösungen vom pH 6,5—7,5, mit wss. Formamid bzw. mit wss. Dioxan (*Zellstoffabr. Waldhof,* D.B.P. 824206 [1949], 820438 [1949], 814004 [1949]; D.R.B.P.

[1]) Bei von Guanosin abgeleiteten Namen gilt die in Formel IV angegebene Stellungsbezeichnung.

Org. Chem. 1950–1951 **3** 1411, 1412) oder mit wss. Pyridin (*Bredereck et al.*, B. **74** [1941] 694, 697). Beim Erwärmen von Hefe-Ribonucleinsäure mit wss. NaOH und Behandeln der angesäuerten Reaktionslösung mit einem Phosphatase-Präparat aus Kartoffelpressaft (*Hartmann, Bosshard,* Helv. **21** [1938] 1554, 1560) oder aus Süssmandeln (*Bredereck,* B. **71** [1938] 408, 410; *Br. et al.*, l. c. S. 696). Zur enzymatischen Bildung aus Hefe-Ribonucleinsäure s. *Iono,* Acta Sch. med. Univ. Kioto **13** [1930/31] 182, 183, 184; *Bielschowsky, Klemperer,* Z. physiol. Chem. **211** [1932] 69, 72; *Makino,* Z. physiol. Chem. **225** [1934] 147, 150, 152; *Takeda Pharm. Ind.*, D.B.P. 1130785 [1959].

Aus sog. „Guanylsäure“ (S. 3904) mit Hilfe von Phosphatase-Präparaten (*Gulland, Macrae,* Soc. **1933** 662, 667; *Bredereck et al.*, Z. physiol. Chem. **244** [1936] 102, 104; *Ishikawa, Komita,* J. Biochem. Tokyo **23** [1936] 351, 359; s. a. *Reichard,* J. biol. Chem. **179** [1949] 763, 767). Aus Guanin und O^1-Phosphono-α-D-ribofuranose bei der Einwirkung von Purinnucleosid-Phosphorylase in wss. Lösung (*Kalckar,* J. biol. Chem. **167** [1947] 477, 485; Symp. Soc. exp. Biol. I Nucleic Acid **1947** 38, 53; vgl. *Korn, Buchanan,* J. biol. Chem. **217** [1955] 183, 187).

Herstellung von 1,N^2,N^2,$O^{2'}$,$O^{3'}$,$O^{5'}$-Hexadeuterio-guanosin: *Uchida, Makino,* J. Biochem. Tokyo **40** [1953] 1; von [x-*T*]Guanosin: *Eidinoff et al.*, J. biol. Chem. **199** [1952] 511, 512; von [2-^{14}C]Guanosin: *Lowy et al.*, J. biol. Chem. **197** [1952] 591, 592; von [8-^{14}C]Guanosin: *Kerr et al.*, J. biol. Chem. **188** [1951] 207, 208; von [x-^{15}N]Guanosin: *Hammarsten, Reichard,* Acta chem. scand. **4** [1950] 711.

Trennung von anderen Nucleosiden durch Chromatographieren an Ionenaustauschern: *Cohn,* Am. Soc. **72** [1950] 1471, 1474; *Jaenicke, v. Dahl,* Naturwiss. **39** [1952] 87.

Physikalische Eigenschaften.

Konformation der β-D-Ribofuranosyl-Gruppe: *Sundaralingam,* Biopolymers **7** [1969] 821, 830, 832; *Schweizer, Robins,* Jerusalem Symp. Quantum Chem. Biochem. **5** [1975] 329, 336; *Westhof et al.*, Z. Naturf. **30c** [1975] 131, 139. Atomabstände und Bindungswinkel des Dihydrats (Röntgen-Diagramm): *Thewalt et al.*, Acta cryst. [B] **26** [1970] 1089, 1098.

Kristalle (aus H_2O) mit 2 Mol H_2O; F: 239° [Zers.] (*Davoll et al.*, Soc. **1948** 1685), 238° [Zers.] (*Falconer et al.*, Soc. **1939** 907, 911), 237–237,5° (*Dimroth et al.*, A. **566** [1950] 206, 209). Das Dihydrat ist monoklin; Kristallstruktur-Analyse (Röntgen-Diagramm): *Thewalt et al.*, Acta cryst. [B] **26** [1970] 1089; s. a. *Furberg,* Acta chem. scand. **4** [1950] 751, 758. Dichte der Kristalle des Dihydrats: 1,597 (*Th. et al.*), 1,60 (*Fu.*). Kristalloptik des Dihydrats(?): *Biles et al.*, J. Am. pharm. Assoc. **42** [1953] 53, 54. Verbrennungswärme: *Ellinghaus,* Z. physiol. Chem. **164** [1927] 308, 312. $[\alpha]_D^{20}$: −61,0° [H_2O; c = 2] [wasserfreies Präparat] (*Levene, Jorpes,* J. biol. Chem. **86** [1930] 389, 401); $[\alpha]_D^{13}$: −64° [wss. NaOH (0,1 n); c = 0,2] [Dihydrat] (*Da. et al.*, l. c. S. 1687); $[\alpha]_D^{26}$: −72° [wss. NaOH (0,1 n); c = 1,4] [wasserfreies Präparat] (*Davoll, Lowy,* Am. Soc. **73** [1951] 1650, 1655), −60,2° [wss. NaOH (0,1 n); c = 3] [Dihydrat] (*Lipkin, McElheny,* Nature **167** [1951] 238); $[\alpha]_D^{21}$: −34,1° [DMF; c = 0,1] [wasserfreies Präparat] (*Li., McE.*).

IR-Spektrum (Mineralöl; 2–15 μ): *Blout, Fields,* J. biol. Chem. **178** [1949] 335, 338. UV-Spektrum (210–330 nm) in H_2O, in wss. HCl [0,2 n] und wss. NaOH [pH 11,3]: *Johnson,* zit. bei *Beaven et al.*, in *E. Chargaff, J.N. Davidson,* The Nucleic Acids, Bd. 1 [New York 1955] S. 493, 511; in H_2O, wss. HCl [0,1 n] und in wss. NaOH [0,1 n]: *Stimson, Reuter,* Am. Soc. **67** [1945] 2191; in wss. HCl [0,05] und in wss. NaOH [0,05 n]: *Gulland, Story,* Soc. **1938** 692; in wss. Lösungen vom pH 7,7 und pH >11: *Svärd,* Acta chem. scand. **11** [1957] 854, 855, 856. λ_{max} (wss. Lösung): 256 nm [pH 1], 252 nm [pH 7] bzw. 258 nm [pH 11] (*Bock et al.*, Arch. Biochem. **62** [1956] 253, 258).

Magnetische Susceptibilität: $-0{,}527 \cdot 10^{-6}$ $cm^3 \cdot g^{-1}$ (*Woernley,* J. biol. Chem. **207** [1954] 717, 719). Scheinbare Dissoziationsexponenten pK'_{a1} und pK'_{a2} (H_2O) bei 25°: 1,6 bzw. 9,16 [potentiometrisch ermittelt] (*Levene, Simms,* J. biol. Chem. **65** [1925] 519, 521, 528); bei Raumtemperatur: 2,2 bzw. 9,5 [spektrophotometrisch ermittelt] (*Cohn,* in *E. Chargaff, J.N. Davidson,* The Nucleic Acids, Bd. 1 [New York 1955] S. 211, 217). Scheinbarer Dissoziationsexponent pK'_{a2} (H_2O; potentiometrisch ermittelt) bei 20°: 9,31 (*Albert,* Biochem. J. **54** [1953] 646, 648).

Verteilung zwischen Butan-1-ol und wss. Lösung vom pH 6,5: *Tinker, Brown,* J. biol. Chem. **173** [1948] 585, 587.

Chemisches Verhalten.

Änderung der UV-Absorption bei der Einwirkung von UV-Licht oder von Ozon auf wss. Lösungen vom pH 7–7,2: *Christensen, Giese,* Arch. Biochem. **51** [1954] 208, 211; von Brom auf eine Lösung in wss. HCl bei 50°: *Suzuki, Ito,* J. Biochem. Tokyo **45** [1958] 403, 406, 409. Bei der Einwirkung von Elektronen auf eine wss. Lösung sind 2,6-Diamino-5-formylamino-3*H*-pyrimidin-4-on und Guanin erhalten worden (*Hems,* Nature **181** [1958] 1721; s. a. *Weiss,* in *J.N. Davidson, W.E. Cohn,* Progress in Nucleic Acid Research and Molecular Biology, Bd. 3 [New York 1964] S. 103, 126).

Zeitlicher Verlauf der Hydrolyse in wss. HCl [12%ig] bei 100°: *Kobayashi,* J. Biochem. Tokyo **15** [1932] 261, 272. Beim Behandeln mit $POCl_3$ oder Dichlorophosphorsäure-phenylester in Pyridin ist [5′]Guanylsäure erhalten worden; beim Behandeln mit $POCl_3$ oder Dichlorophos⸗phorsäure-phenylester in wss. $Ba(OH)_2$ bildet sich ein Gemisch aus [3′]Guanylsäure und [2′]Gu⸗anylsäure (*Gulland, Hobday,* Soc. **1940** 746, 750; vgl. *Barker, Foll,* Soc. **1957** 3798).

Beim Behandeln mit Dimethylsulfat in wss. Lösung vom pH 4 ist 2-Amino-7-methyl-6-oxo-9-β-D-ribofuranosyl-1,6-dihydro-purinium-betain (S. 3922) erhalten worden (*Bredereck et al.,* B. **81** [1948] 307, 312). Über die Methylierung mit Dimethylsulfat unter verschiedenen Bedingungen (*Bredereck et al.,* B. **73** [1940] 1058, 1064, **81** 312) s. *Jones, Robins,* Am. Soc. **85** [1963] 193, 195; *Haines et al.,* Soc. **1962** 5281, 5286. Beim Behandeln [7 d] mit Benzaldehyd und $ZnCl_2$ bei 5° ist $O^{2'}$,$O^{3'}$-[(*R*)-Benzyliden]-guanosin erhalten worden (*Lipkin et al.,* Tetrahedron Letters **1959** Nr. 21, S. 18, 21; s. dazu *Baggett et al.,* Chem. and Ind. **1965** 136).

Salze.

Stabilitätskonstante der Komplexe mit Kupfer(2+), Zink(2+), Cadmium(2+), Mangan(2+), Eisen(2+), Kobalt(2+) und Nickel(2+) in wss. Lösung bei 20°: *Albert,* Biochem. J. **54** [1953] 646, 650.

Picrat $C_{10}H_{13}N_5O_5 \cdot C_6H_3N_3O_7$ (H **31** 28). Gelbe Kristalle (aus H_2O); F: 187–192° (*Bre⸗dereck et al.,* Z. physiol. Chem. **244** [1936] 102, 104), 189–190° (*Dimroth et al.,* A. **566** [1950] 206, 209).

$O^{5'}$-Acetyl-guanosin $C_{12}H_{15}N_5O_6$, Formel IV (R = H, R′ = CO-CH_3) und Taut.

B. Aus $O^{5'}$-Acetyl-$O^{2'}$,$O^{3'}$-[(Ξ)-benzyliden]-guanosin (S. 3925) beim Erwärmen mit wss. Es⸗sigsäure (*Brown et al.,* Soc. **1950** 3299, 3303) oder mit Phenylhydrazin und wss. Essigsäure (*Gulland, Overend,* Soc. **1948** 1380; *Bredereck, Berger,* B. **73** [1940] 1124).

Kristalle; F: 192–193° [aus A.] (*Br. et al.*), ca. 180° (*Br., Be.*), 176–179° [Zers.; aus wss. A.] (*Gu., Ov.*).

$O^{2'}$,$O^{3'}$,$O^{5'}$-Triacetyl-guanosin $C_{16}H_{19}N_5O_8$, Formel IV (R = R′ = CO-CH_3) und Taut.

B. Aus Guanosin beim Erhitzen mit Acetanhydrid und Natriumacetat (*Steudel, Freise,* Z. physiol. Chem. **120** [1922] 126, 127; *Levene, Tipson,* J. biol. Chem. **97** [1932] 491, 492) oder beim Erwärmen mit Acetanhydrid und Pyridin (*Bredereck,* B. **80** [1947] 401, 403).

Dimorph; Kristalle, F: 232° [aus A.] und Kristalle, F: 226° [aus $CHCl_3$] (*Br.*), 226° [unkorr.; nach Sintern; aus A.] (*St., Fr.*), 224–225° [unkorr.; aus $CHCl_3$+PAe.] (*Le., Ti.*). $[\alpha]_D^{15}$: −23,06° [A.; c = 10] (*St., Fr.*; s. dazu *Br.*); $[\alpha]_D^{20}$: −28,4° [A.; c = 0,4] (*Br.*).

Beim Behandeln mit Dimethylsulfat und wss. NaOH in Aceton ist N^2,$O^{2'}$,$O^{3'}$,$O^{5'}$-Tetra⸗methyl-guanosin erhalten worden (*Le., Ti.,* l. c. S. 493). Beim Behandeln einer Lösung in Meth⸗anol und Aceton mit Diazomethan in Äther ist 2-Amino-7-methyl-6-oxo-9-β-D-ribofuranosyl-1,6-dihydro-purinium-betain (S. 3922) erhalten worden (*Br.,* l. c. S. 404; *Haines et al.,* Soc. **1962** 5282).

$O^{2'}$,$O^{3'}$,$O^{5'}$-Tribenzoyl-guanosin $C_{31}H_{25}N_5O_8$, Formel IV (R = R′ = CO-C_6H_5) und Taut.

B. Aus Guanosin beim Erwärmen mit Benzoylchlorid und Pyridin (*Weygand, Sigmund,* B. **86** [1953] 160; *Farbw. Hoechst,* D.B.P. 940833 [1952]; *Fox et al.,* Am. Soc. **80** [1958] 1669, 1674).

Kristalle; F: 259–261° [aus Dioxan] (*We., Si.*; *Farbw. Hoechst*), 252–256° [unkorr.; nach Sintern bei 250°] (*Fox et al.*). $[\alpha]_D^{22}$: −51° [Py.; c = 1] (*We., Si.*; *Farbw. Hoechst*).

Bildung von $O^{2'}$,$O^{3'}$,$O^{5'}$-Tribenzoyl-6-thio-guanosin durch Erwärmen mit P_2S_5 in wss. Pyri⸗

din: *Fox et al.* Beim Erwärmen [8 h] mit wss. H_2SO_4 [3 n] in Dioxan und Dipropyläther und anschliessenden Behandeln [2 d] mit Acetanhydrid und Pyridin ist O^1-Acetyl-O^2,O^3,O^5-tribenzoyl-β-D-ribofuranose erhalten worden (*We., Si.*; *Farbw. Hoechst*).

***O*$^{3'}$-Phosphono-guanosin, [3′]Guanylsäure,** Guanosin-3′-monophosphat, Guanosin-3′-dihydrogenphosphat, Guanylsäure-b, Guo-3′-*P* $C_{10}H_{14}N_5O_8P$, Formel V und Taut. (vgl. H **31** 29).

Position der Phosphono-Gruppe: *Khym, Cohn,* Am. Soc. **76** [1954] 1818, 1823.

Nach Ausweis der ^{1}H-NMR-Absorption liegt in D_2O überwiegend das Lactam-Tautomere vor (*Lee, Chan,* Am. Soc. **94** [1972] 3218, 3220, 3228).

Zusammenfassende Darstellung: *F.G. Fischer, H. Dörfel,* in *Hoppe-Seyler/Thierfelder,* Handbuch der Physiologisch- und Pathologisch-Chemischen Analyse, 10. Aufl., Bd. 4 [Berlin 1960] S. 1065, 1245, 1248; *Ueda, Fox,* Adv. Carbohydrate Chem. **22** [1967] 307, 312, 348.

Gewinnung aus Hefe-Ribonucleinsäuren mit Hilfe von wss. NaOH oder wss. KOH: *Cohn, Khym,* Biochem. Prepar. **5** [1957] 40, 42, 47. Trennung von Gemischen mit [2′]Guanylsäure durch Elektrophorese: *Crestfield, Allen,* Anal. Chem. **27** [1955] 424; durch Chromatographieren an einem Ionenaustauscher: *Cohn,* Am. Soc. **72** [1950] 1471, 1474; *Cohn, Khym*; *Gellert et al.*, Pr. nation. Acad. U.S.A. **48** [1962] 2013.

Konformation in wss. Lösung: *Davies, Danyluk,* Biochemistry **14** [1975] 543, 547.

Kristalle; Zers. bei 191° [im auf 180° vorgeheizten Bad] (*Walters, Loring,* J. biol. Chem. **241** [1966] 2870, 2871). $[\alpha]_D^{25}$: −25,5° [wss. Na_2HPO_4 (0,5 m); c = 0,6] (*Wa., Lo.*). Verhältnis der Extinktionskoeffizienten für $\lambda = 250$ nm/$\lambda = 260$ nm, $\lambda = 280$ nm/$\lambda = 260$ nm und $\lambda = 290$ nm/$\lambda = 260$ nm, jeweils in wss. Lösungen vom pH 1, pH 7 und pH 12: *Cohn,* zit. bei *Beaven et al.*, in *E. Chargaff, J.N. Davidson,* The Nucleic Acids, Bd. 1 [New York 1955] S. 493, 513.

„Guanylsäure". In der bei der sauren und alkal. Hydrolyse von Hefe-Ribonucleinsäure erhaltenen sog. Guanylsäure („Guanin-[d-ribofuranosid-3-phosphat]-(9)", „Pankreas-Guanylsäure", „Hefe-Guanylsäure"), der in der älteren Literatur (vgl. H **31** 29) die Konstitution einer [3′]Guanylsäure zugeschrieben wurde, haben Gemische von [3′]Guanylsäure mit [2′]Guanylsäure vorgelegen (*Khym, Cohn,* Am. Soc. **76** [1954] 1818, 1822). – Gewinnung aus Hefe-Ribonucleinsäure beim Erwärmen mit wss. NaOH: *Hammarsten,* Bio. Z. **147** [1924] 481, 483; *Steudel, Peiser,* Z. physiol. Chem. **114** [1921] 201, 202, **120** [1922] 292, 294; *Levene, Dmochowski,* J. biol. Chem. **93** [1931] 563, 564, beim Erhitzen mit wss. NH_3: *Levene,* J. biol. Chem. **43** [1920] 379, 383, beim Erhitzen mit $Zn(OH)_2$ oder mit $Cd(OH)_2$ und wenig NaOH in H_2O: *Dimroth et al.*, A. **566** [1950] 206, 210, **620** [1959] 94, 95, 106; s. a. *Dimroth et al.*, Z. physiol. Chem. **289** [1952] 71, 74, 77. – *B.* Beim Behandeln von Guanosin mit $POCl_3$ und wss. $Ba(OH)_2$ oder mit Dichlorophosphorsäure-phenylester und wss. $Ba(OH)_2$ (*Gulland, Hobday,* Soc. **1940** 746, 751). – Abtrennung von anderen Nucleotiden durch Chromatographieren an Ionenaustauschern: *Volkin, Carter,* Am. Soc. **73** [1951] 1516, 1518; *Cohn, Volkin,* J. biol. Chem. **203** [1953] 319, 323; durch Elektrophorese: *Reddi,* Biochim. biophys. Acta **36** [1959] 132, 137. Zusammenfassende Darstellung über die Trennung von Nucleosiden und Nucleotiden: *F.G. Fischer, H. Dörfel,* in *Hoppe-Seyler/Thierfelder,* Handbuch der Physiologisch- und Pathologisch-Chemischen Analyse, 10. Aufl., Bd. 4 [Berlin 1960] 1065, 1136–1175. – Herstellung von „[8-^{14}*C*]Guanylsäure": *Kerr et al.*, J. biol. Chem. **188** [1951] 207; *Weinfeld et al.*, J. biol. Chem. **213** [1955] 523, 524; von „[8-^{14}*C*;1,3-^{15}*N*$_2$]Guanylsäure": *Marrian et al.*, J. biol. Chem. **189** [1951] 533, 534, 537; von „[*P*-^{18}OH]Guanylsäure": *Lipkin et al.*, Am. Soc. **76** [1954] 2871; von „[^{32}*P*]Guanylsäure": *Roll et al.*, J. biol. Chem. **220** [1956] 439, 442. – Kristalle (aus wss. A. + Ae.) mit 2 Mol H_2O (*Deutsch et al.*, Anal. Chem. **24** [1952] 1769, 1770). Verbrennungswärme: *Ellinghaus,* Z. physiol. Chem. **164** [1927] 308, 312. $[\alpha]_D^{20}$: −57,3° [wss. NaOH (5%ig); c = 3] (*Levene, Dmochowski,* J. biol. Chem. **93** [1931] 563, 565); $[\alpha]_D^{23}$: −57,6° [wss. NaOH (5%ig); c = 0,8] (*Loring, Carpenter,* J. biol. Chem. **150** [1943] 381, 383). IR-Spektrum (Pulver sowie Film; 2–15 µ): *Blout, Fields,* J. biol. Chem. **178** [1949] 335, 337. UV-Spektrum in wss. Lösung vom pH 7, in wss. HCl [0,2 n] und in wss. NaOH [pH 10,8 sowie 1 n] (210–320 nm): *Johnson,* zit. bei *Beaven et al.*, in *E. Chargaff, J.N. Davidson,* The Nucleic Acids, Bd. 1 [New York 1955] S. 493, 519; in wss. Lösungen vom pH 1,4, pH 4,7 und pH 7,7 (180–300 nm):

Voet et al., Biopolymers **1** [1963] 193, 201; vom pH 7,1 (240–290 nm): *Magasanik et al.*, J. biol. Chem. **186** [1950] 37, 40. λ_{max}: 257 nm [wss. HCl (0,01 n)] bzw. 260–265 nm [wss. NaOH (0,01 n)] (*Michelson*, Soc. **1959** 1371, 1380). – Scheinbare Dissoziationsexponenten pK'_{a1}, pK'_{a2}, pK'_{a3} und pK'_{a4} (H_2O; potentiometrisch ermittelt) bei 25°: 0,7 bzw. 2,3 bzw. 5,92 bzw. 9,36 (*Levene, Simms*, J. biol. Chem. **65** [1925] 519, 521, 531; *Simms, Levene*, J. biol. Chem. **70** [1926] 319, 323). Scheinbare Dissoziationsexponenten pK'_{a2} und pK'_{a4} (H_2O; spektrophotometrisch ermittelt): 2,32 bzw. 9,33 (*Michelson*, Soc. **1959** 1371, 1381, 1393). Scheinbare Dissoziationskonstanten K'_{a2}, K'_{a3} und K'_{a4} (H_2O; potentiometrisch ermittelt) bei 20°: $4{,}45 \cdot 10^{-3}$ bzw. $8{,}2 \cdot 10^{-7}$ bzw. $2{,}0 \cdot 10^{-10}$ (*Hammarsten*, Bio. Z. **147** [1924] 481, 491). Verteilung zwischen Butan-1-ol und wss. Lösung vom pH 6,5: *Tinker, Brown*, J. biol. Chem. **173** [1948] 585, 587; zwischen verschiedenen Lösungsmitteln: *Plaut et al.*, J. biol. Chem. **184** [1950] 243, 244, 246. – Änderung der UV-Absorption bei der Einwirkung von UV-Licht oder von Ozon auf wss. Lösungen vom pH 7–7,2: *Christensen, Giese*, Arch. Biochem. **51** [1954] 208, 211. Zeitlicher Verlauf der Hydrolyse beim Erhitzen in wss. HCl: *Kobayashi*, J. Biochem. Tokyo **15** [1932] 261, 268, 271; *Bacher, Allen*, J. biol. Chem. **182** [1950] 701, 708; in wss. H_2SO_4: *Caldwell*, Soc. **1951** 166, 169, 171. Zeitlicher Verlauf der Dephosphorylierung in wss. Lösung vom pH 8,6 unter Zusatz von $Ce(NO_3)_3$ und $La(NO_3)_3$ bei 37°: *Bamann et al.*, Bio. Z. **326** [1955] 89, 93; *Bamann, Trapmann*, Bio. Z. **326** [1955] 237, 240. Methylierung mit Dimethylsulfat: *Lawley, Wallick*, Chem. and Ind. **1957** 633. – Stabilitätskonstante des Komplexes mit Silber(+) in wss. Lösung: *v. Euler, Svanberg*, Ark. Kemi **8** Nr. 12 [1923] 1, 4; mit Testosteron in wss. Lösung vom pH 6,5 bei 10°: *Munck et al.*, Biochim. biophys. Acta **26** [1957] 497, 401.

Dilithium-Salz $Li_2C_{10}H_{12}N_5O_8P$. *B.* Aus einer wss. Lösung von „Guanylsäure" beim Behandeln mit Lithiumacetat (*Dimroth et al.*, A. **620** [1959] 94, 107). – Feststoff mit 3 Mol H_2O.

Natrium-Salze. a) $Na_2C_{10}H_{12}N_5O_8P$ (H **31** 30). *B.* Aus einer Lösung von „Guanylsäure" in wss. NaOH beim Neutralisieren mit Essigsäure (*Feulgen*, Z. physiol. Chem. **111** [1920] 257, 269; *Levene, Dmochowski*, J. biol. Chem. **93** [1931] 563, 564). Über das Dipolmoment s. *Mizutani*, Med. J. Osaka Univ. [japan. Ausg.] **8** [1956] 1325, 1336; C. A. **1957** 9762. Elektrische Leitfähigkeit von wss. Lösungen bei 20°: *Hammarsten*, Bio. Z. **147** [1924] 481, 492. – b) $Na_3C_{10}H_{11}N_5O_8P$. *B.* Beim Lösen des Dinatrium-Salzes der „Guanylsäure" in wss. NaOH [1 n] und Zugabe von Äthanol (*Fe.*, l. c. S. 271; *Steudel, Peiser*, Z. physiol. Chem. **114** [1921] 201, 202). – Kristalle (aus wss. A.); $[\alpha]_D^{22}$: –38,3° [H_2O; c = 9] (*Fe.*).

Distrychnin-Salz $C_{10}H_{14}N_5O_8P \cdot 2C_{21}H_{22}N_2O_2$. Kristalle [aus H_2O] (*Peiser*, B. **58** [1925] 2051, 2053).

Brucin-Salze. a) $C_{10}H_{14}N_5O_8P \cdot C_{23}H_{26}N_2O_4$. Kristalle [aus H_2O] (*Peiser*, B. **58** [1925] 2051, 2053; s. a. *Jones, Perkins*, J. biol. Chem. **55** [1923] 557, 561). – b) $C_{10}H_{14}N_5O_8P \cdot 2C_{23}H_{26}N_2O_4$ (H **31** 31). Kristalle (aus wss. A.) mit 7 Mol H_2O; Zers. bei 219–222° [nach Sintern bei 210°] (*Schwerdt, Loring*, J. biol. Chem. **167** [1947] 593, 596; s. a. *Loring, Carpenter*, J. biol. Chem. **150** [1943] 381, 383).

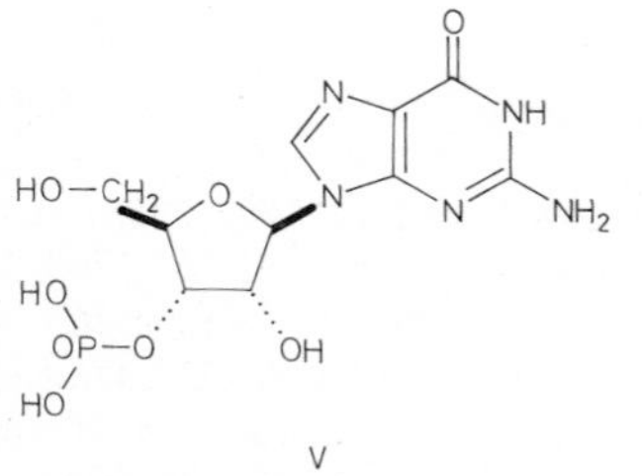

V 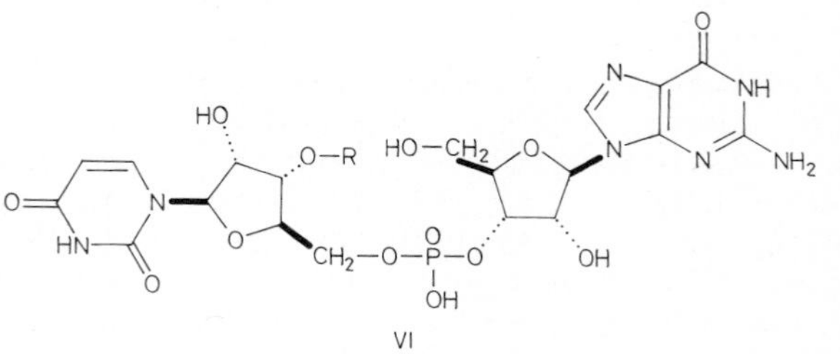 VI

Phosphorsäure-guanosin-3′-ylester-uridin-5′-ylester, [3′]Guanylsäure-uridin-5′-ylester, Uridylyl-(5′→3′)-guanosin, Guo-3′-*P*-5′-Urd $C_{19}H_{24}N_7O_{13}P$, Formel VI (R = H) und Taut.

B. Beim Erhitzen von Hefe-Ribonucleinsäure mit $Bi(OH)_3$ in wss. Lösung vom pH 4 (*Dimroth, Witzel*, A. **620** [1959] 109, 116, 120). Beim Behandeln von $O^{2'}$,$O^{3'}$-Hydroxyphosphoryl-guanosin und Uridin mit Guanyloribonuclease in wss. Lösung vom pH 7 (*Sato-Asano, Egami*, Biochim. biophys. Acta **29** [1958] 655; *Sato-Asano*, J. Biochem. Tokyo **48** [1960] 284, 286).

λ_{max}: 257,3 nm [wss. HCl (0,1 n)] bzw. 262 nm [wss. NaOH (0,1 n)] (*Di.*, *Wi.*, l. c. S. 110).

Phosphorsäure-cytidin-5′-ylester-guanosin-3′-ylester, [3′]Guanylsäure-cytidin-5′-ylester, Cytidylyl-(5′→3′)-guanosin, Cyd-5′-*P*-3′-Guo $C_{19}H_{25}N_8O_{12}P$, Formel VII (R = H) und Taut.

B. Beim Erhitzen von Hefe-Ribonucleinsäure mit $Bi(OH)_3$ in wss. Lösung vom pH 4 (*Dimroth, Witzel,* A. **620** [1959] 109, 110, 116, 118). Beim Behandeln von Guanylyl-(3′→5′)-[3′]cytidylsäure mit saurer Phosphatase aus Prostata (*Michelson,* Soc. **1959** 3655, 3664). Beim Behandeln von $O^{2'}$,$O^{3'}$-Hydroxyphosphoryl-guanosin und Cytidin mit Guanyloribonuclease (*Sato-Asano, Egami,* Biochim. biophys. Acta **29** [1958] 655).

Kristalle [aus H_2O] (*Mi.*). λ_{max}: 276 nm [wss. HCl (0,1 n)] bzw. 269 nm [wss. NaOH (0,1 n)] (*Di., Wi.,* l. c. S. 110), 276 nm [wss. HCl (0,01 n)] bzw. 268 nm [wss. NaOH (0,1 n)] (*Mi.,* l. c. S. 3659). Scheinbare Dissoziationsexponenten pK'_{a1} und pK'_{a2} (H_2O; spektrophotometrisch ermittelt): 4,15 bzw. 9,6 (*Mi.,* l. c. S. 3665).

Natrium-Salz $NaC_{19}H_{24}N_8O_{12}P$. Kristalle mit 7 Mol H_2O; beim Trocknen werden 5 Mol H_2O abgegeben (*Di., Wi.,* l. c. S. 118, 119).

***O*$^{5'}$-[3′]Guanylyl-[3′]uridylsäure, Guanylyl-(3′→5′)-[3′]uridylsäure,** Guo-3′-*P*-5′-Urd-3′-*P* $C_{19}H_{25}N_7O_{16}P_2$, Formel VI (R = $PO(OH)_2$) und Taut.

B. Beim Behandeln von Hefe-Ribonucleinsäure mit Ribonuclease-I (*Markham, Smith,* Biochem. J. **52** [1952] 558, 559, 563; *Volkin, Cohn,* J. biol. Chem. **205** [1953] 767, 769, 774, 777; *Whitfeld,* Biochem. J. **58** [1954] 390, 391; *Hakim,* Enzymol. **17** [1954/56] 315, 317, 318, **21** [1959/60] 81, 84; J. biol. Chem. **228** [1957] 459, 460, 464; Bio. Z. **331** [1959] 229, 231). Abtrennung von anderen Oligonucleotiden durch Ionenaustauscher-Chromatographie: *Cohn et al.,* in *W.D. McElroy, B. Glass,* A Symposium on Phosphorus Metabolism, Bd. 2 [Baltimore 1952] S. 347; *Vo., Cohn,* l. c. S. 774; *Stanley, Bock,* Anal. Biochem. **13** [1965] 43, 49; *Staehelin et al.,* Arch. Biochem. **85** [1959] 289; *Staehelin,* Biochim. biophys. Acta **49** [1961] 11, 12, 14; durch Papierchromatographie und Papierelektrophorese: *Ma., Sm.*; *Wh.*; *Ha.,* Enzymol. **17** 316, 318; s. a. *Rushinsky, Knight,* Biochem. biophys. Res. Commun. **2** [1960] 66, 68.

UV-Spektrum (210–320 nm) in wss. Lösungen vom pH 1, pH 7 sowie pH 11: *St., Bock,* l. c. S. 53; in wss. HCl [0,1 n] sowie in wss. Lösung vom pH 8,6: *St.,* l. c. S. 15.

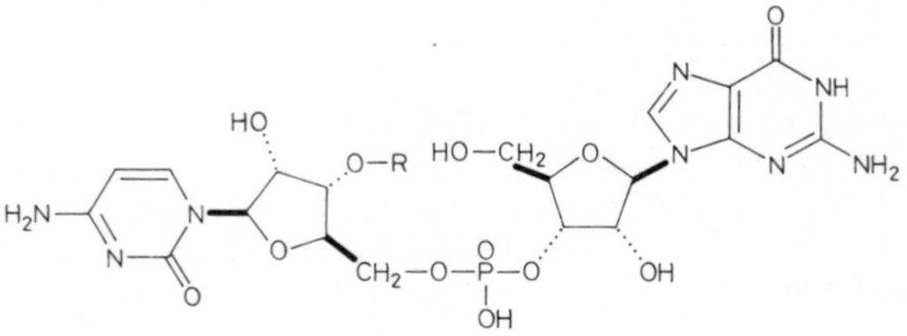

VII

***O*$^{5'}$-[3′]Guanylyl-[3′]cytidylsäure, Guanylyl-(3′→5′)-[3′]cytidylsäure,** Guo-3′-*P*-5′-Cyd-3′-*P* $C_{19}H_{26}N_8O_{15}P_2$, Formel VII (R = $PO(OH)_2$) und Taut.

B. Bei der Einwirkung von Ribonuclease-I auf Hefe-Ribonucleinsäure (*Markham, Smith,* Biochem. J. **52** [1952] 558, 559, 563; *Volkin, Cohn,* J. biol. Chem. **205** [1953] 767, 769, 776; *Whitfeld,* Biochem. J. **58** [1954] 390, 391; *Hakim,* J. biol. Chem. **228** [1957] 459, 460, 464; Enzymol. **17** [1954/56] 315, 317, 318, **21** [1959/60] 81, 84; Bio. Z. **331** [1959] 229, 231; *Michelson,* Soc. **1959** 3655, 3664; *Staehelin et al.,* Arch. Biochem. **85** [1959] 289, 291; *Staehelin,* Biochim. biophys. Acta **49** [1961] 11, 12, 14; s. a. *Jones, Richards,* J. biol. Chem. **20** [1915] 25, 30). Neben anderen Nucleotiden im Gemisch mit Guanylyl-(3′→5′)-[2′]cytidylsäure beim Behandeln von Ribonucleinsäure mit wss. KOH (*Lane, Butler,* Canad. J. Biochem. Physiol. **37** [1959] 1329, 1335, 1340, 1342; *Lane, Allen,* Canad. J. Biochem. Physiol. **39** [1961] 721, 723).

UV-Spektrum (wss. HCl [0,1 n] sowie wss. Lösung vom pH 8,6; 220–300 nm): *St.,* l. c. S. 15. λ_{max}: 276 nm [wss. HCl (0,1 n)] bzw. 268 nm [wss. NaOH (0,1 n)] (*Mi.,* l. c. S. 3659). Scheinbare Dissoziationsexponenten pK'_{a1} und pK'_{a2} (H_2O; spektrophotometrisch ermittelt):

4,4 bzw. 9,65 (*Mi.,* l. c. S. 3665).

Überführung in [$O^{2'}$,$O^{3'}$-Hydroxyphosphoryl-cytidylyl]-(5'→3')-guanosin durch Behandlung mit Chlorokohlensäure-äthylester und Tributylamin in H_2O: *Mi.,* l. c. S. 3657, 3665.

Kalium-Salz $K_2C_{19}H_{24}N_8O_{15}P_2$: *Jo., Ri.*

Adenylyl-(5'→3')-uridylyl-(5'→3')-cytidylyl-(5'→3')-guanosin $C_{38}H_{48}N_{15}O_{26}P_3$ = Ado-5'-*P*-3'-Urd-5'-*P*-3'-Cyd-5'-*P*-3'-Guo.

B. Beim Behandeln von [$O^{2'}$,$O^{3'}$-Hydroxyphosphoryl-cytidylyl]-(5'→3')-guanosin mit Acet=anhydrid und Tributylamin in DMF und Dioxan, Behandeln des Reaktionsprodukts mit dem Tributylamin-Salz des Uridylyl-(3'→5')-adenosins, Chlorophosphorsäure-diphenylester und Tributylamin in DMF und Dioxan und Behandeln des Reaktionsprodukts mit wss. NH_3 bei pH 9,8 (*Michelson,* Soc. **1959** 3655, 3662, 3667).

λ_{max} (wss. HCl [0,01 n] sowie wss. NaOH [0,01 n]): 260 nm (*Mi.,* l. c. S. 3661).

Uridylyl-(5'→3')-adenylyl-(5'→3')-cytidylyl-(5'→3')-guanosin $C_{38}H_{48}N_{15}O_{26}P_3$ = Guo-3'-*P*-5'-Cyd-3'-*P*-5'-Ado-3'-*P*-5'-Urd.

B. Analog der vorangehenden Verbindung (*Michelson,* Soc. **1959** 3655, 3662, 3667).

λ_{max}: 260 nm [wss. HCl (0,01 n)] bzw. 261 nm [wss. NaOH (0,01 n)] (*Mi.,* l. c. S. 3661).

Adenylyl-(5'→3')-uridylyl-(5'→3')-guanosin $C_{29}H_{36}N_{12}O_{19}P_2$ = Ado-5'-*P*-3'-Urd-5'-*P*-3'-Guo.

B. Beim Behandeln des Tributylamin-Salzes des Uridylyl-(3'→5')-adenosins und des Tri=butylamin-Salzes des $O^{5'}$-Acetyl-$O^{2'}$,$O^{3'}$-hydroxyphosphoryl-guanosins mit Chlorophosphor=säure-diphenylester und Tributylamin in DMF und Dioxan und Behandeln des Reaktionspro=dukts mit wss. NH_3 bei pH 9,8 (*Michelson,* Soc. **1959** 3655, 3661, 3666).

λ_{max}: 257 nm [wss. HCl (0,01 n)] bzw. 259 nm [wss. NaOH (0,01 n)] (*Mi.,* l. c. S. 3661).

Phosphorsäure-guanosin-3'-ylester-[$O^{2'}$,$O^{3'}$-hydroxyphosphoryl-uridin-5'-ylester], [$O^{2'}$,$O^{3'}$-Hydroxyphosphoryl-uridylyl]-(5'→3')-guanosin, Guo-3'-*P*-5'-Urd-2':3'-*P* $C_{19}H_{23}N_7O_{15}P_2$, Formel VIII und Taut.

B. Bei der Einwirkung von Ribonuclease-I auf Hefe-Ribonucleinsäure (*Markham, Smith,* Biochem. J. **52** [1952] 558, 559, 561).

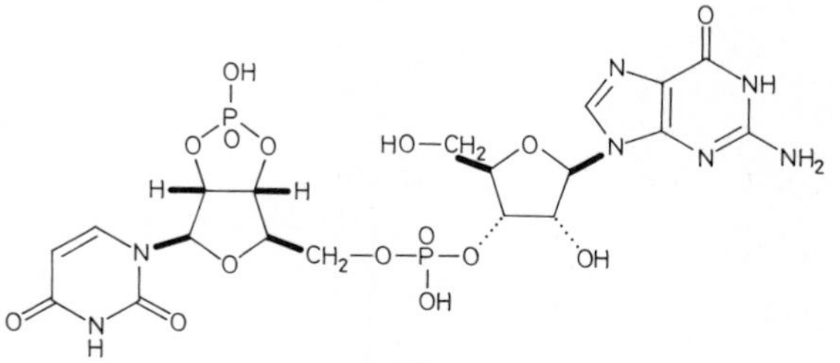

VIII

Phosphorsäure-guanosin-3'-ylester-[$O^{2'}$,$O^{3'}$-hydroxyphosphoryl-cytidin-5'-ylester], [$O^{2'}$,$O^{3'}$-Hydroxyphosphoryl-cytidylyl]-(5'→3')-guanosin, Guo-3'-*P*-5'-Cyd-2':3'-*P* $C_{19}H_{24}N_8O_{14}P_2$, Formel IX (R = H) und Taut.

B. Beim Behandeln von Guanylyl-(3'→5')-[3']cytidylsäure mit Chlorokohlensäure-äthylester und Tributylamin in H_2O (*Michelson,* Soc. **1959** 3655, 3657, 3665). Bei der Einwirkung von Ribonuclease-I auf Hefe-Ribonucleinsäure (*Markham, Smith,* Biochem. J. **52** [1952] 558, 559, 561).

Phosphorsäure-[N^4-acetyl-$O^{2'}$,$O^{3'}$-hydroxyphosphoryl-cytidin-5'-ylester]-guanosin-3'-ylester, [N^4-Acetyl-$O^{2'}$,$O^{3'}$-hydroxyphosphoryl-cytidylyl]-(5'→3')-guanosin $C_{21}H_{26}N_8O_{15}P_2$, Formel IX (R = CO-CH_3) und Taut.

B. Aus der vorangehenden Verbindung beim Behandeln mit Acetanhydrid und Tributylamin in DMF und Dioxan (*Michelson,* Soc. **1959** 3655, 3665).

Bildung von Poly-[guanylyl-(3'→5')-[3']cytidylsäure] beim Behandeln mit Chlorophosphorsäure-diphenylester und Tributylamin in DMF und Dioxan und Behandeln des Reaktionsprodukts mit wss. NH_3 bei pH 9,8: *Mi.*

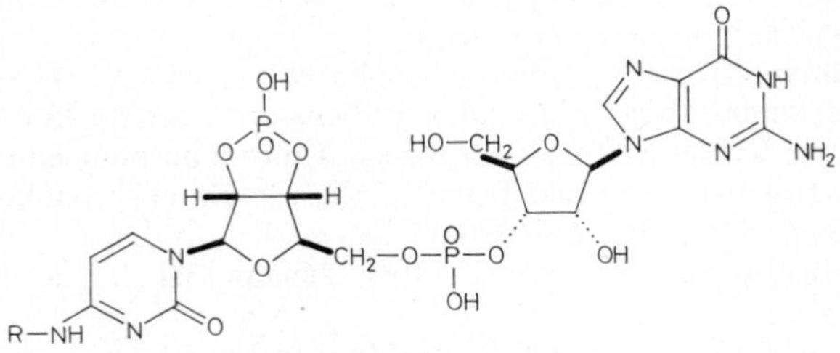

IX

Phosphorsäure-adenosin-5'-ylester-guanosin-3'-ylester, [3']Guanylsäure-adenosin-5'-ylester, Adenylyl-(5'→3')-guanosin, Ado-5'-*P*-3'-Guo $C_{20}H_{25}N_{10}O_{11}P$, Formel X (R = H) und Taut.

B. Beim Erwärmen von Hefe-Ribonucleinsäure mit $Bi(OH)_3$ in wss. Lösung vom pH 4 (*Dimroth, Witzel,* A. **620** [1959] 109, 110, 116, 119). Neben Adenylyl-(5'→2')-guanosin beim Behandeln von $O^{5'}$-Acetyl-$O^{2'}$,$O^{3'}$-hydroxyphosphoryl-guanosin (Tributylamin-Salz) und $O^{2'}$,$O^{3'}$-Diacetyl-adenosin mit Chlorophosphorsäure-diphenylester und Tributylamin in DMF und Dioxan und Behandeln des Reaktionsprodukts mit wss. NH_3 bei pH 9,8 (*Michelson,* Soc. **1959** 3655, 3666). Bei der Einwirkung von Guanyloribonuclease auf $O^{2'}$,$O^{3'}$-Hydroxyphosphoryl-guanosin und Adenosin in wss. Lösung vom pH 7 (*Sato-Asano, Egami,* Biochim. biophys. Acta **29** [1958] 655; *Sato-Asano,* J. Biochem. Tokyo **48** [1960] 284, 285).

UV-Spektrum (wss. HCl [0,01 n] sowie wss. NaOH [0,01 n]; 220–300 nm): *Mi.,* l. c. S. 3661, 3662. λ_{max}: 257 nm [wss. HCl (0,1 n)] bzw. 259,5 nm [wss. NaOH (0,01 n)] (*Di., Wi.,* l. c. S. 110).

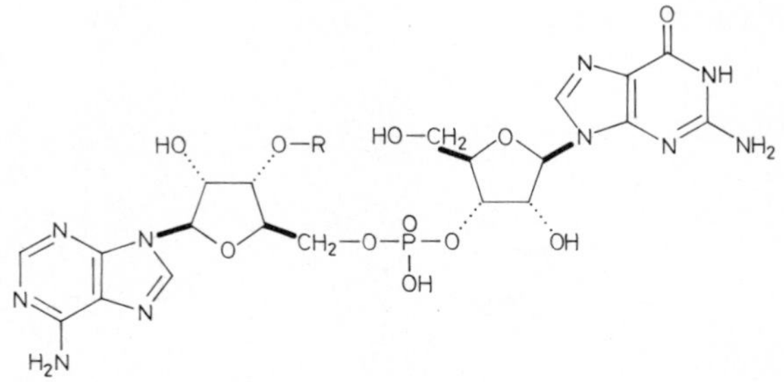

X

***O*$^{5'}$-[3']Guanylyl-[3']adenylsäure, Guanylyl-(3'→5')-[3']adenylsäure,** Guo-3'-*P*-5'-Ado-3'-*P* $C_{20}H_{26}N_{10}O_{14}P_2$, Formel X (R = $PO(OH)_2$) und Taut.

B. Beim Behandeln von Ribonucleinsäure mit wss. KOH (*Lane, Butler,* Canad. J. Biochem. Physiol. **37** [1959] 1329, 1340). Bei der Einwirkung von Guanyloribonuclease auf $O^{2'}$,$O^{3'}$-Hydroxyphosphoryl-guanosin und [3']Adenylsäure (*Sato-Asano, Egami,* Biochem. biophys. Acta **29** [1958] 655; *Sato-Asano,* J. Biochem. Tokyo **48** [1960] 284, 285).

Uridylyl-(5'→3')-adenylyl-(5'→3')-guanosin $C_{29}H_{36}N_{12}O_{19}P_2$ = Guo-3'-*P*-5'-Ado-3'-*P*-5'-Urd.

B. Beim Behandeln des Tributylamin-Salzes des Uridylyl-(5'→3')-adenosins und des Tributylamin-Salzes des $O^{5'}$-Acetyl-$O^{2'}$,$O^{3'}$-hydroxyphosphoryl-guanosins mit Chlorophosphorsäure-diphenylester und Tributylamin in DMF und Dioxan und Behandeln des Reaktionsprodukts mit wss. NH_3 bei pH 9,8 (*Michelson,* Soc. **1959** 3655, 3661, 3666).

λ_{max}: 257 nm [wss. HCl (0,01 n)] bzw. 259 nm [wss. NaOH (0,01 n)] (*Mi.,* l. c. S. 3661).

Guanylyl-(3'→5')-adenylyl-(3'→5')-[3']uridylsäure $C_{29}H_{37}N_{12}O_{22}P_3$ = Guo-3'-*P*-5'-Ado-3'-*P*-5'-Urd-3'-*P*.

B. Bei der Einwirkung von Ribonuclease-I auf Hefe-Ribonucleinsäure (*Volkin, Cohn,* J. biol. Chem. **205** [1953] 767, 769, 774, 777; *Staehelin et al.,* Arch. Biochem. **85** [1959] 289, 291; *Staehelin,* Biochim. biophys. Acta **49** [1961] 11, 12, 14).

Guanylyl-(3'→5')-adenylyl-(3'→5')-[3']cytidylsäure $C_{29}H_{38}N_{13}O_{21}P_3$ = Guo-3'-*P*-5'-Ado-3'-*P*-5'-Cyd-3'-*P*.

B. Bei der Einwirkung von Ribonuclease-I auf Hefe-Ribonucleinsäure (*Volkin, Cohn,* J. biol. Chem. **205** [1953] 767, 769, 774, 777; *Whitfeld,* Biochem. J. **58** [1954] 390, 391; *Staehelin et al.,* Arch. Biochem. **85** [1959] 289, 291; *Staehelin,* Biochim. biophys. Acta **49** [1961] 11, 12, 14).

***O*$^{2'}$-Phosphono-guanosin, [2']Guanylsäure,** Guanosin-2'-monophosphat, Guanosin-2'-dihydrogenphosphat, Guanylsäure-a, Guo-2'-*P* $C_{10}H_{14}N_5O_8P$, Formel XI und Taut.

Die von *Michelson, Todd* (Soc. **1949** 2476, 2486) unter dieser Konstitution beschriebene Verbindung ist als [5']Guanylsäure zu formulieren (*Brown et al.,* Soc. **1950** 3299, 3300, 3301).

Position der Phosphono-Gruppe: *Khym, Cohn,* Am. Soc. **76** [1954] 1818.

Nach Ausweis der ^{1}H-NMR-Absorption liegt in D_2O überwiegend das Lactam-Tautomere vor (*Lee, Chan,* Am. Soc. **94** [1972] 3218, 3220, 3228).

Über Gemische mit [3']Guanylsäure s. S. 3904.

Zusammenfassende Darstellung: *F.G. Fischer, H. Dörfel,* in *Hoppe-Seyler/Thierfelder,* Handbuch der Physiologisch- und Pathologisch-Chemischen Analyse, 10. Aufl., Bd. 4 [Berlin 1960] S. 1065, 1245, 1248; *Ueda, Fox,* Adv. Carbohydrate Chem. **22** [1967] 307, 312, 348.

Zur Bildung bei der Hydrolyse von Hefe-Ribonucleinsäure s. im Artikel [3']Guanylsäure; s. a. *Cohn,* Am. Soc. **72** [1950] 1471, 1474; *Lipkin et al.,* Am. Soc. **76** [1954] 2871.

Trennung von [3']Guanylsäure und anderen Mononucleotiden: *Volkin, Carter,* Am. Soc. **73** [1951] 1516, 1518; *Hurlbert et al.,* J. biol. Chem. **209** [1954] 23, 30; *Cohn, Khym,* Biochem. Prepar. **5** [1957] 40, 43, 47.

Konformation in wss. Lösung: *Son et al.,* Am. Soc. **94** [1972] 7903, 7907.

Geschwindigkeit der Dephosphorylierung in wss. Lösung vom pH 8,6 unter Zusatz von $Ce(NO_3)_3$ und $La(NO_3)_3$ bei 37°: *Bamann, Trapmann,* Bio. Z. **326** [1955] 237, 238, 240.

Monobrucin-Salz. $[\alpha]_D^{25}$: −40,3° [wss. A. (40%ig); c = 0,4] (*Walters, Loring,* J. biol. Chem. **241** [1966] 2870, 2871).

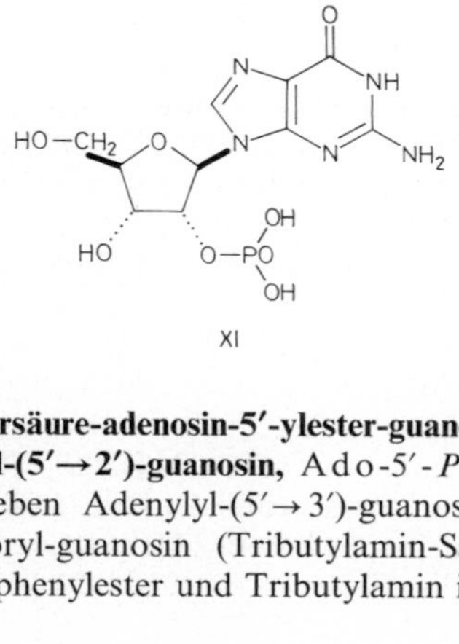

XI

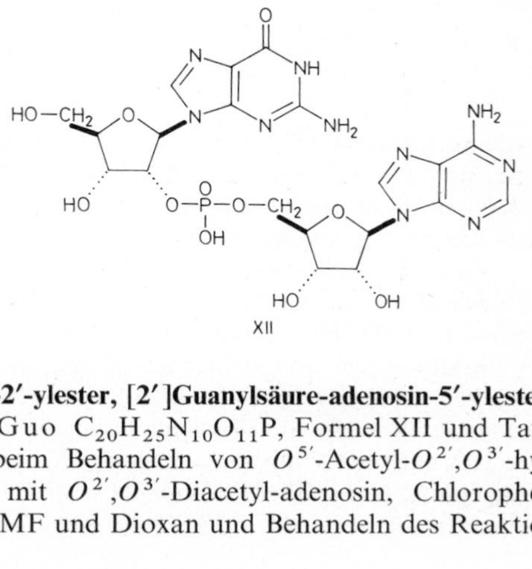

XII

Phosphorsäure-adenosin-5'-ylester-guanosin-2'-ylester, [2']Guanylsäure-adenosin-5'-ylester, Adenylyl-(5'→2')-guanosin, Ado-5'-*P*-2'-Guo $C_{20}H_{25}N_{10}O_{11}P$, Formel XII und Taut.

B. Neben Adenylyl-(5'→3')-guanosin beim Behandeln von *O*$^{5'}$-Acetyl-*O*$^{2'}$,*O*$^{3'}$-hydroxyphosphoryl-guanosin (Tributylamin-Salz) mit *O*$^{2'}$,*O*$^{3'}$-Diacetyl-adenosin, Chlorophosphorsäure-diphenylester und Tributylamin in DMF und Dioxan und Behandeln des Reaktionsprodukts mit wss. NH_3 bei pH 9,8 (*Michelson,* Soc. **1959** 3655, 3666, 3667).

Kristalle (aus H_2O); Zers. bei 190–220°. λ_{max}: 257 nm [wss. HCl (0,01 n)] bzw. 259 nm [wss. NaOH (0,01 n)] (*Mi.,* l. c. S. 3661).

***O*$^{2'}$,*O*$^{3'}$-Hydroxyphosphoryl-guanosin, Phosphorsäure-guanosin-2′,3′-diylester,** Guanosin-2′,3′-monophosphat, Guo-2′:3′-*P* $C_{10}H_{12}N_5O_7P$, Formel XIII und Taut.

B. Aus [3′]Guanylsäure oder [2′]Guanylsäure beim Behandeln mit Trifluoressigsäure-anhydrid und Behandeln des Reaktionsprodukts mit äthanol. NH_3 (*Brown et al.,* Soc. **1952** 2708, 2714), beim Behandeln der wss. Lösung mit Chlorokohlensäure-äthylester und Tributylamin (*Michelson,* Soc. **1959** 3655, 3664, 3666) oder beim Behandeln des Tris-decylamin-Salzes mit Chlorophosphorsäure-diphenylester und Tributylamin in Dioxan (*Michelson,* Soc. **1959** 1371, 1386). Aus Hefe-Ribonucleinsäure beim Erwärmen mit $BaCO_3$ in H_2O (*Markham, Smith,* Biochem. J. **52** [1952] 552, 553, 555; s. a. *Heppel, Whitfeld,* Biochem. J. **60** [1955] 1, 2; *Whitfeld et al.,* Biochem. J. **60** [1955] 15, 16), mit Formamid und Kalium-*tert*-butylat in *tert*-Butylalkohol (*Lipkin, Talbert,* Chem. and Ind. **1955** 143) oder bei der Einwirkung von Guanyloribonuclease (*Sato-Asano,* Bl. chem. Soc. Japan **32** [1959] 1068, 1071; *Rushizky, Sober,* J. biol. Chem. **237** [1962] 834, 838, 839).

Konformation in D_2O: *Lapper, Smith,* Am. Soc. **95** [1973] 2880, 2883.

UV-Spektrum (wss. Lösung vom pH 7,3; 220–300 nm): *Ma., Sm.*

Überführung in Oligonucleotide mit Hilfe von Chlorophosphorsäure-diphenylester: *Mi.,* l. c. S. 1386, 3665; von Guanyloribonuclease: *Sato-Asano, Egami,* Biochim. biophys. Acta **29** [1958] 655; *Sato-Asano,* J. Biochem. Tokyo **48** [1960] 284, 287; *Hayashi, Egami,* J. Biochem. Tokyo **53** [1963] 176. Überführung in [3′]Guanylsäure mit Hilfe von Guanyloribonuclease: *Sato-Asano,* J. Biochem. Tokyo **46** [1959] 31, 32; von Ribonuclease-II: *Reddi,* Biochim. biophys. Acta **28** [1958] 386, 390; in [2′]Guanylsäure mit Hilfe von Ribonuclease-I: *Wh. et al.,* l. c. S. 17; *Davis, Allen,* Biochim. biophys. Acta **21** [1956] 14, 15; s. dazu *G. Siebert, K. Kesselring,* in *Hoppe-Seyler/Thierfelder,* Handbuch der Physiologisch- und Pathologisch-Chemischen Analyse, 10. Aufl., Bd. 6B [Berlin 1966] S. 1009, 1043.

Barium-Salz $Ba(C_{10}H_{11}N_5O_7P)_2$. Feststoff (aus H_2O+Acn.); λ_{max} (H_2O): 251–253 nm (*Br. et al.*).

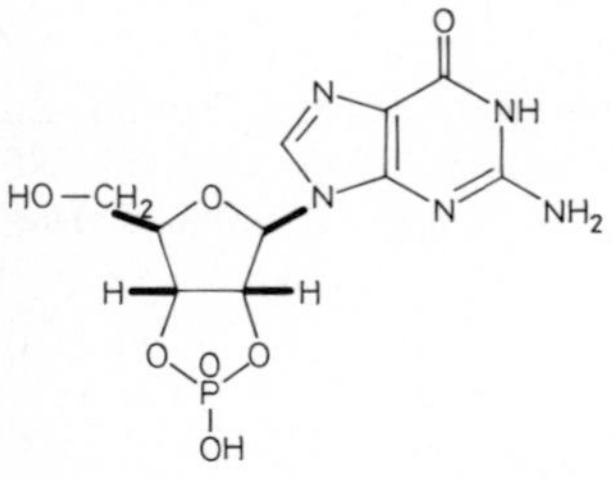

XIII

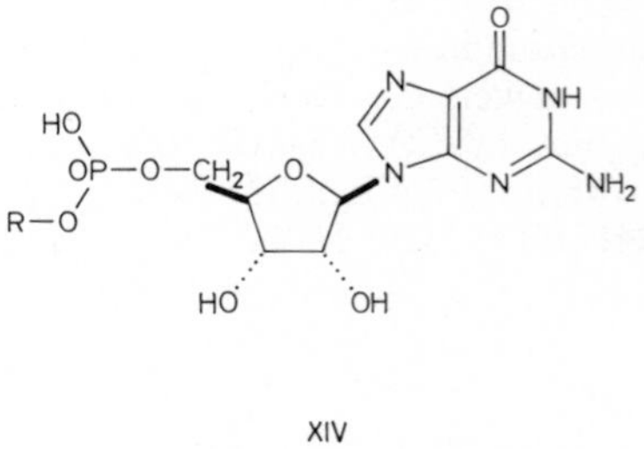

XIV

***O*$^{5'}$-Phosphono-guanosin, [5′]Guanylsäure,** Guanosin-5′-monophosphat, Guanosin-5′-dihydrogenphosphat, Guo-5′-*P*, GMP $C_{10}H_{14}N_5O_8P$, Formel XIV (R = H) und Taut.

Diese Konstitution kommt der von *Michelson, Todd* (Soc. **1949** 2476, 2484) als [2′]Guanylsäure formulierten Verbindung zu (*Brown et al.,* Soc. **1950** 3299, 3300, 3301).

Nach Ausweis der ^{1}H-NMR-Absorption liegt in D_2O überwiegend das Lactam-Tautomere vor (*Lee, Chan,* Am. Soc. **94** [1972] 3218, 3220, 3228).

Zusammenfassende Darstellung: *F.G. Fischer, H. Dörfel,* in *Hoppe-Seyler/Thierfelder,* Handbuch der Physiologisch- und Pathologisch-Chemischen Analyse, 10. Aufl., Bd. 4 [Berlin 1960] S. 1065, 1228.

Isolierung aus Wurzeln von Bohnenkeimlingen: *Šebesta, Šorm,* Collect. **24** [1959] 2781, 2784; aus Muskelextrakt von Lumbricus terrestris: *Nilsson,* Acta chem. scand. **11** [1957] 1003, 1007; aus der Augenlinse von Kälbern: *Klethi, Mandel,* Biochim. biophys. Acta **24** [1957] 642; *Mandel, Klethi,* Biochim. biophys. Acta **28** [1958] 199; *Duda, Pogell,* Arch. Biochem. **73** [1958] 100,

104, 105; aus Rattengewebe-Extrakten: *Schmitz et al.,* J. biol. Chem. **209** [1954] 41, 46.

B. Aus $O^{2'}$,$O^{3'}$-Isopropyliden-guanosin beim Behandeln mit $P_2O_3Cl_4$ und anschliessenden Hydrolysieren (*Deutsche Akademie der Wissenschaften Berlin,* D.B.P. 1119278 [1958]; *Grunze, Koransky,* Ang. Ch. **71** [1959] 407; *Koransky et al.,* Z. Naturf. **17b** [1962] 291, 293), beim Behandeln mit Phosphorsäure-mono-[2-cyan-äthylester] und Dicyclohexylcarbodiimid in Pyri= din und Erwärmen des Reaktionsprodukts mit wss. LiOH (*Gilham, Tener,* Chem. and Ind. **1959** 542; *Tener,* Am. Soc. **83** [1961] 159, 166). Aus $O^{2'}$,$O^{3'}$-Isopropyliden-[5']guanylsäure beim Behandeln mit wss. H_2SO_4 (*Michelson, Todd,* Soc. **1949** 2476, 2484; s. a. *Chambers et al.,* Am. Soc. **79** [1957] 3747). Aus $O^{2'}$,$O^{3'}$-Isopropyliden-[5']guanylsäure-bis-[4-nitro-phenylester] bei der Behandlung mit LiOH in Dioxan und anschliessenden Hydrolyse (*Ch. et al.,* l. c. S. 3750). In kleiner Menge beim Behandeln von Guanosin mit Dichlorophosphorsäure-phenylester in Pyridin (*Gulland, Hobday,* Soc. **1940** 746, 750).

Aus Guanosin und O^5-Phosphono-O^1-trihydroxydiphosphoryl-α-D-ribofuranose bei der Ein= wirkung von Hypoxanthin-Phosphoribosyltransferase (*Kornberg et al.,* J. biol. Chem. **215** [1955] 417, 424). Aus [5']Xanthylsäure, $[NH_4]^+$ und ATP bei der Einwirkung von GMP-Synthedase (*Moyld, Magasanik,* J. biol. Chem. **226** [1957] 351, 354, 356). Aus [5']Xanthylsäure, L-Glutamin und ATP bei der Einwirkung von GMP-Synthedase [Glutamin-hydrolysierend] (*Abrams, Bent= ley,* Am. Soc. **77** [1955] 4179; Arch. Biochem. **79** [1959] 91; *Lagerkvist,* Acta chem. scand. **9** [1955] 1028, **11** [1957] 1077; J. biol. Chem. **233** [1958] 138, 143). Aus GDP beim Erwärmen mit wss. H_2SO_4 oder bei der Einwirkung von Nucleosid-Diphosphatase (*Gibson et al.,* Biochim. biophys. Acta **16** [1955] 536, **21** [1956] 86, 87; *Ayengar et al.,* J. biol. Chem. **218** [1956] 521, 528). Aus Hefe-Ribonucleinsäure bei der Einwirkung von verschiedenen Enzym-Systemen (*To= keda Pharm. Ind.,* D.B.P. 1130785 [1959]).

Herstellung von [8-^{14}C][5']Guanylsäure: *Kornberg et al.,* J. biol. Chem. **215** [1955] 417, 424; von [^{32}P][5']Guanylsäure: *Harbers, Heidelberger,* Biochim. biophys. Acta **35** [1959] 381, 383; *Staehelin,* Biochim. biophys. Acta **29** [1958] 43, 44; *O'Donnell et al.,* J. biol. Chem. **233** [1958] 1523, 1525.

Trennung von Mono- und Poly-[$O^{5'}$-phosphono-nucleosiden] durch Ionenaustauscher-Chro= matographie: *Cohn, Volkin,* Nature **167** [1951] 483; *Hurlbert et al.,* J. biol. Chem. **209** [1954] 23, 33; *Schmitz et al.,* J. biol. Chem. **209** [1954] 41, 45, 46; *Pontis, Blumson,* Biochim. biophys. Acta **27** [1958] 618; *Bergkvist, Deutsch,* Acta chem. scand. **8** [1954] 1877; *Dowedowa,* Biochimija **24** [1959] 414; engl. Ausg. S. 388; durch Papierchromatographie: *Bergkvist, Deutsch,* Acta chem. scand. **9** [1955] 1398; durch Elektrophorese: *Bergkvist,* Acta chem. scand. **12** [1958] 555, 557, 752. Zusammenfassende Darstellung über die Trennung von Nucleotiden und Nucleo= siden s. *F.G. Fischer, H. Dörfel,* in *Hoppe-Seyler/Thierfelder,* Handbuch der Physiologisch- und Pathologisch-Chemischen Analyse, 10. Aufl., Bd. 4 [Berlin 1960] S. 1065, 1136–1175.

Konformation in den Kristallen: *Murayama et al.,* Acta cryst. [B] **25** [1969] 2236, 2243; in wss. Lösung: *Son et al.,* Am. Soc. **94** [1972] 7903, 7904. Atomabstände und Bindungswinkel des Trihydrats (Röntgen-Diagramm): *Mu. et al.*

Kristalle (aus H_2O+Acn.) mit 0,5 Mol H_2O; F: 190–200° (*Michelson, Todd,* Soc. **1949** 2476, 2484). Kristalle (aus H_2O) mit 3 Mol H_2O; orthorhombisch; Kristallstruktur-Analyse (Röntgen-Diagramm); Dichte der Kristalle: 1,644 (*Murayama et al.,* Acta cryst. [B] **25** [1969] 2236). UV-Spektrum (wss. Lösungen vom pH 2 und pH 12; 210–320 nm): *Ayengar et al.,* J. biol. Chem. **218** [1956] 521, 527. λ_{max} (wss. Lösung): 256 nm [pH 1], 252 nm [pH 7] bzw. 258 nm [pH 11] (*Bock et al.,* Arch. Biochem. **62** [1956] 253, 258; s. a. *Schmitz et al.,* J. biol. Chem. **209** [1954] 41, 48). Scheinbare Dissoziationsexponenten pK'_{a1}, pK'_{a2} und pK'_{a3} (H_2O; spektrophotometrisch ermittelt) bei 25°: 2,4 bzw. 6,1 bzw. 9,4 (*Bock et al.,* l. c. S. 263).

Geschwindigkeit der Hydrolyse bei 100° in wss. H_2SO_4 [0,1 n]: *Michelson, Todd,* Soc. **1949** 2476, 2480; in wss. HCl [1 n]: *Bergkvist, Deutsch,* Acta chem. scand. **8** [1954] 1889, 1894. Beim Behandeln in wss. Pyridin oder in DMF (*Chambers, Khorana,* Am. Soc. **79** [1957] 3752, 3753, 3754) sowie in Pyridin und Tributylamin (*Smith, Khorana,* Am. Soc. **80** [1958] 1141, 1144) mit wss. H_3PO_4 [85%ig] und Dicyclohexylcarbodiimid sind GDP und GTP erhalten worden.

Dephosphorylierung bei der Einwirkung von 5'-Nucleotidase: *Schmitz et al.,* J. biol. Chem. **209** [1954] 41, 50; *G. Siebert,* in *Hoppe-Seyler/Thierfelder,* Handbuch der Physiologisch- und

Pathologisch-Chemischen Analyse, 10. Aufl., Bd. 6B [Berlin 1966] S. 1049, 1055. Transphosphorylierung im System GMP+ATP⇌GDP+ADP bei der Einwirkung von Guanylat-Kinase: *Gibson et al.*, Biochim. biophys. Acta **21** [1956] 86, 88; *Miech, Parks,* J. biol. Chem. **240** [1965] 351. Beim Behandeln mit einem Enzym-Präparat aus Aspergillus oryzae in wss. Lösung sind Guanin und O^1,O^5-Diphosphono-α-D-ribofuranose erhalten worden (*Kuninaka,* Bl. agric. chem. Soc. Japan **23** [1959] 281, 287).

Barium-Salz $BaC_{10}H_{12}N_5O_8P \cdot 8H_2O$. Feststoff (*Chambers et al.*, Am. Soc. **79** [1957] 3747, 3751).

Dibrucin-Salz $2C_{23}H_{26}N_2O_4 \cdot C_{10}H_{14}N_5O_8P$. Kristalle (aus H_2O) mit 5 Mol H_2O; F: 210–220° [Zers.; nach Sintern und Dunkelfärbung ab 190°] (*Michelson, Todd,* Soc. **1949** 2476, 2484).

[5′]Guanylsäure-monomethylester $C_{11}H_{16}N_5O_8P$, Formel XIV (R = CH_3) und Taut.

B. Aus dem Triäthylamin-Salz oder dem Tributylamin-Salz der [5′]Guanylsäure beim Behandeln mit Methanol und Dicyclohexylcarbodiimid in Pyridin (*Khorana,* Am. Soc. **81** [1959] 4657, 4659).

[5′]Guanylsäure-[4-nitro-phenylester] $C_{16}H_{17}N_6O_{10}P$, Formel XIV (R = C_6H_4-NO_2) und Taut.

B. Beim Behandeln von $O^{2'}$,$O^{3'}$-Isopropyliden-[5′]guanylsäure-bis-[4-nitro-phenylester] mit wss. $Ba(OH)_2$ in Aceton und anschliessenden Erhitzen mit wss. Essigsäure (*Chambers et al.*, Am. Soc. **79** [1957] 3747, 3750).

Feststoff mit 5 Mol H_2O.

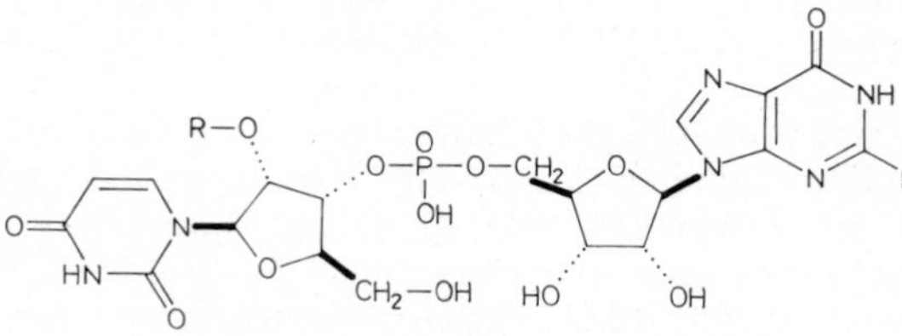

I

Phosphorsäure-guanosin-5′-ylester-uridin-3′-ylester, [5′]Guanylsäure-uridin-3′-ylester, Uridylyl-(3′→5′)-guanosin, Guo-5′-*P*-3′-Urd $C_{19}H_{24}N_7O_{13}P$, Formel I (R = H) und Taut.

B. Beim Erhitzen von Hefe-Ribonucleinsäure mit $Bi(OH)_3$ in wss. Lösung vom pH 4 bei 100° (*Dimroth, Witzel,* A. **620** [1959] 109, 110, 116, 120).

λ_{max}: 257,8 nm [wss. HCl (0,1 n)] bzw. 262 nm [wss. NaOH (0,1 n)].

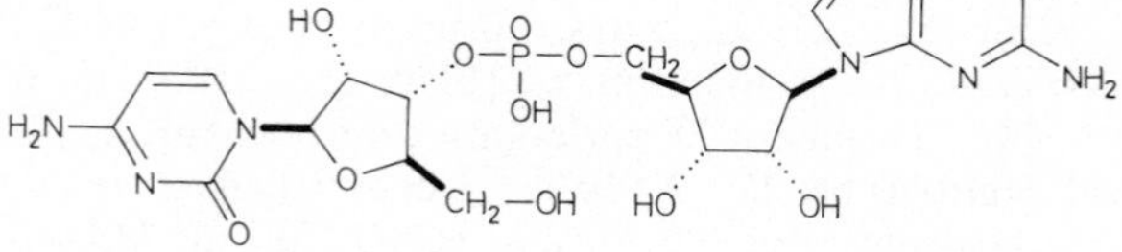

II

Phosphorsäure-guanosin-5′-ylester-[$O^{2'}$-methyl-uridin-3′-ylester], $O^{5'}$-[$O^{2'}$-Methyl-[3′]uridylyl]-guanosin, [$O^{2'}$-Methyl-uridylyl]-(3′→5′)-guanosin $C_{20}H_{26}N_7O_{13}P$, Formel I (R = CH_3) und Taut.

B. Beim Behandeln von Hefe-Ribonucleinsäure mit wss. KOH und Behandeln der erhaltenen [$O^{2'}$-Methyl-uridylyl]-(3′→5′)-[3′]guanylsäure mit saurer Phosphatase (*Smith, Dunn,* Biochim.

biophys. Acta **31** [1959] 573).

Phosphorsäure-cytidin-3'-ylester-guanosin-5'-ylester, [5']Guanylsäure-cytidin-3'-ylester, Cytidylyl-(3'→5')-guanosin, Cyd-3'-*P*-5'-Guo $C_{19}H_{25}N_8O_{12}P$, Formel II und Taut.

B. Beim Erhitzen von Hefe-Ribonucleinsäure mit $Bi(OH)_3$ in wss. Lösung vom pH 4 auf 100° (*Dimroth, Witzel,* A. **620** [1959] 109, 110, 119).

Phosphorsäure-adenosin-3'-ylester-guanosin-5'-ylester, [5']Guanylsäure-adenosin-3'-ylester, Adenylyl-(3'→5')-guanosin, Ado-3'-*P*-5'-Guo $C_{20}H_{25}N_{10}O_{11}P$, Formel III und Taut.

B. Beim Erhitzen von Hefe-Ribonucleinsäure mit $Bi(OH)_3$ in wss. Lösung vom pH 4 auf 100° (*Dimroth, Witzel,* A. **620** [1959] 109, 110, 116, 119).

λ_{max}: 257 nm [wss. HCl (0,1 n)] bzw. 259 nm [wss. NaOH (0,1 n)].

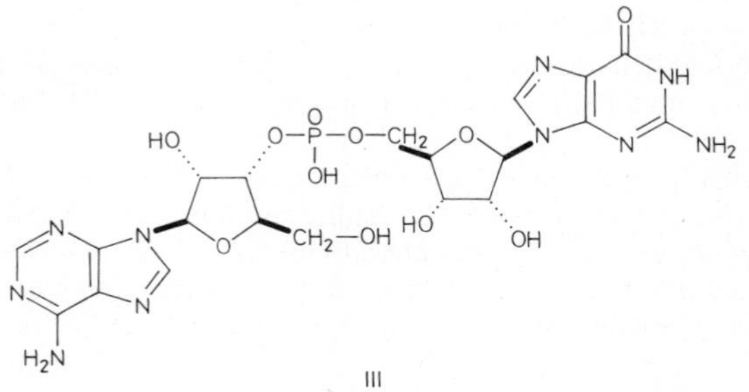

III

Phosphorsäure-guanosin-3'-ylester-guanosin-5'-ylester, $O^{3'}$,$O^{5'''}$-Hydroxyphosphoryl-di-guanosin, [3']Guanylsäure-guanosin-5'-ylester, Guanylyl-(3'→5')-guanosin, Guo-3'-*P*-5'-Guo $C_{20}H_{25}N_{10}O_{12}P$, Formel IV und Taut.

B. Bei der Einwirkung von Guanyloribonuclease auf Guanosin und $O^{2'}$,$O^{3'}$-Hydroxyphos-phoryl-guanosin (*Sato-Asano, Egami,* Biochim. biophys. Acta **29** [1958] 655; *Sato-Asano,* J. Biochem. Tokyo **48** [1960] 284, 285). Beim Erhitzen von Hefe-Ribonucleinsäure mit $Bi(OH)_3$ in wss. Lösung vom pH 4 auf 100° (*Dimroth, Witzel,* A. **620** [1959] 109, 120).

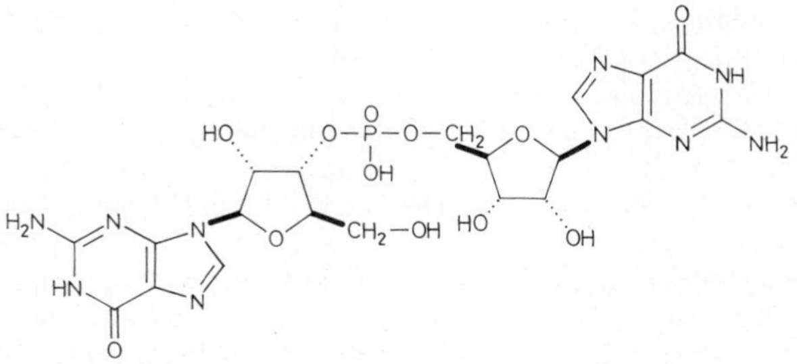

IV

$O^{5'}$-[Cyclohexylamino-hydroxy-phosphoryl]-guanosin, Cyclohexyl-amidophosphorsäure-mono-guanosin-5'-ylester, [5']Guanylsäure-mono-cyclohexylamid $C_{16}H_{25}N_6O_7P$, Formel V und Taut.

B. Aus [5']Guanylsäure und Cyclohexylamin beim Erwärmen mit Dicyclohexylcarbodiimid in *tert*-Butylalkohol und Formamid (*Ueda, Ohtsuka,* Chem. pharm. Bl. **7** [1959] 935, 937).

Beim Behandeln des *N,N',N''*-Tricyclohexyl-guanidin-Salzes mit Phosphorsäure-mono-benzylester in Pyridin ist $O^{5'}$-[2-Benzyloxy-1,2-dihydroxy-diphosphoryl]-guanosin erhalten worden. Beim Behandeln [6 d] mit dem Trioctylamin-Salz der O^1-Phosphono-α-D-mannopyranose in Pyridin bildet sich $O^{5'}$-[1,2-Dihydroxy-2-α-D-mannopyranosyloxy-diphosphoryl]-guanosin.

N,N',N''-Tricyclohexyl-guanidin-Salz $C_{16}H_{25}N_6O_7P \cdot C_{19}H_{35}N_3$. Kristalle (aus

Acetonitril); F: 183–185° [Zers.].

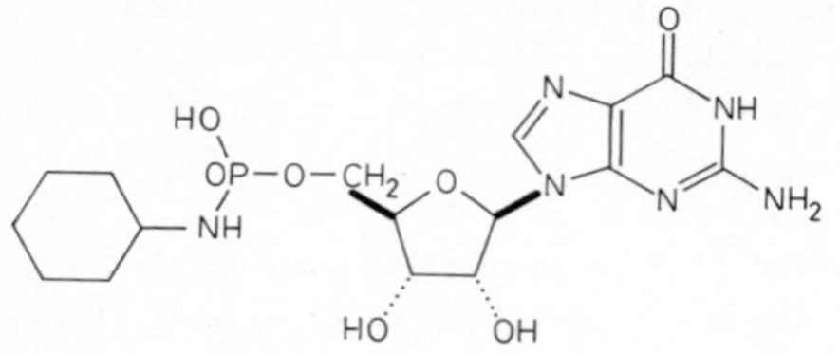

V 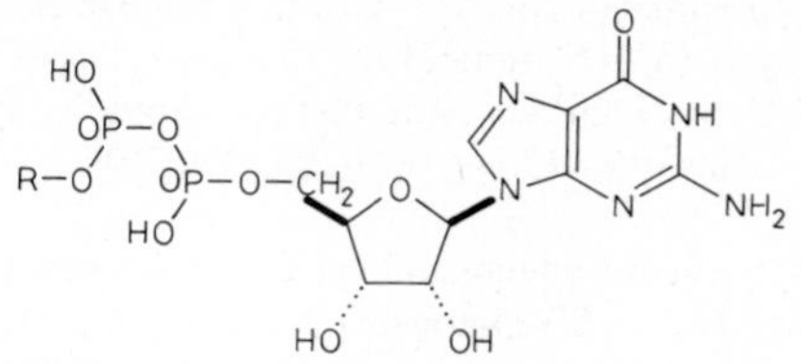 VI

***O*$^{5'}$-Trihydroxydiphosphoryl-guanosin, Diphosphorsäure-mono-guanosin-5'-ylester,** Guanosin-5'-diphosphat, Guanosin-5'-trihydrogendiphosphat, Guo-5'-*PP*, GDP $C_{10}H_{15}N_5O_{11}P_2$, Formel VI (R = H) und Taut.

Zusammenfassende Darstellung: *F.G. Fischer, H. Dörfel,* in *Hoppe-Seyler/Thierfelder,* Handbuch der Physiologisch- und Pathologisch-Chemischen Analyse, 10. Aufl., Bd. 4 [Berlin 1960] S. 1065, 1229.

Über das Vorkommen in tierischem Gewebe s. *Utter,* in *P.D. Boyer, H. Lardy, K. Myrbäck,* The Enzymes, Bd. 2 [New York 1960] S. 75. Isolierung aus Hefe: *Schmitz,* Bio. Z. **325** [1954] 555, 558; *Ayengar et al.,* J. biol. Chem. **218** [1956] 521, 523; aus Weizen: *Bergkvist,* Acta chem. scand. **10** [1956] 1303, 1307, 1312; aus Rattengewebe: *Schmitz et al.,* J. biol. Chem. **209** [1954] 41, 46; aus Meerschweinchen- und Ochsenhirn: *Heald,* Biochem. J. **67** [1957] 529, 535.

B. Neben GTP beim Behandeln von [5']Guanylsäure mit wss. H_3PO_4 [85%ig] und Dicyclohexylcarbodiimid in wss. Pyridin oder in DMF (*Chambers, Khorana,* Am. Soc. **79** [1957] 3752, 3754) sowie in Pyridin und Tributylamin (*Smith, Khorana,* Am. Soc. **80** [1958] 1141, 1144). Bei der Hydrierung von $O^{5'}$-[2-Benzyloxy-1,2-dihydroxy-diphosphoryl]-guanosin an Palladium/Kohle in wss. Lösung vom pH 4–5 (*Ueda, Ohtsuka,* Chem. pharm. Bl. **7** [1959] 740, 742, 935, 937). Neben [5']Guanylsäure beim Behandeln von $O^{2'}$,$O^{3'}$-Isopropyliden-guanosin mit $POCl_3$ in DMF und Pyridin (*Chambers et al.,* Am. Soc. **79** [1957] 3747, 3751).

Aus [5']Guanylsäure und ATP oder GTP bei der Einwirkung von Nucleosidmonophosphat-Kinase (*Lieberman et al.,* J. biol. Chem. **215** [1955] 429, 433, 437; *Ayengar et al.,* J. biol. Chem. **218** [1956] 521, 530; *Strominger et al.,* Biochim. biophys. Acta **32** [1959] 412, 417; *Kotelnikowa, Dovedova,* Biochim. biophys. Acta **34** [1959] 594). Aus GTP und [5']Adenylsäure bei der Einwirkung von Nucleosidtriphosphat-Adenylatkinase (*Gibson et al.,* Abstr. 126th A.C.S. Meeting New York 1954, S. 41C; *Heppel et al.,* Biochim. biophys. Acta **32** [1959] 422, 427).

Herstellung von $O^{5'}$-[Trihydroxy-[2-^{32}P]diphosphoryl]-guanosin: *Brumm et al.,* J. biol. Chem. **220** [1956] 713, 716, 718; *Tsuboi, Price,* Arch. Biochem. **81** [1959] 223, 231, 234; *Tsuboi,* Arch. Biochem. **83** [1959] 445, 446; *O'Donnell et al.,* J. biol. Chem. **233** [1958] 1523, 1524, 1525.

Trennung von Nucleotiden durch Ionenaustauscher-Chromatographie: *Bergkvist, Deutsch,* Acta chem. scand. **8** [1954] 1877, 1878; *Hurlbert et al.,* J. biol. Chem. **209** [1954] 23, 24; *Pontis, Blumson,* Biochim. biophys. Acta **27** [1958] 618, 619; *Schmitz, Walpurger,* Ang. Ch. **71** [1959] 549, 550; *Schnitger et al.,* Bio. Z. **332** [1959] 167, 168; durch Papierchromatographie: *Bergkvist, Deutsch,* Acta chem. scand. **9** [1955] 1398; durch Papierchromatographie und Elektrophorese: *Bergkvist,* Acta chem. scand. **11** [1957] 1465, 1470, 1471, **12** [1958] 555, 559, 560.

Konformation in wss. Lösung: *Lee, Sarma,* Biochemistry **15** [1976] 697, 700.

UV-Spektrum (wss. Lösungen vom pH 2 und pH 12; 220–300 nm): *Ayengar et al.,* J. biol. Chem. **218** [1956] 521, 527. λ_{max} (wss. Lösung): 256 nm [pH 1], 253 nm [pH 7] bzw. 257 nm [pH 11] (*Bock et al.,* Arch. Biochem. **62** [1956] 253, 258; s. a. *Schmitz et al.,* J. biol. Chem. **209** [1954] 41, 48). Scheinbare Dissoziationsexponenten pK'_{a1}, pK'_{a2} und pK'_{a3} (H_2O; spektrophotometrisch ermittelt) bei 25°: 2,9 bzw. 6,3 bzw. 9,4 (*Bock et al.,* l. c. S. 263).

Über die Rolle von GDP bei der enzymatischen Synthese von Polyribonucleotiden mit Hilfe von Polyribonucleotid-nucleotidyltransferase s. *Grunberg-Manago et al.,* Biochim. biophys. Acta **20** [1956] 269, 277; *Littauer, Kornberg,* J. biol. Chem. **226** [1957] 1077, 1084; *Ochoa, Mii,*

J. biol. Chem. **236** [1961] 3303, 3307, 3308. Bildung von [5′]Guanylsäure bei der Einwirkung von Nucleosid-diphosphatase: *Gibson et al.*, Biochim. biophys. Acta **16** [1955] 536, 538. Phosphorylierung zu GTP im System mit Succinyl-Coenzym-A, Orthophosphat und Succinyl-Coenzym-A-synthetase (GDP-bildend): *Sanadi et al.*, J. biol. Chem. **218** [1956] 505, 512; *Hager*, in *P.D. Boyer, H. Lardy, K. Myrbäck,* The Enzymes, Bd. 6 [New York 1962] S. 387, 390.

Barium-Salz $Ba(C_{10}H_{14}N_5O_{11}P_2)_2$. Feststoff (aus wss. HCl + A.) mit 6 Mol H_2O (*Chambers, Khorana,* Am. Soc. **79** [1957] 3753, 3755).

Diphosphorsäure-1-benzylester-2-guanosin-5′-ylester, $O^{5'}$-[2-Benzyloxy-1,2-dihydroxy-diphosphoryl]-guanosin $C_{17}H_{21}N_5O_{11}P_2$, Formel VI (R = CH_2-C_6H_5) und Taut.

B. Aus dem Pyridin-Salz der [5′]Guanylsäure beim Erwärmen mit Amidophosphorsäure-monobenzylester in H_2O enthaltendem DMF (*Ueda, Ohtsuka,* Chem. pharm. Bl. **7** [1959] 740, 742). Aus dem *N,N′,N″*-Tricyclohexyl-guanidin-Salz des $O^{5'}$-[Cyclohexylamino-hydroxy-phosphoryl]-guanosins beim Behandeln mit Phosphorsäure-monobenzylester in Pyridin (*Ueda, Ohtsuka,* Chem. pharm. Bl. **7** [1959] 935, 937).

[2-(2-Guanosin-5′-yloxy-1,2-dihydroxy-diphosphoryloxy)-äthyl]-trimethyl-ammonium, Diphosphorsäure-1-guanosin-5′-ylester-2-[2-trimethylammonio-äthylester], $O^{5'}$-[1,2-Dihydroxy-2-(2-trimethylammonio-äthoxy)-diphosphoryl]-guanosin $[C_{15}H_{27}N_6O_{11}P_2]^+$, Formel VI (R = CH_2-CH_2-$N(CH_3)_3]^+$) und Taut.

Betain $C_{15}H_{26}N_6O_{11}P_2$. *B.* Aus [5′]Guanylsäure und *O*-Phosphono-cholin-chlorid (E IV **4** 1460) beim Behandeln mit Dicyclohexylcarbodiimid in wss. Pyridin (*Kennedy,* J. biol. Chem. **222** [1956] 185, 191).

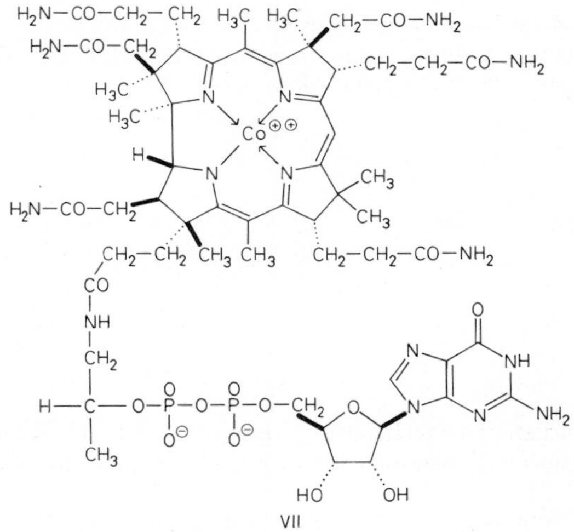

VII

Hydrogenobyrinsäure-*a,b,c,d,e,g*-hexaamid-*f*-[(*R*)-2-(2-guanosin-5′-yloxy-1,2-dihydroxy-diphosphoryloxy)-propylamid] $C_{58}H_{86}N_{16}O_{18}P_2$.

Kobalt(III)-Komplex $[C_{58}H_{85}CoN_{16}O_{18}P_2]^{2+}$. Dibetain $C_{58}H_{83}CoN_{16}O_{18}P_2$; *O*-[2-Guanosin-5′-yloxy-1,2-dihydroxy-diphosphoryl]-cobinamid, Guo-5′-*PP*-Cbi, Formel VII und Taut. Konstitution: *Barchielli et al.*, Biochem. J. **74** [1960] 382, 385, 386. – Identität mit „Faktor-y[1]“, „Faktor-1“ und „Faktor-C“: *Ba. et al.*, Biochem. J. **74** 387. – Isolierung aus Nocardia rugosa: *Di Marco et al.*, Boll. Soc. ital. Biol. **33** [1957] 1513; *Barchielli et al.*, Biochim. biophys. Acta **25** [1957] 452; Biochem. J. **74** 383; aus Propionibacterium shermanii: *Pawełkiewicz,* Acta biochim. polon. **3** [1956] 581, 583; C. A. **1960** 25012; *Pawełkiewicz et al.*, Acta biochim. polon. **6** [1959] 431; C. A. **1962** 2559; *Zodrow, Stefaniak,* Acta microbiol. polon. **12** [1963] 267; C. A. **1964** 16232; *Renz,* Methods Enzymol. **18c** [1971]

82, 89. – Biosynthese aus Cobinamid (S. 3109) mit Hilfe von Escherichia coli: *Ford et al.*, Biochem. J. **59** [1955] 86, 89; *Dellweg et al.*, Bio. Z. **328** [1956] 81, 83; *Friedrich*, in *R. Ammon, W. Dirscherl*, Fermente, Hormone, Vitamine, 3. Aufl., Bd. 3, Tl. 2 [Stuttgart 1975] S. 1, 162. – Absorptionsspektrum (wss. Lösung; 240–600 nm): *Di Ma. et al.*; *Ba. et al.*, Biochem. J. **74** 385.

Dicyano-kobalt(III)-Komplex $C_{60}H_{85}CoN_{18}O_{18}P_2$; Dicyano-[*O*-(2-guanosin-5′-yloxy-1,2-dihydroxy-diphosphoryl)-cobinamid]. Absorptionsspektrum (wss. Lösung; 240–600 nm): *Di Ma. et al.*; *Ba. et al.*, Biochem. J. **74** 385.

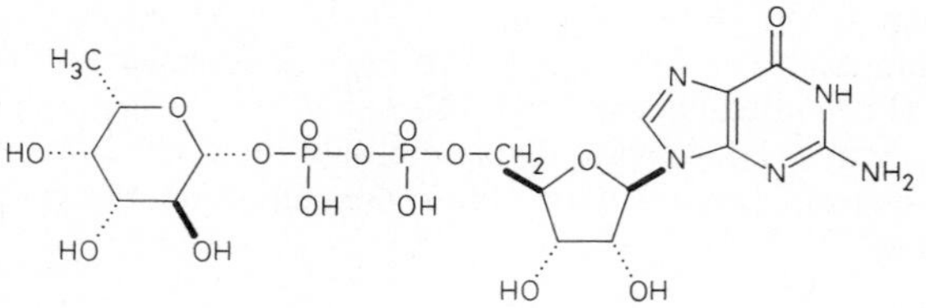

VIII

Diphosphorsäure-1-β-L-fucopyranosylester-2-guanosin-5′-ylester, *O*[5′]-[2-β-L-Fucopyranosyloxy-1,2-dihydroxy-diphosphoryl]-guanosin, β-L-Fucp-1-*PP*-5′-Guo $C_{16}H_{25}N_5O_{15}P_2$, Formel VIII und Taut. (in der Literatur als Guanosindiphosphat-L-fucose und als GDP-L-fucose bezeichnet).

Isolierung aus Aerobacter aerogenes: *Ginsburg, Kirkman*, Am. Soc. **80** [1958] 3481; aus Schafmilch: *Denamur et al.*, C. r. **246** [1958] 2820; aus der Milchdrüse des Schafes: *Denamur et al.*, C. r. **248** [1959] 2531.

B. Aus Diphosphorsäure-1-guanosin-5′-ylester-2-α-D-mannopyranosylester beim Behandeln mit Extrakten aus Aerobacter aerogenes in Gegenwart von NADPH (*Ginsburg*, Am. Soc. **80** [1958] 4426; J. biol. Chem. **235** [1960] 2196, **236** [1961] 2389).

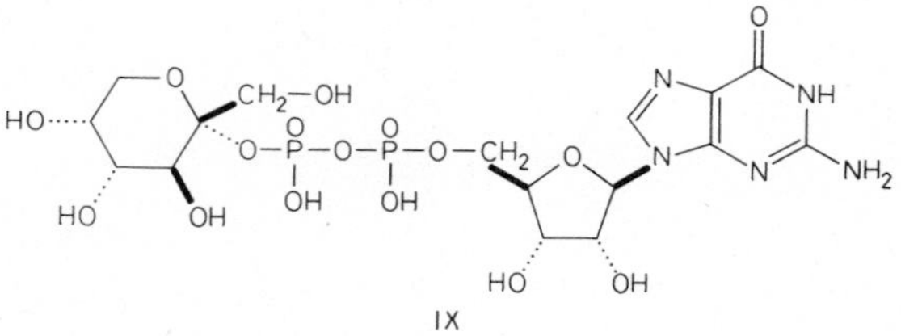

IX

Diphosphorsäure-1-α-D-fructopyranosylester-2-guanosin-5′-ylester, *O*[5′]-[2-α-D-Fructopyranosyloxy-1,2-dihydroxy-diphosphoryl]-guanosin, α-D-Frup-1-*PP*-5′-Guo $C_{16}H_{25}N_5O_{16}P_2$, Formel IX und Taut.

Die Konstitution ist nicht gesichert (*Kochetkov, Shibaev*, Adv. Carbohydrate Chem. **28** [1973] 307, 320).

Isolierung aus Eremothecium ashbyii: *Pontis et al.*, Biochim. biophys. Acta **33** [1959] 588; Biochem. J. **75** [1960] 428, 432.

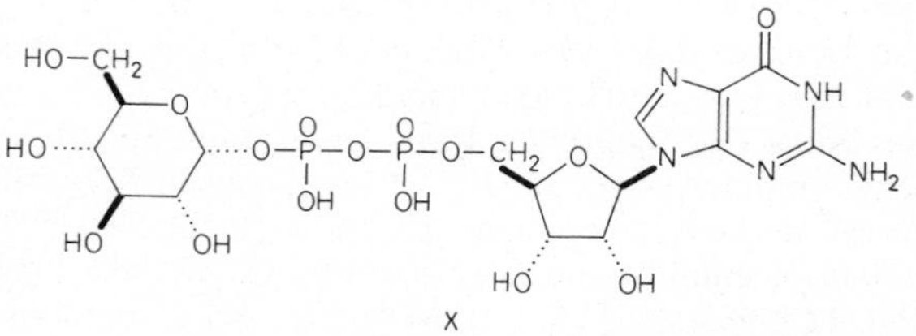

X

Diphosphorsäure-1-[5-(2-amino-6-oxo-1,6-dihydro-purin-9-yl)-3,4-dihydroxy-tetrahydro-furfurylester]-2-[3,4,5-trihydroxy-6-hydroxymethyl-tetrahydro-pyran-2-ylester] $C_{16}H_{25}N_5O_{16}P_2$.

a) **Diphosphorsäure-1-α-D-glucopyranosylester-2-guanosin-5′-ylester, *O*⁵′-[2-α-D-Glucopyranosyloxy-1,2-dihydroxy-diphosphoryl]-guanosin,** α-D-Glcp-1-*PP*-5′-Guo, Formel X und Taut. (in der Literatur als Guanosindiphosphat-D-glucose bezeichnet).

Isolierung aus Eremothecium ashbyii: *Pontis et al.,* Biochim. biophys. Acta **33** [1959] 588; Biochem. J. **75** [1960] 428; s. dazu *Kochetkov, Shibaev,* Adv. Carbohydrate Chem. **28** [1973] 307, 318.

b) **Diphosphorsäure-1-guanosin-5′-ylester-2-α-D-mannopyranosylester, *O*⁵′-[1,2-Dihydroxy-2-α-D-mannopyranosyloxy-diphosphoryl]-guanosin,** α-D-Manp-1-*PP*-5′-Guo, Formel XI und Taut. (in der Literatur als Guanosindiphosphat-D-mannose bezeichnet).

Isolierung aus Bäckerhefe: *Cabib, Leloir,* J. biol. Chem. **206** [1954] 779; *Pontis et al.,* Biochim. biophys. Acta **25** [1957] 417, **26** [1957] 146; aus Eremothecium ashbyii: *Pontis et al.,* Biochim. biophys. Acta **33** [1959] 588; Biochem. J. **75** [1960] 428; aus Penicillium chrysogenum: *Ballio et al.,* Biochim. biophys. Acta **20** [1956] 414; aus der Milch und der Milchdrüse von Schafen: *Denamur et al.,* C. r. **248** [1959] 2531, 2532; Rev. españ. Fisiol. **15** [1959] 301.

B. Aus dem *N,N′,N″*-Tricyclohexyl-guanidin-Salz des *O*⁵′-[Cyclohexylamino-hydroxy-phosphoryl]-guanosins und dem Trioctylamin-Salz der *O*¹-Phosphono-α-D-mannopyranose in Pyridin (*Ueda, Ohtsuka,* Chem. pharm. Bl. **7** [1959] 389, 935, 937). Aus GTP und *O*¹-Phosphono-α-D-mannopyranose bei der Einwirkung von Mannose-1-phosphat-guanylyltransferase (*Munch-Petersen,* Arch. Biochem. **55** [1955] 592; Acta chem. scand. **10** [1956] 928, 933). Trennung von anderen Nucleotiden: *Pontis, Blumson,* Biochim. biophys. Acta **27** [1958] 618.

UV-Spektrum (saure, neutrale sowie alkal. wss. Lösung; 230–320 nm): *Ca., Le.,* l. c. S. 781.

Bildung von Diphosphorsäure-1-β-L-fucopyranosylester-2-guanosin-5′-ylester beim Behandeln mit Extrakten aus Aerobacter aerogenes in Gegenwart von NADPH: *Ginsburg,* Am. Soc. **80** [1958] 4426; J. biol. Chem. **235** [1960] 2196, **236** [1961] 2389; s. dazu *Strominger et al.,* in *P.D. Boyer, H. Lardy, K. Myrbäck,* The Enzymes, Bd. 7 [New York 1963] S. 161, 167.

Calcium-Salz $CaC_{16}H_{23}N_5O_{16}P_2$. Feststoff mit 7 Mol H_2O (*Ueda, Oh.,* l. c. S. 937; *Ca., Le.*).

XI XII

***O*⁵′-Tetrahydroxytriphosphoryl-guanosin, Triphosphorsäure-1-guanosin-5′-ylester,** Guanosin-5′-triphosphat, Guanosin-5′-tetrahydrogentriphosphat, Guo-5′-*PPP*, GTP $C_{10}H_{16}N_5O_{14}P_3$, Formel XII und Taut.

Nach Ausweis der ¹H-NMR-Absorption liegt in D_2O das Lactam-Tautomere vor (*Lee, Chan,* Am. Soc. **94** [1972] 3218, 3221, 3223).

Isolierung aus Hefe-Präparaten: *Schmitz,* Bio. Z. **325** [1954] 555, 558, 563; *Ayengar et al.,* J. biol. Chem. **218** [1956] 521, 523, 531; aus Aspergillus oryzae: *Okunuki et al.,* J. Biochem. Tokyo **45** [1958] 795; aus Weizen: *Bergkvist,* Acta chem. scand. **10** [1956] 1303, 1312; aus Hafer und Gerste: *Bergkvist,* Acta chem. scand. **11** [1957] 1457, 1461; aus den Muskeln des Regenwurms (Lumbricus terrestris): *Nilsson,* Acta chem. scand. **11** [1957] 1003, 1007, 1011; aus Muskeln von Kaninchen: *Bergkvist, Deutsch,* Acta chem. scand. **7** [1953] 1307, **8** [1954] 1889, 1894, 1895; aus dem Hirn von Ratten: *Koransky,* Ar. Pth. **234** [1958] 46, 58; aus dem Hirn von Ochsen: *Heald,* Biochem. J. **67** [1957] 529, 535.

B. Neben GDP beim Behandeln von [5′]Guanylsäure mit wss. H_3PO_4 [85%ig] und Dicyclohexylcarbodiimid in DMF oder in wss. Pyridin (*Chambers, Khorana,* Am. Soc. **79** [1957] 3752,

3754) sowie in Pyridin und Tributylamin (*Smith, Khorana,* Am. Soc. **80** [1958] 1141, 1144). Beim Erhitzen von Ribonucleinsäure in wss. Lösung [pH 8–8,5] mit MgO auf 140–145° und Behandeln des erhaltenen Nucleosid-Gemisches in wss. Lösung [pH ca. 7] in Gegenwart von Hefe und Dextrose mit NaH_2PO_4 und Na_2HPO_4 (*Pabst Brewing Co.,* U.S.P. 2844514 [1953]). Aus GDP und 2-Phosphonooxy-acrylsäure bei der Einwirkung von Pyruvatkinase (*Strominger,* Biochim. biophys. Acta **16** [1955] 616, 617). Aus GDP und Orthophosphat bei der Einwirkung von Succinyl-Coenzym-A-synthetase (GDP-bildend) und Succinyl-Coenzym-A (*Sanadi et al.,* Biochim. biophys. Acta **14** [1954] 434, 435; J. biol. Chem. **218** [1956] 505, 512). Aus $O^{5'}$-[1,2-Dihydroxy-2-α-D-mannopyranosyloxy-diphosphoryl]-guanosin (S. 3917) und Pyrophosphat bei der Einwirkung von GTP-mannose-1-phosphat-guanylyltransferase (*Munch-Petersen,* Arch. Biochem. **55** [1955] 592, 593; Acta chem. scand. **10** [1956] 928, 932).

Über die Trennung von anderen Nucleotiden s. die Angaben bei GDP (S. 3914).

UV-Spektrum (210–310 nm) in wss. Lösungen vom pH 1, pH 6,5 und pH 11: *Bergkvist, Deutsch,* Acta chem. scand. **8** [1954] 1889, 1890; *Hakim,* Enzymol. **19** [1958] 96, 100; vom pH 1, pH 7 und pH 11,3: *Bock et al.,* Arch. Biochem. **62** [1956] 253, 258, 262; s. a. *Munch-Petersen,* Acta chem. scand. **10** [1956] 928, 931. λ_{max} (saure wss. Lösung): 256 nm (*Schmitz et al.,* J. biol. Chem. **209** [1954] 41, 49; Bio. Z. **325** [1954] 555, 557, 565). Scheinbare Dissoziationsexponenten pK'_{a1}, pK'_{a2} und pK'_{a3} (H_2O; spektrophotometrisch ermittelt) bei 25°: 3,3 bzw. 6,5 bzw. 9,3 (*Bock et al.,* l. c. S. 263).

Geschwindigkeit der Hydrolyse in wss. HCl [0,1 n und 1 n] bei 100°: *Bergkvist, Deutsch,* Acta chem. scand. **8** [1954] 1889, 1894. Geschwindigkeitskonstante der Hydrolyse in wss. Lösung vom pH 8,5, auch unter Zusatz von Magnesium(2+) und von Calcium(2+), bei 100°: *Blum, Felauer,* Arch. Biochem. **81** [1959] 285, 293. Über die Dephosphorylierung zu GDP bei der Einwirkung von L-Myosin und Actomyosin s. *Bergkvist, Deutsch,* Acta chem. scand. **8** [1954] 1105; *Kielley et al.,* J. biol. Chem. **219** [1956] 95, 98; *Hasselbach,* Biochim. biophys. Acta **20** [1956] 355, 356, 359; *Greville, Reich,* Biochim. biophys. Acta **20** [1956] 440, 441; *Hasselbach,* Biochim. biophys. Acta **25** [1957] 365, 367, 369, 371; *Blum, Fe.,* l. c. S. 287.

Stabilitätskonstante der Komplexe mit Magnesium(2+), Calcium(2+), Mangan(2+) und Kobalt(2+) in wss. Lösung vom pH 8,2 bei 23°: *Walaas,* Acta chem. scand. **12** [1958] 528, 532.

Dinatrium-Salz $Na_2C_{10}H_{14}N_5O_{14}P_3$. Feststoff mit 1 Mol H_2O (*Bock et al.,* Arch. Biochem. **62** [1956] 253, 258, 262).

Dibarium-Salz $Ba_2C_{10}H_{12}N_5O_{14}P_3$. Feststoff mit 4 Mol H_2O (*Bergkvist, Deutsch,* Acta chem. scand. **8** [1954] 1889, 1895). Feststoff mit 6 Mol H_2O (*Chambers, Khorana,* Am. Soc. **79** [1957] 3752, 3755).

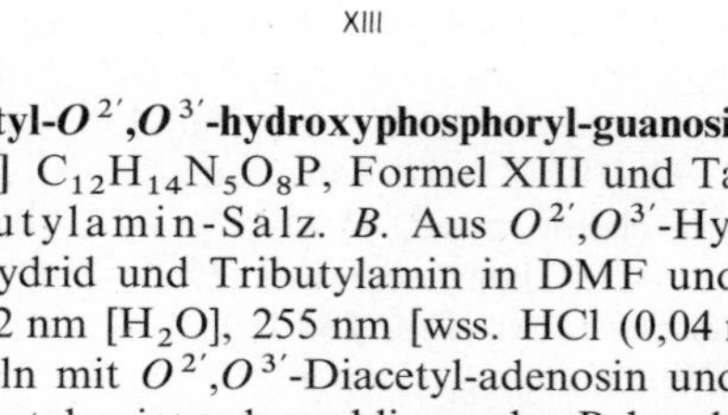

XIII 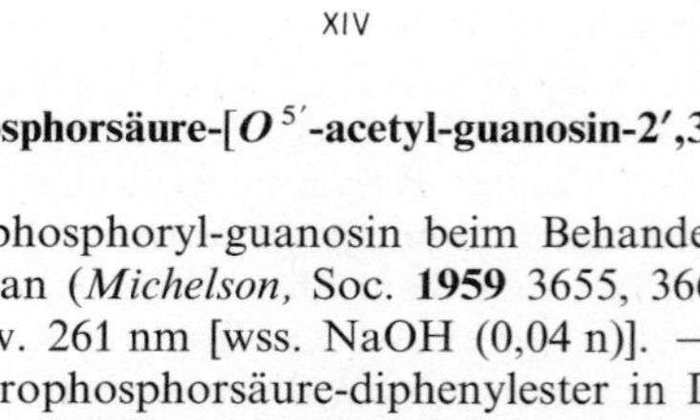 XIV

***O*$^{5'}$-Acetyl-*O*$^{2'}$,*O*$^{3'}$-hydroxyphosphoryl-guanosin, Phosphorsäure-[*O*$^{5'}$-acetyl-guanosin-2′,3′-diylester]** $C_{12}H_{14}N_5O_8P$, Formel XIII und Taut.

Tributylamin-Salz. *B.* Aus $O^{2'}$,$O^{3'}$-Hydroxyphosphoryl-guanosin beim Behandeln mit Acetanhydrid und Tributylamin in DMF und Dioxan (*Michelson,* Soc. **1959** 3655, 3666). – λ_{max}: 252 nm [H_2O], 255 nm [wss. HCl (0,04 n)] bzw. 261 nm [wss. NaOH (0,04 n)]. – Beim Behandeln mit $O^{2'}$,$O^{3'}$-Diacetyl-adenosin und Chlorophosphorsäure-diphenylester in Dioxan und Tributylamin und anschliessenden Behandeln mit wss. NH_3 sind Adenylyl-(5′→3′)-guanosin und Adenylyl-(5′→2′)-guanosin erhalten worden.

***O*$^{3'}$,*O*$^{5'}$-Diphosphono-guanosin,** *O*$^{5'}$-Phosphono-[3']guanylsäure $C_{10}H_{15}N_5O_{11}P_2$, Formel XIV und Taut.

B. Bei der Hydrolyse von Hefe-Ribonucleinsäure mit wss. KOH (*Lane, Butler,* Canad. J. Biochem. Physiol. **37** [1959] 1329, 1335, 1338, 1339) oder mit Schlangengift-Phosphodiesterase (*Chrestfield, Allen,* J. biol. Chem. **219** [1956] 103, 106). Bei der Hydrolyse von Pankreas-Ribonucleinsäure mit wss. Piperidin (*Kemp, Allen,* Biochim. biophys. Acta **28** [1958] 51, 57).

***O*$^{5'}$-[3']Uridylyl-[3']guanylsäure, Uridylyl-(3'→5')-[3']guanylsäure,** Urd-3'-*P*-5'-Guo-3'-*P* $C_{19}H_{25}N_7O_{16}P_2$, Formel I und Taut.

B. Bei der Einwirkung eines Phosphodiesterase-Präparats aus Micrococcus pyrogenes auf die Ribonucleinsäure des Tabakmosaik-Virus (*Reddi,* Biochim. biophys. Acta **36** [1959] 132, 138).

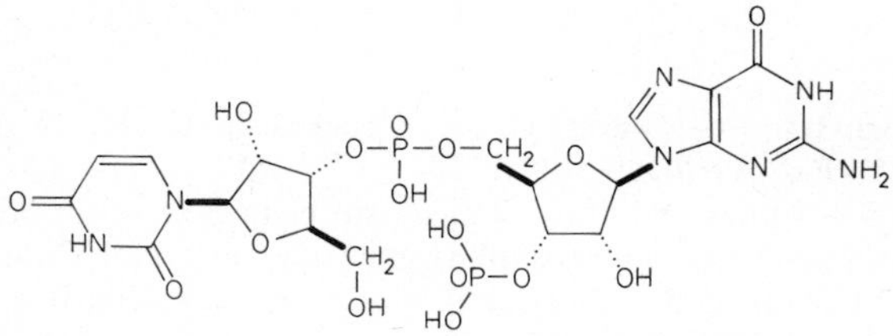

I

***O*$^{5'}$-[3']Adenylyl-[3']guanylsäure, Adenylyl-(3'→5')-[3']guanylsäure,** Ado-3'-*P*-5'-Guo-3'-*P* $C_{20}H_{26}N_{10}O_{14}P_2$, Formel II und Taut.

B. Bei der Einwirkung von Ribonuclease-I auf Hefe-Ribonucleinsäure (*Markham, Smith,* Biochem. J. **52** [1952] 558, 563; *Whitfeld,* Biochem. J. **58** [1954] 390, 391; *Hakim,* J. biol. Chem. **228** [1957] 459, 464). Aus der Ribonucleinsäure des Tabakmosaik-Virus bei der Einwirkung eines Phosphodiesterase-Präparats aus Micrococcus pyrogenes (*Reddi,* Biochim. biophys. Acta **36** [1959] 132, 138). Aus Ribonucleinsäure beim Behandeln mit wss. KOH (*Lane, Butler,* Canad. J. Biochem. Physiol. **37** [1959] 1329, 1340).

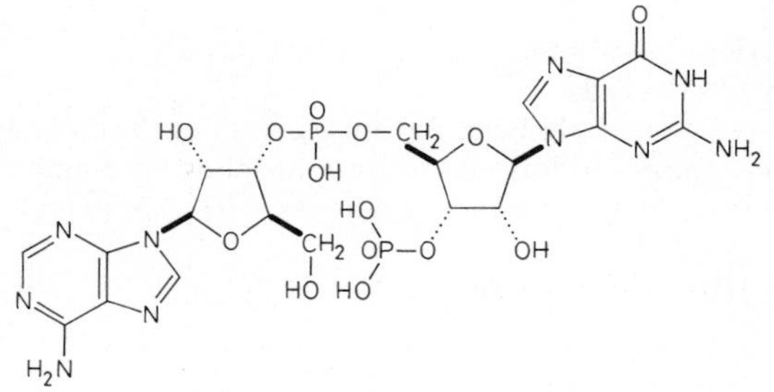

II

***O*$^{5'}$-[3']Guanylyl-[3']guanylsäure, Guanylyl-(3'→5')-[3']guanylsäure,** Guo-3'-*P*-5'-Guo-3'-*P* $C_{20}H_{26}N_{10}O_{15}P_2$, Formel III und Taut.

B. Beim Behandeln von Hefe-Ribonucleinsäure mit wss. KOH (*Lane, Butler,* Canad. J. Biochem. Physiol. **37** [1959] 1329, 1339, 1349). Bei der Einwirkung von Guanyloribonuclease auf *O*$^{2'}$,*O*$^{3'}$-Hydroxyphosphoryl-guanosin (*Sato-Asano, Egami,* Biochim. biophys. Acta **29** [1958] 655; *Sato-Asano,* J. Biochem. Tokyo **48** [1960] 284, 287).

Cytidylyl-(5'→3')-guanylyl-(5'→3')-uridylyl-(5'→3')-adenosin $C_{38}H_{48}N_{15}O_{26}P_3$ = Ado-3'-*P*-5'-Urd-3'-*P*-5'-Guo-3'-*P*-5'-Cyd.

B. Beim Behandeln von *N*^{4}-Acetyl-cytidylyl-(5'→3')-guanosin (aus Cytidylyl-(5'→3')-guanosin durch partielle Acetylierung in wss. DMF erhalten) mit dem Tributylamin-Salz des *O*$^{5'}$-Acetyl-*O*$^{3'}$-[*O*$^{2'}$,*O*$^{3'}$-hydroxyphosphoryl-[5']uridylyl]-adenosins und Chlorophosphorsäure-diphenylester in Dioxan und Tributylamin und anschliessenden Behandeln mit wss. NH_3 bei pH 9,8 (*Michelson,* Soc. **1959** 3655, 3661, 3667).

λ_{max}: 260 nm [wss. HCl (0,01 n)] bzw. 261 nm [wss. NaOH (0,01 n)] (*Mi.,* l. c. S. 3661).

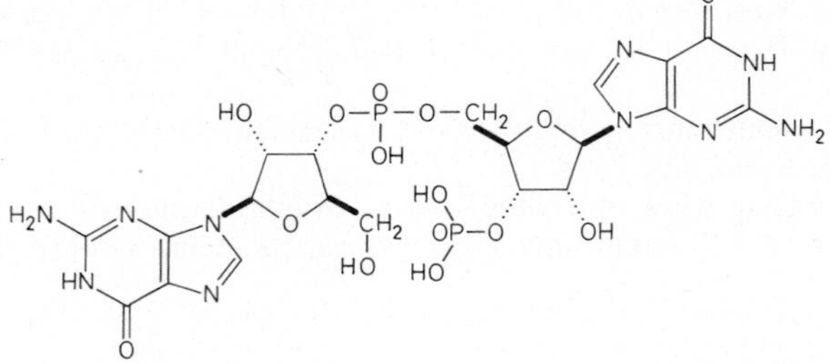

III

Cytidylyl-(3'→5')-guanylyl-(3'→5')-uridylyl-(3'→5')-adenosin $C_{38}H_{48}N_{15}O_{26}P_3$ = Ado-5'-*P*-3'-Urd-5'-*P*-3'-Guo-5'-*P*-3'-Cyd.

B. Aus Adenylyl-(5'→3')-uridylyl-(5'→3')-guanosin beim Behandeln mit dem Tributylamin-Salz des N^4,$O^{5'}$-Diacetyl-$O^{2'}$,$O^{3'}$-hydroxyphosphoryl-cytidins und Chlorophosphorsäure-diphenylester in DMF, Dioxan und Tributylamin und anschliessenden Behandeln mit wss. NH_3 bei pH 9,8 (*Michelson,* Soc. **1959** 3655, 3661, 3667).

λ_{max}: 261 nm [wss. HCl (0,01 n)] bzw. 260 nm [wss. NaOH (0,01 n)] (*Mi.,* l. c. S. 3661).

Guanylyl-(3'→5')-cytidylyl-(3'→5')-guanylyl-(3'→5')-[3']cytidylsäure $C_{38}H_{50}N_{16}O_{29}P_4$ = Guo-3'-*P*-5'-Cyd-3'-*P*-5'-Guo-3'-*P*-5'-Cyd-3'-*P*.

B. Aus Guanylyl-(3'→5')-[3']cytidylsäure beim aufeinanderfolgenden Behandeln mit Chlorokohlensäure-äthylester und Tributylamin in H_2O und mit Acetanhydrid und Tributylamin in DMF und Dioxan, Behandeln des Reaktionsprodukts mit Chlorophosphorsäure in DMF, Dioxan und Tributylamin und anschliessenden Behandeln mit wss. NH_3 bei pH 9,8 (*Michelson,* Soc. **1959** 3655, 3659, 3663).

λ_{max}: 273 nm [wss. HCl (0,01 n)] bzw. 267 nm [wss. NaOH (0,1 n)] (*Mi.,* l. c. S. 3659).

Uridylyl-(3'→5')-guanylyl-(3'→5')-adenosin $C_{29}H_{36}N_{12}O_{19}P_2$ = Ado-5'-*P*-3'-Guo-5'-*P*-3'-Urd.

B. Aus Adenylyl-(5'→3')-guanosin beim Behandeln mit dem Tributylamin-Salz des $O^{5'}$-Acetyl-$O^{2'}$,$O^{3'}$-hydroxyphosphoryl-uridins und Chlorophosphorsäure-diphenylester in Dioxan und Tributylamin und anschliessenden Behandeln mit wss. NH_3 bei pH 9,8 (*Michelson,* Soc. **1959** 3655, 3661, 3666).

UV-Spektrum (wss. HCl [0,01 n] sowie wss. NaOH [0,1 n]; 220–300 nm): *Mi.,* l. c. S. 3661, 3662.

Cytidylyl-(3'→5')-uridylyl-(3'→5')-guanylyl-(3'→5')-adenosin $C_{38}H_{48}N_{15}O_{26}P_3$ = Ado-5'-*P*-3'-Guo-5'-*P*-3'-Urd-5'-*P*-3'-Cyd.

B. Aus Uridylyl-(3'→5')-guanylyl-(3'→5')-adenosin und dem Tributylamin-Salz des N^4,$O^{5'}$-Diacetyl-$O^{2'}$,$O^{3'}$-hydroxyphosphoryl-cytidins beim Behandeln mit Chlorophosphorsäure-diphenylester in DMF, Dioxan und Tributylamin und anschliessenden Behandeln mit wss. NH_3 bei pH 9,8 (*Michelson,* Soc. **1959** 3655, 3661, 3667).

UV-Spektrum (wss. HCl [0,01 n] sowie wss. NaOH [0,1 n]; 220–300 nm): *Mi.,* l. c. S. 3661, 3662.

Cytidylyl-(3'→5')-guanylyl-(3'→5')-adenylyl-(3'→5')-uridin $C_{38}H_{48}N_{15}O_{26}P_3$ = Cyd-3'-*P*-5'-Guo-3'-*P*-5'-Ado-3'-*P*-5'-Urd.

B. Aus Uridylyl-(5'→3')-adenylyl-(5'→3')-guanosin und dem Tributylamin-Salz des N^4,$O^{5'}$-Diacetyl-$O^{2'}$,$O^{3'}$-hydroxyphosphoryl-cytidins beim Behandeln mit Chlorophosphorsäure-diphenylester in DMF, Dioxan und Tributylamin und anschliessenden Behandeln mit wss. NH_3

bei pH 9,8 (*Michelson,* Soc. **1959** 3655, 3661, 3667).

λ_{max}: 261 nm [wss. HCl (0,01 n)] bzw. 260 nm [wss. NaOH (0,01 n)] (*Mi.,* l. c. S. 3661).

Adenylyl-(3'→5')-guanylyl-(3'→5')-[3']uridylsäure $C_{29}H_{37}N_{12}O_{22}P_3$ = Ado-3'-*P*-5'-Guo-3'-*P*-5'-Urd-3'-*P*.

B. Bei der Einwirkung von Ribonucleosidase-I auf Ribonucleinsäure (*Markham, Smith,* Biochem. J. **52** [1952] 558, 563; *Volkin, Cohn,* J. biol. Chem. **205** [1953] 767, 771, 774, 777; *Hakim,* J. biol. Chem. **228** [1957] 459, 464; Enzymol. **21** [1959] 81, 84; Bio. Z. **331** [1959] 229, 231).

Trennung von anderen Oligonucleotiden durch Ionenaustauscher-Chromatographie: *Staehelin et al.,* Arch. Biochem. **85** [1959] 289, 291; *Staehelin,* Biochim. biophys. Acta **49** [1961] 11, 14.

Adenylyl-(3'→5')-guanylyl-(3'→5')-[3']cytidylsäure $C_{29}H_{38}N_{13}O_{21}P_3$ = Ado-3'-*P*-5'-Guo-3'-*P*-5'-Cyd-3'-*P*.

B. Bei der Einwirkung von Ribonuclease-I auf Ribonucleinsäure (*Volkin, Cohn,* J. biol. Chem. **205** [1953] 767, 771, 774, 777; *Whitfeld,* Biochem. J. **58** [1954] 390, 391; *Reddi,* Biochim. biophys. Acta **32** [1959] 386, 389, 390).

Trennung von anderen Oligonucleotiden durch Ionenaustauscher-Chromatographie: *Staehelin et al.,* Arch. Biochem. **85** [1959] 289, 291; *Staehelin,* Biochim. biophys. Acta **49** [1961] 11, 14.

Guanylyl-(3'→5')-guanylyl-(3'→5')-[3']uridylsäure $C_{29}H_{37}N_{12}O_{23}P_3$ = Guo-3'-*P*-5'-Guo-3'-*P*-5'-Urd-3'-*P*.

B. Bei der Einwirkung von Ribonuclease-I auf Nucleinsäure (*Volkin, Cohn,* J. biol. Chem. **205** [1953] 767, 771, 774, 777; *Hakim,* J. biol. Chem. **228** [1957] 459, 464; Enzymol. **21** [1959] 81, 84; Bio. Z. **331** [1959] 229, 235).

Trennung von anderen Oligonucleotiden durch Ionenaustauscher-Chromatographie: *Staehelin et al.,* Arch. Biochem. **85** [1959] 289; *Staehelin,* Biochim. biophys. Acta **49** [1961] 11, 14.

Guanylyl-(3'→5')-guanylyl-(3'→5')-[3']cytidylsäure $C_{29}H_{38}N_{13}O_{22}P_3$ = Guo-3'-*P*-5'-Guo-3'-*P*-5'-Cyd-3'-*P*.

B. Bei der Einwirkung von Ribonuclease-I auf Nucleinsäure aus Hefe oder Kalbsleber (*Volkin, Cohn,* J. biol. Chem. **205** [1953] 767, 771, 774, 777).

Trennung von anderen Oligonucleotiden durch Ionenaustauscher-Chromatographie: *Staehelin et al.,* Arch. Biochem. **85** [1959] 289; *Staehelin,* Biochim. biophys. Acta **49** [1961] 11, 14.

Adenylyl-(3'→5')-guanylyl-(3'→5')-[3']guanylsäure $C_{30}H_{38}N_{15}O_{21}P_3$ = Ado-3'-*P*-5'-Guo-3'-*P*-5'-Guo-3'-*P*.

B. Aus Hefe-Ribonucleinsäure bei der Einwirkung von wss. HCl (*Merrifield, Woolley,* J. biol. Chem. **197** [1952] 521, 527, 532) oder von Ribonuclease-I (*Hakim,* Enzymol. **21** [1959] 81, 93; Bio. Z. **331** [1959] 229, 235).

λ_{max} (wss. HCl [0,01 n]): 257 nm (*Me., Wo.,* l. c. S. 526).

Guanylyl-(3'→5')-guanylyl-(3'→5')-[3']guanylsäure, $O^{5'}$-*lin*-Bis-(3'→5')-guanylyl-[3']guanylsäure $C_{30}H_{38}N_{15}O_{22}P_3$ = Guo-3'-*P*-5'-Guo-3'-*P*-5'-Guo-3'-*P*.

B. Bei der Einwirkung eines Enzym-Präparats aus Sperma oder Harn auf Hefe-Ribonucleinsäure (*Hakim,* Enzymol. **21** [1959] 81, 85; Bio. Z. **331** [1959] 229, 232).

UV-Spektrum (wss. Lösung vom pH 7; 210–310 nm): *Ha.,* Enzymol. **21** 92; Bio. Z. **331** 237.

Phosphorsäure-guanosyl-3'-ylester-[$O^{2'}$,$O^{3'}$-hydroxyphosphoryl-guanosin-5'-ylester], $O^{5'}$-[3']Guanylyl-$O^{2'}$,$O^{3'}$-hydroxyphosphoryl-guanosin, Guanylyl-(3'→5')-$O^{2'}$,$O^{3'}$-hydroxyphosphoryl-guanosin, Guo-3'-*P*-5'-Guo-2':3'-*P* $C_{20}H_{24}N_{10}O_{14}P_2$, Formel IV und Taut.

B. Aus $O^{2'}$,$O^{3'}$-Hydroxyphosphoryl-guanosin bei der Einwirkung von Guanyloribonuclease

(*Sato-Asano, Egami,* Biochim. biophys. Acta **29** [1958] 655; *Sato-Asano,* J. Biochem. Tokyo **48** [1960] 284, 287).

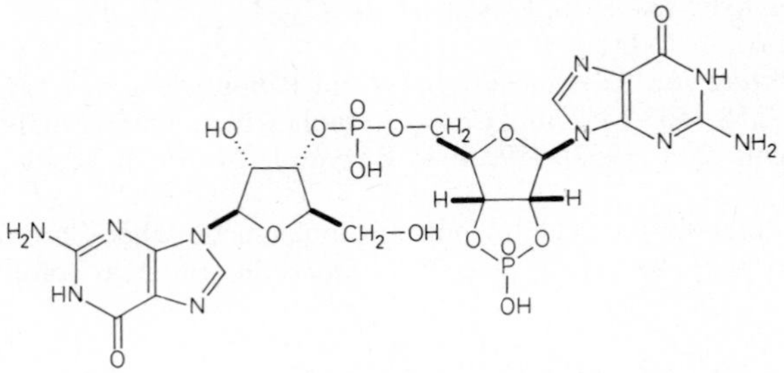

IV

2-Amino-7-methyl-6-oxo-9-β-D-ribofuranosyl-1,6-dihydro-purinium $[C_{11}H_{16}N_5O_5]^+$, Formel V und Taut.

Betain $C_{11}H_{15}N_5O_5$ (in der Literatur als 7-Methyl-guanosin bezeichnet). Diese Konstitution kommt der von *Bredereck* (B. **80** [1947] 401, 404), von *Bredereck et al.* (B. **81** [1948] 307, 312) und von *Smith, Dunn* (Biochem. J. **72** [1959] 294, 296, 299) als 1-Methyl-guanosin beschriebenen Verbindung zu (*Haines et al.,* Soc. **1962** 5281, 5282, 5285; *Jones, Robins,* Am. Soc. **85** [1963] 193, 195, 199). – *B.* Beim Behandeln von Guanosin mit Dimethylsulfat in wss. Lösung vom pH 4 (*Br. et al.*). Beim Behandeln von Guanosin-dihydrat in *N,N*-Dimethyl-acetamid mit CH_3I oder Dimethylsulfat und anschliessend mit wss. NH_3 (*Jo., Ro.*). Beim Behandeln von $O^{2'},O^{3'},O^{5'}$-Triacetyl-guanosin in Methanol und Aceton mit Diazomethan in Äther (*Br.*; *Ha. et al.*). – Kristalle; F: 163° [aus wss. Me.] (*Br.*), 160–161° (*Jo., Ro.*). $[\alpha]_D^{27}$: −33,5° [H_2O; c = 0,4] (*Jo., Ro.*). UV-Spektrum (wss. HCl [0,1 n] sowie wss. KOH [0,1 n]; 220–300 nm): *Sm., Dunn.* λ_{max} (wss. Lösung): 258 nm [pH 2], 258 nm und 281 nm [pH 7] bzw. 219 nm und 283 nm [pH 9,2] (*Ha. et al.,* l. c. S. 5288). Scheinbarer Dissoziationsexponent pK'_a (H_2O; potentiometrisch ermittelt): 7,0 (*Ha. et al.,* l. c. S. 5285).

Picrat $[C_{11}H_{16}N_5O_5]C_6H_2N_3O_7$. F: 179° (*Br.*).

***N*²-Methyl-guanosin** $C_{11}H_{15}N_5O_5$, Formel VI (R = H) und Taut.

Die Identität einer von *Bredereck et al.* (B. **81** [1948] 307, 312) unter dieser Kostitution beschriebenen, aus Guanosin beim Behandeln mit Dimethylsulfat und wss. NaOH bei pH 13–14 erhaltenen Verbindung ist nicht gesichert (vgl. hierzu *Jones, Robins,* Am. Soc. **85** [1963] 193, 195).

B. Aus 2-Methylamino-1,7-dihydro-purin-6-on und Inosin beim Behandeln mit einem Enzym-Präparat aus Escherichia coli (*Smith, Dunn,* Biochem. J. **72** [1959] 294, 295).

UV-Spektrum (wss. HCl [0,1 n] sowie wss. NaOH [0,1 n]; 220–300 nm): *Sm., Dunn,* l. c. S. 298.

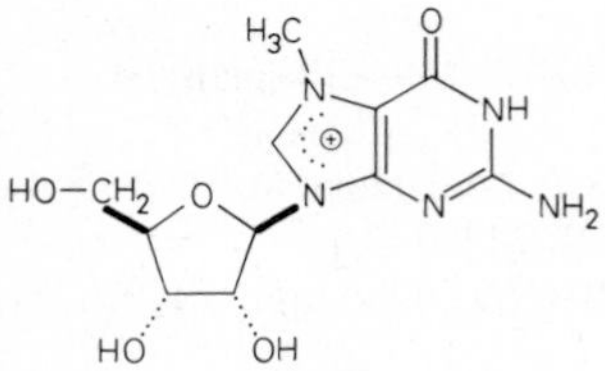

V

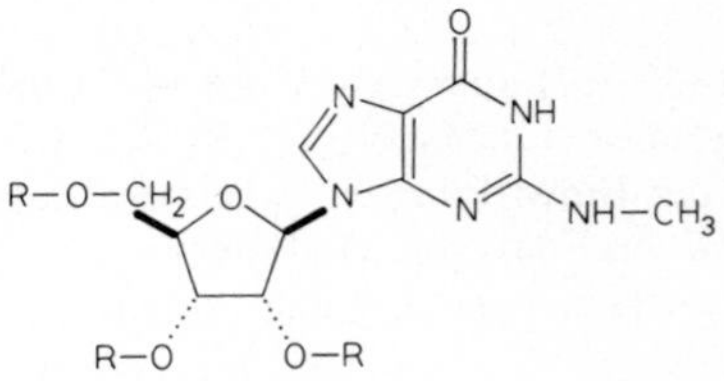

VI

***N*²,*O*²′,*O*³′,*O*⁵′-Tetramethyl-guanosin** $C_{14}H_{21}N_5O_5$, Formel VI (R = CH_3) und Taut.

B. Neben anderen Verbindungen beim Behandeln von $O^{2'},O^{3'},O^{5'}$-Triacetyl-guanosin in Aceton mit Dimethylsulfat und wss. NaOH (*Levene, Tipson,* J. biol. Chem. **97** [1932] 491, 493).

Hellbrauner Feststoff.

Hydrochlorid $C_{14}H_{21}N_5O_5 \cdot HCl$. Zers. bei 98°.

***N*²,*N*²-Dimethyl-guanosin** $C_{12}H_{17}N_5O_5$, Formel VII und Taut.

B. Aus 2-Dimethylamino-1,7-dihydro-purin-6-on und Inosin bei der Einwirkung eines Enzym-Präparats aus Escherichia coli (*Smith, Dunn,* Biochem. J. **72** [1959] 294, 295).

UV-Spektrum (wss. HCl [0,1 n] sowie wss. KOH [0,1 n]; 220–300 nm): *Sm., Dunn,* l. c. S. 297.

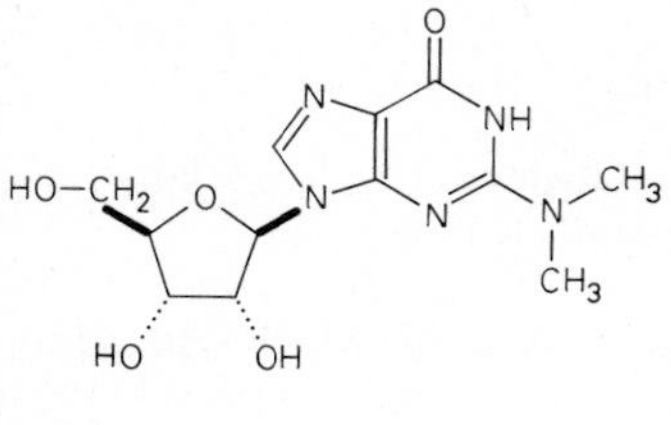

VII 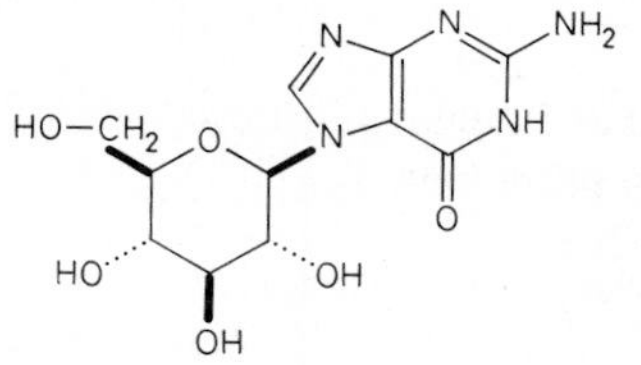 VIII 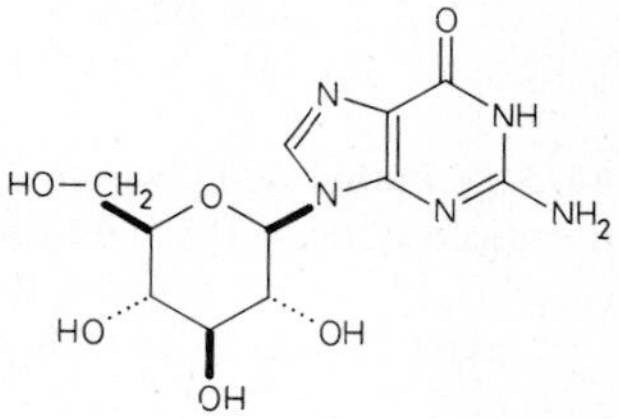 IX

2-Amino-7-*β*-D-glucopyranosyl-1,7-dihydro-purin-6-on $C_{11}H_{15}N_5O_6$, Formel VIII und Taut. (vgl. H **31** 165; dort als Guanin-[*d*-glucopyranosyl]-(9)(?) bezeichnet).

B. Neben 2-Amino-9-*β*-D-glucopyranosyl-1,9-dihydro-purin-6-on aus Guanin über mehrere Stufen (*Schabarowa et al.,* Ž. obšč. Chim. **29** [1959] 215, 219; engl. Ausg. S. 218, 222).

Kristalle (aus H_2O); λ_{max} (wss. Lösung vom pH 6,7): 245 nm und 280 nm.

2-Amino-9-*β*-D-glucopyranosyl-1,9-dihydro-purin-6-on $C_{11}H_{15}N_5O_6$, Formel IX und Taut.

B. Aus (1*R*)-1-[2-Acetylamino-6-amino-purin-9-yl]-1,5-anhydro-D-glucit (S. 3794) beim Behandeln mit $NaNO_2$ und wss. Essigsäure und Erwärmen des Reaktionsprodukts mit methanol. Natriummethylat (*Davoll, Lowy,* Am. Soc. **73** [1951] 1650, 1654). Eine weitere Bildung s. bei der vorangehenden Verbindung.

Kristalle (aus H_2O); F: 295–305° [Zers.] (*Davoll et al.,* Soc. **1948** 1685), 296–300° [unkorr.; Zers.] (*Da., Lowy*). $[\alpha]_D^{16}$: −44,6° [wss. NaOH (1 n); c = 0,7] (*Da. et al.*); $[\alpha]_D^{28}$: −41,8° [wss. NaOH (1 n); c = 0,6] (*Da., Lowy*). λ_{max} (wss. Lösung vom pH 6,7): 250 nm (*Da., Lowy*; *Schabarowa et al.,* Ž. obšč. Chim. **29** [1959] 215, 219; engl. Ausg. S. 218, 222).

Pht = (Phthalimido)

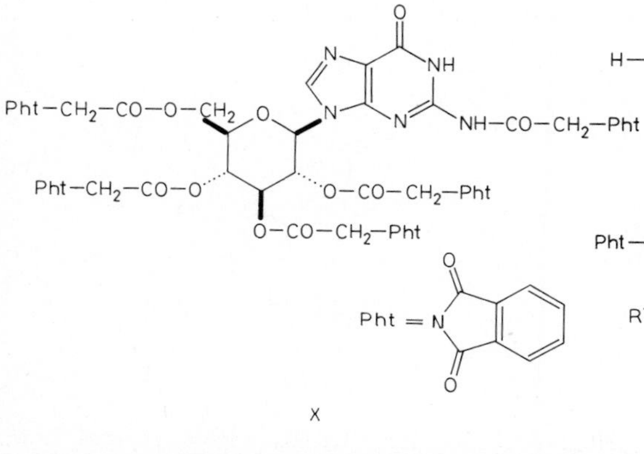

X 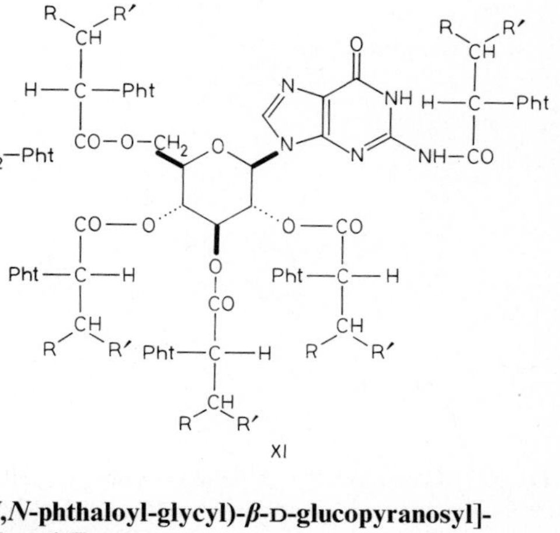 XI

2-[(*N*,*N*-Phthaloyl-glycyl)-amino]-9-[tetrakis-*O*-(*N*,*N*-phthaloyl-glycyl)-*β*-D-glucopyranosyl]-1,9-dihydro-purin-6-on $C_{61}H_{40}N_{10}O_{21}$, Formel X und Taut.

B. Beim Erwärmen von 2-Amino-9-*β*-D-glucopyranosyl-1,9-dihydro-purin-6-on mit *N*,*N*-Phthaloyl-glycylchlorid und Pyridin (*Prokof'ew et al.,* Vestnik Moskovsk. Univ. **12** [1957] Nr. 6,

S. 215, 222, 223; C. A. **1959** 2239; *Schabarowa et al.*, Ž. obšč. Chim. **29** [1959] 215, 220; engl. Ausg. S. 218, 222) oder mit *N,N*-Phthaloyl-glycylchlorid und Tributylamin in Benzol (*Pr. et al.*).

Feststoff (aus Bzl.) mit 1 Mol H_2O; Zers. bei 150–155° (*Sch. et al.*).

2-[(*N,N*-Phthaloyl-L(?)-valyl)-amino]-9-[tetrakis-*O*-(*N,N*-phthaloyl-L(?)-valyl)-*β*-D-glucopyranosyl]-1,9-dihydro-purin-6-on $C_{76}H_{70}N_{10}O_{21}$, vermutlich Formel XI (R = R′ = CH_3) und Taut.

B. Analog der vorangehenden Verbindung (*Prokof'ew et al.*, Vestnik Moskovsk. Univ. **12** [1957] Nr. 6, S. 215, 222, 223; C. A. **1959** 2239; *Schabarowa et al.*, Ž. obšč. Chim. **29** [1959] 215, 217, 221; engl. Ausg. S. 218, 223).

Feststoff (aus H_2O) mit 2 Mol H_2O; F: 123–125° (*Sch. et al.*).

2-[(*N,N*-Phthaloyl-L(?)-phenylalanyl)-amino]-9-[tetrakis-*O*-(*N,N*-phthaloyl-L(?)-phenylalanyl)-*β*-D-glucopyranosyl]-1,9-dihydro-purin-6-on $C_{96}H_{70}N_{10}O_{21}$, vermutlich Formel XI (R = C_6H_5, R′ = H) und Taut.

B. Analog den vorangehenden Verbindungen (*Prokof'ew et al.*, Vestnik Moskovsk. Univ. **12** [1957] Nr. 6, S. 215, 222, 223; C. A. **1959** 2239; *Schabarowa et al.*, Ž. obšč. Chim. **29** [1959] 215, 217, 221; engl. Ausg. S. 218, 223).

Feststoff (aus H_2O) mit 1 Mol H_2O; F: 160–165° (*Sch. et al.*).

***O*$^{2'}$,*O*$^{3'}$-Isopropyliden-guanosin** $C_{13}H_{17}N_5O_5$, Formel XII (R = H) und Taut.

B. Aus Guanosin beim Behandeln mit Aceton und $ZnCl_2$ (*Levene, Tipson*, J. biol. Chem. **121** [1937] 131, 146 Anm. 8; *Michelson, Todd*, Soc. **1949** 2476, 2483; *Chambers et al.*, Am. Soc. **79** [1957] 3747, 3749, 3750) oder mit Aceton, Aceton-dimethylacetal und Phosphorsäure-bis-[4-nitro-phenylester] (*Hampton*, Am. Soc. **83** [1961] 3640, 3644; Biochem. Prepar. **10** [1963] 91).

Kristalle (aus H_2O); F: 299° [Zers.] (*Mi., Todd*), 296° [unkorr.] (*Ch. et al.*). $[\alpha]_D^{18}$: −36,3° [DMF; c = 5] (*Mi., Todd*).

Überführung in [5′]Guanylsäure durch Umsetzung mit $P_2Cl_4O_3$ und anschliessende Hydrolyse: *Grunze, Koransky*, Ang. Ch. **71** [1959] 407; *Deutsche Akademie der Wissenschaften Berlin*, D.B.P. 1119278 [1958]; *Koransky et al.*, Z. Naturf. **17b** [1962] 291, 293.

***O*$^{2'}$,*O*$^{3'}$-Isopropyliden-*O*$^{5'}$-trityl-guanosin** $C_{32}H_{31}N_5O_5$, Formel XII (R = $C(C_6H_5)_3$) und Taut.

B. Aus *O*$^{2'}$,*O*$^{3'}$-Isopropyliden-guanosin und Tritylchlorid beim Erwärmen in DMF und Pyridin (*Michelson, Todd*, Soc. **1949** 2476, 2483).

Kristalle (aus Py. + A.); F: 278–279°. $[\alpha]_D^{18}$: +63,6° [Py.; c = 0,4].

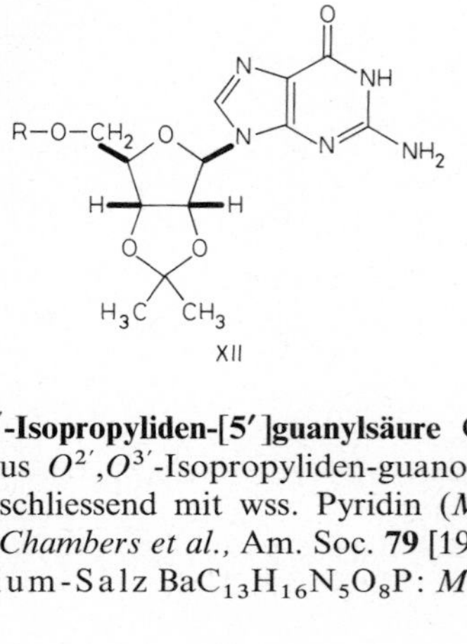

XII

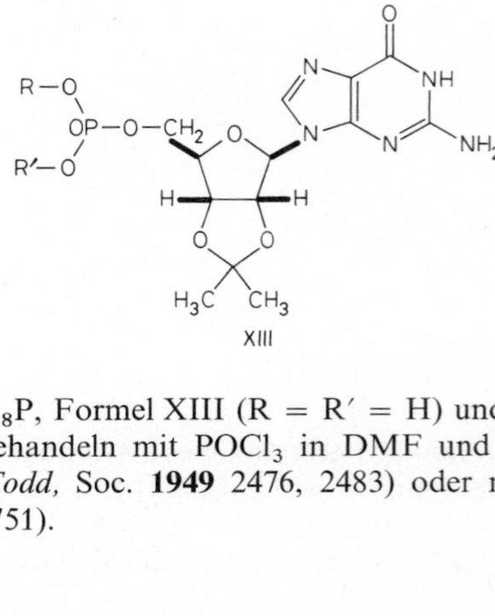

XIII

***O*$^{2'}$,*O*$^{3'}$-Isopropyliden-[5′]guanylsäure** $C_{13}H_{18}N_5O_8P$, Formel XIII (R = R′ = H) und Taut.

B. Aus *O*$^{2'}$,*O*$^{3'}$-Isopropyliden-guanosin beim Behandeln mit $POCl_3$ in DMF und Pyridin und anschliessend mit wss. Pyridin (*Michelson, Todd*, Soc. **1949** 2476, 2483) oder mit wss. LiOH (*Chambers et al.*, Am. Soc. **79** [1957] 3747, 3751).

Barium-Salz $BaC_{13}H_{16}N_5O_8P$: *Mi., Todd*.

$O^{2'}$,$O^{3'}$-Isopropyliden-[5′]guanylsäure-mono-[4-nitro-phenylester] $C_{19}H_{21}N_6O_{10}P$, Formel XIII (R = C_6H_4-NO_2, R′ = H) und Taut.

B. Aus der folgenden Verbindung beim Behandeln mit wss. $Ba(OH)_2$ in Aceton (*Chambers et al.*, Am. Soc. **79** [1957] 3747, 3748, 3750).

Feststoff mit 6 Mol H_2O. λ_{max} (wss. Lösung vom pH 2): 258 nm.

Überführung in $O^{2'}$,$O^{3'}$-Isopropyliden-[5′]guanylsäure durch Erwärmung mit wss. LiOH oder durch die Einwirkung des Sekrets von Crotalus adamanteus: *Ch. et al.*

$O^{2'}$,$O^{3'}$-Isopropyliden-[5′]guanylsäure-bis-[4-nitro-phenylester] $C_{25}H_{24}N_7O_{12}P$, Formel XIII (R = R′ = C_6H_4-NO_2) und Taut.

B. Beim Behandeln von $O^{2'}$,$O^{3'}$-Isopropyliden-guanosin mit Phosphorsäure-bis-[4-nitro-phenylester] und Di-*p*-toylcarbodiimid in Dioxan (*Chambers et al.*, Am. Soc. **79** [1957] 3747, 3748, 3750).

Hellgelbe Kristalle (aus Acetonitril) mit 1 Mol H_2O; Zers. bei 263 – 264° [nach Umwandlung bei 161 – 163°].

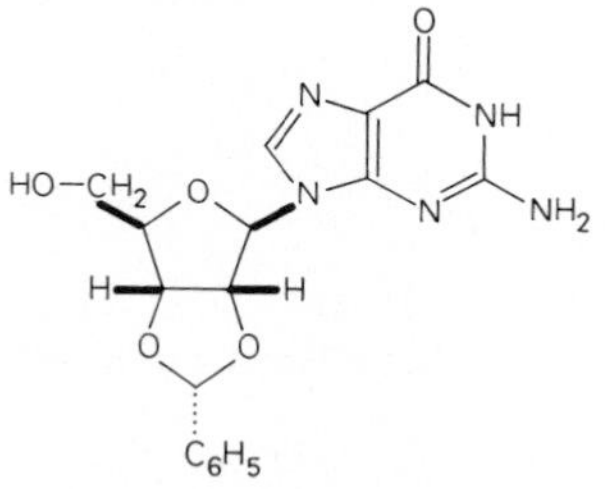

XIV 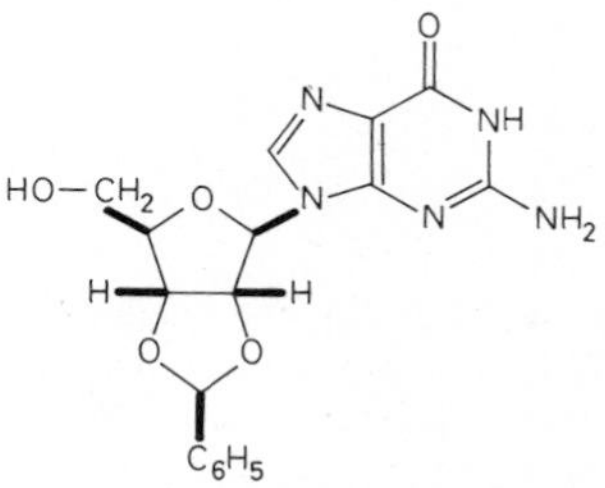 XV

$O^{2'}$,$O^{3'}$-[(*R*)-Benzyliden]-guanosin $C_{17}H_{17}N_5O_5$, Formel XIV und Taut.

Konfiguration: *Baggett et al.*, Chem. and Ind. **1965** 136.

B. Beim Behandeln [7 d] von Guanosin mit Benzaldehyd und $ZnCl_2$ bei 5° (*Lipkin et al.*, Tetrahedron Letters **1959** Nr. 21, S. 18, 21; s. a. *Michelson, Todd,* Soc. **1949** 2476, 2484).

Kristalle (aus wss. A.); F: 296° [Zers.]; $[\alpha]_D^{18}$: –98,5° [Py.; c = 2], –92,5° [DMF; c = 1,5] (*Mi., Todd*). $[\alpha]_D$: –93,4° [DMF] (*Ba. et al.*).

In Präparaten (von *Gulland, Overend* [Soc. **1948** 1380, 1381] irrtümlich als $O^{3'}$,$O^{5'}$-Benzyliden-guanosin formuliert; vgl. hierzu *Brown et al.*, Soc. **1950** 3299, 3301) vom F: 301 – 302° [Zers.]; $[\alpha]_D^{25}$: –73,2° [DMF; c = 1,4] (*Lipkin, McElheny,* Nature **167** [1951] 238), vom F: 296° (*Gu., Ov.*) bzw. vom F: 295° (*Bredereck, Berger,* B. **73** [1940] 1124, 1125), die aus Guanosin, Benzaldehyd und $ZnCl_2$ bei höherer Temperatur erhalten wurden, haben vermutlich Gemische von $O^{2'}$,$O^{3'}$-[(*R*)-Benzyliden]-guanosin mit $O^{2'}$,$O^{3'}$-[(*S*)-Benzyliden]-guanosin $C_{17}H_{17}N_5O_5$ (Formel XV) vorgelegen (*Ba. et al.*). Entsprechende Gemische lagen vermutlich in dem von *Bredereck, Berger,* von *Gulland, Overend* sowie von *Brown et al.* (l. c. S. 3303) beschriebenen $O^{5'}$-Acetyl-$O^{2'}$,$O^{3'}$-benzyliden-guanosin $C_{19}H_{19}N_5O_6$ vom F: 263° (irrtümlich als $O^{2'}$-Acetyl-$O^{3'}$,$O^{5'}$-benzyliden-guanosin formuliert) vor.

2-[Hydroxy-phenoxy-phosphorylamino]-1,7-dihydro-purin-6-on, [6-Oxo-6,7-dihydro-1*H*-purin-2-yl]-amidophosphorsäure-monophenylester $C_{11}H_{10}N_5O_4P$, Formel I und Taut.

B. Aus Guanin und Dichlorophosphorsäure-phenylester beim Erhitzen auf 140° (*Falconer et al.*, Soc. **1939** 907, 915).

Braunroter Feststoff.

2-Amino-8-brom-1,7-dihydro-purin-6-on $C_5H_4BrN_5O$, Formel II und Taut.

B. Beim Behandeln von Hefe-Ribonucleinsäure oder Desoxyribonucleinsäure aus Thymus mit Brom in wss. Glycerin und Erwärmen des Reaktionsprodukts mit wss. $HClO_4$ (*Kanngiesser,* Z. physiol. Chem. **316** [1959] 146, 150, 151).

2-Amino-1,7-dihydro-purin-6-thion, Thioguanin, Tioguanin $C_5H_5N_5S$, Formel III (R = R′ = H) und Taut.

B. Aus Guanin und P_2S_5 beim Erhitzen in Pyridin (*Burroughs Wellcome & Co.,* U.S.P. 2697709 [1952]; *Hitchings et al.,* U.S.P. 2884667 [1955]; *Elion, Hitchings,* Am. Soc. **77** [1955] 1676). Beim Erhitzen von 6-Chlor-7(9)*H*-purin-2-ylamin mit KHS in H_2O oder von 2-Chlor-7(9)*H*-purin-6-thion mit wss. NH_3 (*Burroughs*). Beim Erhitzen von 2,6-Diamino-5-formylamino-3*H*-pyrimidin-4-thion mit NaOH auf 240° (*Elion et al.,* Am. Soc. **78** [1956] 2858, 2862).

Kristalle (aus H_2O); F: >360° (*El., Hi.*). UV-Spektrum (wss. Lösungen vom pH 4,9–9,6; 230–370 nm): *Fox et al.,* Am. Soc. **80** [1958] 1669, 1671. λ_{max} (wss. Lösung): 258 nm und 347 nm [pH 1] bzw. 242 nm, 270 nm und 322 nm [pH 11] (*El., Hi.*). Scheinbare Dissoziationsexponenten (H_2O) pK'_{a1} und pK'_{a2} bei 23°: 8,2 [spektrophotometrisch ermittelt] bzw. 11,6 [potentiometrisch ermittelt] (*Fox et al.,* l. c. S. 1672).

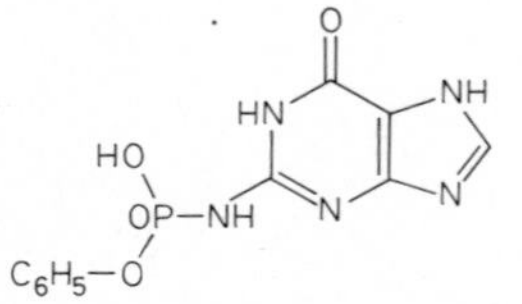

I 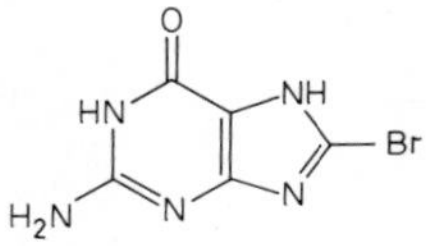 II 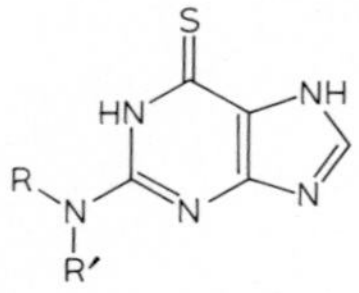 III

2-Amino-9-methyl-1,9-dihydro-purin-6-thion $C_6H_7N_5S$, Formel IV (R = CH_3) und Taut.

B. Aus 2-Amino-9-methyl-1,9-dihydro-purin-6-on und P_2S_5 beim Erhitzen in Pyridin (*Koppel, Robins,* Am. Soc. **80** [1958] 2751, 2755).

Hellgelbe Kristalle (aus wss. Eg.); F: >300°. λ_{max} (wss. Lösung): 227 nm, 250 nm und 320 nm [pH 1] bzw. 260 nm und 350 nm [pH 11] (*Ko., Ro.,* l. c. S. 2753).

2-Methylamino-1,7-dihydro-purin-6-thion $C_6H_7N_5S$, Formel III (R = CH_3, R′ = H) und Taut.

B. Aus 2-Methylamino-1,7-dihydro-purin-6-on beim Erhitzen mit P_2S_5 in Pyridin (*Elion et al.,* Am. Soc. **78** [1956] 217, 220) oder mit P_2S_5 und Kalium-polysulfid in Tetralin (*Hitchings et al.,* U.S.P. 2884667 [1955]). Beim Erhitzen von 2-Methylmercapto-1,7-dihydro-purin-6-on mit Methylamin in Methanol auf 140° und Erhitzen des Reaktionsprodukts mit P_2S_5 und Kalium-polysulfid auf 200° (*Burroughs Wellcome & Co.,* U.S.P. 2697709 [1952]).

Feststoff mit 0,25 Mol H_2O (*El. et al.*). λ_{max} (wss. Lösung): 261 nm und 350 nm [pH 1] bzw. 245 nm, 275 nm und 325 nm [pH 11] (*El. et al.,* l. c. S. 219).

2-Dimethylamino-1,7-dihydro-purin-6-thion $C_7H_9N_5S$, Formel III (R = R′ = CH_3) und Taut.

B. Aus 2-Dimethylamino-1,7-dihydro-purin-6-on und P_2S_5 beim Erhitzen in Pyridin (*Hitchings et al.,* U.S.P. 2884667 [1954]; *Elion et al.,* Am. Soc. **78** [1956] 217, 220).

Feststoff mit 1 Mol H_2O (*El. et al.*). λ_{max} (wss. Lösung): 268 nm und 358 nm [pH 1] bzw. 253 nm, 283 nm und 322 nm [pH 11] (*El. et al.,* l. c. S. 219).

Die folgenden Verbindungen sind in analoger Weise hergestellt worden:

2-Äthylamino-1,7-dihydro-purin-6-thion $C_7H_9N_5S$, Formel III (R = C_2H_5, R′ = H) und Taut. Feststoff mit 0,5 Mol H_2O; λ_{max} (wss. Lösung): 263 nm und 350 nm [pH 1] bzw. 250 nm, 276 nm und 325 nm [pH 11] (*El. et al.*).

2-Amino-9-butyl-1,9-dihydro-purin-6-thion $C_9H_{13}N_5S$, Formel IV (R = $[CH_2]_3$-CH_3) und Taut. Hellgelbe Kristalle (aus wss. DMF); F: 316–318° [unkorr.]; λ_{max} (wss. Lösung): 262 nm und 343 nm [pH 1] bzw. 250 nm, 270 nm und 320 nm [pH 11] (*Koppel et al.,* Am. Soc. **81** [1959] 3046, 3049, 3050).

2-Amino-9-phenyl-1,9-dihydro-purin-6-thion $C_{11}H_9N_5S$, Formel IV (R = C_6H_5) und Taut. Hellgelbe Kristalle (aus wss. DMF); F: 304–305° [unkorr.]; λ_{max} (wss. Lösung): 343 nm [pH 1] bzw. 320 nm [pH 11] (*Ko. et al.*).

2-Amino-9-[4-chlor-phenyl]-1,9-dihydro-purin-6-thion $C_{11}H_8ClN_5S$, Formel IV

(R = C_6H_4-Cl) und Taut. Hellgelbe Kristalle (aus wss. DMF); F: 308–310° [unkorr.]; λ_{max} (wss. Lösung): 343 nm [pH 1] bzw. 320 nm [pH 11] (*Ko. et al.*).

2-Amino-9-[4-brom-phenyl]-1,9-dihydro-purin-6-thion $C_{11}H_8BrN_5S$, Formel IV (R = C_6H_4-Br) und Taut. Hellgelbe Kristalle (aus wss. DMF); F: 310–312° [unkorr.]; λ_{max} (wss. Lösung): 233 nm und 342 nm [pH 1] bzw. 237 nm und 318 nm [pH 11] (*Ko. et al.*).

2-Anilino-1,7-dihydro-purin-6-thion $C_{11}H_9N_5S$, Formel III (R = C_6H_5, R' = H) und Taut. Feststoff mit 1,5 Mol H_2O (*Hi. et al.*; *El. et al.*). λ_{max} (wss. Lösung): 278 nm und 352 nm [pH 1] bzw. 283 nm und 328 nm [pH 11] (*El. et al.*).

2-Amino-9-benzyl-1,9-dihydro-purin-6-thion $C_{12}H_{11}N_5S$, Formel IV (R = CH_2-C_6H_5) und Taut. Hellgelbe Kristalle (aus wss. DMF); F: 303–304° [unkorr.]; λ_{max} (wss. Lösung): 262 nm und 343 nm [pH 1] bzw. 275 nm und 320 nm [pH 11] (*Ko. et al.*).

2-Piperidino-1,7-dihydro-purin-6-thion $C_{10}H_{13}N_5S$, Formel V und Taut. Feststoff mit 0,5 Mol H_2O (*Hi. et al.*; *El. et al.*). λ_{max} (wss. Lösung): 260 nm [pH 1] bzw. 252 nm [pH 11] (*El. et al.*).

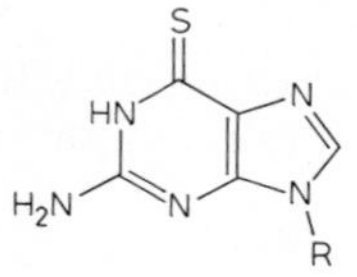

IV 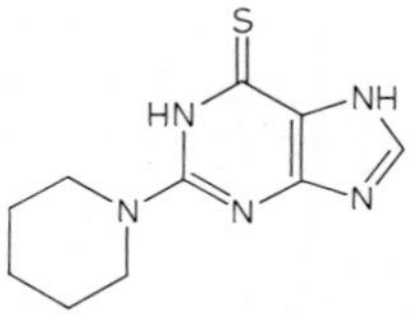 V 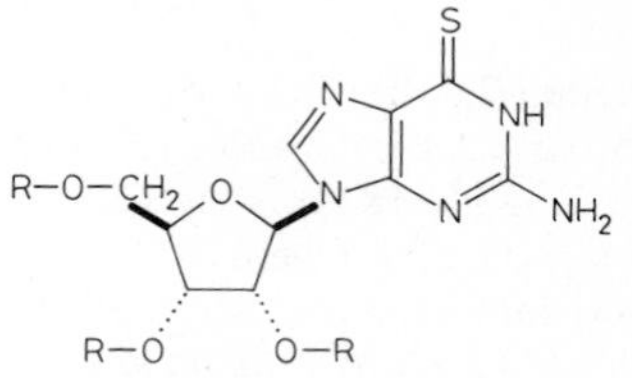 VI

2-Amino-9-β-D-ribofuranosyl-1,9-dihydro-purin-6-thion, 6-Thio-guanosin $C_{10}H_{13}N_5O_4S$, Formel VI (R = H) und Taut.

B. Beim Erwärmen der folgenden Verbindung mit äthanol. Natriumäthylat (*Fox et al.*, Am. Soc. **80** [1958] 1669, 1674).

Kristalle (aus H_2O) mit 0,5 Mol H_2O; F: 224–227° [unkorr.; Zers.]. $[\alpha]_D^{22}$: −64° [wss. NaOH (0,1 n); c = 1,3]. UV-Spektrum (wss. Lösungen vom pH 4,6–12; 220–370 nm): *Fox et al.*, l. c. S. 1672. Scheinbarer Dissoziationsexponent pK'_a (H_2O; potentiometrisch bzw. spektrophotometrisch ermittelt) bei 23°: 8,33 bzw. 8,35.

***O*$^{2'}$,*O*$^{3'}$,*O*$^{5'}$-Tribenzoyl-6-thio-guanosin** $C_{31}H_{25}N_5O_7S$, Formel VI (R = CO-C_6H_5) und Taut.

B. Beim Erhitzen von $O^{2'}$,$O^{3'}$,$O^{5'}$-Tribenzoyl-guanosin mit P_2S_5 in wss. Pyridin (*Fox et al.*, Am. Soc. **80** [1958] 1669, 1674).

Kristalle (aus A.); F: 223,5–227,5° [unkorr.]. $[\alpha]_D^{22}$: −77° [Py.; c = 0,6].

8-Amino-1,7-dihydro-purin-6-on $C_5H_5N_5O$, Formel VII (R = H, X = O) und Taut.

B. Aus 5,6-Diamino-3*H*-pyrimidin-4-on und Guanidin beim Erhitzen auf 230° (*Robins*, Am. Soc. **80** [1958] 6671, 6677).

Feststoff. λ_{max} (wss. Lösung): 254 nm [pH 1] bzw. 222 nm und 270 nm [pH 11].

Sulfat $2C_5H_5N_5O \cdot H_2SO_4$. Kristalle (aus wss. H_2SO_4).

8-Methylamino-1,7-dihydro-purin-6-on $C_6H_7N_5O$, Formel VII (R = CH_3, X = O) und Taut.

B. Aus *N*-[4-Amino-6-oxo-1,6-dihydro-pyrimidin-5-yl]-*N'*-methyl-thioharnstoff beim Erwärmen mit HgO in H_2O (*Ishidate, Yuki*, Pharm. Bl. **5** [1957] 240, 243).

Feststoff mit 1 Mol H_2O; F: >350°.

8-Amino-1,7-dihydro-purin-6-thion $C_5H_5N_5S$, Formel VII (R = H, X = S) und Taut.

B. Aus 8-Amino-1,7-dihydro-purin-6-on und P_2S_5 beim Erhitzen in Pyridin (*Robins*, Am. Soc. **80** [1958] 6671, 6677). Aus 5,6-Diamino-3*H*-pyrimidin-4-thion und Guanidin beim Erhitzen auf 200° (*Ro.*).

Feststoff. λ_{max} (wss. Lösung): 238 nm und 332 nm [pH 1] bzw. 240 nm und 312 nm [pH 11].

8-Methylamino-1,7-dihydro-purin-6-thion $C_6H_7N_5S$, Formel VII (R = CH_3, X = S) und Taut.

B. Aus Methylamino-1,7-dihydro-purin-6-on und P_2S_5 beim Erhitzen in Tetralin (*Ishidate, Yuki,* Pharm. Bl. **5** [1957] 244).

Feststoff (aus H_2O).

2,8-Diamino-1,7-dihydro-purin-6-on $C_5H_6N_6O$, Formel VIII und Taut. (H 524; dort als 6-Oxo-2,8-diimino-hexahydropurin bzw. 6-Oxy-2,8-diamino-purin bezeichnet).

UV-Spektrum (wss. Lösungen vom pH 2, pH 6 und pH 9; 220–310 nm): *Cavalieri, Bendich,* Am. Soc. **72** [1950] 2587, 2591, 2592. Verteilung zwischen Butan-1-ol und wss. Lösung vom pH 9,2: *Ca., Be.*

Relative Geschwindigkeit der Oxidation durch Kupfer(2+), auch in Gegenwart von Cyanid-Ionen, in wss. Lösung vom pH 10–11 bei 20°: *Baum et al.,* Biochim. biophys. Acta **22** [1956] 528, 535.

Sulfat $2C_5H_6N_6O \cdot H_2SO_4$ (vgl. H 524). Feststoff mit 2 Mol H_2O (*Ba., Be.*).

2-Amino-7,9-dihydro-purin-8-on $C_5H_5N_5O$, Formel IX.

B. Aus 2,4-Diamino-pyrimidin-5-carbonylazid beim Erhitzen in Xylol (*Dornow, Hinz,* B. **91** [1958] 1834, 1838). Aus Pyrimidin-2,4,5-triyltriamin und Harnstoff beim Erhitzen auf 170° (*Brown,* J. appl. Chem. **9** [1959] 203, 208).

Kristalle (aus wss. Me.); F: 380° [Zers.] (*Do., Hinz*). UV-Spektrum (wss. Lösung vom pH 7,8; 220–340 nm): *Bergmann et al.,* Biochim. biophys. Acta **30** [1958] 509, 510.

VII VIII IX X

6-Amino-7,9-dihydro-purin-8-on $C_5H_5N_5O$, Formel X (R = H, X = O) (H 479; dort als 8-Oxo-6-imino-tetrahydro-purin bzw. 8-Oxy-6-amino-purin bezeichnet).

B. Aus 8-Chlor-7(9)*H*-purin-6-ylamin beim Erhitzen mit konz. wss. HCl (*Robins,* Am. Soc. **80** [1958] 6671, 6677). Aus Pyrimidin-4,5,6-triyltriamin beim Erhitzen mit Harnstoff auf 200° (*Ro.*) oder beim Behandeln mit $COCl_2$ in wss. NaOH und Erhitzen des Reaktionsgemisches mit wss. H_2SO_4 (*Cavalieri, Bendich,* Am. Soc. **72** [1950] 2587, 2593). Bei der Einwirkung von Xanthinoxidase und Catalase auf Adenin (*Wyngaarden, Dunn,* Arch. Biochem. **70** [1957] 150, 153). – Herstellung von 6-Amino-7,9-dihydro-[8-^{14}C]purin-8-on: *Bentley et al.,* Arch. Biochem. **53** [1954] 314.

Kristalle; Zers. >350° (*Brown et al.,* J. biol. Chem. **233** [1958] 1513, 1514). UV-Spektrum (230–300 nm) in wss. Lösungen vom pH 2, pH 6 und pH 9: *Ca., Be.,* l. c. S. 2590, 2592; vom pH 8,2: *Wy., Dunn.* λ_{max} (wss. Lösung): 280 nm [pH 1] bzw. 223 nm und 279 nm [pH 11] (*Ro.,* l. c. S. 6675). Verteilung zwischen Butan-1-ol und wss. Lösung vom pH 6,5: *Ca., Be.,* l. c. S. 2592.

Sulfat $2C_5H_5N_5O \cdot H_2SO_4$ (H **26** 479). Kristalle [aus wss. H_2SO_4] (*Ca., Be.,* l. c. S. 2593; *Ro.,* l. c. S. 6677).

6-Amino-1-oxy-7,9-dihydro-purin-8-on $C_5H_5N_5O_2$, Formel XI.

B. Aus 6-Amino-7,9-dihydro-purin-8-on beim Behandeln mit wss. H_2O_2 und wss. Essigsäure (*Brown et al.,* J. biol. Chem. **233** [1958] 1513, 1514). Bei der Einwirkung von Xanthinoxidase auf 1-Oxy-7(9)*H*-purin-6-ylamin (*Br. et al.*).

Kristalle (aus H_2O); Zers. bei 325°. λ_{max} (wss. Lösung): 218 nm und 273 nm [pH 1,5], 238 nm [pH 5,6] bzw. 242 nm und 298 nm [pH 12,4] (*Br. et al.,* l. c. S. 1515).

6-Methylamino-7,9-dihydro-purin-8-on $C_6H_7N_5O$, Formel X (R = CH_3, X = O).

B. Aus [8-Chlor-7(9)*H*-purin-6-yl]-methyl-amin beim Erhitzen mit konz. wss. HCl (*Robins*, Am. Soc. **80** [1958] 6671, 6678).

Kristalle (aus H_2O); F: >300°. λ_{max} (wss. Lösung): 277 nm [pH 1] bzw. 283 nm [pH 11] (*Ro.*, l. c. S. 6675).

2-Chlor-6-diäthylamino-7,9-dihydro-purin-8-on $C_9H_{12}ClN_5O$, Formel XII (R = R′ = C_2H_5).

B. Aus 2,6-Dichlor-7,9-dihydro-purin-8-on beim Erhitzen mit Diäthylamin auf 110° (*Adams, Whitmore*, Am. Soc. **67** [1945] 1271).

Kristalle (aus H_2O); F: >225°.

2-Chlor-6-[3-diäthylamino-propylamino]-7,9-dihydro-purin-8-on $C_{12}H_{19}ClN_6O$, Formel XII (R = $[CH_2]_3$-N(C_2H_5)$_2$, R′ = H).

B. Analog der vorangehenden Verbindung (*Adams, Whitmore*, Am. Soc. **67** [1945] 1271).

Kristalle (aus A.+E.); F: 150°.

Dihydrochlorid $C_{12}H_{19}ClN_6O \cdot 2HCl$. Kristalle; F: >225°.

Picrat. Kristalle (aus A.); F: 235,5°.

6-Amino-7,9-dihydro-purin-8-thion $C_5H_5N_5S$, Formel X (R = H, X = S).

B. Aus Pyrimidin-4,5,6-triyltriamin und Thioharnstoff beim Erhitzen auf 220° (*Robins*, Am. Soc. **80** [1958] 6671, 6677).

Kristalle (aus wss. Eg.). λ_{max} (wss. Lösung): 242 nm und 310 nm [pH 1] bzw. 229 nm und 301 nm [pH 11] (*Ro.*, l. c. S. 6675).

6-Methylamino-7,9-dihydro-purin-8-thion $C_6H_7N_5S$, Formel X (R = CH_3, X = S).

B. Aus [8-Chlor-7(9)*H*-purin-6-yl]-methyl-amin beim Erhitzen mit NaHS in H_2O auf 125° (*Robins*, Am. Soc. **80** [1958] 6671, 6678).

Kristalle (aus wss. Eg.). λ_{max} (wss. Lösung): 242 nm und 312 nm [pH 1] bzw. 230 nm und 298 nm [pH 11] (*Ro.*, l. c. S. 6675).

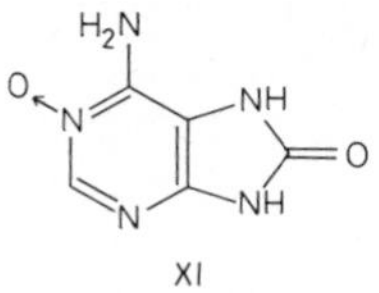

XI 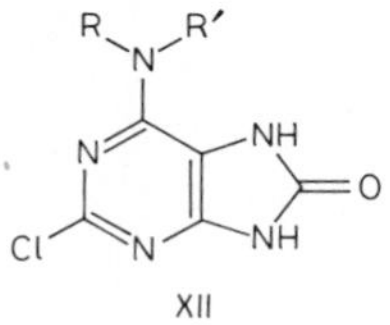 XII 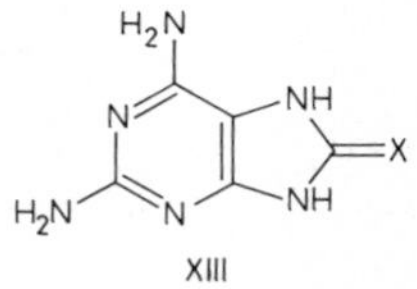 XIII

2,6-Diamino-7,9-dihydro-purin-8-on $C_5H_6N_6O$, Formel XIII (X = O) (H 524; dort als 8-Oxo-2.6-diimino-hexahydropurin bzw. als 8-Oxy-2.6-diamino-purin bezeichnet).

B. Aus Pyrimidintetrayltetraamin und Harnstoff beim Erhitzen auf 180° (*Cavalieri, Bendich*, Am. Soc. **72** [1950] 2587, 2593). Bei der Einwirkung von Xanthinoxidase auf 7(9)*H*-Purin-2,6-diyldiamin (*Wyngaarden*, J. biol. Chem. **224** [1957] 453).

UV-Spektrum (wss. Lösungen vom pH 2, pH 6 und pH 9; 220–320 nm): *Ca., Be.*, l. c. S. 2590, 2592. Verteilung zwischen Butan-1-ol und wss. Lösung vom pH 6,5: *Ca., Be.*, l. c. S. 2592.

Sulfat $2C_5H_6N_6O \cdot H_2SO_4 \cdot H_2O$. Kristalle [aus wss. H_2SO_4] (*Ca., Be.*, l. c. S. 2593).

6-Diäthylamino-2-[3-diäthylamino-propylamino]-7,9-dihydro-purin-8-on $C_{16}H_{29}N_7O$, Formel XIV.

B. Aus 2-Chlor-6-diäthylamino-7,9-dihydro-purin-8-on und *N,N*-Diäthyl-propandiyldiamin beim Erhitzen auf 195° (*Adams, Whitmore*, Am. Soc. **67** [1945] 1271).

Kristalle (aus Bzl.); F: 222–224°.

Pentahydrochlorid $C_{16}H_{29}N_7O \cdot 5HCl$. F: >225°.

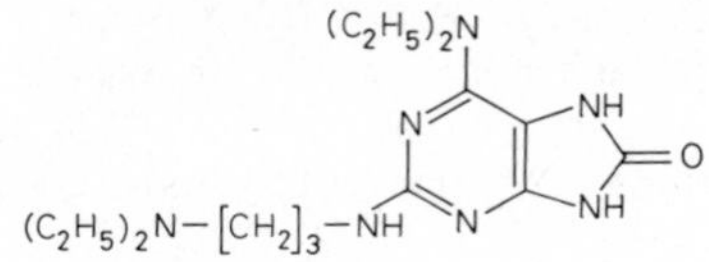

XIV 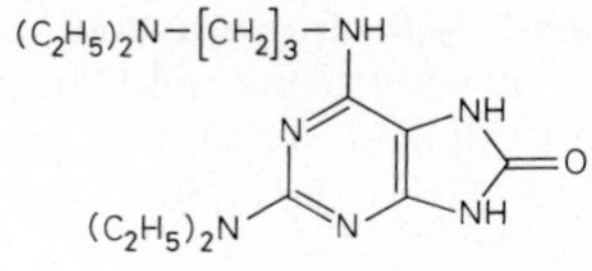 XV

2-Diäthylamino-6-[3-diäthylamino-propylamino]-7,9-dihydro-purin-8-on $C_{16}H_{29}N_7O$, Formel XV.

B. Aus 2-Chlor-6-[3-diäthylamino-propylamino]-7,9-dihydro-purin-8-on und Diäthylamin beim Erhitzen auf 155° (*Adams, Whitmore,* Am. Soc. **67** [1945] 1271).

Kristalle (aus Bzl.); F: 195–196°.

2,6-Diamino-7,9-dihydro-purin-8-thion $C_5H_6N_6S$, Formel XIII (X = S).

B. Aus Pyrimidintetrayltetraamin und Thioharnstoff beim Erhitzen auf 195° (*Gordon,* Am. Soc. **73** [1951] 984).

Gelbbrauner Feststoff. λ_{max} (wss. Lösung): 265 nm und 326 nm [pH 2,2], 261 nm und 310 nm [pH 7,1] bzw. 218 nm und 308 nm [pH 9,6].

Überführung in Thiazolo[2,3-*f*]purin-2,4-diyldiamin durch Erwärmen mit Chloracetaldehyd-diäthylacetal in Äthanol: *Go.*

Amino-Derivate der Oxo-Verbindungen $C_6H_6N_4O$

2-Amino-5-methyl-4*H*-[1,2,4]triazolo[1,5-*a*]pyrimidin-7-on $C_6H_7N_5O$, Formel I und Taut.

Konstitution: *Hill et al.,* J. org. Chem. **26** [1961] 3834.

B. Aus 1*H*-[1,2,4]Triazol-3,5-diyldiamin und Acetessigsäure-äthylester beim Erhitzen mit Essigsäure (*Ilford Ltd.,* U.S.P. 2566658 [1949]).

Kristalle (aus H_2O); F: >290° (*Ilford Ltd.*). λ_{max} (wss. Lösung): 270 nm [pH 1] bzw. 282 nm [pH 10] (*Hill et al.,* l. c. S. 3836).

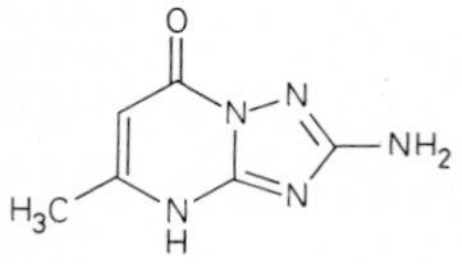

I 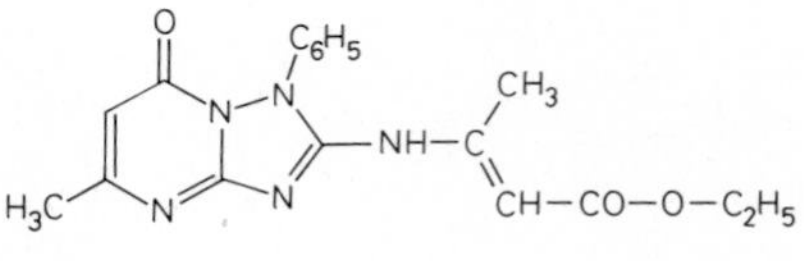 II

3-[5-Methyl-7-oxo-1-phenyl-1,7-dihydro-[1,2,4]triazolo[1,5-*a*]pyrimidin-2-ylamino]-crotonsäure-äthylester $C_{18}H_{19}N_5O_3$, Formel II.

B. Aus 3,3'-[1-Phenyl-1*H*-[1,2,4]triazol-3,5-diyldiamino]-di-crotonsäure-diäthylester (S. 1170) beim Erhitzen auf 215° oder beim Erwärmen mit wss. NaOH (*Papini, Checchi,* G. **80** [1950] 850, 853, 854). Aus 1-Phenyl-[1,2,4]triazol-3,5-diyldiamin beim Erhitzen mit Acetessigsäure-äthylester auf 215° (*Pa., Ch.*).

Kristalle (aus A.); F: 172–173°.

3,5-Diamino-1-[3-(5-methyl-7-oxo-1-phenyl-1,7-dihydro-[1,2,4]triazolo[1,5-*a*]pyrimidin-2-ylamino)-crotonoyl]-2-phenyl-[1,2,4]triazolium(?) $[C_{24}H_{23}N_{10}O_2]^+$, vermutlich Formel III und Taut.

Betain $C_{24}H_{22}N_{10}O_2$. *B.* Aus der vorangehenden Verbindung beim Erhitzen mit 1-Phenyl-1*H*-[1,2,4]triazol-3,5-diyldiamin (*Papini, Checchi,* G. **80** [1950] 850, 852, 854). – Kristalle (aus A.); F: 190°.

2-Amino-7,8-dihydro-5*H*-pteridin-6-on $C_6H_7N_5O$, Formel IV (R = H).

B. Beim Hydrieren von *N*-[2-Amino-5-nitro-pyrimidin-4-yl]-glycin-äthylester an Raney-Nickel in Methanol und Erwärmen des Reaktionsprodukts mit H_2O (*Boon et al.,* Soc. **1951** 96,

100, 101).

Kristalle (aus wss. Ameisensäure) mit 2 Mol H_2O; F: >250°. λ_{max} (wss. NaOH [0,1 n]): 293 nm (*Boon et al.*, l. c. S. 98).

***N*-[6-Oxo-5,6,7,8-tetrahydro-pteridin-2-yl]-glycin-methylester** $C_9H_{11}N_5O_3$, Formel IV (R = CH_2-CO-O-CH_3).

B. Analog der vorangehenden Verbindung (*Boon et al.*, Soc. **1951** 96, 100, 101).

Kristalle (aus 2-Äthoxy-äthanol); F: 290° [Zers.].

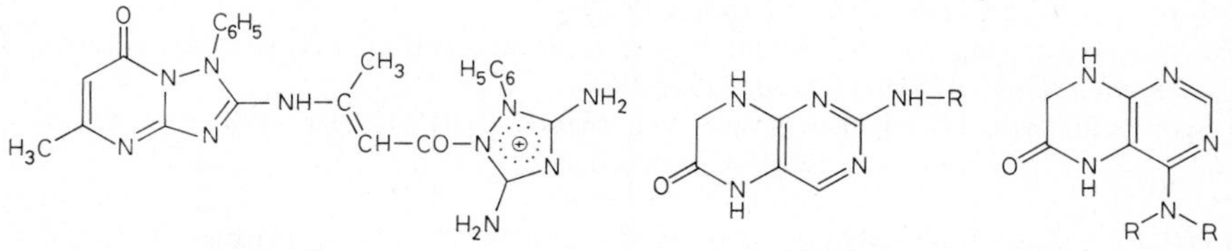

III IV V

2-[2-Diäthylamino-äthylamino]-7,8-dihydro-5*H*-pteridin-6-on $C_{12}H_{20}N_6O$, Formel IV (R = CH_2-CH_2-N(C_2H_5)$_2$).

B. Analog den vorangehenden Verbindungen (*Boon et al.*, Soc. **1951** 96, 100, 101).

Kristalle (aus A.); F: 204°.

4-Amino-7,8-dihydro-5*H*-pteridin-6-on $C_6H_7N_5O$, Formel V (R = H).

B. Beim Hydrieren von *N*-[6-Amino-5-nitro-pyrimidin-4-yl]-glycin-äthylester an Raney-Nickel in Methanol und Erwärmen des Reaktionsprodukts mit H_2O (*Boon et al.*, Soc. **1951** 96, 100, 101).

Kristalle (aus H_2O); F: >250°. λ_{max}: 287 nm [wss. HCl (0,1 n)] bzw. 295 nm [wss. NaOH (0,1 n)] (*Boon et al.*, l. c. S. 98).

4-Diäthylamino-7,8-dihydro-5*H*-pteridin-6-on $C_{10}H_{15}N_5O$, Formel V (R = C_2H_5).

B. Analog der vorangehenden Verbindung (*Boon et al.*, Soc. **1951** 96, 100, 101).

Kristalle (aus Bzl.); F: 197–199°. λ_{max}: 315 nm [wss. HCl (0,1 n)] bzw. 310 nm [wss. NaOH (0,1 n)] (*Boon et al.*, l. c. S. 98).

(±)-7,8-Dihydro-5*H*,5'*H*-[7,8']bipteridinyl-6,6'-dion(?) $C_{12}H_{10}N_8O_2$, vermutlich Formel VI.

B. Beim Behandeln von 5*H*-Pteridin-6-on mit 7,8-Dihydro-pteridin-6-on in wss. NaOH (*Albert*, Soc. **1955** 2690, 2694, 2698). Neben 5,8-Dihydro-pteridin-6,7-dion beim Erwärmen von 5*H*-Pteridin-6-on mit wss. NaOH (*Al.*, l. c. S. 2697).

Unterhalb 350° nicht schmelzend. λ_{max} (wss. Lösung): 292 nm [pH 1] bzw. 299 nm [pH 13] (*Al.*, l. c. S. 2695).

Dihydrochlorid $C_{12}H_{10}N_8O_2 \cdot 2HCl$. Kristalle (aus wss. HCl) mit 2 Mol H_2O (*Al.*, l. c. S. 2697).

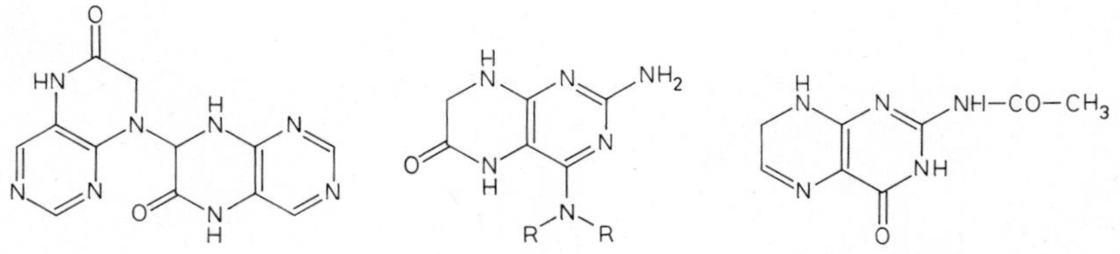

VI VII VIII

2,4-Diamino-7,8-dihydro-5*H*-pteridin-6-on $C_6H_8N_6O$, Formel VII (R = H).

B. Aus *N*-[2,6-Diamino-5-(4-chlor-phenylazo)-pyrimidin-4-yl]-glycin-äthylester beim Erhitzen mit Zink-Pulver und Essigsäure (*ICI*, U.S.P. 2628229 [1950]).

Sulfat. F: >300°.

2-Amino-4-diäthylamino-7,8-dihydro-5*H*-pteridin-6-on $C_{10}H_{16}N_6O$, Formel VII (R = C_2H_5).

B. Analog der vorangehenden Verbindung (*ICI*, U.S.P. 2628229 [1950]).

F: 228° [Zers.].

2-Acetylamino-7,8-dihydro-3*H*-pteridin-4-on, *N*-[4-Oxo-3,4,7,8-tetrahydro-pteridin-2-yl]-acetamid $C_8H_9N_5O_2$, Formel VIII und Taut.

Konstitution: *Stuart et al.*, Soc. [C] **1966** 285, 286.

B. Bei der Hydrierung von 2-Acetylamino-3*H*-pteridin-4-on an Platin in Essigsäure (*Viscontini, Weilenmann*, Helv. **41** [1958] 2170, 2171, 2177).

UV-Spektrum (wss. HCl [0,1 n] sowie wss. NaOH [0,01 n]; 210–400 nm): *Vi., We.*, l. c. S. 2176.

7-Amino-3,4-dihydro-1*H*-pyrimido[4,5-*d*]pyrimidin-2-thion $C_6H_7N_5S$, Formel IX.

B. Beim Erwärmen von [2,4-Diamino-pyrimidin-5-ylmethyl]-dithiocarbamidsäure mit wss. NaOH (*Chatterji, Anand*, J. scient. ind. Res. India **18** B [1959] 272, 278).

F: >300° [Zers.].

8-Anilino-2-methyl-1,7-dihydro-purin-6-on $C_{12}H_{11}N_5O$, Formel X und Taut.

B. Aus *N*-[4-Amino-2-methyl-6-oxo-1,6-dihydro-pyrimidin-5-yl]-*N'*-phenyl-harnstoff beim Erhitzen mit $POCl_3$ in Toluol (*King, King*, Soc. **1947** 943, 946). Aus 5,6-Diamino-2-methyl-3*H*-pyrimidin-4-on-hydrochlorid und Phenylcarbamonitril beim Erhitzen in Butan-1-ol (*King, King*).

Hydrochlorid $C_{12}H_{11}N_5O \cdot HCl$. Hellgelbe Kristalle mit 2 Mol H_2O; F: >310°; beim Trocknen bei 100° werden 1,5 Mol H_2O abgegeben.

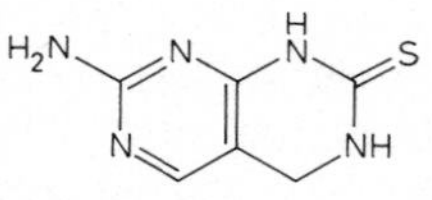

IX 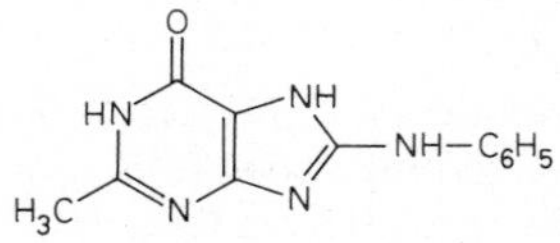 X 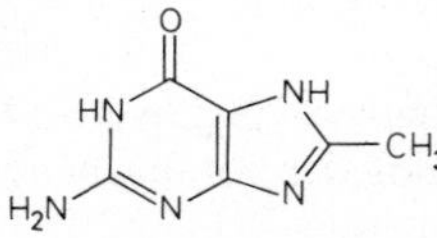 XI

2-Amino-8-methyl-1,7-dihydro-purin-6-on $C_6H_7N_5O$, Formel XI und Taut. (E II 280; dort als 6-Oxo-2-imino-8-methyl-tetrahydropurin [2-Amino-6-oxy-8-methyl-purin] bezeichnet).

B. Aus *N*-[2,4-Diamino-6-oxo-1,6-dihydro-pyrimidin-5-yl]-acetamid beim Erwärmen mit $POCl_3$ (*Acker, Castle*, J. org. Chem. **23** [1958] 2010). Aus 2,5,6-Triamino-3*H*-pyrimidin-4-on beim Erhitzen mit Acetanhydrid und Orthoessigsäure-triäthylester (*Koppel, Robins*, J. org. Chem. **23** [1958] 1457, 1460).

Kristalle (aus H_2O); F: >300° (*Ko., Ro.*). UV-Spektrum (wss. Lösungen vom pH 1 und pH 11; 230–310 nm): *Hitchings, Elion*, Am. Soc. **71** [1949] 467, 472). λ_{max} (wss. Lösung): 249 nm und 278 nm [pH 1] bzw. 275 nm [pH 11] (*Ko., Ro.*).

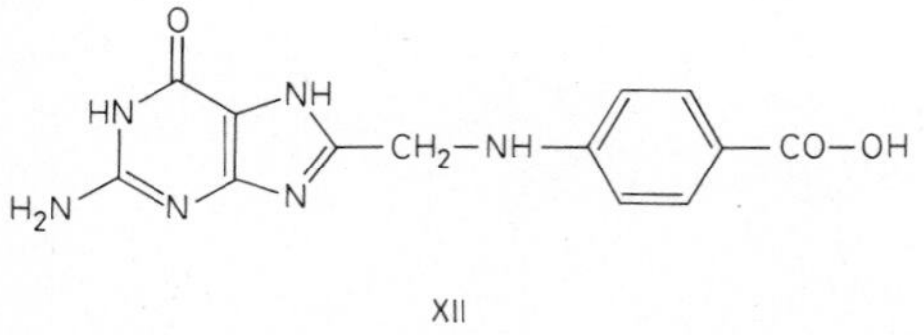

XII 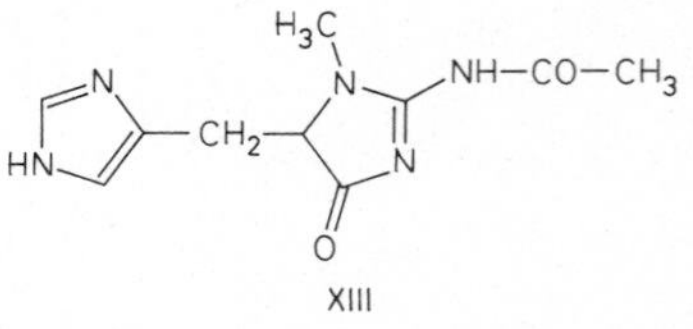 XIII

4-[(2-Amino-6-oxo-6,7-dihydro-1*H*-purin-8-ylmethyl)-amino]-benzoesäure $C_{13}H_{12}N_6O_3$, Formel XII und Taut.

B. Aus 4-{[(2,4-Diamino-6-oxo-1,6-dihydro-pyrimidin-5-ylcarbamoyl)-methyl]-amino}-

benzoesäure beim Erwärmen mit konz. wss. H_2SO_4 (*Caldwell, Cheng,* Am. Soc. **77** [1955] 6631).

Kristalle (aus H_2O) mit 1,5 Mol H_2O; Zers. bei 315–317° [unkorr.].

Sulfat $2C_{13}H_{12}N_6O_3 \cdot H_2SO_4$. Orangefarbene Kristalle (aus wss. H_2SO_4) mit 4 Mol H_2O; Zers. bei 225° [unkorr.].

Amino-Derivate der Oxo-Verbindungen $C_7H_8N_4O$

(±)-2-Acetylamino-5-[1*H*-imidazolyl-4-ylmethyl]-1-methyl-1,5-dihydro-imidazol-4-on, (±)-*N*-[5-(1*H*-Imidazol-4-ylmethyl)-1-methyl-4-oxo-4,5-dihydro-1*H*-imidazol-2-yl]-acetamid $C_{10}H_{13}N_5O_2$, Formel XIII und Taut.

B. Beim Behandeln von 2-Acetylamino-5-[1(oder 3)-acetyl-1(oder 3)*H*-imidazol-4-ylmethylen]-1-methyl-1,5-dihydro-imidazol-4-on (S. 3938) mit Natrium-Amalgam in H_2O (*Deulofeu, Mitta,* J. org. Chem. **14** [1949] 915, 918; An. Asoc. quim. arg. **38** [1950] 34, 41).

Überführung in N^{α}-Methyl-DL-histidin durch Erwärmen mit wss. $Ba(OH)_2$: *De., Mi.*

Picrat $C_{10}H_{13}N_5O_2 \cdot C_6H_3N_3O_7$. Gelbe Kristalle (aus H_2O); F: 207–210°.

4-Amino-2-methyl-7,8-dihydro-5*H*-pteridin-6-on $C_7H_9N_5O$, Formel I (R = H).

B. Bei der Hydrierung von *N*-[6-Amino-2-methyl-5-nitro-pyrimidin-4-yl]-glycin-methylester an Raney-Nickel in Methanol und Erwärmen des Reaktionsprodukts mit H_2O (*Boon et al.,* Soc. **1951** 96, 100, 101).

F: >400°.

4-Diäthylamino-2-methyl-7,8-dihydro-5*H*-pteridin-6-on $C_{11}H_{17}N_5O$, Formel I (R = C_2H_5).

B. Analog der vorangehenden Verbindung (*Boon et al.,* Soc. **1951** 96, 100, 101).

Kristalle (aus Bzl.); F: 208°. λ_{max}: 315 nm [wss. HCl (0,1 n)] bzw. 310 nm [wss. NaOH (0,1 n)] (*Boon et al.,* l. c. S. 98).

2-Amino-4-methyl-7,8-dihydro-5*H*-pteridin-6-on $C_7H_9N_5O$, Formel II (R = R′ = H).

B. Beim Behandeln von *N*-[2-Amino-6-methyl-5-nitro-pyrimidin-4-yl]-glycin mit $SnCl_2$ und HCl (*Polonovski, Jérôme,* C. r. **230** [1950] 392).

Hydrochlorid $C_7H_9N_5O \cdot HCl$. Kristalle (aus H_2O).

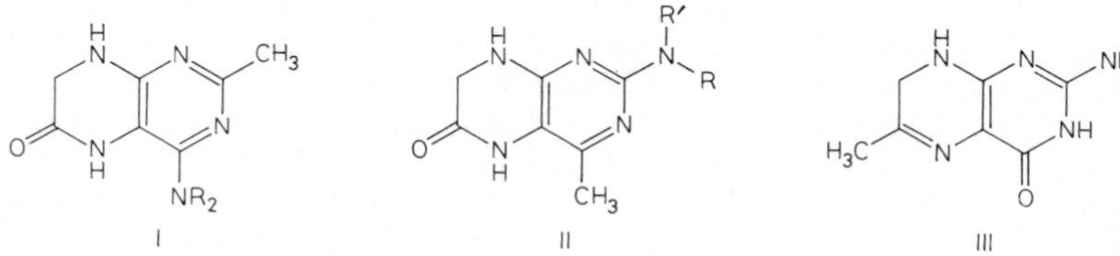

I II III

2-Diäthylamino-4-methyl-7,8-dihydro-5*H*-pteridin-6-on $C_{11}H_{17}N_5O$, Formel II (R = R′ = C_2H_5).

B. Bei der Hydrierung von *N*-[2-Diäthylamino-6-methyl-5-nitro-pyrimidin-4-yl]-glycin-methylester an Raney-Nickel in Methanol und Erwärmen des Reaktionsprodukts mit H_2O (*Boon et al.,* Soc. **1951** 96, 100, 101).

Kristalle (aus Me.); F: 284°. λ_{max}: 248 nm [wss. HCl (0,1 n)] bzw. 298 nm [wss. NaOH (0,1 n)] (*Boon et al.,* l. c. S. 98).

2-[2-Diäthylamino-äthylamino]-4-methyl-7,8-dihydro-5*H*-pteridin-6-on $C_{13}H_{22}N_6O$, Formel II (R = H, R′ = CH_2-CH_2-$N(C_2H_5)_2$).

B. Bei der Hydrierung von *N*-[2-(2-Diäthylamino-äthylamino)-6-methyl-5-nitro-pyrimidin-4-yl]-glycin-methylester an Raney-Nickel in Methanol und Erwärmen des Reaktionsprodukts mit H_2O (*Boon et al.,* Soc. **1951** 96, 100, 101).

Kristalle (aus Me.); F: 243°. λ_{max}: 232 nm [wss. HCl (0,1 n)] bzw. 298 nm [wss. NaOH

(0,1 n)] (*Boon et al.*, l. c. S. 98).

2-Amino-6-methyl-7,8-dihydro-3*H*-pteridin-4-on $C_7H_9N_5O$, Formel III und Taut.

B. Beim Erwärmen von 6-Acetonylamino-2-amino-pyrimidin-4,5-dion-5-phenylhydrazon-hydrochlorid mit Zink-Pulver und Essigsäure (*Boon, Leigh,* Soc. **1951** 1497, 1500). Aus 2-Amino-6-[2-oxo-3-phenoxy-propylamino]-pyrimidin-4,5-dion-5-phenylhydrazon bei der Hydrierung an Raney-Nickel in Äthanol bei 50°, beim Erwärmen mit Zink-Pulver und Essigsäure oder beim Erwärmen mit $Na_2S_2O_4$ in H_2O (*Boon, Le.*, l. c. S. 1500, 1501). Beim Behandeln von 1-[2-Amino-4-oxo-3,4-dihydro-pteridin-6-ylmethyl]-pyridinium-jodid mit Zink-Pulver und wss. NaOH (*Boothe et al.*, Am. Soc. **70** [1948] 27). Bei der elektrochemischen Reduktion von 2-Amino-6-methyl-3*H*-pteridin-4-on an einer Quecksilber-Kathode (*Asahi,* J. pharm. Soc. Japan **79** [1959] 1554, 1556; C. A. **1960** 10592).

λ_{max} (wss. Lösung): 224 nm, 269 nm und 340–360 nm [pH −1,7], 251 nm, 271 nm und 360 nm [pH 1], 228 nm, 278 nm und 324 nm [pH 7] bzw. 232 nm, 280 nm und 322 nm [pH 12,9] (*As.*, l. c. S. 1557; s. a. *Asahi,* J. pharm. Soc. Japan **79** [1959] 1574, 1577; C. A. **1960** 10593). Scheinbare Dissoziationsexponenten pK'_{a1} (diprotonierte Verbindung), pK'_{a2} und pK'_{a3} (H_2O; spektrophotometrisch ermittelt): 0,18 bzw. 3,93 bzw. 10,9 (*As.*, l. c. S. 1557, 1577). Polarographische Halbstufenpotentiale (wss. Lösungen vom pH <10): *As.*, l. c. S. 1557, 1577.

Hydrochlorid $C_7H_9N_5O \cdot HCl$. Gelbe Kristalle (aus H_2O) mit 1 Mol H_2O (*Bo. et al.*; s. a. *Boon, Le.*); F: >300° (*Boon, Le.*).

***N*-{4-[(2-Amino-4-oxo-3,4,7,8-tetrahydro-pteridin-6-ylmethyl)-amino]-benzoyl}-L-glutaminsäure, *N*-[7,8-Dihydro-pteroyl]-L-glutaminsäure,** Dihydrofolsäure $C_{19}H_{21}N_7O_6$, Formel IV (R = H) und Taut.

Position der H-Atome im Pyrazin-Ring: *Pastore et al.*, Am. Soc. **85** [1963] 3058; *Mathews, Huennekens,* J. biol. Chem. **238** [1963] 4005; *Hillcoat, Blakley,* Biochem. biophys. Res. Commun. **15** [1964] 303.

Zusammenfassende Darstellung: *R.L. Blakley,* The Biochemistry of Folic Acid and Related Pteridines [Amsterdam 1969] S. 79.

B. Aus Folsäure (S. 3944) bei der Hydrierung an Platin in wss. NaOH (*O'Dell et al.*, Am. Soc. **69** [1947] 250, 251; *Osborn, Huennekens,* J. biol. Chem. **233** [1958] 969; *Am. Cyanamid Co.*, U.S.P. 2601215 [1948]), beim Behandeln mit Zink-Pulver in wss. NaOH (*Am. Cyanamid Co.*) oder beim Behandeln mit $Na_2S_2O_4$ in wss. NaOH (*Futterman,* J. biol. Chem. **228** [1957] 1031, 1032; Methods Enzymol. **6** [1963] 801; *Blakley,* Nature **188** [1960] 231; *Scrimglour,* Methods Enzymol. **66** [1980] 517). Enzymatische Bildung aus Folsäure bei der Einwirkung eines Enzym-Präparats aus Clostridium sticklandii in Gegenwart von Coenzym-A und L-Serin: *Wright et al.*, J. biol. Chem. **230** [1958] 271, 274. Enzymatische Bildung in Gegenwart von ATP und Magnesium(2+) aus 2-Amino-6-hydroxymethyl-7,8-dihydro-3*H*-pteridin-6-on und *N*-[4-Amino-benzoyl]-L-glutaminsäure bei der Einwirkung von Enzym-Präparaten aus Lactobacillus plantarum: *Shiota,* Arch. Biochem. **80** [1959] 155, 156; *Shiota, Disraely,* Biochim. biophys. Acta **52** [1961] 467, 468; von Enzympräparaten aus Escherichia coli: *Brown,* Federation Proc. **18** [1959] 19; J. biol. Chem. **236** [1961] 2534, 2541.

Kristalle (aus H_2O) mit 2,5 Mol H_2O (*Bl.*, Nature **188** 231). UV-Spektrum (220–380 nm) in sauren, neutralen und alkal. wss. Lösungen: *Os.*, *Hu.*; *Bl.*, Nature **188** 231; in sauren und alkal. wss. Lösungen: *O'Dell et al.* λ_{max} (wss. Lösung): 230 nm und 269 nm [pH −1,7], 256 nm und 278 nm [pH 1,2], 280 nm [pH 4,4–9,2] bzw. 282 nm [pH 13] (*Asahi,* J. pharm. Soc. Japan **79** [1959] 1548, 1552; C. A. **1960** 10592). Scheinbare Dissoziationsexponenten pK'_{a1} (diprotonierte Verbindung), pK'_{a2} und pK'_{a3} (H_2O; spektrophotometrisch ermittelt): 0,34 bzw. 4,2 bzw. 10,3 (*As.*). Polarographische Halbstufenpotentiale (wss. Lösung vom pH 9): *Allen et al.*, Am. Soc. **74** [1952] 3264, 3266; s. a. *As.*, l. c. S. 1551.

Reaktion mit wss. Formaldehyd: *Blakley,* Biochim. biophys. Acta **23** [1957] 654; Biochem. J. **72** [1959] 707, 710, **74** [1961] 71, 79. Enzymatische Bildung von „L"-Tetrahydrofolsäure (S. 3879) bei der Einwirkung von Tetrahydrofolat-NADP-Oxidoreductase und NADPH (S. 3671): *Fu.*, J. biol. Chem. **228** 1034; *Peters, Greenberg,* Am. Soc. **80** [1958] 6679; *Os.*, *Hu.*; *Zakrzewski, Nichol,* J. biol. Chem. **235** [1960] 2984.

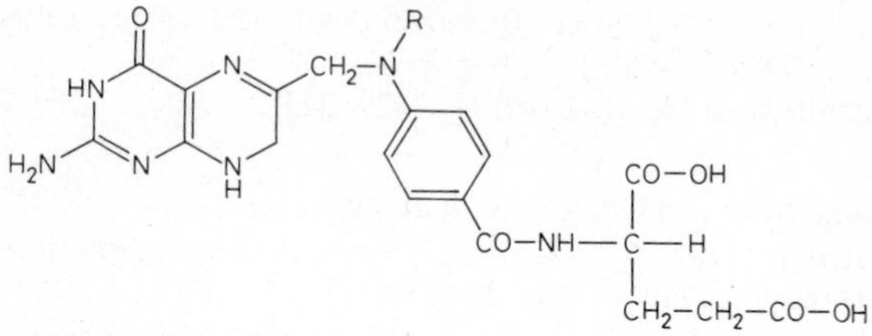

IV

N-[10-Formyl-7,8-dihydro-pteroyl]-L-glutaminsäure** $C_{20}H_{21}N_7O_7$, Formel IV (R = CHO) und Taut.

B. Beim Behandeln von (6a *ambo*)-3-Amino-8-[4-((*S*)-1,3-dicarboxy-propylcarbamoyl)-phenyl]-1-oxo-2,5,6,6a,7,8-hexahydro-1*H*-imidazo[1,5-*f*]pteridinium-betain (*N*-[*ambo*-5,10-Methyliumdiyl-5,6,7,8-tetrahydro-pteroyl]-L-glutaminsäure-betain [S. 4178]) mit Sauerstoff und wss. NaOH (*May et al.,* Am. Soc. **73** [1951] 3067, 3073). Enzymatische Bildung aus „DL"-Tetrahydrofolsäure (S. 3879) und *N*-Formimidoyl-L-glutaminsäure bei der Einwirkung eines Enzym-Präparats aus Säugetier-Leber: *Miller et al.,* Arch. Biochem. **63** [1956] 263; aus Formyl-folsäure (S. 3950) bei der Einwirkung eines Enzym-Präparats aus Clostridium sticklandii in Gegenwart von Coenzym-A und Pyruvat: *Wright, Anderson,* Biochim. biophys. Acta **28** [1958] 370, 374.

Amino-Derivate der Oxo-Verbindungen $C_8H_{10}N_4O$

5′-Amino-5,3′-dimethyl-2,1′-diphenyl-1,2-dihydro-1′*H*-[4,4′]bipyrazolyl-3-on $C_{20}H_{19}N_5O$, Formel V und Taut.

B. Aus 3,5′-Dimethyl-5,3′-dioxo-1,2′-diphenyl-1,5,2′,3′-tetrahydro-1′*H*-[4,4′]bipyrazolyl-4-carbonitril beim Behandeln mit wss. NaOH (*Westöö,* Acta chem. scand. **9** [1955] 797, 800). — Herstellung von 5′-Amino-5,3′-dimethyl-2,1′-diphenyl-1,2-dihydro-1′*H*-[5′-^{14}C][4,4′]bipyrazolyl-3-on: *We.*

Kristalle (aus Acn.); F: 230—235° [Zers.]. UV-Spektrum (A. sowie äthanol. H_2SO_4; 220—320 nm): *We.,* l. c. S. 799. λ_{max} (methanol. KOH): 255 nm.

Dihydrochlorid $C_{20}H_{19}N_5O \cdot 2HCl$. Kristalle.

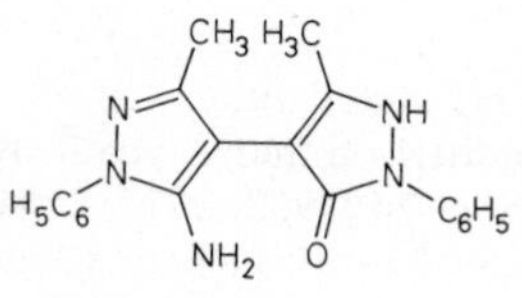

V 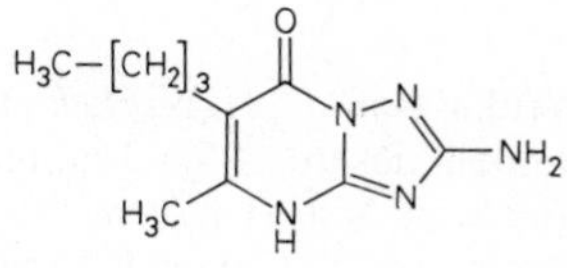 VI

Amino-Derivate der Oxo-Verbindungen $C_{10}H_{14}N_4O$

2-Amino-6-butyl-5-methyl-4*H*-[1,2,4]triazolo[1,5-*a*]pyrimidin-7-on $C_{10}H_{15}N_5O$, Formel VI und Taut.

B. Aus 1*H*-[1,2,4]Triazol-3,5-diyldiamin und 2-Butyl-acetessigsäure-äthylester beim Erhitzen mit Essigsäure (*Ilford Ltd.,* U.S.P. 2566658 [1949]).

Kristalle (aus Eg.); F: >305°. [*Wente*]

Amino-Derivate der Monooxo-Verbindungen $C_nH_{2n-8}N_4O$

Amino-Derivate der Oxo-Verbindungen $C_6H_4N_4O$

6-Chlor-4,8-dipiperidino-1*H*-pyrimido[5,4-*d*]pyrimidin-2-thion $C_{16}H_{21}ClN_6S$, Formel VII und Taut.

B. Beim Erhitzen des Natrium-Salzes von 6-Thioxo-5,6-dihydro-1*H*-pyrimido[5,4-*d*]pyrimidin-2,4,8-trion mit PCl_5 und $POCl_3$ und Umsetzen des Reaktionsprodukts mit Piperidin (*Thomae G.m.b.H.*, Brit. P. 807826 [1956]).

Orangefarbene Kristalle (aus Butan-1-ol); F: 242–243°.

2,4-Diamino-8*H*-pteridin-7-on $C_6H_6N_6O$, Formel VIII und Taut.

B. Beim Sublimieren von 2,4-Diamino-7-oxo-7,8-dihydro-pteridin-6-carbonsäure bei 340–360°/0,05 Torr (*Osdene, Timmis,* Soc. **1955** 2038).

Gelbe Kristalle; F: >300° (*Os., Ti.*). λ_{max}: 295 nm und 338 nm [wss. Lösung vom pH 1] bzw. 257 nm und 340 nm [wss. Lösung vom pH 11] (*Elion, Hitchings,* Am. Soc. **74** [1952] 3877, 3881), 224 nm, 255 nm und 341 nm [wss. NaOH (0,1 n)] (*Os., Ti.*).

7-Amino-5*H*-pteridin-6-on $C_6H_5N_5O$, Formel IX.

B. Aus 5*H*-Pteridin-6-on beim Behandeln mit $NH_2OH \cdot HCl$ und wss. Na_2CO_3 oder mit $K_3[Fe(CN)_6]$ und wss. NH_3 (*Albert,* Soc. **1955** 2690, 2697, 2698).

Feststoff; beim Erhitzen auf ca. 315° tritt Braunfärbung ein. λ_{max} (wss. Lösung): 233 nm, 310 nm, 323 nm und 339 nm [pH 4,8 sowie pH 6] bzw. 241 nm, 329 nm und 343 nm [pH 10 sowie pH 13] (*Al.*, l. c. S. 2695). Scheinbarer Dissoziationsexponent pK'_a (H_2O; potentiometrisch ermittelt) bei 20°: ca. 8. 1 g löst sich bei 100° in 5000 g H_2O.

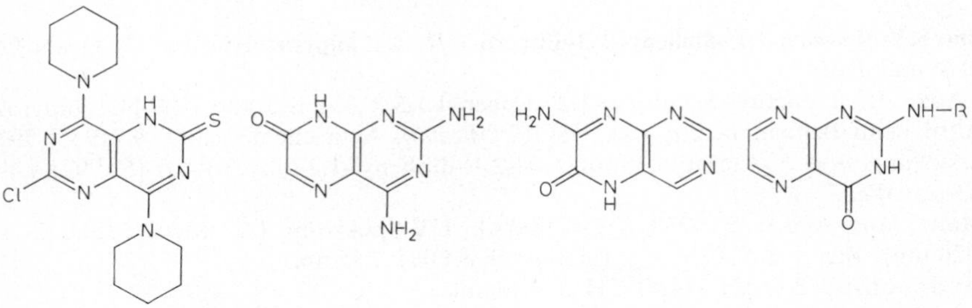

VII VIII IX X

2-Amino-3*H*-pteridin-4-on $C_6H_5N_5O$, Formel X (R = H) und Taut.

B. Beim Behandeln des aus 2,5,6-Triamino-3*H*-pyrimidin-4-on und Glyoxal erhaltenen Reaktionsprodukts mit wss. NaOH (*Elion, Hitchings,* Am. Soc. **74** [1952] 3877, 3881; *Mowat et al.*, Am. Soc. **70** [1948] 14, 17). Aus 1,2-Dihydroxy-äthan-1,2-disulfonsäure (Natrium-Salz) und 2,5,6-Triamino-3*H*-pyrimidin-4-on-hydrogensulfit (*Cain et al.*, Am. Soc. **68** [1946] 1996, 1998). Aus 3-Chlor-pyrazin-2-carbonsäure-methylester und Guanidin-carbonat (*Dick, Wood,* Soc. **1955** 1379, 1381). Bei der Umsetzung von 2,5,6-Triamino-3,4-dihydro-pyrimidin-4-sulfonsäure (?; E III/IV **25** 4521) mit 1,2-Dihydroxy-äthan-1,2-disulfonsäure (Natrium-Salz) und Behandeln des Reaktionsgemisches mit wss. NH_3 (*Am. Cyanamid Co.*, U.S.P. 2767181 [1954]). Beim Erhitzen von Pteridin-2,4-diyldiamin mit wss. HCl (*Taylor, Cain,* Am. Soc. **71** [1949] 2538).

Herstellung von 2-Amino-3*H*-[7-^{14}C]pteridin-4-on: *Weygand, Swoboda,* B. **89** [1956] 18, 21.

Hellgelb; F: >360° (*Dick, Wood*). IR-Spektrum (KBr; 2–14 μ): *Viscontini, Weilenmann,* Helv. **41** [1958] 2170, 2172. Absorptionsspektrum in wss. HCl [0,1 n], in wss. Lösung vom pH 6 sowie in wss. NaOH [0,1 n] (220–410 nm): *Vi., We.*; in wss. HCl [0,1 n] und in wss. NaOH [0,1 n] (220–440 nm): *Stokstad et al.*, Am. Soc. **70** [1948] 5, 7. λ_{max} (wss. Lösung): 315 nm [pH 0], 270 nm und 340 nm [pH 5,25] bzw. 251 nm und 358 nm [pH 13] (*Albert et al.*, Soc. **1952** 4219, 4227). Fluorescenzspektrum (wss. Lösungen vom pH 6,8 und pH 9,2; 380–550 nm): *Lowry et al.*, J. biol. Chem. **180** [1949] 389, 392. Löschung der Fluorescenz in wss. Lösungen durch organische und anorganische Anionen: *Lo. et al.*, l. c. S. 396, 397. Scheinbare Dissoziationsexponenten pK'_{a1} und pK'_{a2} (protonierte Verbindung; H_2O; spektrophotometrisch ermittelt) bei 20°: 2,31 bzw. 7,92 (*Al. et al.*); bei Raumtemperatur: 2,51 bzw.

8,02 (*Vi., We.*, l. c. S. 2171). 1 g sind bei 20° in 5,7 l wss. Lösung enthalten (*Al. et al.*, l. c. S. 4220).

2-Acetylamino-3*H*-pteridin-4-on, *N*-[4-Oxo-3,4-dihydro-pteridin-2-yl]-acetamid $C_8H_7N_5O_2$, Formel X (R = $CO-CH_3$) und Taut.

B. Aus 2-Amino-3*H*-pteridin-4-on und Acetanhydrid (*Viscontini, Weilenmann*, Helv. **41** [1958] 2170, 2176).

Kristalle (aus SO_2 enthaltendem H_2O); Zers. bei 285°. IR-Spektrum (KBr; 2–15 μ) und UV-Spektrum (wss. HCl [0,1 n] sowie wss. NaOH [0,1 n]; 200–400 nm): *Vi., We.*, l. c. S. 2173. Scheinbarer Dissoziationsexponent pK'_a (H_2O; spektrophotometrisch ermittelt): 7,27 (*Vi., We.*, l. c. S. 2172).

2-Sulfanilylamino-3*H*-pteridin-4-on, Sulfanilsäure-[4-oxo-3,4-dihydro-pteridin-2-ylamid] $C_{12}H_{10}N_6O_3S$, Formel X (R = $SO_2-C_6H_4-NH_2$) und Taut.

B. Aus dem Acetyl-Derivat (s. u.) mit Hilfe von wss. NaOH (*Fahrenbach et al.*, Am. Soc. **76** [1954] 4006, 4009).

F: 307–312° [Zers.] (*Fa. et al.*, l. c. S. 4008). λ_{max}: 254 nm und 322 nm [wss. HCl (0,1 n)] bzw. 265 nm und 368 nm [wss. NaOH (0,1 n)] (*Fa. et al.*).

Acetyl-Derivat $C_{14}H_{12}N_6O_4S$; *N*-Acetyl-sulfanilsäure-[4-oxo-3,4-dihydro-pteridin-2-ylamid]. *B.* Aus *N*-Acetyl-sulfanilsäure-[4,5-diamino-6-oxo-1,6-dihydro-pyrimidin-2-ylamid] und Glyoxal mit Hilfe von wss. NH_3 (*Fa. et al.*). – Kristalle; F: 292–295° [unkorr.] (*Am. Cyanamid Co.*, U.S.P. 2677682 [1951]), 287–289° [Zers.] (*Fa. et al.*). λ_{max}: 265 nm und 324 nm [wss. HCl (0,1 n)] bzw. 262 nm und 364 nm [wss. NaOH (0,1 n)] (*Fa. et al.*).

4-Amino-1*H*-pteridin-2-on $C_6H_5N_5O$, Formel XI (X = O) und Taut.

B. Aus 4,5,6-Triamino-1*H*-pyrimidin-2-on-sulfat und 1,2-Dihydroxy-äthan-1,2-disulfonsäure [Natrium-Salz] (*Taylor, Cain*, Am. Soc. **71** [1949] 2538).

Kristalle (aus wss. Eg.), die unterhalb 360° nicht schmelzen (*Ta., Cain*). λ_{max}: 236 nm und 335 nm [wss. HCl (0,1 n)] bzw. 255 nm und 373 nm [wss. NaOH (0,1 n)] (*Ta., Cain*). Scheinbare Dissoziationsexponenten pK'_{a1} und pK'_{a2} (H_2O; potentiometrisch ermittelt) bei 20°: 3,21 bzw. 9,97 (*Albert et al.*, Soc. **1952** 4219, 4227). 1 g ist bei 20° in 14 l und bei 100° in 1,2 l wss. Lösung enthalten (*Al. et al.*, l. c. S. 4220).

4-Amino-1*H*-pteridin-2-thion $C_6H_5N_5S$, Formel XI (X = S) und Taut.

B. Aus 4,5,6-Triamino-1*H*-pyrimidin-2-thion-hydrogensulfit und 1,2-Dihydroxy-äthan-1,2-disulfonsäure [Natrium-Verbindung] (*Gal*, Am. Soc. **72** [1950] 3532).

Gelbe Kristalle, die sich bei ca. 270° schwarz färben und unterhalb 300° nicht schmelzen. λ_{max} (wss. NaOH [0,1 n]): 293 nm und 330 nm.

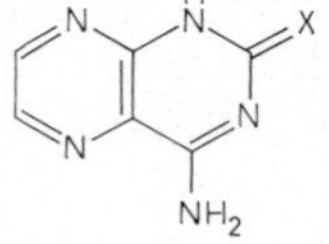

XI 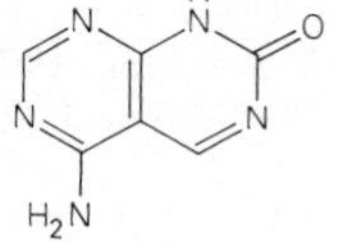 XII 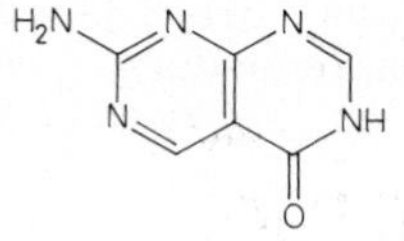 XIII 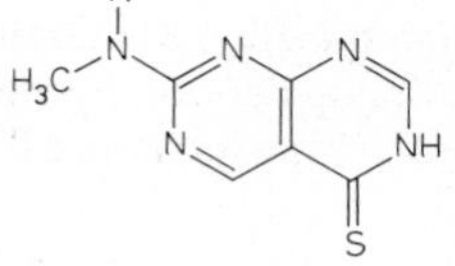 XIV

5-Amino-1*H*-pyrimido[4,5-*d*]pyrimidin-2-on $C_6H_5N_5O$, Formel XII und Taut.

B. Aus 4-Amino-2-oxo-1*H*-pyrimidin-5-carbonitril und Formamid (*Chatterji, Anand*, J. scient. ind. Res. India **18** B [1959] 272, 276).

Gelbliche Kristalle (aus DMF); F: 285° [Zers.].

7-Amino-3*H*-pyrimido[4,5-*d*]pyrimidin-4-on $C_6H_5N_5O$, Formel XIII und Taut.

B. Als Hauptprodukt beim Erhitzen von 7-Äthylmercapto-3*H*-pyrimido[4,5-*d*]pyrimidin-4-on mit äthanol. NH_3 auf 160° (*Chatterjee, Anand,* J. scient. ind. Res. India **17** B [1958] 63, 68).

Kristalle (aus H_2O). λ_{max} (H_2O): 245 nm und 315 nm.

7-Methylamino-3*H*-pyrimido[4,5-*d*]pyrimidin-4-thion $C_7H_7N_5S$, Formel XIV (R = H) und Taut.

B. Aus 4-Amino-2-methylamino-pyrimidin-5-thiocarbonsäure-amid und Orthoameisensäure-triäthylester in Acetanhydrid (*Chatterji, Anand,* J. scient. ind Res. India **18** B [1959] 272, 276).

Dunkelbraun; F: >300° [Zers.].

7-Dimethylamino-3*H*-pyrimido[4,5-*d*]pyrimidin-4-thion $C_8H_9N_5S$, Formel XIV (R = CH_3) und Taut.

B. Aus 4-Amino-2-dimethylamino-pyrimidin-5-thiocarbonsäure-amid und Orthoameisensäure-triäthylester in Acetanhydrid (*Chatterji, Anand,* J. scient. ind. Res. India **18** B [1959] 272, 276).

F: 305° [Zers.].

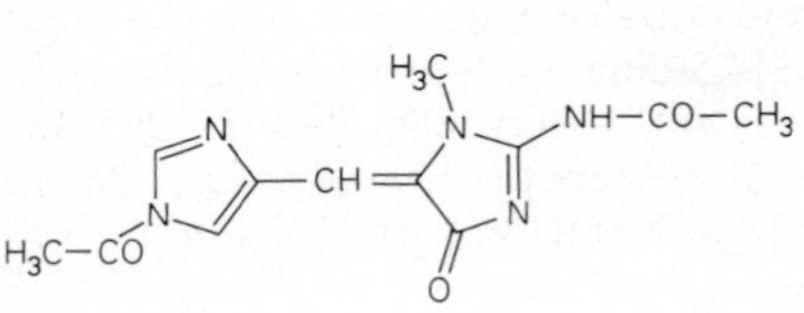

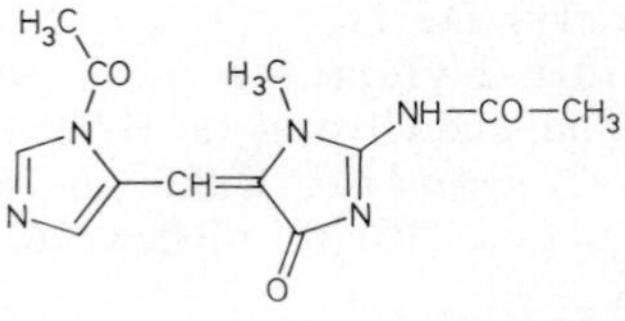

Amino-Derivate der Oxo-Verbindungen $C_7H_6N_4O$

***2-Acetylamino-5-[1(oder 3)-acetyl-1(oder 3)*H*-imidazol-4-ylmethylen]-1-methyl-1,5-dihydro-imidazol-4-on, *N*-[5-(1(oder 3)-Acetyl-1(oder 3)*H*-imidazol-4-ylmethylen)-1-methyl-4-oxo-4,5-dihydro-1*H*-imidazol-2-yl]-acetamid** $C_{12}H_{13}N_5O_3$, Formel I oder II.

B. Beim Erhitzen von Kreatinin (E III/IV **25** 3543) mit 1(3)*H*-Imidazol-4-carbaldehyd, Natriumacetat und Acetanhydrid (*Deulofeu, Mitta,* J. org. Chem. **14** [1949] 915, 917; An. Asoc. quim. arg. **38** [1950] 34, 39).

Dunkelgelbe Kristalle (aus Eg. + Acetanhydrid); F: 262°.

2-Amino-6-methyl-8*H*-pteridin-7-on $C_7H_7N_5O$, Formel III (X = NH_2, X′ = H) und Taut.

B. Beim Erwärmen von Pyrimidin-2,4,5-triyltriamin-sulfat mit der Natrium-Verbindung des Oxalessigsäure-diäthylesters in Essigsäure und Erwärmen des Reaktionsgemisches mit H_2O (*Landor, Rydon,* Soc. **1955** 1113, 1115).

Kristalle; F: >360°. λ_{max} (wss. NaOH [0,1 n]): 227 nm und 342 nm.

4-Amino-6-methyl-8*H*-pteridin-7-on $C_7H_7N_5O$, Formel III (X = H, X′ = NH_2) und Taut.

B. Analog der vorangehenden Verbindung (*Landor, Rydon,* Soc. **1955** 1113, 1115).

Rosafarbene Kristalle; F: >360°. λ_{max} (wss. Lösung): 292 nm und 327 nm [pH 2] bzw. 336 nm [pH 7].

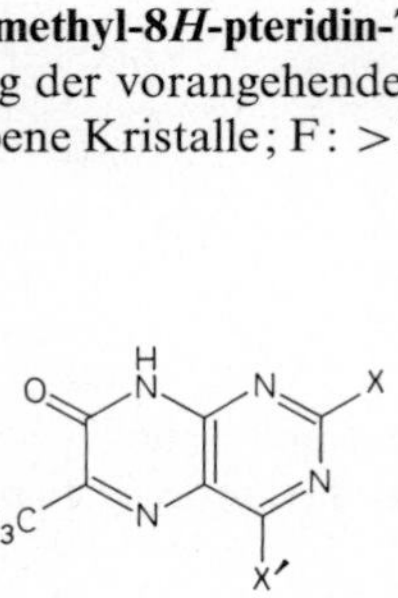

III 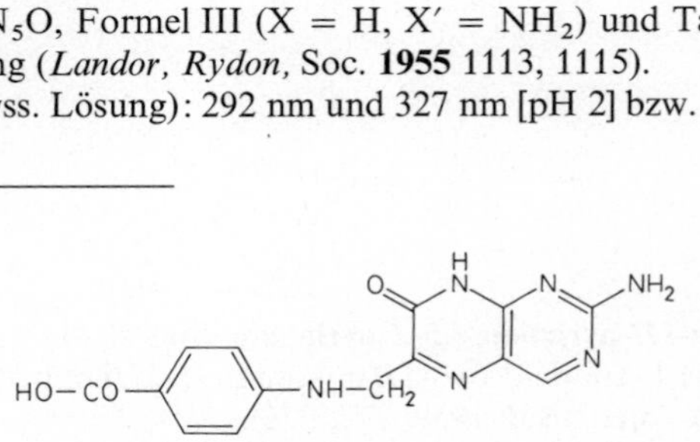 IV

2,4-Diamino-6-methyl-8*H*-pteridin-7-on $C_7H_8N_6O$, Formel III (X = X′ = NH_2) und Taut.

B. Aus Pyrimidintetrayltetraamin-sulfit und der Natrium-Verbindung des Oxalessigsäure-diäthylesters (*Elion et al.*, Am. Soc. **72** [1950] 78, 80).

λ_{max} (wss. Lösung): 298 nm und 333 nm [pH 1] bzw. 255 nm und 340 nm [pH 11] (*El. et al.*, l. c. S. 79).

Sulfat $2C_7H_8N_6O \cdot H_2SO_4$. Kristalle mit 3 Mol H_2O.

4-[(2-Amino-7-oxo-7,8-dihydro-pteridin-6-ylmethyl)-amino]-benzoesäure $C_{14}H_{12}N_6O_3$, Formel IV und Taut.

B. Aus 2-Amino-6-methyl-8*H*-pteridin-7-on bei aufeinanderfolgender Umsetzung mit Brom und mit 4-Amino-benzoesäure (*Landor, Rydon,* Soc. **1955** 1113, 1115).

Braun; F: >360°. λ_{max} (wss. NaOH [0,1 n]): 228 nm, 251 nm, 268 nm, 280 nm und 346 nm.

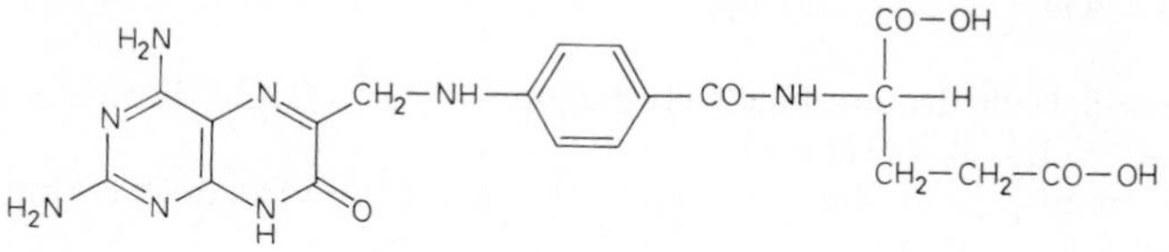

V

***N*-{4-[(2,4-Diamino-7-oxo-7,8-dihydro-pteridin-6-ylmethyl)-amino]-benzoyl}-L-glutaminsäure** $C_{19}H_{20}N_8O_6$, Formel V und Taut.

B. Aus [2,4-Diamino-7-oxo-7,8-dihydro-pteridin-6-yl]-essigsäure (aus Pyrimidintetrayltetraamin-sulfat und Oxalessigsäure-diäthylester erhalten) bei aufeinanderfolgender Umsetzung mit Brom, mit *N*-[4-Amino-benzoyl]-L-glutaminsäure und Erhitzen mit H_2O (*Tschesche et al.*, B. **86** [1953] 450, 453).

Kristalle (aus H_2O). UV-Spektrum (wss. NaOH [0,05 n]; 220–360 nm): *Tsch. et al.*, l. c. S. 452.

2-Amino-6-methyl-3*H*-pteridin-4-on $C_7H_7N_5O$, Formel VI (R = X = H) und Taut.

In den unter dieser Konstitution beschriebenen, bei der Umsetzung von 2,5,6-Triamino-3*H*-pyrimidin-4-on mit Pyruvaldehyd und N_2H_4 (*Forrest, Walker,* Soc. **1949** 2077, 2080) oder mit Chloraceton und N_2H_4 (*Petering, Schmitt,* Am. Soc. **71** [1949] 3977, 3980) erhaltenen Präparaten haben Gemische von überwiegend 2-Amino-6-methyl-3*H*-pteridin-4-on mit 2-Amino-7-methyl-3*H*-pteridin-4-on vorgelegen (*Pfleiderer et al.*, A. **741** [1970] 64, 66; s. a. *Storm et al.*, J. org. Chem. **36** [1971] 3925); Gleiches gilt vermutlich auch für die bei der Umsetzung von 2,5,6-Triamino-3*H*-pyrimidin-4-on mit 1,1-Dichlor-aceton (*King, Spensley,* Soc. **1952** 2144, 2149; *Sato et al.*, J. chem. Soc. Japan Pure Chem. Sect. **72** [1951] 866, 868; C. A. **1953** 5946) erhaltenen Präparate.

B. Beim Behandeln von 1-[2-Amino-4-oxo-3,4-dihydro-pteridin-6-ylmethyl]-pyridinium-jodid in wss. NaOH mit Zink-Pulver und anschliessend mit wss. H_2O_2 (*Boothe et al.*, Am. Soc. **70** [1948] 27). Beim Erhitzen von 6-Methyl-pteridin-2,4-diyldiamin mit wss. NaOH unter Stickstoff (*Seeger et al.*, Am. Soc. **71** [1949] 1753, 1757). Beim Erhitzen von [2-Amino-4-oxo-3,4-dihydro-pteridin-6-yl]-essigsäure auf 280° (*Mowat et al.*, Am. Soc. **70** [1948] 14, 17). Über die Abtrennung von 2-Amino-7-methyl-3*H*-pteridin-4-on s. *St. et al.*; *Karrer, Schwyzer,* Helv. **33** [1950] 39, 43.

Gelbe Kristalle; F: >360° (*Pf. et al.*, l. c. S. 74). IR-Spektrum (4000–800 cm^{-1}): *Hutchings et al.*, Am. Soc. **70** [1948] 10, 12. Absorptionsspektrum in wss. HCl [0,1 n] sowie wss. NaOH [0,1 n] (220–420 nm): *Hu. et al.*; *Mo. et al.*, l. c. S. 16; in wss. HCl [0,1 n und 1 n], wss. Lösungen vom pH 1,9–9,2 sowie wss. NaOH [0,1 n] (200–400 nm): *Komenda,* Collect. **24** [1959] 903, 908. λ_{max} (wss. Lösung): 245 nm und 323 nm [pH −1,7 sowie pH 1], 230 nm, 270 nm und 344 nm [pH 7] bzw. 251 nm, 270 nm und 362 nm [pH 12,9] (*Asahi,* J. pharm. Soc. Japan **79** [1959] 1554, 1557; C. A. **1960** 10592). Relative Intensität der Fluorescenz in wss. Lösungen vom pH 1–11,5: *Kavanagh, Goodwin,* Arch. Biochem. **20** [1949] 315, 318. Löschung der Fluorescenz in wss. Lösung durch Phosphat-Ionen: *Lowry et al.,* J. biol. Chem. **180** [1949] 389, 396. Scheinbare Dissoziationsexponenten pK'_{a1}, pK'_{a2} und pK'_{a3} (diprotonierte Verbindung; H_2O; spektrophotometrisch ermittelt): –3 bzw. 2,6 bzw. 8,1 (*As.*). Scheinbare Dissoziationsexponenten pK'_{a2} und pK'_{a3} (H_2O; spektrophotometrisch ermittelt): 2,6 bzw. 8,4 (*Ko.,* l. c. S. 910). Polarographische Halbstufenpotentiale in wss. Lösungen vom pH –2 bis 13: *Ko.,* l. c. S. 905; vom pH 0–13: *As.,* l. c. S. 1555; vom pH 9: *Allen et al.,* Am. Soc. **74** [1952] 3264, 3266.

2-Acetylamino-6-methyl-3*H*-pteridin-4-on, *N*-[6-Methyl-4-oxo-3,4-dihydro-pteridin-2-yl]-acetamid $C_9H_9N_5O_2$, Formel VI (R = CO-CH_3, X = H) und Taut.

B. Aus 2-Amino-6-methyl-3*H*-pteridin-4-on und Acetanhydrid (*Waller et al.,* Am. Soc. **72** [1950] 4630, 4633).

Kristalle; F: 319–321° [Zers.; auf 310° vorgeheizter App.; aus Acetanhydrid] (*Pfleiderer et al.,* A. **741** [1970] 64, 69, 76), 315–320° [Zers.; aus Eg.] (*Wa. et al.*). Absorptionsspektrum (wss. HCl [0,1 n] sowie wss. NH_3 [0,1 n]; 220–420 nm): *Wa. et al.,* l. c. S. 4632.

***N*-[6-Methyl-4-oxo-3,4-dihydro-pteridin-2-yl]-*β*-alanin** $C_{10}H_{11}N_5O_3$, Formel VI (R = CH_2-CH_2-CO-OH, X = H) und Taut.

B. Beim Erwärmen von 7-Amino-2-methyl-8,9-dihydro-pyrimido[2,1-*b*]pteridin-11-on mit wss. NaOH (*Angier, Curran,* Am. Soc. **81** [1959] 5650, 5654).

Kristalle (aus H_2O). λ_{max}: 237 nm und 326 nm [wss. HCl (0,1 n)] bzw. 252 nm und 362 nm [wss. NaOH (0,1 n)].

2-Amino-6-dibrommethyl-3*H*-pteridin-4-on $C_7H_5Br_2N_5O$, Formel VI (R = H, X = Br) und Taut.

Hydrobromid $C_7H_5Br_2N_5O \cdot HBr$. *B.* Aus 2-Amino-6-methyl-3*H*-pteridin-4-on und Brom in wss. HBr (*Waller et al.,* Am. Soc. **72** [1950] 4630, 4632). – Kristalle (aus wss. HBr).

Acetyl-Derivat $C_9H_7Br_2N_5O_2$; 2-Acetylamino-6-dibrommethyl-3*H*-pteridin-4-on, *N*-[6-Dibrommethyl-4-oxo-3,4-dihydro-pteridin-2-yl]-acetamid. Kristalle (aus Eg.) mit 1 Mol Essigsäure.

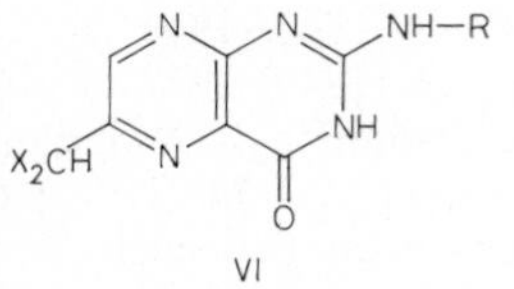

VI

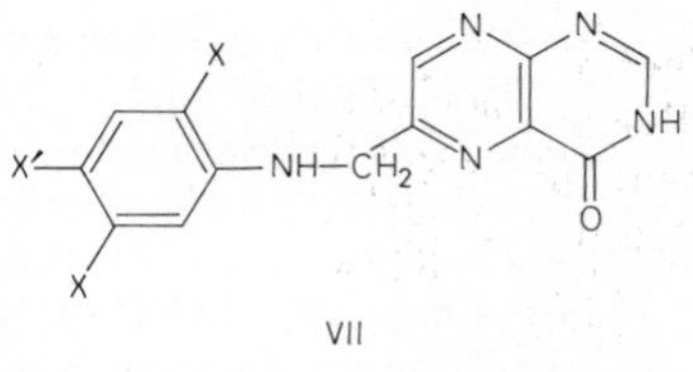

VII

6-Anilinomethyl-3*H*-pteridin-4-on $C_{13}H_{11}N_5O$, Formel VII (X = X′ = H) und Taut.

B. Aus dem Hydrobromid des 6-Brommethyl-3*H*-pteridin-4-ons und Anilin (*Brown,* Soc. **1953** 1644).

Gelbe Kristalle (aus Pentan-1-ol+DMF); Zers. >250° (*Br.*). Scheinbarer Dissoziationsexponent pK'_a (H_2O; potentiometrisch ermittelt) bei 20°: 7,92 (*Albert,* Biochem. J. **54** [1953] 646, 648).

Stabilitätskonstante des Komplexes mit Kobalt(2+) in H_2O bei 20°: *Al.,* l. c. S. 650.

Die folgenden Verbindungen sind in analoger Weise hergestellt worden:

6-*p*-Anisidinomethyl-3*H*-pteridin-4-on $C_{14}H_{13}N_5O_2$, Formel VII (X = H, X′ = O-CH_3) und Taut. Orangefarbene Kristalle (aus Pentan-1-ol); Zers. bei 240–260° (*Br.*).

6-[2,5-Dimethoxy-anilinomethyl]-3*H*-pteridin-4-on $C_{15}H_{15}N_5O_3$, Formel VII (X = O-CH_3, X′ = H) und Taut. Gelbe Kristalle (aus H_2O) mit 0,5 Mol H_2O (*Br.*).

4-[(4-Oxo-3,4-dihydro-pteridin-6-ylmethyl)-amino]-benzoesäure $C_{14}H_{11}N_5O_3$, Formel VII (X = H, X′ = CO-OH) und Taut. Gelbe Kristalle (aus DMF+H_2O); Zers. bei ca. 300° (*Br.*).

N-{4-[(4-Oxo-3,4-dihydro-pteridin-6-ylmethyl)-amino]-benzoyl}-L-glutaminsäure $C_{19}H_{18}N_6O_6$, Formel VIII und Taut. (in der Literatur auch als 2-Desamino-folsäure bezeichnet). Hygroskopische gelbe Kristalle (aus H_2O); Zers. bei ca. 170° [Dunkelfärbung ab 110°]; die wss. Lösung färbt sich oberhalb ca. 80° schnell dunkel (*Br.*). – Geschwindigkeit der Hydrierung an Platin in wss. Lösung vom pH 7 und in wss. NaOH [0,1 n]: *Blakley,* Biochem. J. **65** [1957] 331, 333, 334.

N-[4-Oxo-3,4-dihydro-pteridin-6-ylmethyl]-sulfanilsäure $C_{13}H_{11}N_5O_4S$, Formel VII (X = H, X′ = SO_2-OH) und Taut. Natrium-Salz $NaC_{13}H_{10}N_5O_4S$. Gelbe Kristalle (aus H_2O) mit 2 Mol H_2O (*Br.*). Scheinbarer Dissoziationsexponent pK'_a (H_2O; potentiometrisch ermittelt) bei 20°: 7,91; Stabilitätskonstanten der Komplexe mit Zink(2+), Kobalt(2+) und Nickel(2+) in H_2O bei 20°: *Al.*

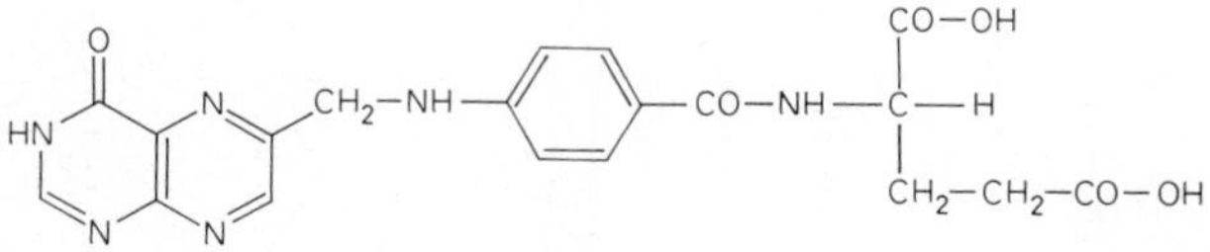

VIII

2-Amino-6-diäthylaminomethyl-3*H*-pteridin-4-on $C_{11}H_{16}N_6O$, Formel IX (R = R′ = C_2H_5) und Taut.

B. Aus 2,3-Dibrom-propionaldehyd, Diäthylamin und 2,5,6-Triamino-3*H*-pyrimidin-4-on-dihydrochlorid mit Hilfe von Jod (*Am. Cyanamid Co.,* U.S.P. 2466897 [1946]).

Zers. bei ca. 300°.

Hydrojodid. Hellgelbe Kristalle (aus wss. KI).

2-Amino-6-*o*-toluidinomethyl-3*H*-pteridin-4-on $C_{14}H_{14}N_6O$, Formel IX (R = C_6H_4-CH_3, R′ = H) und Taut.

B. Aus 2,5,6-Triamino-3*H*-pyrimidin-4-on, *o*-Toluidin und 2,3-Dibrom-propionaldehyd mit Hilfe von $Na_2Cr_2O_7$ (*Pal,* J. Indian chem. Soc. **31** [1954] 673, 675).

Gelbe Kristalle (aus H_2O), die oberhalb 320° verkohlen. λ_{max}: 317 nm [wss. HCl (0,1 n)] bzw. 252 nm und 359 nm [wss. NaOH (0,1 n)] (*Pal,* l. c. S. 674).

2-Amino-6-*m*-toluidinomethyl-3*H*-pteridin-4-on $C_{14}H_{14}N_6O$, Formel IX (R = C_6H_4-CH_3, R′ = H) und Taut.

B. Analog der vorangehenden Verbindung (*Pal,* J. Indian chem. Soc. **31** [1954] 673, 675).

Orangegelbe Kristalle (aus H_2O). λ_{max}: 319 nm [wss. HCl (0,1 n)] bzw. 252 nm und 360 nm [wss. NaOH (0,1 n)] (*Pal,* l. c. S. 674).

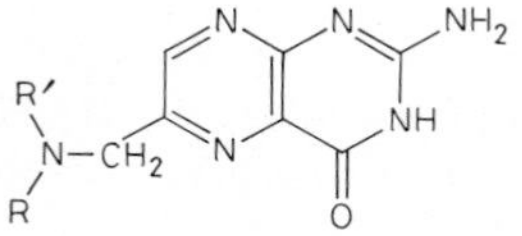

IX 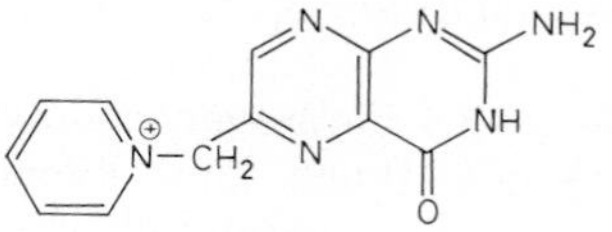 X

2-Amino-6-*p*-toluidinomethyl-3*H*-pteridin-4-on $C_{14}H_{14}N_6O$, Formel IX (R = C_6H_4-CH_3, R′ = H) und Taut.

B. Analog den vorangehenden Verbindungen (*Pal,* J. Indian chem. Soc. **31** [1954] 673, 675).

Orangegelbe Kristalle (aus H_2O). λ_{max}: 315 nm [wss. HCl (0,1 n)] bzw. 252 nm und 358 nm [wss. NaOH (0,1 n)] (*Pal,* l. c. S. 674).

2-Amino-6-[(4-methansulfonyl-anilino)-methyl]-3*H*-pteridin-4-on $C_{14}H_{14}N_6O_3S$, Formel IX (R = C_6H_4-SO_2-CH_3, R′=H) und Taut.

B. Aus 2,5,6-Triamino-3*H*-pyrimidin-4-on-sulfat, 2,3-Dihydroxy-acrylaldehyd-[4-methan=

sulfonyl-phenylimin] (E III **13** 1268) und Natriumacetat in Äthanol (*Forrest, Walker,* Soc. **1949** 2002, 2007).

Gelber Feststoff (aus wss. NH_3 + Eg.). λ_{max} (wss. NaOH [0,1 n]): 259 nm und 365 nm.

1-[2-Amino-4-oxo-3,4-dihydro-pteridin-6-ylmethyl]-pyridinium $[C_{12}H_{11}N_6O]^+$, Formel X und Taut.

Jodid $[C_{12}H_{11}N_6O]I$. *B.* Beim Behandeln des aus 2,3-Dibrom-propionaldehyd und Pyridin erhaltenen Reaktionsprodukts mit 2,5,6-Triamino-3*H*-pyrimidin-4-on und KI (*Hultquist et al.,* Am. Soc. **70** [1948] 23; *Am. Cyanamid Co.,* U.S.P. 2466897 [1946]). – Gelbe Kristalle [aus wss. KI] (*Hu. et al.*). UV-Spektrum (wss. HCl [0,1 n] sowie wss. NaOH [0,1 n]; 240 – 400 nm): *Hu. et al.*

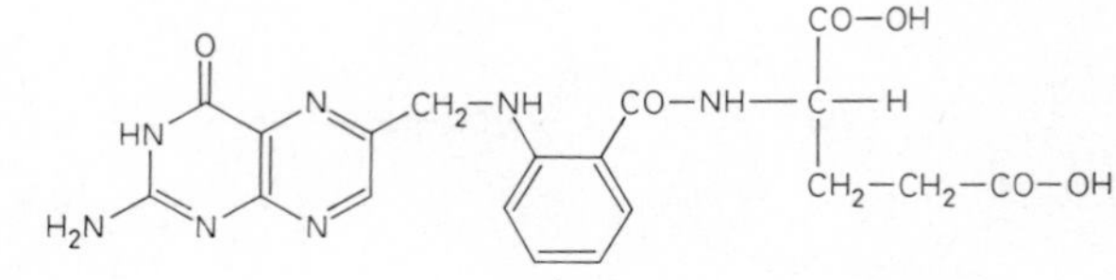

XI

***N*-[*N*-(2-Amino-4-oxo-3,4-dihydro-pteridin-6-ylmethyl)-anthraniloyl]-L-glutaminsäure** $C_{19}H_{19}N_7O_6$, Formel XI und Taut.

B. Aus 2,5,6-Triamino-3*H*-pyrimidin-4-on-hydrogensulfit, *N*-Anthraniloyl-L-glutaminsäure und 1,1,3-Trichlor-aceton (*Ochiai, Endo,* J. pharm. Soc. Japan **73** [1953] 763; C. A. **1954** 7020).

Hellgelbes Pulver mit 1 Mol H_2O. Absorptionsspektrum (wss. NaOH [0,1 n]; 225 – 425 nm): *Och., Endo.*

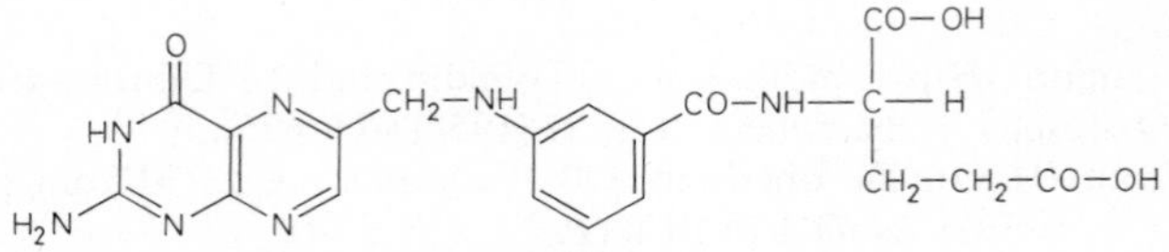

XII

***N*-{3-[(2-Amino-4-oxo-3,4-dihydro-pteridin-6-ylmethyl)-amino]-benzoyl}-L-glutaminsäure** $C_{19}H_{19}N_7O_6$, Formel XII und Taut.

B. Analog der vorangehenden Verbindung (*Uyeo, Mizukami,* J. pharm. Soc. Japan **72** [1952] 843).

Orangegelbe Kristalle mit 2 Mol H_2O; bei ca. 250° tritt Schwarzfärbung ein. Absorptionsspektrum (wss. NaOH [0,1 n]; 225 – 425 nm): *Uyeo, Mi.*

4-[(2-Amino-4-oxo-3,4-dihydro-pteridin-6-ylmethyl)-amino]-benzoesäure $C_{14}H_{12}N_6O_3$, Formel XIII (X = OH) und Taut.; **Pteroinsäure** [1]), Pteroylsäure, Aporhizopterin, Pte (in der angelsächsischen Literatur als pteroic acid bezeichnet).

B. In mässiger Ausbeute aus 2,5,6-Triamino-3*H*-pyrimidin-4-on und 4-Amino-benzoesäure beim Behandeln mit 2,3-Dibrom-propionaldehyd (*Waller et al.,* Am. Soc. **70** [1948] 19, 22) bzw. mit 1,1,3-Tribrom-aceton (*Weygand, Schmied-Kowarzik,* B. **82** [1949] 333, 336) in wss.-äthanol. Lösung vom pH 4. Beim Erhitzen von 4-Amino-benzoesäure mit 1-[2-Amino-4-oxo-3,4-dihydro-pteridin-6-ylmethyl]-pyridinium-jodid und Natriummethylat in Äthylenglykol (*Hultquist et al.,* Am. Soc. **70** [1948] 23). – Reinigung: *Wa. et al.*

Hellgelbe Kristalle, die sich beim Erhitzen zersetzen; Kristalloptik: *Am. Cyanamid Co.,* U.S.P. 2598667 [1947]. UV-Spektrum (wss. Lösungen vom pH 1,3, pH 7 sowie pH 12,6; 210 – 380 nm):

[1]) Bei von Pteroinsäure abgeleiteten Namen gilt die in Formel XIII angegebene Stellungsbezeichnung.

Rickes et al., Am. Soc. **69** [1947] 2751. λ_{max} (wss. NaOH [0,1 n]): 256 nm und 278 nm (*Korte et al.*, Z. physiol. Chem. **314** [1959] 106, 112). Fluorescenzmaximum (wss. Lösung vom pH 7): 450 nm (*Duggan et al.*, Arch. Biochem. **68** [1957] 1, 4). Polarographisches Halbstufenpotential in wss. Lösungen vom pH 0–10: *Asahi*, J. pharm. Soc. Japan **79** [1959] 1570, 1571; C. A. **1960** 10593; vom pH 9,12: *Ri. et al.*

Dinatrium-Salz $Na_2C_{14}H_{10}N_6O_3$. Gelbe Kristalle [aus wss. NaOH + A. + Acn.] (*Ri. et al.*).

Hydrochlorid. Kristalloptik: *Am. Cyanamid Co.*

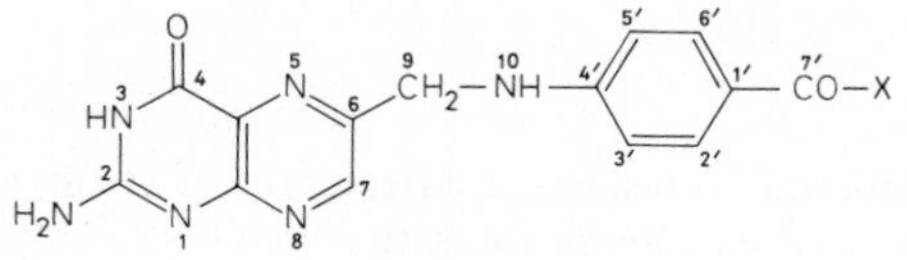

XIII

N-Pteroyl-DL-alanin $C_{17}H_{17}N_7O_4$, Formel XIII (X = NH-CH(CH$_3$)-CO-OH) und Taut.

B. Aus 2,5,6-Triamino-3*H*-pyrimidin-4-on, 2,3-Dibrom-propionaldehyd und *N*-[4-Amino-benzoyl]-DL-alanin mit Hilfe von Jod oder $Na_2Cr_2O_7$ (*Wright et al.*, Am. Soc. **71** [1949] 3014, 3016).

UV-Spektrum (wss. HCl [0,1 n] sowie wss. NaOH [0,1 n]; 230–400 nm): *Wr. et al.*

N-Pteroyl-β-alanin $C_{17}H_{17}N_7O_4$, Formel XIII (X = NH-CH$_2$-CH$_2$-CO-OH) und Taut.

B. Aus 2,5,6-Triamino-3*H*-pyrimidin-4-on, 2,3-Dibrom-propionaldehyd und *N*-[4-Amino-benzoyl]-β-alanin mit Hilfe von Jod oder $Na_2Cr_2O_7$ (*Wright et al.*, Am. Soc. **71** [1949] 3014, 3016).

Kristalle (aus wss. HCl). UV-Spektrum (wss. HCl [0,1 n] sowie wss. NaOH [0,1 n]; 230–400 nm): *Wr. et al.*

Pteroylamino-malonsäure $C_{17}H_{15}N_7O_6$, Formel XIII (X = NH-CH(CO-OH)$_2$) und Taut.

B. Aus 2,5,6-Triamino-3*H*-pyrimidin-4-on, 2,3-Dibrom-propionaldehyd und [4-Amino-benz=oylamino]-malonsäure mit Hilfe von Jod oder $Na_2Cr_2O_7$ (*Wright et al.*, Am. Soc. **71** [1949] 3014, 3016).

UV-Spektrum (wss. HCl [0,1 n] sowie wss. NaOH [0,1 n]; 230–400 nm): *Wr. et al.*

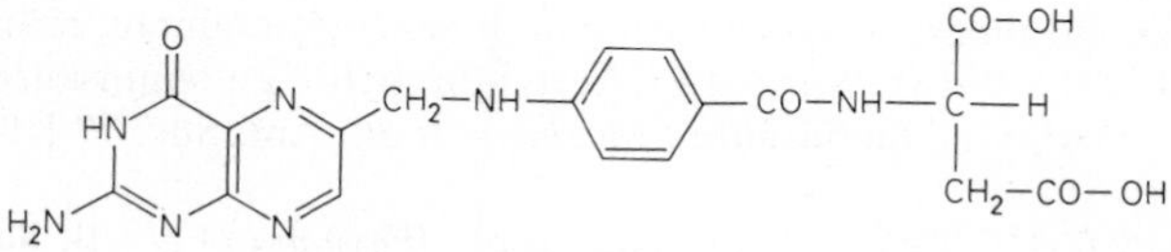

XIV

N-Pteroyl-asparaginsäure $C_{18}H_{17}N_7O_6$.

a) **N-Pteroyl-L-asparaginsäure,** Formel XIV und Taut.

B. Aus 2,5,6-Triamino-3*H*-pyrimidin-4-on-dihydrochlorid, 2,3-Dibrom-propionaldehyd und *N*-[4-Amino-benzoyl]-L-asparaginsäure (*Hutchings et al.*, J. biol. Chem. **170** [1947] 323, 324).

Magnesium-Salz $Mg_3(C_{18}H_{14}N_7O_6)_2$. Kristalle mit 2 Mol H_2O.

b) **N-Pteroyl-DL-asparaginsäure,** Formel XIV + Spiegelbild und Taut.

B. Analog dem unter a) beschriebenen Enantiomeren (*Sato et al.*, J. chem. Soc. Japan Pure Chem. Sect. **72** [1951] 866; C. A. **1953** 5946).

Gelbe Kristalle; Zers. bei 280°.

N-Pteroyl-glutaminsäure $C_{19}H_{19}N_7O_6$.

a) **N-Pteroyl-D-glutaminsäure,** Pte-D-Glu, Formel I und Taut.

B. Aus 2,5,6-Triamino-3*H*-pyrimidin-4-on, *N*-[4-Amino-benzoyl]-D-glutaminsäure und

(±)-2,3-Dibrom-propionaldehyd (*Kiršanowa, Trufanow,* Biochimija **14** [1949] 413, 415; C. A. **1950** 1116).

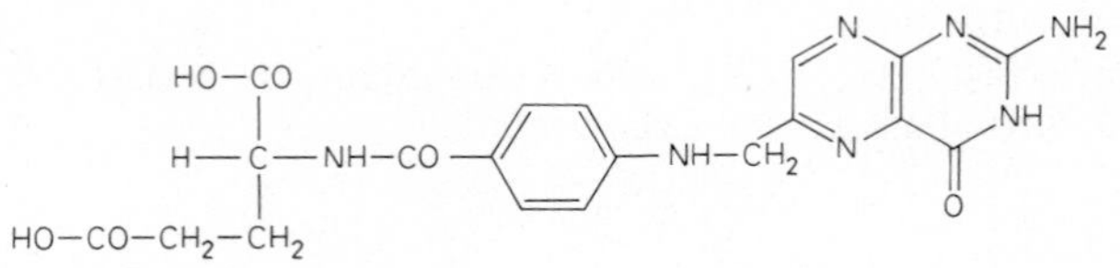

I

b) ***N*-Pteroyl-L-glutaminsäure, Folsäure,** Folinsäure, Vitamin-B_c, Pte-Glu, Formel II (X = X′ = OH) und Taut. (in der älteren Literatur auch als Leber-Lactobacillus casei-Faktor bezeichnet).

Zusammenfassende Darstellungen: *Albert,* Fortschr. Ch. org. Naturst. **11** [1954] 350, 372; *Jaenicke, Kutzbach,* Fortschr. Ch. org. Naturst. **21** [1963] 183.

Isolierung aus Schweineleber oder Pferdeleber: *Pfiffner et al.,* Am. Soc. **69** [1947] 1476, 1477; aus Hefe: *Pf. et al.,* l. c. S. 1480; aus Spinatblättern: *Mitchell et al.,* Am. Soc. **66** [1944] 267.

B. Aus 2,5,6-Triamino-3*H*-pyrimidin-4-on, *N*-[4-Amino-benzoyl]-L-glutaminsäure und (±)-2,3-Dibrom-propionaldehyd mit Hilfe von Jod und KI (*Beresowškiĭ et al.,* Ž. obšč. Chim. **27** [1957] 1717, 1719; engl. Ausg. S. 1788; s. a. *Waller et al.,* Am. Soc. **70** [1948] 19, 21). Aus 2,5,6-Triamino-3*H*-pyrimidin-4-on, *N*-[4-Amino-benzoyl]-L-glutaminsäure und 1,1,3-Tribrom-aceton oder 2,2,3-Tribrom-propionaldehyd (*Weygand, Schmied-Kowarzik,* B. **82** [1949] 333) oder 1,1,3-Trichlor-aceton (*Uyeo et al.,* Am. Soc. **72** [1950] 5339). Aus 1-[2-Amino-4-oxo-3,4-dihydro-pteridin-6-ylmethyl]-pyridinium-jodid und *N*-[4-Amino-benzoyl]-L-glutaminsäure mit Hilfe von Natriummethylat und Äthylenglykol (*Hultquist et al.,* Am. Soc. **70** [1948] 23). Bei der Hydrierung eines Gemisches von 2-Amino-4-oxo-3,4-dihydro-pteridin-6-carbaldehyd und *N*-[4-Amino-benzoyl]-L-glutaminsäure an Platin in wss. Äthanol (*Weygand et al.,* B. **82** [1949] 25, 31) oder an Palladium/Kohle in Ameisensäure (*Hoffmann-La Roche,* D.B.P. 839499 [1949]; D.R.B.P. Org. Chem. 1950–1951 **3** 506). Aus [2-Amino-4-oxo-3,4-dihydro-pteridin-6-yl]-essigsäure bei der Bromierung, Umsetzung des Reaktionsprodukts mit *N*-[4-Amino-benzoyl]-L-glutaminsäure-diäthylester, Decarboxylierung und Hydrolyse mit wss. $Ca(OH)_2$ (*Tschesche et al.,* B. **84** [1951] 579, 582). Beim Erwärmen von *N*-{4-[(2,4-Diamino-pteridin-6-ylmethyl)-amino]-benzoyl}-L-glutaminsäure (*Seeger et al.,* Am. Soc. **71** [1949] 1753, 1755), von *N*-{4-[(2-Amino-4-dimethylamino-pteridin-6-ylmethyl)-amino]-benzoyl}-L-glutaminsäure (*Roth et al.,* Am. Soc. **72** [1950] 1914, 1918), von *N*-[N^2-Acetyl-pteroyl]-L-glutaminsäure oder von *N*-[N^2-Acetyl-10-formyl-pteroyl]-L-glutaminsäure (*Sletzinger et al.,* Am. Soc. **77** [1955] 6365) mit wss. NaOH.

Herstellung von *N*-[2-^{14}C]Pteroyl-L-glutaminsäure: *Weygand et al.,* B. **86** [1953] 1389; von *N*-[9-^{14}C]Pteroyl-L-glutaminsäure: *Weygand, Schaefer,* B. **85** [1952] 307, 312; eines Gemisches von *N*-[7-^{14}C]Pteroyl-L-glutaminsäure und *N*-[9-^{14}C]Pteroyl-L-glutaminsäure: *Weygand, Swoboda,* B. **89** [1956] 18, 20.

Gelbe Kristalle (aus H_2O); Zers. >250° (*Pfiffner et al.,* Am. Soc. **69** [1947] 1476, 1479). Netzebenenabstände: *May et al.,* Am. Soc. **73** [1951] 3067, 3074. Kristalloptik: *Pf. et al.*; *Am. Cyanamid Co.,* U.S.P. 2444002 [1946]. $[\alpha]_D^{20}$: +16° [wss. NaOH (0,1 n); c = 0,8] (*Weygand et al.,* B. **82** [1949] 25, 31). IR-Spektrum (3800–750 cm^{-1}): *Waller et al.,* Am. Soc. **70** [1948] 19, 21. Absorptionsspektrum in wss. HCl [0,1 n], wss. Lösung vom pH 7,07 sowie wss. NaOH [0,05 n] (210–430 nm): *Rickes et al.,* Am. Soc. **69** [1947] 2751; in wss. HCl [0,1 n] sowie wss. NaOH [0,1 n] (200–400 nm): *Ilver,* Dansk Tidsskr. Farm. **27** [1953] 81, 91; in wss. NaOH [0,1 n] (200–420 nm): *Pohland et al.,* Am. Soc. **73** [1951] 3247, 3249; *Beresowškiĭ et al.,* Ž. obšč. Chim. **27** [1957] 1717, 1718; engl. Ausg. S. 1788; *Angier, Curran,* Am. Soc. **81** [1959] 2814, 2816. λ_{max} (wss. Lösung): 228 nm und 318 nm [pH –1,5], 294 nm [pH 1,1], 242 nm und 279 nm [pH 5,3–7] bzw. 260 nm und 285 nm [pH 10–13] (*Asahi,* J. pharm. Soc. Japan **79** [1959] 1548, 1552; C. A. **1960** 10592). Fluorescenzspektrum (wss. Lösungen vom pH 1, pH 7 und pH 10; 300–600 nm): *Duggan et al.,* Arch. Biochem. **68** [1957] 1, 4, 6.

Magnetische Susceptibilität: $-220{,}7 \cdot 10^{-6}$ $cm^3 \cdot mol^{-1}$ (*Woernley*, Arch. Biochem. **54** [1955] 378, 379). Scheinbare Dissoziationsexponenten pK'_{a1} (diprotonierte Verbindung), pK'_{a2} und pK'_{a4} (H_2O; spektrophotometrisch ermittelt): 0,4 bzw. 2,4 bzw. 8,2 (*Asahi*, J. pharm. Soc. Japan **79** [1959] 1548, 1552; C. A. **1960** 10592). Scheinbare Dissoziationsexponenten pK'_{a3} und pK'_{a4} (H_2O; potentiometrisch ermittelt): 5,0 bzw. 8,2 (*Pohland et al.*, Am. Soc. **73** [1951] 3247, 3249). Scheinbarer Dissoziationsexponent pK'_{a4} (H_2O; potentiometrisch ermittelt) bei 20°: 8,26 (*Albert*, Biochem. J. **54** [1953] 646, 648). Polarographische Halbstufenpotentiale in wss. Lösungen vom pH 1,85–12,9: *As.*, l. c. S. 1550; vom pH 6–12: *Hrdý*, Collect. **24** [1959] 1180, 1182; vom pH 9: *Allen et al.*, Am. Soc. **74** [1952] 3264, 3266. In 1 ml wss. Lösung vom pH 3 lösen sich bei 25° 0,0016 mg (*Pfiffner et al.*, Am. Soc. **69** [1947] 1476, 1479). Löslichkeit in wss. Lösungen vom pH 3–6 bei 30°: *Biamonte, Schneller*, J. Am. pharm. Assoc. **40** [1951] 313, 314.

Geschwindigkeitskonstante der Zersetzung in wss. Lösungen vom pH 1, pH 2 und pH 3 bei 100° und 120°: *Dick et al.*, Austral. J. exp. Biol. med. Sci. **26** [1948] 239, 242. Geschwindigkeit der Zersetzung in wss. Lösungen vom pH 4,5–9,2 bei 30°: *Koft, Sevag*, Am. Soc. **71** [1949] 3245. Abbau in wss. Essigsäure [0,01 n] durch Bestrahlung mit UV-Licht (λ: 365 nm): *Lowry et al.*, J. biol. Chem. **180** [1949] 389. Abbau durch Bestrahlung mit Licht (sichtbarer Bereich) in Gegenwart von Riboflavin (S. 2542): *Scheindlin et al.*, J. Am. pharm. Assoc. **41** [1952] 420. Geschwindigkeit der Hydrierung an Platin in Ameisensäure und in wss. Lösung vom pH 7: *Blakley*, Biochem. J. **65** [1957] 331, 333; in wss. NaOH [0,1 n]: *O'Dell et al.*, Am. Soc. **69** [1947] 250, 251; *Bl.*

Stabilitätskonstanten der Komplexe mit Kupfer(2+), Zink(2+), Cadmium(2+), Mangan(2+), Eisen(2+), Kobalt(2+) und Nickel(2+) in H_2O bei 20°: *Albert*, Biochem. J. **54** [1953] 646, 650; s. a. *Irving, Williams*, Soc. **1953** 3192, 3199.

Dinatrium-Salz $Na_2C_{19}H_{17}N_7O_6$. Orangegelbe Kristalle (*Pfiffner et al.*, Am. Soc. **69** [1947] 1476, 1486).

Disilber-Salz $Ag_2C_{19}H_{17}N_7O_6$. Gelbe Kristalle (*Pf. et al.*).

Kobalt(II)-Salz. Gelb; Zers. > 300° (*Asisow, Chakimow*, Doklady Akad. Uzbeksk. S.S.R. **1958** Nr. 9, S. 31; C. A. **1961** 8760).

Benzyl-Derivat. UV-Spektrum (H_2O; 210–400 nm): *Mitchell*, Am. Soc. **66** [1944] 274, 275.

c) ***N*-Pteroyl-DL-glutaminsäure,** Pte-DL-Glu, Formel I+II (X = X' = OH) und Taut.

B. Aus 2,5,6-Triamino-3*H*-pyrimidin-4-on, *N*-[4-Amino-benzoyl]-DL-glutaminsäure und 2,3-Dibrom-propionaldehyd (*Waller et al.*, Am. Soc. **70** [1948] 19, 22).

IR-Spektrum (3800–750 cm^{-1}): *Wa. et al.*, l. c. S. 21.

Magnesium-Salz. Kristalle [aus H_2O] (*Stokstad et al.*, Am. Soc. **70** [1948] 5, 8).

II

***N*-Pteroyl-L-glutaminsäure-dimethylester, Folsäure-dimethylester** $C_{21}H_{23}N_7O_6$, Formel II (X = X' = O-CH_3) und Taut.

B. Aus Folsäure (s. o.) und methanol. HCl (*Pfiffner et al.*, Am. Soc. **69** [1947] 1476, 1485).

Orangegelbe Kristalle [aus wss. Me.] (*Pf. et al.*). Verteilung zwischen Butan-1-ol und H_2O: *Stokstad et al.*, Am. Soc. **70** [1948] 3.

Dihydrochlorid $C_{21}H_{23}N_7O_6 \cdot 2HCl$. Kristalle (*Pf. et al.*).

***N*-Pteroyl-L-glutaminsäure-diäthylester, Folsäure-diäthylester** $C_{23}H_{27}N_7O_6$, Formel II (X = X' = O-C_2H_5) und Taut.

B. Aus Folsäure (s. o.) und äthanol. HCl (*Pfiffner et al.*, Am. Soc. **69** [1947] 1476, 1485).

Kristalle (aus wss. Me.).

N-[N-Pteroyl-L-α-glutamyl]-L-glutaminsäure, N-Pteroyl-L-α-glutamyl→L-glutaminsäure $C_{24}H_{26}N_8O_9$, Formel II (X = Glu, X′ = OH) und Taut.

B. Beim Hydrieren von *N*-[*N*-(4-Nitro-benzoyl)-L-α-glutamyl]-L-glutaminsäure an Platin in wss. Essigsäure und anschliessenden Behandeln mit 2,5,6-Triamino-3*H*-pyrimidin-4-on-dihy= drochlorid und 2,3-Dibrom-propionaldehyd (*Mowat et al.,* Am. Soc. **70** [1948] 1096).

Feststoff (aus H_2O).

N-Pteroyl-L-α-glutamyl→L-α-glutamyl→L-glutaminsäure $C_{29}H_{33}N_9O_{12}$, Formel II (X = α-Glu-Glu, X′ = OH) und Taut.

B. Aus *O*-Äthyl-*N*-[4-nitro-benzoyl]-L-α-glutamyl→*O*-äthyl-L-α-glutamyl→L-glutaminsäure-diäthylester beim aufeinanderfolgenden Behandeln mit wss.-äthanol. NaOH, mit Zink-Pulver bei pH 3,5 und mit 2,5,6-Triamino-3*H*-pyrimidin-4-on-sulfat und 2,3-Dibrom-propionaldehyd (*Semb et al.,* Am. Soc. **71** [1949] 2310, 2314).

Gelber Feststoff mit 1 Mol H_2O. λ_{max}: 290 nm [wss. HCl (0,1 n)] bzw. 257 nm, 286 nm und 365 nm [wss. NaOH (0,1 n)].

N-Pteroyl-L-α-glutamyl→L-γ-glutamyl→L-glutaminsäure $C_{29}H_{33}N_9O_{12}$, Formel II (X = γ-Glu-Glu, X′ = OH) und Taut.

B. Beim aufeinanderfolgenden Behandeln von *O*-Äthyl-*N*-[4-nitro-benzoyl]-L-α-glutamyl→*O*-äthyl-L-γ-glutamyl→L-glutaminsäure-diäthylester mit Zink-Pulver und wss. HCl in Äthanol, mit wss. NaOH und mit 2,5,6-Triamino-3*H*-pyrimidin-4-on-hydrogensulfat und 2,3-Dibrom-propionaldehyd (*Semb et al.,* Am. Soc. **71** [1949] 2310, 2314).

λ_{max}: 290 nm [wss. HCl (0,1 n)] bzw. 257 nm, 286 nm und 365 nm [wss. NaOH (0,1 n)].

N-Pteroyl-L-γ-glutamyl→L-α-glutamyl→L-glutaminsäure $C_{29}H_{33}N_9O_{12}$, Formel III (X = α-Glu-Glu) und Taut.

B. Aus *N*-[4-Nitro-benzoyl]-L-γ-glutamyl→*O*-äthyl-L-α-glutamyl→L-glutaminsäure-diäthyl= ester beim aufeinanderfolgenden Behandeln mit wss. NaOH, mit Zink-Pulver und wss. HCl und mit 2,5,6-Triamino-3*H*-pyrimidin-4-on und 2,3-Dibrom-propionaldehyd (*Semb et al.,* Am. Soc. **71** [1949] 2310, 2314).

Feststoff (aus wss. HCl) mit 1 Mol H_2O. λ_{max}: 290 nm [wss. HCl (0,1 n)] bzw. 257 nm, 286 nm und 365 nm [wss. NaOH (0,1 n)].

N-Pteroyl-L-γ-glutamyl→L-γ-glutamyl→L-glutaminsäure, Teropterin, Pte-Glu_3 $C_{29}H_{33}N_9O_{12}$, Formel III (X = γ-Glu-Glu) und Taut.

Identität mit Fermentations-Lactobacillus casei-Faktor von *Hutchings et al.* (Am. Soc. **70** [1948] 1): *Semb et al.,* Am. Soc. **71** [1949] 2310, 2315.

B. Aus *N*-[4-Nitro-benzoyl]-L-γ-glutamyl→L-γ-glutamyl→L-glutaminsäure-5-äthylester bei der Behandlung mit Zink-Pulver und wss. HCl und anschliessenden Umsetzung mit 2,5,6-Tri= amino-3*H*-pyrimidin-4-on-sulfat und 2,3-Dibrom-propionaldehyd (*Boothe et al.,* Am. Soc. **71** [1949] 2304, 2307).

Kristalle [aus $CaCl_2$ oder NaCl enthaltender wss. Lösung vom pH 2,8] (*Hu. et al.*). Absorp= tionsspektrum (wss. NaOH [0,1 n]; 220–440 nm): *Hu. et al.* Bei 5° lösen sich 0,1 mg, bei 80° 3 mg in 1 ml H_2O (*Hu. et al.*).

Methylester. Kristalle [aus NaCl enthaltendem Me.] (*Hu. et al.*). Löslichkeit in H_2O bei 5° und 80° sowie in Methanol und in NaCl enthaltendem Methanol bei −5° und 60°: *Hu. et al.*

III

***N*-Pteroyl-L-γ-glutamyl→L-γ-glutamyl→L-γ-glutamyl→L-γ-glutamyl→L-γ-glutamyl→L-γ-glutamyl→L-glutaminsäure,** Pteroylheptaglutaminsäure, Pte-Glu$_7$ $C_{49}H_{61}N_{13}O_{24}$, Formel III (X = γ-Glu-γ-Glu-γ-Glu-γ-Glu-γ-Glu-Glu) und Taut. (in der Literatur auch als Vitamin-B_c-Konjugat bezeichnet).

Konstitution: *Parke, Davis & Co.*, U.S.P. 2545304 [1945].

Isolierung aus Bierhefe: *Parke, Davis & Co.*

Gelbe, doppelbrechende Kristalle (aus wss. HCl bzw. aus wss. NaCl); partielles Schmelzen bei 230–260° [nach Dunkelfärbung ab 200°] (*Parke, Davis & Co.*; *Pfiffner et al.*, Sci. **102** [1945] 228). Absorptionsspektrum (wss. Lösungen vom pH 1, pH 3 und pH 11; 220–410 nm): *Pf. et al.*; s. a. *Parke, Davis & Co.*

Octamethylester $C_{57}H_{77}N_{13}O_{24}$; *O*-Methyl-*N*-pteroyl-L-γ-glutamyl→*O*-methyl-L-γ-glutamyl→*O*-methyl-L-γ-glutamyl→*O*-methyl-L-γ-glutamyl→*O*-methyl-L-γ-glutamyl→*O*-methyl-L-γ-glutamyl→L-glutaminsäure-dimethylester. Kristalle; F: 212–215° [Zers.; abhängig von der Kristallgrösse und der Geschwindigkeit des Erhitzens] (*Pf. et al.*; s. a. *Parke, Davis & Co.*).

***N*-Pteroyl-L-glutaminsäure-diamid** $C_{19}H_{21}N_9O_4$, Formel IV (X = NH_2) und Taut. (in der Literatur auch als Vitamin-B_c-diamid bezeichnet).

B. Aus dem Dimethylester (S. 3945) und wss. NH_3 (*Pfiffner et al.*, Am. Soc. **69** [1947] 1476, 1486).

Orangefarben. Absorptionsspektrum (wss. Lösungen vom pH 1, pH 3 und pH 11; 220–410 nm): *Pf. et al.*

O HN N CH₂—NH— —CO—NH—C—H CO—X CH₂—CH₂—CO—X H₂N N N

IV

***N,N'*-[*N*-Pteroyl-L-glutamoyl]-di-L-glutaminsäure** $C_{29}H_{33}N_9O_{12}$, Formel IV (X = Glu) und Taut.

B. Beim aufeinanderfolgenden Behandeln von *N,N'*-[*N*-(4-Nitro-benzoyl)-L-glutamoyl]-di-L-glutaminsäure-tetraäthylester mit wss.-äthanol. NaOH, mit Zink-Pulver und wss. HCl und mit 2,5,6-Triamino-3*H*-pyrimidin-4-on und 2,3-Dibrom-propionaldehyd (*Mowat et al.*, Am. Soc. **71** [1949] 2308; s. a. *Mowat et al.*, Am. Soc. **70** [1948] 1096).

λ_{max} (wss. NaOH [0,1 n]): 365 nm (*Mo. et al.*, Am. Soc. **71** 2310).

***N*-[2'-Fluor-pteroyl]-L-glutaminsäure** $C_{19}H_{18}FN_7O_6$, Formel V (X = F, X' = X'' = H) und Taut.

B. Aus *N*-[4-Amino-2-fluor-benzoyl]-L-glutaminsäure, 2,5,6-Triamino-3*H*-pyrimidin-4-on und 2,3-Dibrom-propionaldehyd (*Backer, Houtman*, R. **70** [1951] 738, 746).

Gelbe Kristalle mit 2 Mol H_2O.

***N*-[2'-Chlor-pteroyl]-L-glutaminsäure** $C_{19}H_{18}ClN_7O_6$, Formel V (X = Cl, X' = X'' = H) und Taut.

B. Analog der vorangehenden Verbindung (*Backer, Houtman*, R. **70** [1951] 738, 746).

Hygroskopische gelbe Kristalle.

***N*-[3'-Chlor-pteroyl]-L-glutaminsäure** $C_{19}H_{18}ClN_7O_6$, Formel V (X = X'' = H, X' = Cl) und Taut.

B. Aus *N*-[4-Amino-3-chlor-benzoyl]-L-glutaminsäure, 2,5,6-Triamino-3*H*-pyrimidin-4-on-sulfat und 1,1,3-Tribrom-aceton (*Cosulich et al.*, Am. Soc. **75** [1953] 4675, 4678).

λ_{max} (wss. NaOH [0,1 n]): 255 nm, 278 nm und 365 nm.

V

N-[3',5'-Dichlor-pteroyl]-L-glutaminsäure $C_{19}H_{17}Cl_2N_7O_6$, Formel V (X = H, X' = X'' = Cl) und Taut.

B. Aus Folsäure (S. 3944) und Chlor (*Cosulich et al.*, Am. Soc. **73** [1951] 2554, 2555, 2556).

Gelber Feststoff mit 1 Mol H_2O. λ_{max}: 280 nm [wss. HCl (0,1 n)] bzw. 256 nm und 365 nm [wss. NaOH (0,1 n)].

N-[3'-Brom-pteroyl]-L-glutaminsäure $C_{19}H_{18}BrN_7O_6$, Formel V (X = X'' = H, X' = Br) und Taut.

B. Aus Folsäure (S. 3944) und Brom (*Angier, Curran*, Am. Soc. **81** [1959] 2814, 2818).

Kristalle (aus wss. HCl + wss. NaCl). UV-Spektrum (wss. NaOH [0,1 n]; 200–400 nm): *An., Cu.*, l. c. S. 2816.

N-[3',5'-Dibrom-pteroyl]-L-glutaminsäure $C_{19}H_{17}Br_2N_7O_6$, Formel V (X = H, X' = X'' = Br) und Taut.

B. Aus *N*-[4-Amino-3,5-dibrom-benzoyl]-L-glutaminsäure, 2,5,6-Triamino-3*H*-pyrimidin-4-on-sulfat und 1,1,3-Tribrom-aceton (*Cosulich et al.*, Am. Soc. **73** [1951] 2554, 2557). Aus Folsäure (S. 3944) und Brom (*Co. et al.*, l. c. S. 2555, 2557).

Gelber Feststoff mit 2 Mol H_2O (*Co. et al.*). UV-Spektrum (wss. NaOH [0,1 n]; 200–400 nm): *Angier, Curran*, Am. Soc. **81** [1959] 2814, 2816. λ_{max}: 280 nm [wss. HCl (0,1 n)] bzw. 255 nm und 365 nm [wss. NaOH (0,1 n)] (*Co. et al.*).

N-[3',5'-Dinitro-pteroyl]-L-glutaminsäure $C_{19}H_{17}N_9O_{10}$, Formel V (X = H, X' = X'' = NO_2) und Taut.

B. Aus Folsäure (S. 3944) und HNO_3 (*Cosulich et al.*, Am. Soc. **75** [1953] 4675, 4677).

Kristalle mit 1 Mol H_2O. λ_{max} (wss. NaOH [0,1 n]): 258 nm und 367 nm.

4-[(2-Amino-4-oxo-3,4-dihydro-pteridin-6-ylmethyl)-methyl-amino]-benzoesäure, 10-Methyl-pteroinsäure $C_{15}H_{14}N_6O_3$, Formel VI (R = H, R' = CH_3) und Taut.

B. Aus 2,5,6-Triamino-3*H*-pyrimidin-4-on, 4-Methylamino-benzoesäure und 2,3-Dibrom-propionaldehyd (*Cosulich, Smith*, Am. Soc. **70** [1948] 1922, 1923). Beim Erwärmen von 4-[(2,4-Diamino-pteridin-6-ylmethyl)-methyl-amino]-benzoesäure mit wss. NaOH (*Am. Cyanamid Co.*, U.S.P. 2525150 [1949]).

Gelbe Kristalle (*Co., Sm.*). UV-Spektrum (wss. HCl [0,1 n] sowie wss. NaOH [0,1 n]; 220–400 nm): *Co., Sm.*

N-[10-Methyl-pteroyl]-L-glutaminsäure $C_{20}H_{21}N_7O_6$, Formel VII (X = X' = H).

B. Aus 2,5,6-Triamino-3*H*-pyrimidin-4-on, *N*-[4-Methylamino-benzoyl]-L-glutaminsäure und 2,3-Dibrom-propionaldehyd (*Cosulich, Smith*, Am. Soc. **70** [1948] 1922, 1925). Beim Erwärmen von *N*-{4-[(2,4-Diamino-pteridin-6-ylmethyl)-methyl-amino]-benzoyl}-L-glutaminsäure mit wss. NaOH (*Seeger et al.*, Am. Soc. **71** [1949] 1753, 1756).

Gelbe Kristalle mit 1 Mol H_2O (*Co., Sm.*). Absorptionsspektrum (wss. HCl [0,1 n] sowie wss. NaOH [0,1 n]; 220–420 nm): *Co., Sm.*, l. c. S. 1924.

N-[3'-Chlor-10-methyl-pteroyl]-L-glutaminsäure $C_{20}H_{20}ClN_7O_6$, Formel VII (X = Cl, X' = H) und Taut.

B. Aus der vorangehenden Verbindung und Chlor (*Angier, Curran*, Am. Soc. **81** [1959] 2814,

2817).

Kristalle (aus Formamid). λ_{max}: 303 nm [wss. HCl (0,1 n)] bzw. 257 nm und 362 nm [wss. NaOH (0,1 n)].

***N*-[3′,5′-Dichlor-10-methyl-pteroyl]-L-glutaminsäure** $C_{20}H_{19}Cl_2N_7O_6$, Formel VII (X = X′ = Cl) und Taut.

B. Aus *N*-[10-Methyl-pteroyl]-L-glutaminsäure und Chlor (*Angier, Curran,* Am. Soc. **81** [1959] 2814, 2817; s. a. *Cosulich et al.*, Am. Soc. **73** [1951] 2554, 2556).

Hellgelbe Kristalle [aus wss. HCl] (*An., Cu.*). λ_{max} in wss. HCl [0,1 n]: 313 nm (*Co. et al.*, l. c. S. 2555) bzw. 318 nm (*An., Cu.*); in wss. NaOH [0,1 n]: 252 nm und 363 nm (*An., Cu.*) bzw. 255 nm und 362 nm (*Co. et al.*).

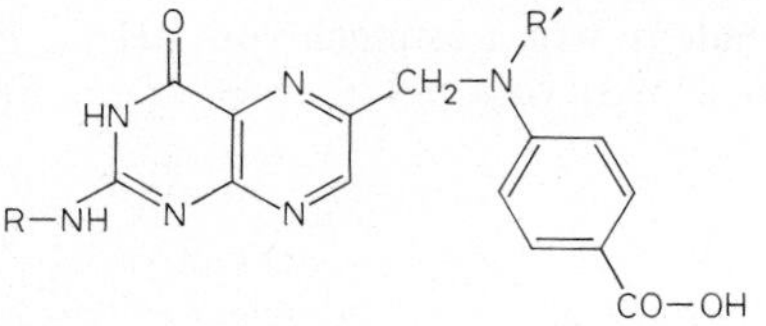

VI 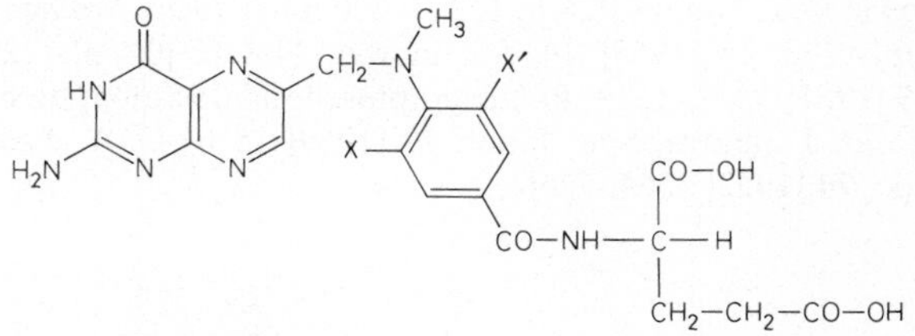 VII

***N*-[N^2,N^2-Dimethyl-pteroyl]-L-glutaminsäure** $C_{21}H_{23}N_7O_6$, Formel VIII und Taut.

B. Aus 5,6-Diamino-2-dimethylamino-3*H*-pyrimidin-4-on-sulfit, *N*-[4-Amino-benzoyl]-L-glutaminsäure und 2,3-Dibrom-propionaldehyd (*Roth et al.*, Am. Soc. **73** [1951] 2864, 2866).

Kristalle (aus wss. HCl). λ_{max}: 245 nm und 293 nm [wss. HCl (0,1 n)] bzw. 278 nm und 387 nm [wss. NaOH (0,1 n)].

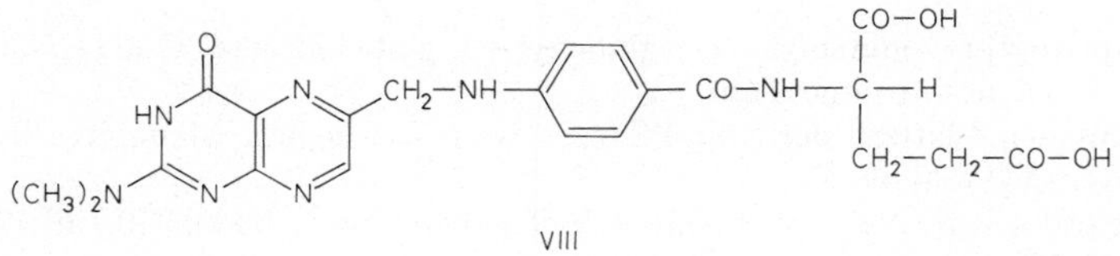

VIII

4-[Äthyl-(2-amino-4-oxo-3,4-dihydro-pteridin-6-ylmethyl)-amino]-benzoesäure, 10-Äthyl-pteroinsäure $C_{16}H_{16}N_6O_3$, Formel VI (R = H, R′ = C_2H_5) und Taut.

B. Aus 2,5,6-Triamino-3*H*-pyrimidin-4-on, 4-Äthylamino-benzoesäure und 2,3-Dibrom-propionaldehyd (*Cosulich, Smith,* Am. Soc. **70** [1948] 1922, 1925).

λ_{max}: 314 nm [wss. HCl (0,1 n)] bzw. 254 nm, 297 nm und 366 nm [wss. NaOH (0,1 n)] (*Co., Sm.*, l. c. S. 1924).

4-[(2-Amino-4-oxo-3,4-dihydro-pteridin-6-ylmethyl)-butyl-amino]-benzoesäure, 10-Butyl-pteroinsäure $C_{18}H_{20}N_6O_3$, Formel VI (R = H, R′ = $[CH_2]_3$-CH_3) und Taut.

B. Aus 2,5,6-Triamino-3*H*-pyrimidin-4-on, 4-Butylamino-benzoesäure und 2,3-Dibrom-propionaldehyd (*Cosulich, Smith,* Am. Soc. **70** [1948] 1922, 1925).

λ_{max}: 315 nm [wss. HCl (0,1 n)] bzw. 255 nm, 298 nm und 367 nm [wss. NaOH (0,1 n)] (*Co., Sm.*, l. c. S. 1924).

4-[(2-Amino-4-oxo-3,4-dihydro-pteridin-6-ylmethyl)-formyl-amino]-benzoesäure, 10-Formyl-pteroinsäure, Rhizopterin $C_{15}H_{12}N_6O_4$, Formel VI (R = H, R′ = CHO) und Taut.

B. Beim Erwärmen von Pteroinsäure (S. 3942) mit Ameisensäure (*Wolf et al.*, Am. Soc. **69** [1947] 2753, 2759).

Hellgelbe Kristalle; unterhalb 300° nicht schmelzend [Dunkelfärbung bei ca. 285°] (*Wolf et al.*, l. c. S. 2756). Absorptionsspektrum in H_2O (200–420 nm): *Rauen, Stamm,* Z. physiol. Chem. **289** [1952] 201, 209; in wss. Lösungen vom pH 1,3, pH 7 sowie pH 12,6 (210–390 nm):

Rickes et al., Am. Soc. **69** [1947] 2749. Relative Intensität der Fluorescenz in wss. Lösungen vom pH 2–12: *Ra., St.*, l. c. S. 204. Polarographisches Halbstufenpotential (wss. Lösung vom pH 9,12): *Rickes et al.*, Am. Soc. **69** [1947] 2751.

Verbindung mit [Tris-äthylendiamin-kobalt]-trichlorid. Rote Kristalle (aus H_2O); F: 247–250° [Zers.] (*Wolf et al.*, l. c. S. 2756).

***N*-[10-Formyl-pteroyl]-L-glutaminsäure,** Formylfolsäure $C_{20}H_{19}N_7O_7$, Formel IX (X = OH) und Taut.

B. Aus Folsäure (S. 3944) und Ameisensäure (*Blakley*, Biochem. J. **72** [1959] 707, 708; s. a. *Gordon et al.*, Am. Soc. **70** [1948] 878).

UV-Spektrum in wss. Essigsäure [0,1 n] (240–400 nm): *Slavík, Matoulková,* Chem. Listy **47** [1953] 1516, 1519; Collect. **19** [1954] 393, 397; C. A. **1954** 4013; in wss. HCl [0,1 n], H_2O sowie wss. NaOH [0,1 n] (220–400 nm): *Iwai, Nakagawa,* Mem. Res. Inst. Food Sci. Kyoto Univ. Nr. 15 [1958] 49, 54; in wss. NaOH [0,1 n] (220–400 nm): *Pohland et al.*, Am. Soc. **73** [1951] 3247, 3249. Polarographische Halbstufenpotentiale in wss. Lösungen vom pH 1–10: *Asahi,* J. pharm. Soc. Japan **79** [1959] 1570; C. A. **1960** 10593; vom pH 9: *Allen et al.*, Am. Soc. **74** [1952] 3264, 3266.

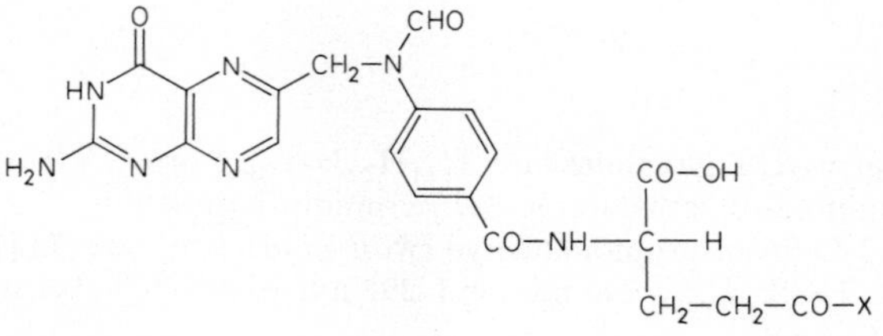

IX

***N*-[10-Formyl-pteroyl]-L-γ-glutamyl→L-γ-glutamyl→L-glutaminsäure** $C_{30}H_{33}N_9O_{13}$, Formel IX (X = γ-Glu-Glu) und Taut.

Isolierung aus den Blättern der Soja-Pflanze: *Iwai, Nakagawa,* Mem. Res. Inst. Food Sci. Kyoto Univ. Nr. 15 [1958] 49, 52.

Gelber Feststoff (*Iwai, Na.*, l. c. S. 53). UV-Spektrum (wss. NaOH [0,1 n]; 230–400 nm): *Iwai, Na.*, l. c. S. 57.

4-[Formyl-(2-formylamino-4-oxo-3,4-dihydro-pteridin-6-ylmethyl)-amino]-benzoesäure, 10,*N*²-Diformyl-pteroinsäure $C_{16}H_{12}N_6O_5$, Formel VI (R = R′ = CHO) und Taut.

B. Aus Pteroinsäure (S. 3942) oder 10-Formyl-pteroinsäure und Ameisensäure (*Merck & Co. Inc.*, U.S.P. 2515483 [1946]).

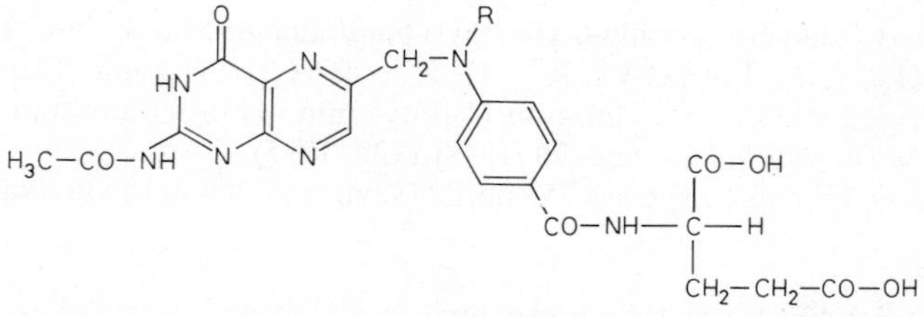

X

***N*-[*N*²-Acetyl-pteroyl]-L-glutaminsäure** $C_{21}H_{21}N_7O_7$, Formel X (R = H) und Taut.

B. Aus 2-Acetylamino-4-oxo-3,4-dihydro-pteridin-6-carbaldehyd und *N*-[4-Amino-benzoyl]-L-glutaminsäure mit Hilfe von Thio-*p*-kresol (*Sletzinger et al.*, Am. Soc. **77** [1955] 6365).

Gelbe Kristalle (aus H_2O).

4-[(2-Acetylamino-4-oxo-3,4-dihydro-pteridin-6-ylmethyl)-formyl-amino]-benzoesäure, *N*²-Acetyl-10-formyl-pteroinsäure, Acetylrhizopterin $C_{17}H_{14}N_6O_5$, Formel XI (R = CHO) und Taut.

B. Aus 10-Formyl-pteroinsäure und Acetanhydrid (*Wolf et al.,* Am. Soc. **69** [1947] 2753, 2756).

Kristalle; unterhalb 300° nicht schmelzend. λ_{max} (wss. Lösung): 272,5 nm und 330 nm [pH 1], 257,5 nm und 340 nm [pH 7] bzw. 257,5 nm und 353 nm [pH 11]. Scheinbare Dissoziationsexponenten pK'_{a1} und pK'_{a2} (H_2O; potentiometrisch ermittelt): ca. 3,86 und ca. 7,46 (*Wolf et al.,* l. c. S. 2754, 2756).

***N*-[*N*²-Acetyl-10-formyl-pteroyl]-L-glutaminsäure** $C_{22}H_{21}N_7O_8$, Formel X (R = CHO) und Taut.

B. Beim Erwärmen von 2-Acetylamino-4-oxo-3,4-dihydro-pteridin-6-carbaldehyd mit *N*-[4-Amino-benzoyl]-L-glutaminsäure, Ameisensäure und Acetanhydrid (*Sletzinger et al.,* Am. Soc. **77** [1955] 6365).

Hellgelbe Kristalle (aus H_2O).

4-[Acetyl-(2-acetylamino-4-oxo-3,4-dihydro-pteridin-6-ylmethyl)-amino]-benzoesäure, 10,*N*²-Diacetyl-pteroinsäure $C_{18}H_{16}N_6O_5$, Formel XI (R = CO-CH_3) und Taut.

B. Aus Pteroinsäure (S. 3942) und Acetanhydrid (*Wolf et al.,* Am. Soc. **69** [1947] 2753, 2757).

Kristalle; Zers. beim Erhitzen. λ_{max} (wss. Lösung): 235 nm, 280 nm und 330 nm [pH 1], 255 nm [pH 7] bzw. 255 nm und 350 nm [pH 11].

4-[(2-Benzoylamino-4-oxo-3,4-dihydro-pteridin-6-ylmethyl)-formyl-amino]-benzoesäure, *N*²-Benzoyl-10-formyl-pteroinsäure, Benzoylrhizopterin $C_{22}H_{16}N_6O_5$, Formel XII (R = C_6H_5) und Taut.

B. Beim Erhitzen von 10-Formyl-pteroinsäure mit Benzoesäure-anhydrid (*Wolf et al.,* Am. Soc. **69** [1947] 2753, 2756; *Merck & Co. Inc.,* U.S.P. 2515483 [1946]).

Kristalle; F: 255–258° (*Merck & Co. Inc.*), 250° [Zers.] (*Wolf et al.*).

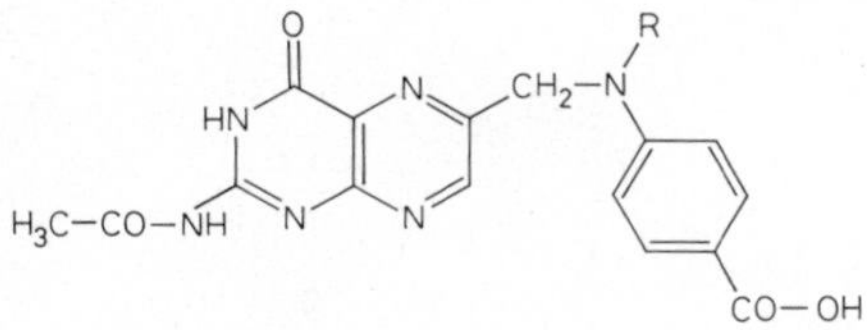

XI 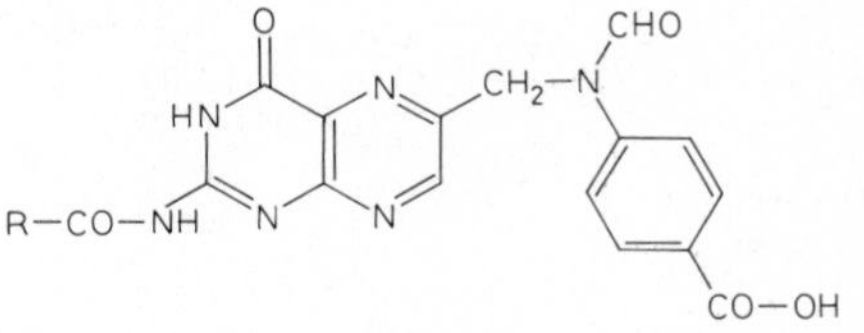 XII

4-{Formyl-[4-oxo-2-(2-phenyl-acetylamino)-3,4-dihydro-pteridin-6-ylmethyl]-amino}-benzoesäure, 10-Formyl-*N*²-phenylacetyl-pteroinsäure $C_{23}H_{18}N_6O_5$, Formel XII (R = CH_2-C_6H_5) und Taut.

B. Analog der vorangehenden Verbindung (*Wolf et al.,* Am. Soc. **69** [1947] 2753, 2756).

Kristalle; F: 276°.

4-{Formyl-[2-(2-methoxy-acetylamino)-4-oxo-3,4-dihydro-pteridin-6-ylmethyl]-amino}-benzoesäure, 10-Formyl-*N*²-methoxyacetyl-pteroinsäure $C_{18}H_{16}N_6O_6$, Formel XII (R = CH_2-O-CH_3) und Taut.

B. Analog den vorangehenden Verbindungen (*Wolf et al.,* Am. Soc. **69** [1947] 2753, 2756).

Kristalle; F: 258–268° [Zers.].

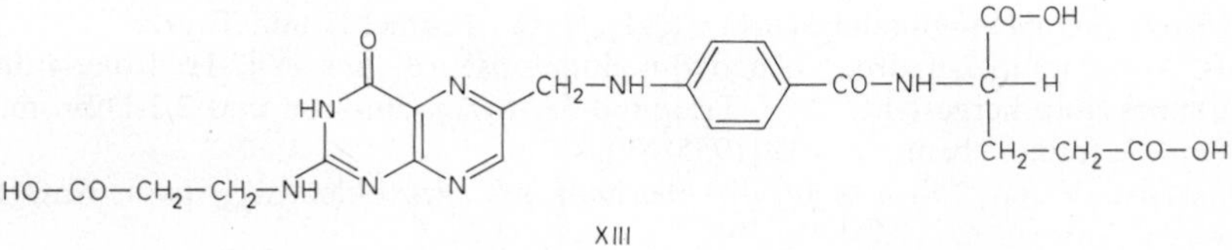

XIII

N-[N^2-(2-Carboxy-äthyl)-pteroyl]-L-glutaminsäure $C_{22}H_{23}N_7O_8$, Formel XIII und Taut.

B. Aus *N*-{4-[(7,11-Dioxo-6,8,9,11-tetrahydro-7*H*-pyrimido[2,1-*b*]pteridin-2-ylmethyl)-amino]-benzoyl}-L-glutaminsäure beim Erwärmen mit wss. NaOH (*Angier, Curran,* Am. Soc. **81** [1959] 5650, 5654).

Kristalle mit 0,5 Mol H_2O. λ_{max}: 288 nm [wss. HCl (0,1 n)], 285 nm und 360 nm [wss. Lösung vom pH 7] bzw. 268 nm und 373 nm [wss. NaOH (0,1 n)].

N-[3'-Methyl-pteroyl]-L-glutaminsäure $C_{20}H_{21}N_7O_6$, Formel XIV und Taut.

B. Aus *N*-[4-Amino-3-methyl-benzoyl]-L-glutaminsäure, 2,5,6-Triamino-3*H*-pyrimidin-4-on und 1,1,3-Tribrom-aceton (*Cosulich et al.,* Am. Soc. **75** [1953] 4675, 4680) oder 2,3-Dibrom-propionaldehyd (*Backer, Houtman,* R. **70** [1951] 738, 745).

λ_{max} (wss. NaOH [0,1 n]): 255 nm, 285 nm und 365 nm (*Co. et al.,* l. c. S. 4677).

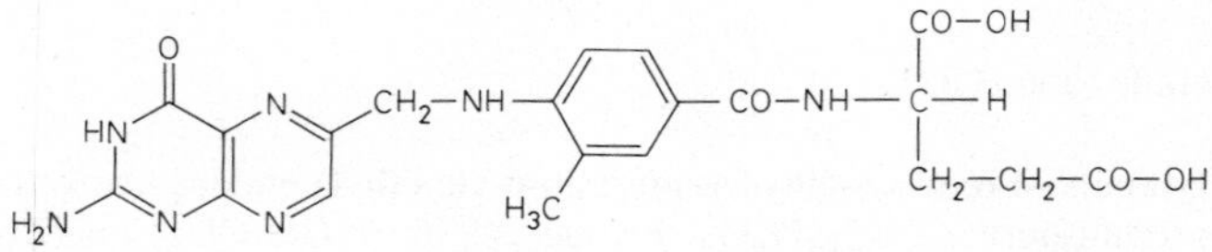

XIV

4-{[(2-Amino-4-oxo-3,4-dihydro-pteridin-6-ylmethyl)-amino]-methyl}-benzoesäure $C_{15}H_{14}N_6O_3$, Formel XV und Taut.

B. Aus 2,5,6-Triamino-3*H*-pyrimidin-4-on-sulfat, 4-Aminomethyl-benzoesäure und 2,3-Dibrom-propionaldehyd (*Pal, Roy,* Ann. Biochem. exp. Med. India **15** [1955] 59).

Kristalle (aus H_2O). λ_{max}: 318 nm [wss. HCl (0,1 n)] bzw. 253 nm und 262 nm [wss. NaOH (0,1 n)].

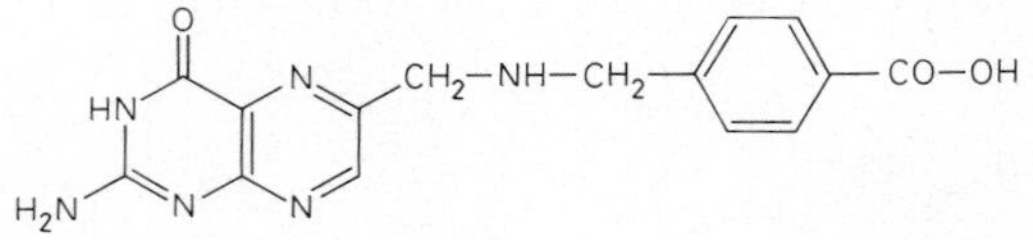

XV

4-[(2-Amino-4-oxo-3,4-dihydro-pteridin-6-ylmethyl)-amino]-2-hydroxy-benzoesäure, 2'-Hydroxy-pteroinsäure $C_{14}H_{12}N_6O_4$, Formel I und Taut.

B. Aus 2,5,6-Triamino-3*H*-pyrimidin-4-on-sulfat, 4-Amino-2-hydroxy-benzoesäure und 2,3-Dibrom-propionaldehyd (*Pal,* J. Indian chem. Soc. **32** [1955] 89).

λ_{max}: 315 nm [wss. HCl (0,1 n)] bzw. 251 nm und 357 nm [wss. NaOH (0,1 n)].

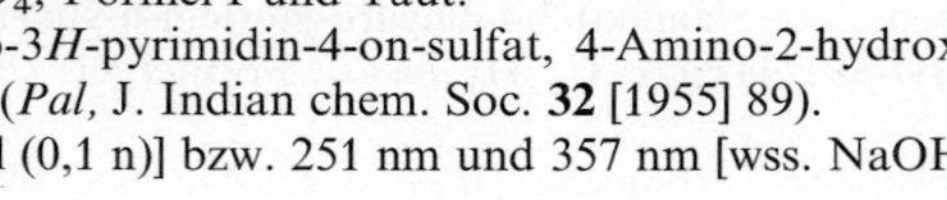

I

N-[2'-Hydroxy-pteroyl]-L-glutaminsäure $C_{19}H_{19}N_7O_7$, Formel II und Taut.

B. Aus *N*-[4-Amino-2-hydroxy-benzoyl]-L-glutaminsäure (aus *N*-[2-Hydroxy-4-nitro-benzoyl]-L-glutaminsäure hergestellt), 2,5,6-Triamino-3*H*-pyrimidin-4-on und 2,3-Dibrom-propionaldehyd (*Pal,* J. Indian chem. Soc. **32** [1955] 89).

Braune Kristalle mit 2 Mol H_2O, die oberhalb 300° verkohlen. λ_{max} (wss. NaOH [0,1 n]): 232 nm und 325 nm.

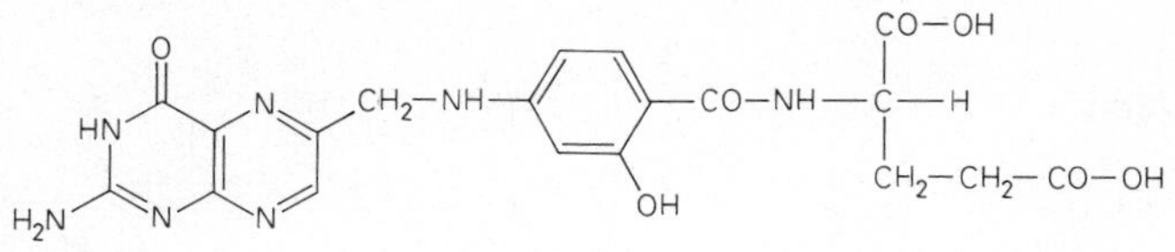

II

***N*-[2-Amino-4-oxo-3,4-dihydro-pteridin-6-ylmethyl]-sulfanilsäure-amid** $C_{13}H_{13}N_7O_3S$, Formel III (R = H) und Taut.

B. Aus 2,5,6-Triamino-3*H*-pyrimidin-4-on, Sulfanilylamid und 2,3-Dibrom-propionaldehyd (*Sato et al.*, J. chem. Soc. Japan Pure Chem. Sect. **72** [1951] 866; C. A. **1953** 5946; *Nation. Drug Co.*, U.S.P. 2476557 [1948]). Beim Erwärmen von *N*-[2-Hydroxy-3-oxo-propenyl]-sulf⸗anilsäure-amid (E III **14** 2036) mit 2,5,6-Triamino-3*H*-pyrimidin-4-on-sulfat und Natriumacetat in Äthanol (*Forrest, Walker*, Soc. **1949** 2002, 2006).

Gelbrote Kristalle (aus H_2O) mit 1 Mol H_2O (*Sato et al.*); Zers. $>275°$ (*Nation. Drug Co.*). λ_{max} (wss. NaOH [0,1 n]): 256 nm und 365 nm (*Sato et al.*) bzw. 259 nm und 365 nm (*Fo., Wa.*).

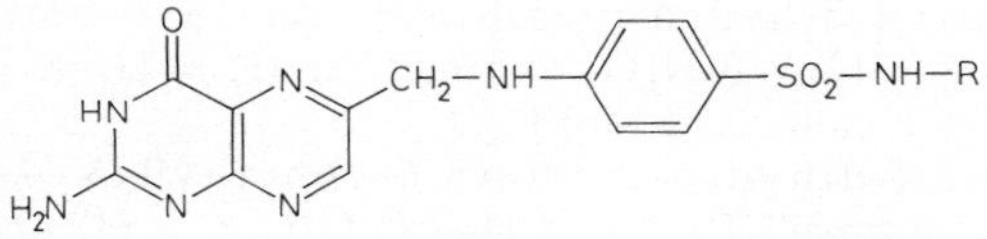

III

***N*-[*N*-(2-Amino-4-oxo-3,4-dihydro-pteridin-6-ylmethyl)-sulfanilyl]-glycin** $C_{15}H_{15}N_7O_5S$, Formel III (R = CH_2-CO-OH) und Taut.

B. Beim Erwärmen von *N*-[*N*-(2-Hydroxy-3-oxo-propenyl)-sulfanilyl]-glycin (E III **14** 2037) mit 2,5,6-Triamino-3*H*-pyrimidin-4-on-sulfat und Natriumacetat in Äthanol (*Forrest, Walker*, Soc. **1949** 2002, 2007).

Hellgelber Feststoff. λ_{max} (wss. NaOH [0,1 n]): 261 nm und 365 nm.

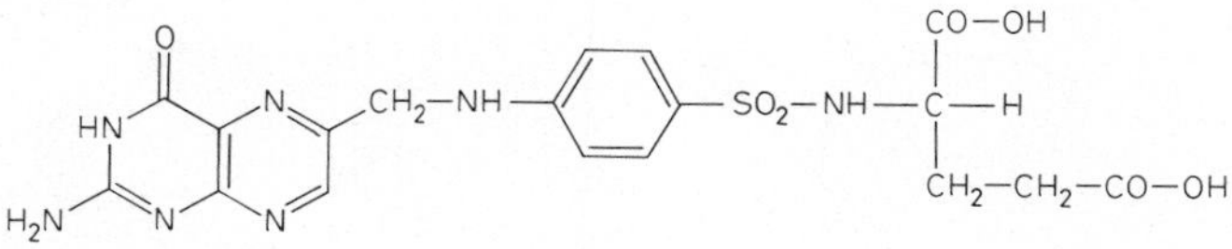

IV

***N*-[*N*-(2-Amino-4-oxo-3,4-dihydro-pteridin-6-ylmethyl)-sulfanilyl]-L-glutaminsäure** $C_{18}H_{19}N_7O_7S$, Formel IV und Taut.

B. Beim Erhitzen des aus *N*-[*N*-(2-Hydroxy-3-oxo-propenyl)-sulfanilyl]-L-glutaminsäure-di⸗äthylester (E III **14** 2037) und 2,5,6-Triamino-3*H*-pyrimidin-4-on-sulfat erhaltenen Reaktions⸗produkts mit wss. HCl (*Viscontini, Meier*, Helv. **32** [1949] 877, 879). Beim Erwärmen des aus *N*-[*N*-(2-Hydroxy-3-oxo-propenyl)-sulfanilyl]-L-glutaminsäure-1-äthylester (E III **14** 2037) und 2,5,6-Triamino-3*H*-pyrimidin-4-on-sulfat erhaltenen Reaktionsprodukts mit wss. NaOH (*Forrest, Walker*, Soc. **1949** 2002, 2007).

Gelbe Kristalle; $[\alpha]_D^{18}$: $-123°$ [Lösungsmittel nicht angegeben] (*Vi., Me.*). Absorptions⸗spektrum in wss. HCl [0,1 n] (220–380 nm) und in wss. NaOH [0,1 n] (220–420 nm): *Vi., Me.*

***N*-[2-Amino-4-oxo-3,4-dihydro-pteridin-6-ylmethyl]-sulfanilsäure-pyrimidin-2-ylamid** $C_{17}H_{15}N_9O_3S$, Formel V und Taut.

B. Aus *N*-[2-Hydroxy-3-oxo-propenyl]-sulfanilsäure-pyrimidin-2-ylamid (E III/IV **25** 2101) und 2,5,6-Triamino-3*H*-pyrimidin-4-on-sulfat (*Forrest, Walker*, Soc. **1949** 2002, 2007).

Hellgelber Feststoff. λ_{max} (wss. NaOH [0,1 n]): 259 nm und 367 nm.

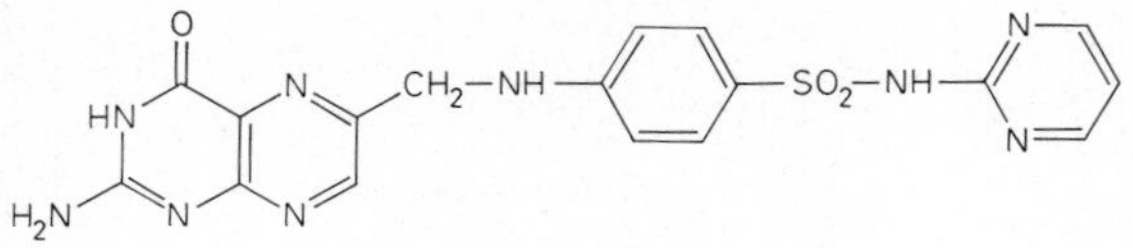

V

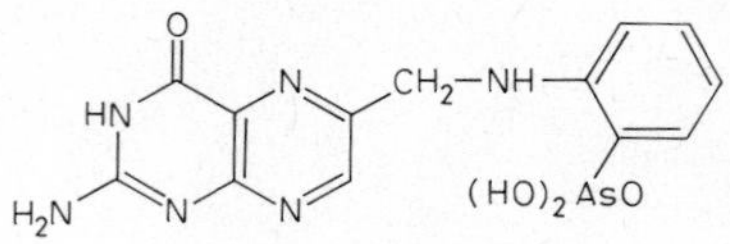

VI

{2-[(2-Amino-4-oxo-3,4-dihydro-pteridin-6-ylmethyl)-amino]-phenyl}-arsonsäure $C_{13}H_{13}AsN_6O_4$, Formel VI und Taut.

B. Aus [2-Amino-phenyl]-arsonsäure, 2,5,6-Triamino-3*H*-pyrimidin-4-on-sulfat und 1,1,3-Tribrom-aceton (*Angier et al.*, Am. Soc. **76** [1954] 902).

λ_{max}: 247,5 nm und 322,5 nm [wss. HCl (0,1 n)] bzw. 255 nm und 367,5 nm [wss. NaOH (0,1 n)].

Die folgenden Verbindungen sind in analoger Weise hergestellt worden:

{4-[(2-Amino-4-oxo-3,4-dihydro-pteridin-6-ylmethyl)-amino]-phenyl}-arsonsäure $C_{13}H_{13}AsN_6O_4$, Formel VII (R = X = H) und Taut. Kristalle. λ_{max}: 267,5 nm und 322,5 nm [wss. HCl (0,1 n)] bzw. 257,5 nm und 367,5 nm [wss. NaOH (0,1 n)].

{4-[(2-Amino-4-oxo-3,4-dihydro-pteridin-6-ylmethyl)-amino]-3-brom-phenyl}-arsonsäure $C_{13}H_{12}AsBrN_6O_4$, Formel VII (R = H, X = Br). Hydrochlorid $C_{13}H_{12}AsBrN_6O_4 \cdot HCl$. Kristalle mit 1 Mol H_2O.

N-[2-Amino-4-oxo-3,4-dihydro-pteridin-6-ylmethyl]-*N*-[4-arsono-phenyl]-glycin $C_{15}H_{15}AsN_6O_6$, Formel VII (R = CH_2-CO-OH, X = H) und Taut. Kristalle. λ_{max}: 267,5 nm und 322,5 nm [wss. HCl (0,1 n)] bzw. 260 nm und 367,5 nm [wss. NaOH (0,1 n)].

{4-[(2-Amino-4-oxo-3,4-dihydro-pteridin-6-ylmethyl)-carbamoylmethyl-amino]-phenyl}-arsonsäure, *N*-[2-Amino-4-oxo-3,4-dihydro-pteridin-6-ylmethyl]-*N*-[4-arsono-phenyl]-glycin-amid $C_{15}H_{16}AsN_7O_5$, Formel VII (R = CH_2-CO-NH_2, X = H) und Taut. Kristalle (aus wss. HCl). λ_{max}: 267,5 nm und 322,5 nm [wss. HCl (0,1 n)] bzw. 260 nm und 367,5 nm [wss. NaOH (0,1 n)].

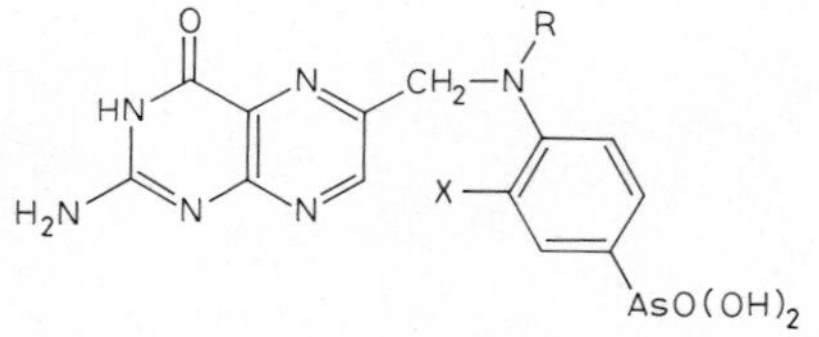

VII

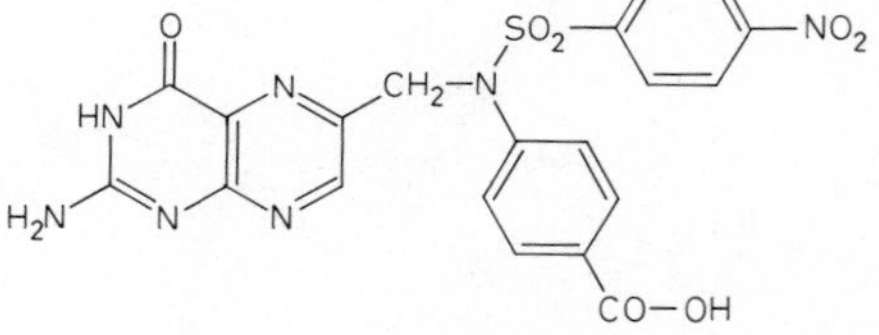

VIII

4-[(2-Amino-4-oxo-3,4-dihydro-pteridin-6-ylmethyl)-(4-nitro-benzolsulfonyl)-amino]-benzoesäure, 10-[4-Nitro-benzolsulfonyl]-pteroinsäure $C_{20}H_{15}N_7O_7S$, Formel VIII und Taut.

B. Beim Behandeln von 4-[(3,3-Diäthoxy-2-hydroxy-propyl)-(4-nitro-benzolsulfonyl)-amino]-benzoesäure-äthylester mit $Na_2Cr_2O_7$, wss. H_2SO_4 und Chlorbenzol und Erwärmen des Reaktionsprodukts mit 2,5,6-Triamino-3*H*-pyrimidin-4-on-hydrochlorid, KI, Natriumacetat und Essigsäure (*Magerlein, Weisblat*, Am. Soc. **76** [1954] 1702).

Gelbe Kristalle. λ_{max} (wss. NaOH [0,1 n]): 258 nm, 285 nm und 364 nm.

***N*-[10-(Toluol-4-sulfonyl)-pteroyl]-L-glutaminsäure** $C_{26}H_{25}N_7O_8S$, Formel IX und Taut.

B. Analog der vorangehenden Verbindung (*Weisblat et al.*, Am. Soc. **75** [1953] 5893, 5895).

λ_{max} (wss. NaOH [0,1 n]): 216 nm, 256 nm und 365 nm.

4-[(4-Amino-2-thioxo-1,2-dihydro-pteridin-6-ylmethyl)-amino]-benzoesäure $C_{14}H_{12}N_6O_2S$, Formel X und Taut.

B. Aus 4,5,6-Triamino-1*H*-pyrimidin-2-thion, 2,3-Dibrom-propionaldehyd und 4-Amino-benzoesäure (*De Clercq, Truhaut*, C. r. **243** [1956] 2172).

Feststoff mit 1,5 Mol H_2O; Zers. bei ca. 240°. λ_{max} (wss. NaOH [0,1 n]): 220,5 nm und 284,5 nm.

IX

X

N-{4-[(4-Amino-2-thioxo-1,2-dihydro-pteridin-6-ylmethyl)-amino]-benzoyl}-L-glutaminsäure $C_{19}H_{19}N_7O_5S$, Formel XI und Taut.

B. Aus 4,5,6-Triamino-1*H*-pyrimidin-2-thion, 2,3-Dibrom-propionaldehyd und *N*-[4-Amino-benzoyl]-L-glutaminsäure (*De Clercq, Truhaut,* C. r. **243** [1956] 2172).

Zers. bei ca. 250°. λ_{max} (wss. NaOH [0,1 n]): 219,5 nm und 287 nm.

XI

2,4-Diamino-7-methyl-5*H*-pteridin-6-on $C_7H_8N_6O$, Formel XII und Taut.

B. Aus Pyrimidintetrayltetraamin-sulfat und Brenztraubensäure in wss. H_2SO_4 (*Elion et al.,* Am. Soc. **72** [1950] 78, 79).

Feststoff mit 0,5 Mol H_2O. λ_{max} (wss. Lösung): 350 nm [pH 1] bzw. 255 nm und 385 nm [pH 11].

2-Amino-7-methyl-3*H*-pteridin-4-on $C_7H_7N_5O$, Formel XIII (R = X = H) und Taut.

Diese Konstitution kommt auch der von *Karrer et al.* (Helv. **30** [1947] 1031, 1036) und *Karrer, Schwyzer* (Helv. **31** [1948] 777, 781) als 2-Amino-6(oder 7)-hydroxymethyl-3*H*-pteridin-4-on angesehenen Verbindung zu (*Angier et al.,* Am. Soc. **70** [1948] 3029; *Weygand et al.,* Experientia **4** [1948] 427). In den unter dieser Konstitution beschriebenen, bei der Umsetzung von 2,5,6-Triamino-3*H*-pyrimidin-4-on mit Pyruvaldehyd (*Forrest, Walker,* Soc. **1949** 79, 83), mit 1,3-Dihydroxy-aceton (*Forrest, Walker,* Soc. **1949** 2077, 2081) oder mit 1,1-Diäthoxy-aceton (*Mowat et al.,* Am. Soc. **70** [1948] 14, 18) erhaltenen Präparaten haben Gemische von überwiegend 2-Amino-7-methyl-3*H*-pteridin-4-on mit 2-Amino-6-methyl-3*H*-pteridin-4-on vorgelegen (*Pfleiderer et al.,* A. **741** [1970] 64, 66; s. a. *Storm et al.,* J. org. Chem. **36** [1971] 3925).

B. Beim Erhitzen von 2,5,6-Triamino-3*H*-pyrimidin-4-on mit Pyruvaldehyd und wss. $NaHCO_3$ (*St. et al.*) oder mit 1,1-Bis-äthylmercapto-aceton, Phosphorsäure und Essigsäure (*Weygand, Bestmann,* B. **88** [1955] 1992). Beim Erhitzen von 3-Chlor-5-methyl-pyrazin-2-carbonsäure-methylester mit Guanidin-carbonat auf 170° (*Dick, Wood,* Soc. **1955** 1379, 1382). Aus 7-Methyl-pteridin-2,4-diyldiamin mit Hilfe von wss. NaOH (*Seeger et al.,* Am. Soc. **71** [1949] 1753, 1757). — Über die Abtrennung von 2-Amino-6-methyl-3*H*-pteridin-4-on s. *Karrer, Schwyzer,* Helv. **32** [1949] 423, 432; *St. et al.*

Hellgelbe Kristalle [aus H_2O] (*Ka., Sch.,* Helv. **32** 432); F: >360° (*Dick, Wood*). Absorptionsspektrum (wss. HCl [0,1 n] sowie wss. NaOH [0,1 n]; 220–420 nm): *Mo. et al.,* l. c. S. 16. λ_{max}: 247 nm und 318 nm [wss. HCl (0,1 n)] bzw. 250 nm und 357 nm [wss. NaOH (0,1 n)]

(*Asahi*, J. pharm. Soc. Japan **79** [1959] 1574, 1577; C. A. **1960** 10593). Relative Intensität der Fluorescenz in wss. Lösungen vom pH 0–12: *Kavanagh, Goodwin,* Arch. Biochem. **20** [1949] 315, 318. Polarographisches Halbstufenpotential (wss. Lösungen vom pH 1–12): *As.*

2-Acetylamino-7-methyl-3*H*-pteridin-4-on, *N*-[7-Methyl-4-oxo-3,4-dihydro-pteridin-2-yl]-acetamid $C_9H_9N_5O_2$, Formel XIII (R = CO-CH_3, X = H) und Taut.

B. Aus 2-Amino-7-methyl-3*H*-pteridin-4-on und Acetanhydrid (*Karrer, Schwyzer,* Helv. **32** [1949] 423, 432, **33** [1950] 39, 43).

Dimorphe Kristalle (aus H_2O bzw. A.); F: 295° [Zers.] (*Ka., Sch.*, Helv. **33** 43). UV-Spektrum (wss. HCl [0,1 n] sowie wss. NaOH [0,1 n]; 220–400 nm): *Ka., Sch.*, Helv. **32** 427, 428.

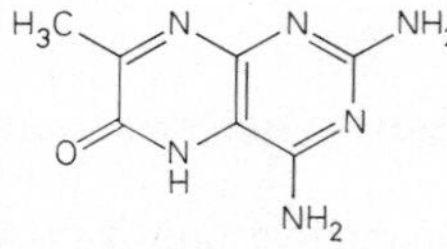

XII 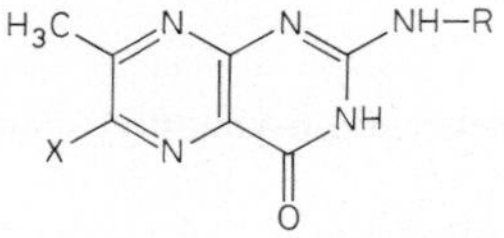 XIII 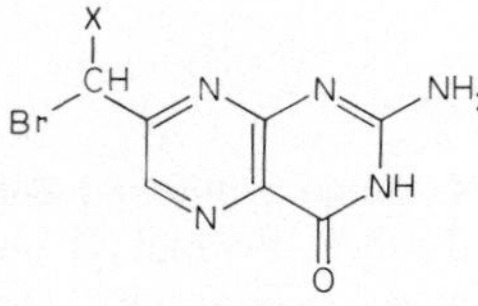 XIV

2-Amino-7-brommethyl-3*H*-pteridin-4-on $C_7H_6BrN_5O$, Formel XIV (X = H) und Taut.

Hydrobromid $C_7H_6BrN_5O \cdot HBr$. *B.* Aus 2-Amino-7-methyl-3*H*-pteridin-4-on, Brom und wss. HBr (*Waller et al.*, Am. Soc. **74** [1952] 5405). – Kristalle (aus wss. HBr). Absorptionsspektrum (wss. HCl [0,1 n] sowie wss. NaOH [0,1 n]; 220–420 nm): *Wa. et al.*

2-Amino-7-dibrommethyl-3*H*-pteridin-4-on $C_7H_5Br_2N_5O$, Formel XIV (X = Br) und Taut.

B. Aus 2-Amino-7-methyl-3*H*-pteridin-4-on, Brom und wss. HBr (*Waller et al.*, Am. Soc. **74** [1952] 5405).

Gelber Feststoff.

Hydrobromid $C_7H_5Br_2N_5O \cdot HBr$. Kristalle (aus wss. HBr). Absorptionsspektrum (wss. HCl [0,1 n] sowie wss. NaOH [0,1 n]; 220–420 nm): *Wa. et al.*

Acetyl-Derivat $C_9H_7Br_2N_5O_2$; 2-Acetylamino-7-dibrommethyl-3*H*-pteridin-4-on, *N*-[7-Dibrommethyl-4-oxo-3,4-dihydro-pteridin-2-yl]-acetamid. Kristalle (aus wss. 2-Methoxy-äthanol).

2,6-Diamino-7-methyl-3*H*-pteridin-4-on $C_7H_8N_6O$, Formel XIII (R = H, X = NH_2) und Taut.

B. Aus 2,5,6-Triamino-3*H*-pyrimidin-4-on-sulfat und Pyruvaldehyd-1-(*Z*)-oxim mit Hilfe von Na_2SO_3 (*Landor, Rydon,* Soc. **1955** 1113, 1116).

Gelbe Kristalle (aus H_2O); F: >360°. λ_{max} (wss. NaOH [0,1 n]): 257 nm und 378 nm.

***N*-{4-[(2-Amino-4-oxo-3,4-dihydro-pteridin-7-ylmethyl)-amino]-benzoyl}-L-glutaminsäure** $C_{19}H_{19}N_7O_6$, Formel XV und Taut.

B. Aus 2-Amino-7-brommethyl-3*H*-pteridin-4-on und *N*-[4-Amino-benzoyl]-L-glutaminsäure (*Waller et al.*, Am. Soc. **74** [1952] 5405).

Kristalle (aus wss. HCl) mit 2 Mol H_2O.

Unbeständig; beim Aufbewahren tritt nach 2–3 Tagen, beim Erhitzen auf 100° unter vermindertem Druck sofort Zersetzung ein.

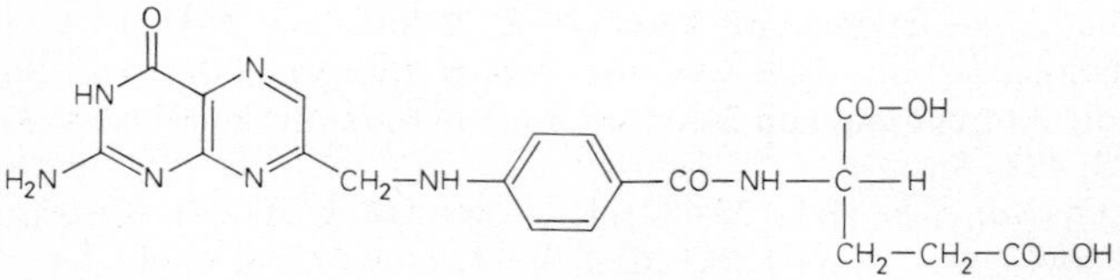

XV 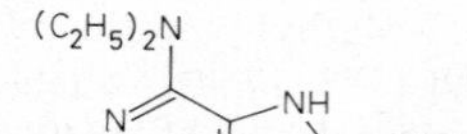 XVI

6-Diäthylamino-2-methyl-7(9)*H*-purin-8-carbaldehyd $C_{11}H_{15}N_5O$, Formel XVI und Taut.

B. Beim Behandeln von D$_r$-1*cat*$_F$-[6-Diäthylamino-2-methyl-7(9)*H*-purin-8-yl]-pentan-1*c*$_F$,2*t*$_F$,3*c*$_F$,4*r*$_F$,5-pentaol mit wss. $NaIO_4$ oder beim Erwärmen von [6-Diäthylamino-2-methyl-7(9)*H*-purin-8-yl]-methanol mit $K_2Cr_2O_7$ in Essigsäure (*Hull,* Soc. **1958** 4069, 4071, 4072).

Kristalle (aus wss. A.); F: 213°.

Oxim $C_{11}H_{16}N_6O$. Kristalle (aus A.); F: 238° [Zers.].

O-Acetyl-oxim $C_{13}H_{18}N_6O_2$. Hellgelbe Kristalle (aus A.); F: 189° [Zers.].

2,4-Dinitro-phenylhydrazon $C_{17}H_{19}N_9O_4$. Hydrochlorid $C_{17}H_{19}N_9O_4 \cdot HCl$. Gelbe Kristalle (aus Butan-1-ol) mit 1 Mol H_2O; F: 294° [Zers.].

Methylmercaptothiocarbonyl-hydrazon $C_{13}H_{19}N_7S_2$; [6-Diäthylamino-2-methyl-7(9)*H*-purin-8-ylmethylen]-dithiocarbazidsäure-methylester. Gelbe Kristalle (aus Butan-1-ol); F: 234° [Zers.]. [*H. Tarrach*]

Amino-Derivate der Oxo-Verbindungen $C_8H_8N_4O$

1-[2-Amino-5-methyl-[1,2,4]triazolo[1,5-*a*]pyrimidin-6-yl]-äthanon(?) $C_8H_9N_5O$, vermutlich Formel I.

B. Aus 3-Äthoxymethylen-pentan-2,4-dion und 1*H*-[1,2,4]Triazol-3,5-diyldiamin bei 100° (*Papini et al.,* G. **87** [1957] 931, 942).

Kristalle (aus Dioxan); F: 293–295°.

***N*-{4-[(Ξ)-1-(2-Amino-4-oxo-3,4-dihydro-pteridin-6-yl)-äthylamino]-benzoyl}-L-glutaminsäure, *N*-[(Ξ)-9-Methyl-pteroyl]-L-glutaminsäure** $C_{20}H_{21}N_7O_6$, Formel II (R = X = H) und Taut.

B. Aus 2,5,6-Triamino-3*H*-pyrimidin-4-on, *N*-[4-Amino-benzoyl]-L-glutaminsäure und (±)-2,2,3-Trichlor-butyraldehyd (*Hultquist et al.,* Am. Soc. **71** [1949] 619, 621).

Feststoff. UV-Spektrum in wss. HCl [0,1 n] (240–400 nm) und in wss. NaOH [0,1 n] (240–370 nm): *Hu. et al.,* l. c. S. 620.

Bis-cyclohexylamin-Salz $2C_6H_{13}N \cdot C_{20}H_{21}N_7O_6$. Gelbliche Kristalle (aus Butan-1-ol + Cyclohexylamin) mit 3 Mol H_2O.

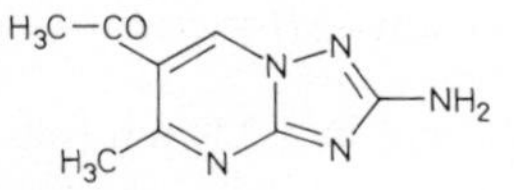

I

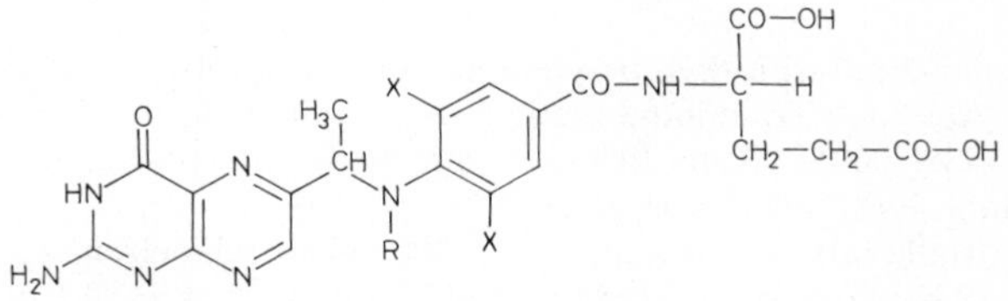

II

***N*-[(Ξ)-3′,5′-Dichlor-9-methyl-pteroyl]-L-glutaminsäure** $C_{20}H_{19}Cl_2N_7O_6$, Formel II (R = H, X = Cl) und Taut.

B. Aus der vorangehenden Verbindung und Chlor in wss. HCl (*Cosulich et al.,* Am. Soc. **73** [1951] 2554, 2555).

λ_{max}: 280 nm [wss. HCl (0,1 n)] bzw. 255 nm und 363 nm [wss. NaOH (0,1 n)].

(±)-9,10-Dimethyl-pteroinsäure $C_{16}H_{16}N_6O_3$, Formel III und Taut.

B. Aus 2,5,6-Triamino-3*H*-pyrimidin-4-on, 4-Methylamino-benzoesäure und (±)-2,2,3-Trichlor-butyraldehyd (*Hultquist et al.,* Am. Soc. **71** [1949] 619, 622).

Feststoff mit 0,5 Mol H_2O. UV-Spektrum in wss. HCl [0,1 n] (230–380 nm) und in wss. NaOH [0,1 n] (230–400 nm): *Hu. et al.,* l. c. S. 620.

***N*-[(Ξ)-9,10-Dimethyl-pteroyl]-L-glutaminsäure** $C_{21}H_{23}N_7O_6$, Formel II (R = CH_3, X = H) und Taut.

B. Analog der vorangehenden Verbindung (*Hultquist et al.,* Am. Soc. **71** [1949] 619, 621).

Orangegelbe Kristalle mit 1 Mol H_2O. UV-Spektrum in wss. HCl [0,1 n] (230–380 nm) und in wss. NaOH [0,1 n] (230–400 nm): *Hu. et al.,* l. c. S. 620.

***N*-[(Ξ)-3′,5′-Dichlor-9,10-dimethyl-pteroyl]-L-glutaminsäure** $C_{21}H_{21}Cl_2N_7O_6$, Formel II (R = CH_3, X = Cl) und Taut.

B. Aus der vorangehenden Verbindung und Chlor in wss. HCl (*Cosulich et al.,* Am. Soc. **73** [1951] 2554, 2555).

λ_{max}: 310 nm [wss. HCl (0,1 n)] bzw. 254 nm und 363 nm [wss. NaOH (0,1 n)].

2-Amino-4,6-dimethyl-8*H*-pteridin-7-on $C_8H_9N_5O$, Formel IV und Taut.

B. Beim Erwärmen von 6-Methyl-pyrimidin-2,4,5-triyltriamin mit der Natrium-Verbindung des Oxalessigsäure-diäthylesters in Essigsäure (*Landor, Rydon,* Soc. **1955** 1113, 1116).

Gelbliches Pulver. λ_{max} (wss. NaOH [0,1 n]): 264 nm und 343 nm.

2-Amino-6,7-dimethyl-3*H*-pteridin-4-on $C_8H_9N_5O$, Formel V (R = R′ = H) und Taut. (H 494).

B. Beim Erwärmen von 2,5,6-Triamino-3,4-dihydro-pyrimidin-4-sulfonsäure (?; E III/IV **25** 4521) mit Butandion in wss. HCl (*Am. Cyanamid. Co.,* U.S.P. 2767181 [1954]). Beim Erwärmen von 6,7-Dimethyl-pteridin-2,4-diyldiamin mit wss. HCl (*Taylor, Cain,* Am. Soc. **71** [1949] 2538).

UV-Spektrum (wss. NaOH [0,1 n]; 230–400 nm): *Roth et al.,* Am. Soc. **73** [1951] 2864, 2866.

2-Amino-1,6,7-trimethyl-3*H*-pteridin-4-on $C_9H_{11}N_5O$, Formel VI.

Konstitution: *Curran, Angier*, Am. Soc. **80** [1958] 6095.

B. Aus 2,5,6-Triamino-1-methyl-1*H*-pyrimidin-4-on (E III/IV **25** 3649) und Butandion (*Roth et al.*, Am. Soc. **73** [1951] 2864, 2868).

Kristalle (aus H_2O), die bei 350–360° zu sublimieren beginnen und unterhalb 370° nicht schmelzen (*Roth et al.*). IR-Banden (Nujol sowie Perfluorkerosin; 3410–680 cm^{-1}): *Roth et al.*, l. c. S. 2865. UV-Spektrum (wss. NaOH [0,1 n]; 230–400 nm): *Roth et al.,* l. c. S. 2866.

2-Amino-3,6,7-trimethyl-3*H*-pteridin-4-on $C_9H_{11}N_5O$, Formel V (R = H, R′ = CH_3).

B. Aus 2,5,6-Triamino-3-methyl-3*H*-pyrimidin-4-on und Butandion (*Curran, Angier,* Am. Soc. **80** [1958] 6095). Beim Erhitzen von 3,6,7-Trimethyl-2-methylmercapto-3*H*-pteridin-4-on mit äthanol. NH_3 auf 150° (*Cu., An.*).

Kristalle (aus A.), die unterhalb 300° nicht schmelzen. λ_{max}: 219 nm und 323 nm [wss. HCl (0,1 n)] bzw. 242 nm, 277 nm und 352 nm [wss. NaOH (0,1 n)].

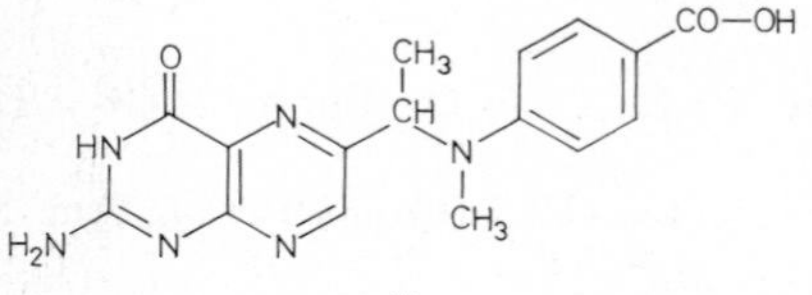

III 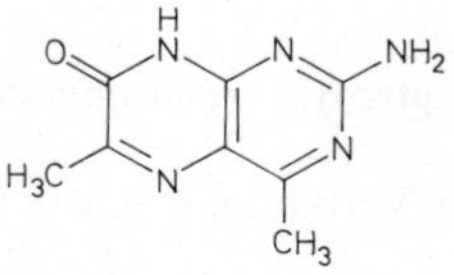 IV 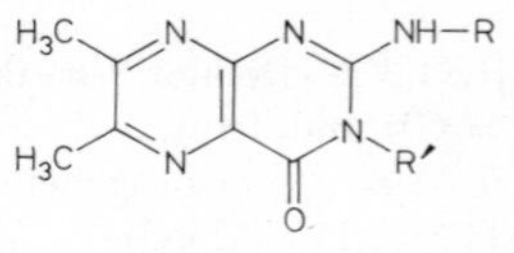 V

2-Amino-6,7,8-trimethyl-8*H*-pteridin-4-on $C_9H_{11}N_5O$, Formel VII.

B. Aus 2,5-Diamino-6-methylamino-3*H*-pyrimidin-4-on und Butandion (*Fidler, Wood,* Soc. **1957** 4157, 4160).

Gelbe Kristalle (aus H_2O); Zers. >270°. λ_{max} (wss. Lösung): 254 nm, 284 nm und 395 nm [pH 1] bzw. 223 nm, 268 nm, 306 nm und 365 nm [pH 13] (*Fi., Wood,* l. c. S. 4159). Scheinbare Dissoziationsexponenten pK'_{a1} und pK'_{a2} (H_2O): 5,85 bzw. 8,90.

6,7-Dimethyl-2-methylamino-3*H*-pteridin-4-on $C_9H_{11}N_5O$, Formel VIII (R = CH_3, R′ = X = H) und Taut.

B. Aus 5,6-Diamino-2-methylamino-3*H*-pyrimidin-4-on und Butandion (*Roth et al.,* Am. Soc.

73 [1951] 2864, 2868). Beim Erwärmen von 2-Amino-3,6,7-trimethyl-3*H*-pteridin-4-on mit wss. NaOH (*Curran, Angier,* Am. Soc. **80** [1958] 6095, 6097).

Hellgelbe Kristalle (aus H_2O) mit 1 Mol H_2O; F: 277–281° (*Roth et al.*). IR-Banden (Nujol sowie Perfluorkerosin; 3310–680 cm^{-1}): *Roth et al.,* l. c. S. 2865. UV-Spektrum (wss. NaOH [0,1 n]; 230–400 nm): *Roth et al.,* l. c. S. 2866. λ_{max}: 217 nm, 252 nm und 322 nm [wss. HCl (0,1 n)] bzw. 258 nm und 363 nm [wss. NaOH (0,1 n)] (*Cu., An.*).

2-Dimethylamino-6,7-dimethyl-3*H*-pteridin-4-on $C_{10}H_{13}N_5O$, Formel VIII (R = R′ = CH_3, X = H) und Taut.

B. Aus 5,6-Diamino-2-dimethylamino-3*H*-pyrimidin-4-on und Butandion (*Roth et al.,* Am. Soc. **73** [1951] 2864, 2866).

Kristalle (aus A.); F: 283–288° [Zers.]. UV-Spektrum (wss. NaOH [0,1 n]; 220–400 nm): *Roth et al.,* l. c. S. 2866. λ_{max} (wss. HCl [0,1 n]): 248 nm, 295 nm und 326 nm.

3,6,7-Trimethyl-2-propylamino-3*H*-pteridin-4-on $C_{12}H_{17}N_5O$, Formel V (R = CH_2-C_2H_5, R′ = CH_3).

B. Aus 3,6,7-Trimethyl-2-methylmercapto-3*H*-pteridin-4-on und Propylamin (*Curran, Angier,* Am. Soc. **80** [1958] 6095).

Kristalle (aus Propan-1-ol); F: 296–298° [korr.; Zers.]. λ_{max}: 222 nm, 280–290 nm und 323 nm [wss. HCl (0,1 n)] bzw. 244 nm, 282 nm und 358 nm [wss. NaOH (0,1 n)].

VI VII VIII

2-Acetylamino-3,6,7-trimethyl-3*H*-pteridin-4-on, *N*-[3,6,7-Trimethyl-4-oxo-3,4-dihydro-pteridin-2-yl]-acetamid $C_{11}H_{13}N_5O_2$, Formel V (R = CO-CH_3, R′ = CH_3).

B. Beim Erwärmen von 2-Amino-3,6,7-trimethyl-3*H*-pteridin-4-on und Acetanhydrid (*Angier, Curran,* Am. Soc. **81** [1959] 5650, 5655).

Kristalle (aus A.); F: 196,5–199°. λ_{max}: 242 nm, 275 nm und 323 nm [Me.], 239 nm, 281 nm und 316 nm [wss. HCl (0,1 n)] bzw. 246 nm, 287 nm und 340 nm [wss. NaOH (0,1 n)].

3-[2-Amino-6,7-dimethyl-4-oxo-4*H*-pteridin-3-yl]-propionsäure $C_{11}H_{13}N_5O_3$, Formel V (R = H, R′ = CH_2-CH_2-CO-OH).

B. Beim Behandeln von 2,3-Dimethyl-8,9-dihydro-6*H*-pyrimido[2,1-*b*]pteridin-7,11-dion mit wss. $Na_2B_4O_7$ (*Angier, Curran,* Am. Soc. **81** [1959] 5650, 5653).

Kristalle. λ_{max}: 220 nm, 244–252 nm und 323 nm [wss. HCl (0,1 n)] bzw. 243 nm, 278 nm und 352 nm [wss. $Na_2B_4O_7$ (0,1 n) sowie wss. NaOH (0,1 n)].

***N*-[6,7-Dimethyl-4-oxo-3,4-dihydro-pteridin-2-yl]-*β*-alanin** $C_{11}H_{13}N_5O_3$, Formel V (R = CH_2-CH_2-CO-OH, R′ = H) und Taut.

B. Beim Erwärmen von 2,3-Dimethyl-8,9-dihydro-6*H*-pyrimido[2,1-*b*]pteridin-7,11-dion mit wss. NaOH (*Angier, Curran,* Am. Soc. **81** [1959] 5650, 5654).

Kristalle (aus H_2O). λ_{max}: 218 nm, 250 nm, 283 nm und 322 nm [wss. HCl (0,1 n)] bzw. 260 nm und 365 nm [wss. NaOH (0,1 n)].

6,7-Dimethyl-2-sulfanilylamino-3*H*-pteridin-4-on, Sulfanilsäure-[6,7-dimethyl-4-oxo-3,4-dihydro-pteridin-2-ylamid] $C_{14}H_{14}N_6O_3S$, Formel V (R = SO_2-C_6H_4-NH_2, R′ = H) und Taut.

B. Beim Erwärmen der folgenden Verbindung mit wss. NaOH (*Fahrenbach et al.,* Am. Soc. **76** [1954] 4006, 4008, 4010; *Am. Cyanamid Co.,* U.S.P. 2677682 [1951]).

Hellgelbe Kristalle; F: 311–313° [Zers.] (*Fa. et al.*; *Am. Cyanamid Co.*). λ_{max}: 266 nm, 291 nm und 327 nm [wss. HCl (0,1 n)] bzw. 260 nm, 311 nm und 365 nm [wss. NaOH (0,1 n)] (*Fa. et al.*, l. c. S. 4009).

***N*-Acetyl-sulfanilsäure-[6,7-dimethyl-4-oxo-3,4-dihydro-pteridin-2-ylamid], Essigsäure-[4-(6,7-dimethyl-4-oxo-3,4-dihydro-pteridin-2-ylsulfamoyl)-anilid]** $C_{16}H_{16}N_6O_4S$, Formel V (R = SO_2-C_6H_4-NH-CO-CH_3, R′ = H) und Taut.

B. Beim Erwärmen von *N*-Acetyl-sulfanilsäure-[4,5-diamino-6-oxo-1,6-dihydro-pyrimidin-2-ylamid] mit Butandion und wss. NH_3 (*Fahrenbach et al.,* Am. Soc. **76** [1954] 4006, 4008, 4010; *Am. Cyanamid Co.,* U.S.P. 2677682 [1951]).

Gelbliche Kristalle; F: 300–302° [unkorr.; Zers.] (*Fa. et al.*; *Am. Cyanamid Co.*). λ_{max}: 270 nm, 299 nm und 328 nm [wss. HCl (0,1 n)] bzw. 257,5 nm, 310 nm und 362 nm [wss. NaOH (0,1 n)] (*Fa. et al.,* l. c. S. 4009).

2-Amino-6,7-bis-brommethyl-3*H*-pteridin-4-on $C_8H_7Br_2N_5O$, Formel VIII (R = R′ = H, X = Br) und Taut.

B. Aus 2,5,6-Triamino-3*H*-pyrimidin-4-on und 1,4-Dibrom-butan-2,3-dion (*Boothe et al.,* Am. Soc. **74** [1952] 5407).

Kristalle.

2-Amino-6,7-dimethyl-3*H*-pteridin-4-thion $C_8H_9N_5S$, Formel IX und Taut.

B. Beim Erwärmen von 2,5,6-Triamino-3,4-dihydro-pyrimidin-4-sulfonsäure (?; E III/IV **25** 4521) mit Butandion und wss. H_2S (*Am. Cyanamid Co.*, U.S.P. 2767181 [1954]).

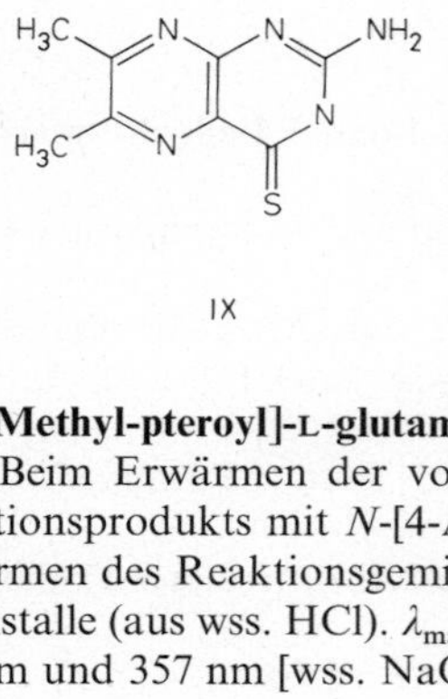

IX

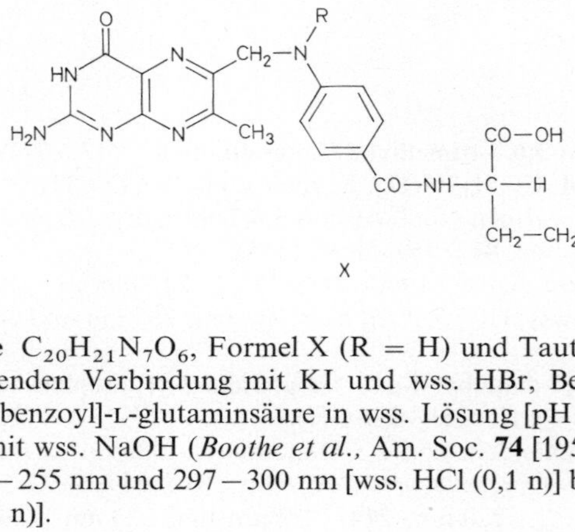

X

***N*-[7-Methyl-pteroyl]-L-glutaminsäure** $C_{20}H_{21}N_7O_6$, Formel X (R = H) und Taut.

B. Beim Erwärmen der vorangehenden Verbindung mit KI und wss. HBr, Behandeln des Reaktionsprodukts mit *N*-[4-Amino-benzoyl]-L-glutaminsäure in wss. Lösung [pH 10–11] und Erwärmen des Reaktionsgemisches mit wss. NaOH (*Boothe et al.,* Am. Soc. **74** [1952] 5407).

Kristalle (aus wss. HCl). λ_{max}: 252–255 nm und 297–300 nm [wss. HCl (0,1 n)] bzw. 252 nm, 285 nm und 357 nm [wss. NaOH (0,1 n)].

***N*-[7,10-Dimethyl-pteroyl]-L-glutaminsäure** $C_{21}H_{23}N_7O_6$, Formel X (R = CH_3) und Taut.

B. Analog der vorangehenden Verbindung (*Boothe et al.,* Am. Soc. **74** [1952] 5407).

Feststoff. λ_{max}: 252 nm und 310–312 nm [wss. HCl (0,1 n)] bzw. 252 nm, 305 nm und 357 nm [wss. NaOH (0,1 n)].

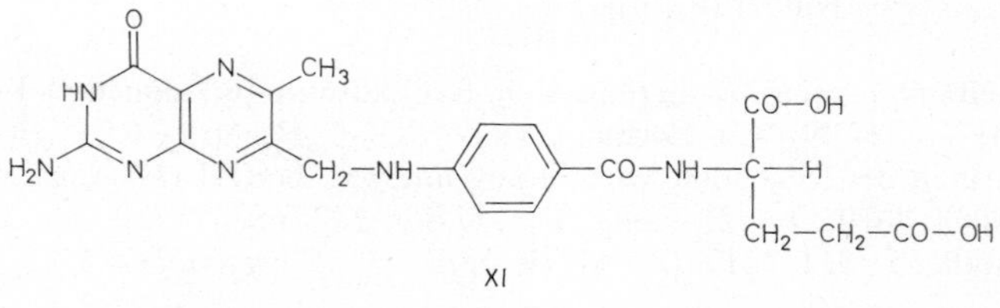

XI

***N*-{4-[(2-Amino-6-methyl-4-oxo-3,4-dihydro-pteridin-7-ylmethyl)-amino]-benzoyl}-L-glutamin≠säure** $C_{20}H_{21}N_7O_6$, Formel XI und Taut.

B. Beim Erwärmen von 2-Amino-6,7-dimethyl-3*H*-pteridin-4-on mit Brom in wss. HBr und Behandeln des Reaktionsprodukts mit *N*-[4-Amino-benzoyl]-L-glutaminsäure und wss. NaOH (*Boothe et al.,* Am. Soc. **74** [1952] 5407).

Kristalle (aus wss. HCl) mit 1 Mol H_2O. λ_{max}: 255 nm und 300 nm [wss. HCl (0,1 n)] bzw. 252 nm, 280 nm und 360—362 nm [wss. NaOH (0,1 n)].

4-Amino-6,7-dimethyl-1*H*-pteridin-2-on $C_8H_9N_5O$, Formel XII (X = O) und Taut.

B. Aus 4,5,6-Triamino-1*H*-pyrimidin-2-on und Butandion (*Daly, Christensen,* Am. Soc. **78** [1956] 225).

Kristalle (aus H_2O); F: >300°. λ_{max} (wss. Lösung vom pH 6): 232 nm und 245 nm.

4-Amino-6,7-dimethyl-1*H*-pteridin-2-thion $C_8H_9N_5S$, Formel XII (X = S) und Taut.

B. Analog der vorangehenden Verbindung (*Gal,* Am. Soc. **72** [1950] 3532, 3533; *Taylor, Cain,* Am. Soc. **74** [1952] 1644, 1646).

Gelbe Kristalle (aus H_2O+DMF); Zers. >280° (*Ta., Cain*). λ_{max} (wss. NaOH [0,1 n]): 289 nm, 311,5 nm, 349,5 nm und 392 nm (*Gal*).

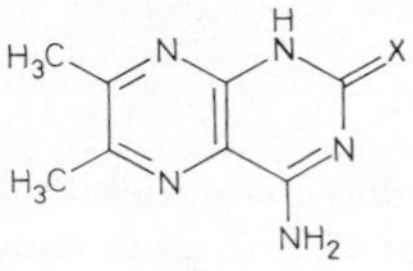

XII 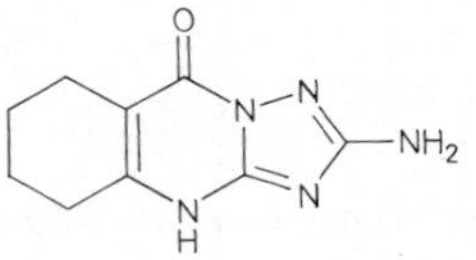 XIII 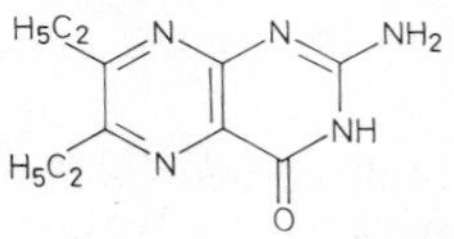 XIV

Amino-Derivate der Oxo-Verbindungen $C_9H_{10}N_4O$

2-Amino-5,6,7,8-tetrahydro-4*H*-[1,2,4]triazolo[5,1-*b*]chinazolin-9-on (?) $C_9H_{11}N_5O$, vermutlich Formel XIII und Taut.

B. Aus 1*H*-[1,2,4]Triazol-3,5-diyldiamin und 2-Oxo-cyclohexancarbonsäure-äthylester (*Ilford Ltd.,* U.S.P. 2566658 [1949]).

Kristalle (aus H_2O); F: ca. 340°.

Amino-Derivate der Oxo-Verbindungen $C_{10}H_{12}N_4O$

6,7-Diäthyl-2-amino-3*H*-pteridin-4-on $C_{10}H_{13}N_5O$, Formel XIV und Taut.

B. Aus 2,5,6-Triamino-3*H*-pyrimidin-4-on und Hexan-3,4-dion (*Albert et al.,* Soc. **1952** 4219, 4231).

Kristalle (aus DMF), die unterhalb 360° nicht schmelzen. Bei 20° enthalten 86 l wss. Lösung 1 g (*Al. et al.,* l. c. S. 420).

6,7-Diäthyl-4-amino-1*H*-pteridin-2-on $C_{10}H_{13}N_5O$, Formel XV und Taut.

B. Aus 4,5,6-Triamino-1*H*-pyrimidin-2-on und Hexan-3,4-dion (*Albert et al.,* Soc. **1952** 4219, 4232).

Gelbliche Kristalle (aus A.); Zers. bei ca. 290° [unkorr.]. Bei 20° enthalten 16 l wss. Lösung 1 g (*Al. et al.,* l. c. S. 4220).

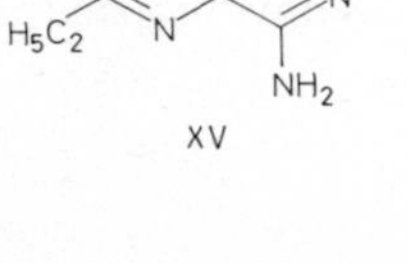

XV  XVI

Amino-Derivate der Oxo-Verbindungen $C_{11}H_{14}N_4O$

6(oder 7)-Butyl-7(oder 6)-methyl-2-sulfanilylamino-3*H*-pteridin-4-on, Sulfanilsäure-[6(oder 7)-butyl-7(oder 6)-methyl-4-oxo-3,4-dihydro-pteridin-2-ylamid] $C_{17}H_{20}N_6O_3S$, Formel XVI (R = $[CH_2]_3$-CH_3, R′ = CH_3, R″ = H oder R = CH_3, R′ = $[CH_2]_3$-CH_3, R″ = H) und Taut.

a) Isomeres vom F: 250°.

B. Beim Erwärmen von *N*-Acetyl-sulfanilsäure-[6(oder 7)-butyl-7(oder 6)-methyl-4-oxo-3,4-dihydro-pteridin-2-ylamid] vom F: 241–243° (s. u.) mit wss. NaOH (*Fahrenbach et al.*, Am. Soc. **76** [1954] 4006, 4008, 4010; *Am. Cyanamid Co.*, U.S.P. 2677682 [1951]).

F: 247–250° [Zers.] (*Fa. et al.*), 247–250° [unkorr.; im auf 230° vorgeheizten Bad] (*Am. Cyanamid Co.*). λ_{max}: 260 nm und 328 nm [wss. HCl (0,1 n)] bzw. 260 nm und 365 nm [wss. NaOH (0,1 n)] (*Fa. et al.*, l. c. S. 4009).

b) Isomeres vom F: 202°.

B. Beim Erwärmen von *N*-Acetyl-sulfanilsäure-[6(oder 7)-butyl-7(oder 6)-methyl-4-oxo-3,4-dihydro-pteridin-2-ylamid] vom F: 237–248° (Rohprodukt) mit wss. NaOH (*Fa. et al.*; *Am. Cyanamid Co.*).

F: 201,5–202,7° [Zers.] (*Fa. et al.*), 197–198° [unkorr.; im auf 100° vorgeheizten Bad] (*Am. Cyanamid Co.*). λ_{max}: 260 nm und 328 nm [wss. HCl (0,1 n)] bzw. 260 nm und 365 nm [wss. NaOH (0,1 n)] (*Fa. et al.*, l. c. S. 4009).

***N*-Acetyl-sulfanilsäure-[6(oder 7)-butyl-7(oder 6)-methyl-4-oxo-3,4-dihydro-pteridin-2-ylamid], Essigsäure-[4-(6(oder 7)-butyl-7(oder 6)-methyl-4-oxo-3,4-dihydro-pteridin-2-ylsulfamoyl)-anilid]** $C_{19}H_{22}N_6O_4S$, Formel XVI (R = $[CH_2]_3$-CH_3, R′ = CH_3, R″ = CO-CH_3 oder R = CH_3, R′ = $[CH_2]_3$-CH_3, R″ = CO-CH_3) und Taut.

B. Neben dem Isomeren vom F: 237–248° (nicht rein erhalten) beim Erwärmen von *N*-Acetyl-sulfanilsäure-[4,5-diamino-6-oxo-1,6-dihydro-pyrimidin-2-ylamid]-sulfat mit Heptan-2,3-dion und wss. NH_3 (*Fahrenbach et al.*, Am. Soc. **76** [1954] 4006, 4008, 4010; *Am. Cyanamid Co.*, U.S.P. 2677682 [1951]).

Gelbliche Kristalle; F: 241–243° [Zers.] (*Fa. et al.*; *Am. Cyanamid Co.*). λ_{max}: 269 nm und 330 nm [wss. HCl (0,1 n)] bzw. 259 nm und 364 nm [wss. NaOH (0,1 n)] (*Fa. et al.*, l. c. S. 4009).

Amino-Derivate der Oxo-Verbindungen $C_{12}H_{16}N_4O$

4-Amino-6,7-diisopropyl-1*H*-pteridin-2-thion $C_{12}H_{17}N_5S$, Formel I (R = H) und Taut.

B. Beim Erwärmen von 4,5,6-Triamino-1*H*-pyrimidin-2-thion-sulfat mit 2,5-Dimethyl-hexan-3,4-dion und NaOH in Butanon-Äthanol-H_2O (*Potter, Henshall*, Soc. **1956** 2000, 2003).

Gelbe Kristalle (aus DMF + H_2O); F: 276–277°.

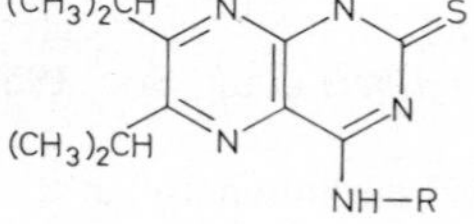

$(CH_3)_2CH$ ... NH–R — I; O=CH ... NH_2 — II; O=CH ... NH_2 — III

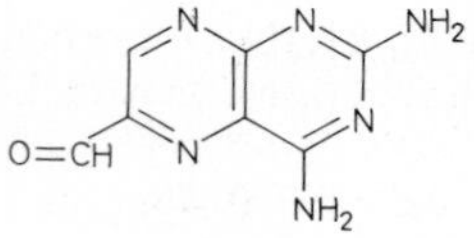

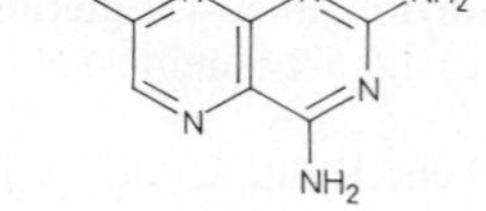

4-[3-Diäthylamino-propylamino]-6,7-diisopropyl-1*H*-pteridin-2-thion $C_{19}H_{32}N_6S$, Formel I (R = $[CH_2]_3$-$N(C_2H_5)_2$) und Taut.

B. Beim Erwärmen der vorangehenden Verbindung mit *N,N*-Diäthyl-propandiyldiamin in Äthanol (*Potter, Henshall*, Soc. **1956** 2000, 2005).

Hellgelbe Kristalle (aus $CHCl_3$ + PAe.); F: 162–163°.

Amino-Derivate der Monooxo-Verbindungen $C_nH_{2n-10}N_4O$

2,4-Diamino-pteridin-6-carbaldehyd $C_7H_6N_6O$, Formel II.

B. Aus (1*R*)-1-[2,4-Diamino-pteridin-6-yl]-L-threit (S. 3877) beim Behandeln mit Pb_3O_4 oder HIO_4 und wss. Essigsäure oder beim Erwärmen einer Lösung in wss. NaOH mit Blei(IV)-acetat in Acetanhydrid-Essigsäure (*Upjohn Co.,* U.S.P. 2667484 [1950]).

Gelbes bis braunes Pulver; Zers. >300°. λ_{max} (wss. NaOH [0,1 n]): 262 nm und 370 nm.

Oxim $C_7H_7N_7O$. Gelbbraunes Pulver. λ_{max} (wss. NaOH [0,08 n]): 262 nm und 382 nm.

2,4-Diamino-pteridin-7-carbaldehyd $C_7H_6N_6O$, Formel III.

B. Aus (1*R*)-1-[2,4-Diamino-pteridin-7-yl]-L-threit (S. 3877) beim Erwärmen mit Blei(IV)-acetat in Acetanhydrid-Essigsäure sowie beim Behandeln mit HIO_4 in wss. H_2SO_4 (*Upjohn Co.,* U.S.P. 2667484 [1950]).

Gelber Feststoff. λ_{max} (wss. NaOH [0,1 n]): 258 nm und 370 nm.

4-Amino-7-cyclopentyl-5*H*-pteridin-6-on $C_{11}H_{13}N_5O$, Formel IV und Taut.

B. Beim Erwärmen von Pyrimidin-4,5,6-triyltriamin mit Cyclopentylglyoxylsäure in wss.-äthanol. H_2SO_4 (*Fissekis et al.,* J. org. Chem. **24** [1959] 1722, 1725).

Kristalle (aus wss. A.); F: 260° [unkorr.]. λ_{max} (wss. Lösung): 338 nm und 352 nm [pH 1] bzw. 252 nm und 360 nm [pH 11].

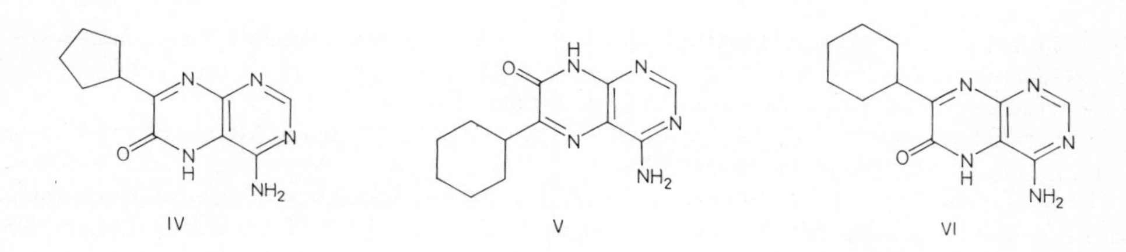

4-Amino-6-cyclohexyl-8*H*-pteridin-7-on $C_{12}H_{15}N_5O$, Formel V und Taut.

B. Beim Erwärmen von Pyrimidin-4,5,6-triyltriamin mit Cyclohexylglyoxylsäure in wss. Äth= anol (*Fissekis et al.,* J. org. Chem. **24** [1959] 1722, 1725).

Kristalle (aus wss. A.); F: 330–332° [unkorr.; Zers.]. λ_{max} (wss. Lösung): 293 nm und 324 nm [pH 1] bzw. 231 nm und 328 nm [pH 11].

4-Amino-7-cyclohexyl-5*H*-pteridin-6-on $C_{12}H_{15}N_5O$, Formel VI und Taut.

B. Beim Erwärmen von Pyrimidin-4,5,6-triyltriamin mit Cyclohexylglyoxylsäure in wss.-äth= anol. H_2SO_4 (*Fissekis et al.,* J. org. Chem. **24** [1959] 1722, 1725).

Kristalle (aus A.); F: 298° [Zers. ab 260°]. λ_{max} (wss. Lösung): 243 nm, 339 nm und 355 nm [pH 1] bzw. 253 nm und 362 nm [pH 11].

Amino-Derivate der Monooxo-Verbindungen $C_nH_{2n-12}N_4O$

5-Acetyl-8-acetylamino-7,10-dimethyl-5,10-dihydro-3*H*-benzo[*g*]pteridin-4-on, *N*-[5-Acetyl-7,10-dimethyl-4-oxo-3,4,5,10-tetrahydro-benzo[*g*]pteridin-8-yl]-acetamid $C_{16}H_{17}N_5O_3$, Formel VII (X = H) und Taut.

B. Beim Erwärmen von 5-Acetyl-8-acetylamino-7,10-dimethyl-2-thioxo-2,3,5,10-tetrahydro-1*H*-benzo[*g*]pteridin-4-on mit Raney-Nickel in wss. Lösung (*Hemmerich et al.,* Helv. **42** [1959] 1604, 1610).

Kristalle (aus wss. NH_3+Eg.) mit 0,5 Mol Essigsäure; Zers. bei ca. 300°.

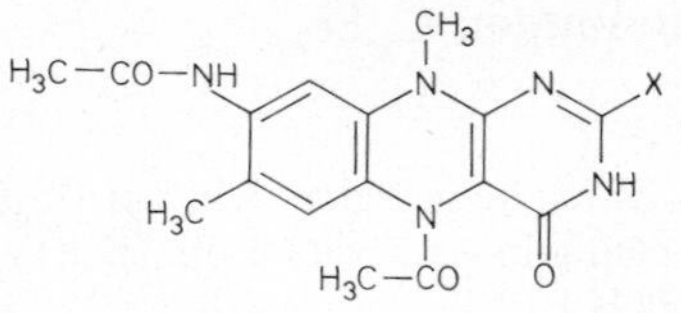

VII 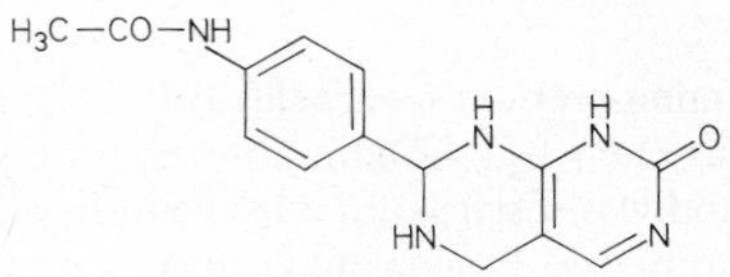 VIII

5-Acetyl-8-acetylamino-2-amino-7,10-dimethyl-5,10-dihydro-3*H*-benzo[*g*]pteridin-4-on, *N*-[5-Acetyl-2-amino-7,10-dimethyl-4-oxo-3,4,5,10-tetrahydro-benzo[*g*]pteridin-8-yl]-acetamid $C_{16}H_{18}N_6O_3$, Formel VII (X = NH_2) und Taut.

B. Beim Erwärmen von 2,8-Diamino-7,10-dimethyl-10*H*-benzo[*g*]pteridin-4-on mit Zink-Pulver und Acetanhydrid in Essigsäure und H_2SO_4 (*Hemmerich et al.*, Helv. **42** [1959] 1604, 1610).

Kristalle (aus wss. NaOH + Eg.) mit 0,5 Mol H_2O, die sich unterhalb 320° nicht verändern (*He. et al.*, l. c. S. 1608).

(±)-7-[4-Acetylamino-phenyl]-5,6,7,8-tetrahydro-1*H*-pyrimido[4,5-*d*]pyrimidin-2-on, (±)-Essigsäure-[4-(7-oxo-1,2,3,4,7,8-hexahydro-pyrimido[4,5-*d*]pyrimidin-2-yl)-anilid] $C_{14}H_{15}N_5O_2$, Formel VIII und Taut.

B. Aus 4-Acetylamino-benzaldehyd und 4-Amino-5-aminomethyl-1*H*-pyrimidin-2-on (*Cilag*, U.S.P. 2707185 [1953]).

F: 245° [Zers.].

{3-[(2Ξ,6Ξ,8Ξ,8aΞ)-2-((*S*)-*sec*-Butyl)-6-indol-3-yl-3-oxo-octahydro-imidazo[1,2-*a*]pyrazin-8-yl]-propyl}-guanidin, Cypridina-Hydroluciferin $C_{22}H_{33}N_7O$, Formel IX und Taut.

Konstitution: *Kishi et al.*, Tetrahedron Letters **1966** 3437, 3444.

B. Beim Hydrieren von Cypridina-Luciferin (S. 3972) an Platin in Methanol (*Shimomura et al.*, Bl. chem. Soc. Japan **30** [1957] 929, 933).

UV-Spektrum (Me.; 210–310 nm): *Sh. et al.*, l. c. S. 931. Scheinbare Dissoziationsexponenten pK'_{a1} und pK'_{a2} (wss. Me. [33%ig]): 5,2 bzw. 12,0 (*Hirata et al.*, Tetrahedron Letters **1959** Nr. 5, S. 4, 7).

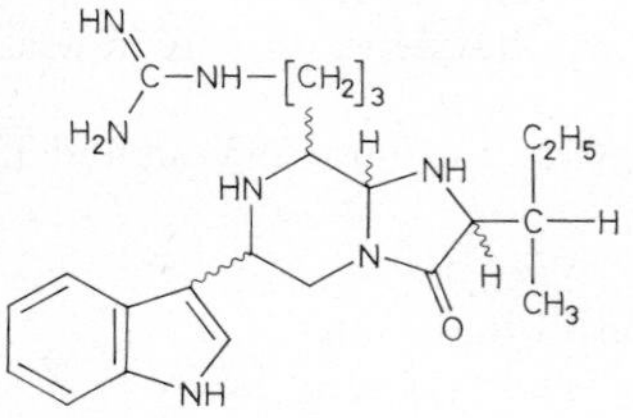

IX 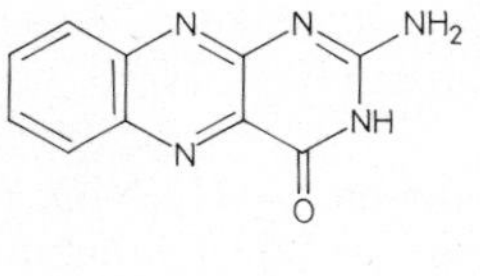 X 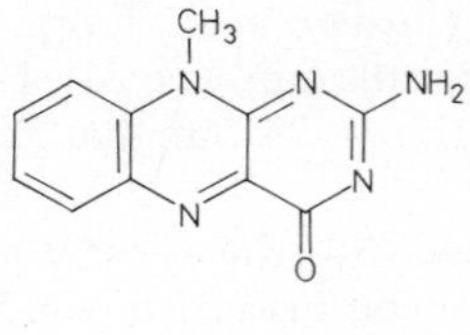 XI

Amino-Derivate der Monooxo-Verbindungen $C_nH_{2n-14}N_4O$

Amino-Derivate der Oxo-Verbindungen $C_{10}H_6N_4O$

2-Amino-3*H*-benzo[*g*]pteridin-4-on $C_{10}H_7N_5O$, Formel X und Taut.

B. Beim Erwärmen von 3-Oxo-3,4-dihydro-chinoxalin-2-carbonsäure-methylester oder von 4-Methyl-3-oxo-3,4-dihydro-chinoxalin-2-carbonsäure-methylester mit Guanidin-hydrochlorid und Natriumpropylat in Propan-1-ol (*Cresswell et al.*, Soc. **1959** 698, 702).

Kristalle (aus DMF); F: > 360°. λ_{max} (wss. Lösung): 212 nm, 244 nm, 263 nm und 345 nm [pH 1] bzw. 218 nm, 262 nm, 333 nm und 416 nm [pH 13] (*Cr. et al.*, l. c. S. 701).

Dimethyl-Derivat $C_{12}H_{11}N_5O$. Gelbliche Kristalle (aus Me.); F: 350° (*Cr. et al.*, l. c. S. 702).

Diäthyl-Derivat $C_{14}H_{15}N_5O$. Gelbliche Kristalle; F: 307–308° [Zers.] (*Cr. et al.*, l. c. S. 703).

2-Amino-10-methyl-10*H*-benzo[*g*]pteridin-4-on $C_{11}H_9N_5O$, Formel XI.

B. Neben der vorangehenden Verbindung beim Erwärmen von 4-Methyl-3-oxo-3,4-dihydrochinoxalin-2-carbonsäure-methylester mit Guanidin-hydrochlorid und Natriumpropylat in Propan-1-ol unter Lichtausschluss (*Cresswell et al.*, Soc. **1959** 698, 703).

Gelbe Kristalle (aus A.) mit 1 Mol H_2O; F: >350°. λ_{max} (wss. Lösung vom pH 1): 216 nm, 264 nm, 358 nm und 428 nm (*Cr. et al.*, l. c. S. 701).

8-Amino-3*H*-benzo[*g*]pteridin-4-on $C_{10}H_7N_5O$, Formel XII und Taut.

B. Beim Erwärmen des Acetyl-Derivats (s. u.) mit wss. HCl (*Osdene, Timmis,* Soc. **1955** 2027, 2030).

Orangefarbene Kristalle (aus H_2O); F: >340° (*Os., Ti.*, Soc. **1955** 2030).

Acetyl-Derivat $C_{12}H_9N_5O_2$; 8-Acetylamino-3*H*-benzo[*g*]pteridin-4-on, *N*-[4-Oxo-3,4-dihydro-benzo[*g*]pteridin-8-yl]-acetamid. *B.* Beim Erhitzen von 3,6-Diamino-chinoxalin-2-carbonsäure-amid mit Orthoameisensäure-triäthylester und Acetanhydrid (*Osdene, Timmis,* Chem. and Ind. **1954** 405; Soc. **1955** 2030). – Orangefarbene Kristalle (aus DMF); F: >300° (*Os., Ti.*, Soc. **1955** 2030). Kristalle mit 2 Mol H_2O; F: 247° (*Os., Ti.*, Chem. and Ind. **1954** 405).

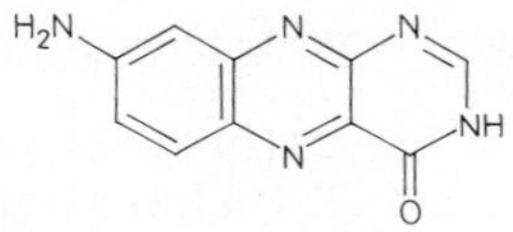

XII 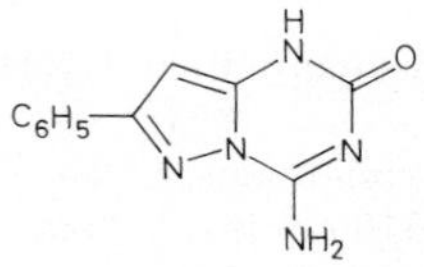 XIII 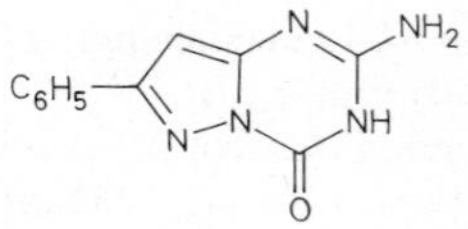 XIV

Amino-Derivate der Oxo-Verbindungen $C_{11}H_8N_4O$

4-Amino-7-phenyl-1*H*-pyrazolo[1,5-*a*][1,3,5]triazin-2-on $C_{11}H_9N_5O$, Formel XIII, oder
2-Amino-7-phenyl-3*H*-pyrazolo[1,5-*a*][1,3,5]triazin-4-on $C_{11}H_9N_5O$, Formel XIV und Taut.

B. Beim Erwärmen von 7-Phenyl-pyrazolo[1,5-*a*][1,3,5]triazin-2,4-diyldiamin mit wss. KOH (*Checchi, Ridi,* G. **87** [1957] 597, 607).

Kristalle (aus Eg.); F: >340°.

Acetyl-Derivat $C_{13}H_{11}N_5O_2$; 4-Acetylamino-7-phenyl-1*H*-pyrazolo[1,5-*a*][1,3,5]triazin-2-on, *N*-[2-Oxo-7-phenyl-1,2-dihydro-pyrazolo[1,5-*a*][1,3,5]triazin-4-yl]-acetamid oder 2-Acetylamino-7-phenyl-3*H*-pyrazolo[1,5-*a*][1,3,5]triazin-4-on, *N*-[4-Oxo-7-phenyl-3,4-dihydro-pyrazolo[1,5-*a*][1,3,5]triazin-2-yl]-acetamid. Kristalle (aus Acetanhydrid); F: 292–294°.

2-Amino-8-phenyl-1,7-dihydro-purin-6-on $C_{11}H_9N_5O$, Formel I (R = X′ = H, X = O) und Taut.

B. Aus *N*-[2,4-Diamino-6-oxo-1,6-dihydro-pyrimidin-5-yl]-benzamid beim Erhitzen des Natrium-Salzes auf 280° oder beim Erhitzen mit Benzamid auf 290–300° (*Elion et al.*, Am. Soc. **73** [1951] 5235, 5237). Beim Erwärmen von 6-Chlor-8-phenyl-7(9)*H*-purin-2-ylamin mit wss. HCl (*El. et al.*, l. c. S. 5238).

Feststoff mit 1 Mol H_2O. λ_{max} (wss. Lösung): 238 nm, 268 nm und 305 nm [pH 1] bzw. 238 nm und 312 nm [pH 11].

1-Methyl-2-methylamino-8-phenyl-1,7-dihydro-purin-6-on $C_{13}H_{13}N_5O$, Formel I (R = CH_3, X = O, X′ = H) und Taut.

B. Beim Erwärmen von 5-[*N*′-Methyl-thioureido]-2-phenyl-1(3)*H*-imidazol-4-carbonsäure-äthylester mit HgO und wss. Methylamin (*Cook, Thomas,* Soc. **1950** 1888, 1891).

Kristalle (aus wss. NH_3+Eg.); F: 360°.

2-Amino-8-[2-chlor-phenyl]-1,7-dihydro-purin-6-on $C_{11}H_8ClN_5O$, Formel II (X = Cl, X′ = X″ = H) und Taut.

B. Beim Erwärmen von 6-Chlor-8-[2-chlor-phenyl]-7(9)*H*-purin-2-ylamin mit wss. HCl (*Elion*

et al., Am. Soc. **73** [1951] 5235, 5238).

λ_{max} (wss. Lösung): 265 nm und 295 nm [pH 1] bzw. 302 nm [pH 11] (*El. et al.,* l. c. S. 5237).

2-Amino-8-[3-chlor-phenyl]-1,7-dihydro-purin-6-on $C_{11}H_8ClN_5O$, Formel II (X = X'' = H, X' = Cl) und Taut.

B. Analog der vorangehenden Verbindung (*Elion et al.,* Am. Soc. **73** [1951] 5235, 5238).

λ_{max} (wss. Lösung): 271 nm und 306 nm [pH 1] bzw. 240 nm und 318 nm [pH 11] (*El. et al.,* l. c. S. 5237).

Hydrochlorid $C_{11}H_8ClN_5O \cdot HCl$. Kristalle (aus wss. HCl) mit 1 Mol H_2O.

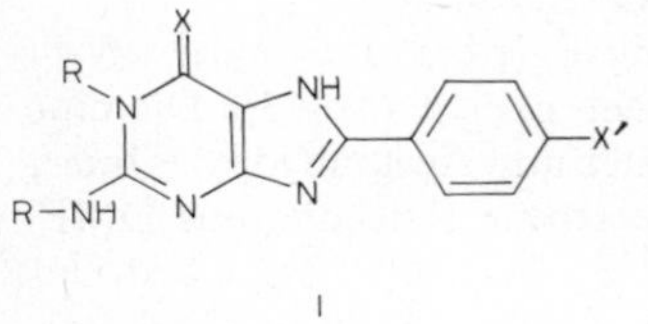

I 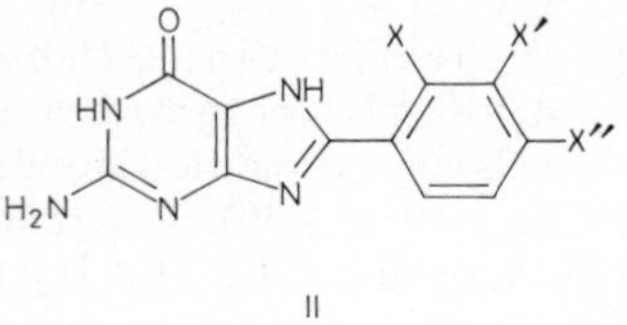 II 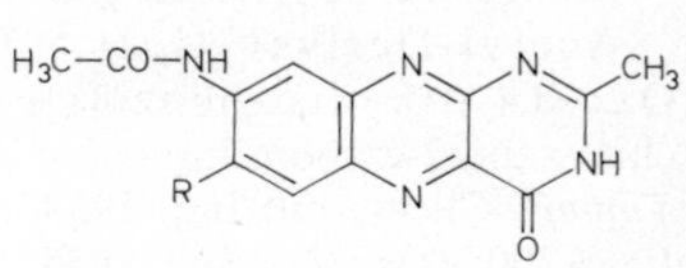 III

2-Amino-8-[4-chlor-phenyl]-1,7-dihydro-purin-6-on $C_{11}H_8ClN_5O$, Formel II (X = X' = H, X'' = Cl) und Taut.

B. Analog den vorangehenden Verbindungen (*Elion et al.,* Am. Soc. **73** [1951] 5235, 5238).

λ_{max} (wss. Lösung): 252 nm und 310 nm [pH 1] bzw. 245 nm und 322 nm [pH 11] (*El. et al.,* l. c. S. 5237).

Hydrochlorid $2C_{11}H_8ClN_5O \cdot HCl$. Feststoff mit 2 Mol H_2O.

2-Amino-8-[4-nitro-phenyl]-1,7-dihydro-purin-6-on $C_{11}H_8N_6O_3$, Formel II (X = X' = H, X'' = NO_2) und Taut.

B. Beim Erhitzen von *N*-[2,4-Diamino-6-oxo-1,6-dihydro-pyrimidin-5-yl]-benzamid mit 4-Nitro-benzoesäure-amid auf 290–300° (*Elion et al.,* Am. Soc. **73** [1951] 5235, 5238).

Feststoff mit 1 Mol H_2O. λ_{max} (wss. Lösung): 340 nm [pH 1] bzw. 252 nm und 395 nm [pH 11] (*El. et al.,* l. c. S. 5237).

2-Amino-8-[4-chlor-phenyl]-1,7-dihydro-purin-6-thion $C_{11}H_8ClN_5S$, Formel I (R = H, X = S, X' = Cl) und Taut.

B. Beim Erhitzen von 6-Chlor-8-[4-chlor-phenyl]-7(9)*H*-purin-2-ylamin mit wss. NaHS auf 120° (*Elion et al.,* Am. Soc. **73** [1951] 5235, 5239).

Gelber Feststoff mit 0,5 Mol H_2O. λ_{max} (wss. Lösung): 268 nm und 370 nm [pH 1] bzw. 250 nm und 350 nm [pH 11] (*El. et al.,* l. c. S. 5237).

8-Acetylamino-2-methyl-3*H*-benzo[*g*]pteridin-4-on, *N*-[2-Methyl-4-oxo-3,4-dihydro-benzo[*g*]pteridin-8-yl]-acetamid $C_{13}H_{11}N_5O_2$, Formel III (R = H) und Taut.

B. Beim Erwärmen von 3,6-Bis-acetylamino-chinoxalin-2-carbonsäure-amid mit wss. NaOH (*Osdene, Timmis,* Soc. **1955** 2027, 2030).

Gelbe Kristalle (aus Butan-1-ol), die sich oberhalb 280° allmählich zersetzen.

8-Acetylamino-7,10-dimethyl-10*H*-benzo[*g*]pteridin-4-on, *N*-[7,10-Dimethyl-4-oxo-4,10-dihydro-benzo[*g*]pteridin-8-yl]-acetamid $C_{14}H_{13}N_5O_2$, Formel IV.

B. Beim Erwärmen von *N*-[5-Acetyl-7,10-dimethyl-4-oxo-3,4,5,10-tetrahydro-benzo[*g*]pteridin-8-yl]-acetamid mit wss. HCl und Behandeln des Reaktionsgemisches mit wss. H_2O_2 (*Hemmerich et al.,* Helv. **42** [1959] 1604, 1611).

Hygroskopische rote Kristalle (aus wss. NaOH + Eg.), die sich unterhalb 320° nicht verändern (*He. et al.,* l. c. S. 1608, 1611).

Picrat $C_{14}H_{13}N_5O_2 \cdot C_6H_3N_3O_7$. Rote Kristalle (aus DMF + Eg. + Isopropyläther), die sich unterhalb 320° nicht verändern.

2,8-Diamino-7,10-dimethyl-10*H*-benzo[*g*]pteridin-4-on $C_{12}H_{12}N_6O$, Formel V (R = H).

B. Beim Erwärmen von 2-Amino-1*H*-pyrimidin-4,5,6-trion-5-oxim (E III/IV **25** 4248) mit 4,N^1-Dimethyl-*m*-phenylendiamin in Essigsäure (*Hemmerich et al.,* Helv. **42** [1959] 1604, 1609).

Hydrochlorid $C_{12}H_{12}N_6O \cdot HCl$. Hygroskopische rote Kristalle (aus wss. HCl), die sich unterhalb 320° nicht verändern (*He. et al.,* l. c. S. 1608, 1609).

Picrat $C_{12}H_{12}N_6O \cdot C_6H_3N_3O_7$. Kristalle (aus DMF+A.), die sich unterhalb 320° nicht verändern.

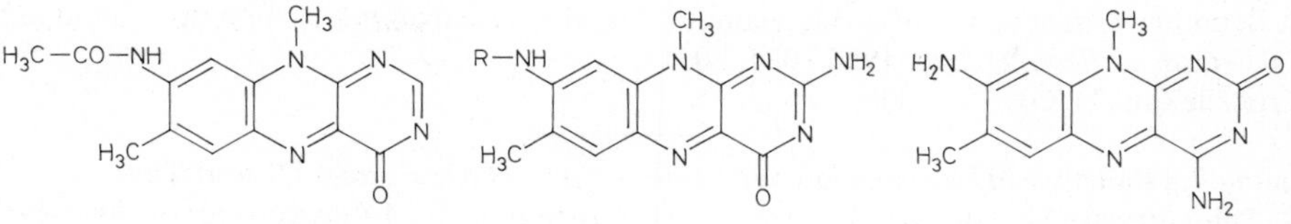

IV V VI

8-Acetylamino-2-amino-7,10-dimethyl-10*H*-benzo[*g*]pteridin-4-on, *N*-[2-Amino-7,10-dimethyl-4-oxo-4,10-dihydro-benzo[*g*]pteridin-8-yl]-acetamid $C_{14}H_{14}N_6O_2$, Formel V (R = CO-CH_3).

B. Beim Erwärmen von *N*-[5-Acetyl-2-amino-7,10-dimethyl-4-oxo-3,4,5,10-tetrahydro-benzo[*g*]pteridin-8-yl]-acetamid mit wss. HCl und Behandeln des Reaktionsgemisches mit wss. H_2O_2 (*Hemmerich et al.,* Helv. **42** [1959] 1604, 1610).

Hydrochlorid $C_{14}H_{14}N_6O_2 \cdot HCl$. Hygroskopische orangerote Kristalle (aus wss. HCl), die sich unterhalb 320° nicht verändern (*He. et al.,* l. c. S. 1608, 1610).

4,8-Diamino-7,10-dimethyl-10*H*-benzo[*g*]pteridin-2-on $C_{12}H_{12}N_6O$, Formel VI.

B. Neben geringeren Mengen 8-Amino-7,10-dimethyl-10*H*-benzo[*g*]pteridin-2,4-dion beim Erwärmen von 4,6-Diamino-pyrimidin-2,5-dion-5-oxim (E III/IV **25** 4182) mit 4,N^1-Dimethyl-*m*-phenylendiamin in Essigsäure (*Hemmerich et al.,* Helv. **42** [1959] 1604, 1609).

Hydrochlorid $C_{12}H_{12}N_6O \cdot HCl$. Hygroskopische rote Kristalle (aus wss. HCl), die sich unterhalb 320° nicht verändern (*He. et al.,* l. c. S. 1608, 1609).

Picrat $C_{12}H_{12}N_6O \cdot C_6H_3N_3O_7$. Feststoff (aus A.+DMF), der sich unterhalb 320° nicht verändert.

Amino-Derivate der Oxo-Verbindungen $C_{12}H_{10}N_4O$

2-Dimethylamino-6-phenyl-7,8-dihydro-3*H*-pteridin-4-on $C_{14}H_{15}N_5O$, Formel VII (X = H) und Taut.

B. Beim Erhitzen von 2-Dimethylamino-6-phenacylamino-pyrimidin-4,5-dion-5-[4-chlor-phenylhydrazon] mit Zink-Pulver in Essigsäure (*Boon,* Soc. **1957** 2146, 2154).

Kristalle (aus A.) mit 0,5 Mol H_2O; F: 311°. λ_{max} (wss. HCl [1 n]): 270 nm.

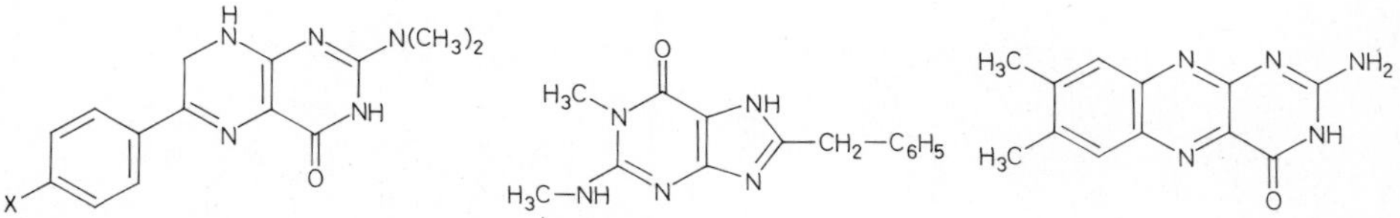

VII VIII IX

6-[4-Chlor-phenyl]-2-dimethylamino-7,8-dihydro-3*H*-pteridin-4-on $C_{14}H_{14}ClN_5O$, Formel VII (X = Cl) und Taut.

B. Beim Hydrieren von 6-[4-Chlor-phenacylamino]-2-dimethylamino-pyrimidin-4,5-dion-5-[4-chlor-phenylhydrazon] an Raney-Nickel in DMF (*Boon,* Soc. **1957** 2146, 2154).

Kristalle (aus DMF+H_2O); F: 370°.

8-Benzyl-1-methyl-2-methylamino-1,7-dihydro-purin-6-on $C_{14}H_{15}N_5O$, Formel VIII und Taut.

B. Beim Erwärmen von 2-Benzyl-5-[*N'*-methyl-thioureido]-1(3)*H*-imidazol-4-carbonsäure-äthylester mit HgO und wss. Methylamin (*Cook, Thomas,* Soc. **1950** 1888, 1890).

Kristalle (aus A.); F: 315° [nach Dunkelfärbung bei 285°].

Picrat $C_{14}H_{15}N_5O \cdot C_6H_3N_3O_7$. Gelbe Kristalle; F: 267° [Zers.].

8-Acetylamino-2,7-dimethyl-3*H*-benzo[*g*]pteridin-4-on, *N*-[2,7-Dimethyl-4-oxo-3,4-dihydro-benzo[*g*]pteridin-8-yl]-acetamid $C_{14}H_{13}N_5O_2$, Formel III (R = CH_3) [auf S. 3966] und Taut.

B. Beim Erwärmen von 3,6-Bis-acetylamino-7-methyl-chinoxalin-2-carbonsäure-amid mit wss. NaOH (*Osdene, Timmis,* Soc. **1955** 2027, 2031).

Kristalle (aus H_2O); F: >300°.

2-Amino-7,8-dimethyl-3*H*-benzo[*g*]pteridin-4-on $C_{12}H_{11}N_5O$, Formel IX und Taut.

B. Beim Erwärmen von 6,7-Dimethyl-3-oxo-4-D-ribit-1-yl-3,4-dihydro-chinoxalin-2-carbonsäure-methylester mit Guanidin-hydrochlorid und Natriumpropylat in Propan-1-ol (*Cresswell et al.,* Soc. **1959** 698, 703). Beim Behandeln von 5-Hydroxy-8,8a,9,10-tetramethyl-1,8a-dihydro-4*H*-1,4-ätheno-naphthalin-2,3,6-trion (E IV **7** 2868) mit 2,5,6-Triamino-3*H*-pyrimidin-4-on-sulfat und wss. NaOH (*Bardos et al.,* Am. Soc. **79** [1957] 4704, 4706, 4707). Aus der folgenden Verbindung oder aus 2-Amino-7,8-dimethyl-10-D-ribit-1-yl-10*H*-benzo[*g*]pteridin-4-on beim Erwärmen mit wss. NaOH unter Ausschluss von Licht (*Cr. et al.,* l. c. S. 704).

Gelbe Kristalle (aus DMF); F: >350° (*Cr. et al.*). λ_{max} (wss. Lösung): 220 nm, 266 nm und 362 nm [pH 1] bzw. 224 nm, 264 nm, 344 nm und 420 nm [pH 13] (*Cr. et al.,* l. c. S. 701).

2-Amino-7,8,10-trimethyl-10*H*-benzo[*g*]pteridin-4-on $C_{13}H_{13}N_5O$, Formel X.

B. Beim Erwärmen von 4-[4,5-Dimethyl-2-methylamino-phenylazo]-benzoesäure mit 2-Amino-1*H*-pyrimidin-4,6-dion und HCl enthaltender Essigsäure (*Hemmerich et al.,* Helv. **39** [1956] 1242, 1250). Bei der Hydrierung von 4,5,*N*-Trimethyl-2-nitro-anilin an Raney-Nickel in Äthanol und Erwärmen des Reaktionsprodukts mit 2-Amino-5,5-dibrom-1*H*-pyrimidin-4,6-dion und Pyridin (*Hemmerich,* Helv. **41** [1958] 514, 518). Beim Behandeln von 2,5-Diamino-6-methylamino-3*H*-pyrimidin-4-on mit 5-Hydroxy-8,8a,9,10-tetramethyl-1,8a-dihydro-4*H*-1,4-ätheno-naphthalin-2,3,6-trion (E IV **7** 2868) und wss. NaOH (*Cresswell et al.,* Soc. **1959** 698, 704).

Gelbbraune Kristalle (aus Ameisensäure + Butan-1-ol + Diisopropyläther), die nach Trocknen bei 20°/0,01 Torr ca. 1,5 Mol Ameisensäure und nach Trocknen bei 100°/0,01 Torr 1 Mol Ameisensäure enthalten; Zers. ab 330° (*He. et al.*, l. c. S. 1252). λ_{max} (wss. Lösung vom pH 1): 223 nm, 268 nm, 384 nm und 443 nm (*Cr. et al.,* l. c. S. 701).

Hydrochlorid $C_{13}H_{13}N_5O \cdot HCl$. Orangefarbene Kristalle (aus wss. HCl); F: >360° (*Cr. et al.*).

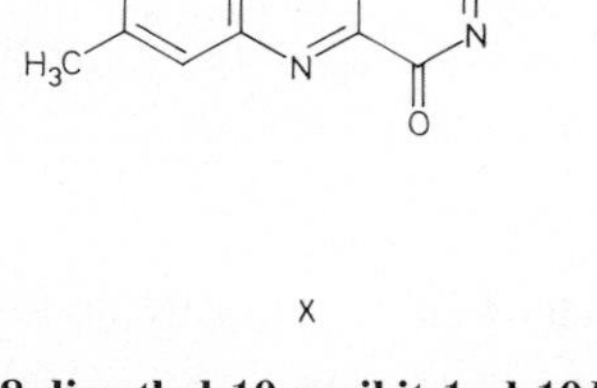

X

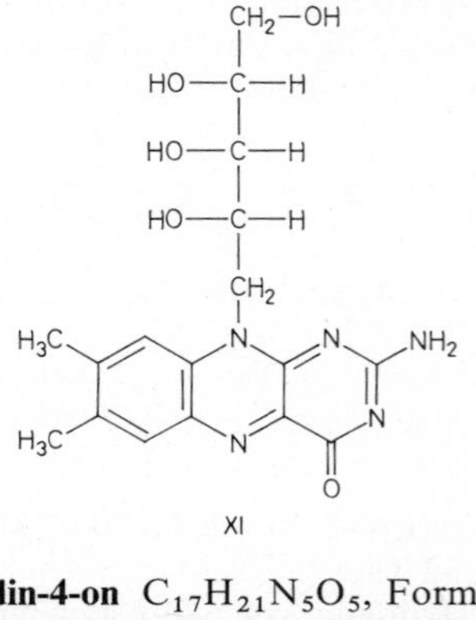

XI

2-Amino-7,8-dimethyl-10-D-ribit-1-yl-10*H*-benzo[*g*]pteridin-4-on $C_{17}H_{21}N_5O_5$, Formel XI.

B. Beim Erwärmen von 6,7-Dimethyl-3-oxo-4-D-ribit-1-yl-3,4-dihydro-chinoxalin-2-carbonsäure-methylester mit Guanidin-hydrochlorid und Natriumpropylat in Propan-1-ol unter Lichtausschluss in Stickstoff-Atmosphäre (*Cresswell et al.,* Soc. **1959** 698, 701, 703).

Orangefarbenes Pulver. λ_{max} (wss. Lösung vom pH 1): 224 nm, 270 nm, 386 nm und 442 nm.

4-Amino-7,8-dimethyl-1*H*-benzo[*g*]pteridin-2-on $C_{12}H_{11}N_5O$, Formel XII (X = O) und Taut.

B. Beim Erwärmen von 5-Hydroxy-8,8a,9,10-tetramethyl-1,8a-dihydro-4*H*-1,4-ätheno-naphthalin-2,3,6-trion (E IV **7** 2868) mit 4,5,6-Triamino-1*H*-pyrimidin-2-on-sulfat in wss. Äthanol (*Bardos et al.,* Am. Soc. **79** [1957] 4704, 4706, 4708).

Kristalle (aus wss. Ameisensäure). λ_{max} (wss. HCl [0,1 n]): 261 nm und 366 nm.

4-Amino-7,8-dimethyl-1*H*-benzo[*g*]pteridin-2-thion $C_{12}H_{11}N_5S$, Formel XII (X = S) und Taut.

B. Analog der vorangehenden Verbindung (*Bardos et al.,* Am. Soc. **79** [1957] 4704, 4706, 4708).

Kristalle (aus Py.). λ_{max} (wss. HCl [0,1 n]): 300 nm und 387 nm.

Amino-Derivate der Oxo-Verbindungen $C_{13}H_{12}N_4O$

2-Amino-6-benzyl-5-methyl-4*H*-[1,2,4]triazolo[1,5-*a*]pyrimidin-7-on(?) $C_{13}H_{13}N_5O$, vermutlich Formel XIII und Taut.

B. Beim Erwärmen von 1*H*-[1,2,4]Triazol-3,5-diyldiamin mit 2-Benzyl-acetessigsäure-äthylester in Essigsäure (*Ilford Ltd.,* U.S.P. 2566658 [1949]).

Kristalle (aus H_2O); F: >295°.

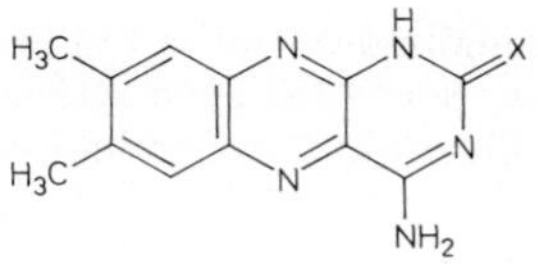

XII 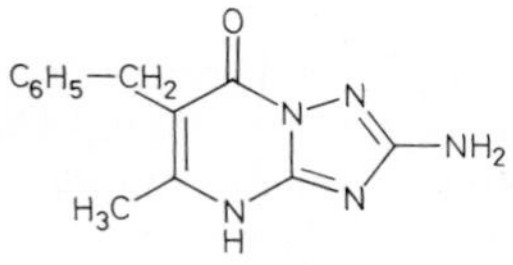 XIII 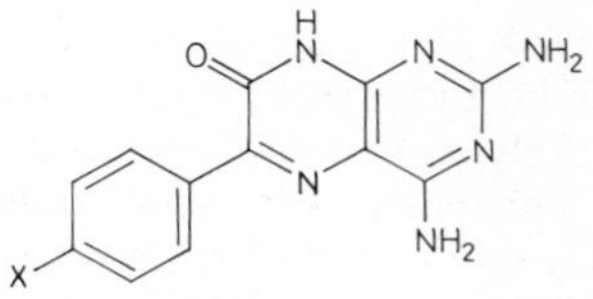 XIV

Amino-Derivate der Monooxo-Verbindungen $C_nH_{2n-16}N_4O$

Amino-Derivate der Oxo-Verbindungen $C_{12}H_8N_4O$

2,4-Diamino-6-phenyl-8*H*-pteridin-7-on $C_{12}H_{10}N_6O$, Formel XIV (X = H) und Taut.

B. Aus Pyrimidintetrayltetraamin und Phenylglyoxylsäure (*Spickett, Timmis,* Soc. **1954** 2887, 2894) oder Phenylglyoxylsäure-äthylester (*Renfrew et al.,* J. org. Chem. **17** [1952] 467, 470). Beim Erhitzen von 5-Nitroso-pyrimidin-2,4,6-triyltriamin mit Phenylacetylchlorid auf 140° (*Sp., Ti.,* l. c. S. 2893).

Gelbe Kristalle (aus Eg.); F: 406–408° [Zers.] (*Sp., Ti.*). λ_{max}: 229 nm, 267 nm und 362 nm [wss. Ameisensäure (0,1 n)] bzw. 217 nm, 306 nm und 362 nm [wss. NaOH (0,1 n)] (*Sp., Ti.,* l. c. S. 2890), 306 nm und 362 nm [wss. HCl (0,1 n)] bzw. 268 nm und 362 nm [wss. NaOH (0,1 n)] (*Re. et al.*).

2,4-Diamino-6-[4-nitro-phenyl]-8*H*-pteridin-7-on $C_{12}H_9N_7O_3$, Formel XIV (X = NO_2) und Taut.

B. Beim Erhitzen von 5-Nitroso-pyrimidin-2,4,6-triyltriamin mit [4-Nitro-phenyl]-acetylchlorid auf 140° (*Spickett, Timmis,* Soc. **1954** 2887, 2894).

Orangegelbe Kristalle (aus wss. Ameisensäure), die beim Erhitzen unter vermindertem Druck auf 170° dunkelrot werden und sich oberhalb 400° allmählich zersetzen. λ_{max} (wss. Ameisensäure): 224 nm und 394 nm (*Sp., Ti.,* l. c. S. 2890).

2-Amino-6-phenyl-3*H*-pteridin-4-on $C_{12}H_9N_5O$, Formel I (R = R′ = X = H) und Taut.

Konstitution: *Dick et al.,* Soc. **1956** 2131, 2133, 2136; *Angier,* J. org. Chem. **28** [1963] 1398.

B. Beim Erwärmen von 2,6-Diamino-5-[2-nitro-1-phenyl-äthylidenamino]-3*H*-pyrimidin-4-on mit $Na_2S_2O_4$ und wss. Äthanol (*Dick et al.*, l. c. S. 2136; s. a. *King, Spensley*, Soc. **1952** 2144, 2148). Aus 2,5,6-Triamino-3*H*-pyrimidin-4-on-hydrochlorid beim Behandeln mit 2,2-Dichlor-1-phenyl-äthanon und Natriumacetat in H_2O (*Dick et al.*; *King, Sp.*, l. c. S. 2149).

Feststoff mit 1 Mol H_2O; F: >360° (*King, Sp.*).

Sulfat $2C_{12}H_9N_5O \cdot H_2SO_4$. Gelbliche Kristalle (aus wss. H_2SO_4) mit 1 Mol H_2O; F: >360° (*King, Sp.*).

2-Methylamino-6-phenyl-3*H*-pteridin-4-on $C_{13}H_{11}N_5O$, Formel I (R = CH_3, R′ = X = H) und Taut.

B. Beim Erwärmen von 5,6-Diamino-2-methylamino-3*H*-pyrimidin-4-on-sulfat mit Phenyl-glyoxal-monohydrat und wss. H_2SO_4 in Äthanol (*Boon*, Soc. **1957** 2146, 2156, 2157).

F: 356° [Zers.; aus DMF]. λ_{max}: 280 nm und 350 nm.

2-Dimethylamino-6-phenyl-3*H*-pteridin-4-on $C_{14}H_{13}N_5O$, Formel I (R = R′ = CH_3, X = H) und Taut.

B. Analog der vorangehenden Verbindung (*Boon*, Soc. **1957** 2146, 2157). Beim Erwärmen von N^2,N^2,N^4,N^4-Tetramethyl-6-phenyl-pteridin-2,4-diyldiamin mit wss. HCl (*Boon*, l. c. S. 2156, 2158). Beim Behandeln von 2-Dimethylamino-6-phenyl-7,8-dihydro-3*H*-pteridin-4-on mit $KMnO_4$ und wss. NaOH (*Boon*, l. c. S. 2154).

Kristalle (aus A.); F: 336° [Zers.]. λ_{max}: 280 nm und 355 nm.

6-[4-Chlor-phenyl]-2-methylamino-3*H*-pteridin-4-on $C_{13}H_{10}ClN_5O$, Formel I (R = CH_3, R′ = H, X = Cl) und Taut.

B. Beim Erwärmen von 5,6-Diamino-2-methylamino-3*H*-pyrimidin-4-on-sulfat mit [4-Chlor-phenyl]-glyoxal-monohydrat und wss. H_2SO_4 in Äthanol (*Boon*, Soc. **1957** 2146, 2156, 2157). Beim Behandeln von 6-[4-Chlor-phenyl]-2-methylamino-7,8-dihydro-3*H*-pyrimidin-4-on mit $KMnO_4$ und wss. NaOH (*Boon*, l. c. S. 2154, 2156).

F: 370° [Zers.; aus DMF + A.].

6-[4-Chlor-phenyl]-2-dimethylamino-3*H*-pteridin-4-on $C_{14}H_{12}ClN_5O$, Formel I (R = R′ = CH_3, X = Cl) und Taut.

B. Beim Behandeln von 6-[4-Chlor-phenyl]-2-dimethylamino-7,8-dihydro-3*H*-pteridin-4-on mit $KMnO_4$ und wss. NaOH (*Boon*, Soc. **1957** 2146, 2154, 2156).

F: 377° [Zers.; aus DMF + A.].

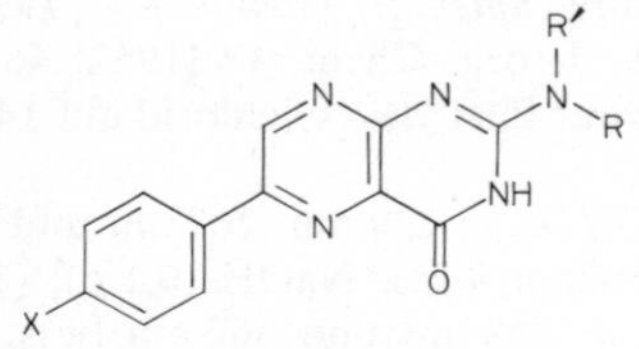

I 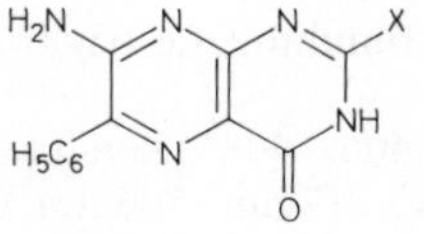 II 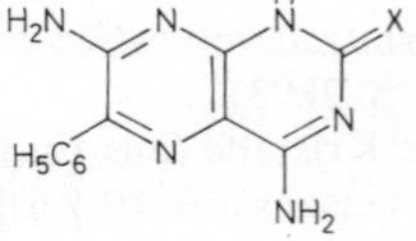 III

7-Amino-6-phenyl-3*H*-pteridin-4-on $C_{12}H_9N_5O$, Formel II (X = H) und Taut.

B. Beim Erhitzen von 6-Amino-pyrimidin-4,5-dion-5-oxim mit Phenylacetonitril und Natrium-[2-äthoxy-äthylat] in 2-Äthoxy-äthanol (*Spickett, Timmis*, Soc. **1954** 2887, 2893).

Gelbrote Kristalle; Zers. >350°. λ_{max} (wss. NaOH [0,1 n]): 230 nm, 262 nm und 352 nm (*Sp., Ti.*, l. c. S. 2890).

2,7-Diamino-6-phenyl-3*H*-pteridin-4-on $C_{12}H_{10}N_6O$, Formel II (X = NH_2) und Taut.

B. Beim Erhitzen von 2,6-Diamino-pyrimidin-4,5-dion-5-oxim (E III/IV **25** 4178) mit Phenyl-acetonitril und Natrium-[2-hydroxy-äthylat] in Äthylenglykol (*Spickett, Timmis*, Soc. **1954** 2887, 2892). Neben 2,4-Diamino-6-phenyl-8*H*-pteridin-7-on beim Erwärmen von 6-Phenyl-pteridin-2,4,7-triyltriamin mit wss. HCl (*Sp., Ti.*, l. c. S. 2895).

Gelbroter Feststoff mit 1 Mol H_2O; Zers. >300°. λ_{max}: 287 nm und 347 nm [wss. Ameisensäure (4,5%ig)] bzw. 228 nm, 267 nm und 365 nm [wss. NaOH (0,1 n)] (*Sp.*, *Ti.*, l. c. S. 2890).

Hydrochlorid $C_{12}H_{10}N_6O \cdot HCl$. Rötlichgelbe Kristalle [aus wss. HCl] (*Sp.*, *Ti.*, l. c. S. 2892).

4,7-Diamino-6-phenyl-1*H*-pteridin-2-on $C_{12}H_{10}N_6O$, Formel III (X = O) und Taut.

B. Beim Erhitzen von 4,6-Diamino-pyrimidin-2,5-dion-5-oxim (E III/IV **25** 4182) mit Phenylacetonitril und Natrium-[2-hydroxy-äthylat] in Äthylenglykol (*Spickett, Timmis,* Soc. **1954** 2887, 2893). Beim Behandeln von 4,7-Diamino-6-phenyl-1*H*-pteridin-2-thion mit H_2O_2 und NaOH in H_2O (*Sp.*, *Ti.*, l. c. S. 2895). Beim Erwärmen von 2-Methylmercapto-6-phenyl-pteridin-4,7-diyldiamin mit wss. HCl (*Sp.*, *Ti.*, l. c. S. 2894).

Gelblich; Zers. >320°. λ_{max}: 292 nm und 355 nm [wss. Ameisensäure (4,5%ig)] bzw. 228(?) nm, 273 nm und 369 nm [wss. NaOH (0,1 n)] (*Sp.*, *Ti.*, l. c. S. 2890).

4,7-Diamino-6-phenyl-1*H*-pteridin-2-thion $C_{12}H_{10}N_6S$, Formel III (X = S) und Taut.

B. Neben 2-Äthoxy-6-phenyl-pteridin-4,7-diyldiamin beim Erwärmen von 4,6-Diamino-5-hydroxyimino-5*H*-pyrimidin-2-thion (E III/IV **25** 4183) mit Phenylacetonitril und äthanol. Natriumäthylat (*Spickett, Timmis,* Soc. **1954** 2887, 2893).

Gelbe Kristalle; Zers. >310°. λ_{max}: 249 nm, 271 nm, 311 nm und 375 nm [wss. Ameisensäure (4,5%ig)] bzw. 239 nm, 283 nm und 383 nm [wss. NaOH (0,1 n)] (*Sp.*, *Ti.*, l. c. S. 2890).

2,4-Diamino-7-phenyl-5*H*-pteridin-6-on $C_{12}H_{10}N_6O$, Formel IV und Taut.

B. Neben 2,4-Diamino-6-phenyl-8*H*-pteridin-7-on beim Erwärmen von Pyrimidintetrayltetraamin mit Phenylglyoxylsäure in wss.-äthanol. HCl (*Spickett, Timmis,* Soc. **1954** 2887, 2894).

Gelbe Kristalle (aus H_2O); Zers. >310°. λ_{max}: 380 nm [wss. Ameisensäure (4,5%ig)] bzw. 409 nm [wss. NaOH (0,1 n)] (*Sp.*, *Ti.*, l. c. S. 2891).

2-Amino-7-phenyl-3*H*-pteridin-4-on $C_{12}H_9N_5O$, Formel V (R = R' = X = H) und Taut.

Konstitution: *Angier,* J. org. Chem. **28** [1963] 1398.

B. Beim Behandeln von 2,5,6-Triamino-3*H*-pyrimidin-4-on-dihydrochlorid mit Phenylglyoxal und Natriumacetat in wss. Äthanol (*King, Spensley,* Soc. **1952** 2144, 2148). Beim Erhitzen von 3-Chlor-5-phenyl-pyrazin-2-carbonsäure-methylester mit Guanidin-carbonat auf 170–180° (*Dick et al.,* Soc. **1956** 2131, 2135).

Gelblicher Feststoff mit 1 Mol H_2O (*King, Sp.*); F: >300° (*Dick et al.*).

Natrium-Salz $NaC_{12}H_8N_5O$. Gelber Feststoff (aus wss. NaOH) mit 1 Mol H_2O; F: >300° (*King, Sp.*).

Sulfat $2C_{12}H_9N_5O \cdot H_2SO_4$. Gelbes Pulver (aus wss. H_2SO_4) mit 1 Mol H_2O; F: >300° (*King, Sp.*).

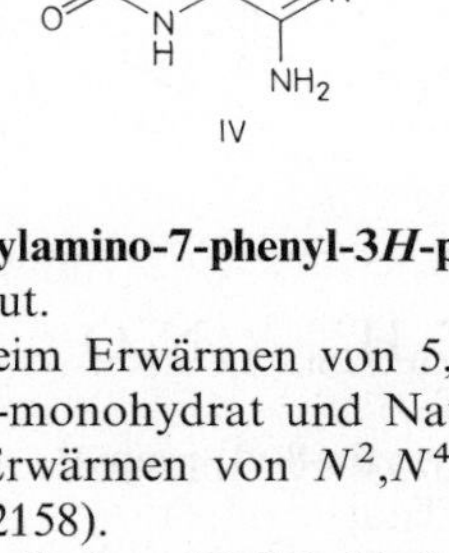

IV 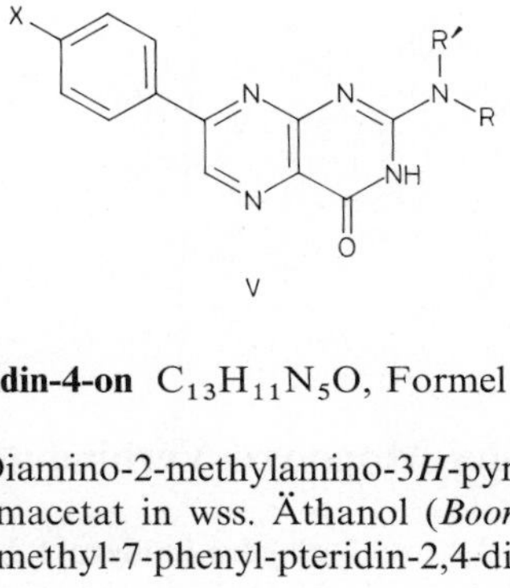 V 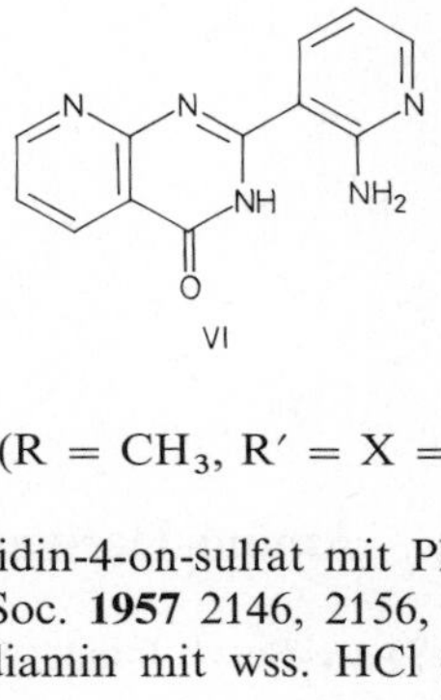 VI

2-Methylamino-7-phenyl-3*H*-pteridin-4-on $C_{13}H_{11}N_5O$, Formel V (R = CH_3, R' = X = H) und Taut.

B. Beim Erwärmen von 5,6-Diamino-2-methylamino-3*H*-pyrimidin-4-on-sulfat mit Phenylglyoxal-monohydrat und Natriumacetat in wss. Äthanol (*Boon,* Soc. **1957** 2146, 2156, 2157). Beim Erwärmen von N^2,N^4-Dimethyl-7-phenyl-pteridin-2,4-diyldiamin mit wss. HCl (*Boon,* l. c. S. 2158).

Kristalle (aus DMF); F: 387° [Zers.]. λ_{max}: 250 nm (*Boon,* l. c. S. 2158).

2-Dimethylamino-7-phenyl-3*H*-pteridin-4-on $C_{14}H_{13}N_5O$, Formel V (R = R′ = CH_3, X = H) und Taut.

B. Beim Erwärmen von 6-Amino-2-dimethylamino-5-phenacylidenamino-3*H*-pyrimidin-4-on mit wss. NaOH (*Boon,* Soc. **1957** 2146, 2156, 2157). Beim Erwärmen von N^2,N^2,N^4,N^4-Tetra≠methyl-7-phenyl-pteridin-2,4-diyldiamin mit wss. HCl (*Boon,* l. c. S. 2156, 2158). Beim Behan≠deln von 6-[2,2-Dimethoxy-1-phenyl-äthylamino]-2-dimethylamino-pyrimidin-4,5-dion-5-[4-chlor-phenylhydrazon] mit Essigsäure und wss. HCl und Hydrieren des Reaktionsprodukts in DMF an Raney-Nickel (*Boon,* l. c. S. 2154).

Kristalle (aus DMF + H_2O); F: 326° [Zers.]. λ_{max} (wss. HCl [1 n]): 355 nm.

7-[4-Chlor-phenyl]-2-methylamino-3*H*-pteridin-4-on $C_{13}H_{10}ClN_5O$, Formel V (R = CH_3, R′ = H, X = Cl) und Taut.

B. Beim Erwärmen von 5,6-Diamino-2-methylamino-3*H*-pyrimidin-4-on-sulfat mit [4-Chlor-phenyl]-glyoxal und Natriumacetat in wss. Äthanol (*Boon,* Soc. **1957** 2146, 2156, 2157). Beim Erwärmen von 7-[4-Chlor-phenyl]-N^2,N^4-dimethyl-pteridin-2,4-diyldiamin mit wss. HCl (*Boon,* l. c. S. 2156, 2158).

F: 363° [Zers.; aus DMF].

2-[2-Amino-[3]pyridyl]-3*H*-pyrido[2,3-*d*]pyrimidin-4-on $C_{12}H_9N_5O$, Formel VI und Taut.

B. Beim Erwärmen von 2-[2-Amino-[3]pyridyl]-pyrido[2,3-*d*]pyrimidin-4-ylamin mit wss. HCl (*Taylor et al.,* Am. Soc. **80** [1958] 427, 430).

Hellgelb; F: 381° [unkorr.; Zers.]. Bei 270°/0,05 Torr sublimierbar. λ_{max} (wss. HCl [0,1 n]): 271 nm und 353 nm.

Amino-Derivate der Oxo-Verbindungen $C_{13}H_{10}N_4O$

7-Amino-2-methyl-6-phenyl-3*H*-pteridin-4-on $C_{13}H_{11}N_5O$, Formel II (X = CH_3) und Taut.

B. Beim Erhitzen von 6-Amino-2-methyl-pyrimidin-4,5-dion-5-oxim mit Phenylacetonitril und Natrium-[2-äthoxy-äthylat] in 2-Äthoxy-äthanol (*Spickett, Timmis,* Soc. **1954** 2887, 2893).

Kristalle; Zers. > 350°. λ_{max} (wss. NaOH [0,1 n]): 231 nm, 263 nm und 352 nm (*Sp., Ti.,* l. c. S. 2890).

Hydrochlorid $C_{13}H_{11}N_5O \cdot HCl$. Kristalle (aus wss. HCl).

2-Amino-6-*trans*(?)-styryl-7,9-dihydro-purin-8-on $C_{13}H_{11}N_5O$, vermutlich Formel VII und Taut.

B. Beim Erhitzen von 6-*trans*(?)-Styryl-pyrimidin-2,4,5-triyltriamin (E III/IV **25** 3103) mit Harnstoff auf 150° (*Ross,* Soc. **1948** 1128, 1133).

Gelbes Pulver mit 1 Mol H_2O; F: 345° [unkorr.; Zers.; geschlossene Kapillare].

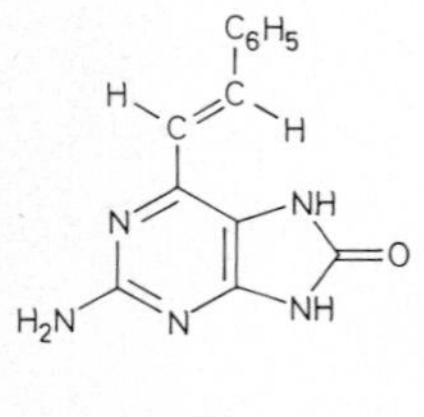

VII 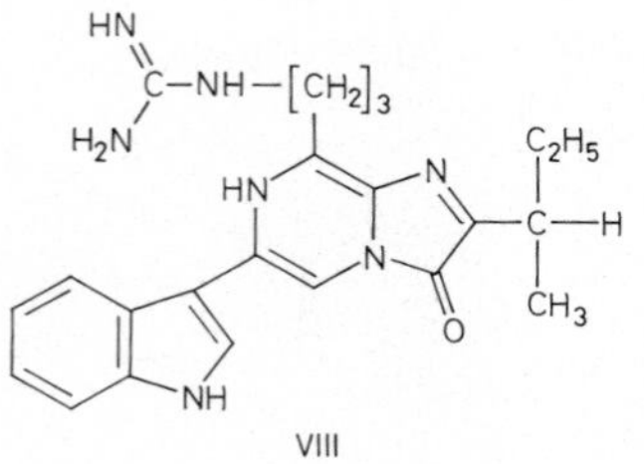 VIII 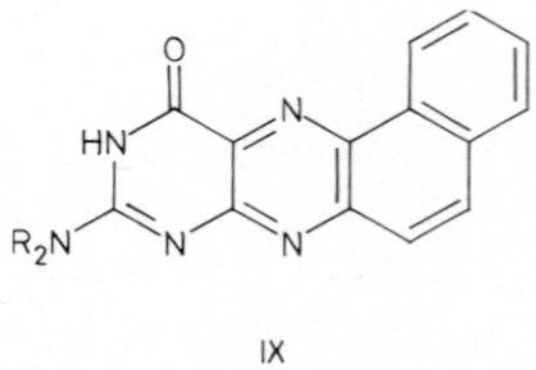 IX

Amino-Derivate der Monooxo-Verbindung $C_nH_{2n-18}N_4O$

{3-[2-((*S*)-*sec*-Butyl)-6-indol-3-yl-3-oxo-3,7-dihydro-imidazo[1,2-*a*]pyrazin-8-yl]-propyl}-guanidin, Cypridina-Luciferin $C_{22}H_{27}N_7O$, Formel VIII und Taut.

Konstitution: *Kishi et al.,* Tetrahedron Letters **1966** 3427, 3435, 3445, 3449.

Isolierung aus Cypridina hilgendorfii: *Shimomura et al.*, Bl. chem. Soc. Japan **30** [1957] 929, 932.

Orangerote Kristalle (aus wss.-methanol. HCl); F: 182–195° [nach Dunkelfärbung bei 175°] (*Sh. et al.*). ^{1}H-NMR-Spektrum (DMSO-d_6): *Ki. et al.*, l. c. S. 3432. Absorptionsspektrum (Me., methanol. HCl sowie wss. Lösung vom pH 5,6; 200–500 nm): *Sh. et al.*, l. c. S. 930. Scheinbarer Dissoziationsexponent pK'_a (wss. Me. [33%ig]): 8,3 (*Hirata et al.*, Tetrahedron Letters **1959** Nr. 5, S. 4, 7).

Amino-Derivate der Monooxo-Verbindungen $C_nH_{2n-20}N_4O$

9-Amino-10*H*-naphtho[1,2-*g*]pteridin-11-on $C_{14}H_9N_5O$, Formel IX (R = H) und Taut.

B. Beim Erwärmen von Naphtho[1,2-*g*]pteridin-9,11-diyldiamin mit wss. HCl (*Felton et al.*, Soc. **1954** 2895, 2903).

Gelbe Kristalle (aus wss. Ameisensäure) mit 1 Mol H_2O; F: >400°. λ_{max} (wss. Ameisensäure [36%ig]): 291 nm, 300 nm und 407 nm (*Fe. et al.*, l. c. S. 2899).

9-Dimethylamino-10*H*-naphtho[1,2-*g*]pteridin-11-on $C_{16}H_{13}N_5O$, Formel IX (R = CH_3) und Taut.

B. Beim Erhitzen von 6-Amino-2-dimethylamino-pyrimidin-4,5-dion-5-oxim (E III/IV **25** 4179) mit [2]Naphthol auf 180° (*Felton et al.*, Soc. **1954** 2895, 2901). Beim Erwärmen von N^9,N^9-Dimethyl-naphtho[1,2-*g*]pteridin-9,11-diyldiamin mit wss. HCl (*Fe. et al.*, l. c. S. 2904).

Gelbe Kristalle (aus wss. A.) mit 1 Mol H_2O; F: 360°. λ_{max} (wss. Ameisensäure [4,5%ig]): 304 nm und 411 nm (*Fe. et al.*, l. c. S. 2899).

9-Amino-6*H*-pyrido[3′,2′:5,6]pyrazino[2,3-*c*]isochinolin-5-on $C_{14}H_9N_5O$, Formel X und Taut.

B. Beim Erwärmen von 3-Nitroso-pyridin-2,6-diyldiamin (E III/IV **21** 5723) mit 2-Cyan= methyl-benzoesäure-methylester und Natriumäthylat in Äthanol (*Osdene, Timmis*, Soc. **1955** 2214, 2216).

Formiat $C_{14}H_9N_5O \cdot HCO_2H$. Gelbe Kristalle (aus wss. Ameisensäure); F: >300°.

***Opt.-inakt. 8-Äthyl-2-amino-5-formyl-7,8-diphenyl-5,6,7,8-tetrahydro-3*H*-pteridin-4-on** $C_{21}H_{21}N_5O_2$, Formel XI und Taut.

B. Beim Hydrieren von 8-Äthyl-2-amino-6,7-diphenyl-7,8-dihydro-3*H*-pteridin-4-on an Platin in Ameisensäure (*Cosulich et al.*, Am. Soc. **74** [1952] 3252, 3258).

Kristalle (aus wss. A.) mit 0,5 Mol H_2O; F: 248–249° [Zers.]. UV-Spektrum (wss. NaOH [0,1 n]; 220–320 nm): *Co. et al.*

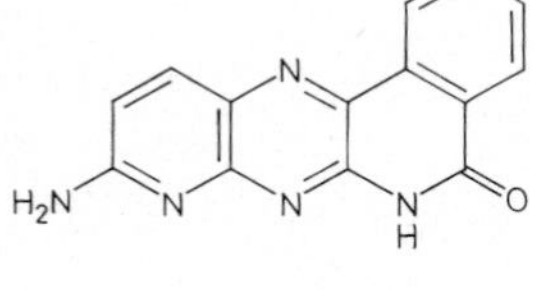

X 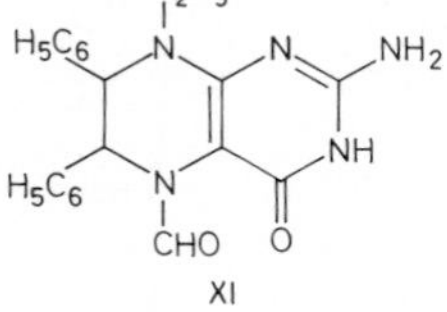 XI 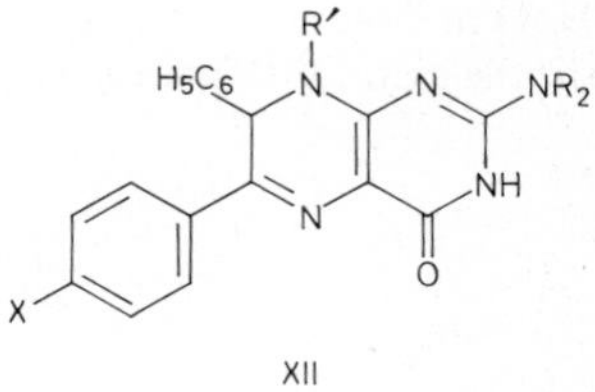 XII

Amino-Derivate der Monooxo-Verbindungen $C_nH_{2n-22}N_4O$

(±)-2-Amino-8-methyl-6,7-diphenyl-7,8-dihydro-3*H*-pteridin-4-on $C_{19}H_{17}N_5O$, Formel XII (R = X = H, R′ = CH_3) und Taut.

B. Beim Erwärmen von (±)-Benzoin mit 2,5-Diamino-6-methylamino-3*H*-pyrimidin-4-on in Essigsäure und Äthanol (*Fidler, Wood*, Soc. **1957** 4157, 4160).

Gelbe Kristalle (aus DMF); F: >300°. λ_{max} (wss. Lösung vom pH 13): 260 nm und 398 nm (*Fi., Wood*, l. c. S. 4159).

(±)-8-Äthyl-2-amino-6,7-diphenyl-7,8-dihydro-3*H*-pteridin-4-on $C_{20}H_{19}N_5O$, Formel XII (R = X = H, R′ = C_2H_5) und Taut.

B. Analog der vorangehenden Verbindung (*Forrest et al.*, Soc. **1951** 3, 6).

Gelbe Kristalle [aus wss. Py.] (*Fo. et al.*). UV-Spektrum (wss. NaOH [0,1 n]; 220–400 nm): *Cosulich et al.*, Am. Soc. **74** [1952] 3252, 3258.

(±)-6-[4-Chlor-phenyl]-2-dimethylamino-7-phenyl-7,8-dihydro-3*H*-pteridin-4-on $C_{20}H_{18}ClN_5O$, Formel XII (R = CH_3, R′ = H, X = Cl) und Taut.

B. Beim Erwärmen von (±)-6-[4′-Chlor-α′-oxo-bibenzyl-α-ylamino]-2-dimethylamino-pyrimi= din-4,5-dion-5-[4-chlor-phenylhydrazon] mit Zink-Pulver und Essigsäure (*Boon*, Soc. **1957** 2146, 2154).

Hydrochlorid $C_{20}H_{18}ClN_5O \cdot HCl$. F: 346°.

Amino-Derivate der Monooxo-Verbindungen $C_nH_{2n-24}N_4O$

9-Amino-10*H*-acenaphtho[1,2-*g*]pteridin-11-on $C_{16}H_9N_5O$, Formel I und Taut.

B. Beim Erwärmen von 2,5,6-Triamino-3*H*-pyrimidin-4-on mit Acenaphthen-1,2-dion in DMF und H_2O (*Cain et al.*, Am. Soc. **68** [1946] 1996).

Gelbe Kristalle (aus wss. Ameisensäure). λ_{max} (wss. NaOH [0,1 n]): 230 nm, 340 nm und 385 nm (*Cain et al.*, l. c. S. 1997).

7-Amino-2,6-diphenyl-3*H*-pteridin-4-on $C_{18}H_{13}N_5O$, Formel II und Taut.

B. Beim Erhitzen von 6-Amino-2-phenyl-pyrimidin-4,5-dion-5-oxim mit Phenylacetonitril und Natrium-[2-äthoxy-äthylat] in 2-Äthoxy-äthanol (*Spickett, Timmis*, Soc. **1954** 2887, 2893).

Gelblich; Zers. >400°.

2-Amino-6,7-diphenyl-3*H*-pteridin-4-on $C_{18}H_{13}N_5O$, Formel III (R = R′ = H) und Taut.

B. Aus 2,5,6-Triamino-3*H*-pyrimidin-4-on und Benzil (*Cain et al.*, Am. Soc. **68** [1946] 1996). Beim Erhitzen von 3-Chlor-5,6-diphenyl-pyrazin-2-carbonsäure-methylester mit Guanidin-car= bonat auf ca. 170° (*Dick, Wood*, Soc. **1955** 1379, 1382). Beim Erhitzen von 6,7-Diphenyl-pteridin-2,4-diyldiamin mit wss. HCl (*Taylor, Cain*, Am. Soc. **71** [1949] 2538).

Gelbe Kristalle (aus DMF); F: >360° (*Dick, Wood*). λ_{max} (wss. NaOH [0,1 n]): 270 nm und 380 nm (*Cain et al.*).

2-Amino-1-methyl-6,7-diphenyl-1*H*-pteridin-4-on $C_{19}H_{15}N_5O$, Formel IV (R = H, X = O).

B. Aus 2,5,6-Triamino-1-methyl-1*H*-pyrimidin-4-on und Benzil (*Boon, Bratt*, Soc. **1957** 2159). Beim Erwärmen von 1-Methyl-6,7-diphenyl-2-thioxo-2,3-dihydro-1*H*-pteridin-4-on mit NH_3 und HgO in Butan-1-ol und $CHCl_3$ (*Boon, Br.*).

Kristalle (aus DMF) mit 0,5 Mol H_2O; F: 333° [Zers.].

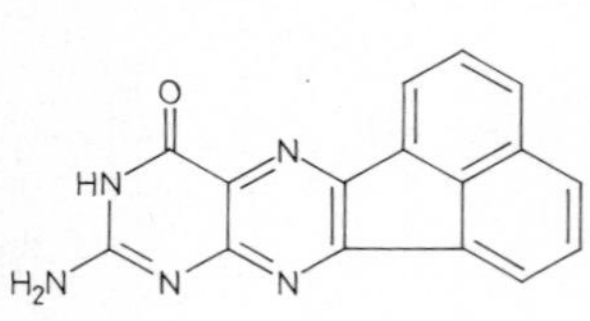

I 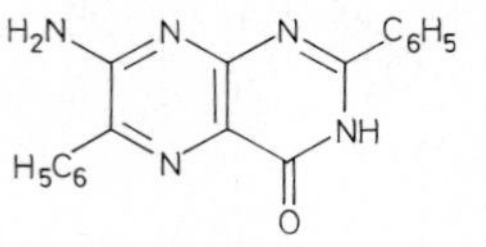 II 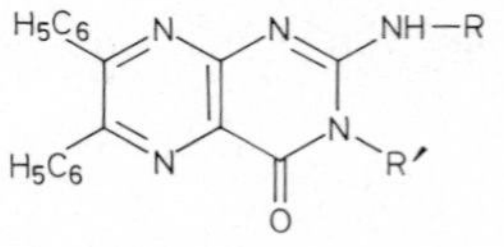 III

2-Amino-8-methyl-6,7-diphenyl-8*H*-pteridin-4-on $C_{19}H_{15}N_5O$, Formel V.

B. Beim Erhitzen von 4-Methyl-3-oxo-5,6-diphenyl-3,4-dihydro-pyrazin-2-carbonsäure-methylester und Guanidin-carbonat (*Dick et al.*, Chem. and Ind. **1956** 1424). Aus Benzil und 2,5-Diamino-6-methylamino-3*H*-pyrimidin-4-on (*Fidler, Wood*, Soc. **1957** 4157, 4160).

Gelbe Kristalle (aus DMF) mit 1 Mol H_2O; F: >300°; λ_{max} (wss. Lösung vom pH 13): 218 nm, 267 nm und 380 nm (*Fi., Wood*, l. c. S. 4159).

2-Methylamino-6,7-diphenyl-3*H*-pteridin-4-on $C_{19}H_{15}N_5O$, Formel III (R = CH_3, R′ = H) und Taut.

B. Aus 5,6-Diamino-2-methylamino-3*H*-pyrimidin-4-on-hydrochlorid und Benzil (*Roth et al.*, Am. Soc. **73** [1951] 2864, 2868). Beim Erwärmen von N^2,N^4-Dimethyl-6,7-diphenyl-pteridin-2,4-diyldiamin mit wss. HCl (*Boon*, Soc. **1957** 2146, 2156).

Kristalle (aus DMF); F: 365° [Zers.] (*Boon*).

1-Methyl-2-methylamino-6,7-diphenyl-1*H*-pteridin-4-on $C_{20}H_{17}N_5O$, Formel IV (R = CH_3, X = O).

B. Beim Erwärmen von 1-Methyl-6,7-diphenyl-2-thioxo-2,3-dihydro-1*H*-pteridin-4-on mit Methylamin und HgO in Butan-1-ol und $CHCl_3$ (*Boon, Bratt*, Soc. **1957** 2159).

F: 307° [aus A.].

2-Dimethylamino-6,7-diphenyl-3*H*-pteridin-4-on $C_{20}H_{17}N_5O$, Formel VI (X = H) und Taut.

B. Aus 5,6-Diamino-2-dimethylamino-3*H*-pyrimidin-4-on und Benzil (*Boon*, Soc. **1957** 2146, 2156).

F: 361° [aus DMF + A.].

2-Isopropylamino-6,7-diphenyl-3*H*-pteridin-4-on $C_{21}H_{19}N_5O$, Formel III (R = $CH(CH_3)_2$, R′ = H) und Taut.

B. Neben 3-Isopropyl-6,7-diphenyl-2-thioxo-2,3-dihydro-1*H*-pteridin-4-on beim Erwärmen von 3-[*N*′-Isopropyl-thioureido]-5,6-diphenyl-pyrazin-2-carbonsäure-amid mit äthanol. Natriumäthylat (*Taylor et al.*, Am. Soc. **78** [1956] 210, 213).

Gelbe Kristalle (aus wss. A.); F: 324–325° [korr.]. Bei 250°/1 Torr sublimierbar.

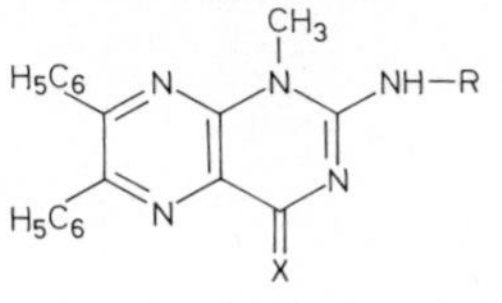

IV 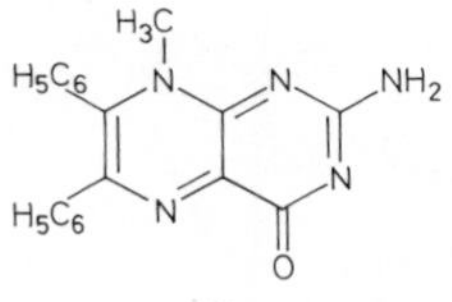 V 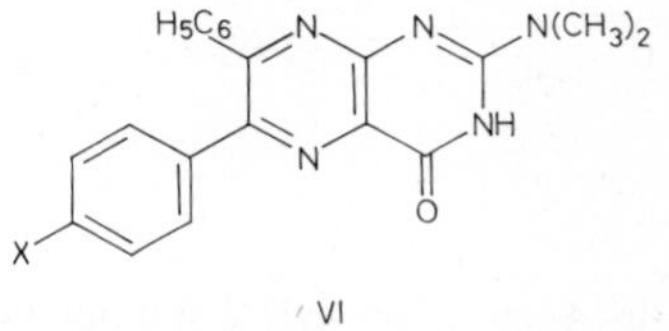 VI

2-Anilino-3,6,7-triphenyl-3*H*-pteridin-4-on $C_{30}H_{21}N_5O$, Formel III (R = R′ = C_6H_5).

B. Beim Erwärmen von 3-Amino-5,6-diphenyl-pyrazin-2-carbonsäure-butylamid mit Phenylisothiocyanat in Pyridin (*Taylor et al.*, Am. Soc. **78** [1956] 210, 213).

Gelbliche Kristalle (aus wss. DMF); F: 323–324° [korr.].

3-Benzyl-2-isopropylamino-6,7-diphenyl-3*H*-pteridin-4-on $C_{28}H_{25}N_5O$, Formel III (R = $CH(CH_3)_2$, R′ = CH_2-C_6H_5).

B. Beim Erwärmen von 3-[*N*′-Isopropyl-thioureido]-5,6-diphenyl-pyrazin-2-carbonsäure-benzylamid mit äthanol. Natriumäthylat (*Taylor et al.*, Am. Soc. **78** [1956] 210, 213).

Gelbe Kristalle (aus DMF + H_2O); F: 305–307° [korr.].

6,7-Diphenyl-2-sulfanilylamino-3*H*-pteridin-4-on, Sulfanilsäure-[4-oxo-6,7-diphenyl-3,4-dihydro-pteridin-2-ylamid] $C_{24}H_{18}N_6O_3S$, Formel III (R = SO_2-C_6H_4-NH_2, R′ = H) und Taut.

B. Aus dem Acetyl-Derivat (s. u.) und wss. NaOH (*Fahrenbach et al.*, Am. Soc. **76** [1954] 4006, 4008, 4010).

Kristalle mit 1 Mol H_2O; F: 355–357° [Zers.; nach Sintern bei 321,5–323°; im auf 300° vorgeheizten Bad]. λ_{max}: 248 nm und 365 nm [wss. HCl (0,1 n)] bzw. 253 nm, 285 nm und 389 nm [wss. NaOH (0,1 n)] (*Fa. et al.*, l. c. S. 4009).

Acetyl-Derivat $C_{26}H_{20}N_6O_4S$; *N*-Acetyl-sulfanilsäure-[4-oxo-6,7-diphenyl-3,4-dihydro-pteridin-2-ylamid], Essigsäure-[4-(4-oxo-6,7-diphenyl-3,4-dihydro-pteridin-2-ylsulfamoyl)-anilid]. *B.* Beim Erhitzen von *N*-Acetyl-sulfanilsäure-[4,5-diamino-6-oxo-1,6-dihydro-pyrimidin-2-ylamid] mit Benzil und kleinen Mengen Natriummethylat in Äthylenglykol auf 130° (*Fa. et al.*). – F: 330–331° [Zers.]. λ_{max}: 277 nm und 369 nm [wss. HCl (0,1 n)] bzw. 256 nm, 282 nm und 388 nm [wss. NaOH (0,1 n)].

6-[4-Chlor-phenyl]-2-dimethylamino-7-phenyl-3*H*-pteridin-4-on $C_{20}H_{16}ClN_5O$, Formel VI (X = Cl) und Taut.

B. Beim Behandeln von 6-[4-Chlor-phenyl]-2-dimethylamino-7-phenyl-7,8-dihydro-3*H*-pteridin-4-on mit $KMnO_4$ in wss. NaOH (*Boon*, Soc. **1957** 2146, 2154, 2156).

F: 350° [aus Butan-1-ol].

2-Amino-1-methyl-6,7-diphenyl-1*H*-pteridin-4-thion $C_{19}H_{15}N_5S$, Formel IV (R = H, X = S).

B. Beim Erwärmen von 2-Amino-1-methyl-6,7-diphenyl-1*H*-pteridin-4-on mit P_2S_5 in Pyridin (*Boon, Bratt,* Soc. **1957** 2159).

Kristalle (aus DMF); F: 295° [Zers.].

1-Methyl-2-methylamino-6,7-diphenyl-1*H*-pteridin-4-thion $C_{20}H_{17}N_5S$, Formel IV (R = CH_3, X = S).

B. Analog der vorangehenden Verbindung (*Boon, Bratt,* Soc. **1957** 2159).

F: 300° [Zers.; aus DMF].

2-Anilino-6,7-diphenyl-3*H*-pteridin-4-thion $C_{24}H_{17}N_5S$, Formel VII und Taut.

B. Beim Erwärmen von 3-Amino-5,6-diphenyl-pyrazin-2-thiocarbonsäure-amid mit Phenylisothiocyanat in Pyridin (*Taylor et al.,* Am. Soc. **78** [1956] 210, 213).

Gelbe Kristalle (aus Py.+PAe.); F: 261–262° [korr.].

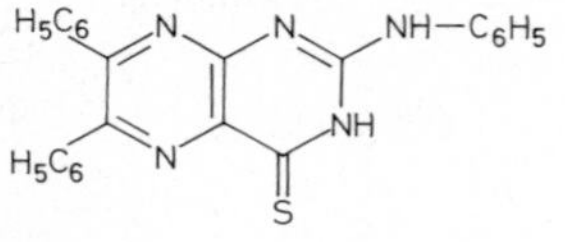

VII

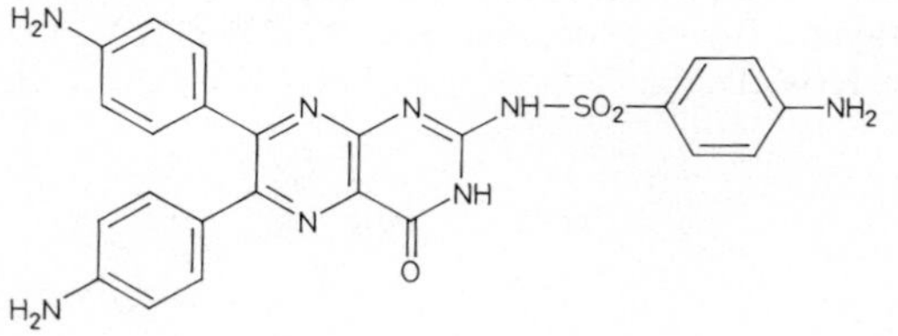

VIII

6,7-Bis-[4-amino-phenyl]-2-sulfanilylamino-3*H*-pteridin-4-on, Sulfanilsäure-[6,7-bis-(4-amino-phenyl)-4-oxo-3,4-dihydro-pteridin-2-ylamid] $C_{24}H_{20}N_8O_3S$, Formel VIII und Taut.

B. Beim Erwärmen des Acetyl-Derivats (s. u.) mit wss. NaOH (*Fahrenbach et al.,* Am. Soc. **76** [1954] 4006, 4008, 4010; *Am. Cyanamid Co.,* U.S.P. 2677682 [1951]).

Dunkelorangefarbene Kristalle mit 0,5 Mol H_2O; F: 351–353° [unkorr.; Zers.] (*Am. Cyanamid Co.*); die wasserfreie Verbindung schmilzt bei 365–367° [Zers.] (*Fa. et al.*). λ_{max}: ca. 247 nm und ca. 359 nm [wss. HCl (0,1 n)] bzw. 267 nm [wss. NaOH (0,1 n)] (*Fa. et al.,* l. c. S. 4009).

Acetyl-Derivat $C_{26}H_{22}N_8O_4S$; *N*-Acetyl-sulfanilsäure-[6,7-bis-(4-amino-phenyl)-4-oxo-3,4-dihydro-pteridin-2-ylamid]. *B.* Beim Erhitzen von *N*-Acetyl-sulfanilsäure-[4,5-diamino-6-oxo-1,6-dihydro-pyrimidin-2-ylamid] mit 4,4'-Diamino-benzil und Natriummethylat in Äthylenglykol auf 110–120° (*Fa. et al.*; *Am. Cyanamid Co.*). – Dunkelgelbe Kristalle mit 1 Mol H_2O; F: 240–245° [Zers.] (*Fa. et al.*), 240–245° [Zers.; partielles Schmelzen bei ca. 225°; auf 220° vorgeheizter App.] (*Am. Cyanamid Co.*). λ_{max}: ca. 279 nm und ca. 360 nm [wss. HCl (0,1 n)] bzw. 270 nm [wss. NaOH (0,1 n)] (*Fa. et al.,* l. c. S. 4009).

4-Amino-6,7-diphenyl-1*H*-pteridin-2-on $C_{18}H_{13}N_5O$, Formel IX (R = H, X = O) und Taut.

B. Beim Erhitzen von 3-Chlor-5,6-diphenyl-pyrazin-2-carbonitril mit Harnstoff (*Taylor, Paudler,* Chem. and Ind. **1955** 1061). Aus 4,5,6-Triamino-1*H*-pyrimidin-2-on und Benzil (*Taylor, Cain,* Am. Soc. **71** [1949] 2538, 2540).

Kristalle (aus DMF+H_2O); Zers. bei 320–325° [unkorr.]; λ_{max}: 280 nm und 377 nm [wss. HCl (0,1 n)] bzw. 275 nm und 396 nm [wss. NaOH (0,1 n)] (*Ta., Cain*).

4-Amino-6,7-diphenyl-1*H*-pteridin-2-thion $C_{18}H_{13}N_5S$, Formel IX (R = H, X = S) und Taut.

B. Beim Erhitzen von 3-Chlor-5,6-diphenyl-pyrazin-2-carbonitril mit Thioharnstoff (*Taylor,*

Paudler, Chem. and Ind. **1955** 1061). Aus 4,5,6-Triamino-1*H*-pyrimidin-2-thion und Benzil (*Taylor, Cain,* Am. Soc. **74** [1952] 1644, 1647).

Gelbe Kristalle (aus DMF + H_2O); F: 283° [korr.; Zers.] (*Ta., Cain*).

4-[3-Diäthylamino-propylamino]-6,7-diphenyl-1*H*-pteridin-2-thion $C_{25}H_{28}N_6S$, Formel IX (R = $[CH_2]_3$-$N(C_2H_5)_2$, X = S) und Taut.

B. Neben N^2,N^4-Bis-[3-diäthylamino-propyl]-6,7-diphenyl-pteridin-2,4-diyldiamin beim Erwärmen von 4-Amino-6,7-diphenyl-1*H*-pteridin-2-thion mit *N,N*-Diäthyl-propandiyldiamin in Äthanol (*Potter, Henshall,* Soc. **1956** 2000, 2005).

Gelbe Kristalle (aus wss. A.); F: 217–218,5°.

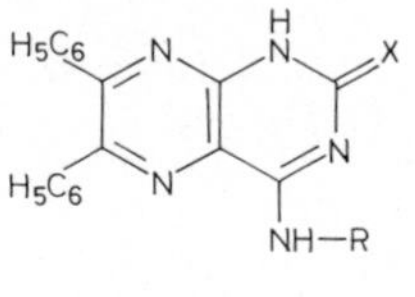

Amino-Derivate der Monooxo-Verbindungen $C_nH_{2n-26}N_4O$

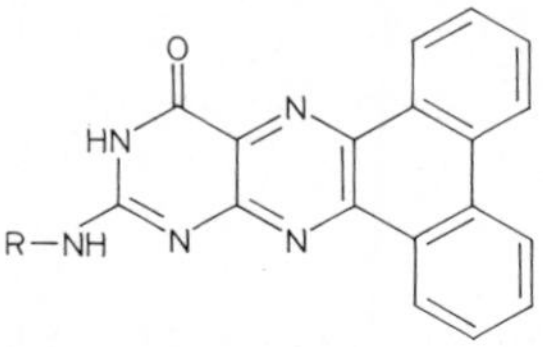

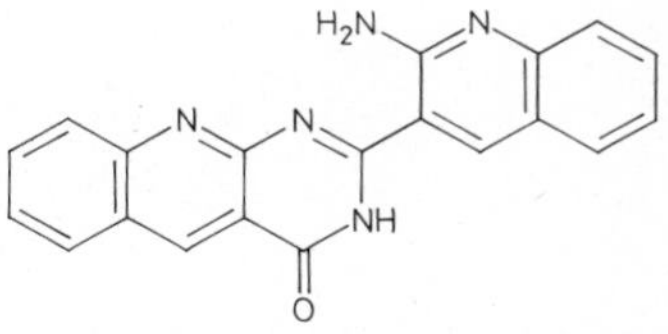

11-Amino-12*H*-phenanthro[9,10-*g*]pteridin-13-on $C_{18}H_{11}N_5O$, Formel X (R = H) und Taut.

B. Aus 2,5,6-Triamino-3*H*-pyrimidin-4-on und Phenanthren-9,10-dion (*Cain et al.,* Am. Soc. **68** [1946] 1996; *Ross,* Soc. **1948** 219, 223).

Gelbe Kristalle [aus wss. NaOH] (*Cain et al.*); Zers. >400° [geschlossene Kapillare] (*Ross*). λ_{max} (wss. NaOH [0,1 n]): 263 nm, 295 nm und 420 nm (*Cain et al.*).

11-Sulfanilylamino-12*H*-phenanthro[9,10-*g*]pteridin-13-on, Sulfanilsäure-[13-oxo-12,13-dihydro-phenanthro[9,10-*g*]pteridin-11-ylamid] $C_{24}H_{16}N_6O_3S$, Formel X (R = SO_2-C_6H_4-NH_2) und Taut.

B. Beim Erwärmen des Acetyl-Derivats (s. u.) mit wss. NaOH (*Fahrenbach et al.,* Am. Soc. **76** [1954] 4006, 4008, 4010).

F: 358–361° [Zers.]. λ_{max} (wss. NaOH [0,1 n]): 252 nm, 263 nm und 303 nm (*Fa. et al.,* l. c. S. 4009).

Acetyl-Derivat $C_{26}H_{18}N_6O_4S$; *N*-Acetyl-sulfanilsäure-[13-oxo-12,13-dihydro-phenanthro[9,10-*g*]pteridin-11-ylamid], Essigsäure-[4-(13-oxo-12,13-dihydro-phenanthro[9,10-*g*]pteridin-11-ylsulfamoyl)-anilid]. *B.* Beim Erhitzen von *N*-Acetyl-sulfanilsäure-[4,5-diamino-6-oxo-1,6-dihydro-pyrimidin-2-ylamid] mit Phenanthren-9,10-dion und Natriummethylat in Äthylenglykol auf 120° (*Fa. et al.*). – F: 369–371° [Zers.]. λ_{max} (wss. NaOH [0,1 n]): 263 nm und 303 nm (*Fa. et al.,* l. c. S. 4009).

Amino-Derivate der Monooxo-Verbindungen $C_nH_{2n-28}N_4O$

2-[2-Amino-[3]chinolyl]-3*H*-pyrimido[4,5-*b*]chinolin-4-on $C_{20}H_{13}N_5O$, Formel XI und Taut.

B. Beim Erwärmen von 2-[2-Amino-[3]chinolyl]-pyrimido[4,5-*b*]chinolin-4-ylamin mit wss. HCl (*Taylor, Kalenda,* Am. Soc. **78** [1956] 5108, 5114).

F: >350°. Bei 250°/0,5 Torr sublimierbar.

Amino-Derivate der Monooxo-Verbindungen $C_nH_{2n-30}N_4O$

7,12-Diäthyl-18-[2-methoxycarbonylamino-äthyl]-3,8,13,17-tetramethyl-2^2*H*-cyclopenta[*at*]porphyrin-2^1-on, [2-(7,12-Diäthyl-3,8,13,17-tetramethyl-2^1-oxo-2^1,2^2-dihydro-cyclopenta[*at*]porphyrin-18-yl)-äthyl]-carbamidsäure-methylester $C_{34}H_{37}N_5O_3$, Formel XII und Taut. (in der Literatur als Phylloerythro-ätio-7-(äthyl-ω-methylurethan)-porphyrin bezeichnet).

B. Aus Mesopyrophäophorbid-a-methylester (S. 3184) über mehrere Stufen (*Fischer, Stier,*

in *A. Treibs,* Das Leben und Wirken von H. Fischer [München 1971] S. 568, 573, 578).
Kristalle (aus Py. + Acn.); F: 332°. λ_{max} (Py. + Ae.; 520 – 640 nm): *Fi., St.* [*Rogge*]

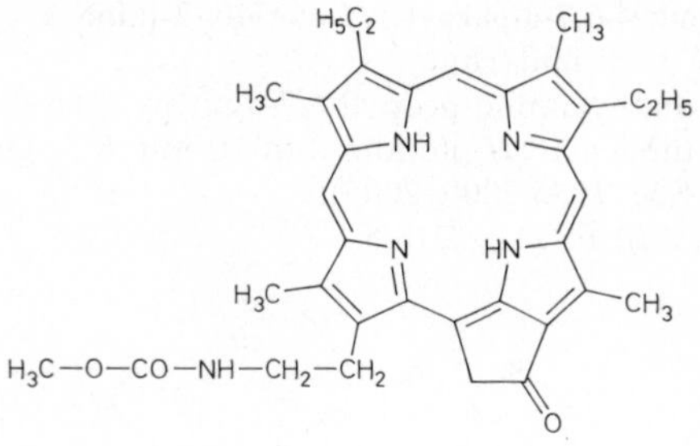

XII

Amino-Derivate der Dioxo-Verbindungen $C_nH_{2n-2}N_4O_2$

3a-Anilino-tetrahydro-imidazo[4,5-*d*]imidazol-2,5-dion $C_{10}H_{11}N_5O_2$, Formel I (R = C_6H_5).

Die von *Frèrejacque* (C. r. **193** [1931] 860, 862) unter dieser Konstitution beschriebene Verbindung („Isoallantoinanilid") ist als [5-Anilino-2-oxo-2,3-dihydro-1*H*-imidazol-4-yl]-harnstoff (E III/IV **25** 3550) zu formulieren (*Stahl,* Biochemistry **8** [1969] 733). Entsprechend sind wahrscheinlich die von *Frèrejacque* (C. r. **193** 862) als 3a-*m*-Toluidino-tetrahydro-imidazo[4,5-*d*]imidazol-2,5-dion $C_{11}H_{13}N_5O_2$ (Formel I (R = C_6H_4-CH_3)), 3a-*p*-Toluidino-tetrahydro-imidazo[4,5-*d*]imidazol-2,5-dion $C_{11}H_{13}N_5O_2$ (Formel I (R = C_6H_4-CH_3)) und 3a-Piperidino-tetrahydro-imidazo[4,5-*d*]imidazol-2,5-dion $C_9H_{15}N_5O_2$ (Formel II) beschriebenen Verbindungen als Harnstoff-Derivate (E III/IV **25** 3550,3551) und die von *Frèrejacque* (C. r. **197** [1933] 1337) als *N*-[2,5-Dioxo-hexahydro-imidazo[4,5-*d*]imidazol-3a-yl]-glycin $C_6H_9N_5O_4$ (Formel I (R = CH_2-CO-OH)) und *N*-[2,5-Dioxo-hexahydro-imidazo[4,5-*d*]imidazol-3a-yl]-alanin $C_7H_{11}N_5O_4$ (Formel I (R = CH(CH_3)-CO-OH)) beschriebenen Verbindungen als monocyclische Glycin- bzw. Alanin-Derivate (E III/IV **25** 3551) zu formulieren.

Amino-Derivate der Dioxo-Verbindungen $C_nH_{2n-6}N_4O_2$

Amino-Derivate der Dioxo-Verbindungen $C_4H_2N_4O_2$

3,7-Diamino-5-imino-5*H*-[1,2,4]triazolo[1,2-*a*][1,2,4]triazol-1-on $C_4H_5N_7O$, Formel III (X = O).

Die Identität des früher (H **26** 539) unter dieser Konstitution beschriebenen, aus vermeintlichem 3,7-Diimino-3*H*,7*H*-[1,2,4]triazolo[1,2-*a*][1,2,4]triazol-1,5-diyldiamin (s. u.) hergestellten Imidurazoguanazols ist ungewiss.

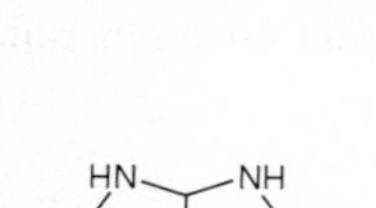

I 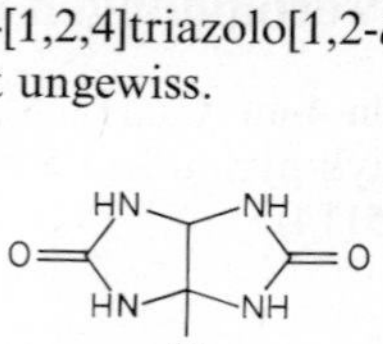 II 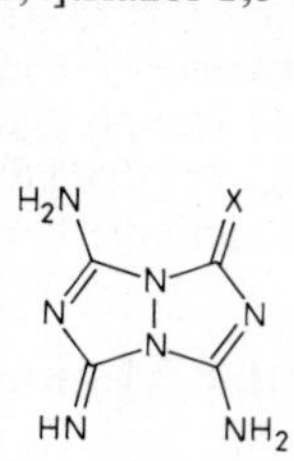 III 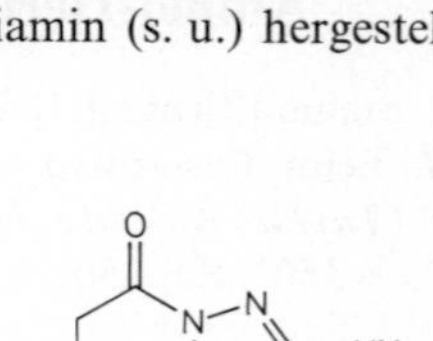 IV

3,7-Diimino-3*H*,7*H*-[1,2,4]triazolo[1,2-*a*][1,2,4]triazol-1,5-diyldiamin, 3,7-Diamino-[1,2,4]triazolo[1,2-*a*][1,2,4]triazol-1,5-dion-diimin $C_4H_6N_8$, Formel III (X = NH).

Die früher (H **26** 539) unter dieser Konstitution beschriebene Verbindung („Guanazoguan=

azol") ist als [1,2,4]Triazolo[4,3-*a*][1,3,5]triazin-3,5,7-triyltriamin (S. 4169) zu formulieren (*Kaiser et al.*, J. org. Chem. **18** [1953] 1610, 1613).

Amino-Derivate der Dioxo-Verbindungen $C_5H_4N_4O_2$

2-Amino-4*H*-[1,2,4]triazolo[1,5-*a*]pyrimidin-5,7-dion (?) $C_5H_5N_5O_2$, vermutlich Formel IV und Taut.

B. Beim Erhitzen von 1*H*-[1,2,4]Triazol-3,5-diyldiamin mit Malonsäure-diäthylester in Essigsäure (*Ilford Ltd.*, U.S.P. 2566658 [1949]).

Kristalle (aus Eg.); F: >285°.

8-Amino-3,7-dihydro-purin-2,6-dion $C_5H_5N_5O_2$, Formel V (R = R' = H) und Taut.

B. In geringer Ausbeute beim Behandeln von Xanthin (S. 2327) in wss. NaOH mit 2,4-Dichlorbenzoldiazonium-chlorid in wss. HCl und anschliessend mit $Na_2S_2O_4$ in wss. NaOH (*Cavalieri, Bendich,* Am. Soc. **72** [1950] 2587, 2592, 2593; s. a. *Fischer,* Z. physiol. Chem. **60** [1909] 69, 73, 74).

UV-Spektrum (wss. Lösungen vom pH 2, pH 6 und pH 9; 230–310 nm): *Ca., Be.,* l. c. S. 2591. Verteilung zwischen Butan-1-ol und wss. Lösung vom pH 9,2: *Ca., Be.,* l. c. S. 2592.

Sulfat $2C_5H_5N_5O_2 \cdot H_2SO_4$. Kristalle (aus wss. H_2SO_4) mit 1 Mol H_2O (*Ca., Be.,* l. c. S. 2592).

8-Methylamino-3,7-dihydro-purin-2,6-dion $C_6H_7N_5O_2$, Formel V (R = H, R' = CH_3) und Taut.

B. Beim Erwärmen von *N*-[6-Amino-2,4-dioxo-1,2,3,4-tetrahydro-pyrimidin-5-yl]-*N'*-methylthioharnstoff mit HgO in H_2O (*Cook, Thomas,* Soc. **1950** 1888, 1891).

Feststoff mit 0,5 Mol H_2O; F: >360°.

8-Amino-1,3-dimethyl-3,7-dihydro-purin-2,6-dion $C_7H_9N_5O_2$, Formel V (R = CH_3, R' = H) und Taut. (H 528; E I 155).

B. Aus 1,3-Dimethyl-8-nitro-3,7-dihydro-purin-2,6-dion mit Hilfe von Zinn und wss. HCl (*Cacace, Masironi,* Ann. Chimica **47** [1957] 362, 363) oder von wss. HI (*Cacace, Masironi,* Ann. Chimica **47** [1957] 366, 368).

Kristalle (aus H_2O); F: 312° (*Mazza, Migliardi,* R.A.L. [6] **29** [1939] 80, 83).

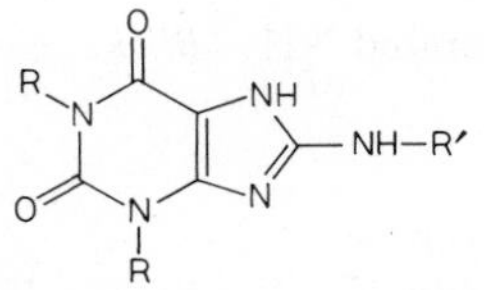

V 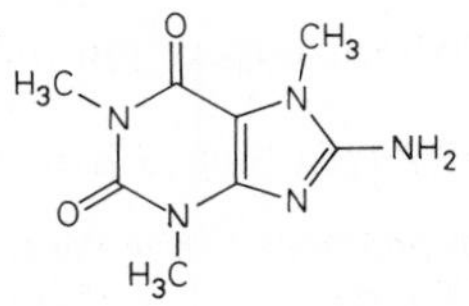 VI 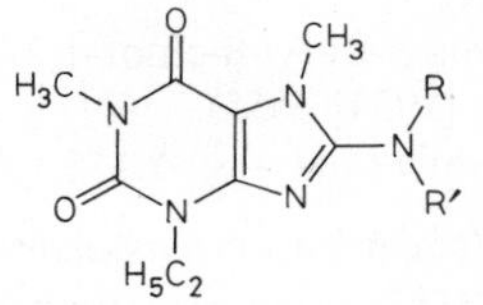 VII

8-Amino-1,3,7-trimethyl-3,7-dihydro-purin-2,6-dion $C_8H_{11}N_5O_2$, Formel VI (H 530; dort auch als 8-Amino-kaffein bezeichnet).

B. Beim Erhitzen von 8-Hydrazino-1,3,7-trimethyl-3,7-dihydro-purin-2,6-dion in DMF oder Phenol (*Zimmer, Mettalia,* J. org. Chem. **24** [1959] 1813).

Kristalle (aus H_2O); F: 371° (*Klosa,* B. **90** [1957] 2439, 2442).

1,3-Dimethyl-8-methylamino-3,7-dihydro-purin-2,6-dion $C_8H_{11}N_5O_2$, Formel V (R = R' = CH_3) und Taut.

B. Aus 8-Brom-1,3-dimethyl-3,7-dihydro-purin-2,6-dion und Methylamin (*Cacace, Masironi,* Ann. Chimica **47** [1957] 362, 364, 365).

Kristalle (aus Amylalkohol); F: 364–366° [korr.; Zers.] (*Ca., Ma.*).

Die folgenden Verbindungen sind in analoger Weise hergestellt worden:

3-Äthyl-8-amino-1,7-dimethyl-3,7-dihydro-purin-2,6-dion $C_9H_{13}N_5O_2$, Formel VII (R = R′ = H). Kristalle (aus H_2O); F: 293–294° (*Blicke, Godt,* Am. Soc. **76** [1954] 3655).

8-Äthylamino-1,3-dimethyl-3,7-dihydro-purin-2,6-dion $C_9H_{13}N_5O_2$, Formel VIII (R = R′ = H) und Taut. Kristalle (aus Propan-1-ol); F: 318–319° [korr.; Zers.] (*Ca., Ma.,* l. c. S. 364).

3-Äthyl-1,7-dimethyl-8-methylamino-3,7-dihydro-purin-2,6-dion $C_{10}H_{15}N_5O_2$, Formel VII (R = CH_3, R′ = H). Kristalle (aus wss. A.); F: 267–269° (*Bl., Godt*).

3-Äthyl-8-dimethylamino-1,7-dimethyl-3,7-dihydro-purin-2,6-dion $C_{11}H_{17}N_5O_2$, Formel VII (R = R′ = CH_3). Kristalle (aus wss. A.); F: 130–132° (*Bl., Godt*).

3-Äthyl-8-äthylamino-1,7-dimethyl-dihydro-purin-2,6-dion $C_{11}H_{17}N_5O_2$, Formel VII (R = C_2H_5, R′ = H). Kristalle (aus wss. A.); F: 240–242° (*Bl., Godt*).

8-Diäthylamino-1,3-dimethyl-3,7-dihydro-purin-2,6-dion $C_{11}H_{17}N_5O_2$, Formel VIII (R = H, R′ = C_2H_5) und Taut. Kristalle; F: 269° [Zers.; aus A.] (*Damiens, Delaby,* Bl. **1955** 888, 894), 255–256° [korr.; aus Isopropylalkohol] (*Ca., Ma.,* l. c. S. 364). UV-Spektrum (A.; 210–320 nm): *Da., De.,* l. c. S. 889.

3-Äthyl-8-diäthylamino-1,7-dimethyl-3,7-dihydro-purin-2,6-dion $C_{13}H_{21}N_5O_2$, Formel VII (R = R′ = C_2H_5). Kristalle (aus wss. A.); F: 125–127° (*Bl., Godt*).

7-[2-Chlor-äthyl]-8-diäthylamino-1,3-dimethyl-3,7-dihydro-purin-2,6-dion $C_{13}H_{20}ClN_5O_2$, Formel VIII (R = CH_2-CH_2Cl, R′ = C_2H_5).

B. Beim Erhitzen von 8-Chlor-7-[2-diäthylamino-äthyl]-1,3-dimethyl-1,3-dihydro-purin-2,6-dion auf 120° (*Damiens, Delaby,* Bl. **1955** 888, 893).

Kristalle (aus A.); F: 115°. UV-Spektrum (A.; 210–320 nm): *Da., De.,* l. c. S. 890.

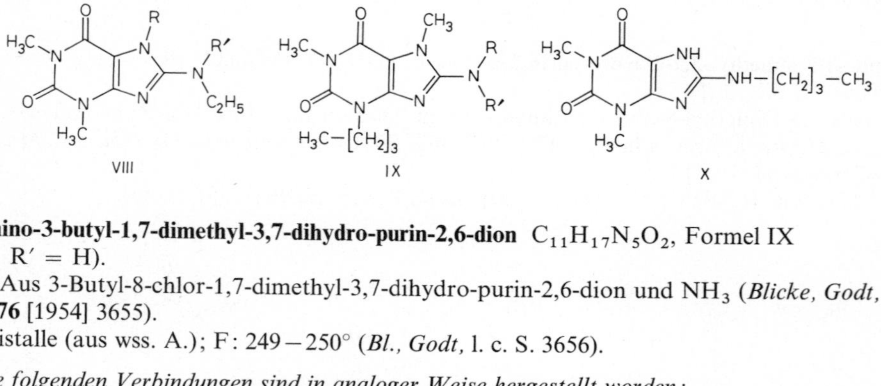

VIII IX X

8-Amino-3-butyl-1,7-dimethyl-3,7-dihydro-purin-2,6-dion $C_{11}H_{17}N_5O_2$, Formel IX (R = R′ = H).

B. Aus 3-Butyl-8-chlor-1,7-dimethyl-3,7-dihydro-purin-2,6-dion und NH_3 (*Blicke, Godt,* Am. Soc. **76** [1954] 3655).

Kristalle (aus wss. A.); F: 249–250° (*Bl., Godt,* l. c. S. 3656).

Die folgenden Verbindungen sind in analoger Weise hergestellt worden:

8-Butylamino-1,3-dimethyl-3,7-dihydro-purin-2,6-dion $C_{11}H_{17}N_5O_2$, Formel X und Taut. Kristalle (aus H_2O) mit 0,5 Mol H_2O; F: 221–222° [korr.] (*Cacace, Masironi,* Ann. Chimica **47** [1957] 362, 364, 365).

3-Butyl-1,7-dimethyl-8-methylamino-3,7-dihydro-purin-2,6-dion $C_{12}H_{19}N_5O_2$, Formel IX (R = CH_3, R′ = H). Kristalle (aus wss. A.); F: 230–232° (*Bl., Godt,* l. c. S. 3656).

3-Butyl-8-dimethylamino-1,7-dimethyl-3,7-dihydro-purin-2,6-dion $C_{13}H_{21}N_5O_2$, Formel IX (R = R′ = CH_3). Kristalle (aus wss. A.); F: 69–70° (*Bl., Godt,* l. c. S. 3656).

8-Äthylamino-3-butyl-1,7-dimethyl-3,7-dihydro-purin-2,6-dion $C_{13}H_{21}N_5O_2$, Formel IX (R = C_2H_5, R′ = H). Kristalle (aus wss. A.); F: 206–207° (*Bl., Godt,* l. c. S. 3656).

3-Butyl-8-diäthylamino-1,7-dimethyl-3,7-dihydro-purin-2,6-dion $C_{15}H_{25}N_5O_2$, Formel IX (R = R′ = C_2H_5). Kristalle (aus wss. A.); F: 82–83° (*Bl., Godt,* l. c. S. 3656).

3-Allyl-1,7-dimethyl-8-methylamino-3,7-dihydro-purin-2,6-dion $C_{11}H_{15}N_5O_2$, Formel XI (R = H). Kristalle (aus Isopropylalkohol); F: 233–235° (*Bl., Godt,* l. c. S. 3656).

1-Allyl-8-dimethylamino-3,7-dimethyl-3,7-dihydro-purin-2,6-dion $C_{12}H_{17}N_5O_2$, Formel XII. Kristalle (aus Isobutylalkohol); F: 95–96° (*Cassella*, D.B.P. 1005517 [1955]).

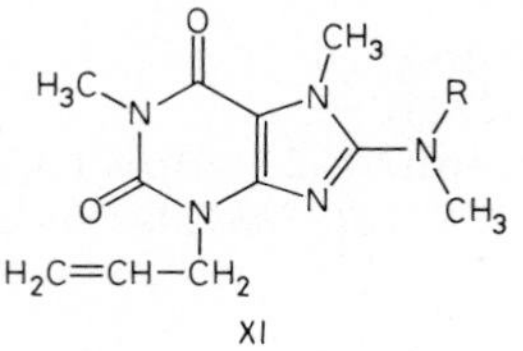

XI 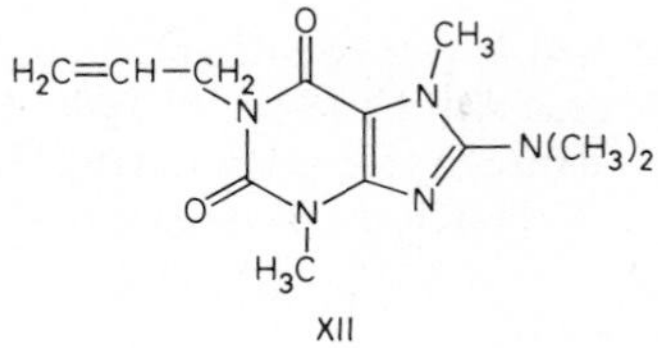 XII

3-Allyl-8-dimethylamino-1,7-dimethyl-3,7-dihydro-purin-2,6-dion $C_{12}H_{17}N_5O_2$, Formel XI (R = CH_3). Kristalle (aus wss. Me.); F: 126–127° (*Bl., Godt,* l. c. S. 3656).

8-Benzylamino-1,3-dimethyl-3,7-dihydro-purin-2,6-dion $C_{14}H_{15}N_5O_2$, Formel XIII (R = H, n = 1) und Taut. Kristalle (aus Amylalkohol); F: 234–235° [korr.] (*Ca., Ma.*).

1,3,7-Trimethyl-8-phenäthylamino-3,7-dihydro-purin-2,6-dion $C_{16}H_{19}N_5O_2$, Formel XIII (R = CH_3, n = 2). Kristalle (aus A.); F: 219–221° (*Blicke, Godt,* Am. Soc. **76** [1954] 2835).

8-[2-Hydroxy-äthylamino]-1,3-dimethyl-3,7-dihydro-purin-2,6-dion $C_9H_{13}N_5O_3$, Formel XIV (R = R′ = H) und Taut. Kristalle; F: 294–295° [korr.; aus Butan-1-ol] (*Ca., Ma.*), 286–287° [aus wss. A.] (*Satoda et al.,* Japan. J. Pharm. Chem. **28** [1956] 633, 637; C.A. **1957** 16495). λ_{max} (A.): 216 nm und 294 nm (*Sa. et al.*).

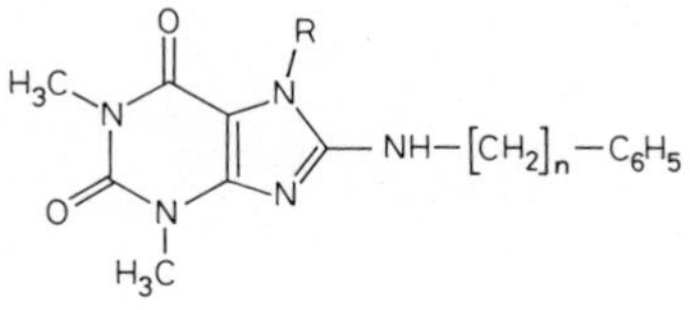

XIII 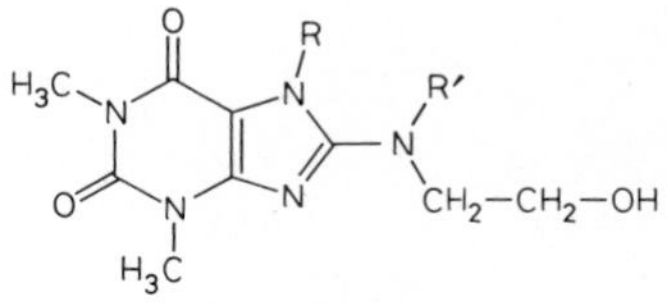 XIV

8-[2-Hydroxy-äthylamino]-1,3,7-trimethyl-3,7-dihydro-purin-2,6-dion $C_{10}H_{15}N_5O_3$, Formel XIV (R = CH_3, R′ = H). F: 239–241° (*Klosa, Starke,* Naturwiss. **46** [1959] 401).

8-Diäthylamino-7-[2-hydroxy-äthyl]-1,3-dimethyl-3,7-dihydro-purin-2,6-dion $C_{13}H_{21}N_5O_3$, Formel XV. Kristalle (aus Isopropylalkohol); F: 260° (*Damiens, Delaby,* Bl. **1955** 888, 894). UV-Spektrum (A.; 225–315 nm): *Da., De.,* l. c. S. 889.

8-[(2-Hydroxy-äthyl)-methyl-amino]-1,3-dimethyl-3,7-dihydro-purin-2,6-dion $C_{10}H_{15}N_5O_3$, Formel XIV (R = H, R′ = CH_3) und Taut. Kristalle (aus wss. A.); F: 260°; λ_{max} (A.): 221 nm und 299 nm (*Sa. et al.*).

8-[(2-Hydroxy-äthyl)-methyl-amino]-1,3,7-trimethyl-3,7-dihydro-purin-2,6-dion, Cafamenol $C_{11}H_{17}N_5O_3$, Formel XIV (R = R′ = CH_3). F: 162–164° (*Kl., St.*).

8-[Bis-(2-hydroxy-äthyl)-amino]-1,3-dimethyl-3,7-dihydro-purin-2,6-dion $C_{11}H_{17}N_5O_4$, Formel XIV (R = H, R′ = CH_2-CH_2-OH) und Taut. Kristalle (aus A.); F: 242–243°; λ_{max} (A.): 221 nm und 299 nm (*Sa. et al.*).

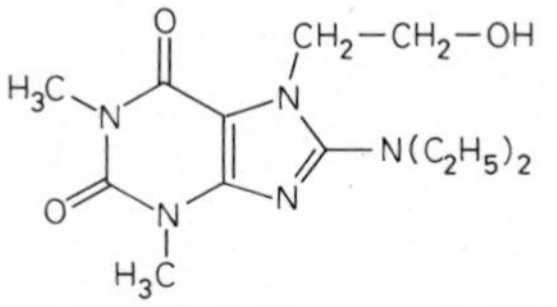

XV 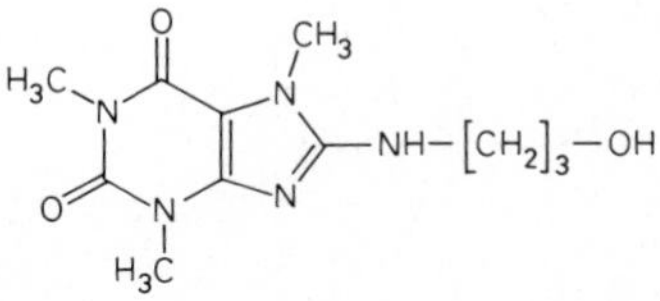 XVI

8-[3-Hydroxy-propylamino]-1,3,7-trimethyl-3,7-dihydro-purin-2,6-dion $C_{11}H_{17}N_5O_3$, Formel XVI. F: 224–226° (*Kl., St.*).

(±)-8-[(1-Hydroxymethyl-propyl)-amino]-1,3-dimethyl-3,7-dihydro-purin-2,6-dion $C_{11}H_{17}N_5O_3$, Formel I und Taut. Kristalle (aus Propan-1-ol); F: 259–260° [korr.] (*Ca., Ma.*).

1,3,7-Trimethyl-8-pyrrolidino-3,7-dihydro-purin-2,6-dion $C_{12}H_{17}N_5O_2$, Formel II. Kristalle (aus A.); F: 184–186° (*Bl., Godt,* l. c. S. 2835).

3-Äthyl-1,7-dimethyl-8-piperidino-3,7-dihydro-purin-2,6-dion $C_{14}H_{21}N_5O_2$, Formel III (R = C_2H_5). Kristalle (aus wss. A.); F: 127–129° (*Bl., Godt,* l. c. S. 3656).

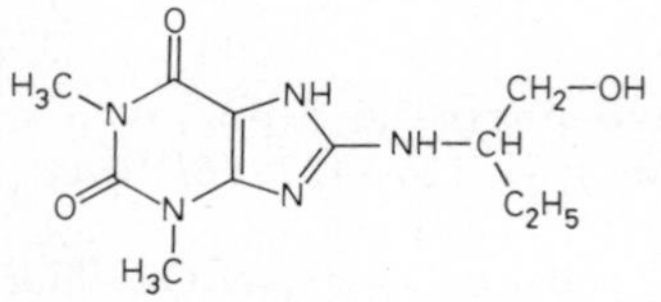

I 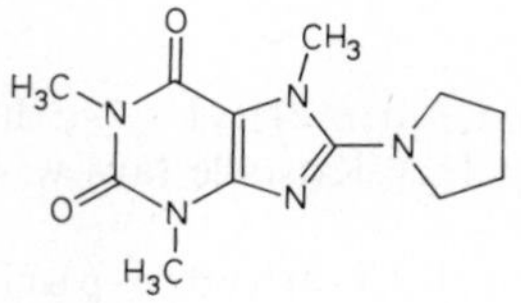 II 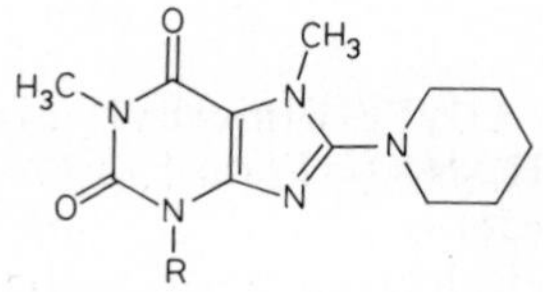 III

3-Butyl-1,7-dimethyl-8-piperidino-3,7-dihydro-purin-2,6-dion $C_{16}H_{25}N_5O_2$, Formel III (R = $[CH_2]_3$-CH_3). Kristalle (aus wss. Me.); F: 92–93° (*Bl., Godt,* l. c. S. 3656).

3-Allyl-1,7-dimethyl-8-piperidino-3,7-dihydro-purin-2,6-dion $C_{15}H_{21}N_5O_2$, Formel III (R = CH_2-CH=CH_2). Kristalle (aus wss. Me.); F: 99–101° (*Bl., Godt,* l. c. S. 3656).

8-Hexahydroazepin-1-yl-1,3,7-trimethyl-3,7-dihydro-purin-2,6-dion $C_{14}H_{21}N_5O_2$, Formel IV. Kristalle (aus wss. Me.); F: 114–116° (*Bl., Godt,* l. c. S. 2835).

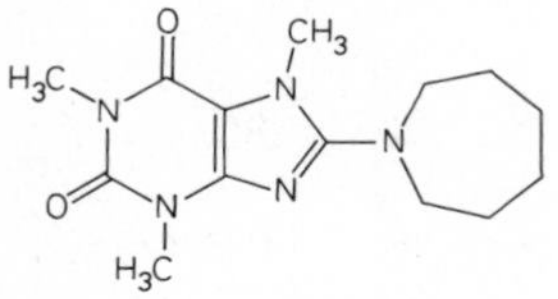

IV 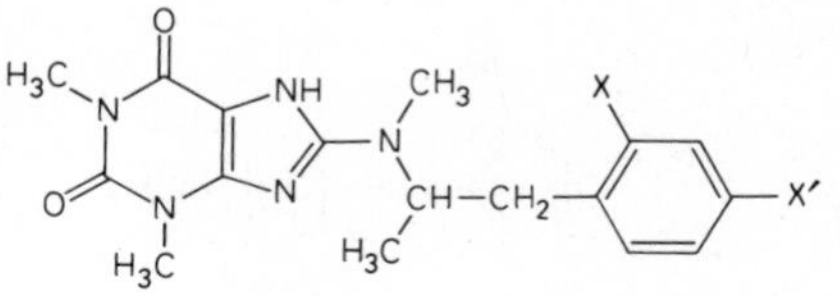 V

(±)-8-{[2-(2-Methoxy-phenyl)-1-methyl-äthyl]-methyl-amino}-1,3-dimethyl-3,7-dihydro-purin-2,6-dion $C_{18}H_{23}N_5O_3$, Formel V (X = OCH_3, X′ = H) und Taut. Kristalle (aus wss. A.); F: 168–171° (*Sa. et al.*).

(±)-8-{[2-(4-Methoxy-phenyl)-1-methyl-äthyl]-methyl-amino}-1,3-dimethyl-3,7-dihydro-purin-2,6-dion $C_{18}H_{23}N_5O_3$, Formel V (X = H, X′ = O-CH_3) und Taut. Kristalle (aus wss. A.); F: 226–227,5° (*Sa. et al.*).

8-{[(1*S*?,2*R*?)-2-Hydroxy-1-methyl-2-phenyl-äthyl]-methyl-amino}-1,3-dimethyl-3,7-dihydro-purin-2,6-dion $C_{17}H_{21}N_5O_3$, vermutlich Formel VI und Taut. Kristalle (aus Me.); F: 225–227° (*Sa. et al.*).

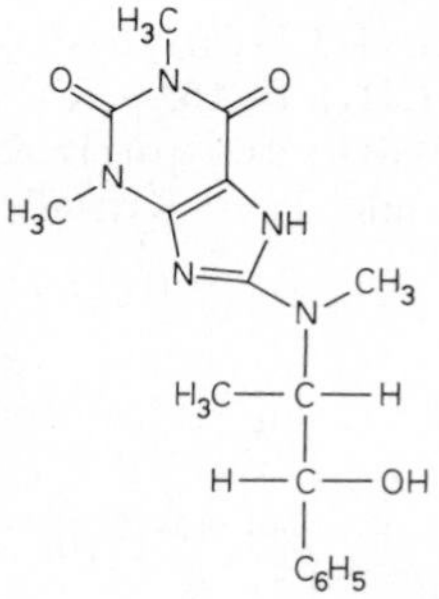

VI 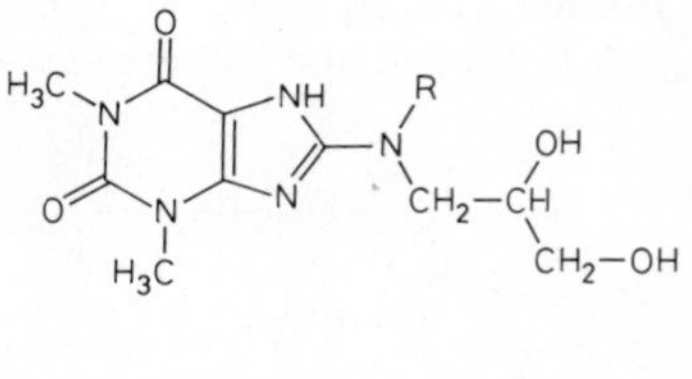 VII

(±)-8-[2,3-Dihydroxy-propylamino]-1,3-dimethyl-3,7-dihydro-purin-2,6-dion

$C_{10}H_{15}N_5O_4$, Formel VII (R = H) und Taut. Kristalle; F: 268 – 270°; λ_{max} (A.): 215 nm und 294 nm (*Sa. et al.*).

(±)-8-[(2,3-Dihydroxy-propyl)-methyl-amino]-1,3-dimethyl-3,7-dihydro-purin-2,6-dion $C_{11}H_{17}N_5O_4$, Formel VII (R = CH_3) und Taut. Kristalle; F: 219 – 221°; λ_{max} (A.): 219 nm und 298 nm (*Sa. et al.*).

(±)-3*endo*-Benzhydryloxy-8*anti*(?)-[1,3-dimethyl-2,6-dioxo-2,3,6,7-tetrahydro-1*H*-purin-8-yl]-6*exo*-methoxy-8*syn*(?)-methyl-nortropanium $[C_{29}H_{34}N_5O_4]^+$, vermutlich Formel VIII und Taut.

Bezüglich der Konfiguration am Tropan-N-Atom s. *Fodor et al.*, Am. Soc. **93** [1971] 403; *de la Camp et al.*, J. org. Chem. **37** [1972] 324.

Chlorid. *B.* Beim Erwärmen von 8-Chlor-1,3-dimethyl-3,7-dihydro-purin-2,6-dion mit (±)-3*endo*-Benzhydryloxy-6*exo*-methoxy-tropan in Benzol (*Jucker, Lindenmann*, Helv. **42** [1959] 2451, 2456). – Kristalle (aus Me. + Ae.); F: 195 – 197° [Zers.].

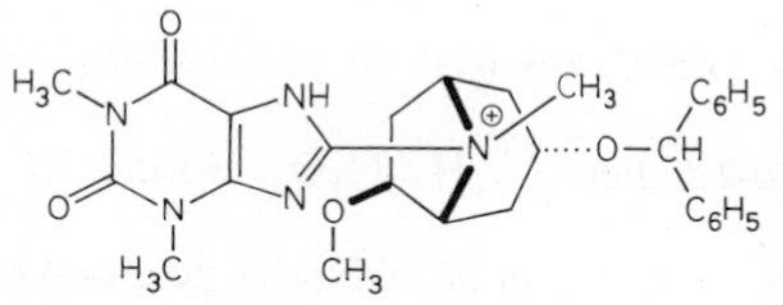

VIII

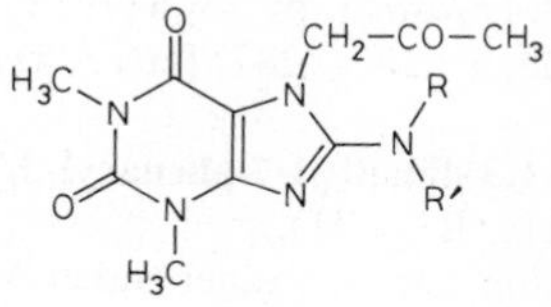

IX

7-Acetonyl-1,3-dimethyl-8-methylamino-3,7-dihydro-purin-2,6-dion $C_{11}H_{15}N_5O_3$, Formel IX (R = CH_3, R′ = H).

B. Aus 7-Acetonyl-8-chlor-1,3-dimethyl-3,7-dihydro-purin-2,6-dion und Methylamin (*Klosa*, J. pr. [4] **6** [1958] 182, 183, 184).

Kristalle (aus A.); F: 252 – 254°.

Die folgenden Verbindungen sind in analoger Weise hergestellt worden:

7-Acetonyl-8-diäthylamino-1,3-dimethyl-3,7-dihydro-purin-2,6-dion $C_{14}H_{21}N_5O_3$, Formel IX (R = R′ = C_2H_5). Kristalle (aus A.); F: 186 – 188°.

7-Acetonyl-8-isopropylamino-1,3-dimethyl-3,7-dihydro-purin-2,6-dion $C_{13}H_{19}N_5O_3$, Formel IX (R = $CH(CH_3)_2$, R′ = H). Kristalle (aus A.); F: 199 – 201°.

7-Acetonyl-8-butylamino-1,3-dimethyl-3,7-dihydro-purin-2,6-dion $C_{14}H_{21}N_5O_3$, Formel IX (R = $[CH_2]_3$-CH_3, R′ = H). Kristalle (aus A.); F: 190 – 192°.

7-Acetonyl-8-dibutylamino-1,3-dimethyl-3,7-dihydro-purin-2,6-dion $C_{18}H_{29}N_5O_3$, Formel IX (R = R′ = $[CH_2]_3$-CH_3). Kristalle (aus A.); F: 181 – 183°.

7-Acetonyl-8-isopentylamino-1,3-dimethyl-3,7-dihydro-purin-2,6-dion $C_{15}H_{23}N_5O_3$, Formel IX (R = CH_2-CH_2-$CH(CH_3)_2$, R′ = H). Kristalle (aus A.); F: 178 – 180°.

7-Acetonyl-8-cyclohexylamino-1,3-dimethyl-3,7-dihydro-purin-2,6-dion $C_{16}H_{23}N_5O_3$, Formel IX (R = C_6H_{11}, R′ = H). Kristalle (aus A.); F: 246 – 248°.

7-Acetonyl-8-dicyclohexylamino-1,3-dimethyl-3,7-dihydro-purin-2,6-dion $C_{22}H_{33}N_5O_3$, Formel IX (R = R′ = C_6H_{11}). Kristalle (aus A.); F: 194 – 196°.

7-Acetonyl-8-anilino-1,3-dimethyl-3,7-dihydro-purin-2,6-dion $C_{16}H_{17}N_5O_3$, Formel IX (R = C_6H_5, R′ = H). Kristalle (aus A.); F: 268 – 270°.

7-Acetonyl-8-benzylamino-1,3-dimethyl-3,7-dihydro-purin-2,6-dion $C_{17}H_{19}N_5O_3$, Formel IX (R = CH_2-C_6H_5, R′ = H). Kristalle (aus A.); F: 218 – 220°.

7-Acetonyl-8-dibenzylamino-1,3-dimethyl-3,7-dihydro-purin-2,6-dion $C_{24}H_{25}N_5O_3$, Formel IX (R = R′ = CH_2-C_6H_5). Kristalle (aus A.); F: 219 – 221°. – Phenylhydrazon $C_{30}H_{31}N_7O_2$; 8-Dibenzylamino-1,3-dimethyl-7-[2-phenylhydrazono-propyl]-3,7-dihydro-purin-2,6-dion. F: 235 – 237°.

7-Acetonyl-8-[äthyl-[1]naphthyl-amino]-1,3-dimethyl-3,7-dihydro-purin-2,6-dion $C_{22}H_{23}N_5O_3$, Formel IX (R = $C_{10}H_7$, R′ = C_2H_5). Kristalle (aus A.); F: 228 – 230° [nach Sintern bei 200°].

7-Acetonyl-1,3-dimethyl-8-piperidino-3,7-dihydro-purin-2,6-dion $C_{15}H_{21}N_5O_3$, Formel X (R = CH_3). Kristalle (aus A.); F: 148–150°. – Phenylhydrazon $C_{21}H_{27}N_7O_2$; 1,3-Dimethyl-7-[2-phenylhydrazono-propyl]-8-piperidino-3,7-dihydro-purin-2,6-dion. Kristalle (aus A.); F: 205–207°.

7-Acetonyl-1,3-dimethyl-8-*p*-phenetidino-3,7-dihydro-purin-2,6-dion $C_{18}H_{21}N_5O_4$, Formel IX (R = C_6H_4-O-C_2H_5, R′ = H). Kristalle (aus A.); F: 310–312°.

8-Isopropylamino-1,3-dimethyl-7-phenacyl-3,7-dihydro-purin-2,6-dion $C_{18}H_{21}N_5O_3$, Formel XI (R = $CH(CH_3)_2$, R′ = H). Kristalle (aus A.); F: 203–205°.

8-Butylamino-1,3-dimethyl-7-phenacyl-3,7-dihydro-purin-2,6-dion $C_{19}H_{23}N_5O_3$, Formel XI (R = $[CH_2]_3$-CH_3, R′ = H).

B. Beim Erwärmen der Kalium-Verbindung des 8-Butylamino-1,3-dimethyl-3,7-dihydro-purin-2,6-dions mit Phenacylbromid in Methanol (*Tkatschenko et al.,* Chimija geterocikl. Soedin. **1971** 682, 683, 684; engl. Ausg. S. 641, 642, 643). Aus 8-Chlor-1,3-dimethyl-7-phenacyl-3,7-dihydro-purin-2,6-dion oder 8-Brom-1,3-dimethyl-7-phenacyl-3,7-dihydro-purin-2,6-dion und Butylamin (*Klosa,* J. pr. [4] **6** [1958] 182, 185, 186).

Kristalle; F: 285–287° [aus A.] (*Kl.*), 186–190° [Zers.; aus wss. Me.] (*Tk. et al.*).

8-Anilino-1,3-dimethyl-7-phenacyl-3,7-dihydro-purin-2,6-dion $C_{21}H_{19}N_5O_3$, Formel XI (R = C_6H_5, R′ = H).

B. Analog der vorangehenden Verbindung (*Tkatschenko et al.,* Chimija geterocikl. Soedin. **1971** 682, 683, 684; engl. Ausg. S. 641, 642, 643; *Klosa,* J. pr. [4] **6** [1958] 182, 185, 186).

Kristalle; F: 246–248° [aus A.] (*Kl.*), 227–230° [Zers.; aus Dioxan] (*Tk. et al.*).

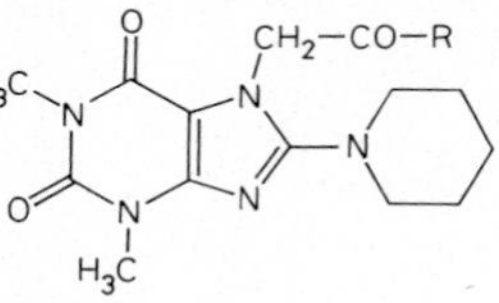

X 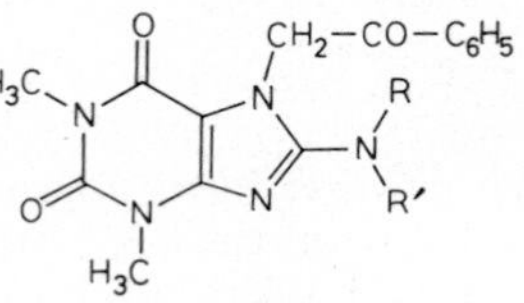 XI 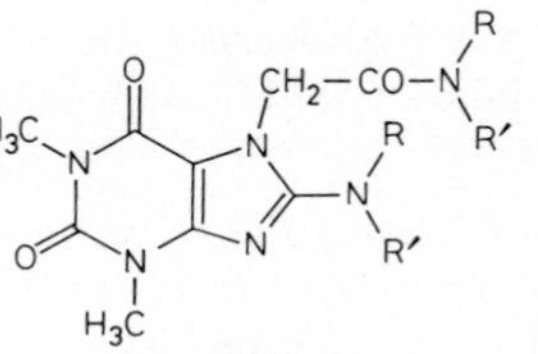 XII

8-Dibutylamino-1,3-dimethyl-7-phenacyl-3,7-dihydro-purin-2,6-dion $C_{23}H_{31}N_5O_3$, Formel XI (R = R′ = $[CH_2]_3$-CH_3).

B. Aus 8-Chlor-1,3-dimethyl-7-phenacyl-3,7-dihydro-purin-2,6-dion oder 8-Brom-1,3-dimethyl-7-phenacyl-3,7-dihydro-purin-2,6-dion und Dibutylamin (*Klosa,* J. pr. [4] **6** [1958] 182, 185).

Kristalle (aus A.); F: 284–286°.

Die folgenden Verbindungen sind in analoger Weise hergestellt worden:

8-Cyclohexylamino-1,3-dimethyl-7-phenacyl-3,7-dihydro-purin-2,6-dion $C_{21}H_{25}N_5O_3$, Formel XI (R = C_6H_{11}, R′ = H). Kristalle (aus A.); F: 284–286°.

8-Dicyclohexylamino-1,3-dimethyl-7-phenacyl-3,7-dihydro-purin-2,6-dion $C_{27}H_{35}N_5O_3$, Formel XI (R = R′ = C_6H_{11}). Kristalle (aus A.); F: 278–280°.

8-Benzylamino-1,3-dimethyl-7-phenacyl-3,7-dihydro-purin-2,6-dion $C_{22}H_{21}N_5O_3$, Formel XI (R = CH_2-C_6H_5, R′ = H). Kristalle (aus A.); F: 145–147°.

8-Dibenzylamino-1,3-dimethyl-7-phenacyl-3,7-dihydro-purin-2,6-dion $C_{29}H_{27}N_5O_3$, Formel XI (R = R′ = CH_2-C_6H_5). Kristalle (aus A.); F: 205°.

8-[Äthyl-[1]naphthyl-amino]-1,3-dimethyl-7-phenacyl-3,7-dihydro-purin-2,6-dion $C_{27}H_{25}N_5O_3$, Formel XI (R = $C_{10}H_7$, R′ = C_2H_5). Kristalle (aus A.); F: 278–280°.

1,3-Dimethyl-7-phenacyl-8-piperidino-3,7-dihydro-purin-2,6-dion $C_{20}H_{23}N_5O_3$, Formel X (R = C_6H_5). Kristalle (aus A.); F: 222–224°.

1,3-Dimethyl-7-phenacyl-8-*p*-phenetidino-3,7-dihydro-purin-2,6-dion $C_{23}H_{23}N_5O_4$, Formel XI (R = C_6H_4-O-C_2H_5, R′ = H). Kristalle (aus A.); F: 250–252° [nach Braunfärbung ab 200°].

[1,3-Dimethyl-8-methylamino-2,6-dioxo-1,2,3,6-tetrahydro-purin-7-yl]-essigsäure-methylamid $C_{11}H_{16}N_6O_3$, Formel XII (R = CH_3, R′ = H).

B. Beim Erhitzen von [8-Brom-1,3-dimethyl-2,6-dioxo-1,2,3,6-tetrahydro-purin-7-yl]-essigsäure-äthylester mit Methylamin in Äthanol (*Cacace et al.*, Ann. Chimica **46** [1956] 99, 102, 104).

Kristalle; F: 303–304° [unkorr.; Zers.].

Die folgenden Verbindungen sind in analoger Weise hergestellt worden:

[8-Dimethylamino-1,3-dimethyl-2,6-dioxo-1,2,3,6-tetrahydro-purin-7-yl]-essigsäure-dimethylamid $C_{13}H_{20}N_6O_3$, Formel XII (R = R′ = CH_3). Kristalle; F: 144–145° [unkorr.].

[8-Äthylamino-1,3-dimethyl-2,6-dioxo-1,2,3,6-tetrahydro-purin-7-yl]-essigsäure-äthylamid $C_{13}H_{20}N_6O_3$, Formel XII (R = C_2H_5, R′ = H). Kristalle; F: 255–255,5° [unkorr.; Zers.].

[8-Diäthylamino-1,3-dimethyl-2,6-dioxo-1,2,3,6-tetrahydro-purin-7-yl]-essigsäure-diäthylamid $C_{17}H_{28}N_6O_3$, Formel XII (R = R′ = C_2H_5). Kristalle; F: 106–107° [unkorr.].

[8-Butylamino-1,3-dimethyl-2,6-dioxo-1,2,3,6-tetrahydro-purin-7-yl]-essigsäure-butylamid $C_{17}H_{28}N_6O_3$, Formel XII (R = $[CH_2]_3$-CH_3, R′ = H). Kristalle; F: 225,5–226° [unkorr.].

[8-Allylamino-1,3-dimethyl-2,6-dioxo-1,2,3,6-tetrahydro-purin-7-yl]-essigsäure-allylamid $C_{15}H_{20}N_6O_3$, Formel XII (R = CH_2-CH=CH_2, R′ = H). Kristalle; F: 233–233,5° [unkorr.].

[8-Benzylamino-1,3-dimethyl-2,6-dioxo-1,2,3,6-tetrahydro-purin-7-yl]-essigsäure-benzylamid $C_{23}H_{24}N_6O_3$, Formel XII (R = CH_2-C_6H_5, R′ = H). Kristalle; F: 213–214° [unkorr.].

[8-(2-Hydroxy-äthylamino)-1,3-dimethyl-2,6-dioxo-1,2,3,6-tetrahydro-purin-7-yl]-essigsäure-[2-hydroxy-äthylamid] $C_{13}H_{20}N_6O_5$, Formel XII (R = CH_2-CH_2-OH, R′ = H). Kristalle; F: 252–253° [unkorr.; Zers.].

[8-(3-Hydroxy-propylamino)-1,3-dimethyl-2,6-dioxo-1,2,3,6-tetrahydro-purin-7-yl]-essigsäure-[3-hydroxy-propylamid] $C_{15}H_{24}N_6O_5$, Formel XII (R = $[CH_2]_3$-OH, R′ = H). Kristalle; F: 216° [unkorr.; Zers.].

*Opt.-inakt. [8-(1-Hydroxymethyl-propylamino)-1,3-dimethyl-2,6-dioxo-1,2,3,6-tetrahydro-purin-7-yl]-essigsäure-[1-hydroxymethyl-propylamid] $C_{17}H_{28}N_6O_5$, Formel XII (R = CH(C_2H_5)-CH_2-OH, R′ = H). Kristalle; F: 215,5–216,5° [unkorr.; Zers.].

8-[2-Dimethylamino-äthylamino]-1,3-dimethyl-3,7-dihydro-purin-2,6-dion $C_{11}H_{18}N_6O_2$, Formel XIII (R = CH_3, R′ = H) und Taut.

Verbindung mit 8-Chlor-1,3-dimethyl-3,7-dihydro-purin-2,6-dion $C_{11}H_{18}N_6O_2 \cdot C_7H_7ClN_4O_2$. *B.* Beim Erhitzen von 8-Chlor-1,3-dimethyl-3,7-dihydro-purin-2,6-dion mit *N,N*-Dimethyl-äthylendiamin in Äthanol (*Burckhalter, Dill,* J. Am. pharm. Assoc. **48** [1959] 190, 193). – Kristalle (aus A.); F: 243–244°.

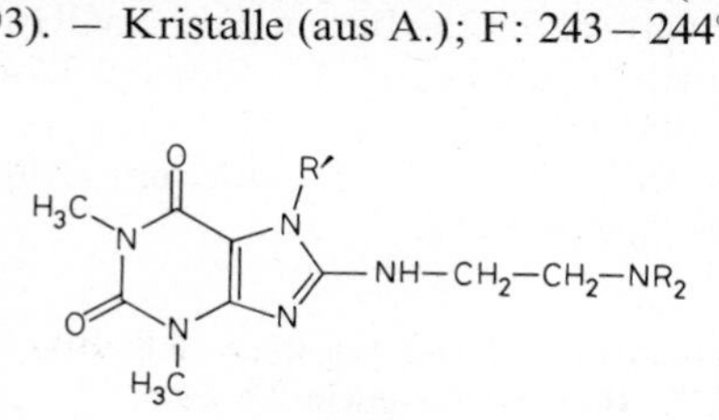

XIII 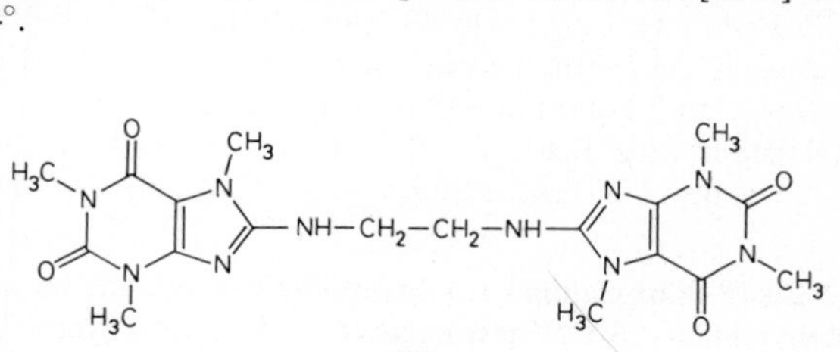 XIV

8-[2-Diäthylamino-äthylamino]-1,3-dimethyl-3,7-dihydro-purin-2,6-dion $C_{13}H_{22}N_6O_2$, Formel XIII (R = C_2H_5, R′ = H) und Taut.

Hydrochlorid $C_{13}H_{22}N_6O_2 \cdot HCl$. *B.* Beim Erhitzen von 8-Chlor-1,3-dimethyl-3,7-dihydro-purin-2,6-dion mit *N,N*-Diäthyl-äthylendiamin in Äthanol (*Burckhalter, Dill,* J. Am. pharm. Assoc. **48** [1959] 190, 193). – Kristalle (aus A.); F: 162°.

Die folgenden Verbindungen sind in analoger Weise hergestellt worden:

8-[2-Dimethylamino-äthylamino]-1,3,7-trimethyl-3,7-dihydro-purin-2,6-dion $C_{12}H_{20}N_6O_2$, Formel XIII (R = R′ = CH_3). Kristalle (aus A.); F: 205° (*Bu., Dill,* l. c. S. 191, 192). – Hydrochlorid $C_{12}H_{20}N_6O_2 \cdot HCl$. Kristalle (aus A.); F: 289°. – Methojodid $[C_{13}H_{23}N_6O_2]I$; Trimethyl-[2-(1,3,7-trimethyl-2,6-dioxo-1,2,3,6-tetrahydro-purin-7-ylamino)-äthyl]-ammonium-jodid. Kristalle (aus Me. oder wss. Me.); F: 285°. – 4-Chlor-benzylochlorid $[C_{19}H_{26}ClN_6O_2]Cl$; [4-Chlor-benzyl]-dimethyl-[2-(1,3,7-trimethyl-2,6-dioxo-1,2,3,6-tetrahydro-purin-7-ylamino)-äthyl]-ammonium-chlorid. Hygroskopische Kristalle (aus A.) mit 2 Mol H_2O; F: 236°.

8-[2-Diäthylamino-äthylamino]-1,3,7-trimethyl-3,7-dihydro-purin-2,6-dion $C_{14}H_{24}N_6O_2$, Formel XIII (R = C_2H_5, R′ = CH_3). Kristalle (aus A.); F: 186° (*Bu., Dill,* l. c. S. 191, 192). – Hydrochlorid $C_{14}H_{24}N_6O_2 \cdot HCl$. Kristalle (aus A.); F: 270°. – Äthojodid $[C_{16}H_{29}N_6O_2]I$; Triäthyl-[2-(1,3,7-trimethyl-2,6-dioxo-1,2,3,6-tetrahydro-purin-7-ylamino)-äthyl]-ammonium-jodid. Kristalle (aus wss. A.); F: 264°.

N,N′-Bis-[1,3,7-trimethyl-2,6-dioxo-1,2,3,6-tetrahydro-purin-7-yl]-äthylendiamin, 1,3,7,1′,3′,7′-Hexamethyl-3,7,3′,7′-tetrahydro-8,8′-äthandiyldiamino-bis-purin-2,6-dion $C_{18}H_{24}N_{10}O_4$, Formel XIV. Kristalle (aus DMF); F: >360°.

8-Diäthylamino-7-[2-diäthylamino-äthyl]-1,3-dimethyl-3,7-dihydro-purin-2,6-dion $C_{17}H_{30}N_6O_2$, Formel I.

B. Beim Erhitzen von 7-[2-Brom-äthyl]-8-chlor-1,3-dimethyl-3,7-dihydro-purin-2,6-dion oder 7-[2-Chlor-äthyl]-8-diäthylamino-1,3-dimethyl-3,7-dihydro-purin-2,6-dion mit Diäthylamin in Benzol (*Damiens, Delaby,* Bl. **1955** 888, 893).

Kristalle (aus A.); F: 197°.

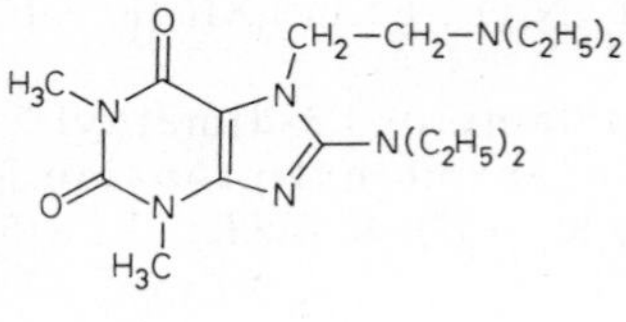

I

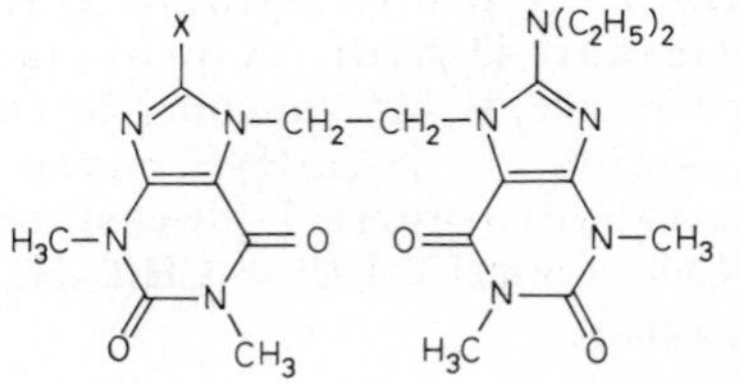

II

1-[8-Chlor-1,3-dimethyl-2,6-dioxo-1,2,3,6-tetrahydro-purin-7-yl]-2-[8-diäthylamino-1,3-dimethyl-2,6-dioxo-1,2,3,6-tetrahydro-purin-7-yl]-äthan, 8-Chlor-8′-diäthylamino-1,3,1′,3′-tetramethyl-3,7,3′,7′-tetrahydro-7,7′-äthandiyl-bis-purin-2,6-dion $C_{20}H_{26}ClN_9O_4$, Formel II (X = Cl).

B. Beim Erwärmen von 8-Chlor-1,3-dimethyl-3,7-dihydro-purin-2,6-dion in wss. NaOH mit Diäthyl-[2-chlor-äthyl]-amin oder mit 7-[2-Chlor-äthyl]-8-diäthylamino-1,3-dimethyl-3,7-dihydro-purin-2,6-dion in Äthanol (*Damiens, Delaby,* Bl. **1955** 888, 893).

Kristalle (aus Bzl.); F: 212° [nach Sublimation bei 180°/0,01 Torr]. IR-Spektrum (Nujol; 2–16 μ) und UV-Spektrum (A.; 210–310 nm): *Da., De.,* l. c. S. 891.

1,2-Bis-[8-diäthylamino-1,3-dimethyl-2,6-dioxo-1,2,3,6-tetrahydro-purin-7-yl]-äthan, 8,8′-Bis-diäthylamino-1,3,1′,3′-tetramethyl-3,7,3′,7′-tetrahydro-7,7′-äthandiyl-bis-purin-2,6-dion $C_{24}H_{36}N_{10}O_4$, Formel II (X = $N(C_2H_5)_2$).

B. Beim Erhitzen von 1,2-Bis-[8-chlor-1,3-dimethyl-2,6-dioxo-1,2,3,6-tetrahydro-purin-7-yl]-äthan oder der vorangehenden Verbindung mit Diäthylamin in Benzol (*Damiens, Delaby,* Bl. **1955** 888, 893).

Kristalle (aus Bzl.); F: 209°.

1-Allyl-8-[2-amino-äthylamino]-3,7-dimethyl-3,7-dihydro-purin-2,6-dion $C_{12}H_{18}N_6O_2$, Formel III.

B. Beim Erhitzen von 1-Allyl-8-chlor-3,7-dimethyl-3,7-dihydro-purin-2,6-dion mit Äthylendiamin in H_2O (*Cassella,* D.B.P. 1005517 [1955]).

Kristalle (aus Isobutylalkohol); F: 217–218°.

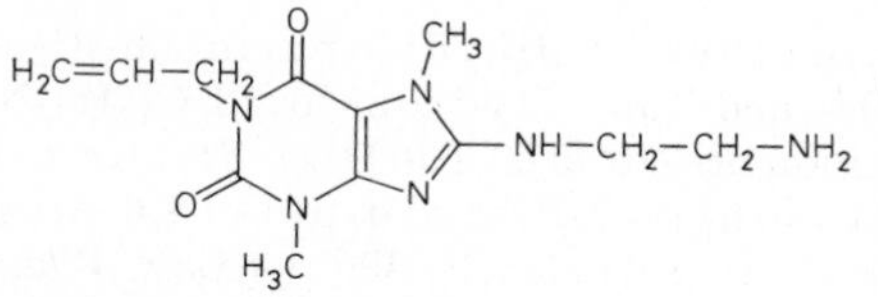

III 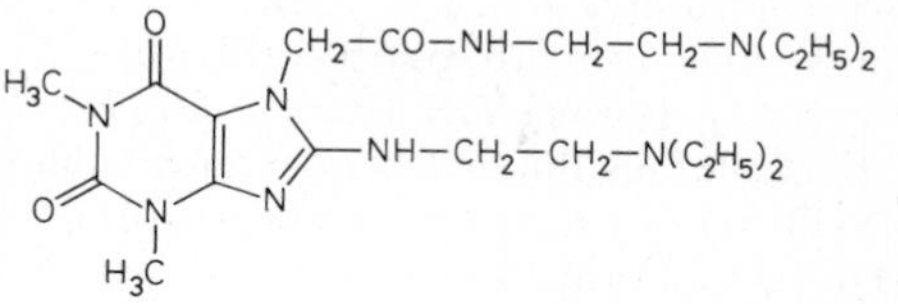 IV

[8-(2-Diäthylamino-äthylamino)-1,3-dimethyl-2,6-dioxo-1,2,3,6-tetrahydro-purin-7-yl]-essigsäure-[2-diäthylamino-äthylamid] $C_{21}H_{38}N_8O_3$, Formel IV.

B. Beim Erhitzen von [8-Brom-1,3-dimethyl-2,6-dioxo-1,2,3,6-tetrahydro-purin-7-yl]-essigsäure-äthylester mit *N,N*-Diäthyl-äthylendiamin in Äthanol (*Cacace et al.,* Ann. Chimica **46** [1956] 99, 102, 104).

Kristalle; F: 185–186° [unkorr.].

8-[*N*-(2-Dimethylamino-äthyl)-anilino]-1,3,7-trimethyl-3,7-dihydro-purin-2,6-dion $C_{18}H_{24}N_6O_2$, Formel V (R = C_6H_5).

B. Beim Erhitzen von 8-Anilino-1,3,7-trimethyl-3,7-dihydro-purin-2,6-dion mit $NaNH_2$ in DMF und anschliessend mit [2-Chlor-äthyl]-dimethyl-amin (*Ehrhart,* Ar. **290** [1957] 16, 19).

Kristalle (aus A.); F: 162°.

Hydrochlorid $C_{18}H_{24}N_6O_2 \cdot HCl$. F: 254–256°.

8-[Benzyl-(2-dimethylamino-äthyl)-amino]-1,3,7-trimethyl-3,7-dihydro-purin-2,6-dion $C_{19}H_{26}N_6O_2$, Formel V (R = CH_2-C_6H_5).

B. Analog der vorangehenden Verbindung (*Ehrhart,* Ar. **290** [1957] 16, 20).

F: 83° [aus Cyclohexan].

Hydrochlorid $C_{19}H_{26}N_6O_2 \cdot HCl$. F: 114–116° [aus Me. + Acn.].

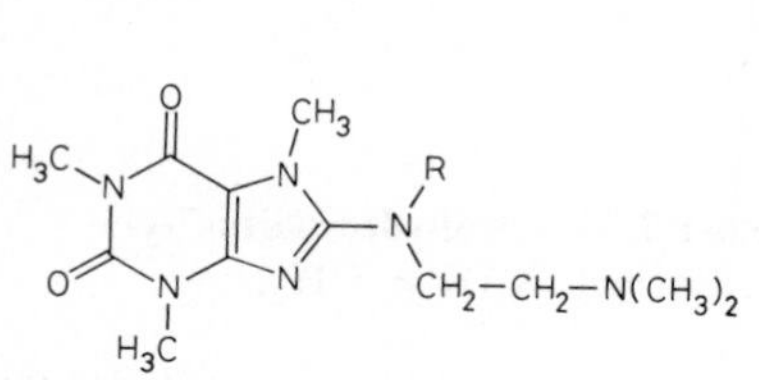

V 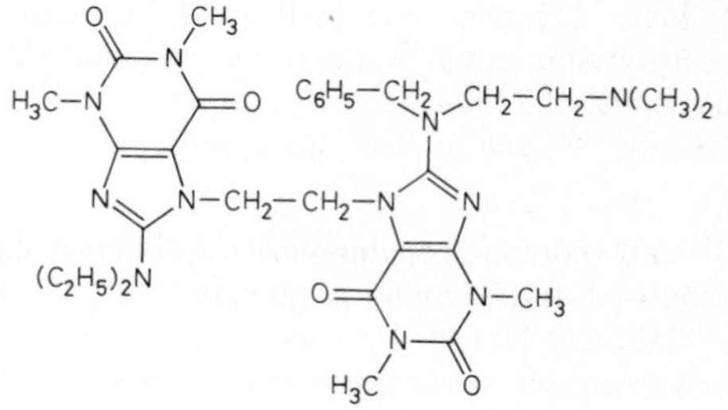 VI

1-{8-[Benzyl-(2-dimethylamino-äthyl)-amino]-1,3-dimethyl-2,6-dioxo-1,2,3,6-tetrahydro-purin-7-yl}-2-[8-diäthylamino-1,3-dimethyl-2,6-dioxo-1,2,3,6-tetrahydro-purin-7-yl]-äthan, 8-[Benzyl-(2-dimethylamino-äthyl)-amino]-8′-diäthylamino-1,3,1′,3′-tetramethyl-3,7,3′,7′-tetrahydro-7,7′-äthandiyl-bis-purin-2,6-dion $C_{31}H_{43}N_{11}O_4$, Formel VI.

B. Beim Erhitzen von 1-[8-Chlor-1,3-dimethyl-2,6-dioxo-1,2,3,6-tetrahydro-purin-7-yl]-2-[8-diäthylamino-1,3-dimethyl-2,6-dioxo-1,2,3,6-tetrahydro-purin-7-yl]-äthan mit *N′*-Benzyl-*N,N*-dimethyl-äthylendiamin in Äthanol oder Benzol auf 180–200° (*Damiens, Delaby,* Bl. **1955** 888, 895).

Kristalle (aus Isopropylalkohol), die sich bei 180°/0,01 Torr zersetzen (*Da., De.*).

Die folgenden Verbindungen sind in analoger Weise hergestellt worden:

1,3-Dimethyl-8-[4-methyl-piperazino]-3,7-dihydro-purin-2,6-dion $C_{12}H_{18}N_6O_2$, Formel VII (R = H) und Taut. Kristalle (aus Dioxan); F: 275–276° (*Burckhalter, Dill,* J. Am. pharm. Assoc. **48** [1959] 190, 193).

1,3,7-Trimethyl-8-[4-methyl-piperazino]-3,7-dihydro-purin-2,6-dion $C_{13}H_{20}N_6O_2$, Formel VII (R = CH_3). Hydrochlorid $C_{13}H_{20}N_6O_2 \cdot HCl$. Kristalle (aus A.); F: 344° (*Bu., Dill,* l. c. S. 191, 192).

8-[3-Diäthylamino-propylamino]-1,3-dimethyl-3,7-dihydro-purin-2,6-dion $C_{14}H_{24}N_6O_2$, Formel VIII (R = C_2H_5, R′ = H) und Taut. Hydrochlorid $C_{14}H_{24}N_6O_2 \cdot HCl$. Kristalle [aus Butan-1-ol oder nach Sublimation bei 210°/0,02 Torr] (*Da., De.,* l. c. S. 894).

8-[3-Diäthylamino-propylamino]-3,7-dimethyl-3,7-dihydro-purin-2,6-dion $C_{14}H_{24}N_6O_2$, Formel IX (R = H, R′ = CH_3, n = 3). Kristalle; F: 306° (*Adams, Whitmore,* Am. Soc. **67** [1945] 1271). – Picrat. Rote Kristalle (aus A.); F: 210–211° (*Ad., Wh.*).

8-[3-Dimethylamino-propylamino]-1,3,7-trimethyl-3,7-dihydro-purin-2,6-dion $C_{13}H_{22}N_6O_2$, Formel VIII (R = R′ = CH_3). Kristalle (aus A.+PAe.) mit 1 Mol H_2O; F: 178° (*Bu., Dill,* l. c. S. 191, 192). – Methojodid $[C_{14}H_{25}N_6O_2]I$; Trimethyl-[3-(1,3,7-trimethyl-2,6-dioxo-2,3,6,7-tetrahydro-1*H*-purin-8-ylamino)-propyl]-ammonium-jodid. Kristalle (aus Me.); F: 279° (*Bu., Dill,* l. c. S. 191).

8-[3-Diäthylamino-propylamino]-1,3,7-trimethyl-3,7-dihydro-purin-2,6-dion $C_{15}H_{26}N_6O_2$, Formel IX (R = R′ = CH_3, n = 3). Hydrochlorid $C_{15}H_{26}N_6O_2 \cdot HCl$. F: 229–231° (*Ad., Wh.*).

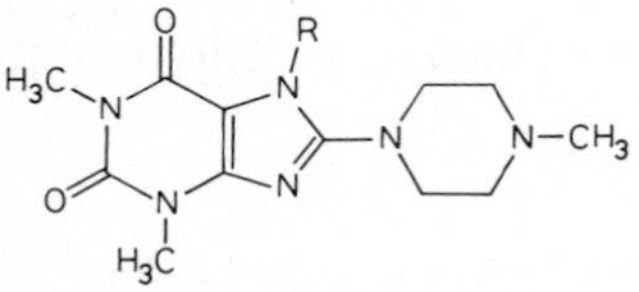

VII 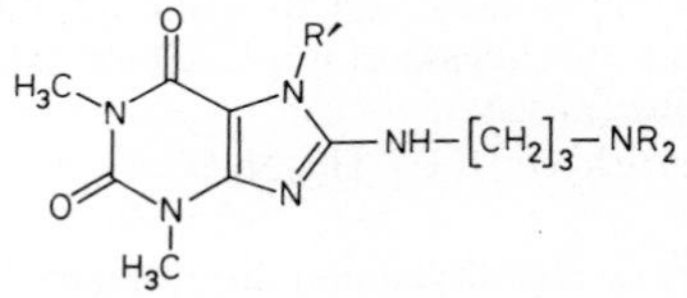 VIII

[8-(3-Dimethylamino-propylamino)-1,3-dimethyl-2,6-dioxo-1,2,3,6-tetrahydro-purin-7-yl]-essigsäure-[3-dimethylamino-propylamid] $C_{19}H_{34}N_8O_3$, Formel VIII (R = CH_3, R′ = CH_2-CO-NH-$[CH_2]_3$-$N(CH_3)_2$).

B. Beim Erhitzen von [8-Brom-1,3-dimethyl-2,6-dioxo-1,2,3,6-tetrahydro-purin-7-yl]-essigsäure-äthylester mit *N,N*-Dimethyl-propandiyldiamin in Äthanol (*Cacace et al.,* Ann. Chimica **46** [1956] 99, 102, 104).

Kristalle; F: 168,5–169° [unkorr.].

[8-(3-Diäthylamino-propylamino)-1,3-dimethyl-2,6-dioxo-1,2,3,6-tetrahydro-purin-7-yl]-essigsäure-[3-diäthylamino-propylamid] $C_{23}H_{42}N_8O_3$, Formel IX (R = CH_3, R′ = CH_2-CO-NH-$[CH_2]_3$-$N(C_2H_5)_2$, n = 3).

B. Analog der vorangehenden Verbindung (*Cacace et al.,* Ann. Chimica **46** [1956] 99, 102, 104).

Kristalle; F: 165° [unkorr.].

1-[8-Diäthylamino-1,3-dimethyl-2,6-dioxo-1,2,3,6-tetrahydro-purin-7-yl]-2-[8-(3-dimethylamino-propylamino)-1,3-dimethyl-2,6-dioxo-1,2,3,6-tetrahydro-purin-7-yl]-äthan, 8-Diäthylamino-8′-[3-dimethylamino-propylamino]-1,3,1′,3′-tetramethyl-3,7,3′,7′-tetrahydro-7,7′-äthandiyl-bis-purin-2,6-dion $C_{25}H_{39}N_{11}O_4$, Formel X (R = CH_3).

B. Beim Erhitzen von 1-[8-Chlor-1,3-dimethyl-2,6-dioxo-1,2,3,6-tetrahydro-purin-7-yl]-2-[8-diäthylamino-1,3-dimethyl-2,6-dioxo-1,2,3,6-tetrahydro-purin-7-yl]-äthan mit *N,N*-Dimethyl-propandiyldiamin in Äthanol oder Benzol (*Damiens, Delaby,* Bl. **1955** 888, 894).

Kristalle (aus Bzl.); F: 250°.

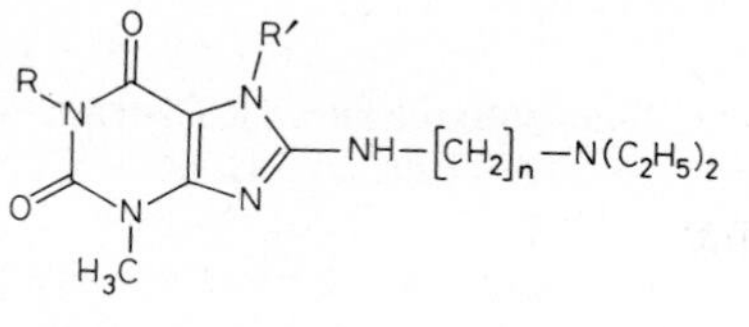

IX 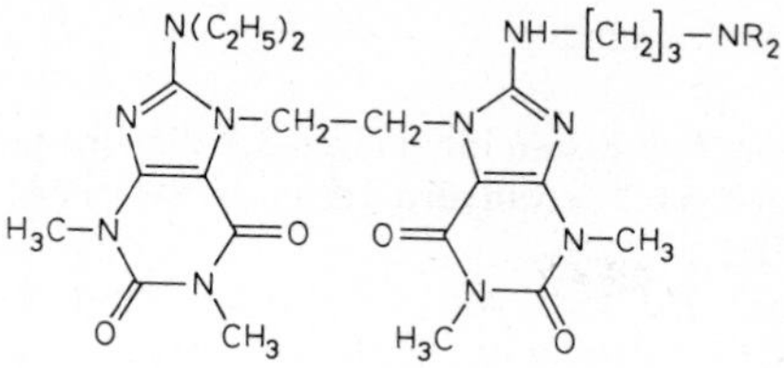 X

1-[8-Diäthylamino-1,3-dimethyl-2,6-dioxo-1,2,3,6-tetrahydro-purin-7-yl]-2-[8-(3-diäthylamino-propylamino)-1,3-dimethyl-2,6-dioxo-1,2,3,6-tetrahydro-purin-7-yl]-äthan, 8-Diäthylamino-8′-[3-diäthylamino-propylamino]-1,3,1′,3′-tetramethyl-3,7,3′,7′-tetrahydro-7,7′-äthandiyl-bis-purin-2,6-dion $C_{27}H_{43}N_{11}O_4$, Formel X (R = C_2H_5).

B. Analog der vorangehenden Verbindung (*Damiens, Delaby,* Bl. **1955** 888, 894).

Kristalle (aus A.); F: 234°.

Hydrochlorid $C_{27}H_{43}N_{11}O_4 \cdot HCl$.

8-[6-Diäthylamino-hexylamino]-1,3,7-trimethyl-3,7-dihydro-purin-2,6-dion $C_{18}H_{32}N_6O_2$, Formel IX (R = R′ = CH_3, n = 6).

B. Beim Erhitzen von 8-Chlor-1,3,7-trimethyl-3,7-dihydro-purin-2,6-dion mit *N,N*-Diäthyl-hexandiyldiamin in Äthanol (*Burckhalter, Dill,* J. Am. pharm. Assoc. **48** [1959] 190, 193).

Kristalle (aus Toluol) mit 0,5 Mol H_2O; F: 182–183°.

Hydrochlorid $C_{18}H_{32}N_6O_2 \cdot HCl$. Kristalle (aus Isopropylalkohol); F: 236°.

Äthojodid $[C_{20}H_{37}N_6O_2]I$; Triäthyl-[6-(1,3,7-trimethyl-2,6-dioxo-2,3,6,7-tetra-hydro-1*H*-purin-8-yl)-hexyl]-ammonium-jodid. Kristalle (aus Isopropylalkohol) mit 1 Mol H_2O; F: 185°.

1,3,7-Trimethyl-8-[2]pyridylamino-3,7-dihydro-purin-2,6-dion $C_{13}H_{14}N_6O_2$, Formel XI (R = H).

B. Beim Erwärmen von [2]Pyridylamin mit $NaNH_2$ in Benzol und anschliessend mit 8-Brom-1,3,7-trimethyl-3,7-dihydro-purin-2,6-dion (*Ehrhart,* Ar. **290** [1957] 16, 20).

Gelbe Kristalle (aus A.); F: 234–235°.

8-[(2-Dimethylamino-äthyl)-[2]pyridyl-amino]-1,3,7-trimethyl-3,7-dihydro-purin-2,6-dion $C_{17}H_{23}N_7O_2$, Formel XI (R = CH_2-CH_2-$N(CH_3)_2$).

B. Beim Erhitzen der vorangehenden Verbindung mit $NaNH_2$ in DMF und anschliessend mit [2-Chlor-äthyl]-dimethyl-amin (*Ehrhart,* Ar. **290** [1957] 16, 20).

F: 209–211° [aus A.].

Hydrochlorid $C_{17}H_{23}N_7O_2 \cdot HCl$. F: 259°.

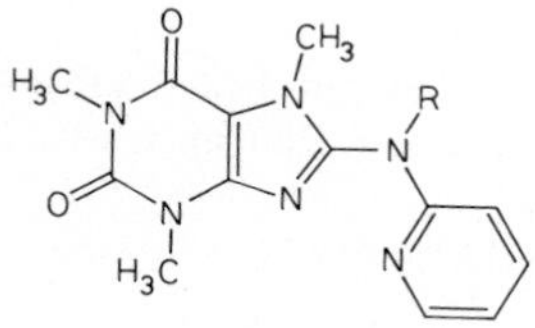

XI 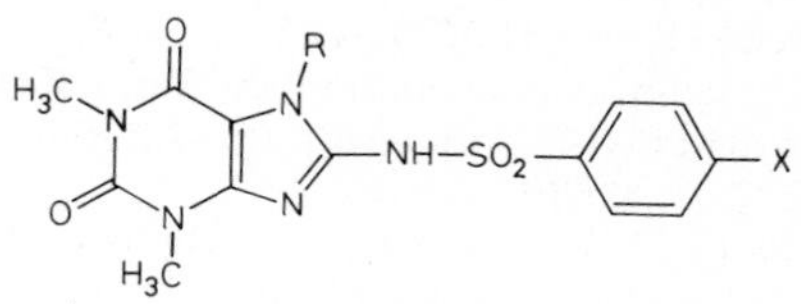 XII

1,3-Dimethyl-8-sulfanilylamino-3,7-dihydro-purin-2,6-dion, Sulfanilsäure-[1,3-dimethyl-2,6-dioxo-2,3,6,7-tetrahydro-1*H*-purin-8-ylamid] $C_{13}H_{14}N_6O_4S$, Formel XII (R = H, X = NH_2) und Taut.

B. Beim Erhitzen von 8-Amino-1,3-dimethyl-3,7-dihydro-purin-2,6-dion mit 4-Nitro-benzol-sulfonylchlorid und Pyridin und anschliessenden Hydrieren an Palladium in Äthanol (*C.F. Boehringer & Söhne,* D.B.P. 834995 [1951]; D.R.B.P. Org. Chem. 1950–1951 **3** 1374). Beim Erhitzen von 8-Amino-1,3-dimethyl-3,7-dihydro-purin-2,6-dion mit *N*-Acetyl-sulfanilylchlorid und Pyridin und anschliessenden Hydrolysieren (*C.F. Boehringer & Söhne*).

F: >320° [Zers.].

1,3,7-Trimethyl-8-sulfanilylamino-3,7-dihydro-purin-2,6-dion, Sulfanilsäure-[1,3,7-trimethyl-2,6-dioxo-2,3,6,7-tetrahydro-1*H*-purin-8-ylamid] $C_{14}H_{16}N_6O_4S$, Formel XII (R = CH_3, X = NH_2).

B. Beim Erhitzen von 8-Brom-1,3,7-trimethyl-3,7-dihydro-purin-2,6-dion mit Sulfanilamid und K_2CO_3 (*Tani et al.*, J. pharm. Soc. Japan **72** [1952] 450; C. A. **1953** 1628). Beim Erhitzen von 8-Chlor-1,3,7-trimethyl-3,7-dihydro-purin-2,6-dion oder 8-Brom-1,3,7-trimethyl-3,7-dihydro-purin-2,6-dion mit der Natrium-Verbindung des Sulfanilamids (*Tani et al.*). Beim Behandeln von 8-Amino-1,3,7-trimethyl-3,7-dihydro-purin-2,6-dion mit 4-Nitro-benzolsulfonylchlorid und wss. NaOH in Aceton und anschliessenden Reduzieren (*C.F. Boehringer & Söhne*, D.B.P. 834995 [1951]; D.R.B.P. Org. Chem. 1950–1951 **3** 1374).

Kristalle (aus wss. Me.); F: 263° [Zers.; evakuierte Kapillare] (*Tani et al.*). UV-Spektrum (wss. Lösung; 210–330 nm): *Satoda et al.*, Japan. J. Pharm. Chem. **28** [1956] 621, 625, 627; C. A. **1957** 16494.

***N*-Acetyl-sulfanilsäure-[1,3,7-trimethyl-2,6-dioxo-2,3,6,7-tetrahydro-1*H*-purin-8-ylamid], Essigsäure-[4-(1,3,7-trimethyl-2,6-dioxo-2,3,6,7-tetrahydro-1*H*-purin-8-ylsulfamoyl)-anilid]** $C_{16}H_{18}N_6O_5S$, Formel XII (R = CH_3, X = NH-CO-CH_3).

B. Beim Erhitzen von 8-Chlor-1,3,7-trimethyl-3,7-dihydro-purin-2,6-dion mit *N*-Acetyl-sulfanilsäure-amid und K_2CO_3 (*Tani et al.*, J. pharm. Soc. Japan **72** [1952] 450; C. A. **1953** 1628).

Kristalle (aus H_2O) mit 1 Mol H_2O; F: 252° [Zers.; evakuierte Kapillare].

4-Aminomethyl-benzolsulfonsäure-[1,3,7-trimethyl-2,6-dioxo-2,3,6,7-tetrahydro-1*H*-purin-8-ylamid] $C_{15}H_{18}N_6O_4S$, Formel XII (R = CH_3, X = CH_2-NH_2).

B. Beim Erhitzen der folgenden Verbindung mit wss. HCl (*Satoda et al.*, Japan. J. Pharm. Chem. **28** [1956] 621, 632; C. A. **1957** 16494).

Kristalle (aus wss. HCl+wss. NH_3); F: 305° [Zers.] (unreines Präparat?). UV-Spektrum (wss. Lösung; 210–320 nm): *Sa. et al.*, l. c. S. 626, 627.

4-[Acetylamino-methyl]-benzolsulfonsäure-[1,3,7-trimethyl-2,6-dioxo-2,3,6,7-tetrahydro-1*H*-purin-8-ylamid] $C_{17}H_{20}N_6O_5S$, Formel XII (R = H, X = CH_2-NH-CO-CH_3).

B. Beim Erhitzen von 8-Chlor-1,3,7-trimethyl-3,7-dihydro-purin-2,6-dion mit 4-[Acetylamino-methyl]-benzolsulfonsäure-amid und K_2CO_3 (*Satoda et al.*, Japan. J. Pharm. Chem. **28** [1956] 621, 631; C. A. **1957** 16494).

Kristalle (aus wss. A.); F: 266° [Zers.]. UV-Spektrum (wss. Lösung; 210–320 nm): *Sa. et al.*, l. c. S. 626, 627.

1-[2-Hydroxy-äthyl]-3,7-dimethyl-8-sulfanilylamino-3,7-dihydro-purin-2,6-dion, Sulfanilsäure-[1-(2-hydroxy-äthyl)-3,7-dimethyl-2,6-dioxo-2,3,6,7-tetrahydro-1*H*-purin-8-ylamid] $C_{15}H_{18}N_6O_5S$, Formel XIII (R = CH_2-CH_2-OH, R′ = R″ = CH_3).

B. Beim Erhitzen von Sulfanilamid mit KOH und anschliessend mit 1-[2-Acetoxy-äthyl]-8-brom-3,7-dimethyl-3,7-dihydro-purin-2,6-dion (*Satoda et al.*, Japan. J. Pharm. Chem. **28** [1956] 621, 630; C. A. **1957** 16494).

Kristalle (aus wss. A.) mit 1 Mol H_2O; F: 252–254° [Zers.] (*Sa. et al.*). λ_{max} (wss. Lösung): 222 nm, 253–254 nm und 300–302 nm (*Sa. et al.*, l. c. S. 627).

Natrium-Salz. Zers. bei 261–262° (*Nippon New Drug Co.*, Japan. P. 535 [1959]; C. A. **1960** 6767).

Die folgenden Verbindungen sind in analoger Weise hergestellt worden:

3-[2-Hydroxy-äthyl]-1,7-dimethyl-8-sulfanilylamino-3,7-dihydro-purin-2,6-dion, Sulfanilsäure-[3-(2-hydroxy-äthyl)-1,7-dimethyl-2,6-dioxo-2,3,6,7-tetrahydro-1*H*-purin-8-ylamid] $C_{15}H_{18}N_6O_5S$, Formel XIII (R = R″ = CH_3, R′ = CH_2-CH_2-OH). Kristalle (aus A.); F: 142° [Zers.] (*Sa. et al.*). Zers. bei 182–184° (*Nippon New Drug Co.*). λ_{max} (wss. Lösung): 219–222 nm, 254 nm und 300–301 nm (*Sa. et al.*, l. c. S. 627).

7-[2-Hydroxy-äthyl]-1,3-dimethyl-8-sulfanilylamino-3,7-dihydro-purin-2,6-dion, Sulfanilsäure-[7-(2-hydroxy-äthyl)-1,3-dimethyl-2,6-dioxo-2,3,6,7-tetrahydro-1*H*-purin-8-ylamid] $C_{15}H_{18}N_6O_5S$, Formel XIII (R = R′ = CH_3, R″ = CH_2-CH_2-OH). Kristalle (aus wss. A.); F: 218° [Zers.] (*Sa. et al.*). Feststoff mit 1 Mol H_2O; Zers. bei 215–216° (*Nippon New Drug Co.*). UV-Spektrum (wss. Lösung vom pH 8; 210–330 nm): *Sa. et al.*, l. c. S. 626, 627. – Natrium-Salz. Zers. bei 283–284° (*Nippon New Drug Co.*).

7-[2-Äthoxy-äthyl]-1,3-dimethyl-8-sulfanilylamino-3,7-dihydro-purin-2,6-dion, Sulfanilsäure-[7-(2-äthoxy-äthyl)-1,3-dimethyl-2,6-dioxo-2,3,6,7-tetrahydro-1*H*-purin-8-yl-amid] $C_{17}H_{22}N_6O_5S$, Formel XIII (R = R′ = CH_3, R″ = CH_2-CH_2-O-C_2H_5). Kristalle (aus wss. Säure + wss. Alkali); F: 223–224° [Zers.] (*Sa. et al.*, l. c. S. 631). λ_{max} (wss. Lösung): 222 nm, 253–254 nm und 301–302 nm (*Sa. et al.*, l. c. S. 627).

(±)-1-[2,3-Dihydroxy-propyl]-3,7-dimethyl-8-sulfanilylamino-3,7-dihydro-purin-2,6-dion, (±)-Sulfanilsäure-[1-(2,3-dihydroxy-propyl)-3,7-dimethyl-2,6-dioxo-2,3,6,7-tetrahydro-1*H*-purin-8-ylamid] $C_{16}H_{20}N_6O_6S$, Formel XIII (R = CH_2-CH(OH)-CH_2-OH, R′ = R″ = CH_3). Kristalle (aus wss. A.); F: 199° [Zers.] (*Sa. et al.*, l. c. S. 631). – Tetraacetyl-Derivat $C_{24}H_{28}N_6O_{10}S$; (±)-8-[Acetyl-(*N*-acetyl-sulfanilyl)-amino]-1-[2,3-diacetoxy-propyl]-3,7-dimethyl-3,7-dihydro-purin-2,6-dion. F: 211–212° [Zers.] (*Sa. et al.*, l. c. S. 631; *Nippon New Drug Co.*).

(±)-7-[2,3-Dihydroxy-propyl]-1,3-dimethyl-8-sulfanilylamino-3,7-dihydro-purin-2,6-dion, (±)-Sulfanilsäure-[7-(2,3-dihydroxy-propyl)-1,3-dimethyl-2,6-dioxo-2,3,6,7-tetrahydro-1*H*-purin-8-ylamid] $C_{16}H_{20}N_6O_6S$, Formel XIII (R = R′ = CH_3, R″ = CH_2-CH(OH)-CH_2-OH). Kristalle (aus A.) mit 1 Mol H_2O; F: 152° (*Sa. et al.*, l. c. S. 631). UV-Spektrum (wss. Lösung; 210–330 nm): *Sa. et al.*, l. c. S. 625, 627. – Natrium-Salz. Kristalle (aus Me.); Zers. bei 243–245° (*Nippon New Drug Co.*). – Salz mit Bis-[2-hydroxy-äthyl]-amin $C_4H_{11}NO_2 \cdot C_{16}H_{20}N_6O_6S$. Feststoff mit 1 Mol H_2O; Zers. bei 176–177° (*Nippon New Drug Co.*).

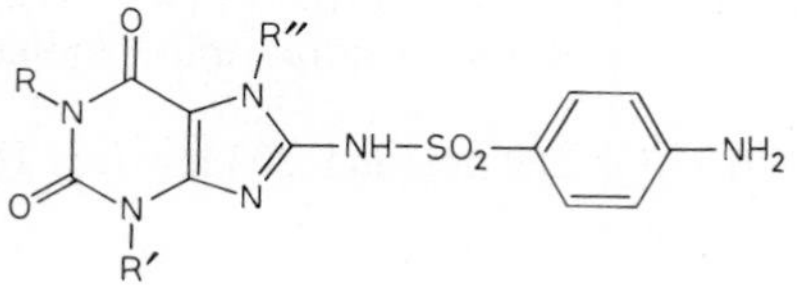

XIII 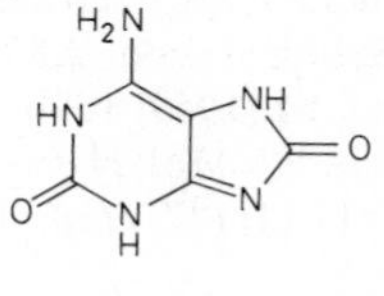 XIV

6-Amino-1,7-dihydro-3*H*-purin-2,8-dion $C_5H_5N_5O_2$, Formel XIV und Taut. (H 524; dort als 2.8-Dioxo-6-imino-hexahydropurin bzw. 2.8-Dioxy-8-amino-purin bezeichnet).

B. Aus 4,5,6-Triamino-1*H*-pyrimidin-2-on-sulfat und $COCl_2$ in wss. NaOH (*Cavalieri, Bendich,* Am. Soc. **72** [1950] 2587, 2593).

Feststoff (aus wss. HCl + wss. NH_3) mit 0,5 Mol H_2O (*Bendich et al.*, J. biol. Chem. **183** [1950] 267, 271; *Klenow,* Biochem. J. **50** [1952] 404). UV-Spektrum (220–230 nm) in wss. Lösungen vom pH 2, pH 6 und pH 9: *Ca., Be.*, l. c. S. 2590; vom pH 7: *Kl.*; vom pH 8,2: *Wyngaarden, Dunn,* Arch. Biochem. **70** [1957] 150, 152. Bei 23° lösen sich ca. 2 mg in 1 l H_2O (*Be. et al.*, l. c. S. 272).

Sulfat $2C_5H_5N_5O_2 \cdot H_2SO_4$. Kristalle (aus wss. H_2SO_4) mit 1 Mol H_2O (*Be. et al.*); Zers. bei 335–340° (*Brown et al.*, J. biol. Chem. **233** [1958] 1513, 1515). λ_{max} (wss. Lösung): 232 nm und 304 nm [pH 2,3], 236 nm und 303 nm [pH 6,5] bzw. 302 nm [pH 9,2] (*Ca., Be.*, l. c. S. 2592).

2-Amino-7,9-dihydro-1*H*-purin-6,8-dion $C_5H_5N_5O_2$, Formel I (R = H, X = O) und Taut. (H 523; dort als 6.8-Dioxo-2-imino-hexahydropurin bzw. 6.8-Dioxy-2-amino-purin bezeichnet).

B. Beim Erhitzen von 2,5,6-Triamino-3*H*-pyrimidin-4-on-sulfat mit Harnstoff auf 180° (*Cava*-

lieri, Bendich, Am. Soc. **72** [1950] 2587, 2593).

UV-Spektrum (wss. Lösungen vom pH 6 und pH 9; 220–300 nm): *Ca., Be.,* l. c. S. 2590, 2592.

2-Amino-7-methyl-7,9-dihydro-1*H*-purin-6,8-dion $C_6H_7N_5O_2$, Formel I (R = CH_3, X = O) und Taut.

Isolierung aus menschlichem Urin: *Weissmann, Gutman,* J. biol. Chem. **229** [1957] 239, 242.

Beim Erhitzen erfolgt Verkohlung. IR-Banden (3–15 μ): *We., Gu.,* l. c. S. 245. UV-Spektrum (wss. HCl [6 n], wss. Lösungen vom pH 2,1 und pH 10,3 sowie wss. NaOH [0,56 n]; 220–305 nm): *We., Gu.,* l. c. S. 243. Scheinbare Dissoziationsexponenten pK'_{a1}, pK'_{a2} und pK'_{a3} (protonierte Verbindung; H_2O; spektrophotometrisch ermittelt): 0,1 bzw. 8,6 bzw. 11,4.

2-Amino-6-thioxo-1,6,7,9-tetrahydro-purin-8-on $C_5H_5N_5OS$, Formel I (R = H, X = S) und Taut.

B. Beim Erhitzen von 2-Amino-6-chlor-7,9-dihydro-purin-8-on mit wss. NaHS (*Elion et al.,* Am. Soc. **81** [1959] 1898, 1902).

Feststoff mit 0,5 Mol H_2O. λ_{max} (wss. Lösung): 250 nm und 350 nm [pH 1] bzw. 240 nm und 325 nm [pH 11] (*El. et al.,* l. c. S. 1901).

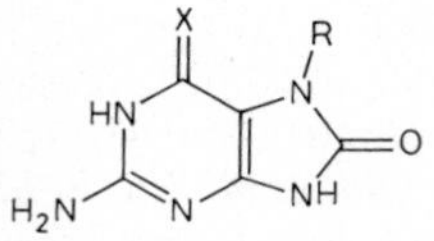

I 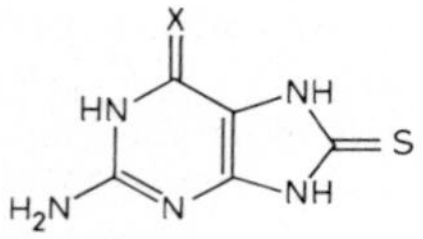 II 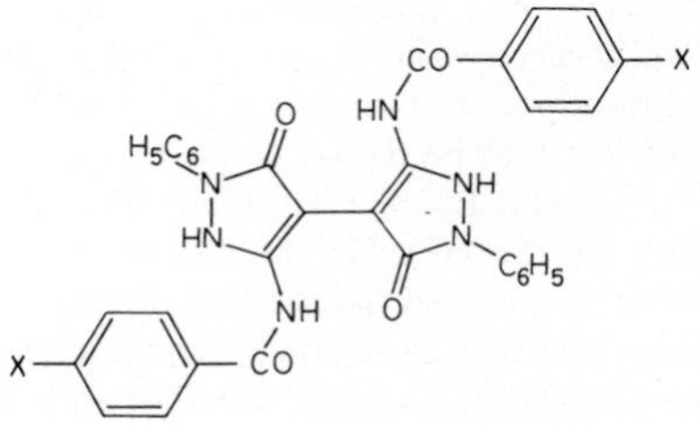 III

2-Amino-8-thioxo-1,7,8,9-tetrahydro-purin-6-on $C_5H_5N_5OS$, Formel II (X = O) und Taut.

B. Beim Erhitzen von 2,5,6-Triamino-3*H*-pyrimidin-4-on-sulfat mit Thioharnstoff (*Elion et al.,* Am. Soc. **81** [1959] 1898, 1902).

Feststoff mit 0,5 Mol H_2O. λ_{max} (wss. Lösung): 269 nm und 303 nm [pH 1] bzw. 237 nm und 300 nm [pH 11] (*El. et al.,* l. c. S. 1901).

2-Amino-7,9-dihydro-1*H*-purin-6,8-dithion $C_5H_5N_5S_2$, Formel II (X = S) und Taut.

B. Beim Erhitzen der vorangehenden Verbindung mit P_2S_5 in Pyridin (*Elion et al.,* Am. Soc. **81** [1959] 1898, 1902). Beim Erhitzen von 2-Amino-8-methylmercapto-1,7-dihydro-purin-6-on mit P_2S_5 in Tetralin (*El. et al.*).

Feststoff mit 1 Mol H_2O. λ_{max} (wss. Lösung): 272 nm und 372 nm [pH 1] bzw. 251 nm, 273 nm und 347 nm [pH 11] (*El. et al.,* l. c. S. 1901).

Amino-Derivate der Dioxo-Verbindungen $C_6H_6N_4O_2$

5,5′-Bis-benzoylamino-2,2′-diphenyl-1,2,1′,2′-tetrahydro-[4,4′]bipyrazolyl-3,3′-dion $C_{32}H_{24}N_6O_4$, Formel III (X = H) und Taut.

B. Beim Erhitzen von 5-Benzoylamino-4-[4-diäthylamino-2-methyl-phenylimino]-2-phenyl-2,4-dihydro-pyrazol-3-on mit 5-Benzoylamino-2-phenyl-1,2-dihydro-pyrazol-3-on in Decandisäure-diäthylester (*Vittum, Duennebier,* Am. Soc. **72** [1950] 1536).

Gelbe Kristalle (aus Nitrobenzol); F: ca. 290° [unkorr.; Zers.].

5,5′-Bis-[4-chlor-benzoylamino]-2,2′-diphenyl-1,2,1′,2′-tetrahydro-[4,4′]bipyrazolyl-3,3′-dion $C_{32}H_{22}Cl_2N_6O_4$, Formel III (X = Cl) und Taut.

B. Beim Erhitzen von 5-[4-Chlor-benzoylamino]-4-[4-diäthylamino-2-methyl-phenylimino]-2-

phenyl-2,4-dihydro-pyrazol-3-on mit 5-Methyl-2-phenyl-1,2-dihydro-pyrazol-3-on in Decandisäure-diäthylester (*Vittum, Duennebier*, Am. Soc. **72** [1950] 1536).

Rote Kristalle ; F: >300°.

2-Amino-3,5,7,8-tetrahydro-pteridin-4,6-dion $C_6H_7N_5O_2$, Formel IV und Taut.

Das von *Hitchings, Elion* (Am. Soc. **71** [1949] 467, 471) unter dieser Konstitution beschriebene β-Dihydroxanthopterin ist als 2,4-Diamino-5*H*-pyrimido[4,5-*b*][1,4]oxazin-6-on (Syst.-Nr. 4676) zu formulieren (*Elion, Hitchings*, Am. Soc. **74** [1952] 3877).

B. Beim Erhitzen von 2-Amino-6-chlor-3*H*-pyrimidin-4-on mit Glycin-äthylester-hydrochlorid, Behandeln des Reaktionsprodukts mit diazotiertem 4-Chlor-anilin in H_2O und anschliessenden Erwärmen mit Zink und wss.-methanol. H_2SO_4 (*El., Hi.*, l. c. S. 3880). Beim Erwärmen von *N*-[2-Amino-6-oxo-5-phenylhydrazono-5,6-dihydro-pyrimidin-4-yl]-glycin-äthylester mit Zink und Essigsäure (*Boon, Leigh*, Soc. **1951** 1497, 1499). Aus 2-Amino-5,8-dihydro-3*H*-pteridin-4,6,7-trion in H_2O mit Hilfe von Natrium-Amalgam (*Elion et al.*, Am. Soc. **71** [1949] 741; *Albert, Wood*, J. appl. Chem. **2** [1952] 591).

Kristalle (aus wss. Na_2CO_3 oder wss. HCl), die sich bei 285° dunkel färben und unterhalb 295° nicht schmelzen (*Totter*, J. biol. Chem. **154** [1944] 105, 106). Hellgelbe Kristalle (aus H_2O) mit 1 Mol H_2O (*Hi., El.*, l. c. S. 473). UV-Spektrum (230–360 nm) in wss. Lösungen vom pH 1, pH 3, pH 7 und pH 11: *Hi., El.*, l. c. S. 468, 469; vom pH 3 und pH 11: *O'Dell et al.*, Am. Soc. **69** [1947] 250, 253.

Sulfat $2C_6H_7N_5O_2 \cdot H_2SO_4$. Kristalle mit 1 Mol H_2O (*El., Hi.*, l. c. S. 3880; *Hi., El.*) bzw. mit 2 Mol H_2O [aus wss. H_2SO_4] (*Boon, Le.*).

Picrat. Rosaorangefarbene Kristalle, die sich bei ca. 330° braun färben und unterhalb 370° nicht schmelzen (*Hi., El.*).

7-Amino-1,3-dimethyl-5,6-dihydro-1*H*-pteridin-2,4-dion $C_8H_{11}N_5O_2$, Formel V.

B. Aus *N*-[6-Amino-1,3-dimethyl-2,4-dioxo-1,2,3,4-tetrahydro-pyrimidin-5-yl]-glycin-nitril in methanol. KOH (*Blicke, Godt*, Am. Soc. **76** [1954] 2798).

Kristalle (aus wss. Py.); F: 325° [Zers.].

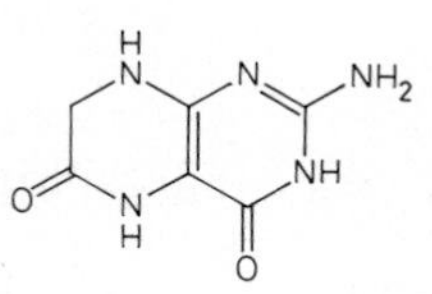

IV 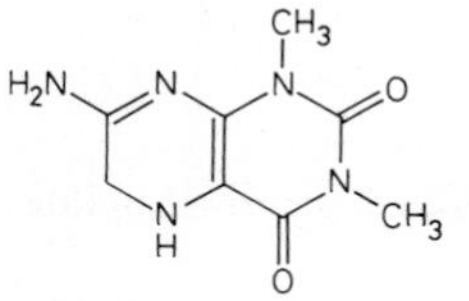 V 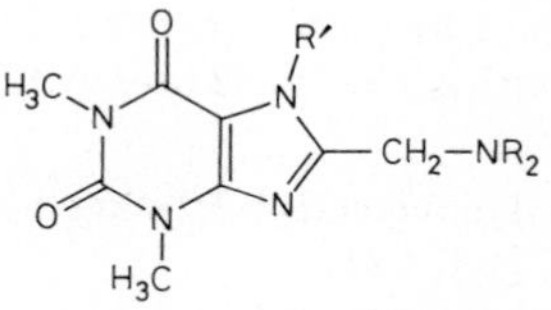 VI

8-Aminomethyl-1,3,7-trimethyl-3,7-dihydro-purin-2,6-dion $C_9H_{13}N_5O_2$, Formel VI (R = H, R' = CH_3).

B. Beim Erwärmen von 8-Chlormethyl-1,3,7-trimethyl-3,7-dihydro-purin-2,6-dion mit Hexamethylentetraamin in $CHCl_3$ und anschliessend mit wss.-äthanol. HCl (*Golowtschinškaja, Tschaman*, Ž. obšč. Chim. **22** [1952] 535, 537; engl. Ausg. S. 599, 600). Beim Erwärmen von 1,3,7-Trimethyl-8-phthalimidomethyl-3,7-dihydro-purin-2,6-dion mit $N_2H_4 \cdot H_2O$ in Äthanol (*Go., Tsch.*).

Kristalle (aus Toluol oder Pentylalkohol); F: 203–205°.

Hydrochlorid $C_9H_{13}N_5O_2 \cdot HCl$. Kristalle (aus wss. A.); F: 284–286°.

8-Dimethylaminomethyl-1,3,7-trimethyl-3,7-dihydro-purin-2,6-dion $C_{11}H_{17}N_5O_2$, Formel VI (R = R' = CH_3).

B. Beim Erwärmen von 8-Chlormethyl-1,3,7-trimethyl-3,7-dihydro-purin-2,6-dion mit Dimethylamin (*Golowtschinškaja, Tschaman*, Ž. obšč. Chim. **22** [1952] 535, 538; engl. Ausg. S. 599, 601).

Kristalle (aus Ae.); F: 125–126°.

Hydrochlorid $C_{11}H_{17}N_5O_2 \cdot HCl$. Kristalle (aus wss. A.); F: 269–271°.

8-Diäthylaminomethyl-1,3-dimethyl-3,7-dihydro-purin-2,6-dion $C_{12}H_{19}N_5O_2$, Formel VI ($R = C_2H_5$, $R' = H$) und Taut.

B. Beim Erhitzen von *N,N*-Diäthyl-glycin-[6-amino-1,3-dimethyl-2,4-dioxo-1,2,3,4-tetrahydro-pyrimidin-5-ylamid] mit wss. NaOH (*Knoll A.G.*, U.S.P. 2879271 [1954]). Beim Erwärmen von 8-Chlormethyl-1,3-dimethyl-3,7-dihydro-purin-2,6-dion mit Diäthylamin in Äthanol (*Knoll A.G.*).

Kristalle (aus A.); F: 176–177°.

8-Diäthylaminomethyl-1,3,7-trimethyl-3,7-dihydro-purin-2,6-dion $C_{13}H_{21}N_5O_2$, Formel VI ($R = C_2H_5$, $R' = CH_3$).

B. Analog 8-Dimethylaminomethyl-1,3,7-trimethyl-3,7-dihydro-purin-2,6-dion [s. o.] (*Golowtschinškaja, Tschaman*, Ž. obšč. Chim. **22** [1952] 535, 538; engl. Ausg. S. 599, 601).

Kristalle (aus H_2O oder Ae.); F: 111,5–113°.

Hydrochlorid $C_{13}H_{21}N_5O_2 \cdot HCl$. Kristalle (aus A.); F: 236° [Zers.].

8-{Bis-[(2-chlor-äthyl)-amino]-methyl}-1,3,7-trimethyl-3,7-dihydro-purin-2,6-dion $C_{13}H_{19}Cl_2N_5O_2$, Formel VI ($R = CH_2\text{-}CH_2Cl$, $R' = CH_3$).

B. Beim Erwärmen von 8-{Bis-[(2-hydroxy-äthyl)-amino]-methyl}-1,3,7-trimethyl-3,7-dihydro-purin-2,6-dion mit $SOCl_2$ in $CHCl_3$ (*Gluschkow et al.*, Ž. obšč. Chim. **29** [1959] 3742; engl. Ausg. S. 3700).

Kristalle (aus A.); F: 136,5–137,5°.

8-Dibutylaminomethyl-1,3-dimethyl-3,7-dihydro-purin-2,6-dion $C_{16}H_{27}N_5O_2$, Formel VII ($R = R' = [CH_2]_3\text{-}CH_3$).

B. Beim Erhitzen von *N,N*-Dibutyl-glycin-[6-amino-1,3-dimethyl-2,4-dioxo-1,2,3,4-tetrahydro-pyrimidin-5-ylamid] mit wss. NaOH (*Knoll A.G.*, U.S.P. 2879271 [1954]). Aus 8-Chlormethyl-1,3-dimethyl-3,7-dihydro-purin-2,6-dion und Dibutylamin in Benzol (*Knoll A.G.*).

Kristalle (aus A.); F: 148°.

Hydrochlorid. Kristalle (aus Acn.); F: 200°.

Phosphat. Kristalle (aus A.); F: 178°.

8-Dibutylaminomethyl-3,7-dimethyl-3,7-dihydro-purin-2,6-dion $C_{16}H_{27}N_5O_2$, Formel VIII ($R = [CH_2]_3\text{-}CH_3$).

B. Aus 8-Chlormethyl-3,7-dimethyl-3,7-dihydro-purin-2,6-dion und Dibutylamin in Äthanol (*Knoll A.G.*, U.S.P. 2879271 [1954]).

Kristalle (aus A.); F: 160°.

8-Isobutylaminomethyl-1,3-dimethyl-3,7-dihydro-purin-2,6-dion $C_{12}H_{19}N_5O_2$, Formel VII ($R = CH_2\text{-}CH(CH_3)_2$, $R' = H$) und Taut.

B. Neben 1,3,1′,3′-Tetramethyl-3,7,3′,7′-tetrahydro-8,8′-[2-isobutyl-2-aza-propandiyl]-bis-purin-2,6-dion beim Behandeln von 8-Chlormethyl-1,3-dimethyl-3,7-dihydro-purin-2,6-dion mit Isobutylamin in Äthanol (*Knoll A.G.*, U.S.P. 2879271 [1954]).

Kristalle (aus A.); F: 203°.

VII

VIII

8-[(Isobutyl-methyl-amino)-methyl]-1,3-dimethyl-3,7-dihydro-purin-2,6-dion $C_{13}H_{21}N_5O_2$, Formel VII (R = CH_2-$CH(CH_3)_2$, R′ = CH_3).

B. Beim Erwärmen von 8-Chlormethyl-1,3-dimethyl-3,7-dihydro-purin-2,6-dion mit Isobutyl-methyl-amin in Äthanol (*Knoll A.G.,* U.S.P. 2879271 [1954]).

Kristalle (aus A.); F: 159°.

8-Diallylaminomethyl-1,3-dimethyl-3,7-dihydro-purin-2,6-dion $C_{14}H_{19}N_5O_2$, Formel VII (R = R′ = CH_2-CH=CH_2).

B. Analog der vorangehenden Verbindung (*Knoll A.G.,* U.S.P. 2879271 [1954]).

Kristalle (aus A.); F: 166°.

8-Diallylaminomethyl-3,7-dimethyl-3,7-dihydro-purin-2,6-dion $C_{14}H_{19}N_5O_2$, Formel VIII (R = CH_2-CH=CH_2).

B. Analog den vorangehenden Verbindungen (*Knoll A.G.,* U.S.P. 2879271 [1954]).

Kristalle (aus wss. A.); F: 143–144°.

8-[Cyclohexylamino-methyl]-1,3-dimethyl-3,7-dihydro-purin-2,6-dion $C_{14}H_{21}N_5O_2$, Formel VII (R = C_6H_{11}, R′ = H) und Taut.

B. Neben 1,3,1′,3′-Tetramethyl-3,7,3′,7′-tetrahydro-8,8′-[2-cyclohexyl-2-aza-propandiyl]-bis-purin-2,6-dion beim Behandeln von 8-Chlormethyl-1,3-dimethyl-3,7-dihydro-purin-2,6-dion mit Cyclohexylamin in Äthanol (*Knoll A.G.,* U.S.P. 2879271 [1954]).

Kristalle (aus A.); F: 179–180°.

8-[(Cyclohexyl-methyl-amino)-methyl]-1,3-dimethyl-3,7-dihydro-purin-2,6-dion $C_{15}H_{23}N_5O_2$, Formel VII (R = C_6H_{11}, R′ = CH_3) und Taut.

B. Aus 8-Chlormethyl-1,3-dimethyl-3,7-dihydro-purin-2,6-dion und Cyclohexyl-methyl-amin in Äthanol (*Knoll A.G.,* U.S.P. 2879271 [1954]).

Kristalle (aus wss. A.); F: 188°.

8-[(Cyclohexylmethyl-amino)-methyl]-1,3-dimethyl-3,7-dihydro-purin-2,6-dion $C_{15}H_{23}N_5O_2$, Formel VII (R = CH_2-C_6H_{11}, R′ = H) und Taut.

B. Beim Erhitzen von *N*-Cyclohexylmethyl-glycin-[6-amino-1,3-dimethyl-2,4-dioxo-1,2,3,4-tetrahydro-pyrimidin-5-ylamid] mit wss. NaOH (*Knoll A.G.,* U.S.P. 2879271 [1954]).

Kristalle (aus A.); F: 203–204°.

(±)-8-{[(1,5-Dimethyl-hex-4-enyl)-methyl-amino]-methyl}-1,3-dimethyl-3,7-dihydro-purin-2,6-dion $C_{17}H_{27}N_5O_2$, Formel IX (R = CH_3, R′ = H) und Taut.

B. Aus 8-Chlormethyl-1,3-dimethyl-3,7-dihydro-purin-2,6-dion und (±)-[1,5-Dimethyl-hex-4-enyl]-methyl-amin in Äthanol (*Knoll A.G.,* U.S.P. 2879271 [1954]).

Kristalle (aus A.); F: 127–128°.

(±)-8-{[(1,5-Dimethyl-hex-4-enyl)-methyl-amino]-methyl}-3,7-dimethyl-3,7-dihydro-purin-2,6-dion $C_{17}H_{27}N_5O_2$, Formel IX (R = H, R′ = CH_3).

B. Analog der vorangehenden Verbindung (*Knoll A.G.,* U.S.P. 2879271 [1954]).

Kristalle (aus A.); F: 112°.

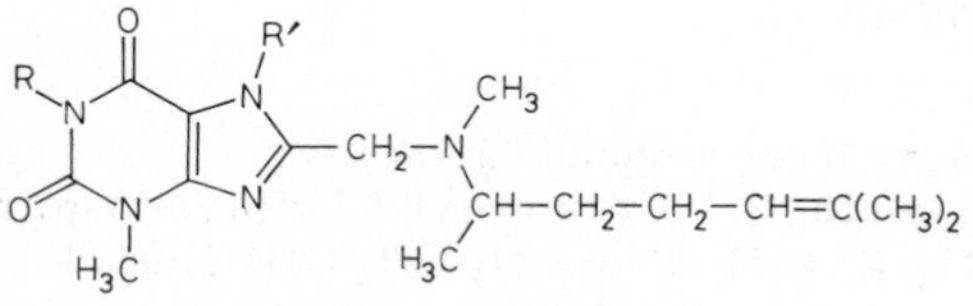

IX

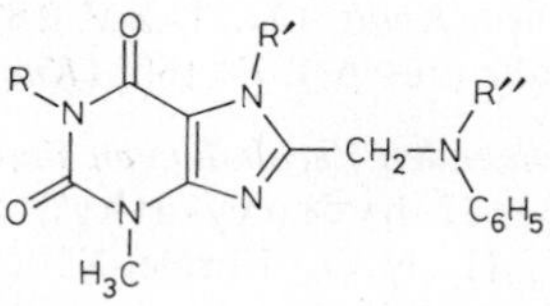

X

8-Anilinomethyl-1,3-dimethyl-3,7-dihydro-purin-2,6-dion $C_{14}H_{15}N_5O_2$, Formel X (R = CH_3, R′ = R″ = H) und Taut.

B. Beim Erwärmen von *N*-Phenyl-glycin-[6-amino-1,3-dimethyl-2,4-dioxo-1,2,3,4-tetrahydro-pyrimidin-5-ylamid] mit wss. NaOH (*Kostolanský et al.,* Chem. Zvesti **10** [1956] 96, 107; C. A. **1956** 13947).

Kristalle (aus A.); F: 300—301° [unkorr.].

8-Anilinomethyl-1,3,7-trimethyl-3,7-dihydro-purin-2,6-dion $C_{15}H_{17}N_5O_2$, Formel X (R = R′ = CH_3, R″ = H).

B. Aus der vorangehenden Verbindung und Dimethylsulfat in wss. NaOH (*Kostolanský et al.,* Chem. Zvesti **10** [1956] 96, 107; C. A. **1956** 13947). Beim Hydrieren von 1,3,7-Trimethyl-8-[phenylimino-methyl]-3,7-dihydro-purin-2,6-dion an Raney-Nickel in Äthanol (*Golowtschinškaja, Tschaman,* Ž. obšč. Chim. **22** [1952] 535, 539; engl. Ausg. S. 599, 602).

Kristalle; F: 197—198° [unkorr.; aus A.] (*Ko. et al.*), 193—194° (*Go., Tsch.*).

8-[(*N*-Äthyl-anilino)-methyl]-1,3-dimethyl-3,7-dihydro-purin-2,6-dion $C_{16}H_{19}N_5O_2$, Formel X (R = CH_3, R′ = H, R″ = C_2H_5) und Taut.

B. Aus 8-Chlormethyl-1,3-dimethyl-3,7-dihydro-purin-2,6-dion und *N*-Äthyl-anilin in Äthanol (*Knoll A.G.,* U.S.P. 2879271 [1954]).

F: 219°.

Hydrochlorid. Kristalle (aus wss.-äthanol. HCl); F: ca. 194°.

Die folgenden Verbindungen sind in analoger Weise hergestellt worden:

8-[(*N*-Äthyl-anilino)-methyl]-3,7-dimethyl-3,7-dihydro-purin-2,6-dion $C_{16}H_{19}N_5O_2$, Formel X (R = H, R′ = CH_3, R″ = C_2H_5). Kristalle (aus Dioxan); F: 230°.

8-[(Benzyl-methyl-amino)-methyl]-1,3-dimethyl-3,7-dihydro-purin-2,6-dion $C_{16}H_{19}N_5O_2$, Formel XI (R = R″ = CH_3, R′ = H) und Taut. Kristalle (aus A.); F: 186°.

8-[(Benzyl-methyl-amino)-methyl]-3,7-dimethyl-3,7-dihydro-purin-2,6-dion $C_{16}H_{19}N_5O_2$, Formel XI (R = H, R′ = R″ = CH_3). Kristalle (aus Dioxan); F: 239—240°.

8-[(Benzyl-cyclohexyl-amino)-methyl]-1,3-dimethyl-3,7-dihydro-purin-2,6-dion $C_{21}H_{27}N_5O_2$, Formel XI (R = CH_3, R′ = H, R″ = C_6H_{11}) und Taut. F: 175°.

8-[(*N*-Benzyl-anilino)-methyl]-1,3-dimethyl-3,7-dihydro-purin-2,6-dion $C_{21}H_{21}N_5O_2$, Formel XI (R = CH_3, R′ = H, R″ = C_6H_5) und Taut.

B. Beim Erwärmen von 8-Chlormethyl-1,3-dimethyl-3,7-dihydro-purin-2,6-dion mit *N*-Benzyl-anilin und K_2CO_3 in Äthanol (*Knoll A.G.,* U.S.P. 2879271 [1954]).

Kristalle (aus wss. A.); F: 211°.

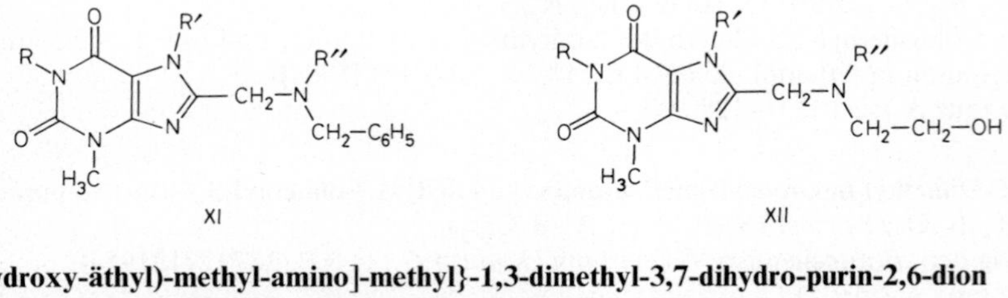

8-{[(2-Hydroxy-äthyl)-methyl-amino]-methyl}-1,3-dimethyl-3,7-dihydro-purin-2,6-dion $C_{11}H_{17}N_5O_3$, Formel XII (R = R″ = CH_3, R′ = H) und Taut.

B. Aus 8-Chlormethyl-1,3-dimethyl-3,7-dihydro-purin-2,6-dion und 2-Methylamino-äthanol in Äthanol (*Knoll A.G.,* U.S.P. 2879271 [1954]).

Kristalle (aus A.); F: 160° (*Knoll A.G.*).

Die folgenden Verbindungen sind in analoger Weise hergestellt worden:

8-{[Bis-(2-hydroxy-äthyl)-amino]-methyl}-1,3-dimethyl-3,7-dihydro-purin-2,6-dion $C_{12}H_{19}N_5O_4$, Formel XII (R = CH_3, R′ = H, R″ = CH_2-CH_2-OH). Kristalle (aus A.); F: 154° (*Knoll A.G.*).

8-{[Bis-(2-hydroxy-äthyl)-amino]-methyl}-3,7-dimethyl-3,7-dihydro-purin-2,6-dion $C_{12}H_{19}N_5O_4$, Formel XII (R = H, R′ = CH_3, R″ = CH_2-CH_2-OH). Kristalle (aus A.); F: 169° (*Knoll A.G.*).

8-{[Bis-(2-hydroxy-äthyl)-amino]-methyl}-1,3,7-trimethyl-3,7-dihydro-purin-2,6-dion $C_{13}H_{21}N_5O_4$, Formel XII (R = R′ = CH_3, R″ = CH_2-CH_2-OH). F: 148–150° [aus Butanon] (*Gluschkow et al.*, Ž. obšč. Chim. **29** [1959] 3742, 3743; engl. Ausg. S. 3700). – Hydrochlorid $C_{13}H_{21}N_5O_4 \cdot HCl$. Kristalle (aus A.); F: 199–201° (*Gl. et al.*).

3,7-Dimethyl-8-piperidinomethyl-3,7-dihydro-purin-2,6-dion $C_{13}H_{19}N_5O_2$, Formel XIII (R = H, R′ = CH_3). Kristalle (aus wss. A.); F: 248–250° (*Knoll A.G.*).

1-[1,3-Dimethyl-2,6-dioxo-2,3,6,7-tetrahydro-1*H*-purin-8-ylmethyl]-pyridinium $[C_{13}H_{14}N_5O_2]^+$, Formel XIV und Taut. Chlorid. Kristalle (aus A.); F: 297° (*Knoll A.G.*).

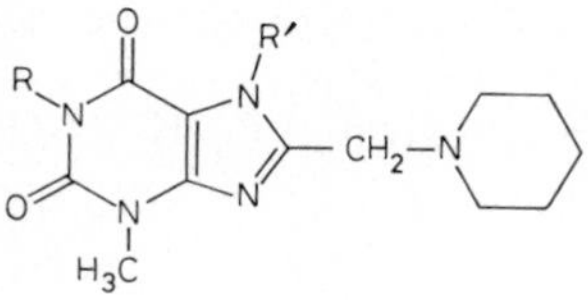

XIII 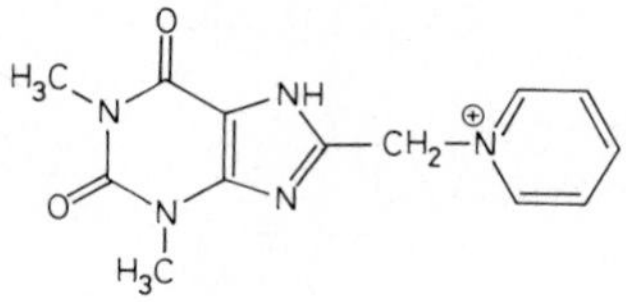 XIV 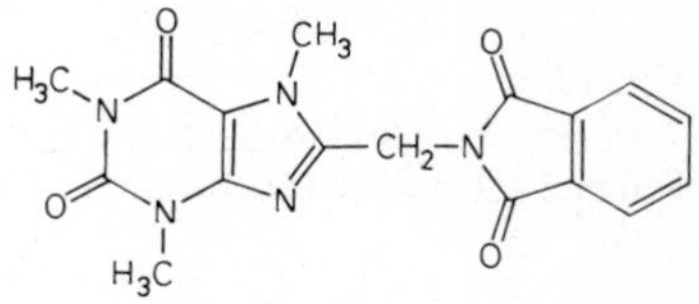 XV

7-Acetonyl-1,3-dimethyl-8-piperidinomethyl-3,7-dihydro-purin-2,6-dion $C_{16}H_{23}N_5O_3$, Formel XIII (R = CH_3, R′ = CH_2-CO-CH_3).

B. Aus 1,3-Dimethyl-8-piperidinomethyl-3,7-dihydro-purin-2,6-dion und Chloraceton (*Spiegelberg, Doebel*, Helv. **39** [1956] 283, 287).

Kristalle (aus A.); F: 168–169° [unkorr.].

1,3,7-Trimethyl-8-phthalimidomethyl-3,7-dihydro-purin-2,6-dion $C_{17}H_{15}N_5O_4$, Formel XV.

B. Beim Erhitzen von 8-Chlormethyl-1,3,7-trimethyl-3,7-dihydro-purin-2,6-dion mit Kaliumphthalimid in Chlortoluol (*Golowtschinškaja, Tschaman*, Ž. obšč. Chim. **22** [1952] 535, 537; engl. Ausg. S. 599, 600).

Kristalle (aus Toluol); F: 247,5–248,5°.

Bis-[1,3-dimethyl-2,6-dioxo-2,3,6,7-tetrahydro-1*H*-purin-8-ylmethyl]-isobutyl-amin, 1,3,1′,3′-Tetramethyl-3,7,3′,7′-tetrahydro-8,8′-[2-isobutyl-2-aza-propandiyl]-bis-purin-2,6-dion $C_{20}H_{27}N_9O_4$, Formel I (R = CH_2-$CH(CH_3)_2$) und Taut.

B. Neben 8-Isobutylaminomethyl-1,3-dimethyl-3,7-dihydro-purin-2,6-dion beim Behandeln von 8-Chlormethyl-1,3-dimethyl-3,7-dihydro-purin-2,6-dion mit Isobutylamin in Äthanol (*Knoll A.G.*, U.S.P. 2879271 [1954]).

Kristalle (aus Eg.); F: 289°.

Cyclohexyl-bis-[1,3-dimethyl-2,6-dioxo-2,3,6,7-tetrahydro-1*H*-purin-8-ylmethyl]-amin, 1,3,1′,3′-Tetramethyl-3,7,3′,7′-tetrahydro-8,8′-[2-cyclohexyl-2-aza-propandiyl]-bis-purin-2,6-dion $C_{22}H_{29}N_9O_4$, Formel I (R = C_6H_{11}) und Taut.

B. Neben 8-[Cyclohexylamino-methyl]-1,3-dimethyl-3,7-dihydro-purin-2,6-dion beim Behandeln von 8-Chlormethyl-1,3-dimethyl-3,7-dihydro-purin-2,6-dion mit Cyclohexylamin in Äthanol (*Knoll A.G.*, U.S.P. 2879271 [1954]).

Kristalle (aus Eg.); F: 273–275°.

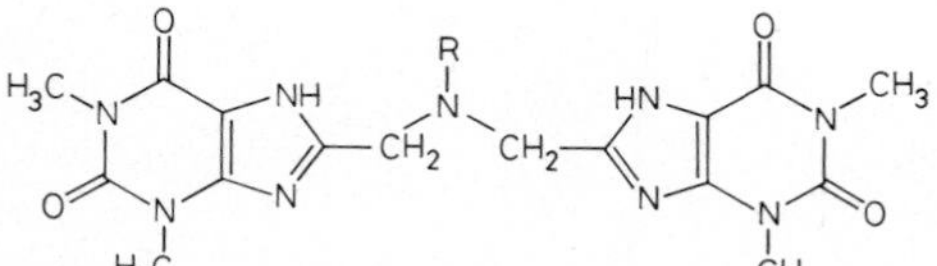

I 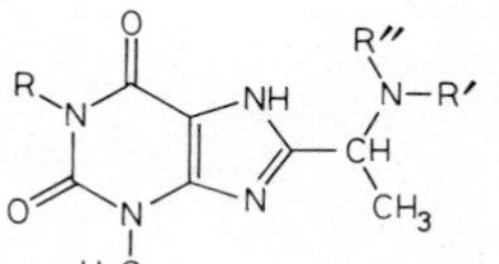 II

Amino-Derivate der Dioxo-Verbindungen $C_7H_8N_4O_2$

(±)-8-[1-Diäthylamino-äthyl]-1,3-dimethyl-3,7-dihydro-purin-2,6-dion $C_{13}H_{21}N_5O_2$, Formel II ($R = CH_3$, $R' = R'' = C_2H_5$) und Taut.

B. Aus (±)-8-[1-Chlor-äthyl]-1,3-dimethyl-3,7-dihydro-purin-2,6-dion und Diäthylamin in Äthanol (*Knoll A.G.,* U.S.P. 2879271 [1954]).

Kristalle (aus A.); F: 186°.

Die folgenden Verbindungen sind in analoger Weise hergestellt worden:

(±)-8-[1-Dibutylamino-äthyl]-1,3-dimethyl-3,7-dihydro-purin-2,6-dion $C_{17}H_{29}N_5O_2$, Formel II ($R = CH_3$, $R' = R'' = [CH_2]_3$-CH_3) und Taut. Kristalle (aus A.); F: 158°.

(±)-8-[1-(Benzyl-methyl-amino)-äthyl]-3-methyl-3,7-dihydro-purin-2,6-dion $C_{16}H_{19}N_5O_2$, Formel II ($R = H$, $R' = CH_2$-C_6H_5, $R'' = CH_3$) und Taut. Kristalle (aus A.); F: 212°.

(±)-3-Methyl-8-[1-piperidino-äthyl]-3,7-dihydro-purin-2,6-dion $C_{13}H_{19}N_5O_2$, Formel III und Taut. Kristalle (aus wss. A.); F: 235°.

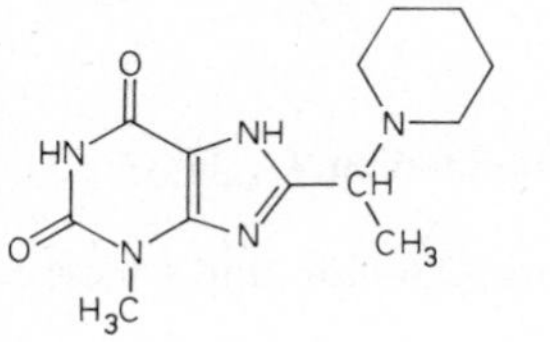

III 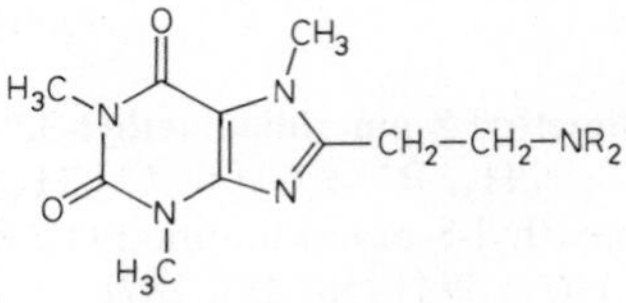 IV

8-[2-Amino-äthyl]-1,3,7-trimethyl-3,7-dihydro-purin-2,6-dion $C_{10}H_{15}N_5O_2$, Formel IV ($R = H$).

B. Aus 3-[1,3,7-Trimethyl-2,6-dioxo-2,3,6,7-tetrahydro-1*H*-purin-8-yl]-propionsäure-amid mit Hilfe von wss. NaBrO (*Golowtschinškaja, Tschaman,* Ž. obšč. Chim. **22** [1952] 535, 539; engl. Ausg. S. 599, 602).

Gelbliche Kristalle (aus Toluol); F: 143–144°.

Hydrochlorid $C_{10}H_{15}N_5O_2 \cdot HCl$. Kristalle (aus wss. A. oder Butan-1-ol); F: 348–350° [Zers.].

8-[2-Dimethylamino-äthyl]-1,3,7-trimethyl-3,7-dihydro-purin-2,6-dion $C_{12}H_{19}N_5O_2$, Formel IV ($R = CH_3$).

B. Beim Erwärmen von 8-[2-Amino-äthyl]-1,3,7-trimethyl-3,7-dihydro-purin-2,6-dion-hydrochlorid mit wss. Formaldehyd und Ameisensäure (*Golowtschinškaja, Tschaman,* Ž. obšč. Chim. **22** [1952] 535, 540; engl. Ausg. S. 599, 602).

Kristalle (aus Ae.); F: 100–102°.

Hydrochlorid $C_{12}H_{19}N_5O_2 \cdot HCl$. Kristalle (aus A.); Zers. bei 257°.

***8-[2-Benzylidenamino-äthyl]-1,3,7-trimethyl-3,7-dihydro-purin-2,6-dion** $C_{17}H_{19}N_5O_2$, Formel V.

B. Beim Erwärmen von 8-[2-Amino-äthyl]-1,3,7-trimethyl-3,7-dihydro-purin-2,6-dion mit Benzaldehyd in Äthanol (*Golowtschinškaja, Tschaman,* Ž. obšč. Chim. **22** [1952] 535, 540; engl. Ausg. S. 599, 602).

Kristalle (aus Me. + A.); F: 180–181°.

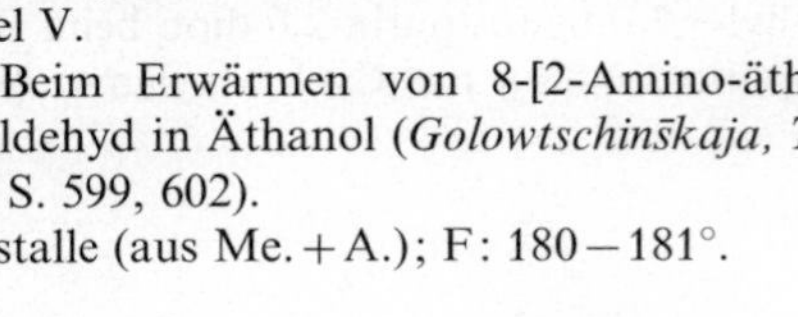

V 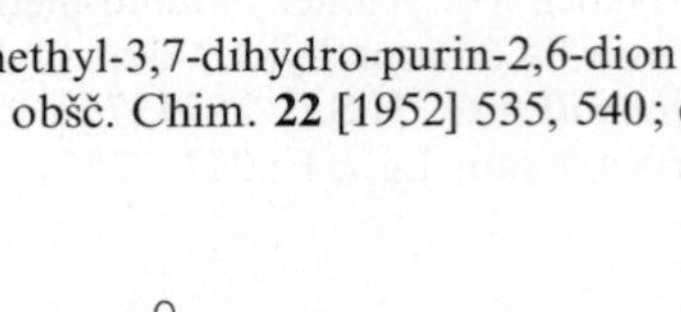 VI

Amino-Derivate der Dioxo-Verbindungen $C_8H_{10}N_4O_2$

8-[3-Diäthylamino-propyl]-1,3,7-trimethyl-3,7-dihydro-purin-2,6-dion $C_{15}H_{25}N_5O_2$, Formel VI.

B. Beim Erhitzen von 8-[3-Chlor-propyl]-1,3,7-trimethyl-3,7-dihydro-purin-2,6-dion mit Diäthylamin (*Golowtschinškaja, Tschaman,* Ž. obšč. Chim. **22** [1952] 2220, 2224; engl. Ausg. S. 2279, 2282).

Kristalle (aus Pentan); F: 72–74°.

Hydrochlorid $C_{15}H_{25}N_5O_2 \cdot HCl$. Kristalle (aus A.); F: 236–238°.

Amino-Derivate der Dioxo-Verbindungen $C_nH_{2n-8}N_4O_2$

Amino-Derivate der Dioxo-Verbindungen $C_6H_4N_4O_2$

2-Amino-5,8-dihydro-pteridin-6,7-dion, Desoxyleukopterin $C_6H_5N_5O_2$, Formel VII (X = H) und Taut.

B. Aus Pyrimidin-2,4,5-triyltriamin und Oxalsäure (*Wieland et al.,* A. **545** [1940] 209, 217; *Albert et al.,* Soc. **1956** 4621, 4627). Beim Erhitzen von 2-Amino-4-chlor-5,8-dihydro-pteridin-6,7-dion mit wss. HI in Essigsäure (*Wi. et al.,* l. c. S. 216).

Kristalle [aus wss. HCl] (*Wi. et al.*). λ_{max} (wss. Lösung vom pH 13): 244 nm und 348 nm (*Al. et al.,* l. c. S. 4625).

2-Amino-4-chlor-5,8-dihydro-pteridin-6,7-dion $C_6H_4ClN_5O_2$, Formel VII (X = Cl) und Taut. (in der Literatur auch als Leukopterylchlorid bezeichnet).

Konstitution: *Wieland et al.,* A. **545** [1940] 209, 210.

B. Beim Erwärmen von 2-Amino-5,8-dihydro-3*H*-pteridin-4,6,7-trion mit PCl_5 und $POCl_3$ (*Wieland et al.,* A. **507** [1933] 226, 244).

Kristalle [aus wss. NaOH + wss. HCl] (*Wi. et al.,* A. **545** 216).

4-Amino-5,8-dihydro-pteridin-6,7-dion $C_6H_5N_5O_2$, Formel VIII (X = H) und Taut.

B. Aus 4-Amino-2-chlor-5,8-dihydro-pteridin-6,7-dion mit Hilfe von wss. HI (*Wieland, Liebig,* A. **555** [1944] 146, 151).

Kristalle (aus wss. NaOH + Eg.).

4-Amino-2-chlor-5,8-dihydro-pteridin-6,7-dion $C_6H_4ClN_5O_2$, Formel VIII (X = Cl) und Taut.

B. Beim Erhitzen von 4-Amino-5,8-dihydro-1*H*-pteridin-2,6,7-trion mit PCl_5 und $POCl_5$ (*Wieland, Liebig,* A. **555** [1944] 146, 151).

Gelbe Kristalle.

2-Amino-3*H*,8*H*-pteridin-4,7-dion, Isoxanthopterin $C_6H_5N_5O_2$, Formel IX (R = H) und Taut.

Konstitution: *Purrmann,* A. **548** [1941] 284.

Identität von Isoxanthopterin mit Cyprino-pourpre-A_1 von *Kushibiki et al.* (C. r. Soc. Biol. **148** [1954] 759): *Nawa et al.,* J. Biochem. Tokyo **42** [1955] 359; mit Leucopterin-B (*Hirata et al.,* Bl. chem. Soc. Japan **23** [1950] 76; *Hirata, Nawa,* C. r. Soc. Biol. **145** [1951] 661) und Rana-chrome 4 (*Hama,* Experientia **9** [1953] 299): *Nawa et al.,* J. Biochem. Tokyo **41** [1954] 657.

Isolierung aus dem Pigment der Flügel von Kohlweisslingen: *Wieland et al.,* A. **507** [1933] 226, 261.

B. Beim Erhitzen von [2,4-Diamino-6-oxo-1,6-dihydro-pyrimidin-5-ylimino]-essigsäure-äthylester mit wss. $NaHCO_3$ bzw. wss. NH_3 (*Pfleiderer,* B. **90** [1957] 2588, 2602; *Albert, Wood,* J. appl. Chem. **3** [1953] 521). Beim Erhitzen von 2-Amino-4,7-dioxo-3,4,7,8-tetrahydro-pteridin-6-carbonsäure (*Pu.,* A. **548** 290).

Kristalle [aus wss. NaOH + wss. HCl] (*Pu.,* A. **548** 290). UV-Spektrum (220–390 nm) in wss. Lösungen vom pH 1,1, pH 9,18 und pH 12,01 sowie in wss. KOH: *Al., Wood*; in wss. HCl und in wss. NaOH: *Ziegler-Günder*, Z. Naturf. **11b** [1956] 493, 495; *Karrer, Nicolaus*, Helv. **34** [1951] 1029, 1034; in wss. NaOH: *Tschesche, Korte*, B. **84** [1951] 801; *Purrmann*, Fortschr. Ch. org. Naturst. **4** [1945] 64, 74. Fluorescenzspektrum (wss. Lösung vom pH 6,8; 380–500 nm): *Lowry et al.*, J. biol. Chem. **180** [1949] 389, 392. Scheinbarer Dissoziationsexponent pK'_a (Monoanion; H_2O; spektrophotometrisch ermittelt): 10,2 (*Al., Wood*). Löslichkeit in H_2O bei 20°: 1 g/200 l Lösung (*Al., Wood*).

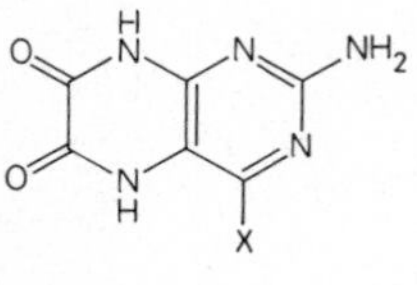

VII 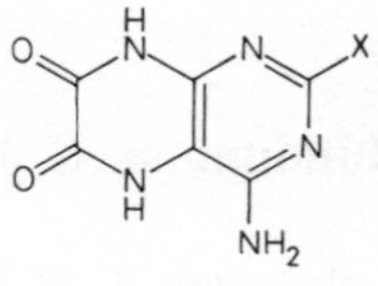 VIII 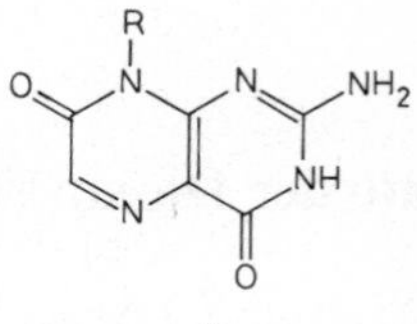 IX 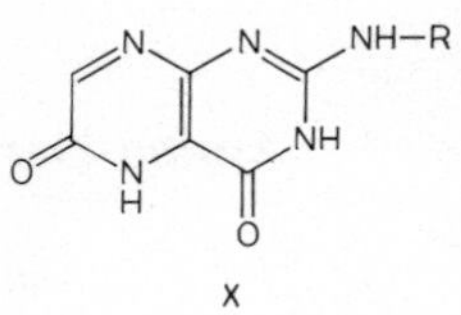 X

2-Amino-8-[2-hydroxy-äthyl]-3*H*,8*H*-pteridin-4,7-dion $C_8H_9N_5O_3$, Formel IX (R = CH_2-CH_2-OH) und Taut.

B. Beim Erhitzen von 2-Amino-8-[2-hydroxy-äthyl]-4,7-dioxo-3,4,7,8-tetrahydro-pteridin-6-carbonsäure (*Elion, Hitchings*, Am. Soc. **75** [1953] 4311, 4313).

λ_{max} (wss. Lösung): 262 nm, 290 nm und 345 nm [pH 1] bzw. 258 nm, 282 nm und 357 nm [pH 11] (*El., Hi.*, l. c. S. 4314).

2-Amino-3,5-dihydro-pteridin-4,6-dion, Xanthopterin $C_6H_5N_5O_2$, Formel X (R = H) und Taut. (E II 313).

B. Beim Erwärmen von 2,5,6-Triamino-3*H*-pyrimidin-4-on-sulfat mit dem Barium-Salz der (±)-Hydroxy-sulfo-essigsäure (*Koschara*, Z. physiol. Chem. **277** [1943] 159, 162), mit (±)-Äthoxy-hydroxy-essigsäure-äthylester (*Korte, Barkemeyer*, B. **89** [1956] 2400, 2403; vgl. E II 313), mit dem Natrium-Salz der Dimethoxyessigsäure (*Wyeth Inc.*, U.S.P. 2476809 [1946]) oder mit dem Kalium-Salz der Diacetoxyessigsäure [aus Kalium-dichloracetat und wss. Kaliumacetat hergestellt] (*Korte, Fuchs*, B. **86** [1953] 114) und wss. H_2SO_4. Beim Behandeln von Dichloressigsäure-[2,4-diamino-6-oxo-1,6-dihydro-pyrimidin-5-ylamid] mit wss. NH_3 in Äthanol (*Burroughs Wellcome & Co.*, U.S.P. 2440221 [1945]). Aus 2-Amino-3,5,7,8-tetrahydro-pteridin-4,6-dion in wss. KOH mit Hilfe von $KMnO_4$ (*Elion et al.*, Am. Soc. **71** [1949] 471; *Albert, Wood*, J. appl. Chem. **2** [1952] 592) oder in wss. NaOH mit Hilfe von Sauerstoff in Gegenwart von Platin (*Purrmann*, A. **548** [1941] 284, 292). Herstellung von 2-Amino-3,5-dihydro-[4a-^{14}C]pteridin-4,6-dion: *Ko., Ba.*; von 2-Amino-3,5-dihydro-[6,7-$^{14}C_2$]pteridin-4,6-dion: *Anker, Boehne*, Org. Synth. Isotopes **1958** 953.

Kristalle (aus dem Hydrochlorid + wss. NH_3) mit 1 Mol H_2O (*Korte, Barkemeyer*, B. **89** [1956] 2400, 2403). IR-Spektrum (KBr; 2–7 µ): *Viscontini, Weilenmann*, Helv. **42** [1959] 1854, 1859. Absorptionsspektrum (210–440 nm) in wss. HCl, wss. Lösung vom pH 7 und wss. NaOH: *Blakley*, Biochem. J. **65** [1957] 331, 338; in wss. Lösungen vom pH 1–11: *Bloom et al.*, Sci. **100** [1944] 295; vom pH 1,3–12,6: *Rickes et al.*, Am. Soc. **69** [1947] 2749; vom pH 3–13: *Schou*, Arch. Biochem. **28** [1950] 10, 17; in Essigsäure und in wss. NaOH: *Totter*, J. biol. Chem. **154** [1944] 105, 107; in wss. NaOH: *Purrmann*, Fortschr. Ch. org. Naturst. **4** [1945] 64, 74; *Tschesche, Korte*, B. **84** [1951] 641, 645. Fluorescenzspektrum (400–600 nm) in H_2O: *De Lerma et al.*, Boll. Soc. ital. Biol. **24** [1948] 1198; in H_2O, wss. H_2SO_4 sowie wss. NaOH: *Jacobson, Simpson*, Biochem. J. **40** [1946] 3, Tafel 1 nach S. 6. Scheinbare Dissoziationsexponenten pK'_{a1} (protonierte Verbindung), pK'_{a2} und pK'_{a3} (H_2O; spektrophotometrisch ermittelt) bei Raumtemperatur: 1,91 bzw. 6,84 bzw. 9,46 (*Asahi*, J. pharm. Soc. Japan **79** [1959] 1559, 1563, 1564; C. A. **1960** 10592). Scheinbarer Dissoziationsexponent pK'_{a1} (H_2O; potentiometrisch ermittelt) bei 20°: 1,6 (*Albert et al.*, Soc. **1952** 4219, 4227). Scheinbare Dissoziationsexponenten pK'_{a2} und pK'_{a3} (H_2O; potentiometrisch ermittelt) bei 20°: 6,25 bzw. 9,23 (*Albert et al.*, Soc. **1951** 474, 476). Polarographische Halbstufenpotentiale in wss. Lösungen vom pH 1–13: *As.*, l. c. S. 1560; vom pH 9,12: *Rickes et al.*, Am. Soc. **69** [1947] 2751; in Äthanol-H_2O-Gemischen sowie Benzol enthaltendem wss. Äthanol [pH 2,1]: *As.*, l. c. S. 1562. Löslichkeit in H_2O bei 20°: 1 g/40 l Lösung (*Al. et al.*, Soc. **1952** 4220).

Bildung von [2-Amino-4,6-dioxo-3,4,5,6-tetrahydro-pteridin-7-yl]-[2-amino-4,6-dioxo-4,5,6,8-tetrahydro-3*H*-pteridin-7-yliden]-methan beim Erwärmen mit wss. H_2SO_4 und anschliessenden Behandeln mit Luft: *Tschesche, Korte*, B. **85** [1952] 139, 140, 143.

Barium-Salz (E II 314). IR-Spektrum (8–15 µ): *Crowe, Walker*, Brit. J. exp. Path. **35** [1954] 18, 25.

Hydrochlorid $C_6H_5N_5O_2 \cdot HCl$. Kristalle (aus wss. HCl), die sich ab 200° dunkel färben und unterhalb 320° nicht schmelzen (*Anderson, Nelson*, Am. Soc. **71** [1949] 3837).

Hydrogensulfit $C_6H_5N_5O_2 \cdot H_2SO_3$. Kristalle (*Wieland, Purrmann*, A. **539** [1939] 179, 186).

Sulfat $C_6H_5N_5O_2 \cdot H_2SO_4$. Kristalle (aus wss. H_2SO_4), die sich oberhalb 200° allmählich zersetzen (*An., Ne.*).

Verbindung mit H_2O_2 (E II 314; dort als Xanthopterin-peroxyd bezeichnet). Konstitution: *Barlin, Pfleiderer*, B. **104** [1971] 3069, 3070.

2-Benzoylamino-3,5-dihydro-pteridin-4,6-dion, *N*-[4,6-Dioxo-3,4,5,6-tetrahydro-pteridin-2-yl]-benzamid $C_{13}H_9N_5O_3$, Formel X (R = CO-C_6H_5).

B. Beim Erhitzen von Xanthopterin (s. o.) mit Benzoesäure-anhydrid (*Wolf et al.*, Am. Soc. **69** [1947] 2753, 2758).

Kristalle (aus wss. NH_3 + Eg.); F: 270–272° [Zers.].

***N*-Acetyl-sulfanilsäure-[4,6-dioxo-3,4,5,6-tetrahydro-pteridin-2-ylamid], Essigsäure-[4-(4,6-dioxo-3,4,5,6-tetrahydro-pteridin-2-yl-sulfamoyl)-anilid]** $C_{14}H_{12}N_6O_5S$, Formel X (R = SO_2-C_6H_4-NH-CO-CH_3) und Taut.

B. Beim Erhitzen von *N*-Acetyl-sulfanilsäure-[4,5-diamino-6-oxo-1,6-dihydro-pyrimidin-2-ylamid] mit Dichloressigsäure (*Fahrenbach et al.*, Am. Soc. **76** [1954] 4006, 4008, 4010).

Gelbe Kristalle (aus wss. NH_3 + wss. Säure) mit 3 Mol H_2O; F: 232–240° [Zers.]. λ_{max}: 264 nm und 362 nm [wss. HCl] bzw. 258 nm und 385 nm [wss. NaOH] (*Fa. et al.*, l. c. S. 4009).

4-Amino-1*H*,8*H*-pteridin-2,7-dion $C_6H_5N_5O_2$, Formel XI und Taut.

B. Beim Erhitzen von 4,5,6-Triamino-1*H*-pyrimidin-2-on-sulfat mit Äthoxy-hydroxy-essigsäure-äthylester und Natriumacetat in wss. Essigsäure (*Albert et al.*, Soc. **1956** 4621, 4627).

λ_{max} (wss. Lösung vom pH 13): 223 nm, 256 nm und 344 nm (*Al. et al.*, l. c. S. 4625).

7-Amino-1,3-dimethyl-1*H*-pteridin-2,4-dion $C_8H_9N_5O_2$, Formel XII.

B. Beim Behandeln von *N*-[6-Amino-1,3-dimethyl-2,4-dioxo-1,2,3,4-tetrahydro-pyrimidin-5-yl]-glycin-nitril mit methanol. KOH und anschliessend mit wss. H_2O_2 unter Zusatz von $FeCl_2$ (*Blicke, Godt*, Am. Soc. **76** [1954] 2798).

Kristalle (aus wss. Py.); F: >360°.

XI XII XIII XIV

2-Amino-6,7-dihydro-pyrimido[4,5-*d*]pyridazin-5,8-dion $C_6H_5N_5O_2$, Formel XIII und Taut.

B. Aus 2-Amino-pyrimidin-4,5-dicarbonsäure-diäthylester und $N_2H_4 \cdot H_2O$ in Methanol (*Jones*, Am. Soc. **78** [1956] 159, 161, 162).

F: >400°.

Ammonium-Salz $[NH_4]C_6H_4N_5O_2$.

7-Amino-1*H*-pyrimido[4,5-*d*]pyrimidin-2,4-dion $C_6H_5N_5O_2$, Formel XIV.

B. Beim Erwärmen von 2,4-Diamino-pyrimidin-5-carbonsäure-amid mit Diäthylcarbonat und äthanol. Natriumäthylat (*Chatterjee, Anand,* J. scient. ind. Res. India **17** B [1958] 63, 69). Beim Erhitzen von 7-Äthylmercapto-1*H*-pyrimido[4,5-*d*]pyrimidin-2,4-dion mit methanol. NH_3 (*Ch., An.*).

Pulver (aus wss. NaOH + Eg.); F: > 320°. λ_{max} (wss. NaOH): 234 nm und 310 nm.

Amino-Derivate der Dioxo-Verbindungen $C_7H_6N_4O_2$

6-Acetyl-2-amino-1-phenyl-1*H*-[1,2,4]triazolo[1,5-*a*]pyrimidin-7-on $C_{13}H_{11}N_5O_2$, Formel I.

Die Konstitution ist nicht bewiesen

B. Beim Erwärmen von 2,2'-Diacetyl-3,3'-[1-phenyl-1*H*-[1,2,4]triazol-3,5-diyldiamino]-diacrylsäure-diäthylester mit wss.-äthanol. NaOH (*Papini et al.,* G. **87** [1957] 931, 940).

Kristalle (aus A.); F: 307 – 310°.

4-Amino-2-methyl-5,8-dihydro-pteridin-6,7-dion $C_7H_7N_5O_2$, Formel II und Taut.

B. Beim Erhitzen von 2-Methyl-pyrimidin-4,5,6-triyltriamin-sulfat mit Oxalsäure und Natriumoxalat auf 250°/70 Torr (*Gal,* Am. Soc. **72** [1950] 5315).

Pulver, das unterhalb 300° nicht schmilzt. λ_{max} (wss. Lösung vom pH 8,6 – 9): 228 nm und 333 nm. Löslichkeit in wss. Lösung vom pH 7,4: 40 mg/100 ml.

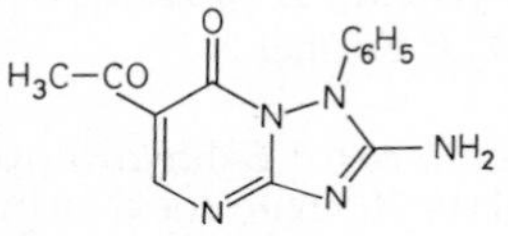

I 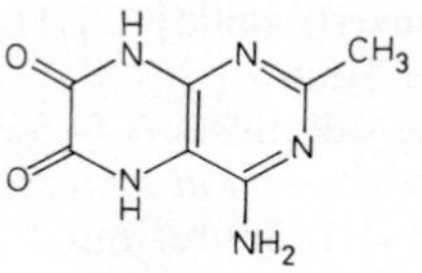 II 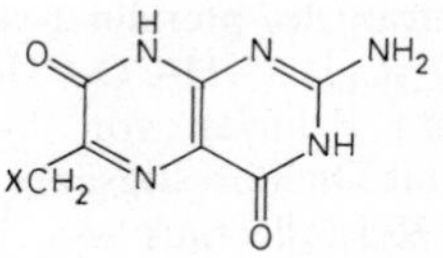 III

2-Amino-6-methyl-3*H*,8*H*-pteridin-4,7-dion $C_7H_7N_5O_2$, Formel III (X = H) und Taut.

B. Aus 2,5,6-Triamino-3*H*-pyrimidin-4-on beim Erhitzen mit Brenztraubensäure-methylester in H_2O (*Pfleiderer,* B. **90** [1957] 2588, 2603) oder mit Butindisäure-dimethylester in Äthanol und Erhitzen des Reaktionsprodukts mit wss. H_2SO_4 (*Elion et al.,* Am. Soc. **72** [1950] 78). Aus 2,5,6-Triamino-3*H*-pyrimidin-4-on beim Erwärmen mit Oxalessigsäure-diäthylester und Natriumacetat in Essigsäure und Erhitzen des nach der Hydrolyse erhaltenen Reaktionsprodukts (*Tschesche et al.,* B. **84** [1951] 485, 488; Z. Naturf. **5b** [1950] 132, 135) oder beim Erwärmen mit der Natrium-Verbindung des Oxalessigsäure-diäthylesters in wss. Essigsäure und Erhitzen des Reaktionsprodukts mit wss. HCl (*El. et al.*; s. a. *Matsuura et al.,* Am. Soc. **75** [1953] 4446, 4448).

Kristalle (aus wss. NaOH + wss. HCl); F: > 350° (*Pf.*). UV-Spektrum (wss. HCl sowie wss. NaOH; 250 – 360 nm): *Karrer et al.,* Helv. **33** [1950] 1233, 1236. λ_{max}: 290 nm und 336 nm [wss. Lösung vom pH 1] bzw. 253 nm, 278 nm und 376 nm [wss. Lösung vom pH 11] (*El. et al.*), 290 nm und 337 nm [wss. HCl] bzw. 250 – 255 nm, 272 – 276 nm und 338 nm [wss. NaOH] (*Renfrew et al.,* J. org. Chem. **17** [1952] 467, 469), 255 nm, 276 nm und 341 nm [wss. NaOH] (*Ma. et al.,* l. c. S. 4447). Relative Intensität der Fluorescenz in wss. Lösungen vom pH 1 – 10: *Tschesche, Korte,* B. **84** [1951] 801, 809.

2-Amino-6-brommethyl-3*H*,8*H*-pteridin-4,7-dion $C_7H_6BrN_5O_2$, Formel III (X = Br) und Taut.

B. Beim Erhitzen von 2-Amino-6-methyl-3*H*,8*H*-pteridin-4,7-dion in H_2SO_4 und Essigsäure mit Brom (*Tschesche et al.,* Z. Naturf. **5b** [1950] 132, 136; B. **84** [1951] 485, 488).

Kristalle.

4-[(4,7-Dioxo-3,4,7,8-tetrahydro-pteridin-6-ylmethyl)-amino]-benzoesäure $C_{14}H_{11}N_5O_4$, Formel IV und Taut.

B. Beim Behandeln von 6-Methyl-3*H*,8*H*-pteridin-4,7-dion-hydrat in Ameisensäure mit Brom und anschliessend mit 4-Amino-benzoesäure (*Landor, Rydon,* Soc. **1955** 1113, 1115).

Gelbe Kristalle (aus wss. NH_3 + wss. HCl); F: >360°. λ_{max} (wss. NaOH): 251 nm, 257 nm, 280 nm, 290 nm und 324 nm.

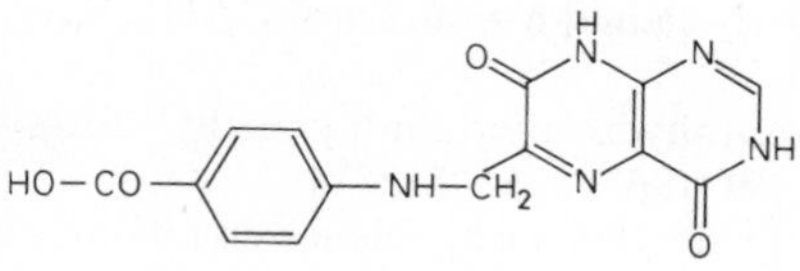

IV 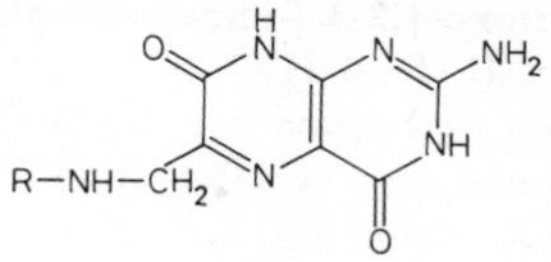 V

2-Amino-6-aminomethyl-3*H*,8*H*-pteridin-4,7-dion $C_7H_8N_6O_2$, Formel V (R = H) und Taut.

B. Beim Erwärmen der folgenden Verbindung mit wss. NaOH (*Matsuura et al.,* Am. Soc. **75** [1953] 4446, 4449).

Gelbbraunes Pulver.

2-Amino-6-[benzoylamino-methyl]-3*H*,8*H*-pteridin-4,7-dion, *N*-[2-Amino-4,7-dioxo-3,4,7,8-tetrahydro-pteridin-6-ylmethyl]-benzamid $C_{14}H_{12}N_6O_3$, Formel V (R = CO-C_6H_5) und Taut.

B. Beim Erwärmen von 2,5,6-Triamino-3*H*-pyrimidin-4-on mit Benzoylamino-oxalessigsäure-diäthylester in wss. Essigsäure, Erwärmen des Reaktionsprodukts mit wss. NaOH und anschliessenden Erhitzen mit wss. Essigsäure (*Matsuura et al.,* Am. Soc. **75** [1953] 4446, 4449).

Kristalle.

***N*-{4-[(2-Amino-4,7-dioxo-3,4,7,8-tetrahydro-pteridin-6-ylmethyl)-amino]-benzoyl}-L-glutaminsäure,** *N*-[7-Oxo-7,8-dihydro-pteroyl]-L-glutaminsäure $C_{19}H_{19}N_7O_7$, Formel VI und Taut.

B. Beim Behandeln von *N*-[4-Amino-benzoyl]-L-glutaminsäure mit 2-Amino-6-brommethyl-3*H*,8*H*-pteridin-4,7-dion in wss. Lösung bei pH 4,4–4,9 (*Tschesche et al.,* B. **84** [1951] 485, 489).

Gelbe Kristalle (aus wss. Lösung vom pH 4). UV-Spektrum (wss. NaOH; 220–360 nm): *Tsch. et al.,* l. c. S. 487. Löslichkeit in H_2O bei 100°: 200 mg·l^{-1}.

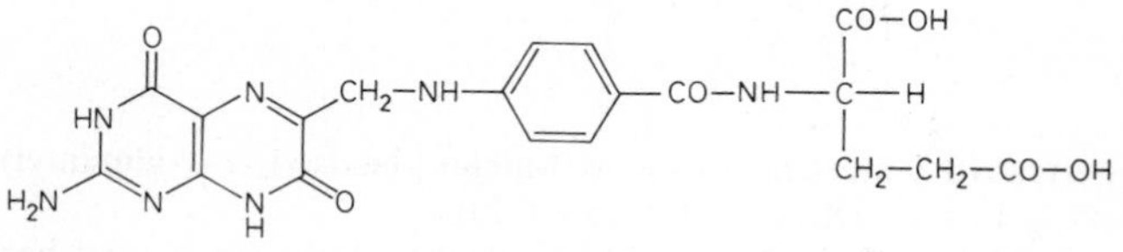

VI 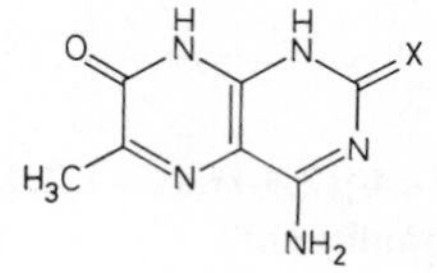 VII

4-Amino-6-methyl-1*H*,8*H*-pteridin-2,7-dion $C_7H_7N_5O_2$, Formel VII (X = O) und Taut.

B. Beim Erwärmen von 4,5,6-Triamino-1*H*-pyrimidin-2-on-sulfat mit der Natrium-Verbindung des Oxalessigsäure-diäthylesters in Essigsäure und Erwärmen des Reaktionsgemisches mit H_2O (*Landor, Rydon,* Soc. **1955** 1113, 1116).

Pulver. λ_{max} (wss. Lösung): 272 nm und 330 nm [pH 2], 272 nm und 336 nm [pH 9] bzw. 254 nm und 339 nm [pH 13].

4-Amino-6-methyl-2-thioxo-2,8-dihydro-1*H*-pteridin-7-on $C_7H_7N_5OS$, Formel VII (X = S) und Taut.

B. Beim Erhitzen von 4,5,6-Triamino-1*H*-pyrimidin-2-thion-hydrogensulfit mit Brenztraubensäure in wss. Essigsäure (*Gal,* Am. Soc. **72** [1950] 3532, 3533). Beim Erwärmen von 4,5,6-Triamino-1*H*-pyrimidin-2-thion mit der Natrium-Verbindung des Oxalessigsäure-diäthylesters in Essigsäure und Erwärmen des Reaktionsgemisches mit H_2O (*Landor, Rydon,* Soc. **1955** 1113,

1116).

Gelbe Kristalle (aus wss. NaOH + Eg.); F: 225° [Zers.] (*Gal*). λ_{max} (wss. Lösung): 261 nm und 349 nm [pH 2] (*La., Ry.*) bzw. 268 nm und 357 nm [pH 8,6 – 9] (*Gal*). Löslichkeit in wss. Lösung vom pH 7,4: 25 mg/100 ml (*Gal*).

4-[(2,4-Dioxo-1,2,3,4-tetrahydro-pteridin-6-ylmethyl)-amino]-benzoesäure $C_{14}H_{11}N_5O_4$, Formel VIII (R = H).

B. Beim Erwärmen von 4-[(2,4-Dioxo-1,2,3,4-tetrahydro-pteridin-6-ylmethyl)-formyl-amino]-benzoesäure mit wss. HCl (*Wolf et al.*, Am. Soc. **69** [1947] 2753, 2758).

Gelbe Kristalle (aus wss. NH_3 + Eg.), die unterhalb 300° nicht schmelzen (*Wolf et al.*). Feststoff mit 1 Mol H_2O; Zers. bei 290 – 295° (*Angier et al.*, Am. Soc. **74** [1952] 408, 410). λ_{max}: 278 nm und 330 nm [wss. Lösung vom pH 7] bzw. 239 nm, 278 nm und 355 nm [wss. Lösung vom pH 11] (*Wolf et al.*), 278 nm bzw. 370 – 373 nm [wss. NaOH] (*An. et al.*).

***N*-{4-[(2,4-Dioxo-1,2,3,4-tetrahydro-pteridin-6-ylmethyl)-amino]-benzoyl}-L-glutaminsäure** $C_{19}H_{18}N_6O_7$, Formel IX (R = H, X = OH).

B. Aus 5,6-Diamino-1*H*-pyrimidin-2,4-dion und *N*-[4-Amino-benzoyl]-L-glutaminsäure beim Behandeln mit 2,3-Dibrom-propionaldehyd in wss. Essigsäure und Natriumacetat (*Nation. Drug Co.*, U.S.P. 2478873 [1947]) oder mit 1,1,3-Tribrom-aceton in wss. Lösung vom pH 1 – 5 (*Angier et al.*, Am. Soc. **74** [1952] 408; *Am. Cyanamid Co.*, U.S.P. 2443165 [1946]). Aus *N*-{4-[(2,4-Dioxo-1,2,3,4-tetrahydro-pteridin-6-ylmethyl)-nitroso-amino]-benzoyl}-L-glutaminsäure mit Hilfe von Phenol in wss. HCl (*An. et al.*, l. c. S. 409).

Gelbe Kristalle (aus wss. HCl); Zers. bei 220 – 224° [unreines Präparat?] (*An. et al.*, l. c. S. 409). Absorptionsspektrum (wss. HCl, wss. NaOH sowie wss. NH_3; 220 – 420 nm): *An. et al.*, l. c. S. 409.

Diäthylester $C_{23}H_{26}N_6O_7$. Hellgelbe Kristalle (aus A.); F: 203 – 207° [korr.] (*An. et al.*, l. c. S. 410).

***N*-(*N*-{4-[(2,4-Dioxo-1,2,3,4-tetrahydro-pteridin-6-ylmethyl)-amino]-benzoyl}-L-α-glutamyl)-L-glutaminsäure** $C_{24}H_{25}N_7O_{10}$, Formel IX (R = H, X = Glu).

B. Aus *N*-(*N*-{4-[(2,4-Dioxo-1,2,3,4-tetrahydro-pteridin-6-ylmethyl)-nitroso-amino]-benzoyl}-L-α-glutamyl)-L-glutaminsäure mit Hilfe von Phenol in wss. HCl (*Angier et al.*, Am. Soc. **74** [1952] 408, 410).

Gelbe Kristalle (aus H_2O); Zers. bei 179 – 189°. λ_{max}: 298 nm [wss. HCl] bzw. 285 nm und 370 nm [wss. NaOH].

4-[(2,4-Dioxo-1,2,3,4-tetrahydro-pteridin-6-ylmethyl)-formyl-amino]-benzoesäure $C_{15}H_{11}N_5O_5$, Formel VIII (R = CHO).

B. Aus 10-Formyl-pteroinsäure (Rhizopterin; S. 3949) in wss. HCl mit Hilfe von $NaNO_2$ in Essigsäure (*Wolf et al.*, Am. Soc. **69** [1947] 2753, 2758).

Kristalle (aus H_2O); F: 321 – 323° [Zers.]. λ_{max} (wss. Lösung vom pH 11): 243 nm, 270 nm und 355 nm.

2-Amino-7-methyl-3,5-dihydro-pteridin-4,6-dion, Chrysopterin $C_7H_7N_5O_2$, Formel X und Taut.

B. Beim Erhitzen von 2,5,6-Triamino-3*H*-pyrimidin-4-on mit Brenztraubensäure (*Elion, Hit*-

chings, Am. Soc. **69** [1947] 2553) oder der Natrium-Verbindung des Oxalessigsäure-diäthylesters und wss. H_2SO_4 (*Elion et al.,* Am. Soc. **72** [1950] 78, 79).

Orangebraune Kristalle mit 0,5 Mol H_2O (*El., Hi.*). UV-Spektrum (wss. NaOH; 220–400 nm): *Tschesche, Korte,* B. **84** [1951] 641, 645. λ_{max} (wss. Lösung): 230 nm, 265 nm und 358 nm [pH 1] bzw. 252 nm und 385 nm [pH 11] (*El. et al.*), 232 nm, 270 nm und 358 nm [pH 1] (*El., Hi.*).

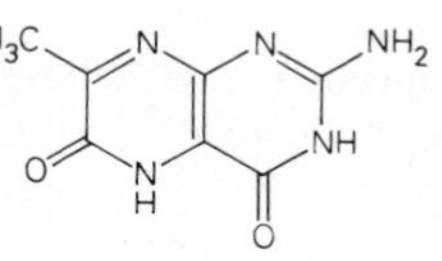

X 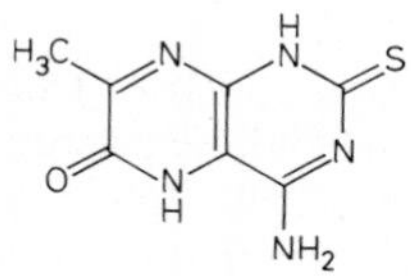 XI 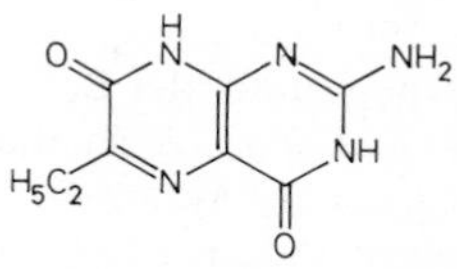 XII

4-Amino-7-methyl-2-thioxo-1,5-dihydro-2*H*-pteridin-6-on $C_7H_7N_5OS$, Formel XI und Taut.

B. Beim Erhitzen von 4,5,6-Triamino-1*H*-pyrimidin-2-thion-hydrogensulfit mit Brenztrauben= säure in wss. H_2SO_4 (*Gal,* Am. Soc. **72** [1950] 3532, 3533).

Kristalle, die bei 217° sintern und unterhalb 300° nicht schmelzen. λ_{max} (wss. Lösung vom pH 8,5–9): 302,5 nm und 354,5 nm. Löslichkeit in wss. Lösung vom pH 7,4: 110 mg/100 ml.

Amino-Derivate der Dioxo-Verbindungen $C_8H_8N_4O_2$

6-Äthyl-2-amino-3*H*,8*H*-pteridin-4,7-dion $C_8H_9N_5O_2$, Formel XII und Taut.

B. Neben 2-[2-Amino-4,7-dioxo-3,4,7,8-tetrahydro-pteridin-6-yl]-propionsäure beim Erwär= men von 2,5,6-Triamino-3*H*-pyrimidin-4-on mit Methyloxalessigsäure-diäthylester in Essigsäure (*Matsuura et al.,* Am. Soc. **75** [1953] 4446, 4447, 4448). Beim Erhitzen von 2-[2-Amino-4,7-dioxo-3,4,7,8-tetrahydro-pteridin-6-yl]-propionsäure in wss. HCl (*Ma. et al.,* l. c. S. 4448).

Feststoff (aus wss. NaOH + wss. HCl).

7-Äthyl-2-amino-3,5-dihydro-pteridin-4,6-dion $C_8H_9N_5O_2$, Formel XIII und Taut.

B. Neben 6-Äthyl-2-amino-3*H*,8*H*-pteridin-4,7-dion beim Erwärmen von 2,5,6-Triamino-3*H*-pyrimidin-4-on in wss. NaOH mit 2-Oxo-buttersäure in wss. Essigsäure (*Matsuura et al.,* Am. Soc. **75** [1953] 4446, 4448).

Feststoff (aus wss. NaOH + wss. HCl). λ_{max} (wss. NaOH): 253 nm und 385 nm (*Ma. et al.,* l. c. S. 4447).

***N*-{4-[(7-Methyl-2,4-dioxo-1,2,3,4-tetrahydro-pteridin-6-ylmethyl)-amino]-benzoyl}-L-glutaminsäure** $C_{20}H_{20}N_6O_7$, Formel IX (R = CH_3, X = OH).

B. Aus 5,6-Diamino-1*H*-pyrimidin-2,4-dion-hydrogensulfat, 2,3-Dibrom-propionaldehyd und *N*-[4-Amino-benzoyl]-L-glutaminsäure in wss. Natriumacetat und Essigsäure (*Nation. Drug Co.,* U.S.P. 2484634 [1948]). Beim Behandeln von *N*-[7-Methyl-pteroyl]-L-glutaminsäure (S. 3960) in wss. Essigsäure und H_2SO_4 mit $NaNO_2$ und Behandeln des Reaktionsprodukts in wss. HCl mit Phenol (*Angier et al.,* Am. Soc. **74** [1952] 408, 410).

Gelbe Kristalle mit 1 Mol H_2O; λ_{max}: 303 nm [wss. HCl] bzw. 283 nm und 358 nm [wss. NaOH] (*An. et al.*).

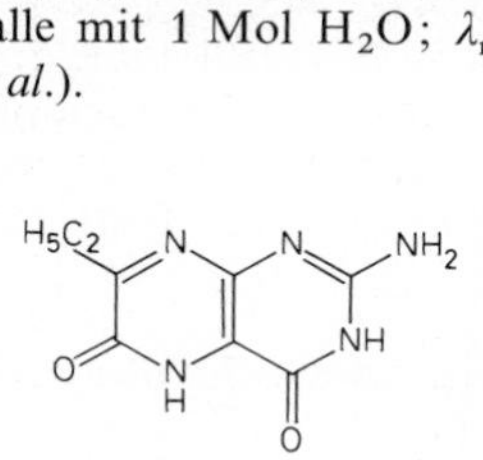

XIII 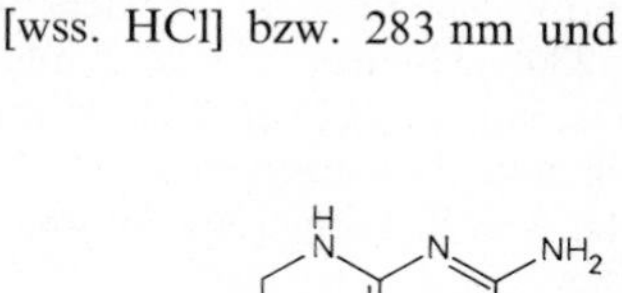 XIV

Amino-Derivate der Dioxo-Verbindungen $C_9H_{10}N_4O_2$

2-Amino-6-propionyl-7,8-dihydro-3*H*-pteridin-4-on, Desoxysepiapterin, Isosepiapterin $C_9H_{11}N_5O_2$, Formel XIV und Taut.

Konstitution: *Forrest, Nawa,* Nature **196** [1962] 372. Das von *Viscontini, Möhlmann* (Helv. **42** [1959] 836, 840) aus der Taufliege Drosophila melanogaster isolierte, ebenfalls als Isosepia≠pterin bezeichnete Präparat ($[\alpha]_D^{20}$: $-100°$; Absorptionsspektrum [wss. HCl sowie wss. NaOH]) ist vermutlich unrein gewesen (vgl. *Viscontini,* Pr. 3. int. Symp. Pteridine Chemistry [Stuttgart 1962] S. 290).

Isolierung (unter der Bezeichnung „Compound A") aus der blaugrünen Alge Anacystis nidu≠lans: *Forrest et al.,* Arch Biochem. **83** [1959] 508; neben Sepiapterin (S. 4034) aus Drosophila melanogaster: *Forrest et al.,* Nature **183** [1959] 1269.

Orangegelbe Kristalle (aus H_2O), die unterhalb 250° nicht schmelzen (*Fo. et al.,* Arch. Bio≠chem. **83** 509). ^{1}H-NMR-Spektrum (DMSO): *Fo., Nawa.* IR-Spektrum (KBr; 2–16 μ) und Absorptionsspektrum (wss. HCl [0,1 n] sowie wss. NaOH [0,1 n]; 220–460 nm): *Fo. et al.,* Arch. Biochem. **83** 509. Fluorescenzmaximum (H_2O): 490 nm (*Fo. et al.,* Arch. Biochem. **83** 590).

Monoacetyl-Derivat $C_{11}H_{13}N_5O_3$. Gelbe Kristalle (aus H_2O); λ_{max}: 264 nm und 395 nm [A.] bzw. 260 nm und 390 nm [wss. HCl (0,1 n)] (*Fo. et al.,* Arch. Biochem. **83** 513, 517).

[*Haltmeier*]

Amino-Derivate der Dioxo-Verbindungen $C_nH_{2n-10}N_4O_2$

Amino-Derivate der Dioxo-Verbindungen $C_7H_4N_4O_2$

2-Amino-4-oxo-3,4-dihydro-pteridin-6-carbaldehyd $C_7H_5N_5O_2$, Formel I (R = H, X = O) und Taut.

B. Beim Erwärmen von 2-Amino-6-dibrommethyl-3*H*-pteridin-4-on in wss. HCl, in wss. Lö≠sung vom pH 4 oder in wss. 2-Methoxy-äthanol (*Am. Cyanamid Co.,* U.S.P. 2517530 [1949]; *Waller et al.,* Am. Soc. **72** [1950] 4630, 4633). Aus 2-Amino-6-[D$_r$-1t_F,2c_F,3r_F,4-tetrahydroxy-but-*cat*$_F$-yl]-3*H*-pteridin-4-on mit Hilfe von KIO_4 oder $NaIO_4$ (*Upjohn Co.,* U.S.P. 2541717 [1948]; *Forrest, Walker,* Soc. **1949** 79, 83; *Weygand et al.,* B. **82** [1949] 25, 30; *Hoffmann-La Roche,* D.B.P. 839498 [1949]; D.R.B.P. Org. Chem. 1950–1951 **3** 504; U.S.P. 2603643 [1948]) sowie mit Hilfe von Blei(IV)-acetat oder Pb_3O_4 und wss. HNO_3 (*Upjohn Co.*; *Hoffmann-La Roche*). Aus Folsäure (S. 3944) beim Erwärmen mit Na_2SO_3 in wss. Essigsäure (*Wa. et al.,* l. c. S. 4632; *Blair,* Nature **179** [1957] 489), beim Behandeln in wss. Lösung vom pH 7,4 mit Luftsauerstoff in Gegenwart von Methylenblau (*Blair,* Biochem. J. **65** [1957] 209, 211), beim Bestrahlen mit UV-Licht in wss. Essigsäure (*Lowry et al.,* J. biol. Chem. **180** [1949] 389) sowie beim Einwirken von Licht und Sauerstoff in Gegenwart von Riboflavin in wss. Lösung vom pH 4 (*Scheindlin et al.,* J. Am. pharm. Assoc. **41** [1952] 420–426).

Gelbe Kristalle; unterhalb 360° nicht schmelzend [aus H_2O] (*We. et al.*) bzw. Zers. ab 280° [aus wss. HCl] (*Hoffmann-La Roche*). IR-Spektrum (2–16 μ): *Forrest et al.,* Arch. Biochem. **83** [1959] 508, 511. Absorptionsspektrum in wss. Essigsäure (250–410 nm): *Lo. et al.,* l. c. S. 395, 407; *Braganca et al.,* Biochim. biophys. Acta **25** [1957] 623, 630; in wss. HCl [0,1 n] sowie wss. NaOH [0,1 n] (220–420 nm): *Wa. et al.,* l. c. S. 4631; in wss. Lösungen vom pH 1–13 (200–500 nm): *Viscontini et al.,* Helv. **41** [1958] 440, 442, 443. λ_{max} (wss. Lösungen vom pH 1,1–12,9; 235–370 nm): *Asahi,* J. pharm. Soc. Japan **79** [1959] 1565, 1568; C. A. **1960** 10593; λ_{max} (wss. NaOH [0,1 n]): 255 nm und 365 nm (*Upjohn Co.*). Polarographische Halbstu≠fenpotentiale in wss. Lösungen vom pH 1–14 bei 25° sowie in wss. Lösungen vom pH 2,5 bei 15–45°: *As.,* l. c. S. 1566, 1567; in wss. Lösungen vom pH 6–12: *Hrdý,* Collect. **24** [1959] 1180, 1184, 1185.

2-Amino-6-diäthoxymethyl-3*H*-pteridin-4-on, 2-Amino-4-oxo-3,4-dihydro-pteridin-6-carbaldehyd-diäthylacetal $C_{11}H_{15}N_5O_3$, Formel II (R = H) und Taut.

Über die Einheitlichkeit des nachstehend beschriebenen Präparats s. *Pfleiderer et al.,* A. **741**

[1970] 64, 66.

B. Beim Behandeln von 2,5,6-Triamino-3*H*-pyrimidin-4-on mit 2-Brom-3,3-diäthoxy-propionaldehyd in wss. $NaHCO_3$ und Behandeln des Reaktionsgemisches mit wss. H_2O_2 (*Sletzinger et al.*, Am. Soc. **77** [1955] 6365, 6366; *Merck & Co. Inc.*, U.S.P. 2740784 [1954]).

Gelblicher Feststoff [aus wss. Eg.] (*Sl. et al.*). λ_{max}: 318 nm [wss. HCl (0,1 n)] bzw. 255 nm und 362 nm [wss. NaOH (0,1 n)] (*Merck & Co. Inc.*).

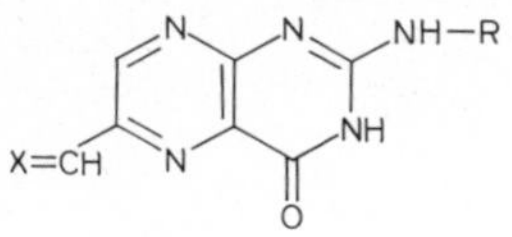

I

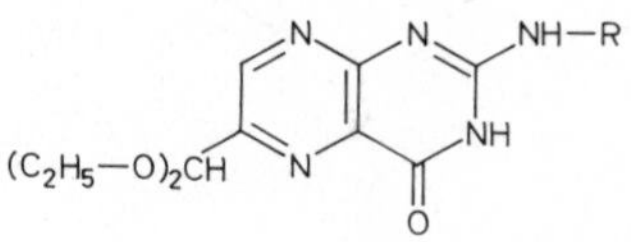

II

***4-[(2-Amino-4-oxo-3,4-dihydro-pteridin-6-ylmethylen)-amino]-benzoesäure,** 9,10-Didehydro-pteroinsäure $C_{14}H_{10}N_6O_3$, Formel I (R = H, X = N-C_6H_4-CO-OH) und Taut.

B. Aus 2-Amino-4-oxo-3,4-dihydro-pteridin-6-carbaldehyd und 4-Amino-benzoesäure (*Upjohn Co.*, U.S.P. 2541717 [1948]).

λ_{max} (wss. NaOH [0,1 n]): 258 – 260 nm und 368 nm.

***2-Amino-4-oxo-3,4-dihydro-pteridin-6-carbaldehyd-oxim** $C_7H_6N_6O_2$, Formel I (R = H, X = N-OH) und Taut.

B. Aus 2-Amino-4-oxo-3,4-dihydro-pteridin-6-carbaldehyd und NH_2OH (*Waller et al.*, Am. Soc. **72** [1950] 4630, 4633).

Absorptionsspektrum (wss. HCl [0,1 n] sowie wss. NaOH [0,1 n]; 220 – 420 nm): *Wa. et al.*, l. c. S. 4631.

Das von *Karrer, Schwyzer* (Helv. **31** [1948] 777, 780) aus 2,5,6-Triamino-3*H*-pyrimidin-4-on und 1,3-Bis-hydroxyimino-aceton in wss. Essigsäure erhaltene Präparat (gelbe bis rote Kristalle mit 1 Mol H_2O) ist aufgrund der Bildungsweise möglicherweise ein Gemisch mit 2-Amino-4-oxo-3,4-dihydro-pteridin-7-carbaldehyd-oxim.

***2-Amino-4-oxo-3,4-dihydro-pteridin-6-carbaldehyd-phenylhydrazon** $C_{13}H_{11}N_7O$, Formel I (R = H, X = N-NH-C_6H_5) und Taut.

B. Aus 2-Amino-4-oxo-3,4-dihydro-pteridin-6-carbaldehyd und Phenylhydrazin (*Waller et al.*, Am. Soc. **72** [1950] 4630, 4633).

Roter Feststoff. Absorptionsspektrum (wss. HCl [0,1 n] sowie wss. NaOH [0,1 n]; 220 – 440 nm): *Wa. et al.*, l. c. S. 4631.

2-Acetylamino-4-oxo-3,4-dihydro-pteridin-6-carbaldehyd, *N*-[6-Formyl-4-oxo-3,4-dihydro-pteridin-2-yl]-acetamid $C_9H_7N_5O_3$, Formel I (R = CO-CH_3, X = O) und Taut.

B. Beim Behandeln der folgenden Verbindung mit wss. Ameisensäure (*Sletzinger et al.*, Am. Soc. **77** [1955] 6365, 6367; *Merck & Co. Inc.*, U.S.P. 2740784 [1954]).

Kristalle [aus DMF] (*Sl. et al.*). λ_{max} (wss. NaOH [0,1 n]): 255 nm und 350 nm (*Sl. et al.*; *Merck & Co. Inc.*).

2-Acetylamino-6-diäthoxymethyl-3*H*-pteridin-4-on, *N*-[6-Diäthoxymethyl-4-oxo-3,4-dihydro-pteridin-2-yl]-acetamid $C_{13}H_{17}N_5O_4$, Formel II (R = CO-CH_3) und Taut.

B. Beim Erhitzen von 2-Amino-6-diäthoxymethyl-3*H*-pteridin-4-on (s. o.) mit Acetanhydrid (*Sletzinger et al.*, Am. Soc. **77** [1955] 6365, 6367; *Merck & Co. Inc.*, U.S.P. 2740784 [1954]).

Kristalle; F: 198 – 200° [aus Dioxan] (*Merck & Co. Inc.*), 197 – 200° [aus A.] (*Sl. et al.*). λ_{max} (wss. NaOH [0,1 n]): 257 nm und 350 nm (*Sl. et al.*; *Merck & Co. Inc.*).

***N*-{4-[(2-Acetylamino-4-oxo-3,4-dihydro-pteridin-6-ylmethylen)-amino]-benzoyl}-L-glutaminsäure,** *N*-[N^2-Acetyl-9,10-didehydro-pteroyl]-L-glutaminsäure $C_{21}H_{19}N_7O_7$, Formel III und Taut.

B. Beim Erwärmen von *N*-[4-Amino-benzoyl]-L-glutaminsäure mit 2-Acetylamino-4-oxo-3,4-

dihydro-pteridin-6-carbaldehyd in Äthanol (*Merck & Co. Inc.*, U.S.P. 2740784 [1954]).

Gelbe Kristalle. λ_{max} (wss. NaOH [0,1 n]): 258 nm und 350 nm.

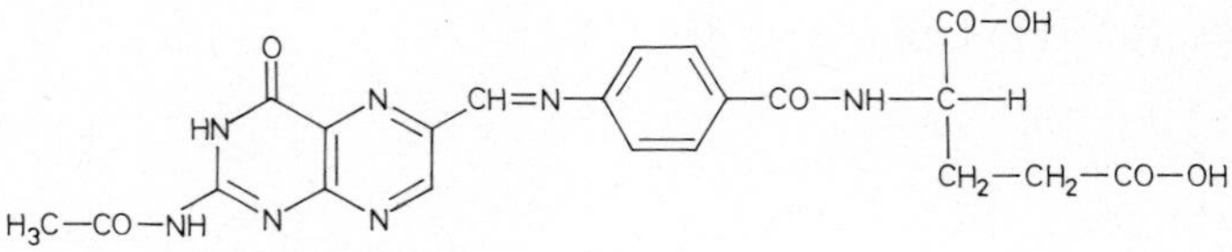

(±)-2-Amino-6-[hydroxy-methylmercapto-methyl]-3*H*-pteridin-4-on $C_8H_9N_5O_2S$, Formel IV und Taut.

B. Beim Behandeln von 2-Amino-4-oxo-3,4-dihydro-pteridin-6-carbaldehyd mit Methanthiol in konz. wss. HCl (*Tschesche et al.*, B. **88** [1955] 1251, 1257).

Kristalle (aus H_2O). λ_{max} (wss. NaOH [0,1 n]): 256 nm und 360 nm.

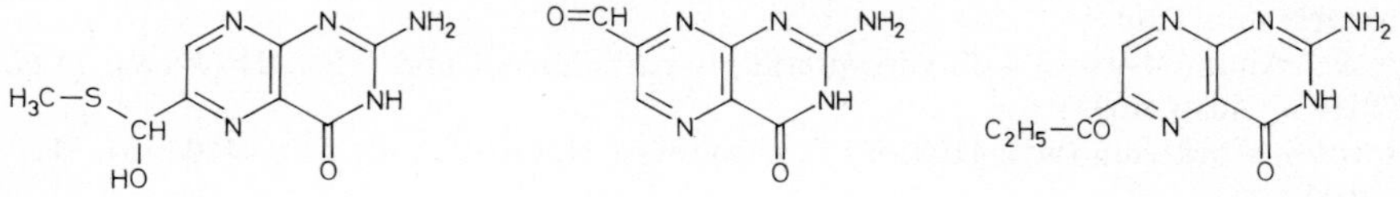

2-Amino-4-oxo-3,4-dihydro-pteridin-7-carbaldehyd $C_7H_5N_5O_2$, Formel V und Taut.

B. Aus 2-Amino-7-[D_r-1t_F,2c_F,3r_F,4-tetrahydroxy-but-*cat*$_F$-yl]-3*H*-pteridin-4-on mit Hilfe von Blei(IV)-acetat (*Upjohn Co.*, U.S.P. 2541717 [1948]; s. a. *Petering, Weisblat*, Am. Soc. **69** [1947] 2566).

Kristalle; λ_{max} (wss. NaOH [0,1 n]): 252,5 nm und 360 nm (*Upjohn Co.*).

4-Carboxy-phenylimin $C_{14}H_{10}N_6O_3$; 4-[(2-Amino-4-oxo-3,4-dihydro-pteridin-7-ylmethylen)-amino]-benzoesäure. λ_{max} (wss. NaOH [0,1 n]): 255 nm und 360 nm (*Upjohn Co.*).

Amino-Derivate der Dioxo-Verbindungen $C_9H_8N_4O_2$

2-Amino-6-propionyl-3*H*-pteridin-4-on $C_9H_9N_5O_2$, Formel VI und Taut.

B. Aus 2-Amino-6-propionyl-7,8-dihydro-3*H*-pteridin-4-on (S. 4006) beim Erhitzen auf 260° oder beim Belichten sowie beim Behandeln mit Brom in H_2O (*Forrest et al.*, Arch. Biochem. **83** [1959] 508, 510, 512, 514).

Kristalle (aus wss. Me.). IR-Spektrum (2–16 μ): *Fo. et al.*, l. c. S. 511. λ_{max} (wss. NaOH [0,1 n]): 275 nm und 368 nm.

Amino-Derivate der Dioxo-Verbindungen $C_nH_{2n-12}N_4O_2$

(±)-2′-Amino-4-methyl-1,4-dihydro-1′*H*-spiro[chinoxalin-2,4′-imidazol]-3,5′-dion $C_{11}H_{11}N_5O_2$, Formel VII (R = H) und Taut.

B. Beim Erwärmen von 4-Methyl-3-oxo-3,4-dihydro-chinoxalin-2-carbonsäure-methylester mit Guanidin-hydrochlorid und methanol. Natriummethylat (*Cresswell et al.*, Soc. **1959** 698, 702).

Kristalle (aus H_2O); F: 229–230° [Zers.]. λ_{max} (wss. Lösung): 213 nm, 316 nm und 392 nm [pH 1] bzw. 222 nm und 298 nm [pH 7] (*Cr. et al.*, l. c. S. 701).

Hydrochlorid $C_{11}H_{11}N_5O_2 \cdot HCl$. Gelbe Kristalle (aus Me.); F: 265–266°.

5-Acetyl-8-acetylamino-7,10-dimethyl-5,10-dihydro-1*H*-benzo[*g*]pteridin-2,4-dion, *N*-[5-Acetyl-7,10-dimethyl-2,4-dioxo-1,2,3,4,5,10-hexahydro-benzo[*g*]pteridin-8-yl]-acetamid $C_{16}H_{17}N_5O_4$, Formel VIII (X = O).

B. Beim Erhitzen von 8-Amino-7,10-dimethyl-10*H*-benzo[*g*]pteridin-2,4-dion mit Zink-Pulver und Acetanhydrid in Essigsäure und H_2SO_4 (*Hemmerich et al.*, Helv. **42** [1959] 1604, 1608).

Kristalle, die sich bis 320° nicht verändern.

VII VIII IX

5-Acetyl-8-acetylamino-7,10-dimethyl-2-thioxo-2,3,5,10-tetrahydro-1*H*-benzo[*g*]pteridin-4-on, *N*-[5-Acetyl-7,10-dimethyl-4-oxo-2-thioxo-1,2,3,4,5,10-hexahydro-benzo[*g*]pteridin-8-yl]-acetamid $C_{16}H_{17}N_5O_3S$, Formel VIII (X = S).

B. Beim Erhitzen von 8-Amino-7,10-dimethyl-2-thioxo-2,10-dihydro-3*H*-benzo[*g*]pteridin-4-on mit Zink-Pulver und Acetanhydrid in Essigsäure und H_2SO_4 (*Hemmerich et al.*, Helv. **42** [1959] 1604, 1609).

Kristalle (aus wss. NH_3+konz. wss. HCl), die sich bis 320° nicht verändern. Kristalle (aus wss. NH_3+Eg.) mit 1 Mol Essigsäure.

(±)-2′-Amino-4,6,7-trimethyl-1,4-dihydro-1′*H*-spiro[chinoxalin-2,4′-imidazol]-3,5′-dion $C_{13}H_{15}N_5O_2$, Formel VII (R = CH_3) und Taut.

B. Beim Behandeln von 4,6,7-Trimethyl-3-oxo-3,4-dihydro-chinoxalin-2-carbonsäure-methyl≠ester mit Guanidin-hydrochlorid und Natriumpropylat in Propan-1-ol (*Cresswell et al.*, Soc. **1959** 698, 704).

Hygroskopische Kristalle; F: 275°. λ_{max} (wss. Lösung): 218 nm, 241 nm, 340 nm und 410 nm [pH 1] bzw. 226 nm und 306 nm [pH 13] (*Cr. et al.*, l. c. S. 701).

Hydrochlorid $C_{13}H_{15}N_5O_2 \cdot HCl$. Gelbe Kristalle (aus wss. HCl); F: 267–270°.

(2Ξ)-2′-Amino-6,7-dimethyl-4-D-ribit-1-yl-1,4-dihydro-1′*H*-spiro[chinoxalin-2,4′-imidazol]-3,5′-dion $C_{17}H_{23}N_5O_6$, Formel IX und Taut.

B. Beim Behandeln von 6,7-Dimethyl-3-oxo-4-D-ribit-1-yl-3,4-dihydro-chinoxalin-2-carbon≠säure-methylester mit Guanidin-hydrochlorid und Natriumpropylat in Propan-1-ol (*Cresswell et al.*, Soc. **1959** 698, 703).

Kristalle mit 1,5 Mol H_2O; F: 183–186°. λ_{max} (wss. Lösung): 220 nm, 342 nm und 412 nm [pH 1] bzw. 306 nm [pH 7] (*Cr. et al.*, l. c. S. 701).

Hydrochlorid $C_{17}H_{23}N_5O_6 \cdot HCl$. Gelbe Kristalle (aus wss. HCl); F: 227–229°.

Amino-Derivate der Dioxo-Verbindungen $C_nH_{2n-14}N_4O_2$

Amino-Derivate der Dioxo-Verbindungen $C_{10}H_6N_4O_2$

8-Methylamino-1*H*-benzo[*g*]pteridin-2,4-dion $C_{11}H_9N_5O_2$, Formel X (R = R′ = H).

B. Neben 8-Amino-10-methyl-10*H*-benzo[*g*]pteridin-2,4-dion $C_{11}H_9N_5O_2$ beim Er≠hitzen von Alloxan-5-oxim (E III/IV **24** 2142) mit *N*-Methyl-*m*-phenylendiamin in wss. Metha≠

nol (*King et al.,* Soc. **1948** 1926, 1930; s. a. *Nishida,* Rep. scient. Res. Inst. Tokyo **25** [1949] 316, 319; C. A. **1951** 7127).

Orangerotes Pulver mit 2 Mol H_2O, F: 352–355° [Zers.]; bei 120° im Vakuum werden 1,5 Mol H_2O abgegeben (*King et al.*). Absorptionsspektrum (wss. NaOH [0,1 n]; 250–500 nm): *King et al.,* l. c. S. 1927.

1,3-Dimethyl-8-methylamino-1*H*-benzo[*g*]pteridin-2,4-dion $C_{13}H_{13}N_5O_2$, Formel X (R = CH_3, R′ = H).

B. Beim Behandeln von 8-Amino-1*H*-benzo[*g*]pteridin-2,4-dion (H **26** 591) mit äther. Diazo⸗methan (*Ganapati,* J. Indian chem. Soc. **15** [1938] 77, 80).

Rote Kristalle (aus Ameisensäure), die unterhalb 345° nicht schmelzen.

R′ R H3C N N N O N N R O X

R (CH3)2N N N O N NH O XI

8-Dimethylamino-1*H*-benzo[*g*]pteridin-2,4-dion $C_{12}H_{11}N_5O_2$, Formel X (R = H, R′ = CH_3).

B. Aus Alloxan-5-oxim (E III/IV **24** 2142) und *N,N*-Dimethyl-*m*-phenylendiamin (*King et al.,* Soc. **1948** 1926, 1929).

Orangerotes Pulver (aus wss.-methanol. NaOH + wss. HCl) mit 0,5 Mol H_2O; F: 355–357° [Zers.; nach Trocknen bei 120° im Vakuum]. Absorptionsspektrum (wss. NaOH [0,05 n]; 250–500 nm): *King et al.,* l. c. S. 1927.

Natrium-Salz $NaC_{12}H_{10}N_5O_2$. Rote Kristalle mit 0,5 Mol H_2O [nach Trocknen bei 120° im Vakuum].

8-Dimethylamino-10-methyl-10*H*-benzo[*g*]pteridin-2,4-dion $C_{13}H_{13}N_5O_2$, Formel XI (R = CH_3).

B. Aus Alloxan-5-oxim (E III/IV **24** 2142) und *N,N,N′*-Trimethyl-*m*-phenylendiamin (*King et al.,* Soc. **1948** 1926, 1929).

Rote Kristalle (aus wss. NaOH + wss. HCl); F: 360° [Zers.] Absorptionsspektrum (wss. NaOH [0,14 n]; 250–500 nm): *King et al.,* l. c. S. 1927.

10-[2-Diäthylamino-äthyl]-8-dimethylamino-10*H*-benzo[*g*]pteridin-2,4-dion $C_{18}H_{24}N_6O_2$, Formel XI (R = CH_2-CH_2-$N(C_2H_5)_2$).

B. Aus Alloxazin-5-oxim (E III/IV **24** 2142) beim Erwärmen mit *N′*-[2-Diäthylamino-äthyl]-*N,N*-dimethyl-*m*-phenylendiamin in wss. Äthanol (*King et al.,* Soc. **1948** 1926, 1929). Beim Er⸗wärmen von 5,5-Dihydroxy-barbitursäure (E III/IV **24** 2137) mit *N*²-[2-Diäthylamino-äthyl]-*N*⁴,*N*⁴-dimethyl-benzen-1,2,4-triyltriamin (erhalten bei der Hydrierung von *N*³-[2-Diäthyl⸗amino-äthyl]-*N*¹,*N*¹-dimethyl-4-nitro-*m*-phenylendiamin an Palladium/Kohle in Essigsäure) und H_3BO_3 in Essigsäure (*King et al.*).

Rote Kristalle (aus wss. NaOH + wss. HCl) mit 1 Mol H_2O, F: 298–300° [Zers.]; bei 200° im Vakuum werden 0,5 Mol H_2O abgegeben.

Hydrochlorid $C_{18}H_{24}N_6O_2 \cdot HCl$. Hellrote Kristalle (aus methanol. HCl + Ae.) mit 1 Mol H_2O; F: 290° [Zers.].

Picrat $C_{18}H_{24}N_6O_2 \cdot C_6H_3N_3O_7$. Rote Kristalle (aus wss. A.); F: 242° [Zers.].

Alloxan-5-oxim-Salz (Violurat) $C_{18}H_{24}N_6O_2 \cdot C_4H_3N_3O_4$. Rotbraune Kristalle (aus H_2O) mit 4 Mol H_2O, F: 265° [Zers.]; im Vakuum werden bei 120° 3,5 Mol, bei 150° 4 Mol H_2O abgegeben.

8-Amino-2-thioxo-2,3-dihydro-1*H*-benzo[*g*]pteridin-4-on $C_{10}H_7N_5OS$, Formel XII.

B. Aus 2-Thio-alloxan-5-oxim (E III/IV **24** 2155) und *m*-Phenylendiamin (*Ganapati,* J. Indian chem. Soc. **15** [1938] 77, 81).

Braune Kristalle, die unterhalb 340° nicht schmelzen.

XII XIII

Amino-Derivate der Dioxo-Verbindungen $C_{11}H_8N_4O_2$

8-Amino-7-methyl-1*H*-benzo[*g*]pteridin-2,4-dion $C_{11}H_9N_5O_2$, Formel XIII.

B. Aus Alloxan-5-oxim (E III/IV **24** 2142) und 4-Methyl-*m*-phenylendiamin (*Nishida,* Bl. Inst. phys. chem. Res. Tokyo **22** [1943] 872, 875; C. A. **1949** 7938).

Gelbe Kristalle (aus Py.), die unterhalb 350° nicht schmelzen.

8-Amino-7,10-dimethyl-10*H*-benzo[*g*]pteridin-2,4-dion $C_{12}H_{11}N_5O_2$, Formel XIV (R = R′ = H, X = O).

B. Aus Alloxan-5-oxim (E III/IV **24** 2142) und 4,N^1-Dimethyl-*m*-phenylendiamin (*Nishida,* Rep. scient. Res. Inst. Tokyo **25** [1949] 316, 321; C. A. **1951** 7127; *Hemmerich et al.,* Helv. **42** [1959] 1604, 1608).

Hygroskopische rote Kristalle, die sich bis 320° nicht verändern (*He. et al.*); gelbe Kristalle (aus Py. + Me.), die unterhalb 300° nicht schmelzen (*Ni.*).

Natrium-Salz $NaC_{12}H_{10}N_5O_2$. Rote Kristalle (aus wss. NaOH), die sich bis 320° nicht verändern (*He. et al.*).

Hydrochlorid. Hygroskopische rotbraune Kristalle (aus wss. HCl), die sich bis 320° nicht verändern (*He. et al.*).

Formiat $C_{12}H_{11}N_5O_2 \cdot CH_2O_2$. F: 338° [Zers.] (*Ni.*).

Acetyl-Derivat $C_{14}H_{13}N_5O_3$; 8-Acetylamino-7,10-dimethyl-10*H*-benzo[*g*]pteridin-2,4-dion, *N*-[7,10-Dimethyl-2,4-dioxo-2,3,4,10-tetrahydro-benzo[*g*]pteridin-8-yl]-acetamid. *B.* Durch saure Hydrolyse von 5-Acetyl-8-acetylamino-7,10-dimethyl-5,10-dihydro-1*H*-benzo[*g*]pteridin-2,4-dion unter Luftzutritt (*He. et al.*).

8-Amino-3,7,10-trimethyl-10*H*-benzo[*g*]pteridin-2,4-dion $C_{13}H_{13}N_5O_2$, Formel XIV (R = CH_3, R′ = H, X = O).

B. Aus dem Natrium-Salz der vorangehenden Verbindung und CH_3I (*Hemmerich et al.,* Helv. **42** [1959] 1604, 1611).

Bronzefarbene Kristalle (aus DMF), die sich bis 320° nicht verändern.

Acetyl-Derivat $C_{15}H_{15}N_5O_3$; 8-Acetylamino-3,7,10-trimethyl-10*H*-benzo[*g*]pteridin-2,4-dion, *N*-[3,7,10-Trimethyl-2,4-dioxo-2,3,4,10-tetrahydro-benzo[*g*]pteridin-8-yl]-acetamid. Orangegelbe Kristalle (aus wss. NaOH + Eg.), die sich bis 320° nicht verändern.

3,7,10-Trimethyl-8-methylamino-10*H*-benzo[*g*]pteridin-2,4-dion $C_{14}H_{15}N_5O_2$, Formel XIV (R = R′ = CH_3, X = O).

B. Beim Behandeln von 8-Amino-7,10-dimethyl-10*H*-benzo[*g*]pteridin-2,4-dion mit Diazomethan in Äther (*Nishida,* Rep. scient. Res. Inst. Tokyo **25** [1949] 316, 321; C. A. **1951** 7127).

Orangefarbene Kristalle (aus Eg.); Zers. bei 310°.

8-[2-Hydroxy-äthylamino]-7,10-dimethyl-10*H*-benzo[*g*]pteridin-2,4-dion $C_{14}H_{15}N_5O_3$, Formel XIV (R = H, R′ = CH_2-CH_2-OH, X = O).

B. Beim Erwärmen von 8-Chlor-7,10-dimethyl-10*H*-benzo[*g*]pteridin-2,4-dion mit 2-Amino-äthanol (*Hemmerich et al.,* Helv. **42** [1959] 2164, 2175).

Rote Kristalle (aus wss. NaOH + Eg.).

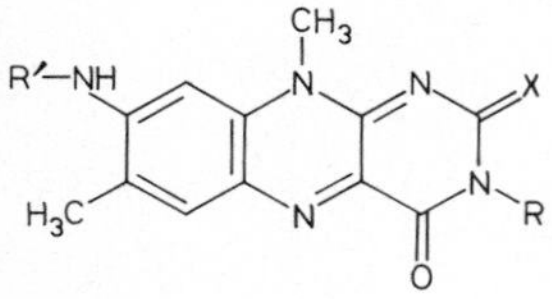

XIV 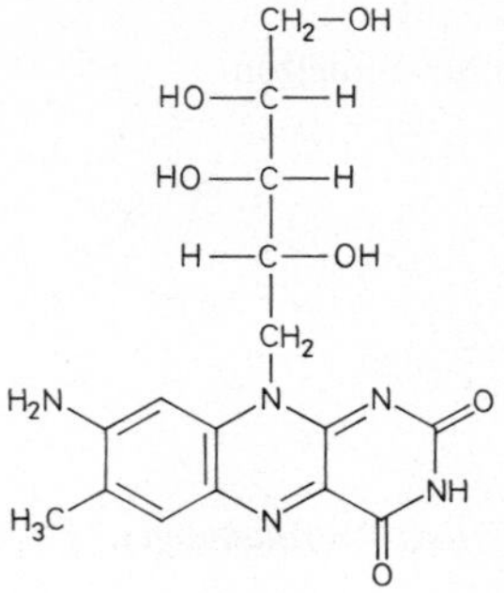 XV 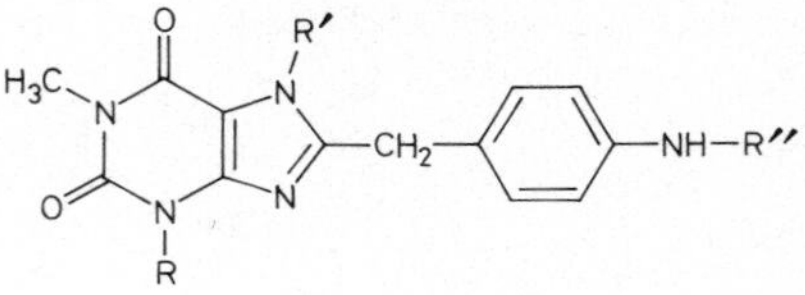 XVI

8-Amino-10-D-arabit-1-yl-7-methyl-10*H*-benzo[*g*]pteridin-2,4-dion $C_{16}H_{19}N_5O_6$, Formel XV.

B. Beim Erwärmen von Alloxan-5-oxim (E III/IV **24** 2142) mit 1-[3-Amino-4-methyl-anilino]-1-desoxy-D-arabit (beim Hydrieren von 1-[4-Methyl-3-nitro-anilino]-1-desoxy-D-arabit an Platin in Methanol erhalten) in wss. NaOH (*Nishida,* Rep. scient. Res. Inst. Tokyo **25** [1949] 323, 326; C. A. **1951** 7127).

Orangegelbe Kristalle (aus wss. Me.), die unterhalb 300° nicht schmelzen.

8-Amino-7,10-dimethyl-2-thioxo-2,10-dihydro-3*H*-benzo[*g*]pteridin-4-on $C_{12}H_{11}N_5OS$, Formel XIV (R = R' = H, X = S).

B. Beim Erhitzen von 2-Thio-alloxan-5-oxim (E III/IV **24** 2155) mit 4,N^1-Dimethyl-*m*-phenylendiamin in Essigsäure unter Stickstoff (*Hemmerich et al.,* Helv. **42** [1959] 1604, 1608).

Violettbraune Kristalle (aus wss. NaOH + wss. Eg.) mit 2 Mol H_2O.

Amino-Derivate der Dioxo-Verbindungen $C_{12}H_{10}N_4O_2$

8-[4-Amino-benzyl]-1-methyl-3,7-dihydro-purin-2,6-dion $C_{13}H_{13}N_5O_2$, Formel XVI (R = R' = R'' = H) und Taut.

B. Beim Erhitzen von 2-[4-Amino-benzyl]-5-[*N'*-methyl-ureido]-1(3)*H*-imidazol-4-carbonsäure-äthylester (aus 5-[*N'*-Methyl-ureido]-2-[4-nitro-benzyl]-1(3)*H*-imidazol-4-carbonsäure-äthylester durch Reduktion mit $SnCl_2$ in konz. wss. HCl erhalten) in wss. NaOH (*Bader et al.,* Soc. **1950** 2775, 2781).

Hydrochlorid $C_{13}H_{13}N_5O_2 \cdot HCl$. Kristalle (aus H_2O); F: 349 – 350° [unkorr.; Zers.].

8-[4-Amino-benzyl]-1,3-dimethyl-3,7-dihydro-purin-2,6-dion $C_{14}H_{15}N_5O_2$, Formel XVI (R = CH_3, R' = R'' = H) und Taut.

B. Beim Erhitzen von [4-Amino-phenyl]-essigsäure mit 5,6-Diamino-1,3-dimethyl-1*H*-pyrimidin-2,4-dion (*Hager et al.,* J. Am. pharm. Assoc. **43** [1954] 152, 154; *Krantz,* U.S.P. 2840559 [1954]).

Kristalle (aus wss. A.); F: 297 – 298° [Zers.].

8-[4-Amino-benzyl]-1,3,7-trimethyl-3,7-dihydro-purin-2,6-dion $C_{15}H_{17}N_5O_2$, Formel XVI (R = R' = CH_3, R'' = H).

B. Beim Behandeln der folgenden Verbindung mit Dimethylsulfat in wss. NaOH und Erhitzen des Reaktionsprodukts mit wss. HCl (*Chattanooga Med. Co.,* U.S.P. 2729642 [1954]).

Kristalle; F: 220 – 222°.

Hydrochlorid $C_{15}H_{17}N_5O_2 \cdot HCl$. F: 239 – 240°.

Hydrobromid $C_{15}H_{17}N_5O_2 \cdot HBr$. F: 260 – 261°.

Sulfat $2C_{15}H_{17}N_5O_2 \cdot H_2SO_4$. F: 218°.

Phosphat $C_{15}H_{17}N_5O_2 \cdot H_3PO_4$. F: 255°.

8-[4-Acetylamino-benzyl]-1,3-dimethyl-3,7-dihydro-purin-2,6-dion, Essigsäure-[4-(1,3-dimethyl-2,6-dioxo-2,3,6,7-tetrahydro-1*H*-purin-8-ylmethyl)-anilid] $C_{16}H_{17}N_5O_3$, Formel XVI (R = CH_3, R′ = H, R″ = CO-CH_3) und Taut.

B. Beim Erhitzen von [4-Acetylamino-phenyl]-essigsäure mit 5,6-Diamino-1,3-dimethyl-1*H*-pyrimidin-2,4-dion (*Hager et al.*, J. Am. pharm. Assoc. **43** [1954] 152, 154).

Kristalle (aus A., Eg., wss. Eg. oder H_2O); F: 294 – 300° [Zers.].

9-Amino-7,8,10-trimethyl-10*H*-benzo[*g*]pteridin-2,4-dion $C_{13}H_{13}N_5O_2$, Formel I.

B. Beim Hydrieren von 3,4,*N*-Trimethyl-2,6-dinitro-anilin an Raney-Nickel in Äthanol und Behandeln des Reaktionsprodukts mit 5,5-Dihydroxy-barbitursäure (E III/IV **24** 2137) und H_3BO_3 in Essigsäure (*Hemmerich,* Helv. **41** [1958] 514, 519).

Braunschwarze Kristalle (aus DMF).

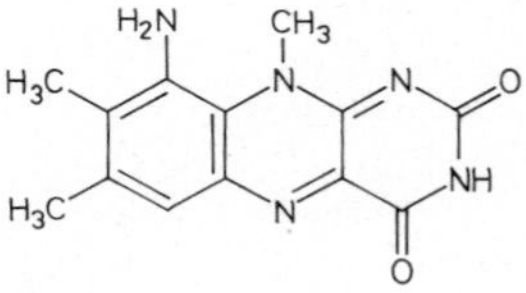

I 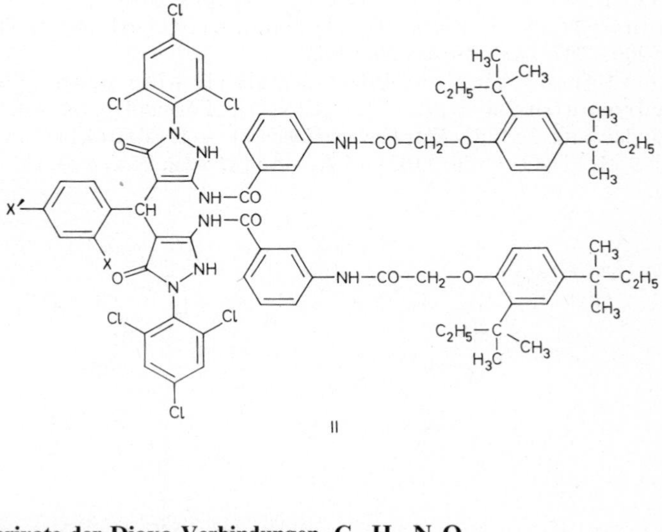 II

Amino-Derivate der Dioxo-Verbindungen $C_{13}H_{12}N_4O_2$

Bis-(5-{3-[2-(2,4-di-*tert*-pentyl-phenoxy)-acetylamino]-benzoylamino}-3-oxo-2-[2,4,6-trichlor-phenyl]-2,3-dihydro-1*H*-pyrazol-4-yl)-phenyl-methan, 5,5′-Bis-{3-[2-(2,4-di-*tert*-pentyl-phenoxy)-acetylamino]-benzoylamino}-2,2′-bis-[2,4,6-trichlor-phenyl]-1,2,1′,2′-tetrahydro-4,4′-benzyliden-bis-pyrazol-3-on $C_{75}H_{78}Cl_6N_8O_8$, Formel II (X = X′ = H) und Taut.

B. Aus 3-[2-(2,4-Di-*tert*-pentyl-phenoxy)-acetylamino]-benzoesäure-[5-oxo-1-(2,4,6-trichlor-phenyl)-2,5-dihydro-1*H*-pyrazol-3-ylamid] und Benzaldehyd in Äthanol (*Eastman Kodak Co.*, U.S.P. 2618641 [1951]).

Kristalle; F: 170 – 172°.

Die folgenden Verbindungen sind in analoger Weise hergestellt worden:

5,5′-Bis-{3-[2-(2,4-di-*tert*-pentyl-phenoxy)-acetylamino]-benzoylamino}-2,2′-bis-[2,4,6-trichlor-phenyl]-1,2,1′,2′-tetrahydro-4,4′-[2-chlor-benzyliden]-bis-pyrazol-3-on $C_{75}H_{77}Cl_7N_8O_8$, Formel II (X = Cl, X′ = H) und Taut. Kristalle; F: 218 – 219°.

5,5′-Bis-{3-[2-(2,4-di-*tert*-pentyl-phenoxy)-acetylamino]-benzoylamino}-2,2′-bis-[2,4,6-trichlor-phenyl]-1,2,1′,2′-tetrahydro-4,4′-[4-chlor-benzyliden]-bis-pyrazol-3-on $C_{75}H_{77}Cl_7N_8O_8$, Formel II (X = H, X′ = Cl) und Taut. Kristalle; F: 203 – 204°.

5,5′-Bis-{3-[2-(2,4-di-*tert*-pentyl-phenoxy)-acetylamino]-benzoylamino}-2,2′-bis-[2,4,6-trichlor-phenyl]-1,2,1′,2′-tetrahydro-4,4′-[4-nitro-benzyliden]-bis-pyrazol-3-on $C_{75}H_{77}Cl_6N_9O_{10}$, Formel II (X = H, X′ = NO_2) und Taut. Kristalle; F: 192 – 193°.

Amino-Derivate der Dioxo-Verbindungen $C_{14}H_{14}N_4O_2$

(±)-8-[3-Dimethylamino-1-phenyl-propyl]-1,3,7-trimethyl-3,7-dihydro-purin-2,6-dion $C_{19}H_{25}N_5O_2$, Formel III (R = CH_3, X = H).

B. Beim Erhitzen von (±)-4-Dimethylamino-2-phenyl-2-[1,3,7-trimethyl-2,6-dioxo-2,3,6,7-tetrahydro-1*H*-purin-8-yl]-butyronitril mit wss. H_2SO_4 [70%ig] (*Ehrhart,* Ar. **290** [1957] 16, 18; *Farbw. Hoechst,* U.S.P. 2799675 [1954]).

Kristalle (aus Cyclohexan); F: 114–115° (*Eh.*; *Farbw. Hoechst*).

Hydrochlorid $C_{19}H_{25}N_5O_2 \cdot HCl$. F: 222–224° (*Eh.*), 215–216° (*Farbw. Hoechst*).

Die folgenden Verbindungen sind in analoger Weise hergestellt worden:

(±)-8-[3-Diäthylamino-1-phenyl-propyl]-1,3,7-trimethyl-3,7-dihydro-purin-2,6-dion $C_{21}H_{29}N_5O_2$, Formel III (R = C_2H_5, X = H). Kristalle (aus Cyclohexan) mit 0,5 Mol H_2O; F: 136–137° (*Eh.*; *Farbw. Hoechst*).

(±)-1,3,7-Trimethyl-8-[1-phenyl-3-piperidino-propyl]-3,7-dihydro-purin-2,6-dion $C_{22}H_{29}N_5O_2$, Formel IV. Hydrochlorid $C_{22}H_{29}N_5O_2 \cdot HCl$. Kristalle (aus Acn. + Ae.); F: 206–207° (*Eh.*; *Farbw. Hoechst*).

(±)-8-[1-(4-Chlor-phenyl)-3-dimethylamino-propyl]-1,3,7-trimethyl-3,7-dihydro-purin-2,6-dion $C_{19}H_{24}ClN_5O_2$, Formel III (R = CH_3, X = Cl). Kristalle (aus Butylacetat); F: 130° (*Eh.*; *Farbw. Hoechst*). – Hydrochlorid $C_{19}H_{24}ClN_5O_2 \cdot HCl$. Kristalle mit 2 Mol H_2O; F: ca. 110° [aus A. + Ae.] (*Farbw. Hoechst*), 105–110° (*Eh.*).

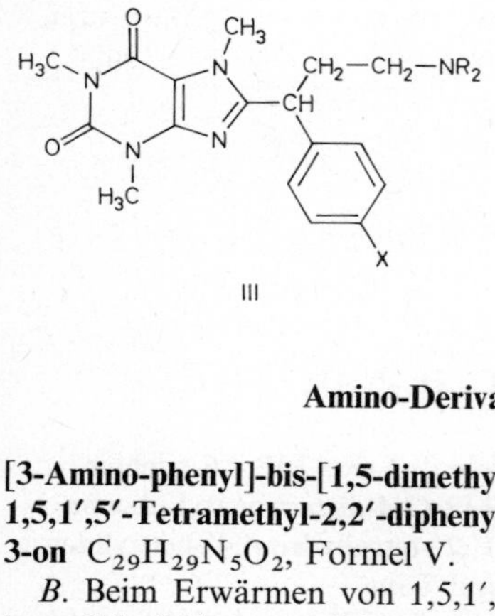

III 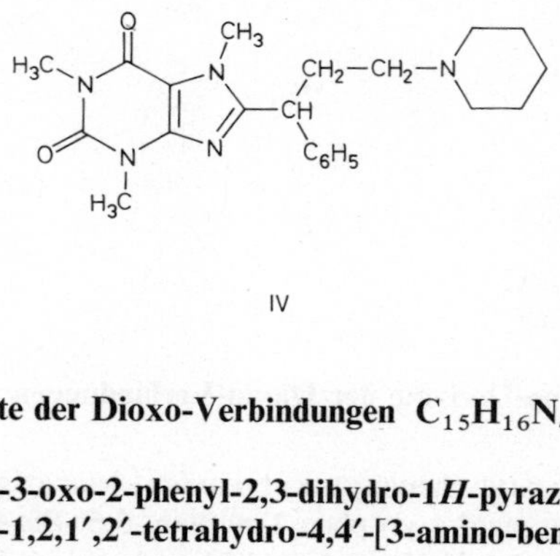 IV 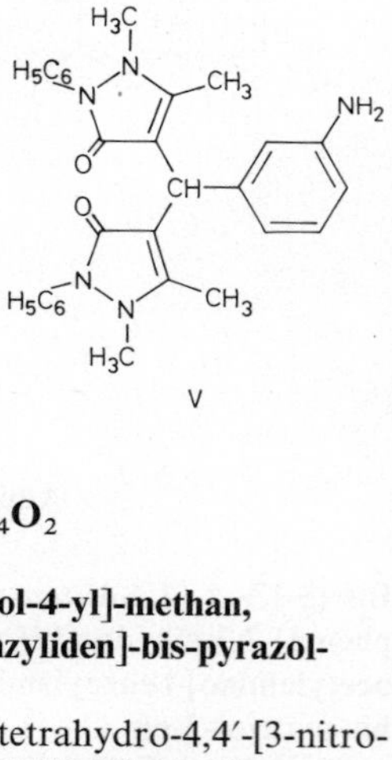 V

Amino-Derivate der Dioxo-Verbindungen $C_{15}H_{16}N_4O_2$

[3-Amino-phenyl]-bis-[1,5-dimethyl-3-oxo-2-phenyl-2,3-dihydro-1*H*-pyrazol-4-yl]-methan, 1,5,1′,5′-Tetramethyl-2,2′-diphenyl-1,2,1′,2′-tetrahydro-4,4′-[3-amino-benzyliden]-bis-pyrazol-3-on $C_{29}H_{29}N_5O_2$, Formel V.

B. Beim Erwärmen von 1,5,1′,5′-Tetramethyl-2,2′-diphenyl-1,2,1′,2′-tetrahydro-4,4′-[3-nitro-benzyliden]-bis-pyrazol-3-on mit $SnCl_2$ in konz. wss. HCl (*Klosa,* Ar. **289** [1956] 65, 68).

Kristalle (aus A. + H_2O); F: 145–147°.

Acetyl-Derivat $C_{31}H_{31}N_5O_3$; 1,5,1′,5′-Tetramethyl-2,2′-diphenyl-1,2,1′,2′-tetrahydro-4,4′-[3-acetylamino-benzyliden]-bis-pyrazol-3-on. Kristalle (aus A.); F: 203–205°.

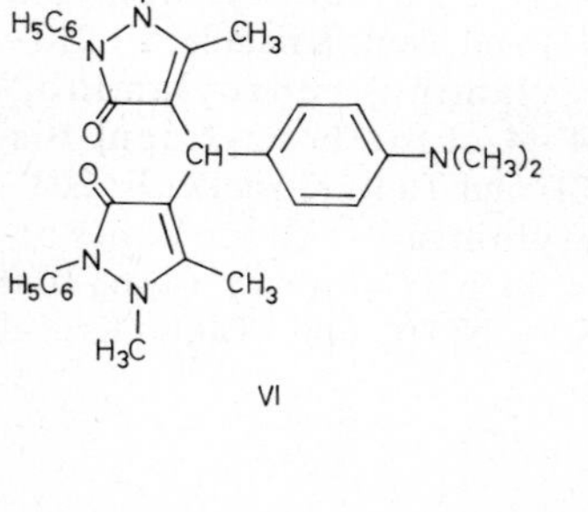

VI 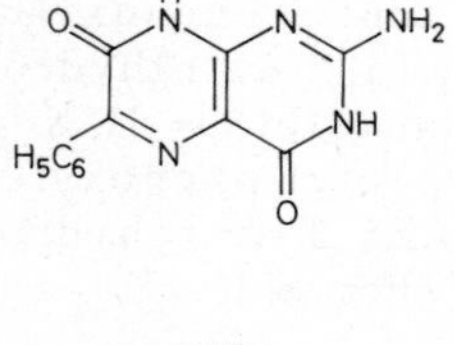 VII 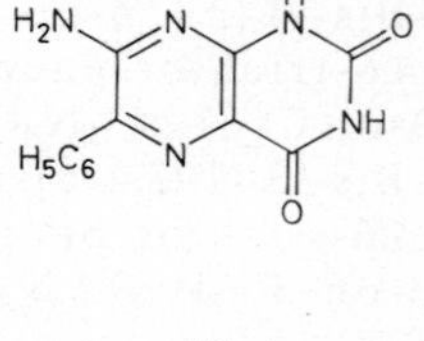 VIII

[4-Dimethylamino-phenyl]-bis-[1,5-dimethyl-3-oxo-2-phenyl-2,3-dihydro-1*H*-pyrazol-4-yl]-methan, 1,5,1′,5′-Tetramethyl-2,2′-diphenyl-1,2,1′,2′-tetrahydro-4,4′-[4-dimethylamino-benzyliden]-bis-pyrazol-3-on $C_{31}H_{33}N_5O_2$, Formel VI.

B. Beim Behandeln von 1,5-Dimethyl-2-phenyl-1,2-dihydro-pyrazol-3-on in wss. HCl mit 4-Dimethylamino-benzaldehyd (*Poraĭ-Koschiz et al.*, Ž. obšč. Chim. **17** [1947] 1752, 1755; C. A. **1948** 6359).

Kristalle (aus wss. A.); F: 197–198° [Zers.].

Dihydrochlorid. Kristalle (aus wss. HCl); F: 178° [Zers.].

Picrat $C_{31}H_{33}N_5O_2 \cdot C_6H_3N_3O_7$. Gelbe Kristalle (aus A.); F: 181–182°.

Amino-Derivate der Dioxo-Verbindungen $C_nH_{2n-16}N_4O_2$

2-Amino-6-phenyl-3*H*,8*H*-pteridin-4,7-dion $C_{12}H_9N_5O_2$, Formel VII und Taut.

B. Beim Erhitzen von 2,5,6-Triamino-3*H*-pyrimidin-4-on-hydrogensulfit mit dem Natrium-Salz des Phenylglyoxylsäure-äthylesters in wss. Essigsäure (*Renfrew et al.*, J. org. Chem. **17** [1952] 467, 470). Neben 2-Amino-7-phenyl-3,5-dihydro-pteridin-4,6-dion $C_{12}H_9N_5O_2$ beim Erwärmen von 2,5,6-Triamino-3*H*-pyrimidin-4-on-sulfat mit 2-[4-Dimethylamino-phenylimino]-3-oxo-3-phenyl-propionitril in wss. HCl (*Korte*, B. **85** [1952] 1012, 1022).

Absorptionsspektrum (wss. NaOH [0,2 n]; 220–420 nm): *Ko.*, l. c. S. 1018. λ_{max} (wss. NaOH [0,1 n]): 226 nm, 265 nm und 360 nm (*Re. et al.*).

7-Amino-6-phenyl-1*H*-pteridin-2,4-dion $C_{12}H_9N_5O_2$, Formel VIII.

B. Beim Erhitzen von 7-Amino-2-methylmercapto-6-phenyl-3*H*-pteridin-4-on in wss. HCl (*Spickett, Timmis*, Soc. **1954** 2887, 2894).

Gelbliche Kristalle; Zers. >330°.

2-Amino-6-benzyl-3*H*,8*H*-pteridin-4,7-dion $C_{13}H_{11}N_5O_2$, Formel IX und Taut.

B. Neben 2-Amino-7-benzyl-3,5-dihydro-pteridin-4,6-dion beim Erwärmen von Phenylbrenztraubensäure und 2,5,6-Triamino-3*H*-pyrimidin-4-on-sulfat in wss. HCl oder in wss. Äthanol (*Baranow, Gorisdra*, Ž. obšč. Chim. **29** [1959] 3322, 3326, 3327; engl. Ausg. S. 3285, 3288, 3289).

Kristalle mit 2 Mol H_2O; F: 441°. UV-Spektrum (wss. NaOH [0,1 n]; 220–380 nm): *Ba., Go.*, l. c. S. 3324.

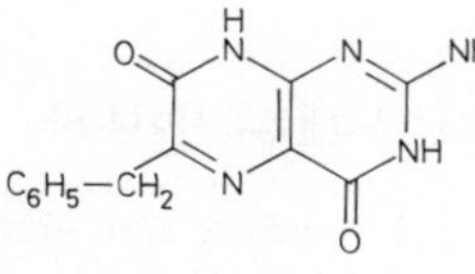

IX 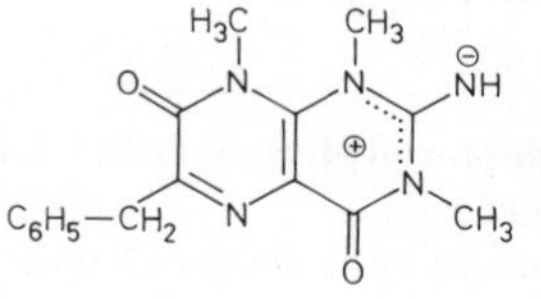 X 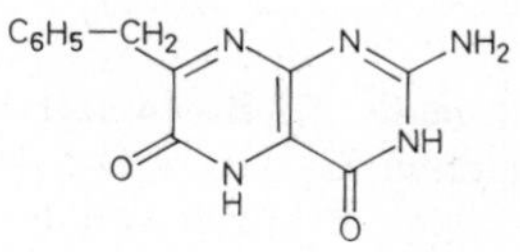 XI

2-Amino-6-benzyl-1,3,8-trimethyl-4,7-dioxo-3,4,7,8-tetrahydro-pteridinium-betain, 6-Benzyl-2-imino-1,3,8-trimethyl-2,3-dihydro-1*H*,8*H*-pteridin-4,7-dion $C_{16}H_{17}N_5O_2$, Formel X und Mesomeres.

B. Aus der vorangehenden Verbindung und Dimethylsulfat (*Baranow, Gorisdra*, Ž. obšč. Chim. **29** [1959] 3322, 3327; engl. Ausg. S. 3285, 3289).

Gelbe Kristalle (aus A.); F: 237,5°. UV-Spektrum (A.; 220–380 nm): *Ba., Go.*, l. c. S. 3324.

2-Amino-7-benzyl-3,5-dihydro-pteridin-4,6-dion $C_{13}H_{11}N_5O_2$, Formel XI und Taut.

B. Neben 2-Amino-6-benzyl-3*H*,8*H*-pteridin-4,7-dion beim Erwärmen von Phenylbrenztraubensäure mit 2,5,6-Triamino-3*H*-pyrimidin-4-on-sulfat in wss. HCl oder in wss. Äthanol (*Baranow, Gorisdra*, Ž. obšč. Chim. **29** [1959] 3322, 3326, 3327; engl. Ausg. S. 3285, 3288, 3289).

Absorptionsspektrum (wss. NaOH [0,1 n]; 220–440 nm): *Ba., Go.*, l. c. S. 3324.

Hydrochlorid $C_{13}H_{11}N_5O_2 \cdot HCl$. Gelbe Kristalle (aus wss. HCl); F: 320°.

Dimethyl-Derivat $C_{15}H_{15}N_5O_2$. Gelbe Kristalle; F: 415° [Zers.]. Absorptionsspektrum (wss. NaOH [0,1 n]; 220–420 nm): *Ba., Go.*

4-[(4-Dimethylamino-phenyl)-(1,5-dimethyl-3-oxo-2-phenyl-2,3-dihydro-1*H*-pyrazol-4-yl)-methylen]-1,5-dimethyl-3-oxo-2-phenyl-3,4-dihydro-2*H*-pyrazolium, [4-Dimethylamino-phenyl]-bis-[1,5-dimethyl-3-oxo-2-phenyl-2,3-dihydro-1*H*-pyrazol-4-yl]-methinium [1]) $[C_{31}H_{32}N_5O_2]^+$, Formel XII.

Gleichgewichtskonstante des Reaktionssystems $R^+ + OH^- \rightleftharpoons ROH$ in wss. Lösung bei 17°: *Ginsburg et al.*, Ž. obšč. Chim. **25** [1955] 358; engl. Ausg. S. 339.

Picrat $[C_{31}H_{32}N_5O_2]C_6H_2N_3O_7$. *B.* Beim Behandeln von 1,5,1′,5′-Tetramethyl-2,2′-diphenyl-1,2,1′,2′-tetrahydro-4,4′-[4-dimethylamino-α-hydroxy-benzyliden]-bis-pyrazol-3-on mit Picrinsäure in wss. Essigsäure (*Poraĭ-Koschiz et al.*, Ž. obšč. Chim. **17** [1947] 1752, 1756; C. A. **1948** 6359). – Kristalle (aus H_2O); F: 143–144° (*Po.-Ko. et al.*).

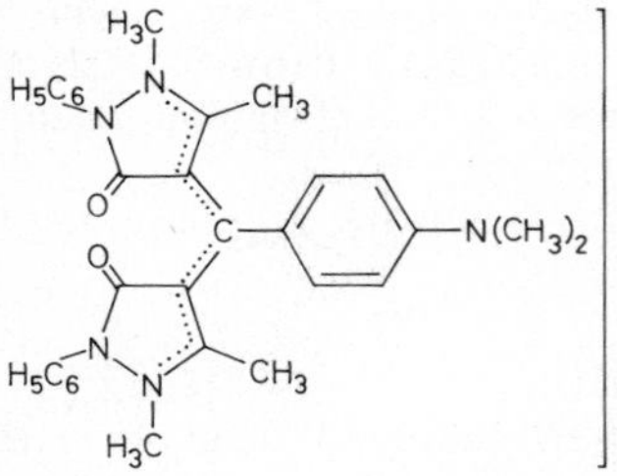

XII 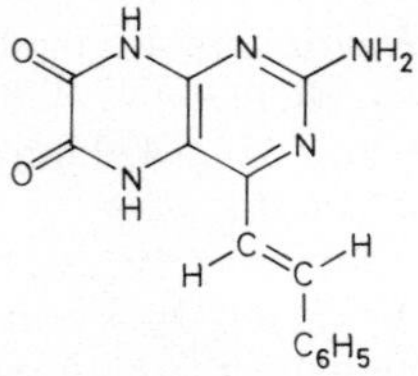 XIII 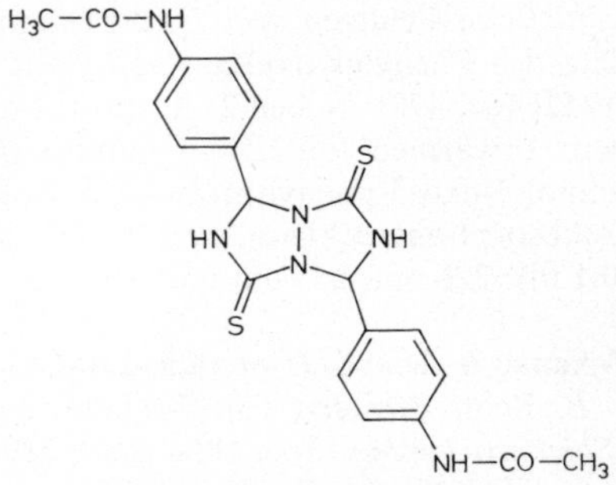 XIV

Amino-Derivate der Dioxo-Verbindungen $C_nH_{2n-18}N_4O_2$

2-Amino-4-*trans*(?)-styryl-5,8-dihydro-pteridin-6,7-dion $C_{14}H_{11}N_5O_2$, vermutlich Formel XIII und Taut.

B. Beim Erhitzen von 6-*trans*(?)-Styryl-pyrimidin-2,4,5-triyltriamin (E III/IV **25** 3103) mit Oxalsäure auf 160° (*Ross*, Soc. **1948** 1128, 1133).

Feststoff mit 1 Mol H_2O; Zers. > 380°.

***Opt.-inakt. 3,7-Bis-[4-acetylamino-phenyl]-tetrahydro-[1,2,4]triazolo[1,2-*a*][1,2,4]triazol-1,5-dithion** $C_{20}H_{20}N_6O_2S_2$, Formel XIV.

B. Beim Erhitzen von Bis-[4-acetylamino-benzyliden]-hydrazin in Essigsäure mit Natriumthiocyanat (*Miyatake*, J. pharm. Soc. Japan **73** [1953] 460, 462; C. A. **1954** 5145).

Hellgelbe Kristalle; F: 202–203° [Zers.].

3a,6a-Bis-[4-dimethylamino-phenyl]-(3a*r*,6a*c*?)-tetrahydro-imidazo[4,5-*d*]imidazol-2,5-dion $C_{20}H_{24}N_6O_2$, vermutlich Formel XV (R = R′ = CH_3).

B. Beim Erhitzen von 4,4′-Bis-dimethylamino-benzil mit Harnstoff und äthanol. KOH (*Dunnavant, James,* Am. Soc. **78** [1956] 2740, 2741, 2743).

Kristalle (aus Eg.); F: 199–201° [unkorr.].

3a,6a-Bis-[4-acetylamino-phenyl]-(3a*r*,6a*c*?)-tetrahydro-imidazo[4,5-*d*]imidazol-2,5-dion $C_{20}H_{20}N_6O_4$, vermutlich Formel XV (R = CO-CH_3, R′ = H).

B. Beim Erhitzen von 4,4′-Bis-acetylamino-benzil mit Harnstoff und äthanol. KOH (*Dunnavant, James,* Am. Soc. **78** [1956] 2740, 2741, 2743).

Kristalle (aus Eg.); F: 237–239° [unkorr.].

---

[1]) Über diese Bezeichnungsweise s. *Reichardt, Mormann,* B. **105** [1972] 1815, 1832.

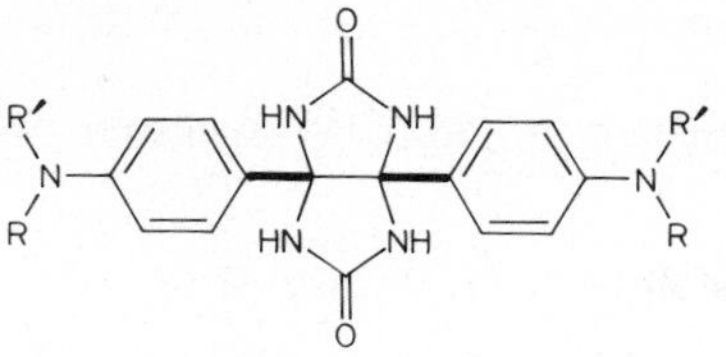

Amino-Derivate der Dioxo-Verbindungen $C_nH_{2n-20}N_4O_2$

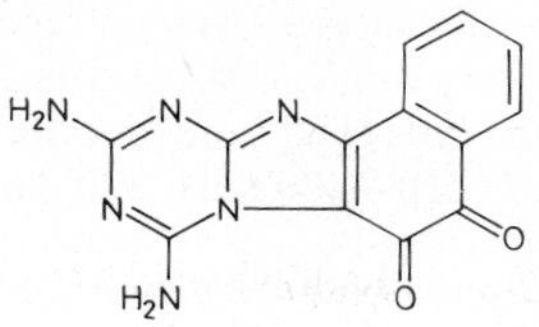

8,10-Diamino-naphth[1′,2′:4,5]imidazo[1,2-*a*][1,3,5]triazin-5,6-dion $C_{13}H_8N_6O_2$, Formel XVI.

Diese Konstitution kommt vermutlich der von *Mathur, Tilak* (J. scient. ind. Res. India **17** B [1958] 33, 38) als 2,4-Diamino-naphth[2′,3′:4,5]imidazo[1,2-*a*][1,3,5]triazin-6,11-dion $C_{13}H_8N_6O_2$ formulierten Verbindung (s. diesbezüglich *Mosby, Boyle,* J. org. Chem. **24** [1959] 374) zu.

B. Aus 2,3-Dichlor-[1,4]naphthochinon und Melamin [S. 1253] (*Ma., Ti.*).

Rote Kristalle (aus Nitrobenzol), die unterhalb 360° nicht schmelzen (*Ma., Ti.*).

Amino-Derivate der Trioxo-Verbindungen $C_nH_{2n-8}N_4O_3$

2-Amino-5,8-dihydro-3*H*-pteridin-4,6,7-trion, Leukopterin, Leucopterin $C_6H_5N_5O_3$, Formel I (R = H) und Taut.

Konstitution: *Wieland, Purrmann,* A. **544** [1940] 163, 169; *Purrmann,* A. **544** [1940] 182, 184; *Wieland, Decker,* A. **547** [1941] 180, 181.

Isolierung aus Schmetterlingsflügeln: *Schöpf, Wieland,* B. **59** [1926] 2067, 2070; *Wieland et al.,* A. **507** [1933] 226, 239; *Schöpf, Becker,* A. **507** [1933] 266, 281, 283, 284.

B. Beim Erhitzen von 2,5,6-Triamino-3*H*-pyrimidin-4-on mit Oxalsäure (*Pu.,* A. **544** 188; *Pfleiderer,* B. **90** [1957] 2631, 2638; *Albert, Wood,* J. appl. Chem. **2** [1952] 591; *Purrmann,* D.R.P. 721930 [1940]; D.R.P. Org. Chem. **3** 1312; *Winthrop Chem. Co.,* U.S.P. 2345215 [1941]). Bei der Oxidation von Xanthopterin (S. 4000) mit Sauerstoff an Platin in wss. Essigsäure (*Wi., Pu.,* l. c. S. 172) oder mit $NaIO_4$ in wss. HCl (*Viscontini,* Helv. **40** [1957] 586).

Kristalle [aus wss. NaOH+wss. HCl] (*Wi., Pu.,* l. c. S. 174). Kristalle mit 0,5 Mol H_2O, die unterhalb 350° nicht schmelzen (*Pf.*). Netzebenenabstände: *Mazza, Tappi,* Arch. Sci. biol. **25** [1939] 438, 443. UV-Spektrum in wss. HCl (260–400 nm): *Vi.*; in wss. Lösungen vom pH 7 (250–400 nm): *Kalckar et al.,* Biochim. biophys. Acta **5** [1950] 575, 576; vom pH 11 (220–360 nm): *O'Dell et al.,* Am. Soc. **69** [1947] 250, 253; in wss. NaOH (220–400 nm): *Fromherz, Kotzschmar,* A. **534** [1938] 283, 284; *Wilson,* Soc. **1948** 1157, 1158; *Horner et al.,* A. **579** [1953] 212, 224; *Vi.* λ_{max}: 225 nm, 296 nm und 330 nm [wss. HCl (0,1 n)] bzw. 236 nm, 280 nm und 338 nm [wss. NaOH (0,1 n)] (*Asahi,* J. pharm. Soc. Japan **79** [1959] 1574, 1577; C. A. **1960** 10593), 240 nm, 285 nm und 340 nm [wss. Lösung vom pH 13] (*Albert et al.,* Soc. **1951** 474, 476). Fluorescenzspektrum (fest sowie Lösung in wss. NaOH; 400–600 nm): *Jacobson, Simpson,* Biochem. J. **40** [1946] 3, Tafel 1 und 2 nach S. 6. Scheinbare Dissoziationsexponenten pK'_{a1}, pK'_{a2} und pK'_{a3} (H_2O; spektrophotometrisch ermittelt): 7,4 bzw. 9,5 bzw. 13 (*As.,* l. c. S. 1576, 1577). Polarographische Halbstufenpotentiale (wss. Lösungen vom pH 7–11): *As.,* l. c. S. 1574, 1577. Löslichkeit in H_2O bei 20°: 1 g/750 l Lösung (*Albert et al.,* Soc. **1952** 4219, 4220).

Natrium-Salz $NaC_6H_4N_5O_3$. Hellgelbe Kristalle (*Schöpf, Reichert,* A. **548** [1941] 82, 89).

Kalium-Salz $KC_6H_4N_5O_3$. Kristalle (*Sch., Re.*).

Silber-Salz $AgC_6H_4N_5O_3$. Gelb (*Wieland, Liebig,* A. **555** [1944] 146, 149).

Sulfat $C_6H_5N_5O_3 \cdot H_2SO_4$. Gelbe Kristalle (*Wi., Li.*).

2-Amino-3,5,8-trimethyl-5,8-dihydro-3*H*-pteridin-4,6,7-trion $C_9H_{11}N_5O_3$, Formel I (R = CH_3).

Diese Konstitution kommt der von *Wieland, Decker* (A. **547** [1941] 180, 182) als *β*-Trimethyl-leukopterin bezeichneten Verbindung zu (*Pfleiderer, Rukwied,* B. **94** [1961] 118, 120).

B. Neben anderen Verbindungen beim Behandeln von Leukopterin mit Methanol und H_2O enthaltendem äther. Diazomethan (*Wi., De.*).

Kristalle (aus H_2O), die unterhalb 350° nicht schmelzen (*Pf., Ru.*). UV-Spektrum (wss. Lösung vom pH 7; 220–400 nm): *Pf., Ru.*

8-Äthyl-2-amino-5,8-dihydro-3*H*-pteridin-4,6,7-trion $C_8H_9N_5O_3$, Formel II (R = H, R′ = C_2H_5) und Taut.

B. Beim Erhitzen von 6-Äthylamino-2,5-diamino-3*H*-pyrimidin-4-on mit Oxalsäure auf 260° (*Forrest et al.,* Soc. **1951** 3, 6).

Braungelbe Kristalle (aus wss. NaOH + wss. HCl).

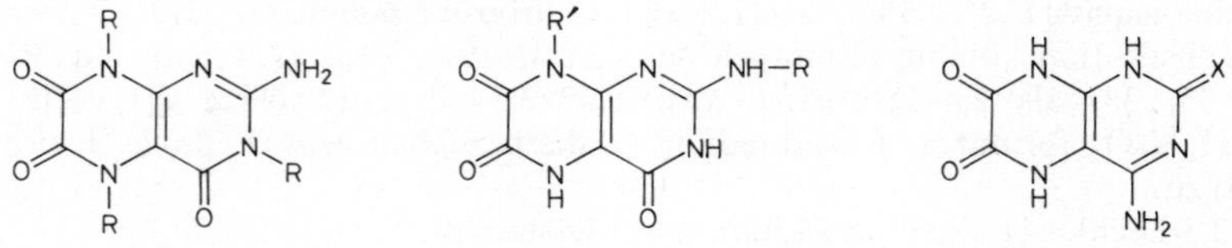

I II III

2-Amino-8-[2-hydroxy-äthyl]-5,8-dihydro-3*H*-pteridin-4,6,7-trion $C_8H_9N_5O_4$, Formel II (R = H, R′ = CH_2-CH_2-OH) und Taut.

B. Aus 2,5-Diamino-6-[2-hydroxy-äthylamino]-3*H*-pyrimidin-4-on und Oxalsäure-diäthylester mit Hilfe von Natriumäthylat in geringer Ausbeute (*Elion,* Ciba Found. Symp. Chem. Biol. Pteridines 1954 S. 49, 52).

UV-Spektrum (wss. Lösungen vom pH 1 sowie pH 11; 230–390 nm): *El.,* l. c. S. 53.

2-Sulfanilylamino-5,8-dihydro-3*H*-pteridin-4,6,7-trion, Sulfanilsäure-[4,6,7-trioxo-3,4,5,6,7,8-hexahydro-pteridin-2-ylamid] $C_{12}H_{10}N_6O_5S$, Formel II (R = SO_2-C_6H_4-NH_2, R′ = H) und Taut.

B. Aus dem Acetyl-Derivat (s. u.) mit Hilfe von wss. NaOH (*Fahrenbach et al.,* Am. Soc. **76** [1954] 4006, 4008; *Am. Cyanamid Co.,* U.S.P. 2677682 [1951]).

Gelbe Kristalle, die sich bei ca. 315° schwarz färben und unterhalb 375° nicht schmelzen (*Am. Cyanamid Co.*). λ_{max}: 300 nm [wss. HCl (0,1 n)] bzw. 249 nm, 291 nm und 343 nm [wss. NaOH (0,1 n)] (*Fa. et al.,* l. c. S. 4009).

Acetyl-Derivat $C_{14}H_{12}N_6O_6S$; *N*-Acetyl-sulfanilsäure-[4,6,7-trioxo-3,4,5,6,7,8-hexahydro-pteridin-2-ylamid]. *B.* Beim Erhitzen von *N*-Acetyl-sulfanilsäure-[4,5-diamino-6-oxo-1,6-dihydro-pyrimidin-2-ylamid] mit Oxalsäure-diäthylester und Natriummethylat in Äthylenglykol (*Fa. et al.,* l. c. S. 4010; *Am. Cyanamid Co.*). – Kristalle mit 2 Mol H_2O; F: 305–315° [Zers.] (*Fa. et al.,* l. c. S. 4008; *Am. Cyanamid Co.*). λ_{max}: 265 nm [wss. HCl (0,1 n)] bzw. 252 nm und 342 nm [wss. NaOH (0,1 n)] (*Fa. et al.,* l. c. S. 4009).

4-Amino-5,8-dihydro-1*H*-pteridin-2,6,7-trion, Isoleukopterin $C_6H_5N_5O_3$, Formel III (X = O) und Taut.

B. Beim Erhitzen von 4,5,6-Triamino-1*H*-pyrimidin-2-on-sulfat mit Oxalsäure und Kaliumoxalat auf 250° (*Wieland, Liebig,* A. **555** [1944] 146, 150).

Kristalle (Reinigung über das gelbe Sulfat).

4-Amino-2-thioxo-1,2,5,8-tetrahydro-pteridin-6,7-dion $C_6H_5N_5O_2S$, Formel III (X = S) und Taut.

B. Beim Erhitzen von 4,5,6-Triamino-1*H*-pyrimidin-2-thion mit Oxalsäure auf 240° (*Wieland, Liebig,* A. **555** [1944] 146, 150; *Purrmann,* D.R.P. 721930 [1940]; D.R.P. Org. Chem. **3** 1312).

Gelbliche Kristalle (*Pu.*). λ_{max} (wss. NaOH [0,1 n]): 270 nm (*Gal,* Am. Soc. **72** [1950] 3532). Löslichkeit in wss. Lösung vom pH 7,4: 125 mg/100 ml (*Gal*).

(±)-2′-Amino-6′-methyl-4,5-dihydro-3*H*,3′*H*-[4,5′]bipyrimidinyl-2,6,4′-trion $C_9H_{11}N_5O_3$, Formel IV und Taut.

B. Beim Erhitzen von 2-Amino-4-methyl-6-oxo-1,6-dihydro-pyrimidin-5-carbaldehyd,

Malonsäure, Harnstoff und γ-Picolin auf 130–135° (*Hull*, Soc. **1957** 4845, 4853).
Gelbe Kristalle (aus H_2O); F: >300°.

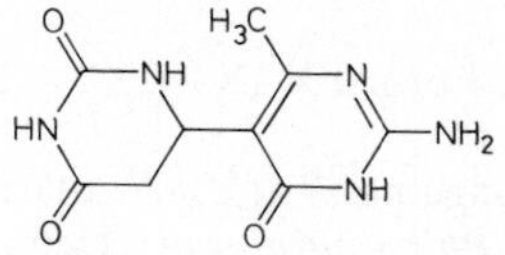

IV 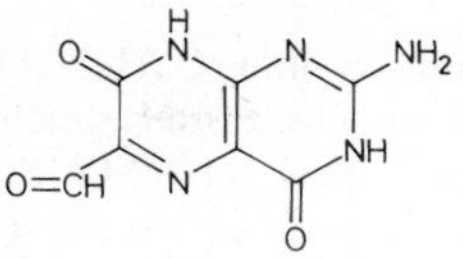 V 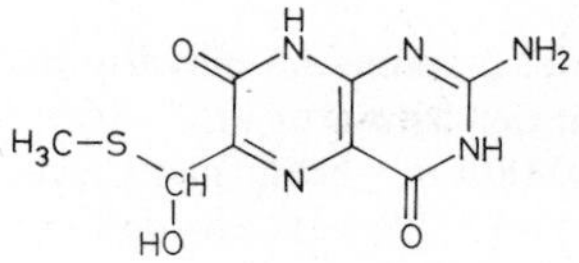 VI

Amino-Derivate der Trioxo-Verbindungen $C_nH_{2n-10}N_4O_3$

Amino-Derivate der Trioxo-Verbindungen $C_7H_4N_4O_3$

2-Amino-4,7-dioxo-3,4,7,8-tetrahydro-pteridin-6-carbaldehyd $C_7H_5N_5O_3$, Formel V und Taut.
B. Beim Erhitzen von 2-Amino-6-methyl-3*H*,8*H*-pteridin-4,7-dion mit SeO_2 und H_2SO_4 in Essigsäure (*Tschesche et al.*, Z. Naturf. **5b** [1950] 132, 135, 312, 316). Beim Behandeln von 2-Amino-6-[1-hydroxy-2-oxo-propyl]-3*H*,8*H*-pteridin-4,7-dion mit wss. NaOH (*Tschesche, Glaser*, B. **91** [1958] 2081, 2086). Beim Behandeln von 2-Amino-6-[1,2-dihydroxy-propyl]-3*H*,8*H*-pteridin-4,7-dion mit KIO_4 in Essigsäure (*Tsch., Gl.*).
Gelbliche Kristalle [aus wss. Eg.] (*Tsch., Gl.*).

(±)-2-Amino-6-[hydroxy-methylmercapto-methyl]-3*H*,8*H*-pteridin-4,7-dion $C_8H_9N_5O_3S$, Formel VI und Taut.
B. Beim Behandeln von 2-Amino-4,7-dioxo-3,4,7,8-tetrahydro-pteridin-6-carbaldehyd mit Methanthiol in konz. wss. HCl (*Tschesche et al.*, B. **88** [1955] 1251, 1257).
Kristalle (aus H_2O). λ_{max} (wss. NaOH [0,1 n]): 258 nm und 365 nm.

2-Amino-4,6-dioxo-3,4,5,6-tetrahydro-pteridin-7-carbaldehyd $C_7H_5N_5O_3$, Formel VII und Taut.
B. Beim Erhitzen von 2-Amino-7-methyl-3,5-dihydro-pteridin-4,6-dion mit SeO_2 in Essigsäure (*Tschesche, Korte*, Z. Naturf. **8b** [1953] 87, 90).
Gelbe Kristalle (aus H_2O).

Amino-Derivate der Trioxo-Verbindungen $C_8H_6N_4O_3$

6-Acetyl-2-amino-3*H*,8*H*-pteridin-4,7-dion $C_8H_7N_5O_3$, Formel VIII und Taut.
B. Beim Erhitzen von 6-Äthyl-2-amino-3*H*,8*H*-pteridin-4,7-dion mit SeO_2 in Essigsäure (*Tschesche, Korte*, Z. Naturf. **8b** [1953] 87, 91).
Kristalle (aus H_2O).

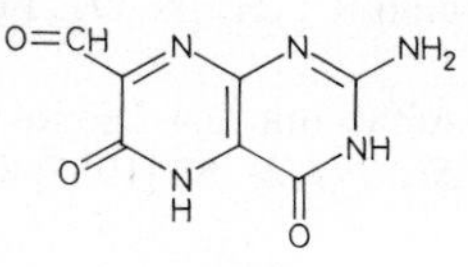

VII 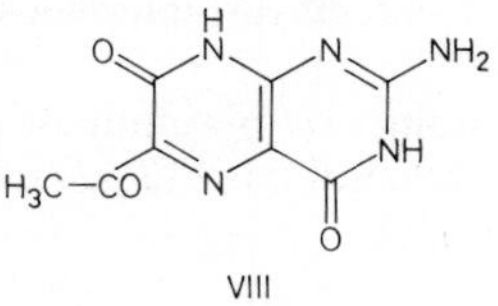 VIII 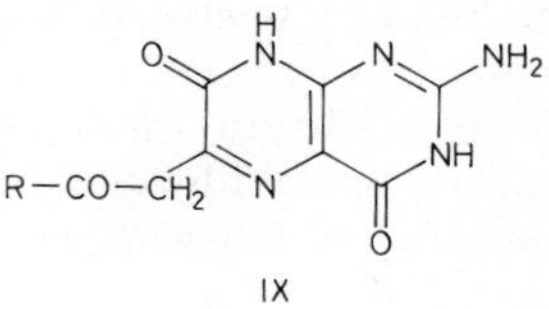 IX

Amino-Derivate der Trioxo-Verbindungen $C_9H_8N_4O_3$

6-Acetonyl-2-amino-3*H*,8*H*-pteridin-4,7-dion $C_9H_9N_5O_3$, Formel IX (R = CH_3) und Taut.
B. Aus 2,5,6-Triamino-3*H*-pyrimidin-4-on und 2,4-Dioxo-valeriansäure-äthylester beim Behandeln in wss. NaOH und Erwärmen der auf pH 7 neutralisierten Reaktionslösung (*Matsuura*

et al., Am. Soc. **75** [1953] 4446, 4448) oder beim Erwärmen in wss. Methanol nach Zusatz von Morpholin (*Tschesche, Glaser,* B. **91** [1958] 2081, 2085).

Hellgelbe Kristalle [aus wss. Eg.] (*Ma. et al.*).

7-Acetonyl-2-amino-3,5-dihydro-pteridin-4,6-dion $C_9H_9N_5O_3$, Formel X (X = X' = H) und Taut. (in der Literatur als 7-Acetonyl-xanthopterin bezeichnet).

In DMSO-d_6 liegt nach Ausweis des ^{1}H-NMR-Spektrums 7-[(*Z*)-Acetonyliden]-2-amino-3,5,7,8-tetrahydro-pteridin-4,6-dion vor (*v. Philipsborn et al.,* Helv. **46** [1963] 2592).

B. Beim Erwärmen von 2,5,6-Triamino-3*H*-pyrimidin-4-on mit 2,4-Dioxo-valeriansäure-äthylester in wss. HCl (*Matsuura et al.,* Am. Soc. **75** [1953] 4446, 4449) oder in wss. H_2SO_4 (*Tschesche, Korte,* B. **84** [1951] 77, 81).

Gelbe Kristalle [aus wss. HCl] (*Tsch., Ko.*). ^{1}H-NMR-Spektrum (Trifluoressigsäure sowie DMSO-d_6): *v. Ph. et al.* Absorptionsspektrum in wss. Lösung vom pH 7 (230–500 nm): *Korte, Bannuscher,* A. **622** [1959] 126, 132; in Trifluoressigsäure (250–470 nm): *v. Ph. et al.* λ_{max}: 204 nm, 232 nm, 304 nm und 405 nm [H_2O], 207 nm, 232 nm, 304 nm und 395 nm [wss. HCl (0,1 n)] bzw. 232 nm und 430 nm [wss. NaOH (0,1 n)] (*Ko., Ba.,* l. c. S. 130). Fluorescenzspektrum (Butan-1-ol + Eg. + H_2O; 410–640 nm): *Ko., Ba.*

7-Acetonyl-2-amino-5-brom-3,5-dihydro-pteridin-4,6-dion $C_9H_8BrN_5O_3$, Formel X (X = Br, X' = H) und Taut.

Tribromid $C_9H_8BrN_5O_3 \cdot HBr \cdot Br_2$. Konstitution: *Tschesche, Ende,* B. **91** [1958] 2074, 2075. Von *Korte, Wallace* (Pr. 3. int. Symp. Pteridine Chemistry [Stuttgart 1962] S. 75, 79) ist die Verbindung als 7-Acetonyl-2-amino-1,5-dibrom-1,5-dihydro-pteridin-4,6-dion-dihydrobromid $C_9H_7Br_2N_5O_3 \cdot 2HBr$ formuliert worden. *B.* Beim Behandeln der vorangehenden Verbindung in Essigsäure mit Brom (*Tschesche, Heuschkel,* B. **89** [1956] 1054, 1061). — Gelbe Kristalle, die sich beim Versuch einer Umkristallisation zersetzen (*Tsch., He.*). — Beim Behandeln mit wss. KI wird die Ausgangsverbindung zurückerhalten (*Tsch., He.*).

X XI

(±)-2-Amino-7-[1-brom-2-oxo-propyl]-3,5-dihydro-pteridin-4,6-dion $C_9H_8BrN_5O_3$, Formel X (X = H, X' = Br).

B. Beim Erwärmen von 7-Acetonyl-2-amino-3,5-dihydro-pteridin-4,6-dion mit dem Brom-Dioxan-Addukt in Pyridin und 2-Methoxy-äthanol (*Tschesche, Ende,* B. **91** [1958] 2074, 2078).

Leicht zersetzliche dunkelgelbe Kristalle.

2-Amino-7-[2-oxo-3-phthalimido-propyl]-3,5-dihydro-pteridin-4,6-dion $C_{17}H_{12}N_6O_5$, Formel XI und Taut.

B. Beim Erwärmen von 2,5,6-Triamino-3*H*-pyrimidin-4-on-sulfat mit 2,4-Dioxo-5-phthalimido-valeriansäure-äthylester in wss.-äthanol. HCl (*Tschesche, Schäfer,* B. **88** [1955] 81, 88).

Kristalle (aus Diäthylenglykol + Me.).

Amino-Derivate der Trioxo-Verbindungen $C_{10}H_{10}N_4O_3$

2-Amino-6-[2-oxo-butyl]-3*H*,8*H*-pteridin-4,7-dion $C_{10}H_{11}N_5O_3$, Formel IX (R = C_2H_5) und Taut.

B. Beim Behandeln von 2,5,6-Triamino-3*H*-pyrimidin-4-on in wss. NaOH mit 2,4-Dioxo-hexansäure-äthylester und Erwärmen der auf pH 7 neutralisierten Reaktionslösung (*Matsuura*

et al., Am. Soc. **75** [1953] 4446, 4449).

Amino-Derivate der Trioxo-Verbindungen $C_{12}H_{14}N_4O_3$

3r,5c-Bis-[(Ξ)-2-amino-3-methyl-5-oxo-4,5-dihydro-3H-imidazol-4-yl]-2,4,6-trinitro-cyclo= hexanon, (5Ξ,5'Ξ)-2,2'-Diamino-1,1'-dimethyl-1,5,1',5'-tetrahydro-5,5'-[2,4,6-trinitro-5-oxo-cyclohexan-1r,3c-diyl]-bis-imidazol-4-on $C_{14}H_{17}N_9O_9$, Formel XII und Taut.

Ein Gemisch der Hexahydrate der drei folgenden diastereomeren Trinatrium-Salze hat wahr= scheinlich in dem E II **24** 131 als „Natriumkreatininpicrat" der Zusammensetzung $2C_4H_7N_3O \cdot C_6H_3N_3O_7 \cdot 3NaOH \cdot 3H_2O$ beschriebenen Präparat vorgelegen (*Kohashi et al.*, Chem. pharm. Bl. **25** [1977] 2127, 2129, **26** [1978] 2914, 2918).

a) Opt.-inakt. Trinatrium-Salz $Na_3C_{14}H_{14}N_9O_9$ vom λ_{max} (H_2O): 390 nm („Komplex-a").

B. Neben den unter b) und c) beschriebenen Diastereomeren beim Behandeln von Kreatinin (E III/IV **25** 3543) mit Picrinsäure und wss. NaOH (*Ko. et al.*, Chem. pharm. Bl. **25** 2130, **26** 2919).

Hellgelbe Kristalle (aus H_2O) mit 6 Mol H_2O; F: 152° [Zers.] (*Ko. et al.*, Chem. pharm. Bl. **25** 2130). ^{1}H-NMR-Spektrum (D_2O): *Ko. et al.*, Chem. pharm. Bl. **25** 2129, **26** 2916. IR-Spektrum (KBr; 3400–700 cm^{-1}): *Ko. et al.*, Chem. pharm. Bl. **26** 2915. Absorptionsspektrum (H_2O; 220–510 nm; λ_{max}: 390 nm): *Ko. et al.*, Chem. pharm. Bl. **25** 2130, **26** 2915.

b) Opt.-inakt. Trinatrium-Salz $Na_3C_{14}H_{14}N_9O_9$ vom λ_{max} (H_2O): 394 nm („Komplex-b").

B. s. unter a).

Hellgelbe Kristalle (aus wss. A.) mit 6 Mol H_2O; F: 152° [Zers.] (*Ko. et al.*, Chem. pharm. Bl. **26** 2919). ^{1}H-NMR-Spektrum (D_2O) und IR-Spektrum (KBr; 3400–700 cm^{-1}): *Ko. et al.*, Chem. pharm. Bl. **26** 2915, 2916. Absorptionsspektrum (H_2O; 220–510 nm; λ_{max}: 394 nm): *Ko. et al.*, Chem. pharm. Bl. **26** 2915, 2919.

c) Opt.-inakt. Trinatrium-Salz $Na_3C_{14}H_{14}N_9O_9$ vom λ_{max} (H_2O): 396 nm („Komplex-c").

B. s. unter a).

Hellgelbe Kristalle mit 6 Mol H_2O; F: 152° [Zers.] (*Ko. et al.*, Chem. pharm. Bl. **26** 2919). ^{1}H-NMR-Spektrum (D_2O) und IR-Spektrum (KBr; 3400–700 cm^{-1}): *Ko. et al.*, Chem. pharm. Bl. **26** 2915, 2916. Absorptionsspektrum (H_2O; 220–510 nm; λ_{max}: 396 nm): *Ko. et al.*, Chem. pharm. Bl. **26** 2915, 2919.

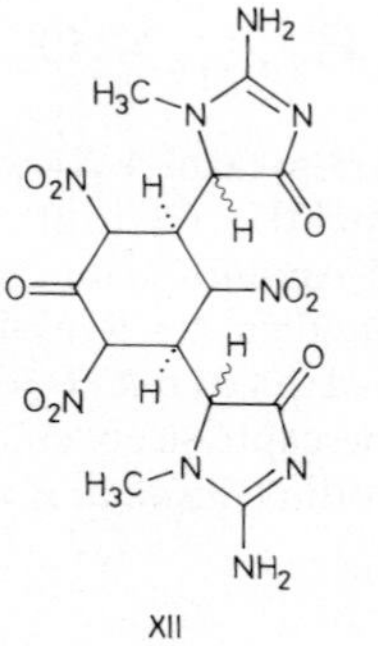

XII 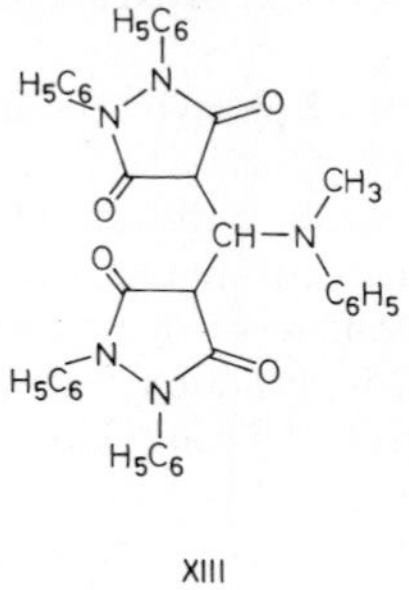 XIII 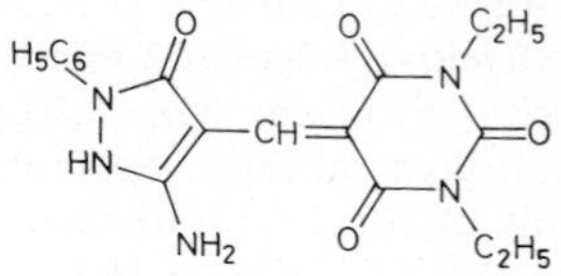 XIV

Amino-Derivate der Tetraoxo-Verbindungen $C_nH_{2n-6}N_4O_4$

Bis-[3,5-dioxo-1,2-diphenyl-pyrazolidin-4-yl]-[N-methyl-anilino]-methan, 1,2,1',2'-Tetraphenyl-4,4'-[N-methyl-anilinomethylen]-bis-pyrazolidin-3,5-dion $C_{38}H_{31}N_5O_4$, Formel XIII und Taut.

Die von *Lauria, Zamboni* (G. **87** [1957] 27, 32) unter dieser Konstitution beschriebene Verbin=

dung ist als 4-[*N*-Methyl-anilinomethylen]-1,2-diphenyl-pyrazolidin-3,5-dion (E III/IV **25** 4151) erkannt worden (*Bodendorf et al.*, Ar. **296** [1963] 104, 105).

Amino-Derivate der Tetraoxo-Verbindungen $C_nH_{2n-10}N_4O_4$

1,3-Diäthyl-5-[5-amino-3-oxo-2-phenyl-2,3-dihydro-1*H*-pyrazol-4-ylmethylen]-barbitursäure $C_{18}H_{19}N_5O_4$, Formel XIV und Taut.

B. Beim Erhitzen von 5-[*N*-Acetyl-anilinomethylen]-1,3-diäthyl-barbitursäure mit 5-Amino-2-phenyl-1,2-dihydro-pyrazol-3-on und Triäthylamin in Pyridin (*Eastman Kodak Co.*, U.S.P. 2611696 [1947]).

F: 165–168° [Zers.].

Amino-Derivate der Tetraoxo-Verbindungen $C_nH_{2n-12}N_4O_4$

*__[4-Amino-6-oxo-2-thioxo-1,6-dihydro-2*H*-pyrimidin-5-yliden]-[6-amino-4-oxo-2-thioxo-1,2,3,4-tetrahydro-pyrimidin-5-yl]-methan__ $C_9H_8N_6O_2S_2$, Formel I und Taut.

B. Beim Erhitzen von 6-Amino-2-thioxo-2,3-dihydro-1*H*-pyrimidin-4-on mit Orthoameisensäure-triäthylester und Malononitril (*Zenno*, J. pharm. Soc. Japan **73** [1953] 1063, 1065; C. A. **1954** 8543).

Gelbe Kristalle; F: 337–340° [Zers.].

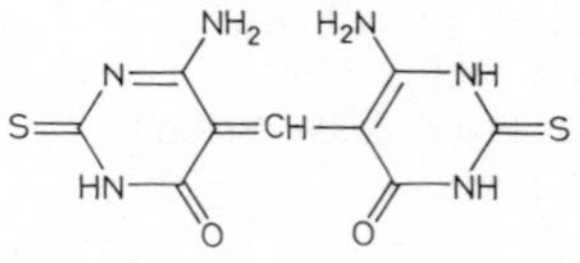

I

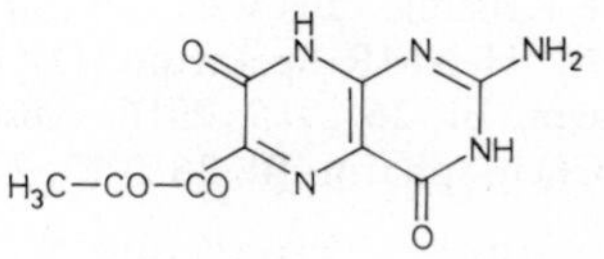

II

2-Amino-6-pyruvoyl-3*H*,8*H*-pteridin-4,7-dion $C_9H_7N_5O_4$, Formel II und Taut.

B. Beim Erwärmen von 6-Acetonyl-2-amino-3*H*,8*H*-pteridin-4,7-dion mit SeO_2 und Essigsäure (*Tschesche, Glaser*, B. **91** [1958] 2081, 2087).

Kristalle (aus wss. Eg.).

Amino-Derivate der Tetraoxo-Verbindungen $C_nH_{2n-14}N_4O_4$

*__5-{5-[5-(2-Acetylmercapto-acetylamino)-3-oxo-2-phenyl-2,3-dihydro-1*H*-pyrazol-4-yl]-penta-2,4-dienyliden}-1,3-diäthyl-2-thio-barbitursäure__ $C_{26}H_{27}N_5O_5S_2$, Formel III und Taut.

B. Beim Erhitzen von 1,3-Diäthyl-2-thio-barbitursäure mit 5-Anilino-penta-2,4-dienal-phenylimin-hydrochlorid, Acetanhydrid und Natriumacetat und Behandeln des Reaktionsprodukts mit Acetylmercapto-essigsäure-[5-oxo-1-phenyl-2,5-dihydro-1*H*-pyrazol-3-ylamid] $C_{13}H_{13}N_3O_3S$ (Kristalle; F: 195°; erhalten aus Acetylmercapto-acetylchlorid und 5-Amino-2-phenyl-1,2-dihydro-pyrazol-3-on) und Triäthylamin in Pyridin (*Eastman Kodak Co.*, U.S.P. 2611696 [1947]).

Dunkelgrüne Kristalle; F: 219–221° [Zers.].

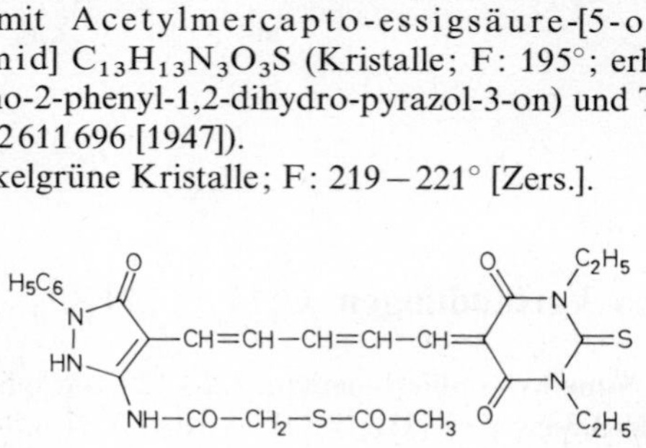

III

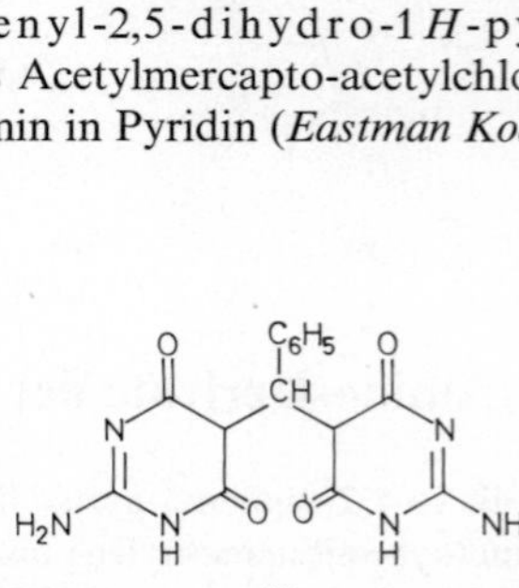

IV

Amino-Derivate der Tetraoxo-Verbindungen $C_nH_{2n-18}N_4O_4$

Bis-[2-amino-4,6-dioxo-1,4,5,6-tetrahydro-pyrimidin-5-yl]-phenyl-methan, 2,2'-Diamino-1*H*,1'*H*-5,5'-benzyliden-bis-pyrimidin-4,6-dion $C_{15}H_{14}N_6O_4$, Formel IV und Taut.

Dihydrochlorid $C_{15}H_{14}N_6O_4 \cdot 2HCl$. *B.* Beim Erwärmen von 2-Amino-1*H*-pyrimidin-4,6-dion in äthanol. HCl mit Benzaldehyd in Essigsäure (*Mukherjee, Mathur,* J. Indian chem. Soc. **27** [1950] 101, 105). – Gelbliche Kristalle; Zers. bei 256° [nach Dunkelfärbung bei 244°].

Amino-Derivate der Tetraoxo-Verbindungen $C_nH_{2n-20}N_4O_4$

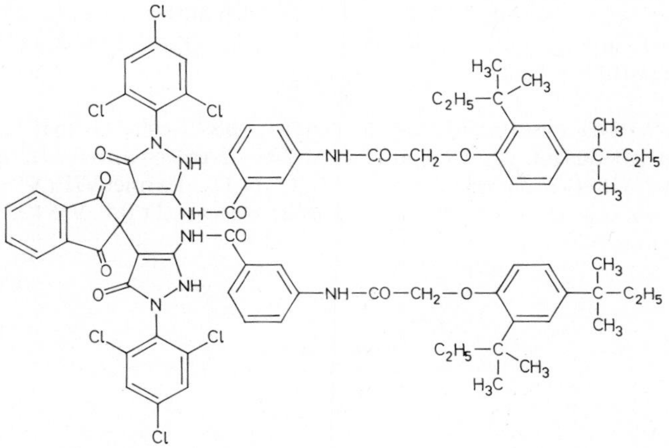

V

2,2-Bis-(5-{3-[2-(2,4-di-*tert*-pentyl-phenoxy)-acetylamino]-benzoylamino}-3-oxo-2-[2,4,6-trichlor-phenyl]-2,3-dihydro-1*H*-pyrazol-4-yl)-indan-1,3-dion $C_{77}H_{76}Cl_6N_8O_{10}$, Formel V und Taut.

B. Aus 3-[2-(2,4-Di-*tert*-pentyl-phenoxy)-acetylamino]-benzoesäure-[5-oxo-1-(2,4,6-trichlor-phenyl)-2,5-dihydro-1*H*-pyrazol-3-ylamid] und Indan-1,2,3-trion (*Eastman Kodak Co.,* U.S.P. 2632702 [1949]).

Gelblichbraune Kristalle (aus A.); F: 190–195°.

Amino-Derivate der Tetraoxo-Verbindungen $C_nH_{2n-26}N_4O_4$

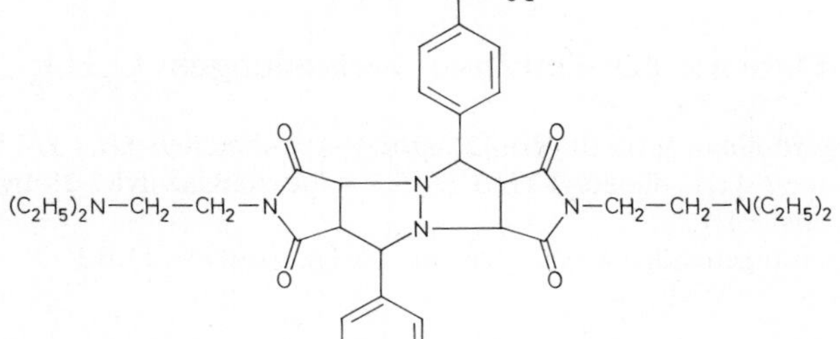

VI

***Opt.-inakt. 2,7-Bis-[2-diäthylamino-äthyl]-5,10-bis-[4-dimethylamino-phenyl]-tetrahydro-pyrrolo[3,4-*c*]pyrrolo[3',4':4,5]pyrazolo[1,2-*a*]pyrazol-1,3,6,8-tetraon** $C_{38}H_{54}N_8O_4$, Formel VI.

B. Beim Erhitzen von opt.-inakt. 3,7-Bis-[4-dimethylamino-phenyl]-tetrahydro-pyrazolo=

[1,2-*a*]pyrazol-1,2,5,6-tetracarbonsäure-1,2;5,6-dianhydrid (F: 282,5°) mit *N*,*N*-Diäthyl-äthylen-diamin in Xylol (*Häring, Wagner-Jauregg*, Helv. **40** [1957] 852, 869).
Kristalle (aus Me. + Bzl.); F: 246—248° [korr.].

Amino-Derivate der Tetraoxo-Verbindungen $C_nH_{2n-54}N_4O_4$

2,6-Bis-[1-amino-9,10-dioxo-9,10-dihydro-[2]anthryl]-1,7-diphenyl-1,7-dihydro-benzo[1,2-*d*;4,5-*d'*]diimidazol, 1,1'-Diamino-2,2'-[1,7-diphenyl-1*H*,7*H*-benzo[1,2-*d*;4,5-*d'*]diimidazol-2,6-diyl]-di-anthrachinon $C_{48}H_{28}N_6O_4$, Formel VII (X = X' = H).
B. Beim Erhitzen von 1-Amino-9,10-dioxo-9,10-dihydro-anthracen-2-carbaldehyd mit N^1,N^5-Diphenyl-benzen-1,2,4,5-tetrayltetraamin (*Farbw. Hoechst,* D.B.P. 955175 [1952]).
Rote Kristalle (aus Nitrobenzol).

2,6-Bis-[1-amino-9,10-dioxo-9,10-dihydro-[2]anthryl]-1,7-bis-[2-chlor-phenyl]-1,7-dihydro-benzo[1,2-*d*;4,5-*d'*]diimidazol, 1,1'-Diamino-2,2'-[1,7-bis-(2-chlor-phenyl)-1*H*,7*H*-benzo[1,2-*d*;4,5-*d'*]diimidazol-2,6-diyl]-di-anthrachinon $C_{48}H_{26}Cl_2N_6O_4$, Formel VII (X = Cl, X' = H).
B. Analog der vorangehenden Verbindung (*Farbw. Hoechst,* D.B.P. 955175 [1952]).
Rote Kristalle (aus Nitrobenzol).

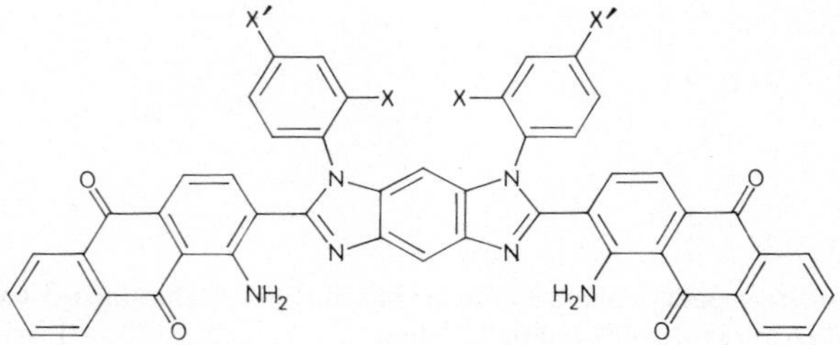

VII

2,6-Bis-[1-amino-9,10-dioxo-9,10-dihydro-[2]anthryl]-1,7-bis-[2,4-dibrom-phenyl]-1,7-dihydro-benzo[1,2-*d*;4,5-*d'*]diimidazol, 1,1'-Diamino-2,2'-[1,7-bis-(2,4-dibrom-phenyl)-1*H*,7*H*-benzo[1,2-*d*;4,5-*d'*]diimidazol-2,6-diyl]-di-anthrachinon $C_{48}H_{24}Br_4N_6O_4$, Formel VII (X = X' = Br).
B. Analog den vorangehenden Verbindungen (*Farbw. Hoechst,* D.B.P. 955175 [1952]).
Rote Kristalle (aus Nitrobenzol).

Amino-Derivate der Tetraoxo-Verbindungen $C_nH_{2n-62}N_4O_4$

2,2'-Bis-[1-amino-9,10-dioxo-9,10-dihydro-[2]anthryl]-1,1'-dimethyl-1*H*,1'*H*-[5,5']bibenzimidazolyl, 1,1'-Diamino-2,2'-[1,1'-dimethyl-1*H*,1'*H*-[5,5']bibenzimidazolyl-2,2'-diyl]-di-anthrachinon $C_{44}H_{28}N_6O_4$, Formel VIII.
B. Analog den vorangehenden Verbindungen (*Farbw. Hoechst,* D.B.P. 955175 [1952]).
Rote Kristalle.

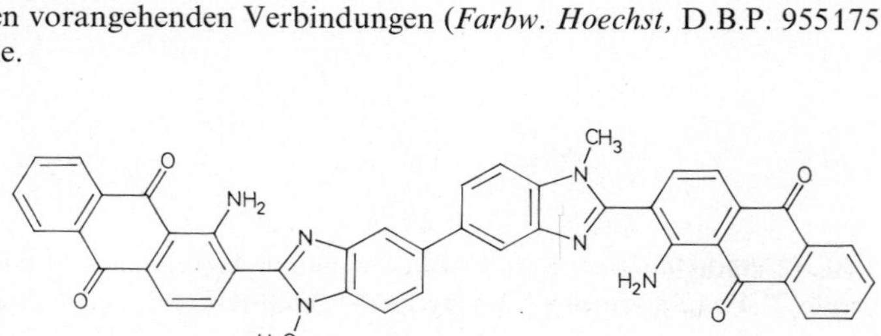

VIII

Amino-Derivate der Pentaoxo-Verbindungen $C_nH_{2n-64}N_4O_5$

Bis-[2-(1-amino-9,10-dioxo-9,10-dihydro-[2]anthryl)-1-methyl-1*H*-benzimidazol-5-yl]-keton $C_{45}H_{28}N_6O_5$, Formel IX.

B. Analog den vorangehenden Verbindungen (*Farbw. Hoechst,* D.B.P. 955175 [1952]).

Rote Kristalle (aus Nitrobenzol).

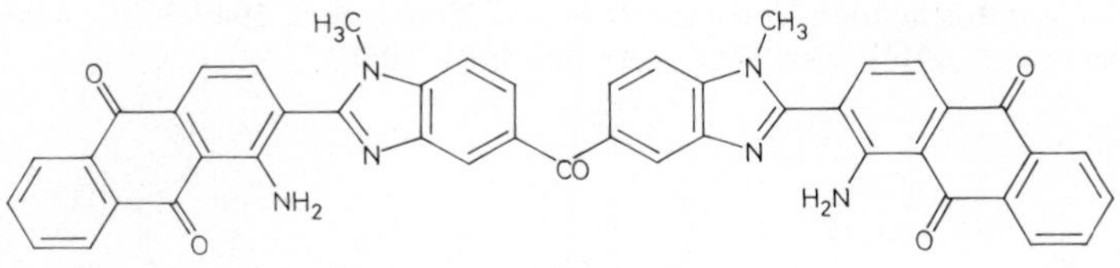

IX

Amino-Derivate der Hexaoxo-Verbindungen $C_nH_{2n-18}N_4O_6$

[1,3-Dimethyl-5-(4-methylamino-3-nitro-benzyl)-2,4,6-trioxo-hexahydro-pyrimidin-5-yl]-[1,3-dimethyl-2,4,6-trioxo-hexahydro-pyrimidin-5-yl]-methan, 1,3,1′,3′-Tetramethyl-5-[4-methyl≠amino-3-nitro-benzyl]-5,5′-methandiyl-di-barbitursäure $C_{21}H_{24}N_6O_8$, Formel X.

B. Beim Erhitzen von 1,3-Dimethyl-barbitursäure mit *N*-Methyl-2-nitro-anilin, HCl und Formaldehyd-diäthylacetal auf 110° (*Clark-Lewis, Thompson,* Soc. **1959** 2401, 2408; *Clark-Lewis et al.,* Austral. J. Chem. **29** [1976] 2219).

Orangefarbene Kristalle (aus wss. DMF); F: 209–210° (*Cl.-Le., Th.*). ^{1}H-NMR-Absorption und ^{1}H-^{1}H-Spin-Spin-Kopplungskonstanten ($CDCl_3$): *Cl.-Le. et al.,* l. c. S. 2222.

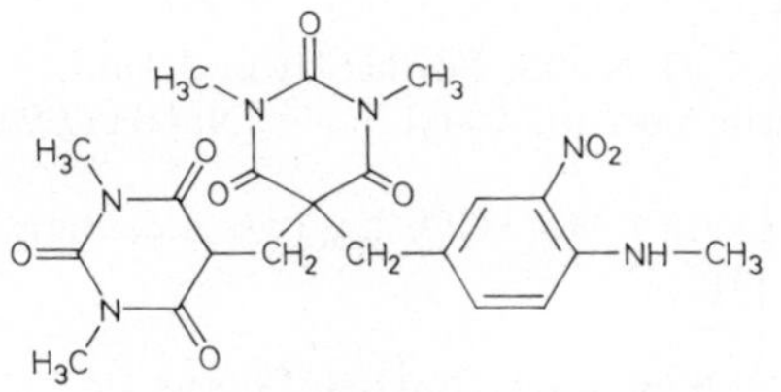

X

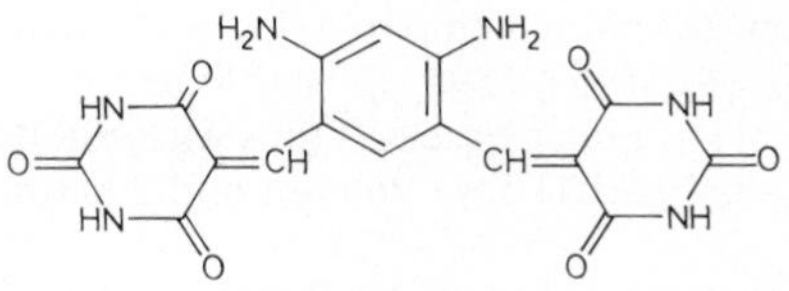

XI

Amino-Derivate der Hexaoxo-Verbindungen $C_nH_{2n-22}N_4O_6$

4,6-Bis-[2,4,6-trioxo-tetrahydro-pyrimidin-5-ylidenmethyl]-*m*-phenylendiamin, 5,5′-[4,6-Diamino-*m*-phenylendimethylen]-di-barbitursäure $C_{16}H_{12}N_6O_6$, Formel XI.

B. Beim Erhitzen von 4,6-Diamino-isophthalaldehyd mit Barbitursäure in wss. Äthanol (*Ruggli et al.,* Helv. **21** [1938] 1066, 1073).

Orangefarbene Kristalle, die sich nicht umkristallisieren oder sublimieren lassen und oberhalb 300° verkohlen. [*Flock*]

G. Hydroxy-oxo-amine

Amino-Derivate der Hydroxy-oxo-Verbindungen $C_nH_{2n-6}N_4O_2$

6-Amino-9-methyl-8-methylmercapto-3,9-dihydro-purin-2-thion $C_7H_9N_5S_2$, Formel I (R = R′ = CH_3) und Taut.

B. Beim Erwärmen des Dichlor-Derivats von *N*-Acetyl-*N*′-[5-cyan-3-methyl-2-methylmer≠

capto-3*H*-imidazol-4-yl]-thioharnstoff (?; F: 225–226° [Zers.]; E III/IV **25** 4472) mit wss. NaOH (*Cook, Smith,* Soc. **1949** 3001, 3005).

Kristalle (aus wss. NaOH + wss. HCl); F: 270°.

Picrat. Kristalle (aus wss.-methanol. Picrinsäure); F: 244–246°.

6-Amino-8-benzylmercapto-9-methyl-3,9-dihydro-purin-2-thion $C_{13}H_{13}N_5S_2$, Formel I ($R = CH_3$, $R' = CH_2$-C_6H_5) und Taut.

B. Analog der vorangehenden Verbindung (*Cook, Smith,* Soc. **1949** 3001, 3006).

Kristalle (aus wss. NaOH + wss. Eg.); Zers. bei 190–195°.

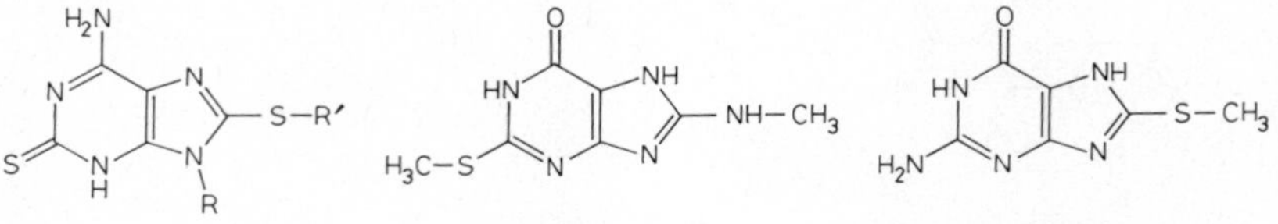

I II III

6-Amino-8-methylmercapto-9-phenyl-3,9-dihydro-purin-2-thion $C_{12}H_{11}N_5S_2$, Formel I ($R = C_6H_5$, $R' = CH_3$) und Taut.

B. Analog den vorangehenden Verbindungen (*Cook, Smith,* Soc. **1949** 3001, 3007).

Kristalle (aus wss. NaOH + wss. Eg.); Zers. bei 230–235°.

8-Methylamino-2-methylmercapto-1,7-dihydro-purin-6-on $C_7H_9N_5OS$, Formel II und Taut.

B. Beim Erwärmen von *N*-[4-Amino-2-methylmercapto-6-oxo-1,6-dihydro-pyrimidin-5-yl]-*N'*-methyl-thioharnstoff mit HgO in H_2O (*Cook, Thomas,* Soc. **1950** 1888, 1891).

Kristalle (aus wss. NaOH + wss. Säure) mit 1 Mol H_2O; F: 326°.

2-Amino-8-methylmercapto-1,7-dihydro-purin-6-on $C_6H_7N_5OS$, Formel III und Taut.

B. Aus 2-Amino-8-thioxo-1,7,8,9-tetrahydro-purin-6-on und CH_3I in wss. NaOH (*Elion et al.,* Am. Soc. **81** [1959] 1898, 1901, 1902).

Hygroskopischer Feststoff (aus wss. NaOH + Eg.) mit 1 Mol H_2O. λ_{max} (wss. Lösung): 263 nm und 291 nm [pH 1] bzw. 265 nm und 290 nm [pH 11].

6-Dimethylamino-2-methansulfonyl-7,9-dihydro-purin-8-on $C_8H_{11}N_5O_3S$, Formel IV.

B. Aus 6-Chlor-2-methansulfonyl-7,9-dihydro-purin-8-on oder aus 2,6-Bis-methansulfonyl-7,9-dihydro-purin-8-on und Dimethylamin in wss. Äthanol (*Noell, Robins,* Am. Soc. **81** [1959] 5997, 6002, 6004, 6006).

Kristalle (aus A.). λ_{max} (wss. Lösung): 231 nm und 285 nm [pH 1] bzw. 236 nm und 293 nm [pH 11].

6-Amino-9-methyl-2-methylmercapto-7,9-dihydro-purin-8-thion $C_7H_9N_5S_2$, Formel V ($R = H$, $R' = CH_3$).

B. Aus N^4-Methyl-2-methylmercapto-pyrimidin-4,5,6-triyltriamin (aus N^4-Methyl-2-methyl-mercapto-5-nitroso-pyrimidin-4,6-diyldiamin hergestellt) und CS_2 in Pyridin (*Cook, Smith,* Soc. **1949** 3001, 3006).

Kristalle (aus NaOH + wss. HCl); F: 280–282°.

6-Dimethylamino-2-methylmercapto-7,9-dihydro-purin-8-thion $C_8H_{11}N_5S_2$, Formel V ($R = CH_3$, $R' = H$).

B. Analog der vorangehenden Verbindung (*Baker et al.,* J. org. Chem. **19** [1954] 631, 635).

Kristalle (aus 2-Methoxy-äthanol); F: > 350°.

9-Äthyl-6-dimethylamino-2-methylmercapto-7,9-dihydro-purin-8-thion $C_{10}H_{15}N_5S_2$, Formel V ($R = CH_3$, $R' = C_2H_5$).

B. Beim Behandeln von N^6-Äthyl-N^4,N^4-dimethyl-2-methylmercapto-5-nitroso-pyrimidin-

4,6-diyldiamin mit $Na_2S_2O_4$ in wss. Aceton und Erwärmen des Reaktionsprodukts mit CS_2 in Pyridin (*Baker et al.*, J. org. Chem. **19** [1954] 638, 642).

Kristalle (aus A.); F: 231–233°.

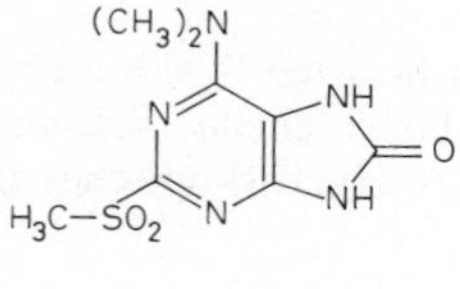

IV 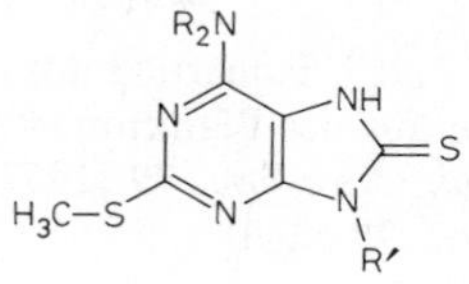 V 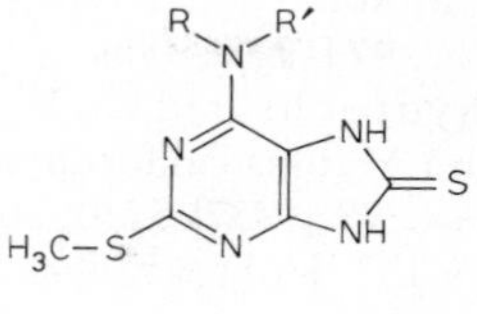 VI

6-Diäthylamino-2-methylmercapto-7,9-dihydro-purin-8-thion $C_{10}H_{15}N_5S_2$, Formel V ($R = C_2H_5$, $R' = H$).

B. Aus N^4,N^4-Diäthyl-2-methylmercapto-pyrimidin-4,5,6-triyltriamin (aus N^4,N^4-Diäthyl-2-methylmercapto-5-nitroso-pyrimidin-4,6-diyldiamin hergestellt) und CS_2 in Pyridin (*Baker et al.*, J. org. Chem. **19** [1954] 1793, 1800).

Kristalle (aus A.); F: 264–265°.

6-[*N*-Methyl-anilino]-2-methylmercapto-7,9-dihydro-purin-8-thion $C_{13}H_{13}N_5S_2$, Formel VI ($R = C_6H_5$, $R' = CH_3$).

B. Analog der vorangehenden Verbindung (*Baker et al.*, J. org. Chem. **19** [1954] 1793, 1800).

Kristalle (aus 2-Methoxy-äthanol + H_2O); F: 302–303° [Zers.].

6-[Benzyl-butyl-amino]-2-methylmercapto-7,9-dihydro-purin-8-thion $C_{17}H_{21}N_5S_2$, Formel VI ($R = CH_2$-C_6H_5, $R' = [CH_2]_3$-CH_3).

B. Analog den vorangehenden Verbindungen (*Baker et al.*, J. org. Chem. **19** [1954] 1793, 1800).

Kristalle (aus $CHCl_3$ + Heptan); F: 199–201°.

2-Benzylmercapto-6-piperidino-7,9-dihydro-purin-8-thion $C_{17}H_{19}N_5S_2$, Formel VII.

B. Analog den vorangehenden Verbindungen (*Baker et al.*, J. org. Chem. **19** [1954] 1793, 1800).

Hellgelbe Kristalle (aus 2-Methoxy-äthanol + H_2O); F: 273–274° [Zers.].

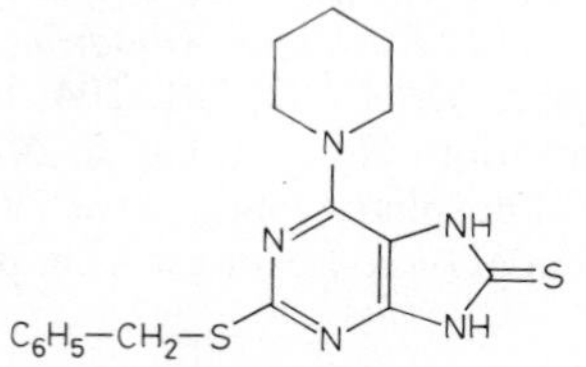

VII 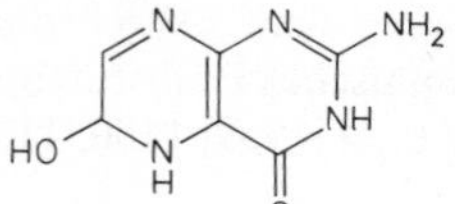 VIII 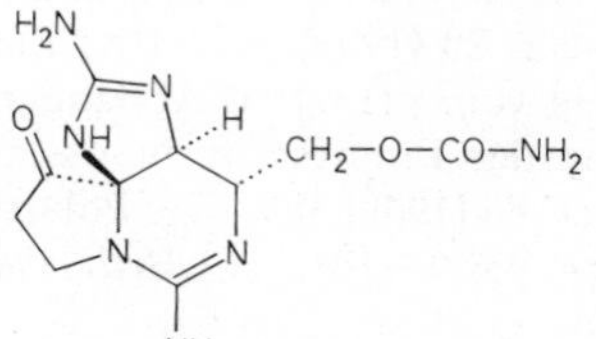 IX

(±)-2-Amino-6-hydroxy-5,6-dihydro-3*H*-pteridin-4-on(?) $C_6H_7N_5O_2$, vermutlich Formel VIII und Taut.

B. In geringer Menge neben anderen Verbindungen bei der Einwirkung von Luft auf 2-Amino-5,6,7,8-tetrahydro-3*H*-pteridin-4-on in wss. NH_3 (*Viscontini, Weilenmann*, Helv. **42** [1959] 1854, 1861).

Gelbes Pulver. IR-Spektrum (KBr; 2–7 μ) sowie Absorptionsspektrum (wss. Lösungen vom pH 2 und pH 12; 220–450 nm): *Vi., We.*, l. c. S. 1858.

(3a*S*,10a*S*)-2,6-Diamino-4*c*-carbamoyloxymethyl-(3a*r*)-3a,4,8,9-tetrahydro-1*H*-pyrrolo[1,2-*c*]purin-10-on $C_{10}H_{15}N_7O_3$, Formel IX und Taut., **Saxitoxin,** und **(3a*S*,10a*S*)-2,6-Diamino-4*c*-carbamoyloxymethyl-(3a*r*)-3a,4,8,9-tetrahydro-1*H*-pyrrolo[1,2-*c*]purin-10,10-diol** $C_{10}H_{17}N_7O_4$, Formel X und Taut., **Saxitoxin-hydrat.**

Konstitution und Konfiguration: *Schantz et al.,* Am. Soc. **97** [1975] 1238; *Bordner et al.,* Am. Soc. **97** [1975] 6008.

Dihydrochlorid $C_{10}H_{17}N_7O_4 \cdot 2HCl$. Isolierung aus den Muschelarten Saxidomus giganteus und Mytilus californianus sowie aus der Planktonart Gonyaulax catenella: *Schantz et al.,* Am. Soc. **79** [1957] 5230; *Mold et al.,* Am. Soc. **79** [1957] 5235. – Hygroskopisches Pulver; $[\alpha]_D^{20}$: +133° [A.] (*Sch. et al.,* Am. Soc. **79** 5234).

X

XI

Amino-Derivate der Hydroxy-oxo-Verbindungen $C_nH_{2n-8}N_4O_2$

2-Amino-6-hydroxymethyl-3*H*-pteridin-4-on $C_7H_7N_5O_2$, Formel XI (R = R′ = H) und Taut.

B. Aus 2,5,6-Triamino-3*H*-pyrimidin-4-on-sulfat beim Behandeln mit 1,3-Dihydroxy-aceton, $N_2H_4 \cdot H_2O$ und Natriumacetat in wss. Essigsäure mit bzw. ohne Zusatz von H_3BO_3 (*Forrest, Walker,* Soc. **1949** 2077, 2081; *Karrer, Schwyzer,* Helv. **32** [1949] 423, 432; *Hoffmann-La Roche,* Schweiz. P. 250660 [1946]; U.S.P. 2546959 [1947]; s. a. *Backer, Houtman,* R. **70** [1951] 725, 728) mit (±)-2,3-Dibrom-propionaldehyd, Natriumacetat und Jod in wss. Äthanol bei pH 4 (*Weygand et al.,* B. **83** [1950] 460, 466) oder mit 2,2,3-Tribrom-propionaldehyd und Natriumacetat in wss. Äthanol bei pH 4 (*We. et al.*), in diesem Fall neben 2-Amino-7-hydroxymethyl-3*H*-pteridin-4-on. Neben 2-Amino-4-oxo-3,4-dihydro-pteridin-6-carbonsäure beim Behandeln von 2-Amino-4-oxo-3,4-dihydro-pteridin-6-carbaldehyd mit wss. NaOH (*Waller et al.,* Am. Soc. **72** [1950] 4630, 4633).

Hellgelbe Kristalle [aus H_2O] (*Fo., Wa.*; *Ka., Sch.*; *Hoffmann-La Roche*; *We. et al.*; *Wa. et al.*); Zers. >300° [unter Sintern] (*Hoffmann-La Roche*). Absorptionsspektrum (wss. HCl [0,1 n] sowie wss. NaOH [0,1 n]; 220–420 nm): *Ka., Sch.,* l. c. S. 426; *Wa. et al.,* l. c. S. 4631. λ_{max}: 249 nm und 321 nm [wss. HCl (0,1 n)] bzw. 253 nm und 365 nm [wss. NaOH (0,1 n)] (*Asahi,* J. pharm. Soc. Japan **79** [1959] 1574, 1577; C. A. **1960** 10593). Relative Intensität der Fluorescenz in wss. Lösungen vom pH 1–11 bzw. pH 2–12: *Kavanagh, Goodwin,* Arch. Biochem. **20** [1949] 315, 318; *Rauen, Stamm,* Z. physiol. Chem. **289** [1952] 201, 204; in wss. Lösung vom pH 6,8 in Abhängigkeit von der Puffer-Konzentration: *Ra., St.,* l. c. S. 202. Löschung der Fluorescenz in wss. Lösung vom pH 6,8 durch Phosphat: *Lowry et al.,* J. biol. Chem. **180** [1949] 389, 396. Polarographisches Halbstufenpotential (wss. Lösungen vom pH 1–12 bzw. pH 6–12): *As.*; *Hrdý,* Collect. **24** [1959] 1180, 1185.

4-[2-Amino-4-oxo-3,4-dihydro-pteridin-6-ylmethoxy]-benzoesäure $C_{14}H_{11}N_5O_4$, Formel XI (R = H, R′ = C_6H_4-CO-OH) und Taut.

B. Beim Erhitzen von 2,5,6-Triamino-3*H*-pyrimidin-4-on-dihydrochlorid mit 4-[3,3-Diäthoxy-2-oxo-propoxy]-benzoesäure-äthylester und Natriumacetat in Essigsäure und Behandeln des Reaktionsprodukts mit wss. NaOH (*Fairburn et al.,* Am. Soc. **76** [1954] 676, 678).

Gelber Feststoff (aus wss. NaOH + wss. HCl). λ_{max} (wss. NaOH [0,1 n]): 257 nm und 363 nm.

***N*-[4-(2-Amino-4-oxo-3,4-dihydro-pteridin-6-ylmethoxy)-benzoyl]-L-glutaminsäure** $C_{19}H_{18}N_6O_7$, Formel XII und Taut.

B. Analog der vorangehenden Verbindung (*Fairburn et al.,* Am. Soc. **76** [1954] 676, 679).

Gelbe Kristalle (aus wenig Eg. enthaltendem H_2O). λ_{max} (wss. NaOH [0,1 n]): 259 nm und 364 nm.

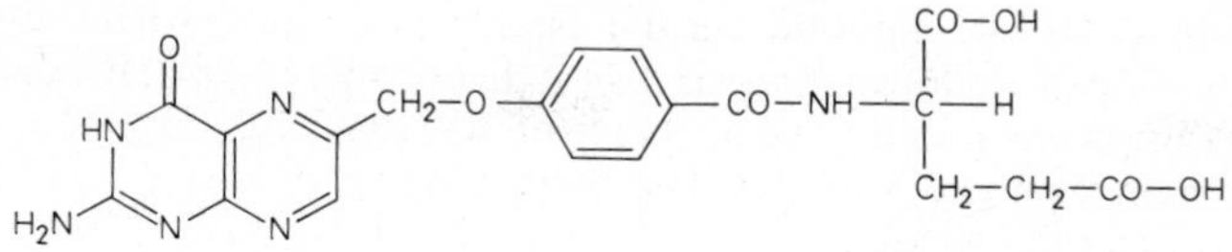

XII

6-Acetoxymethyl-2-acetylamino-3*H*-pteridin-4-on $C_{11}H_{11}N_5O_4$, Formel XI (R = R′ = CO-CH_3) und Taut.

B. Beim Erhitzen von 2-Amino-6-hydroxymethyl-3*H*-pteridin-4-on mit Acetanhydrid (*Karrer, Schwyzer,* Helv. **32** [1949] 423, 432; *Waller et al.,* Am. Soc. **72** [1950] 4630, 4633; *Backer, Houtman,* R. **70** [1951] 725, 729).

Kristalle; F: 227–229° [Zers.; aus H_2O] (*Wa. et al.*), 218–220° [Zers.; nach Sintern ab 213°; aus A.] (*Ba., Ho.*), 213° [Zers.; aus A.] (*Ka., Sch.*). UV-Spektrum (220–400 nm) in wss. HCl [0,1 n]: *Ka., Sch.,* l. c. S. 427; *Wa. et al.,* l. c. S. 4632; in wss. NH_3 [0,1 n]: *Wa. et al.*; in wss. NaOH [0,1 n]: *Ka., Sch.,* l. c. S. 428.

2-Amino-7-hydroxymethyl-3*H*-pteridin-4-on $C_7H_7N_5O_2$, Formel XIII (R = R′ = H) und Taut.

Die von *Karrer, Schwyzer* (Helv. **31** [1948] 777, 781) sowie von *Karrer et al.* (Helv. **30** [1947] 1031, 1036) unter dieser Konstitution bzw. als 2-Amino-7(oder 6)-hydroxymethyl-3*H*-pteridin-4-on beschriebenen Verbindungen sind als 2-Amino-7-methyl-3*H*-pteridin-4-on (S. 3955) zu formulieren (*Angier et al.,* Am. Soc. **70** [1948] 3029; *Weygand et al.,* Experientia **4** [1948] 427).

B. Aus 2,5,6-Triamino-3*H*-pyrimidin-4-on-sulfat beim Behandeln mit Hydroxypyruvaldehyd, Natriumacetat und H_3BO_3 in wss. Essigsäure (*Karrer, Schwyzer,* Helv. **32** [1949] 423, 433; s. a. *Backer, Houtman,* R. **67** [1948] 260, 263, **70** [1951] 725) oder mit 1,1,3-Tribrom-aceton und Natriumacetat in wss. Äthanol bei pH 4 (*Weygand et al.,* B. **83** [1950] 460, 466). Eine weitere Bildungsweise s. o. im Artikel 2-Amino-6-hydroxymethyl-3*H*-pteridin-4-on.

Hellgelbe bzw. bräunliche Kristalle [aus H_2O] (*Ba., Ho.,* R. **67** 263; *We. et al.*); hellgelbe Kristalle [aus sehr verd. wss. HCl] (*Ka., Sch.,* Helv. **32** 433). UV-Spektrum (wss. HCl [0,1 n] sowie wss. NaOH [0,1 n]; 220–400 nm): *Ka., Sch.,* Helv. **32** 426.

7-Acetoxymethyl-2-acetylamino-3*H*-pteridin-4-on $C_{11}H_{11}N_5O_4$, Formel XIII (R = R′ = CO-CH_3) und Taut.

B. Beim Erhitzen der vorangehenden Verbindung mit Acetanhydrid (*Karrer, Schwyzer,* Helv. **32** [1949] 423, 433; *Backer, Houtman,* R. **67** [1948] 260, 263, **70** [1951] 725, 729).

Kristalle; F: 238–239° [Zers.; aus A.] (*Ba., Ho.,* R. **70** 729), 225° [Zers.; aus H_2O] (*Ka., Sch.*). Kristallmorphologie: *Ba., Ho.,* R. **67** 263. UV-Spektrum (wss. HCl [0,1 n] sowie wss. NaOH [0,1 n]; 220–400 nm): *Ka., Sch.,* l. c. S. 427, 428.

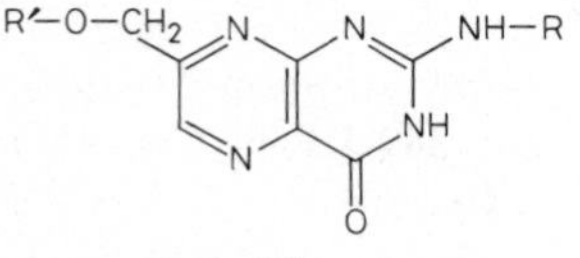

XIII 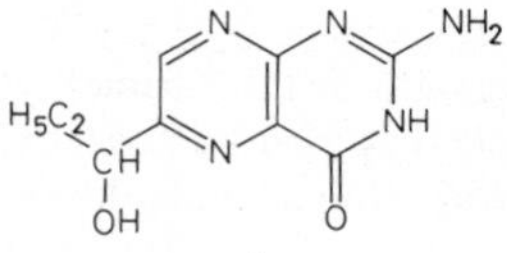 I 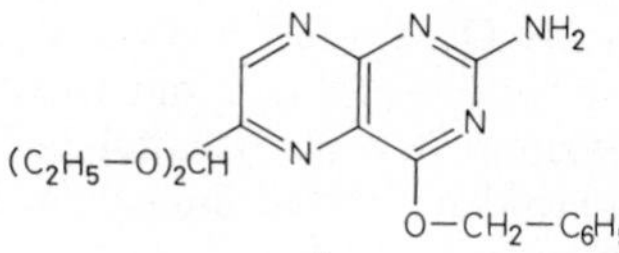 II

2-Benzoylamino-7-hydroxymethyl-3*H*-pteridin-4-on, *N*-[7-Hydroxymethyl-4-oxo-3,4-dihydro-pteridin-2-yl]-benzamid $C_{14}H_{11}N_5O_3$, Formel XIII (R = CO-C_6H_5, R′ = H) und Taut.

B. Aus 2-Amino-7-hydroxymethyl-3*H*-pteridin-4-on, Benzoylchlorid und wss. NaOH (*Backer, Houtman,* R. **67** [1948] 260, 264).

Kristalle (aus wss. Ameisensäure).

(±)-2-Amino-6-[1-hydroxy-propyl]-3*H*-pteridin-4-on $C_9H_{11}N_5O_2$, Formel I und Taut.

B. Neben 2-Amino-3*H*-pteridin-4-on bei der Hydrierung von 2-Amino-6-propionyl-7,8-dihydro-3*H*-pteridin-4-on (S. 4006) an Platin in wss. Äthanol oder in wss. HCl und anschliessenden Einwirkung von Luft (*Forrest et al.*, Arch. Biochem. **83** [1959] 508, 513, 516). Aus 2-Amino-6-propionyl-3*H*-pteridin-4-on und KBH_4 in wss. Methanol (*Fo. et al.*).

λ_{max} (H_2O): 255 nm und 360 nm.

Amino-Derivate der Hydroxy-oxo-Verbindungen $C_nH_{2n-10}N_4O_2$

4-Benzyloxy-6-diäthoxymethyl-pteridin-2-ylamin, 2-Amino-4-benzyloxy-pteridin-6-carbaldehyd-diäthylacetal $C_{18}H_{21}N_5O_3$, Formel II und Taut.

B. Beim Erwärmen von 6-Benzyloxy-pyrimidin-2,4,5-triyltriamin mit 3,3-Diäthoxy-2-brom-propionaldehyd und Natriumacetat in Äthanol und Behandeln des Reaktionsprodukts mit wss. H_2O_2 und $FeSO_4$ in Äthanol (*Merck & Co. Inc.*, U.S.P. 2740784 [1954]).

λ_{max} (wss. Lösung): 335 nm [wss. HCl (0,1 n)] bzw. 256 nm und 361 nm [wss. NaOH (0,1 n)].

Amino-Derivate der Hydroxo-oxo-Verbindungen $C_nH_{2n-14}N_2O_2$

8-Amino-7,10-dimethyl-2-methylmercapto-10*H*-benzo[*g*]pteridin-4-on $C_{13}H_{13}N_5OS$, Formel III.

Absorptionsspektrum (Ameisensäure; 200–500 nm): *Hemmerich et al.*, Helv. **42** [1959] 2164, 2167, 2171.

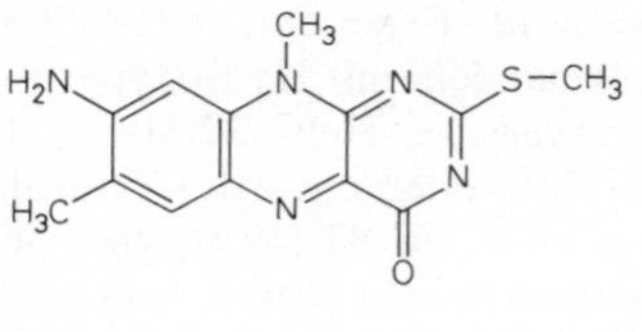

III

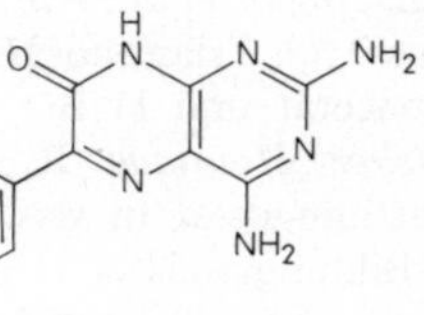

IV

Amino-Derivate der Hydroxy-oxo-Verbindungen $C_nH_{2n-16}N_4O_2$

2,4-Diamino-6-[4-methoxy-phenyl]-8*H*-pteridin-7-on $C_{13}H_{12}N_6O_2$, Formel IV und Taut.

B. Beim Erhitzen von 5-Nitroso-pyrimidin-2,4,6-triyltriamin mit [4-Methoxy-phenyl]-acetylchlorid auf 140° (*Spickett, Timmis*, Soc. **1954** 2887, 2894).

Gelbe Kristalle (aus DMF); Zers. >350°.

Amino-Derivate der Hydroxy-oxo-Verbindungen $C_nH_{2n-6}N_4O_3$

(±)-8-[1-Hydroxy-2-methylamino-äthyl]-1,3,7-trimethyl-3,7-dihydro-purin-2,6-dion $C_{11}H_{17}N_5O_3$, Formel V (R = R′ = H).

B. Aus (±)-8-[2-Brom-1-hydroxy-äthyl]-1,3,7-trimethyl-3,7-dihydro-purin-2,6-dion und Methylamin in wss. Äthanol und CH_2Cl_2 (*Ehrhart, Hennig*, Ar. **289** [1956] 453, 457). Aus der folgenden Verbindung bei der Hydrierung an Palladium (*Eh., He.*).

Kristalle; F: 215°.

Hydrochlorid $C_{11}H_{17}N_5O_3 \cdot HCl$. F: 225–226°.

(±)-8-[2-(Benzyl-methyl-amino)-1-hydroxy-äthyl]-1,3,7-trimethyl-3,7-dihydro-purin-2,6-dion $C_{18}H_{23}N_5O_3$, Formel V (R = H, R′ = CH_2-C_6H_5).

B. Aus (±)-8-[2-Brom-1-hydroxy-äthyl]-1,3,7-trimethyl-3,7-dihydro-purin-2,6-dion und Ben-

zyl-methyl-amin in Benzol (*Ehrhart, Hennig,* Ar. **289** [1956] 453, 457).
Hydrochlorid $C_{18}H_{23}N_5O_3 \cdot HCl$. Kristalle; F: 230°.

(±)-8-[1-Hydroxy-2-piperidino-äthyl]-1,3,7-trimethyl-3,7-dihydro-purin-2,6-dion $C_{15}H_{23}N_5O_3$, Formel VI.

B. Analog der vorangehenden Verbindung (*Ehrhart, Hennig,* Ar. **289** [1956] 453, 457).
Hydrochlorid $C_{15}H_{23}N_5O_3 \cdot HCl$. Kristalle; F: 247–248°.

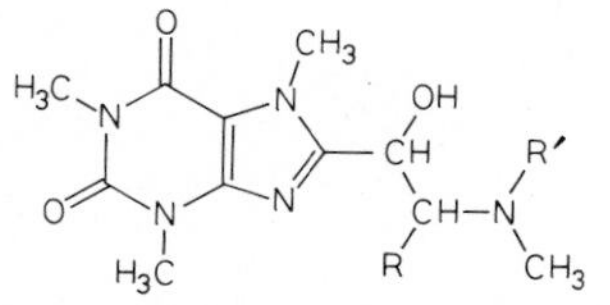

V 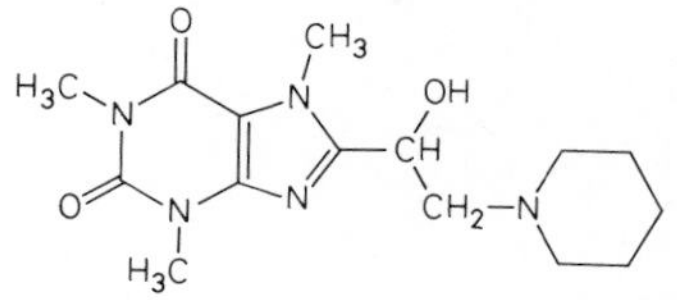 VI

Opt.-inakt. 8-[1-Hydroxy-2-methylamino-propyl]-1,3,7-trimethyl-3,7-dihydro-purin-2,6-dion $C_{12}H_{19}N_5O_3$, Formel V (R = CH_3, R′ = H).

a) Stereoisomeres, dessen Hydrochlorid bei 273° schmilzt.
B. Aus opt.-inakt. 8-[2-Brom-1-hydroxy-propyl]-1,3,7-trimethyl-3,7-dihydro-purin-2,6-dion (F: 136–138°; S. 2741) und Methylamin in wss. Äthanol und CH_2Cl_2 bei Siedetemperatur (*Ehrhart, Hennig,* Ar. **289** [1956] 453, 458).
Hydrochlorid $C_{12}H_{19}N_5O_3 \cdot HCl$. Kristalle; F: 272–273°.

b) Stereoisomeres, dessen Hydrochlorid bei 225° schmilzt.
B. Analog dem unter a) beschriebenen Stereoisomeren, aber bei Raumtemperatur (*Eh., He.,* l. c. S. 457).
Hydrochlorid $C_{12}H_{19}N_5O_3 \cdot HCl$. Kristalle; F: 225°.

Opt.-inakt. 8-[2-Dimethylamino-1-hydroxy-propyl]-1,3,7-trimethyl-3,7-dihydro-purin-2,6-dion $C_{13}H_{21}N_5O_3$, Formel V (R = R′ = CH_3).

a) Stereoisomeres, dessen Hydrochlorid bei 256° schmilzt.
B. Neben dem unter b) beschriebenen Stereoisomeren beim Erwärmen von opt.-inakt. 8-[2-Brom-1-hydroxy-propyl]-1,3,7-trimethyl-3,7-dihydro-purin-2,6-dion (F: 136–138°; S. 2741) mit Dimethylamin in wss. Äthanol und CH_2Cl_2 (*Ehrhart, Hennig,* Ar. **289** [1956] 453, 458).
Hydrochlorid $C_{13}H_{21}N_5O_3 \cdot HCl$. Kristalle; F: 255–256°.

b) Stereoisomeres, dessen Hydrochlorid bei 223° schmilzt.
B. s. unter a).
Hydrochlorid $C_{13}H_{21}N_5O_3 \cdot HCl$. Kristalle; F: 222–223°.

Amino-Derivate der Hydroxy-oxo-Verbindungen $C_nH_{2n-8}N_4O_3$

4-Amino-2-methylmercapto-5,8-dihydro-pteridin-6,7-dion $C_7H_7N_5O_2S$, Formel VII und Taut.

B. Aus 2-Methylmercapto-pyrimidin-4,5,6-triyltriamin und Oxalsäure-diäthylester in äthanol. Natriumäthylat (*Forrest et al.,* Soc. **1951** 3, 7).
Hellgelbe Kristalle (aus DMF).

4-Amino-8-ξ-D-glucopyranosyl(?)-2-methylmercapto-5,8-dihydro-pteridin-6,7-dion $C_{13}H_{17}N_5O_7S$, vermutlich Formel VIII.

B. Aus O^2,O^3,O^4(?),O^6-Tetraacetyl-D-glucose-[5,6-diamino-2-methylmercapto-pyrimidin-4-ylimin] (F: 214°; E III/IV **25** 3346) und Oxalsäure-diäthylester in äthanol. Natriummethylat (*Forrest et al.,* Soc. **1951** 3, 7).

Hellgelbe Kristalle (aus H_2O) mit 1 Mol H_2O; F: 230–240° [Zers.].

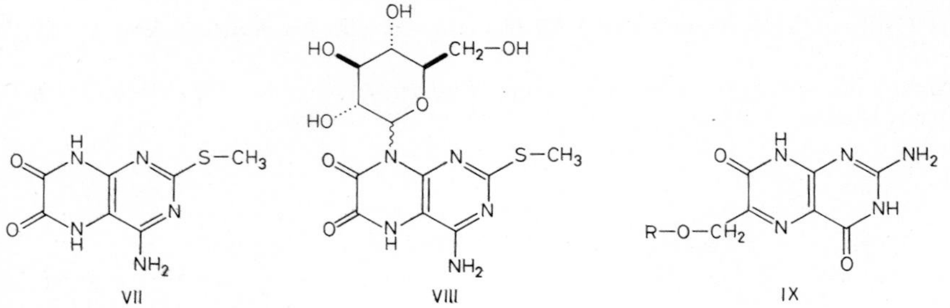

VII VIII IX

2-Amino-6-hydroxymethyl-3*H*,8*H*-pteridin-4,7-dion $C_7H_7N_5O_3$, Formel IX (R = H) und Taut.

B. Aus 2,5,6-Triamino-3*H*-pyrimidin-4-on und Brombrenztraubensäure in H_2O (*Tschesche, Glaser,* B. **91** [1958] 2081, 2087).

Feststoff (aus wss. NaOH + wss. HCl).

2-Amino-6-methoxymethyl-3*H*,8*H*-pteridin-4,7-dion $C_8H_9N_5O_3$, Formel IX (R = CH_3) und Taut.

B. Aus 2,5,6-Triamino-3*H*-pyrimidin-4-on und Methoxy-oxalessigsäure-diäthylester in wss. Essigsäure (*Matsuura et al.,* Am. Soc. **75** [1953] 4446, 4448).

Gelbe Kristalle.

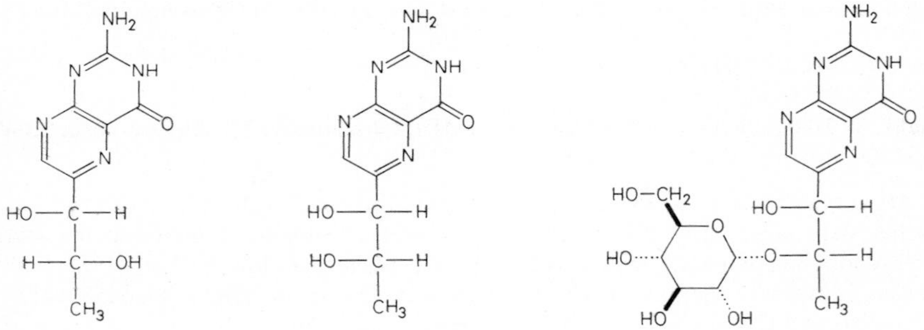

X XI XII

2-Amino-6-[1,2-dihydroxy-propyl]-3*H*-pteridin-4-on $C_9H_{11}N_5O_3$.

a) **2-Amino-6-[(1*R*,2*R*)-1,2-dihydroxy-propyl]-3*H*-pteridin-4-on,** Formel X und Taut.

B. Als Hauptprodukt aus 2,5,6-Triamino-3*H*-pyrimidin-4-on-sulfat und 5-Desoxy-D-xylose (E IV **1** 4177) analog der folgenden Verbindung (*Viscontini, Raschig,* Helv. **41** [1958] 109, 113).

Kristalle (aus Eg.?) mit 1 Mol H_2O. $[\alpha]_D^{22}$: −56° [wss. HCl (0,1 n); c = 0,9], −63° [wss. NaOH (0,2 n); c = 1] (*Vi., Ra.,* l. c. S. 110). ORD (wss. HCl [0,1 n] sowie wss. NaOH [0,2 n]; 640–520 nm): *Vi., Ra.,* l. c. S. 111. IR-Spektrum (KBr; 2–14 μ): *Vi., Ra.*

b) **2-Amino-6-[(1*R*,2*S*)-1,2-dihydroxy-propyl]-3*H*-pteridin-4-on, Biopterin,** Formel XI und Taut.

Konstitution und Konfiguration: *Patterson et al.,* Am. Soc. **77** [1955] 3167, **78** [1956] 5868; *Forrest, Mitchell,* Am. Soc. **77** [1955] 4865, 4866; *Butenandt, Rembold,* Z. physiol. Chem. **311** [1958] 79, 80.

Identität mit der von *Viscontini et al.* (Helv. **38** [1955] 397, 1222, **41** [1958] 440) als „Pteri= din-HB₂" bezeichneten Verbindung: *Fo., Mi.,* l. c. S. 4867; *Viscontini,* Helv. **44** [1961] 631,

633.

Isolierung aus einer Wildform der Taufliege Drosophila: *Fo., Mi.,* l. c. S. 4867; aus Drosophila melanogaster: *Vi. et al.,* Helv. **38** 398, 1223, **41** 443; aus menschlichem Harn: *Patterson et al.,* Am. Soc. **77** 3167, **78** [1956] 5868; aus Weiselzellenfuttersaft (Gelée royale) der Honigbiene: *Bu., Re.,* l. c. S. 81.

B. Als Hauptprodukt beim Erwärmen von 2,5,6-Triamino-3*H*-pyrimidin-4-on-dihydrochlorid bzw. -sulfat mit 5-Desoxy-L-arabinose (E IV **1** 4177) unter Zusatz von $NaHCO_3$ bzw. Natrium≠acetat und $N_2H_4 \cdot H_2O$ in wss. Essigsäure (*Fo., Mi.,* l. c. S. 4868; *Viscontini, Raschig,* Helv. **41** [1958] 109, 111), von Natriumacetat und H_3BO_3 in wss. HCl (*Pa. et al.,* Am. Soc. **78** 5870) oder von Toluidin und $N_2H_4 \cdot H_2O$ in wss. HCl und Essigsäure (*Bu., Re.,* l. c. S. 83).

Hellgelbe Kristalle [aus H_2O] (*Pa. et al.,* Am. Soc. **77** 3167, **78** 5870, 5872); Kristalle [aus H_2O] (*Fo., Mi.*); Kristalle [aus Eg.] (*Vi., Ra.*); hellgelbe Kristalle [aus wss. HCl + wss. NH_3] (*Vi. et al.,* Helv. **41** 444); Zers. bei 250–280° (*Pa. et al.,* Am. Soc. **77** 3167, **78** 5872). $[\alpha]_D^{20}$: −27,2° [wss. HCl (0,1 n); c = 1] (*Vi. et al.,* Helv. **41** 445); $[\alpha]_D^{22}$: −29° [wss. HCl (0,1 n); c = 1] (*Vi., Ra.*); $[\alpha]_D^{25}$: −50° [wss. HCl (0,1 n); c = 0,4] (*Pa. et al.,* Am. Soc. **77** 3167); $[\alpha]_D^{26}$: −52° [wss. HCl (0,1 n); c = 0,5] (*Pa. et al.,* Am. Soc. **78** 5871). $[\alpha]_D^{20}$: −10,6° [wss. NaOH (0,1 n); c = 1] (*Vi. et al.,* Helv. **41** 445); $[\alpha]_D^{22}$: −32° [wss. NaOH (0,2 n); c = 1] (*Vi., Ra.*). ORD (wss. HCl [0,1 n] sowie wss. NaOH [0,1 n bzw. 0,2 n]; 660–510 nm): *Vi. et al.,* Helv. **41** 445; *Vi., Ra.,* l. c. S. 111. IR-Spektrum (KBr; 2–15 µ): *Vi. et al.,* Helv. **41** 442; *Vi., Ra.,* l. c. S. 110; *Pa. et al.,* Am. Soc. **78** 5870. Absorptionsspektrum (220–420 nm) in wss. Lösungen vom pH 1–9,5: *Vi. et al.,* Helv. **41** 441, 442; vom pH 1,2–12: *Vi., Ra.*; in wss. HCl [0,1 n] sowie wss. NaOH [0,1 n]: *Vi. et al.,* Helv. **38** 400; *Fo., Mi.*; *Pa. et al.,* Am. Soc. **78** 5870. Scheinbare Dissoziationsexponenten pK'_{a1} und pK'_{a2} (H_2O; spektrophotometrisch ermittelt): 2,40 bzw. 7,77 (*Vi., Ra.*), 2,43 bzw. 7,77 (*Vi. et al.,* Helv. **41** 445). Löslichkeit in H_2O bei 4°: 0,5 mg/ml; bei 90°: 3 mg/ml (*Pa. et al.,* Am. Soc. **78** 5871).

2-Amino-6-[(1*R*?,2*S*?)-2-α-D-glucopyranosyloxy-1-hydroxy-propyl]-3*H*-pteridin-4-on $C_{15}H_{21}N_5O_8$, vermutlich Formel XII und Taut.

Diese Konstitution und Konfiguration kommt der von *Van Baalen et al.* (Pr. nation. Acad. U.S.A. **43** [1957] 701) als „Verbindung-C aus Anacystis nidulans" bezeichneten Verbindung zu (*Forrest et al.,* Arch. Biochem. **78** [1958] 95, 96).

Isolierung aus der Alge Anacystis nidulans: *Van Ba. et al.,* l. c. S. 703.

B. Aus Biopterin (s. o.), D-Glucose und Toluol-4-sulfonsäure in DMF (*Fo. et al.*).

Kristalle (aus H_2O); unterhalb 250° nicht schmelzend (*Fo. et al.*). IR-Spektrum (KBr; 2–16 µ) und UV-Spektrum (wss. HCl [0,1 n] sowie wss. NaOH [0,1 n]; 230–400 nm): *Van Ba. et al.,* l. c. S. 702.

(±)-2-Amino-6-[2-hydroxy-propyl]-3*H*,8*H*-pteridin-4,7-dion $C_9H_{11}N_5O_3$, Formel XIII und Taut.

B. Aus 6-Acetonyl-2-amino-3*H*,8*H*-pteridin-4,7-dion und $NaBH_4$ in wss. NaOH (*Matsuura et al.,* Am. Soc. **75** [1953] 4446, 4449).

Gelbe Kristalle.

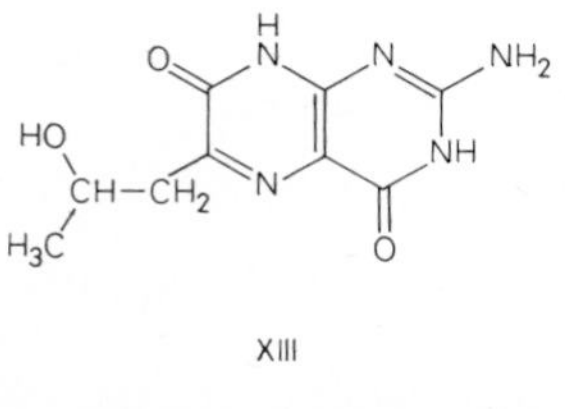

XIII 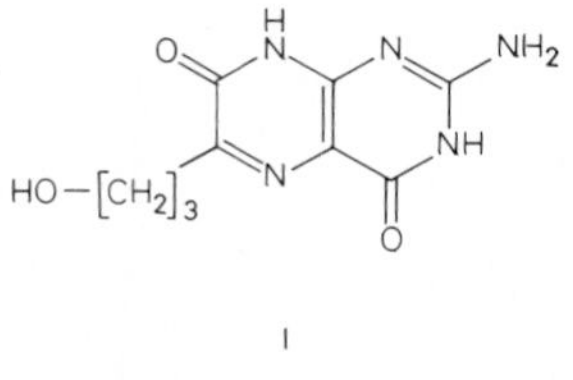 I 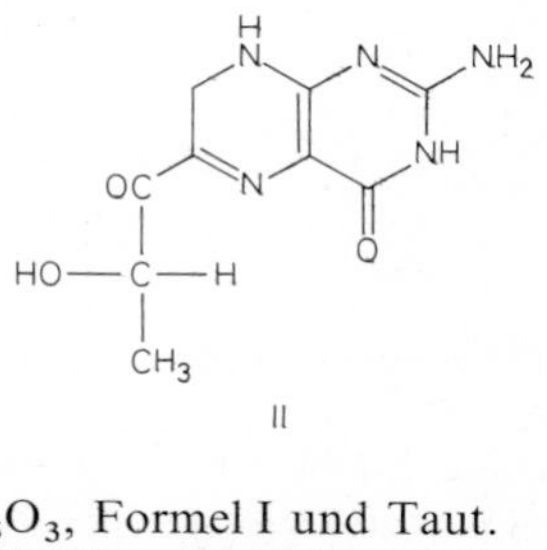 II

2-Amino-6-[3-hydroxy-propyl]-3*H*,8*H*-pteridin-4,7-dion $C_9H_{11}N_5O_3$, Formel I und Taut.

B. Beim Erwärmen von 2-Amino-6-[2-oxo-tetrahydro-[3]furyl]-3*H*,8*H*-pteridin-4,7-dion mit wss. HCl (*Tschesche, Glaser,* B. **91** [1958] 2081, 2088).

Kristalle (aus wss. NaOH + wss. Eg.).

2-Amino-6-L-lactoyl-7,8-dihydro-3*H*-pteridin-4-on, Sepiapterin, Sepiapterin-A $C_9H_{11}N_5O_3$, Formel II und Taut.

Konstitution: *Forrest, Nawa,* Nature **196** [1962] 372; *Nawa,* Bl. chem. Soc. Japan **33** [1960] 1555; *Goto et al.,* Bl. chem. Soc. Japan **39** [1966] 929. Absolute Konfiguration: *Matsuura et al.,* Bl. chem. Soc. Japan **50** [1977] 2168; *Pfleiderer,* B. **112** [1979] 2750; s. a. *Viscontini, Möhlmann,* Helv. **42** [1959] 1679, 1682.

Identität mit Xanthopterin-B_1 von *Aruga et al.* (Experientia **10** [1954] 336): *Tsusue, Akino,* Zool. Mag. Japan **74** [1965] 91, 92; mit den von *Hadorn, Mitchell* (Pr. nation. Acad. U.S.A. **37** [1951] 650) und von *Forrest, Mitchell* (Am. Soc. **76** [1954] 5656) als „gelbes Pigment F15" bezeichneten Präparaten: *Viscontini, Möhlmann,* Helv. **42** [1959] 836; mit den von *Hama, Goto* (C. r. Soc. Biol. **149** [1955] 859) als „Rhacophoro-Gelb" bezeichneten Präparaten: *Hama, Obika,* Experientia **14** [1958] 182; Nature **187** [1960] 326; s. a. *Hama et al.,* Pr. Japan Acad. **36** [1960] 217, 278. Die von *Hirata et al.* (Sci. **111** [1950] 608; Bl. chem. Soc. Japan **23** [1950] 76), *Nakanishi, Hikkawa* (Chem. Res. Tokyo **7** [1950] 172; C. A. **1950** 10189) und *Nawa, Taira* (Pr. Japan Acad. **30** [1954] 632) als Xanthopterin-B bezeichneten Präparate sind als Gemisch von Xanthopterin-B_1 mit Xanthopterin-B_2 (S. 2760) erkannt worden (*Ar. et al.*).

Isolierung aus den Frosch-Arten Rhacophorus schlegelli und Triturus pyrrphogaster: *Hama, Goto*; aus der gelben Mutante der Seidenraupe (Bombyx mori): *Hi. et al.,* Bl. chem. Soc. Japan **23** 77; *Na., Hi.*; *Nawa, Ta.*; *Ar. et al.*; aus Drosophila melanogaster: *Ha., Mi.,* l. c. S. 653; *Fo., Mi.,* l. c. S. 5656; *Nawa, Ta.,* l. c. S. 633; *Vi., Mö.,* l. c. S. 840; s. a. *Brenner-Holzach, Leuthardt,* Helv. **42** [1959] 2254, 2257.

Gelbe Kristalle [aus H_2O] (*Fo., Mi.,* l. c. S. 5656; *Vi., Mö.,* l. c. S. 840), die beim Erhitzen verkohlen (*Fo., Mi.,* l. c. S. 5656). $[\alpha]_D^{20}$: +100° [H_2O?] (*Vi., Mö.,* l. c. S. 839). Absorptionsspektrum (220–480 nm) in wss. Lösungen vom pH 0,9–11,9: *Vi., Mö.,* l. c. S. 1680; in wss. HCl [0,1 n] sowie wss. NaOH [0,1 n]: *Vi., Mö.,* l. c. S. 838; *Fo., Mi.,* l. c. S. 5656; in wss. NaOH [0,1 n]: *Forrest, Mitchell,* Am. Soc. **76** [1954] 5658, 5659. Scheinbare Dissoziationsexponenten pK'_{a1} und pK'_{a2} (H_2O; spektrophotometrisch ermittelt): 1,45 bzw. 10,06 (*Vi., Mö.,* l. c. S. 1680).

Monoacetyl-Derivat $C_{11}H_{13}N_5O_4$; vermutlich 6-[(*S*)-2-Acetoxy-propionyl]-2-amino-7,8-dihydro-3*H*-pteridin-4-on. Über die Position der Acetyl-Gruppe s. *Fo. et al.,* l. c. S. 517. – Gelbe Kristalle [aus wss. Eg.] (*Fo., Mi.,* l. c. S. 5662).

Oxim $C_9H_{12}N_6O_3$; vermutlich 2-Amino-6-[(*S*)-2-hydroxy-1-hydroxyimino-propyl]-7,8-dihydro-3*H*-pteridin-4-on. Gelbe Kristalle (aus wss. Eg.); λ_{max}: 268 nm [wss. HCl (0,1 n)] bzw. 265 nm und 380 nm [wss. NaOH (0,1 n)] (*Fo., Mi.,* l. c. S. 5662).

2,4-Dinitro-phenylhydrazon $C_{15}H_{15}N_9O_6$; vermutlich 2-Amino-6-[(*S*)-1-(2,4-dinitro-phenylhydrazono)-2-hydroxy-propyl]-7,8-dihydro-3*H*-pteridin-4-on. Roter Feststoff (*Fo., Mi.,* l. c. S. 5662).

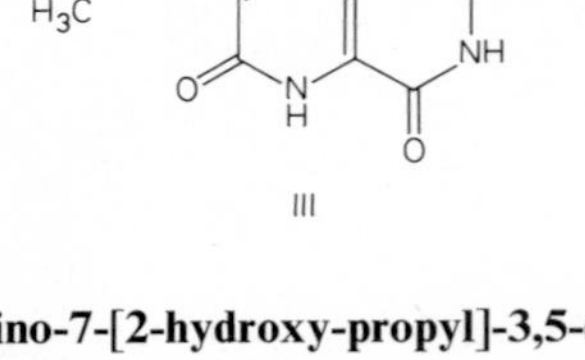

III 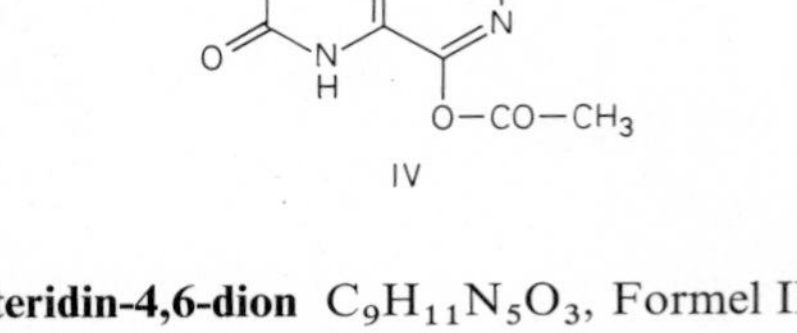 IV

(±)-2-Amino-7-[2-hydroxy-propyl]-3,5-dihydro-pteridin-4,6-dion $C_9H_{11}N_5O_3$, Formel III und Taut.

B. Aus 7-Acetonyl-2-amino-3,5-dihydro-pteridin-4,6-dion und $NaBH_4$ in wss. NaOH (*Tschesche, Barkemeyer,* B. **88** [1955] 976, 982).

Feststoff (aus Butanol-1-ol).

Amino-Derivate der Hydroxy-oxo-Verbindungen $C_nH_{2n-10}N_4O_3$

7-Acetonyl-4-acetoxy-2-acetylamino-5*H*-pteridin-6-on $C_{13}H_{13}N_5O_5$, Formel IV und Taut.

Die Struktur des von *Tschesche, Heuschkel* (B. **89** [1956] 1054, 1055) unter dieser Konstitution beschriebenen 7-Acetonyl-xanthopterin-diacetat ist ungewiss (*v. Philipsborn* bei *Korte, Wallace,* Pr. 3. int. Symp. Pteridine Chemistry [Stuttgart 1962] S. 75, 84).

B. Beim Erhitzen von 7-Acetonyl-2-amino-3,5-dihydro-pteridin-4,6-dion mit Acetanhydrid (*Tschesche, Korte,* B. **84** [1951] 77, 81).

Gelbe Kristalle, die im Vakuum bis 240° sublimieren (*Tsch., Ko.*). λ_{max} (wss. NaOH [0,05 n]): 250 nm, 315 nm und 400 nm (*Tsch., He.,* l. c. S. 1059).

Über die Reaktion mit Brom s. *Tsch., Ko.,* l. c. S. 82; *Tsch., He.,* l. c. S. 1055, 1061; *Tschesche, Ende,* B. **91** [1958] 2074, 2075; *Ko., Wa.,* l. c. S. 79.

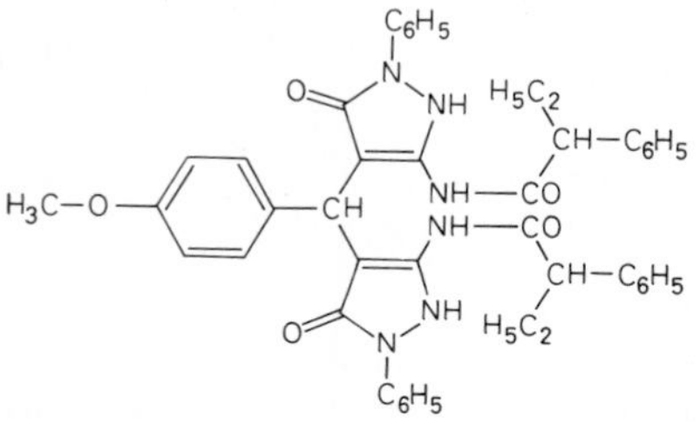

V

Amino-Derivate der Hydroxy-oxo-Verbindungen $C_nH_{2n-14}N_4O_3$

***Opt.-inakt. [4-Methoxy-phenyl]-bis-[3-oxo-2-phenyl-5-(2-phenyl-butyrylamino)-2,3-dihydro-1*H*-pyrazol-4-yl]-methan, 2,2′-Diphenyl-5,5′-bis-[2-phenyl-butyrylamino]-1,2,1′,2′-tetrahydro-4,4′-[4-methoxy-benzyliden]-bis-pyrazol-3-on** $C_{46}H_{44}N_6O_5$, Formel V und Taut.

B. Beim Erhitzen von (±)-2-Phenyl-buttersäure-[5-oxo-1-phenyl-2,5-dihydro-1*H*-pyrazol-3-ylamid] mit 4-Methoxy-benzaldehyd oder (±)-2-Phenyl-buttersäure-[4-((*Z*?)-4-methoxy-benzyliden)-5-oxo-1-phenyl-4,5-dihydro-1*H*-pyrazol-3-ylamid] (F: 162–164°; E III/IV **25** 4299) und Natriumacetat in Essigsäure (*Sadwey et al.,* Am. Soc. **72** [1950] 4947).

Hellgelb; F: 142–144° [unkorr.; aus PAe.].

Bis-(5-{3-[2-(2,4-di-*tert*-pentyl-phenoxy)-acetylamino]-benzoylamino}-3-oxo-2-[2,4,6-trichlor-phenyl]-2,3-dihydro-1*H*-pyrazol-4-yl)-[4-hydroxy-phenyl]-methan, 5,5′-Bis-{3-[2-(2,4-di-*tert*-pentyl-phenoxy)-acetylamino]-benzoylamino}-2,2′-bis-[2,4,6-trichlor-phenyl]-1,2,1′,2′-tetrahydro-4,4′-[4-hydroxy-benzyliden]-bis-pyrazol-3-on $C_{75}H_{76}Cl_6N_8O_9$, Formel VI (R = H) und Taut.

B. Aus 3-[2-(2,4-Di-*tert*-pentyl-phenoxy)-acetylamino]-benzoesäure-[5-oxo-1-(2,4,6-trichlor-phenyl)-2,5-dihydro-1*H*-pyrazol-3-ylamid] und 4-Hydroxy-benzaldehyd in Äthanol (*Eastman Kodak Co.,* U.S.P. 2618641 [1951]).

Kristalle (aus E. und Acetonitril); F: 173–174°.

Bis-(5-{3-[2-(2,4-di-*tert*-pentyl-phenoxy)-acetylamino]-benzoylamino}-3-oxo-2-[2,4,6-trichlor-phenyl]-2,3-dihydro-1*H*-pyrazol-4-yl)-[4-methoxy-phenyl]-methan, 5,5′-Bis-{3-[2-(2,4-di-*tert*-pentyl-phenoxy)-acetylamino]-benzoylamino}-2,2′-bis-[2,4,6-trichlor-phenyl]-1,2,1′,2′-tetrahydro-4,4′-[4-methoxy-benzyliden]-bis-pyrazol-3-on $C_{76}H_{78}Cl_6N_8O_9$, Formel VI (R = CH_3) und Taut.

B. Analog der vorangehenden Verbindung (*Eastman Kodak Co.,* U.S.P. 2618641 [1951], 2865747 [1955]).

Blaugraue Kristalle (aus E.); F: 220° (*Eastman Kodak Co.,* U.S.P. 2865747).

(±)-8-[1-Hydroxy-2-methylamino-1-phenyl-äthyl]-1,3,7-trimethyl-3,7-dihydro-purin-2,6-dion $C_{17}H_{21}N_5O_3$, Formel VII.

B. Aus (±)-8-[2-Brom-1-hydroxy-1-phenyl-äthyl]-1,3,7-trimethyl-3,7-dihydro-purin-2,6-dion und Methylamin in CH_2Cl_2 und wss. Äthanol (*Ehrhart, Hennig,* Ar. **289** [1956] 453, 458).

Hydrochlorid $C_{17}H_{21}N_5O_3 \cdot HCl$. F: 233°.

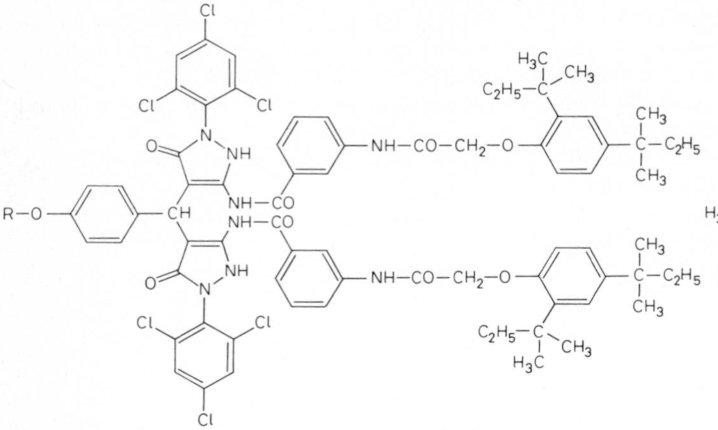

VI

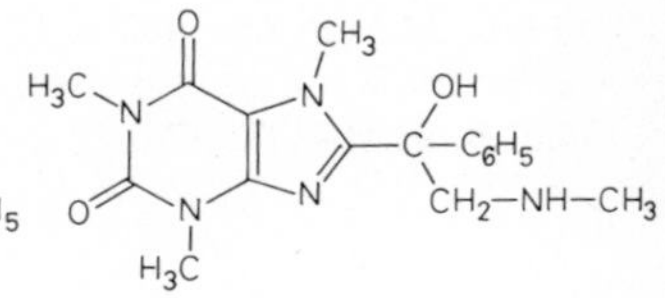

VII

5-{3-[2-(2,4-Di-*tert*-pentyl-phenoxy)-acetylamino]-benzoylamino}-5'-methyl-2'-phenyl-2-[2,4,6-trichlor-phenyl]-1,2,1',2'-tetrahydro-4,4'-[4-methoxy-benzyliden]-bis-pyrazol-3-on, 3-[2-(2,4-Di-*tert*-pentyl-phenoxy)-acetylamino]-benzoesäure-{4-[(4-methoxy-phenyl)-(5-methyl-3-oxo-2-phenyl-2,3-dihydro-1*H*-pyrazol-4-yl)-methyl]-5-oxo-1-[2,4,6-trichlor-phenyl]-2,5-dihydro-1*H*-pyrazol-3-ylamid} $C_{52}H_{53}Cl_3N_6O_6$, Formel VIII und Taut.

B. Beim Erhitzen von 3-[2-(2,4-Di-*tert*-pentyl-phenoxy)-acetylamino]-benzoesäure-[5-oxo-1-(2,4,6-trichlor-phenyl)-2,5-dihydro-1*H*-pyrazol-3-ylamid] mit 4-[(*Z*)-4-Methoxy-benzyliden]-5-methyl-2-phenyl-2,4-dihydro-pyrazol-3-on (E III/IV **25** 149) und Natriumacetat (*Eastman Kodak Co.,* U.S.P. 2706683 [1951]).

Kristalle (aus Me.); F: 152–154°.

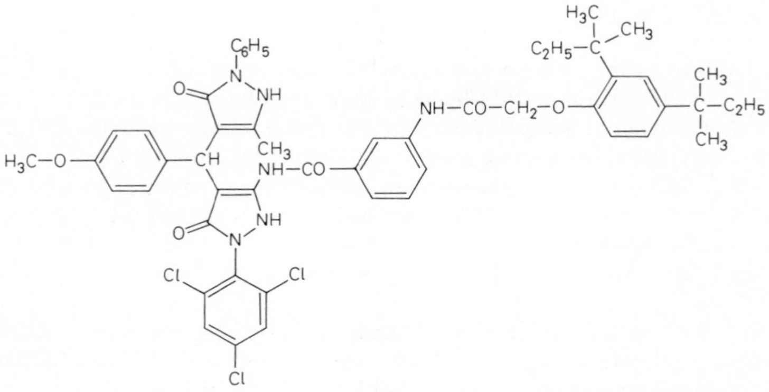

VIII

(±)-8-[3-Dimethylamino-1-(3-methoxy-phenyl)-propyl]-1,3,7-trimethyl-3,7-dihydro-purin-2,6-dion $C_{20}H_{27}N_5O_3$, Formel IX.

B. Beim Erhitzen von (±)-4-Dimethylamino-2-[3-methoxy-phenyl]-2-[1,3,7-trimethyl-2,6-dioxo-2,3,6,7-tetrahydro-1*H*-purin-8-yl]-butyronitril mit wss. H_2SO_4 auf 140° (*Ehrhart,* Ar. **290** [1957] 16, 19).

F: 211–212°.

Hydrochlorid $C_{20}H_{27}N_5O_3 \cdot HCl$. F: 251–252°.

[4-Dimethylamino-phenyl]-bis-[1,5-dimethyl-3-oxo-2-phenyl-2,3-dihydro-1*H*-pyrazol-4-yl]-methanol, 1,5,1′,5′-Tetramethyl-2,2′-diphenyl-1,2,1′,2′-tetrahydro-4,4′-[4-dimethylamino-α-hydroxy-benzyliden]-bis-pyrazol-3-on $C_{31}H_{33}N_5O_3$, Formel X.

B. Beim Erwärmen von [4-Dimethylamino-phenyl]-bis-[1,5-dimethyl-3-oxo-2-phenyl-2,3-dihydro-1*H*-pyrazol-4-yl]-methan-dihydrochlorid mit wss. $FeCl_3$ und anschliessenden Behandeln mit wss. NaOH (*Poraĭ-Koschiz et al.,* Ž. obšč. Chim. **17** [1947] 1752, 1755; C. A. **1948** 6359).

Kristalle (aus PAe.); F: 135–136° (*Po.-Ko. et al.*).

Gleichgewichtskonstante des Reaktionssystems $ROH \rightleftharpoons R^+ + OH^-$ in wss. Lösung bei 17°: *Ginsburg et al.,* Ž. obšč. Chim. **25** [1955] 358, 359; engl. Ausg. S. 339.

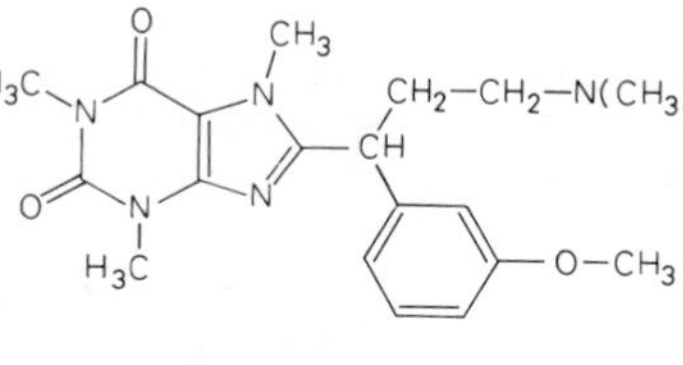

IX 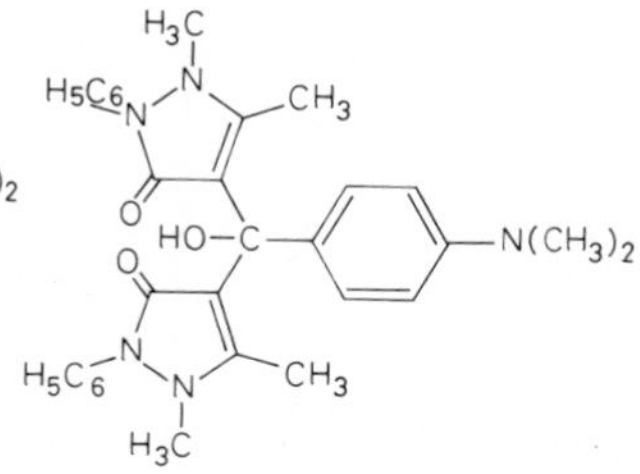 X 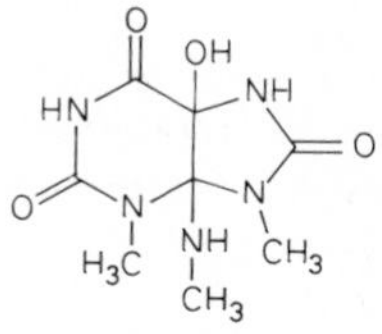 XI

Amino-Derivate der Hydroxy-oxo-Verbindungen $C_nH_{2n-4}N_4O_4$

***Opt.-inakt. 5-Hydroxy-3,9-dimethyl-4-methylamino-tetrahydro-purin-2,6,8-trion** $C_8H_{13}N_5O_4$, Formel XI.

B. Aus 7-Acetyl-4-chlor-5-hydroxy-3,9-dimethyl-tetrahydro-purin-2,6,8-trion (F: 205° [korr.; Zers.]; E II **26** 327) und Methylamin in Äthanol (*Biltz, Pardon,* J. pr. [2] **134** [1932] 335, 350).

Kristalle (aus A.); F: 186° [korr.].

Picrat $C_8H_{13}N_5O_4 \cdot C_6H_3N_3O_7$. Gelbe Kristalle (aus A.); F: 186° [korr.; Zers.].

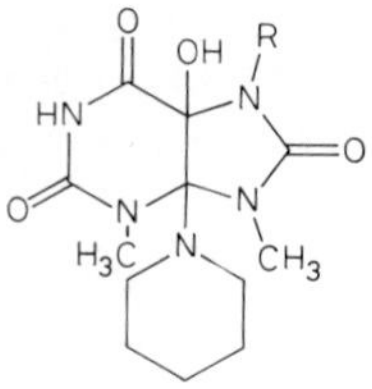

XII 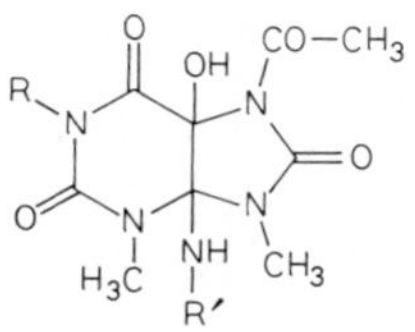 XIII 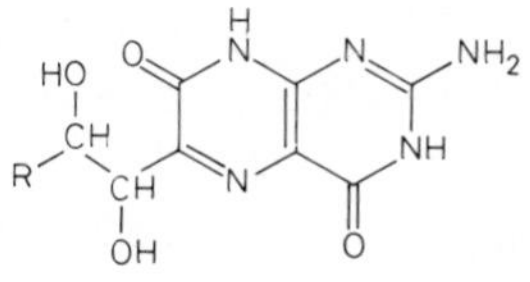 XIV

Die folgenden Verbindungen sind in analoger Weise hergestellt worden:

*Opt.-inakt. 5-Hydroxy-3,9-dimethyl-4-piperidino-tetrahydro-purin-2,6,8-trion $C_{12}H_{19}N_5O_4$, Formel XII (R = H). Kristalle (aus A.); F: 208° [korr.] (*Bi., Pa.,* J. pr. [2] **134** 348). – Hydrochlorid $C_{12}H_{19}N_5O_4 \cdot HCl$. F: ca. 200° [korr.; Zers.] (*Bi., Pa.,* J. pr. [2] **134** 349). – Tetrachloroaurat(III) $C_{12}H_{19}N_5O_4 \cdot HAuCl_4$. Gelbe Kristalle; F: 174° [korr.; Zers.] (*Bi., Pa.,* J. pr. [2] **134** 349).

*Opt.-inakt. 7-Acetyl-4-amino-5-hydroxy-3,9-dimethyl-tetrahydro-purin-2,6,8-trion $C_9H_{13}N_5O_5$, Formel XIII (R = R′ = H). Kristalle (aus A.); F: 218° [korr.] (*Bi., Pa.,* J. pr. [2] **134** 351). – Picrat $C_9H_{13}N_5O_5 \cdot C_6H_3N_3O_7$. Gelbe Kristalle (aus A.); F: 298° [korr.; Zers.] (*Bi., Pa.,* J. pr. [2] **134** 351).

*Opt.-inakt. 7-Acetyl-4-amino-5-hydroxy-1,3,9-trimethyl-tetrahydro-purin-2,6,8-trion $C_{10}H_{15}N_5O_5$, Formel XIII (R = CH_3, R′ = H). Kristalle (aus A.); F: 165° (*Biltz, Pardon,* A. **515** [1935] 201, 246).

*Opt.-inakt. 7-Acetyl-5-hydroxy-1,3,9-trimethyl-4-methylamino-tetrahydro-purin-2,6,8-trion $C_{11}H_{17}N_5O_5$, Formel XIII (R = R′ = CH_3). Kristalle (aus A.); F: 201° [geringe Zers.] (*Bi., Pa.,* A. **515** 246).

*Opt.-inakt. 7-Acetyl-4-anilino-5-hydroxy-3,9-dimethyl-tetrahydro-purin-2,6,8-trion $C_{15}H_{17}N_5O_5$, Formel XIII (R = H, R′ = C_6H_5). Kristalle (aus A.); F: 182° [korr.] (*Bi., Pa.,* J. pr. [2] **134** 349).

*Opt.-inakt. 7-Acetyl-5-hydroxy-3,9-dimethyl-4-piperidino-tetrahydro-purin-2,6,8-trion $C_{14}H_{21}N_5O_5$, Formel XII (R = CO-CH_3). Kristalle (aus A.); F: 198° [korr.] (*Bi., Pa.,* J. pr. [2] **134** 349).

Amino-Derivate der Hydroxy-oxo-Verbindungen $C_nH_{2n-8}N_4O_4$

***2-Amino-6-[1,2-dihydroxy-äthyl]-3*H*,8*H*-pteridin-4,7-dion** $C_8H_9N_5O_4$, Formel XIV (R = H) und Taut.

B. Beim Erhitzen von 2,5,6-Triamino-3*H*-pyrimidin-4-on-sulfat mit Erythronsäure-lacton (vgl. E III/IV **18** 1099) in wss. Natriumacetat auf 150° (*Tschesche, Korte,* B. **87** [1954] 1713, 1718).

Feststoff (aus wss. NaOH+wss. HCl). λ_{max}: 252 nm, 280 nm und 350 nm (*Tsch., Ko.,* l. c. S. 1715).

2-Amino-6-[1,2-dihydroxy-propyl]-3*H*,8*H*-pteridin-4,7-dion $C_9H_{11}N_5O_4$, Formel XIV (R = CH_3) und Taut.

a) **Opt.-inakt.(?) 2-Amino-6-[1,2-dihydroxy-propyl]-3*H*,8*H*-pteridin-4,7-dion, Ichthyopterin.**

Konstitution: *Tschesche, Glaser,* B. **91** [1958] 2081, 2082; *Kauffmann,* A. **625** [1959] 133.

Das von *Polonovski et al.* (C. r. **217** [1943] 143) sowie von *Polonovski, Busnel* (C. r. **226** [1948] 1047, **230** [1950] 585) aus Cypriniden (insbesondere Karpfen) bzw. Seidenspinnern (Bombyx mori) isolierte, von *Polonovski et al.* (Helv. **29** [1946] 1328, 1329) als identisch mit Ichthyopterin angesehene Fluorescyanin ist als ein Isoxanthopterin (S. 3999) enthaltendes Gemisch erkannt worden (*Tschesche, Korte,* B. **87** [1954] 1713).

Isolierung aus der Haut von verschiedenen Fischen: *Hüttel, Sprengling,* A. **554** [1943] 69, 75, 80; *Hama et al.,* Sci. Tokyo **22** [1952] 478; C. A. **1952** 10465; *Matsuura et al.,* J. Biochem. Tokyo **42** [1955] 419, 421; *Dupont,* Naturwiss. **45** [1958] 267; *Kauffmann,* Z. Naturf. **14b** [1959] 358, 360, 361; A. **625** 135.

Kristalle [aus wss. NaOH+wss. HCl] (*Hü., Sp.,* l. c. S. 81). UV-Spektrum (220–370 nm) in wss. HCl [0,1 n]: *Ka.,* A. **625** 137; in wss. NaOH [0,05 n]: *Tschesche, Korte,* B. **84** [1951] 801, 806; in wss. NaOH [0,1 n]: *Hü., Sp.,* l. c. S. 77; *Ka.,* A. **625** 137. Relative Intensität der Fluorescenz (wss. Lösungen vom pH 0–13): *Hü., Sp.,* l. c. S. 78. Löslichkeit in H_2O sowie verd. wss. HCl: ca. 0,3 mg/ml (*Hü., Sp.,* l. c. S. 81).

b) **Opt.-inakt. 2-Amino-6-[1,2-dihydroxy-propyl]-3*H*,8*H*-pteridin-4,7-dion.**

B. Aus (±)-6-[1-Acetoxy-2-oxo-propyl]-2-amino-3*H*,8*H*-pteridin-4,7-dion oder 2-Amino-6-[1,2-dioxo-propyl]-3*H*,8*H*-pteridin-4,7-dion und $NaBH_4$ in wss. Na_2CO_3 (*Tschesche, Glaser,* B. **91** [1958] 2081, 2086, 2087).

Kristalle (aus wss. Eg.) mit 0,5 Mol H_2O (*Tsch., Gl.*). UV-Spektrum (220–370 nm) in wss. HCl [0,1 n]: *Kauffmann,* A. **625** [1959] 133, 137; in wss. NaOH [0,05 n]: *Tsch., Gl.,* l. c. S. 2083; in wss. NaOH [0,1 n]: *Ka.*

2-Amino-6-[1,2,3-trihydroxy-propyl]-3*H*-pteridin-4-on $C_9H_{11}N_5O_4$.

Über die Position der Seitenkette bei den folgenden Stereoisomeren am C-Atom 6 s. *Patterson et al.,* Am. Soc. **80** [1958] 2018.

a) **2-Amino-6-[(1*R*,2*R*)-1,2,3-trihydroxy-propyl]-3*H*-pteridin-4-on,** Formel I und Taut.

B. Beim Erwärmen von 2,5,6-Triamino-3*H*-pyrimidin-4-on mit D-Xylose, Natriumacetat, wss. H_3BO_3 und $N_2H_4 \cdot H_2O$ (*Patterson et al.,* Am. Soc. **80** [1958] 2018).

Kristalle (aus wss. Eg.). $[\alpha]_D^{25}$: −105° [wss. NaOH (0,1 n); c = 0,3].

b) **2-Amino-6-[(1*R*,2*S*)-1,2,3-trihydroxy-propyl]-3*H*-pteridin-4-on,** Formel II und Taut.

B. Aus L-Arabinose analog der vorangehenden Verbindung (*Patterson et al.,* Am. Soc. **80**

[1958] 2018).

Kristalle (aus wss. Eg.); Zers. >250°; $[\alpha]_D^{25}$: −41,0° [wss. NaOH (0,1 n); c = 0,3] (*Pa. et al.*).

In der von *Henseke, Patzwaldt* (B. **89** [1956] 2904, 2908) unter dieser Konstitution beschriebenen Verbindung ($[\alpha]_D^{20}$: +16° [wss. NaOH (0,1 n)]) hat nach Ausweis des optischen Drehungsvermögens vermutlich ein Gemisch mit 2-Amino-7-[(1*R*,2*S*)-1,2,3-trihydroxy-propyl]-3*H*-pteridin-4-on (s. u.) als Hauptprodukt vorgelegen.

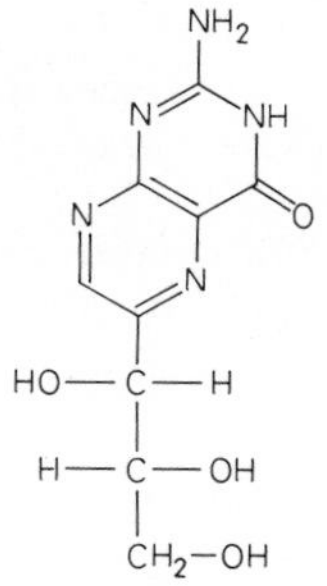

I 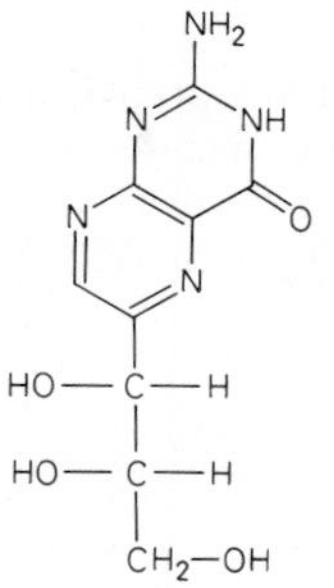 II 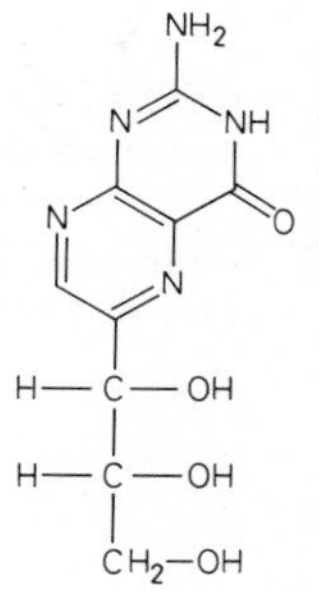 III

c) **2-Amino-6-[(1*S*,2*R*)-1,2,3-trihydroxy-propyl]-3*H*-pteridin-4-on,** Formel III und Taut.

B. Aus D-Ribose analog den vorangehenden Verbindungen (*Patterson et al.,* Am. Soc. **80** [1958] 2018).

Kristalle (aus wss. Eg.). $[\alpha]_D^{25}$: +39,2° [wss. NaOH (0,1 n); c = 0,3].

(±)-2-Amino-6-[2,3-dihydroxy-propyl]-3*H*,8*H*-pteridin-4,7-dion $C_9H_{11}N_5O_4$, Formel IV und Taut.

B. Beim Erwärmen von 2,5,6-Triamino-3*H*-pyrimidin-4-on-hydrochlorid mit 5-Benzoyloxy-2,4-dioxo-valeriansäure-äthylester in Morpholin und Methanol und Behandeln des Reaktionsprodukts mit $NaBH_4$ in wss. NaOH (*Tschesche, Glaser,* B. **91** [1958] 2081, 2087).

Kristalle (aus wss. Eg.).

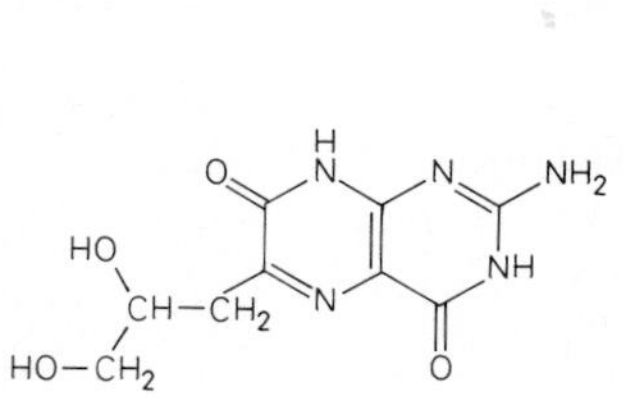

IV 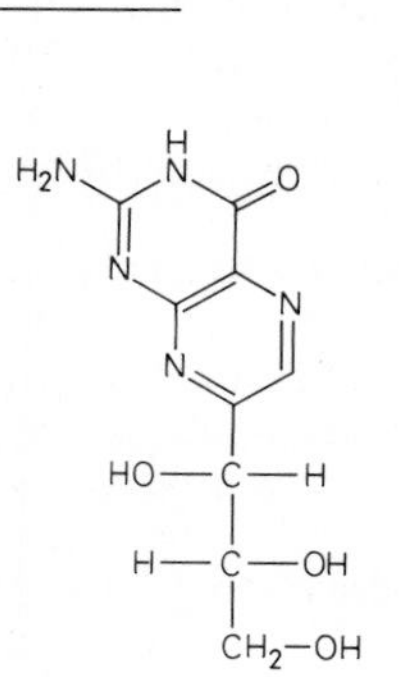 V 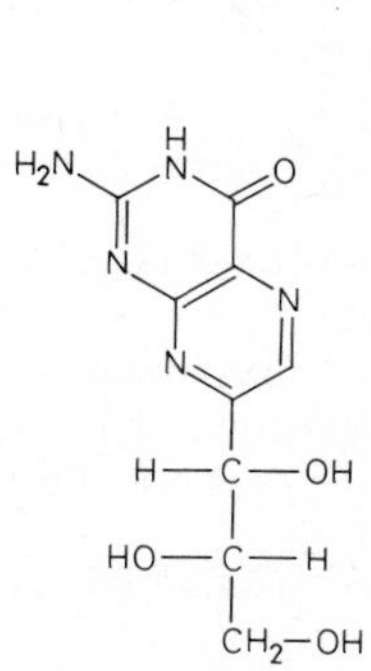 VI

2-Amino-7-[1,2,3-trihydroxy-propyl]-3*H*-pteridin-4-on $C_9H_{11}N_5O_4$.

Über die Position der Seitenkette bei den folgenden Stereoisomeren am C-Atom 7 s. *Patterson et al.,* Am. Soc. **80** [1958] 2018; s. a. *Karrer, Schwyzer,* Helv. **31** [1948] 777, 778.

a) **2-Amino-7-[(1*R*,2*R*)-1,2,3-trihydroxy-propyl]-3*H*-pteridin-4-on,** Formel V und Taut.

B. Beim Erhitzen von 2,5,6-Triamino-3*H*-pyrimidin-4-on mit D-Xylose in wss. Essigsäure (*Karrer et al.,* Helv. **30** [1947] 1031, 1034).

Kristalle (aus H_2O). $[\alpha]_D^{20}$: +50,6° [wss. NaOH (0,1 n); c = 1,2].

b) **2-Amino-7-[(1*S*,2*S*)-1,2,3-trihydroxy-propyl]-3*H*-pteridin-4-on,** Formel VI und Taut.
B. Aus L-Xylose analog der vorangehenden Verbindung (*Karrer et al.,* Helv. **30** [1947] 1031, 1035).
Kristalle (aus H_2O). $[\alpha]_D^{20}$: −50,7° [wss. NaOH (0,1 n); c = 1,3].

c) **2-Amino-7-[(1*R*,2*S*)-1,2,3-trihydroxy-propyl]-3*H*-pteridin-4-on,** Formel VII und Taut.
B. Aus L-Arabinose analog den vorangehenden Verbindungen (*Karrer et al.,* Helv. **30** [1947] 1031, 1034; *Patterson et al.,* Am. Soc. **80** [1958] 2018).
Kristalle [aus H_2O] (*Ka. et al.*). $[\alpha]_D^{20}$: +29,3° [wss. NaOH (0,1 n)] (*Ka. et al.*); $[\alpha]_D^{24}$: +33° [wss. NaOH (0,1 n); c = 0,5] (*Pa. et al.*).

d) **2-Amino-7-[(1*S*,2*R*)-1,2,3-trihydroxy-propyl]-3*H*-pteridin-4-on,** Formel VIII und Taut.
B. Aus D-Arabinose analog den vorangehenden Verbindungen (*Karrer et al.,* Helv. **30** [1947] 1031, 1034).
Hellgelbe Kristalle (aus H_2O); Zers. bei ca. 350° [nach Dunkelfärbung ab ca. 270°]. $[\alpha]_D^{20}$: −28,4° [wss. NaOH (0,1 n)].

VII VIII IX

***Opt.-inakt. 2-Amino-7-[2-hydroxy-1-methylmercapto-propyl]-3,5-dihydro-pteridin-4,6-dion** $C_{10}H_{13}N_5O_3S$, Formel IX und Taut.
B. Beim Behandeln von (±)-2-Amino-7-[1-methylmercapto-2-oxo-propyl]-3,5-dihydro-pteridin-4,6-dion mit $NaBH_4$ in wss. NaOH und Behandeln des Reaktionsprodukts mit Sauerstoff und Platin in wss. NaOH (*Tschesche, Heuschkel,* B. **89** [1956] 1054, 1057, 1062).
Kristalle, die unterhalb 350° nicht schmelzen [ab 280° Dunkelfärbung].
Diacetyl-Derivat $C_{14}H_{17}N_5O_5S$; opt.-inakt. 7-[2-Acetoxy-1-methylmercapto-propyl]-2-acetylamino-3,5-dihydro-pteridin-4,6-dion. Kristalle (aus Acn.+PAe.+Ae.) mit 1 Mol H_2O; F: 151−153° (*Tsch., He.,* l. c. S. 1063).

2-Amino-6-[L$_r$-1t_F,2c_F,3r_F-trihydroxy-but-*cat*$_F$-yl]-3*H*-pteridin-4-on $C_{10}H_{13}N_5O_4$, Formel X und Taut.
B. Beim Erwärmen von 2,5,6-Triamino-3*H*-pyrimidin-4-on mit L-Rhamnose, Natriumacetat, wss. H_3BO_3 und $N_2H_4 \cdot H_2O$ (*Patterson et al.,* Am. Soc. **80** [1958] 2018).
Kristalle (aus wss. Eg.). $[\alpha]_D^{25}$: +96,3° [wss. NaOH (0,1 n); c = 0,3].

2-Amino-7-[(2*S*,3*R*)-2,3,4-trihydroxy-butyl]-3*H*-pteridin-4-on $C_{10}H_{13}N_5O_4$, Formel XI und Taut.
In der von *Weygand et al.* (B. **82** [1949] 25, 29) unter dieser Konstitution beschriebenen Verbindung ($[\alpha]_D^{20}$: −46° [wss. NaOH (0,1 n)]) hat vermutlich ein Gemisch mit 2-Amino-6-[(2*S*,3*R*)-2,3,4-trihydroxy-butyl]-3*H*-pteridin-4-on vorgelegen (*Forrest, Walker,* Soc. **1949** 2077, 2079 Anm., 2081).

Amino-Derivate der Hydroxy-oxo-Verbindungen $C_nH_{2n-10}N_4O_4$

(±)-2-Amino-6-[1-hydroxy-2-oxo-propyl]-3*H*,8*H*-pteridin-4,7-dion $C_9H_9N_5O_4$, Formel XII (R = H) und Taut.
B. Aus der folgenden Verbindung und wss. Na_2CO_3 (*Tschesche, Glaser,* B. **91** [1958] 2081,

2085).

Kristalle (aus wss. Eg.). UV-Spektrum (wss. NaOH [0,05 n]; 220–400 nm): *Tsch., Gl.,* l. c. S. 2083.

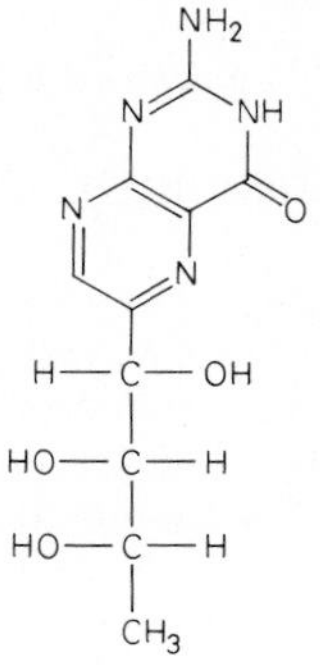

X 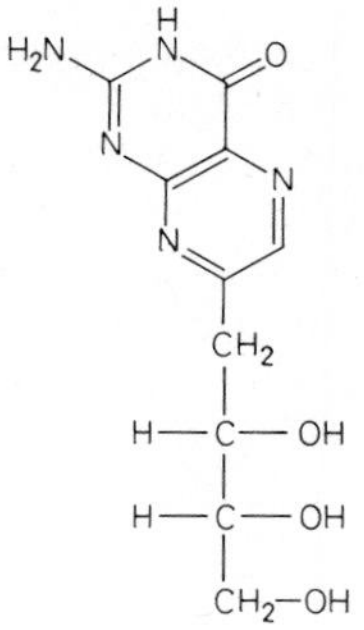 XI 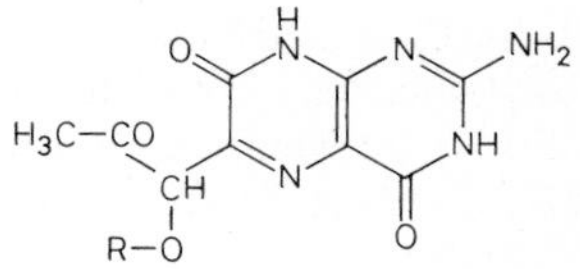 XII

(±)-6-[1-Acetoxy-2-oxo-propyl]-2-amino-3*H*,8*H*-pteridin-4,7-dion $C_{11}H_{11}N_5O_5$, Formel XII (R = $CO\text{-}CH_3$) und Taut.

B. Beim Erwärmen von 2,5,6-Triamino-3*H*-pyrimidin-4-on-hydrochlorid mit 2,4-Dioxo-valeriansäure-äthylester in Morpholin und Methanol, Behandeln des Reaktionsprodukts mit Brom in H_2SO_4 und Essigsäure und Erwärmen des danach erhaltenen Produkts mit Kaliumacetat in Essigsäure (*Tschesche, Glaser,* B. **91** [1958] 2081, 2085).

Kristalle (aus wss. Eg.).

2-Amino-7-DL-lactoyl-3,5-dihydro-pteridin-4,6-dion $C_9H_9N_5O_4$, Formel XIII und Taut.

B. Aus 8-Acetoxy-2-amino-7-methyl-3*H*-furo[2,3-*g*]pteridin-4-on und wss. NaOH (*Tschesche, Barkemeyer,* B. **88** [1955] 976, 983).

Gelbe Kristalle (aus Butan-1-ol). UV-Spektrum (wss. NaOH [0,1 n]; 220–400 nm): *Tsch., Ba.,* l. c. S. 978.

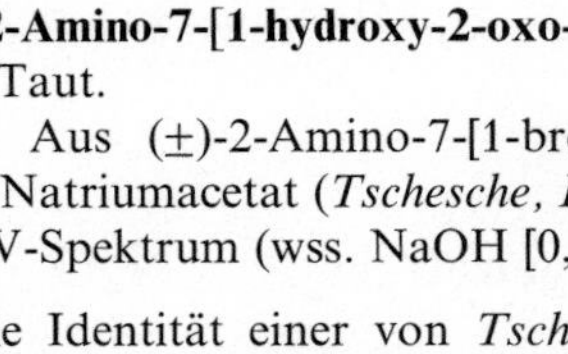

XIII 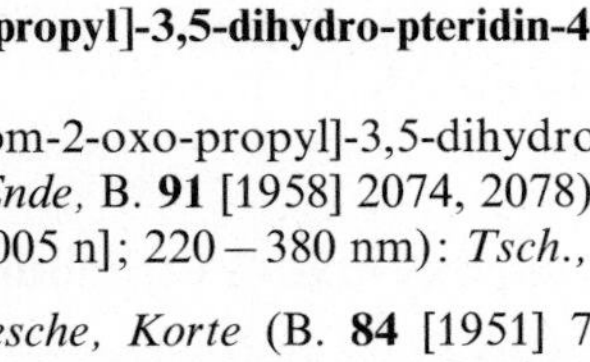 XIV 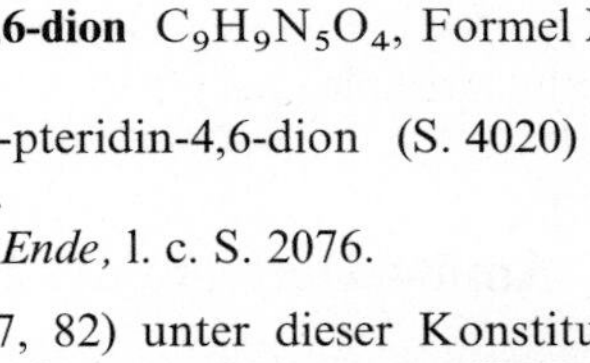 XV

(±)-2-Amino-7-[1-hydroxy-2-oxo-propyl]-3,5-dihydro-pteridin-4,6-dion $C_9H_9N_5O_4$, Formel XIV und Taut.

B. Aus (±)-2-Amino-7-[1-brom-2-oxo-propyl]-3,5-dihydro-pteridin-4,6-dion (S. 4020) mit wss. Natriumacetat (*Tschesche, Ende,* B. **91** [1958] 2074, 2078).

UV-Spektrum (wss. NaOH [0,005 n]; 220–380 nm): *Tsch., Ende,* l. c. S. 2076.

Die Identität einer von *Tschesche, Korte* (B. **84** [1951] 77, 82) unter dieser Konstitution beschriebenen, aus vermeintlichem 4-Acetoxy-2-acetylamino-7-[1-brom-2-oxo-propyl]-5*H*-pteridin-6-on hergestellten Verbindung (Kristalle [aus H_2O]; Zers. beim Erhitzen) ist ungewiss (vgl. die Angaben im Artikel 7-Acetonyl-4-acetoxy-2-acetylamino-5*H*-pteridin-6-on [S. 4035]).

(±)-2-Amino-7-[1-methylmercapto-2-oxo-propyl]-3,5-dihydro-pteridin-4,6-dion $C_{10}H_{11}N_5O_3S$, Formel XV und Taut.

B. Aus 2,5,6-Triamino-3*H*-pyrimidin-4-on-sulfat und 3-Methylmercapto-2,4-dioxo-valeriansäure-äthylester in wss. Natriumacetat (*Tschesche, Heuschkel,* B. **89** [1956] 1054, 1059, 1062).

Kristalle. λ_{max} (wss. NaOH [0,05 n]): 255 nm, 325 nm und 395 nm.

Diacetyl-Derivat $C_{14}H_{15}N_5O_5S$; vermutlich (±)-4-Acetoxy-2-acetylamino-7-[1-methylmercapto-2-oxo-propyl]-5*H*-pteridin-6-on. Kristalle (aus Eg.); Zers. bei 313° [partielle Sublimation ab 270°]. λ_{max} (wss. NaOH [0,05 n]): 270 nm und 370 nm.

***Opt.-inakt. 2-Amino-7-[1,2-dihydroxy-2-methylmercapto-propyl]-3,5-dihydro-pteridin-4,6-dion(?)** $C_{10}H_{13}N_5O_4S$, vermutlich Formel I und Taut.

B. Aus dem Diacetyl-Derivat [s. u.] (*Tschesche, Heuschkel,* B. **89** [1956] 1054, 1059).

λ_{max} (wss. NaOH [0,05 n]): 260 nm und 410 nm.

Diacetyl-Derivat $C_{14}H_{17}N_5O_6S$; vermutlich opt.-inakt. 4-Acetoxy-2-acetyl=amino-7-[1,2-dihydroxy-2-methylmercapto-propyl]-5*H*-pteridin-6-on. *B.* Aus 7-Acetonyl-4-acetoxy-2-acetylamino-5*H*-pteridin-6-on (?; sog. 7-Acetonyl-xanthopterin-diace=tat; S. 4035) und Methansulfenylchlorid in THF (*Tsch., He.,* l. c. S. 1061). — Gelbe Kristalle (aus $CHCl_3$ + Me. + E. + PAe.); F: 255—258°. λ_{max} (wss. NaOH [0,05 n]): 290 nm und 390 nm.

I

II

2-Amino-7-[3-hydroxy-2-oxo-propyl]-3,5-dihydro-pteridin-4,6-dion $C_9H_9N_5O_4$, Formel II (R = H) und Taut.

B. Beim Erhitzen der Natrium-Verbindung von 2-Amino-7-methyl-3*H*-furo[2,3-*g*]pteridin-4-on mit Blei(IV)-acetat in Essigsäure und Erwärmen des Reaktionsprodukts mit wss. HCl (*Tschesche, Barkemeyer,* B. **88** [1955] 976, 983).

Gelbe Kristalle (aus Butan-1-ol). Absorptionsspektrum (wss. NaOH [0,1 n]; 220—410 nm): *Tsch., Ba.,* l. c. S. 981.

2-Amino-7-[3-methoxy-2-oxo-propyl]-3,5-dihydro-pteridin-4,6-dion $C_{10}H_{11}N_5O_4$, Formel II (R = CH_3) und Taut.

B. Aus 2,5,6-Triamino-3*H*-pyrimidin-4-on-hydrochlorid und 5-Methoxy-2,4-dioxo-valerian=säure-äthylester in wss. Äthanol (*Tschesche, Schäfer,* B. **88** [1955] 81, 87).

Gelber Feststoff (aus Formamid + H_2O).

2-Amino-7-[3-benzoyloxy-2-oxo-propyl]-3,5-dihydro-pteridin-4,6-dion $C_{16}H_{13}N_5O_5$, Formel II (R = CO-C_6H_5) und Taut.

B. Analog der vorangehenden Verbindung (*Tschesche, Schäfer,* B. **88** [1955] 81, 87).

Gelbe Kristalle (aus Diäthylenglykol + Me.).

Amino-Derivate der Hydroxy-oxo-Verbindungen $C_nH_{2n-14}N_4O_4$

Bis-(5-{3-[2-(2,4-di-*tert*-pentyl-phenoxy)-acetylamino]-benzoylamino}-3-oxo-2-[2,4,6-trichlor-phenyl]-2,3-dihydro-1*H*-pyrazol-4-yl)-[4-hydroxy-3-methoxy-phenyl]-methan, 5,5′-Bis-{3-[2-(2,4-di-*tert*-pentyl-phenoxy)-acetylamino]-benzoylamino}-2,2′-bis-[2,4,6-trichlor-phenyl]-1,2,1′,2′-tetrahydro-4,4′-vanillyliden-bis-pyrazol-3-on $C_{76}H_{78}Cl_6N_8O_{10}$, Formel III (X = H) und Taut.

B. Beim Erwärmen von 3-[2-(2,4-Di-*tert*-pentyl-phenoxy)-acetylamino]-benzoesäure-[5-oxo-1-(2,4,6-trichlor-phenyl)-2,5-dihydro-1*H*-pyrazol-3-ylamid] mit Vanillin in Äthanol (*Eastman Ko=dak Co.,* U.S.P. 2618641 [1951]).

Kristalle (aus E. und Acetonitril); F: 195—196°.

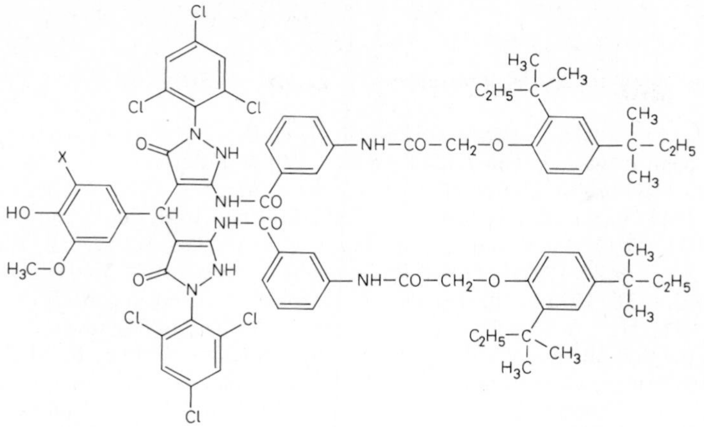

III

Amino-Derivate der Hydroxy-oxo-Verbindungen $C_nH_{2n-6}N_4O_5$

***Opt.-inakt. 2-Amino-4a,8a-dihydroxy-4a,5,8,8a-tetrahydro-3*H*-pteridin-4,6,7-trion** $C_6H_7N_5O_5$, Formel IV und Taut.

Die Identität des von *Wieland et al.* (A. **507** [1933] 226, 248, 251) und *Wieland, Purrmann* (A. **544** [1940] 163, 175, 176) in Analogie zu sog. „Harnsäureglykol" (S. 2771) unter dieser Konstitution beschriebenen Leukopteringlykols (Kristalle [aus H_2O] mit 2 Mol H_2O; Hydrochlorid $C_6H_7N_5O_5 \cdot HCl$: Kristalle) ist ungewiss (vgl. *Poje et al.*, J. org. Chem. **45** [1980] 65).

Amino-Derivate der Hydroxy-oxo-Verbindungen $C_nH_{2n-8}N_4O_5$

5-[5-Amino-3-oxo-2,3-dihydro-1*H*-pyrazol-4-yl]-5-hydroxy-barbitursäure(?) $C_7H_7N_5O_5$, vermutlich Formel V und Taut.

B. Beim Erwärmen von 5-Amino-1,2-dihydro-pyrazol-3-on mit Alloxan (E III/IV **24** 2137) in H_2O (*Papini et al.*, G. **84** [1954] 769, 777).

Kristalle (aus H_2O) mit 1 Mol H_2O.

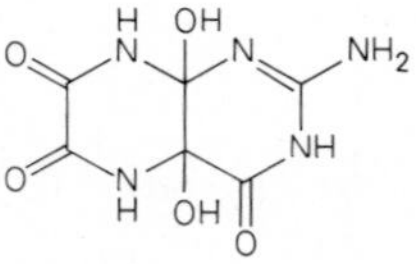

IV 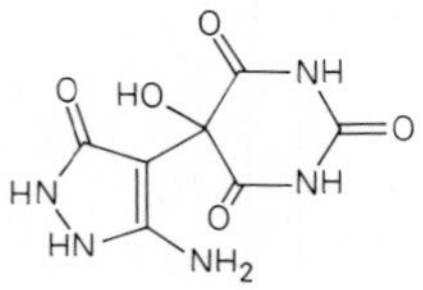 V 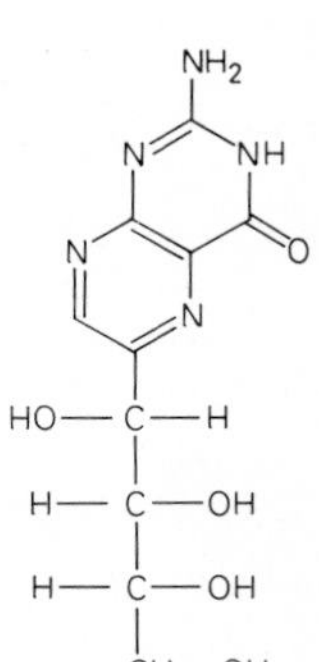 VI 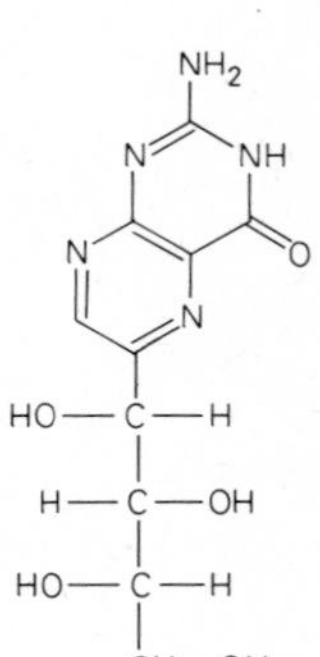 VII

2-Amino-6-[1,2,3,4-tetrahydroxy-butyl]-3*H*-pteridin-4-on $C_{10}H_{13}N_5O_5$.

Über die Position der Seitenkette bei den folgenden Stereoisomeren am C-Atom 6 s. *Forrest, Walker*, Nature **161** [1948] 308; Soc. **1949** 79, 80; *Karrer, Schwyzer*, Helv. **31** [1948] 782,

32 [1949] 1041; *Bertho, Bentler,* A. **570** [1950] 127, 130; *Henseke, Patzwaldt,* B. **89** [1956] 2904; *Weygand et al.,* B. **97** [1964] 1002, 1003, 1007.

a) **2-Amino-6-[D$_r$-1t_F,2c_F,3r_F,4-tetrahydroxy-but-*cat*$_F$-yl]-3*H*-pteridin-4-on,** Formel VI und Taut.

B. In überwiegender Menge neben 2-Amino-7-[D$_r$-1t_F,2c_F,3r_F,4-tetrahydroxy-but-*cat*$_F$-yl]-3*H*-pteridin-4-on beim Erwärmen von 2,5,6-Triamino-3*H*-pyrimidin-4-on mit D-Glucose unter Zusatz von $N_2H_4 \cdot H_2O$ in wss. Säuren (*Petering, Schmitt,* Am. Soc. **71** [1949] 3977, 3979; *Forrest, Walker,* Soc. **1949** 79, 83; *Karrer, Schwyzer,* Helv. **32** [1949] 1041, 1043), mit D-Fructose unter Zusatz von $N_2H_4 \cdot H_2O$ in wss. Säuren (*Fo., Wa.,* l. c. S. 83; *Ka., Sch.,* l. c. S. 1044; *Hoffmann-La Roche,* D.B.P. 839498 [1951]; D.R.B.P. Org. Chem. 1950–1951 **3** 504; s. a. *Karrer et al.,* Helv. **30** [1947] 1031, 1036), mit D-*arabino*-[2]Hexosulose (D-Glucoson; E IV **1** 4431) unter Zusatz von $N_2H_4 \cdot H_2O$ in wss. Natriumacetat (*Fo., Wa.,* l. c. S. 84) sowie mit D-*arabino*-[2]Hexosulose-1-[methyl-phenyl-hydrazon] in wss. HCl (*Henseke, Winter,* B. **89** [1956] 956, 959, 964). Beim Erwärmen von D-Glucose mit *p*-Toluidin in wss. HCl und anschliessend mit 2,5,6-Triamino-3*H*-pyrimidin-4-on-sulfat und $N_2H_4 \cdot H_2O$ in wss. Essigsäure (*Weygand et al.,* B. **82** [1949] 25, 30). Beim Erhitzen von D-Fructose-*p*-tolylimin („*p*-Tolyl-D-isoglucosamin") mit $N_2H_4 \cdot H_2O$ in wss. Essigsäure und anschliessend mit 2,5,6-Triamino-3*H*-pyrimidin-4-on-Natriumhydrogensulfit (*We. et al.*). Beim Erhitzen von D-Fructose-p-tolylimin mit 2,5,6-Triamino-3*H*-pyrimidin-4-on-sulfat, $N_2H_4 \cdot H_2O$ und H_3BO_3 in wss. Natriumacetat (*Forrest, Walker,* Soc. **1949** 2077, 2082).

Hellgelbe Kristalle [aus H_2O] (*Ka., Sch.*; *He., Wi.*); hellgelbe Kristalle [aus wss. Glycerin, wss. Eg. oder wss. HCl] (*Fo., Wa.,* l. c. S. 83); unterhalb 360° nicht schmelzend (*He., Wi.*); Zers. ab 280° (*Hoffmann-La Roche*). $[\alpha]_D^{20}$: −86,6° [wss. HCl (1 n)] (*Fo., Wa.,* l. c. S. 83); $[\alpha]_D^{22}$: −83° [wss. HCl (1 n)] (*Fo., Wa.,* l. c. S. 2082); $[\alpha]_D^{18}$: −86,2° [wss. NaOH (0,1 n); c = 1] (*Ka., Sch.*); $[\alpha]_D^{20}$: −88,5° [wss. NaOH (0,1 n); c = 1,1] (*We. et al.*); $[\alpha]_D$: −97,3° [wss. NaOH (0,1 n); c = 0,3] (*Pe., Sch.*). UV-Spektrum (225–400 nm) in wss. HCl [0,08 n]: *Pe., Sch.,* l. c. S. 3981; in wss. NaOH [0,1 n bzw. 1 n]: *Pe., Sch.*; *Fo., Wa.,* l. c. S. 80. λ_{max}: 246 nm und 322 nm [wss. HCl (0,1 n)] bzw. 254 nm und 365 nm [wss. NaOH (0,1 n)] (*Asahi,* J. pharm. Soc. Japan **79** [1959] 1574, 1577; C. A. **1960** 10593). Scheinbarer Dissoziationsexponent pK'_a (H_2O; polarographisch ermittelt): 10,6 (*As.,* l. c. S. 1575, 1577). Polarographische Halbstufenpotentiale (wss. Lösungen vom pH 1–11): *As.*

Tetraacetyl-Derivat $C_{18}H_{21}N_5O_9$; vermutlich 2-Amino-6-[D$_r$-1t_F,2c_F,3r_F,4-tetraacetoxy-but-*cat*$_F$-yl]-3*H*-pteridin-4-on. Kristalle (aus Ae.); F: 102–104° [schnelles Erhitzen]; $[\alpha]_D^{20}$: −19,3° [wss. A. (70%ig); c = 1] (*Ka., Sch.*).

VIII IX X

b) **2-Amino-6-[L$_r$-1c_F,2t_F,3r_F,4-tetrahydroxy-but-*cat*$_F$-yl]-3*H*-pteridin-4-on,** Formel VII und Taut.

B. Beim Erwärmen von 2,5,6-Triamino-3*H*-pyrimidin-4-on-dihydrochlorid mit L-Sorbose, $N_2H_4 \cdot H_2O$ und $NaHCO_3$ bzw. Natriumacetat in wss. Essigsäure (*Petering, Schmitt,* Am. Soc.

71 [1949] 3977, 3980; *Hoffmann-La Roche,* D.B.P. 839498 [1951]; D.R.B.P. Org. Chem. 1950–1951 **3** 504).

Kristalle [aus H_2O bzw. aus wss. NH_3+wss. Eg.] (*Pe., Sch.*; *Hoffmann-La Roche*). $[\alpha]_D$: –69,0° [wss. NaOH (0,1 n); c = 0,4] (*Pe., Sch.*).

c) **2-Amino-6-[D$_r$-1t_F,2t_F,3r_F,4-tetrahydroxy-but-*cat*$_F$-yl]-3*H*-pteridin-4-on,** Formel VIII und Taut.

B. Beim Erwärmen von *p*-Toluidin mit D-Galactose in wss. HCl und anschliessend mit 2,5,6-Triamino-3*H*-pyrimidin-4-on-sulfat und $N_2H_4 \cdot H_2O$ in wss. Essigsäure (*Henseke, Patzwaldt,* B. **89** [1956] 2904, 2907).

Gelbgrüner Feststoff (aus H_2O), der unter langsamer Dunkelfärbung unterhalb 350° keinen definierten Zersetzungspunkt zeigt. $[\alpha]_D^{20}$: +20° [wss. NaOH (0,1 n); c = 1].

2-Amino-7-[1,2,3,4-tetrahydroxy-butyl]-3*H*-pteridin-4-on $C_{10}H_{13}N_5O_5$.

Über die Position der Seitenkette bei den folgenden Stereoisomeren am C-Atom 7 s. die Angaben im Artikel 2-Amino-6-[1,2,3,4-tetrahydroxy-butyl]-3*H*-pteridin-4-on (S. 4043).

a) **2-Amino-7-[D$_r$-1t_F,2c_F,3r_F,4-tetrahydroxy-but-*cat*$_F$-yl]-3*H*-pteridin-4-on,** Formel IX und Taut.

B. Als Hauptprodukt neben 2-Amino-6-[D$_r$-1t_F,2c_F,3r_F,4-tetrahydroxy-but-*cat*$_F$-yl]-3*H*-pteridin-4-on beim Erwärmen von 2,5,6-Triamino-3*H*-pyrimidin-4-on mit D-Glucose in wss. Säuren (*Karrer et al.,* Helv. **30** [1947] 1031, 1035; *Karrer, Schwyzer,* Helv. **32** [1949] 1041, 1044; *Forrest, Walker,* Soc. **1949** 79, 84; *Petering, Weisblat,* Am. Soc. **69** [1947] 2566; *Bertho, Bentler,* A. **570** [1950] 127, 136) sowie mit D-*arabino*-[2]Hexosulose (D-Glucoson; E IV **1** 4431) in wss. Säure (*Pe., We.*). Neben dem 6-Isomeren beim Erwärmen von 2,6-Diamino-5-formylamino-3*H*-pyrimidin-4-on mit D-Glucose in wss. Ameisensäure (*Be., Be.,* l. c. S. 135).

Gelbliche Kristalle [aus H_2O bzw. aus wss. HCl] (*Ka. et al.*; *Fo., Wa.*); Zers. bei ca. 300° (*Ka. et al.*). $[\alpha]_D^{27}$: –52° [wss. HCl (0,1 n)] [unreines Präparat?] (*Fo., Wa.*); $[\alpha]_D^{17}$: –61,7° [wss. NaOH (0,1 n)] (*Ka., Sch.*); $[\alpha]_D^{20}$: –68,9° [wss. NaOH (0,1 n)] (*Ka. et al.*). UV-Spektrum (wss. NaOH [0,1 n]; 230–400 nm): *Ka. et al.*

Tetraacetyl-Derivat $C_{18}H_{21}N_5O_9$; vermutlich 2-Amino-7-[D$_r$-1t_F,2c_F,3r_F,4-tetraacetoxy-but-*cat*$_F$-yl]-3*H*-pteridin-4-on. Kristalle (aus Ae.); F: 98–99°; $[\alpha]_D^{15}$: +9,6° [E.; c = 1] (*Ka., Sch.,* l. c. S. 1045).

b) **2-Amino-7-[D$_r$-1t_F,2t_F,3r_F,4-tetrahydroxy-but-*cat*$_F$-yl]-3*H*-pteridin-4-on,** Formel X und Taut.

B. Beim Erwärmen von 2,5,6-Triamino-3*H*-pyrimidin-4-on mit D-Galactose in H_2O (*Karrer et al.,* Helv. **30** [1947] 1031, 1035).

$[\alpha]_D^{20}$: +25° [wss. NaOH (0,1 n)].

Amino-Derivate der Hydroxy-oxo-Verbindungen $C_nH_{2n-10}N_4O_5$

2-Amino-7-[1,2,3-trihydroxy-propenyl]-3,5-dihydro-pteridin-4,6-dion $C_9H_9N_5O_5$, Formel XI und Taut.

Die Identität einer von *Tschesche, Korte* (B. **84** [1951] 77, 82) unter dieser Konstitution beschriebenen, aus vermeintlichem 2-Amino-7-[1-hydroxy-2-oxo-propyl]-3,5-dihydro-pteridin-4,6-dion (S. 4041) hergestellten Verbindung ist ungewiss.

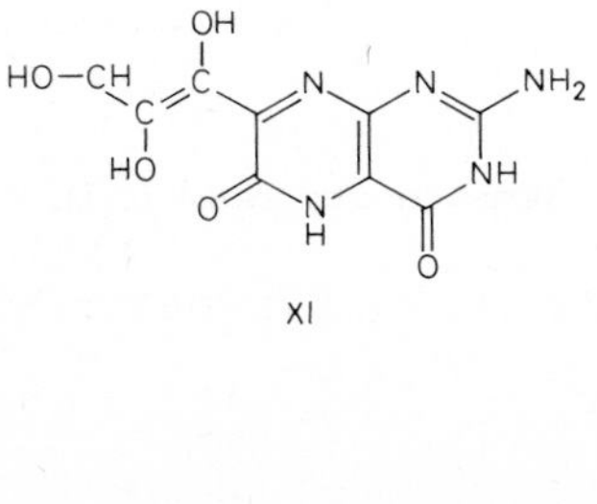

XI

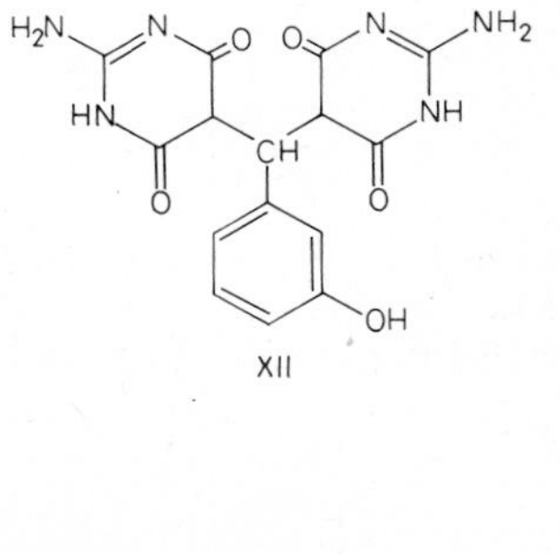

XII

Amino-Derivate der Hydroxy-oxo-Verbindungen $C_nH_{2n-14}N_4O_5$

Bis-(5-{3-[2-(2,4-di-*tert*-pentyl-phenoxy)-acetylamino]-benzoylamino}-3-oxo-2-[2,4,6-trichlor-phenyl]-2,3-dihydro-1*H*-pyrazol-4-yl)-[4-hydroxy-3,5-dimethoxy-phenyl]-methan, 5,5′-Bis-{3-[2-(2,4-di-*tert*-pentyl-phenoxy)-acetylamino]-benzoylamino}-2,2′-bis-[2,4,6-trichlor-phenyl]-1,2,1′,2′-tetrahydro-4,4′-[4-hydroxy-3,5-dimethoxy-benzyliden]-bis-pyrazol-3-on $C_{77}H_{80}Cl_6N_8O_{11}$, Formel III (X = O-$CH_3$) auf S. 4043 und Taut.

B. Aus 3-[2-(2,4-Di-*tert*-pentyl-phenoxy)-acetylamino]-benzoesäure-[5-oxo-1-(2,4,6-trichlor-phenyl)-2,5-dihydro-1*H*-pyrazol-3-ylamid] und 4-Hydroxy-3,5-dimethoxy-benzaldehyd in Äthanol (*Eastman Kodak Co.*, U.S.P. 2618641 [1951]).

Kristalle (aus E. und Acetonitril); F: 170–171°.

Amino-Derivate der Hydroxy-oxo-Verbindungen $C_nH_{2n-18}N_4O_5$

3-[Bis-(2-amino-4,6-dioxo-1,4,5,6-tetrahydro-pyrimidin-5-yl)-methyl]-phenol, 2,2′-Diamino-1*H*,1′*H*-5,5′-[3-hydroxy-benzyliden]-bis-pyrimidin-4,6-dion $C_{15}H_{14}N_6O_5$, Formel XII und Taut.

B. Beim Erwärmen von 2-Amino-1*H*-pyrimidin-4,6-dion in äthanol. HCl mit 3-Hydroxy-benzaldehyd in Essigsäure (*Mukherjee, Mathur,* J. Indian chem. Soc. **27** [1950] 101, 105).

Dihydrochlorid $C_{15}H_{14}N_6O_5 \cdot 2HCl$. Gelbliche Kristalle; F: 242–246° [Zers.].

[*Otto*]

H. Aminocarbonsäuren

Amino-Derivate der Monocarbonsäuren $C_nH_{2n-8}N_4O_2$

5-Amino-[1,2,4]triazolo[1,5-*a*]pyrimidin-6-carbonsäure-äthylester $C_8H_9N_5O_2$, Formel I.

Die von *De Cat, Van Dormael* (Bl. Soc. chim. Belg. **60** [1951] 69, 71) unter dieser Konstitution beschriebene Verbindung ist als 2-Cyan-3-[1*H*-[1,2,4]triazol-3-ylamino]-acrylsäure-äthylester (S. 1079) zu formulieren (*Williams,* Soc. **1962** 2222, 2224).

7-Amino-5-methyl-1(2)*H*-pyrazolo[4,3-*d*]pyrimidin-3-carbonsäure-äthylester $C_9H_{11}N_5O_2$, Formel II und Taut.

B. Beim Erhitzen von 7-Chlor-5-methyl-1(2)*H*-pyrazolo[4,3-*d*]pyrimidin-3-carbonsäure-äthylester in Phenol mit NH_3 (*Rose,* Soc. **1954** 4116, 4121).

Kristalle (aus wss. NaOH + wss. Eg.) mit 1 Mol H_2O; F: 256° [Zers.].

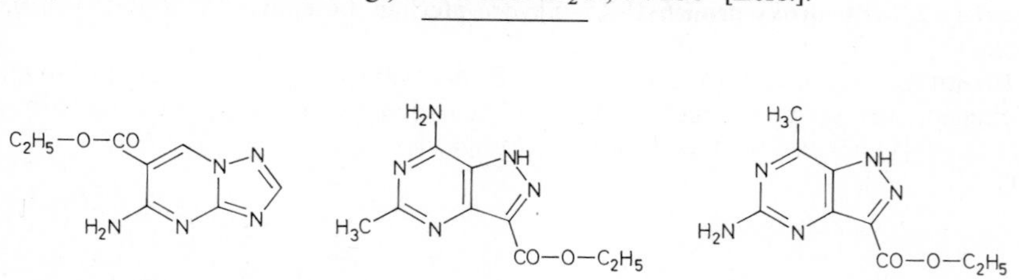

C_2H_5—O—CO ... H_2N (I) H_2N, NH, N, H_3C, CO—O—C_2H_5 (II) H_3C, NH, N, H_2N, CO—O—C_2H_5 (III)

I II III

5-Amino-7-methyl-1(2)*H*-pyrazolo[4,3-*d*]pyrimidin-3-carbonsäure-äthylester $C_9H_{11}N_5O_2$, Formel III und Taut.

B. Beim Erhitzen von 5-Chlor-7-methyl-1(2)*H*-pyrazolo[4,3-*d*]pyrimidin-3-carbonsäure-äthylester in Phenol mit NH_3 (*Rose*, Soc. **1954** 4116, 4121). Beim Behandeln von 5-Amino-7-methyl-pyrazolo[4,3-*d*]pyrimidin-3,3-dicarbonsäure-diäthylester mit wss. NaOH und anschliessend mit Essigsäure (*Rose*).

Kristalle (aus H_2O); F: 263–265° [Zers.; auf 230° vorgeheizter App.].

[4-Amino-1-methyl-1*H*-pyrazolo[3,4-*d*]pyrimidin-3-yl]-acetonitril $C_8H_8N_6$, Formel IV (R = CH_3).

B. Aus [5-Äthoxymethylenamino-4-cyan-1-methyl-1*H*-pyrazol-3-yl]-acetonitril und äthanol. NH_3 (*Taylor, Hartke,* Am. Soc. **81** [1959] 2456, 2463).

Kristalle (aus A.); F: 239–241° [korr.; rotbraune Schmelze]. λ_{max} (A.): 260 nm und 281 nm.

Die folgenden Verbindungen sind in analoger Weise hergestellt worden:

4-Amino-5-butyl-3-cyanmethyl-1-methyl-1*H*-pyrazolo[3,4-*d*]pyrimidinium-betain, [5-Butyl-4-imino-1-methyl-4,5-dihydro-1*H*-pyrazolo[3,4-*d*]pyrimidin-3-yl]-acetonitril $C_{12}H_{16}N_6$, Formel V (R = CH_3, R′ = $[CH_2]_3$-CH_3) und Mesomere. Kristalle (aus CCl_4); F: 104–106° [korr.].

[4-Amino-1-phenyl-1*H*-pyrazolo[3,4-*d*]pyrimidin-3-yl]-acetonitril $C_{13}H_{10}N_6$, Formel IV (R = C_6H_5). Kristalle (aus A.); F: 241–243° [korr.; rötlichbraune Schmelze]. λ_{max} (A.): 238 nm und 291 nm.

4-Amino-5-butyl-3-cyanmethyl-1-phenyl-1*H*-pyrazolo[3,4-*d*]pyrimidinium-betain, [5-Butyl-4-imino-1-phenyl-4,5-dihydro-1*H*-pyrazolo[3,4-*d*]pyrimidin-3-yl]-acetonitril $C_{17}H_{18}N_6$, Formel V (R = C_6H_5, R′ = $[CH_2]_3$-CH_3) und Mesomere. Kristalle (aus A.); F: 115° [korr.]. λ_{max} (A.): 242 nm und 283 nm.

4,5-Diamino-3-cyanmethyl-1-methyl-1*H*-pyrazolo[3,4-*d*]pyrimidinium-betain, [5-Amino-4-imino-1-methyl-4,5-dihydro-1*H*-pyrazolo[3,4-*d*]pyrimidin-3-yl]-acetonitril $C_8H_9N_7$, Formel V (R = CH_3, R′ = NH_2) und Mesomere. Kristalle (aus wss. Me.); F: 205° [korr.; Zers.]. λ_{max} (A.): 268 nm und 285 nm.

4,5-Diamino-3-cyanmethyl-1-phenyl-1*H*-pyrazolo[3,4-*d*]pyrimidinium-betain, [5-Amino-4-imino-1-phenyl-4,5-dihydro-1*H*-pyrazolo[3,4-*d*]pyrimidin-3-yl]-acetonitril $C_{13}H_{11}N_7$, Formel V (R = C_6H_5, R′ = NH_2) und Mesomere. Hellbraune Kristalle (aus A.); F: 194–195° [korr.].

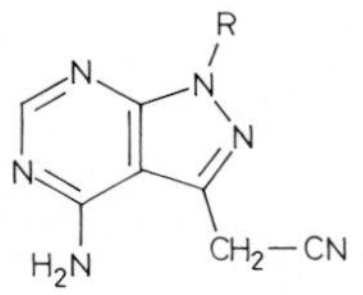

IV 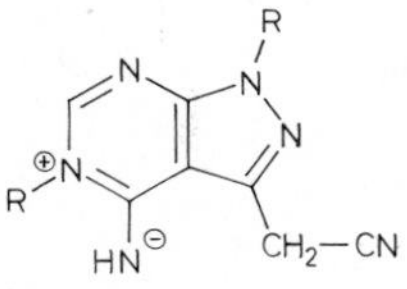 V 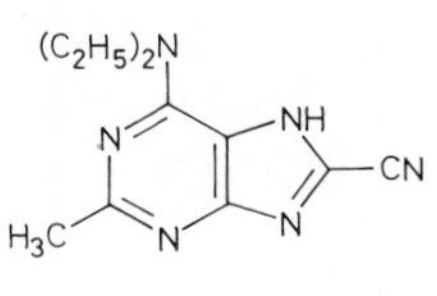 VI 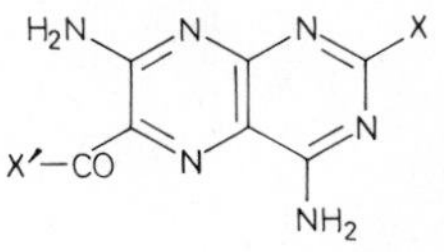 VII

6-Diäthylamino-2-methyl-7(9)*H*-purin-8-carbonitril $C_{11}H_{14}N_6$, Formel VI und Taut.

B. Beim Erhitzen von 6-Diäthylamino-2-methyl-7(9)*H*-purin-8-carbaldehyd-[*O*-acetyl-oxim] (*Hull,* Soc. **1958** 4069, 4072).

Kristalle (aus 2-Äthoxy-äthanol); F: 302°.

Amino-Derivate der Monocarbonsäuren $C_nH_{2n-10}N_4O_2$

4,7-Diamino-pteridin-6-carbonsäure $C_7H_6N_6O_2$, Formel VII (X = H, X′ = OH).

B. Beim Erhitzen von 5-Nitroso-pyrimidin-4,6-diyldiamin mit Cyanessigsäure und Natrium-[2-äthoxy-äthylat] in 2-Äthoxy-äthanol (*Osdene, Timmis,* Soc. **1955** 2036).

Gelbe Kristalle (aus H_2O); F: 292° [Zers.]. λ_{max} (wss. Ameisensäure): 269 nm und 369 nm.

4,7-Diamino-pteridin-6-carbonsäure-amid $C_7H_7N_7O$, Formel VII (X = H, X′ = NH_2).

B. Beim Erhitzen von 5-Nitroso-pyrimidin-4,6-diyldiamin mit Cyanessigsäure-amid und Natrium-[2-äthoxy-äthylat] in 2-Äthoxy-äthanol (*Osdene, Timmis,* Soc. **1955** 2036).

Kristalle (aus H_2O); F: >300°. λ_{max} (wss. Ameisensäure): 271 nm und 374 nm.

2,4,7-Triamino-pteridin-6-carbonsäure $C_7H_7N_7O_2$, Formel VII (X = NH_2, X' = OH).

B. Beim Erhitzen von 5-Nitroso-pyrimidin-2,4,6-triyltriamin mit Cyanessigsäure und Natrium-[2-äthoxy-äthylat] in 2-Äthoxy-äthanol (*Osdene, Timmis,* Soc. **1955** 2036).

Kristalle (aus wss. NH_3+Eg.) mit 1 Mol H_2O; F: >300°.

2,4,7-Triamino-pteridin-6-carbonsäure-amid $C_7H_8N_8O$, Formel VII (X = X' = NH_2).

B. Beim Erhitzen von 5-Nitroso-pyrimidin-2,4,6-triyltriamin mit Cyanessigsäure-amid und Natrium-[2-äthoxy-äthylat] in 2-Äthoxy-äthanol (*Osdene, Timmis,* Soc. **1955** 2036).

Wasserhaltige Kristalle (aus DMF+H_2O); F: >300°.

Triacetyl-Derivat $C_{13}H_{14}N_8O_4$; 2,4,7-Tris-acetylamino-pteridin-6-carbonsäure-amid. Kristalle (aus wss. DMF) mit 0,5 Mol H_2O.

2,4-Diamino-pteridin-7-carbonsäure $C_7H_6N_6O_2$, Formel VIII.

B. Aus 7-Methyl-pteridin-2,4-diyldiamin in wss. NaOH mit Hilfe von $KMnO_4$ (*Cain et al.,* Am. Soc. **70** [1948] 3026, 3028).

Hellgelbe Kristalle (aus wss. NaOH+HCl), die sich bis 300° allmählich dunkel färben. λ_{max} (wss. NaOH): 258 nm und 365 nm (*Cain et al.,* l. c. S. 3027).

Methylester $C_8H_8N_6O_2$. Hellgelbe Kristalle (aus H_2O). λ_{max} (wss. HCl): 330 nm.

(±)-2-Acetylamino-3-phenyl-2-[1*H*-tetrazol-5-yl]-propionsäure $C_{12}H_{13}N_5O_3$, Formel IX und Taut.

B. Aus dem Äthylester (s. u.) mit Hilfe von wss. NaOH (*McManus, Herbst,* J. org. Chem. **24** [1959] 1643, 1649).

Kristalle (aus THF+PAe.); F: 110° [unkorr.; Zers.].

Äthylester $C_{14}H_{17}N_5O_3$. *B.* Beim Erwärmen von (±)-2-Acetylamino-2-cyan-3-phenyl-propionsäure-äthylester mit NaN_3 und $AlCl_3$ in THF (*McM., He.*). – Kristalle (aus A.); F: 147,5–148,5° [unkorr.].

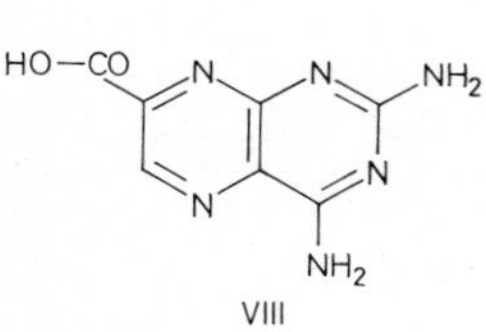

VIII 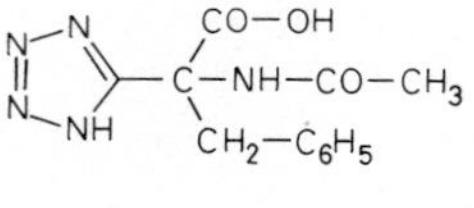 IX 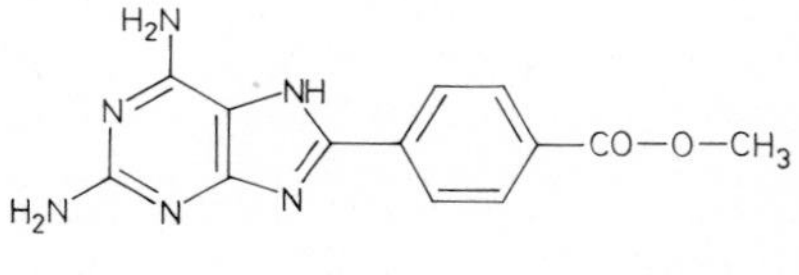 X

Amino-Derivate der Monocarbonsäuren $C_nH_{2n-16}N_4O_2$

4-[2,6-Diamino-7(9)*H*-purin-8-yl]-benzoesäure-methylester $C_{13}H_{12}N_6O_2$, Formel X und Taut.

B. Beim Erhitzen von *N*-[2,4,6-Triamino-pyrimidin-5-yl]-terephthalamidsäure-methylester (*Elion et al.,* Am. Soc. **73** [1951] 5235, 5236; *Burroughs Wellcome & Co.,* U.S.P. 2628235 [1950]).

λ_{max} (wss. Lösung): 240 nm und 330 nm [pH 1] bzw. 235 nm und 332 nm [pH 11] (*El. et al.,* l. c. S. 5237).

Hydrochlorid $C_{13}H_{12}N_6O_2 \cdot HCl$. Feststoff mit 1 Mol H_2O (*El. et al.*).

Amino-Derivate der Monocarbonsäuren $C_nH_{2n-28}N_4O_2$

3-[8,13-Diäthyl-18-methoxycarbonylamino-3,7,12,17-tetramethyl-porphyrin-2-yl]-propionsäure-methylester, 13-Methoxycarbonylamino-pyrroporphyrin-methylester $C_{34}H_{39}N_5O_4$, Formel XI und Taut. (in der Literatur als Pyrroporphyrin-6-methylurethan bezeichnet).

B. Neben einer mit Vorbehalt als (±)-3-[7,12-Diäthyl-5'-hydroxy-5'-methoxy-3,8,13,17-tetra=

methyl-1',5'-dihydro-pyrrolo[4,3,2-*ta*]porphyrin-18-yl]-propionsäure-methylester formulierten Verbindung (S. 4154) aus Rhodoporphyrin-17-methylester (S. 3006) über das 13-Azid (*Fischer, Stier,* in *A. Treibs,* Das Leben und Wirken von H. Fischer [München 1971] S. 568, 576, 578).

Hellrote Kristalle, die bei 248° sintern. λ_{max} (Py. + Ae.; 450 – 625 nm): *Fi., St.*

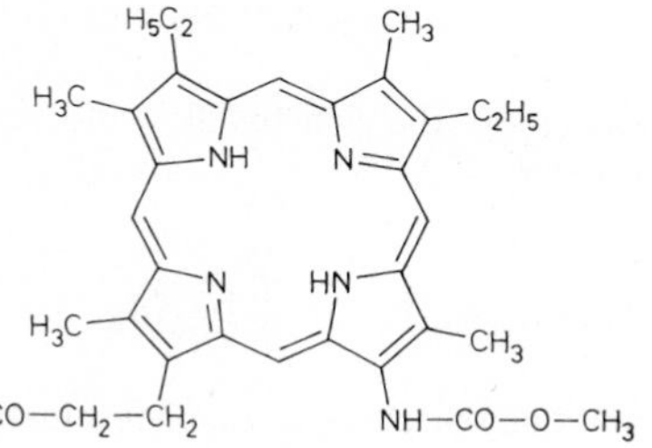

XI 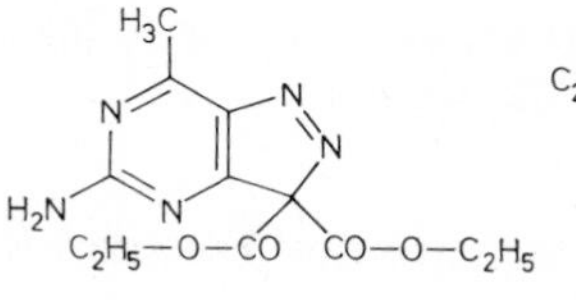 XII 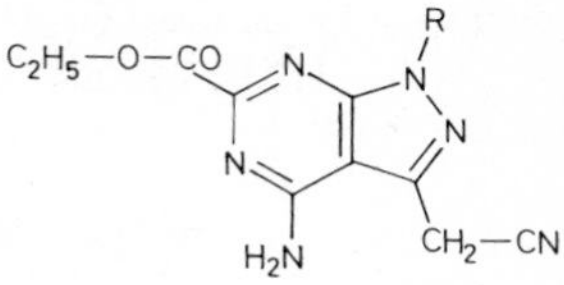 XIII

Amino-Derivate der Dicarbonsäuren $C_nH_{2n-10}N_4O_4$

5-Amino-7-methyl-pyrazolo[4,3-*d*]pyrimidin-3,3-dicarbonsäure-diäthylester $C_{12}H_{15}N_5O_4$, Formel XII.

B. Beim Hydrieren von [2-Amino-6-methyl-5-nitro-pyrimidin-4-yl]-malonsäure-diäthylester an Raney-Nickel in Methanol und anschliessenden Diazotieren (*Rose,* Soc. **1954** 4116, 4120).

Kristalle (aus Xylol); F: 136 – 140°.

4-Amino-3-cyanmethyl-1-methyl-1*H*-pyrazolo[3,4-*d*]pyrimidin-6-carbonsäure-äthylester $C_{11}H_{12}N_6O_2$, Formel XIII (R = CH_3).

B. Aus 5-Amino-3-cyanmethyl-1-methyl-1*H*-pyrazol-4-carbonitril und Oxalsäure-diäthylester über mehrere Stufen (*Taylor, Hartke,* Am. Soc. **81** [1959] 2456, 2463).

Kristalle (aus Nitromethan); F: 246° [korr.; Zers.]. λ_{max} (A.): 260 nm und 303 nm.

4-Amino-3-cyanmethyl-1-phenyl-1*H*-pyrazolo[3,4-*d*]pyrimidin-6-carbonsäure-äthylester $C_{16}H_{14}N_6O_2$, Formel XIII (R = C_6H_5).

B. Aus [4-Cyan-5-cyanmethyl-2-phenyl-2*H*-pyrazol-3-yl]-oxalomonoimidsäure-2-äthylester-1-methylester in THF mit Hilfe von äthanol. NH_3 (*Taylor, Hartke,* Am. Soc. **81** [1959] 2456, 2462).

Kristalle (aus Nitromethan + DMF); F: 265 – 275° [korr.; Zers.]. λ_{max} (A.): 241 nm und 315 nm.

1,8-Bis-[4-äthoxycarbonyl-5-amino-1(3)*H*-imidazol-2-yl]-octan, 5,5'-Diamino-1(3)*H*,1'(3')*H*-2,2'-octandiyl-bis-imidazol-4-carbonsäure-diäthylester $C_{20}H_{32}N_6O_4$, Formel XIV und Taut.

Dihydrochlorid $C_{20}H_{32}N_6O_4 \cdot 2HCl$. *B.* Beim Erwärmen von Dithiodecandiimidsäure-diäthylester-dihydrochlorid mit Amino-cyan-essigsäure-äthylester in $CHCl_3$ (*Bader et al.,* Soc. **1950** 2775, 2780, 2783).

Kristalle (aus A. + E.) mit 1 Mol Äthanol; F: 187° [nach Zers. bei 120 – 132° und Wiedererstarren].

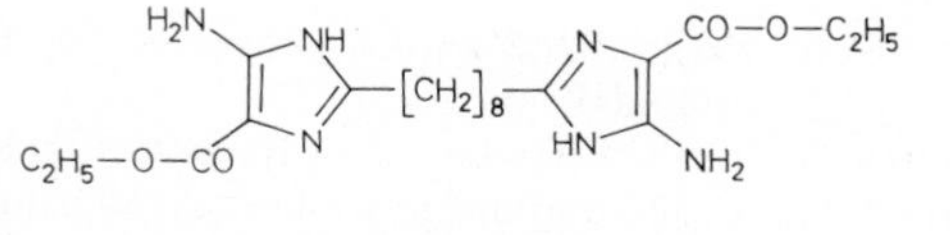

XIV 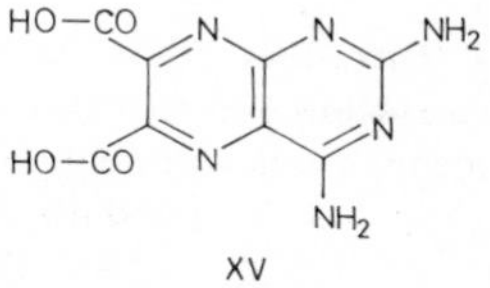 XV

Amino-Derivate der Dicarbonsäuren $C_nH_{2n-12}N_4O_4$

2,4-Diamino-pteridin-6,7-dicarbonsäure $C_8H_6N_6O_4$, Formel XV.

B. Aus 6,7-Dimethyl-pteridin-2,4-diyldiamin in wss. NaOH mit Hilfe von $KMnO_4$ (*Cain et al.,* Am. Soc. **70** [1948] 3026, 3028).

Hellgelbe Kristalle, die sich bis 300° dunkel färben. λ_{max} (wss. NaOH): 266 nm und 370 nm (*Cain et al.,* l. c. S. 3027).

Dimethylester $C_{10}H_{10}N_6O_4$. Gelbe Kristalle (aus H_2O), die sich bis 300° dunkel färben. λ_{max} (wss. HCl): 263 nm und 345 nm.

Amino-Derivate der Dicarbonsäuren $C_nH_{2n-30}N_4O_4$

3-[8,13-Diäthyl-18-methoxycarbonylamino-20-methoxycarbonylmethyl-3,7,12,17-tetramethyl-porphyrin-2-yl]-propionsäure-methylester, 15[1]-Methoxycarbonyl-13-methoxycarbonylamino-phylloporphyrin-methylester $C_{37}H_{43}N_5O_6$, Formel I und Taut. (in der Literatur als Isochloroporphyrin-e_4-dimethylester-6-methylurethan bezeichnet).

B. Aus Phäoporphyrin-a_5-dimethylester (13^2-Methoxycarbonyl-phytoporphyrin-methylester; S. 3235) beim Erhitzen mit $N_2H_4 \cdot H_2O$ in Pyridin, Behandeln des Reaktionsprodukts in wss. HCl und Äther mit $NaNO_2$ und Erwärmen des danach erhaltenen Produkts mit Methanol (*Fischer, Stier,* in *A. Treibs,* Das Leben und Wirken von H. Fischer [München 1971] S. 568, 574).

Kristalle (aus Me.); F: 235°. λ_{max} (Py. + Ae.; 445 – 640 nm): *Fi., St.*

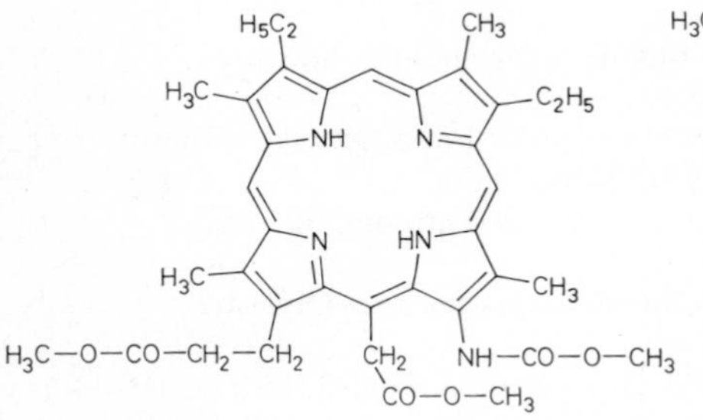

I

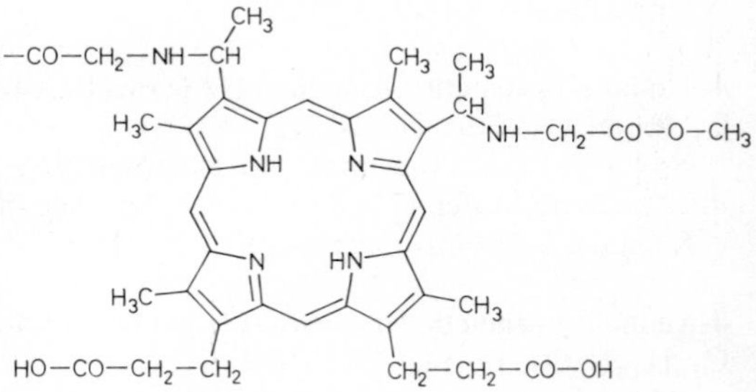

II

***Opt.-inakt. 3,3′-{8,13-Bis-[1-(methoxycarbonylmethyl-amino)-äthyl]-3,7,12,17-tetramethyl-porphyrin-2,18-diyl}-di-propionsäure, 3^1,8^1-Bis-[methoxycarbonylmethyl-amino]-mesoporphyrin** $C_{40}H_{48}N_6O_8$, Formel II und Taut.

B. Beim Erwärmen von Hämin (S. 3048) mit HBr in Essigsäure und Behandeln des Reaktionsprodukts mit Glycin-methylester in $CHCl_3$ und Aceton (*Zeile,* Z. physiol. Chem. **207** [1932] 35, 45).

Kristalle (aus Eg. + Ae.); F: 164° [korr.]. λ_{max} (Ae. + Eg. sowie wss. HCl; 420 – 630 nm): *Ze.,* l. c. S. 46.

Amino-Derivate der Tetracarbonsäuren $C_nH_{2n-10}N_4O_8$

2-[3,4,3′,4′-Tetrakis-methoxycarbonyl-4,5,4′,5′-tetrahydro-3*H*,3′*H*-[3,4′]bipyrazolyl-4-yl]-3,4-dihydro-isochinolinium-betain $C_{23}H_{25}N_5O_8$, Formel III.

Die Identität einer von *Diels, Harms* (A. **525** [1936] 73, 94) unter dieser Konstitution beschriebenen, aus (±)-7,11*b*-Dihydro-6*H*-pyrido[2,1-*a*]isochinolin-1,2,3,4-tetracarbonsäure-tetramethylester (s. E III/IV **22** 1815) und Diazomethan erhaltenen Verbindung (Zers. bei 185°) ist ungewiss.

2-[3,4,3′,4′-Tetrakis-methoxycarbonyl-4,5,4′,5′-tetrahydro-3*H*,3′*H*-[3,4′]bipyrazolyl-4-yl]-isochinolinium-betain $C_{23}H_{23}N_5O_8$, Formel IV.

Die Identität einer von *Diels, Harms* (A. **525** [1936] 73, 86) unter dieser Konstitution beschriebenen, aus (±)-11b*H*-Pyrido[2,1-*a*]isochinolin-1,2,3,4-tetracarbonsäure-tetramethylester (s. E III/IV **22** 1817) und Diazomethan in Benzol erhaltenen Verbindung (F: 155–158° [Zers.]) ist ungewiss. Entsprechendes gilt für das Dihydro-Derivat $C_{23}H_{25}N_5O_8$ (Zers. bei 220°).

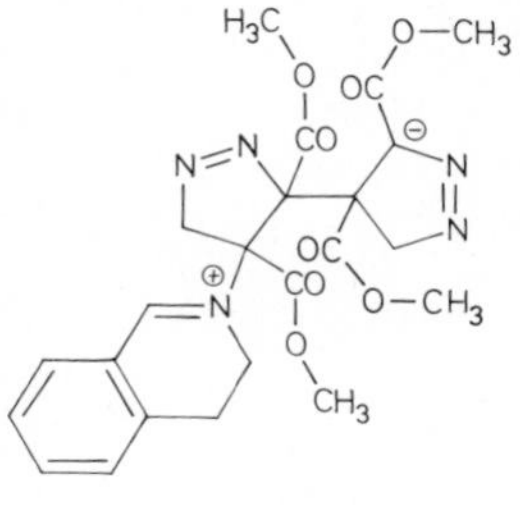

III 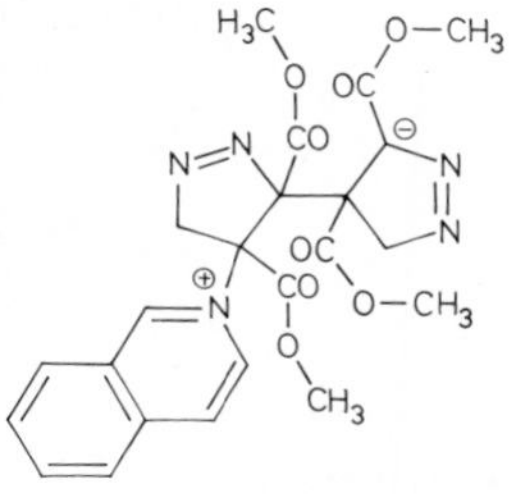 IV 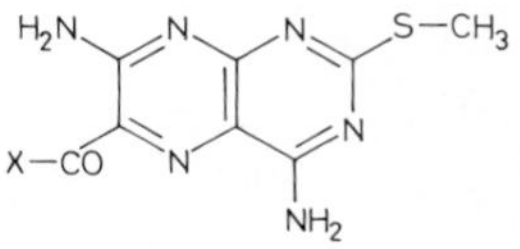 V 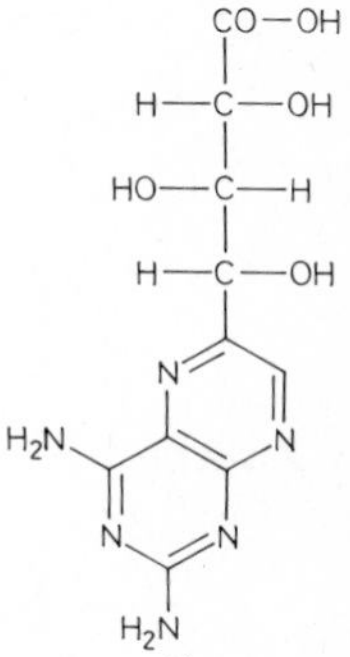 VI

Amino-Derivate der Hydroxycarbonsäuren $C_nH_{2n-10}N_4O_3$

4,7-Diamino-2-methylmercapto-pteridin-6-carbonsäure $C_8H_8N_6O_2S$, Formel V (X = OH).

B. Beim Erwärmen von 2-Methylmercapto-5-nitroso-pyrimidin-4,6-diyldiamin mit Cyanessigsäure und äthanol. Natriumäthylat (*Osdene, Timmis,* Soc. **1955** 2036).

Hellgelbe Kristalle (aus wss. NH_3 + Eg.); F: >300°.

4,7-Diamino-2-methylmercapto-pteridin-6-carbonsäure-amid $C_8H_9N_7OS$, Formel V (X = NH_2).

B. Beim Erwärmen von 2-Methylmercapto-5-nitroso-pyrimidin-4,6-diyldiamin mit Cyanessigsäure-amid und äthanol. Natriumäthylat (*Osdene, Timmis,* Soc. **1955** 2036).

Hellgelbe Kristalle (aus Butan-1-ol); F: >300°.

Diacetyl-Derivat $C_{12}H_{13}N_7O_3S$; 4,7-Bis-acetylamino-2-methylmercapto-pteridin-6-carbonsäure-amid. Feststoff (aus DMF).

Amino-Derivate der Hydroxycarbonsäuren $C_nH_{2n-10}N_4O_5$

L$_r$-4*cat*$_F$-[2,4-Diamino-pteridin-6-yl]-2*t*$_F$,3*r*$_F$,4*t*$_F$-trihydroxy-buttersäure $C_{10}H_{12}N_6O_5$, Formel VI.

B. Beim Erwärmen von Pyrimidintetrayltetraamin-hydrochlorid mit dem Calcium-Salz der D-*xylo*-[5]Hexulosonsäure (E IV **3** 1993) in wss. Lösung vom pH ca. 5 (*Upjohn Co.,* U.S.P. 2568462, 2647898, 2667484 [1950]).

Hellbraun; Zers. >300° (*Upjohn Co.,* U.S.P. 2568462). λ_{max} (wss. NaOH): 257 nm und 370 nm (*Upjohn Co.,* U.S.P. 2568462, 2647898, 2667484).

Amino-Derivate der Hydroxycarbonsäuren $C_nH_{2n-30}N_4O_5$

***Opt.-inakt. 1-{1-[13,17-Bis-(2-carboxy-äthyl)-7-(1-hydroxy-äthyl)-3,8,12,18-tetramethyl-porphyrin-2-yl]-äthyl}-pyridinium** $[C_{39}H_{42}N_5O_5]^+$, Formel VII und Taut., oder **1-{1-[8,12-Bis-(2-carboxy-äthyl)-17-(1-hydroxy-äthyl)-3,7,13,18-tetramethyl-porphyrin-2-yl]-äthyl}-pyridinium** $[C_{39}H_{42}N_5O_5]^+$, Formel VIII und Taut.; **3^1(oder 8^1)-Hydroxy-8^1(oder 3^1)-pyridinio-mesoporphyrin.**

Bromid $[C_{39}H_{42}N_5O_5]Br$. *B.* Beim Erwärmen von opt.-inakt. Hämatoporphyrin-hydrochlorid

(S. 3157) mit HBr in Essigsäure und Behandeln des Reaktionsprodukts mit Pyridin und H_2O (*Zeile, Piutti,* Z. physiol. Chem. **218** [1933] 52, 59; *H. Fischer, H. Orth,* Die Chemie des Pyrrols, Bd. 2, Tl. 1 [Leipzig 1937] S. 404). – Kristalle [aus Eg.] (*Ze., Pi.*). λ_{max}: 552 nm und 597 nm [wss. HCl] bzw. 508 nm, 541 nm, 570 nm und 596(?) nm [Py.] (*Zeile,* Z. physiol. Chem. **207** [1932] 35, 47).

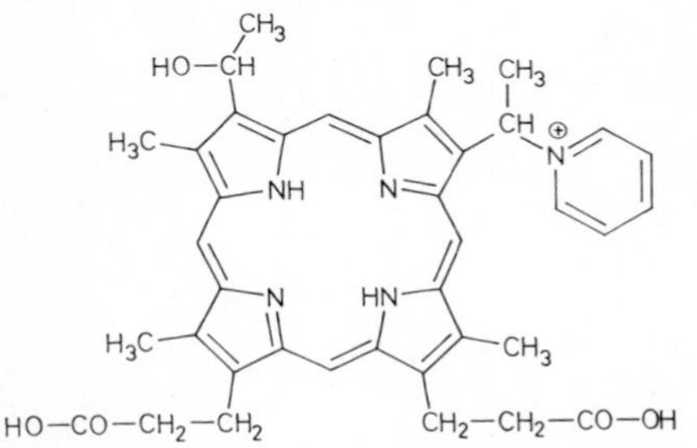

VII

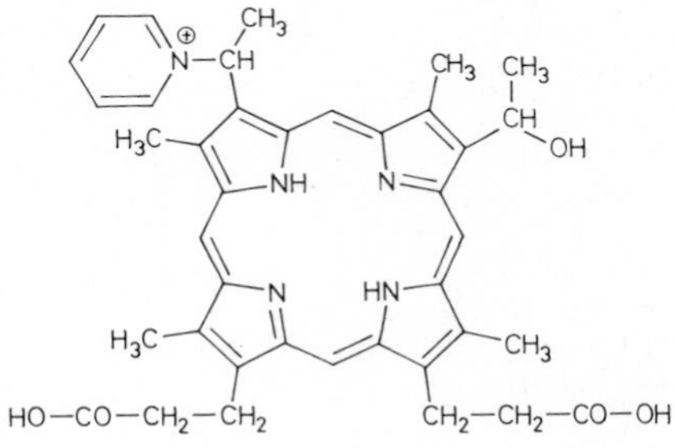

VIII

Amino-Derivate der Oxocarbonsäuren $C_nH_{2n-8}N_4O_3$

2-Amino-6-oxo-5,6,7,8-tetrahydro-pteridin-4-carbonsäure $C_7H_7N_5O_3$, Formel IX (R = H).

B. Beim Erhitzen von *N*-[6-Äthoxycarbonyl-2,5-diamino-pyrimidin-4-yl]-glycin-äthylester in H_2O und anschliessenden Hydrolysieren mit wss. NaOH (*Clark, Layton,* Soc. **1959** 3411, 3414, 3415).

Feststoff (aus wss. NaOH + Säure) mit 1 Mol H_2O; Zers. > 260°.

2-Dimethylamino-6-oxo-5,6,7,8-tetrahydro-pteridin-4-carbonsäure $C_9H_{11}N_5O_3$, Formel IX (R = CH_3).

B. Aus dem Äthylester (s. u.) mit Hilfe von wss. NaOH (*Clark, Layton,* Soc. **1959** 3411, 3415).

Feststoff mit 1 Mol H_2O bzw. [nach Trocknung bei 150°] mit 0,5 Mol H_2O (aus wss. NaOH + Säure); Zers. > 240°.

Äthylester $C_{11}H_{15}N_5O_3$. *B.* Beim Erhitzen von *N*-[6-Äthoxycarbonyl-5-amino-2-dimethyl≈amino-pyrimidin-4-yl]-glycin-äthylester in H_2O (*Cl., La.,* l. c. S. 3414). – Grünlichgelbe Kristalle (aus Dioxan), die sich oberhalb 260° allmählich zersetzen. – Picrat $C_{11}H_{15}N_5O_3 \cdot C_6H_3N_3O_7$. Gelbe Kristalle (aus A.), die sich oberhalb 170° allmählich zersetzen. – Acetyl-Derivat $C_{13}H_{17}N_5O_4$. Gelbe Kristalle (aus H_2O); F: 177–178°.

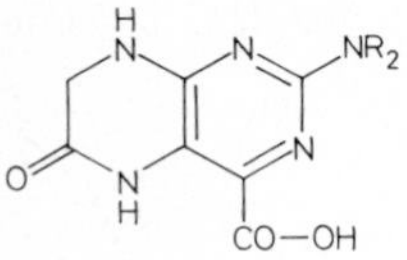

IX

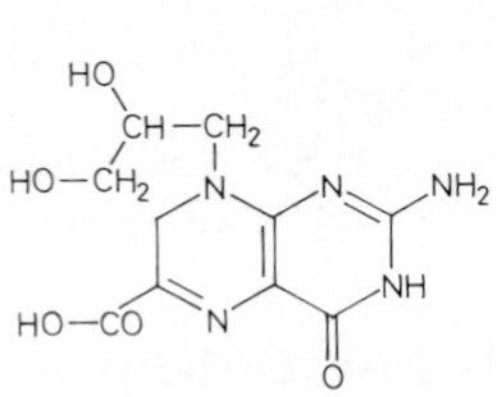

X

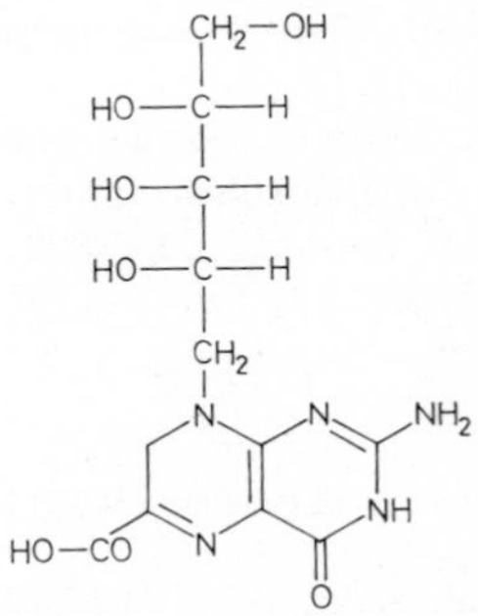

XI

(±)-2-Amino-8-[2,3-dihydroxy-propyl]-4-oxo-3,4,7,8-tetrahydro-pteridin-6-carbonsäure $C_{10}H_{13}N_5O_5$, Formel X und Taut.

B. Beim Erhitzen von (±)-2-Amino-8-[2,3-dihydroxy-propyl]-4,7-dioxo-3,4,7,8-tetrahydro-pteridin-6-carbonsäure mit Zink-Amalgam in wss. HCl (*Taylor, Loux,* Am. Soc. **81** [1959] 2474, 2479).

Gelbliche Kristalle (aus wss. Eg.); F: 332° [unkorr.; Zers.]. λ_{max} (wss. NaOH): 260 nm und 342 nm.

2-Amino-4-oxo-8-D-ribit-1-yl-3,4,7,8-tetrahydro-pteridin-6-carbonsäure $C_{12}H_{17}N_5O_7$, Formel XI und Taut.

B. Analog der vorangehenden Verbindung (*Taylor, Loux,* Am. Soc. **81** [1959] 2474, 2479).

Gelbliche Kristalle (aus wss. Eg.); F: 354° [korr.; Zers.]. λ_{max} (wss. NaOH): 259 nm und 353 nm.

2-Amino-8-D-glucit-1-yl-4-oxo-3,4,7,8-tetrahydro-pteridin-6-carbonsäure $C_{13}H_{19}N_5O_8$, Formel XII und Taut.

B. Analog den vorangehenden Verbindungen (*Taylor, Loux,* Am. Soc. **81** [1959] 2474, 2479).

Gelbliche Kristalle (aus wss. Eg.); F: 346° [korr.; Zers.]. λ_{max} (wss. NaOH): 260 nm und 356 nm.

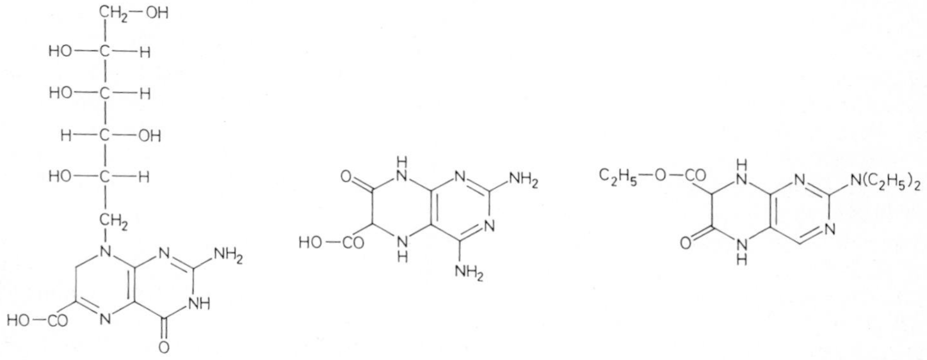

XII XIII XIV

(±)-2,4-Diamino-7-oxo-5,6,7,8-tetrahydro-pteridin-6-carbonsäure $C_7H_8N_6O_3$, Formel XIII.

B. Aus 2,4-Diamino-7-oxo-7,8-dihydro-pteridin-6-carbonsäure in wss. NaOH mit Hilfe von Zink- oder Natrium-Amalgam (*Elion, Hitchings,* Am. Soc. **74** [1952] 3877, 3878, 3880).

Feststoff (aus wss. NaOH + wss. HCl) mit 1 Mol H_2O. λ_{max} (wss. Lösung): 298 nm und 336 nm [pH 1] bzw. 255 nm und 342 nm [pH 11].

(±)-2-Diäthylamino-6-oxo-5,6,7,8-tetrahydro-pteridin-7-carbonsäure-äthylester $C_{13}H_{19}N_5O_3$, Formel XIV.

B. Beim Hydrieren von [2-Diäthylamino-5-nitro-pyrimidin-4-ylamino]-malonsäure-diäthylester an Raney-Nickel in Methanol und anschliessenden Erwärmen mit H_2O (*Boon et al.,* Soc. **1951** 96, 100, 101).

Kristalle (aus 2-Äthoxy-äthanol); F: 212° [Zers.].

Amino-Derivate der Oxocarbonsäuren $C_nH_{2n-10}N_4O_3$

Amino-Derivate der Oxocarbonsäuren $C_7H_4N_4O_3$

2-Amino-4-oxo-3,4-dihydro-pteridin-6-carbonsäure $C_7H_5N_5O_3$, Formel I (R = R′ = H) und Taut.

B. Beim Erhitzen von 2,5,6-Triamino-3*H*-pyrimidin-4-on-sulfat mit 4-Hydroxy-but-2-insäure oder But-2-in-1,4-diol und Natriumacetat und Erwärmen des Reaktionsprodukts in wss. Na_2CO_3 mit $KMnO_4$ (*Tschesche, Korte,* B. **87** [1954] 1713, 1717, 1718). Beim Erwärmen von 2,5,6-Triamino-3*H*-pyrimidin-4-on mit 3,3-Diäthoxy-2-brom-propionsäure-äthylester und Ag_2CO_3 in Äthanol, Erhitzen des Reaktionsprodukts mit wss. HCl und anschliessenden Behandeln mit Jod in Äthanol bei pH 2 (*Mowat et al.,* Am. Soc. **70** [1948] 14, 17). Beim Erwärmen von 2-Amino-6-[D_r-1t_F,2c_F,3r_F,4-tetrahydroxy-but-*cat*$_F$-yl]-3*H*-pteridin-4-on in wss. NaOH mit $KMnO_4$ (*Forrest, Walker,* Soc. **1949** 79, 83). Aus 6-Methyl-pteridin-2,4-diyldiamin in wss. NaOH mit Hilfe von $KMnO_4$ (*Seeger et al.,* Am. Soc. **71** [1949] 1753, 1757). Neben 2-Amino-6-hydroxymethyl-3*H*-pteridin-4-on beim Behandeln von 2-Amino-4-oxo-3,4-dihydro-pteridin-6-carbaldehyd mit wss. NaOH (*Waller et al.,* Am. Soc. **72** [1950] 4630, 4633).

Herstellung von 2-Amino-4-oxo-3,4-dihydro-pteridin-6-[^{14}C]carbonsäure: *Weygand, Schaefer,* Org. Synth. Isotopes **1958** 306, 308; eines Gemisches von 2-Amino-4-oxo-3,4-dihydro-[7-^{14}C]pteridin-6-carbonsäure und 2-Amino-4-oxo-3,4-dihydro-pteridin-6-[^{14}C]carbonsäure: *Weygand, Swoboda,* B. **89** [1956] 18, 20.

Gelbe Kristalle (aus wss. NaOH + wss. HCl); F: $>360°$ (*Pfleiderer et al.,* A. **741** [1970] 64, 76). Absorptionsspektrum (210–420 nm) in wss. HCl: *Stokstad et al.,* Am. Soc. **70** [1948] 5, 7; *Ziegler-Günder,* Z. Naturf. **11b** [1956] 493, 497; in wss. Lösungen vom pH −0,89 und pH 2,15: *Pf. et al.,* l. c. S. 73; vom pH 1 und pH 3: *Wittle et al.,* Am. Soc. **69** [1947] 1786, 1787; vom pH 11: *O'Dell et al.,* Am. Soc. **69** [1947] 250, 253; *Wi. et al.*; in wss. NaOH: *St. et al.*; *Mo. et al.*; *Zi.-Gü.* λ_{max} (wss. Lösungen vom pH −0,89 bis pH 13; 230–370 nm): *Pf. et al.,* l. c. S. 71. Relative Intensität der Fluorescenz in wss. Lösungen vom pH 1–12: *Kavanagh, Goodwin,* Arch. Biochem. **20** [1949] 315, 318. Scheinbare Dissoziationsexponenten pK'_{a1} (protonierte Verbindung), pK'_{a2} und pK'_{a3} (H_2O; spektrophotometrisch ermittelt) bei 20°: 1,43 bzw. 2,88 bzw. 7,72 (*Pf. et al.,* l. c. S. 71; s. a. *St. et al.,* l. c. S. 6). Polarographisches Halbstufenpotential in wss. Lösungen vom pH 1–10: *Asahi,* J. pharm. Soc. Japan **79** [1959] 1574, 1577; C. A. **1960** 10593; vom pH 7–12: *Hrdý,* Collect. **24** [1959] 1180, 1185.

Eine von *O'Dell et al.* (l. c. S. 252) beim Hydrieren an Palladium/Kohle in wss. Alkali erhaltene, als 2-Amino-4-oxo-3,4,x-hexahydro-pteridin-6-carbonsäure $C_7H_9N_5O_3$ angesehene Verbindung ist nicht wiedererhalten worden (*Viscontini,* Pr. 3. Int. Symp. Pteridine Chemistry [Stuttgart 1962] S. 267, 278).

Dinatrium-Salz $Na_2C_7H_3N_5O_3$. Kristalle (aus wss. NaOH) mit 1 Mol H_2O (*Forrest, Walker,* Soc. **1949** 79, 83).

2-Amino-3-[2-carboxy-äthyl]-4-oxo-3,4-dihydro-pteridin-6-carbonsäure $C_{10}H_9N_5O_5$, Formel I (R = H, R′ = CH_2-CH_2-CO-OH).

B. Aus 7,11-Dioxo-6,8,9,11-tetrahydro-7*H*-pyrimido[2,1-*b*]pteridin-2-carbonsäure in wss. Lösung vom pH 9,2 (*Angier, Curran,* Am. Soc. **81** [1959] 5650, 5653).

Kristalle mit 0,5 Mol H_2O; F: 274–276° [Zers.]. λ_{max}: 247 nm, 291 nm und 358 nm [wss. Lösung vom pH 9,2] bzw. 245 nm, 300 nm und 330 nm [wss. HCl].

2-[2-Carboxy-äthylamino]-4-oxo-3,4-dihydro-pteridin-6-carbonsäure $C_{10}H_9N_5O_5$, Formel I (R = CH_2-CH_2-CO-OH, R′ = H) und Taut.

B. Beim Erwärmen von 7,11-Dioxo-6,8,9,11-tetrahydro-7*H*-pyrimido[2,1-*b*]pteridin-2-carbonsäure mit wss. NaOH (*Angier, Curran,* Am. Soc. **81** [1959] 5650, 5654).

Kristalle. λ_{max}: 273 nm und 370 nm [wss. NaOH] bzw. 241 nm, 257 nm, 301 nm und 337 nm [wss. HCl].

3-[2-Carboxy-äthyl]-2-[2-carboxy-äthylamino]-4-oxo-3,4-dihydro-pteridin-6-carbonsäure $C_{13}H_{13}N_5O_7$, Formel I (R = R′ = CH_2-CH_2-CO-OH).

B. Aus 6-[2-Carboxy-äthyl]-7,11-dioxo-6,8,9,11-tetrahydro-7*H*-pyrimido[2,1-*b*]pteridin-2-carbonsäure in wss. $Na_2B_4O_7$ [pH 8,4] (*Angier, Curran,* Am. Soc. **81** [1959] 5650, 5654).

Kristalle. λ_{max}: 246 nm, 297 nm und 362 nm [wss. NaOH] bzw. 244 nm, 303 nm und 361 nm [wss. HCl].

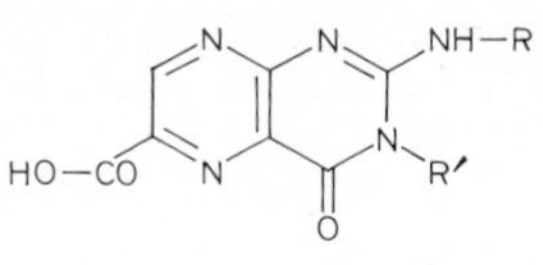

I 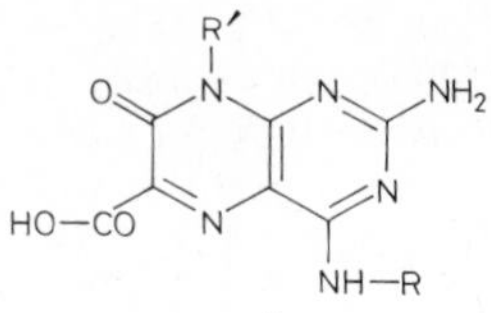 II 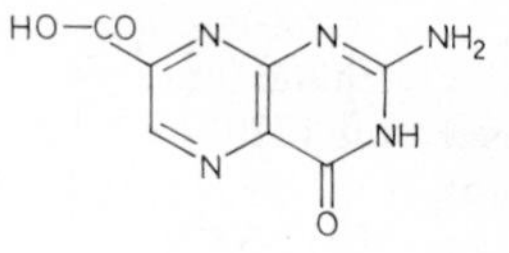 III

2,4-Diamino-7-oxo-7,8-dihydro-pteridin-6-carbonsäure $C_7H_6N_6O_3$, Formel II (R = R′ = H).

B. Beim Erhitzen von 5-Nitroso-pyrimidin-2,4,6-triyltriamin mit Malonsäure-diäthylester und Natrium-[2-äthoxy-äthylat] in 2-Äthoxy-äthanol (*Osdene, Timmis,* Soc. **1955** 2038). Aus Pyrimi⸗dintetrayltetraamin und Mesoxalsäure-diäthylester (*Steinbuch,* Helv. **31** [1948] 2051, 2055; *Elion et al.,* Am. Soc. **72** [1950] 78, 80).

Gelbes Pulver (aus wss. Na_2CO_3+wss. HCl), F: >360° (*Os., Ti.*); gelbliche Kristalle (aus wss. NaOH+wss. HCl), die unterhalb 320° nicht schmelzen (*St.*). λ_{max} (wss. Lösung): 260 nm, 297 nm und 367 nm [pH 1] bzw. 262 nm und 350 nm [pH 11] (*El. et al.,* l. c. S. 79); λ_{max} (wss. NaOH): 226 nm, 260 nm und 350 nm (*Os., Ti.*).

2,4-Diamino-8-methyl-7-oxo-7,8-dihydro-pteridin-6-carbonsäure $C_8H_8N_6O_3$, Formel II (R = H, R′ = CH_3).

B. Neben dem Äthylester (s. u.) und 2-Amino-4-methylamino-7-oxo-7,8-dihydro-pteridin-6-carbonsäure (Hauptprodukt) beim Erhitzen von N^4-Methyl-pyrimidintetrayltetraamin mit Mes⸗oxalsäure-diäthylester in wss. Lösung vom pH 3–4 (*Elion, Hitchings,* Am. Soc. **75** [1953] 4311, 4314).

Kristalle (aus wss. Alkali+wss. HCl). λ_{max} (wss. Lösung): 272 nm, 300 nm und 380 nm [pH 1] bzw. 265 nm und 370 nm [pH 11].

Äthylester $C_{10}H_{12}N_6O_3$. Kristalle (aus H_2O). λ_{max} (wss. Lösung): 268 nm, 300 nm und 372 nm [pH 1] bzw. 272 nm und 387 nm [pH 11].

2-Amino-4-methylamino-7-oxo-7,8-dihydro-pteridin-6-carbonsäure $C_8H_8N_6O_3$, Formel II (R = CH_3, R′ = H).

B. s. im vorangehenden Artikel.

Gelber Feststoff (aus wss. NH_3+wss. HCl) mit 0,5 Mol H_2O (*Elion, Hitchings,* Am. Soc. **75** [1953] 4311, 4314). λ_{max} (wss. Lösung): 263 nm, 298 nm und 360 nm [pH 1] bzw. 265 nm und 362 nm [pH 11].

2-Amino-8-methyl-4-methylamino-7-oxo-7,8-dihydro-pteridin-6-carbonsäure $C_9H_{10}N_6O_3$, Formel II (R = R′ = CH_3).

B. Beim Erhitzen von N^4,N^6-Dimethyl-pyrimidintetrayltetraamin mit Mesoxalsäure-diäthyl⸗ester in wss. Lösung vom pH 3 (*Elion, Hitchings,* Am. Soc. **75** [1953] 4311, 4313).

Kristalle (aus H_2O) mit 1 Mol H_2O. λ_{max} (wss. Lösung): 268 nm, 302 nm und 386 nm [pH 1] bzw. 270 nm und 379 nm [pH 11].

2-Amino-4-oxo-3,4-dihydro-pteridin-7-carbonsäure $C_7H_5N_5O_3$, Formel III und Taut.

B. Beim Erhitzen von 2,6-Diamino-5-nitroso-3*H*-pyrimidin-4-on mit 2,5-Bis-hydroxymethyl-[1,4]dioxan-2,5-diol (E IV **1** 4121) in wss. NaOH und Erwärmen des Reaktionsprodukts in wss. NaOH mit $KMnO_4$ (*Landor, Rydon,* Soc. **1955** 1113, 1115). Beim Erwärmen von 2,5,6-Tri⸗amino-3*H*-pyrimidin-4-on-hydrogensulfit mit 2,3-Dihydroxy-acrylaldehyd in wss. Essigsäure und Erwärmen des Reaktionsprodukts in wss. NaOH mit $KMnO_4$ (*Forrest, Walker,* Soc. **1949** 79, 85; s. a. *Backer, Houtman,* R. **70** [1951] 725, 726). Beim Erwärmen von 2,5,6-Triamino-3*H*-pyrimidin-4-on-sulfat mit α-D-Glucopyranose-monohydrat in wss. Natriumacetat und Erwär⸗men des Reaktionsprodukts in wss. NaOH mit $KMnO_4$ (*Fo., Wa.,* l. c. S. 84). Beim Erwärmen von 7-Methyl-pteridin-2,4-diyldiamin (*Seeger et al.,* Am. Soc. **71** [1949] 1753, 1757) oder

2-Amino-7-methyl-3*H*-pteridin-4-on in wss. NaOH mit $KMnO_4$ (*Pfleiderer et al.*, A. **741** [1970] 64, 76; s. a. *Mowat et al.*, Am. Soc. **70** [1948] 14, 18).

Gelbe Kristalle (aus wss. NaOH + wss. HCl) mit 1 Mol H_2O; F: >360° (*Pf. et al.*). Absorptionsspektrum (220–420 nm) in wss. NaOH: *Mo. et al.*, l. c. S. 16; *Ba., Ho.*, l. c. S. 727; *Karrer, Nicolaus*, Helv. **34** [1951] 1029, 1034; in wss. HCl: *Weygand et al.*, B. **82** [1949] 25, 28; *Karrer, Schwyzer*, Helv. **33** [1950] 39, 41; *Ka., Ni.*; in wss. Lösungen vom pH −0,89 und pH 2,43: *Pf. et al.*, l. c. S. 73. λ_{max} (wss. Lösungen vom pH −0,89 bis pH 13; 230–380 nm): *Pf. et al.*, l. c. S. 71. Scheinbare Dissoziationsexponenten pK'_{a1} (protonierte Verbindung), pK'_{a2} und pK'_{a3} (H_2O; spektrophotometrisch ermittelt) bei 20°: 1,54 bzw. 3,32 bzw. 7,67 (*Pf. et al.*, l. c. S. 71). Polarographisches Halbstufenpotential (wss. Lösungen vom pH 1–10): *Asahi*, J. pharm. Soc. Japan **79** [1959] 1574, 1577; C. A. **1960** 10593.

Dinatrium-Salz $Na_2C_7H_3N_5O_3$. Gelbliche Kristalle [aus wss. NaOH] (*Fo., Wo.*, l. c. S. 83).

Methylester $C_8H_7N_5O_3$. Hellgelbe Kristalle, die sich bis 300° dunkel färben (*Cain et al.*, Am. Soc. **70** [1948] 3026, 3028). λ_{max} (wss. HCl): 235 nm und 330 nm (*Cain et al.*, l. c. S. 3027).

Amino-Derivate der Oxocarbonsäuren $C_8H_6N_4O_3$

[2,4-Diamino-7-oxo-7,8-dihydro-pteridin-6-yl]-essigsäure-äthylester $C_{10}H_{12}N_6O_3$, Formel IV.

B. Beim Erhitzen von Pyrimidintetrayltetraamin-hydrogensulfit in wss. Essigsäure mit der Natrium-Verbindung des Oxalessigsäure-diäthylesters (*Renfrew et al.*, J. org. Chem. **17** [1952] 467, 469).

Gelber Feststoff. λ_{max} (wss. NaOH): 250–255 nm und 342 nm.

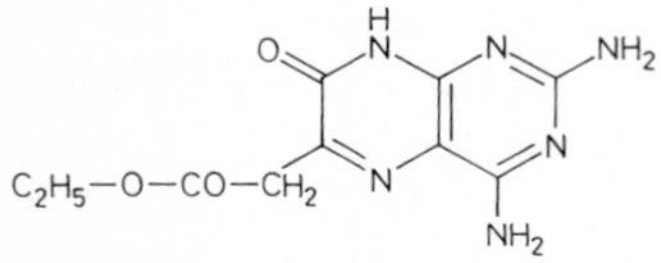

IV 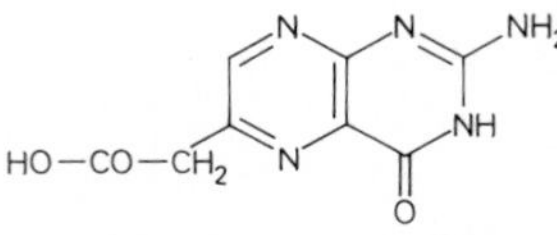 V 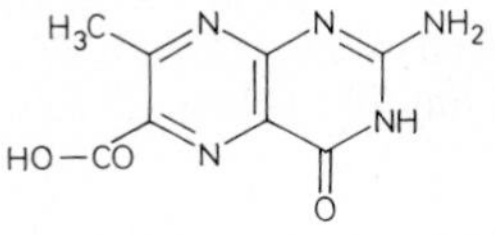 VI

[2-Amino-4-oxo-3,4-dihydro-pteridin-6-yl]-essigsäure $C_8H_7N_5O_3$, Formel V und Taut.

In den nachstehend beschriebenen Präparaten haben Gemische mit [2-Amino-4-oxo-3,4-dihydro-pteridin-7-yl]-essigsäure vorgelegen (*Pfleiderer et al.*, A. **741** [1970] 64, 66).

B. Aus 2,5,6-Triamino-3*H*-pteridin-4-on und 4,4-Dimethoxy-acetessigsäure-methylester (*Mowat et al.*, Am. Soc. **70** [1948] 14, 17) oder 2,4-Dibrom-acetessigsäure-äthylester (*Angier et al.*, Am. Soc. **70** [1948] 3029).

Feststoff (aus wss. NaOH + wss. HCl). Absorptionsspektrum (wss. HCl sowie wss. NaOH; 220–420 nm): *Mo. et al.*, l. c. S. 16.

2-Amino-7-methyl-4-oxo-3,4-dihydro-pteridin-6-carbonsäure $C_8H_7N_5O_3$, Formel VI und Taut.

B. Beim Erwärmen von 2,5,6-Triamino-3*H*-pyrimidin-4-on mit 2,3-Dioxo-buttersäure-äthylester in wss.-äthanol. HCl (*Wittle et al.*, Am. Soc. **69** [1947] 1786, 1790).

Gelblicher Feststoff (aus wss. NaOH + wss. HCl). UV-Spektrum (wss. Lösungen vom pH 1, pH 3 und pH 11; 220–400 nm): *Wi. et al.*, l. c. S. 1787.

Hydrochlorid $C_8H_7N_5O_3 \cdot HCl$. Kristalle mit 1 Mol H_2O.

2-Amino-6-methyl-4-oxo-3,4-dihydro-pteridin-7-carbonsäure $C_8H_7N_5O_3$, Formel VII und Taut.

B. Neben 2-Amino-6-methyl-3*H*,8*H*-pteridin-4,7-dion beim Behandeln von [2-Amino-6-methyl-4-oxo-3,4-dihydro-pteridin-7-yl]-[2-amino-6-methyl-4-oxo-4,8-dihydro-3*H*-pteridin-7-yliden]-methan in Ameisensäure mit Ozon und anschliessenden Erwärmen mit wss. H_2O_2 in wss. HCl (*Karrer, Feigl*, Helv. **34** [1951] 2155, 2156).

UV-Spektrum in wss. NaOH (240–390 nm) sowie in wss. HCl (240–350 nm): *Ka., Fe.*,

l. c. S. 2158.

Amino-Derivate der Oxocarbonsäuren $C_9H_8N_4O_3$

(±)-2-Amino-8-oxo-5,6,7,8-tetrahydro-4*H*-cyclopenta[*d*][1,2,4]triazolo[1,5-*a*]pyrimidin-5-carbonsäure-äthylester(?) $C_{11}H_{13}N_5O_3$, vermutlich Formel VIII.

B. Beim Erhitzen von 1*H*-[1,2,4]Triazol-3,5-diyldiamin mit 2-Oxo-cyclopentan-1,3-dicarbonsäure-diäthylester in Essigsäure (*Ilford Ltd.*, U.S.P. 2566658 [1949]).

Kristalle (aus Eg.); F: 305°.

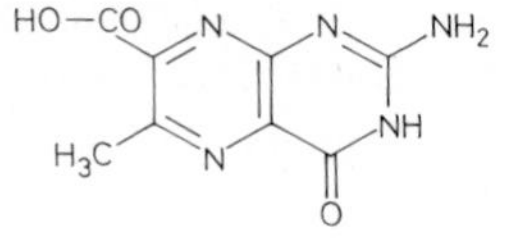

VII 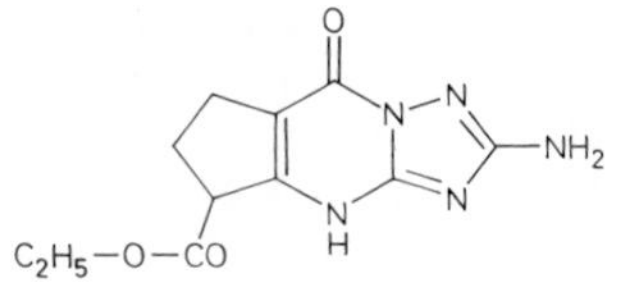 VIII 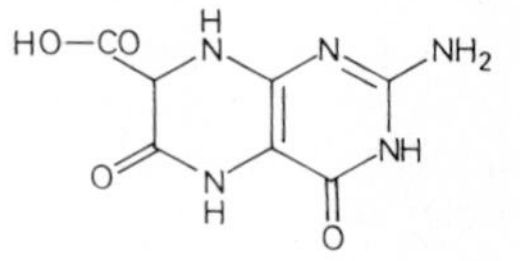 IX

Amino-Derivate der Oxocarbonsäuren $C_nH_{2n-8}N_4O_4$

(±)-2-Amino-4,6-dioxo-3,4,5,6,7,8-hexahydro-pteridin-7-carbonsäure $C_7H_7N_5O_4$, Formel IX und Taut.

B. Aus 2-Amino-4,6-dioxo-3,4,5,6-tetrahydro-pteridin-7-carbonsäure mit Hilfe von wss. HI und PH_4I (*Purrmann*, A. **548** [1941] 284, 291).

Kristalle (aus wss. HI + H_2O).

Amino-Derivate der Oxocarbonsäuren $C_nH_{2n-10}N_4O_4$

Amino-Derivate der Oxocarbonsäuren $C_7H_4N_4O_4$

2-Amino-4,7-dioxo-3,4,7,8-tetrahydro-pteridin-6-carbonsäure, Isoxanthopterincarbonsäure $C_7H_5N_5O_4$, Formel X und Taut.

Isolierung aus den Schuppen japanischer Karpfen: *Matsuura et al.*, J. Biochem. Tokyo **42** [1955] 419, 421.

B. Neben 2-Amino-4,6-dioxo-3,4,5,6-tetrahydro-pteridin-7-carbonsäure (*Taylor, Abdulla*, Tetrahedron Letters **1973** 2093; s. a. *Purrmann*, A. **548** [1941] 284, 286) beim Erwärmen von 2,5,6-Triamino-3*H*-pyrimidin-4-on mit Dihydroxymalonsäure-diäthylester in wss. Essigsäure bzw. wss. NaOH (*Pu.*, l. c. S. 290; *Taylor, Loux*, Am. Soc. **81** [1959] 2474, 2477) oder mit Alloxan-monohydrat in wss. NaOH (*Ta., Loux*). – Herstellung von 2-Amino-4,7-dioxo-3,4,7,8-tetrahydro-[4a-^{14}C]pteridin-6-carbonsäure: *Korte, Barkemeyer*, B. **89** [1956] 2400, 2403.

Kristalle [aus wss. NaOH + wss. HCl] (*Pu.*); F: > 360° (*Ta., Loux*). λ_{max} (wss. NaOH): 224 nm, 259 nm und 347 nm (*Ta., Loux*) bzw. 259 nm und 350 nm (*Matsuura et al.*, Am. Soc. **75** [1953] 4446, 4447); λ_{max} (wss. Lösung): 290 nm und 370 nm [pH 1] bzw. 258 nm und 342 nm [pH 11] (*Elion et al.*, Am. Soc. **72** [1950] 78).

Beim Erwärmen mit Aluminium-Amalgam in wss. NaOH entsteht 2-Amino-3*H*,8*H*-pteridin-4,7-dion (*Nawa et al.*, Am. Soc. **75** [1953] 4450).

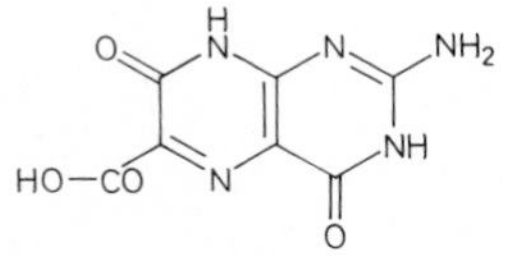

X 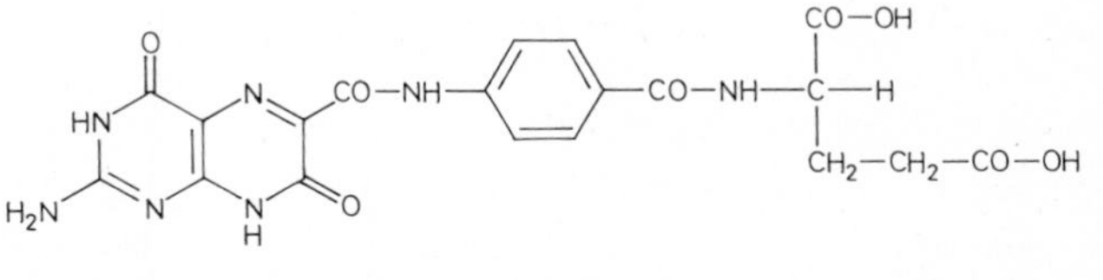 XI

***N*-[4-(2-Amino-4,7-dioxo-3,4,7,8-tetrahydro-pteridin-6-carbonylamino)-benzoyl]-L-glutaminsäure** $C_{19}H_{17}N_7O_8$, Formel XI und Taut.

B. Beim Behandeln von 2-Amino-4,7-dioxo-3,4,7,8-tetrahydro-pteridin-6-carbonsäure mit PCl_5 und $POCl_3$ und Behandeln des Reaktionsprodukts mit *N*-[4-Amino-benzoyl]-L-glutamin≠säure in wss. NaOH (*Woolley, Pringle,* J. biol. Chem. **174** [1948] 327, 328).

Kristalle, die unterhalb 300° nicht schmelzen.

8-Äthyl-2-amino-4,7-dioxo-3,4,7,8-tetrahydro-pteridin-6-carbonsäure $C_9H_9N_5O_4$, Formel XII ($R = C_2H_5$) und Taut.

B. Beim Erhitzen von 6-Äthylamino-2,5-diamino-3*H*-pyrimidin-4-on mit Alloxan-mono≠hydrat in wss. NaOH (*Taylor, Loux,* Am. Soc. **81** [1959] 2474, 2478). Beim Erhitzen von 6-Äthylamino-2-amino-pyrimidin-4,5-dion-5-phenylhydrazon in wss. H_2SO_4 mit Zink-Pulver und Erhitzen des Reaktionsprodukts mit Alloxan-monohydrat in wss. NaOH (*Ta., Loux*).

Kristalle (aus wss. NaOH + wss. HCl) mit 1 Mol H_2O; F: >360° [Rohprodukt]. λ_{max} (wss. NaOH): 262 nm und 367 nm.

2-Amino-8-[2-hydroxy-äthyl]-4,7-dioxo-3,4,7,8-tetrahydro-pteridin-6-carbonsäure $C_9H_9N_5O_5$, Formel XII ($R = CH_2$-CH_2-OH) und Taut.

B. Aus dem Äthylester (s. u.) mit Hilfe von wss. NaOH (*Elion, Hitchings,* Am. Soc. **75** [1953] 4311, 4313).

Gelber Feststoff mit 1 Mol H_2O. λ_{max} (wss. Lösung): 268 nm, 290 nm und 382 nm [pH 1] bzw. 262 nm und 367 nm [pH 11].

Äthylester $C_{11}H_{13}N_5O_5$. *B.* Beim Erhitzen von 2-Amino-6-[2-hydroxy-äthylamino]-pyr≠imidin-4,5-dion-5-[4-chlor-phenylhydrazon] mit Zink-Pulver in wss. H_2SO_4 und anschliessend mit Mesoxalsäure-diäthylester in wss. Lösung vom pH 5 (*El., Hi.*). – Kristalle (aus H_2O) mit 2 Mol H_2O. λ_{max} (wss. Lösung): 270 nm, 292 nm und 378 nm [pH 1] bzw. 265 nm und 380 nm [pH 11].

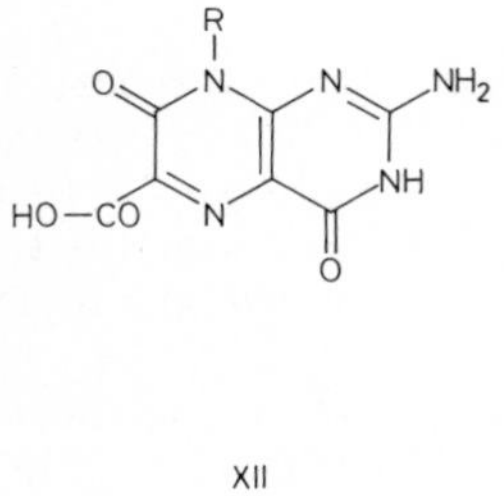

XII 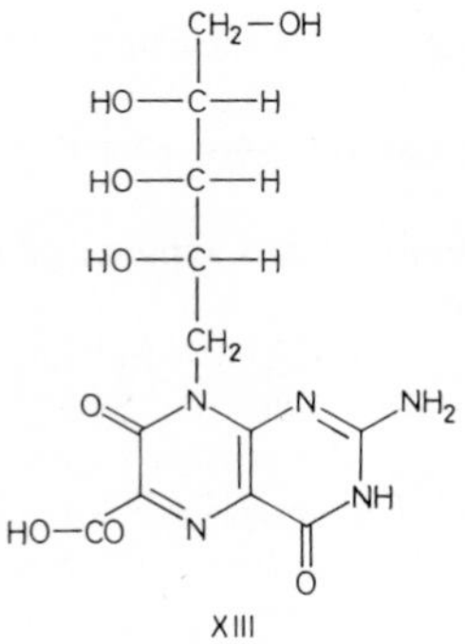 XIII 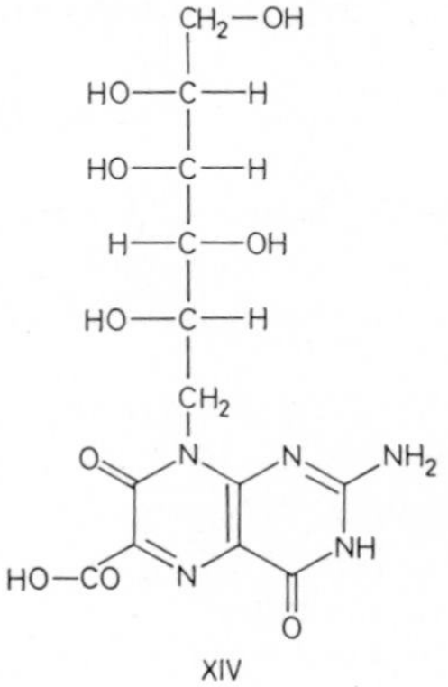 XIV

(±)-2-Amino-8-[2,3-dihydroxy-propyl]-4,7-dioxo-3,4,7,8-tetrahydro-pteridin-6-carbonsäure $C_{10}H_{11}N_5O_6$, Formel XII ($R = CH_2$-CH(OH)-CH_2-OH) und Taut.

B. Beim Erhitzen von (±)-2-Amino-6-[2,3-dihydroxy-propylamino]-pyrimidin-4,5-dion-5-phenylhydrazon mit Zink-Pulver in wss. H_2SO_4 und anschliessend mit Alloxan-monohydrat in wss. NaOH (*Taylor, Loux,* Am. Soc. **81** [1959] 2474, 2478).

Gelbliche Kristalle (aus wss. NH_3); F: 306–310° [unkorr.; Zers.]. λ_{max} (wss. NaOH): 263 nm und 396 nm.

Diacetyl-Derivat $C_{14}H_{15}N_5O_8$. Gelbliche Kristalle (aus A.); F: 144–146° [unkorr.; Zers.]. λ_{max} (wss. NaOH): 221 nm, 262 nm und 363 nm.

Die folgenden Verbindungen sind in analoger Weise hergestellt worden:

2-Amino-4,7-dioxo-8-D-ribit-1-yl-3,4,7,8-tetrahydro-pteridin-6-carbonsäure

$C_{12}H_{15}N_5O_8$, Formel XIII und Taut. Gelbliche Kristalle (aus wss. Eg.); F: 345° [unkorr.; Zers.] (*Ta., Loux,* l. c. S. 2479). λ_{max} (wss. NaOH): 264 nm und 369 nm.

2-Amino-4,7-dioxo-8-D-glucit-1-yl-3,4,7,8-tetrahydro-pteridin-6-carbonsäure $C_{13}H_{17}N_5O_9$, Formel XIV und Taut. Gelbliche Kristalle (aus wss. Eg.); F: 343° [unkorr.; Zers.] (*Ta., Loux,* l. c. S. 2479). λ_{max} (wss. NaOH): 264 nm und 369 nm.

2-Amino-8-[3-diäthylamino-propyl]-4,7-dioxo-3,4,7,8-tetrahydro-pteridin-6-carbonsäure $C_{14}H_{20}N_6O_4$, Formel I und Taut. Kristalle (aus wss. NH_3 + wss. Eg.); F: 262° [unkorr.; Zers.]. λ_{max} (wss. NaOH): 263 nm und 368 nm.

1,3-Dimethyl-7-methylamino-2,4-dioxo-1,2,3,4-tetrahydro-pteridin-6-carbonsäure-methylamid $C_{11}H_{14}N_6O_3$, Formel II.

Diese Konstitution kommt auch der von *Monsanto Chem. Co.* (U.S.P. 2561324 [1950]) als 1,3,7,9-Tetramethyl-1*H*,9*H*-pyrimido[5,4-*g*]pteridin-2,4,6,8-tetraon angesehenen Verbindung zu (*Bredereck, Pfleiderer,* B. **87** [1954] 1268, 1272; s. a. *Taylor et al.,* Am. Soc. **76** [1954] 1874, 1875).

B. Beim Erwärmen von Dimethylalloxan mit 5,6-Diamino-1,3-dimethyl-1*H*-pyrimidin-2,4-dion in H_2O und anschliessend mit wss. NaOH (*Monsanto*). Beim Erhitzen von 1,3,7,9-Tetra=methyl-1*H*,9*H*-pyrimido[5,4-*g*]pteridin-2,4,6,8-tetraon mit wss. $NaHCO_3$ (*Br., Pf.,* l. c. S. 1273).

Kristalle (aus A.); F: 207° (*Br., Pf.*), 206–207° (*Monsanto*).

I II III

2-Amino-4,6-dioxo-3,4,5,6-tetrahydro-pteridin-7-carbonsäure, Xanthopterincarbonsäure $C_7H_5N_5O_4$, Formel III (X = OH) und Taut.

B. Neben 2-Amino-4,7-dioxo-3,4,7,8-tetrahydro-pteridin-6-carbonsäure beim Erhitzen von 2,5,6-Triamino-3*H*-pyrimidin-4-on-sulfat mit Mesoxalsäure-diäthylester in wss. H_2SO_4 (*Purr=mann,* A. **548** [1941] 284, 291). Beim Erhitzen des folgenden Methylamids mit wss. HCl (*Pfleide=rer,* B. **90** [1957] 2624, 2630).

Gelber Feststoff (*Pu.*; *Tschesche, Korte,* B. **84** [1951] 77, 83). Orangefarbene Kristalle (aus wss. HCl) mit 1 Mol H_2O; F: >340° (*Pf.*). λ_{max} (wss. Lösung): 375 nm [pH 1] bzw. 255 nm und 395 nm [pH 11] (*Elion et al.,* Am. Soc. **72** [1950] 78, 79).

Beim Erwärmen mit Aluminium-Amalgam in wss. NaOH entsteht 2-Amino-3,5-dihydro-pteridin-4,6-dion (*Nawa et al.,* Am. Soc. **75** [1953] 4450).

2-Amino-4,6-dioxo-3,4,5,6-tetrahydro-pteridin-7-carbonsäure-methylamid $C_8H_8N_6O_3$, Formel III (X = NH-CH_3) und Taut.

B. Beim Erhitzen von 2,5,6-Triamino-3*H*-pyrimidin-4-on mit Dimethylalloxan in H_2O (*Pflei=derer,* B. **90** [1957] 2624, 2630).

Orangefarbene Kristalle (aus wss. HCl) mit 1 Mol H_2O; F: >340°.

Amino-Derivate der Oxocarbonsäuren $C_8H_6N_4O_4$

[2-Amino-4,7-dioxo-3,4,7,8-tetrahydro-pteridin-6-yl]-essigsäure $C_8H_7N_5O_4$, Formel IV (n = 1) und Taut.

B. Beim Erwärmen von 2,5,6-Triamino-3*H*-pyrimidin-4-on mit Oxalessigsäure-diäthylester in wss. Essigsäure bei pH 5 und anschliessenden Behandeln mit wss. NaOH (*Matsuura et al.,* Am. Soc. **75** [1953] 4446, 4448). Beim Erhitzen des Äthylesters (s. u.) mit wss. NaOH (*Renfrew et al.,* J. org. Chem. **17** [1952] 467, 468).

Kristalle [aus wss. NaOH + Eg. bzw. aus Butan-1-ol] (*Ma. et al.*; *Tschesche et al.*, B. **88** [1955] 1258, 1264). Hellbraunes Pulver mit 0,75 Mol H_2O (*Re. et al.*). UV-Spektrum (wss. NaOH; 220 – 400 nm): *Tschesche, Korte,* B. **84** [1951] 801, 806. λ_{max}: 288 nm und 337 nm [wss. HCl] bzw. 245 – 255 nm und 340 nm [wss. NaOH] (*Re. et al.*). Relative Intensität der Fluorescenz in wss. Lösungen vom pH 1 – 10: *Tsch., Ko.,* l. c. S. 809.

Äthylester $C_{10}H_{11}N_5O_4$. *B.* Beim Erhitzen von 2,5,6-Triamino-3*H*-pyrimidin-4-on-hydrogensulfit mit der Natrium-Verbindung des Oxalessigsäure-diäthylesters in wss. Essigsäure (*Re. et al.*). – Kristalle (aus A. oder Py.) mit 0,5 Mol H_2O; λ_{max} (wss. NaOH): 253 nm, 278 nm und 340 nm (*Re. et al.*).

[2-Amino-4,6-dioxo-3,4,5,6-tetrahydro-pteridin-7-yl]-essigsäure $C_8H_7N_5O_4$, Formel V und Taut.

B. Aus dem Äthylester (s. u.) mit Hilfe von wss. NaOH (*Tschesche et al.*, B. **88** [1955] 1258, 1264).

Gelbe Kristalle.

Äthylester $C_{10}H_{11}N_5O_4$. *B.* In geringer Ausbeute aus 2,5,6-Triamino-3*H*-pyrimidin-4-on-hydrochlorid beim Erwärmen mit Oxalessigsäure-diäthylester und wss.-äthanol. HCl (*Tsch. et al.*, l. c. S. 1260, 1263, 1264). – Gelbe Kristalle.

HO–CO–[CH2]n ... NH2 NH O IV   HO–CO–CH2 ... NH2 NH O H V   HO–CO CH H3C ... NH2 NH O VI

Amino-Derivate der Oxocarbonsäuren $C_9H_8N_4O_4$

3-[2-Amino-4,7-dioxo-3,4,7,8-tetrahydro-pteridin-6-yl]-propionsäure $C_9H_9N_5O_4$, Formel IV (n = 2) und Taut.

B. Beim Erwärmen von 2,5,6-Triamino-3*H*-pyrimidin-4-on-sulfat mit 1-Oxo-propan-1,2,3-tricarbonsäure-triäthylester und Natriumacetat in Essigsäure und anschliessenden Erhitzen mit wss. HCl (*Tschesche, Korte,* B. **84** [1951] 801, 809; s. a. *Matsuura et al.*, Am. Soc. **75** [1953] 4446, 4448). Beim Erwärmen von 2,5,6-Triamino-3*H*-pyrimidin-4-on-sulfat mit 2-Oxo-glutarsäure-diäthylester in Essigsäure und wss. Natriumacetat (*Ma. et al.*).

Kristalle [aus wss. NaOH + wss. HCl] (*Tsch., Ko.*).

(±)-2-[2-Amino-4,7-dioxo-3,4,7,8-tetrahydro-pteridin-6-yl]-propionsäure $C_9H_9N_5O_4$, Formel VI und Taut.

B. Neben 6-Äthyl-2-amino-3*H*,8*H*-pteridin-4,7-dion beim Erwärmen von 2,5,6-Triamino-3*H*-pyrimidin-4-on-sulfat mit Methyloxalessigsäure-diäthylester in Essigsäure und wss. Natriumacetat bei pH 5 (*Matsuura et al.*, Am. Soc. **75** [1953] 4446, 4447, 4448; s. a. *Tschesche, Korte,* B. **84** [1951] 801, 809).

UV-Spektrum (wss. NaOH?; 220 – 360 nm): *Hirata et al.*, Experientia **8** [1952] 339.

Amino-Derivate der Oxocarbonsäuren $C_nH_{2n-16}N_4O_4$

(±)-4-Dimethylamino-2-phenyl-2-[1,3,7-trimethyl-2,6-dioxo-2,3,6,7-tetrahydro-1*H*-purin-8-yl]-butyronitril $C_{20}H_{24}N_6O_2$, Formel VII (R = CH_3, X = H).

B. Beim Erwärmen von (±)-4-Dimethylamino-2-phenyl-butyronitril mit $NaNH_2$ in Benzol und anschliessend mit 8-Chlor-1,3,7-trimethyl-3,7-dihydro-purin-2,6-dion (*Ehrhart,* Ar. **290** [1957] 16, 18; *Farbw. Hoechst,* U.S.P. 2799675 [1954]).

Kristalle (aus Bzl. + PAe.); F: 105 – 106° (*Eh.*; *Farbw. Hoechst*).

Hydrochlorid. F: 264 – 265° [Zers.] (*Farbw. Hoechst*).

Die folgenden Verbindungen sind in analoger Weise hergestellt worden:

(±)-4-Diäthylamino-2-phenyl-2-[1,3,7-trimethyl-2,6-dioxo-2,3,6,7-tetrahydro-1*H*-purin-8-yl]-butyronitril $C_{22}H_{28}N_6O_2$, Formel VII (R = C_2H_5, X = H). Kristalle (aus Cyclohexan); F: 91–92° (*Eh.*; *Farbw. Hoechst*).

(±)-2-Phenyl-4-piperidino-2-[1,3,7-trimethyl-2,6-dioxo-2,3,6,7-tetrahydro-1*H*-purin-8-yl]-butyronitril $C_{23}H_{28}N_6O_2$, Formel VIII. Kristalle (aus wss. A.); F: 149–150° (*Eh.*; *Farbw. Hoechst*).

(±)-2-[4-Chlor-phenyl]-4-dimethylamino-2-[1,3,7-trimethyl-2,6-dioxo-2,3,6,7-tetrahydro-1*H*-purin-8-yl]-butyronitril $C_{20}H_{23}ClN_6O_2$, Formel VII (R = CH_3, X = Cl). Kristalle (aus Bzl. + PAe.); F: 99–100° (*Eh.*; *Farbw. Hoechst*).

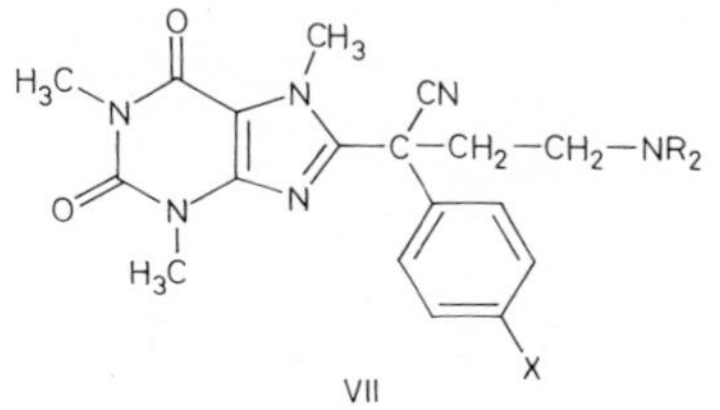

VII 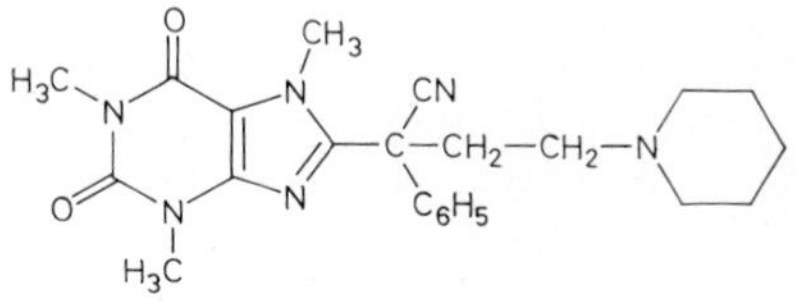 VIII

Amino-Derivate der Oxocarbonsäuren $C_nH_{2n-12}N_4O_5$

2-Amino-4-oxo-3,4-dihydro-pteridin-6,7-dicarbonsäure $C_8H_5N_5O_5$, Formel IX (R = H) und Taut.

B. Aus 2-Amino-6,7-dimethyl-3*H*-pteridin-4-on (*Cain et al.*, Am. Soc. **70** [1948] 3026, 3028) oder 2-Amino-6-methyl-4-oxo-3,4-dihydro-pteridin-7-carbonsäure in wss. NaOH mit Hilfe von $KMnO_4$ (*Karrer, Feigl*, Helv. **34** [1951] 2155, 2158).

Gelbe Kristalle (aus wss. NaOH + wss. HCl), die sich bis 300° allmählich dunkel färben (*Cain et al.*). UV-Spektrum (wss. NaOH; 240–390 nm): *Ka., Fe.* λ_{max} (wss. NaOH): 258 nm und 365 nm (*Cain et al.*). Relative Intensität der Fluorescenz in wss. Lösungen vom pH 2–12: *Rauen, Stamm*, Z. physiol. Chem. **289** [1952] 201, 205.

2-Amino-4-oxo-3,4-dihydro-pteridin-6,7-dicarbonsäure-dimethylester $C_{10}H_9N_5O_5$, Formel IX (R = CH_3) und Taut.

B. Beim Erhitzen von 2-Amino-7-methyl-4-oxo-3,4-dihydro-pteridin-6-carbonsäure in wss. NaOH mit $KMnO_4$ und Erwärmen des Reaktionsprodukts mit methanol. HCl (*Wittle et al.*, Am. Soc. **69** [1947] 1786, 1791).

Kristalle [aus Me.] (*Wi. et al.*). λ_{max} (wss. HCl): 240 nm und 308 nm (*Cain et al.*, Am. Soc. **70** [1948] 3026, 3027).

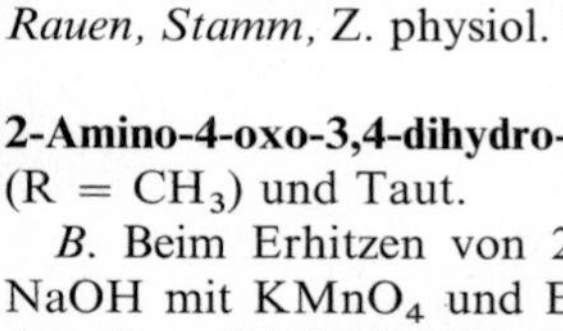

IX 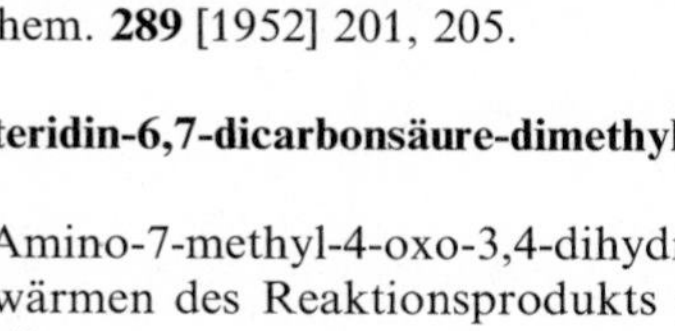 X 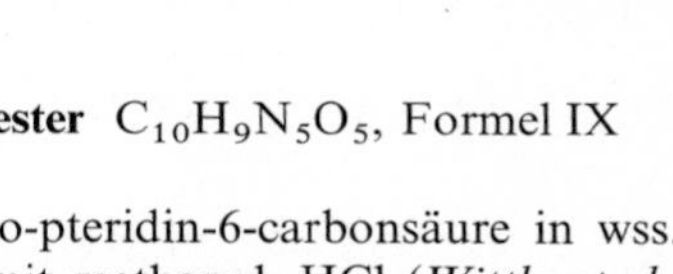 XI

[2-Amino-4,6-dioxo-3,4,5,6-tetrahydro-pteridin-7-yl]-brenztraubensäure, Erythropterin $C_9H_7N_5O_5$, Formel X und Taut.

Konstitution: *Pfleiderer*, B. **95** [1962] 2195, 2197. In DMSO-d_6 liegt nach Ausweis der ^{1}H-NMR-Absorption [(*Z*)-2-Amino-4,6-dioxo-4,5,6,8-tetrahydro-3*H*-pteridin-7-yliden]-brenztraubensäure vor (*v. Philipsborn et al.*, Helv. **46** [1963] 2592, 2595).

Isolierung aus Schmetterlingsflügeln von Catopsilia argante: *Pf.*, l. c. S. 2202; s. a. *Schöpf, Becker*, A. **524** [1936] 49, 57.

Orangerote Kristalle (aus wss. HCl) mit 1 Mol H_2O (*Pf.*, l. c. S. 2202). ^{1}H-NMR-Absorption (Trifluoressigsäure sowie DMSO-d_6): *v. Ph. et al.* Absorptionsspektrum in wss. Lösungen vom pH 1 – 13 (220 – 520 nm): *Pf.*, l. c. S. 2198, 2199, 2200; in Trifluoressigsäure (260 – 500 nm): *v. Ph. et al.*, l. c. S. 2593. Scheinbare Dissoziationsexponenten pK'_{a1}, pK'_{a2} und pK'_{a3} (H_2O) bei 20°: 2,45 bzw. 7,95 bzw. 10,00 (*Pf.*, l. c. S. 2200).

Perchlorat $C_9H_7N_5O_5 \cdot HClO_4$. Orangefarbene Kristalle (*Purrmann, Eulitz*, A. **559** [1948] 169, 172).

Sulfat $C_9H_7N_5O_5 \cdot H_2SO_4$. Rote Kristalle (*Pu., Eu.*).

(±)-[2,4-Diamino-7-oxo-7,8-dihydro-pteridin-6-yl]-bernsteinsäure-diäthylester $C_{14}H_{18}N_6O_5$, Formel XI.

B. Beim Erhitzen von Pyrimidintetrayltetraamin-hydrogensulfit mit der Kalium-Verbindung des 1-Oxo-propan-1,2,3-tricarbonsäure-triäthylesters in wss. Essigsäure (*Renfrew et al.*, J. org. Chem. **17** [1952] 467, 469).

F: 322 – 324° [Zers.]. λ_{max} (wss. NaOH): 252 – 254 nm und 338 nm.

Amino-Derivate der Oxocarbonsäuren $C_nH_{2n-12}N_4O_6$

Bis-[6-amino-1,3-dimethyl-2,4-dioxo-1,2,3,4-tetrahydro-pyrimidin-5-yl]-essigsäure-äthylester $C_{16}H_{22}N_6O_6$, Formel XII.

Diese Konstitution kommt der von *Pfleiderer, Geissler* (B. **87** [1954] 1274, 1276, 1279) als Bis-[1,3-dimethyl-2,6-dioxo-1,2,3,6-tetrahydro-pyrimidin-4-ylamino]-essigsäure-äthylester angesehenen Verbindung zu (*Pfleiderer et al.*, B. **99** [1966] 3524).

B. Beim Erhitzen von 6-Amino-1,3-dimethyl-1*H*-pyrimidin-2,4-dion mit Äthoxy-hydroxy-essigsäure-äthylester in H_2O (*Pf. et al.*, l. c. S. 3527; *Pf., Ge.*).

Kristalle; F: 263° [Zers.; aus H_2O] (*Pf., Ge.*), 247 – 248° [Zers. und anschliessend Wiedererstarren; aus A.] (*Pf. et al.*). λ_{max} (Me.): 267 nm (*Pf. et al.*).

XII

XIII

(±)-[2-Amino-4,7-dioxo-3,4,7,8-tetrahydro-pteridin-6-yl]-bernsteinsäure-diäthylester $C_{14}H_{17}N_5O_6$, Formel XIII und Taut.

B. Beim Erhitzen von 2,5,6-Triamino-3*H*-pyrimidin-4-on-hydrogensulfit mit der Kalium-Verbindung des 1-Oxo-propan-1,2,3-tricarbonsäure-triäthylesters in wss. Essigsäure (*Renfrew et al.*, J. org. Chem. **17** [1952] 467, 469).

F: 299° [Zers.]. λ_{max} (wss. NaOH): 256 nm, 275 nm und 340 nm.

Amino-Derivate der Oxocarbonsäuren $C_nH_{2n-26}N_4O_6$

***3,3'-[3,17-Bis-(2-äthoxycarbonylamino-äthyl)-2,7,13,18-tetramethyl-1,19-dioxo-10,19,21,22,23,24-hexahydro-1*H*-bilin-8,12-diyl]-di-propionsäure-dimethylester** $C_{41}H_{54}N_6O_{10}$, Formel I.

B. Aus 3-{5-[3-(2-Äthoxycarbonylamino-äthyl)-4-methyl-5-oxo-1,5-dihydro-pyrrol-2-ylidenmethyl]-4-methyl-pyrrol-3-yl}-propionsäure-methylester (E III/IV **25** 4511) und wss. Formalde-

hyd in methanol. HCl (*Fischer, Plieninger,* Z. physiol. Chem. **274** [1942] 231, 250).
Kristalle (aus Me.); F: 250°.

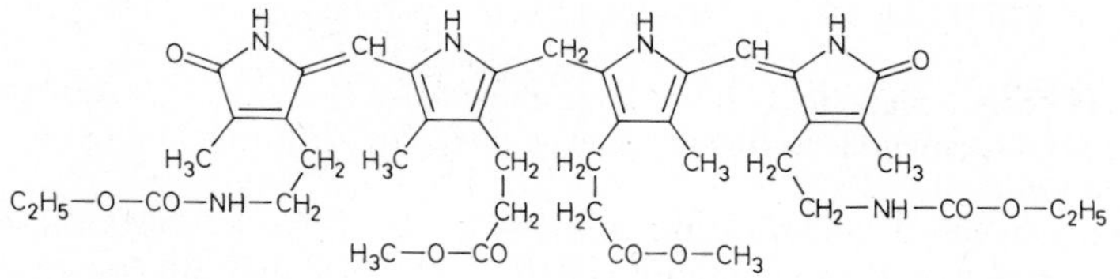

I

Amino-Derivate der Oxocarbonsäuren $C_nH_{2n-28}N_4O_6$

***3,3'-[2,18-Bis-(2-äthoxycarbonylamino-äthyl)-3,7,13,17-tetramethyl-1,19-dioxo-19,21,22,24-tetrahydro-1*H*-bilin-8,12-diyl]-di-propionsäure-dimethylester** $C_{41}H_{52}N_6O_{10}$, Formel II und Taut.

B. Beim Erwärmen von 3-{5-[4-(2-Äthoxycarbonylamino-äthyl)-3-methyl-5-oxo-1,5-dihydro-pyrrol-2-ylidenmethyl]-4-methyl-pyrrol-3-yl}-propionsäure (aus 3-[5-Formyl-4-methyl-pyrrol-3-yl]-propionsäure und [2-(4-Methyl-2-oxo-2,5-dihydro-pyrrol-3-yl)-äthyl]-carbamidsäure-äthylester [E III/IV **22** 6415] in wss.-methanol. NaOH hergestellt) mit Ameisensäure und Acetanhydrid und Behandeln des Reaktionsprodukts mit methanol. HCl (*Fischer, Plieninger,* Z. physiol. Chem. **274** [1942] 231, 257).

Kristalle; F: 185°.

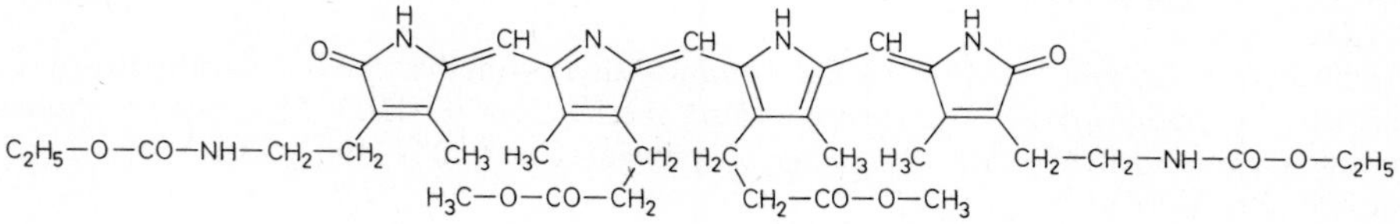

II

***3,3'-[2,17-Bis-(2-äthoxycarbonylamino-äthyl)-3,7,13,18-tetramethyl-1,19-dioxo-19,21,22,24-tetrahydro-1*H*-bilin-8,12-diyl]-di-propionsäure-dimethylester, 3^2,18^2-Bis-äthoxycarbonylamino-mesobiliverdin-dimethylester** $C_{41}H_{52}N_6O_{10}$, Formel III und Taut.

B. Aus 3-{5-[3-(2-Äthoxycarbonylamino-äthyl)-4-methyl-5-oxo-1,5-dihydro-pyrrol-2-ylidenmethyl]-2-formyl-4-methyl-pyrrol-3-yl}-propionsäure (E III/IV **25** 4516) und 3-{5-[4-(2-Äthoxycarbonylamino-äthyl)-3-methyl-5-oxo-1,5-dihydro-pyrrol-2-ylidenmethyl]-4-methyl-pyrrol-3-yl}-propionsäure-methylester in Methanol und wss. HBr (*Fischer, Plieninger,* Z. physiol. Chem. **274** [1942] 231, 259).

Kristalle (aus Me.); F: 210°.

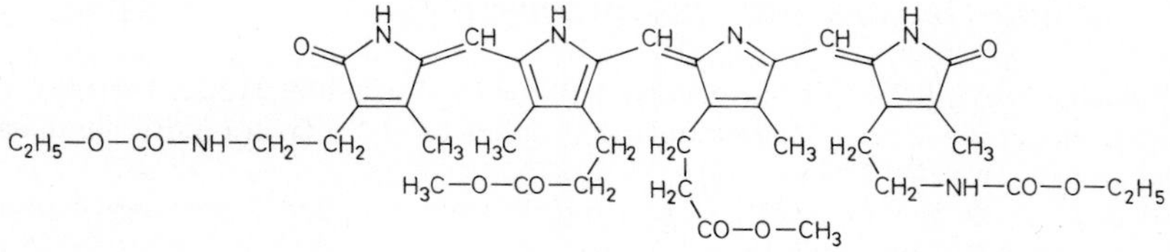

III

***3,3'-[3,17-Bis-(2-amino-äthyl)-2,7,13,18-tetramethyl-1,19-dioxo-19,21,22,24-tetrahydro-1*H*-bilin-8,12-diyl]-di-propionsäure** $C_{33}H_{40}N_6O_6$, Formel IV (R = R' = H) und Taut.

Hydrochlorid. *B.* Beim Erhitzen von 3,3'-[3,17-Bis-(2-acetylamino-äthyl)-2,7,13,18-tetramethyl-1,19-dioxo-19,21,22,24-tetrahydro-1*H*-bilin-8,12-diyl]-di-propionsäure oder 3,3'-[3,17-Bis-(2-äthoxycarbonylamino-äthyl)-2,7,13,18-tetramethyl-1,19-dioxo-19,21,22,24-tetrahydro-1*H*-bilin-8,12-diyl]-di-propionsäure-dimethylester (s. u.) mit wss. HCl (*Fischer, Plieninger,* Z. physiol. Chem. **274** [1942] 231, 251, 254). – Blaue Kristalle.

***3,3'-[3,17-Bis-(2-acetylamino-äthyl)-2,7,13,18-tetramethyl-1,19-dioxo-19,21,22,24-tetrahydro-1*H*-bilin-8,12-diyl]-di-propionsäure-dimethylester** $C_{39}H_{48}N_6O_8$, Formel IV (R = CO-CH_3, R' = CH_3) und Taut.

B. Beim Erhitzen von 3-{5-[3-(2-Amino-äthyl)-4-methyl-5-oxo-1,5-dihydro-pyrrol-2-ylidenmethyl]-4-methyl-pyrrol-3-yl}-propionsäure (E III/IV **25** 4510) mit Ameisensäure und Acetanhydrid und Behandeln des Reaktionsprodukts mit Diazomethan in $CHCl_3$ (*Fischer, Plieninger,* Z. physiol. Chem. **274** [1942] 231, 253).

Kristalle (aus Me.); F: 220°.

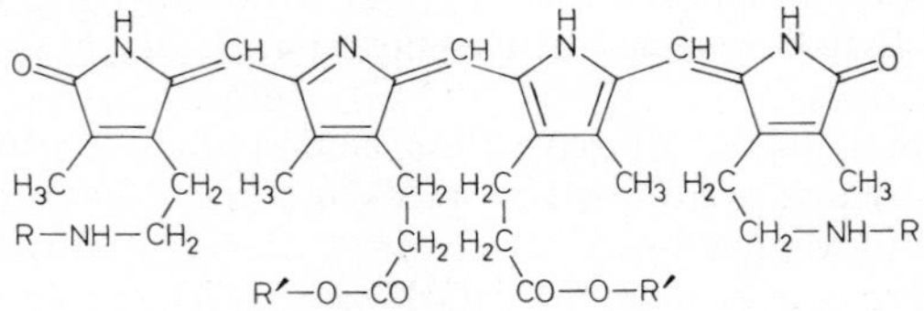

IV

***3,3'-[3,17-Bis-(2-benzoylamino-äthyl)-2,7,13,18-tetramethyl-1,19-dioxo-19,21,22,24-tetrahydro-1*H*-bilin-8,12-diyl]-di-propionsäure-dimethylester** $C_{49}H_{52}N_6O_8$, Formel IV (R = CO-C_6H_5, R' = CH_3) und Taut.

B. Beim Erwärmen von 3-{5-[3-(2-Benzoylamino-äthyl)-4-methyl-5-oxo-1,5-dihydro-pyrrol-2-ylidenmethyl]-4-methyl-pyrrol-3-yl}-propionsäure-methylester (E III/IV **25** 4510) mit Ameisensäure und Acetanhydrid (*Fischer, Plieninger,* Z. physiol. Chem. **274** [1942] 231, 253).

Kristalle (aus Me.); F: 195–220°.

***3,3'-[3,17-Bis-(2-äthoxycarbonylamino-äthyl)-2,7,13,18-tetramethyl-1,19-dioxo-19,21,22,24-tetrahydro-1*H*-bilin-8,12-diyl]-di-propionsäure-dimethylester** $C_{41}H_{52}N_6O_{10}$, Formel IV (R = CO-O-C_2H_5, R' = CH_3) und Taut.

B. Beim Erwärmen von 3-{5-[3-(2-Äthoxycarbonylamino-äthyl)-4-methyl-5-oxo-1,5-dihydro-pyrrol-2-ylidenmethyl]-4-methyl-pyrrol-3-yl}-propionsäure mit Ameisensäure und Acetanhydrid und Behandeln des Reaktionsprodukts mit methanol. HCl (*Fischer, Plieninger,* Z. physiol. Chem. **274** [1942] 231, 251). Beim Erwärmen von 3,3'-[3,17-Bis-(2-äthoxycarbonylamino-äthyl)-2,7,13,18-tetramethyl-1,19-dioxo-10,19,21,22,23,24-hexahydro-1*H*-bilin-8,12-diyl]-di-propionsäure-dimethylester (S. 4062) mit [1,4]Benzochinon in Essigsäure (*Fi., Pl.*).

Kristalle (aus Me.); F: 248°.

Amino-Derivate der Oxocarbonsäuren $C_nH_{2n-30}N_4O_6$

***3,3'-[2-(2-Amino-äthyl)-3,7,13,18-tetramethyl-1,19-dioxo-17-vinyl-19,21,22,24-tetrahydro-1*H*-bilin-8,12-diyl]-di-propionsäure-dimethylester, 18²-Amino-18¹,18²-dihydro-biliverdin-dimethylester** $C_{35}H_{41}N_5O_6$, Formel V und Taut.

Hydrobromid. *B.* Beim Erwärmen von 3-[2-Formyl-4-methyl-5-(4-methyl-5-oxo-3-vinyl-1,5-dihydro-pyrrol-2-ylidenmethyl)-pyrrol-3-yl]-propionsäure-methylester (E III/IV **25** 1815) mit 3-{5-[4-(2-Amino-äthyl)-3-methyl-5-oxo-1,5-dihydro-pyrrol-2-ylidenmethyl]-4-methyl-pyrrol-3-yl}-propionsäure (aus [2-(4-Methyl-2-oxo-2,5-dihydro-pyrrol-3-yl)-äthyl]-carbamidsäure-äthylester und 3-[5-Formyl-4-methyl-pyrrol-3-yl]-propionsäure in wss.-methanol. NaOH hergestellt) in Methanol und wss. HBr (*Fischer, Plieninger,* Z. physiol. Chem. **274** [1942] 231, 258). – Kristalle (aus Me.).

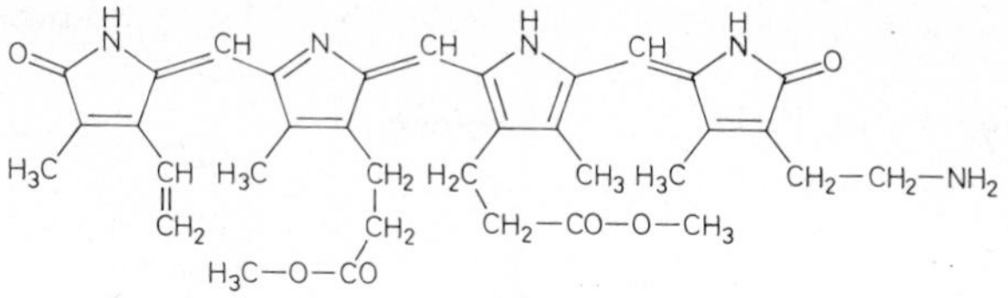

V

Amino-Derivate der Oxocarbonsäuren $C_nH_{2n-34}N_4O_6$

***3,3′-[3,17-Diäthyl-10-(4-dimethylamino-phenyl)-2,7,13,18-tetramethyl-1,19-dioxo-10,19,21,22,23,24-hexahydro-1*H*-bilin-8,12-diyl]-di-propionsäure** $C_{41}H_{49}N_5O_6$, Formel VI ($R = CH_3$, $R' = C_2H_5$).

B. Beim Erwärmen von 3-[5-(3-Äthyl-4-methyl-5-oxo-1,5-dihydro-pyrrol-2-ylidenmethyl)-4-methyl-pyrrol-3-yl]-propionsäure (E III/IV **25** 1685) mit 4-Dimethylamino-benzaldehyd in wss. HCl (*Siedel, Fischer,* Z. physiol. Chem. **214** [1933] 145, 152; *Fischer, Hess,* Z. physiol. Chem. **194** [1931] 193, 221).

Kristalle; F: 244–245° (*Si., Fi.*).

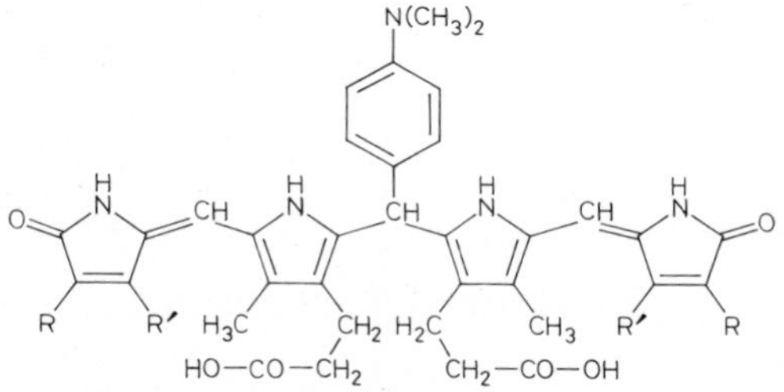

VI

***3,3′-[2,18-Diäthyl-10-(4-dimethylamino-phenyl)-3,7,13,17-tetramethyl-1,19-dioxo-10,19,21,22,23,24-hexahydro-1*H*-bilin-8,12-diyl]-di-propionsäure** $C_{41}H_{49}N_5O_6$, Formel VI ($R = C_2H_5$, $R' = CH_3$) und Taut.

B. Analog der vorangehenden Verbindung (*Siedel, Fischer,* Z. physiol. Chem. **214** [1933] 145, 152; *Fischer, Hess,* Z. physiol. Chem. **194** [1931] 193, 221).

Kristalle; F: 246° (*Si., Fi.*).

Amino-Derivate der Hydroxy-oxo-carbonsäuren $C_nH_{2n-16}N_4O_5$

***Opt.-inakt. 1-[4-(4-*tert*-Butyl-phenoxy)-phenyl]-4-{[4-methoxy-phenyl]-[3-oxo-2-phenyl-5-(2-phenyl-butyrylamino)-2,3-dihydro-1*H*-pyrazol-4-yl]-methyl}-5-oxo-2,5-dihydro-1*H*-pyrazol-3-carbonsäure-[4-(4-*tert*-butyl-phenoxy)-anilid]** $C_{63}H_{62}N_6O_7$, Formel VII und Taut.

B. Beim Erhitzen von 1-[4-(4-*tert*-Butyl-phenoxy)-phenyl]-5-oxo-2,5-dihydro-1*H*-pyrazol-3-carbonsäure-[4-(4-*tert*-butyl-phenoxy)-anilid] (aus 1-[4-(4-*tert*-Butyl-phenoxy)-phenyl]-5-oxo-2,5-dihydro-1*H*-pyrazol-3-carbonsäure und 4-[4-*tert*-Butyl-phenoxy]-anilin hergestellt) mit (±)-2-Phenyl-buttersäure-[4-(4-methoxy-benzyliden)-5-oxo-1-phenyl-4,5-dihydro-1*H*-pyrazol-3-ylamid] (durch Umsetzung von 5-Amino-2-phenyl-1,2-dihydro-pyrazol-3-on mit (±)-2-Phenyl-butyrylchlorid und anschliessend mit 4-Methoxy-benzaldehyd hergestellt) und Natriumacetat in Essigsäure (*Eastman Kodak Co.,* U.S.P. 2706683 [1951]).

Kristalle (aus Bzl. + PAe.); F: 120–122°.

(±)-4-Dimethylamino-2-[3-methoxy-phenyl]-2-[1,3,7-trimethyl-2,6-dioxo-2,3,6,7-tetrahydro-1*H*-purin-8-yl]-butyronitril $C_{21}H_{26}N_6O_3$, Formel VIII.

B. Beim Erwärmen von (±)-4-Dimethylamino-2-[3-methoxy-phenyl]-butyronitril mit $NaNH_2$

in Benzol und anschliessend mit 8-Chlor-1,3,7-trimethyl-3,7-dihydro-purin-2,6-dion (*Ehrhart*, Ar. **290** [1957] 16, 18, 19).

Kristalle (aus Me. + H_2O); F: 117°.

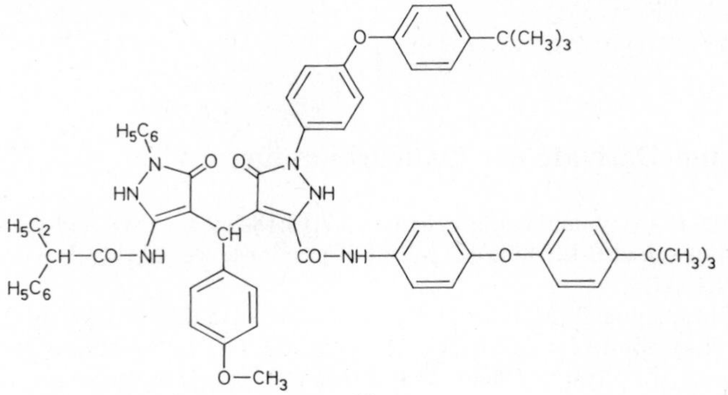

VII

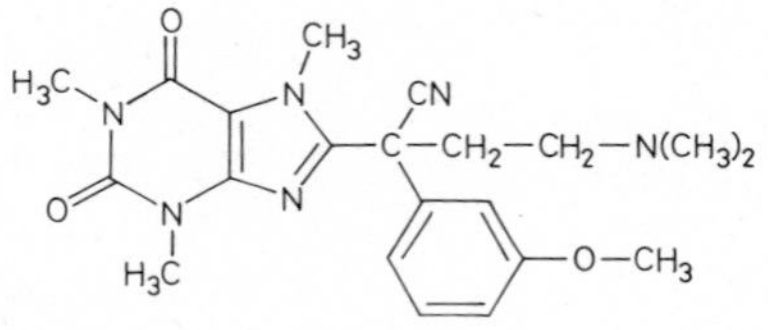

VIII

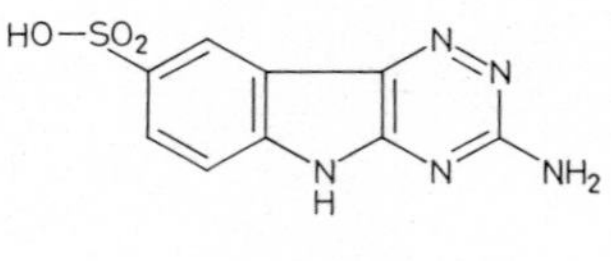

IX

J. Aminosulfonsäuren

Amino-Derivate der Monosulfonsäuren $C_nH_{2n-12}N_4O_3S$

3-Amino-5*H*-[1,2,4]triazino[5,6-*b*]indol-8-sulfonsäure $C_9H_7N_5O_3S$, Formel IX.

B. Beim Erwärmen von 5*H*-[1,2,4]Triazino[5,6-*b*]indol-3-ylamin mit H_2SO_4 (*King, Wright*, Soc. **1948** 2314, 2317).

Gelbe Kristalle mit 1 Mol H_2O, die unterhalb 310° nicht schmelzen.

Natrium-Salz $NaC_9H_6N_5O_3S$. Kristalle (aus H_2O), die unterhalb 300° nicht schmelzen.

Amid $C_9H_8N_6O_2S$. Kristalle, die unterhalb 320° nicht schmelzen.

Amino-Derivate der Monosulfonsäuren $C_nH_{2n-26}N_4O_3S$

11,13-Diamino-phenanthro[9,10-*g*]pteridin-3-sulfonsäure $C_{18}H_{12}N_6O_3S$, Formel X, oder **11,13-Diamino-phenanthro[9,10-*g*]pteridin-6-sulfonsäure** $C_{18}H_{12}N_6O_3S$, Formel XI.

B. Beim Erhitzen von Pyrimidintetrayltetraamin-hydrogensulfit mit 9,10-Dioxo-9,10-dihydro-phenanthren-3-sulfonsäure (*Cain et al.*, Am. Soc. **71** [1949] 892, 895).

Hellgelbe Kristalle, die unterhalb 360° nicht schmelzen. λ_{max} (wss. NaOH): 265 nm und 428 nm (*Cain et al.*, l. c. S. 893).

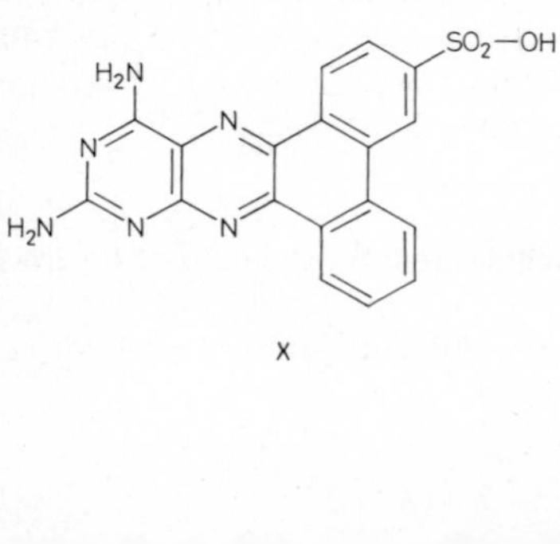

X

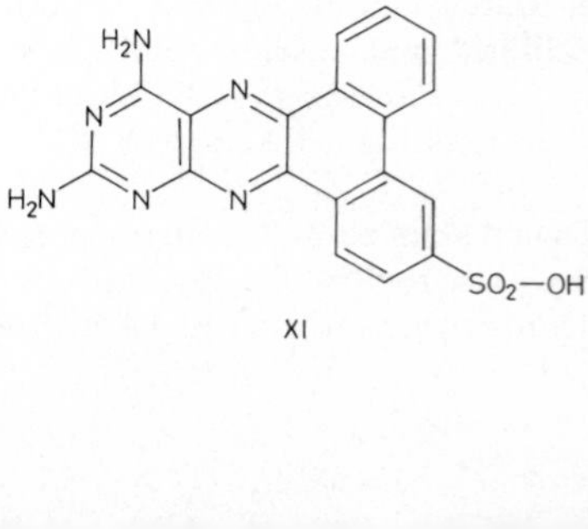

XI

Amino-sulfo-Derivate der Monooxo-Verbindungen $C_nH_{2n-8}N_4O$

2-Amino-4-oxo-3,4-dihydro-pteridin-6-sulfonsäure $C_6H_5N_5O_4S$, Formel XII und Taut.

B. In geringer Menge aus 2-Amino-5,6,7,8-tetrahydro-3*H*-pteridin-4-on-sulfit in H_2O mit Hilfe von Luftsauerstoff (*Viscontini, Weilenmann,* Helv. **42** [1959] 1854, 1860).

Feststoff mit 2 Mol H_2O (*Stuart et al.,* Soc. [C] **1966** 285, 287). Absorptionsspektrum (wss. Lösungen vom pH 2 und pH 12; 220–410 nm): *Vi., We.,* l. c. S. 1856.

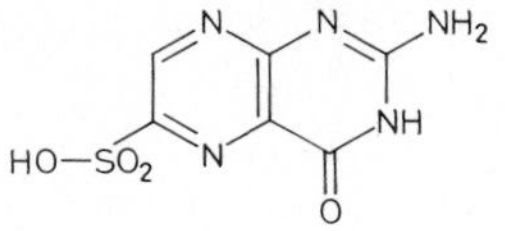

XII 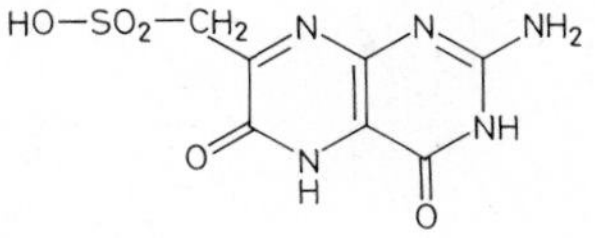 XIII

Amino-sulfo-Derivate der Dioxo-Verbindungen $C_nH_{2n-8}N_4O_2$

[2-Amino-4,6-dioxo-3,4,5,6-tetrahydro-pteridin-7-yl]-methansulfonsäure $C_7H_7N_5O_5S$, Formel XIII und Taut.

B. Beim Erhitzen von 7-Acetonyl-2-amino-3,5-dihydro-pteridin-4,6-dion mit H_2SO_4 (*Tschesche, Schäfer,* B. **88** [1955] 81, 89).

Hellgelbe Kristalle (aus wss. NaOH + wss. HCl). Absorptionsspektrum (wss. NaOH?; 220–460 nm): *Tsch., Sch.,* l. c. S. 83. pH-Wert einer wss. Lösung [0,003 n] bei 25°: 2,93.

[*Haltmeier*]

VII. Hydroxylamine

***N*-[7(9)*H*-Purin-6-yl]-hydroxylamin** $C_5H_5N_5O$, Formel I und Taut.

B. Aus 6-Chlor-7(9)*H*-purin und Hydroxylamin (*Giner-Sorolla, Bendich,* Am. Soc. **80** [1958] 3932, 3934).

F: 260° [unkorr.; Zers.]. λ_{max} (wss. Lösung): 268 nm [pH 6,73] bzw. 271 nm [pH 1,23]. Scheinbare Dissoziationsexponenten pK'_{a1} und pK'_{a2} (H_2O; spektrophotometrisch ermittelt): 3,80 bzw. 9,83. 1 g löst sich bei 20° in 1660 g H_2O.

VIII. Hydrazine

A. Monohydrazine

Monohydrazine $C_nH_{2n+2}N_6$

5-Hydrazino-1*H*-tetrazol, [1*H*-Tetrazol-5-yl]-hydrazin CH_4N_6, Formel II (R = R′ = H) und Taut. (H 405).

IR-Spektrum (Mineralöl; 2–15 μ): *Lieber et al.,* Anal. Chem. **23** [1951] 1594, 1596, 1599, 1604.

5-Hydrazino-1-phenyl-1*H*-tetrazol, [1-Phenyl-1*H*-tetrazol-5-yl]-hydrazin $C_7H_8N_6$, Formel II (R = H, R′ = C_6H_5).

B. Aus 5-Brom-1-phenyl-1*H*-tetrazol und $N_2H_4 \cdot H_2O$ (*Stollé et al.*, J. pr. [2] **134** [1932] 282, 296).

Kristalle (aus H_2O); F: 125° [Zers.].

I II III

1-[4-Äthoxy-phenyl]-5-hydrazino-1*H*-tetrazol, [1-(4-Äthoxy-phenyl)-1*H*-tetrazol-5-yl]-hydrazin $C_9H_{12}N_6O$, Formel II (R = H, R′ = C_6H_4-O-C_2H_5).

B. Aus Benzaldehyd-[1-(4-äthoxy-phenyl)-1*H*-tetrazol-5-ylhydrazon] mit Hilfe von wss. HCl (*Stollé et al.*, J. pr. [2] **134** [1932] 282, 303).

Kristalle (aus A.); F: 158° [Zers.].

Hydrochlorid $C_9H_{12}N_6O \cdot HCl$. Kristalle (aus A. oder H_2O); Zers. bei ca. 180°.

Sulfat. Kristalle (aus H_2O).

5-Hydrazino-tetrazol-1-ylamin CH_5N_7, Formel II (R = H, R′ = NH_2).

Hydrochlorid. *B.* Beim Erhitzen von Benzaldehyd-[1-benzylidenamino-1*H*-tetrazol-5-ylhydrazon] mit wss. HCl (*Stollé, Gaertner*, J. pr. [2] **132** [1932] 209, 222). – Gelbe Kristalle (aus A.); Zers. bei 171°.

1-Phenyl-5-[*N*′-phenyl-hydrazino]-1*H*-tetrazol, *N*-Phenyl-*N*′-[1-phenyl-1*H*-tetrazol-5-yl]-hydrazin $C_{13}H_{12}N_6$, Formel II (R = R′ = C_6H_5) (E II 247).

B. Beim Erwärmen von 5-Brom-1-phenyl-1*H*-tetrazol mit Phenylhydrazin (*Stollé et al.*, J. pr. [2] **134** [1932] 282, 297). Über die Bildung nach dem E II 247 beschriebenen Verfahren s. *St. et al.*

Aceton-[1-phenyl-1*H*-tetrazol-5-ylhydrazon] $C_{10}H_{12}N_6$, Formel III.

B. Aus 5-Hydrazino-1-phenyl-1*H*-tetrazol und Aceton (*Stollé et al.*, J. pr. [2] **134** [1932] 282, 296).

Kristalle; F: 146° [Zers.].

***Benzaldehyd-[1*H*-tetrazol-5-ylhydrazon]** $C_8H_8N_6$, Formel IV (X = X′ = X″ = H) und Taut. (H 406; E I 123).

B. Aus Nitro-[1*H*-tetrazol-5-yl]-amin bei der Reduktion mit Zink und anschliessenden Umsetzung mit Benzaldehyd (*O'Connor et al.*, J. Soc. chem. Ind. **68** [1949] 309; *Lieber et al.*, Am. Soc. **73** [1951] 2327).

F: 236–237° [Zers.] (*McBride et al.*, Anal. Chem. **25** [1953] 1042, 1043). Netzebenenabstände: *Moore, Burkardt*, Anal. Chem. **26** [1954] 1917, 1922. Standard-Bildungsenthalpie: +105,41 kcal·mol^{-1} (*Williams et al.*, J. phys. Chem. **61** [1957] 261, 263), +109,46 kcal·mol^{-1} (*McEwan, Rigg*, Am. Soc. **73** [1951] 4725); Standard-Verbrennungsenthalpie: –1131,06 kcal·mol^{-1} (*Wi. et al.*), –1135,15 kcal·mol^{-1} (*McE., Rigg*).

***4-Chlor-benzaldehyd-[1*H*-tetrazol-5-ylhydrazon]** $C_8H_7ClN_6$, Formel IV (X = X′ = H, X″ = Cl) und Taut.

B. Aus 5-Hydrazino-1*H*-tetrazol-dihydrochlorid und 4-Chlor-benzaldehyd (*Scott et al.*, J. org. Chem. **22** [1957] 692, 693).

Kristalle; F: 233° [unkorr.].

***2-Nitro-benzaldehyd-[1*H*-tetrazol-5-ylhydrazon]** $C_8H_7N_7O_2$, Formel IV (X = NO_2, X' = X'' = H) und Taut.

B. Analog der vorangehenden Verbindung (*Scott et al.*, J. org. Chem. **22** [1957] 692, 693).

Gelbe Kristalle; F: 245° [Zers. ab 200°].

***3-Nitro-benzaldehyd-[1*H*-tetrazol-5-ylhydrazon]** $C_8H_7N_7O_2$, Formel IV (X = X'' = H, X' = NO_2) und Taut.

B. Analog den vorangehenden Verbindungen (*Scott et al.*, J. org. Chem. **22** [1957] 692, 693).

Durch Einwirkung von Licht schnell gelb werdende Kristalle; F: 250° [unkorr.].

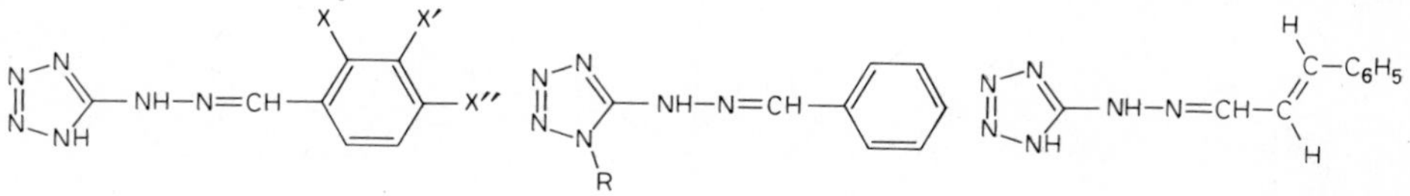

IV V VI

***Benzaldehyd-[1-phenyl-1*H*-tetrazol-5-ylhydrazon]** $C_{14}H_{12}N_6$, Formel V (R = C_6H_5).

B. Analog den vorangehenden Verbindungen (*Stollé et al.*, J. pr. [2] **134** [1932] 282, 290, 296).

Kristalle (aus A.); F: 205°.

***Benzaldehyd-[1-(4-äthoxy-phenyl)-1*H*-tetrazol-5-ylhydrazon]** $C_{16}H_{16}N_6O$, Formel V (R = C_6H_4-O-C_2H_5).

B. Aus [1-(4-Äthoxy-phenyl)-1*H*-tetrazol-5-yl]-nitroso-amin bei der Reduktion mit Zink-Pulver und anschliessenden Umsetzung mit Benzaldehyd (*Stollé et al.*, J. pr. [2] **134** [1932] 282, 302).

Kristalle (aus A.); F: 171°.

***Benzyliden-[5-benzylidenhydrazino-tetrazol-1-yl]-amin, Benzaldehyd-[1-benzylidenamino-1*H*-tetrazol-5-ylhydrazon]** $C_{15}H_{13}N_7$, Formel V (R = N=CH-C_6H_5).

B. Bei der Umsetzung des aus Thiocarbonohydrazid und NaN_3 mit Hilfe von PbO erhaltenen Reaktionsprodukts mit Benzaldehyd (*Stollé, Gaertner*, J. pr. [2] **132** [1932] 209, 221).

Kristalle (aus A. + Bzl.); F: 225° [Zers.].

***4-Isopropyl-benzaldehyd-[1*H*-tetrazol-5-ylhydrazon]** $C_{11}H_{14}N_6$, Formel IV (X'' = $CH(CH_3)_2$, X = X' = H) und Taut.

B. Aus 5-Hydrazino-1*H*-tetrazol-dihydrochlorid und 4-Isopropyl-benzaldehyd (*Scott et al.*, J. org. Chem. **22** [1957] 692, 693).

Kristalle; F: 227° [unkorr.].

****trans*-Zimtaldehyd-[1*H*-tetrazol-5-ylhydrazon]** $C_{10}H_{10}N_6$, Formel VI und Taut.

B. Analog der vorangehenden Verbindung (*Scott et al.*, J. org. Chem. **22** [1957] 692, 693).

Gelbe Kristalle (aus A.); F: 207° [unkorr.].

Butandion-mono-[1*H*-tetrazol-5-ylhydrazon] $C_5H_8N_6O$, Formel VII (R = CH_3) und Taut.

Kristalle (aus E. + A.); F: 175,5° (*Williams et al.*, J. phys. Chem. **61** [1957] 261, 265). Standard-Bildungsenthalpie: +40,00 kcal·mol^{-1}; Standard-Verbrennungsenthalpie: −783,53 kcal·mol^{-1} (*Wi. et al.*, l. c. S. 263).

Pentan-2,3,4-trion-3-[1*H*-tetrazol-5-ylhydrazon] $C_6H_8N_6O_2$, Formel VII (R = CO-CH_3) und Taut. (z. B. 3-[1*H*-Tetrazol-5-ylazo]-pentan-2,4-dion).

Kristalle (aus E.); F: 163−164° [Zers.] (*Williams et al.*, J. phys. Chem. **61** [1957] 261, 265).

Standard-Bildungsenthalpie: $+3{,}38$ kcal·mol^{-1}; Standard-Verbrennungsenthalpie: $-840{,}96$ kcal·mol^{-1} (*Wi. et al.*, l. c. S. 263).

5-[3,5-Dimethyl-pyrazol-1-yl]-1*H*-tetrazol $C_6H_8N_6$, Formel VIII (X = H) und Taut.
B. Aus 5-Hydrazino-1*H*-tetrazol und Pentan-2,4-dion (*Scott et al.*, J. appl. Chem. **2** [1952] 368, 369).
Kristalle (aus A., H_2O oder $CHCl_3$); F: 150–154° [unkorr.].

5-[4-Chlor-3,5-dimethyl-pyrazol-1-yl]-1*H*-tetrazol $C_6H_7ClN_6$, Formel VIII (X = Cl) und Taut.
B. Aus der vorangehenden Verbindung und Chlor (*Scott et al.*, J. appl. Chem. **2** [1952] 368, 369).
Kristalle (aus wss. A.); F: 196–198° [unkorr.].

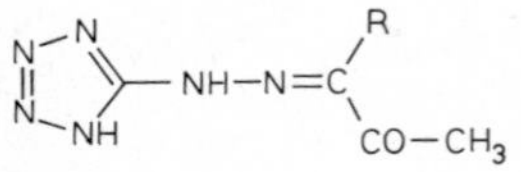

VII 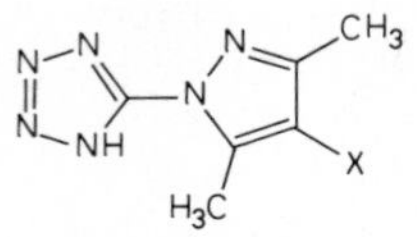 VIII 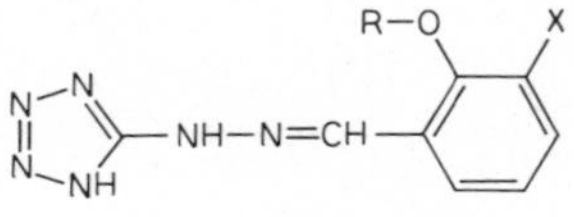 IX

5-[4-Brom-3,5-dimethyl-pyrazol-1-yl]-1*H*-tetrazol $C_6H_7BrN_6$, Formel VIII (X = Br) und Taut.
B. Aus 5-[3,5-Dimethyl-pyrazol-1-yl]-1*H*-tetrazol und Brom (*Scott et al.*, J. appl. Chem. **2** [1952] 368, 369).
Kristalle (aus wss. A.); F: 193–204° [unkorr.].

5-[4-Jod-3,5-dimethyl-pyrazol-1-yl]-1*H*-tetrazol $C_6H_7IN_6$, Formel VIII (X = I) und Taut.
B. Aus 5-[3,5-Dimethyl-pyrazol-1-yl]-1*H*-tetrazol und ICl in Essigsäure (*Scott et al.*, J. appl. Chem. **2** [1952] 368, 369).
Kristalle (aus wss. A.); F: 196–202° [unkorr.].

***Salicylaldehyd-[1*H*-tetrazol-5-ylhydrazon]** $C_8H_8N_6O$, Formel IX (R = X = H) und Taut.
B. Aus 5-Hydrazino-1*H*-tetrazol-dihydrochlorid und Salicylaldehyd (*Scott et al.*, J. org. Chem. **22** [1957] 692, 693).
Feststoff mit 1 Mol H_2O; F: 212° [unkorr.].

***2,3-Dimethoxy-benzaldehyd-[1*H*-tetrazol-5-ylhydrazon]** $C_{10}H_{12}N_6O_2$, Formel IX (R = CH_3, X = O-CH_3) und Taut.
B. Analog der vorangehenden Verbindung (*Scott et al.*, J. org. Chem. **22** [1957] 692, 693).
F: 212° [unkorr.].

***3-Hydroxy-4-methoxy-benzaldehyd-[1*H*-tetrazol-5-ylhydrazon]** $C_9H_{10}N_6O_2$, Formel X (R = H) und Taut.
B. Analog den vorangehenden Verbindungen (*Scott et al.*, J. org. Chem. **22** [1957] 692, 693).
Gelbe Kristalle mit 1 Mol H_2O; F: 212° [unkorr.].

***Veratrumaldehyd-[1*H*-tetrazol-5-ylhydrazon]** $C_{10}H_{12}N_6O_2$, Formel X (R = CH_3) und Taut.
B. Analog den vorangehenden Verbindungen (*Scott et al.*, J. org. Chem. **22** [1957] 692, 693).
Kristalle; F: 217° [unkorr.].

***N'-[1*H*-Tetrazol-5-yl]-benzohydrazonoylbromid** $C_8H_7BrN_6$, Formel XI (X = H) und Taut.
B. Aus Benzaldehyd-[1*H*-tetrazol-5-ylhydrazon] (S. 4068) und Brom in Essigsäure (*Scott et al.*, J. org. Chem. **22** [1957] 692, 694).

Kristalle (aus $CHCl_3$); F: 176° [unkorr.].

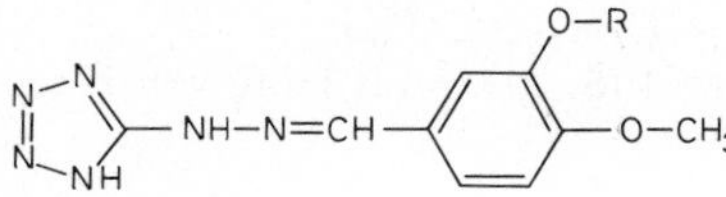

X 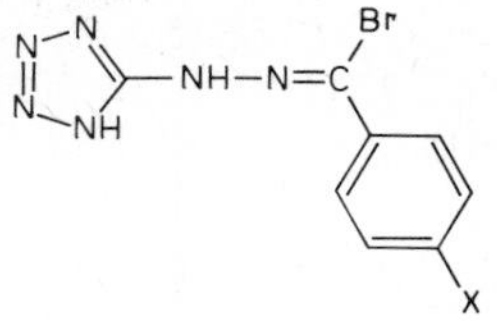 XI 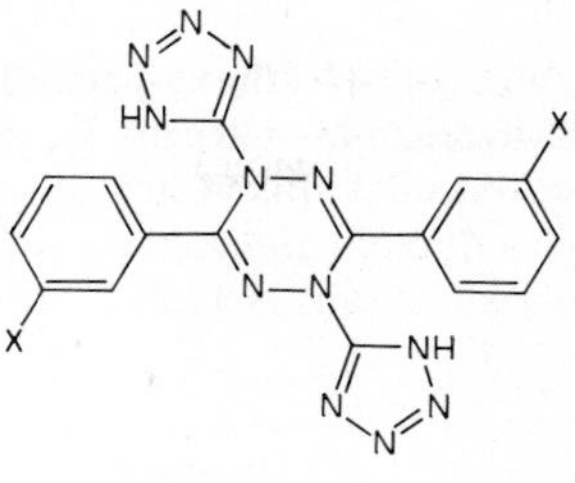 XII

4(?)-Brom-*N'*-[1*H*-tetrazol-5-yl]-benzohydrazonoylbromid $C_8H_6Br_2N_6$, vermutlich Formel XI (X = Br) und Taut.

B. Aus Benzaldehyd-[1*H*-tetrazol-5-ylhydrazon] (S. 4068) und Brom (*Scott et al.,* J. org. Chem. **22** [1957] 692, 694).

Kristalle (aus Eg.) mit 2 Mol H_2O; F: 190° [nach Sintern bei 187°].

3,6-Diphenyl-1,4-bis-[1*H*-tetrazol-5-yl]-1,4-dihydro-[1,2,4,5]tetrazin (?) $C_{16}H_{12}N_{12}$, vermutlich Formel XII (X = H) und Taut.

B. Beim Erwärmen von *N'*-[1*H*-Tetrazol-5-yl]-benzohydrazonoylbromid (s. o.) in wss. Äth= anol (*Scott et al.,* J. org. Chem. **22** [1957] 692, 694).

Kristalle; F: 188° [unkorr.; Zers.].

3,6-Bis-[3-nitro-phenyl]-1,4-bis-[1*H*-tetrazol-5-yl]-1,4-dihydro-[1,2,4,5]tetrazin (?) $C_{16}H_{10}N_{14}O_4$, vermutlich Formel XII (X = NO_2) und Taut.

B. Beim Behandeln [3d] von 3-Nitro-benzaldehyd-[1*H*-tetrazol-5-ylhydrazon] (S. 4069) mit Brom in Essigsäure und Erwärmen des Reaktionsprodukts mit wss. Äthanol (*Scott et al.,* J. org. Chem. **22** [1957] 692, 694).

Kristalle (aus wss. A.); F: 194° [unkorr.].

Hexahydro-azepin-2-on-[1*H*-tetrazol-5-ylhydrazon] $C_7H_{13}N_7$, Formel XIII und Taut. (z.B. 7-[*N'*-(1*H*-Tetrazol-5-yl)-hydrazino]-3,4,5,6-tetrahydro-2*H*-azepin).

B. Aus 5-Hydrazino-1*H*-tetrazol und 7-Methoxy-3,4,5,6-tetrahydro-2*H*-azepin (*Petersen, Tietze,* B. **90** [1957] 909, 918).

Kristalle (aus H_2O) mit 2 Mol H_2O; Zers. bei 225°.

***N,N'*-Bis-[1*H*-tetrazol-5-yl]-hydrazin, 1*H*,1'*H*-5,5'-Hydrazo-bis-tetrazol** $C_2H_4N_{10}$, Formel XIV (R = H) und Taut. (H 408).

F: 240–241° (*McBride et al.,* Anal. Chem. **25** [1953] 1042, 1044). Standard-Bildungsenthal= pie: +135,14 kcal·mol^{-1}; Standard-Verbrennungsenthalpie: −459,87 kcal·mol^{-1} (*McEwan, Rigg,* Am. Soc. **73** [1951] 4725).

***N,N'*-Bis-[1-methyl-1*H*-tetrazol-5-yl]-hydrazin, 1,1'-Dimethyl-1*H*,1'*H*-5,5'-hydrazo-bis-tetrazol** $C_4H_8N_{10}$, Formel XIV (R = CH_3).

B. Aus 1,1'-Dimethyl-1*H*,1'*H*-*cis*-[5,5']azotetrazol (S. 4090) mit Hilfe von H_2S (*Stollé et al.,* J. pr. [2] **134** [1932] 282, 287).

Kristalle (aus H_2O mit 1 Mol H_2O; F: ca. 158° [Zers.; nach Sintern].

***N,N'*-Bis-[1-phenyl-1*H*-tetrazol-5-yl]-hydrazin, 1,1'-Diphenyl-1*H*,1'*H*-5,5'-hydrazo-bis-tetrazol** $C_{14}H_{12}N_{10}$, Formel XIV (R = C_6H_5).

B. Aus 1,1'-Diphenyl-1*H*,1'*H*-[5,5']azotetrazol (S. 4091) mit Hilfe von Natrium und Äthanol (*Stollé et al.,* J. pr. [2] **134** [1932] 282, 293).

Kristalle (aus A.) mit 2 Mol Äthanol; F: 190° [Zers.].

Diacetyl-Derivat $C_{18}H_{16}N_{10}O_2$; vermutlich *N,N'*-Diacetyl-*N,N'*-bis-[1-phenyl-1*H*-tetrazol-5-yl]-hydrazin. Kristalle (aus Eg.); F: 195°.

***N,N'*-Bis-[1-(4-äthoxy-phenyl)-1*H*-tetrazol-5-yl]-hydrazin, 1,1'-Bis-[4-äthoxy-phenyl]-1*H*,1'*H*-5,5'-hydrazo-bis-tetrazol** $C_{18}H_{20}N_{10}O_2$, Formel XIV (R = C_6H_4-O-C_2H_5).

B. Aus 1,1'-Bis-[4-äthoxy-phenyl]-1*H*,1*H'*-[5,5']azotetrazol (S. 4092) mit Hilfe von Natrium und Äthanol (*Stollé et al.*, J. pr. [2] **134** [1932] 282, 305).

Kristalle (aus A.) mit 2 Mol Äthanol; F: 167° [Zers.].

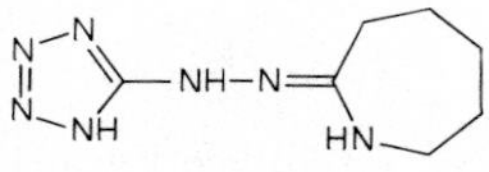

XIII 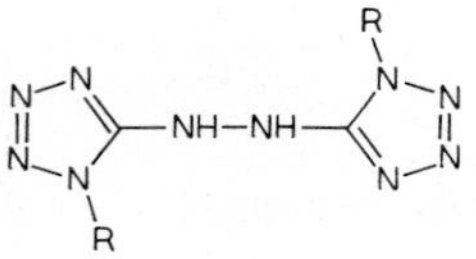 XIV 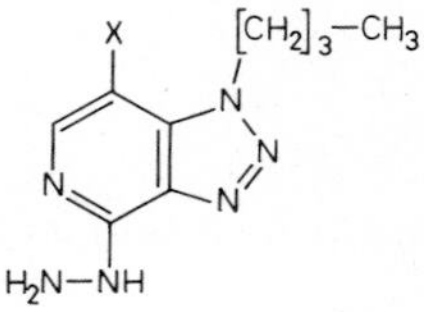 XV 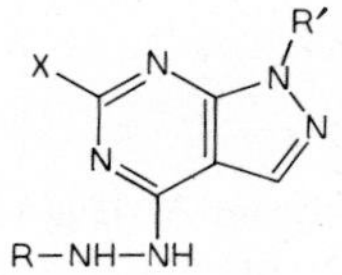 XVI

Monohydrazine $C_nH_{2n-4}N_6$

1-Butyl-4-hydrazino-1*H*-[1,2,3]triazolo[4,5-*c*]pyridin, [1-Butyl-1*H*-[1,2,3]triazolo[4,5-*c*]pyridin-4-yl]-hydrazin $C_9H_{14}N_6$, Formel XV (X = H).

B. Aus 1-Butyl-4-chlor-1*H*-[1,2,3]triazolo[4,5-*c*]pyridin und $N_2H_4 \cdot H_2O$ (*Bremer*, A. **539** [1939] 276, 289).

Kristalle (aus Ae.); F: 80°.

7-Brom-1-butyl-4-hydrazino-1*H*-[1,2,3]triazolo[4,5-*c*]pyridin, [7-Brom-1-butyl-1*H*-[1,2,3]triazolo[4,5-*c*]pyridin-4-yl]-hydrazin $C_9H_{13}BrN_6$, Formel XV (X = Br).

B. Aus 7-Brom-1-butyl-4-chlor-1*H*-[1,2,3]triazolo[4,5-*c*]pyridin und $N_2H_4 \cdot H_2O$ (*Bremer*, A. **539** [1939] 276, 292).

Kristalle (aus A.); F: 124°.

4-Hydrazino-1-methyl-1*H*-pyrazolo[3,4-*d*]pyrimidin, [1-Methyl-1*H*-pyrazolo[3,4-*d*]pyrimidin-4-yl]-hydrazin $C_6H_8N_6$, Formel XVI (R = X = H, R' = CH_3).

B. Aus 4-Chlor-1-methyl-1*H*-pyrazolo[3,4-*d*]pyrimidin und $N_2H_4 \cdot H_2O$ (*Cheng, Robins*, J. org. Chem. **21** [1956] 1240, 1253).

Kristalle (aus wss. A.); F: 246,5–247° [unkorr.]. λ_{max} (wss. Lösung): 222 nm und 264 nm [pH 1] bzw. 252 nm und 270 nm [pH 11] (*Ch., Ro.*, l. c. S. 1244).

4-Hydrazino-1-phenyl-1*H*-pyrazolo[3,4-*d*]pyrimidin, [1-Phenyl-1*H*-pyrazolo[3,4-*d*]pyrimidin-4-yl]-hydrazin $C_{11}H_{10}N_6$, Formel XVI (R = X = H, R' = C_6H_5).

B. Analog der vorangehenden Verbindung (*Cheng, Robins*, J. org. Chem. **21** [1956] 1240, 1245).

Kristalle; F: 184–186° [unkorr.; aus 2-Äthoxy-äthanol] (*Ch., Ro.*), 180–181° [unkorr.] (*Schmidt, Druey*, Helv. **39** [1956] 986, 988). λ_{max} (wss. Lösung): 241 nm [pH 1] bzw. 236 nm und 282 nm [pH 11] (*Ch., Ro.*).

4-[*N'*-Methyl-hydrazino]-1-phenyl-1*H*-pyrazolo[3,4-*d*]pyrimidin, *N*-Methyl-*N'*-[1-phenyl-1*H*-pyrazolo[3,4-*d*]pyrimidin-4-yl]-hydrazin $C_{12}H_{12}N_6$, Formel XVI (R = CH_3, R' = C_6H_5, X = H).

B. Analog den vorangehenden Verbindungen (*Cheng, Robins*, J. org. Chem. **21** [1956] 1240, 1253).

Kristalle (aus A.); F: 153–155° [unkorr.] (*Ch., Ro.*, l. c. S. 1254). λ_{max} (A.): 242 nm und 294 nm (*Ch., Ro.*, l. c. S. 1245).

2-[*N'*-(1-Methyl-1*H*-pyrazolo[3,4-*d*]pyrimidin-4-yl)-hydrazino]-äthanol $C_8H_{12}N_6O$, Formel XVI (R = CH_2-CH_2-OH, R' = CH_3, X = H).

B. Beim Erwärmen von 2-Hydrazino-äthanol mit 4-Chlor-1-methyl-1*H*-pyrazolo[3,4-*d*]pyr=imidin in Methanol (*Cheng, Robins,* J. org. Chem. **21** [1956] 1240, 1254).

Kristalle (aus Me.); F: 133–134° [unkorr.]. λ_{max} (wss. Lösung): 225 nm und 270 nm [pH 1] bzw. 287 nm [pH 11] (*Ch., Ro.,* l. c. S. 1245).

6-Chlor-4-hydrazino-1-methyl-1*H*-pyrazolo[3,4-*d*]pyrimidin, [6-Chlor-1-methyl-1*H*-pyrazolo=[3,4-*d*]pyrimidin-4-yl]-hydrazin $C_6H_7ClN_6$, Formel XVI (R = H, R' = CH_3, X = Cl).

B. Aus 4,6-Dichlor-1-methyl-1*H*-pyrazolo[3,4-*d*]pyrimidin und $N_2H_4 \cdot H_2O$ (*Cheng, Robins,* J. org. Chem. **23** [1958] 852, 853, 858).

Kristalle (aus 2-Äthoxy-äthanol); F: >300°. λ_{max} (A.): 280 nm.

6-Chlor-4-hydrazino-1-phenyl-1*H*-pyrazolo[3,4-*d*]pyrimidin, [6-Chlor-1-phenyl-1*H*-pyrazolo=[3,4-*d*]pyrimidin-4-yl]-hydrazin $C_{11}H_9ClN_6$, Formel XVI (R = H, R' = C_6H_5, X = Cl).

B. Analog der vorangehenden Verbindung (*Cheng, Robins,* J. org. Chem. **23** [1958] 852, 853, 858).

Kristalle (aus 2-Äthoxy-äthanol); F: >300°. λ_{max} (A.): 242 nm und 293 nm.

6-Chlor-1-phenyl-4-[*N'*-phenyl-hydrazino]-1*H*-pyrazolo[3,4-*d*]pyrimidin, *N*-[6-Chlor-1-phenyl-1*H*-pyrazolo[3,4-*d*]pyrimidin-4-yl]-*N'*-phenyl-hydrazin $C_{17}H_{13}ClN_6$, Formel XVI (R = R' = C_6H_5, X = Cl).

B. Analog den vorangehenden Verbindungen (*Cheng, Robins,* J. org. Chem. **23** [1958] 852, 853, 858).

Kristalle (aus 2-Äthoxy-äthanol + A.); F: 268–269° [unkorr.]. λ_{max} (A.): 243 nm und 291 nm.

2-Hydrazino-7(9)*H*-purin, [7(9)*H*-Purin-2-yl]-hydrazin $C_5H_6N_6$, Formel I und Taut.

B. Analog den vorangehenden Verbindungen (*Montgomery, Holum,* Am. Soc. **79** [1957] 2185, 2187).

Kristalle (aus H_2O); F: 300°. IR-Banden (KBr; 3300–900 cm^{-1}): *Mo., Ho.* λ_{max} (wss. Lö=sung): 297 nm [pH 1] bzw. 309 nm [pH 7].

6-Hydrazino-7(9)*H*-purin, [7(9)*H*-Purin-6-yl]-hydrazin $C_5H_6N_6$, Formel II (R = X = H) und Taut.

B. Aus 6-Methylmercapto-7(9)*H*-purin (*Burroughs Wellcome & Co.,* U.S.P. 2691654 [1952]; *Elion et al.,* Am. Soc. **74** [1952] 411) oder 6-Chlor-7(9)*H*-purin (*Montgomery, Holum,* Am. Soc. **79** [1957] 2185, 2187) und N_2H_4.

Kristalle (aus H_2O); F: 250° (*Burroughs Wellcome & Co.*), 246–247,5° [korr.; Zers.] (*Mo., Ho.*), 244–245° [Zers.] (*El. et al.*). IR-Banden (KBr; 3400–900 cm^{-1}): *Mo., Ho.* λ_{max} (wss. Lösung): 267 nm [pH 1] (*El. et al.*) bzw. 262 nm [pH 7] (*Mo., Ho.*).

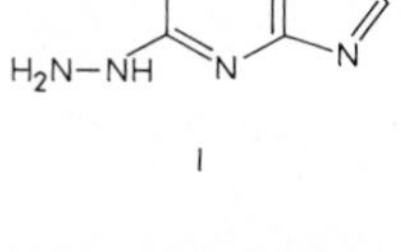

I 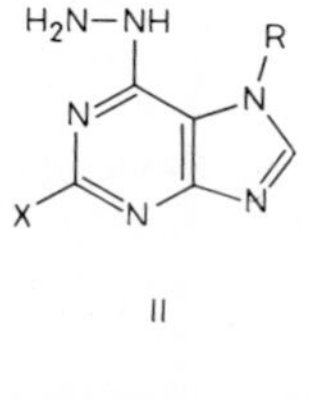 II 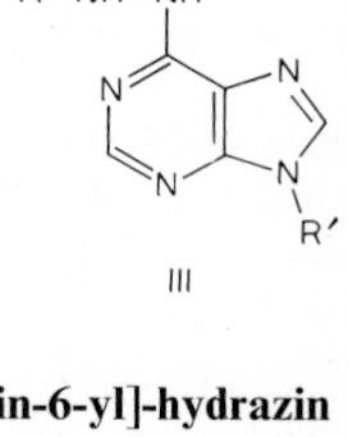 III 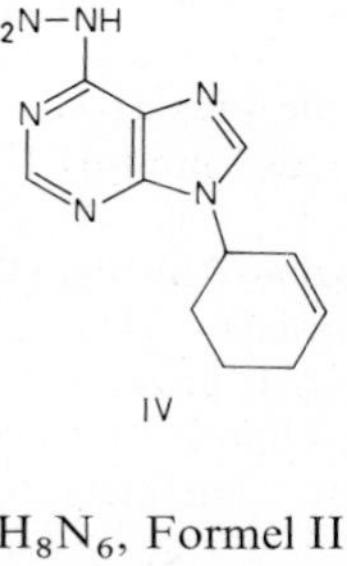 IV

6-Hydrazino-7-methyl-7*H*-purin, [7-Methyl-7*H*-purin-6-yl]-hydrazin $C_6H_8N_6$, Formel II (R = CH_3, X = H).

B. Aus 6-Chlor-7-methyl-7*H*-purin und N_2H_4 (*Prasad, Robins,* Am. Soc. **79** [1957] 6401, 6403, 6406).

Kristalle (aus H_2O); F: 243° [unkorr.] (*Pr., Ro.,* l. c. S. 6403). λ_{max} (wss. Lösung): 272 nm [pH 1] bzw. 263 nm [pH 11] (*Pr., Ro.,* l. c. S. 6404).

Die folgenden Verbindungen sind in analoger Weise hergestellt worden:

6-Hydrazino-9-methyl-9*H*-purin, [9-Methyl-9*H*-purin-6-yl]-hydrazin $C_6H_8N_6$, Formel III (R = H, R′ = CH_3). Kristalle (aus Me.); F: 210–211° [unkorr.] (*Robins, Lin,* Am. Soc. **79** [1957] 490, 492, 494). λ_{max} (wss. Lösung vom pH 1): 263 nm (*Ro., Lin*).

9-Äthyl-6-hydrazino-9*H*-purin, [9-Äthyl-9*H*-purin-6-yl]-hydrazin $C_7H_{10}N_6$, Formel III (R = H, R′ = C_2H_5). F: 160–162° [unkorr.] (*Montgomery, Temple,* Am. Soc. **79** [1957] 5238, 5241). IR-Banden (KBr; 3150–1350 cm^{-1}): *Mo., Te.* λ_{max}: 263 nm [wss. HCl (0,1 n)] bzw. 265 nm [wss. Lösung vom pH 7] (*Mo., Te.,* l. c. S. 5240).

(±)-9-Cyclohex-2-enyl-6-hydrazino-9*H*-purin, (±)-[9-Cyclohex-2-enyl-9*H*-purin-6-yl]-hydrazin $C_{11}H_{14}N_6$, Formel IV. Kristalle (aus Bzl.); F: 146° [korr.] (*Schaeffer, Weimar,* Am. Soc. **81** [1959] 197, 198, 199).

(±)-*cis*-2-[6-Hydrazino-purin-9-yl]-cyclohexanol $C_{11}H_{16}N_6O$, Formel V + Spiegelbild. Kristalle (aus wss. 2-Methoxy-äthanol); F: 253° [korr.; nach Sublimation im Vakuum]; λ_{max} (wss. Lösung): 263 nm [pH 1] bzw. 267 nm [pH 7] (*Sch., We.,* l. c. S. 200).

(±)-*trans*-2-[6-Hydrazino-purin-9-yl]-cyclohexanol $C_{11}H_{16}N_6O$, Formel VI + Spiegelbild. Kristalle (aus H_2O) mit 0,25 Mol H_2O; F: 228° [korr.] und (nach Wiedererstarren) F: 248° [korr.] (*Sch., We.,* l. c. S. 199, 200).

(1*R*)-1-[6-Hydrazino-purin-9-yl]-D-1,4-anhydro-ribit, 6-Hydrazino-9-β-D-ribofuranosyl-9*H*-purin $C_{10}H_{14}N_6O_4$, Formel VII. Kristalle (aus A.); F: 214–216° [Zers.] (*Johnson et al.,* Am. Soc. **80** [1958] 699, 702). IR-Banden (KBr; 3250–1050 cm^{-1}): *Jo. et al.* λ_{max} (wss. Lösung vom pH 1): 261 nm (*Jo. et al.*).

9-Methyl-6-[*N*′-methyl-hydrazino]-9*H*-purin, *N*-Methyl-*N*′-[9-methyl-9*H*-purin-6-yl]-hydrazin $C_7H_{10}N_6$, Formel III (R = R′ = CH_3). Kristalle (aus Heptan); F: 100–101° [unkorr.]; λ_{max} (wss. Lösung): 267 nm [pH 1] bzw. 277 nm [pH 11] (*Ro., Lin*).

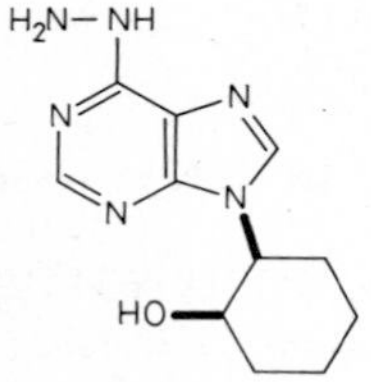

V 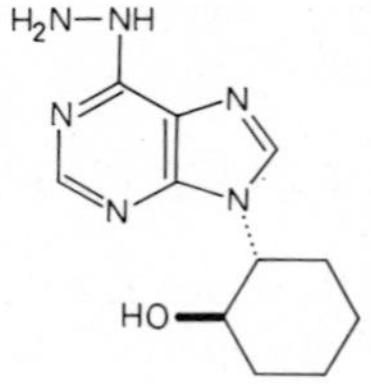 VI 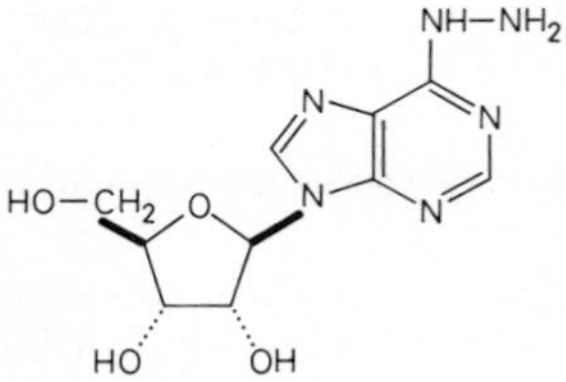 VII 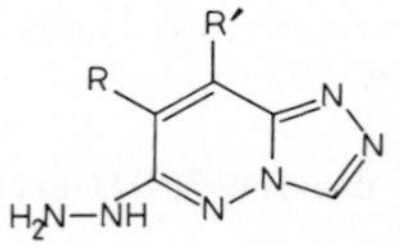 VIII

2-Chlor-6-hydrazino-7(9)*H*-purin, [2-Chlor-7(9)*H*-purin-6-yl]-hydrazin $C_5H_5ClN_6$, Formel II (R = H, X = Cl) und Taut.

B. Aus 2,6-Dichlor-7(9)*H*-purin und N_2H_4 (*Montgomery, Holum,* Am. Soc. **79** [1957] 2185, 2188).

Kristalle (aus H_2O); F: >300°. IR-Banden (KBr; 3350–900 cm^{-1}): *Mo., Ho.* λ_{max} (wss. Lösung): 267 nm [pH 1] bzw. 271 nm [pH 7] (*Mo., Ho.,* l. c. S. 2187).

6-Hydrazino-7-methyl-[1,2,4]triazolo[4,3-*b*]pyridazin, [7-Methyl-[1,2,4]triazolo[4,3-*b*]pyridazin-6-yl]-hydrazin $C_6H_8N_6$, Formel VIII (R = CH_3, R′ = H).

B. Beim Erhitzen von 6-Chlor-7-methyl-[1,2,4]triazolo[4,3-*b*]pyridazin mit wss. N_2H_4 (*Takahayashi,* Pharm. Bl. **5** [1957] 229, 231, 233).

Kristalle (aus Me.); F: 258°.

6-Hydrazino-8-methyl-[1,2,4]triazolo[4,3-*b*]pyridazin, [8-Methyl-[1,2,4]triazolo[4,3-*b*]pyridazin-6-yl]-hydrazin $C_6H_8N_6$, Formel VIII (R = H, R′ = CH_3).

B. Beim Erhitzen von 6-Chlor-8-methyl-[1,2,4]triazolo[4,3-*b*]pyridazin mit wss. N_2H_4 (*Taka=*

hayashi, Pharm. Bl. **5** [1957] 229, 231, 233).

Kristalle (aus Me.); F: 242°.

7-Hydrazino-5-methyl-[1,2,4]triazolo[1,5-*a*]pyrimidin, [5-Methyl-[1,2,4]triazolo[1,5-*a*]pyrimidin-7-yl]-hydrazin $C_6H_8N_6$, Formel IX.

Konstitution: *Kano et al.,* Chem. pharm. Bl. **7** [1959] 903.

B. Aus 7-Chlor-5-methyl-[1,2,4]triazolo[1,5-*a*]pyrimidin und N_2H_4 (*Sirakawa,* J. pharm. Soc. Japan **78** [1958] 1395, 1400; C. A. **1959** 8150, *Kano, Makisumi,* Chem. pharm. Bl. **6** [1958] 583, 585).

Kristalle; F: 270° [unkorr.; Zers.; aus H_2O] (*Si.*), 260–261° [Zers.; aus A.] (*Kano, Ma.*).

Formyl-Derivat $C_7H_8N_6O$; Ameisensäure-[*N'*-(5-methyl-[1,2,4]triazolo[1,5-*a*]pyrimidin-7-yl)-hydrazid]. Kristalle (aus H_2O); F: 270° [unkorr.; Zers.] (*Si.*).

Die folgenden Verbindungen sind in analoger Weise hergestellt worden:

7-Hydrazino-3-methyl-1(2)*H*-pyrazolo[4,3-*d*]pyrimidin, [3-Methyl-1(2)*H*-pyrazolo[4,3-*d*]pyrimidin-7-yl]-hydrazin $C_6H_8N_6$, Formel X und Taut. Kristalle (aus wss. A.); F: 208–210° [unkorr.]; λ_{max} (wss. Lösung): 300 nm [pH 1] bzw. 295 nm [pH 11] (*Robins et al.,* J. org. Chem. **21** [1956] 833, 835, 836).

4-Hydrazino-1,6-dimethyl-1*H*-pyrazolo[3,4-*d*]pyrimidin, [1,6-Dimethyl-1*H*-pyrazolo[3,4-*d*]pyrimidin-4-yl]-hydrazin $C_7H_{10}N_6$, Formel XI (R = H, R' = CH_3). Kristalle (aus A.); F: 259–260° [unkorr.] (*Cheng, Robins,* J. org. Chem. **23** [1958] 191, 197, 200). λ_{max} (wss. Lösung): 223 nm und 265 nm [pH 1] bzw. 278 nm [pH 11] (*Ch., Ro.*).

4-Hydrazino-6-methyl-1-phenyl-1*H*-pyrazolo[3,4-*d*]pyrimidin, [6-Methyl-1-phenyl-1*H*-pyrazolo[3,4-*d*]pyrimidin-4-yl]-hydrazin $C_{12}H_{12}N_6$, Formel XI (R = H, R' = C_6H_5). Kristalle (aus Py.); F: 243–244° [unkorr.]; λ_{max} (wss. Lösung): 242 nm [pH 1] bzw. 239 nm und 283 nm [pH 11] (*Ch., Ro.*).

6-Methyl-1-phenyl-4-[*N'*-phenyl-hydrazino]-1*H*-pyrazolo[3,4-*d*]pyrimidin, *N*-[6-Methyl-1-phenyl-1*H*-pyrazolo[3,4-*d*]pyrimidin-4-yl]-*N'*-phenyl-hydrazin $C_{18}H_{16}N_6$, Formel XI (R = R' = C_6H_5). Kristalle (aus Py.); F: 240–241° [unkorr.] (*Ch., Ro.*).

6-Hydrazino-3,7-dimethyl-[1,2,4]triazolo[4,3-*b*]pyridazin, [3,7-Dimethyl-[1,2,4]triazolo[4,3-*b*]pyridazin-6-yl]-hydrazin $C_7H_{10}N_6$, Formel XII (R = CH_3, R' = H). Kristalle (aus Me.); F: 256° (*Takahayashi,* Pharm. Bl. **5** [1957] 229, 231, 234).

6-Hydrazino-3,8-dimethyl-[1,2,4]triazolo[4,3-*b*]pyridazin, [3,8-Dimethyl-[1,2,4]triazolo[4,3-*b*]pyridazin-6-yl]-hydrazin $C_7H_{10}N_6$, Formel XII (R = H, R' = CH_3). Kristalle (aus Me.); F: 243° (*Ta.*).

6-Äthyl-4-hydrazino-1-phenyl-1*H*-pyrazolo[3,4-*d*]pyrimidin, [6-Äthyl-1-phenyl-1*H*-pyrazolo[3,4-*d*]pyrimidin-4-yl]-hydrazin $C_{13}H_{14}N_6$, Formel XIII. Kristalle (aus A.); F: 198–199° [unkorr.] (*Ch., Ro.*).

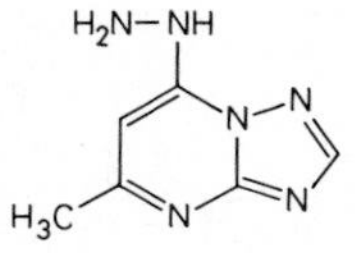

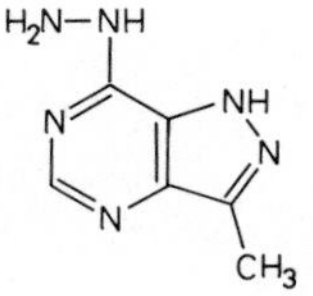

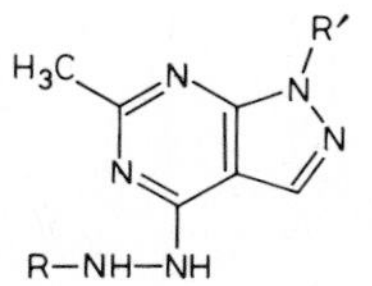

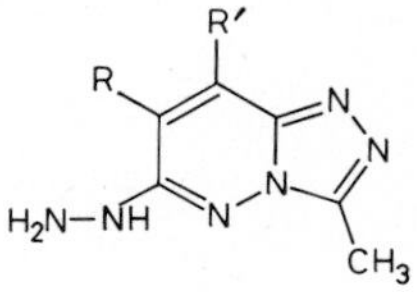

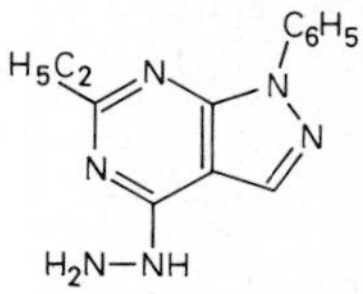

Monohydrazine $C_nH_{2n-6}N_6$

4-Hydrazino-pteridin, Pteridin-4-yl-hydrazin $C_6H_6N_6$, Formel XIV.

B. Aus 4-Methylmercapto-pteridin und $N_2H_4 \cdot H_2O$ (*Albert et al.,* Soc. **1954** 3832, 3839).

Gelbe Kristalle (aus H_2O oder 3-Methyl-butan-1-ol); F: 215° [Zers.]. λ_{max} (wss. Lösung): 235 nm und 355 nm [pH 1,3] bzw. 230 nm, 244 nm und 356 nm [pH 6,5] (*Al. et al.,* l. c. S. 3833). Scheinbarer Dissoziationsexponent pK'_a (H_2O; potentiometrisch ermittelt) bei 20°: 4,00. 450 ml wss. Lösung bei 20° und 70 ml wss. Lösung bei 100° enthalten jeweils 1 g.

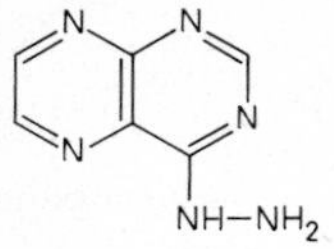

XIV 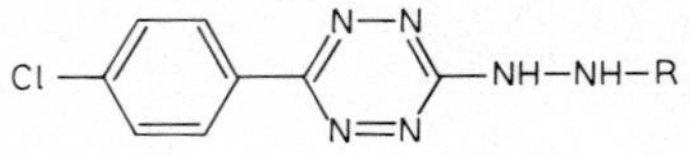 XV 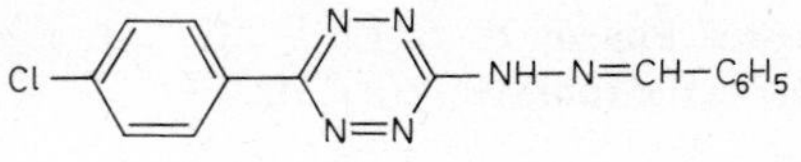 XVI

Monohydrazine $C_nH_{2n-8}N_6$

[4-Chlor-phenyl]-hydrazino-[1,2,4,5]tetrazin, [6-(4-Chlor-phenyl)-[1,2,4,5]tetrazin-3-yl]-hydrazin $C_8H_7ClN_6$, Formel XV (R = H).

B. Aus Brom-[4-chlor-phenyl]-[1,2,4,5]tetrazin und N_2H_4 (*Grakauskas et al.,* Am. Soc. **80** [1958] 3155, 3157, 3159).

Rote Kristalle (aus A.); F: 200–201° [unkorr.; Zers.].

Die folgenden Verbindungen sind in analoger Weise hergestellt worden:

[4-Chlor-phenyl]-[*N'*-phenyl-hydrazino]-[1,2,4,5]tetrazin, *N*-[6-(4-Chlor-phen≠yl)-[1,2,4,5]tetrazin-3-yl]-*N'*-phenyl-hydrazin $C_{14}H_{11}ClN_6$, Formel XV (R = C_6H_5). Rote Kristalle (aus A.); F: 198–199° [unkorr.; Zers.].

*Benzaldehyd-[6-(4-chlor-phenyl)-[1,2,4,5]tetrazin-3-ylhydrazon] $C_{15}H_{11}ClN_6$, Formel XVI. Orangegelbe Kristalle (aus Acn. + A.); F: 237–238° [unkorr.; Zers.].

1-[6-(4-Chlor-phenyl)-[1,2,4,5]tetrazin-3-yl]-thiosemicarbazid $C_9H_8ClN_7S$, For≠mel XV (R = CS-NH_2). Orangerote Kristalle (aus Bzl. + A.); F: 227,5–228,5° [unkorr.; Zers.].

Monohydrazine $C_nH_{2n-10}N_6$

6-Hydrazino-[1,2,4]triazolo[3,4-*a*]phthalazin, [1,2,4]Triazolo[3,4-*a*]phthalazin-6-yl-hydrazin $C_9H_8N_6$, Formel I (R = H).

B. Aus Phthalonitril, $N_2H_4 \cdot H_2O$ und DMF oder Ameisensäure (*Cassella,* D.B.P. 947971 [1956]). Aus Ameisensäure-[*N'*-[1,2,4]triazolo[3,4-*a*]phthalazin-6-yl-hydrazid] mit Hilfe von wss. HCl (*Reynolds et al.,* J. org. Chem. **24** [1959] 1205, 1209).

F: >298° (*Re. et al.*). Zers. bei 295° (*Cassella*).

4-Chlor-benzyliden-Derivat $C_{16}H_{11}ClN_6$; 4-Chlor-benzaldehyd-[1,2,4]tri≠azolo[3,4-*a*]phthalazin-6-ylhydrazon. F: 275° (*Cassella*).

Ameisensäure-[*N'*-[1,2,4]triazolo[3,4-*a*]phthalazin-6-yl-hydrazid] $C_{10}H_8N_6O$, Formel I (R = CHO).

B. Aus 1,4-Dihydrazino-phthalazin und Ameisensäure (*Reynolds et al.,* J. org. Chem. **24** [1959] 1205, 1209).

Kristalle (aus H_2O); F: 300° [Zers.].

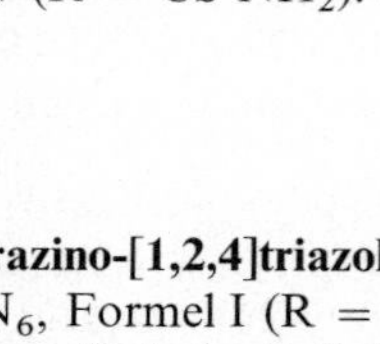

I 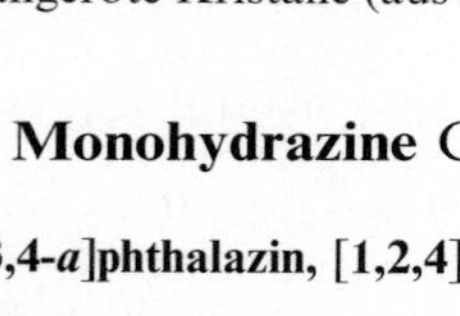 II 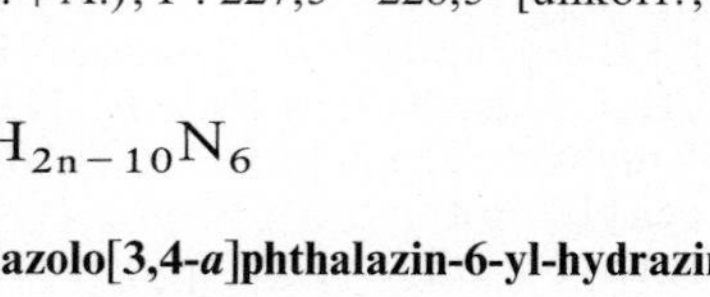 III

Monohydrazine $C_nH_{2n-16}N_6$

6-Hydrazino-benzo[*g*][1,2,4]triazolo[3,4-*a*]phthalazin, Benzo[*g*][1,2,4]triazolo[3,4-*a*]phthalazin-6-yl-hydrazin $C_{13}H_{10}N_6$, Formel II.

B. Aus Naphthalin-2,3-dicarbonitril, $N_2H_4 \cdot H_2O$ und DMF (*Cassella,* D.B.P. 947971 [1956]).

Zers. bei 315–320°.

4-Chlor-benzyliden-Derivat $C_{20}H_{13}ClN_6$; 4-Chlor-benzaldehyd-benzo[g][1,2,4]triazolo[3,4-*a*]phthalazin-6-ylhydrazon. F: 295°.

B. Dihydrazine

3,6-Bis-[3,5-dimethyl-pyrazol-1-yl]-1,2-dihydro-[1,2,4,5]tetrazin $C_{12}H_{16}N_8$, Formel III und Taut.

Konstitution: *Butler et al.*, Soc. [C] **1970** 2510.

B. Aus *N,N',N''*-Triamino-guanidin-nitrat und Pentan-2,4-dion (*Bu. et al.*; *Scott,* Ang. Ch. **69** [1957] 506).

Hellgelbe Kristalle (aus wss. A.); F: 147—149° [korr.] (*Bu. et al.*). λ_{max} (A.): 525 nm (*Sc.*), 528 nm (*Bu. et al.*).

Beim Erhitzen mit wss. HCl bilden sich 6-[3,5-Dimethyl-pyrazol-1-yl]-2*H*-[1,2,4,5]tetrazin-3-on(?) $C_7H_8N_6O$ (Hydrat: rosafarbener Feststoff; F: 180°) und 3,5-Dimethyl-1*H*-pyrazol (*Sc.*).

4,6-Dihydrazino-1-phenyl-1*H*-pyrazolo[3,4-*d*]pyrimidin $C_{11}H_{12}N_8$, Formel IV (R = H, R' = C_6H_5).

B. Aus 4,6-Dichlor-1-phenyl-1*H*-pyrazolo[3,4-*d*]pyrimidin und N_2H_4 (*Cheng, Robins,* J. org. Chem. **23** [1958] 852, 860).

Kristalle (aus A.); F: 217—219° [unkorr.]; λ_{max} (wss. Lösung vom pH 11): 368 nm (*Ch., Ro.,* l. c. S. 859).

Die folgenden Verbindungen sind in analoger Weise hergestellt worden:

1-Methyl-4,6-bis-[*N'*-methyl-hydrazino]-1*H*-pyrazolo[3,4-*d*]pyrimidin $C_8H_{14}N_8$, Formel IV (R = R' = CH_3). Kristalle (aus H_2O); F: 176° [unkorr.] (*Ch., Ro.,* l. c. S. 859).

4,6-Bis-[*N'*-methyl-hydrazino]-1-phenyl-1*H*-pyrazolo[3,4-*d*]pyrimidin $C_{13}H_{16}N_8$, Formel IV (R = CH_3, R' = C_6H_5). Kristalle (aus wss. Me.); F: 148—148,5° [unkorr.]; λ_{max} (A.): 245 nm und 293 nm (*Ch., Ro.,* l. c. S. 859).

4,6-Bis-[*N'*-(2-hydroxy-äthyl)-hydrazino]-1(2)*H*-pyrazolo[3,4-*d*]pyrimidin $C_9H_{16}N_8O_2$, Formel IV (R = CH_2-CH_2-OH, R' = H) und Taut. Kristalle (aus H_2O); F: 214—215° [unkorr.]; λ_{max} (wss. Lösung): 270 nm [pH 1] bzw. 285 nm [pH 11] (*Robins,* Am. Soc. **79** [1957] 6407, 6409).

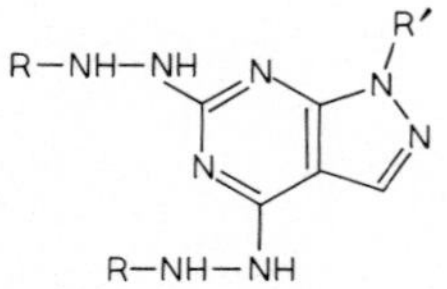

R—NH—NH, R', R—NH—NH
IV

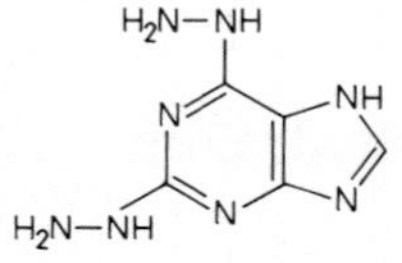

H_2N—NH, H_2N—NH
V

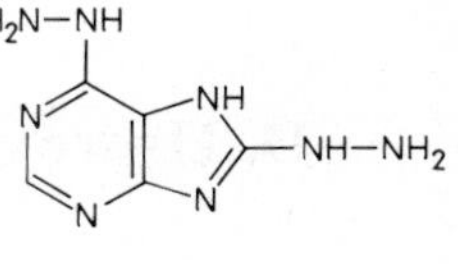

H_2N—NH, NH—NH_2
VI

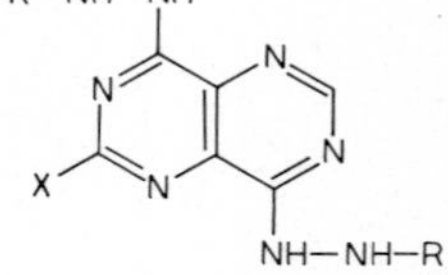

R—NH—NH, X, NH—NH—R
VII

2,6-Dihydrazino-7(9)*H*-purin $C_5H_8N_8$, Formel V und Taut.

B. Aus 2,6-Dichlor-7(9)*H*-purin und N_2H_4 (*Montgomery, Holum,* Am. Soc. **79** [1957] 2185, 2187).

F: >300°. IR-Banden (KBr; 3250—900 cm^{-1}): *Mo., Ho.* λ_{max} (wss. Lösung): 276 nm [pH 1] bzw. 275 nm [pH 7].

6,8-Dihydrazino-7(9)*H*-purin $C_5H_8N_8$, Formel VI und Taut.

B. Beim Erhitzen von 6,8-Dichlor-7(9)*H*-purin mit wss. N_2H_4 (*Robins,* Am. Soc. **80** [1958] 6671, 6673).

F: >300° (*Ro.*, l. c. S. 6679). λ_{max} (wss. Lösung): 278 nm [pH 1] bzw. 268 nm [pH 11] (*Ro.*, l. c. S. 6675).

4,8-Dihydrazino-pyrimido[5,4-*d*]pyrimidin $C_6H_8N_8$, Formel VII (R = X = H).

B. Aus 4,8-Dichlor-pyrimido[5,4-*d*]pyrimidin und N_2H_4 (*Thomae G.m.b.H.*, Brit. P. 807826 [1956]; U.S.P. 3031450 [1960]).

Kristalle; F: 226°.

6-Chlor-4,8-disemicarbazido-pyrimido[5,4-*d*]pyrimidin, 1,1′-[6-Chlor-pyrimido[5,4-*d*]pyrimidin-4,8-diyl]-di-semicarbazid $C_8H_9ClN_{10}O_2$, Formel VII (R = CO-NH_2, X = Cl).

B. Aus 4,6,8-Trichlor-pyrimido[5,4-*d*]pyrimidin und Semicarbazid (*Thomae G.m.b.H.*, Brit. P. 807826 [1956]; U.S.P. 3031450 [1960]).

Bis 360° nicht schmelzend.

2,4-Dihydrazino-6,7-diphenyl-pteridin $C_{18}H_{16}N_8$, Formel VIII.

B. Aus 4-Amino-6,7-diphenyl-1*H*-pteridin-2-thion und N_2H_4 (*Taylor*, Am. Soc. **74** [1952] 1648).

Kristalle (aus wss. DMF); Zers. >230°.

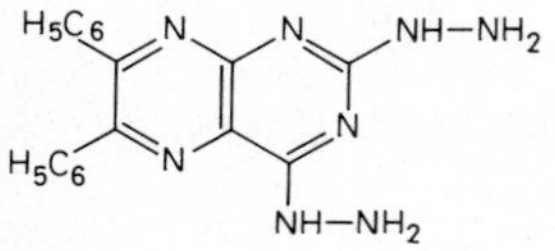

C. Trihydrazine

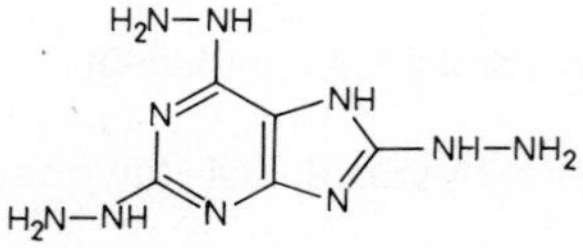

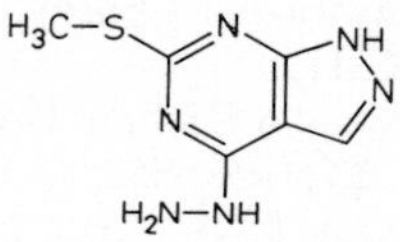

2,6,8-Trihydrazino-7(9)*H*-purin $C_5H_{10}N_{10}$, Formel IX und Taut.

B. Aus 2,6,8-Trichlor-7(9)*H*-purin und $N_2H_4 \cdot H_2O$ (*Breshears et al.*, Am. Soc. **81** [1959] 3789, 3791).

F: 209° [Zers.].

D. Hydroxy-hydrazine

4-Hydrazino-6-methylmercapto-1(2)*H*-pyrazolo[3,4-*d*]pyrimidin, [6-Methylmercapto-1(2)*H*-pyrazolo[3,4-*d*]pyrimidin-4-yl]-hydrazin $C_6H_8N_6S$, Formel X und Taut.

B. Aus 4-Chlor-6-methylmercapto-1(2)*H*-pyrazolo[3,4-*d*]pyrimidin und N_2H_4 (*Robins*, Am. Soc. **78** [1956] 784, 787, 790).

Kristalle (aus H_2O); F: >300°.

***N,N*-Dimethyl-*N′*-[8-methyl-2-methylmercapto-7(9)*H*-purin-6-yl]-hydrazin, 6-[*N′,N′*-Dimethyl-hydrazino]-8-methyl-2-methylmercapto-7(9)*H*-purin** $C_9H_{14}N_6S$, Formel XI und Taut.

B. Beim Erwärmen von 6-Chlor-8-methyl-2-methylmercapto-7(9)*H*-purin mit *N,N*-Dimethyl-hydrazin in Äthanol (*Koppel, Robins*, J. org. Chem. **23** [1958] 1457, 1460).

Kristalle (aus A.); F: 289 – 291° [unkorr.].

E. Oxo-hydrazine

Hydrazino-Derivate der Monooxo-Verbindungen $C_nH_{2n-6}N_4O$

6-Hydrazino-1,5-dihydro-pyrazolo[3,4-*d*]pyrimidin-4-on $C_5H_6N_6O$, Formel XII und Taut.
B. Aus 6-Chlor-1,5-dihydro-pyrazolo[3,4-*d*]pyrimidin-4-on und N_2H_4 (*Robins,* Am. Soc. **79** [1957] 6407, 6411, 6414).
Kristalle (aus wss. A.) mit 0,5 Mol H_2O. λ_{max} (wss. Lösung): 252 nm [pH 1] bzw. 255 nm [pH 11].

2-Hydrazino-1,7-dihydro-purin-6-on $C_5H_6N_6O$, Formel XIII und Taut.
B. Aus 2-Chlor-1,7-dihydro-purin-6-on oder 2-Methylmercapto-1,7-dihydro-purin-6-on und N_2H_4 (*Montgomery, Holum,* Am. Soc. **79** [1957] 2185, 2188).
Kristalle (aus H_2O); F: >300°. IR-Banden (KBr; 3350–900 cm^{-1}): *Mo., Ho.* λ_{max} (wss. Lösungen vom pH 1 sowie pH 7): 248 nm (*Mo., Ho.,* l. c. S. 2187).

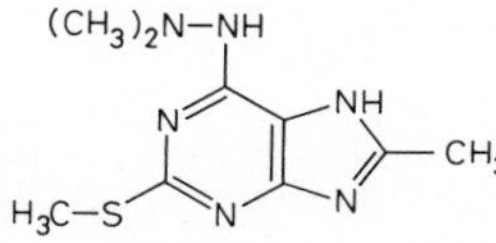

$(CH_3)_2N-NH$; CH_3 ; H_3C-S XI H_2N-NH XII H_2N-NH XIII R, R′, R″, $NH-NH_2$ XIV

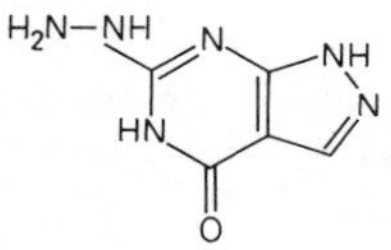

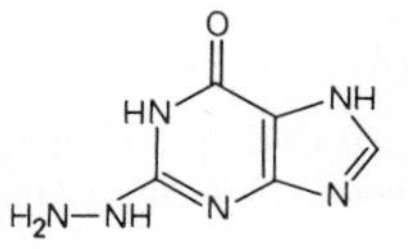

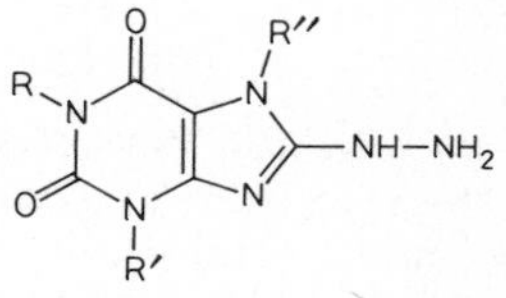

Hydrazino-Derivate der Dioxo-Verbindungen $C_nH_{2n-6}N_4O_2$

8-Hydrazino-1,3-dimethyl-3,7-dihydro-purin-2,6-dion $C_7H_{10}N_6O_2$, Formel XIV (R = R′ = CH_3, R″ = H) und Taut.
B. Beim Erwärmen von 8-Chlor-7-chlormethyl-1,3-dimethyl-3,7-dihydro-purin-2,6-dion mit Methanol (*Priewe, Poljak,* B. **88** [1955] 1932, 1934) oder mit Äthanol (*Libermann, Rouaix,* Bl. **1959** 1793, 1796) und mit $N_2H_4 \cdot H_2O$.
Kristalle; F: 325° [unkorr.; Zers.; aus wss. A.] (*Pr., Po.*), 320° [Zers.] (*Li., Ro.*).
Hydrochlorid $C_7H_{10}N_6O_2 \cdot HCl$. F: 198–199° [unkorr.; Zers.] (*Pr., Po.*).

8-Hydrazino-1,7-dimethyl-3,7-dihydro-purin-2,6-dion $C_7H_{10}N_6O_2$, Formel XIV (R = R″ = CH_3, R′ = H) und Taut.
B. Aus 8-Chlor-1,7-dimethyl-3,7-dihydro-purin-2,6-dion und N_2H_4 (*Priewe, Poljak,* B. **88** [1955] 1932, 1935).
Hydrochlorid $C_7H_{10}N_6O_2 \cdot HCl$. F: 265–268° [unkorr.; Zers.].

8-Hydrazino-3,7-dimethyl-3,7-dihydro-purin-2,6-dion $C_7H_{10}N_6O_2$, Formel XIV (R = H, R′ = R″ = CH_3) und Taut.
B. Analog der vorangehenden Verbindung (*Priewe, Poljak,* B. **88** [1955] 1932, 1934).
F: 290° [unkorr.; Zers.].
Hydrochlorid $C_7H_{10}N_6O_2 \cdot HCl$. Kristalle (aus Me. + Ae.) mit 1 Mol H_2O; F: 306° [unkorr.; Zers.].

8-Hydrazino-1,3,7-trimethyl-3,7-dihydro-purin-2,6-dion $C_8H_{12}N_6O_2$, Formel XIV (R = R′ = R″ = CH_3) (H 532).
B. Beim Erwärmen von 8-Chlor-1,3,7-trimethyl-3,7-dihydro-purin-2,6-dion (*Priewe, Poljak,* B. **88** [1955] 1932, 1934) oder von 8-Brom-1,3,7-trimethyl-3,7-dihydro-purin-2,6-dion (*Klosa,* Ar. **289** [1956] 211, 213; *Libermann, Rouaix,* Bl. **1959** 1793, 1796) mit $N_2H_4 \cdot H_2O$ in Äthanol.
Kristalle; F: 316° (*Li., Ro.*), 288–290° [Zers.; aus Eg.] (*Kl.*), 285° [unkorr.; Zers.; aus H_2O] (*Pr., Po.*).

[8-Hydrazino-1,3-dimethyl-2,6-dioxo-1,2,3,6-tetrahydro-purin-7-yl]-essigsäure-hydrazid $C_9H_{14}N_8O_3$, Formel XIV (R = R′ = CH_3, R″ = CH_2-CO-NH-NH_2).

B. Aus [8-Brom-1,3-dimethyl-2,6-dioxo-1,2,3,6-tetrahydro-purin-7-yl]-essigsäure-äthylester und N_2H_4 (*Cacace et al.*, Ann. Chimica **46** [1956] 99, 102, 104).

Kristalle; F: 219° [unkorr.; Zers.].

I

II

1,3,7-Trimethyl-8-methylenhydrazino-3,7-dihydro-purin-2,6-dion, Formaldehyd-[1,3,7-trimethyl-2,6-dioxo-2,3,6,7-tetrahydro-1*H*-purin-8-ylhydrazon] $C_9H_{12}N_6O_2$, Formel I (R = R′ = H).

Die Konstitution ist nicht gesichert (vgl. diesbezüglich *Schmitz, Ohme,* A. **635** [1960] 82).

B. Aus 8-Hydrazino-1,3,7-trimethyl-3,7-dihydro-purin-2,6-dion und Formaldehyd (*Klosa,* Ar. **289** [1956] 211, 213, 214).

Kristalle; F: 118–120° (*Kl.*, Ar. **289** 214).

Die folgenden Verbindungen sind in analoger Weise hergestellt worden:

*8-Äthylidenhydrazino-1,3,7-trimethyl-3,7-dihydro-purin-2,6-dion, Acetaldehyd-[1,3,7-trimethyl-2,6-dioxo-2,3,6,7-tetrahydro-1*H*-purin-8-ylhydrazon] $C_{10}H_{14}N_6O_2$, Formel I (R = H, R′ = CH_3). Kristalle; F: 238–240° (*Kl.*, Ar. **289** 214).

*1,3,7-Trimethyl-8-propylidenhydrazino-3,7-dihydro-purin-2,6-dion, Propionaldehyd-[1,3,7-trimethyl-2,6-dioxo-2,3,6,7-tetrahydro-1*H*-purin-8-ylhydrazon] $C_{11}H_{16}N_6O_2$, Formel I (R = H, R′ = C_2H_5). Kristalle; F: 216–218° (*Kl.*, Ar. **289** 214).

8-Isopropylidenhydrazino-1,3,7-trimethyl-3,7-dihydro-purin-2,6-dion $C_{11}H_{16}N_6O_2$, Formel I (R = R′ = CH_3). Kristalle; F: 236–237° [rotbraune Schmelze] (*Kl.*, Ar. **289** 215).

*8-Butylidenhydrazino-1,3,7-trimethyl-3,7-dihydro-purin-2,6-dion, Butyraldehyd-[1,3,7-trimethyl-2,6-dioxo-2,3,6,7-tetrahydro-1*H*-purin-8-ylhydrazon] $C_{12}H_{18}N_6O_2$, Formel I (R = H, R′ = CH_2-C_2H_5). Kristalle; F: 160–162° (*Kl.*, Ar. **289** 214).

*8-*sec*-Butylidenhydrazino-1,3,7-trimethyl-3,7-dihydro-purin-2,6-dion $C_{12}H_{18}N_6O_2$, Formel I (R = CH_3, R′ = C_2H_5). Kristalle; F: 163–165° (*Kl.*, Ar. **289** 215).

*8-[1,3-Dimethyl-butylidenhydrazino]-1,3,7-trimethyl-3,7-dihydro-purin-2,6-dion $C_{14}H_{22}N_6O_2$, Formel I (R = CH_3, R′ = CH_2-$CH(CH_3)_2$). Kristalle; F: 168–170° (*Kl.*, Ar. **289** 215).

*Decylidenhydrazino-1,3,7-trimethyl-3,7-dihydro-purin-2,6-dion, Decanal-[1,3,7-trimethyl-2,6-dioxo-2,3,6,7-tetrahydro-1*H*-purin-8-ylhydrazon] $C_{18}H_{30}N_6O_2$, Formel I (R = H, R′ = $[CH_2]_8$-CH_3). Kristalle; F: 145–147° (*Kl.*, Ar. **289** 214).

8-Cyclohexylidenhydrazino-1,3,7-trimethyl-3,7-dihydro-purin-2,6-dion $C_{14}H_{20}N_6O_2$, Formel II. Kristalle; F: 202–204° (*Kl.*, Ar. **289** 216).

*(±)-8-Bornan-2-ylidenhydrazino-1,3,7-trimethyl-3,7-dihydro-purin-2,6-dion $C_{18}H_{26}N_6O_2$, Formel III. Kristalle; F: 273–275° (*Kl.*, Ar. **289** 216).

III

IV

*8-Benzylidenhydrazino-1,3,7-trimethyl-3,7-dihydro-purin-2,6-dion, Benzaldehyd-[1,3,7-trimethyl-2,6-dioxo-2,3,6,7-tetrahydro-1*H*-purin-8-ylhydrazon] $C_{15}H_{16}N_6O_2$, Formel IV (R = CH_3, X = X′ = H) (H 532). Kristalle; F: 283–285° (*Klosa*, B. **90** [1957] 2439, 2441), 280° (*Kl.*, Ar. **289** 214).

*1,3,7-Trimethyl-8-[3-nitro-benzylidenhydrazino]-3,7-dihydro-purin-2,6-dion, 3-Nitro-benzaldehyd-[1,3,7-trimethyl-2,6-dioxo-2,3,6,7-tetrahydro-1*H*-purin-8-ylhydrazon] $C_{15}H_{15}N_7O_4$, Formel IV (R = CH_3, X = NO_2, X′ = H). Kristalle; F: 308° [Zers.] (*Kl.*, Ar. **289** 214).

*[8-Benzylidenhydrazino-1,3-dimethyl-2,6-dioxo-1,2,3,6-tetrahydro-purin-7-yl]-essigsäure-benzylidenhydrazid $C_{23}H_{22}N_8O_3$, Formel IV (R = CH_2-CO-NH-N=CH-C_6H_5, X = X′ = H). Kristalle (aus Eg. oder wss. 2-Äthoxy-äthanol); F: 248–250° [unkorr.; Zers.] (*Cacace et al.*, Ann. Chimica **46** [1956] 99, 102, 104).

*1,3,7-Trimethyl-8-[1-phenyl-propylidenhydrazino]-3,7-dihydro-purin-2,6-dion $C_{17}H_{20}N_6O_2$, Formel I (R = C_2H_5, R′ = C_6H_5). Kristalle; F: 197–199° [rote Schmelze] (*Kl.*, Ar. **289** 215).

*1,3,7-Trimethyl-8-[1-methyl-2-phenyl-äthylidenhydrazino]-3,7-dihydro-purin-2,6-dion $C_{17}H_{20}N_6O_2$, Formel I (R = CH_3, R′ = CH_2-C_6H_5). Kristalle; F: 140–142° (*Kl.*, Ar. **289** 215).

*1,3,7-Trimethyl-8-[1-[1]naphthyl-äthylidenhydrazino]-3,7-dihydro-purin-2,6-dion $C_{20}H_{20}N_6O_2$, Formel I (R = CH_3, R′ = $C_{10}H_7$). Kristalle; F: 249–250° [rote Schmelze] (*Kl.*, Ar. **289** 215).

8-Benzhydrylidenhydrazino-1,3,7-trimethyl-3,7-dihydro-purin-2,6-dion $C_{21}H_{20}N_6O_2$, Formel I (R = R′ = C_6H_5). Kristalle, die sich ab 300° zersetzen und bei 340° schmelzen (*Kl.*, Ar. **289** 215).

(±)-1,3,7-Trimethyl-8-[5-methyl-4,5-dihydro-pyrazol-1-yl]-3,7-dihydro-purin-2,6-dion $C_{12}H_{16}N_6O_2$, Formel V (R = H, R′ = CH_3). Kristalle (aus A.); F: 254–256° (*Kl.*, Ar. **289** 217).

8-[3,5-Dimethyl-pyrazol-1-yl]-1,3,7-trimethyl-3,7-dihydro-purin-2,6-dion $C_{13}H_{16}N_6O_2$, Formel VI. Kristalle (aus Eg.), die sich bei 280° braun färben, aber bis 360° nicht schmelzen (*Kl.*, Ar. **289** 217).

*8-[4-Hydroxy-benzylidenhydrazino]-1,3,7-trimethyl-3,7-dihydro-purin-2,6-dion, 4-Hydroxy-benzaldehyd-[1,3,7-trimethyl-2,6-dioxo-2,3,6,7-tetrahydro-1*H*-purin-8-ylhydrazon] $C_{15}H_{16}N_6O_3$, Formel IV (R = CH_3, X = H, X′ = OH). Kristalle; F: 310° (*Kl.*, Ar. **289** 214).

*8-[4-Methoxy-benzylidenhydrazino]-1,3,7-trimethyl-3,7-dihydro-purin-2,6-dion, 4-Methoxy-benzaldehyd-[1,3,7-trimethyl-2,6-dioxo-2,3,6,7-tetrahydro-1*H*-purin-8-ylhydrazon] $C_{16}H_{18}N_6O_3$, Formel IV (R = CH_3, X = H, X′ = O-CH_3). Kristalle; F: 268–270° (*Kl.*, Ar. **289** 214).

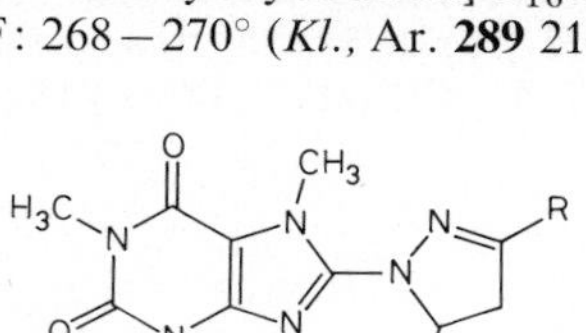

V 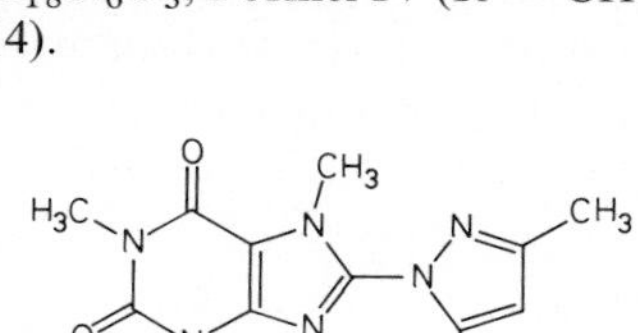 VI 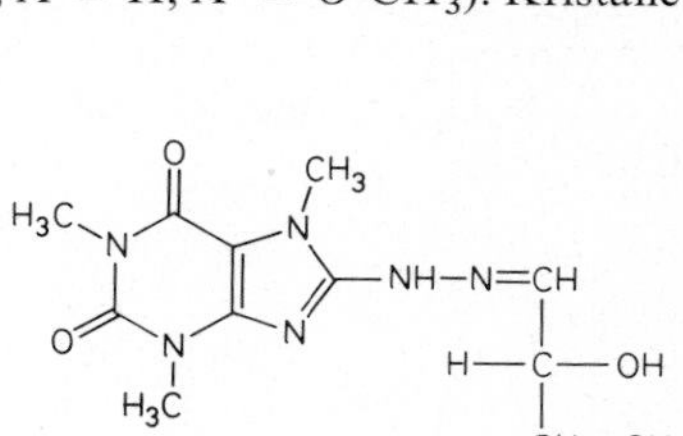 VII

*[8-(4-Methoxy-benzylidenhydrazino)-1,3-dimethyl-2,6-dioxo-1,2,3,6-tetrahydro-purin-7-yl]-essigsäure-[4-methoxy-benzylidenhydrazid] $C_{25}H_{26}N_8O_5$, Formel IV (R = CH_2-CO-NH-N=CH-C_6H_4-O-CH_3, X = H, X′ = O-CH_3). Kristalle (aus Eg. oder wss. 2-Äthoxy-äthanol); F: 250–252° [unkorr.; Zers.] (*Ca. et al.*).

(±)-1,3,7-Trimethyl-8-[5-phenyl-4,5-dihydro-pyrazol-1-yl]-3,7-dihydro-purin-2,6-dion $C_{17}H_{18}N_6O_2$, Formel V (R = H, R′ = C_6H_5). Kristalle (aus A.); F: 263–264° (*Kl.*, Ar. **289** 217).

(±)-8-[3,5-Diphenyl-4,5-dihydro-pyrazol-1-yl]-1,3,7-trimethyl-3,7-dihydro-purin-2,6-dion $C_{23}H_{22}N_6O_2$, Formel V (R = R′ = C_6H_5). Kristalle (aus Eg.+H_2O); F:

221–225° (*Kl.*, Ar. **289** 217).

*8-[(*S*)-2,3-Dihydroxy-propylidenhydrazino]-1,3,7-trimethyl-3,7-dihydro-purin-2,6-dion, D-Glycerinaldehyd-[1,3,7-trimethyl-2,6-dioxo-2,3,6,7-tetrahydro-1*H*-purin-8-ylhydrazon] $C_{11}H_{16}N_6O_4$, Formel VII. Kristalle; F: 225–227° [Zers.; nach Veränderung ab 120°] (*Kl.*, B. **90** 2441).

*Hydroxypyruvaldehyd-bis-[1,3,7-trimethyl-2,6-dioxo-2,3,6,7-tetrahydro-1*H*-purin-8-ylhydrazon] $C_{19}H_{24}N_{12}O_5$, Formel VIII. Kristalle; F: 345° [nach Verfärbung ab 240°] (*Kl.*, B. **90** 2442).

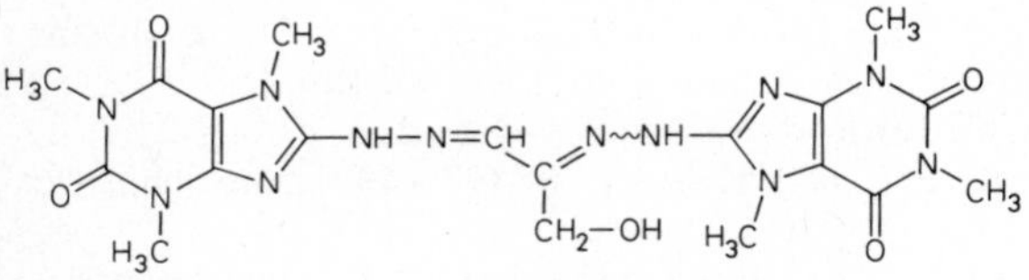

VIII

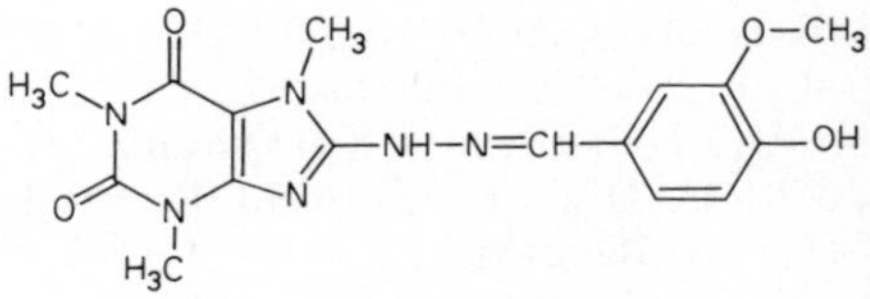

IX

*1,3,7-Trimethyl-8-vanillylidenhydrazino-3,7-dihydro-purin-2,6-dion, Vanillin-[1,3,7-trimethyl-2,6-dioxo-2,3,6,7-tetrahydro-1*H*-purin-8-ylhydrazon] $C_{16}H_{18}N_6O_4$, Formel IX. Kristalle; F: 291–293° (*Kl.*, Ar. **289** 214).

*8-L-Arabit-1-ylidenhydrazino-1,3,7-trimethyl-3,7-dihydro-purin-2,6-dion, L-Arabinose-[1,3,7-trimethyl-2,6-dioxo-2,3,6,7-tetrahydro-1*H*-purin-8-ylhydrazon] $C_{13}H_{20}N_6O_6$, Formel X und cycl. Taut. Kristalle (aus H_2O); F: 225–227° [Zers.; nach Erweichen bei 100° und Wiedererstarren] (*Kl.*, B. **90** 2441).

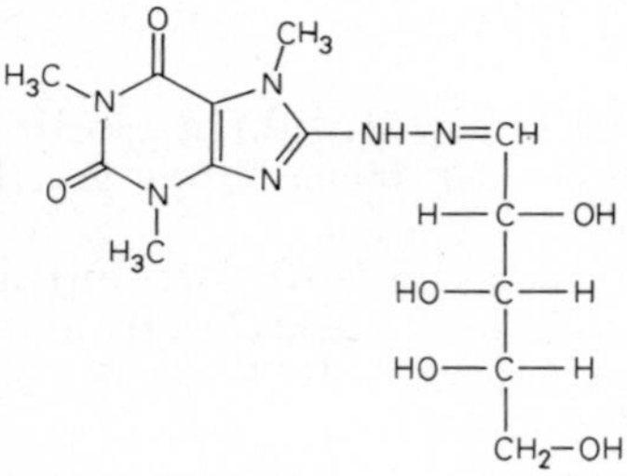

X

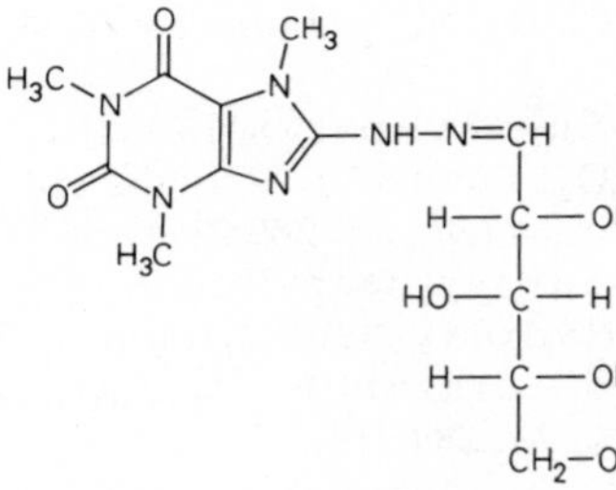

XI

*1,3,7-Trimethyl-8-D-xylit-1-ylidenhydrazino-3,7-dihydro-purin-2,6-dion, D-Xylose-[1,3,7-trimethyl-2,6-dioxo-2,3,6,7-tetrahydro-1*H*-purin-8-ylhydrazon] $C_{13}H_{20}N_6O_6$, Formel XI und cycl. Taut. Kristalle (aus wss. A.); F: 175–177° [Zers.] (*Kl.*, B. **90** 2441).

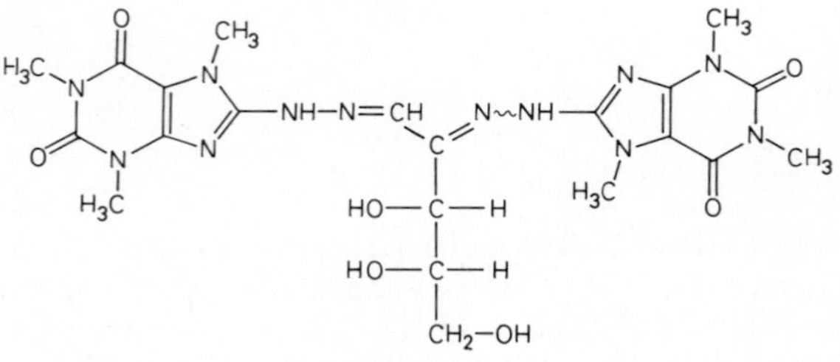

XII

*L-*erythro*-[2]Pentosulose-bis-[1,3,7-trimethyl-2,6-dioxo-2,3,6,7-tetrahydro-1*H*-purin-8-ylhydrazon] $C_{21}H_{28}N_{12}O_7$, Formel XII und cycl. Taut. Grüne Kristalle; Zers. ab 220° (*Kl.*, B. **90** 2442).

*D-*threo*-[2]Pentosulose-bis-[1,3,7-trimethyl-2,6-dioxo-2,3,6,7-tetrahydro-1*H*-

purin-8-ylhydrazon] $C_{21}H_{28}N_{12}O_7$, Formel XIII und cycl. Taut. Gelbe, beim Stehenlassen rot werdende Kristalle; F: 248–250° (*Kl.*, B. **90** 2442).

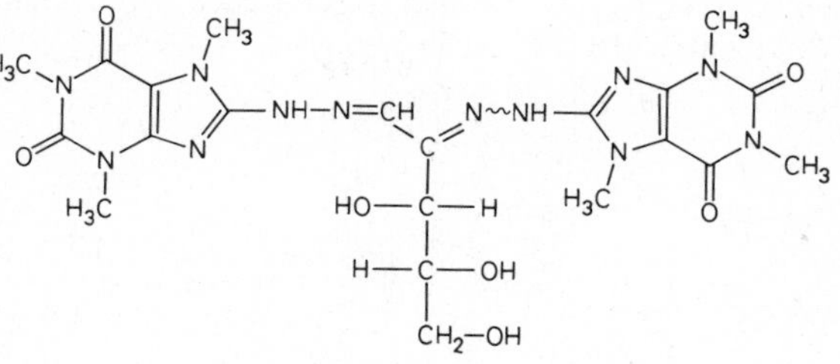

*8-D-Glucit-1-ylidenhydrazino-1,3,7-trimethyl-3,7-dihydro-purin-2,6-dion, D-Glucose-[1,3,7-trimethyl-2,6-dioxo-2,3,6,7-tetrahydro-1*H*-purin-8-ylhydrazon] $C_{14}H_{22}N_6O_7$, Formel XIV und cycl. Taut. Kristalle (aus H_2O); F: 224–226° [Zers.] (*Kl.*, B. **90** 2441).

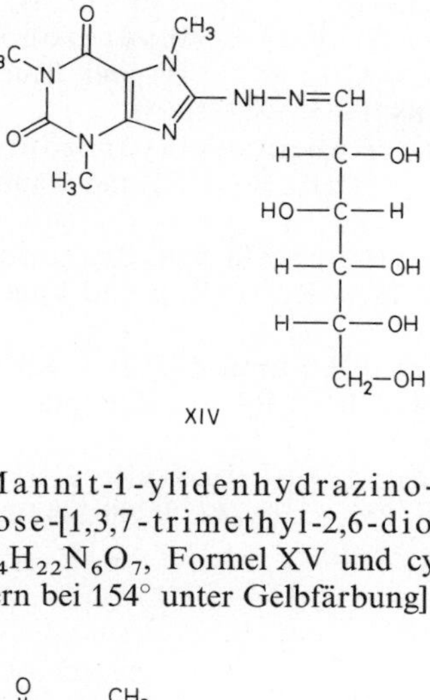

*8-D-Mannit-1-ylidenhydrazino-1,3,7-trimethyl-3,7-dihydro-purin-2,6-dion, D-Mannose-[1,3,7-trimethyl-2,6-dioxo-2,3,6,7-tetrahydro-1*H*-purin-8-ylhydrazon] $C_{14}H_{22}N_6O_7$, Formel XV und cycl. Taut. Kristalle (aus H_2O); F: 196–198° [Zers.; nach Sintern bei 154° unter Gelbfärbung] (*Kl.*, B. **90** 2441).

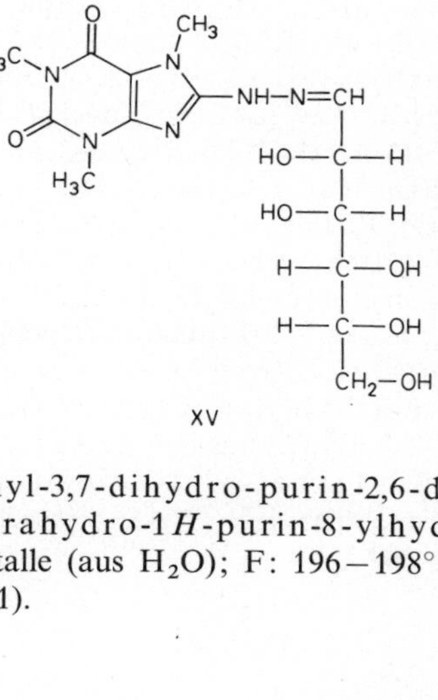

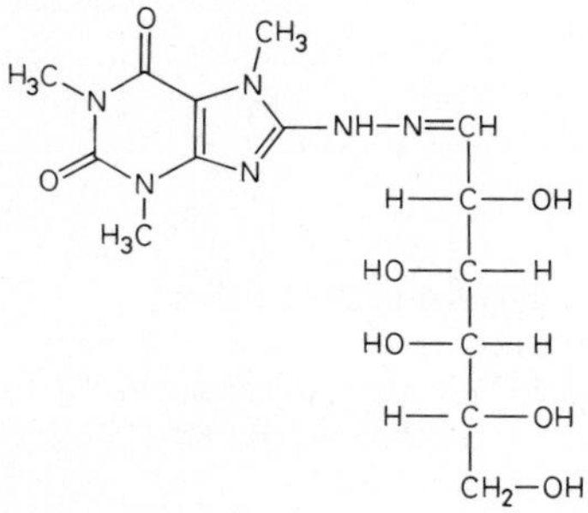

*8-D-Galactit-1-ylidenhydrazino-1,3,7-trimethyl-3,7-dihydro-purin-2,6-dion, D-Galactose-[1,3,7-trimethyl-2,6-dioxo-2,3,6,7-tetrahydro-1*H*-purin-8-ylhydrazon] $C_{14}H_{22}N_6O_7$, Formel I und cycl. Taut. Kristalle (aus H_2O); F: 230–232° [Zers.] (*Kl.*, B. **90** 2441).

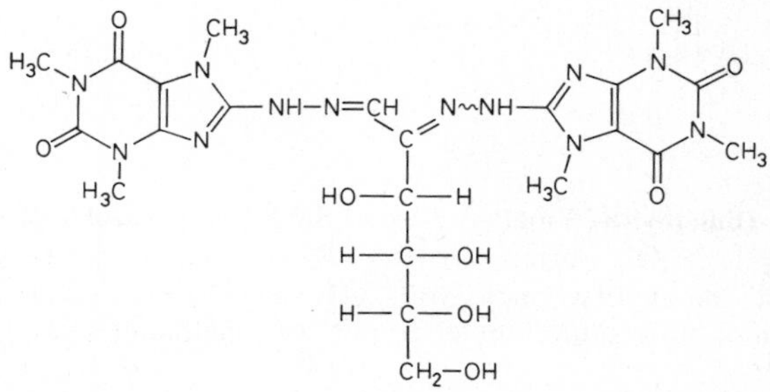

*D-*arabino*-[2]Hexosulose-bis-[1,3,7-trimethyl-2,6-dioxo-2,3,6,7-tetrahydro-1*H*-

purin-8-ylhydrazon] $C_{22}H_{30}N_{12}O_8$, Formel II und cycl. Taut. Gelbe, beim Stehenlassen dunkel werdende Kristalle; F: 240° [nach Farbänderung ab 222°] (*Kl.*, B. **90** 2442).

*D-*lyxo*-[2]Hexosulose-bis-[1,3,7-trimethyl-2,6-dioxo-2,3,6,7-tetrahydro-1*H*-purin-8-ylhydrazon] $C_{22}H_{30}N_{12}O_8$, Formel III und cycl. Taut. Gelbe Kristalle; F: 278° [Zers.; nach Dunkelfärbung ab 220°] (*Kl.*, B. **90** 2442).

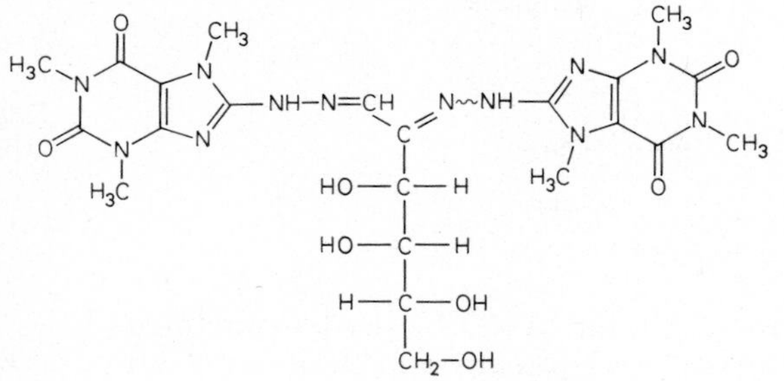

III 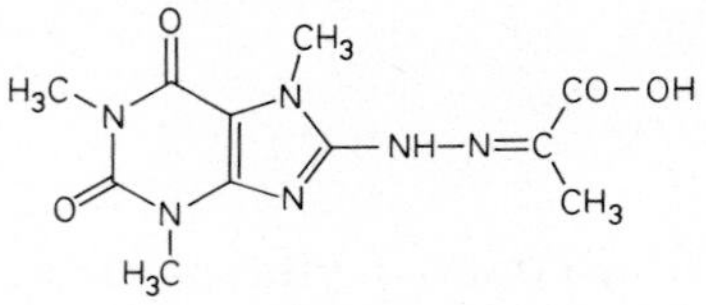 IV

2-[1,3,7-Trimethyl-2,6-dioxo-2,3,6,7-tetrahydro-1*H*-purin-8-ylhydrazono]-propionsäure $C_{11}H_{14}N_6O_4$, Formel IV und Taut. Kristalle; F: 238–240° (*Kl.*, Ar. **289** 216).

3-[1,3-Dimethyl-2,6-dioxo-2,3,6,7-tetrahydro-1*H*-purin-8-ylhydrazono]-buttersäure-äthylester $C_{13}H_{18}N_6O_4$, Formel V (R = R′ = CH_3, R″ = H) und Taut. Kristalle (aus Me.); F: 198° [unkorr.; Zers.] (*Priewe, Poljak,* B. **88** [1955] 1932, 1935).

3-[1,7-Dimethyl-2,6-dioxo-2,3,6,7-tetrahydro-1*H*-purin-8-ylhydrazono]-buttersäure-äthylester $C_{13}H_{18}N_6O_4$, Formel V (R = R″ = CH_3, R′ = H) und Taut. Kristalle (aus H_2O); F: 190–192° [unkorr.; Zers.] (*Pr., Po.*).

3-[3,7-Dimethyl-2,6-dioxo-2,3,6,7-tetrahydro-1*H*-purin-8-ylhydrazono]-buttersäure-äthylester $C_{13}H_{18}N_6O_4$, Formel V (R = H, R′ = R″ = CH_3) und Taut. Kristalle (aus A.); F: 206–207° [unkorr.; Zers.] (*Pr., Po.*).

3-[1,3,7-Trimethyl-2,6-dioxo-2,3,6,7-tetrahydro-1*H*-purin-8-ylhydrazono]-buttersäure-äthylester $C_{14}H_{20}N_6O_4$, Formel V (R = R′ = R″ = CH_3) und Taut. F: 132–134° [unkorr.; aus Bzl.+PAe.] (*Pr., Po.*).

*4-[1,3,7-Trimethyl-2,6-dioxo-2,3,6,7-tetrahydro-1*H*-purin-8-ylhydrazono]-valeriansäure $C_{13}H_{18}N_6O_4$, Formel VI. Kristalle; F: 252–259° (*Kl.*, B. **90** 2442), 252–254° (*Kl.*, Ar. **289** 216).

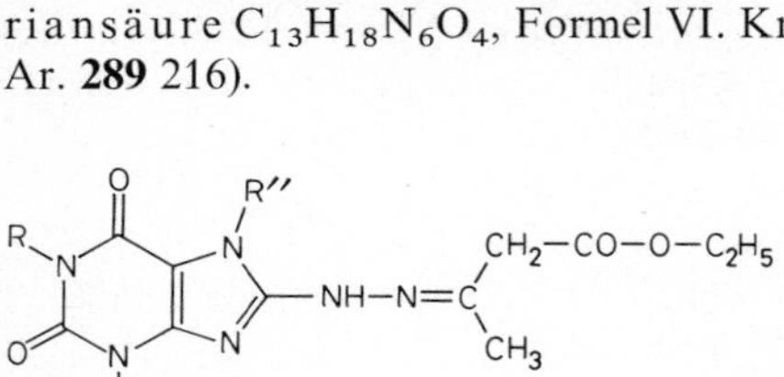

V 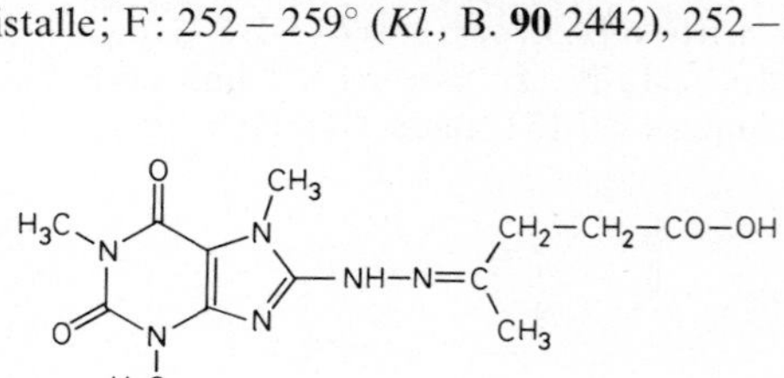 VI

1,3-Dimethyl-8-[3-methyl-5-oxo-2,5-dihydro-pyrazol-1-yl]-3,7-dihydro-purin-2,6-dion $C_{11}H_{12}N_6O_3$, Formel VII (R = R′ = CH_3, R″ = H) und Taut.

B. Beim Erwärmen von 3-[1,3-Dimethyl-2,6-dioxo-2,3,6,7-tetrahydro-1*H*-purin-8-ylhydrazono]-buttersäure-äthylester mit wss.-methanol. NaOH (*Priewe, Poljak,* B. **88** [1955] 1932, 1936).

Kristalle (aus Eg.); F: 310–312° [unkorr.; Zers.].

Die folgenden Verbindungen sind in analoger Weise hergestellt worden:

1,7-Dimethyl-8-[3-methyl-5-oxo-2,5-dihydro-pyrazol-1-yl]-3,7-dihydro-purin-2,6-dion $C_{11}H_{12}N_6O_3$, Formel VII (R = R″ = CH_3, R′ = H) und Taut. Kristalle (aus A.); F: 267–270° [unkorr.; Zers.].

3,7-Dimethyl-8-[3-methyl-5-oxo-2,5-dihydro-pyrazol-1-yl]-3,7-dihydro-purin-

2,6-dion $C_{11}H_{12}N_6O_3$, Formel VII (R = H, R′ = R″ = CH_3) und Taut. Kristalle (aus H_2O); F: 290–292° [unkorr.; Zers.].

1,3,7-Trimethyl-8-[3-methyl-5-oxo-2,5-dihydro-pyrazol-1-yl]-3,7-dihydro-purin-2,6-dion $C_{12}H_{14}N_6O_3$, Formel VII (R = R′ = R″ = CH_3) und Taut. Kristalle (aus H_2O); F: 216–218° [unkorr.] (*Pr., Po.*, l. c. S. 1935).

8-[2,3-Dimethyl-5-oxo-2,5-dihydro-pyrazol-1-yl]-1,3,7-trimethyl-3,7-dihydro-purin-2,6-dion $C_{13}H_{16}N_6O_3$, Formel VIII (R = H).

B. s. bei der folgenden Verbindung.

Kristalle (aus H_2O) mit 0,5 Mol H_2O; F: 251–253° [unkorr.; Zers.] (*Priewe, Poljak*, B. **88** [1955] 1932, 1935).

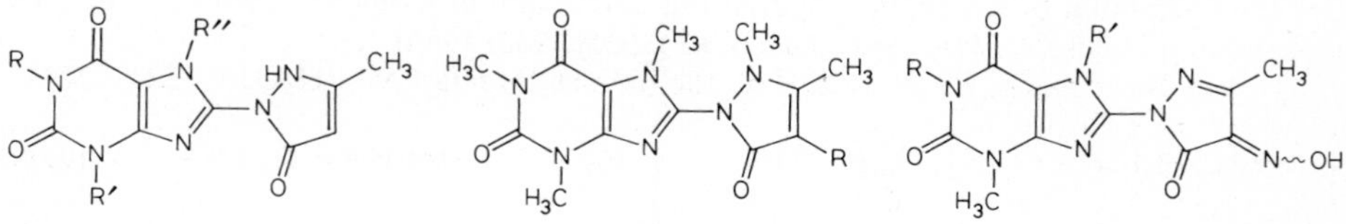

VII VIII IX

1,3,7-Trimethyl-8-[2,3,4-trimethyl-5-oxo-2,5-dihydro-pyrazol-1-yl]-3,7-dihydro-purin-2,6-dion $C_{14}H_{18}N_6O_3$, Formel VIII (R = CH_3).

B. Als Hauptprodukt neben 8-[2,3-Dimethyl-5-oxo-2,5-dihydro-pyrazol-1-yl]-1,3,7-trimethyl-3,7-dihydro-purin-2,6-dion beim Erhitzen von 1,3,7-Trimethyl-8-[3-methyl-5-oxo-2,5-dihydro-pyrazol-1-yl]-3,7-dihydro-purin-2,6-dion mit CH_3I in Methanol auf 140–145° unter Druck (*Priewe, Poljak*, B. **88** [1955] 1932, 1935).

Kristalle (aus DMF); F: 335–340° [unkorr.; Zers.].

***8-[4-Hydroxyimino-3-methyl-5-oxo-4,5-dihydro-pyrazol-1-yl]-1,3-dimethyl-3,7-dihydro-purin-2,6-dion** $C_{11}H_{11}N_7O_4$, Formel IX (R = CH_3, R′ = H) und Taut.

B. Aus 1,3-Dimethyl-8-[3-methyl-5-oxo-2,5-dihydro-pyrazol-1-yl]-3,7-dihydro-purin-2,6-dion mit Hilfe von $NaNO_2$ (*Priewe, Poljak*, B. **88** [1955] 1932, 1936).

F: 310° [unkorr.; Zers.].

***8-[4-Hydroxyimino-3-methyl-5-oxo-4,5-dihydro-pyrazol-1-yl]-3,7-dimethyl-3,7-dihydro-purin-2,6-dion** $C_{11}H_{11}N_7O_4$, Formel IX (R = H, R′ = CH_3).

B. Analog der vorangehenden Verbindung (*Priewe, Poljak*, B. **88** [1955] 1932, 1936).

F: 285–287° [unkorr.; Zers.].

***8-[4-Hydroxyimino-3-methyl-5-oxo-4,5-dihydro-pyrazol-1-yl]-1,3,7-trimethyl-3,7-dihydro-purin-2,6-dion** $C_{12}H_{13}N_7O_4$, Formel IX (R = R′ = CH_3).

B. Analog den vorangehenden Verbindungen (*Priewe, Poljak*, B. **88** [1955] 1932, 1936).

Kristalle (aus wss. A.); F: 248–249° [unkorr.; Zers.].

***N,N′*-Bis-[2-(1,3-dimethyl-2,6-dioxo-2,3,6,7-tetrahydro-1*H*-purin-8-yl)-5-methyl-3-oxo-2,3-dihydro-1*H*-pyrazol-4-yl]-hydrazin** $C_{22}H_{24}N_{14}O_6$, Formel X (R = CH_3, R′ = H) und Taut.

B. Bei der Reduktion von 8-[4-Hydroxyimino-3-methyl-5-oxo-4,5-dihydro-pyrazol-1-yl]-1,3-dimethyl-3,7-dihydro-purin-2,6-dion (s. o.) mit $Na_2S_2O_4$ (*Priewe, Poljak*, B. **88** [1955] 1932, 1937).

Kristalle (aus H_2O) mit 1,5 Mol H_2O; F: 330° [unkorr.; Zers.].

***N,N′*-Bis-[2-(3,7-dimethyl-2,6-dioxo-2,3,6,7-tetrahydro-1*H*-purin-8-yl)-5-methyl-3-oxo-2,3-dihydro-1*H*-pyrazol-4-yl]-hydrazin** $C_{22}H_{24}N_{14}O_6$, Formel X (R = H, R′ = CH_3) und Taut.

B. Analog der vorangehenden Verbindung (*Priewe, Poljak*, B. **88** [1955] 1932, 1937).

Kristalle (aus H_2O) mit 3 Mol H_2O; F: 245° [unkorr.; Zers.].

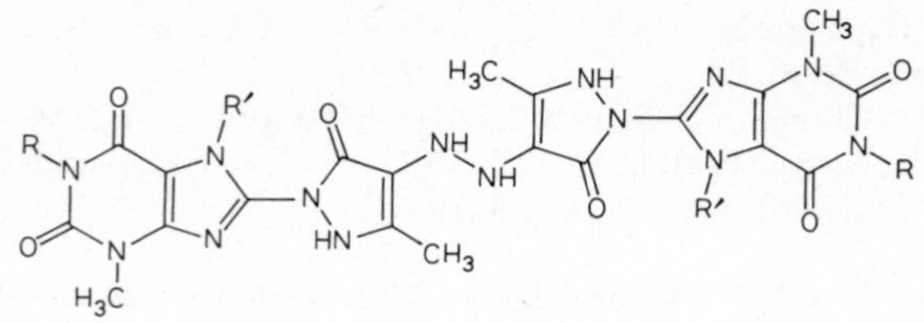

X

***N,N'*-Bis-[5-methyl-3-oxo-2-(1,3,7-trimethyl-2,6-dioxo-2,3,6,7-tetrahydro-1*H*-purin-8-yl)-2,3-dihydro-1*H*-pyrazol-4-yl]-hydrazin** $C_{24}H_{28}N_{14}O_6$, Formel X (R = R' = CH_3) und Taut.

B. Aus 8-[4-Hydroxyimino-3-methyl-5-oxo-4,5-dihydro-pyrazol-1-yl]-1,3,7-trimethyl-3,7-dihydro-purin-2,6-dion (s. o.) bei der Hydrierung an Palladium/Kohle in Methanol oder bei der Reduktion mit $Na_2S_2O_4$ (*Priewe, Poljak,* B. **88** [1955] 1932, 1936).

Natrium-Salz $NaC_{24}H_{27}N_{14}O_6$. Kristalle (aus H_2O) mit 1 Mol H_2O; F: 224–225° [unkorr.].

Dihydrochlorid $C_{24}H_{28}N_{14}O_6 \cdot 2HCl$. Feststoff mit 4 Mol H_2O; F: 272–274° [unkorr.; Zers.].

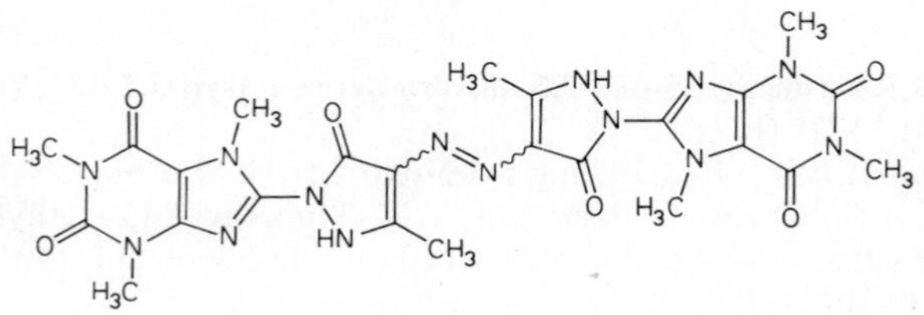

XI

***Bis-[5-methyl-3-oxo-2-(1,3,7-trimethyl-2,6-dioxo-2,3,6,7-tetrahydro-1*H*-purin-8-yl)-2,3-dihydro-1*H*-pyrazol-4-yl]-diazen** $C_{24}H_{26}N_{14}O_6$, Formel XI und Taut.

B. Aus *N,N'*-Bis-[5-methyl-3-oxo-2-(1,3,7-trimethyl-2,6-dioxo-2,3,6,7-tetrahydro-1*H*-purin-8-yl)-2,3-dihydro-1*H*-pyrazol-4-yl]-hydrazin mit Hilfe von NaBrO (*Priewe, Poljak,* B. **88** [1955] 1932, 1937).

Natrium-Salz $NaC_{24}H_{25}N_{14}O_6$. Feststoff mit 1 Mol H_2O; F: 298° [unkorr.; Zers.].

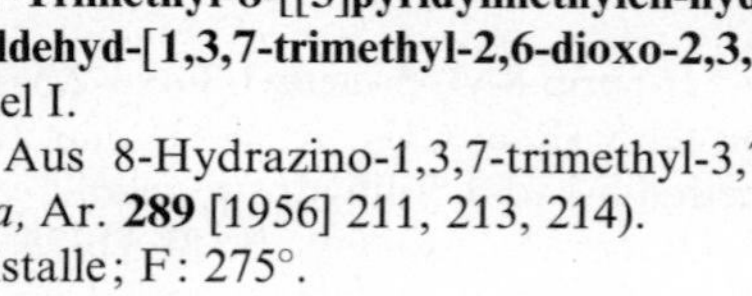

I 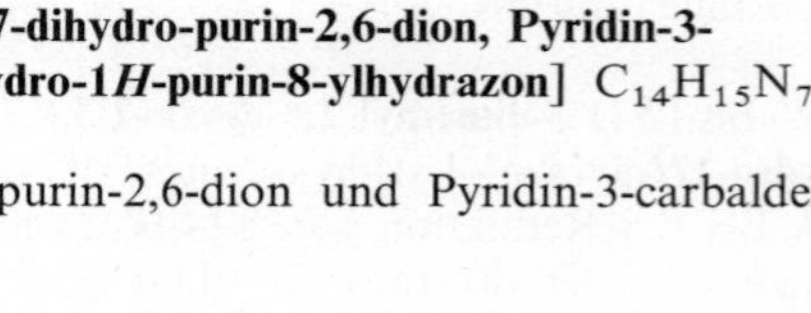 II

***1,3,7-Trimethyl-8-[[3]pyridylmethylen-hydrazino]-3,7-dihydro-purin-2,6-dion, Pyridin-3-carbaldehyd-[1,3,7-trimethyl-2,6-dioxo-2,3,6,7-tetrahydro-1*H*-purin-8-ylhydrazon]** $C_{14}H_{15}N_7O_2$, Formel I.

B. Aus 8-Hydrazino-1,3,7-trimethyl-3,7-dihydro-purin-2,6-dion und Pyridin-3-carbaldehyd (*Klosa,* Ar. **289** [1956] 211, 213, 214).

Kristalle; F: 275°.

Die folgenden Verbindungen sind in analoger Weise hergestellt worden:

*1,3,7-Trimethyl-8-[[4]pyridylmethylen-hydrazino]-3,7-dihydro-purin-2,6-dion, Pyridin-4-carbaldehyd-[1,3,7-trimethyl-2,6-dioxo-2,3,6,7-tetrahydro-1*H*-purin-8-ylhydrazon] $C_{14}H_{15}N_7O_2$, Formel II. Kristalle; F: 285°.

*1,3,7-Trimethyl-8-[(6-methyl-[2]pyridylmethylen)-hydrazino]-3,7-dihydro-purin-2,6-dion, 6-Methyl-pyridin-2-carbaldehyd-[1,3,7-trimethyl-2,6-dioxo-2,3,6,7-

tetrahydro-1*H*-purin-8-ylhydrazon] $C_{15}H_{17}N_7O_2$, Formel III. Kristalle; F: 285°.

*8-[[2]Chinolylmethylen-hydrazino]-1,3,7-trimethyl-3,7-dihydro-purin-2,6-dion, Chinolin-2-carbaldehyd-[1,3,7-trimethyl-2,6-dioxo-2,3,6,7-tetrahydro-1*H*-purin-8-ylhydrazon] $C_{18}H_{17}N_7O_2$, Formel IV. Kristalle; F: 290°.

*8-[1-(1,5-Dimethyl-3-oxo-2-phenyl-2,3-dihydro-1*H*-pyrazol-4-yl)-propyliden-hydrazino]-1,3,7-trimethyl-3,7-dihydro-purin-2,6-dion $C_{22}H_{26}N_8O_3$, Formel V. Kristalle; Zers. ab 290° (*Kl.*, l. c. S. 216).

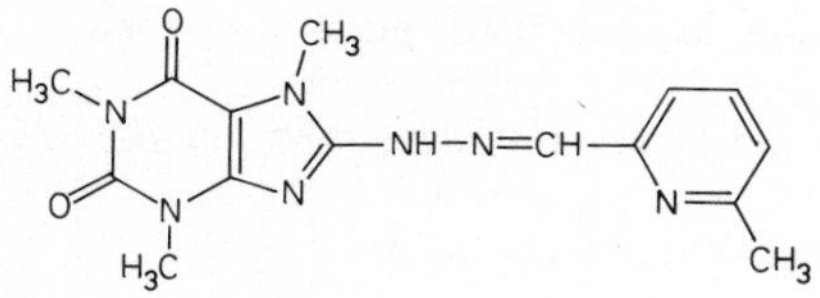

III 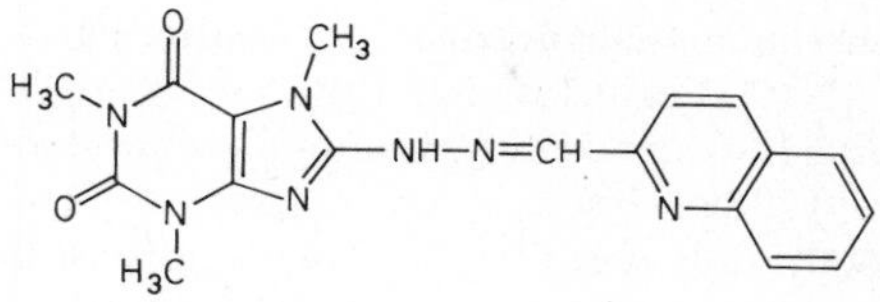 IV

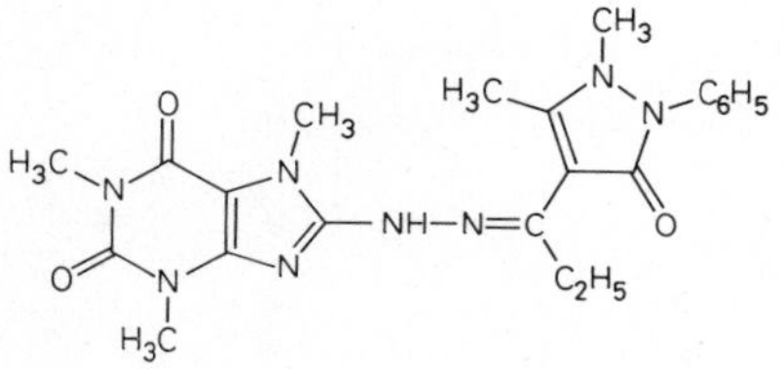

V 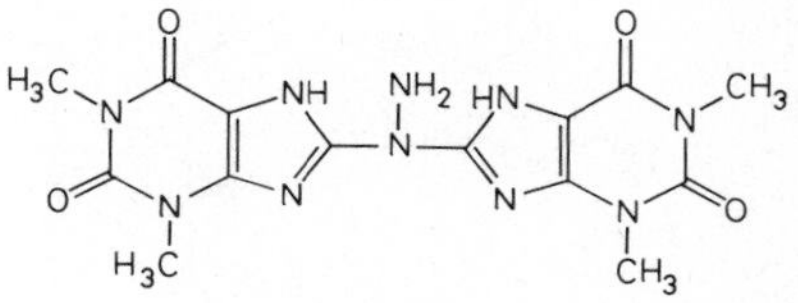 VI

***N,N*-Bis-[1,3-dimethyl-2,6-dioxo-2,3,6,7-tetrahydro-1*H*-purin-8-yl]-hydrazin(?), 1,3,1′,3′-Tetramethyl-3,7,3′,7′-tetrahydro-8,8′-hydrazono-bis-purin-2,6-dion(?)** $C_{14}H_{16}N_{10}O_4$, vermutlich Formel VI und Taut.

B. Aus 8-Brom-1,3-dimethyl-3,7-dihydro-purin-2,6-dion und $N_2H_4 \cdot H_2O$ (*Libermann, Rouaix*, Bl. **1959** 1793, 1796).

Kristalle; F: 416°.

F. Hydrazino-amine

6-Hydrazino-7(9)*H*-purin-2-ylamin $C_5H_7N_7$, Formel VII und Taut.

B. Beim Erhitzen von 6-Methylmercapto-7(9)*H*-purin-2-ylamin mit N_2H_4 (*Montgomery, Holum*, Am. Soc. **79** [1957] 2185, 2188).

Kristalle (aus H_2O); F: >300°. IR-Banden (KBr; 3350–900 cm^{-1}): *Mo., Ho.* λ_{max} (wss. Lösung): 284,5 nm [pH 1] bzw. 283 nm [pH 7] (*Mo., Ho.*, l. c. S. 2187).

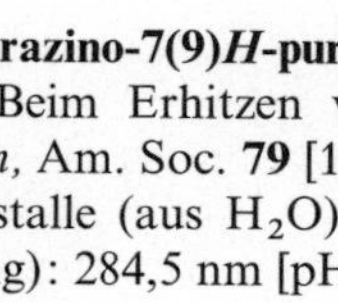

VII 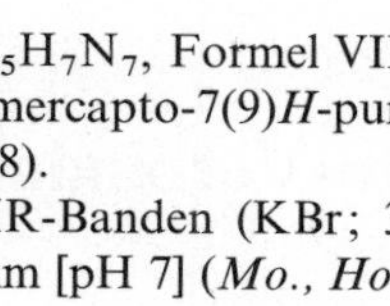 VIII 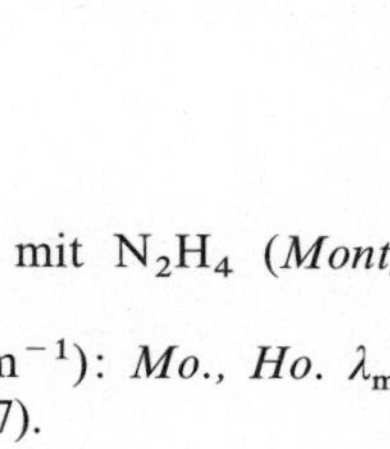 IX

2-Hydrazino-7(9)*H*-purin-6-ylamin $C_5H_7N_7$, Formel VIII und Taut.

B. Aus 2-Chlor-7(9)*H*-purin-6-ylamin und N_2H_4 (*Montgomery, Holum*, Am. Soc. **79** [1957] 2185, 2188).

Kristalle (aus H_2O); F: >300°. IR-Banden (KBr; 3300–900 cm^{-1}): *Mo., Ho.* λ_{max} (wss.

Lösung): 267,5 nm [pH 1] bzw. 263 nm [pH 7] (*Mo., Ho.,* l. c. S. 2187).

2-Hydrazino-6-piperidino-7(9)*H*-purin, [6-Piperidino-7(9)*H*-purin-2-yl]-hydrazin $C_{10}H_{15}N_7$, Formel IX und Taut.

B. Aus 2-Chlor-6-piperidino-7(9)*H*-purin und $N_2H_4 \cdot H_2O$ (*Breshears et al.,* Am. Soc. **81** [1959] 3789, 3790).

Kristalle (aus A.); F: 235–238°. λ_{max} (wss. Lösung vom pH 1): 231 nm und 290 nm.

6-Furfurylamino-2-hydrazino-7(9)*H*-purin, Furfuryl-[2-hydrazino-7(9)*H*-purin-6-yl]-amin $C_{10}H_{11}N_7O$, Formel X und Taut.

B. Aus [2-Chlor-7(9)*H*-purin-6-yl]-furfuryl-amin und $N_2H_4 \cdot H_2O$ (*Breshears et al.,* Am. Soc. **81** [1959] 3789, 3790).

Kristalle (aus A.); F: 212–214°. λ_{max} (wss. Lösung vom pH 1): 282 nm.

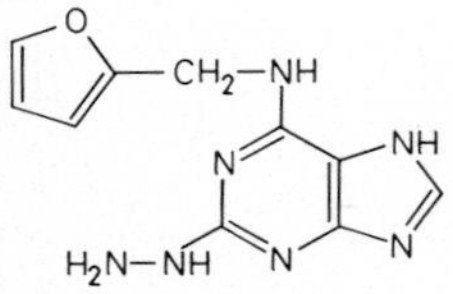

X 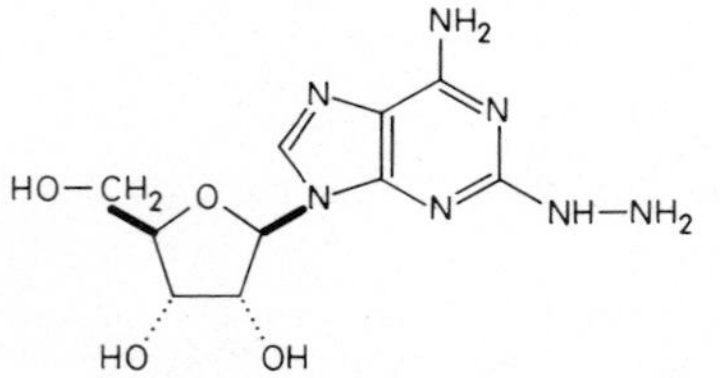 XI 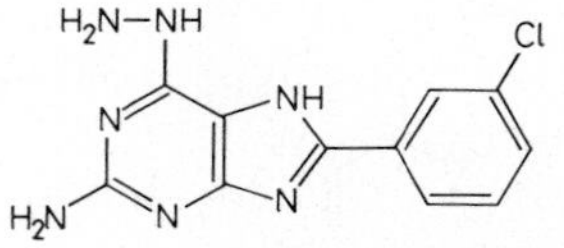 XII

2-Hydrazino-adenosin $C_{10}H_{15}N_7O_4$, Formel XI.

B. Aus 2-Chlor-adenosin und N_2H_4 (*Schaeffer, Thomas,* Am. Soc. **80** [1958] 3738, 3742).

Kristalle (aus wss. A.) mit 0,5 Mol Äthanol; F: 143° und (nach Wiedererstarren bei 150–155°) F: 200° [Zers.]. $[\alpha]_D^{26}$: −33° [H_2O; c = 0,8]. IR-Banden (3400–1000 cm^{-1}): *Sch., Th.* λ_{max} (wss. Lösung): 256 nm und 277 nm [pH 1], 257 nm und 278 nm [pH 7] bzw. 250 nm und 282 nm [pH 13].

8-[3-Chlor-phenyl]-6-hydrazino-7(9)*H*-purin-2-ylamin $C_{11}H_{10}ClN_7$, Formel XII und Taut.

B. Aus 6-Chlor-8-[3-chlor-phenyl]-7(9)*H*-purin-2-ylamin und wss. N_2H_4 (*Burroughs Wellcome & Co.,* U.S.P. 2628235 [1950]).

λ_{max} (wss. Lösung): 310 nm [pH 1] bzw. 240 nm [pH 11].

IX. Azo-Verbindungen

A. Mono-azo-Verbindungen

***1-Phenyl-5-phenylazo-1*H*-tetrazol** $C_{13}H_{10}N_6$, Formel I.

B. Aus 1-Phenyl-5-[*N'*-phenyl-hydrazino]-1*H*-tetrazol mit Hilfe von HgO (*Stollé et al.,* J. pr. [2] **134** [1932] 282, 297).

Rotbraune Kristalle (aus A.); F: 168°.

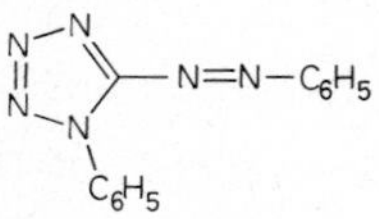

I 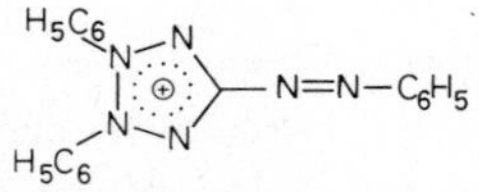 II 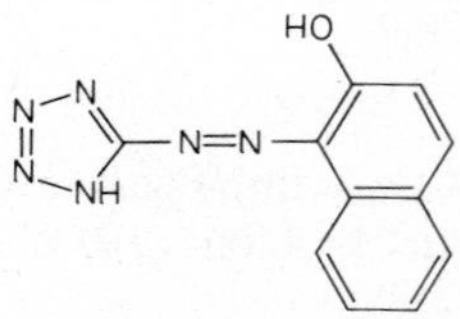 III

***2,3-Diphenyl-5-phenylazo-tetrazolium** $[C_{19}H_{15}N_6]^+$, Formel II (H 593).

Chlorid $[C_{19}H_{15}N_6]Cl$ (H 593). *B.* Aus 1,5-Diphenyl-3-phenylazo-formazan mit Hilfe von Blei(IV)-acetat (*Zemplén, Mester,* Acta chim. hung. **2** [1952] 9, 12). – Gelbe Kristalle; F: 250° [Zers.].

1-[1*H*-Tetrazol-5-ylazo]-[2]naphthol $C_{11}H_8N_6O$, Formel III und Taut.

Konstitution: *Reilly et al.,* Scient. Pr. roy. Dublin Soc. **24** [1948] 349, 350; s. a. *Reilly et al.,* Nature **159** [1947] 643.

B. Beim Erwärmen von 4-[1*H*-Tetrazol-5-yl]-tetraz-3-en-2-carbamidin [S. 4102] (*Shreve et al.,* Ind. eng. Chem. **36** [1944] 426, 428) oder von 1,3-Bis-[1*H*-tetrazol-5-yl]-triazen (*Re. et al.,* Scient. Pr. roy. Dublin Soc. **24** 351; s. a. *Re. et al.,* Nature **159** 643) mit H_2O und mit [2]Naphthol. Bei der Diazotierung von 1(2)*H*-Tetrazol-5-ylamin und Umsetzung mit [2]Naphthol (*Re. et al.,* Scient. Pr. roy. Dublin Soc. **24** 351; Nature **159** 643).

Kristalle (aus Toluol); F: 169° (*Sh. et al.*), 165° (*Re. et al.,* Scient. Pr. roy. Dublin Soc. **24** 351).

(±)-*N*-Carbamimidoyl-3-cyclohex-3-enyl-*N'''*-[1*H*-tetrazol-5-yl]-formazan $C_9H_{14}N_{10}$, Formel IV und Taut.

B. Aus (±)-[Cyclohex-3-enylmethylen-amino]-guanidin (E IV **7** 134) und diazotiertem 1*H*-Tetrazol-5-ylamin (*Scott et al.,* Am. Soc. **75** [1953] 5309, 5311).

Feststoff mit 1 Mol H_2O; F: 149° [unkorr.; Zers.].

3,*N*-Diphenyl-*N'''*-[1*H*-tetrazol-5-yl]-formazan $C_{14}H_{12}N_8$, Formel V ($R = C_6H_5$, $X = X' = H$) und Taut.

B. Aus Benzaldehyd-[1*H*-tetrazol-5-ylhydrazon] (S. 4068) und diazotiertem Anilin (*Kuhn, Kainer,* Ang. Ch. **65** [1953] 442, 446; *Scott et al.,* Am. Soc. **75** [1953] 5309, 5310).

Rote Kristalle (*Kuhn, Ka.*); F: 147° [unkorr.; aus wss. A.] (*Sc. et al.*), 143° [Zers.; aus wss. Acn.] (*Kuhn, Ka.*). IR-Spektrum (KBr; 2–15 μ): *Kuhn, Ka.,* l. c. S. 443.

Kupfer(II)-Komplex $CuC_{14}H_{10}N_8$. Dunkelblauer Feststoff (*Kuhn, Ka.,* l. c. S. 443, 446).

***N*-Carbamimidoyl-3-phenyl-*N'''*-[1*H*-tetrazol-5-yl]-formazan** $C_9H_{10}N_{10}$, Formel V ($R = C(NH_2)=NH$, $X = X' = H$) und Taut.

Diese Konstitution ist der früher (E I **26** 191) als 1-Benzyliden-4-[1*H*-tetrazol-5-yl]-tetraz-3-en-2-carbamidin („4-Benzal-3-guanyl-1-tetrazolyl(5)]-tetrazen-(1)") beschriebenen Verbindung zuzuordnen (*Grakauskas et al.,* Am. Soc. **80** [1958] 3155, 3156).

F: 143–147° [unkorr.; Zers.; Block]; beim Erhitzen in der Kapillare tritt Explosion ein; die Explosionstemperatur ist abhängig von der Geschwindigkeit des Erhitzens.

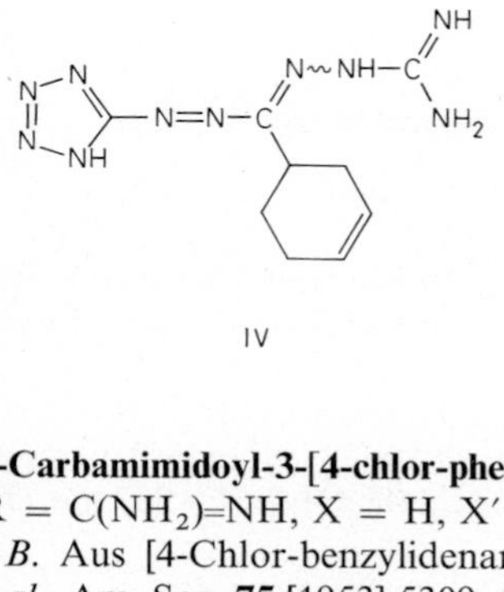

IV 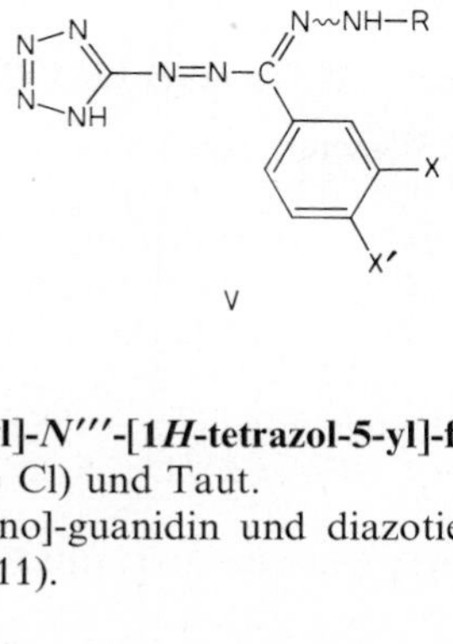 V 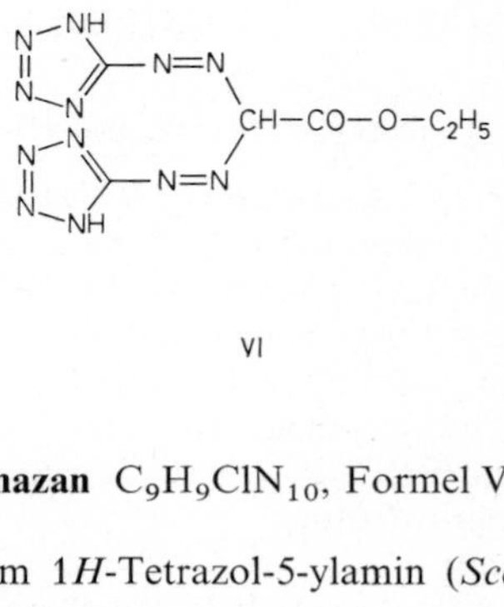 VI

***N*-Carbamimidoyl-3-[4-chlor-phenyl]-*N'''*-[1*H*-tetrazol-5-yl]-formazan** $C_9H_9ClN_{10}$, Formel V ($R = C(NH_2)=NH$, $X = H$, $X' = Cl$) und Taut.

B. Aus [4-Chlor-benzylidenamino]-guanidin und diazotiertem 1*H*-Tetrazol-5-ylamin (*Scott et al.,* Am. Soc. **75** [1953] 5309, 5311).

F: 146° [unkorr.; Zers.] (*Sc. et al.*), 142–146° [unkorr.; Zers.; Block] (*Grakauskas et al.*, Am. Soc. **80** [1958] 3155, 3156); beim Erhitzen in der Kapillare tritt Explosion ein; die Explosionstemperatur ist abhängig von der Geschwindigkeit des Erhitzens (*Gr. et al.*).

Die folgenden Verbindungen sind in analoger Weise hergestellt worden:

N-Carbamimidoyl-3-[3-nitro-phenyl]-*N'''*-[1*H*-tetrazol-5-yl]-formazan $C_9H_9N_{11}O_2$, Formel V (R = C(NH$_2$)=NH, X = NO$_2$, X' = H) und Taut. F: 155–157° [unkorr.; Zers.; Block]; beim Erhitzen in der Kapillare tritt Explosion ein; die Explosionstemperatur ist abhängig von der Geschwindigkeit des Erhitzens (*Gr. et al.*, l. c. S. 3156, 3158).

N-Carbamimidoyl-3-[4-nitro-phenyl]-*N'''*-[1*H*-tetrazol-5-yl]-formazan $C_9H_9N_{11}O_2$, Formel V (R = C(NH$_2$)=NH, X = H, X' = NO$_2$) und Taut. F: 168–170° [unkorr.; Zers.; Block]; beim Erhitzen in der Kapillare tritt Explosion ein; die Explosionstemperatur ist abhängig von der Geschwindigkeit des Erhitzens (*Gr. et al.*, l. c. S. 3156, 3158).

N-Carbamimidoyl-3-[4-isopropyl-phenyl]-*N'''*-[1*H*-tetrazol-5-yl]-formazan $C_{12}H_{16}N_{10}$, Formel V (R = C(NH$_2$)=NH, X = H, X' = CH(CH$_3$)$_2$) und Taut. F: 128° [unkorr.; Zers.] (*Sc. et al.*).

N-Carbamimidoyl-3-[4-methoxy-phenyl]-*N'''*-[1*H*-tetrazol-5-yl]-formazan $C_{10}H_{12}N_{10}O$, Formel V (R = C(NH$_2$)=NH, X = H, X' = O-CH$_3$) und Taut. Feststoff mit 1 Mol H_2O (*Sc. et al.*); F: 149–155° [unkorr.; Zers.; Block] (*Gr. et al.*, l. c. S. 3156), 146° [unkorr.; Zers.] (*Sc. et al.*); beim Erhitzen in der Kapillare tritt Explosion ein; die Explosionstemperatur ist abhängig von der Geschwindigkeit des Erhitzens (*Gr. et al.*).

Bis-[1*H*-tetrazol-5-ylazo]-essigsäure-äthylester $C_6H_8N_{12}O_2$, Formel VI und Taut. (z. B. [1*H*-Tetrazol-5-ylazo]-[1*H*-tetrazol-5-ylhydrazono]-essigsäure-äthylester).

Dinatrium-Salz $Na_2C_6H_6N_{12}O_2$. *B.* Aus diazotiertem 1*H*-Tetrazol-5-ylamin und Acetessigsäure-äthylester mit Hilfe von Natriumacetat (*Jonassen et al.*, Anal. Chem. **30** [1958] 1660). — Kristalle (aus A.) mit 3 Mol H_2O. Absorptionsspektrum (H_2O; 250–620 nm): *Jo. et al.* Absorptionsspektrum der Komplexe mit Kupfer(2+) (H_2O; 250–620 nm) und mit Nickel(2+) (H_2O; 320–620 nm): *Jo. et al.* λ_{max} (H_2O) weiterer Metall-Komplexe: *Jo. et al.*

***Phenyl-[1-(1*H*-tetrazol-5-ylazo)-[2]naphthyl]-amin** $C_{17}H_{13}N_7$, Formel VII und Taut.

B. Aus [2]Naphthyl-phenyl-amin und diazotiertem 1*H*-Tetrazol-5-ylamin (*Kuhn, Kainer*, Ang. Ch. **65** [1953] 442, 446).

Dimorph; rote Kristalle (aus A.+Eg. oder Acn.+H_2O), F: 162° [Zers.; nach Verfärbung ab 150°] und rote Kristalle (aus A.), F: 122° [Zers.], die beim Umkristallisieren aus Äthanol unter Zusatz von wenig Essigsäure in die höherschmelzende Modifikation übergehen. Absorptionsspektrum (Eg.; 250–550 nm): *Kuhn, Ka.*, l. c. S. 444.

***Bis-[1*H*-tetrazol-5-yl]-diazen, 1*H*,1'*H*-[5,5']Azotetrazol, 1*H*,1'*H*-5,5'-Azo-bis-tetrazol** $C_2H_2N_{10}$, Formel VIII (R = H) (H 593; E II 349).

Dinatrium-Salz $Na_2C_2N_{10} \cdot 5H_2O$ (H 594). IR-Spektrum (Mineralöl; 2–15 μ): *Lieber et al.*, Anal. Chem. **23** [1951] 1594, 1596, 1598.

Bis-[1-methyl-1*H*-tetrazol-5-yl]-diazen, 1,1'-Dimethyl-1*H*,1'*H*-[5,5']azotetrazol $C_4H_6N_{10}$.

a) **1,1'-Dimethyl-1*H*,1'*H*-*cis*-[5,5']azotetrazol,** Formel IX (R = CH$_3$).

Konfiguration: *Williams et al.*, J. phys. Chem. **61** [1957] 261, 265.

B. Aus 1,1'-Dimethyl-1*H*,1'*H*-*trans*-[5,5']azotetrazol mit Hilfe von H_2O_2 und Essigsäure oder durch Einwirkung von Sonnenlicht (*Wi. et al.*). Aus 1-Methyl-1*H*-tetrazol-5-ylamin beim Erwärmen mit konz. wss. Ca(ClO)$_2$ (*Stollé et al.*, J. pr. [2] **134** [1932] 282, 287).

Orangefarbene Kristalle (aus H_2O); F: 183–184° [Zers.] (*Wi. et al.*), 182° [Zers.; rote Schmelze] (*St. et al.*). Standard-Bildungsenthalpie: +188,62 kcal·mol^{-1}; Standard-Verbrennungsenthalpie: −769,78 kcal·mol^{-1} (*Wi. et al.*, l. c. S. 263). λ_{max} (H_2O): 301–302 nm (*Wi. et al.*).

Beim raschen Erhitzen oberhalb des Schmelzpunkts tritt Explosion ein (*St. et al.*).

b) **1,1′-Dimethyl-1*H*,1′*H*-*trans*-[5,5′]azotetrazol,** Formel X (R = CH_3).

B. Aus 1-Methyl-1*H*-tetrazol-5-ylamin mit Hilfe von wss. NaClO (*Williams et al.*, J. phys. Chem. **61** [1957] 261, 265).

Dimorph; gelbe Kristalle, F: 162–163° [Zers.] und hellgelbe Kristalle (aus H_2O), Zers. bei 149–150°. Standard-Bildungsenthalpie: +189,33 kcal·mol^{-1}; Standard-Verbrennungsenthalpie: −770,49 kcal·mol^{-1}. λ_{max} (H_2O): 372 nm.

2,2′-Dimethyl-2*H*,2′*H*-*cis*(?)-[5,5′]azotetrazol $C_4H_6N_{10}$, vermutlich Formel XI (R = CH_3).

B. Aus 2-Methyl-2*H*-tetrazol-5-ylamin mit Hilfe von NaClO (*Williams et al.*, J. phys. Chem. **61** [1957] 261, 265).

Orangefarbene Kristalle (aus H_2O); F: 170–171° [Zers.]. Standard-Bildungsenthalpie: +180,35 kcal·mol^{-1}; Standard-Verbrennungsenthalpie: −761,51 kcal·mol^{-1} (*Wi. et al.*, l. c. S. 263).

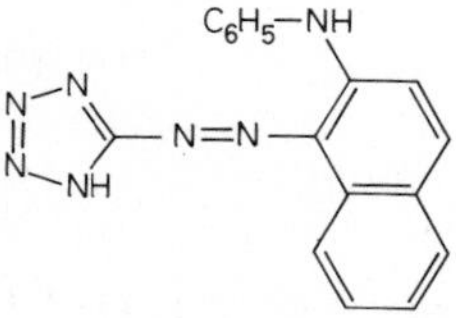

VII 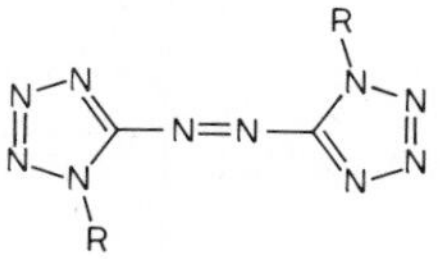 VIII 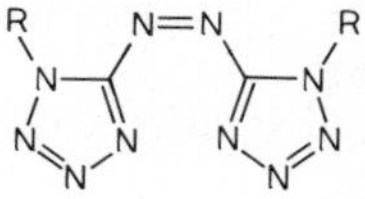 IX

Bis-[1-äthyl-1*H*-tetrazol-5-yl]-diazen, 1,1′-Diäthyl-1*H*,1′*H*-[5,5′]azotetrazol $C_6H_{10}N_{10}$.

a) **1,1′-Diäthyl-1*H*,1′*H*-*cis*-[5,5′]azotetrazol,** Formel IX (R = C_2H_5).

Konfiguration: *Williams et al.*, J. phys. Chem. **61** [1957] 261, 265.

B. Neben 1,1′-Diäthyl-1*H*,1′*H*-*trans*-[5,5′]azotetrazol beim Behandeln von 1-Äthyl-1*H*-tetrazol-5-ylamin mit NaClO (*Wi. et al.*).

Orangefarbene Kristalle (aus wss. A.); F: 168–169° [Zers.]. λ_{max} (wss. A. [25%ig]): 303–304 nm. In wss. Äthanol [25%ig] besser löslich als das unter b) beschriebene Stereoisomere.

b) **1,1′-Diäthyl-1*H*,1′*H*-*trans*-[5,5′]azotetrazol,** Formel X (R = C_2H_5).

B. s. unter a).

Gelbe Kristalle (aus wss. A.); F: 129–130° [Zers.] (*Williams et al.*, J. phys. Chem. **61** [1957] 261, 265). λ_{max} (wss. A. [25%ig]): 375 nm.

2,2′-Diäthyl-2*H*,2′*H*-*cis*(?)-[5,5′]azotetrazol $C_6H_{10}N_{10}$, vermutlich Formel XI (R = C_2H_5).

B. Aus 2-Äthyl-2*H*-tetrazol-5-ylamin mit Hilfe von NaClO (*Williams et al.*, J. phys. Chem. **61** [1957] 261, 265).

Orangefarbene Kristalle (aus wss. A.); F: 110–111°. Standard-Bildungsenthalpie: +156,62 kcal mol^{-1}; Standard-Verbrennungsenthalpie: −1062,52 kcal·mol^{-1} (*Wi. et al.*, l. c. S. 263). λ_{max} (wss. A. [25%ig]): 293 nm.

***Bis-[1-phenyl-1*H*-tetrazol-5-yl]-diazen, 1,1′-Diphenyl-1*H*,1′*H*-[5,5′]azotetrazol** $C_{14}H_{10}N_{10}$, Formel VIII (R = C_6H_5).

B. Aus 1-Phenyl-1*H*-tetrazol-5-ylamin mit Hilfe von $Ca(ClO)_2$ oder HClO (*Stollé et al.*, J. pr. [2] **134** [1932] 282, 292).

Gelbe Kristalle (aus Eg. oder Nitrobenzol); F: 228° [nach Sintern und Dunkelfärbung].

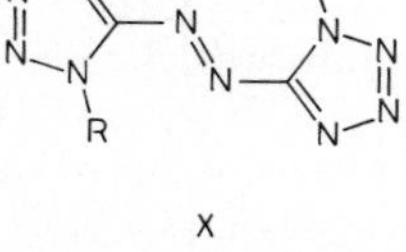

X 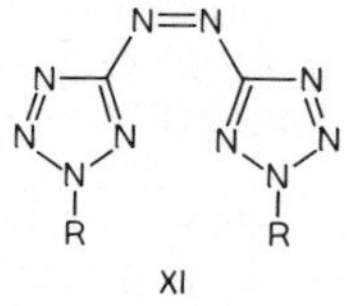 XI 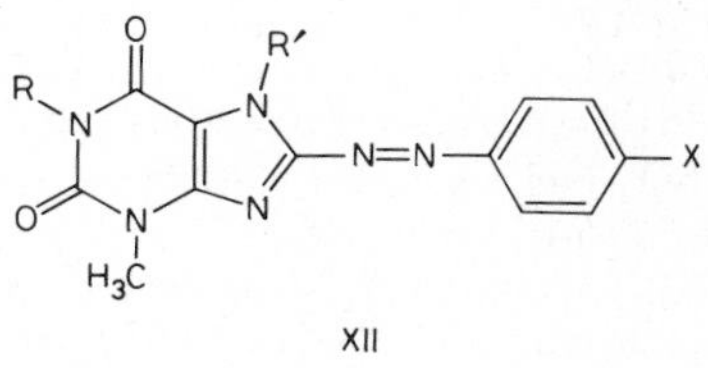 XII

***Bis-[1-(4-chlor-phenyl)-1*H*-tetrazol-5-yl]-diazen, 1,1′-Bis-[4-chlor-phenyl]-1*H*,1′*H*-[5,5′]azo≈tetrazol** $C_{14}H_8Cl_2N_{10}$, Formel VIII (R = C_6H_4-Cl).

B. Aus 1-[4-Chlor-phenyl]-1*H*-tetrazol-5-ylamin mit Hilfe von $Ca(ClO)_2$ in Essigsäure (*Stollé et al.*, J. pr. [2] **134** [1932] 282, 299).

Gelbe Kristalle (aus Nitrobenzol); F: 228° [Zers.].

***Bis-[1-[1]naphthyl-1*H*-tetrazol-5-yl]-diazen, 1,1′-Di-[1]naphthyl-1*H*,1′*H*-[5,5′]azotetrazol** $C_{22}H_{14}N_{10}$, Formel VIII (R = $C_{10}H_7$).

B. Aus 1-[1]Naphthyl-1*H*-tetrazol-5-ylamin und $Ca(ClO)_2$ (*Stollé et al.*, J. pr. [2] **134** [1932] 282, 307).

Rote Kristalle (aus Eg.); F: ca. 180° [Zers. unter schwacher Verpuffung].

***Bis-[1-[2]naphthyl-1*H*-tetrazol-5-yl]-diazen, 1,1′-Di-[2]naphthyl-1*H*,1′*H*-[5,5′]azotetrazol** $C_{22}H_{14}N_{10}$, Formel VIII (R = $C_{10}H_7$).

B. Aus 1-[2]Naphthyl-1*H*-tetrazol-5-ylamin und HClO (*Stollé et al.*, J. pr. [2] **134** [1932] 282, 308).

Rote Kristalle (aus Nitrobenzol); Zers. bei ca. 204° [unter Verpuffung].

***Bis-[1-(2-methoxy-phenyl)-1*H*-tetrazol-5-yl]-diazen, 1,1′-Bis-[2-methoxy-phenyl]-1*H*,1′*H*-[5,5′]azotetrazol** $C_{16}H_{14}N_{10}O_2$, Formel VIII (R = C_6H_4-O-CH_3).

B. Aus 1-[2-Methoxy-phenyl]-1*H*-tetrazol-5-ylamin mit Hilfe von $Ca(ClO)_2$ (*Stollé et al.*, J. pr. [2] **134** [1932] 282, 301).

Gelbe Kristalle (aus Eg.); F: 190° [Zers.].

***Bis-[1-(4-äthoxy-phenyl)-1*H*-tetrazol-5-yl]-diazen, 1,1′-Bis-[4-äthoxy-phenyl]-1*H*,1′*H*-[5,5′]azotetrazol** $C_{18}H_{18}N_{10}O_2$, Formel VIII (R = C_6H_4-O-C_2H_5).

B. Aus 1-[4-Äthoxy-phenyl]-1*H*-tetrazol-5-ylamin mit Hilfe von $Ca(ClO)_2$ (*Stollé et al.*, J. pr. [2] **134** [1932] 282, 305).

Rote Kristalle (aus Eg.); F: 223° [Zers.].

B. Oxo-azo-Verbindungen

***1,3-Dimethyl-8-[4-nitro-phenylazo]-3,7-dihydro-purin-2,6-dion** $C_{13}H_{11}N_7O_4$, Formel XII (R = CH_3, R′ = H, X = NO_2) und Taut.

B. Aus Theophyllin und 4-Nitro-benzoldiazonium-chlorid (*Cacace, Masironi,* Ann. Chimica **47** [1957] 362).

Rote Kristalle (aus Eg.); F: 334–336° [korr.] (*Ca., Ma.,* l. c. S. 364).

***4-[1,3-Dimethyl-2,6-dioxo-2,3,6,7-tetrahydro-1*H*-purin-8-ylazo]-benzolsulfonsäure-amid** $C_{13}H_{13}N_7O_4S$, Formel XII (R = CH_3, R′ = H, X = SO_2-NH_2) und Taut.

B. Aus Theophyllin und diazotiertem Sulfanilamid (*Mazza, Migliardi,* R.A.L. [6] **29** [1939] 80, 83).

Orangefarbene Kristalle (aus wss. Eg.); F: 121° [Zers.] (*Ma., Mi.*).

Die folgenden Verbindungen sind in analoger Weise hergestellt worden:

**N*-[4-(1,3-Dimethyl-2,6-dioxo-2,3,6,7-tetrahydro-1*H*-purin-8-ylazo)-benzol≈sulfonyl]-sulfanilsäure-dimethylamid $C_{21}H_{22}N_8O_6S_2$, Formel XII (R = CH_3, R′ = H, X = SO_2-NH-C_6H_4-SO_2-$N(CH_3)_2$) und Taut. Orangefarbene Kristalle (aus wss. A. oder Eg.); F: 146° [korr.] (*Ma., Mi.*).

*4-[3,7-Dimethyl-2,6-dioxo-2,3,6,7-tetrahydro-1*H*-purin-8-ylazo]-benzolsulf≈onsäure-amid $C_{13}H_{13}N_7O_4S$, Formel XII (R = H, R′ = CH_3, X = SO_2-NH_2) und Taut.

Rotgelbe Kristalle (aus A. oder wss. Eg.); F: 93° [Zers.] (*Ma., Mi.*).

*4-Hydroxy-3-[1,3,7-trimethyl-2,6-dioxo-2,3,6,7-tetrahydro-1*H*-purin-8-ylazo]-naphthalin-1-sulfonsäure $C_{18}H_{16}N_6O_6S$, Formel XIII (X = X' = OH). Dunkelrotes Pulver [aus Eg.] (*Wachi*, Pharm. Bl. **2** [1954] 412, 415).

*4-Amino-3-[1,3,7-trimethyl-2,6-dioxo-2,3,6,7-tetrahydro-1*H*-purin-8-ylazo]-naphthalin-1-sulfonsäure $C_{18}H_{17}N_7O_5S$, Formel XIII (X = NH_2, X' = OH). Dunkelrotes Pulver [aus Eg.] (*Wa.*).

*4-[4-Amino-3-(1,3,7-trimethyl-2,6-dioxo-2,3,6,7-tetrahydro-1*H*-purin-8-ylazo)-naphthalin-1-sulfonylamino]-benzoesäure $C_{25}H_{22}N_8O_6S$, Formel XIII (X = NH_2, X' = NH-C_6H_4-CO-OH). Rote Kristalle [aus Eg.] (*Wa.*).

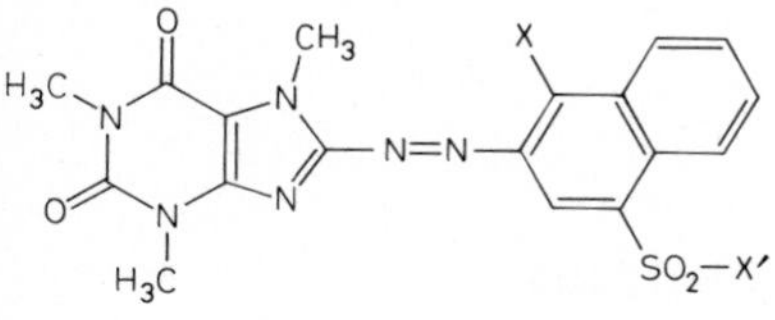

XIII 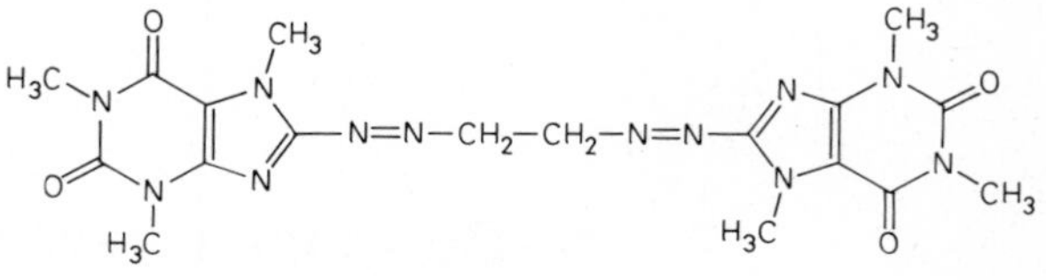 XIV

***1,2-Bis-[1,3,7-trimethyl-2,6-dioxo-2,3,6,7-tetrahydro-1*H*-purin-8-ylazo]-äthan(?), 1,3,7,1',3',7'-Hexamethyl-3,7,3',7'-tetrahydro-8,8'-[äthandiyl-bis-azo]-bis-purin-2,6-dion (?)** $C_{18}H_{22}N_{12}O_4$, vermutlich Formel XIV.

B. Als Hauptprodukt neben 8-Amino-1,3,7-trimethyl-3,7-dihydro-purin-2,6-dion beim Erhitzen von 8-Hydrazino-1,3,7-trimethyl-3,7-dihydro-purin-2,6-dion mit 1,2-Dibrom-äthan in DMF (*Zimmer, Mettalia*, J. org. Chem. **24** [1959] 1813).

Grün; F: >320°.

***Bis-[1,3,7-trimethyl-2,6-dioxo-2,3,6,7-tetrahydro-1*H*-purin-8-yl]-diazen, 1,3,7,1',3',7'-Hexamethyl-3,7,3',7'-tetrahydro-[8,8']azopurin-2,6,2',6'-tetraon, 1,3,7,1',3',7'-Hexamethyl-3,7,3',7'-tetrahydro-8,8'-azo-bis-purin-2,6-dion** $C_{16}H_{18}N_{10}O_4$, Formel XV.

Konstitution: *Sutherland, Pickard*, J. heterocycl. Chem. **11** [1974] 457.

B. Aus 8-Hydrazino-1,3,7-trimethyl-3,7-dihydro-purin-2,6-dion mit Hilfe von $FeCl_3$ in wss. HCl oder von $[NH_4]Fe(SO_4)_2$ in wss. H_2SO_4 (*Priewe, Poljak*, B. **88** [1955] 1932, 1937).

Rot; F: >300° (*Su., Pi.*). ^{1}H-NMR-Absorption (Trifluoressigsäure): *Su., Pi.* λ_{max} ($CHCl_3$): 265 nm, 320 nm, 504 nm und 546 nm (*Su., Pi.*).

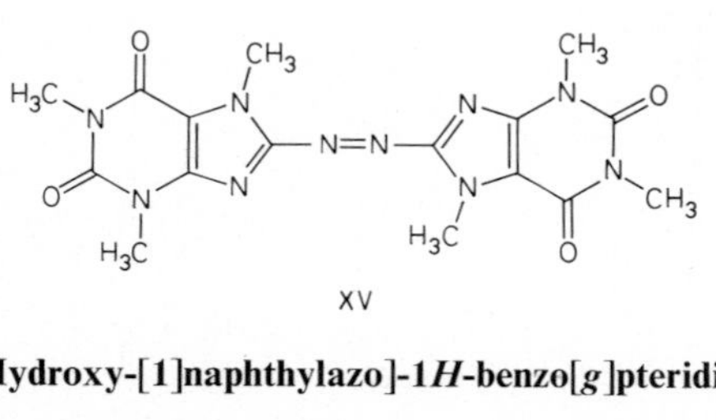

XV 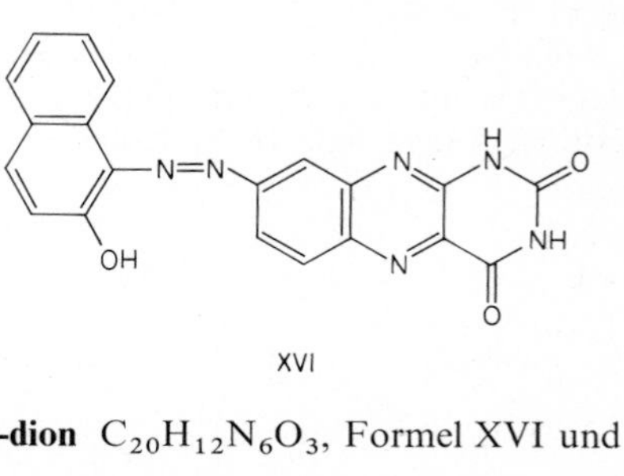 XVI

8-[2-Hydroxy-[1]naphthylazo]-1*H*-benzo[*g*]pteridin-2,4-dion $C_{20}H_{12}N_6O_3$, Formel XVI und Taut.

B. Aus diazotiertem 8-Amino-1*H*-benzo[*g*]pteridin-2,4-dion und [2]Naphthol (*King et al.*, Soc. **1948** 1926, 1930).

Grüner Feststoff mit 2 Mol H_2O; F: 335–338° [Zers.; nach Sintern bei ca. 275°].

8-[2-Hydroxy-[1]naphthylazo]-10-methyl-10*H*-benzo[*g*]pteridin-2,4-dion $C_{21}H_{14}N_6O_3$, Formel XVII und Taut.

B. Beim Behandeln des aus *N*-Methyl-*m*-phenylendiamin und Alloxan-5-oxim (E III/IV **24**

2142) erhaltenen Reaktionsprodukts mit H_2SO_4 und $NaNO_2$ und (nach Abtrennung von daneben gebildetem 8-[Methyl-nitroso-amino]-1*H*-benzo[*g*]pteridin-2,4-dion) mit [2]Naphthol (*King et al.*, Soc. **1948** 1926, 1930).

Grünes Pulver mit 3 Mol H_2O; F: 310° [Zers.].

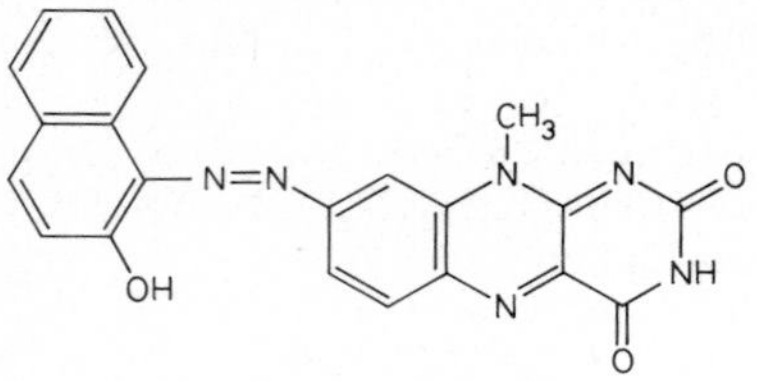

XVII

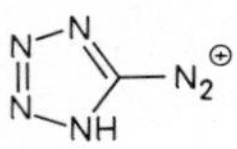

XVIII

X. Diazonium-Verbindungen

1*H*-Tetrazol-5-diazonium $[CHN_6]^+$, Formel XVIII und Taut.

Betain CN_6 (H 596). Konstitution: *Kuhn, Kainer,* Ang. Ch. **65** [1953] 442, 444.

Chlorid $[CHN_6]Cl$ (H 596; E I 190; E II 350). UV-Spektrum (H_2O; 220–330 nm): *Hofsommer, Pestemer,* Z. El. Ch. **53** [1949] 383, 385.

XI. Nitrosoamine

1-Methyl-5-nitrosoamino-1*H*-tetrazol, [1-Methyl-1*H*-tetrazol-5-yl]-nitroso-amin $C_2H_4N_6O$, Formel I (R = H, R′ = CH_3).

B. Aus 1-Methyl-1*H*-tetrazol-5-ylamin und $NaNO_2$ in wss. HCl (*Stollé et al.,* J. pr. [2] **134** [1932] 282, 286).

Kristalle (aus H_2O); Zers. bei 177° [unter Verpuffung].

5-Nitrosoamino-1-phenyl-1*H*-tetrazol, Nitroso-[1-phenyl-1*H*-tetrazol-5-yl]-amin $C_7H_6N_6O$, Formel I (R = H, R′ = C_6H_5) (E II 350).

B. Beim Behandeln von 1-Phenyl-1*H*-tetrazol-5-ylamin mit Pentylnitrit in äthanol. Natriumäthylat (*Stollé et al.,* J. pr. [2] **134** [1932] 282, 290 Anm.).

Silber(I)-Salz $AgC_7H_5N_6O$. Zers. bei ca. 224°.

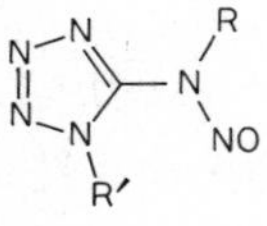

I 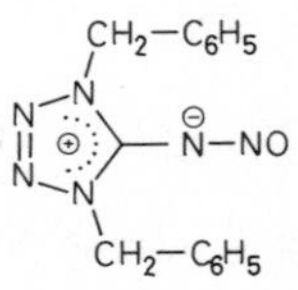 II 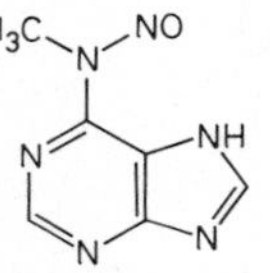 III 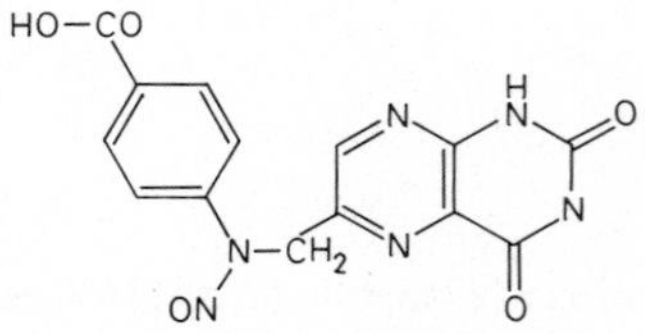 IV

1,4-Dibenzyl-5-nitrosoamino-tetrazolium-betain $C_{15}H_{14}N_6O$, Formel II und Mesomere (z. B. 1,4-Dibenzyl-5-nitrosoimino-4,5-dihydro-1*H*-tetrazol).

Diese Konstitution kommt der früher (H **26** 404) unter Vorbehalt als Benzyl-[1-benzyl-1*H*-tetrazol-5-yl]-nitroso-amin („Nitroso-Derivat des α-Dibenzyl-[5-amino-tetrazols]“) beschriebenen Verbindung zu (*Percival, Herbst,* J. org. Chem. **22** [1957] 925, 930).

F: 105° [Zers.].

1-[4-Äthoxy-phenyl]-5-nitrosoamino-1*H*-tetrazol, [1-(4-Äthoxy-phenyl)-1*H*-tetrazol-5-yl]-nitroso-amin $C_9H_{10}N_6O_2$, Formel I (R = H, R' = C_6H_4-O-C_2H_5).

B. Aus 1-[4-Äthoxy-phenyl]-1*H*-tetrazol-5-ylamin und $NaNO_2$ in wss. HCl (*Stollé et al.*, J. pr. [2] **134** [1932] 282, 302).

Kristalle (aus Acn.); Zers. bei ca. 117° [unter Verpuffung].

Benzyl-[1-benzyl-1*H*-tetrazol-5-yl]-nitroso-amin $C_{15}H_{14}N_6O$, Formel I (R = R' = CH_2-C_6H_5).

Diese Konstitution kommt der früher (H **26** 405) als „Nitroso-Derivat des *β*-Dibenzyl-[5-amino-tetrazols]" beschriebenen Verbindung zu (vgl. *Percival, Herbst*, J. org. Chem. **22** [1957] 925, 927). Bezüglich der Position der Nitroso-Gruppe vgl. das analog hergestellte Methyl-[1-methyl-1*H*-tetrazol-5-yl]-nitroso-amin (*Butler, Scott*, J. org. Chem. **31** [1966] 3182, 3184, 3186).

Das früher (H **26** 404) mit Vorbehalt unter dieser Konstitution beschriebene „Nitroso-Derivat des *α*-Dibenzyl-[5-amino-tetrazols]" ist als 1,4-Dibenzyl-5-nitrosoamino-tetrazolium-betain (s. o.) zu formulieren (*Pe., He.*).

Methyl-nitroso-[7(9)*H*-purin-6-yl]-amin $C_6H_6N_6O$, Formel III und Taut.

Konstitution: *Shapiro, Shiuey*, Biochim. biophys. Acta **174** [1969] 403.

B. Aus Methyl-[7(9)*H*-purin-6-yl]-amin und $NaNO_2$ in Essigsäure (*Sh., Sh.*; *Dunn, Smith*, Biochem. J. **68** [1958] 627, 631).

Gelbe Kristalle (aus wss. THF); F: 235–250° [Zers.] (*Sh., Sh.*). IR-Banden (KBr; 3,2–12,5 µ): *Sh., Sh.* UV-Spektrum (wss. Lösungen vom pH 1 sowie pH 13; 220–300 nm): *Dunn, Sm.* λ_{max} (wss. Lösung vom pH 1, pH 5 sowie pH 12; 210–310 nm): *Sh., Sh.*; *s. a. Adler et al.*, J. biol. Chem. **230** [1958] 717, 720.

4-[(2,4-Dioxo-1,2,3,4-tetrahydro-pteridin-6-ylmethyl)-nitroso-amino]-benzoesäure $C_{14}H_{10}N_6O_5$, Formel IV.

B. Beim Behandeln von 4-[(2,4-Dioxo-1,2,3,4-tetrahydro-pteridin-6-ylmethyl)-amino]-benzoesäure oder Pteroinsäure [S. 3942] mit wss. $NaNO_2$ und wss. HCl (*Wolf et al.*, Am. Soc. **69** [1947] 2753, 2758).

Kristalle. λ_{max}: 232,5 nm, 277,5 nm und 330 nm [wss. Lösung vom pH 7] bzw. 238,5 nm, 277,5 nm und 355 nm [wss. Lösung vom pH 11].

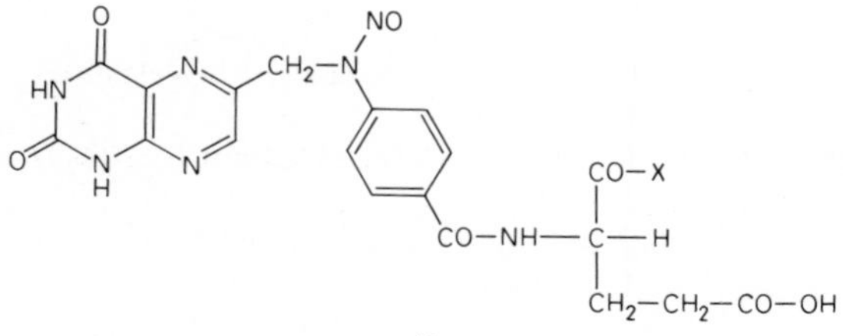

V

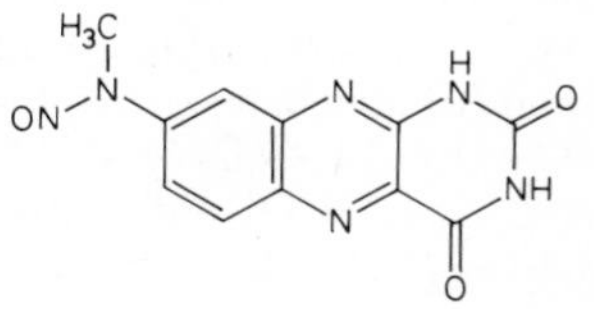

VI

***N*-{4-[(2,4-Dioxo-1,2,3,4-tetrahydro-pteridin-6-ylmethyl)-nitroso-amino]-benzoyl}-L-glutaminsäure** $C_{19}H_{17}N_7O_8$, Formel V (X = OH).

B. Aus Folsäure (S. 3944) und $NaNO_2$ in Essigsäure und H_2SO_4 (*Angier et al.*, Am. Soc. **74** [1952] 408, 409).

Kristalle (aus H_2O); Zers. bei 205–215°. Absorptionsspektrum (wss. HCl [0,1 n], wss. NH_3 [0,1 n] sowie wss. NaOH [0,1 n]; 220–420 nm): *An. et al.*

***N*-{4-[(2,4-Dioxo-1,2,3,4-tetrahydro-pteridin-6-ylmethyl)-nitroso-amino]-benzoyl}-L-α-glutamyl→L-glutaminsäure** $C_{24}H_{24}N_8O_{11}$, Formel V (X = Glu).

B. Aus *N*-[*N*-Pteroyl-L-*α*-glutamyl]-L-glutaminsäure (S. 3946) und $NaNO_2$ in Essigsäure und H_2SO_4 (*Angier et al.*, Am. Soc. **74** [1952] 408, 410).

Kristalle (aus H_2O); F: 180–184° [Zers.].

8-[Methyl-nitroso-amino]-1*H*-benzo[*g*]pteridin-2,4-dion $C_{11}H_8N_6O_3$, Formel VI.

B. Beim Behandeln des aus *N*-Methyl-*m*-phenylendiamin und Alloxan-5-oxim (E III/IV **24** 2142) erhaltenen Reaktionsprodukts mit H_2SO_4 und $NaNO_2$ (*King et al.*, Soc. **1948** 1926, 1930).

Gelbes Pulver mit 0,5 Mol H_2O; Zers. $>300°$.

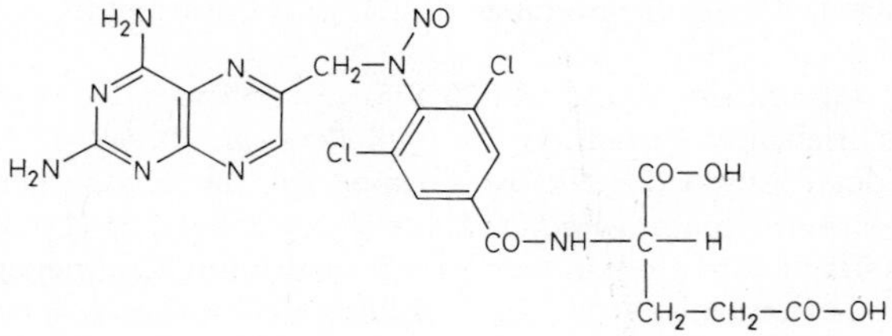

VII

N-{3,5-Dichlor-4-[(2,4-diamino-pteridin-6-ylmethyl)-nitroso-amino]-benzoyl}-L-glutaminsäure $C_{19}H_{17}Cl_2N_9O_6$, Formel VII.

B. Aus *N*-{3,5-Dichlor-4-[(2,4-diamino-pteridin-6-ylmethyl)-amino]-benzoyl}-L-glutaminsäure und $NaNO_2$ in wss. HCl (*Cosulich et al.*, Am. Soc. **73** [1951] 2554, 2557).

Kristalle (aus H_2O) mit 1 Mol H_2O; Zers. bei 180–202°.

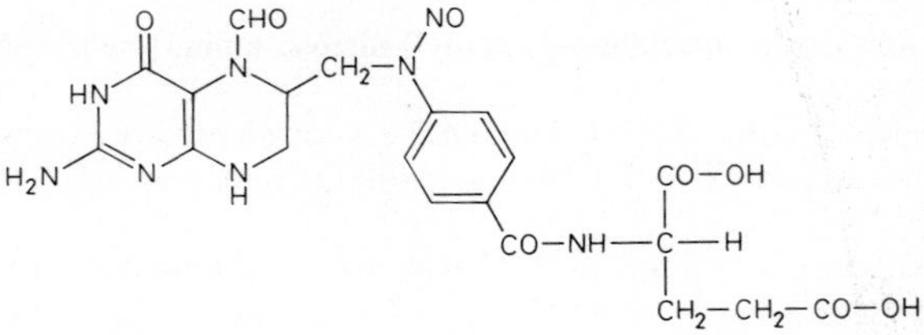

VIII

N-[*ambo*-5-Formyl-10-nitroso-5,6,7,8-tetrahydro-pteroyl]-L-glutaminsäure, 10-Nitroso-leucovorin $C_{20}H_{22}N_8O_8$, Formel VIII und Taut.

B. Beim Behandeln einer Lösung von Leucovorin (S. 3881) in wss. HCl mit $NaNO_2$ (*Cosulich et al.*, Am. Soc. **74** [1952] 3252, 3255, 3259).

Kristalle (aus H_2O) mit 2 Mol H_2O; F: 240–245° [Zers.]. Kristalloptik: *Co. et al.* λ_{max}: 282 nm [wss. HCl (0,1 n)] bzw. 278 nm [wss. NaOH (0,1 n)].

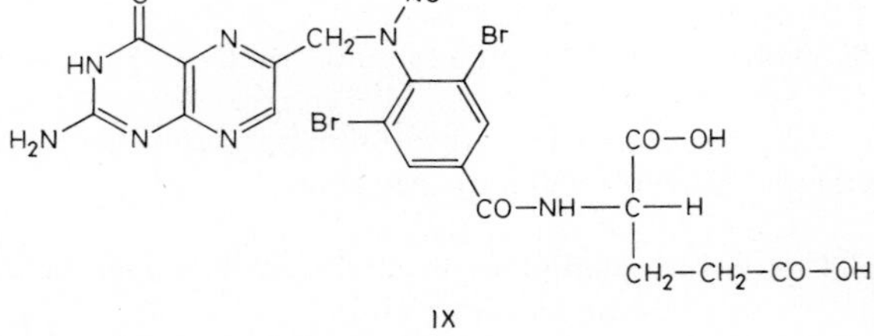

IX

N-[3',5'-Dibrom-10-nitroso-pteroyl]-L-glutaminsäure $C_{19}H_{16}Br_2N_8O_7$, Formel IX und Taut.

B. Aus *N*-[3',5'-Dibrom-pteroyl]-L-glutaminsäure (S. 3948) und $NaNO_2$ in wss. HCl (*Cosulich*

et al., Am. Soc. **73** [1951] 2554, 2557).
Feststoff (aus Eg. + H_2O) mit 1 Mol H_2O.

XII. Nitroamine

5-Nitroamino-1*H*-tetrazol, Nitro-[1*H*-tetrazol-5-yl]-amin $CH_2N_6O_2$, Formel X (R = H) und Taut.

B. Aus *N*-Amino-*N'*-nitro-guanidin und KNO_2 (*Lieber et al.*, Am. Soc. **73** [1951] 2327). Bei der Cyclisierung von Nitrocarbamimidoylazid mit Hilfe von wss.-äthanol. Kaliumacetat (*Li. et al.*, Am. Soc. **73** 2328), von wss.-äthanol. Natriumacetat (*Herbst, Garrison,* J. org. Chem. **18** [1953] 941, 944) oder von Aminen (*Lieber et al.*, Am. Soc. **74** [1952] 2684, **73** 2329). Aus *N*-Methyl-*N'*-nitro-*N*-nitroso-guanidin oder *S*-Methyl-*N*-nitro-isothioharnstoff und NaN_3 in H_2O (*Henry, Boschan,* Am. Soc. **76** [1954] 1949). Aus 1*H*-Tetrazol-5-ylamin-nitrat mit Hilfe von H_2SO_4 (*He., Ga.*, l. c. S. 943).

Kristalle (aus Dioxan + Bzl.); Zers. bei ca. 140° [unter Explosion] (*Li. et al.*, Am. Soc. **73** 2328). Lösungsmittelhaltige Kristalle (aus Dioxan + Bzl.); Zers. bei 160–170° [Kapillare] bzw. bei ca. 135° [unter Explosion; Block] (*He., Ga.*, l. c. S. 943). Die lösungsmittelfreien Kristalle sind monoklin; Dimensionen der Elementarzelle (Röntgen-Diagramm); Dichte der Kristalle: 1,82 (*Bryden,* Acta cryst. **6** [1953] 669). IR-Spektrum (Mineralöl; 2–15 μ): *Garrison, Herbst,* J. org. Chem. **22** [1957] 278, 281; *Lieber et al.*, Anal. Chem. **23** [1951] 1594, 1596, 1599. UV-Spektrum (H_2O; 210–340 nm): *Lieber et al.*, Am. Soc. **73** [1951] 2329, 2330. Scheinbare Disso= ziationsexponenten pK'_{a1} und pK'_{a2} (H_2O; potentiometrisch ermittelt) bei 25°: 2,55 und 6,04 (*Ga., He.*, l. c. S. 279).

Mono(?)natrium-Salz. F: >360° [unter Explosion] (*Scott et al.*, J. org. Chem. **22** [1957] 820, 823).

Dinatrium-Salz $Na_2CN_6O_2$. Kristalle; Zers. bei 207° [unter Explosion] (*O'Connor et al.*, J. Soc. chem. Ind. **68** [1949] 309).

Monokalium-Salz $KCHN_6O_2$. Kristalle (aus H_2O); Zers. bei ca. 220° [unter Explosion] (*Lieber et al.*, Am. Soc. **73** [1951] 2327, 2328). IR-Spektrum (Mineralöl; 2–15 μ): *Lieber et al.*, Anal. Chem. **23** [1951] 1594, 1596, 1599. UV-Spektrum (H_2O; 200–340 nm): *Lieber et al.*, Am. Soc. **73** [1951] 2329, 2330.

Dikalium-Salz $K_2CN_6O_2$. λ_{max} (H_2O): 272 nm (*Garrison, Herbst,* J. org. Chem. **22** [1957] 278, 282).

Diammonium-Salz $[NH_4]_2CN_6O_2$. Kristalle; F: 220–221° [unkorr.] (*Li. et al.*, Am. Soc. **73** 2328), 195° (*O'Co. et al.*); oberhalb des Schmelzpunkts erfolgt Explosion (*Li. et al.*, Am. Soc. **73** 2328; *O'Co. et al.*).

Hydrazin-Salz $2N_2H_4 \cdot CH_2N_6O_2$. Kristalle (aus wss. A.); F: 165° [korr.] (*Lieber et al.*, Am. Soc. **74** [1952] 2684, 2685).

Piperidin-Salz $2C_5H_{11}N \cdot CH_2N_6O_2$. Kristalle [aus wss. Me.] (*Li. et al.*, Am. Soc. **74** 2685); F: 165–167° [unkorr.] (*Scott et al.*, J. org. Chem. **21** [1956] 1519, 1522).

Pyridin-Salz $C_5H_5N \cdot CH_2N_6O_2$. Kristalle; F: 145° [unkorr.; unter Explosion; aus wss. A.] (*Scott et al.*, J. appl. Chem. **2** [1952] 368), 133° [korr.; aus Acn.] (*Li. et al.*, Am. Soc. **74** 2685), 131–132° [korr.; Zers.; aus Acn.] (*Herbst, Garrison,* J. org. Chem. **18** [1953] 941, 944).

2-Methyl-pyridin-Salz $C_6H_7N \cdot CH_2N_6O_2$. Kristalle (aus Isopropylalkohol); F: 99° (*Li. et al.*, Am. Soc. **74** 2685).

Chinolin-Salz $C_9H_7N \cdot CH_2N_6O_2$. Kristalle (aus Isopropylalkohol); F: 142° [korr.] (*Li. et al.*, Am. Soc. **74** 2685).

2-Methyl-chinolin-Salz $C_{10}H_9N \cdot CH_2N_6O_2$. Kristalle (aus A. + Ae.); F: 136° [korr.] (*Li. et al.*, Am. Soc. **74** 2685).

Guanidin-Salz $CH_5N_3 \cdot CH_2N_6O_2$. Kristalle; F: 225–226° [unkorr.; Zers.] (*Li. et al.*, Am. Soc. **73** 2328), 222–223° [Zers.; aus H_2O] (*Henry, Boschan,* Am. Soc. **76** [1954] 1949). Netzebe=

nenabstände: *Burkardt, Moore,* Anal. Chem. **24** [1952] 1579, 1585. Standard-Bildungsenthalpie: +26,59 kcal·mol^{-1}; Standard-Verbrennungsenthalpie: −453,80 kcal·mol^{-1} (*McEwan, Rigg,* Am. Soc. **73** [1951] 4725).

Diäthylamin-Salz $2C_4H_{11}N \cdot CH_2N_6O_2$. Kristalle (aus Bzl. + A.); F: 105° [unkorr.; Zers.] (*Li. et al.,* Am. Soc. **73** 2329). IR-Spektrum (Mineralöl; 2–15 µ): *Li. et al.,* Anal. Chem. **23** 1596, 1599. λ_{max} (H_2O): 277 nm (*Li. et al.,* Am. Soc. **73** 2330).

Propylamin-Salz $2C_3H_9N \cdot CH_2N_6O_2$. Kristalle; F: 161° [korr.; aus Isopropylalkohol] (*Li. et al.,* Am. Soc. **74** 2685), 153–156° [unkorr.] (*Sc. et al.,* J. org. Chem. **21** 1522).

Butylamin-Salz $2C_4H_{11}N \cdot CH_2N_6O_2$. Kristalle (aus Bzl. + A.); F: 161–163° [unkorr.; Zers.] (*Li. et al.,* Am. Soc. **73** 2329). λ_{max} (H_2O): 277 nm (*Li. et al.,* Am. Soc. **73** 2330).

sec-Butylamin-Salz $2C_4H_{11}N \cdot CH_2N_6O_2$. Kristalle (aus Isopropylalkohol); F: 122° [korr.] (*Li. et al.,* Am. Soc. **74** 2685).

Pentylamin-Salz $2C_5H_{13}N \cdot CH_2N_6O_2$. Kristalle (aus Isopropylalkohol); F: 162° [korr.] (*Li. et al.,* Am. Soc. **74** 2685).

Isopentylamin-Salz $2C_5H_{13}N \cdot CH_2N_6O_2$. Kristalle (aus Isopropylalkohol); F: 157° [korr.] (*Li. et al.,* Am. Soc. **74** 2685).

Allylamin-Salz $2C_3H_7N \cdot CH_2N_6O_2$. Kristalle (aus Isopropylalkohol); F: 142° [korr.] (*Li. et al.,* Am. Soc. **74** 2685).

Cyclohexylamin-Salz $2C_6H_{13}N \cdot CH_2N_6O_2$. Kristalle (aus A. + Acn.); F: 197–198° [unkorr.] (*Sc. et al.,* J. org. Chem. **21** 1522 Anm. g).

Anilin-Salz $C_6H_7N \cdot CH_2N_6O_2$. Kristalle (aus A.); Zers. bei ca. 160° (*Li. et al.,* Am. Soc. **73** 2329). IR-Spektrum (Mineralöl; 2–15 µ): *Li. et al.,* Anal. Chem. **23** 1596, 1599. λ_{max} (H_2O): 228 nm und 277 nm (*Li. et al.,* Am. Soc. **73** 2330).

N,N-Dimethyl-anilin-Salz $C_8H_{11}N \cdot CH_2N_6O_2$. Kristalle (aus A. + Ae.); F: 109° [korr.] (*Li. et al.,* Am. Soc. **74** 2685).

N,N-Diäthyl-anilin-Salz $C_{10}H_{15}N \cdot CH_2N_6O_2$. Kristalle (aus E.); F: 124–125° [korr.; Zers.] (*He., Ga.*), 109° [korr.] (*Li. et al.,* Am. Soc. **74** 2685).

Phenylguanidin-Salz $C_7H_9N_3 \cdot CH_2N_6O_2$. Kristalle (aus H_2O); F: 200° [korr.] (*Li. et al.,* Am. Soc. **74** 2685).

Dibenzylamin-Salz $2C_{14}H_{15}N \cdot CH_2N_6O_2$. Kristalle (aus wss. Acn.); F: 202° [korr.] (*Li. et al.,* Am. Soc. **74** 2685).

[2]Naphthylamin-Salz $C_{10}H_9N \cdot CH_2N_6O_2$. Kristalle (aus wss. Acn.); Zers. bei 175–177° [unkorr.] (*Li. et al.,* Am. Soc. **73** 2329).

[2]Pyridylamin-Salz $C_5H_6N_2 \cdot CH_2N_6O_2$. Kristalle (aus Isopropylalkohol + A.); F: 183° [korr.] (*Li. et al.,* Am. Soc. **74** 2685), 181–182° [korr.; Zers.] (*He., Ga.*).

[8]Chinolylamin-Salz $C_9H_8N_2 \cdot CH_2N_6O_2$. Kristalle (aus E.); F: 155° [korr.] (*Li. et al.,* Am. Soc. **74** 2685).

Äthylendiamin-Salz $C_2H_8N_2 \cdot CH_2N_6O_2$. Kristalle (aus wss. Isopropylalkohol); F: 239° [korr.] (*Li. et al.,* Am. Soc. **74** 2685), 239° [korr.; Zers.] (*He., Ga.*).

1-Methyl-5-nitroamino-1*H*-tetrazol, [1-Methyl-1*H*-tetrazol-5-yl]-nitro-amin $C_2H_4N_6O_2$, Formel X (R = CH_3).

B. Aus 1-Methyl-1*H*-tetrazol-5-ylamin-nitrat mit Hilfe von konz. H_2SO_4 (*Garrison, Herbst,* J. org. Chem. **22** [1957] 278, 280).

Kristalle (aus E. + PAe.); F: 129–130°. IR-Spektrum (Mineralöl; 2–15 µ): *Ga., He.,* l. c. S. 281. λ_{max} (H_2O): 277 nm (*Ga., He.,* l. c. S. 282). Scheinbarer Dissoziationsexponent pK'_a (H_2O; potentiometrisch ermittelt) bei 25°: 2,72 (*Ga., He.,* l. c. S. 279).

Kalium-Salz. Kristalle (aus E.); F: 170–171° [unter Explosion] (*Ga., He.,* l. c. S. 283). λ_{max} (H_2O): 277 nm (*Ga., He.,* l. c. S. 282).

[2]Pyridylamin-Salz $C_5H_6N_2 \cdot C_2H_4N_6O_2$. Kristalle (aus Isopropylalkohol + A. [1:1]); F: 177–178° (*Ga., He.,* l. c. S. 282).

1-Äthyl-5-nitroamino-1*H*-tetrazol, [1-Äthyl-1*H*-tetrazol-5-yl]-nitro-amin $C_3H_6N_6O_2$, Formel X (R = C_2H_5).

B. Aus 1-Äthyl-1*H*-tetrazol-5-ylamin-nitrat mit Hilfe von konz. H_2SO_4 (*Garrison, Herbst,*

J. org. Chem. **22** [1957] 278, 280).

Kristalle (aus Bzl.); F: 102–103°. IR-Spektrum (Mineralöl; 2–15 μ): *Ga., He.*, l. c. S. 281. λ_{max} (H_2O): 277 nm (*Ga., He.*, l. c. S. 282). Scheinbarer Dissoziationsexponent pK'_a (H_2O; potentiometrisch ermittelt) bei 25°: 2,74 (*Ga., He.*, l. c. S. 279).

Kalium-Salz. Kristalle (aus E.); F: 205–206° [unter Explosion] (*Ga., He.*, l. c. S. 283). λ_{max} (H_2O): 277 nm (Ga., He., l. c. S. 282).

[2]Pyridylamin-Salz $C_5H_6N_2 \cdot C_3H_6N_6O_2$. Kristalle (aus Isopropylalkohol + A. [1:1]); F: 131–132° (*Ga., He.*, l. c. S. 282).

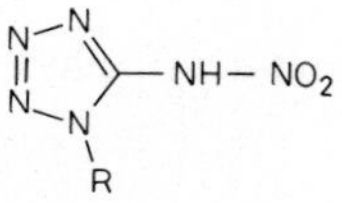

X 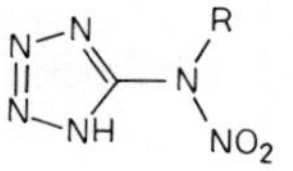 XI 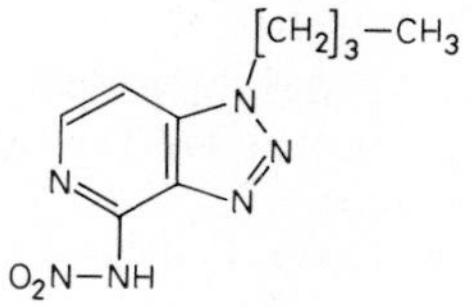 XII

Methyl-nitro-[1*H*-tetrazol-5-yl]-amin $C_2H_4N_6O_2$, Formel XI (R = CH_3).

B. Beim Behandeln des aus dem Kalium-Salz von Methyl-nitro-amin und Bromcyan erhaltenen Reaktionsprodukts mit HN_3 (*Garrison, Herbst,* J. org. Chem. **22** [1957] 278, 282). Aus Methyl-[1*H*-tetrazol-5-yl]-amin-nitrat mit Hilfe von konz. H_2SO_4 (*Ga., He.*, l. c. S. 280).

Kristalle (aus E. + PAe.); F: 113–114° (*Ga., He.*, l. c. S. 282). IR-Spektrum (Mineralöl; 2–15 μ): *Ga., He.*, l. c. S. 281. λ_{max} (H_2O): 246 nm (*Ga., He.*, l. c. S. 282). Scheinbarer Dissoziationsexponent pK'_a (H_2O; potentiometrisch ermittelt) bei 25°: 2,88 (*Ga., He.*, l. c. S. 279).

Kalium-Salz. Kristalle (aus E.); F: 191–192° [unter Explosion] (*Ga., He.*, l. c. S. 283). λ_{max} (H_2O): 246 nm (*Ga., He.*, l. c. S. 282).

[2]Pyridylamin-Salz $C_5H_6N_2 \cdot C_2H_4N_6O_2$. Kristalle (aus Isopropylalkohol + A. [1:1]); F: 165–167° (*Ga., He.*, l. c. S. 282).

Äthyl-nitro-[1*H*-tetrazol-5-yl]-amin $C_3H_6N_6O_2$, Formel XI (R = C_2H_5).

B. Aus Äthyl-[1*H*-tetrazol-5-yl]-amin-nitrat mit Hilfe von konz. H_2SO_4 (*Garrison, Herbst,* J. org. Chem. **22** [1957] 278, 282).

Kristalle (aus E. + PAe.); F: 88–89°. IR-Spektrum (Mineralöl; 2–15 μ): *Ga., He.*, l. c. S. 281. λ_{max} (H_2O): 246 nm (*Ga., He.*, l. c. S. 282). Scheinbarer Dissoziationsexponent pK'_a (H_2O; potentiometrisch ermittelt) bei 25°: 2,86 (*Ga., He.*, l. c. S. 279).

Kalium-Salz. Kristalle (aus E.); F: 174–175° [unter Explosion] (*Ga., He.*, l. c. S. 283). λ_{max} (H_2O): 246 nm (*Ga., He.*, l. c. S. 282).

[2]Pyridylamin-Salz $C_5H_6N_2 \cdot C_3H_6N_6O_2$. Kristalle (aus Isopropylalkohol + A. [1:1]); F: 139–140° (*Ga., He.*, l. c. S. 282).

1-Butyl-4-nitroamino-1*H*-[1,2,3]triazolo[4,5-*c*]pyridin, [1-Butyl-1*H*-[1,2,3]triazolo[4,5-*c*]pyridin-4-yl]-nitro-amin $C_9H_{12}N_6O_2$, Formel XII.

B. In geringer Menge beim Behandeln [15 min] von 1-Butyl-1*H*-[1,2,3]triazolo[4,5-*c*]pyridin-4-ylamin mit HNO_3 und H_2SO_4 (*Bremer,* A. **539** [1939] 276, 282, 292).

Kristalle (aus A.); F: 165–166° [Zers.].

XIII. Triazene

***N*-[4-Chlor-phenyl]-*N'*-[1*H*-tetrazol-5-yl]-triazen** $C_7H_6ClN_7$, Formel I (R = H, X = Cl) und Taut.

B. Aus 4-Chlor-anilin-hydrochlorid und einer aus 1*H*-Tetrazol-5-ylamin hergestellten Diazo-

niumchlorid-Lösung (*Horwitz, Grakauskas,* Am. Soc. **80** [1958] 926, 929).
Kristalle (aus Ae. + PAe.); F: 133 – 134° [unkorr.; Zers.].

***N*-Phenyl-*N'*-[1-phenyl-1*H*-tetrazol-5-yl]-triazen** $C_{13}H_{11}N_7$, Formel I (R = C_6H_5, X = H) und Taut.

B. Aus 1-Phenyl-1*H*-tetrazol-5-ylamin und Benzoldiazoniumchlorid in wss.-äthanol. NaOH (*Stollé et al.,* J. pr. [2] **134** [1932] 282, 291).

Hellgelbe Kristalle (aus Acn.); Zers. bei 130° [unter Verpuffung].

***1-[1*H*-Tetrazol-5-ylazo]-piperidin** $C_6H_{11}N_7$, Formel II und Taut.

B. Aus diazotiertem 1*H*-Tetrazol-5-ylamin und Piperidin (*Williams et al.,* J. phys. Chem. **61** [1957] 261, 266).

Kristalle (aus H_2O); F: 126 – 127° [Zers.].

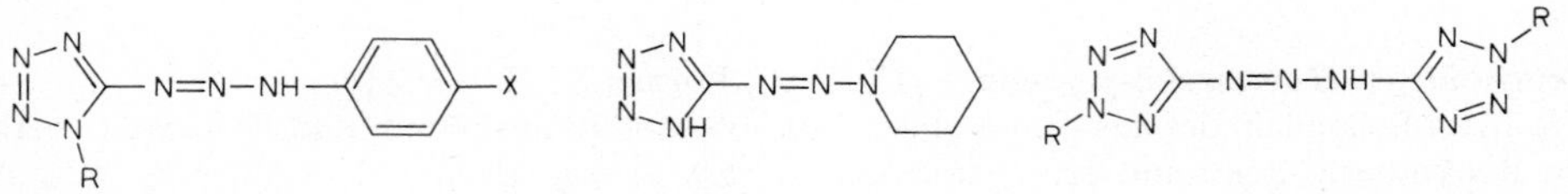

I II III

4-[*N'*-(1*H*-Tetrazol-5-yl)-triazenyl]-benzolsulfonamid $C_7H_8N_8O_2S$, Formel I (R = H, X = SO_2-NH_2) und Taut.

B. Aus diazotiertem Sulfanilamid und 1*H*-Tetrazol-5-ylamin (*Tappi, Migliardi,* Ric. scient. **12** [1941] 1058).

Kristalle (aus E.); F: 126° [Zers.; nach Sintern bei 115°].

1,3-Bis-[1*H*-tetrazol-5-yl]-triazen $C_2H_3N_{11}$, Formel III (R = H) und Taut. (E I 190).

Dinatrium-Salz $Na_2C_2HN_{11}$ (vgl. E I 190). Geschwindigkeitskonstante der Zersetzung in H_2O bei 80°: *Reilly et al.,* Scient. Pr. roy. Dublin Soc. **24** [1948] 349, 352.

Triäthylblei(1+)-Salz $[C_6H_{15}Pb]C_2H_2N_{11}$. Zündungs-Stromstärke: *Du Pont de Nemours & Co.,* U.S.P. 2105635 [1935].

Bis-triäthylblei(1+)-Salz $[C_6H_{15}Pb]_2C_2HN_{11}$. Explosionstemperatur: ca. 180° (*Du Pont*). Zündungs-Stromstärke: *Du Pont.*

1,3-Bis-[2-methyl-2*H*-tetrazol-5-yl]-triazen $C_4H_7N_{11}$, Formel III (R = CH_3).

B. Neben 2-Methyl-5-nitro-2*H*-tetrazol beim Behandeln von 2-Methyl-2*H*-tetrazol-5-ylamin in wss. Essigsäure mit $NaNO_2$ (*Hattori et al.,* Am. Soc. **78** [1956] 411, 414).

Kristalle (aus H_2O); F: 208 – 209° [unkorr.].

3-Phenyl-2-tetrazol-5-yl-naphtho[1,2-*d*]triazolium-betain $C_{17}H_{11}N_7$, Formel IV.

B. Aus Phenyl-[1-(1*H*-tetrazol-5-ylazo)-[2]naphthyl]-amin (S. 4090) mit Hilfe von *N*-Brom-succinimid (*Kuhn, Kainer,* Ang. Ch. **65** [1953] 442, 446).

Kristalle (aus Py. + Ae.); F: 233° [unter Verpuffung]. Absorptionsspektrum (Eg.; 250 – 440 nm): *Kuhn, Ka.,* l. c. S. 444.

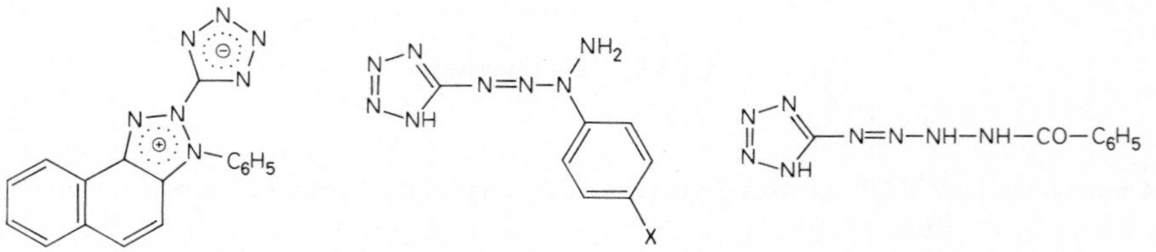

IV V VI

XIV. Tetrazene

***3-Phenyl-1-[1*H*-tetrazol-5-yl]-tetraz-1-en** $C_7H_8N_8$, Formel V (X = H) und Taut. (E I 191).

B. Als Hauptprodukt neben *N*-Phenyl-*N'*-[1*H*-tetrazol-5-yl]-triazen beim Behandeln von diazotiertem 1*H*-Tetrazol-5-ylamin in wss. HCl mit Phenylhydrazin-hydrochlorid (*Horwitz, Grakauskas,* Am. Soc. **80** [1958] 926, 928).

F: 142° [unkorr.; Zers.].

Benzyliden-Derivat $C_{14}H_{12}N_8$; 4-Benzyliden-3-phenyl-1-[1*H*-tetrazol-5-yl]-tetraz-1-en. Gelber Feststoff (aus Benzaldehyd + Bzl.); F: 116–117° [unkorr.; Zers.].

Die folgenden Verbindungen sind in analoger Weise hergestellt worden:

*3-[4-Chlor-phenyl]-1-[1*H*-tetrazol-5-yl]-tetraz-1-en $C_7H_7ClN_8$, Formel V (X = Cl) und Taut. Gelb; F: 165° [unkorr.; Zers.] (*Ho., Gr.*). – 2-Chlor-benzyliden-Derivat $C_{14}H_{10}Cl_2N_8$; 4-[2-Chlor-benzyliden]-3-[4-chlor-phenyl]-1-[1*H*-tetrazol-5-yl]-tetraz-1-en. Gelb; F: 100–110° [unkorr.; Zers.] (*Ho., Gr.*). – 4-Chlor-benzyliden-Derivat $C_{14}H_{10}Cl_2N_8$; 4-[4-Chlor-benzyliden]-3-[4-chlor-phenyl]-1-[1*H*-tetrazol-5-yl]-tetraz-1-en. Gelb; F: 115–120° [unkorr.; Zers.] (*Ho., Gr.*).

*3-[4-Brom-phenyl]-1-[1*H*-tetrazol-5-yl]-tetraz-1-en $C_7H_7BrN_8$, Formel V (X = Br) und Taut. F: 159° [unkorr.; Zers.] (*Ho., Gr.*). – 4-Chlor-benzyliden-Derivat $C_{14}H_{10}BrClN_8$; 3-[4-Brom-phenyl]-4-[4-chlor-benzyliden]-1-[1*H*-tetrazol-5-yl]-tetraz-1-en. F: 119–125° [unkorr.] (*Ho., Gr.*).

*3-[4-Nitro-phenyl]-1-[1*H*-tetrazol-5-yl]-tetraz-1-en $C_7H_7N_9O_2$, Formel V (X = NO_2) und Taut. F: 156° [unkorr.; Zers.] (*Ho., Gr.*).

*4-Benzoyl-1-[1*H*-tetrazol-5-yl]-tetraz-1-en $C_8H_8N_8O$, Formel VI und Taut. F: 94–98° (*Scott et al.,* Am. Soc. **75** [1953] 5309, 5312).

3,5-Diphenyl-[1,5']bitetrazolylium-betain $C_{14}H_{10}N_8$, Formel VII (X = X' = X'' = H).

B. Aus 4-Benzyliden-3-phenyl-1-[1*H*-tetrazol-5-yl]-tetraz-1-en (s. o.) mit Hilfe von HNO_3 (*Horwitz, Grakauskas,* Am. Soc. **80** [1958] 926, 929, 930).

Kristalle (aus A.); F: 300° [unkorr.; Zers.].

Die folgenden Verbindungen sind in analoger Weise hergestellt worden:

3-[4-Chlor-phenyl]-5-phenyl-[1,5']bitetrazolylium-betain $C_{14}H_9ClN_8$, Formel VII (X = Cl, X' = X'' = H). Kristalle (aus Eg.); F: 312–315° [unkorr.; Zers.].

3-[4-Brom-phenyl]-5-phenyl-[1,5']bitetrazolylium-betain $C_{14}H_9BrN_8$, Formel VII (X = Br, X' = X'' = H). Kristalle (aus Eg.); F: 308–310° [unkorr.; Zers.].

3-[4-Nitro-phenyl]-5-phenyl-[1,5']bitetrazolylium-betain $C_{14}H_9N_9O_2$, Formel VII (X = NO_2, X' = X'' = H). Kristalle (aus A.); F: 308–309° [unkorr.; Zers.].

5-[2-Chlor-phenyl]-3-[4-chlor-phenyl]-[1,5']bitetrazolylium-betain $C_{14}H_8Cl_2N_8$, Formel VII (X = X' = Cl, X'' = H). Kristalle (aus A.); F: 262–263° [unkorr.; Zers.].

3-[4-Brom-phenyl]-5-[2-chlor-phenyl]-[1,5']bitetrazolylium-betain $C_{14}H_8BrClN_8$, Formel VII (X = Br, X' = Cl, X'' = H). F: 259–260° [unkorr.; Zers.].

5-[2-Chlor-phenyl]-3-[4-nitro-phenyl]-[1,5']bitetrazolylium-betain $C_{14}H_8ClN_9O_2$, Formel VII (X = NO_2, X' = Cl, X'' = H). Kristalle (aus A.); F: 269–271° [unkorr.; Zers.].

5-[4-Chlor-phenyl]-3-phenyl-[1,5']bitetrazolylium-betain $C_{14}H_9ClN_8$, Formel VII (X = X' = H, X'' = Cl). F: 280–282° [unkorr.; Zers.].

3,5-Bis-[4-chlor-phenyl]-[1,5']bitetrazolylium-betain $C_{14}H_8Cl_2N_8$, Formel VII (X = X'' = Cl, X' = H). Kristalle (aus Eg.); F: 306–307° [unkorr.; Zers.].

3-[4-Brom-phenyl]-5-[4-chlor-phenyl]-[1,5']bitetrazolylium-betain $C_{14}H_8BrClN_8$, Formel VII (X = Br, X' = H, X'' = Cl). Kristalle (aus Eg.); F: 302–304° [unkorr.; Zers.].

5-[4-Nitro-phenyl]-3-phenyl-[1,5']bitetrazolylium-betain $C_{14}H_9N_9O_2$, Formel VII (X = X' = H, X'' = NO_2). Kristalle (aus A.); F: 277–279° [unkorr.; Zers.].

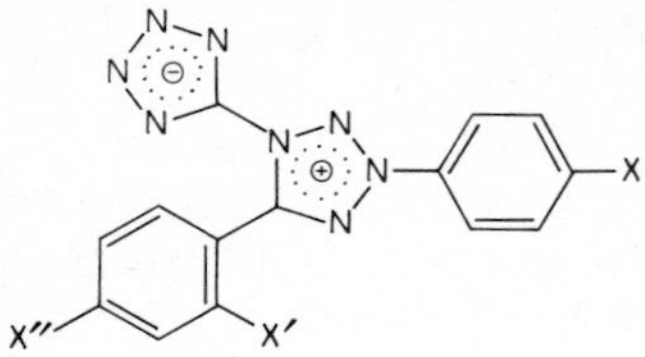

VII 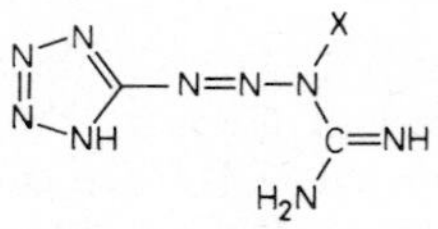 VIII 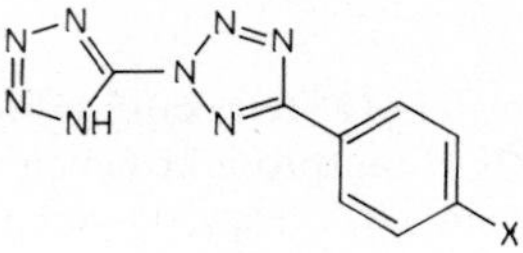 IX

4-[1*H*-Tetrazol-5-yl]-tetraz-3-en-2-carbamidin, Tetracen $C_2H_6N_{10}$, Formel VIII (X = NH_2) und Taut.

Hydrat $C_2H_6N_{10}\cdot H_2O$. Diese Konstitution kommt dem früher (s. E I **3** 60; E II **3** 103; E III **3** 240) als „Guanyl-nitrosaminoguanyl-tetrazen" bezeichneten Präparat zu (*Duke,* Chem. Commun. **1971** 2). — *B.* Aus diazotiertem 1*H*-Tetrazol-5-ylamin und Aminoguanidinium-nitrat (*Patinkin et al.,* Am. Soc. **77** [1955] 562, 566; *Hofsommer, Pestemer,* Z. El. Ch. **53** [1949] 383, 387). — Feststoff, der bei 135° explodiert (*Pa. et al.*). Standard-Bildungsenthalpie: +45,20 $kcal\cdot mol^{-1}$; Standard-Verbrennungsenthalpie: −506,58 $kcal\cdot mol^{-1}$ (*Williams et al.,* J. phys. Chem. **61** [1957] 261, 264). IR-Spektrum (Mineralöl; 2–15 μ): *Lieber et al.,* Anal. Chem. **23** [1951] 1594, 1596, 1598. Polarographisches Halbstufenpotential (mit Tartrat gepufferte wss. Lösung + wss. HCl): *Wild,* Chem. and Ind. **1957** 1543. — Induktionszeit der Explosion bei 150–187°: *Jones, Jackson,* Explosivst. **7** [1959] 177. Geschwindigkeit der Zersetzung im Vakuum bei 120,3°, 134,6° und 172,1°: *Yoffe,* Pr. roy. Soc. [A] **208** [1951] 188, 196. Minimale Funkenenergie für die Zündung durch elektrische Entladungen: *Wyatt et al.,* Pr. roy. Soc. [A] **246** [1958] 189, 193, 194. Zündtemperatur bei Zündung durch adiabatische Kompression des umgebenden Gases: *Evans, Yuill,* Pr. roy. Soc. [A] **246** [1958] 176, 178. Geschwindigkeit der Hydrolyse beim Erhitzen in wss. H_2SO_4: *Pa. et al.,* l. c. S. 563.

Nitrat $C_2H_6N_{10}\cdot HNO_3$ (E I **3** 61). Feststoff (aus $HNO_3 + H_2O$); F: 93–94° [Zers.] (*Pa. et al.,* l. c. S. 567).

1-Benzyliden-4-[1*H*-tetrazol-5-yl]-tetraz-3-en-2-carbamidin $C_9H_{10}N_{10}$, Formel VIII (X = N=CH-C_6H_5) und Taut.

Die früher (E I **26** 191) unter dieser Konstitution beschriebene Verbindung ist als *N*-Carbamimidoyl-3-phenyl-*N'''*-[1*H*-tetrazol-5-yl]-formazan (S. 4089) zu formulieren (vgl. *Grakauskas et al.,* Am. Soc. **80** [1958] 3155, 3156).

5-Phenyl-1'*H*-[2,5']bitetrazolyl $C_8H_6N_8$, Formel IX (X = H) und Taut.

B. Aus *N*-Carbamimidoyl-3-phenyl-*N'''*-[1*H*-tetrazol-5-yl]-formazan mit Hilfe von $KMnO_4$ und wss. NaOH (*Grakauskas et al.,* Am. Soc. **80** [1958] 3155, 3158).

Kristalle (aus E. + PAe.); F: 125–126° [unkorr.; Zers.].

5-[4-Chlor-phenyl]-1'*H*-[2,5']bitetrazolyl $C_8H_5ClN_8$, Formel IX (X = Cl) und Taut.

B. Analog der vorangehenden Verbindung (*Grakauskas et al.,* Am. Soc. **80** [1958] 3155, 3158).

Gelbe Kristalle (aus wss. A.); F: 137,5–138,5° [unkorr.; Zers.].

5-[4-Nitro-phenyl]-1'*H*-[2,5']bitetrazolyl $C_8H_5N_9O_2$, Formel IX (X = NO_2) und Taut.

B. Analog den vorangehenden Verbindungen (*Grakauskas et al.,* Am. Soc. **80** [1958] 3155, 3158).

Hellgelbe Kristalle (aus wss. A.); F: 142° [unkorr.; Zers.].

3,5-Diphenyl-[2,5']bitetrazolylium-betain $C_{14}H_{10}N_8$, Formel X.

B. Aus 3,*N*-Diphenyl-*N'''*-[1*H*-tetrazol-5-yl]-formazan mit Hilfe von *N*-Brom-succinimid (*Kuhn, Kainer,* Ang. Ch. **65** [1953] 442, 446).

Kristalle (aus Py. + Ae.); F: 209–210° [unter Verpuffung]. IR-Spektrum (KBr; 2–15 μ): *Kuhn, Ka.,* l. c. S. 443. UV-Spektrum (Eg.; 250–380 nm): *Kuhn, Ka.,* l. c. S. 443.

XV. Pentazene

[5-(2-Chlor-phenyl)-tetrazol-1-yl]-[1-(2-chlor-phenyl)-1*H*-tetrazol-5-yl]-amin(?) $C_{14}H_9Cl_2N_9$, vermutlich Formel XI (X = Cl, X′ = X″ = H).

B. Aus Bis-[2,α-dichlor-benzyliden]-hydrazin und NaN_3 (*Stollé,* J. pr. [2] **137** [1933] 327, 333).

Kristalle (aus A.); F: 166° [Zers.; unter Braunfärbung].

Methyl-Derivat $C_{15}H_{11}Cl_2N_9$; [5-(2-Chlor-phenyl)-tetrazol-1-yl]-[1-(2-chlor-phenyl)-1*H*-tetrazol-5-yl]-methyl-amin(?). Kristalle (aus Me.); F: 175° [Zers.].

Äthyl-Derivat $C_{16}H_{13}Cl_2N_9$; Äthyl-[5-(2-chlor-phenyl)-tetrazol-1-yl]-[1-(2-chlor-phenyl)-1*H*-tetrazol-5-yl]-amin(?). Kristalle (aus A.); F: 122°.

[5-(3-Nitro-phenyl)-tetrazol-1-yl]-[1-(3-nitro-phenyl)-1*H*-tetrazol-5-yl]-amin(?) $C_{14}H_9N_{11}O_4$, vermutlich Formel XI (X = X″ = H, X′ = NO_2).

B. Aus Bis-[α-azido-3-nitro-benzyliden]-hydrazin und NaN_3 (*Stollé,* J. pr. [2] **137** [1933] 327, 338).

Kristalle (aus Eg.); F: 204° [Zers.].

[5-(4-Nitro-phenyl)-tetrazol-1-yl]-[1-(4-nitro-phenyl)-1*H*-tetrazol-5-yl]-amin(?) $C_{14}H_9N_{11}O_4$, vermutlich Formel XI (X = X′ = H, X″ = NO_2).

B. Analog der vorangehenden Verbindung (*Stollé,* J. pr. [2] **137** [1933] 327, 336).

Gelbe Kristalle (aus Eg.); F: 202° [Zers.; unter Braunfärbung].

[5-*p*-Tolyl-tetrazol-1-yl]-[1-*p*-tolyl-1*H*-tetrazol-5-yl]-amin(?) $C_{16}H_{15}N_9$, vermutlich Formel XI (X = X′ = H, X″ = CH_3).

B. Aus Bis-[α-chlor-4-methyl-benzyliden]-hydrazin und NaN_3 (*Stollé,* J. pr. [2] **137** [1933] 327, 330).

Kristalle (aus A.); F: 184° [Zers.].

Natrium-Salz $NaC_{16}H_{14}N_9$. Kristalle (aus H_2O); F: 195° [Zers.].

Methyl-Derivat $C_{17}H_{17}N_9$; Methyl-[5-*p*-tolyl-tetrazol-1-yl]-[1-*p*-tolyl-1*H*-tetrazol-5-yl]-amin(?). Kristalle (aus Me.); F: 163° [Zers.].

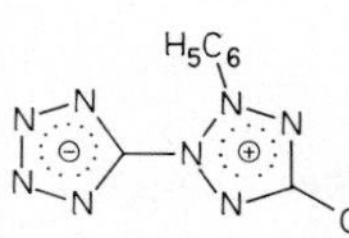

X 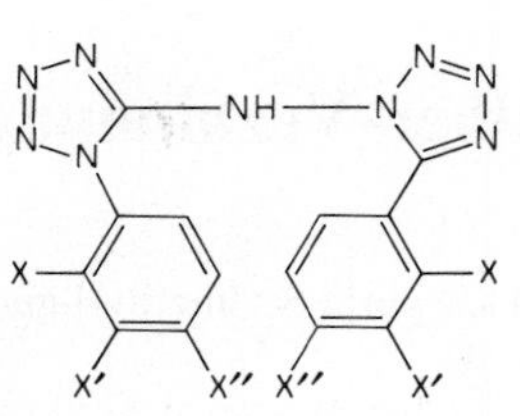 XI 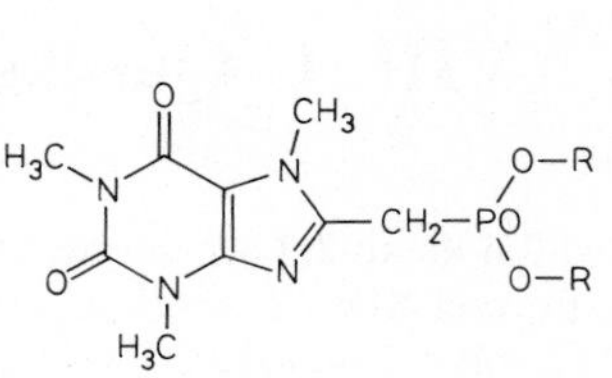 XII 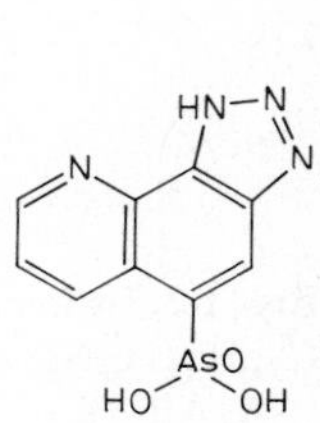 XIII

XVI. C-Phosphor-Verbindungen

[1,3,7-Trimethyl-2,6-dioxo-2,3,6,7-tetrahydro-1*H*-purin-8-ylmethyl]-phosphonsäure $C_9H_{13}N_4O_5P$, Formel XII (R = H).

B. Aus dem Dibutylester (s. u.) mit Hilfe von wss. HCl (*Lugowkin,* Ž. obšč. Chim. **27** [1957] 1524; engl. Ausg. S. 1599).

Kristalle (aus Eg.); F: 285 – 286°.

[1,3,7-Trimethyl-2,6-dioxo-2,3,6,7-tetrahydro-1*H*-purin-8-ylmethyl]-phosphonsäure-diäthylester $C_{13}H_{21}N_4O_5P$, Formel XII (R = C_2H_5).

B. Beim Erhitzen von 8-Chlormethyl-1,3,7-trimethyl-3,7-dihydro-purin-2,6-dion mit Triäthylphosphit (*Lugowkin,* Ž. obšč. Chim. **27** [1957] 1524; engl. Ausg. S. 1599).

Kristalle (aus A.); F: 133°.

Die folgenden Verbindungen sind in analoger Weise hergestellt worden:

[1,3,7-Trimethyl-2,6-dioxo-2,3,6,7-tetrahydro-1*H*-purin-8-ylmethyl]-phosphonsäure-dipropylester $C_{15}H_{25}N_4O_5P$, Formel XII (R = CH_2-C_2H_5). Kristalle (aus A.); F: 70–71°.

[1,3,7-Trimethyl-2,6-dioxo-2,3,6,7-tetrahydro-1*H*-purin-8-ylmethyl]-phosphonsäure-diisopropylester $C_{15}H_{25}N_4O_5P$, Formel XII (R = $CH(CH_3)_2$). Kristalle; F: 121–122°.

[1,3,7-Trimethyl-2,6-dioxo-2,3,6,7-tetrahydro-1*H*-purin-8-ylmethyl]-phosphonsäure-dibutylester $C_{17}H_{29}N_4O_5P$, Formel XII (R = $[CH_2]_3$-CH_3). Hellgelbe Flüssigkeit.

[1,3,7-Trimethyl-2,6-dioxo-2,3,6,7-tetrahydro-1*H*-purin-8-ylmethyl]-phosphonsäure-diisobutylester $C_{17}H_{29}N_4O_5P$, Formel XII (R = CH_2-$CH(CH_3)_2$). Kristalle (aus A.); F: 75–76°.

XVII. C-Arsen-Verbindungen

[1*H*-[1,2,3]Triazolo[4,5-*h*]chinolin-5-yl]-arsonsäure $C_9H_7AsN_4O_3$, Formel XIII und Taut.

B. Neben geringeren Mengen von 1*H*-[1,2,3]Triazolo[4,5-*h*]chinolin beim Erwärmen von diazotiertem *N*-[5,7-Diamino-[8]chinolyl]-toluol-4-sulfonamid mit Natriumarsenit und $CuSO_4$ in H_2O (*Slater,* Soc. **1932** 2196).

Hellgelbe, bis 310° nicht schmelzende Kristalle.

XVIII. C-Quecksilber-Verbindungen

Bis-[1,3,7-trimethyl-2,6-dioxo-2,3,6,7-tetrahydro-1*H*-purin-8-ylmethyl]-quecksilber $C_{18}H_{22}HgN_8O_4$, Formel XIV (R = CH_3, X = H).

B. Aus [1,3,7-Trimethyl-2,6-dioxo-2,3,6,7-tetrahydro-1*H*-purin-8-yl]-methylquecksilber-acetat mit Hilfe von KI (*Covello,* Rend. Accad. Sci. fis. mat. Napoli [4] **3** [1933] 65, 68, 69).

Kristalle; Zers. bei ca. 300°.

Bis-[1,3,7-tris-chlormethyl-2,6-dioxo-2,3,6,7-tetrahydro-1*H*-purin-8-ylmethyl]-quecksilber $C_{18}H_{16}Cl_6HgN_8O_4$, Formel XIV (R = CH_2Cl, X = H).

B. Analog der vorangehenden Verbindung (*Covello,* Rend. Accad. Sci. fis. mat. Napoli [4] **3** [1933] 65, 68, 70).

Kristalle; oberhalb 200° tritt Braunfärbung ein.

***Opt.-inakt. Bis-[chlor-(1,3,7-tris-chlormethyl-2,6-dioxo-2,3,6,7-tetrahydro-1*H*-purin-8-yl)-methyl]-quecksilber** $C_{18}H_{14}Cl_8HgN_8O_4$, Formel XIV (R = CH_2Cl, X = Cl).

B. Aus (±)-Chlor-[1,3,7-tris-chlormethyl-2,6-dioxo-2,3,6,7-tetrahydro-1*H*-purin-8-yl]-methylquecksilber-acetat mit Hilfe von KI (*Covello,* Rend. Accad. Sci. fis. mat. Napoli [4] **3** [1933] 65, 68, 69).

Kristalle; Zers. >200°.

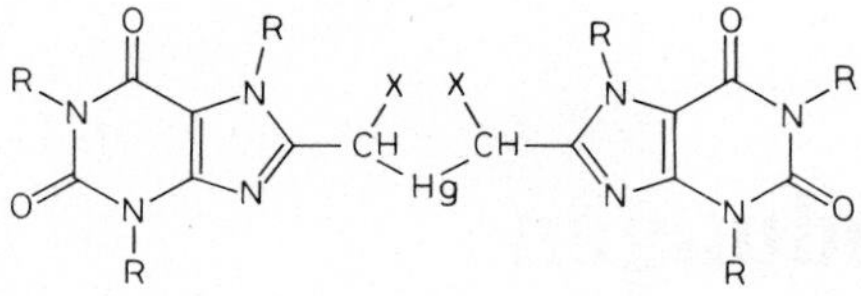

XIV 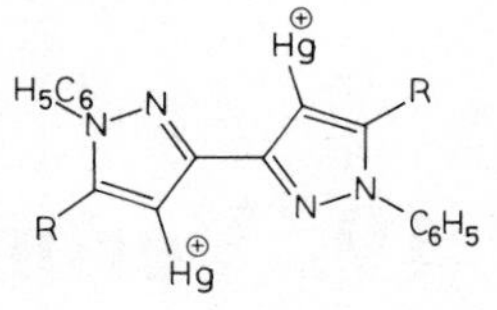 XV 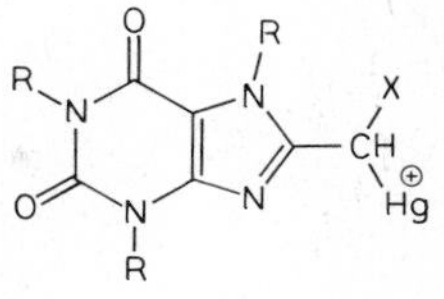 XVI

5,5'-Dimethyl-1,1'-diphenyl-1*H*,1'*H*-[3,3']bipyrazolyl-4,4'-diyldiquecksilber(2+) $[C_{20}H_{16}Hg_2N_4]^{2+}$, Formel XV (R = CH_3).

Diacetat $[C_{20}H_{16}Hg_2N_4](C_2H_3O_2)_2$. *B.* Aus 5,5'-Dimethyl-1,1'-diphenyl-1*H*,1'*H*-[3,3']bipyr⸗azolyl und Quecksilber(II)-acetat (*Finar,* Soc. **1955** 1205, 1208). — Kristalle (aus wss. Eg.); F: 204—205,4°.

1,5,1',5'-Tetraphenyl-1*H*,1'*H*-[3,3']bipyrazolyl-4,4'-diyldiquecksilber(2+) $[C_{30}H_{20}Hg_2N_4]^{2+}$, Formel XV (R = C_6H_5).

Diacetat $[C_{30}H_{20}Hg_2N_4](C_2H_3O_2)_2$. *B.* Analog der vorangehenden Verbindung (*Finar,* Soc. **1955** 1205, 1208). — F: 271,5°.

[1,3,7-Trimethyl-2,6-dioxo-2,3,6,7-tetrahydro-1*H*-purin-8-yl]-methylquecksilber(1+) $[C_9H_{11}HgN_4O_2]^+$, Formel XVI (R = CH_3, X = H).

Acetat $[C_9H_{11}HgN_4O_2]C_2H_3O_2$; 8-Acetacetatomercuriomethyl-1,3,7-trimethyl-3,7-dihydro-purin-2,6-dion. *B.* Beim Erhitzen von 1,3,7,8-Tetramethyl-3,7-dihydro-purin-2,6-dion mit Quecksilber(II)-acetat in wss. Essigsäure (*Covello,* Rend. Accad. Sci. fis. mat. Napoli [4] **3** [1933] 65, 68, 69). — Kristalle; Zers. >250°.

[1,3,7-Tris-chlormethyl-2,6-dioxo-2,3,6,7-tetrahydro-1*H*-purin-8-yl]-methylquecksilber(1+) $[C_9H_8Cl_3HgN_4O_2]^+$, Formel XVI (R = CH_2Cl, X = H).

Acetat $[C_9H_8Cl_3HgN_4O_2]C_2H_3O_2$. *B.* Analog der vorangehenden Verbindung (*Covello,* Rend. Accad. Sci. fis. mat. Napoli [4] **3** [1933] 65, 68, 70). — Kristalle; Zers. >300°.

(±)-Chlor-[1,3,7-tris-chlormethyl-2,6-dioxo-2,3,6,7-tetrahydro-1*H*-purin-8-yl]-methylqueck⸗silber(1+) $[C_9H_7Cl_4HgN_4O_2]^+$, Formel XVI (R = CH_2Cl, X = Cl).

Acetat $[C_9H_7Cl_4HgN_4O_2]C_2H_3O_2$. *B.* Analog den vorangehenden Verbindungen (*Covello,* Rend. Accad. Sci. fis. mat. Napoli [4] **3** [1933] 65, 68, 69). — Kristalle, die sich unterhalb 300° nicht zersetzen. [*H. Tarrach*]

19. Verbindungen mit fünf cyclisch gebundenen Stickstoff-Atomen

I. Stammverbindungen

Stammverbindungen $C_nH_{2n+5}N_5$

1,8,15,22,29-Pentaaza-cyclopentatriacontan $C_{30}H_{65}N_5$, Formel I.

B. Neben anderen Verbindungen aus dem Polyamid aus 6-Amino-hexansäure (E III **4** 1399) mit Hilfe von $LiAlH_4$ (*Zahn, Spoor,* B. **92** [1959] 1375, 1379).

Kristalle (aus mit H_2O gesättigtem Ae.) mit 2 Mol H_2O; F: 45° (*Zahn, Sp.*). Netzebenenabstände: *Zahn, Sp.* Über das IR-Spektrum s. *Zahn, Sp.*, l. c. S. 1378; *v. Dietrich et al.*, Z. Naturf. **12b** [1957] 665. Scheinbarer Dissoziationsexponent pK'_a (wss. A. [50%ig]): 8,66 (*Zahn, Sp.*, l. c. S. 1377).

Pentapicrat $C_{30}H_{65}N_5 \cdot 5C_6H_3N_3O_7$. Gelbe Kristalle; F: 99–101° (*Zahn, Sp.*).

I II III

Stammverbindungen $C_nH_{2n-1}N_5$

5,6-Dihydro-4*H*-imidazo[1,2-*d*]tetrazol $C_3H_5N_5$, Formel II.

B. Aus 2-Hydrazino-4,5-dihydro-1*H*-imidazol-hydrojodid (E III/IV **24** 7) bei aufeinanderfolgendem Behandeln mit wss. HNO_3 und $AgNO_3$, mit $NaNO_2$ und wss. HCl und mit Na_2CO_3 (*Finnegan et al.*, J. org. Chem. **18** [1953] 779, 790).

Kristalle (aus A.); F: 163–164° [korr.; Zers.] (*Fi. et al.*). IR-Banden (KBr sowie Nujol; 3205–670 cm^{-1}): *Boyer, Miller,* Am. Soc. **81** [1959] 4671.

Picrat $C_3H_5N_5 \cdot C_6H_3N_3O_7$. Kristalle (aus A. + Ae.); F: 122–123° [korr.; Zers.] (*Fi. et al.*).

***Opt.-inakt. 1-Phenyl-3a,4,7,7a-tetrahydro-1*H*-4,7-methano-[1,2,3]triazolo[4,5-*d*]pyridazin-5,6-dicarbonsäure-diäthylester** $C_{17}H_{21}N_5O_4$, Formel III.

B. Aus 2,3-Diaza-norborn-5-en-2,3-dicarbonsäure-diäthylester und Azidobenzol (*Alder, Stein,* A. **485** [1931] 211, 222; *Kuderna et al.*, Am. Soc. **81** [1959] 382, 385).

Kristalle; F: 129° [unkorr.; aus Hexan + $CHCl_3$] (*Ku. et al.*), 126° [aus A.] (*Al., St.*).

(±)-2-[1*H*-Tetrazol-5-yl]-piperidin, (±)-5-[2]Piperidyl-1*H*-tetrazol $C_6H_{11}N_5$, Formel IV und Taut.

B. Bei der Hydrierung von 2-[1*H*-Tetrazol-5-yl]-pyridin an Platin in Essigsäure (*McManus, Herbst,* J. org. Chem. **24** [1959] 1462).

F: 287° [unkorr.; Zers.].

Acetyl-Derivat $C_8H_{13}N_5O$. Kristalle (aus H_2O); F: 135,5–136,5° [unkorr.].

(±)-3-[1*H*-Tetrazol-5-yl]-piperidin, (±)-5-[3]Piperidyl-1*H*-tetrazol $C_6H_{11}N_5$, Formel V und Taut.

B. Analog der vorangehenden Verbindung (*McManus, Herbst,* J. org. Chem. **24** [1959] 1462). Kristalle (aus H_2O); F: 296–297° [unkorr.; Zers.].

Acetyl-Derivat $C_8H_{13}N_5O$. Kristalle (aus Isopropylalkohol); F: 170–171° [unkorr.].

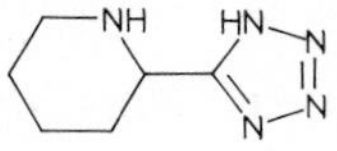

IV 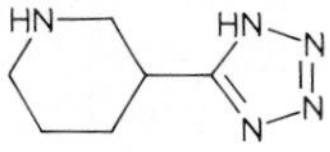 V 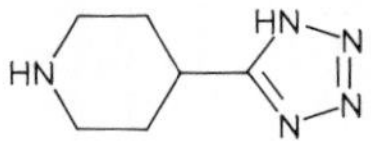 VI 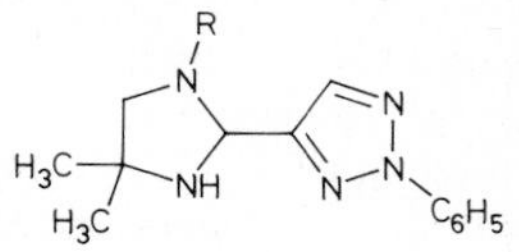 VII

4-[1*H*-Tetrazol-5-yl]-piperidin, 5-[4]Piperidyl-1*H*-tetrazol $C_6H_{11}N_5$, Formel VI und Taut.

B. Analog den vorangehenden Verbindungen (*McManus, Herbst,* J. org. Chem. **24** [1959] 1462).

Kristalle (aus H_2O), die sich unterhalb 370° nicht zersetzen [Schrumpfung und Braunfärbung bei 237°].

Acetyl-Derivat $C_8H_{13}N_5O$. Kristalle (aus Isopropylalkohol); F: 156,5–157,5° [unkorr.].

(±)-4-[1-Isopropyl-4,4-dimethyl-imidazolidin-2-yl]-2-phenyl-2*H*-[1,2,3]triazol $C_{16}H_{23}N_5$, Formel VII (R = $CH(CH_3)_2$).

B. Aus 2-Phenyl-2*H*-[1,2,3]triazol-4-carbaldehyd und N^2-Isopropyl-1,1-dimethyl-äthandiyl≈diamin (*Riebsomer, Sumrell,* J. org. Chem. **13** [1948] 807, 811).

Kp_3: 181–182°.

Die folgenden Verbindungen sind in analoger Weise hergestellt worden:

(±)-4-[1-Butyl-4,4-dimethyl-imidazolidin-2-yl]-2-phenyl-2*H*-[1,2,3]triazol $C_{17}H_{25}N_5$, Formel VII (R = $[CH_2]_3$-CH_3). Kp_1: 184°.

(±)-4-[4,4-Dimethyl-1-phenyl-imidazolidin-2-yl]-2-phenyl-2*H*-[1,2,3]triazol $C_{19}H_{21}N_5$, Formel VII (R = C_6H_5). Kp_2: 230–235°.

(±)-4-[4,4-Dimethyl-1-*p*-tolyl-imidazolidin-2-yl]-2-phenyl-2*H*-[1,2,3]triazol $C_{20}H_{23}N_5$, Formel VII (R = C_6H_4-CH_3). Kristalle (aus wss. A.): F: 109–110°.

Stammverbindungen $C_nH_{2n-3}N_5$

4-[1-Isopropyl-4,4-dimethyl-4,5-dihydro-1*H*-imidazol-2-yl]-2-phenyl-2*H*-[1,2,3]triazol $C_{16}H_{21}N_5$, Formel VIII (R = $CH(CH_3)_2$).

B. Aus 2-Phenyl-2*H*-[1,2,3]triazol-4-carbonsäure und N^2-Isopropyl-1,1-dimethyl-äthandiyl≈diamin (*Riebsomer, Sumrell,* J. org. Chem. **13** [1948] 807, 813).

Kp_4: 190°.

4-[1-Butyl-4,4-dimethyl-4,5-dihydro-1*H*-imidazol-2-yl]-2-phenyl-2*H*-[1,2,3]triazol $C_{17}H_{23}N_5$, Formel VIII (R = $[CH_2]_3$-CH_3).

B. Analog der vorangehenden Verbindung (*Riebsomer, Sumrell,* J. org. Chem. **13** [1948] 807, 813).

Kp_4: 196°.

Hydrochlorid $C_{17}H_{23}N_5 \cdot HCl$. Kristalle (aus Bzl. + Acn.); F: 220–222°.

Picrat $C_{17}H_{23}N_5 \cdot C_6H_3N_3O_7$. Gelbe Kristalle (aus A.); F: 141–143°.

Stammverbindungen $C_nH_{2n-5}N_5$

Stammverbindungen $C_4H_3N_5$

Tetrazolo[1,5-*b*]pyridazin $C_4H_3N_5$, Formel IX (X = H).

B. Bei der Hydrierung von 6-Chlor-tetrazolo[1,5-*b*]pyridazin an Palladium/Kohle in wss.-methanol. NH_3 (*Takahayashi,* J. pharm. Soc. Japan **76** [1956] 765; C. A. **1957** 1192).

Kristalle (aus Bzl.+Me.); F: 104°. λ_{max} (Cyclohexan): 295 nm und 312 nm.

Hydrochlorid. F: 230° [Zers.].

6-Chlor-tetrazolo[1,5-*b*]pyridazin $C_4H_2ClN_5$, Formel IX (X = Cl).

B. Aus 3-Chlor-6-hydrazino-pyridazin beim Behandeln mit $NaNO_2$ und wss. Essigsäure (*Takahayashi,* J. pharm. Soc. Japan **75** [1955] 1242; C. A. **1956** 8655).

Kristalle (aus Bzl.); F: 107° (*Ta.,* J. pharm. Soc. Japan **75** 1244). UV-Spektrum (A.; 220–310 nm): *Takahayashi,* J. pharm. Soc. Japan **76** [1956] 765; C. A. **1957** 1192.

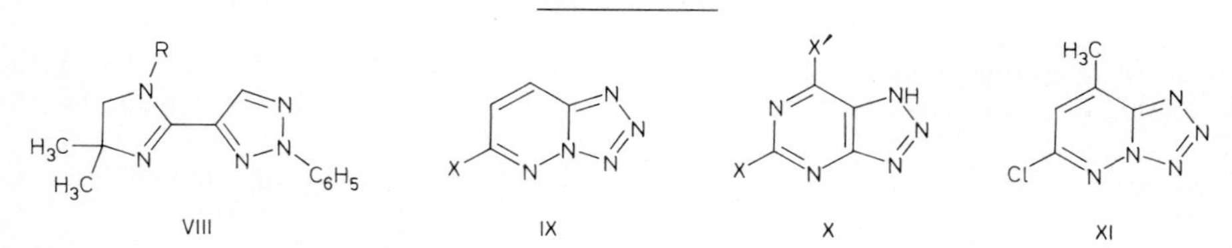

1*H*-[1,2,3]Triazolo[4,5-*d*]pyrimidin $C_4H_3N_5$, Formel X (X = X′ = H) und Taut.

B. Aus Pyrimidin-4,5-diyldiamin beim Erwärmen mit Amylnitrit in Äthanol (*Timmis et al.,* J. Pharm. Pharmacol. **9** [1957] 46, 61) oder beim Behandeln mit $NaNO_2$ und wss. Essigsäure (*Bergmann et al.,* Arch. Biochem. **80** [1959] 318, 319).

Kristalle; F: 175° [nach Sublimation bei 130–140°/1,5 Torr] (*Ti. et al.*), 173–173,5° [Zers.] (*Bendich et al.,* Ciba Found. Symp. Chem. Biol. Purines 1957 S. 3, 11). UV-Spektrum in wss. Lösungen vom pH 0,2–12 (210–325 nm): *Felton,* Chem. Soc. spec. Publ. Nr. 3 [1955] 134; vom pH 7,8 (220–310 nm): *Ber. et al.,* l. c. S. 321. λ_{max} (wss. Lösung): 248 nm [pH 0], 262,5 nm [pH 3,8] bzw. 268 nm [pH 7,2] (*Ben. et al.,* l. c. S. 13). Scheinbare Dissoziationsexponenten pK'_{a1} und pK'_{a2} (protonierte Verbindung; H_2O) bei 20°: 2,12 bzw. 4,87 [potentiometrisch ermittelt] (*Ben. et al.*), 2,1 bzw. 4,9 [spektrophotometrisch ermittelt] (*Fe.,* l. c. S. 135). Löslichkeit in H_2O bei 20°: 1 g/14 g (*Ben. et al.*).

Natrium-Salz $NaC_4H_2N_5$. Kristalle (aus Butan-1-ol) mit 1 Mol H_2O; Zers. bei ca. 310° (*Ber. et al.*).

5,7-Dichlor-1*H*-[1,2,3]triazolo[4,5-*d*]pyrimidin $C_4HCl_2N_5$, Formel X (X = X′ = Cl) und Taut.

B. Beim Erwärmen von 2,6-Dichlor-pyrimidin-4,5-diyldiamin mit Amylnitrit in Dioxan (*Bitterli, Erlenmeyer,* Helv. **34** [1951] 835, 838).

Kristalle (aus Bzl.+PAe.); F: 140–142° [Zers.].

Stammverbindungen $C_5H_5N_5$

6-Chlor-8-methyl-tetrazolo[1,5-*b*]pyridazin $C_5H_4ClN_5$, Formel XI.

B. Aus 6-Chlor-3-hydrazino-4-methyl-pyridazin (E III/IV **25** 4541) beim Behandeln mit $NaNO_2$ und wss. Essigsäure (*Takahayashi,* J. pharm. Soc. Japan **75** [1955] 1242; C. A. **1956** 8655).

Kristalle (aus Bzl.); F: 97°.

5-Methyl-tetrazolo[1,5-*a*]pyrimidin $C_5H_5N_5$, Formel XII (X = H).

B. Aus 1*H*-Tetrazol-5-ylamin beim Erhitzen mit 4,4-Dimethoxy-butan-2-on in Essigsäure oder beim Behandeln mit 4-Methoxy-but-3-en-2-on in DMF (*Allen et al.*, J. org. Chem. **24** [1959] 796, 800, 801). Aus 2-Hydrazino-4-methyl-pyrimidin beim Behandeln mit $NaNO_2$ und wss. Essigsäure (*Al. et al.*).

Kristalle (aus A.); F: 133,5–134° [korr.].

7-Chlor-5-methyl-tetrazolo[1,5-*a*]pyrimidin $C_5H_4ClN_5$, Formel XII (X = Cl).

B. Aus 5-Methyl-4*H*-tetrazolo[1,5-*a*]pyrimidin-7-on und $POCl_3$ (*Allen et al.*, J. org. Chem. **24** [1959] 796, 801; *Kano, Makisumi*, Chem. pharm. Bl. **6** [1958] 583, 584).

Kristalle; F: 115–116° [aus Bzl.+PAe.] (*Kano, Ma.*), 106,5–107,5° [korr.; aus Bzl.] (*Al. et al.*).

5-Chlor-7-methyl-1*H*-[1,2,3]triazolo[4,5-*d*]pyrimidin $C_5H_4ClN_5$, Formel X (X = Cl, X′ = CH_3) und Taut.

B. Beim Behandeln von 2-Chlor-6-methyl-pyrimidin-4,5-diyldiamin mit $NaNO_2$ und wss. Essigsäure (*Bitterli, Erlenmeyer*, Helv. **34** [1951] 835, 839).

Kristalle (aus E.+PAe. oder H_2O); F: 180–181° [Zers.]. Im Hochvakuum bei 120–150° sublimierbar.

Stammverbindungen $C_6H_7N_5$

5,7-Dimethyl-tetrazolo[1,5-*a*]pyrimidin $C_6H_7N_5$, Formel XII (X = CH_3) (H 597).

B. Aus 2-Hydrazino-4,6-dimethyl-pyrimidin beim Behandeln mit $NaNO_2$ und wss. HCl (*Brady, Herbst*, J. org. Chem. **24** [1959] 922, 925) oder mit $NaNO_2$ und wss. Essigsäure (*Giuliano, Leonardi*, Farmaco Ed. scient. **11** [1956] 389, 393).

Kristalle (aus H_2O); F: 152° (*Gi., Le.*), 151–152° [unkorr.] (*Br., He.*). UV-Spektrum in Äthanol, in wss. HCl und in wss. NaOH (210–360 nm): *Nachod, Steck*, Am. Soc. **70** [1948] 2819.

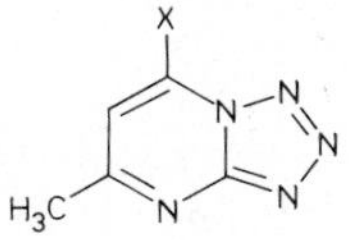

XII 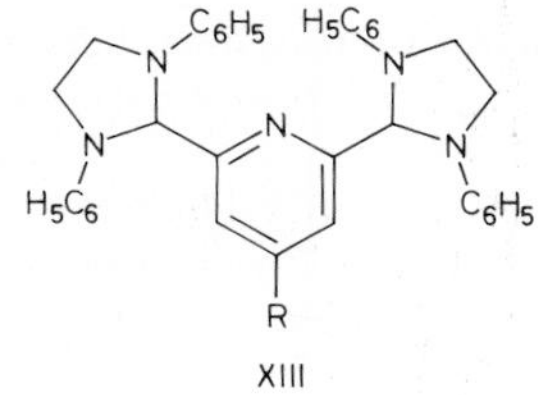 XIII 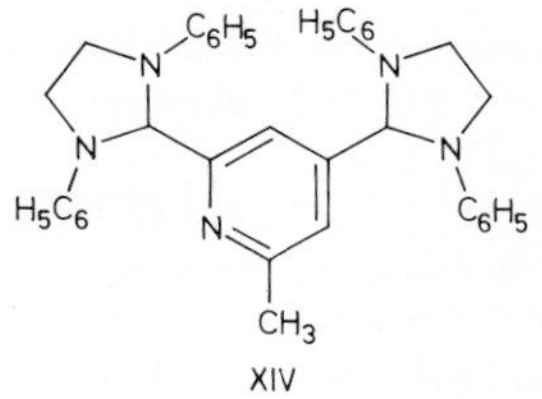 XIV

Stammverbindungen $C_{11}H_{17}N_5$

2,6-Bis-[1,3-diphenyl-imidazolidin-2-yl]-pyridin $C_{35}H_{33}N_5$, Formel XIII (R = H).

B. Aus Pyridin-2,6-dicarbaldehyd und *N,N′*-Diphenyl-äthylendiamin (*Mathes, Sauermilch*, B. **88** [1955] 1276, 1280).

F: 254°.

Stammverbindungen $C_{12}H_{19}N_5$

2,4-Bis-[1,3-diphenyl-imidazolidin-2-yl]-6-methyl-pyridin $C_{36}H_{35}N_5$, Formel XIV.

B. Analog der vorangehenden Verbindung (*Mathes, Sauermilch*, B. **88** [1955] 1276, 1280).

F: 190°.

2,6-Bis-[1,3-diphenyl-imidazolidin-2-yl]-4-methyl-pyridin $C_{36}H_{35}N_5$, Formel XIII (R = CH_3).

B. Analog den vorangehenden Verbindungen (*Mathes, Sauermilch*, B. **88** [1955] 1276, 1280).

F: 243°.

Stammverbindungen $C_{15}H_{25}N_5$

***Opt.-inakt. 2,6-Bis-[1-isopropyl-4,4-dimethyl-imidazolidin-2-yl]-pyridin** $C_{21}H_{37}N_5$, Formel I.
B. Analog den vorangehenden Verbindungen (*Castle,* J. org. Chem. **23** [1958] 69).
F: 52–53°. $Kp_{0,1}$: 168°. λ_{max} (A.): 236 nm, 242 nm, 254 nm und 262 nm.

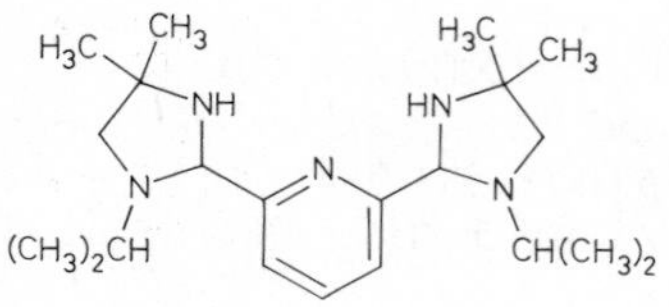

I 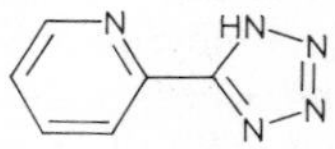 II 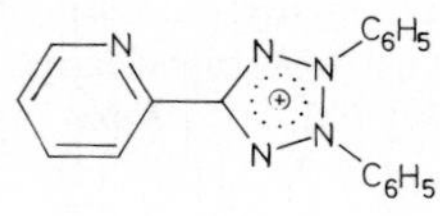 III

Stammverbindungen $C_nH_{2n-7}N_5$

Stammverbindungen $C_6H_5N_5$

2-[1*H*-Tetrazol-5-yl]-pyridin, 5-[2]Pyridyl-1*H*-tetrazol $C_6H_5N_5$, Formel II und Taut.
B. Beim Behandeln von Pyridin-2-carbamidrazon mit $NaNO_2$ und wss. HCl (*van der Burg,* R. **74** [1955] 257, 261, 262). Aus Pyridin-2-carbonitril und HN_3 (*Brouwer-van Straaten et al.,* R. **77** [1958] 1129, 1134; *McManus, Herbst,* J. org. Chem. **24** [1959] 1462).
Kristalle (aus H_2O); F: 217–219° [korr.] (*v. d. Burg*), 212° [unkorr.; Zers.] (*Br.-v. St. et al.*), 211–211,5° [unkorr.; Zers.] (*McM., He.*).

2,3-Diphenyl-5-[2]pyridyl-tetrazolium $[C_{18}H_{14}N_5]^+$, Formel III.
Bromid $[C_{18}H_{14}N_5]Br$. *B.* Beim Behandeln von 1,5-Diphenyl-3-[2]pyridyl-formazan mit *N*-Brom-succinimid in Äthylacetat (*Kuhn, Münzing,* B. **86** [1953] 858, 860). – Kristalle (aus A. + E.); Zers. bei 270–271°.

3,3'-Dimethoxy-4,4'-bis-[3-phenyl-5-[2]pyridyl-tetrazolium-2-yl]-biphenyl, 3,3'-Diphenyl-5,5'-di-[2]pyridyl-2,2'-[3,3'-dimethoxy-biphenyl-4,4'-diyl]-bis-tetrazolium $[C_{38}H_{30}N_{10}O_2]^{2+}$, Formel IV.
Diacetat $[C_{38}H_{30}N_{10}O_2](C_2H_3O_2)_2$. *B.* Aus 3,3'-Dimethoxy-4,4'-bis-[*N'''*-phenyl-3-[2]pyridyl-formazano]-biphenyl mit Hilfe von Isoamylnitrit in Essigsäure (*Ried et al.,* A. **581** [1953] 29, 39). – Kristalle (aus A. + Ae.); F: 239° (*Ried et al.*). Polarographische Reduktion in wss. Dioxan: *Ried, Wilk,* A. **581** [1953] 49, 52.

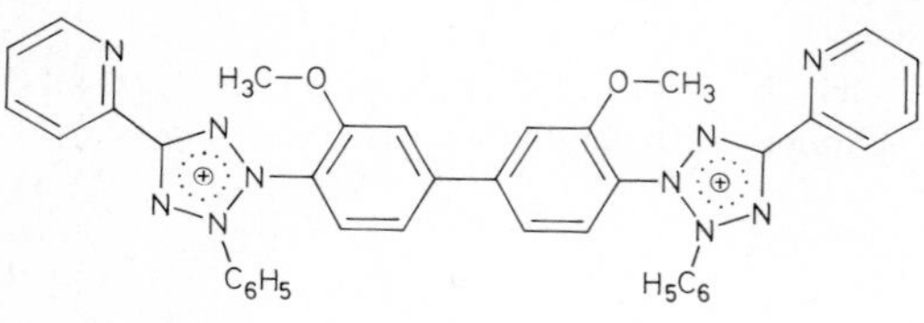

IV 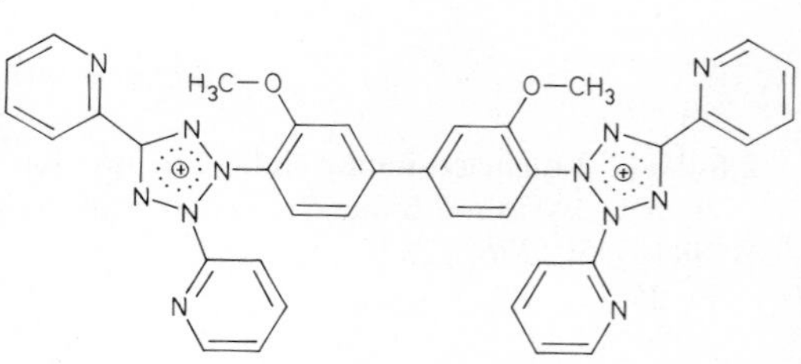 V

4,4'-Bis-[3,5-di-[2]pyridyl-tetrazolium-2-yl]-3,3'-dimethoxy-biphenyl, 3,5,3',5'-Tetra-[2]pyridyl-2,2'-[3,3'-dimethoxy-biphenyl-4,4'-diyl]-bis-tetrazolium $[C_{36}H_{28}N_{12}O_2]^{2+}$, Formel V.
Diacetat $[C_{36}H_{28}N_{12}O_2](C_2H_3O_2)_2$. *B.* Analog der vorangehenden Verbindung (*Ried et al.,* A. **581** [1953] 29, 43). – Gelbliche Kristalle (aus A. + Ae.); F: 202°.

2-[2]Chinolyl-3-[4-chlor-phenyl]-5-[2]pyridyl-tetrazolium $[C_{21}H_{14}ClN_6]^+$, Formel VI.
Acetat $[C_{21}H_{14}ClN_6]C_2H_3O_2$. *B.* Analog den vorangehenden Verbindungen (*Ried et al.,* A.

581 [1953] 29, 38). – Kristalle (aus Me. + Ae.); F: 223° (*Ried et al.*). Polarographische Reduktion in wss. Dioxan: *Ried, Wilk,* A. **581** [1953] 49, 52.

2-[2]Chinolyl-3-[6]chinolyl-5-[2]pyridyl-tetrazolium $[C_{24}H_{16}N_7]^+$, Formel VII.

Acetat $[C_{24}H_{16}N_7]C_2H_3O_2$. *B.* Analog den vorangehenden Verbindungen (*Ried et al.,* A. **581** [1953] 29, 38). – Gelbliche Kristalle (aus A. + Ae.); F: 204°.

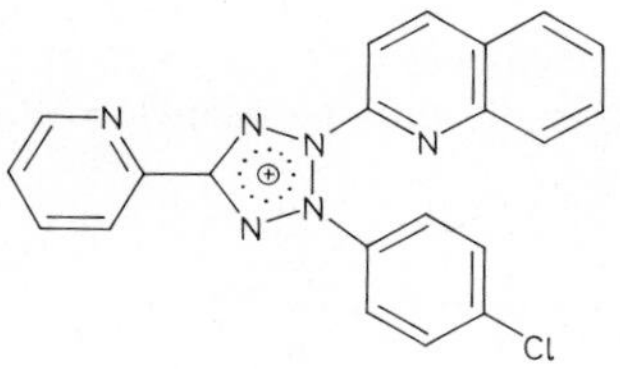

VI 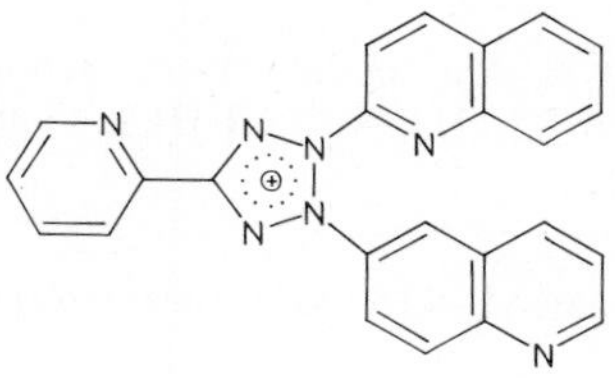 VII 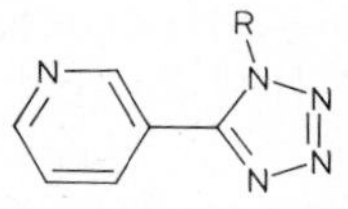 VIII

3-[1*H*-Tetrazol-5-yl]-pyridin, 5-[3]Pyridyl-1*H*-tetrazol $C_6H_5N_5$, Formel VIII (R = H) und Taut.

B. Analog 2-[1*H*-Tetrazol-5-yl]-pyridin [s. o.] (*van der Burg,* R. **74** [1955] 257, 261, 262; *Brouwer-van Straaten et al.,* R. **77** [1958] 1129, 1134; *McManus, Herbst,* J. org. Chem. **24** [1959] 1462).

Kristalle (aus H_2O); F: 245–247° [korr.] (*v. d. Burg*), 236–237° [unkorr.] (*Br.-v. St. et al.*), 234–235° [unkorr.; Zers.] (*McM., He.*).

3-[1-*p*-Tolyl-1*H*-tetrazol-5-yl]-pyridin $C_{13}H_{11}N_5$, Formel VIII (R = C_6H_4-CH_3).

B. Beim Erhitzen von Nicotinsäure-*p*-toluidid mit PCl_5 und anschliessenden Behandeln mit NaN_3 und Natriumacetat in wss. Aceton (*Vaughan, Smith,* J. org. Chem. **23** [1958] 1909, 1911).

Kristalle (aus Me.); F: 106°.

4-[1*H*-Tetrazol-5-yl]-pyridin, 5-[4]Pyridyl-1*H*-tetrazol $C_6H_5N_5$, Formel IX und Taut.

B. Analog 2-[1*H*-Tetrazol-5-yl]-pyridin [S. 4110] (*van der Burg,* R. **74** [1955] 257, 261, 262; *Libman, Slack,* Soc. **1956** 2253, 2256; *Brouwer-van Straaten et al.,* R. **77** [1958] 1129, 1134; *McManus, Herbst,* J. org. Chem. **24** [1959] 1462).

Kristalle; F: 268–269° [korr.; aus H_2O] (*v. d. Burg*), 262–263° [Zers.; aus Py.] (*Li., Sl.*), 254° [unkorr.; Zers.; aus wss. A.] (*Br.-v. St. et al.*), 253–254° [unkorr.; Zers.; aus H_2O] (*McM., He.*).

2,3-Diphenyl-5-[4]pyridyl-tetrazolium $[C_{18}H_{14}N_5]^+$, Formel X (R = H).

Bromid $[C_{18}H_{14}N_5]Br$. *B.* Aus 1,5-Diphenyl-3-[4]pyridyl-formazan beim Behandeln mit *N*-Brom-succinimid in Äthylacetat (*Kuhn, Münzing,* B. **86** [1953] 858, 861). – Kristalle (aus A. + E.); Zers. bei 254–255° (*Kuhn, Mü.*).

Jodid $[C_{18}H_{14}N_5]I$. *B.* Aus 1,5-Diphenyl-3-[4]pyridyl-formazan mit Hilfe von HgO (*Cottrell et al.,* Soc. **1954** 2968). – Orangefarbene Kristalle (aus A.); F: 226–227° [Zers.] (*Co. et al.*).

4-[2,3-Diphenyl-tetrazolium-5-yl]-1-methyl-pyridinium $[C_{19}H_{17}N_5]^{2+}$, Formel XI.

Bis-hydrogensulfat $[C_{19}H_{17}N_5](HSO_4)_2$. *B.* Aus 4-[1,5-Diphenyl-formazanyl]-1-methyl-pyridinium-methylsulfat mit Hilfe von HgO (*Cottrell et al.,* Soc. **1954** 2968). – Gelbliche Kristalle (aus A.); F: 158–160°.

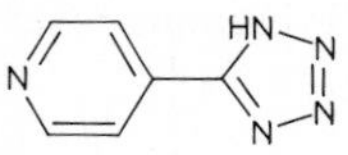

IX 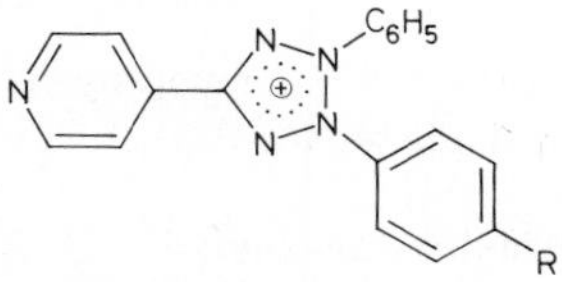 X 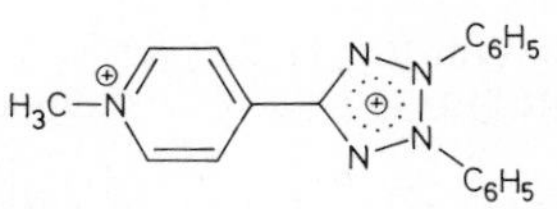 XI

***2-Phenyl-5-[4]pyridyl-3-stilben-4-yl-tetrazolium** $[C_{26}H_{20}N_5]^+$, Formel X (R = CH=CH-C_6H_5).

Chlorid $[C_{26}H_{20}N_5]Cl$. *B.* Aus *N*-Phenyl-3-[4]pyridyl-*N'''*-stilben-4-yl-formazan (E III/IV **22** 667) mit Hilfe von HgO (*Cottrell et al.*, Soc. **1954** 2968). – Gelbe Kristalle (aus H_2O) mit 1 Mol H_2O; F: 213–216° [Zers.].

2-[4-Methoxy-phenyl]-3-phenyl-5-[4]pyridyl-tetrazolium $[C_{19}H_{16}N_5O]^+$, Formel X (R = O-CH_3).

Chlorid $[C_{19}H_{16}N_5O]Cl$. *B.* Analog der vorangehenden Verbindung (*Cottrell et al.*, Soc. **1954** 2968). – Hydrochlorid $[C_{19}H_{16}N_5O]Cl \cdot HCl$. Gelbe Kristalle (aus Isopropylalkohol) mit 2 Mol H_2O; F: 157–160°.

***2-Phenyl-3-[4-phenylazo-phenyl]-5-[4]pyridyl-tetrazolium** $[C_{24}H_{18}N_7]^+$, Formel X (R = N=N-C_6H_5).

Bromid $[C_{24}H_{18}N_7]Br$. *B.* Analog den vorangehenden Verbindungen (*Cottrell et al.*, Soc. **1954** 2968). – Rote Kristalle (aus H_2O) mit 1 Mol H_2O; F: 178–180° [nach Sintern ab 158°].

3,3'-Dimethoxy-4,4'-bis-[3-phenyl-5-[4]pyridyl-tetrazolium-2-yl]-biphenyl, 3,3'-Diphenyl-5,5'-di-[4]pyridyl-2,2'-[3,3'-dimethoxy-biphenyl-4,4'-diyl]-bis-tetrazolium $[C_{38}H_{30}N_{10}O_2]^{2+}$, Formel XII.

Diacetat $[C_{38}H_{30}N_{10}O_2](C_2H_3O_2)_2$. *B.* Beim Erwärmen von 3,3'-Dimethoxy-4,4'-bis-[*N'''*-phenyl-3-[4]pyridyl-formazano]-biphenyl mit Isoamylnitrit in Essigsäure (*Ried, Gick,* A. **581** [1953] 16, 23). – Gelbliche Kristalle (aus Me.+Ae.); Zers. bei 205° [unkorr.] (*Ried, Gick*). Polarographische Reduktion in wss. Dioxan: *Ried, Wilk,* A. **581** [1953] 49, 52.

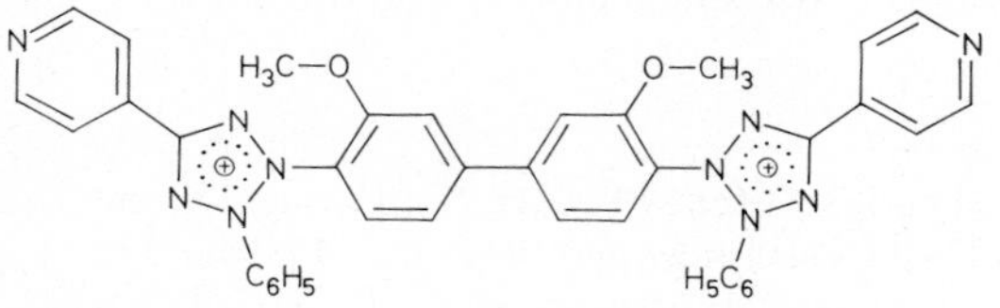

XII 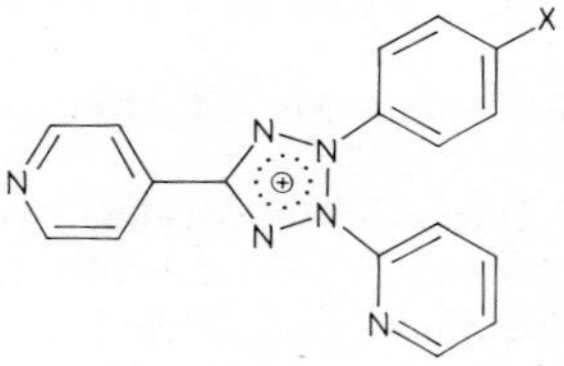 XIII

2-Phenyl-3-[2]pyridyl-5-[4]pyridyl-tetrazolium $[C_{17}H_{13}N_6]^+$, Formel XIII (X = H).

Bromid $[C_{17}H_{13}N_6]Br$. *B.* Beim Behandeln von *N*-Phenyl-*N'''*-[2]pyridyl-3-[4]pyridyl-formazan mit *N*-Brom-succinimid in Äthylacetat (*Jerchel, Fischer,* B. **89** [1956] 563, 570). – Kristalle (aus A.+E.); F: 217°.

2-[4-Chlor-phenyl]-3-[2]pyridyl-5-[4]pyridyl-tetrazolium $[C_{17}H_{12}ClN_6]^+$, Formel XIII (X = Cl).

Acetat $[C_{17}H_{12}ClN_6]C_2H_3O_2$. *B.* Aus *N*-[4-Chlor-phenyl]-*N'''*-[2]pyridyl-3-[4]pyridyl-formazan mit Hilfe von Isoamylnitrit (*Ried et al.*, A. **581** [1953] 29, 37). – Kristalle (aus A.+Ae.); F: 144–146°.

3,3'-Dimethoxy-4,4'-bis-[3-[2]pyridyl-5-[4]pyridyl-tetrazolium-2-yl]-biphenyl, 3,3'-Di-[2]pyridyl-5,5'-di-[4]pyridyl-2,2'-[3,3'-dimethoxy-biphenyl-4,4'-diyl]-bis-tetrazolium $[C_{36}H_{28}N_{12}O_2]^{2+}$, Formel XIV.

Diacetat $[C_{36}H_{28}N_{12}O_2](C_2H_3O_2)_2$. *B.* Analog der vorangehenden Verbindung (*Ried et al.*, A. **581** [1953] 29, 43). – Gelbliche Kristalle (aus A.+Ae.); F: 173°.

2-[2]Chinolyl-3-[4-chlor-phenyl]-5-[4]pyridyl-tetrazolium $[C_{21}H_{14}ClN_6]^+$, Formel XV.

Acetat $[C_{21}H_{14}ClN_6]C_2H_3O_2$. *B.* Analog den vorangehenden Verbindungen (*Ried et al.*, A.

581 [1953] 29, 38). – Gelbe Kristalle (aus Me. + Ae.); F: 98°.

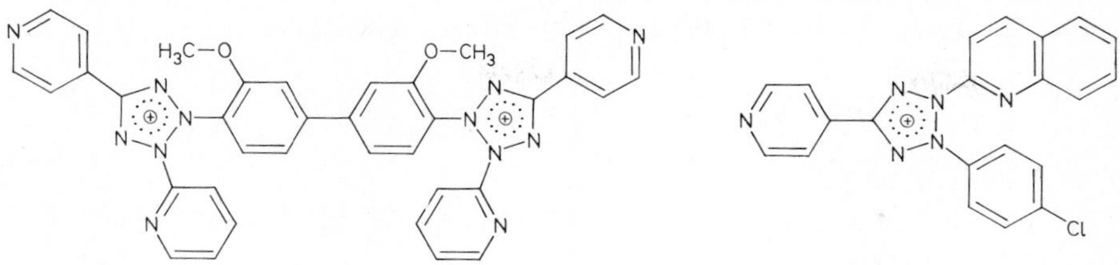

XIV XV

2-[2]Chinolyl-3-[6]chinolyl-5-[4]pyridyl-tetrazolium $[C_{24}H_{16}N_7]^+$, Formel I.
Acetat $[C_{24}H_{16}N_7]C_2H_3O_2$. *B.* Analog den vorangehenden Verbindungen (*Ried et al.,* A. **581** [1953] 29, 38). – Gelbe Kristalle (aus A. + Ae.); F: 94–96°.

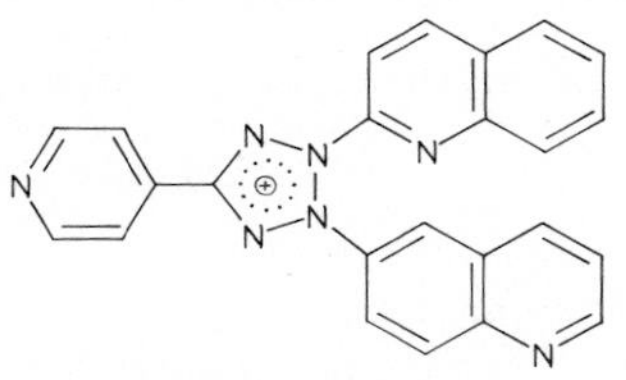

I 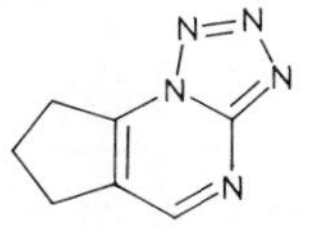 II 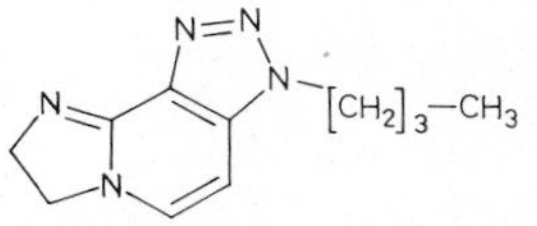 III

Stammverbindungen $C_7H_7N_5$

7,8-Dihydro-6*H*-cyclopenta[*e*]tetrazolo[1,5-*a*]pyrimidin $C_7H_7N_5$, Formel II.
B. Beim Erhitzen von 1*H*-Tetrazol-5-ylamin mit 2-Hydroxymethylen-cyclopentanon (E IV **7** 1989) in Essigsäure (*Cook et al.,* R. **69** [1950] 1201, 1204).
Kristalle (aus PAe.); F: 152–153°.

3-Butyl-7,8-dihydro-3*H*-imidazo[1,2-*a*]triazolo[4,5-*c*]pyridin $C_{11}H_{15}N_5$, Formel III.
B. Beim Erhitzen von [1-Butyl-1*H*-[1,2,3]triazolo[4,5-*c*]pyridin-4-yl]-[2-chlor-äthyl]-amin (*Bremer,* A. **539** [1939] 276, 294).
Kristalle (aus E. + Ae.); F: 75°.
Äthojodid $[C_{13}H_{20}N_5]I$. Kristalle (aus A.); F: 176°.

9-[2-Chlor-äthyl]-8,9-dihydro-7*H*-imidazo[2,1-*i*]purin $C_9H_{10}ClN_5$, Formel IV.
Hydrochlorid $C_9H_{10}ClN_5 \cdot HCl$. Diese Konstitution kommt der von *Huber* (Ang. Ch. **68** [1956] 706) als 1,4-Bis-[2-chlor-äthyl]-1,4-bis-[7(9)*H*-purin-6-yl]-piperazindiium-dichlorid $[C_{18}H_{22}Cl_2N_{10}]Cl_2$ und von *Di Paco, Sonnino Tauro* (Ann. Chimica **47** [1957] 698, 701) als Bis-[2-chlor-äthyl]-[7(9)*H*-purin-6-yl]-amin $C_9H_{11}Cl_2N_5$ angesehenen Verbindung zu (*MacIntyre, Zahrobsky,* Z. Kr. **119** [1963] 226; s. a. *Burstein, Ringold,* Canad. J. Chem. **40** [1962] 561, 563). – *B.* Aus Bis-[2-hydroxy-äthyl]-[7(9)*H*-purin-6-yl]-amin und $SOCl_2$ (*Hu.*; *Di Paco, So. Ta.*; *Bu., Ri.*). – Kristalle; F: 254–256° [unkorr.; Zers.; aus A.] (*Bu., Ri.*), 243–247° [Zers.] (*Hu.*), 245° [Zers.; aus A.] (*Di Paco, So. Ta.*).

Stammverbindungen $C_8H_9N_5$

6,7,8,9-Tetrahydro-tetrazolo[1,5-*a*]chinazolin $C_8H_9N_5$, Formel V (X = H).
B. Beim Erwärmen von 1*H*-Tetrazol-5-ylamin mit 2-Hydroxymethylen-cyclohexanon (E IV **7** 1993) in Äthanol (*Cook et al.,* R. **69** [1950] 1201, 1203). Aus der folgenden Verbindung bei der Hydrierung an Palladium/$SrCO_3$ in Aceton (*Cook et al.,* l. c. S. 1204).
Kristalle (aus PAe.); F: 122–123°.

5-Chlor-6,7,8,9-tetrahydro-tetrazolo[1,5-*a*]chinazolin $C_8H_8ClN_5$, Formel V (X = Cl).

B. Beim Erhitzen von 6,7,8,9-Tetrahydro-4*H*-tetrazolo[1,5-*a*]chinazolin-5-on (S. 4134) mit $POCl_3$ (*Cook et al.*, R. **69** [1950] 1201, 1203).

Kristalle (aus PAe.); F: 97–99°. Bei 110–120°/3 Torr sublimierbar.

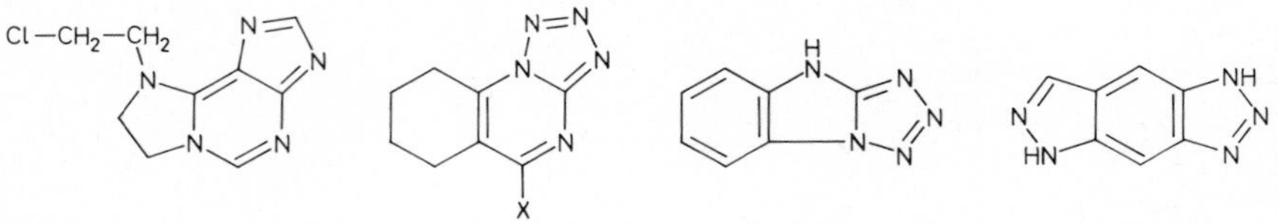

IV V VI VII

Stammverbindungen $C_nH_{2n-9}N_5$

9*H*-Benz[4,5]imidazo[1,2-*d*]tetrazol, 9*H*-Tetrazolo[1,5-*a*]benzimidazol $C_7H_5N_5$, Formel VI.

B. Aus 2-Hydrazino-1*H*-benzimidazol beim Behandeln mit $NaNO_2$ und wss. HCl (*Bower, Doyle*, Soc. **1957** 727, 731).

Kristalle (aus wss. Me.); F: 189° [korr.; Zers.].

1,5-Dihydro-[1,2,3]triazolo[4,5-*f*]indazol $C_7H_5N_5$, Formel VII und Taut.

B. Beim Behandeln von 1(2)*H*-Indazol-5,6-diyldiamin mit $NaNO_2$ und wss. H_2SO_4 (*Fries et al.*, A. **550** [1942] 31, 41).

Kristalle (aus H_2O); F: >300° [Zers.; nach Schwarzfärbung ab 280°].

1-Acetyl-6-methyl-1,5-dihydro-imidazo[4′,5′:4,5]benzo[1,2-*d*][1,2,3]triazol $C_{10}H_9N_5O$, Formel VIII und Taut.

B. Aus *N*-[6-Amino-2-methyl-1(3)*H*-benzimidazol-5-yl]-acetamid (*Phillips*, Soc. **1930** 1409, 1413).

Kristalle (aus H_2O), die unterhalb 300° nicht schmelzen.

3,5-Dimethyl-1,7-diphenyl-1,7-dihydro-dipyrazolo[3,4-*b*;4′,3′-*e*]pyridin $C_{21}H_{17}N_5$, Formel IX.

Die von *Perroncito* (Atti X. Congr. int. Chim. Rom 1938, Bd. 3, S. 267, 271, 274) als Form= amid-Addukt $C_{21}H_{17}N_5 \cdot CH_3NO$ unter dieser Konstitution beschriebene Verbindung ist als 4-Aminomethylen-5-methyl-2-phenyl-2,4-dihydro-pyrazol-3-on zu formulieren (*Ridi, Checchi*, G. **83** [1953] 36, 37).

B. Neben anderen Verbindungen beim Erhitzen von 5-Methyl-2-phenyl-2*H*-pyrazol-3-ylamin mit Oxalsäure (*Crippa, Caracci*, G. **70** [1940] 389, 390). Beim Erhitzen von *N*,*N′*-Bis-[5-methyl-2-phenyl-2*H*-pyrazol-3-yl]-formamidin mit Anilin (*Checchi, Ridi*, G. **87** [1957] 597, 611).

Kristalle; F: 209° [aus Eg.] (*Cr., Ca.*), 205° [aus A.] (*Ch., Ridi*).

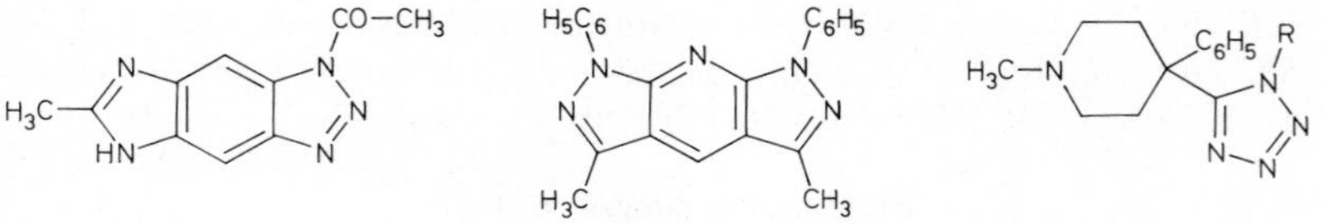

VIII IX X

1-Methyl-4-phenyl-4-[1*H*-tetrazol-5-yl]-piperidin $C_{13}H_{17}N_5$, Formel X (R = H) und Taut.

B. Beim Erhitzen von 1-Methyl-4-phenyl-piperidin-4-carbonitril mit NaN_3 und Essigsäure in Isopropylalkohol (*Brouwer-van Straaten et al.*, R. **77** [1958] 1129, 1133).

Kristalle (aus Me.) mit 1 Mol H_2O; F: 298° [unkorr.].

1-Methyl-4-[1(oder 2)-methyl-1(oder 2)*H*-tetrazol-5-yl]-4-phenyl-piperidin $C_{14}H_{19}N_5$, Formel X ($R = CH_3$) oder XI.

B. Aus der vorangehenden Verbindung und Diazomethan (*Brouwer-van Straaten et al.*, R. **77** [1958] 1129, 1133).

Kristalle (aus PAe.); F: 136–138° [unkorr.].

Stammverbindungen $C_nH_{2n-11}N_5$

Tetrazolo[5,1-*a*]phthalazin $C_8H_5N_5$, Formel XII (X = H).

B. Aus 1-Hydrazino-phthalazin, $NaNO_2$ und wss. Essigsäure (*Druey, Ringier*, Helv. **34** [1951] 195, 209).

Kristalle (aus wss. A.); F: 209–210°.

6-Chlor-tetrazolo[5,1-*a*]phthalazin $C_8H_4ClN_5$, Formel XII (X = Cl).

B. Beim Erhitzen von 5*H*-Tetrazolo[5,1-*a*]phthalazin-6-on mit PCl_5 (*Stollé, Storch*, J. pr. [2] **135** [1932] 128, 133).

Kristalle (aus Eg.); F: 195° [Zers.].

6-Azido-tetrazolo[5,1-*a*]phthalazin $C_8H_4N_8$, Formel XII ($X = N_3$).

B. Beim Erwärmen von 1,4-Dichlor-phthalazin oder von 1,4-Dibrom-phthalazin mit NaN_3 in Äthanol (*Stollé, Storch*, J. pr. [2] **135** [1932] 128, 131). Aus 6-Hydrazino-tetrazolo[5,1-*a*]phthalazin (*Stollé, Hanusch*, J. pr. [2] **136** [1933] 9, 11) oder aus 1,4-Dihydrazino-phthalazin und $NaNO_2$ (*Reynolds et al.*, J. org. Chem. **24** [1959] 1205, 1209).

Kristalle; F: 152° [aus A.] (*St., St.*), 152° (*Re. et al.*).

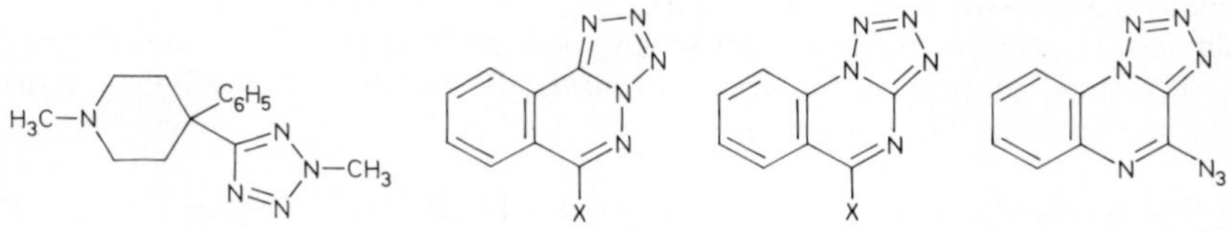

XI XII XIII XIV

5-Chlor-tetrazolo[1,5-*a*]chinazolin $C_8H_4ClN_5$, Formel XIII (X = Cl).

B. Aus 4*H*-Tetrazolo[1,5-*a*]chinazolin-5-on und $POCl_3$ (*Cook et al.*, R. **69** [1950] 1201, 1205).

Kristalle (aus Bzl.); F: 184–185°.

5-Azido-tetrazolo[1,5-*a*]chinazolin $C_8H_4N_8$, Formel XIII ($X = N_3$).

Konstitution: *Stollé, Hanusch*, J. pr. [2] **136** [1933] 120.

B. Beim Behandeln von 2,4-Dichlor-chinazolin mit NaN_3 in Aceton (*Stollé, Hanusch*, J. pr. [2] **136** [1933] 9, 12).

Kristalle (aus Acn.); F: 145° [Zers.] (*St., Ha.*, l. c. S. 12).

4-Azido-tetrazolo[1,5-*a*]chinoxalin $C_8H_4N_8$, Formel XIV.

B. Beim Erwärmen von 2,3-Dichlor-chinoxalin mit NaN_3 in Äthanol (*Stollé, Hanusch*, J. pr. [2] **136** [1933] 9, 13).

Kristalle (aus A.); F: 265°.

6,8-Dimethyl-tetrazolo[1,5-*a*][1,8]naphthyridin $C_{10}H_9N_5$, Formel I (R = X = H).

B. Aus 7-Hydrazino-2,4-dimethyl-[1,8]naphthyridin beim Behandeln mit $NaNO_2$ und wss. HCl (*Mangini, Colonna*, G. **73** [1943] 323, 328).

Kristalle (aus A.); F: 240° [Zers.].

3-[1*H*-Tetrazol-5-ylmethyl]-indol $C_{10}H_9N_5$, Formel II und Taut.

B. Aus [1*H*-Indol-3-yl]-acetonitril beim Erwärmen mit $Al(N_3)_3$ in THF (*McManus, Herbst,* J. org. Chem. **24** [1959] 1464, 1466) oder beim Erhitzen mit NaN_3 und Essigsäure in Isopropyl= alkohol (*van de Westeringh, Veldstra,* R. **77** [1958] 1107, 1112).

Kristalle; F: 180–181° [unkorr.; aus wss. A.] (*v. de We., Ve.*), 179–180° [unkorr.; Zers.; aus H_2O] (*McM., He.*). Scheinbarer Dissoziationsexponent pK'_a (wss. Me. [66,7%ig]; potentio= metrisch ermittelt): 5,48 (*v. de We., Ve.*).

Picrat $C_{10}H_9N_5 \cdot C_6H_3N_3O_7$. Kristalle (aus H_2O); F: 131–132° [unkorr.] (*McM., He.*).

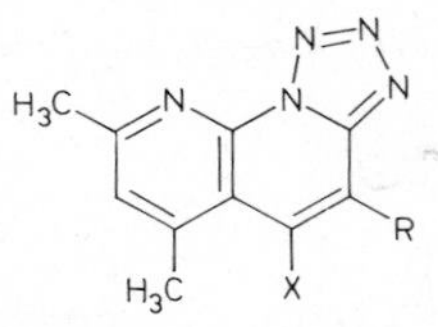

I 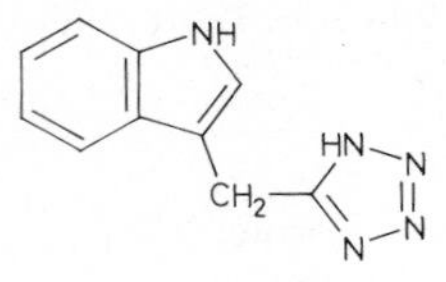 II 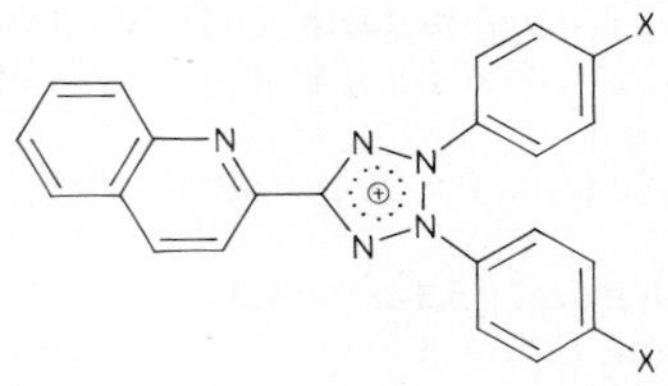 III

5-Chlor-4,6,8-trimethyl-tetrazolo[1,5-*a*][1,8]naphthyridin $C_{11}H_{10}ClN_5$, Formel I (R = CH_3, X = Cl).

B. Beim Behandeln von 4-Chlor-2-hydrazino-3,5,7-trimethyl-[1,8]naphthyridin mit $NaNO_2$ und wss. Essigsäure (*Dornow, v. Loh,* Ar. **290** [1957] 136, 151).

Kristalle (aus Eg.); F: 248°.

Stammverbindungen $C_nH_{2n-13}N_5$

5-[2]Chinolyl-2,3-diphenyl-tetrazolium $[C_{22}H_{16}N_5]^+$, Formel III (X = H).

Bromid $[C_{22}H_{16}N_5]Br$. *B.* Beim Behandeln von 3-[2]Chinolyl-1,5-diphenyl-formazan mit *N*-Brom-succinimid in Äthylacetat (*Kuhn, Münzing,* B. **86** [1953] 858, 861). – Kristalle (aus A. + E.); Zers. bei 278–280°.

2,3-Bis-[4-brom-phenyl]-5-[2]chinolyl-tetrazolium $[C_{22}H_{14}Br_2N_5]^+$, Formel III (X = Br).

Chlorid $[C_{22}H_{14}Br_2N_5]Cl$. *B.* Aus 1,5-Bis-[4-brom-phenyl]-3-[2]chinolyl-formazan und Äthylnitrit in wss. Dioxan unter Einleiten von HCl (*Ried, Hoffschmidt,* A. **581** [1953] 23, 26). – Kristalle (aus Me. + Ae.); F: 241°.

7-Phenyl-[1,2,4]triazolo[4,3-*b*][1,2,4]triazin $C_{10}H_7N_5$, Formel IV (R = H).

B. Beim Erhitzen von 3-Hydrazino-5-phenyl-[1,2,4]triazin mit wss. Ameisensäure (*Fusco, Rossi,* Rend. Ist. lomb. **88** [1955] 173, 180). Beim Erhitzen von 7-Phenyl-[1,2,4]triazolo[4,3-*b*]= [1,2,4]triazin-3-carbonsäure (*Fu., Ro.,* l. c. S. 181).

Kristalle (aus wss. Eg.); F: 252–253°.

3-Methyl-7-phenyl-[1,2,4]triazolo[4,3-*b*][1,2,4]triazin $C_{11}H_9N_5$, Formel IV (R = CH_3).

B. Beim Erhitzen von 3-Hydrazino-5-phenyl-[1,2,4]triazin mit Acetanhydrid (*Fusco, Rossi,* Rend. Ist. lomb. **88** [1955] 173, 183).

Gelbe Kristalle (aus A. oder Eg.); F: 127°.

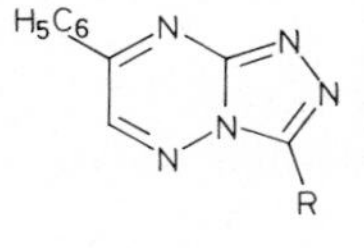

IV 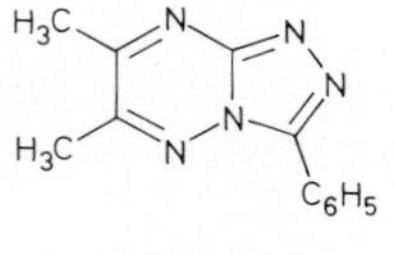 V 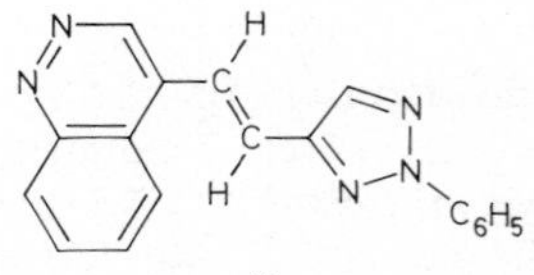 VI

6,7-Dimethyl-3-phenyl-[1,2,4]triazolo[4,3-*b*][1,2,4]triazin $C_{12}H_{11}N_5$, Formel V.

B. Beim Erwärmen von 5-Phenyl-4*H*-[1,2,4]triazol-3,4-diyldiamin mit Butandion in Äthanol (*Hoggarth,* Soc. **1950** 614, 616).

Gelbe Kristalle (aus wss. Diäthylformamid); F: 203°.

Stammverbindungen $C_nH_{2n-15}N_5$

4-[*trans*(?)-2-(2-Phenyl-2*H*-[1,2,3]triazol-4-yl)-vinyl]-cinnolin $C_{18}H_{13}N_5$, vermutlich Formel VI.

B. Beim Erhitzen von 4-Methyl-cinnolin mit 2-Phenyl-2*H*-[1,2,3]triazol-4-carbaldehyd und $ZnCl_2$ in Xylol (*Castle, Cox,* J. org. Chem. **18** [1953] 1706).

Hellgelbe Kristalle (aus Me.); F: 205,2–205,6°.

3,5-Di-[4]pyridyl-1*H*-[1,2,4]triazol, 4,4′-[1*H*-[1,2,4]Triazol-3,5-diyl]-di-pyridin $C_{12}H_9N_5$, Formel VII und Taut.

B. Neben anderen Verbindungen beim Behandeln von Isonicotinimidsäure-äthylester mit $N_2H_4 \cdot H_2O$ und wss.-äthanol. HCl (*Libman, Slack,* Soc. **1956** 2253, 2255). Aus Isonicotinsäure-hydrazid beim Erhitzen mit Thioisonicotinsäure-amid (*Li., Sl.*). Beim Erhitzen von Isonicotin-amidrazon-hydrochlorid mit H_2O (*Li., Sl.*). Aus der folgenden Verbindung mit Hilfe von $KMnO_4$ oder wss. HNO_3 (*Jaschunškiĭ et al.,* Chim. Nauka Promyšl. **2** [1957] 658; C. A. **1958** 6345).

Kristalle; F: 286–289° (*Ja. et al.*), 283° [aus A.] (*Li., Sl.*).

Bis-[metho-(toluol-4-sulfonat)] $[C_{14}H_{15}N_5](C_7H_7O_3S)_2$. Kristalle (aus Me. + Acn.); F: 188° (*Li., Sl.*).

VII VIII IX

3,5-Di-[4]pyridyl-[1,2,4]triazol-4-ylamin $C_{12}H_{10}N_6$, Formel VIII.

B. Neben anderen Verbindungen aus Isonicotinsäure und $N_2H_4 \cdot H_2O$ (*Jaschunškiĭ et al.,* Chim. Nauka Promyšl. **2** [1957] 658; C. A. **1958** 6345). Als Hauptprodukt beim Erhitzen von 3,6-Di-[4]pyridyl-1,2-dihydro-[1,2,4,5]tetrazin mit wss. HCl (*Libman, Slack,* Soc. **1956** 2253, 2256).

F: 335–340° [Zers.] (*Li., Sl.*), 330–333° [Zers.] (*Ja. et al.*).

Dihydrochlorid $C_{12}H_{10}N_6 \cdot 2HCl$. Kristalle (aus wss. HCl); F: 312° (*Li., Sl.*), 300–302° (*Ja. et al.*).

Dipicrat $C_{12}H_{10}N_6 \cdot 2C_6H_3N_3O_7$. F: 257–259° (*Ja. et al.*).

Benzyliden-Derivat $C_{19}H_{14}N_6$; Benzyliden-[3,5-di-[4]pyridyl-[1,2,4]triazol-4-yliden]-amin. Kristalle mit 1 Mol H_2O; F: 197–200° (*Ja. et al.*).

3-[2-Methyl-propenyl]-7-phenyl-[1,2,4]triazolo[4,3-*b*][1,2,4]triazin $C_{14}H_{13}N_5$, Formel IX.

B. Beim Erhitzen von 3-Hydrazino-5-phenyl-[1,2,4]triazin mit 3-Methyl-crotonoylchlorid in Toluol (*Fusco, Rossi,* Rend. Ist. lomb. **88** [1955] 173, 181).

Kristalle (aus A.); F: 253°.

3,5-Dimethyl-1,4,7-triphenyl-1,4,7,8-tetrahydro-dipyrazolo[3,4-*b*;4′,3′-*e*]pyridin $C_{27}H_{23}N_5$, Formel X.

B. Beim Erhitzen von 5,5′-Dimethyl-2,2′-diphenyl-2*H*,2′*H*-4,4′-benzyliden-bis-pyrazol-3-yl-amin (*Checchi, Ridi,* G. **87** [1957] 597, 614).

Kristalle (aus Eg.); F: 235–237°.

Stammverbindungen $C_nH_{2n-17}N_5$

2,9-Dihydro-5,8-diphenyl-[1,2,3,6,7]pentazonin-1-ylamin $C_{16}H_{16}N_6$.

Die von *Stollé* (J. pr. [2] **131** [1931] 275, 277) unter dieser Konstitution beschriebene Verbindung ist als Bis-[2-hydrazono-1-phenyl-äthyliden]-hydrazin (E III **7** 3450) zu formulieren (*Letsinger, Collat,* Am. Soc. **74** [1952] 621).

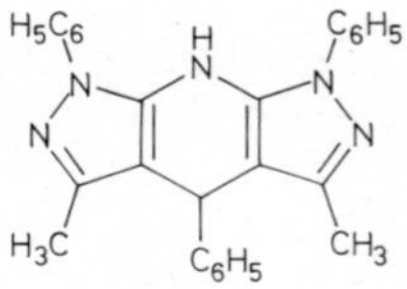

X 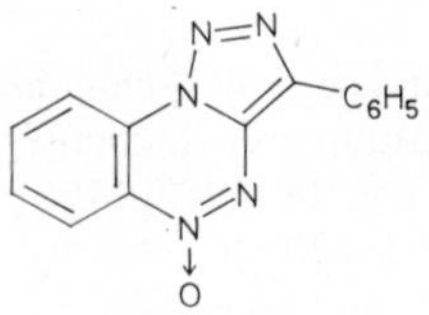 XI 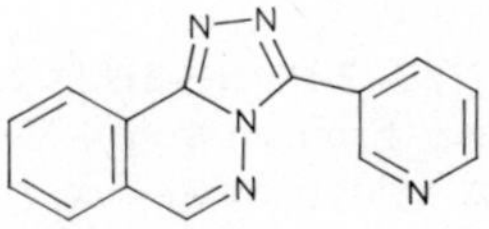 XII

Stammverbindungen $C_nH_{2n-19}N_5$

3-Phenyl-benzo[*e*][1,2,3]triazolo[5,1-*c*][1,2,4]triazin-5-oxid $C_{14}H_9N_5O$, Formel XI.

Konstitution: *Tennant,* Soc. [C] **1967** 1279.

B. Beim Behandeln von Phenylacetonitril mit 1-Azido-2-nitro-benzol und methanol. Natriummethylat in Äther (*Lieber et al.,* J. org. Chem. **22** [1957] 654, 657, 660; *Te.,* l. c. S. 1281).

Orangefarbene Kristalle; F: 223° [Zers.; aus Eg.] (*Te.*), 218–219° [korr.; Zers.; aus E.] (*Li. et al.*). λ_{max} (A.): 210 nm, 247 nm, 343 nm und 359 nm (*Te.*).

3-[3]Pyridyl-[1,2,4]triazolo[3,4-*a*]phthalazin $C_{14}H_9N_5$, Formel XII.

B. Aus 1-Hydrazino-phthalazin und Nicotinoylchlorid in Pyridin (*Biniecki et al.,* Bl. Acad. polon. Ser. chim. **6** [1958] 227, 228).

F: 215–216°.

3-[4]Pyridyl-[1,2,4]triazolo[3,4-*a*]phthalazin $C_{14}H_9N_5$, Formel XIII.

B. Analog der vorangehenden Verbindung (*Biniecki et al.,* Bl. Acad. polon. Ser. chim. **6** [1958] 227, 228).

F: 253–254°.

8-Methyl-6-phenyl-tetrazolo[1,5-*a*][1,8]naphthyridin $C_{15}H_{11}N_5$, Formel XIV.

B. Aus 7-Hydrazino-2-methyl-4-phenyl-[1,8]naphthyridin beim Behandeln mit $NaNO_2$ und wss. HCl (*Mangini, Colonna,* G. **73** [1943] 330, 333).

Gelbliche Kristalle (aus Eg.); F: 260–261° [Zers.].

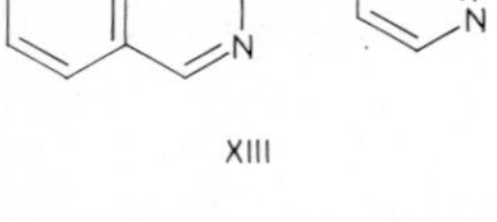

XIII 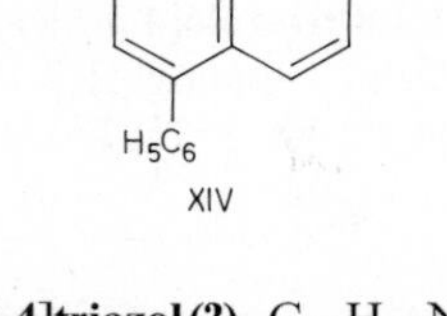 XIV 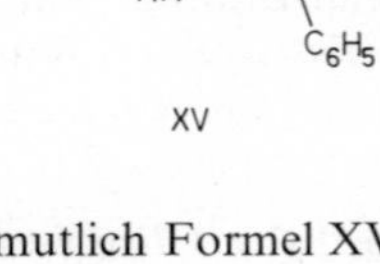 XV

3,6-Diphenyl-5*H*-[1,2,4]triazolo[4,3-*b*][1,2,4]triazol(?) $C_{15}H_{11}N_5$, vermutlich Formel XV und Taut.

B. Aus 5-Phenyl-[1,2,4]triazol-3,4-diyldiamin beim Erhitzen mit Benzoylchlorid und Pyridin und anschliessend mit wss. HCl in 2-Äthoxy-äthanol (*Hoggarth,* Soc. **1950** 614, 617). Bei der Oxidation von Benzaldehyd-[5-phenyl-1*H*-[1,2,4]triazol-3-ylhydrazon] mit Blei(IV)-acetat in Es=

sigsäure (*Bower, Doyle,* Soc. **1957** 727, 728).
Kristalle; F: 268° [korr.; aus 2-Methoxy-äthanol] (*Bo., Do.*), 257° [aus A.] (*Ho.*).

5-Chlor-6,8-dimethyl-4-phenyl-tetrazolo[1,5-*a*][1,8]naphthyridin $C_{16}H_{12}ClN_5$, Formel I.
B. Beim Behandeln von 4-Chlor-2-hydrazino-5,7-dimethyl-3-phenyl-[1,8]naphthyridin mit $NaNO_2$ und wss. Essigsäure (*Dornow, v. Loh,* Ar. **290** [1957] 136, 152).
Kristalle (aus Eg.); F: 255°.

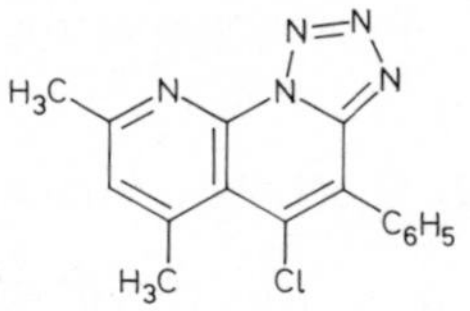

I 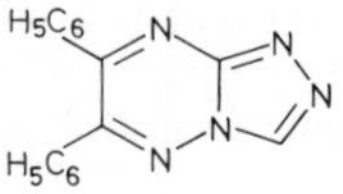 II 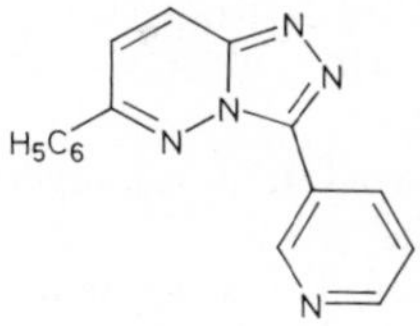 III

Stammverbindungen $C_nH_{2n-21}N_5$

6,7-Diphenyl-[1,2,4]triazolo[4,3-*b*][1,2,4]triazin $C_{16}H_{11}N_5$, Formel II.
B. Beim Erwärmen von [1,2,4]Triazol-3,4-diyldiamin mit Benzil und KOH in Äthanol (*Hogarth,* Soc. **1952** 4817, 4820).
Orangerote Kristalle (aus A.); F: 182–183°.

6-Phenyl-3-[3]pyridyl-[1,2,4]triazolo[4,3-*b*]pyridazin $C_{16}H_{11}N_5$, Formel III.
B. Aus 3-Hydrazino-6-phenyl-pyridazin und Nicotinoylchlorid in Pyridin (*Biniecki et al.,* Bl. Acad. polon. Ser. chim. **6** [1958] 227, 228).
F: 188–189°.

6-Phenyl-3-[4]pyridyl-[1,2,4]triazolo[4,3-*b*]pyridazin $C_{16}H_{11}N_5$, Formel IV.
B. Analog der vorangehenden Verbindung (*Biniecki et al.,* Bl. Acad. polon. Ser. chim. **6** [1958] 227, 228).
F: 306–307°.

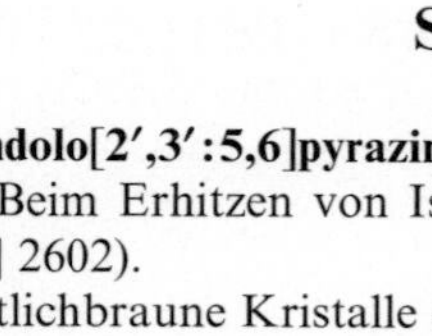

IV 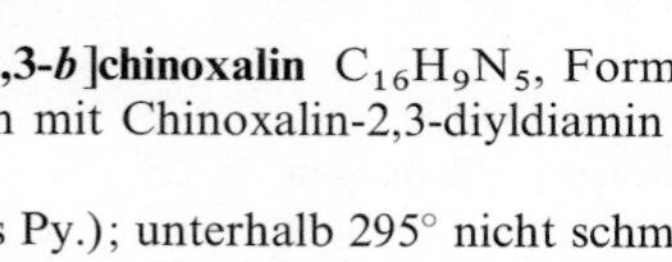 V 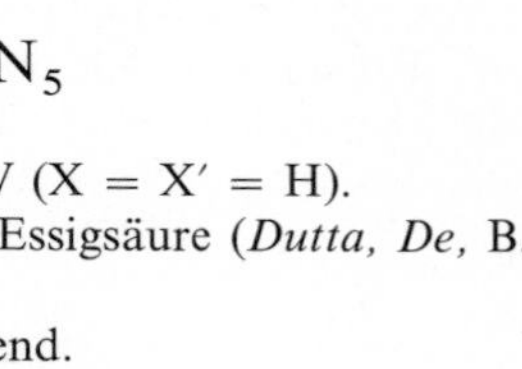 VI

Stammverbindungen $C_nH_{2n-23}N_5$

7*H*-Indolo[2′,3′:5,6]pyrazino[2,3-*b*]chinoxalin $C_{16}H_9N_5$, Formel V (X = X′ = H).
B. Beim Erhitzen von Isatin mit Chinoxalin-2,3-diyldiamin in Essigsäure (*Dutta, De,* B. **64** [1931] 2602).
Rötlichbraune Kristalle (aus Py.); unterhalb 295° nicht schmelzend.

Die folgenden Verbindungen sind in analoger Weise hergestellt worden:
10-Chlor-7*H*-indolo[2′,3′:5,6]pyrazino[2,3-*b*]chinoxalin $C_{16}H_8ClN_5$, Formel V (X = H, X′ = Cl). Rötlichbraune Kristalle (aus Py.); F: >295°.
10-Brom-7*H*-indolo[2′,3′:5,6]pyrazino[2,3-*b*]chinoxalin $C_{16}H_8BrN_5$, Formel V (X = H, X′ = Br). Braune Kristalle (aus Eg.); unterhalb 295° nicht schmelzend.
8,10-Dibrom-7*H*-indolo[2′,3′:5,6]pyrazino[2,3-*b*]chinoxalin $C_{16}H_7Br_2N_5$, Formel V (X = X′ = Br). Braune Kristalle (aus Py.).

10-Nitro-7*H*-indolo[2',3':5,6]pyrazino[2,3-*b*]chinoxalin $C_{16}H_8N_6O_2$, Formel V (X = H, X' = NO_2). Dunkelrote Kristalle (aus Nitrobenzol); F: >290°.

10-Brom-8-nitro-7*H*-indolo[2',3':5,6]pyrazino[2,3-*b*]chinoxalin $C_{16}H_7BrN_6O_2$, Formel V (X = NO_2, X' = Br). Rote Kristalle (aus Py.); F: >290°.

6-Methyl-6,7-dihydro-pyrido[2,3-*b*;4,5-*b'*]dichinoxalin $C_{18}H_{13}N_5$, Formel VI.

B. Beim Erhitzen des Hydrochlorids von 1-Methyl-piperidin-3,4,5-trion-3,5-dioxim (E III/IV **21** 5714) mit *o*-Phenylendiamin in Essigsäure (*Cookson,* Soc. **1953** 1328, 1330).

Bräunliche Kristalle (aus Nitrobenzol) [unreines Präparat]. Absorptionsspektrum ($CHCl_3$ sowie wss. HCl+$CHCl_3$; 250–430 nm): *Co.,* l. c. S. 1329.

3,5-Diphenyl-1,4,7,8-tetrahydro-dipyrazolo[3,4-*b*;4',3'-*e*]pyridin(?) $C_{19}H_{15}N_5$, vermutlich Formel VII.

B. Beim Erhitzen von Bis-[5-phenyl-1(2)*H*-pyrazol-3-yl]-amin mit [1,3,5]Trioxan auf 300–320° (*Checchi, Ridi,* G. **87** [1957] 597, 613).

Kristalle; F: 350°.

Acetyl-Derivat $C_{21}H_{17}N_5O$. Kristalle (aus wss. Eg.).

(±)-2-Methyl-1,5-diphenyl-2-[4]pyridyl-2,5-dihydro-1*H*-imidazo[4,5-*b*]phenazin $C_{31}H_{23}N_5$, Formel VIII.

B. Beim Erwärmen von 3-Amino-2-anilino-5-phenyl-phenazinium-betain (2-Anilino-aposafranin; E III/IV **25** 3030) mit 1-[4]Pyridyl-äthanon und Polyphosphorsäure in Äthanol (*Barry et al.,* Soc. **1956** 3347, 3349). Beim Behandeln von *N*-Phenyl-*o*-phenylendiamin-hydrochlorid mit 1-[4]Pyridyl-äthanon und [1,4]Benzochinon in wss. Äthanol (*Ba. et al.*).

Kristalle (aus Bzl.+PAe.); F: 265–266°.

VII VIII IX

Stammverbindungen $C_nH_{2n-25}N_5$

Stammverbindungen $C_{17}H_9N_5$

Pyrido[2,3-*b*;4,5-*b'*]dichinoxalin $C_{17}H_9N_5$, Formel IX.

B. Aus 6-Methyl-6,7-dihydro-pyrido[2,3-*b*;4,5-*b'*]dichinoxalin durch Sublimation unter Zusatz von Palladium/Kohle und Behandlung mit Nitrobenzol (*Cookson,* Soc. **1953** 1328, 1331).

Gelbe Kristalle; unterhalb 365° nicht schmelzend. Absorptionsspektrum ($CHCl_3$ sowie $CHCl_3$+wss. HCl; 250–470 nm): *Co.*

Stammverbindungen $C_{18}H_{11}N_5$

2-Phenyl-pyrido[4,3-*c*]tetrazolo[2,3-*a*]cinnolinylium $[C_{18}H_{12}N_5]^+$, Formel X (R = H).

Nitrat $[C_{18}H_{12}N_5]NO_3$. *B.* Aus 2,5-Diphenyl-3-[4]pyridyl-tetrazolium-bromid in wss.-äthanol. Lösung beim Bestrahlen mit UV-Licht und anschliessenden Behandeln mit wss. HNO_3 (*Jerchel, Fischer,* B. **89** [1956] 563, 568). – Gelbliche Kristalle (aus A.+E.); F: 245–247°.

Nitrat eines x-Brom-Derivats $[C_{18}H_{11}BrN_5]NO_3$. *B.* Beim Behandeln von 2,5-Diphenyl-3-[4]pyridyl-tetrazolium-bromid mit wss.-äthanol. HNO_3 unter Bestrahlung mit UV-Licht (*Je., Fi.,* l. c. S. 569). – Kristalle (aus A.+E.); F: 390°.

2-Phenyl-pyrido[3,2-*c*]tetrazolo[2,3-*a*]cinnolinylium $[C_{18}H_{12}N_5]^+$, Formel XI.

Trijodid $[C_{18}H_{12}N_5]I_3$. *B.* Aus dem Nitrat (s. u.) beim Behandeln mit $Na_2S_2O_4$ und wss. Na_2CO_3 und Behandeln des olivgrünen Reaktionsprodukts (F: 131°) mit Jod in Benzol (*Jerchel, Fischer,* B. **89** [1956] 563, 568). — Dunkelbraune Kristalle (aus A.); F: 204° (*Je., Fi.*).

Nitrat $[C_{18}H_{12}N_5]NO_3$. Konstitution: *Barton, Walker,* Tetrahedron Letters **1975** 569. — *B.* Beim Behandeln von 2,5-Diphenyl-3-[3]pyridyl-tetrazolium-bromid mit wss.-äthanol. HNO_3 unter Bestrahlung mit UV-Licht (*Je., Fi.,* l. c. S. 567). — Gelbliche Kristalle (aus A. + E.); F: 312° [Zers.] (*Je., Fi.*).

X XI XII

Stammverbindungen $C_{19}H_{13}N_5$

10-Methyl-2-phenyl-pyrido[4,3-*c*]tetrazolo[2,3-*a*]cinnolinylium $[C_{19}H_{14}N_5]^+$, Formel X ($R = CH_3$).

Trijodid $[C_{19}H_{14}N_5]I_3$. *B.* Aus dem Nitrat (s. u.) beim Behandeln mit $Na_2S_2O_4$ und wss. Na_2CO_3 und Behandeln des Reaktionsprodukts mit Jod in Benzol (*Jerchel, Fischer,* B. **89** [1956] 563, 570). — Kristalle (aus wss. A.); F: 251°.

Nitrat $[C_{19}H_{14}N_5]NO_3$. *B.* Aus 5-Phenyl-2-[4]pyridyl-3-*p*-tolyl-tetrazolium-bromid beim Bestrahlen der wss. Lösung mit UV-Licht und anschliessenden Behandeln mit wss. HNO_3 (*Je., Fi.*). — Gelbliche Kristalle (aus A. + Ae.) mit 1 Mol H_2O; F: 240° [Zers.]. UV-Spektrum (A.; 230 – 380 nm): *Je., Fi.,* l. c. S. 565.

3-Äthyl-5-[1-äthyl-1*H*-[2]chinolylidenmethyl]-3*H*-tetrazolo[1,5-*a*]chinolinium $[C_{23}H_{22}N_5]^+$ und Mesomere; **[1-Äthyl-[2]chinolyl]-[3-äthyl-tetrazolo[1,5-*a*]chinolin-5-yl]-methinium** [1]), Formel XII.

Jodid $[C_{23}H_{22}N_5]I$. *B.* Beim Erwärmen von 1-Äthyl-2-phenylmercapto-chinolinium-jodid mit 3-Äthyl-5-methyl-tetrazolo[1,5-*a*]chinolinium-[toluol-4-sulfonat] und Triäthylamin in Äthanol (*Eastman Kodak Co.,* U.S.P. 2689849 [1952]). — Kupferfarbene Kristalle (aus Me.); F: 244 – 246° [Zers.].

3,5-Diphenyl-1,7-dihydro-dipyrazolo[3,4-*b*;4′,3′-*e*]pyridin $C_{19}H_{13}N_5$, Formel I (R = H).

B. Beim Erhitzen von *N,N′*-Bis-[5-phenyl-1(2)*H*-pyrazol-3-yl]-formamidin mit Anilin (*Checchi, Ridi,* G. **87** [1957] 597, 612). Aus *N*-[5-Phenyl-1(2)*H*-pyrazol-3-yl]-formamid beim Erhitzen mit 5-Phenyl-1(2)*H*-pyrazol-3-ylamin (*Ch., Ridi*). Beim Erhitzen von Bis-[5-phenyl-1(2)*H*-pyrazol-3-yl]-amin mit *N,N′*-Diphenyl-formamidin (*Ch., Ridi*).

Kristalle (aus Me.); F: > 360°.

Diacetyl-Derivat $C_{23}H_{17}N_5O_2$; 1,7-Diacetyl-3,5-diphenyl-1,7-dihydro-dipyrazolo[3,4-*b*;4′,3′-*e*]pyridin. Kristalle (aus Eg.); F: 264 – 265°.

1,3,5,7-Tetraphenyl-1,7-dihydro-dipyrazolo[3,4-*b*;4′,3′-*e*]pyridin $C_{31}H_{21}N_5$, Formel I ($R = C_6H_5$).

Eine von *Perroncito* (Atti X. Congr. int. Chim. Roma 1938, Bd. 3, S. 267, 272, 275) als Formamid-Addukt $C_{31}H_{21}N_5 \cdot CH_3NO$ unter dieser Konstitution beschriebene Verbindung ist

---

[1]) Über diese Bezeichnungsweise s. *Reichardt, Mormann,* B. **105** [1972] 1815, 1832.

als 4-Aminomethylen-2,5-diphenyl-2,4-dihydro-pyrazol-3-on (E III/IV **25** 3809) zu formulieren (*Ridi, Checchi,* G. **83** [1953] 36, 38).

Stammverbindungen $C_{27}H_{29}N_5$

2,3,7,8,12,13,17,18-Octamethyl-5-aza-porphyrin $C_{27}H_{29}N_5$, Formel II (R = CH_3) und Taut. (in der Literatur als Monimido-octamethyl-porphyrin bezeichnet).

Zusammenfassende Darstellung: *H. Fischer, A. Stern,* Die Chemie des Pyrrols, Bd. 2, Tl. 2 [Leipzig 1940] S. 408.

B. Neben 2,3,7,8,12,13,17,18-Octamethyl-5,15-diaza-porphyrin beim Erhitzen von Bis-[5-brom-3,4-dimethyl-pyrrol-2-yl]-methinium-bromid (E II **23** 203) mit äthanol. NH_3 auf 150° (*Fischer, Müller,* A. **528** [1937] 1, 3, 7).

Violette Kristalle (aus Py.); F: 397° (*Fi., Mü.*). λ_{max} (Py.; 505–660 nm): *Fi., Mü.,* l. c. S. 8.

Über eine Additionsverbindung mit 2,3,7,8,12,13,17,18-Octamethyl-5,15-diaza-porphyrin (Kristalle [aus Nitrobenzol]; F: 445–447° [Zers.]) s. *Fi., Mü.*

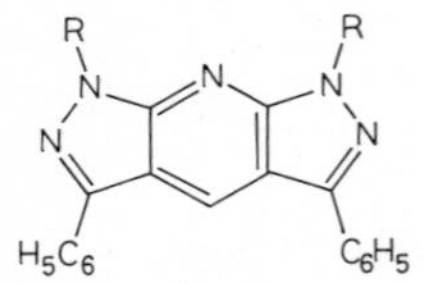

I 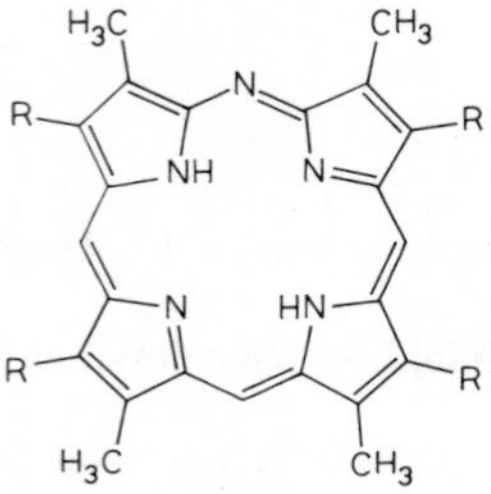 II 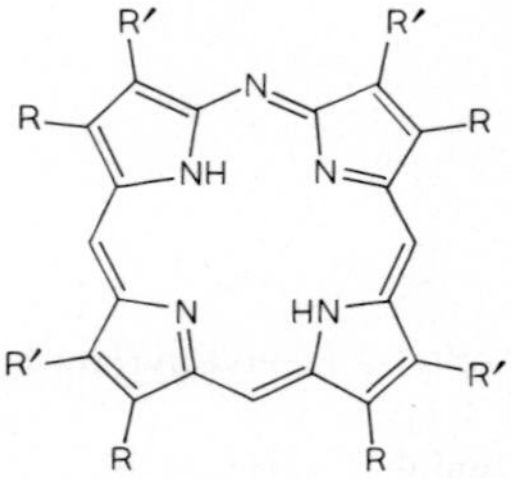 III

Stammverbindungen $C_{31}H_{37}N_5$

3,7,12,18-Tetraäthyl-2,8,13,17-tetramethyl-5-aza-porphyrin, 10-Aza-ätioporphyrin-IV $C_{31}H_{37}N_5$, Formel III (R = CH_3, R′ = C_2H_5) und Taut. (in der Literatur als α-Mono-imido-ätioporphyrin-IV bezeichnet).

B. Beim Erwärmen von [5-Äthoxycarbonylamino-4-äthyl-3-methyl-pyrrol-2-yl]-[3-äthyl-4,5-dimethyl-pyrrol-2-yl]-methinium-bromid (E III/IV **25** 2656) mit Brom in Essigsäure und anschliessenden Erhitzen mit wss. NaOH und Chinolin (*Endermann, Fischer,* A. **538** [1939] 172, 177, 190).

Violette Kristalle (aus $CHCl_3$+Me.); unterhalb 330° nicht schmelzend. λ_{max} (Ae.; 445–615 nm): *En., Fi.*

2,8,13,17-Tetraäthyl-3,7,12,18-tetramethyl-5-aza-porphyrin, 20-Aza-ätioporphyrin-IV $C_{31}H_{37}N_5$, Formel III (R = C_2H_5, R′ = CH_3) und Taut. (in der Literatur als γ-Mono-imido-ätioporphyrin-IV bezeichnet).

Zusammenfassende Darstellung: *H. Fischer, A. Stern,* Die Chemie des Pyrrols, Bd. 2, Tl. 2 [Leipzig 1940] S. 409.

B. Analog der vorangehenden Verbindung (*Endermann, Fischer,* A. **538** [1939] 172, 175, 189).

Violette Kristalle (aus $CHCl_3$+Me.); unterhalb 330° nicht schmelzend (*En., Fi.*). Absorptionsspektrum (Py.; 480–640 nm): *Pruckner,* Z. physik. Chem. [A] **190** [1941] 101, 113, 124. λ_{max} (Ae.; 445–615 nm): *En., Fi.*

2,8,12,18-Tetraäthyl-3,7,13,17-tetramethyl-5-aza-porphyrin, 10-Aza-ätioporphyrin-II $C_{31}H_{37}N_5$, Formel II (R = C_2H_5) und Taut. (in der Literatur als β(δ)-Mono-imido-ätioporphyrin-II bezeichnet).

B. Analog den vorangehenden Verbindungen (*Endermann, Fischer,* A. **538** [1939] 172, 176, 190).

Violette Kristalle (aus $CHCl_3$+Me.); unterhalb 330° nicht schmelzend (*En., Fi.*). Absorptionsspektrum (Py.; 470–640 nm): *Pruckner*, Z. physik. Chem. [A] **190** [1941] 101, 113, 124. λ_{max} (A.; 445–615 nm): *En., Fi.*

Stammverbindungen $C_nH_{2n-27}N_5$

11-Phenyl-1,5,9,11-tetrahydro-dipyrazolo[3,4-*b*;4',3'-*i*]acridin(?) $C_{21}H_{15}N_5$, vermutlich Formel IV und Taut.

B. Beim Erwärmen von Benzyliden-[1(2)*H*-indazol-5-yl]-amin (E III/IV **25** 2521) mit 1(2)*H*-Indazol-5-ylamin-hydrochlorid in Äthanol (*Fries et al.*, A. **550** [1942] 31, 48).

Kristalle (aus A.); F: >360°.

5-Phenyl-1,5,9,11-tetrahydro-dipyrazolo[4,3-*b*;3',4'-*i*]acridin(?) $C_{21}H_{15}N_5$, vermutlich Formel V und Taut.

B. Beim Erwärmen von Benzyliden-[1(2)*H*-indazol-6-yl]-amin (E III/IV **25** 2523) mit 1(2)*H*-Indazol-6-ylamin-hydrochlorid in Äthanol (*Fries et al.*, A. **550** [1942] 31, 49).

Kristalle (aus A.); F: >360°.

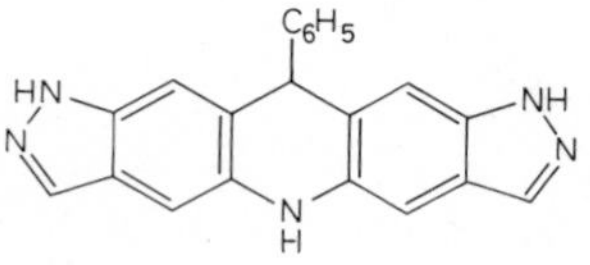

IV 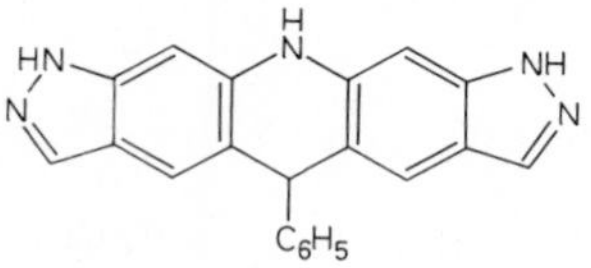 V 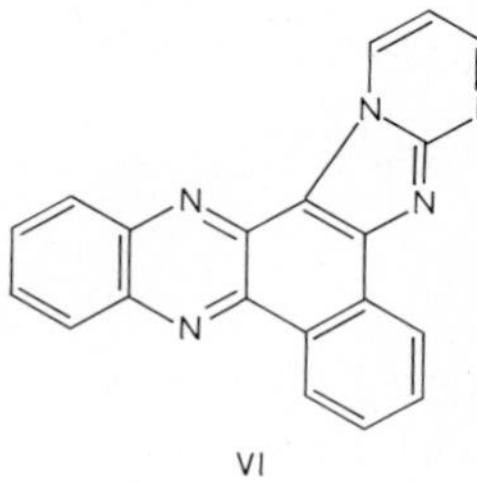 VI

Stammverbindungen $C_nH_{2n-29}N_5$

Benzo[*a*]pyrimido[1',2':1,2]imidazo[4,5-*c*]phenazin $C_{20}H_{11}N_5$, Formel VI.

B. Aus Naphth[1',2':4,5]imidazo[1,2-*a*]pyrimidin-5,6-dion und *o*-Phenylendiamin (*Mosby, Boyle*, J. org. Chem. **24** [1959] 374, 380).

Kristalle (aus Chlorbenzol); F: 343,5–346,5°.

3,6,7-Triphenyl-[1,2,4]triazolo[4,3-*b*][1,2,4]triazin $C_{22}H_{15}N_5$, Formel VII.

B. Beim Erwärmen von 5-Phenyl-[1,2,4]triazol-3,4-diyldiamin mit Benzil in Äthanol (*Hogarth*, Soc. **1950** 614, 616). Beim Erhitzen von 3-Hydrazino-5,6-diphenyl-[1,2,4]triazin mit Benzoylchlorid in Toluol (*Fusco, Rossi*, Rend. Ist. lomb. **88** [1955] 173, 182).

Gelbe Kristalle (aus 2-Äthoxy-äthanol); F: 250° (*Ho.*; *Fu., Ro.*).

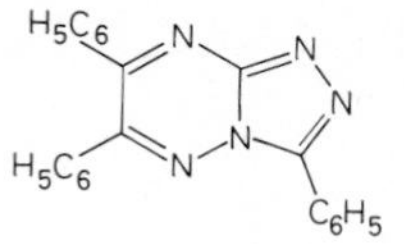

VII 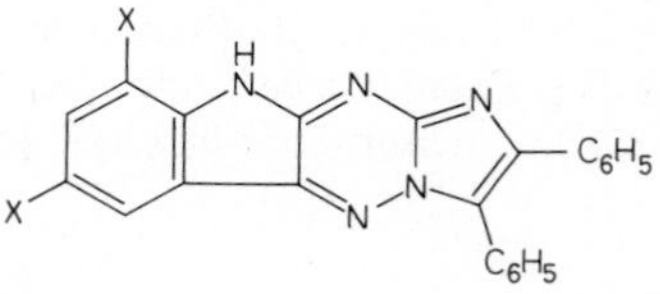 VIII

Stammverbindungen $C_nH_{2n-31}N_5$

2,3-Diphenyl-10*H*-imidazo[1',2':2,3][1,2,4]triazino[5,6-*b*]indol $C_{23}H_{15}N_5$, Formel VIII (X = H).

B. Aus 5*H*-[1,2,4]Triazino[5,6-*b*]indol-3-ylamin und α-Brom-desoxybenzoin (*Rossi, Trave*, Chimica e Ind. **40** [1958] 827, 829).

Orangerote Kristalle (aus DMF); F: 364° [unkorr.]. λ_{max} (DMF): 475 nm.

7,9-Dibrom-2,3-diphenyl-10*H*-imidazo[1′,2′:2,3][1,2,4]triazino[5,6-*b*]indol $C_{23}H_{13}Br_2N_5$, Formel VIII (X = Br).

B. Analog der vorangehenden Verbindung (*Rossi, Trave,* Chimica e Ind. **40** [1958] 827, 829, 830).

Orangerote Kristalle (aus DMF); F: 345–346° [unkorr.]. λ_{max} (DMF): 475 nm.

Stammverbindungen $C_nH_{2n-33}N_5$

[2,2′;6′,2″;6″,2‴;6‴,2⁗]Quinquepyridin, (2,6)Quinquepyridin $C_{25}H_{17}N_5$, Formel IX.

B. Aus 6,6″-Dibrom-[2,2′;6′,2″]terpyridin und 2-Brom-pyridin sowie aus 6-Brom-[2,2′]bipyridyl und 2,6-Dibrom-pyridin, jeweils beim Erhitzen mit Kupfer in Biphenyl (*Burstall,* Soc. **1938** 1662, 1671).

Kristalle (aus *N,N*-Dimethyl-anilin); F: 265°. Bei 320°/20 Torr sublimierbar.

Trihydrochlorid $C_{25}H_{17}N_5 \cdot 3HCl$. Kristalle mit 2 Mol H_2O, die sich beim Erhitzen zersetzen.

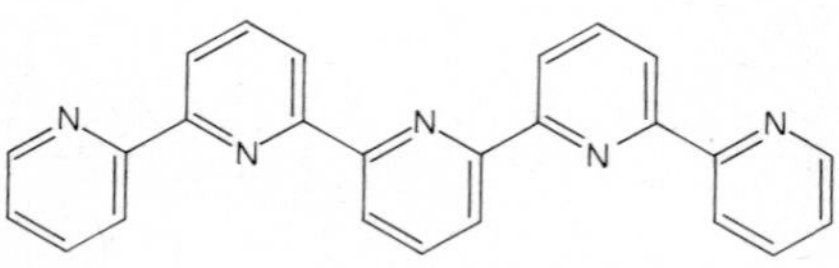

IX 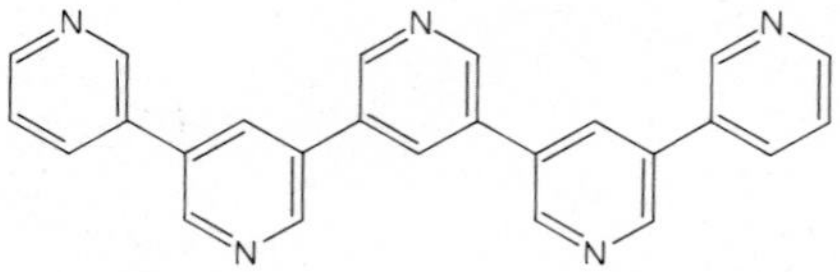 X

[3,3′;5′,3″;5″,3‴;5‴,3⁗]Quinquepyridin(?), (3,5)Quinquepyridin(?) $C_{25}H_{17}N_5$, vermutlich Formel X.

B. In kleiner Menge neben anderen Verbindungen beim Erhitzen von 3,5-Dibrom-pyridin mit $N_2H_4 \cdot H_2O$, Palladium/$CaCO_3$ und wss.-methanol. KOH auf 145° (*Busch, Weber,* J. pr. [2] **146** [1936] 1, 41, 42).

F: 330°.

Stammverbindungen $C_nH_{2n-41}N_5$

6-Methyl-7,18-*o*-benzeno-benzo[*a*]benzo[7,8][1,3,6]triazocino[4,5-*c*]phenazin $C_{30}H_{19}N_5$, Formel XI.

Die von *Badger, Pettit* (Soc. **1952** 1877, 1879, 1881) unter dieser Konstitution beschriebenen Verbindung ist als 5-[2-Methyl-benzimidazol-1-yl]-benzo[*a*]phenazin (E III/IV **25** 2738) zu formulieren (*Ott et al.,* M. **107** [1976] 879, 882).

4-Phenyl-3,5-di-[2]pyridyl-2,6-di-[3]pyridyl-pyridin $C_{31}H_{21}N_5$, Formel XII.

B. Aus 2-[2]Pyridyl-1-[3]pyridyl-äthanon und Benzaldehyd mit Hilfe von Ammoniumacetat und wss. NH_3 [250°] (*Frank, Riener,* Am. Soc. **72** [1950] 4182).

Kristalle (aus Orthoameisensäure-triäthylester); F: 281,5°.

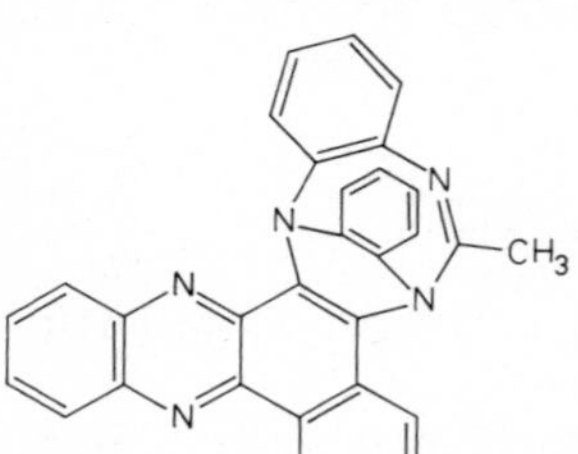

XI 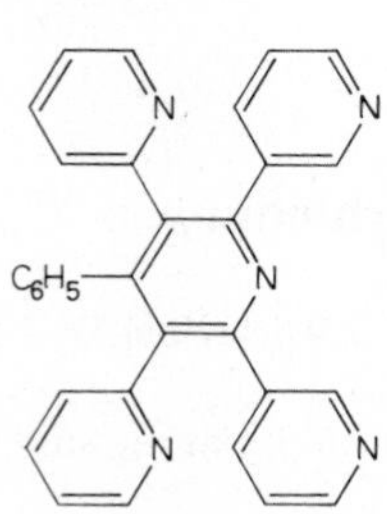 XII 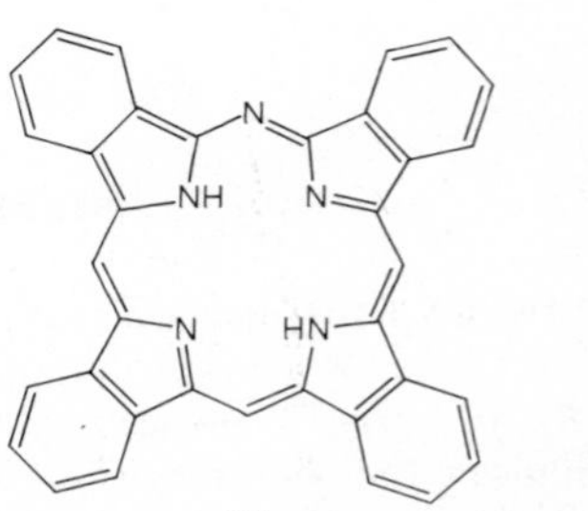 XIII

Stammverbindungen $C_nH_{2n-49}N_5$

5-Aza-tetrabenzo[*b,g,l,q*]porphyrin, 5-Aza-tetrabenzoporphyrin $C_{35}H_{21}N_5$, Formel XIII und Taut. (in der Literatur als Tetrabenzomonoazaporphyrin bezeichnet).

Zusammenfassende Darstellung: *H. Fischer, A. Stern,* Die Chemie des Pyrrols, Bd. 2, Tl. 2 [Leipzig 1940] S. 418.

B. Aus [3-Imino-isoindolin-1-yliden]-malonsäure beim Erhitzen mit Zink-Pulver auf 330–340° (*Barrett et al.,* Soc. **1940** 1079, 1085). Aus Phthalonitril beim Behandeln mit Methylmagnesiumjodid in Äther und anschliessenden Erhitzen mit H_2O-Dampf (*Ba. et al.,* l. c. S. 1088).

Atomabstände und Bindungswinkel (Röntgen-Diagramm): *Das, Chaudhuri,* Acta cryst. [B] **28** [1972] 579, 583, 584.

Grüne Kristalle mit violettblauem Glanz (aus Chinolin); unter vermindertem Druck sublimierbar (*Ba. et al.,* l. c. S. 1086). Monoklin; Kristallstruktur-Analyse (Röntgen-Diagramm): *Das, Ch.*; s. a. *Woodward,* Soc. **1940** 601. Dichte der Kristalle: 1,41 (*Das, Ch.*), 1,40 (*Wo.*). Anisotropie der thermischen Ausdehnung bei 290–670 K: *Ubbelohde, Woodward,* Pr. roy. Soc. [A] **181** [1943] 415, 421. λ_{max} (Chlornaphthalin sowie Chinolin; 420–690 nm): *Ba. et al.,* l. c. S. 1086, 1090.

Magnesium-Komplex $MgC_{35}H_{19}N_5$. Blaue Kristalle [nach Sublimation] (*Ba.,* l. c. S. 1086). λ_{max} (Py. + Ae.; 420–670 nm): *Ba. et al.,* l. c. S. 1091.

Kupfer(II)-Komplex $CuC_{35}H_{19}N_5$. *B.* Beim Erhitzen von 1-[2-Chlor-phenyl]-äthanon oder von 1-[2-Brom-phenyl]-äthanon mit CuCN in Chinolin (*Helberger,* A. **529** [1937] 205, 215). Beim Erhitzen von 1-[2-Cyan-phenyl]-äthanon mit CuCl in Chinolin (*Helberger, v. Rebay,* A. **531** [1937] 279, 285). – Kristalle mit blauviolettem Glanz [aus Chlornaphthalin] (*Ba. et al.,* l. c. S. 1086); blauviolette (*He.*) oder dunkelgrüne (*He., v. Re.*). Kristalle (aus Chinolin + Py.). λ_{max} in Chlornaphthalin (420–680 nm): *Ba. et al.,* l. c. S. 1091; in Pyridin (450–680 nm): *He.*

Zink-Komplex $ZnC_{35}H_{19}N_5$. λ_{max} (Chlornaphthalin sowie Py. + Ae.; 410–705 nm): *Ba. et al.,* l. c. S. 1091.

Eisen(II)-Komplex $FeC_{35}H_{19}N_5$. Blaue Kristalle (nach Sublimation im Hochvakuum oberhalb 400°); violette Kristalle (aus Py. + Me.) mit 2 Mol Pyridin (*Helberger et al.,* A. **533** [1938] 197, 209). λ_{max} (Py. + Ae.; 425–645 nm): *Ba. et al.,* l. c. S. 1091; *He. et al.,* l. c. S. 201, 209.

II. Hydroxy-Verbindungen

A. Monohydroxy-Verbindungen

Monohydroxy-Verbindungen $C_nH_{2n-5}N_5O$

6-Methoxy-tetrazolo[1,5-*b*]pyridazin $C_5H_5N_5O$, Formel I (R = H).

B. Aus 6-Chlor-tetrazolo[1,5-]pyridazin und methanol. Natriummethylat (*Takahayashi,* J. pharm. Soc. Japan **75** [1955] 1242; C. A. **1956** 8655).

Kristalle (aus Bzl.); F: 154,5° [Zers.].

6-Methoxy-8-methyl-tetrazolo[1,5-*b*]pyridazin $C_6H_7N_5O$, Formel I (R = CH_3).

B. Aus 6-Chlor-8-methyl-tetrazolo[1,5-*b*]pyridazin und methanol. Natriummethylat (*Taka=*

hayashi, J. pharm. Soc. Japan **75** [1955] 1242; C. A. **1956** 8655).
Kristalle; F: 108°.

7-Äthoxy-5-methyl-tetrazolo[1,5-*a*]pyrimidin $C_7H_9N_5O$, Formel II.
B. Aus 7-Chlor-5-methyl-tetrazolo[1,5-*a*]pyrimidin und äthanol. Natriumäthylat (*Kano, Makisumi,* Chem. pharm. Bl. **6** [1958] 583, 585).
Kristalle (aus H_2O); F: 125–126°.

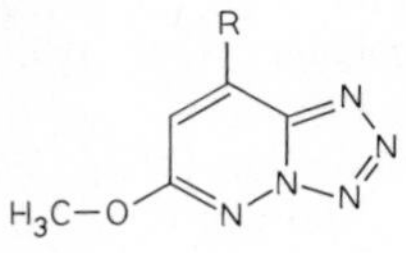

I 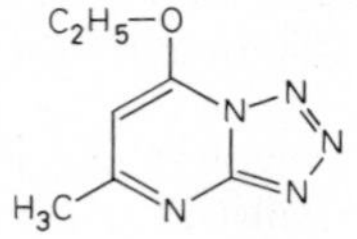 II 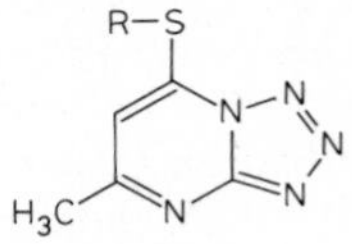 III 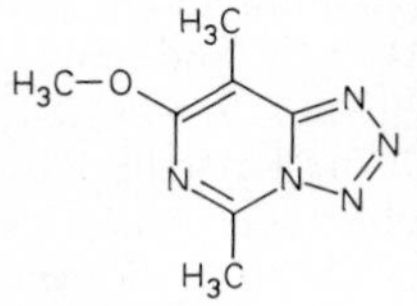 IV

5-Methyl-7-methylmercapto-tetrazolo[1,5-*a*]pyrimidin $C_6H_7N_5S$, Formel III (R = CH_3).
B. Aus 5-Methyl-4*H*-tetrazolo[1,5-*a*]pyrimidin-7-thion und CH_3I in wss. NaOH (*Kano, Makisumi,* Chem. pharm. Bl. **6** [1958] 583, 586).
Gelbliche Kristalle (aus A.); F: 151–152°.

[5-Methyl-tetrazolo[1,5-*a*]pyrimidin-7-ylmercapto]-essigsäure $C_7H_7N_5O_2S$, Formel III (R = CH_2-CO-OH).
B. Beim Erwärmen von 5-Methyl-4*H*-tetrazolo[1,5-*a*]pyrimidin-7-thion mit Chloressigsäure in H_2O (*Kano, Makisumi,* Chem. pharm. Bl. **6** [1958] 583, 586).
Kristalle (aus H_2O); F: 182–182,5°.

7-Methoxy-5,8-dimethyl-tetrazolo[1,5-*c*]pyrimidin $C_7H_9N_5O$, Formel IV.
B. Aus 4-Hydrazino-6-methoxy-2,5-dimethyl-pyrimidin beim Behandeln mit $NaNO_2$ und wss. Essigsäure (*Shiho et al.,* J. pharm. Soc. Japan **76** [1956] 804, 807; C. A. **1957** 1196).
Kristalle (aus wss. Me.); F: 68–68,5°.

Monohydroxy-Verbindungen $C_nH_{2n-11}N_5O$

6-Methoxy-tetrazolo[5,1-*a*]phthalazin $C_9H_7N_5O$, Formel V (R = CH_3).
B. Beim Erwärmen von 6-Azido-tetrazolo[5,1-*a*]phthalazin mit methanol. Natriummethylat (*Stollé, Storch,* J. pr. [2] **135** [1932] 128, 133).
Kristalle (aus Me.); F: 211°.

6-Äthoxy-tetrazolo[5,1-*a*]phthalazin $C_{10}H_9N_5O$, Formel V (R = C_2H_5).
B. Analog der vorangehenden Verbindung (*Stollé, Storch,* J. pr. [2] **135** [1932] 128, 133).
Kristalle; F: 187°.

6-Acetoxy-tetrazolo[5,1-*a*]phthalazin, Essigsäure-tetrazolo[5,1-*a*]phthalazin-6-ylester $C_{10}H_7N_5O_2$, Formel V (R = CO-CH_3).
B. Aus 5*H*-Tetrazolo[5,1-*a*]phthalazin-6-on und Acetanhydrid (*Stollé, Storch,* J. pr. [2] **135** [1932] 128, 132).
Kristalle; F: 165°.

5-Äthoxy-tetrazolo[1,5-*a*]chinazolin $C_{10}H_9N_5O$, Formel VI.
B. Beim Erwärmen von 4-Äthoxy-2-chlor-chinazolin mit NaN_3 in Äthanol (*Stollé, Hanusch,* J. pr. [2] **136** [1933] 120).
Kristalle (aus A.); F: 165°.

Monohydroxy-Verbindungen $C_nH_{2n-13}N_5O$

(±)-1,2,4,5b,9b-Pentaaza-cyclopenta[*jk*]fluoren-9a-ol(?) $C_{10}H_7N_5O$, vermutlich Formel VII.
B. Beim Behandeln von Imidazo[1,2-*a*;5,4-*c'*]dipyridin-4-ylamin mit $NaNO_2$ und wss. HCl und anschliessenden Erhitzen (*Petrow, Saper,* Soc. **1946** 588, 590).
Kristalle (aus wss. Eg.); F: 314° [korr.; Zers.].

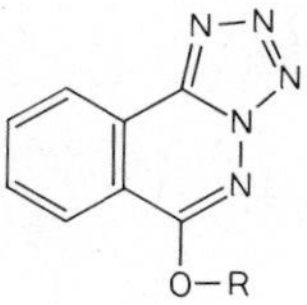

V 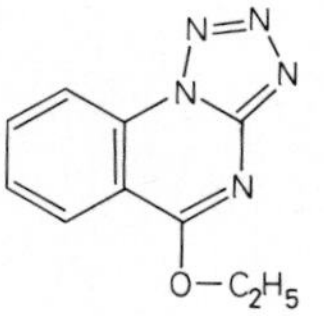 VI 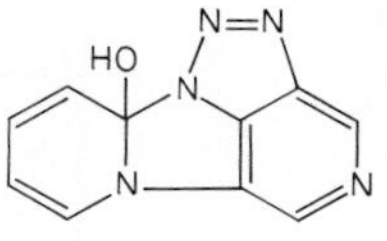 VII 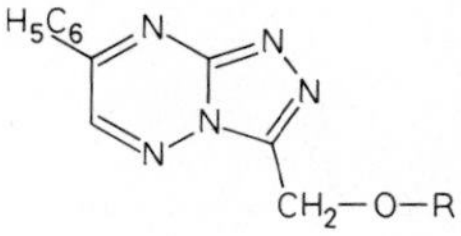 VIII

[7-Phenyl-[1,2,4]triazolo[4,3-*b*][1,2,4]triazin-3-yl]-methanol $C_{11}H_9N_5O$, Formel VIII (R = H).
B. Aus der folgenden Verbindung beim Erhitzen mit wss. HBr (*Fusco, Rossi,* Rend. Ist. lomb. **88** [1955] 173, 180).
Kristalle (aus A.); F: 230–232°.

3-Äthoxymethyl-7-phenyl-[1,2,4]triazolo[4,3-*b*][1,2,4]triazin $C_{13}H_{13}N_5O$, Formel VIII ($R = C_2H_5$).
B. Beim Erhitzen von 3-Hydrazino-5-phenyl-[1,2,4]triazin mit 2-Äthoxy-acetylchlorid in Toluol (*Fusco, Rossi,* Rend. Ist. lomb. **88** [1955] 173, 180).
Kristalle (aus Ae. + Me.); F: 171–172° [Zers.].

3-[4-Methoxy-phenyl]-6,7-dimethyl-[1,2,4]triazolo[4,3-*b*][1,2,4]triazin $C_{13}H_{13}N_5O$, Formel IX.
B. Aus 5-[4-Methoxy-phenyl]-[1,2,4]triazol-3,4-diyldiamin und Butandion (*Hoggarth,* Soc. **1950** 1579, 1581).
Gelbe Kristalle (aus A.); F: 215°.

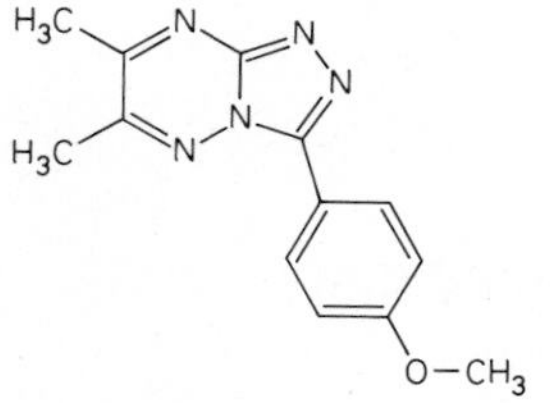

IX 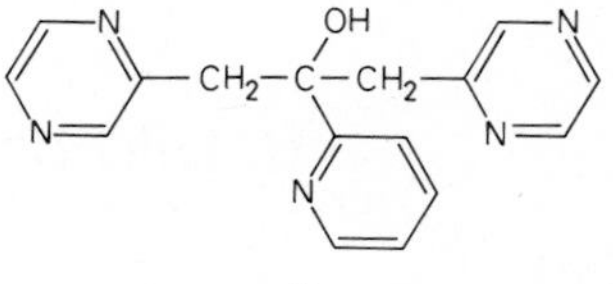 X

Monohydroxy-Verbindungen $C_nH_{2n-17}N_5O$

1,3-Dipyrazinyl-2-[2]pyridyl-propan-2-ol $C_{16}H_{15}N_5O$, Formel X.
B. Neben 2-Pyrazinyl-1-[2]pyridyl-äthanon beim Behandeln von Methylpyrazin mit Natrium in flüssigem NH_3 und anschliessend mit Pyridin-2-carbonsäure-methylester in Äther (*Behun, Levine,* Am. Soc. **81** [1959] 5157).
Kristalle (aus PAe.); F: 110,8–111,2°.
Picrat $C_{16}H_{15}N_5O \cdot C_6H_3N_3O_7$. Kristalle (aus Ae.); F: 166–166,2°.

Monohydroxy-Verbindungen $C_nH_{2n-19}N_5O$

1-Äthyl-2-[4-äthyl-2-isopropyl-7-methyl-4*H*-[1,2,4]triazolo[1,5-*a*]pyrimidin-5-ylidenmethyl]-6-methoxy-chinolinium $[C_{24}H_{30}N_5O]^+$ und Mesomere; **[4-Äthyl-2-isopropyl-7-methyl-[1,2,4]triazolo[1,5-*a*]pyrimidin-5-yl]-[1-äthyl-6-methoxy-[2]chinolyl]-methinium** [1]), Formel XI.

Jodid $[C_{24}H_{30}N_5O]I$. *B.* Beim Erwärmen von 4-Äthyl-2-isopropyl-5,7-dimethyl-[1,2,4]tri= azolo[1,5-*a*]pyrimidinium-jodid mit 1-Äthyl-6-methoxy-2-methylmercapto-chinolinium-jodid und Triäthylamin in Isopropylalkohol (*Gen. Aniline & Film Corp.*, U.S.P. 2439210 [1946], 2443136 [1946]). – Kristalle (aus A.).

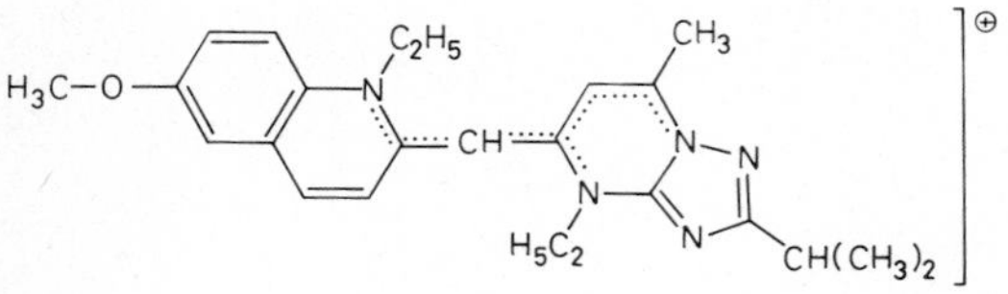

XI 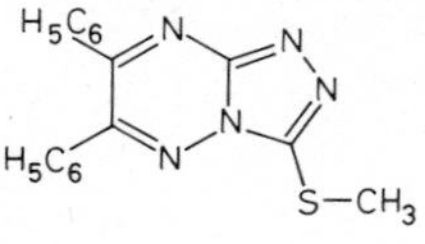 XII 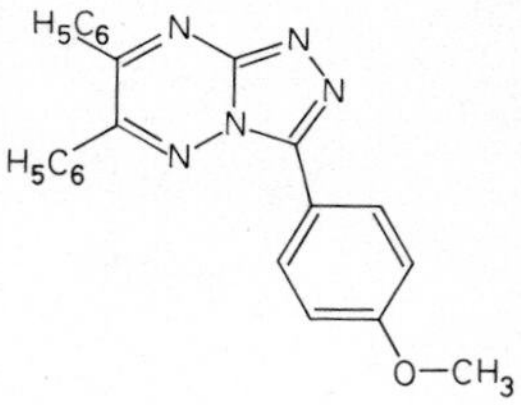 XIII

Monohydroxy-Verbindungen $C_nH_{2n-21}N_5O$

3-Methylmercapto-6,7-diphenyl-[1,2,4]triazolo[4,3-*b*][1,2,4]triazin $C_{17}H_{13}N_5S$, Formel XII.

B. Beim Erwärmen von 5-Methylmercapto-[1,2,4]triazol-3,4-diyldiamin mit Benzil und KOH in Äthanol (*Hoggarth*, Soc. **1952** 4817, 4820). Beim Behandeln des Natrium-Salzes des 6,7-Di= phenyl-2*H*-[1,2,4]triazolo[4,3-*b*][1,2,4]triazin-3-thions mit CH_3I in H_2O (*Taylor et al.*, Am. Soc. **76** [1954] 619).

Gelbe Kristalle; F: 201–203° [korr.; aus wss. DMF] (*Ta. et al.*), 201–202° [aus A. + 2-Äthoxy-äthanol] (*Ho.*).

Monohydroxy-Verbindungen $C_nH_{2n-29}N_5O$

3-[4-Methoxy-phenyl]-6,7-diphenyl-[1,2,4]triazolo[4,3-*b*][1,2,4]triazin $C_{23}H_{17}N_5O$, Formel XIII.

B. Aus 5-[4-Methoxy-phenyl]-[1,2,4]triazol-3,4-diyldiamin und Benzil (*Hoggarth,* Soc. **1950** 1579, 1581).

Gelbe Kristalle (aus A.); F: 247°.

B. Dihydroxy-Verbindungen

5,7-Dimethoxy-1*H*-[1,2,3]triazolo[4,5-*d*]pyrimidin $C_6H_7N_5O_2$, Formel XIV und Taut.

B. Beim Behandeln von 2,6-Dimethoxy-pyrimidin-4,5-diyldiamin-sulfat mit $NaNO_2$ in H_2O (*Dille, Christensen,* Am. Soc. **76** [1954] 5087).

Kristalle (aus Me.); F: 215–216°.

5,7-Bis-methylmercapto-1*H*-[1,2,3]triazolo[4,5-*d*]pyrimidin $C_6H_7N_5S_2$, Formel XV und Taut.

B. Analog der vorangehenden Verbindung (*Dille, Christensen,* Am. Soc. **76** [1954] 5087).

Kristalle (aus Me.); F: 228–229°.

---

[1]) Über diese Bezeichnungsweise s. *Reichardt, Mormann,* B. **105** [1972] 1815, 1832.

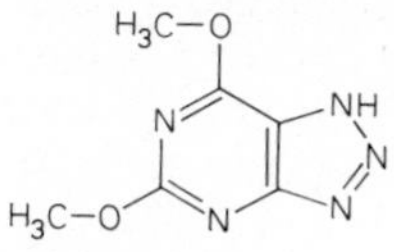

XIV 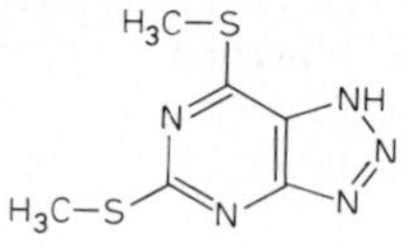 XV 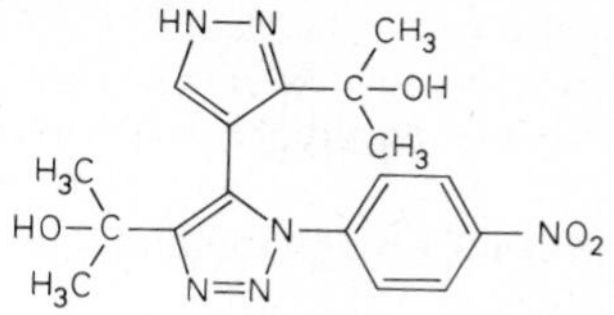 XVI

4-[α-Hydroxy-isopropyl]-5-[3-(α-hydroxy-isopropyl)-1(2)*H*-pyrazol-4-yl]-1-[4-nitro-phenyl]-1*H*-[1,2,3]triazol $C_{17}H_{20}N_6O_4$, Formel XVI und Taut.

B. Beim Behandeln von 4-[5-(α-Hydroxy-isopropyl)-3-(4-nitro-phenyl)-3*H*-[1,2,3]triazol-4-yl]-2-methyl-but-3-in-2-ol mit Diazomethan in Äther (*Dornow, Rombusch,* B. **91** [1958] 1841, 1851).

Kristalle (aus E.); F: 254–255°.

III. Oxo-Verbindungen

A. Monooxo-Verbindungen

Monooxo-Verbindungen $C_nH_{2n-3}N_5O$

4-Methyl-5-phenyl-4,5-dihydro-1*H*-pyrazolo[3,4-*d*][1,2,3]triazol-6-on $C_{10}H_9N_5O$, Formel I und Taut.

B. Beim Behandeln von 4,5-Diamino-1-methyl-2-phenyl-1,2-dihydro-pyrazol-3-on mit $NaNO_2$ und wss. HCl (*Stenzl et al.,* Helv. **33** [1950] 1183, 1192).

Kristalle (aus wss. A.) mit 1 Mol H_2O; F: 96–98°.

Monooxo-Verbindungen $C_nH_{2n-5}N_5O$

Oxo-Verbindungen $C_4H_3N_5O$

5*H*-Tetrazolo[1,5-*b*]pyridazin-6-on $C_4H_3N_5O$, Formel II und Taut. (Tetrazolo[1,5-*b*]pyridazin-6-ol).

B. Beim Erhitzen von 6-Chlor-tetrazolo[1,5-*b*]pyridazin mit wss. NaOH (*Takahayashi,* J. pharm. Soc. Japan **76** [1956] 765; C. A. **1957** 1192).

Kristalle (aus Me.); F: 208° [Zers.].

Natrium-Salz. F: 301° [Zers.].

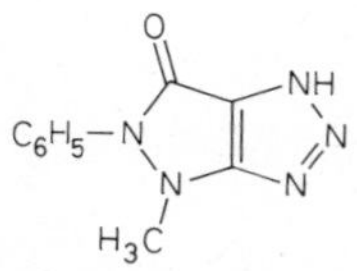

I 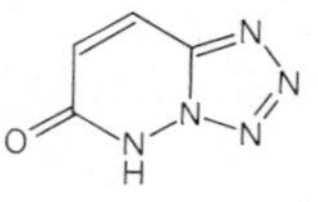 II 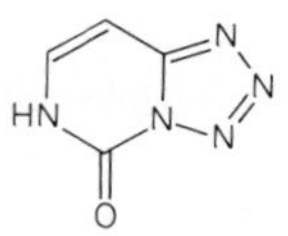 III 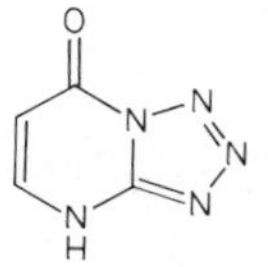 IV 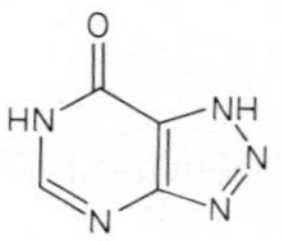 V

6*H*-Tetrazolo[1,5-*c*]pyrimidin-5-on (?) $C_4H_3N_5O$, vermutlich Formel III und Taut. (Tetrazolo[1,5-*c*]pyrimidin-5-ol(?)).

B. Aus 4-Hydrazino-1*H*-pyrimidin-2-on beim Behandeln mit $NaNO_2$ und wss. Essigsäure (*Fox et al.,* Am. Soc. **81** [1959] 178, 180, 187).

Kristalle (aus wss. A.); F: 241–242° [unkorr.; Zers.]. UV-Spektrum (wss. Lösungen vom pH 1–10,5; 215–320 nm): *Fox et al.*, l. c. S. 181. Scheinbarer Dissoziationsexponent pK'_a (H_2O; spektrophotometrisch ermittelt): 6,95.

4*H*-Tetrazolo[1,5-*a*]pyrimidin-7-on $C_4H_3N_5O$, Formel IV und Taut. (Tetrazolo[1,5-*a*]pyrimidin-7-ol).

B. Beim Erwärmen von 1*H*-Tetrazol-5-ylamin mit Äpfelsäure und H_2SO_4 [SO_3 enthaltend] (*Shirakawa*, J. pharm. Soc. Japan **79** [1959] 903, 907; C. A. **1960** 556, 557).

Kristalle (aus wss. A.); F: 221° [unkorr.; Zers.].

1,6-Dihydro-[1,2,3]triazolo[4,5-*d*]pyrimidin-7-on $C_4H_3N_5O$, Formel V und Taut.

B. Beim Behandeln von 5,6-Diamino-3*H*-pyrimidin-4-on-hydrochlorid mit $NaNO_2$ in H_2O (*Roblin et al.*, Am. Soc. **67** [1945] 290, 293). Beim Behandeln von 6-Chlor-pyrimidin-4,5-diyldiamin mit $NaNO_2$ und wss. Essigsäure (*Almirante*, Ann. Chimica **49** [1959] 333, 342).

Kristalle (aus H_2O); explosionsartige Zers. bei 308° [korr.; nach Dunkelfärbung ab 260°] (*Ro. et al.*). UV-Spektrum (wss. Lösung vom pH 7,8; 220–285 nm): *Bergmann et al.*, Arch. Biochem. **80** [1959] 318, 321. λ_{max} (wss. Lösung): 254 nm [pH 1] (*Al.*), 253,5 nm [pH 3], 258,5 nm [pH 7] bzw. 267,5 nm [pH 11] (*Ro. et al.*, l. c. S. 291).

Über die Reaktion mit $POCl_3$ in *N,N*-Dimethyl-anilin s. *Al.* Beim Erhitzen mit P_2S_5 in Pyridin ist [1,2,3]Thiadiazolo[5,4-*d*]pyrimidin-7-ylamin erhalten worden (*Albert, Tratt*, Ang. Ch. **78** [1966] 596; s. a. *Bahner et al.*, Am. Soc. **75** [1953] 6301).

2-Phenyl-2,6-dihydro-[1,2,3]triazolo[4,5-*d*]pyrimidin-7-on $C_{10}H_7N_5O$, Formel VI (X = H) und Taut.

B. Beim Erhitzen von 5-Amino-2-phenyl-2*H*-[1,2,3]triazol-4-carbonsäure-amid mit Orthoameisensäure-triäthylester und Acetanhydrid (*Richter, Taylor*, Am. Soc. **78** [1956] 5848, 5850). Beim Erhitzen von 6-Amino-5-phenylazo-pyrimidin-4-ol (E III/IV **25** 4177) mit $CuSO_4$ in wss. Pyridin (*Ri., Ta.*).

Kristalle (aus A.); F: 281° [unkorr.; nach Sublimation bei 250°/0,01 Torr]. λ_{max} (A.): 240 nm, 300 nm und 307 nm.

2-[4-Chlor-phenyl]-2,6-dihydro-[1,2,3]triazolo[4,5-*d*]pyrimidin-7-on $C_{10}H_6ClN_5O$, Formel VI (X = Cl) und Taut.

B. Aus 6-Amino-pyrimidin-4,5-dion-[4-chlor-phenylhydrazon] (E III/IV **25** 4178) beim Erhitzen mit $CuSO_4$ in wss. Pyridin unter Einleiten von Sauerstoff (*Timmis et al.*, J. Pharm. Pharmacol. **9** [1957] 46, 56).

Kristalle (aus wss. 2-Äthoxy-äthanol); F: 339–340° [unkorr.].

VI

VII

VIII

3-Phenäthyl-3,6-dihydro-[1,2,3]triazolo[4,5-*d*]pyrimidin-7-on $C_{12}H_{11}N_5O$, Formel VII und Taut.

B. Aus 3-Phenäthyl-3*H*-[1,2,3]triazolo[4,5-*d*]pyrimidin-7-ylamin beim Erwärmen mit $NaNO_2$ und wss. H_2SO_4 (*Leese, Timmis*, Soc. **1958** 4107, 4108).

Kristalle (aus Me.); F: 262–263°.

3-Furfuryl-3,6-dihydro-[1,2,3]triazolo[4,5-*d*]pyrimidin-7-on $C_9H_7N_5O_2$, Formel VIII und Taut.

B. Analog der vorangehenden Verbindung (*Hull*, Soc. **1958** 2746, 2749).

Gelbliche Kristalle (aus A.); F: 226–227° [Zers.].

3-β-D-Ribofuranosyl-3,6-dihydro-[1,2,3]triazolo[4,5-*d*]pyrimidin-7-on, 8-Aza-inosin $C_9H_{11}N_5O_5$, Formel IX und Taut.

B. Aus 8-Aza-adenosin (S. 4159) beim Behandeln mit $NaNO_2$ und wss. Essigsäure (*Davoll*, Soc. **1958** 1593, 1596).

Kristalle (aus wss. A.); F: 199–200°. $[\alpha]_D^{21}$: −54° [H_2O; c = 2]. λ_{max}: 255 nm [wss. HCl (0,1 n)], 256 nm [wss. Lösung vom pH 6,8] bzw. 277 nm [wss. NaOH (0,1 n)] (*Da.*, l. c. S. 1595).

1,6-Dihydro-[1,2,3]triazolo[4,5-*d*]pyrimidin-7-thion $C_4H_3N_5S$, Formel X und Taut.

Eine von *Bahner et al.* (Am. Soc. **75** [1953] 6301) unter dieser Konstitution beschriebene Verbindung ist als [1,2,3]Thiadiazolo[5,4-*d*]pyrimidin-7-ylamin zu formulieren (*Albert, Tratt*, Ang. Ch. **78** [1966] 596).

B. Beim Erhitzen von [1,2,3]Thiadiazolo[5,4-*d*]pyrimidin-7-ylamin mit wss. NaOH (*Al., Tr.*).

Bis 300° nicht schmelzender Feststoff [Braunfärbung ab 250°]; λ_{max} (wss. Lösung vom pH 2): 330 nm; scheinbarer Dissoziationsexponent pK'_a (H_2O): 4,6 (*Al., Tr.*).

Beim Erhitzen mit H_2O wird [1,2,3]Thiadiazolo[5,4-*d*]pyrimidin-7-ylamin zurückgebildet (*Al., Tr.*).

2-Phenyl-2,6-dihydro-[1,2,3]triazolo[4,5-*d*]pyrimidin-7-thion $C_{10}H_7N_5S$, Formel XI (X = H) und Taut.

B. Beim Erhitzen von 5-Amino-2-phenyl-2*H*-[1,2,3]triazol-4-thiocarbonsäure-amid mit Orthoameisensäure-triäthylester und Acetanhydrid (*Richter, Taylor*, Am. Soc. **78** [1956] 5848, 5849, 5851).

Gelbe Kristalle (aus wss. DMF); F: 323° [unkorr.; nach Sublimation bei 250°/0,01 Torr] λ_{max} (A.): 255 nm, 268 nm, 366 nm und 374 nm.

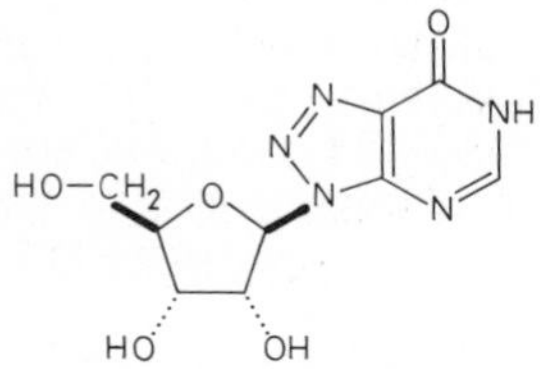

IX 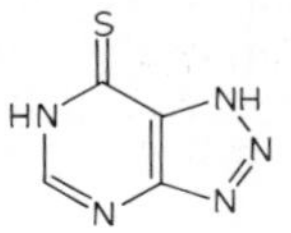 X 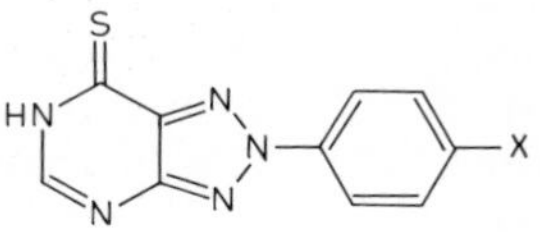 XI 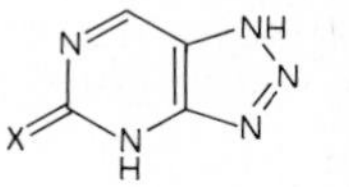 XII

2-[4-Chlor-phenyl]-2,6-dihydro-[1,2,3]triazolo[4,5-*d*]pyrimidin-7-thion $C_{10}H_6ClN_5S$, Formel XI (X = Cl) und Taut.

B. Beim Erhitzen von 2-[4-Chlor-phenyl]-2,6-dihydro-[1,2,3]triazolo[4,5-*d*]pyrimidin-7-on mit P_2S_5 in Pyridin (*Timmis et al.*, J. Pharm. Pharmacol. **9** [1957] 46, 57).

Gelbliche Kristalle (aus wss. Py.); F: 357–358° [unkorr.; Zers.].

1,4-Dihydro-[1,2,3]triazolo[4,5-*d*]pyrimidin-5-on $C_4H_3N_5O$, Formel XII (X = O) und Taut.

B. Beim Behandeln von Pyrimidin-2,4,5-triyltriamin mit $NaNO_2$ und wss. H_2SO_4 (*Bergmann et al.*, Arch. Biochem. **80** [1959] 318, 319).

Gelblicher Feststoff mit 1 Mol H_2O, der sich bei ca. 250° schwarz färbt und bis 300° nicht zersetzt. UV-Spektrum (wss. Lösung vom pH 7,8; 220–320 nm): *Be. et al.*, l. c. S. 321.

1,4-Dihydro-[1,2,3]triazolo[4,5-*d*]pyrimidin-5-thion $C_4H_3N_5S$, Formel XII (X = S) und Taut.

B. Beim Behandeln von 4,5-Diamino-1*H*-pyrimidin-2-thion mit $NaNO_2$ und wss. Essigsäure (*Dille, Christensen*, Am. Soc. **76** [1954] 5087; *Dille et al.*, J. org. Chem. **20** [1955] 171, 177) oder wss. H_2SO_4 (*Bahner et al.*, J. org. Chem. **22** [1957] 558).

Kristalle (aus H_2O); Zers. bei 249° [nach Dunkelfärbung ab 233°] (*Ba. et al.*); beim Erhitzen auf dem Block tritt Explosion ein (*Di., Ch.*; *Di. et al.*).

3,5-Dihydro-imidazo[4,5-*d*][1,2,3]triazin-4-on $C_4H_3N_5O$, Formel XIII und Taut. (z. B. 5(7)*H*-Imidazo[4,5-*d*][1,2,3]triazin-4-ol).

B. Beim Behandeln von 5-Amino-1(3)*H*-imidazol-4-carbonsäure-amid-hydrochlorid mit wss.

$NaNO_2$ (*Woolley, Shaw,* J. biol. Chem. **189** [1951] 401, 402).
Kristalle. λ_{max} (wss. Lösung vom pH 6,5): 250 nm und 283 nm.

Oxo-Verbindungen $C_5H_5N_5O$

6-[β-D-*erythro*-2-Desoxy-pentofuranosyl]-8-methyl-6*H*-tetrazolo[1,5-*c*]pyrimidin-5-on (?) $C_{10}H_{13}N_5O_4$, vermutlich Formel XIV.

B. Beim Behandeln von 1-[β-D-*erythro*-2-Desoxy-pentofuranosyl]-4-hydrazino-5-methyl-1*H*-pyrimidin-2-on mit $NaNO_2$ und wss. Essigsäure (*Fox et al.,* Am. Soc. **81** [1959] 178, 180, 186).

Kristalle (aus A.); F: 148–149° [unkorr.]. UV-Spektrum (wss. Lösungen vom pH 1–10; 220–310 nm): *Fox et al.*

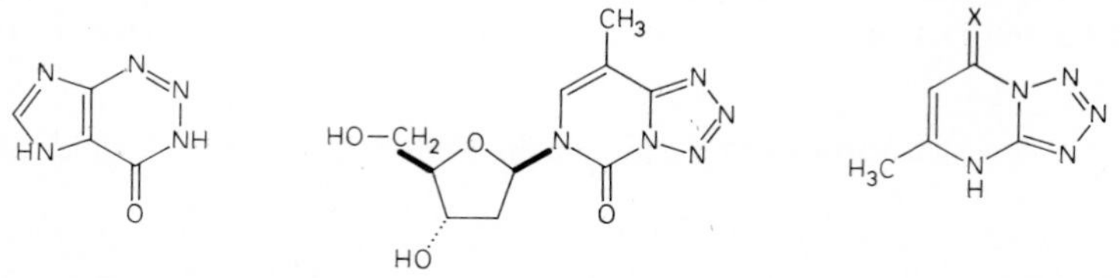

XIII XIV XV

5-Methyl-4*H*-tetrazolo[1,5-*a*]pyrimidin-7-on $C_5H_5N_5O$, Formel XV (X = O) und Taut. (H 599; dort auch als 7-Oxo-5-methyl-6,7-dihydro-1.2.3.4-tetraaza-indolizin bezeichnet).

B. Beim Erwärmen von 1*H*-Tetrazol-5-ylamin mit Acetessigsäure-äthylester und Piperidin in Äthanol (*Brady, Herbst,* J. org. Chem. **24** [1959] 922, 924; vgl. H 599). Beim Behandeln von 2-Hydrazino-6-methyl-3*H*-pyrimidin-4-on mit $NaNO_2$ und wss. HCl (*Bower, Doyle,* Soc. **1957** 727, 731; *Br., He.*) oder wss. Essigsäure (*Allen et al.,* J. org. Chem. **24** [1959] 796, 801).

Kristalle (aus H_2O); F: 258–260° [korr.; Zers.] (*Al. et al.,* l. c. S. 801), 253° [korr.; Zers.] (*Bo., Do.*). UV-Spektrum (Me.; 220–300 nm): *Allen et al.,* J. org. Chem. **24** [1959] 779, 781, 782. λ_{max} (wss. NaOH): 219 nm und 276 nm (*Bo., Do.*).

Verbindung mit *N*-[1*H*-Tetrazol-5-yl]-acetamid $C_5H_5N_5O \cdot 2C_3H_5N_5O$. Kristalle (aus H_2O); F: 238° [unkorr.; Zers.] (*Br., He.*).

5-Methyl-4*H*-tetrazolo[1,5-*a*]pyrimidin-7-thion $C_5H_5N_5S$, Formel XV (X = S) und Taut.

B. Aus 7-Chlor-5-methyl-tetrazolo[1,5-*a*]pyrimidin und Thioharnstoff (*Kano, Makisumi,* Chem. pharm. Bl. **6** [1958] 583, 586).

Gelbe Kristalle (aus A.); F: 189° [Zers.].

5-Methyl-1,6-dihydro-[1,2,3]triazolo[4,5-*d*]pyrimidin-7-on $C_5H_5N_5O$, Formel I und Taut.

B. Beim Behandeln von 5,6-Diamino-2-methyl-3*H*-pyrimidin-4-on mit $NaNO_2$ und wss. HCl (*King, King,* Soc. **1947** 943, 947; s. a. *Acker, Castle,* J. org. Chem. **23** [1958] 2010).

Kristalle (aus H_2O) mit 1 Mol H_2O; F: 265–267° [Zers.] (*Ack., Ca.*).

Natrium-Salz $NaC_5H_4N_5O \cdot C_5H_5N_5O$. Kristalle (aus H_2O) mit 3 Mol H_2O; F: 310° (*King, King*).

5-Methyl-2-phenyl-2,6-dihydro-[1,2,3]triazolo[4,5-*d*]pyrimidin-7-on $C_{11}H_9N_5O$, Formel II und Taut.

B. Beim Erhitzen von 5-Amino-2-phenyl-2*H*-[1,2,3]triazol-4-carbonsäure-amid mit Orthoessigsäure-triäthylester und Acetanhydrid (*Richter, Taylor,* Am. Soc. **78** [1956] 5848, 5851).

Kristalle (aus A.) mit 0,5 Mol Äthanol; F: 167° [unkorr.]. λ_{max} (A.): 301 nm.

6-Methyl-8*H*-[1,2,4]triazolo[4,3-*b*][1,2,4]triazin-7-on $C_5H_5N_5O$, Formel III und Taut.

B. Beim Erhitzen von 3-Hydrazino-6-methyl-4*H*-[1,2,4]triazin-5-on mit Ameisensäure (*Fusco, Rossi,* Rend. Ist. lomb. **88** [1955] 173, 184).

Kristalle (aus A.); F: 266°.

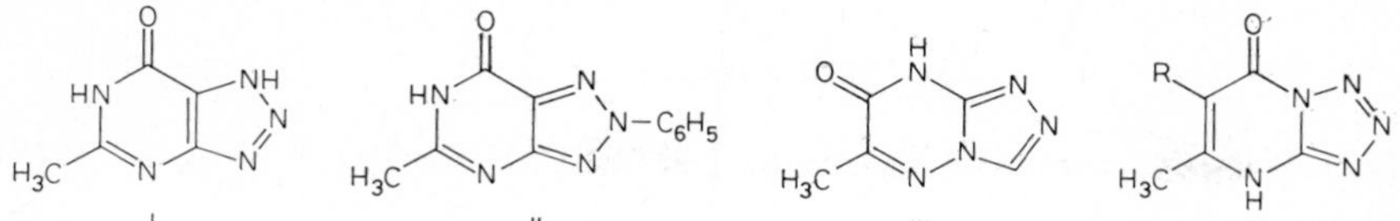

I II III IV

Oxo-Verbindungen $C_6H_7N_5O$

5,6-Dimethyl-4*H*-tetrazolo[1,5-*a*]pyrimidin-7-on $C_6H_7N_5O$, Formel IV (R = CH_3) und Taut.

B. Beim Erwärmen von 1*H*-Tetrazol-5-ylamin mit 2-Methyl-acetessigsäure-äthylester und Piperidin in Äthanol (*Brady, Herbst,* J. org. Chem. **24** [1959] 922, 924). Beim Behandeln von 2-Hydrazino-5,6-dimethyl-3*H*-pyrimidin-4-on mit $NaNO_2$ und wss. HCl (*Br., He.*).

Kristalle (aus H_2O oder wss. A.); F: 226° [unkorr.; Zers.].

Oxo-Verbindungen $C_7H_9N_5O$

6-Äthyl-5-methyl-4*H*-tetrazolo[1,5-*a*]pyrimidin-7-on $C_7H_9N_5O$, Formel IV (R = C_2H_5) und Taut.

B. Analog der vorangehenden Verbindung (*Brady, Herbst,* J. org. Chem. **24** [1959] 922, 924).

Kristalle (aus H_2O oder wss. A.); F: 182–183° [unkorr.].

5-[3,5-Dimethyl-1*H*-pyrazol-4-yl]-1,2-dihydro-[1,2,4]triazol-3-on $C_7H_9N_5O$, Formel V und Taut.

B. Beim Erwärmen von 3-[5-Oxo-2,5-dihydro-1*H*-[1,2,4]triazol-3-yl]-pentan-2,4-dion mit $N_2H_4 \cdot H_2O$ in Äthanol (*Ghosh,* J. Indian chem. Soc. **15** [1938] 240).

Kristalle (aus wss. A.); F: 160°.

Oxo-Verbindungen $C_8H_{11}N_5O$

5-Methyl-6-propyl-4*H*-tetrazolo[1,5-*a*]pyrimidin-7-on $C_8H_{11}N_5O$, Formel VI (R = C_2H_5, R′ = H) und Taut.

B. Analog 5,6-Dimethyl-4*H*-tetrazolo[1,5-*a*]pyrimidin-7-on [s. o.] (*Brady, Herbst,* J. org. Chem. **24** [1959] 922, 924).

Kristalle (aus H_2O oder wss. A.); F: 145–146° [unkorr.].

6-Isopropyl-5-methyl-4*H*-tetrazolo[1,5-*a*]pyrimidin-7-on $C_8H_{11}N_5O$, Formel VI (R = R′ = CH_3) und Taut.

B. Analog 5,6-Dimethyl-4*H*-tetrazolo[1,5-*a*]pyrimidin-7-on [s. o.] (*Brady, Herbst,* J. org. Chem. **24** [1959] 922, 924).

Kristalle (aus H_2O oder wss. A.); F: 182–183° [unkorr.].

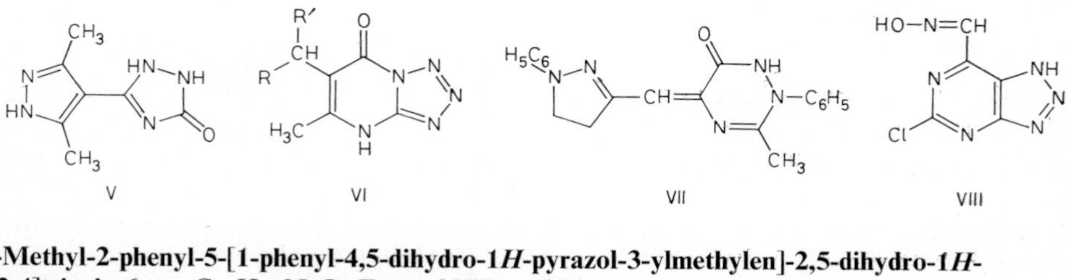

V VI VII VIII

***3-Methyl-2-phenyl-5-[1-phenyl-4,5-dihydro-1*H*-pyrazol-3-ylmethylen]-2,5-dihydro-1*H*-[1,2,4]triazin-6-on** $C_{20}H_{19}N_5O$, Formel VII und Taut.

Diese Konstitution kommt der früher (E III **15** 235) als 2,5,6-Tris-phenylhydrazono-hexan=

säure-[*N'*-phenyl-hydrazid] beschriebenen Verbindung zu (*Clarke et al.,* J.C.S. Perkin I **1976** 1001).

Oxo-Verbindungen $C_9H_{13}N_5O$

6-Butyl-5-methyl-4*H*-tetrazolo[1,5-*a*]pyrimidin-7-on $C_9H_{13}N_5O$, Formel VI (R = CH_2-C_2H_5, R' = H) und Taut.

B. Analog 5,6-Dimethyl-4*H*-tetrazolo[1,5-*a*]pyrimidin-7-on [s. o.] (*Brady, Herbst,* J. org. Chem. **24** [1959] 922, 924).

Kristalle (aus H_2O oder wss. A.); F: 151–152° [unkorr.].

Monooxo-Verbindungen $C_nH_{2n-7}N_5O$

***5-Chlor-1*H*-[1,2,3]triazolo[4,5-*d*]pyrimidin-7-carbaldehyd-oxim** $C_5H_3ClN_6O$, Formel VIII und Taut.

B. Beim Erwärmen von 2-Chlor-6-methyl-pyrimidin-4,5-diyldiamin mit $NaNO_2$ und wss. HCl (*Bitterli, Erlenmeyer,* Helv. **34** [1951] 835, 839).

Kristalle (aus Eg.); F: 240° [Zers.].

6-[4]Pyridyl-1,4-dihydro-2*H*-[1,2,4,5]tetrazin-3-thion (?) $C_7H_7N_5S$, vermutlich Formel IX.

Für diese Verbindung ist auch die Formulierung als 4-Amino-5-[4]pyridyl-2,4-dihydro-[1,2,4]triazol-3-thion $C_7H_7N_5S$ in Betracht zu ziehen (*König et al.,* B. **87** [1954] 825, 828).

B. Beim Erhitzen des Kalium-Salzes der Dithioisonicotinsäure mit Thiocarbonohydrazid und wss. K_2CO_3 (*Kö. et al.,* l. c. S. 833).

F: ca. 210° [Zers.] und (nach Wiedererstarren) F: 248–252°.

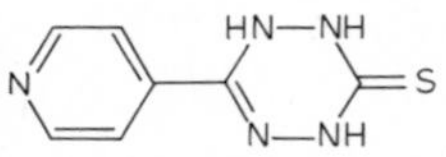

IX 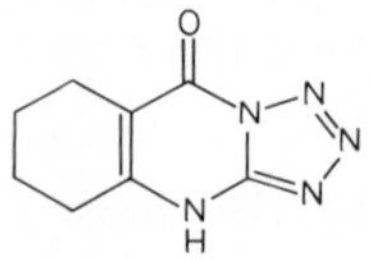 X 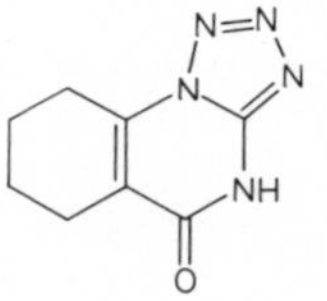 XI

5,6,7,8-Tetrahydro-4*H*-tetrazolo[5,1-*b*]chinazolin-9-on $C_8H_9N_5O$, Formel X und Taut.

B. Aus 1*H*-Tetrazol-5-ylamin beim Erwärmen mit 2-Oxo-cyclohexancarbonsäure-äthylester und Piperidin in Äthanol (*Brady, Herbst,* J. org. Chem. **24** [1959] 922, 924). Beim Behandeln von 2-Hydrazino-5,6,7,8-tetrahydro-3*H*-chinazolin-4-on mit $NaNO_2$ und wss. HCl (*Br., He.*).

Kristalle (aus H_2O oder wss. A.); F: 199–200° [unkorr.; Zers.].

6,7,8,9-Tetrahydro-4*H*-tetrazolo[1,5-*a*]chinazolin-5-on $C_8H_9N_5O$, Formel XI und Taut.

Die Konstitution ist nicht gesichert (vgl. den vorangehenden Artikel).

B. Beim Erhitzen von 1*H*-Tetrazol-5-ylamin mit 2-Oxo-cyclohexancarbonsäure-äthylester in Essigsäure (*Cook et al.,* R. **69** [1950] 1201, 1203).

Kristalle (aus H_2O); F: 200° [Zers.].

Monooxo-Verbindungen $C_nH_{2n-9}N_5O$

7-Methyl-2,4-dihydro-1*H*-1,2,3,4,8-pentaaza-acenaphthylen-5-on $C_8H_7N_5O$, Formel XII und Taut.

B. Beim Behandeln von 6-Methyl-3-oxo-2,3-dihydro-1*H*-pyrazolo[3,4-*b*]pyridin-4-carbonsäure-äthylester mit $N_2H_4 \cdot H_2O$ (*Papini et al.,* G. **87** [1957] 931, 944).

Orangegelbe Kristalle (aus wss. Eg.) mit 1 Mol H_2O; Zers. >360° [nach Gelbfärbung ab 280°].

Monooxo-Verbindungen $C_nH_{2n-11}N_5O$

5*H*-Tetrazolo[5,1-*a*]phthalazin-6-on $C_8H_5N_5O$, Formel XIII und Taut.

B. Beim Erwärmen von 6-Azido-tetrazolo[5,1-*a*]phthalazin mit äthanol. Natriumäthylat (*Stollé, Storch,* J. pr. [2] **135** [1932] 128, 132).

Kristalle (aus A.); F: 258° [Zers.].

Acetyl-Derivat. F: 165°.

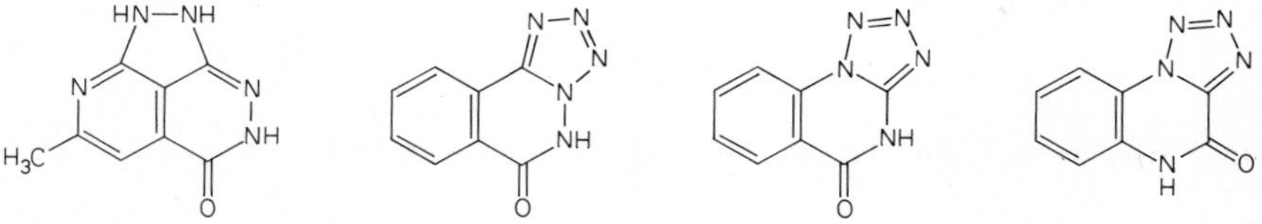

XII XIII XIV XV

4*H*-Tetrazolo[1,5-*a*]chinazolin-5-on $C_8H_5N_5O$, Formel XIV und Taut.

B. In geringerer Menge neben 2,2'-Imino-di-benzoesäure beim Erhitzen von 1*H*-Tetrazol-5-ylamin mit Kalium-[2-jod-benzoat], K_2CO_3 und Kupfer in Amylalkohol (*Cook et al.,* R. **69** [1950] 1201, 1205). Beim Erwärmen von 5-Azido-tetrazolo[1,5-*a*]chinazolin mit äthanol. Natriumäthylat (*Stollé, Hanusch,* J. pr. [2] **136** [1933] 9, 12). Aus 5-Äthoxy-tetrazolo[1,5-*a*]chinazolin mit Hilfe von wss. NaOH (*Stollé, Hanusch,* J. pr. [2] **136** [1933] 120).

Kristalle; F: 243° [Zers.; aus Me.] (*St., Ha.,* l. c. S. 12), 243° [Zers.; aus H_2O] (*Cook et al.*).

5*H*-Tetrazolo[1,5-*a*]chinoxalin-4-on $C_8H_5N_5O$, Formel XV und Taut.

B. Beim Erwärmen von 4-Azido-tetrazolo[1,5-*a*]chinoxalin mit äthanol. Natriumäthylat (*Stollé, Hanusch,* J. pr. [2] **136** [1933] 9, 13).

Kristalle (aus Me.); F: 288° [Zers.].

Monooxo-Verbindungen $C_nH_{2n-13}N_5O$

5-Phenyl-4*H*-tetrazolo[1,5-*a*]pyrimidin-7-on $C_{10}H_7N_5O$, Formel I und Taut.

In der früher (s. H **26** 599) unter dieser Konstitution beschriebenen Verbindung („7-Oxy-5-phenyl-1.2.3.4-tetraaza-indolizin") hat *N*-[1*H*-Tetrazol-5-yl]-acetamid vorgelegen (*Brady, Herbst,* J. org. Chem. **24** [1959] 922, 924).

B. Aus 1*H*-Tetrazol-5-ylamin und 3-Oxo-3-phenyl-propionsäure-äthylester unter Zusatz von Piperidin in Äthanol (*Br., He.*). Beim Behandeln von 2-Hydrazino-6-phenyl-3*H*-pyrimidin-4-on mit $NaNO_2$ und wss. HCl (*Br., He.*).

Kristalle (aus H_2O oder wss. A.); F: 224–225° [Zers.].

Verbindung mit Piperidin $C_{10}H_7N_5O \cdot C_5H_{11}N$. Wasserhaltige Kristalle (aus H_2O), F: 119° und (nach Wiedererstarren) F: 144°; ein bei 100° getrocknetes Präparat schmilzt ebenfalls bei 144°.

5-[3]Pyridyl-4*H*-[1,2,4]triazolo[1,5-*a*]pyrimidin-7-on $C_{10}H_7N_5O$, Formel II und Taut.

Bezüglich der Konstitution s. *Libermann, Jacquier,* Bl. **1962** 355, 357.

B. Aus 1*H*-[1,2,4]Triazol-3-ylamin und 3-Oxo-3-[3]pyridyl-propionsäure-äthylester (*Gen. Aniline & Film Corp.,* U.S.P. 2444605 [1945]).

F: >285° (*Murobushi et al.,* J. chem. Soc. Japan Ind. Chem. Sect. **58** [1955] 440; C. A. **1955** 14544).

5,7-Diphenyl-3,7-dihydro-pyrazolo[3,4-*d*][1,2,3]triazin-4-on $C_{16}H_{11}N_5O$, Formel III (R = H) und Taut.

B. Beim Erwärmen von 5-Amino-1,3-diphenyl-1*H*-pyrazol-4-carbonsäure-amid mit $NaNO_2$

und wss. HCl (*Justoni, Fusco,* G. **68** [1938] 59, 72).
Kristalle (aus A.); F: 160° [Zers.].
Natrium-Salz $NaC_{16}H_{10}N_5O$. Kristalle (aus H_2O); Zers. bei 230–240°.

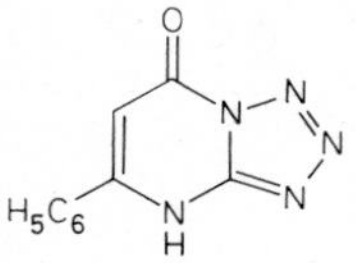

I 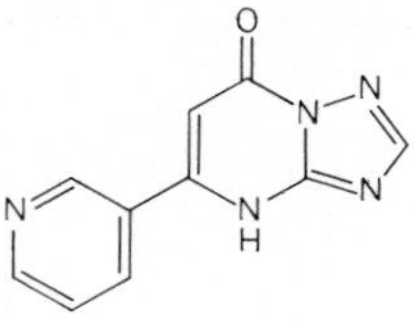 II 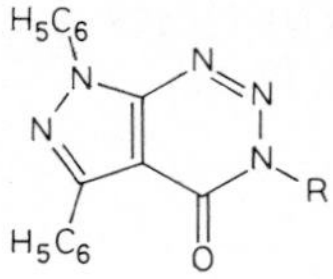 III 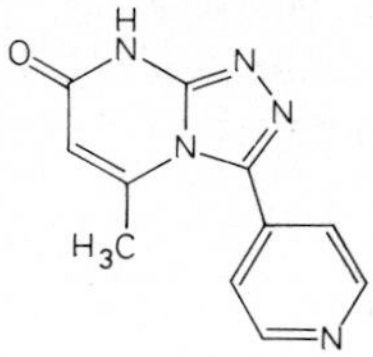 IV

3-Methyl-5,7-diphenyl-3,7-dihydro-pyrazolo[3,4-*d*][1,2,3]triazin-4-on $C_{17}H_{13}N_5O$, Formel III ($R = CH_3$).
B. Analog der vorangehenden Verbindung (*Justoni, Fusco,* G. **68** [1938] 59, 75).
Kristalle (aus A.); Zers. bei 155,5°.

5-Methyl-3-[4]pyridyl-8*H*-[1,2,4]triazolo[4,3-*a*]pyrimidin-7-on $C_{11}H_9N_5O$, Formel IV und Taut.
B. Beim Erhitzen von 2-Hydrazino-6-methyl-3*H*-pyrimidin-4-on mit Isonicotinoylchlorid in Pyridin (*Eastman Kodak Co.,* U.S.P. 2852375 [1956]).
F: 310°.

5,6-Di-pyrrol-2-yl-2*H*-[1,2,4]triazin-3-thion $C_{11}H_9N_5S$, Formel V und Taut.
B. Beim Erhitzen von Di-pyrrol-2-yl-äthandion mit Thiosemicarbazid in Essigsäure (*Klosa,* Ar. **288** [1955] 465, 468).
Grüne Kristalle (aus Eg.); F: 196–198°.

Monooxo-Verbindungen $C_nH_{2n-17}N_5O$

5,6-Di-[2]pyridyl-2*H*-[1,2,4]triazin-3-thion $C_{13}H_9N_5S$, Formel VI (R = H) und Taut.
B. Analog der vorangehenden Verbindung (*Klosa,* Ar. **288** [1955] 465, 468).
Kristalle (aus Eg.); F: 237–239° [Zers.; nach Orangefärbung ab 210° und Sintern ab 230°].

5,6-Bis-[6-methyl-[2]pyridyl]-2*H*-[1,2,4]triazin-3-thion $C_{15}H_{13}N_5S$, Formel VI ($R = CH_3$) und Taut.
B. Analog den vorangehenden Verbindungen (*Klosa,* Ar. **288** [1955] 465, 468).
Kristalle (aus A.); F: 184–186° [Zers.; nach Orangefärbung ab 150°].

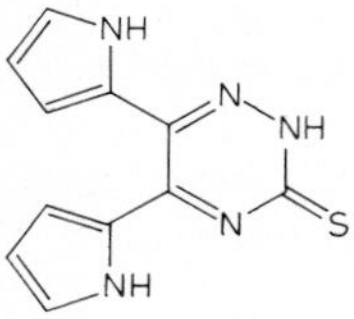

V 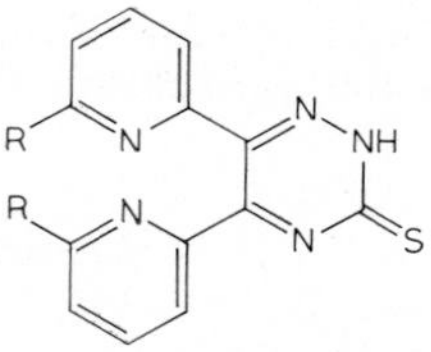 VI 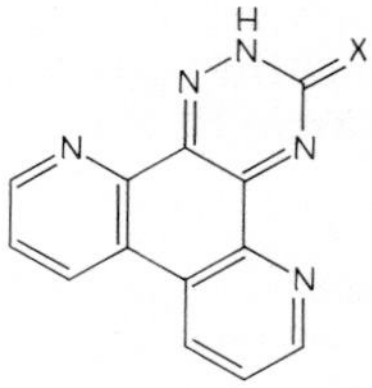 VII 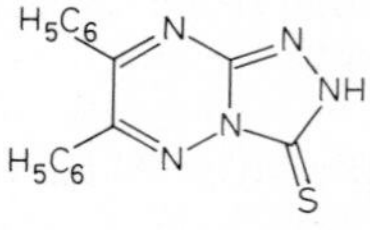 VIII

Monooxo-Verbindungen $C_nH_{2n-19}N_5O$

2*H*-[1,2,4]Triazino[5,6-*f*][4,7]phenanthrolin-3-on $C_{13}H_7N_5O$, Formel VII (X = O) und Taut. (z. B. [1,2,4]Triazino[5,6-*f*][4,7]phenanthrolin-3-ol).
B. Beim Erwärmen von [4,7]Phenanthrolin-5,6-dion mit Semicarbazid in Methanol (*Schmidt,*

Druey, Helv. **40** [1957] 350, 354). Beim Erhitzen von [4,7]Phenanthrolin-5,6-dion-monosemicarbazon (*Sch., Dr.*).

Gelbe Kristalle; F: 303–305° [unkorr.; Zers.].

2*H*-[1,2,4]Triazino[5,6-*f*][4,7]phenanthrolin-3-thion $C_{13}H_7N_5S$, Formel VII (X = S) und Taut. (z. B. [1,2,4]Triazino[5,6-*f*][4,7]phenanthrolin-3-thiol).

B. Beim Erwärmen von [4,7]Phenanthrolin-5,6-dion mit Thiosemicarbazid in Methanol (*Schmidt, Druey,* Helv. **40** [1957] 350, 355).

Braune Kristalle; F: 266–267° [unkorr.; Zers.].

Monooxo-Verbindungen $C_nH_{2n-21}N_5O$

6,7-Diphenyl-2*H*-[1,2,4]triazolo[4,3-*b*][1,2,4]triazin-3-thion $C_{16}H_{11}N_5S$, Formel VIII und Taut.

B. Beim Erwärmen von 4,5-Diamino-2,4-dihydro-[1,2,4]triazol-3-thion mit Benzil und wss.-äthanol. NaOH (*Taylor et al.,* Am. Soc. **76** [1954] 619).

Orangefarbene Kristalle (aus wss. DMF); F: 305,4–306,6° [korr.; Zers.].

B. Dioxo-Verbindungen

Dioxo-Verbindungen $C_nH_{2n-5}N_5O_2$

Dioxo-Verbindungen $C_4H_3N_5O_2$

1,4-Dihydro-[1,2,3]triazolo[4,5-*d*]pyrimidin-5,7-dion, Xanthazol $C_4H_3N_5O_2$, Formel IX (R = H) und Taut.

B. Beim Erhitzen von 5-Amino-1*H*-[1,2,3]triazol-4-carbonsäure-amid mit Harnstoff (*Yamada et al.,* J. pharm. Soc. Japan **77** [1957] 455; C. A. **1957** 14698). Aus 5,6-Diamino-1*H*-pyrimidin-2,4-dion beim Behandeln des Sulfats mit wss. $NaNO_2$ (*Cavalieri et al.,* Am. Soc. **70** [1948] 3875, 3880). Aus 5,6-Diamino-2-thioxo-2,3-dihydro-1*H*-pyrimidin-4-on beim Erwärmen mit wss. HNO_3 und anschliessenden Behandeln mit $NaNO_2$ und wss. Essigsäure (*Roblin et al.,* Am. Soc. **67** [1945] 290, 293). Aus 5-Thioxo-1,4,5,6-tetrahydro-[1,2,3]triazolo[4,5-*d*]pyrimidin-7-on beim Erhitzen mit Chloressigsäure in H_2O und anschliessend mit wss. HCl (*Bergmann et al.,* Arch. Biochem. **80** [1959] 318, 319). Beim Erwärmen von 5-Amino-1,6-dihydro-[1,2,3]triazolo[4,5-*d*]pyrimidin-7-on mit $NaNO_2$ und wss. H_2SO_4 (*Ro. et al.*).

Herstellung von 1,4-Dihydro-[3a-^{14}C][1,2,3]triazolo[4,5-*d*]pyrimidin-5,7-dion und von 1,4-Dihydro-[5-^{14}C][1,2,3]triazolo[4,5-*d*]pyrimidin-5,7-dion: *Mandel et al.,* Org. Synth. Isotopes **1958** 777.

Atomabstände und Bindungswinkel des Monohydrats (Röntgen-Diagramm): *Mez, Donohue,* Z. Kr. **130** [1969] 376, 381, 382; s. a. *Novacki, Bürki,* Z. Kr. **106** [1955] 339, 378.

Kristalle (aus H_2O) mit 1 Mol H_2O (*Ro. et al.*; *No., Bü.,* l. c. S. 340); F: 280° [Zers.] (*Ya. et al.*); Zers. bei ca. 280° (*Be. et al.*); Zers. >270° (*Ro. et al.*). Triklin; Kristallstruktur-Analyse (Röntgen-Diagramm): *No., Bü.*; s. a. *Mez, Do.* Dichte der Kristalle: 1,74 (*No., Bü.,* l. c. S. 341). UV-Spektrum (210–310 nm) in wss. Lösungen vom pH 2, pH 6,5 und pH 8,5: *Ca. et al.,* l. c. S. 3876; vom pH 7: *Roush, Norris,* Arch. Biochem. **29** [1950] 124, 127; vom pH 7,8: *Be. et al.,* l. c. S. 321; in wss. NaOH: *Ya. et al.* λ_{max} (wss. Lösung): 265 nm [pH 3 sowie pH 7] bzw. 235 nm und 285 nm [pH 11] (*Ro. et al.,* l. c. S. 291). Scheinbare Dissoziationsexponenten pK'_{a1} und pK'_{a2} (H_2O; potentiometrisch ermittelt): 4,2 bzw. 9,3 (*Hirata et al.,* Res. Rep. Nagoya Ind. Sci. Res. Inst. Nr. 9 [1956] 80; C. A. **1957** 8516).

3-Methyl-3,4-dihydro-[1,2,3]triazolo[4,5-*d*]pyrimidin-5,7-dion $C_5H_5N_5O_2$, Formel X (R = CH_3).

B. Beim Erhitzen von 5-Amino-1-methyl-1*H*-[1,2,3]triazol-4-carbonsäure-amid-hydrochlorid mit Harnstoff (*Baddiley et al.,* Soc. **1958** 1651, 1656).

Kristalle (aus H_2O); F: 320° [Zers.]. UV-Spektrum (wss. Lösungen vom pH 2,2 und pH 7 sowie wss. NaOH [0,1 n]; 220–320 nm): *Ba. et al.,* l. c. S. 1653.

4,6-Dimethyl-1,4-dihydro-[1,2,3]triazolo[4,5-*d*]pyrimidin-5,7-dion $C_6H_7N_5O_2$, Formel IX (R = CH_3) und Taut. (H 600; dort auch als 1′.3′-Dimethyl-2′.6′-dioxo-1′.2′.3′.6′-tetrahydro-[pyrimidino-4′.5′:4.5-triazol] bezeichnet).

B. Aus 5,6-Diamino-1,3-dimethyl-1*H*-pyrimidin-2,4-dion beim Behandeln mit $NaNO_2$ und wss. HCl (*Blicke, Godt,* Am. Soc. **76** [1954] 2798; vgl. H 600).

Kristalle (aus H_2O); F: 252–253°.

Acetyl-Derivat $C_8H_9N_5O_3$. Kristalle (aus Butylacetat); F: 109–111°.

Benzoyl-Derivat $C_{13}H_{11}N_5O_3$. Kristalle (aus Butanon); F: 197–198°.

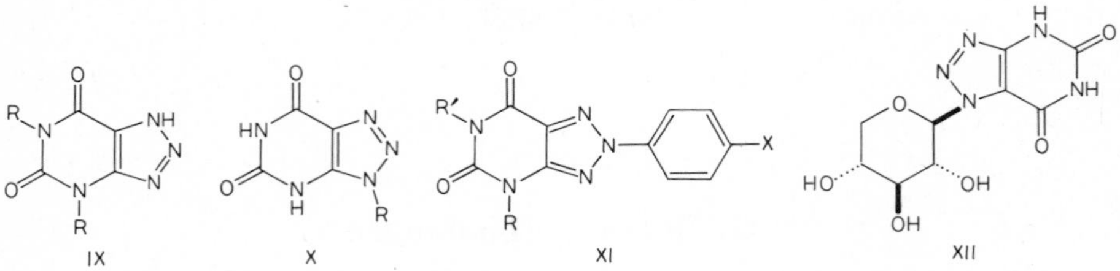

IX X XI XII

2-Phenyl-2,4-dihydro-[1,2,3]triazolo[4,5-*d*]pyrimidin-5,7-dion $C_{10}H_7N_5O_2$, Formel XI (R = R′ = X = H).

B. Beim Erhitzen von 2-Phenyl-2*H*-[1,2,3]triazolo[4,5-*d*]pyrimidin-5,7-diyldiamin mit $NaNO_2$ und wss. HCl (*Am. Cyanamid Co.,* U.S.P. 2543333 [1950]).

Wasserhaltige Kristalle (aus H_2O).

4-Methyl-2-phenyl-2,4-dihydro-[1,2,3]triazolo[4,5-*d*]pyrimidin-5,7-dion $C_{11}H_9N_5O_2$, Formel XI (R = CH_3, R′ = X = H).

B. Bei der Umsetzung von 6-Amino-1-methyl-1*H*-pyrimidin-2,4-dion mit Benzoldiazonium-chlorid und anschliessenden Oxidation mit Luftsauerstoff (*Ježo, Votický,* Chem. Zvesti **6** [1952] 357; C. A. **1954** 7019).

Kristalle (aus Bzl.); F: 296–296,5°.

Die folgenden Verbindungen sind in analoger Weise hergestellt worden:

4,6-Dimethyl-2-phenyl-2,4-dihydro-[1,2,3]triazolo[4,5-*d*]pyrimidin-5,7-dion $C_{12}H_{11}N_5O_2$, Formel XI (R = R′ = CH_3, X = H). Kristalle (aus Bzl.); F: 208,5–209°.

2-[4-Äthoxy-phenyl]-4-methyl-2,4-dihydro-[1,2,3]triazolo[4,5-*d*]pyrimidin-5,7-dion $C_{13}H_{13}N_5O_3$, Formel XI (R = CH_3, R′ = H, X = O-C_2H_5). Kristalle (aus Bzl.); F: 307–307,5°.

2-[4-Äthoxy-phenyl]-4,6-dimethyl-2,4-dihydro-[1,2,3]triazolo[4,5-*d*]pyrimidin-5,7-dion $C_{14}H_{15}N_5O_3$, Formel XI (R = R′ = CH_3, X = O-C_2H_5). Kristalle (aus Bzl.); F: 197,5–198°.

4-[4-Methyl-5,7-dioxo-4,5,6,7-tetrahydro-[1,2,3]triazolo[4,5-*d*]pyrimidin-2-yl]-benzoesäure $C_{12}H_9N_5O_4$, Formel XI (R = CH_3, R′ = H, X = CO-OH). Kristalle (aus Bzl.); F: 296° [Zers.].

4-[4,6-Dimethyl-5,7-dioxo-4,5,6,7-tetrahydro-[1,2,3]triazolo[4,5-*d*]pyrimidin-2-yl]-benzoesäure $C_{13}H_{11}N_5O_4$, Formel XI (R = R′ = CH_3, X = CO-OH). Kristalle (aus Bzl.); F: 265° [Zers.].

4-[4-Methyl-5,7-dioxo-4,5,6,7-tetrahydro-[1,2,3]triazolo[4,5-*d*]pyrimidin-2-yl]-benzolsulfonsäure $C_{11}H_9N_5O_5S$, Formel XI (R = CH_3, R′ = H, X = SO_2-OH). Kristalle (aus Bzl.); F: >350°.

4-[4,6-Dimethyl-5,7-dioxo-4,5,6,7-tetrahydro-[1,2,3]triazolo[4,5-*d*]pyrimidin-2-yl]-benzolsulfonsäure $C_{12}H_{11}N_5O_5S$, Formel XI (R = R′ = CH_3, X = SO_2-OH). Kristalle (aus Bzl.); F: >350°.

3-Benzyl-3,4-dihydro-[1,2,3]triazolo[4,5-*d*]pyrimidin-5,7-dion $C_{11}H_9N_5O_2$, Formel X (R = CH_2-C_6H_5).

B. Beim Erhitzen von 5-Amino-3-benzyl-3,6-dihydro-[1,2,3]triazolo[4,5-*d*]pyrimidin-7-on mit $NaNO_2$ und wss. HCl (*Koppel et al.,* Am. Soc. **81** [1959] 3046, 3050).

Gelbliche Kristalle; F: >300° [unkorr.].

1-*β*-D-Xylopyranosyl-1,4-dihydro-[1,2,3]triazolo[4,5-*d*]pyrimidin-5,7-dion $C_9H_{11}N_5O_6$, Formel XII.

B. Neben der folgenden Verbindung aus 1-*β*-D-Xylopyranosyl-1*H*-[1,2,3]triazol-4,5-dicarbonsäure-diamid mit Hilfe von KBrO (*Baddiley et al.,* Soc. **1958** 1651, 1655).

Kristalle (aus H_2O). UV-Spektrum (wss. Lösungen vom pH 2,2 und pH 7 sowie wss. NaOH [0,1 n]; 220 – 320 nm): *Ba. et al.,* l. c. S. 1653.

3-*β*-D-Xylopyranosyl-3,4-dihydro-[1,2,3]triazolo[4,5-*d*]pyrimidin-5,7-dion $C_9H_{11}N_5O_6$, Formel XIII.

B. s. im vorangehenden Artikel.

Hygroskopischer Feststoff (aus Me. + Ae.) mit 2,5 Mol H_2O (*Baddiley et al.,* Soc. **1958** 1651, 1655). UV-Spektrum (wss. Lösungen vom pH 2,2 und pH 7 sowie wss. NaOH [0,1 n]; 220 – 340 nm): *Ba. et al.,* l. c. S. 1653.

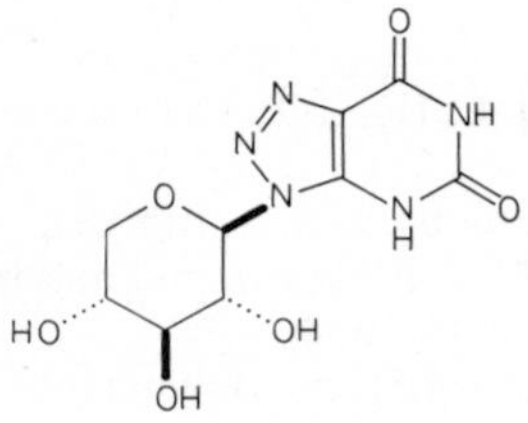

XIII 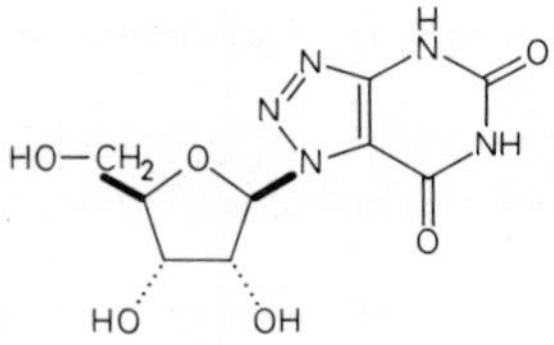 XIV 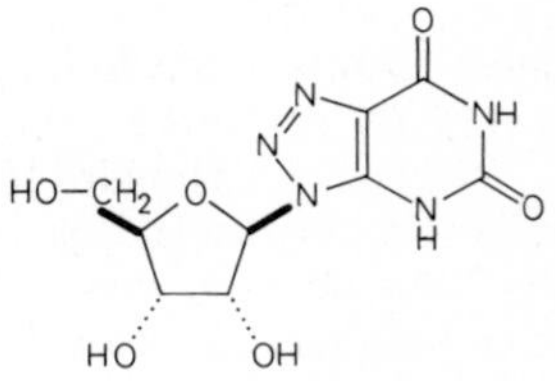 XV

1-*β*-D-Ribofuranosyl-1,4-dihydro-[1,2,3]triazolo[4,5-*d*]pyrimidin-5,7-dion $C_9H_{11}N_5O_6$, Formel XIV.

B. Neben der folgenden Verbindung aus 1-*β*-D-Ribofuranosyl-1*H*-[1,2,3]triazol-4,5-dicarbonsäure-diamid mit Hilfe von KBrO (*Baddiley et al.,* Soc. **1958** 3606, 3608).

Kristalle (aus wss. Me.); F: 185°. $[\alpha]_D^{20}$: −92° [H_2O; c = 0,5]. λ_{max}: 278 nm [wss. Lösung vom pH 2,2 sowie pH 7] bzw. 310 nm [wss. NaOH (0,1 n)] (*Ba. et al.,* l. c. S. 3609).

3-*β*-D-Ribofuranosyl-3,4-dihydro-[1,2,3]triazolo[4,5-*d*]pyrimidin-5,7-dion, 8-Aza-xanthosin $C_9H_{11}N_5O_6$, Formel XV.

B. Beim Behandeln von 8-Aza-guanosin mit $Ba(NO_2)_2$ in wss. Essigsäure (*Davoll,* Soc. **1958** 1593, 1599). Eine weitere Bildungsweise s. im vorangehenden Artikel.

Kristalle (aus wss. A.); F: 198 – 199° [Zers.]; $[\alpha]_D^{24}$: −103° [wss. NaOH (0,1 n); c = 1,0] (*Da.*). λ_{max}: 240 nm und 256 nm [wss. Lösung vom pH 2,2], 252 nm und 277 nm [wss. Lösung vom pH 7] bzw. 251 nm und 280 nm [wss. NaOH (0,1 n)] (*Baddiley et al.,* Soc. **1958** 3606, 3609; s. a. *Da.,* l. c. S. 1595).

1-*β*-D-Glucopyranosyl-1,4-dihydro-[1,2,3]triazolo[4,5-*d*]pyrimidin-5,7-dion $C_{10}H_{13}N_5O_7$, Formel I.

B. Neben der folgenden Verbindung aus 1-*β*-D-Glucopyranosyl-1*H*-[1,2,3]triazol-4,5-dicarbonsäure-diamid mit Hilfe von KBrO (*Baddiley et al.,* Soc. **1958** 1651, 1656).

Kristalle (aus H_2O) mit 0,5 Mol H_2O.

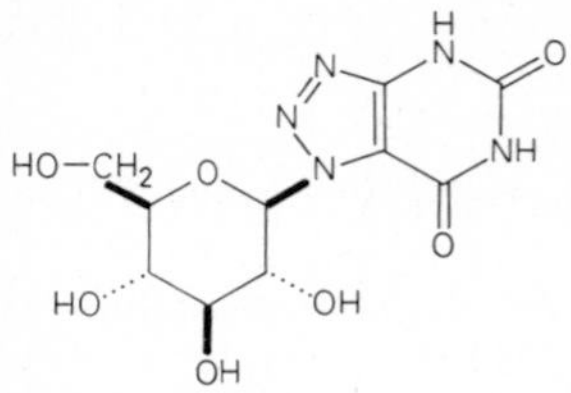

I 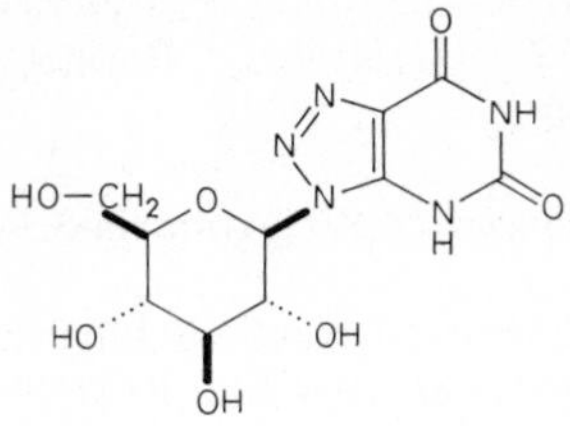 II 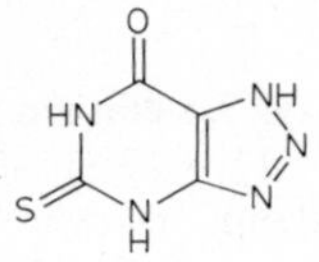 III

3-β-D-Glucopyranosyl-3,4-dihydro-[1,2,3]triazolo[4,5-*d*]pyrimidin-5,7-dion $C_{10}H_{13}N_5O_7$, Formel II.

B. s. im vorangehenden Artikel.

Kristalle (aus wss. Me. + A.) mit 3 Mol H_2O (*Baddiley et al.*, Soc. **1958** 1651, 1656).

5-Thioxo-1,4,5,6-tetrahydro-[1,2,3]triazolo[4,5-*d*]pyrimidin-7-on $C_4H_3N_5OS$, Formel III und Taut.

B. Beim Behandeln von 5,6-Diamino-2-thioxo-2,3-dihydro-1*H*-pyrimidin-4-on mit $NaNO_2$ und wss. H_2SO_4 (*Bahner, Bilancio,* Am. Soc. **75** [1953] 6038). Beim Erhitzen von 7-Amino-1,4-dihydro-[1,2,3]triazolo[4,5-*d*]pyrimidin-5-thion mit wss. HCl (*Bahner et al.*, J. org. Chem. **22** [1957] 558).

Kristalle (aus Acn.) mit 1 Mol H_2O; Zers. bei 265° (*Ba., Bi.*). λ_{max} (wss. Lösungen vom pH 1–11; 230–300 nm): *Ba., Bi.*

Hydrochlorid $C_4H_3N_5OS \cdot HCl$. Kristalle mit 2 Mol H_2O; Zers. bei 265° (*Ba. et al.*).

7-Thioxo-1,4,6,7-tetrahydro-[1,2,3]triazolo[4,5-*d*]pyrimidin-5-on (?) $C_4H_3N_5OS$, vermutlich Formel IV (X = O) und Taut.

B. Neben 1,4-Dihydro-[1,2,3]triazolo[4,5-*d*]pyrimidin-5,7-dithion beim Erhitzen von 5-Amino-1,6-dihydro-[1,2,3]triazolo[4,5-*d*]pyrimidin-7-thion mit P_2S_5 in Pyridin und anschließenden Behandeln mit wss. NaHS (*Bahner et al.*, J. org. Chem. **22** [1957] 558).

Gelbe Kristalle (aus Me.); F: 300°. λ_{max} (wss. Lösung): 299 nm [pH 6,5] bzw. 309 nm [pH 10].

1,4-Dihydro-[1,2,3]triazolo[4,5-*d*]pyrimidin-5,7-dithion $C_4H_3N_5S_2$, Formel IV (X = S) und Taut.

B. Beim Behandeln von 5,6-Diamino-1*H*-pyrimidin-2,4-dithion mit $NaNO_2$ und wss. H_2SO_4 (*Dille, Christensen,* Am. Soc. **76** [1954] 5087). Eine weitere Bildungsweise s. im vorangehenden Artikel.

Kristalle [aus wss. HCl + NH_3] (*Bahner et al.*, Am. Soc. **76** [1954] 1370), die sich bei langsamem Erhitzen auf 300° braun färben und bei starkem Erhitzen explodieren (*Di., Ch.*). λ_{max} (wss. Lösungen vom pH 6,5 sowie pH 10): 283 nm und 343 nm (*Ba. et al.*).

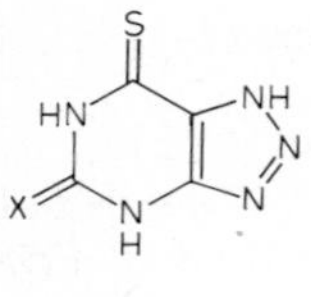

IV 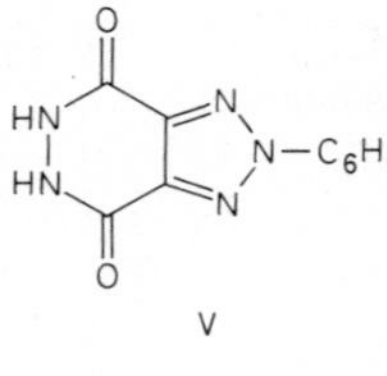 V 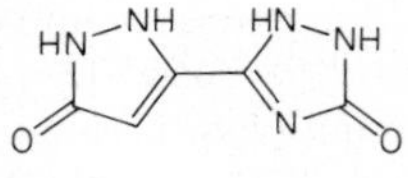 VI 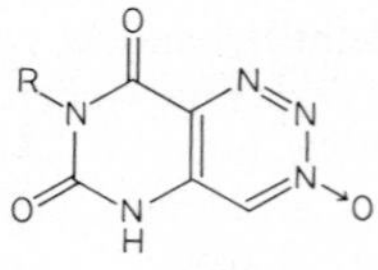 VII

2-Phenyl-5,6-dihydro-2*H*-[1,2,3]triazolo[4,5-*d*]pyridazin-4,7-dion $C_{10}H_7N_5O_2$, Formel V.

B. Beim Erhitzen von 2-Phenyl-2*H*-[1,2,3]triazol-4,5-dicarbonsäure-dihydrazid auf 220–235° unter vermindertem Druck (*Seka, Preissecker,* M. **57** [1931] 71, 79).

Kristalle (aus Nitrobenzol); F: 317°.

Dioxo-Verbindungen $C_5H_5N_5O_2$

5-[5-Oxo-2,5-dihydro-1*H*-pyrazol-3-yl]-1,2-dihydro-[1,2,4]triazol-3-on(?) $C_5H_5N_5O_2$, vermutlich Formel VI und Taut.

B. Neben 5-Oxo-2,5-dihydro-1*H*-pyrazol-3-carbonsäure-äthylester beim Erwärmen von Oxalessigsäure-diäthylester mit Semicarbazid-hydrochlorid und Natriumacetat in wss. Äthanol (*De, Dutt,* J. Indian chem. Soc. **7** [1930] 473, 479).

Kristalle; F: 265°.

Dioxo-Verbindungen $C_nH_{2n-7}N_5O_2$

3-Oxy-5*H*-pyrimido[5,4-*d*][1,2,3]triazin-6,8-dion, 5*H*-Pyrimido[5,4-*d*][1,2,3]triazin-6,8-dion-3-oxid $C_5H_3N_5O_3$, Formel VII (R = H).

Diese Konstitution kommt der früher (H **25** 566) als 5-Hydroxydiazenyl-2,6-dioxo-1,2,3,6-tetrahydro-pyrimidin-4-carbaldehyd-oxim („5-Diazo-4-isonitrosomethyl-uracil") und von *Rose* (Soc. **1952** 3448, 3449, 3458) unter Vorbehalt als 7-[Hydroxyimino-methyl]-6*H*-[1,2,3]oxadiazolo[5,4-*d*]pyrimidin-5-on beschriebenen Verbindung zu (*Papesch, Dodson,* J. org. Chem. **28** [1963] 1329).

B. Aus 5-Amino-6-methyl-1*H*-pyrimidin-2,4-dion in wss. NaOH bei aufeinanderfolgendem Behandeln mit $NaNO_2$ und mit wss. HCl (*Rose*; vgl. H 566).

Kristalle (aus H_2O) mit 1 Mol H_2O, F: 245°; die wasserfreie Verbindung schmilzt bei 239° [Zers.] (*Rose*).

7-Methyl-3-oxy-5*H*-pyrimido[5,4-*d*][1,2,3]triazin-6,8-dion $C_6H_5N_5O_3$, Formel VII (R = CH_3).

Diese Konstitution kommt der von *Chromow-Borišow, Jurišt* (Sbornik Statei obšč. Chim. **1953** 657, 660; C. A. **1955** 1056) als 5-Hydroxydiazenyl-1-methyl-2,6-dioxo-1,2,3,6-tetrahydro-pyrimidin-4-carbaldehyd-oxim angesehenen Verbindung zu (vgl. *Papesch, Dodson,* J. org. Chem. **28** [1963] 1329).

B. Beim Behandeln von 5-Amino-3,6-dimethyl-1*H*-pyrimidin-2,4-dion mit $NaNO_2$ und wss. HCl (*Ch.-Bo., Ju.*).

Gelbliche Kristalle (aus H_2O); Zers. bei 217° (*Ch.-Bo., Ju.*).

1,6-Dimethyl-1*H*-pyrimido[5,4-*e*][1,2,4]triazin-5,7-dion, Xanthothricin, Toxoflavin $C_7H_7N_5O_2$, Formel VIII.

Konstitution: *van Damme et al.,* R. **79** [1960] 255, 259; *Hellendoorn et al.,* R. **80** [1961] 307; *Daves et al.,* Am. Soc. **84** [1962] 1724, 1725.

Isolierung aus der Kulturflüssigkeit von Pseudomonas cocovenenans: *van Veen, Mertens,* R. **53** [1934] 257, 261, 398; *van Veen, Baars,* R. **57** [1938] 248; einer Streptomyces-Art: *Machlowitz et al.,* Antibiotics Chemotherapy Washington D.C. **4** [1954] 259.

Gelbe Kristalle; F: 172–173° [Zers.; aus Propan-1-ol] (*Da. et al.,* l. c. S. 1728), 171–172° [Zers.; aus $CHCl_3$ + Ae.] (*van Veen, Me.,* l. c. S. 263). IR-Banden in KBr (3,4–14,2 μ): *Da. et al.*; in Nujol (3,4–13,8 μ): *Ma. et al.* Absorptionsspektrum in wss. HCl, wss. Lösung vom pH 6 sowie wss. NaOH (210–500 nm): *Ma. et al.*; in wss. Lösungen vom pH 6,5 und pH 9 (220–480 nm): *Stern,* Biochem. J. **29** [1935] 500, 505. λ_{max} (wss. Lösung vom pH 1,7): 257,5 nm und 394 nm (*Da. et al.*). pH-Wert einer wss. Lösung [10^{-4} m]: 6,5 (*St.,* l. c. S. 501). Redoxpotential (wss. Lösungen vom pH 4,6–8,3): *St.,* l. c. S. 502.

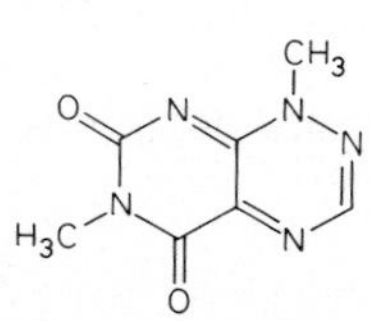

VIII

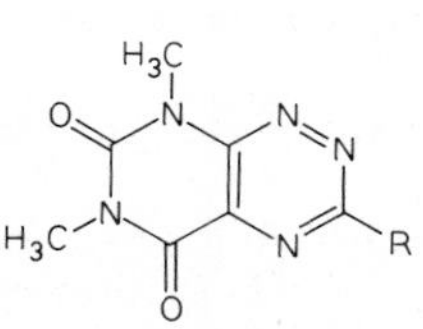

IX

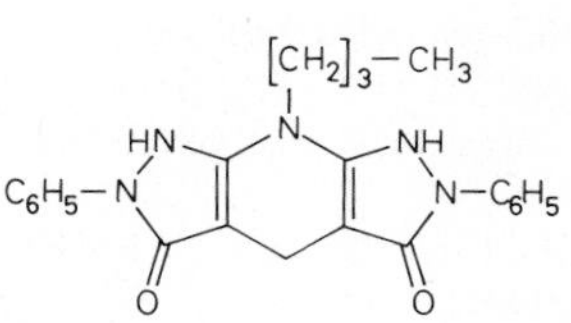

X

6,8-Dimethyl-8*H*-pyrimido[5,4-*e*][1,2,4]triazin-5,7-dion, Fervenulin $C_7H_7N_5O_2$, Formel IX (R = H).

Konstitution: *Daves et al.*, J. org. Chem. **26** [1961] 5256; Am. Soc. **84** [1962] 1724, 1726, 1728.

Isolierung aus der Kulturflüssigkeit von Streptomyces fervens: *Eble et al.*, Antibiotics Annual **1959/60** 227.

B. Aus Ameisensäure-[*N'*-(1,3-dimethyl-5-nitroso-2,6-dioxo-1,2,3,6-tetrahydro-pyrimidin-4-yl)-hydrazid] beim Erhitzen mit $Na_2S_2O_4$ in Formamid und Ameisensäure und anschliessenden Oxidieren mit Luft (*Pfleiderer, Schündehütte*, A. **615** [1958] 42, 47).

Gelbe Kristalle; F: 178–179° [aus H_2O] (*Pf., Sch.*), 178–179° [Zers.; aus E.+Acn.] (*Eble et al.*). Bei 70°/0,01 Torr sublimierbar (*Eble et al.*). Orthorhombisch; Dimensionen der Elementarzelle (Röntgen-Diagramm): *Eble et al.* Dichte der Kristalle: 1,55 (*Eble et al.*). Kristalloptik: *Eble et al.* IR-Spektrum (Mineralöl; 2–15 μ): *Eble et al.* UV-Spektrum (A. sowie wss. Lösung vom pH 7,9; 210–390 nm): *Eble et al.* Polarographische Halbstufenpotentiale (wss. H_2SO_4 [2 n] sowie wss. Lösungen vom pH 3 und pH 8): *Eble et al.*

3,6,8-Trimethyl-8*H*-pyrimido[5,4-*e*][1,2,4]triazin-5,7-dion $C_8H_9N_5O_2$, Formel IX (R = CH_3).

B. Aus Essigsäure-[*N'*-(1,3-dimethyl-5-nitroso-2,6-dioxo-1,2,3,6-tetrahydro-pyrimidin-4-yl)-hydrazid] beim Hydrieren an Raney-Nickel in Äthanol, Erwärmen mit methanol. HCl und Behandeln mit $NaNO_2$ in H_2O (*Pfleiderer, Schündehütte*, A. **615** [1958] 42, 47).

Gelbe Kristalle (aus A.); F: 127°.

8-Butyl-2,6-diphenyl-1,2,4,6,7,8-hexahydro-dipyrazolo[3,4-*b*;4',3'-*e*]pyridin-3,5-dion $C_{23}H_{23}N_5O_2$, Formel X und Taut.

B. Beim Erhitzen von 2,2'-Diphenyl-1,2,1',2'-tetrahydro-5,5'-butylimino-bis-pyrazol-3-on mit Formaldehyd und wss. Essigsäure (*Graham et al.*, Am. Soc. **76** [1954] 3993).

Kristalle (aus Butan-1-ol); F: 267–269°.

Dioxo-Verbindungen $C_nH_{2n-9}N_5O_2$

8-Butyl-2,6-diphenyl-1,2,6,8-tetrahydro-dipyrazolo[3,4-*b*;4',3'-*e*]pyridin-3,5-dion $C_{23}H_{21}N_5O_2$, Formel XI und Taut.

B. Beim Erhitzen von 2,2'-Diphenyl-1,2,1',2'-tetrahydro-5,5'-butylimino-bis-pyrazol-3-on mit Orthoameisensäure-triäthylester (*Graham et al.*, Am. Soc. **76** [1954] 3993).

Gelbe Kristalle (aus Eg.); F: >300°.

Dioxo-Verbindungen $C_nH_{2n-11}N_5O_2$

5-Methyl-2,9-dihydro-7*H*-1,2,6,7,9-pentaaza-phenalen-3,8-dion $C_9H_7N_5O_2$, Formel XII (R = R' = H).

B. Beim Erhitzen von 7-Methyl-2,4-dioxo-1,2,3,4-tetrahydro-pyrido[2,3-*d*]pyrimidin-5-carbonsäure-äthylester mit $N_2H_4 \cdot H_2O$ (*Ridi et al.*, Ann. Chimica **46** [1956] 428, 438).

F: 350°.

Trimethyl-Derivat $C_{12}H_{13}N_5O_2$; 2,5,7,9-Tetramethyl-2,9-dihydro-7*H*-1,2,6,7,9-pentaaza-phenalen-3,8-dion. Kristalle (aus A. oder Eg.); F: 310°.

5-Methyl-7-phenyl-2,9-dihydro-7*H*-1,2,6,7,9-pentaaza-phenalen-3,8-dion $C_{15}H_{11}N_5O_2$, Formel XII (R = C_6H_5, R' = H).

B. Analog der vorangehenden Verbindung (*Ridi et al.*, Ann. Chimica **46** [1956] 428, 431, 437).

Kristalle (aus Eg.) mit 1 Mol Essigsäure; F: 370°.

Dimethyl-Derivat $C_{17}H_{15}N_5O_2$; 2,5,9-Trimethyl-7-phenyl-2,9-dihydro-7*H*-1,2,6,7,9-pentaaza-phenalen-3,8-dion. F: 353° (*Ridi et al.*, l. c. S. 438).

Acetyl-Derivat $C_{17}H_{13}N_5O_3$; 2-Acetyl-5-methyl-7-phenyl-2,9-dihydro-7*H*-1,2,6,7,9-pentaaza-phenalen-3,8-dion. Kristalle; F: 305° (*Ridi et al.*, l. c. S. 439).

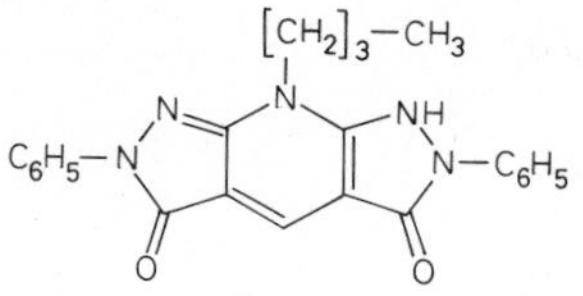

5,9-Dimethyl-7-phenyl-2,9-dihydro-7*H*-1,2,6,7,9-pentaaza-phenalen-3,8-dion $C_{16}H_{13}N_5O_2$, Formel XII (R = C_6H_5, R′ = CH_3).

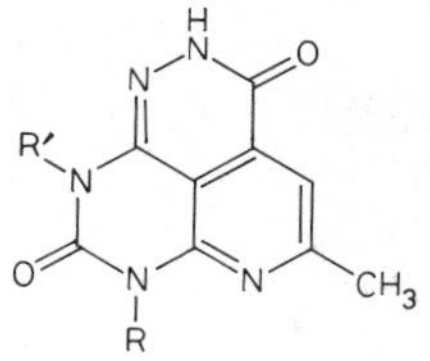

B. Analog den vorangehenden Verbindungen (*Ridi et al.*, Ann. Chimica **46** [1956] 428, 430, 437).

Kristalle (aus Eg.); F: 360°.

Acetyl-Derivat $C_{18}H_{15}N_5O_3$; 2-Acetyl-5,9-dimethyl-7-phenyl-2,9-dihydro-7*H*-1,2,6,7,9-pentaaza-phenalen-3,8-dion. Kristalle; F: 265−270° (*Ridi et al.*, l. c. S. 438).

7-[4-Äthoxy-phenyl]-5-methyl-2,9-dihydro-7*H*-1,2,6,7,9-pentaaza-phenalen-3,8-dion $C_{17}H_{15}N_5O_3$, Formel XII (R = C_6H_4-O-C_2H_5, R′ = H).

B. Analog den vorangehenden Verbindungen (*Ridi et al.*, Ann. Chimica **46** [1956] 428, 437).

Lösungsmittelhaltige Kristalle (aus Eg.); F: 350°.

Dimethyl-Derivat $C_{19}H_{19}N_5O_3$; 7-[4-Äthoxy-phenyl]-2,5,9-trimethyl-2,9-dihydro-7*H*-1,2,6,7,9-pentaaza-phenalen-3,8-dion. Kristalle (aus Eg.); F: 268° (*Ridi et al.*, l. c. S. 438).

Acetyl-Derivat $C_{19}H_{17}N_5O_4$; 2-Acetyl-7-[4-äthoxy-phenyl]-5-methyl-2,9-dihydro-7*H*-1,2,6,7,9-pentaaza-phenalen-3,8-dion. Kristalle; F: 265° (*Ridi et al.*, l. c. S. 439).

7-[4-Äthoxy-phenyl]-5,9-dimethyl-2,9-dihydro-7*H*-1,2,6,7,9-pentaaza-phenalen-3,8-dion $C_{18}H_{17}N_5O_3$, Formel XII (R = C_6H_4-O-C_2H_5, R′ = CH_3).

B. Analog den vorangehenden Verbindungen (*Ridi et al.*, Ann. Chimica **46** [1956] 428, 437).

F: 350°.

2-Methyl-8,9-dihydro-6*H*-pyrimido[2,1-*b*]pteridin-7,11-dion $C_{10}H_9N_5O_2$, Formel XIII (R = R′ = H).

B. Beim Erhitzen von 7-Amino-2-methyl-8,9-dihydro-pyrimido[2,1-*b*]pteridin-11-on mit wss. Essigsäure (*Angier, Curran,* Am. Soc. **81** [1959] 5650, 5653).

Kristalle. λ_{max} (Me., wss. HCl, wss. $Na_2B_4O_7$ sowie wss. NaOH; 240−360 nm): *An., Cu.*

2,3-Dimethyl-8,9-dihydro-6*H*-pyrimido[2,1-*b*]pteridin-7,11-dion $C_{11}H_{11}N_5O_2$, Formel XIII (R = CH_3, R′ = H).

B. Aus 2-Amino-6,7-dimethyl-3*H*-pteridin-4-on oder aus 6,7-Dimethyl-2-methylmercapto-3*H*-pteridin-4-on beim Erhitzen mit Acrylonitril bzw. Acrylamid in wss. Pyridin (*Angier, Curran,* Am. Soc. **81** [1959] 5650, 5653).

Kristalle (aus H_2O oder A.). λ_{max} (Me., wss. HCl, wss. $Na_2B_4O_7$ sowie wss. NaOH; 240−360 nm): *An., Cu.*

2,3,6-Trimethyl-8,9-dihydro-6*H*-pyrimido[2,1-*b*]pteridin-7,11-dion $C_{12}H_{13}N_5O_2$, Formel XIII (R = R′ = CH_3).

B. Aus 6,7-Dimethyl-2-methylamino-3*H*-pteridin-4-on beim Erhitzen mit Acrylonitril in wss. Pyridin (*Angier, Curran,* Am. Soc. **81** [1959] 5650, 5654).

Wasserhaltige Kristalle (aus H_2O); F: 249−251° [korr.; nach Trocknung bei 130°]. λ_{max}

(Me., wss. HCl sowie wss. $Na_2B_4O_7$; 240—330 nm): *An.*, *Cu.*

XIII XIV XV

Dioxo-Verbindungen $C_nH_{2n-13}N_5O_2$

***1H*-Pyrido[3,2-*g*]pteridin-2,4-dion** $C_9H_5N_5O_2$, Formel XIV (X = H).

B. Beim Erhitzen von 5,5-Dihydroxy-barbitursäure (E III/IV **24** 2137) mit Pyridin-2,3-diyldiamin und H_3BO_3 in Essigsäure (*Ziegler*, Am. Soc. **71** [1949] 1891).

Rotbraune Kristalle, die unterhalb 300° nicht schmelzen.

10-Propyl-10*H*-pyrido[3,2-*g*]pteridin-2,4-dion $C_{12}H_{11}N_5O_2$, Formel XV (R = CH_2-C_2H_5).

B. Beim Erhitzen von N^2-Propyl-pyridin-2,3-diyldiamin mit Alloxan (E III/IV **24** 2137) unter Zusatz von $ZnCl_2$ und H_3BO_3 in Essigsäure (*Rudy, Majer*, B. **71** [1938] 1243, 1247).

Orangegelbe Kristalle (aus wss. Eg., Me. oder A.); F: 345—350° [Zers.; auf 300° vorgeheizter App.]. Absorptionsspektrum (wss. Eg.; 230—480 nm): *Rudy, Ma.*, l. c. S. 1245.

10-Cyclohexyl-10*H*-pyrido[3,2-*g*]pteridin-2,4-dion $C_{15}H_{15}N_5O_2$, Formel XV (R = C_6H_{11}).

B. Beim Erhitzen von N^2-Cyclohexyl-pyridin-2,3-diyldiamin mit Alloxan (E III/IV **24** 2137) und H_3BO_3 in Essigsäure (*Rudy, Majer*, B. **72** [1939] 933, 937).

Gelbe Kristalle (aus wss. Eg.); Zers. bei 320—325° [auf 310° vorgeheizter App.].

10-Phenyl-10*H*-pyrido[3,2-*g*]pteridin-2,4-dion $C_{15}H_9N_5O_2$, Formel XV (R = C_6H_5).

B. Analog der vorangehenden Verbindung (*Rudy, Majer*, B. **72** [1939] 933, 935).

Wenig beständige gelbe Kristalle (aus wss. Eg. oder wss. Ameisensäure); Zers. bei 335—340° [auf 310° vorgeheizter App.] (unreines Präparat).

7-Chlor-1*H*-pyrido[3,2-*g*]pteridin-2,4-dion $C_9H_4ClN_5O_2$, Formel XIV (X = Cl).

B. Beim Erhitzen von 5,5-Dihydroxy-barbitursäure (E III/IV **24** 2137) mit 5-Chlor-pyridin-2,3-diyldiamin und Äther-BF_3 in Essigsäure (*Ziegler*, Am. Soc. **71** [1949] 1891).

Gelbbraune Kristalle, die unterhalb 380° nicht schmelzen.

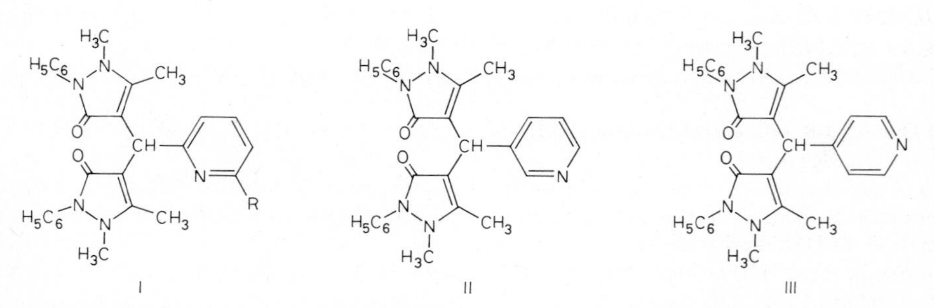

I II III

Bis-[1,5-dimethyl-3-oxo-2-phenyl-2,3-dihydro-1*H*-pyrazol-4-yl]-[2]pyridyl-methan, 1,5,1′,5′-Tetramethyl-2,2′-diphenyl-1,2,1′,2′-tetrahydro-4,4′-[2]pyridylmethandiyl-bis-pyrazol-3-on $C_{28}H_{27}N_5O_2$, Formel I (R = H).

B. Beim Erwärmen von Pyridin-2-carbaldehyd mit 1,5-Dimethyl-2-phenyl-1,2-dihydro-pyrazol-3-on und konz. H_2SO_4 (*Klosa*, Ar. **289** [1956] 65, 69).

Kristalle (aus A.); F: 211—213°.

Die folgenden Verbindungen sind in analoger Weise hergestellt worden:

Bis-[1,5-dimethyl-3-oxo-2-phenyl-2,3-dihydro-1*H*-pyrazol-4-yl]-[3]pyridyl-methan, 1,5,1′,5′-Tetramethyl-2,2′-diphenyl-1,2,1′,2′-tetrahydro-4,4′-[3]pyridylmethandiyl-bis-pyrazol-3-on $C_{28}H_{27}N_5O_2$, Formel II. Kristalle (aus wss. A.); F: 115–117°. $CHCl_3$ enthaltende Kristalle (aus $CHCl_3$+PAe.); F: 83–85°.

Bis-[1,5-dimethyl-3-oxo-2-phenyl-2,3-dihydro-1*H*-pyrazol-4-yl]-[4]pyridyl-methan, 1,5,1′,5′-Tetramethyl-2,2′-diphenyl-1,2,1′,2′-tetrahydro-4,4′-[4]pyridylmethandiyl-bis-pyrazol-3-on $C_{28}H_{27}N_5O_2$, Formel III. Kristalle (aus wss. A.); F: 243–245°.

Bis-[1,5-dimethyl-3-oxo-2-phenyl-2,3-dihydro-1*H*-pyrazol-4-yl]-[6-methyl-[2]pyridyl]-methan, 1,5,1′,5′-Tetramethyl-2,2′-diphenyl-1,2,1′,2′-tetrahydro-4,4′-[6-methyl-[2]pyridylmethandiyl]-bis-pyrazol-3-on $C_{29}H_{29}N_5O_2$, Formel I (R = CH_3). Kristalle (aus A.); F: 213–215°. $CHCl_3$ enthaltende Kristalle (aus $CHCl_3$+PAe.); F: 202–204°.

Dioxo-Verbindungen $C_nH_{2n-17}N_5O_2$

(±)-5,9-Diphenyl-3-thioxo-2,3,4,5,6,7-hexahydro-[1,2,4,6,7]pentazonin-8-on (?) $C_{16}H_{15}N_5OS$, vermutlich Formel IV.

B. Aus Phenyl-thiosemicarbazono-essigsäure-hydrazid und Benzaldehyd (*Güven*, Rev. Fac. Sci. Istanbul [C] **21** [1956] 85, 90).

Gelbliche Kristalle (aus A.); F: 270°.

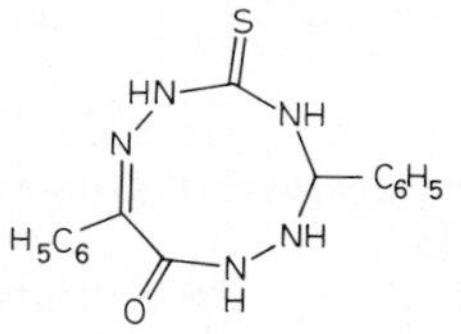

IV 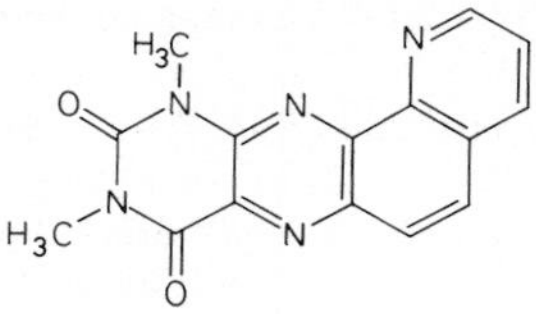 V 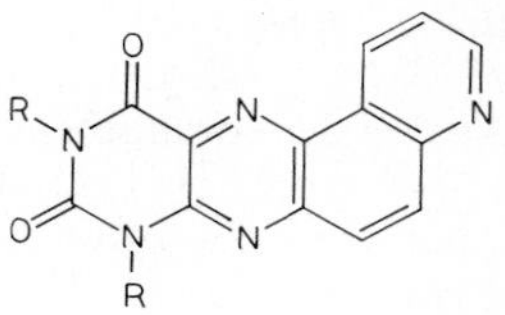 VI

Dioxo-Verbindungen $C_nH_{2n-19}N_5O_2$

9,11-Dimethyl-11*H*-chino[7,8-*g*]pteridin-8,10-dion (?) $C_{15}H_{11}N_5O_2$, vermutlich Formel V.

B. Beim Erhitzen von 6-Amino-1,3-dimethyl-5-nitroso-1*H*-pyrimidin-2,4-dion (H **24** 514) mit Chinolin-8-ol (*Felton et al.*, Soc. **1954** 2895, 2900, 2903).

Gelbe Kristalle (aus H_2O) mit 0,25 Mol H_2O; F: 360°.

8*H*-Chino[5,6-*g*]pteridin-9,11-dion $C_{13}H_7N_5O_2$, Formel VI (R = H), oder **11*H*-Chino[6,5-*g*]pteridin-8,10-dion** $C_{13}H_7N_5O_2$, Formel VII (R = H).

B. Beim Erhitzen von Alloxan (E III/IV **24** 2137) mit Chinolin-5,6-diyldiamin und wss. HCl in Essigsäure (*Rudy*, B. **71** [1938] 847, 855).

Gelbliche Kristalle (aus Ameisensäure); Zers. >410° bzw. >400° (*Rudy*; *Ross*, Soc. **1948** 219, 224).

8,10-Dimethyl-8*H*-chino[5,6-*g*]pteridin-9,11-dion $C_{15}H_{11}N_5O_2$, Formel VI (R = CH_3), oder **9,11-Dimethyl-11*H*-chino[6,5-*g*]pteridin-8,10-dion** $C_{15}H_{11}N_5O_2$, Formel VII (R = CH_3).

a) Isomeres vom F: 375°.

B. Neben dem unter b) beschriebenen Isomeren aus Dimethylalloxan und Chinolin-5,6-diyldiamin (*Rudy*, B. **71** [1938] 847, 855, 856).

Gelbe Kristalle (aus Py.); F: 375° [Zers.].

b) Isomeres vom F: 264°.

B. s. unter a).

Gelbliche Kristalle (aus Eg.); F: 264°.

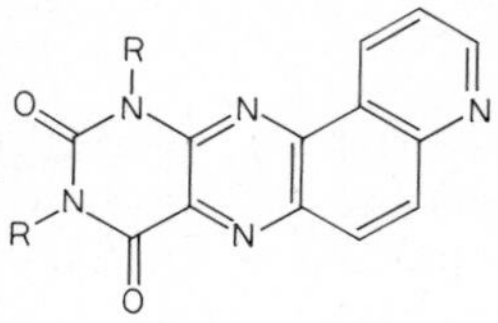

VII 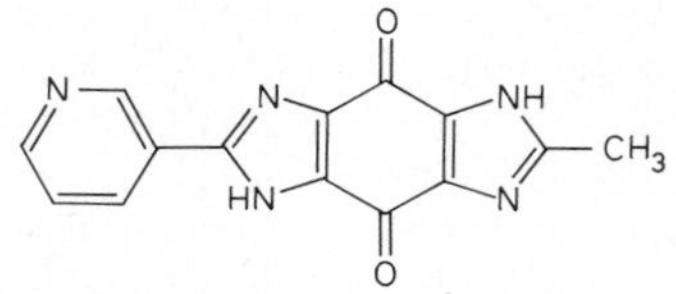 VIII 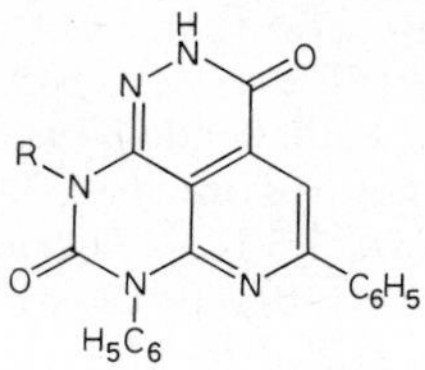 IX

2-Methyl-6-[3]pyridyl-1*H*,5*H*-benzo[1,2-*d*;4,5-*d'*]diimidazol-4,8-dion $C_{14}H_9N_5O_2$, Formel VIII und Taut.

B. Aus 2-Methyl-6-[3]pyridyl-1,5-dihydro-benzo[1,2-*d*;4,5-*d'*]diimidazol mit Hilfe von CrO_3 und wss. H_2SO_4 (*Ėfroš,* Ž. obšč. Chim. **22** [1952] 1015, 1021; engl. Ausg. S. 1069, 1073).

Roter Feststoff.

5,7-Diphenyl-2,9-dihydro-7*H*-1,2,6,7,9-pentaaza-phenalen-3,8-dion $C_{20}H_{13}N_5O_2$, Formel IX (R = H).

B. Beim Erhitzen von 2,4-Dioxo-1,7-diphenyl-1,2,3,4-tetrahydro-pyrido[2,3-*d*]pyrimidin-5-carbonsäure-äthylester mit $N_2H_4 \cdot H_2O$ (*Ridi,* Ann. Chimica **49** [1959] 944, 954).

Acetyl-Derivat $C_{22}H_{15}N_5O_3$; 2-Acetyl-5,7-diphenyl-2,9-dihydro-7*H*-1,2,6,7,9-pentaaza-phenalen-3,8-dion. Kristalle (aus Acetanhydrid).

9-Methyl-5,7-diphenyl-2,9-dihydro-7*H*-1,2,6,7,9-pentaaza-phenalen-3,8-dion $C_{21}H_{15}N_5O_2$, Formel IX (R = CH_3).

B. Analog der vorangehenden Verbindung (*Ridi,* Ann. Chimica **49** [1959] 944, 952).

Methyl-Derivat $C_{22}H_{17}N_5O_2$; 2,9-Dimethyl-5,7-diphenyl-2,9-dihydro-7*H*-1,2,6,7,9-pentaaza-phenalen-3,8-dion. F: 300° (*Ridi,* l. c. S. 957).

Acetyl-Derivat $C_{23}H_{17}N_5O_3$; 2-Acetyl-9-methyl-5,7-diphenyl-2,9-dihydro-7*H*-1,2,6,7,9-pentaaza-phenalen-3,8-dion. Kristalle [aus Acetanhydrid] (*Ridi,* l. c. S. 954).

---

[2]Chinolyl-bis-[1,5-dimethyl-3-oxo-2-phenyl-2,3-dihydro-1*H*-pyrazol-4-yl]-methan, 1,5,1',5'-Tetramethyl-2,2'-diphenyl-1,2,1',2'-tetrahydro-4,4'-[2]chinolylmethandiyl-bis-pyrazol-3-on $C_{32}H_{29}N_5O_2$, Formel X.

B. Beim Erwärmen von Chinolin-2-carbaldehyd mit 1,5-Dimethyl-2-phenyl-1,2-dihydro-pyrazol-3-on und konz. H_2SO_4 (*Klosa,* Ar. **289** [1956] 65, 70).

Kristalle (aus wss. A.); F: 173–175°. $CHCl_3$ enthaltende Kristalle (aus $CHCl_3$+PAe.); F: 137–139° [Zers. ab 125°].

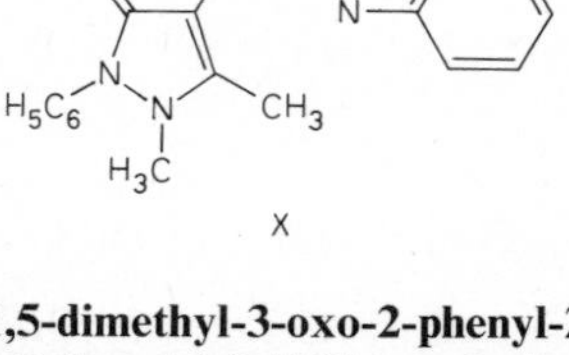

X 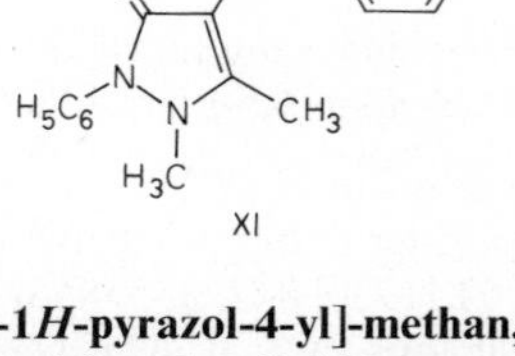 XI

[4]Chinolyl-bis-[1,5-dimethyl-3-oxo-2-phenyl-2,3-dihydro-1*H*-pyrazol-4-yl]-methan, 1,5,1',5'-Tetramethyl-2,2'-diphenyl-1,2,1',2'-tetrahydro-4,4'-[4]chinolylmethandiyl-bis-pyrazol-3-on $C_{32}H_{29}N_5O_2$, Formel XI.

B. Analog der vorangehenden Verbindung (*Klosa,* Ar. **289** [1956] 65, 70).

Kristalle (aus wss. A.); F: 251–253° [Zers.; ab 220° Dunkelfärbung]. $CHCl_3$ enthaltende Kristalle (aus $CHCl_3$+PAe.); F: 123–125° [nach Sintern bei 115°].

Dioxo-Verbindungen $C_nH_{2n-27}N_5O_2$

9-Phenyl-6*H*,10*H*-isochino[4,3-*g*]pteridin-5,11-dion $C_{19}H_{11}N_5O_2$, Formel XII und Taut.

B. Beim Erwärmen von 6-Amino-5-nitroso-2-phenyl-3*H*-pyrimidin-4-on mit 2-Cyanmethyl-benzoesäure-methylester und äthanol. Natriumäthylat (*Osdene, Timmis,* Soc. **1955** 2214, 2218).

Gelbliche Kristalle (aus Eg.) mit 1 Mol Essigsäure; F: >300°.

XII XIII

***Opt.-inakt. 2,5-Bis-[3-oxo-6-phenyl-2,3,4,5-tetrahydro-pyridazin-4-yl]-pyrrol, 6,6′-Diphenyl-4,5,4′,5′-tetrahydro-2*H*,2′*H*-4,4′-pyrrol-2,5-diyl-bis-pyridazin-3-on** $C_{24}H_{21}N_5O_2$, Formel XIII.

B. Beim Erhitzen von opt.-inakt. 2,5-Bis-[1-carboxy-3-oxo-3-phenyl-propyl]-pyrrol (E III/IV **22** 3326) mit $N_2H_4 \cdot H_2O$ (*Buchta, Schamberger,* B. **92** [1959] 1363, 1365).

Kristalle (aus Py.+A.); F: >360°.

C. Trioxo-Verbindungen

6-[1,5-Dimethyl-3-oxo-2-phenyl-2,3-dihydro-1*H*-pyrazol-4-yl]-3-thioxo-3,4-dihydro-2*H*-[1,2,4]triazin-5-on $C_{14}H_{13}N_5O_2S$, Formel I und Taut.

B. Beim Behandeln von [1,5-Dimethyl-3-oxo-2-phenyl-2,3-dihydro-1*H*-pyrazol-4-yl]-thiosemicarbazono-essigsäure mit wss. NaOH (*Schmidt,* Ar. **289** [1956] 150, 155).

Gelbe Kristalle (aus Py.+A.); F: 288–289°.

(±)-1′,4′-Dihydro-spiro[imidazolidin-4,2′-pyrido[2,3-*b*]pyrazin]-2,5,3′-trion $C_9H_7N_5O_3$, Formel II (R = H).

Diese Konstitution kommt einer von *Rudy, Majer* (B. **71** [1938] 1323, 1324, 1332) als [3-Oxo-3,4-dihydro-pyrido[2,3-*b*]pyrazin-2-carbonyl]-harnstoff angesehenen Verbindung zu (*Clark-Lewis, Thompson,* Soc. **1957** 430, 434).

B. Beim Erhitzen von Pyridin-2,3-diyldiamin mit Alloxan (E III/IV **24** 2137) unter Zusatz von wss. HCl (*Rudy, Ma.*). Beim Erhitzen von [3-Oxo-3,4-dihydro-pyrido[2,3-*b*]pyrazin-2-carbonyl]-harnstoff (S. 1015) mit wss. KOH (*Cl.-Le., Th.*) oder wss. NaOH (*Rudy, Ma.*).

Kristalle; F: 306° [Zers.; bei raschem Erhitzen; aus Me., Eg. oder Py.] (*Rudy, Ma.*), 280° [Zers.; aus Me.] (*Cl.-Le., Th.*).

(±)-4′-Methyl-1′,4′-dihydro-spiro[imidazolidin-4,2′-pyrido[2,3-*b*]pyrazin]-2,5,3′-trion $C_{10}H_9N_5O_3$, Formel II (R = CH_3).

Diese Konstitution kommt einer von *Rudy, Majer* (B. **71** [1938] 1323, 1330) als [4-Methyl-3-oxo-3,4-dihydro-pyrido[2,3-*b*]pyrazin-2-carbonyl]-harnstoff angesehenen Verbindung zu (*Clark-Lewis, Thompson,* Soc. **1957** 430, 434).

B. Analog der vorangehenden Verbindung (*Rudy, Ma.*; *Cl.-Le., Th.*).

Kristalle; F: 240° [Zers.] (*Cl.-Le., Th.*), 239° [Zers.; aus Eg. oder wss. Py.] (*Rudy, Ma.*).

λ_{max} (A.): 312 nm (*Cl.-Le., Th.*).

Acetyl-Derivat $C_{12}H_{11}N_5O_4$; (±)-1'-Acetyl-4'-methyl-1',4'-dihydro-spiro[imid=azolidin-4,2'-pyrido[2,3-*b*]pyrazin]-2,5,3'-trion. Kristalle (aus wss. A.) mit 1 Mol H_2O; F: 263–264° [Zers.] (*Cl.-Le., Th.*).

(±)-1,4'-Dimethyl-1',4'-dihydro-spiro[imidazolidin-4,2'-pyrido[2,3-*b*]pyrazin]-2,5,3'-trion $C_{11}H_{11}N_5O_3$, Formel III (R = H).

B. Aus der vorangehenden Verbindung oder aus [4-Methyl-3-oxo-3,4-dihydro-pyrido[2,3-*b*]=pyrazin-2-carbonyl]-harnstoff und Diazomethan (*Clark-Lewis, Thompson,* Soc. **1957** 430, 437, 438).

Kristalle (aus H_2O); F: 254–255°. λ_{max} (A.): 310–311 nm.

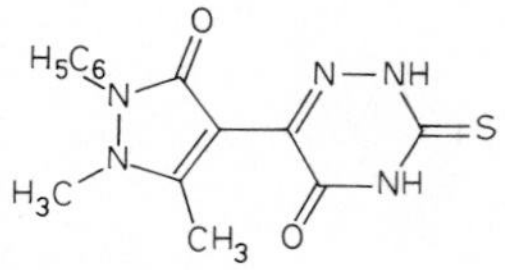

I 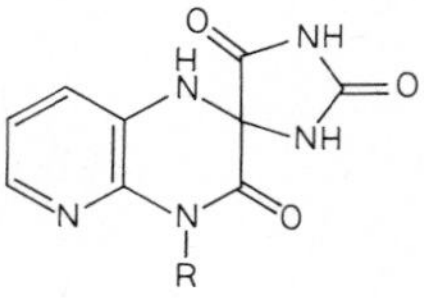 II 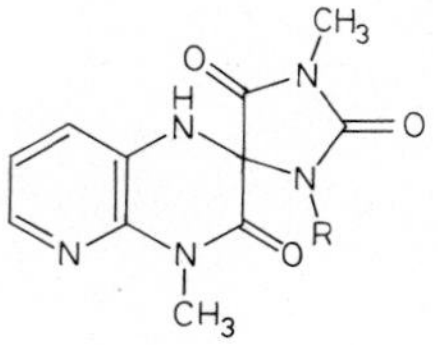 III

(±)-1,3,4'-Trimethyl-1',4'-dihydro-spiro[imidazolidin-4,2'-pyrido[2,3-*b*]pyrazin]-2,5,3'-trion $C_{12}H_{13}N_5O_3$, Formel III (R = CH_3).

B. Aus (±)-4'-Methyl-1',4'-dihydro-spiro[imidazolidin-4,2'-pyrido[2,3-*b*]pyrazin]-2,5,3'-trion oder aus der vorangehenden Verbindung und Diazomethan (*Clark-Lewis, Thompson,* Soc. **1957** 430, 438).

Kristalle (aus Bzl.); F: 174–175°.

Nitroso-Derivat $C_{12}H_{12}N_6O_4$; (±)-1,3,4'-Trimethyl-1'-nitroso-1',4'-dihydro-spiro[imidazolidin-4,2'-pyrido[2,3-*b*]pyrazin]-2,5,3'-trion. Orangefarbene Kristalle (aus wss. Me.); Zers. bei 155–220°.

(±)-4'-Propyl-1',4'-dihydro-spiro[imidazolidin-4,2'-pyrido[2,3-*b*]pyrazin]-2,5,3'-trion $C_{12}H_{13}N_5O_3$, Formel II (R = CH_2-C_2H_5).

Diese Konstitution kommt einer von *Rudy, Majer* (B. **71** [1938] 1323, 1329) als [3-Oxo-4-propyl-3,4-dihydro-pyrido[2,3-*b*]pyrazin-2-carbonyl]-harnstoff angesehenen Verbindung zu (*Clark-Lewis, Thompson,* Soc. **1957** 430, 432).

B. Aus Alloxan (E III/IV **24** 2137) und N^2-Propyl-pyridin-2,3-diyldiamin in H_2O (*Rudy, Ma.*).

Kristalle (aus wss. Py.); F: 243° [Zers.; bei raschem Erhitzen; im auf 200° vorgeheizten App.] (*Rudy, Ma.*).

(±)-4'-Phenyl-1',4'-dihydro-spiro[imidazolidin-4,2'-pyrido[2,3-*b*]pyrazin]-2,5,3'-trion $C_{15}H_{11}N_5O_3$, Formel II (R = C_6H_5).

Diese Konstitution kommt einer von *Rudy, Majer* (B. **72** [1939] 940, 943) als [3-Oxo-4-phenyl-3,4-dihydro-pyrido[2,3-*b*]pyrazin-2-carbonyl]-harnstoff angesehenen Verbindung zu (*Clark-Le=wis, Thompson,* Soc. **1957** 430, 432).

B. Aus [3-Oxo-4-phenyl-3,4-dihydro-pyrido[2,3-*b*]pyrazin-2-carbonyl]-harnstoff (S. 1016) beim Erhitzen mit wss. $NaHCO_3$ oder mit wss. Pyridin sowie beim Erwärmen mit konz. H_2SO_4 und Essigsäure (*Rudy, Ma.*).

Kristalle (aus Py. oder wss. Eg.); F: 252° [Zers.; im auf 220° vorgeheizten App.] (*Rudy, Ma.*).

(±)-1'-Methyl-1',4'-dihydro-spiro[imidazolidin-4,3'-pyrido[2,3-*b*]pyrazin]-2,5,2'-trion $C_{10}H_9N_5O_3$, Formel IV (R = R' = H).

B. Beim Erhitzen von [1-Methyl-2-oxo-1,2-dihydro-pyrido[2,3-*b*]pyrazin-3-carbonyl]-harn=stoff mit wss. KOH (*Clark-Lewis, Thompson,* Soc. **1957** 430, 434).

Kristalle; F: 284–287° [Zers.]. λ_{max} (A.): 308 nm.

Diacetyl-Derivat $C_{14}H_{13}N_5O_5$; (±)-3,4'-Diacetyl-1'-methyl-1',4'-dihydro-spiro[imidazolidin-4,3'-pyrido[2,3-*b*]pyrazin]-2,5,2'-trion. Kristalle (aus A.); F: 204° und (nach Wiedererstarren) F: 268° [Zers.].

(±)-1,1'-Dimethyl-1',4'-dihydro-spiro[imidazolidin-4,3'-pyrido[2,3-*b*]pyrazin]-2,5,2'-trion $C_{11}H_{11}N_5O_3$, Formel IV (R = H, R' = CH_3).

B. Aus der vorangehenden Verbindung und Diazomethan (*Clark-Lewis, Thompson,* Soc. **1957** 430, 438).

Kristalle (aus wss. Me.); F: 287°.

(±)-1,3,1'-Trimethyl-1',4'-dihydro-spiro[imidazolidin-4,3'-pyrido[2,3-*b*]pyrazin]-2,5,2'-trion $C_{12}H_{13}N_5O_3$, Formel IV (R = R' = CH_3).

B. Aus (±)-1'-Methyl-1',4'-dihydro-spiro[imidazolidin-4,3'-pyrido[2,3-*b*]pyrazin]-2,5,2'-trion und Diazomethan (*Clark-Lewis, Thompson,* Soc. **1957** 430, 438).

Kristalle (aus Bzl. oder H_2O); F: 218–219°. λ_{max} (A.): 307 nm.

D. Tetraoxo-Verbindungen

IV V VI

1*H*,9*H*-Pyrido[2,3-*d*;6,5-*d'*]dipyrimidin-2,4,6,8-tetraon $C_9H_5N_5O_4$, Formel V (R = H).

Diese Konstitution kommt einer von *Bredereck, Edenhofer* (B. **88** [1955] 1306, 1310) als *N*-[2,6-Dioxo-1,2,3,6-tetrahydro-pyrimidin-4-yl]-formamid angesehenen Verbindung zu (*Bredereck et al.,* Ang. Ch. **71** [1959] 753, 757; B. **95** [1962] 2049, 2051, 2053).

B. Aus 6-Amino-1*H*-pyrimidin-2,4-dion beim Erhitzen mit Formamid und Ameisensäure (*Br., Ed.*) oder mit Orthoameisensäure-triäthylester in Essigsäure (*Br. et al.,* B. **95** 2056). Aus dem Ammonium-Salz der 6-Amino-2,4-dioxo-1,2,3,4-tetrahydro-pyrimidin-5-sulfonsäure (E III/IV **25** 4528) beim Erhitzen mit Formamid (*Br., Ed.*).

Gelbliches Pulver (*Br., Ed.*); bis 350° nicht schmelzend (*Br. et al.,* B. **95** 2056).

1,3,7,9-Tetramethyl-1*H*,9*H*-pyrido[2,3-*d*;6,5-*d'*]dipyrimidin-2,4,6,8-tetraon $C_{13}H_{13}N_5O_4$, Formel V (R = CH_3).

Diese Konstitution kommt einer von *Bredereck, Edenhofer* (B. **88** [1955] 1306, 1310) als *N*-[1,3-Dimethyl-2,6-dioxo-1,2,3,6-tetrahydro-pyrimidin-4-yl]-formamid angesehenen Verbindung zu (*Bredereck et al.,* Ang. Ch. **71** [1959] 753, 757; B. **95** [1962] 2049, 2051, 2053).

B. Aus der vorangehenden Verbindung und Dimethylsulfat (*Br., Ed.*).

Kristalle; F: 328–330° (*Br., Ed.*), 319–321° [aus DMF] (*Br. et al.,* B. **95** 2056).

***Opt.-inakt. 2,6-Bis-[2,5-dioxo-4-phenyl-imidazolidin-4-ylmethyl]-pyridin, 5,5'-Diphenyl-5,5'-pyridin-2,6-diyldimethyl-bis-imidazolidin-2,4-dion** $C_{25}H_{21}N_5O_4$, Formel VI (R = H).

B. Beim Erwärmen von 2,6-Diphenacyl-pyridin mit KCN und $[NH_4]_2CO_3$ in wss. Äthanol (*Komeno,* J. pharm. Soc. Japan **71** [1951] 646; C. A. **1952** 8118).

Kristalle (aus Me.) mit 1 Mol H_2O; Zers. bei 280–281°.

***Opt.-inakt. 2,6-Bis-[1-methyl-2,5-dioxo-4-phenyl-imidazolidin-4-ylmethyl]-pyridin, 3,3'-Dimethyl-5,5'-diphenyl-5,5'-pyridin-2,6-diyldimethyl-bis-imidazolidin-2,4-dion** $C_{27}H_{25}N_5O_4$, Formel VI (R = CH_3).

B. Aus der vorangehenden Verbindung und Dimethylsulfat (*Komeno,* J. pharm. Soc. Japan **71** [1951] 646; C. A. **1952** 8118).

Kristalle (aus A.); F: 213–215°.

E. Pentaoxo-Verbindungen

3,9-Diisobutyl-1,4,7,10,13-pentaaza-cyclopentadecan-2,5,8,11,14-pentaon $C_{18}H_{31}N_5O_5$.

a) **Cyclo-[glycyl→glycyl→L-leucyl→glycyl→L-leucyl],** Formel VII.

B. Analog dem folgenden Stereoisomeren (*Kenner et al.,* Soc. **1958** 4148, 4151).

Kristalle (aus A.); Zers. bei 290–300°. $[\alpha]_D^{20}$: –8,7° [Trifluoressigsäure; c = 3]. IR-Banden (Nujol, Hexachlor-buta-1,3-dien sowie KBr; 3300–800 cm^{-1}): *Ke. et al.*

b) **Cyclo-[glycyl→glycyl→L-leucyl→glycyl→D-leucyl],** Formel VIII.

B. Aus *N*-Benzyloxycarbonyl-glycyl→L-leucyl→glycyl→D-leucyl→thioglycin-*S*-[4-nitrophenylester] (E IV **6** 2310) beim Behandeln mit HBr in Essigsäure und anschliessend mit $MgCO_3$ in H_2O (*Kenner et al.,* Soc. **1958** 4148, 4151).

Zers. bei 300–310°. IR-Banden (Nujol sowie Hexachlor-buta-1,3-dien; 3300–750 cm^{-1}): *Ke. et al.*

Gly—Gly—Leu—Gly—Leu (cyclisch)

VII

Gly—Gly—Leu—Gly—D—Leu (cyclisch)

VIII

CO—NH—$[CH_2]_5$—CO—NH—$[CH_2]_5$—CO
$[CH_2]_5$
NH—CO—$[CH_2]_5$—NH—CO—$[CH_2]_5$—NH (cyclisch)

IX

1,8,15,22,29-Pentaaza-cyclopentatriacontan-2,9,16,23,30-pentaon, Cyclo-[pentakis-*N*-(6-aminohexanoyl)], Cyclo-*lin*(*N*→6)-pentakis-hexanamid $C_{30}H_{55}N_5O_5$, Formel IX.

B. Aus [5]6-Benzyloxycarbonylamino-*lin*-tetrakis[1→6]hexanoylamino-hexansäure-hydrazid (E IV **6** 2360) bei aufeinanderfolgendem Behandeln mit HBr in Essigsäure, mit $NaNO_2$ und wss. HCl und mit wss. $NaHCO_3$ (*Zahn, Determann,* B. **90** [1957] 2176, 2182). Aus [5]6-Benzyloxycarbonylamino-*lin*-tetrakis[1→6]hexanoylamino-hexanthiosäure-*S*-phenylester (E IV **6** 2360) beim Behandeln mit HBr in Essigsäure und anschliessenden Erhitzen mit Triäthylamin in DMF (*Rothe, Kunitz,* A. **609** [1957] 88, 102).

Kristalle (aus H_2O); F: 254° [korr.] (*Ro., Ku.*), 253° (*Zahn, De.*). Netzebenenabstände: *Ro., Ku.*; *Zahn, De.* IR-Banden (KBr; 3300–1550 cm^{-1}): *Zahn, De.,* l. c. S. 2179.

F. Heptaoxo-Verbindungen

3,3-Bis-[2,4,6-trioxo-hexahydro-pyrimidin-5-yl]-indolin-2-on, 5,5'-[2-Oxo-indolin-3,3-diyl]-dibarbitursäure $C_{16}H_{11}N_5O_7$, Formel X (R = H).

B. Beim Erhitzen von Isatin mit Barbitursäure und wss. HCl (*King et al.,* Soc. **1948** 552, 553).

Kristalle mit 1 Mol H_2O; F: 270° [Zers.].

Beim Erhitzen mit konz. wss. HCl ist 2,4-Dioxo-1,2,3,4-tetrahydro-pyrimido[4,5-*b*]chinolin-5-carbonsäure erhalten worden.

1-Methyl-3,3-bis-[2,4,6-trioxo-hexahydro-pyrimidin-5-yl]-indolin-2-on, 5,5'-[1-Methyl-2-oxo-indolin-3,3'-diyl]-di-barbitursäure $C_{17}H_{13}N_5O_7$, Formel X (R = CH_3).

B. Analog der vorangehenden Verbindung (*King et al.*, Soc. **1948** 552, 555).

Kristalle; F: 250° [Zers.].

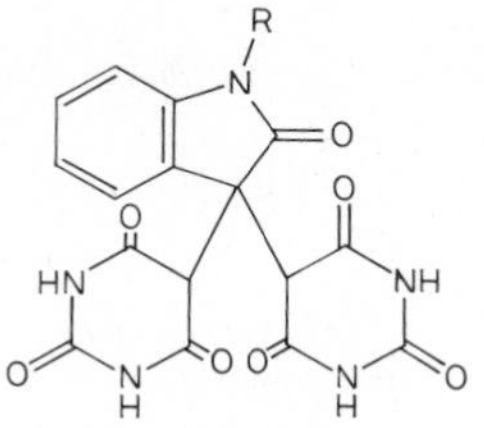

X 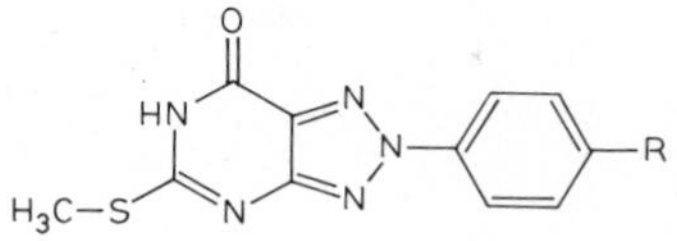 XI

G. Hydroxy-oxo-Verbindungen

5-Methylmercapto-2-phenyl-2,6-dihydro-[1,2,3]triazolo[4,5-*d*]pyrimidin-7-on $C_{11}H_9N_5OS$, Formel XI (R = H) und Taut.

B. Beim Erhitzen von 6-Amino-2-methylmercapto-pyrimidin-4,5-dion-5-phenylhydrazon mit $CuSO_4$ und Pyridin in H_2O (*Hartzel, Benson,* Am. Soc. **76** [1954] 2263).

Kristalle (aus Dioxan); Zers. >300°.

4-[5-Methylmercapto-7-oxo-6,7-dihydro-[1,2,3]triazolo[4,5-*d*]pyrimidin-2-yl]-benzoesäure $C_{12}H_9N_5O_3S$, Formel XI (R = CO-OH) und Taut.

B. Analog der vorangehenden Verbindung (*Hartzel, Benson,* Am. Soc. **76** [1954] 2263).

Zers. >300°.

5-Methylmercapto-1(?)-β-D-ribofuranosyl-1(?),6-dihydro-[1,2,3]triazolo[4,5-*d*]pyrimidin-7-on $C_{10}H_{13}N_5O_5S$, vermutlich Formel XII und Taut.

B. Beim Behandeln von (1*R*)-1-[7-Amino-5-methylmercapto-[1,2,3]triazolo[4,5-*d*]pyrimidin-1(?)-yl]-D-1,4-anhydro-ribit (S. 4170) mit $NaNO_2$ und wss. Essigsäure (*Davoll,* Soc. **1958** 1593, 1599).

Kristalle (aus H_2O); F: 214–215°. λ_{max} in wss. HCl [0,05 n], in wss. Lösung vom pH 6,8 und in wss. NaOH [0,05 n] (210–300 nm): *Da.,* l. c. S. 1595.

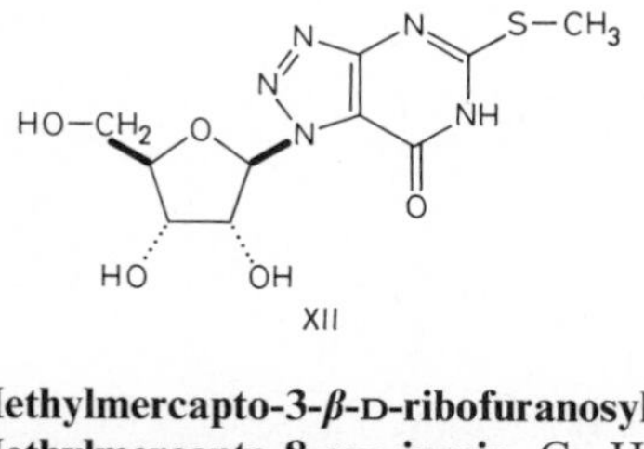

XII 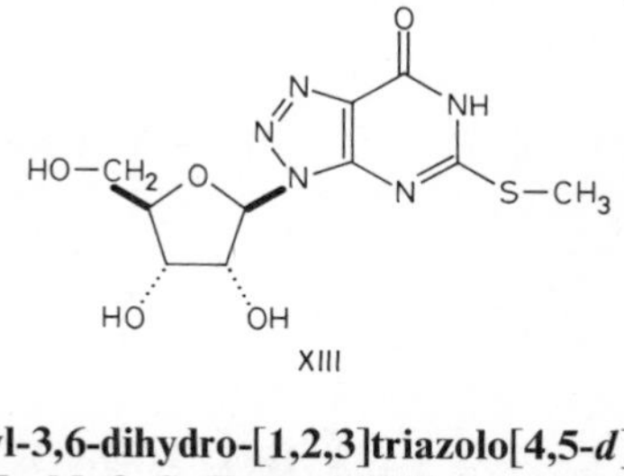 XIII 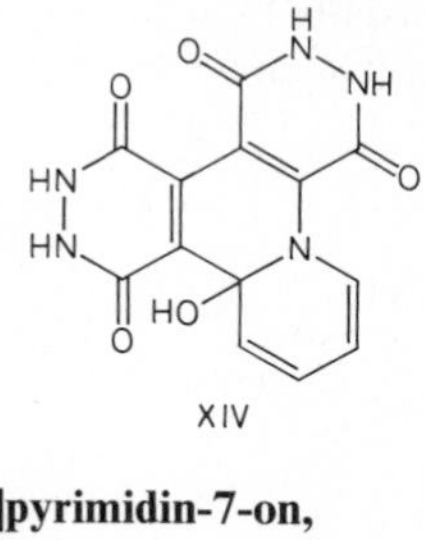 XIV

5-Methylmercapto-3-β-D-ribofuranosyl-3,6-dihydro-[1,2,3]triazolo[4,5-*d*]pyrimidin-7-on, 2-Methylmercapto-8-aza-inosin $C_{10}H_{13}N_5O_5S$, Formel XIII und Taut.

B. Beim Behandeln von 2-Methylmercapto-8-aza-adenosin (S. 4171) mit $NaNO_2$ und wss. HNO_3 (*Davoll,* Soc. **1958** 1593, 1598).

Kristalle (aus H_2O); F: 181–183° [nach Sintern ab 178°]. λ_{max} in wss. HCl [0,05 n], in wss. Lösung vom pH 6,8 und in wss. NaOH [0,05 n] (230–290 nm): *Da.,* l. c. S. 1595.

(±)-9a-Hydroxy-2,3,11,12-tetrahydro-9a*H*-dipyridazino[4,5-*a*;4',5'-*c*]chinolizin-1,4,10,13-tetraon $C_{13}H_9N_5O_5$, Formel XIV.

Die Identität einer von *Diels, Alder* (A. **505** [1933] 103, 114, 139) unter dieser Konstitution beschriebenen Verbindung ist ungewiss (s. diesbezüglich *Acheson, Taylor,* Soc. **1960** 1691, 1693).

Cyclo-[(*S*)-2-amino-butyryl→L-seryl→(*R*)-3-amino-3-phenyl-propionyl→L-seryl→(3*S*)-3*r*,4*c*-dichlor-L-prolyl], Cyclochlorotin $C_{24}H_{31}Cl_2N_5O_7$, Formel XV.

Konstitution und Konfiguration: *Sato, Tatsuno,* Chem. pharm. Bl. **16** [1968] 2182, 2187; *Yoshioka et al.,* Chem. Letters **1973** 1319.

Isolierung aus der Kulturflüssigkeit von Penicillium islandicum: *Tatsuno et al.,* Pharm. Bl. **3** [1955] 476.

Kristalle (aus Me. + E.); F: 255° (*Ta. et al.*). IR-Spektrum (2 – 15 µ): *Ta. et al.*

┌Abu—Ser—ßAla(3—Ph)—Ser—Pro(3c,4c—Cl₂)┐

XV

Cyclo-[(*S*)-2-amino-butyryl→(*R*)-3-amino-3-phenyl-propionyl→(3*S*?)-3*r*,4*c*(?)-dichlor-L-prolyl→L-seryl→L-seryl], Islanditoxin $C_{24}H_{31}Cl_2N_5O_7$, vermutlich Formel XVI.

Konstitution und Konfiguration: *Marumo,* Bl. agric. chem. Soc. Japan **23** [1959] 428, 432; *Sato, Tatsuno,* Chem. pharm. Bl. **16** [1968] 2182, 2184.

Isolierung aus der Kulturflüssigkeit von Penicillium islandicum: *Marumo,* Bl. agric. chem. Soc. Japan **19** [1955] 258, 260.

Kristalle (aus Acn.), F: 258°; Kristalle (aus H_2O) mit 1 Mol H_2O, F: 254°; Kristalle (aus Me.) mit 1 Mol Methanol, F: 250 – 251° (*Ma.,* Bl. agric. chem. Soc. Japan **23** 428). $[\alpha]_D^{21}$: – 47,7° [Eg.; c = 2] [methanolhaltiges Präparat] (*Ma.,* Bl. agric. chem. Soc. Japan **19** 259). IR-Spektrum (Nujol; 1 – 15 µ): *Ma.,* Bl. agric. chem. Soc. Japan **19** 260, **23** 429. UV-Spektrum in wss. Lösung vom pH 7 und in wss. HCl (230 – 300 nm): *Ma.,* Bl. agric. chem. Soc. Japan **19** 260; s. a. *Ma.,* Bl. agric. chem. Soc. Japan **23** 431.

┌Abu—ßAla(3—Ph)—Pro(3c(?),4c(?)—Cl₂)—Ser—Ser┐

XVI

Cyclo-[(*S*)-2-amino-butyryl→(*R*)-3-amino-3-phenyl-propionyl→pyrrol-2-carbonyl→L-seryl→L-seryl], Dihydrochlor-islanditoxin $C_{24}H_{29}N_5O_7$, Formel XVII.

B. Neben Dehydrochlor-islanditoxinsäure (E III/IV **22** 229) beim Behandeln von Islanditoxin (s. o.) mit wss. NaOH in Methanol und Aceton (*Marumo,* Bl. agric. chem. Soc. Japan **23** [1959] 428, 434).

Kristalle (aus Me.) mit 1 Mol Methanol. IR-Spektrum (Nujol?; 2 – 15 µ): *Ma.,* l. c. S. 435. λ_{max}: 268 nm.

┌Abu—ßAla(3—Ph)—pyrrol—2—carbonyl—Ser—Ser┐

XVII

IV. Carbonsäuren

A. Monocarbonsäuren

6-Methyl-1*H*-pyrazolo[1,5-*d*]tetrazol-7-carbonsäure-äthylester $C_7H_9N_5O_2$, Formel I.

Eine von *Beyer et al.* (B. **89** [1956] 2550, 2554) unter dieser Konstitution beschriebene Verbindung ist als 3-Azido-5-methyl-1(2)*H*-pyrazol-4-carbonsäure-äthylester (E III/IV **25** 730) zu formulieren (*Reynolds et al.,* J. org. Chem. **24** [1959] 1205, 1207).

5-Methyl-tetrazolo[1,5-*a*]pyrimidin-7-carbonsäure $C_6H_5N_5O_2$, Formel II.

B. Beim Erhitzen von 2,4-Dioxo-valeriansäure mit 1*H*-Tetrazol-5-ylamin und wss. HCl (*Ettel, Nosek,* Collect. **15** [1950] 335, 336).

Kristalle (aus H_2O) mit 1 Mol H_2O; F: 173–174°.

Diäthylamid $C_{10}H_{14}N_6O$. Kristalle (aus H_2O); F: 126–127°.

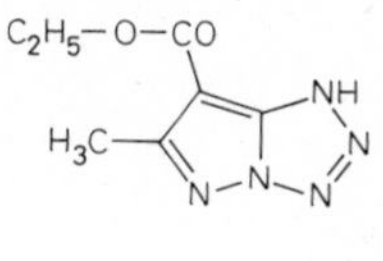

I 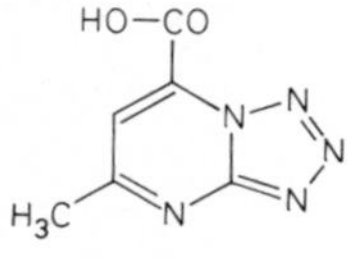 II 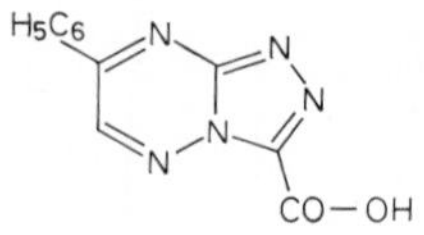 III 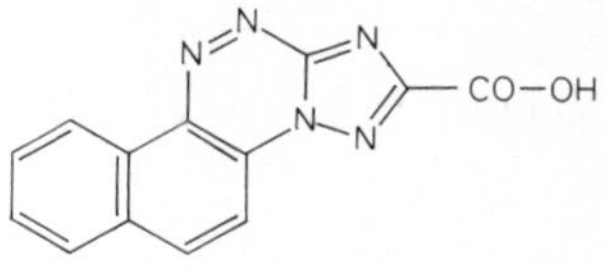 IV

7-Phenyl-[1,2,4]triazolo[4,3-*b*][1,2,4]triazin-3-carbonsäure $C_{11}H_7N_5O_2$, Formel III.

B. Aus [7-Phenyl-[1,2,4]triazolo[4,3-*b*][1,2,4]triazin-3-yl]-methanol mit Hilfe von $KMnO_4$ (*Fusco, Rossi,* Rend. Ist. lomb. **88** [1955] 173, 181).

Kristalle; F: 230°.

Naphtho[2,1-*e*][1,2,4]triazolo[5,1-*c*][1,2,4]triazin-2-carbonsäure $C_{13}H_7N_5O_2$, Formel IV.

B. Aus 5-Amino-1*H*-[1,2,4]triazol-3-carbonsäure bei aufeinanderfolgendem Umsetzen mit $NaNO_2$, mit [2]Naphthylamin und mit wss. HCl (*Gen. Aniline & Film Corp.,* U.S.P. 2515728 [1948]).

Hellgelbe Kristalle (aus Dioxan).

2-[3,5-Dimethyl-1,7-diphenyl-1,7-dihydro-dipyrazolo[3,4-*b*;4′,3′-*e*]pyridin-4-yl]-benzoesäure (?) $C_{28}H_{21}N_5O_2$, vermutlich Formel V.

B. Aus 2-[(5-Amino-3-methyl-1-phenyl-1*H*-pyrazol-4-yl)-(3-methyl-5-oxo-1-phenyl-1,5-dihydro-pyrazol-4-yliden)-methyl]-benzoesäure (?; s. E III/IV **25** 2034 im Artikel 5-Methyl-2-phenyl-2*H*-pyrazol-3-ylamin) beim Erwärmen mit äthanol. KOH oder mit wss. NaOH (*Rohde,* J. pr. [2] **143** [1935] 325, 336).

Bläuliche Kristalle (aus A.); F: 277–278°.

Reaktion mit Acetanhydrid: *Ro.,* l. c. S. 328, 339.

Methylester $C_{29}H_{23}N_5O_2$. Bläuliche Kristalle (aus A.); F: 226,5° (*Ro.,* l. c. S. 338).

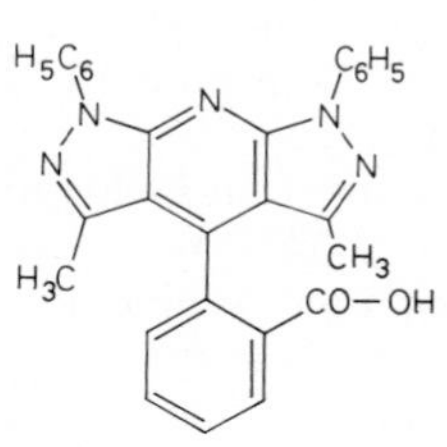

V 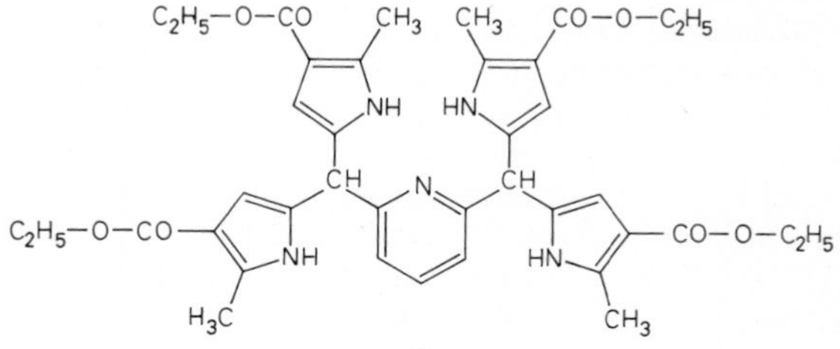 VI

B. Tetracarbonsäuren

2,6-Bis-[bis-(4-äthoxycarbonyl-5-methyl-pyrrol-2-yl)-methyl]-pyridin, 2,2′,2″,2‴-Tetramethyl-5,5′,5″,5‴-[pyridin-2,6-diyldimethandiyl]-tetrakis-pyrrol-3-carbonsäure-tetraäthylester $C_{39}H_{45}N_5O_8$, Formel VI.

B. Aus Pyridin-2,6-dicarbaldehyd und 2-Methyl-pyrrol-3-carbonsäure-äthylester unter Zusatz von wss.-äthanol. HBr (*Strell et al.,* B. **90** [1957] 1798, 1806).

Kristalle (aus A.); F: 202°.

Hydrobromid. F: 180°.

3,3′,3′′,3′′′-[3,7,13,17-Tetramethyl-5-aza-porphyrin-2,8,12,18-tetrayl]-tetra-propionsäure-tetramethylester (?), 10-Aza-koproporphyrin-II-tetramethylester (?) $C_{39}H_{45}N_5O_8$, vermutlich Formel VII und Taut. (in der Literatur als Monoimido-koproporphyrin-II-tetramethylester bezeichnet).

B. In geringer Menge neben anderen Verbindungen bei längerem Erhitzen von Bis-[5-brom-3-(2-carboxy-äthyl)-4-methyl-pyrrol-2-yl]-methinium-bromid (E III/IV **25** 1108) mit Pyridin und wss. NaOH auf 140° und anschliessenden Verestern (*Fischer, Friedrich,* A. **523** [1936] 154, 156, 162).

Rote Kristalle (aus Py. + Me.), die ab 240° sintern.

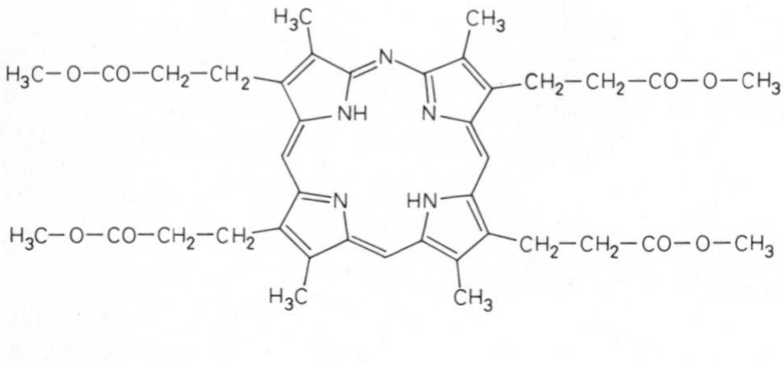

VII 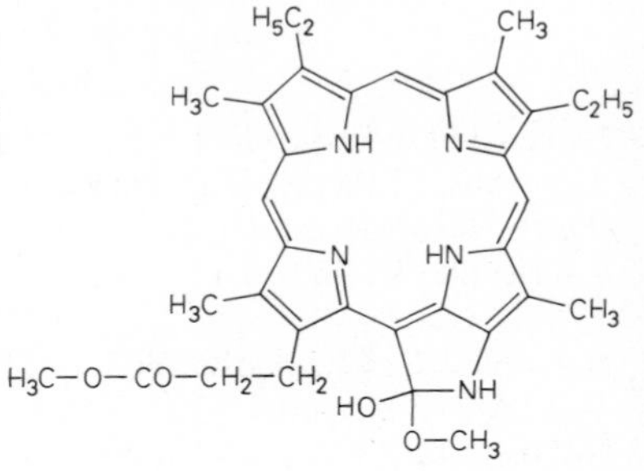 VIII

C. Oxocarbonsäuren

(±)-3-[7,12-Diäthyl-5′-hydroxy-5′-methoxy-3,8,13,17-tetramethyl-1′,5′-dihydro-pyrrolo[4,3,2-*ta*]porphyrin-18-yl]-propionsäure-methylester (?), (±)-13^2-Hydroxy-13^2-methoxy-13^1-desoxo-13^1-aza-phytoporphyrin-methylester(?) $C_{34}H_{39}N_5O_4$, vermutlich Formel VIII und Taut. (in der Literatur als 6-Amino-pyrroporphyrin-methylester-8-carbonsäure-lactam-hydrat-monomethylester(?) bezeichnet).

B. Aus Rhodoporphyrin-17-methylester (S. 3006) über mehrere Stufen (*Fischer, Stier,* in *A. Treibs,* Das Leben und Wirken von H. Fischer [München 1971] S. 568, 576, 577).

Kristalle (aus $CHCl_3$ + Me. oder Py. + Me.); F: 290° [unscharf]. λ_{max} (Py. + Ae.; 440 – 640 nm): *Fi., St.*

3-[7,12-Diäthyl-3,8,13,17-tetramethyl-6′-oxo-5′,6′-dihydro-1′*H*-pyrido[4,3,2-*ta*]porphyrin-18-yl]-propionsäure-methylester (?) $C_{34}H_{37}N_5O_3$, vermutlich Formel IX und Taut. (in der Literatur als Isochloroporphyrin-e_4-methylester-6-amino-lactam(?) bezeichnet).

B. Neben Isochloroporphyrin-e_4-dimethylester-6-methylurethan (S. 4050) aus Phäoporphyrin-a_5-dimethylester (13^2-Methoxycarbonyl-phytoporphyrin-methylester; S. 3235) bei aufeinanderfolgendem Umsetzen mit $N_2H_4 \cdot H_2O$, mit $NaNO_2$ und wss. HCl und mit Methanol (*Fischer, Stier,* in *A. Treibs,* Das Leben und Wirken von H. Fischer [München 1971] S. 568, 575).

Kristalle (aus Py. + Me.); F: 262°. λ_{max} (Py. + Ae.; 450 – 540 nm): *Fi., St.*

7,11-Dioxo-6,7,8,9-tetrahydro-11*H*-pyrimido[2,1-*b*]pteridin-2-carbonsäure $C_{10}H_7N_5O_4$, Formel X (R = H) und Taut.

B. Aus 2-Amino-4-oxo-3,4-dihydro-pteridin-6-carbonsäure und Acrylamid oder Acrylonitril (*Angier, Curran,* Am. Soc. **81** [1959] 5650, 5652).

Kristalle (aus wss. HCl). λ_{max} (Me., wss. HCl, wss. $Na_2B_4O_7$ sowie wss. NaOH; 240 – 360 nm): *An., Cu.*

6-[2-Carboxy-äthyl]-7,11-dioxo-6,7,8,9-tetrahydro-11*H*-pyrimido[2,1-*b*]pteridin-2-carbonsäure $C_{13}H_{11}N_5O_6$, Formel X (R = CH_2-CH_2-CO-OH).

B. Analog der vorangehenden Verbindung (*Angier, Curran,* Am. Soc. **81** [1959] 5650, 5654).

Kristalle (aus H_2O); F: 277 – 278° [korr.; Zers.]. λ_{max}: 249 nm, 292 nm und 330 nm [wss.

$Na_2B_4O_7$] bzw. 253 nm, 300 nm und 330 nm [wss. HCl].

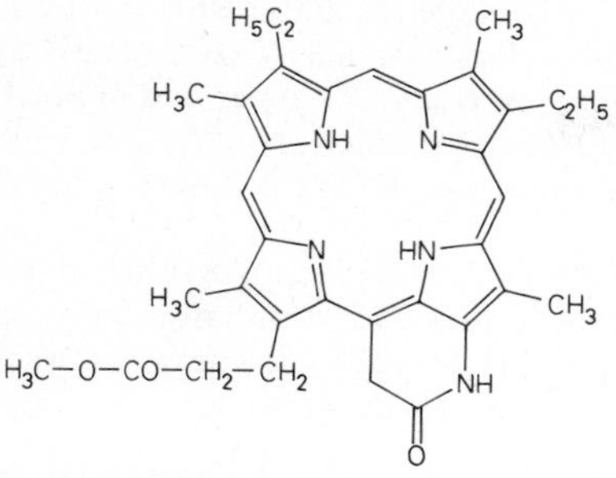

IX

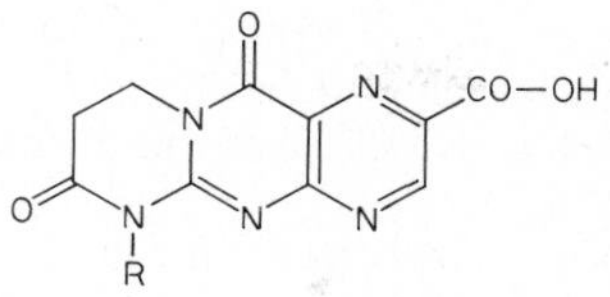

X

3-[(18*S*)-7,12-Diäthyl-3,8,13,17*t*-tetramethyl-2′,6′-dioxo-17,18,1′,6′-tetrahydro-2′*H*-pyrido[3,4,5-*at*]porphyrin-18*r*-yl]-propionsäure-methylester $C_{34}H_{37}N_5O_4$, Formel XI (R = C_2H_5, R′ = H) und Taut. (in der Literatur als Mesopurpurin-18-methylester-imid bezeichnet).

B. Aus Mesopurin-18-methylester (Syst.-Nr. 4699) beim Behandeln mit wss. NH_3 in Pyridin und anschliessend mit methanol. Natriummethylat in Äther (*Fischer, Gibian,* A. **550** [1942] 208, 246).

Kristalle (aus Ae.); F: 234° [Kapillare], 241° [Kofler-App.]. λ_{max} (Ae.; 435–705 nm): *Fi., Gi.*

3-[(18*S*)-7-Äthyl-3,8,13,17*t*-tetramethyl-2′,6′-dioxo-12-vinyl-17,18,1′,6′-tetrahydro-2′*H*-pyrido[3,4,5-*at*]porphyrin-18*r*-yl]-propionsäure-methylester $C_{34}H_{35}N_5O_4$, Formel XI (R = CH=CH_2, R′ = H) und Taut. (in der Literatur als Purpurin-18-methylester-imid bezeichnet).

B. Analog der vorangehenden Verbindung (*Fischer, Gibian,* A. **550** [1942] 208, 245).

Bis 270° nicht schmelzend. λ_{max} (Ae.; 435–725 nm): *Fi., Gi.*

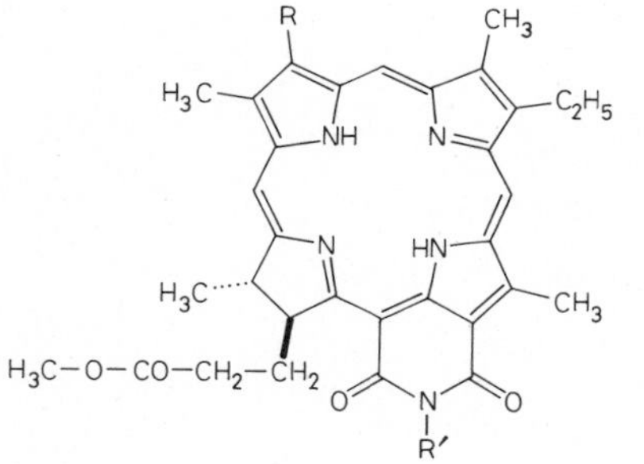

XI

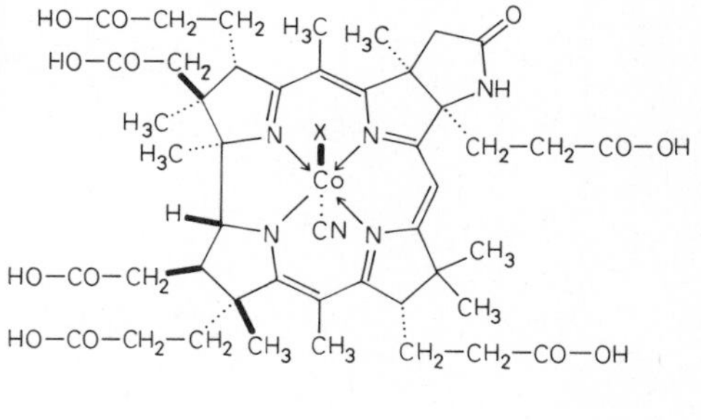

XII

3-[(18*S*)-7,1′-Diäthyl-3,8,13,17*t*-tetramethyl-2′,6′-dioxo-12-vinyl-17,18,1′,6′-tetrahydro-2′*H*-pyrido[3,4,5-*at*]porphyrin-18*r*-yl]-propionsäure-methylester $C_{36}H_{39}N_5O_4$, Formel XI (R = CH=CH_2, R′ = C_2H_5) und Taut. (in der Literatur als Purpurin-18-methylester-äthylimid bezeichnet).

B. Analog den vorangehenden Verbindungen (*Fischer, Gibian,* A. **550** [1942] 208, 245).

Kristalle (aus $CHCl_3$ + Me. oder Ae.), die bis 280° nicht schmelzen.

8-Amino-hydrogenobyrinsäure-*c*→8-lactam $C_{45}H_{59}N_5O_{13}$.

Kobalt(III)-Komplex $[C_{45}H_{58}CoN_5O_{13}]^{2+}$; 8-Amino-cobyrinsäure-*c*→8-lactam („Hexacarbonsäure aus Vitamin-B_{12}"). *B.* Aus Cyanocobalamin (Vitamin-B_{12}; S. 3117) beim Erhitzen mit wss. NaOH auf 150° (*Bonnett et al.,* Soc. **1957** 1148, 1154, 1156).

Cyano-chloro-kobalt(III)-Komplex $C_{46}H_{58}ClCoN_6O_{13}$; *Coα*-Cyano-*Coβ*-

chloro-8-amino-cobyrinsäure-*c*→8-lactam, Formel XII (X = Cl). Atomabstände und Bindungswinkel (Röntgen-Diagramm): *Hodgkin et al.*, Pr. roy. Soc. [A] **251** [1959] 306, 335, 336. – Rote Kristalle (aus wss. Acn. + Ae.) mit 1 Mol Aceton und 2 Mol H_2O (*Ho. et al.*; s. a. *Bo. et al.*, l. c. S. 1157). Orthorhombisch; Kristallstruktur-Analyse (Röntgen-Diagramm): *Ho. et al.* Dichte der Kristalle: 1,396 (*Ho. et al.*, l. c. S. 309). Die Kristalle sind doppelbrechend und sehr schwach pleochroitisch (*Ho. et al.*, l. c. S. 309). IR-Banden (Nujol; 2100–800 cm^{-1}): *Bo. et al.*, l. c. S. 1157. Absorptionsspektrum (H_2O sowie wss. KCN; 240–600 nm): *Bo. et al.*, l. c. S. 1150.

Dicyano-kobalt(III)-Komplex $C_{47}H_{58}CoN_7O_{13}$; Dicyano-8-amino-cobyrinsäure-*c*→8-lactam, Formel XII (X = CN). Kristalle (aus HCN enthaltendem wss. Acn.); IR-Banden (Nujol; 2100–800 cm^{-1}) sowie λ_{max} in H_2O (220–530 nm), in wss. NaOH (275–540 nm) und in wss. KCN (210–580 nm): *Bo. et al.*, l. c. S. 1156.

[α-(5,6-Dimethyl-benzimidazol-1-yl)]-8-amino-hydrogenobamsäure-*a,b,d,e,g*-pentaamid-*c*→8-lactam $[C_{62}H_{88}N_{13}O_{14}P]$.

Cyano-kobalt(III)-Komplex $[C_{63}H_{87}CoN_{14}O_{14}P]^+$; *Co*α-[α-(5,6-Dimethyl-benzimidazol-1-yl)]-*Co*β-cyano-8-amino-cobamsäure-*a,b,d,e,g*-pentaamid-*c*→8-lactam. Betain $C_{63}H_{86}CoN_{14}O_{14}P$; Dehydrovitamin-$B_{12}$, Vitamin-$B_{12}$-lactam, Formel XIII. *B.* Beim Erhitzen von Cyanocobalamin (Vitamin-B_{12}; S. 3117) mit wss. NaOH auf 100° unter Einleiten von Luft (*Bonnett et al.*, Soc. **1957** 1158, 1163). – Rote Kristalle (aus wss. Acn.). IR-Spektrum (Nujol sowie KBr; 3350–850 cm^{-1}) sowie λ_{max} in H_2O (275–550 nm) und in wss. KCN (275–585 nm): *Bo. et al.* – Überführung in *Co*α-[α-(5,6-Dimethyl-benzimidazol-1-yl)]-*Co*β-hydroxo-8-amino-10-chlor-cobamsäure-*a,b,d,e,g*-pentaamid-*c*→8-lactam-betain(?) $C_{62}H_{86}ClCoN_{13}O_{15}P$(?) (rote Kristalle [aus wss. Acn.]; IR-Spektrum [KBr; 3200–1000 cm^{-1}]; λ_{max} in H_2O [280–580 nm] und in wss. KCN [285–610 nm]) beim Behandeln mit Natrium-[*N*-chlor-toluol-4-sulfonamid] in wss. Lösung vom pH 4: *Bo. et al.*, l. c. S. 1162, 1167.

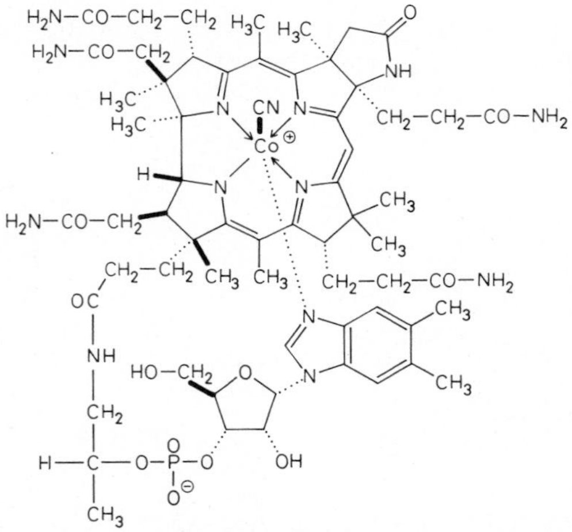

XIII

V. Amine

A. Monoamine

Monoamine $C_nH_{2n-4}N_6$

Amine $C_4H_4N_6$

1*H*-[1,2,3]Triazolo[4,5-*d*]pyrimidin-5-ylamin $C_4H_4N_6$, Formel I und Taut.

B. Aus Pyrimidin-2,4,5-triyltriamin beim Behandeln mit $NaNO_2$ und wss. Essigsäure (*Berg*-

mann et al., Arch. Biochem. **80** [1959] 318, 319).

Kristalle (aus wss. A.); Zers. bei 270°. UV-Spektrum (wss. Lösung vom pH 7,8; 220–350 nm): *Be. et al.*, l. c. S. 322.

3-Propyl-5-propylamino-3*H*-[1,2,3]triazolo[4,5-*d*]pyrimidin, Propyl-[3-propyl-3*H*-[1,2,3]triazolo[4,5-*d*]pyrimidin-5-yl]-amin $C_{10}H_{16}N_6$, Formel II (R = R′ = CH_2-C_2H_5).

B. Aus N^2,N^4-Dipropyl-pyrimidin-2,4,5-triyltriamin beim Behandeln mit $NaNO_2$ und wss. H_2SO_4 (*Dille et al.*, J. org. Chem. **20** [1955] 171, 175).

Kristalle (aus wss. Me.); F: 97,5–98° (*Di. et al.*).

Die folgenden Verbindungen sind in analoger Weise hergestellt worden:

3-Phenyl-3*H*-[1,2,3]triazolo[4,5-*d*]pyrimidin-5-ylamin $C_{10}H_8N_6$, Formel II (R = C_6H_5, R′ = H). Kristalle (aus wss. Me.); F: 167–168° [unkorr.] (*Timmis et al.*, J. Pharm. Pharmacol. **9** [1957] 46, 59).

3-[4-Chlor-phenyl]-3*H*-[1,2,3]triazolo[4,5-*d*]pyrimidin-5-ylamin $C_{10}H_7ClN_6$, Formel II (R = C_6H_4-Cl, R′ = H). Kristalle (aus wss. Me.); F: 236° [unkorr.] (*Ti. et al.*).

5-Anilino-3-phenyl-3*H*-[1,2,3]triazolo[4,5-*d*]pyrimidin, Phenyl-[3-phenyl-3*H*-[1,2,3]triazolo[4,5-*d*]pyrimidin-5-yl]-amin $C_{16}H_{12}N_6$, Formel II (R = R′ = C_6H_5). Hellgrüne Kristalle (aus Me.); F: 195° (*Di. et al.*, l. c. S. 174).

2-[5-Amino-[1,2,3]triazolo[4,5-*d*]pyrimidin-3-yl]-äthanol $C_6H_8N_6O$, Formel II (R = CH_2-CH_2-OH, R′ = H). Kristalle (aus H_2O); F: 220–221° (*Di. et al.*, l. c. S. 176).

1*H*-[1,2,3]Triazolo[4,5-*d*]pyrimidin-7-ylamin $C_4H_4N_6$, Formel III (R = H) und Taut.

B. Beim Behandeln von Pyrimidin-4,5,6-triyltriamin mit $NaNO_2$ und wss. Essigsäure (*Roblin et al.*, Am. Soc. **67** [1945] 290, 292). Beim Behandeln von 4,6-Diamino-1*H*-pyrimidin-2-thion mit $NaNO_2$ und wss. Essigsäure, Erhitzen des Reaktionsprodukts mit Raney-Nickel und wss. NH_3 und anschliessenden Behandeln mit $NaNO_2$ und wss. Essigsäure (*Davoll*, Soc. **1958** 1593, 1596). – Herstellung von 1*H*-[3a-$^{14}C_{1;0}$,7-$^{14}C_{0;1}$][1,2,3]Triazolo[4,5-*d*]pyrimidin-7-ylamin: *Bennett*, Org. Synth. Isotopes **1958** 775.

Zers. >310° (*Ro. et al.*). UV-Spektrum (wss. Lösungen vom pH 2, pH 6,5 und pH 8,8; 220–300 nm): *Cavalieri et al.*, Am. Soc. **70** [1948] 3875, 3876, 3878. λ_{max} (wss. Lösung): 270 nm [pH 3] bzw. 275 nm [pH 7 sowie pH 11] (*Ro. et al.*, l. c. S. 291).

Acetyl-Derivat $C_6H_6N_6O$; 7-Acetylamino-1*H*-[1,2,3]triazolo[4,5-*d*]pyrimidin, *N*-[1*H*-[1,2,3]Triazolo[4,5-*d*]pyrimidin-7-yl]-acetamid. Kristalle (aus wss. 2-Äthoxy-äthanol); F: 293–294° [Zers.] (*Da.*).

7-Dimethylamino-1*H*-[1,2,3]triazolo[4,5-*d*]pyrimidin, Dimethyl-[1*H*-[1,2,3]triazolo[4,5-*d*]pyrimidin-7-yl]-amin $C_6H_8N_6$, Formel III (R = CH_3) und Taut.

B. Aus N^4,N^4-Dimethyl-pyrimidin-4,5,6-triyltriamin beim Erwärmen mit $NaNO_2$ und wss. Essigsäure (*Almirante*, Ann. Chimica **49** [1959] 333, 343).

Kristalle (aus A.), die bei 190° sublimieren. λ_{max} (wss. Lösung vom pH 1): 254 nm.

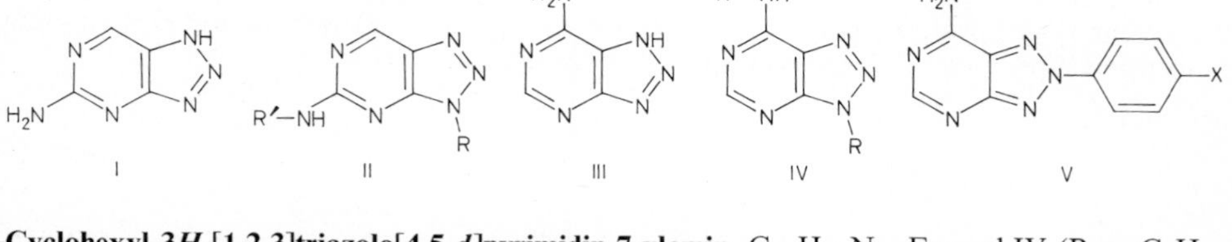

I II III IV V

3-Cyclohexyl-3*H*-[1,2,3]triazolo[4,5-*d*]pyrimidin-7-ylamin $C_{10}H_{14}N_6$, Formel IV (R = C_6H_{11}, R′ = H).

B. Analog der vorangehenden Verbindung (*Leese, Timmis*, Soc. **1958** 4107, 4109).

Kristalle (aus A.); F: 264–265°.

3-Cyclohexyl-7-cyclohexylamino-3*H*-[1,2,3]triazolo[4,5-*d*]pyrimidin, Cyclohexyl-[3-cyclohexyl-3*H*-[1,2,3]triazolo[4,5-*d*]pyrimidin-7-yl]-amin $C_{16}H_{24}N_6$, Formel IV (R = R′ = C_6H_{11}).

B. Analog den vorangehenden Verbindungen (*Leese, Timmis,* Soc. **1958** 4107, 4110).

Kristalle (aus wss. A.); F: 166—167°.

2-Phenyl-2*H*-[1,2,3]triazolo[4,5-*d*]pyrimidin-7-ylamin $C_{10}H_8N_6$, Formel V (X = H).

B. Beim Erhitzen von 5-Phenylazo-pyrimidin-4,6-diyldiamin (E III/IV **25** 4664) mit $CuSO_4$ in wss. Pyridin (*Richter, Taylor,* Am. Soc. **78** [1956] 5848, 5851). Beim Erhitzen von 2-Phenyl-2,6-dihydro-[1,2,3]triazolo[4,5-*d*]pyrimidin-7-thion mit äthanol. NH_3 auf 170° (*Ri., Ta.*).

Gelbliche Kristalle (aus wss. DMF); F: 340° [unkorr.]. Bei 250°/0,05 Torr sublimierbar. λ_{max} (A.): 286 nm und 320 nm.

Acetyl-Derivat $C_{12}H_{10}N_6O$; 7-Acetylamino-2-phenyl-2*H*-[1,2,3]triazolo[4,5-*d*]pyrimidin, *N*-[2-Phenyl-2*H*-[1,2,3]triazolo[4,5-*d*]pyrimidin-7-yl]-acetamid. Grünliche Kristalle (aus A.); F: 209° [unkorr.]. λ_{max} (A.): 231,5 nm und 316 nm.

2-[4-Chlor-phenyl]-2*H*-[1,2,3]triazolo[4,5-*d*]pyrimidin-7-ylamin $C_{10}H_7ClN_6$, Formel V (X = Cl).

B. Beim Erhitzen von 5-[4-Chlor-phenylazo]-pyrimidin-4,6-diyldiamin (E III/IV **25** 4664) mit $CuSO_4$ in wss. Pyridin unter Einleiten von Sauerstoff (*Timmis et al.,* J. Pharm. Pharmacol. **9** [1957] 46, 56).

Kristalle (aus Eg.); F: 367° [unkorr.; Zers.].

3-Phenäthyl-3*H*-[1,2,3]triazolo[4,5-*d*]pyrimidin-7-ylamin $C_{12}H_{12}N_6$, Formel IV (R = CH_2-CH_2-C_6H_5, R′ = H).

B. Beim Behandeln von N^4-Phenäthyl-pyrimidin-4,5,6-triyltriamin mit $NaNO_2$ und wss. HCl (*Leese, Timmis,* Soc. **1958** 4107, 4108).

Kristalle (aus A.); F: 218—219°.

3-Phenäthyl-7-phenäthylamino-3*H*-[1,2,3]triazolo[4,5-*d*]pyrimidin, Phenäthyl-[3-phenäthyl-3*H*-[1,2,3]triazolo[4,5-*d*]pyrimidin-7-yl]-amin $C_{20}H_{20}N_6$, Formel IV (R = R′ = CH_2-CH_2-C_6H_5).

B. Analog der vorangehenden Verbindung (*Leese, Timmis,* Soc. **1958** 4107, 4110).

Kristalle (aus A.); F: 201°.

1,6-Bis-[7-dimethylamino-[1,2,3]triazolo[4,5-*d*]pyrimidin-3-yl]-hexan $C_{18}H_{26}N_{12}$, Formel VI.

B. Beim Hydrieren von *N,N′*-Bis-[6-dimethylamino-5-nitro-pyrimidin-4-yl]-hexandiyldiamin an Raney-Nickel in Butan-1-ol und anschliessenden Behandeln mit $NaNO_2$ und wss. HCl (*Rose,* Soc. **1954** 4116, 4126).

Kristalle (aus Butan-1-ol); F: 183—184°.

3-Furfuryl-3*H*-[1,2,3]triazolo[4,5-*d*]pyrimidin-7-ylamin $C_9H_8N_6O$, Formel VII (R = H).

B. Aus N^4-Furfuryl-pyrimidin-4,5,6-triyltriamin beim Behandeln mit $NaNO_2$ und wss. HCl (*Leese, Timmis,* Soc. **1958** 4107, 4109) oder wss. Essigsäure (*Hull,* Soc. **1958** 2746, 2749; s. a. *Almirante,* Ann. Chimica **49** [1959] 333, 341).

Kristalle (aus A.); F: 237° (*Hull*), 227—228° (*Le., Ti.*). λ_{max}: 262 nm [wss. HCl (0,9 n)] bzw. 279 nm [wss. Lösungen vom pH 5,8—12] (*Le., Ti.,* l. c. S. 4108). Scheinbarer Dissoziationsexponent pK'_a (protonierte Verbindung; H_2O) bei 22°: 2,6 (*Le., Ti.*).

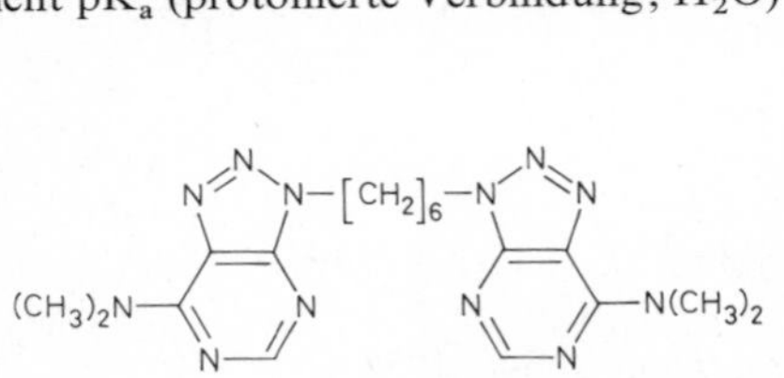

VI 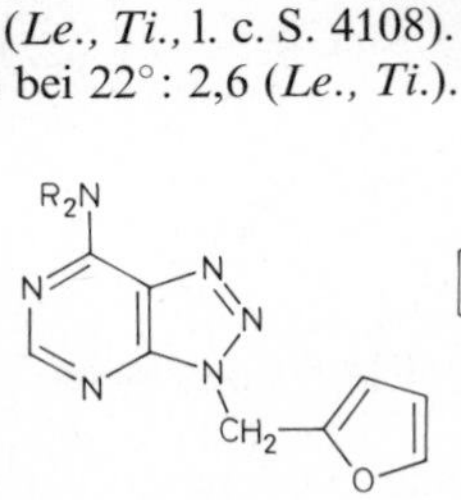 VII 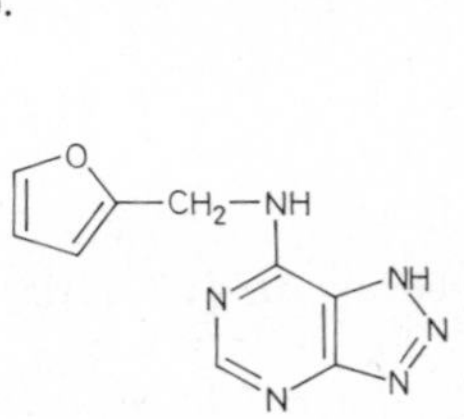 VIII

7-Furfurylamino-1*H*-[1,2,3]triazolo[4,5-*d*]pyrimidin, Furfuryl-[1*H*-[1,2,3]triazolo[4,5-*d*]pyrimidin-7-yl]-amin $C_9H_8N_6O$, Formel VIII und Taut.

B. Aus *N*-[1*H*-[1,2,3]Triazolo[4,5-*d*]pyrimidin-7-yl]-furan-2-carbamid mit Hilfe von $LiAlH_4$ in THF (*Almirante,* Ann. Chimica **49** [1959] 333, 340).

Kristalle (aus A.); F: 217–218° [unter Sublimation]. λ_{max} (wss. Lösung vom pH 1): 276 nm.

7-Dimethylamino-3-furfuryl-3*H*-[1,2,3]triazolo[4,5-*d*]pyrimidin, [3-Furfuryl-3*H*-[1,2,3]triazolo[4,5-*d*]pyrimidin-7-yl]-dimethyl-amin $C_{11}H_{12}N_6O$, Formel VII (R = CH_3).

B. Beim Behandeln von N^6-Furfuryl-N^4,N^4-dimethyl-pyrimidin-4,5,6-triyltriamin mit $NaNO_2$ und wss. Essigsäure (*Hull,* Soc. **1959** 481, 482).

Gelbliche Kristalle (aus wss. A.); F: 116°.

3-Furfuryl-7-furfurylamino-3*H*-[1,2,3]triazolo[4,5-*d*]pyrimidin, Furfuryl-[3-furfuryl-3*H*-[1,2,3]triazolo[4,5-*d*]pyrimidin-7-yl]-amin $C_{14}H_{12}N_6O_2$, Formel IX.

B. Analog der vorangehenden Verbindung (*Leese, Timmis,* Soc. **1958** 4107, 4110; *Hull,* Soc. **1959** 481, 483).

Dimorphe Kristalle (aus A.); F: 125–126° (*Le., Ti.*). Kristalle (aus wss. A.); F: 124–126° (*Hull*).

(1*R*)-1-[7-Dimethylamino-[1,2,3]triazolo[4,5-*d*]pyrimidin-2-yl]-D-1,4-anhydro-ribit, 7-Dimethylamino-2-β-D-ribofuranosyl-2*H*-[1,2,3]triazolo[4,5-*d*]pyrimidin $C_{11}H_{16}N_6O_4$, Formel X.

Konstitution: *Angier, Marsico,* J. org. Chem. **25** [1960] 759, 760.

B. Aus (1*R*)-1-[7-Dimethylamino-5-methylmercapto-[1,2,3]triazolo[4,5-*d*]pyrimidin-2-yl]-D-1,4-anhydro-ribit (S. 4171) beim Erwärmen mit Raney-Nickel und Äthanol (*Andrews, Barber,* Soc. **1958** 2768, 2771).

Kristalle; F: 220–221° [korr.; aus Me.] (*An., Ma.,* l. c. S. 764), 216° [aus wss. A.] (*An., Ba.*).

IX X XI

(1*R*)-1-[7-Amino-[1,2,3]triazolo[4,5-*d*]pyrimidin-3-yl]-D-1,4-anhydro-ribit, 3-β-D-Ribofuranosyl-3*H*-[1,2,3]triazolo[4,5-*d*]pyrimidin-7-ylamin, **8-Aza-adenosin** $C_9H_{12}N_6O_4$, Formel XI.

B. Aus *N*-[1*H*-[1,2,3]Triazolo[4,5-*d*]pyrimidin-7-yl]-acetamid über mehrere Stufen (*Davoll,* Soc. **1958** 1593, 1596). Aus $O^{2'}$,$O^{3'}$,$O^{5'}$-Triacetyl-2-methylmercapto-8-aza-adenosin beim Erwärmen mit Raney-Nickel in Äthanol und anschliessenden Behandeln mit methanol. NH_3 (*Da.,* l. c. S. 1598).

Kristalle (aus H_2O); F: 218–219°. $[\alpha]_D^{22}$: −79° [H_2O; c = 0,5]. λ_{max}: 260 nm [wss. HCl], 279 nm [wss. Lösung vom pH 6,8] bzw. 278 nm [wss. NaOH] (*Da.,* l. c. S. 1595).

Picrat $C_9H_{12}N_6O_4 \cdot C_6H_3N_3O_7$. Kristalle (aus H_2O); F: 184° [Zers.].

(1*R*)-1-[7-Amino-[1,2,3]triazolo[4,5-*d*]pyrimidin-1(?)-yl]-1,5-anhydro-D-glucit, 1(?)-β-D-Glucopyranosyl-1*H*-[1,2,3]triazolo[4,5-*d*]pyrimidin-7-ylamin $C_{10}H_{14}N_6O_5$, vermutlich Formel XII.

B. Neben der folgenden Verbindung aus *N*-[1*H*-[1,2,3]Triazolo[4,5-*d*]pyrimidin-7-yl]-acet=

amid über mehrere Stufen (*Davoll,* Soc. **1958** 1593, 1596).

Kristalle (aus H_2O); F: 250–251° [Zers.]. $[\alpha]_D^{23}$: –16° [H_2O; c = 0,2]. λ_{max}: 244 nm und 286 nm [wss. HCl (0,1 n)], 246 nm und 299 nm [wss. Lösung vom pH 6,8] bzw. 245 nm und 299 nm [wss. NaOH (0,1 n)] (*Da.,* l. c. S. 1595).

Picrat $C_{10}H_{14}N_6O_5 \cdot C_6H_3N_3O_7$. Kristalle (aus wss. A.) mit 1 Mol Äthanol; F: 160° [Zers.].

(1*R*)-1-[7-Amino-[1,2,3]triazolo[4,5-*d*]pyrimidin-3-yl]-1,5-anhydro-D-glucit, 3-β-D-Glucopyranosyl-3*H*-[1,2,3]triazolo[4,5-*d*]pyrimidin-7-ylamin $C_{10}H_{14}N_6O_5$, Formel XIII.

B. Aus D-Glucose-[6-amino-2-methylmercapto-pyrimidin-4-ylimin] (E III/IV **25** 3341) über mehrere Stufen (*Davoll,* Soc. **1958** 1593, 1595). Eine weitere Bildungsweise s. im vorangehenden Artikel.

Kristalle (aus H_2O); F: 241° [Zers.]. $[\alpha]_D^{20}$: –24° [H_2O; c = 0,9]. λ_{max}: 263 nm [wss. HCl (0,1 n)] bzw. 280 nm [wss. Lösung vom pH 6,8 sowie wss. NaOH (0,1 n)].

Picrat $C_{10}H_{14}N_6O_5 \cdot C_6H_3N_3O_7$. Kristalle (aus H_2O); F: 202° [Zers.].

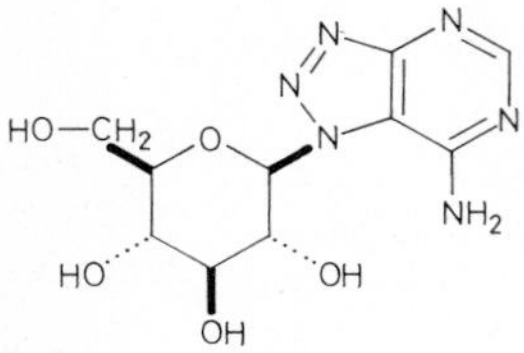

XII 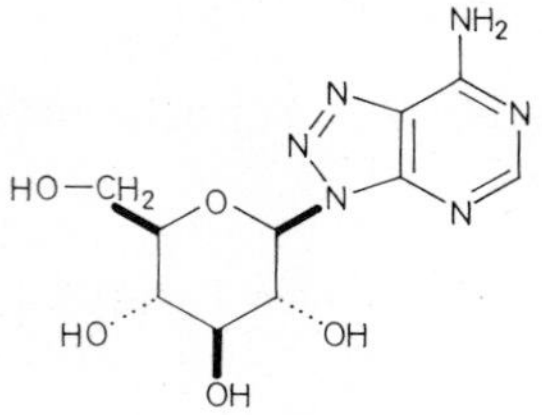 XIII 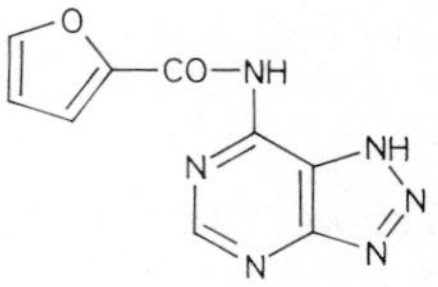 XIV 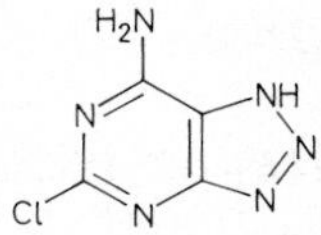 XV

***N*-[1*H*-[1,2,3]Triazolo[4,5-*d*]pyrimidin-7-yl]-furan-2-carbamid** $C_9H_6N_6O_2$, Formel XIV und Taut.

B. Beim Erwärmen von 1*H*-[1,2,3]Triazolo[4,5-*d*]pyrimidin-7-ylamin mit Furan-2-carbonsäure-anhydrid (*Almirante,* Ann. Chimica **49** [1959] 333, 340).

Kristalle, die bei 240° sublimieren. λ_{max} (wss. Lösung vom pH 1): 254 nm und 320 nm.

5-Chlor-1*H*-[1,2,3]triazolo[4,5-*d*]pyrimidin-7-ylamin $C_4H_3ClN_6$, Formel XV und Taut.

B. Aus 2-Chlor-pyrimidin-4,5,6-triyltriamin beim Behandeln mit $NaNO_2$ und wss. Essigsäure (*Bitterli, Erlenmeyer,* Helv. **34** [1951] 835, 839).

Kristalle (aus H_2O); Zers. bei 300° [nach Sublimation ab 240°].

5(7)*H*-Imidazo[4,5-*d*][1,2,3]triazin-4-ylamin $C_4H_4N_6$, Formel I und Taut.

B. Beim Behandeln von 5-Amino-1(3)*H*-imidazol-4-carbamidin-dihydrochlorid mit wss. $NaNO_2$ (*Woolley, Shaw,* J. biol. Chem. **189** [1951] 401, 403).

λ_{max} (wss. Lösung vom pH 6,5): 259 nm und 278–290 nm.

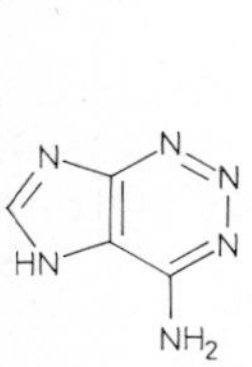

I 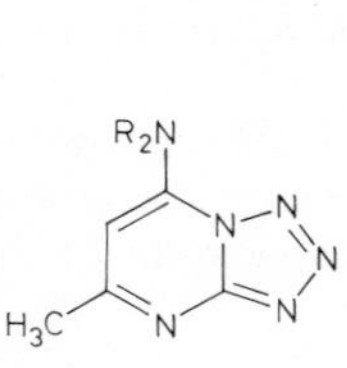 II 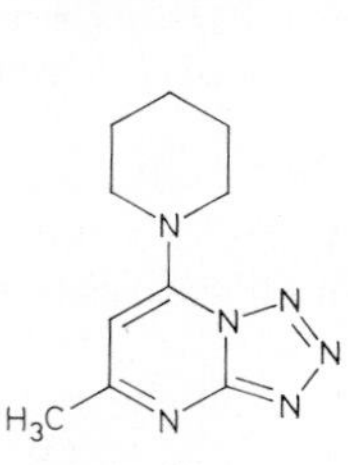 III 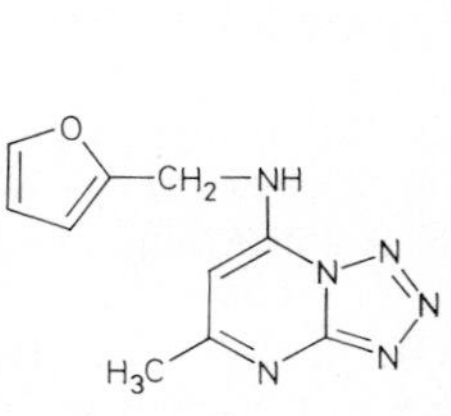 IV 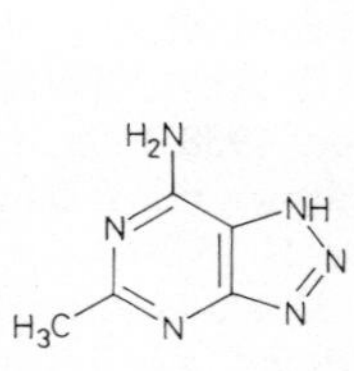 V

Amine $C_5H_6N_6$

5-Methyl-tetrazolo[1,5-*a*]pyrimidin-7-ylamin $C_5H_6N_6$, Formel II (R = H).

B. Beim Erhitzen von 7-Chlor-5-methyl-tetrazolo[1,5-*a*]pyrimidin mit äthanol. NH_3 auf 160° (*Kano, Makisumi,* Chem. pharm. Bl. **6** [1958] 583, 585).

Kristalle (aus A.); F: 270° [Zers.].

Die folgenden Verbindungen sind in analoger Weise hergestellt worden:

7-Diäthylamino-5-methyl-tetrazolo[1,5-*a*]pyrimidin, Diäthyl-[5-methyl-tetrazolo[1,5-*a*]pyrimidin-7-yl]-amin $C_9H_{14}N_6$, Formel II (R = C_2H_5). Kristalle (aus A.); F: 179°.

5-Methyl-7-piperidino-tetrazolo[1,5-*a*]pyrimidin $C_{10}H_{14}N_6$, Formel III. Kristalle (aus A.); F: 203° [Zers.].

7-Furfurylamino-5-methyl-tetrazolo[1,5-*a*]pyrimidin, Furfuryl-[5-methyl-tetrazolo[1,5-*a*]pyrimidin-7-yl]-amin $C_{10}H_{10}N_6O$, Formel IV. Kristalle (aus A.); F: 195° [Zers.].

5-Methyl-1*H*-[1,2,3]triazolo[4,5-*d*]pyrimidin-7-ylamin $C_5H_6N_6$, Formel V und Taut.

B. Aus 2-Methyl-pyrimidin-4,5,6-triyltriamin beim Behandeln mit $NaNO_2$ und wss. HCl (*Bitterli, Erlenmeyer,* Helv. **34** [1951] 835, 840).

Unterhalb 350° nicht schmelzend.

7-Methyl-1*H*-[1,2,3]triazolo[4,5-*d*]pyrimidin-5-ylamin $C_5H_6N_6$, Formel VI und Taut.

B. Analog der vorangehenden Verbindung (*Bitterli, Erlenmeyer,* Helv. **34** [1951] 835, 840; *Rose,* Soc. **1952** 3448, 3459).

Kristalle (aus H_2O); F: 294–296° [Zers.] (*Bi., Er.*). Kristalle (aus H_2O) mit 1 Mol H_2O; F: 284–285° (*Rose*).

5-Dimethylamino-3,3,7-trimethyl-3*H*-[1,2,3]triazolo[4,5-*d*]pyrimidinium $[C_9H_{15}N_6]^+$, Formel VII.

Jodid $[C_9H_{15}N_6]I$. *B.* Aus 6,N^2,N^2,N^4,N^4-Pentamethyl-pyrimidin-2,4,5-triyltriamin beim Behandeln mit $NaNO_2$ und wss. HCl und anschliessend mit NaI (*Rose,* Soc. **1954** 4116, 4126). – Gelbe Kristalle (aus H_2O); Zers. bei 140°.

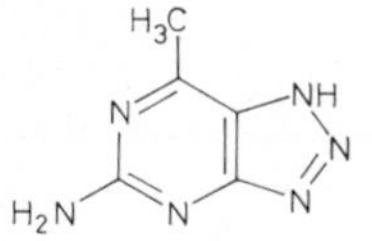

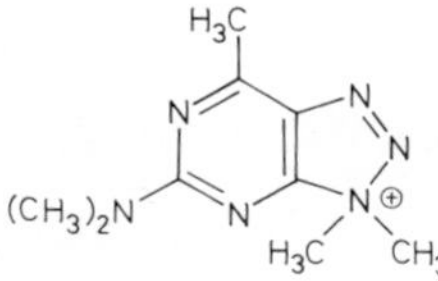

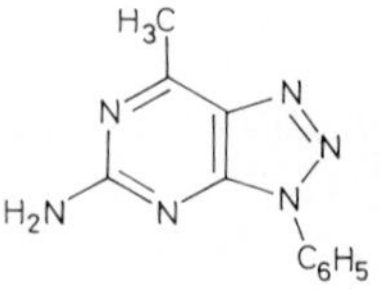

7-Methyl-3-phenyl-3*H*-[1,2,3]triazolo[4,5-*d*]pyrimidin-5-ylamin $C_{11}H_{10}N_6$, Formel VIII.

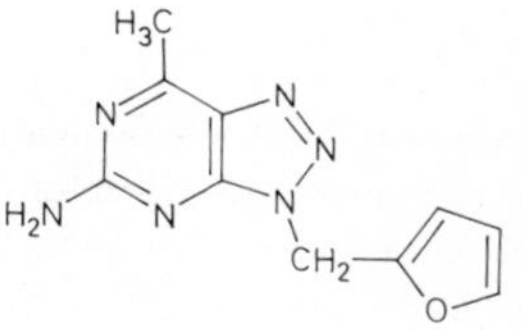

B. Aus 4-Anilino-6-methyl-pyrimidin-2,5-diyldiamin beim Behandeln mit $NaNO_2$ und wss. HCl (*Timmis et al.,* J. Pharm. Pharmacol. **9** [1957] 46, 59).

Kristalle (aus wss. Me.); F: 188–189°.

3-Furfuryl-7-methyl-3*H*-[1,2,3]triazolo[4,5-*d*]pyrimidin-5-ylamin $C_{10}H_{10}N_6O$, Formel IX.

B. Analog der vorangehenden Verbindung (*Hull,* Soc. **1959** 481, 484).

Kristalle (aus H_2O); F: 153°.

Amine $C_6H_8N_6$

6,7-Dimethyl-[1,2,4]triazolo[4,3-*b*][1,2,4]triazin-3-ylamin $C_6H_8N_6$, Formel X.

B. Beim Erhitzen von [1,2,4]Triazol-3,4,5-triyltriamin-hydrobromid mit Butandion und wss. NH_3 (*Taylor et al.,* Am. Soc. **76** [1954] 619).

Gelbe Kristalle (aus A.); F: 299–300° [korr.].

Amine $C_7H_{10}N_6$

2,3,8,9-Tetrahydro-diimidazo[1,2-*a*;1′,2′-*c*][1,3,5]triazin-5-ylamin (?) $C_7H_{10}N_6$, vermutlich Formel XI.

Monohydrochlorid $C_7H_{10}N_6\cdot HCl$. *B.* Aus 6-Chlor-N^2,N^4-bis-[2-chlor-äthyl]-[1,3,5]triazin-2,4-diyldiamin beim Erwärmen mit NH_3 in Dioxan auf 90° (*Schaefer,* Am. Soc. **77** [1955] 5922, 5927). – Kristalle (aus H_2O); F: 350° [korr.].

Dihydrochlorid $C_7H_{10}N_6\cdot 2HCl$. *B.* Aus N^2,N^4-Bis-[2-hydroxy-äthyl]-[1,3,5]triazin-2,4,6-triyltriamin mit Hilfe von $POCl_3$ (*Sch.*). – Kristalle (aus H_2O); F: 340–345° [korr.; Zers.]. Scheinbare Dissoziationsexponenten pK'_{a1} und pK'_{a2} (H_2O; potentiometrisch ermittelt): ca. 3,0 bzw. ca. 9,0.

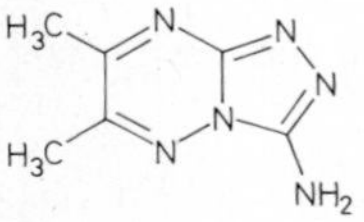

X 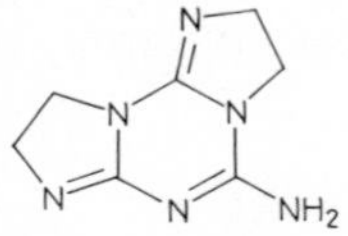 XI 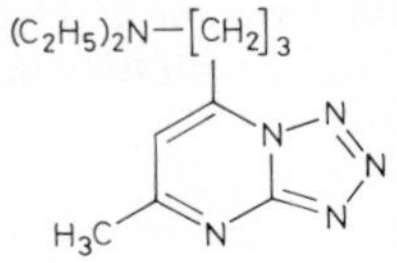 XII 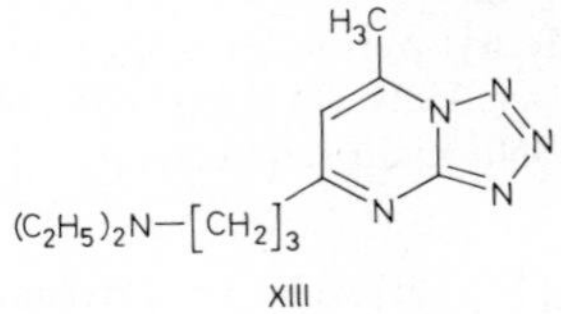 XIII 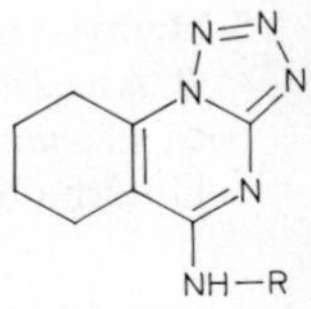 XIV

Amine $C_8H_{12}N_6$

Diäthyl-[3-(5-methyl-tetrazolo[1,5-*a*]pyrimidin-7-yl]-propyl]-amin $C_{12}H_{20}N_6$, Formel XII, und/oder **Diäthyl-[3-(7-methyl-tetrazolo[1,5-*a*]pyrimidin-5-yl)-propyl]-amin** $C_{12}H_{20}N_6$, Formel XIII.

B. Beim Erwärmen von 1*H*-Tetrazol-5-ylamin mit 7-Diäthylamino-heptan-2,4-dion in Äthanol unter Zusatz von Piperidin (*Dewar,* Soc. **1944** 615, 617).

Picrat $C_{12}H_{20}N_6\cdot C_6H_3N_3O_7$. Kristalle (aus A.); F: 105–120°. Hellgelbe Kristalle (aus A.) mit 1 Mol Äthanol; F: 145–146°.

Monoamine $C_nH_{2n-6}N_6$

5-Anilino-6,7,8,9-tetrahydro-tetrazolo[1,5-*a*]chinazolin, Phenyl-[6,7,8,9-tetrahydro-tetrazolo[1,5-*a*]chinazolin-5-yl]-amin $C_{14}H_{14}N_6$, Formel XIV (R = C_6H_5).

B. Analog der vorangehenden Verbindung (*Cook et al.,* R. **69** [1950] 1201, 1204).

Kristalle (aus A.); F: 192–194°.

***N,N*-Diäthyl-*N′*-[6,7,8,9-tetrahydro-tetrazolo[1,5-*a*]chinazolin-5-yl]-äthylendiamin** $C_{14}H_{23}N_7$, Formel XIV (R = CH_2-CH_2-$N(C_2H_5)_2$).

B. Aus 5-Chlor-6,7,8,9-tetrahydro-tetrazolo[1,5-*a*]chinazolin beim Erwärmen mit *N,N*-Diäthyl-äthylendiamin in Äthanol (*Cook et al.,* R. **69** [1950] 1201, 1204).

Hydrochlorid $C_{14}H_{23}N_7\cdot HCl$. Kristalle (aus A.+Dioxan); F: 220–232° [Zers.].

Monoamine $C_nH_{2n-10}N_6$

Tetrazolo[5,1-*a*]phthalazin-6-ylamin $C_8H_6N_6$, Formel I.

B. Aus 6-Azido-tetrazolo[5,1-*a*]phthalazin beim Erhitzen in Tetralin (*Stollé, Storch,* J. pr. [2] **135** [1932] 128, 134). Aus 6-Chlor-tetrazolo[5,1-*a*]phthalazin beim Erhitzen mit wss.-äthanol. NH_3 auf ca. 150° (*St., St.*).

Kristalle (aus A.); F: 305°.

Monoacetyl-Derivat $C_{10}H_8N_6O$. Gelbliche Kristalle (aus A.); Zers. bei 260°.

Diacetyl-Derivat $C_{12}H_{10}N_6O_2$. Kristalle (aus A.); F: 191° [Zers.].

(±)-2-Indol-3-yl-1-[1*H*-tetrazol-5-yl]-äthylamin $C_{11}H_{12}N_6$, Formel II (R = H) und Taut.

B. Beim Erhitzen der folgenden Verbindung mit wss. NaOH (*McManus, Herbst,* J. org. Chem. **24** [1959] 1643, 1649).

Kristalle (aus H_2O); F: 268,5–269° [unkorr.; Zers.].

(±)-1-Acetylamino-2-indol-3-yl-1-[1*H*-tetrazol-5-yl]-äthan, *N*-[2-Indol-3-yl-1-(1*H*-tetrazol-5-yl)-äthyl]-acetamid $C_{13}H_{14}N_6O$, Formel II (R = CO-CH_3) und Taut.

B. Beim Erhitzen von (±)-2-Acetylamino-3-indol-3-yl-2-[1*H*-tetrazol-5-yl]-propionsäure mit H_2O (*McManus, Herbst,* J. org. Chem. **24** [1959] 1643, 1649).

Kristalle (aus H_2O); F: 223–223,5° [unkorr.; Zers.].

Monoamine $C_nH_{2n-12}N_6$

2-[3]Pyridyl-7(9)*H*-purin-6-ylamin $C_{10}H_8N_6$, Formel III und Taut.

B. Aus 5-Nitroso-2-[3]pyridyl-pyrimidin-4,6-diyldiamin oder aus der Verbindung von Nicotinamidin mit Hydroxyimino-malononitril (E III/IV **22** 436) beim Erhitzen mit $Na_2S_2O_4$ und Ameisensäure in Formamid (*Taylor et al.,* Am. Soc. **81** [1959] 2442, 2445, 2447).

Kristalle (aus H_2O); F: 319–321° [korr.; Zers.]. λ_{max} (wss. Lösung vom pH 1): 239 nm und 263 nm.

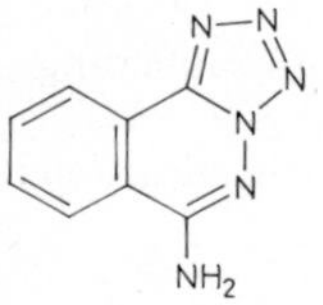

I 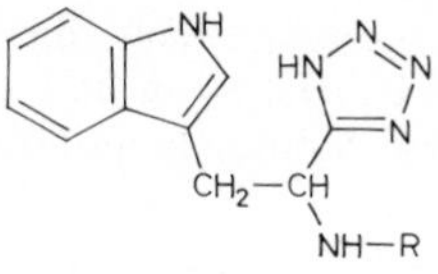 II 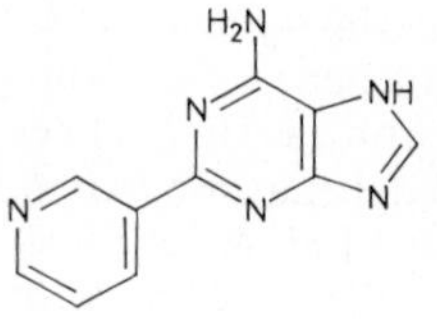 III 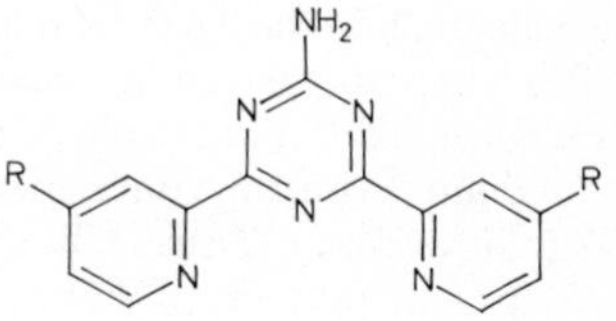 IV

Monoamine $C_nH_{2n-16}N_6$

4,6-Di-[2]pyridyl-[1,3,5]triazin-2-ylamin $C_{13}H_{10}N_6$, Formel IV (R = H).

B. Aus Pyridin-2-carbonitril und Guanidin (*Case, Koft,* Am. Soc. **81** [1959] 905).

Kristalle (aus 2-Methoxy-äthanol); F: 306–308°.

4,6-Di-[3]pyridyl-[1,3,5]triazin-2-ylamin $C_{13}H_{10}N_6$, Formel V.

B. Analog der vorangehenden Verbindung (*Russell, Hitchings,* Am. Soc. **72** [1950] 4922, 4924).

Kristalle (aus A.); F: 320–323°.

Trihydrochlorid $C_{13}H_{10}N_6 \cdot 3HCl$. Kristalle (aus wss. HCl); F: 322–323°.

4,6-Bis-[4-äthyl-[2]pyridyl]-[1,3,5]triazin-2-ylamin $C_{17}H_{18}N_6$, Formel IV (R = C_2H_5).

B. Analog den vorangehenden Verbindungen (*Case, Koft,* Am. Soc. **81** [1959] 905).

Kristalle (aus 2-Äthoxy-äthanol); F: 334–336° [Zers.].

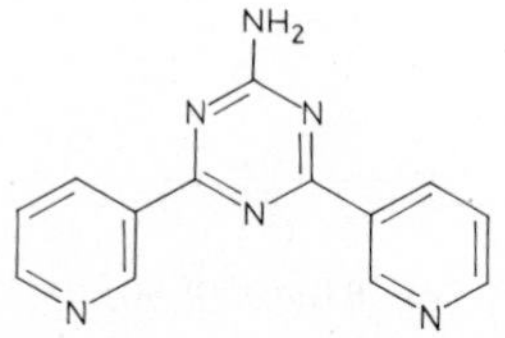

V 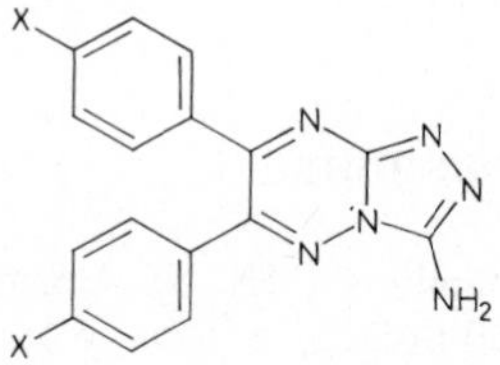 VI 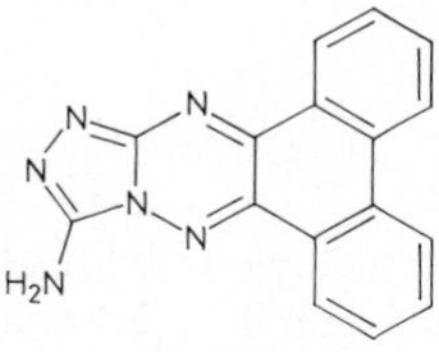 VII

Monoamine $C_nH_{2n-20}N_6$

6,7-Diphenyl-[1,2,4]triazolo[4,3-*b*][1,2,4]triazin-3-ylamin $C_{16}H_{12}N_6$, Formel VI (X = H).

B. Aus [1,2,4]Triazol-3,4,5-triyltriamin-hydrobromid beim Erwärmen mit Benzil und wss.-äthanol. NaOH in Butanon (*Taylor et al.*, Am. Soc. **76** [1954] 619).

Kristalle (aus A.); F: 263–264° [korr.]. Bei 240°/0,1 Torr sublimierbar.

6,7-Bis-[4-chlor-phenyl]-[1,2,4]triazolo[4,3-*b*][1,2,4]triazin-3-ylamin $C_{16}H_{10}Cl_2N_6$, Formel VI (X = Cl).

B. Analog der vorangehenden Verbindung (*Taylor et al.*, Am. Soc. **76** [1954] 619).

Rote Kristalle (aus CH_2Cl_2+PAe.); F: 229–231° [korr.].

Monoamine $C_nH_{2n-22}N_6$

Phenanthro[9,10-*e*][1,2,4]triazolo[4,3-*b*][1,2,4]triazin-11-ylamin $C_{16}H_{10}N_6$, Formel VII.

B. Beim Erwärmen von [1,2,4]Triazol-3,4,5-triyltriamin-hydrobromid mit Phenanthren-9,10-dion und wss.-äthanol. NaOH (*Taylor et al.*, Am. Soc. **76** [1954] 619).

Rote Kristalle (aus Eg.); F: 334–336° [korr.; Zers.].

Monoamine $C_nH_{2n-24}N_6$

Benzo[*a*][1,2,4]triazino[5,6-*c*]phenazin-3-ylamin $C_{17}H_{10}N_6$, Formel VIII.

Für die nachstehend beschriebene Verbindung kommt auch die Formulierung als Benzo[*a*][1,2,4]triazino[6,5-*c*]phenazin-2-ylamin $C_{17}H_{10}N_6$ in Betracht.

B. Beim Erhitzen von Benzo[*a*]phenazin-5,6-dion mit Aminoguanidin-hydrogencarbonat in Essigsäure (*Rossi, Trave*, Chimica e Ind. **40** [1958] 827, 828).

Gelbe Kristalle (aus DMF); F: 324–325° [unkorr.].

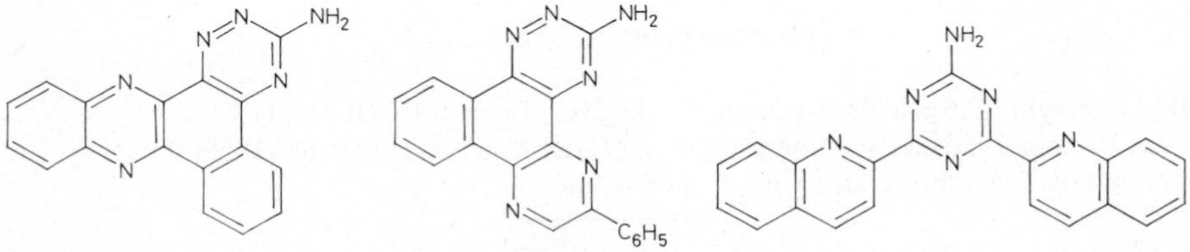

VIII IX X

Monoamine $C_nH_{2n-26}N_6$

6-Phenyl-benzo[*f*][1,2,4]triazino[6,5-*h*]chinoxalin-3-ylamin $C_{19}H_{12}N_6$, Formel IX.

Für die nachstehend beschriebene Verbindung kommt auch die Formulierung als 6-Phenyl-benzo[*f*][1,2,4]triazino[5,6-*h*]chinoxalin-2-ylamin $C_{19}H_{12}N_6$ in Betracht.

B. Analog der vorangehenden Verbindung (*Rossi, Trave*, Chimica e Ind. **40** [1958] 827, 828, 830).

Gelbe Kristalle (aus DMF) mit 1 Mol H_2O; F: 290° [unkorr.].

Monoamine $C_nH_{2n-28}N_6$

4,6-Di-[2]chinolyl-[1,3,5]triazin-2-ylamin $C_{21}H_{14}N_6$, Formel X.

B. Aus Chinolin-2-carbonitril und Guanidin (*Case, Koft*, Am. Soc. **81** [1959] 905).

Kristalle (aus DMF); F: 355–356°.

Monoamine $C_nH_{2n-32}N_6$

4,6-Bis-[4-phenyl-[2]pyridyl]-[1,3,5]triazin-2-ylamin $C_{25}H_{18}N_6$, Formel IV (R = C_6H_5) auf S. 4163.

B. Analog der vorangehenden Verbindung (*Case, Koft,* Am. Soc. **81** [1959] 905).

Kristalle (aus DMF); F: 376–378° [Zers.].

B. Diamine

Diamine $C_nH_{2n-3}N_7$

Diamine $C_4H_5N_7$

6,8-Diamino-[1,2,4]triazolo[1,2-*a*][1,2,4,5]tetrazinium $[C_4H_6N_7]^+$, Formel I.

Betain $C_4H_5N_7$; [1,2,4]Triazolo[1,2-*a*][1,2,4,5]tetrazin-6,8-dion-diimin. Eine von *Papini, Checchi* (G. **82** [1952] 735, 739, 744) unter dieser Konstitution beschriebene Verbindung ist als 1*H*-[3,4′]Bi[1,2,4]triazolyl-5-ylamin (S. 1167) zu formulieren (*Hauser, Logush,* J. org. Chem. **29** [1964] 972).

1*H*-[1,2,3]Triazolo[4,5-*d*]pyrimidin-5,7-diyldiamin $C_4H_5N_7$, Formel II und Taut.

B. Aus Pyrimidin-2,4,6-triyltriamin beim Behandeln mit $NaNO_2$ und wss. Essigsäure, Hydrieren der Reaktionslösung an Palladium/Kohle und anschliessenden Behandeln mit $NaNO_2$ (*Davoll,* Soc. **1958** 1593, 1597). Aus Pyrimidintetrayltetraamin-sulfat beim Behandeln mit wss. $NaNO_2$ (*Cavalieri et al.,* Am. Soc. **70** [1948] 3875, 3880).

Sulfat $2C_4H_5N_7 \cdot H_2SO_4$. Kristalle [aus wss. H_2SO_4] (*Ca. et al.*). UV-Spektrum (wss. Lösungen vom pH 2, pH 6,5 und pH 8,2; 220–310 nm): *Ca. et al.,* l. c. S. 3876, 3878.

Diacetyl-Derivat $C_8H_9N_7O_2$; 5,7-Bis-acetylamino-1*H*-[1,2,3]triazolo[4,5-*d*]pyrimidin, *N,N′*-[1*H*-[1,2,3]Triazolo[4,5-*d*]pyrimidin-5,7-diyl]-bis-acetamid. Kristalle (aus 2-Äthoxy-äthanol) mit 1 Mol H_2O; F: 280° [Zers.] (*Da.*).

Triacetyl-Derivat $C_{10}H_{11}N_7O_3$. F: 210° [Zers.] (*Da.*).

3-Methyl-3*H*-[1,2,3]triazolo[4,5-*d*]pyrimidin-5,7-diyldiamin $C_5H_7N_7$, Formel III.

B. Aus N^4-Benzyl-N^4-methyl-pyrimidin-2,4,6-triyltriamin-acetat beim Behandeln mit $NaNO_2$ und wss. Essigsäure, Hydrieren der Reaktionslösung an Palladium/Kohle und anschliessenden Behandeln mit $NaNO_2$ (*Davoll,* Soc. **1958** 1593, 1597).

Kristalle (aus H_2O); F: 294–295°. λ_{max}: 254 nm und 284 nm [wss. HCl (0,1 n)], 258 nm und 287 nm [wss. Lösung vom pH 6,8] bzw. 259 nm und 287 nm [wss. NaOH (0,1 n)] (*Da.,* l. c. S. 1595).

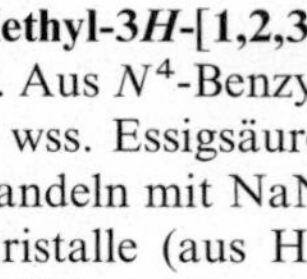

I 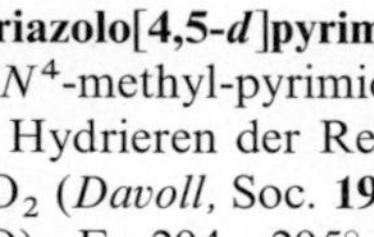 II 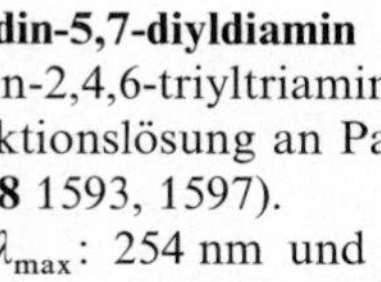 III 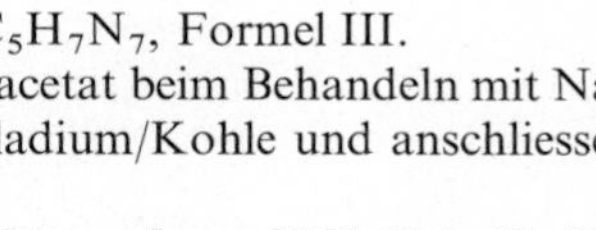 IV

2-Phenyl-2*H*-[1,2,3]triazolo[4,5-*d*]pyrimidin-5,7-diyldiamin $C_{10}H_9N_7$, Formel IV (X = X′ = X″ = H).

B. Aus 5-Phenylazo-pyrimidin-2,4,6-triyltriamin (E III/IV **25** 4668) beim Erhitzen mit $CuSO_4$ in wss. Pyridin (*Hartzel, Benson,* Am. Soc. **76** [1954] 2263), auch unter Einleiten von Sauerstoff (*Timmis et al.,* J. Pharm. Pharmacol. **9** [1957] 46, 56; s. a. *Am. Cyanamid Co.,* U.S.P. 2543333 [1950]).

Kristalle (aus wss. Ameisensäure); F: 344–345° [unkorr.; Zers.] (*Ti. et al.*). UV-Spektrum (wss. NaOH [3 n], wss. H_3PO_4 [85%ig] sowie konz. H_2SO_4; 220–360 nm): *Ha., Be.*

Die folgenden Verbindungen sind in analoger Weise hergestellt worden:

2-[2-Chlor-phenyl]-2*H*-[1,2,3]triazolo[4,5-*d*]pyrimidin-5,7-diyldiamin $C_{10}H_8ClN_7$, Formel IV (X = Cl, X′ = X″ = H). Kristalle (aus wss. Ameisensäure); F: 283–284° [unkorr.] (*Ti. et al.*).

2-[3-Chlor-phenyl]-2*H*-[1,2,3]triazolo[4,5-*d*]pyrimidin-5,7-diyldiamin $C_{10}H_8ClN_7$, Formel IV (X = X″ = H, X′ = Cl). Kristalle (aus wss. Ameisensäure); F: 350° [unkorr.; Zers.] (*Ti. et al.*).

2-[4-Chlor-phenyl]-2*H*-[1,2,3]triazolo[4,5-*d*]pyrimidin-5,7-diyldiamin $C_{10}H_8ClN_7$, Formel IV (X = X′ = H, X″ = Cl). Kristalle (aus wss. Ameisensäure); F: >360° [unkorr.] (*Ti. et al.*).

2-[2,3-Dichlor-phenyl]-2*H*-[1,2,3]triazolo[4,5-*d*]pyrimidin-5,7-diyldiamin $C_{10}H_7Cl_2N_7$, Formel IV (X = X′ = Cl, X″ = H). Kristalle (aus wss. Ameisensäure) mit 0,5 Mol Ameisensäure; F: 287–288° [unkorr.] (*Ti. et al.*).

2-[2,4-Dichlor-phenyl]-2*H*-[1,2,3]triazolo[4,5-*d*]pyrimidin-5,7-diyldiamin $C_{10}H_7Cl_2N_7$, Formel IV (X = X″ = Cl, X′ = H). Kristalle (aus wss. Ameisensäure); F: 320–321° [unkorr.] (*Ti. et al.*).

2-[2,5-Dichlor-phenyl]-2*H*-[1,2,3]triazolo[4,5-*d*]pyrimidin-5,7-diyldiamin $C_{10}H_7Cl_2N_7$, Formel V. Kristalle (aus wss. Ameisensäure); F: 312–313° [unkorr.] (*Ti. et al.*).

2-[3,4-Dichlor-phenyl]-2*H*-[1,2,3]triazolo[4,5-*d*]pyrimidin-5,7-diyldiamin $C_{10}H_7Cl_2N_7$, Formel IV (X = H, X′ = X″ = Cl). Kristalle (aus wss. Ameisensäure); F: >360° [unkorr.] (*Ti. et al.*).

2-[2-Brom-phenyl]-2*H*-[1,2,3]triazolo[4,5-*d*]pyrimidin-5,7-diyldiamin $C_{10}H_8BrN_7$, Formel IV (X = Br, X′ = X″ = H). Kristalle (aus wss. Ameisensäure); F: 271–272° [unkorr.] (*Ti. et al.*).

2-[4-Brom-phenyl]-2*H*-[1,2,3]triazolo[4,5-*d*]pyrimidin-5,7-diyldiamin $C_{10}H_8BrN_7$, Formel IV (X = X′ = H, X″ = Br). Kristalle (aus wss. Ameisensäure) mit 0,5 Mol Ameisensäure; F: >360° [unkorr.] (*Ti. et al.*).

2-[2,4-Dibrom-phenyl]-2*H*-[1,2,3]triazolo[4,5-*d*]pyrimidin-5,7-diyldiamin $C_{10}H_7Br_2N_7$, Formel IV (X = X″ = Br, X′ = H). Kristalle (aus wss. Ameisensäure) mit 1 Mol Ameisensäure; F: 279–281° [unkorr.; Zers.] (*Ti. et al.*).

2-[2,4,6-Tribrom-phenyl]-2*H*-[1,2,3]triazolo[4,5-*d*]pyrimidin-5,7-diyldiamin $C_{10}H_6Br_3N_7$, Formel VI. Kristalle (aus wss. A.); F: 286–287° [unkorr.] (*Ti. et al.*).

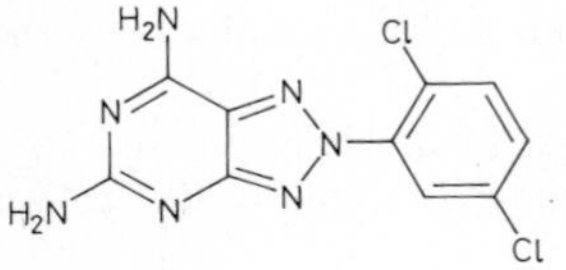

V 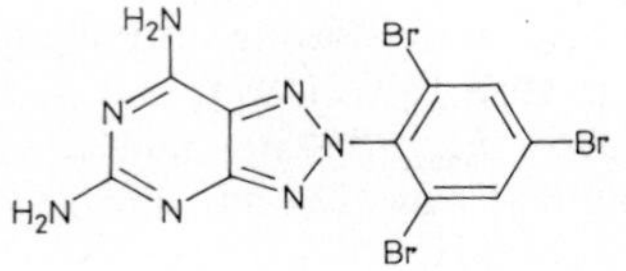 VI 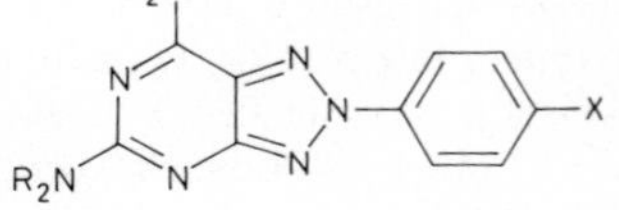 VII

N^5,N^5-Dimethyl-2-phenyl-2*H*-[1,2,3]triazolo[4,5-*d*]pyrimidin-5,7-diyldiamin $C_{12}H_{13}N_7$, Formel VII (R = CH_3, R′ = X = H). Gelbliche Kristalle; F: 270–272° (*Am. Cyanamid Co.,* U.S.P. 2543333 [1950]).

2-[4-Chlor-phenyl]-N^7,N^7-dimethyl-2*H*-[1,2,3]triazolo[4,5-*d*]pyrimidin-5,7-diyldiamin $C_{12}H_{12}ClN_7$, Formel VII (R = H, R′ = CH_3, X = Cl). Hydrochlorid $C_{12}H_{12}ClN_7 \cdot HCl$. Kristalle (aus wss. HCl); F: 287–288° [unkorr.] (*Ti. et al.*).

N^7,N^7-Dimethyl-2-[4-nitro-phenyl]-2*H*-[1,2,3]triazolo[4,5-*d*]pyrimidin-5,7-diyldiamin $C_{12}H_{12}N_8O_2$, Formel VII (R = H, R′ = CH_3, X = NO_2). Kristalle (aus DMF); F: 316–318° [unkorr.] (*Ti. et al.*).

2-[1]Naphthyl-2*H*-[1,2,3]triazolo[4,5-*d*]pyrimidin-5,7-diyldiamin $C_{14}H_{11}N_7$, Formel VIII. Kristalle (aus wss. Ameisensäure); F: 290–291° [unkorr.] (*Ti. et al.*).

2-[4-Äthoxy-phenyl]-2*H*-[1,2,3]triazolo[4,5-*d*]pyrimidin-5,7-diyldiamin

$C_{12}H_{13}N_7O$, Formel VII (R = R′ = H, X = O-C_2H_5). Kristalle (aus wss. Ameisensäure) mit 0,25 Mol Ameisensäure; F: 310–311° [unkorr.] (*Ti. et al.*).

4-[5,7-Diamino-[1,2,3]triazolo[4,5-*d*]pyrimidin-2-yl]-benzoesäure $C_{11}H_9N_7O_2$, Formel VII (R = R′ = H, X = CO-OH). Zers. >300° (*Ha., Be.*). UV-Spektrum (konz. H_2SO_4; 220–360 nm): *Ha., Be.*

N-[4-(5,7-Diamino-[1,2,3]triazolo[4,5-*d*]pyrimidin-2-yl)-benzoyl]-L-glutaminsäure $C_{16}H_{16}N_8O_5$, Formel IX. Zers. ab 235° (*Ha., Be.*).

4-[5,7-Diamino-[1,2,3]triazolo[4,5-*d*]pyrimidin-2-yl]-benzolsulfonsäure $C_{10}H_9N_7O_3S$, Formel VII (R = R′ = H, X = SO_2-OH). Kristalle; F: >360° (*Tanaka et al.*, Chem. pharm. Bl. **7** [1959] 1, 6).

[4-(5,7-Diamino-[1,2,3]triazolo[4,5-*d*]pyrimidin-2-yl)-phenyl]-phosphonsäure $C_{10}H_{10}N_7O_3P$, Formel VII (R = R′ = H, X = $PO(OH)_2$). Gelbe Kristalle; F: >360° (*Ta. et al.*).

2-[3]Chinolyl-2*H*-[1,2,3]triazolo[4,5-*d*]pyrimidin-5,7-diyldiamin $C_{13}H_{10}N_8$, Formel X. F: >360° (*Ti. et al.*, l. c. S. 58).

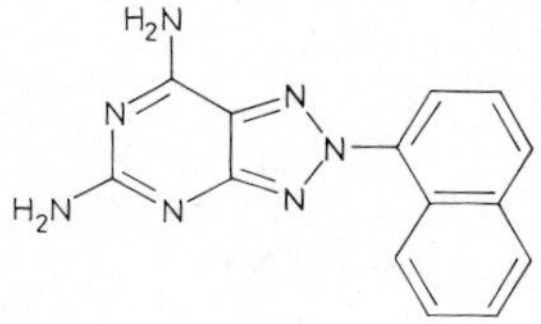

VIII 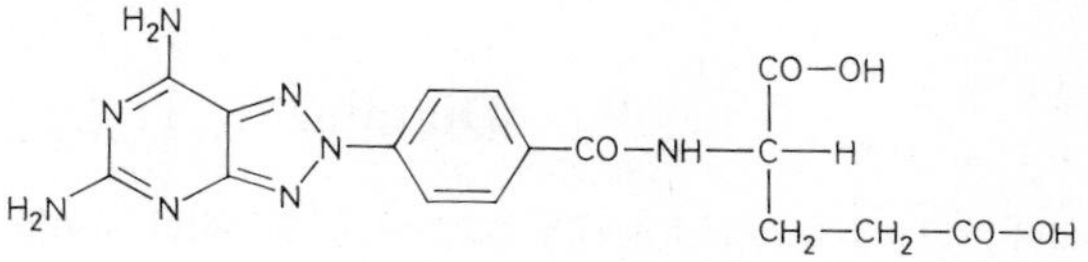 IX

3-Phenyl-3*H*-[1,2,3]triazolo[4,5-*d*]pyrimidin-5,7-diyldiamin $C_{10}H_9N_7$, Formel XI.

B. Aus N^4-Phenyl-pyrimidin-2,4,6-triyltriamin über mehrere Stufen (*Koppel et al.*, Am. Soc. **81** [1959] 3046, 3051).

Kristalle (aus DMF); F: >300°.

Diamine $C_5H_7N_7$

3-Methyl-[1,2,4]triazolo[4,3-*a*][1,3,5]triazin-5,7-diyldiamin $C_5H_7N_7$, Formel XII (R = CH_3).

B. Beim Erhitzen von 5-Methyl-1*H*-[1,2,4]triazol-3-ylamin mit Cyanguanidin und wss. HCl (*Kaiser et al.*, J. org. Chem. **18** [1953] 1610, 1614).

Kristalle (aus H_2O) mit 1 Mol H_2O; Zers. bei 345–346° [unkorr.].

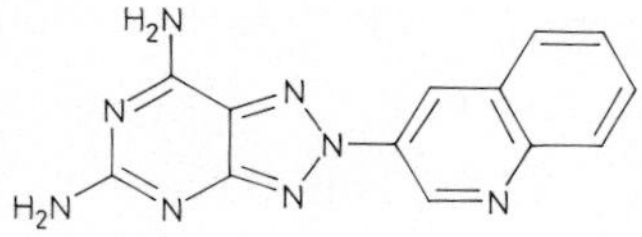

X 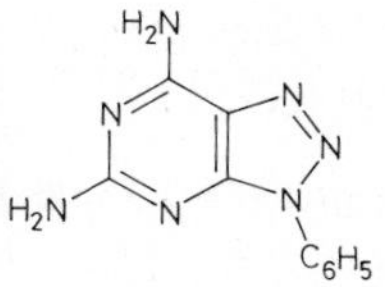 XI 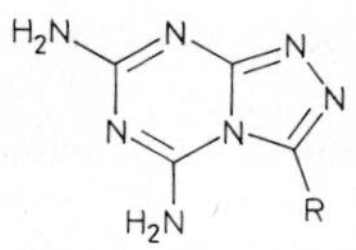 XII

Diamine $C_9H_{15}N_7$

3-Pentyl-[1,2,4]triazolo[4,3-*a*][1,3,5]triazin-5,7-diyldiamin $C_9H_{15}N_7$, Formel XII (R = $[CH_2]_4$-CH_3).

B. Analog der vorangehenden Verbindung (*Kaiser et al.*, J. org. Chem. **18** [1953] 1610, 1614).

Kristalle (aus 2-Äthoxy-äthanol); Zers. bei 315–316° [unkorr.; im auf 300° vorgeheizten Bad].

Diamine $C_{21}H_{39}N_7$

3-Heptadecyl-[1,2,4]triazolo[4,3-*a*][1,3,5]triazin-5,7-diyldiamin $C_{21}H_{39}N_7$, Formel XII (R = $[CH_2]_{16}$-CH_3).

B. Analog den vorangehenden Verbindungen (*Am. Cyanamid Co.*, U.S.P. 2473797 [1944]).

Kristalle (aus 2-Äthoxy-äthanol+A.); Zers. bei 219–220°.

Diamine $C_nH_{2n-7}N_7$

6-Pyrimidin-5-yl-[1,3,5]triazin-2,4-diyldiamin $C_7H_7N_7$, Formel XIII.

B. Beim Behandeln von Biguanid mit Pyrimidin-5-carbonsäure-methylester und methanol. Natriummethylat (*Am. Cyanamid Co.,* U.S.P. 2535968 [1945]).

Kristalle (aus 2-Äthoxy-äthanol).

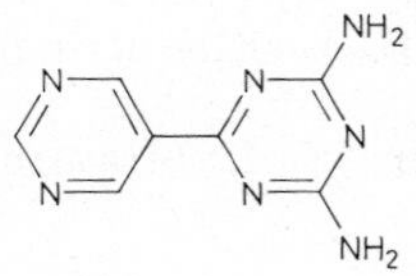

XIII 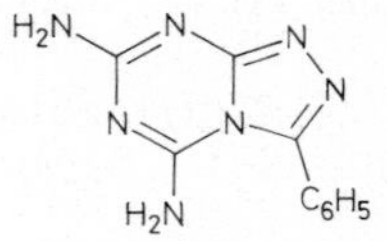 XIV

Diamine $C_nH_{2n-11}N_7$

3-Phenyl-[1,2,4]triazolo[4,3-*a*][1,3,5]triazin-5,7-diyldiamin $C_{10}H_9N_7$, Formel XIV.

B. Aus 5-Phenyl-1*H*-[1,2,4]triazol-3-ylamin und Cyanguanidin (*Kaiser et al.,* J. org. Chem. **18** [1953] 1610, 1615).

Kristalle (aus DMF); Zers. bei 375–376°.

Diamine $C_nH_{2n-15}N_7$

6*H*-Indolo[2,3-*g*]pteridin-2,4-diyldiamin $C_{12}H_9N_7$, Formel I (R = R′ = R″ = H).

B. Beim Erhitzen von 5-Nitroso-pyrimidin-2,4,6-triyltriamin mit 3-Acetoxy-indol in wss. Piperidin (*Allen & Hanburys,* U.S.P. 2556574 [1950]).

Orangegelbe Kristalle (aus Py.); F: >370°.

6-Methyl-6*H*-indolo[2,3-*g*]pteridin-2,4-diyldiamin $C_{13}H_{11}N_7$, Formel I (R = R′ = H, R″ = CH_3).

B. Analog der vorangehenden Verbindung (*Allen & Hanburys,* U.S.P. 2556574 [1950]).

Orangegelbe Kristalle (aus Py.); F: 373–374°.

***N*²,*N*⁴-Dimethyl-6*H*-indolo[2,3-*g*]pteridin-2,4-diyldiamin** $C_{14}H_{13}N_7$, Formel I (R = R′ = CH_3, R″ = H).

B. Beim Erwärmen von N^2,N^4-Dimethyl-pyrimidintetrayltetraamin-sulfat mit Isatin und Natriumacetat in wss. Äthanol (*Boon,* Soc. **1957** 2146, 2156).

Kristalle (aus DMF) mit 0,5 Mol H_2O; F: 338°.

6-Äthyl-6*H*-indolo[2,3-*g*]pteridin-2,4-diyldiamin $C_{14}H_{13}N_7$, Formel I (R = R′ = H, R″ = C_2H_5).

B. Analog 6*H*-Indolo[2,3-*g*]pteridin-2,4-diyldiamin [s. o.] (*Allen & Hanburys,* U.S.P. 2556574 [1950]).

Orangegelbe Kristalle (aus Py.); F: 356–357°.

6-Propyl-6*H*-indolo[2,3-*g*]pteridin-2,4-diyldiamin $C_{15}H_{15}N_7$, Formel I (R = R′ = H, R″ = CH_2-C_2H_5).

B. Analog 6*H*-Indolo[2,3-*g*]pteridin-2,4-diyldiamin [s. o.] (*Allen & Hanburys,* U.S.P. 2556574 [1950]).

Gelbe Kristalle (aus A.); F: 328–329°.

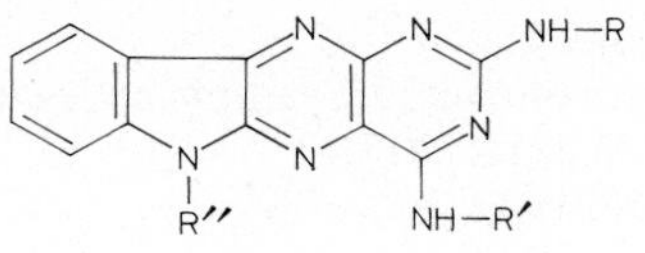

N^2,N^4-Bis-[2-diäthylamino-äthyl]-6-methyl-6*H*-indolo[2,3-*g*]pteridin-2,4-diyldiamin $C_{25}H_{37}N_9$, Formel II (R = C_2H_5, R' = CH_3, n = 2).

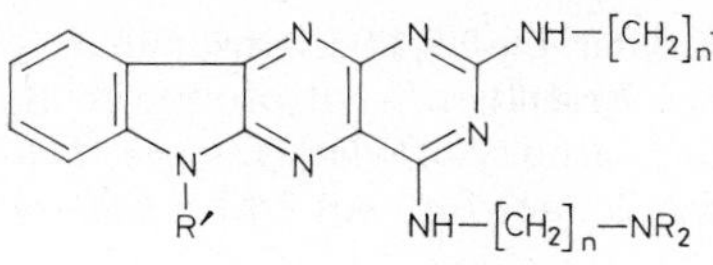

B. Beim Erhitzen von 6-Methyl-6*H*-indolo[2,3-*g*]pteridin-2,4-diyldiamin mit *N*,*N*-Diäthyl-äthylendiamin in Gegenwart von wss. HCl auf 180° (*Potter, Henshall,* Soc. **1956** 2000, 2004).

Orangegelbe Kristalle (aus wss. DMF); F: 187,5–188,5°.

Die folgenden Verbindungen sind in analoger Weise hergestellt worden:

N^2,N^4-Bis-[2-dimethylamino-äthyl]-6-propyl-6*H*-indolo[2,3-*g*]pteridin-2,4-diyldiamin $C_{23}H_{33}N_9$, Formel II (R = CH_3, R' = CH_2-C_2H_5, n = 2). Orangegelbe Kristalle (aus wss. DMF); F: 177–178°.

N^2,N^4-Bis-[2-diäthylamino-äthyl]-6-propyl-6*H*-indolo[2,3-*g*]pteridin-2,4-diyldiamin $C_{27}H_{41}N_9$, Formel II (R = C_2H_5, R' = CH_2-C_2H_5, n = 2). Orangegelbe Kristalle (aus wss. DMF); F: 152,5–153,5°.

N^4-[3-Diäthylamino-propyl]-6-methyl-6*H*-indolo[2,3-*g*]pteridin-2,4-diyldiamin $C_{20}H_{26}N_8$, Formel I (R = H, R' = $[CH_2]_3$-$N(C_2H_5)_2$, R'' = CH_3). Kristalle (aus wss. A.); F: 211–212°.

N^2,N^4-Bis-[3-diäthylamino-propyl]-6-methyl-6*H*-indolo[2,3-*g*]pteridin-2,4-diyldiamin $C_{27}H_{41}N_9$, Formel II (R = C_2H_5, R' = CH_3, n = 2). Rote Kristalle (aus E.); F: 177,5–178,5°.

N^2,N^4-Bis-[3-dimethylamino-propyl]-6-propyl-6*H*-indolo[2,3-*g*]pteridin-2,4-diyldiamin $C_{25}H_{37}N_9$, Formel II (R = CH_3, R' = CH_2-C_2H_5, n = 3). Orangegelbe Kristalle (aus wss. DMF); F: 165–166°.

N^2,N^4-Bis-[3-diäthylamino-propyl]-6-propyl-6*H*-indolo[2,3-*g*]pteridin-2,4-diyldiamin $C_{29}H_{45}N_9$, Formel II (R = C_2H_5; R' = CH_2-C_2H_5, n = 3). Kristalle (aus wss. DMF); F: 117,5–119°.

Diamine $C_nH_{2n-17}N_7$

Isochino[4,3-*g*]pteridin-5,11-diyldiamin $C_{13}H_9N_7$, Formel III.

B. Beim Erwärmen von 5-Nitroso-pyrimidin-4,6-diyldiamin mit [2-Cyan-phenyl]-acetonitril und äthanol. Natriumäthylat (*Osdene, Timmis,* Soc. **1955** 2214, 2217).

Gelbe Kristalle (aus Eg.).

C. Triamine

[1,2,4]Triazolo[4,3-*a*][1,3,5]triazin-3,5,7-triyltriamin $C_4H_6N_8$, Formel IV.

Diese Konstitution kommt dem früher (H **26** 539) als [1,2,4]Triazolo[1,2-*a*][1,2,4]triazol-1,3,5,7-tetraon-tetraimin beschriebenen Guanazoguanazol zu (*Kaiser et al.,* J. org. Chem. **18** [1953] 1610, 1613).

Tribenzoyl-Derivat $C_{25}H_{18}N_8O_3$; 3,5,7-Tris-benzoylamino-[1,2,4]triazolo[4,3-*a*][1,3,5]triazin, *N*,*N'*,*N''*-[1,2,4]Triazolo[4,3-*a*][1,3,5]triazin-3,5,7-triyl-tris-benzamid. Braun; F: 172–175° [unkorr.].

Isochino[4,3-*g*]pteridin-5,9,11-triyltriamin $C_{13}H_{10}N_8$, Formel V.

B. Beim Erwärmen von 5-Nitroso-pyrimidin-2,4,6-triyltriamin mit [2-Cyan-phenyl]-acetonitril und Natrium-[2-äthoxy-äthylat] (*Osdene, Timmis,* Soc. **1955** 2214, 2217).

Gelbe Kristalle (aus Eg.) mit 2 Mol Essigsäure und 2 Mol H_2O; F: >300°.

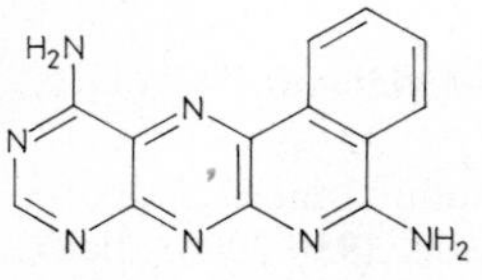

III 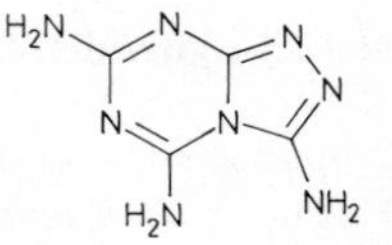 IV 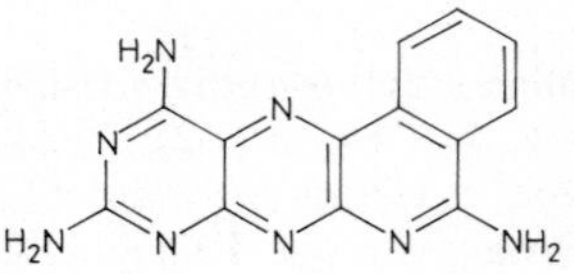 V 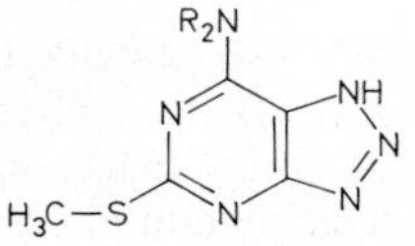 VI

D. Hydroxyamine

5-Methylmercapto-1*H*-[1,2,3]triazolo[4,5-*d*]pyrimidin-7-ylamin $C_5H_6N_6S$, Formel VI (R = H) und Taut.

B. Beim Behandeln von 2-Methylmercapto-pyrimidin-4,5,6-triyltriamin mit $NaNO_2$ in wss. Essigsäure (*Davoll,* Soc. **1958** 1593, 1598).

Kristalle mit 0,5 Mol H_2O; F: 282° [Zers.].

Acetyl-Derivat $C_7H_8N_6OS$; 7-Acetylamino-5-methylmercapto-1*H*-[1,2,3]triazolo[4,5-*d*]pyrimidin, *N*-[5-Methylmercapto-1*H*-[1,2,3]triazolo[4,5-*d*]pyrimidin-7-yl]-acetamid. Kristalle (aus wss. A.) mit 1 Mol Äthanol; F: 219–220°.

Diacetyl-Derivat $C_9H_{10}N_6O_2S$. Gelbliche Kristalle; F: 153–155° [unreines Präparat].

7-Dimethylamino-5-methylmercapto-1*H*-[1,2,3]triazolo[4,5-*d*]pyrimidin, Dimethyl-[5-methylmercapto-1*H*-[1,2,3]triazolo[4,5-*d*]pyrimidin-7-yl]-amin $C_7H_{10}N_6S$, Formel VI (R = CH_3) und Taut.

B. Beim Erwärmen von N^4,N^4-Dimethyl-2-methylmercapto-pyrimidin-4,5,6-triyltriamin mit $NaNO_2$, Natriumacetat, wss. HCl und Essigsäure (*Andrews, Barber,* Soc. **1958** 2768, 2771).

Kristalle (aus A.); F: 263°.

2-[4-Chlor-phenyl]-5-[4-chlor-phenylmercapto]-2*H*-[1,2,3]triazolo[4,5-*d*]pyrimidin-7-ylamin $C_{16}H_{10}Cl_2N_6S$, Formel VII.

B. Beim Erhitzen von 5-[4-Chlor-phenylazo]-2-[4-chlor-phenylmercapto]-pyrimidin-4,6-diyldiamin mit $CuSO_4$ in wss. Pyridin unter Einleiten von Sauerstoff (*Timmis et al.,* J. Pharm. Pharmacol. **9** [1957] 46, 56).

Kristalle (aus wss. Ameisensäure); F: 325–326° [unkorr.; Zers.].

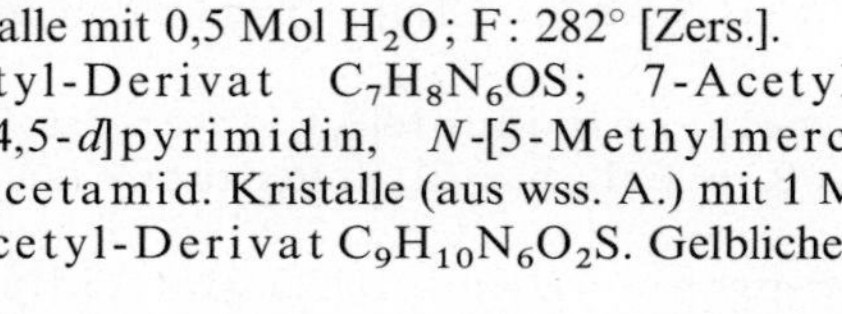

VII 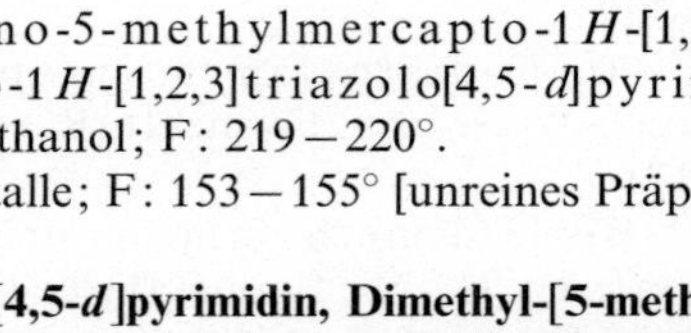 VIII

(1*R*)-1-[7-Amino-5-methylmercapto-[1,2,3]triazolo[4,5-*d*]pyrimidin-1(?)-yl]-D-1,4-anhydro-ribit, 5-Methylmercapto-1(?)-*β*-D-ribofuranosyl-1(?)*H*-[1,2,3]triazolo[4,5-*d*]pyrimidin-7-ylamin $C_{10}H_{14}N_6O_4S$, vermutlich Formel VIII.

B. s. im folgenden Artikel.

Kristalle (aus H_2O); F: 156–158° (*Davoll,* Soc. **1958** 1593, 1598). λ_{max}: 230 nm, 285 nm und 303 nm [wss. HCl (0,05 n)], 223 nm, 248 nm, 279 nm und 308 nm [wss. Lösung vom pH 6,8] bzw. 248 nm, 279 nm und 310 nm [wss. NaOH (0,05 n)] (*Da.,* l. c. S. 1595).

(1*R*)-1-[7-Amino-5-methylmercapto-[1,2,3]triazolo[4,5-*d*]pyrimidin-3-yl]-D-1,4-anhydro-ribit, 5-Methylmercapto-3-β-D-ribofuranosyl-3*H*-[1,2,3]triazolo[4,5-*d*]pyrimidin-7-ylamin, **2-Methylmercapto-8-aza-adenosin** $C_{10}H_{14}N_6O_4S$, Formel IX.

B. Neben der vorangehenden Verbindung aus dem Diacetyl-Derivat des 5-Methylmercapto-1*H*-[1,2,3]triazolo[4,5-*d*]pyrimidin-7-ylamins (s. o.) über mehrere Stufen (*Davoll,* Soc. **1958** 1593, 1598).

Kristalle (aus H_2O); F: 200–201°. λ_{max}: 245 nm und 280 nm [wss. HCl (0,05 n)], 248 nm und 289 nm [wss. Lösung vom pH 6,8] bzw. 247 nm und 289 nm [wss. NaOH (0,05 n)] (*Da.,* l. c. S. 1595).

Tri-*O*-acetyl-Derivat $C_{16}H_{20}N_6O_7S$; (1*R*)-Tri-*O*-acetyl-1-[7-amino-2-methylmercapto-[1,2,3]triazolo[4,5-*d*]pyrimidin-3-yl]-D-1,4-anhydro-ribit, 5-Methylmercapto-3-[tri-*O*-acetyl-β-D-ribofuranosyl]-3*H*-[1,2,3]triazolo[4,5-*d*]pyrimidin-7-ylamin, $O^{2'},O^{3'},O^{5'}$-Triacetyl-2-methylmercapto-8-aza-adenosin. Kristalle (aus A.); F: 152–153°.

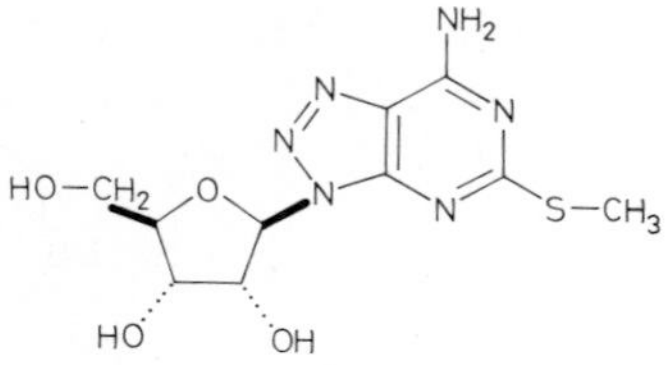

IX

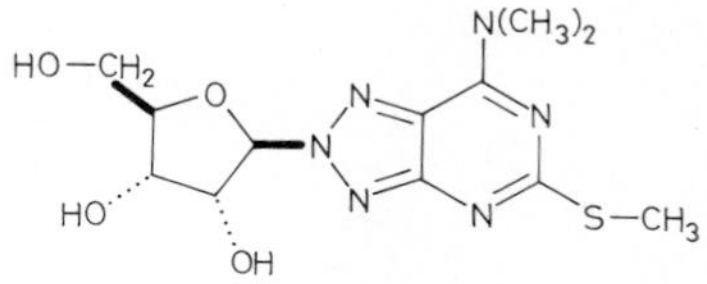

X

(1*R*)-1-[7-Dimethylamino-5-methylmercapto-[1,2,3]triazolo[4,5-*d*]pyrimidin-2-yl]-D-1,4-anhydro-ribit, 7-Dimethylamino-5-methylmercapto-2-β-D-ribofuranosyl-2*H*-[1,2,3]triazolo[4,5-*d*]pyrimidin $C_{12}H_{18}N_6O_4S$, Formel X.

Konstitution: *Angier, Marsico,* J. org. Chem. **25** [1960] 759, 760.

B. Aus Dimethyl-[5-methylmercapto-1*H*-[1,2,3]triazolo[4,5-*d*]pyrimidin-7-yl]-amin über mehrere Stufen (*Andrews, Barber,* Soc. **1958** 2768, 2771).

Kristalle (aus H_2O); F: 146,5–148° (*An., Ba.*).

E. Oxoamine

Amino-Derivate der Monooxo-Verbindungen $C_nH_{2n-5}N_5O$

Amino-Derivate der Oxo-Verbindungen $C_4H_3N_5O$

5-Amino-1,6-dihydro-[1,2,3]triazolo[4,5-*d*]pyrimidin-7-on $C_4H_4N_6O$, Formel I und Taut.

B. Aus 2,5,6-Triamino-3*H*-pyrimidin-4-on beim Behandeln mit $NaNO_2$ und wss. Essigsäure (*Roblin et al.,* Am. Soc. **67** [1945] 290, 293) oder wss. H_2SO_4 (*Cavalieri et al.,* Am. Soc. **70** [1948] 3875, 3880). – Herstellung von 5-Amino-1,6-dihydro-[3a-^{14}C][1,2,3]triazolo[4,5-*d*]pyrimidin-7-on und von 5-Amino-1,6-dihydro-[5-^{14}C][1,2,3]triazolo[4,5-*d*]pyrimidin-7-on: *Bennett,* Org. Synth. Isotopes **1958** 776.

Kristalle; Zers. >300° (*Ro. et al.*). UV-Spektrum (220–320 nm) in wss. Lösungen vom pH 7,8: *Bergmann et al.,* Arch. Biochem. **80** [1959] 318, 322; vom pH 7,4: *Way, Parks,* J. biol. Chem. **231** [1958] 467, 473; vom pH 7: *Roush, Norris,* Arch. Biochem. **29** [1950] 124, 127; vom pH 2, pH 6,6 und pH 8,4: *Ca. et al.,* l. c. S. 3876, 3878. λ_{max} (wss. Lösung): 247,5 nm und 265–270 nm [pH 3], 247,5 nm und 277 nm [pH 7] bzw. 240–250 nm und 280 nm [pH 11] (*Ro. et al.,* l. c. S. 291). Fluorescenzmaximum (wss. Lösung vom pH 7): 405 nm (*Udenfriend et al.,* J. Pharmacol. exp. Therap. **120** [1957] 26, 29). Scheinbare Dissoziationsexponenten pK'_{a1}

und pK'_{a2} (H_2O; potentiometrisch ermittelt): ca. 8,1 bzw. ca. 9,6 (*Hirata et al.*, Res. Rep. Nagoya ind. Sci. Res. Inst. Nr. 9 [1956] 80; C. A. **1957** 8516).

Hydrochlorid $C_4H_4N_6O \cdot HCl$. Kristalle [aus wss. HCl] (*Ca. et al.*).

Diacetyl-Derivat $C_8H_8N_6O_3$. Kristalle; F: 219° [Zers.] (*Davoll*, Soc. **1958** 1593, 1599).

5-Amino-4-methyl-1,4-dihydro-[1,2,3]triazolo[4,5-*d*]pyrimidin-7-on $C_5H_6N_6O$, Formel II und Taut.

B. Beim Behandeln von 2,6-Diamino-1-methyl-5-nitroso-1*H*-pyrimidin-4-on (E III/IV **25** 3645) mit $Na_2S_2O_4$ und wss. NaOH und anschliessend mit $NaNO_2$ und wss. HCl (*Yamada et al.*, Ann. Rep. Tanabe pharm. Res. **2** [1957] Nr. 1, S. 13, 18; C. A. **1958** 1177).

F: >300°.

5-Methylamino-1,6-dihydro-[1,2,3]triazolo[4,5-*d*]pyrimidin-7-on $C_5H_6N_6O$, Formel III (R = H) und Taut.

B. Analog der vorangehenden Verbindung (*Yamada et al.*, Ann. Rep. Tanabe pharm. Res. **2** [1957] Nr. 1, S. 13, 17; C. A. **1958** 1177).

Kristalle; F: >320°.

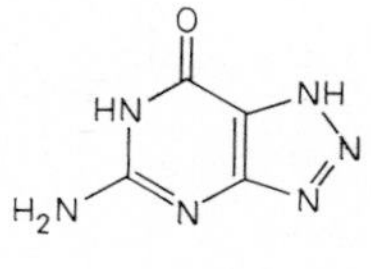

I 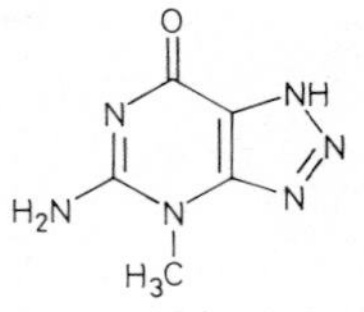 II 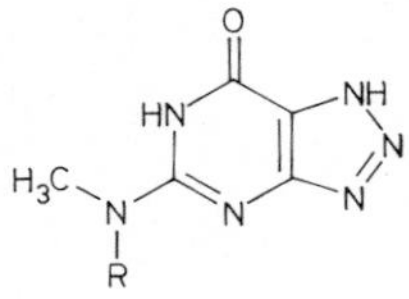 III 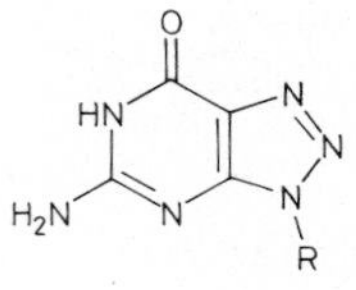 IV

5-Dimethylamino-1,6-dihydro-[1,2,3]triazolo[4,5-*d*]pyrimidin-7-on $C_6H_8N_6O$, Formel III (R = CH_3) und Taut.

B. Analog den vorangehenden Verbindungen (*Yamada et al.*, Ann. Rep. Tanabe pharm. Res. **2** [1957] Nr. 1, S. 13, 17; C. A. **1958** 1177).

Kristalle; F: 298° [Zers.].

5-Amino-3-octyl-3,6-dihydro-[1,2,3]triazolo[4,5-*d*]pyrimidin-7-on $C_{12}H_{20}N_6O$, Formel IV (R = $[CH_2]_7$-CH_3) und Taut.

B. Aus 2-Amino-6-chlor-pyrimidin-4,5-dion-5-phenylhydrazon (E III/IV **25** 4177) über mehrere Stufen (*Koppel et al.*, Am. Soc. **81** [1959] 3046, 3047).

Kristalle (aus DMF); F: 263–264° [unkorr.]. λ_{max} (wss. Lösung): 255 nm [pH 1] bzw. 280 nm [pH 11].

5-Amino-3-decyl-3,6-dihydro-[1,2,3]triazolo[4,5-*d*]pyrimidin-7-on $C_{14}H_{24}N_6O$, Formel IV (R = $[CH_2]_9$-CH_3) und Taut.

B. Analog der vorangehenden Verbindung (*Koppel et al.*, Am. Soc. **81** [1959] 3046, 3047).

Kristalle (aus DMF); F: 258–259° [unkorr.]. λ_{max} (wss. Lösung): 254 nm [pH 1] bzw. 279 nm [pH 11].

5-Amino-3-cyclohexyl-3,6-dihydro-[1,2,3]triazolo[4,5-*d*]pyrimidin-7-on $C_{10}H_{14}N_6O$, Formel IV (R = C_6H_{11}) und Taut.

B. Analog den vorangehenden Verbindungen (*Koppel et al.*, Am. Soc. **81** [1959] 3046, 3047).

Kristalle (aus DMF); F: 311–312° [unkorr.]. λ_{max} (wss. Lösung): 255 nm [pH 1] bzw. 280 nm [pH 11].

5-Amino-2-phenyl-2,6-dihydro-[1,2,3]triazolo[4,5-*d*]pyrimidin-7-on $C_{10}H_8N_6O$, Formel V (R = X = H) und Taut.

B. Beim Erhitzen von 2,6-Diamino-pyrimidin-4,5-dion-5-phenylhydrazon (E III/IV **25** 4178) mit $CuSO_4$ in wss. Pyridin (*Benson et al.*, Am. Soc. **72** [1950] 1816; *Am. Cyanamid Co.*, U.S.P.

2543333 [1950]).

Kristalle; F: >300° [Zers.] (*Am. Cyanamid Co.*; *Be. et al.*). UV-Spektrum (wss. NaOH [0,1 n]; 220–320 nm): *Be. et al.*

5-Amino-2-[4-chlor-phenyl]-2,6-dihydro-[1,2,3]triazolo[4,5-*d*]pyrimidin-7-on $C_{10}H_7ClN_6O$, Formel V (R = H, X = Cl) und Taut.

B. Beim Erhitzen von 2,6-Diamino-pyrimidin-4,5-dion-5-[4-chlor-phenylhydrazon] (E III/IV **25** 4178) mit $CuSO_4$ in wss. Pyridin unter Einleiten von Sauerstoff (*Timmis et al.*, J. Pharm. Pharmacol. **9** [1957] 46, 56).

Kristalle (aus wss. Ameisensäure); F: >360°.

5-Amino-2-[4-brom-phenyl]-2,6-dihydro-[1,2,3]triazolo[4,5-*d*]pyrimidin-7-on $C_{10}H_7BrN_6O$, Formel V (R = H, X = Br) und Taut.

B. Analog der vorangehenden Verbindung (*Timmis et al.*, J. Pharm. Pharmacol. **9** [1957] 46, 56).

Kristalle (aus wss. Ameisensäure); F: >360°.

5-Amino-3-phenyl-3,6-dihydro-[1,2,3]triazolo[4,5-*d*]pyrimidin-7-on $C_{10}H_8N_6O$, Formel VI (X = X' = H) und Taut.

B. Aus 2-Amino-6-anilino-pyrimidin-4,5-dion-5-phenylhydrazon (E III/IV **25** 4180) beim Erhitzen mit $Na_2S_2O_4$ und wss. NaOH und anschliessend mit $NaNO_2$ und wss. Essigsäure (*Koppel et al.*, Am. Soc. **81** [1959] 3046, 3047).

Kristalle (aus DMF); F: 326–327° [unkorr.; Zers.]. λ_{max} (wss. Lösung): 270 nm [pH 1] bzw. 287 nm [pH 11].

Die folgenden Verbindungen sind in analoger Weise hergestellt worden:

5-Amino-3-[4-chlor-phenyl]-3,6-dihydro-[1,2,3]triazolo[4,5-*d*]pyrimidin-7-on $C_{10}H_7ClN_6O$, Formel VI (X = H, X' = Cl) und Taut. Kristalle (aus DMF); F: >360°. λ_{max} (wss. Lösung): 272 nm [pH 1] bzw. 287 nm [pH 11].

5-Amino-3-[3,4-dichlor-phenyl]-3,6-dihydro-[1,2,3]triazolo[4,5-*d*]pyrimidin-7-on $C_{10}H_6Cl_2N_6O$, Formel VI (X = X' = Cl) und Taut. Kristalle (aus DMF); Zers. >300°. λ_{max} (wss. Lösung): 272 nm [pH 1] bzw. 289 nm [pH 11].

5-Amino-3-[4-brom-phenyl]-3,6-dihydro-[1,2,3]triazolo[4,5-*d*]pyrimidin-7-on $C_{10}H_7BrN_6O$, Formel VI (X = H, X' = Br) und Taut. Kristalle (aus DMF); F: >360°. λ_{max} (wss. Lösung vom pH 11): 287 nm.

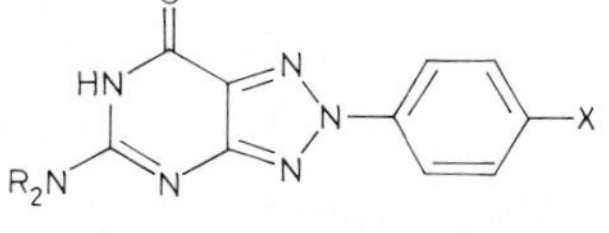

V 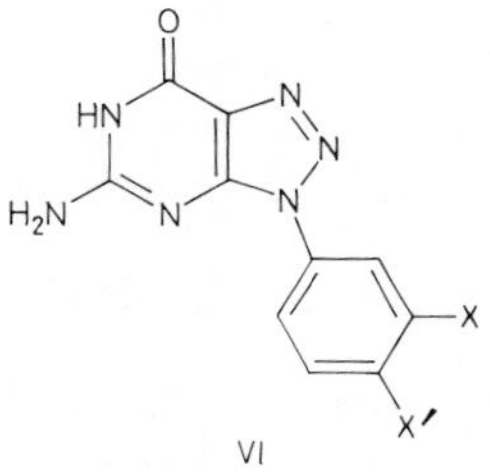 VI 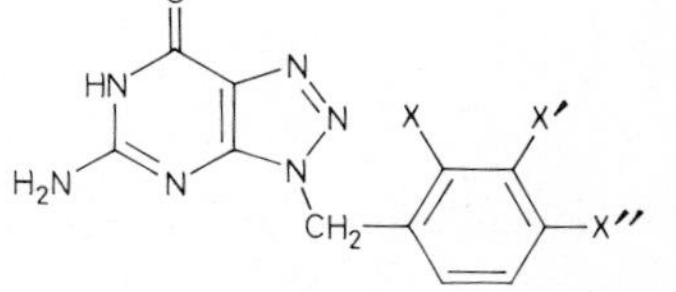 VII

5-Dimethylamino-2-phenyl-2,6-dihydro-[1,2,3]triazolo[4,5-*d*]pyrimidin-7-on $C_{12}H_{12}N_6O$, Formel V (R = CH_3, X = H) und Taut.

B. Aus 6-Amino-2-dimethylamino-3*H*-pyrimidin-4-on beim Behandeln mit diazotiertem Anilin, Natriumacetat und wss. HCl und anschliessenden Erhitzen mit $CuSO_4$ in wss. Pyridin unter Einleiten von Luft (*Am. Cyanamid Co.*, U.S.P. 2543333 [1950]).

Kristalle; F: 298–303°.

5-Amino-3-benzyl-3,6-dihydro-[1,2,3]triazolo[4,5-*d*]pyrimidin-7-on $C_{11}H_{10}N_6O$, Formel VII (X = X' = X'' = H) und Taut.

B. Aus 2-Amino-6-chlor-pyrimidin-4,5-dion-5-phenylhydrazon (E III/IV **25** 4177) über mehrere Stufen (*Koppel et al.*, Am. Soc. **81** [1959] 3046, 3047).

Kristalle (aus DMF); F: 313–314° [unkorr.]. λ_{max} (wss. Lösung): 255 nm [pH 1] bzw. 280 nm [pH 11].

Die folgenden Verbindungen sind in analoger Weise hergestellt worden:

5-Amino-3-[2-chlor-benzyl]-3,6-dihydro-[1,2,3]triazolo[4,5-*d*]pyrimidin-7-on $C_{11}H_9ClN_6O$, Formel VII (X = Cl, X′ = X″ = H) und Taut. Kristalle (aus DMF); F: 315–316° [unkorr.]. λ_{max} (wss. Lösung): 255 nm [pH 1] bzw. 280 nm [pH 11].

5-Amino-3-[4-chlor-benzyl]-3,6-dihydro-[1,2,3]triazolo[4,5-*d*]pyrimidin-7-on $C_{11}H_9ClN_6O$, Formel VII (X = X′ = H, X″ = Cl) und Taut. Kristalle (aus DMF); F: 327–328° [unkorr.]. λ_{max} (wss. Lösung): 255 nm [pH 1] bzw. 280 nm [pH 11].

5-Amino-3-[3,4-dichlor-benzyl]-3,6-dihydro-[1,2,3]triazolo[4,5-*d*]pyrimidin-7-on $C_{11}H_8Cl_2N_6O$, Formel VII (X = H, X′ = X″ = Cl) und Taut. Kristalle (aus DMF); F: 322–323° [unkorr.]. λ_{max} (wss. Lösung): 255 nm [pH 1] bzw. 280 nm [pH 11].

5-Amino-2-[4-hydroxy-phenyl]-2,6-dihydro-[1,2,3]triazolo[4,5-*d*]pyrimidin-7-on $C_{10}H_8N_6O_2$, Formel V (R = H, X = OH) und Taut.

B. Aus 2,6-Diamino-pyrimidin-4,5-dion-5-[4-hydroxy-phenylhydrazon] (E III/IV **25** 4178) beim Erhitzen mit $CuSO_4$ in wss. Pyridin (*Hartzel, Benson,* Am. Soc. **76** [1954] 2263).

Kristalle (aus Äthylenglykol); Zers. >300°.

***N*-[7-Oxo-6,7-dihydro-1*H*-[1,2,3]triazolo[4,5-*d*]pyrimidin-5-yl]-glycin** $C_6H_6N_6O_3$, Formel VIII (X = OH) und Taut.

B. Aus 5-Amino-1,6-dihydro-[1,2,3]triazolo[4,5-*d*]pyrimidin-7-on und Chloressigsäure (*Cilag,* D.B.P. 836802 [1950]; D.R.B.P. Org. Chem. 1950–1951 **3** 1386). Aus *N*-[4,5-Diamino-6-oxo-1,6-dihydro-pyrimidin-2-yl]-glycin beim Behandeln mit $NaNO_2$ und wss. Essigsäure (*Cilag*).

Kristalle (aus H_2O); Zers. >300°.

***N*-[7-Oxo-6,7-dihydro-1*H*-[1,2,3]triazolo[4,5-*d*]pyrimidin-5-yl]-glycin-amid** $C_6H_7N_7O_2$, Formel VIII (X = NH_2) und Taut.

B. Analog der vorangehenden Verbindung (*Cilag,* D.B.P. 836802 [1950]; D.R.B.P. Org. Chem. 1950–1951 **3** 1386).

Kristalle (aus H_2O); Zers. >320°.

VIII IX

4-[5-Amino-7-oxo-6,7-dihydro-[1,2,3]triazolo[4,5-*d*]pyrimidin-2-yl]-benzoesäure $C_{11}H_8N_6O_3$, Formel IX (R = CO-OH) und Taut.

B. Aus 4-[2,6-Diamino-4-oxo-4*H*-pyrimidin-5-ylidenhydrazino]-benzoesäure (E III/IV **25** 4178) beim Erhitzen mit $CuSO_4$ in wss. Pyridin (*Benson et al.,* Am. Soc. **72** [1950] 1816).

Hellgelbe Kristalle; Zers. >300°. UV-Spektrum (wss. NaOH [0,1 n]; 220–320 nm): *Be. et al.*

Die folgenden Verbindungen sind in analoger Weise hergestellt worden:

4-[5-Amino-7-oxo-6,7-dihydro-[1,2,3]triazolo[4,5-*d*]pyrimidin-2-yl]-benzoesäure-äthylester $C_{13}H_{12}N_6O_3$, Formel IX (R = CO-O-C_2H_5) und Taut. Kristalle; Zers. >300° (*Be. et al.*). UV-Spektrum (wss. NaOH [0,1 n]; 220–320 nm): *Be. et al.*

4-[5-Amino-7-oxo-6,7-dihydro-[1,2,3]triazolo[4,5-*d*]pyrimidin-2-yl]-benzoesäure-butylester $C_{15}H_{16}N_6O_3$, Formel IX (R = CO-O-$[CH_2]_3$-CH_3) und Taut. Zers. >300° (*Hartzel, Benson,* Am. Soc. **76** [1954] 2263).

4-[5-Amino-7-oxo-6,7-dihydro-[1,2,3]triazolo[4,5-*d*]pyrimidin-2-yl]-benzoesäure-amid $C_{11}H_9N_7O_2$, Formel IX (R = CO-NH_2) und Taut. Zers. >300° (*Ha., Be.*).

N-[4-(5-Amino-7-oxo-6,7-dihydro-[1,2,3]triazolo[4,5-*d*]pyrimidin-2-yl)-benzoyl]-L-glutaminsäure $C_{16}H_{15}N_7O_6$, Formel X und Taut. Kristalle (aus H_2O); F: 240° [Zers.]; $[\alpha]_D^{20}$: +16,2° [wss. NaOH (4 Mol NaOH/Mol Verbindung); c = 2] (*Be. et al.*). UV-Spektrum (wss. NaOH [0,1 n]; 220–320 nm): *Be. et al.*

4-[5-Amino-7-oxo-6,7-dihydro-[1,2,3]triazolo[4,5-*d*]pyrimidin-2-yl]-benzolsulfonsäure $C_{10}H_8N_6O_4S$, Formel IX (R = SO_2-OH) und Taut. Zers. >300° (*Ha., Be.*).

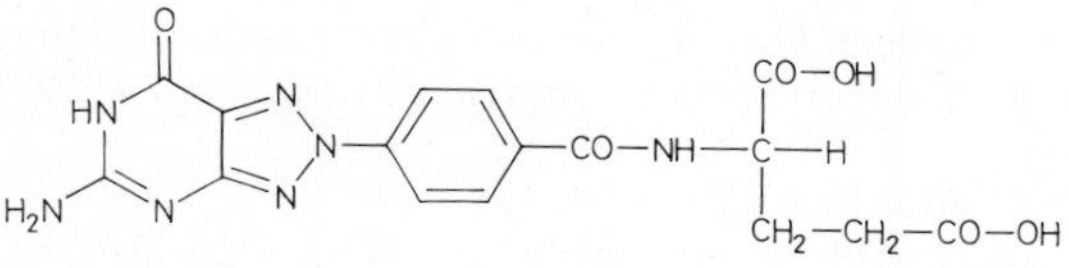

X 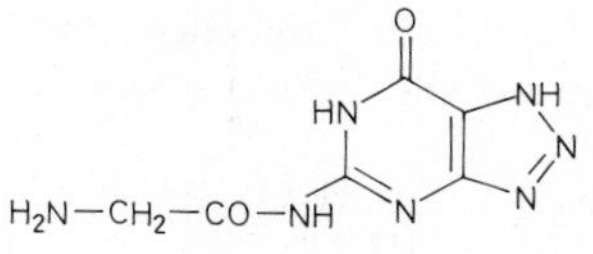 XI

5-Glycylamino-1,6-dihydro-[1,2,3]triazolo[4,5-*d*]pyrimidin-7-on, Glycin-[7-oxo-6,7-dihydro-1*H*-[1,2,3]triazolo[4,5-*d*]pyrimidin-5-ylamid] $C_6H_7N_7O_2$, Formel XI und Taut.

B. Aus Chloressigsäure-[4,5-diamino-6-oxo-1,6-dihydro-pyrimidin-2-ylamid] beim Behandeln mit $NaNO_2$ und wss. Essigsäure und anschliessend mit wss. NH_3 (*Cilag*, D.B.P. 836802 [1950]; D.R.B.P. Org. Chem. 1950–1951 **3** 1386).

Zers. >320°.

5-[4-Amino-benzoylamino]-1,6-dihydro-[1,2,3]triazolo[4,5-*d*]pyrimidin-7-on, 4-Amino-benzoesäure-[7-oxo-6,7-dihydro-1*H*-[1,2,3]triazolo[4,5-*d*]pyrimidin-5-ylamid] $C_{11}H_9N_7O_2$, Formel XII und Taut.

B. Aus 4-Nitro-benzoesäure-[4,5-diamino-6-oxo-1,6-dihydro-pyrimidin-2-ylamid] beim Behandeln mit $NaNO_2$ und wss. HCl und anschliessenden Hydrieren an Palladium/Kohle in wss. NaOH (*Cilag*, D.B.P. 836802 [1950]; D.R.B.P. Org. Chem. 1950–1951 **3** 1386).

Zers. >300° [nach Schwarzfärbung bei 250°].

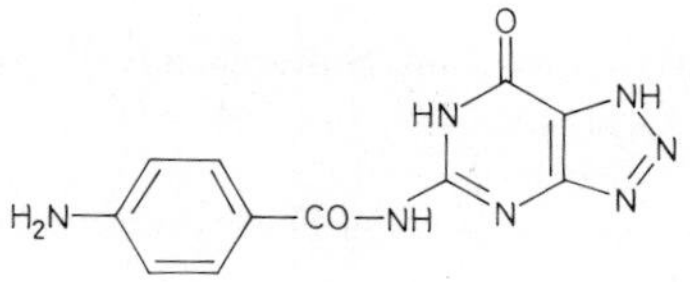

XII 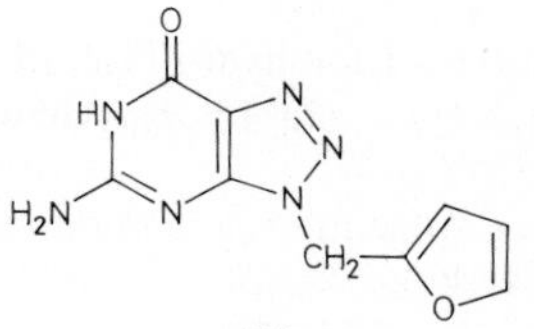 XIII

5-Amino-3-furfuryl-3,6-dihydro-[1,2,3]triazolo[4,5-*d*]pyrimidin-7-on $C_9H_8N_6O_2$, Formel XIII und Taut.

B. Aus 2-Amino-6-chlor-pyrimidin-4,5-dion-5-phenylhydrazon (E III/IV **25** 4177) über mehrere Stufen (*Koppel et al.*, Am. Soc. **81** [1959] 3046, 3047).

Kristalle (aus wss. Eg.); F: 285° [unkorr.; Zers.]. λ_{max} (wss. Lösung): 255 nm [pH 1] bzw. 280 nm [pH 11].

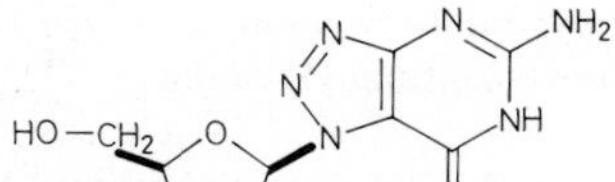

I 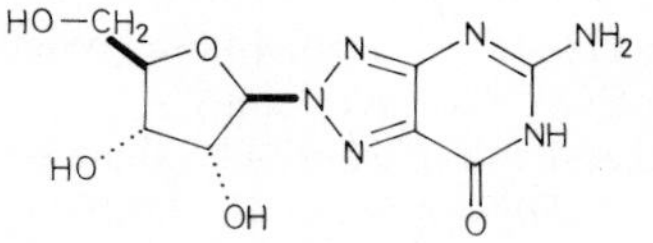 II 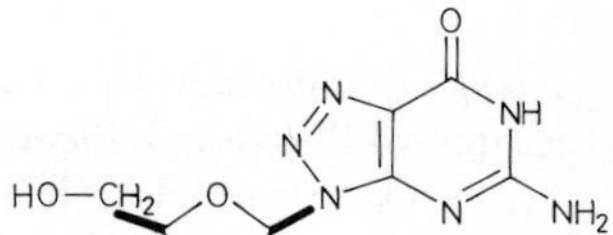 III

5-Amino-1(?)-β-D-ribofuranosyl-1(?),6-dihydro-[1,2,3]triazolo[4,5-*d*]pyrimidin-7-on $C_9H_{12}N_6O_5$, vermutlich Formel I und Taut.

B. Aus 5,7-Bis-acetylamino-1*H*-[1,2,3]triazolo[4,5-*d*]pyrimidin über mehrere Stufen (*Davoll,*

Soc. **1958** 1593, 1597).

Kristalle (aus H_2O); Zers. >200°. $[\alpha]_D^{20}$: −75° [H_2O; c = 0,9]. λ_{max}: 285 nm [wss. HCl (0,01 n)], 297 nm [wss. Lösung vom pH 6,8] bzw. 254 nm, 256 nm und 304 nm [wss. NaOH (0,03 n)] (*Da.*, l. c. S. 1595).

5-Amino-2(?)-β-D-ribofuranosyl-2(?),6-dihydro-[1,2,3]triazolo[4,5-*d*]pyrimidin-7-on $C_9H_{12}N_6O_5$, vermutlich Formel II und Taut.

B. Neben der folgenden Verbindung aus dem Diacetyl-Derivat des 5-Amino-1,6-dihydro-[1,2,3]triazolo[4,5-*d*]pyrimidin-7-ons (S. 4172) über mehrere Stufen (*Davoll,* Soc. **1958** 1593, 1599).

Kristalle (aus H_2O), die bei 230–235° sintern. $[\alpha]_D^{20}$: −79° [wss. NaOH (0,1 n); c = 0,8]. λ_{max}: 301 nm [H_2O], 296 nm [wss. HCl (0,01 n)] bzw. 303 nm [wss. NaOH (0,03 n)] (*Da.*, l. c. S. 1595).

5-Amino-3-β-D-ribofuranosyl-3,6-dihydro-[1,2,3]triazolo[4,5-*d*]pyrimidin-7-on, 8-Aza-guanosin $C_9H_{12}N_6O_5$, Formel III und Taut.

B. Aus 2-Methylmercapto-8-aza-inosin (S. 4151) beim Erhitzen mit wss.-äthanol. NH_3 auf 130° (*Davoll,* Soc. **1958** 1593, 1598). Eine weitere Bildungsweise s. im vorangehenden Artikel.

Kristalle (aus H_2O); F: 251–253° [Zers.]. $[\alpha]_D^{21}$: −97° [wss. NaOH (0,1 n); c = 1]. λ_{max}: 256 nm [wss. Lösung vom pH 6,8], 254–256 nm [wss. HCl (0,01 n)] bzw. 221–222 nm und 277–279 nm [wss. NaOH (0,03 n)] (*Da.*, l. c. S. 1595).

5-Amino-2-[3]chinolyl-2,6-dihydro-[1,2,3]triazolo[4,5-*d*]pyrimidin-7-on $C_{13}H_9N_7O$, Formel IV und Taut.

B. Beim Erhitzen von 5-[3]Chinolylazo-pyrimidin-2,4,6-triyltriamin (E III/IV **25** 4674) mit $CuSO_4$ in wss. Pyridin unter Einleiten von Sauerstoff (*Timmis et al.,* J. Pharm. Pharmacol. **9** [1957] 46, 57).

F: >360°.

5-Sulfanilylamino-1,6-dihydro-[1,2,3]triazolo[4,5-*d*]pyrimidin-7-on, Sulfanilsäure-[7-oxo-6,7-dihydro-1*H*-[1,2,3]triazolo[4,5-*d*]pyrimidin-5-ylamid] $C_{10}H_9N_7O_3S$, Formel V (R = H) und Taut.

B. Aus der folgenden Verbindung beim Erhitzen mit wss. NaOH (*Fahrenbach et al.,* Am. Soc. **76** [1954] 4006, 4010).

Kristalle mit 1,5 Mol H_2O; F: 216–220° [Zers.]. λ_{max}: 257 nm [wss. NaOH (0,1 n)] bzw. 265 nm [wss. HCl (0,1 n)].

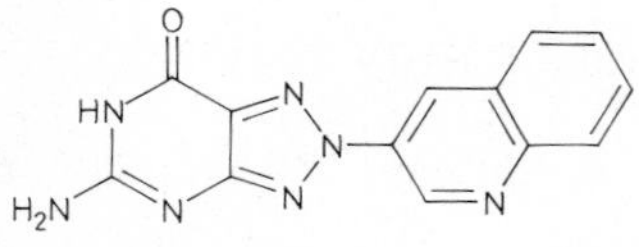

IV 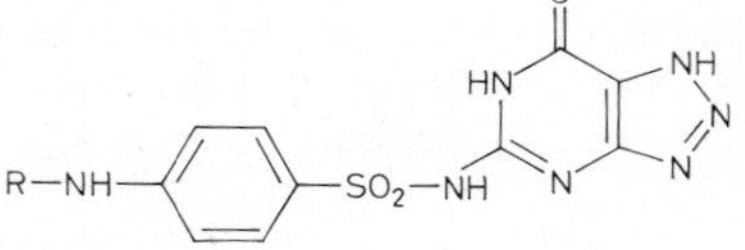 V 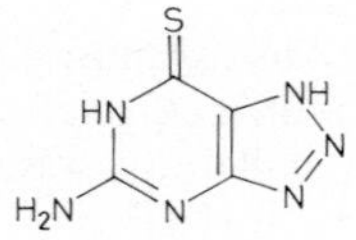 VI

***N*-Acetyl-sulfanilsäure-[7-oxo-6,7-dihydro-1*H*-[1,2,3]triazolo[4,5-*d*]pyrimidin-5-ylamid], Essigsäure-[4-(7-oxo-6,7-dihydro-1*H*-[1,2,3]triazolo[4,5-*d*]pyrimidin-5-ylsulfamoyl)-anilid]** $C_{12}H_{11}N_7O_4S$, Formel V (R = CO-CH_3) und Taut.

B. Beim Behandeln von *N*-Acetyl-sulfanilsäure-[4,5-diamino-6-oxo-1,6-dihydro-pyrimidin-2-ylamid] mit $NaNO_2$ und wss. HCl (*Fahrenbach et al.,* Am. Soc. **76** [1954] 4006, 4010).

Kristalle mit 0,5 Mol H_2O; F: 264–267° [Zers.]. λ_{max}: 256 nm [wss. NaOH (0,1 n)] bzw. 265 nm [wss. HCl (0,1 n)].

5-Amino-1,6-dihydro-[1,2,3]triazolo[4,5-*d*]pyrimidin-7-thion $C_4H_4N_6S$, Formel VI und Taut.

B. Beim Erhitzen von 5-Amino-1,6-dihydro-[1,2,3]triazolo[4,5-*d*]pyrimidin-7-on mit P_2S_5 in Pyridin (*Bahner et al.,* Am. Soc. **76** [1954] 1370).

Kristalle; Zers. bei 270°. λ_{max} (wss. Lösung): 231 nm und 341 nm [pH 6,5] bzw. 224 nm und 325 nm [pH 10].

5-Amino-2-[4-chlor-phenyl]-2,6-dihydro-[1,2,3]triazolo[4,5-*d*]pyrimidin-7-thion $C_{10}H_7ClN_6S$, Formel VII und Taut.

B. Analog der vorangehenden Verbindung (*Timmis et al.*, J. Pharm. Pharmacol. **9** [1957] 46, 57).

Gelbe Kristalle (aus Py.) mit 0,25 Mol Pyridin; F: 362–363° [unkorr.; Zers.].

7-Amino-1,4-dihydro-[1,2,3]triazolo[4,5-*d*]pyrimidin-5-on $C_4H_4N_6O$, Formel VIII (X = O) und Taut.

B. Beim Behandeln von 4,5,6-Triamino-1*H*-pyrimidin-2-on-sulfat mit wss. $NaNO_2$ (*Cavalieri et al.*, Am. Soc. **70** [1948] 3875, 3880).

Hydrochlorid $C_4H_4N_6O \cdot HCl$. Kristalle [aus wss. HCl] (*Ca. et al.*). UV-Spektrum (wss. Lösungen vom pH 2,1, pH 6,7 und pH 8,6; 220–310 nm): *Ca. et al.*, l. c. S. 3876, 3878; s. a. *Cavalieri, Bendich*, Am. Soc. **72** [1950] 2587, 2593).

7-Amino-1,4-dihydro-[1,2,3]triazolo[4,5-*d*]pyrimidin-5-thion $C_4H_4N_6S$, Formel VIII (X = S) und Taut.

B. Aus 4,5,6-Triamino-1*H*-pyrimidin-2-thion-hydrogensulfat beim Behandeln mit wss. KNO_2 (*Bahner et al.*, J. org. Chem. **22** [1957] 558).

An der Luft wenig beständige Kristalle. λ_{max} (wss. Lösung): 256 nm und 310 nm [pH 6,5] bzw. 255 nm und 307 nm [pH 10].

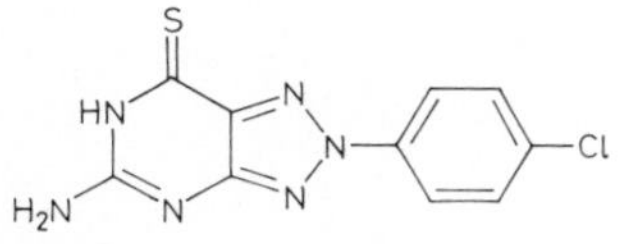

VII 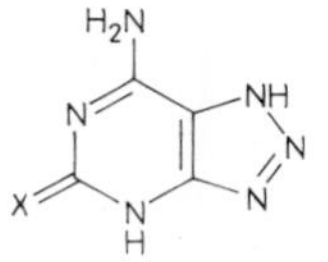 VIII 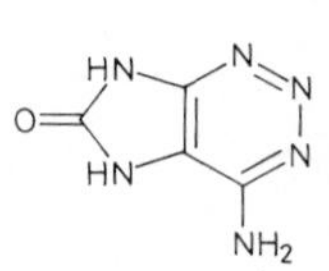 IX 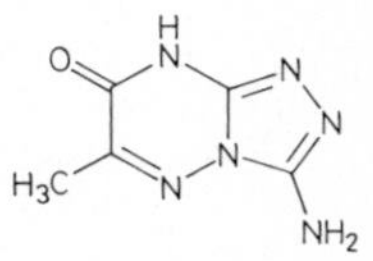 X

4-Amino-5,7-dihydro-imidazo[4,5-*d*][1,2,3]triazin-6-on $C_4H_4N_6O$, Formel IX und Taut.

B. Aus 5-Amino-2-oxo-2,3-dihydro-1*H*-imidazol-4-carbamidin beim Behandeln mit $NaNO_2$ und wss. Essigsäure (*Shaw, Woolley*, J. biol. Chem. **194** [1952] 641, 650). Aus 5(7)*H*-Imidazo[4,5-*d*][1,2,3]triazin-4-ylamin mit Hilfe von Xanthin-Oxidase (*Shaw, Wo.*, l. c. S. 651).

Kristalle (aus H_2O) mit 0,5 Mol H_2O. IR-Spektrum (Mineralöl; 2–14,5 μ): *Shaw, Wo.*, l. c. S. 652. UV-Spektrum (wss. Lösung vom pH 6,5; 220–310 nm): *Shaw, Wo.*, l. c. S. 642.

Amino-Derivate der Monooxo-Verbindungen $C_5H_5N_5O$

3-Amino-6-methyl-8*H*-[1,2,4]triazolo[4,3-*b*][1,2,4]triazin-7-on $C_5H_6N_6O$, Formel X, oder
3-Amino-7-methyl-5*H*-[1,2,4]triazolo[4,3-*b*][1,2,4]triazin-6-on $C_5H_6N_6O$, Formel XI und Taut.

B. Beim Erhitzen von [1,2,4]Triazol-3,4,5-triyltriamin-hydrobromid mit Brenztraubensäure und wss. H_2SO_4 (*Taylor et al.*, Am. Soc. **76** [1954] 619).

Kristalle (aus H_2O); F: 317–318° [korr.; Zers.] (*Ta. et al.*). UV-Spektrum (Me.; 200–340 nm): *Allen et al.*, J. org. Chem. **24** [1959] 779, 783.

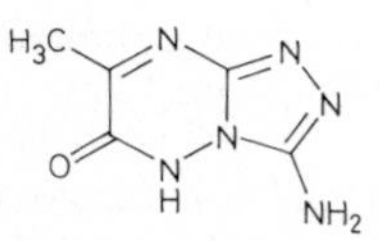

XI 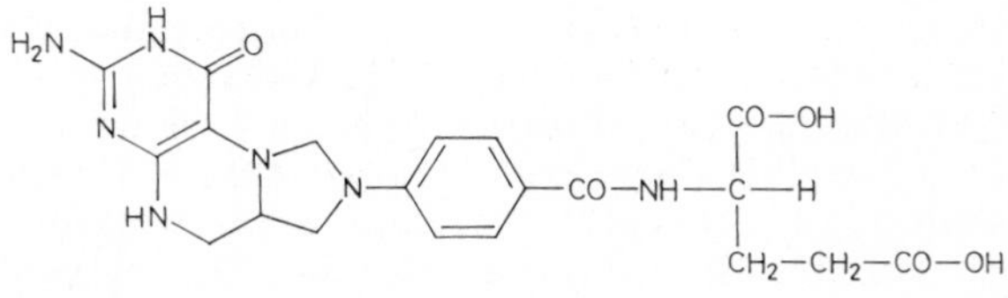 XII

Amino-Derivate der Monooxo-Verbindungen $C_8H_{11}N_5O$

N-[4-(*ambo*-3-Amino-1-oxo-1,2,5,6,6a,7-hexahydro-imidazo[1,5-*f*]pteridin-8-yl)-benzoyl]-L-glutaminsäure, N-[*ambo*-5,10-Methandiyl-5,6,7,8-tetrahydro-pteroyl]-L-glutaminsäure, „DL"-5,10-Methylen-tetrahydro-folsäure $C_{20}H_{23}N_7O_6$, Formel XII und Taut.

Konstitution: *Osborn et al.*, Am. Soc. **82** [1960] 4921; *Kalbermatten et al.*, Helv. **64** [1981] 2627; s. a. *Kallen, Jencks,* J. biol. Chem. **241** [1966] 5851.

B. Aus „DL"-Tetrahydrofolsäure (S. 3879) und Formaldehyd (*Kisliuk,* J. biol. Chem. **227** [1957] 805, 807, 808; *Blakley,* Biochem. J. **72** [1959] 707, 710–712; *Os. et al.*, l. c. S. 4922).

UV-Spektrum (wss. HCl [0,1 n], wss. Lösung vom pH 7,5 sowie wss. NaOH [0,01 n]; 240–350 nm): *Os. et al.*, l. c. S. 4923.

Trennung der Diastereoisomeren: *Kaufman et al.*, J. biol. Chem. **238** [1963] 1498; *Blakley,* J. biol. Chem. **238** [1963] 2113; *Ramasastri, Blakley,* Biochem. biophys. Res. Commun. **12** [1963] 478.

Amino-Derivate der Monooxo-Verbindungen $C_nH_{2n-7}N_5O$

5-[Diamino-[1,3,5]triazin-2-yl]-2-phenyl-1,2-dihydro-pyrazol-3-on $C_{12}H_{11}N_7O$, Formel I und Taut.

B. Beim Behandeln von 5-Oxo-1-phenyl-2,5-dihydro-1*H*-pyrazol-3-carbonsäure-äthylester mit Biguanid und methanol. Natriummethylat (*Am. Cyanamid Co.*, U.S.P. 2535968 [1945]).

Gelbbraun; F: 261°.

I

II

(6a*ambo*)-3-Amino-8-[4-((*S*)-1,3-dicarboxy-propylcarbamoyl)-phenyl]-1-oxo-2,5,6,6a,7,8-hexahydro-1*H*-imidazo[1,5-*f*]pteridinium, N-[*ambo*-5,10-Methyliumdiyl-5,6,7,8-tetrahydro-pteroyl]-L-glutaminsäure $[C_{20}H_{22}N_7O_6]^+$, Formel II und Taut.

Betain $C_{20}H_{21}N_7O_6$; Anhydroleucovorin-A, „DL"-5,10-Methylidyn-tetrahydro-folsäure. Kristalle (aus wss. HCl) mit 4 Mol H_2O; F: 250–257° [Zers.; nach Sintern ab 245°] [getrocknetes Präparat] (*Cosulich et al.*, Am. Soc. **74** [1952] 3252, 3256, 3261). Netzebenenabstände: *Co. et al.*, l. c. S. 3262. Kristalloptik: *Co. et al.*, l. c. S. 3260. UV-Spektrum (wss. HCl [0,01 n]; 230–400 nm): *Co. et al.*, l. c. S. 3257. – Beim Erhitzen mit H_2O ist eine isomere Verbindung $C_{20}H_{21}N_7O_6$ (Anhydroleucovorin-B; Kristalle mit 0,5 Mol H_2O; unterhalb 330° nicht schmelzend; Netzebenenabstände; Kristalloptik; UV-Spektrum [wss. Lösung vom pH 4; 200–400 nm]) erhalten worden (*Co. et al.*, l. c. S. 3257, 3260, 3262). Über die enzymatische Bildung von (6a*R*)-3-Amino-8-[4-((*S*)-1,3-dicarboxy-propylcarbamoyl)-phenyl]-1-oxo-2,5,6,6a,7,8-hexahydro-1*H*-imidazo[1,5-*f*]pteridinium-betain („L"-5,10-Methylidyn-tetrahydro-folsäure) aus N-[(*S*)-5-Formimidoyl-5,6,7,8-tetrahydro-pteroyl]-L-glutaminsäure (S. 3882) mit Hilfe von Formiminotetrahydrofolat-cyclodeaminase s. *Rabinowitz, Pricer,* Am. Soc. **78** [1956] 5702; Federation Proc. **16** [1957] 236; *Tabor, Rabinowitz,* Am Soc. **78** [1956] 5705; *Tabor, Wyngarden,* J. biol. Chem. **234** [1959] 1830, 1836, 1840, 1843; vgl. dazu *Fontecilla-Camps et al.*, Am. Soc. **101** [1979] 6114.

Chlorid $[C_{20}H_{22}N_7O_6]Cl$; Isoleucovorin-chlorid. *B.* Beim Behandeln von Leucovorin (S. 3881) mit wss. HCl (*May et al.*, Am. Soc. **73** [1951] 3067, 3068, 3073; *Co. et al.*, l. c. S. 3256, 3260). Netzebenenabstände und Kristalloptik: *Co. et al.* UV-Spektrum (wss. HCl [0,1 n];

220–400 nm): *Co. et al.*, l. c. S. 3257; s. a. *May et al.*, l. c. S. 3069. Scheinbare Dissoziationsexponenten pK'_{a1}, pK'_{a2}, pK'_{a3} und pK'_{a4} (H_2O; potentiometrisch ermittelt): 3,7 bzw. 4,8 bzw. 8,6 bzw. 10,5 (*May et al.*). – Hydrochlorid $[C_{20}H_{22}N_7O_6]Cl \cdot HCl$. Kristalle (aus wss. HCl); F: 250–251° [Zers.] (*Co. et al.*). Netzebenenabstände und Kristalloptik: *Co. et al.*

Nitrat $[C_{20}H_{22}N_7O_6]NO_3$. *B.* Beim Behandeln von Leucovorin mit wss. HNO_3 (*Co. et al.*, l. c. S. 3262). – Hellgelbe Kristalle (aus wss. HNO_3) mit 1 Mol H_2O; F: 194,5–197° [Zers.; im auf 90° vorgeheizten App.] (*Co. et al.*). Netzebenenabstände: *Co. et al.*, l. c. S. 3262. Kristalloptik: *Co. et al.*, l. c. S. 3260.

Amino-Derivate der Monooxo-Verbindungen $C_nH_{2n-11}N_5O$

7-Amino-2-methyl-8,9-dihydro-pyrimido[2,1-*b*]pteridin-11-on $C_{10}H_{10}N_6O$, Formel III.

B. Beim Erhitzen von 2-Amino-6-methyl-3*H*-pteridin-4-on mit Acrylonitril in wss. Pyridin (*Angier, Curran*, Am. Soc. **81** [1959] 5650, 5653).

Kristalle. λ_{max}: 252 nm, 300 nm und 345 nm [wss. $Na_2B_4O_7$], 225 nm, 281 nm und 328 nm [wss. HCl (0,1 n)] bzw. 253 nm und 304 nm [Me.].

Amino-Derivate der Monooxo-Verbindungen $C_nH_{2n-19}N_5O$

11-Amino-6*H*-isochino[4,3-*g*]pteridin-5-on $C_{13}H_8N_6O$, Formel IV und Taut.

B. Beim Erwärmen von 5-Nitroso-pyrimidin-4,6-diyldiamin mit 2-Cyanmethyl-benzoesäure-methylester und äthanol. Natriumäthylat (*Osdene, Timmis*, Soc. **1955** 2214, 2217).

Hellgelbe Kristalle (aus Eg.); F: >300°.

Acetyl-Derivat $C_{15}H_{10}N_6O_2$; 11-Acetylamino-6*H*-isochino[4,3-*g*]pteridin-5-on, *N*-[5-Oxo-5,6-dihydro-isochino[4,3-*g*]pteridin-11-yl]-acetamid. Gelbliche Kristalle; F: >300°.

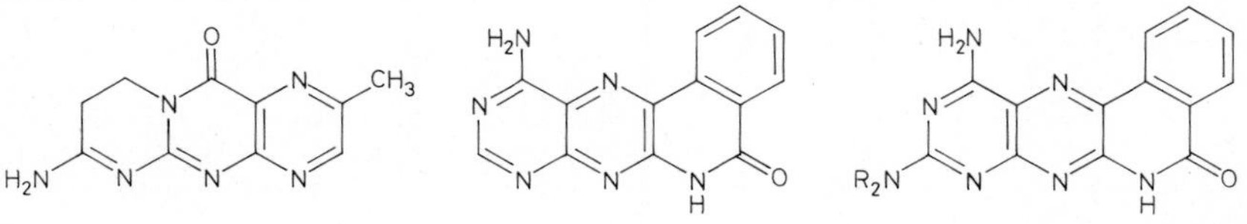

III IV V

9,11-Diamino-6*H*-isochino[4,3-*g*]pteridin-5-on $C_{13}H_9N_7O$, Formel V (R = H) und Taut.

B. Aus 5-Nitroso-pyrimidin-2,4,6-triyltriamin beim Erhitzen mit 2-Cyanmethyl-benzoesäure-methylester und Natrium-[2-äthoxy-äthylat] in 2-Äthoxy-äthanol oder beim Erhitzen mit 2-Cyanmethyl-benzonitril und Natriumacetat in Essigsäure (*Osdene, Timmis*, Soc. **1955** 2214, 2217).

Gelbe Kristalle (aus wss. Ameisensäure) mit 0,5 Mol H_2O; F: >360°.

11-Amino-9-dimethylamino-6*H*-isochino[4,3-*g*]pteridin-5-on $C_{15}H_{13}N_7O$, Formel V (R = CH_3) und Taut.

B. Analog der vorangehenden Verbindung (*Osdene, Timmis*, Soc. **1955** 2214, 2217).

Gelbe Kristalle (aus Butan-1-ol); F: >360°.

Amino-Derivate der Dioxo-Verbindungen $C_nH_{2n-11}N_5O_2$

***N*-{4-[(7,11-Dioxo-6,8,9,11-tetrahydro-7*H*-pyrimido[2,1-*b*]pteridin-2-ylmethyl)-amino]-benzoyl}-L-glutaminsäure** $C_{22}H_{21}N_7O_7$, Formel VI und Taut.

B. Beim Erhitzen von Folsäure (S. 3944) mit Acrylamid in wss. Pyridin (*Angier, Curran,*

Am. Soc. **81** [1959] 5650, 5653).

Gelbe Kristalle (aus wss. HCl). λ_{max}: 305 nm und 360 nm [wss. NaOH (0,1 n)], 302 nm und 355 nm [wss. $Na_2B_4O_7$] bzw. 242 nm und 288 nm [wss. HCl (0,1 n)].

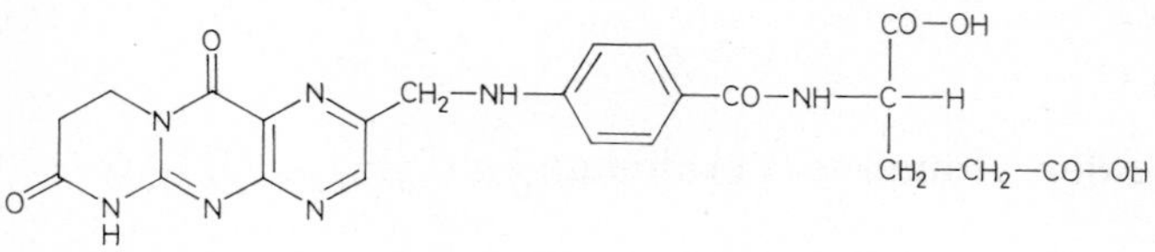

VI

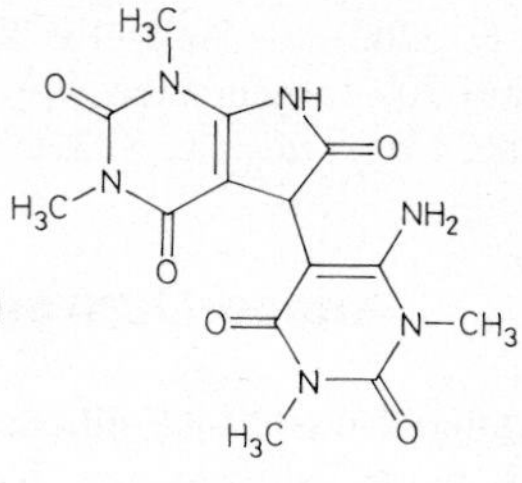

VII

Amino-Derivate der Pentaoxo-Verbindungen $C_nH_{2n-13}N_5O_5$

(±)-5-[6-Amino-1,3-dimethyl-2,4-dioxo-1,2,3,4-tetrahydro-pyrimidin-5-yl]-1,3-dimethyl-5,7-dihydro-1*H*-pyrrolo[2,3-*d*]pyrimidin-2,4,6-trion $C_{14}H_{16}N_6O_5$, Formel VII und Taut.

Diese Konstitution kommt der von *Pfleiderer, Geissler* (B. **87** [1954] 1274, 1279) als Bis-[1,3-dimethyl-2,6-dioxo-1,2,3,6-tetrahydro-pyrimidin-4-ylamino]-essigsäure angesehenen Verbin= dung zu (*Pfleiderer et al.*, B. **99** [1966] 3524, 3528).

B. Aus Bis-[6-amino-1,3-dimethyl-2,4-dioxo-1,2,3,4-tetrahydro-pyrimidin-5-yl]-essigsäure-äthylester (S. 4062) beim Erhitzen mit wss. $NaHCO_3$ (*Pf., Ge.*; *Pf. et al.*) oder beim Erwärmen mit wss. NaOH (*Pf. et al.*).

Kristalle (aus H_2O); F: 315° [Zers.] (*Pf., Ge.*), 310° [Zers.] (*Pf. et al.*). λ_{max}: 248 nm, 254 nm, 268 nm und 328 nm [Me.], 268 nm und 330 nm [wss. Lösung vom pH 5] bzw. 223 nm, 270 nm und 310 nm [wss. Lösung vom pH 10] (*Pf. et al.*, l. c. S. 3527). Scheinbarer Dissoziationsexpo= nent pK'_a (H_2O) bei 20°: 7,17 (*Pf. et al.*).

F. Hydroxy-oxo-amine

11-Amino-9-methylmercapto-6*H*-isochino[4,3-*g*]pteridin-5-on $C_{14}H_{10}N_6OS$, Formel VIII und Taut.

B. Beim Erwärmen von 2-Methylmercapto-5-nitroso-pyrimidin-4,6-diyldiamin mit 2-Cyan= methyl-benzoesäure-methylester und äthanol. Natriumäthylat (*Osdene, Timmis*, Soc. **1955** 2214, 2218).

Gelbe Kristalle (aus Eg.); F: 360°.

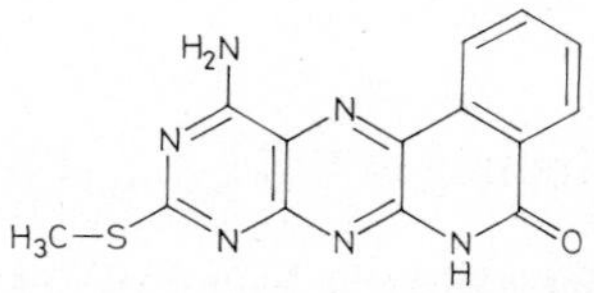

VIII

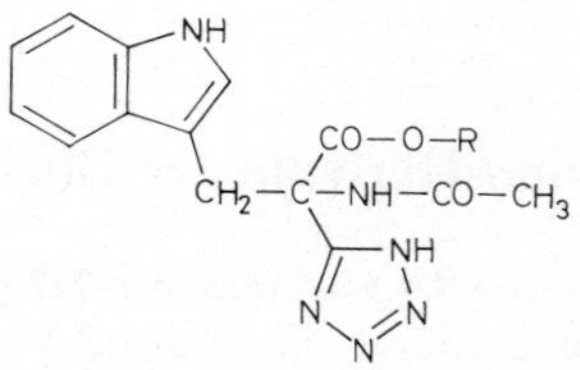

IX

G. Aminocarbonsäuren

(±)-2-Acetylamino-3-indol-3-yl-2-[1*H*-tetrazol-5-yl]-propionsäure $C_{14}H_{14}N_6O_3$, Formel IX (R = H) und Taut.

B. Aus dem folgenden Äthylester mit Hilfe von wss. NaOH (*McManus, Herbst,* J. org. Chem. **24** [1959] 1643, 1649).

Kristalle (aus H_2O) mit 2 Mol H_2O; F: 153–155° [unkorr.; Zers.].

(±)-2-Acetylamino-3-indol-3-yl-2-[1*H*-tetrazol-5-yl]-propionsäure-äthylester $C_{16}H_{18}N_6O_3$, Formel IX (R = C_2H_5) und Taut.

B. Beim Erwärmen von (±)-2-Acetylamino-2-cyan-3-indol-3-yl]-propionsäure-äthylester mit NaN_3 und $AlCl_3$ in THF (*McManus, Herbst,* J. org. Chem. **24** [1959] 1643, 1649).

Kristalle (aus $CHCl_3$); F: 183,5–185° [unkorr.; Zers.].

VI. Hydrazine

7-Hydrazino-5-methyl-tetrazolo[1,5-*a*]pyrimidin, [5-Methyl-tetrazolo[1,5-*a*]pyrimidin-7-yl]-hydrazin $C_5H_7N_7$, Formel X.

B. Beim Erwärmen von 7-Chlor-5-methyl-tetrazolo[1,5-*a*]pyrimidin mit $N_2H_4 \cdot H_2O$ in Äthanol (*Kano, Makisumi,* Chem. pharm. Bl. **6** [1958] 583, 585).

Kristalle (aus A.); F: 237–238° [Zers.].

6-Hydrazino-tetrazolo[5,1-*a*]phthalazin, Tetrazolo[5,1-*a*]phthalazin-6-yl-hydrazin $C_8H_7N_7$, Formel XI.

Hydrochlorid $C_8H_7N_7 \cdot HCl$. *B.* Beim Erhitzen von 6-Chlor-tetrazolo[5,1-*a*]phthalazin mit N_2H_4 auf 130° (*Stollé, Hanusch,* J. pr. [2] **136** [1933] 9, 11). – Kristalle (aus wss. HCl); F: 287°.

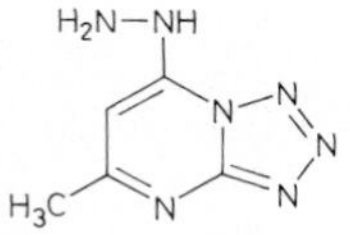

X 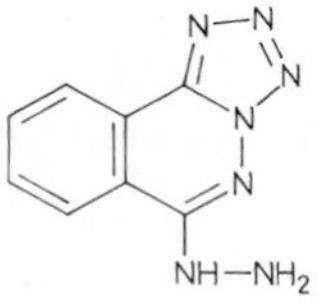 XI 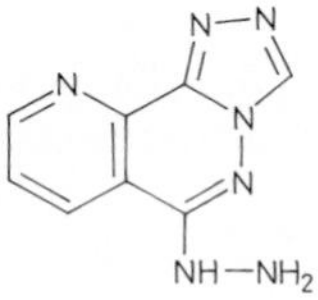 XII 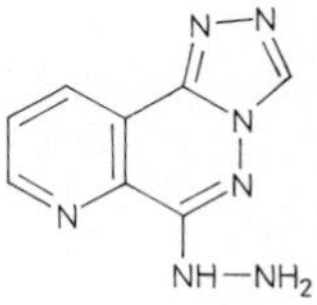 XIII 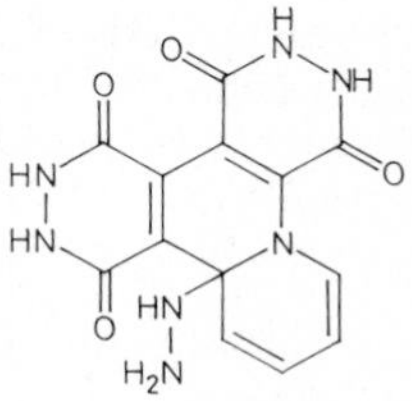 XIV

6-Hydrazino-pyrido[2,3-*d*][1,2,4]triazolo[4,3-*b*]pyridazin, Pyrido[2,3-*d*][1,2,4]triazolo[4,3-*b*]pyridazin-6-yl-hydrazin $C_8H_7N_7$, Formel XII.

In einer von *Cassella* (D.B.P. 947971 [1956], 951993 [1956]) unter dieser Konstitution beschriebenen Verbindung vom F: 243° [Zers.] hat ein Gemisch mit 6-Hydrazino-pyrido[3,2-*d*][1,2,4]triazolo[4,3-*b*]pyridazin $C_8H_7N_7$ (Formel XIII) vorgelegen (*Paul, Rodda,* Austral. J. Chem. **22** [1969] 1759, 1766).

(±)-9a-Hydrazino-2,3,11,12-tetrahydro-9a*H*-dipyridazino[4,5-*a*;4′,5′-*c*]chinolizin-1,4,10,13-tetraon $C_{13}H_{11}N_7O_4$, Formel XIV.

Die Identität einer von *Diels, Alder* (A. **505** [1933] 103, 114, 138) unter dieser Konstitution beschriebenen Verbindung ist ungewiss (s. diesbezüglich *Acheson, Taylor,* Soc. **1960** 1691, 1693).

[*Stender*]

20. Verbindungen mit sechs cyclisch gebundenen Stickstoff-Atomen

I. Stammverbindungen

Stammverbindungen $C_nH_{2n+6}N_6$

1,8,15,22,29,36-Hexaaza-cyclodotetracontan $C_{36}H_{78}N_6$, Formel I.

B. Neben anderen Verbindungen bei der Reduktion von Polycaprolactam mit $LiAlH_4$ in THF (*Zahn, Determann,* B. **90** [1957] 2176, 2183; *Zahn, Spoor,* B. **92** [1959] 1375, 1379).

Kristalle mit 2 Mol H_2O; F: 67–68° [aus mit H_2O gesättigtem Ae.] (*Zahn, Sp.*), 67° [aus Ae.] (*Zahn, De.*). Netzebenenabstände: *Zahn, De.*; *Zahn, Sp.* Über das IR-Spektrum in KBr s. *Zahn, Sp.,* l. c. S. 1378; s. a. *v. Dietrich et al.,* Z. Naturf. **12b** [1957] 665. Scheinbarer Dissoziationsexponent pK'_a (wss. A. [50%ig]): 8,54 (*Zahn, Sp.,* l. c. S. 1377).

Stammverbindungen $C_nH_{2n-2}N_6$

***Opt.-inakt. 3a,4,8a,9-Tetrahydro-3*H*,8*H*-bis[1,2,3]triazolo[1,5-*a*;1',5'-*d*]pyrazin** $C_6H_{10}N_6$, Formel II.

Diese Konstitution kommt der H **1** 203 (Zeile 11 v. u.) beschriebenen, aus Allylazid erhaltenen Verbindung $C_6H_{10}N_6$ zu (*Boyer, Canter,* Chem. Reviews **54** [1954] 1, 42; *Pezzullo, Boyko,* J. org. Chem. **38** [1973] 168).

Atomabstände und Bindungswinkel (Röntgen-Diagramm): *Pe., Bo.*

Kristalle; F: 150° [Zers.] (*Pe., Bo.*). Orthorhombisch; Dimensionen der Elementarzelle: *Pe., Bo.* Dichte der Kristalle: 1,45 (*Pe., Bo.*).

I II III

Stammverbindungen $C_nH_{2n-4}N_6$

1*H*,1'*H*-[3,3']Bi[1,2,4]triazolyl $C_4H_4N_6$, Formel III (R = H) und Taut. (H 601).

Dihydrochlorid $C_4H_4N_6 \cdot 2HCl$. Kristalle (aus wss. HCl), die beim Erhitzen unter Zersetzung sublimieren (*Dedichen,* Norske Vid. Akad. Avh. **1936** Nr. 5, S. 31).

Dinitrat $C_4H_4N_6 \cdot 2HNO_3$. Kristalle (aus wss. HNO_3), die sich beim Erhitzen unter Verpuffen zersetzen.

5,5'-Dimethyl-1*H*,1'*H*-[3,3']bi[1,2,4]triazolyl $C_6H_8N_6$, Formel III (R = CH_3) und Taut.

B. Beim Erhitzen der folgenden Verbindung mit wss. HCl (*Dedichen,* Norske Vid. Akad. Avh. **1936** Nr. 5, S. 33).

Kristalle, die beim Erhitzen sublimieren.

Dihydrochlorid $C_6H_8N_6 \cdot 2HCl$. Kristalle (aus wss. HCl), die sich beim Erhitzen allmählich zersetzen.

4,4′-Diacetyl-5,5′-dimethyl-4*H*,4′*H*-[3,3′]bi[1,2,4]triazolyl $C_{10}H_{12}N_6O_2$, Formel IV ($R = CO\text{-}CH_3$, $R' = CH_3$).

B. Beim Erhitzen von Oxalamidrazon (E III **2** 1594) mit Acetanhydrid (*Dedichen,* Norske Vid. Akad. Avh. **1936** Nr. 5, S. 32).

Kristalle (aus A.); F: 245° [Zers.].

***Opt.-inakt. 1,5-Diisobutyl-1,3a,4,4a,5,7a,8,8a-octahydro-4,8-methano-benzo[1,2-*d*;4,5-*d′*]bistriazol** $C_{15}H_{26}N_6$, Formel V ($R = CH_2\text{-}CH(CH_3)_2$), oder **1,7-Diisobutyl-1,3a,4,4a,7,7a,8,8a-octahydro-4,8-methano-benzo[1,2-*d*;4,5-*d′*]bistriazol** $C_{15}H_{26}N_6$, Formel VI ($R = CH_2\text{-}CH(CH_3)_2$).

B. Aus Isobutylazid und Norborna-2,5-dien (*Smith et al.,* J. org. Chem. **23** [1958] 1595, 1597).

Kristalle (aus CH_2Cl_2 + PAe.); F: 188–191°.

***Opt.-inakt. 1,5-Bis-cyclohexylmethyl-1,3a,4,4a,5,7a,8,8a-octahydro-4,8-methano-benzo[1,2-*d*;4,5-*d′*]bistriazol** $C_{21}H_{34}N_6$, Formel V ($R = CH_2\text{-}C_6H_{11}$), oder **1,7-Bis-cyclohexylmethyl-1,3a,4,4a,7,7a,8,8a-octahydro-4,8-methano-benzo[1,2-*d*;4,5-*d′*]bistriazol** $C_{21}H_{34}N_6$, Formel VI ($R = CH_2\text{-}C_6H_{11}$).

B. Analog der vorangehenden Verbindung (*Smith et al.,* J. org. Chem. **23** [1958] 1595, 1597).

F: 208–212°.

***Opt.-inakt. 1,5-Diphenyl-1,3a,4,4a,5,7a,8,8a-octahydro-4,8-methano-benzo[1,2-*d*;4,5-*d′*]bistriazol** $C_{19}H_{18}N_6$, Formel V ($R = C_6H_5$), oder **1,7-Diphenyl-1,3a,4,4a,7,7a,8,8a-octahydro-4,8-methano-benzo[1,2-*d*;4,5-*d′*]bistriazol** $C_{19}H_{18}N_6$, Formel VI ($R = C_6H_5$).

In dem nachstehend beschriebenen Präparat hat (±)-1,5-Diphenyl-(3a*r*,4a*c*,7a*c*,8a*c*)-1,3a,4,4a,5,7a,8,8a-octahydro-4,8-methano-benzo[1,2-*d*;4,5-*d′*]bistriazol (F: 226°) als Hauptprodukt vorgelegen (*Findlay et al.,* Canad. J. Chem. **50** [1972] 3186, 3192; s. a. *Huisgen et al.,* B. **98** [1965] 3992, 3997).

B. Beim Erhitzen von (±)-Dithiokohlensäure-*O*-methylester-*S*-norborn-5-en-2*endo*-ylester auf 250° und anschliessenden Behandeln mit Azidobenzol in Äther (*Parham et al.,* Am. Soc. **74** [1952] 5646, 5648).

Kristalle; F: 200° [Zers.].

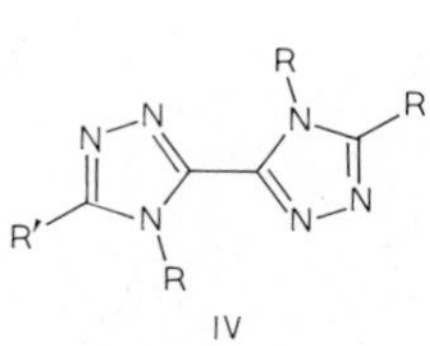

IV 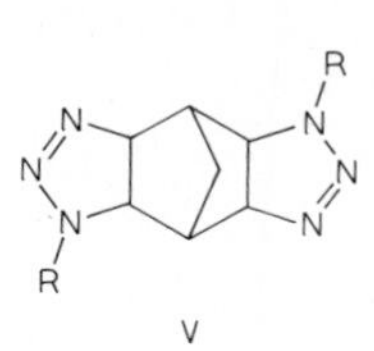 V 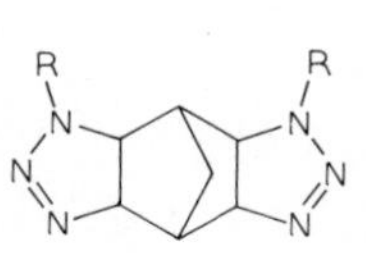 VI 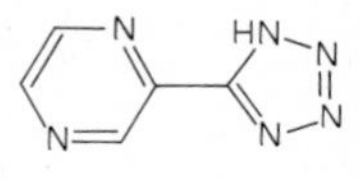 VII

5,5′-Diäthyl-1*H*,1′*H*-[3,3′]bi[1,2,4]triazolyl $C_8H_{12}N_6$, Formel III ($R = C_2H_5$) und Taut.

B. Beim Erhitzen der folgenden Verbindung mit wss. HCl (*Dedichen,* Norske Vid. Akad. Avh. **1936** Nr. 5, S. 34).

Kristalle (aus A.).

Dihydrochlorid $C_8H_{12}N_6 \cdot 2HCl$. Kristalle (aus wss. HCl).

Silber-Salz $C_8H_{12}N_6 \cdot AgNO_3$.

5,5′-Diäthyl-4,4′-dipropionyl-4*H*,4′*H*-[3,3′]bi[1,2,4]triazolyl $C_{14}H_{20}N_6O_2$, Formel IV ($R = CO\text{-}C_2H_5$, $R' = C_2H_5$).

B. Beim Erhitzen von Oxalamidrazon (E III **2** 1594) mit Propionsäure-anhydrid (*Dedichen,* Norske Vid. Akad. Avh. **1936** Nr. 5, S. 34).

Kristalle (aus A.), F: 192°; bei langsamem Erhitzen erfolgt Sublimation.

4,4′-Dibutyryl-5,5′-dipropyl-4*H*,4′*H*-[3,3′]bi[1,2,4]triazolyl $C_{18}H_{28}N_6O_2$, Formel IV (R = CO-CH_2-C_2H_5, R′ = CH_2-C_2H_5).

B. Beim Erhitzen von Oxalamidrazon (E III **2** 1594) mit Buttersäure-anhydrid (*Dedichen,* Norske Vid. Akad. Avh. **1936** Nr. 5, S. 35).

F: 146°.

Beim Erhitzen mit wss. HCl ist 5,5′-Dipropyl-1*H*,1′*H*-[3,3′]bi[1,2,4]triazolyl ($C_{10}H_{16}N_6$; Sublimation beim Erhitzen) erhalten worden.

Stammverbindungen $C_nH_{2n-6}N_6$

[1*H*-[1,2,3,4]Tetrazol-5-yl]-pyrazin, 5-Pyrazinyl-1*H*-tetrazol $C_5H_4N_6$, Formel VII und Taut.

B. Beim Erhitzen von NaN_3 mit Pyrazincarbonitril in Essigsäure und Isopropylalkohol auf 150° (*Kushner et al.,* Am. Soc. **74** [1952] 3617, 3621).

Kristalle (aus E.); F: 182–184°.

2,3,6,7,10,11-Hexahydro-triimidazo[1,2-*a*;1′,2′-*c*;1′′,2′′-*e*][1,3,5]triazin $C_9H_{12}N_6$, Formel VIII.

B. Aus Tris-aziridin-1-yl-[1,3,5]triazin beim Hydrieren an Raney-Nickel bei 100°/80 at in Dioxan und H_2O oder beim Erwärmen mit Triäthylamin-hydrochlorid in Acetonitril (*Schaefer,* Am. Soc. **77** [1955] 5922, 5926, 5927). Aus N^2,N^4,N^6-Tris-[2-hydroxy-äthyl]-[1,3,5]triazin-2,4,6-triyltriamin und $POCl_3$ (*Sch.*).

Kristalle (aus H_2O) mit 2 Mol H_2O; die wasserfreie Verbindung schmilzt bei 322–324° [korr.]. Scheinbarer Dissoziationsexponent pK'_a (H_2O): ca. 5,8.

1,3,5-Tris-[1,3-diphenyl-imidazolidin-2-yl]-benzol, 1,3,1′,3′,1′′,3′′-Hexaphenyl-2,2′,2′′-benzen-1,3,5-triyl-tri-imidazolidin $C_{51}H_{48}N_6$, Formel IX.

B. Aus Benzen-1,3,5-tricarbaldehyd und *N,N′*-Diphenyl-äthylendiamin in Methanol und Essigsäure (*Ried, Königstein,* B. **92** [1959] 2532, 2541).

Kristalle (aus Dioxan); Zers. bei 250°.

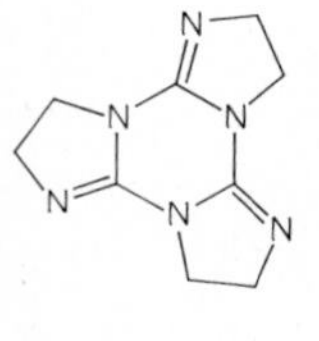

VIII 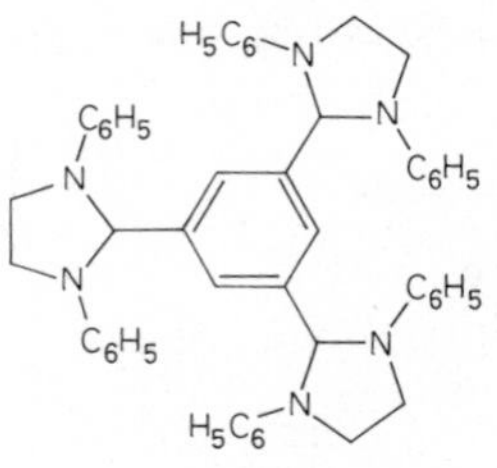 IX 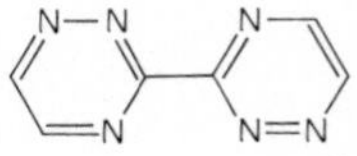 X 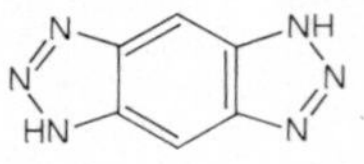 XI

Stammverbindungen $C_nH_{2n-8}N_6$

Stammverbindungen $C_6H_4N_6$

[3,3′]Bi[1,2,4]triazinyl $C_6H_4N_6$, Formel X.

B. Beim Behandeln einer schwach sauren wss. Lösung von Oxalamidrazon (E III **2** 1594) mit Glyoxal (*Dedichen,* Norske Vid. Akad. Avh. **1936** Nr. 5, S. 26).

Gelbes Pulver (aus Ameisensäure + NH_3).

1,5-Dihydro-benzo[1,2-*d*;4,5-*d′*]bistriazol $C_6H_4N_6$, Formel XI und Taut.

B. Beim Erwärmen von 1,7-Bis-benzolsulfonyl-1,7-dihydro-benzo[1,2-*d*;4,5-*d′*]bistriazol mit wss.-äthanol. NaOH oder mit konz. H_2SO_4 (*Mužík, Allan,* Collect. **24** [1959] 474, 480).

Bräunliche Kristalle (aus H_2O), die sich bei 315° heftig zersetzen.

Beim Erwärmen mit $K_2Cr_2O_7$ in wss. H_2SO_4 oder mit PbO_2 in wss. H_2SO_4 oder wss. HNO_3 ist 1*H*,5*H*-Benzo[1,2-*d*;4,5-*d'*]bistriazol-4,8-dion erhalten worden.

6-Phenyl-1,6-dihydro-benzo[1,2-*d*;4,5-*d'*]bistriazol $C_{12}H_8N_6$, Formel XII (X = X' = H) und Taut. (E I 195).

B. Beim Erwärmen von 6-Phenyl-1-[toluol-4-sulfonyl]-1,6-dihydro-benzo[1,2-*d*;4,5-*d'*]bistriazol mit H_2SO_4 (*Mužík,* Collect. **23** [1958] 291, 304).

1,7-Bis-[9,10-dioxo-9,10-dihydro-[1]anthryl]-1,7-dihydro-benzo[1,2-*d*;4,5-*d'*]bistriazol, 1,1'-Benzo[1,2-*d*;4,5-*d'*]bistriazol-1,7-diyl-di-anthrachinon $C_{34}H_{16}N_6O_4$, Formel XIII (X = X' = H).

B. Beim Erhitzen von 1,1'-[4,6-Diamino-*m*-phenylendiamino]-di-anthrachinon (E III **14** 416) mit Pentylnitrit in Essigsäure (*I.G. Farbenind.,* D.R.P. 746587 [1937]; D.R.P. Org. Chem. **1**, Tl. 2, S. 377).

Gelbe Kristalle (aus Nitrobenzol); F: 335°.

4-[5*H*-Benzo[1,2-*d*;4,5-*d'*]bistriazol-2-yl]-benzolsulfonsäure $C_{12}H_8N_6O_3S$, Formel XII (X = H, X' = SO_2-OH) und Taut.

B. Beim Behandeln von 4-[5,6-Diamino-benzotriazol-2-yl]-benzolsulfonsäure mit $NaNO_2$ und wss. HCl (*Mužík,* Collect. **23** [1958] 291, 304).

Natrium-Salz $NaC_{12}H_7N_6O_3S$. Hellgelbe Kristalle (aus H_2O).

1,7-Bis-[4-anilino-9,10-dioxo-9,10-dihydro-[1]anthryl]-1,7-dihydro-benzo[1,2-*d*;4,5-*d'*]bistriazol, 4,4'-Dianilino-1,1'-benzo[1,2-*d*;4,5-*d'*]bistriazol-1,7-diyl-di-anthrachinon $C_{46}H_{26}N_8O_4$, Formel XIII (X = NH-C_6H_5, X' = H).

B. Beim Erhitzen von 4,4'-Dianilino-1,1'-[4,6-diamino-*m*-phenylendiamino]-di-anthrachinon (E III **14** 459) mit Pentylnitrit in Essigsäure (*I.G. Farbenind.,* D.R.P. 746587 [1937]; D.R.P. Org. Chem. **1**, Tl. 2, S. 377).

Gelbe Kristalle.

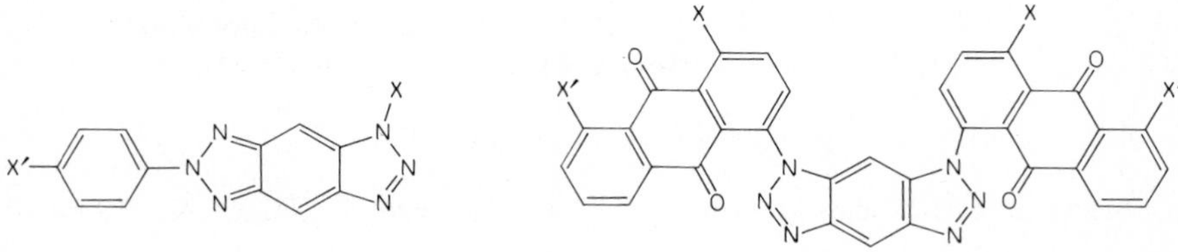

XII XIII

1,7-Bis-[5-benzoylamino-9,10-dioxo-9,10-dihydro-[1]anthryl]-1,7-dihydro-benzo[1,2-*d*;4,5-*d'*]bistriazol, 5,5'-Bis-benzoylamino-1,1'-benzo[1,2-*d*;4,5-*d'*]bistriazol-1,7-diyl-di-anthrachinon $C_{48}H_{26}N_8O_6$, Formel XIII (X = H, X' = NH-CO-C_6H_5).

B. Beim Hydrieren von 4,6-Dinitro-*N*,*N'*-bis-[5-benzoylamino-9,10-dioxo-9,10-dihydro-[1]anthryl]-*m*-phenylendiamin an Nickel in Chlorbenzol bei 100° und Erhitzen des erhaltenen 5,5'-Bis-benzoylamino-1,1'-[4,6-diamino-*m*-phenylendiamino]-di-anthrachinons (violette Kristalle) mit Pentylnitrit in Essigsäure (*I.G. Farbenind.,* D.R.P. 746587 [1937]; D.R.P. Org. Chem. **1**, Tl. 2, S. 377).

Gelbe Kristalle.

6-Phenyl-1-[toluol-4-sulfonyl]-1,6-dihydro-benzo[1,2-*d*;4,5-*d'*]bistriazol $C_{19}H_{14}N_6O_2S$, Formel XII (X = SO_2-C_6H_4-CH_3, X' = H).

B. Beim Behandeln von *N*-[6-Amino-2-phenyl-2*H*-benzotriazol-5-yl]-toluol-4-sulfonamid mit $NaNO_2$ und wss. HCl in Essigsäure (*Mužík,* Collect. **23** [1958] 291, 304).

Orangefarbene Kristalle (aus Eg.); F: 222,5°.

4-[5-(Toluol-4-sulfonyl)-5*H*-benzo[1,2-*d*;4,5-*d'*]bistriazol-2-yl]-benzolsulfonsäure $C_{19}H_{14}N_6O_5S_2$, Formel XII (X = SO_2-C_6H_4-CH_3, X' = SO_2-OH).

B. Beim Behandeln von 4-[5-Amino-6-(toluol-4-sulfonylamino)-benzotriazol-2-yl]-benzolsulfonsäure mit $NaNO_2$ und wss. HCl in Essigsäure (*Mužík*, Collect. **23** [1958] 291, 304).

Natrium-Salz $NaC_{19}H_{13}N_6O_5S_2$. Kristalle (aus wss. A.) mit 1 Mol H_2O.

1,7-Bis-benzolsulfonyl-1,7-dihydro-benzo[1,2-*d*;4,5-*d'*]bistriazol $C_{18}H_{12}N_6O_4S_2$, Formel I.

B. Beim Behandeln von 1,5-Diamino-2,4-bis-benzolsulfonamino-benzol mit $NaNO_2$ in wss.-äthanol. H_2SO_4 (*Mužík, Allan,* Collect. **24** [1959] 474, 480).

Gelbliche Kristalle (aus Chlorbenzol + A.); F: 199–210°. Beim Überhitzen erfolgt Explosion.

1,6-Dihydro-benzo[1,2-*d*;3,4-*d'*]bistriazol $C_6H_4N_6$, Formel II und Taut. (H 603; dort auch als 1.2;3.4-Diazimino-benzol bezeichnet).

B. Beim Behandeln von 1*H*-Benzotriazol-4,5-diyldiamin-di-hydrochlorid mit Acetanhydrid und Natriumacetat in H_2O und anschliessend mit $NaNO_2$ (*Fieser, Martin,* Am. Soc. **57** [1935] 1844, 1848; vgl. H 603).

I II III

2,7-Diphenyl-2,7-dihydro-benzo[1,2-*d*;3,4-*d'*]bistriazol $C_{18}H_{12}N_6$, Formel III (X = X' = H).

B. Beim Erhitzen von 2,4-Bis-phenylazo-*m*-phenylendiamin (E III **16** 444) mit $CuSO_4$ in wss. Pyridin (*Mužík, Allan,* Collect. **18** [1953] 388, 400). Bei der Zinkstaubdestillation von 2,7-Diphenyl-2,7-dihydro-benzo[1,2-*d*;3,4-*d'*]bistriazol-4-ylamin (*Fries, Waltnitzki,* A. **511** [1934] 267, 277).

Kristalle (aus Eg.); F: 223° [korr.] (*Mu., Al.*), 221° (*Fr., Wa.*).

2,7-Bis-[4-chlor-phenyl]-2,7-dihydro-benzo[1,2-*d*;3,4-*d'*]bistriazol $C_{18}H_{10}Cl_2N_6$, Formel III (X = H, X' = Cl).

B. Beim Erhitzen von 2,4-Bis-[4-chlor-phenylazo]-*m*-phenylendiamin mit $CuSO_4$ in wss. Pyridin (*Mužík, Allan,* Collect. **18** [1953] 388, 401).

Kristalle (aus Eg.); F: 348° [unkorr.].

2,7-Bis-[4-amino-3-sulfo-phenyl]-2,7-dihydro-benzo[1,2-*d*;3,4-*d'*]bistriazol, 2,2'-Diamino-5,5'-benzo[1,2-*d*;3,4-*d'*]bistriazol-2,7-diyl-bis-benzolsulfonsäure $C_{18}H_{14}N_8O_6S_2$, Formel III (X = SO_2-OH, X' = NH_2).

B. Aus diazotierter [4-Amino-2-sulfo-phenyl]-oxalamidsäure und *m*-Phenylendiamin über mehrere Stufen (*Mužík, Allan,* Collect. **20** [1955] 615, 620).

Dinatrium-Salz $Na_2C_{18}H_{12}N_8O_6S_2$. Wasserhaltige Kristalle (aus wss. NaCl).

2-[4-Sulfo-phenyl]-7-[2-(4-sulfo-phenyl)-2*H*-benzotriazol-5-yl]-2,7-dihydro-benzo[1,2-*d*;3,4-*d'*]bistriazol $C_{24}H_{15}N_9O_6S_2$, Formel IV.

B. Beim Behandeln von 4-[5-Amino-benzotriazol-2-yl]-benzolsulfonsäure mit diazotierter 4-[5-Amino-benzotriazol-2-yl]-benzolsulfonsäure und anschliessenden Erwärmen mit NaClO in H_2O (*Dobáš et al.*, Collect. **24** [1959] 739, 742).

Dinatrium-Salz $Na_2C_{24}H_{13}N_9O_6S_2$. Kristalle (aus H_2O + A.) mit 2 Mol H_2O.

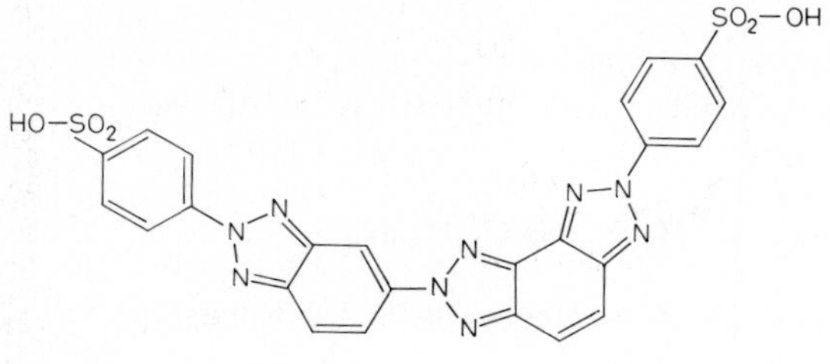

IV

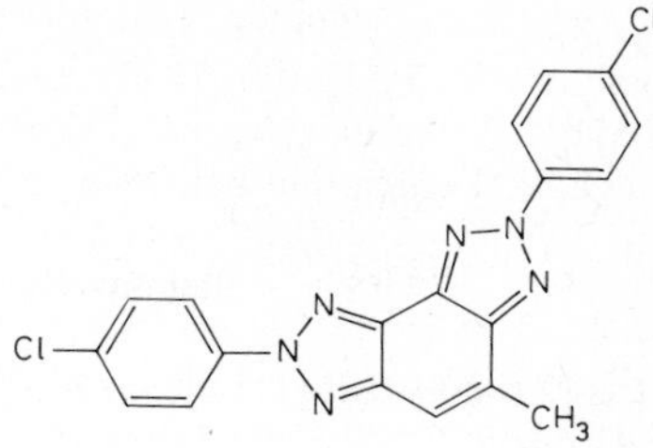

V

Stammverbindungen $C_7H_6N_6$

2,7-Bis-[4-chlor-phenyl]-4-methyl-2,7-dihydro-benzo[1,2-*d*;3,4-*d'*]bistriazol $C_{19}H_{12}Cl_2N_6$, Formel V.

B. Beim Erhitzen von 2,4-Bis-[4-chlor-phenylazo]-6-methyl-*m*-phenylendiamin oder von 2-[4-Chlor-phenyl]-4-[4-chlor-phenylazo]-6-methyl-2*H*-benzotriazol-5-ylamin (S. 1446) mit $CuSO_4$ in wss. Pyridin (*Mužík, Allan,* Collect. **18** [1953] 388, 405).

Kristalle (aus Eg.); F: 264° [korr.].

Stammverbindungen $C_8H_8N_6$

1,1,2,2-Tetrachlor-1,2-bis-[dichlor-[1,3,5]triazin-2-yl]-äthan, 4,6,4',6'-Tetrachlor-2,2'-tetrachlor-äthandiyl-bis-[1,3,5]triazin $C_8Cl_8N_6$, Formel VI.

B. Neben überwiegenden Mengen Dichlor-trichlormethyl-[1,3,5]triazin beim Behandeln von Dichlor-dichlormethyl-[1,3,5]triazin mit Chlor bei 170–190° im UV-Licht (*Kober, Grundmann,* Am. Soc. **81** [1959] 3769).

Kristalle (aus PAe.); F: 187–189°. Kp_1: 210–220°.

6-[4,5-Dihydro-1*H*-imidazol-2-yl]-7(9)*H*-purin $C_8H_8N_6$, Formel VII und Taut.

B. Beim Erhitzen von 7(9)*H*-Purin-6-carbimidsäure-äthylester-hydrochlorid (aus 7(9)*H*-Purin-6-carbonitril) mit Äthylendiamin in Äthanol auf 110–120° (*Mackay, Hitchings,* Am. Soc. **78** [1956] 3511).

Kristalle (aus A.); F: 287–288° [Zers.]. λ_{max}: 286 nm, 295,5 nm und 338 nm [wss. HCl (0,1 n)] bzw. 299 nm und 311 nm [wss. Lösung vom pH 11].

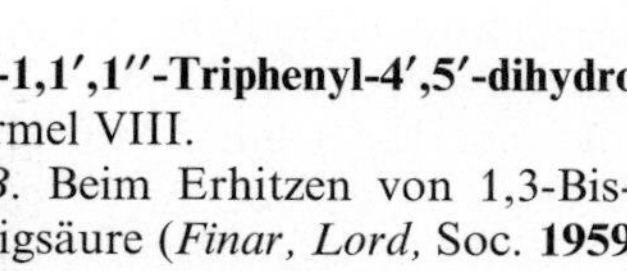

VI 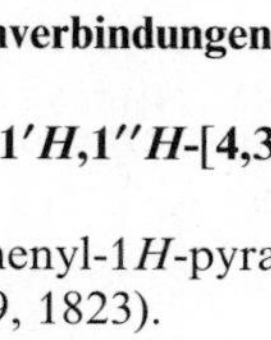 VII 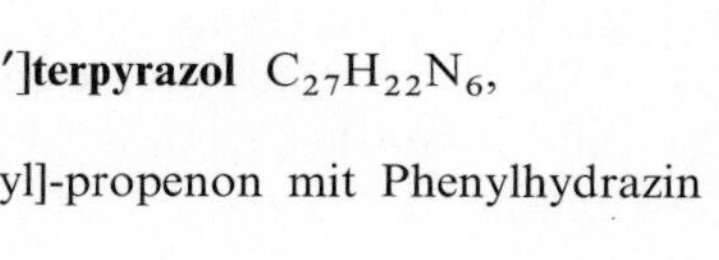 VIII

Stammverbindungen $C_9H_{10}N_6$

(±)-1,1',1''-Triphenyl-4',5'-dihydro-1*H*,1'*H*,1''*H*-[4,3';5',4'']terpyrazol $C_{27}H_{22}N_6$, Formel VIII.

B. Beim Erhitzen von 1,3-Bis-[1-phenyl-1*H*-pyrazol-4-yl]-propenon mit Phenylhydrazin in Essigsäure (*Finar, Lord,* Soc. **1959** 1819, 1823).

Kristalle (aus $CHCl_3$ + PAe.); F: 227–228°.

Stammverbindungen $C_{10}H_{12}N_6$

5,6,5',6'-Tetramethyl-[3,3']bi[1,2,4]triazinyl $C_{10}H_{12}N_6$, Formel IX.

B. Beim Behandeln von Oxalamidrazon (E III **2** 1594) mit Butandion (*Dedichen,* Norske

Vid. Akad. Avh. **1936** Nr. 5, S. 27).

Gelbliche Kristalle (aus H_2O) mit 2 Mol H_2O; F: 166°.

Verbindung mit $AgNO_3$. Grüngelbe Kristalle (aus H_2O oder wss. A.), die bei langsamem Erhitzen verkohlen und bei raschem Erhitzen verpuffen.

Stammverbindungen $C_{12}H_{16}N_6$ bis $C_{24}H_{40}N_6$

1,2-Bis-[5,6-dimethyl-[1,2,4]triazin-3-yl]-äthan, 5,6,5′,6′-Tetramethyl-3,3′-äthandiyl-bis-[1,2,4]triazin $C_{12}H_{16}N_6$, Formel X (n = 2).

B. Beim Erhitzen von Bernsteinsäure-bis-[1-methyl-2-oxo-propylidenhydrazid] mit NH_3 in Äthanol auf 160° (*Metze, Kort,* B. **91** [1958] 417, 421).

Kristalle (aus A.); F: 149°.

Die folgenden Verbindungen sind in analoger Weise hergestellt worden:

1,3-Bis-[5,6-dimethyl-[1,2,4]triazin-3-yl]-propan, 5,6,5′,6′-Tetramethyl-3,3′-propandiyl-bis-[1,2,4]triazin $C_{13}H_{18}N_6$, Formel X (n = 3). Kristalle (aus A.); F: 78°.

1,4-Bis-[5,6-dimethyl-[1,2,4]triazin-3-yl]-butan, 5,6,5′,6′-Tetramethyl-3,3′-butandiyl-bis-[1,2,4]triazin $C_{14}H_{20}N_6$, Formel X (n = 4). Kristalle (aus A.); F: 65°.

1,5-Bis-[5,6-dimethyl-[1,2,4]triazin-3-yl]-pentan, 5,6,5′,6′-Tetramethyl-3,3′-pentandiyl-bis-[1,2,4]triazin $C_{15}H_{22}N_6$, Formel X (n = 5). Kristalle (aus A.); F: 62°.

1,8-Bis-[5,6-dimethyl-[1,2,4]triazin-3-yl]-octan, 5,6,5′,6′-Tetramethyl-3,3′-octandiyl-bis-[1,2,4]triazin $C_{18}H_{28}N_6$, Formel X (n = 8). Kristalle (aus A.); F: 61°.

1,14-Bis-[5,6-dimethyl-[1,2,4]triazin-3-yl]-tetradecan, 5,6,5′,6′-Tetramethyl-3,3′-tetradecandiyl-bis-[1,2,4]triazin $C_{24}H_{40}N_6$, Formel X (n = 14). Kristalle (aus A.); F: 76°.

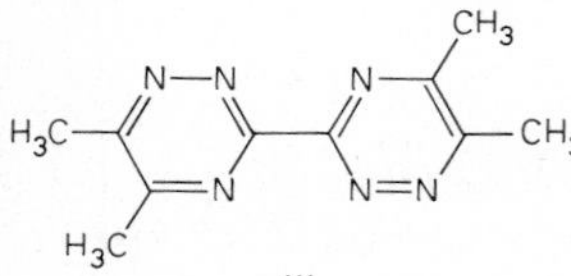

IX 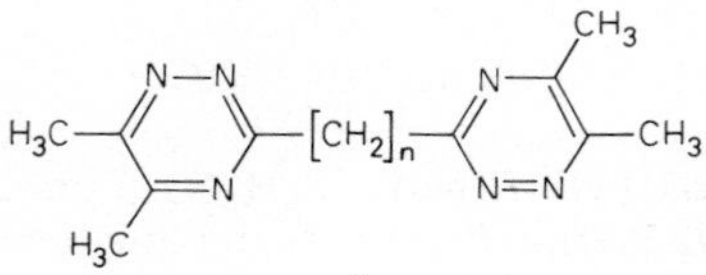 X 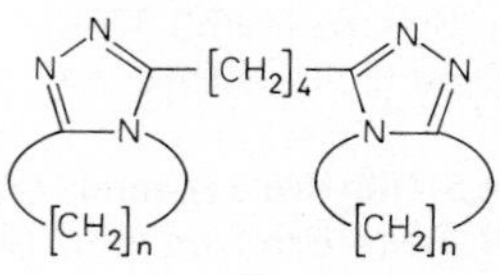 XI

1,4-Bis-[6,7-dihydro-5*H*-pyrrolo[2,1-*c*][1,2,4]triazol-3-yl]-butan, 6,7,6′,7′-Tetrahydro-5*H*,5′*H*-3,3′-butandiyl-bis-pyrrolo[2,1-*c*][1,2,4]triazol $C_{14}H_{20}N_6$, Formel XI (n = 3).

B. Aus 5-Methoxy-3,4-dihydro-2*H*-pyrrol und Adipinsäure-dihydrazid (*Petersen, Tietze,* B. **90** [1957] 909, 915).

Kristalle (aus H_2O) mit 3 Mol H_2O; F: 247°.

Die folgenden Verbindungen sind in analoger Weise hergestellt worden:

1,4-Bis-[5,6,7,8-tetrahydro-[1,2,4]triazolo[4,3-*a*]pyridin-3-yl]-butan, 5,6,7,8,5′,6′,7′,8′-Octahydro-3,3′-butandiyl-bis-[1,2,4]triazolo[4,3-*a*]pyridin $C_{16}H_{24}N_6$, Formel XI (n = 4). Kristalle (aus Essigsäure-[2-methoxy-äthylester]); F: 184°.

1,4-Bis-[6,7,8,9-tetrahydro-5*H*-[1,2,4]triazolo[4,3-*a*]azepin-3-yl]-butan, 6,7,8,9,6′,7′,8′,9′-Octahydro-5*H*,5′*H*-3,3′-butandiyl-bis-[1,2,4]triazolo[4,3-*a*]azepin $C_{18}H_{28}N_6$, Formel XI (n = 5). Kristalle (aus H_2O); F: 140°.

1,4-Bis-[6,7,8,9,10,11-hexahydro-5*H*-[1,2,4]triazolo[4,3-*a*]azonin-3-yl]-butan, 6,7,8,9,10,11,6′,7′,8′,9′,10′,11′-Dodecahydro-5*H*,5′*H*-3,3′-butandiyl-bis-[1,2,4]triazolo[4,3-*a*]azonin $C_{22}H_{36}N_6$, Formel XI (n = 7). Kristalle (aus H_2O) mit 2 Mol H_2O; F: 112°.

Stammverbindungen $C_nH_{2n-10}N_6$

2-[2,3-Diphenyl-tetrazolium-5-yl]-1,3-dimethyl-benzimidazolium $[C_{22}H_{20}N_6]^{2+}$, Formel XII (X = H).

Diperchlorat $[C_{22}H_{20}N_6](ClO_4)_2$. *B.* Beim Behandeln von 2-[Bis-phenylazo-methylen]-1,3-

dimethyl-2,3-dihydro-1*H*-benzimidazol (E III/IV **24** 413) mit Isopentylnitrit in wss. HCl und Essigsäure und anschliessend mit wss. $HClO_4$ (*Wahl,* C. r. **241** [1955] 1949). – Kristalle; F: 316–317°.

2-[2,3-Bis-(4-chlor-phenyl)-tetrazolium-5-yl]-1,3-dimethyl-benzimidazolium $[C_{22}H_{18}Cl_2N_6]^{2+}$, Formel XII (X = Cl).

Diperchlorat $[C_{22}H_{18}Cl_2N_6](ClO_4)_2$. *B.* Analog der vorangehenden Verbindung (*Wahl,* C. r. **241** [1955] 1949). – Gelbliche Kristalle; F: 310°.

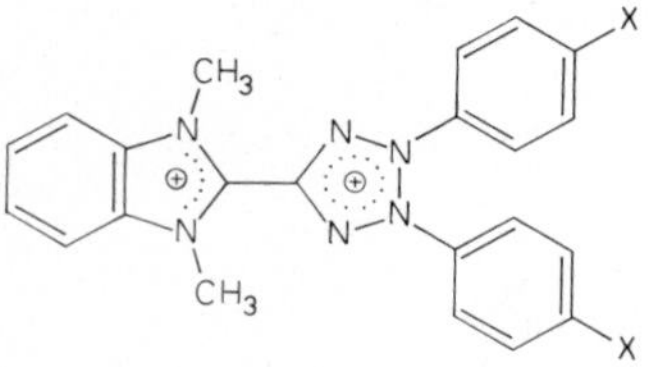

XII 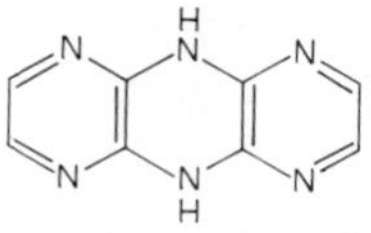 XIII 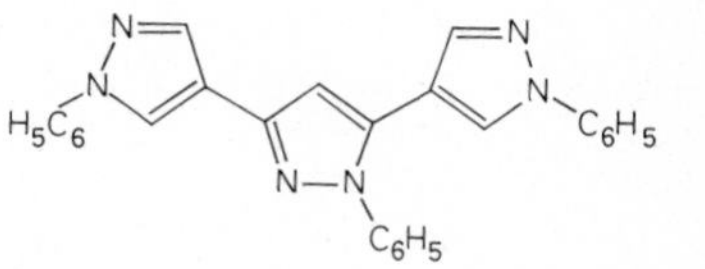 XIV

5,10-Dihydro-dipyrazino[2,3-*b*;2′,3′-*e*]pyrazin $C_8H_6N_6$, Formel XIII und Taut.

B. Aus 5,10-Dihydro-dipyrazino[2,3-*b*;2′,3′-*e*]pyrazin-2,7-dicarbonsäure beim Erhitzen auf 360–400°/5 Torr (*Noguchi,* J. chem. Soc. Japan Pure Chem. Sect. **80** [1959] 945; C. A. **1961** 4514).

Hellgelbe Kristalle; F: >460°.

1,1′,1′′-Triphenyl-1*H*,1′*H*,1′′*H*-[4,3′;5′,4′′]terpyrazol $C_{27}H_{20}N_6$, Formel XIV.

B. Beim Behandeln von 1,1′,1′′-Triphenyl-4′,5′-dihydro-1*H*,1′*H*,1′′*H*-[4,3′;5′,4′′]terpyrazol mit $KMnO_4$ in wss. Pyridin (*Finar, Lord,* Soc. **1959** 1819, 1823).

Kristalle (aus Bzl. + PAe.); F: 167,5–168°.

3,6,9,16,19,22-Hexaaza-tricyclo[22.2.2.2^{11,14}]triaconta-1(26),11,13,24,27,29-hexaen, 2,5,8,17,20,23-Hexaaza-[9.9]paracyclophan $C_{24}H_{38}N_6$, Formel XV.

B. Beim Erhitzen von 2,5,8,17,20,23-Hexaaza-[9.9]paracyclopha-1,8,16,23-tetraen mit $LiAlH_4$ in THF (*Krässig, Greber,* Makromol. Ch. **17** [1955/56] 131, 149).

Kristalle (aus Xylol); F: 143–144°.

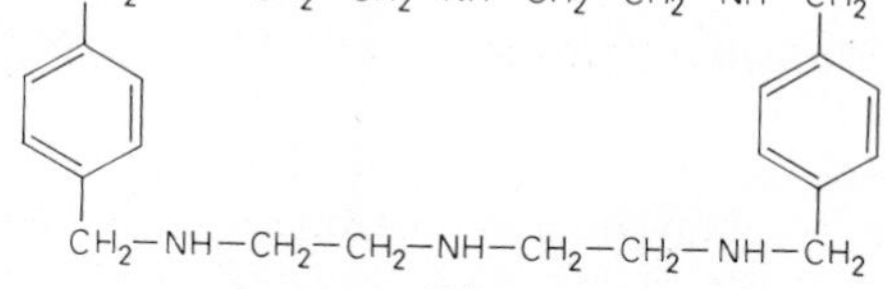

XV

Stammverbindungen $C_nH_{2n-12}N_6$

2,3-Bis-[4-brom-phenyl]-5-chinoxalin-2-yl-tetrazolium $[C_{21}H_{13}Br_2N_6]^+$, Formel I.

Chlorid $[C_{21}H_{13}Br_2N_6]Cl$. *B.* Beim Behandeln von 1,5-Bis-[4-brom-phenyl]-3-chinoxalin-2-yl-formazan mit Äthylnitrit und HCl in wss. Dioxan (*Ried, Hoffschmidt,* A. **581** [1953] 23, 27). – Kristalle (aus Me. + Ae.), F: 229°, die sich am Licht oder an der Luft rot färben.

1,3,5-Tris-[4,5-dihydro-1*H*-imidazol-2-yl]-benzol, 4,5,4′,5′,4′′,5′′-Hexahydro-1*H*,1′*H*,1′′*H*-2,2′,2′′-benzen-1,3,5-triyl-tri-imidazol $C_{15}H_{18}N_6$, Formel II.

B. Beim Erhitzen von Benzol-1,3,5-tricarbonsäure mit Imidazolidin-2-on auf 280° (*I.G. Far*=

benind., D.R.P. 695473 [1937]; D.R.P. Org. Chem. **6** 2447; *Gen. Aniline & Film Corp.*, U.S.P. 2210588 [1938]).

Kristalle (nach Sublimation im Hochvakuum); F: 340°.

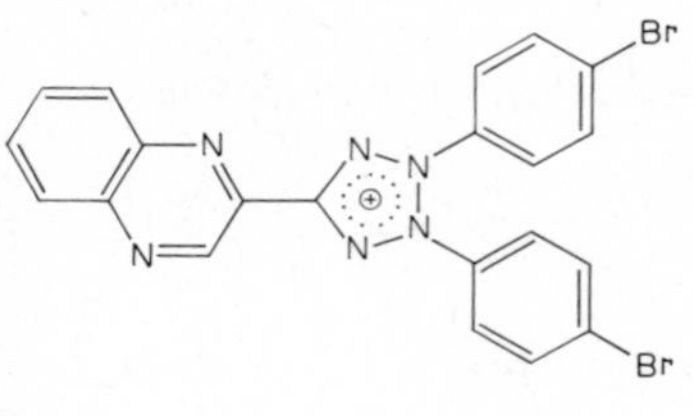

I 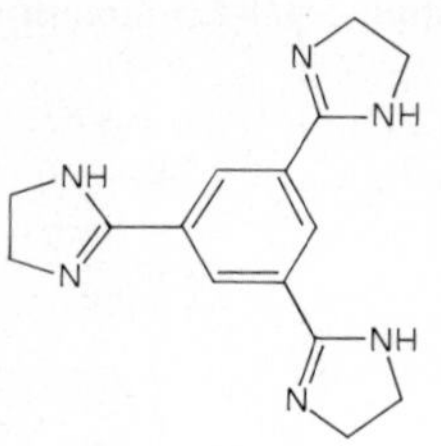 II 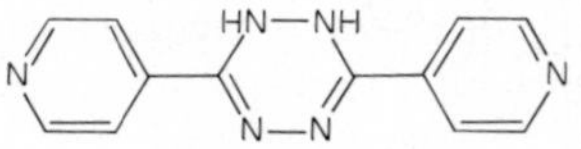 III

Stammverbindungen $C_nH_{2n-14}N_6$

3,6-Di-[4]pyridyl-1,2-dihydro-[1,2,4,5]tetrazin $C_{12}H_{10}N_6$, Formel III.

B. Beim Erwärmen von Isonicotinimidsäure-äthylester-hydrochlorid mit $N_2H_4 \cdot H_2O$ in Äth≠anol (*Charonnat, Fabiani,* C. r. **241** [1955] 1783; *Libman, Slack,* Soc. **1956** 2253, 2255).

Orangefarbene Kristalle; F: 275° [aus wss. Eg.] (*Li., Sl.*), 272–273° (*Ch., Fa.*). λ_{max} (Propan-1,3-diol): 240 nm (*Ch., Fa.*). Die Lösung in Propan-1,3-diol färbt sich an der Luft rot (*Ch., Fa.*).

3,6-Di-[4]pyridyl-1,4-dihydro-[1,2,4,5]tetrazin(?) $C_{12}H_{10}N_6$, vermutlich Formel IV.

B. Beim Erhitzen von Isonicotinonitril mit $N_2H_4 \cdot H_2O$ (*Charonnat, Fabiani,* C. r. **241** [1955] 1783).

Gelbe Kristalle; F: 242–243°. λ_{max} (Propan-1,3-diol): 240 nm. Die Lösung in Propan1,3-diol färbt sich an der Luft rot.

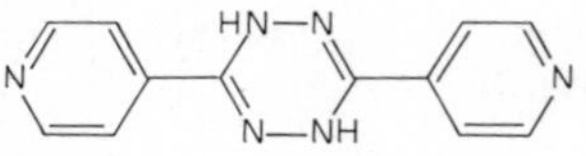

IV 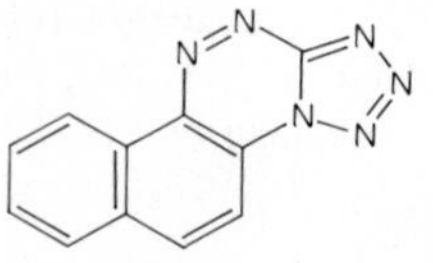 V 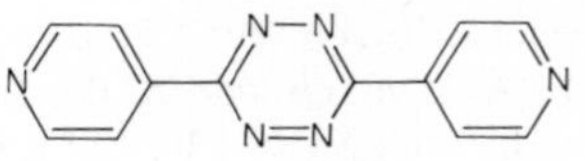 VI

Stammverbindungen $C_nH_{2n-16}N_6$

Naphtho[2,1-*e*]tetrazolo[5,1-*c*][1,2,4]triazin $C_{11}H_6N_6$, Formel V.

B. Beim Behandeln von [2]Naphthylamin mit diazotiertem 1*H*-Tetrazol-5-ylamin in wss. HCl und anschliessenden Erhitzen in wss. H_2SO_4 (*Gen. Aniline & Film Corp.*, U.S.P. 2515728 [1948]).

Gelbliche Kristalle (aus Dioxan).

Di-[4]pyridyl-[1,2,4,5]tetrazin $C_{12}H_8N_6$, Formel VI.

B. Aus Isonicotinsäure-hydrazid mit Hilfe von Pyridin (*Charonnat, Fabiani,* C. r. **241** [1955] 1783). Beim Erhitzen von 3,6-Di-[4]pyridyl-1,2-dihydro-[1,2,4,5]tetrazin sowie von 3,6-Di-[4]pyridyl-1,4-dihydro-[1,2,4,5]tetrazin [?; s. o.] (*Ch., Fa.*). Beim Behandeln von 3,6-Di-[4]pyr≠idyl-1,2-dihydro-[1,2,4,5]tetrazin mit $NaNO_2$ in wss. Essigsäure (*Libman, Slack,* Soc. **1956** 2253, 2256).

Rote Kristalle; F: 262° (*Ch., Fa.*), 258° [Zers.; aus Py.] (*Li., Sl.*). λ_{max} (Propan-1,3-diol): 270 nm (*Ch., Fa.*).

Beim Behandeln mit Dimethylsulfat in Chlorbenzol ist ein Bis-methomethylsulfat $[C_{14}H_{14}N_6](CH_3SO_4)_2$ (rot; F: 200° [Zers.]) erhalten worden (*Li., Sl.*).

1,4-Bis-[1,3,5]triazin-2-yl-benzol, 2,2′-*p*-Phenylen-bis-[1,3,5]triazin $C_{12}H_8N_6$, Formel VII.

B. Aus Terephthalamidin-dihydrochlorid und [1,3,5]Triazin in siedendem Methanol (*Schaefer, Peters,* Am. Soc. **81** [1959] 1470, 1473).

F: 298–299° [unkorr.; aus Bzl.].

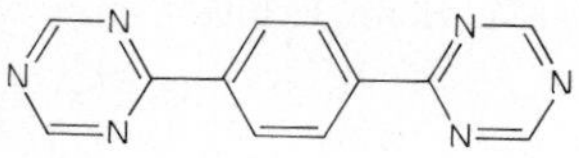

VII 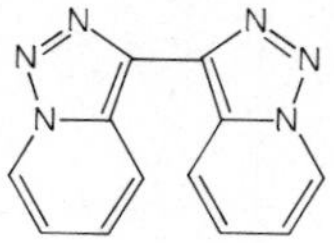 VIII 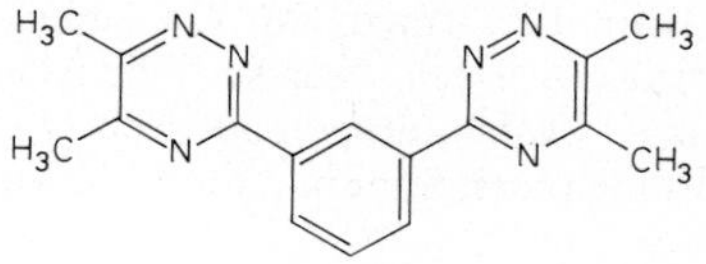 IX

[3,3′]Bi[1,2,3]triazolo[1,5-*a*]pyridinyl $C_{12}H_8N_6$, Formel VIII.

B. Beim Erwärmen von Di-[2]pyridyl-äthandion-dihydrazon mit Ag_2O in Pyridin (*Boyer et al.,* Am. Soc. **79** [1957] 678).

Kristalle (aus E.); F: 272–274° [korr.; Zers.].

1,3-Bis-[5,6-dimethyl-[1,2,4]triazin-3-yl]-benzol, 5,6,5′,6′-Tetramethyl-3,3′-*m*-phenylen-bis-[1,2,4]triazin $C_{16}H_{16}N_6$, Formel IX.

B. Beim Erhitzen von Isophthalsäure-bis-[1-methyl-2-oxo-propylidenhydrazid] mit NH_3 in Äthanol auf 150° (*Metze, Kort,* B. **91** [1958] 417, 421).

Kristalle (aus A.); F: 205°.

Stammverbindungen $C_nH_{2n-18}N_6$

7-Methyl-2-phenyl-5-[4-phenyl-4*H*-[1,2,4]triazol-3-yl]-pyrazolo[1,5-*a*]pyrimidin $C_{21}H_{16}N_6$, Formel X.

B. Beim Erhitzen von 7-Methyl-2-phenyl-pyrazolo[1,5-*a*]pyrimidin-5-carbonsäure-[anilino-methylen-hydrazid] auf 280° (*Checchi, Ridi,* G. **87** [1957] 597, 611).

Kristalle (aus Me.); F: 212–214°.

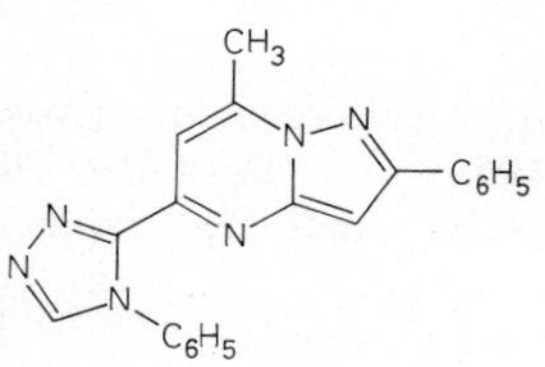

X 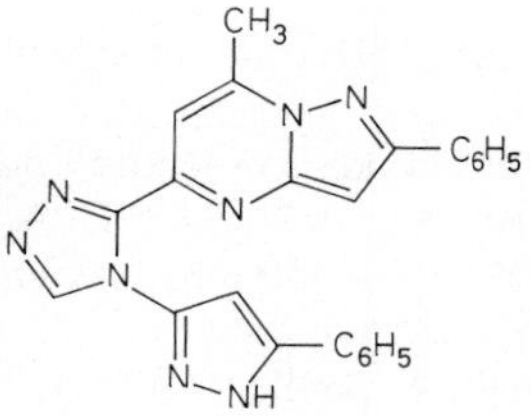 XI 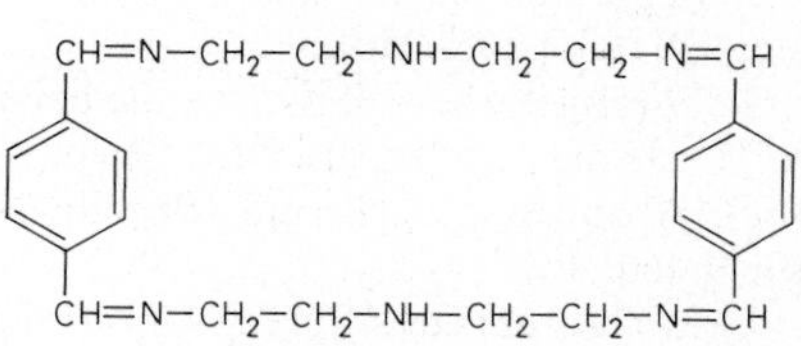 XII

7-Methyl-2-phenyl-5-[4-(5-phenyl-1(2)*H*-pyrazol-3-yl)-4*H*-[1,2,4]triazol-3-yl]-pyrazolo[1,5-*a*]pyrimidin $C_{24}H_{18}N_8$, Formel XI und Taut.

B. Beim Erhitzen von 7-Methyl-2-phenyl-pyrazolo[1,5-*a*]pyrimidin-5-carbonsäure-{[(5-phenyl-1(2)*H*-pyrazol-3-ylamino)-methylen]-hydrazid} auf 250–260° (*Checchi, Ridi,* G. **87** [1957] 597, 610).

Kristalle (aus Me.); F: 212–214°.

***3,6,9,16,19,22-Hexaaza-tricyclo[22.2.2.2^{11,14}]triaconta-1(26),2,9,11,13,15,22,24,27,29-decaen, 2,5,8,17,20,23-Hexaaza-[9.9]paracyclopha-1,8,16,23-tetraen** $C_{24}H_{30}H_6$, Formel XII.

B. Aus Terephthalaldehyd und Diäthylentriamin in Benzol (*Krässig, Greber,* Makromol. Ch.

17 [1955/56] 131, 149).

Kristalle (aus Cyclohexan); Zers. bei 165 – 170°.

Stammverbindungen $C_nH_{2n-20}N_6$

5,5'-Diphenyl-1*H*,1'*H*-[3,3']bi[1,2,4]triazolyl $C_{16}H_{12}N_6$, Formel XIII und Taut.

B. Beim Erwärmen von Oxalamidrazon (E III **2** 1594) mit überschüssigem Benzoesäureanhydrid (*Dedichen,* Norske Vid. Akad. Avh. **1936** Nr. 5, S. 37). Beim Erhitzen von *N,N'''*-Dibenzoyl-oxalamidrazon auf 120° (*De.*).

Kristalle (nach Sublimation im Vakuum).

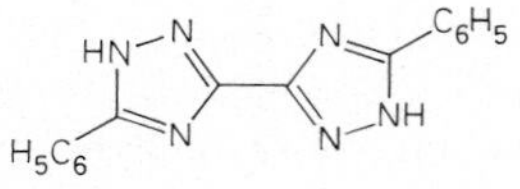

XIII 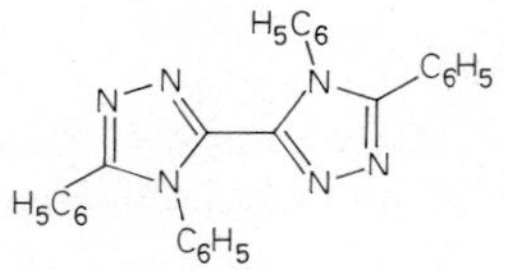 XIV 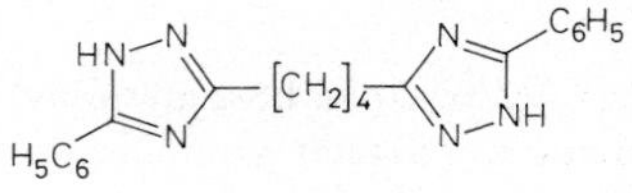 XV

4,5,4',5'-Tetraphenyl-4*H*,4'*H*-[3,3']bi[1,2,4]triazolyl $C_{28}H_{20}N_6$, Formel XIV.

B. Beim Erhitzen von *N,N'*-Diphenyl-oxalimidoylchlorid mit Benzoesäure-hydrazid in 1,2-Dichlor-benzol auf 120° (*Klingsberg,* Am. Soc. **80** [1958] 5786, 5789).

Hellgelbe Kristalle (aus Chlorbenzol); F: 308 – 309,5° [korr.]. λ_{max} (Ammoniumacetat enthaltendes DMF): 253 nm.

1,4-Bis-[5-phenyl-1*H*-[1,2,4]triazol-3-yl]-butan, 5,5'-Diphenyl-1*H*,1'*H*-3,3'-butandiyl-bis-[1,2,4]triazol $C_{20}H_{20}N_6$, Formel XV und Taut.

B. Beim Erhitzen von Benzoesäure-hydrazid mit Adiponitril unter Druck auf 230° (*BASF,* D.B.P. 1076136 [1958]).

Kristalle; F: 257 – 260°.

Stammverbindungen $C_nH_{2n-22}N_6$

6,13-Dihydro-pyrazino[2,3-*b*;5,6-*b'*]dichinoxalin, Fluorrubin $C_{16}H_{10}N_6$, Formel I und Taut. (H 604).

B. Beim Behandeln von Chinoxalin mit KNH_2 in flüssigem NH_3 (*Bergstrom, Ogg,* Am. Soc. **53** [1931] 245, 250).

Gelborangefarbene Kristalle, die bei 380° dunkel werden und bis 450° nicht schmelzen (*Noguchi,* J. chem. Soc. Japan Pure Chem. Sect. **80** [1959] 945; C. A. **1961** 4514); F: >350° (*Be., Ogg*). Absorptionsspektrum (Propan-1-ol; 250 – 450 nm): *Akimoto,* Bl. chem. Soc. Japan **29** [1956] 460, 461.

Acetyl-Derivat $C_{18}H_{12}N_6O$. Hellgelbe Kristalle (aus Py.); F: >360° (*No.*).

Stammverbindungen $C_nH_{2n-24}N_6$

Tri-[2]pyridyl-[1,3,5]triazin $C_{18}H_{12}N_6$, Formel II (R = H).

B. Beim Erhitzen von Pyridin-2-carbonitril mit NaH auf 160 – 165° (*Case, Koft,* Am. Soc. **81** [1959] 905).

Kristalle (aus A. + H_2O) mit 3 Mol H_2O; F: 244 – 245° (*Case, Koft*).

Eisen(II)-Komplexe. a) Perchlorat $Fe(C_{18}H_{12}N_6)_2(ClO_4)_2$. Absorptionsspektrum (Nitrobenzol sowie H_2O; 450 – 700 nm): *Collins et al.,* Anal. Chem. **31** [1959] 1862, 1863. – b) Jodid $Fe(C_{18}H_{12}N_6)_2I_2$. Kristalle (*Co. et al.*).

Tris-[4-methyl-[2]pyridyl]-[1,3,5]triazin $C_{21}H_{18}N_6$, Formel II (R = CH_3).

B. Analog der vorangehenden Verbindung (*Case, Koft,* Am. Soc. **81** [1959] 905).

Wasserhaltige Kristalle (aus A. + H_2O); F: 213–214°.

Tris-[4-äthyl-[2]pyridyl]-[1,3,5]triazin $C_{24}H_{24}N_6$, Formel II (R = C_2H_5).

B. Analog den vorangehenden Verbindungen (*Case, Koft,* Am. Soc. **81** [1959] 905).

Kristalle (aus Bzl. + PAe.) mit 2 Mol H_2O, F: 105–106°; die wasserfreie Verbindung schmilzt bei 136–137°.

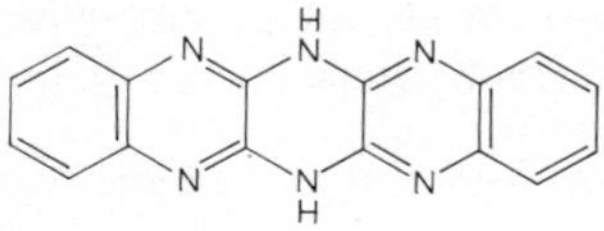

I 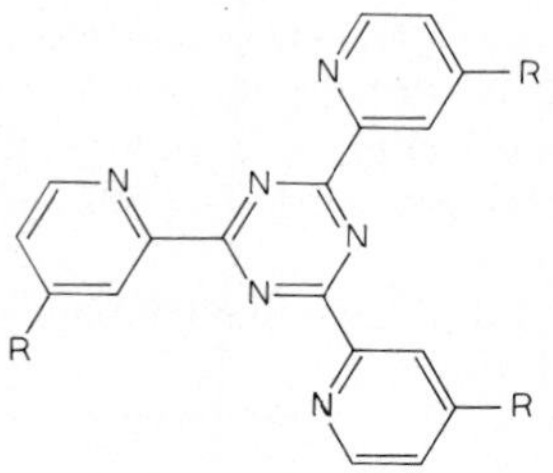 II 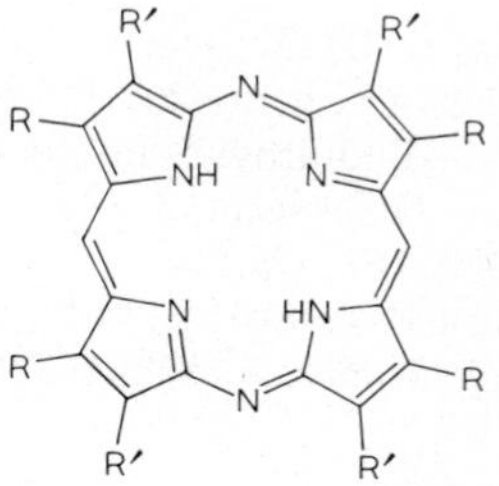 III

2,3,7,8,12,13,17,18-Octamethyl-5,15-diaza-porphyrin $C_{26}H_{28}N_6$, Formel III (R = R′ = CH_3) und Taut. (in der Literatur als Diimido-octamethyl-porphyrin bezeichnet).

B. Neben 2,3,7,8,12,13,17,18-Octamethyl-5-aza-porphyrin beim Erhitzen von Bis-[5-brom-3,4-dimethyl-pyrrol-2-yl]-methinium-bromid (E II **23** 203) mit äthanol. NH_3 auf 150° (*Fischer, Müller,* A. **528** [1937] 3, 7).

Violette Kristalle (aus Nitrobenzol); F: >350°. λ_{max}: 545 nm, 572 nm, 598 nm und 623 nm [Nitrobenzol] bzw. 622 nm und 656 nm [konz. wss. HCl].

Verbindung mit 2,3,7,8,12,13,17,18-Octamethyl-5-aza-porphyrin $C_{26}H_{28}N_6 \cdot C_{27}H_{29}N_5$. Kristalle (aus Nitrobenzol); F: 445–447°.

2,8,12,18-Tetraäthyl-3,7,13,17-tetramethyl-5,10-diaza-porphyrin, 5,10-Diaza-ätioporphyrin-II $C_{30}H_{36}N_6$, Formel IV und Taut. (in der Literatur als α,β-Diimido-ätioporphyrin-II bezeichnet).

B. Neben anderen Verbindungen beim Erwärmen von 4-Äthyl-3,5-dimethyl-pyrrol-2-carbonylazid oder von 3-Äthyl-4,5-dimethyl-pyrrol-2-carbonylazid mit Äthanol und anschliessenden Erhitzen mit Phenylhydrazin auf 160–250° (*Endermann, Fischer,* A. **538** [1939] 172, 191, 192).

Kristalle (aus $CHCl_3$ + Me.); F: >330° (*En., Fi.*). Absorptionsspektrum (Py.; 480–650 nm): *Pruckner,* Z. physik. Chem. [A] **190** [1941] 101, 103, 124. λ_{max} (Ae.): 538 nm, 604 nm, 615 nm und 624 nm (*En., Fi.*).

3,7,13,17-Tetraäthyl-2,8,12,18-tetramethyl-5,15-diaza-porphyrin, 5,15-Diaza-ätioporphyrin-II $C_{30}H_{36}N_6$, Formel III (R = CH_3, R′ = C_2H_5) und Taut. (in der Literatur als α,γ-Diimido-ätioporphyrin-II bezeichnet).

B. Beim Erhitzen von [3-Äthyl-5-formyl-4-methyl-1,3-dihydro-pyrrol-2-yliden]-carbamidsäure-äthylester (*Endermann, Fischer,* A. **538** [1939] 172, 188). Beim Erwärmen von 3-Äthyl-4,5-dimethyl-pyrrol-2-carbonylazid mit Äthanol und anschliessenden Erhitzen mit Phenylhydrazin auf 250° (*En., Fi.,* l. c. S. 192).

λ_{max} (Ae.): 544 nm, 567,6 nm und 618,1 nm.

2,8,12,18-Tetraäthyl-3,7,13,17-tetramethyl-5,15-diaza-porphyrin, 10,20-Diaza-ätioporphyrin-II $C_{30}H_{36}N_6$, Formel III (R = C_2H_5, R′ = CH_3) und Taut. (in der Literatur als β,δ-Diimido-ätioporphyrin-II bezeichnet).

B. Beim Erhitzen von [4-Äthyl-5-formyl-3-methyl-1,3-dihydro-pyrrol-2-yliden]-carbamid=

säure-äthylester (*Endermann, Fischer,* A. **538** [1939] 172, 186). Beim Erwärmen von 4-Äthyl-3,5-dimethyl-pyrrol-2-carbonylazid mit Äthanol und anschliessenden Erhitzen mit Phenylhydrazin auf 160–200° (*En., Fi.*; *Metzger, Fischer,* A. **527** [1937] 1, 27). Beim Erhitzen von Bis-[5-äthoxycarbonylamino-3-äthyl-4-methyl-pyrrol-2-yl]-methinium-chlorid mit Phenylhydrazin oder mit Na_2CO_3 und Äthanol auf 160–170° (*Me., Fi.,* l. c. S. 26).

Violette Kristalle (aus Py.); F: >300° (*Me., Fi.*). Absorptionsspektrum in Pyridin (310–430 nm): *Pruckner, Stern,* Z. physik. Chem. [A] **177** [1936] 387, 388, 393; s. dazu *Stern, Pruckner,* Z. physik. Chem. [A] **178** [1937] 420, 432 Anm. 1; in Pyridin (480–660 nm): *Stern et al.,* Z. physik. Chem. [A] **177** [1936] 40, 44, 46, 68; *St., Pr.,* l. c. S. 422, 424. λ_{max} (Ae.; 530–620 nm): *En., Fi.,* l. c. S. 186. Fluorescenzmaxima (Py.; 610–700 nm): *St. et al.,* l. c. S. 47.

Kupfer(II)-Komplex $CuC_{30}H_{34}N_6$. Diese Konstitution kommt der von *Fischer, Guggemos* (Z. physiol. Chem. **262** [1939] 37, 46) als Kupfer-Komplex des [3-Äthyl-5-amino-4-methyl-pyrrol-2-yl]-[3-äthyl-5-amino-4-methyl-pyrrol-2-yliden]-methans formulierten Verbindung zu (*Fischer, Endermann,* Z. physiol. Chem. **269** [1941] 59). – Violette Kristalle (aus $CHCl_3$ + Me.); F: >350° (*Fi., Gu.*).

Eisen(III)-Komplex $Fe(C_{30}H_{34}N_6)Cl$. Rote Kristalle (aus Ameisensäure + Eg.); F: >350° (*Fischer, Müller,* A. **528** [1937] 1, 6).

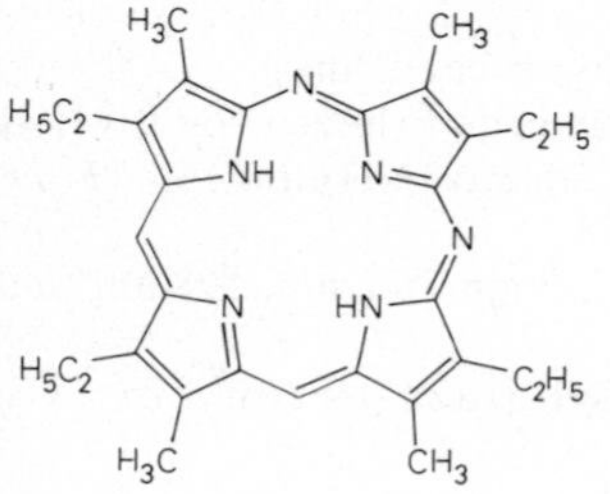

2,3,7,8,12,13,17,18-Octaäthyl-5,15-diaza-porphyrin $C_{34}H_{44}N_6$, Formel III ($R = R' = C_2H_5$) und Taut.

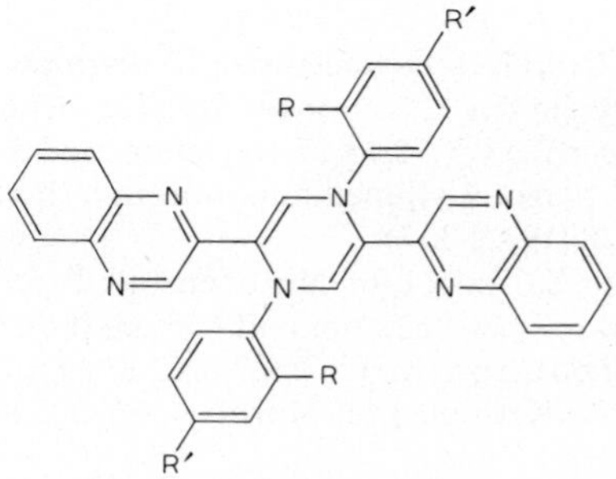

B. Beim Erwärmen von 3,4-Diäthyl-5-methyl-pyrrol-2-carbonylazid mit Methanol und anschliessenden Erhitzen mit Phenylhydrazin auf 160–240° (*Fischer et al.,* A. **540** [1939] 30, 48). Beim Erhitzen von [3,4-Diäthyl-5-brom-pyrrol-2-yl]-[3,4-diäthyl-5-brom-pyrrol-2-yliden]-methan mit äthanol. NH_3 auf 140° (*Fi. et al.*).

Violette Kristalle (aus $CHCl_3$ + Me.); F: 291°. λ_{max} (Ae.; 530–630 nm): *Fi. et al.*

Stammverbindungen $C_nH_{2n-26}N_6$

2,5-Di-chinoxalin-2-yl-1,4-diphenyl-1,4-dihydro-pyrazin $C_{32}H_{22}N_6$, Formel V ($R = R' = H$).

B. Beim Stehenlassen von [1,2-Dihydro-chinoxalin-2-yl]-hydroxy-acetaldehyd-phenylimin (E III/IV **25** 133) oder von Chinoxalin-2-yl-hydroxy-acetaldehyd-phenylimin in $CHCl_3$ bzw. in Äther (*Maurer, Boettger,* B. **71** [1938] 1383, 1388).

Orangefarbene Kristalle (aus Äthylenglykol oder Py. + H_2O); F: 253°.

2,5-Di-chinoxalin-2-yl-1,4-di-*p*(?)-tolyl-1,4-dihydro-pyrazin $C_{34}H_{26}N_6$, vermutlich Formel V ($R = H$, $R' = CH_3$).

B. Analog der vorangehenden Verbindung (*Maurer, Boettger,* B. **71** [1938] 1383, 1389).

Rote Kristalle (aus Äthylenglykol); F: 267°.

2,5-Di-chinoxalin-2-yl-1,4-bis-[2(?),4(?)-dimethyl-phenyl]-1,4-dihydro-pyrazin $C_{36}H_{30}N_6$, vermutlich Formel V (R = R′ = CH_3).

B. Analog den vorangehenden Verbindungen (*Maurer, Boettger,* B. **71** [1938] 1383, 1390).

F: 276°.

Stammverbindungen $C_nH_{2n-28}N_6$

2-[2-Phenyl-1(3)*H*-benzimidazol-5-yl]-1,5-dihydro-benzo[1,2-*d*;4,5-*d′*]diimidazol $C_{21}H_{14}N_6$, Formel VI (R = H) und Taut.

B. Beim Erhitzen von 1*H*-Benzimidazol-5,6-diyldiamin-dihydrochlorid mit 2-Phenyl-1(3)*H*-benzimidazol-5-carbonsäure in wss. HCl auf 180° (*Ėfros,* Ž. obšč. Chim. **22** [1952] 1008, 1015; engl. Ausg. S. 1063, 1068).

Trihydrochlorid $C_{21}H_{14}N_6 \cdot 3HCl$. Kristalle (aus H_2O).

1,4-Bis-[5-phenyl-1*H*-[1,2,4]triazol-3-yl]-benzol, 5,5′-Diphenyl-1*H*,1′*H*-3,3′-*p*-phenylen-bis-[1,2,4]triazol $C_{22}H_{16}N_6$, Formel VII und Taut.

B. Beim Erhitzen von Terephthalonitril mit Benzoesäure-hydrazid oder von Terephthalsäure-dihydrazid mit Benzonitril unter Druck auf 230° (*BASF,* D.B.P. 1076136 [1958]).

Kristalle.

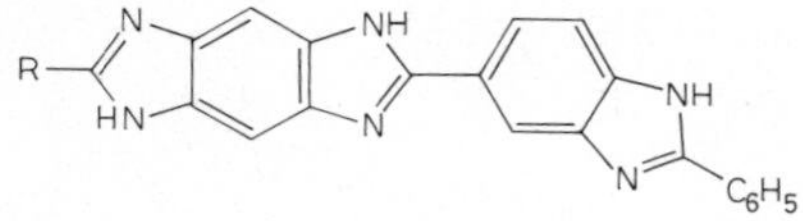

VI 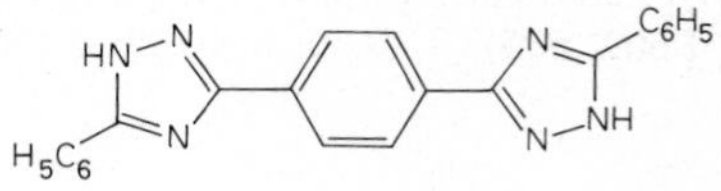 VII

1,4-Bis-[4,5-diphenyl-4*H*-[1,2,4]triazol-3-yl]-benzol, 4,5,4′,5′-Tetraphenyl-4*H*,4′*H*-3,3′-*p*-phenylen-bis-[1,2,4]triazol $C_{34}H_{24}N_6$, Formel VIII.

B. Aus 1,4-Bis-[1*H*-tetrazol-5-yl]-benzol und *N*-Phenyl-benzimidoylchlorid (*Huisgen et al.,* Chem. and Ind. **1958** 1114).

F: 415–416°.

2-Methyl-6-[2-phenyl-1(3)*H*-benzimidazol-5-yl]-1,5-dihydro-benzo[1,2-*d*;4,5-*d′*]diimidazol $C_{22}H_{16}N_6$, Formel VI (R = CH_3) und Taut.

B. Beim Erhitzen von 2-Methyl-1*H*-benzimidazol-5,6-diyldiamin-dihydrochlorid mit 2-Phenyl-1(3)*H*-benzimidazol-5-carbonsäure in wss. HCl auf 180° (*Ėfros,* Ž. obšč. Chim. **22** [1952] 1008, 1013; engl. Ausg. S. 1063, 1067).

Trihydrochlorid $C_{22}H_{16}N_6 \cdot 3HCl$. Feststoff (aus H_2O).

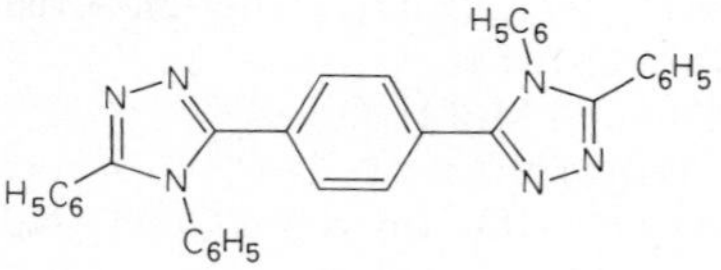

VIII 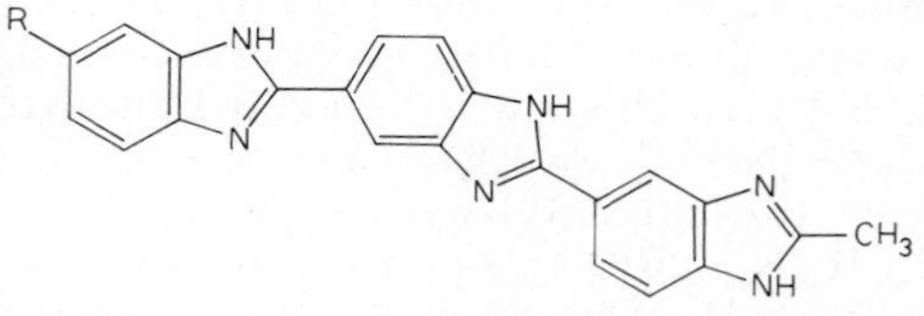 IX

2″-Methyl-1*H*,1′(3′)*H*,1″(3″)*H*-[2,5′;2′,5″]terbenzimidazol $C_{22}H_{16}N_6$, Formel IX (R = H) und Taut.

B. Beim Erhitzen von 2′-Methyl-1(3)*H*,1′(3′)*H*-[2,5′]bibenzimidazolyl-5-carbonsäure-dihydrochlorid mit *o*-Phenylendiamin in wss. HCl auf 180–200° (*Poraĭ-Koschiz et al.,* Ž. obšč. Chim. **23** [1953] 835, 839; engl. Ausg. S. 873, 876).

Trihydrochlorid $C_{22}H_{16}N_6 \cdot 3HCl$. Hellgelbe Kristalle (aus wss. HCl); F: >360°.

5,2''-Dimethyl-1(3)*H*,1'(3')*H*,1''(3'')*H*-[2,5';2',5'']terbenzimidazol $C_{23}H_{18}N_6$, Formel IX (R = CH_3) und Taut.

B. Analog der vorangehenden Verbindung (*Poraĭ-Koschiz et al.*, Ž. obšč. Chim. **23** [1953] 835, 839; engl. Ausg. S. 873, 877).

Trihydrochlorid $C_{23}H_{18}N_6 \cdot 3HCl$. Kristalle; F: ca. 400°.

Stammverbindungen $C_nH_{2n-30}N_6$

1,4-Diamino-2,3,5,6-tetra-[2]pyridyl-1,4-dihydro-pyrazin(?), 2,3,5,6-Tetra-[2]pyridyl-pyrazin-1,4-diyldiamin(?) $C_{24}H_{20}N_8$, vermutlich Formel X.

B. Beim Erwärmen von Di-[2]pyridyl-äthandion in Pyridin mit $N_2H_4 \cdot H_2O$ (*Eistert, Schade*, B. **91** [1958] 1411, 1415).

Hellgelbe Kristalle (aus Butan-1-ol); F: 192°. λ_{max} (Me.): 267 nm, 275 nm und 305 nm.

1,2-Bis-[1,3-dimethyl-1*H*-benzimidazolium-2-yl]-3-[1,3-dimethyl-1,3-dihydro-benzimidazol-2-yliden]-propen, 1,2,3-Tris-[1,3-dimethyl-1*H*-benzimidazol-2-yl]-[1.1.0]trimethindiium [1]) $[C_{30}H_{32}N_6]^{2+}$, Formel XI.

Dijodid $[C_{30}H_{32}N_6]I_2$. *B.* Beim Erhitzen von 1,2,3-Trimethyl-benzimidazolium-jodid mit *N,N'*-Diphenyl-formamidin, Acetanhydrid und Natriumacetat auf 170° (*Ogata*, Pr. Acad. Tokyo **9** [1933] 602, 605). – Rote Kristalle (aus Butan-1-ol); F: 230°.

X XI XII

Stammverbindungen $C_nH_{2n-32}N_6$

Tetra-[2]pyridyl-pyrazin $C_{24}H_{16}N_6$, Formel XII (R = H).

B. Beim Erhitzen von 2-Hydroxy-1,2-di-[2]pyridyl-äthanon mit Ammoniumacetat auf 180° (*Goodwin, Lions*, Am. Soc. **81** [1959] 6415, 6420).

Kristalle (aus Py.); F: 284°.

Chloro-[tetra-[2]pyridyl-pyrazin]-kupfer(II)-Salze. Chlorid $[Cu(C_{24}H_{16}N_6)Cl]Cl$. Grüne Kristalle mit 1 Mol H_2O. – Perchlorat $[Cu(C_{24}H_{16}N_6)Cl]ClO_4$. Hellgrüne Kristalle.

Aqua-[tetra-[2]pyridyl-pyrazin]-kupfer(II)-diperchlorat $[Cu(C_{24}H_{16}N_6)(H_2O)](ClO_4)_2$. Grüne Kristalle (aus H_2O) mit 3 Mol H_2O.

Bis-[tetra-[2]pyridyl-pyrazin]-eisen(II)-Salze. Diperchlorat $[Fe(C_{24}H_{16}N_6)_2](ClO_4)_2$. Kristalle (aus Me.) mit 4 Mol H_2O. – Dijodid $[Fe(C_{24}H_{16}N_6)_2]I_2$. Kristalle (aus H_2O) mit 4 Mol H_2O. Diamagnetisch.

Bis-[tetra-[2]pyridyl-pyrazin]-kobalt(III)-triperchlorat $[Co(C_{24}H_{16}N_6)_2](ClO_4)_3$. Gelbbraune Kristalle (aus H_2O) mit 2 Mol H_2O.

Bis-[tetra-[2]pyridyl-pyrazin]-nickel(II)-diperchlorat $[Ni(C_{24}H_{16}N_6)_2](ClO_4)_2$. Gelbe Kristalle mit 1 Mol H_2O.

Bis-[tetra-[2]pyridyl-pyrazin]-ruthenium(II)-diperchlorat

[1]) Über diese Bezeichnungsweise s. *Reichardt, Mormann*, B. **105** [1972] 1815, 1832.

$[Ru(C_{24}H_{16}N_6)_2](ClO_4)_2$. Rotviolette Kristalle (aus Me. + Ae.) mit 6 Mol H_2O.

Tetrakis-[6-methyl-[2]pyridyl]-pyrazin $C_{28}H_{24}N_6$, Formel XII (R = CH_3).

B. Analog der vorangehenden Verbindung (*Goodwin, Lions,* Am. Soc. **81** [1959] 6415, 6421).

Kristalle (aus A.); F: 227°.

Dichloro-[tetrakis-(6-methyl-[2]pyridyl)-pyrazin]-kupfer(II) $Cu(C_{28}H_{24}N_6)Cl_2$. Gelbbraune Kristalle. Paramagnetisch; magnetisches Moment bei 20°: *Go., Li.* Elektrische Leitfähigkeit in Nitrobenzol: *Go., Li.*

Aqua-[tetrakis-(6-methyl-[2]pyridyl)-pyrazin]-kupfer(II)-diperchlorat $[Cu(C_{28}H_{24}N_6)(H_2O)](ClO_4)_2$. Olivgrüne Kristalle mit 5 Mol H_2O.

Dichloro-[tetrakis-(6-methyl-[2]pyridyl)-pyrazin]-eisen(II) $Fe(C_{28}H_{24}N_6)Cl_2$. Grüne Kristalle. Paramagnetisch; magnetisches Moment bei 20°: *Go., Li.* Elektrische Leitfähigkeit in Nitrobenzol: *Go., Li.*

Dichloro-[tetrakis-(6-methyl-[2]pyridyl)-pyrazin]-kobalt(II) $Co(C_{28}H_{24}N_6)Cl_2$. Braune Kristalle. Paramagnetisch; magnetisches Moment bei 20°: *Go., Li.* Elektrische Leitfähigkeit in Nitrobenzol: *Go., Li.*

Dichloro-[tetrakis-(6-methyl-[2]pyridyl)-pyrazin]-nickel(II) $Ni(C_{28}H_{24}N_6)Cl_2$. Gelbe Kristalle. Paramagnetisch; magnetisches Moment bei 20°: *Go., Li.* Elektrische Leitfähigkeit in Nitrobenzol: *Go., Li.*

Stammverbindungen $C_nH_{2n-36}N_6$

Dichinoxalino[2,3-*b*;2′,3′-*i*]phenazin $C_{24}H_{12}N_6$, Formel XIII.

Die Identität der früher (E II **26** 357) unter dieser Konstitution beschriebenen Verbindung ist ungewiss (*Badger, Pettit,* Soc. **1951** 3211, 3212).

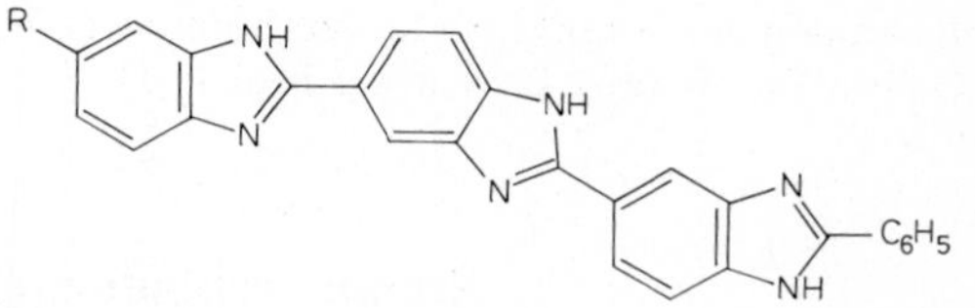

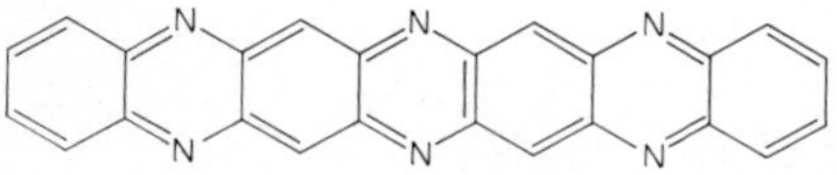

2″-Phenyl-1*H*,1′(3′)*H*,1″(3″)*H*-[2,5′;2′,5″]terbenzimidazol $C_{27}H_{18}N_6$, Formel XIV (R = H) und Taut.

B. Beim Erhitzen von 2′-Phenyl-1(3)*H*,1′(3′)*H*-[2,5′]bibenzimidazolyl-5-carbonsäure mit *o*-Phenylendiamin in wss. HCl auf 200 – 220° (*Poraĭ-Koschiz et al.,* Ž. obšč. Chim. **23** [1953] 835, 840; engl. Ausg. S. 873, 878).

Dihydrochlorid $C_{27}H_{18}N_6 \cdot 2HCl$. Gelbliche Kristalle (aus Eg. + konz. wss. HCl); F: > 360°.

5-Methyl-2″-phenyl-1(3)*H*,1′(3′)*H*,1″(3″)*H*-[2,5′;2′,5″]terbenzimidazol $C_{28}H_{20}N_6$, Formel XIV (R = CH_3) und Taut.

B. Analog der vorangehenden Verbindung (*Poraĭ-Koschiz et al.,* Ž. obšč. Chim. **23** [1953] 835, 841; engl. Ausg. S. 873, 878).

Dihydrochlorid $C_{28}H_{20}N_6 \cdot 2HCl$. Gelbliche Kristalle; F: > 360°.

Stammverbindungen $C_nH_{2n-38}N_6$

1,3,5,7-Tetraaza-2,6-di-(1,3)isoindola-4,8-di-(1,3)phena-cycloocta-1,2,5,6-tetraen [1]) $C_{28}H_{18}N_6$, Formel I (R = H).

B. Beim Erwärmen von Isoindolin-1,3-dion-diimin mit *m*-Phenylendiamin in Äthanol oder

---

[1]) Über diese Bezeichnungsweise s. *Kauffmann,* Tetrahedron **28** [1972] 5183.

Butan-1-ol (*Clark et al.,* Soc. **1954** 2490, 2495; *Elvidge, Golden,* Soc. **1957** 700, 707).

Gelbe Kristalle (aus Nitrobenzol oder durch Sublimation unter Stickstoff bei 340°/15 Torr); F: 380° (*Cl. et al.*; s. a. *El., Go.*). Gelbe Kristalle (aus A.) mit 2 Mol H_2O; F: 365° (*El., Go.*). Gelbe Kristalle (aus Me.) mit 2 Mol Methanol; orangefarbene Kristalle (aus Eg.) mit 3 Mol Essigsäure (*Cl. et al.,* l. c. S. 2496, 2497). λ_{max}: 228 nm, 262 nm und 334 nm [2-Methoxy-äthanol] (*El., Go.*), 280 nm, 328 nm und 343 nm [DMF] bzw. 245 nm und 361 nm [konz. H_2SO_4] (*Cl. et al.*).

Beim Erhitzen mit CH_3I auf 100° ist ein orangerotes Bis-methojodid $[C_{30}H_{24}N_6]I_2$ erhalten worden (*Cl. et al.,* l. c. S. 2496).

Dihydrochlorid $C_{28}H_{18}N_6 \cdot 2HCl$. Orangeroter Feststoff (*Cl. et al.*).

Dihydrojodid $C_{28}H_{18}N_6 \cdot 2HI$. Rotbraun; F: >500° (*Cl. et al.*).

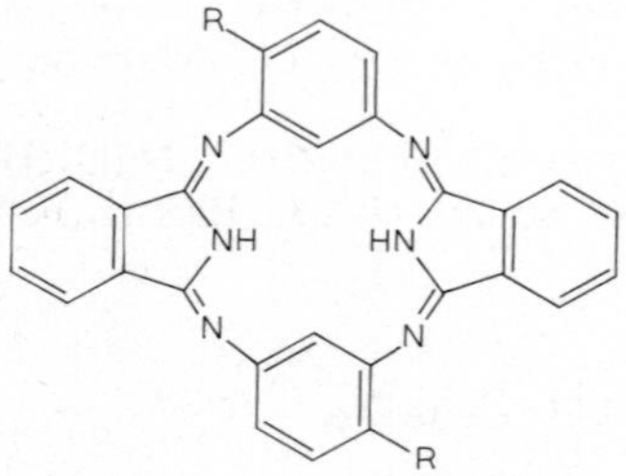

I

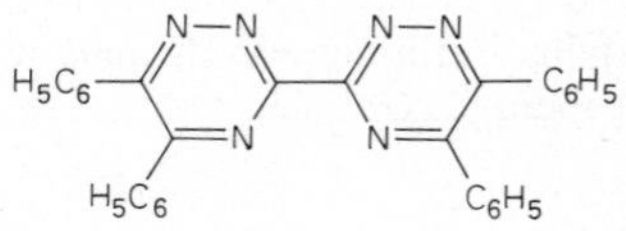

II

[4]4,[8]4-Dimethyl-1,3,5,7-tetraaza-2,6-di-(1,3)isoindola-4,8-di-(1,3)phena-cycloocta-1,2,5,6-tetraen [1]) $C_{30}H_{22}N_6$, Formel I (R = CH_3).

B. Analog der vorangehenden Verbindung (*Elvidge, Golden,* Soc. **1957** 700, 708).

Gelbes Pulver (aus Bzl.) mit 1 Mol H_2O; F: 330° [Zers.]. λ_{max} (A.): 226 nm, 247 nm und 330 nm.

Stammverbindungen $C_nH_{2n-40}N_6$

5,6,5′,6′-Tetraphenyl-[3,3′]bi[1,2,4]triazinyl $C_{30}H_{20}N_6$, Formel II.

B. Beim Erwärmen von Oxalamidrazon (E III **2** 1594) mit Benzil in Äthanol unter Zusatz von wenig wss. HCl (*Dedichen,* Norske Vid. Akad. Avh. **1936** Nr. 5, S. 28).

Gelbe Kristalle (aus Toluol); F: 297° (*De.*).

Über eine ebenfalls unter dieser Konstitution beschriebene Verbindung (F: 219–222°) s. *Laakso et al.,* Tetrahedron **1** [1957] 103, 109.

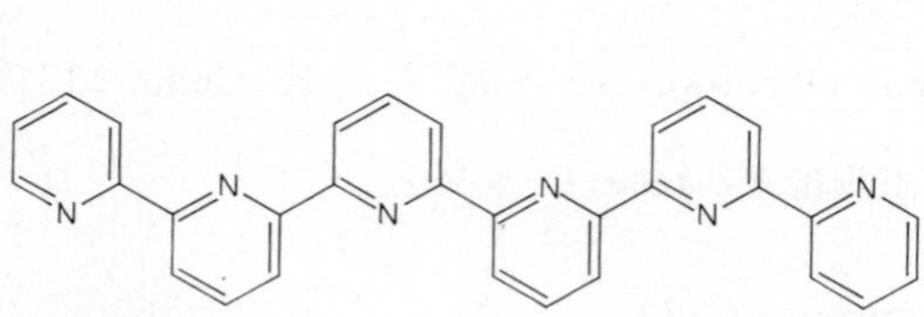

III

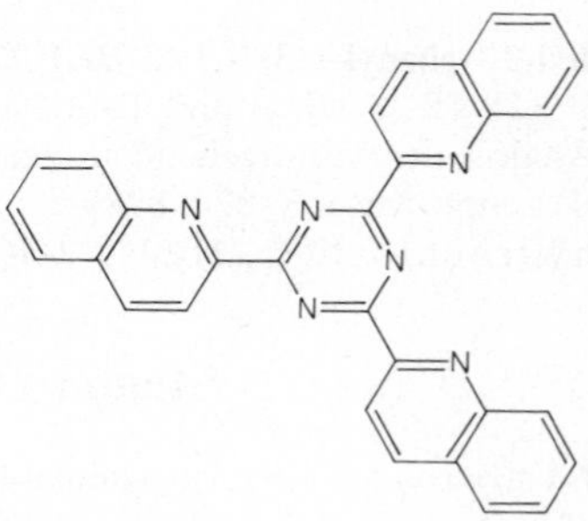

IV

---

[1]) Siehe S. 4197 Anm.

[2,2′;6′,2″;6″,2‴;6‴,2⁗;6⁗,2‴″]Sexipyridin $C_{30}H_{20}N_6$, Formel III.

B. Beim Erhitzen von [2,2′;6′,2″]Terpyridin mit Jod oder $FeCl_3$ auf 310–330° (*Burstall,* Soc. **1938** 1662, 1672). Neben [2,2′;6′,2″;6″,2‴]Quaterpyridin beim Erhitzen von 6-Brom-[2,2′]bipyridyl und 6,6′-Dibrom-[2,2′]bipyridyl mit Kupfer-Pulver in Biphenyl (*Bu.*). Beim Erhitzen von 6-Brom-[2,2′;6′,2″]terpyridin mit Kupfer-Pulver in Biphenyl (*Bu.*).

Kristalle (aus *N,N*-Dimethyl-anilin); F: 350° [nach Sublimation bei 350°/20 Torr].

Tetrahydrochlorid $C_{30}H_{20}N_6 \cdot 4HCl$. Kristalle, die sich beim Erhitzen zersetzen.

Stammverbindungen $C_nH_{2n-42}N_6$

Tri-[2]chinolyl-[1,3,5]triazin, 2,2′,2″-[1,3,5]Triazin-2,4,6-triyl-tri-chinolin $C_{30}H_{18}N_6$, Formel IV.

B. Beim Erhitzen von Chinolin-2-carbonitril mit NaH auf 160–165° (*Case, Koft,* Am. Soc. **81** [1959] 905).

Wasserhaltige Kristalle (aus A. + H_2O); F: 270–271°.

1,3,5-Tri-chinoxalin-2-yl-benzol, 2,2′,2″-Benzen-1,3,5-triyl-tri-chinoxalin $C_{30}H_{18}N_6$, Formel V.

B. Beim Erwärmen von 1,3,5-Triglyoxyloyl-benzol mit *o*-Phenylendiamin in Äthanol und Dioxan (*Ruggli, Gassenmeier,* Helv. **22** [1939] 496, 511).

Kristalle (aus Dioxan); F: 302–303°.

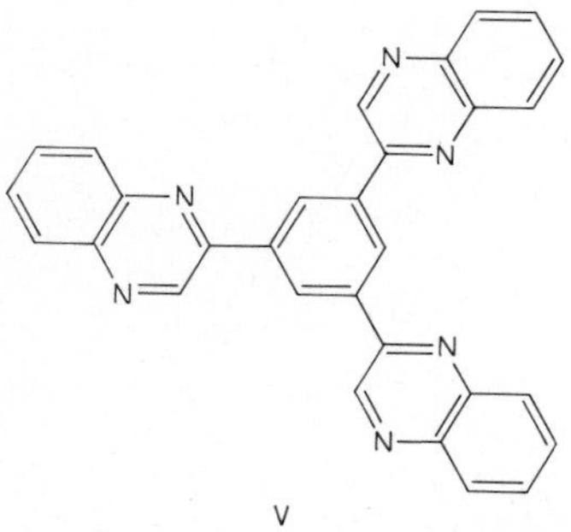

V

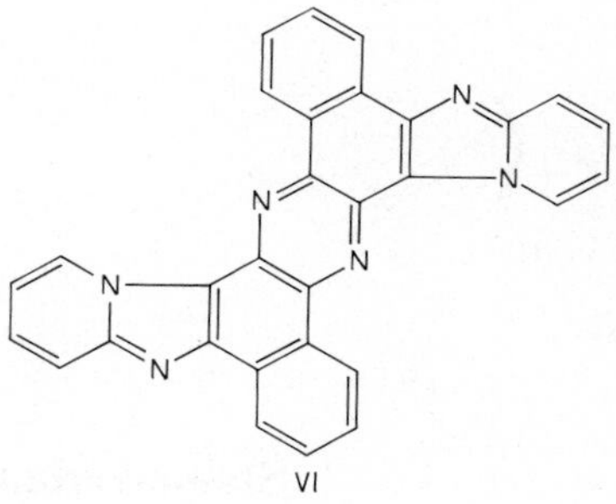

VI

Stammverbindungen $C_nH_{2n-44}N_6$

Dibenzo[*a,h*]bispyrido[1′,2′:1,2]imidazo[4,5-*c*;4′,5′-*j*]phenazin $C_{30}H_{16}N_6$, Formel VI.

B. Beim Erhitzen von Naphth[1′,2′:4,5]imidazo[1,2-*a*]pyridin-5-ylamin (E III/IV **25** 2728) mit Blei(IV)-acetat in Essigsäure (*Mosby, Boyle,* J. org. Chem. **24** [1959] 374, 379).

Orangefarbene Kristalle (aus 1-Chlor-naphthalin); F: > 360°.

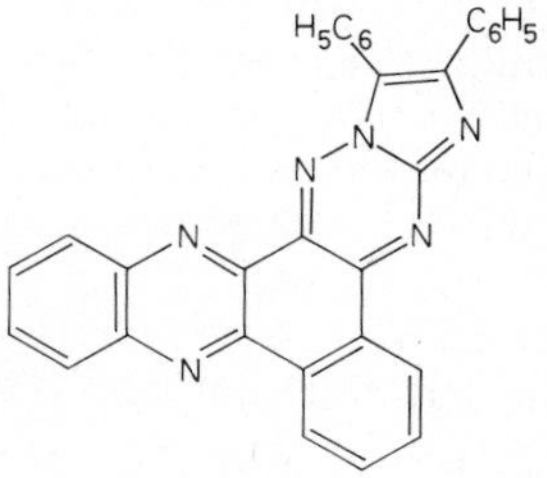

VII

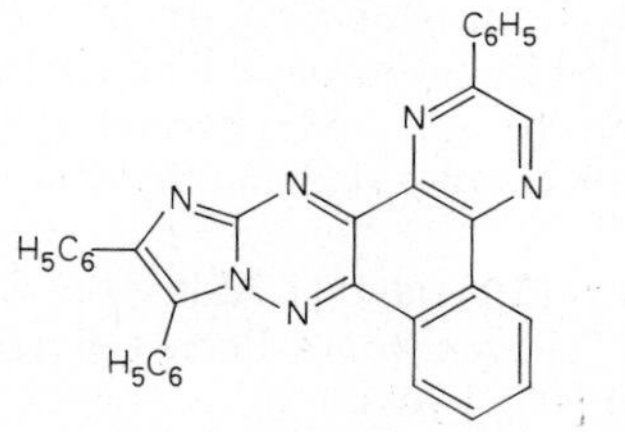

VIII

1,2-Diphenyl-benz[*a*]imidazo[1′,2′:2,3][1,2,4]triazino[5,6-*c*]phenazin(?) $C_{31}H_{18}N_6$, vermutlich Formel VII.

B. Beim Erhitzen von Benzo[*a*][1,2,4]triazino[5,6-*c*]phenazin-3-ylamin (?; S. 4164) mit α-Brom-desoxybenzoin in DMF (*Rossi, Trave,* Chimica e Ind. **40** [1958] 827, 829).

Rote Kristalle (aus DMF); F: 297° [unkorr.]. λ_{max} (DMF): 490 nm.

Stammverbindungen $C_nH_{2n-46}N_6$

2,11,12-Triphenyl-benz[*f*]imidazo[1′,2′:2,3][1,2,4]triazino[6,5-*h*]chinoxalin(?) $C_{33}H_{20}N_6$, vermutlich Formel VIII.

B. Beim Erhitzen von 6-Phenyl-benzo[*f*][1,2,4]triazino[6,5-*h*]chinoxalin-3-ylamin (?; S. 4164) mit α-Brom-desoxybenzoin in DMF (*Rossi, Trave,* Chimica e Ind. **40** [1958] 827, 829).

Rote Kristalle (aus DMF); F: 354° [unkorr.]. λ_{max} (DMF): 485 nm.

(14*R*)-14,23,23-Trimethyl-14,15,16,17-tetrahydro-14,17-methano-chinoxalino[2,3-*b*]dibenzo[5,6;7,8]chinoxalino[2,3-*i*]phenazin $C_{36}H_{26}N_6$, Formel IX.

B. Beim Erhitzen von (1*R*)-1,15,15-Trimethyl-1,2,3,4-tetrahydro-1,4-methano-chinoxalino[2,3-*b*]phenazin-9,10-diyldiamin (S. 3824) mit Phenanthren-9,10-dion in Essigsäure (*Kögl et al.,* R. **69** [1950] 482, 485).

Grünliche Kristalle (aus wss. Eg.) mit 2 Mol H_2O, die bis 360° nicht schmelzen.

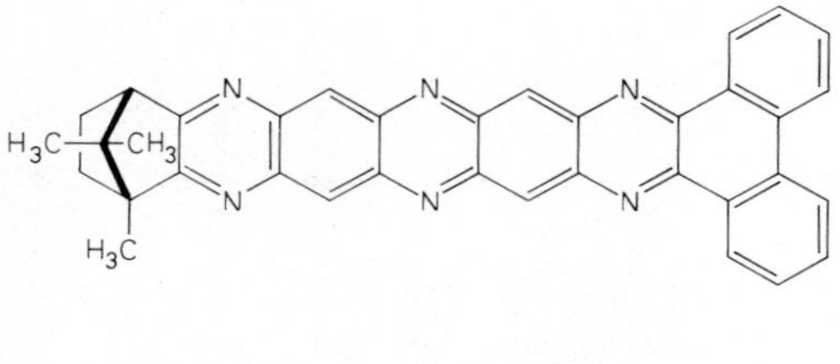

IX

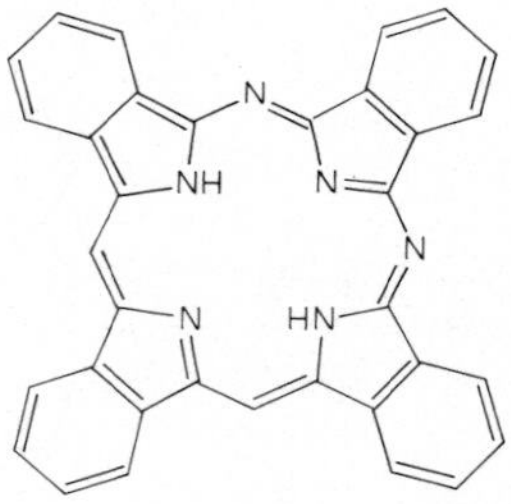

X

Stammverbindungen $C_nH_{2n-48}N_6$

5,10-Diaza-tetrabenzo[*b,g,l,q*]porphyrin, 5,10-Diaza-tetrabenzoporphyrin $C_{34}H_{20}N_6$, Formel X und Taut. (in der Literatur als Tetrabenzodiazaporphin bezeichnet).

Kupfer(II)-Komplex $CuC_{34}H_{18}N_6$. *B.* Beim Erhitzen von 1-[2-Chlor(oder 2-Brom)-phenyl]-äthanon mit CuCN und Phthalonitril in Chinolin auf 200–220° (*Helberger,* A. **529** [1937] 205, 216). Beim Erhitzen von 2-Acetyl-benzonitril mit Phthalonitril und CuCl in Chinolin auf 210–215° (*Helberger, v. Rebay,* A. **531** [1937] 279, 285). – Violette Kristalle [durch Sublimation im Vakuum] (*He.*).

Magnesium-Komplex $MgC_{34}H_{18}N_6$. *B.* In sehr geringer Menge beim Erhitzen von 2-Acetyl-benzonitril mit Magnesium in Chinolin auf 220° (*Helberger et al.,* A. **533** [1938] 197, 210). – Blauviolette Kristalle (aus Py.+Me.) mit 1 Mol H_2O; F: >370° (*He. et al.*).

Eisen(II)-Komplex $FeC_{34}H_{18}N_6$. *B.* In sehr geringer Menge beim Erhitzen von 2-Acetyl-benzonitril mit Eisen-Pulver in Chinolin und Pyridin auf 220° (*He. et al.,* l. c. S. 206). – Violette Kristalle (aus Py.) mit 2 Mol Pyridin; durch Sublimation im Vakuum werden lösungsmittelfreie grauviolette Kristalle erhalten (*He. et al.*). λ_{max} (Py.+Ae.; 415–660 nm): *He. et al.,* l. c. S. 207.

Tris-[4-phenyl-[2]pyridyl]-[1,3,5]triazin $C_{36}H_{24}N_6$, Formel XI.

B. Beim Erhitzen von 4-Phenyl-pyridin-2-carbonitril mit NaH auf 120–130° (*Case, Koft,* Am. Soc. **81** [1959] 905).

Kristalle (aus Bzl.); F: 244–245°.

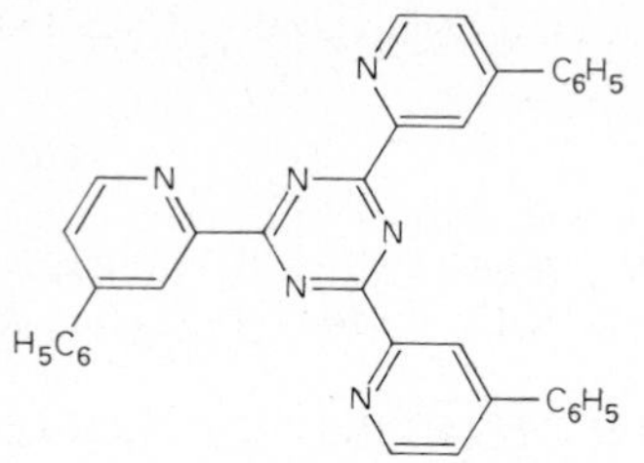

XI

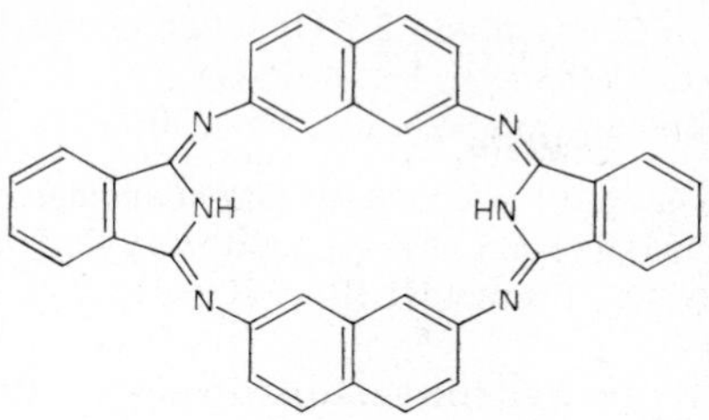

XII

Stammverbindungen $C_nH_{2n-50}N_6$

1,3,5,7-Tetraaza-2,6-di-(1,3)isoindola-4,8-di-(2,7)naphthalina-cycloocta-1,2,5,6-tetraen [1]) $C_{36}H_{22}N_6$, Formel XII.

B. Beim Erwärmen von Isoindolin-1,3-dion-diimin mit Naphthalin-2,7-diyldiamin in Äthanol oder Butan-1-ol (*Clark et al.,* Soc. **1954** 2490, 2495). Beim Erwärmen von *N,N'*-Bis-[3-imino-isoindolin-1-yliden]-*m*-phenylendiamin mit Naphthalin-2,7-diyldiamin in Äthanol (*Baguley, Elvidge,* Soc. **1957** 709, 718). Beim Erwärmen von 1-[7-Amino-[2]naphthylimino]-3-imino-isoindolin in Äthanol (*Elvidge, Golden,* Soc. **1957** 700, 707).

Gelbe Kristalle; F: 510° [Zers.] (*Ba., El.*), ca. 500° [Zers.; nach Sublimation bei 400–450°/15 Torr] (*Cl. et al.*; s. a. *El., Go.*). λ_{max}: 280 nm, 305 nm, 315 nm, 335 nm, 352 nm und 362 nm [DMF] bzw. 244 nm und 369 nm [konz. H_2SO_4] (*Cl. et al.*).

Beim Erhitzen mit CH_3I auf 100° ist ein rotes Bis-methojodid $[C_{38}H_{28}N_6]I_2$ erhalten worden (*Cl. et al.*).

Dihydrochlorid $C_{36}H_{22}N_6 \cdot 2HCl$. Feststoff (*Cl. et al.*).

II. Hydroxy-Verbindungen

A. Dihydroxy-Verbindungen

Dihydroxy-Verbindungen $C_nH_{2n-4}N_6O_2$

5,5'-Bis-hydroxymethyl-1,1'-diphenyl-1*H*,1'*H*-[4,4']bi[1,2,3]triazolyl(?) $C_{18}H_{16}N_6O_2$, vermutlich Formel I.

B. Beim Erwärmen von Azidobenzol mit Hexa-2,4-diin-1,6-diol in Isobutylalkohol (*BASF,* D.B.P. 818048 [1949]; D.R.B.P. Org. Chem. 1950–1951 **6** 2362).

F: 202–204°.

5,5'-Bis-[α-hydroxy-isopropyl]-1*H*,1'*H*-[4,4']bi[1,2,3]triazolyl $C_{10}H_{16}N_6O_2$, Formel II und Taut.

B. Beim Erhitzen von 2,7-Dimethyl-octa-3,5-diin-2,7-diol mit HN_3 in Gegenwart von $AlCl_3$ in THF (*Dornow, Rombusch,* B. **91** [1958] 1841, 1846).

Kristalle (aus E.); F: 303–305° [Zers.].

5,5'-Bis-[α-hydroxy-isopropyl]-1,3'-dimethyl-1*H*,3'*H*-[4,4']bi[1,2,3]triazolyl $C_{12}H_{20}N_6O_2$, Formel III (R = R' = CH_3).

Zur Konstitution s. *Dornow, Rombusch,* B. **91** [1958] 1841, 1844.

[1]) Siehe S. 4197 Anm.

B. Beim Erhitzen von 2,7-Dimethyl-octa-3,5-diin-2,7-diol mit Methylazid in Cumol auf 100° unter Druck (*Do., Ro.,* l. c. S. 1849).

Kristalle (aus wss. A.); F: 249–250°.

Die folgenden Verbindungen sind in analoger Weise hergestellt worden:

1,3′-Diäthyl-5,5′-bis-[α-hydroxy-isopropyl]-1*H*,3′*H*-[4,4′]bi[1,2,3]triazolyl $C_{14}H_{24}N_6O_2$, Formel III (R = R′ = C_2H_5). Kristalle (aus Bzl.); F: 194–195° (*Do., Ro.,* l. c. S. 1849).

5,5′-Bis-[α-hydroxy-isopropyl]-1,3′-diphenyl-1*H*,3′*H*-[4,4′]bi[1,2,3]triazolyl $C_{22}H_{24}N_6O_2$, Formel III (R = R′ = C_6H_5). Kristalle (aus A.); F: 230–231° (*Do., Ro.,* l. c. S. 1846).

1,3′-Bis-[4-chlor-phenyl]-5,5′-bis-[α-hydroxy-isopropyl]-1*H*,3′*H*-[4,4′]bi[1,2,3]triazolyl $C_{22}H_{22}Cl_2N_6O_2$, Formel III (R = R′ = C_6H_4-Cl). Kristalle (aus E.); F: 249–250° (*Do., Ro.,* l. c. S. 1846).

5,5′-Bis-[α-hydroxy-isopropyl]-1,3′-bis-[3-nitro-phenyl]-1*H*,3′*H*-[4,4′]bi[1,2,3]triazolyl $C_{22}H_{22}N_8O_6$, Formel III (R = R′ = C_6H_4-NO_2). Kristalle (aus A.); F: 232–233° (*Do., Ro.,* l. c. S. 1847).

1,3′-Dibenzyl-5,5′-bis-[α-hydroxy-isopropyl]-1*H*,3′*H*-[4,4′]bi[1,2,3]triazolyl $C_{24}H_{28}N_6O_2$, Formel III (R = R′ = CH_2-C_6H_5). Kristalle (aus Bzl.); F: 204–205° (*Do., Ro.,* l. c. S. 1846).

1,3′-Bis-[2,5-dimethyl-phenyl]-5,5′-bis-[α-hydroxy-isopropyl]-1*H*,3′*H*-[4,4′]bi[1,2,3]triazolyl $C_{26}H_{32}N_6O_2$, Formel III (R = R′ = $C_6H_3(CH_3)_2$). Kristalle (aus wss. A.); F: 232–233° (*Do., Ro.,* l. c. S. 1847).

1,3′-Bis-äthoxycarbonylmethyl-5,5′-bis-[α-hydroxy-isopropyl]-1*H*,3′*H*-[4,4′]bi[1,2,3]triazolyl, [5,5′-Bis-(α-hydroxy-isopropyl)-[4,4′]bi[1,2,3]triazolyl-1,3′-diyl]-di-essigsäure-diäthylester $C_{18}H_{28}N_6O_6$, Formel III (R = R′ = CH_2-CO-O-C_2H_5). Kristalle (aus Bzl.); F: 139–140° (*Do., Ro.,* l. c. S. 1849).

1,3′-Bis-[1-äthoxycarbonyl-1-methyl-äthyl]-5,5′-bis-[α-hydroxy-isopropyl]-1*H*,3′*H*-[4,4′]bi[1,2,3]triazolyl, α,α′-[5,5′-Bis-(α-hydroxy-isopropyl)-[4,4′]bi[1,2,3]triazolyl-1,3′-diyl]-di-isobuttersäure-diäthylester $C_{22}H_{36}N_6O_6$, Formel III (R = R′ = $C(CH_3)_2$-CO-O-C_2H_5). Kristalle (aus PAe.); F: 162–164° (*Do., Ro.,* l. c. S. 1849).

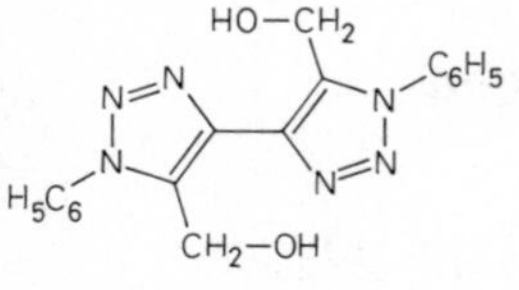

I 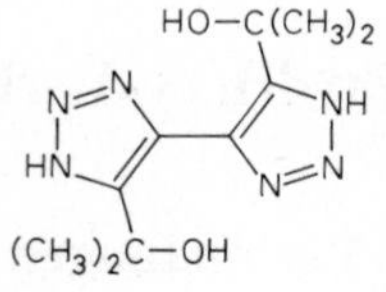 II 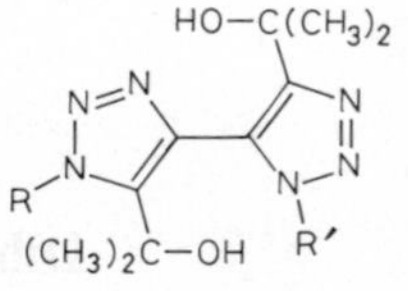 III

5,5′-Bis-[α-hydroxy-isopropyl]-3′-[3-nitro-phenyl]-1-phenyl-1*H*,3′*H*-[4,4′]bi[1,2,3]triazolyl $C_{22}H_{23}N_7O_4$, Formel III (R = C_6H_5, R′ = C_6H_4-NO_2).

B. Beim Erwärmen von 4-[5-(α-Hydroxy-isopropyl)-3-(3-nitro-phenyl)-3*H*-[1,2,3]triazol-4-yl]-2-methyl-but-3-in-2-ol mit Azidobenzol (*Dornow, Rombusch,* B. **91** [1958] 1841, 1847).

Kristalle (aus wss. A.); F: 205–206°.

Die folgenden Verbindungen sind in analoger Weise hergestellt worden:

5,5′-Bis-[α-hydroxy-isopropyl]-3′-[4-nitro-phenyl]-1-phenyl-1*H*,3′*H*-[4,4′]bi[1,2,3]triazolyl $C_{22}H_{23}N_7O_4$, Formel III (R = C_6H_5, R′ = C_6H_4-NO_2). Kristalle (aus A.); F: 200–201°.

1-Benzyl-5,5′-bis-[α-hydroxy-isopropyl]-3′-[3-nitro-phenyl]-1*H*,3′*H*-[4,4′]bi[1,2,3]triazolyl $C_{23}H_{25}N_7O_4$, Formel III (R = CH_2-C_6H_5, R′ = C_6H_4-NO_2). Kristalle (aus Xylol); F: 196–197°.

1-Benzyl-5,5′-bis-[α-hydroxy-isopropyl]-3′-[4-nitro-phenyl]-1*H*,3′*H*-[4,4′]bi[1,2,3]triazolyl $C_{23}H_{25}N_7O_4$, Formel III (R = CH_2-C_6H_5, R′ = C_6H_4-NO_2). Kristalle (aus Toluol); F: 200–201°.

1,3'-Bis-carbamoylmethyl-5,5'-bis-[α-hydroxy-isopropyl]-1*H*,3'*H*-[4,4']bi[1,2,3]triazolyl, [5,5'-Bis-(α-hydroxy-isopropyl)-[4,4']bi[1,2,3]triazolyl-1,3'-diyl]-di-essigsäure-diamid $C_{14}H_{22}N_8O_4$, Formel III (R = R' = CH_2-CO-NH_2).

B. Beim Erwärmen von [5,5'-Bis-(α-hydroxy-isopropyl)-[4,4']bi[1,2,3]triazolyl-1,3'-diyl]-di-essigsäure-diäthylester mit methanol. NH_3 (*Dornow, Rombusch,* B. **91** [1958] 1841, 1849).

Kristalle (aus A. + Bzl.); F: 232–233°.

3'-[3-Amino-phenyl]-5,5'-bis-[α-hydroxy-isopropyl]-1-phenyl-1*H*,3'*H*-[4,4']bi[1,2,3]triazolyl $C_{22}H_{25}N_7O_2$, Formel III (R = C_6H_5, R' = C_6H_4-NH_2).

B. Beim Hydrieren von 5,5'-Bis-[α-hydroxy-isopropyl]-3'-[3-nitro-phenyl]-1-phenyl-1*H*,3'*H*-[4,4']bi[1,2,3]triazolyl an Raney-Nickel (*Dornow, Rombusch,* B. **91** [1958] 1841, 1848).

Kristalle (aus wss. A.); F: 222–224°.

Hydrochlorid $C_{22}H_{25}N_7O_2 \cdot HCl$. F: 252–253°.

Die folgenden Verbindungen sind in analoger Weise hergestellt worden:

3'-[3-Amino-phenyl]-1-benzyl-5,5'-bis-[α-hydroxy-isopropyl]-1*H*,3'*H*-[4,4']bi[1,2,3]triazolyl $C_{23}H_{27}N_7O_2$, Formel III (R = CH_2-C_6H_5, R' = C_6H_4-NH_2). Kristalle (aus wss. A.); F: 182–184°. – Hydrochlorid $C_{23}H_{27}N_7O_2 \cdot HCl$. F: 207–208°.

1,3'-Bis-[3-amino-phenyl]-5,5'-bis-[α-hydroxy-isopropyl]-1*H*,3'*H*-[4,4']bi[1,2,3]triazolyl $C_{22}H_{26}N_8O_2$, Formel III (R = R' = C_6H_4-NH_2). Kristalle (aus wss. A.); F: 221–222°. – Hydrochlorid $C_{22}H_{26}N_8O_2 \cdot HCl$. F: 244–246°.

3'-[4-Amino-phenyl]-5,5'-bis-[α-hydroxy-isopropyl]-1-phenyl-1*H*,3'*H*-[4,4']bi[1,2,3]triazolyl $C_{22}H_{25}N_7O_2$, Formel III (R = C_6H_5, R' = C_6H_4-NH_2). Kristalle (aus wss. A.); F: 274–275°. – Hydrochlorid $C_{22}H_{25}N_7O_2 \cdot HCl$. F: 289–291°.

3'-[4-Amino-phenyl]-1-benzyl-5,5'-bis-[α-hydroxy-isopropyl]-1*H*,3'*H*-[4,4']bi[1,2,3]triazolyl $C_{23}H_{27}N_7O_2$, Formel III (R = CH_2-C_6H_5, R' = C_6H_4-NH_2). Kristalle (aus wss. A.); F: 194–195°. – Hydrochlorid $C_{23}H_{27}N_7O_2 \cdot HCl$. Kristalle (aus wss. A.); F: 204–206°.

***Opt.-inakt. 5,5'-Bis-[1-hydroxy-1-methyl-propyl]-1,3'-diphenyl-1*H*,3'*H*-[4,4']bi[1,2,3]triazolyl** $C_{24}H_{28}N_6O_2$, Formel IV (R = C_6H_5).

B. Beim Erhitzen von 3,8-Dimethyl-deca-4,6-diin-3,8-diol mit Azidobenzol (*Dornow, Rombusch,* B. **91** [1958] 1841, 1850).

Kristalle (aus A.); F: 181–182°.

***Opt.-inakt. 1,3'-Dibenzyl-5,5'-bis-[1-hydroxy-1-methyl-propyl]-1*H*,3'*H*-[4,4']bi[1,2,3]triazolyl** $C_{26}H_{32}N_6O_2$, Formel IV (R = CH_2-C_6H_5).

B. Analog der vorangehenden Verbindung (*Dornow, Rombusch,* B. **91** [1958] 1841, 1850).

Kristalle (aus Bzl.); F: 166–168°.

Dihydroxy-Verbindungen $C_nH_{2n-8}N_6O_2$

1,5-Dihydro-benzo[1,2-*d*;4,5-*d'*]bistriazol-4,8-diol $C_6H_4N_6O_2$, Formel V und Taut.

B. Beim Behandeln von 1*H*,5*H*-Benzo[1,2-*d*;4,5-*d'*]bistriazol-4,8-dion mit $Na_2S_2O_4$ in wss. NaOH (*Mužík, Allan,* Collect. **24** [1959] 474, 481).

Gelber Feststoff.

1,3'-Bis-[4-chlor-phenyl]-5,5'-bis-[1-hydroxy-cyclohexyl]-1*H*,3'*H*-[4,4']bi[1,2,3]triazolyl $C_{28}H_{30}Cl_2N_6O_2$, Formel VI (R = C_6H_4-Cl).

B. Beim Erhitzen von Bis-[1-hydroxy-cyclohexyl]-butadiin mit 1-Azido-4-chlor-benzol in Toluol (*Dornow, Rombusch,* B. **91** [1958] 1841, 1849).

Kristalle (aus E.); F: 265–266°.

5,5'-Bis-[1-hydroxy-cyclohexyl]-3'-[4-nitro-phenyl]-1-phenyl-1*H*,3'*H*-[4,4']bi[1,2,3]triazolyl $C_{28}H_{31}N_7O_4$, Formel VII.

B. Beim Erwärmen von 4-[1-Hydroxy-cyclohexyl]-5-[1-hydroxy-cyclohexyläthinyl]-1-[4-nitro-

phenyl]-1*H*-[1,2,3]triazol mit Azidobenzol (*Dornow, Rombusch,* B. **91** [1958] 1841, 1850).
Kristalle (aus Xylol); F: 252–253°.

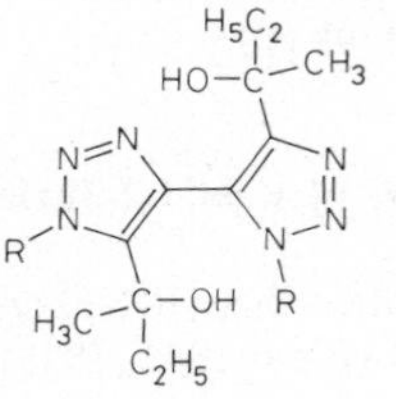

IV 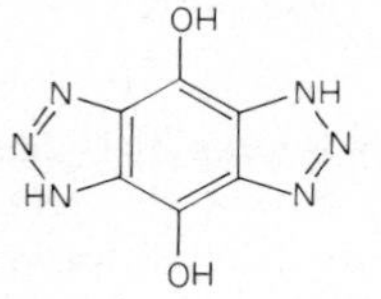 V 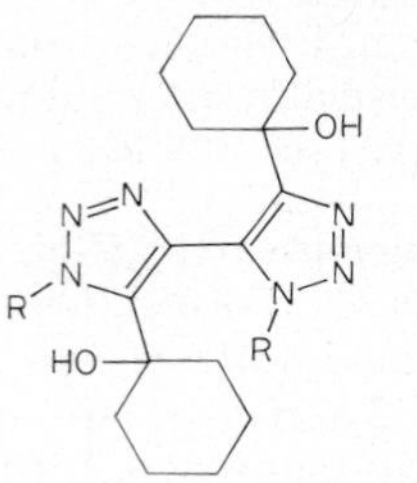 VI

1,3'-Dibenzyl-5,5'-bis-[1-hydroxy-cyclohexyl]-1*H*,3'*H*-[4,4']bi[1,2,3]triazolyl $C_{30}H_{36}N_6O_2$, Formel VI (R = CH_2-C_6H_5).

B. Beim Erhitzen von Bis-[1-hydroxy-cyclohexyl]-butadiin mit Azidomethyl-benzol in Xylol (*Dornow, Rombusch,* B. **91** [1958] 1841, 1849).

Kristalle (aus wss. A.); F: 200–201°.

1,3'-Bis-carboxymethyl-5,5'-bis-[1-hydroxy-cyclohexyl]-1*H*,3'*H*-[4,4']bi[1,2,3]triazolyl, [5,5'-Bis-(1-hydroxy-cyclohexyl)-[4,4']bi[1,2,3]triazolyl-1,3'-diyl]-di-essigsäure $C_{20}H_{28}N_6O_6$, Formel VI (R = CH_2-CO-OH).

a) Rechtsdrehendes Stereoisomeres.

B. Aus dem Racemat (s. u.) über das Brucin-Salz (*Dornow, Rombusch,* B. **91** [1958] 1851, 1854).

Kristalle (aus wss. A. bei 40–50°) mit 1 Mol H_2O. $[\alpha]_D^{20}$: +71,5° [Me.; c = 1,1].

Brucin-Salz $C_{23}H_{26}N_2O_4 \cdot C_{20}H_{28}N_6O_6$. Kristalle (aus Me.); F: 266–268°. $[\alpha]_D^{20}$: +15,7° [Me.; c = 0,6], –69,5° [$CHCl_3$; c = 0,9].

b) Linksdrehendes Stereoisomeres.

B. Aus dem Racemat (s. u.) über das Brucin-Salz (*Do., Ro.*).

Kristalle (aus wss. A. bei 40–50°) mit 1 Mol H_2O. $[\alpha]_D^{20}$: –75,5° [Me.; c = 0,25].

Brucin-Salz $C_{23}H_{26}N_2O_4 \cdot C_{20}H_{28}N_6O_6$. Kristalle (aus Me.); F: 274–276°. $[\alpha]_D^{20}$: –15,0° [Me.; c = 0,45], +52,7° [$CHCl_3$; c = 2].

c) Racemat.

B. Beim Erwärmen des folgenden Diäthylesters in konz. wss. HCl (*Do., Ro.*).

Kristalle (aus wss. A.); F: 200–201°.

1,3'-Bis-äthoxycarbonylmethyl-5,5'-bis-[1-hydroxy-cyclohexyl]-1*H*,3'*H*-[4,4']bi[1,2,3]triazolyl, [5,5'-Bis-(1-hydroxy-cyclohexyl)-[4,4']bi[1,2,3]triazolyl-1,3'-diyl]-di-essigsäure-diäthylester $C_{24}H_{36}N_6O_6$, Formel VI (R = CH_2-CO-O-C_2H_5).

B. Beim Erhitzen von Bis-[1-hydroxy-cyclohexyl]-butadiin mit Azidoessigsäure-diäthylester in Xylol (*Dornow, Rombusch,* B. **91** [1958] 1841, 1850).

Kristalle (aus Bzl.); F: 153–154°.

1,3'-Bis-carbamoylmethyl-5,5'-bis-[1-hydroxy-cyclohexyl]-1*H*,3'*H*-[4,4']bi[1,2,3]triazolyl, [5,5'-Bis-(1-hydroxy-cyclohexyl)-[4,4']bi[1,2,3]triazolyl-1,3'-diyl]-di-essigsäure-diamid $C_{20}H_{30}N_8O_4$, Formel VI (R = CH_2-CO-NH_2).

B. Beim Erwärmen des vorangehenden Diäthylesters mit methanol. NH_3 (*Dornow, Rombusch,* B. **91** [1958] 1841, 1850).

Kristalle (aus wss. A.); F: 212–213°.

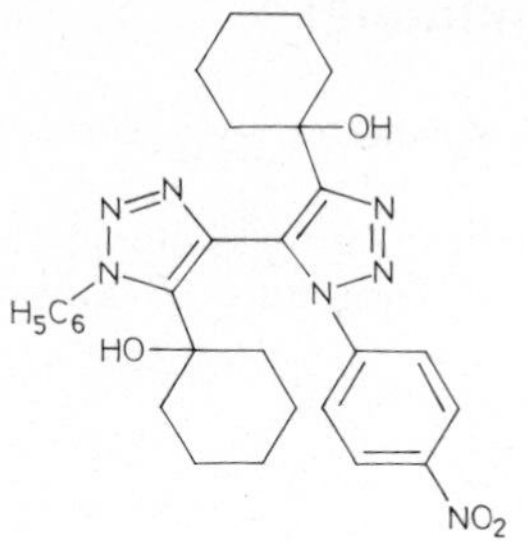

VII

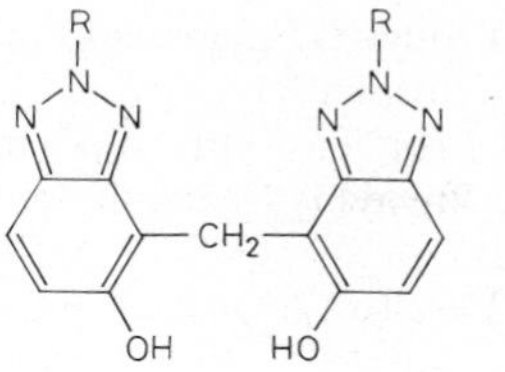

VIII

Dihydroxy-Verbindungen $C_nH_{2n-16}N_6O_2$

Bis-[5-hydroxy-2-methyl-2*H*-benzotriazol-4-yl]-methan, 2,2′-Dimethyl-2*H*,2′*H*-4,4′-methandiyl-bis-benzotriazol-5-ol $C_{15}H_{14}N_6O_2$, Formel VIII (R = CH_3).

B. Aus 2-Methyl-2*H*-benzotriazol-5-ol (S. 339) und Formaldehyd in wss.-äthanol. Natrium= acetat (*Fries et al.*, A. **511** [1934] 213, 227).

Kristalle (aus Me.); F: 242° [nach Sintern ab 230°].

Diacetyl-Derivat $C_{19}H_{18}N_6O_4$; Bis-[5-acetoxy-2-methyl-2*H*-benzotriazol-4-yl]-methan, 5,5′-Diacetoxy-2,2′-dimethyl-2*H*,2′*H*-4,4′-methandiyl-bis-benzotriazol. Kristalle (aus Eg.); F: 236°.

Bis-[5-hydroxy-2-phenyl-2*H*-benzotriazol-4-yl]-methan, 2,2′-Diphenyl-2*H*,2′*H*-4,4′-methandiyl-bis-benzotriazol-5-ol $C_{25}H_{18}N_6O_2$, Formel VIII (R = C_6H_5) (E II 358).

B. Aus [5-Hydroxymethoxy-2-phenyl-2*H*-benzotriazol-4-yl]-methanol beim Erhitzen oder beim Behandeln mit Alkalien (*Fries et al.*, A. **511** [1934] 241, 254).

F: 269°.

Bis-[5-hydroxy-1-hydroxymethyl-1*H*-benzotriazol-4-yl]-methan, 1,1′-Bis-hydroxymethyl-1*H*,1′*H*-4,4′-methandiyl-bis-benzotriazol-5-ol $C_{15}H_{14}N_6O_4$, Formel IX.

B. Beim Behandeln von 1*H*-Benzotriazol-5-ol mit Formaldehyd in wss. NaOH (*Fries et al.*, A. **511** [1934] 213, 237).

Kristalle (aus Eg.); Zers. bei 316–317°.

Tetraacetyl-Derivat $C_{23}H_{22}N_6O_8$; Bis-[5-acetoxy-1-acetoxymethyl-1*H*-benzo= triazol-4-yl]-methan, 5,5′-Diacetoxy-1,1′-bis-acetoxymethyl-1*H*,1′*H*-4,4′-methan= diyl-bis-benzotriazol. Kristalle (aus A.); F: 202°.

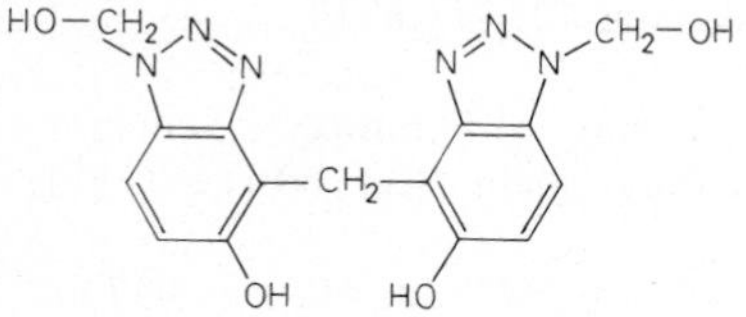

IX

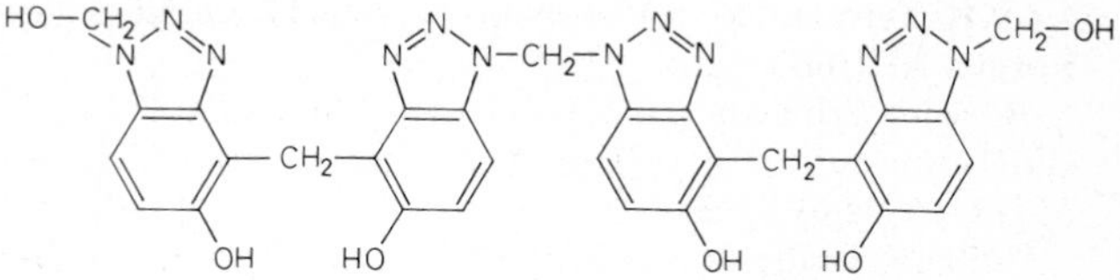

X

Bis-[5-hydroxy-4-(5-hydroxy-1-hydroxymethyl-1*H*-benzotriazol-4-ylmethyl)-benzotriazol-1-yl]-methan, 4,4′-Bis-[5-hydroxy-1-hydroxymethyl-1*H*-benzotriazol-4-ylmethyl]-1*H*,1′*H*-1,1′-methandiyl-bis-benzotriazol-5-ol $C_{29}H_{24}N_{12}O_6$, Formel X.

B. Beim Erhitzen der vorangehenden Verbindung in H_2O (*Fries et al.*, A. **511** [1934] 213, 238).

Kristalle (aus A.), die sich ab 280° dunkel färben und oberhalb 360° verpuffen.

Hexaacetyl-Derivat $C_{41}H_{36}N_{12}O_{12}$; Bis-[5-acetoxy-4-(5-acetoxy-1-acetoxy= methyl-1*H*-benzotriazol-4-ylmethyl)-benzotriazol-1-yl]-methan. Kristalle (aus Xylol + Eg.).

B. Trihydroxy-Verbindungen

(1*S*,2*R*)-1-[1-Phenyl-1*H*-pyrazolo[3′,4′;5,6]pyrazino[2,3-*b*]phenazin-3-yl]-propan-1,2,3-triol $C_{24}H_{18}N_6O_3$, Formel XI.

B. Beim Erhitzen von D$_r$-1*cat*$_F$-Pyrazino[2,3-*b*]phenazin-2-yl-butan-1t_F,2c_F,3r_F,4-tetraol (S. 2054) mit Phenylhydrazin in Dioxan, wss. HCl und Essigsäure (*Henseke, Lemke,* B. **91** [1958] 113, 121).

Schwarzer Feststoff (aus Py. + Ae.).

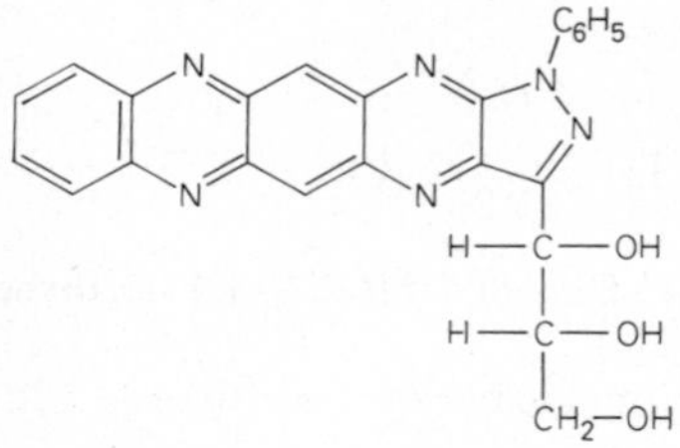

XI 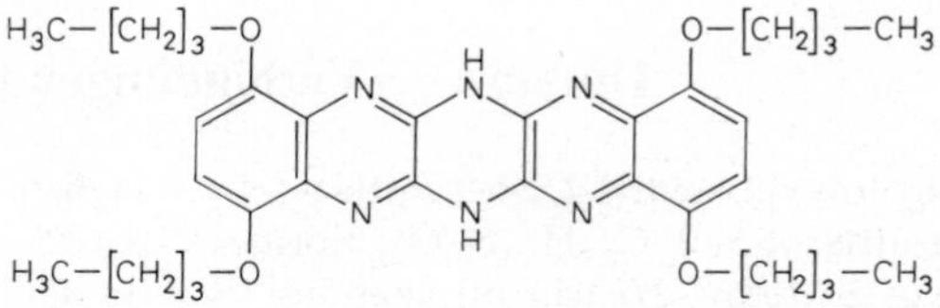 XII

C. Tetrahydroxy-Verbindungen

1,4,8,11-Tetrabutoxy-6,13-dihydro-pyrazino[2,3-*b*;5,6-*b*′]dichinoxalin $C_{32}H_{42}N_6O_4$, Formel XII und Taut.

B. Beim Erhitzen von 5,8-Dibutoxy-chinoxalin-2,3-diyldiamin mit 5,8-Dibutoxy-2,3-dichlor-chinoxalin auf 175–214° (*Kawai et al.,* J. chem. Soc. Japan Pure Chem. Sect. **80** [1959] 551, 555; C. A. **1961** 3598).

Gelbe Kristalle (aus A.); F: 371° [korr.; Zers.]. λ_{max} (A.): 310 nm, 391 nm, 412 nm, 436 nm und 474 nm.

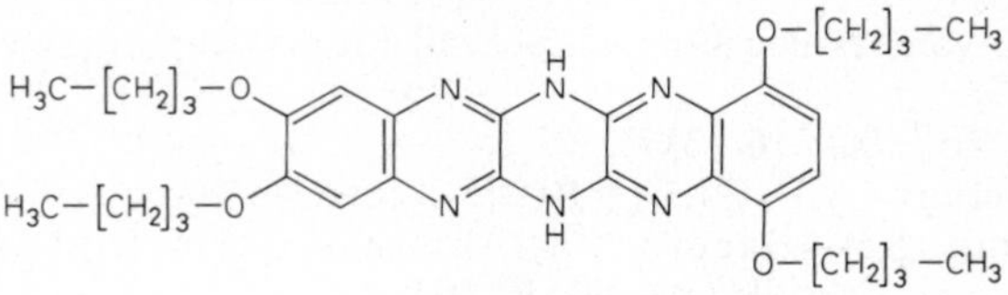

XIII

1,4,9,10-Tetrabutoxy-6,13-dihydro-pyrazino[2,3-*b*;5,6-*b*′]dichinoxalin $C_{32}H_{42}N_6O_4$, Formel XIII und Taut.

B. Beim Erhitzen von 5,8-Dibutoxy-chinoxalin-2,3-diyldiamin mit 6,7-Dibutoxy-2,3-dichlor-chinoxalin auf 190–230° (*Kawai et al.,* J. chem. Soc. Japan Pure Chem. Sect. **80** [1959] 551, 555; C. A. **1961** 3598).

Gelbe Kristalle (aus A.); F: 327–329° [korr.]. λ_{max} (A.): 310 nm, 391 nm, 412 nm, 437 nm und 475 nm.

[*Weissmann*]

III. Oxo-Verbindungen

A. Monooxo-Verbindungen

***1,5-Bis-[2-phenyl-2*H*-[1,2,3]triazol-4-yl]-penta-1,4-dien-3-on** $C_{21}H_{16}N_6O$, Formel I.

B. Aus 2-Phenyl-2*H*-[1,2,3]triazol-4-carbaldehyd und Aceton in wss.-äthanol. KOH (*Riebso=*

mer, Sumrell, J. org. Chem. **13** [1948] 807, 810, 811).
Gelbe Kristalle (aus Bzl. + A.); F: 194—195°.

2-Methyl-9-phenyl-5,7-dihydro-1,5,6,7,10,10a-hexaaza-cyclopenta[*a*]phenalen-4-on $C_{17}H_{12}N_6O$, Formel II (R = R′ = H).
B. Beim Erhitzen von 2-Oxo-4-[5-oxo-2-phenyl-4,5-dihydro-pyrazolo[1,5-*a*]pyrimidin-7-yl=amino]-pent-3-ensäure-äthylester (S. 1382) oder von 8-Methyl-5-oxo-2-phenyl-4,5-dihydro-pyr=azolo[1,5-*a*]pyrido[3,2-*e*]pyrimidin-6-carbonsäure-äthylester mit $N_2H_4 \cdot H_2O$ auf 120—130° (*Checchi,* G. **88** [1958] 591, 603, 604).
Gelbe Kristalle (aus Eg.) mit 1 Mol Essigsäure; F: >360°.

2,7-Dimethyl-9-phenyl-5,7-dihydro-1,5,6,7,10,10a-hexaaza-cyclopenta[*a*]phenalen-4-on $C_{18}H_{14}N_6O$, Formel II (R = H, R′ = CH_3).
B. Beim Erhitzen von 4,8-Dimethyl-5-oxo-2-phenyl-4,5-dihydro-pyrazolo[1,5-*a*]pyrido[3,2-*e*]=pyrimidin-6-carbonsäure-äthylester mit $N_2H_4 \cdot H_2O$ auf 120—130° (*Checchi,* G. **88** [1958] 591, 605).
Kristalle (aus Eg.) mit 1 Mol Essigsäure; F: 335°.

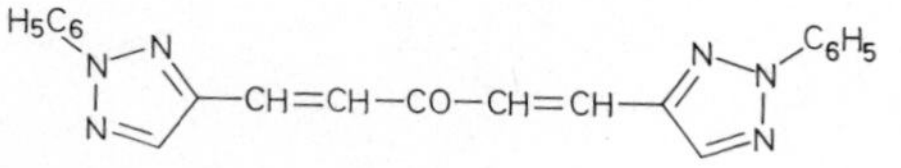

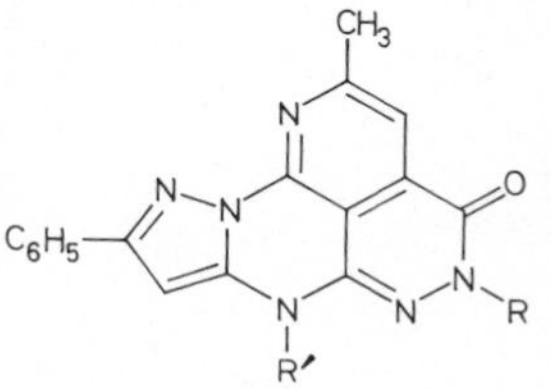

5-Acetyl-2,7-dimethyl-9-phenyl-5,7-dihydro-1,5,6,7,10,10a-hexaaza-cyclopenta[*a*]phenalen-4-on $C_{20}H_{16}N_6O_2$, Formel II (R = CO-CH_3, R′ = CH_3).
B. Beim Erhitzen der vorangehenden Verbindung mit Acetanhydrid (*Checchi,* G. **88** [1958] 591, 605).
Gelbe Kristalle (aus Acetanhydrid); F: 260—262°.

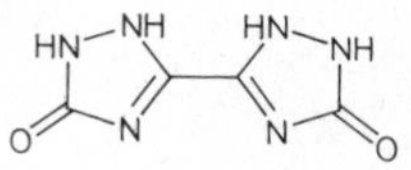

5,7-Diacetyl-2-methyl-9-phenyl-5,7-dihydro-1,5,6,7,10,10a-hexaaza-cyclopenta[*a*]phenalen-4-on $C_{21}H_{16}N_6O_3$, Formel II (R = R′ = CO-CH_3).
B. Beim Erhitzen von 2-Methyl-9-phenyl-5,7-dihydro-1,5,6,7,10,10a-hexaaza-cyclopenta[*a*]=phenalen-4-on mit Acetanhydrid (*Checchi,* G. **88** [1958] 591, 606).
Kristalle (aus Acetanhydrid); F: 265—267°.

B. Dioxo-Verbindungen

Dioxo-Verbindungen $C_nH_{2n-4}N_6O_2$

1,2,1′,2′-Tetrahydro-[3,3′]bi[1,2,4]triazolyl-5,5′-dion $C_4H_4N_6O_2$, Formel III und Taut.
B. Neben einer grösseren Menge 5-Oxo-2,5-dihydro-1*H*-[1,2,4]triazol-3-carbonsäure beim Er=hitzen von Oxalsäure-bis-[*N*′-carbamoyl-hydrazid] mit wss. KOH (*Gehlen,* A. **577** [1952] 237, 239, 240).
Kristalle; unterhalb 320° nicht schmelzend.
Kupfer(II)-Salz $Cu(C_4H_2N_6O_2)(NH_3)_2$. Blaue Kristalle mit 3,5 Mol H_2O.

Dioxo-Verbindungen $C_nH_{2n-6}N_6O_2$

5-[2,6-Dioxo-1,2,3,6-tetrahydro-pyrimidin-4-yl]-2,3-diphenyl-tetrazolium $[C_{17}H_{13}N_6O_2]^+$, Formel IV.

Chlorid $[C_{17}H_{13}N_6O_2]Cl$. *B.* Beim Erwärmen einer aus 3-[2,6-Dioxo-1,2,3,6-tetrahydro-pyr=imidin-4-yl]-1,5-diphenyl-formazan durch Erhitzen mit Isoamylnitrit in Essigsäure erhaltenen Verbindung $C_{19}H_{14}N_8O_6$ vom F: 253° [Zers.] (E III/IV **25** 1761) mit äthanol. HCl (*Ludolphy,* B. **84** [1951] 385). – Hygroskopische Kristalle (aus A.); F: 224° [Zers.].

Dioxo-Verbindungen $C_nH_{2n-8}N_6O_2$

5,7,9-Trimethyl-5,9-dihydro-[1,2,4]triazolo[4,3-*e*]purin-6,8-dion $C_9H_{10}N_6O_2$, Formel V.

B. Beim Erhitzen von 8-Hydrazino-1,3,7-trimethyl-3,7-dihydro-purin-2,6-dion mit Formamid (*Gluschkow et al.,* Ž. obšč. Chim. **29** [1959] 3742; engl. Ausg. S. 3700).

Kristalle (aus A.); F: 233–234,5°.

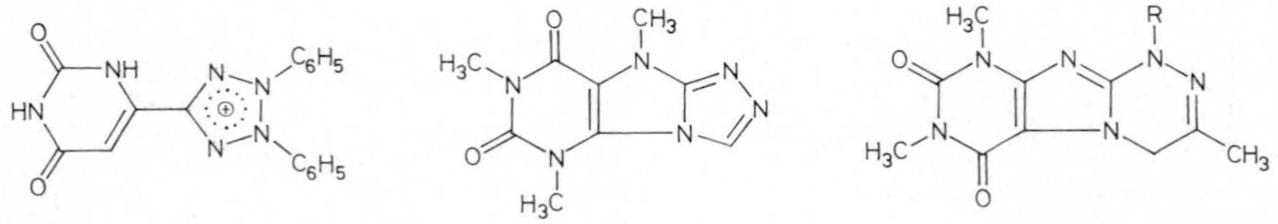

IV V VI

3,7,9-Trimethyl-1,4-dihydro-9*H*-[1,2,4]triazino[3,4-*f*]purin-6,8-dion $C_{10}H_{12}N_6O_2$, Formel VI (R = H).

B. Aus 7-Acetonyl-8-brom-1,3-dimethyl-3,7-dihydro-purin-2,6-dion und $N_2H_4 \cdot H_2O$ (*Zelnick et al.,* Bl. **1956** 888, 892).

Kristalle (aus A.); Sublimation >310°.

1,3,7,9-Tetramethyl-1,4-dihydro-9*H*-[1,2,4]triazino[3,4-*f*]purin-6,8-dion $C_{11}H_{14}N_6O_2$, Formel VI (R = CH_3).

B. Aus 7-Acetonyl-8-brom-1,3-dimethyl-3,7-dihydro-purin-2,6-dion und Methylhydrazin in Äthanol (*Zelnick et al.,* Bl. **1956** 888, 892).

Kristalle (aus Butan-1-ol); F: 278°.

1-Acetyl-3,7,9-trimethyl-1,4-dihydro-9*H*-[1,2,4]triazino[3,4-*f*]purin-6,8-dion $C_{12}H_{14}N_6O_3$, Formel VI (R = CO-CH_3).

B. Beim Erhitzen von 3,7,9-Trimethyl-1,4-dihydro-9*H*-[1,2,4]triazino[3,4-*f*]purin-6,8-dion mit Acetanhydrid (*Zelnick et al.,* Bl. **1956** 888, 892).

Kristalle (aus Acetanhydrid); F: ca. 310°.

3-[3,7,9-Trimethyl-6,8-dioxo-6,7,8,9-tetrahydro-4*H*-[1,2,4]triazino[3,4-*f*]purin-1-yl]-propionitril $C_{13}H_{15}N_7O_2$, Formel VI (R = CH_2-CH_2-CN).

B. Beim Erhitzen von 3,7,9-Trimethyl-1,4-dihydro-9*H*-[1,2,4]triazino[3,4-*f*]purin-6,8-dion mit Acrylonitril und wenig wss. Benzyl-trimethyl-ammonium-hydroxid (*Zelnick et al.,* Bl. **1956** 888, 892).

Kristalle (aus A.); F: 210–211°.

8-[4,5-Dihydro-1*H*-imidazol-2-ylmethyl]-1,3-dimethyl-3,7-dihydro-purin-2,6-dion $C_{11}H_{14}N_6O_2$, Formel VII und Taut.

B. Beim Erhitzen von [1,3-Dimethyl-2,6-dioxo-2,3,6,7-tetrahydro-1*H*-purin-8-yl]-essigsäure-äthylester mit Äthylendiamin (*Hager et al.*, J. Am. pharm. Assoc. **42** [1953] 36, 38).

Kristalle (aus A.) mit 1 Mol H_2O; F: 224–226° [unkorr.; Zers.].

Dioxo-Verbindungen $C_nH_{2n-10}N_6O_2$

1*H*,5*H*-Benzo[1,2-*d*;4,5-*d'*]bistriazol-4,8-dion $C_6H_2N_6O_2$, Formel VIII und Taut.

B. Beim Erwärmen von 2,5-Bis-acetylamino-3,6-diamino-[1,4]benzochinon (aus 2,5-Bis-acetylamino-3,6-dichlor-[1,4]benzochinon und NH_3 hergestellt) mit wss. $NaNO_2$ und Essigsäure (*Fieser, Martin,* Am. Soc. **57** [1935] 1844, 1847). Aus 1,5-Dihydro-benzo[1,2-*d*;4,5-*d'*]bistriazol durch Oxidation mit $K_2Cr_2O_7$ in wss. H_2SO_4 oder mit PbO_2 in wss. H_2SO_4 oder HNO_3 (*Mužik, Allan,* Collect. **24** [1959] 474, 481).

Kristalle, die sich beim Erhitzen oberhalb 300° explosionsartig zersetzen (*Fi., Ma.*; s. a. *Mu., Al.*, l. c. S. 476).

Natrium-Salz $NaC_6HN_6O_2$. Hellgelbe Kristalle (aus H_2O) mit 2 Mol H_2O (*Fi., Ma.*).

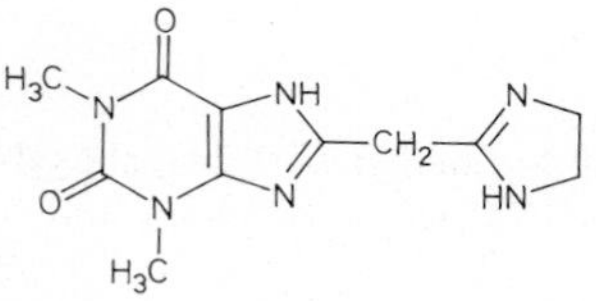

VII 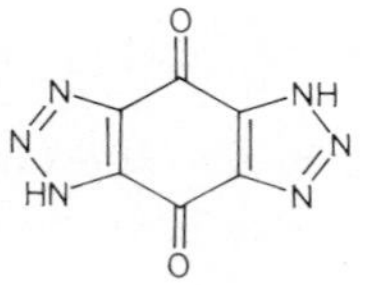 VIII 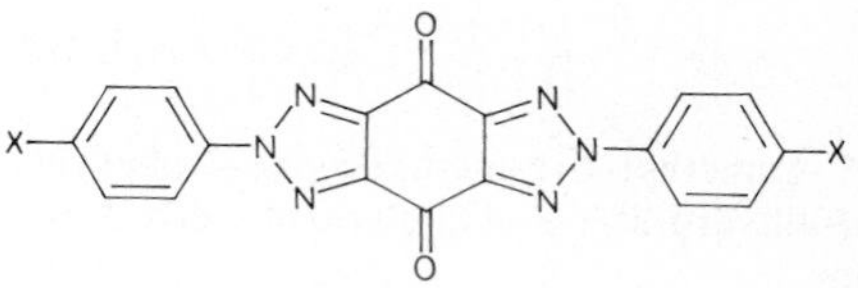 IX

2,6-Diphenyl-2*H*,6*H*-benzo[1,2-*d*;4,5-*d'*]bistriazol-4,8-dion $C_{18}H_{10}N_6O_2$, Formel IX (X = H).

B. Beim Erhitzen von 1,5-Bis-phenylazo-2,4-bis-[toluol-4-sulfonylamino]-benzol mit $Na_2Cr_2O_7$ in wenig H_2SO_4 enthaltender Essigsäure (*Mužik, Allan,* Collect. **24** [1959] 474, 482).

Hellgelbe Kristalle (aus Nitrobenzol), die unterhalb 350° nicht schmelzen und bei noch höherer Temperatur sublimieren.

2,6-Bis-[4-sulfo-phenyl]-2*H*,6*H*-benzo[1,2-*d*;4,5-*d'*]bistriazol-4,8-dion, 4,4'-[4,8-Dioxo-4*H*,8*H*-dihydro-benzo[1,2-*d*;4,5-*d'*]bistriazol-2,6-diyl]-bis-benzolsulfonsäure $C_{18}H_{10}N_6O_8S_2$, Formel IX (X = SO_2-OH).

B. Aus 1,5-Bis-[4-sulfo-phenylazo]-2,4-bis-[toluol-4-sulfonylamino]-benzol durch Oxidation mit $K_2Cr_2O_7$ in wss. H_2SO_4 oder einem Essigsäure-H_2SO_4-Gemisch (*Mužik, Allan,* Collect. **24** [1959] 474, 482).

Kristalle.

Kalium-Salz. Gelbliche Kristalle.

Barium-Salz $BaC_{18}H_8N_6O_8S_2$. Kristalle mit 1,5 Mol H_2O.

3-Methyl-1,8-dihydro-pyrazolo[4,3-*g*]pteridin-5,7-dion $C_8H_6N_6O_2$, Formel X und Taut.

B. Beim Erwärmen von 5-Methyl-1(2)*H*-pyrazol-3,4-diyldiamin-hydrochlorid mit Alloxan (E III/IV **24** 2137) in H_2O (*Musante,* G. **73** [1943] 355, 361).

Gelbe Kristalle mit 0,5 Mol H_2O; unterhalb 285° nicht schmelzend.

X  XI

(3S)-*cis*-3,6-Bis-[1(3)*H*-imidazol-4-ylmethyl]-piperazin-2,5-dion, Cyclo-[L-histidyl→L-histidyl], L-Histidin-anhydrid $C_{12}H_{14}N_6O_2$, Formel XI und Taut. (H 605; E I 197; E II 359).

B. Aus L-Histidin-methylester-dihydrochlorid beim Behandeln [8–10 d] mit Natriummethylat in Methanol bei 37° (*Abderhalden, Geidel,* Fermentf. **12** [1931] 518, 525; *Abderhalden, Leinert,* Fermentf. **15** [1938] 324, 326, 327).

Kristalle (aus H_2O) mit 1 Mol H_2O (*Ab., Ge.*; *Ab., Le.*). Zum Kristallwassergehalt vgl. *Ab., Le.* $[\alpha]_D^{18}$: −63,3° [wss. HCl (1 n); c = 3,1] (*Ab., Le.*); $[\alpha]_D^{20}$: −63,9° [wss. HCl (1 n); c = 9] (*Ab., Ge.*); $[\alpha]_D^{20}$: −55,0° [wss. H_2SO_4 (1 n); c = 0,7] (*Ab., Le.*). Zum optischen Drehungsvermögen in wss. NaOH [0,1 n und 1 n] ($[\alpha]_D^{20}$: −66,7° [c = 0,23] bzw. +17,3° [c = 0,29]) s. *Ab., Le.*

Zur Hydrolyse in wss. NaOH [0,1 n und 1 n], in wss. HCl vom pH 1,6 (auch in Gegenwart von Pepsin) und in wss. H_2SO_4 [1 n] (Bildung von opt.-inakt. N^{α}-Histidyl-histidin) bei 37° s. *Abderhalden, Parschin,* Z. Vitamin-Hormon-Fermentf. **1** [1947] 11–14; *Parschin, Nikolaewa,* Biochimija **12** [1947] 179, 181; C. A. **1947** 6907. Enzymatische Spaltung durch Pepsin: *Tazawa,* Enzymol. **7** [1939] 321, 323. Zur Reaktion mit Jod in alkal. wss. Lösung s. *Brunings,* Am. Soc. **69** [1947] 205, 206.

Dioxo-Verbindungen $C_nH_{2n-12}N_6O_2$

5,5'-Dimethyl-4-[5-methyl-3-oxo-2-phenyl-2,3-dihydro-1*H*-pyrazol-4-ylmethylen]-2,2'-diphenyl-2,4-dihydro-2'*H*-[3,4']bipyrazolyliden-3'-on $C_{31}H_{26}N_6O_2$, Formel XII (X = X' = H) und Taut.

B. Beim Erwärmen von 5-Methyl-2-phenyl-1,2-dihydro-pyrazol-3-on mit [5-Methyl-3-oxo-2-phenyl-2,3-dihydro-1*H*-pyrazol-4-yl]-[3-methyl-5-oxo-1-phenyl-1,5-dihydro-pyrazol-4-yliden]-methan (S. 2499) oder mit *N,N'*-Diphenyl-formamidin in methanol. oder äthanol. KOH (*Gevaert Photo-Prod. N.V.,* U.S.P. 2620339 [1947]).

Orangerote Kristalle (aus Me.); F: 175°.

Kalium-Salz $KC_{31}H_{25}N_6O_2$. Bronzefarbene Kristalle (aus Me.). λ_{max} (Me.): 540,4 nm.

Acetyl-Derivat $C_{33}H_{28}N_6O_3$. Kristalle (aus Eg.). λ_{max} (E.): 425 nm.

4-[5,3'-Dimethyl-4-(5-methyl-3-oxo-2-phenyl-2,3-dihydro-1*H*-pyrazol-4-ylmethylen)-5'-oxo-2-phenyl-2,4-dihydro-5'*H*-[3,4']bipyrazolyliden-1'-yl]-benzolsulfonsäure $C_{31}H_{26}N_6O_5S$, Formel XII (X = H, X' = SO_2-OH) und Taut.

B. Beim Erwärmen von [5-Methyl-3-oxo-2-phenyl-2,3-dihydro-1*H*-pyrazol-4-yl]-[3-methyl-5-oxo-1-phenyl-1,5-dihydro-pyrazol-4-yliden]-methan (S. 2499) mit 4-[3-Methyl-5-oxo-2,5-dihydro-pyrazol-1-yl]-benzolsulfonsäure in methanol. NaOH (*Gevaert Photo-Prod. N.V.,* U.S.P. 2620339 [1947]).

Dinatrium-Salz $Na_2C_{31}H_{24}N_6O_5S$. λ_{max} (H_2O): 530 nm.

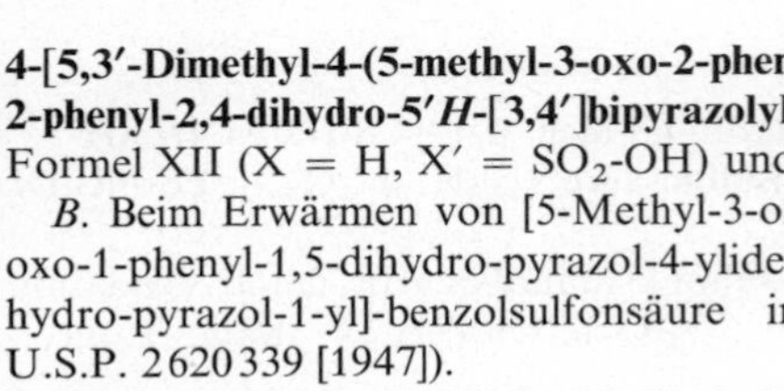

XII 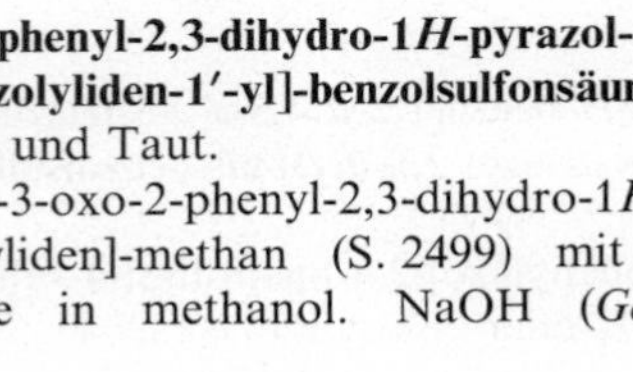 XIII 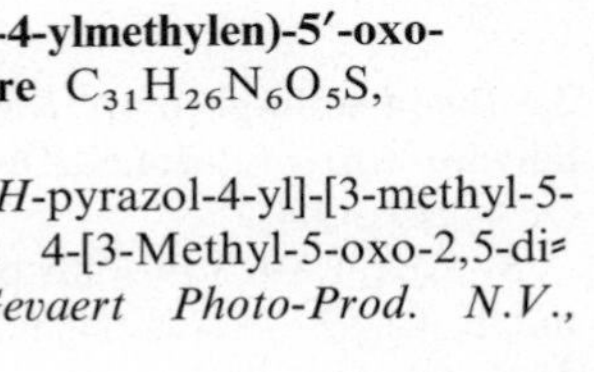 XIV

5,5'-Dimethyl-4-[5-methyl-3-oxo-2-(4-sulfo-phenyl)-2,3-dihydro-1*H*-pyrazol-4-ylmethylen]-2'-phenyl-2-[4-sulfo-phenyl]-2,4-dihydro-2'*H*-[3,4']bipyrazolyliden-3'-on $C_{31}H_{26}N_6O_8S_2$, Formel XII (X = SO_2-OH, X' = H) und Taut.

B. Analog der vorangehenden Verbindung (*Gevaert Photo-Prod. N.V.,* U.S.P. 2620339

[1947]).

Triammonium-Salz $[NH_4]_3C_{31}H_{23}N_6O_8S_2$. λ_{max} (H_2O): 530 nm.

Dioxo-Verbindungen $C_nH_{2n-14}N_6O_2$

1,7(oder 1,9)-Diphenyl-$\Delta^{2,8(\text{oder } 2,7)}$-dodecahydro-4,12;6,10-dimethano-anthra[2,3-*d*;6,7-*d'*]bistriazol-5,11-dion $C_{28}H_{26}N_6O_2$.

Bezüglich der Konfigurationszuordnung an den C-Atomen 3a, 6a, 9a und 12a bei den nachstehend beschriebenen Stereoisomeren s. *Alder, Stein,* A. **515** [1935] 185; *Huisgen et al.,* B. **98** [1965] 3992.

a) **1,7(oder 1,9)-Diphenyl-(3a*t*,4a*c*,5a*c*,6a*c*,9a*c*,10a*c*,11a*c*,12a*t*)-$\Delta^{2,8(\text{oder } 2,7)}$-dodecahydro-4*r*,12*c*;6*t*,10*t*-dimethano-anthra[2,3-*d*;6,7-*d'*]bistriazol-5,11-dion** Formel XIII (R = C_6H_5, R' = H oder R = H, R' = C_6H_5) + Spiegelbilder.

B. Beim Behandeln von (4a*c*,8a*c*,9a*c*,10a*c*)-1,4,4a,5,8,8a,9a,10a-Octahydro-1*r*,4*c*;5*t*,8*t*-dimethano-anthracen-9,10-dion (E III **7** 3781) mit Azidobenzol in $CHCl_3$ (*Alder, Stein,* A. **501** [1933] 247, 269, 293).

Kristalle (aus Py.); F: 214° [Zers.].

b) **1,7(oder 1,9)-Diphenyl-(3a*t*,4a*c*,5a*t*,6a*c*,9a*c*,10a*t*,11a*c*,12a*t*)-$\Delta^{2,8(\text{oder } 2,7)}$-dodecahydro-4*r*,12*c*;6*t*,10*t*-dimethano-anthra[2,3-*d*;6,7-*d'*]bistriazol-5,11-dion** Formel XIV (R = C_6H_5, R' = H oder R = H, R' = C_6H_5) + Spiegelbilder.

B. Beim Behandeln von (4a*c*,8a*t*,9a*c*,10a*t*)-1,4,4a,5,8,8a,9a,10a-Octahydro-1*r*,4*c*;5*t*,8*t*-dimethano-anthracen-9,10-dion (E III **7** 3781) mit Azidobenzol in $CHCl_3$ (*Alder, Stein,* A. **485** [1931] 211, 215, 221).

Kristalle; Zers. bei 258° [nach Dunkelfärbung >200°].

Dioxo-Verbindungen $C_nH_{2n-16}N_6O_2$

7,9-Dimethyl-3-phenyl-1,4-dihydro-9*H*-[1,2,4]triazino[3,4-*f*]purin-6,8-dion $C_{15}H_{14}N_6O_2$, Formel I (R = H).

B. Beim Erhitzen von 8-Brom-1,3-dimethyl-7-phenacyl-3,7-dihydro-purin-2,6-dion mit $N_2H_4 \cdot H_2O$ in Butan-1-ol (*Zelnick et al.,* Bl. **1956** 888, 892).

Kristalle (aus Eg. + A.); F: ca. 320°.

1-Acetyl-7,9-dimethyl-3-phenyl-1,4-dihydro-9*H*-[1,2,4]triazino[3,4-*f*]purin-6,8-dion $C_{17}H_{16}N_6O_3$, Formel I (R = CO-CH_3).

B. Beim Erhitzen der vorangehenden Verbindung mit Acetanhydrid (*Zelnick et al.,* Bl. **1956** 888, 892).

Kristalle (aus Acetanhydrid); F: 275°.

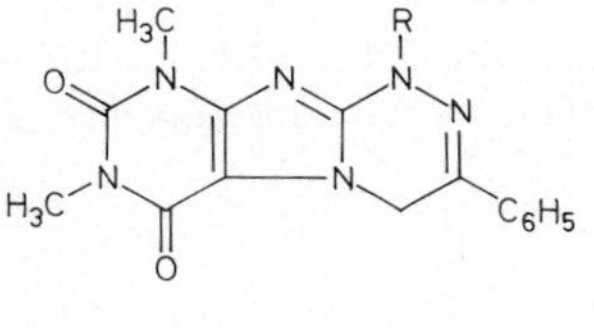

I 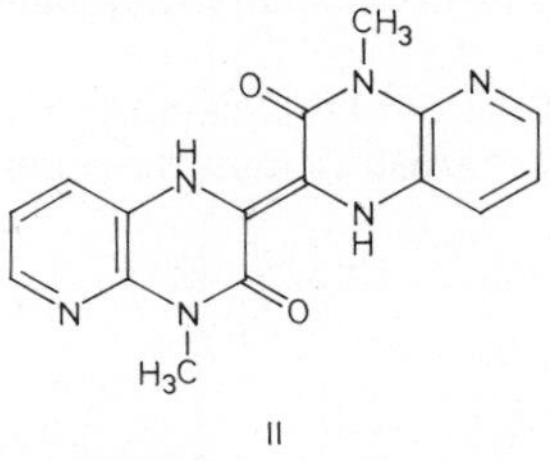 II 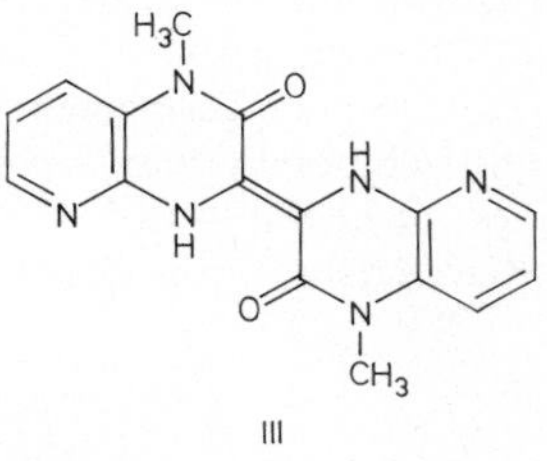 III

Dioxo-Verbindungen $C_nH_{2n-18}N_6O_2$

***4,4'-Dimethyl-1,4,1',4'-tetrahydro-[2,2']bi[pyrido[2,3-*b*]pyrazinyliden]-3,3'-dion** $C_{16}H_{14}N_6O_2$, Formel II oder Stereoisomeres.

B. Aus 1-Methyl-2-oxo-1,2-dihydro-pyrido[2,3-*b*]pyrazin-3-carbonsäure-äthylester beim Erhitzen mit wss. HCl (*Clark-Lewis, Thompson,* Soc. **1957** 430, 436).

Rote Kristalle; F: 303–304° [Zers.].

***1,1'-Dimethyl-1,4,1',4'-tetrahydro-[3,3']bi[pyrido[2,3-*b*]pyrazinyliden]-2,2'-dion** $C_{16}H_{14}N_6O_2$, Formel III oder Stereoisomeres.

B. Neben 1-Methyl-1*H*-pyrido[2,3-*b*]pyrazin-2-on beim Erhitzen von 1-Methyl-2-oxo-1,2-dihydro-pyrido[2,3-*b*]pyrazin-3-carbonsäure oder in geringerer Menge neben dieser Säure beim Erhitzen ihres Äthylesters in wss. HCl (*Clark-Lewis, Thompson,* Soc. **1957** 430, 436).

Dunkelrote Kristalle (aus wss. HCl + wss. NH_3); F: > 360° [Zers.].

2,3-Bis-[5-methyl-3-oxo-2-phenyl-2,3-dihydro-1*H*-pyrazol-4-yl]-chinoxalin, 5,5'-Dimethyl-2,2'-diphenyl-1,2,1',2'-tetrahydro-4,4'-chinoxalin-2,3-diyl-bis-pyrazol-3-on $C_{28}H_{22}N_6O_2$, Formel IV und Taut.

B. Beim Erhitzen von Bis-[5-methyl-3-oxo-2-phenyl-2,3-dihydro-1*H*-pyrazol-4-yl]-äthandion mit *o*-Phenylendiamin in Essigsäure (*Perroncito,* G. **67** [1937] 158, 164).

Rote Kristalle (aus Eg.); F: > 300°.

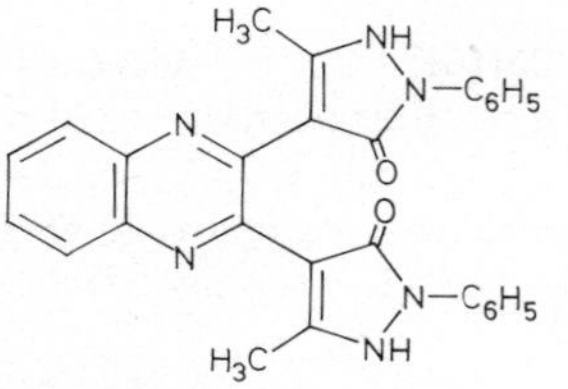

IV 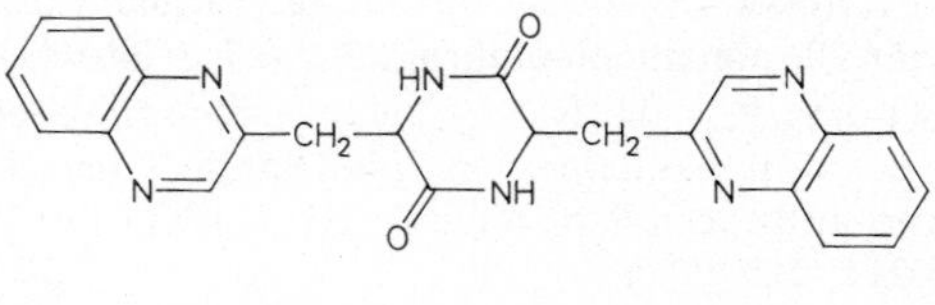 V

Dioxo-Verbindungen $C_nH_{2n-26}N_6O_2$

***Opt.-inakt. 3,6-Bis-chinoxalin-2-ylmethyl-piperazin-2,5-dion** $C_{22}H_{18}N_6O_2$, Formel V.

B. Aus 3-Chinoxalin-2-yl-2-hydroxyimino-propionsäure-äthylester (E III/IV **25** 1691) bei der Hydrierung an Raney-Nickel in Äthylacetat bei 60°/70 at (*Ried, Schiller,* B. **86** [1953] 730, 732).

Kristalle mit 1 Mol H_2O (aus A.); F: 201° [unkorr.].

Dipicrat $C_{22}H_{18}N_6O_2 \cdot 2C_6H_3N_3O_7$. Rot; F: 222° [unkorr.].

Dioxo-Verbindungen $C_nH_{2n-28}N_6O_2$

3a,6a-Di-[2]chinolyl-(3a*r*,6a*c*?)-tetrahydro-imidazo[4,5-*d*]imidazol-2,5-dion $C_{22}H_{16}N_6O_2$, vermutlich Formel VI.

B. Neben einer geringeren Menge 5,5-Di-[2]chinolyl-imidazolidin-2,4-dion beim Erwärmen von Di-[2]chinolyl-äthandion mit Harnstoff und Natriumäthylat in Äthanol (*Linsker, Evans,* Am. Soc. **68** [1946] 947).

Braune Kristalle (aus $CHCl_3$ + PAe.); F: 185° [Zers.].

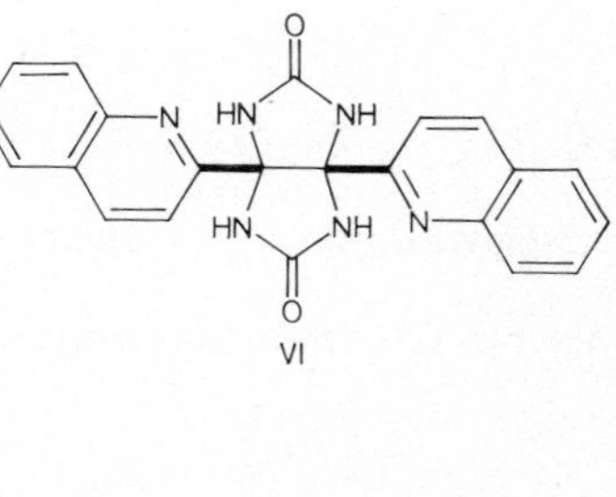

VI 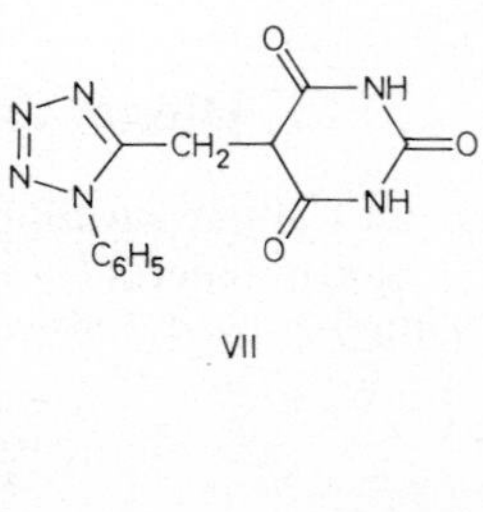 VII

C. Trioxo-Verbindungen

Trioxo-Verbindungen $C_nH_{2n-6}N_6O_3$

5-[1-Phenyl-1*H*-tetrazol-5-ylmethyl]-barbitursäure $C_{12}H_{10}N_6O_3$, Formel VII.

B. Beim Erwärmen von [1-Phenyl-1*H*-tetrazol-5-ylmethyl]-malonsäure-diäthylester mit Harnstoff und Natriumäthylat in Äthanol (*Jacobson et al.*, J. org. Chem. **19** [1954] 1909, 1917).

Zers. bei 229°.

Trioxo-Verbindungen $C_nH_{2n-10}N_6O_3$

5,5',5''-Trimethyl-2,2',2''-triphenyl-1,2,1'',2''-tetrahydro-2'*H*-[4,4';4',4'']terpyrazol-3,3',3''-trion $C_{30}H_{26}N_6O_3$, Formel VIII (R = C_6H_5) und Taut.

B. Beim Erwärmen von Pyrazolblau (S. 2494) mit 5-Methyl-2-phenyl-1,2-dihydro-pyrazol-3-on in $CHCl_3$ (*Westöö,* Acta chem. scand. **7** [1953] 355, 357) oder aus Pyrazolblau beim Erwärmen in Äthanol (*Westöö,* Acta chem. scand. **7** [1953] 449, 452).

Kristalle (aus A.); F: 200° [Zers.] (*We.,* l. c. S. 357, 452). UV-Spektrum (A.; 220–320 nm): *We.,* l. c. S. 357.

2-[4-Brom-phenyl]-5,5',5''-trimethyl-2',2''-diphenyl-1,2,1'',2''-tetrahydro-2'*H*-[4,4';4',4'']terpyrazol-3,3',3''-trion $C_{30}H_{25}BrN_6O_3$, Formel VIII (R = C_6H_4-Br) und Taut.

B. Beim Erwärmen von Pyrazolblau (S. 2494) mit 2-[4-Brom-phenyl]-5-methyl-1,2-dihydro-pyrazol-3-on in $CHCl_3$ (*Westöö,* Acta chem. scand. **7** [1953] 355, 358).

Hygroskopische Kristalle (aus A.); F: ca. 200° [Zers.].

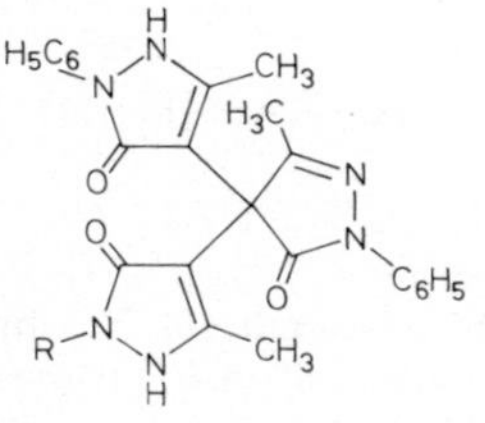

VIII 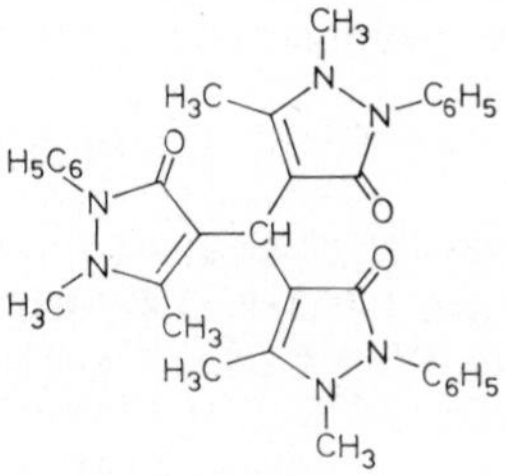 IX

Tris-[1,5-dimethyl-3-oxo-2-phenyl-2,3-dihydro-1*H*-pyrazol-4-yl]-methan, 1,5,1',5',1'',5''-Hexamethyl-2,2',2''-triphenyl-1,2,1',2',1'',2''-hexahydro-4,4',4''-methantriyl-tris-pyrazol-3-on $C_{34}H_{34}N_6O_3$, Formel IX (in der Literatur auch als Triantipyrylmethan bezeichnet).

B. Beim Erwärmen von 1,5-Dimethyl-3-oxo-2-phenyl-2,3-dihydro-1*H*-pyrazol-4-carbaldehyd mit 1,5-Dimethyl-2-phenyl-1,2-dihydro-pyrazol-3-on und konz. wss. HCl bzw. konz. H_2SO_4 (*Bodendorf et al.,* A. **563** [1949] 1, 8; *Klosa,* Ar. **289** [1956] 65, 69).

Kristalle (aus A. + E.) mit 1 Mol H_2O; F: 230° (*Bo. et al.*). Kristalle (aus wss. A.) mit 6 Mol H_2O, F: 195–197°; die wasserfreie Verbindung schmilzt bei 238–240° [Zers.] (*Kl.*).

Trioxo-Verbindungen $C_nH_{2n-12}N_6O_3$

5',5'',5'''-Trimethyl-2',2'',2'''-triphenyl-(1*rC*$^{3'}$,3*tC*$^{3'''}$)-2'*H*,2''*H*,2'''*H*-trispiro[cyclopropan-1,4';2,4'';3,4'''-tripyrazol]-3',3'',3'''-trion $C_{30}H_{24}N_6O_3$, Formel X (R = R' = H).

Diese Konstitution und Konfiguration ist dem von *Westöö* (Acta chem. scand. **7** [1953] 360, 367, 370, 453) als 5,3',5''-Trimethyl-2,1',2''-triphenyl-2*H*,1'*H*,2''*H*-dispiro[pyrazol-4,4'-

furo[2,3-*c*]pyrazol-5′,4″-pyrazol]-3,3″-dion formulierten Furlon-Gelb zuzuordnen (*Mann et al.*, Tetrahedron Letters **1979** 4645, 4646).

B. Beim Behandeln von 4-Brom-5-methyl-2-phenyl-1,2-dihydro-pyrazol-3-on (*We.,* l. c. S. 369; s. a. *We.,* l. c. S. 453), von Gemischen aus 4,4-Dibrom-5-methyl-2-phenyl-2,4-dihydro-pyrazol-3-on und 5-Methyl-2-phenyl-1,2-dihydro-pyrazol-3-on (*Westöö,* Acta chem. scand. **7** [1953] 456, 458, 460) oder von Gemischen aus 4-Brom-5-methyl-2-phenyl-1,2-dihydro-pyrazol-3-on und Pyrazolblau [S. 2494] (*We.,* l. c. S. 370) mit Natriumacetat, Essigsäure und $CuSO_4$ in Äthanol.

Gelbe Kristalle (aus A.); F: 158° [Zers.] (*We.,* l. c. S. 370). Absorptionsspektrum (A.; 220–410 nm): *We.,* l. c. S. 368.

Tetrachlorozincat $C_{30}H_{24}N_6O_3 \cdot H_2ZnCl_4$. Unbeständige Kristalle mit 2 Mol H_2O (*We.,* l. c. S. 370).

(±)-2′-[4-Brom-phenyl]-5′,5″,5‴-trimethyl-2″,2‴-diphenyl-(1*r*$C^{3'}$,3*t*$C^{3'''}$)-2′*H*,2″*H*,2‴*H*-trispiro[cyclopropan-1,4′;2,4″;3,4‴-tripyrazol]-3′,3″,3‴-trion $C_{30}H_{23}BrN_6O_3$, Formel XI (R = C_6H_5, R′ = C_6H_4Br, X = H) + Spiegelbild, oder **2‴-[4-Brom-phenyl]-5′,5″,5‴-trimethyl-2′,2″-diphenyl-(1*r*$C^{3'}$,3*t*$C^{3'''}$)-2′*H*,2″*H*,2‴*H*-trispiro[cyclopropan-1,4′;2,4″;3,4‴-tripyrazol]-3′,3″,3‴-trion** $C_{30}H_{23}BrN_6O_3$, Formel XI (R = C_6H_4-Br, R′ = C_6H_5, X = H).

Zur Konstitution und Konfiguration vgl. die Angaben im vorangehenden Artikel.

a) Stereoisomeres vom F: 161°.

B. Aus 2-[4-Brom-phenyl]-5,5′-dimethyl-2′-phenyl-2*H*,2′*H*-[4,4′]bipyrazolyliden-3,3′-dion und 4-Brom-5-methyl-2-phenyl-1,2-dihydro-pyrazol-3-on beim Behandeln mit Natriumacetat und $CuSO_4$ in Äthanol und $CHCl_3$ (*Westöö,* Acta chem. scand. **7** [1953] 360, 371).

Gelbe Kristalle; F: 161° [Zers.]. Absorptionsspektrum (A.; 220–410 nm): *We.*

b) Stereoisomeres vom F: 147°.

B. Aus Pyrazolblau (S. 2495) und 4-Brom-2-[4-brom-phenyl]-5-methyl-1,2-dihydro-pyrazol-3-on analog dem vorangehenden Stereoisomeren (*Westöö,* Acta chem. scand. **7** [1953] 360, 371).

Kristalle (aus Ae.); F: 147° [Zers.]. Absorptionsspektrum (A.; 220–410 nm): *We.,* l. c. S. 368.

5′,5″,5‴-Trimethyl-2′,2″-diphenyl-2‴-*o*-tolyl-(1*r*$C^{3'}$,3*t*$C^{3'''}$)-2′*H*,2″*H*,2‴*H*-trispiro[cyclopropan-1,4′;2,4″;3,4‴-tripyrazol]-3′,3″,3‴-trion $C_{31}H_{26}N_6O_3$, Formel XI (R = C_6H_4-CH_3, R′ = C_6H_5, X = H), oder **(±)-5′,5″,5‴-Trimethyl-2′,2‴-diphenyl-2″-*o*-tolyl-(1*r*$C^{3'}$,3*t*$C^{3'''}$)-2′*H*,2″*H*,2‴*H*-trispiro[cyclopropan-1,4′;2,4″;3,4‴-tripyrazol]-3′,3″,3‴-trion** [1]) $C_{31}H_{26}N_6O_3$, Formel XI (R = C_6H_5, R′ = C_6H_4-CH_3, X = H) + Spiegelbild.

B. Aus Pyrazolblau (S. 2495) analog den vorangehenden Verbindungen (*Westöö,* Acta chem. scand. **7** [1953] 360, 372).

Kristalle (aus A.); F: 151° [Zers.]. Absorptionsspektrum (A.; 220–410 nm): *We.,* l. c. S. 368.

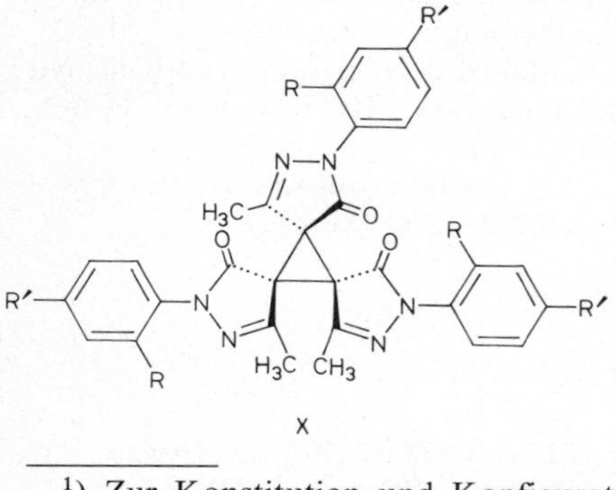

X 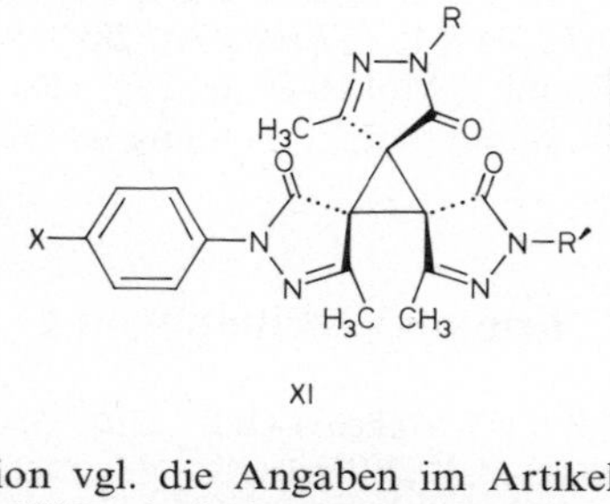 XI 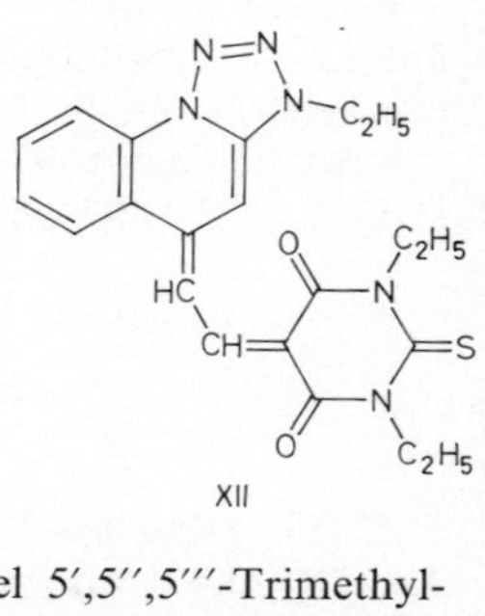 XII

[1]) Zur Konstitution und Konfiguration vgl. die Angaben im Artikel 5′,5″,5‴-Trimethyl-2′,2″,2‴-triphenyl-(1*r*C′,3*t*C″)-2′*H*,2″*H*,2‴*H*-trispiro[cyclopropan-1,4′;2,4″;3,4‴-tripyrazol]-3′,3″,3‴-trion (S. 4213).

2′,2″-Bis-[4-brom-phenyl]-5′,5″,5‴-trimethyl-2‴-*o*-tolyl-(1*r*$C^{3'}$,3*t*$C^{3'''}$)-2′*H*,2″*H*,2‴*H*-trispiro[cyclopropan-1,4′;2,4″;3,4‴-tripyrazol]-3′,3″,3‴-trion $C_{31}H_{24}Br_2N_6O_3$, Formel XI ($R = C_6H_4$-CH_3, $R' = C_6H_4Br$, X = Br), oder **(±)-2′,2‴-Bis-[4-brom-phenyl]-5′,5″,5‴-trimethyl-2″-*o*-tolyl-(1*r*$C^{3'}$,3*t*$C^{3'''}$)-2′*H*,2″*H*,2‴*H*-trispiro[cyclopropan-1,4′;2,4″;3,4‴-tripyrazol]-3′,3″,3‴-trion** [1]) $C_{31}H_{24}Br_2N_6O_3$, Formel XI ($R = C_6H_4$-Br, $R' = C_6H_4$-CH_3, X = Br) + Spiegelbild.

B. Analog den vorangehenden Verbindungen (*Westöö,* Acta chem. scand. **7** [1953] 360, 372).

Hellgelbe Kristalle (aus A.); F: 164° [Zers.]. Absorptionsspektrum (A.; 220–410 nm): *We.,* l. c. S. 368.

5′,5″,5‴-Trimethyl-2′,2″,2‴-tri-*o*-tolyl-(1*r*$C^{3'}$,3*t*$C^{3'''}$)-2′*H*,2″*H*,2‴*H*-trispiro[cyclopropan-1,4′;2,4″;3,4‴-tripyrazol]-3′,3″,3‴-trion [1]) $C_{33}H_{30}N_6O_3$, Formel X ($R = CH_3$, R′ = H).

B. Aus 4-Brom-5-methyl-2-*o*-tolyl-1,2-dihydro-pyrazol-3-on beim Behandeln mit Natrium=acetat, Essigsäure und $CuSO_4$ in Aceton (*Westöö,* Acta chem. scand. **7** [1953] 453).

Hellgelbe Kristalle (aus A.); F: 162,5–163,5° [Zers.]. Absorptionsspektrum (A.; 220–410 nm): *We.*

5′,5″,5‴-Trimethyl-2′,2″-diphenyl-2‴-*p*-tolyl-(1*r*$C^{3'}$,3*t*$C^{3'''}$)-2′*H*,2″*H*,2‴*H*-trispiro[cyclopropan-1,4′;2,4″;3,4‴-tripyrazol]-3′,3″,3‴-trion $C_{31}H_{26}N_6O_3$, Formel XI ($R = C_6H_4$-CH_3, $R' = C_6H_5$, X = H), oder **(±)-5′,5″,5‴-Trimethyl-2′,2‴-diphenyl-2″-*p*-tolyl-(1*r*$C^{3'}$,3*t*$C^{3'''}$)-2′*H*,2″*H*,2‴*H*-trispiro[cyclopropan-1,4′;2,4″;3,4‴-tripyrazol]-3′,3″,3‴-trion** [1]) $C_{31}H_{26}N_6O_3$, Formel XI ($R = C_6H_5$, $R' = C_6H_4$-CH_3, X = H) + Spiegelbild.

B. Aus Pyrazolblau (S. 2495) und 4-Brom-5-methyl-2-*p*-tolyl-1,2-dihydro-pyrazol-3-on beim Behandeln mit Natriumacetat und $CuSO_4$ in Äthanol und $CHCl_3$ (*Westöö,* Acta chem. scand. **7** [1953] 360, 372).

Gelbe Kristalle (aus A.); F: 134° [Zers.]. Absorptionsspektrum (A.; 220–410 nm): *We.,* l. c. S. 368.

5′,5″,5‴-Trimethyl-2′,2″,2‴-tri-*p*-tolyl-(1*r*$C^{3'}$,3*t*$C^{3'''}$)-2′*H*,2″*H*,2‴*H*-trispiro[cyclopropan-1,4′;2,4″;3,4‴-tripyrazol]-3′,3″,3‴-trion [1]) $C_{33}H_{30}N_6O_3$, Formel X (R = H, $R' = CH_3$).

B. Aus 4-Brom-5-methyl-2-*p*-tolyl-1,2-dihydro-pyrazol-3-on beim Behandeln mit Natrium=acetat, Essigsäure und $CuSO_4$ in Aceton (*Westöö,* Acta chem. scand. **7** [1953] 453).

Gelbe Kristalle (aus A.); F: 172° [Zers.]. Absorptionsspektrum (A.; 220–410 nm): *We.*

Trioxo-Verbindungen $C_nH_{2n-20}N_6O_3$

1,3-Diäthyl-5-[2-(3-äthyl-3*H*-tetrazolo[1,5-*a*]chinolin-5-yliden)-äthyliden]-2-thio-barbitursäure $C_{21}H_{22}N_6O_2S$, Formel XII und Mesomere.

B. Beim Erhitzen [60 h] von 5-Methyl-tetrazolo[1,5-*a*]chinolin mit Toluol-4-sulfonsäure-äthylester und anschliessend mit 5-[*N*-Acetyl-anilinomethylen]-1,3-diäthyl-2-thio-barbitursäure in Triäthylamin enthaltendem Pyridin (*Eastman Kodak Co.,* U.S.P. 2743274 [1954]).

Bräunliche Kristalle (aus Me.); F: 252–253° [Zers.].

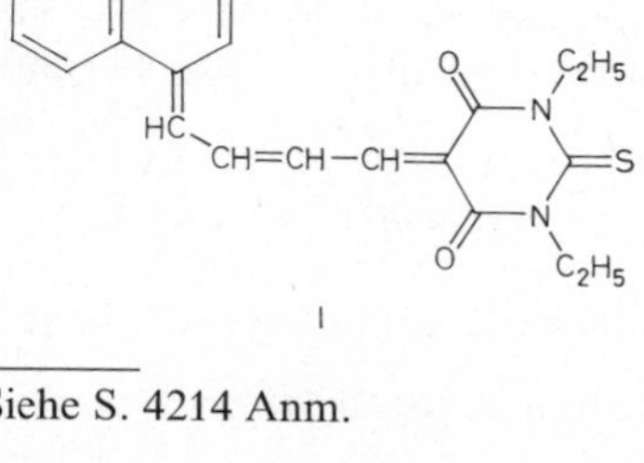

I 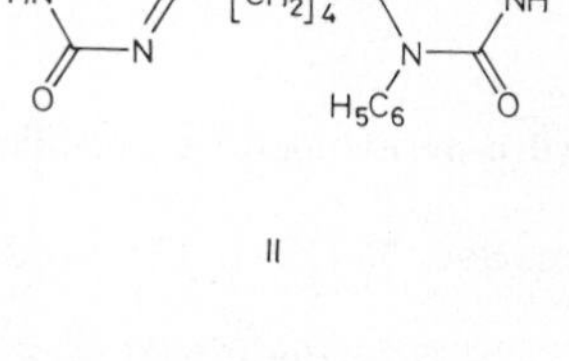 II 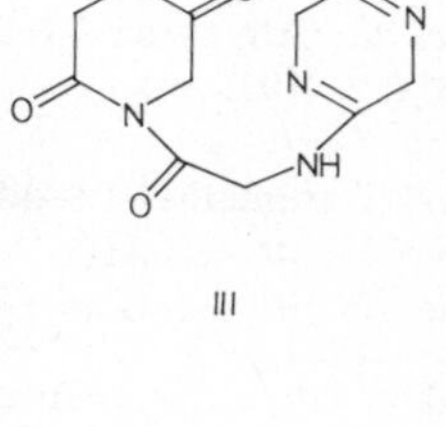 III

[1]) Siehe S. 4214 Anm.

Trioxo-Verbindungen $C_nH_{2n-22}N_6O_3$

1,3-Diäthyl-5-[4-(3-äthyl-3*H*-tetrazolo[1,5-*a*]chinolin-5-yliden)-but-2-enyliden]-2-thiobarbitursäure $C_{23}H_{24}N_6O_2S$, Formel I und Mesomere.

B. Analog der vorangehenden Verbindung (*Eastman Kodak Co.,* U.S.P. 2743274 [1954]).

Rote Kristalle (aus Py. + Me.); F: 201 – 202° [Zers.].

D. Tetraoxo-Verbindungen

Tetraoxo-Verbindungen $C_nH_{2n-8}N_6O_4$

1,4-Bis-[4,6-dioxo-1-phenyl-1,4,5,6-tetrahydro-[1,3,5]triazin-2-yl]-butan, 1,1′-Diphenyl-1*H*,1′*H*-6,6′-butandiyl-bis-[1,3,5]triazin-2,4-dion $C_{22}H_{20}N_6O_4$, Formel II.

B. Beim Erwärmen einer als 1,4-Bis-[4-amino-6-oxo-1-phenyl-1,6-dihydro-[1,3,5]triazin-2-yl]-butan oder 1,4-Bis-[6-amino-4-oxo-1-phenyl-1,4-dihydro-[1,3,5]triazin-2-yl]-butan zu formulierenden Verbindung (S. 4235) mit verd. Säuren (*Geigy A.G.,* Schweiz. P. 223870 [1941]).

Kristalle (aus A.); F: 135°.

Tetraoxo-Verbindungen $C_nH_{2n-10}N_6O_4$

1,4,6,9,12,17-Hexaaza-tricyclo[10.2.2.2^{5,8}]octa-5,8(17)-dien-2,11,13,15-tetraon, [2]3,6-Dihydro-1,3-diaza-6-(1,4)pyrazina-2-(2,5)pyrazina-cyclooctan-5,7,[6]2,5-tetraon [1]) $C_{12}H_{14}N_6O_4$, Formel III.

Die Identität einer von *Akimowa, Gawrilow* (Ž. obšč. Chim. **23** [1953] 335, 342; engl. Ausg. S. 349, 355) unter dieser Konstitution beschriebenen, aus vermeintlichem 1,4-Bis-glycyl-piperazin-2,5-dion (vgl. E III/IV **24** 1078) und 1,4-Diacetyl-piperazin-2,5-dion erhaltenen Verbindung (Dihydrochlorid; F: 226° [Zers.]) ist ungewiss.

Tetraoxo-Verbindungen $C_nH_{2n-12}N_6O_4$

1,6-Dihydro-pyrimido[4,5-*g*]pteridin-2,4,7,9-tetraon $C_8H_4N_6O_4$, Formel IV (R = H).

Diese Konstitution ist der früher (E II **26** 359) als 1,10-Dihydro-dipyrimido[5,4-*c*;4′,5′-*e*]pyridazin-2,4,7,9-tetraon $C_8H_4N_6O_4$ („Diuracil-pyridazin") beschriebenen Verbindung zuzuordnen (*Taylor et al.,* Am. Soc. **77** [1955] 2243, 2244, 2247; Ciba Found. Symp. Biol. Pteridines 1954 S. 193, 198, 199).

B. Aus 1,6-Dihydro-pyrimido[4,5-*g*]pteridin-2,4,7,9-tetrayltetraamin beim Erhitzen mit $NaNO_2$ in wss. HCl (*Ta. et al.,* Am. Soc. **77** 2247; *Falco, Hitchings,* Ciba Found. Symp. Biol. Pteridines 1954 S. 183, 190). Neben einer grösseren Menge 1*H*,9*H*-Pyrimido[5,4-*g*]pteridin-2,4,6,8-tetraon beim Behandeln von 5,6-Diamino-1*H*-pyrimidin-2,4-dion-sulfat mit Alloxan-hydrat (E III/IV **24** 2137) in wss. Natriumacetat und anschliessenden Erhitzen mit wss. NaOH (*Fa., Hi.,* l. c. S. 189).

Orangegelbe Kristalle mit 1 Mol H_2O (*Ta. et al.,* Am. Soc. **77** 2247; *Fa., Hi.*); unterhalb 360° nicht schmelzend (*Ta. et al.*). Absorptionsspektrum in wss. NaOH [0,1 n] (220 – 500 nm): *Ta. et al.,* Am. Soc. **77** 2245; in wss. Lösungen vom pH 1 und pH 11 (230 – 450 nm): *Fa., Hi.,* l. c. S. 191.

1,3,6,8-Tetramethyl-1,6-dihydro-pyrimido[4,5-*g*]pteridin-2,4,7,9-tetraon $C_{12}H_{12}N_6O_4$, Formel IV (R = CH_3).

Die von *Blicke, Godt* (Am. Soc. **76** [1954] 2798) unter dieser Konstitution beschriebene Ver

[1]) Über diese Bezeichnungsweise s. *Kauffmann,* Tetrahedron **28** [1972] 5183.

bindung ist als 1,3,7,9-Tetramethyl-1*H*,9*H*-pyrimido[5,4-*g*]pteridin-2,4,6,8-tetraon zu formulieren (*Taylor et al.*, Am. Soc. **77** [1955] 2243, 2246).

B. Aus 6-Azido-1,3-dimethyl-1*H*-pyrimidin-2,4-dion (E III/IV **24** 1237) bei der Bestrahlung einer Lösung in Methanol mit Quarzlampenlicht (*Pfleiderer et al.*, A. **615** [1958] 57). Beim Behandeln von 6-Hydroxyamino-1,3-dimethyl-1*H*-pyrimidin-2,4-dion mit Brom in Essigsäure und Pyridin (*Pf. et al.*). Beim Erwärmen von 1,6-Dihydro-pyrimido[4,5-*g*]pteridin-2,4,7,9-tetraon mit CH_3I, K_2CO_3 und Aceton (*Taylor et al.*, Am. Soc. **77** 2247; Ciba Found. Symp. Biol. Pteridines 1954 S. 193, 200).

Gelbe Kristalle [aus Eg. oder A. bzw. nach Sublimation bei 200°/0,5 Torr] (*Pf. et al.*; *Ta. et al.*, Am. Soc. **77** 2247); F: 358–360° (*Pf. et al.*; *Ta. et al.*, Am. Soc. **77** 2247; Ciba Found. Symp. Biol. Pteridines 1954 S. 200).

1*H*,9*H*-Pyrimido[5,4-*g*]pteridin-2,4,6,8-tetraon $C_8H_4N_6O_4$, Formel V (R = R′ = H) (in der Literatur auch als Bisalloxazin bezeichnet).

Konstitution: *Taylor et al.*, Am. Soc. **76** [1954] 1874.

B. Beim Erhitzen von 5,6-Diamino-1*H*-pyrimidin-2,4-dion-sulfat mit 5,5-Dichlor-barbitursäure oder 5,5-Dibrom-barbitursäure in Essigsäure und Erwärmen des Reaktionsprodukts in wss. Lösung vom pH 10 (*Ta. et al.*, Am. Soc. **76** 1876). Aus Barbitursäure und 6-Amino-5-nitroso-1*H*-pyrimidin-2,4-dion (E III/IV **25** 4249) oder aus Alloxan-5-oxim und 6-Amino-1*H*-pyrimidin-2,4-dion beim Erhitzen mit wenig konz. wss. HCl enthaltender Essigsäure (*Burroughs Wellcome & Co.*, U.S.P. 2581889 [1949]). Neben einer geringeren Menge 1,6-Dihydro-pyrimido[4,5-*g*]pteridin-2,4,7,9-tetraon beim Behandeln von 5,6-Diamino-1*H*-pyrimidin-2,4-dion-sulfat mit Alloxan-hydrat (E III/IV **24** 2137) in wss. Natriumacetat und anschliessenden Erhitzen mit wss. NaOH (*Falco, Hitchings*, Ciba Found. Symp. Biol. Pteridines 1954 S. 183, 189). Aus 5-[6-Amino-2,4-dioxo-1,2,3,4-tetrahydro-pyrimidin-5-ylimino]-barbitursäure beim Erwärmen mit wss. HCl oder H_2SO_4 (*Wieland*, A. **545** [1940] 209, 219). Beim Erhitzen von Pyrimido[5,4-*g*]pteridin-2,4,6,8-tetrayltetraamin mit $NaNO_2$ in wss. HCl (*Taylor et al.*, Am. Soc. **77** [1955] 2243, 2247; *Fa.*, *Hi.*, l. c. S. 190).

Gelbbraune Kristalle; nicht schmelzend bis 350° (*Burroughs Wellcome & Co.*). Gelbe Kristalle mit 1 Mol H_2O (*Ta. et al.*, Am. Soc. **77** 2247; *Fa.*, *Hi.*). Absorptionsspektrum in wss. NaOH [0,1 n] (220–440 nm): *Ta. et al.*, Am. Soc. **77** 2245; in wss. Lösungen vom pH 1 und pH 11 (230–430 nm): *Fa.*, *Hi.*, l. c. S. 191. λ_{max} (wss. Lösung vom pH 6,9): 220 nm, 274 nm und 357 nm; λ_{max} (wss. Lösung vom pH 10,5): 232 nm, 277 nm und 386 nm (*Korte et al.*, A. **619** [1958] 63, 69).

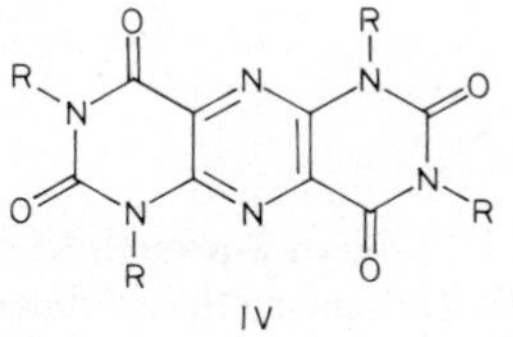

IV 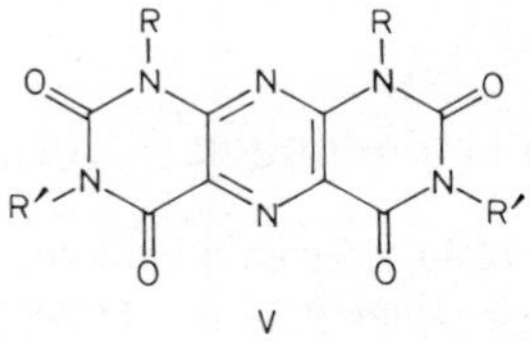 V 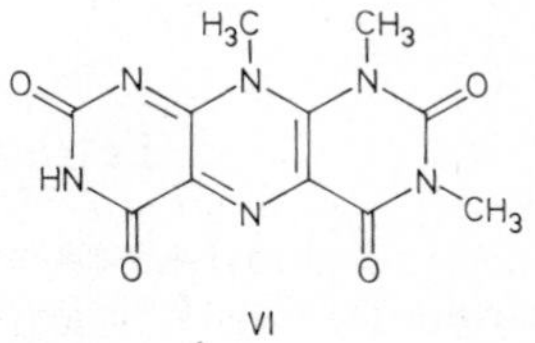 VI

1,9-Dimethyl-1*H*,9*H*-pyrimido[5,4-*g*]pteridin-2,4,6,8-tetraon $C_{10}H_8N_6O_4$, Formel V (R = CH_3, R′ = H).

Konstitution: *Bredereck, Pfleiderer*, B. **87** [1954] 1268, 1271.

B. Neben 1,1′-Dimethyl-[5,5]bipyrimidinyl-2,4,6,2′,4′,6′-hexaon aus 5,6-Diamino-1-methyl-1*H*-pyrimidin-2,4-dion beim Erhitzen mit wss. H_2SO_4 (*Bredereck et al.*, B. **86** [1953] 845, 850).

Feststoff.

1,3,10-Trimethyl-1*H*,10*H*-pyrimido[5,4-*g*]pteridin-2,4,6,8-tetraon $C_{11}H_{10}N_6O_4$, Formel VI.

B. Beim Erwärmen von 5-Amino-1,3-dimethyl-6-methylamino-1*H*-pyrimidin-2,4-dion mit Alloxan in wss. HCl (*Pfleiderer, Schündehütte*, A. **612** [1958] 158, 162).

Gelber Feststoff mit 2 Mol H_2O; F: >360°.

1,3,7,9-Tetramethyl-1*H*,9*H*-pyrimido[5,4-*g*]pteridin-2,4,6,8-tetraon $C_{12}H_{12}N_6O_4$, Formel V ($R = R' = CH_3$).

Konstitution: *Bredereck, Pfleiderer,* B. **87** [1954] 1268, 1271; *Taylor et al.,* Am. Soc. **76** [1954] 1874, **77** [1955] 2243, 2246. Die von *Monsanto Chem. Co.* (U.S.P. 2561324 [1950]) unter dieser Konstitution beschriebene Verbindung ist als 1,3-Dimethyl-7-methylamino-2,4-dioxo-1,2,3,4-tetrahydro-pteridin-6-carbonsäure-methylamid (S. 4059) zu formulieren (*Br., Pf.,* l. c. S. 1272; s. a. *Ta. et al.,* Am. Soc. **76** 1875).

B. Aus Dimethylalloxan beim Erwärmen mit 5,6-Diamino-1,3-dimethyl-1*H*-pyrimidin-2,4-dion-hydrochlorid in H_2O (*Bredereck et al.,* B. **86** [1953] 845, 849; *Br., Pf.,* l. c. S. 1272) oder beim Behandeln mit 5,6-Diamino-1,3-dimethyl-1*H*-pyrimidin-2,4-dion in H_2O und Erwärmen des Reaktionsprodukts mit wss. HCl (*Pfleiderer,* B. **88** [1955] 1625, 1630). Aus 5,6-Diamino-1,3-dimethyl-1*H*-pyrimidin-2,4-dion beim Erhitzen mit wss. HCl (*Blicke, Godt,* Am. Soc. **76** [1954] 2798; vgl. *Ta. et al.,* Am. Soc. **77** 2246)oder mit wss. H_2SO_4. Beim Erhitzen von 6-Amino-1,3-dimethyl-5-nitroso-1*H*-pyrimidin-2,4-dion mit 1,3-Dimethyl-barbitursäure in Essigsäure (*Burroughs Wellcome & Co.,* U.S.P. 2581889 [1949]; s. a. *Br., Pf.,* l. c. S. 1273) oder beim Erhitzen von 6-Amino-1,3-dimethyl-1*H*-pyrimidin-2,4-dion mit dem Natrium-Salz des 1,3-Dimethyl-pyrimidin-2,4,5,6-tetraon-5-oxims in Essigsäure (*Burroughs Wellcome*). Beim Erwärmen von 1*H*,9*H*-Pyrimido[5,4-*g*]pteridin-2,4,6,8-tetraon mit CH_3I und K_2CO_3 in Aceton (*Ta. et al.,* Am. Soc. **76** 1874).

Kristalle; F: 403–404° [nach Sublimation bei 280°/0,1 Torr] (*Ta. et al.,* Am. Soc. **76** 1874), 403° (*Burroughs Wellcome & Co.*), 390° [aus DMF bzw. aus konz. wss. HCl+H_2O] (*Bl., Godt*; *Br., Pf.,* l. c. S. 1273). λ_{max}: 234 nm, 269 nm und 363 nm (*Br., Pf.,* l. c. S. 1271).

Tetraoxo-Verbindungen $C_nH_{2n-28}N_6O_4$

Bis-[2,4-dioxo-1,2,3,4-tetrahydro-benz[4,5]imidazo[1,2-*a*]pyrimidin-3-yl]-methan, 1*H*,1'*H*-3,3'-Methandiyl-bis-benz[4,5]imidazo[1,2-*a*]pyrimidin-2,4-dion $C_{21}H_{14}N_6O_4$, Formel VII und Taut.

B. Beim Erhitzen von 1*H*-Benzimidazol-2-ylamin mit Propan-1,1,3,3-tetracarbonsäure-tetraäthylester in Äthanol (*De Cat, Van Dormael,* Bl. Soc. chim. Belg. **59** [1950] 573, 583, 586).

F: 330°.

VII VIII

Tetraoxo-Verbindungen $C_nH_{2n-34}N_6O_4$

[5,7-Dioxo-2-phenyl-4,5-dihydro-pyrazolo[1,5-*a*]pyrimidin-6-yliden]-[5,7-dioxo-2-phenyl-4,5,6,7-tetrahydro-pyrazolo[1,5-*a*]pyrimidin-6-yl]-methan, 2,2'-Diphenyl-4*H*,4'*H*-6,6'-methanylyliden-bis-pyrazolo[1,5-*a*]pyrimidin-5,7-dion $C_{25}H_{16}N_6O_4$, Formel VIII und Taut.

B. Durch Erhitzen von 2-Phenyl-4*H*-pyrazolo[1,5-*a*]pyrimidin-5,7-dion mit Formamid auf 140° (*Checchi,* G. **88** [1958] 591, 600).

Rot; Zers. bei 280–285°.

Tetraoxo-Verbindungen $C_nH_{2n-40}N_6O_4$

Bis-[2,4-dioxo-1,2,3,4-tetrahydro-naphth[2',3':4,5]imidazo[1,2-*a*]pyrimidin-3-yl]-methan, 1*H*,1'*H*-3,3'-Methandiyl-bis-naphth[2',3':4,5]imidazo[1,2-*a*]pyrimidin-2,4-dion $C_{29}H_{18}N_6O_4$, Formel IX und Taut.

B. Beim Erhitzen von 1*H*-Naphth[2,3-*d*]imidazol-2-ylamin mit Propan-1,1,3,3-tetracarbonsäure-tetraäthylester in Xylol (*Ried, Müller,* J. pr. [4] **8** [1959] 132, 138).

Kristalle; F: 366–369° [Zers.].

E. Pentaoxo-Verbindungen

(±)-5′,8′-Dihydro-1′*H*-spiro[imidazolidin-4,6′-pteridin]-2,5,2′,4′,7′-pentaon $C_8H_6N_6O_5$, Formel X.

B. Beim Behandeln von Alloxan-monohydrat (E III/IV **24** 2137) mit 5,6-Diamino-1*H*-pyrimidin-2,4-dion-sulfat in wss. NaOH (*Taylor, Loux,* Am. Soc. **81** [1959] 2474, 2477).

Kristalle; F: >360°. λ_{max} (wss. NaOH [0,1 n]): 220,5 nm und 278 nm.

5,5-Bis-[1,5-dimethyl-3-oxo-2-phenyl-2,3-dihydro-1*H*-pyrazol-4-ylmethyl]-barbitursäure $C_{28}H_{28}N_6O_5$, Formel I (R = H).

B. Aus Barbitursäure und 4-Hydroxymethyl-1,5-dimethyl-2-phenyl-1,2-dihydro-pyrazol-3-on in H_2O (*Fresenius,* Arzneimittel-Forsch. **1** [1951] 128, 130).

Kristalle (aus H_2O); Zers. bei 269°.

Kalium-Salz $KC_{28}H_{27}N_6O_5$. Kristalle.

1-Allyl-5,5-bis-[1,5-dimethyl-3-oxo-2-phenyl-2,3-dihydro-1*H*-pyrazol-4-ylmethyl]-barbitursäure $C_{31}H_{32}N_6O_5$, Formel I (R = CH_2-CH=CH_2).

B. Analog der vorangehenden Verbindung (*Fresenius,* Arzneimittel-Forsch. **1** [1951] 128, 131).

Kristalle (aus wss. A.); F: 221° [Zers.].

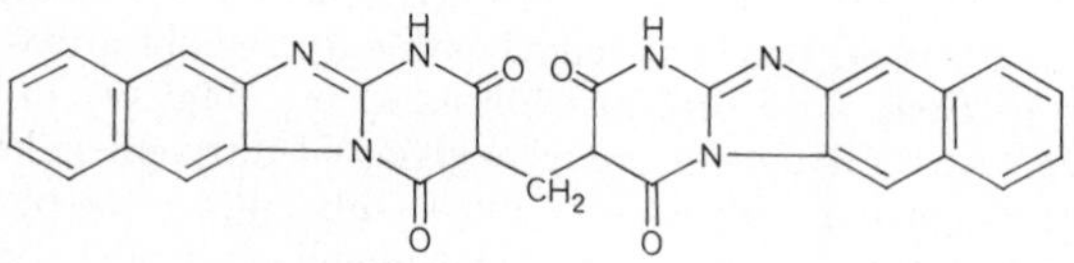

IX

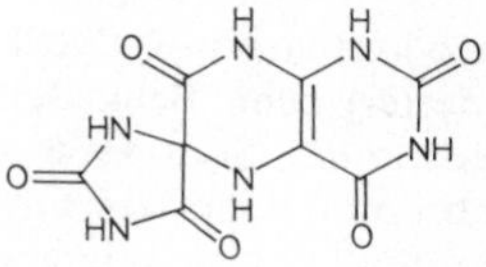

X

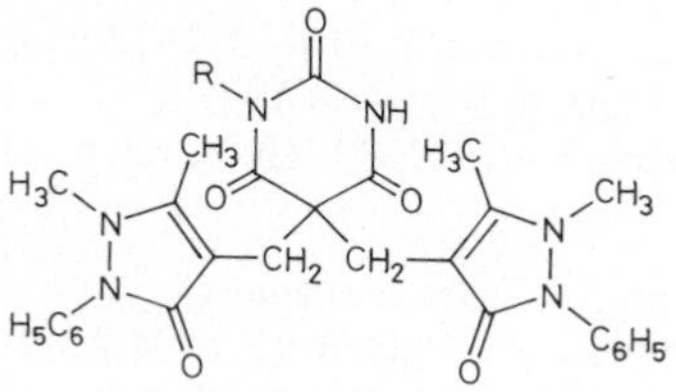

I

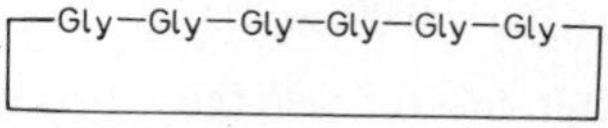

Gly—Gly—Gly—Gly—Gly—Gly

II

F. Hexaoxo-Verbindungen

Hexaoxo-Verbindungen $C_nH_{2n-6}N_6O_6$

1,4,7,10,13,16-Hexaaza-cyclooctadecan-2,5,8,11,14,17-hexaon, Cyclo-[glycyl→glycyl→glycyl→glycyl→glycyl→glycyl], Cyclo-hexaglycyl $C_{12}H_{18}N_6O_6$, Formel II.

Diese Konstitution ist auch der von *Sheehan, Richardson* (Am. Soc. **76** [1954] 6329) als Cyclo-[glycyl→glycyl→glycyl] beschriebenen Verbindung $C_6H_9N_3O_3$ zuzuordnen (*Bamford, Weymouth,* Am. Soc. **77** [1955] 6368; *Sheehan et al.,* Am. Soc. **77** [1955] 6391).

B. Aus Glycyl→glycyl→glycylchlorid-hydrochlorid in DMF mit Hilfe von Triäthylamin bei 0° (*Rothe et al.,* J. pr. [4] **8** [1959] 323, 327, 330). Aus Glycyl→glycyl→glycin-hydrazid beim Behandeln mit $NaNO_2$ in wss. HCl bei 0° und anschliessend mit wss. $NaHCO_3$ (*Sh., Ri.*; vgl. *Ba., We.*; *Sh. et al.*). Beim Erwärmen von [Glycyl→glycyl→glycylmercapto]-essigsäure-hydrobromid oder Glycyl→glycyl→glycin-cyanmethylester-hydrochlorid in wenig Essigsäure enthaltendem DMF mit Pyridin (*Schwyzer et al.,* Helv. **39** [1956] 872, 881). Neben anderen Produkten aus Oxazolidin-2,5-dion mit Hilfe von LiCl in DMF (*Ballard et al.,* Pr. roy. Soc.

[A] **227** [1955] 155, 157).

Kristalle (aus H_2O bei 60°) mit 0,5 Mol H_2O; Kristalle (aus H_2O bei 25°) mit 1 Mol H_2O (*Cant*, Acta cryst. **9** [1956] 681). F: >360° [Zers.] (*Ba. et al.*); unterhalb 355° nicht schmelzend (*Ro. et al.*); Verkohlung bei 300–350° (*Sh., Ri.*). Das Hemihydrat ist triklin; Dimensionen der Elementarzelle (Röntgen-Diagramm); Dichte der Kristalle: 1,501 (*Cant*). Das Monohydrat ist monoklin; Dimensionen der Elementarzelle (Röntgen-Diagramm); Dichte der Kristalle: 1,517 (*Cant*). IR-Banden (Nujol; 3–10 μ): *Sch. et al.*, l. c. S. 876.

***Opt.-inakt. Cyclo-[glycyl→glycyl→valyl→glycyl→glycyl→valyl]** $C_{18}H_{30}N_6O_6$, Formel III.

B. Aus opt.-inakt. Glycyl→valyl→glycyl→glycyl→valyl→glycin (E IV **4** 2679) bei mehrtägigem Behandeln mit Dicyclohexylcarbodiimid in wss. Methanol (*Wieland, Ohly*, A. **605** [1957] 179, 181).

Kristalle (aus H_2O) mit 2 Mol H_2O; Zers. >300°.

Cyclo-[glycyl→glycyl→leucyl→glycyl→glycyl→leucyl] $C_{20}H_{34}N_6O_6$.

a) **Cyclo-[glycyl→glycyl→L-leucyl→glycyl→glycyl→L-leucyl],** Formel IV.

B. Aus *N*-Benzyloxycarbonyl-glycyl→L-leucyl→thioglycin-*S*-[4-nitro-phenylester] oder aus *N*-Benzyloxycarbonyl-glycyl→L-leucyl→glycyl→glycyl→L-leucyl→thioglycin-*S*-[4-nitro-phenylester] beim Behandeln mit HBr in Essigsäure und anschliessend mit $MgCO_3$ in H_2O (*Kenner et al.*, Soc. **1958** 4148, 4151). Aus Glycyl→L-leucyl→glycin-[4-nitro-phenylester]-hydrobromid oder aus Glycyl→L-leucyl→glycyl→glycyl→L-leucyl→glycin-[4-nitro-phenylester] (erhalten aus *N*-Benzyloxycarbonyl-glycyl→L-leucyl→glycyl→glycyl→L-leucyl→glycin und Schwefligsäure-bis-[4-nitro-phenylester]) in wenig Essigsäure enthaltendem DMF beim Erwärmen mit Pyridin (*Schwyzer, Gorup*, Helv. **41** [1958] 2199, 2204, 2205).

Kristalle; F: 310–320° [korr.; Zers.; aus Me.+Ae.] (*Ke. et al.*), 310–312° [Zers.; aus H_2O] (*Sch., Go.*). Netzebenenabstände: *Sch., Go.*, l. c. S. 2200. $[\alpha]_D^{25}$: −44,4° [Eg.; c = 0,3] (*Sch., Go.*). IR-Spektrum (KBr; 3400–1000 cm^{-1}): *Sch., Go.*, l. c. S. 2200. IR-Banden (Hexachlorbutadien; 3300–1000 cm^{-1}): *Ke. et al.*

b) ***Opt.-inakt. Cyclo-[glycyl→glycyl→leucyl→glycyl→glycyl→leucyl].**

B. Aus opt.-inakt. Glycyl→leucyl→glycyl→glycyl→leucyl→glycin (E IV **4** 2769) mit Hilfe von Dicyclohexylcarbodiimid in Methanol (*Morosowa, Shenodarowa*, Doklady Akad. S.S.S.R. **125** [1959] 93, 94; Pr. Acad. Sci. U.S.S.R. Chem. Sect. **124–129** [1959] 181).

Kristalle (aus H_2O) mit 1 Mol H_2O; Zers. >320°.

***Opt.-inakt. Cyclo-[alanyl→glycyl→valyl→alanyl→glycyl→valyl]** $C_{20}H_{34}N_6O_6$, Formel V.

B. Beim Behandeln von opt.-inakt. Glycyl→valyl→thioalanin-*S*-phenylester-hydrobromid (E IV **6** 1555) mit opt.-inakt. *N*-Benzyloxycarbonyl-glycyl→valyl→alanin (E IV **6** 2305), $POCl_3$ und Pyridin in THF, Behandeln des Reaktionsprodukts mit HBr in Essigsäure und Erwärmen des danach erhaltenen Reaktionsprodukts in DMF mit Pyridin (*Wieland, Heinke*, A. **615** [1958] 184, 202).

Kristalle (aus H_2O); F: 309–310° [unkorr.; Zers.; Braunfärbung ab 280°].

Ξ-Ala—Gly—Ξ-Val—Ξ-Ala—Gly—Ξ-Val

V

HO—N ⟨ —$[CH_2]_5$—NH—CO—CH_2—CH_2—CO—N(OH)—$[CH_2]_5$—NH—CO—CH_2— ; —CO—CH_2—CH_2—CO—NH—$[CH_2]_5$—N(OH)—CO—CH_2— ⟩

VI

1,12,23-Trihydroxy-1,6,12,17,23,28-hexaaza-cyclotritriacontan-2,5,13,16,24,27-hexaon, Nocardamin $C_{27}H_{48}N_6O_9$, Formel VI.

Diese Konstitution ist der von *Stoll et al.* (Helv. **34** [1951] 862; Schweiz. Z. allg. Path. **14** [1951] 225, 231) als 6-Hydroxy-1,6-diaza-bicyclo[7.2.0]undecan-2,5-dion angesehenen Verbindung zuzuordnen (*Keller-Schierlein, Prelog*, Helv. **44** [1961] 1981, 1982).

Isolierung aus einer Norcardia-Art (Actinomycetaceae): *St. et al.*, Schweiz. Z. allg. Path. **14** 231.

Kristalle (aus H_2O); F: 183–184° [korr.] (*St. et al.*, Schweiz. Z. allg. Path. **14** 232; Helv. **34** 862).

Triacetyl-Derivat $C_{33}H_{54}N_6O_{12}$; vermutlich 1,12,23-Triacetoxy-1,6,12,17,23,28-hexaaza-cyclotritriacontan-2,5,13,16,24,27-hexaon. Kristalle (aus H_2O); F: 118° (*St. et al.*, Helv. **34** 862, 869).

1,8,15,22,29,36-Hexaaza-dotetracontan-2,9,16,23,30,37-hexaon, Cyclo-[hexakis-*N*-(6-amino-hexanoyl)], Cyclo-*lin*(*N*→6)-hexakis-hexanamid $C_{36}H_{66}N_6O_6$, Formel VII.

B. Beim Behandeln von [6]6-Benzyloxycarbonylamino-*lin*-pentakis[1 → 6]hexanoylamino-hexansäure-hydrazid mit HBr enthaltender Essigsäure und Behandeln des Reaktionsprodukts mit $NaNO_2$ in wss. HCl und mit wss. $NaHCO_3$ (*Zahn, Determann*, B. **90** [1957] 2176, 2183). Beim Behandeln von [6]6-Benzyloxycarbonylamino-*lin*-pentakis[1 → 6]hexanoylamino-hexanthiosäure-*S*-phenylester mit HBr enthaltender Essigsäure und Erhitzen des Reaktionsprodukts mit Triäthylamin in DMF (*Rothe, Kunitz*, A. **609** [1957] 88, 102).

Kristalle; F: 260° [aus wss. Me.] (*Zahn, De.*), 259–260° [korr.; aus Me.] (*Ro., Ku.*). Netzebenenabstände: *Zahn, De.* IR-Banden (KBr; 3–6,4 μ): *Zahn, De.*, l. c. S. 2179.

CO—NH—[CH2]5—CO—NH—[CH2]5—CO—NH
[CH2]5 [CH2]5
NH—CO—[CH2]5—NH—CO—[CH2]5—NH—CO

VII

Gly—Gly—Ξ-Phe—Gly—Gly—Ξ-Phe

VIII

Hexaoxo-Verbindungen $C_nH_{2n-20}N_6O_6$

***Opt.-inakt. Cyclo-[glycyl→glycyl→phenylalanyl→glycyl→glycyl→phenylalanyl]** $C_{26}H_{30}N_6O_6$, Formel VIII.

B. Aus Glycyl → DL-phenylalanyl → glycin-[4-methansulfonyl-phenylester]-hydrochlorid oder dem -[4-nitro-phenylester]-hydrobromid, aus Glycyl → glycyl → DL-phenylalanin-[4-methansulfonyl-phenylester]-hydrochlorid oder aus opt.-inakt. Glycyl → glycyl → phenylalanyl → glycyl → glycyl → phenylalanin-[4-methansulfonyl-phenylester]-hydrochlorid jeweils beim Erwärmen in einem wenig Essigsäure enthaltendem DMF-Pyridin-Gemisch (*Schwyzer, Sieber*, Helv. **41** [1958] 2190, 2196, 2198).

Kristalle (aus wss. Me. oder Eg.); F: ca. 300° [Zers.] (*Sch., Si.*, l. c. S. 2198). Netzebenenabstände: *Sch., Si.*, l. c. S. 2194. IR-Banden (KBr; 3400–1500 cm^{-1}): *Sch., Si.*, l. c. S. 2193.

Hexaoxo-Verbindungen $C_nH_{2n-24}N_6O_6$

1,3-Bis-[1,3-diäthyl-4,6-dioxo-2-thioxo-tetrahydro-pyrimidin-5-yliden]-2-[1,3-dimethyl-1,3-dihydro-benzimidazol-2-yliden]-propan, 1,3,1′,3′-Tetraäthyl-5,5′-[2-(1,3-dimethyl-1,3-dihydro-benzimidazol-2-yliden)-propandiyliden]-bis-2-thio-barbitursäure $C_{28}H_{32}N_6O_4S_2$, Formel IX und Mesomere.

B. Aus 1,2,3-Trimethyl-benzimidazolium-chlorid (oder -jodid) und 5-Äthoxymethylen-1,3-diäthyl-2-thio-barbitursäure (E III/IV **25** 454) in Triäthylamin enthaltendem Äthanol (*Jeffreys*, Soc. **1956** 2991, 2995).

Orangefarbene Kristalle (aus Me. + Ae.); F: 305° [Sintern bei 212°]. λ_{max}: 464 nm [Bzl.], 460 nm [Me.] bzw. 463 nm [wss. Me.] (*Je.*, l. c. S. 2993).

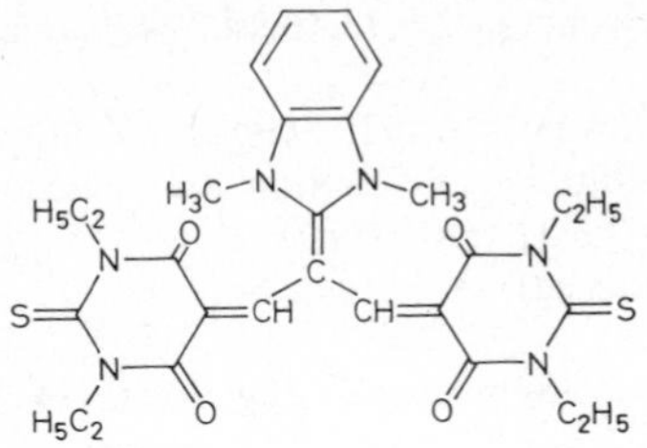

IX

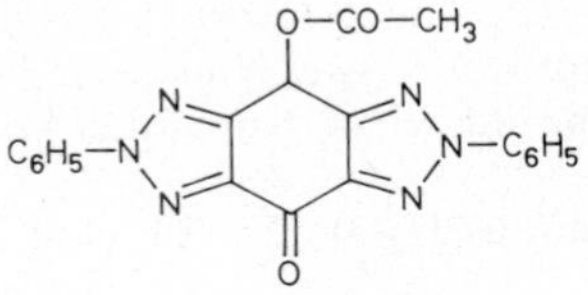

X

G. Hydroxy-oxo-Verbindungen

8-Acetoxy-2,6-diphenyl-6,8-dihydro-2*H*-benzo[1,2-*d*;4,5-*d'*]bistriazol-4-on $C_{20}H_{14}N_6O_3$, Formel X und Taut.

B. Neben 2,6-Diphenyl-2*H*,6*H*-benzo[1,2-*d*;4,5-*d'*]bistriazol-4,8-dion beim Erhitzen von 1,5-Bis-phenylazo-2,4-bis-[toluol-4-sulfonylamino]-benzol mit $Na_2Cr_2O_7$ in wenig H_2SO_4 enthaltender Essigsäure (*Mužík, Allan,* Collect. **24** [1959] 474, 482).

Gelbliche Kristalle (aus Chlorbenzol+A.+PAe.) mit 0,5 Mol H_2O, die bei 218° teilweise schmelzen, wieder erstarren und unterhalb 340° nicht mehr schmelzen.

7-[5-Hydroxy-2,4,6-trioxo-hexahydro-pyrimidin-5-yl]-4-methyl-3,4-dihydro-1*H*-spiro[chinoxalin-2,5'-pyrimidin]-2',4',6'-trion $C_{16}H_{14}N_6O_7$, Formel XI (R = R' = H).

Diese Konstitution ist der von *Rudy, Cramer* (B. **72** [1939] 227, 235) als 4-[5-Hydroxy-2,4,6-trioxo-hexahydro-pyrimidin-5-yl]-N^1,N^1-dimethyl-N^2-[2,4,6-trioxo-tetrahydro-pyrimidin-5-yliden]-*o*-phenylendiamin beschriebenen Verbindung zuzuordnen (*King, Clark-Lewis,* Soc. **1951** 3080, 3082; *Clark-Lewis et al.,* Austral. J. Chem. **23** [1970] 1249, 1258).

B. Aus *N,N*-Dimethyl-*o*-phenylendiamin und Alloxan in HCl enthaltendem Äthanol (*Rudy, Cr.*). Beim Erwärmen von 4-Methyl-3,4-dihydro-1*H*-spiro[chinoxalin-2,5'-pyrimidin]-2',4',6'-trion-hydrochlorid (S. 2650) mit Alloxan in wss. HCl (*Rudy, Cr.*).

Kristalle (aus wss. Me.) mit 4 Mol H_2O, F: 265–270° [Zers.; auf 235–240° vorgeheizter App.; rasches Erhitzen]; die wasserfreie dunkelgelbe Verbindung zersetzt sich bei 235–240° (*Rudy, Cr.*). Über weitere Hydrate s. *Rudy, Cr.,* l. c. S. 235, 236.

7-[5-Hydroxy-1,3-dimethyl-2,4,6-trioxo-hexahydro-pyrimidin-5-yl]-4,1',3'-trimethyl-3,4-dihydro-1*H*-spiro[chinoxalin-2,5'-pyrimidin]-2',4',6'-trion $C_{20}H_{22}N_6O_7$, Formel XI (R = CH_3, R' = H).

Konstitution: *Clark-Lewis et al.,* Austral. J. Chem. **23** [1970] 1249, 1258.

B. Aus der vorangehenden Verbindung und Diazomethan in Äther (*Rudy, Cramer,* B. **72** [1939] 227, 236).

Hygroskopische hellgelbe Kristalle (aus Acn. oder Eg.); F: 228° (*Rudy, Cr.*).

7-[5-Hydroxy-2,4,6-trioxo-hexahydro-pyrimidin-5-yl]-4,6-dimethyl-3,4-dihydro-1*H*-spiro[chinoxalin-2,5'-pyrimidin]-2',4',6'-trion $C_{17}H_{16}N_6O_7$, Formel XI (R = H, R' = CH_3).

Zur Konstitution s. *Clark-Lewis et al.,* Austral. J. Chem. **23** [1970] 1249, 1258.

B. Aus 4,N^2,N^2-Trimethyl-*o*-phenylendiamin und Alloxan (Überschuss) in wss.-äthanol. HCl (*Rudy, Cramer,* B. **72** [1939] 227, 247).

Hellgelbe Kristalle (aus H_2O), F: 235–240° [Zers.]; aus Aceton bilden sich dunkelgelbe Kristalle, beim anschliessenden Umkristallisieren aus wss. Pyridin wieder die Hellgelben (*Rudy, Cr.,* l. c. S. 248).

6-[5-Hydroxy-2,4,6-trioxo-hexahydro-pyrimidin-5-yl]-4,7-dimethyl-3,4-dihydro-1*H*-spiro[chinoxalin-2,5'-pyrimidin]-2',4',6'-trion $C_{17}H_{16}N_6O_7$, Formel XII (R = H).

Zur Konstitution s. *Clark-Lewis et al.,* Austral. J. Chem. **23** [1970] 1249, 1258.

B. Analog der vorangehenden Verbindung (*Rudy, Cramer,* B. **72** [1939] 227, 243).

Hellgelbe Kristalle (aus Me.); F: 257° [Zers.] (*Rudy, Cr.*). Über eine weitere Modifikation s. *Rudy, Cr.*

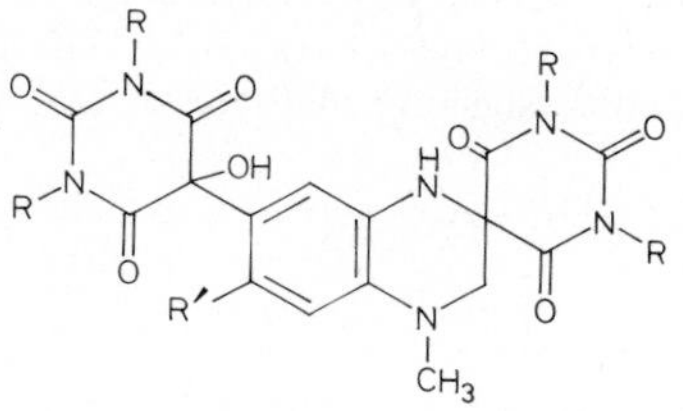

XI 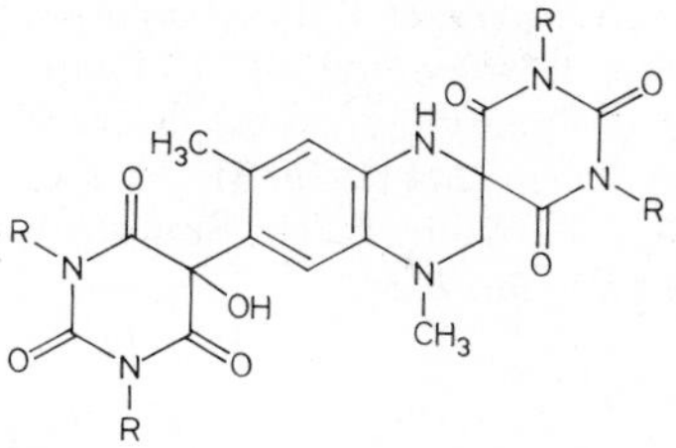 XII

6-[5-Hydroxy-1,3-dimethyl-2,4,6-trioxo-hexahydro-pyrimidin-5-yl]-4,7,1′,3′-tetramethyl-3,4-di=hydro-1*H*-spiro[chinoxalin-2,5′-pyrimidin]-2′,4′,6′-trion $C_{21}H_{24}N_6O_7$, Formel XII (R = CH_3).

B. Aus der vorangehenden Verbindung und Diazomethan in Methanol und Aceton (*Rudy, Cramer,* B. **72** [1939] 227, 244).

Gelbe Kristalle (aus A. + PAe.); F: 221°.

IV. Carbonsäuren

A. Dicarbonsäuren

(±)-1,5(oder 1,7)-Diphenyl-(4a*t*,7a*t*)-4a,5,7a,8(oder 4a,7,7a,8)-tetrahydro-1*H*,4*H*-4*r*,8*c*-methano-benzo[1,2-*d*;4,5-*d′*]bistriazol-3a*t*,8a*t*-dicarbonsäure-dimethylester $C_{23}H_{22}N_6O_4$, Formel I (R = C_6H_5, R′ = H oder R = H, R′ = C_6H_5) + Spiegelbilder.

B. Bei mehrtägigem Behandeln von Norborna-2,5-dien-2,3-dicarbonsäure-dimethylester (E III **9** 4275) mit Azidobenzol (*Alder, Stein,* A. **501** [1933] 1, 37).

Kristalle (aus Acetonitril); F: 203 – 204°.

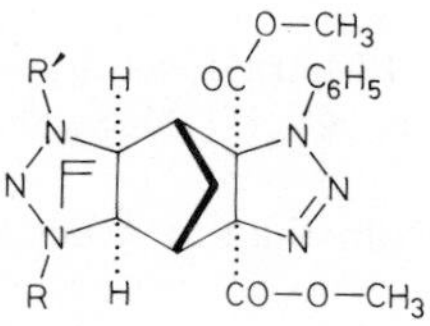

I 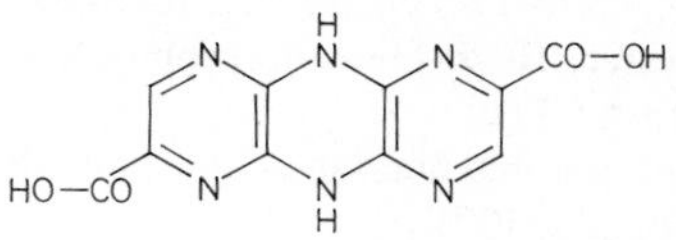 II

5,10-Dihydro-dipyrazino[2,3-*b*;2′,3′-*e*]pyrazin-2,7-dicarbonsäure $C_{10}H_6N_6O_4$, Formel II und Taut.

B. Aus 6,13-Dihydro-pyrazino[2,3-*b*;5,6-*b′*]dichinoxalin (Fluorubin) beim Erwärmen mit $KMnO_4$ in wss. KOH (*Noguchi,* J. chem. Soc. Japan Pure Chem. Sect. **80** [1959] 945; C. A. **1961** 4514).

Kristalle (aus H_2O) mit 2 Mol H_2O; unterhalb 450° nicht schmelzend.

Kalium-Salz $K_3C_{10}H_3N_6O_4$. Gelbe Kristalle (aus H_2O) mit 3 Mol H_2O.

Silber-Salz $Ag_4C_{10}H_2N_6O_4$. Gelb.

Diäthylester $C_{14}H_{14}N_6O_4$. Kristalle (aus E.); F: 267 – 268° [Zers.].

B. Tricarbonsäuren

***Opt.-inakt. 4-[7,12-Diäthyl-18-[2-methoxycarbonyl-äthyl)-3,8,13,17-tetramethyl-porphyrin-2-yl]-4,5-dihydro-1*H*-pyrazol-3,5-dicarbonsäure-dimethylester, 13-[3,5-Bis-methoxycarbonyl-4,5-dihydro-1*H*-pyrazol-4-yl]-pyrroporphyrin-methylester** $C_{39}H_{44}N_6O_6$, Formel III und Taut.

B. Beim Erwärmen von 3-[7,12-Diäthyl-18-(2-methoxycarbonyl-äthyl)-3,8,13,17-tetramethyl-porphyrin-2-yl]-acrylsäure-methylester (S. 3040) mit Diazoessigsäure-methylester (*Fischer, Beer,* Z. physiol. Chem. **244** [1936] 31, 32, 39).

Kristalle; F: 265° [nach Sintern bei 185°]. λ_{max} (Py. + Ae. sowie wss. HCl [25%ig]; 430 – 630 nm): *Fi., Beer.*

C. Tetracarbonsäuren

3,3′,3″,3‴-[3,7,13,17-Tetramethyl-5,15-diaza-porphyrin-2,8,12,18-tetrayl]-tetra-propionsäure, 10,20-Diaza-koproporphyrin-II $C_{34}H_{36}N_6O_8$, Formel IV (R = H) und Taut. (in der Literatur als *β,δ*-Diimido-koproporphyrin-II bezeichnet).

Konstitution: *Fischer, Friedrich,* A. **523** [1936] 154; *Fischer, Müller,* A. **528** [1937] 1.

B. In geringer Menge beim Behandeln [28 d] von Bis-[5-brom-3-(2-carboxy-äthyl)-4-methyl-pyrrol-2-yl]-methinium-bromid (E III/IV **25** 1108) mit wss. NH_3 (*Fischer et al.,* A. **521** [1936] 122, 126).

Violette Kristalle (aus Py. + wss. HCl); F: 398 – 400° (*Fi. et al.*). λ_{max} (Ameisensäure, wss. HCl, Py. + wss. HCl sowie alkal. wss. Lösung; 510 – 640 nm): *Fi. et al.,* l. c. S. 126, 127.

Kupfer-Komplex. Kristalle (aus Ameisensäure + Eg.); F: > 300°; λ_{max} (Py.): 540 nm, 570 nm und 586,5 nm (*Fi. et al.*).

III

IV

3,3′,3″,3‴-[3,7,13,17-Tetramethyl-5,15-diaza-porphyrin-2,8,12,18-tetrayl]-tetra-propionsäure-tetramethylester, 10,20-Diaza-koproporphyrin-II-tetramethylester $C_{38}H_{44}N_6O_8$, Formel IV (R = CH_3) und Taut.

B. Aus der vorangehenden Säure beim Behandeln mit Diazomethan in Äther (*Fischer et al.,* A. **521** [1936] 122, 127).

Violette Kristalle (aus $CHCl_3$ + Ae.); F: 250° (*Fi. et al.*). Absorptionsspektrum in Dioxan (300 – 430 nm): *Pruckner, Stern,* Z. physik. Chem. [A] **177** [1936] 387, 388, 393; in Dioxan (480 – 660 nm): *Fi. et al.,* l. c. S. 123; *Stern, Wenderlein,* Z. physik. Chem. [A] **175** [1936] 405, 432, 433; *Stern et al.,* Z. physik. Chem. [A] **177** [1936] 40, 70, 77. λ_{max} (Dioxan): 496,5 nm, 528 nm, 567 nm, 595 nm und 619 nm (*Stern, Pruckner,* Z. physik. Chem. [A] **178** [1936] 420, 422). Fluorescenzmaxima (Dioxan): 597 nm, 626 nm, 655 nm, 671 nm und 691 nm (*Fi. et al.,* l. c. S. 123; *Stern, Molvig,* Z. physik. Chem. [A] **176** [1936] 209, 211).

Kupfer(II)-Komplex $CuC_{38}H_{42}N_6O_8$. Violette Kristalle (aus $CHCl_3$); F: 312° [unkorr.] (*Fi. et al.,* l. c. S. 127). Absorptionsspektrum (Dioxan; 480 – 620 nm): *St. et al.,* l. c. S. 4677; *Stern, Molvig,* Z. physik. Chem. [A] **177** [1936] 365, 384. λ_{max} (Py.): 540 nm, 570 nm und 586,6 nm (*Fi. et al.,* l. c. S. 128).

Eisen(III)-Komplex $Fe(C_{38}H_{42}N_6O_8)Cl$. Violette Kristalle (aus Ameisensäure + E.); F: > 350° (*Fischer, Müller,* A. **528** [1937] 1, 4). λ_{max} (Py.; 550 – 605 nm): *Fi., Mü.*

3,3',3'',3'''-[3,7,13,17-Tetramethyl-5,15-diaza-porphyrin-2,8,12,18-tetrayl]-tetra-propionsäure-tetraäthylester, 10,20-Diaza-koproporphyrin-II-tetraäthylester $C_{42}H_{52}N_6O_8$, Formel IV (R = C_2H_5) und Taut.

B. Aus der Säure (s. o.) durch Veresterung mit äthanol. HCl oder aus dem Magnesium-Komplex des Tetraäthylesters (s. u.) beim Behandeln mit wss. HCl [10%ig] in $CHCl_3$ (*Fischer, Müller,* A. **528** [1937] 1, 5).

Violette Kristalle (aus $CHCl_3$ + Me.); F: 229°.

Magnesium-Komplex $MgC_{42}H_{50}N_6O_8$. *B.* Beim Behandeln des vorangehenden Tetramethylesters mit Magnesium-äthylat-bromid in Pyridin (*Fi., Mü.*). – Rosarote Kristalle (aus Bzl.); F: 223°. λ_{max} (Ae.; 530 – 610 nm): *Fi., Mü.*

***Opt.-inakt. 4-[13,17-Bis-(2-methoxycarbonyl-äthyl)-3,8,12,18-tetramethyl-porphyrin-2-yl]-4,5-dihydro-1*H*-pyrazol-3,5-dicarbonsäure-dimethylester, 8-[3,5-Bis-methoxycarbonyl-4,5-dihydro-1*H*-pyrazol-4-yl]-deuteroporphyrin-dimethylester** $C_{39}H_{42}N_6O_8$, Formel V und Taut.

Für die nachstehend beschriebene Verbindung kommt auch die Formulierung als 4-[8,12-Bis-(2-methoxycarbonyl-äthyl)-3,7,13,18-tetramethyl-porphyrin-2-yl]-4,5-dihydro-1*H*-pyrazol-3,5-dicarbonsäure-dimethylester (3-[3,5-Bis-methoxycarbonyl-4,5-dihydro-1*H*-pyrazol-4-yl]-deuteroporphyrin-dimethylester)$C_{39}H_{42}N_6O_8$ in Betracht.

B. Beim Erwärmen von 3*t*(?)-[13,17(oder 8,12)-Bis-(2-methoxycarbonyl-äthyl)-3,8,12,18(oder 3,7,13,18)-tetramethyl-porphyrin-2-yl]-acrylsäure-methylester (S. 3080) mit Diazoessigsäure-methylester (*Fischer, Beer,* Z. physiol. Chem. **244** [1936] 31, 36, 50).

Kristalle (aus Acn. + Me.); F: 220° [nach Sintern bei 167°].

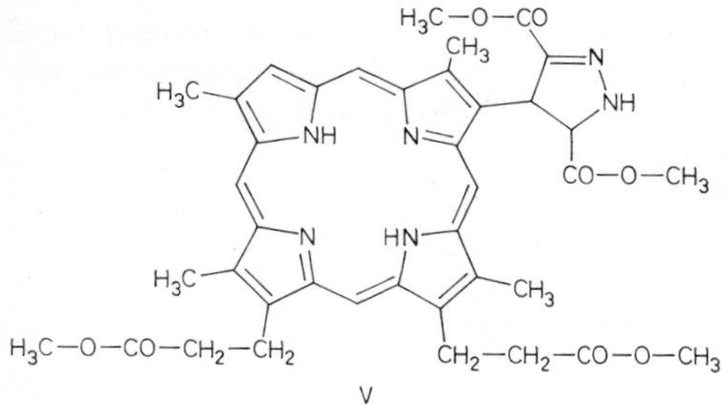

V

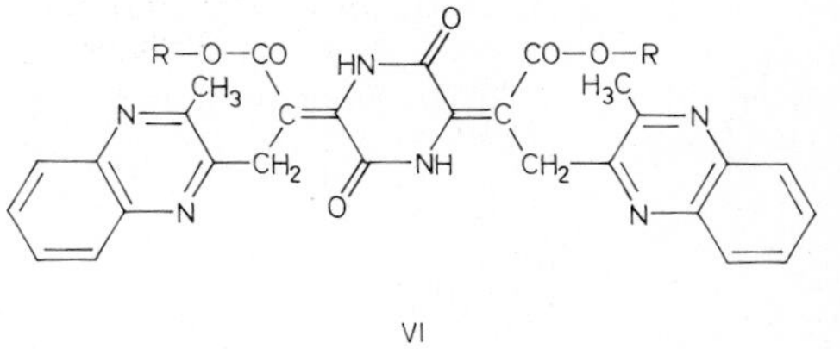

VI

D. Oxocarbonsäuren

***3,6-Bis-[1-carboxy-2-(3-methyl-chinoxalin-2-yl)-äthyliden]-piperazin-2,5-dion, 3,3'-Bis-[3-methyl-chinoxalin-2-yl]-2,2'-[3,6-dioxo-piperazin-2,5-diyliden]-di-propionsäure** $C_{28}H_{22}N_6O_6$, Formel VI (R = H).

B. Aus 3-[3-Methyl-chinoxalin-2-yl]-2-[5-oxo-2-phenyl-oxazol-4-yliden]-propionsäure-äthylester (F: 191°) bei mehrstündigem Erhitzen mit HI und rotem Phosphor in Essigsäure (*Ried, Reitz,* B. **89** [1956] 2429, 2432).

Gelbe Kristalle (aus Me.); F: 286 – 288° [Zers.].

***3,6-Bis-[1-äthoxycarbonyl-2-(3-methyl-chinoxalin-2-yl)-äthyliden]-piperazin-2,5-dion, 3,3'-Bis-[3-methyl-chinoxalin-2-yl]-2,2'-[3,6-dioxo-piperazin-2,5-diyliden]-di-propionsäure-diäthylester** $C_{32}H_{30}N_6O_6$, Formel VI (R = C_2H_5).

B. Aus 3-[3-Methyl-chinoxalin-2-yl]-2-[5-oxo-2-phenyl-oxazol-4-yliden]-propionsäure-äthylester (F: 191°) beim Erhitzen [45 min] mit HI und rotem Phosphor in Essigsäure (*Ried, Reitz,* B. **89** [1956] 2429, 2432).

Gelbe Kristalle (aus Me.); F: 171° [unkorr.].

***3,3′-[3,17-Diäthyl-1,19-bis-(3-äthyl-4-methyl-5-oxo-1,5-dihydro-pyrrol-2-ylidenmethyl)-2,8,12,18-tetramethyl-5,22,23,24-tetrahydro-21*H*-bilin-7,13-diyl]-di-propionsäure-dimethylester,** 3,3′-[3,8,22,27-Tetraäthyl-2,7,13,17,23,28-hexamethyl-1,29-dioxo-10,29,30,31,32,33,34,35-octahydro-1*H*-hexapyrrin-12,18-diyl]-di-propionsäure-dimethylester [1]) $C_{51}H_{64}N_6O_6$, Formel VII und Taut.

B. Beim Erwärmen von Bis-[5-brommethyl-4-(2-carboxy-äthyl)-3-methyl-pyrrol-2-yl]-methinium-bromid (E III/IV **25** 1115) mit 4-Äthyl-5-[4-äthyl-3-methyl-pyrrol-2-ylmethylen]-3-methyl-1,5-dihydro-pyrrol-2-on (E III/IV **24** 530) in Methanol (*Fischer, Reinecke,* Z. physiol. Chem. **251** [1938] 204, 215).

Kristalle (aus $CHCl_3$ + Me.) mit 0,5 Mol $CHCl_3$.

Hydrobromid $C_{51}H_{64}N_6O_6 \cdot HBr$. F: 260°.

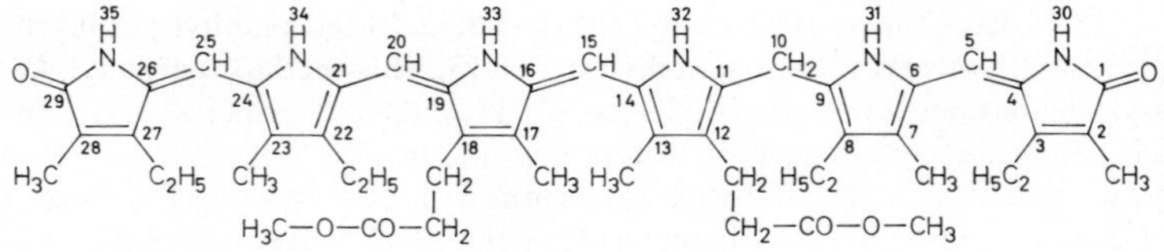

VII

***3,3′,3′′-[13-Äthyl-1,19-bis-(3-äthyl-4-methyl-5-oxo-1,5-dihydro-pyrrol-2-ylidenmethyl)-2,8,12,18-tetramethyl-5,22,23,24-tetrahydro-21*H*-bilin-3,7,17-triyl]-tri-propionsäure-trimethylester,** 3,3′,3′′-[3,18,27-Triäthyl-2,7,13,17,23,28-hexamethyl-1,29-dioxo-10,29,30,31,32,33,34,35-octahydro-1*H*-hexapyrrin-8,12,22-triyl]-tri-propionsäure-trimethylester $C_{53}H_{66}N_6O_8$, Formel VIII und Taut.

B. Beim Erwärmen von [4-Äthyl-5-brommethyl-3-methyl-pyrrol-2-yl]-[5-brommethyl-4-(2-carboxy-äthyl)-3-methyl-pyrrol-2-yl]-methinium-bromid (E III/IV **25** 879) mit Neoxanthobilirubinsäure (E III/IV **25** 1685) in Methanol (*Fischer, Reinecke,* Z. physiol. Chem. **251** [1938] 204, 215).

Kristalle (aus $CHCl_3$ + Me.) mit 0,06 Mol $CHCl_3$; F: 225 – 230°.

Hydrobromid $C_{53}H_{66}N_6O_8 \cdot HBr$. F: 249°.

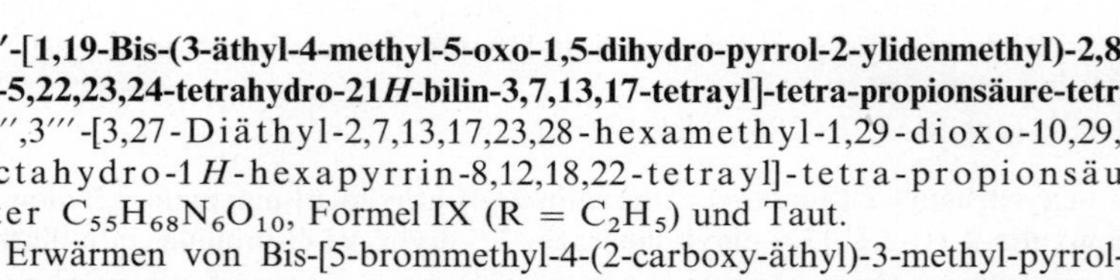

VIII

***3,3′,3′′,3′′′-[1,19-Bis-(3-äthyl-4-methyl-5-oxo-1,5-dihydro-pyrrol-2-ylidenmethyl)-2,8,12,18-tetramethyl-5,22,23,24-tetrahydro-21*H*-bilin-3,7,13,17-tetrayl]-tetra-propionsäure-tetramethylester,** 3,3′,3′′,3′′′-[3,27-Diäthyl-2,7,13,17,23,28-hexamethyl-1,29-dioxo-10,29,30,31,32,33,34,35-octahydro-1*H*-hexapyrrin-8,12,18,22-tetrayl]-tetra-propionsäure-tetramethylester $C_{55}H_{68}N_6O_{10}$, Formel IX (R = C_2H_5) und Taut.

B. Beim Erwärmen von Bis-[5-brommethyl-4-(2-carboxy-äthyl)-3-methyl-pyrrol-2-yl]-methinium-bromid (E III/IV **25** 1115) mit Neoxanthobilirubinsäure (E III/IV **25** 1685) in Methanol (*Fischer, Reinecke,* Z. physiol. Chem. **251** [1938] 204, 210).

Orangegelbe Kristalle (aus $CHCl_3$ + Me.); F: 242° [bei 210° Verfärbung].

[1]) Bei von Hexapyrrin abgeleiteten Namen gilt die in Formel VII angegebene Stellungsbezeichnung (vgl. dazu Tripyrrin [S. 954])

Hydrobromid $C_{55}H_{68}N_6O_{10}\cdot HBr$. Schwarze, silbern glänzende Kristalle (aus $CHCl_3$+ Me.); F: 250° (*Fi., Re.,* l. c. S. 210).

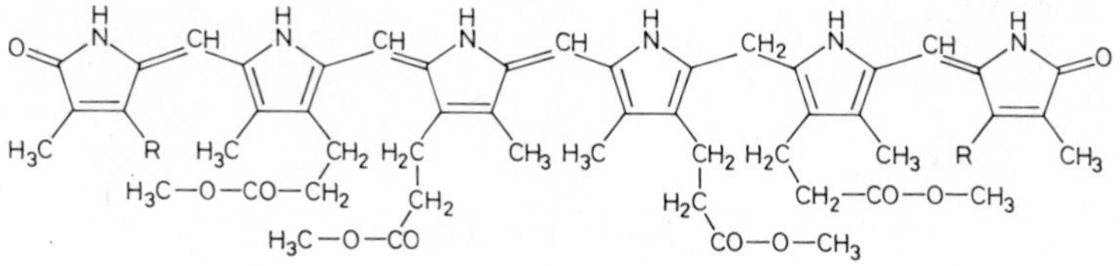

IX

***3,3′,3′′,3′′′-[2,8,12,18-Tetramethyl-1,19-bis-(4-methyl-5-oxo-3-vinyl-1,5-dihydro-pyrrol-2-ylidenmethyl)-5,22,23,24-tetrahydro-21*H*-bilin-3,7,13,17-tetrayl]-tetra-propionsäure-tetramethylester,** 3,3′,3′′,3′′′-[2,7,13,17,23,28-Hexamethyl-1,29-dioxo-3,27-divinyl-10,29,30,31,32,33,34,35-octahydro-1*H*-hexapyrrin-8,12,18,22-tetrayl]-tetra-propionsäure-tetramethylester $C_{55}H_{64}N_6O_{10}$, Formel IX (R = $CH{=}CH_2$) und Taut.

B. Beim Erwärmen von Bis-[5-brommethyl-4-(2-carboxy-äthyl)-3-methyl-pyrrol-2-yl]-methinium-bromid (E III/IV **25** 1115) mit 3-[4-Methyl-5-(4-methyl-5-oxo-3-vinyl-1,5-dihydro-pyrrol-2-ylidenmethyl)-pyrrol-3-yl]-propionsäure (E III/IV **25** 1697) in Methanol (*Fischer, Reinecke,* Z. physiol. Chem. **265** [1940] 9, 11, 19).

Hydrobromid $C_{55}H_{64}N_6O_{10}\cdot HBr$. Schwarze, silbern glänzende Kristalle; F: 242°.

***3,3′,3′′,3′′′-[1,19-Bis-(3-äthyl-4-methyl-5-oxo-1,5-dihydro-pyrrol-2-ylidenmethyl)-2,8,12,18-tetramethyl-5-oxo-5,22,23,24-tetrahydro-21*H*-bilin-3,7,13,17-tetrayl]-tetra-propionsäure-tetramethylester(?),** 3,3′,3′′,3′′′-[3,27-Diäthyl-2,7,13,17,23,28-hexamethyl-1,10,29-trioxo-10,29,30,31,32,33,34,35-octahydro-1*H*-hexapyrrin-8,12,18,22-tetrayl]-tetra-propionsäure-tetramethylester(?) $C_{55}H_{66}N_6O_{11}$, vermutlich Formel X und Taut.

B. Aus 3,3′,3′′,3′′′-[1,19-Bis-(3-äthyl-4-methyl-5-oxo-1,5-dihydro-pyrrol-2-ylidenmethyl)-2,8,12,18-tetramethyl-5,22,23,24-tetrahydro-21*H*-bilin-3,7,13,17-tetrayl]-tetra-propionsäure-tetramethylester (s. o.) bei Einwirkung von Kupfer(II)-acetat oder von Luftsauerstoff in $CHCl_3$ und Methanol bzw. in $CHCl_3$ (*Fischer, Reinecke,* Z. physiol. Chem. **251** [1938] 204, 208, 212, 213).

Violette Kristalle (aus Me.); F: 236°.

Kupfer(II)-Salz $Cu_2C_{55}H_{62}N_6O_{11}$. Kristalle (aus $CHCl_3$+Me.); F: 296°.

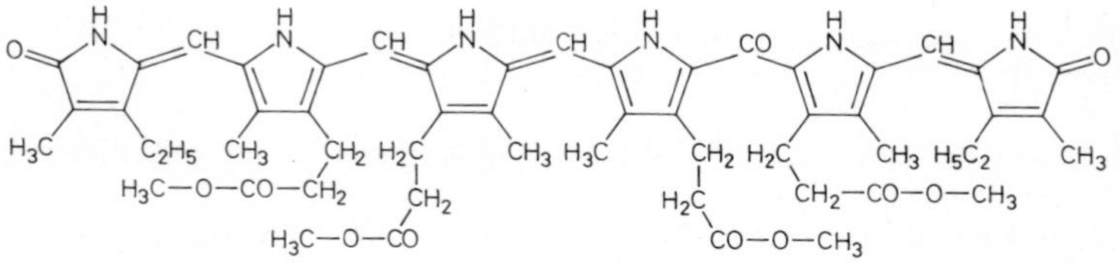

X

***3,3′,3′′,3′′′-{1,19-Bis-[4-(2-methoxycarbonyl-äthyl)-3-methyl-5-oxo-1,5-dihydro-pyrrol-2-ylidenmethyl]-2,8,12,18-tetramethyl-5,22,23,24-tetrahydro-21*H*-bilin-3,7,13,17-tetrayl}-tetra-propionsäure-tetramethylester,** 3,3′,3′′,3′′′,3′′′′,3′′′′′-[3,7,13,17,23,27-Hexamethyl-1,29-dioxo-10,29,30,31,32,33,34,35-octahydro-1*H*-hexapyrrin-2,8,12,18,22,28-hexayl]-hexa-propionsäure-hexamethylester $C_{59}H_{72}N_6O_{14}$, Formel XI.

B. Beim Erwärmen von Bis-[5-brommethyl-4-(2-carboxy-äthyl)-3-methyl-pyrrol-2-yl]-methinium-bromid (E III/IV **25** 1115) mit [4-(2-Carboxy-äthyl)-3-methyl-5-oxo-1,5-dihydro-pyrrol-2-yliden]-[4-(2-carboxy-äthyl)-3-methyl-pyrrol-2-yl]-methan (E III/IV **25** 1845) in Methanol (*Fischer, Reinecke,* Z. physiol. Chem. **251** [1938] 204, 206, 217).

Kristalle (aus Acn.).

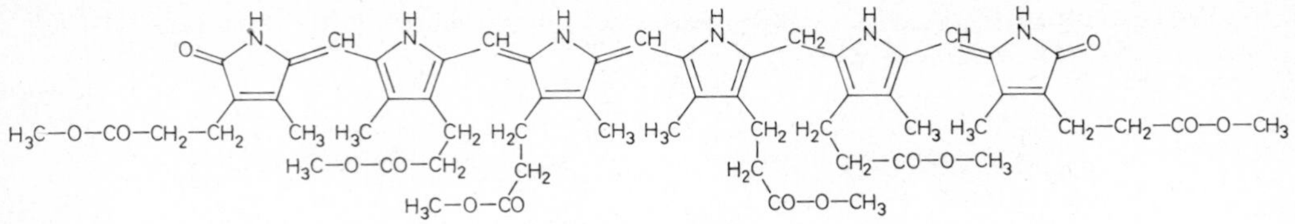

XI

V. Sulfonsäuren

Naphtho[2,1-*e*]tetrazolo[5,1-*c*][1,2,4]triazin-8-sulfonsäure $C_{11}H_6N_6O_3S$, Formel XII.

B. Beim Behandeln von 6-Amino-naphthalin-2-sulfonsäure mit einer Lösung von diazotiertem 1*H*-Tetrazol-5-ylamin in wss. HCl und Erwärmen der Reaktionslösung nach Zusatz von konz. H_2SO_4 (*Gen. Aniline & Film Corp.*, U.S.P. 2515728 [1948]).

Natrium-Salz $NaC_{11}H_5N_6O_3S$. Hellgelbe Kristalle (aus H_2O).

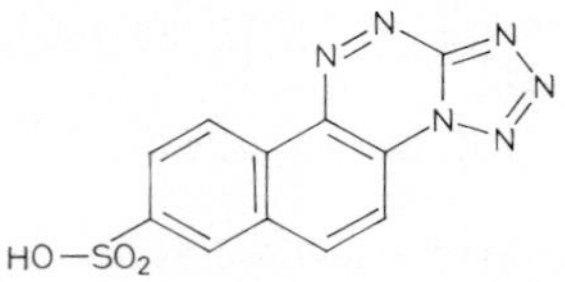

XII

VI. Amine

A. Monoamine

1-Phenyl-1*H*-[1,2,4]triazolo[1,5-*d*][1,2,4,6]tetrazepin-2-ylamin $C_{10}H_9N_7$, Formel I.

Eine von *Papini, Checchi* (G. **82** [1952] 735, 740) mit Vorbehalt als tautomeres 1-Phenyl-3*H*-[1,2,4]triazolo[1,5-*d*][1,2,4,6]tetrazepin-2-on-imin beschriebene Verbindung ist als 1-Phenyl-1*H*-[3,4']bi[1,2,4]triazolyl-5-ylamin zu formulieren (*Berešnewa et al.*, Chimija geterocikl. Soedin. **1969** 1118; engl. Ausg. S. 848); entsprechend ist das von *Papini, Checchi* beschriebene 1-*p*-Tolyl-3*H*-[1,2,4]triazolo[1,5-*d*][1,2,4,6]tetrazepin-2-on-imin als 1-*p*-Tolyl-1*H*-[3,4']bi[1,2,4]triazolyl-5-ylamin zu formulieren.

2,7-Diphenyl-2,7-dihydro-benzo[1,2-*d*;3,4-*d'*]bistriazol-4-ylamin $C_{18}H_{13}N_7$, Formel II (R = X = X' = H).

B. Aus 2,7-Diphenyl-4-phenylazo-2,7-dihydro-benzo[1,2-*d*;3,4-*d'*]bistriazol bei der Hydrierung an einem Kupfer-Kobalt-Nickel-Katalysator in Butan-1-ol bei 18 – 140°/100 at Anfangsdruck (*Fries, Waltnitzki,* A. **511** [1934] 267, 275) oder bei der Hydrierung an Raney-Nickel (*Mužik, Allan,* Chem. Listy **46** [1952] 487; C. A. **1953** 8705).

Kristalle (aus Bzl.); F: 243° (*Mu., Al.*), 240° (*Fr., Wa.*).

2-Chlor-benzyliden-Derivat $C_{25}H_{16}ClN_7$; [2-Chlor-benzyliden]-[2,7-diphenyl-2,7-dihydro-benzo[1,2-*d*;3,4-*d'*]bistriazol-4-yl]-amin. Gelbliche Kristalle (aus Bzl.); F: 231° (*Fr., Wa.*).

2,7-Bis-[4-chlor-phenyl]-2,7-dihydro-benzo[1,2-*d*;3,4-*d'*]bistriazol-4-ylamin $C_{18}H_{11}Cl_2N_7$, Formel II (R = H, X = X' = Cl).

B. Aus 2,7-Bis-[4-chlor-phenyl]-4-[4-chlor-phenylazo]-2,7-dihydro-benzo[1,2-*d*;3,4-*d'*]bistriazol bei der Hydrierung an einem Kupfer-Kobalt-Nickel-Katalysator in Butan-1-ol bei

18–140°/100 at Anfangsdruck (*Fries, Waltnitzki,* A. **511** [1934] 267, 279).
Gelbliche Kristalle (aus Nitrobenzol); F: 307°.

4-Acetylamino-2,7-diphenyl-2,7-dihydro-benzo[1,2-*d*;3,4-*d'*]bistriazol, *N*-[2,7-Diphenyl-2,7-dihydro-benzo[1,2-*d*;3,4-*d'*]bistriazol-4-yl]-acetamid $C_{20}H_{15}N_7O$, Formel II (R = CO-CH_3, X = X' = H).

B. Aus dem entsprechenden Amin (s. o.) durch Acetylierung oder aus 2,7-Diphenyl-4-phenylazo-2,7-dihydro-benzo[1,2-*d*;3,4-*d'*]bistriazol bei der Hydrierung an einem Kupfer-Kobalt-Nickel-Katalysator in Acetanhydrid (*Fries, Waltnitzki,* A. **511** [1934] 267, 276).
Kristalle (aus Bzl.); F: 256°.

I II III

4-Amino-2,7-bis-[4-sulfo-phenyl]-2,7-dihydro-benzo[1,2-*d*;3,4-*d'*]bistriazol, 4,4'-[4-Amino-benzo[1,2-*d*;3,4-*d'*]bistriazol-2,7-diyl]-bis-benzolsulfonsäure $C_{18}H_{13}N_7O_6S_2$, Formel II (R = H, X = X' = SO_2-OH).

B. Aus 4,4'-[4-(Toluol-4-sulfonylamino)-benzo[1,2-*d*;3,4-*d'*]bistriazol-2,7-diyl]-bis-benzolsulfonsäure beim Behandeln mit H_2SO_4 (*Mužík,* Collect. **23** [1958] 291, 301).
Barium-Salz $BaC_{18}H_{11}N_7O_6S_2$.

***N*-[2,7-Diphenyl-2,7-dihydro-benzo[1,2-*d*;3,4-*d'*]bistriazol-4-yl]-toluol-4-sulfonamid** $C_{25}H_{19}N_7O_2S$, Formel II (R = SO_2-C_6H_4-CH_3, X = X' = H).

B. Aus *N*-[6-Amino-2-phenyl-7-phenylazo-2*H*-benzotriazol-5-yl]-toluol-4-sulfonamid beim Erwärmen mit $CuSO_4$ in wss. Pyridin (*Mužík,* Collect. **23** [1958] 291, 299).
Kristalle (aus Bzl.); F: 239,5°.

***N*-[2-(4-Methoxy-phenyl)-7-phenyl-2,7-dihydro-benzo[1,2-*d*;3,4-*d'*]bistriazol-4-yl]-toluol-4-sulfonamid** $C_{26}H_{21}N_7O_3S$, Formel II (R = SO_2-C_6H_4-CH_3, X = O-CH_3, X' = H).

B. Analog der vorangehenden Verbindung (*Mužík,* Collect. **23** [1958] 291, 300).
Kristalle (aus Bzl.); F: 230°.

2,7-Bis-[4-sulfo-phenyl]-4-[toluol-4-sulfonylamino]-2,7-dihydro-benzo[1,2-*d*;3,4-*d'*]bistriazol, 4,4'-[4-(Toluol-4-sulfonylamino)-benzo[1,2-*d*;3,4-*d'*]bistriazol-2,7-diyl]-bis-benzolsulfonsäure $C_{25}H_{19}N_7O_8S_3$, Formel II (R = SO_2-C_6H_4-CH_3, X = X' = SO_2-OH).

B. Beim Behandeln von 4-[5-Amino-6-(toluol-4-sulfonylamino)-benzotriazol-2-yl]-benzolsulfonsäure mit diazotierter Sulfanilsäure und Erwärmen des Reaktionsprodukts mit ammoniakal. $CuSO_4$ unter Zusatz von wss. NaOH (*Mužík,* Collect. **23** [1958] 291, 301).
Natrium-Salz $Na_2C_{25}H_{17}N_7O_8S_3$. Kristalle (aus wss. A.) mit 1 Mol H_2O.

B. Diamine

1*H*,1'*H*-[3,3]Bi[1,2,4]triazolyl-5,5'-diyldiamin $C_4H_6N_8$, Formel III und Taut.

B. Beim Erwärmen von Oxalsäure mit Aminoguanidin-hydrochlorid in H_2O und Erwärmen

des Reaktionsprodukts mit wss. K_2CO_3 (*Purdue Research Found.*, U.S.P. 2744116 [1953]).
Kristalle (aus H_2O); unterhalb 350° nicht schmelzend.

4,4′-Diacetyl-5,5′-bis-acetylamino-4*H*,4′*H*-[3,3′]bi[1,2,4]triazolyl, *N*,*N*′-[4,4′-Diacetyl-4*H*,4′*H*-[3,3′]bi[1,2,4]triazolyl-5,5′-diyl]-bis-acetamid $C_{12}H_{14}N_8O_4$, Formel IV.

B. Beim Erwärmen von *N*,*N*‴-Dicarbamoyl-oxalamidrazon mit Acetanhydrid (*Dedichen*, Norske Vid. Akad. Avh. **1936** Nr. 5, S. 39).

Kristalle (aus A.); F: 236° [Zers.].

Bis-[5-amino-1*H*-[1,2,4]triazol-3-yl]-methan, 1*H*,1′*H*-5,5′-Methandiyl-bis-[1,2,4]triazol-3-ylamin $C_5H_8N_8$, Formel V (n = 1) und Taut.

B. Beim Erwärmen von Malonsäure mit Aminoguanidin-hydrochlorid in H_2O und Erwärmen des Reaktionsprodukts mit wss. K_2CO_3 (*Purdue Research Found.*, U.S.P. 2744116 [1953]).

F: 293°.

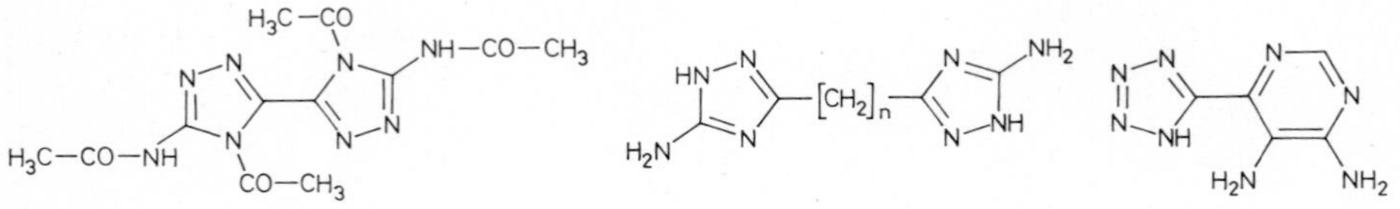

IV V VI

Die folgenden Verbindungen sind in analoger Weise hergestellt worden:

1,2-Bis-[5-amino-1*H*-[1,2,4]triazol-3-yl]-äthan, 1*H*,1′*H*-5,5′-Äthandiyl-bis-[1,2,4]triazol-3-ylamin $C_6H_{10}N_8$, Formel V (n = 2) und Taut. F: 310–312°.

1,3-Bis-[5-amino-1*H*-[1,2,4]triazol-3-yl]-propan, 1*H*,1′*H*-5,5′-Propandiyl-bis-[1,2,4]triazol-3-ylamin $C_7H_{12}N_8$, Formel V (n = 3) und Taut. F: 243–244°.

1,4-Bis-[5-amino-1*H*-[1,2,4]triazol-3-yl]-butan, 1*H*,1′*H*-5,5′-Butandiyl-bis-[1,2,4]triazol-3-ylamin $C_8H_{14}N_8$, Formel V (n = 4) und Taut. Kristalle (aus H_2O); F: 278–280°.

1,5-Bis-[5-amino-1*H*-[1,2,4]triazol-3-yl]-pentan, 1*H*,1′*H*-5,5′-Pentandiyl-bis-[1,2,4]triazol-3-ylamin $C_9H_{16}N_8$, Formel V (n = 5) und Taut. F: 224–227°.

1,6-Bis-[5-amino-1*H*-[1,2,4]triazol-3-yl]-hexan, 1*H*,1′*H*-5,5′-Hexandiyl-bis-[1,2,4]triazol-3-ylamin $C_{10}H_{18}N_8$, Formel V (n = 6) und Taut. F: 270–273°.

1,7-Bis-[5-amino-1*H*-[1,2,4]triazol-3-yl]-heptan, 1*H*,1′*H*-5,5′-Heptandiyl-bis-[1,2,4]triazol-3-ylamin $C_{11}H_{20}N_8$, Formel V (n = 7) und Taut. F: 217–219°.

1,8-Bis-[5-amino-1*H*-[1,2,4]triazol-3-yl]-octan, 1*H*,1′*H*-5,5′-Octandiyl-bis-[1,2,4]triazol-3-ylamin $C_{12}H_{22}N_8$, Formel V (n = 8) und Taut. F: 238–241°.

6-[1*H*-Tetrazol-5-yl]-pyrimidin-4,5-diyldiamin $C_5H_6N_8$, Formel VI und Taut.

Diese Konstitution ist vermutlich der von *Giner-Sorolla et al.* (Am. Soc. **81** [1959] 2515, 2520) als 5,6-Diamino-pyrimidin-4-carbimidoylazid formulierten Verbindung zuzuordnen (vgl. *Eloy*, J. org. Chem. **26** [1961] 952, 954).

B. Aus 6-[1*H*-Tetrazol-5-yl]-7(9)*H*-purin (S. 4249) beim Erhitzen mit konz. wss. NH_3 unter Druck auf 180° (*Gi.-So. et al.*).

Kristalle (aus wss. NH_3); F: 325° [unkorr.; Zers.] (*Gi.-So. et al.*).

2-[4-Amino-pyrimidin-5-yl]-pyrimido[4,5-*d*]pyrimidin-4-ylamin $C_{10}H_8N_8$, Formel VII (R = H).

B. Aus 4-Amino-pyrimidin-5-carbonitril beim Erwärmen mit methanol. Natriummethylat (*Taylor et al.*, Am. Soc. **80** [1958] 427, 430).

Feststoff; unterhalb 360° nicht schmelzend. Bei 300°/0,05 Torr sublimierbar. λ_{max} (wss. HCl [0,1 n]): 250 nm und 300 nm.

2-[4-Amino-2-methyl-pyrimidin-5-yl]-7-methyl-pyrimido[4,5-*d*]pyrimidin-4-ylamin $C_{12}H_{12}N_8$, Formel VII (R = CH_3).

B. Analog der vorangehenden Verbindung (*Taylor et al.*, Am. Soc. **80** [1958] 427, 431).

Feststoff; F: >360°. Unter vermindertem Druck sublimierbar. λ_{max} (wss. HCl [0,1 n]): 247 nm und 297 nm.

C. Tetraamine

Tetraamine $C_nH_{2n-4}N_{10}$

Bis-[amino-anilino-[1,3,5]triazin-2-yl]-methan, N^2,$N^{2'}$-Diphenyl-6,6'-methandiyl-bis-[1,3,5]triazin-2,4-diyldiamin $C_{19}H_{18}N_{10}$, Formel VIII (R = C_6H_5, X = H, n = 1).

B. In geringerer Menge neben anderen Verbindungen beim Erwärmen von 1-Phenyl-biguanid mit Malonsäure-diäthylester und Natriumäthylat in Äthanol oder mit Malonsäure-äthylester-chlorid und K_2CO_3 in Benzol (*Šokolowškaja et al.*, Ž. obšč. Chim. **27** [1957] 1021, 1024, 1025; engl. Ausg. S. 1103, 1105, 1106).

Kristalle; F: 274–275°.

1,2-Bis-[diamino-[1,3,5]triazin-2-yl]-äthan, 6,6'-Äthandiyl-bis-[1,3,5]triazin-2,4-diyldiamin, Succinoguanamin $C_8H_{12}N_{10}$, Formel VIII (R = X = H, n = 2).

B. Beim Erwärmen von Bernsteinsäure-diäthylester mit Biguanid in Methanol (*Am. Cyanamid Co.*, U.S.P. 2394526 [1941], 2423353 [1941], 2427315 [1941]; *Geigy A.G.*, U.S.P. 2447176 [1948]). Beim Erhitzen von Cyanguanidin mit Succinonitril und wss. KOH in 2-Methoxy-äthanol (*Allied Chem. & Dye Corp.*, U.S.P. 2684366 [1949]).

Zers. >340° (*Allied Chem.*). F: >335° (*Am. Cyanamid Co.*). F: ca. 335° (*Geigy A.G.*).

1,2-Bis-[amino-anilino-[1,3,5]triazin-2-yl]-äthan, N^2,$N^{2'}$-Diphenyl-6,6'-äthandiyl-bis-[1,3,5]triazin-2,4-diyldiamin $C_{20}H_{20}N_{10}$, Formel VIII (R = C_6H_5, X = H, n = 2).

B. Neben anderen Verbindungen beim Erwärmen von 1-Phenyl-biguanid mit Bernsteinsäure-diäthylester und Natriumäthylat in Äthanol (*Šokolowškaja et al.*, Ž. obšč. Chim. **27** [1957] 1968, 1970; engl. Ausg. S. 2030, 2032).

Kristalle (aus wss. A.); F: 269–270°.

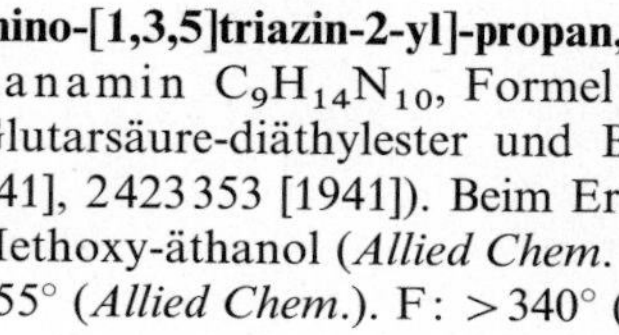

VII

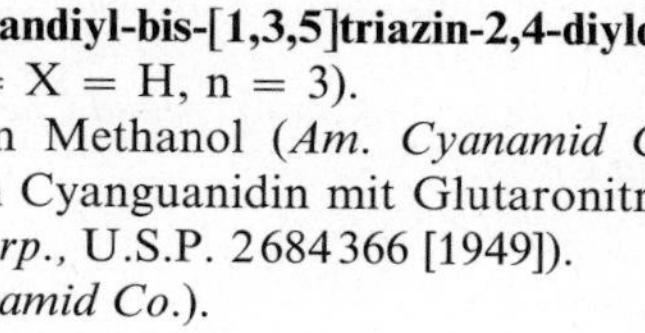

VIII

1,3-Bis-[diamino-[1,3,5]triazin-2-yl]-propan, 6,6'-Propandiyl-bis-[1,3,5]triazin-2,4-diyldiamin, Glutaroguanamin $C_9H_{14}N_{10}$, Formel VIII (R = X = H, n = 3).

B. Aus Glutarsäure-diäthylester und Biguanid in Methanol (*Am. Cyanamid Co.*, U.S.P. 2394526 [1941], 2423353 [1941]). Beim Erhitzen von Cyanguanidin mit Glutaronitril und wss. KOH in 2-Methoxy-äthanol (*Allied Chem. & Dye Corp.*, U.S.P. 2684366 [1949]).

Zers. ab 355° (*Allied Chem.*). F: >340° (*Am. Cyanamid Co.*).

1,3-Bis-[amino-anilino-[1,3,5]triazin-2-yl]-propan, N^2,$N^{2'}$-Diphenyl-6,6'-propandiyl-bis-[1,3,5]triazin-2,4-diyldiamin $C_{21}H_{22}N_{10}$, Formel VIII (R = C_6H_5, X = H, n = 3).

B. Neben anderen Verbindungen beim Erwärmen von 1-Phenyl-biguanid mit Glutarsäure-diäthylester und Natriumäthylat in Äthanol (*Šokolowškaja et al.*, Ž. obšč. Chim. **27** [1957] 1968, 1973; engl. Ausg. S. 2030, 2034).

Kristalle (aus wss. A.); F: 234–235°.

1,3-Bis-[diamino-[1,3,5]triazin-2-yl]-hexafluor-propan, 6,6'-Hexafluorpropandiyl-bis-[1,3,5]tri≈azin-2,4-diyldiamin $C_9H_8F_6N_{10}$, Formel VIII (R = H, X = F, n = 3).

B. Aus Biguanid und Hexafluor-glutarsäure-dimethylester in Methanol (*Shaw, Gross,* J. org. Chem. **24** [1959] 1809, 1810).

Kristalle (aus Me.); F: >320°.

1,4-Bis-[diamino-[1,3,5]triazin-2-yl]-butan, 6,6'-Butandiyl-bis-[1,3,5]triazin-2,4-diyldiamin, Adipoguanamin $C_{10}H_{16}N_{10}$, Formel VIII (R = X = H, n = 4).

B. Aus Biguanid und Adipinsäure-dimethylester in Methanol (*Am. Cyanamid Co.,* U.S.P. 2394526 [1941], 2423353 [1941]). Beim Erhitzen von Cyanguanidin, Adiponitril und wss. KOH in 2-Methoxy-äthanol (*Allied Chem. & Dye Corp.,* U.S.P. 2684366 [1949]).

Kristalle; F: 301° [aus H_2O] (*Am. Cyanamid Co.*), 295° [aus Benzylalkohol] (*Allied Chem.*).

1,4-Bis-[amino-anilino-[1,3,5]triazin-2-yl]-butan, N^2,$N^{2'}$-Diphenyl-6,6'-butandiyl-bis-[1,3,5]tri≈azin-2,4-diyldiamin $C_{22}H_{24}N_{10}$, Formel VIII (R = C_6H_5, X = H, n = 4).

B. Neben anderen Verbindungen beim Erwärmen von 1-Phenyl-biguanid mit Adipinsäure-diäthylester und Natriumäthylat in Äthanol (*Šokolowškaja et al.*, Ž. obšč. Chim. **27** [1957] 1968, 1974; engl. Ausg. S. 2030, 2034).

Kristalle (aus wss. A.); F: 229–230° (*Šo. et al.*).

Dihydrochlorid $C_{22}H_{24}N_{10}\cdot 2HCl$. Kristalle; F: 226–228° (*Šo. et al.*).

Ein Präparat (Kristalle [aus 2-Methoxy-äthanol]; F: 232–235°), dem vermutlich auch diese Konstitution zukommt, ist beim Erhitzen von *N*-Cyan-*N'*-phenyl-guanidin mit Adiponitril, Natrium-[2-methoxy-äthylat] und 2-Methoxy-äthanol erhalten worden (*Allied Chem. & Dye Corp.,* U.S.P. 2684366 [1949]).

1,5-Bis-[diamino-[1,3,5]triazin-2-yl]-pentan, 6,6'-Pentandiyl-bis-[1,3,5]triazin-2,4-diyldiamin, Pimeloguanamin $C_{11}H_{18}N_{10}$, Formel VIII (R = X = H, n = 5).

B. Beim Erhitzen von Cyanguanidin mit Heptandinitril und wss. KOH in 2-Methoxy-äthanol (*Allied Chem. & Dye Corp.,* U.S.P. 2684366 [1949]).

F: 258°.

1,7-Bis-[diamino-[1,3,5]triazin-2-yl]-heptan, 6,6'-Heptandiyl-bis-[1,3,5]triazin-2,4-diyldiamin, Azelaoguanamin $C_{13}H_{22}N_{10}$, Formel VIII (R = X = H, n = 7).

B. Analog der vorangehenden Verbindung (*Allied Chem. & Dye Corp.,* U.S.P. 2684366 [1949]).

F: 218–219°.

1,8-Bis-[diamino-[1,3,5]triazin-2-yl]-octan, 6,6'-Octandiyl-bis-[1,3,5]triazin-2,4-diyldiamin, Sebacoguanamin $C_{14}H_{24}N_{10}$, Formel VIII (R = X = H, n = 8).

B. Analog den vorangehenden Verbindungen (*Allied Chem. & Dye Corp.,* U.S.P. 2684366 [1949]). Aus Biguanid und Decandisäure-dibutylester (*Am. Cyanamid Co.,* U.S.P. 2394526 [1941], 2423353 [1941]).

Kristalle [aus Benzylalkohol] (*Allied Chem.*); F: 308° (*Am. Cyanamid Co.*), 271–273° [geringe Zers.] (*Allied Chem.*).

Tetraamine $C_nH_{2n-8}N_{10}$

Pyrimido[4,5-*g*]pteridin-2,4,7,9-tetrayltetraamin $C_8H_8N_{10}$, Formel IX.

B. Neben einer grösseren Menge Pyrimido[5,4-*g*]pteridin-2,4,6,8-tetrayltetraamin beim Erhit≈

zen von Pyrimidintetrayltetramin in H_2O unter Einleiten von Luft (*Taylor et al.,* Am. Soc. **77** [1955] 2243, 2247; *Falco, Hitchings,* Ciba Found. Symp. Chem. Biol. Pteridines 1954 S. 183, 187).

Dunkelrote Kristalle mit 0,5 Mol H_2O (*Ta. et al.*; *Fa., Hi.*); unterhalb 360° nicht schmelzend (*Ta. et al.*). Absorptionsspektrum (wss. Lösungen vom pH 1 und pH 11; 230–450 nm): *Fa., Hi.,* l. c. S. 188.

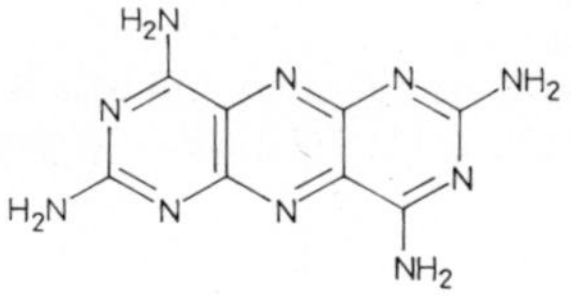

IX 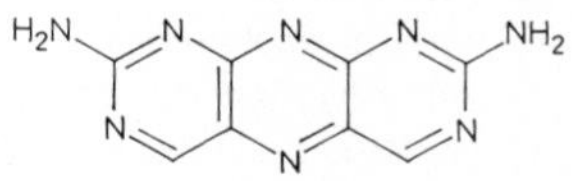 X

Pyrimido[5,4-*g*]pteridin-2,4,6,8-tetrayltetraamin $C_8H_8N_{10}$, Formel X.

B. s. im vorangehenden Artikel.

Hellgelbe Kristalle mit 0,5 Mol H_2O (*Taylor et al.,* Am. Soc. **77** [1955] 2243, 2247; *Falco, Hitchings,* Ciba Found. Symp. Chem. Biol. Pteridines 1954 S. 183, 187); unterhalb 360° nicht schmelzend (*Ta. et al.*). UV-Spektrum (wss. Lösungen vom pH 1 und pH 11; 230–430 nm): *Fa., Hi.,* l. c. S. 188.

Tetraamine $C_nH_{2n-12}N_{10}$

1,2-Bis-[diamino-[1,3,5]triazin-2-yl]-benzol, 6,6′-*o*-Phenylen-bis-[1,3,5]triazin-2,4-diyldiamin, Phthaloguanamin $C_{12}H_{12}N_{10}$, Formel I.

B. Beim Erhitzen von Phthalonitril mit Cyanguanidin und KOH in 2-Methoxy-äthanol (*Allied Chem. & Dye Corp.,* U.S.P. 2684366 [1949]).

F: 345–350°.

1,4-Bis-[diamino-[1,3,5]triazin-2-yl]-benzol, 6,6′-*p*-Phenylen-bis-[1,3,5]triazin-2,4-diyldiamin, Terephthaloguanamin $C_{12}H_{12}N_{10}$, Formel II.

B. Analog der vorangehenden Verbindung (*Allied Chem. & Dye Corp.,* U.S.P. 2684366 [1949]). Aus Biguanid und Terephthalsäure-dibutylester in Methanol (*Am. Cyanamid Co.,* U.S.P. 2535968 [1945]).

F: 382° (*Allied Chem.*).

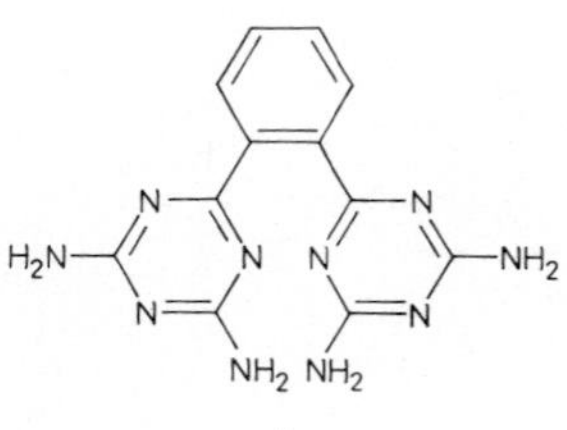

I 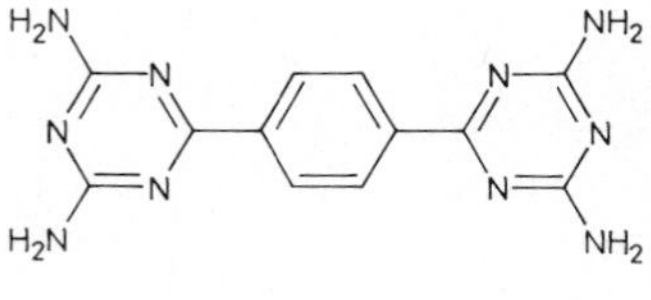 II 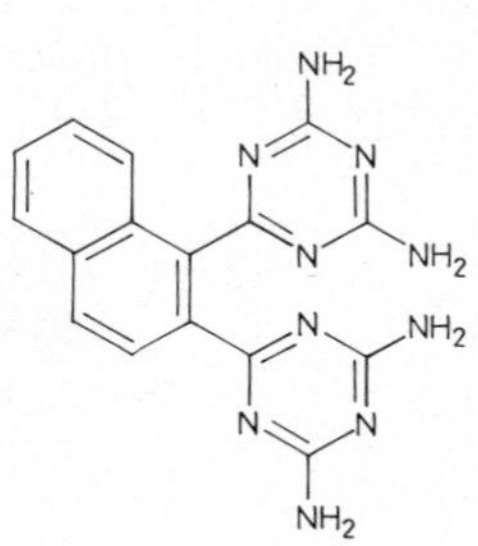 III

Tetraamine $C_nH_{2n-18}N_{10}$

1,2-Bis-[diamino-[1,3,5]triazin-2-yl]-naphthalin, 6,6′-Naphthalin-1,2-diyl-bis-[1,3,5]triazin-2,4-diyldiamin $C_{16}H_{14}N_{10}$, Formel III.

B. Beim Erhitzen von Naphthalin-1,2-dicarbonitril mit Cyanguanidin und wss. KOH in

2-Methoxy-äthanol (*Libbey-Owens-Ford Glass Co.*, U.S.P. 2532519 [1948]; *Allied Chem. & Dye Corp.*, U.S.P. 2684366 [1949]).

F: 376–380°.

Tetraamine $C_nH_{2n-20}N_{10}$

4,4′-Bis-[diamino-[1,3,5]triazin-2-yl]-biphenyl, 6,6′-Biphenyl-4,4′-diyl-bis-[1,3,5]triazin-2,4-diyl=diamin $C_{18}H_{16}N_{10}$, Formel IV.

B. Beim Erhitzen von Biphenyl-4,4′-dicarbonitril mit Cyanguanidin und wss. KOH in 2-Meth=oxy-äthanol (*Libbey-Owens-Ford Glass Co.*, U.S.P. 2532519 [1948]; *Allied Chem. & Dye Corp.*, U.S.P. 2684366 [1949]).

F: 390–392°.

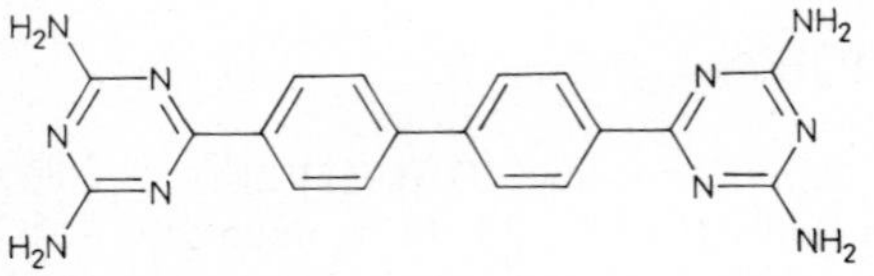

IV 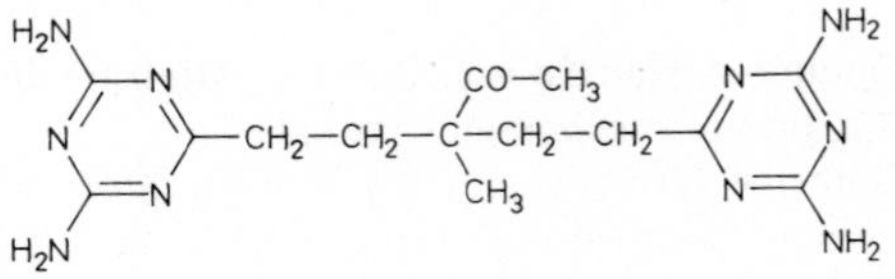 V

D. Oxoamine

Amino-Derivate der Monooxo-Verbindungen

5-[Diamino-[1,3,5]triazin-2-yl]-3-[2-(diamino-[1,3,5]triazin-2-yl)-äthyl]-3-methyl-pentan-2-on $C_{14}H_{22}N_{10}O$, Formel V.

B. Beim Erhitzen von 4-Acetyl-4-methyl-heptandinitril mit Cyanguanidin und wss. KOH in Benzylalkohol auf 130–160° (*Libbey-Owens-Ford Glass Co.*, U.S.P. 2510761 [1945]; *Allied Chem. & Dye Corp.*, U.S.P. 2665260 [1951], 2684366 [1949]).

Kristalle (aus Benzylalkohol).

3,3-Bis-[2-(diamino-[1,3,5]triazin-2-yl)-äthyl]-4-methyl-pent-4-en-2-on $C_{16}H_{24}N_{10}O$, Formel VI.

B. Aus 4-Acetyl-4-isopropenyl-heptandinitril und Cyanguanidin analog der vorangehenden Verbindung (*Libbey-Owens-Ford Glass Co.*, U.S.P. 2510761 [1945]; *Allied Chem. & Dye Corp.*, U.S.P. 2665260 [1951], 2684366 [1949]).

Kristalle; F: 273–274°.

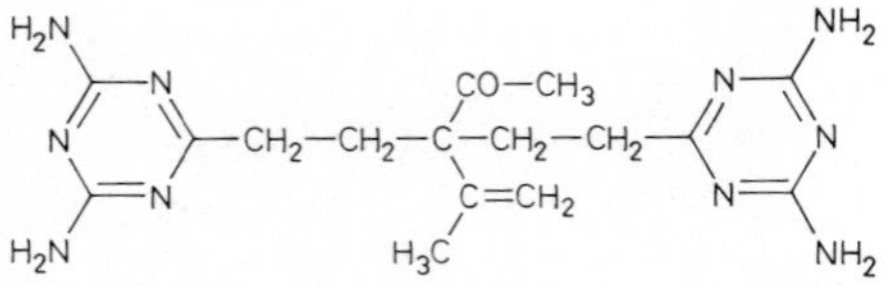

VI 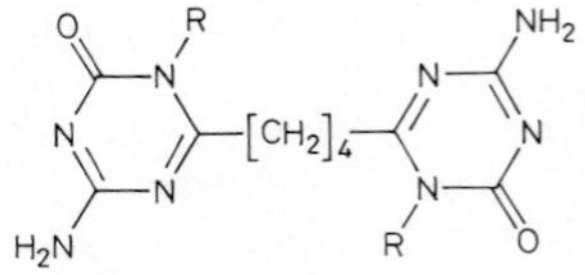 VII

Amino-Derivate der Dioxo-Verbindungen

1,4-Bis-[4-amino-6-oxo-1,6-dihydro-[1,3,5]triazin-2-yl]-butan, 4,4′-Diamino-1*H*,1′*H*-6,6′-butan=diyl-bis-[1,3,5]triazin-2-on $C_{10}H_{14}N_8O_2$, Formel VII (R = H) und Taut.

B. Aus *N,N′*-Bis-carbamoylcarbamimidoyl-adipamid beim Behandeln mit wss. NaOH (*Am. Cyanamid Co.*, U.S.P. 2418944 [1942]).

Unterhalb 320° nicht schmelzend.

1,4-Bis-[4-amino-6-oxo-1-phenyl-1,6-dihydro-[1,3,5]triazin-2-yl]-butan, 4,4′-Diamino-1,1′-diphenyl-1*H*,1′*H*-6,6′-butandiyl-bis-[1,3,5]triazin-2-on $C_{22}H_{22}N_8O_2$, Formel VII (R = C_6H_5), oder **1,4-Bis-[6-amino-4-oxo-1-phenyl-1,4-dihydro-[1,3,5]triazin-2-yl]-butan, 6,6′-Diamino-5,5′-diphenyl-5*H*,5′*H*-4,4′-butandiyl-bis-[1,3,5]triazin-2-on** $C_{22}H_{22}N_8O_2$, Formel VIII.

B. Beim Erhitzen von 1-Phenyl-biguanid mit Adipoylchlorid und Na_2CO_3 in Chlorbenzol (*Geigy A.G.*, Schweiz. P. 223870 [1941]).

Gelbliche Kristalle (aus Dioxan); F: 184°.

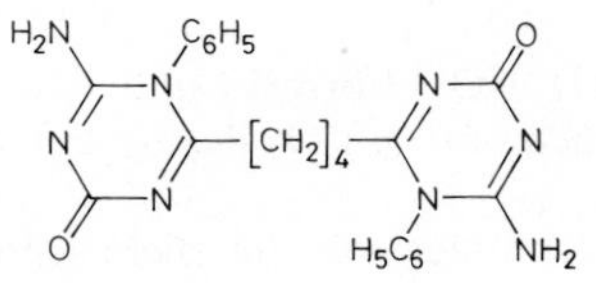

VIII 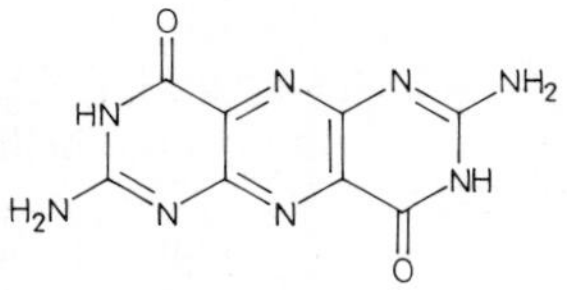 IX 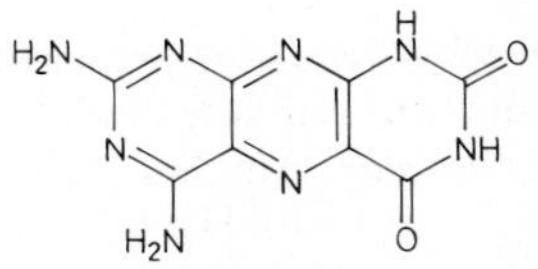 X

2,7-Diamino-3,8-dihydro-pyrimido[4,5-*g*]pteridin-4,9-dion $C_8H_6N_8O_2$, Formel IX und Taut.

Nickel(II)-Komplex $[Ni_2(C_8H_6N_8O_2)(OH)_4]$. *B.* Beim Erwärmen von 2,5,6-Triamino-3*H*-pyrimidin-4-on-sulfat mit $NiSO_4$ und wss. NaOH unter Durchleiten von Luft (*Weiss, Hein*, Z. physiol. Chem. **317** [1959] 95, 100, 107). — Rotes Pulver mit 4 Mol H_2O.

Kobalt(III)-Acetatokomplexsalz $[Co_2(C_2H_3O_2)_4(C_8H_6N_8O_2)(OH)_2(H_2O)_2]$. *B.* Neben dem Kobalt(III)-Acetatokomplexsalz des 2,8-Diamino-3*H*,7*H*-pyrimido[5,4-*g*]pteridin-4,6-dions (s. u.) beim Erwärmen von 2,5,6-Triamino-3*H*-pyrimidin-4-on-sulfat mit $CoSO_4$ und wss. NaOH unter Durchleiten von Luft und Erhitzen des Reaktionsprodukts mit Essigsäure (*We., Hein*, l. c. S. 106). — Absorptionsspektrum (wss. Lösung vom pH 1,95; 220—450 nm): *We., Hein*, l. c. S. 100.

6,8-Diamino-1*H*-pyrimido[5,4-*g*]pteridin-2,4-dion $C_8H_6N_8O_2$, Formel X.

B. Beim Erwärmen der Kalium-Verbindung des Hydroxyimino-malononitrils mit Guanidincarbonat in Äthylenglykol und anschliessenden Umsetzen mit $Na_2S_2O_4$ und mit Alloxan (*Taylor, Cheng*, J. org. Chem. **24** [1959] 997). Beim Behandeln von Pyrimidintetrayltetraamin-hydrogensulfit mit Alloxan in wss. HCl und Erwärmen des Reaktionsgemisches in schwach alkal. wss. Lösung (*Taylor et al.*, Am. Soc. **76** [1954] 1874). Beim Erhitzen von Barbitursäure mit 5-Nitroso-pyrimidin-2,4,6-triyltriamin und Na_2CO_3 in Essigsäure oder von 5-Hydroxyimino-barbitursäure mit Pyrimidin-2,4,6-triyltriamin und Na_2CO_3 in Essigsäure (*Burroughs Wellcome & Co.*, U.S.P. 2581889 [1949]).

Gelbe Kristalle [aus wss. Ameisensäure] (*Burroughs Wellcome & Co.*). Orangefarbene Kristalle; F: >350° (*Ta., Ch.*; *Ta. et al.*).

2,8-Diamino-3*H*,7*H*-pyrimido[5,4-*g*]pteridin-4,6-dion $C_8H_6N_8O_2$, Formel XI und Taut.

Kobalt(III)-Komplexsalze. a) $[Co(C_8H_6N_8O_2)(OH)_3]$. *B.* Beim Erwärmen von 2,5,6-Triamino-3*H*-pyrimidin-4-on-sulfat mit $CoSO_4$ und wss. NaOH unter Durchleiten von Luft (*Weiss, Hein*, Z. physiol. Chem. **317** [1959] 95, 100, 106). — Rotbraunes Pulver mit 6,5 Mol H_2O. Magnetische Susceptibilität: $+22{,}9 \cdot 10^{-6}\ cm^3 \cdot g^{-1}$. — b) Acetatokomplexsalz $[Co(C_2H_3O_2)_2(C_8H_6N_8O_2)(OH)]$. *B.* s. im Artikel 2,7-Diamino-3,8-dihydro-pyrimido[4,5-*g*]pteridin-4,9-dion (s. o.). Gelbbrauner Feststoff mit 3 Mol H_2O. Absorptionsspektrum (wss. NaOH [0,1 n]; 220—450 nm): *We., Hein*.

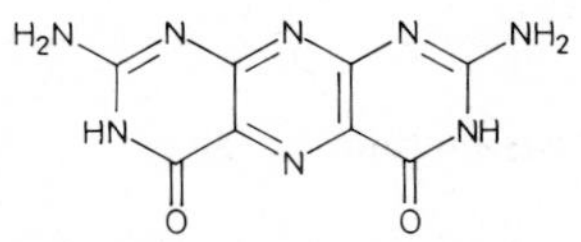

XI 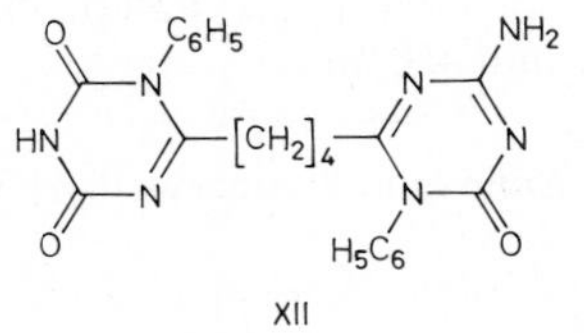 XII 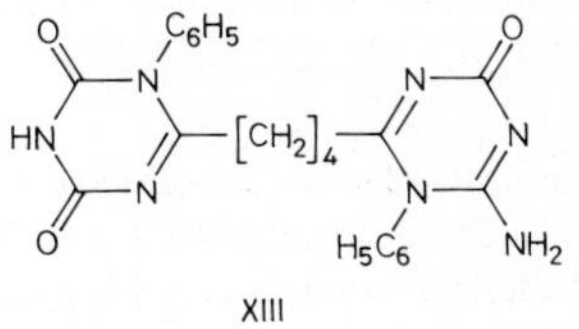 XIII

Amino-Derivate der Trioxo-Verbindungen

6-[4-(4-Amino-6-oxo-1-phenyl-1,6-dihydro-[1,3,5]triazin-2-yl)-butyl]-1-phenyl-1*H*-[1,3,5]triazin-2,4-dion $C_{22}H_{21}N_7O_3$, Formel XII, oder **6-[4-(6-Amino-4-oxo-1-phenyl-1,4-dihydro-[1,3,5]triazin-2-yl)-butyl]-1-phenyl-1*H*-[1,3,5]triazin-2,4-dion** $C_{22}H_{21}N_7O_3$, Formel XIII.

B. Beim Erwärmen einer als 1,4-Bis-[4-amino-6-oxo-1-phenyl-1,6-dihydro-[1,3,5]triazin-2-yl]-butan oder 1,4-Bis-[6-amino-4-oxo-1-phenyl-1,4-dihydro-[1,3,5]triazin-2-yl]-butan zu formulie= renden Verbindung (s. o.) mit wss.-äthanol. KOH (*Geigy A.G.*, Schweiz. P. 223870 [1941]).

Kristalle (aus A. oder Dioxan); F: 167°.

2-Amino-6,9-dihydro-3*H*-pyrazino[2,3-*g*]pteridin-4,7,8-trion $C_8H_5N_7O_3$, Formel I und Taut.

B. Beim Erhitzen von Pteridin-2,4,6,7-tetrayltetraamin-hydrochlorid mit Oxalsäure auf 200° (*Taylor, Sherman*, Am. Soc. **81** [1959] 2464, 2471).

Feststoff mit 1 Mol H_2O (aus wss. Ameisensäure [90%ig] + Ae.); unterhalb 360° nicht schmel= zend. λ_{max} (wss. HCl [0,1 n]): 232 nm, 365 nm und 373 nm; λ_{max} (wss. NaOH [0,1 n]): 278 nm und 411 nm.

8-Amino-1*H*,7*H*-pyrimido[5,4-*g*]pteridin-2,4,6-trion $C_8H_5N_7O_3$, Formel II und Taut.

B. Beim Erwärmen von 2,5,6-Triamino-3*H*-pyrimidin-4-on mit Alloxan in H_2O und Erhitzen des Reaktionsprodukts in wss. NaOH (*Taylor et al.*, Am. Soc. **76** [1954] 1874). Beim Erhitzen von 2-Amino-5,5-dichlor-1*H*-pyrimidin-4,6-dion mit 5,6-Diamino-1*H*-pyrimidin-2,4-dion in Essigsäure (*Ta. et al.*). Beim Erhitzen von 2-Amino-3*H*-pyrimidin-4,6-dion mit 6-Amino-pyrimi= din-2,4,5-trion-5-oxim und Na_2CO_3 in Essigsäure (*Burroughs Wellcome & Co.*, U.S.P. 2581889 [1949]).

Hellgelbe Kristalle [aus wss. HCl] (*Ta. et al.*); unterhalb 360° bzw. 350° nicht schmelzend (*Ta. et al.*; *Burroughs Wellcome & Co.*). Absorptionsspektrum (wss. Lösungen vom pH 1 und pH 11; 230–430 nm): *Falco, Hitchings*, Ciba Found. Symp. Chem. Biol. Pteridines 1954 S. 183, 186.

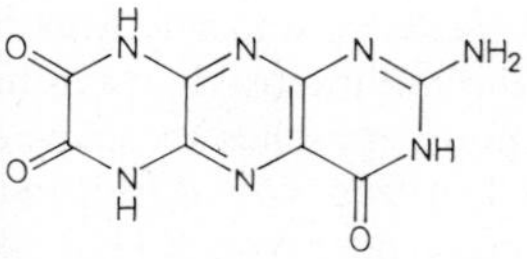

I 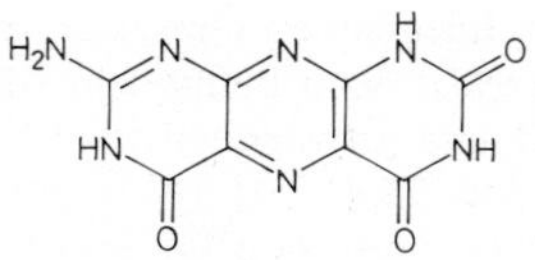 II 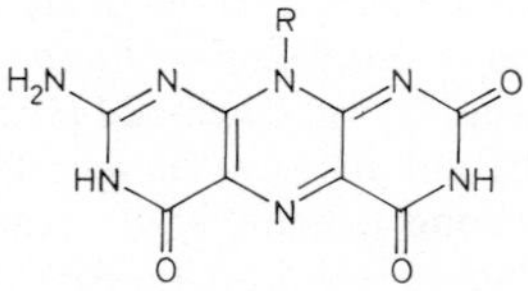 III

10-Äthyl-8-amino-7*H*,10*H*-pyrimido[5,4-*g*]pteridin-2,4,6-trion $C_{10}H_9N_7O_3$, Formel III ($R = C_2H_5$) und Taut.

B. Beim Erhitzen von 6-Äthylamino-2,5-diamino-3*H*-pyrimidin-4-on mit Alloxan in Äthanol und Essigsäure (*Forrest et al.*, Soc. **1951** 3, 7).

Kristalle (aus wss. Py. oder H_2O).

8-Amino-10-[3-diäthylamino-propyl]-7*H*,10*H*-pyrimido[5,4-*g*]pteridin-2,4,6-trion $C_{15}H_{20}N_8O_3$, Formel III ($R = [CH_2]_3$-$N(C_2H_5)_2$) und Taut.

B. Beim Erhitzen von 2-Amino-6-[3-diäthylamino-propylamino]-pyrimidin-4,5-dion-5-phenylhydrazon mit Zink-Pulver und wss. H_2SO_4 und anschliessend mit Alloxan-monohydrat [E III/IV **24** 2137] (*Taylor, Loux*, Am. Soc. **81** [1959] 2474, 2478).

Hellgelbe Kristalle (aus DMF) mit 1 Mol H_2O; unterhalb 360° nicht schmelzend. λ_{max} (wss. NaOH [0,1 n]): 242,5 nm, 274 nm und 438 nm.

2-Amino-6-[3-oxo-3,4-dihydro-1*H*-chinoxalin-2-ylidenmethyl]-3*H*,8*H*-pteridin-4,7-dion $C_{15}H_{11}N_7O_3$, Formel IV und Taut.

B. Beim Einleiten von Luft in eine auf 90° erwärmte Lösung von 2-Amino-3*H*,8*H*-pteridin-4,7-

dion (Isoxanthopterin) und 3-Methyl-1*H*-chinoxalin-2-on in wss. HCl (*Russell et al.*, Am. Soc. **71** [1949] 3412, 3416).

Bräunlichrot. Absorptionsspektrum (konz. H_2SO_4; 480–640 nm): *Ru. et al.*, l. c. S. 3414.

IV V

2-Amino-7-[3-oxo-3,4-dihydro-1*H*-chinoxalin-2-ylidenmethyl]-3,5-dihydro-pteridin-4,6-dion $C_{15}H_{11}N_7O_3$, Formel V und Taut.

B. Analog der vorangehenden Verbindung (*Russell et al.*, Am. Soc. **71** [1949] 3412, 3416).

Sulfat $C_{15}H_{11}N_7O_3 \cdot H_2SO_4$. Rote Kristalle. Absorptionsspektrum (konz. H_2SO_4; 480–640 nm): *Ru. et al.*, l. c. S. 3414.

Amino-Derivate der Pentaoxo-Verbindungen

***Opt.-inakt. 5,5-Bis-{2-[4-(4-*tert*-butyl-phenoxy)-phenyl]-5-[2-(4-*tert*-butyl-phenoxy)-propionylamino]-3-oxo-2,3-dihydro-1*H*-pyrazol-4-yl}-barbitursäure** $C_{68}H_{74}N_8O_{11}$, Formel VI (R = $CH(CH_3)$-O-C_6H_4-$C(CH_3)_3$) und Taut.

B. Beim Erhitzen von (±)-2-[4-*tert*-Butyl-phenoxy]-propionsäure-{1-[4-(4-*tert*-butyl-phen=oxy)-phenyl]-5-oxo-2,5-dihydro-1*H*-pyrazol-3-ylamid} (nicht beschrieben) mit Alloxan-mono=hydrat (E III/IV **24** 2137) in Pyridin (*Eastman Kodak Co.*, U.S.P. 2632702 [1949]).

Bräunliche Kristalle (aus A.); F: 164–166°.

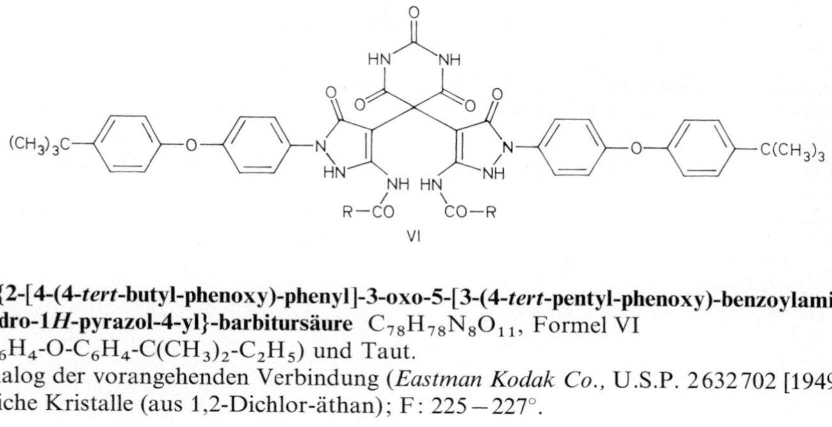

VI

5,5-Bis-{2-[4-(4-*tert*-butyl-phenoxy)-phenyl]-3-oxo-5-[3-(4-*tert*-pentyl-phenoxy)-benzoylamino]-2,3-dihydro-1*H*-pyrazol-4-yl}-barbitursäure $C_{78}H_{78}N_8O_{11}$, Formel VI (R = C_6H_4-O-C_6H_4-$C(CH_3)_2$-C_2H_5) und Taut.

B. Analog der vorangehenden Verbindung (*Eastman Kodak Co.*, U.S.P. 2632702 [1949]).

Gelbliche Kristalle (aus 1,2-Dichlor-äthan); F: 225–227°.

VII. Hydroxylamine

Cyclo-[glycyl→glycyl→glycyl→N^5-acetyl-N^5-hydroxy-L-ornithyl→N^5-acetyl-N^5-hydroxy-L-ornithyl→N^5-acetyl-N^5-hydroxy-L-ornithyl] $C_{27}H_{45}N_9O_{12}$, Formel VII.

Eisen(III)-Komplex $FeC_{27}H_{42}N_9O_{12}$; Ferrichrom. Konstitution und Konfiguration:

van der Helm et al., Am. Soc. **102** [1980] 4224; *Rogers, Neilands,* Biochemistry **3** [1964] 1850. – Isolierung aus Ustilago sphaerogena: *Neilands,* Am. Soc. **74** [1952] 4846. – Synthese: *Isowa et al.,* Bl. chem. Soc. Japan **47** [1974] 215; *Keller-Schierlein, Maurer,* Helv. **52** [1969] 603. – Atomabstände und Bindungswinkel (Röntgen-Diagramm): *v. d. Helm,* l. c. S. 4226, 4227. – Gelbe, hygroskopische Kristalle (aus Me.); Sintern unter Schwarzfärbung bei 240–242° [unkorr.] (*Ne.*). Orthorhombisch; Kristallstruktur-Analyse (Röntgen-Diagramm): *v. d. Helm,* l. c. S. 4225. Dichte der Kristalle: 1,425 (*v. d. Helm*). IR-Spektrum (Nujol; 4000–670 cm^{-1}): *Garibaldi, Neilands,* Am. Soc. **77** [1955] 2429. Absorptionsspektrum (H_2O; 220–500 nm): *Ne.*, l.c. S. 4847.

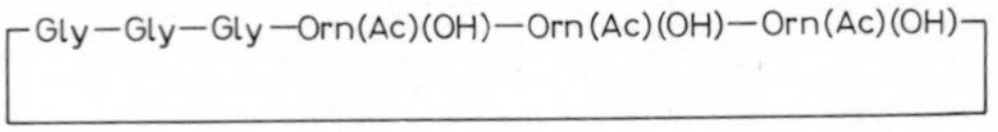

Gly—Gly—Gly—Orn(Ac)(OH)—Orn(Ac)(OH)—Orn(Ac)(OH) (cyclisch)

VII

Cyclo-[glycyl→*N*⁵-(4-carboxy-3-methyl-*trans*-crotonoyl)-*N*⁵-hydroxy-L-ornithyl→ *N*⁵-(4-carboxy-3-methyl-*trans*-crotonoyl)-*N*⁵-hydroxy-L-ornithyl→*N*⁵-(4-carboxy-3-methyl-*trans*-crotonoyl)-*N*⁵-hydroxy-L-ornithyl→L-seryl→seryl] $C_{41}H_{61}N_9O_{20}$, Formel VIII.

Eisen(III)-Komplex $FeC_{41}H_{58}N_9O_{20}$; Ferrichrom-A. Konstitution und Konfiguration: *Zalkin et al.,* Am. Soc. **88** [1966] 1810; *Rogers, Neilands,* Biochemistry **3** [1964] 1850. – Isolierung aus Ustilago sphaerogena: *Garibaldi, Neilands,* Am. Soc. **77** [1955] 2429. – Atomabstände und Bindungswinkel (Röntgen-Diagramm): *Za. et al.,* l. c. S. 1814. – Monokline Kristalle mit 4 Mol H_2O; Kristallstruktur-Analyse (Röntgen-Diagramm): *Za. et al.,* l. c. S. 1811. Dichte der Kristalle: 1,45 (*Za. et al.*). IR-Spektrum (Nujol; 4000–670 cm^{-1}): *Ga., Ne.*

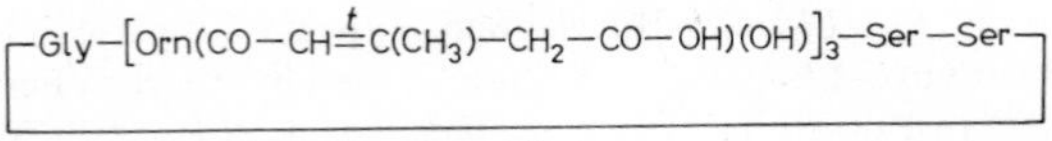

Gly—[Orn(CO—CH$\overset{t}{=}$C(CH_3)—CH_2—CO—OH)(OH)]$_3$—Ser—Ser (cyclisch)

VIII

VIII. Hydrazine

2,7-Diphenyl-4-[*N'*-phenyl-hydrazino]-2,7-dihydro-benzo[1,2-*d*;3,4-*d'*]bistriazol, *N*-[2,7-Diphenyl-2,7-dihydro-benzo[1,2-*d*;3,4-*d'*]bistriazol-4-yl]-*N'*-phenyl-hydrazin $C_{24}H_{18}N_8$, Formel IX (E II 360).

B. Aus der folgenden Verbindung beim Erwärmen mit Zink-Pulver in Essigsäure (*Fries, Waltnitzki,* A. **511** [1935] 267, 275).

Kristalle (aus Eg.); F: 307°.

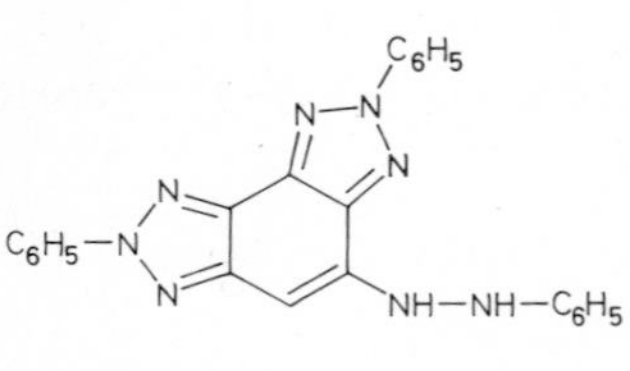

IX 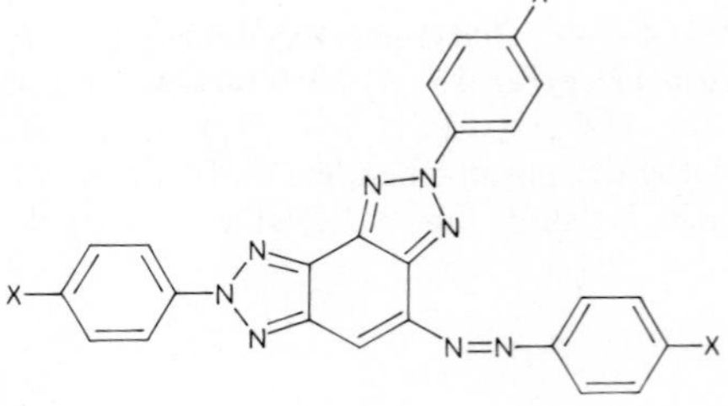 X

IX. Azo-Verbindungen

***2,7-Diphenyl-4-phenylazo-2,7-dihydro-benzo[1,2-*d*;3,4-*d'*]bistriazol** $C_{24}H_{16}N_8$, Formel X (X = H).

B. Aus 2,4,6-Tris-phenylazo-*m*-phenylendiamin beim Erhitzen mit $CuSO_4$ in wss. Pyridin

(*Fries, Waltnitzki,* A. **511** [1934] 267, 274; *Mužík, Allan,* Chem. Listy **46** [1952] 487; C. A. **1953** 8705).

Kristalle; F: 222° [aus Bzl. + $CHCl_3$] (*Mu., Al.*), 217° [aus Bzl.] (*Fr., Wa.*).

***2,7-Bis-[4-chlor-phenyl]-4-[4-chlor-phenylazo]-2,7-dihydro-benzo[1,2-*d*;3,4-*d'*]bistriazol** $C_{24}H_{13}Cl_3N_8$, Formel X (X = Cl).

B. Analog der vorangehenden Verbindung (*Fries, Waltnitzki,* A. **511** [1934] 267, 279).

Gelbbraune Kristalle; F: 273° [Zers.].

***2,7-Diphenyl-5-phenylazo-2,7-dihydro-benzo[1,2-*d*;3,4-*d'*]bistriazol-4-ylamin** $C_{24}H_{17}N_9$, Formel XI.

B. Aus *N*-[6-Amino-2-phenyl-4,7-bis-phenylazo-2*H*-benzotriazol-5-yl]-toluol-4-sulfonamid in wss. Pyridin (*Mužík,* Collect. **23** [1958] 291, 303). Aus 2,7-Diphenyl-2,7-dihydro-benzo[1,2-*d*;3,4-*d'*]bistriazol-4-ylamin und Benzoldiazoniumchlorid in Pyridin (*Mužík, Allan,* Chem. Listy **46** [1952] 487; C. A. **1953** 8705).

Orangefarbene Kristalle; F: 256° [aus Acn.] (*Mu., Al.*), 253° [korr.; aus Bzl. + PAe.] (*Mu.*). λ_{max} (konz. H_2SO_4): 500 nm (*Mu., Al.*).

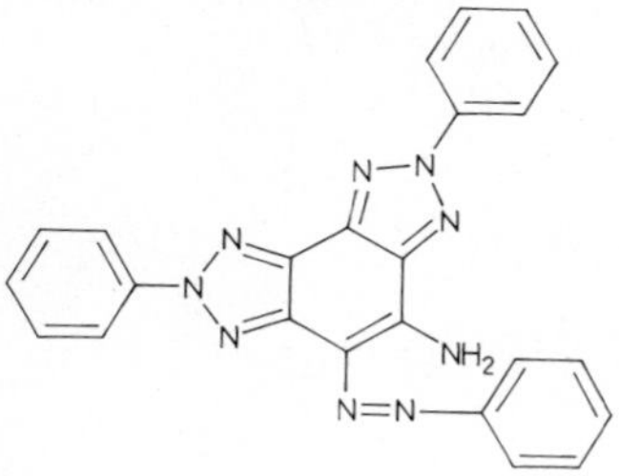

XI

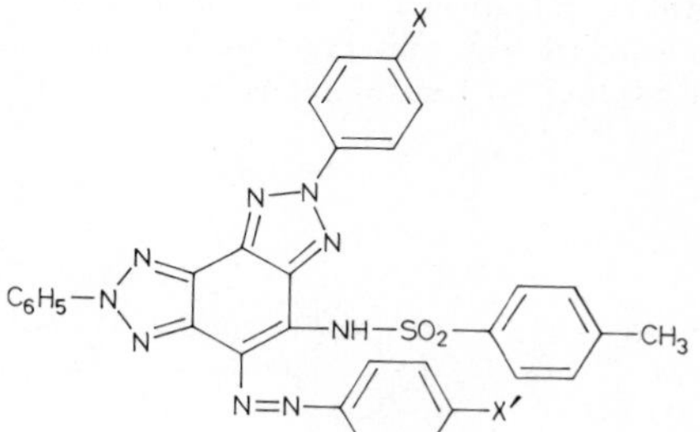

XII

****N*-[2,7-Diphenyl-5-phenylazo-2,7-dihydro-benzo[1,2-*d*;3,4-*d'*]bistriazol-4-yl]-toluol-4-sulfonamid** $C_{31}H_{23}N_9O_2S$, Formel XII (X = X' = H).

B. Aus *N*-[2,7-Diphenyl-2,7-dihydro-benzo[1,2-*d*;3,4-*d'*]bistriazol-4-yl]-toluol-4-sulfonamid und Benzoldiazoniumchlorid in Pyridin (*Mužík,* Collect. **23** [1958] 291, 299).

Orangerote Kristalle (aus Chlorbenzol + A.); F: 221° [korr.].

****N*-[5-(4-Chlor-phenylazo)-2-(4-methoxy-phenyl)-7-phenyl-2,7-dihydro-benzo[1,2-*d*;3,4-*d'*]bistriazol-4-yl]-toluol-4-sulfonamid** $C_{32}H_{24}ClN_9O_3S$, Formel XII (X = O-CH_3, X' = Cl).

B. Aus *N*-[2-(4-Methoxy-phenyl)-7-phenyl-2,7-dihydro-benzo[1,2-*d*;3,4-*d'*]bistriazol-4-yl]-toluol-4-sulfonamid und 4-Chlor-benzoldiazonium-chlorid in Pyridin (*Mužík,* Collect. **23** [1958] 291, 300).

Gelbe Kristalle (aus Chlorbenzol + A.); F: 212 – 213° [korr.; Zers.]. [*Fiedler*]

21. Verbindungen mit sieben cyclisch gebundenen Stickstoff-Atomen

I. Stammverbindungen

2,3-Diphenyl-5-[2-phenyl-2*H*-[1,2,3]triazol-4-yl]-tetrazolium $[C_{21}H_{16}N_7]^+$, Formel I.

Chlorid $[C_{21}H_{16}N_7]Cl$. *B.* Beim Behandeln von 1,5-Diphenyl-3-[2-phenyl-2*H*-[1,2,3]triazol-4-yl]-formazan (S. 935) mit HgO in Methanol und anschliessend mit wss. HCl (*Cottrell et al.*, Soc. **1954** 2968). – Kristalle (aus A. + Ae.); F: 253–254° [Zers.].

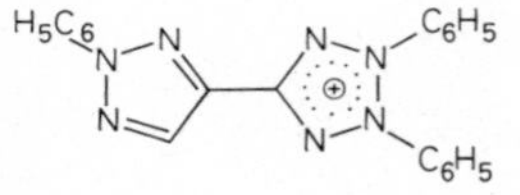

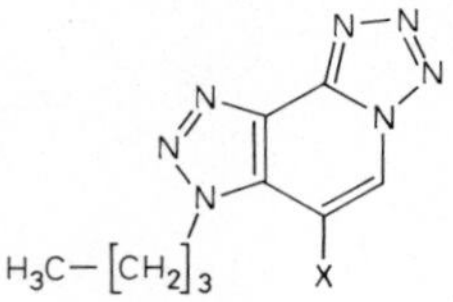

7-Butyl-7*H*-tetrazolo[1,5-*a*][1,2,3]triazolo[4,5-*c*]pyridin $C_9H_{11}N_7$, Formel II (X = H).

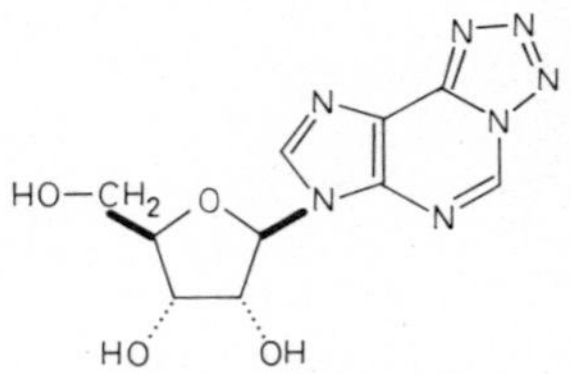

B. Beim Diazotieren von 1-Butyl-4-hydrazino-1*H*-[1,2,3]triazolo[4,5-*c*]pyridin in wss. HCl (*Bremer*, A. **539** [1939] 276, 295).

Kristalle (aus wss. A.); F: 157–158°; bei schnellem Erhitzen erfolgt Verpuffung.

6-Brom-7-butyl-7*H*-tetrazolo[1,5-*a*][1,2,3]triazolo[4,5-*c*]pyridin $C_9H_{10}BrN_7$, Formel II (X = Br).

B. Analog der vorangehenden Verbindung (*Bremer*, A. **539** [1939] 276, 295).

Kristalle (aus A.); F: 114°.

(1*R*)-1-Tetrazolo[5,1-*i*]purin-7-yl-D-1,4-anhydro-ribit, 7-β-D-Ribofuranosyl-7*H*-tetrazolo[5,1-*i*]purin $C_{10}H_{11}N_7O_4$, Formel III.

Über das Gleichgewicht mit (1*R*)-1-[6-Azido-purin-9-yl]-D-1,4-anhydro-ribit $C_{10}H_{11}N_7O_4$ s. *Johnson et al.*, Am. Soc. **80** [1958] 699; s. a. *Wetzel, Eckstein*, J. org. Chem. **40** [1975] 658.

B. Beim Behandeln von (1*R*)-1-[6-Methansulfonyl-purin-9-yl]-D-1,4-anhydro-ribit mit NaN_3 in Methanol (*We., Eck.*). Beim Behandeln von (1*R*)-1-[6-Hydrazino-purin-9-yl]-D-1,4-anhydro-ribit (S. 4074) mit $NaNO_2$ in wss. Essigsäure (*Jo. et al.*, l. c. S. 702).

Kristalle; F: 222° [Zers.; aus H_2O] (*Jo. et al.*), 212–214° (*We., Eck.*). $[\alpha]_D^{32}$: −12° [wss. HCl (0,01 n); c = 0,5] (*Jo. et al.*). ^1H-NMR-Absorption und ^1H-^1H-Spin-Spin-Kopplungskonstanten (DMSO-d_6): *We., Eck.* IR-Banden (KBr; 3420–1045 cm^{-1}): *Jo. et al.* λ_{max} (wss. Lösung): 252 nm, 260 nm und 287 nm [pH 1] bzw. 251 nm, 260 nm und 287 nm [pH 7] (*Jo. et al.*).

2,5,8-Trichlor-1,3,4,6,7,9,9b-heptaaza-phenalen, Trichlor-tri[1,3,5]triazin, Cyameluryltrichlorid $C_6Cl_3N_7$, Formel IV.

B. Beim Erhitzen von Cyamelursäure (S. 4242) mit PCl_5 auf 218° (*Redemann, Lucas,* Am. Soc. **62** [1940] 842, 844).

Hellgelbe Kristalle.

3,5-Bis-[5,6-dimethyl-[1,2,4]triazin-3-yl]-2,6-dimethyl-pyridin, 5,6,5′,6′-Tetramethyl-3,3′-[2,6-dimethyl-pyridin-3,5-diyl]-bis-[1,2,4]triazin $C_{17}H_{19}N_7$, Formel V.

B. Beim Erhitzen von 2,6-Dimethyl-pyridin-3,5-dicarbonsäure-bis-[1-methyl-2-oxo-propylidenhydrazid] (E III/IV **22** 1657) mit äthanol. NH_3 auf 170° (*Metze, Kort,* B. **91** [1958] 417, 421).

Kristalle (aus A.); F: 189°.

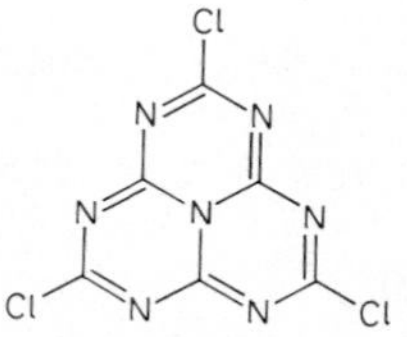

IV 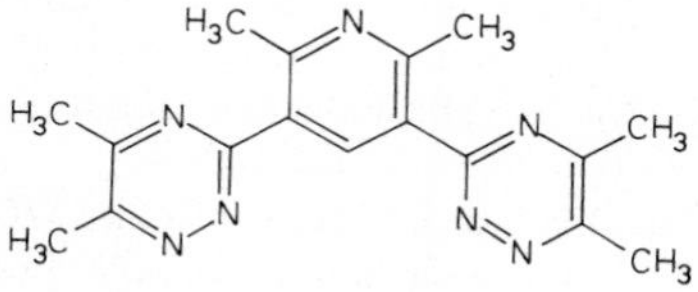 V 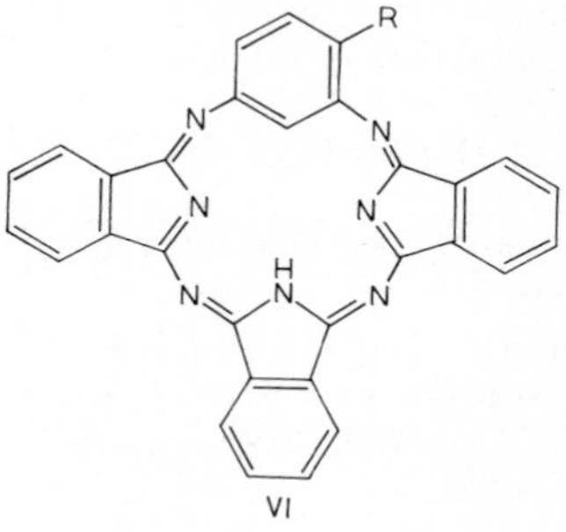 VI

1,3,5,7-Tetraaza-2,4,6-tri-(1,3)isoindola-8-(1,3)phena-cycloocta-1,3,4,6-tetraen [1]) $C_{30}H_{17}N_7$, Formel VI (R = H) und Taut.

B. Beim Erwärmen von *N,N′*-Bis-[1-amino-3-imino-isoindolin-1-yl]-*m*-phenylendiamin (E III/IV **21** 5029) mit Isoindolin-1,3-dion-diimin in Butan-1-ol (*Elvidge, Golden,* Soc. **1957** 700, 707).

Rote Kristalle (aus Nitrobenzol); F: 353° [Zers.]. λ_{max} ($CHCl_3$): 260 nm, 345 nm und 507 nm (*El., Go.,* l. c. S. 702).

Kupfer(I)-Salz $CuC_{30}H_{16}N_7$. Dunkelbraune Kristalle.

Kobalt(I)-Salz $CoC_{30}H_{16}N_7$. Schwarze Kristalle.

Nickel(I)-Salz $NiC_{30}H_{16}N_7$. Dunkelbraune Kristalle.

---

[8]4-Methyl-1,3,5,7-tetraaza-2,4,6-tri-(1,3)isoindola-8-(1,3)phena-cycloocta-1,3,4,6-tetraen [1]) $C_{31}H_{19}N_7$, Formel VI (R = CH_3) und Taut.

B. Beim Erwärmen von *N,N′*-Bis-[3-imino-isoindolin-1-yliden]-4-methyl-*m*-phenylendiamin (E III/IV **21** 5028) mit Isoindolin-1,3-dion-diimin in Butan-1-ol(*Elvidge, Golden,* Soc. **1957** 700, 708).

Dunkelrotes Pulver (aus Nitrobenzol); F: 285° [Zers.]. λ_{max} ($CHCl_3$): 262 nm, 350 nm und 542 nm (*El., Go.,* l. c. S. 702).

Kupfer(I)-Salz $CuC_{31}H_{18}N_7$. Dunkelbraune Kristalle mit blauem Reflex.

5,10,15-Triaza-tetrabenzo[*b,g,l,q*]porphyrin, 5,10,15-Triaza-tetrabenzoporphyrin $C_{33}H_{19}N_7$, Formel VII und Taut. (in der Literatur als Tetrabenzotriazaporphin bezeichnet).

B. Beim Behandeln von Phthalonitril mit Methyllithium in Äther und anschliessenden Erhitzen auf 200° in Cyclohexanol (*Barrett et al.,* Soc. **1939** 1809, 1817). Beim Behandeln von Phthalonitril mit Methylmagnesiumjodid in Äther und anschliessenden Erhitzen auf 200° (*Ba. et al.,* Soc. **1939** 1815).

Grüne Kristalle mit rotem Reflex [aus Chlornaphthalin] (*Ba. et al.,* Soc. **1939** 1815). λ_{max}

---

[1]) Über diese Bezeichnungsweise s. *Kauffmann,* Tetrahedron **28** [1972] 5183.

(Chlornaphthalin; 460–695 nm): *Ba. et al.*, Soc. **1939** 1815.

Beim Erhitzen mit $CuCl_2$ in Chlornaphthalin ist das Kupfer-Salz eines Monochlor-5,10,15-triaza-tetrabenzo[*b,g,l,q*]porphyrins $CuC_{33}H_{16}ClN_7$ (grünblaue Kristalle) erhalten worden (*Ba. et al.*, Soc. **1939** 1819).

Kupfer(II)-Komplex $CuC_{33}H_{17}N_7$. *B.* Beim Behandeln von Phthalonitril mit Methylmagnesiumjodid und CuCl in Äther und anschliessenden Erhitzen auf 200° (*Ba. et al.*, Soc. **1939** 1818). Beim Erhitzen von 2-Acetyl-benzonitril, Phthalonitril und CuCl in Chinolin auf 210–215° (*Helberger, v. Rebay*, A. **531** [1937] 279, 282, 286). Beim Erhitzen von 3-Methylen-isoindolin-1-on mit Phthalonitril und $CuCl_2$ auf 250°, auch unter Zusatz von Chlornaphthalin (*Dent*, Soc. **1938** 1, 4). Beim Erhitzen von Phthalonitril mit [3-Imino-isoindolin-1-yliden]-malonsäure und Kupfer-Pulver (*Barrett et al.*, Soc. **1940** 1079, 1088). – Grüne Kristalle mit rotem Glanz, die beim Erhitzen im Vakuum sublimieren (*Ba. et al.*, Soc. **1939** 1818). Violette Kristalle [nach Sublimation im Vakuum] (*He., v. Re.*). λ_{max} (Chlornaphthalin; 440–685 nm): *Ba. et al.*, Soc. **1939** 1818.

Magnesium-Komplex $MgC_{33}H_{17}N_7$. Hygroskopische bronzefarbene Kristalle [aus Chlornaphthalin] (*Ba. et al.*, Soc. **1939** 1819). λ_{max} (Chlornaphthalin; 445–725 nm): *Ba. et al.*, Soc. **1939** 1819.

Zink-Komplex $ZnC_{33}H_{17}N_7$. λ_{max} (Chlornaphthalin; 425–680 nm): *Ba. et al.*, Soc. **1939** 1819.

Zinn(IV)-Komplex $Sn(C_{33}H_{17}N_7)Cl_2$. Dunkelgrüne Kristalle (*ICI*, U.S.P. 2166240 [1938]).

Blei(II)-Komplex. Blaugrüne Kristalle [aus Chlornaphthalin] (*ICI*).

Eisen(II)-Komplex $FeC_{33}H_{17}N_7$. Bronzefarbene Kristalle [aus Chlornaphthalin] (*Ba. et al.*, Soc. **1939** 1819). λ_{max} (Chlornaphthalin sowie Py.; 570–660 nm): *Ba. et al.*, Soc. **1939** 1819, 1820.

II. Oxo-Verbindungen

5,7,9-Trimethyl-5,9-dihydro-tetrazolo[1,5-*e*]purin-6,8-dion $C_8H_9N_7O_2$, Formel VIII.

B. Aus 8-Hydrazino-1,3,7-trimethyl-3,7-dihydro-purin-2,6-dion und $NaNO_2$ in wss. H_2SO_4 (*Gluschkow et al.*, Ž. obšč. Chim. **29** [1959] 3742; engl. Ausg. S. 3700).

Kristalle (aus A.), die sich am Licht rot färben; Zers. bei ca. 250°; bei raschem Erhitzen erfolgt bei 180° Explosion.

VII VIII IX

1*H*,4*H*,7*H*-1,3,4,6,7,9,9b-Heptaaza-phenalen-2,5,8-trion, 1*H*,4*H*,7*H*-Tri[1,3,5]triazin-2,5,8-trion $C_6H_3N_7O_3$, Formel IX (R = H) und Taut.; **Cyamelursäure** (H 3 170; E II 26 362).

B. Beim Erhitzen des Kalium-Salzes der Hydromelonsäure (S. 4244) mit wss. KOH oder wss. NaOH (*Redemann, Lucas*, Am. Soc. **61** [1939] 3420, 3424).

Kristalle mit 3 Mol H_2O (*Re., Lu.*). IR-Spektrum (KBr; 3–14 μ): *Finkel'shteĭn,* Optika Spektr. **6** [1959] 33; engl. Ausg. S. 17. Scheinbare Dissoziationskonstanten K'_{a1}, K'_{a2} und K'_{a3} (H_2O; potentiometrisch ermittelt): ca. $1{,}0 \cdot 10^{-3}$ bzw. $6{,}30 \cdot 10^{-7}$ bzw. $1{,}12 \cdot 10^{-9}$ (*Re., Lu.,* l. c. S. 3422).

Trinatrium-Salz $Na_3C_6N_7O_3$. Feststoff mit 5,5 Mol H_2O (*Re., Lu.*).

Kalium-Salz (H **3** 170). IR-Spektrum (KBr; 3–15 μ): *Fi.*

1,4,7-Trimethyl-1*H*,4*H*,7*H*-1,3,4,6,7,9,9b-heptaaza-phenalen-2,5,8-trion $C_9H_9N_7O_3$, Formel IX (R = CH_3).

B. Beim Behandeln von Cyamelursäure (s. o.) mit Diazomethan in Äther (*Redemann, Lucas,* Am. Soc. **62** [1940] 842, 845).

Wasserhaltiger Feststoff, der beim Erhitzen auf dem Platinblech schmilzt; in der Kapillare schmilzt er nicht unterhalb 290°, aber verkohlt stark.

1,4,7-Tribenzyl-1*H*,4*H*,7*H*-1,3,4,6,7,9,9b-heptaaza-phenalen-2,5,8-trion $C_{27}H_{21}N_7O_3$, Formel IX (R = CH_2-C_6H_5).

B. Beim Erhitzen des Kalium-Salzes der Cyamelursäure (s. o.) mit Benzylchlorid auf 156° unter Druck (*Redemann, Lucas,* Am. Soc. **62** [1940] 842, 844).

Kristalle (aus A.); F: 283–284° [korr.].

1,8,15,22,29,36,43-Heptaaza-cyclononatetracontan-2,9,16,23,30,37,44-heptaon, Cyclo-[heptakis-*N*-(6-amino-hexanoyl)], Cyclo-*lin*(*N*→6)-heptakis-hexanamid $C_{42}H_{77}N_7O_7$, Formel X.

B. Beim Behandeln von [7]6-Benzyloxycarbonylamino-*lin*-hexakis[1→6]hexanoylamino-hexansäure-hydrazid (E IV **6** 2359) mit HBr in wenig Ameisensäure enthaltender Essigsäure, mit $NaNO_2$ in wss. HCl und Ameisensäure und anschliessend mit wss. NaOH (*Zahn, Kunde,* A. **618** [1958] 158, 164).

Kristalle (aus Me.); F: 234–237°. Netzebenenabstände: *Zahn, Ku.*

CO–NH–$[CH_2]_5$–CO–NH–$[CH_2]_5$–CO–NH–$[CH_2]_5$–CO
$[CH_2]_5$
NH–CO–$[CH_2]_5$–NH–CO–$[CH_2]_5$–NH–CO–$[CH_2]_5$–NH

X

III. Carbonsäuren

Cyclo-[L-asparaginyl→L-leucyl→L-seryl→L-phenylalanyl→L-leucyl→L-prolyl→L-valyl], Evolidin $C_{38}H_{58}N_8O_9$, Formel I.

Konstitution und Konfiguration: *Eastwood et al.,* Austral. J. Chem. **8** [1955] 552; *Law et al.,* Pr. chem. Soc. **1958** 198; *Studer, Lergier,* Helv. **48** [1965] 460.

Isolierung aus den Blättern von Evodia xanthoxyloides: *Hughes et al.,* Austral. J. scient. Res. [A] **5** [1952] 401, 403.

Kristalle; F: 287–288° [unkorr.; aus Me.] (*Hu. et al.*), 283–284° [aus A.+H_2O] (*St., Le.,* l. c. S. 464), 277–279° [unkorr.; aus Acn. oder A.] (*Ea. et al.*). Kristalle (aus wss. Me. oder wss. A.) mit 4 Mol H_2O; F: 277–279° [unkorr.] (*Ea. et al.*). Das Tetrahydrat ist triklin; Dimensionen der Elementarzelle (Röntgen-Diagramm); Dichte der Kristalle: 1,276 (*Ea. et al.*). Netzebenenabstände der wasserfreien Verbindung: *St., Le.,* l. c. S. 465. $[\alpha]_D^{13}$: −127° [A.; c = 0,47]; $[\alpha]_D^{16}$: −129° [A.; c = 0,45] [jeweils Tetrahydrat] (*Ea. et al.*); $[\alpha]_D^{25}$: −129,0° [A.; c = 0,45] [wasserfreies Präparat] (*St., Le.*).

N-Acetyl-Derivat $C_{40}H_{60}N_8O_{10}$; *N*-Acetyl-evolidin. Kristalle (aus wss. Me.); F: 248–250° [unkorr.] (*Ea. et al.*).

N-Jodacetyl-Derivat $C_{40}H_{59}IN_8O_{10}$; *N*-Jodacetyl-evolidin. Orthorhombische Kristalle; Dimensionen der Elementarzelle (Röntgen-Diagramm); Dichte der Kristalle: 1,15 (*Mathieson,* Acta cryst. **12** [1959] 478).

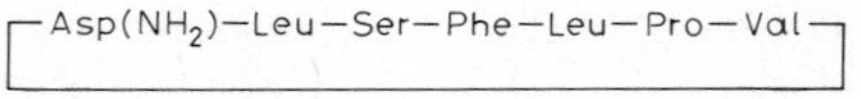

Asp(NH2)—Leu—Ser—Phe—Leu—Pro—Val

I

IV. Amine

1,3,4,6,7,9,9b-Heptaaza-phenalen-2,5,8-triyltriamin, Tri[1,3,5]triazin-2,5,8-triyltriamin, **Melem** $C_6H_6N_{10}$, Formel II (R = H) (H **3** 169; E II **3** 121).

Konstitution: *Finkel'shteĭn,* Optika Spektr. **6** [1959] 33; engl. Ausg. S. 17; *Takimoto,* J. chem. Soc. Japan Pure Chem. Sect. **85** [1964] 159; C. A. **61** [1964] 2937.

IR-Spektrum in Nujol (2,6–15,4 μ): *Takimoto,* J. chem. Soc. Japan Pure Chem. Sect. **85** [1964] 168, 171; C. A. **61** [1964] 2937; in KBr (2,8–14 μ): *Fi.* IR-Spektrum eines deuterierten Präparats (KBr; 2,8–14 μ): *Fi.* UV-Spektrum (wss. Lösung vom pH –2,7, pH 0,4 und pH 6,2; 205–320 nm): *Ta.,* l. c. S. 162.

***N,N',N''*-[1,3,4,6,7,9,9b-Heptaaza-phenalen-2,5,8-triyl]-tris-carbamonitril, Hydromelonsäure,** Cyamelon $C_9H_3N_{13}$, Formel II (R = CN) (H **3** 169; E II **3** 121; E II **26** 362).

IR-Spektrum der Säure und des Kalium-Salzes (KBr; 3–14 μ): *Finkel'shteĭn,* Optika Spektr. **6** [1959] 33; engl. Ausg. S. 17. Scheinbare Dissoziationskonstanten K'_{a1} und K'_{a2} (H_2O; potentiometrisch ermittelt): ca. $3{,}16 \cdot 10^{-3}$ bzw. $1{,}26 \cdot 10^{-5}$ (*Redemann, Lucas,* Am. Soc. **61** [1939] 3420, 3422).

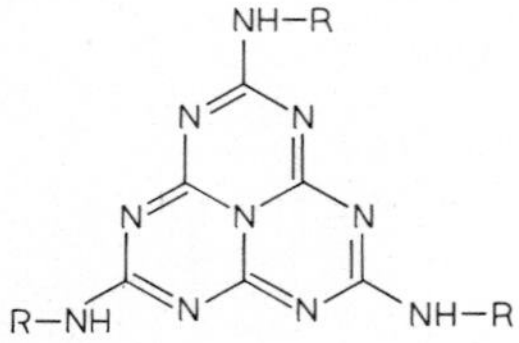

II 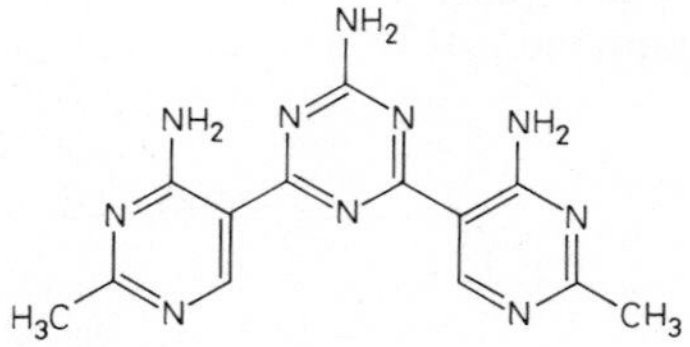 III

4,6-Bis-[4-amino-2-methyl-pyrimidin-5-yl]-[1,3,5]triazin-2-ylamin $C_{13}H_{14}N_{10}$, Formel III.

B. Beim Erwärmen von 4-Amino-2-methyl-pyrimidin-5-carbonitril mit Guanidin in Äthanol (*Russel, Hitchings,* Am. Soc. **72** [1950] 4922, 4924).

Kristalle (aus A.); F: >300°.

Pentahydrochlorid $C_{13}H_{14}N_{10} \cdot 5HCl$. Hellgelbe Kristalle (aus konz. wss. HCl); F: >350°.

6-Methyl-heptanoyl→(*S*)-2,4-diamino-butyryl→L-threonyl→(*S*)-2,4-diamino-butyryl→[*N*⁴]cyclo-[(*S*)-2,4-diamino-butyryl→(*S*)-2,4-diamino-butyryl→D-leucyl→L-isoleucyl→(*S*)-2,4-diamino-butyryl→(*S*)-2,4-diamino-butyryl→L-threonyl], Circulin-B $C_{52}H_{98}N_{16}O_{13}$, Formel IV (R = CO-$[CH_2]_4$-$CH[CH_3]_2$).

Konstitution und Konfiguration: *Hayashi et al.,* Experientia **24** [1968] 656.

Isolierung aus Kulturen von Bacillus circulans: *Murray et al.,* J. Bacteriol. **57** [1949] 305, 308. Abtrennung von Circulin-A: *Peterson, Reinecke,* J. biol. Chem. **181** [1949] 95; *Dowling et al.,* Sci. **116** [1952] 147.

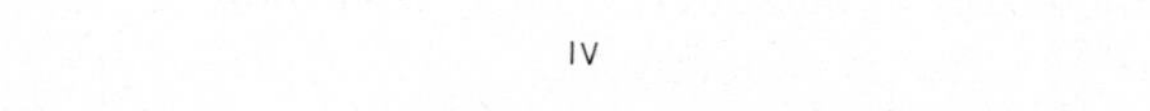

R—Dab—Thr—Dab—Dab—Dab—D-Leu—Ile—Dab—Dab—Thr

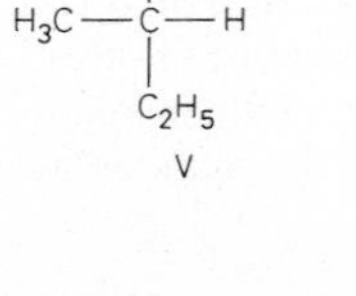

IV

$[CH_2]_4$—CO—
H_3C—C—H
C_2H_5

V

(S)-6-Methyl-octanoyl→(S)-2,4-diamino-butyryl→L-threonyl→(S)-2,4-diamino-butyryl→[N^4]cyclo-[(S)-2,4-diamino-butyryl→(S)-2,4-diamino-butyryl→D-leucyl→L-isoleucyl→(S)-2,4-diamino-butyryl→(S)-2,4-diamino-butyryl→L-threonyl], Circulin-A $C_{53}H_{100}N_{16}O_{13}$, Formel IV (R = Formel V).

Konstitution und Konfiguration: *Fujikawa et al.*, Experientia **21** [1965] 307.

Isolierung und Trennung von Circulin-B s. im vorangehenden Artikel.

Hydrochlorid. F: 232—236° [Zers.] (*Upjohn Co.*, U.S.P. 2779705 [1949]), 226—230° [Zers.] (*Peterson, Reinecke,* J. biol. Chem. **181** [1949] 95). $[\alpha]_D^{25}$: —60,1° [H_2O; c = 2,1] (*Upjohn Co.*). IR-Banden (Mineralöl; 2,9—15 μ): *Upjohn Co.*

Sulfat. F: 226—228°; $[\alpha]_D^{25}$: —61,6° [H_2O; c = 1,25] (*Pe., Re.*).

Reineckat. Dunkelfärbung bei 185—195° (*Pe., Re.*).

Picrat. F: 160—168° [Zers.] (*Pe., Re.*).

Helianthat (4-[4-Dimethylamino-phenylazo]-benzolsulfonat). F: 218—222° [Zers.] (*Pe., Re.*).

2,4-Dinitro-phenyl-Derivat. F: 158—163° [Erweichen ab 135—140°] (*Pe., Re.*).

Formaldehyd-Derivat. F: 242—250° [Zers.] (*Pe., Re.*).

Acetyl-Derivat. Dunkelfärbung bei 235—245° (*Pe., Re.*).

6-Methyl-heptanoyl→(S)-2,4-diamino-butyryl→L-threonyl→(S)-2,4-diamino-butyryl→[N^4]cyclo-[(S)-2,4-diamino-butyryl→(S)-2,4-diamino-butyryl→D-leucyl→L-leucyl→(S)-2,4-diamino-butyryl→(S)-2,4-diamino-butyryl→L-threonyl], Colistin-B, Polymyxin-E_2 $C_{52}H_{98}N_{16}O_{13}$, Formel VI (R = CO-$[CH_2]_4$-$CH[CH_3]_2$).

Zur Konstitution und Konfiguration s. die bei Colistin-A (s. u.) zit. Literatur.

Isolierung aus Kulturen von Bacillus colistinus: *Koyama et al.*, J. Antibiotics Japan **3** [1949/50] 457; *Suzuki et al.*, J. Biochem. Tokyo **54** [1963] 25, 27.

$[\alpha]_{546,1}^{22}$: —94,5° [wss. Eg. (2%); c = 1] (*Wilkinson, Lowe,* Soc. **1964** 4107, 4113).

R—Dab—Thr—Dab—Dab—Dab—D-Leu—Leu—Dab—Dab—Thr (cyclic: Dab ... Thr)

VI

(S)-6-Methyl-octanoyl→(S)-2,4-diamino-butyryl→L-threonyl→(S)-2,4-diamino-butyryl→[N^4]cyclo-[(S)-2,4-diamino-butyryl→(S)-2,4-diamino-butyryl→D-leucyl→L-leucyl→(S)-2,4-diamino-butyryl→(S)-2,4-diamino-butyryl→L-threonyl], Colistin-A, Polymyxin-E_1 $C_{53}H_{100}N_{16}O_{13}$, Formel VI (R = Formel V).

Konstitution und Konfiguration: *Suzuki et al.*, J. Biochem. Tokyo **54** [1963] 173, 179, **57** [1965] 226; *Wilkinson, Lowe,* Soc. **1964** 4107; *Studer et al.*, Helv. **48** [1965] 1371.

Isolierung aus Kulturen von Bacillus colistinus: *Koyama et al.*, J. Antibiotics Japan **3** [1949/50] 457; *Suzuki et al.*, J. Biochem. Tokyo **54** [1963] 25, 27.

$[\alpha]_{546,1}^{22}$: —93,3° [wss. Eg. (2%); c = 1] (*Wi., Lowe,* l. c. S. 4113).

Phosphat $C_{53}H_{100}N_{16}O_{13} \cdot 5H_3PO_4$. Kristalle (aus wss. A.) mit 9 Mol H_2O; F: ca. 209° [Zers.] (*Wi., Lowe,* l. c. S. 4122). Wasserhaltige Kristalle (aus A.+H_2O); Zers. bei 187—192° (*St. et al.*, l. c. S. 1374). Netzebenenabstände der wasserhaltigen Kristalle: *St. et al.*, l. c. S. 1378. $[\alpha]_D$: —59,2° [H_2O; c = 0,42] [wasserfreies Präparat] (*St. et al.*).

Pentakis-[naphthalin-2-sulfonat] $C_{53}H_{100}N_{16}O_{13} \cdot 5C_{10}H_8O_3S$. Kristalle (aus wss. A.) mit 6 Mol H_2O; das wasserfreie Salz schmilzt bei 206—210° [Zers.] (*Wi., Lowe,* l. c. S. 4122).

(S)-3,6-Diamino-hexanoyl→[N^3]cyclo-[L-2,3-diamino-propionyl→L-seryl→L-seryl→2-amino-3-ureido-acryloyl→(S)-amino-((4R,6S)-2-amino-6-hydroxy-1,4,5,6-tetrahydro-pyrimidin-4-yl)-acetyl], Viomycin, Tuberactinomycin-B $C_{25}H_{43}N_{13}O_{10}$, Formel VII und Taut.

Konstitution und Konfiguration: *Yoshioka et al.*, Tetrahedron Letters **1971** 2043; *Noda et al.*, J. Antibiotics Japan **25** [1972] 427; *Kitagawa et al.*, Chem. pharm. Bl. **20** [1972] 2176, 2215; *Bycroft,* J.C.S. Chem. Commun. **1972** 660.

Isolierung aus Kulturen von Streptomyces puniceus und Streptomyces floridae: *Finlay et al.*,

Am. Rev. Tuberculosis **63** [1951] 1; *Bartz et al.,* Am. Rev. Tuberculosis **63** [1951] 4.

Hydrochlorid $C_{25}H_{43}N_{13}O_{10}\cdot 3HCl$. Feststoff mit 2 Mol H_2O; F: 270° [Zers.]; $[\alpha]_D^{25}$: −16,7° [H_2O; c = 1] (*Ki. et al.,* l. c. S. 2179). IR-Spektrum (KBr; 4000−650 cm^{-1}): *Ki. et al.,* l. c. S. 2179. λ_{max}: 268 nm [H_2O sowie wss. HCl (0,1 n)] bzw. 285 nm [wss. NaOH (0,1 n)] bzw. 285 nm [wss. NaOH (0,1 n)] (*Ki. et al.,* l. c. S. 2179).

Dihydrobromid-hydrochlorid $C_{25}H_{43}N_{13}O_{10}\cdot 2HBr\cdot HCl$. Monokline Kristalle mit 3 Mol H_2O; Kristallstruktur-Analyse (Röntgen-Diagramm): *By.*

Sulfat $2C_{25}H_{43}N_{13}O_{10}\cdot 3H_2SO_4$. Kristalle mit 4 Mol H_2O; F: 280° [Zers.] (*Fi. et al.*), 266° [Zers.] (*Ki. et al.,* l. c. S. 2179). $[\alpha]_D^{25}$: −32° [H_2O; c = 1] (*Fi. et al.*), −29,5° [H_2O; c = 1] (*Ki. et al.,* l. c. S. 2179). ^{1}H-NMR-Spektrum (D_2O): *Ki. et al.,* l. c. S. 2179. IR-Spektrum (Mineralöl; 2−15 μ): *Grove, Randall,* Antibiotics Monogr. Nr. 2 [1955] 1, 167. IR-Banden (KBr; 2,3−9,1 μ): *Ki. et al.,* l. c. S. 2182. UV-Spektrum (H_2O; 200−400 nm): *Gr., Ra.,* l. c. S. 160. λ_{max}: 268 nm [H_2O sowie wss. HCl (0,1 n)] bzw. 285 nm [wss. NaOH (0,1 n)] (*Ki. et al.,* l. c. S. 2179). Löslichkeit in organischen Lösungsmitteln bei 28°: *Weiss et al.,* Antibiotics Chemotherapy Washington D.C. **7** [1957] 374, 376.

Pantothenat. Zers. bei 155−158° (*Chemie Grünenthal,* D.B.P. 954874 [1954]).

L-Leucin-Salz. F: 212° [Zers.] (*Chemie Grünenthal,* D.B.P. 1008284 [1947]).

H₂N−CO−NH−CH ‖ βLys−A₂pr−Ser−Ser−NH−C−CO−NH−C(H)(CO)− [2-Amino-4-hydroxy-tetrahydropyrimidinyl]

VII

6-Methyl-heptanoyl→(*S*)-2,4-diamino-butyryl→L-threonyl→(*S*)-2,4-diamino-butyryl→[*N*⁴]cyclo-[(*S*)-2,4-diamino-butyryl→(*S*)-2,4-diamino-butyryl→D-phenylalanyl→L-leucyl→(*S*)-2,4-diamino-butyryl→(*S*)-2,4-diamino-butyryl→L-threonyl], Polymyxin-B₂

$C_{55}H_{96}N_{16}O_{13}$, Formel VIII (R = CO-$[CH_2]_4$-$CH[CH_3]_2$).

Konstitution und Konfiguration: *Wilkinson, Lowe,* Nature **204** [1964] 185, 993.

Isolierung aus Kulturen von Bacillus polymyxa: *Hausmann, Craig,* Am. Soc. **76** [1954] 4892.

$[\alpha]_{546,1}^{22}$: −112,4° [wss. Eg. (2%ig)] (*Merck Index,* 9. Aufl. [Rahway, N.J. 1976] S. 985).

(*S*)-6-Methyl-octanoyl→(*S*)-2,4-diamino-butyryl→L-threonyl→(*S*)-2,4-diamino-butyryl→[*N*⁴]cyclo-[(*S*)-2,4-diamino-butyryl→(*S*)-2,4-diamino-butyryl→D-phenylalanyl→L-leucyl→(*S*)-2,4-diamino-butyryl→(*S*)-2,4-diamino-butyryl→L-threonyl], Polymyxin-B₁

$C_{56}H_{98}N_{16}O_{13}$, Formel VIII (R = Formel V).

Konstitution und Konfiguration: *Hausmann,* Am. Soc. **78** [1956] 3663, 3667; *Suzuki et al.,* J. Biochem. Tokyo **56** [1964] 335, 342; *Vogler et al.,* Helv. **48** [1965] 1161, 1166; *Vogler, Studer,* Experientia **22** [1966] 345, 346.

Isolierung aus Kulturen von Bacillus polymyxa: *Regna et al.,* J. clin. Invest. **28** [1949] 1022; *Hausmann, Craig,* Am. Soc. **76** [1954] 4892; s. a. *Mamiofe et al.,* Antibiotiki **4** [1959] Nr. 1, 5, 10; C. A. **1959** 16473.

Pentahydrochlorid $C_{56}H_{98}N_{16}O_{13}\cdot 5HCl$. $[\alpha]_D^{25}$: −85,1° [wss. A. (75%ig); c = 2,3] (*Ha., Cr.,* l. c. S. 4895).

Sulfat. IR-Spektrum (Mineralöl; 2−15 μ): *Grove, Randall,* Antibiotics Monogr. Nr. 2 [1955] 1, 166.

Phosphat. Kristalle; Zers. bei ca. 185−188°; $[\alpha]_D^{25}$: −72,0° [H_2O; c = 0,35] (*Vo. et al.,* l. c. S. 1168). [*Weissmann*]

R−Dab−Thr−Dab−Dab−Dab−D-Phe−Leu−Dab−Dab−Thr (cyclisch: Thr → Dab)

VIII

22. Verbindungen mit acht cyclisch gebundenen Stickstoff-Atomen

I. Stammverbindungen

Stammverbindungen $C_nH_{2n}N_8$

1,3,7,9,13,15,19,21-Octaaza-pentacyclo[19.3.1.1^{3,7}.1^{9,13}.1^{15,19}]octacosan, Octahydro-1,3,5,7-tetra-(1,3)pyrimidina-cyclooctan [1]) $C_{20}H_{40}N_8$, Formel I.

B. Aus Propandiyldiamin und Formaldehyd (*Krässig,* Makromol. Ch. **17** [1955/56] 77, 112).

Atomabstände und Bindungswinkel des Solvats mit Benzol (Röntgen-Diagramm): *Murray-Rust,* Acta cryst. [B] **31** [1975] 583.

Kristalle (aus Bzl.); F: 165–168° (*Kr.*). Tetragonale Kristalle mit 1 Mol Benzol; Kristallstruktur-Analyse (Röntgen-Diagramm); Dichte der Kristalle: 1,15 (*Mu.-Rust*).

Überführung in ein Picrat $C_{20}H_{40}N_8 \cdot 4C_6H_3N_3O_7$ (Zers. bei 140°): *Kr.,* l. c. S. 114.

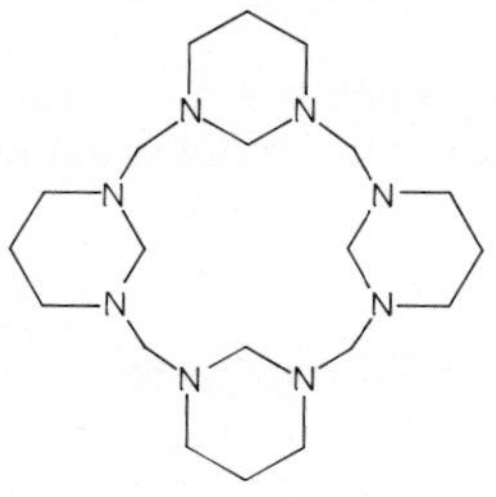

I 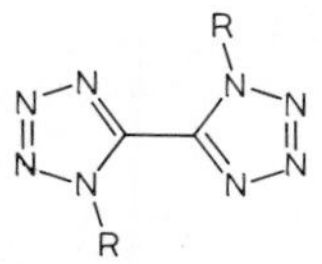 II 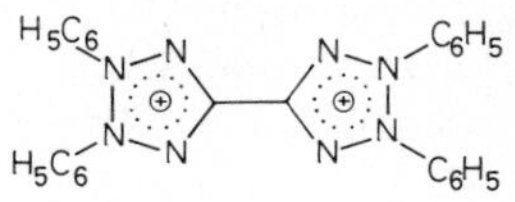 III

Stammverbindungen $C_nH_{2n-2}N_8$

1*H*,1'*H*-[5,5']Bitetrazolyl $C_2H_2N_8$, Formel II (R = H) und Taut. (E I 199; E II 362).

B. Aus NaCN und NaN_3 mit Hilfe von MnO_2 (*Friederich,* D.B.P. 952811 [1953]; U.S.P. 2710297 [1954]). Aus HCN und NaN_3 mit Hilfe von H_2O_2 (*Fr.,* D.B.P. 952811). Aus Oxalamidrazon (E III **2** 1594) und $NaNO_2$ (*Dedichen,* Norske Vid. Akad. Avh. **1936** Nr. 5, S. 40).

Kristalle (aus H_2O); F: 254° [Explosion]; durch Schlag erfolgt Detonation (*De.*).

Ammonium-Salz $[NH_4]_2C_2N_8$. Kristalle (aus A. + Ae.), die beim Erhitzen verpuffen (*De.*).

Natrium-Salz $Na_2C_2N_8$ (E II 362). Kristalle mit 5 Mol H_2O (*Fr.,* D.B.P. 952811).

Kupfer(II)-Salz CuC_2N_8 (E II 362). Blaugrüne Kristalle, die beim Erwärmen oder durch Schlag explodieren (*De.*).

Barium-Salz BaC_2N_8 (E I 199). Kristalle (aus wss. A.) mit 2 Mol H_2O, die beim Erhitzen verpuffen (*De.*).

1,1'-Diphenyl-1*H*,1'*H*-[5,5']bitetrazolyl $C_{14}H_{10}N_8$, Formel II (R = C_6H_5) (E II 363).

B. Aus *N''*,*N'''''*-Diphenyl-oxalamidrazon (E III **12** 555) und $NaNO_2$ (*Stollé, Hanusch,* J.

[1]) Über diese Bezeichnungsweise s. *Kauffmann,* Tetrahedron **28** [1972] 5183.

pr. [2] **136** [1933] 9, 14).
Kristalle (aus A.); F: 212°.

2,3,2′,3′-Tetraphenyl-[5,5′]bitetrazolyldiium $[C_{26}H_{20}N_8]^{2+}$, Formel III.
B. Aus 1,5,1′,5′-Tetraphenyl-biformazanyl mit Hilfe von Blei(IV)-acetat (*Jerchel, Fischer,* A. **563** [1949] 208, 211).
Dichlorid $[C_{26}H_{20}N_8]Cl_2$. Dihydrochlorid $[C_{26}H_{20}N_8]Cl_2 \cdot 2HCl$. Kristalle (aus A. + Ae.) mit 1 Mol H_2O; F: 265−268°.

1,1′-Dihydroxy-1*H*,1′*H*-[5,5′]bitetrazolyl, [5,5′]Bitetrazolyl-1,1′-diol $C_2H_2N_8O_2$, Formel IV.
Die früher (H **26** 608) unter dieser Konstitution beschriebene Verbindung („1.1′-Dioxy-[di-tetrazolyl-(5.5′)]") ist als Oxalobishydroximoylazid (E IV **2** 1869) zu formulieren (*Eloy,* J. org. Chem. **26** [1961] 952).

Bis-[1*H*-tetrazol-5-yl]-methan, 1*H*,1′*H*-5,5′-Methandiyl-bis-tetrazol $C_3H_4N_8$, Formel V (R = H, n = 1) und Taut.
B. Aus Malononitril und NH_4N_3 (*Finnegan et al.,* Am. Soc. **80** [1958] 3908).
Kristalle (aus Acetonitril); F: 215−219° [unkorr.; Zers.].

1,2-Bis-[1*H*-tetrazol-5-yl]-äthan, 1*H*,1′*H*-5,5′-Äthandiyl-bis-tetrazol $C_4H_6N_8$, Formel V (R = H, n = 2) und Taut.
B. Aus Succinonitril und NaN_3 (*Williams et al.,* J. phys. Chem. **61** [1957] 261, 264, 265; s. a. *Finnegan et al.,* Am. Soc. **80** [1958] 3908).
Kristalle (aus Isopropylalkohol); Zers. bei 245−247°; Standard-Bildungsenthalpie: +106,20 kcal·mol^{-1}; Standard-Verbrennungsenthalpie: −697,36 kcal·mol^{-1} (*Wi. et al.*).

1,2-Bis-[1-phenyl-1*H*-tetrazol-5-yl]-äthan, 1,1′-Diphenyl-1*H*,1′*H*-5,5′-äthandiyl-bis-tetrazol $C_{16}H_{14}N_8$, Formel V (R = C_6H_5, n = 2).
B. Neben Bis-[1-phenyl-1*H*-tetrazol-5-ylmethyl]-äther beim Erwärmen von 5-Chlormethyl-1-phenyl-1*H*-tetrazol mit KCN in Methanol und Erwärmen des Reaktionsprodukts mit äthanol. KOH (*Jacobson et al.,* J. org. Chem. **19** [1954] 1909, 1915).
Kristalle (aus E.); F: 204−205°.

1,2-Bis-[2,3-diphenyl-tetrazolium-5-yl]-äthan, 2,3,2′,3′-Tetraphenyl-5,5′-äthandiyl-bis-tetrazolium $[C_{28}H_{24}N_8]^{2+}$, Formel VI (X = H, n = 2).
B. Aus 1,5,1′,5′-Tetraphenyl-3,3′-äthandiyl-di-formazan mit Hilfe von Blei(IV)-acetat (*Jerchel, Fischer,* A. **563** [1949] 208, 212).
Dichlorid $[C_{28}H_{24}N_8]Cl_2$. Kristalle mit 3 Mol H_2O; F: 262°.
Bis-thiocyanat $[C_{28}H_{24}N_8](CNS)_2$. Kristalle (aus A.) mit 1 Mol H_2O; F: 168°.

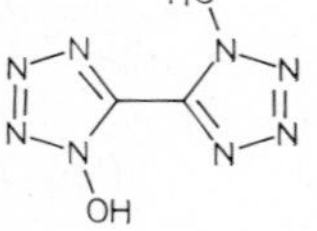

IV 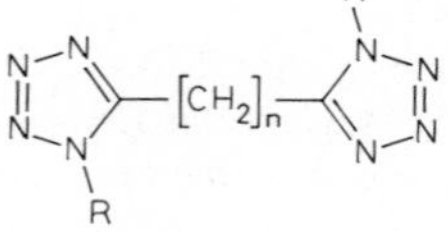 V 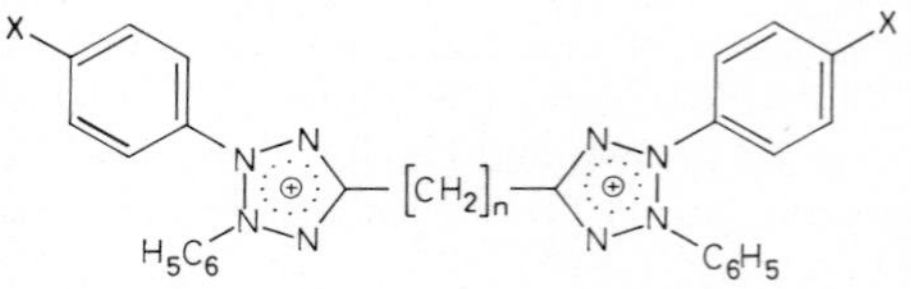 VI

***1,2-Bis-[2-phenyl-3-(4-phenylazo-phenyl)-tetrazolium-5-yl]-äthan, 2,2′-Diphenyl-3,3′-bis-[4-phenylazo-phenyl]-5,5′-äthandiyl-bis-tetrazolium** $[C_{40}H_{32}N_{12}]^{2+}$, Formel VI (X = N=N-$C_6H_5$, n = 2).
B. Aus 1,1′-Diphenyl-5,5′-bis-[4-phenylazo-phenyl]-3,3′-äthandiyl-di-formazan mit Hilfe von Blei(IV)-acetat (*Libman et al.,* Soc. **1954** 1565, 1566).
Dijodid $[C_{40}H_{32}N_{12}]I_2$. Dunkelroter Feststoff (aus A.) mit 1 Mol Äthanol; F: 185−186° [Zers.].

1,4-Bis-[1*H*-tetrazol-5-yl]-butan, 1*H*,1'*H*-5,5'-Butandiyl-bis-tetrazol $C_6H_{10}N_8$, Formel V (R = H, n = 4) und Taut.

B. Aus Adiponitril und NH_4N_3 (*Finnegan et al.*, Am. Soc. **80** [1958] 3908).

Kristalle (aus A.); F: 204–205° [unkorr.; Zers.].

1,6-Bis-[2,3-diphenyl-tetrazolium-5-yl]-hexan, 2,3,2',3'-Tetraphenyl-5,5'-hexandiyl-bis-tetrazolium $[C_{32}H_{32}N_8]^{2+}$, Formel VI (X = H, n = 6).

B. Aus 1,5,1',5'-Tetraphenyl-3,3'-hexandiyl-di-formazan mit Hilfe von HgO (*Ashley et al.*, Soc. **1953** 3881, 3885).

Dijodid $[C_{32}H_{32}N_8]I_2$. Gelbe Kristalle (aus A.+PAe.) mit 4 Mol H_2O; F: 220–224°.

***1,6-Bis-[2-phenyl-3-(4-phenylazo-phenyl)-tetrazolium-5-yl]-hexan, 2,2'-Diphenyl-3,3'-bis-[4-phenylazo-phenyl]-5,5'-hexandiyl-bis-tetrazolium** $[C_{44}H_{40}N_{12}]^{2+}$, Formel VI (X = N=N-$C_6H_5$, n = 6).

B. Aus 1,1'-Diphenyl-5,5'-bis-[4-phenylazo-phenyl]-3,3'-hexandiyl-di-formazan mit Hilfe von HgO (*Libman et al.*, Soc. **1954** 1565, 1566).

Dijodid $[C_{44}H_{40}N_{12}]I_2$. Rote Kristalle (aus A.) mit 1 Mol H_2O; F: 169–170° [Zers.].

1,8-Bis-[1*H*-tetrazol-5-yl]-octan, 1*H*,1'*H*-5,5'-Octandiyl-bis-tetrazol $C_{10}H_{18}N_8$, Formel V (R = H, n = 8) und Taut.

B. Aus Decandinitril und NaN_3 (*Finnegan et al.*, Am. Soc. **80** [1958] 3908).

F: 149–150° [unkorr.].

Stammverbindungen $C_nH_{2n-4}N_8$

1-Äthyl-5-[3-(1-äthyl-4-phenyl-1,4-dihydro-tetrazol-5-yliden)-propenyl]-4-phenyl-tetrazolium $[C_{21}H_{23}N_8]^+$ und Mesomere; **1,3-Bis-[1-äthyl-4-phenyl-tetrazol-5-yl]-trimethinium** [1]), Formel VII.

B. Aus 1-Äthyl-5-methyl-4-phenyl-tetrazolium-jodid und Orthoameisensäure-triäthylester (*Farbw. Hoechst*, U.S.P. 2770620 [1955]).

Perchlorat. Gelbe Kristalle (aus Acn.); F: 170° [Zers.].

Stammverbindungen $C_nH_{2n-8}N_8$

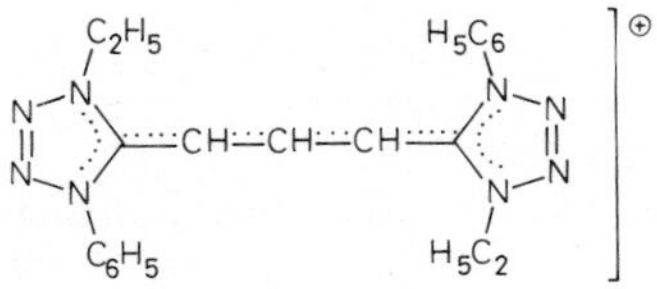

VII 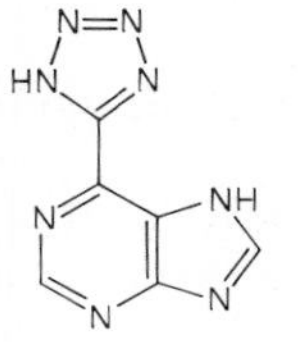 VIII 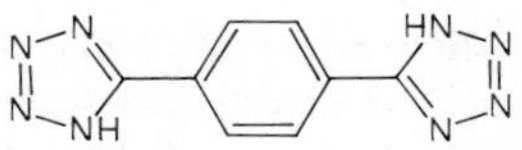 IX

6-[1*H*-Tetrazol-5-yl]-7(9)*H*-purin $C_6H_4N_8$, Formel VIII und Taut.

Diese Konstitution kommt vermutlich der von *Giner-Sorolla et al.* (Am. Soc. **81** [1959] 2515, 2520) als 7(9)*H*-Purin-6-carbimidoylazid angesehenen Verbindung zu (vgl. diesbezüglich *Eloy*, J. org. Chem. **26** [1961] 952).

B. Aus 7(9)*H*-Purin-6-carbamidrazon und $NaNO_2$ (*Gi.-So. et al.*).

Kristalle; F: 285° [unkorr.; Zers.] (*Gi.-So. et al.*).

---

[1]) Über diese Bezeichnungsweise s. *Reichardt, Mormann*, B. **105** [1972] 1815, 1832.

Stammverbindungen $C_nH_{2n-10}N_8$

1,4-Bis-[1*H*-tetrazol-5-yl]-benzol, 1*H*,1'*H*-5,5'-*p*-Phenylen-bis-tetrazol $C_8H_6N_8$, Formel IX und Taut.

B. Aus Terephthalonitril und NH_4N_3 (*Finnegan et al.*, Am. Soc. **80** [1958] 3908).

Kristalle (aus A.); F: >300° [Zers.].

1,4-Bis-[2,3-diphenyl-tetrazolium-5-yl]-benzol, 2,3,2',3'-Tetraphenyl-5,5'-*p*-phenylen-bis-tetrazolium $[C_{32}H_{24}N_8]^{2+}$, Formel X (R = H).

Dichlorid $[C_{32}H_{24}N_8]Cl_2$. *B.* Aus 1,5,1',5'-Tetraphenyl-3,3'-*p*-phenylen-di-formazan beim Behandeln mit Amylnitrit und HCl in $CHCl_3$ (*Jerchel, Fischer*, A. **563** [1949] 208, 212). – Kristalle (aus A. + Ae.) mit 2 Mol H_2O; F: 273–274°.

1,4-Bis-[2-(4-äthoxycarbonyl-phenyl)-3-phenyl-tetrazolium-5-yl]-benzol, 2,2'-Bis-[4-äthoxycarbonyl-phenyl]-3,3'-diphenyl-5,5'-*p*-phenylen-bis-tetrazolium $[C_{38}H_{32}N_8O_4]^{2+}$, Formel X (R = CO-O-$C_2H_5$).

Dichlorid $[C_{38}H_{32}N_8O_4]Cl_2$. *B.* Aus 1,4-Bis-[*N*-(4-äthoxycarbonyl-phenyl)-*N'''*-phenyl-formazanyl]-benzol, Amylnitrit und HCl (*Jerchel, Fischer*, A. **563** [1949] 208, 213). – Kristalle (aus A.) mit 3 Mol H_2O; F: 322° (*Je., Fi.*). – Reduzierbarkeit in wss. Methanol vom pH 7: *Jerchel et al.*, A. **613** [1958] 137, 139.

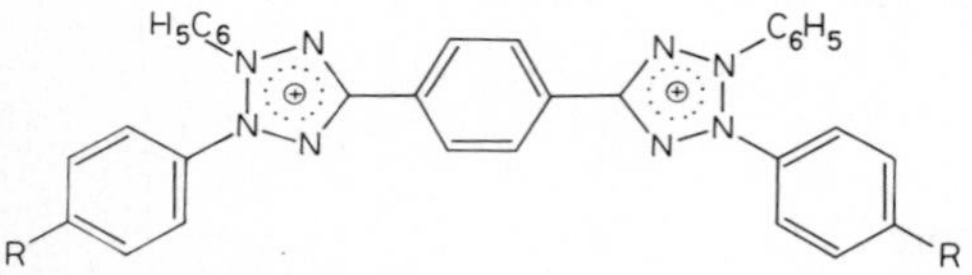

X 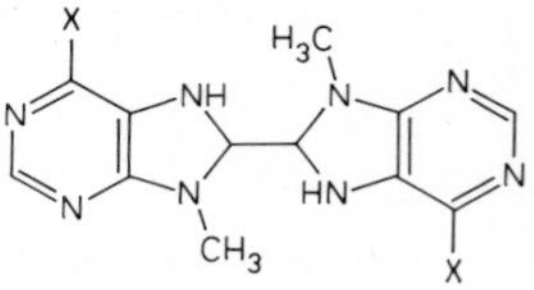 XI 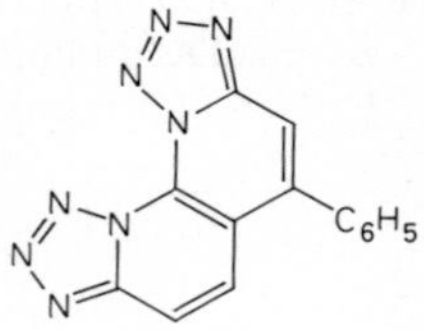 XII

***Opt.-inakt. 9,9'-Dimethyl-8,9,8',9'-tetrahydro-7*H*,7'*H*-[8,8']bipurinyl** $C_{12}H_{14}N_8$, Formel XI (X = H).

B. Aus N^4-Methyl-pyrimidin-4,5-diyldiamin und Polyglyoxal (*Fidler, Wood*, Soc. **1956** 3311, 3313).

Kristalle (aus wss. A.); F: ca. 270° [Zers.]. λ_{max} (H_2O): 209 nm und 305 nm.

***Opt.-inakt. 6,6'-Dichlor-9,9'-dimethyl-8,9,8',9'-tetrahydro-7*H*,7'*H*-[8,8']bipurinyl** $C_{12}H_{12}Cl_2N_8$, Formel XI (X = Cl).

B. Analog der vorangehenden Verbindung (*Fidler, Wood*, Soc. **1956** 3311, 3313).

Kristalle; F: ca. 270° [Zers.]. UV-Spektrum (A.; 210–340 nm): *Fi., Wood*, l. c. S. 3312.

Stammverbindungen $C_nH_{2n-20}N_8$

5-Phenyl-ditetrazolo[*a,h*][1,8]naphthyridin $C_{14}H_8N_8$, Formel XII.

B. Aus 2,7-Dihydrazino-4-phenyl-[1,8]naphthyridin und $NaNO_2$ (*Mangini, Colonna*, G. **72** [1942] 190, 196).

Kristalle (aus A. + Eg.), die sich am Licht gelb färben und bei 203° explodieren [nach Dunkelfärbung bei 200–202°; rasches Erhitzen].

Stammverbindungen $C_nH_{2n-22}N_8$

5,10,15,20-Tetraaza-porphyrin, Porphyrazin, Tetrazaporphin $C_{16}H_{10}N_8$, Formel XIII (R = H) und Taut.

B. Aus Maleonitril mit Hilfe von Magnesiumpropylat und Propan-1-ol (*Linstead, Whalley*,

Soc. **1952** 4839, 4844). Aus Pyrrolidin-2,5-dion-diimin mit Hilfe von Magnesiumformiat, Nitrobenzol und 2-Äthoxy-äthanol (*Elvidge, Linstead,* Soc. **1955** 3536, 3542).

Purpurfarbene Kristalle [aus Bzl.] (*Li., Wh.*). IR-Banden (KBr; 3300–600 cm^{-1}): *Mason,* Soc. **1958** 976, 978. Absorptionsspektrum (Chlorbenzol; 300–700 nm): *Li., Wh.,* l. c. S. 4843; *El., Li.,* l. c. S. 3541. λ_{max} (Bzl.): 544 nm und 617 nm (*El., Li.*).

Bei der Hydrierung des Magnesium-Komplexes an Palladium in Pyridin sind geringe Mengen eines Tetrahydro-5,10,15,20-tetraaza-porphyrins $C_{16}H_{14}N_8$ (Absorptionsspektrum [Chlorbenzol; 300–750 nm]) erhalten worden (*Ficken et al.,* Soc. **1958** 3879, 3881).

Kupfer(II)-Komplex $CuC_{16}H_8N_8$. Kristalle (aus Chlorbenzol); Absorptionsspektrum (1,2-Dichlor-benzol; 300–650 nm): *Li., Wh.,* l. c. S. 4843, 4845.

Magnesium-Komplex $MgC_{16}H_8N_8$. Purpurfarbene Kristalle (nach Chromatographieren an Al_2O_3 mit Bzl. + Me.) mit 1 Mol Methanol; λ_{max} (Me.): 228 nm, 326 nm, 536 nm und 584 nm (*Li., Wh.,* l. c. S. 4843, 4845). – Kristalle (aus wss. Py.) mit 2 Mol Methanol (*Li., Wh.*). Absorptionsspektrum (Py.; 300–630 nm): *Elvidge et al.,* Soc. **1957** 2466, 2469. λ_{max} (Py.): 332 nm, 535 nm und 587 nm (*Li., Wh.*).

Nickel(II)-Komplex $NiC_{16}H_8N_8$. Bronzefarbene Kristalle (aus Chlorbenzol); λ_{max} (1,2-Dichlor-benzol): 314 nm, 345 nm, 530 nm und 577 nm (*Li., Wh.,* l. c. S. 4843, 4845).

2,3,7,8,12,13,17,18-Octamethyl-5,10,15,20-tetraaza-porphyrin $C_{24}H_{26}N_8$, Formel XIII ($R = CH_3$) und Taut.

B. Aus Dimethylfumaronitril mit Hilfe von Methylmagnesiumjodid und Butan-1-ol (*Baguley et al.,* Soc. **1955** 3521, 3523). Aus *trans*-3,4-Dimethyl-pyrrolidin-2,5-dion-diimin beim Erhitzen mit Chlorbenzol und Nitrobenzol (*Linstead, Whalley,* Soc. **1955** 3530, 3536).

Purpurfarbene Kristalle [aus Chlorbenzol] (*Ba. et al.*). IR-Banden (KBr; 3300–450 cm^{-1}): *Mason,* Soc. **1958** 976, 978. λ_{max} in Chlorbenzol: 343 nm, 556 nm, 597 nm und 627 nm (*Ba. et al.,* l. c. S. 3524); in 1,2-Dichlor-benzol: 343 nm, 558 nm und 630 nm (*Ficken et al.,* Soc. **1958** 3879, 3886).

Bei der Hydrierung des Magnesium-Komplexes an Palladium in Pyridin ist eine als 2,3,7,8,12,13,17,18-Octamethyl-2,3,7,8(oder 2,3,12,13)-tetrahydro-5,10,15,20-tetraaza-porphyrin $C_{24}H_{30}N_8$ zu formulierende Verbindung (purpurfarben; Absorptionsspektrum [Chlorbenzol; 300–750 nm]; λ_{max} [1,2-Dichlor-benzol; 330–690 nm] bzw. IR-Banden [KBr; 3350–450 cm^{-1}]) erhalten worden (*Fi. et al.,* l. c. S. 3881, 3883, 3886; *Ma.*).

Kupfer(II)-Komplex $CuC_{24}H_{24}N_8$. λ_{max} (1,2-Dichlor-benzol): 343 nm, 542 nm und 593 nm (*Ba. et al.*).

Magnesium-Komplex $MgC_{24}H_{24}N_8$. Dunkelblaue Kristalle (aus Pentan-1-ol) mit 1 Mol Pentan-1-ol; λ_{max} in Pentan-1-ol: 342 nm, 546,5 nm und 595 nm; in Pyridin: 346 nm, 548 nm und 597 nm (*Ba. et al.*).

Zink-Komplex $ZnC_{24}H_{24}N_8$. Kristalle (aus Chlorbenzol); pyridinhaltige Kristalle (aus Py.); λ_{max} (Py.): 346,5 nm, 551 nm und 595 nm (*Ba. et al.*).

Kobalt(II)-Komplex $CoC_{24}H_{24}N_8$. λ_{max} (Chlorbenzol): 345,5 nm, 542 nm und 589 nm (*Ba. et al.*).

Nickel(II)-Komplex $NiC_{24}H_{24}N_8$. Purpurfarbene Kristalle (aus Chlorbenzol); λ_{max} (1,2-Dichlor-benzol): 321 nm, 341 nm, 547 nm und 592 nm (*Ba. et al.*).

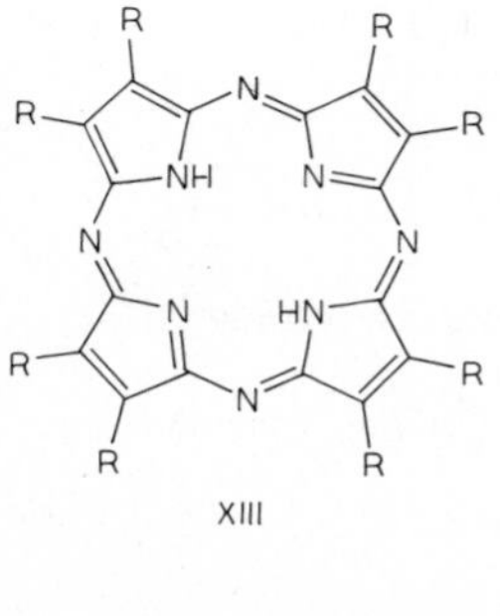

XIII 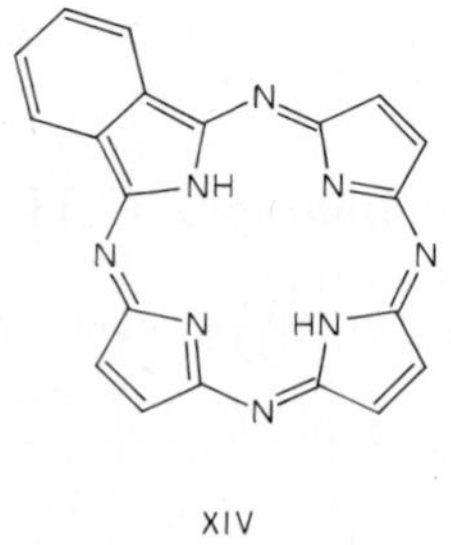 XIV 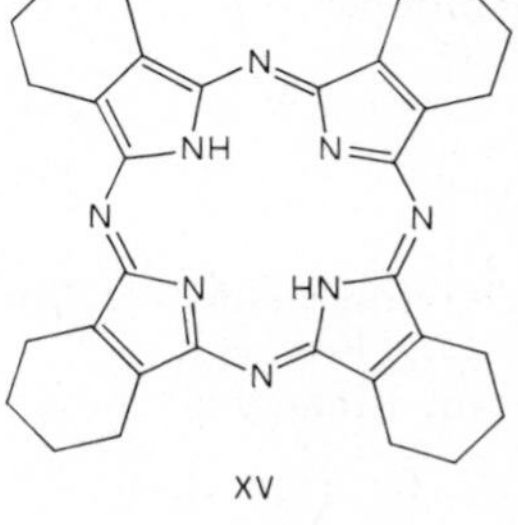 XV

Stammverbindungen $C_nH_{2n-28}N_8$

5,10,15,20-Tetraaza-benzo[*b*]porphyrin, Benzo[*b*]porphyrazin $C_{20}H_{12}N_8$, Formel XIV und Taut. (in der Literatur als Monobenzotetrazaporphin bezeichnet).

B. Als Nebenprodukt aus Isoindolin-1,3-dion-diimin und Pyrrolidin-2,5-dion-diimin (*Elvidge et al.*, Soc. **1957** 2466, 2472; s. a. *Elvidge, Linstead,* Soc. **1955** 3536, 3543).

Absorptionsspektrum der Verbindung und seines Magnesium(?)-Komplexes (Chlorbenzol; 300 – 700 nm): *El. et al.*, l. c. S. 2469.

Stammverbindungen $C_nH_{2n-30}N_8$

1,2,3,4,8,9,10,11,15,16,17,18,22,23,24,25-Hexadecahydro-phthalocyanin $C_{32}H_{34}N_8$, Formel XV und Taut. (in der Literatur als Tetracyclohexenotetrazaporphin bezeichnet).

B. Aus Cyclohex-1-en-1,2-dicarbonitril mit Hilfe von Methylmagnesiumjodid und Iso⸗pentylalkohol (*Ficken, Linstead,* Soc. **1952** 4846, 4851). Beim Erhitzen von *cis*-Hexahydro-isoindol-1,3-dion-diimin mit 1,2-Dichlor-benzol und Nitrobenzol (*Ficken, Linstead,* Soc. **1955** 3525, 3529).

Blaue Kristalle [aus Chlorbenzol] (*Fi., Li.,* Soc. **1952** 4851). Absorptionsspektrum (Chlor⸗benzol; 280 – 750 nm): *Fi., Li.,* Soc. **1952** 4848.

Beim Erwärmen mit Tetrachlor-[1,2]benzochinon in Chlorbenzol sind 1,2,3,4,8,9,10,11,15,16,17,18-Dodecahydro-phthalocyanin $C_{32}H_{30}N_8$ („Benzotricyclo⸗hexenotetrazaporphin"; λ_{max} [Chlorbenzol?]: 571 nm und 647 nm), ein Octahydrophthalo⸗cyanin $C_{32}H_{26}N_8$ („Dibenzodicyclohexenotetrazaporphin"; dunkelblaue Kristalle [aus Bzl.]; λ_{max} [1,2-Dichlor-benzol]: 346 nm, 544 nm, 586 nm und 671 nm) und 1,2,3,4-Tetra⸗hydro-phthalocyanin $C_{32}H_{22}N_8$ („Tribenzocyclohexenotetrazaporphin"; λ_{max} [Chlor⸗benzol?]: 615 nm und 680 nm) erhalten worden (*Ficken et al.*, Soc. **1958** 3879, 3886). Bei der Hydrierung der Verbindung oder ihres Magnesium-Komplexes an Palladium in Pyridin ist eine wahrscheinlich als (4a*r*,7a*c*,11a*c*,28a*c*)-1,2,3,4,4a,7a,8,9,10,11,11a,15,16,17,18,22,23,24,⸗25,28a(oder (4a*r*,14a*c*,18a*c*,28a*c*)-1,2,3,4,4a,8,9,10,11,14a,15,16,17,18,18a,22,23,24,25,28a)-Eicosahydro-phthalocyanin $C_{32}H_{38}N_8$ zu formulierende Verbindung (purpurfarbenes Pulver [aus wss. Eg.]; λ_{max} [$CHCl_3$; 260 – 700 nm] bzw. Absorptionsspektrum [Chlorbenzol; 280 – 730 nm]) erhalten worden (*Fi. et al.*, l. c. S. 3883; *Whalley,* Chem. Soc. spec. Publ. Nr. 3 [1955] 98, 103).

Natrium-Komplex $Na_2C_{32}H_{32}N_8$. Blaues Pulver (*Fi., Li.,* Soc. **1952** 4851).

Kupfer(II)-Komplex $CuC_{32}H_{32}N_8$. Kristalle [aus Chlorbenzol] (*Fi., Li.,* Soc. **1952** 4852). Absorptionsspektrum (1,2-Dichlor-benzol; 300 – 750 nm): *Fi., Li.,* Soc. **1952** 4849. Reflexions⸗spektrum (400 – 740 nm): *Shigemitsu,* Bl. chem. Soc. Japan **32** [1959] 541.

Magnesium-Komplex $MgC_{32}H_{32}N_8$. Kristalle (aus Bzl.) mit 2 Mol H_2O, die beim Trock⸗nen im Vakuum über P_2O_5 in das Monohydrat übergehen; blaue Kristalle (aus Py.) mit 1 Mol Pyridin und 1 Mol H_2O (*Fi., Li.,* Soc. **1952** 4852). λ_{max} in Pyridin: 347 nm, 550,5 nm und 599,5 nm; in Dioxan: 275 nm, 344 nm, 548,5 nm und 597 nm (*Fi., Li.,* Soc. **1952** 4854).

Kobalt(II)-Komplex $CoC_{32}H_{32}N_8$. λ_{max} (Chlorbenzol): 350,5 nm, 542,5 nm und 591 nm (*Fi., Li.,* Soc. **1952** 4852, 4854).

Nickel(II)-Komplex $NiC_{32}H_{32}N_8$. Kristalle [aus Chlorbenzol] (*Fi., Li.,* Soc. **1952** 4852). λ_{max} (Chlorbenzol): 321,5 nm, 340 nm und 591,5 nm (*Fi., Li.,* Soc. **1952** 4854).

Stammverbindungen $C_nH_{2n-36}N_8$

1,3,5,7-Tetraaza-2,6-di-(1,3)isoindola-4,8-di-(2,6)pyridina-cycloocta-1,2,5,6-tetraen [1]) $C_{26}H_{16}N_8$, Formel I.

B. Aus Isoindolin-1,3-dion-diimin und Pyridin-2,6-diyldiamin (*Elvidge, Linstead,* Soc. **1952**

[1]) Siehe S. 4247 Anm.

5008, 5011).

Orangerote Kristalle (aus Nitrobenzol), F: 344°; gelbe Kristalle (aus Benzylalkohol) mit 1 Mol H_2O, F: 342–343° [Orangerotfärbung bei 150–200°] (*El., Li.*). λ_{max} (Morpholin): 301 nm und 354 nm (*El., Li.,* l. c. S. 5010).

Blei(II)-Komplex $PbC_{26}H_{14}N_8$. Orangefarbene Kristalle (aus Nitrobenzol); F: >500° [Zers.]; λ_{max} (DMF): 265 nm, 279 nm, 294 nm, 330 nm, 346 nm und 365 nm (*El., Li.*).

Nickel(II)-Komplex $NiC_{26}H_{14}N_8$. Atomabstände und Bindungswinkel (Röntgen-Diagramm): *Speakman,* Acta cryst. **6** [1953] 784, 790. – Dunkelbraune Kristalle (aus Nitrobenzol); F: 386°; bei 300°/10^{-5} Torr sublimierbar (*El., Li.*). Monoklin; Kristallstruktur-Analyse (Röntgen-Diagramm): *Sp.,* l. c. S. 785. Dichte der Kristalle: 1,677 (*Sp.*). λ_{max} (DMF): 315 nm, 324 nm, 364 nm, 391 nm, 410 nm und 440 nm (*El., Li.*).

Über ein ebenfalls unter dieser Konstitution beschriebenes, aus Phthalonitril und Pyridin-2,6-diyldiamin erhaltenes Präparat (rötlichbraune [oder grünlichgelbe?] Kristalle [aus Py.], Zers. bei 380–385°; Kupfer(II)-Komplex $CuC_{26}H_{14}N_8$, grüne Kristalle, unterhalb 400° nicht schmelzend) s. *Du Pont de Nemours & Co.,* U.S.P. 2765308 [1952].

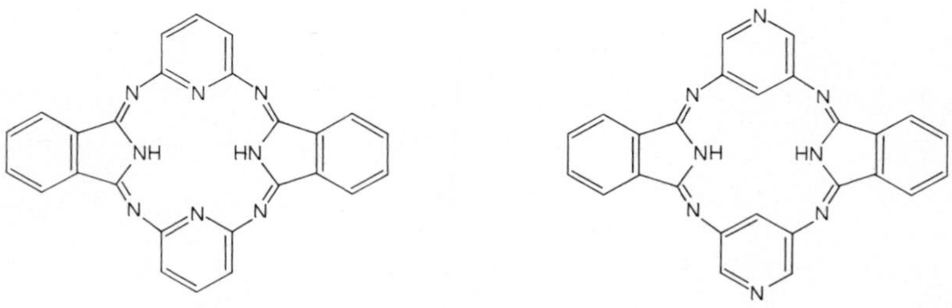

I

II

1,3,5,7-Tetraaza-2,6-di-(1,3)isoindola-4,8-di-(3,5)pyridina-cycloocta-1,2,5,6-tetraen [1]) $C_{26}H_{16}N_8$, Formel II.

B. Aus Isoindolin-1,3-dion-diimin und Pyridin-3,5-diyldiamin (*Clark et al.,* Soc. **1954** 2490, 2495).

Gelbe Kristalle (aus Nitrobenzol); F: 436° [Zers.]. λ_{max} (DMF): 280 nm, 290 nm, 315 nm und 330 nm (*Cl. et al.,* l. c. S. 2493).

Reaktion mit Kupfer(II)-acetat oder Zinkacetat in DMF: *Cl. et al.,* l. c. S. 2497.

Dihydrochlorid $C_{26}H_{16}N_8 \cdot 2HCl$. Rosafarbener Feststoff.

Diacetat $C_{26}H_{16}N_8 \cdot 2C_2H_4O_2$. Orangefarbene Kristalle.

Bis-methojodid $[C_{28}H_{22}N_8]I_2$; [4]1,[8]1-Dimethyl-1,3,5,7-tetraaza-2,6-di-(1,3)isoindola-4,8-di-(3,5)pyridina-cycloocta-1,2,5,6-tetraendiium-dijodid. Orangefarbenes Pulver.

Stammverbindungen $C_nH_{2n-38}N_8$

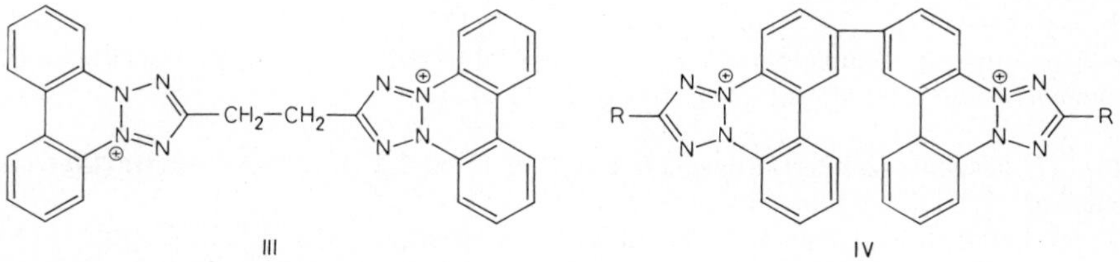

III

IV

---

[1]) Siehe S. 4247 Anm.

1,2-Bis-benzo[*c*]tetrazolo[2,3-*a*]cinnolinylium-2-yl-äthan, 2,2′-Äthandiyl-bis-benzo[*c*]tetrazolo[2,3-*a*]cinnolinylium $[C_{28}H_{20}N_8]^{2+}$, Formel III.

Dinitrat $[C_{28}H_{20}N_8](NO_3)_2$. *B.* Aus 2,3,2′,3′-Tetraphenyl-5,5′-äthandiyl-bis-tetrazolium-dichlorid beim Belichten mit UV-Licht in wss.-äthanol. HNO_3 (*Jerchel, Fischer,* B. **88** [1955] 1595, 1599). – Schwach gelbbrauner Feststoff (aus DMF + Ae.); Verfärbung bei 500°.

2,2′-Dimethyl-[7,7′]bi[benzo[*c*]tetrazolo[2,3-*a*]cinnolinyl]diylium $[C_{28}H_{20}N_8]^{2+}$, Formel IV ($R = CH_3$).

Dinitrat $[C_{28}H_{20}N_8](NO_3)_2$. *B.* Aus 5,5′-Dimethyl-3,3′-diphenyl-2,2′-biphenyl-4,4′-diyl-bis-tetrazolium-dichlorid beim Belichten mit UV-Licht in wss.-äthanol. HNO_3 (*Jerchel, Fischer,* B. **88** [1955] 1595, 1598). – Schwach gelbbrauner Feststoff (aus wss. DMF + Ae.); F: 420°.

1,1,2,2-Tetrakis-[1*H*-benzimidazol-2-yl]-äthan, 1*H*,1′*H*,1″*H*,1‴*H*-2,2′,2″,2‴-Äthandiyliden-tetrakis-benzimidazol $C_{30}H_{22}N_8$, Formel V.

B. Aus Äthan-1,1,2,2-tetracarbonsäure-tetramethylester und *o*-Phenylendiamin (*Arnold et al.,* J. org. Chem. **23** [1958] 565, 567).

Kristalle mit 2 Mol H_2O.

V VI VII

Stammverbindungen $C_nH_{2n-40}N_8$

5,10,15,20-Tetraaza-tribenzo[*b,g,l*]porphyrin, Tribenzo[*b,g,l*]porphyrazin $C_{28}H_{16}N_8$, Formel VI und Taut. (in der Literatur als Tribenzotetrazaporphin bezeichnet).

B. Neben anderen Verbindungen beim Erwärmen von Isoindolin-1,3-dion-diimin mit Pyrrolidin-2,5-dion-diimin und $NaClO_3$ in Äthanol (*Elvidge et al.,* Soc. **1957** 2466, 2470; s. a. *Elvidge, Linstead,* Soc. **1955** 3536, 3543).

Dunkelblaue Kristalle (aus Chlorbenzol); Zers. bei ca. 400° (*El., Li.*; s. a. *El. et al.*). Absorptionsspektrum (Chlorbenzol; 330–720 nm): *El., Li.,* l. c. S. 3541; *El. et al.,* l. c. S. 2469.

Kupfer(II)-Komplex $CuC_{28}H_{14}N_8$. Dunkelblaue Kristalle (aus Chlorbenzol); λ_{max} (1,2-Dichlor-benzol): 349 nm, 574 nm, 630 nm und 663 nm (*El. et al.,* l. c. S. 2468, 2471).

Kobalt(II)-Komplex $CoC_{28}H_{14}N_8$. Dunkelblaue Kristalle (aus Chlorbenzol); λ_{max} (1,2-Dichlor-benzol): 319 nm, 567 nm, 625 nm und 658 nm (*El. et al.,* l. c. S. 2468, 2471).

Nickel(II)-Komplex $NiC_{28}H_{14}N_8$. Dunkelblaue Kristalle (aus Chlorbenzol); Absorptionsspektrum (1,2-Dichlor-benzol; 320–700 nm): *El. et al.,* l. c. S. 2469, 2471.

Dibrom-Derivat $C_{28}H_{14}Br_2N_8$; 17,18-Dibrom-5,10,15,20-tetraaza-tribenzo[*b,g,l*]porphyrin. Dunkelblaue Kristalle (aus Chlorbenzol); Absorptionsspektrum (1,2-Dichlor-benzol; 340–730 nm): *El. et al.,* l. c. S. 2469, 2471.

Tetrakis-[1*H*-benzimidazol-2-yl]-äthen, 1*H*,1′*H*,1″*H*,1‴*H*-2,2′,2″,2‴-Äthentetrayl-tetrakis-benzimidazol $C_{30}H_{20}N_8$, Formel VII.

B. Beim Erhitzen von Bis-[1*H*-benzimidazol-2-yl]-methan oder 1,1,2,2-Tetrakis-[1*H*-benzimidazol-2-yl]-äthan mit Nitrobenzol in Gegenwart von K_2CO_3 (*Arnold et al.,* J. org. Chem. **23** [1958] 565, 567).

Hellorangefarbene Kristalle (aus wss. H_2SO_4) mit 1 Mol H_2O. Netzebenenabstände: *Ar. et al.*, l. c. S. 565. IR-Spektrum (KBr; 2–14 μ): *Ar. et al.*, l. c. S. 566. Absorptionsspektrum (DMF; 260–550 nm): *Ar. et al.*, l. c. S. 565.

Stammverbindungen $C_nH_{2n-44}N_8$

1,2,5,6-Tetraaza-3,4,7,8-tetra-(1,3)isoindola-cycloocta-2,3,4,6,7,8-hexaen [1]) $C_{32}H_{20}N_8$, Formel VIII und Taut.

Konstitution: *Šmirnow et al.*, Chimija chim. Technol. (IVUZ) **6** [1963] 1022; C. A. **61** [1964] 3235.

B. Beim Erhitzen von (*E*?)-[1,1′]Biisoindolyliden-3,3′-diyldiamin („Diamino-β-isoindigo"; F: 264–266°) mit $N_2H_4 \cdot HCl$ in Nitrobenzol (*Šm. et al.*). Beim Erhitzen von (*E*?)-[1,1′]Biisoindol=yliden-3,3′-dion-dihydrazon (β-Isoindigodihydrazon; E III/IV **24** 1806) mit wss. Essigsäure (*Drew, Kelly,* Soc. **1941** 637, 640).

Wasserhaltige dunkelviolette Kristalle (aus Py.); F: 300° [Zers.]. (*Šm. et al.*; s. a. *Drew, Ke.*). λ_{max} (Py.): 380 nm und 565 nm (*Šm. et al.*).

Kupfer(II)-Komplex $CuC_{32}H_{18}N_8$. Schwarze Kristalle (aus Py.); F: >550°; λ_{max} (Py.): 440 nm und 610 nm [Präparat von zweifelhafter Einheitlichkeit] (*Šm. et al.*).

Nickel(II)-Komplex $NiC_{32}H_{18}N_8$. Dunkelgrüne Kristalle (aus Py. + Bzl.); F: >500°; λ_{max} (Py.): 410 nm und 612 nm [Präparat von zweifelhafter Einheitlichkeit] (*Šm. et al.*).

Stammverbindungen $C_nH_{2n-46}N_8$

5,10,15,20-Tetraaza-tetrabenzo[*b*,*g*,*l*,*q*]porphyrin, 5,10,15,20-Tetraaza-tetrabenzoporphyrin, Phthalocyanin [2]), Tetrabenzoporphyrazin $C_{32}H_{18}N_8$, Formel IX (X = H) und Taut. (in der Literatur auch als Tetrabenzotetrazaporphin bezeichnet).

Konstitution: *Dent et al.*, Soc. **1934** 1033; *Robertson,* Soc. **1936** 1195, 1203; *Barrett et al.*, Soc. **1936** 1719, 1726; *Endermann,* Z. physik. Chem. [A] **190** [1942] 129, 165; *Frigerio,* J. org. Chem. **26** [1961] 2115; *Beresin,* Ž. fiz. Chim. **39** [1965] 321; engl. Ausg. S. 165.

Zusammenfassende Darstellung: *F.H. Moser, A.L. Thomas,* Phthalocyanine Compounds [New York 1963].

B. Beim Erhitzen von Phthalonitril auf 360° im geschlossenen Gefäss (*ICI,* U.S.P. 2116602 [1933]), auf 410°/50000 at (*Bengelsdorf,* Am. Soc. **80** [1958] 1442) oder unter Zusatz von Platin auf 360° (*Barrett et al.*, Soc. **1936** 1719, 1735). Aus Phthalonitril mit Hilfe von H_2S (*Drew, Kelly,* Soc. **1941** 637, 641), NH_3 (*ICI,* U.S.P. 2116602), Brenzcatechin (*I.G. Farbenind.*, D.R.P. 696334 [1936]; D.R.P. Org. Chem. **1**, Tl. 2, S. 853), Cyclohexylamin (*Du Pont de Nemours & Co.*, U.S.P. 2485167 [1948]), 2-Amino-äthanol (*ICI,* U.S.P. 2155054 [1936]), Piperidin und Äthylenglykol (*Du Pont de Nemours & Co.*, U.S.P. 2485168 [1948]) oder Formamid (*Gen. Aniline & Film Corp.*, U.S.P. 2212924 [1936]).

Herstellung aus Metallkomplexen des Phthalocyanins: *Byrne et al.*, Soc. **1934** 1016, 1020; *Barrett et al.*, Soc. **1936** 1719, 1728; *I.G. Farbenind.*, FIAT Final Rep. Nr. 1313 [1948] Bd. 3, S. 273, 292; *CIBA,* U.S.P. 2686184 [1952].

Atomabstände und Bindungswinkel (Röntgen-Diagramm) der Modifikation β: *Robertson,* Soc. **1936** 1195, 1204.

Phthalocyanin existiert in der stabilen Modifikation β und den metastabilen Modifikationen α und χ (*Sharp, Lardon,* J. phys. Chem. **72** [1968] 3230); die von *Susich* (FIAT Final Rep. Nr. 1313 [1948] Bd. 3, S. 412, 447, 462; Anal. Chem. **22** [1950] 425, 426) beschriebene Modifika=tion γ ist vermutlich eine Modifikation α anderer Teilchengrösse gewesen (vgl. diesbezüglich *Assour,* J. phys. Chem. **69** [1965] 2295). Herstellungsbedingungen der Modifikation α: *Karasek,*

[1]) Siehe S. 4247 Anm.

[2]) Bei von Phthalocyanin abgeleiteten Namen gilt die in Formel IX angegebene Stellungs=bezeichnung (vgl. *Merritt, Loening,* Pure appl. Chem. **51** [1979] 2251, 2261).

Decius, Am. Soc. **74** [1952] 4716; *Ebert, Gottlieb,* Am. Soc. **74** [1952] 2806, 2809; *Sh., La.*; der Modifikation *β*: *Du Pont de Nemours & Co.,* U.S.P. 2556729 [1949]; *Ka., De.*; *Eb., Go.*; *Sh., La.*; der Modifikation *χ*: *Sh., La.* Grünlichblaue Kristalle mit purpurfarbenem Glanz (aus Chinolin), die unter vermindertem Druck bei 550° ohne Zersetzung sublimieren (*Byrne et al.,* Soc. **1934** 1017, 1020). Die Modifikation *α* wandelt sich beim Erhitzen auf 300° in die Modifikation *β* um (*Su.,* FIAT Final Rep. Nr. 1313 Bd. 3, S. 448). Die Modifikation *β* ist monoklin; Kristallstruktur-Analyse (Röntgen-Diagramm): *Robertson,* Soc. **1935** 615, 616. Netzebenenabstände der Modifikationen *α* und *β*: *Ka., De.*; *Eb., Go.,* l. c. S. 2807. Die Modifikation *χ* hat eine dimere Struktur (*Sh., La.*). Dichte der Kristalle der Modifikation *β*: 1,44 (*Ro.*). Anisotropie der thermischen Ausdehnung bei 90–600 K: *Ubbelohde, Woodward,* Pr. roy. Soc. [A] **181** [1943] 415, 421.

IR-Spektrum (Film; 3500–3100 cm^{-1} und 800–700 cm^{-1}) der Modifikationen *α*, *β* und *χ*: *Sharp, Lardon,* J. phys. Chem. **72** [1968] 3230, 3231. IR-Spektrum (Nujol; 3350–650 cm^{-1}) der Modifikationen *α* und *β*: *Ebert, Gottlieb,* Am. Soc. **74** [1952] 2806, 2808. IR-Spektrum (Film [1700–700 cm^{-1}] bzw. Nujol [2080–600 cm^{-1}]): *Terenin, Sidorov,* Spectrochim. Acta **11** [1957] 573, 574; *Cannon, Sutherland,* Spectrochim. Acta **4** [1951] 373, 384, 394. Absorptionsspektrum (Film; 500–1000 nm) der Modifikationen *α*, *β* und *χ* bei 77 K: *Sh., La.* Absorptionsspektrum von Filmen bei −180° (550–700 nm): *Fielding, Gutman,* J. chem. Physics **26** [1957] 411, 418; bei Raumtemperatur (200–1000 nm bzw. 250–800 nm): *Wartanjan,* Ž. fiz. Chim. **30** [1956] 1028, 1041; C. A. **1956** 16393; *Fi., Gu.,* l. c. S. 417; von Lösungen in Chinolin (500–700 nm): *Stern, Pruckner,* Z. physik. Chem. [A] **178** [1937] 420, 435; in Chlornaphthalin (320–750 nm bzw. 400–750 nm): *Ficken, Linstead,* Soc. **1952** 4846, 4848; *Fi., Gu.,* l. c. S. 416; in Benzol (280–700 nm): *Fi., Gu.,* l. c. S. 417; in Dioxan sowie in konz. H_2SO_4 (220–900 nm): *Ewštigneew, Krašnowškiĭ,* Doklady Akad. S.S.S.R. **58** [1947] 1399; C. A. **1952** 4362. λ_{max} (Chlornaphthalin; 350–700 nm): *Elvidge et al.,* Soc. **1957** 2466, 2468; *Barrett et al.,* Soc. **1939** 1809, 1810. Fluorescenzmaxima in einem Äther-Isopentan-Äthanol-Gemisch bei 77 K: 692 nm (*Becker, Kasha,* Am. Soc. **77** [1955] 3669); der an Silicagel adsorbierten Verbindung: 680 nm, 711 nm und 750 nm; einer Lösung in Dioxan: 682 nm, 707 nm und 764 nm (*Karjakin, Schablja,* Optika Spektr. **5** [1958] 655, 656; C. A. **1959** 3877). Abklingzeit der Fluorescenz der an Silicagel adsorbierten Verbindung: *Ka., Sch.,* l. c. S. 660; einer Lösung in Dioxan: *Dimitriewškiĭ et al.,* Doklady Akad. S.S.S.R. **114** [1957] 751; Doklady biol. Sci. Sect. **112–117** [1957] 468. Löschung der Fluorescenz der an Silicagel adsorbierten Verbindung durch Sauerstoff: *Ka., Sch.,* l. c. S. 659.

Anisotropie der magnetischen Susceptibilität: *Lonsdale,* Pr. roy. Soc. [A] **159** [1937] 149, 157; Soc. **1938** 364. Anisotropie der elektrischen Leitfähigkeit bei 400–670 K: *Fielding, Gutman,* J. chem. Physics **26** [1957] 411, 412. Elektrische Leitfähigkeit der Modifikationen *α* und *β* bei 320–630 K: *Eley, Parfitt,* Trans. Faraday Soc. **51** [1955] 1529, 1535. Elektrische Leitfähigkeit im Vakuum bei 330–430 K und unter Sauerstoff (450 Torr) bei 320–380 K: *Wartanjan, Karpowitsch,* Ž. fiz. Chim. **32** [1958] 178, 180; C. A. **1958** 12568; s. a. *Wartanjan, Karpowitsch,* Doklady Akad. S.S.S.R. **111** [1956] 561; Soviet Physics Doklady **1** [1956] 675; *Wartanjan,* Ž. fiz. Chim. **22** [1948] 769, 775; C. A. **1949** 1272. Elektrische Leitfähigkeit bei 570–740 K: *Eley,* Nature **162** [1948] 819; bei 400–670 K/80 at: *Eley et al.,* Trans. Faraday Soc. **49** [1953] 79, 81. Elektrische Leitfähigkeit in Abhängigkeit von der Feldstärke (bis 100 V · cm^{-1}): *Baba et al.,* Bl. Res. Inst. appl. Electr. **8** [1956] 127, 132; C. A. **1957** 9297. Photoleitfähigkeit in Abhängigkeit von der angelegten Spannung (bis 450 V): *Wa., Ka.,* Ž. fiz. Chim. **32** 182; s. a. *Baba et al.*; in Abhängigkeit von der Intensität der Bestrahlung: *Wa., Ka.,* Ž. fiz. Chim. **32** 183; in Abhängigkeit von der eingestrahlten Wellenlänge (*λ*: 450–950 nm) und von der Schichtdicke: *Wartanjan, Karpowitsch,* Ž. fiz. Chim. **32** [1958] 274, 275; C. A. **1958** 14341; s. a. *Wa., Ka.,* Doklady Akad. S.S.S.R. **111** 562; in Abhängigkeit von der Temperatur (190–400 K): *Wa., Ka.,* Ž. fiz. Chim. **32** 184; s. a. *Wa., Ka.,* Ž. fiz. Chim. **32** 278.

Beim Behandeln des Kupfer(II)-Komplexes mit *tert*-Butylhypochlorit in Methanol ist ein als Kupfer(II)-[7-*tert*-Butoxy-6-chlor-6,7-dihydro-phthalocyanin] $CuC_{36}H_{25}ClN_8O$ formulierter Komplex (dunkelrötlichbraune Kristalle; IR-Spektrum [Nujol; 25–15 μ]; Absorptionsspektrum [$CHCl_3$; 260–600 nm]) erhalten worden (*Pedersen,* J. org. Chem. **22** [1957] 127, 132); über weitere Additionsverbindungen des Kupfer(II)-Komplexes und von Kobalt-

Komplexen mit über Sauerstoff oder Stickstoff gebundenen Resten s. *Pe.*; *Baumann et al.*, Ang. Ch. **68** [1956] 133; *Sekiguchi et al.*, J. chem. Soc. Japan Ind. Chem. Sect. **70** [1967] 503, 508, 514; C. A. **67** [1967] 91666, 91667, 91668.

Über Metallkomplexe s. Gmelins Handbuch der Anorganischen Chemie.

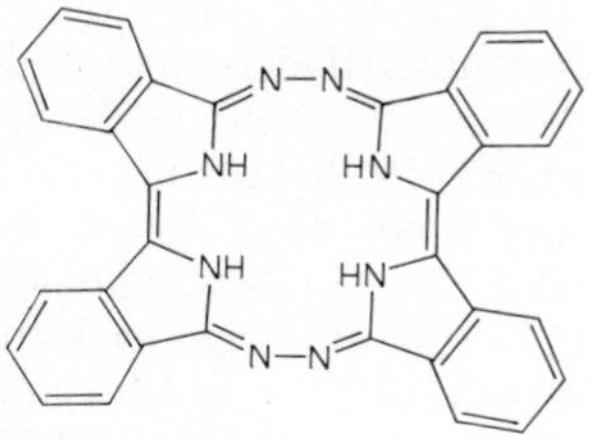

VIII 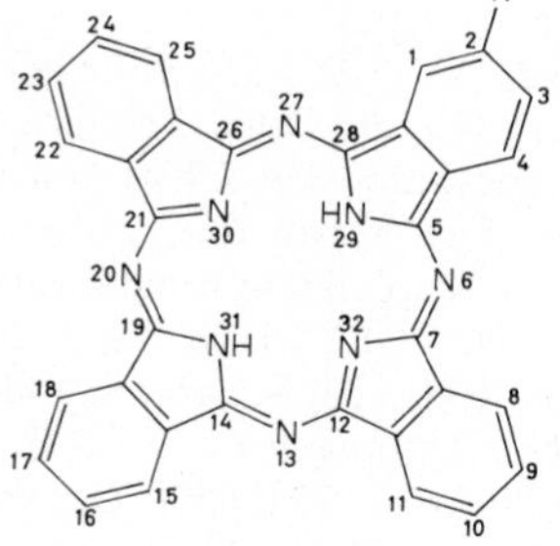 IX 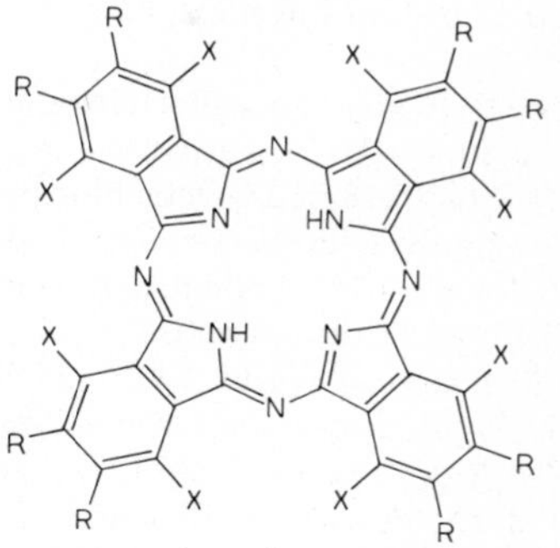 X

2-Chlor-phthalocyanin $C_{32}H_{17}ClN_8$, Formel IX (X = Cl) und Taut.

Position des Chlors: *Barrett et al.*, Soc. **1939** 1820, 1823, 1826.

B. Beim Erhitzen von Phthalonitril mit $CuCl_2$ bzw. mit $ZnCl_2$, $AlCl_3$, $SnCl_4$ oder $CoCl_2$ bzw. mit $PdCl_2$ (*Dent, Linstead,* Soc. **1934** 1027, 1029; *Barrett et al.*, Soc. **1936** 1719, 1729, 1730, 1731, 1734, **1938** 1157, 1162).

Kupfer(II)-Komplex $CuC_{32}H_{15}ClN_8$. Grünlichblauer Feststoff (*Dent, Li.*, l. c. S. 1030). IR-Spektrum (Nujol; 1100–700 cm^{-1}): *Kendall,* Anal. Chem. **25** [1953] 382, 387. λ_{max} (Chlornaphthalin): 609 nm, 646 nm und 674 nm (*Ba. et al.*, Soc. **1939** 1827).

Zink-Komplex $ZnC_{32}H_{15}ClN_8$. Blaue Kristalle [aus Chlornaphthalin] (*Ba. et al.*, Soc. **1936** 1729).

Aluminium-Komplexe. a) $Al(C_{32}H_{15}ClN_8)OH$. Blauer Feststoff (*Ba. et al.*, Soc. **1936** 1731). – b) $Al(C_{32}H_{15}ClN_8)Cl$. Blaues Pulver (aus Chlornaphthalin) mit 2 Mol H_2O (*Ba. et al.*, Soc. **1936** 1731).

Zinn(IV)-Komplex $Sn(C_{32}H_{15}ClN_8)Cl_2$. Grüne Kristalle [aus Chinolin] (*Ba. et al.*, Soc. **1936** 1734).

Kobalt(II)-Komplex $CoC_{32}H_{15}ClN_8$. Blaue Kristalle [aus Chlornaphthalin] (*Ba. et al.*, Soc. **1936** 1730).

Palladium(II)-Komplex $PdC_{32}H_{15}ClN_8$. Blauer Feststoff [aus Chlornaphthalin] (*Ba. et al.*, Soc. **1938** 1162).

1,4,8,11,15,18,22,25-Octachlor-phthalocyanin $C_{32}H_{10}Cl_8N_8$, Formel X (R = H, X = Cl) und Taut.

λ_{max} (Chlornaphthalin): 623 nm, 657 nm und 695 nm (*Barrett et al.*, Soc. **1939** 1820, 1827).

Kupfer(II)-Komplex $CuC_{32}H_8Cl_8N_8$. *B.* Beim Erhitzen von 3,6-Dichlor-phthalsäureanhydrid mit Harnstoff und Kupfer-Pulver bzw. CuCl in Trichlorbenzol (*Shigemitsu,* J. chem. Soc. Japan Ind. Chem. Sect. **62** [1959] 110; C. A. **57** [1962] 13925; Bl. chem. Soc. Japan **32** [1959] 691). – Dimorph; Kristalle (aus der Reaktionslösung) und Kristalle [aus $ClSO_3H + H_2O$] (*Shigemitsu,* Bl. chem. Soc. Japan **32** [1959] 607, 608). Netzebenenabstände der beiden Modifikationen: *Sh.*, Bl. chem. Soc. Japan **32** 613. λ_{max} (Chlornaphthalin): 632 nm, 661 nm und 705 nm (*Ba. et al.*). Reflexionsspektrum (400–740 nm) der beiden Modifikationen: *Sh.*, Bl. chem. Soc. Japan **32** 611.

2,3,9,10,16,17,23,24-Octachlor-phthalocyanin $C_{32}H_{10}Cl_8N_8$, Formel X (R = Cl, X = H) und Taut.

B. Aus 4,5-Dichlor-phthalonitril (*ICI*, U.S.P. 2155054 [1936]).

Kristalle mit purpurfarbenem Reflex (*ICI*). λ_{max} (Chlornaphthalin): 661 nm und 694 nm (*Bar*=

rett et al., Soc. **1939** 1820, 1827).

Kupfer(II)-Komplex $CuC_{32}H_8Cl_8N_8$. *B.* Beim Erhitzen von 4,5-Dichlor-phthalsäure-anhydrid mit Harnstoff und Kupfer bzw. CuCl in Trichlorbenzol (*Shigemitsu*, Bl. chem. Soc. Japan **32** [1959] 607, 608, 691). – Dimorph; Kristalle (aus der Reaktionslösung) und Kristalle [aus $ClSO_3H+H_2O$] (*Sh.*, l. c. S. 608). Netzebenenabstände der beiden Modifikationen: *Sh.*, l. c. S. 613, 614. Reflexionsspektrum (400–740 nm) der beiden Modifikationen: *Sh.*, l. c. S. 611.

29*H*,31*H*-Hexadecachlor-phthalocyanin $C_{32}H_2Cl_{16}N_8$, Formel X (R = X = Cl) und Taut.

Kupfer(II)-Komplex $CuC_{32}Cl_{16}N_8$. *B.* Beim Erhitzen des Kupfer(II)-Komplexes des 1,4,8,11,15,18,22,25-Octachlor-phthalocyanins mit Chlor unter Zusatz von Sb_2S_3 in Phthalsäure-anhydrid (*Shigemitsu*, J. chem. Soc. Japan Ind. Chem. Sect. **62** [1959] 110, 112; C. A. **57** [1962] 13925). Beim Erhitzen von Kupfer(II)-phthalocyanin mit Chlor unter Zusatz von $SbCl_5$ in Phthalsäure-anhydrid (*Leibnitz et al.*, Chem. Tech. **5** [1953] 179, 184; s. a. *Borodkin, Ušatschewa*, Ž. prikl. Chim. **29** [1956] 1383; engl. Ausg. S. 1487). Über die Bildung aus Tetrachlorphthalsäure-anhydrid s. *Standard Ultramine Co.*, U.S.P. 2549842 [1948]; *Gen. Aniline & Film Corp.*, U.S.P. 2647127, 2647128, 2673854 [1950]; *Goodrich Co.*, U.S.P. 2824107 [1954]; s. dazu *Shigemitsu*, Bl. chem. Soc. Japan **32** [1959] 691; *Borodkin et al.*, Ž. prikl. Chim. **29** [1956] 1606; engl. Ausg. S. 1729. – Dimorph; Kristalle (aus der Reaktionslösung) und Kristalle [aus $ClSO_3H+H_2O$] (*Shigemitsu*, Bl. chem. Soc. Japan **32** [1959] 607, 608). Netzebenenabstände der beiden Modifikationen: *Sh.*, Bl. chem. Soc. Japan **32** 614. IR-Spektrum (Nujol; 3–14 μ): *Shigemitsu*, J. chem. Soc. Japan Ind. Chem. Sect. **62** 112; Bl. chem. Soc. Japan **32** [1959] 544. Reflexionsspektrum (400–740 nm) der beiden Modifikationen: *Sh.*, Bl. chem. Soc. Japan **32** 612. Reflexionsspektrum (500–630 nm): *Le. et al.*, l. c. S. 186.

1,4-Bis-benzo[*c*]tetrazolo[2,3-*a*]cinnolinylium-2-yl-benzol, 2,2′-*p*-Phenylen-bis-benzo[*c*]tetrazolo[2,3-*a*]cinnolinylium $[C_{32}H_{20}N_8]^{2+}$, Formel XI.

Dinitrat $[C_{32}H_{20}N_8](NO_3)_2$. *B.* Aus 2,3,2′,3′-Tetraphenyl-5,5′-*p*-phenylen-bis-tetrazolium-dichlorid beim Belichten mit UV-Licht in wss. HNO_3 (*Jerchel, Fischer*, B. **88** [1955] 1595, 1599). – Schwach gelbbrauner Feststoff (aus Eg.+Me.+E.); F: 420°. UV-Spektrum (A.; 240–390 nm): *Je., Fi.*, l. c. S. 1597.

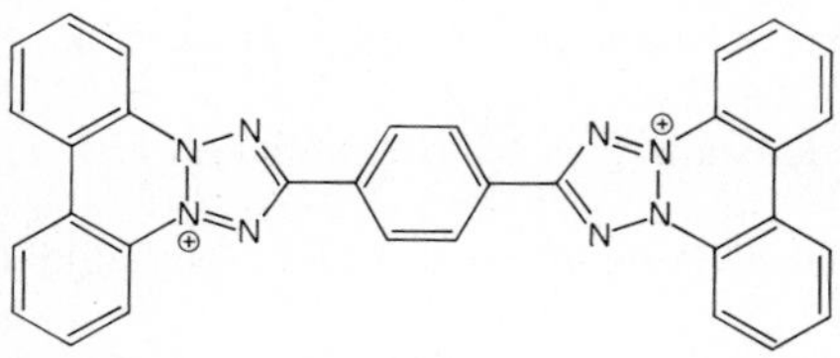

XI 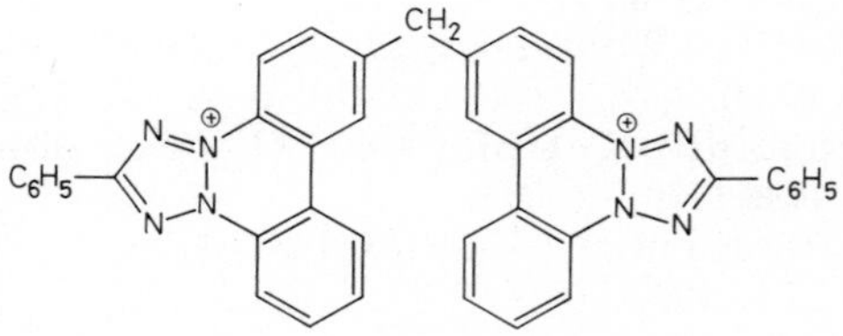 XII

Stammverbindungen $C_nH_{2n-54}N_8$

2,2′-Diphenyl-[7,7′]bi[benzo[*c*]tetrazolo[2,3-*a*]cinnolinyl]diylium $[C_{38}H_{24}N_8]^{2+}$, Formel IV auf S. 4253 (R = C_6H_5).

Dinitrat $[C_{38}H_{24}N_8](NO_3)_2$. *B.* Aus 3,5,3′,5′-Tetraphenyl-2,2′-biphenyl-4,4′-diyl-bis-tetrazolium-dichlorid beim Belichten mit UV-Licht in wss.-äthanol. HNO_3 (*Jerchel, Fischer*, B. **88** [1955] 1595, 1598). – Braungelbe Kristalle (aus Py.+Ae.); F: 352°. UV-Spektrum (A.; 240–400 nm): *Je., Fi.*, l. c. S. 1597.

Bis-[2-phenyl-benzo[*c*]tetrazolo[2,3-*a*]cinnolinylium-7-yl]-methan, 2,2′-Diphenyl-7,7′-methandiyl-bis-benzo[*c*]tetrazolo[2,3-*a*]cinnolinylium $[C_{39}H_{26}N_8]^{2+}$, Formel XII.

Dinitrat $[C_{39}H_{26}N_8](NO_3)_2$. *B.* Aus 3,5,3′,5′-Tetraphenyl-2,2′-[4,4′-methandiyl-diphenyl]-bis-tetrazolium-dinitrat mit Hilfe von UV-Licht (*Jerchel, Fischer*, B. **88** [1955] 1595, 1598). – Schwach gelbbraune Kristalle (aus Py.+A.+E.); F: 267°.

1,4-Bis-[2,3-diphenyl-imidazo[1,2-*b*][1,2,4]triazin-6-yl]-benzol, 2,3,2′,3′-Tetraphenyl-6,6′-*p*-phenylen-bis-imidazo[1,2-*b*][1,2,4]triazin $C_{40}H_{26}N_8$, Formel XIII.

B. Aus 1,4-Bis-chloracetyl-benzol und 5,6-Diphenyl-[1,2,4]triazin-3-ylamin (*Fusco, Rossi,* Rend. Ist. lomb. **88** [1955] 194, 202).

Kristalle (aus A.); F: 340°.

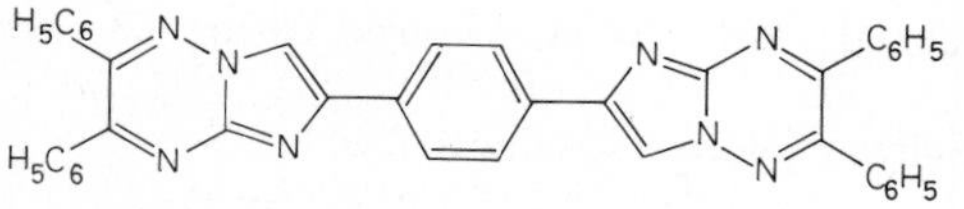

XIII 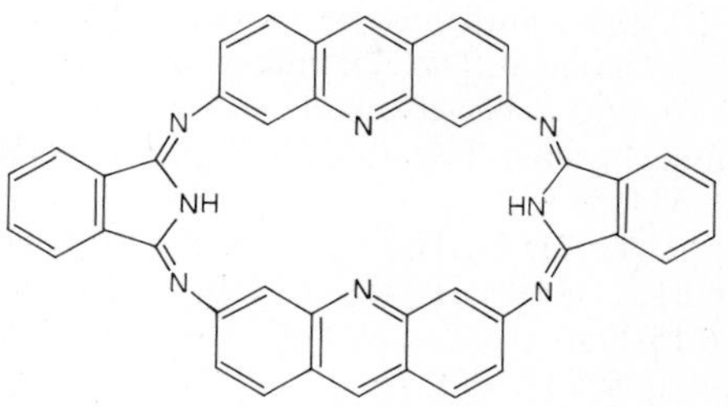 XIV

Stammverbindungen $C_nH_{2n-60}N_8$

1,3,5,7-Tetraaza-2,6-di-(3,6)acridina-4,8-di-(1,3)isoindola-cycloocta-3,4,7,8-tetraen [1]) $C_{42}H_{24}N_8$, Formel XIV.

B. Aus Isoindolin-1,3-dion-diimin und Acridin-3,6-diyldiamin (*Clark et al.,* Soc. **1954** 2490, 2495).

Dunkelgelbe Kristalle (aus Py.); Zers. >400°; λ_{max} (DMF): 280 nm, 324 nm, 336 nm und 363 nm (*Cl. et al.,* l. c. S. 2493, 2495). Orangefarbene Kristalle (aus DMF) mit 2 Mol DMF und 2 Mol H_2O (*Cl. et al.,* l. c. S. 2497).

Reaktion beim Erhitzen mit CH_3I: *Cl. et al.,* l. c. S. 2493, 2496.

Stammverbindungen $C_nH_{2n-70}N_8$

5,10,15,20-Tetraaza-tetranaphtho[1,2-*b*;1′,2′-*g*;1″,2″-*l*;1‴,2‴-*q*]porphyrin(?), Tetranaphtho[1,2-*b*;1′,2′-*g*;1″,2″-*l*;1‴,2‴-*q*]porphyrazin(?) $C_{48}H_{26}N_8$, vermutlich Formel XV und Taut.; α-[1,2]Naphthalocyanin.

B. Neben geringeren Mengen 5,10,15,20-Tetraaza-tetranaphtho[2,3-*b*;2′,3′-*g*;2″,3″-*l*;2‴,3‴-*q*]porphyrin [β-[1,2]Naphthalocyanin $C_{48}H_{26}N_8$: grüne Kristalle (aus Chlornaphthalin)] (*Bradbrook, Linstead,* Soc. **1936** 1744, 1747); Absorptionsspektrum [Chlornaphthalin; 350–750 nm]: *Linstead et al.,* zit. bei *Gouterman,* J. mol. Spectr. **6** [1961] 138, 157; s. a. *Anderson et al.,* Soc. **1938** 1151, 1152; Magnesium-Komplex $MgC_{48}H_{24}N_8$: dunkelgrüne Kristalle [aus Chlornaphthalin] mit 1 Mol H_2O (*Br., Li.*)] beim Erhitzen von Naphthalin-1,2-dicarbonitril mit Magnesium auf 370° (*Br., Li.*).

Grüner Feststoff (*Br., Li.*). λ_{max} (Chlornaphthalin): 584 nm, 606 nm, 645 nm, 677 nm und 720 nm (*An. et al.*).

Kupfer(II)-Komplex $CuC_{48}H_{24}N_8$. Grüne Kristalle [aus Chlornaphthalin] (*Br., Li.,* l. c. S. 1748). Absorptionsspektrum (Chlornaphthalin; 350–750 nm): *Li. et al.*

Magnesium-Komplex $MgC_{48}H_{24}N_8$. Hellgrüne Kristalle [aus Ae.] (*Br., Li.*).

Stammverbindungen $C_nH_{2n-86}N_8$

2,3,7,8,12,13,17,18-Octaphenyl-5,10,15,20-tetraaza-porphyrin $C_{64}H_{42}N_8$, Formel XVI (X = H) und Taut. (in der Literatur auch als Octaphenyltetrazaporphin bezeichnet).

B. Aus Diphenylfumaronitril (E III **9** 4589) mit Hilfe von Kupfer-Pulver oder Magnesium-

[1]) Über diese Bezeichnungsweise s. *Kauffmann,* Tetrahedron **28** [1972] 5183.

Pulver (*Cook, Linstead,* Soc. **1937** 929, 931, 932).

Dunkler Feststoff [aus Py.+H_2O] (*Cook, Li.,* l. c. S. 930, 932). λ_{max} (Chlornaphthalin): 560 nm, 605 nm und 675 nm (*Anderson et al.,* Soc. **1938** 1151, 1152).

Kupfer(II)-Komplex $CuC_{64}H_{40}N_8$. Grünlichschwarze Kristalle [aus Bzl.] (*Cook, Li.*). λ_{max} (Chlornaphthalin): 570 nm, 604 nm und 628,5 nm (*An. et al.*).

Magnesium-Komplex $MgC_{64}H_{40}N_8$. Blauschwarzes Pulver [aus Py.+H_2O] (*Cook, Li.*). λ_{max} (Chlornaphthalin): 585 nm und 645 nm (*An. et al.*).

Dipolmoment, Dielektrizitätskonstante, dielektrischer Verlust und dielektrische Relaxationszeit in Benzol bei 20°, 40° und 60° eines Eisen(III)-Komplexes $Fe(C_{64}H_{40}N_8)Cl$ (dunkel bräunlichgrüner Feststoff) fraglicher Einheitlichkeit: *Pitt, Smyth,* J. phys. Chem. **63** [1959] 582, 584, 585.

Diformiat $C_{64}H_{42}N_8 \cdot 2CH_2O_2$. Bräunlichschwarze Kristalle (*Cook, Li.*).

Chlor-Derivat $C_{64}H_{41}ClN_8$; 2-[x-Chlor-phenyl]-3,7,8,12,13,17,18-heptaphenyl-5,10,15,20-tetraaza-porphyrin. *B.* Aus Diphenylfumaronitril (E III **9** 4589) und CuCl (*Cook, Li.,* l. c. S. 932; *Pitt, Sm.,* l. c. S. 584). — Dipolmoment, Dielektrizitätskonstante, dielektrischer Verlust und dielektrische Relaxationszeit in Benzol bei 20°, 40° und 60° eines Präparats (schwarze Kristalle [aus Bzl.]) fraglicher Einheitlichkeit: *Pitt, Sm.,* l. c. S. 585. — Kupfer(II)-Komplex $CuC_{64}H_{39}ClN_8$. Schwarze Kristalle [aus $CHCl_3$] (*Cook, Li.*).

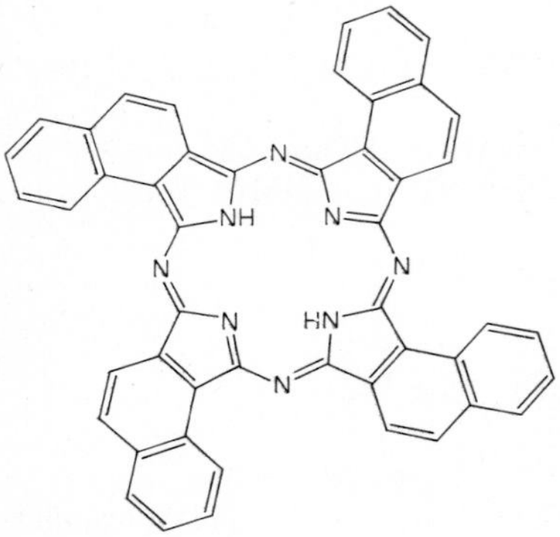

XV

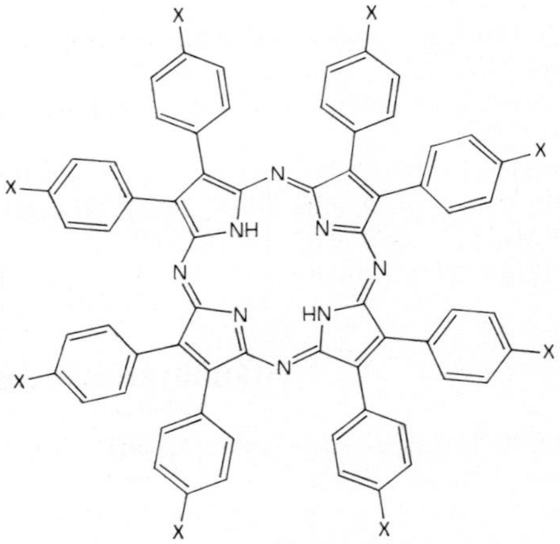

XVI

2,3,7,8,12,13,17,18-Octakis-[4-nitro-phenyl]-5,10,15,20-tetraaza-porphyrin $C_{64}H_{34}N_{16}O_{16}$, Formel XVI (X = NO_2) und Taut.

Magnesium-Komplex $MgC_{64}H_{32}N_{16}O_{16}$. *B.* Aus Bis-[4-nitro-phenyl]-fumaronitril (E III **9** 4590) und Magnesium-Pulver (*Cook, Linstead,* Soc. **1937** 929, 932). — Dunkelgrünes Pulver [aus Bzl.] (*Cook, Li.*). λ_{max} (Chlornaphthalin): 598 nm und 665 nm (*Anderson et al.,* Soc. **1938** 1151, 1152).

II. Hydroxy-Verbindungen

***Opt.-inakt. Bis-[1,2-bis-(1-phenyl-1*H*-pyrazolo[3,4-*b*]chinoxalin-3-yl)-äthyl]-äther(?)** $C_{64}H_{42}N_{16}O$, vermutlich Formel I.

B. Aus 3-Methyl-1-phenyl-1*H*-pyrazolo[3,4-*b*]chinoxalin und CrO_2Cl_2 in CS_2 (*Ohle, Melkonian,* B. **74** [1941] 398, 405).

Gelbe Kristalle (aus Benzylalkohol); F: 356–358° [partielle Sublimation].

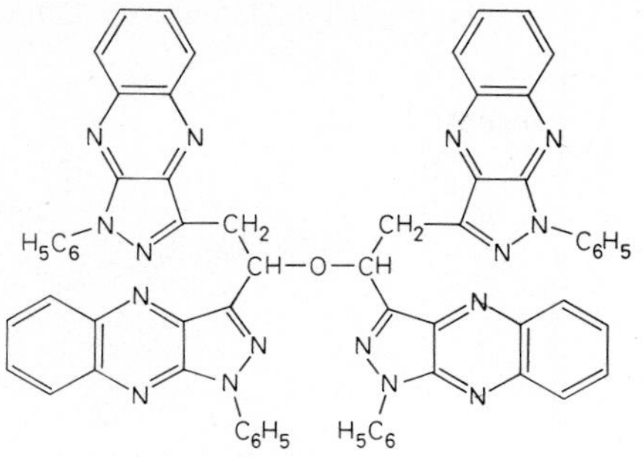

I

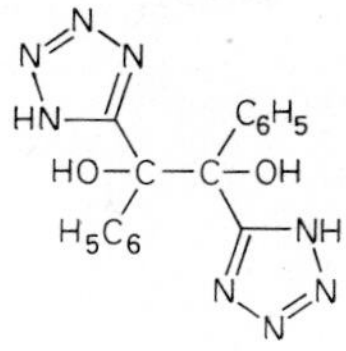

II

***Opt.-inakt. 1,2-Diphenyl-1,2-bis-[1*H*-tetrazol-5-yl]-äthan-1,2-diol** $C_{16}H_{14}N_8O_2$, Formel II und Taut.

B. Aus Phenyl-[1*H*-tetrazol-5-yl]-keton bei Belichtung in Isopropylalkohol mit Tageslicht (*Fisher et al.,* J. org. Chem. **24** [1959] 1650, 1654).

F: 181–182° [unkorr.; Zers.].

***Opt.-inakt. 4-[6-Hydroxy-4-methyl-5,6,7,8-tetrahydro-pteridin-7-ylmethyl]-5,6,7,8-tetrahydro-pteridin-6,7-diol** $C_{14}H_{18}N_8O_3$, Formel III.

Diese Konstitution kommt der von *Albert et al.* (Soc. **1956** 2066, 2070) als *N*-[3-Acetyl-pyrazin-2-yl]-formamidin formulierten Verbindung zu (*Albert, Yamamoto,* Soc. [C] **1968** 1181, 1185).

B. Beim Erwärmen von 4-Methyl-pteridin mit wss. H_2SO_4 [0,5 n] (*Al., Ya.*; s. a. *Al. et al.*).

Kristalle (aus H_2O); Zers. bei ca. 190° (*Al., Ya.*).

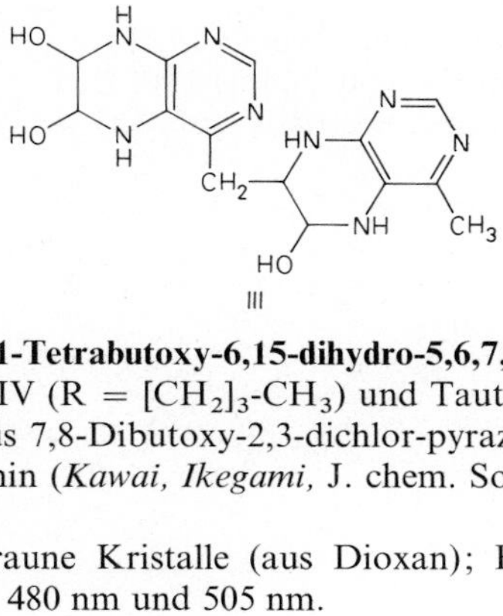

III

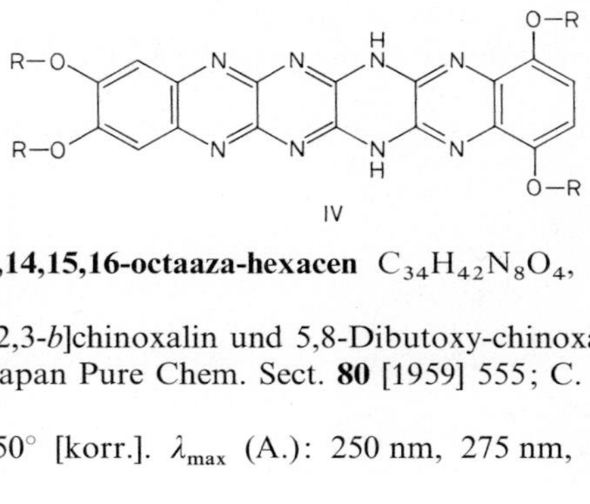

IV

1,4,10,11-Tetrabutoxy-6,15-dihydro-5,6,7,8,13,14,15,16-octaaza-hexacen $C_{34}H_{42}N_8O_4$, Formel IV (R = $[CH_2]_3$-CH_3) und Taut.

B. Aus 7,8-Dibutoxy-2,3-dichlor-pyrazino[2,3-*b*]chinoxalin und 5,8-Dibutoxy-chinoxalin-2,3-diyldiamin (*Kawai, Ikegami,* J. chem. Soc. Japan Pure Chem. Sect. **80** [1959] 555; C. A. **1961** 3599).

Rotbraune Kristalle (aus Dioxan); F: 250° [korr.]. λ_{max} (A.): 250 nm, 275 nm, 305 nm, 450 nm, 480 nm und 505 nm.

III. Oxo-Verbindungen

***Opt.-inakt. 9,9'-Dimethyl-3,7,8,9,3',7',8',9'-octahydro-[8,8']bipurinyl-2,2'-dion** $C_{12}H_{14}N_8O_2$, Formel V und Taut.

B. Aus 5-Amino-4-methylamino-1*H*-pyrimidin-2-on und Glyoxal (*Fidler, Wood,* Soc. **1956** 3311, 3313).

Hellgelbe Kristalle; F: >300°. λ_{max} (wss. Lösung vom pH 1): 233 nm und 330 nm.

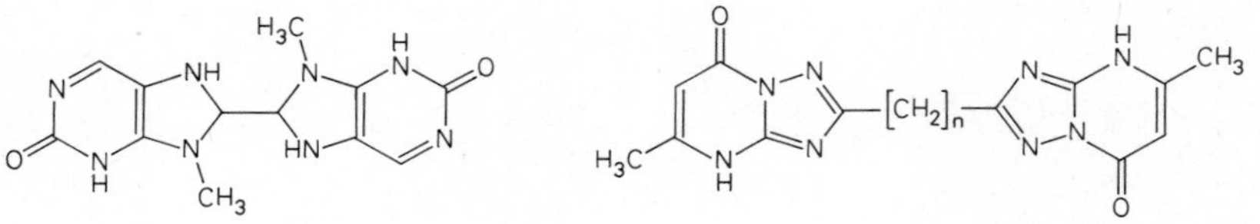

V VI

1,2-Bis-[5-methyl-7-oxo-4,7-dihydro-[1,2,4]triazolo[1,5-*a*]pyrimidin-2-yl]-äthan, 5,5'-Dimethyl-4*H*,4'*H*-2,2'-äthandiyl-bis-[1,2,4]triazolo[1,5-*a*]pyrimidin-7-on $C_{14}H_{14}N_8O_2$, Formel VI (n = 2) und Taut.

B. Aus Bernsteinsäure-dihydrazid und 2-Äthylmercapto-6-methyl-3*H*-pyrimidin-4-on (*Eastman Kodak Co.,* U.S.P. 2852375 [1956]).

F: 240–242° [Zers.].

1,4-Bis-[5-methyl-7-oxo-4,7-dihydro-[1,2,4]triazolo[1,5-*a*]pyrimidin-2-yl]-butan, 5,5'-Dimethyl-4*H*,4'*H*-2,2'-butandiyl-bis-[1,2,4]triazolo[1,5-*a*]pyrimidin-7-on $C_{16}H_{18}N_8O_2$, Formel VI (n = 4) und Taut.

B. Analog der vorangehenden Verbindung (*Eastman Kodak Co.,* U.S.P. 2852375 [1956]).

F: 218–220°.

(*E*)-5,8,5',8'-Tetrahydro-[7,7']bipteridinyliden-6,6'-dion $C_{12}H_8N_8O_2$, Formel VII und Taut.

Konstitution und Konfiguration: *Albert, Rokos,* Pr. 4. int. Symp. Chem. Biol. Pteridines Toba 1969 S. 95.

B. Beim Erhitzen von 5*H*-Pteridin-6-on mit Na_2CO_3 in Formamid (*Al., Ro.*; s. a. *Albert, Reich,* Soc. **1960** 1370; *Albert,* Soc. **1955** 2690, 2698).

Rötlichorangefarbene Kristalle, die sich unterhalb 350° nicht verändern (*Al.*). λ_{max} (wss. Lösung): 297 nm, 419 nm und 445 nm [pH 0] bzw. 460 nm und 490 nm [pH 13] (*Al.,* l. c. S. 2695). Scheinbarer Dissoziationsexponent pK'_a (H_2O; spektrophotometrisch ermittelt) bei 20°: ca. 1 (*Al.,* l. c. S. 2695).

Dikalium-Salz $K_2C_{12}H_6N_8O_2$. Rote Kristalle [aus wss. KOH] (*Al.*).

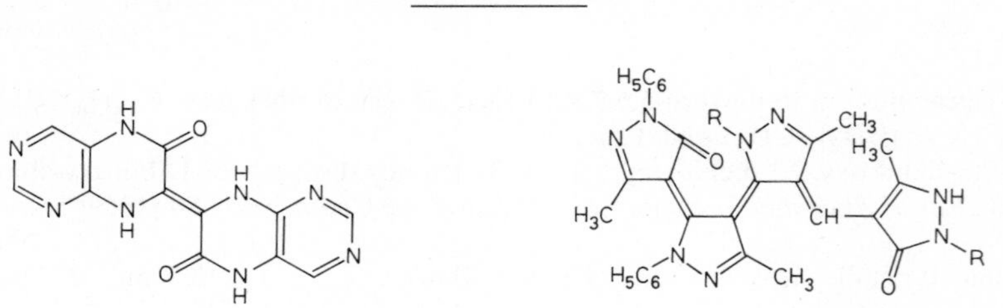

VII VIII

***5,5',5''-Trimethyl-4-[5-methyl-3-oxo-2-(4-sulfo-phenyl)-2,3-dihydro-1*H*-pyrazol-4-ylmethylen]-2',2''-diphenyl-2-[4-sulfo-phenyl]-2,4-dihydro-2'*H*,2''*H*-[3,4';3',4'']terpyrazolyliden-3''-on** $C_{41}H_{34}N_8O_8S_2$, Formel VIII (R = C_6H_4-SO_3H) oder Stereoisomere und Taut.

Trinatrium-Salz. *B.* Beim Erwärmen von [5-Methyl-3-oxo-2-(4-sulfo-phenyl)-2,3-dihydro-1*H*-pyrazol-4-yl]-[3-methyl-5-oxo-1-(4-sulfo-phenyl)-1,5-dihydro-pyrazol-4-yliden]-methan mit 5-Methyl-2-phenyl-1,2-dihydro-pyrazol-3-on und wss.-methanol. NaOH (*Gevaert Photo-Prod. N.V.,* U.S.P. 2620339 [1947]). – λ_{max} (H_2O): 265 nm.

1,3,1',3'-Tetrahydro-[6,6']bi[imidazo[4,5-*b*]chinoxalinyl]-2,2'-dion $C_{18}H_{10}N_8O_2$, Formel IX.

B. Aus Parabansäure (E III/IV **24** 1865) und Biphenyl-3,4,3',4'-tetrayltetraamin (*Tiwari, Dutt,*

Pr. nation. Acad. India **7** [1937] 58, 62).
Kristalle (aus A.).

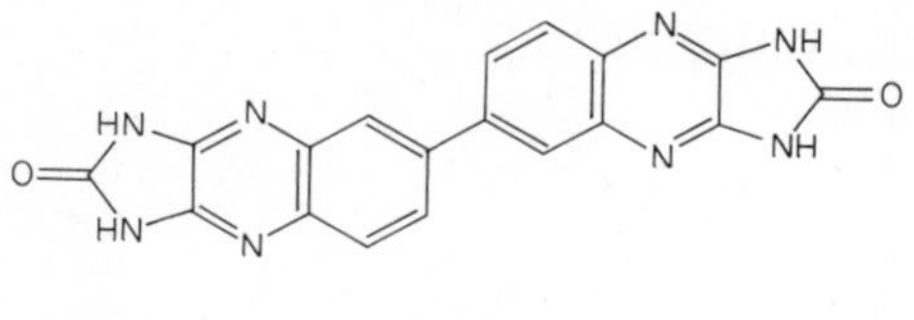

IX

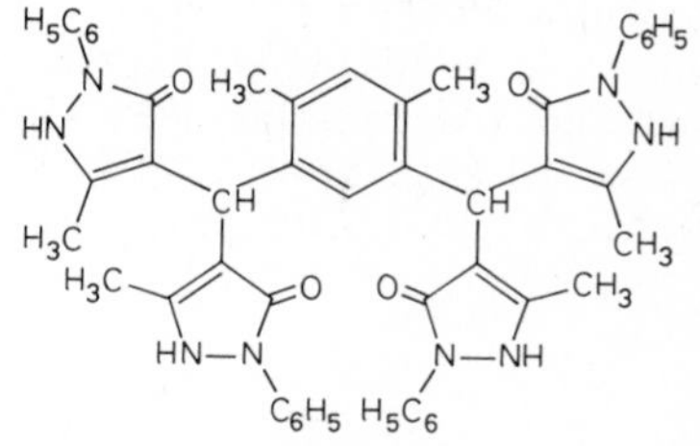

X

1,5-Bis-[bis-(5-methyl-3-oxo-2-phenyl-2,3-dihydro-1*H*-pyrazol-4-yl)-methyl]-2,4-dimethyl-benzol $C_{50}H_{46}N_8O_4$, Formel X und Taut.

B. Aus 4,6-Dimethyl-isophthalaldehyd und 5-Methyl-2-phenyl-1,2-dihydro-pyrazol-3-on (*I.G. Farbenind.*, D.R.P. 716599 [1939]; D.R.P. Org. Chem. **5** 196).

Kristalle; F: 182–185°.

1,2-Bis-[7-methyl-2,4-dioxo-10-D-ribit-1-yl-2,3,4,10-tetrahydro-benzo[*g*]pteridin-8-yl]-äthan, 7,7'-Dimethyl-10,10'-di-D-ribit-1-yl-10*H*,10'*H*-8,8'-äthandiyl-bis-benzo[*g*]pteridin-2,4-dion $C_{34}H_{38}N_8O_{12}$, Formel XI (R = Formel XII).

B. Beim Hydrieren von 1,2-Bis-[7-methyl-2,4-dioxo-10-D-ribit-1-yl-2,3,4,10-tetrahydro-1*H*-benzo[*g*]pteridin-8-yliden]-äthan (S. 4264) an Palladium/Kohle in Ameisensäure, Erwärmen des Reaktionsprodukts mit wss. HCl und anschliessenden Behandeln mit wss. H_2O_2 (*Hemmerich et al.*, Helv. **42** [1959] 2164, 2174).

Hygroskopische gelbe Kristalle (aus wss. HCl) mit 0,5 Mol H_2O. Absorptionsspektrum (Ameisensäure; 230–520 nm): *He. et al.*, l. c. S. 2170, 2175.

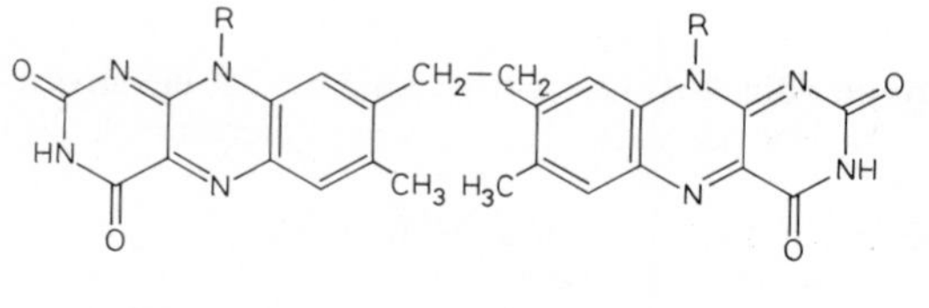

XI

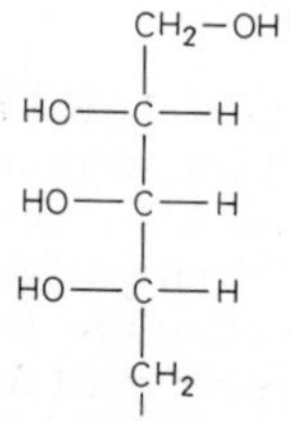

XII

***1,2-Bis-[7,10-dimethyl-2,4-dioxo-2,3,4,10-tetrahydro-1*H*-benzo[*g*]pteridin-8-yliden]-äthan, 7,10,7',10'-Tetramethyl-8,10,8',10'-tetrahydro-1*H*,1'*H*-8,8'-äthandiyliden-bis-benzo[*g*]pteridin-2,4-dion** $C_{26}H_{22}N_8O_4$, Formel XIII (R = H, R' = CH_3).

B. Beim Erhitzen von Lumiflavin (S. 2539) mit K_2CO_3 in DMF und Erwärmen des Reaktionsprodukts mit H_2O_2 in wss. $HClO_4$ (*Hemmerich et al.*, Helv. **42** [1959] 2164, 2173).

Hygroskopische rotbraune Kriistalle mit 0,5 Mol H_2O.

Diperchlorat $C_{26}H_{22}N_8O_4 \cdot 2HClO_4$. Hygroskopische rote Kristalle (aus wss. $HClO_4$) mit 2 Mol H_2O.

***1,2-Bis-[3,7,10-trimethyl-2,4-dioxo-2,3,4,10-tetrahydro-1*H*-benzo[*g*]pteridin-8-yliden]-äthan, 3,7,10,3',7',10'-Hexamethyl-8,10,8',10'-tetrahydro-1*H*,1'*H*-8,8'-äthandiyliden-bis-benzo[*g*]pteridin-2,4-dion** $C_{28}H_{26}N_8O_4$, Formel XIII (R = R' = CH_3).

B. Analog der vorangehenden Verbindung (*Hemmerich et al.*, Helv. **42** [1959] 2164, 2174).

Kristalle mit 0,5 Mol H_2O.

***1,2-Bis-[7-methyl-2,4-dioxo-10-D-ribit-1-yl-2,3,4,10-tetrahydro-1*H*-benzo[*g*]pteridin-8-yliden]-äthan, 7,7′-Dimethyl-10,10′-di-D-ribit-1-yl-8,10,8′,10′-tetrahydro-1*H*,1′*H*-8,8′-äthandiyliden-bis-benzo[*g*]pteridin-2,4-dion** $C_{34}H_{38}N_8O_{12}$, Formel XIII (R = H, R′ = Formel XII).

B. Beim Erhitzen von Riboflavin (S. 2542) mit K_2CO_3 in DMF und Erwärmen des Reaktionsprodukts mit H_2O_2 in wss. $HClO_4$ (*Hemmerich et al.*, Helv. **42** [1959] 2164, 2174).

Kristalle mit 0,5 Mol H_2O; Kristalle (aus wss.-äthanol. DMSO) mit 1 Mol DMSO. Absorptionsspektrum (Ameisensäure [230–530 nm], DMSO [280–600 nm] sowie wss. Lösung vom pH 4,5 und pH 12 [280–600 nm]): *He. et al.*, l. c. S. 2165, 2170.

Perchlorat. Rote Kristalle (aus wss. $HClO_4$).

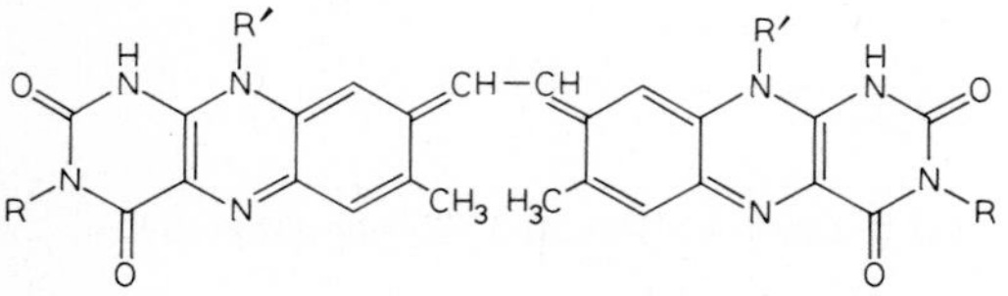

XIII 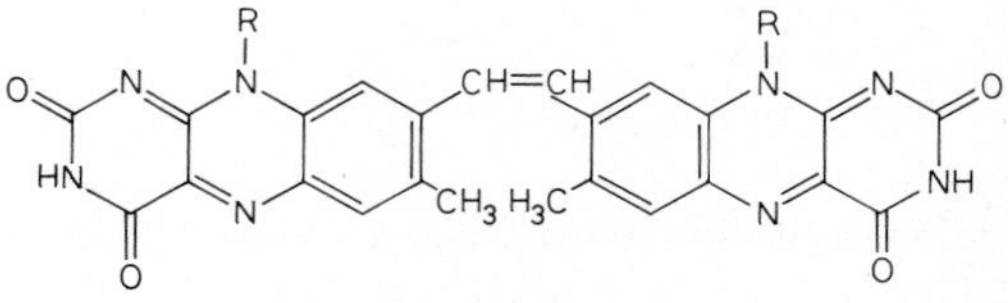 XIV

***1,2-Bis-[7,10-dimethyl-2,4-dioxo-2,3,4,10-tetrahydro-benzo[*g*]pteridin-8-yl]-äthen, 7,10,7′,10′-Tetramethyl-10*H*,10′*H*-8,8′-äthendiyl-bis-benzo[*g*]pteridin-2,4-dion** $C_{26}H_{20}N_8O_4$, Formel XIV (R = CH_3).

B. Analog der folgenden Verbindung (*Hemmerich et al.*, Helv. **42** [1959] 2164, 2167).

Absorptionsspektrum des Hydrochlorids[?] (Ameisensäure; 230–530 nm): *He. et al.*, l. c. S. 2170.

***1,2-Bis-[7-methyl-2,4-dioxo-10-D-ribit-1-yl-2,3,4,10-tetrahydro-benzo[*g*]pteridin-8-yl]-äthen, 7,7′-Dimethyl-10,10′-di-D-ribit-1-yl-10*H*,10′*H*-8,8′-äthendiyl-bis-benzo[*g*]pteridin-2,4-dion** $C_{34}H_{36}N_8O_{12}$, Formel XIV (R = Formel XII).

Dihydrochlorid $C_{34}H_{36}N_8O_{12} \cdot 2HCl$. *B.* Beim Erwärmen von 1,2-Bis-[7-methyl-2,4-dioxo-10-D-ribit-1-yl-2,3,4,10-tetrahydro-1*H*-benzo[*g*]pteridin-8-yliden]-äthan (s. o.) mit H_2O_2 und wss. HCl (*Hemmerich et al.*, Helv. **42** [1959] 2164, 2175). – Orangegelbe Kristalle (aus wss. HCl).

***[2,4,7-Trioxo-1,2,3,4,7,8-hexahydro-pteridin-6-yl]-[2,4,7-trioxo-1,3,4,5,7,8-hexahydro-2*H*-pteridin-6-yliden]-methan** $C_{13}H_8N_8O_6$, Formel I und Taut. (in der Literatur als 2-Desimino-allopterorhodin bezeichnet).

B. Beim Erhitzen von 1*H*,8*H*-Pteridin-2,4,7-trion mit 6-Methyl-1*H*,8*H*-pteridin-2,4,7-trion und Sauerstoff in wss. HCl (*Pfleiderer*, B. **92** [1959] 2468, 2477).

Rote Kristalle mit 1 Mol H_2O. λ_{max} (konz. H_2SO_4): 370 nm (*Pf.*, l. c. S. 2474).

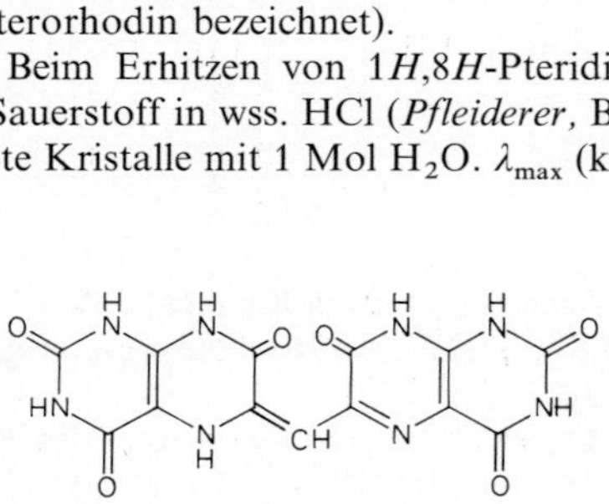

I 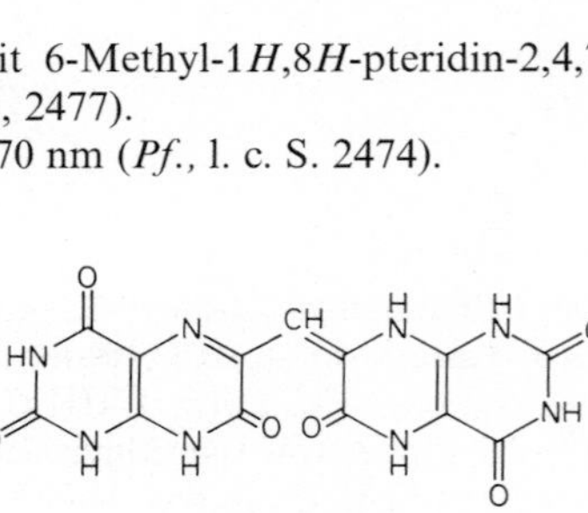 II

***[2,4,7-Trioxo-1,2,3,4,7,8-hexahydro-pteridin-6-yl]-[2,4,6-trioxo-2,3,4,5,6,8-hexahydro-1*H*-pteridin-7-yliden]-methan** $C_{13}H_8N_8O_6$, Formel II und Taut. (in der Literatur als 2-Desimino-isopterorhodin bezeichnet).

B. Aus 1,5-Dihydro-pteridin-2,4,6-trion und 6-Methyl-1*H*,8*H*-pteridin-2,4,7-trion (*Pfleiderer*, B. **92** [1959] 2468, 2477).

Rote Kristalle mit 1 Mol H_2O. Absorptionsspektrum (konz. H_2SO_4; 220–650 nm): *Pf.*, l. c. S. 2474.

***[2,4,6-Trioxo-1,2,3,4,5,6-hexahydro-pteridin-7-yl]-[2,4,6-trioxo-2,3,4,5,6,8-hexahydro-1*H*-pteridin-7-yliden]-methan** $C_{13}H_8N_8O_6$, Formel III und Taut. (in der Literatur als 2-Desimino-pterorhodin bezeichnet).

B. Aus 1,5-Dihydro-pteridin-2,4,6-trion und 7-Methyl-1,5-dihydro-pteridin-2,4,6-trion (*Pfleiderer*, B. **92** [1959] 2468, 2477).

Dunkelviolette Kristalle mit 1 Mol H_2O. Absorptionsspektrum (konz. H_2SO_4; 220–650 nm): *Pf.*, l. c. S. 2474.

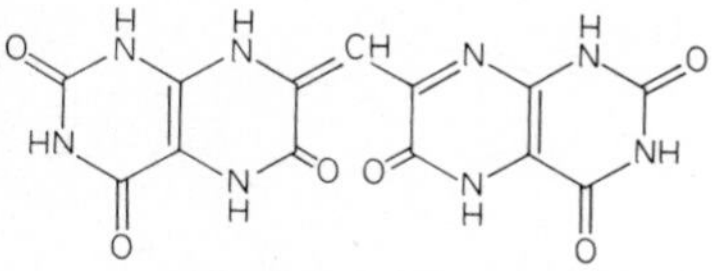

III

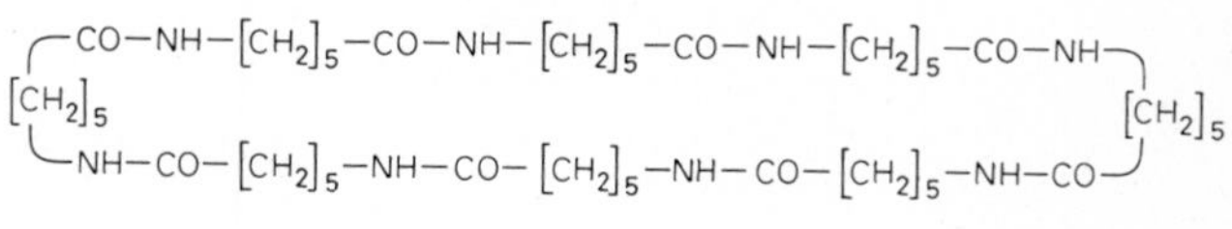

IV

1,8,15,22,29,36,43,50-Octaaza-cyclohexapentacontan-2,9,16,23,30,37,44,51-octaon, Cyclo-[octakis-*N*-(6-amino-hexanoyl)], Cyclo-*lin*(*N*→6)-octakis-hexanamid $C_{48}H_{88}N_8O_8$, Formel IV.

B. Aus [8]6-Benzyloxycarbonylamino-*lin*-heptakis[1→6]hexanoylamino-hexansäure-hydrazid (E IV **6** 2359) über mehrere Stufen (*Zahn, Kunde,* A. **618** [1958] 158, 165).

Kristalle (aus wss. Me.); F: 226–230°. Netzebenenabstände: *Zahn, Ku.*

(*S,S*)-1,2-Bis-[5-methyl-7-oxo-4,7-dihydro-[1,2,4]triazolo[1,5-*a*]pyrimidin-2-yl]-äthan-1,2-diol, 5,5′-Dimethyl-4*H*,4′*H*-2,2′-[(*S,S*)-1,2-dihydroxy-äthandiyl]-bis-[1,2,4]triazolo[1,5-*a*]pyrimidin-7-on $C_{14}H_{14}N_8O_4$, Formel V und Taut.

B. Aus L_g-Weinsäure-bis-[*N′*-(4-methyl-6-oxo-1,6-dihydro-pyrimidin-2-yl)-hydrazid] [E III/IV **25** 4588] (*Eastman Kodak Co.*, U.S.P. 2852375 [1956]).

F: 250–255°.

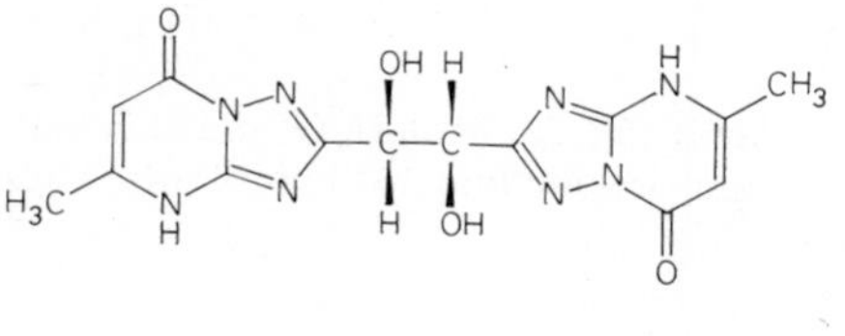

V

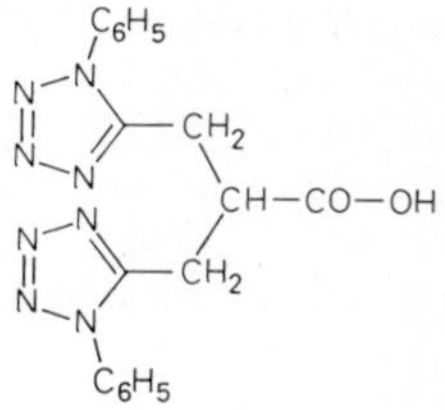

VI

IV. Carbonsäuren

3-[1-Phenyl-1*H*-tetrazol-5-yl]-2-[1-phenyl-1*H*-tetrazol-5-ylmethyl]-propionsäure $C_{18}H_{16}N_8O_2$, Formel VI.

B. Neben grösseren Mengen 3-[1-Phenyl-1*H*-tetrazol-5-yl]-propionsäure beim Erwärmen von 5-Chlormethyl-1-phenyl-1*H*-tetrazol mit der Natrium-Verbindung des Malonsäure-diäthylesters in Äthanol und Erwärmen des Reaktionsprodukts mit wss.-äthanol. KOH (*Jacobson et al.*, J. org. Chem. **19** [1954] 1909, 1916).

Kristalle (aus A.); F: 189–190°.

V. Amine

***Opt.-inakt. 9,N^6,9′,$N^{6'}$-Tetramethyl-8,9,8′,9′-tetrahydro-7*H*,7′*H*-[8,8′]bipurinyl-6,6′-diyldiamin** $C_{14}H_{20}N_{10}$, Formel VII und Taut.

B. Aus N^4,N^6-Dimethyl-pyrimidin-4,5,6-triyltriamin und Polyglyoxal (*Fidler, Wood,* Soc.

1956 3311, 3313). Aus opt.-inakt. 6,6′-Dichlor-9,9′-dimethyl-8,9,8′,9′-tetrahydro-7*H*,7′*H*-[8,8′]bipurinyl (S. 4250) und Methylamin (*Fi., Wood*).

Kristalle (aus A.); F: 260° [Zers.]. λ_{max} (A.): 227 nm und 292 nm.

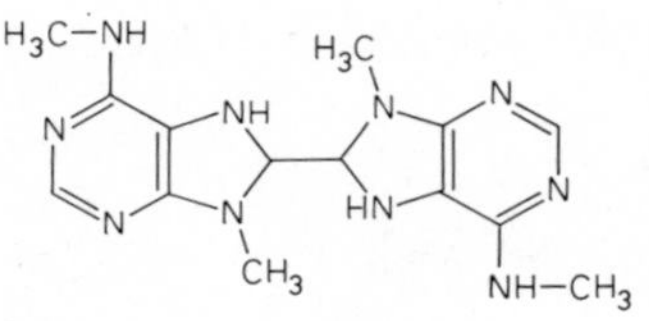

VII 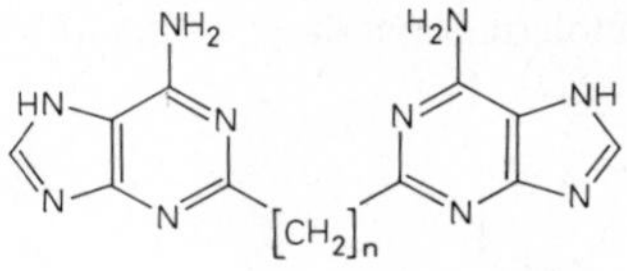 VIII

Bis-[6-amino-7(9)*H*-purin-2-yl]-methan, 7(9)*H*,7′(9′)*H*-2,2′-Methandiyl-bis-purin-6-ylamin $C_{11}H_{10}N_{10}$, Formel VIII (n = 1) und Taut.

B. Beim Erhitzen von Bis-[4,6-diamino-5-nitroso-pyrimidin-2-yl]-methan mit Ameisensäure, $Na_2S_2O_4$ und Formamid (*Taylor et al.*, Am. Soc. **81** [1959] 2442, 2445, 2447).

Dihydrochlorid $C_{11}H_{10}N_{10}\cdot 2HCl$. Gelbe Kristalle (aus wss. HCl) mit 0,5 Mol H_2O; Zers. bei 325°. λ_{max} (wss. Lösung vom pH 1): 224 nm, 283 nm, 305 nm und 380 nm.

1,4-Bis-[6-amino-7(9)*H*-purin-2-yl]-butan, 7(9)*H*,7′(9′)*H*-2,2′-Butandiyl-bis-purin-6-ylamin $C_{14}H_{16}N_{10}$, Formel VIII (n = 4) und Taut.

B. Analog der vorangehenden Verbindung (*Taylor et al.*, Am. Soc. **81** [1959] 2442, 2445, 2447).

Gelbes Pulver (aus wss. Me.) mit 2 Mol H_2O; Zers. bei 268°. λ_{max} (wss. Lösung vom pH 1): 262 nm.

7,9-Diamino-1*H*-pteridino[6,7-*g*]pteridin-2,4-dion $C_{10}H_6N_{10}O_2$, Formel IX.

B. Aus Pteridin-2,4,6,7-tetrayltetraamin und Alloxan [E III/IV **24** 2137] (*Taylor, Sherman*, Am. Soc. **81** [1959] 2464, 2471).

Gelbe Kristalle (aus wss. Ameisensäure + Acn.) mit 2,5 Mol H_2O, die sich unterhalb 360° nicht verändern. λ_{max} in wss. HCl: 227 nm, 315 nm, 356 nm und 362 nm; in wss. NaOH: 282 nm, 350 nm, 405 nm, 407 nm und 478 nm.

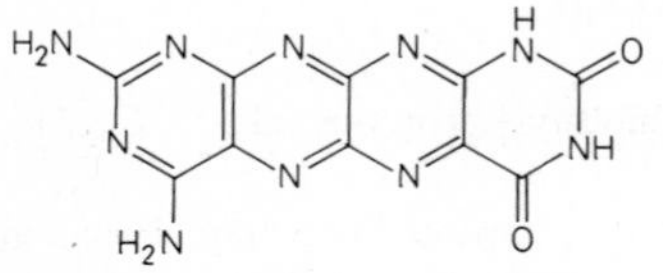

IX 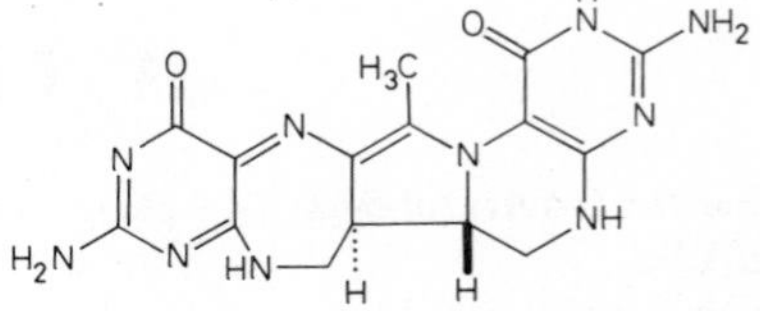 X

3,10-Diamino-14-methyl-5,6,6a,6b,7,8-hexahydro-2*H*-2,4,5,8,9,11,13,14a-octaaza-benzo[*f*]naphth[2,1-*a*]azulen-1,12-dion, 3,10-Diamino-14-methyl-5,6,6a,6b,7,8-hexahydro-2*H*-pyrimido[4″,5″:2′,3′][1,4]diazepino[6′,5′:3,4]pyrrolo[1,2-*f*]pteridin-1,12-dion $C_{15}H_{16}N_{10}O_2$.

Konstitution und Konfiguration der Antipoden: *Theobald, Pfleiderer*, B. **111** [1978] 3385, 3393; *W. Pfleiderer*, Priv.-Mitt. [23.2.1982].

a) **(+)-3,10-Diamino-14-methyl-(6a*r*,6b*t*)-5,6,6a,6b,7,8-hexahydro-2*H*-2,4,5,8,9,11,13,14a-octaaza-benzo[*f*]naphth[2,1-*a*]azulen-1,12-dion, Isodrosopterin,** Formel X oder Spiegelbild.

Isolierung aus Drosophila melanogaster: *Viscontini et al.*, Helv. **40** [1957] 579, 581; *Viscontini*,

Helv. **41** [1958] 922.

Orangefarbene Kristalle (*Vi.*, l. c. S. 923). $[\alpha]_D^{20}$: +2150° [wss. Lösung vom pH 7,5; c = 0,01], +1550° [wss. HCl (0,1 n); c = 0,01], +2300° [wss. NaOH (0,1 n); c = 0,01] (*Vi.*, l. c. S.924). ORD (H_2O; 660–520 nm): *Viscontini, Karrer,* Helv. **40** [1957] 968. IR-Spektrum (KBr; 5000–700 cm^{-1}): *Viscontini,* Helv. **41** [1958] 1299. Absorptionsspektrum (wss. HCl [0,1 n] sowie wss. NaOH [0,1 n]; 220–570 nm): *Vi.*, l. c. S. 923.

b) **(−)-3,10-Diamino-14-methyl-(6a*r*,6b*t*)-5,6,6a,6b,7,8-hexahydro-2*H*-2,4,5,8,9,11,13,14a-octaaza-benzo[*f*]naphth[2,1-*a*]azulen-1,12-dion, Drosopterin,** Formel X oder Spiegelbild.

Isolierung aus Drosophila melanogaster: *Viscontini et al.*, Helv. **40** [1957] 579, 581.

$[\alpha]_D^{20}$: −2400° [wss. Lösung vom pH 7–8; c = 0,04] (*Viscontini,* Helv. **41** [1958] 1299, 1304). ORD (H_2O; 660–520 nm): *Viscontini, Karrer,* Helv. **40** [1957] 968. IR-Spektrum (KBr; 5000–700 cm^{-1}): *Vi.* Absorptionsspektrum in wss. Lösungen vom pH 0,8–12 (230–460 nm): *Viscontini, Möhlmann,* Helv. **42** [1959] 1679, 1680; in wss. HCl [0,1 n] (230–580 nm) sowie in wss. NaOH [0,1 n] (230–600 nm): *Vi. et al.*, l. c. S. 582. Scheinbare Dissoziationsexponenten pK'_{a1}, pK'_{a2} und pK'_{a3} (H_2O; spektrophotometrisch ermittelt): 1,42 bzw. 1,73 bzw. 9,95 (*Vi.*, *Mö.*).

***[2-Amino-4-oxo-3,4-dihydro-pteridin-7-yl]-[2-amino-4-oxo-4,8-dihydro-3*H*-pteridin-7-yliden]-methan,** Pteridinrot $C_{13}H_{10}N_{10}O_2$, Formel XI (R = R′ = H) und Taut.

B. Aus 2-Amino-3*H*-pteridin-4-on und 2-Amino-7-methyl-3*H*-pteridin-4-on (*Karrer, Nicolaus,* Helv. **34** [1951] 1029, 1032).

Rote Kristalle (aus wss. HCl). Absorptionsspektrum (konz. H_2SO_4; 250–600 nm): *Ka., Ni.*, l. c. S. 1031.

***[2-Amino-6-methyl-4-oxo-4,8-dihydro-3*H*-pteridin-7-yliden]-[2-amino-4-oxo-3,4-dihydro-pteridin-7-yl]-methan,** Methylpteridinrot $C_{14}H_{12}N_{10}O_2$, Formel XI (R = H, R′ = CH_3) und Taut.

Konstitution: *Karrer et al.*, Helv. **33** [1950] 1233.

B. Beim Erwärmen von 2-Amino-6-methyl-3*H*-pteridin-4-on mit 2-Amino-7-methyl-3*H*-pteridin-4-on in wss. H_2SO_4 unter Zutritt von Luft (*Karrer, Schwyzer,* Helv. **32** [1949] 1689, 1691, **33** [1950] 39, 42; s. a. *Ka. et al.*).

Violettrote Kristalle (aus wss. HCl), die bei sehr hoher Temperatur verkohlen (*Ka., Sch.*, Helv. **32** 1690, 1692). Absorptionsspektrum (konz. H_2SO_4; 240–600 nm): *Ka., Sch.*, Helv. **32** 1691.

Bei der Hydrierung an Platin in wss. Ameisensäure ist ein Tetrahydro-Derivat $C_{14}H_{16}N_{10}O_2$ (Kristalle [aus H_2O] mit 1 Mol H_2O; λ_{max} [konz. H_2SO_4]: 278–280 nm und 334–336 nm) erhalten worden (*Karrer, Nicolaus,* Helv. **34** [1951] 1029, 1031).

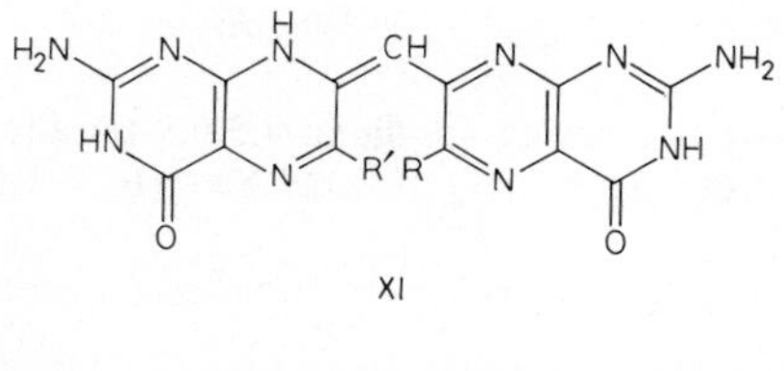

XI

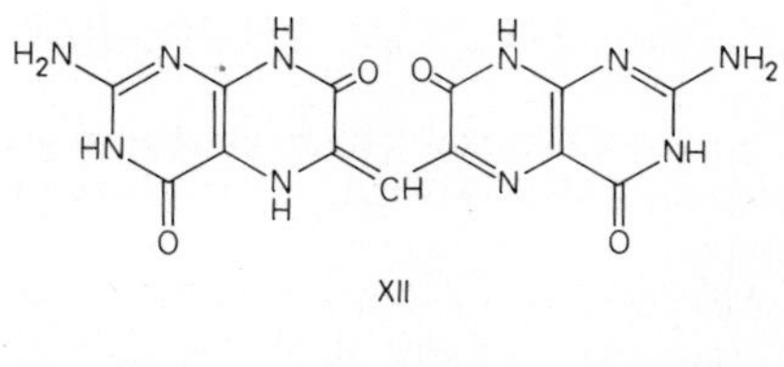

XII

***[2-Amino-6-methyl-4-oxo-3,4-dihydro-pteridin-7-yl]-[2-amino-6-methyl-4-oxo-4,8-dihydro-3*H*-pteridin-7-yliden]-methan,** Dimethylpteridinrot $C_{15}H_{14}N_{10}O_2$, Formel XI (R = R′ = CH_3) und Taut.

B. Aus 2-Amino-6-methyl-3*H*-pteridin-4-on und 2-Amino-6,7-dimethyl-3*H*-pteridin-4-on (*Karrer, Feigl,* Helv. **34** [1951] 2155, 2156).

Rote Kristalle (aus wss. HCl) mit 1 Mol H_2O. Absorptionsspektrum (konz. H_2SO_4; 250–550 nm): *Ka., Fe.*

Beim Hydrieren an Platin in Ameisensäure ist ein Tetrahydro-Derivat $C_{15}H_{18}N_{10}O_2$ (Kristalle [aus H_2O] mit 2 Mol H_2O; UV-Spektrum [konz. H_2SO_4; 250–370 nm]) erhalten worden.

***[2-Amino-4,7-dioxo-3,4,7,8-tetrahydro-pteridin-6-yl]-[2-amino-4,7-dioxo-3,5,7,8-tetrahydro-4*H*-pteridin-6-yliden]-methan,** Allopterorhodin $C_{13}H_{10}N_{10}O_4$, Formel XII und Taut.

B. Aus 2-Amino-3*H*,8*H*-pteridin-4,7-dion und 2-Amino-6-methyl-3*H*,8*H*-pteridin-4,7-dion (*Russell et al.*, Am. Soc. **71** [1949] 3412, 3416).

Sulfat $C_{13}H_{10}N_{10}O_4 \cdot H_2SO_4$. Purpurfarbene Kristalle. Absorptionsspektrum (konz. H_2SO_4; 480–650 nm): *Ru. et al.*, l. c. S. 3414.

***[2-Amino-4,6-dioxo-3,4,5,6-tetrahydro-pteridin-7-yl]-[2-amino-4,7-dioxo-3,5,7,8-tetrahydro-4*H*-pteridin-6-yliden]-methan,** Isopterorhodin $C_{13}H_{10}N_{10}O_4$, Formel XIII und Taut.

B. Aus 2-Amino-3*H*,8*H*-pteridin-4,7-dion und 2-Amino-7-methyl-3,5-dihydro-pteridin-4,6-dion (*Russell et al.*, Am. Soc. **71** [1949] 3412, 3416).

Sulfat $C_{13}H_{10}N_{10}O_4 \cdot H_2SO_4$. Fast schwarze Kristalle mit 1 Mol H_2O (*Ru. et al.*). Absorptionsspektrum (konz. H_2SO_4; 240–600 nm bzw. 480–700 nm): *Karrer, Schwyzer,* Helv. **32** [1949] 1689, 1691; *Ru. et al.*, l. c. S. 3414.

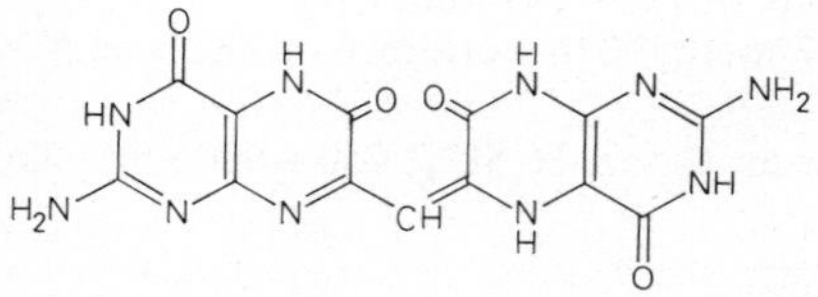

XIII

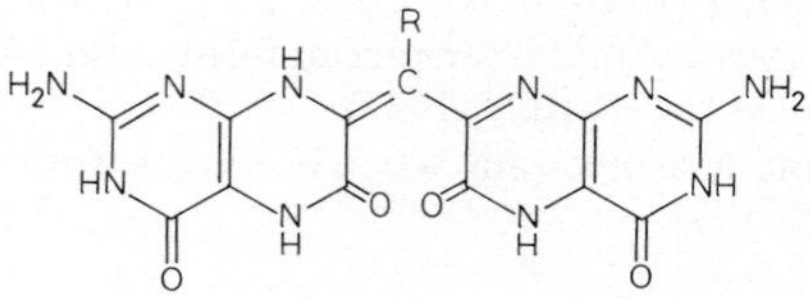

XIV

***[2-Amino-4,6-dioxo-3,4,5,6-tetrahydro-pteridin-7-yl]-[2-amino-4,6-dioxo-4,5,6,8-tetrahydro-3*H*-pteridin-7-yliden]-methan,** Pterorhodin $C_{13}H_{10}N_{10}O_4$, Formel XIV (R = H) und Taut. (in der Literatur auch als Rhodopterin bezeichnet).

B. Aus 2-Amino-3,5-dihydro-pteridin-4,6-dion und 2-Amino-7-methyl-3,5-dihydro-pteridin-4,6-dion (*Russell et al.*, Am. Soc. **71** [1949] 3412, 3415; s. a. *Purrmann, Maas,* A. **556** [1944] 186, 196).

Rotviolette Kristalle (*Pu., Maas*; *Ru. et al.*). Absorptionsspektrum (konz. H_2SO_4; 240–600 nm): *Ru. et al.*; *Karrer, Schwyzer,* Helv. **32** [1949] 1689, 1691; s. a. *Tschesche, Schäfer,* B. **88** [1955] 81, 84.

Beim Behandeln mit Natrium-Amalgam und H_2O ist Tetrahydropterorhodin $C_{13}H_{14}N_{10}O_4$ (Dihydrochlorid $C_{13}H_{14}N_{10}O_4 \cdot 2HCl$, Kristalle; Diperchlorat $C_{13}H_{14}N_{10}O_4 \cdot 2HClO_4$, Kristalle [aus wss. $HClO_4$]; Dihydrojodid $C_{13}H_{14}N_{10}O_4 \cdot 2HI$, Kristalle; Disulfat $C_{13}H_{14}N_{10}O_4 \cdot 2H_2SO_4$) erhalten worden (*Pu., Maas,* l. c. S. 197; s. a. *Ru. et al.*).

Disulfat $C_{13}H_{10}N_{10}O_4 \cdot 2H_2SO_4$. Rote Kristalle (*Pu., Maas,* l. c. S. 198; *Ru. et al.*).

***1-[2-Amino-4,6-dioxo-3,4,5,6-tetrahydro-pteridin-7-yl]-1-[2-amino-4,6-dioxo-4,5,6,8-tetrahydro-3*H*-pteridin-7-yliden]-äthan,** Methylpterorhodin $C_{14}H_{12}N_{10}O_4$, Formel XIV (R = CH_3) und Taut.

B. Aus 2-Amino-3,5-dihydro-pteridin-4,6-dion und 7-Äthyl-2-amino-3,5-dihydro-pteridin-4,6-dion (*Tschesche, Schäfer,* B. **88** [1955] 81, 89).

Rotes Pulver. Absorptionsspektrum (220–560 nm): *Tsch., Sch.,* l. c. S. 84. [*Härter*]

23. Verbindungen mit neun cyclisch gebundenen Stickstoff-Atomen

I. Stammverbindungen

4,7-Dihydro-1*H*-benzotristriazol $C_6H_3N_9$, Formel I und Taut.

B. Beim Erhitzen von Benzotristriazol-2,5,8-tricarbonsäure mit NaOH auf 350–360° (*Chmátal et al.*, Collect. **24** [1959] 484, 491).

Kristalle (aus wss.-äthanol. HCl) mit 1 Mol H_2O; Zers. bei 250–350°.

Ammonium-Salz $[NH_4]C_6H_2N_9$. Kristalle; Zers. bei 300°.

2,5,8-Triphenyl-5,8-dihydro-2*H*-benzotristriazol $C_{24}H_{15}N_9$, Formel II (X = X' = X'' = H).

B. Beim Erwärmen von 2,4,6-Tris-phenylazo-benzen-1,3,5-triyltriamin (*Mužík, Allan*, Chem. Listy **46** [1952] 774; C. A. **1953** 11185) oder von 2,7-Diphenyl-5-phenylazo-2,7-dihydro-benzo[1,2-*d*;3,4-*d'*]bistriazol-4-ylamin (*Mužík, Allan*, Chem. Listy **46** [1952] 487; C. A. **1953** 8705) sowie von *N*-[2,7-Diphenyl-5-phenylazo-benzo[1,2-*d*;3,4-*d'*]bistriazol-4-yl]-toluol-4-sulfonamid (*Mužík*, Collect. **23** [1958] 291, 299) mit $CuSO_4 \cdot 5H_2O$ in Pyridin und H_2O.

Kristalle (nach Chromatographieren an Al_2O_3 mit Chlorbenzol bzw. aus Py.+Chlorbenzol); F: 414° [unkorr.] (*Mu., Al.*, l. c. S. 487, 774).

2-[4-Chlor-phenyl]-5,8-diphenyl-5,8-dihydro-2*H*-benzotristriazol $C_{24}H_{14}ClN_9$, Formel III (R = C_6H_4-Cl, R' = R'' = C_6H_5).

B. Beim Behandeln von 2,7-Diphenyl-2,7-dihydro-benzo[1,2-*d*;3,4-*d'*]bistriazol-4-ylamin mit diazotiertem 4-Chlor-anilin und Erwärmen des Reaktionsprodukts mit $CuSO_4 \cdot 5H_2O$ in Pyridin und H_2O (*Mužík, Allan*, Chem. Listy **46** [1952] 487; C. A. **1953** 8705).

Kristalle (aus Py.); F: 371° [unkorr.].

2,5,8-Tris-[2-methoxy-phenyl]-5,8-dihydro-2*H*-benzotristriazol $C_{27}H_{21}N_9O_3$, Formel II (X = O-CH_3, X' = X'' = H).

B. Beim Behandeln von diazotiertem *o*-Anisidin mit Benzen-1,3,5-triyltriamin und Erhitzen des Reaktionsprodukts mit $CuSO_4 \cdot 5H_2O$ in Pyridin und H_2O (*Chmátal et al.*, Collect. **24** [1959] 484, 490).

Schwach violette Kristalle (aus Chlorbenzol+Nitrobenzol); F: 257° [korr.].

2-[4-Chlor-phenyl]-5-[4-methoxy-phenyl]-8-phenyl-5,8-dihydro-2*H*-benzotristriazol $C_{25}H_{16}ClN_9O$, Formel III (R = C_6H_4-Cl, R' = C_6H_4-O-CH_3, R'' = C_6H_5).

B. Beim Erwärmen von *N*-[5-(4-Chlor-phenylazo)-2-(4-methoxy-phenyl)-7-phenyl-2,7-dihydro-benzo[1,2-*d*;3,4-*d'*]bistriazol-4-yl]-toluol-4-sulfonamid mit $CuSO_4 \cdot 5H_2O$ in Pyridin (*Mužík*, Collect. **23** [1958] 291, 300).

Kristalle (aus Chlorbenzol); F: 318°.

2,5,8-Tris-[4-methoxy-phenyl]-5,8-dihydro-2*H*-benzotristriazol $C_{27}H_{21}N_9O_3$, Formel II (X = X' = H, X'' = O-CH_3).

B. Analog der vorangehenden Verbindung (*Chmátal et al.*, Collect. **24** [1959] 484, 490).

Rosafarbene Kristalle; F: 329° [korr.].

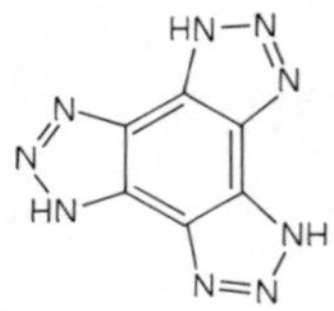

I 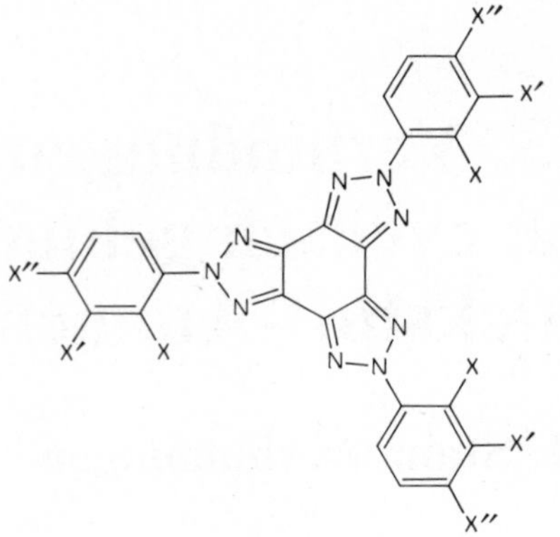 II 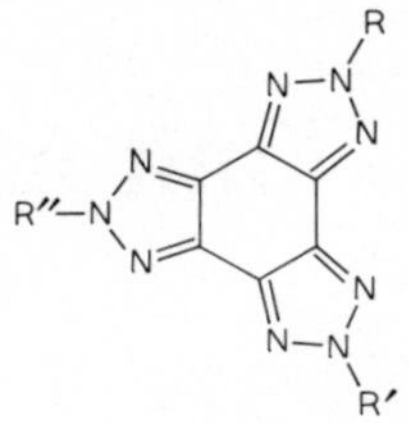 III

Benzotristriazol-2,5,8-tricarbonsäure $C_9H_3N_9O_6$, Formel III (R = R′ = R″ = CO-OH).

B. Beim Behandeln von diazotierter [4-Amino-2-sulfo-phenyl]-oxalamidsäure mit Benzen-1,3,5-triyltriamin und Oxidieren des Reaktionsprodukts mit $KMnO_4$ in wss. NaOH (*Chmátal et al.,* Collect. **24** [1959] 484, 491).

Kristalle (aus H_2O), die sich beim Erhitzen stürmisch zersetzen.

2,5,8-Tris-[4-sulfo-phenyl]-5,8-dihydro-2*H*-benzotristriazol, 4,4′,4″-Benzotristriazol-2,5,8-triyl-tris-benzolsulfonsäure $C_{24}H_{15}N_9O_9S_3$, Formel II (X = X′ = H, X″ = SO_2-OH).

B. Beim Behandeln von diazotierter Sulfanilsäure mit Benzen-1,3,5-triyltriamin und Erwärmen des Reaktionsprodukts mit $CuSO_4 \cdot 5H_2O$ in wss. NH_3 (*Chmátal et al.,* Collect. **24** [1959] 484, 490).

Natrium-Salz $Na_3C_{24}H_{12}N_9O_9S_3$. Kristalle (aus H_2O) mit 2 Mol H_2O.

2,5,8-Tris-[4-amino-3-sulfo-phenyl]-5,8-dihydro-2*H*-benzotristriazol, 6,6′,6″-Triamino-3,3′,3″-benzotristriazol-2,5,8-triyl-tris-benzolsulfonsäure $C_{24}H_{18}N_{12}O_9S_3$, Formel II (X = H, X′ = SO_2-OH, X″ = NH_2).

B. Beim Behandeln von diazotierter [4-Amino-2-sulfo-phenyl]-oxalamidsäure mit Benzen-1,3,5-triyltriamin, Erwärmen des Reaktionsprodukts mit $CuSO_4 \cdot 5H_2O$ in wss. NaOH und wss. NH_3 und anschliessenden Erwärmen mit wss. KOH (*Chmátal et al.,* Collect. **24** [1959] 484, 490).

Kalium-Salz $K_3C_{24}H_{15}N_{12}O_9S_3$. Gelbliche Kristalle (aus wss. A.) mit 0,5 Mol H_2O.

2,5,8-Tri-[1*H*-tetrazol-5-yl]-5,8-dihydro-2*H*-benzotristriazol $C_9H_3N_{21}$, Formel IV und Taut.

B. Beim Behandeln von diazotiertem 1*H*-Tetrazol-5-ylamin mit Benzen-1,3,5-triyltriamin in Pyridin und H_2O und Erwärmen des Reaktionsprodukts mit NaClO in wss. NaOH (*Chmátal et al.,* Collect. **24** [1959] 484, 491).

Kristalle (aus wss.-äthanol. HCl); Zers. beim Erhitzen.

Natrium-Salz. Kristalle (aus H_2O).

2,6-Bis-[1*H*-tetrazol-5-yl]-pyridin $C_7H_5N_9$, Formel V und Taut.

B. Beim Erhitzen von Pyridin-2,6-dicarbonitril mit NaN_3 und Essigsäure in Butan-1-ol (*McManus, Herbst,* J. org. Chem. **24** [1959] 1462).

Kristalle (aus H_2O); F: 290° [unkorr.; Zers.].

Tri-pyrimidin-2-yl-[1,3,5]triazin $C_{15}H_9N_9$, Formel VI.

B. In geringer Menge aus Pyrimidin-2-carbonitril beim Aufbewahren [3 Monate] (*Case, Koft,* Am. Soc. **81** [1959] 905).

Kristalle (aus H_2O); F: 450 – 455°.

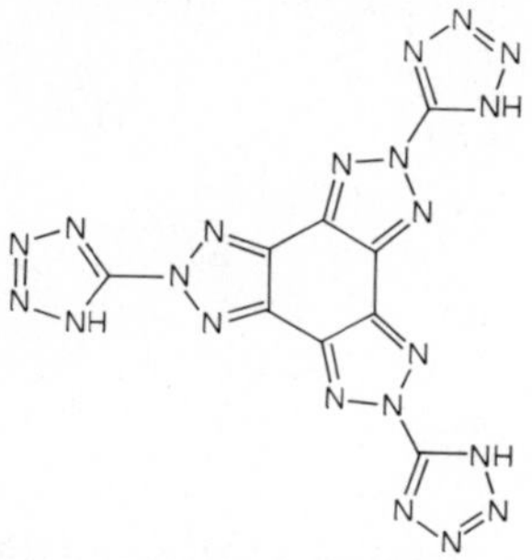

IV 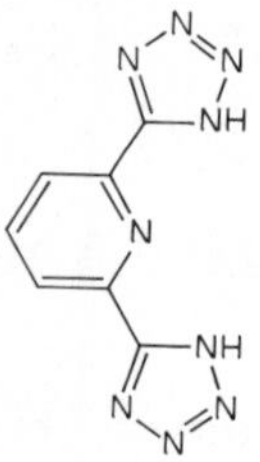 V 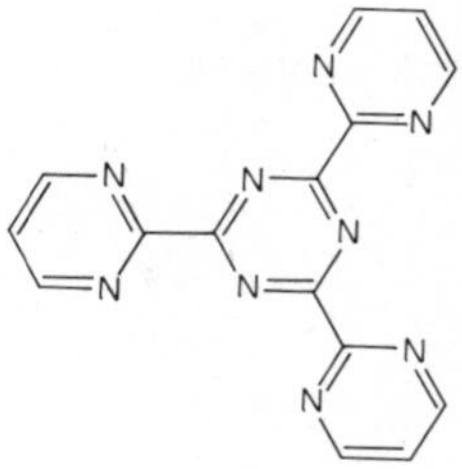 VI

II. Oxo-Verbindungen

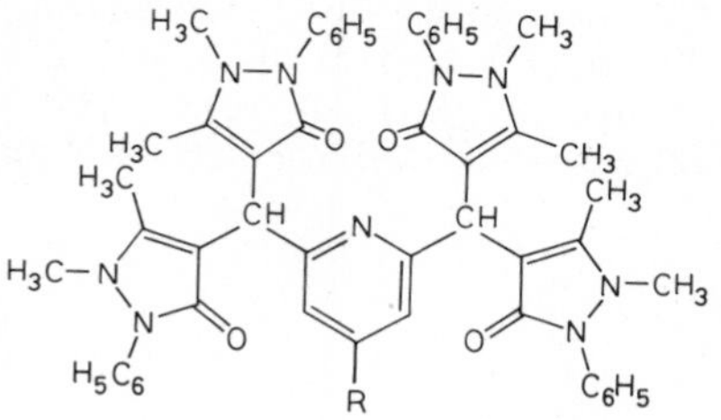

VII

2,6-Bis-[bis-(1,5-dimethyl-3-oxo-2-phenyl-2,3-dihydro-1*H*-pyrazol-4-yl)-methyl]-pyridin $C_{51}H_{49}N_9O_4$, Formel VII (R = H).

B. Beim Erwärmen von 1,5-Dimethyl-2-phenyl-1,2-dihydro-pyrazol-3-on mit Pyridin-2,6-di= carbaldehyd unter Zusatz von konz. H_2SO_4 (*Klosa,* Ar. **289** [1956] 65, 70).

Kristalle (aus wss. A.); F: 206 – 208°. Chloroformhaltige Kristalle (aus $CHCl_3$ + PAe.); F: 179 – 181°.

2,6-Bis-[bis-(1,5-dimethyl-3-oxo-2-phenyl-2,3-dihydro-1*H*-pyrazol-4-yl)-methyl]-4-methyl-pyridin $C_{52}H_{51}N_9O_4$, Formel VII (R = CH_3).

B. Analog der vorangehenden Verbindung (*Klosa,* Ar. **289** [1956] 65, 70).

Kristalle (aus wss. A.); F: 266 – 268° [ab 240° Braunfärbung]. Chloroformhaltige Kristalle (aus $CHCl_3$ + PAe.); F: 183 – 185° und (nach Wiedererstarren bei 190 – 200°) F: 230 – 235° [Zers.].

1,8,15,22,29,36,43,50,57-Nonaaza-cyclotrihexacontan-2,9,16,23,30,37,44,51,58-nonaon, Cyclo-[nonakis-*N*-(6-amino-hexanoyl)], Cyclo-*lin*(*N*→6)-nonakis-hexanamid $C_{54}H_{99}N_9O_9$, Formel VIII.

B. Aus [9]6-Benzyloxycarbonylamino-*lin*-octakis[1 → 6]hexanoylamino-hexansäure-hydrazid (E IV **6** 2359) beim Behandeln mit HBr in Essigsäure unter Zusatz von Ameisensäure und Behandeln des Reaktionsprodukts mit $NaNO_2$ und wss. HCl und anschliessend mit wss. NaOH (*Zahn, Kunde,* A. **618** [1958] 158, 159, 166).

Kristalle (aus wss. Me.); F: 224 – 226°. Netzebenenabstände: *Zahn, Ku.,* l. c. S. 161.

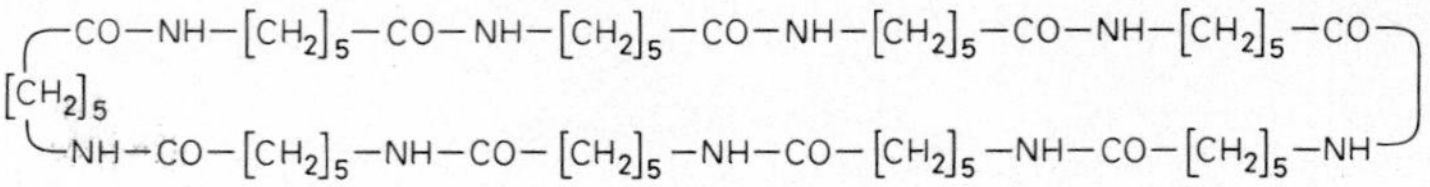

–CO–NH–$[CH_2]_5$–CO–NH–$[CH_2]_5$–CO–NH–$[CH_2]_5$–CO–NH–$[CH_2]_5$–CO–
$[CH_2]_5$
–NH–CO–$[CH_2]_5$–NH–CO–$[CH_2]_5$–NH–CO–$[CH_2]_5$–NH–CO–$[CH_2]_5$–NH–

VIII

III. Amine

Triamine $C_nH_{2n-6}N_{12}$

Tris[1,2,4]triazolo[4,3-*a*;4′,3′-*c*;4″,3″-*e*][1,3,5]triazin-3,7,11-triyltriamin $C_6H_6N_{12}$, Formel IX.

Diese Konstitution kommt wahrscheinlich dem früher (E I **26** 200) als Tris[1,2,4]triazolo[1,5-*a*;1′,5′-*c*;1″,5″-*e*][1,3,5]triazin-2,6,10-triyltriamin formulierten Pyroguanazol zu (*Kaiser et al.*, J. org. Chem. **18** [1953] 1610).

Die daraus mit Hilfe von H_2SO_5 erhaltene, früher (E I 200) als Tris[1,2,4]triazolo[1,5-*a*;1′,5′-*c*;1″,5″-*e*][1,3,5]triazin-2,6,10-trion angesehene Verbindung $C_6H_3N_9O_3$ („Trilactam des 2.4.6-Triimino-1.3.5-tris-carboxy-amino-hexahydro-1.3.5-triazins") ist demnach möglicherweise als 2*H*,6*H*,10*H*-Tris[1,2,4]triazolo[4,3-*a*;4′,3′-*c*;4″,3″-*e*][1,3,5]triazin-3,7,11-trion $C_6H_3N_9O_3$ zu formulieren. Die Identität der aus Pyroguanazol mit Hilfe von $KMnO_4$ bzw. von wss. H_2O_2 erhaltenen, früher (E I **26** 194) als 7-Imino-6,7-dihydro-4*H*-[1,2,4]triazolo[1,5-*a*][1,3,5]triazin-2,5-dion $C_4H_4N_6O_2$ bzw. als 5,7-Diimino-4,5,6,7-tetrahydro-[1,2,4]triazolo[1,5-*a*][1,3,5]-triazin-2-on $C_4H_5N_7O$ angesehenen Verbindungen ist ungewiss.

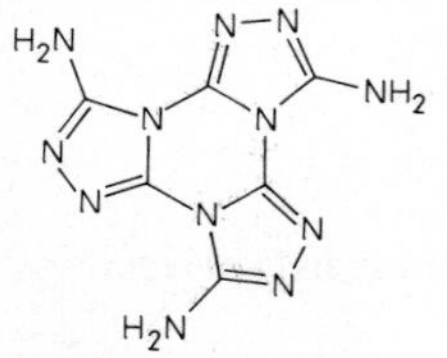

IX

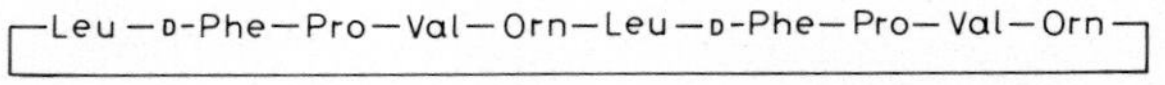

–Leu–D-Phe–Pro–Val–Orn–Leu–D-Phe–Pro–Val–Orn–

X

24. Verbindungen mit zehn cyclisch gebundenen Stickstoff-Atomen

Amino-Derivate der Decaoxo-Verbindungen $C_nH_{2n-30}N_{10}O_{10}$

Cyclo-[L-leucyl→D-phenylalanyl→L-prolyl→L-valyl→L-ornithyl→L-leucyl→D-phenylalanyl→L-prolyl→L-valyl→L-ornithyl], Gramicidin-S $C_{60}H_{92}N_{12}O_{10}$, Formel X.

Konstitution: *Synge,* Biochem. J. **39** [1945] 363; *Sanger,* Biochem. J. **40** [1946] 261; *Consden et al.,* Biochem. J. **41** [1947] 596; *Battersby, Craig,* Am. Soc. **73** [1951] 1887; *Schwyzer, Sieber,* Helv. **40** [1957] 624. Identität mit Gramicidin-J, Gramicidin-J_1 und Gramicidin-J_2: *Kurahashi,* J. Biochem. Tokyo **56** [1964] 101; *Otani, Saito,* J. Biochem. Tokyo **56** [1964] 103; s. a. *Kato, Izumiya,* J. Biochem. Tokyo **59** [1966] 629.

Zusammenfassende Literatur: *Brunner, Machek,* Die Antibiotika, Bd. 2 [Nürnberg 1965] S. 273.

Isolierung aus Kulturen von Bacillus brevis: *Gause, Brazhnikova,* Lancet **247** [1944] 715; Am. Rev. Soviet. Med. **2** [1944] 134, 135; Nature **154** [1944] 703; *Otani, Saito,* Pr. Japan Acad. **30** [1954] 991; *Okuda,* J. Osaka City med. Center **8** [1959] 1443, 1444, 1448; C. A. **1961** 1803; *Noda,* J. chem. Soc. Japan **79** [1958] 662, 663; C. **1959** 6821.

B. Aus *N,N'*-Bis-[toluol-4-sulfonyl]-gramicidin-S (S. 4279) mit Hilfe von Natrium in flüssigem NH_3 (*Schwyzer, Sieber,* Helv. **40** [1957] 624, 629, 638).

Dihydrochlorid $C_{60}H_{92}N_{12}O_{10} \cdot 2HCl$. Kristalle (aus wss.-äthanol. HCl) mit 3 Mol H_2O; F: 278 – 279° [unkorr.; Zers.; nach Sintern bei 272°; auf 250° vorgeheizter App.] (*Schwyzer, Sieber,* Helv. **40** [1957] 624, 638). Kristalle (aus A.) mit 4 Mol H_2O; F: 281° (*Ioanišiani et al.,* Ž. obšč. Chim. **24** [1954] 364; engl. Ausg. S. 371). Dimensionen der Elementarzelle (Röntgen-Diagramm) von feuchten und von an der Luft getrockneten orthorhombischen Kristallen: *Schmidt et al.,* Biochem. J. **65** [1957] 744, 745. Netzebenenabstände des Trihydrats: *Sch., Si.,* l. c. S. 634. $[\alpha]_D^{20}$: −295° [wss. A. (70%ig); c = 1,5] [Monohydrat] (*Synge,* Biochem. J. **39** [1945] 363, 365); $[\alpha]_D^{24}$: −289° [wss. A. (70%ig); c = 0,4] [Trihydrat] (*Sch., Si.*). IR-Spektrum der Kristalle (3 – 15 μ): *Sch., Si.,* l. c. S. 634. Anisotrope Absorption (Dichroismus) bei 5400 – 4500 cm^{-1}: *Abbott, Ambrose,* Pr. roy. Soc. [A] **219** [1953] 17, 24. UV-Spektrum (Me.; 240 – 300 nm): *Okuda,* J. Osaka City med. Center **8** [1959] 1443, 1447; C. A. **1961** 1803. Druck-Fläche-Beziehung und Oberflächenspannung monomolekularer Schichten auf wss. Lösungen vom pH 2,2 – 12,5 bei 12°: *Few,* Trans. Faraday Soc. **53** [1957] 848, 851, 853.

Dihydrojodid $C_{60}H_{92}N_{12}O_{10} \cdot 2HI$. Kristalle (aus wss. A.) mit 4 Mol H_2O und 3 Mol Äthanol (*Synge,* Biochem. J. **65** [1957] 750). Dimensionen der Elementarzelle (Röntgen-Diagramm) von feuchten und von an der Luft getrockneten orthorhombischen Kristallen: *Sch. et al.*

Sulfat. Kristalle [aus wss. A.] (*Sy.*). Dimensionen der Elementarzelle (Röntgen-Diagramm) von feuchten und von an der Luft getrockneten orthorhombischen Kristallen: *Sch. et al.*

Tetrachloroaurat(III) $C_{60}H_{92}N_{12}O_{10} \cdot 1{,}8HAuCl_4$. Gelbe Kristalle (aus wss. A.) mit 0,2 Mol HCl und 2 Mol Äthanol (*Sy.*). Dimensionen der Elementarzelle (Röntgen-Diagramm) von an der Luft getrockneten orthorhombischen Kristallen: *Sch. et al.*

Leu — D-Phe — Pro — Val — Orn(Me_2) — Leu — D-Phe — Pro — Val — Orn(Me_2) (cyclisch)

XI

Cyclo-[L-leucyl→D-phenylalanyl→L-prolyl→L-valyl→N^5,N^5-dimethyl-L-ornithyl→L-leucyl→D-phenylalanyl→L-prolyl→L-valyl→N^5,N^5-dimethyl-L-ornithyl], *N,N,N',N'*-Tetramethyl-gramicidin-S $C_{64}H_{100}N_{12}O_{10}$, Formel XI.

B. Aus Gramicidin-S-dihydrochlorid und Dimethylsulfat (*Uehara,* J. Osaka City med. Center **8** [1959] 1489, 1490; C. A. **1960** 17279).

Kristalle (aus A.+E.); F: 285–286° [Zers.].

Dihydrochlorid $C_{64}H_{100}N_{12}O_{10}\cdot 2HCl$. Kristalle (aus A.); F: 290° [Zers.].

—Leu—D-Phe—Pro—Val—Orn$^{\oplus}$(Me$_2$R)—Leu—D-Phe—Pro—Val—Orn$^{\oplus}$(Me$_2$R)—

XII

Cyclo-[L-leucyl→D-phenylalanyl→L-prolyl→L-valyl→5-[äthyl-dimethyl-ammonio]-L-norvalyl→L-leucyl→D-phenylalanyl→L-prolyl→L-valyl→5-[äthyl-dimethyl-ammonio]-L-norvalyl], Cyclo-[L-leucyl→D-phenylalanyl→L-prolyl→L-valyl→N^5-äthyl-N^5,N^5-dimethyl-L-ornithiniumyl→L-leucyl→D-phenylalanyl→L-prolyl→L-valyl→N^5-äthyl-N^5,N^5-dimethyl-L-ornithiniumyl] $[C_{68}H_{110}N_{12}O_{10}]^{2+}$, Formel XII (R = C_2H_5).

Dibromid $[C_{68}H_{110}N_{12}O_{10}]Br_2$; *N,N,N',N'*-Tetramethyl-gramicidin-S-bis-äthobromid. *B.* Beim Erwärmen von *N,N,N',N'*-Tetramethyl-gramicidin-S mit Äthylbromid (*Uehara,* J. Osaka City med. Center **8** [1959] 1489, 1491, 1492; C. A. **1960** 17279). – Kristalle (aus Dioxan+A.); F: 271–272° [Zers.]. $[\alpha]_D^{28,5}$: −235° [Me.; c = 1,2]. 1 ml einer gesättigten Lösung in H_2O bei 25° enthält 22,2 mg.

Die folgenden Verbindungen sind in analoger Weise hergestellt worden:

Cyclo-[L-leucyl→D-phenylalanyl→L-prolyl→L-valyl→N^5-butyl-N^5,N^5-dimethyl-L-ornithiniumyl→L-leucyl→D-phenylalanyl→L-prolyl→L-valyl→N^5-butyl-N^5,N^5-dimethyl-L-ornithiniumyl] $[C_{72}H_{118}N_{12}O_{10}]^{2+}$, Formel XII (R = $[CH_2]_3$-CH_3). Dibromid $[C_{72}H_{118}N_{12}O_{10}]Br_2$; *N,N,N',N'*-Tetramethyl-gramicidin-S-bis-butobromid. Kristalle; F: 274–275° [Zers.]. $[\alpha]_D^{28,5}$: −250° [Me.; c = 1,2]. UV-Spektrum (H_2O; 245–275 nm): *Ue.* 1 ml einer gesättigten Lösung in H_2O bei 25° enthält 18,6 mg.

Cyclo-[L-leucyl→D-phenylalanyl→L-prolyl→L-valyl→N^5-hexyl-N^5,N^5-dimethyl-L-ornithiniumyl→L-leucyl→D-phenylalanyl→L-prolyl→L-valyl→N^5-hexyl-N^5,N^5-dimethyl-L-ornithiniumyl] $[C_{76}H_{126}N_{12}O_{10}]^{2+}$, Formel XII (R = $[CH_2]_5$-CH_3). Dibromid $[C_{76}H_{126}N_{12}O_{10}]Br_2$; *N,N,N',N'*-Tetramethyl-gramicidin-S-bis-hexylobromid. Kristalle; F: 276–277° [Zers.]. $[\alpha]_D^{29}$: −264° [Me.; c = 1,2]. 1 ml einer gesättigten Lösung in H_2O bei 25° enthält 6,4 mg.

Cyclo-[L-leucyl→D-phenylalanyl→L-prolyl→L-valyl→N^5,N^5-dimethyl-N^5-octyl-L-ornithiniumyl→L-leucyl→D-phenylalanyl→L-prolyl→L-valyl→N^5,N^5-dimethyl-N^5-octyl-L-ornithiniumyl] $[C_{80}H_{134}N_{12}O_{10}]^{2+}$, Formel XII (R = $[CH_2]_7$-CH_3). Dibromid $[C_{80}H_{134}N_{12}O_{10}]Br_2$; *N,N,N',N'*-Tetramethyl-gramicidin-S-bis-octylobromid. Kristalle; F: 280–281° [Zers.]. $[\alpha]_D^{29}$: −270° [Me.; c = 1,2]. UV-Spektrum (H_2O; 245–270 nm): *Ue.* 1 ml einer gesättigten Lösung in H_2O bei 25° enthält 6,4 mg.

Cyclo-[L-leucyl→D-phenylalanyl→L-prolyl→L-valyl→N^5-decyl-N^5,N^5-dimethyl-L-ornithiniumyl→L-leucyl→D-phenylalanyl→L-prolyl→L-valyl→N^5-decyl-N^5,N^5-dimethyl-L-ornithiniumyl] $[C_{84}H_{142}N_{12}O_{10}]^{2+}$, Formel XII (R = $[CH_2]_9$-CH_3). Dibromid $[C_{84}H_{142}N_{12}O_{10}]Br_2$; *N,N,N',N'*-Tetramethyl-gramicidin-S-bis-decylobromid. Kristalle; F: 277–278° [Zers.]. $[\alpha]_D^{29}$: −246° [Me.; c = 1,2]. 1 ml einer gesättigten Lösung in H_2O bei 25° enthält 6,0 mg.

Cyclo-[L-leucyl→D-phenylalanyl→L-prolyl→L-valyl→N^5-dodecyl-N^5,N^5-dimethyl-L-ornithiniumyl→L-leucyl→D-phenylalanyl→L-prolyl→L-valyl→N^5-dodecyl-N^5,N^5-dimethyl-L-ornithiniumyl] $[C_{88}H_{150}N_{12}O_{10}]^{2+}$, Formel XII (R = $[CH_2]_{11}$-CH_3). Dibromid $[C_{88}H_{150}N_{12}O_{10}]Br_2$; *N,N,N',N'*-Tetramethyl-gramicidin-S-bis-dodecylobromid. Kristalle; F: 274–275° [Zers.]. $[\alpha]_D^{30,5}$: −240° [Me.; c = 1,2]. UV-Spektrum (H_2O; 245–275 nm): *Ue.* 1 ml einer gesättigten Lösung in H_2O bei 25° enthält 3,4 mg.

Cyclo-[L-leucyl→D-phenylalanyl→L-prolyl→L-valyl→N^5,N^5-dimethyl-N^5-tetradecyl-L-ornithiniumyl→L-leucyl→D-phenylalanyl→L-prolyl→L-valyl→N^5,N^5-dimethyl-N^5-tetradecyl-L-ornithiniumyl] $[C_{92}H_{158}N_{12}O_{10}]^{2+}$, Formel XII (R = $[CH_2]_{13}$-CH_3). Dibromid $[C_{92}H_{158}N_{12}O_{10}]Br_2$; *N,N,N',N'*-Tetramethyl-gramicidin-S-bis-tetradecylobromid. Kristalle; F: 272–274° [Zers.]. $[\alpha]_D^{28}$: –238° [Me.; c = 1,2]. 1 ml einer gesättigten Lösung in H_2O bei 25° enthält 3,3 mg.

Cyclo-[L-leucyl→D-phenylalanyl→L-prolyl→L-valyl→N^5-hexadecyl-N^5,N^5-dimethyl-L-ornithiniumyl→L-leucyl→D-phenylalanyl→L-prolyl→L-valyl→N^5-hexadecyl-N^5,N^5-dimethyl-L-ornithiniumyl] $[C_{96}H_{166}N_{12}O_{10}]^{2+}$, Formel XII (R = $[CH_2]_{15}$-CH_3). Dibromid $[C_{96}H_{166}N_{12}O_{10}]Br_2$; *N,N,N',N'*-Tetramethyl-gramicidin-S-bis-hexadecylobromid. Kristalle; F: 274–275° [Zers.]. $[\alpha]_D^{28}$: –258° [Me.; c = 1,2]. UV-Spektrum (H_2O; 245–290 nm): *Ue.* 1 ml einer gesättigten Lösung in H_2O bei 25° enthält 3,2 mg.

Cyclo-[L-leucyl→D-phenylalanyl→L-prolyl→L-valyl→N^5,N^5-dimethyl-N^5-octadecyl-L-ornithiniumyl→L-leucyl→D-phenylalanyl→L-prolyl→L-valyl→N^5,N^5-dimethyl-N^5-octadecyl-L-ornithiniumyl] $[C_{100}H_{174}N_{12}O_{10}]^{2+}$, Formel XII (R = $[CH_2]_{17}$-CH_3). Dibromid $[C_{100}H_{174}N_{12}O_{10}]Br_2$; *N,N,N',N'*-Tetramethyl-gramicidin-S-bis-octadecylobromid. Kristalle; F: 275–277° [Zers.]. $[\alpha]_D^{28,5}$: –254° [Me.; c = 1,2]. 1 ml einer gesättigten Lösung in H_2O bei 25° enthält 3,1 mg.

CO–CH_2X
→Leu→D-Phe→Pro→Val→Orn
Orn←Val←Pro←D-Phe←Leu←
XCH_2–CO

XIII

CO–$[CH_2]_n$–CH_3
→Leu→D-Phe→Pro→Val→Orn
Orn←Val←Pro←D-Phe←Leu←
H_3C–$[CH_2]_n$–CO

XIV

Cyclo-[L-leucyl→D-phenylalanyl→L-prolyl→L-valyl→N^5-acetyl-L-ornithyl→L-leucyl→D-phenylalanyl→L-prolyl→L-valyl→N^5-acetyl-L-ornithyl], *N,N'*-Diacetyl-gramicidin-S $C_{64}H_{96}N_{12}O_{12}$, Formel XIII (X = H).

B. Aus Gramicidin-S-dihydrochlorid und Acetanhydrid (*Synge*, Biochem. J. **65** [1957] 750; *Uehara*, J. Osaka City med. Center **8** [1959] 1499, 1500, 1502; C. A. **1960** 17280).

Kristalle (aus A.) mit 0,5 Mol H_2O (*Sy.*); F: 291,8° [Zers.] (*Ue.*). Dimensionen der Elementarzelle (Röntgen-Diagramm) von feuchten und von an der Luft getrockneten hexagonalen Kristallen: *Schmidt et al.*, Biochem. J. **65** [1957] 744, 745. $[\alpha]_D^{22}$: –313° [wss. A. (70%ig); c = 1,5] (*Sy.*); $[\alpha]_D^{20}$: –291,2° [Me.; c = 0,1] (*Ue.*). Anisotrope Absorption (Dichroismus) bei 5300–4500 cm^{-1}: *Abbott, Ambrose*, Pr. roy. Soc. [A] **219** [1953] 17, 24.

Die folgenden Verbindungen sind in analoger Weise hergestellt worden:

Cyclo-[L-leucyl→D-phenylalanyl→L-prolyl→L-valyl→N^5-chloracetyl-L-ornithyl→L-leucyl→D-phenylalanyl→L-prolyl→L-valyl→N^5-chloracetyl-L-ornithyl], *N,N'*-Bis-chloracetyl-gramicidin-S $C_{64}H_{94}Cl_2N_{12}O_{12}$, Formel XIII (X = Cl). Kristalle (aus wss. A.) mit 3 Mol H_2O und 1,5 Mol Äthanol (*Sy.*). Dimensionen der Elementarzelle (Röntgen-Diagramm) von feuchten und von an der Luft getrockneten hexagonalen Kristallen: *Sch. et al.* IR-Spektrum (flüssiges Paraffin; 1800–1500 cm^{-1}) sowie anisotrope Absorption (Dichroismus) bei 5300–4500 cm^{-1}: *Ab., Am.* l. c. S. 22, 24.

Cyclo-[L-leucyl→D-phenylalanyl→L-prolyl→L-valyl→N^5-propionyl-L-ornithyl→L-leucyl→D-phenylalanyl→L-prolyl→L-valyl→N^5-propionyl-L-ornithyl], *N,N'*-Dipropionyl-gramicidin-S $C_{66}H_{100}N_{12}O_{12}$, Formel XIV (n = 1). Kristalle (aus Me.); F: 288,4° [Zers.]; $[\alpha]_D^{20}$: –282,9° [Me.; c = 0,1] (*Ue.*).

Cyclo-[L-leucyl→D-phenylalanyl→L-prolyl→L-valyl→N^5-butyryl-L-ornithyl→L-leucyl→D-phenylalanyl→L-prolyl→L-valyl→N^5-butyryl-L-ornithyl], *N,N'*-Dibutyryl-gramicidin-S $C_{68}H_{104}N_{12}O_{12}$, Formel XIV (n = 2). Kristalle; F: 285,8° [Zers.]; $[\alpha]_D^{20}$: –280,1° [Me.; c = 0,1] (*Ue.*).

Cyclo-[L-leucyl→D-phenylalanyl→L-prolyl→L-valyl→N^5-hexanoyl-L-ornithyl→L-leucyl→D-phenylalanyl→L-prolyl→L-valyl→N^5-hexanoyl-L-ornithyl], N,N'-Dihexanoyl-gramicidin-S $C_{72}H_{112}N_{12}O_{12}$, Formel XIV (n = 4). Kristalle; F: 273° [Zers.]; $[\alpha]_D^{20}$: −276,7° [Me.; c = 0,1] (*Ue.*).

Cyclo-[L-leucyl→D-phenylalanyl→L-prolyl→L-valyl→N^5-heptanoyl-L-ornithyl→L-leucyl→D-phenylalanyl→L-prolyl→L-valyl→N^5-heptanoyl-L-ornithyl], N,N'-Diheptanoyl-gramicidin-S $C_{74}H_{116}N_{12}O_{12}$, Formel XIV (n = 5). Kristalle; F: 214−215°; $[\alpha]_D^{20}$: −268,0° [Me.; c = 0,1] (*Ue.*).

Cyclo-[L-leucyl→D-phenylalanyl→L-prolyl→L-valyl→N^5-octanoyl-L-ornithyl→L-leucyl→D-phenylalanyl→L-prolyl→L-valyl→N^5-octanoyl-L-ornithyl], N,N'-Dioctanoyl-gramicidin-S $C_{76}H_{120}N_{12}O_{12}$, Formel XIV (n = 6). Kristalle; F: 207−208°; $[\alpha]_D^{20}$: −259,7° [Me.; c = 0,1] (*Ue.*).

Cyclo-[L-leucyl→D-phenylalanyl→L-prolyl→L-valyl→N^5-nonanoyl-L-ornithyl→L-leucyl→D-phenylalanyl→L-prolyl→L-valyl→N^5-nonanoyl-L-ornithyl], N,N'-Dinonanoyl-gramicidin-S $C_{78}H_{124}N_{12}O_{12}$, Formel XIV (n = 7). Kristalle; F: 176−178°; $[\alpha]_D^{20}$: −253,0° [Me.; c = 0,1] (*Ue.*).

Cyclo-[L-leucyl→D-phenylalanyl→L-prolyl→L-valyl→N^5-decanoyl-L-ornithyl→L-leucyl→D-phenylalanyl→L-prolyl→L-valyl→N^5-decanoyl-L-ornithyl], N,N'-Bis-decanoyl-gramicidin-S $C_{80}H_{128}N_{12}O_{12}$, Formel XIV (n = 8). Kristalle; F: 166−167°; $[\alpha]_D^{20}$: −242,3° [Me.; c = 0,1] (*Ue.*).

Cyclo-[L-leucyl→D-phenylalanyl→L-prolyl→L-valyl→N^5-undecanoyl-L-ornithyl→L-leucyl→D-phenylalanyl→L-prolyl→L-valyl→N^5-undecanoyl-L-ornithyl], N,N'-Diundecanoyl-gramicidin-S $C_{82}H_{132}N_{12}O_{12}$, Formel XIV (n = IX). Kristalle; F: 164−165°; $[\alpha]_D^{20}$: −232,3° [Me.; c = 0,1] (*Ue.*).

Cyclo-[L-leucyl→D-phenylalanyl→L-prolyl→L-valyl→N^5-lauroyl-L-ornithyl→L-leucyl→D-phenylalanyl→L-prolyl→L-valyl→N^5-lauroyl-L-ornithyl], N,N'-Dilauroyl-gramicidin-S $C_{84}H_{136}N_{12}O_{12}$, Formel XIV (n = 10). Kristalle; Zers. bei 229° [nach Schmelzen bei 154°] (*Ue.*); F: 223−228° (*A.B. Astra,* D.B.P. 951724 [1953]). $[\alpha]_D^{20}$: −219,3° [Me.; c = 0,1] (*Ue.*).

Cyclo-[L-leucyl→D-phenylalanyl→L-prolyl→L-valyl→N^5-tridecanoyl-L-ornithyl→L-leucyl→D-phenylalanyl→L-prolyl→L-valyl→N^5-tridecanoyl-L-ornithyl], N,N'-Ditridecanoyl-gramicidin-S $C_{86}H_{140}N_{12}O_{12}$, Formel XIV (n = 11). Kristalle; F: 135−136°; $[\alpha]_D^{20}$: −124,7° [Me.; c = 0,1] (*Ue.*).

Cyclo-[L-leucyl→D-phenylalanyl→L-prolyl→L-valyl→N^5-myristoyl-L-ornithyl→L-leucyl→D-phenylalanyl→L-prolyl→L-valyl→N^5-myristoyl-L-ornithyl], N,N'-Dimyristoyl-gramicidin-S $C_{88}H_{144}N_{12}O_{12}$, Formel XIV (n = 12). Kristalle; F: 121−122°; $[\alpha]_D^{20}$: −46,7° [Me.; c = 0,1] (*Ue.*).

Cyclo-[L-leucyl→D-phenylalanyl→L-prolyl→L-valyl→N^5-palmitoyl-L-ornithyl→L-leucyl→D-phenylalanyl→L-prolyl→L-valyl→N^5-palmitoyl-L-ornithyl], N,N'-Dipalmitoyl-gramicidin-S $C_{92}H_{152}N_{12}O_{12}$, Formel XIV (n = 14). Kristalle; F: 93−94°; $[\alpha]_D^{20}$: −86,3° [Me.; c = 0,1] (*Ue.*).

CO–C_6H_4–X
→Leu → D-Phe→Pro→Val→Orn
Orn←Val←Pro←D-Phe←Leu←
X–C_6H_4–CO

I

CO–CH_2–C_6H_5
→Leu → D-Phe→Pro→Val→Orn
Orn←Val←Pro←D-Phe←Leu←
C_6H_5–CH_2–CO

II

Cyclo-[L-leucyl→D-phenylalanyl→L-prolyl→L-valyl→N^5-benzoyl-L-ornithyl→L-leucyl→D-phenylalanyl→L-prolyl→L-valyl→N^5-benzoyl-L-ornithyl], N,N'-Dibenzoyl-gramicidin-S $C_{74}H_{100}N_{12}O_{12}$, Formel I (X = H).

B. Aus Gramicidin-S-sulfat und Benzoylchlorid in Dioxan und wss. NaOH (*A.B. Astra,* D.B.P. 951724 [1953]).

Kristalle (aus wss. A.); F: 281−283,5°.

Die folgenden Verbindungen sind in analoger Weise hergestellt worden:

Cyclo-[L-leucyl→D-phenylalanyl→L-prolyl→L-valyl→N^5-phenylacetyl-L-ornithyl→L-leucyl→D-phenylalanyl→L-prolyl→L-valyl→N^5-phenylacetyl-L-ornithyl], *N,N'*-Bis-phenylacetyl-gramicidin-S $C_{76}H_{104}N_{12}O_{12}$, Formel II. F: 260–267°.

Cyclo-[L-leucyl→D-phenylalanyl→L-prolyl→L-valyl→N^5-äthoxycarbonyl-L-ornithyl→L-leucyl→D-phenylalanyl→L-prolyl→L-valyl→N^5-äthoxycarbonyl-L-ornithyl], *N,N'*-Bis-äthoxycarbonyl-gramicidin-S $C_{66}H_{100}N_{12}O_{14}$, Formel III (R = C_2H_5). F: 286–288°.

Cyclo-[L-leucyl→D-phenylalanyl→L-prolyl→L-valyl→N^5-benzyloxycarbonyl-L-ornithyl→L-leucyl→D-phenylalanyl→L-prolyl→L-valyl→N^5-benzyloxycarbonyl-L-ornithyl], *N,N'*-Bis-benzyloxycarbonyl-gramicidin-S $C_{76}H_{104}N_{12}O_{14}$, Formel III (R = CH_2-C_6H_5). F: 232–237°.

Cyclo-[L-leucyl→D-phenylalanyl→L-prolyl→L-valyl→N^5-(4-methoxy-benzoyl)-L-ornithyl→L-leucyl→D-phenylalanyl→L-prolyl→L-valyl→N^5-(4-methoxy-benzoyl)-L-ornithyl], *N,N'*-Bis-[4-methoxy-benzoyl]-gramicidin-S $C_{76}H_{104}N_{12}O_{14}$, Formel I (X = O-$CH_3$). F: 309–312°.

Cyclo-[L-leucyl→D-phenylalanyl→L-prolyl→L-valyl→*N*^{5}-glycyl-L-ornithyl→L-leucyl→D-phenylalanyl→L-prolyl→L-valyl→*N*^{5}-glycyl-L-ornithyl], *N,N'*-Diglycyl-gramicidin-S $C_{64}H_{98}N_{14}O_{12}$, Formel IV (R = H, n = 1).

Dihydrobromid $C_{64}H_{98}N_{14}O_{12}\cdot 2HBr$. *B.* Aus der folgenden Verbindung mit Hilfe von HBr in Essigsäure (*Štepanow et al.*, Antibiotiki **3** [1958] Nr. 5, S. 49, 51; C. A. **1959** 2476). — Kristalle (aus A.) mit 2 Mol H_2O; F: 281°.

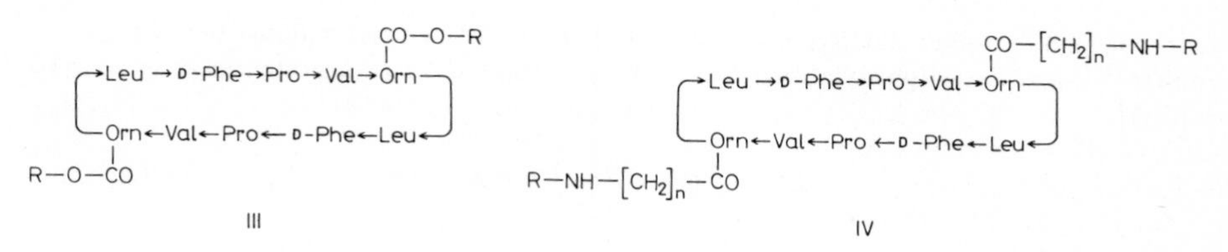

III IV

Cyclo-[L-leucyl→D-phenylalanyl→L-prolyl→L-valyl→*N*^{5}-(*N*-benzyloxycarbonyl-glycyl)-L-ornithyl→L-leucyl→D-phenylalanyl→L-prolyl→L-valyl→*N*^{5}-(*N*-benzyloxycarbonyl-glycyl)-L-ornithyl], *N,N'*-Bis-[*N*-benzyloxycarbonyl-glycyl]-gramicidin-S $C_{80}H_{110}N_{14}O_{16}$, Formel IV (R = CO-O-$CH_2$-$C_6H_5$, n = 1).

B. Aus Gramicidin-S-dihydrochlorid und *N*-Benzyloxycarbonyl-glycylchlorid (*Štepanow et al.*, Antibiotiki **3** [1958] Nr. 5, S. 49, 51; C. A. **1959** 2476).

Kristalle (aus A.) mit 2 Mol H_2O; F: 125–130°.

Cyclo-[L-leucyl→D-phenylalanyl→L-prolyl→L-valyl→*N*^{5}-(6-amino-hexanoyl)-L-ornithyl→L-leucyl→D-phenylalanyl→L-prolyl→L-valyl→*N*^{5}-(6-amino-hexanoyl)-L-ornithyl], *N,N'*-Bis-[6-amino-hexanoyl]-gramicidin-S $C_{72}H_{114}N_{14}O_{12}$, Formel IV (R = H, n = 5).

B. Aus der folgenden Verbindung mit Hilfe von HBr in Essigsäure (*Štepanow et al.*, Antibiotiki **3** [1958] Nr. 5, S. 49, 52; C. A. **1959** 2476).

Dipicrat $C_{72}H_{114}N_{14}O_{12}\cdot 2C_6H_3N_3O_7$. Orangegelbe Kristalle (aus wss. Isopropylalkohol) mit 2 Mol H_2O; F: 190–195°.

Cyclo-[L-leucyl→D-phenylalanyl→L-prolyl→L-valyl→*N*^{5}-(6-benzyloxycarbonylamino-hexanoyl)-L-ornithyl→L-leucyl→D-phenylalanyl→L-prolyl→L-valyl→*N*^{5}-(6-benzyloxycarbonylamino-hexanoyl)-L-ornithyl], *N,N'*-Bis-[6-benzyloxycarbonylamino-hexanoyl]-gramicidin-S $C_{88}H_{126}N_{14}O_{16}$, Formel IV (R = CO-O-$CH_2$-$C_6H_5$, n = 5).

B. Aus Gramicidin-S-dihydrochlorid und 6-Benzyloxycarbonylamino-hexanoylchlorid (*Štepanow et al.*, Antibiotiki **3** [1958] Nr. 5, S. 49, 51; C. A. **1959** 2476).

Kristalle (aus Acn. + PAe.) mit 2 Mol H_2O; F: 126–129°.

Cyclo-[L-leucyl→D-phenylalanyl→L-prolyl→L-valyl→*N*⁵-(9-amino-nonanoyl)-L-ornithyl→L-leucyl→D-phenylalanyl→L-prolyl→L-valyl→*N*⁵-(9-amino-nonanoyl)-L-ornithyl], *N,N'*-Bis-[9-amino-nonanoyl]-gramicidin-S $C_{78}H_{126}N_{14}O_{12}$, Formel IV (R = H, n = 8).

B. Aus der folgenden Verbindung mit Hilfe von $N_2H_4 \cdot H_2O$ (*Štepanow et al.*, Antibiotiki **3** [1958] Nr. 5, S. 49, 52; C. A. **1959** 2476).

Dipicrat $C_{78}H_{126}N_{14}O_{12} \cdot 2C_6H_3N_3O_7$. Gelbe Kristalle mit 2 Mol H_2O; F: 158–161° [Zers.].

Cyclo-[L-leucyl→D-phenylalanyl→L-prolyl→L-valyl→*N*⁵-(9-phthalimido-nonanoyl)-L-ornithyl→L-leucyl→D-phenylalanyl→L-prolyl→L-valyl→*N*⁵-(9-phthalimido-nonanoyl)-L-ornithyl], *N,N'*-Bis-[9-phthalimido-nonanoyl]-gramicidin-S $C_{94}H_{130}N_{14}O_{16}$, Formel V.

B. Aus Gramicidin-S-dihydrochlorid und 9-Phthalimido-nonansäure (*Štepanow et al.*, Antibiotiki **3** [1958] Nr. 5, S. 49, 52; C. A. **1959** 2476).

F: 178–181°.

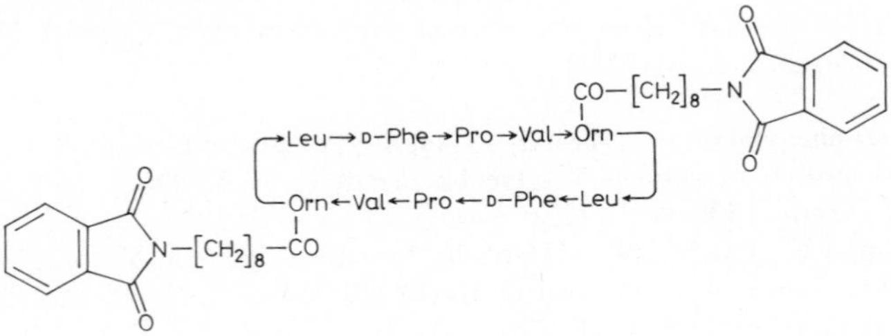

V

***Cyclo-[L-leucyl→D-phenylalanyl→L-prolyl→L-valyl→*N*⁵-(α-acetylamino-cinnamoyl)-L-ornithyl→L-leucyl→D-phenylalanyl→L-prolyl→L-valyl→*N*⁵-(α-acetylamino-cinnamoyl)-L-ornithyl]**, *N,N'*-Bis-[α-acetylamino-cinnamoyl]-gramicidin-S $C_{82}H_{110}N_{14}O_{14}$, Formel VI (R = CO-CH₃, X = X' = H).

B. Beim Erhitzen von Gramicidin-S mit α-Acetylamino-cinnamoylchlorid in Dioxan (*A.B. Astra*, D.B.P. 951724 [1953]).

F: 238–242°.

***Cyclo-[L-leucyl→D-phenylalanyl→L-prolyl→L-valyl→*N*⁵-(α-benzoylamino-cinnamoyl)-L-ornithyl→L-leucyl→D-phenylalanyl→L-prolyl→L-valyl→*N*⁵-(α-benzoylamino-cinnamoyl)-L-ornithyl]**, *N,N'*-Bis-[α-benzoylamino-cinnamoyl]-gramicidin-S $C_{92}H_{114}N_{14}O_{14}$, Formel VI (R = CO-C₆H₅, X = X' = H).

B. Analog der vorangehenden Verbindung (*A.B. Astra*, D.B.P. 951724 [1953]).

Kristalle (aus wss. A.); F: 226–229°.

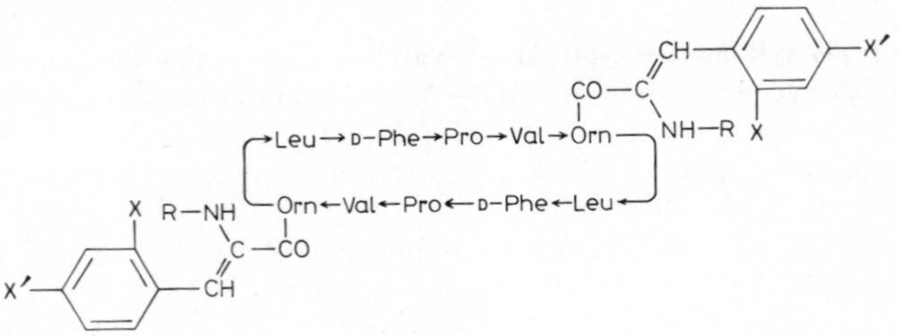

VI

***Cyclo-[L-leucyl→D-phenylalanyl→L-prolyl→L-valyl→*N*⁵-(2-acetoxy-α-benzoylamino-cinnamoyl)-L-ornithyl→L-leucyl→D-phenylalanyl→L-prolyl→L-valyl→*N*⁵-(2-acetoxy-α-benzoylamino-cinnamoyl)-L-ornithyl]**, *N,N'*-Bis-[2-acetoxy-α-benzoylamino-cinnamoyl]-gramicidin-S $C_{96}H_{118}N_{14}O_{18}$, Formel VI (R = CO-C₆H₅, X = O-CO-CH₃, X' = H).

B. Analog den vorangehenden Verbindungen (*A.B. Astra*, D.B.P. 951724 [1953]).

F: 190–195°.

***Cyclo-[L-leucyl→D-phenylalanyl→L-prolyl→L-valyl→*N*[5]-(α-benzoylamino-4-methoxy-cinnamoyl)-L-ornithyl→L-leucyl→D-phenylalanyl→L-prolyl→L-valyl→*N*[5]-(α-benzoylamino-4-methoxy-cinnamoyl)-L-ornithyl],** *N,N'*-Bis-[α-benzoylamino-4-methoxy-cinnamoyl]-gramicidin-S $C_{94}H_{118}N_{14}O_{16}$, Formel VI (R = $CO-C_6H_5$, X = H, X' = $O-CH_3$).

B. Analog den vorangehenden Verbindungen (*A.B. Astra,* D.B.P. 951724 [1953]).

F: 214–217°.

Cyclo-[L-leucyl→D-phenylalanyl→L-prolyl→L-valyl→*N*[5]-nicotinoyl-L-ornithyl→L-leucyl→D-phenylalanyl→L-prolyl→L-valyl→*N*[5]-nicotinoyl-L-ornithyl], *N,N'*-Dinicotinoyl-gramicidin-S $C_{72}H_{98}N_{14}O_{12}$, Formel VII.

B. Beim Erwärmen von Gramicidin-S mit Nicotinoylchlorid in Pyridin (*A.B. Astra,* D.B.P. 951724 [1953]).

Kristalle (aus wss. A.); F: 262–266°.

VII

VIII

Cyclo-[L-leucyl→D-phenylalanyl→L-prolyl→L-valyl→*N*[5]-(toluol-4-sulfonyl)-L-ornithyl→L-leucyl→D-phenylalanyl→L-prolyl→L-valyl→*N*[5]-(toluol-4-sulfonyl)-L-ornithyl], *N,N'*-Bis-[toluol-4-sulfonyl]-gramicidin-S $C_{74}H_{104}N_{12}O_{14}S_2$, Formel VIII.

B. Aus *N*-Trityl-L-valyl→*N*[5]-[toluol-4-sulfonyl]-L-ornithyl→L-leucyl→D-phenylalanyl→L-prolyl→L-valyl→*N*[5]-[toluol-4-sulfonyl]-L-ornithyl→L-leucyl→D-phenylalanyl→L-prolin (E III/IV **22** 70) über mehrere Stufen (*Schwyzer, Sieber,* Helv. **40** [1957] 624, 629, 636, 638). Aus Gramicidin-S-dihydrochlorid und Toluol-4-sulfonylchlorid in Pyridin (*Sch., Si.*).

Kristalle (aus wss. A.) mit 2 Mol H_2O; F: 319° [unkorr.; Zers.; Braunfärbung ab 305°]. Netzebenenabstände: *Sch., Si.,* l. c. S. 632. $[\alpha]_D^{24}$: −188,0° [Eg.; c = 0,7]. IR-Spektrum der Kristalle (2,6–15 μ): *Sch., Si.,* l. c. S. 631.

Cyclo-[L-leucyl→D-phenylalanyl→L-prolyl→L-valyl→L-lysyl→L-leucyl→D-phenylalanyl→L-prolyl→L-valyl→L-lysyl], [5,10-Di-L-lysin]-gramicidin-S, Dihomogramicidin-S $C_{62}H_{96}N_{12}O_{10}$, Formel IX (R = H).

B. Aus der folgenden Verbindung mit Hilfe von Natrium in flüssigem NH_3 (*Schwyzer, Sieber,* Helv. **41** [1958] 1582, 1587).

Dihydrochlorid $C_{62}H_{96}N_{12}O_{10} \cdot 2HCl$. Kristalle (aus methanol. HCl) mit 1 Mol H_2O.

Leu—D-Phe—Pro—Val—Lys(R)—Leu—D-Phe—Pro—Val—Lys(R)

IX

Cyclo-[L-leucyl→D-phenylalanyl→L-prolyl→L-valyl→*N*[6]-(toluol-4-sulfonyl)-L-lysyl→L-leucyl→D-phenylalanyl→L-prolyl→L-valyl→*N*[6]-(toluol-4-sulfonyl)-L-lysyl], {5,10-Bis-[*N*[6]-(toluol-4-sulfonyl)-L-lysin]}-gramicidin-S, *N,N'*-Bis-[toluol-4-sulfonyl]-dihomogramicidin-S $C_{76}H_{108}N_{12}O_{14}S_2$, Formel IX (R = $SO_2-C_6H_4-CH_3$).

B. Aus *N*-Trityl-L-valyl→*N*[6]-[toluol-4-sulfonyl]-L-lysyl→L-leucyl→D-phenylalanyl→L-prolyl→L-valyl→*N*[6]-[toluol-4-sulfonyl]-L-lysyl→L-leucyl→D-phenylalanyl→L-prolin (E III/IV **22** 71) über mehrere Stufen (*Schwyzer, Sieber,* Helv. **41** [1958] 1582, 1586).

Kristalle (aus wss. Me.) mit 0,5 Mol H_2O; F: 266–269° [Zers.]. $[\alpha]_D^{22}$: −226° [Eg.; c = 1].

Amino-Derivate der Hydroxy-oxo-carbonsäuren $C_nH_{2n-48}N_{10}O_{15}$

Cyclo-[*O*-methyl-L-α-aspartyl→L-glutaminyl→L-tyrosyl→L-valyl→L-ornithyl→L-leucyl→D-phenylalanyl→L-prolyl→L-phenylalanyl→D-phenylalanyl] $C_{67}H_{88}N_{12}O_{14}$, Formel X(X = O-CH_3, X' = NH_2), oder **Cyclo-[L-asparaginyl→*O*-methyl-L-α-glutamyl→L-tyrosyl→L-valyl→L-ornithyl→L-leucyl→D-phenylalanyl→L-prolyl→L-phenylalanyl→D-phenylalanyl]** $C_{67}H_{88}N_{12}O_{14}$, Formel X (X = NH_2, X' = O-CH_3).

Hydrochlorid $C_{67}H_{88}N_{12}O_{14}\cdot HCl$. *B.* Beim Behandeln von Tyrocidin-A-hydrochlorid (s. u.) mit HCl und Methanol (*Battersby, Craig,* Am. Soc. **74** [1952] 4023). – Kristalle (aus Me. + Ae.); F: 236–237° [Zers.].

Asp(X)—Glu(X')—Tyr—Val—Orn—Leu—D-Phe—Pro—Phe—D-Phe (cyclisch)

X

Cyclo-[L-asparaginyl→L-glutaminyl→L-tyrosyl→L-valyl→L-ornithyl→L-leucyl→D-phenylalanyl→L-prolyl→L-phenylalanyl→D-phenylalanyl], Tyrocidin-A $C_{66}H_{87}N_{13}O_{13}$, Formel X (X = X' = NH_2).

Konstitution: *Battersby, Craig,* Am. Soc. **74** [1952] 4019; *Paladini, Craig,* Am. Soc. **76** [1954] 688.

Vorkommen von Tyrocidin in Kulturen von Bacillus brevis: *Dubos, Cattaneo,* J. exp. Med. **70** [1939] 249; *Hotchkiss, Dubos,* J. biol. Chem. **132** [1940] 791, 793, **141** [1941] 155. Isolierung aus Tyrocidin mit Hilfe der Gegenstromverteilung: *Ba., Cr.,* l. c. S. 4019.

UV-Spektrum: *Ba., Cr.,* l. c. S. 4021.

Hydrochlorid $C_{66}H_{87}N_{13}O_{13}\cdot HCl$. Kristalle (aus Me. + Ae.); F: 240–242°; $[\alpha]_D^{25}$: –111° [wss. A. (50%ig); c = 1,4] (*Ba., Cr.,* l. c. S. 4020). Druck-Fläche-Beziehung und Oberflächenpotential monomolekularer Schichten auf wss. Lösungen vom pH 2,2–12,5 bei 12°: *Few,* Trans. Faraday Soc. **53** [1957] 848, 850, 853.

N-[2,4-Dinitro-phenyl]-Derivat $C_{72}H_{89}N_{15}O_{17}$. Gelbe Kristalle (aus methanol. HCl); λ_{max} (Me.): 350 nm (*Battersby, Craig,* Am. Soc. **74** [1952] 4023, 4024).

N,O-Bis-[2,4-dinitro-phenyl]-Derivat $C_{78}H_{91}N_{17}O_{21}$. Gelbe Kristalle (aus wss. Me.); F: 292–296°; λ_{max} (Me.): 350 nm (*Ba., Cr.,* l. c. S. 4024).

N,O-Diacetyl-Derivat $C_{70}H_{91}N_{13}O_{15}$. Kristalle (aus Me.); F: 289–292° [Zers.] (*Ba., Cr.,* l. c. S. 4021).

25. Verbindungen mit 11 cyclisch gebundenen Stickstoff-Atomen

Cyclo-[L-asparaginyl→L-glutaminyl→L-tyrosyl→L-valyl→L-ornithyl→L-leucyl→D-phenyl= alanyl→L-prolyl→L-tryptophyl→D-phenylalanyl], Tyrocidin-B $C_{68}H_{88}N_{14}O_{13}$, Formel XI.

Konstitution: *King, Craig,* Am. Soc. **77** [1955] 6627.

Isolierung aus dem aus Kulturen von Bacillus brevis gewonnenen Tyrocidin mit Hilfe der Gegenstromverteilung: *King, Craig,* Am. Soc. **77** [1955] 6624.

Hydrochlorid $C_{68}H_{88}N_{14}O_{13}\cdot HCl$. Kristalle [aus Me. + Diisopropyläther] (*King, Cr.,* l. c. S. 6624). Druck-Fläche-Beziehung und Oberflächenpotential monomolekularer Schichten auf wss. Lösungen vom pH 2,2 und pH 12,5 bei 12°: *Few,* Trans. Faraday Soc. **53** [1957] 848, 850.

Asp(NH₂)—Glu(NH₂)—Tyr—Val—Orn—Leu — D-Phe—Pro—Trp — D-Phe (cyclisch)

XI

26. Verbindungen mit 12 cyclisch gebundenen Stickstoff-Atomen

5,10,15,20-Tetraaza-tetrapyrido[2,3-*b*;2′,3′-*g*;2′′,3′′-*l*;2′′′,3′′′-*q*]porphyrin $C_{28}H_{14}N_{12}$, Formel XII und Taut. (in der Literatur als Tetra-[2,3]pyridinoporphyrazin und als Tetra= pyridinotetrazaporphin bezeichnet).

B. Beim Erhitzen von Pyridin-2,3-dicarbamid mit Acetanhydrid in Essigsäure, Erhitzen des Reaktionsprodukts (F: 255–260°) mit Magnesium auf 270–280° und Behandeln des Magne= sium-Komplexes mit wss. H_2SO_4 (*Linstead et al.,* Soc. **1937** 911, 914, 919).

Blaue Kristalle mit purpurnem Reflex [aus Chlornaphthalin] (*Li. et al.*). λ_{max} (Chlornaphtha= lin): 554 nm, 576 nm, 608 nm, 634 nm, 673 nm und 700 nm (*Anderson et al.,* Soc. **1938** 1151, 1152).

Kupfer(II)-Komplex $CuC_{28}H_{12}N_{12}$. *B.* Beim Erhitzen von Pyridin-2,3-dicarbonsäure mit Harnstoff, Kupferacetat, H_3BO_3 und $[NH_4]_2MoO_4$ auf 230–250° (*Fukada,* J. chem. Soc. Japan Pure Chem. Sect. **78** [1957] 1348, 1349; C. A. **1959** 21339). — Blauschwarz (*Fu.*).

Chrom(III)-Komplex $Cr_2O(C_{28}H_{12}N_{12})_2$. *B.* Analog der vorangehenden Verbindung (*Fu.*). — Grünschwarz (*Fu.*).

Eisen(II)-Komplex $FeC_{28}H_{12}N_{12}$. *B.* Analog den vorangehenden Verbindungen (*Fu.*). — Blaugrünschwarz (*Fu.*).

Eisen(III)-Komplex $Fe_2O(C_{28}H_{12}N_{12})_2$. *B.* Analog den vorangehenden Verbindungen (*Fu.*). – Blaugrünschwarz (*Fu.*).

Kobalt(II)-Komplex $CoC_{28}H_{12}N_{12}$. *B.* Analog den vorangehenden Verbindungen (*Fu.*). – Blauschwarz (*Fu.*).

Nickel(II)-Komplex $NiC_{28}H_{12}N_{12}$. *B.* Analog den vorangehenden Verbindungen (*Fu.*). – Blauschwarz (*Fu.*).

Bis-methojodid $[C_{30}H_{20}N_{12}]I_2$. Grüner Feststoff (*Li. et al.*, l. c. S. 915, 920).

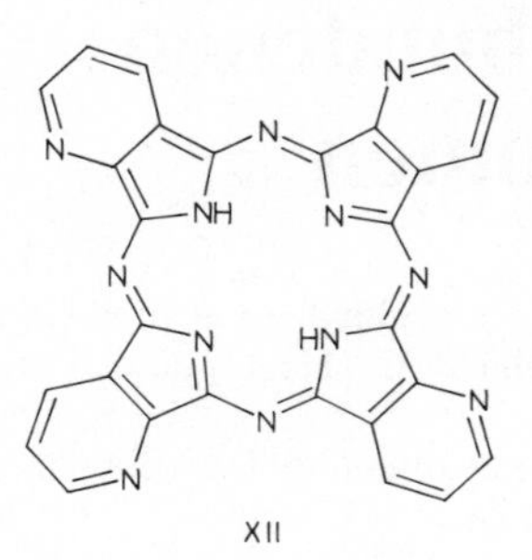

XII

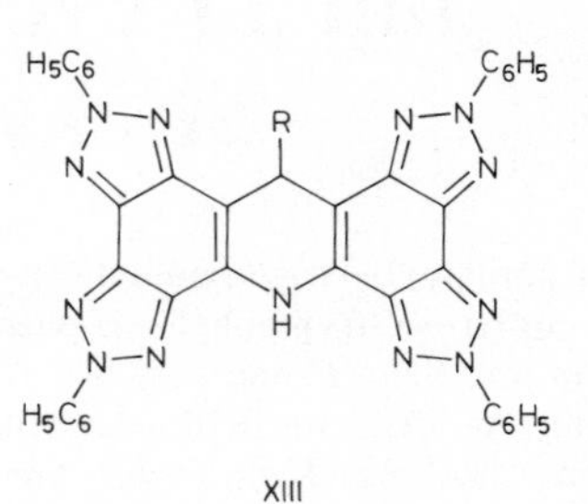

XIII

27. Verbindungen mit 13 cyclisch gebundenen Stickstoff-Atomen

2,5,9,12-Tetraphenyl-14-propyl-7,14-dihydro-tetratriazolo[4,5-*a*;4′,5′-*c*;4″,5″-*h*;4‴,5‴-*j*]acridin $C_{40}H_{29}N_{13}$, Formel XIII (R = CH_2-C_2H_5).

B. Beim Erhitzen von 2,7-Diphenyl-2,7-dihydro-benzo[1,2-*d*;3,4-*d′*]bistriazol-4-ylamin mit Butan-1-ol und konz. HCl (*Fries, Waltnitzki,* A. **511** [1934] 267, 277).

Hellgelbe Kristalle (aus Tetralin); F: >440°.

2,5,9,12-Tetraphenyl-14-propyl-tetratriazolo[4,5-*a*;4′,5′-*c*;4″,5″-*h*;4‴,5‴-*j*]acridin $C_{40}H_{27}N_{13}$, Formel XIV.

B. Bei der Oxydation der vorangehenden Verbindung durch Luft in siedendem Nitrobenzol (*Fries, Waltnitzki,* A. **511** [1934] 267, 277).

Kristalle (aus Nitrobenzol oder Tetralin); F: >440°.

2,5,9,12,14-Pentaphenyl-7,14-dihydro-tetratriazolo[4,5-*a*;4′,5′-*c*;4″,5″-*h*;4‴,5‴-*j*]acridin $C_{43}H_{27}N_{13}$, Formel XIII (R = C_6H_5).

B. Beim Erhitzen von 2,7-Diphenyl-2,7-dihydro-benzo[1,2-*d*;3,4-*d′*]bistriazol-4-ylamin mit Benzaldehyd und konz. HCl in Nitrobenzol (*Fries, Waltnitzki,* A. **511** [1934] 267, 278).

Gelb; F: >450°.

14-[2-Chlor-phenyl]-2,5,9,12-tetraphenyl-7,14-dihydro-tetratriazolo[4,5-*a*;4′,5′-*c*;4″,5″-*h*;4‴,5‴-*j*]acridin $C_{43}H_{26}ClN_{13}$, Formel XIII (R = C_6H_4-Cl).

B. Beim Erhitzen von [2-Chlor-benzyliden]-[2,7-diphenyl-2,7-dihydro-benzo[1,2-*d*;3,4-*d′*]bistriazol-4-yl]-amin und konz. HCl in Nitrobenzol (*Fries, Waltnitzki,* A. **511** [1934] 267, 278).

Gelbe Kristalle; F: >450°.

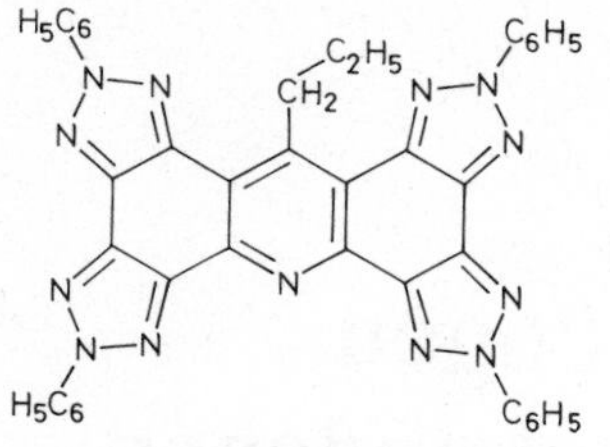

XIV

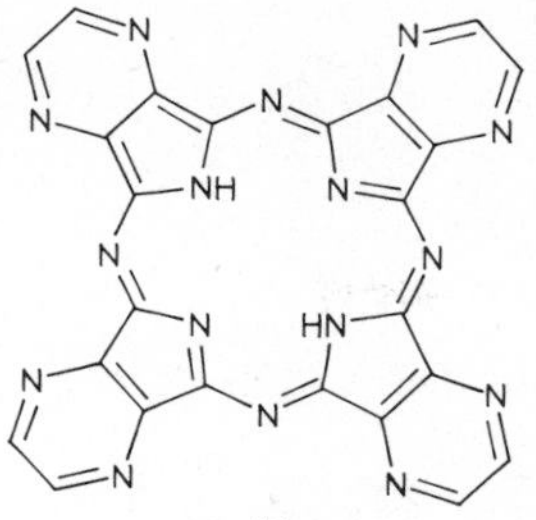

XV

28. Verbindungen mit 16 cyclisch gebundenen Stickstoff-Atomen

5,10,15,20-Tetraaza-tetrapyrazino[2,3-*b*;2′,3′-*g*;2″,3″-*l*;2‴,3‴-*q*]porphyrin $C_{24}H_{10}N_{16}$, Formel XV und Taut. (in der Literatur als Tetrapyrazinoporphyrazin bezeichnet).

B. Beim Erhitzen von Pyrazin-2,3-dicarbonitril mit Magnesium auf 200° und Behandeln des Reaktionsprodukts mit wss. H_2SO_4 (*Linstead et al.*, Soc. **1937** 911, 921).

Blaues Pulver (aus wss. H_2SO_4) mit 4 Mol H_2O.

Kupfer(II)-Komplexsalz $CuC_{24}H_8N_{16} \cdot 4H_2O$. *B.* Beim Erhitzen von Pyrazin-2,3-dicarbonitril mit CuCl (*Li. et al.*). — Beim Trocknen unter vermindertem Druck über konz. H_2SO_4 wird 1 Mol H_2O abgegeben, beim Erhitzen auf 150° entsteht das Dihydrat, beim Erhitzen auf 200° entsteht das Monohydrat. Alle vier Hydrate sind blau mit purpurnem Glanz.

***Opt.-inakt. 1,2,3,4-Tetrakis-[5-methyl-7-oxo-4,7-dihydro-[1,2,4]triazolo[1,5-*a*]pyrimidin-2-yl]-butan, 5,5′,5″,5‴-Tetramethyl-4*H*,4′*H*,4″*H*,4‴*H*-2,2′,2″,2‴-butan-1,2,3,4-tetrayl-tetrakis-[1,2,4]triazolo[1,5-*a*]pyrimidin-7-on** $C_{28}H_{26}N_{16}O_4$, Formel XVI und Taut.

B. Beim Erhitzen von opt.-inakt. Butan-1,2,3,4-tetracarbonsäure-tetrahydrazid (hergestellt aus dem Tetramethylester und N_2H_4) mit 2-Äthylmercapto-6-methyl-3*H*-pyrimidin-4-on in wss. Essigsäure und Erhitzen des Reaktionsprodukts mit konz. HCl in Essigsäure (*Eastman Kodak Co.*, U.S.P. 2852375 [1956]).

Kristalle (aus A.) mit 2 Mol H_2O und 2 Mol Äthanol; F: 263 – 265°.

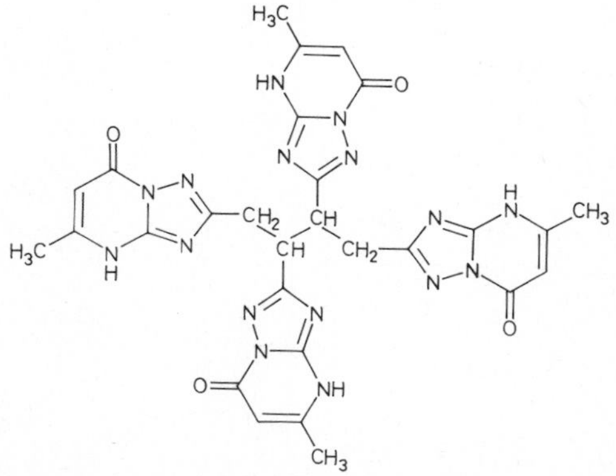

XVI

29. Verbindungen mit 24 cyclisch gebundenen Stickstoff-Atomen

Dodecahydro-2,3,4a,5a,6a,7a,8a,9a,10a,11a,12a,13a,15,16,17a,18a,19a,20a,21a,22a,23a,24a,25a,26a-tetracosaaza-2,16;3,15-dimethano-bis{pentaleno[1''',6''':5'',6'',7'']cycloocta[1'',2'',3'':3',4']pentaleno[1',6':5,6,7]cycloocta}[1,2,3-*gh*;1',2',3'-*g'h'*]cycloocta[1,2,3-*cd*;5,6,7-*c'd'*]dipentalen-1,4,6,8,10,12,14,17,19,21,23, 25-dodecaon, Cucurbituril $C_{36}H_{36}N_{24}O_{12}$, Formel XVII.

Ein Hydrat dieser Verbindung hat in dem H **26** 442 (Zeile 28 v. o.) beschriebenen kristallinen Dihydrat der Verbindung $C_{10}H_{11}N_7O_4$ vorgelegen (*Freeman et al.*, Am. Soc. **103** [1981] 7367).

^{1}H-NMR-Absorption sowie ^{1}H-^{1}H-Spin-Spin-Kopplungskonstante (wss. Ameisensäure): *Fr. et al.*

Verbindung mit Calciumhydrogensulfat $C_{36}H_{36}N_{24}O_{12} \cdot 2Ca(HSO_4)_2 \cdot 13H_2O$. Trikline Kristalle (aus wss. H_2SO_4); Kristallstruktur-Analyse (Röntgen-Diagramm): *Fr. et al.*

Clathrat mit *C*-Cyclopentyl-methylamin (1:1). Stabilitätskonstante in wss. Ameisensäure bei 40°: *Fr. et al.* [*Lange*]

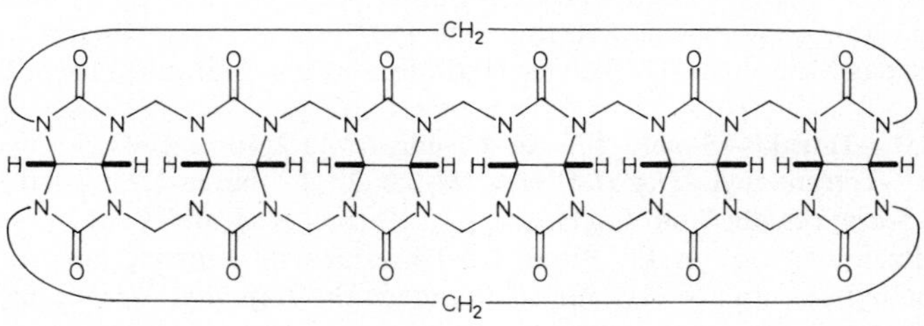

XVII

Nachträge und Berichtigungen

Zweites Ergänzungswerk, 17. Band

Seite 79, Zeile 10–6 v. u.: Die dort als 1,2,3,4-Tetrahydro-benzo[*b*]naphtho[2,3-*d*]furan $C_{16}H_{14}O$ beschriebene Verbindung ist als 8,9,10,11-Tetrahydro-benzo[*b*]naphtho[1,2-*d*]furan $C_{16}H_{14}O$ zu formulieren (*Osdene, Russell,* J. org. Chem. **31** [1966] 2646).

Drittes und viertes Ergänzungswerk, 17. Band

4. Teil

Seite 3043, Textzeile 16 v. u.: Anstelle von „(S. 3784)" ist zu setzen „(S. 3478)".

Seite 3813, Zeile 8 v. u.: Anstelle von „**75** [1955] 967" ist zu setzen „**75** [1955] 976;".

6. Teil

Seite 5071, Zeile 13–15 v. o.: Anstelle von „Beim Behandeln mit... (*Alberti,* G. **87** [1957] 781, 787)" ist zu setzen „Die von *Alberti* (G. **87** [1957] 781, 787) beim Erwärmen mit $NH_2OH \cdot HCl$ und wss.-äthanol. KOH erhaltene Verbindung ist nicht als 2-[5-Methyl-isoxazol-3-yl]-phenol, sondern als 2-[3-Methyl-isoxazol-5-yl]-phenol zu formulieren (*Basiński, Jerzmanowska,* Roczniki Chem. **48** [1974] 989, 994, 995; Polish J. Chem. **53** [1979] 229, 232)."

Seite 5413, Zeile 8–6 v. u.: Anstelle von „Bildung von 2-[5-Phenyl-isoxazol-3-yl]-phenol... *Baker et al.,* Soc. **1952** 1303, 1304." ist zu setzen „Die von *Baker et al.* (Soc. **1952** 1303, 1304) beim Erhitzen mit $NH_2OH \cdot HCl$ und wss. Pyridin erhaltene Verbindung ist nicht als 2-[5-Phenyl-isoxazol-3-yl]-phenol, sondern als 2-[3-Phenyl-isoxazol-5-yl]-phenol zu formulieren (*Basiński, Jerzmanowska,* Roczniki Chem. **50** [1976] 1067, 1068, 1072; Polish J. Chem. **53** [1979] 229, 232)."

7. Teil

Seite 6591, Zeile 8 und 7 v. u.: Anstelle von „-[α,β-dibrom-cinnamoyl]-" ist zu setzen „-[2,3-dibrom-3-phenyl-propionyl]-".

Drittes und viertes Ergänzungswerk, 18. Band

3. Teil

Seite 2424, Textzeile 13–1 v. u.: Die hier beschriebene Verbindung ist aufgrund ihrer genetischen Beziehung zu β-Dihydrograyanotoxin-II (E IV **6** 7891) als (*S*)-4-[(*R*)-1-((3a*R*)-8*syn*-Hydroxy-8*anti*-methyl-2-oxo-(7a*t*)-hexahydro-3a*r*,7*c*-äthano-benzofuran-4*t*-yl)-äthyl]-2,2-dimethyl-cyclopentan-1,3-dion $C_{20}H_{28}O_5$ zu formulieren.

Seite 2425, Zeile 1–14 v. o.: Die hier beschriebene Verbindung ist aufgrund ihrer genetischen Beziehung zu α-Dihydrograyanotoxin-II (E IV **6** 7892) als (*S*)-4-[(*S*)-1-((3a*R*)-8*syn*-Hydroxy-8*anti*-methyl-2-oxo-(7a*t*)-hexahydro-3a*r*,7*c*-äthano-benzofuran-4*t*-yl)-äthyl]-2,2-dimethyl-cyclopentan-1,3-dion $C_{20}H_{28}O_5$ zu formulieren. Die Formeln XI und XII auf S. 2424 sind miteinander zu vertauschen.

Seite 2716, Textzeile 15–14 v. u.: Anstelle von „(F: 166–166,5°)“ ist zu setzen „(F: 116–116,5°)“.

Seite 2722, Zeile 2–4 v. o. und Zeile 8–9 v. o.: Der Passus „Beim Behandeln... Acad. [A] **35** [1952] 46, 50)“ sowie der Passus „Kristalle (aus A.) mit 1 Mol H_2O; F: 159–160° (*Ba., Po.*)“ sind zu streichen.

8. Teil

Seite 7165, Zeile 18 v. o.: Anstelle von „9-Brom-thieno[2,3-*g*]chinolin“ ist zu setzen „4-Brom-thieno[2,3-*g*]chinolin“.

9. Teil

Seite 7997, Zeile 1 v. o., 7 v. o., 13 v. o., 19 v. o. und 25 v. o., Textzeile 10 v. u. und 3 v. u.: Anstelle von „*Neda, Sasaki*“ ist zu setzen „*Ueda, Sasaki*“.

Drittes und viertes Ergänzungswerk, 19. Band

5. Teil

Seite 3487, Zeile 20–13 v. u. und Zeile 12–5 v. u.: Die Identität der hier beschriebenen Verbindungen ist ungewiss (s. dazu *Linstrumelle,* Bl. **1970** 920, 923).

Drittes und viertes Ergänzungswerk, 20. Band

1. Teil

Seite 335. Die Artikel Zeile 1 v. o. bis 13 v. o. sind zu streichen.

Seite 458, Zeile 16 v. u.: Anstelle von „n_D^{21}: 1,4686“ ist zu setzen „n_D^{21}: 1,4941“.

2. Teil

Seite 883. Nach Textzeile 16 v. o. ist der folgende Artikel einzufügen:
(1*R*,4*Ξ*)-4-Piperidino-thujan-3-on-(*Ξ*)-oxim $C_{15}H_{26}N_2O$, Formel A.
Eine Verbindung dieser Konstitution und Konfiguration hat in dem von *Pickles* (s. H **20** 42) beschriebenen, als Origanen-nitrolpiperidid bezeichneten partiell racemischen Präparat (F: 198°) vorgelegen (*Birch, Earl,* J. Pr. Soc. N.S. Wales **72** [1938] 55).
B. Beim Behandeln von partiell racemischem (1*S*)-Thuj-3-en mit Amylnitrit, Äthanol und wss. Salzsäure und Erwärmen des Reaktionsprodukts (F: 85–90° [Zers.]) mit Piperidin (*Birch,* J. Pr. Soc. N.S. Wales **71** [1937/38] 330, 333, 335).
Kristalle (aus Me.); F: 198° (*Bi.*).

Seite 986, Zeile 14 v. o.: Anstelle von „$Kp_{0,5}$: 111–113°“ ist zu setzen „$Kp_{0,05}$: 111–113°“.

Seite 1012, Zeile 1 v. u.: Anstelle von „U.S.P. 2499575“ ist zu setzen „U.S.P. 2499975“.

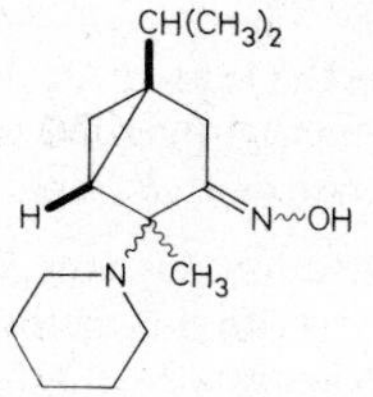

3. Teil

Seite 2356, Textzeile 7 v. u.: Anstelle von „**Dipicrat**" ist zu setzen „**Dichlorid.**-Dipicrat $[C_{14}H_{18}N_2S]Cl_2 \cdot (C_6H_3N_3O_7)_2$" und in derselben Zeile ist anstelle von „15,19" zu setzen „Ausg. B, S. 40, 47".

4. Teil

Seite 2922, Zeile 6–7 v. o.: Anstelle von „(2*R*)-3*c*,4-Dimethyl-2*r*-phenyl-morpholin" ist zu setzen „(2*S*)-3*t*,4-Dimethyl-2*r*-phenyl-morpholin".

5. Teil

Seite 3350, Zeile 26 v. u.: Anstelle von „Tetracarbonyl-hexachinolin-dicobalt(0) $[Co_2(CO)_4(C_9H_7N)_6]$" ist zu setzen „Hexachinolin-kobalt(II)-bis-[tetracarbonyl-cobaltat(1–)] $[Co(C_9H_7N)_6][Co(CO)_4]_2$".

Drittes und viertes Ergänzungswerk, 21. Band

5. Teil

Seite 4101, Textzeile 8 v. u. und Seite 4155 Textzeile 4 v. o.: Die als (±)-4-Phenyl-4,6,7,8-tetrahydro-benz[*e*][1,2]oxazin-3,5-dion angesehene Verbindung ist als (±)-3-Phenyl-3,5,6,7-tetrahydro-benzofuran-2,4-dion-2-oxim zu formulieren (*Ansell et al.,* Chem. Commun. **1970** 1602).

6. Teil

Seite 5640, Textzeile 5 v. u.: Anstelle von „*Tagmann et al.*" ist zu setzen „*Urech et al.*".

Drittes und viertes Ergänzungswerk, 22. Band

1. Teil

Seite 285, Zeile 10 v. o.: Anstelle von „Kp_{19}: 87°;" ist zu setzen „$Kp_{1,9}$: 87°;".

Seite 285, Zeile 23 v. u.: Anstelle von „(±)-Cyclohepta-2,4,6-triencarbonsäure" ist zu setzen „Cyclohepta-1,4,6-triencarbonsäure".

Seite 601, Textzeile 6–10 v. o.: Die Angaben beziehen sich auf das Isonicotinoylhydrazon des 4,7-Dimethoxy-[1]naphthaldehyds (vgl. *Buu-Hoi, Lavit,* Bl. **1955** 1419).

3. Teil

Seite 2129, Zeile 11–15 v. o.: Die Konstitution des hier als 4-Äthyl-5-hydroxymethyl-3-methyl-pyrrol-2-carbonsäure $C_9H_{13}NO_3$ beschriebenen Präparats ist zweifelhaft; s. dazu die in der folgenden Berichtigung zitierte Literatur.

Seite 2129, Zeile 16–21 v. o.: In der hier als 4-Äthyl-5-hydroxymethyl-3-methyl-pyrrol-2-carbonsäure-äthylester $C_{11}H_{17}NO_3$ angesehenen Verbindung hat 5-Acetoxymethyl-4-äthyl-3-methyl-pyrrol-2-carbonsäure-äthylester vorgelegen (*Bullock et al.*, Soc. **1958** 1430; *Hayes et al.*, Soc. **1958** 3779, 3780).

Seite 2130, Zeile 5–6 v. o.: Die Konstitution des von *Siedel, Winkler* (A. **554** [1943] 162, 185, 186) als 5-Acetoxymethyl-4-äthyl-3-methyl-pyrrol-2-carbonsäure-äthylester (F: 135–136°) beschriebenen Präparats ist zweifelhaft; s. dazu die in der vorangehenden Berichtigung zitierte Literatur.

Seite 2581, Zeile 8–13 v. o.: Die Konstitution der als 3-[5-Carboxy-2-hydroxymethyl-4-methyl-pyrrol-3-yl]-propionsäure $C_{10}H_{13}NO_5$ beschriebenen Verbindung ist zweifelhaft (*Bullock et al.*, Soc. **1958** 1430, 1431).;
in der auf Zeile 14–18 v. o. als 3-[5-Äthoxycarbonyl-2-hydroxymethyl-4-methyl-pyrrol-3-yl]-propionsäure $C_{12}H_{17}NO_5$ beschriebenen Verbindung hat möglicherweise 3-[2-Acetoxymethyl-5-äthoxycarbonyl-4-methyl-pyrrol-3-yl]-propionsäure $C_{14}H_{19}NO_6$ vorgelegen.

Drittes und viertes Ergänzungswerk, 23. Band

1. Teil

Seite 18, Zeile 2 v. o.: Die Angabe „*N*/*O*-" ist zu streichen.

4. Teil

Seite 2847, Textzeile 9 v. o.: Anstelle von „Ann. Chim. **31** [1966]" ist zu setzen „Ann. Chimica **51** [1961]".

5. Teil

Seite 3338. Die Texte auf Zeile 20–18 v. u. und Zeile 15–14 v. u. sind miteinander zu vertauschen.

Drittes und viertes Ergänzungswerk, 24. Band

1. Teil

Seite 100, Textzeile 3 v. u.: Anstelle von „pK'_a" ist zu setzen „pK'_b".

Seite 435, Zeile 13–16 v. o.: Der Passus „Beim Behandeln mit Phenylmagnesiumbromid... Collect. **39** [1974] 287, 288, 291)." ist zu streichen.

Seite 530, Textzeile 9–8 v. u.: Anstelle von „In mässiger Ausbeute... mit Resorcin" ist zu setzen „Aus 4-Äthyl-5-[4-äthyl-3,5-dimethyl-pyrrol-2-ylmethylen]-3-methyl-1,5-dihydro-pyrrol-2-on (E III/IV **24** 536)".

Seite 553, Textzeile 13 v. u.: Anstelle von „... chinoxalin-2-ylmethylamino)-..." ist zu setzen „... chinoxalin-2-ylmethylenamino)-...".

Drittes und viertes Ergänzungswerk, 25. Band

4. Teil

Seite 2922, Textzeile 18–16 v. u.: Der Passus „Aus Thiamin-hydrochlorid... Soc. **1954** 4581, 4585)." ist zu streichen.

5. Teil

Seite 3679, Zeile 21 v. o. ist zu ersetzen durch: N^4-[*N*,*O*-Bis-benzyloxycarbonyl-L(?)-seryl]-cytidin $C_{28}H_{30}N_4O_{11}$, vermutlich

6. Teil

Seite 4119, Textzeilen 10–6 v. u. und 5–1 v. u.: Die Identität der beiden hier beschriebenen Verbindungen ist ungewiss (s. dazu *Pfleiderer,* B. **90** [1957] 2604, 2605 Anm. 13).

Seite 4123, Zeile 3–1 v. u. und Seite 4124, Zeile 1–6 v. o.: In der hier beschriebenen Verbindung hat Dimethylalloxan-5-oxim (E III/IV **24** 2150) vorgelegen (*Pfleiderer,* B. **90** [1957] 2604, 2605 Anm. 13).

Drittes und viertes Ergänzungswerk, 26. Band

3. Teil

Seite 1643, Zeile 9 v. o.: Anstelle von „A. **635** [1960] 28, 83, 85)." ist zu setzen „A **635** [1960] 82, 83, 85).".

Sachregister

Das folgende Register enthält die Namen der in diesem Band abgehandelten Verbindungen im allgemeinen mit Ausnahme der Namen von Salzen, deren Kat⸗ionen aus Metall-Ionen, Metallkomplex-Ionen oder protonierten Basen bestehen, und von Additionsverbindungen.

Die im Register aufgeführten Namen („Registernamen") unterscheiden sich von den im Text verwendeten Namen im allgemeinen dadurch, dass Substitutionspräfixe und Hydrierungsgradpräfixe hinter den Stammnamen gesetzt („invertiert") sind, und dass alle zur Konfigurationskennzeichnung dienenden genormten Präfixe und Symbole (s. „Stereochemische Bezeichnungsweisen") weggelassen sind.

Der Registername enthält demnach die folgenden Bestandteile in der angegebenen Reihenfolge:

1. den Register-Stammnamen (in Fettdruck); dieser setzt sich, sofern nicht ein Radikofunktionalname (s.u.) vorliegt, zusammen aus
   a) dem Stammvervielfachungsaffix (z.B. Bi in [1,2′]Binaphthyl),
   b) stammabwandelnden Präfixen [1]),
   c) dem Namensstamm (z.B. Hex in Hexan; Pyrr in Pyrrol),
   d) Endungen (z.B. an, en, in zur Kennzeichnung des Sättigungszustandes von Kohlenstoff-Gerüsten; ol, in, olidin zur Kennzeichnung von Ringgrösse und Sättigungszustand bei Heterocyclen; ium, id zur Kennzeichnung der Ladung eines Ions),
   e) dem Funktionssuffix zur Kennzeichnung der Hauptfunktion (z.B. -säure, -carbonsäure, -on, -ol),
   f) Additionssuffixen (z.B. oxid in Äthylenoxid, Pyridin-1-oxid).

2. Substitutionspräfixe*), d.h. Präfixe, die den Ersatz von Wasserstoff-Atomen durch andere Atome oder Gruppen („Substituenten") kennzeichnen (z.B. Äthyl-chlor in 2-Äthyl-1-chlor-naphthalin; Epoxy in 1,4-Epoxy-*p*-menthan).

3. Hydrierungsgradpräfixe (z.B. Hydro in 1,2,3,4-Tetrahydro-naphthalin; Dehydro in 15,15′-Didehydro-*β*,*β*-carotin-4,4′-diol).

4. Funktionsabwandlungssuffixe (z.B. -oxim in Aceton-oxim; -methylester in Bern⸗steinsäure-dimethylester; -anhydrid in Benzoesäure-anhydrid).

---

[1]) Zu den stammabwandelnden Präfixen gehören:

Austauschpräfixe*) (z.B. Oxa in 3,9-Dioxa-undecan; Thio in Thioessigsäure),

Gerüstabwandlungspräfixe (z.B. Cyclo in 2,5-Cyclo-benzocyclohepten; Bicyclo in Bicyclo⸗[2.2.2]octan; Spiro in Spiro[4.5]decan; Seco in 5,6-Seco-cholestan-5-on; Iso in Isopentan),

Brückenpräfixe*) (nur in Namen verwendet, deren Stamm ein Ringgerüst ohne Seitenkette bezeichnet; z.B. Methano in 1,4-Methano-naphthalin; Epoxido in 4,7-Epoxido-inden [zum Stammnamen gehörig im Gegensatz zu dem bedeutungsgleichen Substitutionspräfix Epoxy]),

Anellierungspräfixe (z.B. Benzo in Benzocyclohepten; Cyclopenta in Cyclopenta[*a*]phen⸗anthren),

Erweiterungspräfixe (z.B. Homo in *D*-Homo-androst-5-en),

Subtraktionspräfixe (z.B. Nor in *A*-Nor-cholestan; Desoxy in 2-Desoxy-hexose).

Beispiele:

Dibrom-chlor-methan wird registriert als **Methan**, Dibrom-chlor-;
meso-1,6-Diphenyl-hex-3-in-2,5-diol wird registriert als **Hex-3-in-2,5-diol,** 1,6-Diphenyl-;
4a,8a-Dimethyl-octahydro-naphthalin-2-on-semicarbazon wird registriert als **Naphthalin-2-on,** 4a,8a-Dimethyl-octahydro-, semicarbazon;
5,6-Dihydroxy-hexahydro-4,7-ätheno-isobenzofuran-1,3-dion wird registriert als **4,7-Ätheno-isobenzofuran-1,3-dion,** 5,6-Dihydroxy-hexahydro-;
1-Methyl-chinolinium wird registriert als **Chinolinium,** 1-Methyl-.

Besondere Regelungen gelten für Radikofunktionalnamen, d.h. Namen, die aus einer oder mehreren Radikalbezeichnungen und der Bezeichnung einer Funktions⸗klasse (z.B. Äther) oder eines Ions (z.B. Chlorid) zusammengesetzt sind:

a) Bei Radikofunktionalnamen von Verbindungen deren (einzige) durch einen Funktionsklassen-Namen oder Ionen-Namen bezeichnete Funktionsgruppe mit nur einem (einwertigen) Radikal unmittelbar verknüpft ist, umfasst der Register-Stammname die Bezeichnung des Radikals und die Funktionsklassenbezeichnung (oder Ionenbezeichnung) in unveränderter Reihenfolge; ausgenommen von dieser Regelung sind jedoch Radikofunktionalnamen, die auf die Bezeichnung eines sub⸗stituierbaren (d.h. Wasserstoff-Atome enthaltenden) Anions enden (s. unter c)). Präfixe, die eine Veränderung des Radikals ausdrücken, werden hinter den Stamm⸗namen gesetzt [2]).

Beispiele:

Äthylbromid, Phenyllithium und Butylamin werden unverändert registriert;
4′-Brom-3-chlor-benzhydrylchlorid wird registriert als **Benzhydrylchlorid,** 4′-Brom-3-chlor-;
1-Methyl-butylamin wird registriert als **Butylamin,** 1-Methyl-.

b) Bei Radikofunktionalnamen von Verbindungen mit einem mehrwertigen Radi⸗kal, das unmittelbar mit den durch Funktionsklassen-Namen oder Ionen-Namen bezeichneten Funktionsgruppen verknüpft ist, umfasst der Register-Stammname die Bezeichnung dieses Radikals und die (gegebenenfalls mit einem Vervielfa⸗chungsaffix versehene) Funktionsklassenbezeichnung (oder Ionenbezeichnung), nicht aber weitere im Namen enthaltene Radikalbezeichnungen, auch wenn sie sich auf unmittelbar mit einer der Funktionsgruppen verknüpfte Radikale beziehen.

Beispiele:

Äthylendiamin und Äthylenchlorid werden unverändert registriert;
N,*N*-Diäthyl-äthylendiamin wird registriert als **Äthylendiamin,** *N*,*N*-Diäthyl-;
6-Methyl-1,2,3,4-tetrahydro-naphthalin-1,4-diyldiamin wird registriert als **Naphthalin-1,4-diyldiamin,** 6-Methyl-1,2,3,4-tetrahydro-.

c) Bei Radikofunktionalnamen, deren (einzige) Funktionsgruppe mit mehreren Radikalen unmittelbar verknüpft ist oder deren als Anion bezeichnete Funktions⸗gruppe Wasserstoff-Atome enthält, besteht der Register-Stammname nur aus der Funktionsklassenbezeichnung (oder Ionenbezeichnung); die Radikalbezeichnungen werden dahinter angeordnet.

Beispiele:

Benzyl-methyl-amin wird registriert als **Amin,** Benzyl-methyl-;
Äthyl-trimethyl-ammonium wird registriert als **Ammonium,** Äthyl-trimethyl-;

---

[2]) Namen mit Präfixen, die eine Veränderung des als Anion bezeichneten Molekülteils ausdrücken sollen (z.B. Methyl-chloracetat), werden im Handbuch nicht mehr verwendet.

Diphenyläther wird registriert als **Äther,** Diphenyl-;
[2-Äthyl-[1]naphthyl]-phenyl-keton-oxim wird registriert als **Keton,** [2-Äthyl-[1]naphthyl]-phenyl-, oxim.

Nach der sog. Konjunktiv-Nomenklatur gebildete Namen (z.B. Cyclohexan=methanol, 2,3-Naphthalindiessigsäure) werden im Handbuch nicht mehr verwendet.

Massgebend für die Anordnung von Verbindungsnamen sind in erster Linie die nicht kursiv gesetzten Buchstaben des Register-Stammnamens; in zweiter Linie werden die durch Kursivbuchstaben und/oder Ziffern repräsentierten Differenzie=rungsmarken des Register-Stammnamens berücksichtigt; erst danach entscheiden die nachgestellten Präfixe und zuletzt die Funktionsabwandlungssuffixe.

Beispiele:

***o*-Phenylendiamin,** 3-Brom- erscheint unter dem Buchstaben P nach ***m*-Phenylendiamin,** 2,4,6-Trinitro-;
Cyclopenta[*b*]naphthalin, 1-Brom-1*H*- erscheint nach **Cyclopenta[*a*]naphthalin,** 3-Methyl-1*H*-;
Aceton, 1,3-Dibrom-, hydrazon erscheint nach **Aceton**, Chlor-, oxim.

Mit Ausnahme von deuterierten Verbindungen werden isotopen-markierte Prä=parate im allgemeinen nicht ins Register aufgenommen. Sie werden im Artikel der nicht markierten Verbindung erwähnt, wenn der Originalliteratur hinreichend bedeutende Bildungsweisen zu entnehmen sind.

Von griechischen Zahlwörtern abgeleitete Namen oder Namensteile sind einheit=lich mit c (nicht mit k) geschrieben.

Die Buchstaben i und j werden unterschieden. Die Umlaute ä, ö und ü gelten hinsichtlich ihrer alphabetischen Einordnung als ae, oe bzw. ue.

---

*) Verzeichnis der in systematischen Namen verwendeten Substitutionspräfixe, Austausch=präfixe und Brückenpräfixe s. Gesamtregister, Sachregister für Band 6 S. V–XXXVI.

Subject Index

The following index contains the names of compounds dealt with in this volume, with the exception of salts whose cations are formed by metal ions, complex metal ions or protonated bases; addition compounds are likewise omitted.

The names used in the index (Index Names) are different from the systematic nomenclature used in the text only insofar as Substitution and Degree-of-Unsaturation Prefices are placed after the name (inverted), and all configurational prefices and symbols (see "Stereochemical Conventions") are omitted.

The Index Names are comprised of the following components in the order given:

1. the Index-Stem-Name (boldface type); this (insofar as a Radicofunctional name is not involved) is in turn made up of:
   a) the Parent-Multiplier (e.g. bi in [1,2′]Binaphthyl),
   b) Parent-Modifying Prefices[1],
   c) the Parent-Stem (e.g. Hex in Hexan, Pyrr in Pyrrol),
   d) endings (e.g. an, en, in defining the degree of unsaturation in the hydrocarbon entity; ol, in, olidin, referring to the ring size and degree of unsaturation of heterocycles; ium, id, indicating the charge of ions),
   e) the Functional-Suffix, indicating the main chemical function (e.g. -säure, -carbonsäure, -on, -ol),
   f) the Additive-Suffix (e.g. oxid in Äthylenoxid, Pyridin-1-oxid).

2. Substitutive Prefices*, i.e., prefices which denote the substitution of Hydrogen atoms with other atoms or groups (substituents) (e.g. äthyl and chlor in 2-Äthyl-1-chlor-naphthalin; epoxy in 1,4-Epoxy-*p*-menthan).

3. Hydrogenation-Prefices (e.g. hydro in 1,2,3,4-Tetrahydro-naphthalin; dehydro in 15,15′-Didehydro-β,β-carotin-4,4′-diol).

4. Function-Modifying-Suffices (e.g. oxim in Aceton-oxim; methylester in Bernsteinsäure-dimethylester; anhydrid in Benzoesäure-anhydrid).

---

[1] Parent-Modifying Prefices include the following:

Replacement Prefices* (e.g. oxa in 3,9-Dioxa-undecan; thio in Thioessigsäure),

Skeleton Prefices (e.g. cyclo in 2,5-Cyclo-benzocyclohepten; bicyclo in Bicyclo[2.2.2]octan; spiro in Spiro[4.5]decan; seco in 5,6-Seco-cholestan-5-on; iso in Isopentan),

Bridge Prefices* (only used for names of which the Parent is a ring system without a side chain), e.g. methano in 1,4-Methano-naphthalin; epoxido in 4,7-Epoxido-inden (used here as part of the Stem-name in preference to the Substitutive Prefix epoxy),

Fusion Prefices (e.g. benzo in Benzocyclohepten, cyclopenta in Cyclopenta[*a*]phenanthren),

Incremental Prefices (e.g. homo in *D*-Homo-androst-5-en),

Subtractive Prefices (e.g. nor in *A*-Nor-cholestan; desoxy in 2-Desoxy-hexose).

Examples:

Dibrom-chlor-methan is indexed under **Methan,** Dibrom-chlor-;
meso-1,6-Diphenyl-hex-3-in-2,5-diol is indexed under **Hex-3-in-2,5-diol,** 1,6-Diphenyl-;
4a,8a-Dimethyl-octahydro-naphthalin-2-on-semicarbazon is indexed under **Naphthalin-2-on,** 4a,8a-Dimethyl-octahydro-, semicarbazon;
5,6-Dihydroxy-hexahydro-4,7-ätheno-isobenzofuran-1,3-dion is indexed under **4,7-Ätheno-isobenzofuran-1,3-dion,** 5,6-Dihydroxy-hexahydro-;
1-Methyl-chinolinium is indexed under **Chinolinium,** 1-Methyl-.

Special rules are used for Radicofunctional Names (i.e. names comprised of one or more Radical Names and the name of either a class of compounds (e.g. Äther) or an ion (e.g. chlorid)):

a) For Radicofunctional names of compounds whose single functional group is described by a class name or ion, and is immediately connected to a single univalent radical, the Index-Stem-Name comprises the radical name followed by the functional name (or ion) in unaltered order; the only exception to this rule is found when the Radicofunctional Name would end with a Hydrogencontaining (i.e. substitutable) anion, (see under c), below). Prefices which modify the radical part of the name are placed after the Stem-Name[2].

Examples:

Äthylbromid, Phenyllithium and Butylamin are indexed unchanged.
4′-Brom-3-chlor-benzhydrylchlorid is indexed under **Benzhydrylchlorid,** 4′-Brom-3-chlor-;
1-Methyl-butylamin is indexed under **Butylamin,** 1-Methyl-.

b) For Radicofunctional names of compounds with a multivalent radical attached directly to a functional group described by a class name (or ion), the Index-Stem-Name is comprised of the name of the radical and the functional group (modified by a multiplier when applicable), but not those of other radicals contained in the molecule, even when they are attached to the functional group in question.

Examples:

Äthylendiamin and Äthylenchlorid are indexed unchanged;
6-Methyl-1,2,3,4-tetrahydro-naphthalin-1,4-diyldiamin is indexed under **Naphthalin-1,4-diyldiamin,** 6-Methyl-1,2,3,4-tetrahydro-;
N,*N*-Diäthyl-äthylendiamin is indexed under **Äthylendiamin,** *N*,*N*-Diäthyl-.

c) In the case of Radicofunctional names whose single functional group is directly bound to several different radicals, or whose functional group is an anion containing exchangeable Hydrogen atoms, the Index-Stem-Name is comprised of the functional class name (or ion) alone; the names of the radicals are listed after the Stem-Name.

Examples:

Benzyl-methyl-amin is indexed under **Amin,** Benzyl-methyl-;
Äthyl-trimethyl-ammonium is indexed under **Ammonium,** Äthyl-trimethyl-;
Diphenyläther is indexed under **Äther,** Diphenyl-;
[2-Äthyl-[1]naphthyl]-phenyl-keton-oxim is indexed under **Keton,** [2-Äthyl-[1]naphthyl]-phenyl-, oxim.

[2] Names using prefices which imply an alteration of the anionic component (e.g. Methylchloracetat) are no longer used in the Handbook.

Conjunctive names (e.g. Cyclohexanmethanol; 2,3-Naphthalindiessigsäure) are no longer in use in the Handbook.

The alphabetical listings follow the non-italic letters of the Stem-Name; the italic letters and/or modifying numbers of the Stem-Name then take precedence over prefices. Function-Modifying Suffices have the lowest priority.

Examples:

***o*-Phenylendiamin,** 3-Brom- appears under the letter P, after ***m*-Phenylendiamin,** 2,4,6-Trinitro-;

Cyclopenta[*b*]naphthalin, 1-Brom-1*H*- appears after **Cyclopenta[*a*]naphthalin,** 3-Methyl-1*H*-;

Aceton, 1,3-Dibrom-, hydrazon appears after **Aceton,** Chlor-, oxim.

With the exception of deuterated compounds, isotopically labeled substances are generally not listed in the index. They may be found in the articles describing the corresponding non-labeled compounds provided the original literature contains sufficiently important information on their method of preparation.

Names or parts of names derived from Greek numerals are written throughout with c (not k). The letters i and j are treated separately and the modified vowels ä, ö, and ü are treated as ae, oe and ue respectively for the purposes of alphabetical ordering.

* For a list of the Substitutive, Replacement and Bridge Prefices, see: Gesamtregister, Subject Index for Volume 6 pages V–XXXVI.

A

Acetamid (Fortsetzung)
–, *N*,*N'*-Naphtho[1,2-*g*]pteridin-9,11-diyl-bis- 3816
–, *N*-[1-[1]Naphthyl-1*H*-tetrazol-5-yl]- 3511
–, *N*,*N'*,*N''*-[6-(4-Nitro-phenyl)-pteridin-2,4,6-triyl]-tris- 3837
–, *N*-[1-(4-Nitro-phenyl)-1*H*-tetrazol-5-yl]- 3511
–, *N*-[4-Oxo-3,4-dihydro-benzo[*g*]pteridin-8-yl]- 3965
–, *N*-[5-Oxo-5,6-dihydro-isochino[4,3-*g*]pteridin-11-yl]- 4179
–, *N*-[4-Oxo-3,4-dihydro-pteridin-2-yl]- 3937
–, *N*-[6-Oxo-6,7-dihydro-1*H*-purin-2-yl]- 3897
–, *N*-[4-Oxo-3,4,5,6,7,8-hexahydro-pteridin-2-yl]- 3878
–, *N*-[2-Oxo-7-phenyl-1,2-dihydro-pyrazolo[1,5-*a*][1,3,5]triazin-4-yl]- 3965
–, *N*-[4-Oxo-7-phenyl-3,4-dihydro-pyrazolo[1,5-*a*][1,3,5]triazin-2-yl]- 3965
–, *N*-[4-Oxo-3,4,7,8-tetrahydro-pteridin-2-yl]- 3932
–, *N*,*N'*,*N''*-[6-Phenyl-pteridin-2,4,7-triyl]-tris- 3837
–, *N*,*N'*-[7-Phenyl-pyrazolo[1,5-*a*][1,3,5]triazin-2,4-diyl]-bis- 3809
–, *N*-[1-Phenyl-1*H*-tetrazol-5-yl]- 3511
–, *N*-[2-Phenyl-1-(1*H*-tetrazol-5-yl)-äthyl]- 3762
–, *N*-[2-Phenyl-2*H*-[1,2,3]triazolo[4,5-*b*]pyridin-5-yl]- 3538
–, *N*-[2-Phenyl-2*H*-[1,2,3]triazolo[4,5-*d*]pyrimidin-7-yl]- 4158
–, *N*-Pteridin-2-yl- 3754
–, *N*-Pteridin-4-yl- 3755
–, *N*-Pteridin-7-yl- 3756
–, *N*,*N'*-[7(9)*H*-Purin-2,6-diyl]-bis- 3789
–, *N*-[7(9)*H*-Purin-6-yl]- 3581
–, *N*,*N'*-[1,2,4,5]Tetrazin-3,6-diyl-bis- 3780
–, *N*-[1*H*-Tetrazol-5-yl]- 3509
–, *N*-[1-(1*H*-Tetrazol-5-yl)-äthyl]- 3533
–, *N*-[2-(1*H*-Tetrazol-5-yl)-äthyl]- 3535
–, *N*-[1*H*-Tetrazol-5-ylmethyl]- 3530
–, *N*,*N'*-[1*H*-[1,2,3]Triazolo[4,5-*d*]pyrimidin-5,7-diyl]-bis- 4165
–, *N*-[1*H*-[1,2,3]Triazolo[4,5-*d*]pyrimidin-7-yl]- 4157
–, *N*-[3,7,10-Trimethyl-2,4-dioxo-2,3,4,10-tetrahydro-benzo[*g*]pteridin-8-yl]- 4011
–, *N*-[3,6,7-Trimethyl-4-oxo-3,4-dihydro-pteridin-2-yl]- 3959
–, *N*-[6,7,8-Trimethyl-8*H*-pteridin-2-yliden]- 3761

Acetoacetamid
–, *N*-Benzo[*e*]pyrimido[4,5,6-*gh*]perimidin-4-yl- 3775

Aceton
– [1-phenyl-1*H*-tetrazol-5-ylhydrazon] 4068
– [1*H*-tetrazol-5-ylimin] 3508
–, [2-Amino-7(9)*H*-purin-6-ylmercapto]- 3863
–, [2,6-Diamino-7(9)*H*-purin-8-ylmercapto]- 3864
– [2,4-dinitro-phenylhydrazon] 3864

Acetonitril
–, [5-Amino-4-imino-1-methyl-4,5-dihydro-1*H*-pyrazolo[3,4-*d*]pyrimidin-3-yl]- 4047
–, [5-Amino-4-imino-1-phenyl-4,5-dihydro-1*H*-pyrazolo[3,4-*d*]pyrimidin-3-yl]- 4047
–, [4-Amino-1-methyl-1*H*-pyrazolo[3,4-*d*]pyrimidin-3-yl]- 4047
–, [4-Amino-1-phenyl-1*H*-pyrazolo[3,4-*d*]pyrimidin-3-yl]- 4047
–, [5-Butyl-4-imino-1-methyl-4,5-dihydro-1*H*-pyrazolo[3,4-*d*]pyrimidin-3-yl]- 4047
–, [5-Butyl-4-imino-1-phenyl-4,5-dihydro-1*H*-pyrazolo[3,4-*d*]pyrimidin-3-yl]- 4047

Achromycin 3704

Ade 3561

Adenin 3561;
Derivate s. a. unter *Purin-6-ylamin, 7(9)*H-
–, 1-Methyl- 3564
–, 3-Methyl- 3564

Adenin-B_{12}-coenzym 3711

Adenin-1-oxid 3563

Adenosin 3598;
Bezifferung s. 3598 Anm.
–, $O^{5'}$-{2-[1-(4-Acetonyl-3-carbamoyl-4*H*-[1]pyridyl)-1,4-anhydro-ribit-5-yloxy]-1,2-dihydroxy-diphosphoryl}- 3649
–, $O^{3'}$-Acetyl- 3603
–, $O^{5'}$-Acetyl- 3603
–, 2-Acetylamino- 3792
–, $O^{5'}$-{2-[1-(3-Acetylamino-pyridinio)-1,4-anhydro-ribit-5-yloxy]-1,2-dihydroxy-diphosphoryl}-,
– betain 3651
–, $O^{5'}$-{2-[1-(3-Acetyl-4-cyan-4*H*-[1]pyridyl)-1,4-anhydro-ribit-5-yloxy]-1,2-dihydroxy-diphosphoryl}- 3649
–, 5'-Acetyl-$O^{2'}$,$O^{3'}$-hydroxyphosphoryl- 3660
–, $O^{5'}$-{2-[1-(3-Acetyl-4-imidazol-1-yl-4*H*-[1]pyridyl)-1,4-anhydro-ribit-5-yloxy]-1,2-dihydroxy-diphosphoryl}- 3651
–, $O^{5'}$-Acetyl-$O^{2'}$,$O^{3'}$-isopropyliden- 3713
–, $O^{5'}$-{2-[1-(3-Acetyl-pyridinio)-1,4-anhydro-ribit-5-yloxy]-1,2-dihydroxy-diphosphoryl}-,
– betain 3637

Adenosin (Fortsetzung)
–, $O^{5'}$-{2-[1-(3-Acetyl-pyridinio)-1,4-anhydro-ribit-5-yloxy]-1,2-dihydroxy-diphosphoryl}-$O^{2'}$-phosphono-,
– betain 3671
–, $O^{5'}$-{2-[1-(3-Acetyl-4*H*-[1]pyridyl)-1,4-anhydro-ribit-5-yloxy]-1,2-dihydroxy-diphosphoryl}- 3635
–, Adenylyl-(2'→5')- 3627
–, Adenylyl-(3'→5')- 3626
–, $O^{5'}$-{2-[1-(3-Äthoxycarbonyl-pyridinio)-1,4-anhydro-ribit-5-yloxy]-1,2-dihydroxy-diphosphoryl}-,
– betain 3644
–, $O^{5'}$-{2-[1-(3-Äthoxycarbonyl-4*H*-[1]pyridyl)-1,4-anhydro-ribit-5-yloxy]-1,2-dihydroxy-diphosphoryl}- 3639
–, $O^{5'}$-[Äthoxy-diäthylamino-phosphoryl]- 3628
–, $O^{5'}$-[Äthoxy-diäthylamino-phosphoryl]-$O^{2'}$,$O^{3'}$-isopropyliden- 3715
–, $O^{5'}$-[Äthyl-benzyloxy-phosphinoyl]-$O^{2'}$,$O^{3'}$-isopropyliden- 3714
–, $O^{5'}$-[Äthyl-hydroxy-phosphinoyl]- 3607
–, 2-Amino- 3791
–, $O^{5'}$-(2-{1-[5-(2-Amino-äthyl)-imidazol-1-yl]-1,4-anhydro-ribit-5-yloxy}-1,2-dihydroxy-diphosphoryl)- 3650
–, $O^{5'}$-{2-[1-(5-Amino-4-carbamoyl-imidazol-1-yl)-1,4-anhydro-ribit-5-yloxy]-1,2-dihydroxy-diphosphoryl}- 3651
–, $O^{5'}$-{2-[1-(2-Amino-5-carbamoyl-pyridinio)-1,4-anhydro-ribit-5-yloxy]-1,2-dihydroxy-diphosphoryl}-,
– betain 3642
–, $O^{5'}$-{2-[1-(2-Amino-5-carbamoyl-pyridinio)-1,4-anhydro-ribit-5-yloxy]-1,2-dihydroxy-diphosphoryl}-$O^{2'}$-phosphono-,
– betain 3673
–, $O^{5'}$-[Amino-hydroxy-phosphoryl]- 3628
–, 2-Amino-$O^{5'}$-phosphono- 3791
–, $O^{5'}$-{2-[1-(3-Amino-pyridinio)-1,4-anhydro-ribit-5-yloxy]-1,2-dihydroxy-diphosphoryl}-,
– betain 3651
–, 2-Azido- 3729
–, $O^{5'}$-{2-[1-(3-Benzoyl-pyridinio)-1,4-anhydro-ribit-5-yloxy]-1,2-dihydroxy-diphosphoryl}-,
– betain 3637
–, $O^{5'}$-{2-[1-(3-Benzoyl-4*H*-[1]pyridyl)-1,4-anhydro-ribit-5-yloxy]-1,2-dihydroxy-diphosphoryl}- 3637
–, N^{6}-Benzyl- 3682
–, $O^{2'}$,$O^{3'}$-Benzyliden- 3718
–, $O^{2'}$,$O^{3'}$-Benzyliden-N^{6}-[bis-benzyloxy-phosphoryl]- 3723
–, $O^{3'}$,$O^{5'}$-Benzyliden-N^{6}-[bis-benzyloxy-phosphoryl]- 3723
–, $O^{2'}$,$O^{3'}$-Benzyliden-$N^{6'}$,O^{6}-dimethyl- 3718
–, $O^{5'}$-[Benzyloxy-(4-brom-benzylamino)-phosphoryl]-$O^{2'}$,$O^{3'}$-isopropyliden- 3716
–, $O^{5'}$-[*N*-Benzyloxycarbonyl-phenylalanyl]-$O^{2'}$,$O^{3'}$-isopropyliden- 3713
–, $O^{5'}$-{Benzyloxy-[(methoxycarbonyl-methyl)-amino]-phosphoryl}-$O^{2'}$,$O^{3'}$-isopropyliden- 3716
–, $O^{5'}$-[Benzyloxy-(1-methoxycarbonyl-3-methyl-butylamino)-phosphoryl]-$O^{2'}$,$O^{3'}$-isopropyliden- 3716
–, $O^{5'}$-[Benzyloxy-(1-methoxycarbonyl-2-phenyl-äthylamino)-phosphoryl]-$O^{2'}$,$O^{3'}$-isopropyliden- 3716
–, $O^{5'}$-[Benzyloxy-phenyl-phosphinoyl]-$O^{2'}$,$O^{3'}$-isopropyliden- 3715
–, $O^{5'}$-Benzyloxyphosphinoyl-$O^{2'}$,$O^{3'}$-hydroxyphosphoryl- 3670
–, $O^{5'}$-Benzyloxyphosphinoyl-$O^{2'}$,$O^{3'}$-isopropyliden- 3714
–, $O^{2'}$,$O^{5'}$-Bis-[*N*-benzyloxycarbonyl-phenylalanyl]- 3605
–, $O^{3'}$,$O^{5'}$-Bis-[*N*-benzyloxycarbonyl-phenylalanyl]- 3605
–, $O^{5'}$-[1,2-Bis-benzyloxy-2-hydroxy-diphosphoryl]- 3659
–, $O^{5'}$-Butyryl- 3604
–, $O^{5'}$-{2-[1-(3-Carbamoyl-4-cyan-4*H*-[1]pyridyl)-1,4-anhydro-ribit-5-yloxy]-1,2-dihydroxy-diphosphoryl}- 3643
–, $O^{5'}$-{2-[1-(3-Carbamoyl-4-deuterio-4*H*-[1]pyridyl)-1,4-anhydro-ribit-5-yloxy]-1,2-dihydroxy-diphosphoryl}- 3641
–, $O^{5'}$-{2-[1-(3-Carbamoyl-4-imidazol-1-yl-pyridinio)-1,4-anhydro-ribit-5-yloxy]-1,2-dihydroxy-diphosphoryl}-,
– betain 3652
–, $O^{5'}$-{2-[1-(3-Carbamoyl-4-imidazol-1-yl-4*H*-[1]pyridyl)-1,4-anhydro-ribit-5-yloxy]-1,2-dihydroxy-diphosphoryl}- 3652
–, $O^{5'}$-{2-[1-(3-Carbamoyl-piperidino)-1,4-anhydro-ribit-5-yloxy]-1,2-dihydroxy-diphosphoryl}- 3638
–, $O^{5'}$-{2-[1-(3-Carbamoyl-pyridinio)-1,4-anhydro-ribit-5-yloxy]-1,2-dihydroxy-diphosphoryl}-,
– betain 3644
–, $O^{5'}$-{2-[1-(3-Carbamoyl-pyridinio)-1,4-anhydro-ribit-5-yloxy]-1,2-dihydroxy-diphosphoryl}-$O^{2'}$-phosphono-,
– betain 3672
–, $O^{5'}$-{2-[1-(3-Carbamoyl-pyridinio)-1,4-anhydro-ribit-5-yloxy]-1,2-dihydroxy-diphosphoryl}-$O^{3'}$-phosphono-,
– betain 3669
–, $O^{5'}$-{2-[1-(3-Carbamoyl-4*H*-[1]pyridyl)-1,4-anhydro-ribit-5-yloxy]-1,2-dihydroxy-diphosphoryl}- 3639

Amin (Fortsetzung)
–, [3-Amino-benzyl]-[7(9)*H*-purin-6-yl]- 3586
–, [4-Amino-benzyl]-[7(9)*H*-purin-6-yl]- 3586
–, Benzo[*e*]pyrimido[4,5,6-*gh*]perimidin-4-yl-nonyl- 3775
–, Benzyl-[8-benzyl-6,7-dimethyl-8*H*-pteridin-2-yliden]- 3761
–, Benzyl-[2-benzyloxy-9-methyl-9*H*-purin-6-yl]- 3846
–, Benzyl-[1-benzyl-4-phenyl-1,4-dihydro-tetrazol-5-yliden]- 3501
–, Benzyl-[1-benzyl-1*H*-tetrazol-5-yl]- 3500
–, Benzyl-[2-benzyl-2*H*-tetrazol-5-yl]- 3500
–, Benzyl-[1-benzyl-1*H*-tetrazol-5-yl]-nitroso- 4095
–, Benzyl-butyl-[2-methylmercapto-7(9)*H*-purin-6-yl]- 3850
–, Benzyl-butyl-[7(9)*H*-purin-6-yl]- 3576
–, [1-Benzyl-7-chlor-1*H*-imidazo[4,5-*d*]pyridazin-4-yl]-bis-[2-hydroxy-äthyl]- 3732
–, [1-Benzyl-7-chlor-1*H*-imidazo[4,5-*d*]pyridazin-4-yl]-dimethyl- 3732
–, [1-Benzyl-7-chlor-1*H*-imidazo[4,5-*d*]pyridazin-4-yl]-dipropyl- 3732
–, [1-Benzyl-7-chlor-1*H*-imidazo[4,5-*d*]pyridazin-4-yl]-methyl- 3731
–, [1-Benzyl-7-chlor-1*H*-imidazo[4,5-*d*]pyridazin-4-yl]-propyl- 3732
–, Benzyl-[6-chlor-1-methyl-1*H*-pyrazolo[3,4-*d*]pyrimidin-4-yl]- 3558
–, Benzyl-[1-(4-chlor-phenyl)-6-methyl-1*H*-pyrazolo[3,4-*d*]pyrimidin-4-yl]- 3741
–, Benzyl-[1-(4-chlor-phenyl)-1*H*-pyrazolo[3,4-*d*]pyrimidin-4-yl]- 3552
–, Benzyl-[6-chlor-1(2)*H*-pyrazolo[3,4-*d*]pyrimidin-4-yl]- 3558
–, Benzyl-[1-cyclohexyl-1*H*-tetrazol-5-yl]- 3498
–, Benzyl-[1,6-dimethyl-1*H*-pyrazolo[3,4-*d*]pyrimidin-4-yl]- 3741
–, Benzyl-[6,7-diphenyl-pteridin-4-yl]- 3777
–, Benzyliden-[5-benzylidenhydrazino-tetrazol-1-yl]- 4069
–, Benzyliden-[1-benzyl-1*H*-tetrazol-5-yl]- 3509
–, Benzyliden-[2-benzyl-2*H*-tetrazol-5-yl]- 3509
–, Benzyliden-[3,5-di-[4]pyridyl-[1,2,4]triazol-4-yliden]- 4117
–, Benzyliden-[1-methyl-1*H*-tetrazol-5-yl]- 3509
–, Benzyliden-[2-methyl-2*H*-tetrazol-5-yl]- 3509
–, Benzyliden-[1-phenyl-1*H*-tetrazol-5-yl]- 3509
–, Benzyliden-[1*H*-tetrazol-5-yl]- 3508
–, [8-Benzylmercapto-2-methylmercapto-7(9)*H*-purin-6-yl]-dimethyl- 3874
–, [8-Benzylmercapto-2-methylmercapto-7(9)*H*-purin-6-yl]-methyl-phenyl- 3875
–, [2-Benzylmercapto-7(9)*H*-purin-6-yl]-butyl- 3850
–, [2-Benzylmercapto-7(9)*H*-purin-6-yl]-dimethyl- 3849
–, [2-Benzylmercapto-7(9)*H*-purin-6-yl]-methyl- 3848
–, Benzyl-methyl-[5-methylmercapto-1(2)*H*-pyrazolo[4,3-*d*]pyrimidin-7-yl]- 3844
–, Benzyl-[6-methyl-1-phenyl-1*H*-pyrazolo[3,4-*d*]pyrimidin-4-yl]- 3741
–, Benzyl-methyl-[7(9)*H*-purin-6-yl]- 3576
–, Benzyl-[1-methyl-1*H*-pyrazolo[3,4-*d*]pyrimidin-4-yl]- 3552
–, Benzyl-[3-methyl-1(2)*H*-pyrazolo[4,3-*d*]pyrimidin-7-yl]- 3734
–, Benzyl-[6-methyl-1(2)*H*-pyrazolo[3,4-*d*]pyrimidin-4-yl]- 3741
–, Benzyl-[1-methyl-1*H*-tetrazol-5-yl]- 3494
–, Benzyl-methyl-[1*H*-tetrazol-5-yl]- 3500
–, Benzyl-[2-methyl-2*H*-tetrazol-5-yl]- 3494
–, Benzyl-[6-phenyl-7,8-dihydro-pteridin-2-yl]- 3772
–, Benzyl-[1-phenyl-1*H*-pyrazolo[3,4-*d*]pyrimidin-4-yl]- 3552
–, Benzyl-phenyl-[1*H*-tetrazol-5-yl]- 3501
–, Benzyl-[1-phenyl-1*H*-tetrazol-5-ylmethyl]- 3528
–, Benzyl-pteridin-4-yl- 3755
–, Benzyl-[7(9)*H*-purin-6-yl]- 3575
–, [3-Benzyl-3*H*-purin-6-yl]-dimethyl- 3576
–, [7-Benzyl-7*H*-purin-6-yl]-dimethyl- 3576
–, Benzyl-[1(2)*H*-pyrazolo[3,4-*d*]pyrimidin-4-yl]- 3552
–, Benzyl-[1*H*-tetrazol-5-yl]- 3493
–, [1-Benzyl-1*H*-tetrazol-5-yl]-methyl- 3493
–, Biphenyl-2-yl-[1*H*-tetrazol-5-yl]- 3505
–, Bis-[2-äthyl-hexyl]-[7(9)*H*-purin-6-yl]- 3571
–, Bis-[2-chlor-äthyl]-[2,8-dichlor-7(9)*H*-purin-6-yl]- 3727
–, Bis-[2-chlor-äthyl]-[7(9)*H*-purin-6-yl]- 4113
–, Bis-decyl-[7(9)*H*-purin-6-yl]- 3572
–, Bis-[1,3-dimethyl-2,6-dioxo-2,3,6,7-tetrahydro-1*H*-purin-8-ylmethyl]-isobutyl- 3997
–, Bis-[2-hydroxy-äthyl]-[6-phenyl-[1,2,4,5]tetrazin-3-yl]- 3765
–, Bis-[2-hydroxy-äthyl]-[7(9)*H*-purin-6-yl]- 3579
–, Bis-[2-methansulfonyloxy-äthyl]-[6-phenyl-[1,2,4,5]tetrazin-3-yl]- 3765

Amin (Fortsetzung)
—, [2,8-Bis-methansulfonyl-7(9)*H*-purin-6-yl]-dimethyl- 3874
—, [2,8-Bis-methylmercapto-7(9)*H*-purin-6-yl]-[4-chlor-benzyl]- 3875
—, [2,8-Bis-methylmercapto-7(9)*H*-purin-6-yl]-dimethyl- 3873
—, Bis-[7-methyl-7*H*-purin-6-yl]- 3721
—, Bis-[2-methyl-2*H*-tetrazol-5-yl]- 3523
—, [3-Brom-phenyl]-[1-(4-chlor-phenyl)-6-methyl-1*H*-pyrazolo[3,4-*d*]pyrimidin-4-yl]- 3740
—, [3-Brom-phenyl]-[6-methyl-1-phenyl-1*H*-pyrazolo[3,4-*d*]pyrimidin-4-yl]- 3740
—, [4-Brom-phenyl]-[7-methyl-7*H*-purin-6-yl]- 3575
—, [4-Brom-phenyl]-[1-methyl-1*H*-pyrazolo[3,4-*d*]pyrimidin-4-yl]- 3549
—, [3-Brom-phenyl]-[6-methyl-1-*p*-tolyl-1*H*-pyrazolo[3,4-*d*]pyrimidin-4-yl]- 3741
—, [3-Brom-phenyl]-[1-phenyl-1*H*-pyrazolo[3,4-*d*]pyrimidin-4-yl]- 3550
—, [2-Butoxy-äthyl]-[7(9)*H*-purin-6-yl]- 3578
—, Butyl-[1-butyl-1*H*-tetrazol-5-yl]- 3479
—, *tert*-Butyl-[6-chlor-1-methyl-1*H*-pyrazolo[3,4-*d*]pyrimidin-4-yl]- 3557
—, *tert*-Butyl-[6-chlor-1-phenyl-1*H*-pyrazolo[3,4-*d*]pyrimidin-4-yl]- 3557
—, Butyl-[2-chlor-7(9)*H*-purin-6-yl]- 3724
—, [1-Butyl-7-chlor-1*H*-[1,2,3]triazolo[4,5-*c*]pyridin-4-yl]-[4-methoxy-phenyl]- 3540
—, Butyl-[6,7-diphenyl-pteridin-4-yl]- 3777
—, Butyl-[2-methylmercapto-7(9)*H*-purin-6-yl]- 3849
—, Butyl-[6-methyl-1-(4-nitro-phenyl)-1*H*-pyrazolo-[3,4-*d*]pyrimidin-4-yl]- 3739
—, *tert*-Butyl-[6-methyl-1-phenyl-1*H*-pyrazolo[3,4-*d*]pyrimidin-4-yl]- 3739
—, Butyl-[1-methyl-1*H*-pyrazolo[3,4-*d*]pyrimidin-4-yl]- 3544
—, Butyl-[6-methyl-1(2)*H*-pyrazolo[3,4-*d*]pyrimidin-4-yl]- 3737
—, Butyl-[7-methyl-1(2)*H*-pyrazolo[4,3-*d*]pyrimidin-5-yl]- 3735
—, Butyl-[1-methyl-1*H*-pyrazolo[3,4-*d*]pyrimidin-4-yl]-phenyl- 3551
—, Butyl-[1-phenyl-1*H*-pyrazolo[3,4-*d*]pyrimidin-4-yl]- 3550
—, Butyl-[7(9)*H*-purin-6-yl]- 3569
—, Butyl-[1(2)*H*-pyrazolo[3,4-*d*]pyrimidin-4-yl]- 3544
—, [1-*sec*-Butyl-1*H*-pyrazolo[3,4-*d*]pyrimidin-4-yl]-dimethyl- 3545
—, [1-*sec*-Butyl-1*H*-pyrazolo[3,4-*d*]pyrimidin-4-yl]-isopropyl- 3545
—, [1-Butyl-1*H*-[1,2,3]triazolo[4,5-*c*]pyridin-4-yl]-[2-chlor-äthyl]- 3539
—, [1-Butyl-1*H*-[1,2,3]triazolo[4,5-*c*]pyridin-4-yl]-cyclohexyl- 3539
—, [1-Butyl-1*H*-[1,2,3]triazolo[4,5-*c*]pyridin-4-yl]-dimethyl- 3539
—, [1-Butyl-1*H*-[1,2,3]triazolo[4,5-*c*]pyridin-4-yl]-methyl- 3539
—, [1-Butyl-1*H*-[1,2,3]triazolo[4,5-*c*]pyridin-4-yl]-nitro- 4099
—, [4-Chlor-benzyl]-[6-chlor-1-methyl-1*H*-pyrazolo[3,4-*d*]pyrimidin-4-yl]- 3558
—, [2-Chlor-benzyliden]-[2,7-diphenyl-2,7-dihydro-benzo[1,2-*d*;3,4-*d'*]bistriazol-4-yl]- 4228
—, [4-Chlor-benzyl]-[2-methansulfonyl-7(9)*H*-purin-6-yl]- 3850
—, [4-Chlor-benzyl]-[8-methylmercapto-7(9)*H*-purin-6-yl]- 3864
—, [4-Chlor-benzyl]-[8-methyl-2-methylmercapto-7(9)*H*-purin-6-yl]- 3865
—, [4-Chlor-benzyl]-[8-methyl-7(9)*H*-purin-6-yl]- 3748
—, [4-Chlor-benzyl]-[1-methyl-1*H*-pyrazolo[3,4-*d*]pyrimidin-4-yl]- 3552
—, [2-Chlor-benzyl]-[7(9)*H*-purin-6-yl]- 3576
—, [3-Chlor-benzyl]-[7(9)*H*-purin-6-yl]- 3576
—, [4-Chlor-benzyl]-[7(9)*H*-purin-6-yl]- 3576
—, [4-Chlor-benzyl]-[1(2)*H*-pyrazolo[3,4-*d*]pyrimidin-4-yl]- 3552
—, [2-Chlor-benzyl]-[1*H*-tetrazol-5-yl]- 3493
—, Chlor-[2-methansulfonyl-9-methyl-9*H*-purin-6-yl]- 3861
—, [8-Chlor-2-methansulfonyl-7(9)*H*-purin-6-yl]-dimethyl- 3862
—, [8-Chlor-2-methylmercapto-7(9)*H*-purin-6-yl]-[2-chlor-phenyl]- 3862
—, [8-Chlor-2-methylmercapto-7(9)*H*-purin-6-yl]-dimethyl- 3861
—, [2-Chlor-7-methyl-7*H*-purin-6-yl]-[3-chlor-phenyl]- 3724
—, [2-Chlor-7-methyl-7*H*-purin-6-yl]-[2,4-dimethyl-phenyl]- 3724
—, [2-Chlor-7-methyl-7*H*-purin-6-yl]-[2,5-dimethyl-phenyl]- 3724
—, [8-Chlor-2-methyl-7(9)*H*-purin-6-yl]-dipropyl- 3746
—, [6-Chlor-1-methyl-1*H*-pyrazolo[3,4-*d*]pyrimidin-4-yl]-[2-chlor-phenyl]- 3557
—, [6-Chlor-1-methyl-1*H*-pyrazolo[3,4-*d*]pyrimidin-4-yl]-cyclohexyl- 3557
—, [6-Chlor-1-methyl-1*H*-pyrazolo[3,4-*d*]pyrimidin-4-yl]-[2,4-dimethyl-phenyl]- 3558
—, [6-Chlor-1-methyl-1*H*-pyrazolo[3,4-*d*]pyrimidin-4-yl]-[2,5-dimethyl-phenyl]- 3558
—, [6-Chlor-1-methyl-1*H*-pyrazolo[3,4-*d*]pyrimidin-4-yl]-[2,6-dimethyl-phenyl]- 3558
—, [6-Chlor-1-methyl-1*H*-pyrazolo[3,4-*d*]pyrimidin-4-yl]-[3-isopropoxy-propyl]- 3559
—, [6-Chlor-1-methyl-1*H*-pyrazolo[3,4-*d*]pyrimidin-4-yl]-methyl- 3556
—, [6-Chlor-1-methyl-1*H*-pyrazolo[3,4-*d*]pyrimidin-4-yl]-octyl- 3557

Amin (Fortsetzung)
–, [2-Chlor-7(9)*H*-purin-6-yl]-dimethyl- 3724
–, [8-Chlor-7(9)*H*-purin-6-yl]-dimethyl- 3726
–, [2-Chlor-7(9)*H*-purin-6-yl]-furfuryl- 3725
–, [2-Chlor-7(9)*H*-purin-6-yl]-methyl- 3724
–, [8-Chlor-7(9)*H*-purin-6-yl]-methyl- 3726
–, [8-Chlor-7(9)*H*-purin-6-yl]-propyl- 3726
–, [5-Chlor-1(2)*H*-pyrazolo[4,3-*d*]pyrimidin-7-yl]-dimethyl- 3541
–, [6-Chlor-1(2)*H*-pyrazolo[3,4-*d*]pyrimidin-4-yl]-isobutyl- 3557
–, [6-Chlor-1(2)*H*-pyrazolo[3,4-*d*]pyrimidin-4-yl]-isopropyl- 3557
–, [6-Chlor-1(2)*H*-pyrazolo[3,4-*d*]pyrimidin-4-yl]-methyl- 3556
–, [6-Chlor-1(2)*H*-pyrazolo[3,4-*d*]pyrimidin-4-yl]-methyl-phenyl- 3558
–, [6-Chlor-1(2)*H*-pyrazolo[3,4-*d*]pyrimidin-4-yl]-[1]naphthyl- 3559
–, [6-Chlor-1(2)*H*-pyrazolo[3,4-*d*]pyrimidin-4-yl]-propyl- 3557
–, [2-Cyclohexyl-äthyl]-[7(9)*H*-purin-6-yl]- 3573
–, Cyclohexyl-bis-[1,3-dimethyl-2,6-dioxo-2,3,6,7-tetrahydro-1*H*-purin-8-ylmethyl]- 3997
–, [4-Cyclohexyl-butyl]-[7(9)*H*-purin-6-yl]- 3573
–, Cyclohexyl-[9-cyclohexyl-9*H*-purin-6-yl]- 3573
–, Cyclohexyl-[1-cyclohexyl-1*H*-tetrazol-5-ylmethyl]- 3526
–, Cyclohexyl-[3-cyclohexyl-3*H*-[1,2,3]triazolo[4,5-*d*]pyrimidin-7-yl]- 4158
–, [6-Cyclohexyl-hexyl]-[7(9)*H*-purin-6-yl]- 3573
–, Cyclohexylmethyl-[7(9)*H*-purin-6-yl]- 3573
–, Cyclohexyl-[1-methyl-1*H*-pyrazolo[3,4-*d*]pyrimidin-4-yl]- 3547
–, [5-Cyclohexyl-pentyl]-[7(9)*H*-purin-6-yl]- 3573
–, Cyclohexyl-[1-phenyl-1*H*-tetrazol-5-yl]- 3490
–, [3-Cyclohexyl-propyl]-[7(9)*H*-purin-6-yl]- 3573
–, Cyclohexyl-pteridin-4-yl- 3755
–, Cyclohexyl-[7(9)*H*-purin-6-yl]- 3573
–, Cyclohexyl-[1*H*-tetrazol-5-yl]- 3484
–, [1-Cyclohexyl-1*H*-tetrazol-5-yl]-[1-cyclohexyl-1*H*-tetrazol-5-ylmethyl]- 3532
–, [1-Cyclohexyl-1*H*-tetrazol-5-ylmethyl]-dimethyl- 3526
–, [1-Cyclohexyl-1*H*-tetrazol-5-ylmethyl]-methyl-[2-phenyl-propyl]- 3528
–, [1-Cyclohexyl-1*H*-tetrazol-5-ylmethyl]-propyl- 3526
–, [1-Cyclohexyl-1*H*-tetrazol-5-yl]-phenyl- 3490
–, Decyl-[7(9)*H*-purin-6-yl]- 3571
–, Decyl-[1*H*-tetrazol-5-yl]- 3483
–, Diäthyl-[8-äthyl-2-methyl-7(9)*H*-purin-6-yl]- 3753
–, Diäthyl-[1-(1-äthyl-propyl)-1*H*-pyrazolo[3,4-*d*]pyrimidin-4-yl]- 3545
–, Diäthyl-[1-äthyl-1*H*-pyrazolo[3,4-*d*]pyrimidin-4-yl]- 3542
–, Diäthyl-[1-benzyl-7-chlor-1*H*-imidazo[4,5-*d*]pyridazin-4-yl]- 3732
–, Diäthyl-[1-benzyl-1*H*-tetrazol-5-ylmethyl]- 3528
–, Diäthyl-[1-biphenyl-2-yl-1*H*-tetrazol-5-ylmethyl]- 3528
–, Diäthyl-[1-biphenyl-4-yl-1*H*-tetrazol-5-ylmethyl]- 3528
–, Diäthyl-[6,7-bis-(4-chlor-phenyl)-pteridin-4-yl]- 3777
–, Diäthyl-[1-(4-brom-phenyl)-6-methyl-1*H*-pyrazolo[3,4-*d*]pyrimidin-4-yl]- 3738
–, Diäthyl-[2-chlor-7-methyl-7*H*-purin-6-yl]- 3724
–, Diäthyl-[8-chlor-2-methyl-7(9)*H*-purin-6-yl]- 3746
–, Diäthyl-[2-chlor-7(9)*H*-purin-6-yl]- 3724
–, Diäthyl-[1-cyclopentyl-1*H*-pyrazolo[3,4-*d*]pyrimidin-4-yl]- 3547
–, Diäthyl-[2,8-dichlor-7(9)*H*-purin-6-yl]- 3727
–, [1,4-Diäthyl-1,4-dihydro-tetrazol-5-yliden]-methyl- 3476
–, Diäthyl-[4,6-dimethyl-7,8-dihydro-pteridin-2-yl]- 3752
–, Diäthyl-[6,7-dimethyl-7,8-dihydro-pteridin-4-yl]- 3753
–, Diäthyl-[2,2-dimethyl-4-(1-methyl-1*H*-tetrazol-5-yl)-4-phenyl-but-3-enyl]- 3767
–, Diäthyl-[1-(1,2-dimethyl-propyl)-1*H*-pyrazolo[3,4-*d*]pyrimidin-4-yl]- 3545
–, Diäthyl-[4,6-dimethyl-pteridin-2-yl]- 3761
–, Diäthyl-[6,7-dimethyl-pteridin-4-yl]- 3762
–, Diäthyl-[2,8-dimethyl-7(9)*H*-purin-6-yl]- 3751
–, Diäthyl-[4,6-dimethyl-5,6,7,8-tetrahydro-pteridin-2-yl]- 3537
–, Diäthyl-[6,7-diphenyl-7,8-dihydro-pteridin-2-yl]- 3775
–, Diäthyl-[6,7-diphenyl-7,8-dihydro-pteridin-4-yl]- 3775
–, Diäthyl-[6,7-diphenyl-pteridin-2-yl]- 3776
–, Diäthyl-[6,7-diphenyl-pteridin-4-yl]- 3776

Amin (Fortsetzung)
–, Diäthyl-[1-isopropyl-1*H*-pyrazolo[3,4-*d*]pyrimidin-4-yl]- 3544
–, Diäthyl-[6-(4-methoxy-phenyl)-[1,2,4,5]tetrazin-3-yl]- 3869
–, Diäthyl-[1-(4-methoxy-phenyl)-1*H*-tetrazol-5-ylmethyl]- 3530
–, Diäthyl-[6-methyl-7,8-dihydro-pteridin-2-yl]- 3749
–, Diäthyl-[6-methyl-7,8-dihydro-pteridin-4-yl]- 3749
–, Diäthyl-[2-methylmercapto-7(9)*H*-purin-6-yl]- 3849
–, Diäthyl-[8-methyl-2-methylmercapto-7(9)*H*-purin-6-yl]- 3865
–, Diäthyl-[6-methyl-1-phenyl-1*H*-pyrazolo[3,4-*d*]pyrimidin-4-yl]- 3738
–, Diäthyl-[4-methyl-pteridin-2-yl]- 3760
–, Diäthyl-[2-methyl-7(9)*H*-purin-6-yl]- 3743
–, Diäthyl-[8-methyl-7(9)*H*-purin-6-yl]- 3748
–, Diäthyl-[9-methyl-9*H*-purin-6-yl]- 3568
–, Diäthyl-[5-methyl-tetrazolo[1,5-*a*]pyrimidin-7-yl]- 4161
–, Diäthyl-[3-(5-methyl-tetrazolo[1,5-*a*]pyrimidin-7-yl)-propyl]- 4162
–, Diäthyl-[3-(7-methyl-tetrazolo[1,5-*a*]pyrimidin-5-yl)-propyl]- 4162
–, Diäthyl-[1-methyl-1*H*-tetrazol-5-yl]- 3477
–, Diäthyl-[4-(1-methyl-1*H*-tetrazol-5-yl)-benzyl]- 3760
–, Diäthyl-[1-methyl-1*H*-tetrazol-5-ylmethyl]- 3525
–, Diäthyl-[3-(1-methyl-1*H*-tetrazol-5-yl)-3-phenyl-propyl]- 3764
–, Diäthyl-[5-methyl-[1,2,4]triazolo[1,5-*a*]pyrimidin-7-yl]- 3733
–, Diäthyl-[1-(1-[1]naphthyl-1*H*-tetrazol-5-yl)-äthyl]- 3533
–, Diäthyl-[1-(1-[2]naphthyl-1*H*-tetrazol-5-yl)-äthyl]- 3533
–, Diäthyl-[1-[1]naphthyl-1*H*-tetrazol-5-ylmethyl]- 3528
–, Diäthyl-[1-[2]naphthyl-1*H*-tetrazol-5-ylmethyl]- 3528
–, Diäthyl-[6-(3-nitro-phenyl)-[1,2,4,5]tetrazin-3-yl]- 3766
–, Diäthyl-[6-(4-nitro-phenyl)-[1,2,4,5]tetrazin-3-yl]- 3766
–, Diäthyl-{2-[1-(3-nitro-phenyl)-1*H*-tetrazol-5-yl]-äthyl}- 3535
–, Diäthyl-[1-(3-nitro-phenyl)-1*H*-tetrazol-5-ylmethyl]- 3526
–, Diäthyl-[1-(4-nitro-phenyl)-1*H*-tetrazol-5-ylmethyl]- 3526
–, Diäthyl-phenanthro[9,10-*g*]pteridin-13-yl- 3777
–, Diäthyl-[1-[3]phenanthryl-1*H*-tetrazol-5-ylmethyl]- 3528
–, [2,6-Diäthyl-phenyl]-[1,6-dimethyl-1*H*-pyrazolo[3,4-*d*]pyrimidin-4-yl]- 3741
–, [2,6-Diäthyl-phenyl]-[6-methyl-1-phenyl-1*H*-pyrazolo[3,4-*d*]pyrimidin-4-yl]- 3741
–, [2,6-Diäthyl-phenyl]-[1-methyl-1*H*-pyrazolo[3,4-*d*]pyrimidin-4-yl]- 3553
–, Diäthyl-[1-phenyl-1*H*-pyrazolo[3,4-*d*]pyrimidin-4-yl]- 3549
–, Diäthyl-[6-phenyl-[1,2,4,5]tetrazin-3-yl]- 3765
–, Diäthyl-[1-(1-phenyl-1*H*-tetrazol-5-yl)-äthyl]- 3533
–, Diäthyl-[2-(1-phenyl-1*H*-tetrazol-5-yl)-äthyl]- 3534
–, Diäthyl-[1-phenyl-1*H*-tetrazol-5-ylmethyl]- 3526
–, Diäthyl-pteridin-4-yl- 3755
–, Diäthyl-[7(9)*H*-purin-2-yl]- 3560
–, Diäthyl-[7(9)*H*-purin-6-yl]- 3568
–, Diäthyl-[1(2)*H*-pyrazolo[3,4-*d*]pyrimidin-4-yl]- 3542
–, Diäthyl-[1*H*-tetrazol-5-yl]- 3476
–, Diäthyl-[1-*p*-tolyl-1*H*-tetrazol-5-ylmethyl]- 3527
–, Diallyl-[1*H*-tetrazol-5-yl]- 3484
–, Dibenzyl-[1-phenyl-1*H*-tetrazol-5-yl]- 3501
–, Dibenzyl-[1*H*-tetrazol-5-yl]- 3501
–, Dibutyl-[2,8-dichlor-7(9)*H*-purin-6-yl]- 3727
–, Dibutyl-[2,8-dimethyl-7(9)*H*-purin-6-yl]- 3751
–, Dibutyl-[1-isopropyl-1*H*-pyrazolo[3,4-*d*]pyrimidin-4-yl]- 3545
–, Dibutyl-[2-methyl-7(9)*H*-purin-6-yl]- 3744
–, Dibutyl-[8-methyl-7(9)*H*-purin-6-yl]- 3748
–, Dibutyl-[7(9)*H*-purin-6-yl]- 3569
–, Dibutyl-[1*H*-tetrazol-5-yl]- 3479
–, [2,4-Dichlor-benzyliden]-[1*H*-tetrazol-5-yl]- 3508
–, [2,4-Dichlor-benzyl]-[8-methyl-7(9)*H*-purin-6-yl]- 3748
–, [2,4-Dichlor-benzyl]-[1(2)*H*-pyrazolo[3,4-*d*]pyrimidin-4-yl]- 3552
–, [2,4-Dichlor-benzyl]-[1*H*-tetrazol-5-yl]- 3493
–, [2,5-Dichlor-phenyl]-[1-methyl-1*H*-pyrazolo[3,4-*d*]pyrimidin-4-yl]- 3549
–, [2,8-Dichlor-7(9)*H*-purin-6-yl]-bis-[2-hydroxy-äthyl]- 3727
–, [2,8-Dichlor-7(9)*H*-purin-6-yl]-dimethyl- 3726
–, [2,8-Dichlor-7(9)*H*-purin-6-yl]-furfuryl- 3728
–, [2,8-Dichlor-7(9)*H*-purin-6-yl]-[2-methoxy-äthyl]- 3727
–, [2,8-Dichlor-7(9)*H*-purin-6-yl]-[2-methylmercapto-äthyl]- 3727
–, Diheptyl-[7(9)*H*-purin-6-yl]- 3570

Amin (Fortsetzung)
–, [6,7-Diphenyl-4-piperidino-pteridin-2-yl]-dimethyl- 3821
–, [4,8-Dipiperidino-pyrimido[5,4-*d*]pyrimidin-2-yl]-bis-[2-hydroxy-äthyl]- 3829
–, Dipropyl-[7(9)*H*-purin-6-yl]- 3569
–, Dipropyl-[1(2)*H*-pyrazolo[3,4-*d*]pyrimidin-4-yl]- 3543
–, Dodecyl-[7(9)*H*-purin-6-yl]- 3572
–, Dodecyl-[1(2)*H*-pyrazolo[3,4-*d*]pyrimidin-4-yl]- 3547
–, Furfuryl-[9-furfuryl-9*H*-purin-6-yl]- 3588
–, Furfuryl-[3-furfuryl-3*H*-[1,2,3]triazolo[4,5-*d*]pyrimidin-7-yl]- 4159
–, Furfuryl-[2-hydrazino-7(9)*H*-purin-6-yl]- 4088
–, Furfuryl-[1-isopropyl-1*H*-pyrazolo[3,4-*d*]pyrimidin-4-yl]- 3555
–, Furfuryl-[6-methyl-1-phenyl-1*H*-pyrazolo[3,4-*d*]pyrimidin-4-yl]- 3742
–, Furfuryl-[2-methyl-7(9)*H*-purin-6-yl]- 3744
–, Furfuryl-methyl-[7(9)*H*-purin-6-yl]- 3588
–, Furfuryl-[7-methyl-7*H*-purin-6-yl]- 3587
–, Furfuryl-[8-methyl-7(9)*H*-purin-6-yl]- 3748
–, Furfuryl-[9-methyl-9*H*-purin-6-yl]- 3588
–, Furfuryl-[1-methyl-1*H*-pyrazolo[3,4-*d*]pyrimidin-4-yl]- 3555
–, Furfuryl-[3-methyl-1(2)*H*-pyrazolo[4,3-*d*]pyrimidin-7-yl]- 3735
–, Furfuryl-[6-methyl-1*H*-pyrazolo[3,4-*d*]pyrimidin-4-yl]- 3742
–, Furfuryl-[5-methyl-tetrazolo[1,5-*a*]pyrimidin-7-yl]- 4161
–, Furfuryl-[5-methyl-[1,2,4]triazolo[1,5-*a*]pyrimidin-7-yl]- 3733
–, Furfuryl-[1-phenyl-1*H*-pyrazolo[3,4-*d*]pyrimidin-4-yl]- 3555
–, Furfuryl-[2-piperidino-7(9)*H*-purin-6-yl]- 3790
–, Furfuryl-[6-piperidino-7(9)*H*-purin-2-yl]- 3790
–, Furfuryl-pteridin-4-yl- 3755
–, Furfuryl-[7(9)*H*-purin-6-yl]- 3586
–, [9-Furfuryl-9*H*-purin-6-yl]-dimethyl- 3588
–, Furfuryl-[1(2)*H*-pyrazolo[3,4-*d*]pyrimidin-4-yl]- 3555
–, Furfuryl-[1,2,4]triazolo[1,5-*a*]pyrimidin-7-yl- 3538
–, Furfuryl-[1*H*-[1,2,3]triazolo[4,5-*d*]pyrimidin-7-yl]- 4159
–, [3-Furfuryl-3*H*-[1,2,3]triazolo[4,5-*d*]pyrimidin-7-yl]-dimethyl- 4159
–, Geranyl-[7(9)*H*-purin-6-yl]- 3574
–, Heptyl-[1-methyl-1*H*-pyrazolo[3,4-*d*]pyrimidin-4-yl]- 3546
–, Heptyl-[7(9)*H*-purin-6-yl]- 3570
–, Heptyl-[1(2)*H*-pyrazolo[3,4-*d*]pyrimidin-4-yl]- 3546
–, Heptyl-[1*H*-tetrazol-5-yl]- 3481
–, Hexadecyl-[7(9)*H*-purin-6-yl]- 3572
–, Hexyl-[7(9)*H*-purin-6-yl]- 3570
–, Hexyl-[1(2)*H*-pyrazolo[3,4-*d*]pyrimidin-4-yl]- 3546
–, [2-(1(3)*H*-Imidazol-4-yl)-äthyl]-[7(9)*H*-purin-6-yl]- 3721
–, [1(3)*H*-Imidazol-4-ylmethyl]-[7(9)*H*-purin-6-yl]- 3720
–, [1(3)*H*-Imidazo[4,5-*d*]pyridazin-4-yl]-dipropyl- 3731
–, [1(3)*H*-Imidazo[4,5-*d*]pyridazin-4-yl]-methyl- 3731
–, [1(3)*H*-Imidazo[4,5-*d*]pyridazin-4-yl]-propyl- 3731
–, [2-Indol-2-yl-äthyl]-[7(9)*H*-purin-6-yl]- 3720
–, Isobutyl-[1-methyl-1*H*-pyrazolo[3,4-*d*]pyrimidin-4-yl]- 3545
–, Isobutyl-[7-methyl-1(2)*H*-pyrazolo[4,3-*d*]pyrimidin-5-yl]- 3735
–, Isobutyl-[1-phenyl-1*H*-tetrazol-5-ylmethyl]- 3527
–, Isobutyl-[1(2)*H*-pyrazolo[3,4-*d*]pyrimidin-4-yl]- 3545
–, Isopentyl-[1-methyl-1*H*-pyrazolo[3,4-*d*]pyrimidin-4-yl]- 3546
–, Isopentyl-[1-phenyl-1*H*-tetrazol-5-ylmethyl]- 3527
–, Isopentyl-[1(2)*H*-pyrazolo[3,4-*d*]pyrimidin-4-yl]- 3546
–, [3-Isopropoxy-propyl]-[1-methyl-1*H*-pyrazolo[3,4-*d*]pyrimidin-4-yl]- 3554
–, Isopropyliden-[1*H*-tetrazol-5-yl]- 3508
–, Isopropyl-[1-isopropyl-1*H*-pyrazolo[3,4-*d*]pyrimidin-4-yl]- 3544
–, Isopropyl-[1-isopropyl-1*H*-tetrazol-5-yl]- 3478
–, Isopropyl-methyl-[1-methyl-1*H*-pyrazolo[3,4-*d*]pyrimidin-4-yl]- 3544
–, Isopropyl-[6-methyl-1-(4-nitro-phenyl)-1*H*-pyrazolo[3,4-*d*]pyrimidin-4-yl]- 3739
–, Isopropyl-[6-methyl-1-phenyl-1*H*-pyrazolo[3,4-*d*]pyrimidin-4-yl]- 3738
–, Isopropyl-[9-methyl-9*H*-purin-6-yl]- 3569
–, Isopropyl-[1-methyl-1*H*-pyrazolo[3,4-*d*]pyrimidin-4-yl]- 3544
–, Isopropyl-[7-methyl-1(2)*H*-pyrazolo[4,3-*d*]pyrimidin-5-yl]- 3735
–, Isopropyl-[1-phenyl-1*H*-pyrazolo[3,4-*d*]pyrimidin-4-yl]- 3550
–, Isopropyl-[1-phenyl-1*H*-tetrazol-5-ylmethyl]- 3527
–, Isopropyl-[1(2)*H*-pyrazolo[3,4-*d*]pyrimidin-4-yl]- 3543

Amin (Fortsetzung)
–, [1-Isopropyl-1*H*-pyrazolo[3,4-*d*]≠pyrimidin-4-yl]-dimethyl- 3544
–, [2-Isopropyl-2*H*-pyrazolo[3,4-*d*]≠pyrimidin-4-yl]-dimethyl- 3544
–, [1-Isopropyl-1*H*-pyrazolo[3,4-*d*]≠pyrimidin-4-yl]-methyl- 3543
–, [1-Isopropyl-1*H*-pyrazolo[3,4-*d*]≠pyrimidin-4-yl]-propyl- 3544
–, [2-Methansulfonyl-7(9)*H*-purin-6-yl]-dimethyl- 3849
–, [2-Methoxy-äthyl]-[7(9)*H*-purin-6-yl]-3578
–, [4-Methoxy-benzyl]-[1-methyl-1*H*-pyrazolo[3,4-*d*]pyrimidin-4-yl]- 3554
–, [3-Methoxy-benzyl]-[7(9)*H*-purin-6-yl]-3580
–, [4-Methoxy-benzyl]-[7(9)*H*-purin-6-yl]-3580
–, [4-Methoxy-benzyl]-[1(2)*H*-pyrazolo≠[3,4-*d*]pyrimidin-4-yl]- 3554
–, [4-Methoxy-phenyl]-[7-methyl-1(2)*H*-pyrazolo[4,3-*d*]pyrimidin-5-yl]- 3736
–, [2-Methoxy-phenyl]-[1*H*-tetrazol-5-yl]-3506
–, [3-Methoxy-phenyl]-[1*H*-tetrazol-5-yl]-3506
–, [4-Methoxy-phenyl]-[1*H*-tetrazol-5-yl]-3507
–, [1-(4-Methoxy-phenyl)-1*H*-tetrazol-5-ylmethyl]-dimethyl- 3529
–, [3-Methoxy-propyl]-[1-methyl-1*H*-pyrazolo[3,4-*d*]pyrimidin-4-yl]- 3553
–, [3-Methoxy-propyl]-[7(9)*H*-purin-6-yl]-3579
–, [8-Methoxy-7(9)*H*-purin-6-yl]-methyl-3863
–, [2-Methyl-benzyl]-[7(9)*H*-purin-6-yl]-3577
–, [3-Methyl-benzyl]-[7(9)*H*-purin-6-yl]-3577
–, [4-Methyl-benzyl]-[7(9)*H*-purin-6-yl]-3578
–, [1-Methyl-heptyl]-[7(9)*H*-purin-6-yl]-3571
–, [2-Methylmercapto-äthyl]-[7(9)*H*-purin-6-yl]- 3579
–, Methyl-[1-methyl-hexyl]-[1-phenyl-1*H*-tetrazol-5-ylmethyl]- 3527
–, Methyl-[2-methylmercapto-7(9)*H*-purin-6-yl]- 3848
–, Methyl-[2-methylmercapto-7(9)*H*-purin-6-yl]-phenyl- 3850
–, Methyl-[6-methylmercapto-1(2)*H*-pyrazolo[3,4-*d*]pyrimidin-4-yl]- 3845
–, Methyl-[8-methyl-2-methylmercapto-7(9)*H*-purin-6-yl]- 3865
–, Methyl-[2-methyl-8-methylmercapto-7(9)*H*-purin-6-yl]-phenyl- 3864
–, Methyl-[6-methyl-1-(4-nitro-phenyl)-1*H*-pyrazolo[3,4-*d*]pyrimidin-4-yl]- 3738
–, Methyl-[1-methyl-4-phenyl-1,4-dihydro-tetrazol-5-yliden]- 3489
–, Methyl-[6-methyl-1-phenyl-1*H*-pyrazolo[3,4-*d*]pyrimidin-4-yl]- 3737
–, Methyl-[1-methyl-2-(1-phenyl-1*H*-tetrazol-5-yl)-äthyl]- 3536
–, Methyl-[1-methyl-1*H*-purin-6-yl]- 3565
–, Methyl-[2-methyl-7(9)*H*-purin-6-yl]-3743
–, Methyl-[6-methyl-7(9)*H*-purin-2-yl]-3747
–, Methyl-[7-methyl-7*H*-purin-6-yl]- 3565
–, Methyl-[8-methyl-7(9)*H*-purin-6-yl]-3748
–, Methyl-[9-methyl-9*H*-purin-6-yl]- 3566
–, Methyl-[1-methyl-1*H*-pyrazolo[3,4-*d*]≠pyrimidin-4-yl]- 3542
–, Methyl-[6-methyl-1(2)*H*-pyrazolo[3,4-*d*]≠pyrimidin-4-yl]- 3737
–, Methyl-[7-methyl-1(2)*H*-pyrazolo[4,3-*d*]≠pyrimidin-5-yl]- 3735
–, Methyl-[1-methyl-1*H*-tetrazol-5-yl]-3473
–, Methyl-[2-methyl-2*H*-tetrazol-5-yl]-3473
–, Methyl-[6-methyl-1-*p*-tolyl-1*H*-pyrazolo[3,4-*d*]pyrimidin-4-yl]- 3740
–, Methyl-[1-[2]naphthyl-1*H*-tetrazol-5-ylmethyl]- 3528
–, Methyl-nitroso-[7(9)*H*-purin-6-yl]-4095
–, Methyl-nitro-[1*H*-tetrazol-5-yl]- 4099
–, Methyl-phenyl-[1-phenyl-1*H*-pyrazolo[3,4-*d*]pyrimidin-4-yl]- 3551
–, Methyl-phenyl-[7(9)*H*-purin-6-yl]- 3575
–, Methyl-[9-phenyl-9*H*-purin-6-yl]- 3574
–, Methyl-[1-phenyl-1*H*-pyrazolo[3,4-*d*]≠pyrimidin-4-yl]- 3549
–, Methyl-phenyl-[1(2)*H*-pyrazolo[3,4-*d*]≠pyrimidin-4-yl]- 3550
–, [6-Methyl-1-phenyl-1*H*-pyrazolo[3,4-*d*]≠pyrimidin-4-yl]-phenyl- 3739
–, Methyl-[1-phenyl-1*H*-tetrazol-5-yl]-3489
–, Methyl-[1-(1-phenyl-1*H*-tetrazol-5-yl)-äthyl]- 3533
–, Methyl-[1-phenyl-1*H*-tetrazol-5-ylmethyl]- 3526
–, Methyl-pteridin-2-yl- 3754
–, Methyl-[7(9)*H*-purin-6-yl]- 3565
–, Methyl-[7(9)*H*-purin-8-yl]- 3730
–, [2-Methyl-7(9)*H*-purin-6-yl]-dipropyl-3743
–, [8-Methyl-7(9)*H*-purin-6-yl]-dipropyl-3748
–, [7-Methyl-7*H*-purin-6-yl]-propyl- 3568
–, [9-Methyl-9*H*-purin-6-yl]-propyl- 3568
–, Methyl-[1(2)*H*-pyrazolo[3,4-*d*]pyrimidin-4-yl]- 3541
–, [1-Methyl-1*H*-pyrazolo[3,4-*d*]pyrimidin-4-yl]-[4-nitro-phenyl]- 3549

B

Benzaldehyd
— [1-(4-äthoxy-phenyl)-1*H*-tetrazol-5-ylhydrazon] 4069
— [1-benzylidenamino-1*H*-tetrazol-5-ylhydrazon] 4069
— [1-benzyl-1*H*-tetrazol-5-ylimin] 3509
— [2-benzyl-2*H*-tetrazol-5-ylimin] 3509
— [6-(4-chlor-phenyl)-[1,2,4,5]tetrazin-3-ylhydrazon] 4076
— [1-methyl-1*H*-tetrazol-5-ylimin] 3509
— [2-methyl-2*H*-tetrazol-5-ylimin] 3509
— [1-phenyl-1*H*-tetrazol-5-ylhydrazon] 4069
— [1-phenyl-1*H*-tetrazol-5-ylimin] 3509
— [1*H*-tetrazol-5-ylhydrazon] 4068
— [1*H*-tetrazol-5-ylimin] 3508
— [1,3,7-trimethyl-2,6-dioxo-2,3,6,7-tetrahydro-1*H*-purin-8-ylhydrazon] 4080
—, 4-Chlor-,
— benzo[*g*][1,2,4]triazolo[3,4-*a*]phthalazin-6-ylhydrazon 4077
— [1*H*-tetrazol-5-ylhydrazon] 4068
— [1,2,4]triazolo[3,4-*a*]phthalazin-6-ylhydrazon 4076
—, 2,4-Dichlor-,
— [1*H*-tetrazol-5-ylimin] 3508
—, 2,3-Dimethoxy-,
— [1*H*-tetrazol-5-ylhydrazon] 4070
—, 4-Dimethylamino-,
— [1*H*-tetrazol-5-ylimin] 3522
—, 4-Hydroxy-,
— [1,3,7-trimethyl-2,6-dioxo-2,3,6,7-tetrahydro-1*H*-purin-8-ylhydrazon] 4081
—, 3-Hydroxy-4-methoxy-,
— [1*H*-tetrazol-5-ylhydrazon] 4070
—, 4-Isopropyl-,
— [1*H*-tetrazol-5-ylhydrazon] 4069
—, 4-Methoxy-,
— [1,3,7-trimethyl-2,6-dioxo-2,3,6,7-tetrahydro-1*H*-purin-8-ylhydrazon] 4081
—, 2-Nitro-,
— [1*H*-tetrazol-5-ylhydrazon] 4069
—, 3-Nitro-,
— [1*H*-tetrazol-5-ylhydrazon] 4069
— [1,3,7-trimethyl-2,6-dioxo-2,3,6,7-tetrahydro-1*H*-purin-8-ylhydrazon] 4081
—, 4-Nitro-,
— [1*H*-tetrazol-5-ylimin] 3508

Benzamid
—, *N*-[2-Amino-4,7-dioxo-3,4,7,8-tetrahydro-pteridin-6-ylmethyl]- 4003
—, *N*-[2-(8,13-Diäthyl-3,7,12,17-tetramethyl-porphyrin-2-yl)-äthyl]- 3778
—, *N*-[4,6-Dioxo-3,4,5,6-tetrahydro-pteridin-2-yl]- 4001
—, *N*-[7-Hydroxymethyl-4-oxo-3,4-dihydro-pteridin-2-yl]- 4029
—, *N*-[6-Oxo-6,7-dihydro-1*H*-purin-2-yl]- 3897
—, *N*-[2-Phenyl-1-(1*H*-tetrazol-5-yl)-äthyl]- 3762
—, *N*,*N'*-[7(9)*H*-Purin-2,6-diyl]-bis- 3789
—, *N*-[7(9)*H*-Purin-2-yl]- 3560
—, *N*-[7(9)*H*-Purin-6-yl]- 3583
—, *N*-[1-(1*H*-Tetrazol-5-yl)-äthyl]- 3534
—, *N*-[2-(1*H*-Tetrazol-5-yl)-äthyl]- 3535
—, *N*-[1*H*-Tetrazol-5-ylmethyl]- 3530
—, *N*,*N'*,*N''*-[1,2,4]Triazolo[4,3-*a*][1,3,5]triazin-3,5,7-triyl-tris- 4169

7,18-*o*-Benzeno-benzo[*a*]benzo[7,8][1,3,6]triazocino[4,5-*c*]phenazin
—, 6-Methyl- 4124

Benzimidazol
—, 1*H*,1'*H*,1''*H*,1'''*H*-2,2',2'',2'''-Äthandiyliden-tetrakis- 4254
—, 1*H*,1'*H*,1''*H*,1'''*H*-2,2',2'',2'''-Äthentetrayl-tetrakis- 4254

Benzimidazolium
—, 2-[2,3-Bis-(4-chlor-phenyl)-tetrazolium-5-yl]-1,3-dimethyl- 4189
—, 2-[2,3-Diphenyl-tetrazolium-5-yl]-1,3-dimethyl- 4188

Benzimidazol-Vitamin-B_{12}-coenzym 3711

Benzimidazol-4-ylamin
—, 6,6'-Dichlor-1(3)*H*,1'(3')*H*-2,2'-äthandiyl-bis- 3815
—, 6,6'-Dichlor-1(3)*H*,1'(3')*H*-2,2'-butandiyl-bis- 3815

Benzimidazol-5-ylamin
—, 1(3)*H*,1'(3')*H*-2,2'-Äthandiyl-bis- 3815
—, 1(3)*H*,1'(3')*H*-2,2'-Butandiyl-bis- 3816
—, 1(3)*H*,1'(3')*H*-2,2'-Hexandiyl-bis- 3816
—, 1(3)*H*,1'(3')*H*-2,2'-Octandiyl-bis- 3816
—, 1(3)*H*,1'(3')*H*-2,2'-Pentandiyl-bis- 3816
—, 1(3)*H*,1'(3')*H*-2,2'-Propandiyl-bis- 3815

Benz[4,5]imidazo[1,2-*a*]pyrimidin-2,4-dion
—, 1*H*,1'*H*-Methandiyl-bis- 4218

Benz[4,5]imidazo[1,2-*d*]tetrazol
—, 9*H*- 4114

Benz[*f*]imidazo[1',2':2,3][1,2,4]triazino[6,5-*h*]chinoxalin
—, 2,11,12-Triphenyl- 4200

Benz[*a*]imidazo[1',2':2,3][1,2,4]triazino[5,6-*c*]phenazin
—, 1,2-Diphenyl- 4200

Benzo[1,2-*d*;3,4-*d'*]bistriazol
—, 4-Acetylamino-2,7-diphenyl-2,7-dihydro- 4229
—, 4-Amino-2,7-bis-[4-sulfo-phenyl]-2,7-dihydro- 4229
—, 2,7-Bis-[4-amino-3-sulfo-phenyl]-2,7-dihydro- 4186
—, 2,7-Bis-[4-chlor-phenyl]-4-[4-chlor-phenylazo]-2,7-dihydro- 4239

Benzo[1,2-*d*;3,4-*d'*]bistriazol (Fortsetzung)
—, 2,7-Bis-[4-chlor-phenyl]-2,7-dihydro- 4186
—, 2,7-Bis-[4-chlor-phenyl]-4-methyl-2,7-dihydro- 4187
—, 2,7-Bis-[4-sulfo-phenyl]-4-[toluol-4-sulfonylamino]-2,7-dihydro- 4229
—, 1,6-Dihydro- 4186
—, 2,7-Diphenyl-2,7-dihydro- 4186
—, 2,7-Diphenyl-4-phenylazo-2,7-dihydro- 4238
—, 2,7-Diphenyl-4-[*N'*-phenyl-hydrazino]-2,7-dihydro- 4238
—, 2-[4-Sulfo-phenyl]-7-[2-(4-sulfo-phenyl)-2*H*-benzotriazol-5-yl]-2,7-dihydro- 4186
Benzo[1,2-*d*;4,5-*d'*]bistriazol
—, 1,7-Bis-[4-anilino-9,10-dioxo-9,10-dihydro-[1]anthryl]-1,7-dihydro- 4185
—, 1,7-Bis-benzolsulfonyl-1,7-dihydro- 4186
—, 1,7-Bis-[5-benzoylamino-9,10-dioxo-9,10-dihydro-[1]anthryl]-1,7-dihydro- 4185
—, 1,7-Bis-[9,10-dioxo-9,10-dihydro-[1]anthryl]-1,7-dihydro- 4185
—, 1,5-Dihydro- 4184
—, 6-Phenyl-1,6-dihydro- 4185
—, 6-Phenyl-1-[toluol-4-sulfonyl]-1,6-dihydro- 4185
Benzo[1,2-*d*;4,5-*d'*]bistriazol-4,8-diol
—, 1,5-Dihydro- 4203
Benzo[1,2-*d*;4,5-*d'*]bistriazol-4,8-dion
—, 1*H*,5*H*- 4209
—, 2,6-Bis-[4-sulfo-phenyl]-2*H*,6*H*- 4209
—, 2,6-Diphenyl-2*H*,6*H*- 4209
Benzo[1,2-*d*;3,4-*d'*]bistriazol-4-on
—, 5,7-Dihydro-2*H*-,
— hydrazon s. *Benzo[1,2-*d*;3,4-*d'*]bistriazol, 4-Hydrazino-2,7-dihydro-*
imin s. *Benzo[1,2-*d*;3,4-*d'*]bistriazol-4-ylamin, 2,7-Dihydro-*
Benzo[1,2-*d*;4,5-*d'*]bistriazol-4-on
—, 8-Acetoxy-2,6-diphenyl-6,8-dihydro-2*H*- 4222
Benzo[1,2-*d*;3,4-*d'*]bistriazol-4-ylamin
—, 2,7-Bis-[4-chlor-phenyl]-2,7-dihydro- 4228
—, 2,7-Diphenyl-2,7-dihydro- 4228
—, 2,7-Diphenyl-5-phenylazo-2,7-dihydro- 4239
Benzo[1,2-*d*;4,5-*d'*]diimidazol
—, 2,6-Bis-[1-amino-9,10-dioxo-9,10-dihydro-[2]anthryl]-1,7-bis-[2-chlor-phenyl]-1,7-dihydro- 4024
—, 2,6-Bis-[1-amino-9,10-dioxo-9,10-dihydro-[2]anthryl]-1,7-bis-[2,4-dibrom-phenyl]-1,7-dihydro- 4024
—, 2,6-Bis-[1-amino-9,10-dioxo-9,10-dihydro-[2]anthryl]-1,7-diphenyl-1,7-dihydro- 4024
—, 2,6-Bis-{[bis-(2-chlor-äthyl)-amino]-methyl}-1,5-dihydro- 3806
—, 2,6-Bis-{[bis-(2-hydroxy-äthyl)-amino]-methyl}-1,5-dihydro- 3807
—, 2,6-Bis-piperidinomethyl-1,5-dihydro- 3807
—, 2,6-Bis-pyridinomethyl-1,5-dihydro- 3807
—, 2-Methyl-6-[2-phenyl-1(3)*H*-benzimidazol-5-yl]-1,5-dihydro- 4195
—, 2-[2-Phenyl-1(3)*H*-benzimidazol-5-yl]-1,5-dihydro- 4195
Benzo[1,2-*d*;4,5-*d'*]diimidazol-4,8-dion
—, 2-Methyl-6-[3]pyridyl-1*H*,5*H*- 4146
Benzoesäure
— [4-benzo[*a*]pyrazino[2,3-*c*]phenazin-2-yl-anilid] 3779
— [1-benzyl-1*H*-tetrazol-5-ylamid] 3513
— [1,4-dibenzyl-1,4-dihydro-tetrazol-5-ylidenamid] 3514
—, 4-[Acetyl-(2-acetylamino-4-oxo-3,4-dihydro-pteridin-6-ylmethyl)-amino]- 3951
—, 4-[(2-Acetylamino-4-oxo-3,4-dihydro-pteridin-6-ylmethyl)-formyl-amino]- 3951
—, 4-[Äthyl-(2-amino-4-oxo-3,4-dihydro-pteridin-6-ylmethyl)-amino]- 3949
—, 4-Amino-,
— [7-oxo-6,7-dihydro-1*H*-[1,2,3]triazolo[4,5-*d*]pyrimidin-5-ylamid] 4175
—, 4-[(2-Amino-5-formyl-4-oxo-3,4,5,6,7,8-hexahydro-pteridin-6-ylmethyl)-amino]- 3879
—, 4-[(2-Amino-4-hydroxy-pteridin-6-ylmethyl)-amino]- 3942; s. a. *Pteroinsäure*
—, 4-[(4-Amino-2-methylmercapto-pteridin-6-ylmethyl)-amino]- 3867
—, 4-[2-Amino-4-oxo-3,4-dihydro-pteridin-6-ylmethoxy]- 4028
—, 4-[(2-Amino-7-oxo-7,8-dihydro-pteridin-6-ylmethyl)-amino]- 3939
—, 4-[(2-Amino-4-oxo-3,4-dihydro-pteridin-6-ylmethyl)-amino]-2-hydroxy- 3952
—, 4-{[(2-Amino-4-oxo-3,4-dihydro-pteridin-6-ylmethyl)-amino]-methyl}- 3952
—, 4-[(2-Amino-4-oxo-3,4-dihydro-pteridin-6-ylmethyl)-butyl-amino]- 3949
—, 4-[(2-Amino-4-oxo-3,4-dihydro-pteridin-6-ylmethylen)-amino]- 4007
—, 4-[(2-Amino-4-oxo-3,4-dihydro-pteridin-7-ylmethylen)-amino]- 4008
—, 4-[(2-Amino-4-oxo-3,4-dihydro-pteridin-6-ylmethyl)-formyl-amino]- 3949
—, 4-[(2-Amino-4-oxo-3,4-dihydro-pteridin-6-ylmethyl)-methyl-amino]- 3948
—, 4-[(2-Amino-4-oxo-3,4-dihydro-pteridin-6-ylmethyl)-(4-nitro-benzolsulfonyl)-amino]- 3954

Benzoesäure (Fortsetzung)
–, 4-[(2-Amino-6-oxo-6,7-dihydro-1*H*-purin-8-ylmethyl)-amino]- 3932
–, 4-[5-Amino-7-oxo-6,7-dihydro-[1,2,3]triazolo[4,5-*d*]pyrimidin-2-yl]- 4174
– äthylester 4174
– amid 4174
– butylester 4174
–, 4-[(2-Amino-4-oxo-3,4,5,6,7,8-hexahydro-pteridin-6-ylmethyl)-amino]- 3879
–, 4-[(4-Amino-2-thioxo-1,2-dihydro-pteridin-6-ylmethyl)-amino]- 3954
–, 4-[4-Amino-3-(1,3,7-trimethyl-2,6-dioxo-2,3,6,7-tetrahydro-1*H*-purin-8-ylazo)-naphthalin-1-sulfonylamino]- 4093
–, 4-[(2-Benzoylamino-4-oxo-3,4-dihydro-pteridin-6-ylmethyl)-formyl-amino]- 3951
–, 2-Brom-,
– [1*H*-tetrazol-5-ylamid] 3513
–, 4-[2,4-Diamino-pteridin-6-ylmethoxy]- 3867
–, 4-[(2,4-Diamino-pteridin-6-ylmethyl)-methyl-amino]- 3833
–, 4-[2,6-Diamino-7(9)*H*-purin-8-yl]-,
– methylester 4048
–, 4-[5,7-Diamino-[1,2,3]triazolo[4,5-*d*]pyrimidin-2-yl]- 4167
–, 2,5-Dijod-,
– [1*H*-tetrazol-5-ylamid] 3513
–, 3,4-Dijod-,
– [1*H*-tetrazol-5-ylamid] 3513
–, 3,5-Dijod-,
– [1*H*-tetrazol-5-ylamid] 3513
–, 3,5-Dijod-2-methoxy-,
– [1*H*-tetrazol-5-ylamid] 3521
–, 3,5-Dijod-4-methoxy-,
– [1*H*-tetrazol-5-ylamid] 3521
–, 4-[4,6-Dimethyl-5,7-dioxo-4,5,6,7-tetrahydro-[1,2,3]triazolo[4,5-*d*]pyrimidin-2-yl]- 4138
–, 2-[3,5-Dimethyl-1,7-diphenyl-1,7-dihydro-dipyrazolo[3,4-*b*;4′,3′-*e*]pyridin-4-yl]- 4153
– methylester 4153
–, 3,5-Dinitro-,
– [1-äthyl-4-octyl-1,4-dihydro-tetrazol-5-ylidenamid] 3513
– [1-methyl-4-octyl-1,4-dihydro-tetrazol-5-ylidenamid] 3513
–, 4-[(2,4-Dioxo-1,2,3,4-tetrahydro-pteridin-6-ylmethyl)-amino]- 4004
–, 4-[(4,7-Dioxo-3,4,7,8-tetrahydro-pteridin-6-ylmethyl)-amino]- 4002
–, 4-[(2,4-Dioxo-1,2,3,4-tetrahydro-pteridin-6-ylmethyl)-formyl-amino]- 4004
–, 4-[(2,4-Dioxo-1,2,3,4-tetrahydro-pteridin-6-ylmethyl)-nitroso-amino]- 4095
–, 3-[2-(2,4-Di-*tert*-pentyl-phenoxy)-acetylamino]-,
– {4-[(4-methoxy-phenyl)-(5-methyl-3-oxo-2-phenyl-2,3-dihydro-1*H*-pyrazol-4-yl)-methyl]-5-oxo-1-[2,4,6-trichlor-phenyl]-2,5-dihydro-1*H*-pyrazol-3-ylamid} 4036
–, 4-[Formyl-(2-formylamino-4-oxo-3,4-dihydro-pteridin-6-ylmethyl)-amino]- 3950
–, 4-{Formyl-[2-(2-methoxy-acetylamino)-4-oxo-3,4-dihydro-pteridin-6-ylmethyl]-amino}- 3951
–, 4-{Formyl-[4-oxo-2-(2-phenyl-acetylamino)-3,4-dihydro-pteridin-6-ylmethyl]-amino}- 3951
–, 2-Hydroxy-3,5-dijod-,
– [1*H*-tetrazol-5-ylamid] 3521
–, 4-Hydroxy-3,5-dijod-,
– [1*H*-tetrazol-5-ylamid] 3521
–, 4-[4-Methyl-5,7-dioxo-4,5,6,7-tetrahydro-[1,2,3]triazolo[4,5-*d*]pyrimidin-2-yl]- 4138
–, 4-[5-Methylmercapto-7-oxo-6,7-dihydro-[1,2,3]triazolo[4,5-*d*]pyrimidin-2-yl]- 4151
–, 4-Nitro-,
– [1-äthyl-4-octyl-1,4-dihydro-tetrazol-5-ylidenamid] 3513
–, 4-[(4-Oxo-3,4-dihydro-pteridin-6-ylmethyl)-amino]- 3940
–, 2-[Piperidin-1-carbonyl]-,
– [1-(6-piperidino-purin-9-yl)-1,4-anhydro-ribit-3-ylamid] 3709
–, 2,3,5-Trijod-,
– [1*H*-tetrazol-5-ylamid] 3513
–, 3,4,5-Trijod-,
– [1*H*-tetrazol-5-ylamid] 3513
Benzohydrazonoylbromid
–, 4-Brom-*N*′-[1*H*-tetrazol-5-yl]- 4071
–, *N*′-[1*H*-Tetrazol-5-yl]- 4070
Benzol
–, 1,4-Bis-[2-(4-äthoxycarbonyl-phenyl)-3-phenyl-tetrazolium-5-yl]- 4250
–, 1,4-Bis-benzo[*c*]tetrazolo[2,3-*a*]cinnolinylium-2-yl- 4258
–, 1,5-Bis-[bis-(5-methyl-3-oxo-2-phenyl-2,3-dihydro-1*H*-pyrazol-4-yl)-methyl]-2,4-dimethyl- 4263
–, 1,2-Bis-[diamino-[1,3,5]triazin-2-yl]- 4233
–, 1,4-Bis-[diamino-[1,3,5]triazin-2-yl]- 4233
–, 1,3-Bis-[5,6-dimethyl-[1,2,4]triazin-3-yl]- 4191
–, 1,4-Bis-[2,3-diphenyl-imidazo[1,2-*b*][1,2,4]triazin-6-yl]- 4259
–, 1,4-Bis-[2,3-diphenyl-tetrazolium-5-yl]- 4250
–, 1,4-Bis-[4,5-diphenyl-4*H*-[1,2,4]triazol-3-yl]- 4195

Benzol (Fortsetzung)
—, 1,4-Bis-[5-phenyl-1*H*-[1,2,4]triazol-3-yl]- 4195
—, 1,4-Bis-[1*H*-tetrazol-5-yl]- 4250
—, 1,4-Bis-[1,3,5]triazin-2-yl- 4191
—, 1,3,5-Tri-chinoxalin-2-yl- 4199
—, 1,3,5-Tris-[4,5-dihydro-1*H*-imidazol-2-yl]- 4189
—, 1,3,5-Tris-[1,3-dimethyl-imidazolidin-2-yl]- 4184

Benzolsulfonamid
—, 4-[*N'*-(1*H*-Tetrazol-5-yl)-triazenyl]- 4100

Benzolsulfonsäure
– [1-benzyl-4-butyl-1,4-dihydro-tetrazol-5-ylidenamid] 3524
– [1-benzyl-4-methyl-1,4-dihydro-tetrazol-5-ylidenamid] 3524
– [1-benzyl-4-phenäthyl-1,4-dihydro-tetrazol-5-ylidenamid] 3524
– [1,4-diäthyl-1,4-dihydro-tetrazol-5-ylidenamid] 3524
– [1,4-dibenzyl-1,4-dihydro-tetrazol-5-ylidenamid] 3524
– [1,4-dibutyl-1,4-dihydro-tetrazol-5-ylidenamid] 3524
– [1,4-dimethyl-1,4-dihydro-tetrazol-5-ylidenamid] 3524
– [1,4-dipropyl-1,4-dihydro-tetrazol-5-ylidenamid] 3524
– [1*H*-tetrazol-5-ylamid] 3523
—, 4-[Acetylamino-methyl]-,
– [1,3,7-trimethyl-2,6-dioxo-2,3,6,7-tetrahydro-1*H*-purin-8-ylamid] 3990
—, 4,4'-[4-Amino-benzo[1,2-*d*;3,4-*d'*]bistriazol-2,7-diyl]-bis- 4229
—, 4-Aminomethyl-,
– [1,3,7-trimethyl-2,6-dioxo-2,3,6,7-tetrahydro-1*H*-purin-8-ylamid] 3990
—, 4-[5-Amino-7-oxo-6,7-dihydro-[1,2,3]triazolo[4,5-*d*]pyrimidin-2-yl]- 4175
—, 4-[5*H*-Benzo[1,2-*d*;4,5-*d'*]bistriazol-2-yl]- 4185
—, 4,4',4''-Benzotristriazol-2,5,8-triyl-tris- 4270
—, 2,2'-Diamino-5,5'-benzo[1,2-*d*;3,4-*d'*]bistriazol-2,7-diyl-bis- 4186
—, 4-[5,7-Diamino-[1,2,3]triazolo[4,5-*d*]pyrimidin-2-yl]- 4167
—, 4-[1,3-Dimethyl-2,6-dioxo-2,3,6,7-tetrahydro-1*H*-purin-8-ylazo]-,
– amid 4092
—, 4-[3,7-Dimethyl-2,6-dioxo-2,3,6,7-tetrahydro-1*H*-purin-8-ylazo]-,
– amid 4092
—, 4-[4,6-Dimethyl-5,7-dioxo-4,5,6,7-tetrahydro-[1,2,3]triazolo[4,5-*d*]pyrimidin-2-yl]- 4139
—, 4-[5,3'-Dimethyl-4-(5-methyl-3-oxo-2-phenyl-2,3-dihydro-1*H*-pyrazol-4-ylmethylen)-5'-oxo-2-phenyl-2,4-dihydro-5'*H*-[3,4']bipyrazolyliden-1'-yl]- 4210
—, 4,4'-[4,8-Dioxo-4*H*,8*H*-dihydro-benzo[1,2-*d*;4,5-*d'*]bistriazol-2,6-diyl]-bis- 4209
—, 4-[4-Methyl-5,7-dioxo-4,5,6,7-tetrahydro-[1,2,3]triazolo[4,5-*d*]pyrimidin-2-yl]- 4138
—, 4-Nitro-,
– [7(9)*H*-purin-6-ylamid] 3721
– [1*H*-tetrazol-5-ylamid] 3523
—, 4-[(7(9)*H*-Purin-6-ylamino)-methyl]- 3584
—, 4,4'-[4-(Toluol-4-sulfonylamino)-benzo[1,2-*d*;3,4-*d'*]bistriazol-2,7-diyl]-bis- 4229
—, 4-[5-(Toluol-4-sulfonyl)-5*H*-benzo[1,2-*d*;4,5-*d'*]bistriazol-2-yl]- 4186
—, 6,6',6''-Triamino-3,3',3''-benzotristriazol-2,5,8-triyl-tris- 4270

Benzo[*b*]naphtho[1,2-*d*]furan
—, 8,9,10,11-Tetrahydro- 4285

Benzo[*b*]naphtho[2,3-*d*]furan
—, 1,2,3,4-Tetrahydro- 4285

Benzo[*b*]porphyrazin 4252

Benzo[*g*]pteridin
—, 4-Acetoxy-8-acetylamino-2,7-dimethyl- 3870

Benzo[*g*]pteridin-2,4-dion
—, 5-Acetyl-8-acetylamino-7,10-dimethyl-5,10-dihydro-1*H*- 4009
—, 8-Acetylamino-7,10-dimethyl-10*H*- 4011
—, 8-Acetylamino-3,7,10-trimethyl-10*H*- 4011
—, 8-Amino-10-arabit-1-yl-7-methyl-10*H*- 4012
—, 8-Amino-7,10-dimethyl-10*H*- 4011
– diimin 3836
—, 8-Amino-7-methyl-1*H*- 4011
—, 8-Amino-10-methyl-10*H*- 4009
—, 8-Amino-3,7,10-trimethyl-10*H*- 4011
—, 9-Amino-7,8,10-trimethyl-10*H*- 4013
—, 10-[2-Diäthylamino-äthyl]-8-dimethylamino-10*H*- 4010
—, 8-Dimethylamino-1*H*- 4010
—, 8-Dimethylamino-10-methyl-10*H*- 4010
—, 7,7'-Dimethyl-10,10'-di-ribit-1-yl-10*H*,10'*H*-8,8'-äthandiyl-bis- 4263
—, 7,7'-Dimethyl-10,10'-di-ribit-1-yl-10*H*,10'*H*-8,8'-äthendiyl-bis- 4264
—, 7,7'-Dimethyl-10,10'-di-ribit-1-yl-8,10,8',10'-tetrahydro-1*H*,1'*H*-8,8'-äthandiyliden-bis- 4264
—, 1,3-Dimethyl-8-methylamino-1*H*- 4010
—, 3,7,10,3',7',10'-Hexamethyl-8,10,8',10'-tetrahydro-1*H*,1'*H*-8,8'-äthandiyliden-bis- 4263
—, 8-[2-Hydroxy-äthylamino]-7,10-dimethyl-10*H*- 4011
—, 8-[2-Hydroxy-[1]naphthylazo]-1*H*- 4093

Benzo[*g*]pteridin-2,4-dion (Fortsetzung)
—, 8-[2-Hydroxy-[1]naphthylazo]-10-methyl-10*H*- 4093
—, 8-Methylamino-1*H*- 4009
—, 8-[Methyl-nitroso-amino]-1*H*- 4096
—, 7,10,7′,10′-Tetramethyl-10*H*,10′*H*-8,8′-äthendiyl-bis- 4264
—, 7,10,7′,10′-Tetramethyl-8,10,8′,10′-tetrahydro-1*H*,1′*H*-8,8′-äthandiyliden-bis- 4263
—, 3,7,10-Trimethyl-8-methylamino-10*H*- 4011
Benzo[*g*]pteridin-2,4-diyldiamin 3808
—, N^2,N^4-Bis-[3-diäthylamino-propyl]-6,7,8,9-tetrahydro- 3806
—, 7,8-Dimethyl- 3812
—, 6,7,8,9-Tetrahydro- 3806
Benzo[*g*]pteridinium
—, 2,4,8-Triamino-7,10-dimethyl- 3836
— betain 3836
Benzo[*g*]pteridin-2-on
—, 4-Amino-7,8-dimethyl-1*H*- 3969
—, 4,8-Diamino-7,10-dimethyl-10*H*- 3967
Benzo[*g*]pteridin-4-on
—, 5-Acetyl-8-acetylamino-2-amino-7,10-dimethyl-5,10-dihydro-3*H*- 3964
—, 5-Acetyl-8-acetylamino-7,10-dimethyl-5,10-dihydro-3*H*- 3963
—, 5-Acetyl-8-acetylamino-7,10-dimethyl-2-thioxo-2,3,5,10-tetrahydro-1*H*- 4009
—, 8-Acetylamino-3*H*- 3965
—, 8-Acetylamino-2-amino-7,10-dimethyl-10*H*- 3967
—, 8-Acetylamino-2,7-dimethyl-3*H*- 3968
—, 8-Acetylamino-7,10-dimethyl-10*H*- 3966
—, 8-Acetylamino-2-methyl-3*H*- 3966
—, 2-Amino-3*H*- 3964
—, 8-Amino-3*H*- 3965
—, 2-Amino-7,8-dimethyl-3*H*- 3968
—, 8-Amino-7,10-dimethyl-2-methylmercapto-10*H*- 4030
—, 2-Amino-7,8-dimethyl-10-ribit-1-yl-10*H*- 3968
—, 8-Amino-7,10-dimethyl-2-thioxo-2,10-dihydro-3*H*- 4012
—, 2-Amino-10-methyl-10*H*- 3965
—, 8-Amino-2-thioxo-2,3-dihydro-1*H*- 4010
—, 2-Amino-7,8,10-trimethyl-10*H*- 3968
—, 2,8-Diamino-7,10-dimethyl-10*H*- 3967
Benzo[*g*]pteridin-2-thion
—, 4-Amino-7,8-dimethyl-1*H*- 3969
Benzo[*g*]pteridin-2-ylamin
—, 7,8-Dimethyl- 3772
—, 4,7,8-Trimethyl- 3773
Benzo[*g*]pteridin-4-ylamin
—, 7,8-Dimethyl- 3773
—, 6,7,8,9-Tetrahydro- 3766
Benzo[*g*]pteridin-8-ylamin
—, 2,4-Diimino-7,10-dimethyl-2,3,4,10-tetrahydro- 3836
Benzo[*a*]pyrazino[2,3-*c*]phenazin
—, 2-[4-Acetylamino-phenyl]- 3779
—, 2-[4-Benzoylamino-phenyl]- 3779
Benzo[*a*]pyrimido[1′,2′:1,2]imidazo[4,5-*c*]phenazin 4123
Benzo[*e*]pyrimido[4,5,6-*gh*]perimidin
—, 4-Acetoacetylamino- 3775
—, 4-Nonylamino- 3775
Benzo[*e*]pyrimido[4,5,6-*gh*]perimidin-2,7-diyldiamin 3818
—, N^2,N^2,N^7,N^7-Tetramethyl- 3818
Benzo[*c*]tetrazolo[2,3-*a*]cinnolinylium
—, 2,2′-Äthandiyl-bis- 4254
—, 2,2′-Diphenyl-7,7′-methandiyl-bis- 4258
—, 2,2′-*p*-Phenylen-bis- 4258
Benzo[*f*][1,2,4]triazino[6,5-*h*]chinoxalin-3-on
—, 2*H*-,
— imin s. *Benzo[*f*][1,2,4]triazino[6,5-*h*]chinoxalin-3-ylamin*
Benzo[*f*][1,2,4]triazino[5,6-*h*]chinoxalin-2-ylamin
—, 6-Phenyl- 4164
Benzo[*f*][1,2,4]triazino[6,5-*h*]chinoxalin-3-ylamin
—, 6-Phenyl- 4164
Benzo[*a*][1,2,4]triazino[5,6-*c*]phenazin-3-on
—, 2*H*-,
— imin s. *Benzo[*a*][1,2,4]triazino[5,6-*c*]phenazin-3-ylamin*
Benzo[*a*][1,2,4]triazino[5,6-*c*]phenazin-3-ylamin 4164
Benzo[*a*][1,2,4]triazino[6,5-*c*]phenazin-2-ylamin 4164
Benzotriazol
—, 5,5′-Diacetoxy-1,1′-bis-acetoxymethyl-1*H*,1′*H*-4,4′-methandiyl-bis- 4205
—, 5,5′-Diacetoxy-2,2′-dimethyl-2*H*,2′*H*-4,4′-methandiyl-bis- 4205
Benzotriazol-5-ol
—, 4,4′-Bis-[5-hydroxy-1-hydroxymethyl-1*H*-benzotriazol-4-ylmethyl]-1*H*,1′*H*-1,1′-methandiyl-bis- 4205
—, 1,1′-Bis-hydroxymethyl-1*H*,1′*H*-4,4′-methandiyl-bis- 4205
—, 2,2′-Dimethyl-2*H*,2′*H*-4,4′-methandiyl-bis- 4205
—, 2,2′-Diphenyl-2*H*,2′*H*-4,4′-methandiyl-bis- 4205
Benzo[*g*][1,2,4]triazolo[3,4-*a*]phthalazin
—, 6-Hydrazino- 4076
Benzo[*e*][1,2,3]triazolo[5,1-*c*][1,2,4]triazin-5-oxid
—, 3-Phenyl- 4118

C

D

Essigsäure (Fortsetzung)
— [3-(1-propyl-1*H*-tetrazol-5-yl)-anilid] 3757
— [4-(7(9)*H*-purin-6-ylsulfamoyl)-anilid] 3721
— tetrazolo[5,1-*a*]phthalazin-6-ylester 4126
— [3-(1*H*-tetrazol-5-yl)-anilid] 3758
— [4-(1*H*-tetrazol-5-yl)-anilid] 3758
— [4-(1*H*-tetrazol-5-ylsulfamoyl)-anilid] 3523
— [4-(9*H*-[1,2,4]triazino[6,5-*b*]indol-3-ylsulfamoyl)-anilid] 3767
— [4-(1,3,7-trimethyl-2,6-dioxo-2,3,6,7-tetrahydro-1*H*-purin-8-ylsulfamoyl)-anilid] 3990
—, Acetylmercapto-,
— [5-oxo-1-phenyl-2,5-dihydro-1*H*-pyrazol-3-ylamid] 4022
—, [8-Äthylamino-1,3-dimethyl-2,6-dioxo-1,2,3,6-tetrahydro-purin-7-yl]-,
— äthylamid 3985
—, [8-Allylamino-1,3-dimethyl-2,6-dioxo-1,2,3,6-tetrahydro-purin-7-yl]-,
— allylamid 3985
—, [2-Amino-4,6-dioxo-3,4,5,6-tetrahydro-pteridin-7-yl]- 4060
— äthylester 4060
—, [2-Amino-4,7-dioxo-3,4,7,8-tetrahydro-pteridin-6-yl]- 4059
— äthylester 4060
—, [6-Amino-9-methyl-2-methylmercapto-9*H*-purin-8-ylmercapto]- 3873
—, [2-Amino-4-oxo-3,4-dihydro-pteridin-6-yl]- 4056
—, [2-Amino-pteridin-4-yloxy]- 3866
—, [2-Amino-7(9)*H*-purin-6-ylmercapto]- 3863
—, [6-Amino-7(9)*H*-purin-2-ylmercapto]- 3847
—, [5-Amino-1(2)*H*-pyrazolo[4,3-*d*]pyrimidin-7-ylmercapto]- 3845
—, [5-Amino-tetrazol-1-yl]-,
— diäthylamid 3520
—, [5-Amino-tetrazol-2-yl]-,
— diäthylamid 3520
—, [8-Benzylamino-1,3-dimethyl-2,6-dioxo-1,2,3,6-tetrahydro-purin-7-yl]-,
— benzylamid 3985
—, [8-Benzylidenhydrazino-1,3-dimethyl-2,6-dioxo-1,2,3,6-tetrahydro-purin-7-yl]-,
— benzylidenhydrazid 4081
—, Bis-[6-amino-1,3-dimethyl-2,4-dioxo-1,2,3,4-tetrahydro-pyrimidin-5-yl]-,
— äthylester 4062
—, [5,5′-Bis-(1-hydroxy-cyclohexyl)-[4,4′]bi[1,2,3]triazolyl-1,3′-diyl]-di- 4204
— diäthylester 4204
— diamid 4204
—, [5,5′-Bis-(α-hydroxy-isopropyl)-[4,4′]bi[1,2,3]triazolyl-1,3′-diyl]-di-,
— diäthylester 4202
— diamid 4203
—, [4,8-Bis-propylamino-pyrimido[5,4-*d*]pyrimidin-2-ylmercapto]- 3865
—, Bis-[1*H*-tetrazol-5-ylazo]-,
— äthylester 4090
—, [8-Butylamino-1,3-dimethyl-2,6-dioxo-1,2,3,6-tetrahydro-purin-7-yl]-,
— butylamid 3985
—, Chlor-,
— [2,8-dimethyl-7(9)*H*-purin-6-ylamid] 3752
— [2-methyl-7(9)*H*-purin-6-ylamid] 3744
— [8-methyl-7(9)*H*-purin-6-ylamid] 3748
— [6-oxo-6,7-dihydro-1*H*-purin-2-ylamid] 3897
— [7(9)*H*-purin-6-ylamid] 3582
—, [8-(2-Diäthylamino-äthylamino)-1,3-dimethyl-2,6-dioxo-1,2,3,6-tetrahydro-purin-7-yl]-,
— [2-diäthylamino-äthylamid] 3987
—, [8-Diäthylamino-1,3-dimethyl-2,6-dioxo-1,2,3,6-tetrahydro-purin-7-yl]-,
— diäthylamid 3985
—, [8-(3-Diäthylamino-propylamino)-1,3-dimethyl-2,6-dioxo-1,2,3,6-tetrahydro-purin-7-yl]-,
— [3-diäthylamino-propylamid] 3988
—, [2,4-Diamino-7-oxo-7,8-dihydro-pteridin-6-yl]-,
— äthylester 4056
—, [2,6-Diamino-7(9)*H*-purin-8-ylmercapto]- 3864
— äthylester 3864
—, [8-Dimethylamino-1,3-dimethyl-2,6-dioxo-1,2,3,6-tetrahydro-purin-7-yl]-,
— dimethylamid 3985
—, [8-(3-Dimethylamino-propylamino)-1,3-dimethyl-2,6-dioxo-1,2,3,6-tetrahydro-purin-7-yl]-,
— [3-dimethylamino-propylamid] 3988
—, [1,3-Dimethyl-8-methylamino-2,6-dioxo-1,2,3,6-tetrahydro-purin-7-yl]-,
— methylamid 3985
—, [8-Hydrazino-1,3-dimethyl-2,6-dioxo-1,2,3,6-tetrahydro-purin-7-yl]-,
— hydrazid 4080
—, [8-(2-Hydroxy-äthylamino)-1,3-dimethyl-2,6-dioxo-1,2,3,6-tetrahydro-purin-7-yl]-,
— [2-hydroxy-äthylamid] 3985
—, [8-(1-Hydroxymethyl-propylamino)-1,3-dimethyl-2,6-dioxo-1,2,3,6-tetrahydro-purin-7-yl]-,
— [1-hydroxymethyl-propylamid] 3985

Essigsäure (Fortsetzung)
–, [8-(3-Hydroxy-propylamino)-1,3-dimethyl-2,6-dioxo-1,2,3,6-tetrahydro-purin-7-yl]-,
– [3-hydroxy-propylamid] 3985
–, Indol-3-yl-,
– [7(9)*H*-purin-6-ylamid] 3720
–, [8-(4-Methoxy-benzylidenhydrazino)-1,3-dimethyl-2,6-dioxo-1,2,3,6-tetrahydro-purin-7-yl]-,
– [4-methoxy-benzylidenhydrazid] 4081
–, [5-Methyl-tetrazolo[1,5-*a*]pyrimidin-7-ylmercapto]- 4126
–, Piperidino-,
– [2,8-dimethyl-7(9)*H*-purin-6-ylamid] 3752
– [2-methyl-7(9)*H*-purin-6-ylamid] 3744
– [7(9)*H*-purin-6-ylamid] 3586
–, [1*H*-Tetrazol-5-ylazo]-[1*H*-tetrazol-5-ylhydrazono]-,
– äthylester 4090
Etio-
s. *Ätio-*
Evolidin 4243
–, *N*-Acetyl- 4243
–, *N*-Jodacetyl- 4243

F

FAD 3632
Faktor-1 3915
Faktor-A 3745
Faktor-C 3915
Faktor-F 3853
Faktor-y[1] 3915
Fenamol 3485
Fermentations-Lactobacillus casei-Faktor 3946
Ferrichrom 4237
Ferrichrom-A 4238
Fervenulin 4142
Flavin-adenin-dinucleotid 3633
Fluorescyanin 4038
Fluorrubin 4192
Folinsäure 3944
Folinsäure-SF 3881
Folsäure 3944
– diäthylester 3945
– dimethylester 3945
–, Dihydro- 3934
–, Formyl- 3950
–, 5,10-Methylen-tetrahydro- 4178
–, 5,10-Methylidyn-tetrahydro- 4178
–, Tetrahydro- 3879
Formaldehyd
– [1,3,7-trimethyl-2,6-dioxo-2,3,6,7-tetrahydro-1*H*-purin-8-ylhydrazon] 4080
Formamid
–, *N*-[2,4-Diamino-pyrimidin-5-ylmethyl]- 3734
–, *N*-[5-Formyl-4,6-dimethyl-5,6,7,8-tetrahydro-pteridin-2-yl]- 3537
–, *N*-[5-Formyl-6-methyl-5,6,7,8-tetrahydro-pteridin-2-yl]- 3537
Formazan
–, *N*-Carbamimidoyl-3-[4-chlor-phenyl]-*N'''*-[1*H*-tetrazol-5-yl]- 4089
–, *N*-Carbamimidoyl-3-cyclohex-3-enyl-*N'''*-[1*H*-tetrazol-5-yl]- 4089
–, *N*-Carbamimidoyl-3-[4-isopropyl-phenyl]-*N'''*-[1*H*-tetrazol-5-yl]- 4090
–, *N*-Carbamimidoyl-3-[4-methoxy-phenyl]-*N'''*-[1*H*-tetrazol-5-yl]- 4090
–, *N*-Carbamimidoyl-3-[3-nitro-phenyl]-*N'''*-[1*H*-tetrazol-5-yl]- 4090
–, *N*-Carbamimidoyl-3-[4-nitro-phenyl]-*N'''*-[1*H*-tetrazol-5-yl]- 4090
–, *N*-Carbamimidoyl-3-phenyl-*N'''*-[1*H*-tetrazol-5-yl]- 4089
–, 3,*N*-Diphenyl-*N'''*-[1*H*-tetrazol-5-yl]- 4089
Frup-1-*PP*-5'-Guo 3916
Fucp-1-*PP*-5'-Guo 3916
Furan
–, 2-[6-Amino-purin-6-yl]-3,4-bis-benzoyloxy-2-benzoyloxymethyl-5-methylen-tetrahydro- 3689
–, 3,4-Diacetoxy-2-acetoxymethyl-2-[6-amino-purin-9-yl]-5-methylen-tetrahydro- 3689
–, 3,4-Diacetoxy-2-acetoxymethyl-2-[6-amino-purin-9-yl]-5-methyl-tetrahydro- 3689
Furan-2-carbamid
–, *N*-[7(9)*H*-Purin-6-yl]- 3695
–, *N*-[1*H*-[1,2,3]Triazolo[4,5-*d*]pyrimidin-7-yl]- 4160
Furan-3,4-diol
–, 2-[6-Amino-purin-9-yl]-2-hydroxymethyl-5-methylen-tetrahydro- 3689
–, 2-[6-Amino-purin-9-yl]-2-hydroxymethyl-5-methyl-tetrahydro- 3689
Furlon-Gelb 4214

G

Galactose
– [1,3,7-trimethyl-2,6-dioxo-2,3,6,7-tetrahydro-1*H*-purin-8-ylhydrazon] 4083
GDP 3914

Glycin (Fortsetzung)
–, *N*,*N*-Dipropyl-,
– [7(9)*H*-purin-6-ylamid] 3586
–, *N*-[*O*-Methyl-tyrosyl]-,
– [N^6,N^6-dimethyl-adenosin-3'-ylamid] 3702
–, *N*-[7-Oxo-6,7-dihydro-1*H*-[1,2,3]triazolo[4,5-*d*]pyrimidin-5-yl]- 4174
– amid 4174
–, *N*-[6-Oxo-5,6,7,8-tetrahydro-pteridin-2-yl]-,
– methylester 3931
–, *N*-[6-Phenyl-[1,2,4,5]tetrazin-3-yl]- 3765
–, *N*-[2-Phenyl-2*H*-[1,2,3]triazolo[4,5-*b*]pyridin-5-yl]- 3539
–, *N*,*N*-Phthaloyl-,
– [N^6,N^6-dimethyl-adenosin-3'-ylamid] 3701
– [9-(tri-*O*-acetyl-ribofuranosyl)-9*H*-purin-6-ylamid] 3685
–, *N*-[7(9)*H*-Purin-6-yl]-,
– methylester 3583
–, *N*-[1*H*-Tetrazol-5-yl]-,
– diäthylamid 3520
GMP 3910
dGMP 3899
Gramicidin-J 4273
Gramicidin-J$_1$ 4273
Gramicidin-J$_2$ 4273
Gramicidin-S 4273
–, *N*,*N'*-Bis-[2-acetoxy-α-benzoylamino-cinnamoyl]- 4278
–, *N*,*N'*-Bis-[α-acetylamino-cinnamoyl]- 4278
–, *N*,*N'*-Bis-äthoxycarbonyl- 4277
–, *N*,*N'*-Bis-[6-amino-hexanoyl]- 4277
–, *N*,*N'*-Bis-[9-amino-nonanoyl]- 4278
–, *N*,*N'*-Bis-[α-benzoylamino-cinnamoyl]- 4278
–, *N*,*N'*-Bis-[α-benzoylamino-4-methoxy-cinnamoyl]- 4279
–, *N*,*N'*-Bis-benzyloxycarbonyl- 4277
–, *N*,*N'*-Bis-[6-benzyloxycarbonylamino-hexanoyl]- 4277
–, *N*,*N'*-Bis-[*N*-benzyloxycarbonyl-glycyl]- 4277
–, *N*,*N'*-Bis-chloracetyl- 4275
–, *N*,*N'*-Bis-decanoyl- 4276
–, *N*,*N'*-Bis-[4-methoxy-benzoyl]- 4277
–, *N*,*N'*-Bis-phenylacetyl- 4277
–, *N*,*N'*-Bis-[9-phthalimido-nonanoyl]- 4278
–, *N*,*N'*-Bis-[toluol-4-sulfonyl]- 4279
–, {5,10-Bis-[N^6-(toluol-4-sulfonyl)-lysin]}- 4280
–, *N*,*N'*-Diacetyl- 4275
–, *N*,*N'*-Dibenzoyl- 4276
–, *N*,*N'*-Dibutyryl- 4275
–, *N*,*N'*-Diglycyl- 4277
–, *N*,*N'*-Diheptanoyl- 4276
–, *N*,*N'*-Dihexanoyl- 4276
–, *N*,*N'*-Dilauroyl- 4276
–, [5,10-Di-lysin]- 4279
–, *N*,*N'*-Dimyristoyl- 4276
–, *N*,*N'*-Dinicotinoyl- 4279
–, *N*,*N'*-Dinonanoyl- 4276
–, *N*,*N'*-Dioctanoyl- 4276
–, *N*,*N'*-Dipalmitoyl- 4276
–, *N*,*N'*-Dipropionyl- 4275
–, *N*,*N'*-Ditridecanoyl- 4276
–, *N*,*N'*-Diundecanoyl- 4276
–, *N*,*N*,*N'*,*N'*-Tetramethyl- 4274
Gramicidin-S-bis-äthobromid
–, *N*,*N*,*N'*,*N'*-Tetramethyl- 4274
Gramicidin-S-bis-butobromid
–, *N*,*N*,*N'*,*N'*-Tetramethyl- 4274
Gramicidin-S-bis-decylobromid
–, *N*,*N*,*N'*,*N'*-Tetramethyl- 4274
Gramicidin-S-bis-dodecylobromid
–, *N*,*N*,*N'*,*N'*-Tetramethyl- 4275
Gramicidin-S-bis-hexadecylobromid
–, *N*,*N*,*N'*,*N'*-Tetramethyl- 4275
Gramicidin-S-bis-hexylobromid
–, *N*,*N*,*N'*,*N'*-Tetramethyl- 4274
Gramicidin-S-bis-octadecylobromid
–, *N*,*N*,*N'*,*N'*-Tetramethyl- 4275
Gramicidin-S-bis-octylobromid
–, *N*,*N*,*N'*,*N'*-Tetramethyl- 4274
Gramicidin-S-bis-tetradecylobromid
–, *N*,*N*,*N'*,*N'*-Tetramethyl- 4275
GTP 3917
dGTP 3900
Gua 3890
Guanazoguanazol 4169
Guanidin
–, {4-[5-Amino-4-(4-amino-2-methyl-[6]chinolyl)-[1,2,3]triazol-1-yl]-phenyl}- 3811
–, [3-(2-*sec*-Butyl-6-indol-3-yl-3-oxo-3,7-dihydro-imidazo[1,2-*a*]pyrazin-8-yl)-propyl]- 3972
–, [3-(2-*sec*-Butyl-6-indol-3-yl-3-oxo-octahydro-imidazo[1,2-*a*]pyrazin-8-yl)-propyl]- 3964
–, [7-Methyl-1(2)*H*-pyrazolo[4,3-*d*]pyrimidin-5-yl]- 3736
–, 1,3,1',3'-Tetraphenyl-1,1'-pyrimido[5,4-*d*]pyrimidin-4,8-diyl-di- 3798
–, [1*H*-Tetrazol-5-yl]- 3514
Guanin 3890;
Derivate s. a. unter *Purin-6-on, 2-Amino-1,7-dihydro-*
–, Acetyl- 3897
–, Benzoyl- 3897
–, Propionyl- 3897
Guanopterin 3887
Guanosin 3901;
Bezifferung s. 3901 Anm.
–, $O^{5'}$-Acetyl- 3903
–, $O^{2'}$-Acetyl-$O^{3'}$,$O^{5'}$-benzyliden- 3925

Guo-3'-*P*-5'-Ado-3'-*P*-5'-Cyd-3'-*P* 3909
Guo-3'-*P*-5'-Ado-3'-*P*-5'-Urd 3908
Guo-3'-*P*-5'-Ado-3'-*P*-5'-Urd-3'-*P* 3909
Guo-5'-*PP*-Cbi 3915
Guo-3'-*P*-5'-Cyd-3'-*P* 3906
Guo-3'-*P*-5'-Cyd-2':3'-*P* 3907
Guo-3'-*P*-5'-Cyd-3'-*P*-5'-Ado-3'-*P*-5'-Urd 3907
Guo-3'-*P*-5'-Cyd-3'-*P*-5'-Guo-3'-*P*-5'-Cyd-3'-*P* 3920
Guo-3'-*P*-5'-Guo 3913
Guo-3'-*P*-5'-Guo-2':3'-*P* 3921
Guo-3'-*P*-5'-Guo-3'-*P* 3919
Guo-3'-*P*-5'-Guo-3'-*P*-5'-Cyd-3'-*P* 3921
Guo-3'-*P*-5'-Guo-3'-*P*-5'-Guo-3'-*P* 3921
Guo-3'-*P*-5'-Guo-3'-*P*-5'-Urd-3'-*P* 3921
Guo-3'-*P*-5'-Urd 3905
Guo-3'-*P*-5'-Urd-2':3'-*P* 3907
Guo-3'-*P*-5'-Urd-3'-*P* 3906
Guo-5'-*P*-3'-Urd 3912

H

Harnstoff
—, *N*-Äthyl-*N'*-[4-(5,7-dimethyl-1,2,3,4-tetrahydro-pyrimido[4,5-*d*]pyrimidin-2-yl)-phenyl]- 3769
—, *N*-[2-(8,13-Diäthyl-3,7,12,17-tetramethyl-porphyrin-2-yl)-äthyl]-*N'*-phenyl- 3778
—, *N*,*N*-Diäthyl-*N'*-[1*H*-tetrazol-5-yl]- 3514
—, *N*-Phenyl-*N'*-[2-phenyl-1-(1*H*-tetrazol-5-yl)-äthyl]- 3762
—, *N*-Phenyl-*N'*-[1-phenyl-1*H*-tetrazol-5-ylmethyl]- 3531
—, *N*-Phenyl-*N'*-[1-(1*H*-tetrazol-5-yl)-äthyl]- 3534
—, *N*-Phenyl-*N'*-[2-(1*H*-tetrazol-5-yl)-äthyl]- 3535
—, *N*-Phenyl-*N'*-[1*H*-tetrazol-5-ylmethyl]- 3530
—, [7(9)*H*-Purin-6-yl]- 3583
Hefe-Adenylsäure 3609
Hefe-Guanylsäure 3904
1,8,15,22,29,36,43-Heptaaza-cyclononatetracontan-2,9,16,23,30,37,44-heptaon 4243
1,3,4,6,7,9,9b-Heptaaza-phenalen
—, 2,5,8-Trichlor- 4241
1,3,4,6,7,9,9b-Heptaaza-phenalen-2,5,8-triol
s. *1,3,4,6,7,9,9b-Heptaaza-phenalen-2,5,8-trion, 1*H*,4*H*,7*H*-*
1,3,4,6,7,9,9b-Heptaaza-phenalen-2,5,8-trion
—, 1*H*,4*H*,7*H*- 4242
— triimin s. *1,3,4,6,7,9,9b-Heptaaza-phenalen-2,5,8-triyltriamin*
—, 1,4,7-Tribenzyl-1*H*,4*H*,7*H*- 4243
—, 1,4,7-Trimethyl-1*H*,4*H*,7*H*- 4243
1,3,4,6,7,9,9b-Heptaaza-phenalen-2,5,8-triyltriamin 4244
Heptaglutaminsäure
—, Pteroyl- 3947
Heptan
—, 1,7-Bis-[5-amino-1*H*-[1,2,4]triazol-3-yl]- 4230
—, 1,7-Bis-[diamino-[1,3,5]triazin-2-yl]- 4232
Heptan-2-ol
—, 6-[(1-Cyclohexyl-1*H*-tetrazol-5-ylmethyl)-methyl-amino]-2-methyl- 3529
Herbipolin 3893
1,8,15,22,29,36-Hexaaza-cyclodotetracontan 4182
1,4,7,10,13,16-Hexaaza-cyclooctadecan-2,5,8,11,14,17-hexaon 4219
1,5,6,7,10,10a-Hexaaza-cyclopenta[*a*]phenalen-4-ol
—, 7*H*- s. *1,5,6,7,10,10a-Hexaaza-cyclopenta[a]phenalen-4-on, 5,7-Dihydro-*
1,5,6,7,10,10a-Hexaaza-cyclopenta[*a*]phenalen-4-on
—, 5-Acetyl-2,7-dimethyl-9-phenyl-5,7-dihydro- 4207
—, 5,7-Diacetyl-2-methyl-9-phenyl-5,7-dihydro- 4207
—, 2,7-Dimethyl-9-phenyl-5,7-dihydro- 4207
—, 2-Methyl-9-phenyl-5,7-dihydro- 4207
1,6,12,17,23,28-Hexaaza-cyclotritriacontan-2,5,13,16,24,27-hexaon
—, 1,12,23-Triacetoxy- 4221
—, 1,12,23-Trihydroxy- 4221
1,8,15,22,29,36-Hexaaza-dotetracontan-2,9,16,23,30,37-hexaon 4221
2,5,8,17,20,23-Hexaaza-[9.9]paracyclophan 4189
2,5,8,17,20,23-Hexaaza-[9.9]paracyclopha-1,8,16,23-tetraen 4191
1,4,6,9,12,17-Hexaaza-tricyclo[10.2.2.2^{5,8}]octa-5,8(17)-dien-2,11,13,15-tetraon 4216
3,6,9,16,19,22-Hexaaza-tricyclo[22.2.2.2^{11,14}]triaconta-1(26),2,9,11,13,15,22,24,27,29-decaen 4191
3,6,9,16,19,22-Hexaaza-tricyclo[22.2.2.2^{11,14}]triaconta-1(26),11,13,24,27,29-hexaen 4189
Hexan
—, 1,6-Bis-[5-amino-1(3)*H*-benzimidazol-2-yl]- 3816
—, 1,6-Bis-[5-amino-1*H*-[1,2,4]triazol-3-yl]- 4230
—, 1,6-Bis-[7-dimethylamino-[1,2,3]triazolo[4,5-*d*]pyrimidin-3-yl]- 4158
—, 1,6-Bis-[2,3-diphenyl-tetrazolium-5-yl]- 4249
—, 1,6-Bis-[2-phenyl-3-(4-phenylazo-phenyl)-tetrazolium-5-yl]- 4249
Hexan-1-ol
—, 6-[7(9)*H*-Purin-6-ylamino]- 3579

K

L

M

Methan (Fortsetzung)
—, Bis-[1,5-dimethyl-3-oxo-2-phenyl-2,3-dihydro-1*H*-pyrazol-4-yl]-[6-methyl-[2]pyridyl]- 4145
—, Bis-[1,5-dimethyl-3-oxo-2-phenyl-2,3-dihydro-1*H*-pyrazol-4-yl]-[2]pyridyl- 4144
—, Bis-[1,5-dimethyl-3-oxo-2-phenyl-2,3-dihydro-1*H*-pyrazol-4-yl]-[3]pyridyl- 4145
—, Bis-[1,5-dimethyl-3-oxo-2-phenyl-2,3-dihydro-1*H*-pyrazol-4-yl]-[4]pyridyl- 4145
—, Bis-[3,5-dioxo-1,2-diphenyl-pyrazolidin-4-yl]-[*N*-methyl-anilino]- 4021
—, Bis-[2,4-dioxo-1,2,3,4-tetrahydro-benz[4,5]imidazo[1,2-*a*]pyrimidin-3-yl]- 4218
—, Bis-[2,4-dioxo-1,2,3,4-tetrahydro-naphth[2′,3′:4,5]imidazo[1,2-*a*]pyrimidin-3-yl]- 4218
—, Bis-(5-{3-[2-(2,4-di-*tert*-pentyl-phenoxy)-acetylamino]-benzoylamino}-3-oxo-2-[2,4,6-trichlor-phenyl]-2,3-dihydro-1*H*-pyrazol-4-yl)-[4-hydroxy-phenyl]- 4035
—, Bis-(5-{3-[2-(2,4-di-*tert*-pentyl-phenoxy)-acetylamino]-benzoylamino}-3-oxo-2-[2,4,6-trichlor-phenyl]-2,3-dihydro-1*H*-pyrazol-4-yl)-[4-methoxy-phenyl]- 4035
—, Bis-(5-{3-[2-(2,4-di-*tert*-pentyl-phenoxy)-acetylamino]-benzoylamino}-3-oxo-2-[2,4,6-trichlor-phenyl]-2,3-dihydro-1*H*-pyrazol-4-yl)-[4-hydroxy-3,5-dimethoxy-phenyl]- 4046
—, Bis-(5-{3-[2-(2,4-di-*tert*-pentyl-phenoxy)-acetylamino]-benzoylamino}-3-oxo-2-[2,4,6-trichlor-phenyl]-2,3-dihydro-1*H*-pyrazol-4-yl)-phenyl- 4013
—, Bis-(5-{3-[2-(2,4-di-*tert*-pentyl-phenoxy)-acetylamino]-benzoylamino}-3-oxo-2-[2,4,6-trichlor-phenyl]-2,3-dihydro-1*H*-pyrazol-4-yl)-[4-hydroxy-3-methoxy-phenyl]- 4042
—, Bis-[5-hydroxy-4-(5-hydroxy-1-hydroxymethyl-1*H*-benzotriazol-4-ylmethyl)-benzotriazol-1-yl]- 4205
—, Bis-[5-hydroxy-1-hydroxymethyl-1*H*-benzotriazol-4-yl]- 4205
—, Bis-[5-hydroxy-2-methyl-2*H*-benzotriazol-4-yl]- 4205
—, Bis-[5-hydroxy-2-phenyl-2*H*-benzotriazol-4-yl]- 4205
—, Bis-[2-phenyl-benzo[*c*]tetrazolo[2,3-*a*]cinnolinylium-7-yl]- 4258
—, Bis-[1*H*-tetrazol-5-yl]- 4248
—, [2]Chinolyl-bis-[1,5-dimethyl-3-oxo-2-phenyl-2,3-dihydro-1*H*-pyrazol-4-yl]- 4146
—, [4]Chinolyl-bis-[1,5-dimethyl-3-oxo-2-phenyl-2,3-dihydro-1*H*-pyrazol-4-yl]- 4146
—, [4-Dimethylamino-phenyl]-bis-[1,5-dimethyl-3-oxo-2-phenyl-2,3-dihydro-1*H*-pyrazol-4-yl]- 4015
—, [1,3-Dimethyl-5-(4-methylamino-3-nitro-benzyl)-2,4,6-trioxo-hexahydro-pyrimidin-5-yl]-[1,3-dimethyl-2,4,6-trioxo-hexahydro-pyrimidin-5-yl]- 4025
—, [5,7-Dioxo-2-phenyl-4,5-dihydro-pyrazolo[1,5-*a*]pyrimidin-6-yliden]-[5,7-dioxo-2-phenyl-4,5,6,7-tetrahydro-pyrazolo[1,5-*a*]pyrimidin-6-yl]- 4218
—, [4-Methoxy-phenyl]-bis-[3-oxo-2-phenyl-5-(2-phenyl-butyrylamino)-2,3-dihydro-1*H*-pyrazol-4-yl]- 4035
—, [5-Pyrrol-2-ylidenmethyl-pyrrol-2-yliden]-[5-pyrrol-2-ylmethylen-5*H*-pyrrol-2-yl]- s. *Bilin*
—, [2,4,6-Trioxo-1,2,3,4,5,6-hexahydro-pteridin-7-yl]-[2,4,6-trioxo-2,3,4,5,6,8-hexahydro-1*H*-pteridin-7-yliden]- 4265
—, [2,4,7-Trioxo-1,2,3,4,7,8-hexahydro-pteridin-6-yl]-[2,4,6-trioxo-2,3,4,5,6,8-hexahydro-1*H*-pteridin-7-yliden]- 4264
—, [2,4,7-Trioxo-1,2,3,4,7,8-hexahydro-pteridin-6-yl]-[2,4,7-trioxo-1,3,4,5,7,8-hexahydro-2*H*-pteridin-6-yliden]- 4264
—, Tris-[1,5-dimethyl-3-oxo-2-phenyl-2,3-dihydro-1*H*-pyrazol-4-yl]- 4213

Methandiyldiamin
—, *C*-Phenyl-*N*,*N′*-di-[1*H*-tetrazol-5-yl]- 3508

4,8-Methano-benzo[1,2-*d*;4,5-*d′*]bistriazol
—, 1,5-Bis-cyclohexylmethyl-1,3a,4,4a,5,7a,8,8a-octahydro- 4183
—, 1,7-Bis-cyclohexylmethyl-1,3a,4,4a,7,7a,8,8a-octahydro- 4183
—, 1,5-Diisobutyl-1,3a,4,4a,5,7a,8,8a-octahydro- 4183
—, 1,5-Diphenyl-1,3a,4,4a,5,7a,8,8a-octahydro- 4183
—, 1,7-Diphenyl-1,3a,4,4a,7,7a,8,8a-octahydro- 4183
—, 1,3a,4,4a,7,7a,8,8a-Octahydro- 4183

4,8-Methano-benzo[1,2-*d*;4,5-*d′*]bistriazol-3a,8a-dicarbonsäure
—, 1,5-Diphenyl-4a,5,7a,8-tetrahydro-1*H*,4*H*-,
— dimethylester 4223

6,9-Methano-benzo[*g*]pteridin-2,4-diyldiamin
—, 6,11,11-Trimethyl-6,7,8,9-tetrahydro- 3808
—, 9,11,11-Trimethyl-6,7,8,9-tetrahydro- 3808

14,17-Methano-chinoxalino[2,3-*b*]dibenzo[5,6;7,8]chinoxalino[2,3-*i*]phenazin
—, 14,23,23-Trimethyl-14,15,16,17-tetrahydro- 4200

1,4-Methano-chinoxalino[2,3-*b*]phenazin-9,10-diyldiamin
—, 1,15,15-Trimethyl-1,2,3,4-tetrahydro- 3824

N

O

P

Phthalimid (Fortsetzung)
—, *N*-[N^6,N^6-Dimethyl-adenosin-3′-yl]- 3700
—, *N*-[2-Phenyl-1-(1*H*-tetrazol-5-yl)-äthyl]- 3762
—, *N*-[1-Phenyl-1*H*-tetrazol-5-ylmethyl]- 3530
—, *N*-[1-(1*H*-Tetrazol-5-yl)-äthyl]- 3534
—, *N*-[2-(1*H*-Tetrazol-5-yl)-äthyl]- 3535
—, *N*-[1*H*-Tetrazol-5-ylmethyl]- 3530
Phthalocyanin 4255;
Bezifferung s. 4255 Anm.
—, 7-*tert*-Butoxy-6-chlor-6,7-dihydro- 4256
—, 2-Chlor- 4257
—, 1,2,3,4,8,9,10,11,15,16,17,18-Dodecahydro- 4252
—, 1,2,3,4,4a,7a,8,9,10,11,11a,15,16,17,18,22,23,24,25,28a-Eicosahydro- 4252
—, 1,2,3,4,4a,8,9,10,11,14a,15,16,17,18,18a,22,23,24,25,28a-Eicosahydro- 4252
—, 29,31*H*-Hexadecachlor- 4258
—, 1,2,3,4,8,9,10,11,15,16,17,18,22,23,24,25-Hexadecahydro- 4252
—, 1,4,8,11,15,18,22,25-Octachlor- 4257
—, 2,3,9,10,16,17,23,24-Octachlor- 4257
—, Octahydro- 4252
—, 1,2,3,4-Tetrahydro- 4252
Phthaloguanamin 4233
Phthalsäure
— mono-[$O^{2'}$,$O^{3'}$-isopropyliden-adenosin-5′-ylester] 3713
Phylloporphyrin
Bezifferung s. **26** IV 2959 Anm.
—, 15^1-Methoxycarbonyl-13-methoxycarbonylamino-,
— methylester 4050
Pimeloguanamin 4232
Piperazindiium
—, 1,4-Bis-[2-chlor-äthyl]-1,4-bis-[7(9)*H*-purin-6-yl]- 4113
Piperazin-2,5-dion
—, 3,6-Bis-[1-äthoxycarbonyl-2-(3-methyl-chinoxalin-2-yl)-äthyliden]- 4225
—, 3,6-Bis-[1-carboxy-2-(3-methyl-chinoxalin-2-yl)-äthyliden]- 4225
—, 3,6-Bis-chinoxalin-2-ylmethyl- 4212
—, 3,6-Bis-[1(3)*H*-imidazol-4-ylmethyl]- 4210
Piperidin
—, 1-[1-Biphenyl-4-yl-1*H*-tetrazol-5-ylmethyl]- 3529
—, 1-[2,2-Dimethyl-4-(1-methyl-1*H*-tetrazol-5-yl)-4-phenyl-but-3-enyl]- 3767
—, 1-[2,2-Dimethyl-4-(1-phenyl-1*H*-tetrazol-5-yl)-but-3-enyl]- 3537
—, 1-[1-Isopentyl-1*H*-tetrazol-5-ylmethyl]- 3529
—, 1-Methyl-4-[1-methyl-1*H*-tetrazol-5-yl]-4-phenyl- 4115
—, 1-Methyl-4-[2-methyl-2*H*-tetrazol-5-yl]-4-phenyl- 4115
—, 1-Methyl-4-phenyl-4-[1*H*-tetrazol-5-yl]- 4114
—, 1-[3-(1-Methyl-1*H*-tetrazol-5-yl)-3-phenyl-propyl]- 3764
—, 1-[1-[1]Naphthyl-1*H*-tetrazol-5-ylmethyl]- 3529
—, 1-[3-Nitroso-thujan-4-yl]- 4286
—, 1-[1-(1-Phenyl-1*H*-tetrazol-5-yl)-äthyl]- 3533
—, 1-[1-Phenyl-1*H*-tetrazol-5-ylmethyl]- 3529
—, 1-[1*H*-Tetrazol-5-yl]- 3505
—, 2-[1*H*-Tetrazol-5-yl]- 4107
—, 3-[1*H*-Tetrazol-5-yl]- 4107
—, 4-[1*H*-Tetrazol-5-yl]- 4107
—, 1-[1*H*-Tetrazol-5-ylazo]- 4100
Polymyxin-B$_1$ 4246
Polymyxin-B$_2$ 4246
Polymyxin-E$_1$ 4245
Polymyxin-E$_2$ 4245
Porphyrazin 4250;
Derivate s. unter
5,10,15,20-Tetraaza-porphyrin
Porphyrin
Bezifferung s, **26** IV 1900 Anm.
—, 8,13-Diäthyl-2-[2-amino-äthyl]-3,7,12,17-tetramethyl- 3777
—, 8,13-Diäthyl-2-[2-benzoylamino-äthyl]-3,7,12,17-tetramethyl- 3778
—, 2,7-Diäthyl-13,17-bis-[2-amino-äthyl]-3,8,12,18-tetramethyl- 3825
—, 2,7-Diäthyl-13,17-bis-[2-diacetylamino-äthyl]-3,8,12,18-tetramethyl- 3826
—, 2,7-Diäthyl-13,17-bis-[2-(*N′*,*N′*-diäthyl-ureido)-äthyl]-3,8,12,18-tetramethyl- 3826
—, 2,7-Diäthyl-13,17-bis-[2-methoxycarbonylamino-äthyl]-3,8,12,18-tetramethyl- 3826
—, 8,13-Diäthyl-2-[2-diacetylamino-äthyl]-3,7,12,17-tetramethyl- 3778
—, 8,13-Diäthyl-2-[2-isocyanato-äthyl]-3,7,12,17-tetramethyl- 3778
—, 2,7-Diäthyl-3,8,12,18-tetramethyl-13,17-bis-[2-trimethylammonio-äthyl]- 3826
—, 2,7,12,17-Tetrakis-[2-amino-äthyl]-3,8,13,18-tetramethyl- 3843
—, 2,7,12,17-Tetrakis-[2-diacetylamino-äthyl]-3,8,13,18-tetramethyl- 3843
—, 2,7,12,17-Tetrakis-[2-methoxycarbonylamino-äthyl]-3,8,13,18-tetramethyl- 3843
Prd-5′-*PP*-5′-Ado
—, 2-Amino-5-carbamoyl- 3642
Prd-5′-*PP*-5′-Ado-2′-*P*
—, 2-Amino-5-carbamoyl- 3673
Propan
—, 1,3-Bis-[amino-anilino-[1,3,5]triazin-2-yl]- 4231
—, 1,3-Bis-[5-amino-1(3)*H*-benzimidazol-2-yl]- 3815

Propan (Fortsetzung)
—, 1,3-Bis-[5-amino-1*H*-[1,2,4]triazol-3-yl]- 4230
—, 1,3-Bis-[1,3-diäthyl-4,6-dioxo-2-thioxo-tetrahydro-pyrimidin-5-yliden]-2-[1,3-dimethyl-1,3-dihydro-benzimidazol-2-yliden]- 4221
—, 1,3-Bis-[diamino-[1,3,5]triazin-2-yl]- 4231
—, 1,3-Bis-[diamino-[1,3,5]triazin-2-yl]-hexafluor- 4232
—, 1,3-Bis-[5,6-dimethyl-[1,2,4]triazin-3-yl]- 4188

Propandiyldiamin
—, *N'*-[1-(4-Chlor-phenyl)-1*H*-pyrazolo[3,4-*d*]pyrimidin-4-yl]-*N,N*-dimethyl- 3555
—, *N,N*-Diäthyl-*N'*-[2-chlor-7-methyl-7*H*-purin-6-yl]- 3725
—, *N,N*-Diäthyl-*N'*-[1-(4-chlor-phenyl)-1*H*-pyrazolo[3,4-*d*]pyrimidin-4-yl]- 3555
—, *N,N*-Diäthyl-*N'*-[6,7-diphenyl-pteridin-2-yl]- 3776
—, *N,N*-Diäthyl-*N'*-[2-methyl-8-methylmercapto-7(9)*H*-purin-6-yl]- 3865
—, *N,N*-Diäthyl-*N'*-[6-methyl-[1,2,4]triazolo[4,3-*b*]pyridazin-8-yl]- 3732
—, *N,N*-Diäthyl-*N'*-[7(9)*H*-purin-6-yl]- 3585
—, *N,N*-Diäthyl-*N'*-[1(2)*H*-pyrazolo[3,4-*d*]pyrimidin-4-yl]- 3555
—, *N,N*-Diäthyl-*N'*-[7,8,9,10-tetrahydro-6*H*-cyclohepta[*g*]pteridin-2-yl]- 3766
—, *N,N*-Dimethyl-*N'*-[7(9)*H*-purin-6-yl]- 3585

Propan-2-ol
—, 1-[6-(4-Chlor-phenyl)-[1,2,4]triazolo[4,3-*b*]pyridazin-8-yl]-3-diäthylamino- 3770
—, 1-Diäthylamino-3-[6-methyl-[1,2,4]triazolo[4,3-*b*]pyridazin-8-ylamino]- 3733
—, 1,3-Dipyrazinyl-2-[2]pyridyl- 4127

Propan-1,2,3-triol
—, 1-[1-Phenyl-1*H*-pyrazolo[3',4';5,6]pyrazino[2,3-*b*]phenazin-3-yl]- 4206

Propen
—, 1,2-Bis-[1,3-dimethyl-1*H*-benzimidazolium-2-yl]-3-[1,3-dimethyl-1,3-dihydro-benzimidazol-2-yliden]- 4196

Propenon
—, 1-Phenyl-3-[7-phenyl-[1,2,4]triazolo[1,5-*a*]pyrimidin-2-ylamino]- 3770

Propionaldehyd
— [1,3,7-trimethyl-2,6-dioxo-2,3,6,7-tetrahydro-1*H*-purin-8-ylhydrazon] 4080
—, 2-[1-(6-Amino-purin-9-yl)-2-oxo-äthoxy]-3-hydroxy- 3581

Propionamid
—, *N*-[6-Oxo-6,7-dihydro-1*H*-purin-2-yl]- 3897
—, *N*-[7-Propionyl-7*H*-purin-6-yl]- 3582
—, *N*-[9-Propionyl-9*H*-purin-6-yl]- 3582
—, *N*-[7(9)*H*-Purin-6-yl]- 3582
—, *N*-[1*H*-Tetrazol-5-yl]- 3512

Propionitril
—, 3-[5-Amino-tetrazol-1-yl]- 3520
—, 3-[5-Amino-tetrazol-2-yl]- 3520
—, 3,3'-[1-Benzyl-1*H*-tetrazol-5-ylimino]-di- 3521
—, 3,3'-[1*H*-Tetrazol-5-ylimino]-di- 3520
—, 3-[3,7,9-Trimethyl-6,8-dioxo-6,7,8,9-tetrahydro-4*H*-[1,2,4]triazino[3,4-*f*]purin-1-yl]- 4208

Propionsäure
—, 3-[2-Acetoxymethyl-5-äthoxycarbonyl-4-methyl-pyrrol-3-yl]- 4288
—, 2-Acetylamino-3-indol-3-yl-2-[1*H*-tetrazol-5-yl]- 4181
— äthylester 4181
—, 2-Acetylamino-3-phenyl-2-[1*H*-tetrazol-5-yl]- 4048
— äthylester 4048
—, 3-[5-Äthoxycarbonyl-2-hydroxymethyl-4-methyl-pyrrol-3-yl]- 4288
—, 3,3',3''-[13-Äthyl-1,19-bis-(3-äthyl-4-methyl-5-oxo-1,5-dihydro-pyrrol-2-ylidenmethyl)-2,8,12,18-tetramethyl-5,22,23,24-tetrahydro-21*H*-bilin-3,7,17-triyl]-tri-,
— trimethylester 4226
—, 3-[7-Äthyl-3,8,13,17-tetramethyl-2',6'-dioxo-12-vinyl-17,18,1',6'-tetrahydro-2'*H*-pyrido[3,4,5-*at*]porphyrin-18-yl]-,
— methylester 4155
—, 3,3'-[2-(2-Amino-äthyl)-3,7,13,18-tetramethyl-1,19-dioxo-17-vinyl-19,21,22,24-tetrahydro-1*H*-bilin-8,12-diyl]-di-,
— dimethylester 4064
—, 3-[2-Amino-6,7-dimethyl-4-oxo-4*H*-pteridin-3-yl]- 3959
—, 2-[2-Amino-4,7-dioxo-3,4,7,8-tetrahydro-pteridin-6-yl]- 4060
—, 3-[2-Amino-4,7-dioxo-3,4,7,8-tetrahydro-pteridin-6-yl]- 4060
—, 3,3'-[3,17-Bis-(2-äthoxycarbonylamino-äthyl)-2,7,13,18-tetramethyl-1,19-dioxo-10,19,21,22,23,24-hexahydro-1*H*-bilin-8,12-diyl]-di-,
— dimethylester 4062
—, 3,3'-[2,17-Bis-(2-äthoxycarbonylamino-äthyl)-3,7,13,18-tetramethyl-1,19-dioxo-19,21,22,24-tetrahydro-1*H*-bilin-8,12-diyl]-di-,
— dimethylester 4063
—, 3,3'-[2,18-Bis-(2-äthoxycarbonylamino-äthyl)-3,7,13,17-tetramethyl-1,19-dioxo-19,21,22,24-tetrahydro-1*H*-bilin-8,12-diyl]-di-,
— dimethylester 4063

Pteridin-2,4-diyldiamin (Fortsetzung)
—, 7-[4-Chlor-phenyl]-N^2,N^2,N^4-trimethyl-6-phenyl- 3823
—, 7-[4-Chlor-phenyl]-N^2,N^2,N^4-trimethyl-6-phenyl-7,8-dihydro- 3817
—, 6,7-Diäthyl- 3803
—, N^4-[2-Diäthylamino-äthyl]-6,7-diisopropyl- 3804
—, N^4-[2-Diäthylamino-äthyl]-6,7-diphenyl- 3822
—, N^4-[4-Diäthylamino-butyl]-6,7-diphenyl- 3822
—, N^4-[3-Diäthylamino-propyl]-6,7-diisopropyl- 3805
—, N^4-[3-Diäthylamino-propyl]-6,7-diphenyl- 3822
—, 6,7-Dibenzyl- 3824
—, N^2,N^4-Dibenzyl-6,7-diphenyl- 3820
—, 6,7-Dibutyl- 3805
—, 6,7-Di-*sec*-butyl- 3805
—, N^2,N^2-Dibutyl- 3800
—, N^4-[3-Dibutylamino-propyl]-6,7-diphenyl- 3822
—, 6,7-Dicyclohexyl- 3808
—, 6,7-Diheptyl- 3806
—, 6,7-Dihexyl- 3806
—, 5,6-Dihydro- 3796
—, 6,7-Diisobutyl- 3805
—, 6,7-Diisopropyl- 3804
—, 6,7-Diisopropyl-N^2,N^2,N^4,N^4-tetramethyl- 3804
—, 6,7-Dimethyl- 3802
—, N^2,N^4-Dimethyl- 3800
—, N^4-[2-Dimethylamino-äthyl]-6,7-diisopropyl- 3804
—, N^4-[2-Dimethylamino-äthyl]-6,7-diphenyl- 3821
—, N^4-[3-Dimethylamino-propyl]-6,7-diisopropyl- 3804
—, N^4-[3-Dimethylamino-propyl]-6,7-diphenyl- 3822
—, N^2,N^2-Dimethyl-6,7-diphenyl- 3819
—, N^2,N^4-Dimethyl-6,7-diphenyl- 3819
—, N^4,N^4-Dimethyl-6,7-diphenyl- 3819
—, N^2,N^4-Dimethyl-6-phenyl- 3812
—, N^2,N^4-Dimethyl-7-phenyl- 3813
—, 6,7-Dipentyl- 3805
—, 6,7-Diphenyl- 3818
—, 6,7-Dipropyl- 3804
—, N^4-[3-Dipropylamino-propyl]-6,7-diphenyl- 3822
—, 6,7,N^2,N^2,N^4,N^4-Hexamethyl- 3803
—, 6-Isopropyl-7-[4-methoxy-phenyl]-3871
—, 7-Isopropyl-6-[4-methoxy-phenyl]-3871
—, 6-Isopropyl-7-phenyl- 3814
—, 7-Isopropyl-6-phenyl- 3814
—, 6-Methyl- 3801
—, 7-Methyl- 3801
—, N^2-Methyl- 3800
—, N^4-Methyl- 3800
—, N^2-Methyl-6,7-diphenyl- 3818
—, N^4-Methyl-6,7-diphenyl- 3819
—, 6-Methyl-7-phenyl- 3814
—, 7-Methyl-6-phenyl- 3814
—, 6-Phenyl- 3812
—, 7-Phenyl- 3813
—, 5,6,7,8-Tetrahydro- 3781
—, 6,7,N^2,N^2-Tetramethyl- 3802
—, 6,7,N^2,N^4-Tetramethyl- 3802
—, 6,7,N^4,N^4-Tetramethyl- 3803
—, N^2,N^2,N^4,N^4-Tetramethyl-6,7-diphenyl- 3820
—, N^2,N^2,N^4,N^4-Tetramethyl-6,7-diphenyl-7,8-dihydro- 3817
—, N^2,N^2,N^4,N^4-Tetramethyl-6-phenyl- 3812
—, N^2,N^2,N^4,N^4-Tetramethyl-7-phenyl- 3813
—, 6,7,N^2-Trimethyl- 3802
—, N^2,N^2,N^4-Trimethyl-6,7-diphenyl- 3820
—, N^2,N^4,N^4-Trimethyl-6,7-diphenyl- 3820
Pteridin-4,6-diyldiamin 3800
Pteridin-4,7-diyldiamin 3801
—, 2-Äthoxy-6-phenyl- 3870
—, 2-Äthylmercapto-6-phenyl- 3870
—, 2-Methylmercapto-6-phenyl- 3870
—, 6-Phenyl- 3813
Pteridin-6,7-diyldiamin
—, 2,4-Dichlor- 3801
Pteridin-HB_2 4032
Pteridinium
—, 2-Acetylamino-6,7,8-trimethyl-,
— betain 3761
—, 4-Äthoxy-2-amino-6,7,8-trimethyl-,
— betain 3868
—, 2-Amino-6-benzyl-1,3,8-trimethyl-4,7-dioxo-3,4,7,8-tetrahydro-,
— betain 4015
—, 4-Amino-3-butyl-6,7-diphenyl-,
— betain 3777
—, 2-Amino-1-methyl-4-methylamino-6,7-diphenyl-,
— betain 3819
—, 2-Amino-6,7,8-trimethyl-,
— betain 3761
—, 2-Anilino-6,7-dimethyl-8-phenyl-,
— betain 3761
—, 2-Anilino-6,7,8-triphenyl-,
— betain 3776
—, 8-Benzyl-2-benzylamino-6,7-dimethyl-,
— betain 3761
—, 2,4-Diamino-1-methyl-6,7-diphenyl- 3819
— betain 3819
—, 6,7,8-Trimethyl-2-methylamino-,
— betain 3761

Pteridin-4-on (Fortsetzung)
—, 2-Benzoylamino-7-hydroxymethyl-3*H*- 4029
—, 3-Benzyl-2-isopropylamino-6,7-diphenyl-3*H*- 3975
—, 6,7-Bis-[4-amino-phenyl]-2-sulfanilylamino-3*H*- 3976
—, 3-Butyl-6,7-diphenyl-3*H*-,
— imin 3777
—, 6-Butyl-7-methyl-2-sulfanilylamino-3*H*- 3962
—, 7-Butyl-6-methyl-2-sulfanilylamino-3*H*- 3962
—, 6-[4-Chlor-phenyl]-2-dimethylamino-3*H*- 3970
—, 6-[4-Chlor-phenyl]-2-dimethylamino-7,8-dihydro-3*H*- 3967
—, 6-[4-Chlor-phenyl]-2-dimethylamino-7-phenyl-3*H*- 3976
—, 6-[4-Chlor-phenyl]-2-dimethylamino-7-phenyl-7,8-dihydro-3*H*- 3974
—, 6-[4-Chlor-phenyl]-2-methylamino-3*H*- 3970
—, 7-[4-Chlor-phenyl]-2-methylamino-3*H*- 3972
—, 6,7-Diäthyl-2-amino-3*H*- 3961
—, 2,6-Diamino-7-methyl-3*H*- 3956
—, 2,7-Diamino-6-phenyl-3*H*- 3970
—, 6-[2,5-Dimethoxy-anilinomethyl]-3*H*- 3940
—, 2-Dimethylamino-6,7-dimethyl-3*H*- 3959
—, 2-Dimethylamino-6,7-diphenyl-3*H*- 3975
—, 2-Dimethylamino-6-phenyl-3*H*- 3970
—, 2-Dimethylamino-7-phenyl-3*H*- 3972
—, 2-Dimethylamino-6-phenyl-7,8-dihydro-3*H*- 3967
—, 6,7-Dimethyl-2-methylamino-3*H*- 3958
—, 6,7-Dimethyl-2-sulfanilylamino-3*H*- 3959
—, 6,7-Diphenyl-2-sulfanilylamino-3*H*- 3975
—, 2-Isopropylamino-6,7-diphenyl-3*H*- 3975
—, 2-Methylamino-6,7-diphenyl-3*H*- 3975
—, 2-Methylamino-6-phenyl-3*H*- 3970
—, 2-Methylamino-7-phenyl-3*H*- 3971
—, 1-Methyl-2-methylamino-6,7-diphenyl-1*H*- 3975
—, 2-Sulfanilylamino-3*H*- 3937
—, 3,6,7-Trimethyl-2-propylamino-3*H*- 3959

Pteridin-6-on
—, 7-Acetonyl-4-acetoxy-2-acetylamino-5*H*- 4035
—, 4-Acetoxy-2-acetylamino-7-[1,2-dihydroxy-2-methylmercapto-propyl]-5*H*- 4042
—, 4-Acetoxy-2-acetylamino-7-[1-methylmercapto-2-oxo-propyl]-5*H*- 4042
—, 7-Amino-5*H*- 3936
—, 4-Amino-7-cyclohexyl-5*H*- 3963
—, 4-Amino-7-cyclopentyl-5*H*- 3963
—, 2-Amino-4-diäthylamino-7,8-dihydro-5*H*- 3932
—, 2-Amino-7,8-dihydro-5*H*- 3930
—, 4-Amino-7,8-dihydro-5*H*- 3931
—, 2-Amino-4-methyl-7,8-dihydro-5*H*- 3933
—, 4-Amino-2-methyl-7,8-dihydro-5*H*- 3933
—, 4-Amino-7-methyl-2-thioxo-1,5-dihydro-2*H*- 4005
—, 2-[2-Diäthylamino-äthylamino]-7,8-dihydro-5*H*- 3931
—, 2-[2-Diäthylamino-äthylamino]-4-methyl-7,8-dihydro-5*H*- 3933
—, 4-Diäthylamino-7,8-dihydro-5*H*- 3931
—, 2-Diäthylamino-4-methyl-7,8-dihydro-5*H*- 3933
—, 4-Diäthylamino-2-methyl-7,8-dihydro-5*H*- 3933
—, 2,4-Diamino-7,8-dihydro-5*H*- 3931
—, 2,4-Diamino-7-methyl-5*H*- 3955
—, 2,4-Diamino-7-phenyl-5*H*- 3971

Pteridin-7-on
—, 4-Amino-6-cyclohexyl-8*H*- 3963
—, 2-Amino-4,6-dimethyl-8*H*- 3958
—, 2-Amino-6-methyl-8*H*- 3938
—, 4-Amino-6-methyl-8*H*- 3938
—, 4-Amino-6-methyl-2-thioxo-2,8-dihydro-1*H*- 4003
—, 2,4-Diamino-8*H*- 3936
—, 2,4-Diamino-6-[4-methoxy-phenyl]-8*H*- 4030
—, 2,4-Diamino-6-methyl-8*H*- 3939
—, 2,4-Diamino-6-[4-nitro-phenyl]-8*H*- 3969
—, 2,4-Diamino-6-phenyl-8*H*- 3969

Pteridino[6,7-*g*]pteridin-2,4-diol
—, 7,9-Diimino-7,8,9,10-tetrahydro- s. *Pteridino[6,7-g]pteridin-2,4-dion, 7,9-Diamino-1*H-

Pteridino[6,7-*g*]pteridin-2,4-dion
—, 7,9-Diamino-1*H*- 4266

Pteridinrot 4267
—, Dimethyl- 4267
—, Methyl- 4267

Pteridin-6-sulfonsäure
—, 2-Amino-4-oxo-3,4-dihydro- 4067

Pteridin-2,4,6,7-tetrayltetraamin 3841

Pteridin-2-thion
—, 4-Amino-1*H*- 3937
—, 4-Amino-6,7-diisopropyl-1*H*- 3962
—, 4-Amino-6,7-dimethyl-1*H*- 3961
—, 4-Amino-6,7-diphenyl-1*H*- 3976
—, 4-[3-Diäthylamino-propylamino]-6,7-diisopropyl-1*H*- 3962
—, 4-[3-Diäthylamino-propylamino]-6,7-diphenyl-1*H*- 3977
—, 4,7-Diamino-6-phenyl-1*H*- 3971

Purin (Fortsetzung)
–, 9-[3-Amino-3-desoxy-ribofuranosyl]-6-dimethylamino-9*H*- 3697
–, 9-[3-Amino-3-desoxy-ribofuranosyl]-6-piperidino-9*H*- 3708
–, 9-[3-Amino-3-desoxy-xylofuranosyl]-6-dimethylamino-9*H*- 3698
–, 6-Aminomethyl-7(9)*H*- 3747
–, 9-[2,3-Anhydro-lyxofuranosyl]-6-dimethylamino-2-methylmercapto-9*H*- 3860
–, 6-Anilino-7(9)*H*- 3574
–, 2-Anilino-9-phenyl-9*H*- 3560
–, 2-Benzoylamino-7(9)*H*- 3560
–, 6-Benzoylamino-7(9)*H*- 3583
–, 6-Benzoylamino-9-[tri-*O*-acetyl-6-brom-6-desoxy-glucopyranosyl]-9*H*- 3687
–, 6-Benzoylamino-9-[O^2,O^3,O^4-triacetyl-O^6-diäthoxyphosphoryl-glucopyranosyl]-9*H*- 3694
–, 6-Benzoylamino-9-[tri-*O*-benzoyl-6-desoxy-allofuranosyl]-9*H*- 3688
–, 6-Benzoylamino-9-[tri-*O*-benzoyl-xylofuranosyl]-9*H*- 3683
–, 1-Benzoyl-6-benzoylimino-9-[tri-*O*-benzoyl-ribofuranosyl]-6,9-dihydro-1*H*- 3684
–, 9-[O^2-Benzoyl-O^3,O^5-isopropyliden-xylofuranosyl]-6-dimethylamino-2-methylmercapto-9*H*- 3860
–, 9-[O^2-Benzoyl-O^3-methansulfonyl-O^5-trityl-xylofuranosyl]-6-dimethylamino-2-methylmercapto-9*H*- 3854
–, 9-[O^2-Benzoyl-O^3-methansulfonyl-xylofuranosyl]-6-dimethylamino-2-methylmercapto-9*H*- 3854
–, 9-[O^2-Benzoyl-O^5-trityl-xylofuranosyl]-6-dimethylamino-2-methylmercapto-9*H*- 3854
–, 9-[O^2-Benzoyl-xylofuranosyl]-6-dimethylamino-2-methylmercapto-9*H*- 3854
–, 6-Benzylamino-7(9)*H*- 3575
–, 6-Benzylamino-2-benzyloxy-9-methyl-9*H*- 3846
–, 3-Benzyl-6-dimethylamino-3*H*- 3576
–, 7-Benzyl-6-dimethylamino-7*H*- 3576
–, 2-Benzylmercapto-6-butylamino-7(9)*H*- 3850
–, 2-Benzylmercapto-6-dimethylamino-7(9)*H*- 3849
–, 8-Benzylmercapto-6-dimethylamino-2-methylmercapto-7(9)*H*- 3874
–, 2-Benzylmercapto-6-methylamino-7(9)*H*- 3848
–, 2-Benzylmercapto-6-piperidino-7(9)*H*- 3850
–, 2,6-Bis-acetylamino-7(9)*H*- 3789
–, 2,6-Bis-acetylamino-9-[hepta-*O*-acetyl-lactosyl]-9*H*- 3795
–, 2,6-Bis-acetylamino-9-[tetra-*O*-acetyl-glucopyranosyl]-9*H*- 3794
–, 2,6-Bis-acetylamino-9-[tri-*O*-acetyl-ribopyranosyl]-9*H*- 3791
–, 2,6-Bis-acetylamino-9-[tri-*O*-benzoyl-rhamnopyranosyl]-9*H*- 3792
–, 2,6-Bis-benzoylamino-7(9)*H*- 3789
–, 6-[Bis-decyl-amino]-7(9)*H*- 3572
–, 9-[O^2,O^3-Bis-methansulfonyl-xylofuranosyl]-6-dimethylamino-2-methylmercapto-9*H*- 3855
–, 6-Butylamino-7(9)*H*- 3569
–, 6-Butylamino-2-chlor-7(9)*H*- 3724
–, 6-Butylamino-2-methylmercapto-7(9)*H*- 3849
–, 6-Butyrylamino-7(9)*H*- 3582
–, 7-Butyryl-6-butyrylamino-7*H*- 3582
–, 9-Butyryl-6-butyrylamino-9*H*- 3582
–, 6-Chloramino-2-methansulfonyl-9-methyl-9*H*- 3861
–, 2-Chlor-6-diäthylamino-7(9)*H*- 3724
–, 2-Chlor-6-diäthylamino-7-methyl-7*H*- 3724
–, 8-Chlor-6-diäthylamino-2-methyl-7(9)*H*- 3746
–, 2-Chlor-6-dimethylamino-7(9)*H*- 3724
–, 8-Chlor-6-dimethylamino-7(9)*H*- 3726
–, 8-Chlor-6-dimethylamino-2-methansulfonyl-7(9)*H*- 3862
–, 8-Chlor-6-dimethylamino-2-methylmercapto-7(9)*H*- 3861
–, 2-Chlor-6-dimethylamino-9-phenyl-9*H*- 3724
–, 8-Chlor-6-dipropylamino-2-methyl-7(9)*H*- 3746
–, 2-Chlor-6-furfurylamino-7(9)*H*- 3725
–, 2-Chlor-6-hydrazino-7(9)*H*- 4074
–, 2-Chlor-6-methylamino-7(9)*H*- 3724
–, 8-Chlor-6-methylamino-7(9)*H*- 3726
–, 2-Chlor-6-phenäthylamino-9-phenyl-9*H*- 3724
–, 2-Chlor-9-phenyl-6-propylamino-9*H*- 3724
–, 2-Chlor-6-piperidino-7(9)*H*- 3725
–, 8-Chlor-6-propylamino-7(9)*H*- 3726
–, 9-Cyclohex-2-enyl-6-hydrazino-9*H*- 4074
–, 6-Cyclohexylamino-7(9)*H*- 3573
–, 9-Cyclohexyl-6-cyclohexylamino-9*H*- 3573
–, 6-Decylamino-7(9)*H*- 3571
–, 9-[Di-*O*-acetyl-3-acetylamino-3-desoxy-ribofuranosyl]-6-dimethylamino-9*H*- 3699
–, 2-Diäthylamino-7(9)*H*- 3560
–, 6-Diäthylamino-7(9)*H*- 3568
–, 6-Diäthylamino-2,8-dimethyl-7(9)*H*- 3751
–, 6-Diäthylamino-2-methyl-7(9)*H*- 3743
–, 6-Diäthylamino-8-methyl-7(9)*H*- 3748
–, 6-Diäthylamino-9-methyl-9*H*- 3568

Purin (Fortsetzung)
–, 6-Diäthylamino-2-methylmercapto-7(9)*H*- 3849
–, 6-Diäthylamino-8-methyl-2-methylmercapto-7(9)*H*- 3865
–, 6-Dibutylamino-7(9)*H*- 3569
–, 6-Dibutylamino-2,8-dimethyl-7(9)*H*- 3751
–, 6-Dibutylamino-2-methyl-7(9)*H*- 3744
–, 6-Dibutylamino-8-methyl-7(9)*H*- 3748
–, 2,8-Dichlor-6-diäthylamino-7(9)*H*- 3727
–, 2,8-Dichlor-6-dibutylamino-7(9)*H*- 3727
–, 2,8-Dichlor-6-dimethylamino-7(9)*H*- 3726
–, 2,8-Dichlor-6-furfurylamino-7(9)*H*- 3728
–, 2,8-Dichlor-6-piperidino-7(9)*H*- 3728
–, 6-Diheptylamino-7(9)*H*- 3570
–, 6-Dihexylamino-7(9)*H*- 3570
–, 2,6-Dihydrazino-7(9)*H*- 4077
–, 6,8-Dihydrazino-7(9)*H*- 4077
–, 6-[4,5-Dihydro-1*H*-imidazol-2-yl]-7(9)*H*- 4187
–, 6-Diisobutylamino-2,8-dimethyl-7(9)*H*- 3752
–, 6-Diisobutylamino-2-methyl-7(9)*H*- 3744
–, 6-Diisobutylamino-8-methyl-7(9)*H*- 3748
–, 6-Diisohexylamino-7(9)*H*- 3570
–, 6-Diisopentylamino-7(9)*H*- 3570
–, 2-Dimethylamino-7(9)*H*- 3560
–, 6-Dimethylamino-7(9)*H*- 3566
–, 8-Dimethylamino-7(9)*H*- 3730
–, 6-Dimethylamino-2,8-bis-methansulfonyl-7(9)*H*- 3874
–, 6-Dimethylamino-2,8-bis-methyl≈mercapto-7(9)*H*- 3873
–, 6-Dimethylamino-2,8-bis-methyl≈mercapto-3-[tetra-*O*-acetyl-glucopyranosyl]-3*H*- 3875
–, 6-Dimethylamino-2,8-dimethyl-7(9)*H*- 3751
–, 6-Dimethylamino-9-furfuryl-9*H*- 3588
–, 6-Dimethylamino-3-glucopyranosyl-3*H*- 3692
–, 6-Dimethylamino-7-glucopyranosyl-7*H*- 3692
–, 6-Dimethylamino-9-glucopyranosyl-9*H*- 3693
–, 6-Dimethylamino-9-glucopyranosyl-2-methylmercapto-9*H*- 3856
–, 6-Dimethylamino-9-[O^3,O^5-isopropyl≈iden-O^2-methansulfonyl-xylofuranosyl]-2-methylmercapto-9*H*- 3861
–, 6-Dimethylamino-9-[O^3,O^5-isopropyl≈iden-xylofuranosyl]-2-methylmercapto-9*H*- 3860
–, 6-Dimethylamino-2-methansulfonyl-7(9)*H*- 3849
–, 6-Dimethylamino-9-[O^2-methansulfonyl-xylofuranosyl]-2-methylmercapto-9*H*- 3854
–, 6-Dimethylamino-2-methyl-7(9)*H*- 3743
–, 6-Dimethylamino-3-methyl-3*H*- 3566
–, 6-Dimethylamino-7-methyl-7*H*- 3567
–, 6-Dimethylamino-8-methyl-7(9)*H*- 3748
–, 6-Dimethylamino-9-methyl-9*H*- 3567
–, 6-Dimethylamino-3-methyl-2,8-bis-methylmercapto-3*H*- 3874
–, 6-Dimethylamino-9-methyl-2,8-bis-methylmercapto-9*H*- 3874
–, 6-Dimethylamino-2-methylmercapto-7(9)*H*- 3848
–, 6-Dimethylamino-8-methylmercapto-7(9)*H*- 3863
–, 6-Dimethylamino-2-methylmercapto-9-[tetra-*O*-acetyl-glucopyranosyl]-9*H*- 3856
–, 6-Dimethylamino-2-methylmercapto-9-[tri-*O*-acetyl-2-acetylamino-2-desoxy-allopyranosyl]-9*H*- 3859
–, 6-Dimethylamino-2-methylmercapto-9-[tri-*O*-acetyl-3-acetylamino-3-desoxy-allopyranosyl]-9*H*- 3859
–, 6-Dimethylamino-2-methylmercapto-9-[tri-*O*-acetyl-2-acetylamino-2-desoxy-glucopyranosyl]-9*H*- 3859
–, 6-Dimethylamino-2-methylmercapto-9-xylofuranosyl-9*H*- 3854
–, 6-Dimethylamino-8-methyl-2-methylmercapto-7(9)*H*- 3865
–, 6-Dimethylamino-9-phenyl-9*H*- 3575
–, 2-Dimethylamino-9-ribofuranosyl-9*H*- 3561
–, 6-Dimethylamino-3-ribofuranosyl-3*H*- 3680
–, 6-Dimethylamino-7-ribofuranosyl-7*H*- 3680
–, 6-Dimethylamino-3-[tetra-*O*-acetyl-glucopyranosyl]-3*H*- 3693
–, 6-Dimethylamino-7-[tetra-*O*-acetyl-glucopyranosyl]-7*H*- 3693
–, 6-Dimethylamino-9-[tetra-*O*-acetyl-glucopyranosyl]-9*H*- 3693
–, 6-Dimethylamino-9-[tri-*O*-acetyl-2-acetylamino-2-desoxy-glucopyranosyl]-9*H*- 3710
–, 6-Dimethylamino-9-[3-vanillyl≈idenamino-3-desoxy-ribofuranosyl]-9*H*- 3698
–, 6-Dimethylamino-9-[3-vanillyl≈idenamino-3-desoxy-xylofuranosyl]-9*H*- 3698
–, 6-Dimethylamino-3-xylofuranosyl-3*H*- 3680
–, 6-Dimethylamino-7-xylofuranosyl-7*H*- 3680

Purin (Fortsetzung)
—, 6-Dimethylamino-9-xylofuranosyl-9*H*- 3681
—, 6-[*N'*,*N'*-Dimethyl-hydrazino]-8-methyl-2-methylmercapto-7(9)*H*- 4078
—, 7,7'-Dimethyl-7*H*,7'*H*-6,6'-imino-di- 3721
—, 6-Dinonylamino-7(9)*H*- 3571
—, 6-Dioctylamino-7(9)*H*- 3571
—, 6-Dipentylamino-7(9)*H*- 3570
—, 2,6-Dipiperidino-7(9)*H*- 3789
—, 6-Dipropylamino-7(9)*H*- 3569
—, 6-Dipropylamino-2,8-dimethyl-7(9)*H*- 3751
—, 6-Dipropylamino-2-methyl-7(9)*H*- 3743
—, 6-Dipropylamino-8-methyl-7(9)*H*- 3748
—, 6-Dodecylamino-7(9)*H*- 3572
—, 6-Furfurylamino-7(9)*H*- 3586
—, 6-Furfurylamino-2,8-dimethyl-7(9)*H*- 3752
—, 6-Furfurylamino-2-hydrazino-7(9)*H*- 4088
—, 6-Furfurylamino-2-methyl-7(9)*H*- 3744
—, 6-Furfurylamino-7-methyl-7*H*- 3587
—, 6-Furfurylamino-8-methyl-7(9)*H*- 3748
—, 6-Furfurylamino-9-methyl-9*H*- 3588
—, 2-Furfurylamino-6-piperidino-7(9)*H*- 3790
—, 6-Furfurylamino-2-piperidino-7(9)*H*- 3790
—, 9-Furfuryl-6-furfurylamino-9*H*- 3588
—, 6-Geranylamino-7(9)*H*- 3574
—, 6-Heptylamino-7(9)*H*- 3570
—, 6-Hexadecylamino-7(9)*H*- 3572
—, 6-Hexylamino-7(9)*H*- 3570
—, 2-Hydrazino-7(9)*H*- 4073
—, 6-Hydrazino-7(9)*H*- 4073
—, 6-Hydrazino-7-methyl-7*H*- 4073
—, 6-Hydrazino-9-methyl-9*H*- 4074
—, 2-Hydrazino-6-piperidino-7(9)*H*- 4088
—, 6-Hydrazino-9-ribofuranosyl-9*H*- 4074
—, 6-[1(3)*H*-Imidazol-4-ylmethyl-amino]-7(9)*H*- 3720
—, 6-Isopropylamino-9-methyl-9*H*- 3569
—, 8-Methoxy-6-methylamino-7(9)*H*- 3863
—, 6-Methylamino-7(9)*H*- 3565
—, 8-Methylamino-7(9)*H*- 3730
—, 6-Methylamino-2-methylmercapto-7(9)*H*- 3848
—, 6-Methylamino-9-phenyl-9*H*- 3574
—, 2-Methylmercapto-6-piperidino-7(9)*H*- 3850
—, 1-Methyl-6-methylamino-1*H*- 3565
—, 2-Methyl-6-methylamino-7(9)*H*- 3743
—, 6-Methyl-2-methylamino-7(9)*H*- 3747
—, 7-Methyl-6-methylamino-7*H*- 3565
—, 8-Methyl-6-methylamino-7(9)*H*- 3748
—, 9-Methyl-6-methylamino-9*H*- 3566
—, 8-Methyl-6-methylamino-2-methylmercapto-7(9)*H*- 3865
—, 9-Methyl-6-[*N'*-methyl-hydrazino]-9*H*- 4074
—, 7-Methyl-6-propylamino-7*H*- 3568
—, 9-Methyl-6-propylamino-9*H*- 3568
—, 7-Methyl-2-sulfanilylamino-7*H*- 3561
—, 7-Methyl-6-sulfanilylamino-7*H*- 3722
—, 6-Nonylamino-7(9)*H*- 3571
—, 6-Octadecylamino-7(9)*H*- 3572
—, 6-Octylamino-7(9)*H*- 3571
—, 6-Pentylamino-7(9)*H*- 3570
—, 6-Phenäthylamino-7(9)*H*- 3577
—, 9-Phenäthyl-6-phenäthylamino-9*H*- 3577
—, 9-{3-[2-(Piperidin-1-carbonyl)-benzoylamino]-3-desoxy-ribofuranosyl}-6-piperidino-9*H*- 3709
—, 6-Piperidino-7(9)*H*- 3579
—, 6-Piperonylamino-7(9)*H*- 3712
—, 6-Propionylamino-7(9)*H*- 3582
—, 7-Propionyl-6-propionylamino-7*H*- 3582
—, 9-Propionyl-6-propionylamino-9*H*- 3582
—, 6-Propylamino-7(9)*H*- 3568
—, 9-Propyl-2-propylamino-9*H*- 3560
—, 6-[2]Pyridylamino-7(9)*H*- 3719
—, 6-[[2]Pyridylmethyl-amino]-7(9)*H*- 3719
—, 6-[[3]Pyridylmethyl-amino]-7(9)*H*- 3719
—, 6-[[4]Pyridylmethyl-amino]-7(9)*H*- 3720
—, 6-Salicylamino-7(9)*H*- 3580
—, 6-Sulfanilylamino-7(9)*H*- 3721
—, 6-[1*H*-Tetrazol-5-yl]-7(9)*H*- 4249
—, 6-*o*-Toluoylamino-7(9)*H*- 3583
—, 2,6,8-Trihydrazino-7(9)*H*- 4078
—, 2,6,8-Tripiperidino-7(9)*H*- 3827
—, 6-Ureido-7(9)*H*- 3583
—, 6-Veratrylamino-7(9)*H*- 3580

Purin-8-carbaldehyd
—, 6-Diäthylamino-2-methyl-7(9)*H*- 3957
— [*O*-acetyl-oxim] 3957
— [2,4-dinitro-phenylhydrazon] 3957
— [methylmercaptothiocarbonyl-hydrazon] 3957
— oxim 3957

Purin-8-carbonitril
—, 6-Diäthylamino-2-methyl-7(9)*H*- 4047

Purin-2,6-dion
—, 8-Acetacetatomercuriomethyl-1,3,7-trimethyl-3,7-dihydro- 4105
—, 7-Acetonyl-8-[äthyl-[1]naphthyl-amino]-1,3-dimethyl-3,7-dihydro- 3983
—, 7-Acetonyl-8-anilino-1,3-dimethyl-3,7-dihydro- 3983
—, 7-Acetonyl-8-benzylamino-1,3-dimethyl-3,7-dihydro- 3983
—, 7-Acetonyl-8-butylamino-1,3-dimethyl-3,7-dihydro- 3983
—, 7-Acetonyl-8-cyclohexylamino-1,3-dimethyl-3,7-dihydro- 3983

Purin-2,6-dion (Fortsetzung)
—, 7-Acetonyl-8-diäthylamino-1,3-dimethyl-3,7-dihydro- 3983
—, 7-Acetonyl-8-dibenzylamino-1,3-dimethyl-3,7-dihydro- 3983
—, 7-Acetonyl-8-dibutylamino-1,3-dimethyl-3,7-dihydro- 3983
—, 7-Acetonyl-8-dicyclohexylamino-1,3-dimethyl-3,7-dihydro- 3983
—, 7-Acetonyl-1,3-dimethyl-8-methylamino-3,7-dihydro- 3983
—, 7-Acetonyl-1,3-dimethyl-8-*p*-phenetidino-3,7-dihydro- 3984
—, 7-Acetonyl-1,3-dimethyl-8-piperidino-3,7-dihydro- 3984
—, 7-Acetonyl-1,3-dimethyl-8-piperidinomethyl-3,7-dihydro- 3997
—, 7-Acetonyl-8-isopentylamino-1,3-dimethyl-3,7-dihydro- 3983
—, 7-Acetonyl-8-isopropylamino-1,3-dimethyl-3,7-dihydro- 3983
—, 8-[Acetyl-(*N*-acetyl-sulfanilyl)-amino]-1-[2,3-diacetoxy-propyl]-3,7-dimethyl-3,7-dihydro- 3991
—, 8-[4-Acetylamino-benzyl]-1,3-dimethyl-3,7-dihydro- 4013
—, 7-[2-Äthoxy-äthyl]-1,3-dimethyl-8-sulfanilylamino-3,7-dihydro- 3991
—, 3-Äthyl-8-äthylamino-1,7-dimethyl-dihydro- 3980
—, 8-Äthylamino-3-butyl-1,7-dimethyl-3,7-dihydro- 3980
—, 3-Äthyl-8-amino-1,7-dimethyl-3,7-dihydro- 3980
—, 8-Äthylamino-1,3-dimethyl-3,7-dihydro-3980
—, 8-[(*N*-Äthyl-anilino)-methyl]-1,3-dimethyl-3,7-dihydro- 3996
—, 8-[(*N*-Äthyl-anilino)-methyl]-3,7-dimethyl-3,7-dihydro- 3996
—, 3-Äthyl-8-diäthylamino-1,7-dimethyl-3,7-dihydro- 3980
—, 3-Äthyl-8-dimethylamino-1,7-dimethyl-3,7-dihydro- 3980
—, 3-Äthyl-1,7-dimethyl-8-methylamino-3,7-dihydro- 3980
—, 3-Äthyl-1,7-dimethyl-8-piperidino-3,7-dihydro- 3982
—, 8-Äthylidenhydrazino-1,3,7-trimethyl-3,7-dihydro- 4080
—, 8-[Äthyl-[1]naphthyl-amino]-1,3-dimethyl-7-phenacyl-3,7-dihydro- 3984
—, 1-Allyl-8-[2-amino-äthylamino]-3,7-dimethyl-3,7-dihydro- 3987
—, 1-Allyl-8-dimethylamino-3,7-dimethyl-3,7-dihydro- 3981
—, 3-Allyl-8-dimethylamino-1,7-dimethyl-3,7-dihydro- 3981
—, 3-Allyl-1,7-dimethyl-8-methylamino-3,7-dihydro- 3980
—, 3-Allyl-1,7-dimethyl-8-piperidino-3,7-dihydro- 3982
—, 8-[2-Amino-äthyl]-1,3,7-trimethyl-3,7-dihydro- 3998
—, 8-[4-Amino-benzyl]-1,3-dimethyl-3,7-dihydro- 4012
—, 8-[4-Amino-benzyl]-1-methyl-3,7-dihydro- 4012
—, 8-[4-Amino-benzyl]-1,3,7-trimethyl-3,7-dihydro- 4012
—, 8-Amino-3-butyl-1,7-dimethyl-3,7-dihydro- 3980
—, 8-Amino-3,7-dihydro- 3979
—, 8-Amino-1,3-dimethyl-3,7-dihydro-3979
—, 8-Aminomethyl-1,3,7-trimethyl-3,7-dihydro- 3993
—, 8-Amino-1,3,7-trimethyl-3,7-dihydro-3979
—, 8-Anilino-1,3-dimethyl-7-phenacyl-3,7-dihydro- 3984
—, 8-Anilinomethyl-1,3-dimethyl-3,7-dihydro- 3996
—, 8-Anilinomethyl-1,3,7-trimethyl-3,7-dihydro- 3996
—, 8-Arabit-1-ylidenhydrazino-1,3,7-trimethyl-3,7-dihydro- 4082
—, 8-Benzhydrylidenhydrazino-1,3,7-trimethyl-3,7-dihydro- 4081
—, 8-Benzylamino-1,3-dimethyl-3,7-dihydro- 3981
—, 8-Benzylamino-1,3-dimethyl-7-phenacyl-3,7-dihydro- 3984
—, 8-[(*N*-Benzyl-anilino)-methyl]-1,3-dimethyl-3,7-dihydro- 3996
—, 8-[(Benzyl-cyclohexyl-amino)-methyl]-1,3-dimethyl-3,7-dihydro- 3996
—, 8-[Benzyl-(2-dimethylamino-äthyl)-amino]-8′-diäthylamino-1,3,1′,3′-tetramethyl-3,7,3′,7′-tetrahydro-7,7′-äthandiyl-bis- 3987
—, 8-[Benzyl-(2-dimethylamino-äthyl)-amino]-1,3,7-trimethyl-3,7-dihydro- 3987
—, 8-[2-Benzylidenamino-äthyl]-1,3,7-trimethyl-3,7-dihydro- 3998
—, 8-Benzylidenhydrazino-1,3,7-trimethyl-3,7-dihydro- 4080
—, 8-[1-(Benzyl-methyl-amino)-äthyl]-3-methyl-3,7-dihydro- 3998
—, 8-[2-(Benzyl-methyl-amino)-1-hydroxy-äthyl]-1,3,7-trimethyl-3,7-dihydro- 4030
—, 8-[(Benzyl-methyl-amino)-methyl]-1,3-dimethyl-3,7-dihydro- 3996
—, 8-[(Benzyl-methyl-amino)-methyl]-3,7-dimethyl-3,7-dihydro- 3996
—, 8-{Bis-[(2-chlor-äthyl)-amino]-methyl}-1,3,7-trimethyl-3,7-dihydro- 3994
—, 8,8′-Bis-diäthylamino-1,3,1′,3′-tetramethyl-3,7,3′,7′-tetrahydro-7,7′-äthandiyl-bis- 3986

Purin-2,6-dion (Fortsetzung)
—, 8-[Bis-(2-hydroxy-äthyl)-amino]-1,3-dimethyl-3,7-dihydro- 3981
—, 8-{[Bis-(2-hydroxy-äthyl)-amino]-methyl}-1,3-dimethyl-3,7-dihydro- 3996
—, 8-{[Bis-(2-hydroxy-äthyl)-amino]-methyl}-3,7-dimethyl-3,7-dihydro- 3997
—, 8-{[Bis-(2-hydroxy-äthyl)-amino]-methyl}-1,3,7-trimethyl-3,7-dihydro- 3997
—, 8-Bornan-2-ylidenhydrazino-1,3,7-trimethyl-3,7-dihydro- 4080
—, 8-Butylamino-1,3-dimethyl-3,7-dihydro- 3980
—, 8-Butylamino-1,3-dimethyl-7-phenacyl-3,7-dihydro- 3984
—, 3-Butyl-8-diäthylamino-1,7-dimethyl-3,7-dihydro- 3980
—, 3-Butyl-8-dimethylamino-1,7-dimethyl-3,7-dihydro- 3980
—, 3-Butyl-1,7-dimethyl-8-methylamino-3,7-dihydro- 3980
—, 3-Butyl-1,7-dimethyl-8-piperidino-3,7-dihydro- 3982
—, 8-Butylidenhydrazino-1,3,7-trimethyl-3,7-dihydro- 4080
—, 8-*sec*-Butylidenhydrazino-1,3,7-trimethyl-3,7-dihydro- 4080
—, 8-[[2]Chinolylmethylen-hydrazino]-1,3,7-trimethyl-3,7-dihydro- 4087
—, 7-[2-Chlor-äthyl]-8-diäthylamino-1,3-dimethyl-3,7-dihydro- 3980
—, 8-Chlor-8′-diäthylamino-1,3,1′,3′-tetramethyl-3,7,3′,7′-tetrahydro-7,7′-äthandiyl-bis- 3986
—, 8-[1-(4-Chlor-phenyl)-3-dimethylamino-propyl]-1,3,7-trimethyl-3,7-dihydro- 4014
—, 8-Cyclohexylamino-1,3-dimethyl-7-phenacyl-3,7-dihydro- 3984
—, 8-[Cyclohexylamino-methyl]-1,3-dimethyl-3,7-dihydro- 3995
—, 8-Cyclohexylidenhydrazino-1,3,7-trimethyl-3,7-dihydro- 4080
—, 8-[(Cyclohexyl-methyl-amino)-methyl]-1,3-dimethyl-3,7-dihydro- 3995
—, 8-[(Cyclohexylmethyl-amino)-methyl]-1,3-dimethyl-3,7-dihydro- 3995
—, Decylidenhydrazino-1,3,7-trimethyl-3,7-dihydro- 4080
—, 8-[2-Diäthylamino-äthylamino]-1,3-dimethyl-3,7-dihydro- 3985
—, 8-[2-Diäthylamino-äthylamino]-1,3,7-trimethyl-3,7-dihydro- 3986
—, 8-[1-Diäthylamino-äthyl]-1,3-dimethyl-3,7-dihydro- 3998
—, 8-Diäthylamino-7-[2-diäthylamino-äthyl]-1,3-dimethyl-3,7-dihydro- 3986
—, 8-Diäthylamino-8′-[3-diäthylamino-propylamino]-1,3,1′,3′-tetramethyl-3,7,3′,7′-tetrahydro-7,7′-äthandiyl-bis- 3989
—, 8-Diäthylamino-8′-[3-dimethylamino-propylamino]-1,3,1′,3′-tetramethyl-3,7,3′,7′-tetrahydro-7,7′-äthandiyl-bis- 3988
—, 8-Diäthylamino-1,3-dimethyl-3,7-dihydro- 3980
—, 8-[6-Diäthylamino-hexylamino]-1,3,7-trimethyl-3,7-dihydro- 3989
—, 8-Diäthylamino-7-[2-hydroxy-äthyl]-1,3-dimethyl-3,7-dihydro- 3981
—, 8-Diäthylaminomethyl-1,3-dimethyl-3,7-dihydro- 3994
—, 8-Diäthylaminomethyl-1,3,7-trimethyl-3,7-dihydro- 3994
—, 8-[3-Diäthylamino-1-phenyl-propyl]-1,3,7-trimethyl-3,7-dihydro- 4014
—, 8-[3-Diäthylamino-propylamino]-1,3-dimethyl-3,7-dihydro- 3988
—, 8-[3-Diäthylamino-propylamino]-3,7-dimethyl-3,7-dihydro- 3988
—, 8-[3-Diäthylamino-propylamino]-1,3,7-trimethyl-3,7-dihydro- 3988
—, 8-[3-Diäthylamino-propyl]-1,3,7-trimethyl-3,7-dihydro- 3999
—, 8-Diallylaminomethyl-1,3-dimethyl-3,7-dihydro- 3995
—, 8-Diallylaminomethyl-3,7-dimethyl-3,7-dihydro- 3995
—, 8-Dibenzylamino-1,3-dimethyl-7-phenacyl-3,7-dihydro- 3984
—, 8-Dibenzylamino-1,3-dimethyl-7-[2-phenylhydrazono-propyl]-3,7-dihydro- 3983
—, 8-[1-Dibutylamino-äthyl]-1,3-dimethyl-3,7-dihydro- 3998
—, 8-Dibutylamino-1,3-dimethyl-7-phenacyl-3,7-dihydro- 3984
—, 8-Dibutylaminomethyl-1,3-dimethyl-3,7-dihydro- 3994
—, 8-Dibutylaminomethyl-3,7-dimethyl-3,7-dihydro- 3994
—, 8-Dicyclohexylamino-1,3-dimethyl-7-phenacyl-3,7-dihydro- 3984
—, 8-[4,5-Dihydro-1*H*-imidazol-2-ylmethyl]-1,3-dimethyl-3,7-dihydro- 4208
—, 8-[2,3-Dihydroxy-propylamino]-1,3-dimethyl-3,7-dihydro- 3982
—, 1-[2,3-Dihydroxy-propyl]-3,7-dimethyl-8-sulfanilylamino-3,7-dihydro- 3991
—, 7-[2,3-Dihydroxy-propyl]-1,3-dimethyl-8-sulfanilylamino-3,7-dihydro- 3991
—, 8-[2,3-Dihydroxy-propylidenhydrazino]-1,3,7-trimethyl-3,7-dihydro- 4082
—, 8-[(2,3-Dihydroxy-propyl)-methyl-amino]-1,3-dimethyl-3,7-dihydro- 3983
—, 8-[2-Dimethylamino-äthylamino]-1,3-dimethyl-3,7-dihydro- 3985
—, 8-[2-Dimethylamino-äthylamino]-1,3,7-trimethyl-3,7-dihydro- 3986
—, 8-[*N*-(2-Dimethylamino-äthyl)-anilino]-1,3,7-trimethyl-3,7-dihydro- 3987

Purin-2,6-dion (Fortsetzung)
–, 8-[(2-Dimethylamino-äthyl)-[2]pyridyl-amino]-1,3,7-trimethyl-3,7-dihydro- 3989
–, 8-[2-Dimethylamino-äthyl]-1,3,7-trimethyl-3,7-dihydro- 3998
–, 8-[2-Dimethylamino-1-hydroxy-propyl]-1,3,7-trimethyl-3,7-dihydro- 4031
–, 8-[3-Dimethylamino-1-(3-methoxy-phenyl)-propyl]-1,3,7-trimethyl-3,7-dihydro- 4036
–, 8-Dimethylaminomethyl-1,3,7-trimethyl-3,7-dihydro- 3993
–, 8-[3-Dimethylamino-1-phenyl-propyl]-1,3,7-trimethyl-3,7-dihydro- 4014
–, 8-[3-Dimethylamino-propylamino]-1,3,7-trimethyl-3,7-dihydro- 3988
–, 8-[1,3-Dimethyl-butylidenhydrazino]-1,3,7-trimethyl-3,7-dihydro- 4080
–, 8-{[(1,5-Dimethyl-hex-4-enyl)-methyl-amino]-methyl}-1,3-dimethyl-3,7-dihydro- 3995
–, 8-{[(1,5-Dimethyl-hex-4-enyl)-methyl-amino]-methyl}-3,7-dimethyl-3,7-dihydro- 3995
–, 1,3-Dimethyl-8-methylamino-3,7-dihydro- 3979
–, 1,3-Dimethyl-8-[3-methyl-5-oxo-2,5-dihydro-pyrazol-1-yl]-3,7-dihydro- 4084
–, 1,7-Dimethyl-8-[3-methyl-5-oxo-2,5-dihydro-pyrazol-1-yl]-3,7-dihydro- 4084
–, 3,7-Dimethyl-8-[3-methyl-5-oxo-2,5-dihydro-pyrazol-1-yl]-3,7-dihydro- 4084
–, 1,3-Dimethyl-8-[4-methyl-piperazino]-3,7-dihydro- 3988
–, 1,3-Dimethyl-8-[4-nitro-phenylazo]-3,7-dihydro- 4092
–, 8-[2,3-Dimethyl-5-oxo-2,5-dihydro-pyrazol-1-yl]-1,3,7-trimethyl-3,7-dihydro- 4085
–, 8-[1-(1,5-Dimethyl-3-oxo-2-phenyl-2,3-dihydro-1*H*-pyrazol-4-yl)-propyl=idenhydrazino]-1,3,7-trimethyl-3,7-dihydro- 4087
–, 1,3-Dimethyl-7-phenacyl-8-*p*-phenetidino-3,7-dihydro- 3984
–, 1,3-Dimethyl-7-phenacyl-8-piperidino-3,7-dihydro- 3984
–, 1,3-Dimethyl-7-[2-phenylhydrazono-propyl]-8-piperidino-3,7-dihydro- 3984
–, 3,7-Dimethyl-8-piperidinomethyl-3,7-dihydro- 3997
–, 8-[3,5-Dimethyl-pyrazol-1-yl]-1,3,7-trimethyl-3,7-dihydro- 4081
–, 1,3-Dimethyl-8-sulfanilylamino-3,7-dihydro- 3989
–, 8-[3,5-Diphenyl-4,5-dihydro-pyrazol-1-yl]-1,3,7-trimethyl-3,7-dihydro- 4081
–, 8-Galactit-1-ylidenhydrazino-1,3,7-trimethyl-3,7-dihydro- 4083
–, 8-Glucit-1-ylidenhydrazino-1,3,7-trimethyl-3,7-dihydro- 4083
–, 8-Hexahydroazepin-1-yl-1,3,7-trimethyl-3,7-dihydro- 3982
–, 1,3,7,1′,3′,7′-Hexamethyl-3,7,3′,7′-tetrahydro-8,8′-[äthandiyl-bis-azo]-bis- 4093
–, 1,3,7,1′,3′,7′-Hexamethyl-3,7,3′,7′-tetrahydro-8,8′-äthandiyldiamino-bis- 3986
–, 1,3,7,1′,3′,7′-Hexamethyl-3,7,3′,7′-tetrahydro-8,8′-azo-bis- 4093
–, 8-Hydrazino-1,3-dimethyl-3,7-dihydro- 4079
–, 8-Hydrazino-1,7-dimethyl-3,7-dihydro- 4079
–, 8-Hydrazino-3,7-dimethyl-3,7-dihydro- 4079
–, 8-Hydrazino-1,3,7-trimethyl-3,7-dihydro- 4079
–, 8-[2-Hydroxy-äthylamino]-1,3-dimethyl-3,7-dihydro- 3981
–, 8-[2-Hydroxy-äthylamino]-1,3,7-trimethyl-3,7-dihydro- 3981
–, 1-[2-Hydroxy-äthyl]-3,7-dimethyl-8-sulfanilylamino-3,7-dihydro- 3990
–, 3-[2-Hydroxy-äthyl]-1,7-dimethyl-8-sulfanilylamino-3,7-dihydro- 3990
–, 7-[2-Hydroxy-äthyl]-1,3-dimethyl-8-sulfanilylamino-3,7-dihydro- 3991
–, 8-[(2-Hydroxy-äthyl)-methyl-amino]-1,3-dimethyl-3,7-dihydro- 3981
–, 8-{[(2-Hydroxy-äthyl)-methyl-amino]-methyl-}-1,3-dimethyl-3,7-dihydro- 3996
–, 8-[(2-Hydroxy-äthyl)-methyl-amino]-1,3,7-trimethyl-3,7-dihydro- 3981
–, 8-[4-Hydroxy-benzylidenhydrazino]-1,3,7-trimethyl-3,7-dihydro- 4081
–, 8-[4-Hydroxyimino-3-methyl-5-oxo-4,5-dihydro-pyrazol-1-yl]-1,3-dimethyl-3,7-dihydro- 4085
–, 8-[4-Hydroxyimino-3-methyl-5-oxo-4,5-dihydro-pyrazol-1-yl]-3,7-dimethyl-3,7-dihydro- 4085
–, 8-[4-Hydroxyimino-3-methyl-5-oxo-4,5-dihydro-pyrazol-1-yl]-1,3,7-trimethyl-3,7-dihydro- 4085
–, 8-[1-Hydroxy-2-methylamino-äthyl]-1,3,7-trimethyl-3,7-dihydro- 4030
–, 8-[1-Hydroxy-2-methylamino-1-phenyl-äthyl]-1,3,7-trimethyl-3,7-dihydro- 4035
–, 8-[1-Hydroxy-2-methylamino-propyl]-1,3,7-trimethyl-3,7-dihydro- 4031
–, 8-{[2-Hydroxy-1-methyl-2-phenyl-äthyl]-methyl-amino}-1,3-dimethyl-3,7-dihydro- 3982
–, 8-[(1-Hydroxymethyl-propyl)-amino]-1,3-dimethyl-3,7-dihydro- 3982
–, 8-[1-Hydroxy-2-piperidino-äthyl]-1,3,7-trimethyl-3,7-dihydro- 4031
–, 8-[3-Hydroxy-propylamino]-1,3,7-trimethyl-3,7-dihydro- 3982
–, 8-Isobutylaminomethyl-1,3-dimethyl-3,7-dihydro- 3994

Purin-2,6-diyldiamin (Fortsetzung)
—, N^2,N^6-Difurfuryl-7(9)*H*- 3790
—, N^2,N^2-Dimethyl-7(9)*H*- 3786
—, N^2,N^6-Dimethyl-7(9)*H*- 3786
—, N^6,N^6-Dimethyl-7(9)*H*- 3786
—, 8-[3,5-Dinitro-phenyl]-7(9)*H*- 3811
—, N^6-Furfuryl-7(9)*H*- 3790
—, 9-Glucopyranosyl-9*H*- 3794
—, 9-Lactosyl-9*H*- 3794
—, 8-[4-Methoxy-phenyl]-7(9)*H*- 3869
—, N^2-Methyl-7(9)*H*- 3785
—, N^6-Methyl-7(9)*H*- 3786
—, 8-[2]Naphthyl-7(9)*H*- 3817
—, 8-[3-Nitro-phenyl]-7(9)*H*- 3811
—, 8-[4-Nitro-phenyl]-7(9)*H*- 3811
—, 1-Oxy-7(9)*H*- 3785
—, N^6-Phenäthyl-7(9)*H*- 3788
—, 8-Phenyl-7(9)*H*- 3809
—, 9-Phenyl-9*H*- 3788
—, N^6-Phenyl-7(9)*H*- 3788
—, N^6-[3]Pyridylmethyl-7(9)*H*- 3795
—, N^6-[4]Pyridylmethyl-7(9)*H*- 3795
—, 9-Rhamnofuranosyl-9*H*- 3793
—, 9-Rhamnopyranosyl-9*H*- 3792
—, 9-Ribofuranosyl-9*H*- 3791
—, 9-Ribopyranosyl-9*H*- 3790
—, N^2,N^2,N^6,N^6-Tetraäthyl-7(9)*H*- 3786
—, N^2,N^2,N^6,N^6-Tetramethyl-7(9)*H*- 3786
—, 9-*p*-Tolyl-9*H*- 3788
—, 7,N^2,N^6-Triacetyl-7*H*- 3789
—, 9,N^2,N^6-Triacetyl-9*H*- 3789
—, 8-Trifluormethyl-7(9)*H*- 3797
—, N^2,N^2,N^6-Trimethyl-7(9)*H*- 3786
—, N^2,N^6,N^6-Trimethyl-7(9)*H*- 3786
—, 9-Xylofuranosyl-9*H*- 3791

Purin-6,8-diyldiamin
—, 7(9)*H*- 3795
—, N^6,N^8-Diäthyl-7(9)*H*- 3796
—, N^6,N^8-Dimethyl-7(9)*H*- 3795
—, N^6,N^6,N^8,N^8-Tetramethyl-7(9)*H*- 3795
—, N^6,N^6,N^8-Trimethyl-7(9)*H*- 3795
—, N^6,N^8,N^8-Trimethyl-7(9)*H*- 3795

Purinium
—, 2-Amino-7,9-dimethyl-6-oxo-1,6-dihydro- 3893
  — betain 3893
—, 2-Amino-6-hydroxy-7,9-dimethyl-,
  — betain 3893
—, 2-Amino-7-methyl-6-oxo-9-[O^5-phosphono-*erythro*-2-desoxy-pentofuranosyl]-1,6-dihydro-,
  — betain 3900
—, 2-Amino-7-methyl-6-oxo-9-ribofuranosyl-1,6-dihydro- 3922
  — betain 3922
—, 6-Amino-1-methyl-9-ribofuranosyl-9*H*-,
  — betain 3679
—, 2-Amino-1,7,9-trimethyl-6-oxo-1,6-dihydro- 3894
—, 1-Methyl-6-methylamino-9-ribofuranosyl-9*H*-,
  — betain 3680

Purin-2-on
—, 6-Amino-3,7-dihydro- 3887
—, 6-Amino-9-glucopyranosyl-3,9-dihydro- 3889
—, 6-Amino-9-methyl-3,9-dihydro- 3887
—, 6-Amino-9-ribofuranosyl-3,9-dihydro- 3888
—, 6-Benzylamino-9-methyl-3,9-dihydro- 3888
—, 6-Butylamino-3,7-dihydro- 3888
—, 6,8-Diamino-3,7-dihydro- 3890
—, 6-Dibutylamino-3,7-dihydro- 3888
—, 6-Dimethylamino-3,7-dihydro- 3888
—, 6-Dipropylamino-3,7-dihydro- 3888
—, 6-Methylamino-3,7-dihydro- 3888

Purin-6-on
—, 2-Acetylamino-1,7-dihydro- 3897
—, 2-Äthylamino-1,7-dihydro- 3894
—, 7-Äthyl-2-amino-1,7-dihydro- 3894
—, 9-Äthyl-2-amino-1,9-dihydro- 3894
—, 7-Äthyl-2-amino-1-methyl-1,7-dihydro- 3894
—, 2-Amino-9-benzyl-1,9-dihydro- 3896
—, 2-Amino-8-brom-1,7-dihydro- 3925
—, 2-Amino-9-[4-brom-phenyl]-1,9-dihydro- 3896
—, 2-Amino-9-[2-chlor-benzyl]-1,9-dihydro- 3896
—, 2-Amino-9-[4-chlor-benzyl]-1,9-dihydro- 3896
—, 2-Amino-8-[2-chlor-phenyl]-1,7-dihydro- 3965
—, 2-Amino-8-[3-chlor-phenyl]-1,7-dihydro- 3966
—, 2-Amino-8-[4-chlor-phenyl]-1,7-dihydro- 3966
—, 2-Amino-9-[4-chlor-phenyl]-1,9-dihydro- 3896
—, 2-Amino-9-cyclohexyl-1,9-dihydro- 3896
—, 2-Amino-9-decyl-1,9-dihydro- 3895
—, 2-Amino-9-[*erythro*-2-desoxy-pentofuranosyl]-1,9-dihydro- s. a. *2′-Desoxy-guanosin*
—, 2-Amino-9-[3,4-dichlor-benzyl]-1,9-dihydro- 3896
—, 2-Amino-1,7-dihydro- 3890
—, 2-Amino-1,9-dihydro- 3890
—, 8-Amino-1,7-dihydro- 3927
—, 2-Amino-1,7-dimethyl-1,7-dihydro- 3893
—, 2-Amino-9-furfuryl-1,9-dihydro- 3897
—, 2-Amino-glucopyranosyl-1,7-dihydro- 3923
—, 2-Amino-glucopyranosyl-1,9-dihydro- 3923
—, 2-Amino-9-hexyl-1,9-dihydro- 3895

Purin-6-on (Fortsetzung)
—, 2-Amino-7-[2-hydroxy-äthyl]-1-methyl-1,7-dihydro- 3896
—, 2-Amino-9-isobutyl-1,9-dihydro- 3895
—, 2-Amino-9-isopentyl-1,9-dihydro- 3895
—, 2-Amino-7-isopropyl-1-methyl-1,7-dihydro- 3895
—, 2-Amino-1-methyl-1,7-dihydro- 3892
—, 2-Amino-7-methyl-1,7-dihydro- 3892
—, 2-Amino-8-methyl-1,7-dihydro- 3932
—, 2-Amino-9-methyl-1,9-dihydro- 3892
—, 2-Amino-8-methylmercapto-1,7-dihydro- 4026
—, 2-Amino-1-methyl-7-propyl-1,7-dihydro-3894
—, 2-Amino-8-[4-nitro-phenyl]-1,7-dihydro-3966
—, 2-Amino-9-octyl-1,9-dihydro- 3895
—, 2-Amino-9-phenäthyl-1,9-dihydro-3896
—, 2-Amino-8-phenyl-1,7-dihydro- 3965
—, 2-Amino-9-phenyl-1,9-dihydro- 3896
—, 2-Amino-7-[$O^{3'}$-phosphono-ribofuranosyl]-1,7-dihydro- 3901
—, 2-Amino-9-ribofuranosyl-1,9-dihydro- s. a. *Guanosin*
—, 2-Amino-9-ribopyranosyl-1,9-dihydro-3901
—, 2-Amino-8-thioxo-1,7,8,9-tetrahydro-3992
—, 2-Amino-9-undecyl-1,9-dihydro- 3896
—, 2-Anilino-1,7-dihydro- 3896
—, 8-Anilino-2-methyl-1,7-dihydro- 3932
—, 2-Benzoylamino-1,7-dihydro- 3897
—, 8-Benzyl-1-methyl-2-methylamino-1,7-dihydro- 3968
—, 2-[2-Chlor-acetylamino]-1,7-dihydro-3897
—, 2-[4-Chlor-anilino]-1,7-dihydro- 3896
—, 2,8-Diamino-1,7-dihydro- 3928
—, 2-Dimethylamino-1,7-dihydro- 3894
—, 2-Furfurylamino-1,7-dihydro- 3897
—, 2-Glycylamino-1,7-dihydro- 3897
—, 2-Hydrazino-1,7-dihydro- 4079
—, 2-[Hydroxy-phenoxy-phosphorylamino]-1,7-dihydro- 3925
—, 2-Methylamino-1,7-dihydro- 3893
—, 8-Methylamino-1,7-dihydro- 3927
—, 8-Methylamino-2-methylmercapto-1,7-dihydro- 4026
—, 1-Methyl-1,7-dihydro-,
 — imin 3564
—, 1-Methyl-2-methylamino-1,7-dihydro- 3893
—, 1-Methyl-2-methylamino-8-phenyl-1,7-dihydro- 3965
—, 2-[(*N*,*N*-Phthaloyl-glycyl)-amino]-9-[tetrakis-*O*-(*N*,*N*-phthaloyl-glycyl)-glucopyranosyl]-1,9-dihydro- 3923
—, 2-[(*N*,*N*-Phthaloyl-phenylalanyl)-amino]-9-[tetrakis-*O*-(*N*,*N*-phthaloyl-phenylalanyl)-glucopyranosyl]-1,9-dihydro- 3924
—, 2-[(*N*,*N*-Phthaloyl-valyl)-amino]-9-[tetrakis-*O*-(*N*,*N*-phthaloyl-valyl)-glucopyranosyl]-1,9-dihydro- 3924
—, 2-Piperidino-1,7-dihydro- 3897
—, 2-Propionylamino-1,7-dihydro- 3897

Purin-8-on
—, 2-Amino-7,9-dihydro- 3928
—, 6-Amino-7,9-dihydro- 3928
—, 6-Amino-1-oxy-7,9-dihydro- 3928
—, 2-Amino-6-styryl-7,9-dihydro- 3972
—, 2-Amino-6-thioxo-1,6,7,9-tetrahydro-3992
—, 2-Chlor-6-diäthylamino-7,9-dihydro-3929
—, 2-Chlor-6-[3-diäthylamino-propylamino]-7,9-dihydro- 3929
—, 2-Diäthylamino-6-[3-diäthylamino-propylamino]-7,9-dihydro- 3930
—, 6-Diäthylamino-2-[3-diäthylamino-propylamino]-7,9-dihydro- 3929
—, 2,6-Diamino-7,9-dihydro- 3929
—, 6-Dimethylamino-2-methansulfonyl-7,9-dihydro- 4026
—, 6-Methylamino-7,9-dihydro- 3929

Purin-1-oxid
—, 6-Amino-7(9)*H*- 3563
—, 2,6-Diamino-7(9)*H*- 3785

Purin-3-oxid
—, 6-Amino-7-methyl-7*H*- 3565

Purin-2-thion
—, 6-Amino-8-benzylmercapto-9-methyl-3,9-dihydro- 4026
—, 6-Amino-3,7-dihydro- 3889
—, 6-Amino-8-methylmercapto-9-phenyl-3,9-dihydro- 4026
—, 6-Amino-9-methyl-8-methylmercapto-3,9-dihydro- 4025
—, 6-Butylamino-3,7-dihydro- 3889
—, 6-Dimethylamino-3,7-dihydro- 3889
—, 6-Methylamino-3,7-dihydro- 3889

Purin-6-thion
—, 2-Äthylamino-1,7-dihydro- 3926
—, 2-Amino-9-benzyl-1,9-dihydro- 3927
—, 2-Amino-9-[4-brom-phenyl]-1,9-dihydro-3927
—, 2-Amino-9-butyl-1,9-dihydro- 3926
—, 2-Amino-8-[4-chlor-phenyl]-1,7-dihydro-3966
—, 2-Amino-9-[4-chlor-phenyl]-1,9-dihydro-3926
—, 2-Amino-1,7-dihydro- 3926
—, 8-Amino-1,7-dihydro- 3927
—, 2-Amino-9-methyl-1,9-dihydro- 3926
—, 2-Amino-9-phenyl-1,9-dihydro- 3926
—, 2-Amino-9-ribofuranosyl-1,9-dihydro- s. a. *6-Thio-guanosin*
—, 2-Anilino-1,7-dihydro- 3927
—, 2-Dimethylamino-1,7-dihydro- 3926
—, 2-Methylamino-1,7-dihydro- 3926
—, 8-Methylamino-1,7-dihydro- 3928
—, 2-Piperidino-1,7-dihydro- 3927

Purin-8-thion
—, 9-Äthyl-6-dimethylamino-2-methylmercapto-7,9-dihydro- 4026
—, 6-Amino-7,9-dihydro- 3929
—, 6-Amino-9-methyl-2-methylmercapto-7,9-dihydro- 4026
—, 6-[Benzyl-butyl-amino]-2-methylmercapto-7,9-dihydro- 4027
—, 2-Benzylmercapto-6-piperidino-7,9-dihydro- 4027
—, 6-Diäthylamino-2-methylmercapto-7,9-dihydro- 4027
—, 2,6-Diamino-7,9-dihydro- 3930
—, 6-Dimethylamino-2-methylmercapto-7,9-dihydro- 4026
—, 6-Methylamino-7,9-dihydro- 3929
—, 6-[*N*-Methyl-anilino]-2-methylmercapto-7,9-dihydro- 4027

Purin-2,6,8-trion
—, 7-Acetyl-4-amino-5-hydroxy-3,9-dimethyl-tetrahydro- 4037
—, 7-Acetyl-4-amino-5-hydroxy-1,3,9-trimethyl-tetrahydro- 4037
—, 7-Acetyl-4-anilino-5-hydroxy-3,9-dimethyl-tetrahydro- 4038
—, 7-Acetyl-5-hydroxy-3,9-dimethyl-4-piperidino-tetrahydro- 4038
—, 7-Acetyl-5-hydroxy-1,3,9-trimethyl-4-methylamino-tetrahydro- 4038
—, 5-Hydroxy-3,9-dimethyl-4-methylamino-tetrahydro- 4037
—, 5-Hydroxy-3,9-dimethyl-4-piperidino-tetrahydro- 4037

Purin-2,6,8-triyltriamin
—, 7(9)*H*- 3827
—, N^2,N^6,N^8-Tributyl-7(9)*H*- 3827
—, N^2,N^6,N^8-Trifurfuryl-7(9)*H*- 3827
—, N^2,N^6,N^8-Trihexyl-7(9)*H*- 3827

Purin-2-ylamin
—, 7(9)*H*- 3559
—, 6-Äthylmercapto-7(9)*H*- 3862
—, 6-Benzylmercapto-7(9)*H*- 3862
—, 6,8-Bis-trifluormethyl-7(9)*H*- 3752
—, 6-Brom-8-[4-chlor-phenyl]-7(9)*H*- 3771
—, 6-Brom-8-phenyl-7(9)*H*- 3771
—, 8-[2-Brom-phenyl]-6-chlor-7(9)*H*- 3771
—, 8-[4-Brom-phenyl]-6-chlor-7(9)*H*- 3771
—, 6-Butylmercapto-7(9)*H*- 3862
—, 6-Chlor-7(9)*H*- 3561
—, 6-[2-Chlor-benzylmercapto]-7(9)*H*- 3863
—, 6-[4-Chlor-benzylmercapto]-7(9)*H*- 3863
—, 6-Chlor-8-[2-chlor-phenyl]-7(9)*H*- 3771
—, 6-Chlor-8-[3-chlor-phenyl]-7(9)*H*- 3771
—, 6-Chlor-8-[4-chlor-phenyl]-7(9)*H*- 3771
—, 6-Chlor-8-[2,4-dichlor-phenyl]-7(9)*H*- 3771
—, 6-Chlor-8-phenyl-7(9)*H*- 3771
—, 8-[3-Chlor-phenyl]-6-hydrazino-7(9)*H*- 4088
—, 8-[4-Chlor-phenyl]-6-methylmercapto-7(9)*H*- 3869
—, 6-Chlor-8-*o*-tolyl-7(9)*H*- 3772
—, 6-[3,4-Dichlor-benzylmercapto]-7(9)*H*- 3863
—, 9-Furfuryl-6-methyl-9*H*- 3747
—, 6-Hydrazino-7(9)*H*- 4087
—, 6-Methyl-7(9)*H*- 3746
—, 6-[2-Methyl-benzylmercapto]-7(9)*H*- 3863
—, 6-[3-Methyl-benzylmercapto]-7(9)*H*- 3863
—, 6-[4-Methyl-benzylmercapto]-7(9)*H*- 3863
—, 6-Methylmercapto-7(9)*H*- 3862
—, 8-Phenyl-7(9)*H*- 3771
—, 8-Phenyl-6-piperidino-7(9)*H*- 3809
—, 9-Ribofuranosyl-9*H*- 3560
—, 6-Trifluormethyl-7(9)*H*- 3747

Purin-6-ylamin
—, 7(9)*H*- 3561
—, 9-[3-Acetylamino-3-desoxy-ribofuranosyl]-9*H*- 3696
—, 2-Äthoxy-9-methyl-9*H*- 3846
—, 2-Äthyl-7(9)*H*- 3751
—, 9-Äthyl-9*H*- 3567
—, 9-[*S*-Äthyl-3-chlor-3-desoxy-2-thio-arabinofuranosyl]-9*H*- 3595
—, 9-[*S*-Äthyl-2-thio-arabinofuranosyl]-9*H*- 3675
—, 9-[*S*-Äthyl-3-thio-xylofuranosyl]-9*H*- 3674
—, 2-[4-Amino-phenyl]-7(9)*H*- 3809
—, 9-Arabinofuranosyl-9*H*- 3601
—, 9-Arabinopyranosyl-2-methylmercapto-9*H*- 3851
—, 2-Benzyl-7(9)*H*- 3772
—, 9-Benzyl-9*H*- 3575
—, 9-[O^4,O^6-Benzyliden-glucopyranosyl]-9*H*- 3719
—, 2-Benzylmercapto-8-methylmercapto-9-phenyl-9*H*- 3875
—, 2-Benzylmercapto-9-methyl-8-methylmercapto-9*H*- 3873
—, 8-Benzylmercapto-9-methyl-2-methylmercapto-9*H*- 3873
—, 2-Benzyloxy-9-methyl-9*H*- 3846
—, 2,8-Bis-methylmercapto-9-phenyl-9*H*- 3875
—, 9-[6-Brom-6-desoxy-glucopyranosyl]-9*H*- 3686
—, 7(9)*H*,7′(9′)*H*-2,2′-Butandiyl-bis- 4266
—, 9-Butyl-9*H*- 3569
—, 2-Chlor-7(9)*H*- 3723
—, 8-Chlor-7(9)*H*- 3726
—, 2-Chlor-9-glucopyranosyl-9*H*- 3725
—, 2-Chlor-7-methyl-7*H*- 3723
—, 2-Chlor-9-methyl-9*H*- 3724
—, 8-[4-Chlor-phenyl]-7(9)*H*- 3771
—, 9-[2-Chlor-phenyl]-9*H*- 3574
—, 9-[4-Chlor-phenyl]-9*H*- 3574

Purin-6-ylamin (Fortsetzung)
—, 2-[3]Pyridyl-7(9)*H*- 4163
—, 9-Rhamnofuranosyl-9*H*- 3687
—, 9-Rhamnopyranosyl-9*H*- 3686
—, 7-Ribofuranosyl-7*H*- 3596
—, 9-Ribofuranosyl-9*H*- 3598
—, 9-Ribopyranosyl-9*H*- 3595
—, 9-[Tri-*O*-acetyl-6-brom-6-desoxy-glucopyranosyl]-9*H*- 3687
—, 9-[Tri-*O*-acetyl-*erythro*-6-desoxy-[2]hex-5-enulofuranosyl]-9*H*- 3689
—, 9-[O^2,O^3,O^4-Triacetyl-glucopyranosyl]-9*H*- 3691
—, 9-[Tri-*O*-acetyl-6-jod-6-desoxy-glucopyranosyl]-9*H*- 3687
—, 9-[O^2,O^3,O^4-Triacetyl-*S*-methyl-6-thio-glucopyranosyl]-9*H*- 3692
—, 9-[O^2,O^3,O^4-Triacetyl-O^6-(toluol-4-sulfonyl)-glucopyranosyl]-9*H*- 3691
—, 9-[Tri-*O*-acetyl-xylopyranosyl]-9*H*- 3596
—, 9-[Tri-*O*-benzoyl-*erythro*-6-desoxy-[2]hex-5-enulofuranosyl]-9*H*- 3690
—, 2-Trifluormethyl-7(9)*H*- 3746
—, 8-Trifluormethyl-7(9)*H*- 3748
—, 9-[O^5-Trityl-xylofuranosyl]-9*H*- 3603
—, 9-Xylofuranosyl-9*H*- 3602
—, 9-Xylopyranosyl-9*H*- 3596
Purin-8-ylamin
—, 7(9)*H*- 3730
Puromycin 3704
—, *N*-Acetyl- 3704
—, *N*-Benzyloxycarbonyl- 3705
—, *N*-Phenylthiocarbamoyl- 3705
—, *N*,*N*-Phthaloyl- 3704
Pyrazin
—, 1,4-Diamino-2,3,5,6-tetra-[2]pyridyl-1,4-dihydro- 4196
—, 2,5-Di-chinoxalin-2-yl-1,4-bis-[2,4-dimethyl-phenyl]-1,4-dihydro- 4195
—, 2,5-Di-chinoxalin-2-yl-1,4-diphenyl-1,4-dihydro- 4194
—, 2,5-Di-chinoxalin-2-yl-1,4-di-*p*-tolyl-1,4-dihydro- 4194
—, Tetrakis-[6-methyl-[2]pyridyl]- 4197
—, Tetra-[2]pyridyl- 4196
—, [1*H*-[1,2,3,4]Tetrazol-5-yl]- 4184
Pyrazin-1,4-diyldiamin
—, 2,3,5,6-Tetra-[2]pyridyl- 4196
Pyrazino[2,3-*b*;5,6-*b'*]dichinoxalin
—, 6,13-Dihydro- 4192
—, 1,4,8,11-Tetrabutoxy-6,13-dihydro- 4206
—, 1,4,9,10-Tetrabutoxy-6,13-dihydro- 4206
Pyrazino[2,3-*g*]pteridin-4,7,8-triol
—, 2-Amino- s. *Pyrazino[2,3-*g*]pteridin-4,7,8-trion, 2-Amino-6,9-dihydro-3*H*-
Pyrazino[2,3-*g*]pteridin-4,7,8-trion
—, 2-Amino-6,9-dihydro-3*H*- 4236
Pyrazol-3-carbonsäure
—, 1-[4-(4-*tert*-Butyl-phenoxy)-phenyl]-4-{[4-methoxy-phenyl]-[3-oxo-2-phenyl-5-(2-phenyl-butyrylamino)-2,3-dihydro-1*H*-pyrazolo-4-yl]-methyl}-5-oxo-2,5-dihydro-1*H*-,
— [4-(4-*tert*-butyl-phenoxy)-anilid] 4065
Pyrazol-3,5-dicarbonsäure
—, 4-[8,12-Bis-(2-methoxycarbonyl-äthyl)-3,7,13,18-tetramethyl-porphyrin-2-yl]-4,5-dihydro-1*H*-,
— dimethylester 4225
—, 4-[13,17-Bis-(2-methoxycarbonyl-äthyl)-3,8,12,18-tetramethyl-porphyrin-2-yl]-4,5-dihydro-1*H*-,
— dimethylester 4225
—, 4-[7,12-Diäthyl-18-(2-methoxycarbonyl-äthyl)-3,8,13,17-tetramethyl-porphyrin-2-yl]-4,5-dihydro-1*H*-,
— dimethylester 4224
Pyrazolidin-3,5-dion
—, 1,2,1',2'-Tetraphenyl-4,4'-[*N*-methyl-anilinomethylen]-bis- 4021
Pyrazolium
—, 4-[(4-Dimethylamino-phenyl)-(1,5-dimethyl-3-oxo-2-phenyl-2,3-dihydro-1*H*-pyrazol-4-yl)-methylen]-1,5-dimethyl-3-oxo-2-phenyl-3,4-dihydro-2*H*- 4016
Pyrazol-3-on
—, 5,5'-Bis-{3-[2-(2,4-di-*tert*-pentyl-phenoxy)-acetylamino]-benzoylamino}-2,2'-bis-[2,4,6-trichlor-phenyl]-1,2,1',2'-tetrahydro-4,4'-benzyliden-bis- 4013
—, 5,5'-Bis-{3-[2-(2,4-di-*tert*-pentyl-phenoxy)-acetylamino]-benzoylamino}-2,2'-bis-[2,4,6-trichlor-phenyl]-1,2,1',2'-tetrahydro-4,4'-[2-chlor-benzyliden]-bis- 4013
—, 5,5'-Bis-{3-[2-(2,4-di-*tert*-pentyl-phenoxy)-acetylamino]-benzoylamino}-2,2'-bis-[2,4,6-trichlor-phenyl]-1,2,1',2'-tetrahydro-4,4'-[4-chlor-benzyliden]-bis- 4013
—, 5,5'-Bis-{3-[2-(2,4-di-*tert*-pentyl-phenoxy)-acetylamino]-benzoylamino}-2,2'-bis-[2,4,6-trichlor-phenyl]-1,2,1',2'-tetrahydro-4,4'-[4-hydroxy-benzyliden]-bis- 4035
—, 5,5'-Bis-{3-[2-(2,4-di-*tert*-pentyl-phenoxy)-acetylamino]-benzoylamino}-2,2'-bis-[2,4,6-trichlor-phenyl]-1,2,1',2'-tetrahydro-4,4'-[4-hydroxy-3,5-dimethoxy-benzyliden]-bis- 4046
—, 5,5'-Bis-{3-[2-(2,4-di-*tert*-pentyl-phenoxy)-acetylamino]-benzoylamino}-2,2'-bis-[2,4,6-trichlor-phenyl]-1,2,1',2'-tetrahydro-4,4'-[4-methoxy-benzyliden]-bis- 4035

Pyrazolo[3,4-*d*]pyrimidin-4,6-diyldiamin
—, 1(2)*H*- 3782
—, N^4-Benzyl-N^6,N^6-dimethyl-1(2)*H*- 3784
—, N^4,N^6-Bis-[4-brom-phenyl]-1-methyl-1*H*- 3784
—, N^4,N^6-Bis-[2-chlor-phenyl]-1-methyl-1*H*- 3784
—, N^4,N^6-Bis-[3-chlor-phenyl]-1-methyl-1*H*- 3784
—, N^4,N^6-Bis-[4-chlor-phenyl]-1-methyl-1*H*- 3784
—, N^4,N^6-Bis-[2-diäthylamino-äthyl]-1-phenyl-1*H*- 3784
—, N^4,N^6-Bis-[2,4-dimethyl-phenyl]-1-methyl-1*H*- 3784
—, N^4,N^6-Diäthyl-1(2)*H*- 3783
—, N^4,N^6-Diäthyl-1-methyl-1*H*- 3783
—, N^4,N^6-Dibutyl-1(2)*H*- 3783
—, N^4,N^6-Dimethyl-1(2)*H*- 3783
—, N^4,N^6-Dimethyl-1-phenyl-1*H*- 3784
—, N^4,N^6-Dipropyl-1(2)*H*- 3783
—, 1-Methyl-1*H*- 3783
—, 1-Methyl-N^4,N^6-diphenyl-1*H*- 3784
—, 1,N^4,N^4,N^6,N^6-Pentamethyl-1*H*- 3783
—, 1-Phenyl-1*H*- 3783
—, N^4,N^4,N^6,N^6-Tetramethyl-1(2)*H*- 3783
—, N^4,N^6,N^6-Trimethyl-1(2)*H*- 3783
—, 1,N^4,N^6-Trimethyl-N^4,N^6-diphenyl-1*H*- 3784

Pyrazolo[4,3-*d*]pyrimidin-3,5-diyldiamin
—, 7-Methyl-1*H*- 3796

Pyrazolo[4,3-*d*]pyrimidin-5,7-diyldiamin
—, 1(2)*H*- 3782
—, N^7,N^7-Dimethyl-1(2)*H*- 3782
—, N^7-Isopropyl-1(2)*H*- 3782

Pyrazolo[3,4-*d*]pyrimidinium
—, 4-Amino-5-butyl-3-cyanmethyl-1-methyl-1*H*-,
— betain 4047
—, 4-Amino-5-butyl-3-cyanmethyl-1-phenyl-1*H*-,
— betain 4047
—, 4,5-Diamino-3-cyanmethyl-1-methyl-1*H*-,
— betain 4047
—, 4,5-Diamino-3-cyanmethyl-1-phenyl-1*H*-,
— betain 4047

Pyrazolo[3,4-*d*]pyrimidin-4-on
—, 6-Amino-1,5-dihydro- 3884, 3885
—, 6-Amino-1-methyl-1,5-dihydro- 3885
—, 6-Dimethylamino-1,5-dihydro- 3886
—, 6-[3-Dimethylamino-propylamino]-1,5-dihydro- 3886
—, 6-Hydrazino-1,5-dihydro- 4079
—, 6-Methylamino-1,5-dihydro- 3886
—, 6-Propylamino-1,5-dihydro- 3886

Pyrazolo[3,4-*d*]pyrimidin-6-on
—, 4-Amino-1-[4-chlor-phenyl]-1,7-dihydro- 3885
—, 4-Amino-1,7-dihydro- 3884
—, 4-Amino-1-methyl-1,7-dihydro- 3885
—, 4-Dimethylamino-1,7-dihydro- 3885

Pyrazolo[4,3-*d*]pyrimidin-5-on
—, 7-[Benzyl-methyl-amino]-1,4-dihydro- 3884
—, 7-Dimethylamino-1,4-dihydro- 3884

Pyrazolo[4,3-*d*]pyrimidin-7-on
—, 5-Amino-1,6-dihydro- 3884

Pyrazolo[3,4-*d*]pyrimidin-4-thion
—, 6-Amino-1,5-dihydro- 3886
—, 6-Dimethylamino-1,5-dihydro- 3886
—, 6-Methylamino-1,5-dihydro- 3886

Pyrazolo[3,4-*d*]pyrimidin-6-thion
—, 4-Amino-1,7-dihydro- 3885
—, 4-Amino-1-methyl-1,7-dihydro- 3885

Pyrazolo[3,4-*d*]pyrimidin-4-ylamin
—, 1(2)*H*- 3541
—, 3-[2-Amino-äthyl]-1-methyl-1*H*- 3797
—, 1-[4-Brom-phenyl]-1*H*- 3548
—, 6-Chlor-1(2)*H*- 3556
—, 6-Chlor-1-methyl-1*H*- 3556
—, 1-[2-Chlor-phenyl]-1*H*- 3548
—, 1-[4-Chlor-phenyl]-1*H*- 3548
—, 1-[2-Chlor-phenyl]-6-methyl-1*H*- 3737
—, 1-[4-Chlor-phenyl]-6-methyl-1*H*- 3737
—, 1-Cyclohexyl-1*H*- 3547
—, 1,3-Dimethyl-1*H*- 3736
—, 1,6-Dimethyl-1*H*- 3737
—, 1-Isopropyl-1*H*- 3543
—, 2-Isopropyl-2*H*- 3543
—, 6-Methoxy-1-methyl-1*H*- 3845
—, 1-Methyl-1*H*- 3541
—, 2-Methyl-2*H*- 3541
—, 3-Methyl-1(2)*H*- 3736
—, 6-Methyl-1(2)*H*- 3737
—, 6-Methylmercapto-1(2)*H*- 3845
—, 3-Methyl-1-phenyl-1*H*- 3736
—, 6-Methyl-1-phenyl-1*H*- 3737
—, 6-Methyl-1-*p*-tolyl-1*H*- 3740
—, 1-[4-Nitro-phenyl]-1*H*- 3548
—, 1-Phenyl-1*H*- 3548
—, 1-[O^5-Phosphono-ribofuranosyl]-1*H*- 3555
—, 1-*p*-Tolyl-1*H*- 3551

Pyrazolo[3,4-*d*]pyrimidin-6-ylamin
—, 4-Methylmercapto-1(2)*H*- 3845

Pyrazolo[4,3-*d*]pyrimidin-5-ylamin
—, 7-Äthyl-1(2)*H*- 3749
—, 7-Äthyl-3-methyl-1(2)*H*- 3753
—, 7-Benzylmercapto-1(2)*H*- 3844
—, 3,7-Dimethyl-1(2)*H*- 3750
—, 7-Methyl-1(2)*H*- 3735
—, 7-Methylmercapto-1(2)*H*- 3844
—, 7-Phenyl-1(2)*H*- 3770
—, 7-Piperidino-1(2)*H*- 3782

Pyrazolo[4,3-*d*]pyrimidin-7-ylamin
—, 1(2)*H*- 3540
—, 3-Methyl-1(2)*H*- 3734

Pyridinium (Fortsetzung)
—, 1-[O^5-(2-Adenosin-5′-yloxy-1,2-dihydroxy-diphosphoryl)-ribofuranosyl]-4-carbazoyl-,
— betain 3648
—, 1-[O^5-(2-Adenosin-5′-yloxy-1,2-dihydroxy-diphosphoryl)-ribofuranosyl]-3-carboxy-,
— betain 3643
—, 1-[O^5-(2-Adenosin-5′-yloxy-1,2-dihydroxy-diphosphoryl)-ribofuranosyl]-3-[(2,4-dinitro-phenylhydrazono)-methyl]-,
— betain 3636
—, 1-[O^5-(2-Adenosin-5′-yloxy-1,2-dihydroxy-diphosphoryl)-ribofuranosyl]-3-formyl-,
— betain 3636
—, 1-[O^5-(2-Adenosin-5′-yloxy-1,2-dihydroxy-diphosphoryl)-ribofuranosyl]-3-hydroxycarbamoyl-,
— betain 3647
—, 1-[O^5-(2-Adenosin-5′-yloxy-1,2-dihydroxy-diphosphoryl)-ribofuranosyl]-3-[hydroxyimino-methyl]-,
— betain 3636
—, 1-[O^5-(2-Adenosin-5′-yloxy-1,2-dihydroxy-diphosphoryl)-ribofuranosyl]-3-isobutyryl-,
— betain 3637
—, 1-[O^5-(2-Adenosin-5′-yloxy-1,2-dihydroxy-diphosphoryl)-ribofuranosyl]-3-thiocarbamoyl-,
— betain 3648
—, 2-Amino-5-carbamoyl-1-{O^5-[1,2-dihydroxy-2-($O^{2'}$-phosphono-adenosin-5′-yloxy)-diphosphoryl]-ribofuranosyl}-,
— betain 3673
—, 1-[2-Amino-4-oxo-3,4-dihydro-pteridin-6-ylmethyl]- 3942
—, 1-{1-[8,12-Bis-(2-carboxy-äthyl)-17-(1-hydroxy-äthyl)-3,7,13,18-tetramethyl-porphyrin-2-yl]-äthyl}- 4051
—, 1-{1-[13,17-Bis-(2-carboxy-äthyl)-7-(1-hydroxy-äthyl)-3,8,12,18-tetramethyl-porphyrin-2-yl]-äthyl}- 4051
—, 3-Carbamoyl-1-{O^5-[1,2-dihydroxy-2-($O^{2'}$-phosphono-adenosin-5′-yloxy)-diphosphoryl]-ribofuranosyl}-,
— betain 3672
—, 3-Carbamoyl-1-{O^5-[1,2-dihydroxy-2-($O^{3'}$-phosphono-adenosin-5′-yloxy)-diphosphoryl]-ribofuranosyl}-,
— betain 3669
—, 1,1′-[1,5-Dihydro-benzo[1,2-*d*;4,5-*d*′]diimidazol-2,6-diyldimethyl]-bis- 3807
—, 1-[1,3-Dimethyl-2,6-dioxo-2,3,6,7-tetrahydro-1*H*-purin-8-ylmethyl]- 3997
—, 4-[2,3-Diphenyl-tetrazolium-5-yl]-1-methyl- 4111
—, 1-[7(9)*H*-Purin-6-ylmethyl]- 3747

Pyrido[2,3-*b*;4,5-*b*′]dichinoxalin 4120
—, 6-Methyl-6,7-dihydro- 4120

Pyrido[2,3-*d*;6,5-*d*′]dipyrimidin-2,4,6,8-tetraol
s. *Pyrido[2,3-*d*;6,5-*d*′]dipyrimidin-2,4,6,8-tetraon, 1*H*,9*H*-*

Pyrido[2,3-*d*;6,5-*d*′]dipyrimidin-2,4,6,8-tetraon
—, 1*H*,9*H*- 4149
—, 1,3,7,9-Tetramethyl-1*H*,9*H*- 4149

Pyrido[3,2-*g*]pteridin-2,4-diol
s. *Pyrido[3,2-*g*]pteridin-2,4-dion, 1*H*-*

Pyrido[3,2-*g*]pteridin-2,4-dion
—, 1*H*- 4144
—, 7-Chlor-1*H*- 4144
—, 10-Cyclohexyl-10*H*- 4144
—, 10-Phenyl-10*H*- 4144
—, 10-Propyl-10*H*- 4144

Pyrido[3′,2′:5,6]pyrazino[2,3-*c*]isochinolin-5,9-diyldiamin 3816

Pyrido[3′,2′:5,6]pyrazino[2,3-*c*]isochinolin-5-on
—, 9-Amino-6*H*- 3973

Pyrido[2,3-*d*]pyrimidin-4-on
—, 2-[2-Amino-[3]pyridyl]-3*H*- 3972

Pyrido[2,3-*d*]pyrimidin-4-ylamin
—, 2-[2-Amino-[3]pyridyl]- 3813

Pyrido[3,2-*c*]tetrazolo[2,3-*a*]cinnolinylium
—, 2-Phenyl- 4121

Pyrido[4,3-*c*]tetrazolo[2,3-*a*]cinnolinylium
—, 10-Methyl-2-phenyl- 4121
—, 2-Phenyl- 4120

Pyrido[2,3-*d*][1,2,4]triazolo[4,3-*b*]pyridazin
—, 6-Hydrazino- 4181

Pyrido[3,2-*d*][1,2,4]triazolo[4,3-*b*]pyridazin
—, 6-Hydrazino- 4181

Pyrido[2,3-*d*][1,2,4]triazolo[4,3-*b*]pyridazin-6-on
—, 5*H*-,
— hydrazon s. *Pyrido[2,3-*d*]=[1,2,4]triazolo[4,3-*b*]pyridazin, 6-Hydrazino-*

Pyrimidin-4,6-dion
—, 2,2′-Diamino-1*H*,1′*H*-5,5′-benzyliden-bis- 4023
—, 2,2′-Diamino-1*H*,1′*H*-5,5′-[3-hydroxy-benzyliden]-bis- 4046

Pyrimidin-4,5-diyldiamin
—, 6-[1*H*-Tetrazol-5-yl]- 4230

Pyrimidin-4,6-diyldiamin
—, 5,5′-Dinitroso-2,2′-butandiyl-bis- 3842
—, 5,5′-Dinitroso-2,2′-methandiyl-bis- 3842

Pyrimido[4,5-*g*]chinazolin-2,7-diyldiamin
—, 4,9-Dimethyl- 3812

Pyrimido[4,5-*b*]chinolin-4-on
—, 2-[2-Amino-[3]chinolyl]-3*H*- 3977

Pyrimido[4,5-*b*]chinolin-4-ylamin
—, 2-[2-Amino-[3]chinolyl]- 3826

Pyrimido[4″,5″:2′,3′][1,4]diazepino[6′,5′:3,4]=pyrrolo[1,2-*f*]pteridin-1,12-dion
—, 3,10-Diamino-14-methyl-5,6,6a,6b,7,8-hexahydro-2*H*- 4266

Q

R

S

Tetrazolium (Fortsetzung)
—, 5-Amino-1-cyclohexylmethyl-4-[3,4-dichlor-benzyl]- 3499
  — betain 3499
—, 5-Amino-1-cyclohexylmethyl-4-[3-nitro-benzyl]- 3499
  — betain 3499
—, 5-Amino-1-cyclohexylmethyl-4-[4-nitro-benzyl]- 3499
—, 5-Amino-1-cyclohexylmethyl-4-phenäthyl- 3502
—, 5-Amino-1-cyclohexylmethyl-4-[3-phenyl-propyl]- 3504
—, 5-Amino-1-cyclohexyl-4-[3-nitro-benzyl]-3498
—, 5-Amino-1-cyclohexyl-4-[4-nitro-benzyl]-3498
—, 5-Amino-1-cyclohexyl-4-phenäthyl-3502
—, 5-Amino-1-cyclohexyl-4-[3-phenyl-propyl]- 3504
—, 5-Amino-1-cyclohexyl-4-[2-phthalimido-äthyl]- 3521
—, 5-Amino-1,4-dibenzyl- 3500
  — betain 3500
—, 5-Amino-1,4-dibutyl- 3479
—, 5-Amino-1-[2,4-dichlor-benzyl]-4-nonyl-3497
—, 5-Amino-1-[2,4-dichlor-benzyl]-4-octyl-3497
—, 5-Amino-1-[3,4-dichlor-benzyl]-4-octyl-3497
—, 5-Amino-1-[3,4-dichlor-benzyl]-4-tetradecyl- 3498
—, 5-Amino-1,3-dimethyl- 3472
  — betain 3472
—, 5-Amino-1,4-dimethyl- 3472
  — betain 3472
—, 5-Amino-1,4-dipropyl- 3477
—, 5-Amino-1-heptadecyl-4-[4-methyl-benzyl]- 3503
—, 5-Amino-1-heptyl-4-methyl- 3481
  — betain 3481
—, 5-Amino-1-hexyl-4-phenäthyl- 3502
—, 5-Amino-1-hexyl-4-[3-phenyl-propyl]-3503
—, 5-Amino-1-[2-hydroxy-5-nitro-benzyl]-4-octyl- 3507
—, 5-Amino-1-isobutyl-4-methyl- 3479
  — betain 3479
—, 5-Amino-1-[4-methoxy-benzyl]-4-octyl-3508
—, 5-Amino-1-[2-methyl-benzyl]-4-octyl-3502
—, 5-Amino-1-[3-methyl-benzyl]-4-octyl-3503
—, 5-Amino-1-[4-methyl-benzyl]-4-octyl-3503
—, 5-Amino-1-[3-methyl-benzyl]-4-pentadecyl- 3503
—, 5-Amino-1-methyl-4-octyl- 3482
  — betain 3482
—, 5-Amino-1-methyl-4-phenyl- 3489
  — betain 3489
—, 5-Amino-1-methyl-4-vinyl- 3483
—, 5-Amino-1-[4-nitro-benzyl]-4-octyl-3497
—, 5-Amino-1-octyl-4-phenäthyl- 3502
—, 5-Amino-1-octyl-4-[3-phenyl-propyl]-3504
—, 5-Amino-1-pentyl-4-[3-phenyl-propyl]-3503
—, 5-[4-Amino-phenyl]-2,3-diphenyl- 3758
—, 5-Benzolsulfonylamino-1-benzyl-4-butyl-,
  — betain 3524
—, 5-Benzolsulfonylamino-1-benzyl-4-methyl-,
  — betain 3524
—, 5-Benzolsulfonylamino-1-benzyl-4-phenäthyl-,
  — betain 3524
—, 5-Benzolsulfonylamino-1,4-dibenzyl-,
  — betain 3524
—, 5-Benzolsulfonylamino-1,4-dibutyl-,
  — betain 3524
—, 5-Benzolsulfonylamino-1,4-dimethyl-,
  — betain 3524
—, 5-Benzolsulfonylamino-1,4-dipropyl-,
  — betain 3524
—, 5-Benzoylamino-1,4-dibenzyl-,
  — betain 3514
—, 1-Benzyl-5-benzylamino-4-phenyl-,
  — betain 3501
—, 1-Benzyl-4-butyl-5-[*N'*-phenyl-thioureido]-,
  — betain 3517
—, 1-Benzyl-4-[2-cyclohexyl-äthyl]-5-[*N'*-phenyl-thioureido]-,
  — betain 3518
—, 1-Benzyl-4-cyclohexylmethyl-5-[*N'*-phenyl-thioureido]-,
  — betain 3517
—, 1-Benzyl-4-cyclohexyl-5-[*N'*-phenyl-thioureido]-,
  — betain 3517
—, 1-Benzyl-3-methyl-5-[*N'*-phenyl-thioureido]-,
  — betain 3516
—, 1-Benzyl-4-methyl-5-[*N'*-phenyl-thioureido]-,
  — betain 3516
—, 3-Benzyl-1-methyl-5-[*N'*-phenyl-thioureido]-,
  — betain 3517
—, 1-Benzyl-4-phenäthyl-5-[*N'*-phenyl-thioureido]-,
  — betain 3519
—, 1-Benzyl-5-[*N'*-phenyl-thioureido]-4-propyl-,
  — betain 3517

Tetrazolium (Fortsetzung)
—, 1-Benzyl-4-propyl-5-[toluol-4-sulfonylamino]-,
— betain 3524
—, 2,2′-Bis-[4-äthoxycarbonyl-phenyl]-3,3′-diphenyl-5,5′-*p*-phenylen-bis- 4250
—, 2,3-Bis-[4-brom-phenyl]-5-[2]chinolyl- 4116
—, 2,3-Bis-[4-brom-phenyl]-5-chinoxalin-2-yl- 4189
—, 2-[2]Chinolyl-3-[6]chinolyl-5-[2]pyridyl- 4111
—, 2-[2]Chinolyl-3-[6]chinolyl-5-[4]pyridyl- 4113
—, 2-[2]Chinolyl-3-[4-chlor-phenyl]-5-[2]pyridyl- 4110
—, 2-[2]Chinolyl-3-[4-chlor-phenyl]-5-[4]pyridyl- 4112
—, 5-[2]Chinolyl-2,3-diphenyl- 4116
—, 1-[2-Chlor-benzyl]-4-[2-cyclohexyl-äthyl]-5-[*N*′-phenyl-thioureido]-,
— betain 3518
—, 1-[4-Chlor-benzyl]-4-[2-cyclohexyl-äthyl]-5-[*N*′-phenyl-thioureido]-,
— betain 3518
—, 1-[2-Chlor-benzyl]-4-cyclohexylmethyl-5-[*N*′-phenyl-thioureido]-,
— betain 3518
—, 1-[4-Chlor-benzyl]-4-cyclohexylmethyl-5-[*N*′-phenyl-thioureido]-,
— betain 3518
—, 1-[2-Chlor-benzyl]-4-cyclohexyl-5-[*N*′-phenyl-thioureido]-,
— betain 3517
—, 1-[4-Chlor-benzyl]-4-cyclohexyl-5-[*N*′-phenyl-thioureido]-,
— betain 3517
—, 2-[4-Chlor-phenyl]-3-[2]pyridyl-5-[4]pyridyl- 4112
—, 1-[2-Cyclohexyl-äthyl]-4-[2,4-dichlor-benzyl]-5-[*N*′-phenyl-thioureido]-,
— betain 3518
—, 1-[2-Cyclohexyl-äthyl]-4-[3,4-dichlor-benzyl]-5-[*N*′-phenyl-thioureido]-,
— betain 3518
—, 1-[2-Cyclohexyl-äthyl]-4-[3-nitro-benzyl]-5-[*N*′-phenyl-thioureido]-,
— betain 3518
—, 1-[2-Cyclohexyl-äthyl]-4-[4-nitro-benzyl]-5-[*N*′-phenyl-thioureido]-,
— betain 3518
—, 1-[2-Cyclohexyl-äthyl]-4-phenäthyl-5-[*N*′-phenyl-thioureido]-,
— betain 3519
—, 1-[2-Cyclohexyl-äthyl]-4-[3-phenyl-propyl]-5-[*N*′-phenyl-thioureido]-,
— betain 3519
—, 1-Cyclohexyl-4-[2,4-dichlor-benzyl]-5-[*N*′-phenyl-thioureido]-,
— betain 3517
—, 1-Cyclohexyl-4-[3,4-dichlor-benzyl]-5-[*N*′-phenyl-thioureido]-,
— betain 3517
—, 1-Cyclohexylmethyl-4-[2,4-dichlor-benzyl]-5-[*N*′-phenyl-thioureido]-,
— betain 3518
—, 1-Cyclohexylmethyl-4-[3,4-dichlor-benzyl]-5-[*N*′-phenyl-thioureido]-,
— betain 3518
—, 1-Cyclohexylmethyl-4-[3-nitro-benzyl]-5-[*N*′-phenyl-thioureido]-,
— betain 3518
—, 1-Cyclohexylmethyl-4-[4-nitro-benzyl]-5-[*N*′-phenyl-thioureido]-,
— betain 3518
—, 1-Cyclohexylmethyl-4-phenäthyl-5-[*N*′-phenyl-thioureido]-,
— betain 3519
—, 1-Cyclohexylmethyl-4-[3-phenyl-propyl]-5-[*N*′-phenyl-thioureido]-,
— betain 3519
—, 1-Cyclohexyl-4-methyl-5-[*N*′-phenyl-thioureido]-,
— betain 3516
—, 1-Cyclohexyl-4-[3-nitro-benzyl]-5-[*N*′-phenyl-thioureido]-,
— betain 3517
—, 1-Cyclohexyl-4-[4-nitro-benzyl]-5-[*N*′-phenyl-thioureido]-,
— betain 3517
—, 1-Cyclohexyl-4-phenäthyl-5-[*N*′-phenyl-thioureido]-,
— betain 3519
—, 1-Cyclohexyl-4-[3-phenyl-propyl]-5-[*N*′-phenyl-thioureido]-,
— betain 3519
—, 1,4-Diäthyl-5-amino-,
— betain 3476
—, 1,4-Diäthyl-5-benzolsulfonylamino-,
— betain 3524
—, 1,4-Diäthyl-5-methylamino- 3476
— betain 3476
—, 1,4-Diäthyl-5-[*N*′-phenyl-thioureido]-,
— betain 3515
—, 1,4-Dibenzyl-5-nitrosoamino-,
— betain 4094
—, 1,4-Dibenzyl-5-[*N*′-phenyl-thioureido]-,
— betain 3519
—, 1,4-Dibutyl-5-[*N*′-phenyl-thioureido]-,
— betain 3515
—, 1,4-Dimethyl-5-methylamino- 3474
— betain 3474
—, 1,3-Dimethyl-5-[*N*′-phenyl-thioureido]-,
— betain 3515
—, 1,4-Dimethyl-5-[*N*′-phenyl-thioureido]-,
— betain 3515
—, 5-[3,5-Dinitro-benzoylamino]-1-methyl-4-octyl-,
— betain 3513
—, 5-[2,6-Dioxo-1,2,3,6-tetrahydro-pyrimidin-4-yl]-2,3-diphenyl- 4208

Tetrazolium (Fortsetzung)
—, 2,2'-Diphenyl-3,3'-bis-[4-phenylazo-phenyl]-5,5'-äthandiyl-bis- 4248
—, 2,2'-Diphenyl-3,3'-bis-[4-phenylazo-phenyl]-5,5'-hexandiyl-bis- 4249
—, 3,3'-Diphenyl-5,5'-bis-[2-phthalimido-äthyl]-2,2'-[3,3'-dimethoxy-biphenyl-4,4'-diyl]-bis- 3536
—, 3,3'-Diphenyl-5,5'-bis-[2-phthalimido-äthyl]-2,2'-[3,3'-dimethyl-biphenyl-4,4'-diyl]-bis- 3536
—, 3,3'-Diphenyl-5,5'-bis-phthalimidomethyl-2,2'-[3,3'-dimethoxy-biphenyl-4,4'-diyl]-bis- 3532
—, 3,3'-Diphenyl-5,5'-bis-phthalimidomethyl-2,2'-[3,3'-dimethyl-biphenyl-4,4'-diyl]-bis- 3532
—, 3,3'-Diphenyl-5,5'-di-[2]pyridyl-2,2'-[3,3'-dimethoxy-biphenyl-4,4'-diyl]-bis- 4110
—, 3,3'-Diphenyl-5,5'-di-[4]pyridyl-2,2'-[3,3'-dimethoxy-biphenyl-4,4'-diyl]-bis- 4112
—, 2,3-Diphenyl-5-phenylazo- 4089
—, 2,3-Diphenyl-5-[2-phenyl-2*H*-[1,2,3]triazol-4-yl]- 4240
—, 2,3-Diphenyl-5-[2]pyridyl- 4110
—, 2,3-Diphenyl-5-[4]pyridyl- 4111
—, 2,3-Diphenyl-5-[4-sulfanilylamino-phenyl]- 3759
—, 3,3'-Di-[2]pyridyl-5,5'-di-[4]pyridyl-2,2'-[3,3'-dimethoxy-biphenyl-4,4'-diyl]-bis- 4112
—, 1-Heptyl-4-methyl-5-[*N*'-phenyl-thioureido]-,
— betain 3516
—, 1-Isobutyl-4-methyl-5-[*N*'-phenyl-thioureido]-,
— betain 3515
—, 2-[4-Methoxy-phenyl]-3-phenyl-5-[4]pyridyl- 4112
—, 1-Methyl-5-methylamino-4-phenyl- 3489
— betain 3489
—, 1-Methyl-4-octyl-5-[*N*'-phenyl-thioureido]-,
— betain 3516
—, 1-Methyl-4-phenyl-5-[*N*'-phenyl-thioureido]-,
— betain 3516
—, 2-Phenyl-3-[4-phenylazo-phenyl]-5-[4]pyridyl- 4112
—, 2-Phenyl-3-[2]pyridyl-5-[4]pyridyl- 4112
—, 2-Phenyl-5-[4]pyridyl-3-stilben-4-yl- 4112
—, 5-[*N*'-Phenyl-thioureido]-1,4-dipropyl-,
— betain 3515
—, 2,3,2',3'-Tetraphenyl-5,5'-äthandiyl-bis- 4248
—, 2,3,2',3'-Tetraphenyl-5,5'-hexandiyl-bis- 4249
—, 2,3,2',3'-Tetraphenyl-5,5'-*p*-phenylen-bis- 4250
—, 3,5,3',5'-Tetra-[2]pyridyl-2,2'-[3,3'-dimethoxy-biphenyl-4,4'-diyl]-bis- 4110

Tetrazoloazepin-9-ylamin
—, 6,7,8,9-Tetrahydro-5*H*- 3536

Tetrazolo[1,5-*a*]benzimidazol
s. *Benz[4,5]imidazo[1,2-*d*]tetrazol*

Tetrazolo[1,5-*a*]chinazolin
—, 5-Äthoxy- 4126
—, 5-Anilino-6,7,8,9-tetrahydro- 4162
—, 5-Azido- 4115
—, 5-Chlor- 4115
—, 5-Chlor-6,7,8,9-tetrahydro- 4114
—, 6,7,8,9-Tetrahydro- 4113

Tetrazolo[1,5-*a*]chinazolin-5-ol
s. *Tetrazolo[1,5-*a*]chinazolin-5-on, 4*H-

Tetrazolo[5,1-*b*]chinazolin-9-ol
s. *Tetrazolo[5,1-*b*]chinazolin-9-on, 4*H-

Tetrazolo[1,5-*a*]chinazolin-5-on
—, 4*H*- 4135
—, 6,7,8,9-Tetrahydro-4*H*- 4134

Tetrazolo[5,1-*b*]chinazolin-9-on
—, 5,6,7,8-Tetrahydro-4*H*- 4134

Tetrazolo[1,5-*a*]chinolinium
—, 3-Äthyl-5-[1-äthyl-1*H*-[2]chinolyl=idenmethyl]-3*H*- 4121
—, 3-Äthyl-5-[4-dimethylamino-styryl]- 3775

Tetrazolo[1,5-*a*]chinoxalin
—, 4-Azido- 4115

Tetrazolo[1,5-*a*]chinoxalin-4-ol
s. *Tetrazolo[1,5-*a*]chinoxalin-4-on, 5*H-

Tetrazolo[1,5-*a*]chinoxalin-4-on
—, 5*H*- 4135

Tetrazolon
—, 1-Äthyl-4-[1-äthyl-propyl]-1,4-dihydro-,
— imin 3480
—, 1-Äthyl-4-benzyl-1,4-dihydro-,
— imin 3494
—, 1-Äthyl-4-butyl-1,4-dihydro-,
— imin 3478
—, 1-Äthyl-4-cyclohexyl-1,4-dihydro-,
— imin 3485
—, 1-Äthyl-4-heptyl-1,4-dihydro-,
— imin 3482
—, 1-Äthyl-4-isobutyl-1,4-dihydro-,
— imin 3479
—, 1-Äthyl-4-isopentyl-1,4-dihydro-,
— imin 3481
—, 1-Äthyl-4-isopropyl-1,4-dihydro-,
— imin 3478
—, 1-Äthyl-4-methyl-1,4-dihydro-,
— imin 3475
—, 1-Äthyl-4-octyl-1,4-dihydro-,
— imin 3482
—, 1-Äthyl-4-pentyl-1,4-dihydro-,
— imin 3480

Thioharnstoff

–, *N*-[1-Äthyl-4-(1-äthyl-propyl)-1,4-dihydro-tetrazol-5-yliden]-*N'*-phenyl- 3515
–, *N*-[1-Äthyl-4-benzyl-1,4-dihydro-tetrazol-5-yliden]-*N'*-phenyl- 3517
–, *N*-[1-Äthyl-4-butyl-1,4-dihydro-tetrazol-5-yliden]-*N'*-phenyl- 3515
–, *N*-[1-Äthyl-4-cyclohexyl-1,4-dihydro-tetrazol-5-yliden]-*N'*-phenyl- 3516
–, *N*-[1-Äthyl-4-heptyl-1,4-dihydro-tetrazol-5-yliden]-*N'*-phenyl- 3516
–, *N*-[1-Äthyl-4-isobutyl-1,4-dihydro-tetrazol-5-yliden]-*N'*-phenyl- 3515
–, *N*-[1-Äthyl-4-isopentyl-1,4-dihydro-tetrazol-5-yliden]-*N'*-phenyl- 3516
–, *N*-[1-Äthyl-4-isopropyl-1,4-dihydro-tetrazol-5-yliden]-*N'*-phenyl- 3515
–, *N*-[1-Äthyl-4-methyl-1,4-dihydro-tetrazol-5-yliden]-*N'*-phenyl- 3515
–, *N*-Äthyl-*N*-[1-[2]naphthyl-1*H*-tetrazol-5-ylmethyl]-*N'*-phenyl- 3531
–, *N*-[1-Äthyl-4-pentyl-1,4-dihydro-tetrazol-5-yliden]-*N'*-phenyl- 3515
–, *N*-[1-Äthyl-4-phenäthyl-1,4-dihydro-tetrazol-5-yliden]-*N'*-phenyl- 3519
–, *N*-[1-Äthyl-4-phenyl-1,4-dihydro-tetrazol-5-yliden]-*N'*-phenyl- 3516
–, *N*-Äthyl-*N'*-phenyl-*N*-[1-phenyl-1*H*-tetrazol-5-ylmethyl]- 3531
–, *N*-[1-Äthyl-4-propyl-1,4-dihydro-tetrazol-5-yliden]-*N'*-phenyl- 3515
–, *N*-[1-Äthyl-1*H*-tetrazol-5-yl]-*N*-[1-cyclohexyl-1*H*-tetrazol-5-ylmethyl]-*N'*-phenyl- 3532
–, *N*-Allyl-*N*-[1-[2]naphthyl-1*H*-tetrazol-5-ylmethyl]-*N'*-phenyl- 3531
–, *N*-Allyl-*N'*-phenyl-*N*-[1-phenyl-1*H*-tetrazol-5-ylmethyl]- 3531
–, *N*-[1-Benzyl-4-butyl-1,4-dihydro-tetrazol-5-yliden]-*N'*-phenyl- 3517
–, *N*-[1-Benzyl-4-(2-cyclohexyl-äthyl)-1,4-dihydro-tetrazol-5-yliden]-*N'*-phenyl- 3518
–, *N*-[1-Benzyl-4-cyclohexyl-1,4-dihydro-tetrazol-5-yliden]-*N'*-phenyl- 3517
–, *N*-[1-Benzyl-4-cyclohexylmethyl-1,4-dihydro-tetrazol-5-yliden]-*N'*-phenyl- 3518
–, *N*-[1-Benzyl-4-methyl-1,4-dihydro-tetrazol-5-yliden]-*N'*-phenyl- 3516
–, *N*-[1-Benzyl-4-phenäthyl-1,4-dihydro-tetrazol-5-yliden]-*N'*-phenyl- 3519
–, *N*-Benzyl-*N'*-phenyl-*N*-[1-phenyl-1*H*-tetrazol-5-ylmethyl]- 3531
–, *N*-[1-Benzyl-4-propyl-1,4-dihydro-tetrazol-5-yliden]-*N'*-phenyl- 3517
–, *N*-[1-(2-Chlor-benzyl)-4-(2-cyclohexyl-äthyl)-1,4-dihydro-tetrazol-5-yliden]-*N'*-phenyl- 3518
–, *N*-[1-(4-Chlor-benzyl)-4-(2-cyclohexyl-äthyl)-1,4-dihydro-tetrazol-5-yliden]-*N'*-phenyl- 3518
–, *N*-[1-(2-Chlor-benzyl)-4-cyclohexyl-1,4-dihydro-tetrazol-5-yliden]-*N'*-phenyl- 3517
–, *N*-[1-(4-Chlor-benzyl)-4-cyclohexyl-1,4-dihydro-tetrazol-5-yliden]-*N'*-phenyl- 3517
–, *N*-[1-(2-Chlor-benzyl)-4-cyclohexylmethyl-1,4-dihydro-tetrazol-5-yliden]-*N'*-phenyl- 3518
–, *N*-[1-(4-Chlor-benzyl)-4-cyclohexylmethyl-1,4-dihydro-tetrazol-5-yliden]-*N'*-phenyl- 3518
–, *N*-[1-(2-Cyclohexyl-äthyl)-4-(2,4-dichlor-benzyl)-1,4-dihydro-tetrazol-5-yliden]-*N'*-phenyl- 3518
–, *N*-[1-(2-Cyclohexyl-äthyl)-4-(3,4-dichlor-benzyl)-1,4-dihydro-tetrazol-5-yliden]-*N'*-phenyl- 3518
–, *N*-[1-(2-Cyclohexyl-äthyl)-4-(3-nitro-benzyl)-1,4-dihydro-tetrazol-5-yliden]-*N'*-phenyl- 3518
–, *N*-[1-(2-Cyclohexyl-äthyl)-4-(4-nitro-benzyl)-1,4-dihydro-tetrazol-5-yliden]-*N'*-phenyl- 3518
–, *N*-[1-(2-Cyclohexyl-äthyl)-4-phenäthyl-1,4-dihydro-tetrazol-5-yliden]-*N'*-phenyl- 3519
–, *N*-[1-(2-Cyclohexyl-äthyl)-4-(3-phenyl-propyl)-1,4-dihydro-tetrazol-5-yliden]-*N'*-phenyl- 3519
–, *N*-Cyclohexyl-*N*-[1-cyclohexyl-1*H*-tetrazol-5-ylmethyl]-*N'*-phenyl- 3531
–, *N*-[1-Cyclohexyl-4-(2,4-dichlor-benzyl)-1,4-dihydro-tetrazol-5-yliden]-*N'*-phenyl- 3517
–, *N*-[1-Cyclohexyl-4-(3,4-dichlor-benzyl)-1,4-dihydro-tetrazol-5-yliden]-*N'*-phenyl- 3517
–, *N*-[1-Cyclohexylmethyl-4-(2,4-dichlor-benzyl)-1,4-dihydro-tetrazol-5-yliden]-*N'*-phenyl- 3518
–, *N*-[1-Cyclohexylmethyl-4-(3,4-dichlor-benzyl)-1,4-dihydro-tetrazol-5-yliden]-*N'*-phenyl- 3518
–, *N*-[1-Cyclohexyl-4-methyl-1,4-dihydro-tetrazol-5-yliden]-*N'*-phenyl- 3516
–, *N*-[1-Cyclohexylmethyl-4-(3-nitro-benzyl)-1,4-dihydro-tetrazol-5-yliden]-*N'*-phenyl- 3518
–, *N*-[1-Cyclohexylmethyl-4-(4-nitro-benzyl)-1,4-dihydro-tetrazol-5-yliden]-*N'*-phenyl- 3518
–, *N*-[1-Cyclohexylmethyl-4-phenäthyl-1,4-dihydro-tetrazol-5-yliden]-*N'*-phenyl- 3519
–, *N*-[1-Cyclohexylmethyl-4-(3-phenyl-propyl)-1,4-dihydro-tetrazol-5-yliden]-*N'*-phenyl- 3519

[1,2,4]Triazin (Fortsetzung)
—, 5,6,5′,6′-Tetramethyl-3,3′-*m*-phenylen-bis- 4191
—, 5,6,5′,6′-Tetramethyl-3,3′-propandiyl-bis- 4188
—, 5,6,5′,6′-Tetramethyl-3,3′-tetradecandiyl-bis- 4188
[1,3,5]Triazin
—, 2,2′-*p*-Phenylen-bis- 4191
—, 4,6,4′,6′-Tetrachlor-2,2′-tetrachloräthandiyl-bis- 4187
—, Tri-[2]chinolyl- 4199
—, Tri-[2]pyridyl- 4192
—, Tri-pyrimidin-2-yl- 4270
—, Tris-[4-äthyl-[2]pyridyl]- 4193
—, Tris-[4-methyl-[2]pyridyl]- 4193
—, Tris-[4-phenyl-[2]pyridyl]- 4200
—, 1,3,5-Tris-[2-phenyl-2*H*-[1,2,3]triazolo[4,5-*b*]pyridin-5-yl]-hexahydro- 3538
[1,3,5]Triazin-2,4-dion
—, 6-[4-(4-Amino-6-oxo-1-phenyl-1,6-dihydro-[1,3,5]triazin-2-yl)-butyl]-1-phenyl-1*H*- 4236
—, 6-[4-(6-Amino-4-oxo-1-phenyl-1,4-dihydro-[1,3,5]triazin-2-yl)-butyl]-1-phenyl-1*H*- 4236
—, 1,1′-Diphenyl-1*H*,1′*H*-6,6′-butandiyl-bis- 4216
[1,3,5]Triazin-2,4-diyldiamin
—, 6,6′-Äthandiyl-bis- 4231
—, 6-[4-Äthyl-[2]pyridyl]- 3806
—, 6,6′-Biphenyl-4,4′-diyl-bis- 4234
—, 6,6′-Butandiyl-bis- 4232
—, 6-[4]Chinolyl- 3812
—, N^2,$N^{2'}$-Diphenyl-6,6′-äthandiyl-bis- 4231
—, N^2,$N^{2'}$-Diphenyl-6,6′-butandiyl-bis- 4232
—, N^2,$N^{2'}$-Diphenyl-6,6′-methandiyl-bis- 4231
—, N^2,$N^{2'}$-Diphenyl-6,6′-propandiyl-bis- 4231
—, 6,6′-Heptandiyl-bis- 4232
—, 6,6′-Hexafluorpropandiyl-bis- 4232
—, 6,6′-Naphthalin-1,2-diyl-bis- 4233
—, 6,6′-Octandiyl-bis- 4232
—, 6,6′-Pentandiyl-bis- 4232
—, 6-[2-Phenyl-[4]chinolyl]- 3818
—, 6,6′-*o*-Phenylen-bis- 4233
—, 6,6′-*p*-Phenylen-bis- 4233
—, 6-[4-Phenyl-[2]pyridyl]- 3814
—, 6,6′-Propandiyl-bis- 4231
—, 6-[2]Pyridyl- 3806
—, 6-Pyrimidin-5-yl- 4168
[1,2,4]Triazino[5,6-*b*]indol
—, 5-Acetyl-3-acetylamino-5*H*- 3767
[1,2,4]Triazino[5,6-*b*]indol-8-sulfonsäure
—, 3-Amino-5*H*- 4066
— amid 4066
[1,2,4]Triazino[5,6-*b*]indol-3-ylamin
—, 5*H*- 3767
—, 6,8-Dibrom-5*H*- 3768
—, 5-Methyl-5*H*- 3767
[1,2,4]Triazino[6,5-*b*]indol-3-ylamin
—, 6-Brom-9*H*- 3768
—, 6-Brom-8-nitro-9*H*- 3768
—, 6-Chlor-9*H*- 3767
—, 6,8-Dibrom-9*H*- 3768
—, 6-Nitro-9*H*- 3768
[1,2,4]Triazin-5-on
—, 6-[1,5-Dimethyl-3-oxo-2-phenyl-2,3-dihydro-1*H*-pyrazol-4-yl]-3-thioxo-3,4-dihydro-2*H*- 4147
[1,2,4]Triazin-6-on
—, 3-Methyl-2-phenyl-5-[1-phenyl-4,5-dihydro-1*H*-pyrazol-3-ylmethylen]-2,5-dihydro-1*H*- 4133
[1,3,5]Triazin-2-on
—, 4,4′-Diamino-1*H*,1′*H*-6,6′-butandiyl-bis- 4234
—, 4,4′-Diamino-1,1′-diphenyl-1*H*,1′*H*-6,6′-butandiyl-bis- 4235
—, 6,6′-Diamino-5,5′-diphenyl-5*H*,5′*H*-4,4′-butandiyl-bis- 4235
[1,2,4]Triazino[5,6-*f*][4,7]phenanthrolin-3-ol
s. *[1,2,4]Triazino[5,6-*f*][4,7]phenanthrolin-3-on, 2*H-
[1,2,4]Triazino[5,6-*f*][4,7]phenanthrolin-3-on
—, 2*H*- 4136
[1,2,4]Triazino[5,6-*f*][4,7]phenanthrolin-3-thiol
s. *[1,2,4]Triazino[5,6-*f*][4,7]phenanthrolin-3-thion, 2*H-
[1,2,4]Triazino[5,6-*f*][4,7]phenanthrolin-3-thion
—, 2*H*- 4137
[1,2,4]Triazino[3,4-*f*]purin-6,8-dion
—, 1-Acetyl-7,9-dimethyl-3-phenyl-1,4-dihydro-9*H*- 4211
—, 1-Acetyl-3,7,9-trimethyl-1,4-dihydro-9*H*- 4208
—, 7,9-Dimethyl-3-phenyl-1,4-dihydro-9*H*- 4211
—, 1,3,7,9-Tetramethyl-1,4-dihydro-9*H*- 4208
—, 3,7,9-Trimethyl-1,4-dihydro-9*H*- 4208
[1,2,4]Triazin-3-thion
—, 5,6-Bis-[6-methyl-[2]pyridyl]-2*H*- 4136
—, 5,6-Di-[2]pyridyl-2*H*- 4136
—, 5,6-Di-pyrrol-2-yl-2*H*- 4136
[1,3,5]Triazin-2-ylamin
—, 4,6-Bis-[4-äthyl-[2]pyridyl]- 4163
—, 4,6-Bis-[4-amino-2-methyl-pyrimidin-5-yl]- 4244
—, 4,6-Bis-[4-phenyl-[2]pyridyl]- 4165
—, 4-Chlor-6-[1-methyl-1*H*-[2]chinolylidenmethyl]- 3773
—, 4,6-Di-[2]chinolyl- 4164
—, 4,6-Di-[2]pyridyl- 4163
—, 4,6-Di-[3]pyridyl- 4163
[1,2,3]Triazol
—, 4-[1-Butyl-4,4-dimethyl-4,5-dihydro-1*H*-imidazol-2-yl]-2-phenyl-2*H*- 4107
—, 4-[1-Butyl-4,4-dimethyl-imidazolidin-2-yl]-2-phenyl-2*H*- 4107

[1,2,3]Triazolo[4,5-*d*]pyrimidin-7-on (Fortsetzung)
—, 5-Amino-3-benzyl-3,6-dihydro- 4173
—, 5-Amino-2-[4-brom-phenyl]-2,6-dihydro- 4173
—, 5-Amino-3-[4-brom-phenyl]-3,6-dihydro- 4173
—, 5-Amino-2-[3]chinolyl-2,6-dihydro- 4176
—, 5-Amino-3-[2-chlor-benzyl]-3,6-dihydro- 4174
—, 5-Amino-3-[4-chlor-benzyl]-3,6-dihydro- 4174
—, 5-Amino-2-[4-chlor-phenyl]-2,6-dihydro- 4173
—, 5-Amino-3-[4-chlor-phenyl]-3,6-dihydro- 4173
—, 5-Amino-3-cyclohexyl-3,6-dihydro- 4172
—, 5-Amino-3-decyl-3,6-dihydro- 4172
—, 5-Amino-3-[3,4-dichlor-benzyl]-3,6-dihydro- 4174
—, 5-Amino-3-[3,4-dichlor-phenyl]-3,6-dihydro- 4173
—, 5-Amino-1,6-dihydro- 4171
—, 5-Amino-3-furfuryl-3,6-dihydro- 4175
—, 5-Amino-2-[4-hydroxy-phenyl]-2,6-dihydro- 4174
—, 5-Amino-4-methyl-1,4-dihydro- 4172
—, 5-Amino-3-octyl-3,6-dihydro- 4172
—, 5-Amino-2-phenyl-2,6-dihydro- 4172
—, 5-Amino-3-phenyl-3,6-dihydro- 4173
—, 5-Amino-1-ribofuranosyl-1,6-dihydro- 4175
—, 5-Amino-2-ribofuranosyl-2,6-dihydro- 4176
—, 5-Amino-3-ribofuranosyl-3,6-dihydro- 4176
—, 2-[4-Chlor-phenyl]-2,6-dihydro- 4130
—, 1,6-Dihydro- 4130
— imin s. *[1,2,3]Triazolo[4,5-*d*]pyrimidin-7-ylamin, 1*H-
—, 5-Dimethylamino-1,6-dihydro- 4172
—, 5-Dimethylamino-2-phenyl-2,6-dihydro- 4173
—, 3-Furfuryl-3,6-dihydro- 4130
—, 5-Glycylamino-1,6-dihydro- 4175
—, 5-Imino-1,4,5,6-tetrahydro- s. *[1,2,3]Triazolo[4,5-*d*]pyrimidin-7-on, 5-Amino-1,6-dihydro-*
—, 5-Mercapto-1,6-dihydro-,
— imin s. *[1,2,3]Triazolo[4,5-*d*]pyrimidin-5-thion, 7-Amino-1,4-dihydro-*
—, 5-Methylamino-1,6-dihydro- 4172
—, 5-Methyl-1,6-dihydro- 4132
—, 5-Methylmercapto-2-phenyl-2,6-dihydro- 4151
—, 5-Methylmercapto-1-ribofuranosyl-1,6-dihydro- 4151
—, 5-Methylmercapto-3-ribofuranosyl-3,6-dihydro- 4151
—, 5-Methyl-2-phenyl-2,6-dihydro- 4132
—, 3-Phenäthyl-3,6-dihydro- 4130
—, 2-Phenyl-2,6-dihydro- 4130
—, 3-Ribofuranosyl-3,6-dihydro- 4131
—, 5-Sulfanilylamino-1,6-dihydro- 4176
—, 5-Thioxo-1,4,5,6-tetrahydro- 4140

[1,2,4]Triazolo[1,5-*a*]pyrimidin-7-on
—, 6-Acetyl-2-amino-1-phenyl-1*H*- 4002
—, 2-Amino-6-benzyl-5-methyl-4*H*- 3969
—, 2-Amino-6-butyl-5-methyl-4*H*- 3935
—, 2-Amino-5-methyl-4*H*- 3930
—, 2,5-Diamino-4*H*- 3884
—, 5,5′-Dimethyl-4*H*,4′*H*-2,2′-äthandiyl-bis- 4262
—, 5,5′-Dimethyl-4*H*,4′*H*-2,2′-butandiyl-bis- 4262
—, 5,5′-Dimethyl-4*H*,4′*H*-2,2′-[1,2-dihydroxy-äthandiyl]-bis- 4265
—, 5-[3]Pyridyl-4*H*- 4135
—, 5,5′,5″,5‴-Tetramethyl-4*H*,4′*H*,4″*H*,4‴*H*-2,2′,2″,2‴-butan-1,2,3,4-tetrayl-tetrakis- 4283

[1,2,4]Triazolo[4,3-*a*]pyrimidin-7-on
—, 5-Methyl-3-[4]pyridyl-8*H*- 4136

[1,2,3]Triazolo[4,5-*d*]pyrimidin-5-thiol
—, 1*H*- s. *[1,2,3]Triazolo[4,5-*d*]pyrimidin-5-thion, 1,4-Dihydro-*

[1,2,3]Triazolo[4,5-*d*]pyrimidin-5,7-thiol
—, 1*H*- s. *[1,2,3]Triazolo[4,5-*d*]pyrimidin-5,7-dithion, 1,4-Dihydro-*

[1,2,3]Triazolo[4,5-*d*]pyrimidin-7-thiol
—, 1*H*- s. *[1,2,3]Triazolo[4,5-*d*]pyrimidin-7-thion, 1,6-Dihydro-*

[1,2,3]Triazolo[4,5-*d*]pyrimidin-5-thion
—, 7-Amino-1,4-dihydro- 4177
—, 1,4-Dihydro- 4131

[1,2,3]Triazolo[4,5-*d*]pyrimidin-7-thion
—, 5-Amino-2-[4-chlor-phenyl]-2,6-dihydro- 4177
—, 5-Amino-1,6-dihydro- 4176
—, 2-[4-Chlor-phenyl]-2,6-dihydro- 4131
—, 1,6-Dihydro- 4131
—, 2-Phenyl-2,6-dihydro- 4131

[1,2,3]Triazolo[4,5-*d*]pyrimidin-5-ylamin
—, 1*H*- 4156
—, 3-[4-Chlor-phenyl]-3*H*- 4157
—, 3-Furfuryl-7-methyl-3*H*- 4161
—, 7-Methyl-1*H*- 4161
—, 7-Methyl-3-phenyl-3*H*- 4161
—, 3-Phenyl-3*H*- 4157

[1,2,3]Triazolo[4,5-*d*]pyrimidin-7-ylamin
—, 1*H*- 4157
—, 5-Chlor-1*H*- 4160
—, 2-[4-Chlor-phenyl]-2*H*- 4158
—, 2-[4-Chlor-phenyl]-5-[4-chlor-phenylmercapto]-2*H*- 4170
—, 3-Cyclohexyl-3*H*- 4157
—, 3-Furfuryl-3*H*- 4158
—, 1-Glucopyranosyl-1*H*- 4159
—, 3-Glucopyranosyl-3*H*- 4160
—, 5-Methyl-1*H*- 4161

Tyrosin (Fortsetzung)
–, *O*-Methyl-*N*-[*O*-methyl-tyrosyl]-,
– [N^6,N^6-dimethyl-adenosin-3'-ylamid] 3706
–, *O*-Methyl-*N*-phenylthiocarbamoyl-,
– [N^6,N^6-dimethyl-adenosin-3'-ylamid] 3705
–, *O*-Methyl-*N*,*N*-phthaloyl-,
– [N^6,N^6-dimethyl-adenosin-3'-ylamid] 3704

U

Urd-3'-*P*-5'-Guo-3'-*P* 3919
Uridin
–, Cytidylyl-(3'→5')-guanylyl-(3'→5')-adenylyl-(3'→5')- 3920
[3']Uridylsäure
–, Adenylyl-(3'→5')- 3611
–, $O^{5'}$-[3']Adenylyl- 3611
–, Adenylyl-(3'→5')-guanylyl-(3'→5')- 3921
–, Guanylyl-(3'→5')- 3906
–, $O^{5'}$-[3']Guanylyl- 3906
–, Guanylyl-(3'→5')-adenylyl-(3'→5')- 3909
–, Guanylyl-(3'→5')-guanylyl-(3'→5')- 3921

V

Valeriansäure
–, 4-[1,3,7-Trimethyl-2,6-dioxo-2,3,6,7-tetrahydro-1*H*-purin-8-ylhydrazono]- 4084
Valin
–, *N*-{3,5-Dichlor-4-[(2,4-diamino-pteridin-6-ylmethyl)-amino]-benzoyl}- 3832
–, *N*,*N*-Phthaloyl-,
– [9-(tri-*O*-acetyl-ribofuranosyl)-9*H*-purin-6-ylamid] 3686
Vanillin
– [1,3,7-trimethyl-2,6-dioxo-2,3,6,7-tetrahydro-1*H*-purin-8-ylhydrazon] 4082
Veratrumaldehyd
– [1*H*-tetrazol-5-ylhydrazon] 4070
Viomycin 4245
Vitamin-B_c 3944
Vitamin-B_4 3563
Vitamin B_8 3615
Vitamin-B_{12}
– lactam 4156
Vitamin-B_{12}-coenzym 3711
Vitamin-L_2 3675

X

Xanthazol 4137
Xanthopterin 4000
Derivate s. a. unter *Pteridin-4,6-dion, 2-Amino-3,5-dihydro-*
Xanthopterin-B 4034
Xanthopterin-B_1 4034
Xanthopterincarbonsäure 4059
Xanthopterin-diacetat
–, 7-Acetonyl- 4035
Xanthothricin 4141
Xylopyranosylamin
–, *N*-[2-Methylmercapto-7(9)*H*-purin-6-yl]- 3850
–, *N*-[9-Methyl-2-methylmercapto-9*H*-purin-6-yl]- 3851
–, *N*-[2-Methyl-7(9)*H*-purin-6-yl]- 3744
–, *N*-[7(9)*H*-Purin-6-yl]- 3581
–, Tri-*O*-acetyl-*N*-[2-methylmercapto-7(9)*H*-purin-6-yl]- 3851
–, Tri-*O*-acetyl-*N*-[2-methyl-7(9)*H*-purin-6-yl]- 3744
Xylose
– [2-methylmercapto-7(9)*H*-purin-6-ylimin] 3850
– [9-methyl-2-methylmercapto-9*H*-purin-6-ylimin] 3851
– [2-methyl-7(9)*H*-purin-6-ylimin] 3744
– [7(9)*H*-purin-6-ylimin] 3581
– [1,3,7-trimethyl-2,6-dioxo-2,3,6,7-tetrahydro-1*H*-purin-8-ylhydrazon] 4082
–, O^2,O^3,O^4-Triacetyl-,
– [2-methylmercapto-7(9)*H*-purin-6-ylimin] 3851
– [2-methyl-7(9)*H*-purin-6-ylimin] 3744

Z

Zimtaldehyd
– [1*H*-tetrazol-5-ylhydrazon] 4069

Formelregister

Im Formelregister sind die Verbindungen entsprechend dem System von *Hill* (Am. Soc. **22** [1900] 478)

1. nach der Anzahl der C-Atome,
2. nach der Anzahl der H-Atome,
3. nach der Anzahl der übrigen Elemente

in alphabetischer Reihenfolge angeordnet. Isomere sind in Form des ,,Registernamens" (s. diesbezüglich die Erläuterungen zum Sachregister) in alphabetischer Reihenfolge aufgeführt. Verbindungen unbekannter Konstitution finden sich am Schluss der jeweiligen Isomeren-Reihe.

Von quartären Ammonium-Salzen, tertiären Sulfonium-Salzen u.s.w., sowie Organometall-Salzen wird nur das Kation aufgeführt.

Formula Index

Compounds are listed in the Formula Index using the system of *Hill* (Am. Soc. **22** [1900] 478), following:

1. the number of Carbon atoms,
2. the number of Hydrogen atoms,
3. the number of other elements,

in alphabetical order. Isomers are listed in the alphabetical order of their Index Names (see foreword to Subject Index), and isomers of undetermined structure are located at the end of the particular isomer listing.

For quarternary ammonium salts, tertiary sulfonium salts etc. and organometallic salts only the cations are listed.

C_1

$[CHN_6]^+$
Tetrazol-5-diazonium, 1*H*- 4094
$CH_2N_6O_2$
Amin, Nitro-[1*H*-tetrazol-5-yl]- 4097
CH_3N_5
Tetrazol-5-ylamin, 1*H*- 3469
CH_4N_6
Hydrazin, [1*H*-Tetrazol-5-yl]- 4067
Tetrazol-1,5-diyldiamin 3524
CH_5N_7
Tetrazol-1-ylamin, 5-Hydrazino- 4068
CN_6
Tetrazol-5-diazonium, 1*H*-, betain 4094

C_2

$C_2H_2N_8$
[5,5']Bitetrazolyl, 1*H*,1'*H*- 4247
$C_2H_2N_8O_2$
[5,5']Bitetrazolyl-1,1'-diol 4248
$C_2H_2N_{10}$
[5,5']Azotetrazol, 1*H*,1'*H*- 4090
$C_2H_3N_{11}$
Triazen, 1,3-Bis-[1*H*-tetrazol-5-yl]- 4100
$C_2H_4N_6$
[1,2,4,5]Tetrazin-3,6-diyldiamin 3780
$C_2H_4N_6O$
Amin, [1-Methyl-1*H*-tetrazol-5-yl]-nitroso- 4094

$C_2H_4N_6O_2$
Amin, Methyl-nitro-[1*H*-tetrazol-5-yl]- 4099
–, [1-Methyl-1*H*-tetrazol-5-yl]-nitro- 4098

$C_2H_4N_{10}$
Hydrazin, *N,N'*-Bis-[1*H*-tetrazol-5-yl]- 4071

$C_2H_5N_5$
Amin, Methyl-[1*H*-tetrazol-5-yl]- 3472
Methylamin, *C*-[1*H*-Tetrazol-5-yl]- 3525
Tetrazol-5-ylamin, 1-Methyl-1*H*- 3471
–, 2-Methyl-2*H*- 3471

$C_2H_5N_7$
Guanidin, [1*H*-Tetrazol-5-yl]- 3514

$C_2H_6N_{10}$
Tetraz-3-en-2-carbamidin, 4-[1*H*-Tetrazol-5-yl]- 4102

C_3

$C_3H_4N_8$
Methan, Bis-[1*H*-tetrazol-5-yl]- 4248

$C_3H_5N_5$
Imidazo[1,2-*d*]tetrazol, 5,6-Dihydro-4*H*- 4106
Tetrazol-5-ylamin, 1-Vinyl-1*H*- 3483
–, 2-Vinyl-2*H*- 3483

$C_3H_5N_5O$
Acetamid, *N*-[1*H*-Tetrazol-5-yl]- 3509

$C_3H_6ClN_5$
Tetrazol-5-ylamin, 1-[2-Chlor-äthyl]-1*H*- 3475
–, 2-[2-Chlor-äthyl]-2*H*- 3475

$C_3H_6N_6O_2$
Amin, Äthyl-nitro-[1*H*-tetrazol-5-yl]- 4099
–, [1-Äthyl-1*H*-tetrazol-5-yl]-nitro- 4098

$C_3H_7N_5$
Äthylamin, 1-[1*H*-Tetrazol-5-yl]- 3533
–, 2-[1*H*-Tetrazol-5-yl]- 3534
Amin, Äthyl-[1*H*-tetrazol-5-yl]- 3475
–, Dimethyl-[1*H*-tetrazol-5-yl]- 3474
–, Methyl-[1-methyl-1*H*-tetrazol-5-yl]- 3473
–, Methyl-[2-methyl-2*H*-tetrazol-5-yl]- 3473
Tetrazolium, 5-Amino-1,3-dimethyl-, betain 3472
–, 5-Amino-1,4-dimethyl-, betain 3472
Tetrazol-5-ylamin, 1-Äthyl-1*H*- 3474
–, 2-Äthyl-2*H*- 3475

$C_3H_7N_5O$
Äthanol, 2-[5-Amino-tetrazol-1-yl]- 3505
–, 2-[5-Amino-tetrazol-2-yl]- 3505

$[C_3H_8N_5]^+$
Tetrazolium, 5-Amino-1,3-dimethyl- 3472
–, 5-Amino-1,4-dimethyl- 3472

C_4

$C_4HCl_2N_5$
[1,2,3]Triazolo[4,5-*d*]pyrimidin, 5,7-Dichlor-1*H*- 4108

$C_4H_2ClN_5$
Tetrazolo[1,5-*b*]pyridazin, 6-Chlor- 4108

$C_4H_3ClN_6$
[1,2,3]Triazolo[4,5-*d*]pyrimidin-7-ylamin, 5-Chlor-1*H*- 4160

$C_4H_3N_5$
Tetrazolo[1,5-*b*]pyridazin 4108
[1,2,3]Triazolo[4,5-*d*]pyrimidin, 1*H*- 4108

$C_4H_3N_5O$
Imidazo[4,5-*d*][1,2,3]triazin-4-on, 3,5-Dihydro- 4131
Tetrazolo[1,5-*b*]pyridazin-6-on, 5*H*- 4129
Tetrazolo[1,5-*a*]pyrimidin-7-on, 4*H*- 4130
Tetrazolo[1,5-*c*]pyrimidin-5-on, 6*H*- 4129
[1,2,3]Triazolo[4,5-*d*]pyrimidin-5-on, 1,4-Dihydro- 4131
[1,2,3]Triazolo[4,5-*d*]pyrimidin-7-on, 1,6-Dihydro- 4130

$C_4H_3N_5OS$
[1,2,3]Triazolo[4,5-*d*]pyrimidin-5-on, 7-Thioxo-1,4,6,7-tetrahydro- 4140
[1,2,3]Triazolo[4,5-*d*]pyrimidin-7-on, 5-Thioxo-1,4,5,6-tetrahydro- 4140

$C_4H_3N_5O_2$
[1,2,3]Triazolo[4,5-*d*]pyrimidin-5,7-dion, 1,4-Dihydro- 4137

$C_4H_3N_5S$
[1,2,3]Triazolo[4,5-*d*]pyrimidin-5-thion, 1,4-Dihydro- 4131
[1,2,3]Triazolo[4,5-*d*]pyrimidin-7-thion, 1,6-Dihydro- 4131

$C_4H_3N_5S_2$
[1,2,3]Triazolo[4,5-*d*]pyrimidin-5,7-dithion, 1,4-Dihydro- 4140

$C_4H_4N_6$
[3,3']Bi[1,2,4]triazolyl, 1*H*,1'*H*- 4182
Imidazo[4,5-*d*][1,2,3]triazin-4-ylamin, 5(7)*H*- 4160
[1,2,3]Triazolo[4,5-*d*]pyrimidin-5-ylamin, 1*H*- 4156
[1,2,3]Triazolo[4,5-*d*]pyrimidin-7-ylamin, 1*H*- 4157

$C_4H_4N_6O$
Imidazo[4,5-*d*][1,2,3]triazin-6-on, 4-Amino-5,7-dihydro- 4177
[1,2,3]Triazolo[4,5-*d*]pyrimidin-5-on, 7-Amino-1,4-dihydro- 4177
[1,2,3]Triazolo[4,5-*d*]pyrimidin-7-on, 5-Amino-1,6-dihydro- 4171

$C_4H_4N_6O_2$
[3,3']Bi[1,2,4]triazolyl-5,5'-dion, 1,2,1',2'-Tetrahydro- 4207
[1,2,4]Triazolo[1,5-*a*][1,3,5]triazin-2,5-dion, 7-Imino-6,7-dihydro-4*H*- 4272

$C_4H_4N_6S$
[1,2,3]Triazolo[4,5-*d*]pyrimidin-5-thion, 7-Amino-1,4-dihydro- 4177
[1,2,3]Triazolo[4,5-*d*]pyrimidin-7-thion, 5-Amino-1,6-dihydro- 4176

$C_4H_5N_7$
[1,2,3]Triazolo[4,5-*d*]pyrimidin-5,7-diyldiamin, 1*H*- 4165
[1,2,4]Triazolo[1,2-*a*][1,2,4,5]tetrazinium, 6,8-Diamino-, betain 4165
$C_4H_5N_7O$
[1,2,4]Triazolo[1,5-*a*][1,3,5]triazin-2-on, 5,7-Diimino-4,5,6,7-tetrahydro- 4272
[1,2,4]Triazolo[1,2-*a*][1,2,4]triazol-1-on, 3,7-Diamino-5-imino-5*H*- 3978
$C_4H_6N_6$
Propionitril, 3-[5-Amino-tetrazol-1-yl]- 3520
—, 3-[5-Amino-tetrazol-2-yl]- 3520
$C_4H_6N_8$
Äthan, 1,2-Bis-[1*H*-tetrazol-5-yl]- 4248
[3,3']Bi[1,2,4]triazolyl-5,5'-diyldiamin, 1*H*,1'*H*- 4229
[1,2,4]Triazolo[4,3-*a*][1,3,5]triazin-3,5,7-triyltriamin 4169
[1,2,4]Triazolo[1,2-*a*][1,2,4]triazol-1,5-diyldiamin, 3,7-Diimino-3*H*,7*H*- 3978
$C_4H_6N_{10}$
[5,5']Azotetrazol, 1,1'-Dimethyl-1*H*,1'*H*- 4090
—, 2,2'-Dimethyl-2*H*,2'*H*- 4091
$C_4H_7Br_2N_5$
Tetrazol-5-ylamin, 1-[2,3-Dibrom-propyl]-1*H*- 3477
$C_4H_7N_5$
Amin, Isopropyliden-[1*H*-tetrazol-5-yl]- 3508
Tetrazol-5-ylamin, 1-Allyl-1*H*- 3483
—, 2-Allyl-2*H*- 3484
$C_4H_7N_5O$
Acetamid, *N*-[1-Methyl-1*H*-tetrazol-5-yl]- 3510
—, *N*-[2-Methyl-2*H*-tetrazol-5-yl]- 3510
—, *N*-[1*H*-Tetrazol-5-ylmethyl]- 3530
Propionamid, *N*-[1*H*-Tetrazol-5-yl]- 3512
$C_4H_7N_5O_2$
Carbamidsäure, [1*H*-Tetrazol-5-yl]-, äthylester 3514
$C_4H_7N_9$
Amin, Bis-[2-methyl-2*H*-tetrazol-5-yl]- 3523
$C_4H_7N_{11}$
Triazen, 1,3-Bis-[2-methyl-2*H*-tetrazol-5-yl]- 4100
$[C_4H_8N_5]^+$
Tetrazolium, 5-Amino-1-methyl-4-vinyl- 3483
$C_4H_8N_6$
Tetrazol-1,5-diyldiamin, *N*[5]-Allyl- 3524
$C_4H_8N_{10}$
Hydrazin, *N*,*N'*-Bis-[1-methyl-1*H*-tetrazol-5-yl]- 4071
$C_4H_9N_5$
Amin, Äthyl-[1-methyl-1*H*-tetrazol-5-yl]- 3475
—, Dimethyl-[1-methyl-1*H*-tetrazol-5-yl]- 3474
Tetrazolium, 1-Äthyl-5-amino-4-methyl-, betain 3475
—, 1,4-Dimethyl-5-methylamino-, betain 3474
Tetrazol-5-ylamin, 1-Isopropyl-1*H*- 3478
—, 1-Propyl-1*H*- 3477
$[C_4H_{10}N_5]^+$
Tetrazolium, 1-Äthyl-5-amino-4-methyl- 3475
—, 1,4-Dimethyl-5-methylamino- 3474

C_5

$C_5H_3ClN_6O$
[1,2,3]Triazolo[4,5-*d*]pyrimidin-7-carbaldehyd, 5-Chlor-1*H*-, oxim 4134
$C_5H_3N_5O_3$
Pyrimido[5,4-*d*][1,2,3]triazin-6,8-dion, 3-Oxy-5*H*- 4141
$C_5H_4BrN_5$
[1,2,4]Triazolo[1,5-*a*]pyrimidin-7-ylamin, 6-Brom- 3538
$C_5H_4BrN_5O$
Purin-6-on, 2-Amino-8-brom-1,7-dihydro- 3925
$C_5H_4ClN_5$
Purin-2-ylamin, 6-Chlor-7(9)*H*- 3561
Purin-6-ylamin, 2-Chlor-7(9)*H*- 3723
—, 8-Chlor-7(9)*H*- 3726
Pyrazolo[3,4-*d*]pyrimidin-4-ylamin, 6-Chlor-1(2)*H*- 3556
Tetrazolo[1,5-*b*]pyridazin, 6-Chlor-8-methyl- 4108
Tetrazolo[1,5-*a*]pyrimidin, 7-Chlor-5-methyl- 4109
[1,2,3]Triazolo[4,5-*d*]pyrimidin, 5-Chlor-7-methyl-1*H*- 4109
[1,2,4]Triazolo[1,5-*a*]pyrimidin-7-ylamin, 6-Chlor- 3538
$C_5H_4N_6$
Pyrazin, [1*H*-[1,2,3,4]Tetrazol-5-yl]- 4184
$C_5H_5ClN_6$
Hydrazin, [2-Chlor-7(9)*H*-purin-6-yl]- 4074
$C_5H_5N_5$
Adenin 3561
Imidazo[4,5-*d*]pyridazin-4-ylamin, 1(3)*H*- 3730
Purin-2-ylamin, 7(9)*H*- 3559
Purin-8-ylamin, 7(9)*H*- 3730
Pyrazolo[3,4-*d*]pyrimidin-4-ylamin, 1(2)*H*- 3541
Pyrazolo[4,3-*d*]pyrimidin-7-ylamin, 1(2)*H*- 3540
Tetrazolo[1,5-*a*]pyrimidin, 5-Methyl- 4109
[1,2,4]Triazolo[4,3-*b*]pyridazin-6-ylamin 3537
[1,2,3]Triazolo[4,5-*c*]pyridin-7-ylamin, 1*H*- 3540
[1,2,4]Triazolo[1,5-*a*]pyrimidin-7-ylamin 3538
$C_5H_5N_5O$
Guanin 3890

$C_5H_9N_5O$
Acetamid, *N*-[1-Äthyl-1*H*-tetrazol-5-yl]- 3510
—, *N*-[1-(1*H*-Tetrazol-5-yl)-äthyl]- 3533
—, *N*-[2-(1*H*-Tetrazol-5-yl)-äthyl]- 3535
Butan-2-ol, 4-[1*H*-Tetrazol-5-ylimino]- 3509
Butyramid, *N*-[1*H*-Tetrazol-5-yl]- 3512
$C_5H_{10}N_{10}$
Purin, 2,6,8-Trihydrazino-7(9)*H*- 4078
$C_5H_{11}N_5$
Amin, Äthyl-[1-äthyl-1*H*-tetrazol-5-yl]- 3476
—, Diäthyl-[1*H*-tetrazol-5-yl]- 3476
Tetrazolium, 1,4-Diäthyl-5-amino-, betain 3476
Tetrazol-5-ylamin, 1-Butyl-1*H*- 3478
—, 1-Isobutyl-1*H*- 3479

C_6

$C_6Cl_3N_7$
1,3,4,6,7,9,9b-Heptaaza-phenalen, 2,5,8-Trichlor- 4241
$C_6H_2N_6O_2$
Benzo[1,2-*d*;4,5-*d'*]bistriazol-4,8-dion, 1*H*,5*H*- 4209
$C_6H_3N_7O_3$
1,3,4,6,7,9,9b-Heptaaza-phenalen-2,5,8-trion, 1*H*,4*H*,7*H*- 4242
$C_6H_3N_9$
Benzotristriazol, 4,7-Dihydro-1*H*- 4269
$C_6H_3N_9O_3$
Tris[1,2,4]triazolo[1,5-*a*;1',5'-*c*;1'',5''-*e*]=[1,3,5]triazin-2,6,10-trion 4272
Tris[1,2,4]triazolo[4,3-*a*;4',3'-*c*;4'',3''-*e*]=[1,3,5]triazin-3,7,11-trion, 2*H*,6*H*,10*H*- 4272
$C_6H_4ClN_5O_2$
Pteridin-6,7-dion, 2-Amino-4-chlor-5,8-dihydro- 3999
—, 4-Amino-2-chlor-5,8-dihydro- 3999
$C_6H_4Cl_2N_6$
Pteridin-6,7-diyldiamin, 2,4-Dichlor- 3801
Pyrimido[5,4-*d*]pyrimidin-4,8-diyldiamin, 2,6-Dichlor- 3798
$C_6H_4F_3N_5$
Purin-2-ylamin, 6-Trifluormethyl-7(9)*H*- 3747
Purin-6-ylamin, 2-Trifluormethyl-7(9)*H*- 3746
—, 8-Trifluormethyl-7(9)*H*- 3748
$C_6H_4N_6$
Benzo[1,2-*d*;3,4-*d'*]bistriazol, 1,6-Dihydro- 4186
Benzo[1,2-*d*;4,5-*d'*]bistriazol, 1,5-Dihydro- 4184
[3,3']Bi[1,2,4]triazinyl 4184
$C_6H_4N_6O_2$
Benzo[1,2-*d*;4,5-*d'*]bistriazol-4,8-diol, 1,5-Dihydro- 4203
$C_6H_4N_8$
Purin, 6-[1*H*-Tetrazol-5-yl]-7(9)*H*- 4249
$C_6H_5F_3N_6$
Purin-2,6-diyldiamin, 8-Trifluormethyl-7(9)*H*- 3797
$C_6H_5N_5$
Pteridin-2-ylamin 3754
Pteridin-4-ylamin 3754
Pteridin-6-ylamin 3756
Pteridin-7-ylamin 3756
Pyridin, 2-[1*H*-Tetrazol-5-yl]- 4110
—, 3-[1*H*-Tetrazol-5-yl]- 4111
—, 4-[1*H*-Tetrazol-5-yl]- 4111
Pyrimido[4,5-*d*]pyrimidin-4-ylamin 3756
$C_6H_5N_5O$
Pteridin-2-on, 4-Amino-1*H*- 3937
Pteridin-4-on, 2-Amino-3*H*- 3936
Pteridin-6-on, 7-Amino-5*H*- 3936
Pyrimido[4,5-*d*]pyrimidin-2-on, 5-Amino-1*H*- 3937
Pyrimido[4,5-*d*]pyrimidin-4-on, 7-Amino-3*H*- 3938
$C_6H_5N_5O_2$
Pteridin-2,7-dion, 4-Amino-1*H*,8*H*- 4001
Pteridin-4,6-dion, 2-Amino-3,5-dihydro- 4000
Pteridin-4,7-dion, 2-Amino-3*H*,8*H*- 3999
Pteridin-6,7-dion, 2-Amino-5,8-dihydro- 3999
—, 4-Amino-5,8-dihydro- 3999
Pyrimido[4,5-*d*]pyridazin-5,8-dion, 2-Amino-6,7-dihydro- 4001
Pyrimido[4,5-*d*]pyrimidin-2,4-dion, 7-Amino-1*H*- 4002
Tetrazolo[1,5-*a*]pyrimidin-7-carbonsäure, 5-Methyl- 4153
$C_6H_5N_5O_2S$
Pteridin-6,7-dion, 4-Amino-2-thioxo-1,2,5,8-tetrahydro- 4018
$C_6H_5N_5O_3$
Pteridin-2,6,7-trion, 4-Amino-5,8-dihydro-1*H*- 4018
Pteridin-4,6,7-trion, 2-Amino-5,8-dihydro-3*H*- 4017
Pyrimido[5,4-*d*][1,2,3]triazin-6,8-dion, 7-Methyl-3-oxy-5*H*- 4141
$C_6H_5N_5O_4S$
Pteridin-6-sulfonsäure, 2-Amino-4-oxo-3,4-dihydro- 4067
$C_6H_5N_5S$
Pteridin-2-thion, 4-Amino-1*H*- 3937
$C_6H_6BrN_5$
[1,2,4]Triazolo[1,5-*a*]pyrimidin-7-ylamin, 6-Brom-5-methyl- 3734
$C_6H_6ClN_5$
Amin, [2-Chlor-7(9)*H*-purin-6-yl]-methyl- 3724
—, [8-Chlor-7(9)*H*-purin-6-yl]-methyl- 3726

$C_6H_6ClN_5$ (Fortsetzung)
Amin, [6-Chlor-1(2)*H*-pyrazolo[3,4-*d*]= pyrimidin-4-yl]-methyl- 3556
Imidazo[4,5-*d*]pyridazin-4-ylamin, 7-Chlor-1-methyl-1*H*- 3731
Purin-6-ylamin, 2-Chlor-7-methyl-7*H*- 3723
—, 2-Chlor-9-methyl-9*H*- 3724
Pyrazolo[3,4-*d*]pyrimidin-4-ylamin, 6-Chlor-1-methyl-1*H*- 3556
[1,2,4]Triazolo[1,5-*a*]pyrimidin-7-ylamin, 6-Chlor-5-methyl- 3734

$C_6H_6N_6$
Hydrazin, Pteridin-4-yl- 4075
Pteridin-2,4-diyldiamin 3799
Pteridin-4,6-diyldiamin 3800
Pteridin-4,7-diyldiamin 3801
Pyrimido[4,5-*d*]pyrimidin-4,7-diyldiamin 3801
Pyrimido[5,4-*d*]pyrimidin-4,8-diyldiamin 3797

$C_6H_6N_6O$
Acetamid, *N*-[1*H*-[1,2,3]Triazolo[4,5-*d*]= pyrimidin-7-yl]- 4157
Amin, Methyl-nitroso-[7(9)*H*-purin-6-yl]- 4095
Harnstoff, [7(9)*H*-Purin-6-yl]- 3583
Pteridin-7-on, 2,4-Diamino-8*H*- 3936

$C_6H_6N_6O_3$
Glycin, *N*-[7-Oxo-6,7-dihydro-1*H*-[1,2,3]triazolo[4,5-*d*]pyrimidin-5-yl]- 4174

$C_6H_6N_{10}$
1,3,4,6,7,9,9b-Heptaaza-phenalen-2,5,8-triyltriamin 4244

$C_6H_6N_{12}$
Tris[1,2,4]triazolo[4,3-*a*;4′,3′-*c*;4″,3″-*e*]= [1,3,5]triazin-3,7,11-triyltriamin 4272

$C_6H_7BrN_6$
Tetrazol, 5-[4-Brom-3,5-dimethyl-pyrazol-1-yl]-1*H*- 4070

$C_6H_7ClN_6$
Hydrazin, [6-Chlor-1-methyl-1*H*-pyrazolo= [3,4-*d*]pyrimidin-4-yl]- 4073
Tetrazol, 5-[4-Chlor-3,5-dimethyl-pyrazol-1-yl]-1*H*- 4070

$C_6H_7IN_6$
Tetrazol, 5-[4-Jod-3,5-dimethyl-pyrazol-1-yl]-1*H*- 4070

$C_6H_7N_5$
Amin, [1(3)*H*-Imidazo[4,5-*d*]pyridazin-4-yl]-methyl- 3731
—, Methyl-[7(9)*H*-purin-6-yl]- 3565
—, Methyl-[7(9)*H*-purin-8-yl]- 3730
—, Methyl-[1(2)*H*-pyrazolo[3,4-*d*]= pyrimidin-4-yl]- 3541
Imidazo[4,5-*d*]pyridazin-4-ylamin, 1-Methyl-1*H*- 3730
—, 3-Methyl-3*H*- 3731
Methylamin, *C*-[7(9)*H*-Purin-6-yl]- 3747
Purin-2-ylamin, 6-Methyl-7(9)*H*- 3746
Purin-6-ylamin, 1-Methyl-1*H*- 3564
—, 2-Methyl-7(9)*H*- 3742
—, 3-Methyl-3*H*- 3564
—, 7-Methyl-7*H*- 3564
—, 8-Methyl-7(9)*H*- 3747
—, 9-Methyl-9*H*- 3564
Pyrazolo[3,4-*d*]pyrimidin-4-ylamin, 1-Methyl-1*H*- 3541
—, 2-Methyl-2*H*- 3541
—, 3-Methyl-1(2)*H*- 3736
—, 6-Methyl-1(2)*H*- 3737
Pyrazolo[4,3-*d*]pyrimidin-5-ylamin, 7-Methyl-1(2)*H*- 3735
Pyrazolo[4,3-*d*]pyrimidin-7-ylamin, 3-Methyl-1(2)*H*- 3734
Pyrimido[4,5-*d*]pyrimidin-2-ylamin, 5,6-Dihydro- 3734
Tetrazolo[1,5-*a*]pyrimidin, 5,7-Dimethyl- 4109
[1,2,4]Triazolo[4,3-*b*]pyridazin-8-ylamin, 6-Methyl- 3732
[1,2,4]Triazolo[1,5-*a*]pyrimidin-2-ylamin, 5-Methyl- 3733
[1,2,4]Triazolo[1,5-*a*]pyrimidin-7-ylamin, 5-Methyl- 3733

$C_6H_7N_5O$
Pteridin-6-on, 2-Amino-7,8-dihydro-5*H*- 3930
—, 4-Amino-7,8-dihydro-5*H*- 3931
Purin-2-on, 6-Amino-9-methyl-3,9-dihydro- 3887
—, 6-Methylamino-3,7-dihydro- 3888
Purin-6-on, 2-Amino-1-methyl-1,7-dihydro- 3892
—, 2-Amino-7-methyl-1,7-dihydro- 3892
—, 2-Amino-8-methyl-1,7-dihydro- 3932
—, 2-Amino-9-methyl-1,9-dihydro- 3892
—, 2-Methylamino-1,7-dihydro- 3893
—, 8-Methylamino-1,7-dihydro- 3927
Purin-8-on, 6-Methylamino-7,9-dihydro- 3929
Purin-6-ylamin, 2-Methoxy-7(9)*H*- 3846
—, 8-Methoxy-7(9)*H*- 3863
—, 7-Methyl-3-oxy-7*H*- 3565
Pyrazolo[3,4-*d*]pyrimidin-4-on, 6-Amino-1-methyl-1,5-dihydro- 3885
—, 6-Methylamino-1,5-dihydro- 3886
Pyrazolo[3,4-*d*]pyrimidin-6-on, 4-Amino-1-methyl-1,7-dihydro- 3885
Tetrazolo[1,5-*b*]pyridazin, 6-Methoxy-8-methyl- 4125
Tetrazolo[1,5-*a*]pyrimidin-7-on, 5,6-Dimethyl-4*H*- 4133
[1,2,4]Triazolo[1,5-*a*]pyrimidin-7-on, 2-Amino-5-methyl-4*H*- 3930

$C_6H_7N_5OS$
Purin-6-on, 2-Amino-8-methylmercapto-1,7-dihydro- 4026

$C_6H_7N_5O_2$
Pteridin-4,6-dion, 2-Amino-3,5,7,8-tetrahydro- 3993
Pteridin-4-on, 2-Amino-6-hydroxy-5,6-dihydro-3*H*- 4027
Purin-2,6-dion, 8-Methylamino-3,7-dihydro- 3979
Purin-6,8-dion, 2-Amino-7-methyl-7,9-dihydro-1*H*- 3992
[1,2,3]Triazolo[4,5-*d*]pyrimidin, 5,7-Dimethoxy-1*H*- 4128
[1,2,3]Triazolo[4,5-*d*]pyrimidin-5,7-dion, 4,6-Dimethyl-1,4-dihydro- 4138

$C_6H_7N_5O_2S$
Purin-6-ylamin, 2-Methansulfonyl-7(9)*H*- 3847

$C_6H_7N_5O_5$
Leukopteringlykol 4043
Pteridin-4,6,7-trion, 2-Amino-4a,8a-dihydroxy-4a,5,8,8a-tetrahydro-3*H*- 4043

$C_6H_7N_5S$
Purin-2-thion, 6-Methylamino-3,7-dihydro- 3889
Purin-6-thion, 2-Amino-9-methyl-1,9-dihydro- 3926
–, 2-Methylamino-1,7-dihydro- 3926
–, 8-Methylamino-1,7-dihydro- 3928
Purin-8-thion, 6-Methylamino-7,9-dihydro- 3929
Purin-2-ylamin, 6-Methylmercapto-7(9)*H*- 3862
Purin-6-ylamin, 2-Methylmercapto-7(9)*H*- 3847
–, 8-Methylmercapto-7(9)*H*- 3863
Pyrazolo[3,4-*d*]pyrimidin-4-thion, 6-Methylamino-1,5-dihydro- 3886
Pyrazolo[3,4-*d*]pyrimidin-6-thion, 4-Amino-1-methyl-1,7-dihydro- 3885
Pyrazolo[3,4-*d*]pyrimidin-4-ylamin, 6-Methylmercapto-1(2)*H*- 3845
Pyrazolo[3,4-*d*]pyrimidin-6-ylamin, 4-Methylmercapto-1(2)*H*- 3845
Pyrazolo[4,3-*d*]pyrimidin-5-ylamin, 7-Methylmercapto-1(2)*H*- 3844
Pyrimido[4,5-*d*]pyrimidin-2-thion, 7-Amino-3,4-dihydro-1*H*- 3932
Tetrazolo[1,5-*a*]pyrimidin, 5-Methyl-7-methylmercapto- 4126

$C_6H_7N_5S_2$
[1,2,3]Triazolo[4,5-*d*]pyrimidin, 5,7-Bis-methylmercapto-1*H*- 4128

$C_6H_7N_7$
Pteridin-2,4,7-triyltriamin 3829
Pteridin-4,6,7-triyltriamin 3829

$C_6H_7N_7O_2$
Glycin-[7-oxo-6,7-dihydro-1*H*-[1,2,3]triazolo[4,5-*d*]pyrimidin-5-ylamid] 4175
Glycin, *N*-[7-Oxo-6,7-dihydro-1*H*-[1,2,3]triazolo[4,5-*d*]pyrimidin-5-yl]-, amid 4174

$C_6H_8N_6$
Amin, Dimethyl-[1*H*-[1,2,3]triazolo[4,5-*d*]pyrimidin-7-yl]- 4157
[3,3']Bi[1,2,4]triazolyl, 5,5'-Dimethyl-1*H*,1'*H*- 4182
Hydrazin, [7-Methyl-7*H*-purin-6-yl]- 4073
–, [9-Methyl-9*H*-purin-6-yl]- 4074
–, [1-Methyl-1*H*-pyrazolo[3,4-*d*]pyrimidin-4-yl]- 4072
–, [3-Methyl-1(2)*H*-pyrazolo[4,3-*d*]pyrimidin-7-yl]- 4075
–, [7-Methyl-[1,2,4]triazolo[4,3-*b*]pyridazin-6-yl]- 4074
–, [8-Methyl-[1,2,4]triazolo[4,3-*b*]pyridazin-6-yl]- 4074
–, [5-Methyl-[1,2,4]triazolo[1,5-*a*]pyrimidin-7-yl]- 4075
Pteridin-2,4-diyldiamin, 5,6-Dihydro- 3796
Purin-2,6-diyldiamin, N^2-Methyl-7(9)*H*- 3785
–, N^6-Methyl-7(9)*H*- 3786
Pyrazolo[3,4-*d*]pyrimidin-4,6-diyldiamin, 1-Methyl-1*H*- 3783
Pyrazolo[4,3-*d*]pyrimidin-3,5-diyldiamin, 7-Methyl-1*H*- 3796
Tetrazol, 5-[3,5-Dimethyl-pyrazol-1-yl]-1*H*- 4070
[1,2,4]Triazolo[4,3-*b*][1,2,4]triazin-3-ylamin, 6,7-Dimethyl- 4161

$C_6H_8N_6O$
Acetamid, *N*-[1-(2-Cyan-äthyl)-1*H*-tetrazol-5-yl]- 3520
–, *N*-[2-(2-Cyan-äthyl)-2*H*-tetrazol-5-yl]- 3520
Äthanol, 2-[5-Amino-[1,2,3]triazolo[4,5-*d*]pyrimidin-3-yl]- 4157
Pteridin-6-on, 2,4-Diamino-7,8-dihydro-5*H*- 3931
[1,2,3]Triazolo[4,5-*d*]pyrimidin-7-on, 5-Dimethylamino-1,6-dihydro- 4172

$C_6H_8N_6O_2$
Acetamid, *N*,*N'*-[1,2,4,5]Tetrazin-3,6-diyl-bis- 3780
Pentan-2,3,4-trion-3-[1*H*-tetrazol-5-ylhydrazon] 4069

$C_6H_8N_6S$
Hydrazin, [6-Methylmercapto-1(2)*H*-pyrazolo[3,4-*d*]pyrimidin-4-yl]- 4078

$C_6H_8N_8$
Pteridin-2,4,6,7-tetrayltetraamin 3841
Pyrimido[5,4-*d*]pyrimidin, 4,8-Dihydrazino- 4078
Pyrimido[5,4-*d*]pyrimidin-2,4,6,8-tetrayltetraamin 3838

$C_6H_8N_{12}O_2$
Essigsäure, Bis-[1*H*-tetrazol-5-ylazo]-, äthylester 4090

$C_6H_9N_5O$
Formamid, *N*-[2,4-Diamino-pyrimidin-5-ylmethyl]- 3734

$C_6H_9N_5O$ (Fortsetzung)
Pteridin-4-on, 2-Amino-5,6,7,8-tetrahydro-3*H*- 3878
$C_6H_9N_5O_4$
Glycin, *N*-[2,5-Dioxo-hexahydro-imidazo[4,5-*d*]imidazol-3a-yl]- 3978
$C_6H_{10}BrN_5O$
Isovaleriansäure, α-Brom-, [1*H*-tetrazol-5-ylamid] 3512
$C_6H_{10}N_6$
Bis[1,2,3]triazolo[1,5-*a*;1′,5′-*d*]pyrazin, 3a,4,8a,9-Tetrahydro-3*H*,8*H*- 4182
Pteridin-2,4-diyldiamin, 5,6,7,8-Tetrahydro- 3781
$C_6H_{10}N_8$
Butan, 1,4-Bis-[1*H*-tetrazol-5-yl]- 4249
[1,2,4]Triazol-3-ylamin, 1*H*,1′*H*-5,5′-Äthandiyl-bis- 4230
$C_6H_{10}N_{10}$
[5,5′]Azotetrazol, 1,1′-Diäthyl-1*H*,1′*H*- 4091
–, 2,2′-Diäthyl-2*H*,2′*H*- 4091
$C_6H_{11}N_5$
Piperidin, 1-[1*H*-Tetrazol-5-yl]- 3505
–, 2-[1*H*-Tetrazol-5-yl]- 4107
–, 3-[1*H*-Tetrazol-5-yl]- 4107
–, 4-[1*H*-Tetrazol-5-yl]- 4107
Tetrazoloazepin-9-ylamin, 6,7,8,9-Tetrahydro-5*H*- 3536
$C_6H_{11}N_7$
Piperidin, 1-[1*H*-Tetrazol-5-ylazo]- 4100
$C_6H_{12}N_6O$
Harnstoff, *N*,*N*-Diäthyl-*N*′-[1*H*-tetrazol-5-yl]- 3514
$C_6H_{13}N_5$
Amin, Diäthyl-[1-methyl-1*H*-tetrazol-5-yl]- 3477
Tetrazolium, 1-Äthyl-5-äthylamino-4-methyl-, betain 3476
–, 1-Äthyl-5-amino-4-isopropyl-, betain 3478
–, 1-Äthyl-5-amino-4-propyl-, betain 3477
–, 5-Amino-1-isobutyl-4-methyl-, betain 3479
–, 1,4-Diäthyl-5-methylamino-, betain 3476
Tetrazol-5-ylamin, 1-[1-Äthyl-propyl]-1*H*- 3480
–, 1-Isopentyl-1*H*- 3480
–, 1-Pentyl-1*H*- 3480
$[C_6H_{14}N_5]^+$
Tetrazolium, 1-Äthyl-5-äthylamino-4-methyl- 3476
–, 1-Äthyl-5-amino-4-isopropyl- 3478
–, 1-Äthyl-5-amino-4-propyl- 3477
–, 5-Amino-1-isobutyl-4-methyl- 3479
–, 1,4-Diäthyl-5-methylamino- 3476

C_7

$C_7H_3F_6N_5$
Purin-2-ylamin, 6,8-Bis-trifluormethyl-7(9)*H*- 3752
$C_7H_4N_8O_6$
Amin, Picryl-[1*H*-tetrazol-5-yl]- 3488
$C_7H_5Br_2N_5O$
Pteridin-4-on, 2-Amino-6-dibrommethyl-3*H*- 3940
–, 2-Amino-7-dibrommethyl-3*H*- 3956
$C_7H_5N_5$
Benz[4,5]imidazo[1,2-*d*]tetrazol, 9*H*- 4114
[1,2,3]Triazolo[4,5-*f*]indazol, 1,5-Dihydro- 4114
$C_7H_5N_5O_2$
Pteridin-6-carbaldehyd, 2-Amino-4-oxo-3,4-dihydro- 4006
Pteridin-7-carbaldehyd, 2-Amino-4-oxo-3,4-dihydro- 4008
$C_7H_5N_5O_3$
Pteridin-6-carbaldehyd, 2-Amino-4,7-dioxo-3,4,7,8-tetrahydro- 4019
Pteridin-7-carbaldehyd, 2-Amino-4,6-dioxo-3,4,5,6-tetrahydro- 4019
Pteridin-6-carbonsäure, 2-Amino-4-oxo-3,4-dihydro- 4053
Pteridin-7-carbonsäure, 2-Amino-4-oxo-3,4-dihydro- 4055
$C_7H_5N_5O_4$
Pteridin-6-carbonsäure, 2-Amino-4,7-dioxo-3,4,7,8-tetrahydro- 4057
Pteridin-7-carbonsäure, 2-Amino-4,6-dioxo-3,4,5,6-tetrahydro- 4059
$C_7H_5N_7O_4$
Amin, [2,4-Dinitro-phenyl]-[1*H*-tetrazol-5-yl]- 3488
$C_7H_5N_9$
Pyridin, 2,6-Bis-[1*H*-tetrazol-5-yl]- 4270
$C_7H_6BrN_5O$
Pteridin-4-on, 2-Amino-7-brommethyl-3*H*- 3956
$C_7H_6BrN_5O_2$
Pteridin-4,7-dion, 2-Amino-6-brommethyl-3*H*,8*H*- 4002
$C_7H_6ClN_5$
Amin, [2-Chlor-phenyl]-[1*H*-tetrazol-5-yl]- 3487
–, [3-Chlor-phenyl]-[1*H*-tetrazol-5-yl]- 3488
Tetrazol-5-ylamin, 1-[2-Chlor-phenyl]-1*H*- 3486
–, 1-[3-Chlor-phenyl]-1*H*- 3486
–, 1-[4-Chlor-phenyl]-1*H*- 3486
$C_7H_6ClN_5O$
Essigsäure, Chlor-, [7(9)*H*-purin-6-ylamid] 3582
$C_7H_6ClN_5O_2$
Essigsäure, Chlor-, [6-oxo-6,7-dihydro-1*H*-purin-2-ylamid] 3897

$C_7H_6ClN_7$
Triazen, *N*-[4-Chlor-phenyl]-*N'*-[1*H*-tetrazol-5-yl]- 4099
$C_7H_6N_6O$
Amin, Nitroso-[1-phenyl-1*H*-tetrazol-5-yl]- 4094
Nicotinsäure-[1*H*-tetrazol-5-ylamid] 3522
Pteridin-6-carbaldehyd, 2,4-Diamino- 3963
Pteridin-7-carbaldehyd, 2,4-Diamino- 3963
$C_7H_6N_6O_2$
Amin, [2-Nitro-phenyl]-[1*H*-tetrazol-5-yl]- 3488
—, [3-Nitro-phenyl]-[1*H*-tetrazol-5-yl]- 3488
—, [4-Nitro-phenyl]-[1*H*-tetrazol-5-yl]- 3488
Pteridin-6-carbaldehyd, 2-Amino-4-oxo-3,4-dihydro-, oxim 4007
Pteridin-6-carbonsäure, 4,7-Diamino- 4047
Pteridin-7-carbonsäure, 2,4-Diamino- 4048
Tetrazol-5-ylamin, 1-[3-Nitro-phenyl]-1*H*- 3486
—, 1-[4-Nitro-phenyl]-1*H*- 3487
$C_7H_6N_6O_3$
Pteridin-6-carbonsäure, 2,4-Diamino-7-oxo-7,8-dihydro- 4055
$C_7H_6N_6O_4S$
Benzolsulfonsäure, 4-Nitro-, [1*H*-tetrazol-5-ylamid] 3523
$C_7H_7BrN_8$
Tetraz-1-en, 3-[4-Brom-phenyl]-1-[1*H*-tetrazol-5-yl]- 4101
$C_7H_7ClN_8$
Tetraz-1-en, 3-[4-Chlor-phenyl]-1-[1*H*-tetrazol-5-yl]- 4101
$C_7H_7Cl_2N_5$
Amin, Äthyl-[2,8-dichlor-7(9)*H*-purin-6-yl]- 3727
—, [2,8-Dichlor-7(9)*H*-purin-6-yl]-dimethyl- 3726
$C_7H_7N_5$
Amin, Methyl-pteridin-2-yl- 3754
—, Phenyl-[1*H*-tetrazol-5-yl]- 3487
Anilin, 3-[1*H*-Tetrazol-5-yl]- 3758
—, 4-[1*H*-Tetrazol-5-yl]- 3758
Cyclopenta[*e*]tetrazolo[1,5-*a*]pyrimidin, 7,8-Dihydro-6*H*- 4113
Pteridin-2-ylamin, 4-Methyl- 3760
—, 6-Methyl- 3760
Pteridin-4-ylamin, 2-Methyl- 3759
Pyrimido[4,5-*d*]pyrimidin-4-ylamin, 7-Methyl- 3760
Tetrazol-5-ylamin, 1-Phenyl-1*H*- 3485
[1,2,4]Triazol-3-ylamin, 5-[2]Pyridyl-1*H*- 3759
—, 5-[3]Pyridyl-1*H*- 3759
—, 5-[4]Pyridyl-1*H*- 3759
$C_7H_7N_5O$
Acetamid, *N*-[7(9)*H*-Purin-6-yl]- 3581
Phenol, 2-[5-Amino-tetrazol-1-yl]- 3505
—, 4-[5-Amino-tetrazol-1-yl]- 3506
—, 5-Amino-2-[1*H*-tetrazol-5-yl]- 3866
Pteridin-4-on, 2-Amino-6-methyl-3*H*- 3939
—, 2-Amino-7-methyl-3*H*- 3955
Pteridin-7-on, 2-Amino-6-methyl-8*H*- 3938
—, 4-Amino-6-methyl-8*H*- 3938
Pteridin-4-ylamin, 2-Methoxy- 3866
$C_7H_7N_5OS$
Pteridin-6-on, 4-Amino-7-methyl-2-thioxo-1,5-dihydro-2*H*- 4005
Pteridin-7-on, 4-Amino-6-methyl-2-thioxo-2,8-dihydro-1*H*- 4003
$C_7H_7N_5O_2$
Acetamid, *N*-[6-Oxo-6,7-dihydro-1*H*-purin-2-yl]- 3897
Carbamidsäure, [7(9)*H*-Purin-6-yl]-, methylester 3583
Pteridin-2,7-dion, 4-Amino-6-methyl-1*H*,8*H*- 4003
Pteridin-4,6-dion, 2-Amino-7-methyl-3,5-dihydro- 4004
Pteridin-4,7-dion, 2-Amino-6-methyl-3*H*,8*H*- 4002
Pteridin-6,7-dion, 4-Amino-2-methyl-5,8-dihydro- 4002
Pteridin-4-on, 2-Amino-6-hydroxymethyl-3*H*- 4028
—, 2-Amino-7-hydroxymethyl-3*H*- 4029
Pyrimido[5,4-*e*][1,2,4]triazin-5,7-dion, 1,6-Dimethyl-1*H*- 4141
—, 6,8-Dimethyl-8*H*- 4142
$C_7H_7N_5O_2S$
Benzolsulfonsäure-[1*H*-tetrazol-5-ylamid] 3523
Essigsäure, [2-Amino-7(9)*H*-purin-6-ylmercapto]- 3863
—, [6-Amino-7(9)*H*-purin-2-ylmercapto]- 3847
—, [5-Amino-1(2)*H*-pyrazolo[4,3-*d*]pyrimidin-7-ylmercapto]- 3845
—, [5-Methyl-tetrazolo[1,5-*a*]pyrimidin-7-ylmercapto]- 4126
Pteridin-6,7-dion, 4-Amino-2-methylmercapto-5,8-dihydro- 4031
$C_7H_7N_5O_3$
Pteridin-4-carbonsäure, 2-Amino-6-oxo-5,6,7,8-tetrahydro- 4052
Pteridin-4,7-dion, 2-Amino-6-hydroxymethyl-3*H*,8*H*- 4032
$C_7H_7N_5O_4$
Pteridin-7-carbonsäure, 2-Amino-4,6-dioxo-3,4,5,6,7,8-hexahydro- 4057
$C_7H_7N_5O_5$
Barbitursäure, 5-[5-Amino-3-oxo-2,3-dihydro-1*H*-pyrazol-4-yl]-5-hydroxy- 4043
$C_7H_7N_5O_5S$
Methansulfonsäure, [2-Amino-4,6-dioxo-3,4,5,6-tetrahydro-pteridin-7-yl]- 4067
$C_7H_7N_5S$
Pyrimido[4,5-*d*]pyrimidin-4-thion, 7-Methylamino-3*H*- 3938

$C_7H_7N_5S$ (Fortsetzung)
[1,2,4,5]Tetrazin-3-thion, 6-[4]Pyridyl-1,4-dihydro-2*H*- 4134
[1,2,4]Triazol-3-thion, 4-Amino-5-[4]pyridyl-2,4-dihydro- 4134

$C_7H_7N_7$
[1,3,5]Triazin-2,4-diyldiamin, 6-Pyrimidin-5-yl- 4168

$C_7H_7N_7O$
Pteridin-6-carbaldehyd, 2,4-Diamino-, oxim 3963
Pteridin-6-carbonsäure, 4,7-Diamino-, amid 4047

$C_7H_7N_7O_2$
Pteridin-6-carbonsäure, 2,4,7-Triamino- 4048

$C_7H_7N_9O_2$
Tetraz-1-en, 3-[4-Nitro-phenyl]-1-[1*H*-tetrazol-5-yl]- 4101

$C_7H_8ClN_5$
Amin, Äthyl-[8-chlor-7(9)*H*-purin-6-yl]- 3726
—, Äthyl-[6-chlor-1(2)*H*-pyrazolo[3,4-*d*]= pyrimidin-4-yl]- 3557
—, [6-Chlor-1-methyl-1*H*-pyrazolo[3,4-*d*]= pyrimidin-4-yl]-methyl- 3556
—, [2-Chlor-7(9)*H*-purin-6-yl]-dimethyl- 3724
—, [8-Chlor-7(9)*H*-purin-6-yl]-dimethyl- 3726
—, [5-Chlor-1(2)*H*-pyrazolo[4,3-*d*]= pyrimidin-7-yl]-dimethyl- 3541

$C_7H_8ClN_5O$
Äthanol, 2-[6-Chlor-1(2)*H*-pyrazolo[3,4-*d*]= pyrimidin-4-ylamino]- 3559

$C_7H_8ClN_5O_2S$
Amin, Chlor-[2-methansulfonyl-9-methyl-9*H*-purin-6-yl]- 3861

$C_7H_8N_6$
Hydrazin, [1-Phenyl-1*H*-tetrazol-5-yl]- 4068
Pteridin-2,4-diyldiamin, 6-Methyl- 3801
—, 7-Methyl- 3801
—, N^2-Methyl- 3800
—, N^4-Methyl- 3800
Tetrazol-1,5-diyldiamin, N^5-Phenyl- 3525
Tetrazol-5-ylamin, 1-[3-Amino-phenyl]-1*H*- 3521
—, 1-[4-Amino-phenyl]-1*H*- 3522

$C_7H_8N_6O$
Ameisensäure-[*N'*-(5-methyl-[1,2,4]triazolo= [1,5-*a*]pyrimidin-7-yl)-hydrazid] 4075
Methanol, [2,4-Diamino-pteridin-6-yl]- 3867
Pteridin-4-on, 2,6-Diamino-7-methyl-3*H*- 3956
Pteridin-6-on, 2,4-Diamino-7-methyl-5*H*- 3955
Pteridin-7-on, 2,4-Diamino-6-methyl-8*H*- 3939
[1,2,4,5]Tetrazin-3-on, 6-[3,5-Dimethyl-pyrazol-1-yl]-2*H*- 4077

$C_7H_8N_6OS$
Acetamid, *N*-[5-Methylmercapto-1*H*-[1,2,3]triazolo[4,5-*d*]pyrimidin-7-yl]- 4170

$C_7H_8N_6O_2$
Glycin-[6-oxo-6,7-dihydro-1*H*-purin-2-ylamid] 3897
Pteridin-4,7-dion, 2-Amino-6-aminomethyl-3*H*,8*H*- 4003

$C_7H_8N_6O_2S$
Essigsäure, [2,6-Diamino-7(9)*H*-purin-8-ylmercapto]- 3864
Sulfanilsäure-[1*H*-tetrazol-5-ylamid] 3523

$C_7H_8N_6O_3$
Pteridin-6-carbonsäure, 2,4-Diamino-7-oxo-5,6,7,8-tetrahydro- 4053

$C_7H_8N_8$
Tetraz-1-en, 3-Phenyl-1-[1*H*-tetrazol-5-yl]- 4101

$C_7H_8N_8O$
Pteridin-6-carbonsäure, 2,4,7-Triamino-, amid 4048

$C_7H_8N_8O_2S$
Benzolsulfonamid, 4-[*N'*-(1*H*-Tetrazol-5-yl)-triazenyl]- 4100

$C_7H_9N_5$
Amin, Äthyl-[1(3)*H*-imidazo[4,5-*d*]pyridazin-4-yl]- 3731
—, Äthyl-[7(9)*H*-purin-6-yl]- 3567
—, Äthyl-[1(2)*H*-pyrazolo[3,4-*d*]= pyrimidin-4-yl]- 3542
—, Dimethyl-[7(9)*H*-purin-2-yl]- 3560
—, Dimethyl-[7(9)*H*-purin-6-yl]- 3566
—, Dimethyl-[7(9)*H*-purin-8-yl]- 3730
—, Dimethyl-[1(2)*H*-pyrazolo[3,4-*d*]= pyrimidin-4-yl]- 3542
—, Dimethyl-[1(2)*H*-pyrazolo[4,3-*d*]= pyrimidin-7-yl]- 3541
—, Methyl-[1-methyl-1*H*-purin-6-yl]- 3565
—, Methyl-[2-methyl-7(9)*H*-purin-6-yl]- 3743
—, Methyl-[6-methyl-7(9)*H*-purin-2-yl]- 3747
—, Methyl-[7-methyl-7*H*-purin-6-yl]- 3565
—, Methyl-[8-methyl-7(9)*H*-purin-6-yl]- 3748
—, Methyl-[9-methyl-9*H*-purin-6-yl]- 3566
—, Methyl-[1-methyl-1*H*-pyrazolo[3,4-*d*]= pyrimidin-4-yl]- 3542
—, Methyl-[6-methyl-1(2)*H*-pyrazolo= [3,4-*d*]pyrimidin-4-yl]- 3737
—, Methyl-[7-methyl-1(2)*H*-pyrazolo= [4,3-*d*]pyrimidin-5-yl]- 3735
Pteridin-2-ylamin, 6-Methyl-7,8-dihydro- 3749
Purin-6-ylamin, 2-Äthyl-7(9)*H*- 3751
—, 9-Äthyl-9*H*- 3567
—, 2,7-Dimethyl-7*H*- 3743

$C_7H_{10}N_6O_2$
Purin-2,6-dion, 8-Hydrazino-1,3-dimethyl-3,7-dihydro- 4079
–, 8-Hydrazino-1,7-dimethyl-3,7-dihydro- 4079
–, 8-Hydrazino-3,7-dimethyl-3,7-dihydro- 4079

$C_7H_{10}N_6S$
Amin, Dimethyl-[5-methylmercapto-1*H*-[1,2,3]triazolo[4,5-*d*]pyrimidin-7-yl]- 4170

$C_7H_{11}N_5$
Amin, Allyl-[1-allyl-1*H*-tetrazol-5-yl]- 3484
–, Diallyl-[1*H*-tetrazol-5-yl]- 3484
Pteridin-2-ylamin, 6-Methyl-5,6,7,8-tetrahydro- 3537

$C_7H_{11}N_5O$
Crotonsäure, 2-Äthyl-, [1*H*-tetrazol-5-ylamid] 3512
Pteridin-4-on, 2-Amino-6-methyl-5,6,7,8-tetrahydro-3*H*- 3878

$C_7H_{11}N_5O_4$
Alanin, *N*-[2,5-Dioxo-hexahydro-imidazo[4,5-*d*]imidazol-3a-yl]- 3978

$C_7H_{12}BrN_5O$
Buttersäure, 2-Äthyl-2-brom-, [1*H*-tetrazol-5-ylamid] 3512

$C_7H_{12}N_8$
[1,2,4]Triazol-3-ylamin, 1*H*,1′*H*-5,5′-Propandiyl-bis- 4230

$C_7H_{13}N_5$
Amin, Cyclohexyl-[1*H*-tetrazol-5-yl]- 3484
Tetrazol-5-ylamin, 1-Cyclohexyl-1*H*- 3484

$C_7H_{13}N_5O$
Buttersäure, 2-Äthyl-, [1*H*-tetrazol-5-ylamid] 3512
Tetrazolium, 5-Acetylamino-1,4-diäthyl-, betain 3510

$C_7H_{13}N_7$
Azepin-2-on, Hexahydro-, [1*H*-tetrazol-5-ylhydrazon] 4071

$C_7H_{14}N_6O$
Essigsäure, [5-Amino-tetrazol-1-yl]-, diäthylamid 3520
–, [5-Amino-tetrazol-2-yl]-, diäthylamid 3520
Glycin, *N*-[1*H*-Tetrazol-5-yl]-, diäthylamid 3520

$C_7H_{15}N_5$
Amin, Diäthyl-[1-methyl-1*H*-tetrazol-5-ylmethyl]- 3525
–, Diisopropyl-[1*H*-tetrazol-5-yl]- 3478
–, Isopropyl-[1-isopropyl-1*H*-tetrazol-5-yl]- 3478
–, Propyl-[1-propyl-1*H*-tetrazol-5-yl]- 3477
Tetrazolium, 1-Äthyl-5-amino-4-butyl-, betain 3478
–, 1-Äthyl-5-amino-4-isobutyl-, betain 3479
Tetrazol-5-ylamin, 1-Hexyl-1*H*- 3481

$[C_7H_{16}N_5]^+$
Tetrazolium, 1-Äthyl-5-amino-4-butyl- 3478
–, 1-Äthyl-5-amino-4-isobutyl- 3479
–, 5-Amino-1,4-dipropyl- 3477

C_8

$C_8Cl_8N_6$
Äthan, 1,1,2,2-Tetrachlor-1,2-bis-[dichlor-[1,3,5]triazin-2-yl]- 4187

$C_8H_4ClN_5$
Tetrazolo[1,5-*a*]chinazolin, 5-Chlor- 4115
Tetrazolo[5,1-*a*]phthalazin, 6-Chlor- 4115

$C_8H_4I_3N_5O$
Benzoesäure, 2,3,5-Trijod-, [1*H*-tetrazol-5-ylamid] 3513
–, 3,4,5-Trijod-, [1*H*-tetrazol-5-ylamid] 3513

$C_8H_4N_6O_4$
Dipyrimido[5,4-*c*;4′,5′-*e*]pyridazin-2,4,7,9-tetraon, 1,10-Dihydro- 4216
Pyrimido[4,5-*g*]pteridin-2,4,7,9-tetraon, 1,6-Dihydro- 4216
Pyrimido[5,4-*g*]pteridin-2,4,6,8-tetraon, 1*H*,9*H*- 4217

$C_8H_4N_8$
Tetrazolo[1,5-*a*]chinazolin, 5-Azido- 4115
Tetrazolo[1,5-*a*]chinoxalin, 4-Azido- 4115
Tetrazolo[5,1-*a*]phthalazin, 6-Azido- 4115

$C_8H_5ClN_8$
[2,5′]Bitetrazolyl, 5-[4-Chlor-phenyl]-1′*H*- 4102

$C_8H_5Cl_2N_5$
Amin, [2,4-Dichlor-benzyliden]-[1*H*-tetrazol-5-yl]- 3508

$C_8H_5I_2N_5O$
Benzoesäure, 2,5-Dijod-, [1*H*-tetrazol-5-ylamid] 3513
–, 3,4-Dijod-, [1*H*-tetrazol-5-ylamid] 3513
–, 3,5-Dijod-, [1*H*-tetrazol-5-ylamid] 3513

$C_8H_5I_2N_5O_2$
Benzoesäure, 2-Hydroxy-3,5-dijod-, [1*H*-tetrazol-5-ylamid] 3521
–, 4-Hydroxy-3,5-dijod-, [1*H*-tetrazol-5-ylamid] 3521

$C_8H_5N_5$
Tetrazolo[5,1-*a*]phthalazin 4115

$C_8H_5N_5O$
Tetrazolo[1,5-*a*]chinazolin-5-on, 4*H*- 4135
Tetrazolo[1,5-*a*]chinoxalin-4-on, 5*H*- 4135
Tetrazolo[5,1-*a*]phthalazin-6-on, 5*H*- 4135

$C_8H_5N_5O_5$
Pteridin-6,7-dicarbonsäure, 2-Amino-4-oxo-3,4-dihydro- 4061

$C_8H_5N_7O_3$
Pyrazino[2,3-*g*]pteridin-4,7,8-trion, 2-Amino-6,9-dihydro-3*H*- 4236

$C_8H_5N_7O_3$ (Fortsetzung)
Pyrimido[5,4-*g*]pteridin-2,4,6-trion, 8-Amino-1*H*,7*H*- 4236
$C_8H_5N_9O_2$
[2,5′]Bitetrazolyl, 5-[4-Nitro-phenyl]-1′*H*- 4102
$C_8H_6BrN_5O$
Benzoesäure, 2-Brom-, [1*H*-tetrazol-5-ylamid] 3513
$C_8H_6Br_2N_6$
Benzohydrazonoylbromid, 4-Brom-*N′*-[1*H*-tetrazol-5-yl]- 4071
$C_8H_6ClN_5$
[1,2,4,5]Tetrazin-3-ylamin, 6-[4-Chlor-phenyl]- 3765
$C_8H_6F_3N_5$
Tetrazol-5-ylamin, 1-[3-Trifluormethyl-phenyl]-1*H*- 3491
$C_8H_6N_6$
Dipyrazino[2,3-*b*;2′,3′-*e*]pyrazin, 5,10-Dihydro- 4189
Tetrazolo[5,1-*a*]phthalazin-6-ylamin 4162
$C_8H_6N_6O_2$
Amin, [4-Nitro-benzyliden]-[1*H*-tetrazol-5-yl]- 3508
Pyrazolo[4,3-*g*]pteridin-5,7-dion, 3-Methyl-1,8-dihydro- 4209
$C_8H_6N_6O_4$
Pteridin-6,7-dicarbonsäure, 2,4-Diamino- 4050
$C_8H_6N_6O_5$
Spiro[imidazolidin-4,6′-pteridin]-2,5,2′,4′,7′-pentaon, 5′,8′-Dihydro-1′*H*- 4219
$C_8H_6N_8$
Benzol, 1,4-Bis-[1*H*-tetrazol-5-yl]- 4250
[2,5′]Bitetrazolyl, 5-Phenyl-1′*H*- 4102
$C_8H_6N_8O$
Imidazo[4,5-*g*]pteridin-6,8-diyldiamin, x-Formyl-1*H*- 3841
$C_8H_6N_8O_2$
Pyrimido[4,5-*g*]pteridin-4,9-dion, 2,7-Diamino-3,8-dihydro- 4235
Pyrimido[5,4-*g*]pteridin-2,4-dion, 6,8-Diamino-1*H*- 4235
Pyrimido[5,4-*g*]pteridin-4,6-dion, 2,8-Diamino-3*H*,7*H*- 4235
$C_8H_7BrN_6$
Benzohydrazonoylbromid, *N′*-[1*H*-Tetrazol-5-yl]- 4070
$C_8H_7Br_2N_5O$
Pteridin-4-on, 2-Amino-6,7-bis-brommethyl-3*H*- 3960
$C_8H_7ClN_6$
Benzaldehyd, 4-Chlor-, [1*H*-tetrazol-5-ylhydrazon] 4068
Hydrazin, [6-(4-Chlor-phenyl)-[1,2,4,5]=tetrazin-3-yl]- 4076
$C_8H_7Cl_2N_5$
Amin, [2,4-Dichlor-benzyl]-[1*H*-tetrazol-5-yl]- 3493
$C_8H_7Cl_2N_5O_2$
Alanin, *N*-[2,8-Dichlor-7(9)*H*-purin-6-yl]- 3728
β-Alanin, *N*-[2,8-Dichlor-7(9)*H*-purin-6-yl]- 3728
$C_8H_7N_5$
Amin, Benzyliden-[1*H*-tetrazol-5-yl]- 3508
[1,2,4,5]Tetrazin-3-ylamin, 6-Phenyl- 3765
$C_8H_7N_5O$
Acetamid, *N*-Pteridin-2-yl- 3754
—, *N*-Pteridin-4-yl- 3755
—, *N*-Pteridin-7-yl- 3756
1,2,3,4,8-Pentaaza-acenaphthylen-5-on, 7-Methyl-2,4-dihydro-1*H*- 4134
Phenol, 2-[(1*H*-Tetrazol-5-ylimino)-methyl]- 3509
$C_8H_7N_5O_2$
Acetamid, *N*-[4-Oxo-3,4-dihydro-pteridin-2-yl]- 3937
Salicylamid, *N*-[1*H*-Tetrazol-5-yl]- 3521
$C_8H_7N_5O_3$
Essigsäure, [2-Amino-4-oxo-3,4-dihydro-pteridin-6-yl]- 4056
—, [2-Amino-pteridin-4-yloxy]- 3866
Pteridin-6-carbonsäure, 2-Amino-7-methyl-4-oxo-3,4-dihydro- 4056
Pteridin-7-carbonsäure, 2-Amino-6-methyl-4-oxo-3,4-dihydro- 4056
—, 2-Amino-4-oxo-3,4-dihydro-, methylester 4056
Pteridin-4,7-dion, 6-Acetyl-2-amino-3*H*,8*H*- 4019
$C_8H_7N_5O_4$
Essigsäure, [2-Amino-4,6-dioxo-3,4,5,6-tetrahydro-pteridin-7-yl]- 4060
—, [2-Amino-4,7-dioxo-3,4,7,8-tetrahydro-pteridin-6-yl]- 4059
$C_8H_7N_7$
Hydrazin, Pyrido[2,3-*d*][1,2,4]triazolo[4,3-*b*]=pyridazin-6-yl- 4181
—, Tetrazolo[5,1-*a*]phthalazin-6-yl- 4181
Pyrido[3,2-*d*][1,2,4]triazolo[4,3-*b*]pyridazin, 6-Hydrazino- 4181
$C_8H_7N_7O_2$
Benzaldehyd, 2-Nitro-, [1*H*-tetrazol-5-ylhydrazon] 4069
—, 3-Nitro-, [1*H*-tetrazol-5-ylhydrazon] 4069
$C_8H_8ClN_5$
Amin, [2-Chlor-benzyl]-[1*H*-tetrazol-5-yl]- 3493
Pteridin-4-ylamin, 2-Chlor-6,7-dimethyl- 3762
Tetrazolo[1,5-*a*]chinazolin, 5-Chlor-6,7,8,9-tetrahydro- 4114
$C_8H_8ClN_5O$
Essigsäure, Chlor-, [2-methyl-7(9)*H*-purin-6-ylamid] 3744
—, Chlor-, [8-methyl-7(9)*H*-purin-6-ylamid] 3748

$C_8H_{11}N_5$ (Fortsetzung)
Amin, Propyl-[7(9)*H*-purin-6-yl]- 3568
Pteridin-2-ylamin, 4,6-Dimethyl-7,8-dihydro- 3752
Pyrazolo[3,4-*d*]pyrimidin-4-ylamin, 1-Isopropyl-1*H*- 3543
—, 2-Isopropyl-2*H*- 3543
Pyrazolo[4,3-*d*]pyrimidin-5-ylamin, 7-Äthyl-3-methyl-1(2)*H*- 3753

$C_8H_{11}N_5O$
Äthanol, 2-[1-Methyl-1*H*-pyrazolo[3,4-*d*]pyrimidin-4-ylamino]- 3553
Amin, [2-Methoxy-äthyl]-[7(9)*H*-purin-6-yl]- 3578
Purin-6-on, 7-Äthyl-2-amino-1-methyl-1,7-dihydro- 3894
Purin-6-ylamin, 2-Äthoxy-9-methyl-9*H*- 3846
Pyrazolo[3,4-*d*]pyrimidin-4-on, 6-Propylamino-1,5-dihydro- 3886
Tetrazolo[1,5-*a*]pyrimidin-7-on, 6-Isopropyl-5-methyl-4*H*- 4133
—, 5-Methyl-6-propyl-4*H*- 4133

$C_8H_{11}N_5O_2$
Acetamid, *N*-[4-Oxo-3,4,5,6,7,8-hexahydro-pteridin-2-yl]- 3878
Pteridin-2,4-dion, 7-Amino-1,3-dimethyl-5,6-dihydro-1*H*- 3993
Pteridin-4-on, 2-Amino-5-formyl-6-methyl-5,6,7,8-tetrahydro-3*H*- 3879
Purin-2,6-dion, 8-Amino-1,3,7-trimethyl-3,7-dihydro- 3979
—, 1,3-Dimethyl-8-methylamino-3,7-dihydro- 3979
Purin-6-on, 2-Amino-7-[2-hydroxy-äthyl]-1-methyl-1,7-dihydro- 3896

$C_8H_{11}N_5O_2S$
Amin, [2-Methansulfonyl-7(9)*H*-purin-6-yl]-dimethyl- 3849

$C_8H_{11}N_5O_3S$
Purin-8-on, 6-Dimethylamino-2-methansulfonyl-7,9-dihydro- 4026

$C_8H_{11}N_5S$
Amin, Äthyl-[8-methylmercapto-7(9)*H*-purin-6-yl]- 3864
—, Dimethyl-[2-methylmercapto-7(9)*H*-purin-6-yl]- 3848
—, Dimethyl-[8-methylmercapto-7(9)*H*-purin-6-yl]- 3863
—, Dimethyl-[5-methylmercapto-1(2)*H*-pyrazolo[4,3-*d*]pyrimidin-7-yl]- 3844
—, Dimethyl-[6-methylmercapto-1(2)*H*-pyrazolo[3,4-*d*]pyrimidin-4-yl]- 3845
—, [2-Methylmercapto-äthyl]-[7(9)*H*-purin-6-yl]- 3579
—, Methyl-[8-methyl-2-methylmercapto-7(9)*H*-purin-6-yl]- 3865
Purin-6-ylamin, 6-Propylmercapto-7(9)*H*- 3862

$C_8H_{11}N_5S_2$
Purin-8-thion, 6-Dimethylamino-2-methylmercapto-7,9-dihydro- 4026
Purin-6-ylamin, 9-Methyl-2,8-bis-methylmercapto-9*H*- 3873

$C_8H_{11}N_7$
Pyrimido[5,4-*d*]pyrimidin-2,4,8-triyltriamin, N^2,N^2-Dimethyl- 3828

$[C_8H_{12}N_5O]^+$
Purinium, 2-Amino-1,7,9-trimethyl-6-oxo-1,6-dihydro- 3894

$C_8H_{12}N_6$
[3,3']Bi[1,2,4]triazolyl, 5,5'-Diäthyl-1*H*,1'*H*- 4183
Purin-2,6-diyldiamin, N^2,N^2,N^6-Trimethyl-7(9)*H*- 3786
—, N^2,N^6,N^6-Trimethyl-7(9)*H*- 3786
Purin-6,8-diyldiamin, N^6,N^6,N^8-Trimethyl-7(9)*H*- 3795
—, N^6,N^8,N^8-Trimethyl-7(9)*H*- 3795
Pyrazolo[3,4-*d*]pyrimidin-4,6-diyldiamin, N^4,N^6,N^6-Trimethyl-1(2)*H*- 3783
Pyrazolo[4,3-*d*]pyrimidin-5,7-diyldiamin, N^7-Isopropyl-1(2)*H*- 3782
Pyrazolo[3,4-*d*]pyrimidin-4-ylamin, 3-[2-Amino-äthyl]-1-methyl-1*H*- 3797
[1,2,4,5]Tetrazin-3,6-diyldiamin, N^3,N^6-Diallyl- 3780

$C_8H_{12}N_6O$
Äthanol, 2-[4-Amino-1-methyl-1*H*-pyrazolo[3,4-*d*]pyrimidin-6-ylamino]- 3784
—, 2-[*N'*-(1-Methyl-1*H*-pyrazolo[3,4-*d*]pyrimidin-4-yl)-hydrazino]- 4073

$C_8H_{12}N_6O_2$
Purin-2,6-dion, 8-Hydrazino-1,3,7-trimethyl-3,7-dihydro- 4079

$C_8H_{12}N_{10}$
[1,3,5]Triazin-2,4-diyldiamin, 6,6'-Äthandiyl-bis- 4231

$C_8H_{13}N_5$
Pteridin-2-ylamin, 4,6-Dimethyl-5,6,7,8-tetrahydro- 3537

$C_8H_{13}N_5O$
Pteridin-4-on, 2-Amino-6,7-dimethyl-5,6,7,8-tetrahydro-3*H*- 3883
Acetyl-Derivat $C_8H_{13}N_5O$ aus 2-[1*H*-Tetrazol-5-yl]-piperidin 4107
Acetyl-Derivat $C_8H_{13}N_5O$ aus 3-[1*H*-Tetrazol-5-yl]-piperidin 4107
Acetyl-Derivat $C_8H_{13}N_5O$ aus 4-[1*H*-Tetrazol-5-yl]-piperidin 4107

$C_8H_{13}N_5O_3$
Malonamidsäure, 2,2-Diäthyl-*N*-[1*H*-tetrazol-5-yl]- 3514

$C_8H_{13}N_5O_4$
Purin-2,6,8-trion, 5-Hydroxy-3,9-dimethyl-4-methylamino-tetrahydro- 4037

$C_8H_{14}N_6$
3a,6a-Butano-imidazo[4,5-*d*]imidazol-2,5-diyldiamin, 1*H*,4*H*- 3781

$C_8H_{14}N_8$
Pyrazolo[3,4-*d*]pyrimidin, 1-Methyl-4,6-bis-[*N'*-methyl-hydrazino]-1*H*- 4077
[1,2,4]Triazol-3-ylamin, 1*H*,1'*H*-5,5'-Butandiyl-bis- 4230

$C_8H_{15}N_5$
Methylamin, *C*-[1-Cyclohexyl-1*H*-tetrazol-5-yl]- 3525
Tetrazolium, 5-Amino-1-cyclohexyl-4-methyl-, betain 3485
Tetrazol-5-ylamin, 1-Cyclohexylmethyl-1*H*- 3485

$[C_8H_{16}N_5]^+$
Tetrazolium, 5-Amino-1-cyclohexyl-4-methyl- 3485

$C_8H_{17}N_5$
Amin, Heptyl-[1*H*-tetrazol-5-yl]- 3481
Tetrazolium, 1-Äthyl-4-[1-äthyl-propyl]-5-amino-, betain 3480
—, 1-Äthyl-5-amino-4-isopentyl-, betain 3481
—, 1-Äthyl-5-amino-4-pentyl-, betain 3480
Tetrazol-5-ylamin, 1-[1-Äthyl-pentyl]-1*H*- 3482
—, 1-Heptyl-1*H*- 3481

$[C_8H_{18}N_5]^+$
Tetrazolium, 1-Äthyl-4-[1-äthyl-propyl]-5-amino- 3480
—, 1-Äthyl-5-amino-4-isopentyl- 3481
—, 1-Äthyl-5-amino-4-pentyl- 3480

C_9

$C_9H_3N_9O_6$
Benzotristriazol-2,5,8-tricarbonsäure 4270

$C_9H_3N_{13}$
Carbamonitril, *N*,*N'*,*N''*-[1,3,4,6,7,9,9b-Heptaaza-phenalen-2,5,8-triyl]-tris- 4244

$C_9H_3N_{21}$
Benzotristriazol, 2,5,8-Tri-[1*H*-tetrazol-5-yl]-5,8-dihydro-2*H*- 4270

$C_9H_4ClN_5O_2$
Pyrido[3,2-*g*]pteridin-2,4-dion, 7-Chlor-1*H*- 4144

$C_9H_5BrN_6O_2$
[1,2,4]Triazino[6,5-*b*]indol-3-ylamin, 6-Brom-8-nitro-9*H*- 3768

$C_9H_5Br_2N_5$
[1,2,4]Triazino[5,6-*b*]indol-3-ylamin, 6,8-Dibrom-5*H*- 3768
[1,2,4]Triazino[6,5-*b*]indol-3-ylamin, 6,8-Dibrom-9*H*- 3768

$C_9H_5N_5O_2$
Pyrido[3,2-*g*]pteridin-2,4-dion, 1*H*- 4144

$C_9H_5N_5O_4$
Pyrido[2,3-*d*;6,5-*d'*]dipyrimidin-2,4,6,8-tetraon, 1*H*,9*H*- 4149

$C_9H_6BrN_5$
[1,2,4]Triazino[6,5-*b*]indol-3-ylamin, 6-Brom-9*H*- 3768

$C_9H_6ClN_5$
[1,2,4]Triazino[6,5-*b*]indol-3-ylamin, 6-Chlor-9*H*- 3767

$C_9H_6N_6O_2$
Furan-2-carbamid, *N*-[1*H*-[1,2,3]Triazolo[4,5-*d*]pyrimidin-7-yl]- 4160
[1,2,4]Triazino[6,5-*b*]indol-3-ylamin, 6-Nitro-9*H*- 3768

$C_9H_7AsN_4O_3$
Arsonsäure, [1*H*-[1,2,3]Triazolo[4,5-*h*]chinolin-5-yl]- 4104

$C_9H_7Br_2N_5O_2$
Acetamid, *N*-[6-Dibrommethyl-4-oxo-3,4-dihydro-pteridin-2-yl]- 3940
—, *N*-[7-Dibrommethyl-4-oxo-3,4-dihydro-pteridin-2-yl]- 3956

$C_9H_7Br_2N_5O_3$
Pteridin-4,6-dion, 7-Acetonyl-2-amino-1,5-dibrom-1,5-dihydro- 4020

$C_9H_7Cl_2N_5O_4$
Asparaginsäure, *N*-[2,8-Dichlor-7(9)*H*-purin-6-yl]- 3728

$[C_9H_7Cl_4HgN_4O_2]^+$
Methylquecksilber(1+), Chlor-[1,3,7-tris-chlormethyl-2,6-dioxo-2,3,6,7-tetrahydro-1*H*-purin-8-yl]- 4105

$C_9H_7I_2N_5O_2$
Benzoesäure, 3,5-Dijod-2-methoxy-, [1*H*-tetrazol-5-ylamid] 3521
—, 3,5-Dijod-4-methoxy-, [1*H*-tetrazol-5-ylamid] 3521

$C_9H_7N_5$
[1,2,4]Triazino[5,6-*b*]indol-3-ylamin, 5*H*- 3767

$C_9H_7N_5O$
Tetrazolo[5,1-*a*]phthalazin, 6-Methoxy- 4126

$C_9H_7N_5O_2$
1,2,6,7,9-Pentaaza-phenalen-3,8-dion, 5-Methyl-2,9-dihydro-7*H*- 4142
[1,2,3]Triazolo[4,5-*d*]pyrimidin-7-on, 3-Furfuryl-3,6-dihydro- 4130

$C_9H_7N_5O_3$
Acetamid, *N*-[6-Formyl-4-oxo-3,4-dihydro-pteridin-2-yl]- 4007
Spiro[imidazolidin-4,2'-pyrido[2,3-*b*]pyrazin]-2,5,3'-trion, 1',4'-Dihydro- 4147

$C_9H_7N_5O_3S$
[1,2,4]Triazino[5,6-*b*]indol-8-sulfonsäure, 3-Amino-5*H*- 4066

$C_9H_7N_5O_4$
Pteridin-4,7-dion, 2-Amino-6-pyruvoyl-3*H*,8*H*- 4022

$C_9H_7N_5O_5$
Brenztraubensäure, [2-Amino-4,6-dioxo-3,4,5,6-tetrahydro-pteridin-7-yl]- 4061

$C_9H_8BrN_5O_3$
Pteridin-4,6-dion, 7-Acetonyl-2-amino-5-brom-3,5-dihydro- 4020
–, 2-Amino-7-[1-brom-2-oxo-propyl]-3,5-dihydro- 4020

$C_9H_8ClN_7S$
Thiosemicarbazid, 1-[6-(4-Chlor-phenyl)-[1,2,4,5]tetrazin-3-yl]- 4076

$[C_9H_8Cl_3HgN_4O_2]^+$
Methylquecksilber(1+), [1,3,7-Tris-chlormethyl-2,6-dioxo-2,3,6,7-tetrahydro-1*H*-purin-8-yl]- 4105

$C_9H_8F_6N_{10}$
[1,3,5]Triazin-2,4-diyldiamin, 6,6′-Hexafluorpropandiyl-bis- 4232

$C_9H_8N_4O$
Nicotinsäure, 4-Imidazol-1-yl-, amid 3652

$C_9H_8N_6$
Hydrazin, [1,2,4]Triazolo[3,4-*a*]phthalazin-6-yl- 4076

$C_9H_8N_6O$
Amin, Furfuryl-[1*H*-[1,2,3]triazolo[4,5-*d*]pyrimidin-7-yl]- 4159
[1,2,3]Triazolo[4,5-*d*]pyrimidin-7-ylamin, 3-Furfuryl-3*H*- 4158

$C_9H_8N_6O_2$
[1,2,3]Triazolo[4,5-*d*]pyrimidin-7-on, 5-Amino-3-furfuryl-3,6-dihydro- 4175

$C_9H_8N_6O_2S$
[1,2,4]Triazino[5,6-*b*]indol-8-sulfonsäure, 3-Amino-5*H*-, amid 4066

$C_9H_8N_6O_2S_2$
Methan, [4-Amino-6-oxo-2-thioxo-1,6-dihydro-2*H*-pyrimidin-5-yliden]-[6-amino-4-oxo-2-thioxo-1,2,3,4-tetrahydro-pyrimidin-5-yl]- 4022

$C_9H_8N_6O_3$
Acetamid, *N*-[1-(4-Nitro-phenyl)-1*H*-tetrazol-5-yl]- 3511

$C_9H_9ClN_{10}$
Formazan, *N*-Carbamimidoyl-3-[4-chlor-phenyl]-*N*′′′-[1*H*-tetrazol-5-yl]- 4089

$C_9H_9Cl_4N_5$
Amin, Bis-[2-chlor-äthyl]-[2,8-dichlor-7(9)*H*-purin-6-yl]- 3727

$C_9H_9N_5$
Amin, Benzyliden-[1-methyl-1*H*-tetrazol-5-yl]- 3509
–, Benzyliden-[2-methyl-2*H*-tetrazol-5-yl]- 3509

$C_9H_9N_5O$
Acetamid, *N*-[1-Phenyl-1*H*-tetrazol-5-yl]- 3511
Amin, [1-Acetyl-1*H*-tetrazol-5-yl]-phenyl- 3511
Benzamid, *N*-[1*H*-Tetrazol-5-ylmethyl]- 3530
Essigsäure-[3-(1*H*-tetrazol-5-yl)-anilid] 3758
– [4-(1*H*-tetrazol-5-yl)-anilid] 3758

$C_9H_9N_5O_2$
Acetamid, *N*-[9-Acetyl-9*H*-purin-6-yl]- 3582
–, *N*-[6-Methyl-4-oxo-3,4-dihydro-pteridin-2-yl]- 3940
–, *N*-[7-Methyl-4-oxo-3,4-dihydro-pteridin-2-yl]- 3956
Essigsäure-[3-hydroxy-4-(1*H*-tetrazol-5-yl)-anilid] 3866
Pteridin-4-on, 2-Amino-6-propionyl-3*H*- 4008

$C_9H_9N_5O_3$
Pteridin-4,6-dion, 7-Acetonyl-2-amino-3,5-dihydro- 4020
Pteridin-4,7-dion, 6-Acetonyl-2-amino-3*H*,8*H*- 4019

$C_9H_9N_5O_4$
Asparaginsäure, *N*-[7(9)*H*-Purin-6-yl]- 3584
Propionsäure, 2-[2-Amino-4,7-dioxo-3,4,7,8-tetrahydro-pteridin-6-yl]- 4060
–, 3-[2-Amino-4,7-dioxo-3,4,7,8-tetrahydro-pteridin-6-yl]- 4060
Pteridin-6-carbonsäure, 8-Äthyl-2-amino-4,7-dioxo-3,4,7,8-tetrahydro- 4058
Pteridin-4,6-dion, 2-Amino-7-[1-hydroxy-2-oxo-propyl]-3,5-dihydro- 4041
–, 2-Amino-7-[3-hydroxy-2-oxo-propyl]-3,5-dihydro- 4042
–, 2-Amino-7-lactoyl-3,5-dihydro- 4041
Pteridin-4,7-dion, 2-Amino-6-[1-hydroxy-2-oxo-propyl]-3*H*,8*H*- 4040

$C_9H_9N_5O_5$
Pteridin-6-carbonsäure, 2-Amino-8-[2-hydroxy-äthyl]-4,7-dioxo-3,4,7,8-tetrahydro- 4058
Pteridin-4,6-dion, 2-Amino-7-[1,2,3-trihydroxy-propenyl]-3,5-dihydro- 4045

$C_9H_9N_7$
Amin, [1(3)*H*-Imidazol-4-ylmethyl]-[7(9)*H*-purin-6-yl]- 3720

$C_9H_9N_7O_3$
1,3,4,6,7,9,9b-Heptaaza-phenalen-2,5,8-trion, 1,4,7-Trimethyl-1*H*,4*H*,7*H*- 4243

$C_9H_9N_{11}O_2$
Formazan, *N*-Carbamimidoyl-3-[3-nitro-phenyl]-*N*′′′-[1*H*-tetrazol-5-yl]- 4090
–, *N*-Carbamimidoyl-3-[4-nitro-phenyl]-*N*′′′-[1*H*-tetrazol-5-yl]- 4090

$C_9H_{10}BrN_7$
Tetrazolo[1,5-*a*][1,2,3]triazolo[4,5-*c*]pyridin, 6-Brom-7-butyl-7*H*- 4240

$C_9H_{10}ClN_5$
Imidazo[2,1-*i*]purin, 9-[2-Chlor-äthyl]-8,9-dihydro-7*H*- 4113

$C_9H_{10}ClN_5O$
Essigsäure, Chlor-, [2,8-dimethyl-7(9)*H*-purin-6-ylamid] 3752

$C_9H_{10}N_6O$
Harnstoff, *N*-Phenyl-*N*′-[1*H*-tetrazol-5-ylmethyl]- 3530

$C_9H_{10}N_6O_2$
Acetamid, *N,N'*-[7(9)*H*-Purin-2,6-diyl]-bis- 3789
Amin, [1-(4-Äthoxy-phenyl)-1*H*-tetrazol-5-yl]-nitroso- 4095
Benzaldehyd, 3-Hydroxy-4-methoxy-, [1*H*-tetrazol-5-ylhydrazon] 4070
[1,2,4]Triazolo[4,3-*e*]purin-6,8-dion, 5,7,9-Trimethyl-5,9-dihydro- 4208

$C_9H_{10}N_6O_2S$
Diacetyl-Derivat $C_9H_{10}N_6O_2S$ aus 5-Methylmercapto-1*H*-[1,2,3]triazolo[4,5-*d*]pyrimidin-7-ylamin 4170

$C_9H_{10}N_6O_3$
Pteridin-6-carbonsäure, 2-Amino-8-methyl-4-methylamino-7-oxo-7,8-dihydro- 4055

$C_9H_{10}N_6O_3S$
Sulfanilsäure, *N*-Acetyl-, [1*H*-tetrazol-5-ylamid] 3523

$C_9H_{10}N_6S$
Thioharnstoff, *N*-[2-Methyl-2*H*-tetrazol-5-yl]-*N'*-phenyl- 3514

$C_9H_{10}N_{10}$
Benzylidendiamin, *N,N'*-Di-[1*H*-tetrazol-5-yl]- 3508
Formazan, *N*-Carbamimidoyl-3-phenyl-*N'''*-[1*H*-tetrazol-5-yl]- 4089
Tetraz-3-en-2-carbamidin, 1-Benzyliden-4-[1*H*-tetrazol-5-yl]- 4102

$C_9H_{10}N_{10}O_2$
Pyrimidin-4,6-diyldiamin, 5,5'-Dinitroso-2,2'-methandiyl-bis- 3842

$C_9H_{11}Cl_2N_5$
Amin, Bis-[2-chlor-äthyl]-[7(9)*H*-purin-6-yl]- 4113
–, Diäthyl-[2,8-dichlor-7(9)*H*-purin-6-yl]- 3727

$C_9H_{11}Cl_2N_5O_2$
Amin, [2,8-Dichlor-7(9)*H*-purin-6-yl]-bis-[2-hydroxy-äthyl]- 3727

$[C_9H_{11}HgN_4O_2]^+$
Methylquecksilber(1+), [1,3,7-Trimethyl-2,6-dioxo-2,3,6,7-tetrahydro-1*H*-purin-8-yl]- 4105

$C_9H_{11}N_5$
Äthylamin, 2-Phenyl-1-[1*H*-tetrazol-5-yl]- 3762
Amin, Äthyl-[1-phenyl-1*H*-tetrazol-5-yl]- 3490
–, [1-Äthyl-1*H*-tetrazol-5-yl]-phenyl- 3490
–, Allyl-[1-methyl-1*H*-pyrazolo[3,4-*d*]pyrimidin-4-yl]- 3547
–, Benzyl-[1-methyl-1*H*-tetrazol-5-yl]- 3494
–, Benzyl-methyl-[1*H*-tetrazol-5-yl]- 3500
–, Benzyl-[2-methyl-2*H*-tetrazol-5-yl]- 3494
–, [1-Benzyl-1*H*-tetrazol-5-yl]-methyl- 3493
–, Dimethyl-[1-phenyl-1*H*-tetrazol-5-yl]- 3489
–, Methyl-[1-phenyl-1*H*-tetrazol-5-ylmethyl]- 3526
–, [1-Methyl-1*H*-tetrazol-5-yl]-*o*-tolyl- 3491
–, Methyl-[1-*o*-tolyl-1*H*-tetrazol-5-yl]- 3491
Anilin, 3-[1-Äthyl-1*H*-tetrazol-5-yl]- 3757
Methylamin, *C*-[1-Benzyl-1*H*-tetrazol-5-yl]- 3527
Pteridinium, 2-Amino-6,7,8-trimethyl-, betain 3761
Pteridin-2-ylamin, 4-Isopropyl- 3763
–, 4-Propyl- 3763
–, 4,6,7-Trimethyl- 3763
Pteridin-4-ylamin, 2-Propyl- 3762
Tetrazolium, 1-Äthyl-5-amino-4-phenyl-, betain 3489
–, 5-Amino-1-benzyl-4-methyl-, betain 3493
–, 1-Methyl-5-methylamino-4-phenyl-, betain 3489
Tetrazol-5-ylamin, 1-[2,4-Dimethyl-phenyl]-1*H*- 3503
–, 1-[2,6-Dimethyl-phenyl]-1*H*- 3502
–, 1-Phenäthyl-1*H*- 3501
[1,2,4]Triazolo[5,1-*b*]chinazolin-2-ylamin, 5,6,7,8-Tetrahydro- 3763

$C_9H_{11}N_5O$
Amin, [9-Acetyl-9*H*-purin-6-yl]-dimethyl- 3566
Anilin, 2-Methoxy-5-[1-methyl-1*H*-tetrazol-5-yl]- 3866
Butyramid, *N*-[7(9)*H*-Purin-6-yl]- 3582
Pteridin-4-on, 2-Amino-1,6,7-trimethyl-3*H*- 3958
–, 2-Amino-3,6,7-trimethyl-3*H*- 3958
–, 2-Amino-6,7,8-trimethyl-8*H*- 3958
–, 6,7-Dimethyl-2-methylamino-3*H*- 3958
Pteridin-2-ylamin, 4-Methoxy-6,7-dimethyl- 3868
Tetrazol-5-ylamin, 1-[4-Äthoxy-phenyl]-1*H*- 3507
[1,2,4]Triazolo[5,1-*b*]chinazolin-9-on, 2-Amino-5,6,7,8-tetrahydro-4*H*- 3961

$C_9H_{11}N_5O_2$
Formamid, *N*-[5-Formyl-6-methyl-5,6,7,8-tetrahydro-pteridin-2-yl]- 3537
Pteridin-4-on, 2-Amino-6-[1-hydroxy-propyl]-3*H*- 4030
–, 2-Amino-6-propionyl-7,8-dihydro-3*H*- 4006
Pyrazolo[4,3-*d*]pyrimidin-3-carbonsäure, 5-Amino-7-methyl-1(2)*H*-, äthylester 4046
–, 7-Amino-5-methyl-1(2)*H*-, äthylester 4046

$C_9H_{11}N_5O_2S$
Tetrazolium, 5-Benzolsulfonylamino-1,4-dimethyl-, betain 3524
$C_9H_{11}N_5O_2S_2$
Essigsäure, [6-Amino-9-methyl-2-methylmercapto-9*H*-purin-8-ylmercapto]- 3873
$C_9H_{11}N_5O_3$
[4,5′]Bipyrimidinyl-2,6,4′-trion, 2′-Amino-6′-methyl-4,5-dihydro-3*H*,3′*H*- 4018
Glycin, *N*-[6-Oxo-5,6,7,8-tetrahydro-pteridin-2-yl]-, methylester 3931
Pteridin-4-carbonsäure, 2-Dimethylamino-6-oxo-5,6,7,8-tetrahydro- 4052
Pteridin-4,6-dion, 2-Amino-7-[2-hydroxy-propyl]-3,5-dihydro- 4034
Pteridin-4,7-dion, 2-Amino-6-[2-hydroxy-propyl]-3*H*,8*H*- 4033
—, 2-Amino-6-[3-hydroxy-propyl]-3*H*,8*H*- 4033
Pteridin-4-on, 2-Amino-6-[1,2-dihydroxy-propyl]-3*H*- 4032
—, 2-Amino-6-lactoyl-7,8-dihydro-3*H*- 4034
Pteridin-4,6,7-trion, 2-Amino-3,5,8-trimethyl-5,8-dihydro-3*H*- 4017
$C_9H_{11}N_5O_4$
Pteridin-4,7-dion, 2-Amino-6-[1,2-dihydroxy-propyl]-3*H*,8*H*- 4038
—, 2-Amino-6-[2,3-dihydroxy-propyl]-3*H*,8*H*- 4039
Pteridin-4-on, 2-Amino-6-[1,2,3-trihydroxy-propyl]-3*H*- 4038
—, 2-Amino-7-[1,2,3-trihydroxy-propyl]-3*H*- 4039
$C_9H_{11}N_5O_5$
8-Aza-inosin 4131
$C_9H_{11}N_5O_6$
8-Aza-xanthosin 4139
[1,2,3]Triazolo[4,5-*d*]pyrimidin-5,7-dion, 1-Ribofuranosyl-1,4-dihydro- 4139
—, 1-Xylopyranosyl-1,4-dihydro- 4139
—, 3-Xylopyranosyl-3,4-dihydro- 4139
$C_9H_{11}N_5S$
Pteridin-4-ylamin, 6,7-Dimethyl-2-methylmercapto- 3867
$C_9H_{11}N_7$
Tetrazolo[1,5-*a*][1,2,3]triazolo[4,5-*c*]pyridin, 7-Butyl-7*H*- 4240
$C_9H_{12}BrN_5$
[1,2,3]Triazolo[4,5-*c*]pyridin-4-ylamin, 7-Brom-1-butyl-1*H*- 3540
$C_9H_{12}ClN_5$
Amin, Butyl-[2-chlor-7(9)*H*-purin-6-yl]- 3724
—, [6-Chlor-1(2)*H*-pyrazolo[3,4-*d*]pyrimidin-4-yl]-isobutyl- 3557
—, Diäthyl-[2-chlor-7(9)*H*-purin-6-yl]- 3724
$C_9H_{12}ClN_5O$
Purin-8-on, 2-Chlor-6-diäthylamino-7,9-dihydro- 3929
$[C_9H_{12}N_5]^+$
Tetrazolium, 1-Äthyl-5-amino-4-phenyl- 3489
—, 5-Amino-1-benzyl-3-methyl- 3493
—, 5-Amino-1-benzyl-4-methyl- 3493
—, 5-Amino-3-benzyl-1-methyl- 3494
—, 1-Methyl-5-methylamino-4-phenyl- 3489
$C_9H_{12}N_6$
Pteridin-2,4-diyldiamin, 6,7,N^2-Trimethyl- 3802
Triimidazo[1,2-*a*;1′,2′-*c*;1″,2″-*e*][1,3,5]triazin, 2,3,6,7,10,11-Hexahydro- 4184
$C_9H_{12}N_6O$
Hydrazin, [1-(4-Äthoxy-phenyl)-1*H*-tetrazol-5-yl]- 4068
$C_9H_{12}N_6O_2$
Amin, [1-Butyl-1*H*-[1,2,3]triazolo[4,5-*c*]pyridin-4-yl]-nitro- 4099
Formaldehyd-[1,3,7-trimethyl-2,6-dioxo-2,3,6,7-tetrahydro-1*H*-purin-8-ylhydrazon] 4080
[1,2,3]Triazolo[4,5-*c*]pyridin-4-ylamin, 1-Butyl-7-nitro-1*H*- 3540
$C_9H_{12}N_6O_2S$
Essigsäure, [2,6-Diamino-7(9)*H*-purin-8-ylmercapto]-, äthylester 3864
$C_9H_{12}N_6O_3$
Pteridin-4-on, 2-Amino-6-[2-hydroxy-1-hydroxyimino-propyl]-7,8-dihydro-3*H*- 4034
$C_9H_{12}N_6O_4$
8-Aza-adenosin 4159
$C_9H_{12}N_6O_5$
8-Aza-guanosin 4176
[1,2,3]Triazolo[4,5-*d*]pyrimidin-7-on, 5-Amino-1-ribofuranosyl-1,6-dihydro- 4175
—, 5-Amino-2-ribofuranosyl-2,6-dihydro- 4176
$C_9H_{13}BrN_6$
Hydrazin, [7-Brom-1-butyl-1*H*-[1,2,3]triazolo[4,5-*c*]pyridin-4-yl]- 4072
$C_9H_{13}NO_3$
Pyrrol-2-carbonsäure, 4-Äthyl-5-hydroxymethyl-3-methyl- 4287
$C_9H_{13}N_4O_5P$
Phosphonsäure, [1,3,7-Trimethyl-2,6-dioxo-2,3,6,7-tetrahydro-1*H*-purin-8-ylmethyl]- 4103
$C_9H_{13}N_5$
Amin, Äthyl-[1,6-dimethyl-1*H*-pyrazolo[3,4-*d*]pyrimidin-4-yl]- 3737
—, [3-Äthyl-3*H*-purin-6-yl]-dimethyl- 3567
—, [7-Äthyl-7*H*-purin-6-yl]-dimethyl- 3567

C_{10}

$C_{10}H_7N_5O_2$
Essigsäure-tetrazolo[5,1-*a*]phthalazin-6-ylester 4126
Furan-2-carbamid, *N*-[7(9)*H*-Purin-6-yl]- 3695
Phthalimid, *N*-[1*H*-Tetrazol-5-ylmethyl]- 3530
[1,2,3]Triazolo[4,5-*d*]pyridazin-4,7-dion, 2-Phenyl-5,6-dihydro-2*H*- 4140
[1,2,3]Triazolo[4,5-*d*]pyrimidin-5,7-dion, 2-Phenyl-2,4-dihydro- 4138

$C_{10}H_7N_5O_4$
Pyrimido[2,1-*b*]pteridin-2-carbonsäure, 7,11-Dioxo-6,7,8,9-tetrahydro-11*H*- 4154

$C_{10}H_7N_5S$
[1,2,3]Triazolo[4,5-*d*]pyrimidin-7-thion, 2-Phenyl-2,6-dihydro- 4131

$C_{10}H_8BrN_7$
[1,2,3]Triazolo[4,5-*d*]pyrimidin-5,7-diyldiamin, 2-[2-Brom-phenyl]-2*H*- 4166
—, 2-[4-Brom-phenyl]-2*H*- 4166

$C_{10}H_8ClN_5$
[1,2,4,5]Tetrazin, Aziridin-1-yl-[4-chlor-phenyl]- 3765

$C_{10}H_8ClN_5O$
Amin, [2-Chlor-7(9)*H*-purin-6-yl]-furfuryl- 3725

$C_{10}H_8ClN_7$
[1,2,3]Triazolo[4,5-*d*]pyrimidin-5,7-diyldiamin, 2-[2-Chlor-phenyl]-2*H*- 4166
—, 2-[3-Chlor-phenyl]-2*H*- 4166
—, 2-[4-Chlor-phenyl]-2*H*- 4166

$C_{10}H_8N_6$
Amin, [7(9)*H*-Purin-6-yl]-[2]pyridyl- 3719
Benzo[*g*]pteridin-2,4-diyldiamin 3808
Purin-6-ylamin, 2-[3]Pyridyl-7(9)*H*- 4163
[1,2,3]Triazolo[4,5-*d*]pyrimidin-5-ylamin, 3-Phenyl-3*H*- 4157
[1,2,3]Triazolo[4,5-*d*]pyrimidin-7-ylamin, 2-Phenyl-2*H*- 4158

$C_{10}H_8N_6O$
Ameisensäure-[*N'*-[1,2,4]triazolo[3,4-*a*]phthalazin-6-ylhydrazid] 4076
[1,2,3]Triazolo[4,5-*d*]pyrimidin-7-on, 5-Amino-2-phenyl-2,6-dihydro- 4172
—, 5-Amino-3-phenyl-3,6-dihydro- 4173
Monoacetyl-Derivat $C_{10}H_8N_6O$ aus Tetrazolo[5,1-*a*]phthalazin-6-ylamin 4162

$C_{10}H_8N_6O_2$
[1,2,3]Triazolo[4,5-*d*]pyrimidin-7-on, 5-Amino-2-[4-hydroxy-phenyl]-2,6-dihydro- 4174

$C_{10}H_8N_6O_4$
Pyrimido[5,4-*g*]pteridin-2,4,6,8-tetraon, 1,9-Dimethyl-1*H*,9*H*- 4217

$C_{10}H_8N_6O_4S$
Benzolsulfonsäure, 4-[5-Amino-7-oxo-6,7-dihydro-[1,2,3]triazolo[4,5-*d*]pyrimidin-2-yl]- 4175

$C_{10}H_8N_8$
Pyrimido[4,5-*d*]pyrimidin-4-ylamin, 2-[4-Amino-pyrimidin-5-yl]- 4230

$C_{10}H_9ClN_6$
Pyrimido[5,4-*d*]pyrimidin, 4,8-Bis-aziridin-1-yl-2-chlor- 3798

$C_{10}H_9N_5$
Indol, 3-[1*H*-Tetrazol-5-ylmethyl]- 4116
[1,2,4,5]Tetrazin, Aziridin-1-yl-phenyl- 3765
Tetrazolo[1,5-*a*][1,8]naphthyridin, 6,8-Dimethyl- 4115
[1,2,4]Triazino[5,6-*b*]indol-3-ylamin, 5-Methyl-5*H*- 3767
[1,2,3]Triazolo[4,5-*c*]chinolin-8-ylamin, 4-Methyl-1*H*- 3768

$C_{10}H_9N_5O$
Amin, Furfuryl-[7(9)*H*-purin-6-yl]- 3586
—, Furfuryl-[1(2)*H*-pyrazolo[3,4-*d*]pyrimidin-4-yl]- 3555
—, Furfuryl-[1,2,4]triazolo[1,5-*a*]pyrimidin-7-yl- 3538
Imidazo[4',5':4,5]benzo[1,2-*d*][1,2,3]triazol, 1-Acetyl-6-methyl-1,5-dihydro- 4114
Purin-6-ylamin, 9-Furfuryl-9*H*- 3586
Pyrazolo[3,4-*d*][1,2,3]triazol-6-on, 4-Methyl-5-phenyl-4,5-dihydro-1*H*- 4129
Tetrazolo[1,5-*a*]chinazolin, 5-Äthoxy- 4126
Tetrazolo[5,1-*a*]phthalazin, 6-Äthoxy- 4126

$C_{10}H_9N_5OS$
Purin-6-ylamin, 2-Furfurylmercapto-7(9)*H*- 3847

$C_{10}H_9N_5O_2$
Glycin, *N*-[6-Phenyl-[1,2,4,5]tetrazin-3-yl]- 3765
Purin-6-on, 2-Amino-9-furfuryl-1,9-dihydro- 3897
—, 2-Furfurylamino-1,7-dihydro- 3897
Pyrimido[2,1-*b*]pteridin-7,11-dion, 2-Methyl-8,9-dihydro-6*H*- 4143

$C_{10}H_9N_5O_3$
Spiro[imidazolidin-4,2'-pyrido[2,3-*b*]pyrazin]-2,5,3'-trion, 4'-Methyl-1',4'-dihydro- 4147
Spiro[imidazolidin-4,3'-pyrido[2,3-*b*]pyrazin]-2,5,2'-trion, 1'-Methyl-1',4'-dihydro- 4148

$C_{10}H_9N_5O_5$
Pteridin-6-carbonsäure, 2-Amino-3-[2-carboxy-äthyl]-4-oxo-3,4-dihydro- 4054
—, 2-[2-Carboxy-äthylamino]-4-oxo-3,4-dihydro- 4054
Pteridin-6,7-dicarbonsäure, 2-Amino-4-oxo-3,4-dihydro-, dimethylester 4061

$C_{10}H_9N_5S$
Amin, [7(9)*H*-Purin-6-yl]-[2]thienylmethyl- 3587

$C_{10}H_9N_7$
[1,2,3]Triazolo[4,5-*d*]pyrimidin-5,7-diyldiamin, 2-Phenyl-2*H*- 4165
—, 3-Phenyl-3*H*- 4167
[1,2,4]Triazolo[1,5-*d*][1,2,4,6]tetrazepin-2-ylamin, 1-Phenyl-1*H*- 4228
[1,2,4]Triazolo[4,3-*a*][1,3,5]triazin-5,7-diyldiamin, 3-Phenyl- 4168

$C_{10}H_9N_7O_3$
Pyrimido[5,4-*g*]pteridin-2,4,6-trion, 10-Äthyl-8-amino-7*H*,10*H*- 4236

$C_{10}H_9N_7O_3S$
Benzolsulfonsäure, 4-[5,7-Diamino-[1,2,3]triazolo[4,5-*d*]pyrimidin-2-yl]- 4167
Sulfanilsäure-[7-oxo-6,7-dihydro-1*H*-[1,2,3]triazolo[4,5-*d*]pyrimidin-5-ylamid] 4176

$C_{10}H_{10}ClN_5$
Amin, Äthyl-[6-(4-chlor-phenyl)-[1,2,4,5]tetrazin-3-yl]- 3765

$C_{10}H_{10}Cl_4N_6$
Pyrimido[5,4-*d*]pyrimidin-4,8-diyldiamin, 2,6-Dichlor-N^4,N^8-bis-[2-chlor-äthyl]- 3798

$C_{10}H_{10}N_6$
Zimtaldehyd-[1*H*-tetrazol-5-ylhydrazon] 4069

$C_{10}H_{10}N_6O$
Amin, Furfuryl-[5-methyl-tetrazolo[1,5-*a*]pyrimidin-7-yl]- 4161
Purin-2,6-diyldiamin, N^6-Furfuryl-7(9)*H*- 3790
Pyrimido[2,1-*b*]pteridin-11-on, 7-Amino-2-methyl-8,9-dihydro- 4179
[1,2,3]Triazolo[4,5-*d*]pyrimidin-5-ylamin, 3-Furfuryl-7-methyl-3*H*- 4161

$C_{10}H_{10}N_6O_4$
Pteridin-6,7-dicarbonsäure, 2,4-Diamino-, dimethylester 4050

$C_{10}H_{10}N_7O_3P$
Phosphonsäure, [4-(5,7-Diamino-[1,2,3]triazolo[4,5-*d*]pyrimidin-2-yl)-phenyl]- 4167

$C_{10}H_{11}Cl_2N_5$
Purin, 2,8-Dichlor-6-piperidino-7(9)*H*- 3728

$C_{10}H_{11}Cl_2N_5O_4$
Adenosin, 2,8-Dichlor- 3729
1,4-Anhydro-arabit, 1-[6-Amino-2,8-dichlor-purin-9-yl]- 3729
1,4-Anhydro-xylit, 1-[6-Amino-2,8-dichlor-purin-9-yl]- 3729
1,5-Anhydro-xylit, 1-[6-Amino-2,8-dichlor-purin-9-yl]- 3728

$C_{10}H_{11}N_5$
Amin, Allyl-[1-phenyl-1*H*-tetrazol-5-yl]- 3490
Benzo[*g*]pteridin-4-ylamin, 6,7,8,9-Tetrahydro- 3766

$C_{10}H_{11}N_5O$
Acetamid, *N*-[1-Benzyl-1*H*-tetrazol-5-yl]- 3511
Amin, [1-Acetyl-1*H*-tetrazol-5-yl]-benzyl- 3511
Benzamid, *N*-[1-(1*H*-Tetrazol-5-yl)-äthyl]- 3534
—, *N*-[2-(1*H*-Tetrazol-5-yl)-äthyl]- 3535
Essigsäure-[2-(1-methyl-1*H*-tetrazol-5-yl)-anilid] 3757
— [3-(1-methyl-1*H*-tetrazol-5-yl)-anilid] 3757
— [4-(1-methyl-1*H*-tetrazol-5-yl)-anilid] 3757

$C_{10}H_{11}N_5O_2$
Imidazo[4,5-*d*]imidazol-2,5-dion, 3a-Anilino-tetrahydro- 3978

$C_{10}H_{11}N_5O_3$
β-Alanin, *N*-[6-Methyl-4-oxo-3,4-dihydro-pteridin-2-yl]- 3940
$O^{2'}$,$O^{3'}$-Anhydro-adenosin 3712
Pteridin-4,7-dion, 2-Amino-6-[2-oxo-butyl]-3*H*,8*H*- 4020

$C_{10}H_{11}N_5O_3S$
Pteridin-4,6-dion, 2-Amino-7-[1-methylmercapto-2-oxo-propyl]-3,5-dihydro- 4041

$C_{10}H_{11}N_5O_4$
Essigsäure, [2-Amino-4,6-dioxo-3,4,5,6-tetrahydro-pteridin-7-yl]-, äthylester 4060
—, [2-Amino-4,7-dioxo-3,4,7,8-tetrahydro-pteridin-6-yl]-, äthylester 4060
3-Oxa-glutaraldehyd, 2-[6-Amino-purin-9-yl]-4-hydroxymethyl- 3581
Pteridin-4,6-dion, 2-Amino-7-[3-methoxy-2-oxo-propyl]-3,5-dihydro- 4042

$C_{10}H_{11}N_5O_6$
Pteridin-6-carbonsäure, 2-Amino-8-[2,3-dihydroxy-propyl]-4,7-dioxo-3,4,7,8-tetrahydro- 4058

$C_{10}H_{11}N_7$
Amin, [2-(1(3)*H*-Imidazol-4-yl)-äthyl]-[7(9)*H*-purin-6-yl]- 3721

$C_{10}H_{11}N_7O$
Amin, Furfuryl-[2-hydrazino-7(9)*H*-purin-6-yl]- 4088

$C_{10}H_{11}N_7O_3$
Triacetyl-Derivat $C_{10}H_{11}N_7O_3$ aus 1*H*-[1,2,3]Triazolo[4,5-*d*]pyrimidin-5,7-diyldiamin 4165

$C_{10}H_{11}N_7O_4$
1,4-Anhydro-ribit, 1-[6-Azido-purin-9-yl]- 4240
—, 1-Tetrazolo[5,1-*i*]purin-7-yl- 4240

$C_{10}H_{12}ClN_5$
Purin, 2-Chlor-6-piperidino-7(9)*H*- 3725

$C_{10}H_{12}ClN_5O_4$
Adenosin, 2-Chlor- 3725

$C_{10}H_{12}Cl_2N_6O_2$
Pyrimido[5,4-*d*]pyrimidin-4,8-diyldiamin, 2,6-Dichlor-N^4,N^8-bis-[2-hydroxy-äthyl]- 3799

$C_{10}H_{13}N_5O_3S$
Pteridin-4,6-dion, 2-Amino-7-[2-hydroxy-1-methylmercapto-propyl]-3,5-dihydro- 4040
$C_{10}H_{13}N_5O_4$
Adenosin 3598
1,4-Anhydro-arabit, 1-[6-Amino-purin-9-yl]- 3601
1,4-Anhydro-ribit, 1-[2-Amino-purin-9-yl]- 3560
–, 1-[6-Amino-purin-7-yl]- 3596
–, 1-[6-Amino-purin-9-yl]- 3598
1,5-Anhydro-ribit, 1-[6-Amino-purin-9-yl]- 3595
1,4-Anhydro-xylit, 1-[6-Amino-purin-9-yl]- 3602
1,5-Anhydro-xylit, 1-[6-Amino-purin-9-yl]- 3596
2′-Desoxy-guanosin 3897
Pteridin-4-on, 2-Amino-6-[1,2,3-trihydroxy-butyl]-3*H*- 4040
–, 2-Amino-7-[2,3,4-trihydroxy-butyl]-3*H*- 4040
Tetrazolo[1,5-*c*]pyrimidin-5-on, 6-[*erythro*-2-Desoxy-pentofuranosyl]-8-methyl-6*H*- 4132
Xylose-[7(9)*H*-purin-6-ylimin] 3581
$C_{10}H_{13}N_5O_4S$
Pteridin-4,6-dion, 2-Amino-7-[1,2-dihydroxy-2-methylmercapto-propyl]-3,5-dihydro- 4042
6-Thio-guanosin 3927
$C_{10}H_{13}N_5O_5$
Adenosin, 2-Oxo-1,2-dihydro- 3888
Adenosin-1-oxid 3678
Guanosin 3901
Pteridin-6-carbonsäure, 2-Amino-8-[2,3-dihydroxy-propyl]-4-oxo-3,4,7,8-tetrahydro- 4052
Pteridin-4-on, 2-Amino-6-[1,2,3,4-tetrahydroxy-butyl]-3*H*- 4043
–, 2-Amino-7-[1,2,3,4-tetrahydroxy-butyl]-3*H*- 4045
Purin-6-on, 2-Amino-9-ribopyranosyl-1,9-dihydro- 3901
$C_{10}H_{13}N_5O_5S$
8-Aza-inosin, 2-Methylmercapto- 4151
[1,2,3]Triazolo[4,5-*d*]pyrimidin-7-on, 5-Methylmercapto-1-ribofuranosyl-1,6-dihydro- 4151
$C_{10}H_{13}N_5O_7$
[1,2,3]Triazolo[4,5-*d*]pyrimidin-5,7-dion, 1-Glucopyranosyl-1,4-dihydro- 4139
–, 3-Glucopyranosyl-3,4-dihydro- 4140
$C_{10}H_{13}N_5O_7S$
Adenosin, $O^{5'}$-Sulfo- 3606
$C_{10}H_{13}N_5O_9P_2$
Adenosin, $O^{2'}$,$O^{3'}$-Hydroxyphosphoryl-$O^{5'}$-phosphono- 3670
$C_{10}H_{13}N_5O_{13}S_3$
Adenosin, $O^{2'}$,$O^{3'}$,$O^{5'}$-Trisulfo- 3607
$C_{10}H_{13}N_5S$
Purin-6-thion, 2-Piperidino-1,7-dihydro- 3927
$C_{10}H_{14}ClN_5$
Amin, *tert*-Butyl-[6-chlor-1-methyl-1*H*-pyrazolo[3,4-*d*]pyrimidin-4-yl]- 3557
–, Diäthyl-[2-chlor-7-methyl-7*H*-purin-6-yl]- 3724
–, Diäthyl-[8-chlor-2-methyl-7(9)*H*-purin-6-yl]- 3746
$[C_{10}H_{14}N_5]^+$
Tetrazolium, 1-Äthyl-5-amino-4-benzyl- 3494
$C_{10}H_{14}N_5O_6P$
2′-Desoxy-[3′]adenylsäure 3591
2′-Desoxy-[5′]adenylsäure 3591
$C_{10}H_{14}N_5O_7P$
Adenosin, N^6-Phosphono- 3722
[2′]Adenylsäure 3612
[3′]Adenylsäure 3607
[5′]Adenylsäure 3615
1,4-Anhydro-ribit, 1-[4-Amino-pyrazolo=[3,4-*d*]pyrimidin-1-yl]-O^5-phosphono- 3555
2′-Desoxy-[3′]guanylsäure 3899
2′-Desoxy-[5′]guanylsäure 3899
$C_{10}H_{14}N_5O_8P$
[2′]Adenylsäure, 1-Oxy- 3678
[3′]Adenylsäure, 1-Oxy- 3678
[5′]Adenylsäure, 1-Oxy- 3679
[2′]Guanylsäure 3909
[3′]Guanylsäure 3904
[5′]Guanylsäure 3910
Purin-6-on, 2-Amino-7-[$O^{3'}$-phosphono-ribofuranosyl]-1,7-dihydro- 3901
$C_{10}H_{14}N_5O_{10}PS$
Adenosin, $O^{5'}$-[Hydroxy-sulfooxy-phosphoryl]- 3628
$C_{10}H_{14}N_5O_{16}PS_3$
Adenosin, $O^{5'}$-[Hydroxy-sulfooxy-phosphoryl]-$O^{2'}$,$O^{3'}$-disulfo- 3661
$C_{10}H_{14}N_6$
Pteridin-2,4-diyldiamin, 6,7-Diäthyl- 3803
–, 6,7,N^2,N^2-Tetramethyl- 3802
–, 6,7,N^2,N^4-Tetramethyl- 3802
–, 6,7,N^4,N^4-Tetramethyl- 3803
Pyrazolo[4,3-*d*]pyrimidin-5-ylamin, 7-Piperidino-1(2)*H*- 3782
Pyrimido[5,4-*d*]pyrimidin-4,8-diyldiamin, N^4,N^4,N^8,N^8-Tetramethyl- 3797
Tetrazolo[1,5-*a*]pyrimidin, 5-Methyl-7-piperidino- 4161
[1,2,3]Triazolo[4,5-*d*]pyrimidin-7-ylamin, 3-Cyclohexyl-3*H*- 4157
$C_{10}H_{14}N_6O$
Äthanol, 2-[2-Amino-6,7-dimethyl-pteridin-4-ylamino]- 3803
Tetrazolo[1,5-*a*]pyrimidin-7-carbonsäure, 5-Methyl-, diäthylamid 4153

$[C_{10}H_{22}N_5]^+$ (Fortsetzung)
Tetrazolium, 5-Amino-1-methyl-4-octyl- 3482

C_{11}

$C_{11}H_6Cl_3N_5$
Purin-2-ylamin, 6-Chlor-8-[2,4-dichlor-phenyl]-7(9)*H*- 3771
$C_{11}H_6N_6$
Naphtho[2,1-*e*]tetrazolo[5,1-*c*][1,2,4]triazin 4190
$C_{11}H_6N_6O_3S$
Naphtho[2,1-*e*]tetrazolo[5,1-*c*][1,2,4]triazin-8-sulfonsäure 4228
$C_{11}H_7BrClN_5$
Purin-2-ylamin, 6-Brom-8-[4-chlor-phenyl]-7(9)*H*- 3771
–, 8-[2-Brom-phenyl]-6-chlor-7(9)*H*- 3771
–, 8-[4-Brom-phenyl]-6-chlor-7(9)*H*- 3771
$C_{11}H_7Cl_2N_5$
Purin-2-ylamin, 6-Chlor-8-[2-chlor-phenyl]-7(9)*H*- 3771
–, 6-Chlor-8-[3-chlor-phenyl]-7(9)*H*- 3771
–, 6-Chlor-8-[4-chlor-phenyl]-7(9)*H*- 3771
Purin-6-ylamin, 9-[2,4-Dichlor-phenyl]-9*H*- 3574
$C_{11}H_7N_5O_2$
[1,2,4]Triazolo[4,3-*b*][1,2,4]triazin-3-carbonsäure, 7-Phenyl- 4153
$C_{11}H_8BrN_5$
Purin-2-ylamin, 6-Brom-8-phenyl-7(9)*H*- 3771
Pyrazolo[3,4-*d*]pyrimidin-4-ylamin, 1-[4-Brom-phenyl]-1*H*- 3548
$C_{11}H_8BrN_5O$
Purin-6-on, 2-Amino-9-[4-brom-phenyl]-1,9-dihydro- 3896
$C_{11}H_8BrN_5S$
Purin-6-thion, 2-Amino-9-[4-brom-phenyl]-1,9-dihydro- 3927
$C_{11}H_8ClN_5$
Amin, [4-Chlor-phenyl]-[7(9)*H*-purin-6-yl]- 3574
Purin-2-ylamin, 6-Chlor-8-phenyl-7(9)*H*- 3771
Purin-6-ylamin, 8-[4-Chlor-phenyl]-7(9)*H*- 3771
–, 9-[2-Chlor-phenyl]-9*H*- 3574
–, 9-[4-Chlor-phenyl]-9*H*- 3574
Pyrazolo[3,4-*d*]pyrimidin-4-ylamin, 1-[2-Chlor-phenyl]-1*H*- 3548
–, 1-[4-Chlor-phenyl]-1*H*- 3548
[1,2,3]Triazolo[4,5-*b*]pyridin-5-ylamin, 2-[4-Chlor-phenyl]-2*H*- 3538
$C_{11}H_8ClN_5O$
Purin-6-on, 2-Amino-8-[2-chlor-phenyl]-1,7-dihydro- 3965
–, 2-Amino-8-[3-chlor-phenyl]-1,7-dihydro- 3966
–, 2-Amino-8-[4-chlor-phenyl]-1,7-dihydro- 3966
–, 2-Amino-9-[4-chlor-phenyl]-1,9-dihydro- 3896
–, 2-[4-Chlor-anilino]-1,7-dihydro- 3896
Pyrazolo[3,4-*d*]pyrimidin-6-on, 4-Amino-1-[4-chlor-phenyl]-1,7-dihydro- 3885
$C_{11}H_8ClN_5S$
Purin-6-thion, 2-Amino-8-[4-chlor-phenyl]-1,7-dihydro- 3966
–, 2-Amino-9-[4-chlor-phenyl]-1,9-dihydro- 3926
$C_{11}H_8Cl_2N_6$
Purin-2,6-diyldiamin, 9-[3,4-Dichlor-phenyl]-9*H*- 3788
$C_{11}H_8Cl_2N_6O$
[1,2,3]Triazolo[4,5-*d*]pyrimidin-7-on, 5-Amino-3-[3,4-dichlor-benzyl]-3,6-dihydro- 4174
$C_{11}H_8N_6O$
[2]Naphthol, 1-[1*H*-Tetrazol-5-ylazo]- 4089
Pyridin-2-carbonsäure-[7(9)*H*-purin-6-ylamid] 3720
$C_{11}H_8N_6O_2$
Pyrazolo[3,4-*d*]pyrimidin-4-ylamin, 1-[4-Nitro-phenyl]-1*H*- 3548
$C_{11}H_8N_6O_3$
Benzoesäure, 4-[5-Amino-7-oxo-6,7-dihydro-[1,2,3]triazolo[4,5-*d*]pyrimidin-2-yl]- 4174
Benzo[*g*]pteridin-2,4-dion, 8-[Methyl-nitroso-amino]-1*H*- 4096
Purin-6-on, 2-Amino-8-[4-nitro-phenyl]-1,7-dihydro- 3966
$C_{11}H_8N_6O_4S$
Benzolsulfonsäure, 4-Nitro-, [7(9)*H*-purin-6-ylamid] 3721
$C_{11}H_8N_8O_4$
Purin-2,6-diyldiamin, 8-[3,5-Dinitro-phenyl]-7(9)*H*- 3811
$C_{11}H_9BrN_6$
Purin-2,6-diyldiamin, 8-[3-Brom-phenyl]-7(9)*H*- 3811
–, 9-[4-Brom-phenyl]-9*H*- 3788
$C_{11}H_9ClN_6$
Hydrazin, [6-Chlor-1-phenyl-1*H*-pyrazolo=[3,4-*d*]pyrimidin-4-yl]- 4073
Purin-2,6-diyldiamin, 8-[2-Chlor-phenyl]-7(9)*H*- 3809
–, 8-[3-Chlor-phenyl]-7(9)*H*- 3809
–, 8-[4-Chlor-phenyl]-7(9)*H*- 3810
–, 9-[4-Chlor-phenyl]-9*H*- 3788
$C_{11}H_9ClN_6O$
[1,2,3]Triazolo[4,5-*d*]pyrimidin-7-on, 5-Amino-3-[2-chlor-benzyl]-3,6-dihydro- 4174

$C_{11}H_9ClN_6O$ (Fortsetzung)
[1,2,3]Triazolo[4,5-*d*]pyrimidin-7-on, 5-Amino-3-[4-chlor-benzyl]-3,6-dihydro- 4174

$C_{11}H_9N_5$
Amin, [2]Naphthyl-[1*H*-tetrazol-5-yl]- 3504
–, Phenyl-[7(9)*H*-purin-6-yl]- 3574
–, Phenyl-[1(2)*H*-pyrazolo[3,4-*d*]pyrimidin-4-yl]- 3548
Purin-2-ylamin, 8-Phenyl-7(9)*H*- 3771
Purin-6-ylamin, 2-Phenyl-7(9)*H*- 3770
–, 9-Phenyl-9*H*- 3574
Pyrazolo[3,4-*d*]pyrimidin-4-ylamin, 1-Phenyl-1*H*- 3548
Pyrazolo[4,3-*d*]pyrimidin-5-ylamin, 7-Phenyl-1(2)*H*- 3770
Tetrazol-5-ylamin, 1-[1]Naphthyl-1*H*- 3504
–, 1-[2]Naphthyl-1*H*- 3504
[1,2,3]Triazolo[4,5-*b*]pyridin-5-ylamin, 2-Phenyl-2*H*- 3538
[1,2,4]Triazolo[1,5-*a*]pyrimidin-2-ylamin, 5-Phenyl- 3770
–, 7-Phenyl- 3770
[1,2,4]Triazolo[4,3-*b*][1,2,4]triazin, 3-Methyl-7-phenyl- 4116

$C_{11}H_9N_5O$
Amin, Furfuryl-pteridin-4-yl- 3755
Benzo[*g*]pteridin-4-on, 2-Amino-10-methyl-10*H*- 3965
Methanol, [7-Phenyl-[1,2,4]triazolo[4,3-*b*][1,2,4]triazin-3-yl]- 4127
Purin-6-on, 2-Amino-8-phenyl-1,7-dihydro- 3965
–, 2-Amino-9-phenyl-1,9-dihydro- 3896
–, 2-Anilino-1,7-dihydro- 3896
Pyrazolo[1,5-*a*][1,3,5]triazin-2-on, 4-Amino-7-phenyl-1*H*- 3965
Pyrazolo[1,5-*a*][1,3,5]triazin-4-on, 2-Amino-7-phenyl-3*H*- 3965
[1,2,3]Triazolo[4,5-*d*]pyrimidin-7-on, 5-Methyl-2-phenyl-2,6-dihydro- 4132
[1,2,4]Triazolo[4,3-*a*]pyrimidin-7-on, 5-Methyl-3-[4]pyridyl-8*H*- 4136

$C_{11}H_9N_5OS$
[1,2,3]Triazolo[4,5-*d*]pyrimidin-7-on, 5-Methylmercapto-2-phenyl-2,6-dihydro- 4151

$C_{11}H_9N_5O_2$
Benzo[*g*]pteridin-2,4-dion, 8-Amino-7-methyl-1*H*- 4011
–, 8-Amino-10-methyl-10*H*- 4009
–, 8-Methylamino-1*H*- 4009
Phthalimid, *N*-[1-(1*H*-Tetrazol-5-yl)-äthyl]- 3534
–, *N*-[2-(1*H*-Tetrazol-5-yl)-äthyl]- 3535
[1,2,3]Triazolo[4,5-*d*]pyrimidin-5,7-dion, 3-Benzyl-3,4-dihydro- 4139
–, 4-Methyl-2-phenyl-2,4-dihydro- 4138

$C_{11}H_9N_5O_5S$
Benzolsulfonsäure, 4-[4-Methyl-5,7-dioxo-4,5,6,7-tetrahydro-[1,2,3]triazolo[4,5-*d*]pyrimidin-2-yl]- 4138

$C_{11}H_9N_5S$
Purin-6-thion, 2-Amino-9-phenyl-1,9-dihydro- 3926
–, 2-Anilino-1,7-dihydro- 3927
[1,2,4]Triazin-3-thion, 5,6-Di-pyrrol-2-yl-2*H*- 4136

$C_{11}H_9N_7O_2$
Benzoesäure, 4-Amino-, [7-oxo-6,7-dihydro-1*H*-[1,2,3]triazolo[4,5-*d*]pyrimidin-5-ylamid] 4175
–, 4-[5-Amino-7-oxo-6,7-dihydro-[1,2,3]triazolo[4,5-*d*]pyrimidin-2-yl]-, amid 4174
–, 4-[5,7-Diamino-[1,2,3]triazolo[4,5-*d*]pyrimidin-2-yl]- 4167
Purin-2,6-diyldiamin, 8-[3-Nitro-phenyl]-7(9)*H*- 3811
–, 8-[4-Nitro-phenyl]-7(9)*H*- 3811

$C_{11}H_{10}ClN_5$
Tetrazolo[1,5-*a*][1,8]naphthyridin, 5-Chlor-4,6,8-trimethyl- 4116

$C_{11}H_{10}ClN_7$
Purin-2-ylamin, 8-[3-Chlor-phenyl]-6-hydrazino-7(9)*H*- 4088

$[C_{11}H_{10}N_5]^+$
Pyridinium, 1-[7(9)*H*-Purin-6-ylmethyl]- 3747

$C_{11}H_{10}N_5O_4P$
Purin-6-on, 2-[Hydroxy-phenoxy-phosphorylamino]-1,7-dihydro- 3925

$C_{11}H_{10}N_6$
Amin, [1-Methyl-1*H*-pyrazolo[3,4-*d*]pyrimidin-4-yl]-[2]pyridyl- 3556
–, [7(9)*H*-Purin-6-yl]-[2]pyridylmethyl- 3719
–, [7(9)*H*-Purin-6-yl]-[3]pyridylmethyl- 3719
–, [7(9)*H*-Purin-6-yl]-[4]pyridylmethyl- 3720
Hydrazin, [1-Phenyl-1*H*-pyrazolo[3,4-*d*]pyrimidin-4-yl]- 4072
Purin-2,6-diyldiamin, 8-Phenyl-7(9)*H*- 3809
–, 9-Phenyl-9*H*- 3788
–, N^6-Phenyl-7(9)*H*- 3788
Purin-6-ylamin, 2-[4-Amino-phenyl]-7(9)*H*- 3809
Pyrazolo[3,4-*d*]pyrimidin-4,6-diyldiamin, 1-Phenyl-1*H*- 3783
Pyrazolo[1,5-*a*][1,3,5]triazin-2,4-diyldiamin, 7-Phenyl- 3809
[1,2,3]Triazolo[4,5-*d*]pyrimidin-5-ylamin, 7-Methyl-3-phenyl-3*H*- 4161

$C_{11}H_{10}N_6O$
[1,2,3]Triazolo[4,5-*d*]pyrimidin-7-on, 5-Amino-3-benzyl-3,6-dihydro- 4173

$C_{11}H_{10}N_6O_2S$
Sulfanilsäure-[7(9)*H*-purin-6-ylamid] 3721

$C_{11}H_{13}N_5O_2$ (Fortsetzung)
Essigsäure-[2-methoxy-5-(1-methyl-1*H*-tetrazol-5-yl)-anilid] 3866
Imidazo[4,5-*d*]imidazol-2,5-dion, 3a-*m*-Toluidino-tetrahydro- 3978
—, 3a-*p*-Toluidino-tetrahydro- 3978
Propionamid, *N*-[7-Propionyl-7*H*-purin-6-yl]- 3582
—, *N*-[9-Propionyl-9*H*-purin-6-yl]- 3582
Tetrazol-1-carbonsäure, 5-Benzylamino-, äthylester 3516

$C_{11}H_{13}N_5O_3$
β-Alanin, *N*-[6,7-Dimethyl-4-oxo-3,4-dihydro-pteridin-2-yl]- 3959
Cyclopenta[*d*][1,2,4]triazolo[1,5-*a*]pyrimidin-5-carbonsäure, 2-Amino-8-oxo-5,6,7,8-tetrahydro-4*H*-, äthylester 4057
Propionsäure, 3-[2-Amino-6,7-dimethyl-4-oxo-4*H*-pteridin-3-yl]- 3959
Monoacetyl-Derivat $C_{11}H_{13}N_5O_3$ aus 2-Amino-6-propionyl-7,8-dihydro-3*H*-pteridin-4-on 4006

$C_{11}H_{13}N_5O_4$
Furan-3,4-diol, 2-[6-Amino-purin-9-yl]-2-hydroxymethyl-5-methylen-tetrahydro- 3689
Pteridin-4-on, 6-[2-Acetoxy-propionyl]-2-amino-7,8-dihydro-3*H*- 4034

$C_{11}H_{13}N_5O_5$
Pteridin-6-carbonsäure, 2-Amino-8-[2-hydroxy-äthyl]-4,7-dioxo-3,4,7,8-tetrahydro-, äthylester 4058

$[C_{11}H_{13}N_6]^+$
Tetrazolium, 5-Amino-1-benzyl-4-[2-cyan-äthyl]- 3520

$C_{11}H_{14}BrN_5O_4$
1,5-Anhydro-6-desoxy-glucit, 1-[6-Amino-purin-9-yl]-6-brom- 3686

$C_{11}H_{14}ClN_5O_5$
1,5-Anhydro-glucit, 1-[6-Amino-2-chlor-purin-9-yl]- 3725

$C_{11}H_{14}N_5O_7P$
1,5-Anhydro-glucit, 1-[6-Amino-purin-9-yl]-O^4,O^6-hydroxyphosphoryl- 3692

$C_{11}H_{14}N_6$
Benzaldehyd, 4-Isopropyl-, [1*H*-tetrazol-5-ylhydrazon] 4069
Carbodiimid, Phenyl-[1,2,3-trimethyl-2,3-dihydro-1*H*-tetrazol-5-yl]- 3469
Cyclohepta[*g*]pteridin-2,4-diyldiamin, 7,8,9,10-Tetrahydro-6*H*- 3807
Hydrazin, [9-Cyclohex-2-enyl-9*H*-purin-6-yl]- 4074
Purin-8-carbonitril, 6-Diäthylamino-2-methyl-7(9)*H*- 4047

$C_{11}H_{14}N_6O_2$
Purin-2,6-dion, 8-[4,5-Dihydro-1*H*-imidazol-2-ylmethyl]-1,3-dimethyl-3,7-dihydro- 4208
[1,2,4]Triazino[3,4-*f*]purin-6,8-dion, 1,3,7,9-Tetramethyl-1,4-dihydro-9*H*- 4208

$C_{11}H_{14}N_6O_3$
Pteridin-6-carbonsäure, 1,3-Dimethyl-7-methylamino-2,4-dioxo-1,2,3,4-tetrahydro-, methylamid 4059

$C_{11}H_{14}N_6O_4$
Propionsäure, 2-[1,3,7-Trimethyl-2,6-dioxo-2,3,6,7-tetrahydro-1*H*-purin-8-ylhydrazono]- 4084

$C_{11}H_{14}N_6S$
Tetrazolium, 1-Äthyl-4-methyl-5-[*N'*-phenyl-thioureido]-, betain 3515

$C_{11}H_{15}N_5$
Amin, Äthyl-benzyl-[1-methyl-1*H*-tetrazol-5-yl]- 3501
—, Cyclohexyl-[7(9)*H*-purin-6-yl]- 3573
—, Diäthyl-[4-methyl-pteridin-2-yl]- 3760
—, Isopropyl-[1-phenyl-1*H*-tetrazol-5-ylmethyl]- 3527
—, Methyl-[1-methyl-2-(1-phenyl-1*H*-tetrazol-5-yl)-äthyl]- 3536
Anilin, 3-[1-Butyl-1*H*-tetrazol-5-yl]- 3757
—, 2-[1-Isobutyl-1*H*-tetrazol-5-yl]- 3757
—, 3-[1-Isobutyl-1*H*-tetrazol-5-yl]- 3757
—, 4-[1-Isobutyl-1*H*-tetrazol-5-yl]- 3757
Imidazo[1,2-*a*]triazolo[4,5-*c*]pyridin, 3-Butyl-7,8-dihydro-3*H*- 4113
Purin-6-ylamin, 9-Cyclohexyl-9*H*- 3573
Pyrazolo[3,4-*d*]pyrimidin, 4-Methyl-6-piperidino-1(2)*H*- 3737
Pyrazolo[4,3-*d*]pyrimidin, 7-Methyl-5-piperidino-1(2)*H*- 3736
Pyrazolo[3,4-*d*]pyrimidin-4-ylamin, 1-Cyclohexyl-1*H*- 3547
Tetrazolium, 1-Äthyl-5-amino-4-phenäthyl-, betain 3501
[1,2,4]Triazolo[1,5-*a*]pyrimidin, 5-Methyl-7-piperidino- 3733

$C_{11}H_{15}N_5O$
Amin, [1-(4-Methoxy-phenyl)-1*H*-tetrazol-5-ylmethyl]-dimethyl- 3529
Cyclohexanol, 2-[6-Amino-purin-9-yl]- 3580
Pteridinium, 4-Äthoxy-2-amino-6,7,8-trimethyl-, betain 3868
Purin-8-carbaldehyd, 6-Diäthylamino-2-methyl-7(9)*H*- 3957
Purin-6-on, 2-Amino-9-cyclohexyl-1,9-dihydro- 3896

$C_{11}H_{15}N_5O_2$
Purin-2,6-dion, 3-Allyl-1,7-dimethyl-8-methylamino-3,7-dihydro- 3980

$C_{11}H_{15}N_5O_2S$
Tetrazolium, 1,4-Diäthyl-5-benzolsulfonylamino-, betain 3524

$C_{11}H_{15}N_5O_3$
2'-Desoxy-adenosin, N^6-Methyl- 3594
Pteridin-4-carbonsäure, 2-Dimethylamino-6-oxo-5,6,7,8-tetrahydro-, äthylester 4052

$C_{11}H_{15}N_5O_3$ (Fortsetzung)
Pteridin-4-on, 2-Amino-6-diäthoxymethyl-3*H*- 4006
Purin-2,6-dion, 7-Acetonyl-1,3-dimethyl-8-methylamino-3,7-dihydro- 3983

$C_{11}H_{15}N_5O_3S$
5'-Thio-adenosin, *S*-Methyl- 3675

$C_{11}H_{15}N_5O_4$
Adenosin, 2-Methyl- 3745
–, N^6-Methyl- 3679
–, $O^{2'}$-Methyl- 3602
3,6-Anhydro-1-desoxy-allit, 6-[6-Amino-purin-9-yl]- 3687
3,6-Anhydro-1-desoxy-altrit, 6-[6-Amino-purin-9-yl]- 3688
1,4-Anhydro-6-desoxy-glucit, 1-[6-Amino-purin-9-yl]- 3687
xylo-1,4-Anhydro-5-desoxy-hexit, 1-[6-Amino-purin-9-yl]- 3689
2,6-Anhydro-1-desoxy-mannit, 6-[6-Amino-purin-9-yl]- 3686
3,6-Anhydro-1-desoxy-mannit, 6-[6-Amino-purin-9-yl]- 3687
1,4-Anhydro-ribit, 1-[6-Amino-2-methyl-purin-7-yl]- 3745
1,5-Anhydro-xylit, 1-[6-Amino-2-methyl-purin-9-yl]- 3745
Furan-3,4-diol, 2-[6-Amino-purin-9-yl]-2-hydroxymethyl-5-methyl-tetrahydro- 3689
Purinium, 6-Amino-1-methyl-9-ribofuranosyl-9*H*-, betain 3679
Xylose-[2-methyl-7(9)*H*-purin-6-ylimin] 3744

$C_{11}H_{15}N_5O_4S$
Adenosin, 2-Methylmercapto- 3853
1,5-Anhydro-arabit, 1-[6-Amino-2-methylmercapto-purin-9-yl]- 3851
1,4-Anhydro-ribit, 1-[6-Amino-2-methylmercapto-purin-7-yl]- 3852
1,5-Anhydro-xylit, 1-[6-Amino-2-methylmercapto-purin-9-yl]- 3851
Xylose-[2-methylmercapto-7(9)*H*-purin-6-ylimin] 3850

$C_{11}H_{15}N_5O_5$
Adenosin, 2-Methoxy- 3846
1,4-Anhydro-glucit, 1-[6-Amino-purin-9-yl]- 3694
1,5-Anhydro-glucit, 1-[6-Amino-purin-9-yl]- 3690
2,5-Anhydro-glucit, 2-[6-Amino-purin-9-yl]- 3695
ribo-2,5-Anhydro-hexit, 2-[6-Amino-purin-9-yl]- 3694
1,5-Anhydro-mannit, 1-[6-Amino-purin-9-yl]- 3691
–, 5-[6-Amino-purin-9-yl]- 3690
Guanosin, N^2-Methyl- 3922
Purinium, 2-Amino-7-methyl-6-oxo-ribofuranosyl-1,6-dihydro-, betain 3922

$C_{11}H_{15}N_5O_6$
Purin-2-on, 6-Amino-9-glucopyranosyl-3,9-dihydro- 3889
Purin-6-on, 2-Amino-glucopyranosyl-1,7-dihydro- 3923
–, 2-Amino-glucopyranosyl-1,9-dihydro- 3923

$C_{11}H_{15}N_5S$
Purin, 2-Methylmercapto-6-piperidino-7(9)*H*- 3850

$C_{11}H_{16}ClN_5$
Amin, [1-Butyl-1*H*-[1,2,3]triazolo[4,5-*c*]pyridin-4-yl]-[2-chlor-äthyl]- 3539

$[C_{11}H_{16}N_5]^+$
Tetrazolium, 1-Äthyl-5-amino-4-phenäthyl- 3501
–, 5-Amino-1-benzyl-4-propyl- 3494

$[C_{11}H_{16}N_5O_5]^+$
Purinium, 2-Amino-7-methyl-6-oxo-9-ribofuranosyl-1,6-dihydro- 3922

$C_{11}H_{16}N_5O_6P$
2'-Desoxy-[5']adenylsäure, N^6-Methyl- 3594

$C_{11}H_{16}N_5O_7P$
[2']Adenylsäure-monomethylester 3614
[2']Adenylsäure, O^6-Methyl- 3680
[3']Adenylsäure-monomethylester 3610
[3']Adenylsäure, O^6-Methyl- 3680
[5']Adenylsäure-monomethylester 3619
[5']Adenylsäure, $O^{2'}$-Methyl- 3659
Purinium, 2-Amino-7-methyl-6-oxo-9-[O^5-phosphono-*erythro*-2-desoxy-pentofuranosyl]-1,6-dihydro-, betain 3900

$C_{11}H_{16}N_5O_8P$
1,5-Anhydro-glucit, 1-[6-Amino-purin-9-yl]-O^2-phosphono- 3691
–, 1-[6-Amino-purin-9-yl]-O^3-phosphono- 3691
–, 1-[6-Amino-purin-9-yl]-O^4-phosphono- 3691
–, 1-[6-Amino-purin-9-yl]-O^6-phosphono- 3692
[5']Guanylsäure-monomethylester 3912

$C_{11}H_{16}N_6O$
Äthanol, 2-[6,7-Dimethyl-2-methylamino-pteridin-4-ylamino]- 3803
Cyclohexanol, 2-[6-Hydrazino-purin-9-yl]- 4074
Glycin, *N,N*-Diäthyl-, [7(9)*H*-purin-6-ylamid] 3586
Pteridin-4-on, 2-Amino-6-diäthylaminomethyl-3*H*- 3941
Purin-8-carbaldehyd, 6-Diäthylamino-2-methyl-7(9)*H*-, oxim 3957

$C_{11}H_{16}N_6O_2$
Propionaldehyd-[1,3,7-trimethyl-2,6-dioxo-2,3,6,7-tetrahydro-1*H*-purin-8-ylhydrazon] 4080

$C_{11}H_{16}N_6O_2$ (Fortsetzung)
Purin-2,6-dion, 8-Isopropylidenhydrazino-1,3,7-trimethyl-3,7-dihydro- 4080
$C_{11}H_{16}N_6O_3$
3'-Desoxy-adenosin, 3'-Amino-*N*⁶-methyl- 3696
Essigsäure, [1,3-Dimethyl-8-methylamino-2,6-dioxo-1,2,3,6-tetrahydro-purin-7-yl]-, methylamid 3985
$C_{11}H_{16}N_6O_4$
Adenosin, 2-Methylamino- 3791
3,6-Anhydro-1-desoxy-allit, 6-[2,6-Diamino-purin-9-yl]- 3792
3,6-Anhydro-1-desoxy-altrit, 6-[2,6-Diamino-purin-9-yl]- 3793
1,4-Anhydro-6-desoxy-glucit, 1-[2,6-Diamino-purin-9-yl]- 3793
xylo-1,4-Anhydro-5-desoxy-hexit, 1-[2,6-Diamino-purin-9-yl]- 3793
3,6-Anhydro-1-desoxy-idit, 6-[2,6-Diamino-purin-9-yl]- 3793
2,6-Anhydro-1-desoxy-mannit, 6-[2,6-Diamino-purin-9-yl]- 3792
3,6-Anhydro-1-desoxy-mannit, 6-[2,6-Diamino-purin-9-yl]- 3793
1,4-Anhydro-ribit, 1-[7-Dimethylamino-[1,2,3]triazolo[4,5-*d*]pyrimidin-2-yl]- 4159
Glycerinaldehyd-[1,3,7-trimethyl-2,6-dioxo-2,3,6,7-tetrahydro-1*H*-purin-8-ylhydrazon] 4082
$C_{11}H_{16}N_6O_5$
1,5-Anhydro-glucit, 1-[2,6-Diamino-purin-9-yl]- 3794
$C_{11}H_{17}NO_3$
Pyrrol-2-carbonsäure, 4-Äthyl-5-hydroxymethyl-3-methyl-, äthylester 4288
$C_{11}H_{17}N_5$
Amin, [9-Äthyl-9*H*-purin-6-yl]-butyl- 3569
—, [1-*sec*-Butyl-1*H*-pyrazolo[3,4-*d*]pyrimidin-4-yl]-dimethyl- 3545
—, [1-Butyl-1*H*-[1,2,3]triazolo[4,5-*c*]pyridin-4-yl]-dimethyl- 3539
—, Diäthyl-[1-äthyl-1*H*-pyrazolo[3,4-*d*]pyrimidin-4-yl]- 3542
—, Diäthyl-[2,8-dimethyl-7(9)*H*-purin-6-yl]- 3751
—, Diäthyl-[6-methyl-7,8-dihydro-pteridin-2-yl]- 3749
—, Diäthyl-[6-methyl-7,8-dihydro-pteridin-4-yl]- 3749
—, Dipropyl-[7(9)*H*-purin-6-yl]- 3569
—, Dipropyl-[1(2)*H*-pyrazolo[3,4-*d*]pyrimidin-4-yl]- 3543
—, Hexyl-[7(9)*H*-purin-6-yl]- 3570
—, Hexyl-[1(2)*H*-pyrazolo[3,4-*d*]pyrimidin-4-yl]- 3546
—, [1(3)*H*-Imidazo[4,5-*d*]pyridazin-4-yl]-dipropyl- 3731
—, Isopentyl-[1-methyl-1*H*-pyrazolo[3,4-*d*]pyrimidin-4-yl]- 3546
—, Isopropyl-[1-isopropyl-1*H*-pyrazolo[3,4-*d*]pyrimidin-4-yl]- 3544
—, [1-Isopropyl-1*H*-pyrazolo[3,4-*d*]pyrimidin-4-yl]-propyl- 3544
—, [7-Methyl-1(2)*H*-pyrazolo[4,3-*d*]pyrimidin-5-yl]-pentyl- 3735
—, Propyl-[9-propyl-9*H*-purin-2-yl]- 3560
$C_{11}H_{17}N_5O$
Äthanol, 2-[1-Butyl-1*H*-[1,2,3]triazolo[4,5-*c*]pyridin-4-ylamino]- 3540
Amin, [2-Butoxy-äthyl]-[7(9)*H*-purin-6-yl]- 3578
Hexan-1-ol, 6-[7(9)*H*-Purin-6-ylamino]- 3579
Methanol, [6-Diäthylamino-2-methyl-7(9)*H*-purin-8-yl]- 3865
Pteridin-6-on, 2-Diäthylamino-4-methyl-7,8-dihydro-5*H*- 3933
—, 4-Diäthylamino-2-methyl-7,8-dihydro-5*H*- 3933
Purin-2-on, 6-Dipropylamino-3,7-dihydro- 3888
Purin-6-on, 2-Amino-9-hexyl-1,9-dihydro- 3895
$C_{11}H_{17}N_5O_2$
Purin-2,6-dion, 3-Äthyl-8-äthylamino-1,7-dimethyl-dihydro- 3980
—, 3-Äthyl-8-dimethylamino-1,7-dimethyl-3,7-dihydro- 3980
—, 8-Amino-3-butyl-1,7-dimethyl-3,7-dihydro- 3980
—, 8-Butylamino-1,3-dimethyl-3,7-dihydro- 3980
—, 8-Diäthylamino-1,3-dimethyl-3,7-dihydro- 3980
—, 8-Dimethylaminomethyl-1,3,7-trimethyl-3,7-dihydro- 3993
$C_{11}H_{17}N_5O_3$
Purin-2,6-dion, 8-{[(2-Hydroxy-äthyl)-methyl-amino]-methyl-}-1,3-dimethyl-3,7-dihydro- 3996
—, 8-[(2-Hydroxy-äthyl)-methyl-amino]-1,3,7-trimethyl-3,7-dihydro- 3981
—, 8-[1-Hydroxy-2-methylamino-äthyl]-1,3,7-trimethyl-3,7-dihydro- 4030
—, 8-[(1-Hydroxymethyl-propyl)-amino]-1,3-dimethyl-3,7-dihydro- 3982
—, 8-[3-Hydroxy-propylamino]-1,3,7-trimethyl-3,7-dihydro- 3982
$C_{11}H_{17}N_5O_4$
Purin-2,6-dion, 8-[Bis-(2-hydroxy-äthyl)-amino]-1,3-dimethyl-3,7-dihydro- 3981
—, 8-[(2,3-Dihydroxy-propyl)-methyl-amino]-1,3-dimethyl-3,7-dihydro- 3983
$C_{11}H_{17}N_5O_5$
Purin-2,6,8-trion, 7-Acetyl-5-hydroxy-1,3,9-trimethyl-4-methylamino-tetrahydro- 4038
$C_{11}H_{17}N_5S$
Amin, Diäthyl-[8-methyl-2-methylmercapto-7(9)*H*-purin-6-yl]- 3865

$C_{11}H_{17}N_5S_2$
Amin, [3-Äthyl-2,8-bis-methylmercapto-3*H*-purin-6-yl]-dimethyl- 3874
—, [7-Äthyl-2,8-bis-methylmercapto-7*H*-purin-6-yl]-dimethyl- 3874
—, [9-Äthyl-2,8-bis-methylmercapto-9*H*-purin-6-yl]-dimethyl- 3874
$C_{11}H_{17}N_6O_7P$
[5']Adenylsäure, 2-Methylamino- 3791
$C_{11}H_{17}N_7$
Pyrimido[5,4-*d*]pyrimidin-2,4,8-triyltriamin, N^4,N^8-Diäthyl-N^2-methyl- 3828
$C_{11}H_{17}N_7O$
Äthanol, 2-[(4,8-Bis-methylamino-pyrimido[5,4-*d*]pyrimidin-2-yl)-methyl-amino]- 3829
$C_{11}H_{18}N_6$
Äthylendiamin, *N,N*-Diäthyl-*N'*-[1(2)*H*-pyrazolo[3,4-*d*]pyrimidin-4-yl]- 3554
Purin-2,6-diyldiamin, N^2-Butyl-N^6,N^6-dimethyl-7(9)*H*- 3787
—, N^6-Butyl-N^2,N^2-dimethyl-7(9)*H*- 3787
Pyrazolo[3,4-*d*]pyrimidin-4,6-diyldiamin, N^4,N^6-Dipropyl-1(2)*H*- 3783
$C_{11}H_{18}N_6O_2$
Purin-2,6-dion, 8-[2-Dimethylamino-äthylamino]-1,3-dimethyl-3,7-dihydro- 3985
$C_{11}H_{18}N_{10}$
[1,3,5]Triazin-2,4-diyldiamin, 6,6'-Pentandiyl-bis- 4232
$C_{11}H_{19}N_5$
Amin, Allyl-[1-cyclohexyl-1*H*-tetrazol-5-ylmethyl]- 3526
$C_{11}H_{19}N_5O$
Acetamid, *N*-[1-(2-Cyclohexyl-äthyl)-1*H*-tetrazol-5-yl]- 3510
$[C_{11}H_{19}N_6]^+$
Ammonium, [3-(6-Amino-purin-6-yl)-propyl]-trimethyl- 3584
$C_{11}H_{19}N_9$
Amin, [1-Äthyl-1*H*-tetrazol-5-yl]-[1-cyclohexyl-1*H*-tetrazol-5-ylmethyl]- 3532
$C_{11}H_{20}N_8$
[1,2,4]Triazol-3-ylamin, 1*H*,1'*H*-5,5'-Heptandiyl-bis- 4230
$C_{11}H_{21}N_5$
Amin, [1-Cyclohexyl-1*H*-tetrazol-5-ylmethyl]-propyl- 3526
Tetrazolium, 1-Äthyl-5-äthylamino-4-cyclohexyl-, betain 3485
$[C_{11}H_{22}N_5]^+$
Tetrazolium, 1-Äthyl-5-äthylamino-4-cyclohexyl- 3485
$C_{11}H_{23}N_5$
Amin, Decyl-[1*H*-tetrazol-5-yl]- 3483
—, Diisopentyl-[1*H*-tetrazol-5-yl]- 3481
—, Dipentyl-[1*H*-tetrazol-5-yl]- 3480
Tetrazolium, 1-Äthyl-5-amino-4-octyl-, betain 3482
Tetrazol-5-ylamin, 1-Decyl-1*H*- 3482
$[C_{11}H_{24}N_5]^+$
Tetrazolium, 1-Äthyl-5-amino-4-octyl- 3482

C_{12}

$C_{12}H_8N_6$
Benzo[1,2-*d*;4,5-*d'*]bistriazol, 6-Phenyl-1,6-dihydro- 4185
Benzol, 1,4-Bis-[1,3,5]triazin-2-yl- 4191
[3,3']Bi[1,2,3]triazolo[1,5-*a*]pyridinyl 4191
[1,2,4,5]Tetrazin, Di-[4]pyridyl- 4190
$C_{12}H_8N_6O_3S$
Benzolsulfonsäure, 4-[5*H*-Benzo[1,2-*d*;4,5-*d'*]bistriazol-2-yl]- 4185
$C_{12}H_8N_8O_2$
[7,7']Bipteridinyliden-6,6'-dion, 5,8,5',8'-Tetrahydro- 4262
$C_{12}H_9Cl_2N_5$
Amin, [2-Chlor-7-methyl-7*H*-purin-6-yl]-[3-chlor-phenyl]- 3724
—, [6-Chlor-1-methyl-1*H*-pyrazolo[3,4-*d*]≈pyrimidin-4-yl]-[2-chlor-phenyl]- 3557
—, [2,4-Dichlor-benzyl]-[1(2)*H*-pyrazolo[3,4-*d*]pyrimidin-4-yl]- 3552
—, [2,5-Dichlor-phenyl]-[1-methyl-1*H*-pyrazolo[3,4-*d*]pyrimidin-4-yl]- 3549
$C_{12}H_9Cl_2N_5O$
Purin-6-on, 2-Amino-9-[3,4-dichlor-benzyl]-1,9-dihydro- 3896
$C_{12}H_9Cl_2N_5S$
Amin, [8-Chlor-2-methylmercapto-7(9)*H*-purin-6-yl]-[2-chlor-phenyl]- 3862
Purin-2-ylamin, 6-[3,4-Dichlor-benzyl≈mercapto]-7(9)*H*- 3863
$C_{12}H_9N_5$
Pteridin-4-ylamin, 2-Phenyl- 3773
[1,2,4]Triazol, 3,5-Di-[4]pyridyl-1*H*- 4117
$C_{12}H_9N_5O$
Benzamid, *N*-[7(9)*H*-Purin-2-yl]- 3560
—, *N*-[7(9)*H*-Purin-6-yl]- 3583
Pteridin-4-on, 2-Amino-6-phenyl-3*H*- 3969
—, 2-Amino-7-phenyl-3*H*- 3971
—, 7-Amino-6-phenyl-3*H*- 3970
Pyrido[2,3-*d*]pyrimidin-4-on, 2-[2-Amino-[3]pyridyl]-3*H*- 3972
$C_{12}H_9N_5O_2$
Acetamid, *N*-[4-Oxo-3,4-dihydro-benzo≈[*g*]pteridin-8-yl]- 3965
Benzamid, *N*-[6-Oxo-6,7-dihydro-1*H*-purin-2-yl]- 3897
Pteridin-2,4-dion, 7-Amino-6-phenyl-1*H*- 4015
Pteridin-4,6-dion, 2-Amino-7-phenyl-3,5-dihydro- 4015
Pteridin-4,7-dion, 2-Amino-6-phenyl-3*H*,8*H*- 4015

$C_{12}H_9N_5O_3S$
Benzoesäure, 4-[5-Methylmercapto-7-oxo-6,7-dihydro-[1,2,3]triazolo[4,5-*d*]pyrimidin-2-yl]- 4151

$C_{12}H_9N_5O_4$
Benzoesäure, 4-[4-Methyl-5,7-dioxo-4,5,6,7-tetrahydro-[1,2,3]triazolo[4,5-*d*]pyrimidin-2-yl]- 4138

$C_{12}H_9N_7$
Indolo[2,3-*g*]pteridin-2,4-diyldiamin, 6*H*- 4168

$C_{12}H_9N_7O_3$
Pteridin-7-on, 2,4-Diamino-6-[4-nitro-phenyl]-8*H*- 3969

$C_{12}H_{10}BrN_5$
Amin, [4-Brom-phenyl]-[7-methyl-7*H*-purin-6-yl]- 3575
—, [4-Brom-phenyl]-[1-methyl-1*H*-pyrazolo[3,4-*d*]pyrimidin-4-yl]- 3549

$C_{12}H_{10}ClN_5$
Amin, Benzyl-[6-chlor-1(2)*H*-pyrazolo[3,4-*d*]pyrimidin-4-yl]- 3558
—, [2-Chlor-benzyl]-[7(9)*H*-purin-6-yl]- 3576
—, [3-Chlor-benzyl]-[7(9)*H*-purin-6-yl]- 3576
—, [4-Chlor-benzyl]-[7(9)*H*-purin-6-yl]- 3576
—, [4-Chlor-benzyl]-[1(2)*H*-pyrazolo[3,4-*d*]pyrimidin-4-yl]- 3552
—, [4-Chlor-phenyl]-[2-methyl-7(9)*H*-purin-6-yl]- 3744
—, [4-Chlor-phenyl]-[7-methyl-7*H*-purin-6-yl]- 3575
—, [2-Chlor-phenyl]-[1-methyl-1*H*-pyrazolo[3,4-*d*]pyrimidin-4-yl]- 3549
—, [3-Chlor-phenyl]-[1-methyl-1*H*-pyrazolo[3,4-*d*]pyrimidin-4-yl]- 3549
—, [4-Chlor-phenyl]-[1-methyl-1*H*-pyrazolo[3,4-*d*]pyrimidin-4-yl]- 3549
—, [4-Chlor-phenyl]-[7-methyl-1(2)*H*-pyrazolo[4,3-*d*]pyrimidin-5-yl]- 3736
—, [1-(4-Chlor-phenyl)-1*H*-pyrazolo[3,4-*d*]pyrimidin-4-yl]-methyl- 3549
—, [6-Chlor-1(2)*H*-pyrazolo[3,4-*d*]pyrimidin-4-yl]-methyl-phenyl- 3558
Imidazo[4,5-*d*]pyridazin-4-ylamin, 1-Benzyl-7-chlor-1*H*- 3731
Purin-2-ylamin, 6-Chlor-8-*o*-tolyl-7(9)*H*- 3772
Purin-6-ylamin, 8-[4-Chlor-phenyl]-9-methyl-9*H*- 3772
Pyrazolo[3,4-*d*]pyrimidin-4-ylamin, 1-[2-Chlor-phenyl]-6-methyl-1*H*- 3737
—, 1-[4-Chlor-phenyl]-6-methyl-1*H*- 3737

$C_{12}H_{10}ClN_5O$
Purin-6-on, 2-Amino-9-[2-chlor-benzyl]-1,9-dihydro- 3896
—, 2-Amino-9-[4-chlor-benzyl]-1,9-dihydro- 3896

$C_{12}H_{10}ClN_5S$
Purin-2-ylamin, 6-[2-Chlor-benzylmercapto]-7(9)*H*- 3863
—, 6-[4-Chlor-benzylmercapto]-7(9)*H*- 3863
—, 8-[4-Chlor-phenyl]-6-methylmercapto-7(9)*H*- 3869

$C_{12}H_{10}ClN_7$
Pteridin-2,4,7-triyltriamin, 6-[2-Chlor-phenyl]- 3837
—, 6-[3-Chlor-phenyl]- 3837
—, 6-[4-Chlor-phenyl]- 3837

$C_{12}H_{10}FN_7$
Pteridin-2,4,7-triyltriamin, 6-[4-Fluor-phenyl]- 3837

$C_{12}H_{10}N_6$
Pteridin-2,4-diyldiamin, 6-Phenyl- 3812
—, 7-Phenyl- 3813
Pteridin-4,7-diyldiamin, 6-Phenyl- 3813
Pyrido[2,3-*d*]pyrimidin-4-ylamin, 2-[2-Amino-[3]pyridyl]- 3813
[1,2,4,5]Tetrazin, 3,6-Di-[4]pyridyl-1,2-dihydro- 4190
—, 3,6-Di-[4]pyridyl-1,4-dihydro- 4190
[1,3,5]Triazin-2,4-diyldiamin, 6-[4]Chinolyl- 3812
[1,2,4]Triazol-4-ylamin, 3,5-Di-[4]pyridyl- 4117

$C_{12}H_{10}N_6O$
Acetamid, *N*-[2-Phenyl-2*H*-[1,2,3]triazolo[4,5-*d*]pyrimidin-7-yl]- 4158
Pteridin-2-on, 4,7-Diamino-6-phenyl-1*H*- 3971
Pteridin-4-on, 2,7-Diamino-6-phenyl-3*H*- 3970
Pteridin-6-on, 2,4-Diamino-7-phenyl-5*H*- 3971
Pteridin-7-on, 2,4-Diamino-6-phenyl-8*H*- 3969

$C_{12}H_{10}N_6O_2$
Amin, [1-Methyl-1*H*-pyrazolo[3,4-*d*]pyrimidin-4-yl]-[4-nitro-phenyl]- 3549
—, [3-Nitro-benzyl]-[7(9)*H*-purin-6-yl]- 3576
—, [4-Nitro-benzyl]-[7(9)*H*-purin-6-yl]- 3576
Diacetyl-Derivat $C_{12}H_{10}N_6O_2$ aus Tetrazolo[5,1-*a*]phthalazin-6-ylamin 4162

$C_{12}H_{10}N_6O_3$
Barbitursäure, 5-[1-Phenyl-1*H*-tetrazol-5-ylmethyl]- 4213

$C_{12}H_{10}N_6O_3S$
Sulfanilsäure-[4-oxo-3,4-dihydro-pteridin-2-ylamid] 3937

$C_{12}H_{10}N_6O_5S$
Sulfanilsäure-[4,6,7-trioxo-3,4,5,6,7,8-hexahydro-pteridin-2-ylamid] 4018

$C_{12}H_{10}N_6S$

Pteridin-2-thion, 4,7-Diamino-6-phenyl-1*H*- 3971

$C_{12}H_{10}N_8O_2$

[7,8']Bipteridinyl-6,6'-dion, 7,8-Dihydro-5*H*,5'*H*- 3931

Pteridin-2,4,7-triyltriamin, 6-[3-Nitro-phenyl]- 3837

–, 6-[4-Nitro-phenyl]- 3837

$C_{12}H_{11}ClN_6$

Purin-2,6-diyldiamin, 8-[4-Chlor-phenyl]-N^6-methyl-7(9)*H*- 3810

$C_{12}H_{11}N_5$

Amin, Benzyl-[7(9)*H*-purin-6-yl]- 3575

–, Benzyl-[1(2)*H*-pyrazolo[3,4-*d*]=pyrimidin-4-yl]- 3552

–, Methyl-phenyl-[7(9)*H*-purin-6-yl]- 3575

–, Methyl-[9-phenyl-9*H*-purin-6-yl]- 3574

–, Methyl-[1-phenyl-1*H*-pyrazolo[3,4-*d*]=pyrimidin-4-yl]- 3549

–, Methyl-phenyl-[1(2)*H*-pyrazolo=[3,4-*d*]pyrimidin-4-yl]- 3550

–, [1-Methyl-1*H*-pyrazolo[3,4-*d*]=pyrimidin-4-yl]-phenyl- 3549

–, [3-Methyl-1(2)*H*-pyrazolo[4,3-*d*]=pyrimidin-7-yl]-phenyl- 3734

–, [1(2)*H*-Pyrazolo[3,4-*d*]pyrimidin-4-yl]-*o*-tolyl- 3551

Benzo[*g*]pteridin-2-ylamin, 7,8-Dimethyl- 3772

Benzo[*g*]pteridin-4-ylamin, 7,8-Dimethyl- 3773

Purin-6-ylamin, 2-Benzyl-7(9)*H*- 3772

–, 9-Benzyl-9*H*- 3575

Pyrazolo[3,4-*d*]pyrimidin-4-ylamin, 3-Methyl-1-phenyl-1*H*- 3736

–, 6-Methyl-1-phenyl-1*H*- 3737

–, 1-*p*-Tolyl-1*H*- 3551

[1,2,4]Triazolo[1,5-*a*]pyrimidin-2-ylamin, 5-Methyl-7-phenyl- 3772

–, 7-Methyl-5-phenyl- 3772

[1,2,4]Triazolo[4,3-*b*][1,2,4]triazin, 6,7-Dimethyl-3-phenyl- 4117

$C_{12}H_{11}N_5O$

Acetamid, *N*-[4-Methyl-1*H*-[1,2,3]triazolo=[4,5-*c*]chinolin-8-yl]- 3769

Benzo[*g*]pteridin-2-on, 4-Amino-7,8-dimethyl-1*H*- 3969

Benzo[*g*]pteridin-4-on, 2-Amino-7,8-dimethyl-3*H*- 3968

Phenol, 2-[(7(9)*H*-Purin-6-ylamino)-methyl]- 3580

–, 3-[(7(9)*H*-Purin-6-ylamino)-methyl]- 3580

Purin-6-on, 2-Amino-9-benzyl-1,9-dihydro- 3896

–, 8-Anilino-2-methyl-1,7-dihydro- 3932

Purin-6-ylamin, 2-[4-Methoxy-phenyl]-7(9)*H*- 3869

[1,2,3]Triazolo[4,5-*d*]pyrimidin-7-on, 3-Phenäthyl-3,6-dihydro- 4130

Dimethyl-Derivat $C_{12}H_{11}N_5O$ aus 2-Amino-3*H*-benzo[*g*]pteridin-4-on 3964

$C_{12}H_{11}N_5OS$

Benzo[*g*]pteridin-4-on, 8-Amino-7,10-dimethyl-2-thioxo-2,10-dihydro-3*H*- 4012

$C_{12}H_{11}N_5O_2$

Acetamid, *N*-Furfuryl-*N*-[7(9)*H*-purin-6-yl]- 3588

Benzo[*g*]pteridin-2,4-dion, 8-Amino-7,10-dimethyl-10*H*- 4011

–, 8-Dimethylamino-1*H*- 4010

Pyrido[3,2-*g*]pteridin-2,4-dion, 10-Propyl-10*H*- 4144

[1,2,3]Triazolo[4,5-*d*]pyrimidin-5,7-dion, 4,6-Dimethyl-2-phenyl-2,4-dihydro- 4138

$C_{12}H_{11}N_5O_3S$

Benzolsulfonsäure, 4-[(7(9)*H*-Purin-6-ylamino)-methyl]- 3584

$C_{12}H_{11}N_5O_4$

Spiro[imidazolidin-4,2'-pyrido[2,3-*b*]pyrazin]-2,5,3'-trion, 1'-Acetyl-4'-methyl-1',4'-dihydro- 4148

$C_{12}H_{11}N_5O_5S$

Benzolsulfonsäure, 4-[4,6-Dimethyl-5,7-dioxo-4,5,6,7-tetrahydro-[1,2,3]triazolo[4,5-*d*]pyrimidin-2-yl]- 4139

$C_{12}H_{11}N_5S$

Benzo[*g*]pteridin-2-thion, 4-Amino-7,8-dimethyl-1*H*- 3969

Purin-6-thion, 2-Amino-9-benzyl-1,9-dihydro- 3927

Purin-2-ylamin, 6-Benzylmercapto-7(9)*H*- 3862

Pyrazolo[4,3-*d*]pyrimidin-5-ylamin, 7-Benzylmercapto-1(2)*H*- 3844

$C_{12}H_{11}N_5S_2$

Purin-2-thion, 6-Amino-8-methylmercapto-9-phenyl-3,9-dihydro- 4026

$[C_{12}H_{11}N_6O]^+$

Pyridinium, 1-[2-Amino-4-oxo-3,4-dihydro-pteridin-6-ylmethyl]- 3942

$C_{12}H_{11}N_7$

Pteridin-2,4-diyldiamin, 6-[4-Amino-phenyl]- 3837

Pteridin-2,4,7-triyltriamin, 6-Phenyl- 3837

Pyrimido[5,4-*d*]pyrimidin-2,4,8-triyltriamin, N^2-Phenyl- 3828

$C_{12}H_{11}N_7O$

Pyrazol-3-on, 5-[Diamino-[1,3,5]triazin-2-yl]-2-phenyl-1,2-dihydro- 4178

$C_{12}H_{11}N_7O_4S$

Sulfanilsäure, *N*-Acetyl-, [7-oxo-6,7-dihydro-1*H*-[1,2,3]triazolo[4,5-*d*]pyrimidin-5-ylamid] 4176

$C_{12}H_{11}N_9$

Amin, Bis-[7-methyl-7*H*-purin-6-yl]- 3721

$C_{12}H_{14}N_6O_2$ (Fortsetzung)
Amin, Diäthyl-[6-(4-nitro-phenyl)-[1,2,4,5]tetrazin-3-yl]- 3766
Piperazin-2,5-dion, 3,6-Bis-[1(3)*H*-imidazol-4-ylmethyl]- 4210

$C_{12}H_{14}N_6O_3$
Purin-2,6-dion, 1,3,7-Trimethyl-8-[β-methyl-5-oxo-2,5-dihydro-pyrazol-1-yl]-3,7-dihydro- 4085
[1,2,4]Triazino[3,4-*f*]purin-6,8-dion, 1-Acetyl-3,7,9-trimethyl-1,4-dihydro-9*H*- 4208

$C_{12}H_{14}N_6O_4$
1,3-Diaza-6-(1,4)pyrazina-2-(2,5)pyrazinacyclooctan-5,7,[6]2,5-tetraon, [2]3,6-Dihydro- 4216

$[C_{12}H_{14}N_7]^+$
Benzo[*g*]pteridinium, 2,4,8-Triamino-7,10-dimethyl- 3836

$C_{12}H_{14}N_8$
[8,8']Bipurinyl, 9,9'-Dimethyl-8,9,8',9'-tetrahydro-7*H*,7'*H*- 4250

$C_{12}H_{14}N_8O_2$
[8,8']Bipurinyl-2,2'-dion, 9,9'-Dimethyl-3,7,8,9,3',7',8',9'-octahydro- 4261

$C_{12}H_{14}N_8O_4$
Acetamid, *N*,*N*'-[4,4'-Diacetyl-4*H*,4'*H*-[3,3']bi[1,2,4]triazolyl-5,5'-diyl]-bis- 4230

$C_{12}H_{15}N_5$
Amin, Cyclohexyl-pteridin-4-yl- 3755
—, Diäthyl-[6-phenyl-[1,2,4,5]tetrazin-3-yl]- 3765

$C_{12}H_{15}N_5O$
Essigsäure-[3-(1-isopropyl-1*H*-tetrazol-5-yl)-anilid] 3757
— [3-(1-propyl-1*H*-tetrazol-5-yl)-anilid] 3757
Pteridin-6-on, 4-Amino-7-cyclohexyl-5*H*- 3963
Pteridin-7-on, 4-Amino-6-cyclohexyl-8*H*- 3963

$C_{12}H_{15}N_5O_2$
Amin, Bis-[2-hydroxy-äthyl]-[6-phenyl-[1,2,4,5]tetrazin-3-yl]- 3765
Essigsäure-[5-(1-äthyl-1*H*-tetrazol-5-yl)-2-methoxy-anilid] 3866

$C_{12}H_{15}N_5O_4$
2'-Desoxy-adenosin, $O^{3'}$-Acetyl- 3590
—, $O^{5'}$-Acetyl- 3590
Pyrazolo[4,3-*d*]pyrimidin-3,3-dicarbonsäure, 5-Amino-7-methyl-, diäthylester 4049

$C_{12}H_{15}N_5O_5$
Adenosin, $O^{3'}$-Acetyl- 3603
—, $O^{5'}$-Acetyl- 3603
2'-Desoxy-guanosin, $O^{3'}$-Acetyl- 3898
—, $O^{5'}$-Acetyl- 3898

$C_{12}H_{15}N_5O_6$
Guanosin, $O^{5'}$-Acetyl- 3903

$C_{12}H_{15}N_5O_8$
Pteridin-6-carbonsäure, 2-Amino-4,7-dioxo-8-ribit-1-yl-3,4,7,8-tetrahydro- 4058

$C_{12}H_{16}ClN_5$
Amin, [6-Chlor-1-methyl-1*H*-pyrazolo[3,4-*d*]pyrimidin-4-yl]-cyclohexyl- 3557

$C_{12}H_{16}ClN_5O_2S$
1,4-Anhydro-3-desoxy-2-thio-arabit, *S*-Äthyl-1-[6-amino-purin-9-yl]-3-chlor- 3595

$C_{12}H_{16}Cl_2N_6O_4$
Pyrimido[5,4-*d*]pyrimidin-4,8-diyldiamin, 2,6-Dichlor-N^4,N^8-bis-[2,3-dihydroxy-propyl]- 3799

$C_{12}H_{16}N_5O_8P$
[5']Adenylsäure, $O^{2'}$-Acetyl- 3660
—, $O^{3'}$-Acetyl- 3660
Anhydrid, [5']Adenylsäure-essigsäure- 3620

$C_{12}H_{16}N_6$
Äthan, 1,2-Bis-[5,6-dimethyl-[1,2,4]triazin-3-yl]- 4188
Pyrazolo[3,4-*d*]pyrimidinium, 4-Amino-5-butyl-3-cyanmethyl-1-methyl-1*H*-, betain 4047

$C_{12}H_{16}N_6O$
Essigsäure, Piperidino-, [7(9)*H*-purin-6-ylamid] 3586

$C_{12}H_{16}N_6O_2$
Amin, Diäthyl-[1-(3-nitro-phenyl)-1*H*-tetrazol-5-ylmethyl]- 3526
—, Diäthyl-[1-(4-nitro-phenyl)-1*H*-tetrazol-5-ylmethyl]- 3526
Purin-2,6-dion, 1,3,7-Trimethyl-8-[5-methyl-4,5-dihydro-pyrazol-1-yl]-3,7-dihydro- 4081

$C_{12}H_{16}N_6O_4$
1,4-Anhydro-3-desoxy-ribit, 3-Acetylamino-1-[6-amino-purin-9-yl]- 3696
3'-Desoxy-adenosin, 3'-Acetylamino- 3696

$C_{12}H_{16}N_6O_5$
Adenosin, 2-Acetylamino- 3792
1,5-Anhydro-ribit, 1-[2-Acetylamino-6-amino-purin-9-yl]- 3790

$C_{12}H_{16}N_6S$
Tetrazolium, 1,4-Diäthyl-5-[*N*'-phenyl-thioureido]-, betain 3515

$C_{12}H_{16}N_8$
[1,2,4,5]Tetrazin, 3,6-Bis-[3,5-dimethyl-pyrazol-1-yl]-1,2-dihydro- 4077

$C_{12}H_{16}N_{10}$
Formazan, *N*-Carbamimidoyl-3-[4-isopropyl-phenyl]-*N*'''-[1*H*-tetrazol-5-yl]- 4090

$C_{12}H_{16}N_{10}O_2$
Pyrimidin-4,6-diyldiamin, 5,5'-Dinitroso-2,2'-butandiyl-bis- 3842

$C_{12}H_{17}ClN_6$
Pyrimido[5,4-*d*]pyrimidin-4,8-diyldiamin, 2-Chlor-N^4,N^8-dipropyl- 3798

$C_{12}H_{17}ClN_6O_2$
Pyrimido[5,4-*d*]pyrimidin-4,8-diyldiamin, 2-Chlor-N^4,N^8-bis-[2-hydroxy-äthyl]-N^4,N^8-dimethyl- 3798

$C_{12}H_{17}NO_5$
Propionsäure, 3-[5-Äthoxycarbonyl-2-hydroxymethyl-4-methyl-pyrrol-3-yl]- 4288
$C_{12}H_{17}N_5$
Amin, Cyclohexylmethyl-[7(9)*H*-purin-6-yl]- 3573
—, Cyclohexyl-[1-methyl-1*H*-pyrazolo[3,4-*d*]pyrimidin-4-yl]- 3547
—, Diäthyl-[4,6-dimethyl-pteridin-2-yl]- 3761
—, Diäthyl-[6,7-dimethyl-pteridin-4-yl]- 3762
—, Diäthyl-[1-phenyl-1*H*-tetrazol-5-ylmethyl]- 3526
—, Isobutyl-[1-phenyl-1*H*-tetrazol-5-ylmethyl]- 3527
Pteridin-2-ylamin, 6,7-Diisopropyl- 3764
Pteridin-4-ylamin, 6,7-Diisopropyl- 3764
$C_{12}H_{17}N_5O$
Butan-1-ol, 2-[(1-Phenyl-1*H*-tetrazol-5-ylmethyl)-amino]- 3529
Phenol, 4-[5-Diäthylaminomethyl-tetrazol-1-yl]- 3529
Pteridin-4-on, 3,6,7-Trimethyl-2-propylamino-3*H*- 3959
$C_{12}H_{17}N_5O_2$
Purin-2,6-dion, 1-Allyl-8-dimethylamino-3,7-dimethyl-3,7-dihydro- 3981
—, 3-Allyl-8-dimethylamino-1,7-dimethyl-3,7-dihydro- 3981
—, 1,3,7-Trimethyl-8-pyrrolidino-3,7-dihydro- 3982
$C_{12}H_{17}N_5O_3$
5′-Desoxy-adenosin, N^6,N^6-Dimethyl- 3589
$C_{12}H_{17}N_5O_3S$
1,4-Anhydro-2-thio-arabit, *S*-Äthyl-1-[6-amino-purin-9-yl]- 3675
1,4-Anhydro-3-thio-xylit, *S*-Äthyl-1-[6-amino-purin-9-yl]- 3674
5′-Thio-adenosin, *S*-Äthyl- 3676
$C_{12}H_{17}N_5O_4$
Adenosin, N^6,N^6-Dimethyl- 3681
1,4-Anhydro-ribit, 1-[2-Dimethylamino-purin-9-yl]- 3561
—, 1-[6-Dimethylamino-purin-3-yl]- 3680
—, 1-[6-Dimethylamino-purin-7-yl]- 3680
1,4-Anhydro-xylit, 1-[6-Dimethylamino-purin-3-yl]- 3680
—, 1-[6-Dimethylamino-purin-7-yl]- 3680
—, 1-[6-Dimethylamino-purin-9-yl]- 3681
Purinium, 1-Methyl-6-methylamino-9-ribofuranosyl-9*H*-, betain 3680
$C_{12}H_{17}N_5O_4S$
6-Thio-1,5-anhydro-glucit, 1-[6-Amino-purin-9-yl]-*S*-methyl- 3692
Xylose-[9-methyl-2-methylmercapto-9*H*-purin-6-ylimin] 3851
$C_{12}H_{17}N_5O_5$
Guanosin, N^2,N^2-Dimethyl- 3923
$C_{12}H_{17}N_5O_5S$
1,4-Anhydro-galactit, 1-[6-Amino-2-methylmercapto-purin-9-yl]- 3856
1,5-Anhydro-glucit, 1-[6-Amino-2-methylmercapto-purin-9-yl]- 3855
—, Tetra-*O*-acetyl-1-[6-amino-2-methansulfonyl-purin-9-yl]- 3856
1,5-Anhydro-mannit, 1-[6-Amino-2-methylmercapto-purin-9-yl]- 3855
$C_{12}H_{17}N_5O_7$
Pteridin-6-carbonsäure, 2-Amino-4-oxo-8-ribit-1-yl-3,4,7,8-tetrahydro- 4053
$C_{12}H_{17}N_5S$
Pteridin-2-thion, 4-Amino-6,7-diisopropyl-1*H*- 3962
$C_{12}H_{17}N_6O_8P$
Anhydrid, [5′]Adenylsäure-glycin- 3621
$C_{12}H_{18}ClN_5$
Amin, [8-Chlor-2-methyl-7(9)*H*-purin-6-yl]-dipropyl- 3746
$C_{12}H_{18}ClN_5O$
Amin, [6-Chlor-1-methyl-1*H*-pyrazolo[3,4-*d*]pyrimidin-4-yl]-[3-isopropoxy-propyl]- 3559
$[C_{12}H_{18}N_5]^+$
Tetrazolium, 5-Amino-1-benzyl-4-butyl- 3495
$[C_{12}H_{18}N_5O_3S]^+$
Sulfonium, Adenosin-5′-yl-dimethyl- 3676
$C_{12}H_{18}N_5O_6P$
Adenosin, $O^{5'}$-[Äthyl-hydroxy-phosphinoyl]- 3607
$C_{12}H_{18}N_5O_7P$
[5′]Adenylsäure, N^6,N^6-Dimethyl- 3682
$C_{12}H_{18}N_6$
Anilin, 3-[5-Diäthylaminomethyl-tetrazol-1-yl]- 3531
Pteridin-2,4-diyldiamin, 6,7-Diisopropyl- 3804
—, 6,7-Dipropyl- 3804
—, 6,7,N^2,N^2,N^4,N^4-Hexamethyl- 3803
$C_{12}H_{18}N_6O_2$
Butyraldehyd-[1,3,7-trimethyl-2,6-dioxo-2,3,6,7-tetrahydro-1*H*-purin-8-ylhydrazon] 4080
Purin-2,6-dion, 1-Allyl-8-[2-amino-äthylamino]-3,7-dimethyl-3,7-dihydro- 3987
—, 8-*sec*-Butylidenhydrazino-1,3,7-trimethyl-3,7-dihydro- 4080
—, 1,3-Dimethyl-8-[4-methyl-piperazino]-3,7-dihydro- 3988
$C_{12}H_{18}N_6O_3$
1,4-Anhydro-3-desoxy-arabit, 3-Amino-1-[6-dimethylamino-purin-9-yl]- 3697
1,4-Anhydro-3-desoxy-ribit, 3-Amino-1-[6-dimethylamino-purin-9-yl]- 3697

C_{13}

$C_{13}H_7N_5O_2$ (Fortsetzung)
Naphtho[2,1-*e*][1,2,4]triazolo[5,1-*c*]⸗[1,2,4]triazin-2-carbonsäure 4153
$C_{13}H_7N_5S$
[1,2,4]Triazino[5,6-*f*][4,7]phenanthrolin-3-thion, 2*H*- 4137
$C_{13}H_8N_6O$
Isochino[4,3-*g*]pteridin-5-on, 11-Amino-6*H*- 4179
$C_{13}H_8N_6O_2$
Naphth[1',2':4,5]imidazo[1,2-*a*][1,3,5]triazin-5,6-dion, 8,10-Diamino- 4017
Naphth[2',3':4,5]imidazo[1,2-*a*][1,3,5]triazin-6,11-dion, 2,4-Diamino- 4017
$C_{13}H_8N_8O_6$
Methan, [2,4,6-Trioxo-1,2,3,4,5,6-hexahydro-pteridin-7-yl]-[2,4,6-trioxo-2,3,4,5,6,8-hexahydro-1*H*-pteridin-7-yliden]- 4265
—, [2,4,7-Trioxo-1,2,3,4,7,8-hexahydro-pteridin-6-yl]-[2,4,6-trioxo-2,3,4,5,6,8-hexahydro-1*H*-pteridin-7-yliden]- 4264
—, [2,4,7-Trioxo-1,2,3,4,7,8-hexahydro-pteridin-6-yl]-[2,4,7-trioxo-1,3,4,5,7,8-hexahydro-2*H*-pteridin-6-yliden]- 4264
$C_{13}H_9N_5O_3$
Benzamid, *N*-[4,6-Dioxo-3,4,5,6-tetrahydro-pteridin-2-yl]- 4001
$C_{13}H_9N_5O_5$
Dipyridazino[4,5-*a*;4',5'-*c*]chinolizin-1,4,10,13-tetraon, 9a-Hydroxy-2,3,11,12-tetrahydro-9a*H*- 4151
$C_{13}H_9N_5S$
[1,2,4]Triazin-3-thion, 5,6-Di-[2]pyridyl-2*H*- 4136
$C_{13}H_9N_7$
Isochino[4,3-*g*]pteridin-5,11-diyldiamin 4169
$C_{13}H_9N_7O$
Isochino[4,3-*g*]pteridin-5-on, 9,11-Diamino-6*H*- 4179
[1,2,3]Triazolo[4,5-*d*]pyrimidin-7-on, 5-Amino-2-[3]chinolyl-2,6-dihydro- 4176
$C_{13}H_{10}ClN_5$
Pteridin-4-ylamin, 2-[4-Chlor-benzyl]- 3774
$C_{13}H_{10}ClN_5O$
Acetamid, *N*-[2-(4-Chlor-phenyl)-2*H*-[1,2,3]triazolo[4,5-*b*]pyridin-5-yl]- 3538
Pteridin-4-on, 6-[4-Chlor-phenyl]-2-methylamino-3*H*- 3970
—, 7-[4-Chlor-phenyl]-2-methylamino-3*H*- 3972
$C_{13}H_{10}N_6$
Acetonitril, [4-Amino-1-phenyl-1*H*-pyrazolo[3,4-*d*]pyrimidin-3-yl]- 4047
Hydrazin, Benzo[*g*][1,2,4]triazolo[3,4-*a*]⸗phthalazin-6-yl- 4076
Tetrazol, 1-Phenyl-5-phenylazo-1*H*- 4088
[1,3,5]Triazin-2-ylamin, 4,6-Di-[2]pyridyl- 4163
—, 4,6-Di-[3]pyridyl- 4163
$C_{13}H_{10}N_8$
Isochino[4,3-*g*]pteridin-5,9,11-triyltriamin 4170
[1,2,3]Triazolo[4,5-*d*]pyrimidin-5,7-diyldiamin, 2-[3]Chinolyl-2*H*- 4167
$C_{13}H_{10}N_{10}O_2$
Methan, [2-Amino-4-oxo-3,4-dihydro-pteridin-7-yl]-[2-amino-4-oxo-4,8-dihydro-3*H*-pteridin-7-yliden]- 4267
$C_{13}H_{10}N_{10}O_4$
Methan, [2-Amino-4,6-dioxo-3,4,5,6-tetrahydro-pteridin-7-yl]-[2-amino-4,6-dioxo-4,5,6,8-tetrahydro-3*H*-pteridin-7-yliden]- 4268
—, [2-Amino-4,6-dioxo-3,4,5,6-tetrahydro-pteridin-7-yl]-[2-amino-4,7-dioxo-3,5,7,8-tetrahydro-4*H*-pteridin-6-yliden]- 4268
—, [2-Amino-4,7-dioxo-3,4,7,8-tetrahydro-pteridin-6-yl]-[2-amino-4,7-dioxo-3,5,7,8-tetrahydro-4*H*-pteridin-6-yliden]- 4268
$C_{13}H_{11}Cl_2N_5$
Amin, [4-Chlor-benzyl]-[6-chlor-1-methyl-1*H*-pyrazolo[3,4-*d*]pyrimidin-4-yl]- 3558
—, [2,4-Dichlor-benzyl]-[8-methyl-7(9)*H*-purin-6-yl]- 3748
$C_{13}H_{11}N_5$
Amin, Benzyl-pteridin-4-yl- 3755
—, Biphenyl-2-yl-[1*H*-tetrazol-5-yl]- 3505
Pteridin-4-ylamin, 2-Benzyl- 3773
—, 2-*p*-Tolyl- 3773
Pyrazolo[3,4-*d*]pyrimidin, 4-Aziridin-1-yl-1-phenyl-1*H*- 3553
Pyridin, 3-[1-*p*-Tolyl-1*H*-tetrazol-5-yl]- 4111
Tetrazol-5-ylamin, 1-Biphenyl-2-yl-1*H*- 3504
$C_{13}H_{11}N_5O$
Acetamid, *N*-[1-[1]Naphthyl-1*H*-tetrazol-5-yl]- 3511
—, *N*-[2-Phenyl-2*H*-[1,2,3]triazolo[4,5-*b*]⸗pyridin-5-yl]- 3538
Pteridin-4-on, 7-Amino-2-methyl-6-phenyl-3*H*- 3972
—, 6-Anilinomethyl-3*H*- 3940
—, 2-Methylamino-6-phenyl-3*H*- 3970
—, 2-Methylamino-7-phenyl-3*H*- 3971
Purin-8-on, 2-Amino-6-styryl-7,9-dihydro- 3972
o-Toluamid, *N*-[7(9)*H*-Purin-6-yl]- 3583
$C_{13}H_{11}N_5O_2$
Acetamid, *N*-[5-Acetyl-5*H*-[1,2,4]triazino⸗[5,6-*b*]indol-3-yl]- 3767
—, *N*-[2-Methyl-4-oxo-3,4-dihydro-benzo[*g*]pteridin-8-yl]- 3966
—, *N*-[2-Oxo-7-phenyl-1,2-dihydro-pyrazolo[1,5-*a*][1,3,5]triazin-4-yl]- 3965
—, *N*-[4-Oxo-7-phenyl-3,4-dihydro-pyrazolo[1,5-*a*][1,3,5]triazin-2-yl]- 3965
Amin, Piperonyl-[7(9)*H*-purin-6-yl]- 3712

$C_{13}H_{11}N_5O_2$ (Fortsetzung)
Glycin, *N*-[2-Phenyl-2*H*-[1,2,3]triazolo[4,5-*b*]pyridin-5-yl]- 3539
Pteridin-4,6-dion, 2-Amino-7-benzyl-3,5-dihydro- 4015
Pteridin-4,7-dion, 2-Amino-6-benzyl-3*H*,8*H*- 4015
[1,2,4]Triazolo[1,5-*a*]pyrimidin-7-on, 6-Acetyl-2-amino-1-phenyl-1*H*- 4002

$C_{13}H_{11}N_5O_3$
Benzoyl-Derivat $C_{13}H_{11}N_5O_3$ aus 4,6-Dimethyl-1,4-dihydro-[1,2,3]triazolo[4,5-*d*]pyrimidin-5,7-dion 4138

$C_{13}H_{11}N_5O_4$
Benzoesäure, 4-[4,6-Dimethyl-5,7-dioxo-4,5,6,7-tetrahydro-[1,2,3]triazolo[4,5-*d*]pyrimidin-2-yl]- 4138

$C_{13}H_{11}N_5O_4S$
Sulfanilsäure, *N*-[4-Oxo-3,4-dihydro-pteridin-6-ylmethyl]- 3941

$C_{13}H_{11}N_5O_6$
Pyrimido[2,1-*b*]pteridin-2-carbonsäure, 6-[2-Carboxy-äthyl]-7,11-dioxo-6,7,8,9-tetrahydro-11*H*- 4154

$C_{13}H_{11}N_7$
Indolo[2,3-*g*]pteridin-2,4-diyldiamin, 6-Methyl-6*H*- 4168
Pyrazolo[3,4-*d*]pyrimidinium, 4,5-Diamino-3-cyanmethyl-1-phenyl-1*H*-, betain 4047
Triazen, *N*-Phenyl-*N'*-[1-phenyl-1*H*-tetrazol-5-yl]- 4100

$C_{13}H_{11}N_7O$
Pteridin-6-carbaldehyd, 2-Amino-4-oxo-3,4-dihydro-, phenylhydrazon 4007

$C_{13}H_{11}N_7O_4$
Dipyridazino[4,5-*a*;4',5'-*c*]chinolizin-1,4,10,13-tetraon, 9a-Hydrazino-2,3,11,12-tetrahydro-9a*H*- 4181
Purin-2,6-dion, 1,3-Dimethyl-8-[4-nitro-phenylazo]-3,7-dihydro- 4092

$C_{13}H_{12}AsBrN_6O_4$
Arsonsäure, {4-[(2-Amino-4-oxo-3,4-dihydro-pteridin-6-ylmethyl)-amino]-3-brom-phenyl}- 3954

$C_{13}H_{12}ClN_5$
Amin, [1-Benzyl-7-chlor-1*H*-imidazo[4,5-*d*]pyridazin-4-yl]-methyl- 3731
—, Benzyl-[6-chlor-1-methyl-1*H*-pyrazolo[3,4-*d*]pyrimidin-4-yl]- 3558
—, [4-Chlor-benzyl]-[8-methyl-7(9)*H*-purin-6-yl]- 3748
—, [4-Chlor-benzyl]-[1-methyl-1*H*-pyrazolo[3,4-*d*]pyrimidin-4-yl]- 3552
—, [6-Chlor-1-methyl-1*H*-pyrazolo[3,4-*d*]pyrimidin-4-yl]-*o*-tolyl- 3558
—, [2-Chlor-phenyl]-[1,6-dimethyl-1*H*-pyrazolo[3,4-*d*]pyrimidin-4-yl]- 3738
—, [4-Chlor-phenyl]-[1,6-dimethyl-1*H*-pyrazolo[3,4-*d*]pyrimidin-4-yl]- 3738
—, [1-(4-Chlor-phenyl)-6-methyl-1*H*-pyrazolo[3,4-*d*]pyrimidin-4-yl]-methyl- 3738
—, [2-Chlor-9-phenyl-9*H*-purin-6-yl]-dimethyl- 3724
—, [1-(4-Chlor-phenyl)-1*H*-pyrazolo[3,4-*d*]pyrimidin-4-yl]-dimethyl- 3549

$C_{13}H_{12}ClN_5O$
Äthanol, 2-[6-Chlor-1-phenyl-1*H*-pyrazolo[3,4-*d*]pyrimidin-4-ylamino]- 3559

$C_{13}H_{12}ClN_5O_2S$
Amin, [4-Chlor-benzyl]-[2-methansulfonyl-7(9)*H*-purin-6-yl]- 3850

$C_{13}H_{12}ClN_5S$
Amin, [4-Chlor-benzyl]-[8-methylmercapto-7(9)*H*-purin-6-yl]- 3864

$C_{13}H_{12}N_6$
Hydrazin, *N*-Phenyl-*N'*-[1-phenyl-1*H*-tetrazol-5-yl]- 4068
Pteridin-2,4-diyldiamin, 6-Methyl-7-phenyl- 3814
—, 7-Methyl-6-phenyl- 3814

$C_{13}H_{12}N_6O_2$
Amin, Methyl-[6-methyl-1-(4-nitro-phenyl)-1*H*-pyrazolo[3,4-*d*]pyrimidin-4-yl]- 3738
Benzoesäure, 4-[2,6-Diamino-7(9)*H*-purin-8-yl]-, methylester 4048
Pteridin-7-on, 2,4-Diamino-6-[4-methoxy-phenyl]-8*H*- 4030

$C_{13}H_{12}N_6O_3$
Benzoesäure, 4-[(2-Amino-6-oxo-6,7-dihydro-1*H*-purin-8-ylmethyl)-amino]- 3932
—, 4-[5-Amino-7-oxo-6,7-dihydro-[1,2,3]triazolo[4,5-*d*]pyrimidin-2-yl]-, äthylester 4174

$C_{13}H_{12}N_6O_3S$
Sulfanilsäure, *N*-Acetyl-, [7(9)*H*-purin-6-ylamid] 3721

$C_{13}H_{12}N_6S$
Pteridin-4,7-diyldiamin, 2-Methylmercapto-6-phenyl- 3870

$C_{13}H_{13}AsN_6O_4$
Arsonsäure, {2-[(2-Amino-4-oxo-3,4-dihydro-pteridin-6-ylmethyl)-amino]-phenyl}- 3954
—, {4-[(2-Amino-4-oxo-3,4-dihydro-pteridin-6-ylmethyl)-amino]-phenyl}- 3954

$C_{13}H_{13}ClN_6$
Purin-2,6-diyldiamin, 8-[4-Chlor-phenyl]-N^6,N^6-dimethyl-7(9)*H*- 3810

$C_{13}H_{13}N_3O_3S$
Essigsäure, Acetylmercapto-, [5-oxo-1-phenyl-2,5-dihydro-1*H*-pyrazol-3-ylamid] 4022

$C_{13}H_{13}N_5$
Amin, Äthyl-[1-phenyl-1*H*-pyrazolo[3,4-*d*]pyrimidin-4-yl]- 3549
—, Allyl-[6-methyl-[1,2,4]triazolo[3,4-*a*]phthalazin-3-yl]- 3768

$C_{13}H_{13}N_5$ (Fortsetzung)
Amin, Benzyl-methyl-[7(9)*H*-purin-6-yl]- 3576
—, Benzyl-[1-methyl-1*H*-pyrazolo[3,4-*d*]pyrimidin-4-yl]- 3552
—, Benzyl-[3-methyl-1(2)*H*-pyrazolo[4,3-*d*]pyrimidin-7-yl]- 3734
—, Benzyl-[6-methyl-1(2)*H*-pyrazolo[3,4-*d*]pyrimidin-4-yl]- 3741
—, Dimethyl-[9-phenyl-9*H*-purin-6-yl]- 3575
—, Dimethyl-[1-phenyl-1*H*-pyrazolo[3,4-*d*]pyrimidin-4-yl]- 3549
—, [2-Methyl-benzyl]-[7(9)*H*-purin-6-yl]- 3577
—, [3-Methyl-benzyl]-[7(9)*H*-purin-6-yl]- 3577
—, [4-Methyl-benzyl]-[7(9)*H*-purin-6-yl]- 3578
—, Methyl-[6-methyl-1-phenyl-1*H*-pyrazolo[3,4-*d*]pyrimidin-4-yl]- 3737
—, Methyl-[1-[2]naphthyl-1*H*-tetrazol-5-ylmethyl]- 3528
—, [1-Methyl-1*H*-pyrazolo[3,4-*d*]pyrimidin-4-yl]-*m*-tolyl- 3551
—, [1-Methyl-1*H*-pyrazolo[3,4-*d*]pyrimidin-4-yl]-*o*-tolyl- 3551
—, [1-Methyl-1*H*-pyrazolo[3,4-*d*]pyrimidin-4-yl]-*p*-tolyl- 3552
—, Phenäthyl-[7(9)*H*-purin-6-yl]- 3577
—, Phenäthyl-[1(2)*H*-pyrazolo[3,4-*d*]pyrimidin-4-yl]- 3552
—, [1-Phenyl-äthyl]-[7(9)*H*-purin-6-yl]- 3577
Benzo[*g*]pteridin-2-ylamin, 4,7,8-Trimethyl- 3773
Purin-6-ylamin, 9-Phenäthyl-9*H*- 3577
Pyrazolo[3,4-*d*]pyrimidin-4-ylamin, 6-Methyl-1-*p*-tolyl-1*H*- 3740

$C_{13}H_{13}N_5O$
Amin, [6,7-Dimethyl-pteridin-4-yl]-furfuryl- 3762
—, [3-Methoxy-benzyl]-[7(9)*H*-purin-6-yl]- 3580
—, [4-Methoxy-benzyl]-[7(9)*H*-purin-6-yl]- 3580
—, [4-Methoxy-benzyl]-[1(2)*H*-pyrazolo[3,4-*d*]pyrimidin-4-yl]- 3554
—, [4-Methoxy-phenyl]-[7-methyl-1(2)*H*-pyrazolo[4,3-*d*]pyrimidin-5-yl]- 3736
—, [2-Phenoxy-äthyl]-[7(9)*H*-purin-6-yl]- 3579
Benzo[*g*]pteridin-4-on, 2-Amino-7,8,10-trimethyl-10*H*- 3968
Purin-2-on, 6-Benzylamino-9-methyl-3,9-dihydro- 3888
Purin-6-on, 2-Amino-9-phenäthyl-1,9-dihydro- 3896
—, 1-Methyl-2-methylamino-8-phenyl-1,7-dihydro- 3965
Purin-6-ylamin, 2-Benzyloxy-9-methyl-9*H*- 3846
Pyrazolo[4,3-*d*]pyrimidin-5-on, 7-[Benzyl-methyl-amino]-1,4-dihydro- 3884
[1,2,4]Triazolo[1,5-*a*]pyrimidin-7-on, 2-Amino-6-benzyl-5-methyl-4*H*- 3969
[1,2,4]Triazolo[4,3-*b*][1,2,4]triazin, 3-Äthoxymethyl-7-phenyl- 4127
—, 3-[4-Methoxy-phenyl]-6,7-dimethyl- 4127

$C_{13}H_{13}N_5OS$
Benzo[*g*]pteridin-4-on, 8-Amino-7,10-dimethyl-2-methylmercapto-10*H*- 4030

$C_{13}H_{13}N_5O_2$
Benzo[*g*]pteridin-2,4-dion, 8-Amino-3,7,10-trimethyl-10*H*- 4011
—, 9-Amino-7,8,10-trimethyl-10*H*- 4013
—, 8-Dimethylamino-10-methyl-10*H*- 4010
—, 1,3-Dimethyl-8-methylamino-1*H*- 4010
Purin-2,6-dion, 8-[4-Amino-benzyl]-1-methyl-3,7-dihydro- 4012

$C_{13}H_{13}N_5O_3$
[1,2,3]Triazolo[4,5-*d*]pyrimidin-5,7-dion, 2-[4-Äthoxy-phenyl]-4-methyl-2,4-dihydro- 4138

$C_{13}H_{13}N_5O_4$
Pyrido[2,3-*d*;6,5-*d'*]dipyrimidin-2,4,6,8-tetraon, 1,3,7,9-Tetramethyl-1*H*,9*H*- 4149

$C_{13}H_{13}N_5O_5$
Pteridin-6-on, 7-Acetonyl-4-acetoxy-2-acetylamino-5*H*- 4035

$C_{13}H_{13}N_5O_7$
Pteridin-6-carbonsäure, 3-[2-Carboxy-äthyl]-2-[2-carboxy-äthylamino]-4-oxo-3,4-dihydro- 4054

$C_{13}H_{13}N_5S$
Amin, [2-Benzylmercapto-7(9)*H*-purin-6-yl]-methyl- 3848
—, Methyl-[2-methylmercapto-7(9)*H*-purin-6-yl]-phenyl- 3850
Purin-2-ylamin, 6-[2-Methyl-benzylmercapto]-7(9)*H*- 3863
—, 6-[3-Methyl-benzylmercapto]-7(9)*H*- 3863
—, 6-[4-Methyl-benzylmercapto]-7(9)*H*- 3863

$C_{13}H_{13}N_5S_2$
Purin-2-thion, 6-Amino-8-benzylmercapto-9-methyl-3,9-dihydro- 4026
Purin-8-thion, 6-[*N*-Methyl-anilino]-2-methylmercapto-7,9-dihydro- 4027
Purin-6-ylamin, 2,8-Bis-methylmercapto-9-phenyl-9*H*- 3875

$C_{13}H_{13}N_7O$
Pteridin-2,4,7-triyltriamin, 6-[2-Methoxy-phenyl]- 3871
—, 6-[3-Methoxy-phenyl]- 3871
—, 6-[4-Methoxy-phenyl]- 3871

$C_{13}H_{13}N_7O_3S$
Sulfanilsäure, *N*-[2-Amino-4-oxo-3,4-dihydro-pteridin-6-ylmethyl]-, amid 3953

$C_{13}H_{13}N_7O_4S$
Benzolsulfonsäure, 4-[1,3-Dimethyl-2,6-dioxo-2,3,6,7-tetrahydro-1*H*-purin-8-ylazo]-, amid 4092
—, 4-[3,7-Dimethyl-2,6-dioxo-2,3,6,7-tetrahydro-1*H*-purin-8-ylazo]-, amid 4092

$C_{13}H_{14}AsN_7O_3$
Arsonsäure, {4-[(2,4-Diamino-pteridin-6-ylmethyl)-amino]-phenyl}- 3835

$C_{13}H_{14}ClN_5$
[1,2,4,5]Tetrazin, [4-Chlor-phenyl]-piperidino- 3766

$[C_{13}H_{14}N_5O_2]^+$
Pyridinium, 1-[1,3-Dimethyl-2,6-dioxo-2,3,6,7-tetrahydro-1*H*-purin-8-ylmethyl]- 3997

$C_{13}H_{14}N_6$
Äthylendiamin, *N*-[1-Phenyl-1*H*-pyrazolo[3,4-*d*]pyrimidin-4-yl]- 3554
Hydrazin, [6-Äthyl-1-phenyl-1*H*-pyrazolo[3,4-*d*]pyrimidin-4-yl]- 4075
Purin-2,6-diyldiamin, N^6-Phenäthyl-7(9)*H*- 3788
Pyrazolo[3,4-*d*]pyrimidin-4,6-diyldiamin, N^4,N^6-Dimethyl-1-phenyl-1*H*- 3784

$C_{13}H_{14}N_6O$
Acetamid, *N*-[2-Indol-3-yl-1-(1*H*-tetrazol-5-yl)-äthyl]- 4163

$C_{13}H_{14}N_6O_2$
Purin-2,6-dion, 1,3,7-Trimethyl-8-[2]pyridylamino-3,7-dihydro- 3989

$C_{13}H_{14}N_6O_4S$
Sulfanilsäure-[1,3-dimethyl-2,6-dioxo-2,3,6,7-tetrahydro-1*H*-purin-8-ylamid] 3989

$C_{13}H_{14}N_8O_2S$
Sulfanilsäure, *N*-[2,4-Diamino-pteridin-6-ylmethyl]-, amid 3835

$C_{13}H_{14}N_8O_4$
Pteridin-6-carbonsäure, 2,4,7-Tris-acetylamino-, amid 4048

$C_{13}H_{14}N_{10}$
[1,3,5]Triazin-2-ylamin, 4,6-Bis-[4-amino-2-methyl-pyrimidin-5-yl]- 4244

$C_{13}H_{14}N_{10}O_4$
Pterorhodin, Tetrahydro- 4268

$C_{13}H_{15}N_5O$
Amin, [8-Äthyl-2-methyl-7(9)*H*-purin-6-yl]-furfuryl- 3753
—, Furfuryl-[1-isopropyl-1*H*-pyrazolo[3,4-*d*]pyrimidin-4-yl]- 3555

$C_{13}H_{15}N_5O_2$
Spiro[chinoxalin-2,4'-imidazol]-3,5'-dion, 2'-Amino-4,6,7-trimethyl-1,4-dihydro-1'*H*- 4009

$C_{13}H_{15}N_5O_3$
Diacetamid, *N*-[1-(4-Äthoxy-phenyl)-1*H*-tetrazol-5-yl]- 3511

$C_{13}H_{15}N_7O_2$
Propionitril, 3-[3,7,9-Trimethyl-6,8-dioxo-6,7,8,9-tetrahydro-4*H*-[1,2,4]triazino[3,4-*f*]purin-1-yl]- 4208

$C_{13}H_{16}N_6O_2$
Purin-2,6-dion, 8-[3,5-Dimethyl-pyrazol-1-yl]-1,3,7-trimethyl-3,7-dihydro- 4081

$C_{13}H_{16}N_6O_3$
Purin-2,6-dion, 8-[2,3-Dimethyl-5-oxo-2,5-dihydro-pyrazol-1-yl]-1,3,7-trimethyl-3,7-dihydro- 4085

$C_{13}H_{16}N_8$
Pyrazolo[3,4-*d*]pyrimidin, 4,6-Bis-[*N'*-methyl-hydrazino]-1-phenyl-1*H*- 4077

$C_{13}H_{17}N_5$
Amin, Cyclohexyl-[1-phenyl-1*H*-tetrazol-5-yl]- 3490
—, [1-Cyclohexyl-1*H*-tetrazol-5-yl]-phenyl- 3490
Piperidin, 1-Methyl-4-phenyl-4-[1*H*-tetrazol-5-yl]- 4114
—, 1-[1-Phenyl-1*H*-tetrazol-5-ylmethyl]- 3529

$C_{13}H_{17}N_5O$
Amin, Diäthyl-[6-(4-methoxy-phenyl)-[1,2,4,5]tetrazin-3-yl]- 3869
Essigsäure-[3-(1-butyl-1*H*-tetrazol-5-yl)-anilid] 3757
— [2-(1-isobutyl-1*H*-tetrazol-5-yl)-anilid] 3757
— [3-(1-isobutyl-1*H*-tetrazol-5-yl)-anilid] 3757
— [4-(1-isobutyl-1*H*-tetrazol-5-yl)-anilid] 3757

$C_{13}H_{17}N_5O_2$
Butyramid, *N*-[7-Butyryl-7*H*-purin-6-yl]- 3582
—, *N*-[9-Butyryl-9*H*-purin-6-yl]- 3582

$C_{13}H_{17}N_5O_3S$
2',3'-Anhydro-adenosin, N^6,N^6-Dimethyl-2-methylmercapto- 3860
2,5;3,4-Dianhydro-arabit, 5-[6-Dimethylamino-2-methylmercapto-purin-9-yl]- 3860
5'-Thio-adenosin, $O^{2'}$,$O^{3'}$-Isopropyliden- 3716

$C_{13}H_{17}N_5O_4$
Acetamid, *N*-[6-Diäthoxymethyl-4-oxo-3,4-dihydro-pteridin-2-yl]- 4007
Adenosin, $O^{2'}$,$O^{3'}$-Isopropyliden- 3713
1,4-Anhydro-xylit, 1-[6-Amino-purin-9-yl]-O^3,O^5-isopropyliden- 3712

$C_{13}H_{17}N_5O_4$ (Fortsetzung)
Acetyl-Derivat $C_{13}H_{17}N_5O_4$ aus 2-Dimethylamino-6-oxo-5,6,7,8-tetrahydro-pteridin-4-carbonsäure-äthylester 4052

$C_{13}H_{17}N_5O_5$
Adenosin, $O^{5'}$-Propionyl- 3604
Adenosin-1-oxid, $O^{2'}$,$O^{3'}$-Isopropyliden- 3717
Guanosin, $O^{2'}$,$O^{3'}$-Isopropyliden- 3924

$C_{13}H_{17}N_5O_7S$
Pteridin-6,7-dion, 4-Amino-8-glucopyranosyl-2-methylmercapto-5,8-dihydro- 4031

$C_{13}H_{17}N_5O_9$
Pteridin-6-carbonsäure, 2-Amino-4,7-dioxo-8-glucit-1-yl-3,4,7,8-tetrahydro- 4059

$C_{13}H_{18}N_5O_6P$
Adenosin, $O^{5'}$-Hydroxyphosphinoyl-$O^{2'}$,$O^{3'}$-isopropyliden- 3714

$C_{13}H_{18}N_5O_7P$
[5′]Adenylsäure, $O^{2'}$,$O^{3'}$-Isopropyliden- 3715

$C_{13}H_{18}N_5O_8P$
Anhydrid, [5′]Adenylsäure-propionsäure- 3620
[5′]Guanylsäure, $O^{2'}$,$O^{3'}$-Isopropyliden- 3924

$C_{13}H_{18}N_6$
Propan, 1,3-Bis-[5,6-dimethyl-[1,2,4]triazin-3-yl]- 4188
Pteridin-2-ylamin, 6,7-Dimethyl-4-piperidino- 3803

$C_{13}H_{18}N_6O$
Essigsäure, Piperidino-, [2-methyl-7(9)*H*-purin-6-ylamid] 3744

$C_{13}H_{18}N_6O_2$
Acetamid, *N*,*N*′-[1-Butyl-1*H*-[1,2,3]triazolo=[4,5-*c*]pyridin-4,7-diyl]-bis- 3781
Amin, Diäthyl-{2-[1-(3-nitro-phenyl)-1*H*-tetrazol-5-yl]-äthyl}- 3535
Purin-8-carbaldehyd, 6-Diäthylamino-2-methyl-7(9)*H*-, [*O*-acetyl-oxim] 3957

$C_{13}H_{18}N_6O_4$
1,4-Anhydro-3-desoxy-ribit, 3-Acetylamino-1-[6-methylamino-purin-9-yl]- 3697
Buttersäure, 3-[1,3-Dimethyl-2,6-dioxo-2,3,6,7-tetrahydro-1*H*-purin-8-ylhydrazono]-, äthylester 4084
—, 3-[1,7-Dimethyl-2,6-dioxo-2,3,6,7-tetrahydro-1*H*-purin-8-ylhydrazono]-, äthylester 4084
—, 3-[3,7-Dimethyl-2,6-dioxo-2,3,6,7-tetrahydro-1*H*-purin-8-ylhydrazono]-, äthylester 4084
3′-Desoxy-adenosin, 3′-Acetylamino-N^6-methyl- 3697
Valeriansäure, 4-[1,3,7-Trimethyl-2,6-dioxo-2,3,6,7-tetrahydro-1*H*-purin-8-ylhydrazono]- 4084

$C_{13}H_{18}N_6O_5$
2,6-Anhydro-1-desoxy-mannit, 6-[2-Acetylamino-6-amino-purin-9-yl]- 3792

$C_{13}H_{18}N_6O_6$
1,5-Anhydro-glucit, 1-[2-Acetylamino-6-amino-purin-9-yl]- 3794

$C_{13}H_{18}N_6S$
Tetrazolium, 1-Äthyl-4-isopropyl-5-[*N*′-phenyl-thioureido]-, betain 3515
—, 1-Äthyl-5-[*N*′-phenyl-thioureido]-4-propyl-, betain 3515
—, 1-Isobutyl-4-methyl-5-[*N*′-phenyl-thioureido]-, betain 3515

$[C_{13}H_{19}ClN_5]^+$
Tetrazolium, 5-Amino-1-[4-chlor-benzyl]-4-pentyl- 3495

$C_{13}H_{19}Cl_2N_5$
Amin, Dibutyl-[2,8-dichlor-7(9)*H*-purin-6-yl]- 3727

$C_{13}H_{19}Cl_2N_5O_2$
Purin-2,6-dion, 8-{Bis-[(2-chlor-äthyl)-amino]-methyl-}-1,3,7-trimethyl-3,7-dihydro- 3994

$C_{13}H_{19}N_5$
Amin, Äthyl-[1-cyclohexyl-1*H*-pyrazolo[3,4-*d*]=pyrimidin-4-yl]- 3547
—, [2-Cyclohexyl-äthyl]-[7(9)*H*-purin-6-yl]- 3573
—, Diäthyl-[1-benzyl-1*H*-tetrazol-5-ylmethyl]- 3528
—, Diäthyl-[4-(1-methyl-1*H*-tetrazol-5-yl)-benzyl]- 3760
—, Diäthyl-[1-(1-phenyl-1*H*-tetrazol-5-yl)-äthyl]- 3533
—, Diäthyl-[2-(1-phenyl-1*H*-tetrazol-5-yl)-äthyl]- 3534
—, Diäthyl-[1-*p*-tolyl-1*H*-tetrazol-5-ylmethyl]- 3527
—, Dimethyl-[3-(1-methyl-1*H*-tetrazol-5-yl)-3-phenyl-propyl]- 3763
—, Isopentyl-[1-phenyl-1*H*-tetrazol-5-ylmethyl]- 3527
Pyrazolo[3,4-*d*]pyrimidin, 1-Isopropyl-4-piperidino-1*H*- 3554

$C_{13}H_{19}N_5O$
Amin, Diäthyl-[1-(4-methoxy-phenyl)-1*H*-tetrazol-5-ylmethyl]- 3530
Cyclohexanol, 2-[6-Dimethylamino-purin-9-yl]- 3580

$C_{13}H_{19}N_5O_2$
Purin-2,6-dion, 3,7-Dimethyl-8-piperidinomethyl-3,7-dihydro- 3997
—, 3-Methyl-8-[1-piperidino-äthyl]-3,7-dihydro- 3998

$C_{13}H_{19}N_5O_2S$
Tetrazolium, 5-Benzolsulfonylamino-1,4-dipropyl-, betain 3524

$C_{13}H_{19}N_5O_3$
Pteridin-7-carbonsäure, 2-Diäthylamino-6-oxo-5,6,7,8-tetrahydro-, äthylester 4053
Purin-2,6-dion, 7-Acetonyl-8-isopropylamino-1,3-dimethyl-3,7-dihydro- 3983
$C_{13}H_{19}N_5O_4S$
Adenosin, N^6,N^6-Dimethyl-2-methyl=mercapto- 3853
1,4-Anhydro-xylit, 1-[6-Dimethylamino-2-methylmercapto-purin-9-yl]- 3854
$C_{13}H_{19}N_5O_5$
1,5-Anhydro-glucit, 1-[6-Dimethylamino-purin-3-yl]- 3692
—, 1-[6-Dimethylamino-purin-7-yl]- 3692
—, 1-[6-Dimethylamino-purin-9-yl]- 3693
$C_{13}H_{19}N_5O_8$
Pteridin-6-carbonsäure, 2-Amino-8-glucit-1-yl-4-oxo-3,4,7,8-tetrahydro- 4053
$C_{13}H_{19}N_5O_{10}P_2$
[5']Adenylsäure, $O^{2'}$,$O^{3'}$-Isopropyliden-N^6-phosphono- 3722
$C_{13}H_{19}N_6O_8P$
[5']Adenylsäure, $O^{2'}$-Alanyl- 3660
—, $O^{3'}$-Alanyl- 3660
Anhydrid, [5']Adenylsäure-alanin- 3621
—, [5]Adenylsäure-*β*-alanin- 3622
$C_{13}H_{19}N_6O_9P$
Anhydrid, [5']Adenylsäure-serin- 3624
$C_{13}H_{19}N_7S_2$
Dithiocarbazidsäure, [6-Diäthylamino-2-methyl-7(9)*H*-purin-8-ylmethylen]-, methylester 3957
$C_{13}H_{20}ClN_5O_2$
Purin-2,6-dion, 7-[2-Chlor-äthyl]-8-diäthylamino-1,3-dimethyl-3,7-dihydro- 3980
$C_{13}H_{20}IN_5$
Äthojodid [$C_{13}H_{20}N_5$]I aus 3-Butyl-7,8-dihydro-3*H*-imidazo[1,2-*a*]triazolo=[4,5-*c*]pyridin 4113
$C_{13}H_{20}N_6$
Anilin, 4-[1-(2-Diäthylamino-äthyl)-1*H*-tetrazol-5-yl]- 3759
—, 4-[2-(2-Diäthylamino-äthyl)-2*H*-tetrazol-5-yl]- 3759
$C_{13}H_{20}N_6O$
Glycin, *N*,*N*-Dipropyl-, [7(9)*H*-purin-6-ylamid] 3586
$C_{13}H_{20}N_6O_2$
Purin-2,6-dion, 1,3,7-Trimethyl-8-[4-methyl-piperazino]-3,7-dihydro- 3988
$C_{13}H_{20}N_6O_3$
Essigsäure, [8-Äthylamino-1,3-dimethyl-2,6-dioxo-1,2,3,6-tetrahydro-purin-7-yl]-, äthylamid 3985
—, [8-Dimethylamino-1,3-dimethyl-2,6-dioxo-1,2,3,6-tetrahydro-purin-7-yl]-, dimethylamid 3985
$C_{13}H_{20}N_6O_3S$
1,4-Anhydro-3-desoxy-arabit, 3-Amino-1-[6-dimethylamino-2-methylmercapto-purin-9-yl]- 3857
3'-Desoxy-adenosin, 3'-Amino-N^6,N^6-dimethyl-2-methylmercapto- 3857
5'-Desoxy-adenosin, 5'-Amino-N^6,N^6-dimethyl-2-methylmercapto- 3857
$C_{13}H_{20}N_6O_4$
1,5-Anhydro-2-desoxy-allit, 2-Amino-1-[6-dimethylamino-purin-9-yl]- 3709
1,5-Anhydro-3-desoxy-allit, 3-Amino-1-[6-dimethylamino-purin-9-yl]- 3710
$C_{13}H_{20}N_6O_5$
Essigsäure, [8-(2-Hydroxy-äthylamino)-1,3-dimethyl-2,6-dioxo-1,2,3,6-tetrahydro-purin-7-yl]-, [2-hydroxy-äthylamid] 3985
$C_{13}H_{20}N_6O_6$
Arabinose-[1,3,7-trimethyl-2,6-dioxo-2,3,6,7-tetrahydro-1*H*-purin-8-ylhydrazon] 4082
Xylose-[1,3,7-trimethyl-2,6-dioxo-2,3,6,7-tetrahydro-1*H*-purin-8-ylhydrazon] 4082
$C_{13}H_{21}ClN_6$
Propandiyldiamin, *N*,*N*-Diäthyl-*N'*-[2-chlor-7-methyl-7*H*-purin-6-yl]- 3725
$C_{13}H_{21}N_4O_5P$
Phosphonsäure, [1,3,7-Trimethyl-2,6-dioxo-2,3,6,7-tetrahydro-1*H*-purin-8-ylmethyl]-, diäthylester 4104
$C_{13}H_{21}N_5$
Amin, [2-Äthyl-hexyl]-[7(9)*H*-purin-6-yl]- 3571
—, [2-Äthyl-hexyl]-[1(2)*H*-pyrazolo=[3,4-*d*]pyrimidin-4-yl]- 3546
—, [1-(1-Äthyl-propyl)-1*H*-pyrazolo=[3,4-*d*]pyrimidin-4-yl]-propyl- 3545
—, Dibutyl-[7(9)*H*-purin-6-yl]- 3569
—, [1-(1,2-Dimethyl-propyl)-1*H*-pyrazolo[3,4-*d*]pyrimidin-4-yl]-propyl- 3545
—, [2,8-Dimethyl-7(9)-purin-6-yl]-dipropyl- 3751
—, Heptyl-[1-methyl-1*H*-pyrazolo[3,4-*d*]=pyrimidin-4-yl]- 3546
—, [1-Methyl-heptyl]-[7(9)*H*-purin-6-yl]- 3571
—, Octyl-[7(9)*H*-purin-6-yl]- 3571
—, Octyl-[1(2)*H*-pyrazolo[3,4-*d*]=pyrimidin-4-yl]- 3546
$C_{13}H_{21}N_5O$
Purin-2-on, 6-Dibutylamino-3,7-dihydro- 3888
Purin-6-on, 2-Amino-9-octyl-1,9-dihydro- 3895
$C_{13}H_{21}N_5O_2$
Purin-2,6-dion, 8-Äthylamino-3-butyl-1,7-dimethyl-3,7-dihydro- 3980
—, 3-Äthyl-8-diäthylamino-1,7-dimethyl-3,7-dihydro- 3980

$C_{13}H_{21}N_5O_2$ (Fortsetzung)
Purin-2,6-dion, 3-Butyl-8-dimethylamino-1,7-dimethyl-3,7-dihydro- 3980
—, 8-[1-Diäthylamino-äthyl]-1,3-dimethyl-3,7-dihydro- 3998
—, 8-Diäthylaminomethyl-1,3,7-trimethyl-3,7-dihydro- 3994
—, 8-[(Isobutyl-methyl-amino)-methyl]-1,3-dimethyl-3,7-dihydro- 3995

$C_{13}H_{21}N_5O_3$
Purin-2,6-dion, 8-Diäthylamino-7-[2-hydroxy-äthyl]-1,3-dimethyl-3,7-dihydro- 3981
—, 8-[2-Dimethylamino-1-hydroxy-propyl]-1,3,7-trimethyl-3,7-dihydro- 4031

$C_{13}H_{21}N_5O_4$
Purin-2,6-dion, 8-{[Bis-(2-hydroxy-äthyl)-amino]-methyl}-1,3,7-trimethyl-3,7-dihydro- 3997

$C_{13}H_{22}N_6$
Äthylendiamin, *N*,*N*-Diäthyl-*N'*-[6,7-dimethyl-[1,2,4]triazolo[4,3-*b*]pyridazin-8-yl]- 3749
Propandiyldiamin, *N*,*N*-Diäthyl-*N'*-[6-methyl-[1,2,4]triazolo[4,3-*b*]pyridazin-8-yl]- 3732
Purin-2,6-diyldiamin, N^2,N^6-Dibutyl-7(9)*H*- 3787
—, N^2,N^2,N^6,N^6-Tetraäthyl-7(9)*H*- 3786
Purin-6-ylamin, 9-[4-Diäthylamino-butyl]-9*H*- 3585
Pyrazolo[3,4-*d*]pyrimidin-4,6-diyldiamin, N^4,N^6-Dibutyl-1(2)*H*- 3783

$C_{13}H_{22}N_6O$
Propan-2-ol, 1-Diäthylamino-3-[6-methyl-[1,2,4]triazolo[4,3-*b*]pyridazin-8-ylamino]- 3733
Pteridin-6-on, 2-[2-Diäthylamino-äthylamino]-4-methyl-7,8-dihydro-5*H*- 3933

$C_{13}H_{22}N_6O_2$
Purin-2,6-dion, 8-[2-Diäthylamino-äthylamino]-1,3-dimethyl-3,7-dihydro- 3985
—, 8-[3-Dimethylamino-propylamino]-1,3,7-trimethyl-3,7-dihydro- 3988

$C_{13}H_{22}N_{10}$
[1,3,5]Triazin-2,4-diyldiamin, 6,6'-Heptandiyl-bis- 4232

$[C_{13}H_{23}N_6O_2]^+$
Ammonium, Trimethyl-[2-(1,3,7-trimethyl-2,6-dioxo-1,2,3,6-tetrahydro-purin-7-ylamino)-äthyl]- 3986

$C_{13}H_{23}N_7$
Purin-2,6-diyldiamin, N^2-[3-Diäthylamino-propyl]-7-methyl-7*H*- 3789

C_{14}

$C_{14}H_8BrClN_8$
[1,5']Bitetrazolylium, 3-[4-Brom-phenyl]-5-[2-chlor-phenyl]-, betain 4101
—, 3-[4-Brom-phenyl]-5-[4-chlor-phenyl]-, betain 4101

$C_{14}H_8ClN_9O_2$
[1,5']Bitetrazolylium, 5-[2-Chlor-phenyl]-3-[4-nitro-phenyl]-, betain 4101

$C_{14}H_8Cl_2N_8$
[1,5']Bitetrazolylium, 3,5-Bis-[4-chlor-phenyl]-, betain 4101
—, 5-[2-Chlor-phenyl]-3-[4-chlor-phenyl]-, betain 4101

$C_{14}H_8Cl_2N_{10}$
[5,5']Azotetrazol, 1,1'-Bis-[4-chlor-phenyl]-1*H*,1'*H*- 4092

$C_{14}H_8N_8$
Ditetrazolo[*ah*][1,8]naphthyridin, 5-Phenyl- 4250

$C_{14}H_9BrN_8$
[1,5']Bitetrazolylium, 3-[4-Brom-phenyl]-5-phenyl-, betain 4101

$C_{14}H_9ClN_8$
[1,5']Bitetrazolylium, 3-[4-Chlor-phenyl]-5-phenyl-, betain 4101
—, 5-[4-Chlor-phenyl]-3-phenyl-, betain 4101

$C_{14}H_9Cl_2N_9$
Amin, [5-(2-Chlor-phenyl)-tetrazol-1-yl]-[1-(2-chlor-phenyl)-1*H*-tetrazol-5-yl]- 4103

$C_{14}H_9N_5$
Naphtho[1,2-*g*]pteridin-11-ylamin 3774
[1,2,4]Triazolo[3,4-*a*]phthalazin, 3-[3]Pyridyl- 4118
—, 3-[4]Pyridyl- 4118

$C_{14}H_9N_5O$
Benzo[*e*][1,2,3]triazolo[5,1-*c*][1,2,4]triazin-5-oxid, 3-Phenyl- 4118
Naphtho[1,2-*g*]pteridin-11-on, 9-Amino-10*H*- 3973
Pyrido[3',2':5,6]pyrazino[2,3-*c*]isochinolin-5-on, 9-Amino-6*H*- 3973

$C_{14}H_9N_5O_2$
Benzo[1,2-*d*;4,5-*d'*]diimidazol-4,8-dion, 2-Methyl-6-[3]pyridyl-1*H*,5*H*- 4146

$C_{14}H_9N_9O_2$
[1,5']Bitetrazolylium, 3-[4-Nitro-phenyl]-5-phenyl-, betain 4101
—, 5-[4-Nitro-phenyl]-3-phenyl-, betain 4101

$C_{14}H_9N_{11}O_4$
Amin, [5-(3-Nitro-phenyl)-tetrazol-1-yl]-[1-(3-nitro-phenyl)-1*H*-tetrazol-5-yl]- 4103
—, [5-(4-Nitro-phenyl)-tetrazol-1-yl]-[1-(4-nitro-phenyl)-1*H*-tetrazol-5-yl]- 4103

$C_{14}H_{10}BrClN_8$
Tetraz-1-en, 3-[4-Brom-phenyl]-4-[4-chlor-benzyliden]-1-[1*H*-tetrazol-5-yl]- 4101
$C_{14}H_{10}ClN_5$
Amin, [6-(4-Chlor-phenyl)-[1,2,4,5]tetrazin-3-yl]-phenyl- 3765
$C_{14}H_{10}Cl_2N_8$
Tetraz-1-en, 4-[2-Chlor-benzyliden]-3-[4-chlor-phenyl]-1-[1*H*-tetrazol-5-yl]- 4101
—, 4-[4-Chlor-benzyliden]-3-[4-chlor-phenyl]-1-[1*H*-tetrazol-5-yl]- 4101
$C_{14}H_{10}N_6$
Naphtho[1,2-*g*]pteridin-9,11-diyldiamin 3816
Pyrido[3′,2′:5,6]pyrazino[2,3-*c*]isochinolin-5,9-diyldiamin 3816
$C_{14}H_{10}N_6OS$
Isochino[4,3-*g*]pteridin-5-on, 11-Amino-9-methylmercapto-6*H*- 4180
$C_{14}H_{10}N_6O_3$
Benzoesäure, 4-[(2-Amino-4-oxo-3,4-dihydro-pteridin-6-ylmethylen)-amino]- 4007
—, 4-[(2-Amino-4-oxo-3,4-dihydro-pteridin-7-ylmethylen)-amino]- 4008
$C_{14}H_{10}N_6O_5$
Benzoesäure, 4-[(2,4-Dioxo-1,2,3,4-tetrahydro-pteridin-6-ylmethyl)-nitroso-amino]- 4095
$C_{14}H_{10}N_8$
[5,5′]Bitetrazolyl, 1,1′-Diphenyl-1*H*,1′*H*- 4247
[1,5′]Bitetrazolylium, 3,5-Diphenyl-, betain 4101
[2,5′]Bitetrazolylium, 3,5-Diphenyl-, betain 4102
$C_{14}H_{10}N_{10}$
[5,5′]Azotetrazol, 1,1′-Diphenyl-1*H*,1′*H*- 4091
$C_{14}H_{11}ClN_6$
Hydrazin, *N*-[6-(4-Chlor-phenyl)-[1,2,4,5]tetrazin-3-yl]-*N*′-phenyl- 4076
$C_{14}H_{11}N_5$
Amin, Benzyliden-[1-phenyl-1*H*-tetrazol-5-yl]- 3509
$C_{14}H_{11}N_5O_2$
Pteridin-6,7-dion, 2-Amino-4-styryl-5,8-dihydro- 4016
$C_{14}H_{11}N_5O_3$
Benzamid, *N*-[7-Hydroxymethyl-4-oxo-3,4-dihydro-pteridin-2-yl]- 4029
Benzoesäure, 4-[(4-Oxo-3,4-dihydro-pteridin-6-ylmethyl)-amino]- 3940
$C_{14}H_{11}N_5O_4$
Benzoesäure, 4-[2-Amino-4-oxo-3,4-dihydro-pteridin-6-ylmethoxy]- 4028
—, 4-[(2,4-Dioxo-1,2,3,4-tetrahydro-pteridin-6-ylmethyl)-amino]- 4004
—, 4-[(4,7-Dioxo-3,4,7,8-tetrahydro-pteridin-6-ylmethyl)-amino]- 4002
$C_{14}H_{11}N_7$
[1,2,3]Triazolo[4,5-*d*]pyrimidin-5,7-diyldiamin, 2-[1]Naphthyl-2*H*- 4166
$C_{14}H_{12}ClN_5$
[1,3,5]Triazin-2-ylamin, 4-Chlor-6-[1-methyl-1*H*-[2]chinolylidenmethyl]- 3773
$C_{14}H_{12}ClN_5O$
Pteridin-4-on, 6-[4-Chlor-phenyl]-2-dimethylamino-3*H*- 3970
$C_{14}H_{12}N_6$
Benzaldehyd-[1-phenyl-1*H*-tetrazol-5-ylhydrazon] 4069
[1,2,4,5]Tetrazin-3,6-diyldiamin, N^3,N^6-Diphenyl- 3780
Tetrazol-1,5-diyldiamin, N^1-Benzyliden-N^5-phenyl- 3525
[1,3,5]Triazin-2,4-diyldiamin, 6-[4-Phenyl-[2]pyridyl]- 3814
$C_{14}H_{12}N_6O_2$
Amin, Furfuryl-[3-furfuryl-3*H*-[1,2,3]triazolo[4,5-*d*]pyrimidin-7-yl]- 4159
$C_{14}H_{12}N_6O_2S$
Benzoesäure, 4-[(4-Amino-2-thioxo-1,2-dihydro-pteridin-6-ylmethyl)-amino]- 3954
$C_{14}H_{12}N_6O_3$
Benzamid, *N*-[2-Amino-4,7-dioxo-3,4,7,8-tetrahydro-pteridin-6-ylmethyl]- 4003
Benzoesäure, 4-[(2-Amino-7-oxo-7,8-dihydro-pteridin-6-ylmethyl)-amino]- 3939
—, 4-[2,4-Diamino-pteridin-6-ylmethoxy]- 3867
Pteroinsäure 3942
$C_{14}H_{12}N_6O_4$
Pteroinsäure, 2′-Hydroxy- 3952
$C_{14}H_{12}N_6O_4S$
Sulfanilsäure, *N*-Acetyl-, [4-oxo-3,4-dihydro-pteridin-2-ylamid] 3937
$C_{14}H_{12}N_6O_5S$
Sulfanilsäure, *N*-Acetyl-, [4,6-dioxo-3,4,5,6-tetrahydro-pteridin-2-ylamid] 4001
$C_{14}H_{12}N_6O_6S$
Sulfanilsäure, *N*-Acetyl-, [4,6,7-trioxo-3,4,5,6,7,8-hexahydro-pteridin-2-ylamid] 4018
$C_{14}H_{12}N_8$
Formazan, 3,*N*-Diphenyl-*N*‴-[1*H*-tetrazol-5-yl]- 4089
Tetraz-1-en, 4-Benzyliden-3-phenyl-1-[1*H*-tetrazol-5-yl]- 4101
$C_{14}H_{12}N_{10}$
Hydrazin, *N*,*N*′-Bis-[1-phenyl-1*H*-tetrazol-5-yl]- 4071
$C_{14}H_{12}N_{10}O_2$
Methan, [2-Amino-6-methyl-4-oxo-4,8-dihydro-3*H*-pteridin-7-yliden]-[2-amino-4-oxo-3,4-dihydro-pteridin-7-yl]- 4267

$C_{14}H_{14}N_6O_3S$
Pteridin-4-on, 2-Amino-6-[(4-methansulfonyl-anilino)-methyl]-3*H*- 3941
Sulfanilsäure-[6,7-dimethyl-4-oxo-3,4-dihydro-pteridin-2-ylamid] 3959
$C_{14}H_{14}N_6O_4$
Dipyrazino[2,3-*b*;2′,3′-*e*]pyrazin-2,7-dicarbonsäure, 5,10-Dihydro-, diäthylester 4223
$C_{14}H_{14}N_6S$
Pteridin-4,7-diyldiamin, 2-Äthylmercapto-6-phenyl- 3870
$C_{14}H_{14}N_8O_2$
[1,2,4]Triazolo[1,5-*a*]pyrimidin-7-on, 5,5′-Dimethyl-4*H*,4′*H*-2,2′-äthandiyl-bis- 4262
$C_{14}H_{14}N_8O_4$
[1,2,4]Triazolo[1,5-*a*]pyrimidin-7-on, 5,5′-Dimethyl-4*H*,4′*H*-2,2′-[1,2-dihydroxy-äthandiyl]-bis- 4265
$C_{14}H_{14}N_{10}O_4S$
Aceton, [2,6-Diamino-7(9)*H*-purin-8-ylmercapto]-, [2,4-dinitro-phenyl=hydrazon] 3864
$C_{14}H_{15}N_5$
Amin, Äthyl-[6-methyl-1-phenyl-1*H*-pyrazolo[3,4-*d*]pyrimidin-4-yl]- 3738
—, Äthyl-[1-methyl-1*H*-pyrazolo[3,4-*d*]=pyrimidin-4-yl]-phenyl- 3551
—, Äthyl-[1-[2]naphthyl-1*H*-tetrazol-5-ylmethyl]- 3528
—, Benzyl-[1,6-dimethyl-1*H*-pyrazolo=[3,4-*d*]pyrimidin-4-yl]- 3741
—, [3-Benzyl-3*H*-purin-6-yl]-dimethyl- 3576
—, [7-Benzyl-7*H*-purin-6-yl]-dimethyl- 3576
—, Dimethyl-[6-methyl-1-phenyl-1*H*-pyrazolo[3,4-*d*]pyrimidin-4-yl]- 3738
—, Dimethyl-[1-[1]naphthyl-1*H*-tetrazol-5-ylmethyl]- 3528
—, [2,4-Dimethyl-phenyl]-[1-methyl-1*H*-pyrazolo[3,4-*d*]pyrimidin-4-yl]- 3553
—, [2,5-Dimethyl-phenyl]-[1-methyl-1*H*-pyrazolo[3,4-*d*]pyrimidin-4-yl]- 3553
—, [2,6-Dimethyl-phenyl]-[1-methyl-1*H*-pyrazolo[3,4-*d*]pyrimidin-4-yl]- 3552
—, [1,6-Dimethyl-1*H*-pyrazolo[3,4-*d*]=pyrimidin-4-yl]-*o*-tolyl- 3740
—, [1,6-Dimethyl-1*H*-pyrazolo[3,4-*d*]=pyrimidin-4-yl]-*p*-tolyl- 3740
—, Isopropyl-[1-phenyl-1*H*-pyrazolo=[3,4-*d*]pyrimidin-4-yl]- 3550
—, Methyl-[6-methyl-1-*p*-tolyl-1*H*-pyrazolo[3,4-*d*]pyrimidin-4-yl]- 3740
—, [1-Methyl-1*H*-pyrazolo[3,4-*d*]=pyrimidin-4-yl]-phenäthyl- 3552
—, [3-Phenyl-propyl]-[7(9)*H*-purin-6-yl]- 3578
$C_{14}H_{15}N_5O$
Äthanol, 2-[(1-[2]Naphthyl-1*H*-tetrazol-5-ylmethyl)-amino]- 3528
Amin, [4-Methoxy-benzyl]-[1-methyl-1*H*-pyrazolo[3,4-*d*]pyrimidin-4-yl]- 3554
—, [2-Phenoxy-propyl]-[7(9)*H*-purin-6-yl]- 3579
Pteridin-4-on, 2-Dimethylamino-6-phenyl-7,8-dihydro-3*H*- 3967
Purin-6-on, 8-Benzyl-1-methyl-2-methylamino-1,7-dihydro- 3968
Diäthyl-Derivat $C_{14}H_{15}N_5O$ aus 2-Amino-3*H*-benzo[*g*]pteridin-4-on 3964
$C_{14}H_{15}N_5O_2$
Amin, [7(9)*H*-Purin-6-yl]-veratryl- 3580
Benzo[*g*]pteridin-2,4-dion, 3,7,10-Trimethyl-8-methylamino-10*H*- 4011
Essigsäure-[4-(7-oxo-1,2,3,4,7,8-hexahydro-pyrimido[4,5-*d*]pyrimidin-2-yl)-anilid] 3964
Purin-2,6-dion, 8-[4-Amino-benzyl]-1,3-dimethyl-3,7-dihydro- 4012
—, 8-Anilinomethyl-1,3-dimethyl-3,7-dihydro- 3996
—, 8-Benzylamino-1,3-dimethyl-3,7-dihydro- 3981
$C_{14}H_{15}N_5O_3$
Benzo[*g*]pteridin-2,4-dion, 8-[2-Hydroxy-äthylamino]-7,10-dimethyl-10*H*- 4011
[1,2,3]Triazolo[4,5-*d*]pyrimidin-5,7-dion, 2-[4-Äthoxy-phenyl]-4,6-dimethyl-2,4-dihydro- 4138
$C_{14}H_{15}N_5O_5S$
Pteridin-6-on, 4-Acetoxy-2-acetylamino-7-[1-methylmercapto-2-oxo-propyl]-5*H*- 4042
$C_{14}H_{15}N_5O_8$
Diacetyl-Derivat $C_{14}H_{15}N_5O_8$ aus 2-Amino-8-[2,3-dihydroxy-propyl]-4,7-dioxo-3,4,7,8-tetrahydro-pteridin-6-carbonsäure 4058
$C_{14}H_{15}N_5S$
Amin, [2-Benzylmercapto-7(9)*H*-purin-6-yl]-dimethyl- 3849
—, Benzyl-methyl-[5-methylmercapto-1(2)*H*-pyrazolo[4,3-*d*]pyrimidin-7-yl]- 3844
—, Methyl-[2-methyl-8-methylmercapto-7(9)*H*-purin-6-yl]-phenyl- 3864
$C_{14}H_{15}N_5S_2$
Purin-6-ylamin, 2-Benzylmercapto-9-methyl-8-methylmercapto-9*H*- 3873
—, 8-Benzylmercapto-9-methyl-2-methylmercapto-9*H*- 3873
$C_{14}H_{15}N_7$
Propionitril, 3,3′-[1-Benzyl-1*H*-tetrazol-5-ylimino]-di- 3521
$C_{14}H_{15}N_7O$
Pteridin-2,4,7-triyltriamin, 6-[2-Äthoxy-phenyl]- 3871
—, 6-[3-Äthoxy-phenyl]- 3871

$C_{14}H_{15}N_7O$ (Fortsetzung)
Pteridin-2,4,7-triyltriamin, 6-[4-Äthoxy-phenyl]- 3871
$C_{14}H_{15}N_7O_2$
Pyridin-3-carbaldehyd-[1,3,7-trimethyl-2,6-dioxo-2,3,6,7-tetrahydro-1*H*-purin-8-ylhydrazon] 4086
Pyridin-4-carbaldehyd-[1,3,7-trimethyl-2,6-dioxo-2,3,6-tetrahydro-1*H*-purin-8-ylhydrazon] 4086
$C_{14}H_{16}Cl_2N_6O_4$
Glycin, *N,N'*-[2,6-Dichlor-pyrimido[5,4-*d*]pyrimidin-4,8-diyl]-bis-, diäthylester 3799
$C_{14}H_{16}N_6$
Pyrazolo[3,4-*d*]pyrimidin-4,6-diyldiamin, N^4-Benzyl-N^6,N^6-dimethyl-1(2)*H*- 3784
$C_{14}H_{16}N_6O$
Essigsäure-[4-(7-amino-1,2,3,4-tetrahydro-pyrimido[4,5-*d*]pyrimidin-2-yl)-anilid] 3807
[1,2,3]Triazolo[4,5-*b*]pyridin-5-ylamin, 2-[6-Butoxy-[3]pyridyl]-2*H*- 3539
$C_{14}H_{16}N_6O_3$
Pteroinsäure, 5,6,7,8-Tetrahydro- 3879
$C_{14}H_{16}N_6O_4S$
Sulfanilsäure-[1,3,7-trimethyl-2,6-dioxo-2,3,6,7-tetrahydro-1*H*-purin-8-ylamid] 3990
$C_{14}H_{16}N_6O_5$
Pyrrolo[2,3-*d*]pyrimidin-2,4,6-trion, 5-[6-Amino-1,3-dimethyl-2,4-dioxo-1,2,3,4-tetrahydro-pyrimidin-5-yl]-1,3-dimethyl-5,7-dihydro-1*H*- 4180
$C_{14}H_{16}N_{10}$
Purin-6-ylamin, 7(9)*H*,7'(9')*H*-2,2'-Butandiyl-bis- 4266
$C_{14}H_{16}N_{10}O_2$
Tetrahydro-Derivat $C_{14}H_{16}N_{10}O_2$ aus [2-Amino-6-methyl-4-oxo-4,8-dihydro-3*H*-pteridin-7-yliden]-[2-amino-4-oxo-3,4-dihydro-pteridin-7-yl]-methan 4267
$C_{14}H_{16}N_{10}O_4$
Purin-2,6-dion, 1,3,1',3'-Tetramethyl-3,7,3',7'-tetrahydro-8,8'-hydrazono-bis- 4087
$C_{14}H_{17}N_5O_3$
Propionsäure, 2-Acetylamino-3-phenyl-2-[1*H*-tetrazol-5-yl]-, äthylester 4048
$C_{14}H_{17}N_5O_5$
2'-Desoxy-adenosin, $O^{3'}$,$O^{5'}$-Diacetyl- 3590
$C_{14}H_{17}N_5O_5S$
Pteridin-4,6-dion, 7-[2-Acetoxy-1-methylmercapto-propyl]-2-acetylamino-3,5-dihydro- 4040
$C_{14}H_{17}N_5O_6$
Adenosin, $O^{2'}$,$O^{3'}$-Diacetyl- 3603
—, $O^{3'}$,$O^{5'}$-Diacetyl- 3603
Bernsteinsäure, [2-Amino-4,7-dioxo-3,4,7,8-tetrahydro-pteridin-6-yl]-, diäthylester 4062
2'-Desoxy-guanosin, $O^{3'}$,$O^{5'}$-Diacetyl- 3898
$C_{14}H_{17}N_5O_6S$
Pteridin-6-on, 4-Acetoxy-2-acetylamino-7-[1,2-dihydroxy-2-methylmercapto-propyl]-5*H*- 4042
$C_{14}H_{17}N_5O_7$
Bernsteinsäure-mono-adenosin-5'-ylester 3604
$C_{14}H_{17}N_5O_8$
Asparaginsäure, *N*-[9-Ribofuranosyl-9*H*-purin-6-yl]- 3684
$C_{14}H_{17}N_9O_9$
Cyclohexanon, 3,5-Bis-[2-amino-3-methyl-5-oxo-4,5-dihydro-3*H*-imidazol-4-yl]-2,4,6-trinitro- 4021
$[C_{14}H_{18}Cl_2N_5]^+$
Tetrazolium, 5-Amino-1-cyclohexyl-4-[2,4-dichlor-benzyl]- 3498
—, 5-Amino-1-cyclohexyl-4-[3,4-dichlor-benzyl]- 3498
$C_{14}H_{18}N_5O_8P$
2'-Desoxy-[5']adenylsäure, N^6,$O^{3'}$-Diacetyl- 3594
$C_{14}H_{18}N_5O_{11}P$
Asparaginsäure, *N*-[9-(O^5-Phosphono-ribofuranosyl)-9*H*-purin-6-yl]- 3685
$C_{14}H_{18}N_6$
6,9-Methano-benzo[*g*]pteridin-2,4-diyldiamin, 6,11,11-Trimethyl-6,7,8,9-tetrahydro- 3808
—, 9,11,11-Trimethyl-6,7,8,9-tetrahydro- 3808
$C_{14}H_{18}N_6O_3$
Purin-2,6-dion, 1,3,7-Trimethyl-8-[2,3,4-trimethyl-5-oxo-2,5-dihydro-pyrazol-1-yl]-3,7-dihydro- 4085
$C_{14}H_{18}N_6O_5$
Bernsteinsäure, [2,4-Diamino-7-oxo-7,8-dihydro-pteridin-6-yl]-, diäthylester 4062
$C_{14}H_{18}N_8O_3$
Pteridin-6,7-diol, 4-[6-Hydroxy-4-methyl-5,6,7,8-tetrahydro-pteridin-7-ylmethyl]-5,6,7,8-tetrahydro- 4261
$[C_{14}H_{19}ClN_5]^+$
Tetrazolium, 5-Amino-1-[2-chlor-benzyl]-4-cyclohexyl- 3498
—, 5-Amino-1-[4-chlor-benzyl]-4-cyclohexyl- 3498
$C_{14}H_{19}NO_6$
Propionsäure, 3-[2-Acetoxymethyl-5-äthoxycarbonyl-4-methyl-pyrrol-3-yl]- 4288
$C_{14}H_{19}N_5$
Amin, Benzyl-[1-cyclohexyl-1*H*-tetrazol-5-yl]- 3498
Piperidin, 1-Methyl-4-[1-methyl-1*H*-tetrazol-5-yl]-4-phenyl- 4115
—, 1-Methyl-4-[2-methyl-2*H*-tetrazol-5-yl]-4-phenyl- 4115
—, 1-[1-(1-Phenyl-1*H*-tetrazol-5-yl)-äthyl]- 3533

$C_{14}H_{19}N_5O_2$
Purin-2,6-dion, 8-Diallylaminomethyl-1,3-dimethyl-3,7-dihydro- 3995
—, 8-Diallylaminomethyl-3,7-dimethyl-3,7-dihydro- 3995

$C_{14}H_{19}N_5O_3S$
5′-Thio-adenosin, $O^{2'}$,$O^{3'}$-Isopropyliden-*S*-methyl- 3717

$C_{14}H_{19}N_5O_5$
Adenosin, $O^{5'}$-Butyryl- 3604

$C_{14}H_{19}N_5O_6S_2$
Amin, Bis-[2-methansulfonyloxy-äthyl]-[6-phenyl-[1,2,4,5]tetrazin-3-yl]- 3765

$[C_{14}H_{19}N_6O_2]^+$
Tetrazolium, 5-Amino-1-cyclohexyl-4-[3-nitro-benzyl]- 3498
—, 5-Amino-1-cyclohexyl-4-[4-nitro-benzyl]- 3498

$[C_{14}H_{20}N_5]^+$
Tetrazolium, 5-Amino-1-benzyl-4-cyclohexyl- 3498

$C_{14}H_{20}N_5O_8P$
Anhydrid, [5′]Adenylsäure-buttersäure- 3620

$C_{14}H_{20}N_6$
Butan, 1,4-Bis-[6,7-dihydro-5*H*-pyrrolo[2,1-*c*][1,2,4]triazol-3-yl]- 4188
—, 1,4-Bis-[5,6-dimethyl-[1,2,4]triazin-3-yl]- 4188

$C_{14}H_{20}N_6O$
Essigsäure, Piperidino-, [2,8-dimethyl-7(9)*H*-purin-6-ylamid] 3752

$C_{14}H_{20}N_6O_2$
[3,3′]Bi[1,2,4]triazolyl, 5,5′-Diäthyl-4,4′-dipropionyl-4*H*,4′*H*- 4183
Purin-2,6-dion, 8-Cyclohexylidenhydrazino-1,3,7-trimethyl-3,7-dihydro- 4080

$C_{14}H_{20}N_6O_2S$
Essigsäure, [4,8-Bis-propylamino-pyrimido[5,4-*d*]pyrimidin-2-ylmercapto]- 3865

$C_{14}H_{20}N_6O_4$
1,4-Anhydro-3-desoxy-arabit, 3-Acetylamino-1-[6-dimethylamino-purin-9-yl]- 3699
1,4-Anhydro-3-desoxy-ribit, 3-Acetylamino-1-[6-dimethylamino-purin-9-yl]- 3698
Buttersäure, 3-[1,3,7-Trimethyl-2,6-dioxo-2,3,6,7-tetrahydro-1*H*-purin-8-ylhydrazono]-, äthylester 4084
3′-Desoxy-adenosin, 3′-Acetylamino-N^6,N^6-dimethyl- 3699
Pteridin-6-carbonsäure, 2-Amino-8-[3-diäthylamino-propyl]-4,7-dioxo-3,4,7,8-tetrahydro- 4059

$C_{14}H_{20}N_6O_5S$
Homocystein, *S*-Adenosin-5′-yl- 3676

$C_{14}H_{20}N_6S$
Tetrazolium, 1-Äthyl-4-butyl-5-[*N*′-phenyl-thioureido]-, betain 3515
—, 1-Äthyl-4-isobutyl-5-[*N*′-phenyl-thioureido]-, betain 3515
—, 5-[*N*′-Phenyl-thioureido]-1,4-dipropyl-, betain 3515

$C_{14}H_{20}N_7O_9P$
Anhydrid, [5′]Adenylsäure-asparagin- 3623

$C_{14}H_{20}N_{10}$
[8,8′]Bipurinyl-6,6′-diyldiamin, 9,N^6,9′,$N^{6'}$-Tetramethyl-8,9,8′,9′-tetrahydro-7*H*,7′*H*- 4266

$[C_{14}H_{21}ClN_5]^+$
Tetrazolium, 5-Amino-1-[4-chlor-benzyl]-4-hexyl- 3495

$C_{14}H_{21}ClN_6O_2$
Pyrimido[5,4-*d*]pyrimidin-4,8-diyldiamin, 2-Chlor-N^4,N^8-bis-[3-methoxy-propyl]- 3798

$C_{14}H_{21}ClN_6O_4$
Pyrimido[5,4-*d*]pyrimidin-4,8-diyldiamin, 2-Chlor-N^4,N^4,N^8,N^8-tetrakis-[2-hydroxy-äthyl]- 3798

$C_{14}H_{21}N_5$
Amin, [3-Cyclohexyl-propyl]-[7(9)*H*-purin-6-yl]- 3573
—, Diäthyl-[1-cyclopentyl-1*H*-pyrazolo[3,4-*d*]pyrimidin-4-yl]- 3547

$C_{14}H_{21}N_5O_2$
Purin-2,6-dion, 3-Äthyl-1,7-dimethyl-8-piperidino-3,7-dihydro- 3982
—, 8-[Cyclohexylamino-methyl]-1,3-dimethyl-3,7-dihydro- 3995
—, 8-Hexahydroazepin-1-yl-1,3,7-trimethyl-3,7-dihydro- 3982

$C_{14}H_{21}N_5O_3$
Purin-2,6-dion, 7-Acetonyl-8-butylamino-1,3-dimethyl-3,7-dihydro- 3983
—, 7-Acetonyl-8-diäthylamino-1,3-dimethyl-3,7-dihydro- 3983

$C_{14}H_{21}N_5O_4$
Adenosin, O^6,$O^{2'}$,$O^{3'}$,$O^{5'}$-Tetramethyl- 3680

$C_{14}H_{21}N_5O_5$
Guanosin, N^2,$O^{2'}$,$O^{3'}$,$O^{5'}$-Tetramethyl- 3922
Purin-2,6,8-trion, 7-Acetyl-5-hydroxy-3,9-dimethyl-4-piperidino-tetrahydro- 4038

$C_{14}H_{21}N_5O_5S$
1,5-Anhydro-glucit, 1-[6-Dimethylamino-2-methylmercapto-purin-9-yl]- 3856

$C_{14}H_{21}N_5O_6S_2$
1,4-Anhydro-xylit, 1-[6-Dimethylamino-2-methylmercapto-purin-9-yl]-O^2-methansulfonyl- 3854

$C_{14}H_{21}N_6O_9P$
[5′]Adenylsäure, $O^{2'}$-Threonyl- 3660
—, $O^{3'}$-Threonyl- 3660
Anhydrid, [5′]Adenylsäure-threonin- 3624

$C_{14}H_{21}N_7O_4$
3′-Desoxy-adenosin, 3′-Glycylamino-N^6,N^6-dimethyl- 3701

$C_{14}H_{22}ClN_5$
Amin, [6-Chlor-1-methyl-1*H*-pyrazolo[3,4-*d*]pyrimidin-4-yl]-octyl- 3557

C_{15}

$C_{15}H_{14}N_6O_5$
Pyrimidin-4,6-dion, 2,2′-Diamino-1*H*,1′*H*-5,5′-[3-hydroxy-benzyliden]-bis- 4046
$C_{15}H_{14}N_6S$
Tetrazolium, 1-Methyl-4-phenyl-5-[*N*′-phenylthioureido]-, betain 3516
$C_{15}H_{14}N_{10}O_2$
Methan, [2-Amino-6-methyl-4-oxo-3,4-dihydro-pteridin-7-yl]-[2-amino-6-methyl-4-oxo-4,8-dihydro-3*H*-pteridin-7-yliden]- 4267
$C_{15}H_{15}AsN_6O_6$
Glycin, *N*-[2-Amino-4-oxo-3,4-dihydro-pteridin-6-ylmethyl]-*N*-[4-arsono-phenyl]- 3954
$C_{15}H_{15}N_5$
Amin, Allyl-[1-[2]naphthyl-1*H*-tetrazol-5-ylmethyl]- 3528
—, Benzyl-[1-benzyl-1*H*-tetrazol-5-yl]- 3500
—, Benzyl-[2-benzyl-2*H*-tetrazol-5-yl]- 3500
—, Benzyl-[1-phenyl-1*H*-tetrazol-5-ylmethyl]- 3528
—, Dibenzyl-[1*H*-tetrazol-5-yl]- 3501
Tetrazolium, 5-Amino-1,4-dibenzyl-, betain 3500
$C_{15}H_{15}N_5O$
Pteridin-2-ylamin, 4-Benzyloxy-6,7-dimethyl- 3868
Pyrimido[4,5-*d*]pyrimidin-4-ylamin, 5-Äthoxy-7-methyl-2-phenyl- 3871
$C_{15}H_{15}N_5O_2$
Pyrido[3,2-*g*]pteridin-2,4-dion, 10-Cyclohexyl-10*H*- 4144
Dimethyl-Derivat $C_{15}H_{15}N_5O_2$ aus 2-Amino-7-benzyl-3,5-dihydro-pteridin-4,6-dion 4015
$C_{15}H_{15}N_5O_2S$
Tetrazolium, 5-Benzolsulfonylamino-1-benzyl-4-methyl-, betain 3524
$C_{15}H_{15}N_5O_3$
Acetamid, *N*-[3,7,10-Trimethyl-2,4-dioxo-2,3,4,10-tetrahydro-benzo[*g*]pteridin-8-yl]- 4011
Pteridin-4-on, 6-[2,5-Dimethoxy-anilinomethyl]-3*H*- 3940
$C_{15}H_{15}N_7$
Indolo[2,3-*g*]pteridin-2,4-diyldiamin, 6-Propyl-6*H*- 4168
$C_{15}H_{15}N_7O_2$
Benzoesäure, 4-[(2,4-Diamino-pteridin-6-ylmethyl)-methyl-amino]- 3833
$C_{15}H_{15}N_7O_4$
Benzaldehyd, 3-Nitro-, [1,3,7-trimethyl-2,6-dioxo-2,3,6,7-tetrahydro-1*H*-purin-8-ylhydrazon] 4081
$C_{15}H_{15}N_7O_5S$
Glycin, *N*-[*N*-(2-Amino-4-oxo-3,4-dihydro-pteridin-6-ylmethyl)-sulfanilyl]- 3953
$C_{15}H_{15}N_9O_6$
Pteridin-4-on, 2-Amino-6-[1-(2,4-dinitro-phenylhydrazono)-2-hydroxy-propyl]-7,8-dihydro-3*H*- 4034
$C_{15}H_{16}AsN_7O_5$
Glycin, *N*-[2-Amino-4-oxo-3,4-dihydro-pteridin-6-ylmethyl]-*N*-[4-arsono-phenyl]-, amid 3954
$C_{15}H_{16}ClN_5$
Amin, [1-Benzyl-7-chlor-1*H*-imidazo[4,5-*d*]pyridazin-4-yl]-propyl- 3732
—, *tert*-Butyl-[6-chlor-1-phenyl-1*H*-pyrazolo[3,4-*d*]pyrimidin-4-yl]- 3557
$C_{15}H_{16}ClN_5O$
Amin, [1-(4-Chlor-phenyl)-1*H*-pyrazolo[3,4-*d*]pyrimidin-4-yl]-[3-methoxy-propyl]- 3554
$[C_{15}H_{16}N_5]^+$
Tetrazolium, 5-Amino-1,4-dibenzyl- 3500
$C_{15}H_{16}N_6$
Pteridin-2,4-diyldiamin, 6-Isopropyl-7-phenyl- 3814
—, 7-Isopropyl-6-phenyl- 3814
$C_{15}H_{16}N_6O$
Pteridin-2,4-diyldiamin, 6-Äthyl-7-[4-methoxy-phenyl]- 3871
—, 7-Äthyl-6-[4-methoxy-phenyl]- 3871
$C_{15}H_{16}N_6O_2$
Amin, Isopropyl-[6-methyl-1-(4-nitro-phenyl)-1*H*-pyrazolo[3,4-*d*]pyrimidin-4-yl]- 3739
Benzaldehyd-[1,3,7-trimethyl-2,6-dioxo-2,3,6,7-tetrahydro-1*H*-purin-8-ylhydrazon] 4080
$C_{15}H_{16}N_6O_3$
Benzaldehyd, 4-Hydroxy-, [1,3,7-trimethyl-2,6-dioxo-2,3,6,7-tetrahydro-1*H*-purin-8-ylhydrazon] 4081
Benzoesäure, 4-[5-Amino-7-oxo-6,7-dihydro-[1,2,3]triazolo[4,5-*d*]pyrimidin-2-yl]-, butylester 4174
$C_{15}H_{16}N_6O_4$
Pteroinsäure, 5-Formyl-5,6,7,8-tetrahydro- 3879
$C_{15}H_{16}N_{10}O_2$
2,4,5,8,9,11,13,14a-Octaaza-benzo[*f*]naphth[2,1-*a*]azulen-1,12-dion, 3,10-Diamino-14-methyl-5,6,6a,6b,7,8-hexahydro-2*H*- 4266
$C_{15}H_{17}ClN_6$
Purin-2,6-diyldiamin, N^6-Butyl-8-[4-chlor-phenyl]-7(9)*H*- 3810
—, N^6,N^6-Diäthyl-8-[4-chlor-phenyl]-7(9)*H*- 3810
$C_{15}H_{17}ClN_6O$
Äthanol, 2-{2-[1-(4-Chlor-phenyl)-1*H*-pyrazolo[3,4-*d*]pyrimidin-4-ylamino]-äthylamino}- 3555
$C_{15}H_{17}ClN_6O_2$
Purin-2,6-diyldiamin, 8-[4-Chlor-phenyl]-N^6,N^6-bis-[2-hydroxy-äthyl]-7(9)*H*- 3811

$C_{15}H_{21}N_5O_3$
Purin-2,6-dion, 7-Acetonyl-1,3-dimethyl-8-piperidino-3,7-dihydro- 3984
$C_{15}H_{21}N_5O_4$
Adenosin, $O^{2'}$,$O^{3'}$-Isopropyliden-N^6,N^6-dimethyl- 3717
$C_{15}H_{21}N_5O_8$
Pteridin-4-on, 2-Amino-6-[2-glucopyranosyloxy-1-hydroxy-propyl]-3*H*- 4033
$[C_{15}H_{21}N_6O_2]^+$
Tetrazolium, 5-Amino-1-cyclohexylmethyl-4-[3-nitro-benzyl]- 3499
—, 5-Amino-1-cyclohexylmethyl-4-[4-nitro-benzyl]- 3499
$C_{15}H_{21}N_6O_8P$
[5']Adenylsäure, $O^{3'}$-Prolyl- 3661
—, $O^{5'}$-Prolyl- 3661
Anhydrid, [5']Adenylsäure-prolin- 3627
$[C_{15}H_{22}N_5]^+$
Tetrazolium, 5-Amino-1-benzyl-4-cyclohexylmethyl- 3498
—, 5-Amino-1-cyclohexyl-4-phenäthyl-3502
$C_{15}H_{22}N_5O_{11}P$
[5']Adenylsäure-mono-ribose-3-ylester 3619
$C_{15}H_{22}N_6$
Pentan, 1,5-Bis-[5,6-dimethyl-[1,2,4]triazin-3-yl]- 4188
Purin, 2,6-Dipiperidino-7(9)*H*- 3789
$C_{15}H_{22}N_6O_3$
1,4-Anhydro-3-desoxy-ribit, 3-Amino-1-[6-piperidino-purin-9-yl]- 3708
$C_{15}H_{22}N_6O_4S$
1,4-Anhydro-3-desoxy-arabit, 3-Acetylamino-1-[6-dimethylamino-2-methylmercapto-purin-9-yl]- 3858
2'-Desoxy-adenosin, 2'-Acetylamino-N^6,N^6-dimethyl-2-methylmercapto- 3857
$C_{15}H_{22}N_6O_5$
1,5-Anhydro-2-desoxy-allit, 2-Acetylamino-1-[6-dimethylamino-purin-9-yl]- 3709
1,5-Anhydro-3-desoxy-allit, 3-Acetylamino-1-[6-dimethylamino-purin-9-yl]- 3710
1,4-Anhydro-2-desoxy-glucit, 2-Acetylamino-1-[6-dimethylamino-purin-9-yl]- 3710
1,5-Anhydro-2-desoxy-glucit, 2-Acetylamino-1-[6-dimethylamino-purin-9-yl]- 3710
$C_{15}H_{22}N_6O_5S$
Sulfonium, Adenosin-5'-yl-[3-amino-3-carboxy-propyl]-methyl-, betain 3677
$C_{15}H_{22}N_6S$
Tetrazolium, 1-Äthyl-4-[1-äthyl-propyl]-5-[*N'*-phenyl-thioureido]-, betain 3515
—, 1-Äthyl-4-isopentyl-5-[*N'*-phenyl-thioureido]-, betain 3516
—, 1-Äthyl-4-pentyl-5-[*N'*-phenyl-thioureido]-, betain 3515
$C_{15}H_{22}N_7O_9P$
Anhydrid, [5']Adenylsäure-glutamin- 3623
$[C_{15}H_{23}ClN_5]^+$
Tetrazolium, 5-Amino-1-[4-chlor-benzyl]-4-heptyl- 3495
$C_{15}H_{23}N_5$
Amin, [1-Butyl-1*H*-[1,2,3]triazolo[4,5-*c*]pyridin-4-yl]-cyclohexyl- 3539
—, [4-Cyclohexyl-butyl]-[7(9)*H*-purin-6-yl]- 3573
—, Diäthyl-[3-(1-methyl-1*H*-tetrazol-5-yl)-3-phenyl-propyl]- 3764
$C_{15}H_{23}N_5O_2$
Purin-2,6-dion, 8-[(Cyclohexyl-methyl-amino)-methyl]-1,3-dimethyl-3,7-dihydro-3995
—, 8-[(Cyclohexylmethyl-amino)-methyl]-1,3-dimethyl-3,7-dihydro- 3995
$C_{15}H_{23}N_5O_2S$
Tetrazolium, 5-Benzolsulfonylamino-1,4-dibutyl-, betain 3524
$C_{15}H_{23}N_5O_3$
Purin-2,6-dion, 7-Acetonyl-8-isopentylamino-1,3-dimethyl-3,7-dihydro- 3983
—, 8-[1-Hydroxy-2-piperidino-äthyl]-1,3,7-trimethyl-3,7-dihydro- 4031
$C_{15}H_{23}N_5O_8S_3$
1,4-Anhydro-xylit, 1-[6-Dimethylamino-2-methylmercapto-purin-9-yl]-O^2,O^3-bis-methansulfonyl- 3855
$C_{15}H_{23}N_5O_{14}P_2$
Diphosphorsäure-1-adenosin-5'-ylester-2-ribose-5-ylester 3631
$[C_{15}H_{23}N_6O_5S]^+$
Sulfonium, Adenosin-5'-yl-[3-amino-3-carboxy-propyl]-methyl- 3677
$C_{15}H_{23}N_6O_8P$
[5']Adenylsäure, $O^{2'}$-Valyl- 3660
—, $O^{3'}$-Valyl- 3660
Anhydrid, [5']Adenylsäure-valin- 3622
$C_{15}H_{23}N_6O_8PS$
[5']Adenylsäure, $O^{2'}$-Methionyl- 3660
—, $O^{3'}$-Methionyl- 3660
Anhydrid, [5']Adenylsäure-methionin- 3624
$C_{15}H_{23}N_7O_2$
Pyrimido[5,4-*d*]pyrimidin-4,8-diyldiamin, N^4,N^8-Bis-[2-hydroxy-äthyl]-2-piperidino-3829
$C_{15}H_{23}N_7O_4$
3'-Desoxy-adenosin, 3'-β-Alanylamino-N^6,N^6-dimethyl- 3702
$C_{15}H_{24}ClN_5O$
Amin, [2-Äthoxy-8-chlor-7(9)*H*-purin-6-yl]-dibutyl- 3847
$[C_{15}H_{24}N_5]^+$
Tetrazolium, 5-Amino-1-hexyl-4-phenäthyl-3502
—, 5-Amino-1-pentyl-4-[3-phenyl-propyl]- 3503
$C_{15}H_{24}N_5O_6PS$
Phosphonsäure, [2-Methylmercapto-adenosin-5'-yl]-, diäthylester 3859

C_{16}

$C_{16}H_{10}N_{14}O_4$
[1,2,4,5]Tetrazin, 3,6-Bis-[3-nitro-phenyl]-1,4-bis-[1*H*-tetrazol-5-yl]-1,4-dihydro- 4071

$C_{16}H_{11}ClN_6$
Benzaldehyd, 4-Chlor-, [1,2,4]triazolo[3,4-*a*]phthalazin-6-ylhydrazon 4076

$C_{16}H_{11}N_5$
[1,2,4]Triazolo[4,3-*b*]pyridazin, 6-Phenyl-3-[3]pyridyl- 4119
–, 6-Phenyl-3-[4]pyridyl- 4119
[1,2,4]Triazolo[4,3-*b*][1,2,4]triazin, 6,7-Diphenyl- 4119

$C_{16}H_{11}N_5O$
Pyrazolo[3,4-*d*][1,2,3]triazin-4-on, 5,7-Diphenyl-3,7-dihydro- 4135

$C_{16}H_{11}N_5O_2$
Phthalimid, *N*-[1-Phenyl-1*H*-tetrazol-5-ylmethyl]- 3530

$C_{16}H_{11}N_5O_7$
Barbitursäure, 5,5′-[2-Oxo-indolin-3,3-diyl]-di- 4150

$C_{16}H_{11}N_5S$
[1,2,4]Triazolo[4,3-*b*][1,2,4]triazin-3-thion, 6,7-Diphenyl-2*H*- 4137

$C_{16}H_{12}ClN_5$
Tetrazolo[1,5-*a*][1,8]naphthyridin, 5-Chlor-6,8-dimethyl-4-phenyl- 4119

$C_{16}H_{12}ClN_5O$
Amin, [1-(4-Chlor-phenyl)-1*H*-pyrazolo[3,4-*d*]pyrimidin-4-yl]-furfuryl- 3555
–, [6-Chlor-1-phenyl-1*H*-pyrazolo[3,4-*d*]pyrimidin-4-yl]-furfuryl- 3559

$C_{16}H_{12}Cl_4N_6$
Imidazo[4,5-*d*]imidazol-2,5-dion, 1,3,4,6-Tetrachlor-3a,6a-diphenyl-tetrahydro-, diimin 3815

$C_{16}H_{12}N_6$
Amin, Phenyl-[3-phenyl-3*H*-[1,2,3]triazolo[4,5-*d*]pyrimidin-5-yl]- 4157
[3,3′]Bi[1,2,4]triazolyl, 5,5′-Diphenyl-1*H*,1′*H*- 4192
[1,2,4]Triazolo[4,3-*b*][1,2,4]triazin-3-ylamin, 6,7-Diphenyl- 4164

$C_{16}H_{12}N_6O_5$
Pteroinsäure, 10,N^2-Diformyl- 3950

$C_{16}H_{12}N_6O_6$
Barbitursäure, 5,5′-[4,6-Diamino-*m*-phenylendimethylen]-di- 4025

$C_{16}H_{12}N_{12}$
[1,2,4,5]Tetrazin, 3,6-Diphenyl-1,4-bis-[1*H*-tetrazol-5-yl]-1,4-dihydro- 4071

$C_{16}H_{13}Cl_2N_9$
Amin, Äthyl-[2-(2-chlor-phenyl)-tetrazol-1-yl]-[1-(2-chlor-phenyl)-1*H*-tetrazol-5-yl]- 4103

$C_{16}H_{13}N_5$
Amin, [1]Naphthylmethyl-[7(9)*H*-purin-6-yl]- 3578

$C_{16}H_{13}N_5O$
Amin, Furfuryl-[1-phenyl-1*H*-pyrazolo[3,4-*d*]pyrimidin-4-yl]- 3555
Naphtho[1,2-*g*]pteridin-11-on, 9-Dimethylamino-10*H*- 3973

$C_{16}H_{13}N_5O_2$
1,2,6,7,9-Pentaaza-phenalen-3,8-dion, 5,9-Dimethyl-7-phenyl-2,9-dihydro-7*H*- 4143

$C_{16}H_{13}N_5O_5$
Pteridin-4,6-dion, 2-Amino-7-[3-benzoyloxy-2-oxo-propyl]-3,5-dihydro- 4042

$C_{16}H_{13}N_7$
Pteridin-2,4,7-triyltriamin, 6-[1]Naphthyl- 3838

$C_{16}H_{14}Cl_2N_6$
Benzimidazol-4-ylamin, 6,6′-Dichlor-1(3)*H*,1′(3′)*H*-2,2′-äthandiyl-bis- 3815

$C_{16}H_{14}N_6$
Naphtho[1,2-*g*]pteridin-9,11-diyldiamin, N^9,N^9-Dimethyl- 3816

$C_{16}H_{14}N_6O_2$
[2,2′]Bi[pyrido[2,3-*b*]pyrazinyliden]-3,3′-dion, 4,4′-Dimethyl-1,4,1′,4′-tetrahydro- 4211
[3,3′]Bi[pyrido[2,3-*b*]pyrazinyliden]-2,2′-dion, 1,1′-Dimethyl-1,4,1′,4′-tetrahydro- 4212
Pyrazolo[3,4-*d*]pyrimidin-6-carbonsäure, 4-Amino-3-cyanmethyl-1-phenyl-1*H*-, äthylester 4049

$C_{16}H_{14}N_6O_7$
Spiro[chinoxalin-2,5′-pyrimidin]-2′,4′,6′-trion, 7-[5-Hydroxy-2,4,6-trioxo-hexahydro-pyrimidin-5-yl]-4-methyl-3,4-dihydro-1*H*- 4222

$C_{16}H_{14}N_8$
Äthan, 1,2-Bis-[1-phenyl-1*H*-tetrazol-5-yl]- 4248
5,10,15,20-Tetraaza-porphyrin, Tetrahydro- 4251

$C_{16}H_{14}N_8O_2$
Äthan-1,2-diol, 1,2-Diphenyl-1,2-bis-[1*H*-tetrazol-5-yl]- 4261

$C_{16}H_{14}N_{10}$
[1,3,5]Triazin-2,4-diyldiamin, 6,6′-Naphthalin-1,2-diyl-bis- 4233

$C_{16}H_{14}N_{10}O_2$
[5,5′]Azotetrazol, 1,1′-Bis-[2-methoxy-phenyl]-1*H*,1′*H*- 4092

$C_{16}H_{14}O$
Benzo[*b*]naphtho[1,2-*d*]furan, 8,9,10,11-Tetrahydro- 4285
Benzo[*b*]naphtho[2,3-*d*]furan, 1,2,3,4-Tetrahydro- 4285

$C_{16}H_{15}N_5O$
Benzamid, *N*-[2-Phenyl-1-(1*H*-tetrazol-5-yl)-äthyl]- 3762
Propan-2-ol, 1,3-Dipyrazinyl-2-[2]pyridyl- 4127

$C_{16}H_{15}N_5OS$
[1,2,4,6,7]Pentazonin-8-on, 5,9-Diphenyl-3-thioxo-2,3,4,5,6,7-hexahydro- 4145

$C_{16}H_{15}N_5O_3$
Benzo[*g*]pteridin, 4-Acetoxy-8-acetylamino-2,7-dimethyl- 3870
$C_{16}H_{15}N_7O_6$
Glutaminsäure, *N*-[4-(5-Amino-7-oxo-6,7-dihydro-[1,2,3]triazolo[4,5-*d*]pyrimidin-2-yl)-benzoyl]- 4175
$C_{16}H_{15}N_9$
Amin, [5-*p*-Tolyl-tetrazol-1-yl]-[1-*p*-tolyl-1*H*-tetrazol-5-yl]- 4103
$C_{16}H_{16}N_6$
Benzimidazol-5-ylamin, 1(3)*H*,1′(3′)*H*-2,2′-Äthandiyl-bis- 3815
Benzol, 1,3-Bis-[5,6-dimethyl-[1,2,4]triazin-3-yl]- 4191
Imidazo[4,5-*d*]imidazol-2,5-diyldiamin, 3a,6a-Diphenyl-1,3a,4,6a-tetrahydro- 3814
[1,2,3,6,7]Pentazonin-1-ylamin, 2,9-Dihydro-5,8-diphenyl- 4118
$C_{16}H_{16}N_6O$
Benzaldehyd-[1-(4-äthoxy-phenyl)-1*H*-tetrazol-5-ylhydrazon] 4069
Harnstoff, *N*-Phenyl-*N*′-[2-phenyl-1-(1*H*-tetrazol-5-yl)-äthyl]- 3762
$C_{16}H_{16}N_6O_3$
Pteroinsäure, 10-Äthyl- 3949
—, 9,10-Dimethyl- 3957
$C_{16}H_{16}N_6O_4S$
Sulfanilsäure, *N*-Acetyl-, [6,7-dimethyl-4-oxo-3,4-dihydro-pteridin-2-ylamid] 3960
$C_{16}H_{16}N_6O_4S_2$
Toluol-4-sulfonamid, *N*,*N*′-[1,2,4,5]Tetrazin-3,6-diyl-bis- 3780
$C_{16}H_{16}N_6O_5$
Adenosin, $O^{5'}$-Isonicotinoyl- 3605
—, $O^{5'}$-Nicotinoyl- 3605
$C_{16}H_{16}N_6S$
Tetrazolium, 1-Äthyl-4-phenyl-5-[*N*′-phenyl-thioureido]-, betain 3516
—, 1-Benzyl-3-methyl-5-[*N*′-phenyl-thioureido]-, betain 3516
—, 1-Benzyl-4-methyl-5-[*N*′-phenyl-thioureido]-, betain 3516
—, 3-Benzyl-1-methyl-5-[*N*′-phenyl-thioureido]-, betain 3517
$C_{16}H_{16}N_8O_5$
Glutaminsäure, *N*-[4-(5,7-Diamino-[1,2,3]triazolo[4,5-*d*]pyrimidin-2-yl)-benzoyl]- 4167
$C_{16}H_{17}Cl_2N_5O_7$
1,5-Anhydro-xylit, Tri-*O*-acetyl-1-[6-amino-2,8-dichlor-purin-9-yl]- 3728
$C_{16}H_{17}N_5$
Amin, Äthyl-benzyl-[1-phenyl-1*H*-tetrazol-5-yl]- 3501
Anilin, *N*-Äthyl-*N*-[1-phenyl-1*H*-tetrazol-5-ylmethyl]- 3527
Pyrazolo[3,4-*d*]pyrimidin, 1-Phenyl-4-piperidino-1*H*- 3554
$C_{16}H_{17}N_5O$
Amin, [4-Äthoxy-6-phenyl-pteridin-2-yl]-dimethyl- 3870
$C_{16}H_{17}N_5O_2$
Phthalimid, *N*-[1-Cyclohexyl-1*H*-tetrazol-5-ylmethyl]- 3530
Pteridinium, 2-Amino-6-benzyl-1,3,8-trimethyl-4,7-dioxo-3,4,7,8-tetrahydro-, betain 4015
$C_{16}H_{17}N_5O_3$
Acetamid, *N*-[5-Acetyl-7,10-dimethyl-4-oxo-3,4,5,10-tetrahydro-benzo[*g*]pteridin-8-yl]- 3963
Essigsäure-[4-(1,3-dimethyl-2,6-dioxo-2,3,6,7-tetrahydro-1*H*-purin-8-ylmethyl)-anilid] 4013
Purin-2,6-dion, 7-Acetonyl-8-anilino-1,3-dimethyl-3,7-dihydro- 3983
$C_{16}H_{17}N_5O_3S$
Acetamid, *N*-[5-Acetyl-7,10-dimethyl-4-oxo-2-thioxo-1,2,3,4,5,10-hexahydro-benzo[*g*]pteridin-8-yl]- 4009
$C_{16}H_{17}N_5O_4$
Acetamid, *N*-[5-Acetyl-7,10-dimethyl-2,4-dioxo-1,2,3,4,5,10-hexahydro-benzo[*g*]pteridin-8-yl]- 4009
$C_{16}H_{17}N_6O_{10}P$
[5′]Guanylsäure-mono-[4-nitro-phenylester] 3912
$C_{16}H_{18}BrN_5$
Amin, Diäthyl-[1-(4-brom-phenyl)-6-methyl-1*H*-pyrazolo[3,4-*d*]pyrimidin-4-yl]- 3738
$C_{16}H_{18}ClN_5$
Amin, Diäthyl-[1-benzyl-7-chlor-1*H*-imidazo[4,5-*d*]pyridazin-4-yl]- 3732
$C_{16}H_{18}ClN_5O$
Amin, [1-Butyl-7-chlor-1*H*-[1,2,3]triazolo[4,5-*c*]pyridin-4-yl]-[4-methoxy-phenyl]- 3540
$C_{16}H_{18}ClN_5O_2$
Amin, [1-Benzyl-7-chlor-1*H*-imidazo[4,5-*d*]pyridazin-4-yl]-bis-[2-hydroxy-äthyl]- 3732
$C_{16}H_{18}ClN_5O_7$
1,5-Anhydro-xylit, Tri-*O*-acetyl-1-[6-amino-2-chlor-purin-9-yl]- 3725
$[C_{16}H_{18}N_5]^+$
Tetrazolium, 5-Amino-1-benzyl-4-phenäthyl- 3502
$C_{16}H_{18}N_5O_6P$
Adenosin, $O^{5'}$-[Hydroxy-phenyl-phosphinoyl]- 3607
$C_{16}H_{18}N_6$
Pteridin-2,4-diyldiamin, N^2,N^2,N^4,N^4-Tetramethyl-6-phenyl- 3812
—, N^2,N^2,N^4,N^4-Tetramethyl-7-phenyl- 3813
Purin-2-ylamin, 8-Phenyl-6-piperidino-7(9)*H*- 3809
$C_{16}H_{18}N_6O$
Pteridin-2,4-diyldiamin, 6-Isopropyl-7-[4-methoxy-phenyl]- 3871

$C_{16}H_{18}N_6O$ (Fortsetzung)
Pteridin-2,4-diyldiamin, 7-Isopropyl-6-[4-methoxy-phenyl]- 3871
$C_{16}H_{18}N_6O_2$
Amin, Butyl-[6-methyl-1-(4-nitro-phenyl)-1*H*-pyrazolo-[3,4-*d*]pyrimidin-4-yl]- 3739
$C_{16}H_{18}N_6O_3$
Acetamid, *N*-[5-Acetyl-2-amino-7,10-dimethyl-4-oxo-3,4,5,10-tetrahydro-benzo[*g*]pteridin-8-yl]- 3964
Benzaldehyd, 4-Methoxy-, [1,3,7-trimethyl-2,6-dioxo-2,3,6,7-tetrahydro-1*H*-purin-8-ylhydrazon] 4081
Propionsäure, 2-Acetylamino-3-indol-3-yl-2-[1*H*-tetrazol-5-yl]-, äthylester 4181
$C_{16}H_{18}N_6O_4$
Adenosin, *N*[6]-[3]Pyridylmethyl- 3719
Vanillin-[1,3,7-trimethyl-2,6-dioxo-2,3,6,7-tetrahydro-1*H*-purin-8-ylhydrazon] 4082
$C_{16}H_{18}N_6O_5S$
Sulfanilsäure, *N*-Acetyl-, [1,3,7-trimethyl-2,6-dioxo-2,3,6,7-tetrahydro-1*H*-purin-8-ylamid] 3990
$C_{16}H_{18}N_8O_2$
[1,2,4]Triazolo[1,5-*a*]pyrimidin-7-on, 5,5'-Dimethyl-4*H*,4'*H*-2,2'-butandiyl-bis- 4262
$C_{16}H_{18}N_{10}O_4$
[8,8']Azopurin-2,6,2',6'-tetraon, 1,3,7,1',3',7'-Hexamethyl-3,7,3',7'-tetrahydro- 4093
$C_{16}H_{19}ClN_6$
Propandiyldiamin, *N'*-[1-(4-Chlor-phenyl)-1*H*-pyrazolo[3,4-*d*]pyrimidin-4-yl]-*N*,*N*-dimethyl- 3555
$C_{16}H_{19}N_5$
Amin, Benzyl-butyl-[7(9)*H*-purin-6-yl]- 3576
—, *tert*-Butyl-[6-methyl-1-phenyl-1*H*-pyrazolo[3,4-*d*]pyrimidin-4-yl]- 3739
—, Butyl-[1-methyl-1*H*-pyrazolo[3,4-*d*]pyrimidin-4-yl]-phenyl- 3551
—, Diäthyl-[6-methyl-1-phenyl-1*H*-pyrazolo[3,4-*d*]pyrimidin-4-yl]- 3738
—, Diäthyl-[1-[1]naphthyl-1*H*-tetrazol-5-ylmethyl]- 3528
—, Diäthyl-[1-[2]naphthyl-1*H*-tetrazol-5-ylmethyl]- 3528
—, [2,6-Diäthyl-phenyl]-[1-methyl-1*H*-pyrazolo[3,4-*d*]pyrimidin-4-yl]- 3553
—, [5-Phenyl-pentyl]-[7(9)*H*-purin-6-yl]- 3578
$C_{16}H_{19}N_5O$
Essigsäure-[4-(5,7-dimethyl-1,2,3,4-tetrahydro-pyrimido[4,5-*d*]pyrimidin-2-yl)-anilid] 3769
$C_{16}H_{19}N_5O_2$
Purin-2,6-dion, 8-[(*N*-Äthyl-anilino)-methyl]-1,3-dimethyl-3,7-dihydro- 3996
—, 8-[(*N*-Äthyl-anilino)-methyl]-3,7-dimethyl-3,7-dihydro- 3996
—, 8-[1-(Benzyl-methyl-amino)-äthyl]-3-methyl-3,7-dihydro- 3998
—, 8-[(Benzyl-methyl-amino)-methyl]-1,3-dimethyl-3,7-dihydro- 3996
—, 8-[(Benzyl-methyl-amino)-methyl]-3,7-dimethyl-3,7-dihydro- 3996
—, 1,3,7-Trimethyl-8-phenäthylamino-3,7-dihydro- 3981
$C_{16}H_{19}N_5O_6$
Benzo[*g*]pteridin-2,4-dion, 8-Amino-10-arabit-1-yl-7-methyl-10*H*- 4012
$C_{16}H_{19}N_5O_7$
Adenosin, *O*[2'],*O*[3'],*O*[5']-Triacetyl- 3604
1,5-Anhydro-xylit, Tri-*O*-acetyl-1-[6-amino-purin-9-yl]- 3596
$C_{16}H_{19}N_5O_8$
Guanosin, *O*[2'],*O*[3'],*O*[5']-Triacetyl- 3903
$C_{16}H_{19}N_5O_{10}P_2$
Adenosin, *O*[5']-[1,2-Dihydroxy-2-phenoxy-diphosphoryl]- 3631
$C_{16}H_{19}N_5S$
Amin, [2-Benzylmercapto-7(9)*H*-purin-6-yl]-butyl- 3850
$C_{16}H_{20}Cl_2N_6$
Pyrimido[5,4-*d*]pyrimidin, 2,6-Dichlor-4,8-dipiperidino- 3799
$C_{16}H_{20}N_6O_6S$
Sulfanilsäure-[1-(2,3-dihydroxy-propyl)-3,7-dimethyl-2,6-dioxo-2,3,6,7-tetrahydro-1*H*-purin-8-ylamid] 3991
— [7-(2,3-dihydroxy-propyl)-1,3-dimethyl-2,6-dioxo-2,3,6,7-tetrahydro-1*H*-purin-8-ylamid] 3991
$C_{16}H_{20}N_6O_7S$
8-Aza-adenosin, *O*[2'],*O*[3'],*O*[5']-Triacetyl-2-methylmercapto- 4171
$C_{16}H_{20}N_6O_8S_2$
Bis-methomethylsulfat $C_{16}H_{20}N_6O_8S_2$ aus Di-[4]pyridyl-[1,2,4,5]tetrazin 4190
$C_{16}H_{21}ClN_6S$
Pyrimido[5,4-*d*]pyrimidin-2-thion, 6-Chlor-4,8-dipiperidino-1*H*- 3935
$C_{16}H_{21}Cl_2N_5$
Tetrazolium, 5-Amino-1-[2-cyclohexyl-äthyl]-4-[2,4-dichlor-benzyl]-, betain 3499
—, 5-Amino-1-[2-cyclohexyl-äthyl]-4-[3,4-dichlor-benzyl]-, betain 3499
$C_{16}H_{21}N_5$
Anilin, 4-[5,7-Dimethyl-1,2,3,4-tetrahydro-pyrimido[4,5-*d*]pyrimidin-2-yl]-*N*,*N*-dimethyl- 3769
[1,2,3]Triazol, 4-[1-Isopropyl-4,4-dimethyl-4,5-dihydro-1*H*-imidazol-2-yl]-2-phenyl-2*H*- 4107
$C_{16}H_{21}N_5O_5S$
1,4-Anhydro-2-thio-arabit, *O*[3],*O*[5]-Diacetyl-*S*-äthyl-1-[6-amino-purin-9-yl]- 3683
$C_{16}H_{22}ClN_5$
Tetrazolium, 5-Amino-1-[2-chlorbenzyl]-4-[2-cyclohexyl-äthyl]-, betain 3499

$C_{16}H_{22}ClN_5$ (Fortsetzung)
Tetrazolium, 5-Amino-1-[4-chlor-benzyl]-4-[2-cyclohexyl-äthyl]-, betain 3499
$[C_{16}H_{22}Cl_2N_5]^+$
Tetrazolium, 5-Amino-1-[2-cyclohexyl-äthyl]-4-[2,4-dichlor-benzyl]- 3499
—, 5-Amino-1-[2-cyclohexyl-äthyl]-4-[3,4-dichlor-benzyl]- 3499
$C_{16}H_{22}N_6$
Pyrimido[5,4-*d*]pyrimidin, 4,8-Dipiperidino- 3797
$C_{16}H_{22}N_6O_2$
Tetrazolium, 5-Amino-1-[2-cyclohexyl-äthyl]-4-[3-nitro-benzyl]-, betain 3500
—, 5-Amino-1-[2-cyclohexyl-äthyl]-4-[4-nitro-benzyl]-, betain 3500
$C_{16}H_{22}N_6O_3$
3′-Desoxy-adenosin, N^6,N^6-Diallyl-3′-amino- 3708
$C_{16}H_{22}N_6O_6$
Essigsäure, Bis-[6-amino-1,3-dimethyl-2,4-dioxo-1,2,3,4-tetrahydro-pyrimidin-5-yl]-, äthylester 4062
$C_{16}H_{22}N_6S$
Tetrazolium, 1-Äthyl-4-cyclohexyl-5-[*N*′-phenyl-thioureido]-, betain 3516
$[C_{16}H_{23}ClN_5]^+$
Tetrazolium, 5-Amino-1-[2-chlor-benzyl]-4-[2-cyclohexyl-äthyl]- 3499
—, 5-Amino-1-[4-chlor-benzyl]-4-[2-cyclohexyl-äthyl]- 3499
$C_{16}H_{23}N_5$
Piperidin, 1-[3-(1-Methyl-1*H*-tetrazol-5-yl)-3-phenyl-propyl]- 3764
Tetrazolium, 5-Amino-1-benzyl-4-[2-cyclohexyl-äthyl]-, betain 3499
[1,2,3]Triazol, 4-[1-Isopropyl-4,4-dimethyl-imidazolidin-2-yl]-2-phenyl-2*H*- 4107
$C_{16}H_{23}N_5O_3$
Purin-2,6-dion, 7-Acetonyl-8-cyclohexylamino-1,3-dimethyl-3,7-dihydro- 3983
—, 7-Acetonyl-1,3-dimethyl-8-piperidinomethyl-3,7-dihydro- 3997
$C_{16}H_{23}N_5O_4S$
1,4-Anhydro-xylit, 1-[6-Dimethylamino-2-methylmercapto-purin-9-yl]-O^3,O^5-isopropyliden- 3860
$[C_{16}H_{23}N_6O_2]^+$
Tetrazolium, 5-Amino-1-[2-cyclohexyl-äthyl]-4-[3-nitro-benzyl]- 3499
—, 5-Amino-1-[2-cyclohexyl-äthyl]-4-[4-nitro-benzyl]- 3500
$C_{16}H_{23}N_7O_2$
Pyrimido[5,4-*d*]pyrimidin-2,4,8-triyltriamin, N^4,N^8-Diallyl-N^2,N^2-bis-[2-hydroxy-äthyl]- 3829
$C_{16}H_{24}ClN_5$
Tetrazolium, 5-Amino-1-[4-chlor-benzyl]-4-octyl-, betain 3496
$[C_{16}H_{24}Cl_2N_5]^+$
Tetrazolium, 5-Amino-1-[2,4-dichlor-benzyl]-4-octyl- 3497
—, 5-Amino-1-[3,4-dichlor-benzyl]-4-octyl- 3497
$C_{16}H_{24}Cl_2N_6$
Pyrimido[5,4-*d*]pyrimidin-4,8-diyldiamin, 2,6-Dichlor-N^4,N^8-diisopentyl- 3798
$[C_{16}H_{24}N_5]^+$
Tetrazolium, 5-Amino-1-benzyl-4-[2-cyclohexyl-äthyl]- 3499
—, 5-Amino-1-cyclohexylmethyl-4-phenäthyl- 3502
—, 5-Amino-1-cyclohexyl-4-[3-phenyl-propyl]- 3504
$C_{16}H_{24}N_5O_8P$
Anhydrid, [5′]Adenylsäure-hexansäure- 3620
$C_{16}H_{24}N_6$
Amin, Cyclohexyl-[3-cyclohexyl-3*H*-[1,2,3]triazolo[4,5-*d*]pyrimidin-7-yl]- 4158
Butan, 1,4-Bis-[5,6,7,8-tetrahydro-[1,2,4]triazolo[4,3-*a*]pyridin-3-yl]- 4188
$C_{16}H_{24}N_6O_3$
3′-Desoxy-adenosin, 3′-Amino-N^6-cyclohexyl- 3708
$C_{16}H_{24}N_6O_4$
3′-Desoxy-adenosin, 3′-Acetylamino-N^6,N^6-diäthyl- 3707
$C_{16}H_{24}N_6O_5S$
1,5-Anhydro-2-desoxy-glucit, 2-Acetylamino-1-[6-dimethylamino-2-methylmercapto-purin-9-yl]- 3858
Sulfonium, Adenosin-5′-yl-äthyl-[3-amino-3-carboxy-propyl]-, betain 3678
$C_{16}H_{24}N_6O_8S_2$
1,4-Anhydro-3-desoxy-arabit, 3-Acetylamino-1-[6-dimethylamino-purin-9-yl]-*O*,*O*′-bis-methansulfonyl- 3700
$C_{16}H_{24}N_6S$
Tetrazolium, 1,4-Dibutyl-5-[*N*′-phenyl-thioureido]-, betain 3515
—, 1-Heptyl-4-methyl-5-[*N*′-phenyl-thioureido]-, betain 3516
$C_{16}H_{24}N_{10}O$
Pent-4-en-2-on, 3,3-Bis-[2-(diamino-[1,3,5]triazin-2-yl)-äthyl]-4-methyl- 4234
$[C_{16}H_{25}ClN_5]^+$
Tetrazolium, 5-Amino-1-[2-chlor-benzyl]-4-octyl- 3496
—, 5-Amino-1-[4-chlor-benzyl]-4-octyl- 3496
$C_{16}H_{25}ClN_6O_3$
1,4-Anhydro-3-desoxy-ribit, 3-Amino-1-[2-chlor-6-dipropylamino-purin-9-yl]- 3726
$C_{16}H_{25}N_5$
Amin, [5-Cyclohexyl-pentyl]-[7(9)*H*-purin-6-yl]- 3573
—, Methyl-[1-methyl-hexyl]-[1-phenyl-1*H*-tetrazol-5-ylmethyl]- 3527

$C_{16}H_{25}N_5O_2$
Purin-2,6-dion, 3-Butyl-1,7-dimethyl-8-piperidino-3,7-dihydro- 3982
$C_{16}H_{25}N_5O_{15}P_2$
Diphosphorsäure-1-fucopyranosylester-2-guanosin-5′-ylester 3916
$C_{16}H_{25}N_5O_{16}P_2$
Diphosphorsäure-1-fructopyranosylester-2-guanosin-5′-ylester 3916
— 1-glucopyranosylester-2-guanosin-5′-ylester 3916
— 1-guanosin-5′-ylester-2-mannopyranosylester 3917
$[C_{16}H_{25}N_6O_2]^+$
Tetrazolium, 5-Amino-1-[4-nitro-benzyl]-4-octyl- 3497
$[C_{16}H_{25}N_6O_3]^+$
Tetrazolium, 5-Amino-1-[2-hydroxy-5-nitro-benzyl]-4-octyl- 3507
$C_{16}H_{25}N_6O_7P$
[5′]Guanylsäure-mono-cyclohexylamid 3913
$C_{16}H_{25}N_6O_8P$
[5′]Adenylsäure, $O^{2'}$-Leucyl- 3660
—, $O^{3'}$-Leucyl- 3660
Anhydrid, [5′]Adenylsäure-isoleucin- 3623
—, [5′]Adenylsäure-leucin- 3622
$[C_{16}H_{26}N_5]^+$
Ammonium, Diäthyl-methyl-[3-(1-methyl-1*H*-tetrazol-5-yl)-3-phenyl-propyl]- 3764
Tetrazolium, 5-Amino-1-benzyl-4-octyl-3495
—, 5-Amino-1-hexyl-4-[3-phenyl-propyl]-3503
$C_{16}H_{26}N_6$
Pteridin-2,4-diyldiamin, 6,7-Bis-[1-äthyl-propyl]- 3806
—, 6,7-Bis-[1-methyl-butyl]- 3806
—, 6,7-Diisopropyl-N^2,N^2,N^4,N^4-tetramethyl- 3804
—, 6,7-Dipentyl- 3805
$C_{16}H_{26}N_6O_3$
3′-Desoxy-adenosin, 3′-Amino-N^6,N^6-dipropyl- 3707
$C_{16}H_{27}N_5$
Amin, [8-Äthyl-2-methyl-7(9)*H*-purin-6-yl]-dibutyl- 3753
—, [8-Äthyl-2-methyl-7(9)*H*-purin-6-yl]-diisobutyl- 3753
—, Dibutyl-[1-isopropyl-1*H*-pyrazolo[3,4-*d*]pyrimidin-4-yl]- 3545
—, [1(2)*H*-Pyrazolo[3,4-*d*]pyrimidin-4-yl]-undecyl- 3547
$C_{16}H_{27}N_5O$
Acetamid, *N*-Cyclohexyl-*N*-[1-cyclohexyl-1-tetrazol-5-ylmethyl]- 3530
Purin-6-on, 2-Amino-9-undecyl-1,9-dihydro-3896
$C_{16}H_{27}N_5O_2$
Purin-2,6-dion, 8-Dibutylaminomethyl-1,3-dimethyl-3,7-dihydro- 3994
—, 8-Dibutylaminomethyl-3,7-dimethyl-3,7-dihydro- 3994
$C_{16}H_{27}N_6O_6P$
Adenosin, $O^{5'}$-[Äthoxy-diäthylamino-phosphoryl]- 3628
$C_{16}H_{27}N_7$
Pteridin-2,4-diyldiamin, N^4-[2-Dimethylamino-äthyl]-6,7-diisopropyl- 3804
$C_{16}H_{28}N_6$
Butandiyldiamin, N^4,N^4-Diäthyl-N^1-[6,7-dimethyl-[1,2,4]triazolo[4,3-*b*]pyridazin-8-yl]-1-methyl- 3749
$[C_{16}H_{29}N_6]^+$
Ammonium, Triäthyl-[5-(6-amino-purin-9-yl)-pentyl]- 3585
$[C_{16}H_{29}N_6O_2]^+$
Ammonium, Triäthyl-[2-(1,3,7-trimethyl-2,6-dioxo-1,2,3,6-tetrahydro-purin-7-ylamino)-äthyl]- 3986
$C_{16}H_{29}N_7O$
Purin-8-on, 2-Diäthylamino-6-[3-diäthylamino-propylamino]-7,9-dihydro- 3930
—, 6-Diäthylamino-2-[3-diäthylamino-propylamino]-7,9-dihydro- 3929
$C_{16}H_{33}N_5$
Tetrazol-5-ylamin, 1-Pentadecyl-1*H*- 3483

C_{17}

$C_{17}H_9N_5$
Pyrido[2,3-*b*;4,5-*b*′]dichinoxalin 4120
$C_{17}H_{10}N_6$
Benzo[*a*][1,2,4]triazino[5,6-*c*]phenazin-3-ylamin 4164
Benzo[*a*][1,2,4]triazino[6,5-*c*]phenazin-2-ylamin 4164
$C_{17}H_{11}Cl_2N_5$
Amin, [2-Chlor-phenyl]-[1-(4-chlor-phenyl)-1*H*-pyrazolo[3,4-*d*]pyrimidin-4-yl]- 3550
—, [4-Chlor-phenyl]-[1-(4-chlor-phenyl)-1*H*-pyrazolo[3,4-*d*]pyrimidin-4-yl]- 3550
$C_{17}H_{11}N_7$
Naphtho[1,2-*d*]triazolium, 3-Phenyl-2-tetrazol-5-yl-, betain 4100
$C_{17}H_{12}BrN_5$
Amin, [3-Brom-phenyl]-[1-phenyl-1*H*-pyrazolo[3,4-*d*]pyrimidin-4-yl]- 3550
$C_{17}H_{12}ClN_5$
Amin, [2-Chlor-phenyl]-[1-phenyl-1*H*-pyrazolo[3,4-*d*]pyrimidin-4-yl]- 3550
—, [3-Chlor-phenyl]-[1-phenyl-1*H*-pyrazolo[3,4-*d*]pyrimidin-4-yl]- 3550
—, [4-Chlor-phenyl]-[1-phenyl-1*H*-pyrazolo[3,4-*d*]pyrimidin-4-yl]- 3550
—, [6-Chlor-1-phenyl-1*H*-pyrazolo[3,4-*d*]pyrimidin-4-yl]-phenyl- 3557
$[C_{17}H_{12}ClN_6]^+$
Tetrazolium, 2-[4-Chlor-phenyl]-3-[2]pyridyl-5-[4]pyridyl- 4112

$C_{17}H_{12}Cl_2N_6$
Purin-2,6-diyldiamin, 8,*N*[6]-Bis-[4-chlor-phenyl]-7(9)*H*- 3810
$C_{17}H_{12}N_6O$
1,5,6,7,10,10a-Hexaaza-cyclopenta[*a*]phenalen-4-on, 2-Methyl-9-phenyl-5,7-dihydro- 4207
$C_{17}H_{12}N_6O_5$
Pteridin-4,6-dion, 2-Amino-7-[2-oxo-3-phthalimido-propyl]-3,5-dihydro- 4020
$C_{17}H_{13}ClN_6$
Hydrazin, *N*-[6-Chlor-1-phenyl-1*H*-pyrazolo[3,4-*d*]pyrimidin-4-yl]-*N'*-phenyl- 4073
$C_{17}H_{13}N_5$
Amin, [1]Naphthyl-[1-phenyl-1*H*-tetrazol-5-yl]- 3504
–, [1-[1]Naphthyl-1*H*-tetrazol-5-yl]-phenyl- 3504
–, Phenyl-[9-phenyl-9*H*-purin-2-yl]- 3560
–, Phenyl-[1-phenyl-1*H*-pyrazolo[3,4-*d*]pyrimidin-4-yl]- 3550
$C_{17}H_{13}N_5O$
Pyrazolo[3,4-*d*][1,2,3]triazin-4-on, 3-Methyl-5,7-diphenyl-3,7-dihydro- 4136
$C_{17}H_{13}N_5O_2$
Phthalimid, *N*-[1-Benzyl-1*H*-tetrazol-5-ylmethyl]- 3530
–, *N*-[2-Phenyl-1-(1*H*-tetrazol-5-yl)-äthyl]- 3762
$C_{17}H_{13}N_5O_3$
1,2,6,7,9-Pentaaza-phenalen-3,8-dion, 2-Acetyl-5-methyl-7-phenyl-2,9-dihydro-7*H*- 4143
$C_{17}H_{13}N_5O_7$
Barbitursäure, 5,5'-[1-Methyl-2-oxo-indolin-3,3'-diyl]-di- 4151
$C_{17}H_{13}N_5S$
[1,2,4]Triazolo[4,3-*b*][1,2,4]triazin, 3-Methylmercapto-6,7-diphenyl- 4128
$[C_{17}H_{13}N_6]^+$
Tetrazolium, 2-Phenyl-3-[2]pyridyl-5-[4]pyridyl- 4112
$[C_{17}H_{13}N_6O_2]^+$
Tetrazolium, 5-[2,6-Dioxo-1,2,3,6-tetrahydro-pyrimidin-4-yl]-2,3-diphenyl- 4208
$C_{17}H_{13}N_7$
Amin, Phenyl-[1-(1*H*-tetrazol-5-ylazo)-[2]naphthyl]- 4090
$C_{17}H_{14}Cl_2N_8O_5$
Malonsäure, {3,5-Dichlor-4-[(2,4-diamino-pteridin-6-ylmethyl)-amino]-benzoylamino}- 3832
$C_{17}H_{14}N_6O_3S$
Sulfanilsäure, *N*-Acetyl-, [9*H*-[1,2,4]triazino[6,5-*b*]indol-3-ylamid] 3767
$C_{17}H_{14}N_6O_5$
Pteroinsäure, *N*[2]-Acetyl-10-formyl- 3951
$C_{17}H_{15}N_5$
Amin, [2-[1]Naphthyl-äthyl]-[7(9)*H*-purin-6-yl]- 3578
Anilin, 4-[1*H*-Imidazo[4,5-*b*]chinoxalin-2-yl]-*N*,*N*-dimethyl- 3774
$C_{17}H_{15}N_5O$
Amin, Furfuryl-[6-methyl-1-phenyl-1*H*-pyrazolo[3,4-*d*]pyrimidin-4-yl]- 3742
$C_{17}H_{15}N_5O_2$
1,2,6,7,9-Pentaaza-phenalen-3,8-dion, 2,5,9-Trimethyl-7-phenyl-2,9-dihydro-7*H*- 4142
$C_{17}H_{15}N_5O_3$
1,2,6,7,9-Pentaaza-phenalen-3,8-dion, 7-[4-Äthoxy-phenyl]-5-methyl-2,9-dihydro-7*H*- 4143
$C_{17}H_{15}N_5O_4$
Purin-2,6-dion, 1,3,7-Trimethyl-8-phthalimidomethyl-3,7-dihydro- 3997
$C_{17}H_{15}N_7O_6$
Malonsäure, Pteroylamino- 3943
$C_{17}H_{15}N_9O_3S$
Sulfanilsäure, *N*-[2-Amino-4-oxo-3,4-dihydro-pteridin-6-ylmethyl]-, pyrimidin-2-ylamid 3953
$C_{17}H_{16}N_6O_2S$
Acetamid, *N*,*N'*-[2-Methylmercapto-6-phenyl-pteridin-4,7-diyl]-bis- 3870
$C_{17}H_{16}N_6O_3$
[1,2,4]Triazino[3,4-*f*]purin-6,8-dion, 1-Acetyl-7,9-dimethyl-3-phenyl-1,4-dihydro-9*H*- 4211
$C_{17}H_{16}N_6O_7$
Spiro[chinoxalin-2,5'-pyrimidin]-2',4',6'-trion, 6-[5-Hydroxy-2,4,6-trioxo-hexahydro-pyrimidin-5-yl]-4,7-dimethyl-3,4-dihydro-1*H*- 4222
–, 7-[5-Hydroxy-2,4,6-trioxo-hexahydro-pyrimidin-5-yl]-4,6-dimethyl-3,4-dihydro-1*H*- 4222
$C_{17}H_{16}N_8O_5$
Malonsäure, {4-[(2,4-Diamino-pteridin-6-ylmethyl)-amino]-benzoylamino}- 3830
$C_{17}H_{17}N_5O$
Tetrazolium, 5-Acetylamino-1,4-dibenzyl-, betain 3511
$C_{17}H_{17}N_5O_4$
Adenosin, $O^{2'}$,$O^{3'}$-Benzyliden- 3718
$C_{17}H_{17}N_5O_5$
Guanosin, $O^{2'}$,$O^{3'}$-Benzyliden- 3925
–, $O^{3'}$,$O^{5'}$-Benzyliden- 3925
$C_{17}H_{17}N_7O_4$
Alanin, *N*-Pteroyl- 3943
β-Alanin, *N*-Pteroyl- 3943
$C_{17}H_{17}N_9$
Amin, Methyl-[5-*p*-tolyl-tetrazol-1-yl]-[1-*p*-tolyl-1*H*-tetrazol-5-yl]- 4103
$C_{17}H_{18}ClN_5$
Pyrazolo[3,4-*d*]pyrimidin, 1-[4-Chlor-phenyl]-6-methyl-4-piperidino-1*H*- 3741

$C_{17}H_{21}N_5$
Amin, [6-Äthyl-1-phenyl-1*H*-pyrazolo[3,4-*d*]=pyrimidin-4-yl]-*tert*-butyl- 3750
—, Diäthyl-[1-(1-[1]naphthyl-1*H*-tetrazol-5-yl)-äthyl]- 3533
—, Diäthyl-[1-(1-[2]naphthyl-1*H*-tetrazol-5-yl)-äthyl]- 3533
—, [2,6-Diäthyl-phenyl]-[1,6-dimethyl-1*H*-pyrazolo[3,4-*d*]pyrimidin-4-yl]- 3741

$C_{17}H_{21}N_5O_3$
Purin-2,6-dion, 8-[1-Hydroxy-2-methylamino-1-phenyl-äthyl]-1,3,7-trimethyl-3,7-dihydro- 4035
—, 8-{[2-Hydroxy-1-methyl-2-phenyl-äthyl]-methyl-amino}-1,3-dimethyl-3,7-dihydro- 3982

$C_{17}H_{21}N_5O_4$
4,7-Methano-[1,2,3]triazolo[4,5-*d*]pyridazin-5,6-dicarbonsäure, 1-Phenyl-3a,4,7,7a-tetrahydro-1*H*-, diäthylester 4106

$C_{17}H_{21}N_5O_5$
Benzo[*g*]pteridin-4-on, 2-Amino-7,8-dimethyl-10-ribit-1-yl-10*H*- 3968

$C_{17}H_{21}N_5O_6$
Adenosin, $N^6,O^{5'}$-Diacetyl-$O^{2'},O^{3'}$-isopropyliden- 3718

$C_{17}H_{21}N_5O_7$
Furan, 3,4-Diacetoxy-2-acetoxymethyl-2-[6-amino-purin-9-yl]-5-methyl-tetrahydro- 3689
Xylose, O^2,O^3,O^4-Triacetyl-, [2-methyl-7(9)*H*-purin-6-ylimin] 3744

$C_{17}H_{21}N_5O_7S$
1,5-Anhydro-ribit, Tri-*O*-acetyl-1-[6-amino-2-methylmercapto-purin-9-yl]- 3852
1,5-Anhydro-xylit, Tri-*O*-acetyl-1-[6-amino-2-methylmercapto-purin-9-yl]- 3852
Xylose, O^2,O^3,O^4-Triacetyl-, [2-methylmercapto-7(9)*H*-purin-6-ylimin] 3851

$C_{17}H_{21}N_5O_8$
1,5-Anhydro-glucit, O^2,O^3,O^4-Triacetyl-1-[6-amino-purin-9-yl]- 3691

$C_{17}H_{21}N_5O_{11}P_2$
Guanosin, $O^{5'}$-[2-Benzyloxy-1,2-dihydroxy-diphosphoryl]- 3915

$C_{17}H_{21}N_5S$
Amin, Benzyl-butyl-[2-methylmercapto-7(9)*H*-purin-6-yl]- 3850

$C_{17}H_{21}N_5S_2$
Purin-8-thion, 6-[Benzyl-butyl-amino]-2-methylmercapto-7,9-dihydro- 4027

$[C_{17}H_{21}N_6O_2]^+$
Tetrazolium, 5-Amino-1-cyclohexyl-4-[2-phthalimido-äthyl]- 3521

$C_{17}H_{22}N_6$
Äthylendiamin, *N*,*N*-Diäthyl-*N'*-[1-phenyl-1*H*-pyrazolo[3,4-*d*]pyrimidin-4-yl]- 3555

$C_{17}H_{22}N_6O$
Harnstoff, *N*-Äthyl-*N'*-[4-(5,7-dimethyl-1,2,3,4-tetrahydro-pyrimido[4,5-*d*]=pyrimidin-2-yl)-phenyl]- 3769

$C_{17}H_{22}N_6O_5S$
Sulfanilsäure-[7-(2-äthoxy-äthyl)-1,3-dimethyl-2,6-dioxo-2,3,6,7-tetrahydro-1*H*-purin-8-yl-amid] 3991

$C_{17}H_{23}N_5$
[1,2,3]Triazol, 4-[1-Butyl-4,4-dimethyl-4,5-dihydro-1*H*-imidazol-2-yl]-2-phenyl-2*H*- 4107

$C_{17}H_{23}N_5O_6$
Spiro[chinoxalin-2,4'-imidazol]-3,5'-dion, 2'-Amino-6,7-dimethyl-4-ribit-1-yl-1,4-dihydro-1'*H*- 4009

$C_{17}H_{23}N_7O_2$
Purin-2,6-dion, 8-[(2-Dimethylamino-äthyl)-[2]pyridyl-amino]-1,3,7-trimethyl-3,7-dihydro- 3989

$C_{17}H_{23}N_7O_5$
Tetrazolium, 5-[3,5-Dinitro-benzoylamino]-1-methyl-4-octyl-, betain 3513

$C_{17}H_{24}N_6O_5S$
Homocystein, *S*-[$O^{2'},O^{3'}$-Isopropyliden-adenosin-5'-yl]- 3717

$C_{17}H_{25}N_5$
Amin, Cyclohexyl-[9-cyclohexyl-9*H*-purin-6-yl]- 3573
Tetrazolium, 5-Amino-1-[2-cyclohexyl-äthyl]-4-phenäthyl-, betain 3502
[1,2,3]Triazol, 4-[1-Butyl-4,4-dimethyl-imidazolidin-2-yl]-2-phenyl-2*H*- 4107

$C_{17}H_{25}N_5O$
Butan-2-ol, 2-Methyl-1-[1-phenyl-1*H*-tetrazol-5-yl]-4-piperidino- 3844

$C_{17}H_{25}N_5O_6S_2$
1,4-Anhydro-xylit, 1-[6-Dimethylamino-2-methylmercapto-purin-9-yl]-O^3,O^5-isopropyliden-O^2-methansulfonyl- 3861

$C_{17}H_{25}N_5O_{10}$
1,5-Anhydro-glucit, 1-[6-Amino-purin-9-yl]-N^4-galactopyranosyl- 3691

$[C_{17}H_{26}Cl_2N_5]^+$
Tetrazolium, 5-Amino-1-[2,4-dichlor-benzyl]-4-nonyl- 3497

$[C_{17}H_{26}N_5]^+$
Tetrazolium, 5-Amino-1-[2-cyclohexyl-äthyl]-4-phenäthyl- 3502
—, 5-Amino-1-cyclohexylmethyl-4-[3-phenyl-propyl]- 3504

$C_{17}H_{26}N_5O_6PS$
Adenosin, $O^{5'}$-Diäthoxythiophosphoryl-$O^{2'}$,=$O^{3'}$-isopropyliden- 3716

$C_{17}H_{26}N_6O_{10}$
1,5-Anhydro-glucit, 1-[2,6-Diamino-purin-9-yl]-O^4-galactopyranosyl- 3794

$C_{17}H_{26}N_6S$
Tetrazolium, 1-Äthyl-4-heptyl-5-[*N'*-phenyl-thioureido]-, betain 3516

$C_{17}H_{26}N_6S$ (Fortsetzung)
Tetrazolium, 1-Methyl-4-octyl-5-[*N'*-phenyl-thioureido]-, betain 3516
$[C_{17}H_{27}ClN_5]^+$
Tetrazolium, 5-Amino-1-[4-chlor-benzyl]-4-nonyl- 3497
$C_{17}H_{27}N_5$
Amin, [6-Cyclohexyl-hexyl]-[7(9)*H*-purin-6-yl]- 3573
$C_{17}H_{27}N_5O_2$
Purin-2,6-dion, 8-{[(1,5-Dimethyl-hex-4-enyl)-methyl-amino]-methyl}-1,3-dimethyl-3,7-dihydro- 3995
—, 8-{[(1,5-Dimethyl-hex-4-enyl)-methyl-amino]-methyl}-3,7-dimethyl-3,7-dihydro- 3995
$[C_{17}H_{28}N_5]^+$
Tetrazolium, 5-Amino-1-benzyl-4-nonyl-3497
—, 5-Amino-1-[2-methyl-benzyl]-4-octyl-3502
—, 5-Amino-1-[3-methyl-benzyl]-4-octyl-3503
—, 5-Amino-1-[4-methyl-benzyl]-4-octyl-3503
—, 5-Amino-1-octyl-4-phenäthyl- 3502
$[C_{17}H_{28}N_5O]^+$
Tetrazolium, 5-Amino-1-[4-methoxy-benzyl]-4-octyl- 3508
$C_{17}H_{28}N_6O_3$
Essigsäure, [8-Butylamino-1,3-dimethyl-2,6-dioxo-1,2,3,6-tetrahydro-purin-7-yl]-, butylamid 3985
—, [8-Diäthylamino-1,3-dimethyl-2,6-dioxo-1,2,3,6-tetrahydro-purin-7-yl]-, diäthylamid 3985
$C_{17}H_{28}N_6O_5$
Essigsäure, [8-(1-Hydroxymethyl-propylamino)-1,3-dimethyl-2,6-dioxo-1,2,3,6-tetrahydro-purin-7-yl]-, [1-hydroxymethyl-propylamid] 3985
$C_{17}H_{29}N_4O_5P$
Phosphonsäure, [1,3,7-Trimethyl-2,6-dioxo-2,3,6,7-tetrahydro-1*H*-purin-8-ylmethyl]-, dibutylester 4104
—, [1,3,7-Trimethyl-2,6-dioxo-2,3,6,7-tetrahydro-1*H*-purin-8-ylmethyl]-, diisobutylester 4104
$C_{17}H_{29}N_5$
Amin, Dihexyl-[7(9)*H*-purin-6-yl]- 3570
—, Diisohexyl-[7(9)*H*-purin-6-yl]- 3570
—, Dodecyl-[7(9)*H*-purin-6-yl]- 3572
—, Dodecyl-[1(2)*H*-pyrazolo[3,4-*d*]pyrimidin-4-yl]- 3547
—, [1-Methyl-1*H*-pyrazolo[3,4-*d*]pyrimidin-4-yl]-undecyl- 3547
$C_{17}H_{29}N_5O_2$
Purin-2,6-dion, 8-[1-Dibutylamino-äthyl]-1,3-dimethyl-3,7-dihydro- 3998
$C_{17}H_{29}N_7$
Pteridin-2,4-diyldiamin, N^4-[3-Dimethylamino-propyl]-6,7-diisopropyl- 3804
$C_{17}H_{30}N_6O_2$
Purin-2,6-dion, 8-Diäthylamino-7-[2-diäthylamino-äthyl]-1,3-dimethyl-3,7-dihydro- 3986
$[C_{17}H_{31}N_6]^+$
Ammonium, Diäthyl-[4-(6,7-dimethyl-[1,2,4]triazolo[4,3-*b*]pyridazin-8-ylamino)-pentyl]-methyl- 3749
—, Triäthyl-[6-(6-amino-purin-9-yl)-hexyl]- 3585
$C_{17}H_{31}N_7$
Purin-2,6-diyldiamin, N^2,N^2-Diäthyl-N^6-[3-diäthylamino-propyl]-7-methyl-7*H*-3789
—, N^6,N^6-Diäthyl-N^2-[3-diäthylamino-propyl]-7-methyl-7*H*- 3789
Purin-2,6,8-triyltriamin, N^2,N^6,N^8-Tributyl-7(9)*H*- 3827
$C_{17}H_{33}N_5O$
Heptan-2-ol, 6-[(1-Cyclohexyl-1*H*-tetrazol-5-ylmethyl)-methyl-amino]-2-methyl-3529

C_{18}

$C_{18}H_{10}Cl_2N_6$
Benzo[1,2-*d*;3,4-*d'*]bistriazol, 2,7-Bis-[4-chlor-phenyl]-2,7-dihydro- 4186
$C_{18}H_{10}Cl_4N_6$
Pyrimido[5,4-*d*]pyrimidin-4,8-diyldiamin, 2,6-Dichlor-N^4,N^8-bis-[4-chlor-phenyl]-3799
$C_{18}H_{10}N_6O_2$
Benzo[1,2-*d*;4,5-*d'*]bistriazol-4,8-dion, 2,6-Diphenyl-2*H*,6*H*- 4209
$C_{18}H_{10}N_6O_8S_2$
Benzolsulfonsäure, 4,4'-[4,8-Dioxo-4*H*,8*H*-dihydro-benzo[1,2-*d*;4,5-*d'*]bistriazol-2,6-diyl]-bis- 4209
$C_{18}H_{10}N_8O_2$
[6,6']Bi[imidazo[4,5-*b*]chinoxalinyl]-2,2'-dion, 1,3,1',3'-Tetrahydro- 4262
$[C_{18}H_{11}BrN_5]^+$
x-Brom-Derivat $[C_{18}H_{11}BrN_5]^+$ aus 2-Phenyl-pyrido[4,3-*c*]tetrazolo[2,3-*a*]cinnolinylium 4120
$C_{18}H_{11}ClN_8O_4$
Pyrimido[5,4-*d*]pyrimidin-4,8-diyldiamin, 2-Chlor-N^4,N^8-bis-[4-nitro-phenyl]- 3798
$C_{18}H_{11}Cl_2N_7$
Benzo[1,2-*d*;3,4-*d'*]bistriazol-4-ylamin, 2,7-Bis-[4-chlor-phenyl]-2,7-dihydro-4228
$C_{18}H_{11}N_5O$
Phenanthro[9,10-*g*]pteridin-13-on, 11-Amino-12*H*- 3977

$C_{18}H_{12}Cl_2N_6$
Pyrimido[5,4-*d*]pyrimidin-4,8-diyldiamin, 2,6-Dichlor-N^4,N^8-diphenyl- 3798
$C_{18}H_{12}Cl_3N_5$
Amin, [1-(4-Chlor-phenyl)-6-methyl-1*H*-pyrazolo[3,4-*d*]pyrimidin-4-yl]-[2,5-dichlor-phenyl]- 3740
$[C_{18}H_{12}N_5]^+$
Pyrido[3,2-*c*]tetrazolo[2,3-*a*]cinnolinylium, 2-Phenyl- 4121
Pyrido[4,3-*c*]tetrazolo[2,3-*a*]cinnolinylium, 2-Phenyl- 4120
$C_{18}H_{12}N_6$
Benzo[1,2-*d*;3,4-*d'*]bistriazol, 2,7-Diphenyl-2,7-dihydro- 4186
Phenanthro[9,10-*g*]pteridin-11,13-diyldiamin 3825
[1,3,5]Triazin, Tri-[2]pyridyl- 4192
$C_{18}H_{12}N_6O$
Acetyl-Derivat $C_{18}H_{12}N_6O$ aus 6,13-Dihydro-pyrazino[2,3-*b*;5,6-*b'*]dichinoxalin 4192
$C_{18}H_{12}N_6O_3S$
Phenanthro[9,10-*g*]pteridin-3-sulfonsäure, 11,13-Diamino- 4066
Phenanthro[9,10-*g*]pteridin-6-sulfonsäure, 11,13-Diamino- 4066
$C_{18}H_{12}N_6O_4S_2$
Benzo[1,2-*d*;4,5-*d'*]bistriazol, 1,7-Bis-benzolsulfonyl-1,7-dihydro- 4186
$C_{18}H_{12}N_8O_4$
Pteridin-2,4-diyldiamin, 6,7-Bis-[3-nitro-phenyl]- 3823
$C_{18}H_{13}BrClN_5$
Amin, [3-Brom-phenyl]-[1-(4-chlor-phenyl)-6-methyl-1*H*-pyrazolo[3,4-*d*]pyrimidin-4-yl]- 3740
$C_{18}H_{13}ClN_6O_2$
Amin, [2-Chlor-phenyl]-[6-methyl-1-(4-nitro-phenyl)-1*H*-pyrazolo[3,4-*d*]pyrimidin-4-yl]- 3740
—, [4-Chlor-phenyl]-[6-methyl-1-(4-nitro-phenyl)-1*H*-pyrazolo[3,4-*d*]pyrimidin-4-yl]- 3740
$C_{18}H_{13}Cl_2N_5$
Amin, [2-Chlor-phenyl]-[1-(2-chlor-phenyl)-6-methyl-1*H*-pyrazolo[3,4-*d*]pyrimidin-4-yl]- 3739
—, [2-Chlor-phenyl]-[1-(4-chlor-phenyl)-6-methyl-1*H*-pyrazolo[3,4-*d*]pyrimidin-4-yl]- 3739
—, [3-Chlor-phenyl]-[1-(4-chlor-phenyl)-6-methyl-1*H*-pyrazolo[3,4-*d*]pyrimidin-4-yl]- 3739
—, [4-Chlor-phenyl]-[1-(4-chlor-phenyl)-6-methyl-1*H*-pyrazolo[3,4-*d*]pyrimidin-4-yl]- 3740
$C_{18}H_{13}N_5$
Cinnolin, 4-[2-(2-Phenyl-2*H*-[1,2,3]triazol-4-yl)-vinyl]- 4117
Pteridin-2-ylamin, 6,7-Diphenyl- 3776
Pteridin-4-ylamin, 6,7-Diphenyl- 3776
Pyrido[2,3-*b*;4,5-*b'*]dichinoxalin, 6-Methyl-6,7-dihydro- 4120
$C_{18}H_{13}N_5O$
Pteridin-2-on, 4-Amino-6,7-diphenyl-1*H*- 3976
Pteridin-4-on, 2-Amino-6,7-diphenyl-3*H*- 3974
—, 7-Amino-2,6-diphenyl-3*H*- 3974
$C_{18}H_{13}N_5S$
Pteridin-2-thion, 4-Amino-6,7-diphenyl-1*H*- 3976
$C_{18}H_{13}N_7$
Benzo[1,2-*d*;3,4-*d'*]bistriazol-4-ylamin, 2,7-Diphenyl-2,7-dihydro- 4228
$C_{18}H_{13}N_7O_6S_2$
Benzolsulfonsäure, 4,4'-[4-Amino-benzo[1,2-*d*;3,4-*d'*]bistriazol-2,7-diyl]-bis- 4229
$C_{18}H_{14}BrN_5$
Amin, [3-Brom-phenyl]-[6-methyl-1-phenyl-1*H*-pyrazolo[3,4-*d*]pyrimidin-4-yl]- 3740
$C_{18}H_{14}Br_2N_6$
Pyrazolo[3,4-*d*]pyrimidin-4,6-diyldiamin, N^4,N^6-Bis-[4-brom-phenyl]-1-methyl-1*H*- 3784
$C_{18}H_{14}ClN_5$
Amin, Benzyl-[1-(4-chlor-phenyl)-1*H*-pyrazolo[3,4-*d*]pyrimidin-4-yl]- 3552
—, [2-Chlor-phenyl]-[6-methyl-1-phenyl-1*H*-pyrazolo[3,4-*d*]pyrimidin-4-yl]- 3739
—, [3-Chlor-phenyl]-[6-methyl-1-phenyl-1*H*-pyrazolo[3,4-*d*]pyrimidin-4-yl]- 3739
—, [4-Chlor-phenyl]-[6-methyl-1-phenyl-1*H*-pyrazolo[3,4-*d*]pyrimidin-4-yl]- 3739
—, *N*-[1-(4-Chlor-phenyl)-1*H*-pyrazolo[3,4-*d*]pyrimidin-4-yl]-*o*-tolyl- 3551
$C_{18}H_{14}Cl_2N_6$
Pyrazolo[3,4-*d*]pyrimidin-4,6-diyldiamin, N^4,N^6-Bis-[2-chlor-phenyl]-1-methyl-1*H*- 3784
—, N^4,N^6-Bis-[3-chlor-phenyl]-1-methyl-1*H*- 3784
—, N^4,N^6-Bis-[4-chlor-phenyl]-1-methyl-1*H*- 3784
$C_{18}H_{14}Cl_8HgN_8O_4$
Quecksilber, Bis-[chlor-(1,3,7-tris-chlormethyl-2,6-dioxo-2,3,6,7-tetrahydro-1*H*-purin-8-yl)-methyl]- 4104
$[C_{18}H_{14}N_5]^+$
Tetrazolium, 2,3-Diphenyl-5-[2]pyridyl- 4110
—, 2,3-Diphenyl-5-[4]pyridyl- 4111
$C_{18}H_{14}N_6$
Acenaphtho[1,2-*g*]pteridin-9,11-diyldiamin, N^9,N^{11}-Dimethyl- 3817
Pteridin-2,4-diyldiamin, 6,7-Diphenyl- 3818
Pyrimido[5,4-*d*]pyrimidin-4,8-diyldiamin, N^4,N^8-Diphenyl- 3797
[1,3,5]Triazin-2,4-diyldiamin, 6-[2-Phenyl-[4]chinolyl]- 3818

$C_{18}H_{14}N_6O$
1,5,6,7,10,10a-Hexaaza-cyclopenta[*a*]phenalen-4-on, 2,7-Dimethyl-9-phenyl-5,7-dihydro- 4207
$C_{18}H_{14}N_6O_2$
Acetamid, *N*,*N'*-Naphtho[1,2-*g*]pteridin-9,11-diyl-bis- 3816
Pteridin-2,4-diyldiamin, 6,7-Bis-[4-hydroxy-phenyl]- 3876
$C_{18}H_{14}N_8O_4$
[2,2']Biimidazolyl-4,4'-diyldiamin, 5,5'-Dinitro-N^4,$N^{4'}$-diphenyl-1(3)*H*,1'(3')*H*- 3796
$C_{18}H_{14}N_8O_6S_2$
Benzolsulfonsäure, 2,2'-Diamino-5,5'-benzo[1,2-*d*;3,4-*d'*]bistriazol-2,7-diyl-bis- 4186
$C_{18}H_{15}N_5$
Amin, Benzyl-[1-phenyl-1*H*-pyrazolo[3,4-*d*]pyrimidin-4-yl]- 3552
—, Methyl-phenyl-[1-phenyl-1*H*-pyrazolo[3,4-*d*]pyrimidin-4-yl]- 3551
—, [6-Methyl-1-phenyl-1*H*-pyrazolo[3,4-*d*]pyrimidin-4-yl]-phenyl- 3739
—, [1-Phenyl-1*H*-pyrazolo[3,4-*d*]pyrimidin-4-yl]-*o*-tolyl- 3551
—, [1-Phenyl-1*H*-pyrazolo[3,4-*d*]pyrimidin-4-yl]-*p*-tolyl- 3552
Pteridin-2-ylamin, 6,7-Diphenyl-7,8-dihydro- 3775
Pteridin-4-ylamin, 6,7-Diphenyl-7,8-dihydro- 3775
$C_{18}H_{15}N_5O_2$
Phthalimid, *N*-[1-(1-Benzyl-1*H*-tetrazol-5-yl)-äthyl]- 3534
—, *N*-[2-(1-Benzyl-1*H*-tetrazol-5-yl)-äthyl]- 3535
$C_{18}H_{15}N_5O_3$
1,2,6,7,9-Pentaaza-phenalen-3,8-dion, 2-Acetyl-5,9-dimethyl-7-phenyl-2,9-dihydro-7*H*- 4143
$C_{18}H_{16}ClN_7O_3$
Acetamid, *N*,*N'*,*N''*-[6-(4-Chlor-phenyl)-pteridin-2,4,7-triyl]-tris- 3837
$C_{18}H_{16}Cl_2N_8O_5$
Asparaginsäure, *N*-{3,5-Dichlor-4-[(2,4-diamino-pteridin-6-ylmethyl)-amino]-benzoyl}- 3832
$C_{18}H_{16}Cl_6HgN_8O_4$
Quecksilber, Bis-[1,3,7-tris-chlormethyl-2,6-dioxo-2,3,6,7-tetrahydro-1*H*-purin-8-ylmethyl]- 4104
$C_{18}H_{16}N_6$
Hydrazin, *N*-[6-Methyl-1-phenyl-1*H*-pyrazolo[3,4-*d*]pyrimidin-4-yl]-*N'*-phenyl- 4075
Pyrazolo[3,4-*d*]pyrimidin-4,6-diyldiamin, 1-Methyl-N^4,N^6-diphenyl-1*H*- 3784
$C_{18}H_{16}N_6O_2$
[4,4']Bi[1,2,3]triazolyl, 5,5'-Bis-hydroxymethyl-1,1'-diphenyl-1*H*,1'*H*- 4201
$C_{18}H_{16}N_6O_5$
3'-Desoxy-adenosin, 3'-Phthalimido- 3696
Pteroinsäure, 10,N^2-Diacetyl- 3951
$C_{18}H_{16}N_6O_6$
Pteroinsäure, 10-Formyl-N^2-methoxyacetyl- 3951
$C_{18}H_{16}N_6O_6S$
Naphthalin-1-sulfonsäure, 4-Hydroxy-3-[1,3,7-trimethyl-2,6-dioxo-2,3,6,7-tetrahydro-1*H*-purin-8-ylazo]- 4093
$C_{18}H_{16}N_8$
Pteridin, 2,4-Dihydrazino-6,7-diphenyl- 4078
Pteridin-2,4-diyldiamin, 6,7-Bis-[3-amino-phenyl]- 3842
—, 6,7-Bis-[4-amino-phenyl]- 3842
$C_{18}H_{16}N_8O_2$
Propionsäure, 3-[1-Phenyl-1*H*-tetrazol-5-yl]-2-[1-phenyl-1*H*-tetrazol-5-ylmethyl]- 4265
$C_{18}H_{16}N_8O_5$
Acetamid, *N*,*N'*,*N''*-[6-(4-Nitro-phenyl)-pteridin-2,4,6-triyl]-tris- 3837
$C_{18}H_{16}N_{10}$
[1,3,5]Triazin-2,4-diyldiamin, 6,6'-Biphenyl-4,4'-diyl-bis- 4234
$C_{18}H_{16}N_{10}O_2$
Hydrazin, *N*,*N'*-Diacetyl-*N*,*N'*-bis-[1-phenyl-1*H*-tetrazol-5-yl]- 4072
$C_{18}H_{17}N_5O_3$
1,2,6,7,9-Pentaaza-phenalen-3,8-dion, 7-[4-Äthoxy-phenyl]-5,9-dimethyl-2,9-dihydro-7*H*- 4143
$C_{18}H_{17}N_7O_2$
Chinolin-2-carbaldehyd-[1,3,7-trimethyl-2,6-dioxo-2,3,6,7-tetrahydro-1*H*-purin-8-ylhydrazon] 4087
$C_{18}H_{17}N_7O_3$
Acetamid, *N*,*N'*,*N''*-[6-Phenyl-pteridin-2,4,7-triyl]-tris- 3837
$C_{18}H_{17}N_7O_5S$
Naphthalin-1-sulfonsäure, 4-Amino-3-[1,3,7-trimethyl-2,6-dioxo-2,3,6,7-tetrahydro-1*H*-purin-8-ylazo]- 4093
$C_{18}H_{17}N_7O_6$
Asparaginsäure, *N*-Pteroyl- 3943
$C_{18}H_{18}Cl_2N_6$
Benzimidazol-4-ylamin, 6,6'-Dichlor-1(3)*H*,1'(3')*H*-2,2'-butandiyl-bis- 3815
$C_{18}H_{18}N_6O_2S$
Acetamid, *N*,*N'*-[2-Äthylmercapto-6-phenyl-pteridin-4,7-diyl]-bis- 3870
$C_{18}H_{18}N_6S$
Thioharnstoff, *N*-Allyl-*N'*-phenyl-*N*-[1-phenyl-1*H*-tetrazol-5-ylmethyl]- 3531
$C_{18}H_{18}N_8O_5$
Asparaginsäure, *N*-{4-[(2,4-Diamino-pteridin-6-ylmethyl)-amino]-benzoyl}- 3830

$C_{18}H_{18}N_{10}O_2$
[5,5']Azotetrazol, 1,1'-Bis-[4-äthoxy-phenyl]-1*H*,1'*H*- 4092
$C_{18}H_{19}N_5O_2$
Amin, [8-Äthyl-2-methyl-7(9)*H*-purin-6-yl]-difurfuryl- 3753
$C_{18}H_{19}N_5O_3$
Crotonsäure, 3-[5-Methyl-7-oxo-1-phenyl-1,7-dihydro-[1,2,4]triazolo[1,5-*a*]pyrimidin-2-ylamino]-, äthylester 3930
$C_{18}H_{19}N_5O_4$
Barbitursäure, 1,3-Diäthyl-5-[5-amino-3-oxo-2-phenyl-2,3-dihydro-1*H*-pyrazol-4-ylmethylen]- 4022
$C_{18}H_{19}N_5O_5$
1,5-Anhydro-glucit, 1-[6-Amino-purin-9-yl]-O^4,O^6-benzyliden- 3719
$C_{18}H_{19}N_7O_7S$
Glutaminsäure, *N*-[*N*-(2-Amino-4-oxo-3,4-dihydro-pteridin-6-ylmethyl)-sulfanilyl]- 3953
$C_{18}H_{20}Cl_2N_6$
Pyrimido[5,4-*d*]pyrimidin-4,8-diyldiamin, N^4,N^4,N^8,N^8-Tetraallyl-2,5-dichlor- 3798
$C_{18}H_{20}N_6$
Benzimidazol-5-ylamin, 1(3)*H*,1'(3')*H*-2,2'-Butandiyl-bis- 3816
$C_{18}H_{20}N_6O_3$
Pteroinsäure, 10-Butyl- 3949
$C_{18}H_{20}N_6S$
Tetrazolium, 1-Äthyl-4-phenäthyl-5-[*N'*-phenyl-thioureido]-, betain 3519
—, 1-Benzyl-5-[*N'*-phenyl-thioureido]-4-propyl-, betain 3517
Thioharnstoff, *N*-Isopropyl-*N'*-phenyl-*N*-[1-phenyl-1*H*-tetrazol-5-ylmethyl]- 3531
$C_{18}H_{20}N_{10}O_2$
Hydrazin, *N*,*N'*-Bis-[1-(4-äthoxy-phenyl)-1*H*-tetrazol-5-yl]- 4072
$C_{18}H_{21}N_5$
Amin, Diäthyl-[1-biphenyl-2-yl-1*H*-tetrazol-5-ylmethyl]- 3528
—, Diäthyl-[1-biphenyl-4-yl-1*H*-tetrazol-5-ylmethyl]- 3528
$C_{18}H_{21}N_5O_2S$
Tetrazolium, 5-Benzolsulfonylamino-1-benzyl-4-butyl-, betain 3524
—, 1-Benzyl-4-propyl-5-[toluol-4-sulfonylamino]-, betain 3524
$C_{18}H_{21}N_5O_3$
Pteridin-2-ylamin, 4-Benzyloxy-6-diäthoxymethyl- 4030
Purin-2,6-dion, 8-Isopropylamino-1,3-dimethyl-7-phenacyl-3,7-dihydro-3984
$C_{18}H_{21}N_5O_4$
Purin-2,6-dion, 7-Acetonyl-1,3-dimethyl-8-*p*-phenetidino-3,7-dihydro- 3984
$C_{18}H_{21}N_5O_8$
Adenosin, N^6,$N^{2'}$,$N^{3'}$,$N^{5'}$-Tetraacetyl- 3683
$C_{18}H_{21}N_5O_9$
Pteridin-4-on, 2-Amino-6-[1,2,3,4-tetraacetoxy-butyl]-3*H*- 4044
—, 2-Amino-7-[1,2,3,4-tetraacetoxy-butyl]-3*H*- 4045
$C_{18}H_{22}ClN_5$
Amin, [1-Benzyl-7-chlor-1*H*-imidazo[4,5-*d*]pyridazin-4-yl]-dipropyl- 3732
$C_{18}H_{22}ClN_5O$
Amin, [1-(4-Chlor-phenyl)-6-methyl-1*H*-pyrazolo[3,4-*d*]pyrimidin-4-yl]-[3-isopropoxy-propyl]- 3741
$[C_{18}H_{22}Cl_2N_{10}]^{2+}$
Piperazindiium, 1,4-Bis-[2-chlor-äthyl]-1,4-bis-[7(9)*H*-purin-6-yl]- 4113
$C_{18}H_{22}HgN_8O_4$
Quecksilber, Bis-[1,3,7-trimethyl-2,6-dioxo-2,3,6,7-tetrahydro-1*H*-purin-8-ylmethyl]-4104
$C_{18}H_{22}N_{12}O_4$
Purin-2,6-dion, 1,3,7,1',3',7'-Hexamethyl-3,7,3',7'-tetrahydro-8,8'-[äthandiyl-bis-azo]-bis- 4093
$C_{18}H_{23}ClN_6$
Propandiyldiamin, *N*,*N*-Diäthyl-*N'*-[1-(4-chlor-phenyl)-1*H*-pyrazolo[3,4-*d*]pyrimidin-4-yl]- 3555
$C_{18}H_{23}ClN_6O$
Propan-2-ol, 1-[6-(4-Chlor-phenyl)-[1,2,4]triazolo[4,3-*b*]pyridazin-8-yl]-3-diäthylamino- 3770
$C_{18}H_{23}N_5$
Amin, [7-Phenyl-heptyl]-[7(9)*H*-purin-6-yl]-3578
$C_{18}H_{23}N_5O_3$
Purin-2,6-dion, 8-[2-(Benzyl-methyl-amino)-1-hydroxy-äthyl]-1,3,7-trimethyl-3,7-dihydro- 4030
—, 8-{[2-(2-Methoxy-phenyl)-1-methyl-äthyl]-methyl-amino}-1,3-dimethyl-3,7-dihydro- 3982
—, 8-{[2-(4-Methoxy-phenyl)-1-methyl-äthyl]-methyl-amino}-1,3-dimethyl-3,7-dihydro- 3982
$C_{18}H_{23}N_5O_6S$
1,4-Anhydro-2-thio-arabit, O^3,O^5-Diacetyl-1-[6-acetylamino-purin-9-yl]-*S*-äthyl-3683
$C_{18}H_{23}N_5O_7$
Adenosin, $O^{2'}$,$O^{3'}$,$O^{5'}$-Triacetyl-N^6,N^6-dimethyl- 3681
$C_{18}H_{23}N_5O_7S$
6-Thio-1,5-anhydro-glucit, O^2,O^3,O^4-Triacetyl-1-[6-amino-purin-9-yl]-*S*-methyl-3692
$C_{18}H_{23}N_7O_2$
Äthylendiamin, *N*,*N*-Diäthyl-*N'*-[6-methyl-1-(4-nitro-phenyl)-1*H*-pyrazolo[3,4-*d*]pyrimidin-4-yl]- 3742

$C_{18}H_{24}Cl_4N_6$
Benzo[1,2-*d*;4,5-*d'*]diimidazol, 2,6-Bis-{[bis-(2-chlor-äthyl)-amino]-methyl}-1,5-dihydro- 3806
$C_{18}H_{24}N_6$
Äthylendiamin, *N*,*N*-Diäthyl-*N'*-[6-methyl-1-phenyl-1*H*-pyrazolo[3,4-*d*]pyrimidin-4-yl]- 3742
$C_{18}H_{24}N_6O_2$
Benzo[*g*]pteridin-2,4-dion, 10-[2-Diäthylamino-äthyl]-8-dimethylamino-10*H*- 4010
Purin-2,6-dion, 8-[*N*-(2-Dimethylamino-äthyl)-anilino]-1,3,7-trimethyl-3,7-dihydro- 3987
$C_{18}H_{24}N_6O_6$
1,4-Anhydro-3-desoxy-ribit, *O*,*O'*-Diacetyl-3-acetylamino-1-[6-dimethylamino-purin-9-yl]- 3699
3'-Desoxy-adenosin, $O^{2'}$,$O^{5'}$-Diacetyl-3'-acetylamino-N^6,N^6-dimethyl- 3699
$C_{18}H_{24}N_8$
Pyrimido[5,4-*d*]pyrimidin-2,4,6,8-tetrayltetraamin, N^2,N^4,N^6,N^8-Tetraallyl- 3839
$C_{18}H_{24}N_{10}O_4$
Purin-2,6-dion, 1,3,7,1',3',7'-Hexamethyl-3,7,3',7'-tetrahydro-8,8'-äthandiyldiamino-bis- 3986
$C_{18}H_{24}N_{10}S$
Thioharnstoff, *N*-[1-Äthyl-1*H*-tetrazol-5-yl]-*N*-[1-cyclohexyl-1*H*-tetrazol-5-ylmethyl]-*N'*-phenyl- 3532
$C_{18}H_{25}N_5$
Piperidin, 1-[2,2-Dimethyl-4-(1-phenyl-1*H*-tetrazol-5-yl)-but-3-enyl]- 3537
$C_{18}H_{25}N_7O_5$
Tetrazolium, 1-Äthyl-5-[3,5-dinitro-benzoylamino]-4-octyl-, betain 3513
$C_{18}H_{26}N_5O_8PS_2$
Anhydrid, [5']Adenylsäure-[5-[1,2]dithiolan-3-yl-valeriansäure]- 3627
$C_{18}H_{26}N_6$
Pteridin-2,4-diyldiamin, 6,7-Dicyclohexyl- 3808
$C_{18}H_{26}N_6O_2$
Purin-2,6-dion, 8-Bornan-2-ylidenhydrazino-1,3,7-trimethyl-3,7-dihydro- 4080
$C_{18}H_{26}N_6O_3$
Tetrazolium, 1-Äthyl-5-[4-nitro-benzoylamino]-4-octyl-, betain 3513
$C_{18}H_{26}N_{12}$
Hexan, 1,6-Bis-[7-dimethylamino-[1,2,3]triazolo[4,5-*d*]pyrimidin-3-yl]- 4158
$C_{18}H_{27}N_5$
Amin, [1-Cyclohexyl-1*H*-tetrazol-5-ylmethyl]-methyl-[2-phenyl-propyl]- 3528
–, Diäthyl-[2,2-dimethyl-4-(1-methyl-1*H*-tetrazol-5-yl)-4-phenyl-but-3-enyl]- 3767
$C_{18}H_{27}N_5O$
Butan-2-ol, 3,3-Dimethyl-1-[1-phenyl-1*H*-tetrazol-5-yl]-4-piperidino- 3844
$C_{18}H_{28}Cl_2N_6O_2$
Pyrimido[5,4-*d*]pyrimidin-4,8-diyldiamin, N^4,N^8-Dibutyl-2,6-dichlor-N^4,N^8-bis-[2-hydroxy-äthyl]- 3799
$[C_{18}H_{28}N_5]^+$
Tetrazolium, 5-Amino-1-[2-cyclohexyl-äthyl]-4-[3-phenyl-propyl]- 3504
$C_{18}H_{28}N_5O_8P$
Anhydrid, [5']Adenylsäure-octansäure- 3621
$C_{18}H_{28}N_6$
Butan, 1,4-Bis-[6,7,8,9-tetrahydro-5*H*-[1,2,4]triazolo[4,3-*a*]azepin-3-yl]- 4188
Octan, 1,8-Bis-[5,6-dimethyl-[1,2,4]triazin-3-yl]- 4188
Propandiyldiamin, *N*,*N*-Diäthyl-*N'*-[7,8,9,10-tetrahydro-6*H*-cyclohepta[*g*]pteridin-2-yl]- 3766
$C_{18}H_{28}N_6O_2$
[3,3']Bi[1,2,4]triazolyl, 4,4'-Dibutyryl-5,5'-dipropyl-4*H*,4'*H*- 4184
$C_{18}H_{28}N_6O_4$
Benzo[1,2-*d*;4,5-*d'*]diimidazol, 2,6-Bis-{[bis-(2-hydroxy-äthyl)-amino]-methyl}-1,5-dihydro- 3807
$C_{18}H_{28}N_6O_6$
Essigsäure, [5,5'-Bis-(α-hydroxy-isopropyl)-[4,4']bi[1,2,3]triazolyl-1,3'-diyl]-di-, diäthylester 4202
$[C_{18}H_{29}ClN_5]^+$
Tetrazolium, 5-Amino-1-[4-chlor-benzyl]-4-decyl- 3497
$C_{18}H_{29}ClN_6O_4$
Pyrimido[5,4-*d*]pyrimidin-4,8-diyldiamin, 2-Chlor-N^4,N^4,N^8,N^8-tetrakis-[2-hydroxy-propyl]- 3798
$C_{18}H_{29}N_5O$
Butan-2-ol, 4-Diäthylamino-3,3-dimethyl-1-[1-methyl-1*H*-tetrazol-5-yl]-1-phenyl- 3868
$C_{18}H_{29}N_5O_3$
Purin-2,6-dion, 7-Acetonyl-8-dibutylamino-1,3-dimethyl-3,7-dihydro- 3983
$C_{18}H_{29}N_7$
Cyclohepta[*g*]pteridin-2,4-diyldiamin, N^4-[3-Diäthylamino-propyl]-7,8,9,10-tetrahydro-6*H*- 3807
$C_{18}H_{29}N_7O_4$
3'-Desoxy-adenosin, 3'-Leucylamino-N^6,N^6-dimethyl- 3703
$C_{18}H_{30}Cl_2N_8$
Pyrimido[5,4-*d*]pyrimidin-4,8-diyldiamin, 2,6-Dichlor-N^4,N^8-bis-[2-diäthylamino-äthyl]- 3799
$[C_{18}H_{30}N_5]^+$
Tetrazolium, 5-Amino-1-benzyl-4-decyl- 3497
–, 5-Amino-1-octyl-4-[3-phenyl-propyl]- 3504

$C_{18}H_{30}N_6$
Pteridin-2,4-diyldiamin, 6,7-Dihexyl- 3806

$C_{18}H_{30}N_6O_2$
Decanal-[1,3,7-trimethyl-2,6-dioxo-2,3,6,7-tetrahydro-1*H*-purin-8-ylhydrazon] 4080

$C_{18}H_{30}N_6O_3$
3′-Desoxy-adenosin, 3′-Amino-*N*[6],*N*[6]-dibutyl- 3707

$C_{18}H_{30}N_6O_6$
Cyclo-[glycyl→glycyl→valyl→glycyl→glycyl→valyl] 4220

$C_{18}H_{30}N_8O_4$
3′-Desoxy-adenosin, 3′-Lysylamino-*N*[6],*N*[6]-dimethyl- 3702

$C_{18}H_{31}N_5O_5$
Cyclo-[glycyl→glycyl→leucyl→glycyl→leucyl] 4150

$C_{18}H_{31}N_7$
Pteridin-2,4-diyldiamin, *N*[4]-[2-Diäthylamino-äthyl]-6,7-diisopropyl- 3804

$C_{18}H_{32}N_6$
Butandiyldiamin, *N*,*N*-Dibutyl-*N′*-[6-methyl-[1,2,4]triazolo[4,3-*b*]pyridazin-8-yl]- 3732

$C_{18}H_{32}N_6O_2$
Purin-2,6-dion, 8-[6-Diäthylamino-hexylamino]-1,3,7-trimethyl-3,7-dihydro- 3989

$C_{18}H_{32}N_8O_4$
Pyrimido[5,4-*d*]pyrimidin-2,4,6,8-tetrayltetraamin, *N*[2],*N*[2],*N*[6],*N*[6]-Tetrakis-[2-hydroxy-äthyl]-*N*[4],*N*[4],*N*[8],*N*[8]-tetramethyl- 3840
—, *N*[2],*N*[4],*N*[6],*N*[8]-Tetrakis-[2-hydroxy-äthyl]-*N*[2],*N*[4],*N*[6],*N*[8]-tetramethyl- 3839

$C_{18}H_{33}N_5$
Amin, Allyl-[1-cyclohexyl-1*H*-tetrazol-5-ylmethyl]-[1-methyl-hexyl]- 3526

$C_{18}H_{37}N_5$
Tetrazol-5-ylamin, 1-Heptadecyl-1*H*- 3483

C_{19}

$C_{19}H_{11}N_5O_2$
Isochino[4,3-*g*]pteridin-5,11-dion, 9-Phenyl-6*H*,10*H*- 4147

$C_{19}H_{12}Cl_2N_6$
Benzo[1,2-*d*;3,4-*d′*]bistriazol, 2,7-Bis-[4-chlor-phenyl]-4-methyl-2,7-dihydro- 4187

$C_{19}H_{12}N_6$
Benzo[*f*][1,2,4]triazino[5,6-*h*]chinoxalin-2-ylamin, 6-Phenyl- 4164
Benzo[*f*][1,2,4]triazino[6,5-*h*]chinoxalin-3-ylamin, 6-Phenyl- 4164

$C_{19}H_{13}N_5$
Dipyrazolo[3,4-*b*;4′,3′-*e*]pyridin, 3,5-Diphenyl-1,7-dihydro- 4121

$[C_{19}H_{14}N_5]^+$
Pyrido[4,3-*c*]tetrazolo[2,3-*a*]cinnolinylium, 10-Methyl-2-phenyl- 4121

$C_{19}H_{14}N_6$
Amin, Benzyliden-[3,5-di-[4]pyridyl-[1,2,4]triazol-4-yliden]- 4117

$C_{19}H_{14}N_6O_2$
Benzamid, *N*,*N′*-[7(9)*H*-Purin-2,6-diyl]-bis- 3789

$C_{19}H_{14}N_6O_2S$
Benzo[1,2-*d*;4,5-*d′*]bistriazol, 6-Phenyl-1-[toluol-4-sulfonyl]-1,6-dihydro- 4185

$C_{19}H_{14}N_6O_5S_2$
Benzolsulfonsäure, 4-[5-(Toluol-4-sulfonyl)-5*H*-benzo[1,2-*d*;4,5-*d′*]bistriazol-2-yl]- 4186

$C_{19}H_{15}Cl_2N_5$
Amin, [6-Äthyl-1-phenyl-1*H*-pyrazolo[3,4-*d*]pyrimidin-4-yl]-[2,5-dichlor-phenyl]- 3750

$C_{19}H_{15}N_5$
Dipyrazolo[3,4-*b*;4′,3′-*e*]pyridin, 3,5-Diphenyl-1,4,7,8-tetrahydro- 4120
Pteridin-2-ylamin, 4-Methyl-6,7-diphenyl- 3777
[1,2,3]Triazolo[4,5-*c*]carbazol-5-ylamin, 4-Methyl-2-phenyl-2,6-dihydro- 3774

$C_{19}H_{15}N_5O$
Pteridin-4-on, 2-Amino-1-methyl-6,7-diphenyl-1*H*- 3974
—, 2-Amino-8-methyl-6,7-diphenyl-8*H*- 3974
—, 2-Methylamino-6,7-diphenyl-3*H*- 3975

$C_{19}H_{15}N_5S$
Pteridin-4-thion, 2-Amino-1-methyl-6,7-diphenyl-1*H*- 3976
Pteridin-4-ylamin, 2-Methylmercapto-6,7-diphenyl- 3872

$[C_{19}H_{15}N_6]^+$
Tetrazolium, 2,3-Diphenyl-5-phenylazo- 4089

$C_{19}H_{16}BrN_5$
Amin, [3-Brom-phenyl]-[6-methyl-1-*p*-tolyl-1*H*-pyrazolo[3,4-*d*]pyrimidin-4-yl]- 3741

$C_{19}H_{16}Br_2N_8O_7$
Glutaminsäure, *N*-[3′,5′-Dibrom-10-nitroso-pteroyl]- 4096

$C_{19}H_{16}ClN_5$
Amin, Äthyl-[6-chlor-1-phenyl-1*H*-pyrazolo[3,4-*d*]pyrimidin-4-yl]-phenyl- 3558
—, [6-Äthyl-1-phenyl-1*H*-pyrazolo[3,4-*d*]pyrimidin-4-yl]-[2-chlor-phenyl]- 3750
—, [6-Äthyl-1-phenyl-1*H*-pyrazolo[3,4-*d*]pyrimidin-4-yl]-[3-chlor-phenyl]- 3750
—, [6-Äthyl-1-phenyl-1*H*-pyrazolo[3,4-*d*]pyrimidin-4-yl]-[4-chlor-phenyl]- 3750
—, Benzyl-[1-(4-chlor-phenyl)-6-methyl-1*H*-pyrazolo[3,4-*d*]pyrimidin-4-yl]- 3741
—, [2-Chlor-phenyl]-[6-methyl-1-*p*-tolyl-1*H*-pyrazolo[3,4-*d*]pyrimidin-4-yl]- 3741
—, [2-Chlor-9-phenyl-9*H*-purin-6-yl]-phenäthyl- 3724

$C_{19}H_{16}ClN_5$ (Fortsetzung)
Amin, [6-Chlor-1-phenyl-1*H*-pyrazolo[3,4-*d*]pyrimidin-4-yl]-[2,6-dimethyl-phenyl]- 3558
$[C_{19}H_{16}N_5]^+$
Tetrazolium, 5-[4-Amino-phenyl]-2,3-diphenyl- 3758
$[C_{19}H_{16}N_5O]^+$
Tetrazolium, 2-[4-Methoxy-phenyl]-3-phenyl-5-[4]pyridyl- 4112
$C_{19}H_{16}N_6$
Pteridin-2,4-diyldiamin, N^2-Methyl-6,7-diphenyl- 3818
—, N^4-Methyl-6,7-diphenyl- 3819
Pteridinium, 2,4-Diamino-1-methyl-6,7-diphenyl-, betain 3819
$C_{19}H_{17}Br_2N_7O_6$
Glutaminsäure, *N*-[3',5'-Dibrom-pteroyl]- 3948
$C_{19}H_{17}Cl_2N_7O_6$
Glutaminsäure, *N*-[3',5'-Dichlor-pteroyl]- 3948
$C_{19}H_{17}Cl_2N_9O_6$
Glutaminsäure, *N*-{3,5-Dichlor-4-[(2,4-diamino-pteridin-6-ylmethyl)-nitroso-amino]-benzoyl}- 4096
$C_{19}H_{17}N_3O_3$
Isonicotinsäure-[(4,7-dimethoxy-[1]naphthylmethylen)-hydrazid] 4287
$C_{19}H_{17}N_5$
Amin, Äthyl-phenyl-[1-phenyl-1*H*-pyrazolo[3,4-*d*]pyrimidin-4-yl]- 3551
—, Benzyl-[6-methyl-1-phenyl-1*H*-pyrazolo[3,4-*d*]pyrimidin-4-yl]- 3741
—, Benzyl-[6-phenyl-7,8-dihydro-pteridin-2-yl]- 3772
$[C_{19}H_{17}N_5]^{2+}$
Pyridinium, 4-[2,3-Diphenyl-tetrazolium-5-yl]-1-methyl- 4111
$C_{19}H_{17}N_5O$
Pteridin-4-on, 2-Amino-8-methyl-6,7-diphenyl-7,8-dihydro-3*H*- 3973
$C_{19}H_{17}N_5O_4$
1,2,6,7,9-Pentaaza-phenalen-3,8-dion, 2-Acetyl-7-[4-äthoxy-phenyl]-5-methyl-2,9-dihydro-7*H*- 4143
$C_{19}H_{17}N_5S_2$
Purin-6-ylamin, 2-Benzylmercapto-8-methylmercapto-9-phenyl-9*H*- 3875
$[C_{19}H_{17}N_6]^+$
Pteridinium, 2,4-Diamino-1-methyl-6,7-diphenyl- 3819
$C_{19}H_{17}N_7O_8$
Glutaminsäure, *N*-[4-(2-Amino-4,7-dioxo-3,4,7,8-tetrahydro-pteridin-6-carbonylamino)-benzoyl]- 4058
—, *N*-{4-[(2,4-Dioxo-1,2,3,4-tetrahydro-pteridin-6-ylmethyl)-nitroso-amino]-benzoyl}- 4095
$C_{19}H_{17}N_9O_{10}$
Glutaminsäure, *N*-[3',5'-Dinitro-pteroyl]- 3948
$C_{19}H_{18}BrN_7O_6$
Glutaminsäure, *N*-[3'-Brom-pteroyl]- 3948
$C_{19}H_{18}Br_2N_8O_5$
Glutaminsäure, *N*-{3,5-Dibrom-4-[(2,4-diamino-pteridin-6-ylmethyl)-amino]-benzoyl}- 3832
$C_{19}H_{18}ClN_7O_6$
Glutaminsäure, *N*-[2'-Chlor-pteroyl]- 3947
—, *N*-[3'-Chlor-pteroyl]- 3947
$C_{19}H_{18}Cl_2N_8O_5$
Glutaminsäure, *N*-{3,5-Dichlor-4-[(2,4-diamino-pteridin-6-ylmethyl)-amino]-benzoyl}- 3832
$C_{19}H_{18}FN_7O_6$
Glutaminsäure, *N*-[2'-Fluor-pteroyl]- 3947
$C_{19}H_{18}N_6$
Imidazo[4,5-*d*]pyridazin-4,7-diyldiamin, N^4,N^7-Dibenzyl-1*H*- 3796
4,8-Methano-benzo[1,2-*d*;4,5-*d'*]bistriazol, 1,5-Diphenyl-1,3a,4,4a,5,7a,8,8a-octahydro- 4183
—, 1,7-Diphenyl-1,3a,4,4a,7,7a,8,8a-octahydro- 4183
Purin-2,6-diyldiamin, N^2,N^2-Dibenzyl-7(9)*H*- 3788
$C_{19}H_{18}N_6O_4$
Methan, Bis-[5-acetoxy-2-methyl-2*H*-benzotriazol-4-yl]- 4205
$C_{19}H_{18}N_6O_6$
Glutaminsäure, *N*-{4-[(4-Oxo-3,4-dihydro-pteridin-6-ylmethyl)-amino]-benzoyl}- 3941
$C_{19}H_{18}N_6O_7$
Glutaminsäure, *N*-[4-(2-Amino-4-oxo-3,4-dihydro-pteridin-6-ylmethoxy)-benzoyl]- 4029
—, *N*-{4-[(2,4-Dioxo-1,2,3,4-tetrahydro-pteridin-6-ylmethyl)-amino]-benzoyl}- 4004
$C_{19}H_{18}N_{10}$
[1,3,5]Triazin-2,4-diyldiamin, N^2,$N^{2'}$-Diphenyl-6,6'-methandiyl-bis- 4231
$C_{19}H_{18}N_{10}O_9$
Glutaminsäure, *N*-{4-[(2,4-Diamino-pteridin-6-ylmethyl)-amino]-3,5-dinitro-benzoyl}- 3832
$C_{19}H_{19}ClN_8O_5$
Glutaminsäure, *N*-{2-Chlor-4-[(2,4-diamino-pteridin-6-ylmethyl)-amino]-benzoyl}- 3831
—, *N*-{3-Chlor-4-[(2,4-diamino-pteridin-6-ylmethyl)-amino]-benzoyl}- 3831
$C_{19}H_{19}N_5O_3$
1,2,6,7,9-Pentaaza-phenalen-3,8-dion, 7-[4-Äthoxy-phenyl]-2,5,9-trimethyl-2,9-dihydro-7*H*- 4143

C_{20}

$C_{20}H_{13}ClN_6$
Benzaldehyd, 4-Chlor-, benzo[*g*]=[1,2,4]triazolo[3,4-*a*]phthalazin-6-ylhydrazon 4077
$C_{20}H_{13}N_5O$
Pyrimido[4,5-*b*]chinolin-4-on, 2-[2-Amino-[3]chinolyl]-3*H*- 3977
$C_{20}H_{13}N_5O_2$
Acetoacetamid, *N*-Benzo[*e*]pyrimido[4,5,6-*gh*]=perimidin-4-yl- 3775
1,2,6,7,9-Pentaaza-phenalen-3,8-dion, 5,7-Diphenyl-2,9-dihydro-7*H*- 4146
$C_{20}H_{14}N_6$
Pyrimido[4,5-*b*]chinolin-4-ylamin, 2-[2-Amino-[3]chinolyl]- 3826
$C_{20}H_{14}N_6O_3$
Benzo[1,2-*d*;4,5-*d'*]bistriazol-4-on, 8-Acetoxy-2,6-diphenyl-6,8-dihydro-2*H*- 4222
$C_{20}H_{15}N_5O$
Propenon, 1-Phenyl-3-[7-phenyl-[1,2,4]triazolo[1,5-*a*]pyrimidin-2-ylamino]- 3770
$C_{20}H_{15}N_7O$
Acetamid, *N*-[2,7-Diphenyl-2,7-dihydro-benzo[1,2-*d*;3,4-*d'*]bistriazol-4-yl]- 4229
$C_{20}H_{15}N_7O_7S$
Pteroinsäure, 10-[4-Nitro-benzolsulfonyl]- 3954
$C_{20}H_{16}ClN_5O$
Pteridin-4-on, 6-[4-Chlor-phenyl]-2-dimethylamino-7-phenyl-3*H*- 3976
$C_{20}H_{16}Cl_2N_6$
Pteridin-2,4-diyldiamin, 6,7-Bis-[2-chlor-phenyl]-N^2,N^4-dimethyl- 3823
—, 6,7-Bis-[3-chlor-phenyl]-N^2,N^4-dimethyl- 3823
—, 6,7-Bis-[4-chlor-phenyl]-N^2,N^4-dimethyl- 3823
Pyrimido[5,4-*d*]pyrimidin-4,8-diyldiamin, N^4,N^8-Dibenzyl-2,6-dichlor- 3799
$[C_{20}H_{16}Hg_2N_4]^{2+}$
[3,3']Bipyrazolyl-4,4'-diyldiquecksilber(2+), 5,5'-Dimethyl-1,1'-diphenyl-1*H*,1'*H*- 4105
$C_{20}H_{16}N_6$
Phenanthro[9,10-*g*]pteridin-11,13-diyldiamin, N^{11},N^{13}-Dimethyl- 3825
$C_{20}H_{16}N_6O$
Acetamid, *N*-[2-Amino-6,7-diphenyl-pteridin-4-yl]- 3821
$C_{20}H_{16}N_6O_2$
1,5,6,7,10,10a-Hexaaza-cyclopenta[*a*]phenalen-4-on, 5-Acetyl-2,7-dimethyl-9-phenyl-5,7-dihydro- 4207
$C_{20}H_{17}ClN_6O_2$
Pyrimido[5,4-*d*]pyrimidin-4,8-diyldiamin, 2-Chlor-N^4,N^8-bis-[2-methoxy-phenyl]- 3798
$C_{20}H_{17}N_5$
Amin, Acenaphtho[1,2-*g*]pteridin-11-yl-diäthyl- 3776
Pteridinium, 2-Anilino-6,7-dimethyl-8-phenyl-, betain 3761
$C_{20}H_{17}N_5O$
Pteridin-4-on, 2-Dimethylamino-6,7-diphenyl-3*H*- 3975
—, 1-Methyl-2-methylamino-6,7-diphenyl-1*H*- 3975
$C_{20}H_{17}N_5S$
Pteridin-4-thion, 1-Methyl-2-methylamino-6,7-diphenyl-1*H*- 3976
Pteridin-4-ylamin, 2-Äthylmercapto-6,7-diphenyl- 3872
$C_{20}H_{18}ClN_5$
Amin, [1-(4-Chlor-phenyl)-6-methyl-1*H*-pyrazolo[3,4-*d*]pyrimidin-4-yl]-phenäthyl- 3741
$C_{20}H_{18}ClN_5O$
Pteridin-4-on, 6-[4-Chlor-phenyl]-2-dimethylamino-7-phenyl-7,8-dihydro-3*H*- 3974
$C_{20}H_{18}N_6$
Benzo[*e*]pyrimido[4,5,6-*gh*]perimidin-2,7-diyldiamin, N^2,N^2,N^7,N^7-Tetramethyl- 3818
Pteridin-2,4-diyldiamin, 6,7-Dibenzyl- 3824
—, N^2,N^2-Dimethyl-6,7-diphenyl- 3819
—, N^2,N^4-Dimethyl-6,7-diphenyl- 3819
—, N^4,N^4-Dimethyl-6,7-diphenyl- 3819
Pteridinium, 2-Amino-1-methyl-4-methylamino-6,7-diphenyl-, betain 3819
$[C_{20}H_{18}N_6]^{2+}$
Pyridinium, 1,1'-[1,5-Dihydro-benzo[1,2-*d*;4,5-*d'*]diimidazol-2,6-diyldimethyl]-bis- 3807
$C_{20}H_{18}N_6O_2$
Pteridin-2,4-diyldiamin, 6,7-Bis-[4-methoxy-phenyl]- 3876
$C_{20}H_{18}N_6S$
Thioharnstoff, *N*-Methyl-*N*-[1-[2]naphthyl-1*H*-tetrazol-5-ylmethyl]-*N'*-phenyl- 3531
$C_{20}H_{19}Cl_2N_7O_6$
Glutaminsäure, *N*-[3',5'-Dichlor-9-methyl-pteroyl]- 3957
—, *N*-[3',5'-Dichlor-10-methyl-pteroyl]- 3949
$C_{20}H_{19}N_5$
Amin, [6-Äthyl-1-phenyl-1*H*-pyrazolo[3,4-*d*]=pyrimidin-4-yl]-benzyl- 3750
—, [6-Äthyl-1-phenyl-1*H*-pyrazolo[3,4-*d*]=pyrimidin-4-yl]-*m*-tolyl- 3750
—, [6-Äthyl-1-phenyl-1*H*-pyrazolo[3,4-*d*]=pyrimidin-4-yl]-*o*-tolyl- 3750
—, [6-Äthyl-1-phenyl-1*H*-pyrazolo[3,4-*d*]=pyrimidin-4-yl]-*p*-tolyl- 3750
$C_{20}H_{19}N_5O$
Amin, Benzyl-[2-benzyloxy-9-methyl-9*H*-purin-6-yl]- 3846
[4,4']Bipyrazolyl-3-on, 5'-Amino-5,3'-dimethyl-2,1'-diphenyl-1,2-dihydro-1'*H*- 3935

$C_{20}H_{19}N_5O$ (Fortsetzung)
Pteridin-4-on, 8-Äthyl-2-amino-6,7-diphenyl-7,8-dihydro-3*H*- 3974
Pteridin-2-ylamin, 5-Formyl-4-methyl-6,7-diphenyl-5,6,7,8-tetrahydro- 3774
[1,2,4]Triazin-6-on, 3-Methyl-2-phenyl-5-[1-phenyl-4,5-dihydro-1*H*-pyrazol-3-ylmethylen]-2,5-dihydro-1*H*- 4133

$C_{20}H_{19}N_5S$
Pteridin-4-ylamin, 2-Äthylmercapto-6,7-diphenyl-5,6-dihydro- 3872
—, 2-Äthylmercapto-6,7-diphenyl-5,8-dihydro- 3872
—, 2-Äthylmercapto-6,7-diphenyl-7,8-dihydro- 3872

$C_{20}H_{19}N_5S_2$
Amin, [8-Benzylmercapto-2-methylmercapto-7(9)*H*-purin-6-yl]-methyl-phenyl- 3875

$C_{20}H_{19}N_7O_3$
Purin-2,6,8-triyltriamin, N^2,N^6,N^8-Trifurfuryl-7(9)*H*- 3827

$C_{20}H_{19}N_7O_7$
Glutaminsäure, *N*-[10-Formyl-pteroyl]- 3950

$C_{20}H_{20}BrClN_8O_5$
Glutaminsäure, *N*-{3-Brom-5-chlor-4-[(2,4-diamino-pteridin-6-ylmethyl)-methyl-amino]-benzoyl}- 3835

$C_{20}H_{20}ClN_7O_6$
Glutaminsäure, *N*-[3′-Chlor-10-methyl-pteroyl]- 3948

$C_{20}H_{20}Cl_2N_8O_5$
Glutaminsäure, *N*-{3,5-Dichlor-4-[(2,4-diamino-pteridin-6-ylmethyl)-methyl-amino]-benzoyl}- 3834

$C_{20}H_{20}N_6$
Amin, Phenäthyl-[3-phenäthyl-3*H*-[1,2,3]triazolo[4,5-*d*]pyrimidin-7-yl]- 4158
Butan, 1,4-Bis-[5-phenyl-1*H*-[1,2,4]triazol-3-yl]- 4192
Pyrazolo[3,4-*d*]pyrimidin-4,6-diyldiamin, 1,N^4,N^6-Trimethyl-N^4,N^6-diphenyl-1*H*- 3784

$C_{20}H_{20}N_6O_2$
Purin-2,6-dion, 1,3,7-Trimethyl-8-[1-[1]naphthyl-äthylidenhydrazino]-3,7-dihydro- 4081

$C_{20}H_{20}N_6O_2S_2$
[1,2,4]Triazolo[1,2-*a*][1,2,4]triazol-1,5-dithion, 3,7-Bis-[4-acetylamino-phenyl]-tetrahydro- 4016

$C_{20}H_{20}N_6O_4$
Imidazo[4,5-*d*]imidazol-2,5-dion, 3a,6a-Bis-[4-acetylamino-phenyl]-tetrahydro- 4016

$C_{20}H_{20}N_6O_5$
3′-Desoxy-adenosin, N^6,N^6-Dimethyl-*N*′-phthalimido- 3700

$C_{20}H_{20}N_6O_7$
Glutaminsäure, *N*-{4-[(7-Methyl-2,4-dioxo-1,2,3,4-tetrahydro-pteridin-6-ylmethyl)-amino]-benzoyl}- 4005

$C_{20}H_{20}N_8O_2$
Pteridin-2,4-diyldiamin, 6,7-Bis-[4-(hydroxymethyl-amino)-phenyl]- 3842

$C_{20}H_{20}N_8O_4S_2$
Pteridin-2,4-diyldiamin, 6,7-Bis-[3-(sulfinomethyl-amino)-phenyl]- 3842
—, 6,7-Bis-[4-(sulfinomethyl-amino)-phenyl]- 3843

$C_{20}H_{20}N_8O_6$
Glutaminsäure, *N*-{4-[(2,4-Diamino-pteridin-6-ylmethyl)-formyl-amino]-benzoyl}- 3835

$C_{20}H_{20}N_8O_6S_2$
Pteridin-2,4-diyldiamin, 6,7-Bis-[4-(sulfomethyl-amino)-phenyl]- 3843

$C_{20}H_{20}N_{10}$
[1,3,5]Triazin-2,4-diyldiamin, N^2,$N^{2\prime}$-Diphenyl-6,6′-äthandiyl-bis- 4231

$C_{20}H_{21}BrN_8O_5$
Glutaminsäure, *N*-{3-Brom-4-[(2,4-diamino-pteridin-6-ylmethyl)-methyl-amino]-benzoyl}- 3834

$C_{20}H_{21}ClN_8O_5$
Glutaminsäure, *N*-{3-Chlor-4-[(2,4-diamino-pteridin-6-ylmethyl)-methyl-amino]-benzoyl}- 3834

$C_{20}H_{21}N_5$
Amin, Diäthyl-[1-[3]phenanthryl-1*H*-tetrazol-5-ylmethyl]- 3528
—, [5-[1]Naphthyl-pentyl]-[7(9)*H*-purin-6-yl]- 3578

$C_{20}H_{21}N_7O_4$
Acetamid, *N*,*N*′,*N*″-[6-(4-Äthoxy-phenyl)-pteridin-2,4,7-triyl]-tris- 3871

$C_{20}H_{21}N_7O_5S$
Glutaminsäure, *N*-{4-[(4-Amino-2-methylmercapto-pteridin-6-ylmethyl)-amino]-benzoyl}- 3867

$C_{20}H_{21}N_7O_6$
Anhydroleucovorin-B 4178
Glutaminsäure, *N*-{4-[(2-Amino-6-methyl-4-oxo-3,4-dihydro-pteridin-7-ylmethyl)-amino]-benzoyl}- 3961
—, *N*-[3′-Methyl-pteroyl]- 3952
—, *N*-[7-Methyl-pteroyl]- 3960
—, *N*-[9-Methyl-pteroyl]- 3957
—, *N*-[10-Methyl-pteroyl]- 3948
Imidazo[1,5-*f*]pteridinium, 3-Amino-8-[4-(1,3-dicarboxy-propylcarbamoyl)-phenyl]-1-oxo-2,5,6,6a,7,8-hexahydro-1*H*-, betain 4178

$C_{20}H_{21}N_7O_7$
Glutaminsäure, *N*-[10-Formyl-7,8-dihydro-pteroyl]- 3935

$C_{20}H_{22}Cl_2N_8O_3$
Isoleucin, *N*-{3,5-Dichlor-4-[(2,4-diamino-pteridin-6-ylmethyl)-amino]-benzoyl}- 3832

$C_{20}H_{22}N_6O_6$
Phthalamidsäure, *N*-[N^6,N^6-Dimethyl-adenosin-3′-yl]- 3700

$C_{20}H_{22}N_6O_7$
Spiro[chinoxalin-2,5′-pyrimidin]-2′,4′,6′-trion, 7-[5-Hydroxy-1,3-dimethyl-2,4,6-trioxo-hexahydro-pyrimidin-5-yl]-4,1′,3′-trimethyl-3,4-dihydro-1*H*- 4222

$[C_{20}H_{22}N_7O_6]^+$
Imidazo[1,5-*f*]pteridinium, 3-Amino-8-[4-(1,3-dicarboxy-propylcarbamoyl)-phenyl]-1-oxo-2,5,6,6a,7,8-hexahydro-1*H*- 4178

$C_{20}H_{22}N_8O_5$
Glutaminsäure, *N*-{4-[(2,4-Diamino-pteridin-6-ylmethyl)-amino]-3-methyl-benzoyl}- 3835
–, *N*-{4-[(2,4-Diamino-pteridin-6-ylmethyl)-methyl-amino]-benzoyl}- 3833

$C_{20}H_{22}N_8O_8$
Glutaminsäure, *N*-[5-Formyl-10-nitroso-5,6,7,8-tetrahydro-pteroyl]- 4096

$C_{20}H_{23}ClN_6O_2$
Butyronitril, 2-[4-Chlor-phenyl]-4-dimethylamino-2-[1,3,7-trimethyl-2,6-dioxo-2,3,6,7-tetrahydro-1*H*-purin-8-yl]- 4061

$C_{20}H_{23}N_5$
[1,2,3]Triazol, 4-[4,4-Dimethyl-1-*p*-tolyl-imidazolidin-2-yl]-2-phenyl-2*H*- 4107

$C_{20}H_{23}N_5O_3$
Purin-2,6-dion, 1,3-Dimethyl-7-phenacyl-8-piperidino-3,7-dihydro- 3984

$C_{20}H_{23}N_5O_5S$
1,4-Anhydro-xylit, O^2-Benzoyl-1-[6-dimethylamino-2-methylmercapto-purin-9-yl]- 3854

$C_{20}H_{23}N_5O_6S$
Adenosin, $O^{2'}$,$O^{3'}$-Isopropyliden-$O^{5'}$-[toluol-4-sulfonyl]- 3714

$C_{20}H_{23}N_6O_{10}P$
Anhydrid, [5′]Adenylsäure-[*N*-benzyloxy=carbonyl-glycin]- 3621

$C_{20}H_{23}N_7O_6$
Glutaminsäure, *N*-[4-(3-Amino-1-oxo-1,2,5,6,6a,7-hexahydro-imidazo[1,5-*f*]=pteridin-8-yl)-benzoyl]- 4178

$C_{20}H_{23}N_7O_7$
Glutaminsäure, *N*-[5-Formyl-5,6,7,8-tetrahydro-pteroyl]- 3880
–, *N*-[10-Formyl-5,6,7,8-tetrahydro-pteroyl]- 3883

$C_{20}H_{24}ClN_5$
Indolin, 2-[4-Chlor-6-piperidino-[1,3,5]triazin-2-ylmethylen]-1,3,3-trimethyl- 3773

$C_{20}H_{24}N_5O_6P$
Adenosin, $O^{5'}$-Benzyloxyphosphinoyl-$O^{2'}$,=$O^{3'}$-isopropyliden- 3714

$C_{20}H_{24}N_5O_7P$
[5′]Adenylsäure, $O^{2'}$,$O^{3'}$-Isopropyliden-, monobenzylester 3715

$C_{20}H_{24}N_6$
Benzimidazol-5-ylamin, 1(3)*H*,1′(3′)*H*-2,2′-Hexandiyl-bis- 3816

$C_{20}H_{24}N_6O_2$
Butyronitril, 4-Dimethylamino-2-phenyl-2-[1,3,7-trimethyl-2,6-dioxo-2,3,6,7-tetrahydro-1*H*-purin-8-yl]- 4060
Imidazo[4,5-*d*]imidazol-2,5-dion, 3a,6a-Bis-[4-dimethylamino-phenyl]-tetrahydro- 4016

$C_{20}H_{24}N_6O_5$
1,4-Anhydro-3-desoxy-ribit, 1-[6-Dimethyl=amino-purin-9-yl]-3-vanillylidenamino- 3698
1,4-Anhydro-3-desoxy-xylit, 1-[6-Dimethyl=amino-purin-9-yl]-3-vanillylidenamino- 3698
3′-Desoxy-adenosin, 3′-Benzyloxycarbonyl=amino-N^6,N^6-dimethyl- 3701

$C_{20}H_{24}N_6O_9$
1,5-Anhydro-ribit, Tri-*O*-acetyl-1-[2,6-bis-acetylamino-purin-9-yl]- 3791

$C_{20}H_{24}N_8O_6$
Glutaminsäure, *N*-[5-Formimidoyl-5,6,7,8-tetrahydro-pteroyl]- 3882

$C_{20}H_{24}N_{10}O_{14}P_2$
Guanosin, $O^{5'}$-[3′]Guanylyl-$O^{2'}$,$O^{3'}$-hydroxyphosphoryl- 3921

$C_{20}H_{25}N_5O$
Butan-2-ol, 4-Dimethylamino-1-[1-methyl-1*H*-tetrazol-5-yl]-1,2-diphenyl- 3872

$C_{20}H_{25}N_5O_9S$
1,4-Anhydro-galactit, Tetra-*O*-acetyl-1-[6-amino-2-methylmercapto-purin-9-yl]- 3857
1,5-Anhydro-galactit, 1-[6-Amino-2-methylmercapto-purin-9-yl]- 3855
1,5-Anhydro-glucit, Tetra-*O*-acetyl-1-[6-amino-2-methylmercapto-purin-9-yl]- 3855
1,5-Anhydro-mannit, Tetra-*O*-acetyl-1-[6-amino-2-methylmercapto-purin-9-yl]- 3855

$C_{20}H_{25}N_9O_{14}P_2$
Diphosphorsäure-1-adenosin-5′-ylester-2-inosin-5′-ylester 3653

$C_{20}H_{25}N_{10}O_{10}P$
[2′]Adenylsäure-adenosin-5′-ylester 3627
[3′]Adenylsäure-adenosin-5′-ylester 3626

$C_{20}H_{25}N_{10}O_{11}P$
[2′]Guanylsäure-adenosin-5′-ylester 3909
[3′]Guanylsäure-adenosin-5′-ylester 3908
[5′]Guanylsäure-adenosin-3′-ylester 3913

$C_{20}H_{25}N_{10}O_{12}P$
[3′]Guanylsäure-guanosin-5′-ylester 3913

$C_{20}H_{26}ClN_9O_4$
Purin-2,6-dion, 8-Chlor-8′-diäthylamino-1,3,1′,3′-tetramethyl-3,7,3′,7′-tetrahydro-7,7′-äthandiyl-bis- 3986

$[C_{20}H_{26}N_5O]^+$
Ammonium, [3-Hydroxy-3-phenyl-4-(1-phenyl-1*H*-tetrazol-5-yl)-butyl]-trimethyl- 3868

$C_{20}H_{26}N_7O_{10}P$
2′-Desoxy-[5′]adenylsäure-thymidin-3′-ylester 3592
$C_{20}H_{26}N_7O_{13}P$
Guanosin, $O^{5'}$-[$O^{2'}$-Methyl-[3′]uridylyl]- 3912
$C_{20}H_{26}N_8$
Indolo[2,3-*g*]pteridin-2,4-diyldiamin, N^4-[3-Diäthylamino-propyl]-6-methyl-6*H*- 4169
$C_{20}H_{26}N_{10}O_{13}P_2$
Diphosphorsäure-1,2-di-adenosin-5′-ylester 3653
$C_{20}H_{26}N_{10}O_{14}P_2$
[3′]Adenylsäure, $O^{5'}$-[3′]Guanylyl- 3908
[3′]Guanylsäure, $O^{5'}$-[3′]Adenylyl- 3919
$C_{20}H_{26}N_{10}O_{15}P_2$
[3′]Guanylsäure, $O^{5'}$-[3′]Guanylyl- 3919
$C_{20}H_{27}ClN_6$
Butandiyldiamin, N^4,N^4-Diäthyl-2-[4-chlor-phenyl]-N^1-[6-methyl-[1,2,4]triazolo[4,3-*b*]=pyridazin-8-yl]- 3732
—, N^4,N^4-Diäthyl-N^1-[6-(4-chlor-phenyl)-[1,2,4]triazolo[4,3-*b*]pyridazin-8-yl]-1-methyl- 3770
$C_{20}H_{27}N_5O_3$
Purin-2,6-dion, 8-[3-Dimethylamino-1-(3-methoxy-phenyl)-propyl]-1,3,7-trimethyl-3,7-dihydro- 4036
$C_{20}H_{27}N_7O_{13}P_2$
Diphosphorsäure-1-adenosin-5′-ylester-2-[1-(3-amino-pyridinio)-1,4-anhydro-ribit-5-ylester]-betain 3651
[5′]Thymidylsäure, [2′-Desoxy-adenylyl]-(5′→3′)- 3592
$C_{20}H_{27}N_9O_4$
Purin-2,6-dion, 1,3,1′,3′-Tetramethyl-3,7,3′,7′-tetrahydro-8,8′-[2-isobutyl-2-aza-propandiyl]-bis- 3997
$C_{20}H_{28}Cl_2N_6$
Pyrimido[5,4-*d*]pyrimidin-4,8-diyldiamin, 2,6-Dichlor-N^4,N^8-dicyclohexyl-N^4,N^8-dimethyl- 3798
$C_{20}H_{28}N_6$
Benzo[1,2-*d*;4,5-*d*′]diimidazol, 2,6-Bis-piperidinomethyl-1,5-dihydro- 3807
$C_{20}H_{28}N_6O_6$
Essigsäure, [5,5′-Bis-(1-hydroxy-cyclohexyl)-[4,4′]bi[1,2,3]triazolyl-1,3′-diyl]-di- 4204
$C_{20}H_{28}N_{10}O_{19}P_4$
[3′]Adenylsäure, $O^{5'}$-Tetrahydroxy=triphosphoryl-, adenosin-5′-ylester 3669
$C_{20}H_{28}O_5$
Cyclopentan-1,3-dion, 4-[1-(8-Hydroxy-8-methyl-2-oxo-hexahydro-3a,7-äthano-benzofuran-4-yl)-äthyl]-2,2-dimethyl- 4285
$C_{20}H_{30}N_6$
Pteridin-2,4-diyldiamin, 6,7-Bis-cyclohexyl=methyl- 3808
$C_{20}H_{30}N_8O_4$
Essigsäure, [5,5′-Bis-(1-hydroxy-cyclohexyl)-[4,4′]bi[1,2,3]triazolyl-1,3′-diyl]-di-, diamid 4204
$C_{20}H_{30}N_8O_{13}P_2$
Diphosphorsäure-1-adenosin-5′-ylester-2-{1-[5-(2-amino-äthyl)-imidazol-1-yl]-1,4-anhydro-ribit-5-ylester} 3650
$C_{20}H_{31}N_7$
Purin, 2,6,8-Tripiperidino-7(9)*H*- 3827
$C_{20}H_{31}N_7O_2$
Amin, [4,8-Dipiperidino-pyrimido[5,4-*d*]=pyrimidin-2-yl]-bis-[2-hydroxy-äthyl]- 3829
$C_{20}H_{32}N_6O_4$
Imidazol-4-carbonsäure, 5,5′-Diamino-1(3)*H*,1′(3′)*H*-2,2′-octandiyl-bis-, diäthylester 4049
$C_{20}H_{34}N_6$
Pteridin-2,4-diyldiamin, 6,7-Diheptyl- 3806
$C_{20}H_{34}N_6O_3$
3′-Desoxy-adenosin, 3′-Amino-N^6-decyl- 3708
—, 3′-Amino-N^6,N^6-dipentyl- 3707
$C_{20}H_{34}N_6O_6$
Cyclo-[alanyl→glycyl→valyl→alanyl→glycyl→=valyl] 4220
Cyclo-[glycyl→glycyl→leucyl→glycyl→glycyl→=leucyl] 4220
$C_{20}H_{36}N_8$
Pteridin-2,4-diyldiamin, N^2,N^4-Bis-[2-dimethylamino-äthyl]-6,7-diisopropyl- 3804
$[C_{20}H_{37}N_6O_2]^+$
Ammonium, Triäthyl-[6-(1,3,7-trimethyl-2,6-dioxo-2,3,6,7-tetrahydro-1*H*-purin-8-yl)-hexyl]- 3989
$C_{20}H_{40}N_8$
1,3,5,7-Tetra-(1,3)pyrimidina-cyclooctan, Octahydro- 4247

C_{21}

$[C_{21}H_{13}Br_2N_6]^+$
Tetrazolium, 2,3-Bis-[4-brom-phenyl]-5-chinoxalin-2-yl- 4189
$[C_{21}H_{14}ClN_6]^+$
Tetrazolium, 2-[2]Chinolyl-3-[4-chlor-phenyl]-5-[2]pyridyl- 4110
—, 2-[2]Chinolyl-3-[4-chlor-phenyl]-5-[4]pyridyl- 4112
$C_{21}H_{14}N_6$
Benzo[1,2-*d*;4,5-*d*′]diimidazol, 2-[2-Phenyl-1(3)*H*-benzimidazol-5-yl]-1,5-dihydro- 4195
[1,3,5]Triazin-2-ylamin, 4,6-Di-[2]chinolyl- 4164
$C_{21}H_{14}N_6O_3$
Benzo[*g*]pteridin-2,4-dion, 8-[2-Hydroxy-[1]naphthylazo]-10-methyl-10*H*- 4093

$C_{21}H_{14}N_6O_4$
Benz[4,5]imidazo[1,2-*a*]pyrimidin-2,4-dion, 1*H*,1'*H*-Methandiyl-bis- 4218
$C_{21}H_{15}N_5$
Dipyrazolo[3,4-*b*;4',3'-*i*]acridin, 11-Phenyl-1,5,9,11-tetrahydro- 4123
Dipyrazolo[4,3-*b*;3',4'-*i*]acridin, 5-Phenyl-1,5,9,11-tetrahydro- 4123
$C_{21}H_{15}N_5O_2$
1,2,6,7,9-Pentaaza-phenalen-3,8-dion, 9-Methyl-5,7-diphenyl-2,9-dihydro-7*H*- 4146
$C_{21}H_{16}N_6$
Pyrazolo[1,5-*a*]pyrimidin, 7-Methyl-2-phenyl-5-[4-phenyl-4*H*-[1,2,4]triazol-3-yl]- 4191
$C_{21}H_{16}N_6O$
Penta-1,4-dien-3-on, 1,5-Bis-[2-phenyl-2*H*-[1,2,3]triazol-4-yl]- 4206
$C_{21}H_{16}N_6O_3$
1,5,6,7,10,10a-Hexaaza-cyclopenta[*a*]phenalen-4-on, 5,7-Diacetyl-2-methyl-9-phenyl-5,7-dihydro- 4207
$[C_{21}H_{16}N_7]^+$
Tetrazolium, 2,3-Diphenyl-5-[2-phenyl-2*H*-[1,2,3]triazol-4-yl]- 4240
$C_{21}H_{17}N_5$
Dipyrazolo[3,4-*b*;4',3'-*e*]pyridin, 3,5-Dimethyl-1,7-diphenyl-1,7-dihydro- 4114
$C_{21}H_{17}N_5O$
Acetyl-Derivat $C_{21}H_{17}N_5O$ aus 3,5-Diphenyl-1,4,7,8-tetrahydro-dipyrazolo[3,4-*b*;4',3'-*e*]pyridin 4120
$[C_{21}H_{18}N_5O]^+$
Tetrazolium, 5-[4-Acetylamino-phenyl]-2,3-diphenyl- 3758
$C_{21}H_{18}N_6$
[1,3,5]Triazin, Tris-[4-methyl-[2]pyridyl]- 4193
$C_{21}H_{19}ClN_6$
Pteridin-2,4-diyldiamin, 7-[4-Chlor-phenyl]-N^2,N^2,N^4-trimethyl-6-phenyl- 3823
$C_{21}H_{19}N_5$
Amin, Dibenzyl-[1-phenyl-1*H*-tetrazol-5-yl]- 3501
Tetrazolium, 1-Benzyl-5-benzylamino-4-phenyl-, betain 3501
$C_{21}H_{19}N_5O$
Pteridin-4-on, 2-Isopropylamino-6,7-diphenyl-3*H*- 3975
$C_{21}H_{19}N_5O_2S$
Tetrazolium, 5-Benzolsulfonylamino-1,4-dibenzyl-, betain 3524
$C_{21}H_{19}N_5O_3$
Purin-2,6-dion, 8-Anilino-1,3-dimethyl-7-phenacyl-3,7-dihydro- 3984
$C_{21}H_{19}N_7O_7$
Glutaminsäure, *N*-{4-[(2-Acetylamino-4-oxo-3,4-dihydro-pteridin-6-ylmethylen)-amino]-benzoyl}- 4007
$C_{21}H_{20}ClN_5$
Amin, [6-Chlor-1-phenyl-1*H*-pyrazolo[3,4-*d*]pyrimidin-4-yl]-[2,6-diäthyl-phenyl]- 3558
$C_{21}H_{20}N_6$
Pteridin-2,4-diyldiamin, N^2-Äthyl-N^4-methyl-6,7-diphenyl- 3820
—, N^2,N^2,N^4-Trimethyl-6,7-diphenyl- 3820
—, N^2,N^4,N^4-Trimethyl-6,7-diphenyl- 3820
$C_{21}H_{20}N_6OS$
Thioharnstoff, *N*-[2-Hydroxy-äthyl]-*N*-[1-[2]naphthyl-1*H*-tetrazol-5-ylmethyl]-*N'*-phenyl- 3531
$C_{21}H_{20}N_6O_2$
Purin-2,6-dion, 8-Benzhydrylidenhydrazino-1,3,7-trimethyl-3,7-dihydro- 4081
$C_{21}H_{20}N_6S$
Thioharnstoff, *N*-Äthyl-*N*-[1-[2]naphthyl-1*H*-tetrazol-5-ylmethyl]-*N'*-phenyl- 3531
$C_{21}H_{21}ClN_6$
Pteridin-2,4-diyldiamin, 7-[4-Chlor-phenyl]-N^2,N^2,N^4-trimethyl-6-phenyl-7,8-dihydro- 3817
$C_{21}H_{21}Cl_2N_7O_6$
Glutaminsäure, *N*-[3',5'-Dichlor-9,10-dimethyl-pteroyl]- 3958
$C_{21}H_{21}N_5$
Amin, Phenäthyl-[9-phenäthyl-9*H*-purin-6-yl]- 3577
$C_{21}H_{21}N_5OS$
Essigsäure-[4-(7-benzylmercapto-1,2,3,4-tetrahydro-pyrimido[4,5-*d*]pyrimidin-2-yl)-anilid] 3869
$C_{21}H_{21}N_5O_2$
Pteridin-4-on, 8-Äthyl-2-amino-5-formyl-7,8-diphenyl-5,6,7,8-tetrahydro-3*H*- 3973
Purin-2,6-dion, 8-[(*N*-Benzyl-anilino)-methyl]-1,3-dimethyl-3,7-dihydro- 3996
$C_{21}H_{21}N_5O_6$
Adenosin, N^6,$O^{2'}$-Diacetyl-$O^{3'}$,$O^{5'}$-benzyliden- 3718
—, N^6,$O^{5'}$-Diacetyl-$O^{2'}$,$O^{3'}$-benzyliden- 3718
$C_{21}H_{21}N_5O_7$
Phthalsäure-mono-[$O^{2'}$,$O^{3'}$-isopropyliden-adenosin-5'-ylester] 3713
$C_{21}H_{21}N_7O_7$
Glutaminsäure, *N*-[N^2-Acetyl-pteroyl]- 3950
$C_{21}H_{22}Cl_2N_6S$
Tetrazolium, 1-Cyclohexyl-4-[2,4-dichlor-benzyl]-5-[*N'*-phenyl-thioureido]-, betain 3517
—, 1-Cyclohexyl-4-[3,4-dichlor-benzyl]-5-[*N'*-phenyl-thioureido]-, betain 3517
$C_{21}H_{22}Cl_2N_8O_5$
Glutaminsäure, *N*-{4-[(4-Amino-2-dimethylamino-pteridin-6-ylmethyl)-amino]-3,5-dichlor-benzoyl}- 3832

$C_{21}H_{22}Cl_2N_8O_5$ (Fortsetzung)
Glutaminsäure, *N*-(3,5-Dichlor-4-{[1-(2,4-diamino-pteridin-6-yl)-äthyl]-methyl-amino}-benzoyl)- 3836
$[C_{21}H_{22}N_5]^+$
Tetrazolo[1,5-*a*]chinolinium, 3-Äthyl-5-[4-dimethylamino-styryl]- 3775
$C_{21}H_{22}N_6O_2S$
2-Thio-barbitursäure, 1,3-Diäthyl-5-[2-(3-äthyl-3*H*-tetrazolo[1,5-*a*]chinolin-5-yliden)-äthyliden]- 4215
$C_{21}H_{22}N_8O_6S_2$
Sulfanilsäure, *N*-[4-(1,3-Dimethyl-2,6-dioxo-2,3,6,7-tetrahydro-1*H*-purin-8-ylazo)-benzolsulfonyl]-, dimethylamid 4092
$C_{21}H_{22}N_{10}$
[1,3,5]Triazin-2,4-diyldiamin, N^2,$N^{2'}$-Diphenyl-6,6′-propandiyl-bis- 4231
$C_{21}H_{23}ClN_6S$
Tetrazolium, 1-[2-Chlor-benzyl]-4-cyclohexyl-5-[*N*′-phenyl-thioureido]-, betain 3517
—, 1-[4-Chlor-benzyl]-4-cyclohexyl-5-[*N*′-phenyl-thioureido]-, betain 3517
$C_{21}H_{23}N_5O_8S$
Adenosin, $O^{3'}$,$O^{5'}$-Diacetyl-$O^{2'}$-[toluol-4-sulfonyl]- 3606
$C_{21}H_{23}N_7O_2S$
Tetrazolium, 1-Cyclohexyl-4-[3-nitro-benzyl]-5-[*N*′-phenyl-thioureido]-, betain 3517
—, 1-Cyclohexyl-4-[4-nitro-benzyl]-5-[*N*′-phenyl-thioureido]-, betain 3517
$C_{21}H_{23}N_7O_6$
Folsäure-dimethylester 3945
Glutaminsäure, *N*-[7,10-Dimethyl-pteroyl]- 3960
—, *N*-[9,10-Dimethyl-pteroyl]- 3957
—, *N*-[N^2,$N^{2'}$-Dimethyl-pteroyl]- 3949
$C_{21}H_{23}N_7O_8$
Glutaminsäure, *N*-[5,10-Diformyl-5,6,7,8-tetrahydro-pteroyl]- 3883
$[C_{21}H_{23}N_8]^+$
Trimethinium, 1,3-Bis-[1-äthyl-4-phenyl-tetrazol-5-yl]- 4249
$C_{21}H_{24}N_6O_7$
Spiro[chinoxalin-2,5′-pyrimidin]-2′,4′,6′-trion, 6-[5-Hydroxy-1,3-dimethyl-2,4,6-trioxo-hexahydro-pyrimidin-5-yl]-4,7,1′,3′-tetramethyl-3,4-dihydro-1*H*- 4223
$C_{21}H_{24}N_6O_8$
Barbitursäure, 1,3,1′,3′-Tetramethyl-5-[4-methylamino-3-nitro-benzyl]-5,5′-methandiyl-di- 4025
$C_{21}H_{24}N_6S$
Tetrazolium, 1-Benzyl-4-cyclohexyl-5-[*N*′-phenyl-thioureido]-, betain 3517
$C_{21}H_{24}N_7O_8P$
[5′]Adenylsäure, $O^{2'}$-Tryptophyl- 3661
—, $O^{3'}$-Tryptophyl- 3661
Anhydrid, [5′]Adenylsäure-tryptophan- 3627
$C_{21}H_{24}N_8O_5$
Glutaminsäure, *N*-{4-[(2-Amino-4-dimethylamino-pteridin-6-ylmethyl)-amino]-benzoyl}- 3833
—, *N*-{4-[(4-Amino-2-dimethylamino-pteridin-6-ylmethyl)-amino]-benzoyl}- 3832
—, *N*-(4-{[1-(2,4-Diamino-pteridin-6-yl)-äthyl]-methyl-amino}-benzoyl)- 3836
—, *N*-{4-[(2,4-Diamino-pteridin-6-ylmethyl)-amino]-3,5-dimethyl-benzoyl}- 3835
$C_{21}H_{25}N_5O_3$
Purin-2,6-dion, 8-Cyclohexylamino-1,3-dimethyl-7-phenacyl-3,7-dihydro- 3984
$C_{21}H_{25}N_5O_7S_2$
1,4-Anhydro-xylit, O^2-Benzoyl-1-[6-dimethylamino-2-methylmercapto-purin-9-yl]-O^3-methansulfonyl- 3854
$C_{21}H_{25}N_5O_{10}$
1,5-Anhydro-glucit, Tetra-*O*-acetyl-1-[6-acetylamino-purin-9-yl]- 3693
ribo-2,5-Anhydro-hexit, Tetra-*O*-acetyl-2-[6-acetylamino-purin-9-yl]- 3694
$C_{21}H_{25}N_6O_{10}P$
Anhydrid, [5′]Adenylsäure-[*N*-benzyloxy=carbonyl-alanin]- 3621
—, [5′]Adenylsäure-[*N*-benzyloxycarbonyl-*β*-alanin]- 3622
$C_{21}H_{25}N_6O_{11}P$
Anhydrid, [5′]Adenylsäure-[*N*-benzyloxy=carbonyl-serin]- 3624
$C_{21}H_{25}N_7O_7$
Glutaminsäure, *N*-[5-Formyl-10-methyl-5,6,7,8-tetrahydro-pteroyl]- 3882
$C_{21}H_{26}DN_7O_{14}P_2$
Diphosphorsäure-1-adenosin-5′-ylester-2-[1-(3-carbamoyl-2-deuterio-pyridinio)-1,4-anhydro-ribit-5-ylester]-betain 3645
— 1-adenosin-5′-ylester-2-[1-(3-carbamoyl-4-deuterio-pyridinio)-1,4-anhydro-ribit-5-ylester]-betain 3645
— 1-adenosin-5′-ylester-2-[1-(3-carbamoyl-6-deuterio-pyridinio)-1,4-anhydro-ribit-5-ylester]-betain 3645
$C_{21}H_{26}N_6O_3$
Butyronitril, 4-Dimethylamino-2-[3-methoxy-phenyl]-2-[1,3,7-trimethyl-2,6-dioxo-2,3,6,7-tetrahydro-1*H*-purin-8-yl]- 4065
$C_{21}H_{26}N_6O_7S$
3′-Desoxy-adenosin, 3′-Benzyloxycarbonyl=amino-$O^{5'}$-methansulfonyl-N^6,N^6-dimethyl- 3701
$C_{21}H_{26}N_6O_{14}P_2$
Diphosphorsäure-1-adenosin-5′-ylester-2-[1-(3-formyl-pyridinio)-1,4-anhydro-ribit-5-ylester]-betain 3636

$C_{21}H_{26}N_6O_{15}P_2$
Diphosphorsäure-1-adenosin-5′-ylester-2-[1-(3-carboxy-pyridinio)-1,4-anhydro-ribit-5-ylester]-betain 3643

$C_{21}H_{26}N_7O_{14}P_3$
Adenosin, $O^{5'}$-Tetrahydroxytriphosphoryl-$O^{2'}$-tryptophyl- 3656
—, $O^{5'}$-Tetrahydroxytriphosphoryl-$O^{3'}$-tryptophyl- 3656

$C_{21}H_{26}N_8O_{15}P_2$
Guanosin, [N^4-Acetyl-$O^{2'}$,$N^{3'}$-hydroxyphosphoryl-cytidylyl]-(5′→3′)- 3907

$C_{21}H_{27}N_5O_2$
Purin-2,6-dion, 8-[(Benzyl-cyclohexyl-amino)-methyl]-1,3-dimethyl-3,7-dihydro- 3996

$C_{21}H_{27}N_5O_9$
1,5-Anhydro-glucit, Tetra-*O*-acetyl-1-[6-dimethylamino-purin-3-yl]- 3693
—, Tetra-*O*-acetyl-1-[6-dimethylamino-purin-7-yl]- 3693
—, Tetra-*O*-acetyl-1-[6-dimethylamino-purin-9-yl]- 3693

$C_{21}H_{27}N_7O_2$
Purin-2,6-dion, 1,3-Dimethyl-7-[2-phenylhydrazono-propyl]-8-piperidino-3,7-dihydro- 3984

$C_{21}H_{27}N_7O_4$
3′-Desoxy-adenosin, N^6,N^6-Dimethyl-3′-[phenylalanyl-amino]- 3703

$C_{21}H_{27}N_7O_5$
3′-Desoxy-adenosin, N^6,N^6-Dimethyl-3′-tyrosylamino- 3703

$C_{21}H_{27}N_7O_{13}P_2S$
Diphosphorsäure-1-adenosin-5′-ylester-2-[1-(3-thiocarbamoyl-pyridinio)-1,4-anhydro-ribit-5-yloxy]-betain 3648

$C_{21}H_{27}N_7O_{14}P_2$
Diphosphorsäure-1-adenosin-5′-ylester-2-[1-(3-carbamoyl-pyridinio)-1,4-anhydro-ribit-5-ylester]-betain 3644
— 1-adenosin-5′-ylester-2-{1-[3-(hydroxyimino-methyl)-pyridinio]-1,4-anhydro-ribit-5-ylester}-betain 3636

$C_{21}H_{27}N_7O_{15}P_2$
Diphosphorsäure-1-adenosin-5′-ylester-2-[1-(3-hydroxycarbamoyl-pyridinio)-1,4-anhydro-ribit-5-ylester]-betain 3647

$C_{21}H_{27}N_{10}O_{10}P$
[3′]Adenylsäure, $O^{2'}$-Methyl-, adenosin-5′-ylester 3659

$C_{21}H_{28}DN_7O_{14}P_2$
Diphosphorsäure-1-adenosin-5′-ylester-2-[1-(3-carbamoyl-4-deuterio-4*H*-[1]pyridyl)-1,4-anhydro-ribit-5-ylester] 3641

$C_{21}H_{28}N_6O_8$
1,5-Anhydro-2-desoxy-glucit, Tri-*O*-acetyl-2-acetylamino-1-[6-dimethylamino-purin-9-yl]- 3710

$C_{21}H_{28}N_6O_{14}P_2$
Diphosphorsäure-1-adenosin-5′-ylester-2-[1-(3-formyl-4*H*-[1]pyridyl)-1,4-anhydro-ribit-5-ylester] 3635

$C_{21}H_{28}N_6O_{15}P_2$
Pyridin-3-carbonsäure, 1-[O^5-(2-Adenosin-5′-yloxy-1,2-dihydroxy-diphosphoryl)-ribofuranosyl]-1,4-dihydro- 3638

$C_{21}H_{28}N_7O_{17}P_3$
Diphosphorsäure-1-[1-(3-carbamoyl-pyridinio)-1,4-anhydro-ribit-5-ylester]-2-[$O^{2'}$-phosphono-adenosin-5′-ylester]-betain 3672
— 1-[1-(3-carbamoyl-pyridinio)-1,4-anhydro-ribit-5-ylester]-2-[$O^{3'}$-phosphono-adenosin-5′-ylester]-betain 3669

$C_{21}H_{28}N_8O_{14}P_2$
Diphosphorsäure-1-adenosin-5′-ylester-2-[1-(2-amino-5-carbamoyl-pyridinio)-1,4-anhydro-ribit-5-ylester]-betain 3642
— 1-adenosin-5′-ylester-2-[1-(3-carbazoyl-pyridinio)-1,4-anhydro-ribit-5-ylester]-betain 3648

$C_{21}H_{28}N_{12}O_7$
erythro-[2]Pentosulose-bis-[1,3,7-trimethyl-2,6-dioxo-2,3,6,7-tetrahydro-1*H*-purin-8-ylhydrazon] 4082
threo-[2]Pentosulose-bis-[1,3,7-trimethyl-2,6-dioxo-2,3,6,7-tetrahydro-1*H*-purin-8-ylhydrazon] 4082

$C_{21}H_{29}N_5O_2$
Purin-2,6-dion, 8-[3-Diäthylamino-1-phenyl-propyl]-1,3,7-trimethyl-3,7-dihydro- 4014

$C_{21}H_{29}N_5O_6$
Adenosin, N^6,$O^{5'}$-Dibutyryl-$O^{2'}$,$O^{3'}$-isopropyliden- 3718

$C_{21}H_{29}N_7O_{13}P_2S$
Diphosphorsäure-1-adenosin-5′-ylester-2-[1-(3-thiocarbamoyl-4*H*-[1]pyridyl)-1,4-anhydro-ribit-5-ylester] 3642

$C_{21}H_{29}N_7O_{14}P_2$
Diphosphorsäure-1-adenosin-5′-ylester-2-[1-(3-carbamoyl-4*H*-[1]pyridyl)-1,4-anhydro-ribit-5-ylester] 3639
— 1-adenosin-5′-ylester-2-{1-[3-(hydroxyimino-methyl)-4*H*-[1]pyridyl]-1,4-anhydro-ribit-5-ylester} 3635

$C_{21}H_{29}N_7O_{15}P_2$
Diphosphorsäure-1-adenosin-5′-ylester-2-[1-(3-hydroxycarbamoyl-4*H*-[1]pyridyl)-1,4-anhydro-ribit-5-ylester] 3641

$C_{21}H_{29}N_7O_{16}P_2S$
Diphosphorsäure-1-adenosin-5′-ylester-2-[1-(3-carbamoyl-2-sulfino-2*H*-[1]pyridyl)-1,4-anhydro-ribit-5-ylester] 3650

$C_{21}H_{29}N_7O_{17}P_2S$
Diphosphorsäure-1-adenosin-5′-ylester-2-[1-(3-carbamoyl-4-sulfo-4*H*-[1]pyridyl)-1,4-anhydro-ribit-5-ylester] 3650

$C_{21}H_{29}N_8O_{17}P_3$
Diphosphorsäure-1-[1-(2-amino-5-carbamoyl-pyridinio)-1,4-anhydro-ribit-5-ylester]-2-[*O*2'-phosphono-adenosin-5'-ylester]-betain 3673

$C_{21}H_{30}N_6S$
Thioharnstoff, *N*-Cyclohexyl-*N*-[1-cyclohexyl-1*H*-tetrazol-5-ylmethyl]-*N'*-phenyl- 3531

$C_{21}H_{30}N_7O_{17}P_3$
Diphosphorsäure-1-[1-(3-carbamoyl-4*H*-[1]pyridyl)-1,4-anhydro-ribit-5-ylester]-2-[*O*2'-phosphono-adenosin-5'-ylester] 3671
— 1-[1-(3-carbamoyl-4*H*-[1]pyridyl)-1,4-anhydro-ribit-5-ylester]-2-[*O*3'-phosphono-adenosin-5'-ylester] 3669

$C_{21}H_{30}N_8O_{14}P_2$
Diphosphorsäure-1-adenosin-5'-ylester-2-[1-(3-carbazoyl-4*H*-[1]pyridyl)-1,4-anhydro-ribit-5-ylester] 3642

$C_{21}H_{33}N_7O_{14}P_2$
Diphosphorsäure-1-adenosin-5'-ylester-2-[1-(3-carbamoyl-piperidino)-1,4-anhydro-ribit-5-ylester] 3638

$C_{21}H_{34}N_6$
4,8-Methano-benzo[1,2-*d*;4,5-*d'*]bistriazol, 1,5-Bis-cyclohexylmethyl-1,3a,4,4a,5,7a,8,8a-octahydro- 4183
—, 1,7-Bis-cyclohexylmethyl-1,3a,4,4a,7,7a,8,8a-octahydro- 4183

$C_{21}H_{35}N_7O_{13}P_2S$
Diphosphorsäure-1-adenosin-5'-ylester-2-{3-hydroxy-3-[2-(2-mercapto-äthylcarbamoyl)-äthylcarbamoyl]-2,2-dimethyl-propylester} 3632

$[C_{21}H_{36}N_5]^+$
Tetrazolium, 5-Amino-1-benzyl-4-tridecyl- 3497

$C_{21}H_{36}N_7O_{16}P_3S$
Coenzym-A 3663
Isocoenzym-A 3671

$C_{21}H_{37}N_5$
Amin, Bis-[2-äthyl-hexyl]-[7(9)*H*-purin-6-yl]- 3571
—, Dioctyl-[7(9)*H*-purin-6-yl]- 3571
—, Hexadecyl-[7(9)*H*-purin-6-yl]- 3572
Pyridin, 2,6-Bis-[1-isopropyl-4,4-dimethyl-imidazolidin-2-yl]- 4110

$C_{21}H_{37}N_7O_{19}P_4S$
Coenzym-A, *S*-Phosphono- 3669

$C_{21}H_{38}N_8O_3$
Essigsäure, [8-(2-Diäthylamino-äthylamino)-1,3-dimethyl-2,6-dioxo-1,2,3,6-tetrahydro-purin-7-yl]-, [2-diäthylamino-äthylamid] 3987

$C_{21}H_{39}N_7$
[1,2,4]Triazolo[4,3-*a*][1,3,5]triazin-5,7-diyldiamin, 3-Heptadecyl- 4167

C_{22}

$C_{22}H_{13}N_5$
Dibenzo[*f,h*]chinoxalino[2,3-*b*]chinoxalin-2-ylamin 3779
Dibenzo[*f,h*]chinoxalino[2,3-*b*]chinoxalin-4-ylamin 3779

$[C_{22}H_{14}Br_2N_5]^+$
Tetrazolium, 2,3-Bis-[4-brom-phenyl]-5-[2]chinolyl- 4116

$C_{22}H_{14}N_6$
Dibenzo[*f,h*]chinoxalino[2,3-*b*]chinoxalin-2,7-diyldiamin 3826

$C_{22}H_{14}N_{10}$
[5,5']Azotetrazol, 1,1'-Di-[1]naphthyl-1*H*-1'*H*- 4092
—, 1,1'-Di-[2]naphthyl-1*H*,1'*H*- 4092

$C_{22}H_{15}N_5$
[1,2,4]Triazolo[4,3-*b*][1,2,4]triazin, 3,6,7-Triphenyl- 4123

$C_{22}H_{15}N_5O_3$
1,2,6,7,9-Pentaaza-phenalen-3,8-dion, 2-Acetyl-5,7-diphenyl-2,9-dihydro-7*H*- 4146

$[C_{22}H_{16}N_5]^+$
Tetrazolium, 5-[2]Chinolyl-2,3-diphenyl- 4116

$C_{22}H_{16}N_6$
Benzo[1,2-*d*;4,5-*d'*]diimidazol, 2-Methyl-6-[2-phenyl-1(3)*H*-benzimidazol-5-yl]-1,5-dihydro- 4195
Benzol, 1,4-Bis-[5-phenyl-1*H*-[1,2,4]triazol-3-yl]- 4195
[2,5';2',5'']Terbenzimidazol, 2''-Methyl-1*H*,1'(3')*H*,1''(3'')*H*- 4195

$C_{22}H_{16}N_6O_2$
Imidazo[4,5-*d*]imidazol-2,5-dion, 3a,6a-Di-[2]chinolyl-tetrahydro- 4212

$C_{22}H_{16}N_6O_5$
Pteroinsäure, *N*2-Benzoyl-10-formyl- 3951

$C_{22}H_{17}N_5O_2$
1,2,6,7,9-Pentaaza-phenalen-3,8-dion, 2,9-Dimethyl-5,7-diphenyl-2,9-dihydro-7*H*- 4146

$[C_{22}H_{18}Cl_2N_6]^{2+}$
Benzimidazolium, 2-[2,3-Bis-(4-chlor-phenyl)-tetrazolium-5-yl]-1,3-dimethyl- 4189

$C_{22}H_{18}N_6O_2$
Acetamid, *N,N'*-[6,7-Diphenyl-pteridin-2,4-diyl]-bis- 3821
Piperazin-2,5-dion, 3,6-Bis-chinoxalin-2-ylmethyl- 4212

$C_{22}H_{19}Cl_2N_5$
Amin, Diäthyl-[6,7-bis-(4-chlor-phenyl)-pteridin-4-yl]- 3777

$C_{22}H_{19}N_5$
Amin, Diäthyl-phenanthro[9,10-*g*]pteridin-13-yl- 3777

$C_{22}H_{19}N_5O$
Tetrazolium, 5-Benzoylamino-1,4-dibenzyl-, betain 3514
$C_{22}H_{20}Cl_2N_6O_2$
Pyrimido[5,4-*d*]pyrimidin-4,8-diyldiamin, 2,6-Dichlor-N^4,N^8-bis-[2-hydroxy-äthyl]-N^4,N^8-diphenyl- 3799
$[C_{22}H_{20}N_6]^{2+}$
Benzimidazolium, 2-[2,3-Diphenyl-tetrazolium-5-yl]-1,3-dimethyl- 4188
$C_{22}H_{20}N_6O_4$
[1,3,5]Triazin-2,4-dion, 1,1'-Diphenyl-1*H*,1'*H*-6,6'-butandiyl-bis- 4216
$C_{22}H_{20}N_6S$
Tetrazolium, 1,4-Dibenzyl-5-[*N'*-phenyl-thioureido]-, betain 3519
Thioharnstoff, *N*-Allyl-*N*-[1-[2]naphthyl-1*H*-tetrazol-5-ylmethyl]-*N'*-phenyl- 3531
—, *N*-Benzyl-*N'*-phenyl-*N*-[1-phenyl-1*H*-tetrazol-5-ylmethyl]- 3531
$C_{22}H_{20}N_8O_2$
Pteridin-2,4-diyldiamin, 6,7-Bis-[4-acetylamino-phenyl]- 3843
$C_{22}H_{20}N_8O_6$
Pyrimido[5,4-*d*]pyrimidin-4,8-diyldiamin, N^4,N^8-Bis-[2-hydroxy-äthyl]-N^4,N^8-bis-[4-nitro-phenyl]- 3797
$C_{22}H_{21}N_5$
Amin, Butyl-[6,7-diphenyl-pteridin-4-yl]- 3777
—, Diäthyl-[6,7-diphenyl-pteridin-2-yl]- 3776
—, Diäthyl-[6,7-diphenyl-pteridin-4-yl]- 3776
Pteridinium, 4-Amino-3-butyl-6,7-diphenyl-, betain 3777
—, 8-Benzyl-2-benzylamino-6,7-dimethyl-, betain 3761
$C_{22}H_{21}N_5O_2S$
Tetrazolium, 5-Benzolsulfonylamino-1-benzyl-4-phenäthyl-, betain 3524
$C_{22}H_{21}N_5O_3$
Purin-2,6-dion, 8-Benzylamino-1,3-dimethyl-7-phenacyl-3,7-dihydro- 3984
$C_{22}H_{21}N_7O_3$
[1,3,5]Triazin-2,4-dion, 6-[4-(4-Amino-6-oxo-1-phenyl-1,6-dihydro-[1,3,5]triazin-2-yl)-butyl]-1-phenyl-1*H*- 4236
—, 6-[4-(6-Amino-4-oxo-1-phenyl-1,4-dihydro-[1,3,5]triazin-2-yl)-butyl]-1-phenyl-1*H*- 4236
$C_{22}H_{21}N_7O_7$
Glutaminsäure, *N*-{4-[(7,11-Dioxo-6,8,9,11-tetrahydro-7*H*-pyrimido[2,1-*b*]pteridin-2-ylmethyl)-amino]-benzoyl}- 4179
$C_{22}H_{21}N_7O_8$
Glutaminsäure, *N*-[N^2-Acetyl-10-formyl-pteroyl]- 3951
$C_{22}H_{21}N_9O_6$
Pyrimido[5,4-*d*]pyrimidin-2,4,8-triyltriamin, N^2,N^2-Bis-[2-hydroxy-äthyl]-N^4,N^8-bis-[4-nitro-phenyl]- 3829
$C_{22}H_{22}Cl_2N_6O_2$
[4,4']Bi[1,2,3]triazolyl, 1,3'-Bis-[4-chlor-phenyl]-5,5'-bis-[α-hydroxy-isopropyl]-1*H*,3'*H*- 4202
$C_{22}H_{22}Cl_2N_8$
Pyrimido[5,4-*d*]pyrimidin-4,8-diyldiamin, 2,6-Dichlor-N^4,N^8-bis-[4-dimethylamino-phenyl]- 3799
$C_{22}H_{22}N_6$
1,4-Methano-chinoxalino[2,3-*b*]phenazin-9,10-diyldiamin, 1,15,15-Trimethyl-1,2,3,4-tetrahydro- 3824
Pteridin-2,4-diyldiamin, N^2,N^2,N^4,N^4-Tetramethyl-6,7-diphenyl- 3820
$C_{22}H_{22}N_6O_2$
Pteridin-2,4-diyldiamin, N^2,N^4-Bis-[2-hydroxy-äthyl]-6,7-diphenyl- 3821
—, 6,7-Bis-[4-methoxy-phenyl]-N^2,N^4-dimethyl- 3876
$C_{22}H_{22}N_8O_2$
[1,3,5]Triazin-2-on, 4,4'-Diamino-1,1'-diphenyl-1*H*,1'*H*-6,6'-butandiyl-bis- 4235
—, 6,6'-Diamino-5,5'-diphenyl-5*H*,5'*H*-4,4'-butandiyl-bis- 4235
$C_{22}H_{22}N_8O_6$
[4,4']Bi[1,2,3]triazolyl, 5,5'-Bis-[α-hydroxy-isopropyl]-1,3'-bis-[3-nitro-phenyl]-1*H*,3'*H*- 4202
$C_{22}H_{23}N_5$
Amin, Diäthyl-[6,7-diphenyl-7,8-dihydro-pteridin-2-yl]- 3775
—, Diäthyl-[6,7-diphenyl-7,8-dihydro-pteridin-4-yl]- 3775
—, [2,6-Diäthyl-phenyl]-[6-methyl-1-phenyl-1*H*-pyrazolo[3,4-*d*]pyrimidin-4-yl]- 3741
$C_{22}H_{23}N_5O_3$
Purin-2,6-dion, 7-Acetonyl-8-[äthyl-[1]naphthyl-amino]-1,3-dimethyl-3,7-dihydro- 3983
$C_{22}H_{23}N_7$
Pteridin-2,4-diyldiamin, N^4-[2-Dimethylamino-äthyl]-6,7-diphenyl- 3821
$C_{22}H_{23}N_7O_4$
[4,4']Bi[1,2,3]triazolyl, 5,5'-Bis-[α-hydroxy-isopropyl]-3'-[3-nitro-phenyl]-1-phenyl-1*H*,3'*H*- 4202
—, 5,5'-Bis-[α-hydroxy-isopropyl]-3'-[4-nitro-phenyl]-1-phenyl-1*H*,3'*H*- 4202
$C_{22}H_{23}N_7O_6$
3'-Desoxy-adenosin, N^6,N^6-Dimethyl-3'-[(*N*,*N*-phthaloyl-glycyl)-amino]- 3701
$C_{22}H_{23}N_7O_8$
Glutaminsäure, *N*-[N^2-(2-Carboxy-äthyl)-pteroyl]- 3952

$C_{22}H_{24}Cl_2N_6S$
Tetrazolium, 1-Cyclohexylmethyl-4-[2,4-dichlor-benzyl]-5-[*N'*-phenyl-thioureido]-, betain 3518
—, 1-Cyclohexylmethyl-4-[3,4-dichlor-benzyl]-5-[*N'*-phenyl-thioureido]-, betain 3518
$C_{22}H_{24}N_6$
Pteridin-2,4-diyldiamin, N^2,N^2,N^4,N^4-Tetramethyl-6,7-diphenyl-7,8-dihydro- 3817
Pyrazolo[3,4-*d*]pyrimidin-4,6-diyldiamin, N^4,N^6-Bis-[2,4-dimethyl-phenyl]-1-methyl-1*H*- 3784
$C_{22}H_{24}N_6O_2$
[4,4']Bi[1,2,3]triazolyl, 5,5'-Bis-[α-hydroxy-isopropyl]-1,3'-diphenyl-1*H*,3'*H*- 4202
$C_{22}H_{24}N_{10}$
[1,3,5]Triazin-2,4-diyldiamin, N^2,$N^{2'}$-Diphenyl-6,6'-butandiyl-bis- 4232
$C_{22}H_{24}N_{14}O_6$
Hydrazin, *N*,*N'*-Bis-[2-(1,3-dimethyl-2,6-dioxo-2,3,6,7-tetrahydro-1*H*-purin-8-yl)-5-methyl-3-oxo-2,3-dihydro-1*H*-pyrazol-4-yl]- 4085
—, *N*,*N'*-Bis-[2-(3,7-dimethyl-2,6-dioxo-2,3,6,7-tetrahydro-1*H*-purin-8-yl)-5-methyl-3-oxo-2,3-dihydro-1*H*-pyrazol-4-yl]- 4085
$C_{22}H_{25}ClN_6S$
Tetrazolium, 1-[2-Chlor-benzyl]-4-cyclohexylmethyl-5-[*N'*-phenyl-thioureido]-, betain 3518
—, 1-[4-Chlor-benzyl]-4-cyclohexylmethyl-5-[*N'*-phenyl-thioureido]-, betain 3518
$C_{22}H_{25}N_7O_2$
[4,4']Bi[1,2,3]triazolyl, 3'-[3-Amino-phenyl]-5,5'-bis-[α-hydroxy-isopropyl]-1-phenyl-1*H*,3'*H*- 4203
—, 3'-[4-Amino-phenyl]-5,5'-bis-[α-hydroxy-isopropyl]-1-phenyl-1*H*,3'*H*- 4203
$C_{22}H_{25}N_7O_2S$
Tetrazolium, 1-Cyclohexylmethyl-4-[3-nitro-benzyl]-5-[*N'*-phenyl-thioureido]-, betain 3518
—, 1-Cyclohexylmethyl-4-[4-nitro-benzyl]-5-[*N'*-phenyl-thioureido]-, betain 3518
$C_{22}H_{26}N_6S$
Tetrazolium, 1-Benzyl-4-cyclohexylmethyl-5-[*N'*-phenyl-thioureido]-, betain 3517
—, 1-Cyclohexyl-4-phenäthyl-5-[*N'*-phenyl-thioureido]-, betain 3519
$C_{22}H_{26}N_7O_{11}P$
Anhydrid, [5']Adenylsäure-[N^2-benzyloxy=carbonyl-asparagin]- 3623
$C_{22}H_{26}N_8O_2$
[4,4']Bi[1,2,3]triazolyl, 1,3'-Bis-[3-amino-phenyl]-5,5'-bis-[α-hydroxy-isopropyl]-1*H*,3'*H*- 4203
$C_{22}H_{26}N_8O_3$
Purin-2,6-dion, 8-[1-(1,5-Dimethyl-3-oxo-2-phenyl-2,3-dihydro-1*H*-pyrazol-4-yl)-propylidenhydrazino]-1,3,7-trimethyl-3,7-dihydro- 4087
$C_{22}H_{26}N_8O_5$
Glutaminsäure, *N*-{4-[(2-Amino-4-dimethylamino-pteridin-6-ylmethyl)-methyl-amino]-benzoyl}- 3835
$C_{22}H_{27}N_6O_{11}P$
Anhydrid, [5']Adenylsäure-[*N*-benzyloxy=carbonyl-threonin]- 3624
$C_{22}H_{27}N_7O$
Guanidin, [3-(2-*sec*-Butyl-6-indol-3-yl-3-oxo-3,7-dihydro-imidazo[1,2-*a*]pyrazin-8-yl)-propyl]- 3972
$C_{22}H_{27}N_7O_6$
3'-Desoxy-adenosin, 3'-[(*N*-Benzyloxycarbonyl-glycyl)-amino]-N^6,N^6-dimethyl- 3701
$C_{22}H_{27}N_7O_{14}P_2$
Diphosphorsäure-1-adenosin-5'-ylester-2-[1-(4-cyan-3-formyl-4*H*-[1]pyridyl)-1,4-anhydro-ribit-5-ylester] 3649
$C_{22}H_{27}N_7O_{15}P_2$
Pyridin-3-carbonsäure, 1-[O^5-(2-Adenosin-5'-yloxy-1,2-dihydroxy-diphosphoryl)-ribofuranosyl]-4-cyan-1,4-dihydro- 3642
$C_{22}H_{28}N_5O_6P$
Adenosin, $O^{5'}$-[Äthyl-benzyloxy-phosphinoyl]-$O^{2'}$,$O^{3'}$-isopropyliden- 3714
$C_{22}H_{28}N_6$
Benzimidazol-5-ylamin, 1(3)*H*,1'(3')*H*-2,2'-Octandiyl-bis- 3816
$C_{22}H_{28}N_6O_2$
Butyronitril, 4-Diäthylamino-2-phenyl-2-[1,3,7-trimethyl-2,6-dioxo-2,3,6,7-tetrahydro-1*H*-purin-8-yl]- 4061
$C_{22}H_{28}N_6O_{14}P_2$
Diphosphorsäure-1-[1-(3-acetyl-pyridinio)-1,4-anhydro-ribit-5-ylester]-2-adenosin-5'-ylester-betain 3637
$C_{22}H_{28}N_8O_{14}P_2$
Diphosphorsäure-1-adenosin-5'-ylester-2-[1-(3-carbamoyl-4-cyan-4*H*-[1]pyridyl)-1,4-anhydro-ribit-5-ylester] 3643
$C_{22}H_{29}N_5O_2$
Purin-2,6-dion, 1,3,7-Trimethyl-8-[1-phenyl-3-piperidino-propyl]-3,7-dihydro- 4014
$C_{22}H_{29}N_5O_9S$
1,5-Anhydro-glucit, Tetra-*O*-acetyl-1-[6-dimethylamino-2-methylmercapto-purin-9-yl]- 3856
$C_{22}H_{29}N_6O_{17}P_3$
Diphosphorsäure-1-[1-(3-acetyl-pyridinio)-1,4-anhydro-ribit-5-ylester]-2-[$O^{2'}$-phosphono-adenosin-5'-ylester]-betain 3671
$C_{22}H_{29}N_7O_5$
3'-Desoxy-adenosin, N^6,N^6-Dimethyl-3'-[(*O*-methyl-tyrosyl)-amino]- 3704

$C_{22}H_{29}N_7O_{14}P_2$
Diphosphorsäure-1-[1-(3-acetylamino-pyridinio)-1,4-anhydro-ribit-5-ylester]-2-adenosin-5'-ylester-betain 3651

$C_{22}H_{29}N_9O_4$
Purin-2,6-dion, 1,3,1',3'-Tetramethyl-3,7,3',7'-tetrahydro-8,8'-[2-cyclohexyl-2-aza-propandiyl]-bis- 3997

$C_{22}H_{30}N_6O_8S$
1,5-Anhydro-2-desoxy-allit, Tri-*O*-acetyl-2-acetylamino-1-[6-dimethylamino-2-methylmercapto-purin-9-yl]- 3859
1,5-Anhydro-3-desoxy-allit, Tri-*O*-acetyl-3-acetylamino-1-[6-dimethylamino-2-methylmercapto-purin-9-yl]- 3859
1,5-Anhydro-2-desoxy-glucit, Tri-*O*-acetyl-2-acetylamino-1-[6-dimethylamino-2-methylmercapto-purin-9-yl]- 3859

$C_{22}H_{30}N_6O_{14}P_2$
Diphosphorsäure-1-[1-(3-acetyl-4*H*-[1]pyridyl)-1,4-anhydro-ribit-5-ylester]-1-adenosin-5'-ylester 3635

$C_{22}H_{30}N_{10}S$
Thioharnstoff, *N*-[1-Cyclohexyl-1*H*-tetrazol-5-yl]-*N*-[1-cyclohexyl-1*H*-tetrazol-5-ylmethyl]-*N'*-phenyl- 3532

$C_{22}H_{30}N_{12}O_8$
arabino-[2]Hexosulose-bis-[1,3,7-trimethyl-2,6-dioxo-2,3,6,7-tetrahydro-1*H*-purin-8-ylhydrazon] 4083
lyxo-[2]Hexosulose-bis-[1,3,7-trimethyl-2,6-dioxo-2,3,6,7-tetrahydro-1*H*-purin-8-ylhydrazon] 4084

$C_{22}H_{31}N_5$
Amin, [11-Phenyl-undecyl]-[7(9)*H*-purin-6-yl]- 3578

$C_{22}H_{33}N_5O_3$
Purin-2,6-dion, 7-Acetonyl-8-dicyclohexyl=amino-1,3-dimethyl-3,7-dihydro- 3983

$C_{22}H_{33}N_7O$
Guanidin, [3-(2-*sec*-Butyl-6-indol-3-yl-3-oxo-octahydro-imidazo[1,2-*a*]pyrazin-8-yl)-propyl]- 3964

$[C_{22}H_{36}Cl_2N_5]^+$
Tetrazolium, 5-Amino-1-[3,4-dichlor-benzyl]-4-tetradecyl- 3498

$C_{22}H_{36}N_6$
Butan, 1,4-Bis-[6,7,8,9,10,11-hexahydro-5*H*-[1,2,4]triazolo[4,3-*a*]azonin-3-yl]- 4188

$C_{22}H_{36}N_6O_6$
Isobuttersäure, α,α'-[5,5'-Bis-(α-hydroxy-isopropyl)-[4,4']bi[1,2,3]triazolyl-1,3'-diyl]-di-, diäthylester 4202

$C_{22}H_{36}N_8O_2$
Pyrimido[5,4-*d*]pyrimidin-2,6-diyldiamin, N^2,N^6-Bis-[2-hydroxy-äthyl]-N^2,N^6-di=methyl-4,8-dipiperidino- 3840

$C_{22}H_{36}N_8O_4$
Pyrimido[5,4-*d*]pyrimidin-2,6-diyldiamin, N^2,N^2,N^6,N^6-Tetrakis-[2-hydroxy-äthyl]-4,8-dipyrrolidino- 3840

$[C_{22}H_{38}N_5]^+$
Tetrazolium, 5-Amino-1-benzyl-4-tetradecyl- 3497

$C_{22}H_{40}N_8$
Pteridin-2,4-diyldiamin, N^2,N^4-Bis-[3-dimethylamino-propyl]-6,7-diisopropyl- 3805

$C_{22}H_{40}N_8O_2$
Pyrimido[5,4-*d*]pyrimidin-4,8-diyldiamin, 2,6-Diäthoxy-N^4,N^8-bis-[2-diäthylamino-äthyl]- 3876

$C_{22}H_{40}N_8O_4$
Pyrimido[5,4-*d*]pyrimidin-2,4,6,8-tetrayl=tetraamin, N^2,N^2,N^6,N^6-Tetraäthyl-N^4,=N^4,N^8,N^8-tetrakis-[2-hydroxy-äthyl]- 3840
—, N^4,N^4,N^8,N^8-Tetraäthyl-N^2,N^2,N^6,=N^6-tetrakis-[2-hydroxy-äthyl]- 3840

C_{23}

$C_{23}H_{13}Br_2N_5$
Imidazo[1',2':2,3][1,2,4]triazino[5,6-*b*]indol, 7,9-Dibrom-2,3-diphenyl-10*H*- 4124

$C_{23}H_{15}N_5$
Imidazo[1',2':2,3][1,2,4]triazino[5,6-*b*]indol, 2,3-Diphenyl-10*H*- 4123

$C_{23}H_{17}N_5O$
[1,2,4]Triazolo[4,3-*b*][1,2,4]triazin, 3-[4-Methoxy-phenyl]-6,7-diphenyl- 4128

$C_{23}H_{17}N_5O_2$
Dipyrazolo[3,4-*b*;4',3'-*e*]pyridin, 1,7-Diacetyl-3,5-diphenyl-1,7-dihydro- 4121

$C_{23}H_{17}N_5O_3$
1,2,6,7,9-Pentaaza-phenalen-3,8-dion, 2-Acetyl-9-methyl-5,7-diphenyl-2,9-dihydro-7*H*- 4146

$C_{23}H_{18}N_6$
[2,5';2',5'']Terbenzimidazol, 5,2''-Dimethyl-1(3)*H*-1'(3')*H*,1''(3'')*H*- 4196

$C_{23}H_{18}N_6O_5$
Pteroinsäure, 10-Formyl-N^2-phenylacetyl- 3951

$C_{23}H_{21}N_5O_2$
Dipyrazolo[3,4-*b*;4',3'-*e*]pyridin-3,5-dion, 8-Butyl-2,6-diphenyl-1,2,6,8-tetrahydro- 4142

$[C_{23}H_{22}N_5]^+$
Methinium, [1-Äthyl-[2]chinolyl]-[3-äthyl-tetrazolo[1,5-*a*]chinolin-5-yl]- 4121

$C_{23}H_{22}N_6$
Pteridin-4-ylamin, 6,7-Diphenyl-2-piperidino- 3821

$C_{23}H_{22}N_6O_2$
Purin-2,6-dion, 8-[3,5-Diphenyl-4,5-dihydro-pyrazol-1-yl]-1,3,7-trimethyl-3,7-dihydro- 4081
$C_{23}H_{22}N_6O_4$
4,8-Methano-benzo[1,2-*d*;4,5-*d'*]bistriazol-3a,8a-dicarbonsäure, 1,5-Diphenyl-4a,5,7a,8-tetrahydro-1*H*,4*H*-, dimethylester 4223
$C_{23}H_{22}N_6O_8$
Methan, Bis-[5-acetoxy-1-acetoxymethyl-1*H*-benzotriazol-4-yl]- 4205
$C_{23}H_{22}N_6S$
Tetrazolium, 1-Benzyl-4-phenäthyl-5-[*N'*-phenyl-thioureido]-, betain 3519
$C_{23}H_{22}N_8O_3$
Essigsäure, [8-Benzylidenhydrazino-1,3-dimethyl-2,6-dioxo-1,2,3,6-tetrahydro-purin-7-yl]-, benzylidenhydrazid 4081
$C_{23}H_{23}N_5O_2$
Dipyrazolo[3,4-*b*;4',3'-*e*]pyridin-3,5-dion, 8-Butyl-2,6-diphenyl-1,2,4,6,7,8-hexahydro- 4142
$C_{23}H_{23}N_5O_4$
Purin-2,6-dion, 1,3-Dimethyl-7-phenacyl-8-*p*-phenetidino-3,7-dihydro- 3984
$C_{23}H_{23}N_5O_8$
Isochinolinium, 2-[3,4,3',4'-Tetrakis-methoxycarbonyl-4,5,4',5'-tetrahydro-3*H*,3'*H*-[3,4']bipyrazolyl-4-yl]-, betain 4051
$C_{23}H_{24}N_6O_2S$
2-Thio-barbitursäure, 1,3-Diäthyl-5-[4-(3-äthyl-3*H*-tetrazolo[1,5-*a*]chinolin-5-yliden)-but-2-enyliden]- 4216
$C_{23}H_{24}N_6O_3$
Essigsäure, [8-Benzylamino-1,3-dimethyl-2,6-dioxo-1,2,3,6-tetrahydro-purin-7-yl]-, benzylamid 3985
$C_{23}H_{25}N_5$
Amin, [6-Äthyl-1-phenyl-1*H*-pyrazolo[3,4-*d*]pyrimidin-4-yl]-[2,6-diäthyl-phenyl]- 3750
$C_{23}H_{25}N_5O_8$
Isochinolinium, 2-[3,4,3',4'-Tetrakis-methoxycarbonyl-4,5,4',5'-tetrahydro-3*H*,3'*H*-[3,4']bipyrazolyl-4-yl]-3,4-dihydro-, betain 4050
Dihydro-Derivat $C_{23}H_{25}N_5O_8$ aus 2-[3,4,3',4'-Tetrakis-methoxycarbonyl-4,5,4',5'-tetrahydro-3*H*,3'*H*-[3,4']bipyrazolyl-4-yl]-isochinolinium-betain 4051
$C_{23}H_{25}N_7$
Pteridin-2,4-diyldiamin, *N*⁴-[3-Dimethylamino-propyl]-6,7-diphenyl- 3822
$C_{23}H_{25}N_7O_4$
[4,4']Bi[1,2,3]triazolyl, 1-Benzyl-5,5'-bis-[α-hydroxy-isopropyl]-3'-[3-nitro-phenyl]-1*H*,3'*H*- 4202
—, 1-Benzyl-5,5'-bis-[α-hydroxy-isopropyl]-3'-[4-nitro-phenyl]-1*H*,3'*H*- 4202
$C_{23}H_{26}Cl_2N_6S$
Tetrazolium, 1-[2-Cyclohexyl-äthyl]-4-[2,4-dichlor-benzyl]-5-[*N'*-phenyl-thioureido]-, betain 3518
—, 1-[2-Cyclohexyl-äthyl]-4-[3,4-dichlor-benzyl]-5-[*N'*-phenyl-thioureido]-, betain 3518
$C_{23}H_{26}N_6O_7$
Glutaminsäure, *N*-{4-[(2,4-Dioxo-1,2,3,4-tetrahydro-pteridin-6-ylmethyl)-amino]-benzoyl}-, diäthylester 4004
$C_{23}H_{27}ClN_6S$
Tetrazolium, 1-[2-Chlor-benzyl]-4-[2-cyclohexyl-äthyl]-5-[*N'*-phenyl-thioureido]-, betain 3518
—, 1-[4-Chlor-benzyl]-4-[2-cyclohexyl-äthyl]-5-[*N'*-phenyl-thioureido]-, betain 3518
$C_{23}H_{27}N_5O_5S$
1,4-Anhydro-xylit, O^2-Benzoyl-1-[6-dimethylamino-2-methylmercapto-purin-9-yl]-O^3,O^5-isopropyliden- 3860
$C_{23}H_{27}N_6O_{10}P$
[5']Adenylsäure, N^6-[1-Benzyloxycarbonyl-prolyl]- 3720
Anhydrid, [5']Adenylsäure-[*N*-benzyloxycarbonyl-prolin]- 3627
$C_{23}H_{27}N_7O_2$
[4,4']Bi[1,2,3]triazolyl, 3'-[3-Amino-phenyl]-1-benzyl-5,5'-bis-[α-hydroxy-isopropyl]-1*H*,3'*H*- 4203
—, 3'-[4-Amino-phenyl]-1-benzyl-5,5'-bis-[α-hydroxy-isopropyl]-1*H*,3'*H*- 4203
$C_{23}H_{27}N_7O_2S$
Tetrazolium, 1-[2-Cyclohexyl-äthyl]-4-[3-nitro-benzyl]-5-[*N'*-phenyl-thioureido]-, betain 3518
—, 1-[2-Cyclohexyl-äthyl]-4-[4-nitro-benzyl]-5-[*N'*-phenyl-thioureido]-, betain 3518
$C_{23}H_{27}N_7O_6$
Folsäure-diäthylester 3945
$C_{23}H_{28}N_6O_2$
Butyronitril, 2-Phenyl-4-piperidino-2-[1,3,7-trimethyl-2,6-dioxo-2,3,6,7-tetrahydro-1*H*-purin-8-yl]- 4061
$C_{23}H_{28}N_6O_5S$
1,5-Anhydro-2-desoxy-allit, 2-Acetylamino-O^4,O^6-benzyliden-1-[6-dimethylamino-2-methylmercapto-purin-9-yl]- 3861
1,5-Anhydro-2-desoxy-glucit, 2-Acetylamino-O^4,O^6-benzyliden-1-[6-dimethylamino-2-methylmercapto-purin-9-yl]- 3861
$C_{23}H_{28}N_6O_{11}$
1,5-Anhydro-glucit, Tetra-*O*-acetyl-1-[2,6-bis-acetylamino-purin-9-yl]- 3794

$C_{23}H_{28}N_6S$
Tetrazolium, 1-Benzyl-4-[2-cyclohexyl-äthyl]-5-[*N*'-phenyl-thioureido]-, betain 3518
—, 1-Cyclohexylmethyl-4-phenäthyl-5-[*N*'-phenyl-thioureido]-, betain 3519
—, 1-Cyclohexyl-4-[3-phenyl-propyl]-5-[*N*'-phenyl-thioureido]-, betain 3519

$C_{23}H_{28}N_7O_{11}P$
Anhydrid, [5']Adenylsäure-[*N*'-benzyloxycarbonyl-glutamin]- 3624

$C_{23}H_{28}N_8O_4$
3'-Desoxy-adenosin, N^6,N^6-Dimethyl-3'-tryptophylamino- 3706

$C_{23}H_{29}N_6O_8P$
Glycin, *N*-[Benzyloxy-($O^{2'}$,$O^{3'}$-isopropyliden-adenosin-5'-yloxy)-phosphoryl]-, methylester 3716

$C_{23}H_{29}N_6O_{10}P$
Anhydrid, [5']Adenylsäure-[*N*-benzyloxycarbonyl-valin]- 3622

$C_{23}H_{29}N_6O_{10}PS$
Anhydrid, [5']Adenylsäure-[*N*-benzyloxycarbonyl-methionin]- 3624

$C_{23}H_{29}N_7O_6$
3'-Desoxy-adenosin, 3'-[(*N*-Benzyloxycarbonyl-*β*-alanyl)-amino]-N^6,N^6-dimethyl- 3702

$C_{23}H_{29}N_7O_{14}P_2$
Diphosphorsäure-1-[1-(3-acetyl-4-cyan-4*H*-[1]pyridyl)-1,4-anhydro-ribit-5-ylester]-2-adenosin-5'-ylester 3649
— 1-adenosin-5'-ylester-2-{1-[3-(2-carbamoyl-vinyl)-pyridinio]-1,4-anhydro-ribit-5-ylester}-betain 3648

$C_{23}H_{30}N_6O_{15}P_2$
Diphosphorsäure-1-adenosin-5'-ylester-2-[1-(3-äthoxycarbonyl-pyridinio)-1,4-anhydro-ribit-5-ylester]-betain 3644

$C_{23}H_{31}N_5O_3$
Purin-2,6-dion, 8-Dibutylamino-1,3-dimethyl-7-phenacyl-3,7-dihydro- 3984

$C_{23}H_{31}N_5O_9S_2$
1,5-Anhydro-glucit, Tetra-*O*-acetyl-1-[6-dimethylamino-2,8-bis-methylmercapto-purin-3-yl]- 3875
—, Tetra-*O*-acetyl-1-[6-dimethylamino-2,8-bis-methylmercapto-purin-7-yl]- 3875

$C_{23}H_{31}N_6O_6P$
Adenosin, $O^{5'}$-[Diäthylamino-phenoxy-phosphoryl]-$O^{2'}$,$O^{3'}$-isopropyliden- 3715

$C_{23}H_{31}N_7O_{14}P_2$
Diphosphorsäure-1-adenosin-5'-ylester-2-{1-[3-(2-carbamoyl-vinyl)-4*H*-[1]pyridyl]-1,4-anhydro-ribit-5-ylester} 3642

$C_{23}H_{32}N_6O_{15}P_2$
Pyridin-3-carbonsäure, 1-[O^5-(2-Adenosin-5'-yloxy-1,2-dihydroxy-diphosphoryl)-ribofuranosyl]-1,4-dihydro-, äthylester 3639

$C_{23}H_{33}N_9$
Indolo[2,3-*g*]pteridin-2,4-diyldiamin, N^2,N^4-Bis-[2-dimethylamino-äthyl]-6-propyl-6*H*- 4169

$C_{23}H_{36}N_7O_7P$
Adenosin, $O^{2'}$-[(*N*,*N*'-Dicyclohexyl-ureido)-hydroxy-phosphoryl]- 3612
—, $O^{3'}$-[(*N*,*N*'-Dicyclohexyl-ureido)-hydroxy-phosphoryl]- 3611

$C_{23}H_{36}N_8$
Pyrazolo[3,4-*d*]pyrimidin-4,6-diyldiamin, N^4,N^6-Bis-[2-diäthylamino-äthyl]-1-phenyl-1*H*- 3784

$C_{23}H_{37}FN_7O_{17}P_3S$
Coenzym-A, *S*-Fluoracetyl- 3664

$C_{23}H_{38}N_7O_{17}P_3S$
Coenzym-A, *S*-Acetyl- 3663

$[C_{23}H_{40}N_5]^+$
Tetrazolium, 5-Amino-1-benzyl-4-pentadecyl- 3498

$C_{23}H_{41}N_5$
Amin, Dinonyl-[7(9)*H*-purin-6-yl]- 3571
—, Octadecyl-[7(9)*H*-purin-6-yl]- 3572

$C_{23}H_{42}N_8O_3$
Essigsäure, [8-(3-Diäthylamino-propylamino)-1,3-dimethyl-2,6-dioxo-1,2,3,6-tetrahydro-purin-7-yl]-, [3-diäthylamino-propylamid] 3988

$C_{23}H_{43}N_7$
Purin-2,6,8-triyltriamin, N^2,N^6,N^8-Trihexyl-7(9)*H*- 3827

C_{24}

$C_{24}H_{10}N_{16}$
5,10,15,20-Tetraaza-tetrapyrazino[2,3-*b*;2',3'-*g*;2'',3''-*l*;2''',3'''-*q*]porphyrin 4283

$C_{24}H_{12}N_6$
Dichinoxalino[2,3-*b*;2',3'-*i*]phenazin 4197

$C_{24}H_{13}Cl_3N_8$
Benzo[1,2-*d*;3,4-*d*']bistriazol, 2,7-Bis-[4-chlor-phenyl]-4-[4-chlor-phenylazo]-2,7-dihydro- 4239

$C_{24}H_{14}ClN_9$
Benzotristriazol, 2-[4-Chlor-phenyl]-5,8-diphenyl-5,8-dihydro-2*H*- 4269

$C_{24}H_{15}N_9$
Benzotristriazol, 2,5,8-Triphenyl-5,8-dihydro-2*H*- 4269

$C_{24}H_{15}N_9O_6S_2$
Benzo[1,2-*d*;3,4-*d*']bistriazol, 2-[4-Sulfo-phenyl]-7-[2-(4-sulfo-phenyl)-2*H*-benzotriazol-5-yl]-2,7-dihydro- 4186

$C_{24}H_{15}N_9O_9S_3$
Benzolsulfonsäure, 4,4',4''-Benzotristriazol-2,5,8-triyl-tris- 4270

$C_{24}H_{16}Cl_3N_7$
Pyrimido[5,4-*d*]pyrimidin-2,4,8-triyltriamin, N^2,N^4,N^8-Tris-[4-chlor-phenyl]- 3828

$C_{24}H_{16}N_6$
Pyrazin, Tetra-[2]pyridyl- 4196
$C_{24}H_{16}N_6O_3S$
Sulfanilsäure-[13-oxo-12,13-dihydro-phenanthro[9,10-*g*]pteridin-11-ylamid] 3977
$[C_{24}H_{16}N_7]^+$
Tetrazolium, 2-[2]Chinolyl-3-[6]chinolyl-5-[2]pyridyl- 4111
—, 2-[2]Chinolyl-3-[6]chinolyl-5-[4]pyridyl- 4113
$C_{24}H_{16}N_8$
Benzo[1,2-*d*;3,4-*d'*]bistriazol, 2,7-Diphenyl-4-phenylazo-2,7-dihydro- 4238
$C_{24}H_{17}ClN_6$
Pteridin-2,4-diyldiamin, N^4-[4-Chlor-phenyl]-6,7-diphenyl- 3820
$C_{24}H_{17}N_5$
Pteridin-4-ylamin, 2,6,7-Triphenyl- 3779
$C_{24}H_{17}N_5S$
Pteridin-4-thion, 2-Anilino-6,7-diphenyl-3*H*- 3976
$C_{24}H_{17}N_9$
Benzo[1,2-*d*;3,4-*d'*]bistriazol-4-ylamin, 2,7-Diphenyl-5-phenylazo-2,7-dihydro- 4239
$C_{24}H_{18}N_6O_3$
Propan-1,2,3-triol, 1-[1-Phenyl-1*H*-pyrazolo[3',4';5,6]pyrazino[2,3-*b*]phenazin-3-yl]- 4206
$C_{24}H_{18}N_6O_3S$
Sulfanilsäure-[4-oxo-6,7-diphenyl-3,4-dihydro-pteridin-2-ylamid] 3975
$[C_{24}H_{18}N_7]^+$
Tetrazolium, 2-Phenyl-3-[4-phenylazo-phenyl]-5-[4]pyridyl- 4112
$C_{24}H_{18}N_8$
Hydrazin, *N*-[2,7-Diphenyl-2,7-dihydro-benzo[1,2-*d*;3,4-*d'*]bistriazol-4-yl]-*N'*-phenyl- 4238
Pyrazolo[1,5-*a*]pyrimidin, 7-Methyl-2-phenyl-5-[4-(5-phenyl-1(2)*H*-pyrazol-3-yl)-4*H*-[1,2,4]triazol-3-yl]- 4191
$C_{24}H_{18}N_{12}O_9S_3$
Benzolsulfonsäure, 6,6',6''-Triamino-3,3',3''-benzotristriazol-2,5,8-triyl-tris- 4270
$C_{24}H_{19}N_7$
Pyrimido[5,4-*d*]pyrimidin-2,4,8-triyltriamin, N^2,N^4,N^8-Triphenyl- 3828
$C_{24}H_{20}N_8$
Pyrazin-1,4-diyldiamin, 2,3,5,6-Tetra-[2]pyridyl- 4196
$C_{24}H_{20}N_8O_3S$
Sulfanilsäure-[6,7-bis-(4-amino-phenyl)-4-oxo-3,4-dihydro-pteridin-2-ylamid] 3976
$C_{24}H_{21}N_5O_2$
Pyridazin-3-on, 6,6'-Diphenyl-4,5,4',5'-tetrahydro-2*H*,2'*H*-4,4'-pyrrol-2,5-diyl-bis- 4147
$C_{24}H_{21}N_5O_6$
Adenosin, $O^{2'}$,$O^{3'}$-Dibenzoyl- 3604
$C_{24}H_{22}N_{10}O_2$
[1,2,4]Triazolium, 3,5-Diamino-1-[3-(5-methyl-7-oxo-1-phenyl-1,7-dihydro-[1,2,4]triazolo[1,5-*a*]pyrimidin-2-ylamino)-crotonoyl]-2-phenyl-, betain 3930
$C_{24}H_{24}BrN_5O_8$
1,5-Anhydro-6-desoxy-glucit, Tri-*O*-acetyl-1-[6-benzoylamino-purin-9-yl]-6-brom- 3687
$C_{24}H_{24}Cl_2N_6O_2$
Pyrimido[5,4-*d*]pyrimidin-4,8-diyldiamin, N^4,N^8-Dibenzyl-2,6-dichlor-N^4,N^8-bis-[2-hydroxy-äthyl]- 3799
$C_{24}H_{24}N_6$
[1,3,5]Triazin, Tris-[4-äthyl-[2]pyridyl]- 4193
$C_{24}H_{24}N_6O_7$
3'-Desoxy-adenosin, $O^{2'}$,$O^{5'}$-Diacetyl-N^6,N^6-dimethyl-3'-phthalimido- 3700
$C_{24}H_{24}N_8O_{11}$
Glutaminsäure, *N*-{4-[(2,4-Dioxo-1,2,3,4-tetrahydro-pteridin-6-ylmethyl)-nitroso-amino]-benzoyl}-α-glutamyl→- 4095
$C_{24}H_{25}N_5O_3$
Purin-2,6-dion, 7-Acetonyl-8-dibenzylamino-1,3-dimethyl-3,7-dihydro- 3983
$C_{24}H_{25}N_7O_{10}$
Glutaminsäure, *N*-(*N*-{4-[(2,4-Dioxo-1,2,3,4-tetrahydro-pteridin-6-ylmethyl)-amino]-benzoyl}-glutamyl)- 4004
$C_{24}H_{26}Cl_2N_8O_5$
Glutaminsäure, *N*-{4-[(2-Amino-4-piperidino-pteridin-6-ylmethyl)-amino]-3,5-dichlor-benzoyl}- 3833
$C_{24}H_{26}N_8$
5,10,15,20-Tetraaza-porphyrin, 2,3,7,8,12,13,17,18-Octamethyl- 4251
$C_{24}H_{26}N_8O_9$
Glutaminsäure, *N*-[*N*-Pteroyl-α-glutamyl]- 3946
$C_{24}H_{26}N_{14}O_6$
Diazen, Bis-[5-methyl-3-oxo-2-(1,3,7-trimethyl-2,6-dioxo-2,3,6,7-tetrahydro-1*H*-purin-8-yl)-2,3-dihydro-1*H*-pyrazol-4-yl]- 4086
$C_{24}H_{27}N_5O_{10}P_2$
Adenosin, $O^{5'}$-[1,2-Bis-benzyloxy-2-hydroxy-diphosphoryl]- 3659
$C_{24}H_{27}N_5O_{10}S$
1,5-Anhydro-glucit, O^2,O^3,O^4-Triacetyl-1-[6-amino-purin-9-yl]-O^6-[toluol-4-sulfonyl]- 3691
$C_{24}H_{27}N_7$
Pteridin-2,4-diyldiamin, N^4-[2-Diäthylamino-äthyl]-6,7-diphenyl- 3822
$C_{24}H_{28}N_6O_2$
[4,4']Bi[1,2,3]triazolyl, 5,5'-Bis-[1-hydroxy-1-methyl-propyl]-1,3'-diphenyl-1*H*,3'*H*- 4203
—, 1,3'-Dibenzyl-5,5'-bis-[α-hydroxy-isopropyl]-1*H*,3'*H*- 4202

$C_{24}H_{28}N_6O_{10}S$
Purin-2,6-dion, 8-[Acetyl-(*N*-acetyl-sulfanilyl)-amino]-1-[2,3-diacetoxy-propyl]-3,7-dimethyl-3,7-dihydro- 3991

$C_{24}H_{28}N_8O_5$
Glutaminsäure, *N*-{4-[(2-Amino-4-piperidino-pteridin-6-ylmethyl)-amino]-benzoyl}- 3833

$C_{24}H_{28}N_{14}O_6$
Hydrazin, *N,N'*-Bis-[5-methyl-3-oxo-2-(1,3,7-trimethyl-2,6-dioxo-2,3,6,7-tetrahydro-1*H*-purin-8-yl)-2,3-dihydro-1*H*-pyrazol-4-yl]- 4086

$C_{24}H_{29}N_5O_7$
Cyclo-[2-amino-butyryl→3-amino-3-phenyl-propionyl→pyrrol-2-carbonyl→seryl→seryl] 4152

$C_{24}H_{29}N_7O_{13}P_2$
Diphosphorsäure-1-adenosin-5'-ylester-2-[1-(6-methyl-8-oxo-7,8-dihydro-[2,7]naphthyridinium-2-yl)-1,4-anhydro-ribit-5-ylester]-betain 3652

$C_{24}H_{29}N_9O_{14}P_2$
Diphosphorsäure-1-adenosin-5'-ylester-5-[1-(3-carbamoyl-4-imidazol-1-yl-pyridinio)-1,4-anhydro-ribit-5-ylester]-betain 3652

$[C_{24}H_{30}N_5O]^+$
Methinium, [4-Äthyl-2-isopropyl-7-methyl-[1,2,4]triazolo[1,5-*a*]pyrimidin-5-yl]-[1-äthyl-6-methoxy-[2]chinolyl]- 4128

$C_{24}H_{30}N_6$
2,5,8,17,20,23-Hexaaza-[9.9]paracyclopha-1,8,16,23-tetraen 4191

$C_{24}H_{30}N_6O_7S_2$
1,5-Anhydro-2-desoxy-glucit, 2-Acetylamino-O^4,O^6-benzyliden-1-[6-dimethylamino-2-methylmercapto-purin-9-yl]-O^3-methansulfonyl- 3861

$C_{24}H_{30}N_6S$
Tetrazolium, 1-[2-Cyclohexyl-äthyl]-4-phenäthyl-5-[*N'*-phenyl-thioureido]-, betain 3519
—, 1-Cyclohexylmethyl-4-[3-phenyl-propyl]-5-[*N'*-phenyl-thioureido]-, betain 3519

$C_{24}H_{30}N_8$
5,10,15,20-Tetraaza-porphyrin, 2,3,7,8,12,13,17,18-Octamethyl-2,3,7,8-tetrahydro- 4251
—, 2,3,7,8,12,13,17,18-Octamethyl-2,3,12,13-tetrahydro- 4251

$C_{24}H_{30}N_8O_{14}P_2$
Diphosphorsäure-1-adenosin-5'-ylester-2-[1-(3-formyl-4-imidazol-1-yl-4*H*-[1]pyridyl)-1,4-anhydro-ribit-5-ylester] 3651

$C_{24}H_{30}N_9O_{17}P_3$
Diphosphorsäure-1-[1-(3-carbamoyl-4-imidazol-1-yl-pyridinio)-1,4-anhydro-ribit-5-ylester]-2-[$O^{2'}$-phosphono-adenosin-5'-ylester]-betain 3673

$C_{24}H_{31}Cl_2N_5O_7$
Cyclo-[2-amino-butyryl→3-amino-3-phenyl-propionyl→3,4-dichlor-prolyl→seryl→seryl] 4152
Cyclo-[2-amino-butyryl→seryl→3-amino-3-phenyl-propionyl→seryl→3,4-dichlor-prolyl] 4152

$C_{24}H_{31}N_6O_{10}P$
Anhydrid, [5']Adenylsäure-[*N*-benzyloxycarbonyl-isoleucin]- 3623
—, [5']Adenylsäure-[*N*-benzyloxycarbonyl-leucin]- 3623

$C_{24}H_{31}N_7O_6$
3'-Desoxy-adenosin, 3'-[(*N*-Acetyl-*O*-methyl-tyrosyl)-amino]-N^6,N^6-dimethyl- 3704

$C_{24}H_{31}N_9O_{14}P_2$
Diphosphorsäure-1-adenosin-5'-ylester-2-[1-(3-carbamoyl-4-imidazol-1-yl-4*H*-[1]pyridyl)-1,4-anhydro-ribit-5-ylester] 3652

$C_{24}H_{32}N_6O_{14}P_2$
Diphosphorsäure-1-adenosin-5'-ylester-2-[1-(3-isobutyryl-pyridinio)-1,4-anhydro-ribit-5-ylester]-betain 3637

$C_{24}H_{32}N_8O_6$
3'-Desoxy-adenosin, N^6,N^6-Dimethyl-3'-{[*N*-(*O*-methyl-tyrosyl)-glycyl]-amino}- 3702
—, 3'-[(*N*-Glycyl-*O*-methyl-tyrosyl)-amino]-N^6,N^6-dimethyl- 3705

$C_{24}H_{33}N_7O_{15}P_2$
Diphosphorsäure-1-[1-(4-acetonyl-3-carbamoyl-4*H*-[1]pyridyl)-1,4-anhydro-ribit-5-ylester]-2-adenosin-5'-ylester 3649

$C_{24}H_{34}N_6O_{14}P_2$
Diphosphorsäure-1-adenosin-5'-ylester-2-[1-(3-isobutyryl-4*H*-[1]pyridyl)-1,4-anhydro-ribit-5-ylester] 3636

$C_{24}H_{36}N_6O_6$
Essigsäure, [5,5'-Bis-(1-hydroxy-cyclohexyl)-[4,4']bi[1,2,3]triazolyl-1,3'-diyl]-di-, diäthylester 4204

$C_{24}H_{36}N_8$
Pyrimido[5,4-*d*]pyrimidin, 2,6-Dipiperidino-4,8-dipyrrolidino- 3841

$C_{24}H_{36}N_{10}O_4$
Purin-2,6-dion, 8,8'-Bis-diäthylamino-1,3,1',3'-tetramethyl-3,7,3',7'-tetrahydro-7,7'-äthandiyl-bis- 3986

$C_{24}H_{38}N_6$
2,5,8,17,20,23-Hexaaza-[9.9]paracyclophan 4189

$C_{24}H_{38}N_7O_{17}P_3S$
Coenzym-A, *S*-Acryloyl- 3665

$C_{24}H_{38}N_7O_{18}P_3S$
Coenzym-A, *S*-[3-Oxo-propionyl]- 3668

$C_{24}H_{38}N_7O_{19}P_3S$
Coenzym-A, *S*-Carboxyacetyl- 3666

$C_{24}H_{40}N_6$
Tetradecan, 1,14-Bis-[5,6-dimethyl-[1,2,4]triazin-3-yl]- 4188

$C_{24}H_{40}N_7O_{17}P_3S$
Coenzym-A, *S*-Propionyl- 3664
$C_{24}H_{40}N_7O_{18}P_3S$
Coenzym-A, *S*-[3-Hydroxy-propionyl]- 3667
–, *S*-Lactoyl- 3667
$C_{24}H_{40}N_8O_4$
Pyrimido[5,4-*d*]pyrimidin-2,6-diyldiamin, N^2,N^2,N^6,N^6-Tetrakis-[2-hydroxy-äthyl]-4,8-dipiperidino- 3840
Pyrimido[5,4-*d*]pyrimidin-4,8-diyldiamin, N^4,N^4,N^8,N^8-Tetrakis-[2-hydroxy-äthyl]-2,6-dipiperidino- 3840
$C_{24}H_{41}N_8O_{17}P_3S$
Coenzym-A, *S*-Alanyl- 3669
–, *S*-β-Alanyl- 3669
$[C_{24}H_{42}N_5]^+$
Tetrazolium, 5-Amino-1-[3-methyl-benzyl]-4-pentadecyl- 3503
$C_{24}H_{42}N_6O_3$
3′-Desoxy-adenosin, 3′-Amino-N^6,N^6-diheptyl- 3708
$C_{24}H_{42}N_8$
Benzo[*g*]pteridin-2,4-diyldiamin, N^2,N^4-Bis-[3-diäthylamino-propyl]-6,7,8,9-tetrahydro- 3806
$C_{24}H_{44}N_8$
Pteridin-2,4-diyldiamin, N^2,N^4-Bis-[2-diäthylamino-äthyl]-6,7-diisopropyl-3804

C_{25}

$C_{25}H_{16}ClN_7$
Amin, [2-Chlor-benzyliden]-[2,7-diphenyl-2,7-dihydro-benzo[1,2-*d*;3,4-*d'*]bistriazol-4-yl]- 4228
$C_{25}H_{16}ClN_9O$
Benzotristriazol, 2-[4-Chlor-phenyl]-5-[4-methoxy-phenyl]-8-phenyl-5,8-dihydro-2*H*- 4269
$C_{25}H_{16}N_6O_4$
Pyrazolo[1,5-*a*]pyrimidin-5,7-dion, 2,2′-Diphenyl-4*H*,4′*H*-6,6′-methanylyliden-bis- 4218
$C_{25}H_{17}N_5$
[2,2′;6′,2″;6″,2‴;6‴,2⁗]Quinquepyridin 4124
[3,3′;5′,3″;5″,3‴;5‴,3⁗]Quinquepyridin 4124
$C_{25}H_{18}N_6$
[1,3,5]Triazin-2-ylamin, 4,6-Bis-[4-phenyl-[2]pyridyl]- 4165
$C_{25}H_{18}N_6O_2$
Benzotriazol-5-ol, 2,2′-Diphenyl-2*H*,2′*H*-4,4′-methandiyl-bis- 4205
$C_{25}H_{18}N_8O_3$
Benzamid, *N*,*N'*,*N''*-[1,2,4]Triazolo[4,3-*a*][1,3,5]triazin-3,5,7-triyl-tris- 4169
$C_{25}H_{19}N_5$
Amin, Benzyl-[6,7-diphenyl-pteridin-4-yl]-3777
$C_{25}H_{19}N_7O_2S$
Toluol-4-sulfonamid, *N*-[2,7-Diphenyl-2,7-dihydro-benzo[1,2-*d*;3,4-*d'*]bistriazol-4-yl]- 4229
$C_{25}H_{19}N_7O_8S_3$
Benzolsulfonsäure, 4,4′-[4-(Toluol-4-sulfonylamino)-benzo[1,2-*d*;3,4-*d'*]bistriazol-2,7-diyl]-bis- 4229
$C_{25}H_{20}N_6$
Pteridin-2,4-diyldiamin, N^4-Benzyl-6,7-diphenyl- 3820
$C_{25}H_{21}N_5O_4$
Imidazolidin-2,4-dion, 5,5′-Diphenyl-5,5′-pyridin-2,6-diyldimethyl-bis- 4149
$[C_{25}H_{21}N_6O_2S]^+$
Tetrazolium, 2,3-Diphenyl-5-[4-sulfanilylamino-phenyl]- 3759
$C_{25}H_{22}N_8O_6S$
Benzoesäure, 4-[4-Amino-3-(1,3,7-trimethyl-2,6-dioxo-2,3,6,7-tetrahydro-1*H*-purin-8-ylazo)-naphthalin-1-sulfonylamino]-4093
$C_{25}H_{24}N_7O_{12}P$
[5′]Guanylsäure, $O^{2'},O^{3'}$-Isopropyliden-, bis-[4-nitro-phenylester] 3925
$C_{25}H_{26}N_6$
Amin, [6,7-Diphenyl-4-piperidino-pteridin-2-yl]-dimethyl- 3821
$C_{25}H_{26}N_8O_5$
Essigsäure, [8-(4-Methoxy-benzylidenhydrazino)-1,3-dimethyl-2,6-dioxo-1,2,3,6-tetrahydro-purin-7-yl]-, [4-methoxy-benzylidenhydrazid] 4081
$C_{25}H_{27}N_5$
Amin, Benzo[*e*]pyrimido[4,5,6-*gh*]perimidin-4-yl-nonyl- 3775
$C_{25}H_{28}N_6$
Propandiyldiamin, *N*,*N*-Diäthyl-*N'*-[6,7-diphenyl-pteridin-2-yl]- 3776
$C_{25}H_{28}N_6S$
Pteridin-2-thion, 4-[3-Diäthylamino-propylamino]-6,7-diphenyl-1*H*- 3977
$C_{25}H_{29}N_5O_{10}S_2$
1,5-Anhydro-glucit, O^2,O^3,O^4-Triacetyl-1-[6-amino-2-methylmercapto-purin-9-yl]-O^6-[toluol-4-sulfonyl]- 3856
$C_{25}H_{29}N_7$
Pteridin-2,4-diyldiamin, N^4-[3-Diäthylamino-propyl]-6,7-diphenyl- 3822
$C_{25}H_{30}N_6O_6S$
1,5-Anhydro-2-desoxy-allit, O^3-Acetyl-2-acetylamino-O^4,O^6-benzyliden-1-[6-dimethylamino-2-methylmercapto-purin-9-yl]- 3861
$C_{25}H_{32}N_6S$
Tetrazolium, 1-[2-Cyclohexyl-äthyl]-4-[3-phenyl-propyl]-5-[*N'*-phenyl-thioureido]-, betain 3519

$C_{25}H_{32}N_7O_{11}P$
Phosphonsäure-[$O^{2'}$,$O^{3'}$-isopropyliden-adenosin-5'-ylester]-[$O^{2'}$,$O^{3'}$-isopropyl=iden-uridin-5'-ylester] 3714
$C_{25}H_{32}N_8O_{14}P_2$
Diphosphorsäure-1-[1-(3-acetyl-4-imidazol-1-yl-4*H*-[1]pyridyl)-1,4-anhydro-ribit-5-ylester]-2-adenosin-5'-ylester 3651
$C_{25}H_{37}N_9$
Indolo[2,3-*g*]pteridin-2,4-diyldiamin, N^2,N^4-Bis-[2-diäthylamino-äthyl]-6-methyl-6*H*- 4169
—, N^2,N^4-Bis-[3-dimethylamino-propyl]-6-propyl-6*H*- 4169
$C_{25}H_{39}N_{11}O_4$
Purin-2,6-dion, 8-Diäthylamino-8'-[3-dimethylamino-propylamino]-1,3,1',3'-tetramethyl-3,7,3',7'-tetrahydro-7,7'-äthandiyl-bis- 3988
$C_{25}H_{40}N_7O_{17}P_3S$
Coenzym-A, *S*-But-3-enoyl- 3665
—, *S*-Crotonoyl- 3665
—, *S*-Methacryloyl- 3665
$C_{25}H_{40}N_7O_{18}P_3S$
Coenzym-A, *S*-Acetoacetyl- 3668
$C_{25}H_{40}N_7O_{19}P_3S$
Coenzym-A, *S*-[2-Carboxy-propionyl]- 3666
—, *S*-[3-Carboxy-propionyl]- 3666
$C_{25}H_{42}N_7O_{17}P_3S$
Coenzym-A, *S*-Butyryl- 3664
—, *S*-Isobutyryl- 3664
$C_{25}H_{42}N_7O_{18}P_3S$
Coenzym-A, *S*-[3-Hydroxy-butyryl]- 3667
—, *S*-[β-Hydroxy-isobutyryl]- 3668
$[C_{25}H_{43}ClN_5]^+$
Tetrazolium, 5-Amino-1-[2-chlor-benzyl]-4-heptadecyl- 3498
$C_{25}H_{43}N_{13}O_{10}$
Viomycin 4245
$[C_{25}H_{44}N_5]^+$
Tetrazolium, 5-Amino-1-benzyl-4-heptadecyl- 3498
$C_{25}H_{44}N_8$
Cyclohepta[*g*]pteridin-2,4-diyldiamin, N^2,N^4-Bis-[3-diäthylamino-propyl]-7,8,9,10-tetrahydro-6*H*- 3807
$C_{25}H_{45}N_5$
Amin, Bis-decyl-[7(9)*H*-purin-6-yl]- 3572

C_{26}

$C_{26}H_{16}N_8$
1,3,5,7-Tetraaza-2,6-di-(1,3)isoindola-4,8-di-(2,6)pyridina-cycloocta-1,2,5,6-tetraen 4252
1,3,5,7-Tetraaza-2,6-di-(1,3)isoindola-4,8-di-(3,5)pyridina-cycloocta-1,2,5,6-tetraen 4253
$C_{26}H_{17}N_5O$
Essigsäure-[4-benzo[*a*]pyrazino[2,3-*c*]phenazin-2-yl-anilid] 3779
$C_{26}H_{18}N_6O_4S$
Sulfanilsäure, *N*-Acetyl-, [13-oxo-12,13-dihydro-phenanthro[9,10-*g*]pteridin-11-ylamid] 3977
$[C_{26}H_{20}N_5]^+$
Tetrazolium, 2-Phenyl-5-[4]pyridyl-3-stilben-4-yl- 4112
$C_{26}H_{20}N_6O_4S$
Sulfanilsäure, *N*-Acetyl-, [4-oxo-6,7-diphenyl-3,4-dihydro-pteridin-2-ylamid] 3975
$[C_{26}H_{20}N_8]^{2+}$
[5,5']Bitetrazolyldiium, 2,3,2',3'-Tetraphenyl- 4248
$C_{26}H_{20}N_8O_4$
Benzo[*g*]pteridin-2,4-dion, 7,10,7',10'-Tetramethyl-10*H*,10'*H*-8,8'-äthendiyl-bis- 4264
$C_{26}H_{21}N_7O_3S$
Toluol-4-sulfonamid, *N*-[2-(4-Methoxy-phenyl)-7-phenyl-2,7-dihydro-benzo=[1,2-*d*;3,4-*d'*]bistriazol-4-yl]- 4229
$C_{26}H_{22}N_8O_4$
Benzo[*g*]pteridin-2,4-dion, 7,10,7',10'-Tetramethyl-8,10,8',10'-tetrahydro-1*H*,1'*H*-8,8'-äthandiyliden-bis- 4263
$C_{26}H_{22}N_8O_4S$
Sulfanilsäure, *N*-Acetyl-, [6,7-bis-(4-amino-phenyl)-4-oxo-3,4-dihydro-pteridin-2-ylamid] 3976
$C_{26}H_{24}N_6$
Imidazo[4,5-*d*]pyridazin-4,7-diyldiamin, 1,N^4,N^7-Tribenzyl-1*H*- 3796
$C_{26}H_{24}N_6O_{10}$
Adenosin, $O^{2'}$,$O^{3'}$,$O^{5'}$-Triacetyl-N^6-[*N*,*N*-phthaloyl-glycyl]- 3685
$C_{26}H_{24}N_8O_4$
Pteridin, 2,4-Bis-acetylamino-6,7-bis-[4-acetylamino-phenyl]- 3842
$C_{26}H_{25}N_7O_8S$
Glutaminsäure, *N*-[10-(Toluol-4-sulfonyl)-pteroyl]- 3954
$C_{26}H_{26}N_8O_7S$
Glutaminsäure, *N*-{4-[(2,4-Diamino-pteridin-6-ylmethyl)-(toluol-4-sulfonyl)-amino]-benzyl}- 3836
$C_{26}H_{27}N_5O_5S_2$
2-Thio-barbitursäure, 5-{5-[5-(2-Acetyl=mercapto-acetylamino)-3-oxo-2-phenyl-2,3-dihydro-1*H*-pyrazol-4-yl]-penta-2,4-dienyliden}-1,3-diäthyl- 4022
$C_{26}H_{28}N_5O_6P$
Adenosin, $O^{5'}$-[Benzyloxy-phenyl-phosphinoyl]-$O^{2'}$,$O^{3'}$-isopropyliden- 3715

$C_{26}H_{28}N_5O_7P$
2′-Desoxy-[5′]adenylsäure, $O^{3'}$-Acetyl-, dibenzylester 3593
$C_{26}H_{28}N_6$
5,15-Diaza-porphyrin, 2,3,7,8,12,13,17,18-Octamethyl- 4193
$C_{26}H_{30}N_6O_6$
Cyclo-[glycyl→glycyl→phenylalanyl→glycyl→glycyl→phenylalanyl] 4221
$C_{26}H_{31}N_7$
Pteridin-2,4-diyldiamin, N^4-[4-Diäthylamino-butyl]-6,7-diphenyl- 3822
$C_{26}H_{32}N_6O_2$
[4,4′]Bi[1,2,3]triazolyl, 1,3′-Bis-[2,5-dimethyl-phenyl]-5,5′-bis-[α-hydroxy-isopropyl]-1*H*,3′*H*- 4202
–, 1,3′-Dibenzyl-5,5′-bis-[1-hydroxy-1-methyl-propyl]-1*H*,3′*H*- 4203
$C_{26}H_{32}N_8$
Pteridin-2,4-diyldiamin, N^2,N^4-Bis-[2-dimethylamino-äthyl]-6,7-diphenyl- 3822
$C_{26}H_{35}N_7O_6$
3′-Desoxy-adenosin, 3′-[(*N*-Benzyloxycarbonyl-leucyl)-amino]-N^6,N^6-dimethyl- 3703
$C_{26}H_{40}N_8$
Pyrimido[5,4-*d*]pyrimidin, 2,4,6,8-Tetrapiperidino- 3841
$C_{26}H_{40}N_8O_4$
Pyrimido[5,4-*d*]pyrimidin-2,4,6,8-tetrayltetraamin, N^4,N^4,N^8,N^8-Tetraallyl-N^2,N^2,N^6,N^6-tetrakis-[2-hydroxy-äthyl]- 3840
$C_{26}H_{42}N_7O_{17}P_3S$
Coenzym-A, *S*-[3-Methyl-but-3-enoyl]- 3665
–, *S*-[2-Methyl-crotonoyl]- 3665
–, *S*-[3-Methyl-crotonoyl]- 3666
$C_{26}H_{42}N_8$
Pyrimido[5,4-*d*]pyrimidin-4,8-diyldiamin, N^4,N^8-Diisopentyl-2,6-dipiperidino- 3840
$C_{26}H_{44}N_5O_8P$
Anhydrid, [5′]Adenylsäure-hexadecansäure- 3621
$C_{26}H_{44}N_7O_{17}P_3S$
Coenzym-A, *S*-Isovaleryl- 3664
–, *S*-[2-Methyl-butyryl]- 3664
–, *S*-Valeryl- 3664
$C_{26}H_{44}N_7O_{18}P_3S$
Coenzym-A, *S*-[β-Hydroxy-isovaleryl]- 3668
$[C_{26}H_{46}N_5]$
Tetrazolium, 5-Amino-1-heptadecyl-4-[4-methyl-benzyl]- 3503
$C_{26}H_{48}N_8$
Pteridin-2,4-diyldiamin, N^2,N^4-Bis-[3-diäthylamino-propyl]-6,7-diisopropyl- 3805
$C_{26}H_{48}N_8O_2$
Pyrimido[5,4-*d*]pyrimidin-4,8-diyldiamin, N^4,N^4,N^8,N^8-Tetraäthyl-2,6-bis-[2-diäthylamino-äthoxy]- 3876

C_{27}

$C_{27}H_{18}N_6$
[2,5′;2′,5″]Terbenzimidazol, 2″-Phenyl-1*H*,1′(3′)*H*,1″(3″)*H*- 4197
$C_{27}H_{20}N_6$
[4,3′;5′,4″]Terpyrazol, 1,1′,1″-Triphenyl-1*H*,1′*H*,1″*H*- 4189
$C_{27}H_{21}N_7O_3$
1,3,4,6,7,9,9b-Heptaaza-phenalen-2,5,8-trion, 1,4,7-Tribenzyl-1*H*,4*H*,7*H*- 4243
$C_{27}H_{21}N_9O_3$
Benzotristriazol, 2,5,8-Tris-[2-methoxy-phenyl]-5,8-dihydro-2*H*- 4269
–, 2,5,8-Tris-[4-methoxy-phenyl]-5,8-dihydro-2*H*- 4269
$C_{27}H_{22}N_6$
[4,3′;5′,4″]Terpyrazol, 1,1′,1″-Triphenyl-4′,5′-dihydro-1*H*,1′*H*,1″*H*- 4187
$C_{27}H_{23}N_5$
Dipyrazolo[3,4-*b*;4′,3′-*e*]pyridin, 3,5-Dimethyl-1,4,7-triphenyl-1,4,7,8-tetrahydro- 4117
$[C_{27}H_{23}N_6O_3S]^+$
Tetrazolium, 5-{4-[(*N*-Acetyl-sulfanilyl)-amino]-phenyl}-2,3-diphenyl- 3759
$C_{27}H_{25}N_5O_3$
Purin-2,6-dion, 8-[Äthyl-[1]naphthyl-amino]-1,3-dimethyl-7-phenacyl-3,7-dihydro- 3984
$C_{27}H_{25}N_5O_4$
Imidazolidin-2,4-dion, 3,3′-Dimethyl-5,5′-diphenyl-5,5′-pyridin-2,6-diyldimethyl-bis- 4150
$C_{27}H_{25}N_7O_3$
Pyrimido[5,4-*d*]pyrimidin-2,4,8-triyltriamin, N^2,N^4,N^8-Tris-[2-methoxy-phenyl]- 3829
$C_{27}H_{29}N_5$
5-Aza-porphyrin, 2,3,7,8,12,13,17,18-Octamethyl- 4122
$C_{27}H_{29}N_6O_{10}P$
Anhydrid, [5′]Adenylsäure-[*N*-benzyloxycarbonyl-phenylalanin]- 3623
$C_{27}H_{29}N_6O_{11}P$
Anhydrid, [5′]Adenylsäure-[*N*-benzyloxycarbonyl-tyrosin]- 3624
$C_{27}H_{30}BrN_6O_6P$
Adenosin, $O^{5'}$-[Benzyloxy-(4-brom-benzylamino)-phosphoryl]-$O^{2'}$,$O^{3'}$-isopropyliden- 3716
$C_{27}H_{30}N_5O_7P$
[5′]Adenylsäure, $O^{2'}$,$O^{3'}$-Isopropyliden-, dibenzylester 3715
$C_{27}H_{30}N_6O_{14}P_2$
Diphosphorsäure-1-adenosin-5′-ylester-2-[1-(3-benzoyl-pyridinio)-1,4-anhydro-ribit-5-ylester]-betain 3637

C_{26}

C_{27}

$C_{27}H_{30}N_{10}O_{17}P_2$
Diphosphorsäure-1-adenosin-5'-ylester-2-(1-{[3-(2,4-dinitro-phenylhydrazono)-methyl]-pyridinio}-1,4-anhydro-ribit-5-ylester)-betain 3636
$C_{27}H_{31}N_9O_{14}P_2$
Diphosphorsäure-1-adenosin-5'-ylester-2-riboflavin-4',5'-diylester 3634
$C_{27}H_{32}N_6O_{14}P_2$
Diphosphorsäure-1-adenosin-5'-ylester-2-[1-(3-benzoyl-4*H*-[1]pyridyl)-1,4-anhydro-ribit-5-ylester] 3637
$C_{27}H_{33}N_7$
Pteridin-2,4-diyldiamin, N^4-[3-Dipropyl=amino-propyl]-6,7-diphenyl- 3822
$C_{27}H_{33}N_9O_{15}P_2$
Diphosphorsäure-1-adenosin-5'-ylester-2-riboflavin-5'-ylester 3632
$C_{27}H_{35}N_5O_3$
Purin-2,6-dion, 8-Dicyclohexylamino-1,3-dimethyl-7-phenacyl-3,7-dihydro- 3984
$C_{27}H_{37}N_6O_8P$
Leucin, *N*-[Benzyloxy-($O^{2'}$,$O^{3'}$-isopropyliden-adenosin-5'-yloxy)-phosphoryl]-, methylester 3716
$C_{27}H_{41}N_9$
Indolo[2,3-*g*]pteridin-2,4-diyldiamin, N^2,N^4-Bis-[2-diäthylamino-äthyl]-6-propyl-6*H*- 4169
—, N^2,N^4-Bis-[3-diäthylamino-propyl]-6-methyl-6*H*- 4169
$C_{27}H_{42}N_7O_{19}P_3S$
Coenzym-A, *S*-[4-Carboxy-3-methyl-but-2-enoyl]- 3667
$C_{27}H_{43}N_{11}O_4$
Purin-2,6-dion, 8-Diäthylamino-8'-[3-diäthylamino-propylamino]-1,3,1',3'-tetramethyl-3,7,3',7'-tetrahydro-7,7'-äthandiyl-bis- 3989
$C_{27}H_{44}N_7O_{17}P_3S$
Coenzym-A, *S*-Hex-2-enoyl- 3666
—, *S*-Hex-3-enoyl- 3666
$C_{27}H_{44}N_7O_{20}P_3S$
Coenzym-A, *S*-[4-Carboxy-3-hydroxy-3-methyl-3-methyl-butyryl]- 3668
$C_{27}H_{45}N_9O_{12}$
Cyclo-[glycyl→glycyl→glycyl→N^5-acetyl-N^5-hydroxy-ornithyl→N^5-acetyl-N^5-hydroxy-ornithyl→N^5-acetyl-N^5-hydroxy-ornithyl] 4237
$C_{27}H_{46}N_7O_{17}P_3S$
Coenzym-A, *S*-Hexanoyl- 3620
$C_{27}H_{48}N_6O_9$
1,6,12,17,23,28-Hexaaza-cyclotritriacontan-2,5,13,16,24,27-hexaon, 1,12,23-Trihydroxy- 4221

C_{28}

$C_{28}H_{14}Br_2N_8$
5,10,15,20-Tetraaza-tribenzo[*b,g,l*]porphyrin, 17,18-Dibrom- 4254
$C_{28}H_{14}N_{12}$
5,10,15,20-Tetraaza-tetrapyrido[2,3-*b*;2',3'-*g*;2'',3''-*l*;2''',3'''-*q*]porphyrin 4281
$C_{28}H_{16}N_8$
5,10,15,20-Tetraaza-tribenzo[*b,g,l*]porphyrin 4254
$C_{28}H_{18}N_6$
1,3,5,7-Tetraaza-2,6-di-(1,3)isoindola-4,8-di-(1,3)phena-cycloocta-1,2,5,6-tetraen 4197
$C_{28}H_{20}N_6$
[3,3']Bi[1,2,4]triazolyl, 4,5,4',5'-Tetraphenyl-4*H*,4'*H*- 4192
[2,5';2',5'']Terbenzimidazol, 5-Methyl-2''-phenyl-1(3)*H*,1'(3')*H*,1''(3'')*H*- 4197
$[C_{28}H_{20}N_8]^{2+}$
Benzo[*c*]tetrazolo[2,3-*a*]cinnolinylium, 2,2'-Äthandiyl-bis- 4254
[7,7']Bi[benzo[*c*]tetrazolo[2,3-*a*]cinnolinyl]=diylium, 2,2'-Dimethyl- 4254
$C_{28}H_{21}N_5O_2$
Benzoesäure, 2-[3,5-Dimethyl-1,7-diphenyl-1,7-dihydro-dipyrazolo[3,4-*b*;4',3'-*e*]pyridin-4-yl]- 4153
$C_{28}H_{22}N_6O_2$
Pyrazol-3-on, 5,5'-Dimethyl-2,2'-diphenyl-1,2,1',2'-tetrahydro-4,4'-chinoxalin-2,3-diyl-bis- 4212
$C_{28}H_{22}N_6O_6$
Propionsäure, 3,3'-Bis-[3-methyl-chinoxalin-2-yl]-2,2'-[3,6-dioxo-piperazin-2,5-diyliden]-di- 4225
$[C_{28}H_{22}N_8]^{2+}$
1,3,5,7-Tetraaza-2,6-di-(1,3)isoindola-4,8-di-(3,5)pyridina-cycloocta-1,2,5,6-tetraendiium, [4]1,[8]1-Dimethyl- 4253
$C_{28}H_{22}N_8O_7$
Adenosin, $O^{2'}$,$O^{3'}$,$O^{5'}$-Triisonicotinoyl- 3606
—, $O^{2'}$,$O^{3'}$,$O^{5'}$-Trinicotinoyl- 3605
$C_{28}H_{24}N_6$
Pyrazin, Tetrakis-[6-methyl-[2]pyridyl]- 4197
$[C_{28}H_{24}N_8]^{2+}$
Tetrazolium, 2,3,2',3'-Tetraphenyl-5,5'-äthandiyl-bis- 4248
$C_{28}H_{25}N_5O$
Pteridin-4-on, 3-Benzyl-2-isopropylamino-6,7-diphenyl-3*H*- 3975
$C_{28}H_{26}N_6O_2$
4,12;6,10-Dimethano-anthra[2,3-*d*;6,7-*d'*]bistriazol-5,11-dion, 1,7-Diphenyl-$\Delta^{2,8}$-dodecahydro- 4211
—, 1,9-Diphenyl-$\Delta^{2,7}$-dodecahydro- 4211

$C_{28}H_{26}N_8O_4$
Benzo[g]pteridin-2,4-dion, 3,7,10,3′,7′,10′-Hexamethyl-8,10,8′,10′-tetrahydro-1H,1′H-8,8′-äthandiyliden-bis- 4263
$C_{28}H_{26}N_{16}O_4$
[1,2,4]Triazolo[1,5-a]pyrimidin-7-on, 5,5′,5″,5‴-Tetramethyl-4H,4′H,4″H,4‴H-2,2′,2″,2‴-butan-1,2,3,4-tetrayl-tetrakis- 4283
$C_{28}H_{27}N_5O_2$
Pyrazol-3-on, 1,5,1′,5′-Tetramethyl-2,2′-diphenyl-1,2,1′,2′-tetrahydro-4,4′-[2]pyridylmethandiyl-bis- 4144
—, 1,5,1′,5′-Tetramethyl-2,2′-diphenyl-1,2,1′,2′-tetrahydro-4,4′-[3]pyridylmethandiyl-bis- 4145
—, 1,5,1′,5′-Tetramethyl-2,2′-diphenyl-1,2,1′,2′-tetrahydro-4,4′-[4]pyridylmethandiyl-bis- 4145
$C_{28}H_{27}N_5O_{10}S$
1,4-Anhydro-xylit, O^2-Acetyl-1-[6-benzoylamino-purin-9-yl]-O^5-methoxycarbonyl-O^3-[toluol-4-sulfonyl]- 3684
$C_{28}H_{28}N_6O_5$
Barbitursäure, 5,5-Bis-[1,5-dimethyl-3-oxo-2-phenyl-2,3-dihydro-1H-pyrazol-4-ylmethyl]- 4219
$C_{28}H_{28}N_6O_6$
3′-Desoxy-adenosin, 3′-Acetylamino-$O^{2'}$,$O^{5'}$-dibenzoyl-N^6,N^6-dimethyl- 3700
$C_{28}H_{29}N_5O_6S_2$
Bis-[metho-(toluol-4-sulfonat)] $C_{28}H_{29}N_5O_6S_2$ aus 3,5-Di-[4]pyridyl-1H-[1,2,4]triazol 4117
$C_{28}H_{29}N_5O_{10}S_2$
Adenosin, $O^{2'}$,$O^{3'}$-Diacetyl-N^6,$O^{5'}$-bis-[toluol-4-sulfonyl]- 3722
$C_{28}H_{30}Cl_2N_6O_2$
[4,4′]Bi[1,2,3]triazolyl, 1,3′-Bis-[4-chlor-phenyl]-5,5′-bis-[1-hydroxy-cyclohexyl]-1H,3′H- 4203
$C_{28}H_{30}N_6$
Pteridin, 6,7-Diphenyl-2,4-dipiperidino- 3821
$C_{28}H_{31}N_7O_4$
[4,4′]Bi[1,2,3]triazolyl, 5,5′-Bis-[1-hydroxy-cyclohexyl]-3′-[4-nitro-phenyl]-1-phenyl-1H,3′H- 4203
$C_{28}H_{32}N_6O_4S_2$
2-Thio-barbitursäure, 1,3,1′,3′-Tetraäthyl-5,5′-[2-(1,3-dimethyl-1,3-dihydro-benzimidazol-2-yliden)-propandiyliden]-bis- 4221
$C_{28}H_{34}N_5O_{11}P$
1,5-Anhydro-glucit, O^2,O^3,O^4-Triacetyl-1-[6-benzoylamino-purin-9-yl]-O^6-diäthoxyphosphoryl- 3694
$C_{28}H_{35}N_7O_5$
Benzoesäure, 2-[Piperidin-1-carbonyl]-, [1-(6-piperidino-purin-9-yl)-1,4-anhydro-ribit-3-ylamid] 3709
$C_{28}H_{35}N_7O_8$
3′-Desoxy-adenosin, $O^{2'}$,$O^{5'}$-Diacetyl-3′-[(N-acetyl-O-methyl-tyrosyl)-amino]-N^6,N^6-dimethyl- 3706
$C_{28}H_{36}N_8$
Pteridin-2,4-diyldiamin, N^2,N^4-Bis-[3-dimethylamino-propyl]-6,7-diphenyl- 3822
$C_{28}H_{37}N_{11}O_{18}P_2$
Adenosin, Cytidylyl-(5′→3′)-cytidylyl-(5′→3′)- 3611
$C_{28}H_{40}N_7O_{17}P_3S$
Coenzym-A, S-Benzoyl- 3666
$C_{28}H_{48}N_8O_4$
Pyrimido[5,4-d]pyrimidin-2,6-diyldiamin, N^2,N^2,N^6,N^6-Tetrakis-[2-hydroxy-propyl]-4,8-dipiperidino- 3841

C_{29}

$C_{29}H_{18}N_6O_4$
Naphth[2′,3′:4,5]imidazo[1,2-a]pyrimidin-2,4-dion, 1H,1′H-3,3′-Methandiyl-bis- 4218
$C_{29}H_{23}N_5O_2$
Benzoesäure, 2-[3,5-Dimethyl-1,7-diphenyl-1,7-dihydro-dipyrazolo[3,4-b;4′,3′-e]pyridin-4-yl]-, methylester 4153
$C_{29}H_{24}N_{12}O_6$
Benzotriazol-5-ol, 4,4′-Bis-[5-hydroxy-1-hydroxymethyl-1H-benzotriazol-4-ylmethyl]-1H,1′H-1,1′-methandiyl-bis- 4205
$C_{29}H_{27}N_5O_3$
2′-Desoxy-adenosin, $O^{5'}$-Trityl- 3590
Purin-2,6-dion, 8-Dibenzylamino-1,3-dimethyl-7-phenacyl-3,7-dihydro- 3984
$C_{29}H_{27}N_5O_4$
Adenosin, $O^{5'}$-Trityl- 3602
1,4-Anhydro-xylit, 1-[6-Amino-purin-9-yl]-O^5-trityl- 3603
$C_{29}H_{29}N_5O_2$
Pyrazol-3-on, 1,5,1′,5′-Tetramethyl-2,2′-diphenyl-1,2,1′,2′-tetrahydro-4,4′-[3-amino-benzyliden]-bis- 4014
—, 1,5,1′,5′-Tetramethyl-2,2′-diphenyl-1,2,1′,2′-tetrahydro-4,4′-[6-methyl-[2]pyridylmethandiyl]-bis- 4145
$C_{29}H_{30}N_6O_6S$
1,4-Anhydro-3-desoxy-arabit, 3-Acetylamino-O^2,O^5-dibenzoyl-1-[6-dimethylamino-2-methylmercapto-purin-9-yl]- 3858
3′-Desoxy-adenosin, 3′-Acetylamino-$O^{2'}$,$O^{5'}$-dibenzoyl-N^6,N^6-dimethyl-2-methylmercapto- 3858
$C_{29}H_{30}N_6O_{10}$
Adenosin, $O^{2'}$,$O^{3'}$,$O^{5'}$-Triacetyl-N^6-[N,N-phthaloyl-valyl]- 3686

$C_{29}H_{30}N_7O_{10}P$
Anhydrid, [5']Adenylsäure-[N^{α}-benzyloxycarbonyl-tryptophan]- 3628
$C_{29}H_{32}N_7O_{12}P$
Anhydrid, [5']Adenylsäure-[N-(N-benzyloxycarbonyl-glycyl)-tyrosin]- 3625
$[C_{29}H_{33}N_6O_2]^+$
Trimethinium, 1,3-Bis-[7-acetylamino-1-äthyl-4-methyl-[1,8]naphthyridin-2-yl]- 3824
$C_{29}H_{33}N_7O_6$
3'-Desoxy-adenosin, 3'-[(N-Benzyloxycarbonyl-phenylalanyl)-amino]-N^6,N^6-dimethyl- 3703
$C_{29}H_{33}N_9O_{12}$
Glutaminsäure, N,N'-[N-Pteroyl-glutamoyl]-di- 3947
–, N-Pteroyl-α-glutamyl→α-glutamyl→- 3946
–, N-Pteroyl-α-glutamyl→γ-glutamyl→- 3946
–, N-Pteroyl-γ-glutamyl→α-glutamyl→- 3946
–, N-Pteroyl-γ-glutamyl→γ-glutamyl→- 3946
$[C_{29}H_{34}N_5O_4]^+$
Nortropanium, 3-Benzhydryloxy-8-[1,3-dimethyl-2,6-dioxo-2,3,6,7-tetrahydro-1H-purin-8-yl]-6-methoxy-8-methyl- 3983
$C_{29}H_{34}N_8O_5S$
3'-Desoxy-adenosin, N^6,N^6-Dimethyl-3'-[(O-methyl-N-phenylthiocarbamoyl-tyrosyl)-amino]- 3705
$C_{29}H_{36}N_{12}O_{19}P_2$
Adenosin, Uridylyl-(3'→5')-guanylyl-(3'→5')- 3920
Guanosin, Adenylyl-(5'→3')-uridylyl-(5'→3')- 3907
–, Uridylyl-(5'→3')-adenylyl-(5'→3')- 3908
$C_{29}H_{37}N_7$
Pteridin-2,4-diyldiamin, N^4-[3-Dibutylamino-propyl]-6,7-diphenyl- 3822
$C_{29}H_{37}N_9O_{12}$
Glutaminsäure, N-[5,6,7,8-Tetrahydro-pteroyl]-γ-glutamyl→γ-glutamyl→- 3880
$C_{29}H_{37}N_{12}O_{22}P_3$
[3']Uridylsäure, Adenylyl-(3'→5')-guanylyl-(3'→5')- 3921
–, Guanylyl-(3'→5')-adenylyl-(3'→5')- 3909
$C_{29}H_{37}N_{12}O_{23}P_3$
[3']Uridylsäure, Guanylyl-(3'→5')-guanylyl-(3'→5')- 3921
$C_{29}H_{37}N_{13}O_{17}P_2$
Adenosin, Cytidylyl-(5'→3')-adenylyl-(5'→3')- 3662
$C_{29}H_{38}N_{10}O_{16}P_2$
2'-Desoxy-adenosin, $O^{3'}$-[2'-Desoxy-[5']cytidylyl]-$O^{5'}$-[3']thymidylyl- 3593
$C_{29}H_{38}N_{13}O_{20}P_3$
[3']Cytidylsäure, Adenylyl-(3'→5')-adenylyl-(3'→5')- 3662
$C_{29}H_{38}N_{13}O_{21}P_3$
[3']Cytidylsäure, Adenylyl-(3'→5')-guanylyl-(3'→5')- 3921
–, Guanylyl-(3'→5')-adenylyl-(3'→5')- 3909
$C_{29}H_{38}N_{13}O_{22}P_3$
[3']Cytidylsäure, Guanylyl-(3'→5')-guanylyl-(3'→5')- 3921
$C_{29}H_{41}N_5O_{11}P_2$
Diphosphorsäure-1-adenosin-5'-ylester-2-[17-oxo-androst-5-en-3-ylester] 3631
$C_{29}H_{45}N_5O_3$
Cholan-3,7,12-triol, 24-[7(9)H-Purin-6-ylamino]- 3580
$C_{29}H_{45}N_9$
Indolo[2,3-g]pteridin-2,4-diyldiamin, N^2,N^4-Bis-[3-diäthylamino-propyl]-6-propyl-6H- 4169

C_{30}

$C_{30}H_{16}N_6$
Dibenzo[a,h]bispyrido[1',2':1,2]imidazo[4,5-c;4',5'-j]phenazin 4199
$C_{30}H_{17}N_7$
1,3,5,7-Tetraaza-2,4,6-tri-(1,3)isoindola-8-(1,3)phena-cycloocta-1,3,4,6-tetraen 4241
$C_{30}H_{18}N_6$
Benzol, 1,3,5-Tri-chinoxalin-2-yl- 4199
[1,3,5]Triazin, Tri-[2]chinolyl- 4199
$C_{30}H_{19}N_5$
7,18-o-Benzeno-benzo[a]benzo[7,8][1,3,6]triazocino[4,5-c]phenazin, 6-Methyl- 4124
$C_{30}H_{20}Cl_4N_8$
[2,2']Biimidazolyliden-4,5,4',5'-tetrayltetraamin, N^4,N^5,$N^{4'}$,$N^{5'}$-Tetrakis-[4-chlor-phenyl]- 3838
Pyrimido[5,4-d]pyrimidin-2,4,6,8-tetrayltetraamin, N^2,N^4,N^6,N^8-Tetrakis-[4-chlor-phenyl]- 3839
$[C_{30}H_{20}Hg_2N_4]^{2+}$
[3,3']Bipyrazolyl-4,4'-diyldiquecksilber(2+), 1,5,1',5'-Tetraphenyl-1H,1'H- 4105
$C_{30}H_{20}N_6$
[3,3']Bi[1,2,4]triazinyl, 5,6,5',6'-Tetraphenyl- 4198
[2,2';6',2'';6'',2''';6''',2'''';6'''',2''''']Sexipyridin 4199
$C_{30}H_{20}N_8$
Äthen, Tetrakis-[1H-benzimidazol-2-yl]- 4254
$C_{30}H_{21}N_5$
Pteridinium, 2-Anilino-6,7,8-triphenyl-, betain 3776

$C_{30}H_{21}N_5O$
Pteridin-4-on, 2-Anilino-3,6,7-triphenyl-3*H*- 3975

$C_{30}H_{22}N_6$
1,3,5,7-Tetraaza-2,6-di-(1,3)isoindola-4,8-di-(1,3)phena-cycloocta-1,2,5,6-tetraen, [4]4,[8]4-Dimethyl- 4198

$C_{30}H_{22}N_8$
Äthan, 1,1,2,2-Tetrakis-[1*H*-benzimidazol-2-yl]- 4254

$C_{30}H_{23}BrN_6O_3$
Trispiro[cyclopropan-1,4′;2,4″;3,4‴-tripyrazol]-3′,3″,3‴-trion, 2‴-[4-Brom-phenyl]-5′,5″,5‴-trimethyl-2′,2″-diphenyl-2′*H*,2″*H*,2‴*H*- 4214
—, 2′-[4-Brom-phenyl]-5′,5″,5‴-trimethyl-2″,2‴-diphenyl-2′*H*,2″*H*,2‴*H*- 4214

$C_{30}H_{24}N_6O_3$
Trispiro[cyclopropan-1,4′;2,4″;3,4‴-tripyrazol]-3′,3″,3‴-trion, 5′,5″,5‴-Trimethyl-2′,2″,2‴-triphenyl-2′*H*,2″*H*,2‴*H*- 4213

$C_{30}H_{24}N_8$
[2,2′]Biimidazolyliden-4,5,4′,5′-tetrayltetraamin, N^4,N^5,$N^{4'}$,$N^{5'}$-Tetraphenyl- 3838
Pyrimido[5,4-*d*]pyrimidin-2,4,6,8-tetrayltetraamin, N^2,N^4,N^6,N^8-Tetraphenyl- 3839

$C_{30}H_{25}BrN_6O_3$
[4,4′;4′,4″]Terpyrazol-3,3′,3″-trion, 2-[4-Brom-phenyl]-5,5′,5″-trimethyl-2′,2″-diphenyl-1,2,1″,2″-tetrahydro-2′*H*- 4213

$C_{30}H_{26}N_6O_3$
[4,4′;4′,4″]Terpyrazol-3,3′,3″-trion, 5,5′,5″-Trimethyl-2,2′,2″-triphenyl-1,2,1″,2″-tetrahydro-2′*H*- 4213

$C_{30}H_{31}N_7O_2$
Purin-2,6-dion, 8-Dibenzylamino-1,3-dimethyl-7-[2-phenylhydrazono-propyl]-3,7-dihydro- 3983

$C_{30}H_{31}N_7O_7$
3′-Desoxy-adenosin, N^6,N^6-Dimethyl-3′-[(*O*-methyl-*N*,*N*-phthaloyl-tyrosyl)-amino]- 3704

$[C_{30}H_{32}N_6]^{2+}$
[1.1.0]Trimethindiium, 1,2,3-Tris-[1,3-dimethyl-1*H*-benzimidazol-2-yl]- 4196

$C_{30}H_{32}N_6O_7$
Adenosin, $O^{5'}$-[*N*-Benzyloxycarbonyl-phenylalanyl]-$O^{2'}$,$O^{3'}$-isopropyliden- 3713

$C_{30}H_{33}N_9O_{13}$
Glutaminsäure, *N*-[10-Formyl-pteroyl]-γ-glutamyl→γ-glutamyl→- 3950

$C_{30}H_{35}N_5$
Äthylamin, 2-[8,13-Diäthyl-3,7,12,17-tetramethyl-porphyrin-2-yl]- 3777

$[C_{30}H_{35}N_6O_2]^+$
Trimethinium, 1,3-Bis-[7-acetylamino-1-äthyl-4-methyl-[1,8]naphthyridin-2-yl]-2-methyl- 3824

$C_{30}H_{35}N_7O_7$
3′-Desoxy-adenosin, 3′-[(*N*-Benzyloxycarbonyl-*O*-methyl-tyrosyl)-amino]-N^6,N^6-dimethyl- 3705

$C_{30}H_{36}N_6$
5,10-Diaza-porphyrin, 2,8,12,18-Tetraäthyl-3,7,13,17-tetramethyl- 4193
5,15-Diaza-porphyrin, 2,8,12,18-Tetraäthyl-3,7,13,17-tetramethyl- 4193
—, 3,7,13,17-Tetraäthyl-2,8,12,18-tetramethyl- 4193

$C_{30}H_{36}N_6O_2$
[4,4′]Bi[1,2,3]triazolyl, 1,3′-Dibenzyl-5,5′-bis-[1-hydroxy-cyclohexyl]-1*H*,3′*H*- 4204

$C_{30}H_{38}N_{15}O_{21}P_3$
[3′]Guanylsäure, Adenylyl-(3′→5′)-guanylyl-(3′→5′)- 3921

$C_{30}H_{38}N_{15}O_{22}P_3$
[3′]Guanylsäure, Guanylyl-(3′→5′)-guanylyl-(3′→5′)- 3921

$C_{30}H_{40}N_8$
Pteridin-2,4-diyldiamin, N^2,N^4-Bis-[2-diäthylamino-äthyl]-6,7-diphenyl- 3822
—, N^2,N^4-Bis-[3-isopropylamino-propyl]-6,7-diphenyl- 3823

$C_{30}H_{55}N_5O_5$
Cyclo-*lin*(*N*→6)pentakis-hexanamid 4150

$C_{30}H_{56}N_8O_4$
Pyrimido[5,4-*d*]pyrimidin-2,4,6,8-tetrayltetraamin, N^4,N^4,N^8,N^8-Tetrabutyl-N^2,N^2,N^6,N^6-tetrakis-[2-hydroxy-äthyl]- 3840

$C_{30}H_{65}N_5$
1,8,15,22,29-Pentaaza-cyclopentatriacontan 4106

C_{31}

$C_{31}H_{18}N_6$
Benz[*a*]imidazo[1′,2′:2,3][1,2,4]triazino[5,6-*c*]phenazin, 1,2-Diphenyl- 4200

$C_{31}H_{19}N_5O$
Benzoesäure-[4-benzo[*a*]pyrazino[2,3-*c*]phenazin-2-yl-anilid] 3779

$C_{31}H_{19}N_7$
1,3,5,7-Tetraaza-2,4,6-tri-(1,3)isoindola-8-(1,3)phena-cycloocta-1,3,4,6-tetraen, [8]4-Methyl- 4241

$C_{31}H_{21}N_5$
Dipyrazolo[3,4-*b*;4′,3′-*e*]pyridin, 1,3,5,7-Tetraphenyl-1,7-dihydro- 4121
Pyridin, 4-Phenyl-3,5-di-[2]pyridyl-2,6-di-[3]pyridyl- 4124

$C_{31}H_{22}N_8O_{13}$
Adenosin, $O^{2'}$,$O^{3'}$,$O^{5'}$-Tris-[4-nitro-benzoyl]- 3604

$C_{31}H_{23}N_5$
Imidazo[4,5-*b*]phenazin, 2-Methyl-1,5-diphenyl-2-[4]pyridyl-2,5-dihydro-1*H*- 4120

$C_{31}H_{23}N_9O_2S$
Toluol-4-sulfonamid, *N*-[2,7-Diphenyl-5-phenylazo-2,7-dihydro-benzo[1,2-*d*;3,4-*d'*]bistriazol-4-yl]- 4239

$C_{31}H_{24}Br_2N_6O_3$
Trispiro[cyclopropan-1,4';2,4'';3,4'''-tripyrazol]-3',3'',3'''-trion, 2',2''-Bis-[4-brom-phenyl]-5',5'',5'''-trimethyl-2'''-*o*-tolyl-2'*H*,2''*H*,2'''*H*- 4215
–, 2',2'''-Bis-[4-brom-phenyl]-5',5'',5'''-trimethyl-2''-*o*-tolyl-2'*H*,2''*H*,2'''*H*- 4215

$C_{31}H_{25}N_5O_7$
Adenosin, $O^{2'}$,$O^{3'}$,$O^{5'}$-Tribenzoyl- 3604

$C_{31}H_{25}N_5O_7S$
6-Thio-guanosin, $O^{2'}$,$O^{3'}$,$O^{5'}$-Tribenzoyl- 3927

$C_{31}H_{25}N_5O_8$
Guanosin, $O^{2'}$,$O^{3'}$,$O^{5'}$-Tribenzoyl- 3903

$C_{31}H_{26}N_6O_2$
[3,4']Bipyrazolyliden-3'-on, 5,5'-Dimethyl-4-[5-methyl-3-oxo-2-phenyl-2,3-dihydro-1*H*-pyrazol-4-ylmethylen]-2,2'-diphenyl-2,4-dihydro-2'*H*- 4210

$C_{31}H_{26}N_6O_3$
Trispiro[cyclopropan-1,4';2,4'';3,4'''-tripyrazol]-3',3'',3'''-trion, 5',5'',5'''-Trimethyl-2',2''-diphenyl-2'''-*o*-tolyl-2'*H*,2''*H*,2'''*H*- 4214
–, 5',5'',5'''-Trimethyl-2',2'''-diphenyl-2''-*o*-tolyl-2'*H*,2''*H*,2'''*H*- 4214
–, 5',5'',5'''-Trimethyl-2',2''-diphenyl-2'''-*p*-tolyl-2'*H*,2''*H*,2'''*H*- 4215
–, 5',5'',5'''-Trimethyl-2',2'''-diphenyl-2''-*p*-tolyl-2'*H*,2''*H*,2'''*H*- 4215

$C_{31}H_{26}N_6O_5S$
Benzolsulfonsäure, 4-[5,3'-Dimethyl-4-(5-methyl-3-oxo-2-phenyl-2,3-dihydro-1*H*-pyrazol-4-ylmethylen)-5'-oxo-2-phenyl-2,4-dihydro-5'*H*-[3,4']bipyrazolyliden-1'-yl]- 4210

$C_{31}H_{26}N_6O_8S_2$
[3,4']Bipyrazolyliden-3'-on, 5,5'-Dimethyl-4-[5-methyl-3-oxo-2-(4-sulfo-phenyl)-2,3-dihydro-1*H*-pyrazol-4-ylmethylen]-2'-phenyl-2-[4-sulfo-phenyl]-2,4-dihydro-2'*H*- 4210

$C_{31}H_{28}N_8O_7$
Adenosin, $O^{2'}$,$O^{3'}$,$O^{5'}$-Tris-[4-amino-benzoyl]- 3605

$C_{31}H_{30}N_5O_7P$
Adenosin, $O^{2'}$,$O^{3'}$-Benzyliden-N^6-[bis-benzyloxy-phosphoryl]- 3723
–, $O^{3'}$,$O^{5'}$-Benzyliden-N^6-[bis-benzyloxy-phosphoryl]- 3723
[2']Adenylsäure, $O^{3'}$,$O^{5'}$-Benzyliden-, dibenzylester 3718
[5']Adenylsäure, $O^{2'}$,$O^{3'}$-Benzyliden-, dibenzylester 3718

$C_{31}H_{31}N_5O_3$
Pyrazol-3-on, 1,5,1',5'-Tetramethyl-2,2'-diphenyl-1,2,1',2'-tetrahydro-4,4'-[3-acetylamino-benzyliden]-bis- 4014

$C_{31}H_{31}N_5O_{10}S_3$
Adenosin, N^6,$O^{2'}$,$O^{3'}$-Tris-[toluol-4-sulfonyl]- 3722

$[C_{31}H_{32}N_5O_2]^+$
Methinium, [4-Dimethylamino-phenyl]-bis-[1,5-dimethyl-3-oxo-2-phenyl-2,3-dihydro-1*H*-pyrazol-4-yl]- 4016

$C_{31}H_{32}N_6O_5$
Barbitursäure, 1-Allyl-5,5-bis-[1,5-dimethyl-3-oxo-2-phenyl-2,3-dihydro-1*H*-pyrazol-4-ylmethyl]- 4219

$C_{31}H_{33}N_5O$
Äthylisocyanat, 2-[8,13-Diäthyl-3,7,12,17-tetramethyl-porphyrin-2-yl]- 3778

$C_{31}H_{33}N_5O_2$
Pyrazol-3-on, 1,5,1',5'-Tetramethyl-2,2'-diphenyl-1,2,1',2'-tetrahydro-4,4'-[4-dimethylamino-benzyliden]-bis- 4015

$C_{31}H_{33}N_5O_3$
Pyrazol-3-on, 1,5,1',5'-Tetramethyl-2,2'-diphenyl-1,2,1',2'-tetrahydro-4,4'-[4-dimethylamino-α-hydroxy-benzyliden]-bis- 4037

$C_{31}H_{34}N_8O_6$
3'-Desoxy-adenosin, 3'-[(N^{α}-Benzyloxycarbonyl-tryptophyl)-amino]-N^6,N^6-dimethyl- 3706

$C_{31}H_{37}N_5$
5-Aza-porphyrin, 2,8,12,18-Tetraäthyl-3,7,13,17-tetramethyl- 4122
–, 2,8,13,17-Tetraäthyl-3,7,12,18-tetramethyl- 4122
–, 3,7,12,18-Tetraäthyl-2,8,13,17-tetramethyl- 4122

$[C_{31}H_{37}N_6O_2]^+$
Trimethinium, 1,3-Bis-[7-acetylamino-1-äthyl-4-methyl-[1,8]naphthyridinium-2-yl]-2-äthyl- 3825

$C_{31}H_{37}N_6O_8P$
Phenylalanin, *N*-[Benzyloxy-($O^{2'}$,$O^{3'}$-isopropyliden-adenosin-5'-yloxy)-phosphoryl]-, äthylester 3716

$C_{31}H_{43}N_{11}O_4$
Purin-2,6-dion, 8-[Benzyl-(2-dimethylamino-äthyl)-amino]-8'-diäthylamino-1,3,1',3'-tetramethyl-3,7,3',7'-tetrahydro-7,7'-äthandiyl-bis- 3987

C_{32}

$C_{32}H_2Cl_{16}N_8$
Phthalocyanin, 29,31*H*-Hexadecachlor- 4258

$C_{32}H_{10}Cl_8N_8$
Phthalocyanin, 1,4,8,11,15,18,22,25-Octachlor- 4257
—, 2,3,9,10,16,17,23,24-Octachlor- 4257
$C_{32}H_{17}ClN_8$
Phthalocyanin, 2-Chlor- 4257
$C_{32}H_{18}N_8$
Phthalocyanin 4255
$C_{32}H_{20}N_8$
1,2,5,6-Tetraaza-3,4,7,8-tetra-(1,3)isoindolacycloocta-2,3,4,6,7,8-hexaen 4255
$[C_{32}H_{20}N_8]^{2+}$
Benzo[*c*]tetrazolo[2,3-*a*]cinnolinylium, 2,2'-*p*-Phenylen-bis- 4258
$C_{32}H_{22}Cl_2N_6O_4$
[4,4']Bipyrazolyl-3,3'-dion, 5,5'-Bis-[4-chlor-benzoylamino]-2,2'-diphenyl-1,2,1',2'-tetrahydro- 3992
$C_{32}H_{22}N_6$
Pyrazin, 2,5-Di-chinoxalin-2-yl-1,4-diphenyl-1,4-dihydro- 4194
$C_{32}H_{22}N_8$
Phthalocyanin, 1,2,3,4-Tetrahydro- 4252
$C_{32}H_{24}ClN_9O_3S$
Toluol-4-sulfonamid, *N*-[5-(4-Chlor-phenylazo)-2-(4-methoxy-phenyl)-7-phenyl-2,7-dihydro-benzo[1,2-*d*;3,4-*d'*]bistriazol-4-yl]- 4239
$C_{32}H_{24}N_6O_4$
[4,4']Bipyrazolyl-3,3'-dion, 5,5'-Bis-benzoylamino-2,2'-diphenyl-1,2,1',2'-tetrahydro- 3992
$[C_{32}H_{24}N_8]^{2+}$
Tetrazolium, 2,3,2',3'-Tetraphenyl-5,5'-*p*-phenylen-bis- 4250
$C_{32}H_{25}N_5O_7$
Furan, 2-[6-Amino-purin-6-yl]-3,4-bis-benzoyloxy-2-benzoyloxymethyl-5-methylen-tetrahydro- 3689
$C_{32}H_{26}N_6$
Pteridin-2,4-diyldiamin, N^2,N^4-Dibenzyl-6,7-diphenyl- 3820
$C_{32}H_{26}N_8$
Phthalocyanin, Octahydro- 4252
$C_{32}H_{26}N_{10}$
Guanidin, 1,3,1',3'-Tetraphenyl-1,1'-pyrimido[5,4-*d*]pyrimidin-4,8-diyl-di- 3798
$C_{32}H_{29}N_5O_2$
Pyrazol-3-on, 1,5,1',5'-Tetramethyl-2,2'-diphenyl-1,2,1',2'-tetrahydro-4,4'-[2]chinolylmethandiyl-bis- 4146
—, 1,5,1',5'-Tetramethyl-2,2'-diphenyl-1,2,1',2'-tetrahydro-4,4'-[4]chinolylmethandiyl-bis- 4146
$C_{32}H_{30}N_6O_6$
Propionsäure, 3,3'-Bis-[3-methyl-chinoxalin-2-yl]-2,2'-[3,6-dioxo-piperazin-2,5-diyliden]-di-, diäthylester 4225
$C_{32}H_{30}N_8$
Phthalocyanin, 1,2,3,4,8,9,10,11,15,16,17,18-Dodecahydro- 4252
$C_{32}H_{31}N_5O_3S$
2',3'-Anhydro-adenosin, N^6,N^6-Dimethyl-2-methylmercapto-$O^{5'}$-trityl- 3860
$C_{32}H_{31}N_5O_5$
Guanosin, $O^{2'}$,$O^{3'}$-Isopropyliden-$O^{5'}$-trityl- 3924
$[C_{32}H_{32}N_8]^{2+}$
Tetrazolium, 2,3,2',3'-Tetraphenyl-5,5'-hexandiyl-bis- 4249
$C_{32}H_{33}N_5O_9S_4$
5'-Thio-adenosin, *S*-Methyl-N^6,$O^{2'}$,$O^{3'}$-tris-[toluol-4-sulfonyl]- 3722
$C_{32}H_{34}N_8$
Phthalocyanin, 1,2,3,4,8,9,10,11,15,16,17,18,22,23,24,25-Hexadecahydro- 4252
$C_{32}H_{37}N_5O_2$
Carbamidsäure, [2-(8,13-Diäthyl-3,7,12,17-tetramethyl-porphyrin-2-yl)-äthyl]-, methylester 3778
$C_{32}H_{38}N_8$
Phthalocyanin, 1,2,3,4,4a,7a,8,9,10,11,11a,15,16,17,18,22,23,24,25,28a-Eicosahydro- 4252
—, 1,2,3,4,4a,8,9,10,11,14a,15,16,17,18,18a,22,23,24,25,28a-Eicosahydro- 4252
$C_{32}H_{38}N_8O_8$
3'-Desoxy-adenosin, 3'-{[*N*-(*N*-Benzyloxycarbonyl-glycyl)-*O*-methyl-tyrosyl]-amino}-N^6,N^6-dimethyl- 3705
—, 3'-{[*N*-(*N*-Benzyloxycarbonyl-*O*-methyl-tyrosyl)-glycyl]-amino}-N^6,N^6-dimethyl- 3702
$C_{32}H_{40}N_6$
Porphyrin, 2,7-Diäthyl-13,17-bis-[2-amino-äthyl]-3,8,12,18-tetramethyl- 3825
$C_{32}H_{40}N_8O_7$
3'-Desoxy-adenosin, N^6,N^6-Dimethyl-$N^{3'}$-{[*O*-methyl-*N*-(*O*-methyl-tyrosyl)-tyrosyl]-amino}- 3706
$C_{32}H_{42}N_6O_4$
Pyrazino[2,3-*b*;5,6-*b'*]dichinoxalin, 1,4,8,11-Tetrabutoxy-6,13-dihydro- 4206
—, 1,4,9,10-Tetrabutoxy-6,13-dihydro- 4206
$C_{32}H_{42}N_8$
Ätioporphyrin-I, 3^2,8^2,13^2,18^2-Tetraamino- 3843
$C_{32}H_{43}N_5O_7$
Cholan-24-säure, 3,7,12-Tris-formyloxy-, [7(9)*H*-purin-6-ylamid] 3584
$C_{32}H_{44}N_8$
Pteridin-2,4-diyldiamin, N^2,N^4-Bis-[3-diäthylamino-propyl]-6,7-diphenyl- 3823
$C_{32}H_{56}Cl_2N_6$
Pyrimido[5,4-*d*]pyrimidin-4,8-diyldiamin, 2,6-Dichlor-N^4,N^8-didodecyl-N^4,N^8-dimethyl- 3798

C_{33}

$C_{33}H_{19}N_7$
5,10,15-Triaza-tetrabenzo[*b,g,l,q*]porphyrin 4241
$C_{33}H_{20}N_6$
Benz[*f*]imidazo[1′,2′:2,3][1,2,4]triazino[6,5-*h*]chinoxalin, 2,11,12-Triphenyl- 4200
$C_{33}H_{28}N_6O_3$
Acetyl-Derivat $C_{33}H_{28}N_6O_3$ aus 5,5′-Dimethyl-4-[5-methyl-3-oxo-2-phenyl-2,3-dihydro-1*H*-pyrazol-4-ylmethylen]-2,2′-diphenyl-2,4-dihydro-2′*H*-[3,4′]bipyrazolyliden-3′-on 4210
$C_{33}H_{30}N_6O_3$
Trispiro[cyclopropan-1,4′;2,4″;3,4‴-tripyrazol]-3′,3″,3‴-trion, 5′,5″,5‴-Trimethyl-2′,2″,2‴-tri-*o*-tolyl-2′*H*,2″*H*,2‴*H*- 4215
—, 5′,5″,5‴-Trimethyl-2′,2″,2‴-tri-*p*-tolyl-2′*H*,2″*H*,2‴*H*- 4215
$C_{33}H_{30}N_6O_{10}$
Adenosin, $O^{2'}$,$O^{3'}$,$O^{5'}$-Triacetyl-N^6-[*N*,*N*-phthaloyl-phenylalanyl]- 3686
$C_{33}H_{31}N_5O_5$
2′-Desoxy-adenosin, O^6,$O^{3'}$-Diacetyl-$O^{5'}$-trityl- 3594
$C_{33}H_{40}N_6O_6$
Propionsäure, 3,3′-[3,17-Bis-(2-amino-äthyl)-2,7,13,18-tetramethyl-1,19-dioxo-19,21,22,24-tetrahydro-1*H*-bilin-8,12-diyl]-di- 4063
$[C_{33}H_{42}N_5]^+$
Ammonium, [2-(8,13-Diäthyl-3,7,12,17-tetramethyl-porphyrin-2-yl)-äthyl]-trimethyl- 3778
$C_{33}H_{54}N_6O_{12}$
1,6,12,17,23,28-Hexaaza-cyclotritriacontan-2,5,13,16,24,27-hexaon, 1,12,23-Triacetoxy- 4221

C_{34}

$C_{34}H_{16}N_6O_4$
Anthrachinon, 1,1′-Benzo[1,2-*d*;4,5-*d*′]bistriazol-1,7-diyl-di- 4185
$C_{34}H_{20}N_6$
5,10-Diaza-tetrabenzo[*b,g,l,q*]porphyrin 4200
$C_{34}H_{24}N_6$
Benzol, 1,4-Bis-[4,5-diphenyl-4*H*-[1,2,4]triazol-3-yl]- 4195
$C_{34}H_{26}N_6$
Pyrazin, 2,5-Di-chinoxalin-2-yl-1,4-di-*p*-tolyl-1,4-dihydro- 4194
$C_{34}H_{28}N_6O_7$
3′-Desoxy-adenosin, $O^{2'}$,$O^{5'}$-Dibenzoyl-N^6,N^6-dimethyl-3′-phthalimido- 3701
5′-Desoxy-adenosin, $O^{2'}$,$O^{3'}$-Dibenzoyl-N^6,N^6-dimethyl-5′-phthalimido- 3695
$C_{34}H_{29}ClN_6$
Pyrimido[5,4-*d*]pyrimidin-4,8-diyldiamin, N^4,N^4,N^8,N^8-Tetrabenzyl-2-chlor- 3798
$C_{34}H_{29}N_5O_8$
1,4-Anhydro-6-desoxy-glucit, O^2-Acetyl-O^3,O^5-dibenzoyl-1-[6-benzoylamino-purin-9-yl]- 3688
xylo-1,4-Anhydro-5-desoxy-hexit, $O^{2'}$-Acetyl-O^3,O^6-dibenzoyl-1-[6-benzoylamino-purin-9-yl]- 3689
$C_{34}H_{34}N_6O_3$
Pyrazol-3-on, 1,5,1′,5′,1″,5″-Hexamethyl-2,2′,2″-triphenyl-1,2,1′,2′,1″,2″-hexahydro-4,4′,4″-methantriyl-tris- 4213
$C_{34}H_{35}N_5O_4$
Propionsäure, 3-[7-Äthyl-3,8,13,17-tetramethyl-2′,6′-dioxo-12-vinyl-17,18,1′,6′-tetrahydro-2′*H*-pyrido[3,4,5-*at*]porphyrin-18-yl]-, methylester 4155
$C_{34}H_{36}N_6O_8$
Propionsäure, 3,3′,3″,3‴-[3,7,13,17-Tetramethyl-5,15-diaza-porphyrin-2,8,12,18-tetrayl]-tetra- 4224
$C_{34}H_{36}N_8O_{12}$
Benzo[*g*]pteridin-2,4-dion, 7,7′-Dimethyl-10,10′-di-ribit-1-yl-10*H*,10′*H*-8,8′-äthendiyl-bis- 4264
$C_{34}H_{37}N_5O_3$
Carbamidsäure, [2-(7,12-Diäthyl-3,8,13,17-tetramethyl-2^1-oxo-2^1,2^2-dihydro-cyclopenta[*at*]porphyrin-18-yl)-äthyl]-, methylester 3977
Propionsäure, 3-[7,12-Diäthyl-3,8,13,17-tetramethyl-6′-oxo-5′,6′-dihydro-1′*H*-pyrido[4,3,2-*ta*]porphyrin-18-yl]-, methylester 4154
$C_{34}H_{37}N_5O_4$
Propionsäure, 3-[7,12-Diäthyl-3,8,13,17-tetramethyl-2′,6′-dioxo-17,18,1′,6′-tetrahydro-2′*H*-pyrido[3,4,5-*at*]porphyrin-18-yl]-, methylester 4155
$C_{34}H_{38}N_8O_{12}$
Benzo[*g*]pteridin-2,4-dion, 7,7′-Dimethyl-10,10′-di-ribit-1-yl-10*H*,10′*H*-8,8′-äthandiyl-bis- 4263
—, 7,7′-Dimethyl-10,10′-di-ribit-1-yl-8,10,8′,10′-tetrahydro-1*H*,1′*H*-8,8′-äthandiyliden-bis- 4264
$C_{34}H_{39}N_5O_2$
Diacetamid, *N*-[2-(8,13-Diäthyl-3,7,12,17-tetramethyl-porphyrin-2-yl)-äthyl]- 3778
$C_{34}H_{39}N_5O_4$
Propionsäure, 3-[7,12-Diäthyl-5′-hydroxy-5′-methoxy-3,8,13,17-tetramethyl-1′,5′-dihydro-pyrrolo[4,3,2-*ta*]porphyrin-18-yl]-, methylester 4154
Pyrroporphyrin, 13-Methoxycarbonylamino-, methylester 4048

$C_{34}H_{42}N_8O_4$
5,6,7,8,13,14,15,16-Octaaza-hexacen, 1,4,10,11-Tetrabutoxy-6,15-dihydro- 4261

$C_{34}H_{42}N_8O_8$
3'-Desoxy-adenosin, 3'-[(N^2,N^6-Bis-benzyloxycarbonyl-lysyl)-amino]-N^6,N^6-dimethyl- 3703

$C_{34}H_{44}N_6$
5,15-Diaza-porphyrin, 2,3,7,8,12,13,17,18-Octaäthyl- 4194

$C_{34}H_{44}N_8O_2$
Pyrimido[5,4-*d*]pyrimidin-4,8-diyldiamin, N^4,N^8-Dibenzyl-N^4,N^8-bis-[2-hydroxy-äthyl]-2,6-dipiperidino- 3840

C_{35}

$C_{35}H_{21}N_5$
5-Aza-tetrabenzo[*b,g,l,q*]porphyrin 4125

$C_{35}H_{33}N_5$
Pyridin, 2,6-Bis-[1,3-diphenyl-imidazolidin-2-yl]- 4109

$C_{35}H_{33}N_5O_7$
Adenosin, N^6,$N^{2'}$,$N^{3'}$-Triacetyl-$O^{5'}$-trityl- 3683

$C_{35}H_{41}N_5O_6$
Biliverdin, 18^2-Amino-18^1,18^2-dihydro-, dimethylester 4064

$C_{35}H_{44}N_6O_{19}$
1,5-Anhydro-glucit, O^2,O^3,O^6-Triacetyl-1-[2,6-bis-acetylamino-purin-9-yl]-O^4-[tetra-*O*-acetyl-galactopyranosyl]- 3795

C_{36}

$C_{36}H_{22}N_6$
1,3,5,7-Tetraaza-2,6-di-(1,3)isoindola-4,8-di-(2,7)naphthalina-cycloocta-1,2,5,6-tetraen 4201

$C_{36}H_{24}N_6$
[1,3,5]Triazin, Tris-[4-phenyl-[2]pyridyl]- 4200

$C_{36}H_{26}N_6$
14,17-Methano-chinoxalino[2,3-*b*]dibenzo[5,6;7,8]chinoxalino[2,3-*i*]phenazin, 14,23,23-Trimethyl-14,15,16,17-tetrahydro- 4200

$C_{36}H_{27}ClN_8O$
Phthalocyanin, 7-*tert*-Butoxy-6-chlor-6,7-dihydro- 4256

$C_{36}H_{27}N_{15}$
[1,3,5]Triazin, 1,3,5-Tris-[2-phenyl-2*H*-[1,2,3]triazolo[4,5-*b*]pyridin-5-yl]-hexahydro- 3538

$[C_{36}H_{28}N_{12}O_2]^{2+}$
Tetrazolium, 3,3'-Di-[2]pyridyl-5,5'-di-[4]pyridyl-2,2'-[3,3'-dimethoxy-biphenyl-4,4'-diyl]-bis- 4112
—, 3,5,3',5'-Tetra-[2]pyridyl-2,2'-[3,3'-dimethoxy-biphenyl-4,4'-diyl]-bis- 4110

$C_{36}H_{30}N_6$
Pyrazin, 2,5-Di-chinoxalin-2-yl-1,4-bis-[2,4-dimethyl-phenyl]-1,4-dihydro- 4195

$C_{36}H_{32}N_6O_9$
2,6-Anhydro-1-desoxy-mannit, Tri-*O*-benzoyl-6-[2,6-bis-acetylamino-purin-9-yl]- 3792

$C_{36}H_{35}N_5$
Pyridin, 2,4-Bis-[1,3-diphenyl-imidazolidin-2-yl]-6-methyl- 4109
—, 2,6-Bis-[1,3-diphenyl-imidazolidin-2-yl]-4-methyl- 4109

$C_{36}H_{36}N_{24}O_{12}$
2,3,4a,5a,6a,7a,8a,9a,10a,11a,12a,13a,15,16,17a,18a,19a,20a,21a,22a,23a,24a,25a,26a-Tetracosaaza-2,16;3,15-dimethano-bis{pentaleno[1''',6''':5'',6'',7'']cycloocta[1'',2'',3'':3',4']pentaleno[1',6':5,6,7]cycloocta}[1,2,3-*gh*;1',2',3'-*g'h'*]cycloocta[1,2,3-*cd*;5,6,7-*c'd'*]dipentalen-1,4,6,8,10,12,14,17, 19,21,23,25-dodecaon, Dodecahydro- 4284

$C_{36}H_{39}N_5O_4$
Propionsäure, 3-[7,1'-Diäthyl-3,8,13,17-tetramethyl-2',6'-dioxo-12-vinyl-17,18,1',6'-tetrahydro-2'*H*-pyrido[3,4,5-*at*]porphyrin-18-yl]-, methylester 4155

$C_{36}H_{44}N_6O_4$
Porphyrin, 2,7-Diäthyl-13,17-bis-[2-methoxycarbonylamino-äthyl]-3,8,12,18-tetramethyl- 3826

$C_{36}H_{66}N_6O_6$
Cyclo-[hexakis-*N*-(6-amino-hexanoyl)] 4221

$C_{36}H_{78}N_6$
1,8,15,22,29,36-Hexaaza-cyclodotetracontan 4182

C_{37}

$C_{37}H_{39}N_5O$
Benzamid, *N*-[2-(8,13-Diäthyl-3,7,12,17-tetramethyl-porphyrin-2-yl)-äthyl]- 3778

$C_{37}H_{39}N_7O_9$
3'-Desoxy-adenosin, 3'-[(*N*,*O*-Bis-benzyloxycarbonyl-tyrosyl)-amino]-N^6,N^6-dimethyl- 3705

$C_{37}H_{40}N_6O$
Harnstoff, *N*-[2-(8,13-Diäthyl-3,7,12,17-tetramethyl-porphyrin-2-yl)-äthyl]-*N'*-phenyl- 3778

$C_{37}H_{43}N_5O_6$
Phylloporphyrin, 15^1-Methoxycarbonyl-13-methoxycarbonylamino-, methylester 4050

$C_{37}H_{66}N_7O_{17}P_3S$
Coenzym-A, *S*-Palmitoyl- 3665

C_{38}

$[C_{38}H_{24}N_8]^{2+}$
[7,7']Bi[benzo[*c*]tetrazolo[2,3-*a*]cinnolinyl]diylium, 2,2'-Diphenyl- 4258

$C_{38}H_{28}I_2N_6$
Bis-methojodid $[C_{38}H_{28}N_6]I_2$ aus 1,3,5,7-Tetraaza-2,6-di-(1,3)isoindola-4,8-di-(2,7)naphthalina-cycloocta-1,2,5,6-tetraen 4201

$C_{38}H_{29}N_5O_7$
3'-Desoxy-adenosin, N^6,N^6,$O^{2'}$,$O^{5'}$-Tetrabenzoyl- 3595

$C_{38}H_{29}N_5O_8$
1,4-Anhydro-xylit, Tri-*O*-benzoyl-1-[6-benzoylamino-purin-9-yl]- 3683

$[C_{38}H_{30}N_{10}O_2]^{2+}$
Tetrazolium, 3,3'-Diphenyl-5,5'-di-[2]pyridyl-2,2'-[3,3'-dimethoxy-biphenyl-4,4'-diyl]-bis- 4110
—, 3,3'-Diphenyl-5,5'-di-[4]pyridyl-2,2'-[3,3'-dimethoxy-biphenyl-4,4'-diyl]-bis- 4112

$C_{38}H_{31}N_5O_4$
Pyrazolidin-3,5-dion, 1,2,1',2'-Tetraphenyl-4,4'-[*N*-methyl-anilinomethylen]-bis- 4021

$[C_{38}H_{32}N_8O_4]^{2+}$
Tetrazolium, 2,2'-Bis-[4-äthoxycarbonyl-phenyl]-3,3'-diphenyl-5,5'-*p*-phenylen-bis- 4250

$C_{38}H_{44}N_6O_8$
Propionsäure, 3,3',3'',3'''-[3,7,13,17-Tetramethyl-5,15-diaza-porphyrin-2,8,12,18-tetrayl]-tetra-, tetramethylester 4224

$C_{38}H_{48}N_{15}O_{26}P_3$
Adenosin, Cytidylyl-(5'→3')-guanylyl-(5'→3')-uridylyl-(5'→3')- 3919
—, Cytidylyl-(3'→5')-guanylyl-(3'→5')-uridylyl-(3'→5')- 3920
—, Cytidylyl-(3'→5')-uridylyl-(3'→5')-guanylyl-(3'→5')- 3920
Guanosin, Adenylyl-(5'→3')-uridylyl-(5'→3')-cytidylyl-(5'→3')- 3907
—, Uridylyl-(5'→3')-adenylyl-(5'→3')-cytidylyl-(5'→3')- 3907
Uridin, Cytidylyl-(3'→5')-guanylyl-(3'→5')-adenylyl-(3'→5')- 3920

$C_{38}H_{50}N_{16}O_{29}P_4$
[3']Cytidylsäure, Guanylyl-(3'→5')-cytidylyl-(3'→5')-guanylyl-(3'→5')- 3920

$[C_{38}H_{54}N_6]^{2+}$
Porphyrin, 2,7-Diäthyl-3,8,12,18-tetramethyl-13,17-bis-[2-trimethylammonio-äthyl]- 3826

$C_{38}H_{54}N_8O_4$
Pyrrolo[3,4-*c*]pyrrolo[3',4':4,5]pyrazolo[1,2-*a*]pyrazol-1,3,6,8-tetraon, 2,7-Bis-[2-diäthylamino-äthyl]-5,10-bis-[4-dimethylamino-phenyl]-tetrahydro- 4023

$C_{38}H_{58}N_8O_9$
Evolidin 4243

C_{39}

$[C_{39}H_{26}N_8]^{2+}$
Benzo[*c*]tetrazolo[2,3-*a*]cinnolinylium, 2,2'-Diphenyl-7,7'-methandiyl-bis- 4258

$C_{39}H_{28}N_6O_8$
3'-Desoxy-adenosin, N^6,$N^{2'}$,$N^{5'}$-Tribenzoyl-3'-phthalimido- 3709

$C_{39}H_{31}N_5O_8$
3,6-Anhydro-1-desoxy-allit, Tri-*O*-benzoyl-6-[6-benzoylamino-purin-9-yl]- 3688

$C_{39}H_{37}N_5O_5S$
1,4-Anhydro-xylit, O^2-Benzoyl-1-[6-dimethylamino-2-methylmercapto-purin-9-yl]-O^5-trityl- 3854

$C_{39}H_{40}N_7O_{10}P$
2'-Desoxy-[5']adenylsäure-[$O^{5'}$-trityl-thymidin-3'-ylester] 3592

$[C_{39}H_{42}N_5O_5]^+$
Mesoporphyrin, 3^1-Hydroxy-8^1-pyridinio- 4051
—, 8^1-Hydroxy-3^1-pyridinio- 4051

$C_{39}H_{42}N_6O_8$
Deuteroporphyrin, 3-[3,5-Bis-methoxycarbonyl-4,5-dihydro-1*H*-pyrazol-4-yl]-, dimethylester 4225
—, 8-[3,5-Bis-methoxycarbonyl-4,5-dihydro-1*H*-pyrazol-4-yl]-, dimethylester 4225

$C_{39}H_{44}N_6O_6$
Pyrroporphyrin, 13-[3,5-Bis-methoxycarbonyl-4,5-dihydro-1*H*-pyrazol-4-yl]-, methylester 4224

$C_{39}H_{45}N_5O_8$
Propionsäure, 3,3',3'',3'''-[3,7,13,17-Tetramethyl-5-aza-porphyrin-2,8,12,18-tetrayl]-tetra-, tetramethylester 4154
Pyrrol-3-carbonsäure, 2,2',2'',2'''-Tetramethyl-5,5',5'',5'''-[pyridin-2,6-diyldimethandiyl]-tetrakis-, tetraäthylester 4153

$C_{39}H_{48}N_6O_8$
Propionsäure, 3,3'-Bis-[3,17-bis-(2-acetylamino-äthyl)-2,7,13,18-tetramethyl-1,19-dioxo-19,21,22,24-tetrahydro-1*H*-bilin-8,12-diyl]-di-, dimethylester 4064

C_{40}

$C_{40}H_{26}N_8$
Benzol, 1,4-Bis-[2,3-diphenyl-imidazo[1,2-*b*][1,2,4]triazin-6-yl]- 4259

$C_{40}H_{27}N_{13}$
Tetratriazolo[4,5-*a*;4′,5′-*c*;4″,5″-*h*;4‴,5‴-*j*]acridin, 2,5,9,12-Tetraphenyl-14-propyl- 4282

$C_{40}H_{29}N_{13}$
Tetratriazolo[4,5-*a*;4′,5′-*c*;4″,5″-*h*;4‴,5‴-*j*]acridin, 2,5,9,12-Tetraphenyl-14-propyl-7,14-dihydro- 4282

$[C_{40}H_{32}N_{12}]^{2+}$
Tetrazolium, 2,2′-Diphenyl-3,3′-bis-[4-phenylazo-phenyl]-5,5′-äthandiyl-bis- 4248

$C_{40}H_{39}N_5O_7S_2$
1,4-Anhydro-xylit, O^2-Benzoyl-1-[6-dimethylamino-2-methylmercapto-purin-9-yl]-N^3-methansulfonyl-O^5-trityl- 3854

$C_{40}H_{46}N_8O_9$
3′-Desoxy-adenosin, 3′-{[*N*-(*N*-Benzyloxycarbonyl-*O*-methyl-tyrosyl)-*O*-methyl-tyrosyl]-amino}-N^6,N^6-dimethyl- 3706

$C_{40}H_{48}N_6O_4$
Porphyrin, 2,7-Diäthyl-13,17-bis-[2-diacetylamino-äthyl]-3,8,12,18-tetramethyl- 3826

$C_{40}H_{48}N_6O_8$
Mesoporphyrin, 3^1,8^1-Bis-[methoxycarbonylmethyl-amino]- 4050

$C_{40}H_{50}N_8O_8$
Porphyrin, 2,7,12,17-Tetrakis-[2-methoxycarbonylamino-äthyl]-3,8,13,18-tetramethyl- 3843

$C_{40}H_{59}IN_8O_{10}$
Evolidin, *N*-Jodacetyl- 4243

$C_{40}H_{60}N_8O_{10}$
Evolidin, *N*-Acetyl- 4243

$C_{40}H_{76}N_8O_4$
Pyrimido[5,4-*d*]pyrimidin-2,4,6,8-tetrayltetraamin, N^4,N^8-Didodecyl-N^2,N^4,N^6,N^8-tetrakis-[2-hydroxy-äthyl]-N^2,N^6-dimethyl- 3840

C_{41}

$C_{41}H_{34}N_8O_8S_2$
[3,4′;3′,4″]Terpyrazolyliden-3″-on, 5,5′,5″-Trimethyl-4-[5-methyl-3-oxo-2-(4-sulfo-phenyl)-2,3-dihydro-1*H*-pyrazol-4-ylmethylen]-2′,2″-diphenyl-2-[4-sulfo-phenyl]-2,4-dihydro-2′*H*,2″*H*- 4262

$C_{41}H_{36}N_{12}O_{12}$
Methan, Bis-[5-acetoxy-4-(5-acetoxy-1-acetoxymethyl-1*H*-benzotriazol-4-ylmethyl)-benzotriazol-1-yl]- 4205

$C_{41}H_{49}N_5O_6$
Propionsäure, 3,3′-[2,18-Diäthyl-10-(4-dimethylamino-phenyl)-3,7,13,17-tetramethyl-1,19-dioxo-10,19,21,22,23,24-hexahydro-1*H*-bilin-8,12-diyl]-di- 4065
—, 3,3′-[3,17-Diäthyl-10-(4-dimethylamino-phenyl)-2,7,13,18-tetramethyl-1,19-dioxo-10,19,21,22,23,24-hexahydro-1*H*-bilin-8,12-diyl]-di- 4065

$C_{41}H_{52}N_6O_{10}$
Mesobiliverdin, 3^2,18^2-Bis-äthoxycarbonylamino-, dimethylester 4063
Propionsäure, 3,3′-[2,18-Bis-(2-äthoxycarbonylamino-äthyl)-3,7,13,17-tetramethyl-1,19-dioxo-19,21,22,24-tetrahydro-1*H*-bilin-8,12-diyl]-di-, dimethylester 4063
—, 3,3′-[3,17-Bis-(2-äthoxycarbonylamino-äthyl)-2,7,13,18-tetramethyl-1,19-dioxo-19,21,22,24-tetrahydro-1*H*-bilin-8,12-diyl]-di-, dimethylester 4064

$C_{41}H_{54}N_6O_{10}$
Propionsäure, 3,3′-[3,17-Bis-(2-äthoxycarbonylamino-äthyl)-2,7,13,18-tetramethyl-1,19-dioxo-10,19,21,22,23,24-hexahydro-1*H*-bilin-8,12-diyl]-di-, dimethylester 4062

$C_{41}H_{61}N_9O_{20}$
Cyclo-[glycyl→N^5-(4-carboxy-3-methyl-crotonoyl)-N^5-hydroxy-ornithyl→N^5-(4-carboxy-3-methyl-crotonoyl)-N^5-hydroxy-ornithyl→N^5-(4-carboxy-3-methyl-crotonoyl)-N^5-hydroxy-ornithyl→seryl→seryl] 4238

C_{42}

$C_{42}H_{24}N_8$
1,3,5,7-Tetraaza-2,6-di-(3,6)acridina-4,8-di-(1,3)isoindola-cycloocta-3,4,7,8-tetraen 4259

$C_{42}H_{52}N_6O_8$
Propionsäure, 3,3′,3″,3‴-[3,7,13,17-Tetramethyl-5,15-diaza-porphyrin-2,8,12,18-tetrayl]-tetra-, tetraäthylester 4225

$C_{42}H_{58}N_8O_2$
Porphyrin, 2,7-Diäthyl-13,17-bis-[2-(*N*′,*N*′-diäthyl-ureido)-äthyl]-3,8,12,18-tetramethyl- 3826

$C_{42}H_{77}N_7O_7$
Cyclo-[heptakis-*N*-(6-amino-hexanoyl)] 4243

C_{43}

$C_{43}H_{26}ClN_{13}$
Tetratriazolo[4,5-*a*;4′,5′-*c*;4″,5″-*h*;4‴,5‴-*j*]acridin, 14-[2-Chlor-phenyl]-2,5,9,12-tetraphenyl-7,14-dihydro- 4282

$C_{43}H_{27}N_{13}$
Tetratriazolo[4,5-*a*;4′,5′-*c*;4″,5″-*h*;4‴,5‴-*j*]acridin, 2,5,9,12,14-Pentaphenyl-7,14-dihydro- 4282

C_{44}

$C_{44}H_{28}N_6O_4$
Anthrachinon, 1,1′-Diamino-2,2′-[1,1′-dimethyl-1*H*,1′*H*-[5,5′]bibenzimidazolyl-2,2′-diyl]-di- 4024

$[C_{44}H_{40}N_{12}]^{2+}$
Tetrazolium, 2,2′-Diphenyl-3,3′-bis-[4-phenylazo-phenyl]-5,5′-hexandiyl-bis- 4249

$C_{44}H_{43}N_7O_{10}$
Adenosin, $O^{2'}$,$O^{5'}$-Bis-[*N*-benzyloxycarbonyl-phenylalanyl]- 3605
—, $O^{3'}$,$O^{5'}$-Bis-[*N*-benzyloxycarbonyl-phenylalanyl]- 3605

C_{45}

$C_{45}H_{28}N_6O_5$
Keton, Bis-[2-(1-amino-9,10-dioxo-9,10-dihydro-[2]anthryl)-1-methyl-1*H*-benzimidazol-5-yl]- 4025

$C_{45}H_{33}N_5O_9$
Adenosin, N^6,N^6,$O^{2'}$,$O^{3'}$,$O^{5'}$-Pentabenzoyl- 3684
Purin, 1-Benzoyl-6-benzoylimino-9-[tri-*O*-benzoyl-ribofuranosyl]-6,9-dihydro-1*H*- 3684

$[C_{45}H_{58}CoN_5O_{13}]^{2+}$
Cobyrinsäure, 8-Amino-, *c*→8-lactam 4155

C_{46}

$C_{46}H_{26}N_8O_4$
Anthrachinon, 4,4′-Dianilino-1,1′-benzo[1,2-*d*;4,5-*d*′]bistriazol-1,7-diyl-di- 4185

$[C_{46}H_{34}N_{10}O_4]^{2+}$
Tetrazolium, 3,3′-Diphenyl-5,5′-bis-phthalimidomethyl-2,2′-[3,3′-dimethyl-biphenyl-4,4′-diyl]-bis- 3532

$[C_{46}H_{34}N_{10}O_6]^{2+}$
Tetrazolium, 3,3′-Diphenyl-5,5′-bis-phthalimidomethyl-2,2′-[3,3′-dimethoxy-biphenyl-4,4′-diyl]-bis- 3532

$C_{46}H_{44}N_6O_5$
Pyrazol-3-on, 2,2′-Diphenyl-5,5′-bis-[2-phenyl-butyrylamino]-1,2,1′,2′-tetrahydro-4,4′-[4-methoxy-benzyliden]-bis- 4035

$C_{46}H_{58}ClCoN_6O_{13}$
Cobyrinsäure, *Coα*-Cyano-*Coβ*-chlor-8-amino-, *c*→8-lactam 4156

C_{47}

$C_{47}H_{58}CoN_7O_{13}$
Cobyrinsäure, Dicyano-8-amino-, *c*→8-lactam 4156

C_{48}

$C_{48}H_{24}Br_4N_6O_4$
Anthrachinon, 1,1′-Diamino-2,2′-[1,7-bis-(2,4-dibrom-phenyl)-1*H*,7*H*-benzo[1,2-*d*;4,5-*d*′]diimidazol-2,6-diyl]-di- 4024

$C_{48}H_{26}Cl_2N_6O_4$
Anthrachinon, 1,1′-Diamino-2,2′-[1,7-bis-(2-chlor-phenyl)-1*H*,7*H*-benzo[1,2-*d*;4,5-*d*′]diimidazol-2,6-diyl]-di- 4024

$C_{48}H_{26}N_8$
5,10,15,20-Tetraaza-tetranaphtho[1,2-*b*;1′,2′-*g*;1″,2″-*l*;1‴,2‴-*q*]porphyrin 4259
5,10,15,20-Tetraaza-tetranaphtho[2,3-*b*;2′,3′-*g*;2″,3″-*l*;2‴,3‴-*q*]porphyrin 4259

$C_{48}H_{26}N_8O_6$
Anthrachinon, 5,5′-Bis-benzoylamino-1,1′-benzo[1,2-*d*;4,5-*d*′]bistriazol-1,7-diyl-di- 4185

$C_{48}H_{28}N_6O_4$
Anthrachinon, 1,1′-Diamino-2,2′-[1,7-diphenyl-1*H*,7*H*-benzo[1,2-*d*;4,5-*d*′]diimidazol-2,6-diyl]-di- 4024

$[C_{48}H_{38}N_{10}O_4]^{2+}$
Tetrazolium, 3,3′-Diphenyl-5,5′-bis-[2-phthalimido-äthyl]-2,2′-[3,3′-dimethyl-biphenyl-4,4′-diyl]-bis- 3536

$[C_{48}H_{38}N_{10}O_6]^{2+}$
Tetrazolium, 3,3′-Diphenyl-5,5′-bis-[2-phthalimido-äthyl]-2,2′-[3,3′-dimethoxy-biphenyl-4,4′-diyl]-bis- 3536

$C_{48}H_{41}N_5O_4$
Adenosin, N^6,$N^{5'}$-Ditrityl- 3682

$C_{48}H_{42}N_5O_7P$
[3′]Adenylsäure, N^6,$O^{5'}$-Ditrityl- 3682

$C_{48}H_{52}N_{10}O_{16}P_2$
2′-Desoxy-adenosin, $O^{3'}$-[2′-Desoxy-[5′]cytidylyl]-$O^{5'}$-[$O^{5'}$-trityl-[3′]thymidylyl]- 3594

$C_{48}H_{58}N_8O_8$
Ätioporphyrin-I, 3^2,8^2,13^2,18^2-Tetrakis-diacetylamino- 3843

$C_{48}H_{88}N_8O_8$
Cyclo-[octakis-*N*-(6-amino-hexanoyl)] 4265

C_{49}

$C_{49}H_{52}N_6O_8$
Propionsäure, 3,3′-[3,17-Bis-(2-benzoylamino-äthyl)-2,7,13,18-tetramethyl-1,19-dioxo-19,21,22,24-tetrahydro-1*H*-bilin-8,12-diyl]-di-, dimethylester 4064

$C_{49}H_{61}N_{13}O_{24}$
Glutaminsäure, *N*-Pteroyl-γ-glutamyl→γ-glutamyl→γ-glutamyl→γ-glutamyl→γ-glutamyl→γ-glutamyl→- 3947

C_{50}

$C_{50}H_{33}N_9O_{16}$
Adenosin, $O^6,O^{2'},O^{3'},O^{5'}$-Tetrakis-[*N*,*N*-phthaloyl-glycyl]- 3685

$C_{50}H_{39}N_5O_7$
Adenosin, $N^6,O^{2'},O^{3'}$-Tribenzoyl-$O^{5'}$-trityl- 3683

$C_{50}H_{44}ClN_5O_2S$
1,4-Anhydro-3-desoxy-2-thio-arabit, *S*-Äthyl-3-chlor-O^5-trityl-1-[6-tritylamino-purin-9-yl]- 3595
1,4-Anhydro-2-desoxy-3-thio-xylit, *S*-Äthyl-2-chlor-O^5-trityl-1-[6-tritylamino-purin-9-yl]- 3595

$C_{50}H_{45}N_5O_3S$
1,4-Anhydro-2-thio-arabit, *S*-Äthyl-O^5-trityl-1-[6-tritylamino-purin-9-yl]- 3595
1,4-Anhydro-3-thio-xylit, *S*-Äthyl-N^5-trityl-1-[6-tritylamino-purin-9-yl]- 3682

$C_{50}H_{45}N_5O_{10}S_3$
Adenosin, $N^6,O^{2'},O^{3'}$-Tris-[toluol-4-sulfonyl]-$O^{5'}$-trityl- 3722

$C_{50}H_{46}N_8O_4$
Benzol, 1,5-Bis-[bis-(5-methyl-3-oxo-2-phenyl-2,3-dihydro-1*H*-pyrazol-4-yl)-methyl]-2,4-dimethyl- 4263

C_{51}

$C_{51}H_{48}N_6$
Benzol, 1,3,5-Tris-[1,3-dimethyl-imidazolidin-2-yl]- 4184

$C_{51}H_{49}N_9O_4$
Pyridin, 2,6-Bis-[bis-(1,5-dimethyl-3-oxo-2-phenyl-2,3-dihydro-1*H*-pyrazol-4-yl)-methyl]- 4271

$C_{51}H_{64}N_6O_6$
Propionsäure, 3,3′-[3,17-Diäthyl-1,19-bis-(3-äthyl-4-methyl-5-oxo-1,5-dihydro-pyrrol-2-ylidenmethyl)-2,8,12,18-tetramethyl-5,22,23,24-tetrahydro-21*H*-bilin-7,13-diyl]-di-, dimethylester 4226

C_{52}

$C_{52}H_{45}N_5O_6$
Adenosin, $O^{2'},O^{3'}$-Diacetyl-$N^6,N^{5'}$-ditrityl- 3682

$C_{52}H_{51}N_9O_4$
Pyridin, 2,6-Bis-[bis-(1,5-dimethyl-3-oxo-2-phenyl-2,3-dihydro-1*H*-pyrazol-4-yl)-methyl]-4-methyl- 4271

$C_{52}H_{53}Cl_3N_6O_6$
Benzoesäure, 3-[2-(2,4-Di-*tert*-pentyl-phenoxy)-acetylamino]-, {4-[(4-methoxy-phenyl)-(5-methyl-3-oxo-2-phenyl-2,3-dihydro-1*H*-pyrazol-4-yl)-methyl]-5-oxo-1-[2,4,6-trichlor-phenyl]-2,5-dihydro-1*H*-pyrazol-3-ylamid} 4036

$C_{52}H_{98}N_{16}O_{13}$
Circulin-B 4244
Colistin-B 4245

C_{53}

$C_{53}H_{66}N_6O_8$
Propionsäure, 3,3′,3″-[13-Äthyl-1,19-bis-(3-äthyl-4-methyl-5-oxo-1,5-dihydro-pyrrol-2-ylidenmethyl)-2,8,12,18-tetramethyl-5,22,23,24-tetrahydro-21*H*-bilin-3,7,17-triyl]-tri-, trimethylester 4226

$C_{53}H_{100}N_{16}O_{13}$
Circulin-A 4245
Colistin-A 4245

C_{54}

$C_{54}H_{99}N_9O_9$
Cyclo-[nonakis-*N*-(6-amino-hexanoyl)] 4271

C_{55}

$C_{55}H_{64}N_6O_{10}$
Propionsäure, 3,3′,3″,3‴-[2,8,12,18-Tetramethyl-1,19-bis-(4-methyl-5-oxo-3-vinyl-1,5-dihydro-pyrrol-2-ylidenmethyl)-5,22,23,24-tetrahydro-21*H*-bilin-3,7,13,17-tetrayl]-tetra-, tetramethylester 4227

$C_{55}H_{66}N_6O_{11}$
Propionsäure, 3,3′,3″,3‴-[1,19-Bis-(3-äthyl-4-methyl-5-oxo-1,5-dihydro-pyrrol-2-ylidenmethyl)-2,8,12,18-tetramethyl-5-oxo-5,22,23,24-tetrahydro-21*H*-bilin-3,7,13,17-tetrayl]-tetra-, tetramethylester 4227

$C_{55}H_{68}N_6O_{10}$
Propionsäure, 3,3′,3″,3‴-[1,19-Bis-(3-äthyl-4-methyl-5-oxo-1,5-dihydro-pyrrol-2-ylidenmethyl)-2,8,12,18-tetramethyl-5,22,23,24-tetrahydro-21*H*-bilin-3,7,13,17-tetrayl]-tetra-, tetramethylester 4226

$C_{55}H_{96}N_{16}O_{13}$
Polymyxin-B_2 4246

C_{56}

$C_{56}H_{98}N_{16}O_{13}$
Polymyxin-B_1 4246

C_{57}

$C_{57}H_{77}N_{13}O_{24}$
Glutaminsäure, *O*-Methyl-*N*-pteroyl-γ-glutamyl→*O*-methyl-γ-glutamyl→*O*-methyl-γ-glutamyl→*O*-methyl-γ-glutamyl→*O*-methyl-γ-glutamyl→*O*-methyl-γ-glutamyl→-, dimethylester 3947

C_{58}

$C_{58}H_{83}CoN_{16}O_{18}P_2$
Cobinamid, *O*-[2-Guanosin-5′-yloxy-1,2-dihydroxy-diphosphoryl]-, dibetain 3915

$C_{58}H_{84}CoN_{16}O_{15}P$
Cobamid, *Co*α-[α-(6-Amino-purin-7-yl)]-*Co*β-hydroxo-, betain 3597

C_{59}

$C_{59}H_{72}N_6O_{14}$
Propionsäure, 3,3′,3″,3‴-{1,19-Bis-[4-(2-methoxycarbonyl-äthyl)-3-methyl-5-oxo-1,5-dihydro-pyrrol-2-ylidenmethyl]-2,8,12,18-tetramethyl-5,22,23,24-tetrahydro-21*H*-bilin-3,7,13,17-tetrayl}-tetra-, tetramethylester 4227

$C_{59}H_{83}CoN_{17}O_{14}P$
Cobamid, *Co*α-[α-(6-Amino-purin-7-yl)]-*Co*β-cyano-, betain 3597

$C_{59}H_{83}CoN_{17}O_{15}P$
Cobamid, *Co*α-[α-(2-Amino-6-oxo-1,6-dihydro-purin-7-yl)]-*Co*β-cyano-, betain 3901

$[C_{59}H_{85}CoN_{16}O_{14}PS]^+$
Cobamid, *Co*α-[α-(6-Amino-2-methylmercapto-purin-7-yl)]-, betain 3852

C_{60}

$C_{60}H_{84}CoN_{18}O_{15}P$
Cobamid, Dicyano-[α-(2-amino-6-oxo-1,6-dihydro-purin-7-yl)]- 3901

$C_{60}H_{85}CoN_{17}O_{14}P$
Cobamid, *Co*α-[α-(6-Amino-2-methyl-purin-7-yl)]-*Co*β-cyano-, betain 3745

$C_{60}H_{85}CoN_{17}O_{14}PS$
Cobamid, *Co*α-[α-(6-Amino-2-methylmercapto-purin-7-yl)]-*Co*β-cyano-, betain 3853

$C_{60}H_{85}CoN_{18}O_{18}P_2$
Cobinamid, Dicyano-[*O*-(2-guanosin-5′-yloxy-1,2-dihydroxy-diphosphoryl)- 3916

$C_{60}H_{92}N_{12}O_{10}$
Gramicidin-S 4273

C_{61}

$C_{61}H_{40}N_{10}O_{21}$
Purin-6-on, 2-[(*N*,*N*-Phthaloyl-glycyl)-amino]-9-[tetrakis-*O*-(*N*,*N*-phthaloyl-glycyl)-glucopyranosyl]-1,9-dihydro- 3923

$C_{61}H_{86}CoN_{18}O_{14}PS$
Cobamid, Dicyano-[α-(6-amino-2-methylmercapto-purin-7-yl)]- 3853

C_{62}

$C_{62}H_{86}ClCoN_{13}O_{15}P$
Cobamsäure, *Co*α-[α-(5,6-Dimethyl-benzimidazol-1-yl)]-*Co*β-hydroxo-8-amino-10-chlor-, *a*,*b*,*d*,*e*,*g*-pentaamid-*c*→8-lactam-betain 4156

$C_{62}H_{96}N_{12}O_{10}$
Gramicidin-S, [5,10-Di-lysin]- 4279

C_{63}

$C_{63}H_{62}N_6O_7$
Pyrazol-3-carbonsäure, 1-[4-(4-*tert*-Butyl-phenoxy)-phenyl]-4-{[4-methoxy-phenyl]-[3-oxo-2-phenyl-5-(2-phenyl-butyrylamino)-2,3-dihydro-1*H*-pyrazolo-4-yl]-methyl}-5-oxo-2,5-dihydro-1*H*-, [4-(4-*tert*-butyl-phenoxy)-anilid] 4065

$C_{63}H_{86}CoN_{14}O_{14}P$
Cobamsäure, *Co*α-[α-(5,6-Dimethyl-benz=imidazol-1-yl)]-*Co*β-cyano-8-amino-, *a,b,d,e,g*-pentaamid-*c*→8-lactam-betain 4156

C_{64}

$C_{64}H_{34}N_{16}O_{16}$
5,10,15,20-Tetraaza-porphyrin, 2,3,7,8,12,13,=17,18-Octakis-[4-nitro-phenyl]- 4260

$C_{64}H_{41}ClN_8$
5,10,15,20-Tetraaza-porphyrin, 2-[x-Chlor-phenyl]-3,7,8,12,13,17,18-heptaphenyl- 4260

$C_{64}H_{42}N_8$
5,10,15,20-Tetraaza-porphyrin, 2,3,7,8,12,13,=17,18-Octaphenyl- 4259

$C_{64}H_{42}N_{16}O$
Äther, Bis-[1,2-bis-(1-phenyl-1*H*-pyrazolo=[3,4-*b*]chinoxalin-3-yl)-äthyl]- 4260

$C_{64}H_{94}Cl_2N_{12}O_{12}$
Cyclo-[leucyl→phenylalanyl→prolyl→valyl→=*N*[5]-chloracetyl-ornithyl→leucyl→phenyl=alanyl→prolyl→valyl→*N*[5]-chloracetyl-ornithyl] 4275

$C_{64}H_{96}N_{12}O_{12}$
Cyclo-[leucyl→phenylalanyl→prolyl→valyl→=*N*[5]-acetyl-ornithyl→leucyl→phenylalanyl→=prolyl→valyl→*N*[5]-acetyl-ornithyl] 4275

$C_{64}H_{98}N_{14}O_{12}$
Cyclo-[leucyl→phenylalanyl→prolyl→valyl→=*N*[5]-glycyl-ornithyl→leucyl→phenylalanyl→=prolyl→valyl→*N*[5]-glycyl-ornithyl] 4277

$C_{64}H_{100}N_{12}O_{10}$
Cyclo-[leucyl→phenylalanyl→prolyl→valyl→=*N*[5],*N*[5]-dimethyl-ornithyl→leucyl→phenyl=alanyl→prolyl→valyl→*N*[5],*N*[5]-dimethyl-ornithyl] 4274

C_{66}

$C_{66}H_{87}N_{13}O_{13}$
Tyrocidin-A 4280

$C_{66}H_{100}N_{12}O_{12}$
Cyclo-[leucyl→phenylalanyl→prolyl→valyl→=*N*[5]-propionyl-ornithyl→leucyl→phenyl=alanyl→prolyl→valyl→*N*[5]-propionyl-ornithyl] 4275

$C_{66}H_{100}N_{12}O_{14}$
Cyclo-[leucyl→phenylalanyl→prolyl→valyl→=*N*[5]-äthoxycarbonyl-ornithyl→leucyl→=phenylalanyl→prolyl→valyl→*N*[5]-äthoxy=carbonyl-ornithyl] 4277

C_{67}

$C_{67}H_{88}N_{12}O_{14}$
Cyclo-[asparaginyl→*O*-methyl-glutamyl→=tyrosyl→valyl→ornithyl→leucyl→phenyl=alanyl→prolyl→phenylalanyl→phenyl=alanyl] 4280
Cyclo-[*O*-methyl-aspartyl→glutaminyl→=tyrosyl→valyl→ornithyl→leucyl→phenyl=alanyl→prolyl→phenylalanyl→phenyl=alanyl] 4280

C_{68}

$C_{68}H_{74}N_8O_{11}$
Barbitursäure, 5,5-Bis-{2-[4-(4-*tert*-butyl-phenoxy)-phenyl]-5-[2-(4-*tert*-butyl-phenoxy)-propionylamino]-3-oxo-2,3-dihydro-1*H*-pyrazol-4-yl}- 4237

$C_{68}H_{88}N_{14}O_{13}$
Tyrocidin-B 4281

$C_{68}H_{95}CoN_{21}O_{17}P$
Cobamid, *Co*α-[α-6-Amino-purin-7-yl]-*Co*β-adenosin-5′-yl-, betain 3711

$C_{68}H_{104}N_{12}O_{12}$
Cyclo-[leucyl→phenylalanyl→prolyl→valyl→=*N*[5]-butyryl-ornithyl→leucyl→phenyl=alanyl→prolyl→valyl→*N*[5]-butyryl-ornithyl] 4275

$[C_{68}H_{110}N_{12}O_{10}]^{2+}$
Cyclo-[leucyl→phenylalanyl→prolyl→valyl→=*N*[5]-äthyl-*N*[5],*N*[5]-dimethyl-ornithiniumyl→=leucyl→phenylalanyl→prolyl→valyl→*N*[5]-äthyl-*N*[5],*N*[5]-dimethyl-ornithiniumyl] 4274

C_{70}

$C_{70}H_{91}N_{13}O_{15}$
N,O-Diacetyl-Derivat $C_{70}H_{91}N_{13}O_{15}$ aus Cyclo-[asparaginyl→glutaminyl→tyrosyl→=valyl→ornithyl→leucyl→phenylalanyl→=prolyl→phenylalanyl→phenylalanyl] 4280

$C_{70}H_{96}CoN_{18}O_{17}P$
Cobamid, *Co*α-[α-Benzimidazol-1-yl]-*Co*β-adenosin-5′-yl-, betain 3711

C_{72}

$C_{72}H_{89}N_{15}O_{17}$
N-[2,4-Dinitro-phenyl]-Derivat $C_{72}H_{89}N_{15}O_{17}$ aus Cyclo-[asparaginyl→glutaminyl→=tyrosyl→valyl→ornithyl→leucyl→phenyl=alanyl→prolyl→phenylalanyl→phenyl=alanyl] 4280

$C_{72}H_{98}N_{14}O_{12}$
Cyclo-[leucyl→phenylalanyl→prolyl→valyl→*N*5-nicotinoyl-ornithyl→leucyl→phenylalanyl→prolyl→valyl→*N*5-nicotinoyl-ornithyl] 4279

$C_{72}H_{100}CoN_{18}O_{17}P$
Cobamid, *Coα*-[α-5,6-Dimethyl-benzimidazol-1-yl]-*Coβ*-adenosin-5'-yl-, betain 3711

$C_{72}H_{112}N_{12}O_{12}$
Cyclo-[leucyl→phenylalanyl→prolyl→valyl→*N*5-hexanoyl-ornithyl→leucyl→phenylalanyl→prolyl→valyl→*N*5-hexanoyl-ornithyl] 4275

$C_{72}H_{114}N_{14}O_{12}$
Cyclo-[leucyl→phenylalanyl→prolyl→valyl→*N*5-(6-amino-hexanoyl)-ornithyl→leucyl→phenylalanyl→prolyl→valyl→*N*5-(6-amino-hexanoyl)-ornithyl] 4277

$[C_{72}H_{118}N_{12}O_{10}]^{2+}$
Cyclo-[leucyl→phenylalanyl→prolyl→valyl→*N*5-butyl-*N*5,*N*5-dimethyl-ornithiniumyl→leucyl→phenylalanyl→prolyl→valyl→*N*5-butyl-*N*5,*N*5-dimethyl-ornithiniumyl] 4274

C_{74}

$C_{74}H_{100}N_{12}O_{12}$
Cyclo-[leucyl→phenylalanyl→prolyl→valyl→*N*5-benzoyl-ornithyl→leucyl→phenylalanyl→prolyl→valyl→*N*5-benzoyl-ornithyl] 4276

$C_{74}H_{104}N_{12}O_{14}S_2$
Cyclo-[leucyl→phenylalanyl→prolyl→valyl→*N*5-(toluol-4-sulfonyl)-ornithyl→leucyl→phenylalanyl→prolyl→valyl→*N*5-(toluol-4-sulfonyl)-ornithyl] 4279

$C_{74}H_{116}N_{12}O_{12}$
Cyclo-[leucyl→phenylalanyl→prolyl→valyl→*N*5-heptanoyl-ornithyl→leucyl→phenylalanyl→prolyl→valyl→*N*5-heptanoyl-ornithyl] 4276

C_{75}

$C_{75}H_{76}Cl_6N_8O_9$
Pyrazol-3-on, 5,5'-Bis-{3-[2-(2,4-di-*tert*-pentyl-phenoxy)-acetylamino]-benzoylamino}-2,2'-bis-[2,4,6-trichlor-phenyl]-1,2,1',2'-tetrahydro-4,4'-[4-hydroxy-benzyliden]-bis- 4035

$C_{75}H_{77}Cl_6N_9O_{10}$
Pyrazol-3-on, 5,5'-Bis-{3-[2-(2,4-di-*tert*-pentyl-phenoxy)-acetylamino]-benzoylamino}-2,2'-bis-[2,4,6-trichlor-phenyl]-1,2,1',2'-tetrahydro-4,4'-[4-nitro-benzyliden]-bis- 4013

$C_{75}H_{77}Cl_7N_8O_8$
Pyrazol-3-on, 5,5'-Bis-{3-[2-(2,4-di-*tert*-pentyl-phenoxy)-acetylamino]-benzoylamino}-2,2'-bis-[2,4,6-trichlor-phenyl]-1,2,1',2'-tetrahydro-4,4'-[2-chlor-benzyliden]-bis- 4013
—, 5,5'-Bis-{3-[2-(2,4-di-*tert*-pentyl-phenoxy)-acetylamino]-benzoylamino}-2,2'-bis-[2,4,6-trichlor-phenyl]-1,2,1',2'-tetrahydro-4,4'-[4-chlor-benzyliden]-bis- 4013

$C_{75}H_{78}Cl_6N_8O_8$
Pyrazol-3-on, 5,5'-Bis-{3-[2-(2,4-di-*tert*-pentyl-phenoxy)-acetylamino]-benzoylamino}-2,2'-bis-[2,4,6-trichlor-phenyl]-1,2,1',2'-tetrahydro-4,4'-benzyliden-bis- 4013

C_{76}

$C_{76}H_{70}N_{10}O_{21}$
Purin-6-on, 2-[(*N*,*N*-Phthaloyl-valyl)-amino]-9-[tetrakis-*O*-(*N*,*N*-phthaloyl-valyl)-glucopyranosyl]-1,9-dihydro- 3924

$C_{76}H_{78}Cl_6N_8O_9$
Pyrazol-3-on, 5,5'-Bis-{3-[2-(2,4-di-*tert*-pentyl-phenoxy)-acetylamino]-benzoylamino}-2,2'-bis-[2,4,6-trichlor-phenyl]-1,2,1',2'-tetrahydro-4,4'-[4-methoxy-benzyliden]-bis- 4035

$C_{76}H_{78}Cl_6N_8O_{10}$
Pyrazol-3-on, 5,5'-Bis-{3-[2-(2,4-di-*tert*-pentyl-phenoxy)-acetylamino]-benzoylamino}-2,2'-bis-[2,4,6-trichlor-phenyl]-1,2,1',2'-tetrahydro-4,4'-vanillyliden-bis- 4042

$C_{76}H_{104}N_{12}O_{12}$
Cyclo-[leucyl→phenylalanyl→prolyl→valyl→*N*5-phenylacetyl-ornithyl→leucyl→phenylalanyl→prolyl→valyl→*N*5-phenylacetyl-ornithyl] 4277

$C_{76}H_{104}N_{12}O_{14}$
Cyclo-[leucyl→phenylalanyl→prolyl→valyl→*N*5-benzyloxycarbonyl-ornithyl→leucyl→phenylalanyl→prolyl→valyl→*N*5-benzyloxycarbonyl-ornithyl] 4277
Cyclo-[leucyl→phenylalanyl→prolyl→valyl→*N*5-(4-methoxy-benzoyl)-ornithyl→leucyl→phenylalanyl→prolyl→valyl→*N*5-(4-methoxy-benzoyl)-ornithyl] 4277

$C_{76}H_{108}N_{12}O_{14}S_2$
Gramicidin-S, {5,10-Bis-[*N*6-(toluol-4-sulfonyl)-lysin]} 4279

$C_{76}H_{120}N_{12}O_{12}$
Cyclo-[leucyl→phenylalanyl→prolyl→valyl→*N*5-octanoyl-ornithyl→leucyl→phenylalanyl→prolyl→valyl→*N*5-octanoyl-ornithyl] 4276

$[C_{76}H_{126}N_{12}O_{10}]^{2+}$
Cyclo-[leucyl→phenylalanyl→prolyl→valyl→*N*5-hexyl-*N*5,*N*5-dimethyl-ornithiniumyl→leucyl→phenylalanyl→prolyl→valyl→*N*5-hexyl-*N*5,*N*5-dimethyl-ornithiniumyl] 4274

C_{77}

$C_{77}H_{76}Cl_6N_8O_{10}$
Indan-1,3-dion, 2,2-Bis-(5-{3-[2-(2,4-di-*tert*-pentyl-phenoxy)-acetylamino]-benzoylamino}-3-oxo-2-[2,4,6-trichlor-phenyl]-2,3-dihydro-1*H*-pyrazol-4-yl)- 4023

$C_{77}H_{80}Cl_6N_8O_{11}$
Pyrazol-3-on, 5,5′-Bis-{3-[2-(2,4-di-*tert*-pentyl-phenoxy)-acetylamino]-benzoylamino}-2,2′-bis-[2,4,6-trichlor-phenyl]-1,2,1′,2′-tetrahydro-4,4′-[4-hydroxy-3,5-dimethoxy-benzyliden]-bis- 4046

C_{78}

$C_{78}H_{78}N_8O_{11}$
Barbitursäure, 5,5-Bis-{2-[4-(4-*tert*-butyl-phenoxy)-phenyl]-3-oxo-5-[3-(4-*tert*-pentyl-phenoxy)-benzoylamino]-2,3-dihydro-1*H*-pyrazol-4-yl}- 4237

$C_{78}H_{91}N_{17}O_{21}$
N,*O*-Bis-[2,4-dinitro-phenyl]-Derivat $C_{78}H_{91}N_{17}O_{21}$ aus Cyclo-[asparaginyl→glutaminyl→tyrosyl→valyl→ornithyl→leucyl→phenylalanyl→prolyl→phenylalanyl→phenylalanyl] 4280

$C_{78}H_{124}N_{12}O_{12}$
Cyclo-[leucyl→phenylalanyl→prolyl→valyl→*N*5-nonanoyl-ornithyl→leucyl→phenylalanyl→prolyl→valyl→*N*5-nonanoyl-ornithyl] 4276

$C_{78}H_{126}N_{14}O_{12}$
Cyclo-[leucyl→phenylalanyl→prolyl→valyl→*N*5-(9-amino-nonanoyl)-ornithyl→leucyl→phenylalanyl→prolyl→valyl→*N*5-(9-amino-nonanoyl)-ornithyl] 4278

C_{80}

$C_{80}H_{110}N_{14}O_{16}$
Cyclo-[leucyl→phenylalanyl→prolyl→valyl→*N*5-(benzyloxycarbonyl-glycyl)-ornithyl→leucyl→phenylalanyl→prolyl→valyl→*N*5-(*N*-benzyloxycarbonyl-glycyl)-ornithyl] 4277

$C_{80}H_{128}N_{12}O_{12}$
Cyclo-[leucyl→phenylalanyl→prolyl→valyl→*N*5-decanoyl-ornithyl→leucyl→phenylalanyl→prolyl→valyl→*N*5-decanoyl-ornithyl] 4276

$[C_{80}H_{134}N_{12}O_{10}]^{2+}$
Cyclo-[leucyl→phenylalanyl→prolyl→valyl→*N*5,*N*5-dimethyl-*N*5-octyl-ornithiniumyl→leucyl→phenylalanyl→prolyl→valyl→*N*5,*N*5-dimethyl-*N*5-octyl-ornithiniumyl] 4274

C_{82}

$C_{82}H_{110}N_{14}O_{14}$
Cyclo-[leucyl→phenylalanyl→prolyl→valyl→*N*5-(α-acetylamino-cinnamoyl)-ornithyl→leucyl→phenylalanyl→prolyl→valyl→*N*5-(α-acetylamino-cinnamoyl)-ornithyl] 4278

$C_{82}H_{132}N_{12}O_{12}$
Cyclo-[leucyl→phenylalanyl→prolyl→valyl→*N*5-undecanoyl-ornithyl→leucyl→phenylalanyl→prolyl→valyl→*N*5-undecanoyl-ornithyl] 4276

C_{84}

$C_{84}H_{136}N_{12}O_{12}$
Cyclo-[leucyl→phenylalanyl→prolyl→valyl→*N*5-lauroyl-ornithyl→leucyl→phenylalanyl→prolyl→valyl→*N*5-lauroyl-ornithyl] 4276

$[C_{84}H_{142}N_{12}O_{10}]^{2+}$
Cyclo-[leucyl→phenylalanyl→prolyl→valyl→*N*5-decyl-*N*5,*N*5-dimethyl-ornithiniumyl→leucyl→phenylalanyl→prolyl→valyl→*N*5-decyl-*N*5,*N*5-dimethyl-ornithiniumyl] 4274

C_{86}

$C_{86}H_{140}N_{12}O_{12}$
Cyclo-[leucyl→phenylalanyl→prolyl→valyl→*N*5-tridecanoyl-ornithyl→leucyl→phenylalanyl→prolyl→valyl→*N*5-tridecanoyl-ornithyl] 4276

C_{88}

$C_{88}H_{126}N_{14}O_{16}$
Cyclo-[leucyl→phenylalanyl→prolyl→valyl→*N*5-(6-benzyloxycarbonylamino-hexanoyl)-ornithyl→leucyl→phenylalanyl→prolyl→valyl→*N*5-(6-benzyloxycarbonylamino-hexanoyl)-ornithyl] 4277

$C_{88}H_{144}N_{12}O_{12}$
Cyclo-[leucyl→phenylalanyl→prolyl→valyl→ *N*[5]-myristoyl-ornithyl→leucyl→phenylalanyl→prolyl→valyl→*N*[5]-myristoyl-ornithyl] 4276

$[C_{88}H_{150}N_{12}O_{10}]^{2+}$
Cyclo-[leucyl→phenylalanyl→prolyl→valyl→ *N*[5]-dodecyl-*N*[5],*N*[5]-dimethyl-ornithiniumyl→leucyl→phenylalanyl→prolyl→valyl→ *N*[5]-dodecyl-*N*[5],*N*[5]-dimethyl-ornithiniumyl] 4275

C_{92}

$C_{92}H_{114}N_{14}O_{14}$
Cyclo-[leucyl→phenylalanyl→prolyl→valyl→ *N*[5]-(α-benzoylamino-cinnamoyl)-ornithyl→ leucyl→phenylalanyl→prolyl→valyl→*N*[5]-(α-benzoylamino-cinnamoyl)-ornithyl] 4278

$C_{92}H_{152}N_{12}O_{12}$
Cyclo-[leucyl→phenylalanyl→prolyl→valyl→ *N*[5]-palmitoyl-ornithyl→leucyl→phenylalanyl→prolyl→valyl→*N*[5]-palmitoyl-ornithyl] 4276

$[C_{92}H_{158}N_{12}O_{10}]^{+}$
Cyclo-[leucyl→phenylalanyl→prolyl→valyl→ *N*[5],*N*[5]-dimethyl-*N*[5]-tetradecyl-ornithiniumyl→leucyl→phenylalanyl→prolyl→valyl→ *N*[5],*N*[5]-dimethyl-*N*[5]-tetradecyl-ornithiniumyl] 4275

C_{94}

$C_{94}H_{118}N_{14}O_{16}$
Cyclo-[leucyl→phenylalanyl→prolyl→valyl→ *N*[5]-(α-benzoylamino-4-methoxy-cinnamoyl)-ornithyl→leucyl→phenylalanyl→prolyl→ valyl→*N*[5]-(α-benzoylamino-4-methoxy-cinnamoyl)-ornithyl] 4279

$C_{94}H_{130}N_{14}O_{16}$
Cyclo-[leucyl→phenylalanyl→prolyl→valyl→ *N*[5]-(9-phthalimido-nonanoyl)-ornithyl→ leucyl→phenylalanyl→prolyl→valyl→*N*[5]-(9-phthalimido-nonanoyl)-ornithyl] 4278

C_{96}

$C_{96}H_{70}N_{10}O_{21}$
Purin-6-on, 2-[(*N*,*N*-Phthaloyl-phenylalanyl)-amino]-9-[tetrakis-*O*-(*N*,*N*-phthaloyl-phenylalanyl)-glucopyranosyl]-1,9-dihydro- 3924

$C_{96}H_{118}N_{14}O_{18}$
Cyclo-[leucyl→phenylalanyl→prolyl→valyl→ *N*[5]-(2-acetoxy-α-benzoylamino-cinnamoyl)-ornithyl→leucyl→phenylalanyl→prolyl→ valyl→*N*[5]-(2-acetoxy-α-benzoylamino-cinnamoyl)-ornithyl] 4278

$[C_{96}H_{166}N_{12}O_{10}]^{2+}$
Cyclo-[leucyl→phenylalanyl→prolyl→ valyl→*N*[5]-hexadecyl-*N*[5],*N*[5]-dimethyl-ornithiniumyl→leucyl→phenylalanyl→ prolyl→valyl→*N*[5]-hexadecyl-*N*[5],*N*[5]-dimethyl-ornithiniumyl] 4275

C_{100}

$[C_{100}H_{174}N_{12}O_{10}]^{2+}$
Cyclo-[leucyl→phenylalanyl→prolyl→valyl→ *N*[5],*N*[5]-dimethyl-*N*[5]-octadecyl-ornithiniumyl→leucyl→phenylalanyl→prolyl→valyl→ *N*[5],*N*[5]-dimethyl-*N*[5]-octadecyl-ornithiniumyl] 4275